U0897743

现代纺织工程⑰

化学纤维手册

沈新元　主编

中国纺织出版社

内 容 提 要

本书是一本关于化学纤维的综合性著作，全面介绍了化学纤维的基本知识，阐述了化学纤维的生产原理，重点介绍了粘胶、聚酰胺、聚酯、聚丙烯、聚丙烯腈、聚乙烯醇等化学纤维大品种的原料、生产工艺、性能、改性及应用，并对高性能纤维、功能纤维、智能纤维和生态纤维等化纤新产品进行了论述。

本书内容丰富，理论与生产实际紧密结合，可作为纤维工业领域的研究人员、技术人员、管理人员全面了解化学纤维的参考书，也可以作为相关专业研究生和本科生的教学参考书。

图书在版编目(CIP)数据

化学纤维手册/沈新元主编. —北京：中国纺织出版社，2008. 9
(现代纺织工程⑰)
ISBN 978-7-5064-4820-8
Ⅰ.化… Ⅱ.沈… Ⅲ.化学纤维—手册 Ⅳ.TS102.5-62
中国版本图书馆 CIP 数据核字(2008)第 017341 号

策划编辑：李东宁　郭　强　　责任编辑：王文仙　　责任校对：俞坚沁
责任设计：李　然　　责任印制：何　艳

中国纺织出版社出版发行
地址：北京东直门南大街 6 号　邮政编码：100027
邮购电话：010—64168110　传真：010—64168231
http://www.c-textilep.com
E-mail：faxing@c-textilep.com
北京盛通印刷股份有限公司印装　各地新华书店经销
2008 年 9 月第 1 版第 1 次印刷
开本：787×1092　1/16　印张：65
字数：1393 千字　定价：168.00 元

序

从19世纪90年代粘胶纤维问世以来，世界化学纤维工业发展迅猛，取得了丰硕的成果。今天，化学纤维在产量上已超过了天然纤维；在质量和性能上，已从仿天然纤维进入超天然纤维阶段；在经济上，大部分化学纤维纺织品的价格已低于天然纤维纺织品；在科学技术上，化学纤维所取得的进展也大大超过天然纤维，研究成功的许多新品种、新工艺、新技术先后投入了生产。现在，化学纤维不仅是满足和丰富人民生活所必需的纤维材料，而且成为经济建设中其他领域不可缺少的重要材料。

在21世纪，化纤工业仍然是为纺织工业提供重要原料的基础工业。由于天然纤维的发展受到客观条件的限制，因此化学纤维的发展与解决各国人民的穿衣问题和提高人民生活水平关系十分密切。另外，纤维材料具有其他材料不能替代的特征。因此，可以预言，化学纤维及其工业未来将更加兴旺发达。

新中国成立以来，我国的化纤工业取得了飞速发展。目前，我国已经形成了庞大的化纤工业体系，产量连续多年居世界第一位。与此同时，在化纤新品种的研究和开发方面，也取得了许多令人瞩目的成就。但总的说来，我国化纤差别化比例还比较低，功能纤维、高性能纤维还不能完全满足不断提高的国内人民生活水平与特殊工业的需求。因此，跨入21世纪后，我国科技工作者必须加大新型化学纤维研究和开发的力度，以满足高新技术领域的要求，担当起提高人民生活质量和增强国防力量的重任。在化纤业由“大”转“强”的演变期内，我国化纤领域众多的研究人员、技术人员和管理人员，需要更多有关化学纤维的参考书籍。因此，中国纺织出版社组织编写这本内容覆盖面广、理论与生产实际紧密结合的《化学纤维手册》是非常适宜的。

本书系统介绍了化学纤维的基本知识，阐述了化学纤维的生产原理，重点介绍了粘胶、聚酰胺、聚酯、聚丙烯、聚丙烯腈、聚乙烯醇等化学纤维大品种的原料、生产工艺、性能、改性及应用，并对高性能纤维、功能纤维、智能纤维和生态纤维等化纤新产品进行了论述，内容丰富；并且融入了作者的科研与生产实践成果与心得，理论联系实际。它的出版将为企业界和学术界提供一本关于化学纤维的综合性参考书，因此很有意义。

作为一位为我国化纤工业发展奋斗了五十多年的科技工作者，我深知理论和实践知识对于指导生产的重要性。因此，我非常乐意为本书作序。希望本书的问世能为我国化学纤维领域的发展起到积极的推动作用。

中国工程院院士 [signature]

东华大学材料科学与工程学院教授、博士生导师

2008年3月于上海

前　言

一百多年来，世界化学纤维技术取得了令人惊叹的进步，特别是粘胶、聚酯、聚酰胺、聚丙烯腈和聚丙烯等几个化学纤维大品种，曾于20世纪化纤大舞台上领尽风骚。自20世纪90年代起，世界化学纤维工业进入成熟期，差别化纤维、功能纤维和高性能纤维等大量化纤新产品的问世，不但为企业带来了可观的经济效益，而且使化学纤维的用途不断拓宽，成为许多高新技术不可或缺的组成部分。进入21世纪，化学纤维作为与国民经济密切相关的一种传统材料，其前景依然被许多专家看好。

我国的化学纤维已经形成了庞大的工业体系，产量连续多年居世界第一位。但目前我国的化学纤维书籍中，覆盖面广、理论与生产实际紧密结合且内容又比较新颖的著作较少，远远跟不上我国化纤生产发展的需要。有鉴于此，我们编写了这本书，试图为企业和学术界提供一本关于化学纤维的综合性著作。

本书共16章，由4部分组成。第一章至第三章全面介绍了化学纤维的基本概念、分类、生产工艺、主要品种、发展历史、结构、品质指标等内容，并评述了其发展前景；第四章至第六章阐述了化学纤维的生产原理，包括纺丝流体的流变性，熔融纺丝、湿法纺丝、干法纺丝的成型原理，拉伸和热定型原理；第七章至第十二章重点介绍了粘胶、聚酰胺、聚酯、聚丙烯、聚丙烯腈、聚乙烯醇等化学纤维大品种的原料、生产工艺、性能、改性及应用等内容；第十三章至第十六章对高性能纤维、功能纤维、智能纤维和生态纤维等化纤新产品进行了论述。

本书各章的编写人员如下：

第一章、第二章、第三章　　沈新元　　东华大学教授

第四章　　郭　静　　大连工业大学教授

第五章　　沈新元　　东华大学教授

第六章　　周静宜　　北京服装学院副教授

　　　　　李燕立　　北京服装学院教授

第七章　　王庆瑞　　东华大学教授

第八章　　施祖培　　中国石化集团巴陵石化有限责任公司教授级高级
工程师

第九章　　王鸣义　　中国石化上海石油化工股份有限公司教授级高级
工程师

第十章　　尹翠玉　　天津工业大学教授

第十一章　任铃子　　中国石化上海石油化工股份有限公司教授级高级
工程师

第十二章　章潭莉　　东华大学教授

张耀鹏　　东华大学副教授

邵惠丽　　东华大学教授

第十三章　王曙中　　东华大学教授

第十四章　李青山　　燕山大学 教授

第十五章　沈新元　　东华大学教授

第十六章第二节　邵惠丽　　东华大学教授

第一节、第三节、第四节　沈新元　　东华大学教授

全书由沈新元统一整理定稿。

化学纤维内容丰富,涉及面广,技术和产品日新月异,加之作者水平有限,疏误在所难免,恳请专家和读者批评指正。

本书在整理过程中得到东华大学硕士研究生王冬、戴蓓蓓等人的帮助,在此表示衷心的感谢。

编者

2008 年 3 月

目录

第一章　化学纤维概论

第一节　纤维的基本概念与分类

一般认为，纤维（fiber）是一种细长形状的物体，其长度对其最大平均横向尺寸之比，至少为10∶1，其截面积小于0.05mm^2，宽度小于0.25mm。作为组成织物的基本单元，纺织纤维的直径一般为几微米至几十微米，长度与直径之比一般大于1000∶1[❶]，还应具有一定的柔曲性、强度、模量、伸长和弹性等性能。

但随着纤维制备技术的进步和用途的拓宽，其定义也在变化。一方面，一些一维尺度的材料也经常以纤维命名，例如纳米纤维。最细的纳米碳管直径小于1nm，长度可达数微米，长径比在千倍以上，也属于纤维范围。另一方面，一些作为结构材料的纤维，对于长径比、柔曲性等的要求已没有纺织纤维那么严格。

纤维的种类有许多，其分类方法按不同的基准有多种方法。

一、按原料分类

按原料来源不同，纤维可分为两大类，一类是天然纤维（natural fiber），另一类是化学纤维（manufactured fiber，man-made fiber，chemical fiber）。

天然纤维是由纤维状的天然物质直接分离、精制而成的纤维，包括植物纤维（例如棉、麻等）、动物纤维（例如羊毛、蚕丝等）和矿物纤维（例如石棉等）。

化学纤维是用天然或人工合成的高分子化合物为原料制成的纤维。构成该纤维的高分子化合物至少为85%（质量分数）。化学纤维根据原料的不同可分为人造纤维（artificial fiber）和合成纤维（synthetic fiber）两大类（表1－1）。

（一）人造纤维

人造纤维是以天然高分子化合物为原料，经化学和机械加工制得的化学纤维的总称。其中用天然高分子化合物为原料，经化学方法制成的，与原高分子化合物在化学组成上基本相同的化学纤维称为再生纤维（regenerated fiber）。按照原料、化学成分等的不同，可以分为再生纤维素纤维、再生蛋白质纤维、甲壳素纤维和海藻纤维等类型。

1. 再生纤维素纤维

再生纤维素纤维（regenerated cellulose fiber）是以纤维素为原料制成的、结构为纤维素Ⅱ的再生纤维。其化学结构式为：

---

❶ 印度棉的纤度较短，其长度与直径之比为850∶1。

表1－1　化学纤维按原料的分类

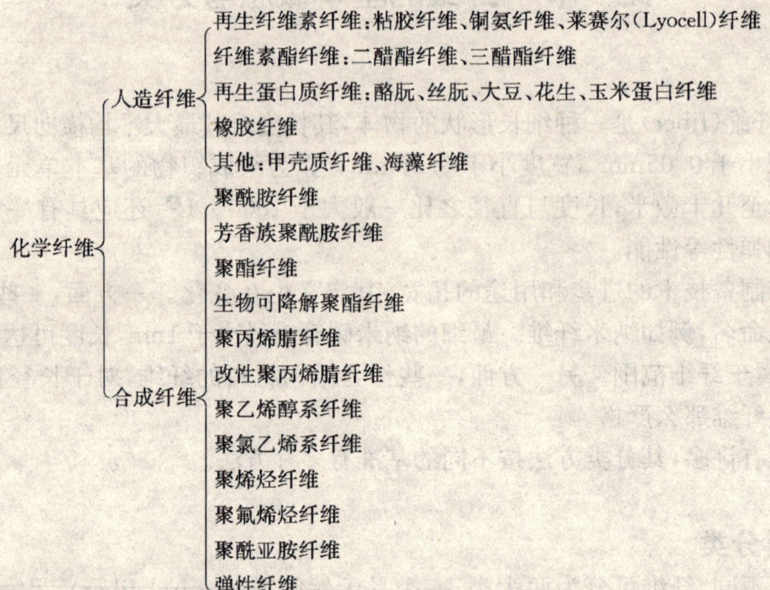

- 化学纤维
  - 人造纤维
    - 再生纤维素纤维：粘胶纤维、铜氨纤维、莱赛尔(Lyocell)纤维
    - 纤维素酯纤维：二醋酯纤维、三醋酯纤维
    - 再生蛋白质纤维：酪朊、丝朊、大豆、花生、玉米蛋白纤维
    - 橡胶纤维
    - 其他：甲壳质纤维、海藻纤维
  - 合成纤维
    - 聚酰胺纤维
    - 芳香族聚酰胺纤维
    - 聚酯纤维
    - 生物可降解聚酯纤维
    - 聚丙烯腈纤维
    - 改性聚丙烯腈纤维
    - 聚乙烯醇系纤维
    - 聚氯乙烯系纤维
    - 聚烯烃纤维
    - 聚氟烯烃纤维
    - 聚酰亚胺纤维
    - 弹性纤维

再生纤维素纤维包括三类。

(1)粘胶纤维(viscose fiber)：用粘胶法制成的再生纤维素称粘胶纤维。其中具有一般物理机械性能和化学性能的粘胶纤维称为普通粘胶纤维；具有较高强力和耐疲劳性能的粘胶纤维称为高强力粘胶纤维；具有较高的聚合度、强力和湿模量的粘胶纤维称为高湿模量粘胶纤维，该纤维在湿态下的断裂强度为22.0cN/tex，断裂伸长率不超过15%；用高黏度、高酯化度的低碱粘胶，在低酸、低盐纺丝浴中纺成的高湿模量纤维称为富强纤维(polynosic fiber)，该纤维具有良好的耐碱性和尺寸稳定性；用加有变性剂的粘胶、在锌含量较高的纺丝浴中纺成的高湿模量纤维称为变化型高湿模量纤维，该纤维具有较高的钩接强度和耐疲劳性。

(2)铜氨纤维(cupro fiber，cuprene fiber，cuprammonium fiber)：用铜氨法制成的再生纤维素纤维称铜氨纤维。

(3)莱赛尔纤维(Lyocell fiber)：将纤维素溶解在有机溶剂中，纺丝加工后制成纤维素Ⅱ的再生纤维。所谓有机溶剂，本质上意指有机化合物与水的混合物，所谓溶剂纺丝，意味着无衍生物形成的纤维素溶解和纺丝。

2. 纤维素酯纤维

纤维素酯纤维是以天然纤维素为原料，经化学方法转化为衍生物后制成的化学纤维，又称为半合成纤维(semi-synthetic fiber)。其中以纤维素为原料，经化学方法转化成醋酸纤维素酯制成的化学纤维，称为醋酯纤维或醋酸纤维素纤维(acetate fiber)。

(1)二醋酯纤维(secondary cellulose acetate fiber):以纤维素为原料,经化学方法转化成二醋酸纤维素酯制成的化学纤维,其中至少有74%,但不到92%的羟基被乙酰化。

(2)三醋酯纤维(triacetate fiber):以纤维素为原料,经化学方法转化成三醋酸纤维素酯制成的化学纤维,其中至少有92%的羟基被乙酰化。

可以将所有以天然聚合物为原料经化学方法转化为衍生物后制成的化学纤维,例如壳聚糖纤维、二丁酰甲壳素纤维等都归入半合成纤维范畴。

3. 再生蛋白质纤维

再生蛋白质纤维(regenerated protein fiber)是以天然蛋白质为原料制成的再生纤维。蛋白质是由多种氨基酸经缩合失水形成的含肽键的线型高分子化合物,其化学结构式为:

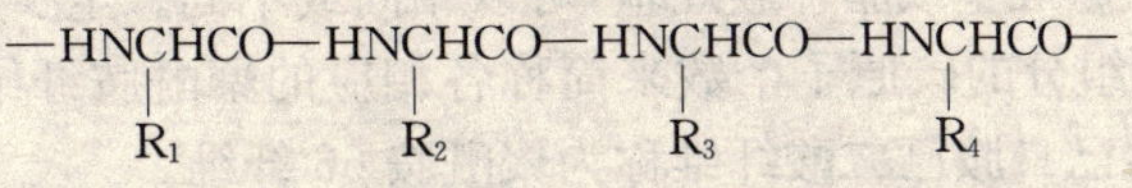

$$-\underset{\displaystyle R_1}{\underset{|}{HNCHCO}}-\underset{\displaystyle R_2}{\underset{|}{HNCHCO}}-\underset{\displaystyle R_3}{\underset{|}{HNCHCO}}-\underset{\displaystyle R_4}{\underset{|}{HNCHCO}}-$$

式中 R_1、R_2、R_3、R_4 为氨基($-NH_2$)、羧基($-COOH$)、羟基($-OH$)、苯基($-C_6H_5$)、巯基($-SH$)等极性或非极性基团。

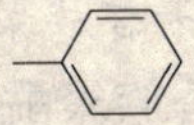

再生蛋白质纤维包括花生蛋白质纤维、玉米蛋白质纤维、大豆蛋白质纤维、酪素蛋白质纤维、蚕丝蛋白质纤维和蜘蛛丝蛋白质纤维。

4. 其他纤维

(1)再生甲壳素纤维(regenerated chitin fiber):以天然甲壳素为原料制成的再生纤维称再生甲壳素纤维。其化学结构式为:

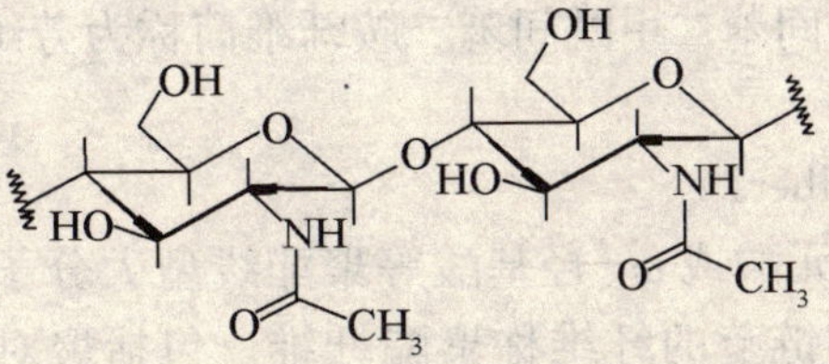

[甲壳素结构式:OH, O, HO, NH, CH_3]

(2)再生海藻纤维(regenerated alginate fiber):也称藻朊酸纤维,是以天然海藻为原料制成的再生纤维。其化学结构式为:

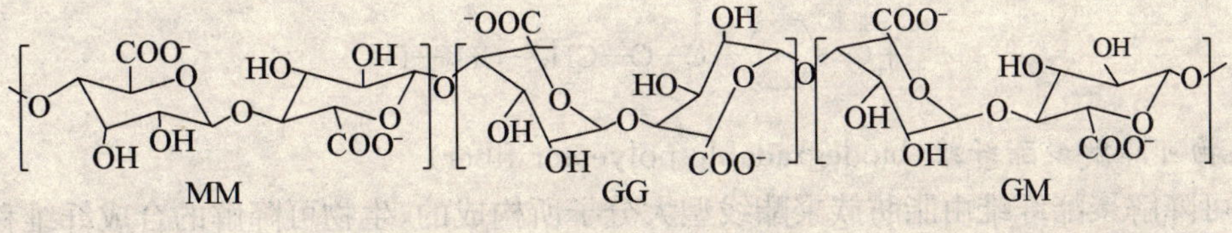

[海藻酸结构式:COO^-, OH, HO, O — MM GG GM]

(3)橡胶纤维(rubber fiber):由天然的聚异戊二烯构成的弹性纤维。其化学结构式为:

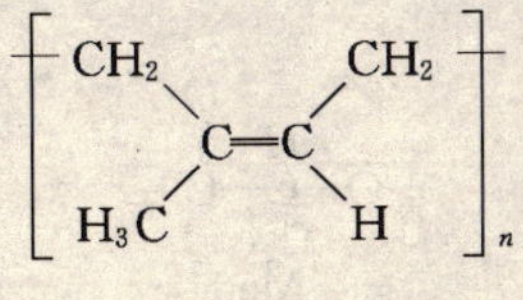

$$\left[\begin{matrix} CH_2 & & CH_2 \\ & C=C & \\ H_3C & & H \end{matrix} \right]_n$$

(二)合成纤维

合成纤维是以单体经人工合成获得的聚合物为原料制得的化学纤维。合成纤维的品种很多。

1. 聚酰胺纤维(polyamide fiber,nylon)

聚酰胺纤维由酰胺键与脂肪族烃基或脂环族烃基连接的线型分子构成的合成纤维称聚酰胺纤维。其化学结构式为:

$$\left[\!-NH-R-NH-CO-R'-CO-\right]_p$$

或

$$\left[\!-NH-R-CO-\right]_p$$

式中R与R′为脂肪族烃基或脂环族烃基,可以相同或不同。至少应有85%的酰胺键与R或R′相连。可根据缩聚组分的碳原子个数来简称各相应的聚酰胺纤维。例如,聚己内酰胺纤维称为聚酰胺6纤维、聚己二胺己二酸纤维称为聚酰胺66纤维。

2. 芳香族聚酰胺纤维(aramid fiber)

芳香族聚酰胺纤维由酰胺键与芳基连接的芳香族聚酰胺的线型分子构成的合成纤维,其中至少有85%的酰胺键直接与两个芳基连接(并可在不超过50%的情况下,以亚酰胺代替酰胺键)的纤维称芳香族聚酰胺纤维。其化学结构式为:

$$\left[\!-NH-AR-NH-CO-AR'-CO-\right]_n$$

或

$$\left[\!-NH-AR-CO-\right]_n$$

式中AR与AR′为芳基,可以相同或不同。可根据取代基在芳基上的位置来简称各相应的芳香族聚酰胺纤维。例如,聚间苯二甲酰间苯二胺纤维简称为芳纶1313、聚对苯二甲酰对苯二胺纤维简称为芳纶1414。

3. 聚酯纤维(polyester fiber)

聚酯纤维由二元醇与二元酸或ω-羟基酸等聚酯线型大分子所构成的合成纤维,在大分子链中至少有85%这种酯的链节的纤维称聚酯纤维。包括聚对苯二甲酸乙二酯纤维、聚对苯二甲酸丙二酯纤维、聚对苯二甲酸丁二酯纤维等。聚对苯二甲酸乙二酯纤维的化学结构式为:

$$\left[\!-\overset{O}{\overset{\|}{C}}-C_6H_4-\overset{O}{\overset{\|}{C}}-O-CH_2-CH_2-O-\right]_n$$

4. 生物可降解聚酯纤维(biodegradable polyester fiber)

生物可降解聚酯纤维由脂肪族聚酯线型大分子所构成的、生物可降解的合成纤维称生物可降解聚酯纤维,包括聚丙交酯(聚乳酸)纤维、聚乙交酯(聚羟基乙酸)纤维和聚己内酯纤维等。聚乳酸纤维的化学结构式为:

$$\left[\!-O-\underset{Me}{\underset{|}{\overset{H}{C}}}-\overset{O}{\overset{\|}{C}}-\right]_n$$

5. 聚丙烯腈纤维(acrylic fiber)

聚丙烯腈纤维由聚丙烯腈或其共聚物的线型大分子构成的合成纤维，大分子链中至少有85%的丙烯腈链节 $\text{-}[CH_2-\underset{\displaystyle CN}{\underset{|}{CH}}]_n\text{-}$ 的纤维称聚丙烯腈纤维。其化学结构式为：

$$\text{-}[\,(CH_2-\underset{\displaystyle CN}{\underset{|}{CH}})_m(CH_2-\underset{\displaystyle Y}{\underset{|}{\overset{\displaystyle X}{\overset{|}{C}}}})_n\,]_p\text{-}$$

式中 $n\geqslant 2$。

6. 改性聚丙烯腈纤维(modacrylic fiber)

改性聚丙烯腈纤维由丙烯腈及其共聚物形成的线型大分子构成的合成纤维，大分子链中至少有35%但不到85%的丙烯腈链节的纤维称改性聚丙烯腈纤维。

7. 聚烯烃纤维(polyolefine fiber)

聚烯烃纤维由烯烃聚合成的线型大分子构成的合成纤维称聚烯烃纤维。聚烯烃纤维包括由等规聚丙烯形成的饱和脂肪烃的线型大分子构成的聚丙烯纤维(polypropylene fiber)和由聚乙烯形成的未被取代的饱和脂肪烃的线型分子构成的聚乙烯纤维(polyethylene fiber)。它们的化学结构式为：

$$\text{-}(CH_2-\underset{\displaystyle CH_3}{\underset{|}{CH}})_n\text{-} \qquad \text{-}(CH_2-CH_2)_n\text{-}$$

聚丙烯纤维　　聚乙烯纤维

8. 聚乙烯醇系纤维(polyvinyl alcohol fiber、vinylal fiber)

聚乙烯醇系纤维由聚乙烯醇的线型大分子构成的合成纤维称聚乙烯醇系纤维。其化学结构式为：

$$\text{-}[\,(CH_2-\underset{\displaystyle OH}{\underset{|}{CH}})_m(CH_2-\underset{|}{CH}-CH_2-\underset{|}{CH})_n\,]_p\text{-}$$
$$\qquad\qquad\qquad\qquad O\text{——}R\text{——}O$$

$n=0$ 时，为聚乙烯醇纤维；$n>0$ 且 R 为 CH_2 时，称为聚乙烯醇缩甲醛纤维(polyvinyl formal fiber)。

9. 聚氯乙烯系纤维(chloro fiber)

聚氯乙烯系纤维也称含氯纤维，由聚氯乙烯(或其衍生物)或其共聚物组成的线型大分子构成的合成纤维称聚氯乙烯系纤维。其中由聚氯乙烯或其共聚物组成的线型大分子所构成的聚氯乙烯系纤维，称为聚氯乙烯纤维(polyvinyl chloride fiber)，该纤维大分子链中至少有50%的氯乙烯链节 $\text{-}(CH_2-\underset{\displaystyle Cl}{\underset{|}{CH}})_p\text{-}$(当与丙烯腈共聚时，则至少有65%)；用偏聚乙烯和氯乙烯共聚物为原料制成的聚氯乙烯系纤维，称为聚偏氯乙烯纤维(polyvinylidene chloride fiber)；聚氯乙烯树脂经氯化后制成的聚氯乙烯系纤维，称为氯化聚氯乙烯纤维(过氯乙烯纤维，chlorinated polyvinyl chloride fiber)。

10. 聚氟烯烃纤维(fluorofiber)

聚氟烯烃纤维也称含氟纤维，由氟化脂族碳化合物聚合成的线型大分子所构成的合成纤维称聚氟烯烃纤维。如聚四氟乙烯纤维，其化学结构式为：

$$\left[\!-CF_2-CF_2-\right]_n$$

11. 弹性纤维(elastane fiber)

弹性纤维是具有高延伸性、高回弹性的合成纤维，这种纤维被拉伸为原长的3倍后再予以放松时，可以迅速地基本回复到原长的纤维称弹性纤维。弹性纤维包括二烯类弹性纤维(elastodiene fiber)、聚氨酯弹性纤维(polycarbaminate fiber)等。二烯类弹性纤维是由合成的聚异戊二烯，或由一种或多种二烯类聚合物构成的纤维。聚氨酯弹性纤维是由与其他高聚物嵌段共聚时至少含有85%的氨基甲酸酯的链节单元组成的线型大分子所构成的纤维。

12. 聚酰亚胺纤维(polyimide fiber)

聚酰亚胺纤维由含酰亚胺键的线型分子构成的合成纤维称聚酰亚胺纤维。其化学结构式为：

$$\left[\!-\underset{\underset{O}{\|}}{C}-\overset{|}{N}-\underset{\underset{O}{\|}}{C}-\right]_n$$

二、按组成分类

(一)有机纤维与无机纤维

按组成的属性不同，纤维可分为有机纤维(organic fiber)和无机纤维(inorganic fiber)两大类。有机纤维是主要成分为有机高分子化合物的一类纤维。上述的化学纤维均属于有机纤维。无机纤维也称矿物纤维，指主要成分是由无机物构成的纤维。根据原料来源不同，无机纤维分为天然无机纤维和人造无机纤维。天然无机纤维有石棉等纤维。人造无机纤维主要有碳纤维(carbon fiber)、玻璃纤维(glass fiber)、陶瓷纤维(ceramic fiber)和金属纤维(metal fiber)等。玻璃纤维是主要成分为铝、钙、镁、硼等的硅酸盐混合物所构成的无机纤维。碳纤维是由碳元素构成的无机纤维，通常按产品性能分为普通碳纤维、高强碳纤维、高模量碳纤维等品种。金属纤维是由金属制成的无机纤维。陶瓷纤维包括碳化硅纤维、氧化铝纤维等品种。按照GB/T 4146—104标准，无机纤维不属于化学纤维范围。但也有的纤维术语将人造无机纤维归属于化学纤维范围。

上述的有机高分子化合物或无机物，是指构成纤维的主成分，这些主成分本身就具有充分的成纤能力。但在化学纤维的实际生产中，为了使纤维制造容易进行，提高纤维的加工性能或尽可能减少使用时的缺点(如过分透明、易带静电、易沾污、手感硬等)，还需添加助剂(如二氧化钛、油剂、染料、抗氧化剂等)，其量往往占纤维量的百分之几。因此，化学纤维实际上是一种多组分材料。

(二)碳链纤维与杂链纤维

按照聚合物的化学组成不同，合成纤维分为两类：碳链纤维和杂链纤维。碳链纤维的大分子主链由纯系碳—碳键组成。杂链纤维的大分子主链中除碳原子以外，还含有其他元素

(氮、氧等)。

(三)无定形纤维、多晶纤维和单晶纤维

按照无机物的结构组成不同,无机纤维分为三类:无定形纤维、多晶纤维和单晶(须晶)纤维。例如:玻璃纤维是无定形的,金属纤维、碳纤维是多晶的,碳化硅纤维是单晶的。

(四)单组分纤维和双组分纤维或多组分纤维

按组分的数量不同,化学纤维分为两类:单组分纤维(monocomponent fibre)和双组分纤维(bicomponent fibre)或多组分纤维(multicomponent fibre)。

单组分化学纤维主要由单一物质组成,也称单质纤维。普通化学纤维品种均是单组分纤维。双组分纤维或多组分化学纤维又称复合纤维(coposite fibre)或异质纤维,是由两种或两种以上物质用复合纺丝法纺制的化学纤维,是将两种或两种以上的纺丝流体,分别输入同一纺丝组件,在适当部位汇合,从同一喷丝孔喷出而形成一根纤维。复合纤维的品种很多,有并列型、皮芯型、海岛型和裂离型等。纤维的横截面形状如图 1－1 所示。

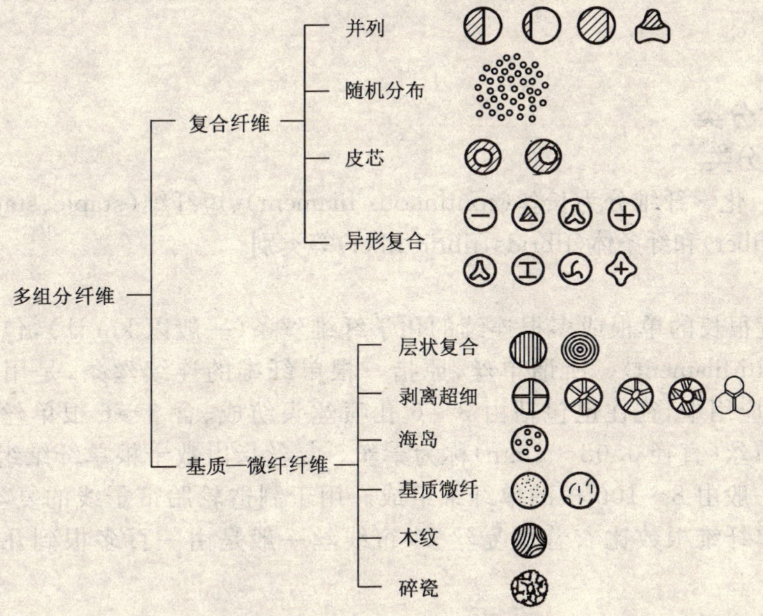

图 1－1　各种类型复合纤维横截面

根据不同物质的性能及其在纤维横截面上分配的位置,可以得到许多不同性质和不同用途的复合纤维。例如,采用并列型复合和皮芯型复合,由于两种聚合物热塑性不同或在纤维横截面上不对称分布,在后处理过程中产生收缩差,从而使纤维产生螺旋状自卷曲效应;利用两种聚合物各自与不同染料的作用,可以产生交染效应。利用皮层聚合物熔点比芯层聚合物低的皮芯型纤维,可以产生自黏合效应。利用高折射率的芯层和低折射率的皮层可制成光导纤维。利用岛组分连续分散于海组分中形成海岛型复合纤维,再用溶剂溶去海组分,剩下连续的岛组分,就成为非常细的超细纤维。利用裂离超细型复合纤维在织造加工中,特别是在整理和磨毛过程中两组分的相容性和界面黏结性差的特点,可以使每根较粗的长丝分裂成许多根超细纤维。

如果两种或两种以上的聚合物在喷丝孔喷出前已经混合，则称为双成分纤维或多成分纤维，又称混合纤维(blend fiber)或混抽纤维(blended spun fiber)，即聚合物共混体纤维。在许多这种纤维的结构中，是以一种聚合物的原纤维镶嵌在另一种聚合物的基体之中，故又称基质型(基质—原纤型)纤维(matrix-fibril fiber)。

我国自主开发的大豆蛋白复合纤维，实际上是从大豆中提取的蛋白质，经化学方法配制成蛋白液与聚乙烯醇共聚共混，纺丝交联得到的纤维。蛋白质含量在50%及以上时，简称大豆蛋白纤维；蛋白质含量在16%～50%时，简称大豆蛋白复合纤维(与聚乙烯醇复合)。

一般认为，双组分纤维和双成分纤维属于结晶性聚合物共混体的两个不同类别。双组分纤维的两种组分在纺丝组件中通过各自的流道，在喷丝孔入口处混合后一并挤出成型，所以在同一纤维中，沿着纤维轴向的截面上含有两种能被分成两个明显区域的组分；双成分纤维的两种组分在进入喷丝组件前已经充分混合，故在同一纤维中，两种组分无清晰的界面。这种区别是根据聚合物共混体的形态，而不是根据其化学组成或发生在截面上的粘着作用来确定的。但根据化学组成或发生在界面粘着作用区分“双组分”与“双成分”的观点，已被某些纺织术语词典所认可。

三、按尺寸分类

(一)按长度分类

按长度不同，化学纤维分为长丝(continuous filament)、短纤维(staple、staple fiber)、短切纤维(short cut fiber)和纤条体(fibrids，fibrid fiber)等类别。

1. 长丝

长丝是长度很长的单根或多根连续的化学纤维丝条(一般以 km 计)，包括单丝(monofils)和复丝(multi-filament)。所谓单丝，原指一根单纤维的连续丝条，是用单孔喷丝头纺成的，但在实际应用中，往往也包括由 3～6 孔喷丝头纺成、含 3～6 根单丝的少孔丝。较粗的合成纤维单丝(直径 0.08～2mm)称为鬃丝。复丝指由数十根单纤维组成的丝条。化学纤维的复丝一般由 8～100 根的单纤维组成。用于制造轮胎帘子线的复丝俗称帘线丝。组成帘线丝的单纤维根数比衣着用复丝多，帘线丝一般是由一百多根到几百根单纤维组成的丝条。

2. 短纤维

化学纤维丝束(tow)经切断而成的一定长度的短段纤维，通常称为“短纤维”或“切断纤维”(cut fiber)。长度为 30～40mm、线密度为 1.3～1.7dtex，类似棉纤维的化学短纤维称为棉型纤维(cotton type fiber)。长度为 70～150mm、线密度为 3.3～7.7dtex，类似羊毛的化学短纤维称为毛型纤维(wool type fiber，long staple)。长度为 51～65mm、线密度为 2.1～3.3dtex，介于棉型和毛型之间的化学短纤维称为中长纤维(mid fiber)。

丝束是由几万根直到百万根单丝汇成一束，用来切断成短纤维，或经牵切而制成条子(top)，后者又称作牵切纤维(stretch-broken tow)。牵切纤维是丝束经拉伸纵向断裂而成的长度不相等(而有一定比例)的短纤维，也称不等长短纤维。切断短纤维的缺点在于，虽然纺丝成型过程中得到的纤维都是相互平行的，但切断以后就成为杂乱而不平行了，在纺织厂中又要经过梳理工序才能使纤维之间恢复平行性，然后才能纺纱。丝束经牵切纺直接成条，就可避免上述缺点。

3. 短切纤维

短切纤维是切断长度为0.5～20mm的化学纤维。

4. 纤条体

纤条体是特制的合成短纤维，类似于木浆粕，故也称合成浆粕。调成浆液后，能粘合化学纤维，也可制合成纸。

(二)按直径分类

按直径不同，化学纤维分为常规纤维、粗特纤维(high-diner fiber)和细特纤维(fine-diner fiber)。

1. 常规纤维

常规纤维是线密度为1.4～7dtex的化学纤维。

2. 粗特纤维

由线密度较大的单丝组成的复丝称为粗特纤维。例如由10～24根单丝组成的110～22dtex复丝。

3. 细特纤维

细特纤维是比常规纤维细得多的化学纤维。通常有细特、微细(microfine fiber)、超细(super fiber)和极细纤维之分。一般认为，属于超细纤维范畴的纤维线密度应低于0.55dtex，而线密度在0.55～1.11dtex的纤维称为微细纤维。但目前尚无统一的定义。例如德国纺织协会认为，所谓"超细纤维"，对于聚酯纤维线密度应小于1.2dtex，对于聚酰胺纤维应小于1.0dtex。纤维直径约100nm的纤维属于极细纤维范畴，纤维直径约10nm的纤维属于超微细纤维范畴。纤维直径小于100nm的纤维又称为纳米纤维。

四、按形状分类

(一)按纤维横截面形状分类

化学纤维的横截面形状有圆形和非圆形两大类。采用圆形喷丝孔，通过熔体纺丝方法所得化学纤维的横截面通常为圆形。采用圆形喷丝孔，通过干法纺丝或湿法纺丝所得纤维的横截面并非正圆形，可能呈锯齿形、腰子形、哑铃形等。尽管如此，它们并不能称为异形纤维。只有经一定几何形状(非圆形)的喷丝孔纺制的具有特殊横截面形状的化学纤维，才称为异形纤维(shaped fiber，profiled fiber)，也称异形截面纤维。图1－2为几种异形纤维的横截面形状。

贯通纤维轴向具有空腔的化学纤维称为中空纤维(hollow fiber)，一般也将其归入异形纤维。

异形纤维具有特殊的光泽，并具有蓬松性、耐污性和抗起球性，纤维的回弹性与覆盖性也可得到改善。如三角形横截面的涤纶或锦纶与其他纤维的混纺织物有闪光效应；十字形横截面的锦纶回弹性强；五叶形横截面的涤纶长丝有类似真丝的光泽，抗起球，手感和覆盖性良好；扁平、带状、哑铃形横截面的合成纤维具有麻、羚羊毛和兔毛等纤维的手感和光泽；中空纤维的保暖性和蓬松性优良，某些中空纤维还具有特殊用途，如作反渗透膜、超滤膜、透析膜和气体分离膜等。

(二)根据纤维表面和纵向的形状及形态分类

根据表面和纵向的形状及形态不同，化学纤维可以分成许多种类，例如直丝(flat yarn)、变

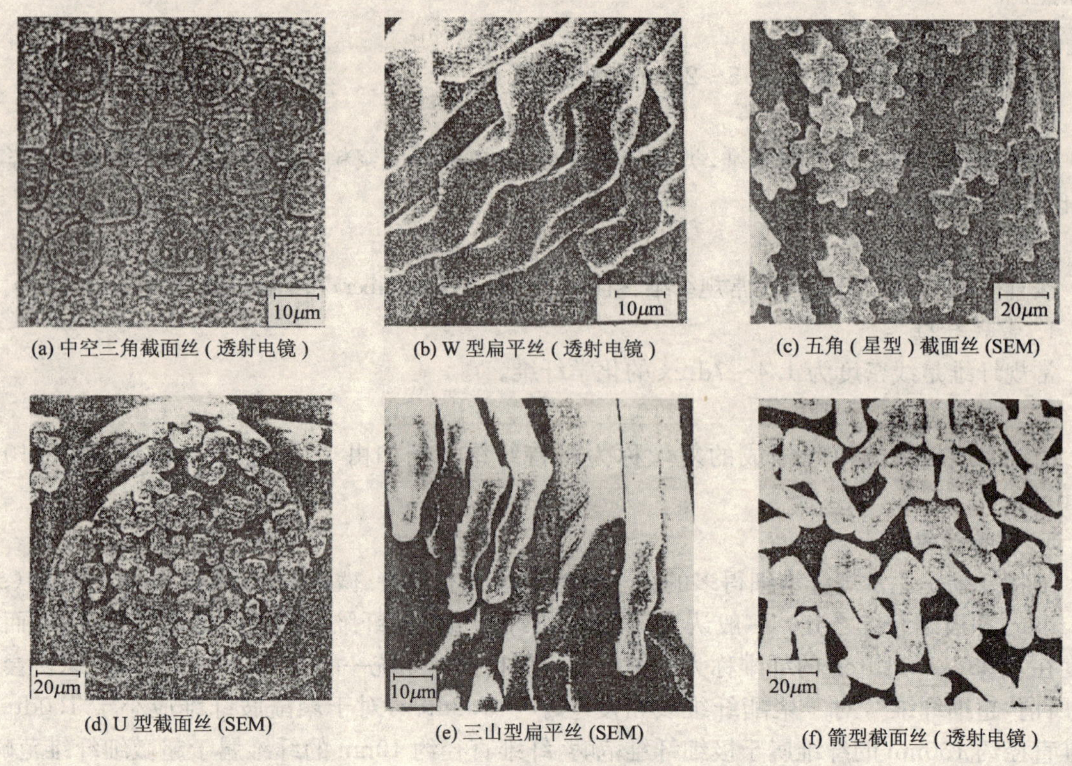

(a) 中空三角截面丝（透射电镜）
(b) W 型扁平丝（透射电镜）
(c) 五角（星型）截面丝 (SEM)
(d) U 型截面丝 (SEM)
(e) 三山型扁平丝 (SEM)
(f) 箭型截面丝（透射电镜）

图 1－2　几种异形纤维横截面的形状

形丝（变形纱，textured filament，textured yarn）、网络纱（交络纱，interlaced yarn）、卷曲纤维（curled fiber）、花式丝（slub yarn）和薄膜纤维（film fiber）等。

1. 直丝

在化学纤维生产过程中，大部分拉伸在纵向是直的，称为直丝（flat，flat filament）。

2. 变形丝

如果在长丝拉伸阶段，全部或部分地与变形工艺在同一机台上加工，则得拉伸变形丝（draw textured yarn，DTY）。变形丝是具有（或潜在的具有）卷曲、螺旋、环圈等外观特性而呈现蓬松性、伸缩性的单根或多根长丝。变形丝的主要品种有弹力变形丝、膨体变形丝和定型变形丝。弹力变形丝即变形长丝，分高弹丝和低弹丝两种。弹力变形丝伸缩性、蓬松性好，其织物在厚度、重量、不透明性、覆盖性和外观特征等方面接近毛织品、丝织品或棉织品。其变形方法主要有假捻法、空气喷射法、热气流喷射法、填塞箱法和赋型法等。膨体变形丝是利用聚合物的热可塑性，将两种收缩性能不同的合成纤维毛条按比例混合，经热处理后，高收缩性的毛条发生收缩，迫使低收缩性毛条中的纤维卷曲，从而使其具有伸缩性和蓬松性、类似毛线的变形丝，用于制作针织外衣、内衣、毛线、毛毯等纺织品。定型变形丝在变形工艺过程中经受了额外的热定型，使长丝定型并且大大减少了伸长。

3. 网络纱

网络纱（交络纱）是预取向丝或拉伸变形丝经高压气流吹捻、单丝间相互交缠而形成周期性网络结的丝条。

4. 卷曲纤维

在化学纤维生产过程中，一般初生纤维没有卷曲性，抱合力差。通过一些机械卷曲设备，例如填塞箱卷曲机和齿轮卷曲机，可以赋予纤维一定的卷曲度。但是机械卷曲是平面卷曲。而羊毛由于纤维的皮质有双组分的特征，因此具有螺旋卷曲。通过复合纺丝技术，化学纤维也可以形成螺旋卷曲。这种纤维称为三维卷曲纤维。三维卷曲纤维可以产生膨松效果。大多数三维卷曲纤维用于与单组分纤维混纺，以达到膨松性和手感的最佳组合。双组分地毯纤维经常以100%的三维卷曲纤维形式使用。

5. 花式丝

花式丝是一种纵向粗细不均匀、表面故意制成不规则性的长丝或纱线。这些不规则性可以是结节、硬块、卷曲等形式。例如，粗细节花式丝用的是低拉伸倍数、拉伸点浮动、拉伸到接近断头的纤维。即充分拉伸而变细的部分与拉伸少而粗的部分交替连续的粗细不匀纤维。花式丝制成的织物具有令人感兴趣的装饰效果。

6. 薄膜纤维

薄膜纤维是聚合物薄膜经纵向拉伸、撕裂、原纤化或切割后拉伸而制成的化学纤维。包括裂膜纤维（split fiber）和切膜纤维（slit fiber）。裂膜纤维是聚合物薄膜经纵向拉伸、撕裂、原纤化制成的化学纤维。切膜纤维是聚合物薄膜经纵向切割、拉伸而制成的化学纤维。这些纤维主要用于编织包装袋等制品。

五、按性能分类

按性能特点，化学纤维可分为常规纤维、差别化纤维（differential fiber）、高性能纤维（high-performance fiber）、功能纤维（functional fiber）和智能纤维（intelligent fiber）等。

（一）常规纤维

纤维的性能，一般指其对来自外部的物理或化学作用的抵抗能力，是避免纤维遭到破坏失去使用价值的能力。化学纤维的大品种都具有物理性能、力学性能、稳定性能、加工和使用性能，例如有一定的拉伸强度、模量、耐热性等，基本能够满足服装用途。这些化学纤维称为常规纤维。但常规纤维不同程度地存在一些缺点。例如，粘胶纤维的湿强度和模量比较低，大部分合成纤维的染色性、吸湿性和抗静电性比较差。

（二）差别化纤维

差别化纤维一般泛指对常规化学纤维产品有所创新或赋予某些特性的化学纤维。主要是指经过化学改性或物理改性，使常规化学纤维的服用性能得以改善，并具有一些新的性能，使同一化学纤维品种的产品多样化和系列化。例如仿丝纤维、异形纤维、细特纤维、高收缩纤维、抗起球纤维、三维卷曲纤维、高湿模量粘胶纤维、阳离子可染聚酯纤维、酸性可染聚丙烯腈纤维等。

差别化纤维的范围很广。其中有一类在触觉、视觉、听觉、能感、风格、质感、美感等方面的性能特别优良，穿着特别舒适和非常流行的化学纤维，称为高感性纤维（high touch fiber），包括异形纤维、易收缩混纤丝和超细纤维等品种。这种纤维的主要用途是以妇女裙子、衬衣为中心的薄型织物和以套装、女裙、礼服、外套、运动服、便服等为中心的薄型至中厚型织物。

差别化纤维的化学改性是通过无规共聚、嵌段共聚、接枝共聚、交联、大分子侧基官能团反应、表面水解等方法，改变已有成纤聚合物或纤维的化学结构，以改善纤维的性能。化学改性的效果具有耐久性。但聚合物化学结构的改变，在一定程度上也会引起高次结构的某些变化，从而导致纤维一系列性能的变化。物理改性是在不改变聚合物大分子化学结构的情况下，通过改变聚合物的相对分子质量、纤维的制备工艺、聚集态结构、侧序和形态结构，达到改善纤维性能的目的。例如，通过适当降低聚合物的相对分子质量，可以制得抗起球纤维；通过复合纺丝与共混纺丝，可制得易染、阻燃、高吸湿、抗静电及三维卷曲性纤维；通过异形纺丝，可以模拟天然纤维，改善纤维的蜡状感、透气性、吸湿性、光泽等性能。

(三)高性能纤维

高性能纤维是指具有高强度、高模量、耐高温、耐化学药品、耐气候等性能特别优异的一类新型纤维。例如芳香族聚酰胺纤维、全芳香族聚酯纤维、碳纤维、高强高模聚乙烯纤维、聚苯并咪唑纤维、聚四氟乙烯纤维以及碳化硅纤维、氧化铝纤维、硼纤维等。其中的高强度、高模量纤维，称为超级纤维(super-fiber)。

高性能纤维主要通过开发新型成纤聚合物，或通过特种加工技术而制得。例如芳香族聚酰胺纤维的分子链中由于引入苯环，刚性大大增加，成为各向异性聚合物；高强高模聚乙烯纤维的制备采用超高相对分子质量聚乙烯的半稀溶液的冻胶纺丝工艺。高性能纤维主要应用于宇宙开发、海洋开发、情报信息、能源交通、土木建筑及军事等产业和高科技领域。

(四)功能纤维

纤维皆具有一定的性能，但未必具有所谓的功能。功能是指当从外部向材料输入信号时，材料内部发生质和量的变化而产生输出的特性，使材料产生如导电、传递、储存及生物相容性等方面的能力。因此，功能纤维是在常规化学纤维原有性能的基础上，又增加了某种特殊功能的一类新型纤维。例如高吸水纤维、导电纤维、中空纤维分离膜、离子交换纤维、抗菌消臭纤维、抗紫外线纤维等。它们既可以通过化学纤维的改性获得(如以聚酰胺 66 为皮层的复合导电纤维 antronⅢ)，又可以通过开发新的纤维品种获得(如生物及医用甲壳素纤维)。其设计和制备，是为了适用于生活和产业领域的某些特殊用途。例如，用于物质分离的中空纤维、离子交换树脂、活性碳纤维；用于传导的光导纤维、导电纤维；用于医疗的手术缝合线、各种人工脏器用纤维；对人体和环境具有防护功能的防辐射纤维、阻燃纤维和防熔纤维等。

也可将具有特殊的物理化学结构、性能和用途的化学纤维称为特种纤维(special fiber)，它主要是指用于产业及尖端技术等领域的高性能纤维和高功能纤维。

1985 年，美国出版了一本 *Hi Technology Fiber*(《高技术纤维》)的书，而引出了高技术纤维(hi-tech fiber)的术语。高技术纤维，是指通过高技术生产的化学纤维，它具有优于常规纤维的性能。所谓高技术，是指基本原理建立在最新科学成就基础上，并能形成较高的经济效益、具有较高增值作用、能向社会经济各领域渗透的新技术。由于强调的角度不同，高技术纤维并不完全等同于上述的高性能纤维和功能纤维，但它又把许多高性能纤维和功能纤维包括在内。也有人将高感性纤维列入其中。

(五)智能纤维

从本质上看，智能比功能要更高一个层次。智能纤维是一维的纤维状智能材料。一方面，它具有一般智能材料的智能化功能，即能够感知环境的变化或刺激，并能做出响应，是一种长度、形状、温度、颜色和渗透速率等性能能够随着环境的变化而发生敏锐变化的新型纤维；另一方面，它具有比普通纤维长径比大的特点，能加工成多种产品。

一些智能纤维仅具有对外界刺激感知的能力，如光导纤维和导电纤维；另一些智能纤维则具有对外界刺激感知和响应的能力，如形状记忆纤维、自适应性凝胶纤维、蓄热调温纤维和变色纤维等。

六、按取向程度分类

按取向程度不同，纤维可以分为未取向丝（undraw yarn，UDY）、预取向丝（pre-oriented yarn）、全取向丝（fully oriented yarn，FOY）和全拉伸丝（fully drawn yarn，FDY）。常规纺丝生产的卷绕丝，大分子基本上是未取向的，还需要进行拉伸才能用于纺织加工。高速纺丝生产的卷绕丝，由于卷绕速度的大幅度提高，其大分子沿轴向已经具有一定程度的取向结构，可以减少后拉伸倍数，或完全取消后拉伸。预取向丝是经高速纺丝制得的取向度在未取向丝和拉伸丝之间的长丝。熔体高速纺丝时，纺速提高到一定程度后，所得卷绕丝具有普通拉伸加工成品丝的取向度和结晶度，这种丝称为全取向丝。

七、按纤维颜色和光泽分类

按颜色和光泽不同，化学纤维可以分为以下几种。

（一）本白纤维（beige fiber）

自然形成或工业加工的、颜色呈白色的纤维。

（二）有光纤维（bright fiber，lustrous fiber）

生产过程中，未经消光处理而制成的光泽较强的化学纤维。

（三）消光纤维（dull fiber，delustered fiber）

生产过程中，经过消光处理（通常以二氧化钛为消光剂）制成的化学纤维称消光纤维。纤维表面的反射光减弱。

（四）半消光纤维（semi-dull fiber）

生产过程中，经部分消光处理（加入消光剂约 0.5%）而制成的化学纤维称半消光纤维。

八、其他分类方法

按纤维的降解机理，可以分为生物降解纤维、光降解纤维等。按纤维的收缩程度，可以分为低收缩纤维、高收缩纤维、超高收缩纤维等。按与环境的关系，资源可再生、生产过程清洁化、废弃物可降解的化学纤维，符合可持续发展的要求，通常称为生态纤维或绿色纤维、环保纤维。传统的化学纤维生产过程中产生大量“三废”，特别是粘胶纤维生产会对环境造成严重污染；现有的合成纤维以不可再生的石油资源为基础，其大部分废弃物不可降解，因此大部分不是生态纤维。

此外，制备化学纤维的常规方法有熔体纺丝、干法纺丝和湿法纺丝。据此可将化学纤维分为三类，即熔纺纤维、干纺纤维和湿纺纤维。由于制备化学纤维的新型纺丝技术，例如干湿法纺丝、液晶纺丝、冻胶纺丝、静电纺丝等在不断问世，因此，化学纤维的种类也将逐渐增多。

第二节 化学纤维的生产工艺

化学纤维的制造可概括为四个工序。

(1)原料制备:高分子化合物的合成(聚合)或天然高分子化合物的化学处理和机械加工。

(2)纺前准备:纺丝熔体或纺丝溶液的制备。

(3)纺丝:纤维的成型。

(4)后加工:纤维的后处理。

一、原料制备

(一)成纤聚合物的基本性质

用于化学纤维生产的高分子化合物,称为成纤聚合物。成纤聚合物有两大类:一类为天然高分子化合物,用于生产人造纤维;另一类为合成高分子化合物,用于生产合成纤维。作为化学纤维生产的原料,成纤聚合物的性质不仅在一定程度上决定了纤维的性质,而且对纺丝、后加工工艺也有重大影响。

对成纤聚合物的一般要求:

(1)聚合物大分子必须是线型的、能伸直的分子,支链尽可能少,没有庞大侧基。

(2)聚合物分子之间有适当的相互作用力,或具有一定规律性的化学结构和空间结构。

(3)聚合物应具有适当高的相对分子质量和较窄的相对分子质量分布。

(4)聚合物应具有一定的热稳定性,其熔点或软化点应比允许使用温度高得多。

化学纤维的成型普遍采用聚合物的熔体或浓溶液进行纺丝,前者称为熔体纺丝,后者称为溶液纺丝。因此,成纤聚合物必须在熔融时不分解,或能在普通的溶剂中溶解而形成浓溶液,并具有充分的成纤能力和随后使纤维性能强化的能力,保证最终所得纤维具有良好的综合性能。几种主要成纤聚合物的热分解温度和熔点见表1-2。

表1-2 几种主要成纤聚合物的热分解温度和熔点

聚合物	热分解温度/℃	熔点/℃
纤维素	180~220	—
醋酸纤维素酯	200~230	—
甲壳素	270	—
聚对苯二甲酸乙二酯	300~350	265
聚酰胺6	300~350	215
聚酰胺66	280	255~260
等规聚丙烯	350~380	176
聚乙烯	350~400	138

续表

聚合物	热分解温度/℃	熔点/℃
聚丙烯腈	200～250	320
聚乙烯醇	200～220	225～230
聚氯乙烯	150～200	170～220
聚乳酸(右旋)	200	180
聚乳酸(左旋)	200	173～178

由表1-2可见，聚乙烯、等规聚丙烯、聚酰胺6、聚酰胺66、聚对苯二甲酸乙二酯和聚乳酸的熔点低于热分解温度，可以进行熔体纺丝。聚丙烯腈、聚氯乙烯和聚乙烯醇的熔点与热分解温度接近，甚至高于热分解温度，纤维素及其衍生物，则观察不到熔点，像这类成纤聚合物只能采用溶液纺丝方法成型。

(二)原料制备

人造纤维原料的制备过程，是将天然高分子化合物经一系列的化学处理和机械加工，除去杂质，并使其具有能满足纤维生产的物理性能和化学性能。例如，粘胶纤维的基本原料是浆粕(纤维素)，它是将棉短绒或木材等富含纤维素的物质，经备料、蒸煮、精选、精漂、脱水和烘干等一系列工序制备而成的。甲壳素纤维的基本原料是甲壳素，它是将虾蟹壳等富含甲壳素的物质，经预处理、浸酸、碱煮、氧化脱色和还原等一系列工序制备而成的。

合成纤维的原料制备过程，是将有关单体通过一系列化学反应，聚合而成具有一定官能团、一定相对分子质量和相对分子质量分布的线型聚合物。由于聚合方法和聚合物的性质不同，合成的聚合物可能是熔体状态或溶液状态。将聚合物熔体直接送去纺丝，这种方法称为直接纺丝；也可将聚合得到的聚合物熔体经铸带、切粒等工序制成“切片”，再以切片为原料，加热熔融形成熔体进行纺丝，这种方法称为切片纺丝。直接纺丝和切片纺丝在工业生产中都有应用。

溶液纺丝也有两种方法，将聚合后的聚合物溶液直接送去纺丝，这种方法称一步法；先将聚合得到的溶液分离制成颗粒状或粉末状的成纤聚合物，然后再溶解制成纺丝溶液，这种方法称为二步法。

在化学纤维原料制备过程中，可采用共聚、共混、接枝、加添加剂等方法，以生产某些改性化学纤维。

二、纺丝熔体或溶液的制备

(一)纺丝熔体的制备

切片纺丝，需要在纺丝前将切片干燥，而后加热至熔点以上、热分解温度以下，将切片制成纺丝熔体。

1. 切片干燥

经铸带和切粒后得到的成纤聚合物切片在熔融之前，必须先进行干燥。切片干燥的目的是除去水分，提高聚合物的结晶度与软化点。

切片中含有水分会给最终纤维质量带来不利影响，这是因为在切片熔融过程中，聚合物在高温下易发生热裂解、热氧化裂解和水解等反应，使聚合物相对分子质量显著下降，大大降低所得纤维的质量。另外，熔体中的水分气化，会增加纺丝断头率，严重时甚至使纺丝无法正常进行。因此，在聚酯、聚酰胺和聚乳酸纤维生产中，必须对切片进行干燥。干燥后切片的含水率，视纤维品种而异。例如，对于PA6切片，要求干燥后含水率一般低于0.05%；而PET切片，由于在高温下聚酯中的酯键极易水解，故对干燥后切片含水率要求更严格，一般应低于0.01%；对于PP切片，由于其本身不吸湿，回潮率为零，因而不需干燥。

切片干燥的同时，使聚合物的结晶度和软化点提高，这样的切片在输送过程中不易因碎裂而产生粉末，也避免了在螺杆挤出机中过早地软化粘结而产生环结阻料现象。

2. 切片的熔融

切片的熔融是在螺杆挤出机中完成的。切片自料斗进入螺杆，随着螺杆的转动被强制向前推进，同时螺杆套筒外的加热装置将切片加热熔融，熔体以一定的压力被挤出而输送至纺丝箱体中进行纺丝。

与切片纺丝相比，直接纺丝法省去了铸带、切粒、切片干燥及再熔融等工序，从而大大简化了生产流程，减小了车间面积，节省投资，且有利于提高劳动生产率和降低成本。但是利用聚合后的聚合物熔体进行直接纺丝，对于某些聚合过程（如己内酰胺的聚合），留存在熔体中的一些单体和低聚物难以去除，不仅影响纤维质量，而且还会恶化纺丝条件，使生产线的工艺控制也比较复杂。因此，对产品质量要求比较高的品种，一般采用切片纺丝法。

切片纺丝法工序较多，但具有较强的灵活性，产品质量也较高。另外，还可使切片进行固相聚合，进一步提高聚合物的相对分子质量，生产高黏度切片，以制取高强度的纤维。目前对产品质量要求较高的帘子线或长丝以及不具备聚合生产能力的企业，大多采用切片纺丝法。

（二）纺丝溶液的制备

目前，在采用溶液纺丝法生产的主要化学纤维品种中，只有聚丙烯腈纤维既可采用一步法，又可采用二步法纺丝，其他品种的成纤聚合物，无法采用一步法生产工艺。虽然采用一步法省去了聚合物的分离、干燥、溶解等工序，可简化工艺流程，提高劳动生产率，但制得的纤维质量不稳定。

采用二步法时，需要选择合适的溶剂将成纤聚合物溶解，所得的溶液在纺丝之前还要经过混合、过滤和脱泡等工序，这些工序总称为纺前准备。

1. 成纤聚合物的溶解

线型聚合物的溶解过程是先溶胀后溶解。即溶剂先向聚合物内部渗入，聚合物的体积不断增大，大分子之间的距离增加，最后大分子以分离的状态进入溶剂，从而完成溶解过程。

用于制备纺丝溶液的溶剂必须满足下列要求：

（1）在适宜的温度下有良好的溶解性能，并使所得聚合物溶液在尽可能高的浓度下具有较低的黏度。

（2）沸点不宜太低，也不宜过高。如沸点太低，溶剂挥发性太强，会增加溶剂损耗并恶化劳动条件；沸点太高，则不宜进行干法纺丝，且溶剂回收工艺比较复杂。

（3）有足够的热稳定性和化学稳定性，并易于回收。

（4）应尽量无毒、无腐蚀性，并不会引起聚合物分解或发生其他化学变化。

在纤维素纤维生产中，由于纤维素不溶于普通溶剂，所以通常是将其转变成衍生物（纤维素黄原酸酯、纤维素醋酸酯等）之后，再溶解制成纺丝溶液。采用溶剂纺丝工艺，可以用 N-甲基吗啉-N-氧化物的水溶液，直接溶解纤维素，制成纺丝溶液。

化学纤维生产中常用的纺丝溶剂见表 1-3。

表 1-3 化学纤维生产中常用的纺丝溶剂

成纤聚合物	溶剂
纤维素黄原酸酯	氢氧化钠的水溶液
纤维素	N-甲基吗啉氧化物—水（NMMO—H_2O）、二甲基乙酰胺—氯化锂（DMAc—LiCl）、液氨—硫氰酸铵（NH_3—NH_4SCN）、三氟乙酸—二氯甲烷（TFA—CH_2Cl_2）
醋酸纤维素	丙酮
甲壳素	含 8%氯化锂的二甲乙胺酰或浓酸及无水甲酸
壳聚糖	矿酸、有机酸及弱酸稀溶液
聚丙烯腈	二甲基甲酰胺、二甲基乙酰胺、二甲基亚砜、硫氰酸钠、硝酸或氯化锌的水溶液等
聚乙烯醇	水
聚氯乙烯	丙酮与二硫化碳、丙酮与苯、环已酮、四氢呋喃、二甲基甲酰胺、丙酮
聚对苯二甲酰对苯二胺	浓硫酸、含有 LiCl 的二甲基亚砜

目前，化学纤维生产中采用的有些溶剂或多或少存在着不稳定、有毒、不易回收、价格昂贵等缺点。一种代替易挥发溶剂——离子液体（ionic liquid），正在研究和开发之中。离子液体是在室温及相邻温度范围内完全由离子组成的有机液体。常见的离子液体通常由烷基吡啶或双烷基咪唑季铵阳离子与四氟硼酸根、六氟磷酸根、硝酸根、卤素等阴离子组成。它们具有极性强、不挥发、不易氧化、不易燃易爆、对无机和有机化合物有良好的溶解性和对绝大部分试剂稳定等优良特性，因此被称为绿色溶剂。

纺丝溶液的浓度根据纤维品种和纺丝方法的不同而异。通常，用于湿法纺丝的纺丝溶液浓度为 3%～25%；用于干法纺丝的纺丝溶液浓度一般在 25%～35%。

因溶解过程所需时间较长，目前生产中大多采用间歇式分批操作的溶解机，它由带有夹套（可加热或冷却）的圆筒形机身、搅拌器及传动装置等组成。

2. 纺丝溶液的混合、过滤和脱泡

混合的目的是使各批纺丝溶液的性质（主要是浓度和黏度）均匀一致。

过滤的目的是除去杂质和未溶解的高分子物。纺丝溶液的过滤，一般采用板框式压滤机，过滤材料选用能承受一定压力并具有一定紧密度的各种织物，一般要连续进行 2～4 道过滤。后一道过滤所用的滤材应比前一道更致密，这样才能发挥应有的效果。

脱泡是为了除去留存在纺丝溶液中的气泡。这些气泡在纺丝过程中会造成断头、毛丝和气泡丝而降低纤维质量，甚至使纺丝无法正常进行。脱泡过程可在常压或真空状态下进行。在常压下静置脱泡，因气泡较小，气泡上升速率很慢，脱泡时间很长。在真空状态下脱泡，真空度越高，液面上压力越小，气泡会迅速胀大，脱泡速度可大大加快。

三、化学纤维的成型

将成纤聚合物的熔体或浓溶液，用纺丝泵（或称计量泵）连续、定量而均匀地从喷丝头（或喷丝板）的毛细孔中挤出，而成为液态细流，再在空气、水或特定的凝固浴中固化成为初生纤维的过程称作纤维成型或称纺丝，这是化学纤维生产过程中的核心工序。调节纺丝工艺条件，可以改变纤维的结构和物理机械性能。

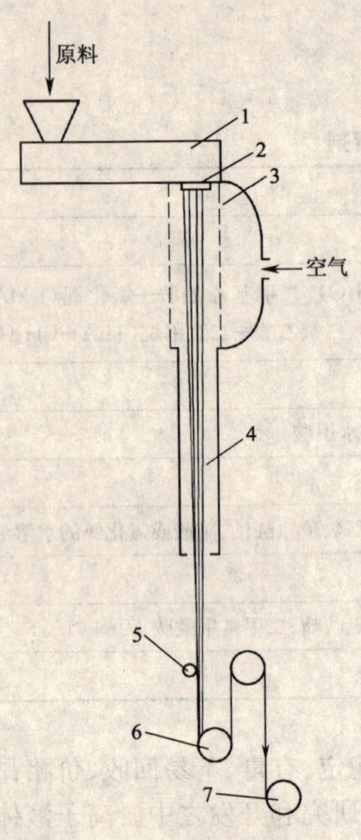

图 1-3　熔体纺丝示意图

1—螺杆挤出机　2—喷丝板　3—吹风窗　4—纺丝甬道　5—给油盘　6—导丝盘　7—卷绕装置

化学纤维的纺丝方法主要有熔体纺丝法、湿法纺丝法和干法纺丝法。

（一）熔体纺丝

切片在螺杆挤出机中熔融后或由连续聚合制成的熔体，送至纺丝箱体中的各纺丝部位，再经纺丝泵定量压送到纺丝组件，过滤后从喷丝头的毛细孔中压出而成为细流，并在纺丝甬道中冷却成型。初生纤维被卷绕成一定形状的卷装（对于长丝）或均匀落入盛丝桶中（对于短纤维）。图 1-3 为熔体纺丝示意图。

由于熔体细流在空气介质中冷却，传热和丝条固化速度快，而丝条运动所受阻力很小，因此熔体纺丝的纺丝速度要比湿法纺丝高得多。目前熔体纺丝一般纺速为 1000～2000m/min。采用高速纺丝时，纺速可达 3000～6000m/min 或更高。为了加速冷却固化过程，一般在熔体细流离开喷丝板后与丝条垂直方向进行冷却吹风，吹风有侧吹、环吹和中心辐射吹风等形式。吹风窗的高度通常在 1m 左右，纺丝甬道的长短视纺丝设备和厂房的高度而定，一般在 3～5m。

近年来，一种用于纺制聚丙烯、聚酯短纤维的短程纺技术得到迅速发展。纺丝中熔体细流从喷丝孔挤出后，迅速用水冷却，固化距离只有 50cm 左右，比通常熔体纺丝机上数米长的冷却区要短得多，因此纺丝机的结构比较简单，投资费用较少。

（二）湿法纺丝

纺丝溶液经混合、过滤和脱泡等纺前准备后送至纺丝机，通过纺丝泵计量，经烛形过滤器、鹅颈管进入喷丝头（帽），从喷丝头毛细孔中挤出的溶液细流进入凝固浴，溶液细流中的溶剂向凝固浴扩散，浴中的凝固剂向细流内部扩散。于是聚合物在凝固浴中析出而形成初生纤维。湿法纺丝中的扩散和凝固不仅是一般的物理化学过程，对某些化学纤维，如粘胶纤维还同时发生化学变化，因此湿法纺丝的成型过程比较复杂；纺丝速度受溶剂和凝固剂扩散、凝固浴的流体阻力等因素限制，所以纺丝

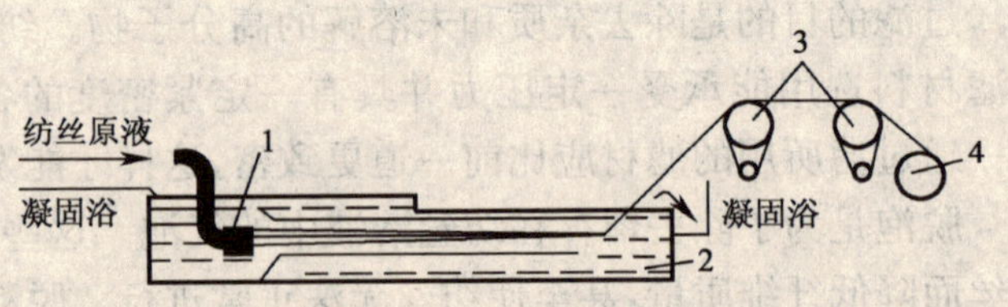

图 1-4　湿法纺丝示意图

1—喷丝头　2—凝固浴　3—导丝盘　4—卷绕装置

速度比熔体纺丝低得多。图 1－4 为湿法纺丝示意图。

在湿法纺丝中有各种不同的凝固方式。例如单浴法或双浴法、单独浴槽(浴管)或公共浴槽以及深浴式或浅浴式等。

采用湿法纺丝时,必须配备凝固浴的配制、循环及回收设备,工艺流程复杂,厂房建筑和设备投资费用都较大,纺丝速度低,成本高且对环境污染较严重。目前腈纶、维纶、氯纶、粘胶纤维以及某些由刚性大分子构成的成纤聚合物都需要采用湿法纺丝。

(三)干法纺丝

干法纺丝时,从喷丝头毛细孔中挤出的纺丝溶液不进入凝固浴,而进入纺丝甬道。通过甬道中热空气的作用,使溶液细流中的溶剂快速挥发,并被热空气流带走。溶液细流在逐渐脱去溶剂的同时发生浓缩和固化,并在卷绕张力的作用下伸长、变细而成为初生纤维。图 1－5 为干法纺丝示意图。

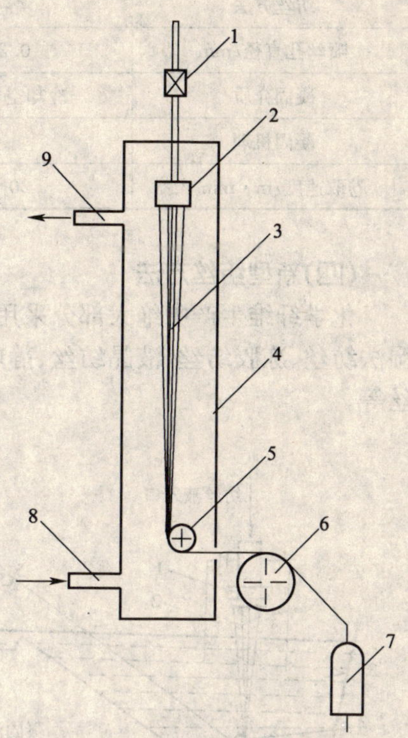

图 1－5　干法纺丝示意图

1—计量泵　2—喷丝头　3—纺丝线
4—干燥甬道　5、6、7—卷绕元件
8、9—干燥气体的入口和出口

采用干法纺丝时,首要的问题是选择溶剂,因为纺丝速度主要取决于溶剂的挥发速度,所以选择的溶剂应使溶液中聚合物的浓度尽可能地高,而溶剂的沸点和蒸发潜热应尽可能低,这样就可减少在纺丝溶液转化为纤维过程中所需挥发的溶剂量,降低热能消耗,并可提高纺丝速度。除了技术经济要求以外,还应考虑溶剂的可燃性,以满足安全防护要求。最常用的干法纺丝溶剂为丙酮、二甲基甲酰胺等。

目前,干法纺丝速度一般为 200～500m/min,高者可达 1000～1500m/min。但由于受溶剂挥发速度的限制,干纺速度还是比熔纺速度低,而且还需设置溶剂回收等工序,故辅助设备比熔体纺丝多。干法纺丝一般适宜纺制化学纤维长丝,主要生产的品种有聚丙烯腈纤维、醋酯纤维、聚氯乙烯纤维、聚氨酯纤维等。

由上述可知,干法纺丝的纺丝溶液制备与湿法纺丝相似。纺丝细流在甬道中固化成型,成型过程和设备外形结构又与熔体纺丝有些相似。为了与熔体纺丝、溶液纺丝比较,将三种基本成型方法的特征归纳于表 1－4。

表 1－4　三种纺丝成型方法的基本特征

纺丝方法	熔纺法	干　法	湿　法
纺丝液状态	熔体	溶液	溶液或乳液
纺丝液浓度/%	100	18～45	3～16
纺丝液黏度/Pa·s	100～1000	20～400	2～200
喷丝头(板)孔数	1～30000	10～4000	24～160000

续表

纺丝方法	熔纺法	干　法	湿　法
喷丝孔直径/mm	0.2～0.8	0.03～0.2	0.07～0.1
凝固介质	冷却空气，不回收	热空气，再生	凝固浴，回收、再生
凝固机理	冷却	溶剂挥发	脱溶剂（或伴有化学反应）
卷取速度/$m \cdot min^{-1}$	20～7000	100～1500	18～380

(四)新型纺丝方法

化学纤维生产中绝大部分采用上述三种纺丝方法。此外，还有一些新型纺丝方法，例如干湿法纺丝、冻胶纺丝、液晶纺丝、静电纺丝、固态挤出、反应纺丝、喷射纺丝、离心纺丝、相分离纺丝等。

1. 干湿法纺丝

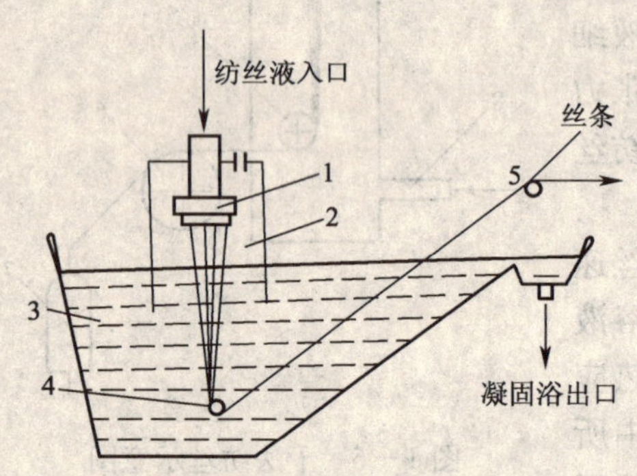

图 1－6　干湿法纺丝示意图
1—喷丝头　2—空气层　3—凝固浴
4、5—导丝辊

干湿法纺丝是将干法与湿法结合起来的一种溶液纺丝方法，也称干喷湿纺。干湿法纺丝时，纺丝溶液从喷丝头压出后，先经过一段时间，然后进入凝固浴，因此也有人把这种方法称为气隙纺丝（air gap spinning）。从凝固浴中导出的初生纤维的后处理过程，与普通湿法纺丝相同。图 1－6 为干湿法纺丝示意图。

干湿法纺丝与喷丝孔直接浸入凝固浴中的传统湿法纺丝有显著的区别。

(1)干湿法纺丝不会发生纺丝溶液冻结的问题，因此可采用比湿法纺丝低得多的凝固浴温度。

(2)干湿法纺丝时，纺丝溶液挤出喷丝孔后先通过一段空气层，导致喷丝头至丝条固化点之间的距离增大，因此拉伸区长度可达 5～100mm，远远超过液流胀大区的长度。在这样长的距离内发生的液流轴向形变，其速度梯度不大，形成的纤维能在空气层中经受显著的喷丝头拉伸，而液流胀大区却没有很大的形变，这就可以大大提高纺丝速度。而湿法纺丝喷丝头拉伸在很短的区域内发生，这样就导致产生很大的拉伸速度，而且特别不利的是导致胀大区发生强烈的形变，使黏弹性的液体受到过大的张力，并在较小的喷丝头拉伸下就发生断裂。因而在湿法纺丝时，要借增大喷丝头拉伸而提高纺丝速度是有限制的。因此，通常干湿法纺丝的速度可比湿法纺丝高 5～10 倍。

另外，干湿法纺丝可以采用直径较大的喷丝孔（d＝0.15～0.3mm）和黏度较大的纺丝溶液。湿法纺丝溶液的黏度一般为 20～50Pa・s，而干湿法纺丝溶液的黏度为 50～100Pa・s，甚至可以达 200Pa・s 或更高。因此，干湿法纺丝的生产率比湿法纺丝有很大的提高。

目前，干湿法纺丝已在聚丙烯腈长丝和 Lyocell 纤维的生产中得到实际应用。聚丙烯腈长丝的纺丝速度达到 40～150m/min。下述提到的冻胶纺丝和液晶纺丝，也采用了干湿法纺丝工艺。

2. 冻胶纺丝

冻胶纺丝也称凝胶纺丝，是一种通过冻胶态中间物质制得高强度纤维的新型纺丝方法。冻胶纺丝的所有技术要点都是为了减少宏观和微观的缺陷，使结晶结构接近理想的纤维，使分子链几乎完全沿纤维轴取向。因此，冻胶纺丝的原料使用超高相对分子质量的聚合体，以减少链末端造成的缺陷，从而提高纤维的强度。但由于纺丝溶液的流动性、可纺性和初生纤维的最大拉伸比随相对分子质量和纺丝溶液浓度的增大而下降，因此超高相对分子质量聚合物的冻胶纺丝，通常采用半稀溶液。

冻胶纺丝原液中，浓度虽然只有百分之几，但由于超高相对分子质量聚合物的大分子间易产生相互缠结，因此纺丝原液具有很高的黏度。如何使大分子链解缠，是该技术的要点之一。另外，纺丝原液必须尽可能地均匀，因为任何不均匀都将成为最终纤维中的缺陷，降低纤维的力学性能。解决这个问题的各种溶解方法已有报道，目前主要通过螺杆挤压机将纺丝原液进行机械解缠和提高纺丝原液温度等措施降低大分子的缠结。

冻胶纺丝的关键技术之一是将喷丝头出来的丝束，引入到一低温凝固浴中，以保持大分子的解缠状态。为抑制挤出细流与凝固浴间发生双扩散，提高纤维的均匀性，凝固浴浓度一般很高。挤出细流在低温、高浓度的凝固浴中发生热交换而被迅速冻结而发生结晶，同时使双扩散受到抑制，从而得到含大量溶剂的力学性能较稳定的冻胶体。该冻胶体经超倍拉伸后，大分子高度取向，并促进应力诱导结晶，从而成为高强高模纤维。

冻胶纺丝通常使喷丝孔挤出的热原液细流在冷的凝固浴内冻结。但如果采用普通的湿法纺丝，由于凝固浴温度很低，纺丝原液会被冻结于喷丝孔内，从而不能顺利纺丝。因此，冻胶纺丝通常采用干湿法纺丝工艺，使挤出细流先通过气隙，然后进入凝固浴。因此与普通干湿法纺丝的区别，主要不在于纺丝工艺，而在于挤出细流在凝固浴中的状态不同。图 1－7 为冻胶纺丝工艺流程示意图。

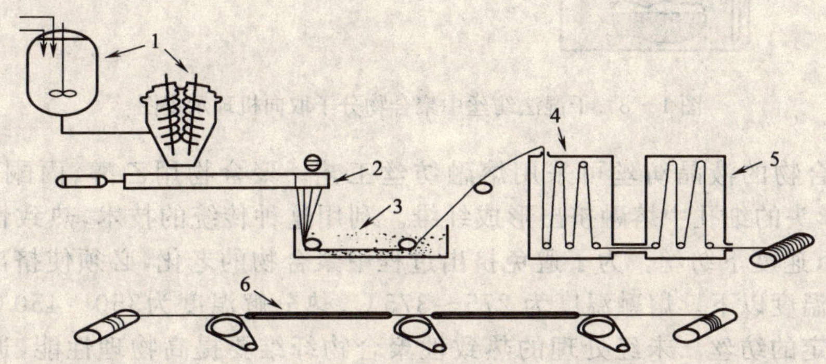

图 1－7　冻胶纺丝工艺流程示意图

1—原液制备　2—具有喷丝头的螺杆挤出机　3—凝固浴
4—溶剂萃取　5—干燥　6—拉伸

高强高模聚乙烯纤维的冻胶纺已经实现了工业化生产，目前有商品名 Dyneema 和 Spectra 等高强高模聚乙烯纤维在生产。超高相对分子质量聚丙烯腈和聚乙烯醇等的冻胶纺丝也已开发成功。

3. *液晶纺丝*

液晶纺丝是制得高强度纤维的另一种新型纺丝方法。具有刚性分子结构的聚合物在适当的溶液浓度和温度下，可以形成各向异性溶液或熔体。在纤维制造过程中，各向异性溶液或熔体的液晶区在剪切和拉伸流动下易于取向，同时各向异性聚合物在冷却过程中会发生相变形成高结晶性的固体，从而可以得到高取向度和高结晶度的高强纤维。

溶致性聚合物的液晶纺丝通常采用干湿法纺丝工艺。图 1－8 为干湿法纺丝中聚合物分子取向机理示意图。各向异性溶液从喷丝头的细孔挤出时，由于细孔中的剪切，液晶区在流动的方向上取向。因溶液的黏弹性，细孔出口处液晶区的取向略有散乱。然而这种散乱在空气间隔层随纺丝张力引起的长丝变细而迅速恢复正常，变细的长丝保持高取向分子结构被凝固，从而形成高结晶、高取向性的纤维结构。

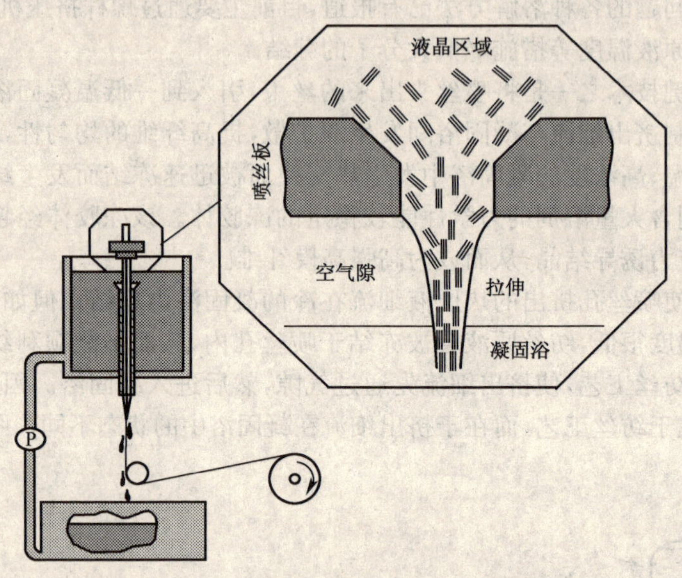

图 1－8　干湿法纺丝中聚合物分子取向机理示意图

热致性聚合物的液晶纺丝可采用熔融纺丝工艺。聚合物用乙醇、丙酮、水等溶剂洗净，然后从喷丝头的细孔中熔融挤出形成纤维。利用这种传统的技术，热致性聚合物可在90～180m/min 速度下纺丝。为了避免挤出过程中聚合物的老化，必须使挤出温度维持在聚合物的分解温度以下。熔融温度为 275～375℃、热分解温度为350～450℃的热致性聚合物可进行稳定的纺丝。未经处理的热致性聚合物纤维要提高物理性能，通常要在高温下进行热处理。

考虑到热致性聚合物的熔融温度高、熔融黏度大，此外，为了使添加剂在纤维中充分分散，热致性聚合物的液晶纺丝也可采用溶液纺丝工艺。

芳香族聚酰胺的液晶纺丝已经实现了工业化生产，其中美国杜邦公司的聚对苯二甲酰对苯二胺纤维在 1972 年以 kevlar 的商品名问世。热致性液晶高分子中最重要的一类是芳香族共聚酯，芳香族共聚酯 Vectran 纤维也已在 1986 年开发成功。

4. 静电纺丝

静电纺丝是一种对高分子溶液或熔体施加高电压进行纺丝的方法。通常电压在数千伏以上，而电流小，因而能量消耗小。静电纺丝技术在 1930 年就有了专利。20 世纪 90 年代以来，由于纳米技术盛行，而静电纺丝能制得直径为50～500nm的纤维，因此研究人员对其给予了极大的关注。

静电纺丝装置(图1－9)包括定量供给溶液或熔体的装置(计量泵)、形成细流的装置(喷丝模口)以及纤维接受装置。由喷丝头中流出的液体，在高压静电场中形成微小的液滴或拉成细丝。对带有高分子溶液的喷嘴前端加电压，或者对高分子溶液直接加电压，则发生以下现象：

(1)在喷嘴前端的滴液表面，电荷聚集而相斥，这时由喷嘴出来的液滴逐渐成圆锥状。

(2)电荷相斥力逐渐增强，当相斥力超过表面张力时，则从圆锥状液滴的前端直接喷射出液流。

(3)当喷射出的液流变细时，表面电荷密度增大，使电荷相斥力增强，液流再被拉伸；这时，液流表面积急速变大，溶剂蒸发，在收集板上形成纳米纤维。

与其他纳米纤维制造技术相比，静电纺丝法具有下述特征：

(1)可直接制造纳米纤维非织造布，因此在纺丝后无需再进行加工。

(2)可在室温下纺丝，因此含有热稳定性不好的化合物的溶液也可纺丝。

(3)原料来源广泛。迄今为止，已有用聚酯、聚酰胺、聚乙烯醇、聚氯乙烯、氯化聚氯乙烯、聚丙烯腈、聚氧乙烯、聚乳酸及其共聚物等合成高分子及骨胶原、蚕丝等天然高分子静电纺丝的报道。

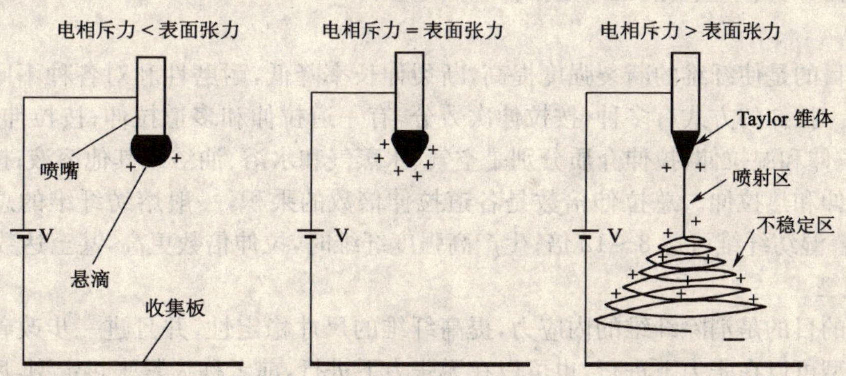

图1－9 静电纺丝装置示意图

5. 固态挤出

固态挤出工艺的原料通常采用超高相对分子质量的聚合物，这种聚合物有低水平的内在链缠结。加工以前，聚合物粉末不得处于熔融温度，因为其可以增加不利的链缠结。

固态挤出工艺由三个基本操作单元组成，即粉末压缩、辊碾和超倍拉伸(图1－10)。

固态挤出不需溶剂、加工助剂或配料。此外，过程中的所有操作均在聚合物熔点以下进行。这些工艺特征能够使操作避免高成本和许多高性能纤维共同面临的处理大量溶剂的环保困难。该工艺明显降低了对大规模辅助公用工程的需要。

超高相对分子质量聚乙烯纤维等的由固态挤出工艺已开发成功，制得的全拉伸带材和纱线有1.6～1.8N/tex的拉伸强度、90～130N/tex的弹性模量和2.6%的断裂伸长率。

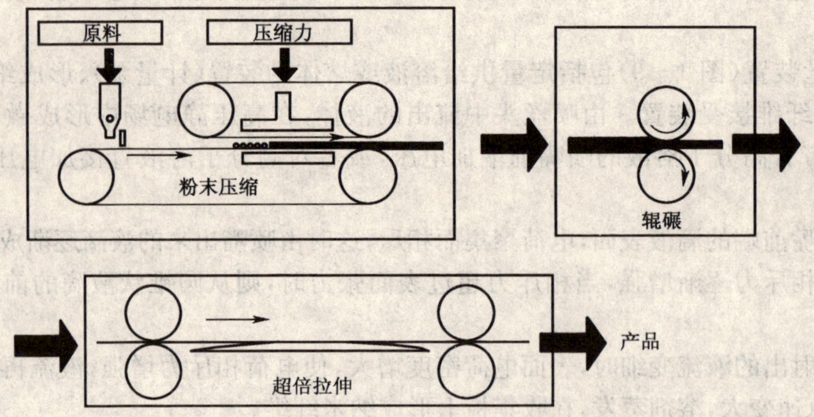

图 1-10　固态挤出工艺示意图

四、化学纤维的后加工

纺丝成型后得到的初生纤维其结构还不完善，物理机械性能较差，如伸长大、强度低、尺寸稳定性差，还不能直接用于纺织加工，必须经过一系列的后加工。后加工随化纤品种、纺丝方法和产品要求而异，其中主要的工序是拉伸和热定型。

1. 拉伸

拉伸的目的是使纤维的断裂强度提高，断裂伸长率降低，耐磨性和对各种不同形变的耐疲劳强度提高。拉伸的方式有多种，按拉伸次数分，有一道拉伸和多道拉伸；按拉伸介质分，有干拉伸、蒸汽拉伸和湿拉伸，拉伸介质分别是空气、水蒸气和水浴、油浴或其他溶液；按拉伸温度又可分为冷拉伸和热拉伸。总拉伸倍数是各道拉伸倍数的乘积，一般熔纺纤维的总拉伸倍数为3.0～7.0倍；湿纺纤维可达8～12倍；生产高强度纤维时，拉伸倍数更高，甚至达数十倍。

2. 热定型

热定型的目的是消除纤维的内应力，提高纤维的尺寸稳定性，并且进一步改善其物理机械性能。热定型可以在张力下进行，也可以在无张力下进行，前者称为紧张热定型，后者称为松弛热定型。热定型的方式和工艺条件不同，所得纤维的结构和性能也不同。

在化学纤维生产中，无论是纺丝还是后加工都需进行上油。上油的目的是提高纤维的平滑性、柔软性和抱合力，减小摩擦和静电的产生，改善化学纤维的纺织加工性能。上油形式有油槽或油辊上油及油嘴喷油。不同品种和规格的纤维需采用不同的专用油剂。

除上述工序外，在用溶液纺丝法生产纤维和用直接纺丝法生产聚酰胺纤维的后处理过程中，都要有水洗工序，以除去附着在纤维上的凝固剂和溶剂，或混在纤维中的单体和齐聚物。在粘胶纤维的后处理工序中，还需设脱硫、漂白和酸洗工序。生产短纤维时，需要进行卷曲和切断；生产长丝时，需要进行加捻和络筒。加捻的目的是使复丝中各根单纤维紧密地抱合，避免在纺织加工时发生断头或紊乱现象，并使纤维的断裂强度提高。络筒是将丝筒或丝饼退绕至锥形纸管上，形成双斜面主塔型筒子，以便运输和纺织加工。生产弹力丝时，需进行变形加工。生产网络丝时，在长丝后加工设备上加装网络喷嘴，经喷射气流的作用，单丝互相缠结而呈周期性网络点。网络加工既可改进合纤长丝的极光效应和蜡状感，又可提高其纺织加工性能，免去上浆、退浆，代替加捻或并捻。为了赋予纤维某些特殊性能，还可在后加工过程中进行某些特殊处理，如提高纤维的抗皱性、耐热水性、阻燃性等。

随着合成纤维生产技术的发展，纺丝和后加工技术已从间歇式的多道工序发展为连续、高速一步法的联合工艺，如聚酯全拉伸丝可在纺丝—牵伸联合机上生产，而利用超高速纺丝（纺速5500m/min 以上）生产的全取向丝，不需进行后加工，便可直接用作纺织原料。

第三节　化学纤维的主要品种

目前世界上生产的化学纤维品种繁多，据统计有几十种，一些新品种还在陆续问世。化学纤维的主要品种列于表 1－5。

表 1－5　化学纤维的主要品种

学　名	国际代码	英文名称缩写	商品名	
			国　内	国外（举例）
粘胶纤维	CR		粘胶纤维（粘纤）	Fibro、Courtaulds、Beau-Grip、Topel、Vistra
高湿模量粘胶纤维	CMD		莫代尔，富强纤维	Modal、Zantrel、Vincel、Polynosic、Avril
莱赛尔（Lyocell）纤维	CLY		莱赛尔、天丝	Tencel、Lenzing Lyocell、NewCell、Alceru、Schwarza-lyocell
铜氨纤维	CUP		铜氨纤维（铜氨纤）	
二醋酯纤维	CA		二醋酯纤维（二醋纤）	Celanese、Celarate、Estro
三醋酯纤维	CTA		三醋酯纤维（三醋纤）	
海藻纤维	ALG			
聚对苯二甲酸乙二醇酯纤维	PES	PET	涤纶	Dacron、Trevira、Terylene、Micromattigue、Thermax、Fortrel、Tetoron、Lavsan
聚对苯二甲酸丁二醇酯纤维		PBT		Finecell、Sumola
聚对苯二甲酸丙二醇酯纤维		PTT		Corterra
聚乳酸（聚丙交酯）纤维		PLA		Lactron、Ingeo、Terramac、Nature Works
聚己内酰胺纤维	PA	PA6	锦纶 6、尼龙 6	Perlon、Amilan、Kapron
聚己二酰己二胺纤维		PA66	锦纶 66、尼龙 66	Antron、Tactel、Supplex
聚己二酰丁二胺纤维聚间苯二甲酰间苯二酸纤维	AR	PA46	尼龙 46 芳纶 1313	Nomex、Conex、Stanyl
聚对苯二甲酰对苯二胺纤维			芳纶 1414	Kevlar、Terion、Twaron
聚丙烯腈纤维（系丙烯腈与 15%以下其他单体的共聚物纤维）	PAN	PAN	腈纶	Orlon、Acrilan、Creslan、Courtelle、cashmere、Nitron

续表

学名	国际代码	英文名称缩写	商品名	
			国内	国外(举例)
改性聚丙烯腈纤维(系丙烯腈与15%以上第二组分的丙烯腈共聚物纤维)	MAC		腈氯纶	SEF、Dynel、Kanekalon、Verel
聚丙烯纤维	PP	PP	丙纶	Pylen、Meraklon
聚乙烯纤维	PE	PE	乙纶	Eltextil、Norfil、Firestone-PE-M、Hi-Zex、Pex
聚乙烯醇缩甲醛纤维	PVAL	PVA	维纶、维尼纶	Vinylon、Kuralon、Mewlon
聚乙烯醇—氯乙烯接枝共聚纤维			维氯纶	Cordelan
聚氯乙烯纤维	CLF		氯纶	Teviron、Rhovyl、Leavil、Rhovyl
氯化聚氯乙烯纤维			过氯纶	PeCe-U
聚偏氯乙烯纤维			偏氯纶	Saran
聚氟烯烃纤维	PTFE	PTFE	氟纶	Teflon
聚氨酯弹性纤维	EL	PU	氨纶	Lycra、glospan、Dorlustan、Vairin

其中最主要和得到重点发展的有聚对苯二甲酸乙二酯、聚酰胺、聚丙烯腈、聚丙烯和粘胶纤维五种纤维。近年来,聚氨酯弹性纤维和 Lyocell 纤维在世界发展较快。一些属于特种用途的纤维,如高技术纤维,它们的生产量虽不大,但在国民经济中占有重要的地位,因此受到重视。

第四节　化学纤维的发展历史和展望

一、世界化学纤维发展简史

自古以来,人类的生活就与纤维密切相关。在中国、埃及和南非的早期文化中,都有用天然纤维纺纱织布的记载,这可以追溯至公元前 3000 年。例如,亚麻早在新石器时代就已在中欧使用。棉在印度的使用历史之久犹如欧洲使用亚麻。我国公元前 2640 年就已发现蚕丝,商朝的出土文物证明,当时高度发达的织造技术中已经使用了多种真丝。羊毛在新石器时代末在中亚细亚开始使用。因此可以说,麻、棉、丝、毛等天然纤维公元前就已在世界范围内得到应用。

与天然纤维悠久的历史相比,化学纤维的历史还很短。

1846 年,德国人 F. Schönbein 通过用硝酸处理木纤维素制成硝酸纤维素。经法国、英国等专家近 40 年的研究,于 1883 年法国人 Chardonnet 获得了用硝酸纤维素制造化学纤维的最著名的专利,并于 1891 年在 Besancon 以工业规模生产硝酯纤维(硝酸纤维素纤维),这标志着世界化学纤维的工业化开始。随后,各种形式的人造纤维素纤维(包括铜氨纤维、粘胶纤维和醋酯纤维)相继问世。硝酯纤维由于其性能不如粘胶纤维而发展缓慢。

1857 年,德国人 Schweizer 发明了制备铜氨纤维素的方法。1890 年,Despassie 提出了由铜氨溶液制备纤维素纤维的方法。德国在 Aachen 附近的 Oberbruch 首先用铜氨法生产纤维素纤维，并且于 1899 年成立了 Enka 公司的前身 Glanzstoff 公司，实现了铜氨纤维的工业化。以后 Bemberg 公司进一步发展了铜氨法。铜氨纤维由于要以价格较高的铜氨作溶剂，在成本上无法与粘胶纤维竞争，因此只用作少数纺织品和人工肾。

1891 年，三个英国人 C. F. Cross、E. J. Bevan 和 C. Beadle 发明了把纤维素溶解成溶液的新方法——粘胶法，并于 1892 年在英国和德国取得专利。英国 Courtaulds 公司购买了这一专利，于 1904 年首先实现了工业化，成为世界上第一个大规模生产的化学纤维品种。在第一次世界大战将结束时，人们就用切断粘胶长丝的方法生产短纤维。1921 年，德国 Premnitz 工厂生产出了可用于纺织的粘胶短纤维。在此期间，还开发了工业用的高强力粘胶长丝。

与此同时，1869 年，德国人 P. Schützenberger 以实验室规模研究成功使用醋酸酐进行纤维素的乙酰化。1904 年，Bayer 染料公司根据德国人 A. E. Eichengrün 的发明，申请了纺制醋酯纤维的专利，但拖延了 20 多年才由 IG-Farbenindustrie 和 Glanzstoff 公司合资在 1926 年投产。美国 Cellanese 公司在 1924 年首先实现了醋酯纤维的工业化。醋酯纤维在纺织领域的用途局限于衬里等方面，因此发展不快。但它一直在香烟过滤嘴的材料领域大显身手。

20 世纪初期，还出现了各种再生蛋白质纤维。但早期研制的再生蛋白质纤维因纤维力学性能差、技术难度大等原因，在市场上没有取得重要的地位。英国的花生蛋白质纤维“Atdil IC”于 1957 年停产，美国的玉米蛋白质纤维“Vicara”和大豆蛋白质纤维“Soylon”也只进行过短期生产。日本东洋纺公司的酪素蛋白质纤维“Chinon”1968 年成为世界化学纤维的十大发明之一。但其主成分是酪素蛋白质和丙烯腈的接枝共聚物。由于其原料成本过高且强力不足，耐热性能不好，至今未大量使用。

19 世纪末至 20 世纪 30 年代(1938 年前)，可以称为人造纤维的创新与起步阶段。由于人造纤维是化学纤维的一个分支，因此也是化学纤维的创新与起步阶段。其特点是一大批以纤维素和蛋白质为原料的人造纤维品种陆续问世，特别是粘胶纤维已经开始大规模生产，弥补了天然丝的严重不足。当然，玻璃纤维也有古老的历史，而且在 20 世纪 30 年代有了改进，在商业上变得重要起来。因此，它在第一代人造纤维中也应该有一席之地。

但化学纤维家族中的另一个分支——合成纤维，直至人造纤维工业化半个世纪以后，随着人工合成高分子的大量问世和现代高分子概念的确立，才登上历史舞台。

1913 年，德国人 F. Klatte 取得用合成原料制造聚氯乙烯纤维的第一个专利。1931 年，德国 IG 化学公司采用 F. Klatte 的发明，于 1934 年实现了聚氯乙烯纤维的工业化，使它成为世界上最早生产的合成纤维。但由于其耐热性差等缺点，发展缓慢。

合成纤维发展史上最有名的是聚酰胺(尼龙)纤维。1928 年，美国哈佛大学教授 W. H. Carothers 发表了关于缩聚成链状分子和环状分子的研究。这一开拓性工作宣告了合成纤维时代的真正开始。1935 年春，他用己二胺和己二酸成功合成聚酰胺 66，并纺成丝条。杜邦(Du Pont)公司于 1938 年建立了中间试验厂，1939 年成功生产了当时称为“Nylon”的聚酰胺 66 纤维，并于 1940 年投放市场，成为世界上第一种大规模生产的纺织用合成纤维大品种。在这期间，德国 IG 公司的 P. Schlack 成功合成了聚酰胺 6，1938 年用聚酰胺 6 首先纺制成粗单丝，1940 年又纺成长丝，称之为“Perlon”。但由于战争关系，直到 1950 年才进行“Perlon”的大规模生产。聚酰胺纤维用途广泛，产量至今仍然在化学纤维家族中排名第二。聚酰胺纤维的问世还开了熔体纺丝技术的先河。因为以前所有的化学纤维均采用干法纺丝工艺(例如醋酯纤维)或湿法纺丝工艺(例如粘胶纤维、硝酯纤维、铜氨纤维、聚氯乙烯纤维,后者以后也采用干法纺丝)。

1930年,W. H. Carothers发明了脂肪族聚酯,但熔点过低,不利于熔体纺丝。1941年,英国"Calico Printers Association"染整公司的J. R. Whinfield和J. T. Dickson研究成功对苯二甲酸与乙二醇的缩聚,并于1944年采用熔体纺丝试制成丝条。1947年,英国ICI公司采用熔体纺丝技术实现了聚对苯二甲酸乙二醇酯纤维的工业化。杜邦公司从英国买了专利,于1953年进行聚酯纤维"Dacron"的大规模生产。聚酯纤维用途广泛,产量至1972年起超过聚酰胺在化学纤维家族中排名第一。

1894年,法国化学家C. Mouraeu首先制得聚丙烯腈。由于不能进行熔体纺丝,许多美国和德国公司于20世纪40年代开始寻找聚丙烯腈溶剂的研究。1934年,德国I. G. Farbenindustrie公司的H. Rein以季铵盐和NaSCN、$ZnCl_2$等无机盐的浓水溶液为溶剂,进行了聚丙烯腈湿法纺丝的试验。1942年,H. Rein和美国杜邦公司的R. C. Houtz各自确定了以二甲基甲酰胺作聚丙烯腈的溶剂。杜邦公司于1944年在Wagnesboro建立了一个试生产工厂,1950年选择干法纺丝路线实现了聚丙烯腈纤维"Orlon"的工业化。

聚乙烯醇1927年在德国合成。1931年,W. O. Hermann和W. Haeheel开始聚乙烯醇的湿法纺丝试验。但由于这种纤维易溶解于水,实用价值不大。1939年,日本樱田一郎通过对聚乙烯醇纤维进行缩甲醛化和热处理等研究,制成了耐热水性能良好的纤维。该纤维于1950年由日本投入工业化生产。

德国Bayer公司于20世纪30年代开始开发聚氨基甲酸酯弹性纤维。1941年起采用二异氰酸酯加聚法合成了聚氨基甲酸酯弹性体。1949年,通过反应纺丝法制备了聚氨基甲酸酯弹性纤维。1959年,美国杜邦公司通过干法纺丝路线实现了聚氨基甲酸酯弹性纤维"Lycra"的工业化。

1954年,Zieglerf采用低压聚合方法制成了可以纺丝的高密度聚乙烯。G. Natta改变了催化剂成分,制成了等规聚丙烯。1957年,Zieglerf—Natta催化剂广泛应用于丙烯聚合。1960年,意大利Montefibre公司实现了聚丙烯纤维的工业化。

这一期间开发的人造纤维有三醋酯纤维(1954年),开发的合成纤维还有聚乙烯、聚苯乙烯、聚偏氯乙烯、聚四氟乙烯等纤维,但产量均不大。大规模工业化生产的主要是聚酯、聚酰胺、聚丙烯腈和聚丙烯纤维。近年来,聚氨基甲酸酯弹性纤维发展很快,2005年,全球生产能力达到451.7kt。主要化学纤维的发明和工业化年份见表1-6。

表1-6 主要化学纤维发展史

纤维名称	主要成分	发明年份	工业化年份
硝酯纤维	硝化纤维素的碱化物	1855年G. Audemars(法) 纺丝,脱硝法	1891年,Chardonnet(法)
铜氨纤维	纤维素	1857年,Schweizer(德) 铜氨法 1890年,Despassie 由铜氨溶液制纤维	1889年,Vereinigte Gianzstoft A. G.(德)

续表

纤维名称	主要成分	发明年份	工业化年份
粘胶纤维	纤维素	1891年，Cross，Bevan，Beadle(英) 粘胶法	1904年，Courtaulds(英)
醋酯纤维	二醋酯纤维素	1869年，Schutzenberger(德) 三醋酯纤维素合成 1903～1905年，Miles(英) 三醋酯纤维素加水分解	1924年，Cellanese(美)
聚酰胺纤维	聚酰胺66	1935年，Carothers(美) 用己二胺和己二酸合成聚酰胺66并纺成丝条	1939年，杜邦(美)
	聚酰胺6	1938年，P. Schlack 纺制粗单丝	1950年，IG(德)
聚酯纤维	聚对苯二甲酸乙二醇酯	1941年，Whinfield和Dickson(英) 对苯二甲酸与乙二醇的缩聚	1947年，ICI(英) 1953年，杜邦(美)
聚丙烯腈纤维	聚丙烯腈	1942年，H. Rein(德)、Houtz(美) 溶剂二甲基甲酰胺	1950年，杜邦(美)
聚乙烯醇纤维	聚乙烯醇缩甲醛	1931年，Hermann和Haeheel(德) 聚乙烯醇湿法纺丝试验 1939年，樱田一郎(日) 缩甲醛化和热处理	1950年，仓敷人造丝(日)
聚氨酯弹性纤维	聚氨基甲酸酯弹性体	1941年，Bayer公司(德) 合成聚氨基甲酸酯弹性体	1959年，杜邦(美国)
聚丙烯纤维	等规聚丙烯	1954年，G. Natta(意) 合成等规聚丙烯	1960年，Montefibre(意)

20世纪40年代至50年代，是合成纤维创新与起步、人造纤维快速成长的阶段。其特点是许多合成纤维品种陆续问世，特别是聚酰胺、聚酯和聚丙烯腈这三种最重要的合成纤维在50年代相继投产。同时，人造纤维(主要是粘胶纤维)由品种开发向规模化转变，产量快速飙升，至1950年，产量已达1612kt(表1－7)，占化学纤维总产量的94.4%。

表1－7　全球化学纤维产量　　单位：kt

年　份	化学纤维	人造纤维	合成纤维
1920	15	15	—
1950	1681	1612	69
1955	2559	2294	265

续表

年　份	化学纤维	人造纤维	合成纤维
1960	3310	2608	702
1965	5469	3456	2013
1970	8136	3436	4700
1975	10638	3201	7436
1980	13718	3242	10476
1985	15510	3010	12500
1990	17638	2736	14902
1995	25767	2986①	22781
2000	29300	2300	26000
2005	37900	3300	34600

①不包括 Lyocell 纤维。

20 世纪 60 年代至 70 年代中期，是人造纤维趋于成熟、合成纤维快速成长的阶段。人造纤维的产量虽然仍在增加(表 1－7)，但从 60 年代中期起，增加的速率趋于平稳(平均年增长率从 1950～1960 年的 4.93％下降至 1960～1970 年的 2.03％)。合成纤维由品种开发向规模化转变，产量快速飙升，由 1960 年的 702kt 增加至 1975 年的 7436kt(表 1－7)，占化学纤维总产量的比例由 1960 年的 20.9％上升至 1975 年 69.7％，并且于 1968 年首次超过了人造纤维。特别是聚酯纤维，发展十分迅速。这时，化学纤维工业发展到了生产高效化、自动化、大型化阶段，大型生产厂不断投产，以满足实际生活的需要，产量突飞猛进，成为经济价值很高工业的一个代表，令人不得不惊叹其进步之快。

从 20 世纪 70 年代中期起，经济发达国家的化学纤维工业进入了成熟阶段，增长速度开始放慢，但发展中国家和地区的化学纤维工业正处于成长阶段。从那时起至今，化学纤维的发展趋势有两个特点。一方面，化学纤维的用途不断扩大，特别是装饰和产业领域用途的比例逐渐增加，因此世界化学纤维的总产量继续增加，但增加的速率明显放慢，平均年增长率从 1960～1970 年的 9.41％下降至 1970～1980 年的 5.36％，人造纤维甚至一度出现了负增长。合成纤维 2005 年的产量也出现了负增长(比 2004 年降低了 0.3％)。另一方面，化学纤维市场的竞争加剧。为了扩大产品的用途、增加产品的竞争力，各纤维生产厂商更加重视新产品开发，力争掌握市场竞争的主动权。化学纤维的发展进入了一个发展重点由“量”转向“质”、由常规产品转向新产品的阶段。

这个阶段的一个特点是新产品大量涌现。既有第一代化学纤维的改性，又有新一代化学纤维的研发。如果按性能划分，从 20 世纪 30 年代至 50 年工业化的化学纤维大品种，可以称为第一代化学纤维或常规化学纤维。这些纤维主要用于服装领域。新一代化学纤维主要指差别化纤维、功能纤维和高性能纤维。由于差别化纤维是从常规纤维大品种衍生出来的新产品，其中有的产品(例如有色纤维)随着产量扩大，又成为常规化学纤维。

这个阶段的另一个特点是持续时间长。其源头可以追溯至 20 世纪 60 年代。例如，1960 年的粘胶基碳纤维、仿真丝(三角异形)，1962 年的间位芳香族聚酰胺纤维，1965 年的对位芳香族聚酰胺纤维，1967 年的中空纤维人工肾，1970 年的聚丙烯腈基碳纤维等。开发的高潮在 80

年代、90年代。一大批差别化纤维产品从技术转化为产品。其中仅Monsanto公司1987年就推出了250多种有色纤维。日本则于1988年推出了“新合纤”。高性能纤维的产量在增加，品种在增多。聚苯并双噁唑(PBO)纤维是其代表。远红外、抗紫外线、负离子等一批新的功能纤维相继问世。同时，作为第三代化学纤维的智能纤维开始崭露头角，例如美国Gateway公司(现更名为Outlast技术公司)于1997年开始生产和销售蓄热调温纤维。

在开发化学纤维新产品的过程中，形成了一些新的纺丝方法。其中主要有异形喷丝孔纺丝、复合纺丝、干湿法纺丝、冻胶纺丝、液晶纺丝、乳液纺丝、载体纺丝、相分离纺丝、离心纺丝、涡流纺丝、闪蒸纺丝、高速气流熔喷纺丝、静电纺丝以及薄膜切割和原纤化法等。

这一阶段已持续到21世纪，有机—无机杂化纤维、纳米纤维等的研究方兴未艾，而且还将延续下去。特别是智能纤维，它在21世纪将充分显示其作为第三代化学纤维的魅力。

最后，还应该提到另外一类重要的纤维——生态纤维。它与第一代、第二代、第三代化学纤维不同，与其他纤维的区分不是其性能，而是其与环境的关系。由于化学纤维生产过程中产生大量“三废”，特别是粘胶纤维的生产对环境造成了严重污染，而且现有的合成纤维以不可再生的石油资源为基础，其大部分废弃物不可降解，因此研究开发资源可再生、生产过程清洁、废弃物可降解的纤维，符合可持续发展的要求，成为国际研究开发的热点。

生态纤维的研发可以追溯至20世纪60年代。例如，1962年美国Cyanamid公司用聚乳酸制成了性能优异的可吸收缝合线。1969年，美国Eastmann Kodak取得了纤维素新溶剂甲基吗啉氧化物(NMMO)的专利。20世纪90年代以来，已经有一批生态纤维实现了工业化。其中最有代表性的是莱赛尔(Lyocell)纤维和聚乳酸纤维。此外，甲壳素和壳聚糖纤维、胶原纤维、海藻纤维等虽然在服装领域的用量不大，但在医疗领域已经取得重要地位。而曾经昙花一现的大豆蛋白质纤维等再生蛋白质纤维，也因为具有生态纤维的特征而重新受到重视。

二、中国化学纤维发展简史

我国的化学纤维工业是新兴的工业。1949年以前，我国的化纤工业几乎是空白。新中国成立后，我国首先用自己的技术重点发展粘胶纤维。1958年，开始发展合成纤维，创建了上海合成纤维实验工厂，着手研究锦纶、腈纶、涤纶和维纶等品种。1962年，建立了全国第一家采用国产化设备生产锦纶长丝和短纤维的工厂——上海化纤九厂。1963年，北京引进日本东丽公司维纶生产技术，建立了10kt/a生产线。1965年，兰州化纤厂从英国Courtaulds公司引进NaSCN一步法腈纶成套技术，开始工业化生产腈纶。70年代，随着石油化工的兴起，通过引进技术建设了一些石油化工和合成纤维生产基地。我国的化纤工业虽然起步较晚，但发展十分迅速，其发展速度在世界上名列前茅(表1-8)。

表1-8　一些国家化纤生产发展速度的比较

国　家		中　国	日　本	联邦德国
化纤产量增加10倍	时期	1970年:100kt/a 1980年:1000kt/a	1950年:100kt/a 1967年:1000kt/a	1950年:100kt/a 1973年:960kt/a
	所花时间	16年	17年	23年

我国各类化学纤维的产量和年平均增长率见表1－9和表1－10。

表1－9　我国化学纤维的产量　单位:kt

年　份	化学纤维	合成纤维	人造纤维
1960	10.7	0.3	10.4
1965	50.1	5.2	44.9
1970	100.9	36.2	64.7
1975	154.8	65.7	89.1
1980	450.3	314.1	136.2
1985	947.8	770.6	177.3
1990	1648.0	1431.8	216.3
1995	2885.3	2449.9	435.4
2000	6941.6	6295.2	666.4
2005	16452.0	15271.0	1885.5

表1－10　我国化学纤维产量的增长趋势

年　份	年平均增长率/%	年　份	年平均增长率/%
1970～1980年	2.96	1991～1995年	14.2
1981～1985年	16.0	1996～2000年	16.7
1986～1990年	11.7	2001～2005年	14.75

从表1－9和表1－10可知,我国化纤工业发展迅速,20世纪60年代产量增加10倍,70年代翻两番。在1981～2000年的20年间,产量大约以15%的年平均增长率增加。1985年的生产量约为9450kt,而2000年则增长为6940kt,生产量增加7倍多。

我国化纤工业的发展经历了四个阶段。

(1)起步阶段:解放初至1965年。以粘胶纤维为起点,中间生产了一些锦纶,后期引进维纶和腈纶设备与技术,为发展合成纤维做准备,北京维尼纶厂10kt/a的维纶为其代表性工程。

(2)奠基阶段:1966～1980年。这一阶段的工作方针与起步阶段不同,注重原料与路线配套,重点转移到合成纤维。在金山建立了上海石化总厂(涤纶22kt/a,腈纶47kt/a,维纶33kt/a);四川利用天然气新设了维纶设备;辽阳成立了辽阳石油化纤公司(锦纶66、涤纶、丙纶以及PE),天津引进日挥、东洋纺等设备,成立了天津石油化工公司(涤纶)。以上几个大公司1980年的合成纤维生产能力达到310kt/a。

(3)高速发展阶段:1981～1992年。这一阶段以合成纤维为主,注意多品种的发展。在这期间,我国最大的化纤联合企业——仪征化纤股份有限公司建成投产,并建设二期;上海石化总厂二期、大庆、齐鲁、燕山等石油联合企业纷纷上马,化纤产量迅速增加,从1980年的450kt增加到1992年的2114kt,年平均增长率达14%,已发展成为具有涤纶、锦纶、腈纶、维纶、丙纶、氨纶和粘胶纤维等品种较齐全的产业。我国化纤工业的发展跃上了一个台阶，产量已居世界第三位。

(4)稳固发展时期：1993至今。进入90年代以后，我国化纤产量仍有较大增长，但工业效益明显下降，这预示着化纤工业依靠高投入、高价格政策维持高额利润的高速发展时期已经结束，进入凭借技术、品种、质量、成本、销售等优势进行激烈竞争，在竞争中求生存、求发展的稳固发展时期，因此纺织总会对“八五”计划进行了调整，提出“八五”后三年及90年代我国化纤工业发展必须实现三个过渡，即由数量型向质量型、外延向内涵发展、计划经济向市场经济过渡，向效益要发展速度的路子，增强自我竞争和应变能力。

进入21世纪以后，世界化学纤维产量的年平均增长率波动较大，2004年最高，达到7.7%，2005年增长率为零(表1－11)。但我国化学纤维工业继续快速发展，化学纤维产量的年平均增长率仍然高达两位数(表1－11)，2005年化学纤维的产量接近17Mt，占世界化学纤维产量的42.7%，而且产量连续8年占世界第一位。特别是我国的聚酯纤维产业，覆盖了世界聚酯纤维和纱线总贸易量的50%以上。2005年，在工业长丝、短纤维、纺织长丝这三种聚酯纤维产品的产量上都处于增长状态的国家和地区，只有我国。相反，韩国在该产业的总产量却降低了650kt。西欧、美国和日本聚酯纤维的总产量分别下降了4.7%～6.7%。

表1－11　世界和我国化学纤维产量的增长趋势

年　份	世　界		中　国	
	产量/kt	年平均增长率/%	产量/kt	年平均增长率/%
2001	31900	0.6	8282.3	18.42
2002	33700	6.0	9912.0	20.11
2003	35190	4.9	11613.1	17.55
2004	37700	7.7	14245.4	20.29
2005	37700	0.0	16452.0	14.75

我国化学纤维生产量虽然发展较快，至2010年，人均纤维消费量将从2000年的13kg增加到18kg，而且我国每年新增加人口一千多万人，因此人均纤维消费量要达到预定目标仍是比较艰巨的。另外，目前我国内地纺织品贸易量占了全球纺织品贸易总量的1/4，未来国际上很少有国家能够代替这一格局。根据我国人多耕地少的具体情况，今后纺织纤维的增长主要靠化学纤维的发展。因此，我国的化学纤维工业还将继续发展。但在加入WTO之后，质量的提升将比产量的增加更为重要。因此，我国化纤工业在“十一五”计划期间将不再追求过去的高增长率，而将化学纤维产量的年增长率设定在5.3%～7.6%，以重点改善化学纤维的质量。

三、化学纤维发展的展望

(一)化学纤维作为传统材料在全球经济中仍将占有重要地位

一百多年来世界化学纤维获得了巨大的发展，粘胶、聚酯、聚酰胺、聚丙烯腈和聚丙烯等几个传统大品种，曾于20世纪化纤大舞台上领尽风骚。虽然如今谈到化纤工业，往往将它与“夕阳工业”联系在一起，但化学纤维作为一种传统材料，与国民经济密切相关，其未来的前景依然被大多数专家看好。

著名材料科学家师昌绪院士指出，凡是传统材料，往往与国民经济支柱产业密不可分。例如，钢铁曾是衡量一个国家实力的重要标志。虽然人类已进入信息时代，但今天在一些工业发达国家，仍然将它视为支柱产业。因为钢具有不可代替的优良性能，其价格又比较低廉。合成纤维、树脂、塑料、橡胶在国民经济中具有非常重要的位置，而且逐年增加，这些都属于传统产业。此外，机械制造、造船、机车等都是以钢铁及其他传统材料为基础的，所以传统材料是国民经济的基础，不可小视。著名化学纤维专家郁铭芳院士认为，化纤工业是为纺织工业提供重要原料的基础工业。由于天然纤维的发展受到客观条件的限制，因此化学纤维的发展同解决各国人民的穿衣问题和提高人民生活水平关系十分密切。另外，纤维材料具有其他材料不能替代的特征。因此在21世纪，化学纤维及其工业将更加兴旺发达。进入21世纪以来的事实，已经完全证实了专家们的预言。

20世纪90年代，当世界上最早的聚丙烯腈纤维生产厂商——杜邦公司做出了退出聚丙烯腈纤维业务的决定后，著名聚丙烯腈纤维专家 Filion A. Gadecki 曾经明确指出：“可以预料，只要人们需要羊毛的性能和外观，聚丙烯腈纤维的商品化生产仍将延续下去。”今天，同样可以肯定，由于化学纤维品种繁多，各有特性，它不仅在数量上可补充天然纤维的不足，而且是高新技术发展与进步不可或缺的材料。因此，世界离不开化学纤维，化学纤维必将继续发展。

（二）化学纤维的发展将更加依靠科技创新

自20世纪90年代起，世界化学纤维工业进入成熟期，许多常规品种的市场竞争十分激烈，经济效益迅速下降。面对这种局面，有些生产商相继退出了化学纤维市场。有些大公司则转向高新技术开发，化纤新产品已走入了以差别化纤维、功能纤维和高性能纤维等附加值高的第二代化学纤维为主导的新纤维时代。大量化纤新产品的问世，不但为这些企业带来了可观的经济效益，而且使化纤的用途不断拓宽，成为许多高新技术不可或缺的组成部分。

当前，世界化学纤维及其生产技术面临着新的机遇与挑战，化学纤维正在朝以下几个方向发展。

(1)纤维的性能由高性能纤维、功能纤维向多功能纤维和结构功能化纤维方向发展。具有优异的光、电、磁、生物等性能的多功能纤维以及兼具高性能与功能的纤维，能够更好地满足信息、能源、国防以及生命技术领域的要求。

(2)纤维的尺寸向越来越小的方向发展。特别是具有优良微纤效应、力学性能、电学性能等的纳米纤维，在高性能及功能纺织品、储氢材料、过滤阻隔材料、生物组织材料及光电材料等领域具有广泛的应用，因此受到世界各国的高度重视。

(3)纤维的层次由被动向主动方向发展。过去的功能纤维只能机械地进行输入/输出的响应，因此是一种被动性材料。智能纤维由于引入了仿生功能，从无生命变得有了“感觉”和“知觉”，因此达到了更高的层次。它可以主动地针对一定范围的各种输入信号进行判断，自动适应环境的变化，并且自行解决问题，因此被称为第三代化学纤维。

要实现这些发展目标，必须依靠高新技术的发展，特别是依靠科技创新。回顾世界化学纤维的发展史，正是一部依靠科技创新不断开发新技术和新产品的历史。回顾我国化纤工业的发展历程，科技进步也一直是主线。对世界化纤生产技术的大量引用和自主开发，使我国的化纤工业从无到有，一跃成为世界第一化纤生产大国，并且涌现了大豆蛋白/聚乙烯醇复合纤维、竹纤维等一批具有自主知识产权的新品种。今后，无论是世界还是我国的化学纤维，必将更加依靠科技创新。

当前世界化学纤维领域的一些创新性研究，尤其应该引起我们注意。

1. 纤维科学与生命科学的交叉

化学纤维是以高分子为原料的，而生命科学中的核心物质DNA、多肽、蛋白质、聚多糖等都是相对分子质量很高的大分子，由这些生物大分子构成的细胞又构成了生命。因此，纤维科学与生命科学存在着不可分割的联系和许多有待进行学科交叉研究的前沿问题。

目前，纤维科学向生命科学和现代医学领域的渗透，已经给现代生物医学带来了巨大变化。就纤维科学与生命科学交叉的研究领域而言，以前的研究主要集中在生物医用纤维材料的制备及其在人造器官、组织工程支架等方面的应用。这对于提高医疗水平、提高人民健康水平和国家经济发展都具有重要意义。

近年来，纤维科学研究者除了继续重视生物医用纤维研究之外，十分重视运用生物技术开展成纤聚合物的单体合成、酶催化聚合、微生物法合成聚合物以及仿生纺丝等研究。例如，杜邦公司用玉米淀粉制备聚对苯二甲酸丙二醇酯的单体1,3-丙二醇。杜邦公司还运用先进的计算机模拟技术，首先建立蜘蛛丝蛋白质各种成分的分子模型，然后运用遗传学基因合成技术，把遗传基因植入酵母和细菌，仿制出蜘蛛丝蛋白质。利用微生物发酵生产细菌纤维素，也是当今生物材料研究的热点之一。美国陆军生物化学部等还开展了通过仿生纺丝技术把蜘蛛丝蛋白转变成高性能纤维的研究。东华大学等单位也正在开展这方面的研究。

2. 纤维技术与纳米技术的结合

自20世纪90年代以来，纳米技术受到世界各国的高度重视。纤维技术与纳米技术的结合愈来愈紧密。其研究重点主要集中在两方面，一是纳米纤维的制备及性能研究，另一是由聚合物与纳米微粒复合纺丝制备具有特殊性能和特定功能的纤维。

静电纺丝法是制备纳米纤维的重要方法之一。美国麻省理工大学(MIT)、阿克隆大学(Akron)以及我国东华大学等单位，在采用静电纺丝技术制备纳米纤维方面取得了成功。日本东丽公司则分别采用海岛型方法和混抽法制得约100nm和10nm的纳米纤维。日本学者Kageyama等人利用含有催化剂的介孔材料作纳米反应器，经“分子挤出(extrusion)”聚合得到了直径30～50nm的聚乙烯纤维。美国依利诺伊州西北大学的Sam Stupp研究小组，用生物相容性良好的聚合物分子经组装制备出纳米纤维。在通过聚合物与纳米微粒制备有机/无机杂化纤维方面的报道，更是汗牛充栋。

3. 纤维科学与信息科学的融合

智能纤维是纤维技术与信息技术结合的典范。智能纤维在过去纤维性能和功能的基础上加入了信息科学的内容。它利用感知材料做成感应器，利用驱动材料做成动作器。当其受到外部刺激时，能够通过高灵敏度的感应器传递信息并做出判断、得出结论，然后发出某种指令并反馈给动作器，从而做出灵敏、恰当的反应；当外部刺激消除后，又能迅速恢复到原始状态。因此，智能纤维是一种三维组件模式的融合型材料，它将软件功能(传感、处理及执行功能)引入纤维的不同层次结构中，是一种在原子、分子水平上进行控制，于不同的层次上自检测、自判断、自结论和自指令、自执行的新型纤维。这意味着信息科学与纤维科学的融合，体现了化学纤维的真正革命。因此，可以认为智能纤维是第三代化学纤维。由于它的出现，可以实现化学纤维结构功能化、功能多样化，从而导致纤维科学发展的又一次重大革命。

1979年，纤维智能化的思想被首次提出。智能纤维的首项发明专利出现于日本，他们研制了具有形状记忆性能的纺织品，后来又研制成颜色随着温度而变化的热致变色纤维。目前，智能纤维在世界各国已经受到广大研究工作者的重视，国内外的发展均较快，成为智能材料的主要品种之一。一些能够感知周围的压力、气流、水流、电压、磁场、湿度、温度或某种气味的浓度变化，能及时地做出反应并采取对策的纤维正陆续面世。

(三)化学纤维原料将注意摆脱对石油的依赖

合成纤维有诸多优点，已在现代纺织世界中占据应有的位置，这是无须争辩的事实。但另一个无须争辩的事实是，合成纤维的原料以煤化工和石油工业为基础，而煤化工和石油工业仅有小一部分原料可以用于生产合成纤维。即使这一小部分资源，也不是可以无限制地使用下去。20世纪50年代，石油化工的迅速发展，为合成纤维提供了大量廉价的基本原料，因此世界各国合成纤维的原料纷纷转移到石油化工产品，从而促进了合成纤维的大发展。目前，合成纤维的原料中间体主要来自石油化工。但石油作为一种不可再生资源，有人估计其可开采年限大约只有50年。目前世界石油需求以每年2%增长，假如不转变现有石油消费的方式，石油危机达到顶峰是迟早的事情。因此，纤维科学家将不得不为合成纤维寻找新的资源，以摆脱对石油的依赖。

事实上，在欧美发达国家对这类问题已开始进行大量的研究。其中一个重要的方向就是利用可再生的天然高分子。目前，地球上可再生的天然高分子，例如纤维素、淀粉、甲壳素和蛋白质等的总量达107～184t/a。而且只要地球上有生命，这些天然高分子就可以通过太阳能、水和二氧化碳不断生产出来。因此是一种取之不尽、用之不竭的资源。其广泛使用不仅将扩大化学纤维的原料来源，缓解对石油的依赖，而且可使制得的纤维具有环境友好的特征，可以生物降解和循环再生，从而克服有些合成纤维造成的“白色污染”问题。

从20世纪90年代起，欧美国家已加强了对纤维素的研究，开发并且大规模生产了Lyocell纤维。20世纪初期已经问世的各种再生蛋白质纤维，近年来重新受到青睐。尽管甲壳素及其衍生物纤维的产量很小，但其研究和开发的历史可以追溯至20世纪20年代。以淀粉为原料的聚乳酸经过多年的研究，制备技术不断发展，已从早期的医用材料，发展到现在建立起年产140kt的生产线，并且在性能上聚乳酸纤维与聚酯等常规纤维相当接近。这些都为以资源可再生的天然高分子替代石油作为化学纤维原料奠定了基础。如何充分利用该资源，是纤维科学家面临的重要任务之一。

参考文献

[1] 日本纤维机械学会纤维工学出版委员会．纤维的形成、结构及性能[M]．丁亦平，译．北京：纺织工业出版社，1988.

[2] B. V. 法凯．合成纤维(上册)[M]．张书绅，陈政，林其凌，等译．北京：纺织工业出版社，1987.

[3] 中国化学纤维总公司．化学纤维及原料实用手册[M]．北京：中国纺织出版社，1996.

[4] 阿瑟·普莱斯,艾伦·C. 科恩,英格丽特·约翰逊. 织物学[M]. 祝树荣,译. 北京:中国纺织出版社,2003.

[5] 钱宝钧. 纺织词典[M]. 上海. 上海辞书出版社,1991.

[6] J. W. S Hearle. 高性能纤维[M]. 马渝茳,译. 北京:中国纺织出版社,2004.

[7] 董纪震,罗鸿烈,王庆瑞,等. 合成纤维生产工艺学(上册)[M]. 2 版. 北京:中国纺织出版社,1994.

[8] 小村伸弥. 用静电纺丝开发新型纳米纤维非织造布[J]. 产业用纺织品,2006,24(9):41-44.

[9] 日本纤维化学会. 最新の紡絲技術[M]. 京都:高分子刊行会,1992.

[10] 冯端,师昌绪,刘治国. 材料科学导论[M]. 北京:化学工业出版社,2002.

[11] 国家标准局. GB/T4146—1984 纺织名词术语(化纤部分)[S].

[12] 沈新元,吴向东,李燕立,等. 高分子材料加工原理[M]. 北京:中国纺织出版社,2000.

[13] 沈新元. 先进高分子材料[M]. 北京:中国纺织出版社,2006.

[14] Masson. J. C. Aclylic fiber technology and application [M]. New York:Marcel Pekker,Inc. ,1995.

[15] 董建华. 高分子科学的近期发展趋势与若干前沿[J]. 高分子通报,2005(5):1-7.

第二章　化学纤维的结构

第一节　化学纤维的结构层次

物质的结构是指在平衡态分子中原子之间或平衡态分子间在空间的几何排列。分子中原子或基团之间的几何排列称分子内结构，对于高分子，称高分子链结构；分子之间的几何排列称分子间结构或聚集态结构，对于高分子，称为高分子的聚集态结构。

讨论结构单元就必须建立在实验的基础上，观察的尺度不同，结构的单元是不一样的。化学纤维属于高分子材料的范畴，根据聚合物的结构层次，结合纤维的特点，可以将化学纤维的结构按尺度大小分成五个层次。

第一层次：0.1～1μm

第二层次：1～10^2μm

第三层次：10^2～10^3μm

第四层次：10^2～10^4μm

第五层次：10^3～10^6μm

一、成纤聚合物的链结构

化学纤维结构的第一层次是成纤聚合物的链结构，指单个分子的结构和形态。它又包含一次结构和二次结构两部分。

一次结构的范围为成纤聚合物的组成和构型，指单个大分子内一个或几个结构单元的化学结构和立体化学结构，故又称化学结构或近程结构。化学结构参数有单体链节、线型大分子的端基、可能含有的共聚单体以及由于氧化反应等所引起的链的化学不规则性等。

二次结构指整个分子的大小和在空间的形态（构象），包括相对分子质量及其分布、支化或交联等链空间的不规则性。这些形态随着条件和环境的变化而变化，但分子中化学键仍保持不变，而且固定单个大分子上所有结构单元之间的关系，故又称远程结构。

二、成纤高聚物的聚集态结构

化学纤维结构的第二层次是成纤高聚物的聚集态结构，指具有一定构象的成纤聚合物分子链通过范德华力或氢键的作用，聚集成一定规则排列的高分子聚集体结构。由这些微观的结构向宏观结构过渡，成为晶态结构、非晶态结构、取向态结构、液晶态结构和织态结构。前四者是描述高分子聚集体中分子之间是如何堆砌的，又称三次结构。织态结构是指不同高分子之间或高分子与添加剂分子的排列或堆砌结构，属于高次结构。

三、成纤聚合物的侧序

化学纤维结构的第三层次是纤维中成纤聚合物的侧序，它描述大分子链在纤维侧向的有序程度，即大分子链在侧向由无序态到很高序态的排列情况。例如，纤维素纤维中存在着既非任意也非完全有规则排列的各种不同序态的部分。

因此，把纤维素纤维截然分为晶区和无定形区两部分过于简单，而用侧序分布能很好地描述其结构与性能之间的关系。

四、纤维的微观形态结构

化学纤维结构的第四层次是纤维的微观形态结构，包括层状结构和微孔等。纤维的层状结构亦称多重原纤结构。上面讨论的各种结构单元不仅存在于纤维中，其他聚合物中也可以看到，但多重原纤结构则是纤维特有的一种结构形式。

多重原纤结构包括基原纤、微原纤、原纤和巨原纤，也属于高次结构。

1. 基原纤

基原纤是由几根线型大分子相互平行、相对位置稳定，具有晶态结构的结合在一起的细长的大分子束，在某些纤维中存在，其横向尺寸（直径）随纤维种类而异，在(1～3)×$10^{-3}\mu m$，呈一定柔曲的棒状。

2. 微原纤

微原纤指由若干基原纤或线型大分子平行排列结合成较粗的基本属于结晶态的大分子束。基原纤之间存在一些微隙和微孔，也可能挤填着一些其他分子的化合物，由相邻基原纤间结合力联结，也靠穿越几个基原纤的大分子链相联结。其横向尺寸随纤维种类而异，在(4～8)×$10^{-3}\mu m$。

3. 原纤

原纤是由若干微原纤几乎平行地排列组合起来的更粗的大分子束。原纤中存在比微原纤中更大的缝隙、孔洞和非晶区，一般情况下，其直径在(1～3)×$10^{-2}\mu m$。在一根原纤上也可能出现很多段由非晶区隔开的结晶区。

4. 巨原纤

巨原纤是由基本平行的原纤堆砌成的更粗大的分子集束。巨原纤之间存在比原纤更大的缝隙、孔洞和非晶区，依靠相互穿越的大分子链束和一些其他粘结物质连接，横向尺寸一般为0.1～1.5μm。例如在羊毛的高次结构中，3个α－螺旋体的聚集组成基原纤（直径2nm），11个基原纤聚集成微原纤（直径7.5nm），微原纤再组成原纤，原纤再组成巨原纤，巨原纤组成皮质细胞。

与天然纤维相比，合成纤维的层状结构比较简单。大部分合成纤维的大分子平行排列后结合成基原纤，但其微原纤、原纤和巨原纤，没有明显的界限。由基原纤基本上平行排列后形成的大分子束，横向尺寸一般为10～30nm。基原纤通常是在初生纤维后处理过程中形成的。

化学纤维的微观形态结构主要指微孔的形状、大小和分布。对于熔纺和干纺初生纤维，由于纺丝成型条件比较缓和，初生纤维一般不存在微孔。合适的湿纺工艺虽然可以避免初生纤维中大空洞的产生，但纺丝线沉析过程中的相分离伴随着聚合物相强烈的体积收缩，直接导致了冻胶网络的形成，因此必然形成微孔。微孔的大小和分布因纺丝工艺不同而异。

五、纤维的宏观形态结构

化学纤维结构的第五层次是纤维的宏观形态结构，包括横截面形状、大空洞和毛细孔以及皮芯结构等。这些都是在成型过程中形成的，与成纤聚合物的性质和成型的工艺条件密切相关。

第二节 主要化学纤维的结构特征

一、纤维素纤维

(一)纤维素的化学结构

1. 纤维素大分子基环是失水D-葡萄糖

纤维素本身是一种多糖，其基环是失水D-葡萄糖($C_6H_{10}O_5$，葡萄糖残基)。实验表明，纤维素完全水解后，D-葡萄糖的收率可达理论收率的96%～98%。

2. 纤维素大分子基环中有三个分别在C(2)、C(3)、C(6)上的醇羟基

实验表明，纤维素与硝酸作用后生成三硝酸纤维素$[C_6H_7O_2(ONO_2)_3]_n$，与酸酐作用后生成三醋酯纤维素$[C_6H_7O_2(OOCCH_3)_3]_n$，甲基化后生成三甲基纤维素$[C_6H_7O_2(OCH_3)_3]_n$。由此可知，纤维素大分子基环中含有3个醇羟基。同时发现，3个羟基的反应速度不同。通常在酸性条件下，伯羟基的反应速度快；在碱性条件下，仲羟基的反应速度快。由此可知，在上述3个羟基中，有一个为伯羟基，两个为仲羟基。

实验还表明，将纤维素完全甲基化，得到三甲基纤维素，再水解，所得产物与2,3,6-三甲基葡萄糖比较，结果发现所有的性质均相同。由此间接证明，3个羟基分别在C(2)、C(3)、C(6)上。

3. 纤维素基环的失水葡萄糖具有环状结构

如果纤维素基环不是环状，应该有4个羟基和一个苷羟基。

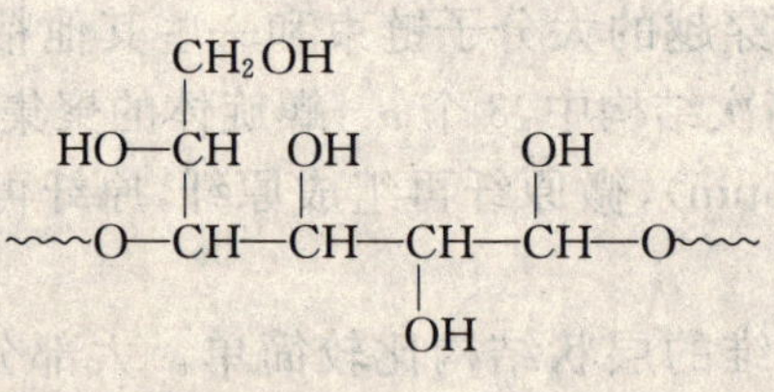

```
            CH2OH
            |
        HO—CH   OH        OH
            |   |         |
~~~O—CH—CH—CH—CH—O~~~
                    |
                    OH
```

开链式

如上所述，纤维素基环只有3个羟基，因此一定是环状结构。

4. 纤维素大分子基环间以β-1,4-苷键相互联结

实验表明，将纤维素在缓和的条件下水解，得到纤维素二糖；然后再甲基化，产物为八甲基纤维素二糖；然后再进行甲醇解，产物有两种。

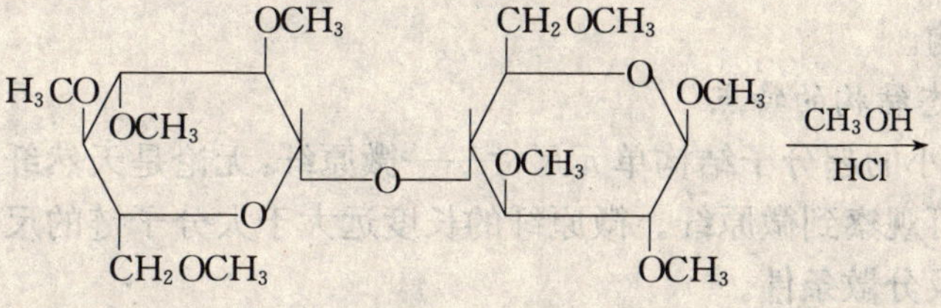

八甲基纤维素二糖

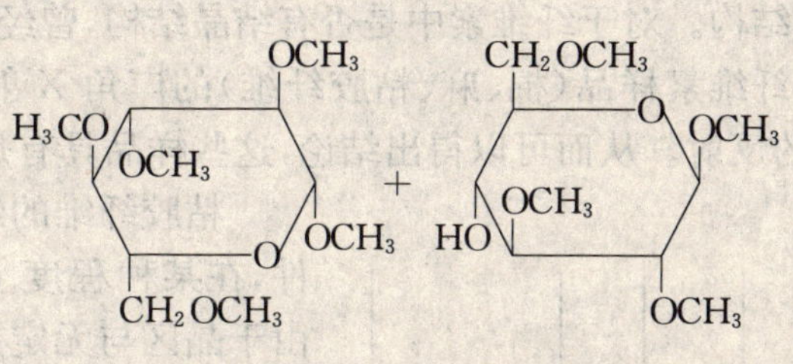

2,3,4,6-四甲基葡萄糖甲基苷　　　　2,3,6-三甲基葡萄糖甲基苷

这些产物,特别是2,3,6-三甲基葡萄糖甲基苷,只有当纤维素二糖是以1,4-苷键联结的情况下才有可能,因此证明纤维素大分子基环是以1,4-苷键相互联结的。

实验还表明,纤维素二糖不能被麦芽酶水解,但能被苦杏仁酶水解。通常麦芽酶只能水解α-苷键,对β-苷键无作用,而苦杏仁酶只能水解β-苷键,对α-苷键无作用。因此证明纤维素二糖中两个葡萄糖基是以β-苷键相互联结的。

5. 纤维素大分子的基环具有六元环结构

根据上面的研究结果[葡萄糖残基是环状结构;第C(2)、C(3)、C(6)上有醇羟基存在;纤维素大分子间以β-1,4-苷键联结],纤维素基环内部的醚键只能位于C(1)、C(5)原子间,即纤维素大分子的基环具有六元环结构。

综上所述,纤维素的化学结构式为:

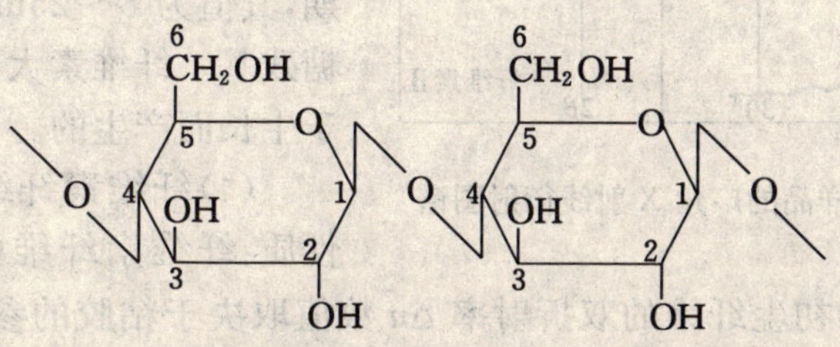

2个仲羟基在C(2)、C(3)上,1个伯羟基在C(6)上。特别C(2)上的仲羟基呈现出有明显离解度的酸性性质。由于C(6)上的羟基彼此处于反式位置,因此纤维素被认为是间规立体结构聚合物。由于纤维素基本链节的环状结构以及存在强极性羟基,因此刚性较大,属于刚性链聚合物。

(二)纤维素的结晶结构

早期的纤维素工作者认为,纤维素纤维的力学性能(特别是强度)主要与聚合度有关。但实际上,影响纤维力学性能更重要的因素是纤维的聚集态结构。如粘胶纤维的聚合度为棉纤维的1/5~1/10,但强度则接近或超过棉纤维。因此,充分认识纤维素的聚集态结构,对于采用合适的工艺条件制备性能更高的纤维十分重要。

纤维素的聚集态结构，主要包括纤维素大分子在纤维中的组合、排列情况，即结晶结构、非晶区结构和侧序结构。

1. 纤维素聚集态结构的特点

(1)纤维素有最小的超分子结构单元尺寸——微原纤：无论是天然纤维素还是再生纤维素，在电子显微镜上均可观察到微原纤。微原纤的长度远大于大分子链的尺寸，微原纤的横向尺寸决定于结构本身以及分散条件。

(2)纤维素的相态不均一：纤维素相态的整列部分被认为是结晶的或接近于结晶的结构，不整列区域被认为是无定形结构。对于纤维素中是否有结晶结构，曾经引起争论。后来许多有高整列度的天然纤维和再生纤维素样品（棉、麻、粘胶纤维）的广角 X 射线衍射图谱（图 2－1）表明，有大量可视为同一性的反射。从而可以得出结论，这些样品具有足够的整列结晶区。

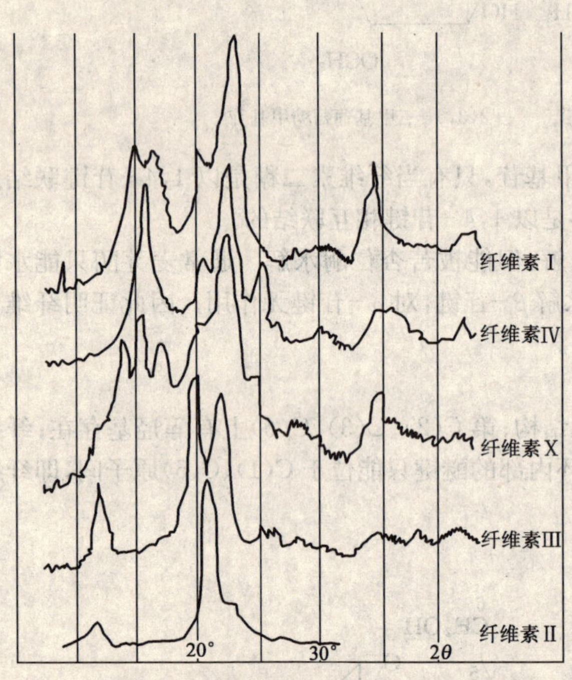

图 2－1　不同纤维素样品的广角 X 射线衍射图谱

粘胶纤维的结晶度主要取决于凝固条件，在某种程度上也与拉伸条件有关。但由于晶区与无定形区之间不存在清晰的界限，各晶区的形状、大小以及结晶的完整程度也不相同。如果仅仅以晶区和无定形区描绘纤维素的超分子结构，未免过于简单。因此有人建议使用“侧序”这一概念，并用“侧序分布”这一术语来描绘纤维素纤维中聚合物的配列情况。通过实验的验证，越来越多的学者赞成这一观点。

(3)结晶区和无定形区沿微原纤交替分布形成大周期：纤维素晶区和无定形区沿微原纤交替分布、重复的同一周期（由一个结晶区和一个无定形区构成）称为大周期，其值为 8～25nm，包括 15～50 个葡萄糖残基。纤维素大周期是由于结晶部分难于生长而产生的。

(4)纤维素纤维具有较大的各向异性性质：纤维素纤维的双折射率 Δn 数值较大。粘胶凝固时形成的初生纤维的双折射率 Δn 数值取决于粘胶的参数、凝固浴的凝固能力以及纤维的线密度。例如，当 $ZnSO_4$ 含量从 0 提高到 250g/L 时，Δn 从 1.45×10^{-2} 提高到 1.65×10^{-2}。这种各向异性性质的存在，是由于结晶区以及无定形区的分子链多数沿纤维轴取向的缘故。

(5)纤维素的微原纤间通过分子链间的键相互作用形成纤维素的形态结构。

2. 纤维素的结晶结构

(1)结晶变体：纤维素属于单斜晶系，其晶胞参数为：$a\neq b\neq c, \gamma=\alpha=90°, \beta\neq 90°$。纤维素有 5 种结晶变体，表 2－1 列出了其中 4 种结晶变体的晶胞参数。纤维素 X 的晶型尚未确定，但有人认为取纤维素Ⅳ的变体也是可能的。纤维素纤维与一般纤维不同，其纤维轴的方向不是 c 轴而是 b 轴。

表 2－1 纤维素的晶胞参数

晶胞参数 \ 纤维素	Ⅰ	Ⅱ	Ⅲ	Ⅳ
a/nm	0.8200	0.802	0.774	0.812
b/nm	1.030	1.030	1.030	1.030
c/nm	0.790	0.903	0.996	0.799
β/(°)	83.3	62.8	58	90

纤维素Ⅰ存在于棉、麻等所有天然纤维素中以及利用微生物发酵生产的细菌纤维素中。再生纤维素具有Ⅱ～Ⅳ(以及X)等多种变体。变体不同，纤维的物理机械性能有很大不同，其强度相差3～5倍，其耐疲劳性能相差几百倍。例如，纤维素Ⅰ的β角为83.3°，接近正交晶系，结构比较紧密，因此耐碱性好，棉纤维可进行丝光处理。纤维素Ⅱ的β角较小，大分子之间结合力较小(羟基间生成氢键较少)，因此强度较差。粘胶纤维属于纤维素Ⅱ。广角X射线衍射分析发现，Lyocell纤维也具有纤维素Ⅱ的结构，但由于其结晶度和取向度均比普通粘胶纤维高得多，因此强度也高得多。纤维素Ⅲ的β角与纤维素Ⅱ的β角接近，故其性能与纤维素Ⅱ相似。纤维素Ⅳ的β角为90°，属于正交晶系，结构紧密，因此纤维强度高。

纤维素各种结晶变体之间可以相互转化，图2－2为其示意图。

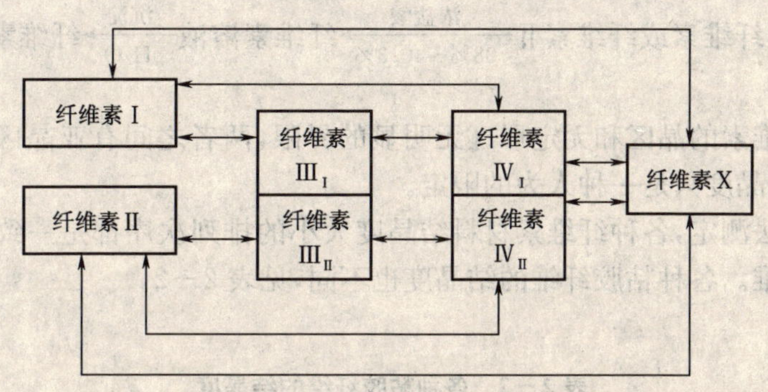

图2－2 纤维素各种结晶变体之间的相互转化

纤维素Ⅰ和纤维素Ⅱ转化成的纤维素Ⅲ的红外光谱略有差异，故以$Ⅲ_Ⅰ$、$Ⅲ_Ⅱ$表示

通过以下方法，可以将纤维素Ⅰ转化成纤维素Ⅱ。

$$天然纤维素\xrightarrow{酯化}纤维素衍生物\xrightarrow{皂化}纤维素Ⅱ(再生纤维素)$$

$$天然纤维素\xrightarrow{浓碱处理}碱纤维素\xrightarrow{水洗除碱,干燥}纤维素Ⅱ(丝光纤维素)$$

$$天然纤维素\xrightarrow{溶剂}纤维素溶液\xrightarrow{沉淀}纤维素Ⅱ(水化纤维素)$$

$$\text{天然纤维素}\xrightarrow{\text{磨碎,热水处理}}\text{纤维素Ⅱ}$$

这些方法处理得到的纤维素统称为水化纤维素。水化纤维素的位能通常比天然纤维素低,是较稳定的化合物,所以天然纤维素较容易转变成水化纤维素,反之则较难。

通过以下方法,可以将纤维素Ⅰ转化成纤维素Ⅲ。

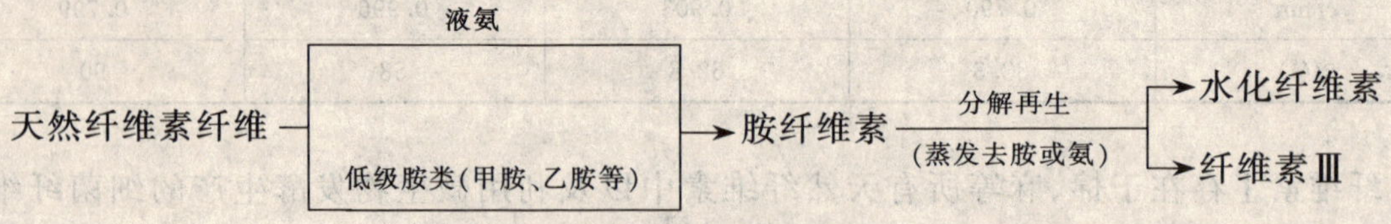

通过以下方法,可以将纤维素Ⅱ或纤维素Ⅲ转化成纤维素Ⅳ。

$$\text{纤维素Ⅱ或纤维素Ⅲ}\xrightarrow[\text{高温处理}]{\text{极性液体}}\text{纤维素Ⅳ(高温纤维素)}$$

这一转变一定要在极性液体中,如将干粘胶长丝加热到 300℃,并不发生上述转变,但在丙三醇中加热到 250℃,30min 即可发生上述转变。

通过以下方法,可以将纤维素Ⅰ或纤维素Ⅱ转变为纤维素 X。

$$\text{天然纤维素或纤维素Ⅱ}\xrightarrow[38\%\sim40.3\%]{\text{浓盐酸}}\text{纤维素溶液}\xrightarrow[H_2O]{\text{沉淀}}\text{纤维素 X}$$

(2)结晶度:纤维素的晶区和无定形区无明显的界限,两者之间有亚晶区存在,彼此间的过渡是渐变的,因此结晶度只是一种人为的限定。

不管用何种方法测定,各种纤维素材料结晶度大小的排列次序都是一致的:麻>棉>各种木浆纤维>粘胶纤维。各种粘胶纤维的结晶度也不同,见表 2-2。

表 2-2　各种粘胶纤维的结晶度

品　种	纺织用长丝	高模量纤维	富强纤维	强力轮胎纤维	BX 纤维	福迪生纤维
结晶度	0.29	0.67	0.74	0.66	0.76	0.85

注　表中结晶度为光密度曲线上反射峰密度与高度之比。

(3)晶区大小、形状和结晶的完整性:纤维素晶区的大小和形状并不均一,它取决于纤维素的生长过程或成型条件。

纤维素纤维的晶区尺寸大致为:宽度 5~10nm、厚度 2~5nm、长度 10 至数百纳米,具体数值因品种而异。对同一品种,不同的测定方法其值也不同。表 2-3 列举了几种粘胶纤维的晶区尺寸。

表 2－3　几种粘胶纤维的晶区尺寸

品　种	测定方法	普通粘胶纤维	HWM（高湿模量纤维）	Polynosic（富强纤维）
晶区长度/DP	X 射线法	80	85	110～130
	极限聚合度法	60～80	80～95	100～140
	电子显微镜法	—	100	150
晶区厚度/nm	X 射线大角衍射法	5～7	7～10	8～10
	X 射线小角衍射法	8	10	10～11
	电子显微镜法	—	20	20

注　1DP＝0.515nm。

纤维的晶区尺寸对纤维的性能有较大的影响。通常晶粒粗大，则纤维的刚性、弹性模量和脆性较大，延伸度、耐疲劳强度、钩结强度、柔曲性较小，染色性较差，织物的尺寸稳定性较好。例如表 2－3 中，普通粘胶纤维的晶区尺寸中等，则其强度和弹性模量较低；高湿模量纤维和富强纤维的晶区尺寸较大，则其强度和弹性模量较高。

（三）纤维素的侧序分布

前面已提到，把纤维素截然分为晶区和无定形区两部分过于简单，纤维素的化学性质和物理性质说明，在两者之间存在着既不任意、也非完全有规则排列的各种不同序态的部分。纤维素的序态应是一种分布。Howsmon 首先采用“侧序分布”来描述纤维由无序态到很高序态的配列情况，他给侧序的定义是：

$$\overline{O}=\frac{[OH]_c}{[OH]_t} \qquad (2-1)$$

式中：$[OH]_c$——小而有限的体元 V 中氢键的实际数；

$[OH]_t$——同一体元 V 中完全结晶时可能生成的氢键数（V 的体积应大于单元晶格而小于微晶体体积）。

显然 $0<\overline{O}<1$，它表示纤维大分子链在侧向的有序程度，故称侧序。

用体元 V 探测纤维中各个部位，可得各种侧序 $\overline{O}_1$，$\overline{O}_2$，$\overline{O}_3$，…，其相应的纤维物质量为 q_1，q_2，q_3，…，则纤维的物质总量为：

$$Q_n=\sum_{i=1}^{n} q_i \qquad (2-2)$$

纤维素纤维中大分子的序态配列情况，可用图 2－3 表示。

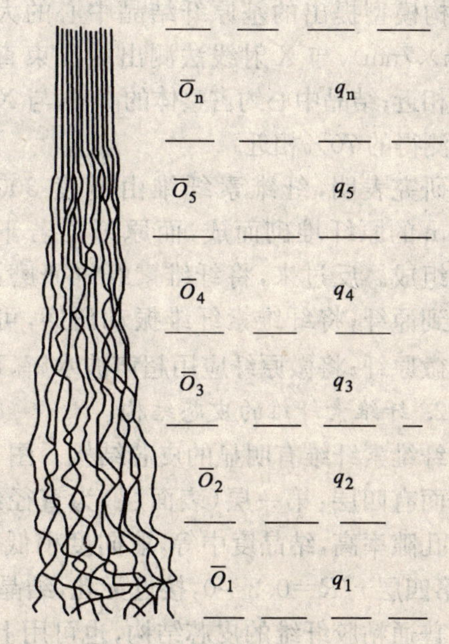

图 2－3　纤维素纤维中大分子的序态配列示意图

如果以序态 Q 为横坐标、相应量的积累为纵

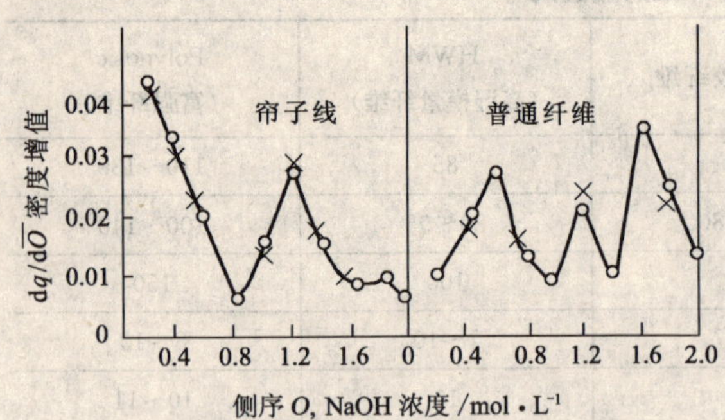

图 2－4 各种粘胶纤维的侧序分布曲线

坐标，则可获得侧序分布的积分曲线。如果将积分分布曲线的微分作纵坐标、侧序为横坐标，就可获得侧序分布的微分曲线。从微分分布曲线可以清楚地看出，纤维素中某一序态的相对含量、纤维素中各种序态的含量及其分布情况。与各种粘胶纤维的结晶结构不同相对应，各种粘胶纤维的侧序分布也不同，如图 2－4 所示。

(四)纤维素的形态结构

纤维素的形态结构反映微原纤间的相互位置和纤维本身的形态，即纤维中存在的层状结构和几何形状。它取决于微原纤的微结构以及纤维的几何尺寸和成型条件。

1. 纤维素的层状结构

关于纤维素的层状结构，有一些不同的观点。Frey-Wyssling 和 Hess 认为，纤维素由 15～25nm 的微原纤构成。微原纤可分解为宽 7～9nm、厚 3nm 的基原纤。基原纤为扁平形，可视为结晶中心，周围为不完善的外膜。

图 2－5 为 Frey-Wyssling 提出的天然纤维素微原纤的截面图。该结构模型表示，4 个基原纤构成一个微原纤。基原纤间为不完善结晶纤维素所形成的间隙，只有与纤维素有特殊亲和力的小分子(如 H_2O)才能进入。该结构模型提出的基原纤结晶中心的大小(3nm×7nm)，与 X 射线法测出的晶束直径 5nm 相近；结晶中心约占整体的 2/3，与 X 射线法测得的 70％相近。

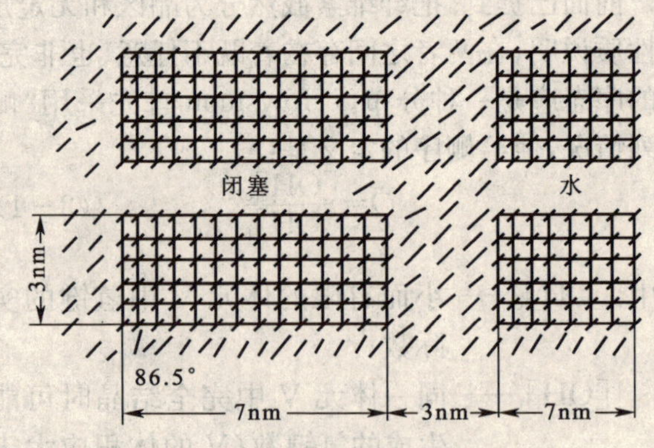

图 2－5 天然纤维素微原纤的截面图 (Frey-Wyssling)

研究表明，纤维素纤维由宽度 300～500nm 的原纤堆砌而成，而原纤由若干微原纤组成。反过来，将纤维素纤维研磨，可以得到原纤；将纤维素纤维振动研磨，可以得到微原纤；将微原纤应用超声波水解，可以得到基原纤。

2. 纤维素纤维的皮芯结构

纤维素纤维有明显的皮芯结构。图 2－6 为纤维素纤维的皮芯结构截面模型图。铜氨纤维的截面有四层：第一层(表面层)为直径约 50nm 的微原纤，有紧密的聚集取向；第二层 r/R＝0.7，孔隙率高，结晶度中等，取向度稍低；第三层 r/R＝0.7～0.3，存在少量孔，结晶度、取向度高；第四层 r/R＝0.3～0，接近无孔，结晶度、取向度低。

普通粘胶纤维的皮芯结构，也可用上述四层结构描述。但一般认为，粘胶纤维的截面有三层：第一层(膜层)≤1000～2000nm，第二层(皮层)占整个结构的 20％～60％，第三层为内部的芯层(图 2－7)。

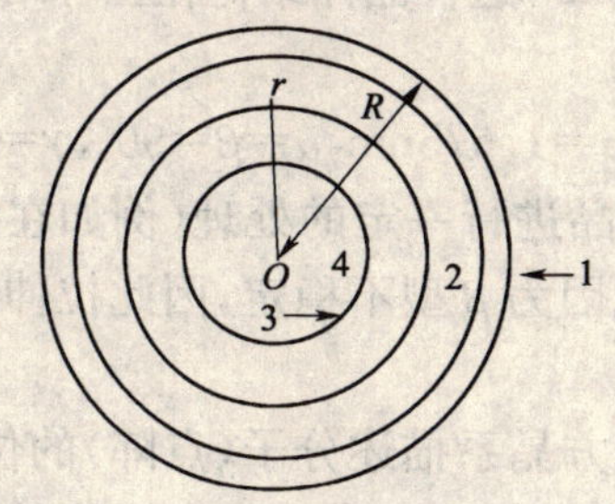

图 2－6 纤维素纤维的皮芯结构截面模型图

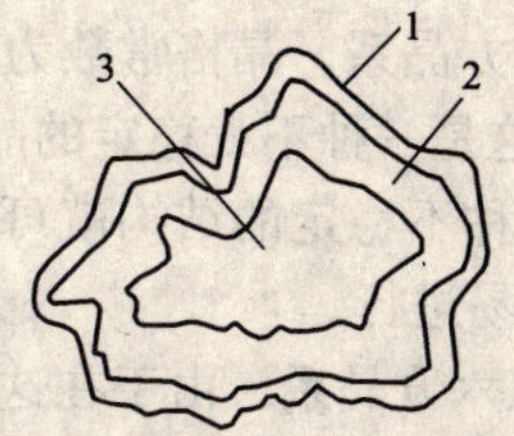

图 2－7 粘胶纤维的横截面
1—膜层 2—皮层 3—芯层

二、聚酰胺纤维

(一)聚酰胺纤维的链结构

聚酰胺一般分为二胺二羧酸型和氨基羧酸型两大类。聚酰胺纤维的品种较多,下面只讨论 PA6 和 PA66 两种。

PA6 和 PA66 的链结构有以下一些共同特点。

1. 大分子链均为键接规整的线型分子

PA 的大分子链均为线型分子。由于缩聚反应过程中不存在头—尾、头—头连接,因此分子链的键接十分规整。

2. 大分子链没有空间立构差异

由于 PA 大分子链上没有取代基,不存在不对称碳原子,因此没有空间立构差异。

3. 大分子主链属于杂链

PA 大分子链由 N、C 两种元素组成。

4. PA 大分子链呈极性

由于 PA 大分子链中都具有极性的酰胺键($-\overset{\overset{\large O}{\|}}{C}-\overset{\overset{\large H}{|}}{N}-$),因此大分子链呈极性;酰胺键中的 H 可与 O 满足氢键的要求,所以在大分子中可形成分子内氢键和分子间氢键;由于氢键的存在,分子间作用力大,内聚能密度高(PA66 774J/cm³)。

(二)聚酰胺纤维的结晶结构

由于 PA 的大分子链规整,无空间立构差异,分子间作用力大,因此在热力学上具备结晶条件。

1. 结晶变体

聚酰胺结晶结构的共同特点是存在结晶变体,结晶变体之间可以相互转换,不同形式的结晶变体能同时在同一纤维中出现。在这些结晶变体中,有的对于加工过程是有利的,希望其在成型过程中出现;有的对成品纤维的性能是有利的,希望通过后加工过程使纤维的结晶转化为该晶型。因此,可根据不同的情况,有意识地加以控制和利用。

PA6 的结晶可能出现三种结晶变体。

(1)α 型:单斜晶系,晶格常数为:$a=0.956\text{nm}$,$b=1.72\text{nm}$,$c=0.801\text{nm}$,$\alpha=\gamma=90°$,$\beta=$

67.5°。密度为 1.225g/cm³，也有报道，密度为 1.233g/cm³，这种晶体结构在三种结晶变体中密度是最高的。这是聚己内酰胺中最稳定的结晶形式。

(2)β 型：六方晶系。晶格常数为：$a=b=0.475$nm，$c=1.675$nm，$\alpha=\beta=90°$，$\gamma=120°$。密度 1.150g/cm³。这是一种不太稳定的晶体结构，只要对样品进行一定的处理（例如在空气或水中拉伸，加热），这种不稳定的结构就可能转化为 α 型。正因为 β 型不稳定，因此拉伸时拉伸应力小，拉伸过程容易进行。

(3)γ 型：拟六方晶系。由于在这类晶体中可以用六方晶系描述分子（点阵）的位置，但实际结构中缺乏六方晶系的对称性，因此称为拟六方晶系。密度 1.155g/cm³。这种晶体结构也是不稳定的。

PA66 的结晶变体主要有两种。

(1)α 型：三斜晶系。晶格常数为：$a=0.49$nm，$b=0.54$nm，$c=1.72$nm，$\alpha=48.5°$，$\beta=27°$，$\gamma=63.5°$。密度 1.24g/cm³。

(2)β 型：关于 PA66 β 型的晶体结构，一种观点认为它也属于三斜晶系，只是晶格常数发生了变化：$a=0.49$nm，$b=0.80$nm，$c=1.72$nm，$\alpha=90°$，$\beta=77°$，$\gamma=67°$。另一种观点认为，β 型晶体相当于 α 型的轻微扰动。密度 1.248g/cm³，稍大于 α 型。

2. 分子链在晶格中的构象

分子链在晶格中的构象，即分子链在晶体中的排列方式。将 PA6 和 PA66 纤维中分子链晶体中的等同周期，与充分伸展的重复结构单元的长度进行比较，发现两者是相等的或是整数倍。因此，PA6 和 PA66 纤维中的分子链在晶体中都是平面锯齿形构象。

3. 晶体结构中的“氢键层”

PA 纤维的晶体结构中存在着“氢键层”，这是 PA 纤维结晶结构的一大特点。由于 PA 纤维的分子链中存在许多酰胺键，分子链之间的 >C=O 和 >NH 基团可以生成氢键。在晶格中，由于分子规整排列，因此所形成的氢键也规整排列，形成一个氢键层。

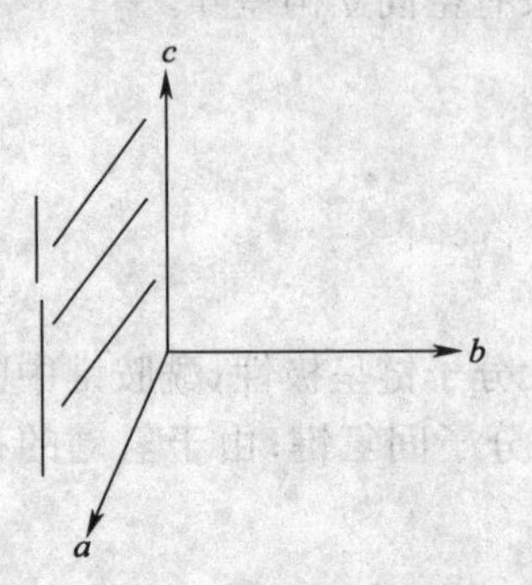

图 2－8　PA66 晶体结构中的氢键层示意图

在 PA66 的晶体结构中，氢键层是在 ac 轴平面内的分子链间产生的。从 b 轴方向看，氢键成帘子状分布（图 2－8）。而氢键层之间（即晶格的 b 轴方向）分子间的作用力只有范德华力。因此，PA66 晶体结构中的作用力：c 轴方向上，以主价键相连；a 轴方向上，存在氢键、范德华力；b 轴方向上，主要是范德华力。随着结晶变体形式的不同，氢键层中的氢键相互排列的方式也不一样。

4. 结晶能力

实验表明，在通常的纺丝条件下，PA6 在纺程上并不产生结晶，只是丝条接触到油盘内的水或吸收空气中的水分后，才产生结晶。PA66 纤维是在纺程上结晶的。其主要是因为 PA66 的结晶动力学能力(13.2)比 PA6 的结晶动力学能力(6.66)高。因此，在同样的冷却速率下结晶，PA66 得到的结晶度比 PA6 高 20 倍。

PA6 和 PA66 结晶动力学能力相差较大的原因，是由于其大分子链结构的差异(图 2－9)。

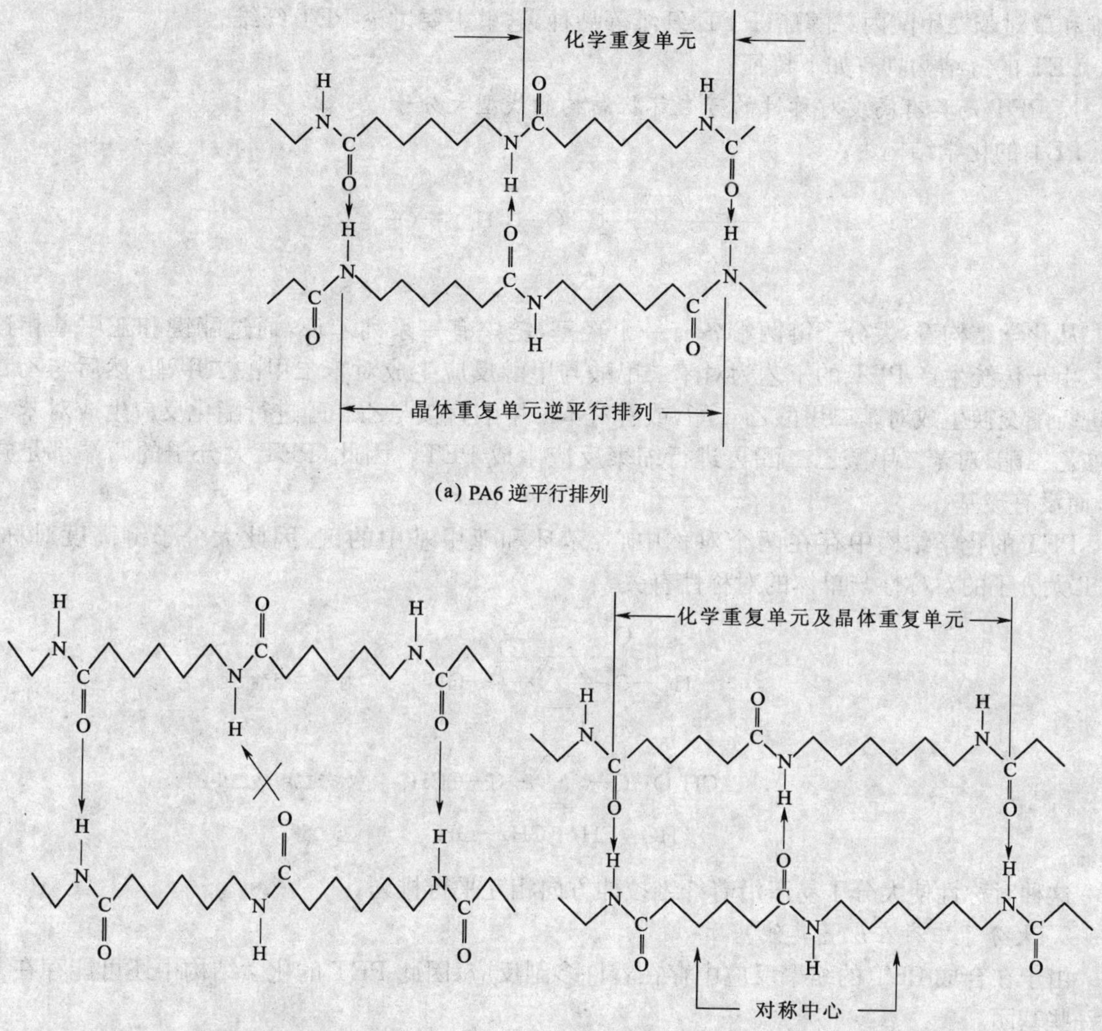

化学重复单元

晶体重复单元逆平行排列

(a) PA6 逆平行排列

化学重复单元及晶体重复单元

对称中心

(b) PA6 平行排列

(c)PA66

图 2－9 PA6 和 PA66 大分子链结构的差异

由图 2－9 可见，当 PA6 分子反平行排列时，所有氢键都能起作用，当 PA6 分子平行排列时，只能生成一半氢键。由于 PA66 大分子内存在对称中心，不管大分子怎样排列，都能生成氢键。因此，与 PA66 相比，PA6 大分子间易形成氢键，作为缔合点，使结晶能力增大。

对于 PA46，由于大分子内与 PA66 一样存在对称中心，因此所有大分子也都能生成氢键；而且大分子链上的亚甲基与 PA66 相比长度较短，因此酰胺键的浓度相对更高，比 PA66 大分子间易形成氢键，因此结晶能力更大。

三、聚酯纤维

(一)聚酯纤维的链结构

聚酯(PES)纤维主要有聚对苯二甲酸乙二醇酯(PET)纤维、聚对苯二甲酸丁二醇酯(PBT)纤维和聚对苯二甲酸丙二醇酯(PTT)纤维等品种,这里主要讨论 PET 纤维。

PET 的链结构具有如下特征。

1. PET 是具有高度对称性的芳香环状结构的线型大分子

PET 的化学结构为:

$$-\underset{\underset{O}{\|}}{C}-C_6H_4-\underset{\underset{O}{\|}}{C}-O-(CH_2)_2-O-$$

从化学结构看,大分子链两端各有一个羟基,链中有一系列苯环,通过酯键和亚甲基相连接。由于传统生产 PET 的工艺为对苯二甲酸与甲醇反应生成对苯二甲酸二甲酯,然后与乙二醇进行酯交换生成对苯二甲酸乙二酯,或者对苯二甲酸直接与乙二醇进行酯化反应生成对苯二甲酸乙二酯,对苯二甲酸乙二酯再进行缩聚反应生成 PET。因此,PET 大分子的两端都是羟基,而没有羧基。

PET 的化学结构中存在两个对称中心:苯环和亚甲基中的键,因此大分子链高度对称。PET 大分子的对称性与单体的对称性有关。

$$HO-\overset{\overset{O}{\|}}{C}-C_6H_4-\overset{\overset{O}{\|}}{C}-OH$$ 对苯二甲酸

$$CH_3O-\overset{\overset{O}{\|}}{C}-C_6H_4-\overset{\overset{O}{\|}}{C}-OCH_3$$ 对苯二甲酸二甲酯

$$HO-CH_2-CH_2-OH$$ 乙二醇

这种对称性使大分子易于沿着纤维拉伸方向相互平行排列。

2. 大分子中存在少量其他基团

由于在合成 PET 的缩聚反应中存在着许多副反应,因此 PET 的化学结构中还可能存在下列一些基团。

(1)羧基:由缩聚过程中的热裂解、氧化裂解、水解产生。

(2)醚键:主要由乙二醇的纯度不够造成,在酯交换和缩聚过程中因副反应生成二甘醇,使 PET 结构中出现醚键:$-O-(CH_2)_2-O-(CH_2)_2-O-$。醚键的存在,破坏了分子结构的规整性,造成 PET 熔点下降,而且使纤维的耐热氧化和耐光性变差。

(3)环状齐聚物:PET 中环状齐聚物一般占 1.5%,其结构如下:

$$\left[\begin{array}{c} COOCH_2CH_2O-\cdots-OC \\ C_6H_4 \quad\quad C_6H_4 \\ CO-\cdots-OCH_2CH_2OOC \end{array}\right]_n$$

PET 中各类齐聚物的含量见表 2－4。

表 2－4 PET 中各类齐聚物的含量

n	形 状	T_m/℃	含量/%
2	环状三聚体	314～316	1.4
3	环状四聚体	225～229	0.11
4	环状五聚体	247～250	0.03

在涤纶纺丝和拉伸的过程中，经常可以看到在导丝盘和拉伸辊上有白色粉末状物质析出，据分析，一部分就是这种环状齐聚物。环状齐聚物的存在，还会影响纺织和印染。

3. *大分子主链属于杂链*

PET 大分子链中含有 O。

4. *大分子链的刚性较大*

PET 大分子链中存在着大量的 $-\overset{\overset{\displaystyle O}{\|}}{C}-C_6H_4-\overset{\overset{\displaystyle O}{\|}}{C}-$ 基团，由于苯环的 π 电子有较大的流动性，能均匀地分布于苯环；又由于羧基的极性，整个苯环与羧基形成共轭双键，整个基团形成一个大 π 键，成平面状，只能作为一个整体而振动，因此妨碍了分子的内旋转。这是 PET 大分子链具有高刚性的原因。当然 PET 并不完全刚性，其$-O-CH_2-CH_2-O-$、C—C、C—O 键可以内旋转，因此实际上是刚柔相济，但比别的合成纤维大品种的刚性要大一些。

由于上述两个特点，即 PET 大分子链的刚性大，再加上良好的对称性，导致 PET 熔融前后的熵变减小。因此，尽管 PET 大分子的熔融热焓（22.6kJ/mol）比 PA 大分子（44.4kJ/mol）小，但其熔点仍高于 PA。

5. *PET 大分子链具有高度规整性*

由于以下三方面的原因，PET 大分子链具有高度的规整性。

（1）合成 PET 的缩聚反应均是头尾相连，因此大分子链上无支链。

（2）如前所述，PET 大分子链高度对称。

（3）大分子链节上无取代基，不存在不对称碳原子，所以无空间不规整问题。

PET 大分子链的这种高度规整性，赋予其较高的结晶能力。

6. *大分子间主要是范德华力的作用*

由于 PET 分子链没有极性取代基，不能形成氢键，因此 PET 大分子间的作用主要是范德华力，其内聚能密度（$477J/cm^3$）比 PA 大分子低。

（二）聚酯纤维的结晶结构

1. *晶格结构*

PET 的结晶结构与 PA 不同，没有许多结晶变体，主要为三斜晶系。这与大分子链刚性较大、不易变形有关。其晶格参数中三条边不相等，三个角也不互为直角，即：$a=0.465$nm，$b=0.594$nm，$c=1.075$nm，$\alpha=98.5°$，$\beta=118°$，$\gamma=112°$。a 轴间是苯环、π 电子间的作用力（范德华力），b 轴间是极性酯基的作用力（范德华力，但大于 a 轴间的作用力），c 轴间是大分子链之间的共价键作用。每个单元晶格含一个基本链节。

另外，PET 的晶格可能发生某种畸变，变成准晶结构。准晶结构是介晶态的一种形式。所谓介晶态就是指空间排列有序，但不完全严格有序，介于晶相和非晶相之间。

2. 大分子链在晶格中的构象

PET 大分子中的 $-\overset{\overset{O}{\|}}{C}-C_6H_4-\overset{\overset{O}{\|}}{C}-$ 可以作为一个基团(—R)看待，则 PET 的链节变成 $ROCH_2CH_2OR$，它绕 C—C 键旋转可以构成四种不同的构象。

(1)反式：原子间距离最大，作用力最小，该构象最稳定。

(2)顺式：原子间距离最小，斥力最大，能量高，该构象不稳定。顺式又分部分重叠式和完全重叠式。完全重叠式的能量最高，最不稳定。

(3)旁式：能量处于顺式和反式之间。

图 2－10 为四种构象的能量示意图。对 PET 而言，ΔE_3 和 ΔE_1 太大，故部分重叠式和完全重叠式均不存在。而 ΔE_2(9.79kJ/mol)并不太大，因此旁式和反式可相互转化。PET 在非晶态一般以旁式构象存在，而在结晶状态以反式构象存在。

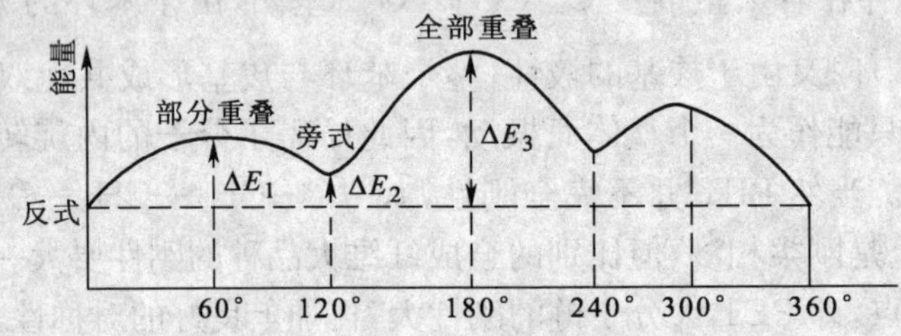

图 2－10　PET 四种构象的能量示意图

Bunn 等人的研究指出，PET 在晶体中化学结构单元的重复周期为 0.075nm，其酯基相互成反式排列。

$$-\underset{\underset{O}{\|}}{C}-C_6H_4-\overset{\overset{O}{\|}}{C}-O-CH_2-CH_2-O-$$

反式结构完全伸展时的长度计算值为 2.09nm。这说明，在结晶结构中 PET 的重复结构单元稍微缩短了一些，PET 分子几乎呈平面构型。结晶结构中的重复结构单元稍微缩短的原因，是由于结晶结构中反式伸展构象的分子链并不完全在同一平面上，PET 大分子中的刚性部分 $-\overset{\overset{O}{\|}}{C}-C_6H_4-\underset{\underset{O}{\|}}{C}-$ 为一个平面，而大分子中柔性部分 $-O-CH_2-CH_2-O-$ 组成的锯齿形又是一个平面。这两个平面间稍许有一点偏转，以致造成主链在结晶时等同周期(重复结构单元)有微小的缩短。上述两个平面发生偏转的原因，可以从结晶结构的紧密堆砌原则来理解。对于 PET 大分子链，苯环因为体积大，在链中就成了凸出部分，但经过微小的偏转后，刚好使一个大分子的凸出部分嵌到另一个大分子的凹陷部分去。分子间这种巧妙的结合，使 PET 大分子的配合排列异常紧密。

PTT分子链构象与PET不同(图2-11),为旁式—旁式构象。PET单元晶格c轴的长度为重复单元最大拉伸构象长度的98%。PTT单元晶格c轴长度大约只有重复单元最大拉伸构象长度的76%。

3. 结晶能力

PET的大分子链在热力学上具备结晶能力,一般认为,在较低纺速(<4000m/min)下,PET初生纤维在纺程上没有发生结晶。这是由于PET的动力学结晶能力只有0.53~1.01(℃/s),为PA6的1/20、PA66的1/130~1/125。因此PET的动力学结晶速率要比PA低得多。在通常的纺丝条件下,PET熔体细流从喷丝板到卷绕机构所经历的时间很短。PET大分子链还来不及砌入晶格而温度已降至玻璃化温度(T_g)以下,因此PET初生纤维在纺程上是不结晶的。但是当纺速较高(≥4000m/min)时,PET初生纤维在高速纺丝产生取向作用的同时,发生了结晶化作用。

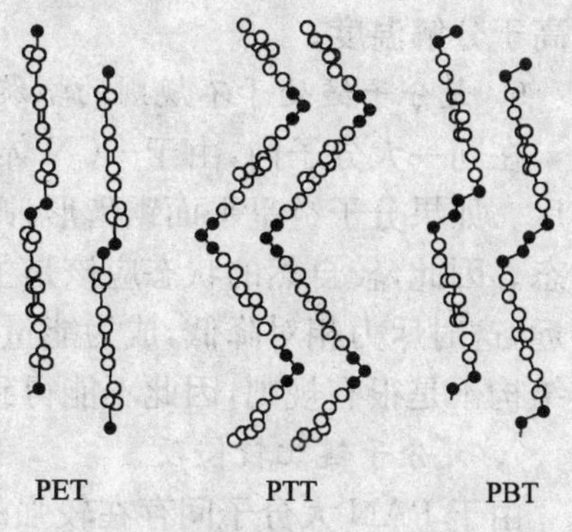

图2-11　三种聚酯的分子链构象

PTT的结晶速率大于PET。实验表明,PTT的结晶化程度为50%时的时间$t_{1/2}$为0.699min,相应的最大结晶速率温度为170℃;而PET的$t_{1/2}$为1.91min,相应的最大结晶速率温度为180℃。

四、聚丙烯腈纤维

(一)聚丙烯腈的分子链结构

聚丙烯腈及其共聚物的分子链具有如下一些特点。

1. 主链属于碳链

与PA和PET不同,PAN的主链全部由碳原子组成。

2. 大分子链存在大量侧基—CN

PAN的大分子链上存在大量侧基—CN,—CN是极性基团,对纤维的序态结构有很大的影响。C、N之间存在一个α键,两个π键。所以能吸收能量较高的紫外线并转为热能,从而保护主链,不至于造成大分子降解。

3. 大分子链的化学结构不太规整

由于PAN的聚合过程为自由基聚合,取代基—CN的位置不完全有规律,存在头头、头尾连接。而且实际生产大部分采用PAN共聚物,分子链中单体的分布无规则。因此,PAN的大分子链的规整性比PA和PET差。

4. 大分子链极性大

在氰基—C≡N中,N与C的电负性差异较大,而且有π电子存在,基团内的电子易发生流动,结果是正电荷偏向C,负电荷偏向N,形成一个偶极子,因此氰基的极性较大,其偶极矩约为3.3×10^{-18}静电单位。

5. 分子间有极强的作用力

分子间的氰基相互形成偶极对,强烈地相互吸引,氰基的结合能达34J/mol。偶极力的作用使分子间力大大增强,而且分子间还存在范德华力,因此其内聚能密度达992J/cm^3,因此熔点高于分解温度。

6. 大分子链处于不规则的螺旋状态

在同一大分子内，由于—CN 体积大、极性强，因此相邻—CN 之间因极性方向相同而相互排斥。如果分子链呈平面锯齿形，则相邻—CN 的距离最近，斥力最大，处于能量较高的不稳定状态。因此，较自然的状态应该是主链中 C—C 键转过一定的角度，使—CN 在空间的距离达到最远，这时斥力相对降低，成为能量较低的螺旋型构象(图 2－12)。另一方面，由于 PAN 的主链结构不是很有规则，因此不能得到规则的螺旋型构象。

7. 大分子链比较僵硬

由于 PAN 大分子间存在较强的偶极力，大分子内相邻—CN 间存在斥力，因此大分子链的内旋转受到很大限制(局部发生扭曲)，所以通常 PAN 的大分子链比较僵硬，这正是生产中要添加第二单体的原因。

(二)聚丙烯腈纤维的序态结构

聚丙烯腈纤维的 X 射线衍射图(图 2－13)有两个显著特点：

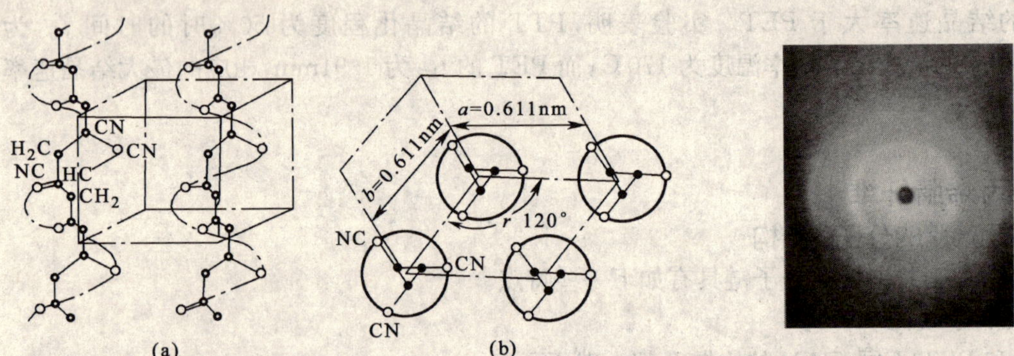

图 2－12　PAN 的构象

图 2－13　聚丙烯腈纤维的 X 射线衍射图

(1)在赤道线上有强烈的反射弧线，在纬向则没有明显的反射点(或弧线)。

(2)不存在晕圈(弥散的圆圈)。

图 2－13 表明：

(1)纤维内存在一些晶面，这些晶面与纤维轴平行，并做有规则的等距离排列。因此，可以认为在大分子链的侧向存在着一系列等距离排列的分子层(其平面和分子链平行)。

(2)不存在和纤维轴垂直的晶面，这表明大分子纵向原子排列无序。

综合以上两点，可以得出结论：尽管在链的侧向(a 轴和 b 轴)分子链之间的排列是有规则的，但在 c 轴方向不存在等同周期，因此聚丙烯腈并不是真正的结晶结构。可称为“侧序高聚物”或“准晶态高聚物”。

(3)非晶区的规整程度较高。这表明，聚丙烯腈纤维又没有一般概念的无定形部分。

聚丙烯腈纤维大分子链产生纵向无序、侧向有序和无定形区较规整的原因有以下几方面。

(1)从纵向看，由于大分子链内—CN 相互排斥，使大分子链扭曲成不规则状态，无一定“螺距”，不能整齐堆砌形成晶区中的等同周期，从而造成纵向无序。

(2)从侧向看，分子间—CN 相互吸引，导致大分子相互有规则地排列。但是由于大分子链向上和向下排列的不同，而且分子链无规扭曲，导致侧向并不是全部有序(即并不是全部—CN能配对)。因此，尽管PAN大分子侧向有序，但还存在无定形部分。

(3)分子间的—CN在无定形区也有相互作用，尽管这时—CN的相互作用不是很有规则，但也并不是杂乱无章。因此，PAN非晶区的规整程度比一般聚合物的无定形区高。

综上所述，聚丙烯腈纤维既没有一般概念中的无定形部分，也没有完整的结晶部分。因此，可以将PAN看成是由单向组成的，不存在晶相和非晶相之间的界面。通常将侧向高度有序的区域称为准晶高序区；对非晶区，根据序态高低的不同又进一步分为非晶相中序区和非晶相低序区。值得注意的是：高序区、中序区和低序区之间同样也不存在截然不同的界面，而是相互交错、相互渗透的。因此，聚丙烯腈纤维存在侧序分布。

五、聚丙烯纤维

(一)聚丙烯纤维的分子链结构

聚丙烯纤维的原料是等规聚丙烯(IPP)，IPP的分子链结构具有如下特点。

1. 大分子主链属于碳链

IPP不仅主链全部由碳原子组成，而且整个大分子链只有C、H两种元素。这是典型的聚烯烃的特征。

2. 大分子链为线型

IPP以头尾相连，无支链。

3. 大分子链上无极性取代基

IPP是典型的非极性分子，分子间只有范德华力，所以分子间的作用力较小。由于主链全部由C原子组成，不易水解，吸水率接近零，所以纺丝时不需要干燥。

4. 大分子链的取代基在主链中的位置十分有规则

如果将主链拉直，IPP大分子链的取代基—CH_3全部在主链平面的同一侧。由于IPP结构上的规整性，从热力学上讲，具备结晶能力。但由于IPP是非极性的，分子间作用力小，因此其熔点不高(170℃左右)。

5. 含有少量无规结构的大分子

在聚丙烯纤维中，除了等规结构的大分子链外，还含有少量无规结构的大分子。通常将聚丙烯中等规结构的含量定义为等规度。对于纺制纤维的IPP，要求其等规度在96%以上。目前，在聚烯烃的生产中已开始用茂金属等高活性、高定向的高效催化剂逐步取代常规催化剂。由于茂金属催化剂活性单一，用它制备的等规聚丙烯能精确地控制聚合物的结构，使无规聚丙烯的含量小于0.5%。

6. 主链上存在叔碳原子

叔碳原子的H非常活泼，对氧和紫外线的作用较敏感，容易裂解。因此，IPP造粒时，需要加入抗老化剂。

(二)成纤聚丙烯的相对分子质量

由于IPP分子间作用力小，因而内聚能密度低。在相同的相对分子质量下，丙纶的强度比涤纶、锦纶小得多。因此，纤维级IPP的相对分子质量通常比较大，要比PET和PA约高出一个数量级。IPP切片的相对分子质量为18万～20万。相对分子质量的提高，有利于纤维强度的增加,但导致熔体的流动性和可纺性下降。因为相对分子质量高,纺丝时熔体黏度大,非牛顿性和结构黏度指数增加。因此,丙纶纺丝时要提高温度,通常纺丝温度高出熔点100℃以上。这样,尽管IPP与PET的熔点相差近100℃,但纺丝温度却与PET基本接近,甚至要比PET高一些。丙纶纺丝对设备的要求和对涤纶、锦纶有所不同,主要体现在四方面:螺杆长径比大($L/D=20\sim26$);压缩比高(3.5左右,最小为2.8);计量段长,并加有混合段,以利于充分混合;纺丝孔的长径比大,希望达到$L/D=4$(PET和PA的$L/D=41$),孔径适当大一些(0.4mm)。

(三)聚丙烯纤维的结晶结构

1. 晶胞类型

IPP结晶时,随着结晶条件不同,可以生成不同的结晶变体。IPP结晶变体的数量比PA多,可以出现α、β、γ、δ和拟六方变体五种。

(1)α变体:属于单斜晶系,在IPP结晶中最稳定,是最常见的结晶形式。晶胞参数:$a=0.665$nm,$b=2.096$nm,$c=0.65$nm,$\alpha=\gamma=90°$,$\beta=90°20'$。密度0.936g/cm^3,熔点170℃。

(2)β变体:属于六方晶系。在聚合物中含有特殊的结晶成核剂,或在相当高的冷却速度下,于128℃以下等温结晶时,容易出现这种变体。β变体与α变体共存,其稳定性比α变体差,在一定温度下处理或在外力作用下会转变成α变体。晶胞参数:$a=0.647$nm,$b=1.071$nm,$c=0.65$nm,$\alpha=\beta=90°$,$\gamma=120°$。密度0.922g/cm^3,熔点145～150℃。

(3)γ变体:属于三斜晶系,只有在低相对分子质量的样品中才出现,如果是高相对分子质量的样品,则在高压下才能生成γ变体。晶胞参数:$a=0.654$nm,$b=2.44$nm,$c=0.65$nm,$\alpha=89°$,$\beta=100°$,$\gamma=99°$。密度0.939g/cm^3,熔点160℃。

(4)δ变体:δ变体是在IPP的抽提物中分离出来的。在间规聚丙烯中也能发现这种变体。有关δ变体的资料很少,这种变体不利于生产纤维。

(5)拟六方变体:这是一种准晶或近晶结构的碟状液晶。在这种变体的晶胞中,左旋和右旋的IPP分子链是任意混杂排列的。这种变体,主要是IPP熔体骤冷到70℃以下,或在70℃以下进行冷拉伸时生成的。拟六方变体最不稳定,在70℃以上处理时,即能转变成α变体,其活化能为65～69J/mol,在后加工时,希望初生纤维为这种变体,以有利于拉伸的进行。密度0.88g/cm^3。

在上述五种结晶变体中,与纤维成型加工有关的主要是α、β和拟六方变体。在IPP的初生纤维中可以发现两种结晶变体:α变体和拟六方变体。两者可以单独存在,也可以共同存在,根据纺丝成型的条件而定。当纺丝温度较低时,主要是α变体;纺丝温度升高,则以拟六方变体为主。当纺丝冷却较慢时,出现α变体;纺丝冷却较快时,出现拟六方变体。喷丝头拉伸的倍数较高时,容易生成α变体。

2. 晶胞中分子链的构象

实验证实,IPP晶体中的等同周期为0.65nm,且每个重复周期中包含三个链节,而结构单元的长度为0.25nm,两者之间不是简单的整数倍关系。因此可以推断,在IPP晶胞中,分子链的构象不成平面锯齿形,而应该是螺旋形构象。这可以从甲基的范德华半径来加以分析。甲基的范德华半径为0.2nm。如果分子链呈平面锯齿形,那么相邻甲基的范德华半径发生重叠,这是一种不稳定状态;要使体系能量下降,甲基间的斥力要达到最小,即距离最远,这时C—C链应该旋转一个角度。对IPP晶体来说,每三个链节旋转360°,成为一个等同周期,相邻的甲基间隔为 120°，这是一种最稳定的状态。

3. 分子间的作用力

对于 IPP 的结晶体而言，其分子间的作用力比较简单，只存在两种力，即共价键和范德华力。c 轴方向是共价键，b 轴和 a 轴方向是范德华力。

第三节 化学纤维的结构对其性能的影响

一、化学结构对纤维性能的影响

纤维的化学结构主要指组成纤维的大分子链节、链型分子的端基及可能含有的共聚单体等。若不考虑大分子的裂解，成纤聚合物的化学结构参数由成纤聚合物本身所决定，通常与加工条件无关。

成纤聚合物的化学结构影响化学纤维的许多性能，因此在化学纤维工业中，常常采用共聚等方法来改变纤维的化学结构，从而改进其染色性、吸湿性、阻燃性等性能。尤其是接枝共聚物常兼具骨架聚合物和支链聚合物的特性，嵌段共聚物也可兼有作嵌段的不同聚合物的特性，并且可以改变相应链段的长度，使共聚物的性能在一定范围内变化，因此可以改变纤维的许多性能。而且有些共聚单体可以改善高聚物的几种性能，称之为多功能改性。有时也通过聚合物的化学反应，使天然和合成纤维进行转换，成为新的纤维品种。

(一)模量

成纤聚合物中单体链节的种类对其机械性能均有影响。例如，PA6 和 PA66 的单体链节中没有苯环，因此其纤维的模量远比单体链节中有苯环的芳香族聚酰胺纤维低。PET 纤维由于大分子的主链上有 $-\overset{\overset{\displaystyle O}{\|}}{C}-C_6H_4-\underset{\underset{\displaystyle O}{\|}}{C}-$ 基团作为一个整体振动，刚性较大，分子内旋转困难，所以其初始模量在合成纤维大品种中占首位。

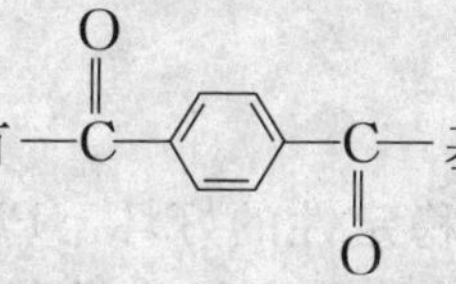

(二)耐化学性

聚丙烯纤维和聚乙烯醇纤维的主链均是 C—C 连接，不易被水解，因此其耐碱性在合成纤维中是佼佼者。而聚酰胺纤维的耐碱性就较差。由于酰胺键与酯键相比，具有一定的碱性，因此聚酰胺纤维对碱的稳定性比聚酯好，而对酸的稳定性不如聚酯。聚丙烯腈纤维的主链虽然也是 C—C 连接，但其侧基—CN 易水解，因此不耐强碱。

(三)吸湿性

纤维的吸湿性和吸水性是两个不同的概念，前者指吸收气相水分，后者指吸收液相水分。纤维吸湿，大分子中一定要有亲水性基团。吸水则只要微孔存在就可以。例如粘胶纤维的大分子中有大量的亲水基团(—OH)，所以其吸湿性在化学纤维大品种中最好(吸湿率 11.13%，超过棉)。聚酰胺纤维的大分子中有(—CONH—)基团，分子的极性大，因此吸湿性较好，其吸湿性在合成纤维中仅次于聚乙烯醇纤维。聚酯纤维的大分子链中无亲水性基团，故吸湿性差(吸湿率 0.2%～0.4%)。聚丙烯纤维几乎不吸湿。改进 PET 纤维吸湿性的方法之一，就是在其大分子链上引入亲水基团，例如将 PET 与丙烯酸接枝共聚，或与 PEG 构成嵌段共聚物。

(四)染色性

化学纤维用阳离子染料和酸性染料染色,纤维的大分子链上一定要有着色位置,以分散染料染色则不需要着色位置。例如聚丙烯腈纤维的大分子链上具有—SO_3Na 等基团,聚酰胺纤维大分子链上具有 $-\overset{\overset{\displaystyle O}{\|}}{C}-NH-$ 基团,它们均为着色位置,因此在合成纤维中染色性较好。PET 纤维分子链中无接受阳离子染料和酸性染料的着色位置,因此染色性差,一般只能用分散染料染色。但阳离子可染 PET 纤维在大分子链节中引入了磺酸基团,因此其染色性大大改善,已经成为改性聚酯纤维中的一个大品种。IPP 大分子链上没有着色基团,因此 PP 纤维不能按常规方法染色,实际生产中常用色母粒着色。

(五)耐光性和耐气候性

由于 $-\overset{\overset{\displaystyle O}{\|}}{C}-\overset{\overset{\displaystyle H}{|}}{N}-$ 是弱键,其离解能比较低。因此聚酰胺纤维的耐日光稳定性不太好,尤其是消光丝,TiO_2 的存在对酰胺键的裂解有促进作用,在日光下其强度的损失更加迅速。例如,日晒 16 周后,有光聚酰胺纤维的强度损失为 23%,而消光聚酰胺纤维的强度损失为 50%。此外,聚酰胺纤维在光的作用下,随着强度的下降,纤维的色泽变黄变深,因为裂解产物中存在发色基团。

聚丙烯腈纤维大分子链节中存在—CN,C≡N 键中有一个 σ 键和两个 π 键,这种结构能吸收能量较高(紫外线)的光子,并把光能转化为热能,从而保护了主价键,因此其耐光性和耐气候性在合成纤维大品种中占首位。聚酰胺纤维大分子中的 C—N 键能较低,在紫外线照射下易破坏,因此其耐光性差。将聚酰胺与 AN 接枝共聚,在大分子中引入—CN,可使所得纤维的耐光性明显提高。

(六)热性能

纤维的化学结构被破坏时的温度高低反映了纤维热稳定性的好坏。PET 分子中有稳定的苯环,在升温过程中大分子链不易发生热裂解,因此其热稳定性在化学纤维大品种中占首位。

(七)降解性

一些疏水性聚合物,如聚乙烯纤维、聚丙烯纤维,由于没有可水解的化学键,因此具有很好的稳定性。由于 PET 化学结构中存在大量的—COO—键,因此在高温和水的存在下,易引起大分子链水解,导致相对分子质量下降。实际生产中,纺丝前必须严格控制切片的含水率。但酯键不像酰胺键那样容易氧化降解。

一般认为聚合物的生物降解常常是从水解开始的。由于聚乳酸纤维主链中引入了可水解的酯基,因此先通过水解将大分子链裂解成相对分子质量较小的低聚物直至成为单体;然后在酶的作用下,进一步代谢为 H_2O 和 CO_2。

(八)抗菌性

绝大部分化学纤维均没有抗菌性,但壳聚糖纤维已被证明具有良好的抗菌活性,这可能是因为壳聚糖分子中的氨基能与细菌的细胞壁结合,从而抑制了细菌生长。

二、物理化学结构对纤维性能的影响

化学纤维的物理化学结构参数主要有相对分子质量及其分布，还有大分子构象、支化或者交联等空间不规则性等内容。若不考虑相对分子质量因为大分子裂解而改变，成纤聚合物的物理化学结构参数也由成纤聚合物本身决定，而与加工条件无关。下面简单叙述几个主要物理化学结构参数对化学纤维性能的影响。

(一)相对分子质量及其分布

聚合物的相对分子质量和相对分子质量分布对纤维生产过程和成品纤维的性能有很大影响。成纤聚合物的相对分子质量最主要的是影响纤维的断裂强度和模量。式(2－3)表明，聚合物的相对分子质量越大，纤维的强度也就越大。表 2－5 表明，相对分子质量对聚丙烯腈纤维的断裂强度有很大的影响。

$$\sigma = A - \frac{B}{M} \tag{2-3}$$

式中：σ——断裂强度；

M——相对分子质量；

A、B——常数，不同的聚合物数值不同。

表 2－5 相对分子质量对聚丙烯腈纤维的断裂强度的影响

种　　类	相对分子质量 M(万)	强度/$cN \cdot tex^{-1}$
普通聚丙烯腈纤维	7	35.0
冻胶纺聚丙烯腈纤维	228	166.0
产业用聚丙烯腈纤维	32	126.3

因此，成纤聚合物必须具有相当高的相对分子质量。例如，聚酯的重均分子量通常在15000～45000。脂肪族聚酰胺的重均分子量通常在 15000～45000。对于聚酰胺 6，这相当于聚合度为 130～400，链长 230～690nm；规则排列时，链端相互距离为 2～3nm。聚丙烯腈和其他乙烯类聚合物的重均分子量在 15 万～25 万。对于聚丙烯腈，这相当于聚合度为 2830～4720，链长为 710～1180nm。

改变成纤聚合物的相对分子质量是改变常规合成纤维性能、开发合成纤维新产品的常用方法之一。而且这种方法只需调节聚合过程中的工艺条件就能实现，因此是开发合成纤维新产品较简单的方法。这方面的研究和开发工作十分活跃，并且已有一些通过相对分子质量改性的合成纤维新品种投入工业化生产。例如，采用超高相对分子质量聚乙烯（UHMW－PE，相对分子质量一般在 100 万以上），通过冻胶纺丝制得的高强高模 PE 纤维，已经成为工业化生产的高性能纤维品种之一。采用普通切片（特性黏度[η]＝0.5～0.7），PET 经固相聚合，使[η]增加到 0.9～1.5，可使涤纶工业丝的强度达到 6.2～7.1cN/dtex 以上。而适当降低成纤聚合物的相对分子质量虽然使纤维的强度有所降低，但可改善纤维的抗起球性。表 2－6 表明，随着聚合物相对分子质量的降低，纤维的抗起球性明显得到改善。

表 2－6　聚酯纤维相对分子质量与抗起球性的关系

相对分子质量	$[\eta]$/dL・g^{-1}	η_0/Pa・s(280℃)	强度/cN・$dtex^{-1}$	起球等级
14000	0.51	90	3.7	6.6
11400	0.44	70	3.2	4.3
11200	0.42	60	3.1	—
10500	0.40	39	2.9	0.8

聚合物的相对分子质量对降解的影响可能是直接的，也可能是间接的，比较复杂。相对分子质量增大使玻璃化温度增高，从而使水解速率减慢，因为玻璃态聚合物的降解比相应的橡胶态慢。相对分子质量越大、聚合物的链越长，降解成水溶性低聚物或单体所需时间越长。

在物理化学结构参数中，相对分子质量分布对于化学纤维的加工和最终性能有很大的影响。相对分子质量分布宽，纺丝流体的可纺性差。对于聚酰胺和聚酯，由于水解或后缩聚作用，其相对分子质量分布可因温度和湿度的影响而随时改变。

(二)大分子构象

在化学纤维中，大分子链呈现下列四种主要的构象。

1. 无规线团构象

无定形高分子在非取向时的分子链聚集结构，主要在聚合物溶液或熔体中呈现的构象。

2. 螺旋型构象

主要存在于蛋白质纤维等等规立构聚合物的基纤维中。

3. 折叠链构象

晶体的主要形态之一。

4. 伸直链构象

由普通柔性链高分子改变成型条件(例如冻胶纺丝、超高温热拉伸和固体挤出)而形成或由刚性链高分子结晶而得。

同一种化学纤维往往出现多种形式的构象。例如在等规聚丙烯结晶中，既有螺旋型构象，又有折叠的螺旋。对于同一根高分子链，也可以有几种不同的构象。

高分子链的形状对纤维的性能有很大影响。例如普通的 PVA 纤维强度较低(长丝 2.6～3.5cN/dtex，短纤维 4～4.4cN/dtex)，因为其成品纤维的大分子为折叠链构象。如果采用冻胶纺丝，PVA 分子经高倍拉伸成为伸直链，其强度大大提高，达 22.9cN/dtex，接近芳香族聚酰胺纤维。采用冷冻纺丝工艺得到的聚酰胺纤维，由于冷却速度快，伸直链不易折叠，其强度比普通聚酰胺纤维提高一倍以上。至于对位芳香族聚酰胺纤维等，其大分子本来就是刚性的，因此纺制的纤维为高强高模纤维。

由于 PTT 与 PET 分子链构象不同(前者为旁式—旁式构象，后者在结晶状态为反式构象)，因此其纤维的拉伸回复率有较大的差异(表 2－7)。

表 2-7 PTT 与 PET 纤维的拉伸回复率比较

样品	PTT 纤维	PET 纤维
急回弹伸长回复率/%	82	32
5min 内缓回弹伸长回复率/%	18	12
总回复率/%	100	44

(三)交联

交联反应主要由官能度大于 2 的单体的聚合过程发生。也可引发大分子链产生可反应自由基和官能团,从而使大分子间形成新的化学键。交联反应可赋予纤维许多优异性能,如提高强度、弹性、形变稳定性、耐化学性能等,因此广泛应用于纤维的改性中。

PA66 辐射交联对纤维拉伸强度的影响如图 2-14 所示,其拉伸强度呈抛物线上升。弹性体的平衡模量 E_c 可简单地由下式表示。

$$E_c = 3\gamma RT = \frac{3\rho RT}{M_c} \qquad (2-4)$$

式中:γ——交联密度,mol/cm^3;

ρ——密度,g/cm^3;

R——气体常数;

T——绝对温度;

M_c——交联点之间链段的相对原子质量之和。

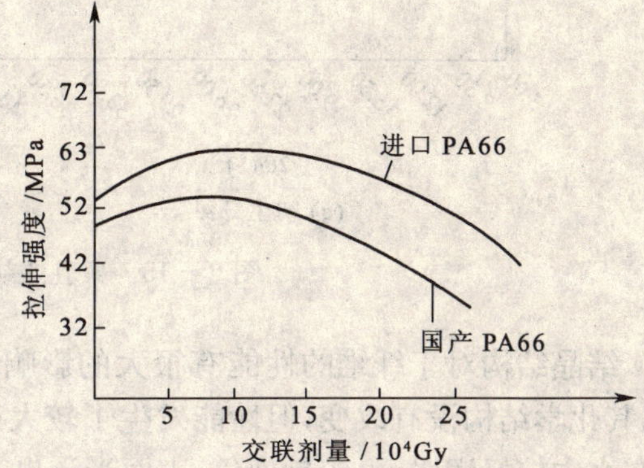

图 2-14 PA66 辐射交联对纤维拉伸强度的影响

可见,随着交联密度增加,弹性体纤维的模量随之增加。

三、物理结构对纤维性能的影响

化学纤维的物理结构对纤维的性能也有较大的影响。例如,芳香族聚酰胺纤维“Nomex”和“Kavlar”之间的区别,从化学角度说,只在于链内部苯核是间位还是对位。可是两者在弹性模量上的差别却很大,分别约为 100cN/dtex 和 1000cN/dtex,这与其说是化学结构的影响不如说是物理结构的影响。

化学纤维的物理结构包括聚合物的聚集态结构和纤维的形态结构,它们对纤维的性能也有较大的影响。

(一)聚集态结构

化学纤维的聚集态结构包括晶态结构、非晶态结构和取向态结构等。多数商品化乙烯类聚合物都是无规结构,形成的无定形玻璃态没有长程结晶有序。通过熔融纺丝可将这些玻璃态聚合物制成纤维,但是因为缺乏结晶性,这些纤维不能用于纺织加工。一旦在玻璃化温度附近加热,这些纤维就开始收缩。只有当有晶相存在时,纤维的收缩才能很小而能用于纺织加工。因此,成纤聚合物必须具有形成半结晶结构的能力。在成纤聚合物确定后,化学纤维的一些聚集态结构参数,在很大程度上取决于纺丝、拉伸以及可能进行的其他后处理。例如聚乳酸初生纤维的X射线衍射图谱(图2－15)表明，该纤维在纺程上基本不结晶。但经过拉伸，结晶度急剧上升，结晶比较完整(图2－15)。因此可以用相同的原料，通过控制其聚集态结构参数而制得性能差异很大的纤维。因此聚集态结构参数对纤维生产工艺条件的最佳化很重要，可以说，成纤聚合物的聚集态结构参数是连接链结构和应用技术性能之间的桥梁。

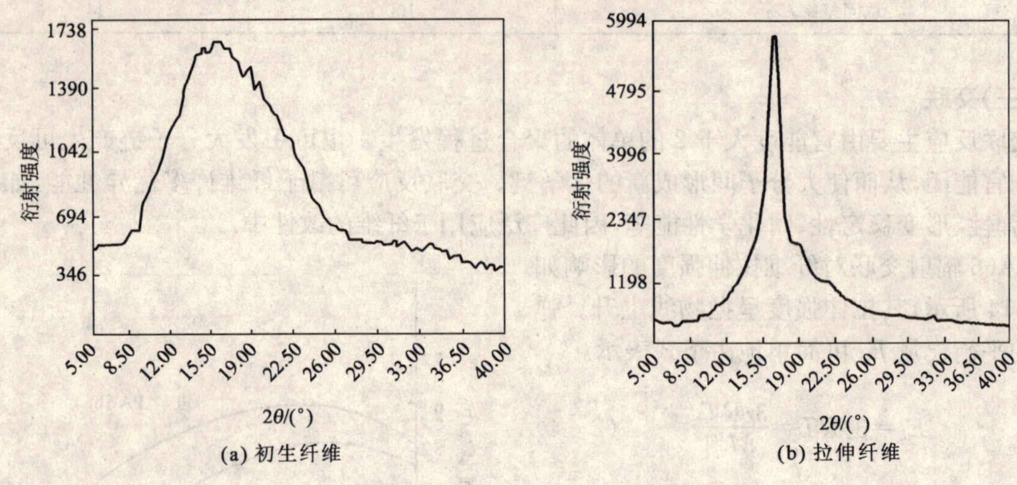

(a) 初生纤维　　(b) 拉伸纤维

图2－15　聚乳酸初生纤维的X射线衍射图

结晶结构对于纤维的性能有很大的影响。例如，棉纤维在张力下用碱液进行短时间处理时，其化学结构没有改变，但性能发生了较大改变。丝光化后的棉纤维断裂强度升高约50%，能在水中较好润胀，也较易染色，表面光泽也有提高。其原因是纤维的结晶区转变成少许松散的新变体(纤维素Ⅱ)。纤维素Ⅱ与原来的纤维素Ⅰ的区别，是它结合有结晶水，从而产生具有变体Ⅲ和Ⅳ的水合纤维素。

结晶度对纤维的染料吸收饱和值等的影响很大，在着色活性基团随同分子链构入结晶区内时，更是如此。因为染料分子一般只能进入非结晶区，在此情况下，吸收染料的能力随结晶性的升高而降低。此外，染料吸收动力学往往还是非结晶区可及性的一个函数，而这些非结晶区都被结晶区程度不同地严重屏蔽住。尽管染色性原则上由纤维的化学组成所决定，但实际的染色性还取决于结晶结构。

纤维的结晶度对降解有直接的影响。例如，聚(L-乳酸)具有结晶性，而聚(DL-乳酸)是无定形的，前者的水解要比后者慢得多，说明结晶区的水解比无定形区慢。聚合物中结晶区的水解也较慢。

纤维的序态不同，其热性能也不同。PA和PET纤维有完整的结晶，都只有一个玻璃化温度T_g。但PAN纤维有两个T_g。这是由于PAN纤维没有完整的结晶，根据序态高低的不同，可以分为非晶相中序区和非晶相低序区。不同序态区中链段间作用力的不同，导致了链段运动所需要的能量不同。因此相应的大分子链段热运动的玻璃化温度T_g也不完全一样。对于非晶区的低序区，其T_{g1}＝80～100℃，而非晶相中序区的T_{g2}＝140～150℃。

同样，由于没有完整的结晶，PAN纤维容易发生热弹性回缩。生产上利用这一特性，将经拉伸、水洗干燥和热定型的纤维在T_{g2}以上再次给予拉伸(1.1～1.6倍或更高倍数)。由于发生以高弹形变为主的伸长，非晶区弯曲的大分子伸展，熵变小。骤冷后，链段活动暂时冻结，纤维相应的伸长也就暂时不能回复。但当再提高温度到 T_g 以上，或给予水分作增塑剂，由于链段热运动加强，只要不给予张力，非晶区的大分子就回复卷曲状态，导致纤维长度发生大幅度回缩。这就是 PAN 纤维热弹性的具体变现。而 PA 和 PET 纤维结构中的微晶像网一样阻碍了链段的大幅度热运动，因此不具有热弹性。

对于同一种聚合物，其结晶能力越强，熔点就越高。例如，同类型的聚酰胺纤维的熔点随—CH_2—的变长，其酰胺键的比例降低，从而导致熔点降低，并服从奇偶规则。表 2－8 和表 2-9 分别列举了由脂肪族二元胺和脂肪族二元酸及不同内酰胺为初始原料制成的聚酰胺的熔点。

表 2－8 二元胺二元酸型聚酰胺的熔点

$PA_{n.n}$	二元胺	化学结构 $H_2N(CH_2)_nNH_2$	二元酸	化学结构 $HOOC(CH_2)_nCOOH$	熔点/℃
4.6	1,4－丁二胺	$n=4$	己二酸	$n=4$	278/295
4.7			庚二酸	$n=5$	233
4.8			辛二酸	$n=6$	250
4.9			壬二酸	$n=7$	223
4.10			癸二酸	$n=8$	239
5.5	1,5－戊二胺	$n=5$	戊二酸	$n=3$	198
5.6			己二酸	$n=4$	223
5.7			庚二酸	$n=5$	183
5.8			辛二酸	$n=6$	202
5.9			壬二酸	$n=7$	179
5.10			癸二酸	$n=8$	186/195
6.6	1,6－己二胺	$n=6$	己二酸	$n=4$	250/265
6.7			庚二酸	$n=5$	202/228
6.8			辛二酸	$n=6$	220/232
6.9			壬二酸	$n=7$	185/226
6.10			癸二酸	$n=8$	209/223
7.6	1,7－庚二胺	$n=7$	己二酸	$n=4$	226/250
7.7			庚二酸	$n=5$	196/214
7.10			癸二酸	$n=8$	187/208
8.6	1,8－辛二胺	$n=8$	己二酸	$n=4$	235/250
8.8			辛二酸	$n=6$	205/225
8.10			癸二酸	$n=8$	197/210
9.6	1,9－壬二胺	$n=9$	己二酸	$n=4$	205
9.9			壬二酸	$n=7$	165
9.10			癸二酸	$n=8$	179
10.6	1,10－癸二胺	$n=10$	己二酸	$n=4$	230/236
10.8			辛二酸	$n=6$	208/217
10.10			癸二酸	$n=8$	194/203

表 2－9　氨基羧酸型聚酰胺的原料、结构及熔点

PA_m	内酰胺的类别	化学结构 $(CH_2)_n$ CO／NH	熔点/℃
$m=3$	丙内酰胺	$n=2$	330
$m=4$	丁内酰胺	$n=3$	265
$m=5$	戊内酰胺	$n=4$	271
$m=6$	己内酰胺	$n=5$	223
$m=7$	庚内酰胺	$n=6$	233
$m=8$	辛内酰胺	$n=7$	200
$m=9$	壬内酰胺	$n=8$	209
$m=10$	癸内酰胺	$n=9$	188
$m=12$	十二内酰胺	$n=11$	179

大分子链的取向程度由纺丝过程中拉伸和松弛作用控制。初生纤维的分子链取向性很差，为了得到一定的拉伸强度，必须使纤维通过拉伸产生高度取向。在松弛热定形过程中使纤维收缩，一些分子的取向会消失，从而消除内应力，达到减少纤维脆性的目的。

（二）形态结构

化学纤维纤维表面和内部的微观形态结构，对纤维制品的性能具有一定的影响。在熔纺纤维中，聚酰胺长丝的表面在扫描电子显微镜中还是相当光滑的，但在分辨率较高的透射显微镜照片中却可以看到纤维轴向的原纤结构（图 2－16）。通常情况下，聚酯纤维不显示这些表面原纤结构（图 2－17）。聚酰胺和聚酯纤维两者的内部构造都很致密，从电子显微镜截面照片一般不能看出两者的内部结构存在什么差异。这些熔纺纤维的力学性能通常都比较好。溶液纺纤维与熔纺纤维的表面和内部微观形态结构通常不同。例如用溶液纺制成的聚丙烯腈纤维，不管是通过湿法纺丝还是干法纺丝制成，一般比熔纺纤维具有明显粗糙的表面，在纤维轴向都显示明显的原纤结构（图 2－18）。特别是湿法纺丝，在内部程度不同地显示出微孔或微纤结构（图 2－18），这是丝束在凝固过程中通过溶剂与凝固液的双扩散以及随

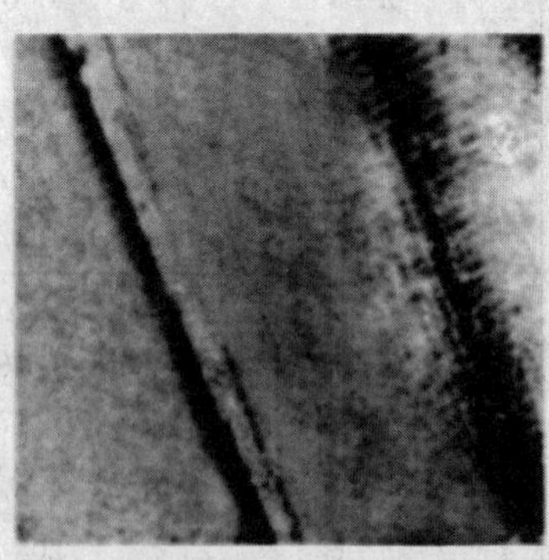

图 2－16　聚酰胺长丝的透射显微镜照片

图 2－17　聚酯纤维的透射显微镜照片

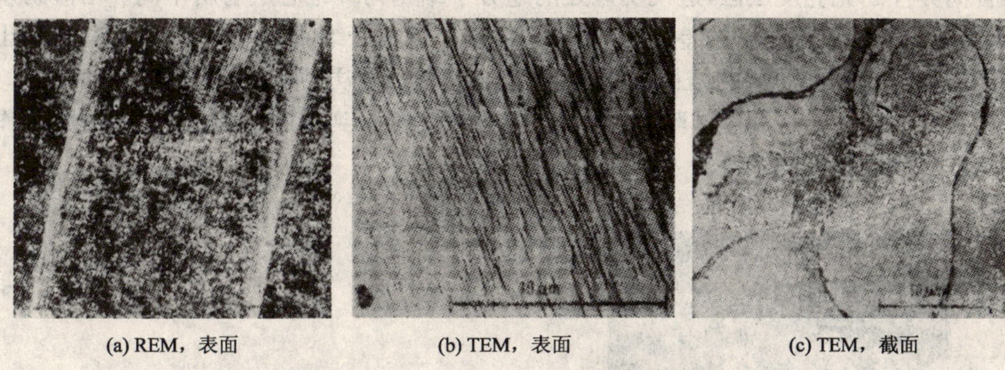

(a) REM，表面　　(b) TEM，表面　　(c) TEM，截面

图 2－18　聚丙烯腈纤维的电子显微镜照片

后(甚至是同时发生的)的相分离过程而形成并发展起来的,与溶剂去除后聚合物的浓缩过程有关。微纤和微孔结构的粗细对于初生纤维的力学性能以至成品纤维的性能有一定的影响。微纤和微孔较粗大时,初生纤维的力学性能差,最大拉伸倍数不高,从而导致成品纤维性能下降。微纤和微孔结构越粗大,则干燥致密化的温度越高,否则纤维容易失透,而且易于原纤化;严重时纤维局部泛白或起毛,染色后纤维色泽比较呆滞。所以在一般情况下,必须限制纤维中的微孔结构。但纤维中存在一定的微孔可以改善纤维的吸水性和染色性等性能,因此在化学纤维的改性中,有时要适当引入一些微孔。例如潘鼎等人认为,对于碳纤维原丝,如果结构过于致密,预氧化过程中氧分子从原丝表层渗透进入纤维内部的扩散阻力很大,易引起预氧化纤维内外层形成不同的皮芯结构,导致由于内外层结构差异引起碳纤维强度下降。因此,应该控制微孔的大小、形状,以获得弥散状的微孔结构,这样既便于氧化过程中氧的扩散,又不会产生导致碳纤维断裂的径向大孔。

化学纤维中的空隙是非晶区的缺陷之一。将紧密堆砌的高分子链段中生成的空洞或只含少量链段的区域称为空隙。空隙大小在 10nm 左右时,即为上述的微孔。湿纺初生纤维中通常存在一些空隙,其尺寸可以达到几十微米。空隙的尺寸和数量对湿纺初生纤维的物理性能有较大的影响。具有大空洞的成品纤维在服用过程中受摩擦易发生纵向开裂——原纤化。

天然纤维通常是非圆形截面。例如棉纤维的截面为椭圆形,横截面中心有一空腔;羊毛纤维的截面为不对称椭圆形,外层有鳞片;真丝纤维的截面为三角形。在化学纤维中,普通熔纺纤维的截面是圆形的,湿纺纤维的截面则因成型方法和条件不同而异。例如湿纺腈纶的截面一般呈肾脏形,干纺腈纶的截面一般呈犬骨形。随着异形纺丝技术的推广,纤维的截面形状可以随意控制。纤维的横截面形状影响纤维的许多性能,如手感、弹性、光泽、色泽、覆盖性和耐脏性等。如三角形横截面的涤纶或锦纶与其他纤维的混纺织物有闪光效应;十字形横截面的锦纶回弹性好;五叶形横截面的涤纶长丝有类似真丝的光泽,抗起球,手感和覆盖性良好;扁平、带状、哑铃形横截面的合成纤维具有麻、羚羊毛和兔毛等纤维的手感和光泽;中空纤维的保暖性和蓬松性优良,某些中空纤维还具有特殊用途,如作反渗透膜、超滤膜、透析膜和气体分离膜等制品。

在通常情况下,均聚物熔纺或溶液纺纤维,均有皮芯结构生成。皮芯层有不同的大分子序态,这一现象在合成纤维和再生纤维素纤维中都存在。在熔纺聚酰胺 6 纤维中,已发现其皮层有亚微观可见的清晰球粒结构。图 2－19 是 PA6 未拉伸纤维的偏光显微镜照片,在此可以看到光学各向异性的光亮皮层区，这说明该处的超分子结构与纤维芯层有所不同。由湿纺所得到的纤维，由于内外层凝固速度的差别，会在不同程度上造成纤维断面结构的不均匀，从而出现明显的皮芯结构。皮层和芯层的结构不同，其性能也有较大的差别(表2-10)。图2-20显示，聚丙烯腈纤维的皮芯经过断裂试验后，纤维皮层显然被拉长到芯层的断头之外，据此可作出皮层比芯层具有较高强力的结论。

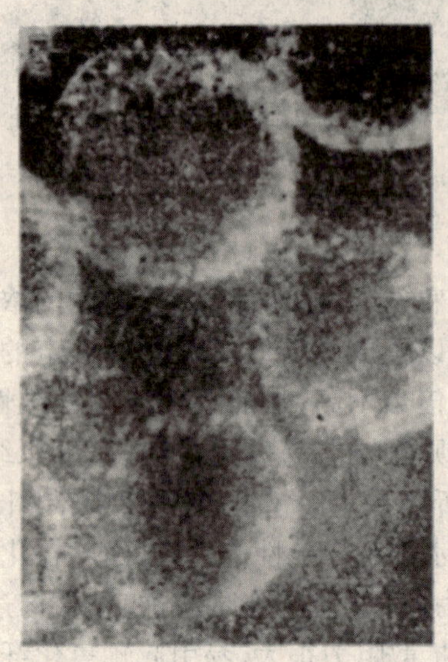

图2-19 PA6未拉伸纤维的偏光显微镜照片

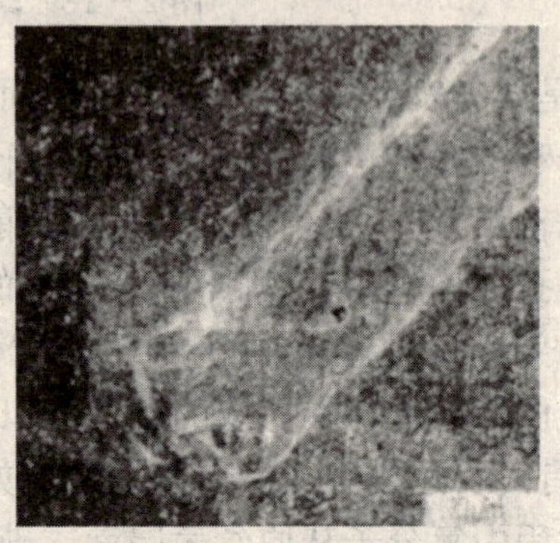

图2-20 聚丙烯腈纤维的断头照片

表2-10 化学纤维皮层和芯层性能的差别

性　能	皮　层	芯　层
微晶尺寸(结晶度)	小	大
取向度	大	小
可及度	小	大
染料渗透速度	慢(但染色牢度好)	快
力学性能	好	差
吸湿性	好	差
膨润度	小	大

因此，可以通过控制纤维中皮芯层的比例而控制纤维的性能。例如，在粘胶纤维生产中，通过改变凝固浴组分，得到了全皮和全芯结构的纤维，其性能与普通粘胶纤维的差异十分明显(表2-11)。某些具有皮芯结构的聚丙烯腈纤维，既具有良好的输湿性，又具有较高吸湿能力，湿感限值大而密度却较低，因为纤维的芯部在此形成比较疏松、吸收并能传送水分的毛细管体系。

表 2－11 粘胶纤维生产中凝固浴组分对纤维皮芯结构与性能的影响

成形条件	纤维截面	断面结构	纤维性能
常规	锯齿形边	皮芯	断裂强度低(干态断裂强度 16.8cN/tex,湿态断裂强度 9.2cN/tex)
低酸、高锌、变形剂	圆形	全皮	断裂强度高,断裂伸长高,模量低,耐疲劳性特别优良
低酸、低盐、低温、低纺速	圆形	全芯	断裂强度较高(湿态断裂强度损失小),断裂伸长低,湿模量高,钩结强度低

应该指出,几乎纤维的所有性能都存在与上述染色性相类似的情况,即纤维的性能原则上由纤维的化学结构所决定,但实际上还取决于物理化学和物理结构,应该将这些参数一并讨论,也就是要考虑它们的相互影响。

参考文献

[1] 日本纤维机械学会纤维工学出版委员会．纤维的形成、结构及性能[M]．丁亦平,译．北京:纺织工业出版社,1988.

[2] B. V. 法凯．合成纤维(上册)[M]．张书绅,陈政,林其凌,等译．北京:纺织工业出版社,1987.

[3] 梁伯润．高分子物理学[M]．北京:中国纺织出版社,2002.

[4] 姚穆,周锭芳,黄淑珍,等．纺织材料学[M]．2 版．北京:中国纺织出版社,1996.

[5] 邬国铭,李光．高分子材料加工工艺学[M]．北京:中国纺织出版社,2000.

[6] 杨之礼,蒋听培,邬国铭,等．纤维素与粘胶纤维(上册)[M]．北京:纺织工业出版社,1981.

第三章　化学纤维的性能

纤维的性能是指其在各种不同条件下所具有的适应能力，它与纤维的内部结构有关。

反映纤维性能的指标，可以分为物理性能指标、机械性能指标、稳定性能指标、加工性能指标和消费性能(使用性能)指标等。应该指出，纤维有些性能的属性有交叉。例如，抗静电性既可以归入物理性能指标，又可以归入使用性能指标；耐磨性既可以归入机械性能指标，又可以归入稳定性能指标。

第一节　化学纤维的物理性能

一、纤维长度

长度是纤维的形态尺寸之一。化学纤维原来都是长丝，人工切断后成为短纤维。化学短纤维的长度，通常采用以下指标表示。

(一)名义长度

名义长度亦称切断长度。化学纤维丝束按预定要求切成的短纤维长度，例如，棉型纤维的切断长度为 30～40mm，毛型纤维的切断长度为 70～150mm，中长纤维的切断长度为 51～65mm。超长纤维是长度超过一定界限的短纤维。棉型纤维超过名义长度 5mm 并小于名义长度 2 倍者，中长型及毛型纤维超过名义长度 10mm 并小于名义长度 2 倍者称为超长纤维。纤维长度超过名义长度 2 倍及以上者(包括牵切纤维)称为倍长纤维。

(二)长度偏差率

长度偏差率即化学短纤维实测长度与名义长度之差对名义长度的百分率。

$$长度偏差率=\frac{L_a-L_n}{L_n}\times 100\% \qquad (3-1)$$

式中：L_a——短纤维的实测长度；

L_n——短纤维的名义长度。

长度偏差率能反映短纤维的长度均匀性。

纤维长度与纱线质量的关系十分密切。纤维长度越长时，纤维间接触面越大，纱线受外力时纤维不易滑脱，可提高纱线强力。但纤维长度达到一定数值以后，长度增加对成纱强力的影响逐渐减小。成纱的条干均匀度也与纤维长度有关。纤维短且长度整齐度差时，拉伸过程中大量短纤维成为浮游纤维，使细纱条干恶化。

纤维长度与纺纱工艺关系十分密切。所谓棉纺系统、毛纺系统或中长纤维纺纱系统，都是对纤维长度而言的。同一纺纱系统中，各道工序的工艺参数选择都与纤维长度有关。

二、线密度

线密度是纤维的形态尺寸之一，表示纤维的粗细程度。纤维的粗细可用直径、截面积和宽度表示，但测量不便。在化学纤维工业中，通常以单位长度的重量，即线密度(旧称纤度)表示纤维的细度，其法定单位为特克斯，简称特，符号为 tex；其 1/10 称分特克斯，简称分特，符号为 dtex。1000m 长纤维重量的克数即为纤维的特数。

旦尼尔(Denien，简称旦)和公制支数(简称公支)为非法定计量单位，今后不单独使用。它们之间的换算关系如下：

$$\text{特数}=\frac{1000}{\text{公制支数}} \quad (3-2)$$

$$\text{特数}\approx 0.11\times\text{旦尼尔数} \quad (3-3)$$

单纤维越细，手感越柔软，光泽柔和且易变形加工。

线密度对纤维制品的品质影响很大。特数越小，单纤维越细，则纤维成型过程进行得越均匀，纤维及制品对变形的稳定性就越高，纤维也越柔软。

三、密度

密度是指物质单位体积的质量，常用单位为 g/cm^3。

由于物质组成、大分子排列堆砌以及纤维形态结构不同，各种纤维的密度相差甚大。表 3－1列出了一些纤维的密度。

表 3－1　一些纤维的密度

纤　维	密度/$g\cdot cm^{-3}$	纤　维	密度/$g\cdot cm^{-3}$
蚕　丝	1.35	聚氨酯纤维	1.25
棉纤维	1.54	聚丙烯纤维	0.90
羊　毛	1.31	聚乙烯纤维(高密度)	0.95
亚　麻	1.54	聚乙烯纤维(低密度)	0.92
粘胶纤维	1.52	聚乙烯纤维(超高相对分子质量)	0.97
铜氨纤维	1.53	聚氯乙烯纤维	1.20
醋酯纤维	1.32	Kevlar 纤维	1.44
聚酯纤维	1.38	Nomex 纤维	1.24
聚酰胺 6 纤维	1.14	Lyocell 纤维	1.56
聚酰胺 66 纤维	1.13～1.14	甲壳素纤维	1.45
聚丙烯腈纤维	1.17	聚乳酸纤维	1.27
聚乙烯醇缩甲醛纤维	1.40	大豆蛋白纤维	1.29

主要化学纤维品种中，丙纶的密度最小，粘胶纤维的密度最大。

纤维的密度对纤维的线密度、纱线体积重量、织物性能都有影响。密度小的纤维使织物保暖又不笨重，可制成厚实、蓬松的织物，但仍可保持较轻的重量。聚丙烯腈纤维是最好的例子。它比羊毛轻得多，但具有与羊毛相似的性能，从而广泛用于织制轻而保暖的毛毯、围巾、厚袜子及其他冬季用品。

四、吸湿性

纤维的吸湿性是指干燥纤维在 21℃、相对湿度 65%的标准条件下，在空气中吸收或放出气态水的能力。

纤维的吸湿性一般用回潮率和含湿率表示。

$$\text{回潮率}=\frac{\text{试样所含水分的重量}}{\text{干燥试样的重量}}\times 100\% \tag{3-4}$$

$$\text{含湿率}=\frac{\text{试样所含水分的重量}}{\text{未干燥试样的重量}}\times 100\% \tag{3-5}$$

各种纤维的吸湿性有很大差异，同一种纤维的吸湿性也因环境温湿度的不同而有很大变化，从而影响纤维的实际重量。因此，为了计重和核价的需要，必须对各种纺织材料的回潮率做统一规定，称公定回潮率。根据纤维的用途不同，可以确定不同的公定回潮率。例如一些公司规定，Kevlar 纤维用于塑料增强时，公定回潮率为 3.5%；用于过滤织物和安全性织物时，公定回潮率为 3.5%；用于增强橡胶制品时，公定回潮率为 7.0%。各种纤维在标准状态下的回潮率和一些公司所规定的公定回潮率见表 3－2。

表 3－2　一些纤维在 20℃、65%相对湿度下的回潮率和一些公司所规定的公定回潮率

纤　维	标准状态下的回潮率/%	公定回潮率/%	纤　维	标准状态下的回潮率/%	公定回潮率/%
蚕　丝	11.0	11.0	聚乙烯纤维（高密度）	0	0
棉纤维	8.5	8.5			
羊　毛	16.0	13.6	聚乙烯纤维（低密度）	0	0
亚　麻	7.0～10.0	8.75			
粘胶纤维	11.0	11.0	聚氨酯纤维	1～1.3	1.3
铜氨纤维	11.0		Kevlar 纤维	1.2～4.5	3.5～7.0
醋酯纤维	6.3～6.5	6.5	Nomex 纤维	4.5	
聚酯纤维	0.4	0.4	Lyocell 纤维	11.5	
聚酰胺 6 纤维	2.8～5.0	4.5	甲壳素纤维	12.5	
聚酰胺 66 纤维	4.0～4.5	4.5	聚乳酸纤维	0.6	
聚丙烯腈纤维	1.0～1.5	1.5	再生蛋白质纤维	5.0～9.0	10.0
聚氯乙烯纤维	0	0	聚乙烯醇缩甲醛纤维	3.5～5.0	4.5
聚丙烯纤维	0	0			

纤维吸收或放出气态水的能力，称为吸湿性。纤维吸收或放出液态水的能力，称为吸水性。通常对吸湿性和吸水性并不严格区分。易吸水的纤维称亲水性纤维。所有天然动物纤维、天然植物纤维和粘胶纤维、Lyocell纤维、醋酯纤维等人造纤维都是亲水性纤维。那些吸水困难或只能吸收少量水分的纤维称疏水性纤维。许多合成纤维是疏水性纤维。玻璃纤维根本不吸水。

纤维的吸湿性和吸水性影响其许多方面的应用，包括：

(1)皮肤舒适性：纤维的吸水性差，汗液的流动会引起冷而湿的感觉；

(2)静电性：由于疏水纤维几乎没有水分来帮助疏散积累在纤维表面的带电粒子，因此易发生衣服冒火花等问题，灰尘也会因为静电而被带到纤维上并粘附其上；

(3)水洗后尺寸稳定性：疏水性纤维水洗后比亲水性纤维的收缩小，纤维很少膨胀；

(4)去污性：很容易从亲水性纤维中去除污渍，因为纤维会把清洁剂和水同时吸入；

(5)拒水性：亲水性纤维通常要进行较多的拒水耐用后处理，因为这种化学处理可以使这些纤维的拒水性更好；

(6)褶皱回复性：疏水性纤维通常有较好的褶皱回复性，特别是经过洗烫之后，因为它们不吸水、不膨胀并能在褶皱状态下干燥。

五、芯吸作用

芯吸作用是纤维从一处向另一处传递水分的能力。通常，水分沿着纤维的表面传递，但是当液体被纤维吸收的时候，也可以穿过纤维。纤维的芯吸倾向常常依赖于外表面的化学组成和物理组成。光滑的表面会减小芯吸作用。

某些纤维，例如棉纤维，是亲水性纤维，而且有很好的芯吸作用。其他纤维，例如聚烯烃是疏水性纤维，当它很细时也拥有良好的芯吸作用。人体排出的汗，是由芯吸作用使汗液沿着纤维表面转移到服装的外表面，并蒸发到空气中的。例如杜邦公司的CoolMax织物(图3-1)采用四槽纤维，能将汗液从皮肤转移到织物表面而快速蒸发。因此，芯吸性能对于运动服装非常重要。

图3－1　杜邦公司CoolMax织物的电镜照片

六、膨润性

膨润性是指纤维吸湿后，长度、截面积、体积增大的现象。表3－3列出了一些纤维浸入水中时的膨润性能。

表 3-3 一些纤维的膨胀特性

纤　维	长度增长率/%	直径增加率/%	截面积增加率/%
棉(原棉)	1.2	14～30	40～42
丝光棉	0.1	17	24～46
亚　麻	—	—	47
黄　麻	0.37	20	40
苎　麻	—	—	37(漂白)
蚕　丝	1.7	16～20	19
粘胶纤维(普强)	3～5	25～52	50～113
粘胶纤维(高强)	—	—	50
铜氨纤维	4	32～52	56～62
醋酯纤维	0.14	9～14	—
聚酯纤维(普强)	0.1	0.3	0.6
聚酰胺 66 纤维(高强)	1.2	1.9～2.6	1.6～3.2
聚丙烯腈纤维(Acrilan)	—	—	约 5
聚丙烯腈纤维(Orlon)	0.2	2.4	4.8
聚乙烯纤维(低密度)	—	—	0
聚氨酯纤维	约 1.0	—	约 1.0

七、导热系数

导热系数是纤维的热学性能之一。导热系数也称热导率，其倒数称为热阻，它表示材料在一定温度梯度条件下，热能通过物质本身扩散的速度，物理学中常用单位为瓦/(米·开)[W/(m·K)]，有时也以瓦/(米·摄氏度)[W/(m·℃)]为单位。纤维的导热系数是指在传热方向纤维厚度为 1m，面积为 $1m^2$ 的两个平行表面之间的温差为 274K、1h(物理学上常以 s 为单位)内通过纤维传导的热量(单位为焦耳)。

导热系数 λ 值越小，纤维的导热性能越低，其热绝缘性或保暖性越好。纤维本身的导热系数不是一个常量，而且由于纤维结构的原因还呈现各向异性。在 20℃环境温度条件下测得的一些纤维的导热系数见表 3-4。

表 3-4 一些纤维的导热系数

纤维种类	λ/W·(m·℃)$^{-1}$	纤维种类	λ/W·(m·℃)$^{-1}$
棉	0.071～0.073	聚酯纤维	0.084
羊　毛	0.052～0.055	聚丙烯腈纤维	0.051
蚕　丝	0.05～0.055	聚丙烯纤维	0.221～0.302
粘胶纤维	0.055～0.071	聚氯乙烯纤维	0.042
醋酯纤维	0.05	聚酰胺纤维	0.244～0.337

注　静止空气的导热系数为 0.026；水的导热系数为 0.697。

八、热收缩

热收缩是纤维的热学性能之一，指受热条件下纤维形态尺寸收缩，温度降低后不可逆。热收缩前后纤维长度之差占收缩前长度的百分率称热收缩率。

根据测试时加热介质不同有：

(1)沸水收缩率：纤维放置在100℃沸水中长度缩短的百分率。

(2)热空气收缩率：纤维放置在高于100℃的热空气中产生的热收缩率。

(3)过热蒸汽收缩率：纤维放置在超过100℃的过热蒸汽中产生的热收缩率。

纤维热收缩的计算式：

$$热收缩率=\frac{L_0-L_1}{L_0}\times 100\% \tag{3-6}$$

式中：L_0——纤维原长；

L_1——纤维在加热介质中经过一定时间(例如在沸水中煮沸30min)后的长度。

纤维产生热收缩是由于纤维存在内应力。根据纤维内部结构和受热条件(温度、时间、张力、热介质)不同，测得的热收缩率有很大差异。氯纶在100℃热空气中收缩率达50%以上；维纶的沸水收缩率约为5%；正常加工涤纶短纤维的沸水收缩率约为1%。

九、折射率

折射率是纤维的光学性能之一。物质的折射率(n)定义为光在真空中的速率与在介质中传播速率的比值。由于纤维内部分子的取向，沿着纤维轴向的光速不同于垂直于轴向的光速。结晶度和取向度越大，两个方向的折射率越大。这种差异称为“双折射率”。除了萨纶(saran)以外的所有纤维，平行于轴向的折射率 n_e 都大于垂直于轴向的折射率 n_w，因此双折射总是正值。表3-5列出了一些纤维的折射率和双折射率。

表3-5 一些纤维的折射率和双折射率

纤 维	折射率/%		双折射率(n_e-n_w)/%
	平行轴向(n_e)	垂直轴向(n_w)	
棉纤(原棉)	1.479	1.477	0.002
丝光棉	1.57	1.52	0.05
羊 毛	1.556	1.547	0.009
蚕 丝	1.591	1.538	0.053
粘胶纤维	1.547	1.521	0.026
铜氨纤维	1.548	1.527	0.021
醋酯纤维	1.479	1.477	0.002
三醋酯纤维	1.472	1.471	0.001
聚酯纤维，Dacron	1.710	1.535	0.175
聚酯纤维，Kodel	1.635	1.534	0.098

续表

纤　维	折射率/%		双折射率(n_e-n_w)/%
	平行轴向(n_e)	垂直轴向(n_w)	
聚酰胺6纤维	1.568	1.515	0.053
聚酰胺66纤维	1.582	1.519	0.063
聚丙烯腈纤维	1.525	1.520	0.004
聚丙烯纤维	1.530	1.496	0.034
聚乙烯纤维	1.556	1.512	0.044
聚乙烯醇纤维	1.543	1.513	0.030
聚乙烯醇缩甲醛纤维	1.541	1.536	0.005
聚氨酯纤维	1.5	—	—

折射率对于鉴别纤维以及表征纤维中分子的排列特性非常有用。折射率还可能影响纤维的光泽、卷曲效果。

十、光泽

光泽是纤维的光学性能之一，指纤维表面对可见光反射的表现。

纤维的不同特性影响其光泽。光滑的表面、较少的弯曲、平坦的断面形态以及较长的纤维长度，可以增强光线的反射。拉伸可以使纤维的表面更加光滑，从而增加其光泽。添加消光剂将破坏光的反射，使光泽下降。控制添加消光剂的用量，就可制造有光纤维、半消光纤维和无光纤维。

第二节　化学纤维的机械性能

一、拉伸性能

材料在使用中会受到拉伸、弯曲、压缩、摩擦和扭转作用，产生不同的变形。化学纤维在使用过程中受到的外力主要是张力，纤维的弯曲性能也与其拉伸性能有关，因此拉伸性能是纤维最重要的机械性能。它包括强力和伸长两方面，因此又称强伸性能。表示材料拉伸过程受力与变形的关系曲线，称为拉伸曲线。它可以用负荷—伸长曲线表示，也可用应力—应变曲线表示。不同类别的纤维，由于结构不同，拉伸曲线的形状不一样。图3－2表示几种不同类别纤维的应力—应变曲线。由图3－2可见，棉、羊毛、丝等天然纤维之间强力与伸长特性有很大差别。由于化学纤维加工过程中纺丝条件不一样，制成的纤维拉伸曲线也不同。

一般应力—应变曲线初始阶段为弹性区域，在这区域中纤维分子链产生弹性形变，相互间没有大的变位。超过这一范围后为延性区域，外力克服分子间引力，使分子链间产生滑移，纤维较小应力的增加会产生较大的延伸，应力去除后发生不可回复的剩余应变。如图3－3所示，有的纤维在延伸区域后还有补强区域，多数纤维拉伸的最终断裂点就是负荷最大点。然而有些纤维会出现图3－4所示的拉伸曲线。试样最终断脱点B不在最大负荷处。

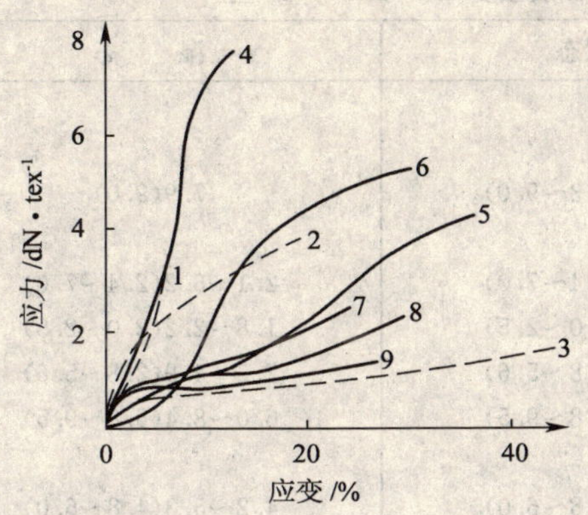

图 3-2　几种纤维的应力—应变曲线

1—棉　2—丝　3—羊毛　4—高强力聚酯纤维
5—聚酯纤维　6—聚酰胺纤维　7—聚丙烯腈纤维
8—普通粘胶纤维　9—醋酯纤维

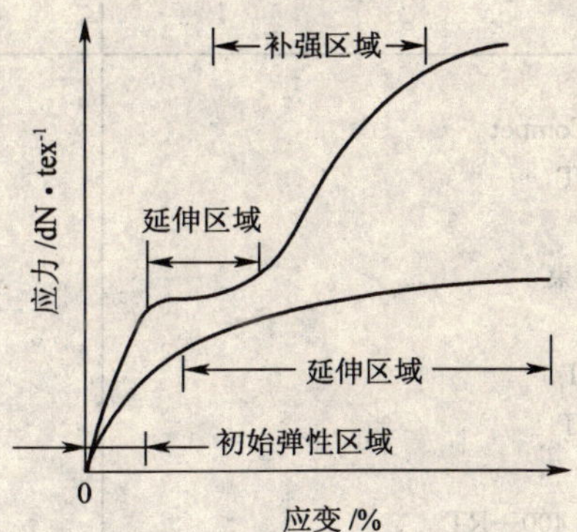

图 3-3　纤维的应力—应变曲线
代表性形状的模式图

(一)断裂强力和断裂强度

断裂强力亦称绝对强力或断裂负荷,是纤维抵抗拉伸力能力的量度,以试样拉伸至断裂时所能承受的最大负荷表示。图 3-4 中,断裂点 A 对应应力值 A_1。断裂强力随纤维的线密度而变化,为了相互比较,常采用断裂强度,其表示方法有三种。

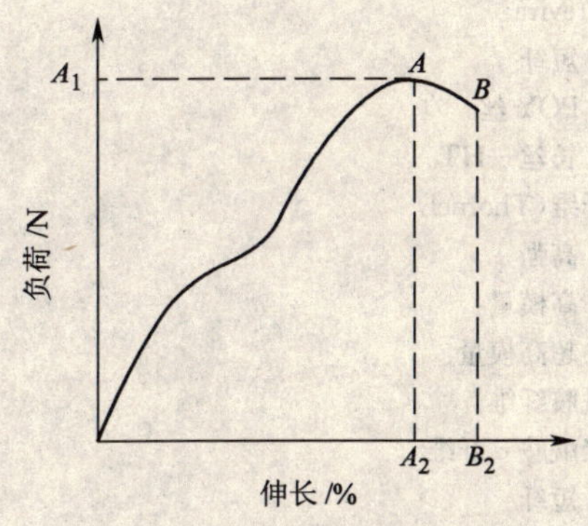

图 3-4　拉伸曲线的断裂点与断脱点

(1)相对强度:试样单位线密度纤维或纱线的断裂强力,可由绝对强力与线密度之比求得,单位为 N/tex 或 cN/dtex。

(2)断裂长度:以自身重量拉断试样所具有的长度,称断裂长度,单位为 km。

(3)强度极限:试样单位截面积上能承受的最大强力,称强度极限,单位为 N/mm^2。

相对强度、断裂长度与纤维的密度无关,强度极限与纤维的密度有关。故密度不同的纤维,可用强度极限做比较。

断裂强力和断裂强度是纤维最重要的品质指标之一,是纤维具有加工性能和服用性能的必要条件。断裂强度高,纤维在加工过程中不易断头、绕辊,最终制成的纱线和织物的牢度也高;但断裂强度太高,纤维的刚性增加,手感变硬。断裂强度对织物耐用性有很大的作用。高性能织物,由于纤维的断裂强度大,可用于外衣、制服、领带、降落伞和其他对断裂强度有较高要求的场合。表 3-6 列出了一些纤维的断裂强度。

表示纺织纤维拉伸断裂的常用指标还有打结强度(结节强度)和钩结强度。前者是将一根纤维在中央打结后测得的断裂强度,后者是指两根纤维互套成环状后测得的断裂强度,均以干强度的百分率或相对强度来表示。

表 3－6　一些纤维的断裂强度

纤　　维	断裂强度/cN・dtex^{-1}(g・旦$^{-1}$)	
	标准状态	湿　态
聚酯纤维		
A. C. E 及 Compet		
长丝—HT	7.3～7.9(8.3～9.0)	7.9(9.0)
Dacron		
短纤及丝束	2.1～6.2(2.4～7.0)	2.1～6.2(2.4～7.0)
POF 丝	1.8～2.2(2.0～2.5)	1.8～2.2(2.0～2.5)
长丝—RT	2.5～4.9(2.8～5.6)	2.5～4.9(2.8～5.6)
长丝—HT	6.0～8.4(6.8～9.5)	6.0～8.4(6.8～9.5)
Fortrel		
短纤系列 400—RT	4.2～5.3(4.8～6.0)	4.2～5.3(4.8～6.0)
短纤系列 300—HT	5.3～6.0(6.0～6.8)	5.3～6.0(6.0～6.8)
POF 丝	1.8～2.2(2.0～2.5)	1.8～2.2(2.0～2.5)
Tairilin		
POY 丝	1.8～2.6(2.0～3.0)	1.8～2.6(2.0～3.0)
短纤	4.0～6.2(4.5～7.0)	4.0～6.2(4.5～7.0)
Trevira		
短纤	3.1～5.3(3.5～6.0)	3.1～5.3(3.5～6.0)
POY 丝	1.8～2.2(2.0～2.5)	1.8～2.2(2.0～2.5)
长丝—HT	6.4～7.2(7.2～8.2)	6.4～7.2(7.2～8.2)
碳纤维(Thornel)		
高强	21.3(24.1)	21.3(24.1)
高模量	18.8(21.3)	18.8(21.3)
超高模量	9.5(10.8)	9.5(10.8)
聚酰胺纤维		
聚酰胺 6 纤维		
短纤	3.1～6.4(3.5～7.2)	
单丝和长丝—RT	3.5～6.4(4.0～7.2)	3.3～5.5(3.7～6.2)
BCF—RT	1.8～3.5(2.0～4.0)	1.5～3.2(1.7～3.6)
长丝—HT	5.7～7.9(6.5～9.0)	5.1～7.2(5.8～8.2)
聚酰胺 66 纤维		
短纤及丝束	2.6～6.4(2.9～7.2)	2.2～5.4(2.5～6.1)
单丝及长丝—RT	2.0～5.8(2.3～6.6)	1.8～4.9(2.0～5.5)
长丝—HT	5.2～8.6(5.9～9.8)	4.5～7.1(5.1～8.0)
人造纤维		
Tencel lyocell—HT	4.2～4.4(4.8～5.0)	3.4～3.7(3.8～4.2)
粘胶纤维		
Fibro		
RT—多叶形	2.0(2.3)	1.0(1.1)
IT—1dtex 或 7.6cm 以上	2.6(3.0)	1.3(1.5)
长丝—RT	1.7～2.0(1.9～2.3)	0.9～1.2(1.0～1.4)
长丝—HT	4.3～4.7(4.9～5.3)	2.5～2.8(2.8～3.2)
铜氨纤维，长丝	1.72～1.8(1.95～2.0)	0.84～1.0(0.95～1.1)
醋酯纤维，长丝和短纤	1.0～1.2(1.2～1.4)	0.7～0.9(0.8～1.0)

续表

纤　　维	断裂强度/cN·dtex^{-1}(g·旦$^{-1}$)	
	标准状态	湿　　态
甲壳素纤维	0.97～2.20(1.10～2.5)	0.35～0.97(0.40～1.10)
壳聚糖纤维	0.97～2.73(1.10～3.10)	0.35～1.23(0.40～1.39)
Saran,单丝	1.0～1.9(1.2～2.2)	1.1～1.9(1.2～2.2)
Ryton sulfar,短纤	2.6～3.1(3.0～3.5)	2.6～3.1(3.0～3.5)
聚丙烯腈纤维		
Acrilan,短纤及丝束	1.9～2.0(2.2～2.3)	1.6～2.1(1.8～2.4)
Creslan,短纤及丝束	1.8～2.6(2.0～3.0)	1.4～2.4(1.6～2.7)
Micro Supreme,短纤	1.8～2.6(2.0～3.0)	1.4～2.4(1.6～2.7)
变性聚丙烯腈纤维 SEF,短纤	1.5～2.3(1.7～2.6)	1.3～2.1(1.5～2.4)
聚烯烃纤维		
聚乙烯纤维		
单丝,低密度	0.9～2.6(1.0～3.0)	0.9～2.6(1.0～3.0)
单丝,高密度	3.1～6.2(3.5～7.0)	3.1～6.2(3.5～7.0)
Herculon		
短纤维	3.1～4.0(3.5～4.5)	3.1～4.0(3.5～4.5)
有光长丝	2.6～3.5(3.0～4.0)	2.6～3.5(3.0～4.0)
Marvess 和 Alpha		
短纤和丝束	1.8～4.4(2.0～5.0)	1.8～4.4(2.0～5.0)
复丝	2.2～4.8(2.5～5.5)	2.2～4.8(2.5～5.5)
Essera,Marquesa lana,PationⅢ		
BCF	2.2～3.1(2.5～3.5)	2.2～3.1(2.5～3.5)
短纤	2.2～3.5(2.5～4.0)	2.2～3.5(2.5～4.0)
Spectra—900	26(30)	26(30)
Spectra—1000	31(35)	31(35)
Fibrilon		
短纤	2.2～4.8(2.5～5.5)	2.2～4.9(2.5～5.5)
原纤化长丝	3.1～4.8(3.5～5.5)	2.2～4.4(2.5～5.0)
复丝—RT	2.2～4.8(2.5～5.5)	2.2～4.4(2.5～5.5)
聚氨酯纤维(Spandex)		
Glospan/Cleerspan,S—85,复丝 Lycra	0.6(0.7)	
126 型、127 型	0.9(1.0)	
128 型	0.7(0.8)	
玻璃纤维		
单丝(E 型)	13.5(15.3)	13.5(15.3)
单丝(S 型)	17.6(19.9)	17.6(19.9)
复丝	8.5(9.6)	5.9(6.7)
芳族纤维		
Kevlar		
Kevlar 29/Kevlar 49	20(23)	19.1(21.7)
Kevlar 49	16(18)	
Kevlar 68	21.2(24.0)	
Kevlar—HT(129)	23.4(26.5)	

续表

纤　　维	断裂强度/cN·dtex^{-1}(g·旦$^{-1}$)	
	标准状态	湿　　态
Nomex 短纤和长丝	3.5～4.7(4.0～5.3)	2.6～3.6(3.0～4.1)
碳氟纤维		
Gore—Tex	2.6～3.5(3.0～4.0)	2.6～3.6(3.0～4.0)
Teflon		
TFE 复丝、短纤、丝束、絮片	0.7～1.8(0.9～2.0)	0.8～1.8(0.9～2.0)
FEP、PFA 单丝	0.5～0.6(0.5～0.7)	0.5～0.6(0.5～0.7)
PBI(短纤)	2.3～2.6(2.6～3.0)	1.8～2.2(2.1～2.5)
石棉	2.2～2.7(2.5～3.1)	
棉	2.6～4.3(3.0～4.9)	2.9～4.75(3.3～5.39)
蚕丝	1.9～4.5(2.4～5.1)	1.54～3.54(1.75～4.01)
羊毛	0.9～1.5(1.0～1.7)	0.75～1.27(0.85～1.44)
聚乳酸纤维		
PDLA	3.5～4.4(4.0～5.0)	
PLLA	4.4～5.3(5.0～6.0)	

注　HT—高强型；POF—部分取向丝；RT—普通型；POY—预取向丝；IT—中强型。

打结强度反映纤维耐受弯曲、扭转的能力，用于特种用品，如渔网线等的强度测试中。钩结强度与纤维的抗弯性能有关。钩结强度高的纤维，加工成的织物耐折性、耐磨性较好。表 3－7 列出了一些纤维的打结强度和钩结强度。

表 3－7　一些纤维的打结强度和钩结强度

纤　　维	钩结强度/cN·dtex^{-1}(g·旦$^{-1}$)	打结强度/cN·dtex^{-1}(g·旦$^{-1}$)
聚酯纤维		
A.C.E 及 Compet，长丝—高强	5.3～6.2(6.0～7.0)	4.4～5.3(5.0～6.0)
Dacron		
短纤及丝束	1.8～5.6(2.1～6.4)	1.9～5.6(2.1～6.4)
长丝—HT	4.9～5.1(5.6～5.8)	
长丝—RT	2.2～4.6(2.5～5.2)	
Fortrel		
短纤系列 400—RT	3.9～4.9(4.4～5.6)	
短纤系列 300—HT	4.9～5.3(5.6～6.0)	
Tairilin，短纤	1.8～4.9(2.0～5.6)	
Trevira		
短纤	1.1～4.9(1.2～5.6)	1.8～4.9(2.0～5.6)
长丝—HT	3.9～5.9(4.4～6.7)	
聚酰胺纤维		
聚酰胺 6 纤维		
单丝和长丝—RT	3.4～4.9(3.8～5.6)	3.4～4.8(3.8～5.5)

续表

纤　维	钩结强度/ cN・dtex⁻¹(g・旦⁻¹)	打结强度/ cN・dtex⁻¹(g・旦⁻¹)
BCF—RT	1.8～2.6(2.0～3.0)	1.8～2.6(2.0～3.0)
长丝—HT	4.5～8.91(5.1～10.1)	4.2～5.9(4.8～6.7)
聚酰胺 66 纤维		
短纤和丝束	3.3～5.2(3.7～5.9)	3.3～5.2(3.7～5.9)
单丝和长丝—RT	1.8～4.5(2.0～5.1)	1.8～4.5(2.0～5.1)
长丝—HT	4.5～6.7(5.0～7.6)	4.5～7.5(5.0～7.5)
人造纤维		
甲壳素纤维		0.4～1.44(0.5～1.63)
壳聚糖纤维		0.4～1.32(0.5～1.5)
Tencel lyocell—HT	1.9～2.3(2.2～2.6)	1.9～2.0(2.1～2.3)
铜氨纤维，长丝	1.90～1.98(2.15～2.25)	
Saran，单丝	0.6～1.0(0.7～1.1)	0.9～1.5(1.0～1.7)
醋酯纤维，长丝和短纤	0.9～1.0(1.0～1.2)	0.9～1.1(1.0～1.2)
聚丙烯腈纤维		
Acrilan		1.7～2.3(1.9～2.6)
Creslan，短纤及丝束	1.7～2.0(1.9～2.3)	
超细纤维，短纤	2.2～2.6(2.5～3.0)	1.4～2.2(1.6～2.5)
改性聚丙烯腈纤维 SEF，短纤		
聚烯烃纤维		
聚乙烯纤维		
单丝，低密度		0.9～2.2(1.0～2.5)
单丝，高密度	2.2～3.5(2.5～4.0)	2.2～4.0(2.5～4.5)
Herculon		
短纤	2.6～3.5(3.0～4.0)	
变形长丝	2.2～3.1(2.5～3.5)	
玻璃纤维，复丝	3.5(4.0)	0.8(0.9)
芳族纤维		
Kevlar		
Kevlar 29/Kevlar 49	9.3(10.5)	6.7(7.6)
Nomex 短纤和长丝	3.5～4.4(4.0～5.0)	
碳氟纤维		
Gore—Tex	2.2～2.9(2.5～3.3)	2.2～2.9(2.5～3.3)
Teflon TFE 复丝、短纤、丝束、絮片	0.7～1.2(0.8～1.4)	0.7～1.2(0.8～1.4)
棉纤维，丝光后	2.2(2.5)	

注　HT—高强型；RT—普通型。

(二)断裂伸长和断脱伸长

断裂伸长是指拉伸至断裂时试样产生的伸长。有两种表示法。

1. 绝对伸长

拉伸至断裂时的试样长度与试样原长度之差，单位为 mm。

2. 相对伸长

亦称断裂伸长率(延伸度)。指绝对伸长与试样长度之比,以百分率表示。图 3-4 中最大负荷 A 点所对应的伸长值 A_2 即为绝对伸长,A_2 除以试样初始长度即为伸长率。

断脱伸长率为试样拉伸至完全断脱的伸长率。图 3-4 中断脱点 B 所对应的伸长值 B_2 除以初始试样长度,即为断脱伸长率。

断裂伸长是决定纤维加工条件及其制品使用性能的重要指标之一。断裂伸长率大的纤维手感比较柔软,在纺织加工时,可以缓冲所受到的力,毛丝、断头较少;但断裂伸长率也不宜过大,否则织物容易变形。普通纺织纤维的断裂伸长率在 10%~30%比较合适。但对于工业用强力丝,则一般要求断裂强度高、断裂伸长率低,使其产品不易变形。表 3-8 列出了一些纤维的断裂伸长率。

表 3-8　一些纤维的断裂伸长率

纤　　维	断裂伸长率/%	
	标准状态	湿　态
聚酯纤维		
A. C. E 及 Compet		
长丝—HT	13~22	13~15
Dacron		
短纤及丝束	12~55	12~55
POF 丝	120~150	120~150
长丝—RT	24~42	24~42
长丝—HT	12~25	12~25
Fortrel		
短纤系列 400—RT	44~55	44~55
短纤系列 300—HT	24	24
POF 丝	120~180	120~150
Tairilin		
POY 丝	120~170	120~170
短纤	28~60	28~55
Trevira		
短纤	18~60	18~60
POY 丝	130~145	130~145
长丝—HT	10~20	10~20
碳纤维(Thornel)		
高强	1.6	1.6
高模量	1.0	1.0
超高模量	0.38	0.38
聚酰胺纤维		
聚酰胺 6 纤维		
短纤	30~90	42~100
单丝和长丝—RT	17~45	20~47
BCF—RT	30~50	30~60
长丝—HT	16~20	19~33

续表

纤维	断裂伸长率/%	
	标准状态	湿态
聚酰胺 66 纤维		
短纤及丝束	16～75	18～78
单丝及长丝—RT	25～65	30～70
长丝—HT	15～28	18～32
人造纤维		
Tencel Lyocell—HT	14～16	16～18
粘胶纤维		
Fibro		
RT—多叶形	18～22	
IT—1dtex 或 7.6cm 以上	18～22	
长丝—RT	20～25	24～29
长丝—HT	11～14	13～16
铜氨纤维,长丝	8～14	24～28
醋酯纤维,长丝和短纤	25～45	35～50
甲壳素纤维	4～8	3～8
壳聚糖纤维	8～4	6～12
Saran,单丝	15～25	15～25
Ryton sulfar,短纤	35～45	
聚丙烯腈纤维		
Acrilan,短纤及丝束	40～55	40～60
Creslan,短纤及丝束	25～45	41～50
Micro Supreme,短纤	30～40	30～40
改性聚丙烯腈纤维 SEF,短纤	45～60	45～60
聚烯烃纤维		
聚乙烯纤维		
单丝,低密度	20～80	20～80
单丝,高密度	10～45	10～45
Herculon		
短纤维	70～100	70～100
有光长丝	80～100	80～100
Marvess 和 Alpha		
短纤和丝束	60～100	80～98
复丝	20～50	85～99
Essera,Marquesa lana,PationⅢ		
BCF		
短纤	40～60	40～60
Spectra—900	3.0～4.5	3.0～4.5
Spectra—1000	3.6	3.6
Fibrilon	2.7	2.7
短纤	30～180	30～180
原纤化长丝	14～18	14～18

续表

纤维	断裂伸长率/%	
	标准状态	湿态
复丝—RT	30～100	30～100
聚氨酯纤维(Spandex)		
Glospan/Cleerspan,S—85,复丝	600～700	
Lycra		
126 型、127 型	400～625	
128 型	800	
玻璃纤维		
单丝(E 型)	4.8	4.8
单丝(S 型)	5.3～5.7	5.3～5.7
复丝	3.1	2.2
芳族聚酰胺纤维		
Kevlar		
Kevlar 29/Kevlar 49	4.0/2.5	4.0/2.5
Kevlar 149	1.5	
Kevlar 68	3.0	
Kevlar—HT(129)	3.3	
Nomex 短纤和长丝	22～32	20～30
碳氟纤维		
Gore—Tex	5～20	5～20
Teflon		
TFE 复丝、短纤、丝束、絮片	19～140	19～140
FEP,PFA 单丝	40～62	40～62
PBI,短纤	25～30	26～32
棉	3～7	
蚕丝	0～25	
羊毛	25～35	25～50
聚乳酸纤维	20～30	

注 HT—高强型;POF—部分取向丝;RT—普通型;POY—预取向丝;IT—中强。

(三)初始模量

物质的模量是指其应力与应变的比值。在材料的弹性限度内,应力变化与应变变化的比值称为弹性模量。纤维的模量是由纤维的内部结构(即分子原子的排列、结晶度及分子取向等因素)决定的。

纤维的拉伸模量不是一个常量,因此应该在严格定义的情况下使用。纤维的初始模量表示试样在小负荷下变形的难易程度,反映了纤维的刚性。以小形变时应力和应变的比值或拉伸曲线初始一段直线部分的斜率表示,图 3－5 中直线 *OY* 的斜率。普通纤维的初始模量一般通过测其伸长 1%时的负荷求出,单位为 N/tex 或 cN/dtex。

湿模量即在湿态下伸长 1%时所需的负荷。单位为 N/tex。表 3－9 列出了一些纤维的初始模量。

表 3－9 一些纤维的初始模量

纤 维	初始模量/ cN・dtex^{-1}(g・旦$^{-1}$)	纤 维	初始模量/ cN・dtex^{-1}(g・旦$^{-1}$)
聚酯纤维		改性聚丙烯腈纤维 SEF,短纤	3.4(3.8)
A.C.E 及 Compet		聚烯烃纤维	
长丝—HT	49～49(55～56)	聚乙烯纤维	
Dacron		单丝,低密度	2～11(2～12)
短纤及丝束	11～15(12～17)	单丝,高密度	18～44(20～50)
POF 丝		Herculon	
长丝—RT	9～26(10～30)	短纤维	18～26(20～30)
长丝—HT	26(30)	有光长丝	18～26(20～30)
Fortrel		Marvess 和 Alpha	
短纤系列 400—RT		短纤和丝束	3～9(3～10)
短纤系列 300—HT		复丝	11～22(12～25)
POF 长丝		Essera,Marquesa lana,PationⅢ	
Tairilin		BCF	4～9(5～10)
POY 丝		Spectra—900	1235(1400)
短纤	9～26(10～30)	Spectra—1000	1764(2000)
Trevira		Fibrilon	
短纤	7～27(7～31)	复丝—RT	11～22(12～25)
POY 丝		聚氨酯纤维(Spandex)	
长丝—HT	48～68(54～77)	Glospan/Cleerspan,S—85,复丝	0.15,0.22(0.17,0.25)
碳纤维(Thornel)		Lycra	
高强	1323(1500)	126 型、127 型	0.11～0.18(0.13～0.20)
高模量	2029(2300)	玻璃纤维	
超高模量	2646(3000)	单丝(E 型)	282(320)
聚酰胺纤维		单丝(S 型)	335(380)
聚酰胺 6 纤维		复丝	273(310)
短纤	15～18(17～20)	芳族聚酰胺纤维	
单丝和长丝—RT	16～20(18～23)	Kevlar	
长丝—HT	26～42(29～48)	Kevlar 29/Kevlar 49	441/794(500/900)
聚酰胺 66 纤维		Kevlar 149	979(1110)
短纤及丝束	9～40(10～45)	Kevlar 68	688(780)
单丝及长丝—RT	5～21(5～24)	Kevlar—HT(129)	666(755)
长丝—HT	18.5～51(21～58)	Nomex 短纤和长丝	62～106(70～120)
人造纤维		碳氟纤维	
Tencel Lyocell—HT	26(30)	Teflon	
醋酯纤维,长丝和短纤	3.1～4.8(3.5～5.5)	TFE 复丝、短纤、丝束、絮片	0.9～11.5(1.0～13.0)
Saran,单丝	5～9(5～10)	FEP,PFA 单丝	6.2(7.0)
Ryton sulfar,短纤	9～18(10～20)	PBI,短纤	8～11(9～12)
聚丙烯腈纤维		棉	53～62(60～70)
Acrilan,短纤及丝束	5～6(5～7)	蚕丝	53～102(60～116)
Creslan,短纤及丝束	5～7(6～8)	羊毛	4.0(4.5)
Micro Supreme,短纤	5～7(6～8)		

注 HT—高强型;POF—部分取向丝;RT—普通型;POY—预取向丝;IT—中强型。

初始模量与纤维制品的性能密切相关。其他条件相同时，纤维的初始模量越大，刚性越大，纤维制品在使用过程中形状的改变越小。例如，在主要的化学纤维品种中，以聚酯纤维的初始模量最大，聚酰胺纤维则较小，因而聚酯织物挺括，不易起皱，而聚酰胺织物则易起皱，保形性差。

(四)屈服点、屈服应力和屈服应变

纤维受外力到一定程度时，即使不增加负荷，仍继续发生明显的塑性形变，这种现象称为屈服。拉伸曲线中，起始一段直线向延伸区过渡的转折点称为屈服点，如图 3－5 中的 P 点。

屈服点对应的应力和伸长分别称为屈服应力(屈服强度)和屈服应变(屈服伸长)。

纤维在屈服点以前所产生的变形，主要是可回复的弹性形变。过了屈服点以后，较小的应力增加，就会引起较大的延伸，接着还会发生准永久性形变和永久形变(塑性形变)。在其他机械性能一定的条件下，屈服点高的纤维较屈服点低的纤维难产生塑性形变，织物尺寸稳定性较好。

(五)断裂功、断裂比功和功系数

断裂功为纤维拉伸至断裂时外力所做的功。如图 3－6 所示，其数值可以用负荷—伸长曲线下的面积求出。

$$W=\int_0^{L_{\max}} F(l)\,dl \tag{3-7}$$

式中：W——断裂功，N·cm；

$F(l)$——拉伸负荷，N；

$L_{\max}$——负荷最大时所对应的伸长，mm。

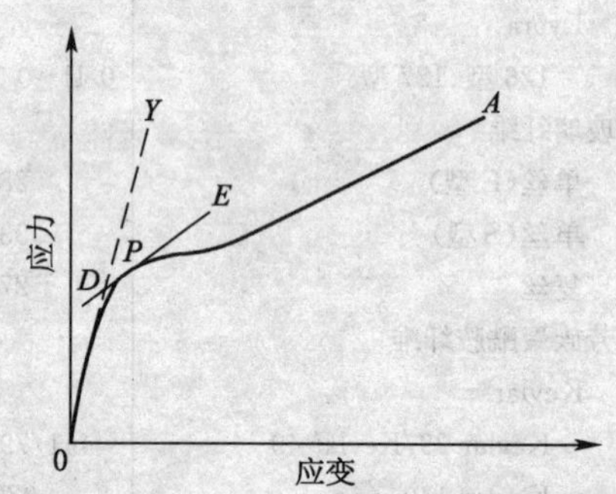

图 3－5　纤维初始模量与屈服点的求法

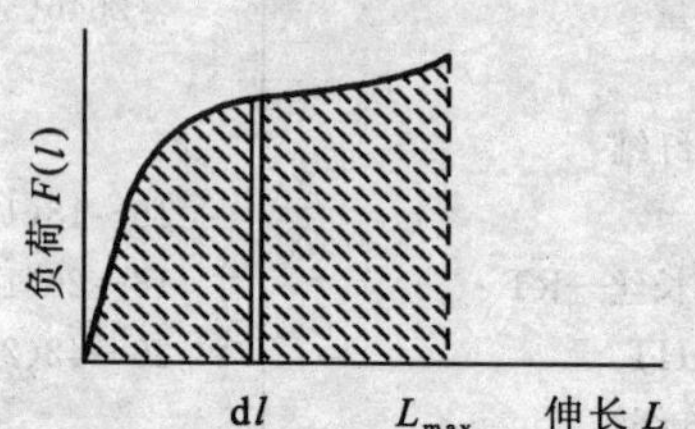

图 3－6　断裂功的求法

断裂功随纤维的线密度和原始长度而变化。为了能相互比较，常采用断裂比功，其定义为单位线密度和单位长度的试样拉伸至断裂时外力所做的功，亦即应力—应变曲线下的面积。

$$W_d=\frac{W}{\mathrm{Tt}\cdot L} \tag{3-8}$$

式中：W_d——断裂比功，N·tex^{-1}；

W——断裂功，mJ；

L——试样长度，mm；

Tt——试样线密度，tex。

由式(3－8)可知，断裂比功的单位为 N/tex，与相对强度的单位相同。

负荷—伸长曲线下的面积与断裂强力和断裂伸长乘积之比称为功系数。图 3－7(a)曲线上凸，功系数大于$\frac{1}{2}$；图 3－7(b)曲线下凹，功系数小于$\frac{1}{2}$。

断裂功、断裂比功和功系数反映纤维的韧性，可用来表征纤维及其制品耐冲击和耐磨的能力。其他条件不变时，断裂功或断裂比功愈大，纤维的韧性及其制品的耐磨和耐冲击能力愈好。

当断裂强力、断裂伸长相同时，功系数大表示拉断时外力做功大，纤维坚韧。表 3－10 列出了一些纤维的刚性和韧性。

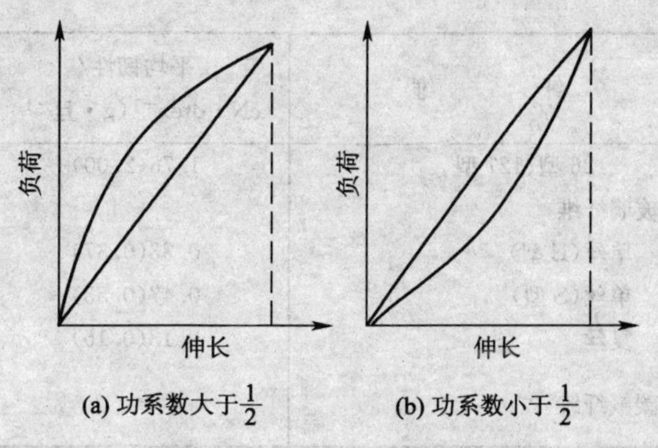

(a) 功系数大于$\frac{1}{2}$　　(b) 功系数小于$\frac{1}{2}$

图 3－7　功系数的表示

表 3－10　一些纤维的韧性

纤　　维	平均韧性/cN・dtex⁻¹(g・旦⁻¹)	纤　　维	平均韧性/cN・dtex⁻¹(g・旦⁻¹)
聚酯纤维		人造纤维	
A. C. E 及 Compet		Tencel Lyocell—HT	0.30(0.34)
长丝—HT	0.7～0.8(0.7～0.9)	醋酯纤维(长丝和短纤)	0.15～0.26(0.17～0.30)
Dacron		Saran，单丝	0.146～0.234 (0.165～0.265)
短纤及丝束	0.2～1.0(0.2～1.1)		
POF 丝	1.1～1.6(1.3～1.8)	Ryton sulfar(短纤)	
长丝—RT	0.4～1.0(0.4～1.1)	聚丙烯腈纤维	
长丝—HT	0.5～0.6(0.5～0.7)	Acrilan(短纤及丝束)	0.4～0.5(0.4～0.5)
Fortrel		Creslan(短纤及丝束)	0.55(0.62)
短纤系列 400—RT	1.1～1.6(1.3～1.8)	Micro Supreme，短纤	0.55(0.62)
Tairilin		改性聚丙烯腈纤维 SEF(短纤)	0.4(0.5)
POY 丝	1.1～1.6(1.3～1.8)	聚烯烃纤维	
短纤	0.3～1.3(0.3～1.5)	聚乙烯纤维	
Trevira		单丝，低密度	0.3(0.3)
短纤	0.25～1.32(0.28～1.50)	Herculon	
POY 丝	1.1～1.6(1.3～1.8)	短纤维	1～3(1～3)
长丝—HT	0.31～0.49(0.35～0.55)	有光长丝	1～3(1～3)
聚酰胺纤维		Marvess 和 Alpha	
聚酰胺 6 纤维		短纤和丝束	1.3～4(1.5～4)
短纤	0.56～0.69(0.64～0.78)	复丝	0.66～2.65(0.75～3.00)
单丝和长丝—RT	0.59～0.79(0.67～0.90)	Essera，Marquesa lana，PationⅢ	
长丝—HT	0.66～0.74(0.75～0.84)	BCF	0.8～0.93(0.9～1.05)
聚酰胺 66 纤维		Fibrilon	
短纤及丝束	0.51～1.21(0.58～1.37)	复丝—RT	0.66～2.65(0.75～3.00)
单丝及长丝—RT	0.7～1.1(0.8～1.25)	聚氨酯纤维(Spandex)	
长丝—HT	0.7～1.13(0.8～1.28)	Lycra	

续表

纤　　维	平均韧性/ cN·dtex^{-1}(g·旦$^{-1}$)	纤　　维	平均韧性/ cN·dtex^{-1}(g·旦$^{-1}$)
126型、127型	1.76(2.00)	Teflon	
玻璃纤维		TFE复丝、短纤、丝束、絮片	0.13(0.15)
单丝(E型)	0.33(0.37)	FEP,PFA单丝	0.09～0.11(0.10～0.12)
单丝(S型)	0.47(0.53)	PBI,短纤	0.35(0.40)
复丝	0.13(0.15)	棉	0.13(0.15)
碳氟纤维		蚕丝	0.4～0.7(0.4～0.8)
		羊毛	0.31(0.35)

注　HT—高强型;POF—部分取向丝;RT—普通型;POY—预取向丝;IT—中强型。

二、弯曲、压缩、剪切及扭转性能

除了拉伸形变外,纺织纤维还有其他类型的形变,即压缩、剪切、扭转和弯曲。

(一)弯曲性能

挠曲性是指纤维具有在不损坏情况下反复弯曲和回复的能力,这对于多数纺织品是至关重要的。挠曲性与纤维的刚性有关。纺织纤维或任何结构的刚性,直接与它的弹性模量和直径的四次方成正比。传统的有机纤维的弹性模量为8.82～167.4cN/dtex(10～200g/旦),当直径在10～70μm时,具有足够的柔曲性。橡胶或弹性材料的弹性模量在0.088～0.44cN/dtex(0.1～0.5g/旦),因此柔曲性很好。玻璃纤维、金属纤维、陶瓷纤维的弹性模量在2205～3087cN/tex(250～350g/旦),由于模量太高,为了具有同等的柔曲性,其直径必须更小。同样,高模量纤维的柔曲性要满足纺织的应用标准,就必须拉得很细。

当纤维的抗弯刚度(R_f)较大时,它受到横向力作用时产生的弯曲变形挠度较小。纤维粗细不同时,抗弯刚度也不同。为便于比较并确切了解纤维的性能,可以把抗弯刚度折合成相同线密度(1tex)时的抗弯刚度,叫做相对抗弯刚度(R_{fr})。几种纤维的相对抗弯刚度见表3-11。

表3-11　一些纤维的相对抗弯性能

纤维种类	初始模量E_L/cN·tex^{-1}	抗弯刚度R_{fr}/cN·cm^2
长绒棉	877.1	3.66×10^{-4}
细绒棉	653.7	2.46×10^{-4}
细羊毛	220.5	1.18×10^{-4}
粗羊毛	265.6	1.23×10^{-4}
桑蚕丝	741.9	2.65×10^{-4}
苎　麻	2224.6	9.32×10^{-4}
亚　麻	1166.2	4.96×10^{-4}
普通粘胶纤维	515.5	2.03×10^{-4}
高强力粘胶纤维	774.2	3.12×10^{-4}
富强纤维	1419.0	5.8×10^{-4}
聚酯纤维	1107.4	5.82×10^{-4}

续表

纤维种类	初始模量 E_L/cN·tex^{-1}	抗弯刚度 R_{fr}/cN·cm^2
聚丙烯腈纤维	670.3	3.65×10^{-4}
聚乙烯醇缩甲醛纤维	596.8	2.94×10^{-4}
聚酰胺6纤维	205.8	1.32×10^{-4}
聚酰胺66纤维	214.6	1.38×10^{-4}
玻璃纤维	2704.8	8.54×10^{-4}
石　棉	1979.6	5.54×10^{-4}

(二)扭转及剪切性能

纤维受到扭矩作用时，会产生扭变形。在相同扭力下，纤维的抗扭刚度 R_t 越大，越不易产生扭变形。通常将抗扭刚度统一折合成线密度为1tex时的抗扭刚度，即相对抗扭刚度 R_{tr}。

一些纤维的相对抗扭刚度见表3－12。

表3－12　一些纤维的相对抗扭刚度

纤维种类	R_{tr}/cN·cm^2	纤维种类	R_{tr}/cN·cm^2
棉	7.74×10^{-4}	富强纤维	4.31×10^{-4}
木　棉	71.5×10^{-4}	铜氨纤维	6.86×10^{-4}
羊毛	6.57×10^{-4}	醋酯纤维	3.33×10^{-4}
桑蚕丝	10.00×10^{-4}	聚酯纤维	4.61×10^{-4}
柞蚕丝	5.88×10^{-4}	聚酰胺纤维	3.92×10^{-4}
苎　麻	5.49×10^{-4}	聚丙烯腈纤维	5.1×10^{-4}
亚　麻	5.68×10^{-4}	聚乙烯醇缩甲醛纤维	3.53×10^{-4}
普通粘胶纤维	4.6×10^{-4}	聚乙烯纤维	4.9×10^{-4}
高强力粘胶纤维	4.41×10^{-4}	玻璃纤维	62.72×10^{-4}

随着扭转变形的增大，纤维中剪切应力增大，在倾斜螺旋面上相互滑移剪切。在纤维中，它造成结晶区破碎和非结晶区大分子被拉断，沿纵向劈裂。在纱线中，它造成纤维相互滑动。一些纤维的剪切强度列于表3－13。显然，纤维的剪切强度比拉伸强度小得多。

表3－13　一些纤维的剪切强度

纤维种类	剪切强度/cN·tex^{-1}	
	标准状态	湿　态
棉	8.4	7.6
亚　麻	8.1	7.4
蚕　丝	11.6	8.8

续表

纤维种类	剪切强度/cN·tex^{-1}	
	标准状态	湿态
普通粘胶纤维	6.4	3.1
富强纤维	10.4	9.4
铜氨纤维	6.4	4.6
醋酯纤维	5.8	5.0
聚酰胺纤维	11.2	9.5
聚偏氯乙烯纤维	9.8	9.4

(三)压缩性能

为了便于运输和储存,需要压缩纤维集合体的体积;在纤维加工和制品使用过程中也会受到压缩作用。在纤维集合体中,纤维彼此交叉排列,它们在承受挤压时,往往会发生弯曲和剪切作用,但以压缩变形为主。

单根纤维沿轴向压缩性能的测定较困难。研究纤维弯曲性能时,所测定和计算的弯曲弹性模量已经综合了沿轴向拉伸和压缩的性能。表3-14表明,随着横向压力的增大,纤维沿受力方向被压扁,垂直方向则变宽。

表3-14 几种纤维的横向压缩性能

纤维种类 \ 直径变化率/% \ 压力/N	49	98	196	294	392	490	637	除压后剩余变形/%
粘胶纤维	17.5	26.5	39.0	47.7	53.5	58.0	65.1	48.5
羊毛	16.0	24.5	35.0	42.7	47.5	51.0	56.2	35.2
聚酰胺纤维	12.5	21.5	37.0	48.4	55.5	60.5	66.4	33.1
聚酯纤维	7.5	15.0	29.0	41.0	49.0	55.5	62.4	47.2
聚丙烯腈纤维	16.5	27.5	41.0	49.5	55.5	60.5	66.2	55.6
蛋白质纤维	10.5	17.5	29.0	38.8	46.0	50.5	55.6	38.7
玻璃纤维	1.5	3.0	5.0	6.4	8.0	9.0	11.3	0.0

在只受到压缩作用时,受力方向与张力方向相反。在这种情况下,除非纤维、纱线或织物非常短,否则真正和完全的压缩根本就不存在,而对纤维来说,只会产生打折和弯曲,纤维外侧受到拉伸,而内侧受到压缩作用。因此,对于柔软的纺织纤维来说,扭转和剪切力的作用是可以忽略的,因为在纺织纤维中施加这两种力时,在材料内发生形变,其大小立即变成了拉伸张力。

三、回弹性

纤维在外力作用下伸长和释放外力后回复到原始状态的能力称为弹性。能伸长至少

100%、具有低模量和高回弹性的纤维称为弹性纤维。在伸长后，弹性纤维几乎可以回复到其原始长度。

纤维在被拉伸、压缩、折叠、加捻、扭曲后弹性回复的能力称为回弹性。

纤维被拉伸后回弹性的表示方法有两种。

1. 一次负荷回弹性能——回弹率和弹性功

回弹率有两种不同的测定方法：一种叫定负荷回弹率；另一种叫定伸长回弹率，测定时固定给予一定的伸长。定负荷回弹率的测定方法是先施加一定的负荷（或使其产生一定的伸长），然后撤去负荷，松弛一定时间（30s 或 60s，视测定仪器和方法而定）后，测定剩余伸长纤维所受的负荷与总伸长的关系如图 3－8 所示。则回弹率可用下式表示。

$$回弹率=\frac{\varepsilon_{弹}}{\varepsilon_{总}}\times 100\%=\frac{\varepsilon_{总}-\varepsilon_{塑}}{\varepsilon_{总}}\times 100\% \quad (3-9)$$

式中：$\varepsilon_{弹}$——可回复的弹性伸长；

$\varepsilon_{塑}$——不能回复的塑性伸长或剩余伸长；

$\varepsilon_{总}$——总伸长。

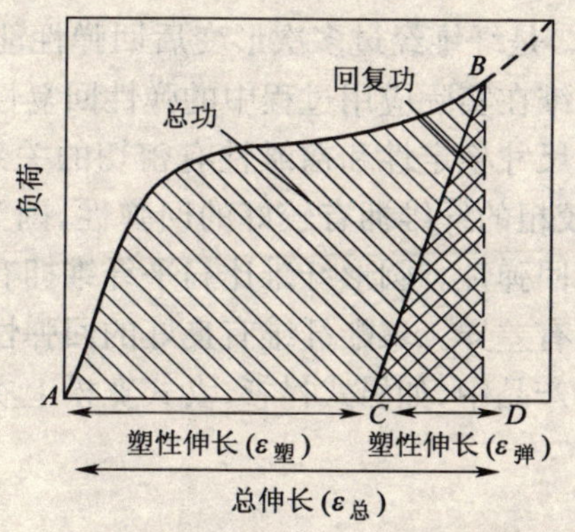

图 3－8　形变时纤维的弹性伸长和塑性伸长

弹性功可表示如下：

$$弹性功=\frac{卸荷时所回复的功}{伸长时所做的总功}=\frac{CBDC\ 的面积}{ABDCA\ 的面积} \quad (3-10)$$

弹性功表示损耗功，即总功中消耗于发热的部分。

由式（3－9）可知，若撤去外力后 30s（或 60s）内纤维完全回复至原来长度，即 $\varepsilon_{塑}=0$，则纤维的回弹率为 100%。由纤维的延伸机理可知，回弹率所反映的是纤维的弹性伸长和急回弹伸长之和与总伸长之比。

2. 多次循环负荷回弹性能

纤维在实际使用中不会只受一次拉伸而断裂，而是经受反复多次比较微弱而方向和频率经常变化的负荷的作用，因此需要相应的纤维耐多次循环负荷的测定方法，才能正确地反映使用

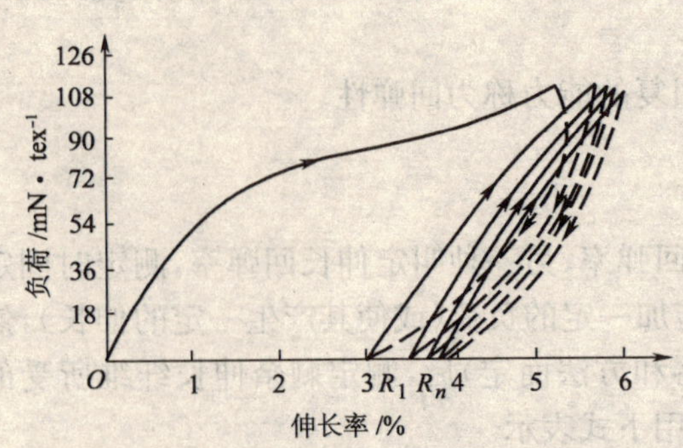

图 3－9　纤维多次循环的负荷—伸长曲线

过程中的性能。在测定负荷—伸长性能时，如果在达到断裂负荷以前，就停止增加负荷，并逐渐减小，以致完全撤去负荷，这种增加和撤去负荷的过程可以循环重复很多次，就得到多次循环负荷—伸长曲线（图 3－9）。

经过第一次的循环负荷后，所得到的负荷—伸长曲线形成一个滞后圈，如果循环负荷进行多次，纤维产生的剩余形变值就不断累积，从 OR_1 推移至 OR_n（n 为循环的次数）。显然，经过多次循环负荷后的剩余伸长 OR_n 值是纤维经过多次形变后回弹性能的一种量度，而且用循环负荷—伸长曲线能比较真实地反映出纤维在实际应用过程中的弹性回复性能。

纤维的回弹性与其制品的尺寸稳定性和褶皱性有密切的关系。回弹性高的纤维（例如涤纶）制成的服装不易起皱，具有挺括等特性。

经过第一次循环负荷后，所得到的负荷—伸长曲线形成一个滞后圈，如果循环负荷进行多次，纤维产生的剩余形变值就不断累积，从 OR_1 推移至 OR_n（n 为循环的次数）。显然，经过多次循环负荷后的剩余伸长值（OR_n）是纤维经过多次形变后回弹性能的一种量度，用循环负荷—伸长曲线能比较真实地反映出纤维在实际应用过程中的弹性回复性能。

纤维的回弹性与其制品的尺寸稳定性和褶皱性有密切的关系。回弹性高的纤维制成的服装不易起皱，因此保形性好。较粗的纤维拥有较好的回弹性，因为它具有较大的质量来吸收应变。纤维的外形也影响纤维的回弹性。圆形纤维比扁平纤维拥有更好的回弹性。

不同种类纤维的回弹性也有差异。聚酯纤维有良好的回弹性，但棉纤维的回弹性很差。因而这两种纤维经常混用在一些产品中，如男式衬衫、女式宽松上衣和床单上。

四、摩擦性能

摩擦性能是纤维的表面力学性能之一。在纺织加工过程中，纤维或纱线之间以及与金属或陶瓷部件之间做相对运动，便产生了摩擦力。在梳理、穿线、纺纱、织造、整理等工艺过程中都受到摩擦的影响。短纤纱的强力和伸长、织物的光滑和手感、耐磨性、静态尺寸稳定性及脱缝等也都与此项特性密切相关。

当一个物体在另一个物体表面滑移时，将产生一个阻碍相对运动的力，这个力叫摩擦力。静态摩擦力是物体在即将开始滑动时产生的与相对运动趋势相反的力；动摩擦力是与互相滑动的两个表面运动方向相反的力。摩擦力与两个滑动面间的正压力之间有如下关系：

$$\mu=\frac{F}{N} \tag{3-11}$$

式中：μ——摩擦因数；

F——摩擦力；

N——正压力。

纺织品加工或使用过程中产生的摩擦力，可以是纤维与纤维之间或纤维与其他材料表面之间摩擦的结果。因此，在摩擦因数表中有必要说明两个接触面的摩擦方向，因为纤维或纱线沿着纵向还是横向将影响摩擦因数。一些纤维在不同状态下的摩擦因数见表3-15。

表3-15 一些纤维在不同状态下的摩擦因数

纤维种类	纤维相互交叉	纤维相互平行
棉	0.29～0.57	0.22
黄 麻	—	0.46
羊毛(顺鳞向)	0.20～0.25	0.11
羊毛(逆鳞向)	0.38～0.49	0.14
蚕 丝	0.26	0.52
粘胶纤维	0.19	0.43
醋酯纤维	0.29	0.46
聚酯纤维	—	0.58
聚酰胺纤维	0.29～0.27	0.47
聚偏氯乙烯纤维	—	0.55

五、卷曲性

卷曲包括短纤维的卷曲性能和变形丝的卷缩性能。

(一)短纤维的卷曲性能

短纤维的卷曲性能通常采用以下指标表示。

1. 卷曲数

纤维挂轻负荷时，单位长度内的卷曲个数称卷曲数。轻负荷采用0.0018cN/dtex。其计算如下：

$$J_n = \frac{J_A}{2 \times 2.5} \qquad (3-12)$$

式中：J_n——卷曲数，个/cm；

J_A——纤维在25cm内卷曲峰和卷曲谷的个数。

一般化学纤维卷曲数为4～6个/cm。

2. 卷曲率

卷曲率表示卷曲程度的指标，与卷曲数和卷曲波深度有关。其计算式如下：

$$J = \frac{L_1 - L_0}{L_1} \times 100\% \qquad (3-13)$$

式中：J——纤维卷曲率，%；

L_0——纤维在轻负荷下测得的长度，mm；

L_1——纤维在重负荷下测得的长度，mm。

轻负荷为0.0018cN/dtex。重负荷：维纶、锦纶、丙纶、氯纶等为0.05cN/dtex；涤纶、腈纶为

0.075cN/dtex。一般化学纤维卷曲率控制在10%～15%。

3. 卷曲回复率

卷曲回复率表示纤维受力后卷曲回复的能力，是反映卷曲牢度的指标。其计算式如下：

$$J_w=\frac{L_1-L_2}{L_1}\times 100\% \quad (3-14)$$

式中：J_w——纤维的卷曲回复率，%；

L_2——纤维在重负荷保持30s后释放，经2min回复，再在轻负荷下测定的长度，mm。

4. 卷曲弹性率

卷曲弹性率的计算方法如下：

$$J_d=\frac{L_1-L_2}{L_1-L_0}\times 100\% \quad (3-15)$$

式中：J_d——纤维的卷曲弹性率，%。

(二)变形丝的卷缩性能

变形丝的卷缩性能通常用以下指标表示。

1. 卷缩伸长率

卷缩伸长率表示变形加弹丝弹性及卷缩程度的指标，是变形丝加重负荷时的长度与加轻负荷时长度之差，与轻负荷时的长度之比。

$$卷缩伸长率=\frac{L_1-L_0}{L_0}\times 100\% \quad (3-16)$$

式中：L_0——试样加轻负荷时的初始长度，cm；

L_1——试样加重负荷时的长度，cm。

2. 卷缩弹性回复率

卷缩弹性回复率表示变形丝弹性及卷缩稳定性的指标，是变形丝加重负荷时的长度与去重负荷再加轻负荷下回复长度之差，对重负荷时长度与轻负荷时初始长度之差的百分率。

$$紧缩弹性回复率=\frac{L_1-L_2}{L_1-L_0}\times 100\% \quad (3-17)$$

式中：L_2——样丝去除重负荷经2min恢复后的长度，cm。

3. 卷缩特性

卷缩特性表示变形丝卷缩收缩性能的指标。根据表3－16的测试程序，可计算下列指标。

表3－16　变形丝卷缩性能测试程序表

测试程序	1	2	3	4	5
负荷重/cN	500	2.5	2.5	2500(涤纶) 5000(锦纶)	25
加载时间/s	10	600	10	10	1200
绞丝长度	L_g	L_z	L_f		L_b

注　试样为总线密度2500dtex的绞丝，预张力为2.5cN。

$$卷缩率\ CC=\frac{L_g-L_z}{L_g}\times100\% \tag{3-18}$$

$$卷缩模量\ CM=\frac{L_g-L_f}{L_g}\times100\% \tag{3-19}$$

$$卷缩稳定度\ CS=\frac{L_g-L_b}{L_g-L_z}\times100\% \tag{3-20}$$

式(3-18)～式(3-20)中的 L_z、L_g、L_f、L_b 的物理意义见表 3-16。

变形丝的卷缩性能对纤维制品的风格和使用性能有较大影响，与织物或针织物加工时的工艺设计有密切关系。如用于袜类和内衣类的变形丝要求织物尺寸伸缩余地大些，故卷缩率要高；而用于外衣类织物的变形丝，因为织物要求外观挺括、尺寸稳定，故卷缩率和蓬松度要低。

第三节　化学纤维的稳定性能

一、对高温作用的稳定性

对高温作用的稳定性是纤维热学性能和稳定性能的指标之一，包括耐热性和热稳定性。

耐热性是指纤维抵抗热破坏的能力，可以用热破坏温度或受热时性能的恶化表示。表 3-17 为几种纤维的热破坏温度。

表 3-17　几种纤维的热破坏温度

纤　维	热分解温度/℃	熨烫温度/℃	洗涤最高温度/℃
棉纤维	150	200	90～100
羊　毛	135	180	30～40
蚕　丝	150	160	30～40
聚酯纤维	300～350	300～350	70～100
聚酰胺 6 纤维	300～350		80～85
聚酰胺 66 纤维	280	120～1400	80～85
聚丙烯纤维	350～380	100～120	
聚丙烯腈纤维	200～250	130～140	40～50
聚乙烯醇缩甲醛纤维	200～220	150	
聚氯乙烯纤维	150～200	30～40	30～40
甲壳素纤维	270		
聚乳酸纤维	200		

热稳定性是指在一定温度下，随时间的增加，纤维抵抗性能恶化的能力。

纤维在高温条件下的稳定性是影响其应用性的重要因素。通常，这也是纤维处理中需要考虑的一个重要因素。因为在很多织物形成过程中纤维需要受热，如染色、熨烫和热定形。除此之外，经常采用加热来护理和更新服装和室内家具。在实际应用中，纤维只能在聚合物不发生化学变化及纤维的外形在变化温度范围内应用。许多消费者有过由高温度熨烫而引起织物严重降解甚至损坏服装的经历。

主要化学纤维品种中，粘胶纤维耐热性最好，而聚酯纤维的热稳定性最好。

二、对化学品作用的稳定性

对化学品作用的稳定性亦称耐化学性，是纤维抵抗化学品作用能力的量度。纤维对化学品作用的稳定性，是决定纤维是否适宜制造工业滤材和工作服等的重要指标。对日用纺织品，也具有一定的意义。

在纺织加工（如印染、后整理）和家庭/专业护理或清洗（如用肥皂、漂白粉和干洗溶剂等）过程中，纤维一般需与化学品接触。化学品的种类、作用强度以及作用时间决定了对纤维的影响程度。因此了解化学品对不同纤维的影响十分重要，因为它直接与清洗中所需要的护理有关。

纤维对化学品有不同的反应。例如，棉纤维抗酸性相对较低，而耐碱性则很好。另外，棉织物经过化学树脂免烫整理后会损失部分强力。

化学纤维对化学品作用的稳定性主要决定于其聚合物的结构。一般碳链化学纤维比杂链化学纤维对酸和碱的稳定性好。但与侧基也有关系，例如腈纶的大分子链上有氰基，因此不耐强碱。

三、耐磨性

耐磨性是纤维的机械性能和稳定性能指标之一，是纤维抵抗磨损能力的量度。所谓磨损，一般指材料由于机械作用从固体表面不断失去少量物质的现象，即两个固体表面接触作相对运动时，伴随着摩擦引起的减量过程。纤维相互之间或与其他物体间的摩擦都会产生磨损。磨损过程中，纤维受到磨料的作用，使纤维变细、损坏、断裂。与此同时，磨料也受到磨损。

纤维抵抗磨损的能力可以用耐磨牢度表示。耐磨牢度是抵抗穿着摩擦的能力。纤维的耐磨牢度高有助于提高织物的耐久性。由断裂强度和耐磨牢度高的纤维制成的服装，能耐长时间穿着，并且在很长一段时间后才会有穿着磨损迹象出现。

一些纤维的耐磨损寿命见表 3－18。

表 3－18　一些纤维的耐磨损寿命

纤维种类	线密度/tex	拉伸断裂比强度/cN·dtex^{-1}	断裂伸长率/%	耐磨损寿命[①]/磨断转数
棉	0.15	3.69	8.7	39
羊　毛	0.83	1.08	32.1	3
蚕　丝	1.57	3.48	28.1	7
粘胶纤维	0.33	2.22	17.5	20
醋酯纤维	0.43	1.15	28.0	3
聚酰胺 6 纤维（低强高伸型）	0.39	3.45	60.9	1336
聚酰胺 6 纤维（高强低伸型）	0.26	5.31	25.1	>70000

续表

纤维种类	线密度/tex	拉伸断裂比强度/cN·dtex^{-1}	断裂伸长率/%	耐磨损寿命①/磨断转数
聚酯纤维	0.31	4.64	37.3	11770
聚丙烯腈纤维	0.34	1.79	18.8	20
聚丙烯腈纤维	0.39	1.89	36.5	15
聚丙烯腈纤维	0.34	2.94	21.7	19
聚乙烯醇缩甲醛纤维	0.15	5.67	11.7	5 616
聚乙烯醇缩甲醛纤维	0.12	5.75	14.2	14637

①试验条件：拉伸张力 0.132cN/dex。

由表 3－18 可以看出，聚酰胺纤维、聚酯纤维、聚乙烯醇缩甲醛纤维的耐磨损性能较高。耐磨性的大小可以决定纤维及其制品的使用性能和应用范围。例如，聚酰胺纤维因为具有良好的耐磨性和较高的强度，因此广泛应用于军用制服、工作裤和家用装饰布（包括地毯和家具覆盖布）中，在运动外套（如滑雪衫、足球服）、袜类、绳索等方面也占有稳定的市场。由于醋酯纤维出色的悬垂性和成本低，经常用于外衣和夹克衫的衬里。但由于醋酯纤维的耐磨性差，因此在夹克衫外层织物出现相应磨损之前，衬里易磨损或形成破洞。

四、耐疲劳性

耐疲劳性是纤维的机械性能和稳定性能指标之一，亦称耐多次变形性或疲劳强度。

疲劳是在较小外力长时间作用或反复多次作用下纤维被破坏的现象，如拉伸疲劳、弯曲疲劳等。

纤维的疲劳强度通常用一定循环应力的次数，即坚牢度表示。耐循环应力的次数愈多，纤维的耐疲劳性愈好。一般说来，回弹性较好的纤维，其耐疲劳性较高。主要化学纤维品种中，锦纶的耐疲劳性最好，其在最大应力 84.7mN/tex 时的循环次数大于 5000。

五、对日光和大气作用的稳定性

对日光和大气作用的稳定性亦称耐气候性，是纤维抵抗气候条件引起的性能变化能力的量度。气候条件引起纤维性能的变化，主要是由于日光和空气中的氧引起的，因此提高纤维的耐气候性，主要是提高其光稳定性和氧化稳定性。

表 3－19 列出了一些纤维的耐日光、耐气候及耐老化性能。羊毛的耐日光、耐气候及耐老化性能良好，这一点可由羊的生活自然环境来解释。棉和粘胶纤维的强力，在日光和气候的作用下会缓慢而逐渐地下降，使耐用性降低。醋酯纤维比粘胶纤维的耐气候性好一些。聚酰胺纤维和真丝长期暴露在阳光下，强度会下降，所以它们通常不用来制成窗帘和门帘。主要合成纤维品种中，聚丙烯腈纤维的大分子中有氰基，能吸收紫外线并把光能转化为热能，保护聚合物不受破坏，其耐气候性最好，因此在悬挂织物、室外用品等市场中占有重要地位。在其他化学纤维聚合物分子中引入氰基，也可显著提高其耐气候性。

表 3-19　一些纤维的耐日光、耐气候及耐老化性能

纤　维	各 项 耐 久 性 能
聚酯纤维	
A. C. E	长期暴露在日光下，性能下降
Compet	各种性能全部优良
Dacron	抗老化性优良，长期日光暴晒会使强力下降
Fortrel	抗老化、抗日照性能优良，抗日光性能好，但长期暴晒于日光下会导致强力下降
Tairilin	抗老化、抗日照性能优良，抗日光性能好，但长期暴晒于日光下会导致强力下降
Trevira	有优良的抗老化和抗日光性，长期日光暴晒会使强力下降
Thornel 碳纤维	抗老化、抗日光性能优良
聚酰胺纤维	
聚酰胺纤维	抗老化、耐磨损性能优良，长期暴晒于日光下强力会下降
聚酰胺 66 纤维	抗老化优良，长期暴晒于日光下强力会下降
人造纤维	
粘胶纤维，Fibro	抗老化、抗日光性较好，长期暴晒于日光下，会发生中度变黄，性能变差
铜氨纤维	抗老化，不受日光影响
粘胶纤维	抗日光、抗老化性能良好
醋酯纤维	不老化，抗褪色和耐日光性能较好(长时间光照会损失强力)
Tencel Lyocell 纤维	抗老化、抗日光性能较好
聚偏氯乙烯纤维(Saran)	
Ryton	抗老化和抗日光性能优良
聚丙烯腈纤维	
Acrilan	抗老化和抗日光性能优良
Creslan 和 MicroSupreme	各项性能优良
改性聚丙烯腈纤维 SEF	抗老化和抗日光性能优良
聚烯烃纤维	
聚乙烯纤维	抗老化、抗光照性较好
Herculon	抗老化、抗间接日照性较好
Marvers 和 Alpha	抗老化性良好，稳定剂可使之具有较好的耐日照性能
Spectra	抗老化性良好，长期暴晒会损失强力
Fibrilon	抗老化性较好，加入稳定剂可使之具有较好的耐日照性能
聚氨酯纤维	
Glospan/Cleerspan，S—85	抗老化性能优良，暴晒会轻度褪色，但不损失其物理性能
Lycra126 型、127 型	不老化，长期暴晒会损失强力
Lycra128 型	抗老化性优良
玻璃纤维	抗老化和抗光照性能优良
芳族聚酰胺纤维	
Kevlar	抗老化性优良，长期暴晒会使强力下降，但纤维具有自蔽性
Nomex	抗老化性优良，长期暴晒会使强力下降
碳氟纤维	
Gore-Tex	抗老化、耐日晒性优良
Teflon	抗老化、耐日晒性优良
PBI 纤维	抗老化性良好，长期暴晒会变黑，强力也会有所下降

六、对霉变和腐烂的稳定性

纤维发霉、腐烂和霉烂是由于霉菌和细菌等微生物的繁殖而引起的纤维损伤。对纤维有影响的霉菌主要有青霉菌、釉霉菌及土壤霉菌(如放线菌类)等,引起纤维受损的细菌主要是杆菌(bacillns 和 rod Type)。发霉和性能衰退通常由霉菌导致,而腐烂则由细菌引起。表 3－20 列出了一些纤维的抗霉变性能。

表 3－20 一些纤维的抗霉变性能

纤维	抗霉变性能	纤维	抗霉变性能
聚酯纤维		聚丙烯腈纤维	
A. C. E	良好	Acrilan	优良
Compet	优良	Creslan 和 MicroSupreme	优良
Dacron	霉菌并不能减弱其强力	改性聚丙烯腈纤维 SEF	优良
Fortrel	优良	聚烯烃纤维	
Tairilin	优良	聚乙烯纤维	不发霉
Trevira	不受霉菌影响	Herculon	不发霉
Thornel 碳纤维	优良	Marvers 和 Alpha	不发霉
聚酰胺纤维		Spectra	优良
聚酰胺纤维	优良	Fibrilon	不发霉
聚酰胺 66 纤维	优良	聚氨酯纤维	
人造纤维		Lycra126 型、127 型	不发霉
粘胶纤维(Fibro)	差	玻璃纤维	不发霉
铜氨纤维	差	芳族聚酰胺纤维	
粘胶纤维	差	Kevlar	优良
醋酯纤维	较好	Nomex	优良
Lyocell	差	碳氟纤维	
聚偏氯乙烯纤维(Saran)		Gore－Tex	优良
Sulfar	不受霉菌影响	Teflon	不发霉
Ryton	优良	PBI 纤维	良好

由于微生物的生长和繁殖需要温度和水分等环境适宜,因此,所有天然和再生的亲水性植物纤维和动物纤维均可被微生物破坏。棉、麻、粘胶纤维和铜氨纤维及其他纤维素纤维,均可被纤维素酶分解为纤维素二糖,接着二糖又转化为可供微生物食用的葡萄糖,从而对纤维造成破坏。霉菌在棉和其他纤维素制品上繁殖时,通常发出霉味,发生褪色且变黑,继而变得脆弱,直至最终完全腐烂。因此,棉和纤维素纤维不能长时间存放在潮湿的环境里。羊毛、其他动物纤维和再生蛋白质纤维通常比较稳定,但也同样能被某些特殊细菌、放线菌类和霉菌等菌类以及可产生蛋白酶以破坏角蛋白的微生物分解。当羊毛纤维由于机械或化学作用而受到破坏后,酶解作用进行得较快。对天然纤维和再生纤维的化学结构作轻微改性即可使其具有足够的抗菌性。

合成纤维一般不受微生物破坏。另外，由于水分是所有微生物生长所必需的重要因素，而某些合成纤维不吸收水或很少吸水，因此抗霉菌性能良好。尽管聚酰胺、聚酯、聚丙烯腈等合成纤维不受霉菌侵害，但合纤纱线经常经上浆、织物整理等过程，使用的天然胶、淀粉、蜡或其他类似的物质适于霉菌生长，将使纤维本身呈现似乎被侵害的现象。

七、抗虫害和鼠害的能力

天然纤维很容易被幼虫破坏。因此羊毛服装在储存的时候需要防虫蛀，因为它们容易被羊毛蛀虫侵食。

合成纤维通常不易遭虫害，但在特殊的环境条件下也可能被虫类破坏。虫类有可能咬断合成纤维及其他不能食用的纤维，以便获得充足的生活空间或得以接近食源，或者啃食那些被可食用物质覆盖或污染的不可食纤维。

鼠类在极其饥饿的状态下，可能食用纤维素或角蛋白纤维，它们可能不会食用合成纤维，但可能将其咬坏。

第四节　化学纤维的加工性能和使用性能

一、染色性

染色性是纤维的加工性能之一。所谓染色性好，是指可用不同染料染色，且在采用不同类染料时，色泽鲜艳、色谱齐全、色调均匀、着色牢度好、染色条件温和。

纤维的染色性与三方面的因素有关，即染色亲和力、染色速度及纤维—染料的性能。

染料与纤维的结合可通过离子键、氢键以及偶极的相互作用等形式，对于活性染料染色，还包括共价键的相互作用，有时则是各种作用的综合结果。纤维结构对纤维与染料的亲和力影响很大，对于合成纤维，采用适当的共聚共混等改性方法，既可以引入亲染料基团，增强染色亲和力，又可增大纤维结构上的无序程度和松散性，提高染色速度。

染色速度也是一个重要指标。染料从溶液中进入纤维是一个扩散过程，染色速度取决于染浴中的染料向纤维表面扩散、染料被纤维表面吸附以及染料从纤维表面向纤维内部的扩散速度。

纤维—染料复合体的稳定性是决定染色牢度的结构因素，各种色牢度主要与纤维—染料复合体的性能有关，而不仅仅取决于染料本身的性能。

染色均匀性反映纤维结构的均匀性，它与纤维生产的工艺条件（特别是纺丝、拉伸和热定形条件）密切相关。

为了简化化学纤维的染色工艺并提高染色牢度，在化学纤维生产中可通过纺前着色等方法制造有色纤维。

二、可燃性与阻燃性

可燃性与阻燃性是纤维的使用性能之一。可燃性是指纤维点燃或燃烧的能力。阻燃性也称防燃性，是指纤维所具有的减慢、终止或防止有焰燃烧的特性。

根据纤维在火焰中和离开火焰后的燃烧情况，可以把纤维的阻燃性定性地分为四种，即易燃纤维、可燃纤维、难(阻)燃纤维和不燃纤维。

易燃纤维燃烧速度快,容易形成火灾,如纤维素纤维、聚丙烯腈纤维等。

可燃纤维燃烧缓慢,离开火焰可能会自熄,如羊毛、蚕丝、醋酯纤维、聚酰胺纤维和聚酯纤维等。

难燃纤维与火焰接触时可燃烧,离开火焰便自行熄灭,如聚氯乙烯纤维、丙烯腈—氯乙烯共聚纤维、阻燃聚酯纤维、聚氟烯烃纤维、Nomex 纤维等。

不燃纤维与火焰接触也不燃烧,如石棉纤维、玻璃纤维等。

阻燃性的测试和表征方法很多,其中应用得较为广泛的为限氧指数法。我国规定装饰织物阻燃性能的测试和表征采用垂直法。

限氧指数,也称极限氧指数或氧指数,符号为 LOI,即在规定的试验条件下,氮氧混合物中,材料刚好能保持燃烧状态所需的最低氧浓度。

$$\text{LOI}=\frac{\text{氧体积}}{\text{氧体积}+\text{氮体积}}\times 100\% \qquad (3-21)$$

限氧指数愈高,纤维愈难燃烧。普通空气氧的体积接近 20%,从理论上讲,材料的限氧指数只要超过 20%,在空气中就有自灭作用。实际上,由于燃烧时空气的对流,达到自灭作用的限氧指数需在 27%以上。一般认为,限氧指数小于 20%的纤维为易燃纤维;限氧指数在 20%～25%的纤维为可燃纤维;限氧指数在 25%～30%的纤维为难燃纤维;限氧指数在 30%以上的纤维为不燃纤维;限氧指数在 26%及以上的纤维,可作为阻燃纤维。

点燃纤维所需要的最低温度称为点燃温度,在此温度以下的材料难以燃烧,点燃温度越高,纤维材料的耐燃性越高。点燃后火焰的温度越高,即燃烧释放的热量越多,越容易使没燃烧的纤维燃烧起来。表 3-21 是几种纤维材料的点燃温度和限氧指数。

表 3-21 几种纤维的点燃温度和限氧指数

纤维种类	点燃温度/℃	限氧指数/%
棉	400	20
羊毛	600	25
粘胶纤维	420	17～19
醋酯纤维	475	18
聚酰胺纤维	530	20～22
聚酯纤维	450	20～22
聚丙烯腈纤维	560	18～20
聚丙烯纤维	570	19～20
聚乳酸纤维		24～26
聚氯乙烯纤维		35～37
聚偏氯乙烯纤维		45～48
聚氟烯烃纤维		95
酚醛纤维		32～34

垂直法是燃烧试验法中的一种。其特点是火焰的位置与试样垂直。这是测定燃烧蔓延的程度(炭化面积及炭化距离)、残焰时间、残烬时间及余烬时间的方法。按照这种方法评定的纤维,A 级的为完全不燃纤维;B_1 级的为难燃纤维;B_2 级的为可燃纤维;B_3 级为易燃纤维。

阻燃性是决定化学纤维应用范围的重要指标之一。为了减少由于纺织品引起的火灾事故,避免不必要的损失,保障人身安全,目前世界各国都已经或开始制定纺织品的阻燃法规,并由飞机内纺织物、地毯和建筑材料开始,扩大到睡衣、家用纺织品、床垫和室内装饰织物上。

因为主要化学纤维品种都属于易燃纤维或可燃纤维,因此其阻燃处理已引起国内外纤维工作者的极大关注。提高纤维的阻燃性有两种途径,一种是对纤维制品进行防燃整理,另一种是制造阻燃纤维。阻燃纤维的生产也有两种,一种是在纺丝流体中加入防火剂,纺制成阻燃纤维,如阻燃粘胶纤维、阻燃聚酯纤维等;另一种是由合成的阻燃高聚物纺制而成,如 Nomex 纤维。

三、抗静电性

抗静电性是纤维的加工和使用性能之一,指纤维抵抗静电产生或积累的性能。

当两个物理状态不同的固体接触和摩擦时,在固—固表面会发生电荷再分配,在它们重新分离后,每一个固体都将带有比接触前过量的正(或负)电荷,这种现象称为静电。通过实验(环境温度 30℃,空气相对湿度 33%),对各种材料可以排出一个静电电位序列,表 3－22 是一些材料的静电电位序列。

表 3－22　一些材料的静电电位序列

+ ←																		→ －
玻璃	人发	锦纶	羊毛	粘胶纤维	棉	蚕丝	纸	钢	硬质橡胶	醋酯纤维	聚乙烯醇	涤纶	合成橡胶	腈纶	氯纶	腈氯纶	偏氯纶	聚乙烯	丙纶	氟纶

当表 3－22 中的两种物质进行相互摩擦时,总是左边的带正电,两者相距越远,产生的电量越多。当织物表面与导体接触时,会产生电火花或电击,这是一个迅速放电过程。当纤维表面静电产生与静电转移同速时,静电现象可以消除。

在由纤维纺成纱和由纱线织成织物的过程中,电阻率高的纤维表面会产生并积累静电荷。当电荷产生并积聚在织物表面上时,将使服装紧贴在穿着者身上,使人感到不舒服。大多数纺织纤维带有相同电荷时会互相排斥,从而产生起毛现象,使加工操作不能正常进行。如果纤维上的电荷与针布、牵伸罗拉或机器其他部件所带电荷相反时,纤维将粘附到机件上,使机器运转减速或中断;如果带静电的传送带或类似的设备在有溶剂蒸汽的地区运行,由于静电聚集产生火花,会造成燃烧起火、矿井爆炸等重大事故。因此,在医院、计算机附近的工作区或在易燃、易爆的液体或气体附近区域,采用抗静电纤维显得十分重要。

包含在纤维中的水分可起到导体的作用而消除电荷,并能防止静电影响。疏水性纤维包含的水分非常少,因此有产生静电的倾向。高回潮率纤维的静电问题,通常比不吸湿性纤维要轻得多。如果相对湿度足够高,几乎所有的纺织纤维均可克服静电问题;随着湿度的降低,静电问题逐渐严重。聚烯烃类、聚酯和聚丙烯腈等合成纤维的回潮率比较低,因此容易产生静电荷;粘胶纤维、蚕丝、羊毛和棉能吸收水分，消除电荷较为容易，因此静电问题比较轻。然而，在相对湿度较低的情况下，所有纤维加工时都能遇到静电带来的困难，所以，在梳棉、精梳、细纱和织造中广泛应用给湿。精梳或纺纱给油剂、纱线上浆和其他加工用化学药品通常都含有抗静电剂，以消除静电问题。抗静电剂类似于保湿剂或其他吸水性物质，可防止电荷集结或将产生的电荷导走。也可以通过 α 粒子放射源电离周围的空气，以消除纺织材料的静电。

四、手感

手感是纤维的使用性能之一，指触摸纤维、纱线或织物时的感觉。

手感受纤维的形态、表面特点和结构的影响。纱线类型、织物结构和后整理过程也会影响织物的手感。常用柔软、滑爽、干燥、真丝感、刚硬、粗硬或粗糙等术语来描述织物的手感。

五、起球性

起球性是纤维的使用性能之一。起球是指织物表面的一些短而断裂的纤维互相缠结成一个个小球。当纤维的末端从织物表面断裂的时候，绒球就形成了，通常由穿着引起。起球不是人们所需要的，因为它使诸如床单等织物既旧又不美观，并让人感觉不舒服。绒球在经常摩擦的部位产生，例如衣领、袖下部以及袖口边缘。

疏水性纤维比亲水性纤维更容易起球，因为疏水性纤维更容易互相吸引静电，并且不易从织物表面掉落。绒球很少在 100%纯棉衫上看出，但在穿着一段时间的涤棉混纺类衬衫上却非常普遍。羊毛虽然有亲水性，绒球因其鳞片状表面而产生，纤维彼此扭结、缠绕而形成一个绒球。强度大的纤维容易握持织物表面的绒球。易于断裂的低强度纤维，因绒球容易掉落而不易起球。

六、覆盖性

覆盖性是纤维的使用性能之一。覆盖性是指纤维填充某一范围的能力。粗纤维或卷曲纤维，比细纤维、直纤维制成的织物覆盖效果好。其织物暖和、手感丰满，而且只需要较少的纤维即可织成。

羊毛是冬季服装中广泛使用的纤维，因为它的卷曲给织物提供了优良的覆盖性，并在织物中形成大量的静止空气，这些静止空气相当于将外部的冷空气隔绝了。纤维覆盖的有效性取决于其断面形状、纵向构造和重量。

七、柔软性

柔软性是纤维的使用性能之一。柔软性是指纤维易于重复弯曲而不断裂的性能。柔软性影响面料的手感。

柔软的纤维，如醋酯纤维能制成悬垂性好的织物和服装。刚性的纤维，如玻璃纤维不能用于制作服装，但可用在装饰用的需相对较硬挺的织物上。

通常纤维越细，悬垂性越好。尽管经常要求织物的悬垂性好，但有时也需要比较硬挺的织物。

参考文献

[1] 钱宝钧．纺织词典[M]．上海：上海辞书出版社，1991.

[2] 阿瑟·普莱斯，艾伦·C科恩，英格丽特·约翰逊．织物学[M]．祝树荣，译．北京：中国纺织出版社，2003.

[3] S. 阿达纳．威灵顿产业用纺织品手册[M]．徐朴，叶奕梁，童步章，译．北京：中国纺织出版社，2000.

[4] 董纪震，罗鸿烈，王庆瑞，等．合成纤维生产工艺学(上册)[M]．2版．北京：中国纺织出版社，1994.

[5] 沈新元，吴向东，李燕立，等．高分子材料加工原理[M]．北京：中国纺织出版社，2000.

[6] 姚穆，周锭芳，黄淑珍，等．纺织材料学[M]．2版．北京：中国纺织出版社，1996.

[7] 李汝勤，宋修才，陈耀华，等．纤维和纺织品的测试原理与仪器[M]．上海：中国纺织大学出版社，1995.

[8] 张一心．纺织材料[M]．北京：中国纺织出版社，2005.

第四章　纺丝流体的制备及流变性

成纤聚合物一般呈玻璃态，必须将其熔融或溶解才能对其进行成纤加工。聚合物熔体或溶液的成型必须借助外力作用下的流动与形变，因此研究纺丝流体的制备方法、原理、其在外力作用下的流动规律对合理选择工艺条件、优化设备设计，保证纤维质量有重要意义。

第一节　成纤聚合物的熔融

大多数成型操作由熔融聚合物的流动组成，因此为成型操作而进行的聚合物准备工作通常包括熔融过程，即完成聚合物由固体转变为熔体的过程。

熔融的方法很多，归纳起来可分为以下几类。

(1)无熔体移走的传导熔融[图 4－1(a)]。熔融所需的全部热量由接触或暴露表面提供，熔融速率仅由热传导决定。

(2)有强制熔体移走(由拖曳或压力引起)的热传导熔融[图 4－1(b)]。熔融的一部分热量由接触表面的热传导提供，一部分热量通过熔膜中的黏性耗散将机械能转变为热能来提供。熔融速率由热传导以及熔体迁移和黏性耗散速率决定。如螺杆挤压机的熔融挤出等。

(3)耗散混合熔融[图 4－1(c)]。熔融热量由在整个体积内将机械能转变为热能来提供。熔融速率由整个外壁面上和混合物固体—熔体界面上辅以热传导决定。

(4)利用电、化学或其他能源的耗散熔融方法[图 4－1(d)]。

(5)压缩熔融[图 4－1(e)]。

除上述熔融过程外，还有振动诱导挤出熔融过程。振动诱导挤出熔融是将振动力场引入聚合物熔融加工的全过程。即在原有稳定的螺杆转速上叠加周期性的径向及轴向振动，导致熔体中的速度场、剪切速率随时间周期性地变化，从而改善熔融的塑化效果。

在上述熔融方法中，有强制熔体移走的传导熔融为聚合物熔融最常见的方式。其主要机理是：聚合物吸收大量的能量，当其分子间的活动能力大于分子间的作用力时，聚合物分子链节及整个大分子将能产生自由运动。随着大分子链吸收能量的增多，聚合物从玻璃态转变为黏流态。当有外力作用时，将出现分子链的流动，这时聚合物转变为熔融状态，分子链的构象数目也增加。要使聚合物熔融流动，必须提供足够的能量，使聚合物大分子能克服其分子间作用力。对于聚合物在螺杆挤压机中的熔融，即有强制熔体移走的传导熔融，其能量来源于两方面：一是依靠机筒沿螺槽深度方向自上而下传导而来的能量，这是加热器装在机筒外壁上，上下温差大，左右温差小的必然结果；二是通过熔膜移走而使熔融层受到剪切作用，使部分机械能转变为热能(黏性耗散)的必然结果。剪切发热量一般正比于剪切速率(剪切应变速率、切变速率)的平方，所以熔膜越薄，剪切速率越大，产生的热量越大。

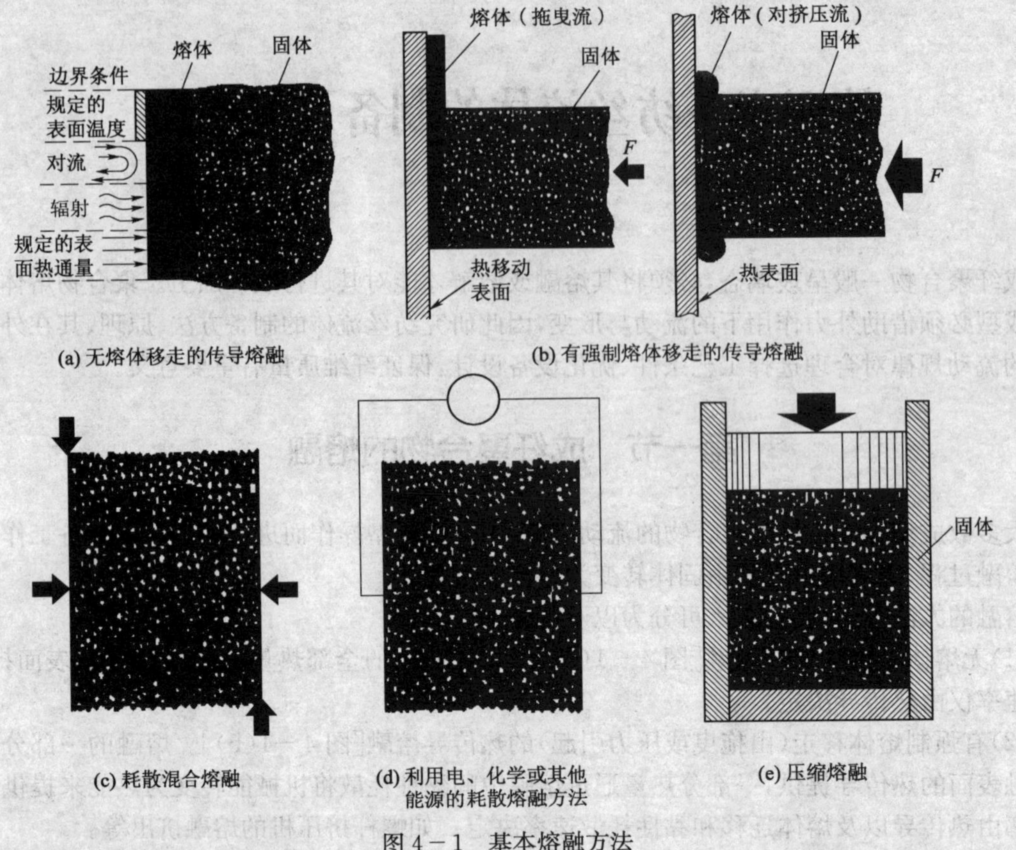

(a) 无熔体移走的传导熔融　(b) 有强制熔体移走的传导熔融

(c) 耗散混合熔融　(d) 利用电、化学或其他能源的耗散熔融方法　(e) 压缩熔融

图 4－1　基本熔融方法

在熔融过程中哪种热能占主导地位，取决于聚合物本身的物理性质、加工条件和设备的结构参数。当机筒温度较低、螺杆转数较高时，由剪切产生的剪切热将占主要地位。反之，当螺杆转数较低，机筒温度较高时，热量的主要来源将是机筒的传导热。

聚合物的物理性质包括熔点、比热容、导热系数及熔融潜热。

大多数聚合物，在其熔点或黏流温度以上可以转变为熔融态或黏流态。聚合物的熔融过程服从热力学原理，与系统的自由能、熵值和热焓的变化有关，可用热力学的基本方程表示。

$$\Delta F = \Delta H - T_m \Delta S \tag{4-1}$$

式中：ΔF——系统自由能的变化；

ΔH——系统热焓的变化；

ΔS——熵值的变化；

T_m——熔化绝对温度，即熔点。

聚合物熔化过程中，系统的 $\Delta F=0$，所以聚合物的熔化温度 $T_m=\Delta H/\Delta S$，即在聚合物分子链中随 ΔH 值的增加，熔点将提高。当 ΔH 值一定时，聚合物的 T_m 主要取决于 ΔS 的变化。当 ΔS 增大时，T_m 将下降，反之将上升。如一些无定形或结晶度低的聚合物，由于链的柔性大，构象数目多，结晶过程中熵的变化较大，熔化温度较低，相同温度条件下，其熔融速率较大。另一些结晶度高的聚合物，由于链的柔性小，构象数少，则其熔化温度较高，要使其具有很高的熔融速率，必须采用较高的熔体温度。

聚合物的比热容越大，由玻璃态转变为黏流态所需的热量越大，熔融速率越低；聚合物的导热系数越大，熔融速率越高。结晶聚合物的熔融潜热越大，熔融速率越低。

第二节　成纤聚合物的溶解

所谓溶解就是指溶质分子通过分子扩散与溶剂分子均匀地混合，以至成为分子分散的均相体系的过程。溶解质量对成纤聚合物的加工过程的稳定和产品质量有重要影响。

一、成纤聚合物溶解过程的特点及其热力学解释

聚合物的溶解速度比小分子物质的溶解速度要慢得多，一般需要几小时乃至数天。由于聚合物与溶剂分子的尺寸相差悬殊，两者分子运动的速度存在着数量级的差别，因此，当聚合物与溶剂混合后，溶剂分子很快渗入聚合物，而聚合物分子向溶剂的扩散速度却非常慢，这就决定了聚合物的溶解过程必定分为两个阶段：即先溶胀再溶解。首先是溶剂分子扩散进入聚合物的外层，并逐渐由外层进入内层，使聚合物体积增大发生“溶胀”，然后，大分子逐渐分散到溶剂中去，直至形成均匀的溶液，达到溶解。

由于聚合物结构的复杂性，使得聚合物的溶解过程比小分子物质的溶解要复杂得多。

聚合物的溶解速度及其溶液的性质依赖于聚合物的相对分子质量，而聚合物的相对分子质量又具有多分散性，因此增加了聚合物的溶解过程和聚合物溶液性质研究的复杂性。

具有交联结构的聚合物，由于三维交联网的束缚，溶胀到一定程度后就被分子链的熵变所平衡，因此其只能达到溶胀平衡，而不能溶解。支化聚合物的溶解与线型聚合物溶解也有较大差别。

晶态聚合物的溶解和非晶态聚合物的溶解也不同。由于晶态聚合物的分子排列规整，堆砌紧密，分子间作用力很大，溶剂分子很难渗透进入聚合物的内部，因此晶态聚合物的溶解要经过两个过程：一是结晶聚合物的熔融，需要吸热；二是熔融聚合物与溶剂进行混合，直至聚合物完全溶解。

非极性的晶态聚合物在室温下很难溶解，一般需升高温度，甚至加热到聚合物熔点附近，即晶态转变为非晶态后才能溶解，例如全同立构聚丙烯在四氢萘中需在135℃才能溶解。极性晶态聚合物在室温下即能溶解于极性溶剂中，如聚酰胺可溶于甲苯酚、40％硫酸、苯酚—冰醋酸的混合溶剂中等。

显然，在溶解过程中，大分子之间以及溶剂之间的作用力不断减弱，而大分子与溶剂之间的作用力则有所增强；与此同时，大分子及溶剂分子均发生空间排列状态和运动自由程度的变化。从热力学角度来看，分子之间作用力的变化将使体系的热焓 ΔH 发生变化；而分子运动自由度的改变则与体系的熵变有关。因此，溶解过程能否自发进行，可以用体系在溶解过程中所发生的自由能改变 ΔF_m 来判别，如果 ΔF_m 为负值，则溶解过程可以自发地进行。与小分子溶解过程一样，它应该服从下面的热力学关系式。

$$\Delta F_m = \Delta H_m - T\Delta S_m \tag{4-2}$$

式中：ΔF_m——混合自由能的变化；

ΔS_m——混合熵的变化；

ΔH_m——混合热焓的变化；

T——绝对温度。

聚合物和溶剂混合时，只有当 $\Delta F_m < 0$ 才能溶解。因为在溶解过程中，分子的排列趋于混乱，混合过程中熵的变化是增加的，即 $\Delta S_m > 0$。因此，ΔF_m 的正负取决于 ΔH_m 的正负和大小。

对于聚合物的溶解过程，式(4-2)还可进一步表示为：

$$\Delta F_m = x_1\Delta H_{11} + x_2\Delta H_{22} - \Delta H_{12} - x_1 T\Delta S_{11} - x_2 T\Delta S_{22} + T\Delta S_{12} \tag{4-3}$$

式中：x_1、x_2——分别表示大分子及溶剂的摩尔分数；

ΔH_{11}、ΔH_{22}——分别表示溶解过程中大分子及溶剂的热焓的变化；

ΔH_{12}——由于溶剂与大分子之间的溶剂化作用引起的热焓的变化；

ΔS_{11}、ΔS_{22}、ΔS_{12}——分别表示大分子、溶剂以及由溶剂与大分子的溶剂化作用所引起的熵变。

式(4-3)进而说明，溶解过程热焓的变化与熵的变化，既与大分子的结构和性质有关，又与溶剂分子的结构和性质有关，而且与它们之间的相互作用密切相关。

根据聚合物—溶剂体系在溶解过程中热力学函数的变化，可以将溶解过程划分为下述两种类型。

(一)由热焓变化决定的溶解过程

在这类体系中，溶解过程所发生的熵变与过程的热焓变化相比非常小，可以忽略，则式(4-3)可写成：

$$\Delta F_m = x_1\Delta H_{11} + x_2\Delta H_{22} - \Delta H_{12} \tag{4-4}$$

聚合物溶解于溶剂的条件是：

$$|\Delta H_{12}| > |(x_1\Delta H_{11} + x_2\Delta H_{22})| \tag{4-5}$$

极性聚合物(特别是刚性链聚合物)在极性溶剂中所发生的溶解过程，由于大分子与溶剂分子存在强烈的相互作用，溶解时放热($\Delta H_m < 0$)，使混合体系的自由能降低($\Delta F_m < 0$)而聚合物很容易溶解。

(二)由熵变决定的溶解过程

一般，非极性聚合物在非极性溶剂中的溶解过程属于这种类型。溶解过程不放热或发生某种程度的吸热($\Delta H_m > 0$)；同时过程所发生的熵变很大($\Delta S_m > 0$)。

上述只是两种不同类型体系溶解过程的一般特征。事实上，极性聚合物在极性溶剂中的溶解也可发生无热或吸热现象，情况是比较复杂的，尚需在实践的基础上不断加以认识。

二、溶剂的选择

相似相容、极性相近是选择溶剂的基本原则。

对非极性聚合物—溶剂体系，溶解过程一般是吸热的($\Delta H_m>0$)，根据式(4-2)可知，要使溶解过程自发进行，必须满足下列条件：

$$|\Delta H_m|<|T\Delta S_m| \tag{4-6}$$

即必须升高温度 T 或者减少 ΔH_m 才能使体系发生溶解。

Hildebrand 从理论上导出，非极性分子混合时，如不发生体积的变化，则混合热焓变化可用下式计算：

$$\Delta H_m=\Phi_S\Phi_P\left[\left(\frac{\Delta E_S}{V_S}\right)^{\frac{1}{2}}-\left(\frac{\Delta E_P}{V_P}\right)^{\frac{1}{2}}\right]^2 V_m \tag{4-7}$$

式中：V_m——混合物的总体积；

ΔE_S、ΔE_P——分别为溶剂和聚合物的摩尔蒸发能；

V_S、V_P——分别为溶剂和聚合物的摩尔体积；

Φ_S、Φ_P——分别为溶剂及聚合物在混合物中的体积分数。

其中$\frac{\Delta E}{V}$表示单位体积的蒸发能，也称为内聚能密度(C. E. D.)。

如引入溶解度参数$\delta\left[\delta=\left(\frac{\Delta E}{V}\right)^{\frac{1}{2}}\right]$，则式(4-7)可改写为：

$$\Delta H_m=\Phi_S\Phi_P(\delta_S-\delta_P)^2 V_m \tag{4-8}$$

式中：δ_S、δ_P——分别表示溶剂与聚合物的溶解度参数。

各种溶剂和聚合物的溶解度参数可以从聚合物手册中查到。

从式(4-7)或式(4-8)可以看出，当溶剂的内聚能密度或溶解度参数与聚合物的内聚能密度或溶解度参数相等或相近时，溶解过程的混合热焓 ΔH_m 等于或趋近于零，这时溶解过程能够自发进行。一般说来，当$|\delta_S-\delta_P|>1.7$时，聚合物就不溶于该溶剂(有些文件介绍大于 2.0 时，聚合物也可以溶于该溶剂)。

在选择聚合物的溶剂时，除使用单一溶剂外，还经常选用混合溶剂，混合溶剂对聚合物的溶解能力往往高于单一溶剂，甚至两种非溶剂的混合物也会对某种聚合物有很好的溶解能力。如果混合前后无体积变化，且两种溶剂的摩尔体积近于相等，则混合溶剂的溶解度参数为：

$$\delta_{mix}=x_1\delta_S+x_2\delta_P \tag{4-9}$$

式中：x_1、δ_S——分别为组分 1 的摩尔分数和溶解度参数；

x_2、δ_P——分别为组分 2 的摩尔分数和溶解度参数。

Hansen 基于上述溶解度参数理论的缺点，提出了进一步的改进。他将内聚能密度看成由三种不同性质的作用力——色散力、极性(包括诱导)和氢键的总贡献。从而溶解度参数可表示为：

$$\delta=\sqrt{\delta_d^2+\delta_p^2+\delta_h^2} \tag{4-10}$$

式中：δ_d——色散力对溶解度的贡献；

δ_p——极性对溶解度参数的贡献；

δ_h——氢键对溶解度参数的贡献。

实验测得的各种聚合物及溶剂的 δ_d、δ_p、δ_h 值可参见相关资料。一般聚合物与溶剂的三因次溶解度参数越相近，则其溶解性越好。

上面从热力学的角度，讨论了聚合物溶剂选择的根据。但这仅是选择溶剂的一个必要条件，而非充分条件。从工艺上考虑，溶剂还必须使浓溶液在加工时具有良好的流变性能。例如，要求原液从喷丝孔挤出成型过程中，其结构黏度要小。等浓度溶液的黏度越低或等黏度溶液的浓度越高，则此溶剂的溶解性能就越好。为此，我们还应根据不同成纤聚合物的结构特征来选择不同的溶剂及添加剂，才能获得较好的效果。

另外，在溶剂中加入一些添加剂，也能使聚合物的溶解度增加。例如，在溶液中加入氯化锌、氯化钙等电解质，可使聚丙烯腈的溶解度增加并使溶液的黏度降低。在硫氰酸钠水溶液中添加一些乙醇，也能收到类似的效果。

此外，在工业上选择溶剂还需从经济效果和劳动保护考虑，一般要注意以下几点：

(1)沸点不应太低或过高，通常溶剂沸点在 50～160℃为佳。如沸点太低，会由于挥发而造成浪费，并污染空气；如沸点太高，则不便回收。

(2)溶剂需具备足够的热稳定性和化学稳定性，在回收过程中不易分解。

(3)要求溶剂的毒性低，对设备的腐蚀性小。

(4)溶剂在溶解聚合物的过程中，不引起聚合物的破坏或发生其他化学变化。

(5)在适当的温度下，溶剂应具有良好的溶解能力，并在尽可能高的浓度时仍有尽可能低的黏度。

三、聚合物—溶剂体系的相平衡

制备纺丝原液，涉及聚合物—溶剂体系的相平衡问题。

在制取纺丝原液时，要选择合适的聚合物—溶剂体系，制得均匀的单相溶液。

纤维成型时，排除溶剂或使凝固剂扩散到原液细流中，都应使体系内的聚合物和溶剂具有最小的互溶性。

图 4－2 列出了其中一些聚合物—溶剂体系的典型相图。

在图 4－2 中，画线区以外，两种组分能够很好地互溶。画线区以内两组分有相分离，画线与不画线部分的边界线为相分离曲线或相平衡曲线。由图 4－2 可以看出，两种组分互溶的范围与温度、组成有关。图 4－2(a)表示上临界混溶温度在溶剂的凝固点以下，因而在凝固点以上聚合物和溶剂可以很好地混溶。图 4－2(c)说明在沸点 T_b 以上才会出现互不相溶的区域，在溶剂沸点以下，可以与聚合物以任何比例互溶。图 4－2(b)表示在溶剂的沸点 T_b 和凝固点 T_f 之间存在上临界混溶温度。图 4－2(e)表示在溶剂的 T_b～T_f 温度范围内有下临界混溶温度。图 4－2(d)和图 4－2(f)两个相图表示对同一聚合物—溶剂体系，在不同的溶解条件下，可

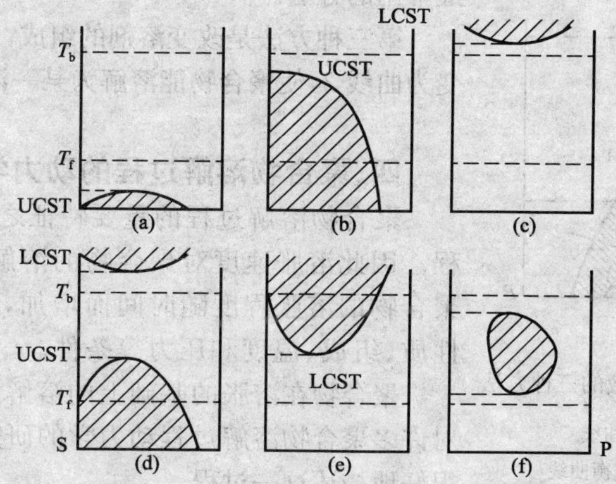

图 4－2 聚合物—溶剂相平衡图

P—聚合物 S—溶剂 T_b—溶剂的沸点 T_f—溶剂的凝固点

UCST—上临界混溶温度 LCST—下临界混溶温度

以出现上临界混溶温度和下临界混溶温度。

相图作用：

(1)通过各种类型相图的研究，可确定哪些成纤聚合物可以通过溶液来加工成型以及它的加工在怎样的条件下合适。

(2)根据不同的相图特征，可以合理地选择溶解条件。例如，纤维素黄原酸酯—氢氧化钠水溶液体系，它的平衡相图是以具有下临界混溶温度为特征的(图 4－3)，并且随酯化度的降低，此体系的下临界混溶温度也下降。因此，从相图可知，随着温度的下降，有利于纤维素黄原酸酯溶解度的提高。

大部分无定形或无定形—结晶高聚物与溶剂形成的相图，是以具有上临界混溶温度为特征的，对这类体系，将聚合物转变为溶液，可以用三种方法来实现(图 4－4)。

第一种方法是在恒温下改变聚合物—溶剂体系的组成，如在 T_1 温度下增加溶剂，使 X_1T_1 移至 X_2T_1，此时由互不相溶的区域转入互溶的区域，从而形成均匀的溶液。但在这种条件下，溶解过程进行得非常慢，而且制得的溶液浓度很低。

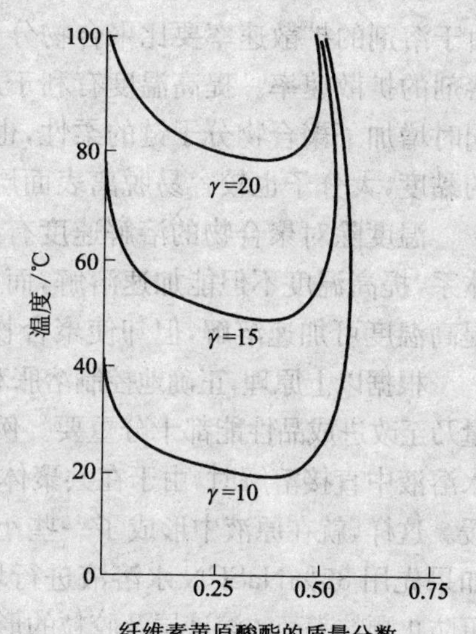

图 4－3 不同酯化度的纤维素黄原酸酯在氢氧化钠溶液中的相平衡曲线

γ—酯化度

第二种方法是升高温度，使之超出相图中的不互溶区域。如图 4－4 所示，在组成 X_1 不变的条件下，温度由 T_1 升至 T_2，使聚合物—溶剂体系完全互溶。为了加速这种溶解过程，温度可以尽可能升至接近于溶剂的沸点 T_b。这是

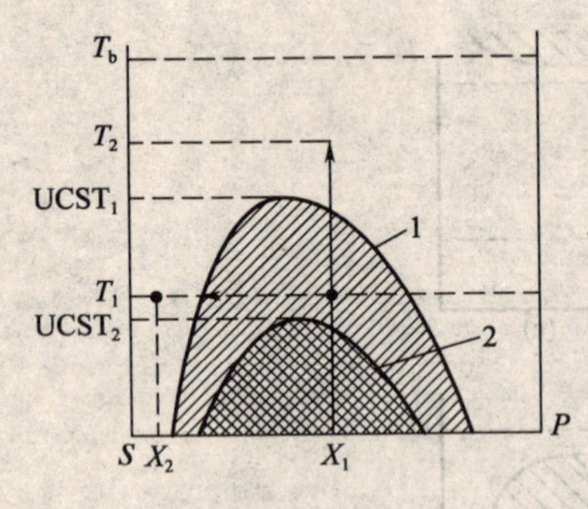

图 4－4　聚合物制备溶液的三种方法

1—原来的相平衡曲线

2—溶剂改变后的相平衡曲线

最常用的方法。

第三种方法是改变溶剂的组成，使相分离曲线由曲线1变为曲线2，使聚合物能溶解为某一浓度的浓溶液。

四、聚合物溶解过程的动力学

聚合物溶解过程的重要特征之一是有一个溶胀的过程。因此溶胀速度对聚合物的溶解速度有重要的影响。聚合物的溶胀程度随时间而增加，而且还依赖于溶剂的性质、组成、温度和压力等条件。

聚合物在溶胀的基础上的溶解过程依赖于扩散速率。对许多聚合物溶解过程动力学的研究表明，Fick 定律可以很好地描述这一过程。

$$J_V = -\overline{D} V_S \cdot \frac{\Delta C}{\zeta} \quad (4-11)$$

式中：J_V——扩散物质的体积通量；

$\overline{D}$——平均扩散系数；

V_S——扩散物质的摩尔体积；

ζ——聚合物溶胀层的厚度；

ΔC——扩散物质在聚合物内层与外层的浓度差。

从式(4－11)可见，聚合物的溶解速度与 $\overline{D}$、ΔC 成正比；与聚合物的溶胀层厚度 ζ 成反比。由于溶剂的扩散速率要比聚合物分子的扩散速率大许多倍，所以聚合物的溶解速度主要决定于溶剂的扩散速率。提高温度有利于加速溶剂扩散到聚合物中去的速度以及聚合物的溶胀过程；同时增加了聚合物分子链的柔性，也加速了聚合物分子链的扩散速率；而且由于降低了扩散层的黏度，大分子也较容易脱离表面层，所以提高温度可以提高溶解速度。

温度除对聚合物的溶解速度有影响外，对其溶解度也有影响。对于具有上临界混溶温度的体系，提高温度不但能加速溶解，而且能促使溶解完全；反之，对于具有下临界混溶温度的体系，提高温度可加速溶解，但却使聚合物的溶解度下降。

根据以上原理，正确地控制溶胀和溶解过程中的条件，对原液制备工艺的合理化，提高原液的质量乃至改进成品性能都十分重要。例如，由水相聚合得到的颗粒状丙烯腈共聚体，在 51％NaSCN 水溶液中直接溶解时，由于在共聚体颗粒表面产生了高黏度的溶液层，致使进一步的溶解过程减缓。这样，就在原液中形成了一些小胶团和溶胀的胶粒，使原液过滤性能和可纺性能大大变差。如果先用 35％NaSCN 水溶液进行均匀地预溶胀，而后再用 53％NaSCN 水溶液进一步溶解，则可防止颗粒表面浓溶液层及胶粒的形成。这样不但加快了溶解速度，而且所制得的原液品质较好。

第三节　聚合物流体的流变性

聚合物流变学是研究聚合物流体流动与形变的科学。由于化学纤维的纺丝成型离不开聚合物的流动与形变，因此，了解加工过程中的流变行为及其规律，对合理选择加工工艺、优化设备设计、保证纤维质量有重要意义。

一、聚合物流体的非牛顿剪切黏性

(一)牛顿流体的表征

1. 聚合物流体的流动行为

聚合物流体的流动行为可用黏度表征，黏度不仅与温度有关，而且与剪切速率有关。在剪切速率不大的范围内，流体剪切应力 σ_{12} 与剪切速率 $\dot{\gamma}$ 之间呈线性关系，其黏度 η 与剪切速率无关，并服从牛顿定律。

$$\sigma_{12}=\eta\dot{\gamma} \tag{4-12}$$

这类流体称为牛顿流体。大多数聚合物流体在加工过程中的流动都不是牛顿流动。其 σ_{12} 与 $\dot{\gamma}$ 之间不呈线性关系，其黏度随 $\dot{\gamma}$ 而变，这类流体称为非牛顿流体。

有多种描述非牛顿流体流动的关系式，用得最多的是幂律定律，即

$$\sigma_{12}=K\dot{\gamma}^{n} \tag{4-13}$$

式中：K——黏度系数；

n——非牛顿指数，用来表征流体偏离牛顿型流动的程度。

当 $n=1$ 时，式(4－13)与牛顿定律相同，表明流体具有牛顿行为；当 $n<1$ 时，表观黏度 η_a（$\eta_a\equiv\sigma_{12}/\dot{\gamma}=K\dot{\gamma}^{n-1}$）随 $\dot{\gamma}$ 增大而减小，这种流体称为假塑性流体或切力变稀流体，大部分聚合物流体(熔体或溶液)属于这类；当 $n>1$ 时，表观黏度 η_a 随 $\dot{\gamma}$ 的增大而增大，这种流体称为胀流性流体或切力增稠流体，少数聚合物溶液和一些固体含量高的聚合物分散体系属于这一类。

此外还有一种流体，必须克服某一临界剪切应力才能使其产生牛顿流动，这类流体称为宾汉流体，其临界应力值称为屈服应力，在屈服应力以下流体不流动。其流动方程为：

$$\sigma_{12}-\sigma_{y}=K\dot{\gamma}^{n} \tag{4-14}$$

式中：σ_y——屈服应力。

聚合物填充体系，如炭黑填充聚异丁烯、碳酸钙填充聚乙烯、碳酸钙填充聚丙烯等属于这一类。图 4－5 是各种流体的流动曲线。

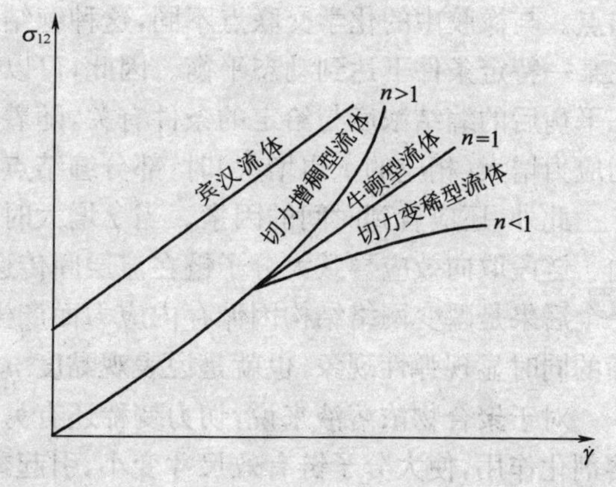

图 4－5　各种流体的流动曲线

2. 非牛顿流体的流动曲线

绝大多数聚合物流体属假塑性流体，其主要特征为黏度随 $\dot{\gamma}$ 增大而减小。典型的聚合物流体的流动曲线分为三个区(图 4－6)，当 $\dot{\gamma}$ 很低时，σ_{12} 与 $\dot{\gamma}$ 呈线性关系，黏度趋于常数，称为零切黏度 η_0，相应的 $\dot{\gamma}$ 区间称为第一牛顿区。当 $\dot{\gamma}$ 超过极限值 $\dot{\gamma}_{cr}$ 后，流体黏度随 $\dot{\gamma}$ 的增加而下降，呈现“切力变稀”现象，相应

的 $\dot{\gamma}$ 区间称为非牛顿区。继续提高 $\dot{\gamma}$，流体黏度又趋于常数 η_∞，称为极限牛顿黏度，相应的 $\dot{\gamma}$ 区间称为第二牛顿区，这一区域通常很难达到，因为在此之前，流动已经变得极不稳定，甚至被破坏。

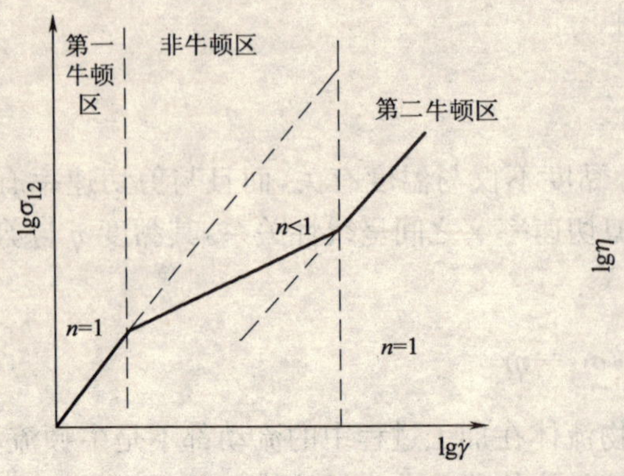

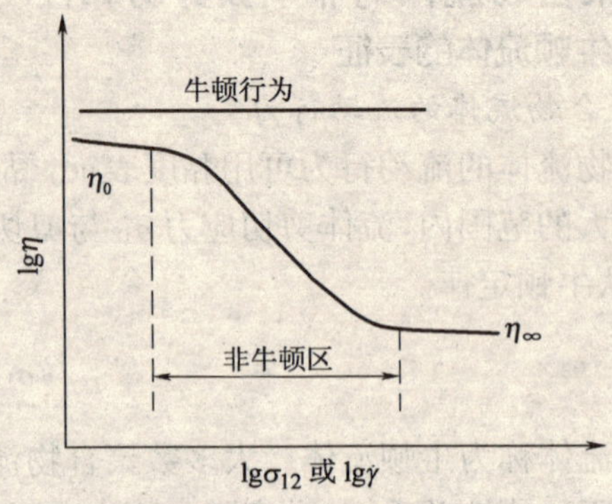

图 4－6　切力变稀流体的流动曲线

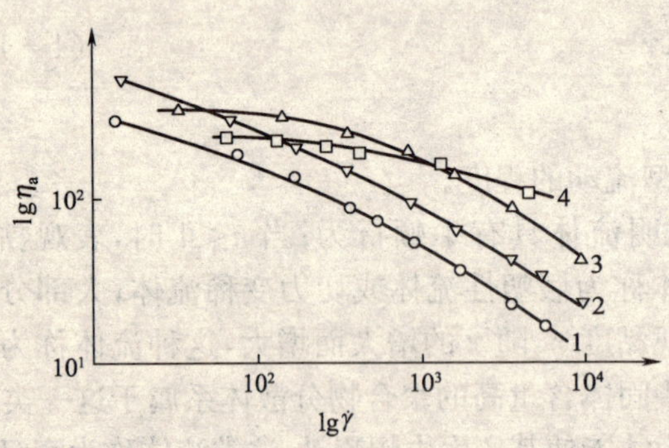

图 4－7　聚合物熔体的流变行为

1—PP(MI＝18,275℃)　2—PE(MI＝1.5,258.5℃)

3—PA6(η_r＝2.38,243℃)　4—PET(284℃)

聚合物流体在非牛顿区的流动行为对其加工有特别的意义。因为大多数聚合物的成型都是在这一 $\dot{\gamma}$ 范围内进行的，流体的非牛顿指数 n（$\lg\sigma_{12}$ 与 $\lg\dot{\gamma}$ 曲线的斜率 $d\lg\sigma_{12}/d\lg\dot{\gamma}$）越小，表观黏度 η_a 对黏度的影响越大。n 值与聚合物的分子结构、温度、相对分子质量、剪切速率等有关。聚酰胺和聚酯熔体的表观黏度随剪切速率的增加略有变化，而聚乙烯和聚丙烯熔体的表观黏度随剪切速率的增加而急剧下降，如图 4－7 所示，图中 η_a 的单位为 Pa·s，$\dot{\gamma}$ 的单位为 s^{-1}。

3. 切力变稀的原因

聚合物流体切力变稀是由于大分子缠结浓度下降之故。当线性大分子的相对分子质量超过某一临界值 $\overline{M}_c$ 以上时，大分子链间形成了缠结点。与橡胶中的化学交联点不同，这种缠结点具有瞬变性质。缠结点不断地拆散和重建，并在某一特定条件下达到动态平衡。因此，可以把聚合物流体看成瞬变网络体系。该体系达到动态平衡后的缠结浓度与给定的条件有关，随着剪切应力改变，动态平衡相应地发生移动。当剪切应力增大（相应的 $\dot{\gamma}$ 也增大）时，部分缠结点被拆除，缠结点浓度下降，表观黏度降低。

此外，还应看到时间的因素。当 $\dot{\gamma}$ 增大时，缠结点间链段中的应力来不及松弛，链段发生取向。链段取向效应导致大分子链在流层间传递动量的能力减小，表观黏度下降。链段取向的另一个后果是瞬变网络结构因储存内应力而产生弹性形变，因而非牛顿黏弹体往往在产生切力变稀的同时显现弹性现象，也就是说表观黏度 η_a 中往往包括弹性贡献。

对于聚合物浓溶液来说，切力变稀还有另外一个原因，当剪切应力增大时，大分子链发生脱溶剂化作用，使大分子链有效尺寸变小，引起黏度下降。应该指出，在给定的剪切速率下，形成一定缠结点浓度的瞬变网络的动态平衡不可能瞬间达到。当 $\dot{\gamma}$ 恒定时，η_a 随流动时间推移而发生变化，这样就反映出逐渐趋向动态平衡状态的动力学过程。这种 η_a 随时间而变化的现象称之为触变现象。

也有人用 $\lg\eta_a$ 对 $\dot{\gamma}^{\frac{1}{2}}$ 作图，并定义结构黏度指数如下：

$$\Delta\eta = -\frac{d\lg\eta_a}{d\dot{\gamma}^{\frac{1}{2}}} \times 100 \quad (4-15)$$

$\Delta\eta$ 可用结构黏度指数表征聚合物浓溶液结构化的程度。$\Delta\eta$ 值越大，聚合物流体的可纺性越差。

(二)影响聚合物流体剪切黏性的因素

聚合物流体在给定剪切速率下的黏度主要由聚合物流体内自由体积和大分子链之间的缠结决定。自由体积是聚合物中未被分子占领的空隙，是大分子链段进行扩散运动的场所。能引起自由体积增加的因素都能增强分子的运动，并导致聚合物流体黏度的降低。另一方面，大分子之间的缠结使分子链的运动变得非常困难，能减少这种缠结作用的因素，都能加速分子运动并导致聚合物流体黏度降低。各种环境因素，如温度、应力、剪切速率、低分子物质以及聚合物自身的相对分子质量、支链结构对黏度的影响都可以用这两个因素解释。

1. 聚合物分子结构对黏度的影响：

聚合物分子结构包括链结构、相对分子质量及相对分子质量分布。

(1)链结构的影响：

①聚合物的链结构对流变性能有较大影响。聚合物分子链柔性越大，缠结点越多，链的解缠和滑移越困难，聚合物流动时非牛顿性越强。例如工业用聚丙烯，其分子中没有极性基团，但有较大的相对分子质量，故链和链之间容易缠结，所以零切黏度大，但随着剪切速率的增加，其黏度下降较快。聚合物分子链刚性增加，分子间作用力愈大，黏度对剪切速率的敏感性减小，但黏度对温度的敏感性增加，提高这类聚合物的加工温度可有效改善其流动性。

②聚合物分子中支链结构对黏度有很大的影响。一般来说，短支链对材料的黏度影响甚微。长支链的形态和长度对材料的黏度影响很大。若支链虽长，但其长度不足以使支链本身产生缠结，这时分子链结构往往因支化而显得紧凑，使分子间距离增大，分子间作用减弱。与相同相对分子质量的线型聚合物相比，支化聚合物的黏度较低。若支链相当长，支链相对分子质量达到或超过临界缠结相对分子质量的 3 倍，支链本身缠结，这时聚合物的流动性质更复杂。在高剪切速率下，与相对分子质量相当的线型聚合物相比，支化聚合物的黏度较低，但其非牛顿性较强。

链结构中若含有大的侧基，聚合物的自由体积增大，流体黏度对压力和温度敏感性增加，所以聚甲基丙烯酸甲酯和聚苯乙烯等含较大侧基的聚合物可以通过改变温度和压力改善流动性。

(2)相对分子质量的影响：聚合物相对分子质量增大，不同链段偶然位移相互抵消的机会增多，因此分子链重心转移减慢，要完成流动过程就需要更长的时间和更多的能量，所以聚合物的黏度随相对分子质量的增大而增加。Flory 等人研究了聚合物相对分子质量和流体黏度的关系，发现不管是熔体或是浓溶液，当聚合物的相对分子质量低于某一临界值 $\overline{M}_c$ 时，$\lg\eta_0$ 与 $\lg\overline{M}$ 呈直线相关。当相对分子质量大于 $\overline{M}_c$ 时，在一定温度下，熔体黏度 η_0 正比于相对分子质量 $\overline{M}$

的高次幂。$\overline{M}_c$ 称为临界相对分子质量。不同聚合物 $\overline{M}_c$ 的数值是不同的，见表 4－1。

表 4－1　典型聚合物的 $\overline{M}_c$ 值

聚合物	$\overline{M}_c$	聚合物	$\overline{M}_c$
线型聚乙烯	3800～4000	聚己内酰胺	5000
聚苯乙烯	3500	聚己二酰己二胺	4500
聚乙酸乙烯酯	2500	聚氯乙烯	6200
聚乙烯醇	7500		

聚合物的零切黏度与相对分子质量的关系可用 Fox－Flory 公式表征。

$$\eta_0 = K\overline{M}^{\alpha} \tag{4-16}$$

式中：K——与温度和分子结构有关的材料常数；

α——与聚合物有关的指数。

当 $\overline{M}<\overline{M}_c$ 时，α＝1～1.6；当 $\overline{M}>\overline{M}_c$ 时，α＝2.5～5.0，说明聚合物在临界相对分子质量 $\overline{M}_c$ 以上，由于大分子链间发生缠结，其流体黏度将随相对分子质量的增加而急剧地增大。即 $\lg\eta_0$ 与 $\lg\overline{M}$ 呈直线关系，且在临界相对分子质量 $\overline{M}_c$ 处有拐点，如图 4－8 所示。

当 $\overline{M}>\overline{M}_c$ 时，聚合物流体黏度随相对分子质量急剧增加的事实说明，采用过高相对分子质量的聚合物进行加工时，由于流动黏度过高，加工变得十分困难，为了降低黏度需要提高温度，但又受到聚合物稳定性的限制。所以，虽然提高聚合物相对分子质量能在一定程度上提高制品的物理机械性能，但不适宜的加工条件又反而导致制品质量的降低。因此，针对制品的不同用途和加工方法选择适宜的聚合物相对分子质量十分必要。实际上，常用加入低分子物质和降低聚合物相对分子质量的方法减小聚合物的黏度，改善其加工性能。

熔体黏度对相对分子质量的依赖性，即 α 值与剪切速率有关，如图 4－9 所示，η 单位 Pa・s。

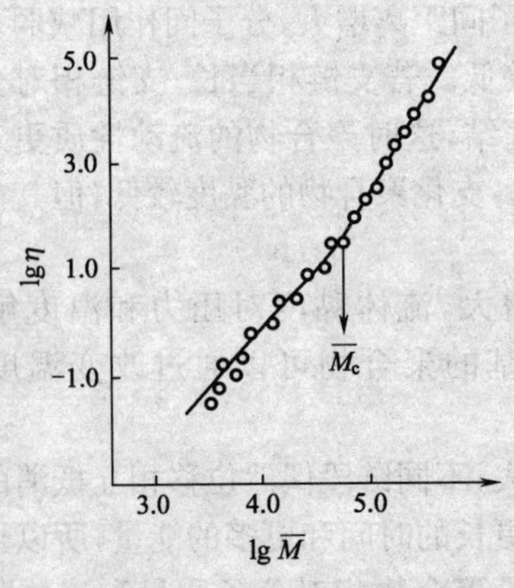

图 4－8　聚苯乙烯熔体黏度与相对分子质量的关系(217℃)

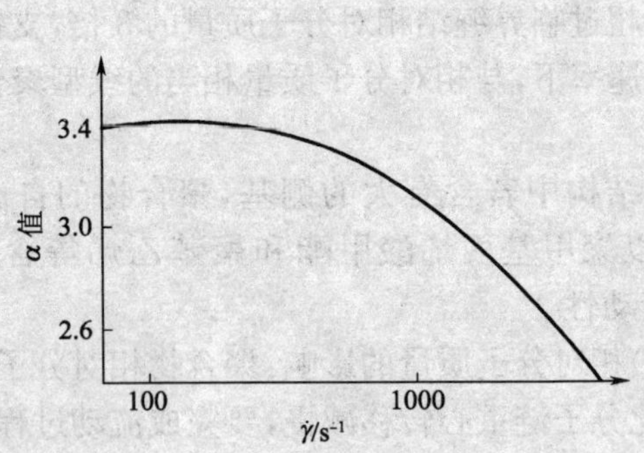

图 4－9　聚己内酰胺熔体的 α 值与剪切速率的关系

相对分子质量除影响聚合物流体的零切黏度外，还显著影响开始出现非牛顿流动的临界剪切速率 $\dot{\gamma}_{cr}$。

有人发现 PET 的 $\dot{\gamma}_{cr}$ 与 $\overline{M}$ 之间的关系为：

$$\dot{\gamma}_{cr}=\frac{\sigma_{12}}{\eta_{0}}=\frac{82.1}{\exp\left(-11.9755+\frac{6802}{T}\right)[\eta]^{5.145}} \tag{4-17}$$

$$[\eta]=4.68\times10^{-4}\overline{M}^{0.68}$$

聚丙烯腈在不同溶剂的浓溶液中的 $\dot{\gamma}_{cr}$ 与 $\overline{M}_{w}$ 之间的关系为：

$$\dot{\gamma}_{cr}=3.4\times10^{12}\overline{M}_{w}^{-1.75} \quad \text{(以 DMF 为溶剂)} \tag{4-18}$$

$$\dot{\gamma}_{cr}=5.93\times10^{9}\overline{M}_{w}^{-1.09} \quad \text{(以 NaSCN—}H_2O\text{ 为溶剂)} \tag{4-19}$$

可见，当相对分子质量增大时，$\dot{\gamma}_{cr}$ 下降，温度升高，$\dot{\gamma}_{cr}$ 增大。

(3)相对分子质量分布的影响：平均相对分子质量相同、相对分子量分布宽的聚合物的非牛顿性较强(图 4－10)。主要表现为，低 $\dot{\gamma}$ 下，流体黏度较高，但随 $\dot{\gamma}$ 增大，流体黏度迅速下降。这是因为相对分子质量分布宽的聚合物中，有一些分子特别长，而另一些分子特别短，长的那部分分子在剪切速率增大时，形变较大，所以黏度下降较多。

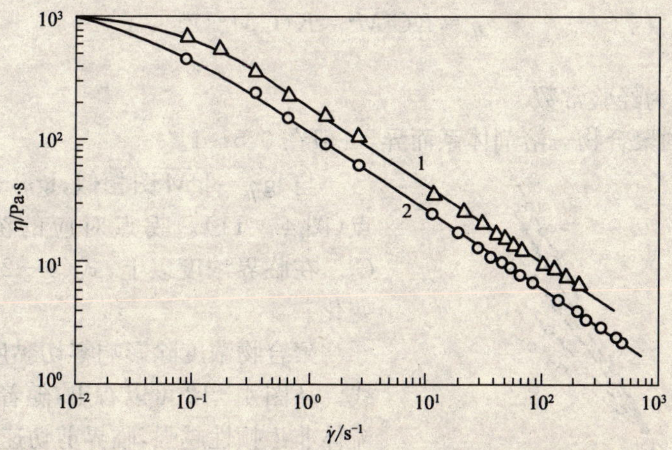

图 4－10 相对分子质量分布对聚合物流动曲线的影响

1—相对分子质量分布窄 2—相对分子质量分布宽

从表 4－2 可见，聚合物相对分子质量分布对熔体纺丝性能也有较大的影响。相对分子质量分布宽的切片(B)含有较多相对分子质量低的尾端，使熔体细流强度降低，因此，最高纺速只有 4000m/min。

表 4－2 PET 相对分子质量分布对纺速的影响

切　片	$\overline{M}_w$	$\overline{M}_n$	$\overline{M}_w/\overline{M}_n$	最高纺速/m·min^{-1}
A	18000	9550	1.90	>6000
B	18400	9090	2.02	4000

2. 聚合物溶液浓度对黏度的影响

聚合物溶液浓度对黏度的影响与聚合物相对分子质量对黏度的影响相似。浓溶液的 $\lg\eta_o \sim \lg C\overline{M}$（$C\overline{M}$称为链段接触常数）曲线一般也由两段直线组成。如果令$(C\overline{M})_c$为 $C\overline{M}$的临界值，则：

$$\lg\eta_o \sim \lg C\overline{M}\text{直线斜率}=1\ [\text{当}\ C\overline{M}<(C\overline{M})_c\ \text{时}]$$

$$\lg\eta_o \sim \lg C\overline{M}\text{直线斜率}=3.4\ [\text{当}\ C\overline{M}>(C\overline{M})_c\ \text{时}]$$

可见，熔体 $\lg\eta_o$ 对 $\lg\overline{M}$ 的关系可以看成浓溶液 $\lg\eta_o$ 对 $\lg C\overline{M}$依赖关系的一个特例。

许多实验表明，η_o 浓度依赖性较之 3.4 次方更高。例如聚乙烯醇水溶液的 η_o 可表示为：

$$\lg\eta_o=\lg\eta_s+5\lg C+3.4\lg\overline{M}_w-9.43 \tag{4-20}$$

式中：η_s——纯溶剂的黏度，Pa·s；

C——每 100cm^3 溶液中聚合物的克数。

从式(4－20)可以看出，浓溶液的 η_o 与 C^5 成正比，因此有人建议 η_o 应表示为：

$$\eta_o=KC^{\beta}\overline{M}^{\alpha}=K(C\overline{M}^{\alpha/\beta})^{\beta} \tag{4-21}$$

式中：α、β——分别为经验常数。

α/β 值因不同的聚合物—溶剂体系而异，一般在 0.5～1。

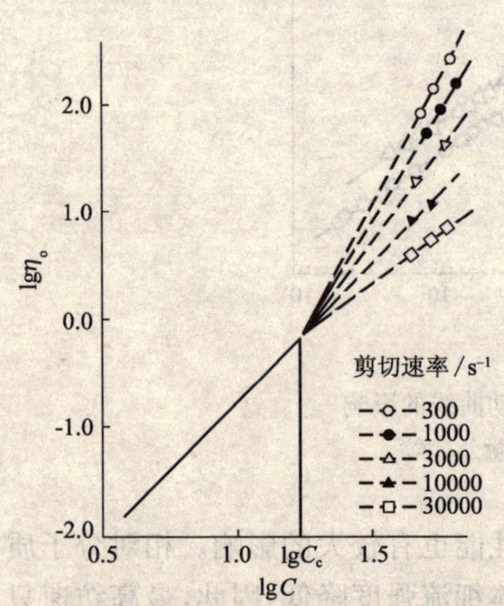

图 4－11　丙烯腈共聚物的 η_o对浓度的关系

与 $\lg\eta_o \sim \lg\overline{M}$ 图相似，$\lg\eta_o \sim \lg C$ 图上亦出现拐点（图 4－11）。拐点对应的浓度称为临界浓度 C_c。在临界浓度以上，式(4－21)中的 β 值随 $\dot{\gamma}$ 而变化。

聚合物浓度除影响零切黏度外，还影响流动曲线。从图 4－12 可以看出，随着 PAN 浓度的提高，流体非牛顿性越强，临界剪切速率 $\dot{\gamma}_{cr}$越小。

刚性很强的聚合物溶液的黏度与浓度的关系比较复杂。在不同温度下，刚性链聚合物的黏度先随浓度的提高而急剧增大，当浓度等于极限浓度 C^* 时，聚合物黏度达到最大值，当浓度大于 C^* 时，黏度随浓度的增加而急剧下降，黏度下降至一定程度后，又重新随浓度的增加而上升，如图 4－13 所示。

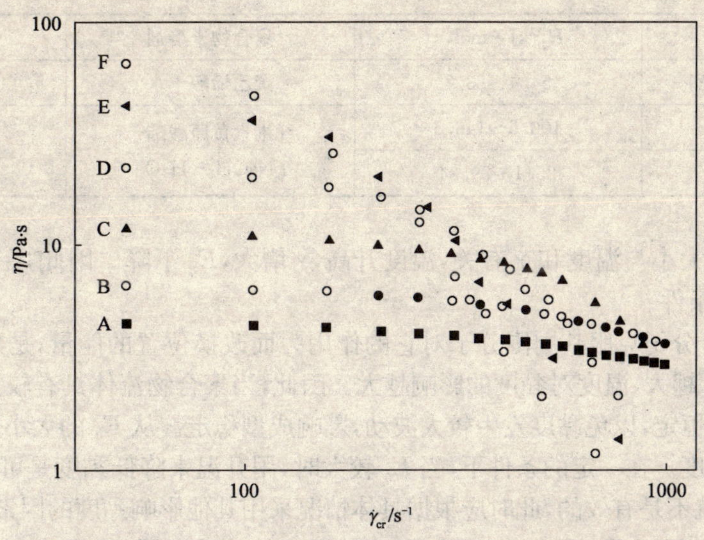

图 4-12　PAN/BMIM—Cl 溶液在 70℃时的流动曲线

质量分数：A—10%　B—12%　C—14%　D—18%　E—20%　F—22%

3. 温度对黏度的影响

温度是大分子无规则热运动激烈程度的反映，而分子间的相互作用，如内摩擦、扩散、取向缠结等直接影响流体黏度。一般黏度随温度的提高而降低。在温度间隔不大且温度远高于聚合物的 T_g 的情况下，聚合物流体的黏度与温度的倒数呈线性关系，符合 Arrhenius 方程。

$$\eta = A\exp E_\eta/RT \qquad (4-22)$$

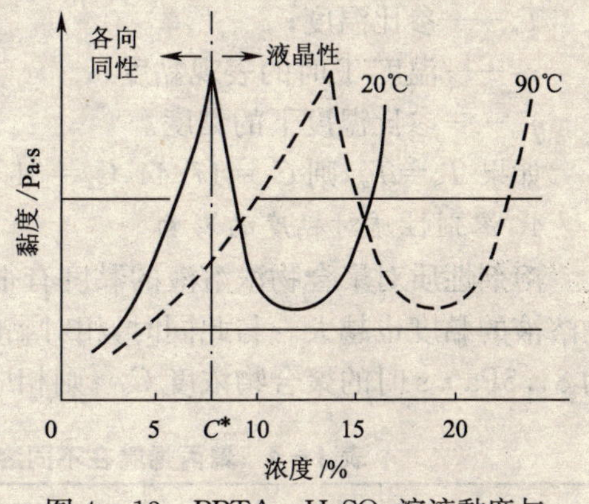

图 4-13　PPTA—H_2SO_4 溶液黏度与浓度的关系

[η]=3.33，硫酸浓度为 99.2%

式中：A——物性常数；

E_η——黏流活化能；

R——气体常数；

T——绝对温度。

以 $\lg\eta$ 与 $1/T$ 作图，从直线的斜率可以求出黏流活化能 E_η。常见聚合物熔体和浓溶液的 E_η 值见表 4-3。

表 4-3　聚合物熔体和溶液的黏流活化能

聚合物	E_η/kJ·mol^{-1}	聚合物+溶剂	E_η/kJ·mol^{-1}
聚丙烯	41.9～50.3	聚丙烯腈+DMF	18.5
聚己内酰胺	56.1～60.3	聚氯乙烯+DMF	9.6

续表

聚合物	E_η/kJ·mol^{-1}	聚合物+溶剂	E_η/kJ·mol^{-1}
聚对苯二甲酸乙二酯	54.4～83.7	聚乙烯醇+水	25.0
聚苯乙烯	100.5～146.5	纤维素黄原酸酯+NaOH－H_2O	9.2～10.0
高密度聚乙烯	25.1～29.34		

应当指出，E_η 大小与温度和 $\dot{\gamma}$ 有关，温度升高，$\dot{\gamma}$ 增大，E_η 下降。因此，在引用文献的 E_η 数据时，要注意测定条件。

E_η 表示使一个分子克服其周围分子对它的作用力而改换位置的能量，是黏度对温度敏感程度的一种度量。E_η 越大，温度对黏度的影响越大。因此，当聚合物流体具有较大的 E_η 值时，要注意保持流体温度的恒定，以免黏度发生较大波动，影响成型稳定。从 E_η 的大小还可以了解温度是否可以有效改变黏度。在一定的条件下，当 E_η 较大时，用升温来降低黏度是可行的；但是如果 E_η 很小，升温的办法就不是有效的，此时应根据具体情况采用其他影响黏度的因素来改变黏度。

在较低温度下（$T_g<T<T_g+100℃$），黏度与温度的关系可用 WLF 方程式表示。

$$\lg\frac{\eta_T}{\eta_{T_s}}=-\frac{C_1(T-T_s)}{C_2+(T-T_s)} \tag{4-23}$$

式中：C_1、C_2——常数；

T_s——参比温度；

η_T——温度 T 时的表观黏度；

η_{Ts}——参比温度下的黏度。

如果 $T_s=T_g$，则 $C_1=17.44$，$C_2=51.6$。

4. 溶剂性质对黏度的影响

溶剂性质对聚合物浓溶液的黏度有很大影响。一般所用溶剂本身黏度越大，同样浓度聚合物溶液的黏度也越大。与此同时，相对黏度 η_o/η_s 和溶液黏流活化能 E_η 也相应的增加，而黏度为 31.5Pa·s 时的聚合物浓度 $C_{31.5}$ 则相应的减少，见表 4－4。

表 4－4　聚丙烯腈在不同溶剂中浓溶液的黏流特性(溶液温度为 40℃)

溶　剂	溶剂黏度 η_s/Pa·s	10%PAN 溶液的 η_o/Pa·s	相对黏度 η_o/η_s	10%PAN 溶液的 E_η/kJ·mol^{-1}	定黏度浓度 $C_{31.5}$/%
DMF	0.173	1.8	10	19.3	18.2
DMSO	0.176	6.5	37	26	14.9
碳酸乙烯酯	0.199	12.7	63	32	11.6
NaSCN—H_2O (51.5%)	0.370	24.5	66	36	10.6

溶液中的杂质和添加剂也对黏度有影响。如在醋酯纤维素的丙酮溶液中，加入适量的乙醇，可降低溶液的结构化程度；在聚乙烯醇水溶液中加入硫氰酸钠或低级脂肪醇，可降低溶液的黏度并使其凝胶化(冻胶化)速度减慢；在聚丙烯腈的 DMF 溶液中，加入某些无机盐，可以使分

子间缔合程度有所下降(图 4－14)。

同样，如果聚合物溶液中混入某些可溶性杂质，黏度也会发生显著变化(图 4－15)。因此，在制备纺丝溶液时，应控制添加剂和杂质含量，避免黏度波动。

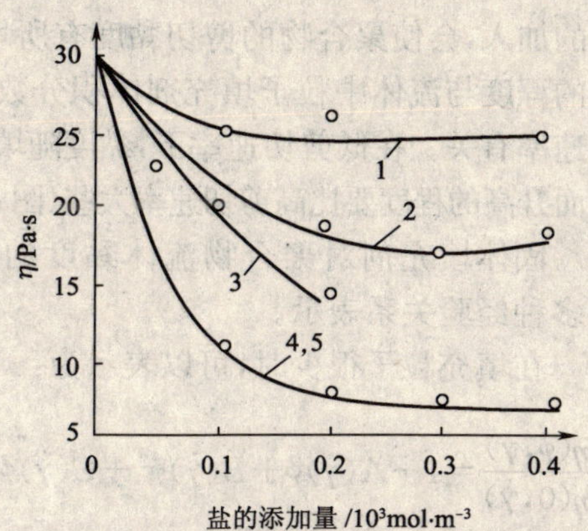

图 4－14　盐浓度对溶液黏度的影响

1—氯化锌　2—硫氰酸钠　3—氯化钾

4—氯化镁　5—氯化锂

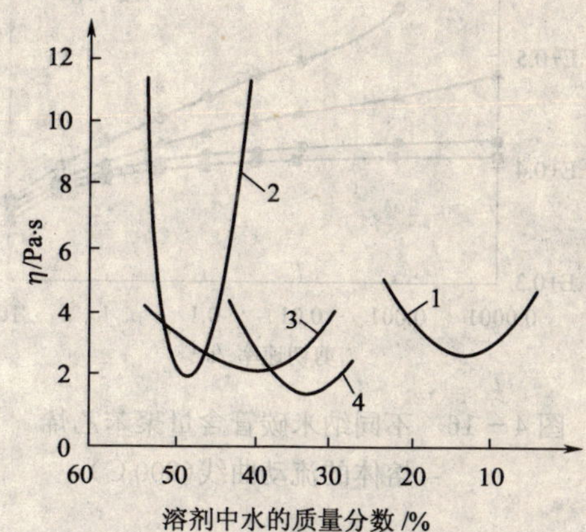

图 4－15　水含量对 PAN 溶液的黏度的影响

1—碳酸乙烯酯　2—硫氰酸钠

3—氯化锌　4—硝酸

5. 混合对黏度的影响

(1)聚合物/聚合物共混对黏度的影响：聚合物共混物的黏度与组成的关系比较复杂。Heitmiller 在假定聚合物共混物熔体在流动中呈同心层状的形态结构的基础上推出“倒数加和率”。

$$\frac{1}{\eta}=\frac{f_1}{\eta_1}+\frac{f_2}{\eta_2} \tag{4-24}$$

式中：f_1、f_2——分别为组分 1 与组分 2 的重量或体积分数；

η、η_1、η_2——分别为共混物，组分 1 和组分 2 的黏度。

Alle 等从聚合物共混物在毛细管中流动的形态出发，对具有由许多连续微纤形态的两相聚合物共混物，推出：

$$\frac{1}{\eta}=\frac{\phi_1}{\eta_1}+\frac{\phi_2}{\eta_2} \tag{4-25}$$

式中：ϕ_1、ϕ_2——分别为组分 1 与组分 2 的体积分数；

η、η_1、η_2——分别为共混物、组分 1 和组分 2 的黏度。

以上黏度与组成的关系比较简单，只需知道共混组成和纯组分的黏度，就可预测共混物的黏度。但事实上，能用上述简单方程描述的共混体系并不多见。实验表明：共混物流体为切力变稀流体，其黏度随剪切应力增加而减少，共混物黏度与温度的关系符合 Arrhenius 方程，共混物黏度与共混比的关系有几种情况：

①小比例共混就产生较大的黏度降。

②共混物黏度可能出现极大值和极小值。

③共混物黏度与组成的关系与剪切应力的大小有关。

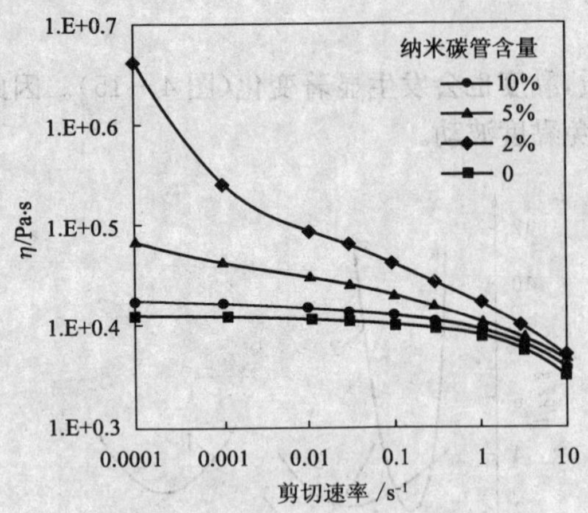

图 4－16　不同纳米碳管含量聚苯乙烯熔体的流动曲线(200℃)

(2)聚合物/无机粒子共混对黏度的影响：在聚合物加工中，为了消光、抗老化、染色、赋予材料新功能等目的，常在聚合物中加入某些添加剂，如二氧化钛、纳米碳管等。一般来说，固体物质的加入，会使聚合物的剪切黏度有所增大，增大的程度与流体中粒子填充剂体积分数 ϕ 及剪切速率有关。在低剪切速率下，黏度随填充剂增加而升高的程度要比高剪切速率大些(图 4－16)。

固体填充剂对聚合物流体黏度的影响可用多种经验关系表示。

在填充粒子很少时，可以表示为：

$$\frac{\eta(\phi,\dot{\gamma})}{\eta(0,\dot{\gamma})}=1+A(\dot{\gamma})\phi+B(\dot{\gamma})\phi^2+C(\dot{\gamma})\phi^3+\cdots \tag{4-26}$$

式中：A、B 和 C 都是 $\dot{\gamma}$ 决定的常数，它们与悬浮体系的流动特点有关。

在填充粒子较多时，可以表示为：

$$\lg\frac{\eta(\phi)}{\eta(0)}=a\phi \tag{4-27}$$

$$\lg\frac{\eta(\phi)}{\eta(0)}=\frac{2.5\phi}{1-c\phi} \tag{4-28}$$

式中：a 和 c 均为常数，对牛顿流体，a 和 c 分别为 4.58 和 1.0～1.5。

6. 流体静压对黏度的影响

聚合物流体黏度是可压缩的。压力增大，熔体体积收缩，分子间的间距减小，分子间的作用力增大，黏度增高。聚合物流体黏度与流体静压力的关系可以表示为式(4－29)和式(4－30)。

指数函数为：

$$\frac{\eta(P)}{\eta(P_0)}=e^{bp} \tag{4-29}$$

式中：$\eta(P)$——流体静压 P 的函数的熔体剪切黏度；

$\eta(P_0)$——常压下熔体的剪切黏度；

b——由聚合物决定的常数，对温度和剪切速率有依赖性。

聚乙烯的 b 值约为 3×10^{-5}，聚对苯二甲酸乙二酯的 b 值约为 5.1×10^{-5}。

幂函数形式为：

$$\frac{\eta(P)}{\eta(P_0)}=aP^B \tag{4-30}$$

式中：a 和 B 都是常数，依聚合物的种类而定。聚对苯二甲酸乙二酯在压力为$(1.37\sim41.2)\times10^6$ MPa 时，$a=0.27$，$B=0.2$。

测定恒定压力下黏度随温度的变化和恒定温度下黏度随压力的变化，发现压力增加(ΔP)与温度下降(ΔT)对黏度的影响等效。因此，压力和温度等效可以用$(\Delta T-\Delta P)_\eta$换算因子处理。用这个换算因子可以计算与产生黏度变化的压力增量相当的温度下降。常见聚合物的$(\Delta T-\Delta P)_\eta$换算因子见表4－5。

表4－5　几种聚合物的$(\Delta T-\Delta P)_\eta$换算因子

聚合物	$(\Delta T-\Delta P)_\eta$	聚合物	$(\Delta T-\Delta P)_\eta$
聚酰胺66	0.32	聚丙烯	0.86
聚苯乙烯	0.4	高密度聚乙烯	0.42
聚氯乙烯	0.31	聚甲基丙烯酸甲酯	0.33

二、聚合物流体的拉伸黏性

(一)拉伸黏性的表征

聚合物流体从毛细孔中挤出就受到卷绕张力作用而产生单轴拉伸流动。流体对拉伸流动的阻力通常用拉伸黏度表征。

在稳态简单轴拉伸流动中，拉伸黏度η_e可表示为：

$$\eta_e=\frac{\sigma_{11}}{\dot{\varepsilon}}$$

$$\sigma_{11}=\frac{F}{A}$$

$$\dot{\varepsilon}=\frac{d\varepsilon}{dt}=\frac{dl}{l\,dt} \tag{4-31}$$

式中：σ_{11}——拉伸应力，Pa；

$\dot{\varepsilon}$——拉伸应变速率，s^{-1}；

F——聚合物承受的拉伸力，N；

A——聚合物截面积，m^2；

l——聚合物轴向长度，m；

t——形变所需时间，s。

在$\dot{\varepsilon}\to 0$时，聚合物流体的拉伸黏度与$\dot{\varepsilon}$无关，为剪切黏度的3倍。

(二)影响拉伸黏度的因素

实验发现，聚合物流体的拉伸黏度越小，允许的最大喷丝头拉伸比越大，可纺性越好。还有人发现拉伸黏度随拉伸应变速率的变化规律与成型的稳定性有关。当拉伸黏度随拉伸应变速率的增大而增大时，纺丝细流内如有局部缺陷存在，在成型的拉伸过程中，形变将趋于均匀化，有助于提高纺丝成型的稳定性；当拉伸黏度随拉伸应变速率而减小时，局部缺陷的存在将导致细流断裂，不利于纺丝成型稳定(图4－17)。因此，分析影

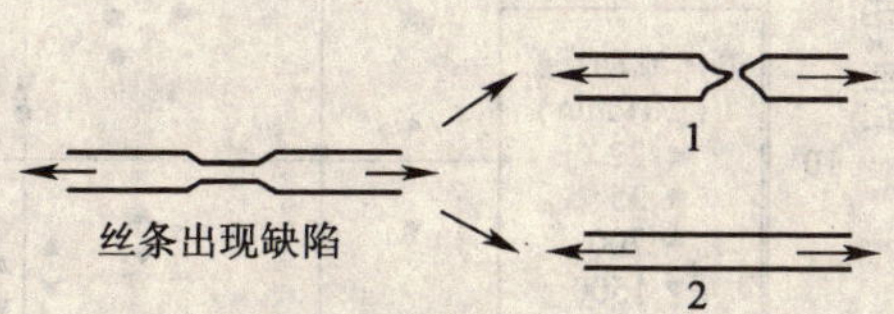

图4－17　丝条缺陷的演变

1—拉伸黏度随拉伸应变速率的增大而减小

2—拉伸黏度随拉伸应变速率的增大而增大

响拉伸黏度的因素对探索成纤聚合物的改性途径，选择正确的成型工艺有重要作用。

1. 温度的影响

聚合物流体的拉伸黏度随温度的提高而降低，如图 4－18 所示，拉伸黏度与温度的定量关系可用 Arrhenius 方程表示，如：

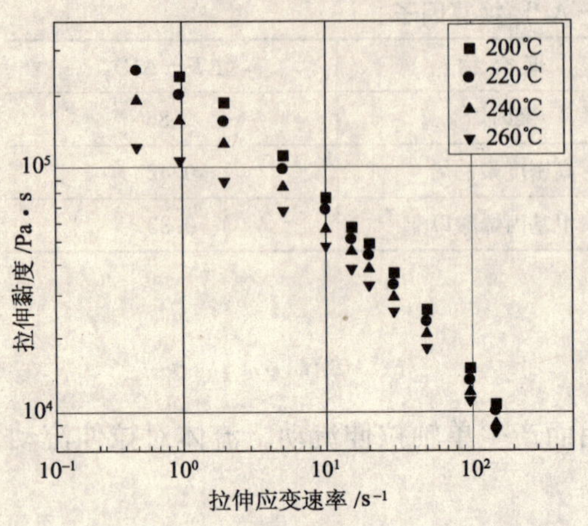

图 4－18 聚丙烯（MI＝35g/10min，230℃）熔体拉伸黏度与拉伸应变速率的关系

聚对苯二甲酸乙二酯：

$$\eta_e = 0.073\exp\frac{5300}{T} \qquad (4-32)$$

聚己内酰胺：

$$\eta_e = 0.034\exp\frac{3250}{T} \qquad (4-33)$$

聚丙烯：

$$\eta_e = 0.004\exp\frac{3500}{T} \qquad (4-34)$$

实践还表明，拉伸黏流活化能 $E\eta_e$ 与纺丝细流的喷丝头拉伸比有关，喷丝头拉伸比越大，$E\eta_e$ 越小。以硫氰酸钠法纺制腈纶时，当喷丝头拉伸倍数从 0.201 增至 0.657 时，$E\eta_e$ 相应的从 118kJ/mol 下降至 31.7kJ/mol。

2. 相对分子质量及其分布的影响

图 4－19 和图 4－20 分别为不同相对分子质量聚丙烯和尼龙 66 拉伸黏度与拉伸应变速率的关系。由图 4－19 和图 4－20 可见，聚合物的相对分子质量越大，拉伸黏度越大。拉伸黏度不仅与聚合物的相对分子质量有关，还与其相对分子质量分布有关，如图 4－21 所示。茂金属催化聚乙烯具有较低的相对分子质量分布和较高的拉伸黏度，Ziegler—Natta 催化聚乙烯具有较高的相对分子质量分布和较低的拉伸黏度，因为低相对分子质量组分可能对分子运动有润滑作用。

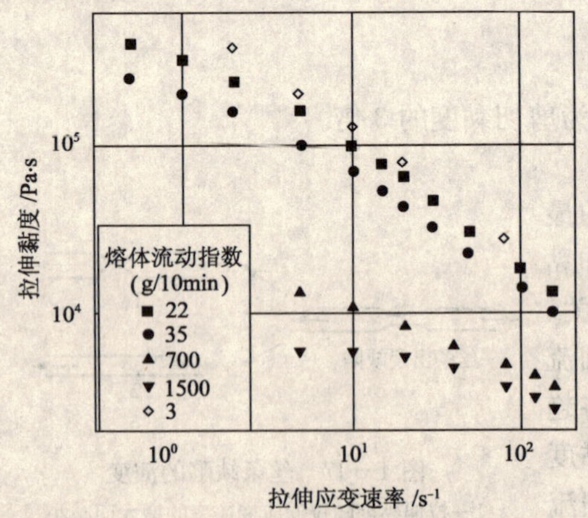

图 4－19 不同相对分子质量聚丙烯熔体的拉伸黏度与拉伸应变速率的关系（220℃）

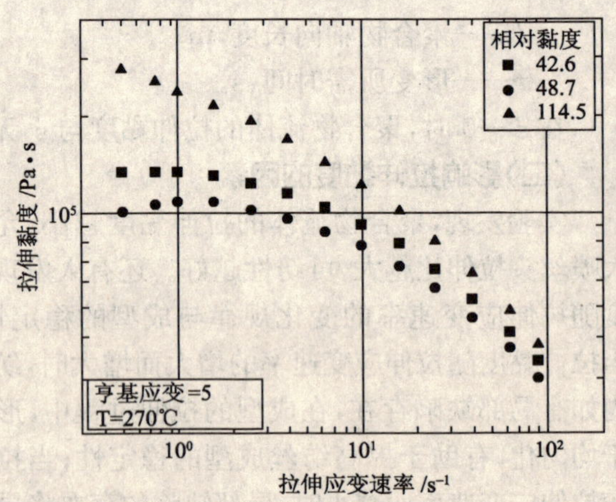

图 4－20 不同相对分子质量尼龙 66 熔体的拉伸黏度与拉伸应变速率的关系

3. 混合的影响

聚合物共混物的拉伸黏度与拉伸应变速率的关系比较复杂，不同共混体系的拉伸黏度可能介于参与混合的两种聚合物的纯组分之间，也可能低于两种纯组分，具体情况取决于两组分在不同比例下的分散状态。

有固体粒子填充聚合物时，流体的拉伸黏度也随之变化。由于固体粒子在拉伸条件下不形变，所以体系中固体粒子含量越大，其对流体的流动阻力越大，流体的拉伸黏度越大，如图 4－22 所示。

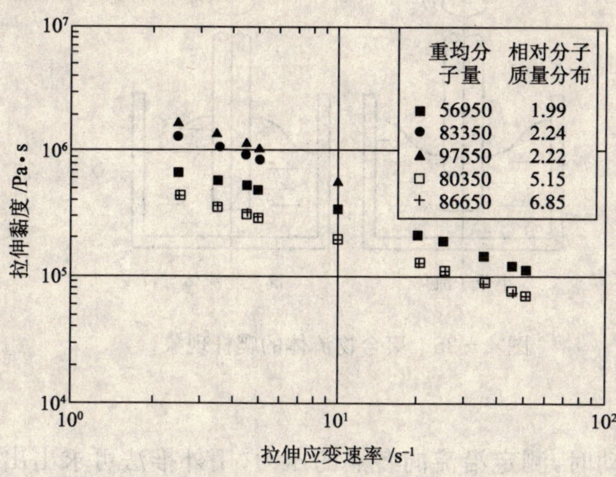

图 4－21 不同相对分子质量分布的 PE 在 220℃时的拉伸黏度与拉伸应变速率的关系

▲、●、■—茂金属催化 PE

□、+—Ziegler—Natta 催化 PE

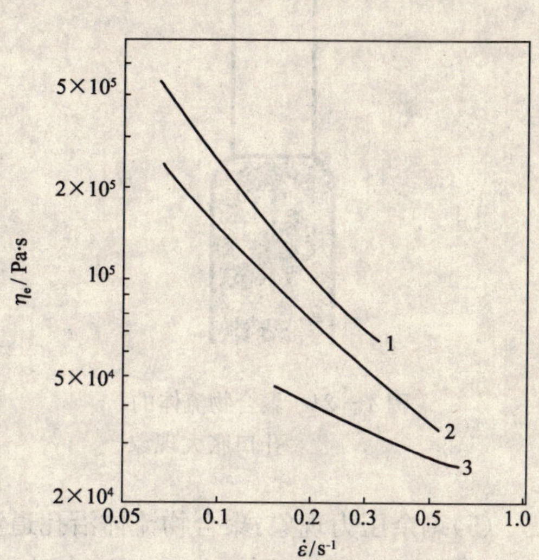

图 4－22 $CaCO_3$ 填充 PP 的拉伸黏度与拉伸应变速率的关系

$CaCO_3$ 含量：1—40％ 2—20％ 3—10％

三、聚合物流体的弹性

（一）聚合物流体的弹性表现与表征

1. 聚合物流体的弹性表现

聚合物流体是一种典型的黏弹性流体，它既有黏性又有弹性。聚合物流体的弹性可以从许多现象中观察到，例如：

（1）液流的弹性回缩：把聚合物流体从容器中倾出，使之成为液流，突然切断后，液流会发生弹性回缩。

（2）聚合物流体的蠕变松弛：在同轴旋转圆筒黏度计中，对流体施以形变，维持一段时间后再令其松弛，曲线上的可回复部分即为弹性形变（图 4－23）。

（3）挤出胀大效应：聚合物流体从毛细孔中挤出时，在孔口处出现细流胀大现象，这就是著名的 Barus 效应（图 4－24）。

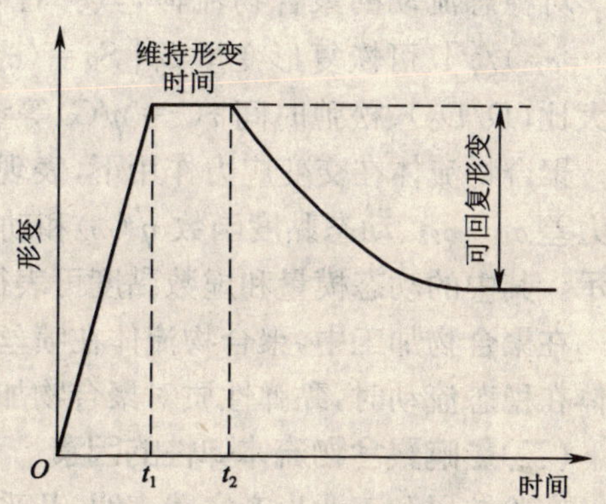

图 4－23 同轴旋转圆筒黏度计中的可回复形变与流动示意图

(4)Weissenberg 效应:小分子流体在搅拌轴周围为凹面,而聚合物流体在搅拌轴周围出现沿杆向上爬的"爬杆"现象(图 4-25),这种现象称为 Weissenberg 效应,也称"包轴"。

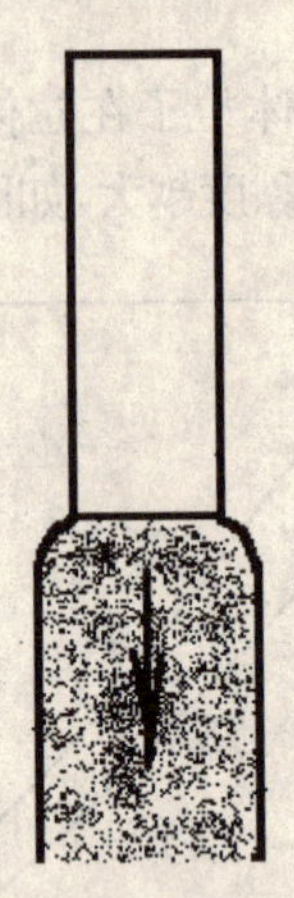

图 4-24 聚合物流体的孔口胀大现象

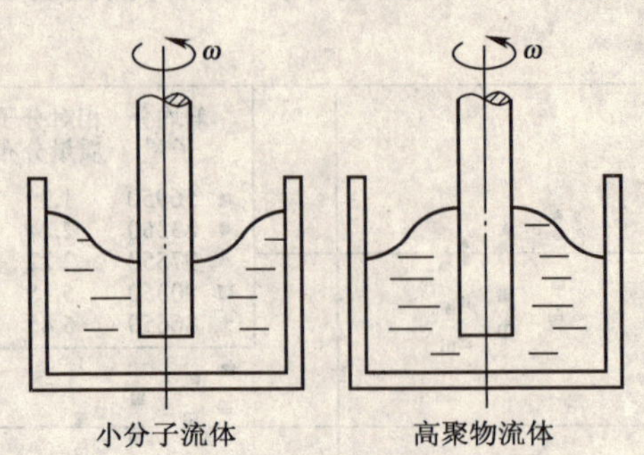

图 4-25 聚合物流体的爬杆现象

(5)剩余压力现象:聚合物流体沿孔道流动时,测定沿流向各点的压力,用外推法可求出出口处表压 ΔP_{exit},且 $\Delta P_{exit} \neq 0$。ΔP_{exit}越大,流体弹性越强。

(6)孔道的虚构长度:聚合物流体流经孔道时,孔端压力降 $\Delta P_{实测} > \Delta P_{计算}$。因为这里的 $\Delta P_{计算}$(末端效应已补正)是根据 Poecni 方程式以纯黏性为基础求出的,$\Delta P_{实测}$ 却包括由于弹性能的储藏所消耗的压降在内,即相当于孔道增加了一段虚构长度。

从热力学角度分析,聚合物流体弹性,本质是一种熵弹性,即大分子在应力作用下发生流动取向,构象熵减小,外力解除后,聚合物大分子会自动恢复至熵的最大平衡构象上来,表现出弹性回复。

2. 聚合物流体的弹性表征

对稳态流动的聚合物流体,其弹性可以用第一法向应力差($\sigma_{11}-\sigma_{22}$)及其函数[$\psi_1(\dot{\gamma})=(\sigma_{11}-\sigma_{22})/\dot{\gamma}$]、可恢复形变量 S_R[$S_R=(\sigma_{11}-\sigma_{22})/2\sigma_{12}$]、弹性柔量 J_e[$J_e=(\sigma_{11}-\sigma_{22})/2\sigma_{12}^2$]、挤出胀大比($D/D_0$)、松弛时间 τ($\tau=\eta/G$)等参数定量表征。

聚合物流体在交变应力作用下,表现出的黏弹流动行为[如稳态黏度函数 $\eta(\dot{\gamma})$、第一法向应力差 $\sigma_{11}-\sigma_{22}$、动态黏度函数 $\eta'(\omega)$和动态储能模量 $G'(\omega)$]与稳态流动十分一致,如图 4-26 所示。其中的动态模量和虚数黏度可表征弹性。

在聚合物加工中,聚合物流体在喷丝孔中的流动是一维剪切的稳态流动,因而研究聚合物流体在稳态流动时,黏弹性质对聚合物加工工艺的影响具有重要的实际意义。

(二)影响聚合物流体弹性的因素

实验结果和工业生产实践表明,几乎所有的聚合物流体都表现出法向效应,因此有人推测,聚合物的弹性对加工的稳定性有重大影响。弹性过大不利于加工的稳定,如在纺制异形纤维时,往往因挤出胀大而使预期断面形状难以获得。剪切速率过高时的熔体破裂更是影响聚合物

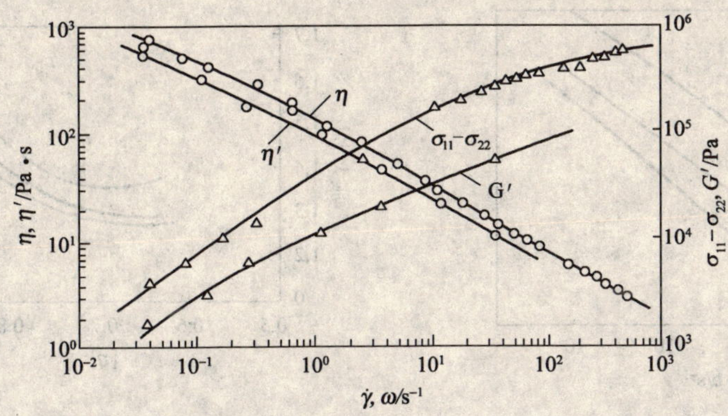

图 4－26　HDPE 的流变性质

成型的有害现象，这些都是弹性表现的结果。

影响聚合物流体弹性的因素基本上可以分为两类：一是聚合物的分子参数，二是加工条件。聚合物的分子参数包括相对分子质量、相对分子质量分布、长链分支程度、链刚性等。加工条件包括热力学参数（主要是温度和原液组成），运动学参数及流动的几何条件等。

1. 分子参数对聚合物流体弹性的影响

有人得出相对分子质量分布与稳态弹性柔量 J_e 有如下关系：

$$J_e=\frac{1}{G}=\frac{1}{N_1RT}=\frac{2\overline{M}}{\rho RT} \tag{4-35}$$

$$J_e=\frac{2}{5\rho RT}\cdot\frac{\overline{M}_z\overline{M}_{z+1}}{\overline{M}_w} \tag{4-36}$$

式中：ρ——流体密度；

R——气体常数；

T——绝对温度；

$\overline{M}$——相对分子质量；

$\overline{M}_z$ 和 $\overline{M}_{z+1}$——Z 均和（$Z+1$）均分子量；

$\overline{M}_w$——重均分子量。

可见，弹性随平均分子量的增加而增大；分子量分布的加宽，尤其是有能使 $\overline{M}_z$ 和 $\overline{M}_{z+1}$ 加大的高分子量尾端时，稳态弹性柔量将增大，弹性将更加突出。长链分支通常也会使弹性增高。

图 4－27～图 4－30 分别表明了聚合物相对分子质量、相对分子质量分布对聚合物弹性的影响。由图 4－27～图 4－29 可见，随着聚合物相对分子质量的增大，聚酯熔体的入口压力降和挤出胀大比增大，弹性效应显著。由图 4－28 还可看到，在较低特性黏度（$[\eta]=0.64\sim0.74$）下，胀大比随特性黏度的变化平缓，说明此时特性黏度对胀大比影响不甚显著，在较高特性黏度（$[\eta]=0.74\sim0.86$）下，胀大比随特性黏度的变化急剧变化，弹性效应显著。因此对高黏度聚合物进行成型加工时，应特别注意加工条件及加工设备的选择，以避免胀大比过大而导致熔体

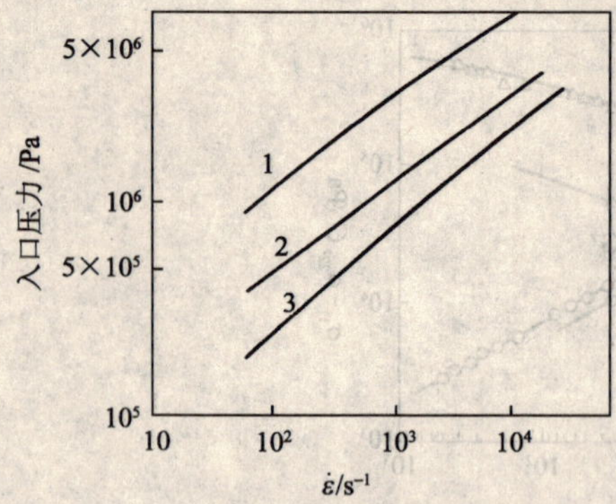

图 4－27　280℃时，不同特性黏度聚酯的入口压力降

1—[η]=1.04　2—[η]=0.66　3—[η]=0.56

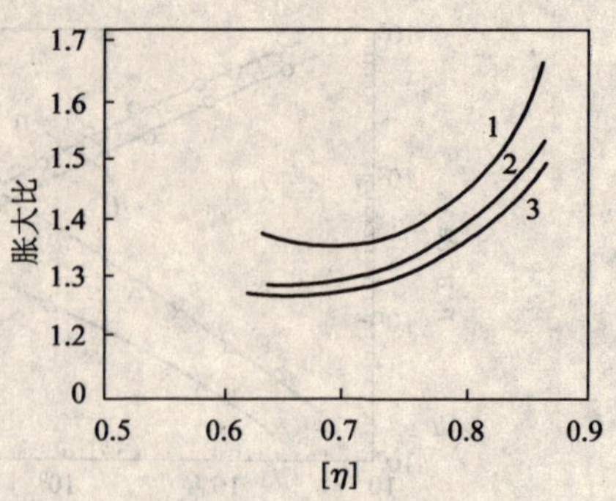

图 4－28　290℃时，聚酯的特性黏度与挤出胀大比的关系

1—$\frac{L}{D}$=1　2—$\frac{L}{D}$=5　3—$\frac{L}{D}$=7

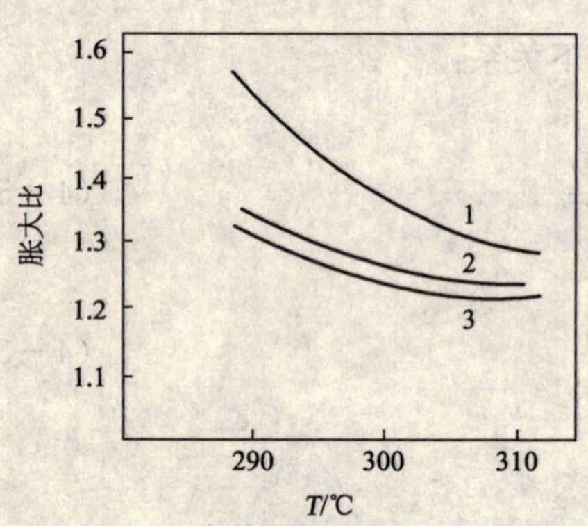

图 4－29　聚酯熔体挤出胀大比与熔体温度的关系

1—[η]=0.86　2—[η]=0.74　3—[η]=0.64

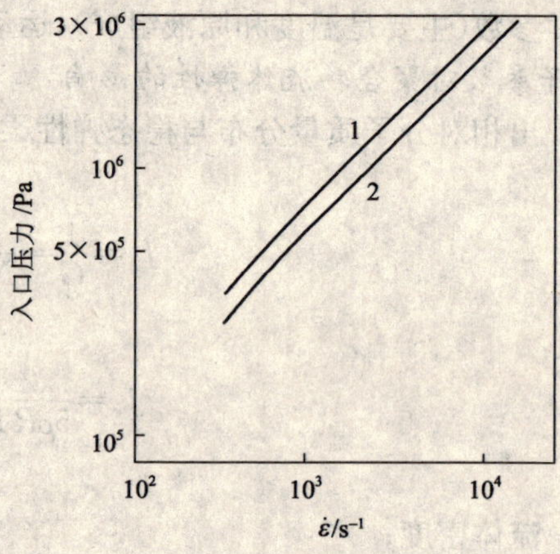

图 4－30　280℃时，不同相对分子质量分布的聚酯的入口压力降

1—分布宽　2—分布窄

破裂。

2. 加工条件对聚合物流体弹性的影响

加工条件对加工过程的控制特别重要。虽然聚合物流体具有弹性是其本质所决定的，但与弹性相联系的不稳定流动现象与流动条件有关。这些条件包括流体内弹性能储存的多少以及流动过程中影响内应力松弛的因素。下面介绍某些加工条件对弹性影响的实验结果和一般规律。

(1)温度的影响：升高温度有利于松弛过程进行，故可减少聚合物流体在出喷丝孔时的弹性能储存量，从而减小弹性表现程度，如图 4－31 所示。

(2)浓度的影响：随着浓度的升高，聚合物溶液出现显著的非牛顿性和法向应力效应，浓度越高，溶液弹性越突出。

(3)剪切速率的影响：剪切速率对聚合物流体弹性的影响如图 4－32 所示。由图 4－32 可见，剪切速率越大，流体法向压力差越大，流体内的弹性能储存越多，弹性效应越显著。因此，在聚合物加工中应注意对剪切速率的控制，以避免出现熔体破裂现象。

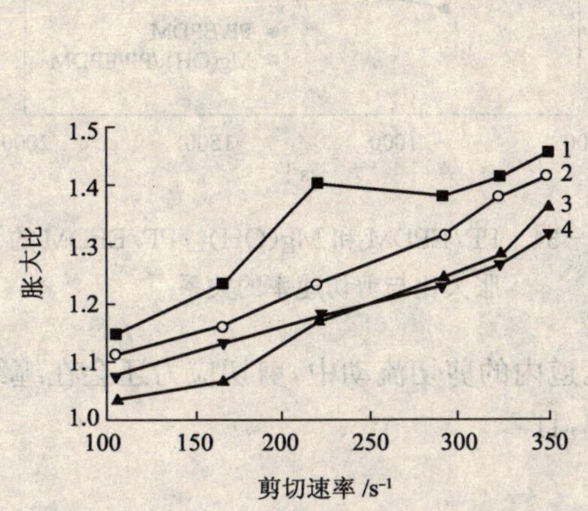

图 4－31　温度对 ABS 挤出胀大比的影响

1—180℃，$L/D=30$　2—220℃，$L/D=30$

3—200℃，$L/D=30$　4—200℃，$L/D=25$

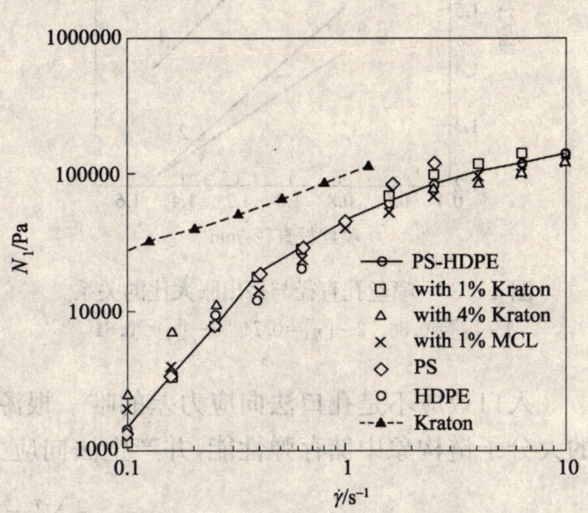

图 4－32　PS—HDPE 聚合物流体在 180℃时的法向应力与剪切速率的关系

(4)流动的几何条件的影响：流动的几何条件主要指喷丝孔入口形状和毛细管直径及其长径比，这些因素决定流体的切变历史。入口形状决定了大部分弹性能储存，如果从积液区到毛细孔区的直径收缩比较小，则流体在入口区获得的弹性能也较少。一些聚合物流体流经积液区时会形成涡流死角，随着剪切速率的进一步增加，入口区便会出现非对称性的振荡流动，死角涡流中的流体会周期性地涌入毛细孔，甚至会使入口区流线混乱，影响聚合物的成型，因此常在入口区设锥形导孔，避免死角对成型产生不利影响。一定温度、一定剪切速率和同样喷丝孔长度下，喷丝孔直径与挤出胀大比的关系如图 4－33 所示。图 4－33 表明喷丝孔直径增大，挤出胀大比明显减小，弹性效应明显减弱。

3. 混合的影响

在聚合物中添加固体添加剂可降低弹性，如图 4－34 所示。这意味着大分子链在外加剪切应力作用下活动性将减小。

上面讨论的各种影响因素只是定性的描述或实验结果。关于聚合物流体弹性表征的影响因素，还缺乏严格的定量描述。

如果把聚合物流体视作 Maxwell 流体，当它进入喷丝孔时，流速将增加，并在入口处发生流线收敛，入口区纵向速度梯度导致具有缠结点的黏弹性流体产生拉伸弹性形变。设入口处流体内的初始法向应力为 N_0，流体通过孔道的时间为 t^*，则这种由于入口效应而产生的法向应力经松弛后在出口处剩余法向应力 N'为：

$$N'=N_0\exp\frac{-t^*}{\tau}$$

式中：τ——松弛时间。

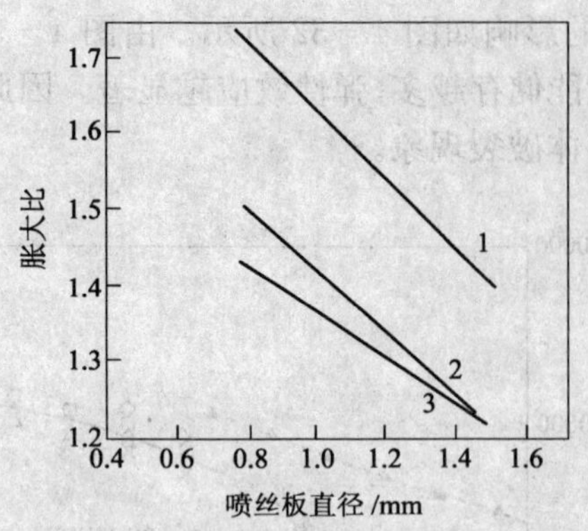

图 4－33　喷丝孔直径与挤出胀大比的关系

1—[η]=0.86　2—[η]=0.74　3—[η]=0.64

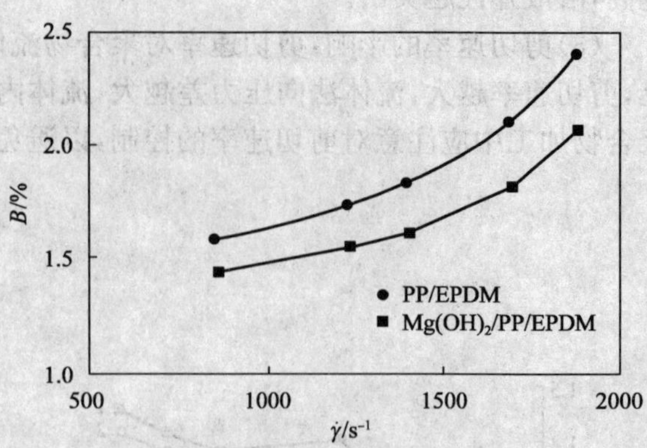

图 4－34　PP/EPDM 和 $Mg(OH)_2$/PP/EPDM 的胀大比与剪切速率的关系

入口效应不是孔口法向应力差的唯一根源。在孔道内的剪切流动中，剪切应力还会在缠结的大分子链构象中储存弹性能，并产生法向应力差 N''，且

$$N''=\psi_1(\dot{\gamma})\dot{\gamma}^2$$

因此，在考虑上述两因素后，孔口处的总法向应力差 N_1 应为：

$$N_1=N_0\exp(-\frac{t^*}{\tau})+\psi_1(\dot{\gamma})\dot{\gamma}^2$$

因

$$t^*=\frac{\pi R_0^2 L}{Q}$$

且

$$\dot{\gamma}=\frac{\frac{1}{n}+3}{\pi R_0^3}Q$$

式中：R_0、L——分别为喷丝孔的半径及长度；

Q——每个喷丝孔的体积流速；

n——幂次定律中的指数。

于是：

$$N_1=N_0\exp\frac{-(\frac{1}{n}+3)\cdot\frac{L}{R_0}\cdot\frac{1}{\dot{\gamma}}}{\tau}+\psi_1(\dot{\gamma})\dot{\gamma}^2 \tag{4-37}$$

由此可以看出，N_1 的大小与纺丝流体的流变性质、流动状态以及喷丝孔的几何形状三方面的因素有关。

PP 比 PET 纺丝流体的非牛顿性强，弹性显著，τ 值和 $\psi_1(\dot{\gamma})$ 值越大，总法向应力差 N_1 和胀大比越大。因此，流体的黏性本质是决定胀大比的内因。从式(4－37)可见，适当提高纺丝温度，控制适宜的相对分子质量，适当加大孔口直径(0.4mm)，增大喷丝孔长径比和降低剪切速

率 $\dot{\gamma}$，都可以减小细流的胀大比，改善 PP 的可纺性。

四、聚合物流体在管道中的流动

聚合物流体在管道中流动状态对纺丝成型的稳定和产品性能有重要影响。因此，必须研究流体在管道中流动参数及其弹性效应。

（一）聚合物流体在管道中的流动参数

聚合物流体黏度很高，服从幂律定律，在通常情况下为层流。为简化分析，假设聚合物流动满足以下条件：

(1)流体是不可压缩的；

(2)流动是等温的；

(3)流体在管道壁面不产生滑动（即壁面速度等于 0）；

(4)流体黏度不随时间而变化，并在沿管道流动的全过程中其他性质不变。

聚合物流体在流动过程中，除了分子链的滑动外，还有分子链或无规线团在应力场中的舒展和旋转，所以流动过程并非严格的层流，但以上假设对计算结果影响不大。

1. 孔道中的剪切应力 σ_{12}

设 F 为剪切力，A 为聚合物流体的剪切面积，从 $\sigma_{12}=F/A$ 的定义出发，根据流体在圆形管道中的流动力的平衡方程（图 4-35），可以推出距轴线 r 处的剪切应力 $(\sigma_{12})_r$：

$$(\sigma_{12})_r=\frac{r\Delta P}{2L} \tag{4-38}$$

式中：L——毛细管的长度；

ΔP——毛细管的压力降。

式(4-38)表明，流体的剪切应力是距轴线 r 的线性函数，在管道轴心处($r=0$)，$\sigma_{12}=0$；在管壁处($r=R$)，$(\sigma_{12})_W$ 最大，即：

$$(\sigma_{12})_W=(\sigma_{12})_R=\frac{R\Delta P}{2L} \tag{4-39}$$

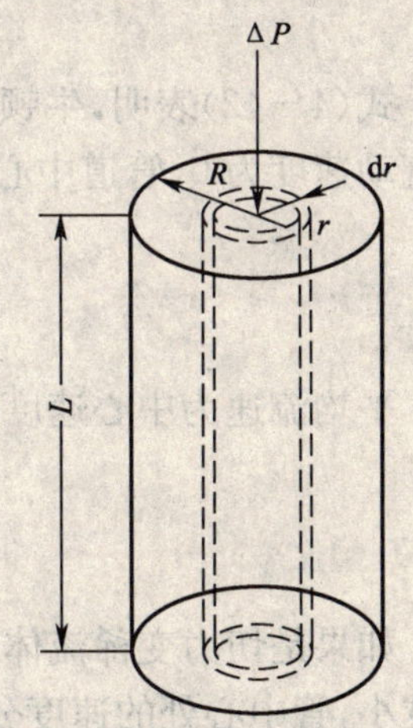

图 4-35　流体在圆形管道中的流动

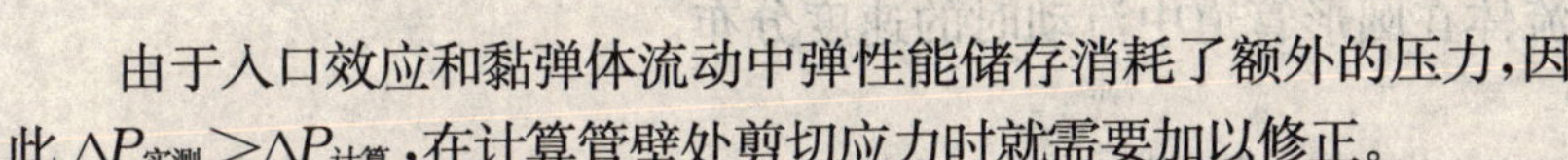

由于入口效应和黏弹体流动中弹性能储存消耗了额外的压力，因此 $\Delta P_{实测}>\Delta P_{计算}$，在计算管壁处剪切应力时就需要加以修正。

2. 孔道中的流动线速度 v_r

聚合物流体遵循幂律定律，它的流变学状态方程：

$$\sigma_{12}=K\dot{\gamma}$$

或

$$\dot{\gamma}=\left(\frac{1}{K}\right)^{\frac{1}{n}}\sigma_{12}{}^{\frac{1}{n}}$$

令 $m=\dfrac{1}{n}$，$\left(\dfrac{1}{K}\right)^{\frac{1}{n}}=\left(\dfrac{1}{K}\right)^{m}=k$

则上式可写成：

$$\dot{\gamma}=-\frac{\mathrm{d}v}{\mathrm{d}r}=k\sigma_{12}^{m} \tag{4-40}$$

将式(4-38)代入式(4-40)，得：

$$-\mathrm{d}v=k\left(\frac{\Delta P}{2L}\right)^{m}r^{m}\mathrm{d}r$$

积分之：

$$\int_{v_r}^{V_R}-\mathrm{d}v=\int_{r}^{R}k\left(\frac{\Delta P}{2L}\right)^{m}r^{m}\mathrm{d}r$$

$$v_r=k\left(\frac{\Delta P}{2L}\right)^{m}\frac{1}{m+1}(R^{m+1}-r^{m+1}) \tag{4-41}$$

如果是牛顿流体，则 $n=1, m=\frac{1}{n}=1$，且 $\eta=K=\left(\frac{1}{k}\right)^{\frac{1}{m}}=\frac{1}{k}$，由此可得：

$$v_r=\frac{1}{\eta}\times\frac{\Delta P}{2L}\times\frac{1}{2}(R^2-r^2)=\frac{\Delta P}{4\eta L}(R^2-r^2) \tag{4-42}$$

式(4-42)表明，牛顿流体在圆形管道中流动时，其速度分布呈抛物线形，管壁($r=R$)处流体流动速度为0，管道中心($r=0$)流体流动速度 v_0 最大，即：

$$v_0=\frac{R^2\Delta P}{4\eta L} \tag{4-43}$$

平均流速为中心速度的1/2，即：

$$v=\frac{v_0}{2}=\frac{R^2\Delta P}{8\eta L} \tag{4-44}$$

如果是切力变稀流体，则因 $n<1, m>1$，流体速度分布不再是抛物线形，而是接近柱塞形，n 值越小，管中心处的速度分布越平坦，越接近柱塞形，且最大剪切应力和最大剪切速率集中于管壁上。如果是胀流形流体，则因 $n>1, m<1$，流体速度分布将变得陡峭，n 值越大，越接近锥形，图4-36给出了不同 n 值的流体在圆形管道中流动时的速度分布。

3. 平均流出体积速度 Q

平均流出体积速度是指单位时间内通过管道的流出体积，只要把 v_r 对管道的截面积积分即可求得。

$$\mathrm{d}Q=2\pi r v_r\mathrm{d}r$$

将式(4-41)代入，积分之，求得：

$$Q=\int_0^R 2\pi rk\left(\frac{\Delta P}{2L}\right)^{m}\frac{1}{m+1}(R^{m+1}-r^{m+1})\mathrm{d}r=\frac{\pi k\Delta P^m R^{m+3}}{(2L)^m(m+3)} \tag{4-45}$$

式(4-45)表明压力降 ΔP 与平均流出体积速度 Q 之间的关系。

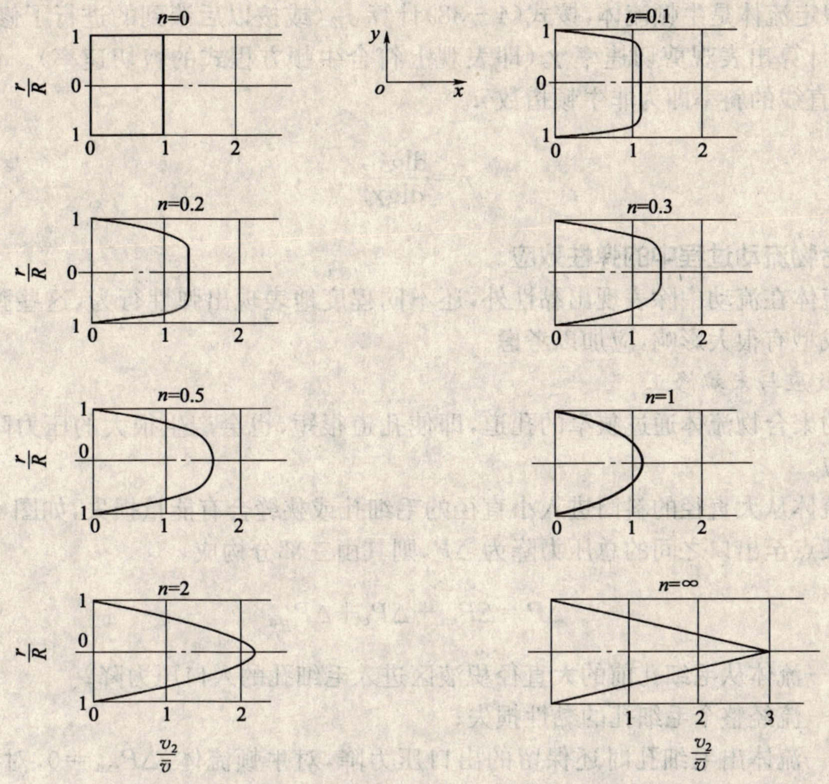

图 4－36　不同 n 值的流体在圆形管道中流动时的速度分布

对于牛顿流体：

$$Q=\frac{\pi\Delta PR^4}{8\eta L} \tag{4-46}$$

4. 管道壁上的剪切速率 $\dot{\gamma}_w$

$$\dot{\gamma}_w=-\left(\frac{dv}{dr}\right)_{r=R}=k\sigma_{12}{}^m=k\left(\frac{R\Delta P}{2L}\right)^m$$

因

$$Q=k\left(\frac{\Delta P\cdot R}{2L}\right)^m\cdot\frac{\pi R^3}{m+3}$$

将 $m=\frac{1}{n}$ 代入，即得 Rabinowitch 修正方程式。

$$\dot{\gamma}_w=\frac{3n+1}{4n}\times\frac{4Q}{\pi R^3} \tag{4-47}$$

对于牛顿流体：

$$(\dot{\gamma}_N)_w=\frac{4Q}{\pi R^3} \tag{4-48}$$

5. 非牛顿指数 n

在以上各流变量的计算中，往往涉及非牛顿指数 n。为了求取 n，可在一系列的 ΔP 下测定流量Q。先假定流体是牛顿流体，按式(4－38)计算σ_{12}(或按以后谈到的进行了修正的σ_{12}值)，按式(4－48)计算出表观剪切速率$\dot{\gamma}_a$(即表观上符合牛顿方程式的剪切速率)。作$\lg\sigma_{12}$—$\lg\dot{\gamma}_a$的流动曲线，直线的斜率即为非牛顿指数n。

$$n=\frac{\mathrm{dlg}\sigma_{12}}{\mathrm{dlg}\dot{\gamma}_a} \tag{4-49}$$

(二)聚合物流动过程中的弹性效应

聚合物流体在流动中除表现出黏性外，还不同程度地表现出弹性行为，这些弹性行为对聚合物加工与成型有很大影响，应加以考虑。

1. 入口效应与末端修正

被挤出的聚合物流体通过狭窄的孔道，即使孔道很短，也会产生很大的压力降。这种现象称为入口效应。

聚合物流体从大直径的料筒进入小直径的毛细孔或狭缝会有能量损失，如图4－37所示。

若料筒某点至出口之间的总压力降为ΔP，则其由三部分构成。

$$\Delta P=\Delta P_{\mathrm{en}}+\Delta P_{\mathrm{c}}+\Delta P_{\mathrm{exit}} \tag{4-50}$$

式中：ΔP_{en}——流体从毛细孔前的大直径积液区进入毛细孔的入口压力降；

ΔP_{c}——流经整个毛细孔的黏性损失；

ΔP_{exit}——流体出毛细孔时还保留的出口压力降，对牛顿流体，$\Delta P_{\mathrm{exit}}=0$，对非牛顿流体，$\Delta P_{\mathrm{exit}}\geqslant0$。

入口压力降ΔP_{en}由黏性和弹性构成，即：

$$\Delta P_{\mathrm{en}}=\Delta P_{\mathrm{vi}}+\Delta P_{\mathrm{el}} \tag{4-51}$$

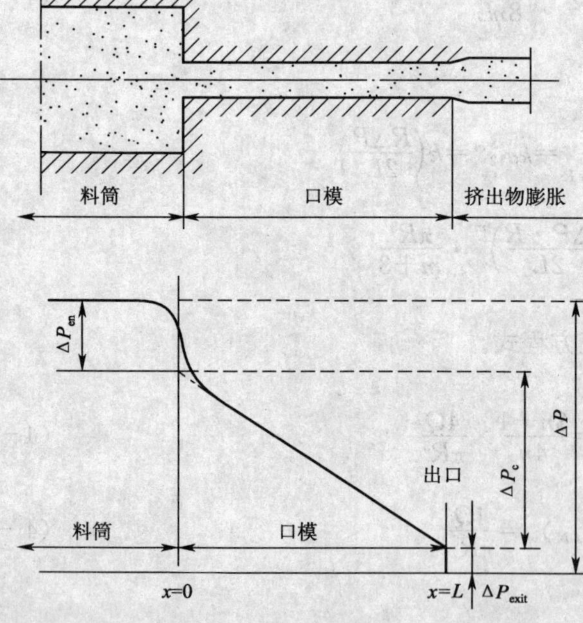

图4－37　毛细孔流动的压力分布曲线

ΔP_{vi}是聚合物流体从毛细孔前大直径的积液区进入小直径毛细孔区的收敛流动以及入口区流动异常而导致的黏性损失所产生的压力降，这部分压力降不足入口压力降的5%，其在流动中转变为流体分子的热运动并以热的形式消散。

ΔP_{el}是聚合物流体在入口区收敛流场中发生弹性形变所致的压力降(占入口压力降的95%以上，是导致入口压力降的主要原因)，这部分压力降以弹性能的形式储存在流体中，它在后续的毛细孔流动中，可能因大分子松弛过程的进行而以黏滞生热的形式消耗掉一部分，剩余的弹性会保留至出口，就表现为出口压力降

ΔP_{exit}。表 4－6 是一些聚合物流体总入口压力降中各部分所占的比例。

表 4－6 一些聚合物流体入口压力降的构成比例

聚 合 物	$\Delta P_{el}/\Delta P_{en}$	$\Delta P_{exit}/\Delta P_{el}$
高密度聚乙烯	0.901	0.104
聚苯乙烯	0.921	0.127
聚丙烯	0.868	0.153

出口压力降是黏弹性流体在管道中流动时所特有的，它是黏弹性流体流过管道后保留的残余弹性能的度量。若 ΔP_{exit} 不是很大，通常表现出挤出胀大；当 ΔP_{exit} 超过流体储存弹性能的限度时，便会在挤出过程中发生熔体破裂现象。

由此可见，在计算毛细孔壁的真实剪切应力 σ_w 时，不能直接用测定的总压力降 ΔP，而应当扣除入口和出口处的压力降，即：

$$\sigma_w = \frac{(\Delta P - \Delta P_{en} - \Delta P_{exit}) \cdot R}{2L} \tag{4-52}$$

由于实际剪切应力的减小与毛细孔有效长度的延长等效，故可以假想一段管长[虚拟长度 $(n_{en} + n_{exit})R$]加到毛细孔的长度 L 上，经毛细孔长度修正后：

$$\sigma_w = \frac{\Delta P \cdot R}{2[L + (n_{en} + n_{exit}) \cdot R]} = \frac{\Delta P}{2\left(\frac{L}{R} + n_{en} + n_{exit}\right)} \tag{4-53}$$

式中：$n_{en} + n_{exit} = n_{cor}$，称为末端修正系数，它包括入口和出口两部分修正，实际上包括弹性分量和黏性分量两部分。即：

$$n_{cor} = \frac{\Delta P_{en} + \Delta P_{exit}}{2\sigma_w} \tag{4-54}$$

为了确定末端修正系数，常采用 Bagley 法，它依据一定剪切速率下，料筒—毛细管的总压力与毛细管的长径比是线性关系，如图 4－38 所示。将 $\Delta P - \frac{L}{D}$ 曲线的线性部分外推至 $\frac{L}{D} = 0$，就可确定 ΔP_{en}。将 $\Delta P - \frac{L}{D}$ 曲线的线性部分外推至 $\Delta P = 0$，可确定末端修正系数 n_{cor}。

应该指出，末端修正系数与剪切速率有关。低剪切速率下，n_{cor} 较小；高剪切速率下，n_{cor} 较大，当剪切速率超过临界 $\dot{\gamma}_w$ 时，n_{cor} 趋于定值。

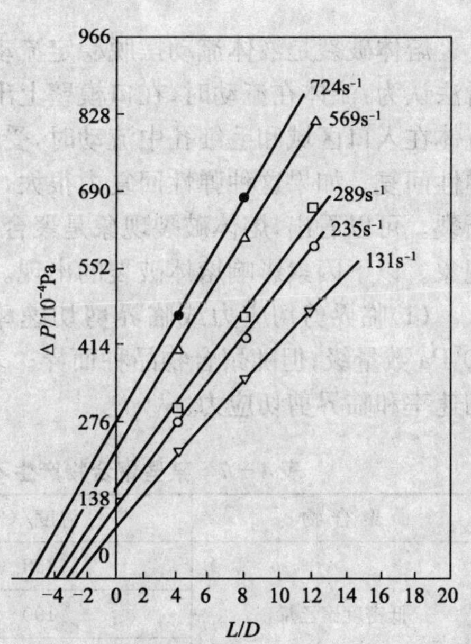

图 4－38 确定末端修正系数 Bagley 作图(PP，200℃)

2. 不稳定流动与熔体破裂

纺丝时，常常会看到这种现象：在低剪切速率或低剪切应力范围内，挤出的流体表面光滑均匀，但当剪切速率或剪切应力增加到一定数值时，挤出物表面变得粗糙、失去光泽、粗细不匀和出现扭曲等现象，严重时会得到波浪形、竹节形或周期性螺旋形的挤出物，在极端严重的情况下，甚至会得到断裂的、形状不规则的碎片或圆柱(图 4－39)，这种现象称为熔体破裂。出现熔体破裂时的剪切应力或剪切速率称为临界剪切应力和临界剪切速率。

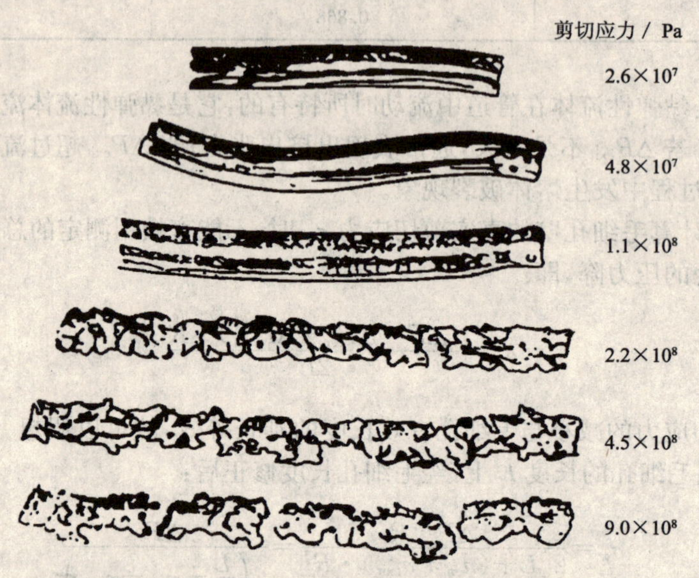

图 4－39 剪切应力对流动状态的影响

熔体破裂是液体流动摆脱稳定流动的一种现象。对产生熔体破裂原因有两种看法。一种看法认为：流体在流动时，在口模壁上出现滑移和流体中的弹性回复所引起；另一种看法认为：流体在入口区域和毛细孔中流动时，受到的剪切作用不一样，因而能引起流体中产生不均匀的弹性回复。如果这种弹性回复力很大，可以克服流体的黏性阻力，就能引起挤出物出现畸变和断裂。可以看出，熔体破裂现象是聚合物流体产生弹性应变与弹性回复的总结果，是一种整体现象。以下因素影响熔体破裂的出现。

(1)临界剪切应力或临界剪切速率：一般聚合物出现不稳定的临界剪切应力约在 10^5～10^7 Pa 数量级；但随聚合物品种而异。表 4－7 给出了某些聚合物产生不稳定流动时的临界剪切速率和临界剪切应力。

表 4－7 某些聚合物产生不稳定流动时的临界剪切速率和临界剪切应力值

聚合物	温度/℃	临界剪切速率/s^{-1}	临界剪切应力/kPa
低密度聚乙烯	158	140	57
	190	405	70
	210	841	80
高密度聚乙烯	190	1000	360

续表

聚合物	温度/℃	临界剪切速率/s^{-1}	临界剪切应力/kPa
聚苯乙烯	170	50	80
	190	300	90
	210	1000	100
聚丙烯	180	250	100
	200	350	100
	240	1000	100
	260	1200	100
聚酰胺 66	240		960
聚酰胺 610	240		900
聚酰胺 11	210		700
聚对苯二甲酸乙二酯	[η]=0.67		100～160

由表 4－7 可见，提高聚合物流体的温度，使出现不稳定流动的临界剪切应力或临界剪切速率增大。剪切速率比剪切应力对温度更加敏感。因此，对聚合物进行加工时，可用的温度下限不是流动温度，而是产生不稳定流动的温度。

(2)聚合物相对分子质量：随聚合物相对分子质量增加，出现不稳定流动的临界剪切应力或临界剪切速率降低。

(3)管道形状：如果减小流道的收敛角，适当增大流道的长径比 L/D，并使流道表面流线化，可使临界剪切速率提高(图 4－40)。显然，不稳定流动现象将限制挤出速率的进一步提高，所以过分提高挤出速率会使制品外观和内在质量受到不良影响。

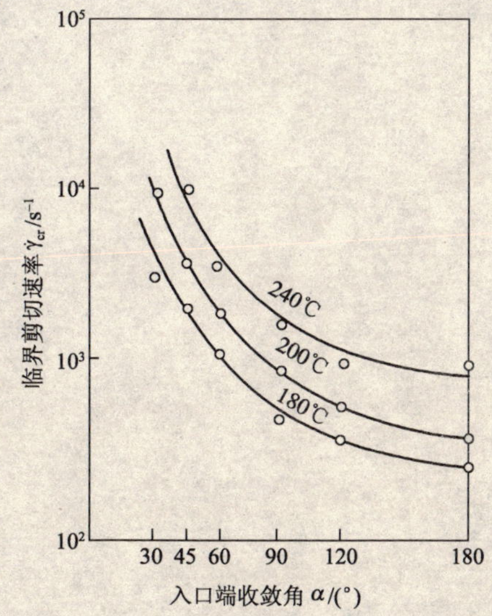

图 4－40　入口端收敛角对临界剪切速率的影响

不稳定流动的另一现象是发生在挤出物表面上的“鲨鱼皮症”。其特点是在挤出物表面形成很多细微的条纹，类似于鲨鱼皮。随不稳定流动程度的差异，这些条纹从人字形、鱼鳞状到鲨鱼皮状不等，或密或疏。看来，引起这种现象的主要原因是熔体在管壁上滑移和挤出管口时口模对挤出物的拉伸作用。已知弹性流体在管中流动时速度梯度在管壁附近最大，因而管壁附近聚合物分子的形变程度较之管子中心部分为大。如果熔体中弹性形变发生松弛时，就必然引起熔体在管壁上产生周期性滑移。另一方面，口模对挤出物的拉伸作用时大时小，随着这种周期性变化，挤出物表层移动速度也时快时慢，从而形成了各种形状的皱纹。可以看出，与引起竹节形、螺纹形等不稳定流动现象比起来，由在管壁和口模内周期性的滑移和拉伸作用引起的乃是一种较轻微的表层的不稳定流动。

参考文献

[1] 沈新元,吴向东,李燕立,等. 高分子材料加工原理[M]. 北京:中国纺织出版社,2000.

[2] J. Collier, S. Petrovan, P. Patil, et al. Elongational rheology of fiber forming polymers[J]. Journal of Materials Science. 2005(40):5133－5137.

[3] Yingru Wang, Jianhua Xu, Stephen E. Bechtel, et al. Melt shear rheology of carbon nanofiber/polystyrene composites[J]. Rheol Acta. 2006,45(6):919－941.

第五章　化学纤维成型原理

第一节　概　述

一、化学纤维的加工与成型

所谓高分子材料加工，是对聚合物材料或体系进行操作，以扩大其用途的工程。它是把聚合物原材料经过多道工序转变成某种制品的过程。

尽管图 5－1 所列的各种高分子材料均有独特的成型方法，而且每种制品的原料准备和后成型操作各不相同，但是如果把高分子材料加工作为一门工程学科，根据基本的工程和科学原理，可以将各种高分子材料的加工按图 5－1 进行分类。

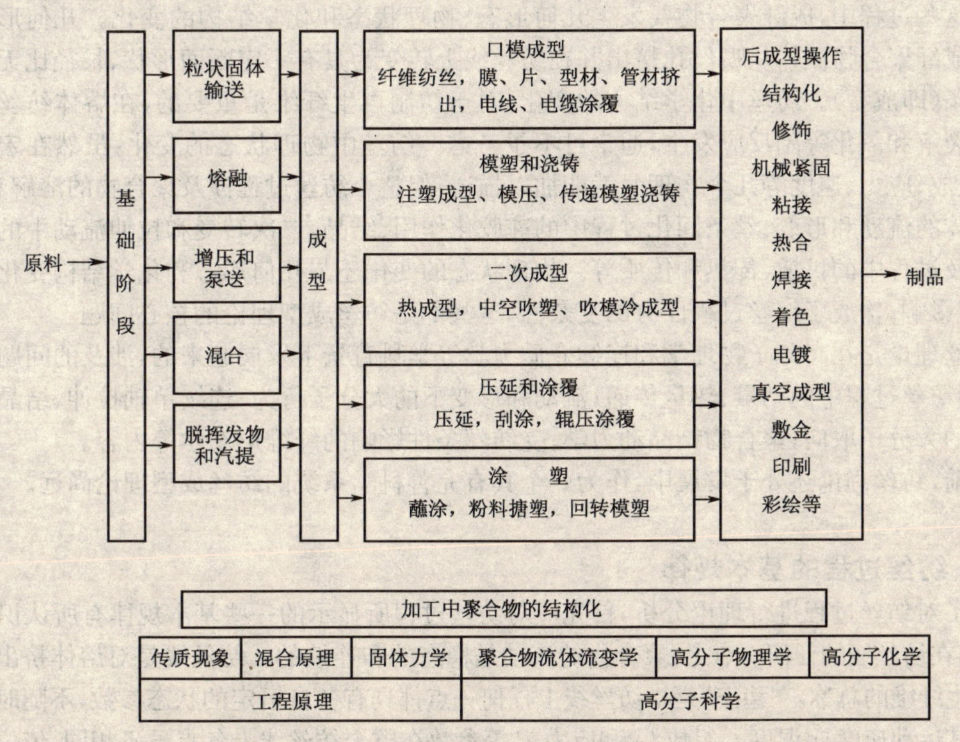

图 5－1　高分子材料加工中工序和原理的分解

化学纤维与塑料、橡胶一样，是高分子材料的主要品种，其加工过程也包括基础阶段、成型和后成型三个阶段。由图 5－1 可知，基础阶段为化学纤维成型准备了原料。基础阶段可以先于成型，或与成型同时进行。贯穿这些过程的始终以及在这些过程之后，出现了“结构化”。结构化之外的后成型操作可以跟在其后。主要的工艺操作是建立在若干工程基础之上的，特别是建立在传质现象、聚合物流体流变学、混合以及高分子物理学和高分子化学基础上的。

本章主要讨论化学纤维口模成型的原理。

二、化学纤维成型的基本步骤和主要变化

化学纤维成型是将纺丝流体（聚合物熔体或溶液）以一定的流量从喷丝孔挤出，固化而成为纤维的过程。它是化学纤维生产过程中最重要的环节之一。

化学纤维成型亦称纺丝，主要采用熔体纺丝法、干法纺丝法和湿法纺丝法。本章讨论纺丝过程的基本原理。

从工艺原理角度，这三种纺丝方法均由四个基本步骤构成。

（1）纺丝流体（溶液或熔体）在喷丝孔中流动；

（2）挤出液流中的内应力松弛和流动体系的流场转化，即从喷丝孔中的剪切流动向纺丝线上的拉伸流动的转化；

（3）流体丝条的单轴拉伸流动；

（4）纤维的固化。

在这些过程中，成纤聚合物要发生几何形态、物理状态和化学结构的变化。几何形态的变化是指成纤聚合物流体从喷丝孔挤出并在纺丝线上转变为具有一定断面形状、长径比无限大的连续丝条（即成型）。纺丝中化学结构的变化，对于纺制再生纤维是重要的，在熔体纺丝中只有很少的裂解和氧化等副反应发生，通常可不予考虑。纺丝中物理状态的变化，虽然在宏观上用温度、组成、应力、速度等几个物理量就能加以描述，但整个纺丝过程涉及聚合物的溶解和熔化、纺丝流体的流动和形变、丝条固化过程中的冻胶化作用、结晶、二次转变和拉伸流动中的大分子取向以及过程中的扩散、传热和传质等。物理状态的变化还与几何形态和化学结构变化相互交叉，彼此影响，构成了纺丝过程固有的复杂性，这些都是纺丝成型理论的核心问题。

纺丝理论是在高分子物理学和连续介质力学等学科背景下发展起来的，涉及的问题相当广泛，包括纺丝过程中的动量、热量传递；流动和形变下的大分子行为；连续单轴拉伸、结晶和冷却条件下的大分子取向；聚合物结晶动力学；受纺丝条件影响的纤维形态学等内容。

当前，纺丝理论还处于发展中，作为一个具有完善科学系统的纺丝成型理论尚远。

三、纺丝过程的基本规律

为了对纺丝过程进行理论分析，首先应对纺丝过程所显示的一些基本规律有所认识。

（1）在纺丝线的任何一点上，聚合物的流动是稳态的和连续的。纺丝线是对熔体挤出细流和固化初生纤维的总称。“稳态”是指纺丝线上任何一点都具有各自恒定的状态参数，不随时间而变化。即其运动速度 v、温度 t、组成 C_i 和应力 P 等参数在整个纺丝线上各点虽不相同，依位置而连续变化，但在每一个选定位置上，这些参数不随时间而改变，它们在纺丝线上形成一种稳定的分布，称做“稳态分布”。用数学语言表示“稳态”，即某一物理量对时间的偏导数等于零，记作：

$$\frac{\partial}{\partial t}(v,t,C_i,P,\cdots)=0 \quad (5-1)$$

在稳态纺丝条件下，纺程上各点每一瞬时所流经的聚合物质量相等，即服从流动连续性方程所描写的规律。

$$\rho_0 A_0 v_0 = \rho A v = \rho_L A_L v_L = \text{常数} \quad (5-2)$$

式中：ρ_0、ρ、ρ_L——分别代表丝条在喷丝孔口、纺丝线上某点和卷绕丝上聚合物的密度；

A_0、A、A_L——分别代表上述各点丝条的横截面积；

v_0、v、v_L——分别代表上述各点丝条的运动速度。

在喷丝孔出口处，考虑到液体丝条内部在横截面上的速度分布，式中 v_0 应为平均速度。

因纺丝液本身不均匀、挤出速度或卷绕速度变化，或者外部成型条件有波动，所以式(5-1)和式(5-2)所表示的纺丝状态便会遭到破坏，使纤维产品外表形状不规则或内部结构不均匀。应该指出，在实际生产过程中，纺丝条件不可能控制得完全准确和稳定，稳态纺丝只是一种理想的状况。在正常的工业生产中，上面的假设应做到尽可能地接近。可是，工业上的纺丝条件和材料特性，总是有些变化的，这些变化会引起偏离理想稳态过程。这种不再满足稳态条件的纺丝过程皆称为非稳态纺丝。导致非稳态纺丝的原因十分复杂，其现象也多种多样。为使问题简化，本章仅在稳态条件下讨论熔体纺丝、湿法纺丝和干法纺丝的核心问题。

(2)纺丝线上的主要成型区域内，占支配地位的形变是单轴拉伸。纺丝线上聚合物流体的流动和形变是单轴拉伸流动，与在刚性壁约束下的剪切流动不同。两者的速度场也不同，剪切流动的速度场具有垂直于流动方向的径向速度梯度，拉伸流场的速度梯度则与流动方向平行，称为轴向速度梯度。

(3)纺丝过程是一个状态参数(温度、应力、组成)连续变化的非平衡态动力学过程。即使纺丝过程的初始(挤出)条件和最终(卷绕)条件保持不变，纤维的结构和性质仍强烈地依赖于状态变化的途径，即依赖于状态变化的历史。因此，研究纺丝条件与纤维结构和性质的关系，必须对从纺丝流体转变为固态纤维的动力学问题加以考虑。

(4)纺丝动力学包括几个同时进行并相互联系的单元过程，如流体力学过程，传热、传质，结构和聚集态变化过程等。要对纺丝过程作理论上的阐述，必须对这些单元过程及其相互联系有所了解。

四、纺丝流体的可纺性

“可纺性”这个术语在化学纤维工艺学中并无严格的定义，所谓可纺，一般意味着能形成纤维，即适合于制造纤维之意。某种流体在单轴拉伸应力状态下能大幅度出现不可逆伸长形变，这种流体即为可纺。故可纺性是指流体承受稳定拉伸操作所具有的形变能力，即流体在拉伸作用下形成细长丝条的能力。因此，可纺性实质上是一个单轴拉伸流动的流变学问题。

显然，作为纺丝液体，仅具有可纺性是不够的，它必须在纺丝条件下具有足够的热稳定性和化学稳定性，在形成丝条后容易转化成固态，且固化的丝条经过适当处理后，具有必要的物理力学性质。所以，可纺性是作为成纤聚合物的必要条件，但不是充分条件。

从成型的角度看，聚合物流体从喷丝孔挤出后，便受到轴向拉伸而形成丝条，有良好的可纺性是保证纺丝过程持续不断的先决条件，故评定可纺性，是从纺丝溶液或熔体纺制纤维所面临的基本问题。

20世纪60年代初，波兰学者 Ziabicki 等人对“可纺性”形成了一个比较确切的概念。在探讨流体丝条断裂机理的基础上，系统地提出了定量的可纺性理论，认为决定最大丝条长度 x^* 的断裂机理至少有两种，一种是内聚破坏（即脆性断裂），一种是毛细破坏。

内聚破坏机理基于强度的能量理论。对于黏弹性流体的拉伸流动，当储存的弹性能密度超过某临界值时，流动就发生破坏，这个临界值相当于液体的内聚能密度 K。在稳态流动中，应力达到拉伸强度 σ_{11} 是出现断裂的条件，这个机理又称为内聚断裂。图 5－2 所示为运动丝条内聚性断裂的示意图。

丝条的毛细破坏与表面张力引起的扰动及这种不稳定性的滋长和传播有关，这种扰动在液体自由表面上形成一种所谓的“毛细波动”。当毛细波的振幅由最初的 δ_0 发展到等于自由表面无扰动丝条的半径 $R(x^*)$ 时，液流便解体成滴而断裂。图 5－3 所示为运动丝条毛细破坏的示意图。可见，毛细破坏现象与经典流体力学中的稳定性有关。

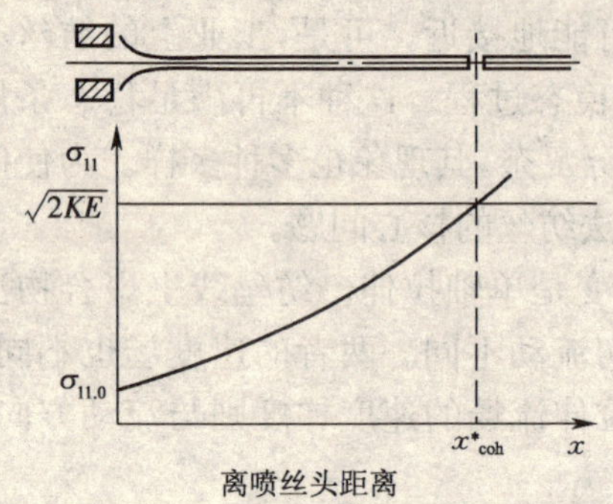

图 5－2　运动丝条的内聚性断裂

E—弹性模量　x^*_{coh}—内聚破坏的最大拉丝长度

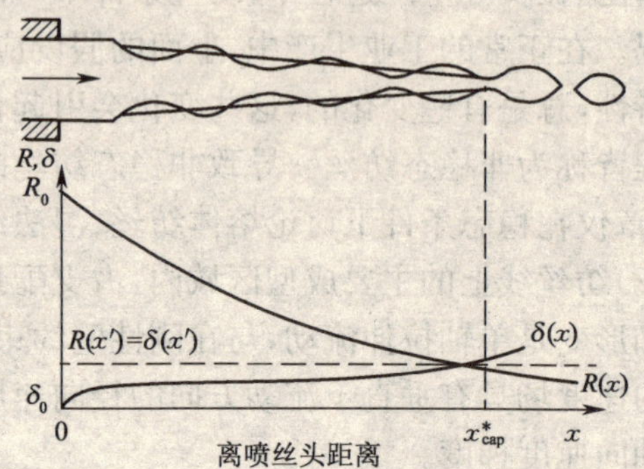

图 5－3　运动丝条毛细破坏的示意图

x^*_{cap}—毛细破坏的最大拉丝长度

上面讨论的可纺性理论，只能定性地用于对实际纤维成型的分析，因为这种理论所作的流体模型假设都过于简单。对于非线性的黏弹性纺丝流体，无论内聚破坏或毛细波生长的临界条件都更为复杂。

此外，研究者还从实验中得出了一些判别聚合物流体可纺性的经验关系。例如，用玻璃棒从待测流体中拉出发生断裂时丝条的最大长度 x'、结构黏度指数 $\Delta\eta$[见式(4－15)]和松弛时间 τ、稳态简单拉伸流动中的拉伸黏度 η_e[见式(4－31)]和最大喷丝头拉伸比$(\frac{v_L}{v_0})_{max}$，实验发现，聚合物流体的结构黏度指数 $\Delta\eta$、松弛时间 τ 和最大喷丝头拉伸比$(\frac{v_L}{v_0})_{max}$的值越大，其可纺性越好；η_e 的值越大，其可纺性越差。例如，超高相对分子质量聚乙烯(UHMWPE)溶液的松弛时间 τ 比较长(表 5－1)，可纺性比较差，因此 UHMWPE 冻胶纺丝技术的要点之一是严格控制高弹性纺丝溶液的流动。

表 5－1　一些纺丝流体的松弛时间

纺丝流体	DHMWPE 5%溶液(相对分子质量 200 万，150℃)	PE 熔体(相对分子质量 18 万，180℃)	PET 熔体(相对分子质量 8 万，280℃)
τ/s	17×10^{-3}	10×10^{-3}	2×10^{-3}

在实际生产中，影响纺丝流体可纺性的主要因素是成纤聚合物的相对分子质量、纺丝流体的浓度和温度。图 5－4～图 5－6 表明，超高相对分子质量聚丙烯腈（UHMWPAN）溶液的结构黏度指数 $\Delta\eta$ 随着相对分子质量 Mv、溶液浓度 c 的提高和溶液温度 t 的下降而增大。这表明溶液可纺性变差。

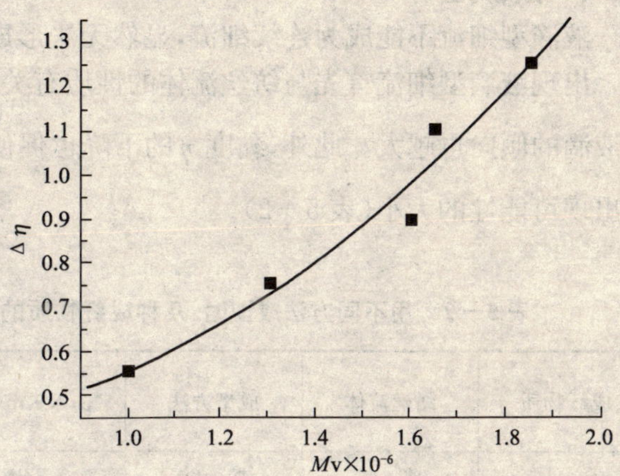

图 5－4　UHMWPAN/DMSO 溶液结构黏度指数与相对分子质量的关系

t＝50℃，c＝3％

五、挤出细流的类型

化学纤维成型首先要求把纺丝流体从喷丝孔道中挤出，使之形成细流。因此形成正常的细流是熔体纺丝及溶液纺丝必不可少的先决条件。随着纺丝流体黏弹性和挤出条件的不同，挤出细流的类型大致有图 5－7 所示的四种。

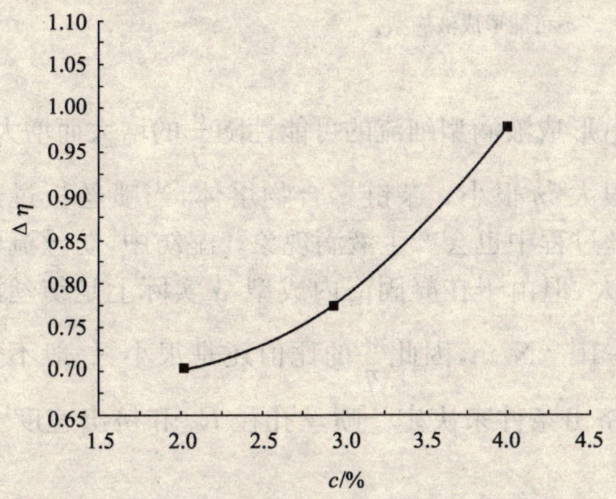

图 5－5　UHMWPAN/DMSO 溶液结构黏度指数与溶液浓度的关系

t＝50℃，Mv＝1.29×10⁶

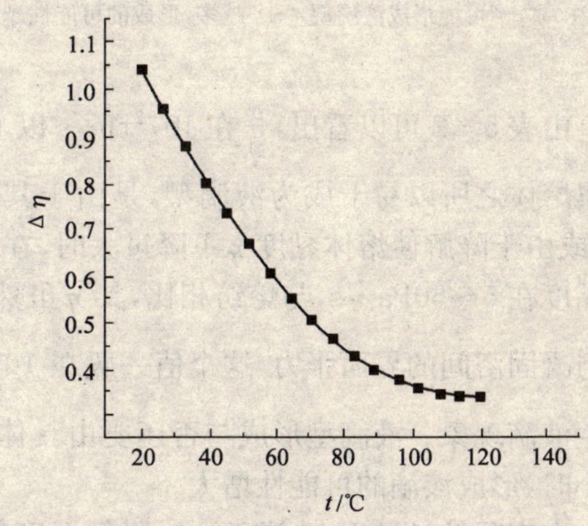

图 5－6　UHMWPAN/DMSO 溶液结构黏度指数与温度的关系

Mv＝1.29×10⁶，c＝3％

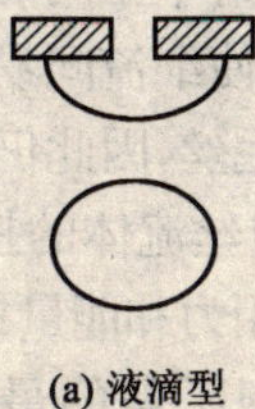

(a) 液滴型

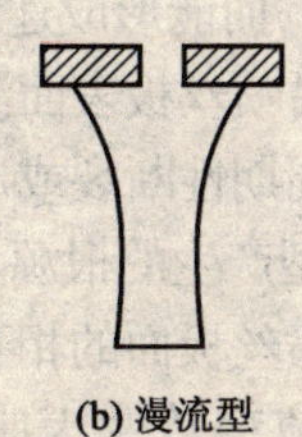

(b) 漫流型

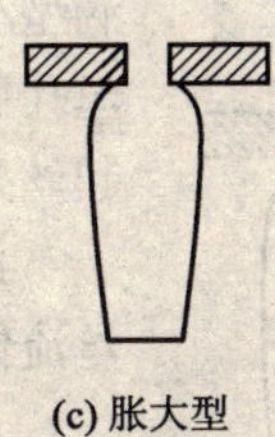

(c) 胀大型

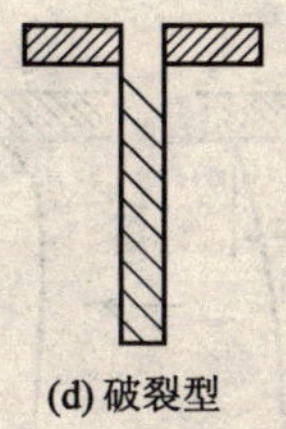

(d) 破裂型

图 5－7　挤出细流的类型

(一)液滴型

液滴型细流不能成为连续细流，显然无法形成纤维。这正是前面所述的毛细破坏现象。

出现液滴型细流首先与纺丝流体的性质有关。流体表面张力 α 越大，细流缩小其表面积成为液滴的倾向也越大。此外，黏度 η 的下降也促使液滴的生成。有人建议用$\frac{\alpha}{\eta}$来度量液滴型细流出现可能性的大小(表 5－2)。

表 5－2　用不同方法成型时，几种成纤物质的$\frac{\alpha}{\eta}$值与生成液滴型细流可能性之间的关系

成纤物质	纺丝流体	成型方法	α/N・m^{-1}	η/Pa・s	$\frac{\alpha}{\eta}$/cm・s^{-1}	液滴型形成可能性
金　属	熔　体	熔　纺	0.2～1	0.01～0.1	10^2～10^3	＋＋＋
有机聚合物	浓溶液	干　纺	0.03～0.08	20～100	10^{-2}～10^{-1}	＋＋
杂链聚合物	熔　体	熔　纺	0.03～0.08	100	10^{-2}	＋
聚烯烃类	熔　体	熔　纺	0.03～0.05	(2～15)×10^2	10^{-3}～10^{-2}	—
有机聚合物	浓溶液	湿　纺	0.001～0.01	5～50	10^{-3}～10^{-2}	—

注　“＋”可能形成液滴型，“＋”越多，形成的可能性越大；“—”不可能形成液滴型。

由表 5－2 可以看出，$\frac{\alpha}{\eta}$在 10^{-2}cm/s 以上时，形成液滴型细流的可能性随$\frac{\alpha}{\eta}$的增大而增大。金属熔体之所以易于成为液滴型，是由于其 α 很大，η 很小。杂链聚合物熔体，当喷丝板过热时，或由于降解使熔体黏度 η 下降过大时，在纺丝过程中也会产生液滴现象。湿纺中，纺丝流体的黏度在 5～50Pa・s，与熔纺相比，其 η 虽然不大，但由于在凝固浴内成型，α 实际上是纺丝液体与凝固浴间的界面张力，这个值一般在 10^{-3}～10^{-2}N/m，因此$\frac{\alpha}{\eta}$的比值还是很小，一般不会发生液滴现象。液滴型形成与否还要由具体的挤出条件来决定。喷丝孔径 R_0 和挤出速度 v_0 减小时，形成液滴的可能性增大。

在实际纺丝过程中，通常通过降低温度使 η 增大，或增加泵供量，使 v_0 增大而避免出现液滴型细流。

(二)漫流型

随着 η、R_0、v_0 的增加和 α 的减小，挤出细流由液滴型向漫流型过渡。虽然漫流型因表面积比液滴型小 20%而能形成连续细流，但由于纺丝液体在挤出喷丝孔后即沿喷丝板表面漫流，使细流间易相互粘连，从而引起丝条的周期性断裂或形成毛丝，因此仍是不正常细流。

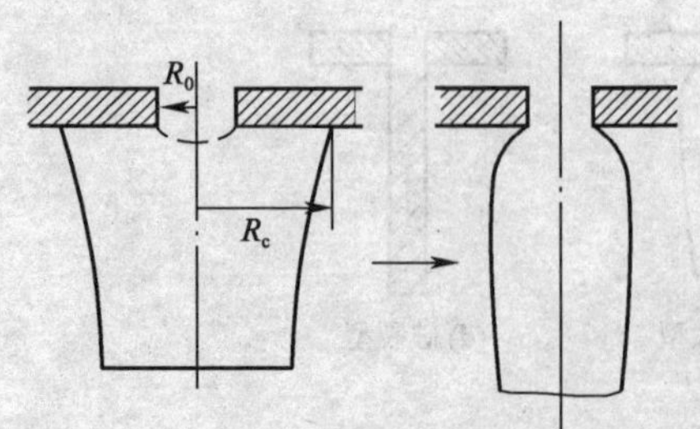

图 5－8　从漫流型向胀大型的转化

漫流型产生的根源，是纺丝流体的挤出动能超过了纺丝流体与喷丝板面的相互作用力和能量损失之和。

从漫流型转变为胀大型所需的最低临界挤出速度 v_{cr} 和漫流半径 R_c 有关(图 5－8)，也与孔径 R_0 和黏度 η 有关。

挤出速度 v_0 大于临界挤出速度 v_{cr} 时，挤出类型由漫流型向胀大型转化。孔径 R_0 和黏度 η 越小，或孔径 R_c 越大，则临界挤出速度 v_{cr} 越大。这就是说，这时需要采取更高的挤出速度 v_0 ($v_0 \geqslant v_{cr}$)，才能使纺丝流体从喷丝头(板)表面剥离变成胀大型。在实际纺丝过程中，通常在喷丝头(板)表面涂以硅树脂或适当改变喷丝头的材料性质，以降低纺丝流体与喷丝板间的界面张力；或适当降低流体的温度，以提高其黏度；或增大泵供量，使 v_0 增大，从而减轻或避免漫流型细流的出现。

(三)胀大型

胀大型与漫流型不同，纺丝流体在孔口胀大，但不流附于喷丝头(板)表面。只要将胀大比 B_0(指细流最大直径与喷丝孔直径之比)控制在适当的范围内，细流就是连续而稳定的，因此是纺丝中正常的细流类型。

纺丝流体出现孔口胀大现象的根源是纺丝流体具有弹性。纺丝流体从大空间压入喷丝孔时，会由于入口效应而产生法向应力差 N'；在孔道内做剪切流动时，会由于法向应力效应而产生法向应力差 N''。这些法向应力差的大小，决定了胀大比 B_0 的大小。

一般纺丝流体的胀大比 B_0 在 1～2.5，个别纺丝流体的 B_0 达到 7。B_0 过大对于提高纺速和丝条成型稳定性不利。因此，实际纺丝过程中希望 B_0 接近 1。

(四)破裂型

在胀大型的基础上，如继续提高切变速率(特别是在纺丝流体黏度很高的情况下，提高 v_0)，挤出细流会因均匀性的破坏而转化为破裂型。当细流呈破裂型时，纺丝流体中出现不稳定流动，熔体初生纤维外表呈现波浪形、鲨鱼皮形、竹节形或螺旋形畸变，甚至发生破裂。这种细流类型最初是在聚合物熔体挤出过程中发现的，所以称为熔体破裂。后来一些聚合物流体，如聚乙烯醇、聚苯乙烯、聚丙烯腈的浓溶液以及粘胶原液在高切变应力($\sigma_{21} > 100$kPa)挤出时，都曾观察到不稳定流动。对此一般亦称为熔体破裂，实际上是上节所述的内聚破坏。对纺丝来说，破裂型细流属于不正常类型，它限制着纺丝速度的提高，使纺丝过程不时地中断，或使初生纤维表面形成宏观的缺陷，并降低纤维的断裂强度和耐疲劳性能。

可以从多方面来考察聚合物流体不稳定流动的条件，对绝大多数聚合物来说，熔体破裂的临界切应力值 σ_{cr} 约在 100kPa(表 5－3)。

表 5－3 几种聚合物熔体的临界切应力 σ_{cr} 值

聚合物熔体	t/℃	σ_{cr}/kPa
聚酰胺 6	240	960
聚酰胺 66	280	860
聚酰胺 610	240	900
聚酰胺 11	210	700
聚对苯二甲酸乙二酯([η]＝0.67)	270	100～600
高密度聚乙烯(MI＝2.1)	150～240	150～200
低密度聚乙烯	130～230	80～130
聚丙烯([η]＝0.33)	200～300	80～140

临界切应力 σ_{cr} 与聚合物的相对分子质量及温度有关。相对分子质量增高或挤出温度下降，导致临界切应力下降。由于各种聚合物流体的黏度可能相差极大，如果用临界切变速率 $\dot{\gamma}_{cr}$ 来评定发生熔体破裂的条件，则各种聚合物的临界切变速率可相差几个数量级。一般来说，缩聚型成纤聚合物，如聚酰胺66，在挤出温度 $t_0=275$℃时，切变速率高达 $10^5 s^{-1}$ 左右，才会出现熔体破裂，而在喷丝孔流动中，一般切变速率只有 $10^4 s^{-1}$。加聚型成纤聚合物，如聚乙烯和聚丙烯的情况则有所不同，聚乙烯在250℃时挤出，切变速率在 $100 \sim 1000 s^{-1}$ 便出现熔体破裂现象。

相对分子质量对 $\dot{\gamma}_{cr}$ 有一定影响，相对分子质量增大时，$\dot{\gamma}_{cr}$ 值减小。

也有人建议将临界黏度作为出现熔体破裂的标志。随着 $\dot{\gamma}$ 值的增加，当聚合物流体的 η_a 值由零切黏度 η_0 下降至临界值 η_{cr} 时，熔体发生破裂。η_{cr} 与 η_0 之间有下列经验关系：

$$\eta_{cr}=0.025\eta_0 \tag{5-3}$$

黏性湍流是一种不稳定性流动，对于小分子流体来说，雷诺数 N_{Re} 是表征流型的准数。在圆管内流动时：

$$N_{Re}=\frac{2R\bar{v}\rho}{\eta} \tag{5-4}$$

式中：$\bar{v}$——流体在管内流动的平均线速度；

ρ、η——分别为流体的密度和黏度。

在纺丝流体从喷丝孔内被挤出的条件下，由于 η 很大（$\eta>10 Pa \cdot s$），喷丝孔孔径 R_0 很小，即使在发生熔体破裂的平均线速度 $\bar{v}$ 下，N_{Re} 一般仍小于1。因此，纺丝流体挤出过程中的熔体破裂不是黏性湍流的结果。纺丝熔体挤出过程中的不稳定流动是其弹性所引起的。当流体内的弹性形变能量与克服黏滞阻力所需的流动能量相当时，则发生熔体破裂。这种不稳定流动称为弹性湍流。还有人发现，对于不同的聚合物黏弹体来说，只要它们在流动中的弹性可复切应变到达某一临界值时，均开始呈现熔体破裂现象，而且该可复切应变的临界值与聚合物流体的种类无关。

纺丝流体的弹性可复切应变 γ 可表示为：

$$\gamma=\frac{\sigma_{12}}{G}=\frac{\eta\dot{\gamma}}{G}=\tau\dot{\gamma}=N_{Re,el} \tag{5-5}$$

式中：$N_{Re,el}$——弹性雷诺准数。

$N_{Re,el}$ 可作为熔体破裂出现的判据。有人认为 $N_{Re,el}>5$ 时即发生熔体破裂。

式(5-5)表明：熔体破裂发生与否取决于纺丝流体的黏弹性（τ）及其在喷丝孔道中的流动状态（$\dot{\gamma}$）。在实践中，主要通过调节影响 τ 和 $\dot{\gamma}$ 的各项因素来避免熔体破裂。例如，提高纺丝流体温度，以减小 τ，减少泵供量，以降低 $\dot{\gamma}$。

第二节　熔体纺丝

熔体纺丝是一元体系，只涉及聚合物熔体丝条与冷却介质间的传热，纺丝体系没有组成的变化。从这种意义上说，熔体纺丝是最简单的纺丝过程，在理论研究中，容易用数学模型进行分析，生产工艺亦比较简单。

一、熔体纺丝的运动学和动力学

纺丝线的速度分布（速度场）和应力分布（应力场）对熔纺纤维结构形成起着重要的作用，历来是化学纤维成型理论研究的核心问题之一。现在，熔融纺丝理论已能够对纺丝线的速度场和应力场进行定量的描述。

（一）熔体纺丝线上的速度分布

对于熔体的等温稳态纺丝，如果不考虑速度在丝条截面上的分布，可以作单轴拉伸处理。式（5－2）所示的连续性方程式可以简化为：

$$\rho_x v_x A_x = \text{常数} \tag{5-6}$$

式中 ρ_x、v_x、A_x 分别为丝条的密度、纵向速度和截面积。ρ_x 取决于温度和相态的变化。对于纺丝线上基本不发生结晶的熔体纺丝，ρ_x 可以通过温度分布 $t(x)$ 确定。由于熔纺纤维的直径 dx 可以通过取样或采用激光衍射法等测定，因此其速度场不难确定。

图 5－9、图 5－10 是 PA6 纺丝时，在不同纺丝速度下测得的纺丝线直径的变化以及由此推算出的纺丝线速度分布。

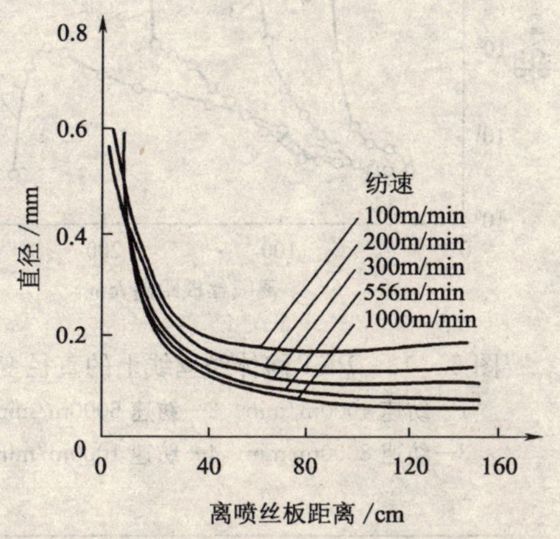

图 5－9 PA6 熔体纺丝线上的直径变化

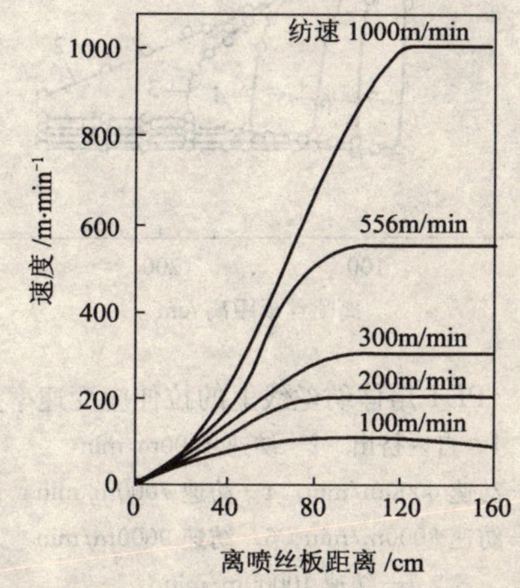

图 5－10 PA6 熔体纺丝线上的速度分布

从速度分布 v_x，可以进一步求出拉伸应变速率（即轴向速度梯度）$\dot{\varepsilon}(x)$。

$$\dot{\varepsilon}(x) = \frac{dv_x}{dx} \tag{5-7}$$

分析 $v_x \sim x$ 曲线可知，丝条的加速运动并不是均匀的。再加上对出口胀大区的考虑，在出口胀大直径最大的截面之前，运动是减速的，经过最大直径以后又逐步加速，固化后，速度基本

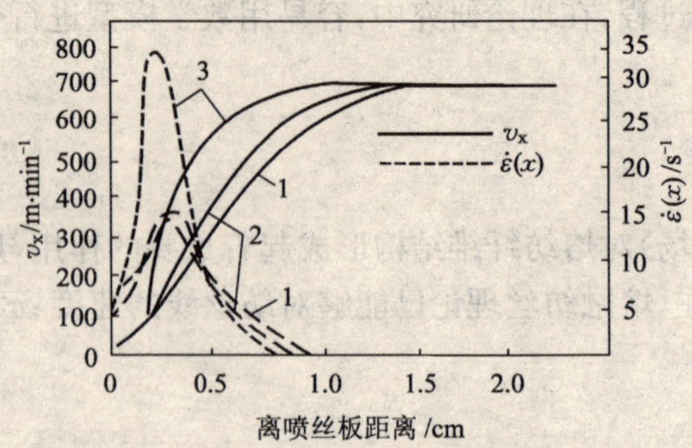

图 5－11　聚合物在等温纺丝条件下的平均轴向速度分布和拉伸应变速率变化

1—PA6　2—PET　3—聚苯乙烯

（流量 2.9g/min，v_L＝656m/min）

上维持恒定。拉伸应变速率作为纺丝线位置的函数，如图 5－11 所示，$\dot{\varepsilon}(x)$是一个有极大值的函数。

对于纺丝线上发生的结晶情况，例如 PET 高速纺丝，ρ_x 的确定还要考虑相态的变化。图 5－12 和图 5－13 为 PET 高速纺丝线上直径的变化及由此推算出的拉伸应变速率的变化。值得注意的是，纺丝速度为 4000m/min 时，丝条直径及拉伸形变速率的趋势与常规纺丝基本相同，即丝条直径随距喷丝板的距离单一地减少至达到卷绕直径，但纺丝速度在 6000m/min 以上时，存在着一处丝条直径急剧减小的位置。这种急剧细化过程称为细径现象，在常规纺丝中，只有在拉伸过程中才出现。

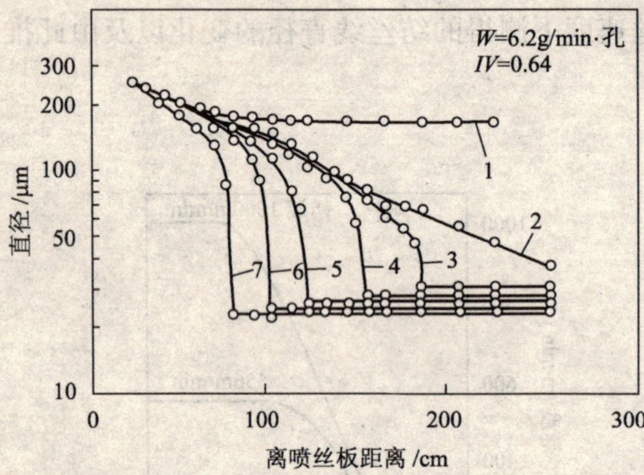

图 5－12　PET 熔体纺丝线上的拉伸应变速率变化

1—自内挤出　2—纺速 4000m/min

3—纺速 6000m/min　4—纺速 7000m/min

5—纺速 8000m/min　6—纺速 9000m/min

7—纺速 10000m/min

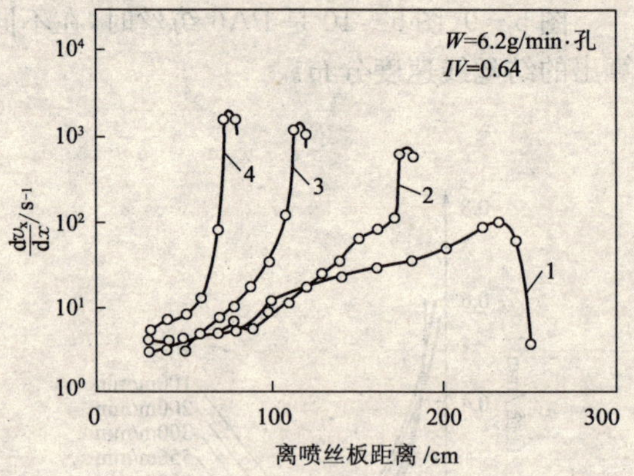

图 5－13　PET 熔体纺丝线上的直径变化

1—纺速 4000m/min　2—纺速 6000m/min

3—纺速 8000m/min　4—纺速 1000m/min

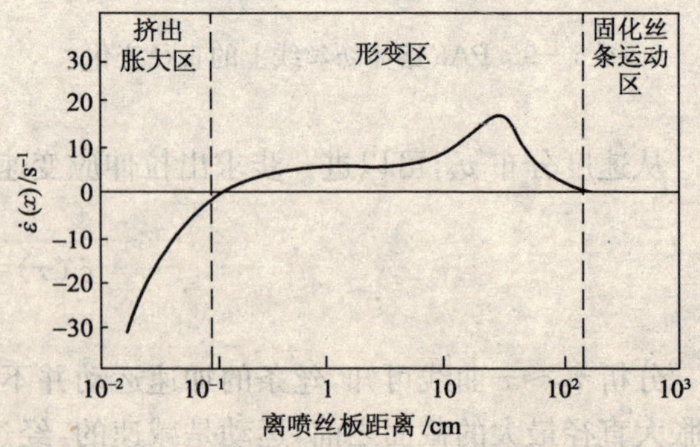

图 5－14　纺丝过程中拉伸应变速率分布示意图

根据拉伸应变速率 $\dot{\varepsilon}(x)$ 的不同，可将整个纺丝线分成三个区域(图 5－14)。

Ⅰ区(挤出胀大区)和Ⅱ区(形变区)交界处对应于直径膨化最大的地方，通常离喷丝板不超过 10mm。在此区中，熔体进入孔口时所储存的弹性能以及在孔流区储存的且来不及在孔道中松弛的那部分弹性能将在熔体流出孔口处发生回弹，从而在细流上显现出体积膨化现象。由于体积膨化，故 v_x 沿纺程减小，轴向速度梯度为负值，即 $\frac{dv_x}{dx}<0$，在细流最大直径处，轴向速度梯度为零，即 $\frac{dv_x}{dx}=0$。在改变喷丝头拉伸比的情况下，胀大比随 $\frac{v_L}{v_0}$ 的增大而下降，当拉伸比增至一定值时，挤出胀大区完全消失。熔纺的 $\frac{v_L}{v_0}$ 通常较大，故Ⅰ区通常不存在。

在形变细化区中，在张力作用下，细流逐渐被拉长变细，故 v_x 沿纺程 x 的变化常呈 S 形曲线，拐点把Ⅱ区划分为Ⅱ$_a$ 区和Ⅱ$_b$ 区。在Ⅱ$_a$ 区中，$\frac{dv_x}{dx}>0$，$\frac{dv_x}{dr}=0$，$\frac{d^2v_x}{dx^2}>0$；在Ⅱ$_b$ 中，$\frac{dv_x}{dx}>0$，$\frac{dv_x}{dr}=0$，$\frac{d^2v_x}{dx^2}<0$。

Ⅱ区的长度通常在 50～150cm，具体的值随纺丝条件而定。在图 5－12 中，细径结束点随纺丝速度增大而向前移动。此区的长度本身就是一种非常重要的特性，它既能决定纺丝装置的结构，又是鉴别纺丝线对外来干扰最敏感的区域。这一区中 $\dot{\varepsilon}(x)$ 出现极大值，一般为 10～50s^{-1}，随纺丝速度、冷却条件和材料流变特性而异。如 PET 高速纺丝中，$\dot{\varepsilon}(x)$ 的极大值可达 1500s^{-1} 以上。Ⅱ区是熔体细流向初生纤维转化的重要过渡阶段，是发生拉伸流动和形成纤维最初结构的区域，因此是纺丝成型过程最重要的区域。在此区中，熔体细流被迅速拉长而变细，速度迅速上升，速度梯度也增大。由于冷却作用，丝条温度降低，熔体黏度增加，致使大分子取向度增加，双折射上升；如卷绕速度很高，还可能发生大分子的结晶。该区的终点即为固化点。

在Ⅲ区中，熔体细流已固化为初生纤维，不再有明显的流动发生。纤维不再细化，v_x 保持不变，$\frac{dv_x}{dx}=0$。纤维的初生结构在此继续形成。此区的结晶发生在取向状态，这取向状态影响结晶的动力学和形态学。在高速纺丝时，Ⅲ区的长度也会由于运行的固体丝条的空气阻力而影响丝条的张力。

（二）熔体纺丝线上的力平衡及应力分布

在熔纺过程中，聚合物熔体从喷丝孔挤出后，立即受到导丝盘卷绕力的轴向拉伸作用，丝条在运行过程中，将克服各种阻力而被拉长细化。要使成型过程稳定，所有作用在丝条上的力（图 5－15）应处于平衡状态。

将运动学方程式根据单轴拉伸的假设简化后进行积分，可以得到离开喷丝头距离 x 处的力的平衡方程式：

$$F_r(X)=F_r(0)+F_s+F_i+F_f-F_g \tag{5-8}$$

式中：$F_r(X)$——在 $x=X$ 处丝条所受到的流变阻力；

$F_r(0)$——熔体细流在喷丝孔出口处作轴向拉伸流动是所克服的流变阻力；

F_s——纺丝线在纺程中需克服的表面张力；

F_i——使纺丝线做轴向加速运动所需克服的惯性力；

F_f——空气对运动着的纺丝线表面所产生的摩擦阻力；

F_g——重力场对纺丝线的作用力。

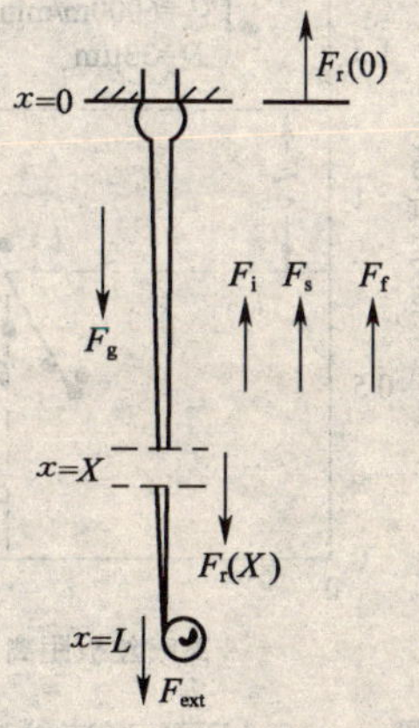

图 5－15 纺丝线轴向受力示意图

在卷绕筒管($x=L$)处，上式可写成：

$$F_{ext}=F_r(L)=F_r(0)+F_s+F_i+F_f-F_g \qquad (5-9)$$

F_g 对纤维张力的贡献的重要性随纺丝条件而定。对常规熔体纺丝，在喷丝板附近，F_g 对纤维张力有明显影响。在很低速度下纺制高线密度纤维时，F_g 是很重要的因素。当熔体表观黏度过低时，F_g 引起的熔体自重引伸可能大于喷丝头拉伸，则会产生并丝而无法卷绕。在高速纺丝中，F_g 的作用减弱，甚至可将它完全忽略。

在熔体纺丝中，表面张力 F_s 一般都很小，仅在处于液态的小段区域内起作用，一般可以忽略不计。但在纺制异形纤维时，F_s 会引起表面曲率的平均化，其结果是降低截面的异形度，因此应予以注意。

F_i 对纤维张力贡献的重要性随纺丝条件而异。对于常规熔体纺丝，F_i 在有加速运动的范围内与 v_x 的平方成正比。因此高速纺丝中，F_i 的重要性将大大增加。在 8000m/min 以上的超高速纺丝中，F_i 离喷丝板不远处就开始显示出很大的影响，其对结构形成的影响很大。有人认为，超高速纺丝中纺丝线上出现细颈现象，正是 F_i 引起丝条的质量微元突然加速的结果。

F_f 沿纺丝线而变化。接近喷丝板处，熔体丝条速度特别低，F_f 也极微小，甚至在形变速率最大的整个区域中，F_f 都不十分重要。实际上，F_f 绝大部分为丝条达到卷绕速度以后的纺丝线所贡献。F_f 的经验计算式[式(5－10)]表明，F_f 和纺速的 1.39 次方成正比。

$$\begin{aligned} F_f &= \int_0^x 0.37\left(\frac{vd_x}{0.16\times10^{-4}}\right)^{-0.61}\frac{1.2}{2}v_x^2\pi d_x\mathrm{d}x \\ &=8.28\times10^{-4}v_x^{1.39}d_x^{0.39}x \end{aligned} \qquad (5-10)$$

对于一定纺丝速度下的纺丝线，在拉伸形变完成之后，张力沿纺丝线成线性增大，其原因基本上只是空气阻力增加的结果，因为 F_g 的作用可以忽略，而 ΔF_i、ΔF_s 均为零。图 5－16 是各种不同纺丝速度的 PET 熔纺中测得的张力沿纺丝线的变化情况。由图 5－16 可知，在高速纺丝中，F_f 随纺丝速度提高而急剧增大。因此，F_f 在高速纺速中的作用十分重要，对结构的形成也有很大影响。纺丝速度超过 6000m/min 时，F_i 和 F_f 达到了使纤维在纺丝线上进行全拉伸。

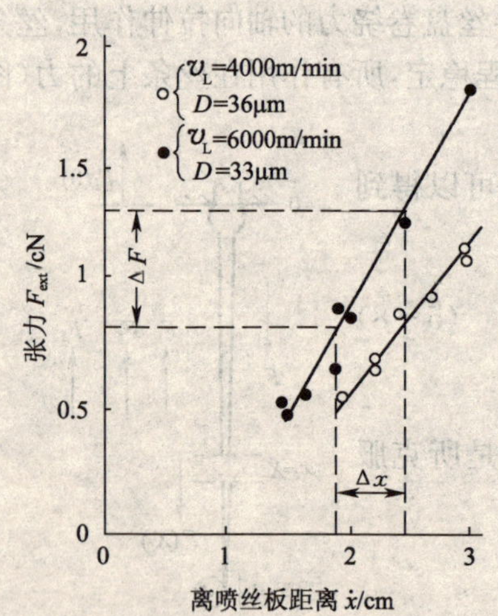

图 5－16 PET 高速纺速时固化区张力沿纺程的变化

空气摩擦阻力的确定在熔体纺丝研究中意义很大，因为纺丝线上的拉伸流动研究需要求得流变力 $F_r(0)$ 的大小，其他诸项分力，如惯性力、重力可以进行计算，而且在某些条件下这些分力无足轻重。卷绕力也可以测定，按前面的力平衡式，要确定 F_r，空气摩擦阻力的确定是关键，而这项阻力又最难确定，目前尚无一个公认的精确的理论方法，因此流变力的确定强烈地受空气摩擦阻力表达式选用的影响。

根据拉伸应力的定义，F_r 取决于聚合物熔体离开喷丝孔后的流变行为和形变区的速度梯度，即：

$$F_r(x)=\eta_e(x)\dot{\varepsilon}(x)\pi R_x^2 \tag{5-11}$$

由于拉伸黏度 $\eta_e(x)$ 是纺丝线上的位置函数，它受纺丝线上速度分布和温度分布的影响，其在线测定很困难，因此不能由式(5－11)直接确定 F_r，而可以由力平衡关系式计算。

$$F_r(x)=F_{ext}+F_g-F_s-F_i-F_f \tag{5-12}$$

式中各项阻力(F_g、F_r、F_i、F_f)是从离喷丝头 x 到卷绕筒管($x=L$)处的一段纺丝线上的作用力。

在喷丝孔出口处($x=0$)，流变力 $F_r(0)$ 可按下式计算：

$$F_r(0)=\pi R_0^2\sigma_{xx}(0) \tag{5-13}$$

式中：$\sigma_{xx}(0)$——聚合物细流在喷丝孔出口处的拉伸应力。

拉伸应力的表达式为：

$$\sigma_{xx}(0)=\eta_e\dot{\varepsilon}(0) \tag{5-14}$$

式中：η_e——喷丝孔出口处的拉伸黏度；

$\dot{\varepsilon}(0)$——喷丝孔出口处的轴向速度梯度(dv/dx)。

$F_r(0)$对纤维张力有重要贡献，一般不可忽略。

在卷绕点处($x=L$)，$F_r(L)$即卷绕张力 F_{ext}。F_{ext}不合适是造成成型不良的主要因素。F_{ext}过大会出现凸肩，F_{ext}过小会出现凸肚，即"面包丝"。在实际生产中，应根据产品线密度的不同选择合适的卷绕张力，使丝筒成型良好。在确保成型良好的前提下，卷绕张力稍大些，既有利于丝筒在后道织造工序中顺利退绕，也可降低包装材料的费用。

应该指出，上述理论分析和实验研究均就单丝而言。至于复丝，其所经历的机械和热的条件与纺单纤维时极不相同。甚至复丝中多根纤维之间所经历的条件也有变化，从而引起纤维受力情况的改变。例如，纺细特丝时，纺丝应力明显增大。实验表明，总线密度一定时，根数增加1倍，纺丝张力几乎增大1倍。

根据纺丝线上的力平衡方程式，可求得任意点 x 处的纺丝应力，从而确定纺丝线上的应力分布(图5－17)。

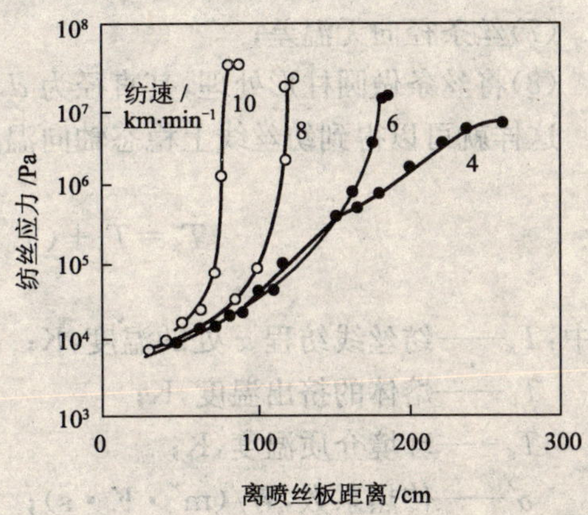

图5－17　PET纺丝线上的应力分布

图5－17表明，在4000m/min的纺速下，纺丝应力沿纺程几乎单调增加。当纺速更高，纺丝线上出现细颈现象时，细颈点附近纺丝应力急剧增大。

二、熔体纺丝中的传热

熔体细流的固化过程，首先受细流和周围介质传热过程的控制，同时伴随结晶和分子取向的过程。

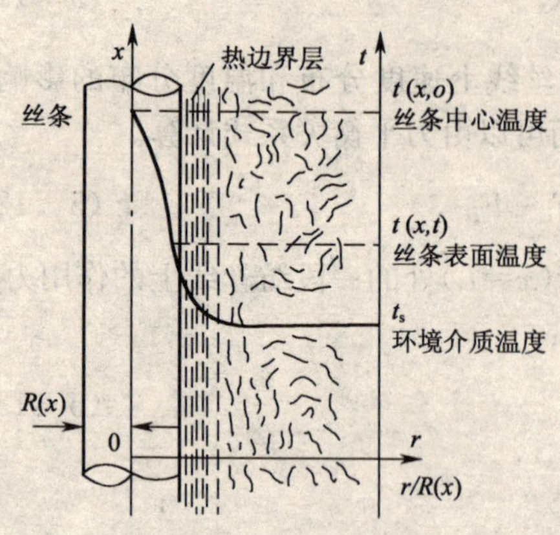

图 5－18　纺丝线传热过程示意图

熔体纺丝中的传热，是熔体纺丝过程的一个决定因素，它影响纺丝线上的速度分布、应力分布以及纺丝线上的结晶、分子取向和其他结构形成过程，因此也是化学纤维成型理论研究的核心问题之一。运动丝条和环境介质间的传热，可用图 5－18 表示。在丝条内部（$0<r<R$），热流因传导引起，从丝条表面到环境介质，则主要为对流传热，有很小一部分为热辐射。这样，丝条在纺丝线上逐渐冷却，有一个轴向的温度场（$t—x$）；同时，由于热量是由中心经边界层传到周围介质中的，因而必定有一个径向的温度场（$t—r$）。研究熔体纺丝中传热问题的主要任务就是找出任何时刻纺丝线上的温度分布情况，即轴向温度场和径向温度场。

（一）熔体纺丝线上的轴向温度分布

确定熔体纺丝线上轴向分布，可采用能量方程式。为了使问题简化，作如下假设：

（1）内能 U 的变化及流动过程中能量失散均忽略不计；

（2）忽略热辐射；

（3）在纺丝线上的任何一点上，聚合物流动是稳态的；

（4）丝条在冷却过程中无相变热释放；

（5）以拉伸应变速率 $\dot{\epsilon}$ 和拉伸应力 σ_{xx} 做黏性拉伸流动过程中产生的热量可以忽略；

（6）沿丝条轴向的传热可忽略；

（7）丝条径向无温差；

（8）将丝条做圆柱形处理，其直径为 d、密度为 ρ、速度为 v。

这样就可以得到纺丝线上稳态轴向温度分布的方程式：

$$T_x = T_s + (T_0 - T_s)\exp\left(-\int_0^x \frac{\pi d\alpha'}{WC_p}\mathrm{d}x\right) \tag{5-15}$$

式中：T_x——纺丝线纺程 x 处的温度，K；

T_0——熔体的挤出温度，K；

T_s——环境介质温度，K；

α'——传热系数，W/(m²·K·s)；

C_p——等容热容，J/(kg·K)；

W——喷丝孔熔体挤出量，kg/s。

根据式(5－15)计算，由于 C_p 和 W 通常可视为常数，在 α' 确定后，可求得纺丝线上 x 处的温度 $T(x)$。

传热方程解析的关键是传热系数 α'。熔体纺丝过程中，丝条冷却的传热系数是以气流冷却圆柱形金属丝的模拟实验，依据稳态假定推导出来的（图 5－19）。空气以不同的角度吹过金属丝，其纵向分量 v_x 和横向分量 v_y 随之发生变化。v_x 相当于纺丝过程中丝条的运动速度。设丝条的截面为圆形，其面积为 A，可得出传热系数的表达式：

$$\alpha'=0.4253A^{-0.333}[v_x^2+(8v_y)^2]^{0.167} \tag{5-16}$$

从式(5－16)可以得出两个重要的结论：

(1)在横吹风时(相当于模拟实验中 $v_x=0, v_y=a$)的传热系数为纵向吹风($v_x=a, v_y=0$)时的两倍。

(2)在纺丝线上，丝条冷却的控制因素是变化的。由式(5－16)：

若 $v_y/v_x<0.125$　　$[v_x^2+(8v_y)^2]^{0.167}\cong v_x^{0.334}$

若 $v_y/v_x>0.125$　　$[v_x^2+(8v_y)^2]^{0.167}\cong 2v_y^{0.334}$

这种关系所预示的含义是：在横向吹风速度 v_y 不变时，因丝条运动速度在纺丝线上是变化的，则在整个纺丝线上必定要经历一个若 v_y/v_x 值从大于 0.125 到等于 0.125，又到小于 0.125 的变化。在接近喷丝板的范围内，$v_y/v_x>0.125$，在喷丝板之下不远，丝条运动速度远小于 v_y，α'算式中的 y_x^2 项可忽略不计。随着纺丝线上速度的逐渐提高，v_y/v_x 减小，至 $v_y/v_x\ll 0.125$ 时，v_y^2 项可忽略不计。这个变化关系就是说，在纺丝窗的上段，冷却过程主要受冷却吹风速度 v_y 控制；在纺丝窗下部，冷却过程几乎完全决定于丝条本身的运动速度 v_x。

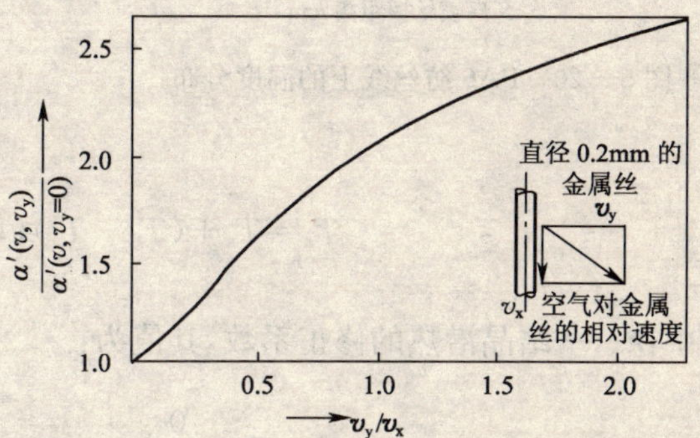

图 5－19　空气速度分量 v 保持恒定时，传热系数随 v_y 分量的变化情况

由于高速纺丝条的速度比常规纺高 3～4 倍，所以在纺程上出现 $v_y/v_x<0.125$ 的位置要早，而且 $v_x/v_y\gg 0.125$，因此 v_y 的变化对冷却过程和初生丝结构性质的影响不如常规纺丝明显。

多年来，在纺丝研究中大多采用式(5－16)计算传热。有人发现将该式用于高速纺时，传热系数偏低 25%，这是因为式(5－16)的推导是根据加热金属丝在风筒中冷却的实验，不完全符合实际纺丝中丝条的冷却状况。于是提出了如下从纺丝线上测到的传热系数的表示式：

$$\alpha'=1.74\left(\frac{v}{A}\right)^{0.259}\left[1+\left(\frac{8v_y}{v_x}\right)^2\right]^{0.167} \tag{5-17}$$

还应看到，向下运动的高速纺丝条，在其周围会挟带一薄的边界层气流，并且丝条受横吹风气流而处于振动态。这些因素均对传热系数有影响。因此，选择一个合适的传热系数表达式是重要的。

PA6 常规纺丝线上实际测定的温度分布曲线(图 5－20)表明，式(5－16)所预示的温度分布与实测值十分吻合。但在 PET 纺速为 8000m/min 时(图 5－21)，纺丝线的温度曲线上出现一个平台，与计算值不符。其原因是方程式(5－16)未考虑丝条冷却过程中的相变热，而实际上，PET 高速纺丝中会发生取向结晶，因此实测值高于计算值。为此，对于纺丝线上发生结晶的情况，式(5－15)应做相应的校正。

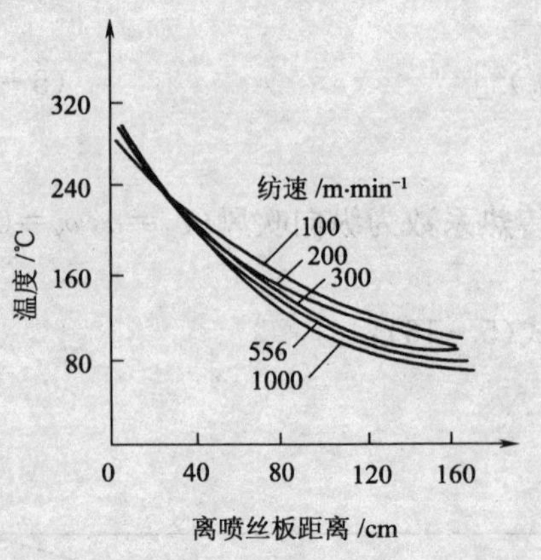

图 5－20　PA6 纺丝线上的温度分布

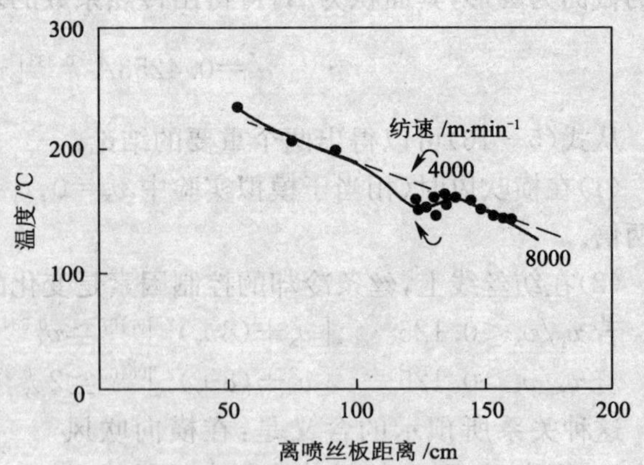

图 5－21　PET 纺丝线上的温度分布

$$T_x = T_s + (T_0 - T_s)(1+k)\exp\left(-\int_0^x \frac{\pi d\alpha'}{WC_p} dx\right) \tag{5-18}$$

式中：k——结晶潜热的修正系数，其值为：

$$k = \begin{cases} 0 & \text{当 } T > T_m \\ \rho k_c / C_p (T_m - T_s) & \text{当 } T < T_m \end{cases} \tag{5-19}$$

式中：k_c——结晶的潜热，J/mol；

T_m——熔点，K。

一般成纤聚合物的 k 为 0.08～0.65。

（二）熔体纺丝线上的冷却长度 L_k

通常将从喷丝板（$x=0$）到卷绕点（$x=L$）之间的距离称为纺程，喷丝板到丝条固化点（$x=x_e$）之间的距离称为冷却长度（L_k）。在冷却长度 L_k 的范围内，是熔体细流向初生纤维转化的过渡阶段，也是初生纤维结构形成的主要区域。因此，测定或计算出 L_k 并加以控制，是纺丝工程中的重要研究内容。

对 L_k 的研究可以从纺丝线上的直径分布、速度分布和温度分布着手，采用由温度分布求 L_k 的方法。设 W、α'、C_p 为常数，固化点前的直径和速度均用平均值（$\bar{d}$，$\bar{v}$）表示，L_k 可由式（5－20）求得：

$$L_k = \frac{WC_p}{\pi \bar{d}\alpha'} \ln\frac{T_0 - T_s}{T_e - T_s} = \frac{\rho \bar{d}\bar{v} C_p}{4\alpha'} \cdot \frac{T_0 - T_s}{T_e - T_s} \tag{5-20}$$

式中：ρ——丝条的密度。

由式（5－20）可知，L_k 受冷却吹风时，丝条的传热系数 α'、环境介质温度 T_s、熔体的等压比热容 C_p、丝条的平均直径 $\bar{d}$、丝条的平均速度 $\bar{v}$ 和熔体的挤出温度 T_0 等因素影响。其中 α' 的影响最大，一般 α' 增大一倍，L_k 减少 $\frac{1}{2}$。

PET熔体的C_p平均值[1.7kJ/(kg·K)]低于PA6[2.4kJ/(kg·K)]和PA66[2.5kJ/(kg·K)],因此其L_k通常比PA6和PA66短些。对于常规纤维的纺丝,L_k较长,缩短喷丝板到侧吹风的距离H即可以获得比较好的条干CV值,但H太短,喷丝板冷却加快,丝条冷却速率提高,丝条易断头。因此,常规PET直接纺丝的H值一般控制在20～30mm。纺制超细纤维,由于丝条的平均直径$\bar{d}$远低于常规纤维,L_k太短,因此应适当增大H,以降低侧吹风对喷丝板面的影响,减小喷丝板的温度降,使丝自然冷却,防止丝条变脆、强度降低。因此,超细PET直接纺丝的H值一般控制在40～1200mm。

值得注意的是,不管是理论计算还是实测,纺制常规纤维时,L_k一般都格外的短,只有0.5m左右,而其纺程为4～6m,高速纺时达7m。因此,适当地修正固化点至卷绕点之间过长的距离是可能的。紧凑短程纺的发展,已完全证实了这种设想。

(三)熔体纺丝线上的径向温度分布

讨论丝条运动学和动力学时,常忽略了丝条径向温度的不同。但由于聚合物为导热差的物体,从丝条中心到表皮实际上存在着温差。在高速纺丝纤维成型过程中,由于聚合物对温度敏感,即使小的径向温度差,也会对纤维截面的应力分布产生影响,而分子取向的分布在很大程度上取决于应力分布,因此这种径向温差会对丝条的径向结构发展产生重要的影响。

根据傅立叶经验律,可得到径向温度分布的微分方程:

$$\left(\frac{\partial T}{\partial r}\right)_{R}=-\frac{(T_{R}-T_{S})\alpha'}{\lambda} \tag{5-21}$$

式中:T_R——丝条表面温度;

λ——丝条的导热系数,W/(m·K)。

可见,丝条的径向温度梯度随传热系数而增大,即随纺速和横吹风风速的增加以及线密度降低而增大。

由式(5-21)可得丝条平均径向温度梯度的表达式:

$$\frac{T(0)-T_{R}}{R}=\frac{(T_{R}-T_{S})\lambda_{a}N_{nu}}{2\lambda R} \tag{5-22}$$

式中:$T(0)$——丝条中心温度($r=0$);

λ_a——空气的导热系数,W/(m·K);

N_{nu}——鲁塞尔数。

从图5-22可知,丝条中心与表面之间存在温度差,即使温度差只有几度,但如果丝条的半径为0.002cm,这就相当于径向温度梯度的数量级为10^3℃/cm。由于聚合物性质对温度的敏感性,这样的径向温差会对纤维的径向结构发展产生重要影响。图5-22表明由于径向的温度分布导致径向黏度分布,高黏性的皮层出现应力集中现象,这样高应力的皮层区要比接近于纤维轴的低应力区存在更好的大分子取向和结晶的条件。

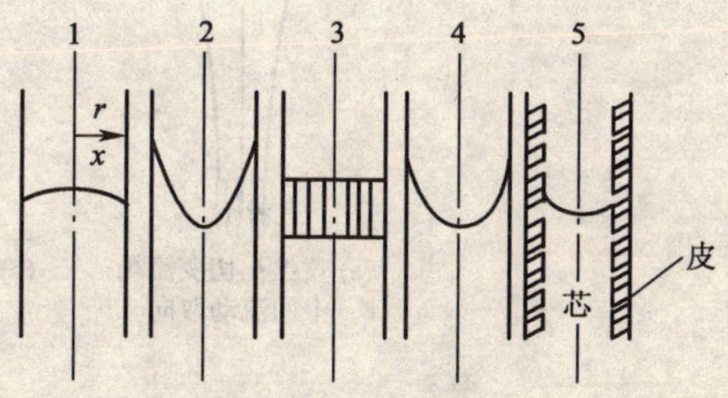

图5-22 熔纺纤维的径向温度梯度物理性质和动力学特征

1—温度 2—聚合物黏度 3—轴向速度 4—张应力 5—结晶速率

这正是高速纺纤维形成皮芯结构的原因。

式(5－22)适用于圆形纤维。对于异形纤维，还应该以异形截面的几何形状作为微分单元，通过分析各微分单元之间的传热情况，建立异形丝的传热模型，通过热平衡方程定量分析各单元间的传热情况，进而可推导出各单元内部的温度分布。

三、熔体纺丝中纤维结构的形成

从纺丝得到的纤维结构，即所谓卷绕丝结构，对纤维的最终结构具有非常重要的影响，控制着进一步加工中的结构变化，且间接地影响到成品纤维的纺丝加工和使用性能。

卷绕丝的结构是在整个纺丝线上发展起来的，它是纺丝过程中流变学因素(熔体细流的拉伸)、纺丝线上的传热和聚合物结晶动力学之间相互作用的结果。纤维结构的形成和发展主要是指纺丝线上聚合物的取向和结晶。

(一)熔体纺丝过程中的取向

熔体纺丝过程中得到的取向度，即所谓的预取向度，对拉伸工序的正常操作和成品纤维的取向度有很大的影响。因此，研究纺丝过程中的取向，不仅有理论价值，还具有很大的实际意义。

1. 纺丝过程中的取向机理

根据聚合物在纺丝线上的形态特点，纺丝过程中取向作用有两种取向机理，一种是处于熔体状态下的流动取向机理，另一种是纤维固化之后弹性网络的形变取向机理。前者包括喷丝孔中切变流场中的流动取向和出喷丝孔后熔体细流在拉伸流场中的流动取向。图5－23所示为三种取向机理的示意图。

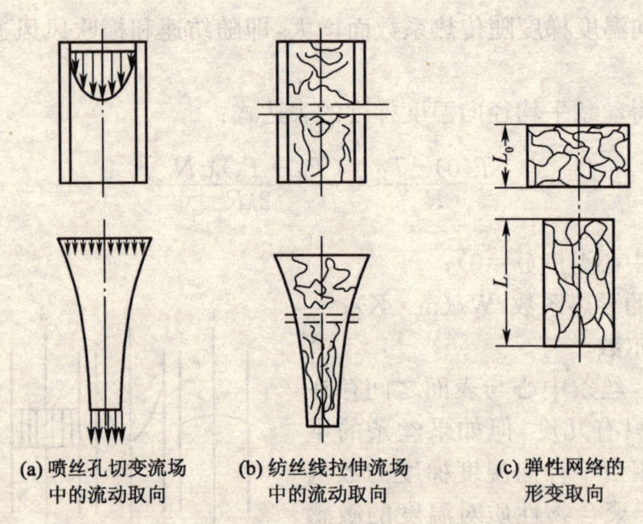

(a) 喷丝孔切变流场中的流动取向　(b) 纺丝线拉伸流场中的流动取向　(c) 弹性网络的形变取向

图5－23　取向机理示意图

喷丝孔中的剪切流动取向，是在径向速度梯度场中的取向。在稳态条件下，取向度正比于切变速率 $\dot{\gamma}$ 与松弛时间 τ 的乘积，$\dot{\gamma}\cdot\tau$ 是一个无量纲组合，即所谓威森堡数。

在喷丝孔中流动时，熔体温度较高，因而松弛时间 τ 较小，造成的取向就小。再则，即使有流动取向，在挤出胀大区域中也将松弛殆尽。所以实验证明，喷丝孔中流动取向的贡献很小，对于熔体纺丝，这种贡献完全可以忽略不计。

对于熔体纺丝线上的拉伸流动取向，控制取向的速度场是拉伸流动中的轴向速度梯度。实验表明，这是熔体纺丝中所应考虑的最重要的取向机理，卷绕丝的取向度主要是纺丝线上拉伸流动的贡献。

2. 熔体纺丝线上分子取向的发展

熔体纺丝线上取向度的变化规律，因成纤聚合物的特性而异。

对于PET等在纺程上基本不发生结晶的聚合体，其取向度（用双折射率 Δn 表示）沿纺程的分布如图5－24所示。

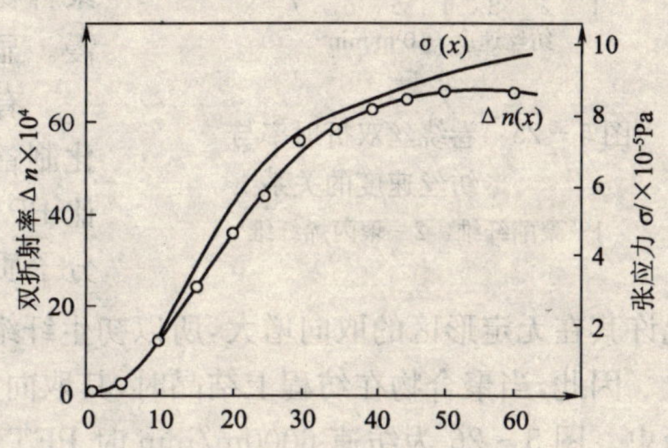

图5－24　PET纺丝线上的双折射分布

根据 Δn 的不同，可将图5－24分成三个区域。

Ⅰ区中，Δn 略有增加。这是因为，拉伸黏度 η_e 发生变化。一方面 $\dot{\varepsilon}(x)$ 导致拉伸流动速度场的取向作用；另一方面熔体细流温度远高于固化温度，η_e 较小，因此布朗运动的解取向作用也较大。两者竞争的结果，使总的取向度增加有限。

Ⅱ区中，Δn 增加迅速。这是因为拉伸流动速度场的取向因 $\dot{\varepsilon}(x)$ 仍较大而继续发挥较大的作用；同时解取向作用因 η_e 逐渐增大而削弱，因此有效的取向度大幅度单调上升。

Ⅲ区丝条几乎固化，大分子的活动性较小，相变形变困难，纺程上的拉伸应力已不足以使大分子取向，因此 Δn 达到了饱和值。

由式（5－14）可知，纺丝应力 σ_{xx} 综合反映了 $\dot{\varepsilon}(0)$ 和 η_e 的作用。因此纺丝应力在纺程上的分布与 Δn 的变化十分一致（图5－24）。一般认为，纤维的双折射率与纺丝应力有关：

$$\Delta n = C_{dp}\sigma_{xx} \tag{5-23}$$

式中：C_{dp}——应力因子。

Halmna认为，Δn 与 σ_{xx} 的关系为：

$$\Delta n = 7.8\times10^{-5}\sigma_{xx} \tag{5-24}$$

此关系式仅对 σ_{xx} 值较小时适用。当 σ_{xx} 趋向无穷大时，Δn 应达到特征双折射率0.2。根据橡胶弹性理论，Δn 通常与 $\sigma_{xx}/(t+273)$ 有关，因此有如下表达式：

$$\Delta n = 0.2\left(1-\exp-\frac{0.165\sigma_{xx}}{t+273}\right) \tag{5-25}$$

如前所述，纺丝应力随纺丝速度提高而增大。因此PET在纺程上的取向度随纺速提高而增大（图5－25）。显然，对于这类在纺程上基本不结晶的聚合物，可以在很宽的纺速范围内充分发展卷绕丝的取向。这正是实际生产中PET可以通过高速纺丝制取预取向丝（POY）和全取

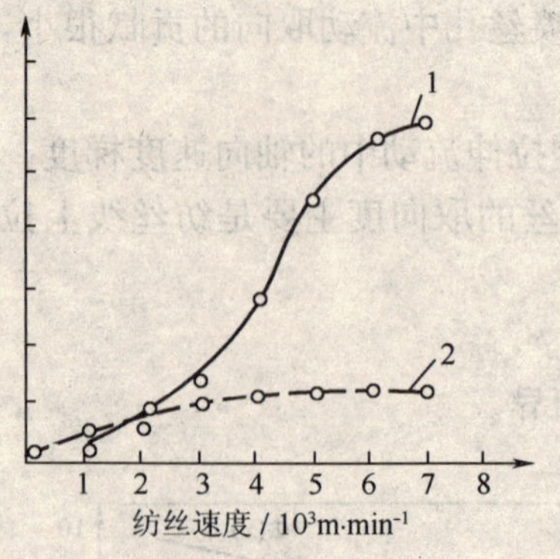

图 5－25　卷绕丝双折射率与纺丝速度的关系
1—聚酯纤维　2—聚丙烯纤维

向丝(FDY)的原因。

图 5－25 表明，PP 卷绕丝的取向作用仅在纺速较低的范围内发生，双折射率很快达到饱和值；继续提高纺速，双折射率变化缓慢。这是因为 PP 是在纺程上易结晶的聚合物，其结晶度在纺程上发展很快，从而使卷绕丝除发生液态的分子取向外，还发生微晶取向，因此双折射率很快达到饱和值。由于纺程上的应力水平不足于使结晶聚合物进一步取向，因此继续提高纺速，双折射率变化缓慢。显然，其高速纺丝效果不如 PET 显著。

有实验表明，在相同纺丝温度下，用茂金属催化剂催化制备的等规聚丙烯(miPP)初生纤维的双折射率，普遍比 PP 初生纤维的双折射率要高。这是由于 miPP 相对分子质量分布较窄，因此在纺丝过程中结晶开始晚，这就允许其在无定形区的取向增大，所以初生纤维具有较高的双折射率。

因此，当聚合物在纺程上结晶时，其取向度沿纺程的分布除取决于应力历史外，还取决于热历史。图 5－26 为纺速 6000m/min 时 PET 卷绕丝的双折射率、纺丝应力、丝条直径和温度沿纺程的分布。聚合物熔体从喷丝孔以温度 t_0 挤出后温度逐渐下降。据此可以将 Δn 沿纺程的分布划分为三个区。

(1)流动形变区：该区在喷丝板下 0～70cm，此处大部分的细化形变已基本完成，但是双折

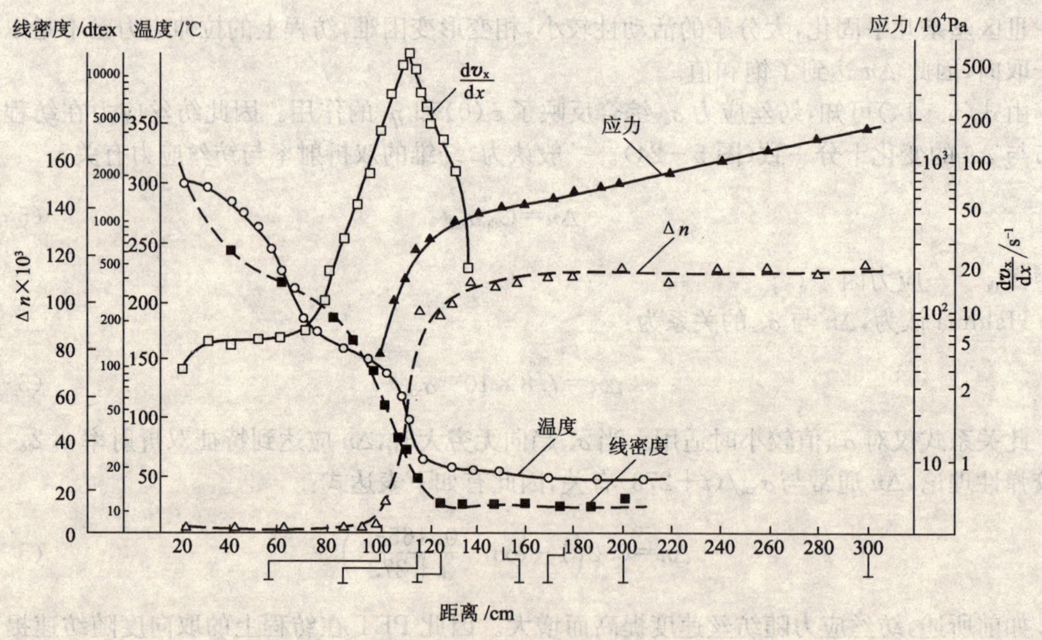

图 5－26　PET 高速纺丝的典型特性
卷绕速度 6000m/min，挤出温度 295℃，孔径 ϕ2.4mm，流量 8.4g/min

射率仍然很低。这是因为该区的形变速率较低，聚合物处于高温，大分子迅速地发生解取向作用。因此此区中双折射率仅和纺丝应力有关。

对于 PP 有人得出式(5－26)：

$$\Delta n = 3.903 \times 10^{-9} \sigma_{xx}^{0.741} \tag{5-26}$$

(2)结晶取向区：该区在喷丝板下 80～130cm。显然，与常规纺 PET 不同，其 Δn 在该狭小的区域内急剧上升，其饱和值大大提高。此区对应的直径曲线上出现细颈，温度曲线上出现平台，形变速率 dv/dx 出现极大的峰值。这是由于 PET 卷绕丝在纺程上发生了结晶。当双折射率增至 0.02～0.03 时，某些分子排列形成密集相，这对晶核形成起着重要的作用。晶核一旦形成，结晶细颈处纺丝应力急剧增大，引起大分子取向加速。由图 5－26 可见，伴随着细颈出现，双折射率跃升至 0.1 左右。同时，急剧增大的分子取向又促进了结晶。这种过程称为取向诱导结晶或取向结晶。在图 5－26 上可看到，Δn 急剧上升后的 X 线衍射图谱上出现了结晶的特征。

(3)塑性形变区：这个区域始于接近固化的末端，距喷丝板约 130cm。尽管表面看来纤维几乎固化，但是由于空气阻力的存在，张应力随之不断增加，使大分子在这样高的张应力下屈服。因此在纺丝期间出现初生纤维的“冷拉”，而且可以看到纤维在结构和力学性质方面的某些变化。

(二)熔体纺丝过程中的结晶

结晶是熔体纺丝过程中最主要的相转变，它直接决定卷绕丝的后加工性能及成品丝的性质。另一方面，如上所述，它还对卷绕丝在纺程上的温度分布、速度分布和取向作用有重要影响。因此，对熔体纺丝过程中结晶的研究，已进行了几十年。下面仅介绍其中几个主要的问题。

1. 纺丝线的等温结晶动力学

对单一组分聚合物的等温结晶动力学研究较多，应用最多的是 Avrami 方程。

在等温条件下，聚合物的结晶可用 Avrami 方程近似地处理。

$$\begin{aligned} 1-\theta_t &= \exp[-Kt^n] \\ t &= \frac{T_0 - T}{\beta} \end{aligned} \tag{5-27}$$

式中：θ_t——结晶时间 t 时的相对结晶度；

T_0——结晶起始温度；

T——结晶温度；

β——降温速率；

n——Avrami 指数，在 1～6，它取决于成核过程的类型(无热成核还是热成核)和结晶生长的几何特征(结晶生长的空间维数)；

K——结晶速率常数。

以 $\lg[-\ln(1-\theta_t)]$ 对 $\lg t$ 作图，有较好的线性关系。从直线的斜率和截距可以得到 Avrami 方程的 n 值和 K 值。

根据式(5－27)，可作出结晶特性曲线(图 5－27)。它由三个不同的区域组成：

(1)结晶诱导期：此区的结晶度低且上升缓慢，结晶诱导期的长短取决于结晶温度的高低和聚合物相对分子质量的大小。一般情况下，结晶诱导期随结晶温度提高或聚合物相对分子质量

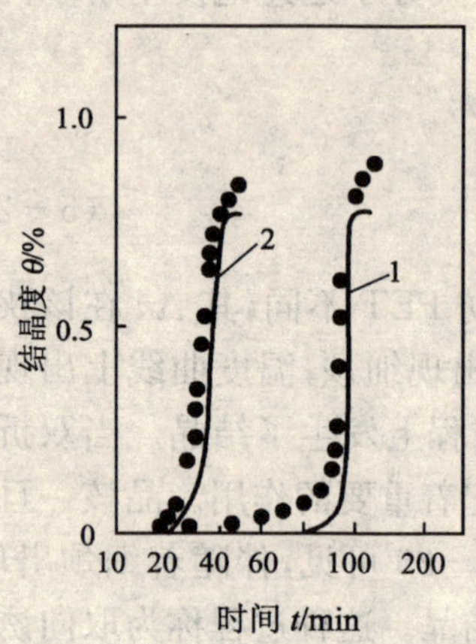

图 5－27　高密度聚乙烯的结晶特性曲线

1—等温结晶的计算结果

2—非等温结晶的实验数据

的下降而延长。

(2)结晶进行期：此区的结晶度急剧增加。

(3)结晶结束期：此区中结晶趋于稳定。

2. 纺丝线的非等温结晶动力学

非等温结晶更接近真实的工业生产条件，所以更具现实意义。Ziabicki、Ozawa 和 Jeziorny 等人在处理等温结晶过程的 Avrami 方程基础上，考虑到非等温结晶特点，对等降温速率下的结晶动力学，各自提出了自己的处理方法。但由于非等温结晶过程的复杂性，到目前为止还没有一个能够适用于所有结晶聚合物体系的非等温结晶动力学方程。

图 5－27 表明，在聚合物等温结晶过程中，结晶度随结晶时间有一定的分布。为了方便地表示结晶速率，Ziabicki 将结晶度达到最大可能结晶度的$\frac{1}{2}$所需时间的倒数$(t_{1/2})^{-1}$作为各种聚合物结晶速度比较的标准，称为结晶速率常数 K。显然，结晶速率快的，$t_{1/2}$就小，K 就大。对同一种聚合物，结晶速率常数也是温度的函数。$K(T)$曲线为一倒钟形曲线(图 5－28)。由 $K(T)$曲线可定义出半结晶宽度 $D=(T_1-T_2)$和动力学结晶能力 G，G 的定义是 $K(T)$曲线下的面积。由图 5－28 可知，G 近似地等于半结晶宽度 D 与最大结晶速率常数 K'之乘积。

$$G=\int_{T_g}^{T_m} K(T)dT\approx K'D \tag{5-28}$$

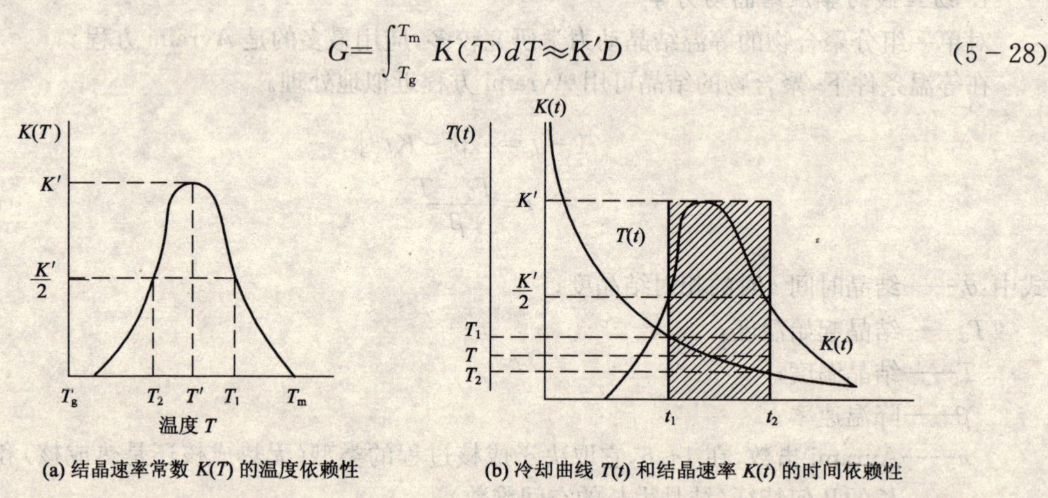

(a) 结晶速率常数 $K(T)$ 的温度依赖性　　(b) 冷却曲线 $T(t)$ 和结晶速率 $K(t)$ 的时间依赖性

图 5－28　结晶速率特性曲线示意图

动力学结晶能力 G 是从准等温的角度来考虑非等温结晶过程的基本物理参数，其意义是：某一聚合物从熔点 T_m 以单位冷却速度降低至玻璃化温度 T_g 时，所得到的相对结晶度。之所以是相对的，是因为 K 并不等于结晶速率，而是假定以它代替结晶速率。几种聚合物的结晶动力学特征见表 5－4。

表 5－4 几种聚合物的结晶动力学特征

聚合物	$t'_{1/2}$①/s	T_m/℃	T'/℃	T_1/℃	T_2/℃	D/℃	K'/s^{-1}	G/℃·s^{-1}	T_g/℃
天然橡胶	5×10^3	30	－24	－12.2	－34.6	22.4	1.4×10^{-4}	3.14×10^{-3}	－75
等规聚丙烯	1.25	180	65	95		60	0.55	35	－20
PET	42.0	267	190	222	158	64	0.016	1.1	67
PA6	5.0	228	145.6	169.4		47.6	0.14	6.66	45
PA66	0.42	264	150	190		80	1.66	133	5
等规聚苯乙烯	185	240	170	190	150	40	3.7×10^{-3}	0.148	100

①在 T'温度下，结晶完成一半所需的时间。

这样通过等温结晶动力学方法，得出非等温条件下的相对结晶度，这就为预示熔体纺丝在非等温条件下卷绕丝所能达到的结晶度提供了依据。例如，基于表 5－4 中的数据，在同样冷却速率下结晶，PA66 得到的结晶度将比 PET 高 130～250 倍（G 分别为 133 和 1.0），比 PA6 高 20 倍（G 为 6.66）。有人计算得到降温速率为 20℃/min 时聚对苯二甲酸丙二醇酯（PTT）的 G 为 66.45，大于同样方法计算得出的 PET 的 G。因此可以预计，PTT 在纺程上的结晶度将比 PET 高。实验表明，PTT 的最小 $t_{1/2}$值为 0.699min，而 PET 的最小 $t_{1/2}$为 1.91min，证明 PTT 的结晶速率确实大于 PET。

根据这一理论得出，到达卷绕装置时，丝条的结晶度近似为：

$$\theta_L \approx \int_0^{t_L} K[T(t)]\mathrm{d}t \approx K'(t_2 - t_1) \tag{5-29}$$

式中：t_L——相当于丝条元达到卷绕装置的时间；

$T(t)$——丝条元由喷丝孔至卷绕装置的温度历史，在稳态条件下，相当于纺丝线上的温度分布 $T(x)$；

t_1、t_2——分别对应于温度达到 T_1 和 T_2 的时间。

丝条流过半结晶宽度 D 的时间（$t_2 - t_1$）为：

$$t_2 - t_1 = \int_{t_1}^{t_2} \frac{\mathrm{d}x}{v} \tag{5-30}$$

采用前述的温度分布［式（5－15）］，式中 d 和 α'都应用在温度 T'时的值，将式（5－30）代入式（5－15）则可得到卷绕丝的结晶度为：

$$\theta(t_L) \approx K' \frac{\rho C_p \cdot d(T')}{4\alpha'(T')} \ln \frac{T' + \frac{D}{2} - T_s}{T' - \frac{D}{2} - T_s} \tag{5-31}$$

从上式可以看出，卷绕丝的结晶度 $\theta(t_L)$依赖于材料特性 K'、D 和 T'（随 K'、D 增加而增加，随 T'增加而减小），还依赖于与冷却速率有关系的参数（α'、ρ、C_p）和 T_s，而纺丝运动学参数 v_0、v_L 和 W 与丝条在 T'时的直径 $d(T')$相联系，并与这一点上的传热系数 $\alpha'(T')$相关，从而也

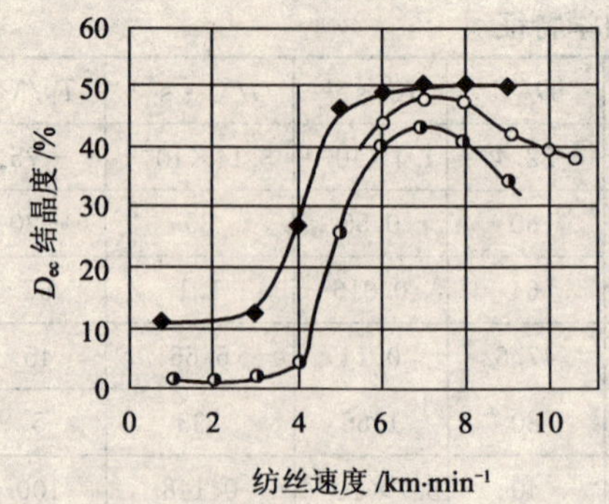

图 5－29　PET 高速纺丝结晶度与纺速的关系(密度法)

○—亡青水等　◑—村濑等　◆—石崎上出

对卷绕丝的结晶度有影响。但必须指出,上述结论仅考虑了热历史,而未考虑纺丝应力的影响,因此个别结论与纺速实验不符。例如,根据式(5－31),纺速 v_L 增大,$d(T')$ 减小而 $\alpha'(T')$ 增大,从而导致 $\theta(t_L)$ 下降。但如图 5－29 所示,在 PET 高速纺丝中,$\theta(t_L)$ 在 4000～7000m/min,反而随 v_L 提高而增大。其原因是纺程上发生了取向结晶。

Ozawa 方程是 20 世纪 70 年代提出的处理聚合物非等温结晶动力学的方法。Ozawa 考虑到冷却速率对动力学速率常数的影响,假定非等温结晶过程是由无限小的等温结晶步骤构成的,将 Avrami 方程推广到非等温结晶过程,推导出等式:

$$(1-\theta_t)=\exp[-K(T)/\beta^m] \qquad (5-32)$$

式中:$K(T)$——降温函数,与成核方式、成核速率、晶核生长速率等因素相关;

m——Ozawa 指数,反映结晶维数。

但应用 Ozawa 方程处理实验结果时存在着一定的局限性。如果 Ozawa 方程能够描述聚合物的非等温结晶行为,以 $\ln[-\ln(1-\theta_t)]$对 $\ln\beta$ 作图,则得到一条直线,直线的斜率和截距分别为式(5－32)中的 m 和 $K(T)$值。由于同一样品在不同冷却速率下的结晶温度区间各不相同,当 β 范围较大时,对于某些聚合物,$\ln[-\ln(1-\theta_t)]\sim\ln\beta$ 可能没有明确的线性关系,这表明用 Ozawa 法处理该聚合物的非等温结晶过程并不适合。

Jeziorny 直接将 Avrami 方程用于聚合物的非等温结晶过程研究,但是考虑到结晶过程的非等温特性,将结晶速率常数 K 做了修正。

$$\ln[-\ln(1-\theta_t)]=\ln K+n\ln t$$
$$\ln K_c=\frac{\ln K}{\beta} \qquad (5-33)$$

式中:K_c——非等温结晶速率常数,是考虑到冷却速率 β 而对 Avrami 等温结晶动力速率常数进行的修正;

n——非等温结晶过程的 Avrami 指数。

$\ln[-\ln(1-\theta_t)]\sim\ln t$ 一般具有线性关系,从直线的斜率和截距可以计算求得 K 和 n 值,然后用冷却速率 β 修正得出 K_c。

3. 纺丝线上的取向结晶

所谓取向结晶,通常是指在聚合物熔体、溶液或非固体中,大分子链由或多或少的取向状态到开始结晶的过程。熔体纺丝线上的结晶,正是其典型的例子。

Alfonso 等人用实验方法研究 PET 中分子取向对结晶的影响,推荐以式(5－34)描述取向结晶:

$$\frac{X_c}{X_\infty}=1-\exp\left[-\left\{\int_0^t f[T(\tau),\Delta n(\tau)]\mathrm{d}\tau\right\}^{n_a}\right] \qquad (5-34)$$

式中：X_c 和 X_∞——分别是对应于结晶时间为 t 和终止时的结晶度；

$f[T(\tau),\Delta n(\tau)]$ ——在分子取向条件下与结晶速率有关的函数，它取决于温度和双折射率；

n_a——Avrami 指数。

取向结晶理论所涉及的问题相当广泛且复杂，一般认为，取向结晶具有如下特点：

(1)结晶聚合物的形态随分子取向程度的不同而变化：许多实验结果表明，PET 高速纺产生纤维的形态结构，不同于未取向或稍稍取向的样品、用或不用后续固态拉伸获得的样品的形态结构。根据形变高分子网络结晶理论，聚合物在高延伸下有可能快速或逐渐从折叠链转变为链束状形态。PET 高速纺丝的实验数据支持了这种理论，X 射线衍射图的变化情况表明，典型的折叠链结构随着纺速提高变得较弱。随着纺丝速度的提高，晶体宽度增加，晶体趋向于成为立方体。这意味着纺丝速度提高时，初生纤维的晶体从棒状转变为立方体。在 4500m/min 以上的速度下纺丝的 PET 纤维的晶体尺寸为 $5\times10^{-3}\mu$m 或更大，远远超过未取向的样品。其长周期比拉伸纤维大，分别为 $3\times10^{-2}\mu$m 和 $1.15\times10^{-2}\mu$m。

(2)结晶温度和结晶速率升高：Ziabicki 等人的研究结果表明，在高速纺丝中，纺丝速度和纺丝应力越高，结晶开始的温度(即临界结晶温度)也越高(图 5－30)。Simth、Alfonso 和 Wasiak 等人提出的实验数据表明，已取向的聚合物的结晶速率可增加 $10^2\sim10^5$ 倍。取向使结晶速率增加的原因可概括为两类。

①从结晶理论的角度看，大分子取向规整区域越大，生成晶核的临界温度也越高。因此，在熔体冷却过程中，取向高的体系能够在较高的温度形成晶核；取向低的体系则相反，必须有较大程度的过冷才能形成晶核。从图 5－31 可见，纺速 6000m/min 的体系只需少量过冷 ΔT_6 就开始形成晶核，并继续延伸至 ΔT_g，即能在较宽温度范围内($\Delta T_6\sim\Delta T_g$)形成晶核和晶粒生长，因此，不但结晶速率大(包含曲线峰值对应的最大结晶速率)，而且晶粒尺寸大；纺速低的体系，如 3000m/min，则需较大的过冷 ΔT_3 才可能形成晶核，这时结晶温度范围窄($\Delta T_3\sim\Delta T_g$)而且温度较低，因此结晶速率和晶粒尺寸均小。

②从热力学的角度看，取向比未取向体系的熵值低，所以从熔体转变成晶体时，取向体系的

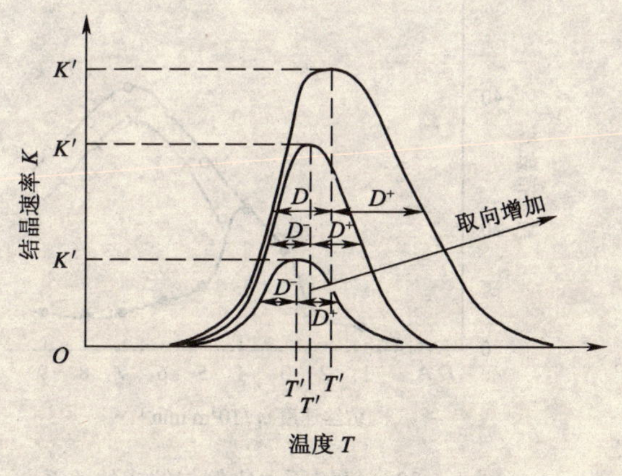

图 5－30 取向结晶过程中结晶速率与温度的关系

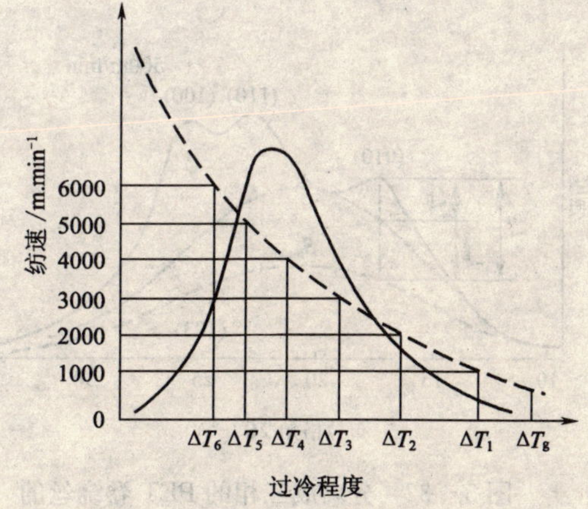

图 5－31 纺丝速度对结晶过程影响的示意图
－－－晶粒临界尺寸 ——结晶生长速度

熵值变化较小，即自由能变化较大，这样就能使那些在未取向体系中不稳定的亚稳晶核稳定下来，即增大晶核生成的速率。对于取向度非常高的体系，临界晶核尺寸将小到晶胞尺寸的数量级，有人提出在这种条件下，结晶的历程就从通常的晶核形成和晶粒生长转变为“整体均匀成核”(nucleative collapse)，因此结晶速率迅速增加。

Ziabicki 等人提出了“选择性”结晶的理论，认为取向不同的晶体以不同的速度成核和增长。在小的取向角范围内，几乎平行于纤维轴取向的链段，与垂直于体系取向轴的链段相比，在较高的温度下结晶，成核(增长)速率要高许多数量级。这一理论得到了实验数据的支持。Heuvel 等人报道的 PA6 高速纺 X 射线的数据表明，优先生成沿纤维轴的结晶取向。但这一理论忽略了参与成核与增长过程的基本动力学单元(链段)具有不同取向的事实。

(3)结晶机理有可能完全不同：有人提出取向结晶的机理是由垂直的折叠链结构向平行折叠链结构转变。但他们假设长周期(折叠链长度)随取向度的增加而增加，这与实验数据不符。有人认为形成连续核的伸直链起着成核剂的作用，完全折叠链的增长过程只限于垂直方向进行；涉及伸直链的成核过程，是一种无热过程。但它不能解释应力松弛现象。因为他们不排除折叠链和伸直链叠加的可能性。

Ziabicki 等人通过束状和折叠链晶束簇的成核理论分析，得出如下的结论：链形变和链段的取向，通常有利于取向良好的束状晶体的形成。在垂直于流动的方向，束状晶体的形成被强烈抑制，而折叠链结构所受到的影响要小得多。因此，可以预计，垂直晶体的总体与平行晶体相比，所含的折叠链晶体更多，但这并不一定意味着在高速纺中取向的聚合物内，折叠链晶体应该定量由“纯”束状晶体取代。实际的形态可能是复杂的，为既含有束状链区又含有折叠链部分的“混合”晶体。

此外，Baranov 等人发现，链段应倾斜于而不是垂直于晶面。关于这些结论，还需要进行更深入的理论研究。

20 世纪 80 年代，清水等人以取向中间相的观念解释 PET 高速纺纺丝线上的取向结晶，他们将 PET 卷绕丝的广角 X 射线衍射图分解成结晶相、取向中间相和非晶相三部分(图 5－32)，各相所占比例与纺速的关系，如图 5－33 所示。

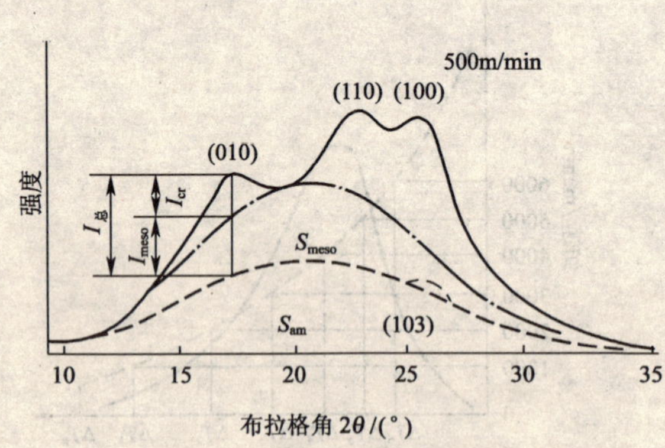

图 5－32 分离成三相的 PET 卷绕丝的 X 射线衍射图

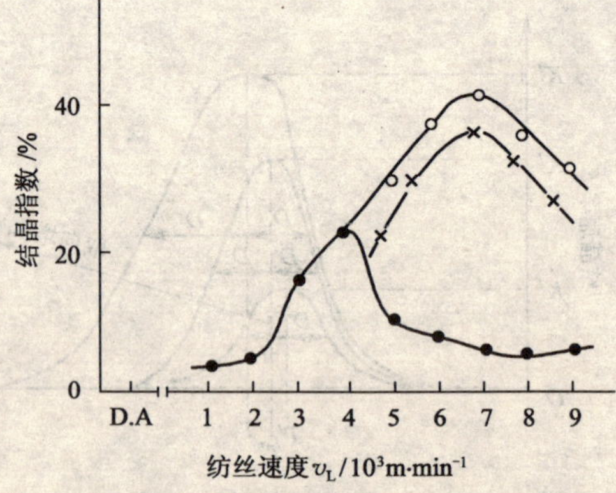

图 5－33 每相所占比例与纺速的关系

○—中间相指数 ×—结晶指数

●—结晶指数＋中间相指数

由图 5－33 可见，取向中间相部分从纺速 2000m/min 开始增大，到 4000m/min 时达极大值 20%。在 5000m/min 发生取向诱导结晶时，取向中间相基本上发展成结晶相。纺速超过 7000m/min，结晶相减少，非晶相增大，中间相也显示了若干增加的倾向。这与图 5－25 的实验结果相一致。这是由于此时纤维截面上生成不均一结构、芯部分子取向下降的缘故。

第三节　湿法纺丝

湿法纺丝是化学纤维三种基本成型方法之一，它适用于不能熔融仅能溶解于非挥发性的或对热不稳定的溶剂中的聚合物。根据物理化学原理的不同，湿法纺丝可进一步分为相分离法、冻胶法（也称凝胶法）和液晶法。在液晶法中，溶致性聚合物的液晶溶液通过在溶液中固体结晶区的形成而固化。在冻胶法中，聚合物溶液通过在溶液中分子间键的形成而固化，这种现象称为冻胶作用，亦称冻胶化（Gelatination），它是由于溶液中的温度或浓度变化形成的。实际生产中，湿法纺丝通常通过相分离法实施。聚合物溶液经喷丝板至凝固浴（纺丝浴），聚合物溶液中的溶剂向外扩散，而沉淀剂向聚合物溶液内扩散，于是引起相变。此时溶液中出现两相，一为聚合物浓相，一为聚合物稀相。当使用一种非渗透性浴液时（如聚乙二醇），则仅发生聚合物溶液中溶剂的向外扩散和冻胶化。

与熔纺不同，湿法成型过程中除有热量传递外，质量传递十分突出，有时还伴有化学反应，因此情况十分复杂。下面仅定性地讨论一些与纺丝溶液转变为初生纤维（冻胶体）有关的主要问题。

一、湿法纺丝的运动学和动力学

（一）湿法成型过程中纺丝线上的速度分布

在湿法纺丝中，影响纺丝成型速度 v_x 的因素比熔纺复杂。对于熔纺，如前所述，v_x 可通过测定纺丝线的直径 d_x 确定。在湿纺中，稳态纺丝条件下的单轴拉伸应满足下式。

$$v_x A_x C_x = 常数 \tag{5-35}$$

式中，C_x 为纺丝线处于 x 点时，其单位体积内所含的聚合物质量，其余物理量的含义与式（5－6）相同。若此体系的密度 ρ_x 沿纺程不变，则纺丝线的速度分布依赖于其直径 d_x 和聚合物浓度 C_x 的分布。显然，v_x 与 d_x 无单值关系。因此在湿纺中，必须独立地测量这两个不可缺的特征量。

由于纺程上 v_x 的测定较为困难，因此关于湿法纺丝速度分布的资料较少。图 5－34 是 PVA 湿纺纺丝线上的速度和速度分布。由图 5－34 可见，由于喷丝头拉伸比的不同，湿纺纺丝线上的速度 v_x 和纵向速度梯度 $\frac{dv_x}{dx}$ 有两种情况。

与熔纺不同，湿纺中，当纺丝原液从喷丝孔挤出时，原液尚未固化，纺丝线的断裂强度很低，不能承受过大的喷丝头拉伸，故湿法成型通常采用喷丝头负拉伸、零拉伸或不大的正拉伸。对于正拉伸，在整个或大部分纺丝线上，纺丝线的速度略大于喷丝速度，胀大区消失或部分消失，其 v_x 和 $\frac{dv_x}{dx}$ 沿纺丝线分布与熔纺基本相同。零拉伸与负拉伸的情况大致相仿。由于胀大区的

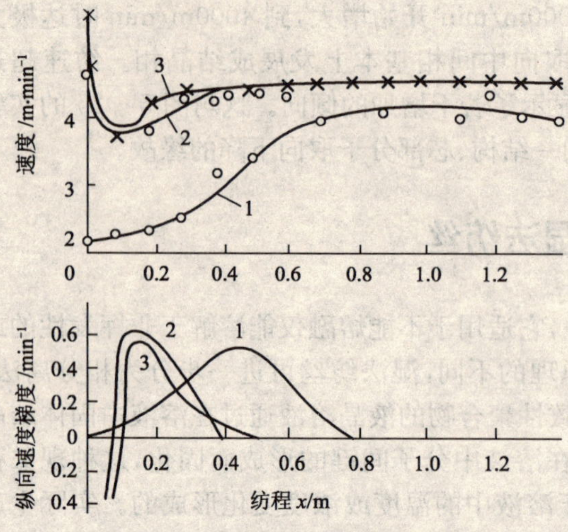

图 5－34　PVA 湿法纺丝线上的 v_x 和 $\frac{dv_x}{dx}$ 分布

1—喷丝头正拉伸　2—喷丝头零拉伸

3—喷丝头负拉伸

存在，在刚进入凝固浴时，纺丝线的速度低于 v_0，然后纺丝线被缓慢地加速到 v_L，在这种情况下成型时，纺丝线上可能出现收缩区域，故存在胀大区，其 v_x 和 $\frac{dv_x}{dx}$ 沿纺丝线分布与熔纺不同。

(二)湿法成型区内的喷丝头拉伸

由上面的分析可知，喷丝头拉伸比与湿纺纺丝线上的速度和速度梯度分布的关系很密切，后来的讨论将表明，它对湿纺初生纤维取向和形态结构的影响也比较大。因此，湿法成型运动学通常要研究湿法成型区内的喷丝头拉伸。纺丝线在成型区内的拉伸状态由两个参数表征：喷丝头拉伸率 ϕ_a（或喷丝头位伸比 i_a）和平均轴向速度梯度 $(\bar{\dot{\varepsilon}}_x)_a$。分别由以下各式定义：

$$\phi_a(\%)=\frac{v_L-v_0}{v_0}\times 100 \tag{5-36}$$

$$i_a=\frac{v_L}{v_0}=\frac{\phi_a}{100}+1 \tag{5-37}$$

$$(\bar{\dot{\varepsilon}}_x)_a=\frac{v_L-v_0}{X_e} \tag{5-38}$$

式中：v_0——纺丝原液的挤出速度；

v_L——初生纤维在第一导辊上的卷取速度；

X_e——凝固长度，即凝固点与喷丝头表面之间的距离。

从式(5－36)～式(5－38)可以看出，ϕ_a、i_a 和 $(\bar{\dot{\varepsilon}}_x)_a$ 均以 v_0 作为基准。在正常纺丝条件下，挤出细流属于胀大型。如果细流是自由流出的，细流胀大至最大直径 d_f 后，即继续保持该直径沿细流轴向做等速流出，这时自由流出速度为 v_f；如果细流是在拉伸力作用下被拉出的，细流沿纺程不再保持等径，此时细流上出现最大直径，记作 d_m。因此，如果考虑到细流的挤出胀大，喷丝头拉伸状态的表征就不应该以 v_0 为计算基准，而应以 v_f 为计算基准。这时真实喷丝头拉伸率 ϕ_f、真实喷丝头拉伸比 i_f 以及真实平均轴向速度梯度 $(\bar{\dot{\varepsilon}}_x)_f$ 应以下式表示：

$$\phi_f(\%)=\frac{v_L-v_f}{v_f}\times 100 \tag{5-39}$$

$$i_f=\frac{v_L}{v_f}=\frac{\phi_f}{100}+1 \tag{5-40}$$

$$(\bar{\dot{\varepsilon}}_x)_f=\frac{v_L-v_f}{X_\varepsilon} \tag{5-41}$$

v_f 可以直接从单位时间内自由流出细流的长度测得，也可以从纺丝线上拉伸应力为零时的 v_L 外推值 $\lim\limits_{\sigma_{xx}\to 0} v_L$ 求出。此外，还有人建议从自由流出细流的直径 D_f 来间接计算 v_f，但这样做，必须考虑到质量传递过程的影响。根据连续方程，在无质量传递时，单位时间内通过纺程各点的纺丝线质量应相等。

v_f 是湿法成型运动学中一个十分重要的参数，它不但影响 ϕ_f 和接下来要讨论的最大纺速 v_{max}，而且还影响初生纤维的取向度。

当纺丝线的密度沿纺程变化不大时：

$$R_0^2 v_0 = R_f^2 v_f \tag{5-42}$$

此时，自由流出细流的胀大比 B_0 与 v_f 之间有下列关系：

$$B_0 \equiv \frac{R_f}{R_0} = \left(\frac{\rho_0 v_0}{\rho_f v_f}\right)^{\frac{1}{2}} \doteq \left(\frac{v_0}{v_f}\right)^{\frac{1}{2}} \tag{5-43}$$

这就是说，在传质和密度变化可以忽略的情况下，v_f 可从自由流出细流的直径求得。即

$$v_f = \frac{v_0}{B_0^2} = v_0\left(\frac{R_0}{R_f}\right)^2 \tag{5-44}$$

湿法成型中有传质过程，因此式(5－44)不再成立。但由于在成型初期，通过照相法测定 R_f 后通过此式计算得到的 v_f 值与直接测量相差甚微，因此在许多湿纺文献中，式(5－44)仍被采用。

通过计算可以发现，当表观喷丝头拉伸率一定时，只有 $B_0=1$ 时，ϕ_f 才与 ϕ_a 相等。根据以上所述，在传质不明显的湿纺成型中，式(5－39)可改写为：

$$\phi_f(\%) = \left[\frac{v_L}{v_0 \dfrac{R_0}{R_f}} - 1\right] \times 100 = \left[\left(\frac{\phi_a}{100}+1\right)\left(\frac{R_f}{R_0}\right)^2 - 1\right] \times 100 \tag{5-45}$$

由式(5－45)可见，当表观喷丝头拉伸率 ϕ_a 一定时，如果$\dfrac{R_f}{R_0}$比值不同，则真实喷丝头拉伸率 ϕ_f 也不同。ϕ_f 和 ϕ_a 的值不仅大小上经常不同，而且符号亦常常各异。

通常，ϕ_f 增大对应于膨化比 B_0 增大。如前所述，B_0 太大会影响成型的稳定，因此湿纺中常采用喷丝头负拉伸，以降低 ϕ_f，从而使成型得以稳定。应该指出，在表观上，湿法成型区内的喷丝头拉伸率是负的，但由于胀大区的存在，细流实际上所经受的拉伸率却是正的。此时，如果 ϕ_a 负值的取值不合理，不但会使正常纺丝状态遭到破坏，而且成品纤维的质量亦将下降。

纺丝线的断裂机理有毛细破坏和内聚破坏之分。在湿法纺丝中，虽然黏度 η 值并不大，但表面张力 α 很小，所以内聚断裂是湿纺中的主要矛盾。根据内聚断裂机理，有人得出湿法成型中第一导盘最大速度 v_{Lmax} 与自由流出速度 v_f 间的关系如下：

$$\ln\frac{v_{Lmax}}{v_f} = 0.567 - 0.362\ln\frac{v_f \tau E}{X_e \sigma_{xx}^*} + \left[0.074\left(\ln\frac{v_f \tau E}{X_e \sigma_{xx}^*}\right)\right]^2 \tag{5-46}$$

式中：τ——纺丝线的松弛时间；

E——纺丝线的弹性模量；

σ_{xx}^*——纺丝线的断裂强度。

从式(5－46)可以看出，当 v_f 增大时，v_{Lmax}也增大，但较之按正比例增大的要稍低些。由此可见：胀大比 B_0 对最大纺丝速度 v_{Lmax}有较大影响。B_0 增大后，v_f 下降，这将使 v_{Lmax}下降。v_{Lmax}可作为可纺性的一种量度。因此，最小的挤出胀大比相应于最大的可纺性。实际纺速 v_L 和最大纺速 v_{Lmax}之间的区域 Δv_L（$\Delta v_L = \Delta v_{Lmax} - v_L$）是正常纺丝的缓冲范围。这个范围越大，成型越稳定。

(三)湿纺纺丝线上的轴向力平衡

虽然湿纺纺丝线上的轴向力平衡方程式与熔纺相似[式(5－8)]，但其中有几项力与熔纺有较大差别。

在溶液纺丝时，由于纺丝线和周围介质之间的质量交换 F_i 还包含有附加项。这附加项正比于垂直于细流表面的速度分量 v_n。当净质量通量指向纺丝线外面，v_n 为正，则惯性力增加。这就是干纺时的情况，也是当溶剂向外扩散速度超过沉淀剂向丝内扩散速度的湿纺时的情况。当沉淀剂向里的扩散较快，v_n 变为负，则惯性力 F_i 变小。此外，如前所述，F_i 在熔体纺丝线上起一定影响，特别在熔体高速纺丝中起很重要作用。但在湿纺中，由于采用喷丝头负拉伸、零拉伸或不大的正拉伸，因此惯性力 F_i 一般可忽略。但采用高速纺丝成型时，F_i 应做适当考虑。

决定摩擦阻力 F_f 的表皮摩擦因数，在溶液纺时通常与熔纺有所不同。由于细流和它周围之间的传质影响边界层的厚度，因而也影响表皮摩擦因数、传热系数和传质系数。此外，表皮摩擦因数的边界理论仅仅对于在无限大的稳定黏性介质中做轴向运动的简单圆柱体(纤维)才是正确的。在熔纺和干纺中，纤维被空气所包围，因而这样的体系可认为是或多或少地实现了。然而，在湿纺时(特别在复丝的湿纺中)，液体介质(凝固浴)并不是稳定的。在由许多单丝组成的丝束中，围绕一根根单丝的边界层交相覆盖，并且溶液中的速度场是非常复杂的。所有这些因素都使得从边界层理论所导出的一些表皮摩擦方程，对于解释在液体浴中复丝的纺丝不适用。F_f 应该由式(5－47)直接计算：

$$F_f = \int_0^x \sigma_{rx,s}(x) \cdot 2\pi R_x \, dx \tag{5-47}$$

式中：$\sigma_{rx,s}$——介质作用在纺丝线表面的剪切应力；

R_x——$x=x$ 处的纺丝线半径。

其中细流表面上的剪切应力 $\sigma_{xx,s}$可由式(5－48)确定。

$$\sigma_{xx,s} = \eta^0 \left(\frac{dv_b}{dr}\right)_{r=R} \tag{5-48}$$

式中：η^0——凝固浴的黏度；

v_b——凝固浴沿纺程的流速。

在熔纺中，重力 F_g 在喷丝头附近对纤维张力有明显影响。但在湿纺中，由于纺丝线的密度与凝固浴的密度相差甚小，而且往往采用水平方式成型，因此 F_g 在纺程上任意处均可忽略。但有人认为，当丝条从凝固浴中引出后垂直向下纺丝时，F_g 应做适当考虑。例如，在粘胶纤维成型中，单纤维的 F_g 可达 5×10^{-5}N，相应的拉伸应力为 1N/cm²，因此可能导致丝条产生疵点。

虽然熔纺和湿纺中的表面张力 F_S 均可忽略，但应指出，与熔纺不同，湿纺中纺丝线与周围介质的界面张力 F_S 沿纺程有变化。此外，在实验室中用聚合物稀溶液纺制高线密度纤维时，F_S 恰恰成为一种主要因素。

在湿法成型中，有些项可以忽略。当无导丝装置时，作为近似，式(5-8)可写成：

$$F_r(x)=F_f+F_r(0) \tag{5-49}$$

由于 F_f 与 x 几乎成正比，有人沿纺丝线 x 测定张力 $F_r(x)$，把 $F_r(x)$ 外推至 $x=0$，从而求出 $F_r(0)$(图 5-35)。

测定和分析纺丝线上的受力，对于了解和控制成型过程有一定的意义。

(1)测定等温纺丝中的 $F_r(0)$，可以求出表观拉伸黏度。

(2)测定纺丝张力 $F_r(L)$，有助于选择纺丝工艺参数。

有人认为当$\frac{v_L}{v_0}$一定时，在较高的张力下纺丝可以增加纺丝稳定性，使断头率下降，并有助于提高成品丝的质量。以硫氰酸钠法腈纶纺丝为例(图 5-36)，当喷丝头拉伸比一定时，随着凝固浴浓度的改变，张力 $F_r(L)$ 显示出极大值。非常有意思的是 v_L 虽然改变，但 F_r(L)极大值所对应的凝固浴浓度 C_b 几乎不变，此时 NaSCN 浓度在 10%左右，而这正是生产上实际采用的凝固浴浓度。

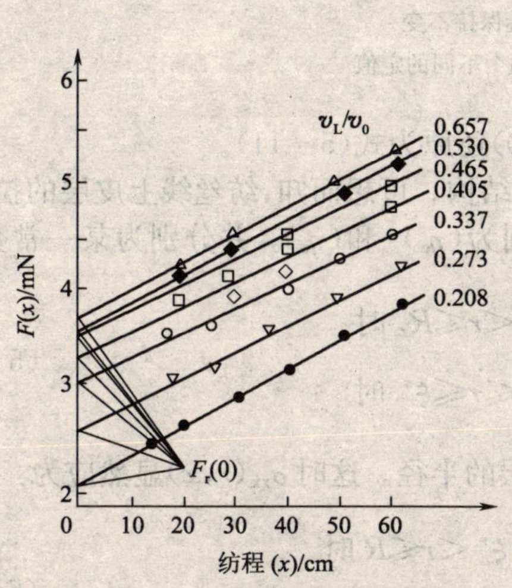

图 5-35 硫氰酸钠法腈纶纺丝中张力与纺丝线的关系

10%NaSCN，20℃，v_L=16.62cm/s

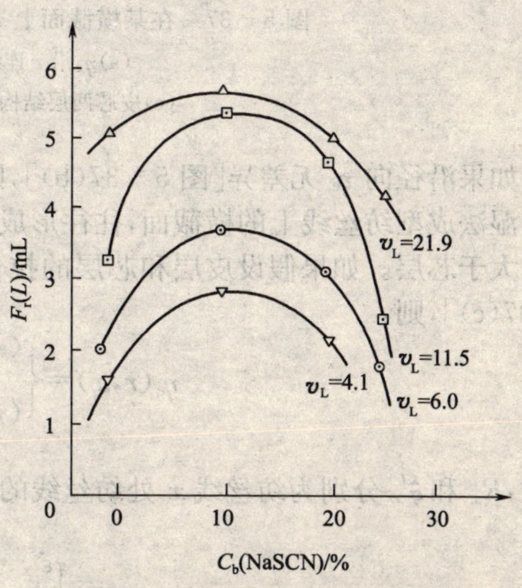

图 5-36 硫氰酸钠法腈纶纺丝中 C_b 对 $F_r(L)$的影响

(3)从以上分析可知，纺丝张力与一系列参数有关，诸如纺丝流体的流变性质、凝固浴液的流动场、浴温、浴浓以及喷丝头拉伸比等。以上参数如发生变化，必将导致纺丝线上张力的变化，所以了解纺丝张力，有助于检查纺丝过程是否稳定。

(四)湿纺纺丝线上的径向应力分析

式(5-11)计算流变力 $F_r(x)$ 时，未考虑拉伸应力的径向分布。实际上，由于受径向温度梯度的影响，纺丝线同一截面上各层次间的物理性质是不同的。如果将单一的纺丝线近似看作是一个圆柱体，则纺丝线的拉伸黏度沿径向有连续变化，r 处的黏度为 $\eta_e(r)$，其拉伸速度 v_x 在径向可认为是相等的，因此拉伸应力沿径向也是连续变化的，在 r 处的应力为 $\sigma_{xx}(r)$[图 5-37(a)]。此时流变力的计算式为：

$$F_r(x)=\int_0^{Rx} 2\pi r\sigma_{xx(r,x)}\,\mathrm{d}r=\int_0^{Rx} 2\pi r\dot{\varepsilon}(x)\eta_e(r,x)\,\mathrm{d}r \tag{5-50}$$

式中：R_x——x 处纺丝线的半径。

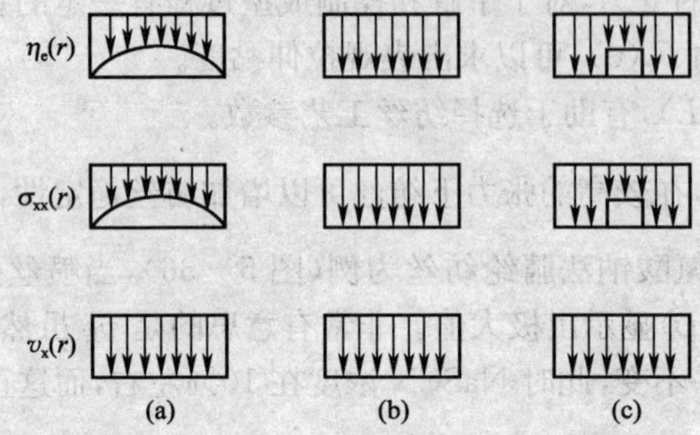

图 5-37 在某横截面上 v_x 为常数时，$\eta_e(r)$ 和 $\sigma_{xx}(r)$ 的示意图

(a)η_e 沿 r 连续变化 (b)η_e 保持不变

(c)皮芯两层结构中 η_e 沿 r 有两个不同的定值

如果沿径向 η_e 无差异[图 5-37(b)]，则式(5-50)还原为式(5-11)。

湿法成型纺丝线上的横截面，往往形成皮、芯两层结构。可想而知，纺丝线上皮层的拉伸黏度远大于芯层。如果假设皮层和芯层的拉伸黏度分别为 $(\eta_e)_s$ 和 $(\eta_e)_c$，并分别为某一常数[图 5-37(c)]，则：

$$\eta_e(r,x)=\begin{cases}(\eta_e)_s & \text{当 } \xi_x^*<r\leqslant R_x \text{ 时}\\ (\eta_e)_c & \text{当 } 0\leqslant r\leqslant \xi_x^* \text{ 时}\end{cases} \tag{5-51}$$

式中：R_x 和 ξ'_x 分别为纺丝线 x 处纺丝线的半径和芯层的半径。这时 $\sigma_{xx}(r,x)$ 显然应为：

$$\sigma_{xx}(r,x)-\begin{cases}\dot{\varepsilon}_x\cdot(\eta_e)_s & \text{当 } \xi_x^*<r\leqslant R \text{ 时}\\ \dot{\varepsilon}_x\cdot(\eta_e)_c & \text{当 } 0\leqslant r\leqslant \xi_x^* \text{ 时}\end{cases} \tag{5-52}$$

因此，湿纺成型中的流变力 $F_r(x)$ 可表示如下：

$$F_x(x)\approx\pi\varepsilon(x)[(\eta_e)_s(R_x^2-\xi_x^{*2})]+(\eta_e)_c\xi_x^{*2} \tag{5-53}$$

此外，由于 $(\eta_e)_s$ 要比 $(\eta_e)_c$ 大好几个数量级，因此式(5-53)中的第二项可以忽略，即：

$$F_r(x) \approx \pi \dot{\varepsilon}(x)[(\eta_e)_s(R_x^2-\xi_x^{*2})] \tag{5-54}$$

虽然上述模型与湿纺中复杂的实际情况相比，是经过简化的，但较之均匀分布模型来说，皮芯模型在本质上更接近于湿纺成型所固有的特点。从这个模型出发，可作如下推论：

(1)从式(5-54)可以看出，所有施加于纺丝线上的张力，实际上完全由皮层所承受和传递，尚处于流动状态的芯层，几乎是松弛的。换句话说，大部分拉伸张力导致皮层产生单轴拉伸形变，只有极小部分张力使芯层发生单轴拉伸流动。总之，虽然湿纺成型中的张力并不大，但由于集中于不厚的皮层上，该张力足以使皮层中的大分子和链段沿纤维轴取向，事实上，皮层的取向度也的确比芯层高得多。皮层、芯层取向度的差异对成品纤维的力学性能有着重要的影响。

(2)如近似地把 $F_r(x)$ 看作沿纺丝线不变的常数，并设为 F_r，则在 x 处，皮层内的拉伸应力 $\sigma_{xx,s}(x)$ 可表示为：

$$\sigma_{xx,s}(x)=\frac{F_r}{\pi(R_x^2-\xi_x^{*2})\left[1+\dfrac{\xi_x^{*2}(\eta_e)_c}{(R_x^2-\xi_x^{*2})(\eta_e)_s}\right]} \tag{5-55}$$

在凝固最后开始阶段的细流，$(R-\xi^*) \ll R$，可以证明在 $\xi^*=R$ 处，$\sigma_{xx,s}$ 有最大值。这就是说，在靠近喷丝头的区域内，由于皮层非常薄，沿纺丝线所传递的张力，均由这很薄的皮层承受，故皮层内的应力 $\sigma_{xx,s}$ 非常大。因此，采用过大的纺丝张力时，往往引起原液细流的断裂。实践证明，这种断裂往往发生在离喷丝头表面数毫米之内。

(3)由于双扩散过程所引起的细流凝固作用，$R-\xi^*$ 沿纺丝线逐渐增大，$\sigma_{xx,s}(x)$ 则单调地减小。

(4)在硫氰酸钠法腈纶纺丝工艺中，当凝固浴浓度 C_b 在 10%左右时，$F_r(L)$ 出现极大值，这时纺丝稳定，所得纤维机械性能较好，皮层也最厚。从式(5-54)可以看出，$F_r(L)$ 越大，$\xi^*(L)$ 必定越小，相对于初生纤维的皮层越厚。有人认为：当 C_b 高于 10%时，因溶剂含量较高而导致凝固能力过弱，皮层很薄，反映在 $F_r(L)$ 上一定较小，当张力稍大时，必然导致纺丝线断裂，因此成型不够稳定；反之，当 C_b 低于 10%时，由于浴的凝固能力太强，致使细流表面过快地形成皮层，使双扩散速度减慢，而阻碍了皮层的进一步增厚，故皮层较薄，反应在 $F_r(L)$ 上，其数值一定不大，相应的，纤维的最大拉伸比也一定较小。

由上可见，对皮、芯层结构模型和径向应力的分析，可为选择适当的凝固条件提供理论依据，从而提高成型的稳定性，并使产品纤维具有厚实而均匀的皮层结构和优良的物理机械性能。

二、湿法纺丝中的传质和相转变

湿法纺丝中，纺丝原液细流固化形成纤维的过程主要是多组分的扩散，伴随着相和结构的转变，有时还涉及化学反应。当纺丝细流刚进入凝固浴时，所有要控制的热量传递、质量传递和溶液动力学物理参数都起了重要作用，从而导致丝条的形成。

(一)湿法成型中的扩散过程

扩散是支配湿法成型的基本过程之一。当纺丝溶液从喷丝孔中挤出后，就受到原液细流中的溶剂向凝固浴扩散和凝固浴中的沉淀剂(凝固剂，非溶剂)向原液细流扩散的控制。因为凝固发生在喷丝孔出口处，所以这些扩散过程就是描述纤维表层和内层之间的浓度差情况。溶剂和沉淀剂扩散的相对速率决定了相分离的驱动力和速率，它对于细流的凝固动力学和初生纤维的结构与性能有决定性的影响。研究表明，扩散缓慢有利于提高纤维结构的均匀性，在这种情况下，其机械性能一般都比较好。

稳态纺丝时，沿纤维轴的分子扩散可以用菲克(Fick)扩散第一定律描述。

$$J_i=-D_i\frac{\mathrm{d}c}{\mathrm{d}x} \tag{5-56}$$

式中：J_i——成分 i 的传质通量，g/(cm^2·s)，即该成分在一维传递中(沿 x 轴方向)，每秒通过垂直于 x 轴方向[其面积为 cm^2]的物质的质量；

D_i——成分 i 的扩散系数，cm^2/s；

$\frac{\mathrm{d}c}{\mathrm{d}x}$——浓度梯度，g/cm^4。

如用以描述湿法成型过程中溶剂及凝固剂的双扩散问题，则：

$$J_{\mathrm{S}}=-D_{\mathrm{S}}\frac{\mathrm{d}C_{\mathrm{S}}}{\mathrm{d}x},\ J_{\mathrm{N}}=-D_{\mathrm{N}}\frac{\mathrm{d}C_{\mathrm{N}}}{\mathrm{d}x} \tag{5-57}$$

式中：D_{S}、D_{N}——分别表示溶剂和凝固剂的扩散系数；

J_{S}、J_{N}——分别表示溶剂和凝固剂的通量；

C_{S}、C_{N}——分别表示溶剂和凝固剂的浓度。

应该指出，式(5-57)仅适用于真正的二元体系，即必须满足下列条件：

$$C_{\mathrm{S}}+C_{\mathrm{N}}=1,\ J_{\mathrm{S}}+J_{\mathrm{X}}=0 \tag{5-58}$$

对于湿纺体系，通常是三元或多元的，它不满足等摩尔条件(5-57)。而且即使一个组分(聚合物)是不移动的，但移动组分(溶剂、沉淀剂)的传质通量和既不为零，也不为常数。因此将式(5-57)应用于湿纺并不完全正确。

另一个值得注意的问题是，扩散系数 D_i(D_{S} 和 D_{N})的精确测定在实验上较为困难，因此一般文献中给出的数值通常为从二元等摩尔分子扩散模型计算得出的表观值。研究表明，D_i 的值与湿法成型中的许多变量有关。

像任何扩散过程一样，湿法纺丝工艺有关扩散的独立变量是速率、浓度和温度。

速率项包括总的纺丝速率和喷丝头拉伸比。总的纺丝速率影响喷丝孔壁处的剪切速率和孔口膨化程度，从而也改变扩散速率。喷丝头拉伸比的作用就像一只泵，使抽出的沉淀剂向聚合物溶液内渗透，把溶剂从聚合物溶液中挤出。因此，在凝固浴中增加喷头拉伸比就等于提高扩散速率。

温度是控制溶剂和沉淀剂扩散的一个关键变量。溶剂和沉淀剂的扩散系数均随温度升高而增大，但温度对各组分扩散速率的影响不同。对于聚丙烯腈—二甲基甲酰胺体系，Gröbe 等人观察到，$\frac{D_{\mathrm{S}}}{D_{\mathrm{N}}}$随温度升高而下降；而 Paul 发现，对于聚丙烯腈—二甲基乙酰胺体系，溶剂扩散系数的提高快于沉淀剂。

凝固浴浓度反映了凝固浴中溶剂与沉淀剂的比例。可以通过不同的溶剂与沉淀剂的比例来改变扩散速率。随着凝固浴浓度的增加，溶剂和沉淀剂的扩散系数均下降，但 Capone 认为，溶剂对沉淀剂的相对扩散速率增加。而 Gröbe 等证实，D_S 和 D_N 随凝固浴中溶剂含量的变化有极小值(图 5－38)。这可能是已固化部分冻胶的结构对扩散过程继续进行起着控制作用之故。当凝固浴中溶剂达到某一质量分数时，冻胶密度出现极大值，此时结构最紧密，故 D_i 最小；当凝固浴浓度进一步增加时，由于溶剂的溶胀作用，纺丝线的结构反而变松，因此溶剂和沉淀剂的扩散系数均又上升。

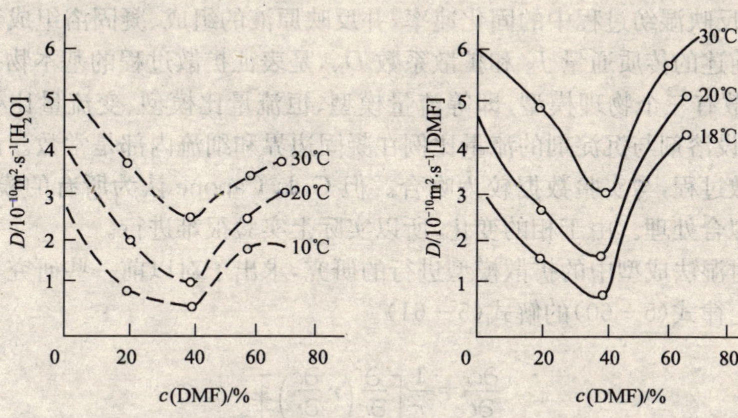

图 5－38　聚丙烯腈纤维成型时扩散系数与凝固浴中 DMF 浓度及温度的关系

提高纺丝溶液中聚合物的含量，增加了纺丝线的边界层阻力，从而限制了溶剂和沉淀剂的扩散。在聚丙烯腈-二甲基甲酰胺体系中，发现聚合物含量的增加，提高了溶剂对于沉淀剂的相对扩散速率。

此外，纺丝线的半径大小、添加剂等对扩散系数也有一定的影响。

综上所述，用于解释湿纺扩散系数的数学模型式(5－57)还有许多不一致的地方且过于简化。因此，许多研究者一直在寻求更完整、更准确的扩散模型。他们根据已知的纺丝溶液和凝固浴主要变量的实验数据，提出了移动边界模型和恒流量比模型等一系列扩散模型，根据这些扩散模型，能计算纺丝线的凝固时间、溶剂和凝固剂的扩散速率及各种纺丝体系大概的扩散系数。

Paul 等人观察到，随着挤出细流的凝固，其表面形成坚硬的皮层，已凝固和未凝固部分之间，往往形成明显的界面，此界面随扩散的进行而不断移动(图 5－39)，称为移动边界(Moving boundary)。

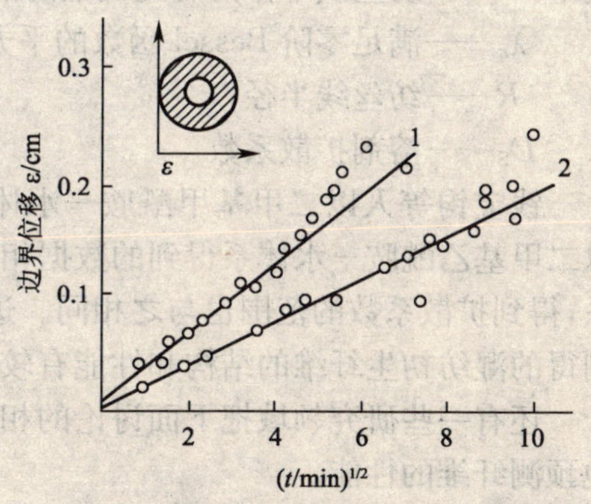

图 5－39　丙烯腈共聚物—DMAc 冻胶(26%)在凝固浴中皮层的增长情况

试样原始半径为 0.467cm

凝固浴组成：1—15%DMAc—水
2—65%DMAc—水

由图 5－39 可知，随着凝固浴中溶剂浓度的提高，边界移动速率下降。此速率可用固化速率参数

S_r 表征。

$$S_r \equiv \frac{\xi^2}{4t} \tag{5-59}$$

式中：ξ——边界移动的位移或固化层的厚度，cm；

t——扩散时间，s。

事实上，固化速率参数 S_r 既取决于扩散，也和相分离有关。这个参数比较直观，且具有重演性，能较真实地反映湿纺过程中的固化速率，并反映原液的组成、凝固浴组成和温度对固化速率的影响。它与前述的传质通量 J_S 和扩散系数 D_N，是表征扩散过程的基本物理量。

Paul 提出扩散有三个物理模型，即等流量模型、恒流量比模型、变流量比模型。他提出的恒流量比模型，假设溶剂与沉淀剂的流量比例在凝固边界和细流内部是常数。该模型直观地描述了湿纺中的扩散过程，与实验数据较为吻合。但 G. L. Capone 认为所有的模型均很复杂，需要作近似和曲线拟合处理。由于相的变化，所以实际上实验很难进行。

钱宝钧等人对湿法成型中的扩散模型进行的研究，求出了对以前一些研究者提出的非稳态扩散的第二菲克定律式(5-60)的解式(5-61)。

$$\frac{\partial c_i}{\partial t} = \frac{1}{r}\left[\frac{\partial}{\partial r}\left(r\frac{\partial c}{\partial r}\right)\right] \tag{5-60}$$

式中：r——纺丝线的径向位置；

c——纺丝线中的溶剂浓度；

t——凝固时间。

$$\frac{M_t}{M_0} = 4\sum_{n=1}^{\infty}\frac{1}{\lambda_n^2}e^{-\lambda_n^2 D_S t/R^2} \tag{5-61}$$

式中：M——纺丝线中作为时间函数的溶剂质量，下标 0、t 表示凝固时间；

λ_n——满足零阶 Bessel 函数的平方根；

R——纺丝线半径；

D_S——溶剂扩散系数。

钱宝钧等人以二甲基甲酰胺—水体系的腈纶成型为例进行了研究，发现扩散系数与 Paul 以二甲基乙酰胺—水体系得到的数据相同：$(4\sim10)\times10^{-6}\,cm^2/s$。Jian 等人研究了其他溶剂体系，得到扩散系数的范围也与之相同。进一步的研究表明，尽管扩散系数相同，由不同溶剂体系制得的湿纺初生纤维的结构和性能有较大的差异。其原因是由于它们的相分离机理不同。

还有一些研究领域把下面讨论的相分离现象和扩散模型结合起来研究。这些研究能更好地预测纤维的性能。

(二)湿法成型中的相分离

在聚合物、一种或多种溶剂和沉淀剂的三元或多元体系中，可能发生多种相转变，其中最主要的是相分离过程。

在聚合物—溶剂—凝固剂的三元体系中，将聚合物—溶剂二元体系与凝固剂混合，如果在摇匀后体系出现混浊，即表示发生了相分离。把开始出现混浊的各点相连，即可获得相分离曲线图。Ziabicki 利用图 5-40 所示的三元相图和相分离模型，定性描述了湿法纺丝系统。他的结论是，相分离的热力学和动力学控制着湿法纺丝过程。

在三元体系相图中，相分离曲线以上的部分是均匀的溶液；曲线以下的部分由于发生了相分离，所以是多相体系。当纺丝原液进入凝固浴时，由于双扩散的进行，在聚合物(P)—溶剂(S)—凝固剂(N)的三元体系中，组成随双扩散的进行而逐步发生变化。组成的变化决定于溶剂的通量(J_S)和沉淀剂的通量(J_N)的比值(J_S/J_N)，此值称为传质通量比。当代表纺丝线组成变化路径的直线与相分离曲线相交时，体系发生相分离。如改变纺丝用的凝固剂，其组成变化所经历的路径是不同的，每一路径的通量比也是不同的。因此，可用不同通量比来代表纺丝线组成变化的路径。图 5-40 中的圆弧线为相分离线，相分离线下的阴影部分为两相体系，空白区域为均相体系。组成变化线与 SP 线间的夹角为 θ。

由图 5-40 可见，当夹角 $\theta=0°$时，SD 沿 SP 线向 S 靠近，相应的通量比 $J_S/J_N=-\infty$，即纺丝原液不断地被纯溶剂所稀释；当 $\theta=\pi$ 时，SD 向 P 靠近，通量比 $J_S/J_N=\infty$，相当于干法纺丝，即纺丝原液中的溶剂不断蒸发，使原液中聚合物浓度不断上升，直至完全凝固。

图 5-40 大致可分为四个区域：

在①区中，$-\infty \leqslant J_S/J_N \leqslant u^*$，此区域的下限为$-\infty$，上限为第一临界切线 u^*。在此区中，纺丝线聚合物不断被稀释，即溶剂扩散速度小于凝固剂的扩散速度，而且无相变，因此原液始终处于均相状态而不固化。

在②区中，$u^* < J_S/J_N \leqslant 1$，此区切割相分离线，其上限为 1，即溶剂与凝固剂的扩散速度相等。在此区中，纺丝线聚合物含量沿路径下降，但当凝固剂浓度增加到一定值(超过凝固值)时，均相体系变为两相体系。相变的结果使体系固化，但形成疏松的不均匀结构。

在③区中，$1 < J_S/J_N \leqslant u^{**}$，此区为第二临界切线 u^{**} 所限制。在此区中，纺丝线聚合物浓度不断沿路径增加，并且所有路径都进入两相区。固化是相变和聚合物含量增加的结果，因此所获得的结构要比②区均匀些。

在④区中，$u^{**} < J_S/J_N \leqslant \infty$，此区在两相区的外缘，其上限为干法纺丝。在此区中，纺丝溶液可能发生冻胶化，对于溶致性聚合物液晶则发生了取向结晶，从而发生固化，并形成最致密而均匀的结构。

综上所述，图 5-40 中，①区是不能纺制成纤维的，②、③和④区的原液细流能够固化。从纤维结构的均匀性和机械性能看，以④区成型的纤维最为优良。通常的湿法纺丝以③区为多。

根据以上的分析，湿法成型中，初生纤维的结构不仅取决于平均组成，而且取决于达到这个组成的途径。通常冻胶法和液晶法形成的结构比相分离法形成的结构均匀。相分离法中，浓缩凝固形成的结构比稀释凝固形成的结构均匀。

必须指出，纺丝线组成变化路径的直线与相分离曲线的相交并不一定保证相分离的实现，因为上述分析仅标志其热力学可能性。相分离动力学、亚稳态体系存在的可能性等对相分离都有极其重要的影响。

Cohen 等人在湿法成型的三元相图中引入双节线和旋节线相边界理论。双节线和旋节线分别为共混体系混合自由能在组成曲线上的极小值和拐点构成的曲线。对于无定形聚合物，相图被双节线和旋节线划分为三个区(图 5-41)。双节线以上的区域为均相区，该区体系处于热力学稳定状态，纺丝溶液是均匀、透明的；旋节线以下的区域为非稳态区，相分离过程迅速自发进行，属于旋节分离机理；双节线与旋节线之间的区域为亚稳态区，温度或组成的有限波动会使溶液进入非稳态区，相分离必须首先克服势垒形成的分相的"核"，然后"核"逐渐扩大，最终形成分相，属于成核及生长分离机理。

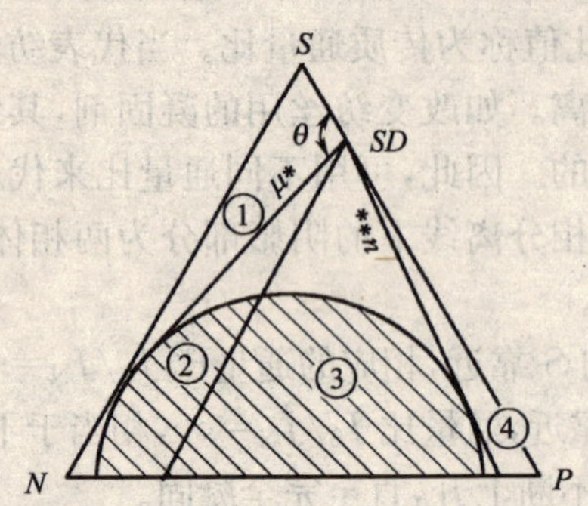

图 5－40　PSN 三元体系相平衡图

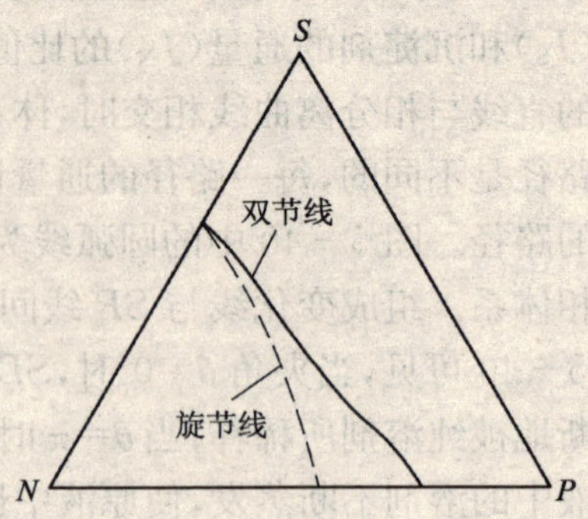

图 5－41　PSN 三元体系相平衡图

对于结晶或半结晶聚合物，相图上除了双节线和旋节线外，还存在结晶凝胶线。在该线之外，纺丝溶液是均相的。在纺丝溶液中添加一定量的非溶剂后，溶液组成越过结晶凝胶线，纺丝溶液将出现凝胶现象。

湿纺初生纤维的多孔结构取决于纺丝溶液组成在相图中的位置和相分离机理。如果组成落在双节线与旋节线之间，初生纤维较为致密；如果组成落在旋节线区内，初生纤维就形成多孔结构。

三、湿法纺丝中纤维结构的形成

在湿法纺丝凝固浴中形成的纤维结构是溶剂和沉淀剂双扩散和聚丙烯腈相分离的结果。由于湿纺初生纤维含有大量的凝固浴液而溶胀，大分子具有很大的活动性，因此其超分子结构接近于热力学平衡状态。另一方面，其形态结构却对纺丝工艺极为敏感。

湿纺初生纤维的形态结构，包括宏观结构（如横截面形状、大空洞和毛细孔以及皮芯结构等）和微观结构（微纤和微孔等）。

（一）形态结构

1. 横截面形状

横截面形状是溶液纺纤维的重要结构特征之一，它影响纤维及其织物的手感、弹性、光泽、色泽、覆盖性、保暖性、耐脏性以及起球性等多种性能。因此，控制及改变纤维的横截面形状已成为纤维及织物物理改性的一个重要方面。

研究表明，影响溶液纺初生纤维横截面形状的因素，主要是传质通量比（J_S/J_N）、固化表面层硬度和喷丝孔形状。

图 5－42 简明地解释了传质通量比和固化表面层硬度对溶液纺初生纤维横截面形状的影响。当溶剂向外的通量小于凝固剂向里的通量[$J_S/J_N<1$，图 5－42(a)]时，丝条就溶胀，可以预期纤维的横截面是圆形的。当溶剂离开丝条的速率比沉淀剂进入丝条的速率高（$J_S/J_N>1$）

时,横截面的形状取决于固化层的力学行为。柔软而可变形的表层[图 5－42(b)]收缩的结果导致形成圆形的横截面;当具有坚硬的皮层时,横截面的崩溃将导致形成腰子形[图 5－42(c)]。因此,采用圆形喷丝孔纺丝时,薄而较硬的皮层和内部芯层变形性的差异是导致溶液纺初生纤维形成非圆形截面的根本原因。

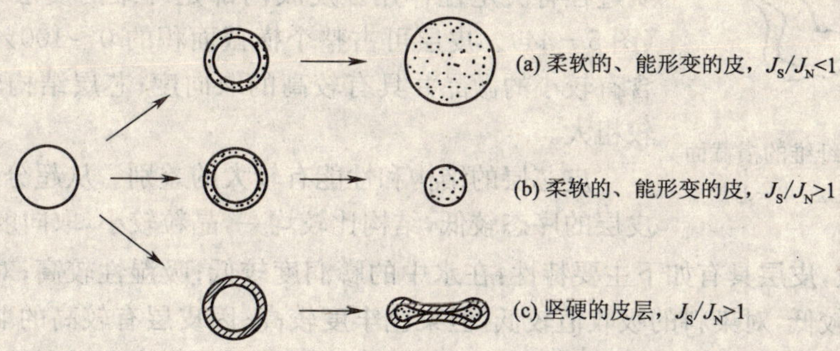

图 5－42 固化过程中形成的横截面结构的图解

传质通量比和固化表层硬度取决于纺丝工艺条件。例如,对于腈纶湿法成型,无机溶剂的固化速率参数 S_r 一般小于有机溶剂。当采用无机溶剂纺丝时,传质通量比通常小于 1,因此纤维的横截面为圆形。相反,当采用有机溶剂纺丝时,传质通量比通常大于 1,而且皮层的凝固程度高于芯层,芯层收缩时,皮层相应的收缩较小,因此纤维的横截面呈腰子形。

Knudsen 等人观察到,当凝固浴温度较高、纺丝溶液中聚合物含量较高和凝固浴中溶剂含量较高(因此降低了固化速率参数和固化表面层的硬度)时,湿纺纤维的截面会变得更圆。但由于凝固浴温度同时影响 J_S 和 J_N,当其结果使 J_S/J_N 大于 1 时,纤维的截面形状将取决于固化面的硬度。

粘胶纤维的成型过程较为复杂。控制不同的凝固条件和粘胶的熟成度,可分别获得全皮层(高锌、低酸、加变性剂)、全芯层(低酸、低盐、低温、低纺速)和一般皮芯型纤维。全皮层和全芯层纤维横截面为圆形,皮芯层纤维截面具有锯齿形周边。这是由于皮层和芯层收缩率不同所致。

哑铃形、椭圆形、带形等异形纤维,要用异形喷丝板生产,凝固条件应根据要求的横截面进行选择。

总之,湿纺工艺具有较大的柔性,能制备许多不同横截面形状的纤维,以满足不同的用途。图 5－43 列举了部分腈纶的横截面形状。

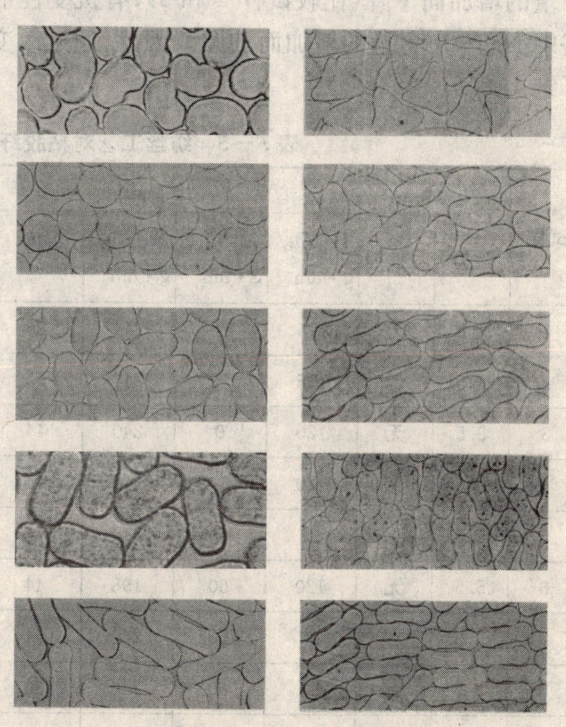

图 5－43 腈纶的横截面形状

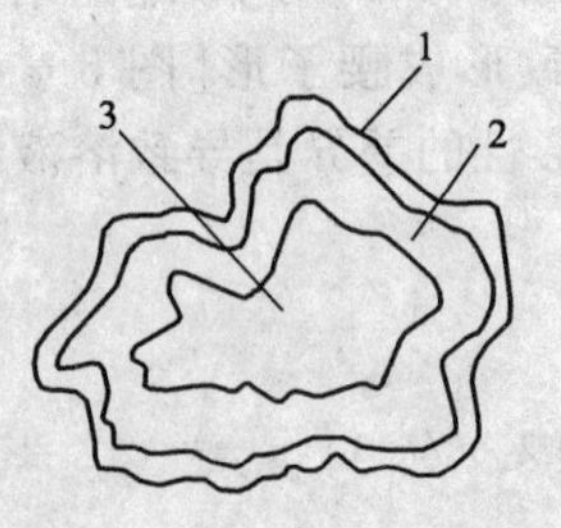

图 5-44 粘胶纤维的横截面
1—膜层 2—皮层 3—芯层

2. 皮芯结构

湿纺初生纤维形态结构的另一特点是沿径向有结构上的差异，这个差异继续保留到成品纤维中。纤维外表有一层极薄的、密实的、较难渗透的、难染的皮膜（粘胶纤维特别明显），该膜对传质过程有决定性作用。皮膜内部是纤维的皮层，再向里是芯层（图 5-44）。皮层可占整个横截面积的 0～100%。皮层中一般含有较小的微晶并具有较高的取向度；芯层结构较为松散，微晶较粗大。

皮芯层的结构和性能有较大的差别。从超分子结构方面看，皮层的序态较低，结构比较均一，晶粒较小，取向度较高。

与芯层比较，皮层具有如下主要特性：在水中的膨润度较低；吸湿性较高；对某些物质的可及性较低，密度较低，对染料的吸收值较低，但染色牢度较高；因皮层有较高的取向和均匀的微晶结构，因此其断裂强度和断裂延伸度较高，抗疲劳强度和耐磨性能都较优越。

实际上，在湿纺纤维的横截面上，往往可以观察到沿径向分布的多层结构，这是由于聚合物的凝固条件不同所引起的。有人认为，纤维中径向各环层的厚度是按几何级数递增的。聚丙烯腈纤维和粘胶纤维等的实验数据证实了这一点。

对湿纺纤维皮芯结构研究得较为深入的是粘胶纤维。粘胶纤维横截面中的皮层含量随凝固浴组分而改变，随浴中硫酸锌含量的增加而增加（表 5-5 中，比较试样 3 和 1、2、4）；随浴中硫酸锌含量的增加（比较试样 4 和 6）；随粘胶盐值的增加而增加（比较试样 8 和 9）；随浴中硫酸含量的增加而下降（比较试样 4 和 5）；有机变性剂一般促进皮层的形成。维纶的皮层也随凝固浴中 Na_2SO_4 含量的增加而加厚。因此，通过改变工艺条件，可以制得全皮型、皮芯型和全芯型纤维。

表 5-5 纺丝工艺对粘胶纤维皮芯结构和性能的影响

试样	纺丝原液		纺丝浴				皮层含量/%	吸收速率/%	强度/mN·tex^{-1}		断裂伸长率/%	
	盐值	变性剂	H_2SO_4/g·dm^{-2}	$ZnSO_4$/g·dm^{-2}	Na_2SO_4/g·dm^{-2}	温度/℃			干	湿	干	湿
1	4.0	无	115	12	244	26	35	—	159.64	—	11.6	—
2	4.0	无	115	12	244	65	49	—	171.11	—	14.3	—
3	5.5	无	120	0	240	44	27	1.98	167.58	72.32	7	12
4	5.5	无	120	60	240	44	57	2.14	167.58	91.73	15	33
5	5.5	无	80	60	240	44	69	2.20	185.22	96.14	16	31
6	5.5	无	120	60	198	44	43	2.10	167.58	88.2	14	31
7	5.5	有	90	60	240	44	61	1.94	189.63	101.43	10	18
8	5.5	有	90	60	240	60	61	1.94	189.63	101.43	10	18
9	8.1	有	90	60	240	60	80	2.09	132.30	52.92	16	29

3. 空隙

由于成型过程中发生了溶剂和凝固剂双扩散，纺丝溶液发生了相分离，湿纺初生纤维的结构为由空隙分隔、相互连接的聚合物冻胶网络。该网络是通过把聚合物溶液分成聚合物浓相和溶剂浓相而形成的。聚合物浓相由相互连接的聚合物链网络组成。尺寸达几十微米的空隙，成为大空洞或毛细孔(图 5－45)，尺寸在 10nm 左右的称为微孔。初生纤维经拉伸后，成为初级溶胀纤维，此时微孔被拉长，呈梭子形，聚合物冻胶网络取向而成为微纤结构(图 5－46)。

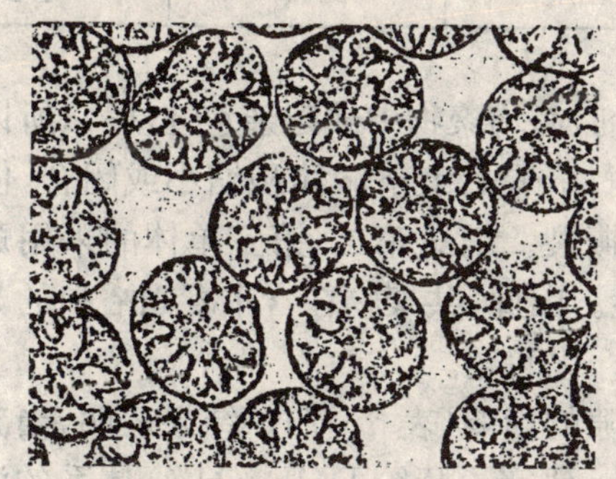

图 5－45 腈纶初生纤维中大空洞的照片

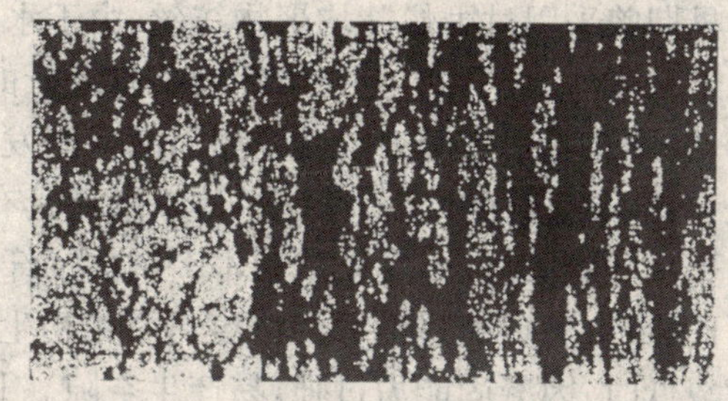

图 5－46 腈纶初级溶胀纤维的微纤和微孔

湿纺初生纤维空隙的形成与扩散和相分离速率有关。空隙尺寸由扩散和相分离速率确定，并随其速率提高而增加。当空隙尺寸增大时，空隙数量则要减少。空隙的尺寸和数量对湿纺纤维的物理性能和后处理工艺有较大的影响，具有大空洞的成品纤维在服用过程中受摩擦易发生纵向开裂——原纤化。微纤微孔结构较细密时，初生纤维最大拉伸倍数增加，原纤化倾向减小，干燥致密化的条件温和。

Reuvers 根据相分离速率快慢，定义了两种双扩散类型。当聚合物溶液浸入凝固浴后，溶剂与沉淀剂的双扩散迅速引发溶液的相分离者称为瞬时双扩散；当延续一定时间后，才引起聚合物溶液相分离者称为豫迟双扩散。

当凝固浴中溶剂含量较高时，降低了浓度梯度，使得原液细流的凝固变得缓和。在豫迟时间内，原液释放的溶剂较它从凝固浴中汲取的凝固剂多，在界面处有一个非常陡的聚合物浓度梯度，随着豫迟时间的延长，界面不断增厚，直到聚合物稀相核出现为止。如果整个凝固过程受豫迟双扩散的控制，初生纤维便会形成一个没有核孔而且非常致密的结构。

在绝大多数情况下，凝固初期表层的厚度还比较薄，双扩散速度往往比较快，相分离界面处的原液组成立刻产生聚合物稀相核。瞬时双扩散引起瞬时相分离的纤维总是存在聚合物稀相核结构。Smoldors 认为这是形成大孔结构的原因。若部分聚合物稀相核进一步生长，便形成大孔；否则在已有的前沿继续形成新的核，这样形成的初生纤维具有均匀的海绵状结构。但是这种纺丝成型条件很难维持，往往得不到完全是这种结构的初生纤维。

影响空隙的因素涉及湿法成型的所有工艺参数，包括溶剂、聚合物、沉淀剂、凝固浴浓度、温度和流量。Jenny 报道了溶剂影响初生纤维空隙结构的实例(表 5－6)。由表 5－6 可知，腈纶初生纤维的比表面积因溶剂而异。此表面积较大，说明初生纤维空隙的尺寸较小。采用无机溶剂纺制腈纶，一般不形成大空洞。在硫氰酸钠法中，即使将凝固浴温度由正常的 0～10℃升至

50℃,纺丝也很难进行,但所得初生纤维中仍无大空洞。这显然是由于无机溶剂 S_r 小于有机溶剂,凝固比较缓和的缘故。

表 5－6　溶剂与腈纶初生纤维比表面积的关系

溶剂类型	比表面积/$m^2 \cdot g^{-1}$	相对值	溶剂类型	比表面积/$m^2 \cdot g^{-1}$	相对值
NaSCN	160	2.5	DMF	90	1.1
HNO_3	204	1.5	DMAc	114	1.2

早期曾采用过丙烯腈均聚物纺丝,由于水是沉淀剂,而均聚物中缺乏亲水性基团,所以凝固过程十分激烈。这种腈纶初生纤维中有大量的大空洞,干燥后大空洞体积缩小或闭合,但并未根除,纤维在服用过程中因受摩擦而沿空洞发生纵向撕裂。腈纶第二、第三单体的采用赋予纤维以弹性、染色性的同时,第三单体一般还具有亲水性。因此,共聚物在含水凝固浴中的凝固要比均聚物的凝固温和,这就从根本上解决了纤维的原纤化问题。

Knuden 曾研究过凝固浴浓度对腈纶初生纤维空隙的影响(表 5－7)。结果表明,当凝固浴浓度较低时,因凝固能力过强,易产生空隙。Takahashi 研究了腈纶 DMF—H_2O 体系的湿法纺丝,发现在凝固浴浓度为 20%～70%时,易形成大空洞,只有在凝固浴浓度大于 75%或当扩散速率减小时,大空洞才消失。

表 5－7　凝固浴浓度对初生纤维形态结构的影响

凝固浴浓度	初生纤维横截面平均空洞数	初生纤维表观密度/$g \cdot cm^{-2}$	初生纤维表面积/$m^2 \cdot g^{-1}$
40%DMAc,60%H_2O	8	0.44	100
55%DMAc,45%H_2O	4	0.45	100
70%DMAc,30%H_2O	1	0.47	130

Knuden 还研究了 DMAc—H_2O 体系湿法纺丝中纺丝溶液聚合物含量和凝固浴温度对腈纶初生纤维空隙的影响。结果表明,在纺丝溶液中增加聚合物的含量或降低凝固浴温度,均可减小空隙尺寸(图 5－47 和图 5－48),这是由于扩散和相分离速率随之降低的缘故。

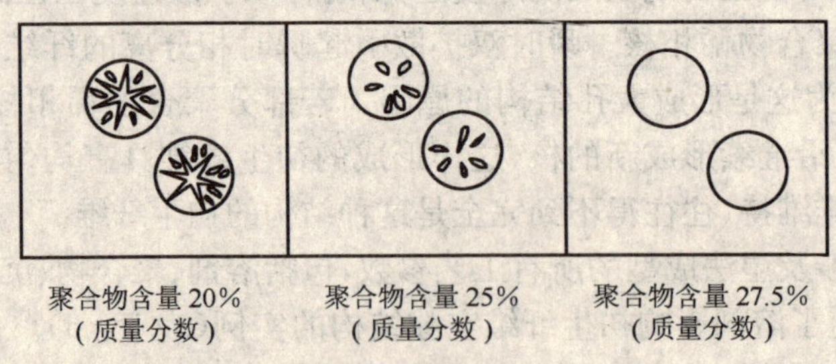

图 5－47　纺丝溶液中聚合物含量对腈纶初生纤维形态结构的影响

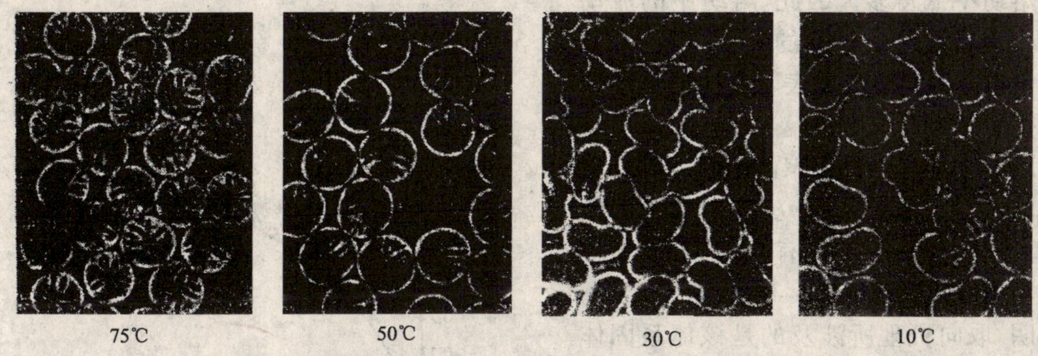

图 5－48　凝固浴温度对腈纶初生纤维形态结构的影响

喷丝头拉伸对形态结构也有较大的影响。研究表明，湿纺初生纤维的空隙随喷丝头拉伸率降低而减小。值得注意的是，最大喷丝头拉伸是溶剂浓度的函数。以 DMF 或 DMAc 为溶剂，以水为非溶剂的湿法纺丝体系，当凝固浓度增加时，最大喷丝头拉伸均达到最小值。这种现象不能光靠扩散解释，而是要通过溶剂、非溶剂的相互作用而更充分地理解。对于 DMF 和 DMAc，最大喷丝头拉伸的最小值在水与这些溶剂的摩尔比为 2∶1 处。当摩尔比大于 2∶1 时，体系中有多余的水，因此凝固迅速发生，并形成一种多孔结构。这种多孔结构具有可拉伸性，并能承受高的拉伸张力。当摩尔比接近 2∶1 时，凝固变慢，从凝固表层到丝条液流中心的结构差异不能承受较高的应力。在该浓度范围内，溶剂、非溶剂的黏度增加相当快，增加的黏度成为丝条阻力更大的原因之一。当溶剂量进一步增加，即溶剂量大于水量时，相分离的驱动力减小，纤维的径向结构差异由于皮层较薄而减小，从而最大喷头拉伸比就戏剧性地提高。

喷头拉伸对纤维性能的影响主要体现在纤维光泽和干燥/致密化/松弛工艺方面。喷头拉伸低的条件使纤维产生小的空隙结构，这些空隙对光更透明，并有闪光的外观，同时对于干燥、致密化和松弛条件比较温和。但在初生纤维经拉伸、干燥致密化和松弛热定型后，喷丝头拉伸对成品纤维机械性能的影响不再明显。

必须指出，合适的湿纺工艺可以避免纤维产生大空洞或毛细孔，但湿纺初生纤维中产生微纤微孔结构是不可避免的。纺丝线沉析过程中的相分离伴随着聚合物相强烈的体积收缩，直接导致冻胶网络的形成，从而形成微纤微孔结构。冻胶网络以及微纤微孔结构的粗细，可通过湿纺工艺的改变加以调节。

(二)超分子结构

虽然从聚合物溶液所得的未拉伸纤维经常出现某种程度的轴向取向，但这种特性较之熔纺中所起的作用似乎要小得多。在湿纺体系中，许多作者观察过大分子或结晶沿纤维轴的某种取向。然而对于取向机理、取向对纺丝条件的依赖关系以及它对纤维性质的影响都还不清楚。

在喷丝孔道中所形成的取向，应该在松弛之前就给予凝固而固定。在湿法成型过程中，除纺丝线上外表的一薄层外，其余都来不及凝固而松弛，加上孔口膨化的影响，使原来已有取向的大分子链产生解取向。所以，孔道中的剪切流动取向对纤维总取向的影响是很有限的。

对于纺丝线上的拉伸流动取向，应该注意到在湿纺中轴向速度梯度 $\dot{\varepsilon}(x)$ 和平均拉伸应力要比熔纺中低得多。因此，熔纺中的流动取向机理在湿纺条件下的效果是较小的。然而也有一些实验数据表明有拉伸流动取向发生。

Paul 对纺丝条件对聚丙烯腈纤维取向度影响进行了系统的研究，发现取向因数 f 与真实喷丝头拉伸比有一定关系，而不是仅与速度或者速度梯度有关(图 5－49)。这表明，取向机理所涉及的是该体系固体冻胶部分的形变，而不是聚合物溶液流体的流动。这种解释与前面讨论的固化的非均一模型是非常符合的。即使在纺丝线中平均拉伸应力是低的，但由于它集中于固化皮层，这对于产生大分子和微晶的永久取向来说已是足够大了。双折射的分布在皮层中较高，在芯层中较低，也为这种机理提供了间接证据。

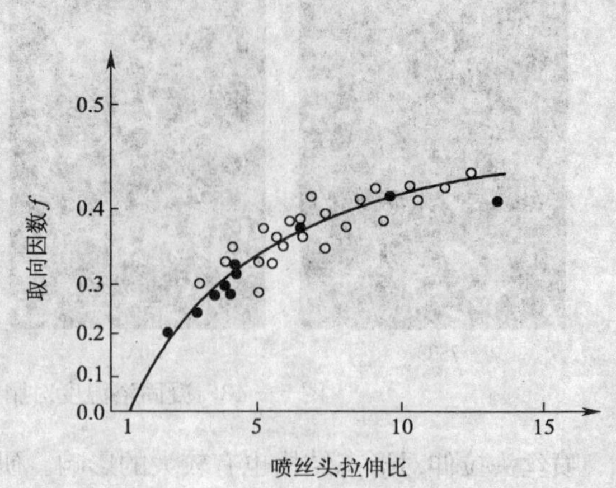

图 5－49　未拉伸湿纺聚丙烯腈纤维的取向因数与喷丝头拉伸比的关系

另一方面，有些资料显示了纺速和速度梯度对形成纤维双折射所起的作用。湿纺中涉及的速度梯度的大小比熔纺中的速度梯度小 1～3 个数量级，但是半固化纺丝线中较长的松弛时间能补偿低的形变速率。Perepelkin 和 Pugatch 对维纶湿纺做了系统的研究，Δn 随卷绕速度 v_L 而单调升高(图 5－50)，这表明维纶初生纤维的取向机理似乎是拉伸流动。但该机理对所有的湿纺纤维或对所有的纺丝条件不是普适的。据胡学超等报道，纺丝速度较低时，Lyocell 纤维的双折射 Δn 随卷绕速度 v_L 升高而增加，当 v_L 达到 50m/min 后，Δn 维持不变(图 5－51)。并且发现 Lyocell 纤维的晶区取向随卷绕速度 v_L 提高而单调增大，而无定形区的取向开始时随 v_L 提高而增加，当纺丝速度达到 50m/min 后反而下降。

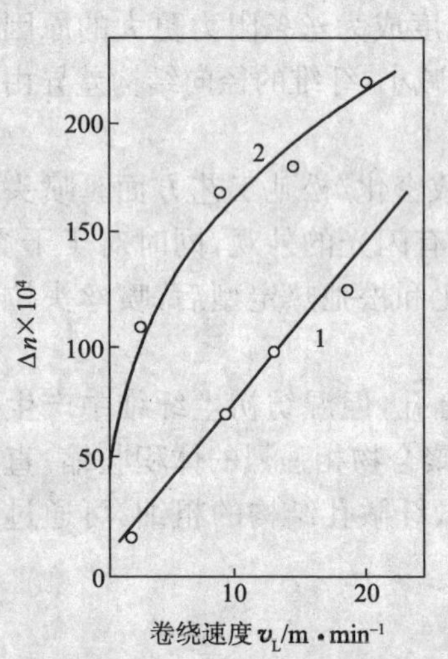

图 5－50　未拉伸维纶的取向度与卷绕速度的关系

1—真实喷丝头拉伸比不变

2—喷丝头拉伸比随 v_2 增大而增加

Purz 曾观察到粘胶初生纤维在没有任何拉伸条件下也具有正的双折射率(图 5－52)。有人用定向固化解释了这一现象。

关于湿纺初生纤维的结晶以及纺丝条件对其影响的研究较少。粘胶纤维、腈纶和铜氨纤维的 X 射线衍射测定表明，在未拉伸纤维中有某种结晶或准晶序态。纺丝速度对 Lyocell 纤维结晶度的影响见表 5－8。随着纺丝速度的提高，Lyocell 纤维的结晶度增大。研究表明，随着凝固浴温度的升高，竹纤维素纤维的结晶度几乎呈线性上升。

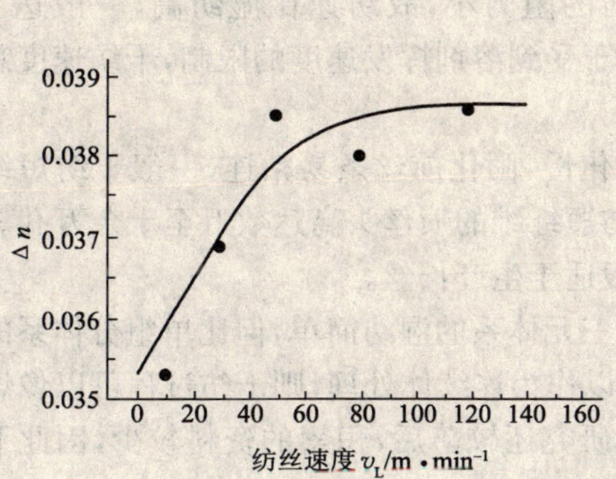

图 5－51 Lyocell 纤维的双折射 Δn 与卷绕速度 v_L 的关系

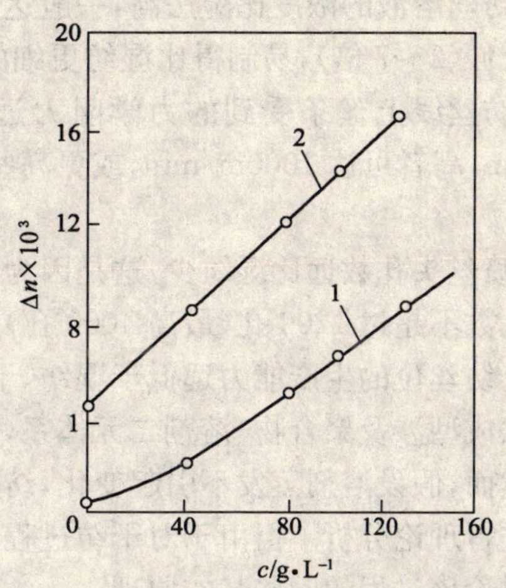

图 5－52 粘胶纤维的双折射率与凝固浴中硫酸浓度之间的关系
1—自由挤出 2—强制挤出

表 5－8 纺丝速度对 Lyocell 纤维结晶度的影响

纺丝速度/m·mim⁻¹	结晶度/%	纺丝速度/m·mim⁻¹	结晶度/%
10	50.2	50	53.3
30	56.1	80	55.8

通常认为，湿法成型时纤维结构的形成可分为两个主要过程，即初级结构的形成；结构的重建和规整度的提高。对于分子链刚性不同的聚合物，其结晶的形成按以下几种方式进行。

(1)具有各向异性的纺丝溶液成型时，能很快地形成规整结构，随后形成结晶(次级)结构。

(2)刚性和中等刚性链大分子的各向异性溶液成型时，过程中可能产生溶液的各向异性状态，随后形成规整的结构，并进一步缓慢地改建。

(3)柔性链聚合物的各向同性溶液成型时，可能析出无定形相或具有一定规整的结构，但它在较短时间内可形成晶体结构。

第四节 干法纺丝

干法纺丝是历史上最早的化学纤维成型方法。某些成纤聚合物的熔点在其分解温度之上，熔融时要分解，不能形成一定黏度的热稳定的熔体，但在挥发性的溶剂中能溶解而成浓溶液，这类聚合物适于采用干法纺丝工艺生产。

干法纺丝过程中，通常要受到溶剂从丝条中挥发速度的限制，聚合物固化速度较慢，这就决定了干纺工艺的特点：

(1)纺丝溶液的浓度比湿法高，一般达18%～45%，相应的黏度也高，能承受比湿纺更大的喷丝头拉伸(2～7倍)，易制得比湿纺更细的纤维。

(2)纺丝线上丝条受到的力学阻力远比湿纺的阻力小，故纺速比湿纺高，一般达300～600m/min，高者可达1000m/min，或更高些，但由于受到溶剂挥发速度的限制，干纺速度总比熔纺低。

(3)喷丝头孔数远比湿纺少，这是因为干法固化慢，固化前丝条易粘连，一般干纺短纤维的喷丝头孔数不超过1200孔(最高4000孔)，而湿纺短纤维的喷丝头高达数万至十余万孔。因此干法单个纺丝位的生产能力远低于湿纺，干纺一般适于生产长丝。

干法成型涉及聚合物-溶剂二元体系，因此比三元体系的湿纺简单，但比单组分体系的熔纺复杂。然而，假设溶剂蒸发不引起变化，纺丝线可以作为连续体处理，则干纺过程可以像熔纺过程那样进行理论分析。但由于对干纺过程的理论研究还较落后，积累的资料较少，因此下面仅简单地讨论该过程的一些基本原理。

一、干法纺丝的运动学和动力学

与熔纺不同，与湿纺相似，干法纺丝线的速度 v_x 与直径 d_x 之间无单值关系，因此必须独立地测量这两个必不可少的特征值。

图5-53为腈纶干法成型过程中纺丝线上 d_x 和 v_x 的变化情况。在靠近喷丝板的区域内，d_x 急剧下降，这主要是由于细流拉伸流动的结果；以后 d_x 因溶剂蒸发和喷丝头拉伸的作用而缓慢减少；随着溶剂蒸发量的减少和丝条的固化，d_x 趋于平稳。

图5-53表明，干法纺丝线上的速度分布与熔纺相似，胀大区基本消失。这是因为干法纺丝时，根据流变因素来看，成型条件接近于熔纺，纺丝速度较高(600～1200m/min)，但干纺中 v_x 的提高比熔纺快。

干纺过程中纺丝线受力的轴向力平衡方程与熔纺相同[见式(5-8)]。

由于纺丝线和周围介质之间存在质量交换，干纺中的惯性力 F_i 与湿纺相同，也包含附加项。但由于其净介质通量总是指向纺丝线外面，因此 F_i 项比相同纺丝条件下的熔纺大。

干法纺丝线上介质的摩擦阻力 F_f 在传质速率较低时，也可由Sakiadis公式近似地描述：

$$F_f = 常数 \times v^{1.082} R^{0.264} X^{0.918} \quad (5-62)$$

式中：v——纺丝线速度；

R——纺丝线半径；

X——纺程长度。

干纺中各单项力的相对重要性与熔纺有些相似，一般表面张力 F_s 可以忽略。重力 F_g 总是正的(向下方)，而且通常较小。惯性力 F_i、介质摩擦阻力 F_f 和流变力 $F_r(0)$ 的贡献被所施加的张力 F_{ext} 平衡。其中 F_f 的贡献最为重要。

图5-54和图5-55分别为腈纶和氨纶干法成型中张力沿纺程的分布。显然张力在靠近喷丝板的区域内很小，主要是 $F_r(0)$ 的作用。随着 F_i 和 F_f 沿纺程增大，张力迅速增加。

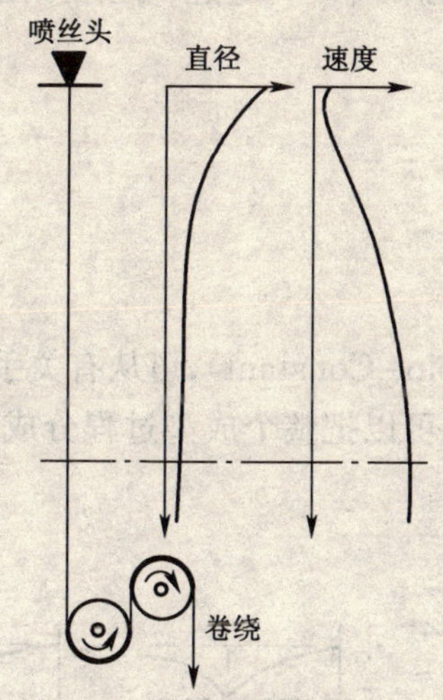

图 5－53 腈纶干法纺丝线上直径和速度的分布

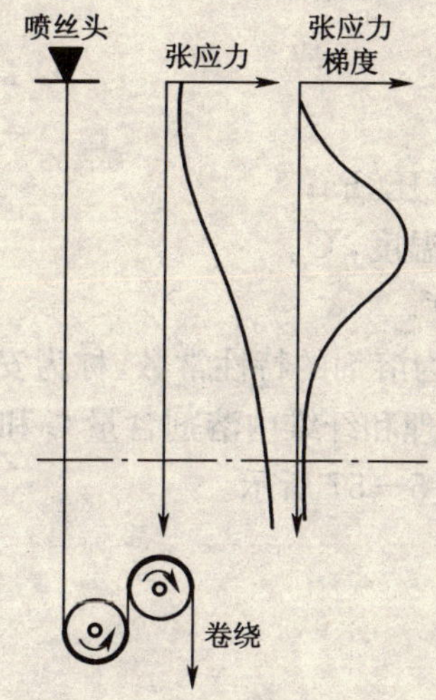

图 5－54 腈纶干法纺丝线上张力沿纺程的变化

二、干法纺丝中的传热和传质

干纺时，固化是由于溶剂从丝条细流中挥发的结果。溶剂挥发导致聚合物脱溶剂化，并急剧降低了体系的流动性，从而使丝条固化。由于溶剂的挥发耗费了大量的热能，所以成型过程同时取决于热量和质量交换的动力学，这实际上与纤维状聚合物材料的干燥过程相类似，干纺过程溶剂的挥发干燥与丝条的细化同时发生。溶剂从纺丝线上除去有三种机理：

(1)闪蒸；

(2)纺丝线内部的扩散；

(3)从纺丝线表面向周围介质的对流传质。

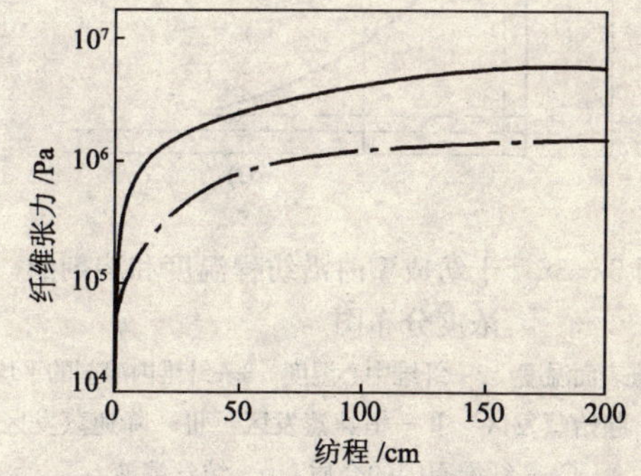

图 5－55 氨纶干法纺丝线上张力沿纺程的变化
——溶剂蒸发由扩散控制
-·-·-溶剂蒸发由边界层控制

溶剂的闪蒸发生在喷丝孔的出口处，这是热的聚合物溶液解除压缩的结果。在热力学平衡时，聚合物溶液上的溶剂压力 P_s 可按 Flory－Huggins 理论计算如下：

$$\ln(P_s/P_s^0)=\ln C_s+(1-C_s)(1-\zeta)+x_{12}(1-C_s)^2 \quad (5-63)$$

式中：C_s——溶剂的体积分数；

P_s^0——纯溶剂上的分压；

ξ——溶剂的摩尔体积与聚合物的摩尔体积之比；

x_{12}——Huggins 聚合物溶剂相互作用参数。

分压 P_s 和 P_s^0 对温度非常敏感。许多溶剂的 $P_s^0(T)$ 都能用式(5-64)这一经验方程式表示：

$$P_s^0 = A\exp -\frac{B}{T+T_a} \tag{5-64}$$

式中：A——大气压，Pa；

B、T_a——温度，℃。

T——温度。

A、B、T_a 均为溶剂的特性常数，称为安托尼常数(Antoine Constant)，可从有关手册查到。

根据传质机理和纤维内溶剂含量 C 和温度 T 的变化，可以把整个成型过程分成三个区域，如图 5-56 和图 5-57 所示。

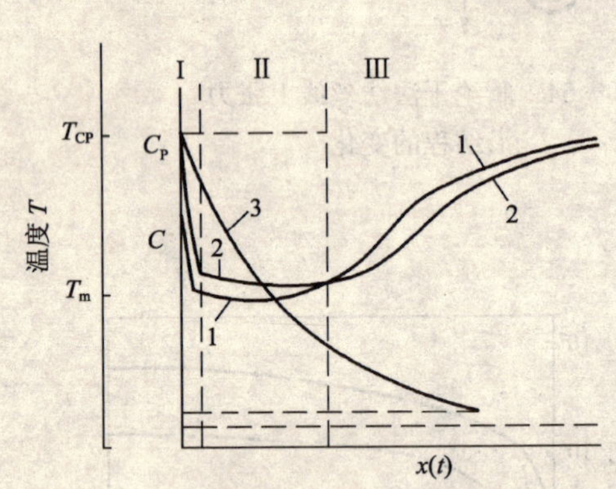

图 5-56 干纺成型时沿纺程温度和溶剂的浓度分布图

1—纤维表面温度 2—纤维中心温度 3—纤维内溶剂的平均浓度

Ⅰ—起始蒸发区 Ⅱ—恒速蒸发区 Ⅲ—降速蒸发区

C_P—纤维周围的介质 p—纺丝溶液

$x(t)$—纺程(时间) T_m—湿球温度

T_{CP}—纤维周围的介质温度

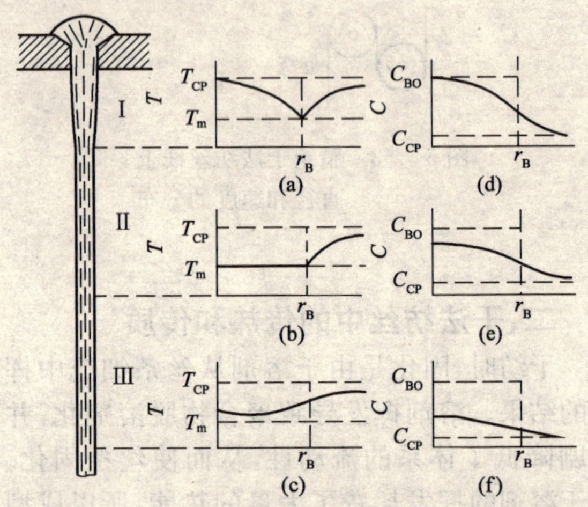

图 5-57 各成型区内溶剂浓度(d,e,f)和温度(a,b,c,)沿纤维截面的分布图

Ⅰ—起始蒸发区 Ⅱ—恒速蒸发区

Ⅲ—降速蒸发区 r_B—纤维的半径

r—瞬时传热半径 T—温度

C_{BO}—纺丝溶液中溶剂的起始温度

T_{CP}—纤维周围的介质温度

C_{CP}—纤维周围介质中溶剂的浓度

Ⅰ区：在喷丝孔出口处，由于热的纺丝液解除压缩的结果，发生溶剂闪蒸，使溶剂迅速大量挥发，细流的组成和温度发生急剧变化。在高温下，从喷丝孔挤出的细流主要依靠自身的潜热和来自热风的传热，从溶液表面急剧蒸发，使纺丝线的组成和温度大大有别于挤出原液的组成和温度。这时溶剂的蒸发潜热被夺取，而使细流表面温度急剧下降到湿球温度(T_M)直至达到平衡为止。在此区内，细流内部温度比细流表面高，所以溶剂从内部向表面的扩散速度很大，细流表层溶剂浓度较高，主要以对流方式进行热交换。因此，这一阶段蒸发完全取决于纺丝溶液的闪蒸和自身的潜热，以及来自热风的传热，其中以闪蒸为主。

Ⅱ区：由于热风的传热与丝条溶剂蒸发达到平衡，这一阶段丝条的温度实际上保持不变，且等于湿球温度。沿纤维截面的温度近乎是均匀一致的[$T(r,\tau)\cong$常数]，由湿球温度可以计算热与溶剂的传递系数比，所以湿球温度是干法纺丝的重要特征值。Ohxilwil 和 Nagano 对若干溶剂所做的实验证明了毕渥数 β^* 与给热系数 α^* 比值的恒定性，并且提出了对于纺丝工艺定量处理所需要的数据。

大沢等测定了各种湿球温度，并给出了各种纤维在标准纺丝条件下的计算结果。说明Ⅱ区内的丝条温度：醋酯纤维为 5℃，PVA 为 46℃，PAN 是 85℃，聚氨酯为 90℃。

如上所述，在该区内，丝条内部温度保持较低，溶剂缓慢扩散，但随着干燥的进行，扩散减缓，质量交换速度变化很小，可以近似地认为不变。由于此时聚合物丝条内自由溶剂的浓度大，所以过程不是内部扩散控制，它主要取决于外部的(对流的)热、质交换速度和与此相对应的表面温度。这个阶段的热、质交换大致相同，纤维表面湿度不变。

当溶剂从丝条芯层向表层扩散的速度低于表面溶剂蒸发速度时，丝条表面温度上升，开始影响总的动力学，进入成型的第三阶段。纤维内溶剂分子扩散速度降低，是由于与聚合物微弱结合的溶剂大部分已被排除，继而排除的是与聚合物分子溶剂化的溶剂。

III 区：在该区内丝条内部溶剂扩散速度变得更慢，浓度分布变得更大，随着蒸发强度的急剧降低，丝条表面温度上升并接近热风温度。

在 III 区内，溶剂的蒸发速度变小，以致聚合体与溶剂间的相互作用加强，而且受内部扩散控制。III 区发生的过程为控制阶段，从纺丝甬道出来的丝条上残留溶剂的含量，决定于该阶段的温度与时间。Ⅲ区丝条的固化过程基本上完成，此时溶剂含量为 30%～50%。从甬道出来的纤维溶剂含量为 5%～25%。

有关干纺的实验数据表明，开始阶段传质机理由闪蒸、对流和扩散综合控制，而后逐渐地趋于以纯扩散作为速度的控制因素。为使丝条残余溶剂浓度符合规定，纺丝甬道的最短长度取决于纺丝液中的二元扩散系数 D^*、丝条的线密度、纺速和空气流强度并不能使甬道有效地缩短。

沿纺程进行传热和传质的上述分析与文献中引用的测试数据相符合，图 5－58 表明了 PAN 的 DMF 溶液干法成型过程的基本特征，沿纺程长度可以清楚地看到上述三个区域和对应的三个阶段。

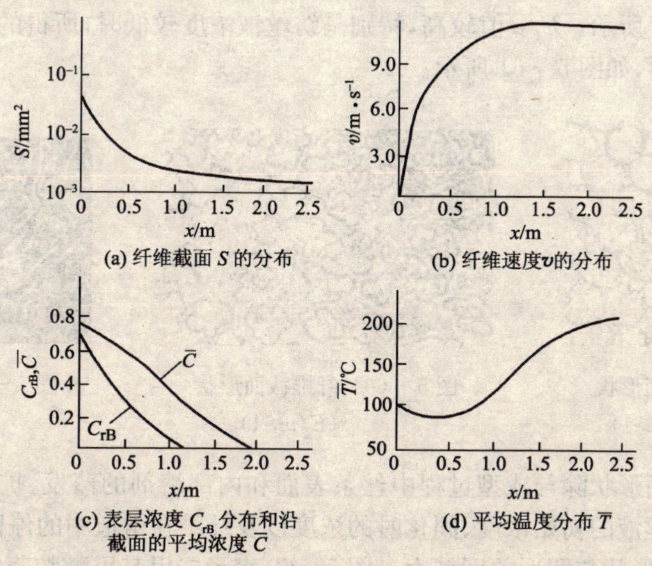

图 5－58　在聚丙烯腈 DMF 溶液干法成型过程中沿纺程 X 的主要特征

三、干法纺丝中纤维结构的形成

由于成型机理不同，干纺初生纤维的结构特征与熔纺初生纤维有较大区别。

如前所述，熔纺初生纤维最重要的结构特征与超分子结构有关。干纺初生纤维却不是如此。由于干法纺丝过程中形成的冻胶体在适合高弹形变的黏度区域的停留时间很短，因此来不及充分进行取向；又由于离开干燥甬道的丝条会有相当数量的残留溶剂存在，使分子的活动性较大，因此此干纺初生纤维中分子和微晶的取向度很低，它在纺程上通常是各向同性的，或稍有一点取向。但一般来说，纺丝期间纤维产生的取向度随溶液的黏度、纺丝速度和喷丝头拉伸倍数提高而上升，也随纤维固化速度的提高而上升（固化速度同纤维的表面积有关，纤维越细，其表面积越大，故固化速度加快）。纺丝甬道温度高低的存在有利和不利两方面因素，其温度高，会增加分子的活动性，但阻碍了分子的取向。在纺丝过程中较高的取向，会降低纤维的可拉伸性；或者如果拉伸比不变，则提高纤维的强度。然而，纺丝甬道的温度远远没有纤维上残留溶剂量的影响大。

由于样品的不均匀性，用于测定熔纺初生纤维结晶度的密度法不适用于干纺初生纤维，因此关于干纺初生纤维结晶度的资料较少。对于干法腈纶初生纤维等的 X 射线衍射的测定表明，干纺初生纤维中存在某种结晶或准结晶。但其超分子结构参数对纺丝条件远不如熔纺初生纤维敏感。

纺丝参数对纤维的结果和性质的影响也与熔纺不同，在熔纺中力学因素和传热因素，如纺丝线中的应力和速度场以及冷却强度，起着重要作用。在干纺中，这些因素的作用是次要的，纤维的微观结构、形态结构以及机械性质强烈地依赖于纺丝线和周围介质之间的传质强度以及各种浓度所控制的转变。例如，在干纺过程中，由于溶剂存在于整个丝条中，溶剂从丝条表面蒸发的速度（E）和溶剂从丝条中心扩散到表面的速度（v）的相对大小，即 E/v 值决定了初生纤维断面形态结构的特征。

$E/v \leqslant 1$，成纤干燥固化过程十分缓和均匀，纤维断面结构近乎同时形成，截面趋近于圆形，几乎没有皮层。E/v 稍大于 1，纤维的截面如图 5－59 所示。随着 E/v 的增加，近于中等值时，纤维截面如图 5－60 所示。E/v 值较高，特别是纺丝液浓度较低时，所得的纤维截面呈扁平状，近于大豆形或哑铃形，如图 5－61 所示。

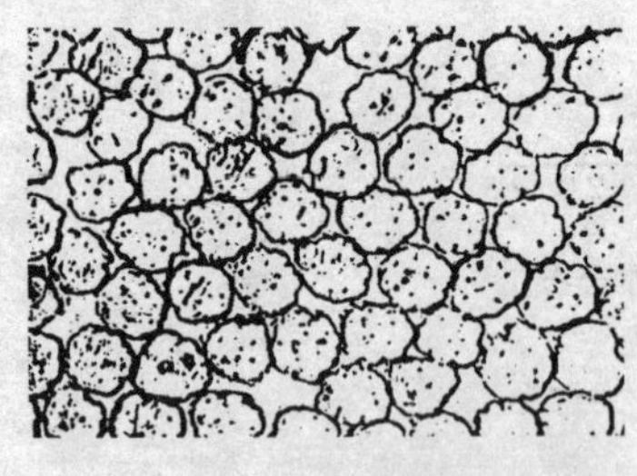

图 5－59　纤维截面形状（E/v 略$>$1）

图 5－60　纤维截面形状（$E/v>1$）

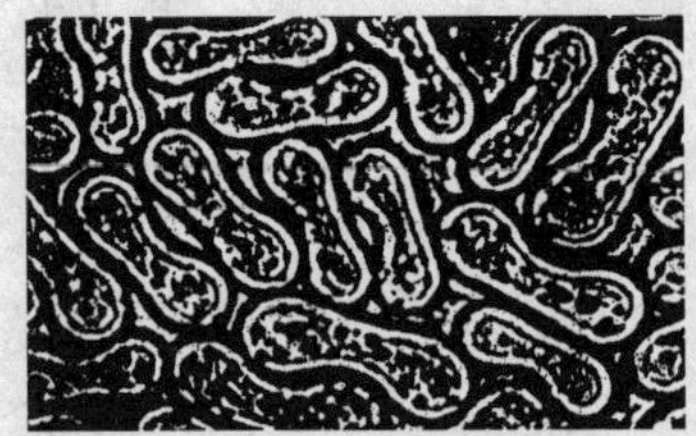

图 5－61　纤维截面形状（$E/v\gg1$）

干纺纤维的截面形状除与成型过程中丝条表面和内部溶剂的蒸发、扩散速度有关，在很大程度上还取决于纺丝液的初始浓度、固化时的浓度以及纤维在甬道中的停留时间等。纺丝液的浓度越低，纤维截面形状与圆形差别越大。图 5－62 表示二甲基甲酰胺蒸发速率作为纤维在纺丝甬道中的停留时间的函数。获得的这一曲线能划分哑铃形和其他横截面形状的纤维成型区域。

另一方面，干纺初生纤维中的结构特征与湿纺初生纤维也有较大的差异。大量的研究表明，采用相同的成纤聚合物进行湿纺和干纺制取纤维，后者不但宏观结构较均匀，没有明显的皮层和芯层，纤维的超分子结构尺寸大，纤维的微纤结构也不明显。这与成型方法及成型条件密切相关。因为湿法纺丝液的浓度较低，丝条固化采用非溶剂，体系的相分离速率比较快，并且存在双扩散，因此初生纤维会形成多孔凝胶网络。而干纺纺丝液的浓度较高，丝条的机理为单相凝胶化，不存在双扩散，因此成型条件比湿法缓和，从而导致纤维的结构均匀、致密，纤维表面光滑，截面收缩不大，在显微镜下没有明显可见的孔洞。而且染色后色泽艳丽，光泽优雅。且纤维更富于弹性，织物尺寸稳定性也较好。

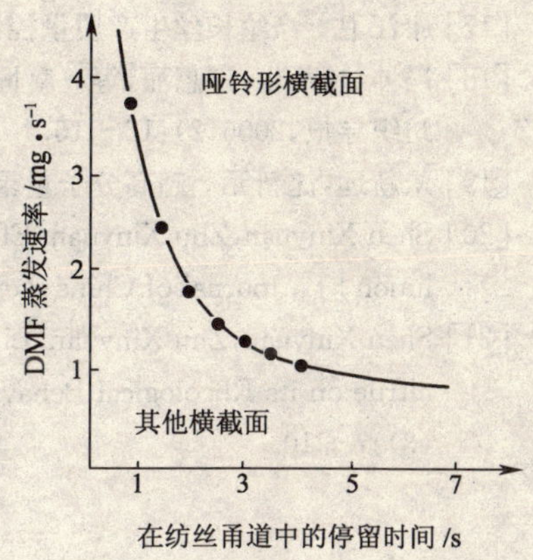

图 5－62　纺丝参数对干纺纤维横截面形状的影响

参考文献

[1] 董纪震，罗鸿烈，王庆瑞，等．合成纤维生产工艺学（上册）[M]．2 版．北京：中国纺织出版社，1994.

[2] A. 谢皮斯基．纤维成型原理[M]．华东纺织工学院化学纤维教研室，译．上海：上海科学技术出版社，1983.

[3] A. 齐亚别林斯基．高速纺丝——科学与工程[M]．施祖培，穆淑华，洪璋传，等译．北京：中国石化出版社，1990.

[4] Masson J C. Acrylic fiber technology and application [M]. New York：Marcel Pekker，Inc.，1995.

[5] A. J. 谢尔柯夫．粘胶纤维[M]．王庆瑞，陈雪英，刘兆峰，等译．北京：纺织工业出版社，1985.

[6] 沈新元，吴向东，李燕立，等．高分子材料加工原理[M]．北京：中国纺织出版社，2000.

[7] 沈新元．先进高分子材料[M]．北京：中国纺织出版社，2006.

[8] 川赖泰宏，永井明彦．熔融纺丝[J]．施祖培，译．国外纺织技术（化纤、染整、环境保护分册），1996(6)：4－23.

[9] 鹤见隆．溶液纺丝（一）[J]．施祖培，译．国外纺织技术，1997(2)：26－32.

[10] 鹤见隆．聚氨酯纤维的纺织技术[J]．施祖培，译．国外纺织技术，1997(4)：19－22.

[11] Cohen C，Tanny G B，Prager S. Diffusion-controlled formation of porous structure in ternary polymer system [J]. J Polymer Sci，1979，17：477－489.

[12] Smolder C A，Reuvers A J，Boom R M，et al. Microstructures in phase-inversion membranes part I. Formation of macrovoids [J]. J Memb Sci，1992，73：259.

[13] 何士群，杨崇倡，王华平．三角异形丝的不对称传热模型的建立及分析[J]．东华大学学报（自然科学版），2005，31(1)：26－30.

[14] 邢强，朱美芳，陆琰，等．miPP 与 ziPP 的可纺性比较[J]．台成纤维工业，2001，24(5)：5－7.

[15] 侯翠灵，王华平，张玉梅．聚对苯二甲酸丙二醇酯的非等温结晶动力学研究[J]．合成纤维，2006(1)：6－9.

[16] 孟志芬，胡学超．纺丝速度对 Lyocell 纤维结构的影响[J]．河南师范大学学报（自然科学版），2004，

32(4):74－77.

[17] 康江卫．涤纶长丝生产质量控制的探讨[J]. 合成技术及应用,2002,16(1):47－49.

[18] 冯坤,杨革生,邵惠丽,等．凝固浴温度对有机溶剂法再生竹纤维素纤维结构与性能的影响[J]. 国际纺织导报,2006(2):12－16.

[19] 朱新远,沈新元．超高分子量聚丙烯腈溶液的流变性[J]. 合成纤维,1997,26(2):9－13.

[20] Shen Xinyuan,Zhu Xinyuan. Effect of Temperature on the Rheological Behavior of UHMW-PAN Solution [J]. Journal of China Textile University,1997,14(2):1－5.

[21] Shen Xinyuan,Zhu Xinyuan,Liu Yongjian. The Influence of Ultra-high Molecular Weight Polyacrylonitrile on its Rheological Behavior in Dimethylsuloxide [J]. Journal of Dong Hua Unversity,2001,18(3):7－10.

第六章　化学纤维后加工原理

第一节　拉伸原理

一、概述

（一）　拉伸过程的作用及特征

经熔体或溶液纺丝成型的初生纤维，结构尚不稳定，从超分子结构上讲，大分子的序态较低，物理—机械性能尚不符合纺织加工的要求，必须通过一系列后加工。拉伸则是后加工过程最重要的工序之一，常被称为合成纤维的二次成型，它是提高纤维物理—机械性能必不可少的手段。

拉伸过程中，纤维的大分子链或聚集态结构单元舒展，沿纤维轴取向并排列。取向的同时，通常伴随相态以及其他结构特征的变化。虽然，不同品种的初生纤维经拉伸之后，结构和性能变化的程度不尽相同，但有一个共同点，即纤维低序区（对结晶高聚物来说即为非晶区）的大分子沿纤维轴向的取向度明显提高，同时伴有密度、结晶度等其他结构方面的变化。由于纤维内大分子沿纤维轴取向，形成或增加了氢键、偶极力以及其他类型的分子间力，纤维受到外加张力时，能承受张力的分子链数目增多，从而显著提高了纤维的断裂强度、耐磨性和对各种形变的抗疲劳强度，并使延伸度下降。

简而言之，拉伸不仅使纤维的几何尺寸发生了变化，重要的是拉伸过程中，纤维结构的变化，带来了纤维性能的变化。

（二）拉伸的实施方法

在化学纤维生产中，拉伸可以紧接着纺丝工序连续地进行，也可与纺丝工序分开进行。后者先将初生纤维卷装在筒子上或存于盛丝桶中，然后在专门的拉伸设备上进行拉伸。

初生纤维的拉伸可一次完成，有些必须分段进行。纤维的总拉伸倍数是各段拉伸倍数的乘积。一般熔纺纤维的总拉伸倍数为3～7，湿纺纤维拉伸倍数可达8～12，某些高强高模纤维，采用冻胶纺丝法，拉伸倍数达几十倍到上百倍。

拉伸的条件和方式依据纺丝方法及纤维品种的不同而有所变化。按拉伸时纤维所处介质分，拉伸的方式一般有干拉伸、蒸汽浴拉伸和湿拉伸三种。

1. 干拉伸

拉伸时初生纤维处于空气包围之中，纤维与空气介质及加热器之间有热量传递的为干拉伸。干拉伸又可分为室温拉伸和热拉伸。室温拉伸一般适用于玻璃化温度（T_g）在室温附近的初生纤维；热拉伸是用热盘、热板或热箱加热，使纤维的温度升高到 T_g 以上，使大分子链段容易运动，降低拉伸应力。干拉伸适用于 T_g 较高、拉伸应力较大或线密度较大的纤维。

2. 蒸汽浴拉伸

拉伸时，纤维处于饱和蒸汽或过热蒸汽的包围之中，则为蒸汽浴拉伸。由于受热和水分子的增塑作用，蒸汽浴拉伸使纤维的拉伸应力有较大下降。

3. 湿拉伸

拉伸时纤维浸泡在液体介质里、有热量传递，若与成型过程同时进行，则会有传质甚至化学反应发生，这样的拉伸称为湿拉伸。将热水或热油剂喷淋到纤维上，边加热边拉伸的喷淋法亦是湿拉伸的一种。由于拉伸时纤维完全浸在浴液之中，故纤维与介质之间的传热、传质过程进行得较快且较均匀。

20 世纪 80 年代，熔法高速纺丝技术发展很快，纺丝速度达 5000～7000m/min 的高取向丝(high oriented yarn，简称 HOY)、高速纺丝拉伸联合制成的全拉伸丝(fully draw yarn，简称 FDY)可以省去后拉伸工序，或可使纺丝、拉伸和变形、加弹过程连续进行。在高速纺丝过程中，气流对丝条的摩擦阻力增加，惯性力加大，丝条在纺丝的同时也进行了部分的或充分的拉伸。

二、拉伸流变学

(一)经典拉伸流变学理论

初生纤维是兼具黏性和黏性的聚合物黏弹体。经典拉伸流变学的基础是固体的黏弹理论和聚合物黏弹体的松弛理论。从理论上讲，初生纤维的拉伸形变很大，属于非线性黏弹行为，作为近似处理，可借用描述小形变线性黏弹行为的蠕变方程来描述：

$$\varepsilon(t)=\varepsilon_1+\varepsilon_2+\varepsilon_3=\frac{\sigma_e}{E_1}+\frac{\sigma_e}{E_2}(1-e^{-\frac{t}{\tau_2}})+\frac{\sigma_e}{\eta_3}\cdot t \quad (6-1)$$

从式(6-1)可看出，拉伸过程的形变 ε 是时间的函数，并由普弹形变 ε_1、高弹形变 ε_2 以及塑性形变 ε_3 组成。

1. 普弹形变 ε_1

$$\varepsilon_1=\frac{\sigma_e}{E_1} \quad (6-2)$$

普弹形变是瞬间发生的(“瞬间”一般指 0.01s 之内)，是大分子受力后主链的键角和键长发生形变的反映，形变(ε_1)与应力(σ_e)同相位，应力去除，形变马上回复，即 ε_1 与时间无关。普弹形变的弹性模量(E_1)很大，形变值很小，一般只有总形变值的 1%左右。

2. 高弹形变 ε_2

$$\varepsilon_2(t)=\frac{\sigma_e}{E_2}(1-e^{-\frac{t}{\tau_2}}) \quad (6-3)$$

聚合物的高弹形变是大分子链在引力的作用下，由蜷曲构象转化为伸展构象的宏观表现。高弹形变的特点是模量 E_2 较小(一般 E_2 比 E_1 小 2～3 个数量级)，形变量 ε_2 大，可伸长至原长的 10 倍以上，且形变滞后于应力，即形变有明显的时间依赖性。在外力除去后，高弹形变基本上能回复，但回复需要时间。

凡是有时间依赖性的力学过程，一般称之为松弛过程，高弹形变就是一种松弛过程。τ_2 为松弛时间，其物理意义为高弹形变发展到其平衡值的 63.2%时所需的时间。显然，τ_2 越大，高弹形变的发展越慢。

如果把式(6－3)画成曲线，则如图 6－1 所示。可以看出，ε_2的发展速度随时间逐渐减慢。

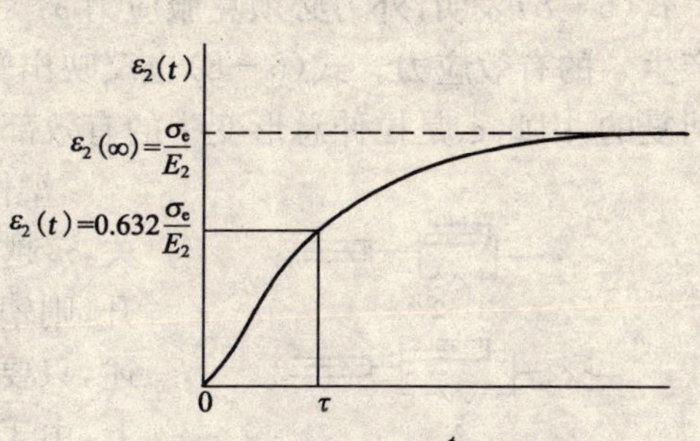

图 6－1 高弹形变随时间的发展

松弛时间 τ_2是形变速率常数 k 的倒数，假定 k 能满足 Arrhenius 方程：

$$k = A\mathrm{e}^{-\frac{U}{RT}}$$

$$\tau_2 = \tau_0 \mathrm{e}^{\frac{U}{RT}} \tag{6-4}$$

式中：U——摩尔高弹形变活化能；

A——指前因子，频率因子；

τ_0——常数；

R——气体常数；

T——绝对温度。

如果同时考虑增塑及应力对松弛时间的影响，则：

$$\tau_2 = \tau_0 \mathrm{e}^{\frac{U-U_P-a\sigma_e}{RT}} \tag{6-5}$$

式中：U_p——由于增塑作用而引起的高弹形变活化能的下降；

$a\sigma_e$——由于张应力作用而引起的高弹形变活化能的下降(a 为常数)。

将式(6－5)代入式(6－3)则得：

$$\varepsilon_2(t) = \frac{\sigma_e}{E_2}\left[1-\exp\left(-\frac{t}{\tau_0 \mathrm{e}^{(U-U_P-a\sigma_e)/RT}}\right)\right] \tag{6-6}$$

从式(6－6)可看出，高弹形变的发展与外力作用的时间 t、增塑所引起的活化能下降 U_P、纤维试样中的拉伸应力 σ_e 以及形变时纤维的温度 T 有关，其中 U_P、σ_e和 T 都是通过对 τ_2的影响而使 $\varepsilon_2(t)$ 发生变化的。

在实际生产中，应在拉伸应力 σ_e较小的前提下(以避免毛丝的生成)，采用适当措施使 T(通过改变拉伸温度)、U_P(通过调节纤维的增塑程度)以及 t(通过改变拉伸速度、拉伸辊间纤维的长度，或通过采用多级拉伸)等因素互相配合，以保证拉伸时高弹形变得以顺利发展。

3. 塑性形变 ε_3

$$\varepsilon_3 = \frac{\sigma_e}{\eta_3} \cdot t \tag{6-7}$$

塑性形变是聚合物在外力作用下，大分子链间产生相对滑移的宏观反映。塑性形变实际上是一种流动变形，它在外力作用下随着时间的延长而连续增大，理论上讲，只要时间允许，它会无限地发展下去。外力去除后，它将作为永久形变而保存下来，即这种形变是完全不可回复的。它是一种固体的形变，其分子运动机理虽与黏性流动相似，但塑性形变必须在某一特定应力 σ^* 之上，使聚合物固体屈服后才能发生，σ^* 即为屈服应力。正因为有这一点差别，ε_3应表示为：

$$\varepsilon_3 = \frac{\sigma_e - \sigma^*}{\eta_3} \cdot t \tag{6-8}$$

式(6－8)表明，外力必须克服应力 σ^* 后才能使聚合物发生塑性变形，所以差值($\sigma_e-\sigma^*$)才是产生 ε_3 的有效应力。式(6－8)也反映出塑性形变随作用时间 t 的延长而增大，而且形变是不可回复的，因此 ε_3 是拉伸总形变中的有效部分，拉伸过程实际上就是设法发展塑性形变。

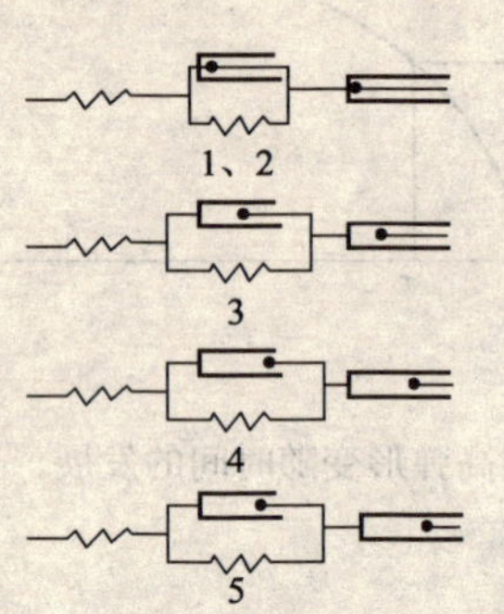

图 6－2　拉伸时纤维力学模型状态的变化

1—原来状态　2—准备区开始时的状态　3—拉伸区开始时的状态　4—拉伸区终了时的状态　5—松弛区终了时的状态

塑性形变实质上属于黏性流动，当然与塑性黏度 η_3 有关，η_3 越大，塑性形变就越困难；而黏度与温度有关，温度上升，则塑性黏度 η_3 下降，塑性形变 ε_3 则增大。按式(6－8)所述，只要时间 t 足够长，则塑性形变 ε_3 可以足够大，而事实上，由于大分子间的相互缠结，任何一种化学纤维的总拉伸倍数都是有限的。因此这种描述尚有不足之处。

连续拉伸过程中，在增塑作用、温度、张力以及纤维结构改变的影响下，纤维的形变性质会发生一定的改变。通过纤维的力学模型，可以清楚地看出这一改变。图 6－2 表明拉伸时纤维力学模型状态的变化情况。

(二)WLF 方程

材料发生塑性形变时，最重要的参数是黏度 η，它与温度密切相关。在考虑黏度与温度的关系时，可借鉴气体黏度与温度的关系。非晶态聚合物可以看做是过冷液体。气体分子间的距离非常大，远远大于气体分子本身的直径，所以气体流动时，分子间是互不干涉的，而液体间分子距离较小，相互间有制约，因此应当修正。式(6－9)为 M. L. Williams、R. F. Landel 和 J. D. Ferry 从大量有机和无机聚合物得出的实验经验式，即 WLF 方程。

$$\lg\frac{\eta_T}{\eta_{T_g}}=\frac{-17.44(T-T_g)}{51.6+(T-T_g)}\tag{6-9}$$

在 $T_g<T<(T_g+100℃)$ 的范围内，式(6－9)几乎适用于所有非晶聚合物，一般聚合物 T_g 下的黏度 η_{T_g} 约为 10^{12} Pa·s。

WLF 方程反映了自由体积或聚合物链段运动与温度的关系，除黏度以外，凡与自由体积有关的或由聚合物链段运动所控制的物理量与温度的关系，都可以使用 WLF 方程来研究，且 WLF 方程与非晶聚合物的种类无关。

形变时间对玻璃化温度的影响很大，当形变时间降到 10^{-3} s 以下时，玻璃化温度 T_g 可以在远高于标准 T_g 的温度下观察到。实验时间 t 对 $T_g(t)$ 的影响，也可用 WLF 方程来解析，设标准玻璃化温度的实验时间为 t_0(100s)，则：

$$T_g(t)=\frac{2.96}{\frac{1}{17.44}+\frac{1}{\lg\frac{t_0}{t}}}+T_g(t_0)\tag{6-10}$$

(三)时间—温度参数变换原理

作用时间与温度有相同的效果。采用参数变换原理进行解析，对研究纤维高分子的黏弹性行为(包括纤维拉伸行为)非常有效，但对研究分子间作用力很大的结晶性高分子则有很大限制，适用性较差。

Ferry 的温度—时间变换理论研究的是无定形聚合物或具有一定浓度的高分子物溶液，它们是符合 Maxwell 松弛模型的高分子物质。其理论的主要内容为：

(1)组成松弛模型的各种元件的弹性模量都与温度成正比，即这种弹性与橡胶弹性的特征相同。

(2)松弛模型的弹性模量与单位体积中所含高分子物质的质量成正比，这是由于热膨胀引起单位体积中松弛模型元件数量变化的结果。

(3)当温度由 T_0 变为 T 时，所有流变模型元件的松弛时间全都增加 a_T 倍，a_T 为物质仅由温度 T_0、T 决定的那些函数的移动因子。大多数高分子移动因子 a_T 都可用 WLF 方程解出，见式(6-11)。

$$\lg a_T = -\frac{C_1(T-T_S)}{C_2+T-T_S} \tag{6-11}$$

式中：T_S——标准温度；

C_1、C_2——常数，对一般无定形高分子固体，$C_1=8.86$，$C_2=101.6$。

此时，T_S值见表 6-1。以 T_g 代替公式(6-11)的 T_s 后得：

$$\lg a_T = -\frac{C_1'(T-T_g)}{C_2'+T-T_g} \tag{6-12}$$

式中，$C_1'=17.44$，$C_2'=51.6$。用式(6-12)研究无定形高分子的流变行为，与实际情况十分吻合。但构成纤维的材料大部分为结晶性高分子，其结构比无定形高分子要复杂得多。因此，其黏弹行为也不像无定形高分子那么单纯。

表 6-1　无定形高分子固体的 T_s、T_g

高分子物质	T_s/K	T_g/K	T_s-T_g/K
聚异丁烯	243	202	41
聚丙烯酸甲酯	324	276	48
聚醋酸乙烯酯	349	301	48
聚苯乙烯	408	354	54
聚甲基丙烯酸甲酯	433	378	55
聚对苯二甲酸乙二醇酯	385	343	42

三、拉伸过程中应力—应变性质的变化

(一)概述

在拉伸过程中，应力和应变不断地变化。反映初生纤维拉伸时应力—应变变化的曲线称拉伸曲线。拉伸曲线的形状依赖材料的化学结构(分子组成、分子构型、平均相对分子质量、相对分子质量分布、交联程度)、超分子结构(结晶、取向)、加工条件(拉伸程度、定型情况、温度)以及

材料中添加剂的种类和数量。

测定应力—应变关系，一般是沿纤维轴向拉伸，测定纤维负荷和伸长的关系，而后换算成应力—应变关系。在材料的负荷拉伸试验中，试样所受的拉伸应力为 σ，对于小的伸长，通常将应变(或伸长率)定义为：

$$\varepsilon^C = \frac{\Delta L}{L}$$

$$\Delta L = L - L_0$$

即拉伸后的长度 L 与原长 L_0 之差。ε^C 称为工程应变或 Cachy 应变，但对于大的伸长，则采用由瞬时伸长定义的应变，称为真应变或 Henky 应变，记为 ε^H：

$$\varepsilon^H = \int_{L_0}^{L} \frac{dL}{L} = \ln \frac{L}{L_0} = \ln R \tag{6-13}$$

式中：R ——拉伸比(或拉伸倍数)。

初生纤维的拉伸比可用连续拉伸时的拉伸速度 v_2 与喂丝速度 v_1 之比来表示，即：

$$R = \frac{L}{L_0} = \frac{v_2}{v_1}$$

拉伸时，试样截面积的变化将影响试样所受的实际应力，因此应力有真实应力与许用应力之分。

拉伸时的真实应力 σ 为：

$$\sigma = \frac{F}{A} \tag{6-14}$$

许用应力 σ_a 为：

$$\sigma_a = \frac{F}{A_0} \tag{6-15}$$

式中：F——施加的张力；

A——拉伸过程中试样的实际截面积；

A_0——试样的原始截面积。

如试样体积不变，在 σ 和 σ_a 之间有下列换算关系：

$$\sigma_a = \frac{\sigma}{R} = \frac{\sigma}{1+\varepsilon^C} \text{（根据 Cachy 定义得出）} \tag{6-16}$$

$$\sigma = \sigma_a \exp(\varepsilon^H) \text{（根据 Hencky 定义得出）} \tag{6-17}$$

如在恒定拉力 F 下拉伸，由于试样截面积逐渐减小，故真实应力 σ 随伸长的增大而增大，许用应力 σ_a 则与 R 或 ε 无关。

(二)应力—应变曲线

纤维的应力—应变曲线是在外力作用下对纤维力学行为的具体描述，是研究纤维拉伸过程的依据。各种初生纤维的应力—应变曲线(简称 S—S 曲线)可归纳为图 6-3 所示的三种基本类型。

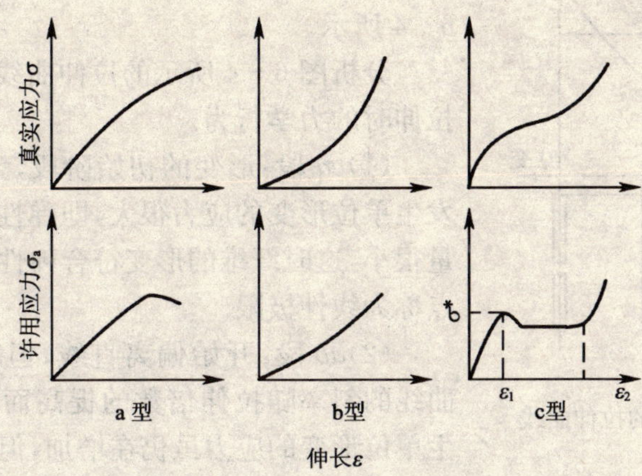

图 6－3　应力—应变曲线的基本类型

1. a 型(凸形)

a 型应力—应变曲线，模量$\left(E=\frac{d\sigma}{d\varepsilon}\right)$随着 ε 的发展而减小，其数学表达式为：

$$\frac{dE}{d\sigma}=\frac{d}{d\varepsilon}\left(\frac{d\sigma}{d\varepsilon}\right)=\frac{d^2\sigma}{d\varepsilon^2}<0 \tag{6-18}$$

由 a 型图的 σ_a—ε 曲线可见，随着 ε 的增大，许用应力 σ_a 到达临界点，即到达最大值 σ^*（称为屈服应力），随后曲线迅速下降，模量 E 急剧变小，纤维经不起拉伸，很快就出现脆性断裂。塑料和金属材料的拉伸就属于这种类型。这种类型的初生纤维是不可拉伸的。

2. b 型(凹形)

b 型应力—应变曲线，模量与应变的关系可表示为：

$$\frac{dE}{d\sigma}=\frac{d}{d\varepsilon}\left(\frac{d\sigma}{d\varepsilon}\right)=\frac{d^2\sigma}{d\varepsilon^2}>0 \tag{6-19}$$

表明模量随着应变的增大而增大，纤维在拉伸过程中发生自增强作用，不出现细化点，属于均匀拉伸。硫化橡胶的 S—S 曲线就是典型的 b 型曲线；湿法纺丝成型的凝固丝，是一种高度溶胀的冻胶体，由聚集态大分子间的物理交联形成的网络结构内充满液体(溶剂或沉淀剂)，这样的网络结构与硫化橡胶有某些相似之处，所以，湿纺凝固丝的 S—S 曲线基本上属于 b 型曲线。应创造条件使初生纤维具备这种应力—应变曲线。

3. c 型(先凸后凹形)

在 σ_a—ε 曲线上有屈服点，还会出现 σ_a 几乎不变的平台区。在小形变区内，即 $\varepsilon<\varepsilon_1$ 时，形变是均匀且可逆的，相当于弹性形变。在 $\varepsilon_1<\varepsilon<\varepsilon_2$ 区内，形变先集中在一个或多个细颈处，继而细颈逐渐发展，在此区域内拉伸属于不均匀拉伸；当 $\varepsilon>\varepsilon_2$ 时，形变又是均匀的，拉伸应力逐渐增大，而形变也随之增大，直至断裂。具有 c 型应力—应变曲线的拉伸过程又称为冷拉过程。本

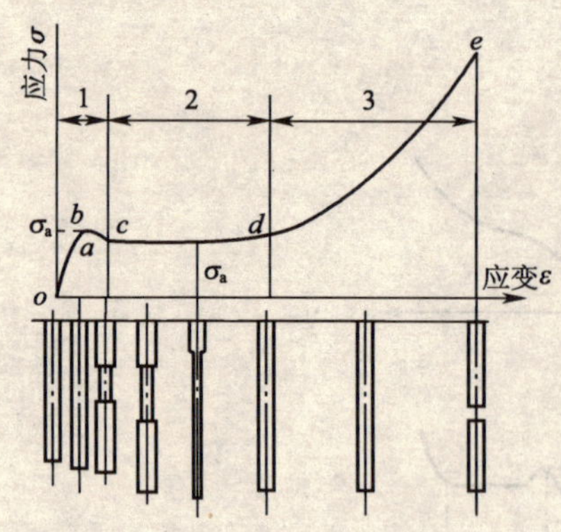

图 6－4　熔纺卷绕丝的拉伸曲线

体聚合物初生纤维，如涤纶、锦纶和丙纶的熔纺卷绕丝，在 T_g附近拉伸时，其应力—应变曲线基本属于 c 型，如图 6－4 所示。

分析图 6－4 所示的拉伸曲线，可以了解熔纺卷绕丝拉伸时的力学行为。

(1)*oa* 段：形变的初始阶段，为一很陡的直线。此时发生单位形变的应力很大，即弹性模量很大，而总的形变量很小，这时纤维的形变符合弹性定律，属于普弹形变，*a* 点称为线性极限。

(2)*ab* 段：开始偏离直线，但基本上仍是可回复的。曲线的斜率随拉伸倍数的提高而下降，即此时使纤维发生单位形变的应力虽仍在增加，但增加的速率有所减小；到 *b* 点时，应力达到极大值。*b* 点称为屈服点，与之相对应的应力即为屈服应力。

(3)*bc* 段：应力稍有下降，与此同时，在纤维的一处或几处出现细颈。在这一段中，应力下降的原因可能是由于纤维在拉伸时放热，使纤维发生软化所致。应该指出，在 $\sigma-\varepsilon$ 曲线上，真应力 σ 不一定下降，只是应力增加的速率有所减小，称之为应变软化现象。*bc* 段是细颈发生阶段，生产上通常所说的“拉伸点”或“拉伸区”，是指细颈产生的具体位置。

(4)*cd* 段：是细颈的发展阶段。此时，未拉伸的部分逐渐被拉细而消失，在到达 *d* 点时，细颈发展到整根纤维。此段中形变有很大变化，但应力却基本保持不变，这时的应力记为拉伸应力 σ_n。与 *d* 点相对应的拉伸倍数称为自然拉伸比，记为 *N*。自然拉伸比可定义为原纤维的截面积 A_0 和细颈截面积 A_1 之比。根据质量守恒定律，显然有：

$$N=\frac{A_0}{A_1}=\frac{\rho_1 L_1}{\rho_0 L_0} \tag{6-20}$$

式中：ρ_0、ρ_1——分别为拉伸前、后纤维的密度；

L_0、L_1——分别为纤维的原始长度和完全变为细颈时的长度。

由于拉伸后纤维的密度变化不大，所以有：$N\approx\frac{L_1}{L_0}$ 。自然拉伸比是材料可拉伸性的一个重要指标。

(5)*de* 段：过了 *d* 点，要使已全部变为细颈的样品再继续被拉细，需要施以更大的应力，所以应力又复上升，纤维形态变化表现为直径均匀变细，直至 *e* 点，拉伸应力增加到纤维强度的极限，于是纤维发生断裂。与 *e* 点相对应的拉伸倍数称为最大拉伸倍数。*e* 点的应力称为断裂应力(亦称断裂强度)，相应的应变称为断裂伸长。由于在 *de* 段需要加大应力才能使纤维继续发生形变，所以这一段又称为应变硬化区。

在生产工艺上，一定要控制纤维的实际拉伸倍数，使之大于自然拉伸比而小于最大拉伸比。

a 型、b 型和 c 型为初生纤维拉伸曲线的三种基本类型。此外，在某些条件下，初生纤维拉伸时可能伴随着张力或应力的周期性波动(图 6－5)，可将这种形变称为 d 型(或锯齿型)形变。

(三)初生纤维结构对拉伸性能的影响

初生纤维的结构包括分子链结构和超分子结构。对一种给定的纤维来说,大分子的化学结构基本上是固定的,分子链结构指的是聚合物的平均相对分子质量及相对分子质量分布,而超分子结构主要是指结晶和取向,也就是指大分子在空间的位置和排列的规整性。

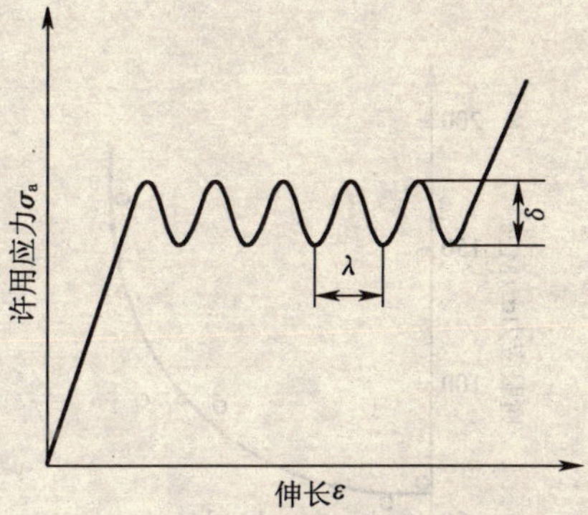

1. 熔纺成型的本体聚合物卷绕丝

(1)结晶度和结晶变体的影响:初生纤维的结晶结构对其应力—应变性质影响很大。随着初生纤维结晶度的增加,应力—应变曲线沿着 b→c→a 型的方向转化,导致屈服应力 σ^* 提高,并引起自然拉伸比的变化。

图 6－5　拉伸张力有周期性波动的形变特性(d 型)

现已知道,聚乙烯纤维的屈服应力与结晶度呈线性关系。聚偏二氯乙烯初生纤维一旦发生结晶,就根本不能拉伸,即拉伸时呈 a 型脆性破裂。图 6－6 及图 6－7 分别为涤纶未拉伸丝的结晶度对屈服应力和屈服应变的影响。

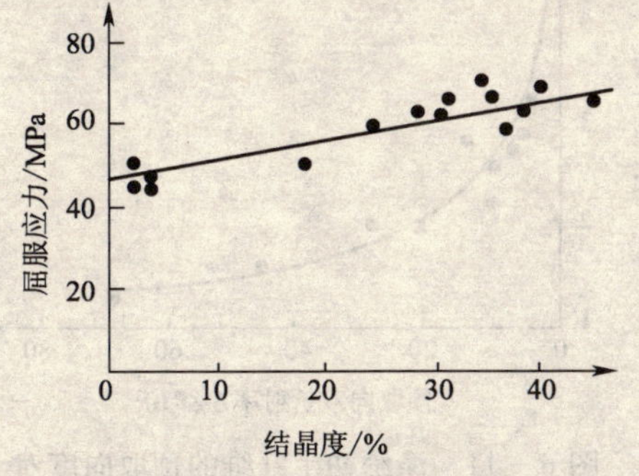

图 6－6　结晶度对涤纶未拉伸丝屈服应力的影响

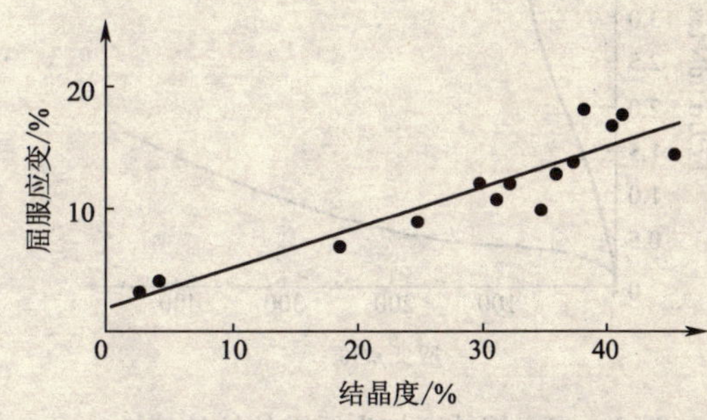

图 6－7　结晶度对涤纶未拉伸丝屈服应变的影响

对于有不同结晶变体的聚合物,其拉伸行为与各种结晶变体的相对含量有关。如丙纶初生纤维结晶由六方晶系的 β 变体向单斜晶系 α 变体转变时,拉伸曲线向着增大应力的方向转化,结晶变体的相对含量不同,其最大拉伸比亦有很大不同。图 6－8 表明不同结晶变体的锦纶 6 的拉伸应力与拉伸温度的关系。由图可见,α_B 型结晶变体的拉伸应力远较 γ 型变体为大。为了保持良好的可拉伸性,在拉伸前要防止初生纤维从 γ 变体转化为 α_B 型变体。

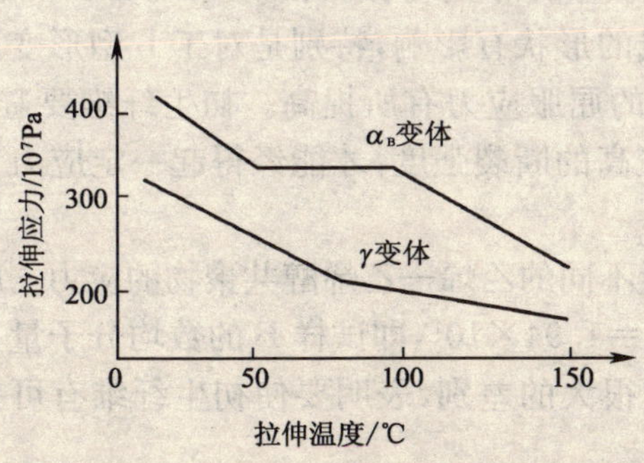

图 6－8　不同结晶变体的锦纶 6 的拉伸应力与拉伸温度的关系

(2)预取向的影响:一般熔纺初生纤维的预取向度都较低,但它对后拉伸的影响不应忽视。随着初生纤维预取向度的增大,形变特性沿着 c→b 型的方向转化,即自然拉伸比有所减小,并转变为均匀拉伸,屈服应力和初始模量都有

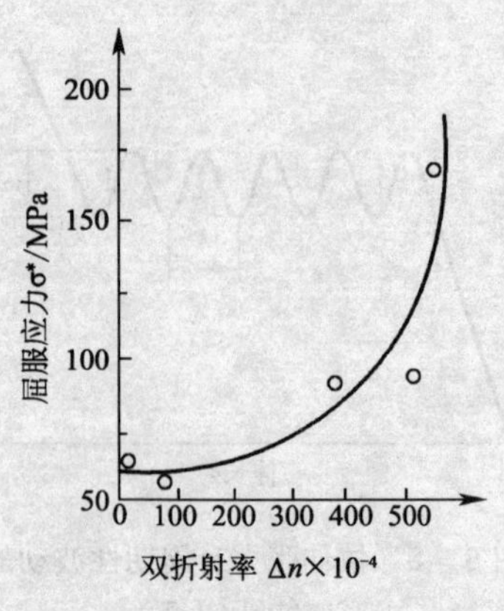

图 6－9 锦纶 66 的屈服应力与双折射率的关系

所增大。

图 6－9 所示为锦纶 66 的屈服应力与预取向双折射率的关系曲线；图 6－10 所示为不同预取向的锦纶 6 初生纤维的拉伸曲线。

初生纤维的预取向度对自然拉伸比的影响很大。图 6－11 表明涤纶初生纤维的预取向度对自然拉伸比非常敏感。

总之，对于一般纺丝工艺而言，为了提高初生纤维的可拉伸性，使拉伸倍率增大、拉伸顺利，并使成品纤维强度较大、断裂伸长较小，应适当控制纺丝条件，不要使初生纤维取向度太高。采用高速纺丝新工艺(纺丝速度达 6000m/min 以上)时，由于初生纤维已接近完全取向纤维(FOY)的水平，则不需要进行后拉伸。

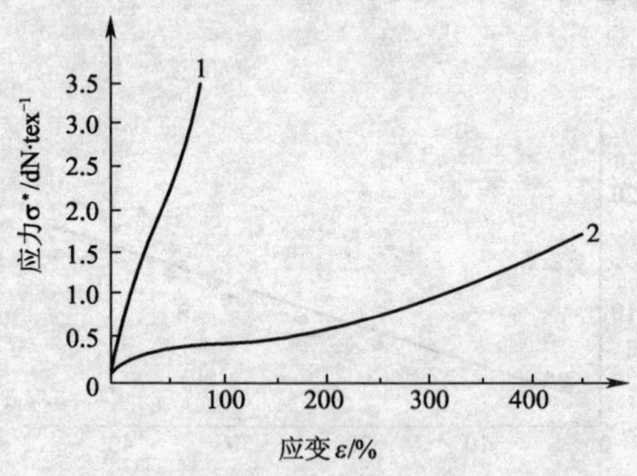

图 6－10 锦纶 6 初生纤维的拉伸特性

1—v_1＝3800m/min，Δn＝332×10^{-4}

2—v_1＝800m/min，Δn＝161×10^{-4}

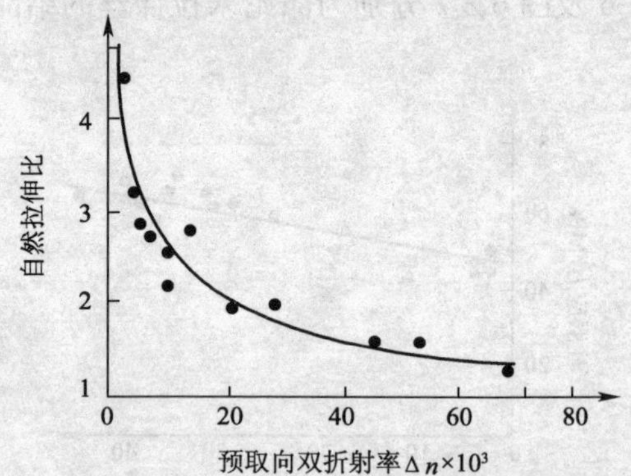

图 6－11 涤纶初生纤维的预取向度对自然拉伸比的影响

(3)初生纤维平均相对分子质量的影响：人们对相对分子质量及其分布对纤维拉伸性能的影响所知不多。可能平均相对分子质量和相对分子质量分布因与微布朗(Micro Brown)运动和松弛特性有关，故应对拉伸应力和应力—应变曲线的形状有影响，特别是对于 b 型形变。一般来说，随着初生纤维相对分子质量的增大，拉伸时的屈服应力有所提高。初生纤维要避免 a 型的不可拉伸情况，就必须具备一定的初始模量和较高的断裂强度，才能经得起一定应力下的拉伸作用而不致一拉就断。

图 6－12 显示了两种组成相近，但相对分子质量不同的乙烯—乙烯醇共聚物的应力—应变曲线。图中试样 A 的 M_n＝3.04×10^4，试样 B 的 M_n＝1.94×10^4，即试样 B 的数均分子量只有试样 A 的 2/3。A、B 试样的应力—应变曲线表现出很大的差别，表明要使初生纤维有可拉伸性，相对分子质量必须达到某一数值。

但这并不是说，初生纤维的相对分子质量越大越好。事实上，随着相对分子质量的增加，分子间的作用力增强，使分子间的相对滑移困难，即难以实现塑性形变。所以，相对分子质量如超过一定限度，反而会使纤维的可拉伸性降低。

初生纤维的结构对其拉伸应力—应变行为的影响可用图 6 － 13 加以概括。即随着结晶度或取向度的增大，初始模量增大，屈服应力增大，而断裂伸长减小，断裂点的轨迹沿箭头所示的方向变化。相对分子质量增大时，断裂功增大（韧性增加），应力—应变曲线向更高断裂强度和断裂伸长的方向移动。

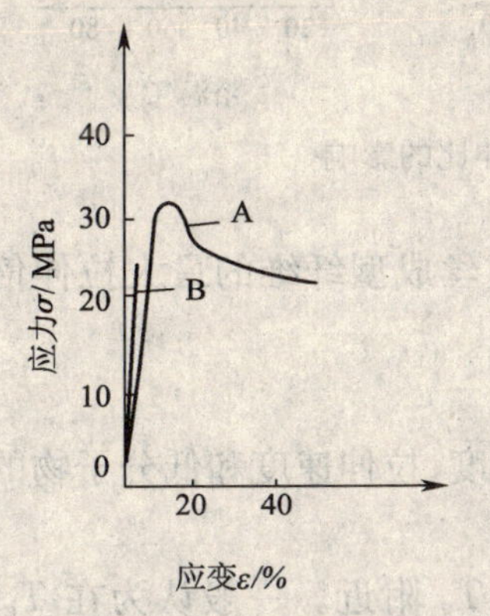

图 6 － 12　乙烯—乙烯醇共聚物的应力—应变曲线

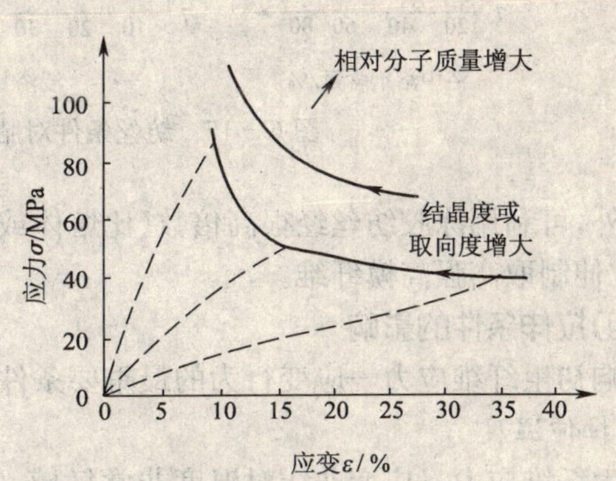

图 6 － 13　聚合物结构对应力—应变行为的影响

此外，当初生纤维内包含与纤维直径大小相当的气泡和固体粒子（包括凝聚粒子、消光剂 TiO_2 等）时，或者由于纺丝成型时工艺控制不当，在初生纤维内出现裂缝或线密度波动时，亦会使纤维的拉伸性能变坏。

2. *湿法成型冻胶体凝固丝*

湿纺时，纺丝原液在凝固浴中脱溶剂化而凝固形成的初生纤维，是一种高度溶胀的立体网络状的冻胶体（图 6 － 14）。立体网络的骨架由大分子或大分子链束构成，大分子间的缠结（由分子脱溶剂化后相互作用而形成）是这个骨架的物理交联点。在没有交联的地方，链段仍保持一定的溶剂化层，在网络骨架的空隙中，充满着溶剂与沉淀剂的混合物。

前已指出，湿纺初生纤维的拉伸属于均匀拉伸，一般没有明显的屈服应力，也不产生细颈现象。而凝固丝的形成条件对冻胶体的可拉伸性影响很大。图 6 － 15 表明了纺丝条件（浴中溶剂含量、浸浴长、浴温）对腈纶初生纤维可拉伸性的影响。纤维中溶剂含量的增大起了增塑作用，使冻胶更具有弹性和塑性，这点可从图 6 － 16 中看到。但是冻胶中溶剂含量也不是越多越好，因为溶剂太多，立体网络的交联点数目就较少，网络较弱，强度必然较低，就经不起高倍拉伸。所以在拉伸前，必须调节凝固丝的溶胀度（或含固量），使结构单元具有适宜的交联点，使之具有较好的拉伸性能。

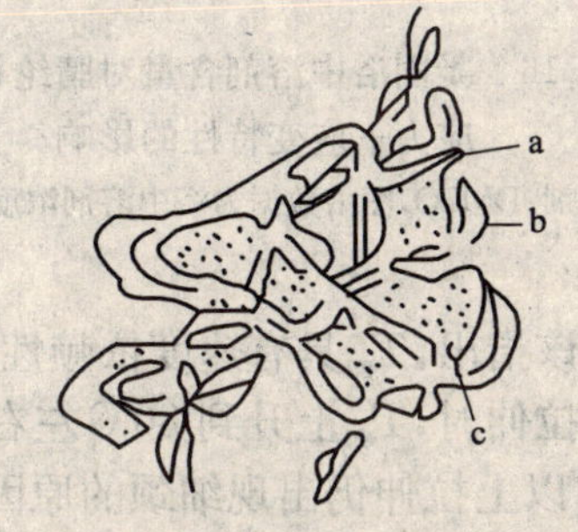

图 6 － 14　冻胶体结构示意图
a—交联点　b—溶剂化层
c—溶剂与沉淀剂

有文献报道，湿纺的腈纶凝固丝拉伸时，在一定条件下，也能产生细颈而成为不均匀拉伸。

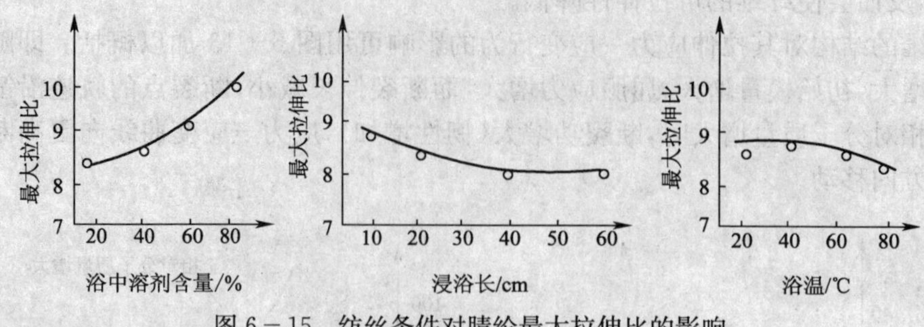

图 6－15　纺丝条件对腈纶最大拉伸比的影响

此外，可利用冻胶纺丝经很高倍数（比熔体或浓溶液纺丝成型纤维的最大拉伸倍数高出数倍）的拉伸制取高强高模纤维。

（四）拉伸条件的影响

影响初生纤维应力—应变行为的最重要条件是拉伸温度、拉伸速度和低分子物的存在。

1. 拉伸温度

初生纤维应力—应变曲线对温度非常敏感，特别是在 T_g 附近。一般认为在 T_g 以上拉伸就不出现细颈。图 6－17 所示为不同温度下聚氯乙烯纤维的拉伸曲线。在－40℃，样品表现为脆性，在－20～23℃，样品表现出一定的韧性，40～60℃为冷拉伸，在 80℃表现为橡胶状。

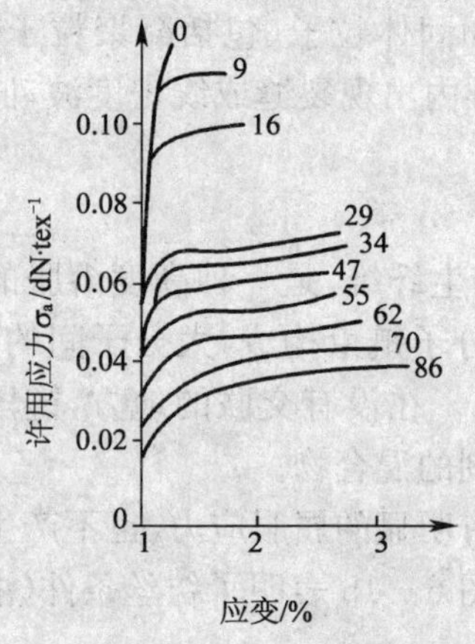

图 6－16　凝固浴中溶剂含量对腈纶初生纤维应力—应变特性的影响

溶剂：DMSO，图中数据为浴中溶剂浓度（%）

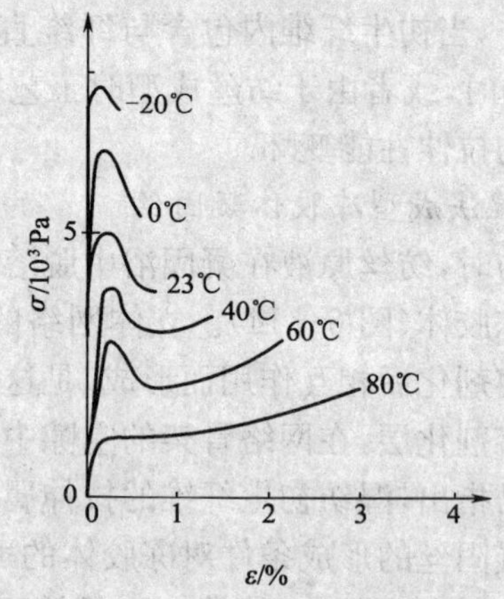

图 6－17　聚氯乙烯在－40～80℃的拉伸曲线

应该指出，T_g 具有速度依赖性。例如，涤纶卷绕丝的 T_g 为 67～69℃，但在拉力机上以较高速度拉伸时，T_g 上升到 80℃左右，而在高速拉伸下，T_g 可达 100℃以上。这就是涤纶卷绕丝在 80℃以上拉伸仍出现细颈的原因。

前面提及湿纺凝固丝的拉伸，一般属于 b 型的均匀拉伸，但也不是绝对的，它往往因拉伸条件的影响而改变。以二甲基甲酰胺（DMF）为溶剂的湿纺腈纶在不同温度下的拉伸曲线表明，此种纤维在 80℃以下不能很好地拉伸，易发生脆性断裂；80～120℃拉伸时，有细颈产生，属于不均匀拉伸，在120℃以上，才成为均匀拉伸。

综上所述，初生纤维拉伸时，提高拉伸温度到 T_g 以上是必要的，而且多级拉伸时，温度要逐级提高。显然，拉伸温度应低于非结晶高聚物的黏流温度或结晶高聚物的熔点，否则，不可能进行有效的拉伸取向。表6－2列出了几种主要合成纤维的拉伸温度。

表6－2　几种主要合成纤维的拉伸温度

纤　维	拉伸温度/℃	玻璃化温度 T_g/℃	熔点 T_m 或流动温度 T_f/℃
锦纶6	室温	35～49	223
锦纶66	20～150	47、65	265
涤　纶	80以上	非晶态：69；水中：49～54 部分结晶：79～81 高度取向结晶：120～127	260～264
腈　纶	80～120 165(在甘油中)	90 105、140	320
氯　纶	水中80～98	92	170～220
偏氯纶	23	18	—
乙　纶	115，水中90	－21～－24	137

2.拉伸速度

实践证明，增大拉伸速度对应力—应变曲线的影响与降低温度的影响相似，符合时温等效原理。在c型形变范围内，随着拉伸速度的提高，屈服应力 σ^* 和自然拉伸比 N 有所增大。有人导出了屈服应力与形变速率 ε 之间的经验关系式：

$$\sigma^* = a + b\lg\varepsilon \tag{6-21}$$

式中 a、b 为常数。此式适用于许多高聚物体系的c型形变区域。

如果原来属于b型形变，则随着拉伸速度的增大逐渐由b型向c型转化。

拉伸速度对细颈形态也有影响。锦纶6单丝拉伸试验表明，拉伸速度增加，细颈角加大，细颈现象更为明显。

纤维材料的大分子具有各种不同的结合状态，因此它们的力学松弛时间有一个宽广的范围。一般随着形变速率的增加，对应的应力也相应增加。粘胶纤维、醋酯纤维、玻璃纤维、聚酰胺纤维的形变速度为(0.05～7)%/min时的测定结果为：

(1)断裂强度随形变速度的增加而增大。

(2)除聚酰胺纤维外，随着形变速度的增加，断裂伸长稍有增加。

(3)应力—应变曲线的初始模量随形变速度的增加而增加，大体上与应变速度的对数成比例增加。

对于部分结晶的初生纤维(包括非晶区和不稳定的或不完善的晶体)，拉伸速度不宜太快或太慢。拉伸速度太快，则产生很大应力，并使细颈区局部过热，产生不均匀流动，可能使纤维形成空洞，甚至断头，产生毛丝；拉伸速度太慢，产生缓慢流动，纤维的拉伸应力不足以破坏不稳定的结构以及随后使它改建，结果尽管拉伸倍数可能很高，但取向效果并不大；拉伸速度适中，则塑性流动时，应力足以使不稳定的结晶结构破坏，并随后得到重建，在细颈区建立最佳热平衡，且没有显著的张力过度，所以得到的纤维缺陷较少。

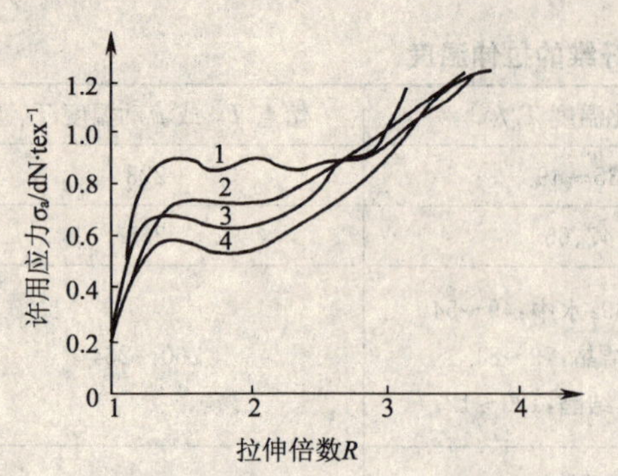

图 6－18　含不同量水分和低聚物的锦纶 6 初生纤维的拉伸曲线（拉伸温度 20℃，拉伸速度 500mm/min）

1—干纤维，低聚物含量 0.5%　2—风干纤维，低聚物含量 0.5%　3—干纤维，低聚物含量 7.8%　4—风干纤维，低聚物含量 7.8%

3. 低分子物

除了拉伸温度与拉伸速度以外，初生纤维中存在水、溶剂、单体等低分子物质亦可影响初生纤维的拉伸。因为这些物质的存在，可使大分子间距离增大，减少大分子间的相互作用力，降低松弛活化能，使链段和大分子链的运动变得容易，从而使聚合物的 T_g 降低，这种现象称为增塑作用。增塑作用对纤维拉伸行为的影响与提高温度相似。图 6－18 是含不同量水分和低聚物的锦纶 6 初生纤维的拉伸曲线。由图可见，由于水或低聚物的增塑作用而使屈服应力下降，并使应力—应变曲线水平段缩短，即促使由 c 型形变向 b 型形变转化。湿纺所得的初生纤维拉伸时，亦有类似的影响。

在某些情况下，应力—应变性质与被拉伸试样的线密度有关。线密度减小时，拉伸应力和自然拉伸比有所增大，即相当于降低温度的影响；线密度增大时，对拉伸曲线的影响相当于提高温度。

概括地说，在满足下列条件的情况下，初生纤维的应力—应变曲线的形状会发生如下的变化：b 型→c 型→a 型或 d 型。在 c 型形变范围内，变化方向为屈服应力 σ^* 和自然拉伸比 N 增大。其条件是：

(1)降低温度；

(2)增大拉伸速度(形变速率)；

(3)初生纤维中大分子活动性减小(溶剂含量减小或除去起增塑作用的小分子物质)；

(4)初生纤维的结晶度增大；

(5)初生纤维的预取向度降低；

(6)初生纤维的线密度减小。

在实际拉伸工艺中，可根据未拉伸纤维的结构来调整拉伸条件，以抵消不利因素的影响。

四、连续拉伸的运动学和动力学

从工程上讲，拉伸是一个连续过程。在工业生产条件下应使整个过程稳定均匀。未拉伸丝或丝束以恒定的喂入速度 v_1 引入拉伸机构，并经一组具有恒定速度 v_2 的拉伸盘(辊)而获得拉伸，$v_2=Rv_1$，此处 R 为名义拉伸比。实际拉伸比(不可逆形变)较 R 为小，因为除去张力时，拉伸线要发生收缩。

(一)拉伸过程的连续性方程

对于初生纤维在拉伸机上的冷拉行为，可以进行如下的分析。

若令拉伸前后纤维的横截面积分别为 A_1 和 A_2，丝条运动的速度为 v_1 和 v_2，而丝条上拉伸点(即出现细颈处)的速度为 v_x(图 6－19)，假定没有二次拉伸发生，对流入此点和流出此点的质量进行物料平衡，则可得出丝条运动的连续性方程。

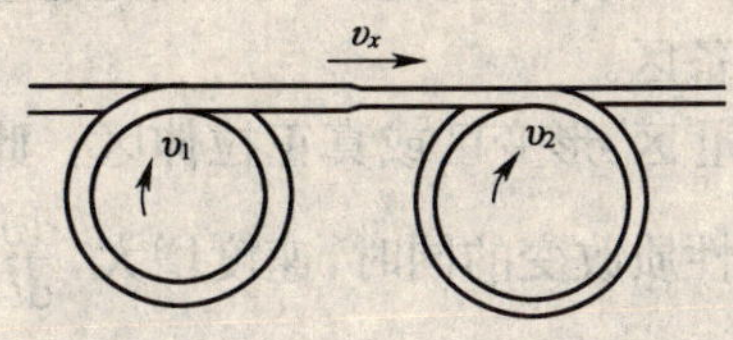

图 6－19　拉伸机上丝条运动示意图

$$v_1\rho_1A_1 = v_2\rho_2A_2 + v_x(\rho_1A_1 - \rho_2A_2) \tag{6-22}$$

式中：ρ_1 和 ρ_2 分别表示拉伸点前后纤维的密度。由此式可得：

$$v_x = \frac{v_1\rho_1A_1 - v_2\rho_2A_2}{\rho_1A_1 - \rho_2A_2}$$

由于自然拉伸比 $N = \frac{A_1}{A_2}$，名义拉伸比 $R = \frac{v_2}{v_1}$，故 v_x 表达式可化为：

$$v_x = \frac{v_2\left(\frac{v_1}{v_2}\rho_1\cdot\frac{A_1}{A_2} - \rho_2\right)A_2}{\left(\rho_1\cdot\frac{A_1}{A_2} - \rho_2\right)A_2} = \frac{v_2\left(\frac{\rho_1}{\rho_2}N - R\right)}{R\left(\frac{\rho_1}{\rho_2}N - 1\right)} \tag{6-23}$$

由于 $\rho_1 \approx \rho_2$，故式(6－23)可简写为：

$$v_x = \frac{v_2\ (N-R)}{R\ (N-1)} \tag{6-24}$$

由此可知，当 $N-R=0$ 时，$v_x=0$，此时拉伸点固定不动。

(二)拉伸线上的速度和速度梯度分布

初生纤维连续拉伸时，其横截面积发生改变，导致沿拉伸线上速度和速度梯度有所改变。对连续拉伸时速度分布的研究表明，纤维在拉伸箱或拉伸浴中拉伸时，沿拉伸线所发生的形变或拉伸本身是不均匀的。速度分布曲线呈 S 形(图 6－20)。

连续拉伸取向过程可分成三个区，每个区中丝条或丝束的运动速度和张力均不同。

Ⅰ区：准备拉伸区。在此区内，由于塑化拉伸或热拉伸时的膨胀和加热，纤维发生塑化。在准备区中，速度恒定并等于丝条的喂入速度，而速度梯度则等于零。当纤维温度超过玻璃化温

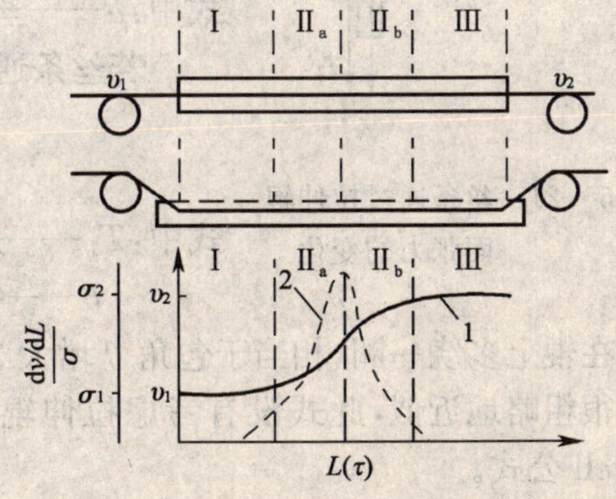

图 6－20　连续热拉伸和塑化拉伸时的速度
Ⅰ—准备区(塑化区)　Ⅱ—形变区(拉伸区)
Ⅲ—松弛区

度而开始剧烈形变的瞬间，准备区就告结束。

湿法成型的初生纤维、预先经塑化的或加热了的纤维在拉伸时，准备区可能很短，或根本没有准备区。

Ⅱ区：形变区或真正拉伸区。此区内由于机械力的作用，纤维发生取向，伴随着结构改组。丝条性质改变的同时，速度增大，$\frac{dv}{dt}>0$，但此段总速度梯度的变化规律不同，在速度曲线的拐点之前，可称为$Ⅱ_a$区，此区内速度梯度有所增加，即$\frac{d^2v}{dt^2}>0$；达到最大值以后，速度梯度又开始下降，即$\frac{d^2v}{dt^2}<0$。

随着纤维的结构变得规整和大分子动力学柔性的减小，纤维的形变性能迅速下降，拉伸作用就停止。

Ⅲ区：拉伸纤维松弛区。在此区内，纤维不再发生形变，但内应力逐步发生松弛。松弛区内，丝条的运动速度大致恒定，与此相应，速度梯度$\frac{dv}{dt}=0$。

根据拉伸过程的设备形式，在松弛区之后，或是做进一步热松弛处理，或开始将纤维冷却。

实际生产中，应注意选择适合的拉伸条件，以使形变区大致位于拉伸设备中丝条行程的中部。

(三)拉伸线上的张力分布

拉伸张力关系到拉伸过程的稳定性和所得纤维的结构。一般说来，拉伸张力是拉伸条件以及未拉伸试料的组成和结构的一个函数。

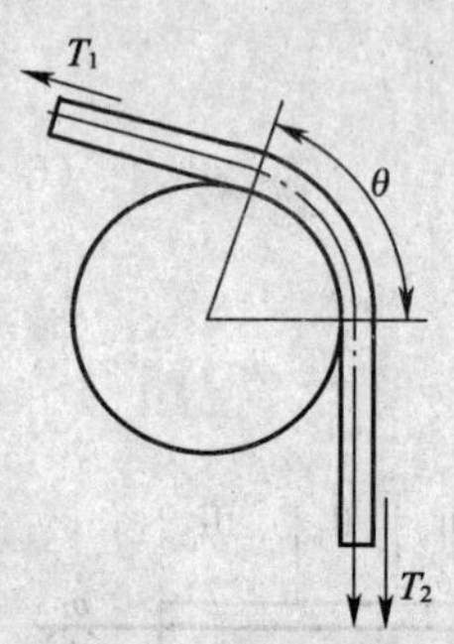

图 6-21 丝条通过拉伸辊面张力的变化

丝条或丝束通过一圆柱形拉伸辊后，张力的增大主要取决于丝条与辊面之间的摩擦因数 μ 和丝条在辊上的包角 θ（图 6-21）。根据 Amonton 定律，张力增大可写成：

$$\frac{T_1}{T_2} = \exp(\mu\theta) \tag{6-25}$$

式中：μ——丝条与辊面之间的摩擦因数。

若丝条通过一系列的辊，则自最后一辊导出后的张力 T_R 为：

$$T_R = T_1 \exp(\mu\theta) \tag{6-26}$$

式中：T_1——进入第一辊前的预张力；

θ——每个辊上包角之和，$\theta = \theta_1 + \theta_2 + \cdots + \theta_n$。

在辊上多绕一圈，相当于包角 θ 增大 2π，同样，也可由以上公式计算。但是 Amonton 公式只是很粗略地近似，此式没有考虑拉伸辊半径 r 这类重要的参数。根据实验数据，最好采用 Howell 公式。

$$T_2^{(1-n)} = T_1^{(1-n)} + (1-n)a\theta r^{(1-n)} \tag{6-27}$$

式中：n——常数，其值为 0.65～1.00；

a——常数。

根据上述分析，可将七辊拉伸机上的张力分布示于图 6－22。对于长丝在拉伸—加捻机上的拉伸，丝条在拉伸过程中也承受类似张力梯度的作用。用张力除以丝束截面积，可得到拉伸应力，其分布如图 6－23 所示。由图 6－22 和图 6－23 可见，细颈一般发生在紧靠第一台牵伸机不远的油(水)浴槽中。如果拉伸点发生在第一台拉伸机的最后一辊或倒数第二辊上，则拉伸极不稳定。降低最后一辊或数辊的辊面温度是使拉伸点后移的简便方法。要使拉伸线上的拉伸点稳定，可加热两台拉伸机之间的被拉伸丝。

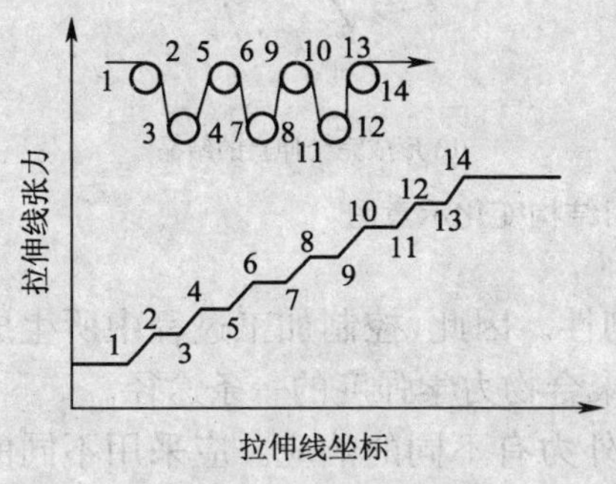

图 6－22　七辊拉伸机给丝辊上的张力梯度

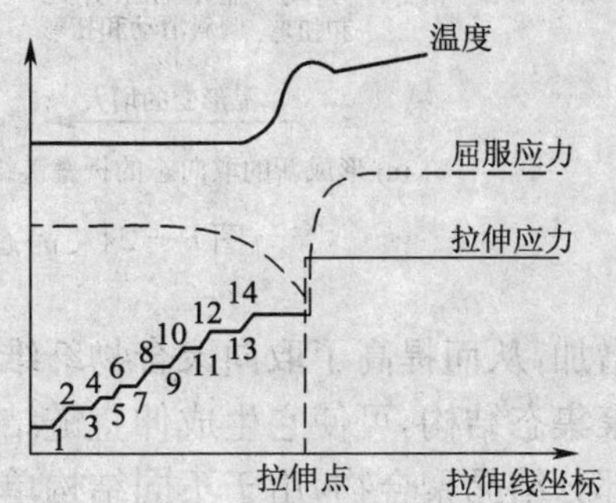

图 6－23　拉伸线上应力、屈服应力和温度变化示意图

五、拉伸中纤维结构与性能的变化

(一)拉伸过程中纤维结构的变化

在拉伸过程中，纤维的超分子结构发生深刻的改变，包括取向的提高以及晶态结构的变化。

1. 分子取向和结晶取向

非晶态高聚物纤维的拉伸取向较简单，视取向单元的不同，可以分为大尺寸取向和小尺寸取向。大尺寸取向是指整个分子链已经取向，但链段可能未取向，如熔体纺丝中从喷丝孔出来的熔体细流即有大尺寸取向现象。小尺寸取向是指链段的取向排列，而分子链的排列是杂乱的。在温度较低时，整个大分子一般不能运动，在这种情况下的取向，就得到小尺寸取向。

晶态聚合物纤维的拉伸取向比较复杂，因为在取向的同时伴随有复杂分子聚集态结构的变化。对于具有球晶结构的聚合物，拉伸取向过程实质上是球晶的形变过程。球晶形变过程中，组成球晶的片晶之间发生倾斜、晶面滑移和转动，甚至破裂，部分折叠链被拉伸成为伸直链，使原有结构部分或全部破坏，而形成新的结晶结构，它由取向的折叠链片晶与在取向方向上贯穿于片晶之间的伸直的分子链段组成，这种结构成为微纤结构，如图 6－24(a)所示；在拉伸取向过程中，原有的折叠链片晶也有可能部分地转变成为分子链沿拉伸方向有规则排列的完全伸直链晶体，如图 6－24(b)所示。

不同类型的结晶聚合物，在不同拉伸条件(温度、拉伸速率)下，可能有不同的取向机理。

实验资料表明，结晶聚合物的初生纤维在拉伸过程中以形成在拉伸方向上的微纤结构为主，但也有形成部分伸直链晶体的报道。

聚合物拉伸取向的结果，伸直链段的数目增多，折叠段的数目减少，由于这些片晶之间的连

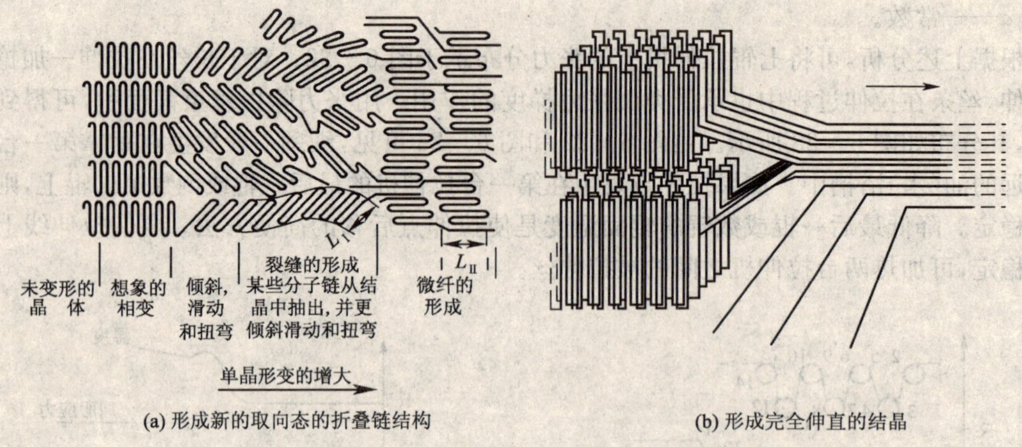

(a) 形成新的取向态的折叠链结构　　(b) 形成完全伸直的结晶

图 6－24　晶态聚合物拉伸取向时结构变化示意图

接链增加,从而提高了取向聚合物纤维的力学强度和韧性。因此,控制加工过程中所生成的高分子聚集态结构,可使它生成伸直链结构,是提高取向聚合物力学强度的一条途径。

部分结晶聚合物,由于不同结构单元共存,它们对外力有不同的响应。应采用不同的测试方法来表征纤维中不同结构单元或不同结构区域的取向程度。

拉伸倍数并不是决定取向度的唯一因素,在工程上要完成纤维的拉伸,还需要考虑拉伸温度、拉伸速度、拉伸介质等各种因素的影响。

2. 结晶的变化

多数结晶聚合物拉伸取向的过程,实质上是球晶的形变过程。对于不同化学结构的结晶高聚物,在不同的拉伸工艺条件下,结晶变化情况也不一样,一般可分为三种情况。

(1)拉伸过程中相态结构不发生变化。非晶态的未拉伸试样拉伸后仍保持非晶态,结晶试样则不改变其结晶度。

非结晶性高聚物,如无规聚苯乙烯、聚甲基丙烯酸甲酯等拉伸时晶态结构不变,所有结晶性的湿纺纤维在塑化浴中拉伸也是如此。另外,未拉伸纤维处于非晶态,而构成纤维的聚合物是能够结晶的,对于这种纤维(例如涤纶),如果其拉伸条件可以排除高速度结晶的可能性,则拉伸过程中仍能保持其非晶态结构。涤纶在低温下慢速拉伸时就是此种情况。对于聚丙烯纤维,亦有在拉伸过程中结晶度不改变的报道。

(2)拉伸过程中试样原有结构发生部分破坏,结晶度有所降低。高度结晶的试样在拉伸过程中,在分子活动性低的条件下,原有结构破坏,成为一种新的、缺陷较多的结构,并沿着所加张力的方向取向。如果形变在低温下发生,则原有的晶态结构破坏之后很难重建,结果形成非晶区和高度破坏的晶体共存的结构。聚乙烯、聚酰胺和聚丙烯纤维冷拉时,都曾观察到结晶度降低的现象。在结晶度降低的同时,往往还伴随着微晶体大小和完整程度的改变。

(3)拉伸过程中发生进一步结晶,结晶度有所增大。这种情况是由两种不同的因素诱发的。一种因素(纯粹动力学因素)是增加分子的活动性。与周围介质的热交换(热拉伸时)和形变能量的转换,会导致纤维温度升高,并使纤维结晶速度增大。在聚乙烯、聚丙烯、聚酯、聚酰胺、聚氯乙烯及聚乙烯醇纤维热拉伸或冷拉伸时,都发现结晶度有所提高。X 射线衍射图像表明:原来非晶态的 PET 纤维经热拉伸与原来结晶的试样冷拉伸相比,得到的结晶结构更完整。

另一种因素是分子取向和应力作用，它会影响共聚物的结晶动力学和平衡结晶度，橡胶是取向诱导结晶最典型的一类材料。在各向同性状态下，它是非晶态的，拉伸时很快地结晶。其他一些非晶态聚合物在拉伸时也会伴随着发生取向诱导结晶。

在某些情况下，拉伸过程中原有结构的转化还包括晶格的转变。

一般在纺丝成型过程中，希望得到取向度和结晶度尽可能低（或具有较不稳定结晶变体）的卷绕丝，以利于通过后拉伸而得到结构较完善、性能较优良的纤维。自然，这并不包括采用高速纺丝或超高速纺丝工艺得到的部分取向丝（POY）或接近完全的取向丝（FOY）。

（二）拉伸对纤维物理—力学性质的影响

拉伸所引起的最重要的结构变化是大分子、晶粒和其他结构单元沿纤维轴取向。这种取向导致各种物理性质的各向异性。除机械性质外，拉伸还导致光学性质（双折射、吸收光谱的二向色性）的各向异性以及热传导、溶胀和其他一些性质的各向异性。

拉伸对纤维结构的另一重要影响，是伴随着拉伸所发生的结晶、晶体破坏和晶型转化等相变。与结晶度有关的物理性质主要有密度、熔化热、介电性和透气（汽）性等。对于骤冷的试样（结晶度低），密度和熔化热两者都单调地随拉伸比而增大，这是二次结晶的结果。与此不同，经热处理的纤维拉伸时，密度和熔化热都有一个极小值，这可能是由于原有的晶体发生了破坏（在小的形变时），接着在较大的拉伸比时，又发生再结晶。由于热诱导结晶的结果，密度和熔化热随拉伸温度而单调地增大。

拉伸后，纤维的机械性质取决于拉伸过程中所形成的超分子结构，即为拉伸后纤维的取向态、结晶态及形态结构所确定。纤维的拉伸取向主要是为了提高纤维的强度并降低其变形性。事实上，未取向纤维与取向纤维的强度相差达 5～15 倍之多。

拉伸条件，特别是拉伸比（拉伸倍数）是影响拉伸纤维力学性质的主要因素。图 6－25 显示了在室温下拉伸倍数对各种化学纤维强度的影响。

除了强度以外，拉伸纤维的其他力学性质也都与拉伸比密切相关。例如，拉伸模量 E 和屈服应力 σ^* 随拉伸倍数 R 而单调地增大；断裂伸长 ε 和总变形功 W 随拉伸倍数 R 递增而单调地减小。另一方面，形变弹性功 $W_{弹}$ 对拉伸倍数 R 的关系曲线则有一个极大值。对于不同品种的纤维，应选择一个最佳的拉伸倍数，以使 $W_{弹}$ 为最大。

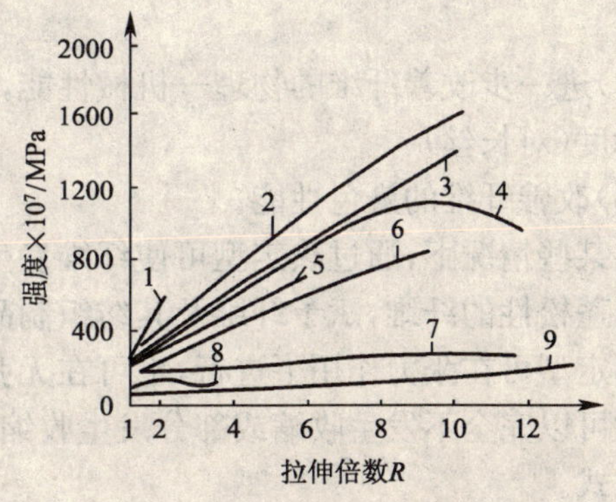

图 6－25　各种纤维的强度与拉伸倍数 R 的关系

1—粘胶纤维　2—聚乙烯醇纤维　3—聚甲醛纤维　4—PVA 与乙烯基几内酰胺　5—聚酰胺和聚酯纤维　6—聚丙烯腈纤维　7—乙烯醇与 N－乙烯基吡咯烷酮　8—三醋酯纤维　9—聚四氟乙烯纤维

拉伸纤维的机械性质不仅取决于拉伸条件（拉伸比、拉伸速度、拉伸温度），而且取决于未拉伸纤维原来的结构。当用结晶的、准晶的或无定形的纤维拉伸时，或者未拉伸纤维的取向度或形态结构不同时，即使拉伸条件相同，所得的结果也不相同。

结构均匀性是已拉伸纤维的重要指标，纤维热拉伸的时间越长，温度越高，松弛过程进行得就越完全，纤维的结构均匀性就越高。

第二节 热定型原理

一、概述

合成纤维成型及拉伸之后，其超分子结构已基本形成。但由于纤维在这些工艺过程中所经历的时间很短，有些分子链处于松弛状态，有些链段则处于紧张状态，致使纤维内部存在着不均匀的应力，纤维内的结晶结构也有很多缺陷，在湿法成型的纤维中，有时还有大小不等的孔穴。这种纤维若长时间放置，随着内应力松弛、大分子取向的变化等，它们的内部结构，如纤维尺寸、结晶度(急冷形成的无定形区的二次结晶化)、微孔性(微孔洞的陷缩)等会逐渐变化而趋于某种平衡。

以上变化的速度，从根本上讲是受纤维材料黏弹特性的控制，从分子论的角度来说，是受到分子运动强度的制约。在室温下，系统的变化速度一般很慢，在高温下，大分子运动强度增加很快，可以在数分钟内就使体系接近平衡，从而在以后的使用过程中基本上能抵抗外界条件的变化，有效地处于稳定状态。

在纤维成型加工过程中，有两个阶段要完成这种平衡。第一个阶段是纺丝加工后的未拉伸丝，需平衡若干小时再去拉伸。这一平衡过程对于熔纺亲水性聚合物(例如聚酰胺纤维、聚氨酯纤维)特别重要，该过程使湿度和水分导致的初生纤维结构变化达到某一水平。

第二个阶段是拉伸后的湿热平衡过程。由于纤维在拉伸加工中会产生新的应力不均匀和新的结构缺陷，以致在一般实际应用温度下(如洗涤、熨烫)表现极强的形状不稳定。因此拉伸纤维需经热处理过程达到一个新的稳定平衡，其过程通常称为热定型。在这一过程中如果能得到适当的结晶和取向度，就能明显改善纤维的力学性能。

热处理过程将引起纤维超分子结构和形态结构的改变，使不稳定的结构单元转变为稳定度较高的结构单元。但热定型要达到的是修补或改善纤维成型或拉伸过程中已经形成的不完善结构，而不是彻底破坏和重建。这些结构上的变化，有三方面：

(1)提高纤维的形状稳定性(尺寸稳定性)，形状稳定性可用纤维在沸水中的剩余收缩率来衡量。

(2)进一步改善纤维的物理—机械性能，如打结强度、耐磨性以及固定卷曲度(对短纤维)或固定捻度(对长丝)。

(3)改善纤维的染色性能。

在某些情况下，通过热定型可使纤维发生热交联(例如聚乙烯醇纤维)，或借以制取高收缩性和高蓬松性的纤维，赋予纤维及其纺织制品以波纹、皱纰或高回弹性等效果。

热定型可在张力作用下进行，也可在无张力作用下进行。根据张力的有无或大小，纤维热定型时可以完全不发生收缩或部分发生收缩。根据热定型时纤维的收缩状态来区分，有四种热定型方式。

(1)控制张力热定型：热定型时纤维不收缩，而略有伸长(如1%左右)。

(2)定长热定型：热定型时纤维既不收缩，也不伸长。

以上两种方式统称为无收缩热定型，或称紧张热定型。

(3)部分收缩热定型：或称控制收缩热定型。

(4)自由收缩热定型：或称松弛热定型。

如按热定型介质或加热方式来区分，则有干热空气定型、接触加热定型、水蒸气湿热定型、浴液（水、甘油等）定型四种方式。

就定型效果的永久性而论，定型可以是暂时的或永久的，通常把它们叫做暂定或永定。在使用中，稍经热、湿和机械作用，定型效果就会消失的称为暂定。工业生产中对纺织材料施加的定型处理，大多是永久性的定型，这里所引起的纤维和织物结构的变化是不可逆的。有些定型效果介于上述两者之间，叫做半永定。暂定、半永定和永定可能同时发生，例如纤维织物的熨烫就是如此。

热定型的工艺条件随纤维品种不同而有所差异，即使是同一品种的纤维，也会因拉伸条件不同或对最终产品性能要求不同而有明显差别。

二、纤维在热定型中的力学松弛

（一）纤维在热定型中的形变

大部分纤维的超分子结构都具有结晶结构，并且大分子是沿纤维轴高度取向的。纤维强度、弹性模量、刚性模量等力学性能都显示了极强的各向异性。并且大部分纤维明显地偏离线性黏弹性模型，这可以从应力不同时其蠕变曲线的形状以及应变不同时其松弛曲线的形状明显看出来。但是，有很多关于蠕变和松弛的测定报告都是在无定形高分子的线性黏弹性范围内完成的，并未包括结晶在内的系统化测定。另外，化学纤维生产中的冷却、凝固、拉伸等条件的不同，使性能变化很大；再加上构成纤维的聚合物结构和性能的测定受到测定温度、湿度等环境条件的影响，难以简单阐述。图 6－26 为初生纤维在后加工过程中形变的示意图，现按该图来分析热定型的力学松弛过程。

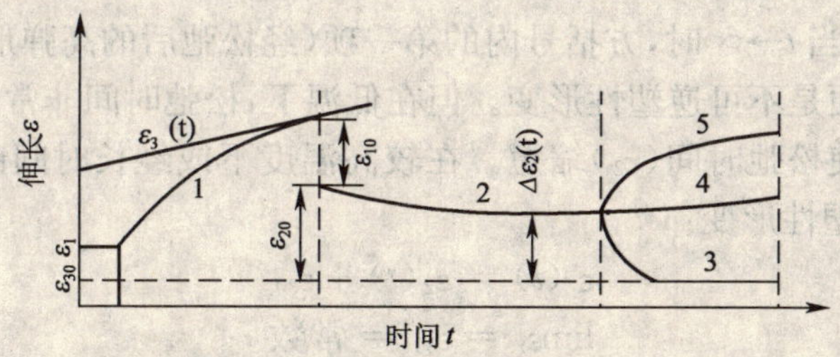

图 6－26 纤维后加工过程中的形变示意图

1—拉伸 2—低温回复 3—松弛状态热收缩 4—定长热定型 5—控制张力热定型

图 6－26 中的曲线 1 表示初生纤维在拉伸过程中形变对时间的依赖关系。若令初生纤维的拉伸过程在恒定应力 σ_0 作用下进行，拉伸时间为 t_0，显然蠕变方程为：

$$\varepsilon(t_0)=\sigma_0\left[E_1^{-1}+E_2^{-1}\left(1-e^{-\frac{t_0}{\tau_2}}\right)+\frac{t_0}{\eta_3^*}\right] \tag{6-28}$$

式中：$\varepsilon(t_0)$——拉伸时间为 t_0 的形变；

E_1、E_2——分别为普弹形变和高弹形变的弹性模量；

τ_2——松弛时间；

η_3^*——塑性黏度。

纤维拉伸 t_0 时间后解除负荷(使 $\sigma_0=0$)，此时拉伸形变开始发生松弛回复。若令拉伸时普弹形变、高弹形变和塑性形变的贡献分别为 ε_{10}、ε_{20} 和 ε_{30}，则它们的表达式为：

$$\varepsilon_{10}=\frac{\sigma_0}{E_1}$$

$$\varepsilon_{20}=\frac{\sigma_0}{E_2}(1-e^{-\frac{t_0}{\tau_2}})$$

$$\varepsilon_{30}=\frac{\sigma_0\cdot t_0}{\eta_3^*} \tag{6-29}$$

负荷解除后，形变发生松弛回复也具有时间依赖性，此时的形变可用下式表示：

$$\varepsilon(t)=\begin{cases}\varepsilon_{10}+\varepsilon_{20}+\varepsilon_{30} & \text{当 } t=0 \text{ 时}\\ \varepsilon_{20}\exp\left(-\dfrac{t}{\tau_2}\right)+\varepsilon_{30} & \text{当 } t>0 \text{ 时}\end{cases} \tag{6-30}$$

可见，当拉伸后的纤维送去热定型时，其中形变主要是由高弹形变 ε_{20} 和塑性形变 ε_{30} 组成。因为普弹形变在拉伸负荷解除时已立即回复。

1. 松弛状态下热定型

图 6－26 中曲线 2 和曲线 3 相应于式(6－30)中所描述的高弹回复部分。

将式(6－29)中 ε_{20} 与 ε_{30} 代入式(6－30)得：

$$\varepsilon(t)=\sigma_0\left[\frac{1}{E_2}\exp\left(-\frac{t}{\tau_2}\right)(1-e^{-\frac{t_0}{\tau_2}})+\frac{t_0}{\eta_3^*}\right] \tag{6-31}$$

由式(6－31)可见，当 $t\to\infty$ 时，方括号内的第一项(经松弛后的高弹形变)逐渐趋近于零，而另一项则保持不变，这便是不可逆塑性形变。但在低温下，松弛时间非常长，高弹形变是“冻结”的；热处理或增塑作用使松弛时间(τ_2)缩短。在较高温度下或经长时间的热处理以后，剩余形变 $\varepsilon_r(t)$ 接近于恒定的塑性形变：

$$\varepsilon_r(t)=\varepsilon_2(t)+\varepsilon_{30}$$

$$\lim_{t\to\infty}\varepsilon_r=\varepsilon_{30}=\text{常数} \tag{6-32}$$

松弛热定型使纤维收缩，其结果使纤维变粗，且由于高弹形变的松弛回复和内应力的消除，使纤维尺寸稳定，打结强度提高。

2. 定长热定型

图 6－26 中曲线 4 表示纤维在固定长度下的热定型。此时形变 ε 保持不变，而应力是时间的函数，相应的松弛过程可用下式来描述：

$$\sigma(t)=c_1\exp(-\lambda_1 t)+c_2\exp(-\lambda_2 t) \tag{6-33}$$

式中：c_1、c_2——分别取决于起始条件的常数；

λ_1、λ_2——分别为物质特性 E_1、E_2、η_2^* 和 η_3^* 的函数。

定长热定型的实质是在纤维长度及细度不变的情况下，将内应力松弛，而让高弹形变转变为塑性形变。定型效果即消除内应力的程度，与定型时间 t 及应力松弛时间有关。

3. 在恒张力下的紧张热定型

图 6 - 26 曲线 5 表示在恒定张力 σ 下的热定型。在热定型开始的瞬间($t=0$),纤维的形变包括不可回复的塑性形变 ε_{30} 和一部分冻结的高弹形变 ε_{20},两者都是在拉伸过程中产生的:

$t=0$ 时:

$$\varepsilon = \varepsilon_{20} + \varepsilon_{30} \tag{6-34}$$

当 $t>0$ 时,形变 $\varepsilon(t)$ 可写成下式:

$$\varepsilon(t) = \varepsilon_{30} + \frac{\sigma t}{\eta_3^*} + \frac{\sigma}{E_2}\left[1-\exp\left(-\frac{t}{\tau_2}\right)\right] + \varepsilon_{20}\exp\left(-\frac{t}{\tau_2}\right) \tag{6-35}$$

式中:ε_{30}——热定型前纤维原有的塑性形变;

t——时间;

$\frac{\sigma t}{\eta_3^*}$——在张力 σ 作用下,热定型过程中产生的新的塑性形变;

$\frac{\sigma}{E_2}\left[1-\exp\left(-\frac{t}{\tau_2}\right)\right]$——在张力 σ 作用下热定型过程中新发展的高弹形变;

$\varepsilon_{20}\exp\left(-\frac{t}{\tau_2}\right)$——经松弛回复后的剩余高弹形变。

对比式(6 - 31)和式(6 - 35)可知,当 $\sigma=0$(松弛热定型)时,式(6 - 35)转化为式(6 - 31)。因此,式(6 - 35)可作为热定型过程中纤维形变随时间发展的一般关系式。

(二)纤维在热定型过程中的收缩

热定型过程中纤维的收缩 $\Delta\varepsilon(t)$,定义为在瞬间 t 的形变 $\varepsilon(t)$ 与初始时的形变 $\varepsilon(0)$ 之差的负值,即:

$$\Delta\varepsilon(t) = -[\varepsilon(t) - \varepsilon(0)] \tag{6-36}$$

将式(6 - 34)和式(6 - 35)代入式(6 - 36),可得:

$$\Delta\varepsilon(t) = -\frac{\sigma t}{\eta_3^*} + \left(\varepsilon_{20} - \frac{\sigma}{E_2}\right)\left[1-\exp\left(-\frac{t}{\tau_2}\right)\right] \tag{6-37}$$

由式(6 - 37)可见,$\Delta\varepsilon(t)$ 包括两项,第一项为负值,表示伸长,它来源于所加的张应力。第二项可正可负,视热定型方式而异。如采用松弛热定型($\sigma=0$),则 $\Delta\varepsilon=\varepsilon_{20}\left[1-\exp\left(-\frac{t}{\tau_2}\right)\right]$,它总是正值,即原有高弹形变发生回缩,并随时间 t 和松弛时间的倒数 $\frac{1}{\tau_2}$ 而有限地增大。在张力下紧张热定型时,情况较为复杂。按式(6 - 37),当外加张力 σ 比乘积 $\varepsilon_{20}E_2$(它等于定型前纤维中的内应力)为小时,$\Delta\varepsilon>0$,即纤维发生收缩。反之,当对内应力小的试样施加大的外加应力时,即 $\sigma>\varepsilon_{20}E_2$ 或 $\frac{\sigma}{E_2}>\varepsilon_{20}$ 时,则 $\Delta\varepsilon$ 为负值,即试样发生伸长。此种紧张热定型的结果不能达到完全消除高弹形变的目的,因为旧的高弹形变未消除,新的高弹形变又发展了,所以在紧张热定型之后,必须接着进行一次松弛热定型,以消除内应力,否则纤维尺寸就不稳定。

应该指出,式(6 - 35)和式(6 - 37)都是恒定温度条件下才适用的。事实上,松弛时间 τ(或

黏度 η^*)对温度是很敏感的。τ(或 η^*)与温度 T 的关系,在狭窄温度范围内,可用 Arrhenius 式表示:

$$\tau = \tau_0 \exp \frac{E_a}{kT} \tag{6-38}$$

式中:τ_0——常数;

E_a——控制松弛过程分子运动所需的活化能;

k——Boltzmann 常数。

假定对于固体聚合物,E_a值为 1.6×10^2kJ/mol,若从 20℃加热至 120℃,则松弛时间可缩短 $10^6 \sim 10^7$ 数量级,因而将纤维加热会导致迅速收缩(松弛热定型时)或应力松弛(定长热定型时)。在紧张热定型时,由于张力的作用,使分子链运动受到限制,使松弛过程所需克服的能垒有所增加。所以,在紧张热定型时,τ 与 T 的关系可写成下式:

$$\tau = \tau_0 \exp \frac{E_a + \Delta E_a}{kT} \tag{6-39}$$

式中:ΔE_a——紧张热定型在松弛过程中所需增加的活化能。

图 6-27 表明松弛热定型温度对涤纶热收缩率及剩余收缩率的影响。可见热收缩随热定型的温度而单调增加乃至达到平衡。剩余收缩 $\Delta\varepsilon_r$表示预先在不同温度下热定型后的纤维,再在 100℃下进行收缩的收缩率,随定型温度升高而单调地下降。

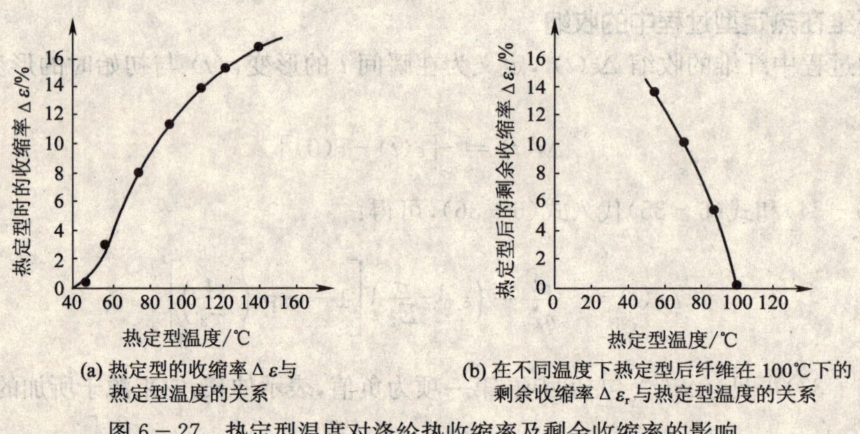

(a) 热定型的收缩率 Δε 与热定型温度的关系

(b) 在不同温度下热定型后纤维在 100℃下的剩余收缩率 $\Delta\varepsilon_r$ 与热定型温度的关系

图 6-27 热定型温度对涤纶热收缩率及剩余收缩率的影响

另外,收缩开始的温度低于拉伸的温度,在 115℃拉伸的纤维在 80℃即开始有收缩,而且与纤维的相对分子质量无关。高拉伸倍数的样品收缩率小于通常低拉伸倍数的样品,可能是晶相产生了某种程度的连续性,即产生了所谓"晶桥"。

(三)热定型温度的选择

目前尚无统一的理论能解释不同纤维热定型的机理,所以在生产中还是使用经验的"转变温度"作为制定工艺条件的参考。经验"转变温度"(T_t)定义为黏弹回复速率等于 10%/min 时的温度,即此温度相当于松弛时间为 10min,它通常比 T_g 高 20~100℃。对于疏水性纤维,如聚乙烯、聚丙烯等,干态和湿态下的转变温度相同。因此,湿度对于松弛回复过程没有明显影响。反之,对于纤维素、聚酰胺、醋酸纤维素以及聚乙烯醇,在湿态下转变温度 T_t 明显降低。对于这些纤维，湿度在热定型过程中起重要作用。而聚丙烯腈和聚酯则处于上述两者之间，湿度对于 T_t 也有一定的影响。成纤聚合物的转变温度见表6－3。

表6－3 成纤聚合物的转变温度

聚合物	玻璃化温度 T_g/℃	熔点 T_m/℃	经验转变温度 T_t/℃	
			干态	湿态
低密度聚乙烯	－68	105～115	－25	－25
等规聚丙烯	－20	180	－10	－10
聚酰胺6	40～50	215～230	—	—
聚酰胺66	40～50	255～265	60	10
聚丙烯腈	约100	320	90	70～75
聚对苯二甲酸乙二酯	67～81	264～267	100	85
纤维素醋酸酯	69	230	180	105
聚乙烯醇	80～85	225～230	—	—
纤维素	—	—	200	0

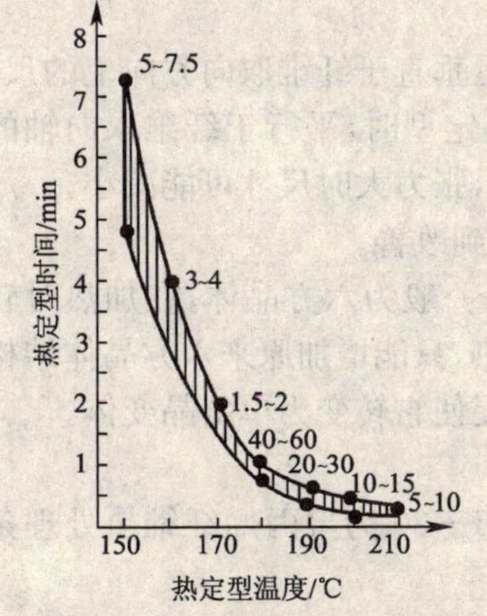

图6－28 涤纶合适的热定型温度与热定型时间的对应关系

因实际定型工艺中所采用的温度是在玻璃化温度与熔点之间适当选择的，故每种纤维都有一个最合适的热定型温度范围。一般热定型温度应高于纤维或其织物的最高使用温度，以保证在使用条件下的稳定性。此外，热定型应在一定温度条件下完成，以在合理的短时间内（例如10～100min）达到动力学平衡。这个要求与表6－3中所列的转变温度有关。再则，一种纺织纤维热定型时所能达到的最高温度还受此物质热稳定性的限制。例如，聚酯纤维在水存在下，加热至高温时会发生解聚，聚乙烯和聚丙烯则对氧化作用较为敏感。

图6－28为涤纶合适的热定型温度与热定型时间的对应关系。由图6－28可见：温度越高，定型时间越短，最佳热定型时间的范围越窄。

表6－4列出了几种合成纤维热定型条件对纤维剩余收缩率的影响。与表6－3相比较，定型温度比表6－3中所列的转变温度高得多。热定型条件越强烈，所得纤维的剩余收缩率 $\Delta\varepsilon_r$ 就越小。

表6－4 几种合成纤维热定型条件对纤维剩余收缩率 $\Delta\varepsilon_r$ 的影响

纤维	未定型	在水中热定型		水蒸气热定型		干态热定型	
	$\Delta\varepsilon_r$/%	T/℃	$\Delta\varepsilon_r$/%	T/℃	$\Delta\varepsilon_r$/%	T/℃	$\Delta\varepsilon_r$/%
锦纶6	12～14	98	6～8	131	0	190	0～1
锦纶66	12～14	98	7～9	131	0～1	225	0～1
涤纶	15～17	100	2～4	120 126	1～2 0～1	234	0
腈纶	7～8	100	4～5	134	0～1	200	0～1

应该指出，以上所讨论的线性松弛理论可作为讨论纤维后加工时尺寸变化的理论基础，但不能保证定量而正确地描述真正的过程。

三、热定型过程中纤维结构和性能的变化

(一)热定型过程中纤维结构的变化

与拉伸过程一样，热定型过程中纤维结构的变化，主要是超分子结构的变化。然而，热定型时的变化比拉伸时的变化更为明显。热定型时纤维结构的变化，在很大程度上决定于分子链的柔性，而热定型的条件，如温度、介质和所加张力对结构变化的影响也十分明显。

1. 结晶度的变化

对于结晶性的聚合物，将纤维在无张力状态下热处理，其结晶度有所增大，定型温度较高时，结晶度的增大往往更快。对聚酰胺、聚酯、聚丙烯、聚乙烯醇和聚乙烯纤维，热处理时都发现结晶度有所增大。由于热处理的结果，能使结晶度提高 20%～30%。如进行定长热定型或在张力下热定型，所得纤维的结晶度保持不变或比松弛热定型时增加得较慢。

纤维在热定型过程中的结晶速率与拉伸纤维原来的结构有关。图 6－29 所示为经拉伸和热处理后，涤纶的密度与热处理温度的关系。

2. 微晶尺寸和晶格结构的变化

在松弛状态下进行热定型，一般会增大微晶的尺寸，特别是垂直于纤维取向方向上的尺寸，这是由于热处理有利于分子链运动而发生链折叠，在张力下热定型时，平行于纤维取向轴的微晶尺寸会大为增大，而垂直于纤维取向轴的尺寸只是略微增大，张力大时尺寸可能减小。

显然，微晶尺寸的增大，会使晶区缺陷减少，晶区完整度得到改善。

热定型也能影响晶格结构。例如，拉伸聚丙烯纤维的结晶一般为六方晶体，在加热时转变为更稳定的单斜晶变体。取向的锦纶 6 在绝对干燥状态下加热，只能增加原来六方晶体结构的完整性，而在水或其他能形成氢键的试剂存在下热处理，就会促使它转变为单斜晶变体。

3. 取向度的变化

热定型时纤维取向度的变化受定型方式的影响很大。图 6－30 为聚丙烯纤维热处理条件

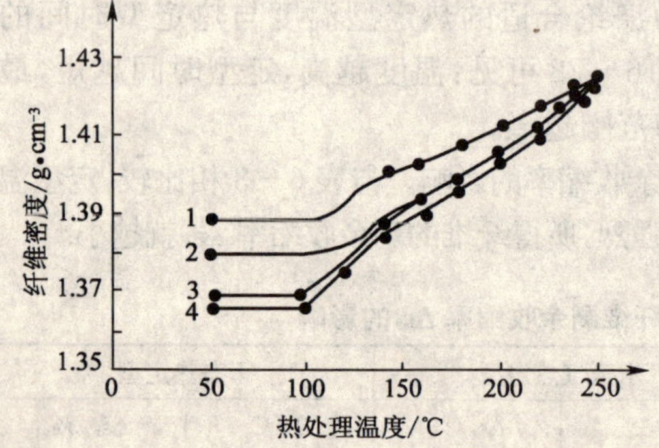

图 6－29 涤纶在不同温度下热处理后(热处理时间 30min)的密度

原有结晶度和拉伸时自热效应的次序为 1>2>3>4

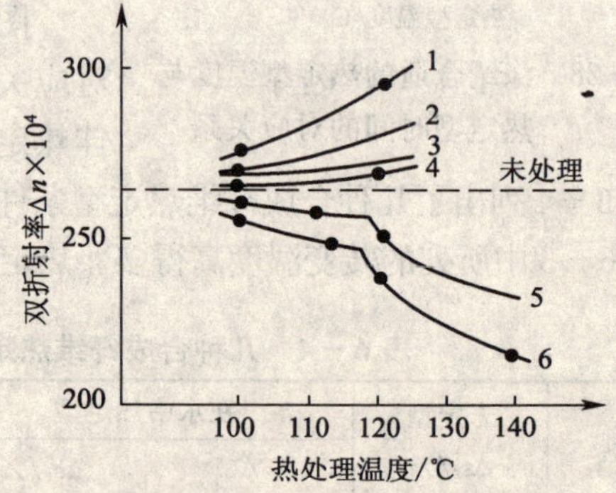

图 6－30 聚丙烯纤维在不同条件下热处理时双折射率的变化

1—纤维伸长 10%，在乙二醇中处理 2—纤维伸长 10%，干处理 3—在乙二醇中定长热处理 4—干态定长热处理 5—干态松弛热处理 6—在乙二醇中松弛热处理

与其双折射率 Δn 的关系。

在定长或张力下热定型时，双折射率保持不变或有所增大，而松弛热定型时，双折射率随温度的增加而明显下降。

4. 纤维的长周期和链折叠

小角X射线散射(SAXS)的研究表明，纤维的长周期(所谓长周期是指拉伸纤维形成的微纤结构中晶区与非晶区平均尺寸之和)随热定型温度的升高而增大。长周期增大表明晶片厚度增加，反映晶区与非晶区电子密度加大，亦间接反映折叠链的数目增加。

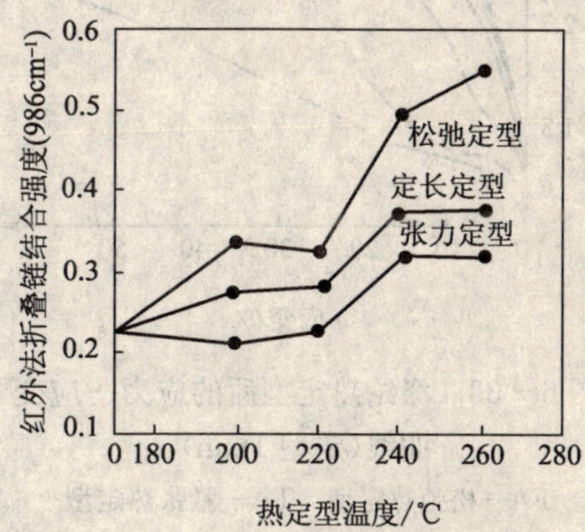

图6-31 涤纶热处理所引起的有规折叠链的增加

图6-31表明利用红外光谱技术研究热定型温度对涤纶超分子结构的影响。红外光谱中986cm^{-1}波数的吸收峰是PET中有规折叠链的特征峰。由图可见，随着热定型温度的提高，涤纶中有规折叠链的数目有所增加，而松弛热定型增加最多，定长热定型次之，张力定型增加的最少。这与小角X射线散射研究的结果基本一致。

(二)热定型对纤维物理—机械性质的影响

热定型时，纤维发生松弛和结构变化，引起纤维物理—机械性质发生改变，这种改变取决于始用纤维的性质和热定型条件，特别是定型温度和张力对纤维物理—机械性质的影响最为明显。热定型时纤维结构和性质的变化与热定型时间的关系如图6-32所示。由图可知，取决于取向度的断裂强度在松弛热定型时通常有所减小，紧张热定型时则保持不变，甚至有所增大。断裂伸长率通常与断裂强度的变化方向相反，热定型后纤维的延伸度有所提高。

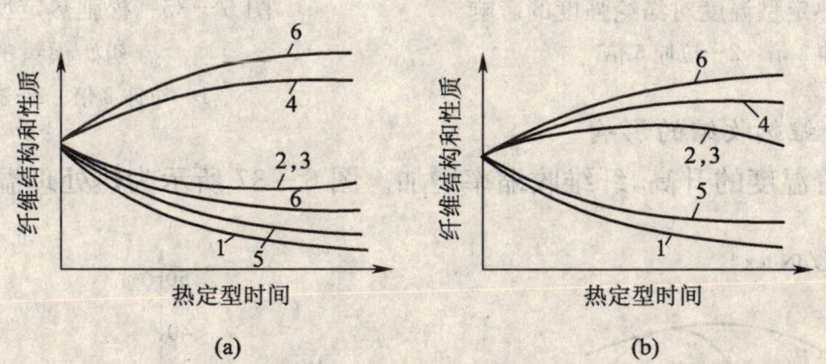

图6-32 松弛热定型(a)和紧张热定型(b)时，纤维结构和性质的改变

1—热处理后纤维的收缩 2—取向度 3—断裂强度 4—断裂伸长率 5—吸湿率 6—对应介质作用的稳定性

1. 热定型温度、张力对纤维应力—应变行为的影响

在不同温度、张力条件下热处理1min后，涤纶的应力—应变曲线如图6-33所示。由图可知，松弛热定型时，纤维的应力—应变曲线都在未处理的参比曲线之下，热处理温度越高，曲线的位置越低；紧张热定型时，应力—应变曲线则在参比曲线之上。

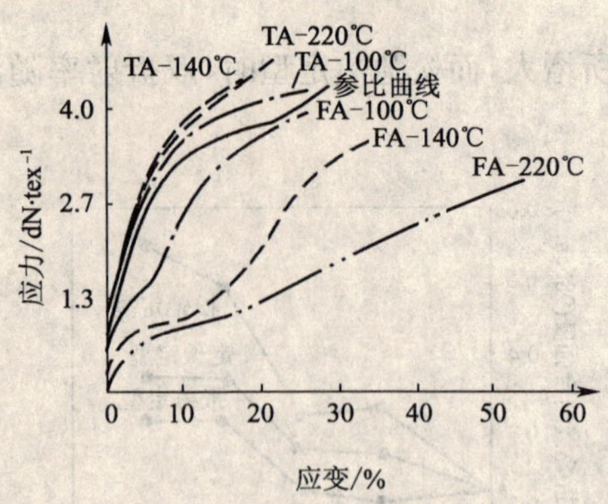

图 6－33 涤纶热定型后的应力—应变曲线(定型 1min)

FA—松弛热定型 TA—紧张热定型

图 6－34 和图 6－35 分别表示松弛热定型温度对涤纶(不同拉伸倍数)的强度和初始模量的影响，图 6－36 为紧张热定型温度对涤纶的强度和初始模量的影响。由图可以看出，松弛热定型温度超过 100℃ 时，纤维的强度和初始模量随定型温度的升高而明显下降。紧张热定型温度在 140～200℃，涤纶的强度随温度升高而有所增大，在 200℃ 以上，涤纶的强度随温度的升高而下降。由此可见，紧张热定型时，强度开始下降的转折点温度远较松弛热定型时(100℃)为高。初始模量随定型温度的变化曲线与松弛热定型时大不相同，它先是稍有下降，而后有明显增大，当定型温度超过 200℃ 时，模量又明显下降，这可能与非晶区取向、结晶度以及晶粒尺寸的变化有关。

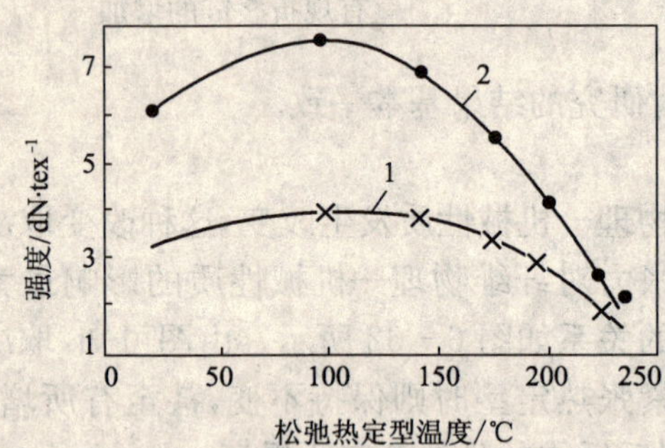

图6－34 松弛热定型温度对涤纶强度的影响

1—拉伸 3 倍 2—拉伸 5 倍

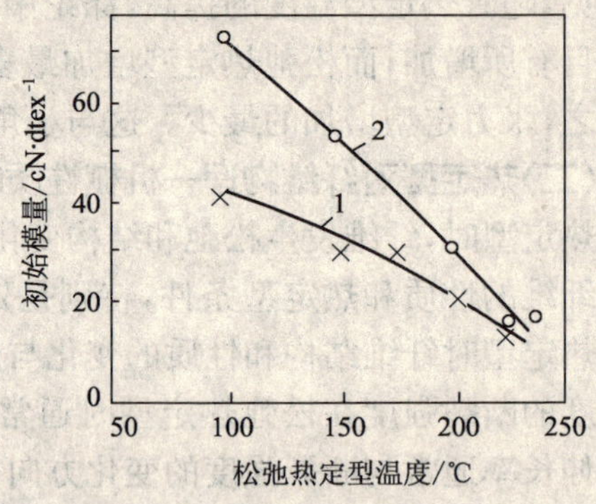

图 6－35 松弛热定型温度对涤纶初始模量的影响

1—拉伸 3 倍 2—拉伸 5 倍

2. 热定型对纤维热收缩的影响

如前所述，随着温度的升高，纤维收缩率增加。图 6－37 所示为热处理温度对锦纶 66 热收

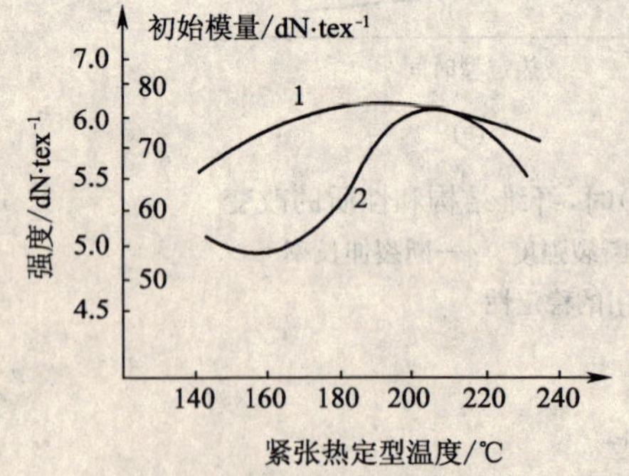

图 6－36 紧张热定型温度对涤纶强度和初始模量的影响

1—断裂强度 2—初始模量

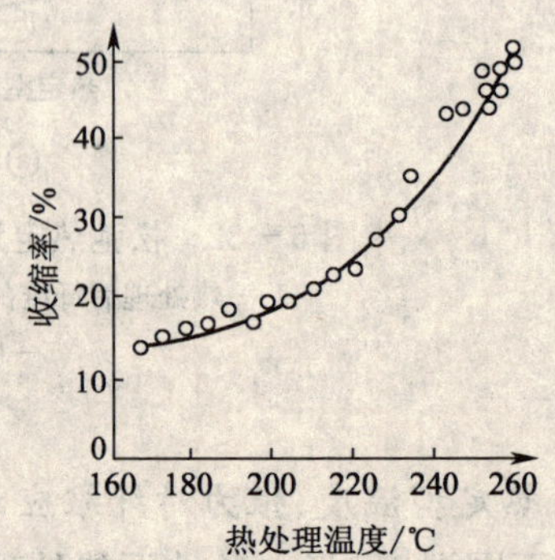

图 6－37 热处理温度对锦纶 66 热收缩率的影响

1—断裂强度 2—初始模量

缩率的影响。在220℃以上,收缩率迅速上升,但纤维的力学性能迅速恶化,如图6-38、图6-39所示。可见,纤维的热收缩不是一种简单的解取向过程。

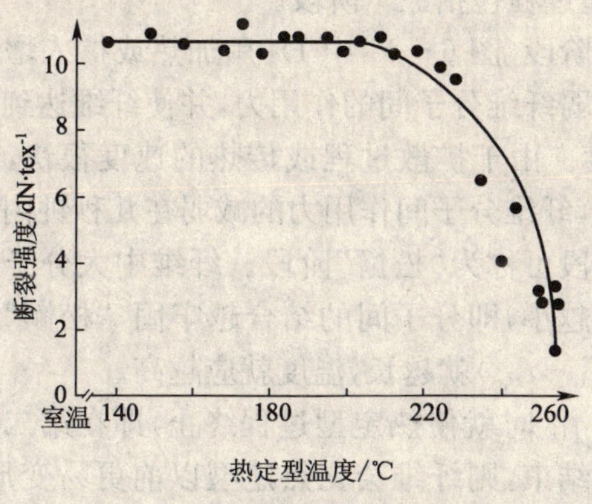

图6-38 热定型温度对锦纶66断裂强度的影响

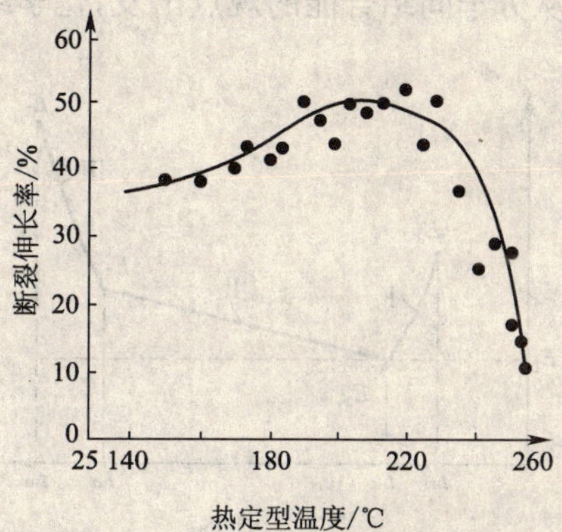

图6-39 热定型温度对锦纶66断裂伸长率的影响

3. 热定型对纤维染色性能的影响

热定型对纤维吸湿性和染色性能的影响较为复杂,由于水分子及染料一般只能渗入纤维的非晶区,所以吸湿性和染色性能主要取决于纤维的结晶度、晶粒尺寸、非晶区的取向以及微孔结构。

聚丙烯腈纤维经热定型后吸湿性有所减小,这可能与其超分子结构和微孔结构同时变化有关。

涤纶热处理温度对于平衡上染率 C_∞ 的影响如图6-40所示。由图6-40可见,热处理温度在175℃附近时,C_∞ 有一极小值。研究结果表明,这种现象与纤维中晶粒尺寸变化有关。

对于锦纶66的研究表明,蒸汽定型可使染料的扩散大大加快,如在多次热定型中,最后一次采用蒸汽定型,则染料扩散速率就会增大。

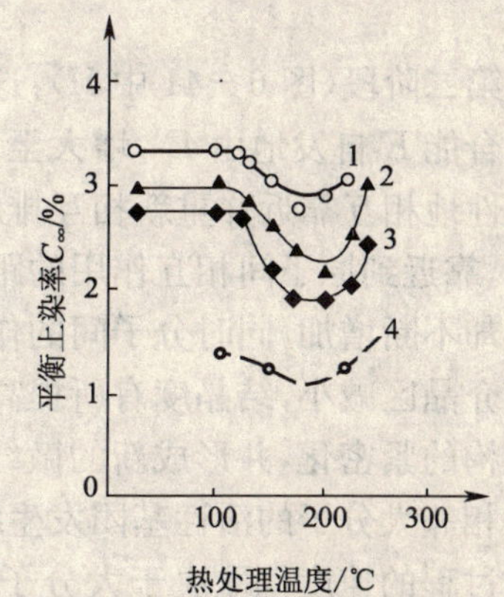

图6-40 热处理温度对PET纤维平衡上染率的影响

1—未拉伸(染浴温度100℃)
2—拉伸3倍(染浴温度100℃)
3—拉伸4.5倍(染浴温度100℃)
4—未拉伸(染浴温度80℃)

四、热定型机理

纤维拉伸时放热,结构的有序程度增加;纤维热定型时吸热,无序程度增加。拉伸形变主要是熵的贡献,而热定型时,除了熵变化之外,必定要有大分子内能的变化,而且大分子有多种运动单元,在吸热后各种转变都可能发生,目前尚无综合上述各种情况的统一理论。现从热定型过程中纤维大分子间作用力的变化,热定型与分子运动等方面对纤维的热定型进行探讨。

(一)热定型过程中大分子间作用能的变化

从纤维的大分子链结构分析可知,聚酰胺纤维大分子间的作用力主要是氢键,聚酯纤维则是极性酯键以及苯环之间的相互作用;聚丙烯腈纤维分子间有极强性的侧基—CN的作用;聚烯烃纤维只有—CH_2或侧基—CH_3的作用，后一类分子间相互作用力很小，温度稍高时(例如50℃)就会舒解。

从分子间结合能的观点出发，化学纤维的热定型过程包括三个阶段。

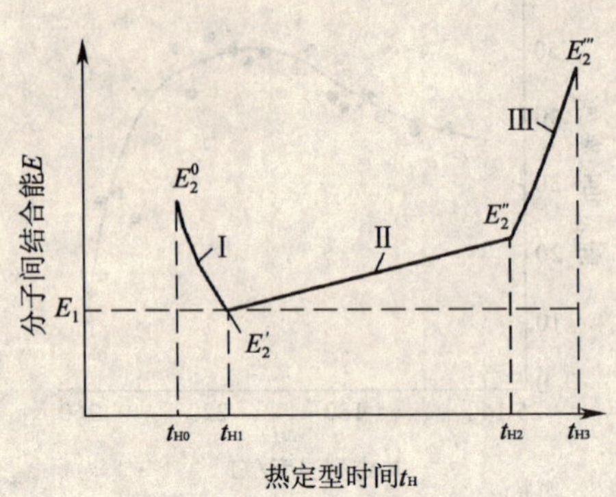

图 6－41　热定型过程中分子间结合能的变化

第一阶段(图 6－41 中 I)：用加热或掺入增塑剂的方法减弱纤维分子间的作用力，并使纤维达到高于 T_g 的温度。由于扩散过程或传热的速度很快，故在此阶段中，纤维分子间作用力的减弱在几秒钟内即完成。此阶段可称为"松懈"阶段。纤维中大分子原先的活动性越小，即分子间的结合越牢固，"松懈"阶段的时间($t_{H_1}-t_{H_0}$)就越长，温度就应越高。

如在 t_{H_1} 时就使热定型过程终止，即在第二阶段开始前就结束，则纤维会比热定型以前更易变形，首先表现在加热或膨化时纤维收缩率的增大。

必须指出，"松懈"阶段分子间结合能的降低只发生在最松散的无定型区，而较牢固的超分子结构(晶粒、球晶、微纤)并不拆散。

第二阶段(图 6－41 中 II)：这是热定型过程的主要阶段，亦即真正的定型阶段。此时，分子间结合能 E 自发地由 E'_2增大至 E''_2。由于"松懈"和热震动的结果，个别的大分子链节和链段周期性地相互靠近并重新相互排斥。震动时，大分子个别的活性基团与其他大分子的同样基团相遇，靠近到原子间相互作用的距离，就形成新的键。此时由于处在高温下，这些键很弱，但其数目却不断增加，同时分子间的作用力也增大。在结晶聚合物中会发生进一步的结晶，使非晶区或介晶区减小，结晶度有所提高。在非结晶性高聚物所形成的纤维中，热定型时仅发生无定型结构的紧密化，并形成新的微纤和其他超分子结构单元，这也使分子间的作用力增加。

相邻大分子的活性基团发生结合需要时间，因此第二阶段的时间比第一阶段长好几倍。发生该过程的速度也取决于大分子链节或链段的活动性，即取决于热定型温度。此过程在高于 T_g 的温度下自发地进行，通常在低于聚合物熔点 30～50℃的温度下达到最高速度。

把热的作用和增塑作用结合起来，可使定型的第二阶段大为加快。因此，在热水或蒸汽介质中定型时，能以较低的温度和较短的时间达到与在热空气中定型相同的效果。

第三阶段(图 6－41 中Ⅲ)：在此阶段使纤维冷却除去增塑剂(水洗、干燥)，并降低温度至 T_g 以下，此时在第二阶段所产生的新键以及大分子的位置得到固定。新生结构的固定发生得很快，可在几秒内完成，因此此过程取决于传热或增塑剂的扩散速度。

为了使纤维有恒定的物理力学性质和热定型程度，必须精确控制定型温度(±0.5℃)，纤维中增塑剂含量亦应保持恒定。热处理温度应比在给定增塑剂含量下成纤聚合物的玻璃化温度至少高出 20～30℃，以使纤维制品在随后使用过程中有足够的稳定性，但处理温度不应过高，以免纤维发生形变或裂解。

(二)热定型与分子运动

聚合物分子运动的特点之一是存在着多种运动单元和多种运动方式。每种运动方式所需的活化能与该运动单元的松弛特性有关。运动单元的松弛时间越短，其转变温度(从运动被"冻结”状态转变为开始运动状态的温度）就越低。因此，聚合物在宽广的温度范围内显示出多种运动单元的转变温度，通常称之为聚合物的多重转变。聚合物中除了链段（其长度相当于 50～100 主链原子的长度）开始运动的玻璃化温度 T_g、整个大分子链开始流动的黏流温度 T_f 以及结晶聚合物的熔融温度 T_m 以外，还存在着多种转变温度，例如，侧基的运动；主链中 4～8 个碳原子在一起的“曲柄”运动；主链中杂原子基团，如聚酰胺中的酰氨基、聚酯中的酯基的运动；主链中苯环的运动；侧基中的基团，如聚甲基丙烯酸甲酯中的酯基及甲基的运动；结晶聚合物中晶区的缺陷和折叠链的手风琴式的运动以及晶型的转变等。每种运动方式定要在高于其转变温度以上方能进行。

聚合物中各种运动单元的松弛过程和转变温度可在其动态力学—温度谱上反映出来，内耗—温度谱上反映得更为明显。如在一定频率下（如 110Hz、11Hz），在宽广的范围内测定聚合物的内耗（以内耗角正切 $\tan\delta$ 表示，$\tan\delta=\dfrac{E''}{E^*}$，$E''$ 为损耗模量，E^* 为储能模量），就得到聚合物的内耗—温度谱。图 6－42～图 6－47 是几种成纤聚合物的内耗—温度谱。根据温度从高到低，谱图上的内耗峰分别为 α、β、γ、δ 等，其对应的温度称为 α、β、γ、δ 转变温度。在大多数情况下，α 转变温度相当于 T_g。

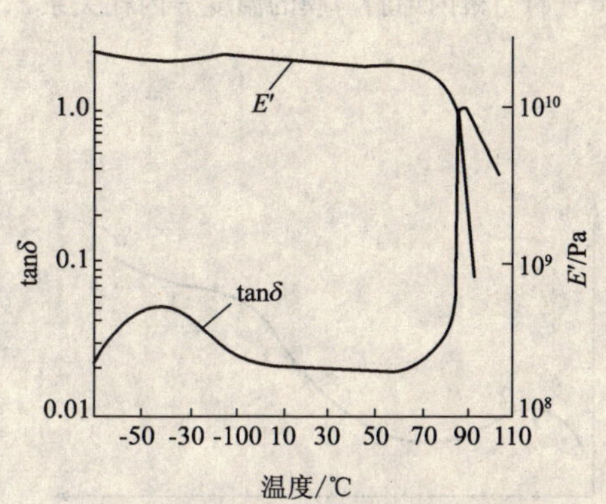

图 6－42　无定型聚酯（PET）的动态力学温度谱

人们希望纺织用纤维在使用温度下具备必要的柔性和弹性，也希望它不发生蠕变或蠕变尽可能小，即能保持纤维的形状和尺寸的稳定性。要符合上述条件，就要求成纤聚合物结构中存在多种运动单元。一种理想纤维的内耗—温度谱应包括两部分内容：一是松弛时间短的运动单元，其内耗峰的位置低于室温，以使纤维在室温下具有必要的柔性和弹性；另一部分是松弛时间相当长，相当于室温以上具有内耗峰，即一些较大的运动单元（一般指链段）在室温下还不能发生运动，这就防止在室温下发生蠕变或松弛。如果在较高温度下进行热定型，则较大的运动单元得以快速松弛，纤维的内应力得到消除，同时使热定型后纤维的结构得以稳定。

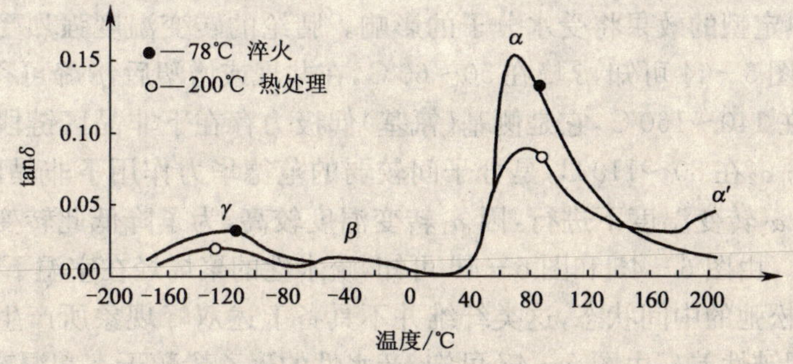

图 6－43　锦纶 6 的内耗正切—温度谱（100Hz）

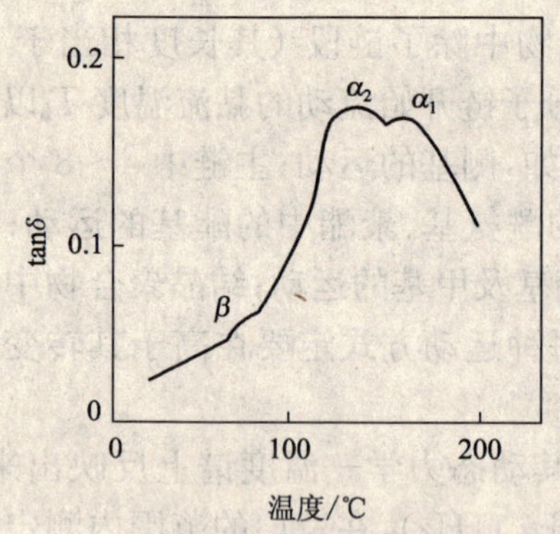

图 6－44　聚丙烯腈薄膜的温度—内耗关系

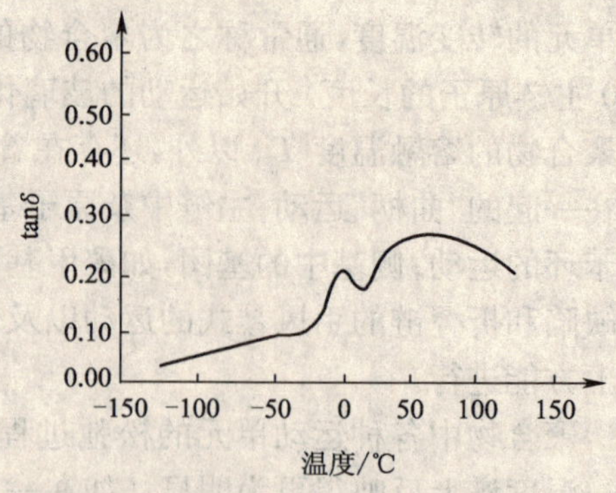

图 6－45　等规聚丙烯的温度—内耗关系

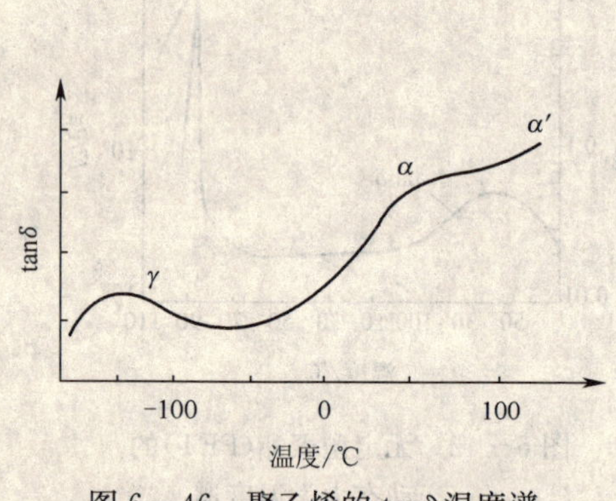

图 6－46　聚乙烯的 tanδ 温度谱

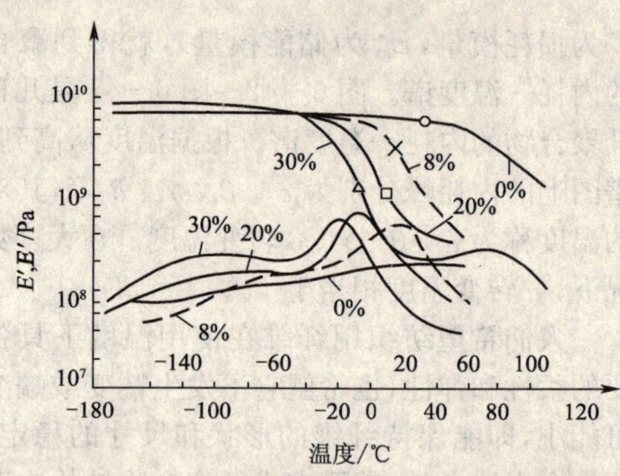

图 6－47　聚乙烯醇含水量对动态力学温度谱的影响

在内耗—温度谱上同时出现低于室温的内耗峰和高于室温的内耗峰，称之为“双内耗峰”现象。在生产实践中发现，涤纶的热定型效果最好，聚酰胺纤维次之，腈纶也有热定型效果，而聚烯烃纤维和纤维素纤维热定型效果不好，其原因可从它们的内耗—温度谱中得到解释。涤纶因具有上述的双内耗峰现象，因此热定型效果很好；锦纶 6 在室温下有多重内耗峰，但由于其分子间有氢键，在湿态下，锦纶 6 的 α 转变温度可降低到室温。虽然可借水或其他溶剂的存在来降低热定型温度，但热定型的效果将受水分子的影响。腈纶的转变温度强烈受共聚、拉伸和增塑等作用的影响。由图 6－44 可知，β 峰在 50～60℃，在共聚或增塑后，β 峰可移至室温；α 松弛有 α_1 和 α_2 两个峰，α_1 在 140～160℃，它是侧基(氰基)偶极力存在下非晶区链段运动的反映，其分子间的作用力较强；α_2 在 80～110℃，是分子间较弱的范德华力作用下非晶区的链段运动。腈纶的热定型一般在 α_1 转变温度下进行，因 α_1 转变温度较高，为了降低此转变温度，一般采用湿态蒸汽定型的方法。由图 6－45 和图 6－46 可知，疏水性的聚烯烃在室温下并不是处于两个内耗峰之间的低应力松弛的中间状态，这类纤维并不具备上述双峰现象所产生的效应，所以其热定型效果不好，抗褶皱性差。由图 6－47 可知，亲水性的聚乙烯醇干态和湿态大不一样，干态聚乙烯醇的 α 转变温度约为 80℃，含湿约 30％试样的 α 转变温度约下降 100℃。聚乙烯醇的 α

转变温度并不高，在生产实践中，采用干、湿两种方法进行热定型。但由于纤维的亲水性，在室温下湿度的作用会使热定型效果降低。

在 α 转变温度以上进行快速的应力松弛，可使纤维固定于一定的长度和形状，使其在低温时形状稳定。热定型时的进一步结晶化，使纤维结构有所改变，并使转变温度提高，可以抑制进一步形变和不可回复伸长的发生。热定型使纤维具有能承受一定的热和张力作用的稳定结构。

参考文献

[1] 董纪震，罗鸿烈，王庆瑞，等. 合成纤维生产工艺学（上册）[M]. 北京：纺织工业出版社，1991.

[2] 高绪珊，等. 纤维应用物理学 [M]. 北京：中国纺织出版社，2001.

[3] 张留成，等. 高分子材料基础[M]. 北京：化学工业出版社，2002.

[4] 赵素合. 聚合物加工原理[M]. 北京：中国轻工业出版社，2001.

[5] 王延伟. 化学纤维加工原理（上册）[M]. 兰州：甘肃文化出版社，2004.

[6] 肖长发，等. 化学纤维概论 [M]. 北京：中国纺织出版社，2005.

第七章 粘胶纤维的生产及应用

第一节 概 述

粘胶纤维是人造纤维的一个主要品种。它由天然纤维素经碱化而成碱纤维素，再与二硫化碳作用生成纤维素黄原酸酯，溶解于稀碱溶液内得到的黏稠溶液称为粘胶。粘胶经一系列纺前处理后进行湿法纺丝，纤维素黄原酸酯在纺丝过程中再生成纤维素(Ⅱ)纤维，再经一系列的后处理即成粘胶纤维。

一、粘胶纤维的品种、主要性能及用途

粘胶纤维的原料纤维素纤维多从木材、棉短绒、芦苇、甘蔗渣、竹子等取得。根据制造工艺、纤维结构和性能的不同，粘胶纤维可分成如下一些品种。

- 粘胶纤维
  - 普通纤维
    - 长丝
    - 短纤维：棉型、毛型、中长纤维、卷曲纤维
  - 高湿模量纤维
    - 波里诺西克(Polynosic)纤维(富强纤维)
    - 变化型高湿模量纤维(HWM 纤维)
    - 高湿模量永久卷曲纤维(HWM 卷曲纤维)
  - 强力纤维
    - 普通型强力纤维
    - 超强力型纤维

几种粘胶纤维的主要性能指标见表 7-1，同时列出棉纤维的同一指标，以供比较。

表 7-1 几种粘胶纤维的性能指标

性 能	普通粘胶纤维	三超强力丝	HWM 纤维	波里诺西克	棉 纤 维
干强度/cN·dtex^{-1}	2.0～3.1	4.4～7.3	3.1～7.4	3.1～7.8	1.8～3.5
干态断裂伸长率/%	10～30	15～25	8～18	6～12	7～12
湿强度/cN·dtex^{-1}	0.9～2.0	4.0～4.8	2.2～3.8	2.4～4.0	2.0～4.0
干模量/cN·dtex^{-1}	55～80	36～80	70～150	110～160	
湿模量/cN·dtex^{-1}	2.7～3.6	2.7～4.5	9～22	18～65	6.0～14
钩结强度/cN·dtex^{-1}	0.3～0.9	1.5～2.5	0.6～2.7	0.6～1.0	0.9～1.8

1. 普通粘胶纤维

普通粘胶纤维吸湿性能好，易于染色，不易起静电，有较好的纺织加工性能。短纤维可以纯

纺，也可以与其他纺织纤维混纺，织物光滑、柔软、透气性良好，穿着舒适，染色后色泽鲜艳、色牢度好。粘胶短纤维织物适于制作内衣、外衣和各种装饰用品。长丝织物质地轻薄，除适于作衣料外，还可织制被面和装饰织物。普通粘胶纤维的缺点是牢度较差、湿模量较低、缩水率较高而且容易变形，弹性和耐磨性较差。

2. 高湿模量粘胶纤维

高湿模量粘胶纤维具有强度高、延伸度低、湿模量高、耐碱性良好等特点，其与棉的混纺织物可进行丝光化处理，基本上克服了普通粘胶纤维的缺陷，其织物的牢度、耐水洗性、形态稳定性均与优质棉相近。由日本立川正三发明的"虎木棉"，被国际上定名为波里诺西克纤维，就是高湿模量粘胶纤维的一种，我国称为富强纤维，简称富纤。它在水中的溶胀度低，弹性回复率高，因此织物的稳定性较好。

波里诺西克纤维虽然克服了普通粘胶纤维的一些主要缺点，但该纤维的钩结强度较低，脆性较大，易形成原纤化结构，生产工艺也比较繁复。为了克服波里诺西克纤维的上述缺点，在该工艺的基础上结合了粘胶强力丝的工艺特点，在西欧首先研制出另一类高湿模量纤维，即变化型高湿模量粘胶纤维，或称为 HWM 纤维。这类纤维的干态、湿态强度略低于波里诺西克纤维，但断裂伸长率较高，钩结强度特别优良，湿模量低于波里诺西克纤维，但与棉纤维的同一指标大致相似，已基本克服了普通粘胶纤维的主要缺点，而且克服了波里诺西克纤维的钩结强度差、脆性大的缺点，它更适于与合成纤维混纺，以改善合成纤维的吸湿性，也可以进行纯纺。20 世纪 70 年代以来，变化型高湿模量粘胶纤维是粘胶纤维中发展较快的品种之一，其主要品种有奥地利的 Model 纤维、美国的 Avyil 纤维、意大利的 Koplon—66 纤维、日本的 Polycot 纤维、澳大利亚的 Fiber—333 纤维等。

3. 强力粘胶纤维

强力粘胶纤维的强度高，抗多次变形性特别好，可用作轮胎帘子线、传送带和三角皮带的帘子线、绳索、各种工业用织物，如帆布、塑料涂层织物等。

改性粘胶纤维具有多种用途。与聚丙烯腈或聚乙烯醇复合的粘胶纤维具有毛型感和蓬松性，适于制作西装、毛毯和装饰织物；有扁平形状和粗糙手感的"稻草丝"（扁丝）和空心粘胶纤维的密度小、覆盖能力大，并有膨体特性，适用于编织女帽、提包和各种装饰用具；用丙烯酸接枝的粘胶纤维有很高的离子交换能力，可用以从溶液中回收金、银、汞等贵重金属；含有各种阻燃剂的粘胶纤维，可用在高温和有防火要求的工业部门；粘胶纤维还可作医用纤维，如经特殊处理的粘胶纤维可制成止血纤维，含钡的粘胶长丝或短纤，可分别制成医用缝合线或纱布，它能被 X 射线侦查到，粘胶（或再生纤维素）中空纤维膜具有透析作用，可用于制作血液透析器，作为肾衰病症的辅助治疗器具。此外，粘胶纤维经热处理和活化处理而制得的碳纤维和石墨纤维，具有高强度和高模量，与环氧树脂等制成的复合材料，可用作空间技术的烧蚀材料；由粘胶和硅酸钠共混而纺得的原丝，经处理后制成的陶瓷纤维作为耐高温树脂的增强材料，可用于液体火箭发动机和喷气发动机的喷嘴以及空间装置重返大气层的防热罩。

二、粘胶纤维生产的发展过程

1844 年，梅塞尔（Mercer）发现纤维经碱溶液浸渍后能剧烈膨胀，增加了化学反应的有效面积，为粘胶法制造人造纤维准备了条件。1891 年，克罗斯(Cross)、贝凡(Bevan)和比得尔(Beadle)发现经碱处理后的纤维素能与二硫化碳反应，生成纤维素黄原酸酯，它能溶于稀碱液中。由于这种溶液的黏度很大，故称之为粘胶。粘胶遇酸后，纤维素黄原酸酯被分解而析出纤维素，这种纤维素称为再生纤维素，或称水化纤维素，或称纤维素Ⅱ。它与天然纤维素(纤维素Ⅰ)的化学结构相同，但结晶结构不同。根据这一原理，1893 年发展为一种制备纤维的方法，称为粘胶法，该纤维称为粘胶纤维。

在此后一段时间内，由于找不到合适的凝固条件而阻碍了粘胶纤维的发展。1898 年，斯特恩(Stearn)将粘胶喷射于铵盐溶液中；1902 年，又使用弱酸作为凝固浴。但效果都不满意。1905 年，米勒尔(Müller)建议使用稀硫酸及其盐类组成凝固浴(有人称为米勒尔浴)，实现了粘胶纤维的工业化生产。

人造丝在生头(始纺)和落丝时产生一定数量的废丝，人们把切成与棉纤维长短相近的短纤维，再作为纺织纤维原料，称其为人造短纤维，或粘胶短纤维。

由废丝制成短纤维，无论从产量、质量和成本都是不合理的。1920 年，开始直接制造短纤维的系统试验。1933 年，有短纤维产品出现于市场。20 世纪 30 年代后期兴建了不少粘胶短纤维工厂，开始了短纤维的规模化生产。

以粘胶短纤维代替(或部分代替)天然纤维制成的纺织品受到市场的青睐。但在替代羊毛方面未能获得满意的结果。人们开始研制以酪素(一种蛋白质)为原料制成短纤维，1935 年，费雷提(Ferretti)终于用酪素制成有实用价值的短纤维。

粘胶纤维市场的不断发展，工艺的不断完善，使纤维质量不断提高。1935 年，在工艺上进行如下两大改革：提高凝固浴中 $ZnSO_4$ 的浓度；使刚成型的纤维在含有稀硫酸的热水溶液中进行高倍拉伸，使纤维的强度从 1.8～2.2 cN/dtex，提高至 3.8 cN/dtex。从而于 20 世纪 30 年代制造出强力粘胶纤维(又称粘胶强力丝)。1946 年，在粘胶纤维生产中进行了另一项突破，即在粘胶中加入少量变性剂，制得微观结构较均匀、纤维横截面较圆滑、强度较高(4.4 cN/dtex)的超强力粘胶纤维。1953 年，出现了单纤断裂强度为 4.9 cN/dtex 的超强力粘胶纤维，此后又出现了二超、三超以至四超强力粘胶纤维。

超强力粘胶纤维具有更高的断裂强度、优良的柔韧性和耐多次变形性，使超强力粘胶纤维有可能作为轮胎的增强材料——帘子线，并于 20 世纪 50 年代取代优质棉，作为帘子线的主要原材料。20 世纪 60 年代中期，超强力粘胶帘子线的质量和产量达到最高峰。此后，由于性能更优良的合成纤维帘子线的出现，使超强力粘胶纤维的产量有所下降，而出现了另一种高强高模型粘胶纤维(主要在西欧)，其干态强度为 8.2 cN/dtex，干态延伸度为 5%。应用这种纤维加工成辐射状轮胎帘子布，具有良好的性能。

为进一步提高粘胶纤维的质量，人们研制出高湿模量粘胶短纤维。该纤维除具有高强度、低伸度和低膨化度外，其主要特点是具有高的湿模量，故称之为高湿模量粘胶纤维。常见的高湿模量粘胶纤维可分为两大类：一类为波里诺西克纤维，我国商品名为富强纤维；另一类为变化型高湿模量纤维。国际人造丝和合成纤维标准局(BISFA)把高湿模量纤维统称为 Modal 纤维，并定 Modal 是一种再生纤维素纤维，具有高的断裂强度和高的湿模量。

波里诺西克纤维起源于日本，称为虎木棉(Toramomen)。由日本立川正三(Tachi Kawa)于 1943 年研制成功，1950 年开始工业化生产。随后又有很大改进，在日本先后出现虎木棉 51

(T51)、虎木棉61(T61)以及超级虎木棉(超T)等品种。美国第一个波里诺西克纤维的商品名为赞特雷尔(Zantrel),西欧第一个波里诺西克纤维的商品名称Z—54。

为克服波里诺西克纤维脆性大、钩结强度低、易形成原纤化结构等缺点,人们生产出另一类高湿模量纤维——变化型高湿模量粘胶纤维,简称高湿模量纤维(或称HWM纤维)。各国生产的波里诺西克纤维的商品名称有:美国的Avvil和Zantrel—700;日本的Polycot;奥地利的Model;意大利的Koplon—65、Koplon—66、Airon PL—500、Fiber VA/M以及澳大利亚的Fiber—333等。

为提高纤维的卷曲性和卷曲的恒久性,以提高纤维的保暖性和类毛性,可采取特殊的成型工艺,使粘胶纤维具有特殊的截面形态结构和不均一的应力分布,而获得永久卷曲。永久卷曲粘胶短纤维自1939年投产以后获得较快的发展,在粘胶短纤维各品种中所占的比例越来越大。

永久卷曲粘胶短纤维的缺点是断裂强度较低,断裂伸长率较高,湿模量较低。因此,在较高张力的作用下卷曲容易消失。为克服卷曲纤维存在的缺点,于20世纪70年代生产了高湿模量永久卷曲粘胶短纤维(简称HWM卷曲纤维)。HWM卷曲纤维是在HWM纤维和永久卷曲粘胶短纤维成型基础上发展起来的一个新品种。它既具有HWM纤维的高强度和高模量等优良特性,又有卷曲纤维所特有的高卷曲和高弹性等优点。用它制成织物既有高强度、高模量,又有优良的弹性和良好的手感。

粘胶纤维自1905年正式工业化以来,产量不断增加,20世纪60年代初期,粘胶纤维产量占化纤总产量的80%以上,并于1973年达到最高产量(3660kt/年)。此后,由于合成纤维的迅速发展(1965年合成纤维的总产量开始超过粘胶纤维)以及粘胶纤维生产过程中对环境的污染,美、日等发达国家的产量迅速下降,使粘胶纤维的世界产量形成波动下降之势(表7-2)。

表7-2 世界及我国粘胶纤维历年产量 单位:kt

年 份	世界产量	我国产量	年 份	世界产量	我国产量
1960	2550	10.4	1990	2871	223
1965	2550	44.9	1995	2249	435
1970	3340	64.7	2000	2041	544
1973	3640	92.2	2001	2102	609
1975	2940	89.1	2002	2118	682
1980	3240	134	2003	2165	802
1985	2930	177	2004	2366	960

资料来源:《人造纤维》杂志等。

粘胶纤维产地分布很不平衡,其中有2/3在亚洲,其次是欧洲。我国粘胶纤维产量居世界第一,年产达1400kt左右(2006年),占世界粘胶纤维产量的半数,目前仍处于快速增长期。

基于如下理由,在发展合成纤维的同时,包括粘胶纤维在内的再生纤维素纤维将有一定的发展。

(1)有无限的原料基础,自然界中纤维素的天然年产量数以亿吨计。

(2)纤维素可自然降解,不造成环境污染。

(3)纤维素纤维自身的一些优良性能,目前合成纤维尚无法达到。

(4)在发展合成纤维的同时,也需要发展适量的粘胶纤维,以通过混纺改善织物的性能。

(5)石油资源的减少和日趋枯竭,将影响合成纤维的发展和存在。

(6)自 20 世纪 90 年代以来,棉花消费量明显增加,出现供不应求,价格上涨,不少国家使用粘胶纤维代替棉花,使粘胶纤维纺织面料日趋流行,并开发出不少高档的粘胶纯纺或混纺织物。

第二节 原 料

粘胶纤维的基本原料是纤维素(浆粕),生产过程还需多种化工材料,如烧碱、二硫化碳、硫酸、硫酸锌和纯度较高的水;此外,还有各种辅助材料,如上油剂、消光剂(二氧化钛)及各种有机或无机助剂。各种原材料的单位消耗量,随着纤维品种、生产方法及这些原材料的品质不同而异,表 7-3 列出几种粘胶纤维主要原材料的消耗量。

表 7-3 粘胶纤维主要原材料的消耗量

项 目	规 格	单 位	每吨纤维消耗量			
			普通短纤维	普通长丝	富强纤维	强力纤维
浆 粕	水分 10%	t	1.02~1.06	1.04~1.10	1.04~1.12	1.12~1.16
烧 碱	100%	t	0.60~0.67	0.65~0.69	0.68~0.77	1.11~1.18
二硫化碳		t	0.30~0.32	0.31~0.32	0.34~0.40	0.30~0.34
硫 酸	100%	t	0.87~0.89	1.10~1.20	1.05~1.20	1.40~1.50
硫酸锌	100%	kg	54~57	54~60	40~50	370~400

注 $ZnSO_4$ 消耗量中未扣除回收量。

一、粘胶纤维用浆粕

粘胶纤维浆粕按照原料来源分为木浆、棉绒浆和草类(如蔗渣、芦苇、芒秆及竹子等)浆;按照用途的不同,又分为粘胶长丝浆、普通粘胶短纤维浆、高性能粘胶纤维浆及强力纤维浆;按照制浆方法不同,通常分为碱法(硫酸盐法、苛性钠法)浆、亚硫酸盐法浆和氯碱法浆。

(一)浆粕的性质

1. 化学性质

(1)α-纤维素及半纤维素含量:浆粕中的 α-纤维素和半纤维素含量是表征浆粕纯度的指标。提高纤维素的含量和降低半纤维素的含量,不仅可以提高产品的得率和设备的生产能力,降低化纤产品的单位消耗量,简化浸渍碱液的回收过程,而且还能提高成品纤维的质量。生产高性能的粘胶纤维,通常采用 α-纤维素含量高、半纤维素含量较低的浆粕。

工业上的半纤维素,通常是指 β-纤维素及 γ-纤维素。广义地说,还包括非纤维素碳水化合物和制浆过程中由纤维素降解而产生的短链(聚合度小于200)纤维素。

浆粕中半纤维素含量过高,对工艺过程和成品质量有下列不良影响:

①影响浸渍过程:浸渍时由于半纤维素大量溶入碱液中,使碱液的黏度增高,影响碱液透入浆粕内部的速度,使浆粕中的半纤维素溶出不完全;在连续压榨过程中,浆粕含半纤维素过多,使碱纤维素滤去碱液的能力降低,造成压榨困难,所得碱纤维素品质不均匀。此外,浆粕中半纤维素含量过高,也会增加碱液回收的困难。

②影响黄化:由于半纤维素也能起酯化反应,且反应速度比纤维素还快。黄化时,半纤维素会很快地消耗 CS_2,影响纤维素的黄化均匀性及黄原酸酯的酯化度。

③延长老成时间:半纤维素的平均聚合度比 α-纤维素低,因此前者的链末端基(醛基)的潜在数量比后者多。醛基易被氧化,在老成过程中将消耗反应介质中大量的氧,使碱纤维素老成时间延长。

④影响粘胶过滤:粘胶中半纤维素含量较高时,其羧基与灰分中多价金属离子,如 Fe^{2+}、Mn^{2+}、Ca^{2+}、Mg^{2+} 等形成黏性极强的络合物,黏堵滤布,造成过滤困难。

⑤影响产品纤维的物理机械性能:半纤维素的聚合度低,混入产品纤维中,将使纤维的机械强度、耐磨性及耐多次变形性降低。

(2)灰分:浆粕中灰分主要来自纤维素原料、生产用水、化学药剂以及设备、容器、管道等。灰分对粘胶纤维生产的影响主要表现在:

①严重影响粘胶的过滤性能,其中以 $CaSiO_3$ 为显著;灰分中的多价金属离子,如 Fe^{2+}、Mn^{2+}、Ca^{2+}、Mg^{2+}、Cu^{2+} 等与半纤维素的羧基形成黏性络合物,堵塞滤布孔眼,使过滤困难。

②灰分中的 Fe^{2+}、Mn^{2+}、Co^{2+} 促进老成,使老成工艺难以控制,造成粘胶黏度波动。

③铁质的存在会使粘胶颜色灰暗,甚至发黑。因此,在浆粕的质量指标中,除规定灰分总含量外,还标明铁质、$CaO+MgO$ 的含量。

(3)木质素:木质素对粘胶纤维生产的影响,表现在以下几方面:

①降低浆粕的膨润能力和反应性能。

②延缓老成时间。因为木质素中含有易被氧化的羰基,它能与空气中氧作用而消耗一部分氧。

③有木质素存在,纤维漂白时生成氯化木质素,在碱介质(脱硫浴)中形成有色物,使纤维产生斑点。

④木质素含量高,丝条手感发硬。

(4) 树脂:关于树脂对粘胶纤维生产过程的影响,有两种不同的作用。一是树脂与浆粕中的氧化钙等结合,形成不溶性的钙盐,造成粘胶的过滤和纺丝困难;还由于它起到表面活性剂作用,增加了粘胶中溶解的空气量,延长了粘胶的脱泡时间。因而浆粕的树脂含量应在0.55%~0.7%(二氯乙烷萃取量)。

另一作用是,少量的树脂可起表面活性剂的作用,使黄化时 CS_2 容易扩散,因而少量树脂的存在,可改善粘胶的过滤性能。

(5) 醛基和羧基:醛基的含量可以用铜值或碘值表示。在浸渍和老化过程中,醛基能促使纤维素发生强烈的氧化裂解作用;升高温度时,纤维易变黄,且温度越高,颜色越深。纤维素中即使含有少量的羧基(0.004%以上),也会影响纤维的耐热性,使纤维素的聚合度下降。

2. 物理化学性质

(1)平均聚合度及其分布:对浆粕聚合度的要求,根据成品纤维的聚合度而定,制备高性能粘胶纤维要求较高的聚合度。但聚合度过高,则因制得粘胶的黏度过高而造成过滤困难;或者要延长老成时间。各种粘胶纤维浆粕的平均聚合度差异较大,通常为500~1000。

浆粕中纤维素聚合度分布的分散性要小。实践证明,聚合度大于1200的纤维素,由于黄化性能及其黄原酸酯的溶解性能变坏,造成粘胶过滤困难,而聚合度小于200的组分,由于其半纤维素特征,影响黄化,亦会造成粘胶过滤困难。成品纤维中低聚合度组分过多,则纤维的强度(特别是湿强)、耐磨性及耐疲劳性能下降。

应当指出,在制浆的蒸煮、漂白过程及粘胶制备的老成过程,纤维素聚合度都有显著的下降,但经老成达到同样的聚合度时,其聚合度分布最均匀,蒸煮次之,漂白最差。故从聚合度均一性考虑,从提高制浆和纤维生产的得率以及提高成品质量考虑,使用较高聚合度浆粕较为有利。制备相同聚合度浆粕时,采用重蒸(煮)、轻漂(白)的工艺较为有利。

(2)膨润度:膨润度是指浆粕在碱液中的膨胀程度。通常以浆粕在标准条件的碱液中浸渍一定时间后的重量或体积增加的倍数或百分数表示。浆粕的膨润度,与大分子间的作用力及碱液浸渍条件有关。

膨润度小,则浆粕受碱液的浸渍不均匀;膨润度过大,则碱纤维素的压榨困难,在连续浸渍压榨时,浆粕的膨润度更不能太大。

(3)润湿性:浆粕的润湿性是指试剂渗入浆粕内部的速度,它可以用水滴或18%的NaOH液滴渗透到浆粕内的时间表示。润湿性良好的浆粕用18%的碱液测定时,渗入时间最好在8~15s。时间太长,浸渍时碱液渗透不匀;润湿速度过高,浆粕的毛细孔易被堵塞,同样造成渗透不匀。

3. 工艺性质

浆粕的工艺性质,主要是指反应性能和过滤性能。反应性能是指浆粕在碱化、黄化及生成黄原酸酯的溶解等性能;过滤性能是指浆粕制得的粘胶在过滤时的难易程度。碱化、黄化、溶解不好,粘胶的过滤性能也不好,两者密切相关。因此,习惯上用过滤性能来表示浆粕的反应性能。

反应性能差的浆粕,对粘胶生产过程有下列不良影响:

(1)浆粕浸渍时碱化不充分,不均匀,甚至完全不被碱化。

(2)碱纤维素黄化不充分,不均匀。

(3)所得纤维素黄原酸酯在碱液中溶解性能变差。

(4)粘胶粒子过多、过大,严重影响过滤性和可纺性。

纤维素反应性能的本质是至今仍待进一步研究的问题。兹简要说明对浆粕反应性能有影响的因素。

(1)宏观结构:浆粕中存在0.3~0.5mm的短小纤维,它们是植物原料的木射线细胞、柔软组织细胞、薄壁细胞、表皮细胞及其他被破碎的纤维和导管等(统称非纤维细胞或杂细胞)。它们的纤维素含量低,聚合度低,非纤维素的杂质含量高。在粘胶制备过程中,它们易堵塞浆粕的毛细孔,使浸渍时的碱液及黄化时的CS_2的渗透和扩散困难,亦使碱纤维素的压榨和粘胶过滤困难,并降低粘胶的透明度。

(2)形态结构:植物纤维初生壁的反应性能比次生壁为差,它妨碍了渗透,对其破坏的程度及破坏的均匀性,直接影响浆粕的反应性能。

(3)分子结构:浆粕中纤维素平均聚合度适中,而聚合度的多分散性越小,聚合度大于1200和小于200的组分越少,反应性能越好。

(4)大分子间的结构:大分子间的键合程度,影响着反应试剂的渗透情况,大分子间的化学键越少,其坚牢度越低,反应性能越好。

(5)浆粕的纯度:非纤维素杂质会降低浆粕的反应性能。

为了获得反应性能良好的浆粕,在制浆过程中,必须注意:蒸煮时必须充分而均匀地破坏纤维的初生壁,故通常在保证一定聚合度的前提下,采用重蒸(煮)、轻漂(白)工艺,以提高纤维宏观结构和微观结构的均匀性;加强原料及浆粕的筛选,尽可能除去细小纤维和非纤维素杂质。

表7-4列举了几种粘胶纤维浆粕的质量指标。

表7-4　几种粘胶纤维浆粕(一等品)的质量指标

质量指标	棉浆(苛性钠法)			木浆(亚硫酸盐法)		蔗渣浆(预水解碱法)
	普通短纤用	长丝用	强力丝用	长丝用	短纤用	
α-纤维素/%,≥	93.0	96.5	98.5	90	89	92
戊糖/%,≤				4	4	3.5
聚合度	500±20	555±20	930±30			800～900
铜氨黏度/Pa·s	0.012±0.001		0.0285±0.0015	0.018～0.022	0.018～0.023	
树脂和蜡(苯醇抽提法)/%,≤				0.7	0.8	0.3
灰分/%,≤	0.09	0.07	0.07	0.12	0.15	0.12
铁质/$mg\cdot kg^{-1}$,≤	20	15	10	20	25	25
小尘埃(≤$3mm^2$)/个·$(500g)^{-1}$,≤	60	40	40	80	100	110
大中尘埃①/个·$(5m^2)^{-1}$,≤	2	2	2	不允许	不允许	不允许
吸碱值/%(质量分数)	600±100	600±100	500±10	400～550	400～550	
膨润度/%(质量分数)		160	180±25	260～400	260～400	
反应性能/CS_2/NaOH,$<$				110/11	110/11	
白度/%,≥	80	82	80	90	85	
水分/%	9.5±1.5	9.5±1.5	9.5±1.5	10	10	
定重/$g\cdot m^{-2}$ 圆网	500±100	500±100	500±100			
定重/$g\cdot m^{-2}$ 长网	700±100	700±100	700±100	600±50	600±50	

①小尘埃$<3mm^2$,中尘埃在$3\sim5mm^2$,大尘埃$>5mm^2$。

(二)浆粕的制造

1. 制造浆粕的原料

制造浆粕的原料主要有棉短绒、木材纤维素和杂草纤维等物质。

(1)棉短绒:棉短绒是棉籽剥去皮棉后仍附着在棉籽上的短绒。其平均长度在 2～6mm。每吨棉籽可剥取棉短绒 35～80kg。棉短绒是一种很纯粹的纤维素材料,α-纤维素含量高达 95%,其他杂质含量较低(表 7-5),因此它的分离和精制较其他植物纤维容易,而且得率高,α-纤维素含量也高。

表 7-5 棉短绒的化学组成

组　分	组成/%	
	未精制	精　制
纤维素	90～91	98.5～98.6
脂肪和蜡质	0.5～1.0	0.1～0.2
果胶和多缩戊糖	1.9	1～1.2
木质素	3	
灰　分	1～1.5	0.18～0.3

(2)木材纤维素:木材纤维素是生产粘胶纤维的主要原料。原则上,任何木材都可用于制造粘胶纤维浆粕,但以针叶树、特别是云杉和冷杉为优。因为这些树种中纤维素含量较多、树脂含量低,蒸煮得率高,技术经济上较为合算。一些主要木材的化学组成见表 7-6。

表 7-6 一些木材的组成

组　成	云　杉		松　树		白　杨	
	树干	树枝	树干	树枝	树干	树枝
纤维素/%	58.8～59.3	44.8	56.5～57.6	48.2	51.2～52	43.9
木质素/%	28	34.4	27	27.4	21.2	27.9
其他多糖/%	20.7	19.5	18.9	19.4	23.4	37.4
树脂(乙醚提取物)/%	1	1.3	4.5	3.3	1.5	2.5
灰分/%	0.2	0.35	0.2	0.37	0.26	0.33

(3)杂草纤维:小麦秆、玉蜀黍秆、棉秆、竹子、芦苇以及工业副产品(如甘蔗渣)等,都可作为制造人造纤维的原料。它们的纤维素含量较低,灰分及多缩戊糖含量较高。其中以甘蔗渣和竹子的纤维素含量为高,灰分较低。由竹子提炼的纤维素制成的粘胶纤维,具有一定的抑菌性。

2. 制造浆粕的方法

在各种天然植物材料中,纤维素总是与杂质结合在一起,因此不能将植物直接用于制造粘胶纤维,而必须把纤维素从植物材料中分离出来。分离纤维素的目的有三个。

①除去植物中各种非纤维素杂质,如半纤维素、木质素、灰分、油脂和蜡质,以分离出较纯净

的纤维素。

②尽可能充分和均匀地破坏纤维素的初生胞壁和纤维素大分子间的结合键，以提高浆粕的反应性能。

③适当降低纤维素的聚合度。

制造粘胶纤维浆粕的工业方法有碱法、亚硫酸盐法和氯化法等。此外，还有正在研究的助溶剂法、硝酸法、氯碱法等。应根据天然纤维原料的种类、浆粕的品种和规格以及化学药品的供应情况及消耗量而定选择制造粘胶纤维的方法。

用碱法或硫酸盐法处理阔叶树及草类纤维时，为了使多糖物质含量减少到最低程度并提高浆粕的品质，常在蒸煮前用稀硫酸或蒸汽对原料进行预水解处理。此外，为了进一步除去纤维素的低分子组分，往往在漂白和洗涤之后，对纤维素浆进行精制处理。精制是在常温或高温下用浓碱或稀碱液进行处理。

(1) 碱法制浆：碱法制浆是用烧碱或硫化钠溶液，在适当的温度和压力下，从纤维素原材料中分离纤维素的方法。它对植物原材料的要求较低，一般结构紧密，油脂、蜡质含量较高的木材也可适用。碱法制浆主要有苛性钠（烧碱）法、预水解苛性钠法、预水解硫酸盐法等。

①苛性钠（烧碱）法：该法多用于制造棉绒浆粕。生产工艺过程主要包括备料、蒸煮、精选、精漂、脱水和烘干。苛性钠法制棉绒浆粕的工艺流程如图 7－1 所示。

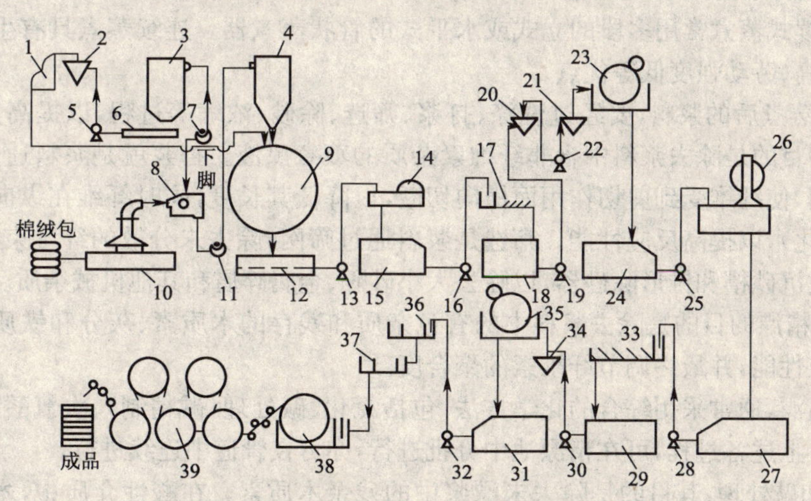

图 7－1　苛性钠法制棉绒浆粕的工艺流程

1—曲筛　2、20、21、34—除砂器　3—水膜除尘器　4—旋风分离器　5、13、16、19、22、25、28、30、32—浆泵　6—溜槽　7、11—风机　8—除杂机　9—蒸球　10—撕棉机　12—洗料池　14—打浆机　15、24、27、31—储浆池　17、33—沉砂槽　18、29—稀释池　23、35—圆网脱水机　26—漂白机　36—调浆箱　37—稳浆箱　38—抄浆机　39—烘干机

a. 备料：制浆原料要经过预处理。如原料为棉绒，则要进行开松、除尘，以除去砂粒、矿物性杂质和棉籽壳等；如为蔗渣原料，则要经过开松和一次或多次除髓，除去其中的蔗髓及其他机械杂质（通常还经预水解处理）；如为木材原料，则要经过剥皮、除节、切片等工艺。

b. 蒸煮：用高温烧碱液蒸煮，纤维原料发生如下作用：木质素与烧碱作用生成碱木质素，树脂被皂化成树脂皂，蜡质被乳化，三者均溶解于蒸煮液中而大部分被除去，使纤维素得以分离并获得良好的润湿性能；纤维细胞发生膨润，初生胞壁被破坏，浆粕的反应性能提高；大部分半纤维素直接溶解在碱液中，并水解成戊糖；纤维素发生碱性氧化降解，聚合度较低。

蒸煮条件则视纤维素原料的种类、化学组成、密度、水分、成熟程度、腐朽发酵情况和浆粕品质要求的不同而异，一般蒸煮棉浆的条件比蒸煮木浆的条件温和些，蔗渣浆更温和。影响蒸煮的主要因素如下：

• 用碱率：即用碱量与原料绝干质量的百分比。用碱率高，杂质的溶解程度和溶解速度增加，但纤维素的降聚程度亦增加，浆粕的得率下降。棉浆蒸煮的用碱率通常为 15%～18%；蔗渣浆的用碱率通常为 10%～12%。

• 温度和时间：蒸煮温度是指蒸煮时的最高温度。在其他条件不变时，温度升高，蒸煮时间可缩短。但温度越高，浆的得率越低，浆的黏度、硬度和强度均下降。选择蒸煮温度和蒸煮时间时，应全面考虑对浆粕质量和产量的要求。通常，间歇法蒸煮棉浆用 150～170℃，4～6h；连续法蒸煮蔗渣浆用 130～140℃，40～50min。

• 浴比：浴比指碱液体积(L)与原料绝干重量(kg)之比。在用碱率相同的情况下，减少浴比，则碱浓度大，化学反应速度快，蒸煮时间可缩短，用于加热的蒸汽量可减少，但蒸煮的均匀性差。通常棉浆的间歇式蒸煮浴比为 1∶(3～4)，蔗渣浆连续蒸煮浴比为 1∶(4～5)。

• 蒸煮的方式：有间歇式和连续式两种。间歇式蒸煮有立式、卧式、回转式或固定式蒸煮锅(或蒸球)；连续式蒸煮常用多段的立式或水平式的管状蒸煮器。连续蒸煮具有生产效率高、质量稳定、得率高、劳动强度低等优点。

c. 精选：蒸煮后的浆料，要经过洗涤、打浆、筛选、除砂、浓缩等过程，以提高其纯度和反应性能。洗涤的目的是除去浆料中含非纤维素杂质的蒸煮黑液。打浆就是浆料通过打浆机的飞刀和底刀之间，使纤维受到剪切作用而横向切断，以降低其长度，同时纤维在纵向分裂，产生纤维化(又称帚化)，以提高反应性能。筛选是浆料通过筛网，除去未分散的纤维束或浆团。除砂是使浆料通过沉砂槽和锥形除砂器，以除去大小砂砾、金属碎屑和其他机械杂质。

d. 精漂：精漂的目的是除去浆料中的有色杂质和残存的木质素、灰分和铁质，进一步提高纤维素的反应性能，并最终调节纤维素的聚合度。

浆料的精漂，通常采用综合的化学方法，包括氯化、碱处理(碱精制)、次氯酸盐漂白和酸处理四个阶段。上述各过程，可在精漂池中分批进行，亦可在管道中连续进行。

e. 氯化和碱处理：其目的是除去未漂浆中的残余木质素。在酸性介质中，木质素被氯化，生成氯化木质素，然后再用碱处理浆料，使氯化木质素溶解而除去。氯化时，一般控制浆料的 pH 值为 2，常温。用氯量和氯化时间根据未漂浆含木质素的量来控制。

f. 漂白：漂白的目的是进一步除去浆粕中残余的木质素和有色杂质，提高浆的白度，并调节浆的聚合度。漂白剂有次氯酸钠、二氧化氯、过氧化氢等。它们可以单独使用，亦可混合使用、分段进行漂白。

漂白过程中，纤维素不可避免地发生氧化降解，而漂白时纤维素降解的均匀性比蒸煮时的降解的均匀性为差，为此，制备聚合度相同的浆粕时，采用重蒸(煮)轻漂(白)的工艺，能够使聚合度分布更均匀。故漂白的工艺条件必须严格控制。以次氯酸盐作漂白剂时，通常用氯量为 1%～2%(以绝干浆重量计)，漂白时间为 1～2h，温度 35～40℃，pH 值为 9～10。

g. 酸处理：其目的是降低浆粕的灰分。因为纤维素与水或水溶液接触时带负电荷，能吸附各种金属离子，当浆料中加入酸，能将纤维素吸附的金属离子置换出来，生成可溶性的金属盐而被除去，从而降低浆粕的灰分。

酸处理可用盐酸或硫酸，而盐酸的效果较好，因为生成的氯化物有更大的溶解度。酸处理时，通常用酸量为2%～3%(以绝干浆重量计)，时间为1h，采用常温。

h. 脱水、烘干：根据需要，浆料可加工成散浆或浆板，加工成散浆时，先用压辊或离心机脱水，然后开松和烘干；加工浆板时，先在抄浆机上成型和烘干，然后切成一定规格的浆板。不管是散浆还是浆板，烘干温度对纤维素的反应性能有很大影响，必须根据浆粕的不同用途加以调节。

②预水解苛性钠法：此法与苛性钠法制浆原理和制浆过程相同，唯一不同的是在碱蒸煮之前，先将纤维原料进行预水解处理，即在一定的温度、压力下，纤维原料用水、稀酸或蒸汽进行处理。其目的是：

a. 使原料中的半纤维素(主要是多缩戊糖)水解溶出，而未溶出的半纤维素也发生结构的变化，以利于在碱蒸煮时继续溶出。这对用多缩戊糖含量较高的纤维原料(如阔叶木及蔗渣、芒秆等)，制取α-纤维素含量较高的优质浆粕具有特别重要的意义。

b. 使部分木质素溶出，纤维结构变得松软，有利于蒸煮时药液渗透到纤维组织内部，保证蒸煮均匀。

c. 破坏纤维的初生壁，以利于在碱蒸煮时初生壁脱落，从而提高浆粕的反应性能。

d. 水解废液中生成大量的还原糖或糠醛等物质，有利于回收和利用。

预水解方法分为水预水解、酸预水解和汽预水解。

a. 水预水解：纤维原料在蒸煮前先在加压条件下用清水蒸煮，由于原料中原有的和在水解过程中生成的有机酸的作用，有选择性地使半纤维素水解，实际上是一次用有机酸进行的预蒸煮。例如蔗渣的水预水解的温度通常为160～170℃，浴比为1∶(3～4)，水解时间2～3h。

b. 酸预水解：在一定压力下，纤维原料中的半纤维素能在酸性介质中水解。酸预水解可用无机酸，如盐酸、硫酸、亚硫酸，或用有机酸，如醋酸等进行。蔗渣、芒秆等进行酸预水解，以用盐酸为多。酸的种类不同，对纤维素的水解降解作用亦不同。采用离解度大的酸，如盐酸、硫酸，更要严格控制酸的用量、水解温度和水解时间，以防过多地损害纤维素。例如蔗渣用盐酸预水解时，采用1%盐酸，浴比1∶(10～12)，温度为165℃，保温1.5～2h。

c. 汽预水解：就是将含水的纤维原料直接通入饱和蒸汽进行预水解。蒸汽预水解的作用机理与水预水解相同，但蒸汽预水解的操作简单，蒸汽耗用量少。由于蒸汽预水解时，物料中水分少，酸度相对增高，容易造成水解不均匀和局部焦化等缺点。

经过预水解后，纤维原料变成“半浆料”，但它仍基本上保持了原来的形状。半浆料经过碱蒸煮，分散成粗浆，然后再经过精选、精漂、脱水、烘干等过程，制成散浆或浆板。

③预水解硫酸盐法：预水解硫酸盐法也是碱法制浆的一种，此法蒸煮所用蒸煮液的主要成分是烧碱和硫化钠。其生产过程及工艺控制与预水解苛性钠法基本相同，只是所用蒸煮液成分不同而已。

蒸煮过程消耗的烧碱和硫化钠可用便宜的硫酸钠补充，硫酸钠是在回收蒸煮液(黑液)时加入的。当将黑液浓缩并灼烧时，黑液内的有机物即能将硫酸钠还原而得硫化钠，反应如下：

$$Na_2SO_4 + 2C \longrightarrow Na_2S + 2CO_2\uparrow$$

在蒸煮过程中，Na_2S 起着双重作用，一方面，它不断与水反应生成 NaOH 和 NaHS，以作为 NaOH 的补充来源：

$$Na_2S + H_2O \rightleftharpoons NaHS + NaOH$$

另一方面，Na_2S 能与原料中的木质素反应，生成硫化木质素。硫化木质素更易溶于碱液中，从而加快了脱木质素的反应过程。因此，在硫酸盐蒸煮中，蒸煮液中的活性碱是 NaOH+Na_2S，而在苛性钠法中，活性碱只有 NaOH。

预水解硫酸盐法适用于树脂和多缩戊糖含量高的纤维原料，如木材中的落叶松、阔叶树及草类纤维中的甘蔗渣等。制得的浆粕 α-纤维素含量高，多缩戊糖含量低，反应性能良好。

(2)亚硫酸盐法制浆：亚硫酸盐法制浆，适用于结构紧密的纤维原料，如针叶木等。近年来，由于工艺技术的发展，扩大了适用范围，故可用于阔叶木和草类，如甘蔗渣、芒秆等的制浆。亚硫酸盐法制浆的工艺过程与苛性钠法相同，亦可分原料的准备、蒸煮、精选、精漂、脱水和烘干等过程。

亚硫酸盐蒸煮液是用亚硫酸氢盐的亚硫酸溶液。盐基有钙、钠、铵或镁。蒸煮时，纤维原料主要发生下列变化：

①木质素在较低温度(60～70℃)下迅速发生黄化反应，生成固体的木质素黄原酸。然后固态的木质素黄原酸缓慢地水解而溶出，使纤维素得以分离。

②半纤维素局部水解成单糖或寡糖而溶出。

③在高温、高压和酸液的作用下，纤维细胞的初生壁受到破坏，使纤维素的反应性能提高。

④纤维素的聚合度不断下降，尤其是在木质素大部分溶解之后，聚合度下降更为迅速。生产上往往就利用这段时间来调节精漂的聚合度。树脂在蒸煮时较难除去，但在蒸煮后用温水洗涤，可除去树脂的大部分。

亚硫酸盐蒸煮法，通常采用立式蒸煮锅分批进行。蒸煮过程基本上分为两个阶段：首先是将物料在 3～4h 内逐步加热到 105～115℃，并保温 2～3h，然后再升温至 140～145℃，蒸煮8～12h。

粗浆料的精选、精漂、脱水和烘干过程与碱法制浆基本相同。

亚硫酸盐法制得浆粕的反应性能好，浆的得率(对木材而言)较高。

二、化工原料

粘胶纤维生产过程所用的化工原料主要有苛性钠、二硫化碳、硫酸、硫酸锌以及纯度较高的水。下面叙述对主要化工原料的品质要求及其对工艺过程、纤维性能的影响。

(一)苛性钠

在粘胶纤维生产中，苛性钠占有极重要的地位，烧碱中的杂质对工艺过程有直接的影响。其中的盐类杂质，如氯化钠、碳酸钠、硫酸钠等，能影响浸渍时浆粕的均匀膨胀，从而使碱纤维素黄化不均匀，同时它们又是电解质，对粘胶有凝固作用，加速粘胶的熟成；烧碱中的铁和锰等金属杂质，在碱纤维素老化过程中起着催化作用，造成工艺难以控制，金属杂质的存在还使粘胶过滤发生困难，而且铁往往易被氧化成有色氧化物，使纤维产生色斑。

烧碱的制造方法有苛化法、水银电解法和隔膜电解法。其中，水银电解法及采用离子交换膜的隔膜电解法的产品纯度较高，适于粘胶纤维的生产。

生产粘胶纤维，可使用固体(桶装或片状)烧碱，亦可用液体烧碱。固体烧碱便于储存及长途运输，但制碱厂需要进行蒸浓和脱水，而化纤厂又要把固碱溶解成溶液；液体烧碱的制造与使用简便，价格较低，但浓碱液的储存与运输不便，冬季还需要蒸汽保温，以防冻结。因此，粘胶纤维厂应根据供应、运输及储存等情况决定采用何种烧碱。对烧碱的质量要求，见表 7－7 和表 7－8。

表 7－7　固体烧碱的质量标准（GB 209－63）

指　标	水银法			苛化法		隔膜法	
	一级	二级	三级	一级	二级	一级	二级
NaOH/%，≥	99.50	99.00	98.00	97.00	96.00	96.00	97.00
Na_2CO_3/%，≤	0.45	0.90	1.20	1.70	2.50	1.50	1.80
NaCl/%，≤	0.10	0.15	0.25	1.30	1.50	2.80	3.30
Fe_2O_3/%，≤	0.004	0.005	0.010	0.01	0.01	0.01	0.20
颜　色	主体白色，可带浅色光						

表 7－8　液体烧碱的质量指标（GB 209－63）

指　标	水银法	苛化法	隔膜法	
			一级	二级
NaOH/%，≥	47.00	42.00	42.00	30.00
Na_2CO_3/%，≤	0.30	1.50	1.00	1.00
NaCl/%，≤	0.04	1.00	2.00	7.00
Fe_2O_3/%，≤	0.003	0.03	0.03	0.01

（二）二硫化碳

1. 二硫化碳的性质

纯净的二硫化碳为无色、透明液体，相对密度（以水为 1）1.262（20℃），气态密度（以空气为 1）2.670，冰点－166℃，熔点－112.8℃，沸点 46.25℃（101.3kPa）。

CS_2 有高度挥发性，挥发度为 1.8（以乙醚为 1）。粗制的 CS_2 气体有萝卜臭味。CS_2 气体与空气混合后具有强烈的爆炸性，爆炸的浓度为 0.8%～52.8%（体积）。气态和液态的 CS_2 都极易燃烧。因此，CS_2 不宜长途运输，运输时要严防阳光直接照射、震荡和碰撞等。

CS_2 在水中的溶解度很小（在 20℃时为 0.2%），密度较大，所以在储存和运输时，多用水浮于表面，即形成液封。亦可利用水压输送，以保证安全。

CS_2 对人体有毒性，能通过呼吸系统和皮肤进入人体。浓度低时，长期接触会引起神经系统的疾病，如反应迟缓、记忆力减退等症状，急性的或严重的中毒，会使人失去知觉以致死亡。因此，生产和使用 CS_2 时，要使设备密闭，防止 CS_2 逸出。生产车间内外，要求通风良好。生产操作时，应戴防毒面具和其他防护用品。对急性 CS_2 中毒者，应立即移于空气新鲜处，进行人工呼吸，及时请医生救治。

2. 二硫化碳的生产

由于二硫化碳主要用于粘胶纤维生产，其他部门用量极少，故对其生产方法做一简单介绍。

使含碳物质在高温下与硫黄蒸汽进行反应，即生成二硫化碳气体，再经冷凝、精制后，即得纯净的液体二硫化碳。

所用的含碳物质，通常有固体（如木炭、焦炭、煤粉等）和气体（烷烃，如甲烷、丙烯、石油混合气、硫化氢等）两类。目前我国多用木炭。如大规模生产则用甲烷或天然气。

（1）木炭法制二硫化碳：木炭与硫黄反应，生成 CS_2，其反应式为：

$$C+2S \xrightarrow{840\sim900℃} CS_2$$

根据加热方式的不同，用木炭生产 CS_2 的方法又分为电炉法、外烧炉法、沸腾床法和等离子法。

①电炉法：电炉法是用电炉作为热源，以供给木炭与硫黄反应所需热量的方法。电炉法生产的工艺流程如图 7－2 所示。

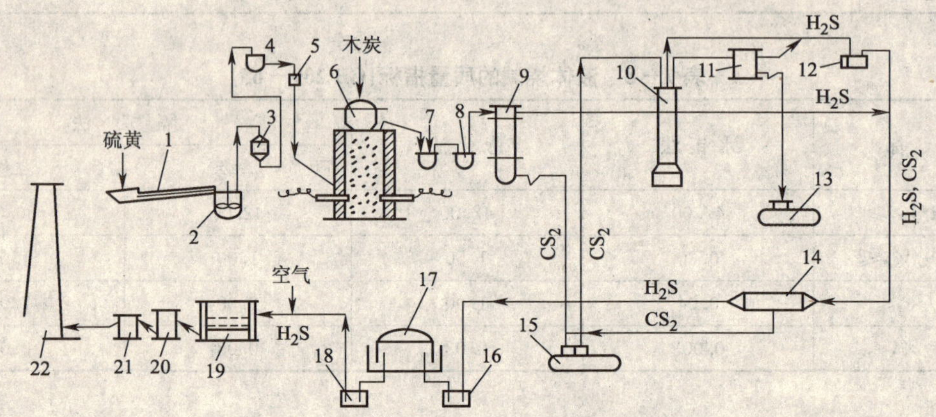

图 7－2　电炉法生产 CS_2 的工艺流程

1—输送机　2—熔硫锅　3—过滤器　4—沉淀槽　5—高位槽　6—电炉　7、8—除硫器　9—冷凝器　10—精馏塔　11—冷凝器　12、16、18—水封器　13—精 CS_2 库　14—低温冷凝器　15—粗 CS_2 库　17—储气柜　19—克劳斯燃烧炉　20—冷凝器　21—排硫器　22—排气塔

电炉有单相电炉与三相电炉两种。国内多用三相电炉。三相电炉的炉体是用钢板制成的圆柱体，内衬耐火砖。炉底装有三根水平对称的炭精电极。烧红的木炭由炉顶加入，充满于电极之间，并在炉内装填相当的高度。在各电极的上面，定量加入熔融的硫黄。当炉内温度达 850～900℃时，硫黄蒸气与木炭的反应达到最高速度。反应产生的 CS_2 气体由电炉顶部导出，除去硫黄后，经冷凝得粗制 CS_2。粗制 CS_2 中含有 3%～5%的 H_2S 和 1%～5%的硫黄残渣，经过精馏提纯，得到纯净的 CS_2。精馏的不凝性气体（含大量 H_2S）在克劳斯炉内燃烧，在接触剂天然矾土的作用下，生成纯净的硫黄。

电炉法的生产效率高，生产安全，设备简单，但电器设备的检修费时，粗制 CS_2 中含硫量大，原材料的消耗大，特别是要消耗大量的电能。

②外烧炉法：此法是利用固体燃料（如煤）、液体燃料（如重油）、气体燃料（如煤气）在反应甑外加热。使甑内的木炭与硫黄蒸气在 800～900℃下反应，生成 CS_2。反应甑是由铸钢、铸铁或

烧结的黏土等制成，外形多呈椭圆柱形。反应生成的 CS_2 气体由甄顶导出，进行冷凝、精制，其生产流程与电炉法同。此法所用的设备简单，投资少。其缺点是反应甄的使用寿命短，劳动条件差，生产效率低。

③沸腾床法：此法是采用一定粒度的木炭末、煤粉等，在加热至 900～1000℃高温的惰性气体和硫黄蒸气的激烈吹动下，呈沸腾状态，并反应生成 CS_2 气体，经冷凝、精制，得纯净的 CS_2。此法的反应效率高，生产连续化。其缺点是粗制 CS_2 中含有大量木炭粉末，增加了精制分离的困难。此外，应严格控制含碳原料的规格及反应条件，惰性气体与硫黄蒸气的压力不易掌握。

(2)甲烷法制二硫化碳：甲烷与硫黄蒸气混合，当温度在 650～680℃时，在催化剂(硅胶)的作用下发生反应，生成 CS_2。

$$CH_4 + 4S \longrightarrow CS_2 + 2H_2S$$

甲烷法生产 CS_2 的流程如图 7－3 所示。固态硫黄被加热熔化后与天然气(甲烷)一起进入硫蒸发器，使硫黄蒸发为气态并过热。这些热的气体通过一个焦炭过滤器，以除去硫黄及天然气中少量的杂质所形成的微粒，然后使气体进入装有硅胶催化剂的固定床反应器，反应生成 CS_2。从反应器引出的气体，经冷却，使多余的硫黄冷凝下来，再用泵送回反应系统参与反应。CS_2 和 H_2S 的混合气体，经压缩机送入硫化氢分离器和闪蒸分馏塔，利用 H_2S 和 CS_2 的沸点不同，使 H_2S 从塔顶分离出来，送去回收处理。塔底物料(粗 CS_2)进入闪蒸塔，使溶解的 H_2S 和少量 CS_2 闪蒸出来，循环到压缩系统。闪蒸塔底物料进入产品蒸馏塔，CS_2 从塔顶蒸出，经冷凝后落入收集槽中，塔底排出的重馏分物，送焚化炉烧掉。上述 CS_2 是采用高压系统净化的，除此以外，还可用低压系统进行净化。

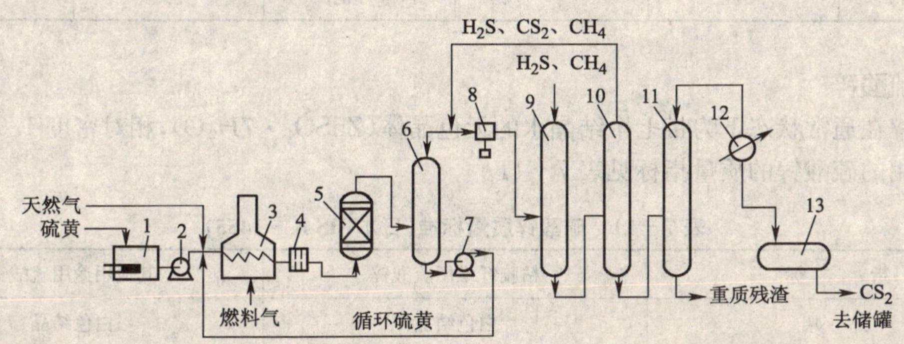

图 7－3　甲烷法生产 CS_2 流程

1—熔硫器　2、7—送硫泵　3—硫蒸发器　4—过滤器　5—反应器　6—除硫器　8—压缩机
9—H_2S 分离塔　10—闪蒸分馏塔　11—产品蒸馏塔　12—冷凝器　13—CS_2 收集槽

利用甲烷生产 CS_2，可以节省大量优质木炭，能连续化、自动化生产，故在天然气丰富的国家和地区得到广泛应用。但这种生产方法的过程复杂，且有大量 H_2S 副产物要进行回收处理，所需的设备及投资较多，因此，此法适用于生产规模较大的工厂，如果小规模(小于 50t/d)生产，此法的成本就较高。

二硫化碳的质量标准见表 7－9。

表 7－9　二硫化碳的质量标准(HG－779－75)

项　目	特　级	普通级	项　目	特　级	普通级
外　观	无色透明液体	无色透明液体	沸程/℃(101.3kPa 时)	47.6～46.6	47.6～46.6
相对密度(D_4^{15})	1.262～1.267	1.262～1.267	蒸发残渣/%(≤)	0.005	0.01
H_2S	无	无	游离酸	无	无

(三)硫酸

纯净的硫酸为无色、透明的油状液体，相对密度 1.834(D_4^{15})，沸点 290℃，凝固点 10℃。

硫酸对人体有强烈的侵蚀作用，使皮肤严重烧伤，在储存、运输和使用时应十分注意。

粘胶纤维生产使用的硫酸，要求有较高的纯度，硫酸中的金属杂质对于纺丝凝固速度和纤维产品的色泽(特别是染色时的色泽)的鲜艳程度有影响。硫酸中的硝酸成分，对设备有强烈的腐蚀作用，故最好使用接触法生产的硫酸。

硫酸的质量标准见表 7－10。

表 7－10　硫酸的质量指标(GB 534－1982)

指　标	浓硫酸		指　标	浓硫酸	
	一级	二级		一级	二级
H_2SO_4/%，≥	92.5 或 98.0	92.5 或 98.0	灼烧残渣/%，≤	0.03	0.10
Fe/%，≤	0.010		As/%，≤	0.005	
透明度/mm，≥	50		色度/mL，≤	2.0	

(四)硫酸锌

硫酸锌在通常状态下为带七个结晶水的无色晶体($ZnSO_4 \cdot 7H_2O$)，相对密度 1.966。粘胶纤维厂使用的硫酸锌的质量指标见表 7－11。

表 7－11　硫酸锌质量标准(日本 JIS K－1455)

指　标	粘胶纤维用硫酸锌	其他用途用硫酸锌
外　观	白色结晶	白色结晶
纯度(按 $ZnSO_4 \cdot 7H_2O$ 计)/%	>98.0	>97.0
纯度(按 $ZnSO_4$ 计)/%	>57.0	>54.5
铁/%	<0.003	
氯/%	<0.08	
锰/%	<0.005	
游离硫酸/%	<0.1	
不溶物/%	<0.03	

(五) 水

粘胶纤维生产耗用的水量大，对水质要求高。因此，粘胶纤维厂通常都建于水源丰富、水质良好的地方。

天然水(地面水或地下水)中所含的杂质，随着季节、气候、地区及土质等不同而异，但大致上分为悬浮物和溶解物两类。悬浮物包括有机物、无机物和细菌等；溶解物有各种盐类(如碳酸盐、酸式碳酸盐、氯化物、硫酸盐、硝酸盐)、各种金属(如铁、锰)化合物以及溶解性的有机物。水的品质对纤维的生产过程及成品质量影响极大，主要是：

(1)有色杂质及悬浮物：水中的有色杂质吸附于纤维表面，使成品纤维的色泽不良；水中的细菌吸附于纤维上，会在纤维表面繁殖而损伤纤维。

(2)盐类：水中的盐类杂质(尤其是钙盐、镁盐)与碱中的杂质(如 NaCl、Na_2CO_3)作用生成沉淀物(如 $CaCl_2$、$CaCO_3$、$MgCl_2$ 等)，会使粘胶过滤困难，并在纤维上油时生成不溶性钙皂、镁皂，沉积在纤维表面，致使纤维染色时产生斑点。

(3)铁、锰等金属杂质：对碱纤维素的老成有加速作用，使老成工艺难以控制；纤维后处理脱硫时，铁生成褐黑色的硫化亚铁沉淀。

粘胶纤维厂的用水主要有一般用水(用于冷却、清洗等)和工艺用水(溶液配制、纤维洗涤等)两类。一般用水为经过凝聚和过滤的清净水；而工艺用水为清净水再经软化处理的软水。

水的净化方法主要有胶体凝聚法、化学软化法、阳离子交换净水法等。

经处理后，水的总硬度不应超过 2～3(相当于每升水中含 CaO 20～30mg)。配制粘胶的软水，其硬度不超过 0.1～0.3 度，这样高纯度的水，通常用阳离子交换法制备。

粘胶纤维用水的质量标准见表 7－12。

表 7－12　粘胶纤维用水质量(参考)标准

项　目	单　位	软　水	生产水
总硬度	德度，≤	一级 0.1 二级 0.3	
混浊度	mg/L，≤	5	10
碱　度	mg/L，≤	0.2	0.3
蒸发残渣	mg/L，≤	200	300
含铁量	mg/L，≤	0.1	0.15
pH 值		7～8	7～7.5
氯根含量	mg/L，≤	45	60
硫酸根含量	mg/L，≤	80	100

第三节　粘胶纤维生产工艺

纤维素是典型的刚性分子，分子间的作用力很强，不溶于普通的溶剂中，故必须把纤维素转化成酯类，再溶解成纺丝溶液，经再生成型并再生成纤维素纤维。

粘胶纤维的生产通常包括粘胶的制备、纺丝成型、纤维后处理三大部分。

图 7－4 为连续法生产普通粘胶短纤维的工艺流程。

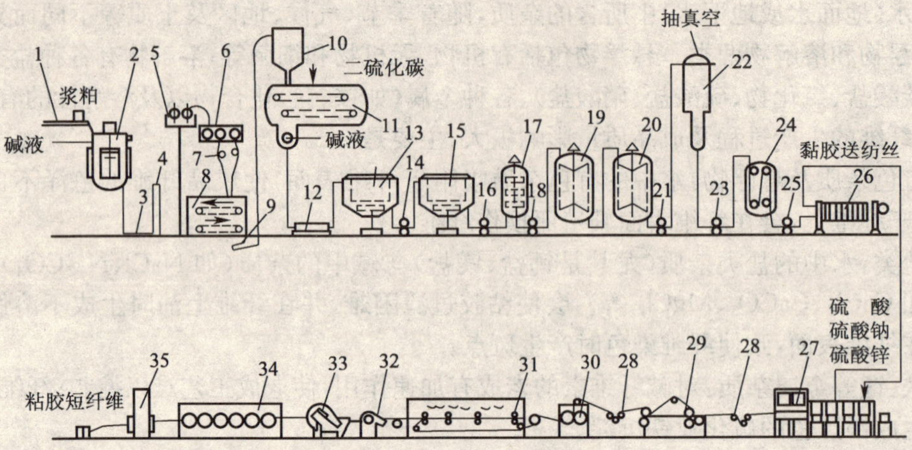

图 7－4　连续法生产普通粘胶短纤维的工艺流程

1—浆粕输送带　2—浸渍桶　3—浆粥泵　4—压力平衡桶　5—压榨机　6—粉碎机　7—压实机
8—带式老成机　9—送风槽　10—碱纤维素料仓　11—带式黄化机　12—研磨机
13、15—溶解机　14、16、18、21、23、25—齿轮泵　17—PVC 预铺滤机
19、20—熟成桶　22—连续脱泡机　24—脱泡桶　26—板框压滤机
27—纺丝机　28—集束拉伸机　29—塑化浴槽　30—切断机
31—网式后处理机　32—喂毛机　33—开松机
34—圆网烘干机　35—打包机

整个生产过程可以划分为三个部分。

(1)粘胶的制备：包括浸渍、压榨、粉碎、老化、黄化、溶解、熟成、过滤、脱泡等工序，浆粕经浓度为 18%～20%的 NaOH 溶液浸渍，使纤维素转化成碱纤维素、半纤维素被溶出，聚合度部分下降；再经压榨除去多余的碱液。块状的碱纤维素在粉碎机上粉碎后，变为疏松的絮状体，由于表面积增大，有利于随后的化学反应。碱纤维素在氧的作用下发生氧化裂解，使平均聚合度下降至工艺要求，这一过程称为老化。黄化是使纤维素与 CS_2 反应生成纤维素黄原酸酯，由于黄原酸基团的亲水性，使黄原酸酯在稀碱液中的溶解性大为提高。把纤维素黄原酸酯溶于稀碱液中，所得溶液称为粘胶，该过程称为溶解。刚制成的粘胶因黏度和盐值较高不易成型，必须在一定温度下放置一定时间，此过程称为熟成。在熟成过程中，纤维素黄原酸钠逐渐水解和皂化，使酯化度降低，黏度和对电解质作用的稳定性也随时间而变化。在熟成的同时应进行脱泡和过滤，以除去粘胶中的气泡和不溶性杂质。

(2)纺丝成型：粘胶纤维的成型采用湿法纺丝。粘胶经计量泵精确计量后，压经喷丝孔形成细流，进入含酸和盐的凝固浴。在凝固浴中，粘胶中的碱被中和，细流凝固成丝条，纤维素黄原酸酯分解成再生纤维素。凝固浴是硫酸、硫酸钠和硫酸锌的水溶液，各组分含量因纤维品种而不同。

(3)后处理：成型后纤维含有硫酸及其盐类和硫，它使纤维泛黄、手感差、干燥后易受损伤，因此需经过水洗、脱硫、酸洗、上油和干燥等后处理加工。水洗是除去附在纤维表面的硫酸及其盐类和部分硫。脱硫可在氢氧化钠、亚硫酸钠或硫化钠的水溶液中进行。金属离子可用盐酸处理而去除。上油可降低纤维的摩擦因数，减少静电效应，改善纤维的手感，提高纤维的可纺性能。上油后的丝条经过干燥即可包装出厂。粘胶短纤维的切断工序通常在后处理以前进行。强力丝主要作为轮胎或运输带的帘子布，对纤维外观无特殊要求，只需用热水洗去纤维上的硫酸及其盐类，经上油、干燥后即可，故其后处理可在纺丝机上进行。

一、纺丝原液（粘胶）的制备

（一）浆粕的准备

浆粕使用前要有一个准备过程。根据浆粕的生产、性质、运输情况以及粘胶纤维生产工艺和设备的不同，对浆粕的准备亦有不同的要求。通常要经过储存、调湿、混粕等过程。

1. 浆粕的储存

粘胶纤维厂储存的浆粕量，以能保证维持连续生产，并有足够批数的浆粕进行混合为宜。

根据运输及供应的不同，储存量亦不同。一般储存量约为一个月生产所需的浆粕量。如果建立大型的浆粕—纤维生产联合企业，纤维厂浆粕的储存量还可大为降低。

2. 浆粕的调湿

浆粕的含水率直接影响粘胶的生产工艺。含水率的高低不是主要因素，主要是含水率的均匀性。含水率的波动将使纤维素的碱化、老成和黄化不均匀，从而使制得粘胶的过滤性能变坏，成品纤维的质量下降。

浆粕含水率的波动应控制在±2%以内，否则要进行烘干或调湿。由于浆粕的烘干和调湿需要很大的车间且花费相当大的劳动力，故一般采取下列措施，而不设专门的调湿间。

(1)加强浆粕生产、包装、运输和储存过程的管理。

(2)使用前将含水率相近的浆粕进行混合和搭配。

(3)使用时根据含水率不同适当调整浸渍工艺，以制得符合要求的碱纤维素。

3. 浆粕的混合

浆粕混合的目的是尽量减少或消除各批浆粕间性质差异所造成的影响，使生产工艺正常、连续、稳定，通常采用5～7批浆粕相混。

（二）纤维素的碱化

粘胶纤维生产的第一个化学过程是使纤维素碱化成碱纤维素，工艺上称为浸渍。

碱化过程中纤维素发生一系列的化学、物理化学及结构上的变化。纤维素经碱溶液处理后生成新的化合物——碱纤维素；纤维素产生剧烈的膨化，纤维的直径增加而长度收缩；纤维素膨化的结果使半纤维素和某些杂质不断溶出而分离；纤维素的超分子结构和形态结构发生变化，大分子间的氢键受到破坏，使反应性能明显提高；碱化过程不断放出热量，使体系温度逐渐上升，纤维素的相对分子质量有某些下降。

1. 纤维素在碱化过程中的化学变化及其生成物

纤维素与浓碱溶液作用后，使原来纤维素所特有的X射线衍射图像消失，并转变成碱纤维素所特有的X射线衍射图像，证实这一反应能生成新的化合物——碱纤维素。此外，在纤维素与碱作用的产物内，总有一定量的同纤维素结合较牢的、虽经醇类试剂处理亦不能除去的碱，这也间接地证明有新化合物生成。

纤维素与 NaOH 的化学作用，通常可分为两个阶段。首先生成加合物：

$$[C_6H_{10}O_5]_n + nNaOH + nH_2O \longrightarrow [C_6H_{10}O_5 \cdot NaOH]_n \cdot nH_2O$$

加合物还可进而形成醇化物。

纤维素基环第二个碳原子上的仲羟基处于键的 α－位置，其负电性极强，表现出较强的酸性。碱与仲羟基作用容易生成醇化物，碱与酸性较弱的伯羟基作用时则生成加合物。这可从碱纤维素进行甲基化，然后水解成甲基葡萄糖而得到证明。

纤维素与碱溶液在不同条件下作用时，所生成碱纤维素的组成各不相同，在研究所得碱纤维素的组成时，必须考虑：

(1)反应的可逆性；

(2)伯羟基、仲羟基的不同反应能力；

(3)由于纤维中大分子或其基环间具有不同的序态，所以它们对试剂作用的可及度也不相同。

纤维素浸渍时，大分子内已反应的羟基数以及所得的碱纤维素的组成，取决于两个相互对立的反应(碱与纤维素大分子羟基的化学反应及生成化合物的水解反应)的速度比值。这一比值在温度、碱浓度、介质性质等反应条件变动时，可有很大的改变，因此，所得碱纤维素的组成也不同。任何浓度的 NaOH 溶液作用于纤维素时，都生成碱纤维素。但与稀碱溶液作用时，由于碱纤维素的水解逆反应进行得剧烈，所得的碱纤维素中结合碱较少，因而它的 X 射线衍射图像与原纤维素的 X 射线衍射图像相同。

2. 纤维素碱化时结构的变化

纤维素与碱溶液作用时，因碱浓度和处理温度的不同，可以形成多种碱纤维素的结晶变体，这些结晶变体可依 X 射线衍射图像，也可依其他特征(特别是按结合碱量)加以区分。

当碱溶液的浓度较低时，NaOH 仅能渗透到纤维素的无定形区，纤维素的 X 射线衍射图像不发生任何变化。当碱液浓度增至 9%～11%时，NaOH 不仅能渗透到纤维素的无定形区，还能渗透至结晶区，这时纤维素的天然结构开始遭到破坏，并出现一部分水化纤维素的结构，称为碱纤维素Ⅰ。X 射线衍射图像为碱纤维素Ⅰ和未起变化的纤维素Ⅰ的混合图像。碱液浓度为12%时，天然纤维素的干涉图像消失，并出现碱纤维素Ⅰ的特有图像，这一图像一直保持到碱液浓度为 20%时止。

如碱液浓度高于 20%并同时升高温度，又出现了新的 X 射线衍射图像，表示有新的碱纤维素结晶变体——碱纤维素Ⅱ形成，碱纤维素Ⅰ与碱纤维素Ⅱ的混合图像仅在浓度为 20%～22%时出现。浓度为 22%～45%时，出现纯碱纤维素Ⅱ的图像。

上述的图像变化系指棉花及苎麻而言。碱液浓度为 8.7%时，木浆粕就开始转化为碱纤维素Ⅰ。

碱纤维素各种结晶变体的形成条件及其组成见表 7－13。

当 NaOH 浓度为 10%～20%、温度为 0～30℃时，制得的碱纤维素Ⅰ才具有实际用途，其组成为$[C_6H_{10}O_5 \cdot NaOH \cdot 3H_2O]_n$，单元结构体积为 0.279nm^3，比天然纤维素大 68.5%，图7－5 示出从天然纤维素的结构(a)、碱纤维素Ⅰ单元结构(b)以及去除碱后水化纤维素单元结构(c)的变化过程，当生成碱纤维素时，其平面间距离(101)明显增大，而且链彼此间也旋转 180°。

表 7-13　碱纤维素各种变体的形成条件及组成

结晶变体	形成条件		组成
	NaOH 浓度/%	温度/℃	
碱纤维素Ⅰ	10～20	0～30	$[C_6H_{10}O_5 \cdot NaOH \cdot 3H_2O]_n$
碱纤维素Ⅱ	28～45	60～100	$[C_6H_{10}O_5 \cdot NaOH \cdot H_2O]_n$
碱纤维素Ⅲ	25	70	$[C_6H_{10}O_5 \cdot NaOH \cdot 2H_2O]_n$
碱纤维素Ⅳ	用水或稀碱液洗涤碱纤维素Ⅰ及碱纤维素Ⅱ		$[C_6H_{10}O_5 \cdot 0.3NaOH \cdot H_2O]_n$
碱纤维素Ⅴ	17～25 7～8	0～15 -10～3	$[C_6H_{10}O_5 \cdot NaOH \cdot (4.5～5)H_2O]_n$

生产中的碱液浓度以 17.75%～18.25%为宜,高于这一浓度时,纤维素的膨润度、溶解度及反应性能都下降。碱液浓度过低,则天然纤维素结构破坏不完全,降低了纤维素黄原酸酯在稀碱液中的溶解度。

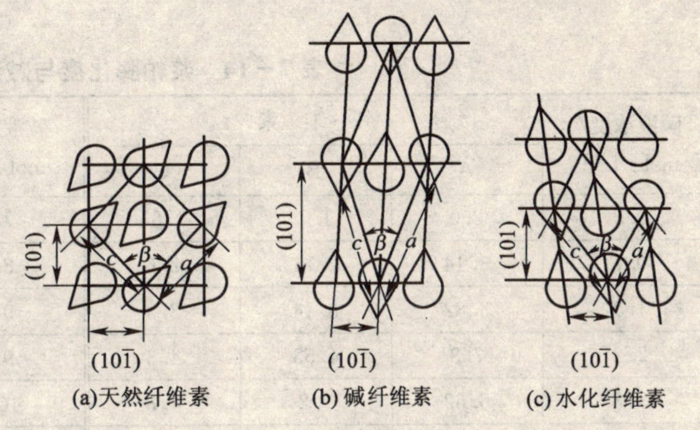

图 7-5　纤维素的结构单元

纤维素经碱化后,随着碱浓度的增加,晶区长度有明显的下降。碱化前后纤维素极限聚合度随碱浓度的增加而不断降低。原纤维素经醇酸水解后的极限聚合度为 131;经 7%～8% 的 NaOH 溶液处理后,极限聚合度降为 114～120;浓度为 12%时,极限聚合度降至 71;当浓度为 18%时,天然纤维素的结构完全消失,极限聚合度也降至 50。

应当指出,纤维素经碱处理后,结晶度、取向度和结晶的完整程度都略有提高。这是由于纤维素的玻璃化温度高于 230℃,在一般情况下不能结晶,纤维素在碱处理条件下玻璃化温度降至 0～20℃,并转化为高弹态,使结晶速度增加,晶区的完整程度上升,晶区的取向度也提高,对浆粕进行苛性碱精制处理时,其反应性能下降,可用纤维素的进一步结晶化进行解释。

3. 纤维素在碱溶液中的膨化及低分子级分的溶解

把浆粕浸入 NaOH 的水溶液后即发生膨化,其膨化度可达 4～10 倍,在膨化的同时使低分子多糖部分(半纤维素)不断溶出。膨化对以后的老成和黄化工序的正常进行有很大的影响。

膨化是纤维素与 NaOH 之间的化学作用以及结构发生变化的外部表现。导致膨化的重要因素之一是纤维素与 NaOH 之间的化学反应。正是由于纤维素与碱纤维素之间的能态差别,促成化学势能的变化,成了过程的主要动力。与晶格和水解热变化有关的能量变化虽然也颇显著,但对膨化并不具有决定性的贡献。

但是,仅有化学作用是达不到如此高度膨化的,影响膨化的另一重要因素是浆粕毛细管的吸附作用。如考虑到碱纤维素的组成为$[C_6H_{10}O_5 \cdot NaOH \cdot 3H_2O]_n$,则其重量膨化率仅为

58%，即使每分子 NaOH 能吸附 10 分子 H_2O，如不包括毛细管吸附作用，其膨化率也不超过 170%。浆粕中的毛细孔可分为两类：一类为单纤维内部的孔隙，其孔径为 1～50nm；另一类为单纤维之间的孔隙，孔径比前者大两个数量级，为 0.2～5μm。

浆粕经浸渍后因膨化的影响，使其内表面明显增大，即从原来的 $8m^2/g$ 增大至 300～$400m^2/g$。

影响纤维素膨化主要有碱液的浓度、温度、无机盐和表面活性剂的存在等重要因素。

表 7－14 列出三种浆粕的膨化度与碱液浓度的关系。由表 7－14 数据可见，当碱液浓度较低时，随着碱浓度的增加，膨化度也不断增大，当碱液浓度为 3.2mol/L(128g/L，12.5%)时，出现最低膨化度。膨化度随碱浓度的增加而上升，这与化学吸附的增加有关，碱浓度增加，吸附到纤维素上的 NaOH 分子也增加，加上 NaOH 分子周围的水吸附层，从而使膨化度上升。碱浓度超过 3.2 mol/L 后，随着碱浓度的增加，膨化度反而下降，这是由于 NaOH 水化层厚度下降的结果。

表 7－14　浆粕膨化度与碱液浓度的关系

碱液浓度/mol·L^{-1}	纤维素			碱液浓度/mol·L^{-1}	纤维素		
	A	B	C		A	B	C
0.2	2.0	1.7	1.65	7.5	4.64	4.31	4.0
0.7	3.14	2.71	2.6	8.0	4.31	3.8	3.7
1.5	3.82	3.44	3.3	9.0	4.15	3.36	3.43
2.2	7.3	4.53	4.3	9.8	3.83	2.83	2.9
3.2	6.62	7.2	4.8	10.5	3.37	2.45	2.3
4.5	7.08	4.4	4.31	11.2	3.52	2.4	2.3
7.3	7.06	4.4	4.3	12.1	3.52	2.4	2.3
6.0	7.0	4.38	4.3	12.8	3.5	2.4	2.25
6.8	4.92	4.3	4.2				

提高温度能降低 NaOH 的化学结合量并减少其水化层的厚度，所有这些因素都使膨化度下降。

盐类杂质的存在能增加对碱金属离子结合水的竞争，从而使纤维素的膨化度下降。此外，浆粕膨化过程中的毛细管吸附作用，在很大程度上取决于表面活性剂的种类和用量，从而影响纤维素的膨化度。

氢氧化钠溶液不仅能使纤维素发生膨化，而且还能使纤维素的低分子组分发生溶解。浆粕的溶解度和膨化度一样，主要取决于碱溶液的浓度和温度。

纤维素在碱液中的溶解度与碱液浓度具有最大值的关系。在碱液浓度较低时，亚硫酸盐法和硫酸盐法，木浆粕在碱中的溶解度随碱液浓度的上升而增大；当 NaOH 溶液浓度为 10%～12%时，溶解度达到最大值，这与纤维素在此浓度范围内具有最大水化程度有关；过此浓度后，溶解度则随碱液浓度的增加而下降。

浆粕的溶解度还与温度密切相关，当 NaOH 溶液的浓度低于 14%时，其溶解度随温度的上升而下降，这与纤维素的膨化度随温度的上升而下降有关；当碱液浓度超过16%时，溶解反而随温度的上升而增加，这可能与纤维素大分子的降解有关。

表7－15列出了在不同温度下，溶解度与浸渍时间的关系，表中的数据系在实验室中进行，搅拌机转速为60r/min，浴比1∶40，由表中数据可见：提高温度有增加溶解度的趋势；当温度为25℃时，只需浸渍10min，即有90%的半纤维素自浆粕中溶出。

表7－15 亚硫酸盐法浆粕在20%NaOH溶液中的溶解度

碱液温度/℃	不同浸渍时间的溶解度/%				
	10min	30min	60min	90min	270min
0	7.85	8.88	8.35	9.00	9.45
25	8.80	9.35	9.38	10.05	10.05
50	8.65	9.55	9.40	10.10	11.30
75	9.90	11.37	12.69	13.92	17.50

4. *浸渍动力学*

纤维素的碱化属不均匀的多相过程，碱化速度受碱液向纤维素内部的扩散的制约。碱液的扩散包括毛细管增湿（或称对流扩散）和分子扩散两种。

(1)毛细管增湿：浆粕及其中的单纤维含有大量的毛细孔，它们易被碱溶液润湿，润湿速度可达0.5～1.5cm/min。其动力学可用下式描述：

$$h=k\tau^{1/2} \tag{7-1}$$

式中：h ——吸入高度，m；

τ ——润湿时间，s；

k ——与液体和多孔物质的性质有关的系数，$m \cdot s^{-1/2}$。

系数k与碱液的浓度有关，在生产条件下，其值为$1.5\times10^{-3}\sim2.0\times10^{-3} m \cdot s^{-1/2}$。浆粕的厚度一般为1～1.5mm，故碱液扩散至浆粕中心的时间仅需5～10s；而单纤维的直径仅10～50μm，实际上是瞬间(0.1s)润湿。

因润湿而使纤维素膨化，并使纤维素与NaOH产生化学结合仅需5～20s即能完成。纤维素浸入碱液中1min后，可以看到天然纤维素的晶格转化为水化纤维素的晶格结构。

(2)分子扩散：进入浆粕中的碱液因与纤维素发生化学作用而使碱浓度下降，浆粕外部的NaOH即按分子扩散机理缓慢地扩散至浆粕内部，这一过程约需1h。浸渍散浆时，因每一单纤维都直接与碱液接触，而单纤维的直径仅50μm，故只需数秒钟即能完成分子扩散过程。

在五合机进行浸渍时，由于浴比较小(1∶4)，浆粕以毛细管增湿机理吸去所有碱液，分子扩散实际不存在，碱液被稀释后得不到补充，故五合机使用的碱液浓度应较高，当浸渍片状浆粕时，因纤维内、外的碱液浓度不一致，需靠分子扩散来达到平衡，为制得过滤性能良好的粘胶，其浸渍时间应在30～60min。

如果浆粕事先被水润湿，由于毛细孔已被水所填满，则NaOH进入浆粕内部仅能按分子扩散机理进行，使扩散速度明显减慢。如分别把含湿为6%～300%的浆粕浸入碱液中，当达到膨化平衡值的90%时，前者仅需1min，后者则需60～90min。如果使浆粕在浓度较低的NaOH溶液中进行预加工，然后再进行浸渍，也有类似情况发生。浆粕在20℃、18%的碱液中浸渍1h，压榨度为3，碱纤维素的含碱量为17.1%；如浆粕在20℃下先用13%的NaOH浸10min，然后在18%的NaOH中再浸渍1h，压榨度也为3，碱纤维素的含碱量仅为12.7%。

5. 影响纤维素碱化的主要因素

(1)碱液浓度：浸渍液浓度应比生成碱纤维素的最低理论值高，这是因为碱液渗透到纤维素内部时，要被纤维素所含的水分稀释；碱和纤维素作用时要消耗一部分NaOH以及因反应所放出的水分都使碱液浓度下降。浆粕含水率较高时，浸液的浓度应更高。

在相同条件下，如采用散浆浸渍，因达到纤维内外碱浓度平衡较快，故其浸液浓度可比片状浆粕浸渍时的浓度略低。

采用具有正常反应性能的亚硫酸盐木浆，按古典法生产时，浸液浓度为220～230g/L(浸渍温度为20～25℃)，而采用反应性能较差的木浆时，碱液浓度应增至240g/L。

对于连续浸渍机及五合机，因碱化温度较高，所以浸液浓度应比古典法浸渍高10～20g/L。

但碱浓度太高，在经济上和工艺上都不适当。碱浓度提高到22%～24%时，所得纤维素黄原酸酯的溶解度反而降低，并使粘胶过滤性能变坏。因为在这样浓度的碱液中，游离水分子很少，而黄化须在水的参与下，通过溶于碱中的CS_2或CS_2与碱作用的过渡产物，才能与碱纤维素进行反应。游离分子少，黄化不均匀，黄原酸酯的溶解性能变差。

(2)碱化温度：提高碱化温度将使碱纤维素的水解反应加剧；加速纤维素的氧化降解程度，使纤维素聚合度下降；加剧浸液中NaOH和空气中CO_2的作用而增加碱液中碳酸盐的含量，从而使浸渍过程复杂化，并影响粘胶的过滤性能。

碱化温度太低时，浆粕因膨化过剧而使压榨难以正常进行。

因碱化设备不同，工业上所使用的碱化温度也不一样。古典法的温度一般不应超过25℃；连浸法和五合机为避免纤维素膨化过剧，允许采用较高的浸渍温度，一般为40～50℃。

(3)浸渍时间：在浸渍过程中，碱溶液渗透到纤维素内部以及碱纤维素的生成速度都很快，一般在2～5min内即可完成。必须指出的是，这一速度与浆粕的密度有关。因浆粕的批号不同，其速度可以相差3～4倍。

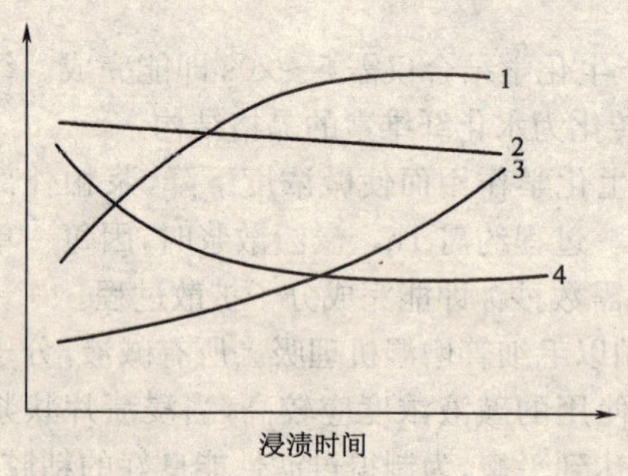

图7-6 浸渍时间对碱纤维素的影响趋势
1—半纤维溶出量 2—纤维素聚合度
3—羧基含量 4—铜值和碘值

但是，半纤维素的溶出时间较长，这一时间决定了浸渍所需要的时间。采用半纤维素含量少的精制木浆或棉绒浆并降低碱液中半纤维素的含量，均能缩短浸渍时间。

碱纤维素的均匀性对粘胶过滤性能有较大的影响，即使有0.1%的含碱不足或风干的碱纤维素存在，也会影响粘胶过滤性能。

图7-6示出浸渍时间对半纤维素溶出量、纤维素的聚合度、羧基含量以及铜值和碘值的变化趋势。

由图7-6可看出，随着浸渍时间的增加，半纤维素不断溶出，铜值和碘值下降。同时在碱性介质中醛基容易氧化成为羧基。

通常工艺上所采用的浸渍时间：古典法为 45～60min，连续浸渍法可缩短到 15～20min，五合机法为 30min，甚至更少。

在浸渍中加入少量表面活性剂能降低碱液表面张力，有助于碱液渗透至浆粕内部并加剧纤维素的膨化。浸液中存在半纤维素时，加入表面活性剂也能使浸液表面张力下降。

(三)碱纤维素的压榨

浆粕经浸渍后需把多余的碱液压除，这一过程称为压榨。使用古典式浸渍压榨机进行浸渍时，其浴比为 1∶(18～25)；用各种连续浸渍机碱化时，浆粥内纤维素含量为 2%～6%，过量的碱需经压榨而除去。压榨度一般为 2.8～3.3。

压榨过程属于流体动力学过程，它主要由两部分组成，即碱液流经毛细孔而被排出，弹性的多孔物质(碱纤维素)被压缩而变形。两个过程既相互关联，又彼此影响。多孔物质的形变，既能促进碱液被排出，又因为形变的逐渐发展使微孔受压而增加碱液的流动阻力。

经压榨而流出的碱液流量与压力和压榨时间的乘积成比例。在压榨度不变时，可延长压榨时间而降低压力，也可通过提高压力而缩短压榨时间来达到。

压榨温度对压榨过程有较大的影响，温度越高，压榨越快，而且越充分。升高温度，浆粕在碱液中的膨化度和碱液的黏度均下降，有利于碱液的压出。

压榨速度还与浆粕中纤维的长度有关，压榨速度随浆粕中纤维长度的增加而提高。

浸渍碱液中的半纤维素含量对压榨时间的影响，有如下的经验关系式：

$$\tau = \tau_0 + 2.5c \tag{7-2}$$

式中：τ ——压榨时间，s；

τ_0——不含半纤维素时所需的压榨时间，s；

c ——浸渍碱中半纤维素浓度，g/L。

压榨速度还与浸渍时间有关，随着浸渍时间的延长，纤维素的排碱能力下降，故必须相应增加压榨时间。

(四)碱纤维素的粉碎

碱纤维素的黄原酸化反应是一个非均相过程，为提高黄化的均匀性，压榨后的碱纤维素必须进行粉碎处理。由于扩散所需时间与微粒尺寸之间存在着平方关系，因此，必须将碱纤维素粉碎得较细小，使微粒尺寸达到 0.1～7.0mm。

消耗在粉碎上的功由两部分组成，即生成新表面的能量和材料黏弹形变的能量。

$$A = \delta \Delta F + K \Delta V \tag{7-3}$$

式中：A——粉碎消耗的功，J；

δ——比表面能，J/m^2；

ΔF——粉碎新形成的表面积，m^2；

K——黏弹形变的比能量，J/m^3；

ΔV——最小形变容积，m^3。

消耗于粉碎的功主要取决于粉碎度和待处理材料的形变性质。进行细粉碎时，式(7-3)中第一项的值占绝对优势，因它与大量新表面 ΔF 的形成有关。它对于有大内能的材料具有特别重要的意义，因为生成单位新表面积要消耗很大的能量。第二项具有熵特性，为得到新的表面，被粉碎体必须产生形变（拉伸、剪切、压缩）。这时，在形成新表面之前的一瞬间发生弹性或黏弹形变。材料强度越高或形变过大而断裂，则消耗在与材料形成新表面积无关的一些辅助过程的能量就越大。

碱纤维素属于黏弹性材料。它的强度和单元纤维之间的黏附能比较小，也不具有大的形变能力，因此，如使用连续法粉碎，则消耗在粉碎上的能量不大，当采用一种借助于剪切形变使其粉碎的粉碎设备时，可以达到最小的形变体积 ΔV。

以前粉碎碱纤维素使用的是带有 Z 形轴的间歇式设备，目前大都不再采用，因为其生产效率低，而且不能合理地利用能量。连续粉碎通常使用各种类型的两段粉碎机，即盘式粉碎机、鼠笼式和锯齿辊式粉碎机。

粉碎时，由于摩擦和弹性形变，使碱纤维素的温度升高 2～3℃。温度升高的程度取决于粉碎设备中缝隙的大小和相应的粉碎度。

在浸渍或粉碎过程中加入表面活性剂能明显地降低碱纤维素的比表面能，从而降低粉碎机的负荷，并能增加碱纤维素的比表面积，从而提高碱纤维素的反应能力，使制得粘胶的过滤性能较优。

经连续粉碎后的碱纤维素比较疏松，表观密度一般为 90～110kg/m^3，过小的表观密度将导致老化和黄化设备生产率下降。为此，可调节压实辊的压力，以增加碱纤维素的压实程度，碱纤维素经压实后的表观密度可达 140～150 kg/m^3。

（五）制造碱纤维素的设备

碱纤维素的制造主要包括三个过程，即纤维素的碱化、碱纤维素的压榨、碱纤维素的粉碎。因所用设备不同，生产碱纤维素的方法有三种，即古典（间歇）法、五合机法、连续法。

1. 古典法

古典法制碱纤维素的各个工艺过程是分批、间歇地进行的。碱化和压榨在浸渍压榨机上进行，粉碎在独立的粉碎机上进行。

浆粕经浸渍（碱化）后，从浸渍槽放出多余的碱液（称为黄液）；经压榨放出的碱液称为黑液。黄液和黑液均送回碱站分别进行回收。压榨后的碱纤维素在粉碎机上进行粉碎。

间歇法制碱纤维素的优点是工艺稳定，碱纤维素的组成、压榨度、粉碎度以及纤维素的聚合度易控制。该设备在生产强力粘胶纤维和高性能粘胶纤维的中小型工厂仍有使用。但该设备因生产效率低、设备笨重、占地面积大、操作繁复，因而现代的大型粘胶纤维厂一般不采用。

2. 五合机法

五合机法是把碱纤维素和粘胶的制备过程（包括浸渍、粉碎、老成、黄化、初溶解等五个工序）在同一台设备内完成的方法，亦称一步制胶法。

（1）五合机法的优点：把五个工序合在同一台机器进行，既缩短工艺流程和生产周期，又减少了设备量，从而减少了车间的面积和投资量。在国内外的粘胶短纤维厂有一定程度的使用。

（2）五合机法的缺点：

①能源浪费较大，因在同一台设备内进行碱化（高温）和黄化（降温），需重复加热和冷却，而且设备上的电动机功率没有充分发挥，电功率利用低。

②因无压榨过程，原材料带进的杂质无法清除，故对原材料的质量要求较高。

③黄化时副反应较多，故 CS_2 用量大，增加了环境污染。

3. 连续法

连续法制碱纤维素是使浸渍、压榨和粉碎连续进行。具有如下优点：

(1)在大浴比下进行浸渍，浸渍较均匀，而且有利于半纤维素等杂质的溶出。

(2)对浆粕的适应性较强，可以处理片状浆粕，也可使用含湿较高的散浆。

(3)生产自动化和连续化程度较高，劳动条件好，生产效率高。

(4)结构紧凑，设备占地面积小。

连续法制碱纤维素是粘胶纤维生产技术的重大发展，在现代化的大型粘胶纤维厂得到广泛的应用。但该法也存在一些缺点，如物料连续进出，浆粕碱化均匀性难以保证；浆粥压榨较困难；因压榨过程的黄液和黑液难以分开，故碱液回收较困难。

(六)碱站

1. 碱站的任务

(1)溶解固体烧碱，配成浓碱溶液，进行沉淀处理；或把液体烧碱冲稀至一定浓度并进行沉淀处理，以补充碱站每天的用碱。

(2)利用不同浓度的碱液调配成浆粕的浸渍用碱、纤维素黄原酸酯的溶解碱、纤维后处理的脱硫用碱。

(3)对黄液和黑液进行回收处理，以供再生产。

2. 碱站的流程(图 7－7)

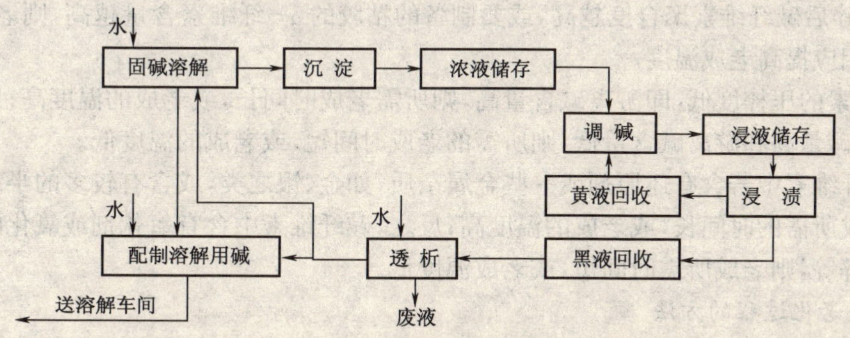

图 7－7 碱站的流程图

浸渍时，浆粕中大量半纤维素、树脂等溶入碱液中，压榨时，部分碱纤维素(特别是短小纤维)以及浆粕中带入的机械杂质(如砂粒等)亦进入碱液。如果压榨液中的半纤维素含量低于15g/L，则只需经过滤即可回收。如半纤维素含量较高，则需通过透析加以去除，否则碱液黏度过高，将影响浸渍和压榨效果，并使粘胶的过滤性能和可纺性下降，从而使纤维的性能下降。

由于透析法回收碱液的效率低，生产费用高，通常可使用半纤维素含量低的浆粕，以避免碱液的回收，或者把压榨碱液用于制浆厂的蒸煮过程。

(七)碱纤维素的老成(老化)

浆粕的聚合度一般为 500～1000，而普通粘胶纤维的聚合度为 300～350，高强度粘胶纤维为

400～600。纤维素在碱化和黄原酸化过程也发生部分降解，这对生产高强度粘胶纤维（如波里诺西克纤维）已达到要求，但在大多数情况下，经粉碎后的碱纤维素，必须在恒温下保持一定时间，纤维素在碱介质中氧化降解，使其聚合度达到工艺要求，这一过程称为碱纤维素的老成或老化。

1. 老成的工艺控制

碱纤维素老成的程度，主要通过调节老成时间和老成温度加以控制。延长老成时间，可以增加碱纤维素氧化降解的程度；提高老成温度，则可加快碱纤维素氧化降解反应的速度。老成时间和老成温度的作用效果相互联系，并可在一定程度上相互补充。在其他条件相同时，提高老成温度，可缩短老成时间。

按照老成温度的不同，生产上采用的老成方法有下列三种：

常温老成：温度 18～25℃，时间 40～60h；

中温老成：温度 30～34℃，时间 12～18h；

高温老成：温度 50～60℃，时间 1～5h。

五合机制粘胶，采用高温粉碎，加速碱纤维素的降解，因而省去了专门的老成过程。

控制老成温度，有两点应该注意：一是温度要稳定，因为老成温度稍有波动，粘胶的黏度相应变动就很大；二是由于疏松的碱纤维素的导热性很差，对温度的变化不容易达到平衡，因此，采用静置老成时，应使老成温度与粉碎后碱纤维素的温度相近；若采用连续式高温老成，则应使碱纤维素出料温度与黄化初温一致。这样既能节省碱纤维素在黄化前的调温时间，又能防止碱纤维素各部分温度差异而影响老成和黄化的均匀性。

老成温度和老成时间，应按下列原则来确定。

(1) 粉碎后碱纤维素聚合度越高，或要制备的粘胶的 α -纤维素含量越高，则老成所需的时间越长，或相应提高老成温度。

碱纤维素的压榨度低，即游离碱含量高，则所需老成时间长，或老成的温度高；反之，若碱纤维素的结合碱量高和游离碱含量低，则所需的老成时间短，或老成的温度低。

(2)碱纤维素中若含有还原剂或一些金属杂质，如金、银之类，或含有较多的半纤维素、木质素等，则老成所需的时间长，或老成的温度高；反之，碱纤维素中含有氧化剂或氧化的催化剂，如铁、锰、钴、锌等，则老成所需时间短，或老成温度低。

2. 加速老化过程的方法

(1)采用聚合度较低的浆粕：利用聚合度较低的浆粕，并在正常条件下进行浸渍及粉碎，所得的碱纤维素不必经过降解，便可进行黄化。特别对于五合机法制粘胶更为合适。

在浆粕厂中加强蒸煮和漂白等工序，可以按照预定的要求，制取低聚合度的浆粕。但这会使浆粕中纤维素聚合度的多分散性明显增加，α -纤维素含量较低，从而使制浆得率下降。

近年来，已出现用 γ 射线辐射法，以降低浆粕中纤维素的聚合度。但采用这种浆粕制得粘胶的过滤性能和纤维的纺织性能都较差。

(2)在浸渍或粉碎工序中加强纤维素的降解：纤维素的降解速度及深度随着温度的升高而增加。故提高浸渍和粉碎温度以加速纤维素的降解，缩短降解时间是具有实际工业意义的，这一方法已在五合机法制粘胶中有实际应用。如在生产中完全取消老成工序，则浸渍温度不应低于 50℃。

该方法的缺点：

①使用该方法受一定条件限制。如用连续法制碱纤维素时，应用浸渍浴比大，即使提高浸

渍温度，纤维素氧化降解也不会太快；同时提高连续粉碎的温度，应用粉碎的时间短（2～5min），降解也不大。所以在提高浸渍温度后，还需进行补充老成。

②提高温度，其后又必须将它冷却，增加了热耗量并会增加 CS_2 的耗用量。

③碱纤维素聚合度的降低剧烈而不均匀。

④由于碱液吸收空气中 CO_2，增加了碱液中 Na_2CO_3 的含量，这对粘胶质量及纤维成型过程不利。

（3）添加氧化剂以加速碱纤维素的降解：在浸液中加入粉末状的氧化剂，使纤维素的氧化降解与浸渍同时均匀地进行。在强碱介质中加入的氧化剂，常用的有过氧化氢（H_2O_2）、过氧化钠（Na_2O_2）、次氯酸钠（NaClO）等。目前工业上使用较多的是 H_2O_2 和 NaClO。H_2O_2 在碱性介质中能转变为 Na_2O_2。在常规浸渍的碱液中，H_2O_2 的加入量为浸液重量的 0.5%或纤维素重量的 10%。五合机制粘胶时，所加的 H_2O_2 量较少，一般为纤维素重量的 1%～1.5%。

当碱化后加入占浆粕重量 1%的 H_2O_2，可使碱纤维素的粉碎降解时间从 80～90min 缩短为 25～30min。在其他条件相同时，增加过氧化氢用量或升高浸渍温度，延长浸渍时间或提高体系中碱的浓度，都可缩短碱纤维素的老成时间。

（4）加入降解催化剂：在碱纤维素中加入极少量对降解有催化作用的物质，能加速碱纤维素降解，缩短老成时间。工业上应用较多的催化剂是含锰的化合物（如高锰酸钾、硫酸锰等）和含钴的化合物（如氯化钴、硫酸钴等）。

用五合机制粘胶时，在浸液中加入纤维素重量 0.01%的高锰酸钾，能使碱纤维素的粉碎时间缩短近一半，或者可降低粉碎温度 10℃。高锰酸钾的降解催化作用均匀，碱纤维素降解后聚合度的多分散性小，故在一定程度上改善了粘胶的过滤性能和成品纤维的品质。

使用催化剂加速碱纤维素老成，是一个有前途的工业方法，因其用量少而效果显著。但这种方法也存在下列缺点：

（1）催化剂锰或钴等带入凝固浴中有明显的显色反应，增加凝固浴的输送及回收的困难。

（2）含高锰酸钾的碱液或粘胶，对设备有不同程度的腐蚀作用。

3. 老成设备

（1）高温老成鼓：R121 型高温老成鼓（图 7－8）是由两个有夹套的长形圆鼓组成。两鼓上下重叠式排列，或水平式前后排列。第一鼓为老成鼓，第二鼓为冷却鼓，两鼓的结构相同。

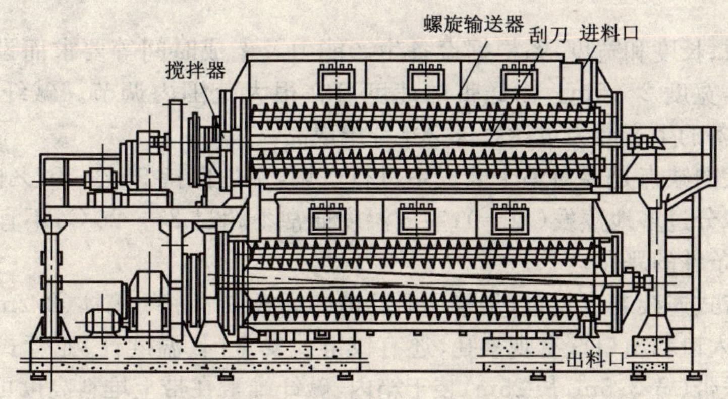

图 7－8　R121 型高温老成鼓

鼓内装有一对推进刮刀和一对螺旋搅拌器。推进刮刀与鼓壁间距为5～20mm,刮刀有一定的斜度(螺旋角为3°),以1.4r/min的速度旋转,它一方面把碱纤维素向前推进,另一方面又将黏附于鼓壁上的碱纤维素刮下来。两个螺旋搅拌器中,一个左旋,另一个右旋,它们又绕着鼓体主轴公转,以推动和翻松碱纤维素。碱纤维素在鼓内受到充分搅拌和不断向前移动的同时,完成老成过程。其后,碱纤维素在冷却鼓中以同样的方式完成降温过程。

在老成鼓和冷却鼓夹套中通入调温水,以调节碱纤维素的温度。调温水系统均由自动调节系统进行控制。

高温老成鼓能连续化、自动化生产,生产效率高,占地面积小,劳动条件好,不必调节室温。其缺点是老成温度高,且同一批碱纤维素各部分在鼓内停留的时间不一致,因而影响老化的均匀性。

有资料说,当平均停留时间为50～55min时,碱纤维素在鼓内实际时间分布为5～85min。由于老成不均匀,纤维成品的品质受到一定影响。高温老成鼓在普通粘胶纤维生产中得到广泛应用。

(2)回转圆筒式老成鼓:回转圆筒式老成鼓是由两个直径为2.7m,带有调温夹套的圆筒组成,前一个为老成鼓,长度为24～40m,后一个为定温鼓,长度较短(12～20m)。鼓内有推进刮刀和螺旋推进器。鼓体安装成1/100的倾斜度,靠鼓体的旋转,使碱纤维素向前移动。

与高温老成鼓相比,回转圆筒式老成鼓的体积庞大,设备笨重,占地面积大,但它采用较低的老成温度(25～35℃),故碱纤维素老成比较均匀。

(3)多层输送带式连续老成设备:多层输送带式连续老成设备,其中一种是在老成室内装设的一组重叠的无端输送带(图7-9)。输送带上的碱纤维素层从加料处顺着一定方向一层层地移动至出料口,并完成老成过程。

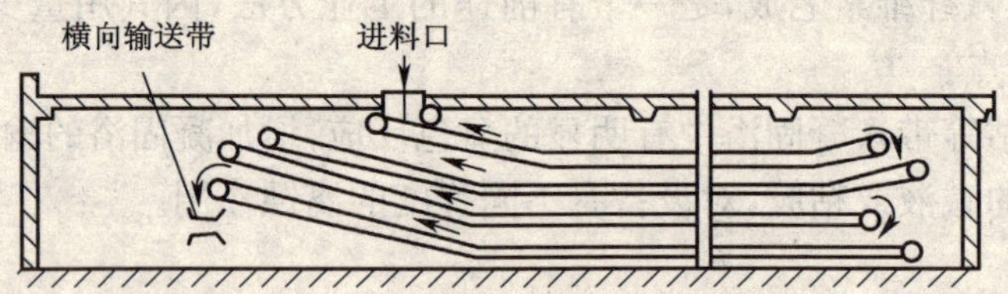

图7-9　碱纤维素连续老成输送带

输送带的层数、长度和宽度,系根据设备生产能力及老成时间等要求而设计,通常有2～6层,长度70～80m,宽度2～5m。输送带的速度可在很大范围内调节。碱纤维素在带上停留18～32h。每台设备的生产能力可达每天20t纤维成品。

这种设备最大的缺点是要对整个老成室进行空调,室内保持90%～92%的相对湿度,以避免碱纤维素表面水分过多地蒸发(风干);室内温度通常不超过25～26℃,不宜采用高温老成的方法,以避免劳动条件的恶化。

新近设计的带式连续老成装置,是采用耐腐蚀的钢板嵌成密闭箱体(2.2m×3.5m×30m),外部绝缘保温,在入口和出口壁有观察孔,还有铰链式安全门、温度计、蛇管式加热器等。有一层或两层无端输送带(宽3.5m,长25m)装于箱内,碱纤维素在带上堆料高度可达0.6～1.8m。

调节输送带速度,可使碱纤维素老成1～10h。这种装置采用全自动控制,适宜于采用高温老成和采用加速剂加速老成，又省却了老成室的空调。

(八)碱纤维素的黄化反应

纤维素大分子上带有大量的羟基，在一般情况下，它们相互作用而生成牢固的氢键，阻碍着纤维素溶解于普通溶剂中，纤维素经碱化后，虽然削弱了部分氢键，使大分子间距离增大，但尚不能溶于普通溶剂，故必须对碱纤维素进行黄化。通过黄化，一方面在纤维素大分子上引入黄原酸基团，从而增大纤维素大分子间的距离，削弱大分子间的氢键；另一方面，由于具有亲水性的黄原酸基团，与溶剂接触时发生了强烈的溶剂化作用，使纤维素黄原酸酯有可能在水中或溶液中溶解。粘胶就是纤维素黄原酸酯溶解于稀碱中的溶液。

1. 黄化过程的化学反应

碱纤维素中含有 30%～32%的 α-纤维素、15%～16%的 NaOH 以及 52%～53%的 H_2O。在与 CS_2 反应过程中，除了纤维素基环上三个具有不同反应特性的羟基外，能够参与反应或以一定方式影响反应的还有很多低分子物质的官能团、纤维素伴生物(如木质素等)的官能团、碱液中所含的杂质、降解催化剂以及为改善粘胶或纤维性能而加入的各种表面活性剂和变性剂等。其中以 CS_2 与碱纤维素和 NaOH 的反应为主。

(1)黄化过程的主反应：在碱性介质中，醇与二硫化碳相互作用而生成醇的黄原酸盐，如用于纤维素上，可表示为如下反应式：

$$[(C_6H_9O_4)ONa]_n + nCS_2 \rightleftharpoons [(C_6H_9O_4)-O-\overset{\overset{\displaystyle S}{\|}}{C}-SNa]_n$$

黄原酸是不稳定的，与其相应的纤维素黄原酸酯稳定性也较差，其电离常数为 6.8×10^{-4}。黄化反应是一可逆反应，CS_2 大量存在时，反应向生成纤维素黄原酸酯方向进行。

上述反应式是经过简化的，实际上其反应机理是复杂的。

纤维素在 2 位和 3 位上含有两个仲羟基，而在 6 位上含有一个伯羟基。至于哪个羟基优先起作用，则根据它们的亲核反应能力而定。这种能力可以用它们的离解常数来表征。对于具有较长原子团的醇，其离解常数 K_d 非常小(丁醇、丙醇)，它们的特点是反应能力较低。乙醇，特别是甲醇，它们的速度常数要比丙醇、丁醇高出 1.0～1.5。仲醇和多元醇(聚乙二醇、丙二醇)的反应能力则更大。所以，在纤维素黄化时，酯化作用优先发生在仲羟基上，它产生的反应约占所有黄化反应的 70%～80%。但是，当存在过量的二硫化碳时，所有羟基都将发生酯化反应，这种完全的酯化反应，其酯化度可达 300。

由单体的醇过渡到聚合的醇以及增加其聚合度，只会导致羟基反应能力的逐步降低。对于葡萄糖、纤维素二糖、低聚的多缩葡萄糖、半纤维素和纤维素来说，它们黄化反应时的速度常数 K 的变化顺序见表 7-16。

表 7-16　一些物质黄化反应时的速度常数

物　质	$K/dm^2\cdot(min\cdot mol^2)^{-1}$	物　质	$K/dm^2\cdot(min\cdot mol^2)^{-1}$
葡萄糖	1.94	纤维二糖	1.65
多缩葡萄糖(聚合度为 3.8)	1.10	半纤维素	1.05
纤维素(聚合度为 400)	1.03		

黄原酸盐是在各种碱以及有机碱存在下形成的。对于酯化过程本身而言，NaOH 溶液的浓度不起什么作用。例如：在 8%NaOH 溶液中亦能得到酯化度为 51.8 的黄原酸盐，但是，这种黄原酸盐却不具备必要的溶解性能，因为它仍保持着纤维素原来的结构。

黄化反应是可逆的。当通过真空或化合的方法排除 CS_2 时，黄原酸盐会逐渐分解。正反应和逆反应两者与温度的依赖关系各不相同。随着温度的提高，逆向反应增长速度较快，所以随着温度的提高，平衡也向降低酯化度的方向移动。

(2)黄化时的副反应：在黄化反应过程中，有相当一部分 CS_2(25%～35%)消耗在生成副产物上，其中最主要的副产物有三硫代碳酸盐(Na_2CS_3)、硫化物(Na_2S)、多硫化物(Na_2S_x)、碳酸盐(Na_2CO_3)、过硫代碳酸盐(Na_2CS_4)、亚硫酸盐(Na_2SO_3)和硫代硫酸盐($Na_2S_2O_3$)。

碱纤维素黄化时引起的副反应大致可分为两类：一是引起黄原酸酯不稳定性的反应；二是在没有黄原酸酯的参与下，CS_2 与碱之间发生的反应。

第一类反应由于纤维素黄原酸酯分子里黄原酸基团分解而生成硫化物，再与碱进行反应，主要生成三硫代碳酸盐及硫化钠。Na_2CS_3 能使黄原酸酯带有橘黄色，它能与碱反应而生成碳酸钠和硫氢化钠。

$$Na_2CS_3 + 3NaOH \longrightarrow Na_2CO_3 + 3NaHS$$

第二类副反应取决于 CS_2 与 NaOH 的比例、反应温度及反应时间等因素，原则上可能生成以下反应：

$$CS_2 + 4NaOH \longrightarrow Na_2CO_3 + 2NaHS + H_2O$$

$$2CS_2 + 4NaOH \longrightarrow Na_2CO_3 + Na_2CS_3 + H_2S + H_2O$$

$$3CS_2 + 6NaOH \longrightarrow 2Na_2CS_3 + Na_2CO_3 + 3H_2O$$

$$2CS_2 + 6NaOH \longrightarrow Na_2S + Na_2CO_3 + Na_2CS_3 + 3H_2O$$

Na_2S 是氧的载体，在黄化及粘胶熟成时，能引起纤维素的降解。

CS_2 与水能产生一种中间产物——硫氧化碳(COS)。COS 的生成及与其他化合物的作用如下：

$$CS_2 + H_2O \longrightarrow COS + H_2S$$

$$COS + 2NaOH \longrightarrow Na_2CO_2S + H_2O$$

$$COS + H_2O \longrightarrow H_2S + CO_2$$

CS_2 与 NaOH 作用的中间产物 $NaHCS_2O$ 分解也能得到 COS：

$$NaHCS_2O \longrightarrow NaSH + COS$$

COS 与 NaOH 能起以下反应：

$$COS + 4NaOH \longrightarrow Na_2CO_3 + Na_2S + 2H_2O$$

即使 COS 生成量不大，也能和碱纤维素作用产生纤维素单硫代碳酸酯：

$$\begin{array}{l} \quad\ \ OC_6H_9O \\ \ \ / \\ C{=}S \\ \ \ \backslash \\ \quad\ \ ONa \end{array}$$

在碱纤维素黄化过程中，约有75%的CS_2直接与碱纤维素作用，约25%的CS_2消耗于副反应上。

工业生产虽然不能完全排除副反应，但应尽量减少副反应的进行。因为，副反应消耗大量的CS_2，并且随着温度的上升，消耗于副反应的CS_2也增多；碱纤维素中的部分游离碱被消耗，降低了粘胶的稳定性；副产物在凝固浴中分解而析出H_2S和CS_2，使环境受到污染。

(3)黄化过程中的氧化反应：在碱纤维素黄化过程中，除发生上述反应外，还产生一系列的氧化反应。氧化反应发生的可能性取决于空气中的氧以及碱纤维素中存在的氧化还原介质。纤维素黄原酸酯的氧化结果生成纤维素的二黄原酸化合物。

黄化过程中的副反应产物同样可以参与氧化反应。氧化后的最终产物是二硫化物(Na_2S_2)、过硫代碳酸盐(Na_2CS_4)和硫代硫酸钠($Na_2S_2O_3$)。所有这些产物都可以在粘胶中找到，并且当加入KCN后，可定量地测得有硫氰化物的生成。

过硫代碳酸钠为黄色物质，它对纤维素黄原酸酯和粘胶所具有的橙黄色具有决定性的影响。例如把KCN加入黄色的过硫代碳酸钠后，Na_2CS_4便发生如下的反应：

$$Na_2CS_4 + KCN \longrightarrow Na_2CS_3 + KCNS$$

而溶液的颜色则由黄色变为稍带玫瑰色(Na_2CS_3特有颜色)。

2. 黄化方法及影响黄化的因素

(1)黄化体系的不均一性：黄化过程是在多相体系的不均一条件下进行的，其中有：多组分的气相，它由N_2与CS_2和H_2O的蒸汽所组成，其成分是可变的；两个液相，即CS_2和多组分的碱相，多组分的碱相由无定形的溶胀纤维素、NaOH、H_2O和少量的CS_2组成；固相是指碱纤维素中的结晶部分和接近于结晶的部分。上述各组分因黄化方法的不同而有较大的变化，其反应动力学相当复杂。

(2)黄化方法：按照反应体系中纤维素含量的高低以及它们的多相性分类，黄化的主要方法有：干法黄化(纤维素含量28%～35%)、湿法黄化(纤维素含量18%～24%)、乳液黄化(纤维素含量1%～5%)以及以后发展的大浴比黄化和两段黄化法。

干法黄化应用得很广，黄化在26～35℃的真空状态下进行。因此，大部分的CS_2处于气态，而碱相由无定形的溶胀纤维素、NaOH、H_2O和少量的CS_2组成。

湿法黄化适合于为加速黄化过程和提高粘胶质量时采用。它通常在较低温度(18～24℃)和有补充碱的情况下进行。体系中的二硫化碳基本处于液相。

乳液黄化主要在研究工作时采用，没有工业生产价值。所有二硫化碳均处于液相乳液状态，而且主反应主要受扩散的限制。

(3)黄化的工艺特点：

①干法黄化：干法黄化体系在整个黄化过程中，物料保持较干的小颗粒状态，黄化浴比通常为1∶(2.6～3.0)。由于黄化是在固态的碱纤维素与气态的CS_2之间反应，故反应速度较慢，酯化度分布不均匀；要求碱纤维素中的α-纤维素含量较高；黄化程度易于控制，副反应较少，易操作，各批粘胶的熟成度较接近。这种方法采用古典式黄化设备和连续式设备较多。

②湿法黄化：湿法黄化是在较大的浴比[1∶(3.5～4.0)]下进行的。黄化后期物料呈黏稠状。其工艺特点是：黄化前进行补充碱化，使碱纤维素进一步膨化，提高其反应性能；黄化速度

和黄原酸酯的均匀性较高，黄化时间较短，粘胶的过滤性能良好；体系中的游离碱较多，使副反应加剧，故粘胶的颜色较深；反应后期，因纤维素黄原酸酯剧烈溶胀和部分溶解，使体系的黏度大，黄化机电动机的负荷较高；可在R151型、R152型、R153型国产黄化溶解机和真空黄化捏合机中进行湿法黄化。

③大浴比黄化和两段黄化：在干法和湿法黄化的基础上，又发展了多种黄化方法，其中主要有大浴比黄化和两段黄化。所谓大浴比黄化，就是把黄化浴比进一步加大至4.0以上，使黄化反应更均匀，黄化后期的物料黏度相对降低。两段黄化是开始采用湿法黄化，中途加入部分溶解水进行大浴比黄化，从而提高黄化速度和黄化均匀性，并降低黄化后期电动机的负荷，它适用于制备高酯化度、高黏度的粘胶。

(4)影响黄化反应的工艺参数：通常以酯化度的高低来衡量黄化结果。所谓酯化度是指100mol $(C_6H_{10}O_5)_n$ 所结合 CS_2 的摩尔数，又称 γ 值。生产普通型粘胶纤维时，黄化后纤维素黄原酸酯的 γ 值一般为50。所有羟基完全酯化后的最高 γ 值为300。

①黄化温度：黄化温度直接影响黄化反应的速度、纤维素黄原酸酯的组成和黄化反应的均匀性，因而影响粘胶的过滤性能与可纺性能。

在相同的条件下，黄化温度低，反应速度慢。提高温度，黄化反应速度加快，黄化到达最高酯化度的时间缩短。但是，温度升高，碱纤维素的膨润度减小，且由于副反应速度加快，CS_2 消耗量增多，黄化均匀性下降。在通常情况下，黄化温度在28～32℃，在湿法黄化时，由于有可能生成大量副产物，故温度还应低些。

以第二次真空发生的时刻作为黄化结束的标志，当黄化的起始温度由22℃提高到42℃时(表7－17)，黄化所需时间仅为原来的1/6；消耗在生成副产物的二硫化碳，从25%增加到31.8%；黄原酸酯的酯化度减少了6.8。但所得的粘胶质量及可纺性仍然较好。故有人倾向于在较高的温度下进行黄化。

表7－17　黄化温度对黄化过程的影响

黄化起始温度/℃	黄化时间/min	酯化度	过滤性能/s	消耗在副反应中的 CS_2/%
22	90	50.8	60	25.0
27	60	50.4	57	25.2
32	45	48.6	70	25.6
37	30	46.0	68	28.8
42	15	45.0	86	31.8

在其他条件相同时，提高黄化温度将使纤维素的氧化分解速度随之增大，再生纤维素的平均聚合度和粘胶的黏度也随之降低；黄原酸酯的水解速度加剧，酯化度随时间的延长而下降；黄化终了的酯化度较低，消耗于副反应的二硫化碳量较高(表7－17)。

二硫化碳与碱纤维素和氢氧化钠的反应是放热反应，再加上机械搅拌热，使黄化终了温度高于开始温度。为制得酯化度均一的黄原酸酯，必须严格控制黄化过程的升温曲线，不使其明显波动。

生产中可按两种不同方法进行黄化：

a. 直线升温法：始温25～26℃，终温32～34℃。

b. 倒温黄化法：始温30～33℃，终温25～27℃。

采用倒温黄化法可省去冷却碱纤维素的过程，从而提高黄化设备的利用率。

②二硫化碳的用量：黄化时加入的CS_2量，取决于纤维素黄原酸酯所要求的酯化度、CS_2的有效利用率以及纤维素的来源及性质。

影响纤维素黄原酸酯在水或稀碱中溶解的根本原因，是黄原酸酯的酯化度及其在长链分子上分布的均匀性。研究表明，酯化度为50的黄原酸酯，不仅能溶于稀碱，还能溶于水。因此，制备普通粘胶短纤维的黄原酸酯，其酯化度通常亦控制在50左右，CS_2相应的用量为30%～35%（对α-纤维素重量）。

不同的纤维产品要求粘胶具有不同的γ值，故黄化时的CS_2加入量各不相同。例如，富强纤维粘胶的γ值应为80～90，CS_2加入量为45%左右；高湿模量粘胶纤维的γ值为50～65，CS_2加入量为40%；强力粘胶纤维的γ值应不低于75，CS_2加入量为40%；普通粘胶纤维的γ值一般只有45～55，CS_2加入量为30%～36%。

黄化时CS_2的有效利用率取决于反应的CS_2量及黄化主反应和副反应消耗量的比例。因而与黄化的方法及所用的工艺条件有关。为了制取酯化度相同的黄原酸酯，如果采用不同的生产方法或采用不同的工艺条件，则加入的CS_2量亦要相应改变，例如五合机法制粘胶，CS_2用量比常规法高，通常为36%～40%；又如在常规法黄化中，当降低碱纤维素中游离碱含量或半纤维素含量，或者降低黄化温度，都可相应降低CS_2用量。这是因为在上述条件下，黄化副反应消耗的CS_2量相应减少。试验说明，采用低温的倒温黄化（始温22℃，终温18℃），CS_2用量降低至30%，可以制得过滤性能良好的粘胶。

使用不同来源及性质的浆粕，CS_2用量亦要相应改变。浆粕的反应性能越好，CS_2需用量越少。棉纤维的结构紧密而均匀，反应性能较差，而草类纤维结构的紧密度较低，反应性能较好。从反应性能考虑，草类浆粕黄化所需的CS_2量应少于棉浆粕；但是，由于草类浆粕中，通常含有较多的半纤维素，且灰分、杂质等含量亦较高，使黄化过程和纤维素黄原酸酯的溶解性能以及粘胶的过滤性能都受到影响，因此，使用草类浆粕原料时，往往比棉浆粕需用更多的二硫化碳。

黄化过程的第一阶段是使二硫化碳溶于碱液中。在常压下，二硫化碳在碱中的溶解度仅为0.2%，提高二硫化碳的分压，能增加它在碱中的溶解度。工业条件下，黄化时二硫化碳的分压不超过50～60MPa，这就降低了二硫化碳在碱液相中的溶解度。如果事先排除体系中的空气，二硫化碳的分压可达93MPa，而黄化速度为原来的1.5倍。

在反应体系中排除空气，也有利于CS_2的扩散，如定积重量为180kg/m^{3}的碱纤维素，其中有87%的体积充满空气，CS_2的扩散仅能靠分子扩散，速度较慢。事先抽走空气，则有利于CS_2扩散至碱纤维素中，使黄化加速，对于无搅拌的连续黄化，抽真空就更为必要。

③碱浓度：图7-10示出了NaOH浓度与黄化反应速度（曲线1）和副产物形成速度（曲线2）之间的关系。图7-10的实验条件为：含纤维素1%的悬浮体在22℃下黄化1h，CS_2加入量为纤维素重的400%。由图7-10可见，当NaOH浓度低于200g/L时，随着碱浓度的增加，黄化反应和副反应的速度都加快；当NaOH的浓度超过200g/L后，随着碱浓度的增加，黄化反应和副反应速度都急剧下降。速度的降低与NaOH的离解度下降有关。

④压榨倍数：压榨倍数在3.7以下时，随着压榨倍数的增加，黄化速度加快（图7-11），这是因为碱液增加，溶解的CS_2量也增多。当压榨倍数超过3.7后，随压榨倍数的增大，黄化速度

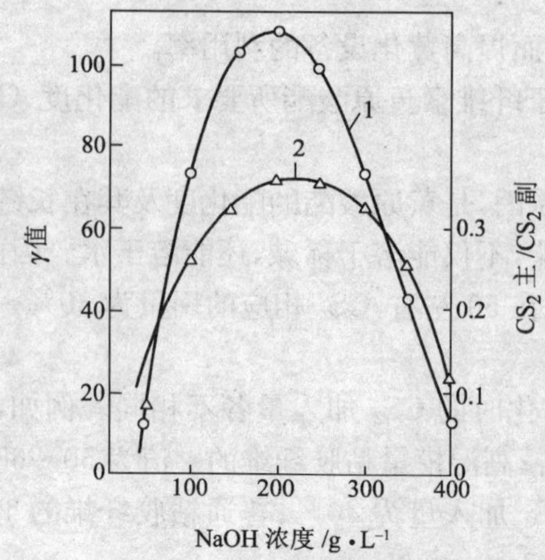

图 7－10　NaOH 浓度与黄化反应速度和副产物形成速度之间的关系

1—黄化反应速度　2—副产物形成速度

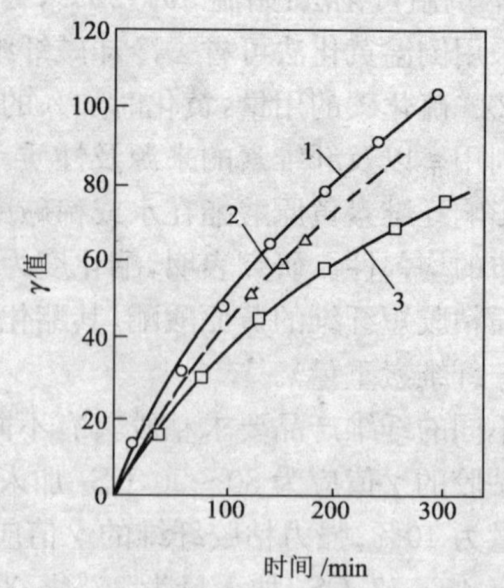

图 7－11　不同压榨度下碱纤维素的黄化速度

1—压榨度 3.55　2—压榨度 2.83

3—压榨度 2.22

反而下降，这与 CS_2 的扩散距离增大有关。

⑤搅拌速度：黄化过程既与扩散动力学有关，故提高搅拌速度，有利于反应的进行，尤其是对湿法或乳液黄化法更是如此。干法黄化时，搅拌速度过快易使物料成粒或结团，容易造成黄原酸酯的酯化度分布不均匀。

⑥黄化时间与黄化终点的控制：黄化时间取决于黄化温度、黄化体系内的压力、黄化方法及纤维素原料的性质。升高温度，黄化反应加快，达到同一酯化度的时间可缩短。黄化前排除机内空气，使体系中 CS_2 蒸汽分压提高，能明显提高二硫化碳在碱纤维素中的扩散速度，从而加速黄化。黄化方法不同，黄化时间也不同，如干法黄化一般 100～200min，而湿法黄化只需 60～70min。这是因为黄化的物料状态（如浴比、搅拌等）不同而影响黄化反应的速度所致。使用不同的纤维素原料，由于它们的黄化反应速度不同，因而黄化时间亦要适当改变。不同浆粕的黄化对照试验指出，蔗渣浆黄化初期的反应速度与木浆黄化速度相同，后期黄化速度较木浆快，而整个黄化过程均快于棉浆黄化速度，这是因为各种纤维素的结构差异所引起的。因此，草类浆粕的黄化，通常采用较低的温度和较短的时间。正确控制黄化时间有重要的意义，若黄化时间不足，则纤维素黄原酸酯的酯化度低，溶解性能不良；黄化时间过长，即黄化过度（过黄化），则副反应剧烈，纤维素黄原酸酯的酯化度下降，粘胶的熟成过度，可纺性能变坏。

在生产中，黄化终点不是通过定期取样分析来确定的，而是通过观察黄原酸酯的颜色变化、物料状态、黄化机内真空—压力的变化以及黄化进行的时间及温度来判断。

a. 纤维素黄原酸酯的颜色：纯粹的纤维素黄原酸酯几乎是纯白色的，但黄化副反应生成的 Na_2CS_3 带有特征性的橘黄色。在正常情况下，黄化主反应进行的速度相近，所以，随着黄化的进行，纤维素黄原酸酯吸附副产物增多，颜色逐渐由白色变成淡黄、黄色，最后变成橘黄色，这就表示达到黄化终点。

值得注意的是，不同原料的浆粕制成的黄原酸酯的颜色略有不同。棉浆粕、木浆粕的黄原酸酯为较鲜艳的橘黄色。甘蔗渣、芒秆等草类浆的黄原酸酯颜色稍暗，往往略有灰绿色。这是由于草类浆中含有较多的铁质及灰分所致。

黄化工艺条件不同，制得的黄原酸酯的颜色也有变化。例如，高温黄化的黄原酸酯颜色较深，甚至成棕黄色，而低温黄化的黄原酸酯颜色较浅。因此，除了观察黄原酸酯颜色外，黄化终点尚需根据物料的状态（如物料中生成的水分多少、物料的黏稠程度）、黄化机电动机的负荷等情况而定。

b. 黄化机内真空—压力的变化：在黄化前，必须先抽真空，黄化机内呈负压状态（真空度约 8×10^4 Pa）。加入 CS_2 后，由于 CS_2 气化，机内压力回升，但当机内再次呈现负压状态时，说明 CS_2 已被消耗，黄化即近终点。

⑦半纤维素及其他多糖物质的影响：试验表明，半纤维素及其他多糖物质不仅能够黄化，而且其黄化速度比纤维素还要快，反应速度依次为：多缩戊糖＞甘露糖＞半纤维素＞纤维素。由此可见，在黄化初期，由于部分 CS_2 消耗于与半纤维素和其他多糖物质反应上，从而影响到纤维素的酯化速度和 γ 值。半纤维素等多糖物质含量过高时，制得粘胶的过滤性能变差。

半纤维素黄原酸酯的稳定性很差，分解很快，因此以前从未取得过纯半纤维素黄原酸酯。组分不同的半纤维素制得黄原酸酯的稳定性也不同。

3. 黄化设备

为了完成黄化过程，黄化设备必须适应黄化的特点。

(1)黄化是多相化学反应，要使碱纤维素与 CS_2 充分接触，反应均匀，就必须有有效的搅拌装置。要使纤维素黄原酸酯充分膨润和溶解，还需要有研磨和捏合装置。

(2)黄化过程产生大量的反应热和机械搅拌热，故必须有有效的调温装置。

(3)黄化过程有负压和正压的交替变化，且 CS_2 又是易燃、易爆和有毒的物质，故要有可靠的密封和安全防爆装置。

根据上述要求，工业上设计和采用了多种形式的黄化设备。一种是只能完成黄化过程的机器，如古典黄化鼓和干法连续黄化设备。第二种是能完成黄化及纤维素黄原酸酯初溶解的机器，如 R151 型、R152 型、R153 型黄化溶解机和真空黄化捏和机等。第三种是能将浆粕直接制成粘胶的机器，如五合机。下面介绍几种常用的黄化、溶解设备。

(1)R151—B 型黄化溶解机：该机能完成黄化及纤维素黄原酸酯的初溶解过程，其结构如图 7－12 所示。机体由机盖、机身和机底三部分组成。相互间由螺钉连接，成一密闭的整体。

机盖上装有进料口、碱液管、软水管、CS_2 管和真空管，以供加入各种反应物料和抽真空之用。此外，还装有排气管、真空压力表、安全阀及视镜等，以保黄化过程的安全。

机底为马鞍形，并装有一对水平的、转速不同的 S 形搅拌器。通过减速机构传动，搅拌器可以变换旋转速度（高速与低速）和旋转方向（正转与

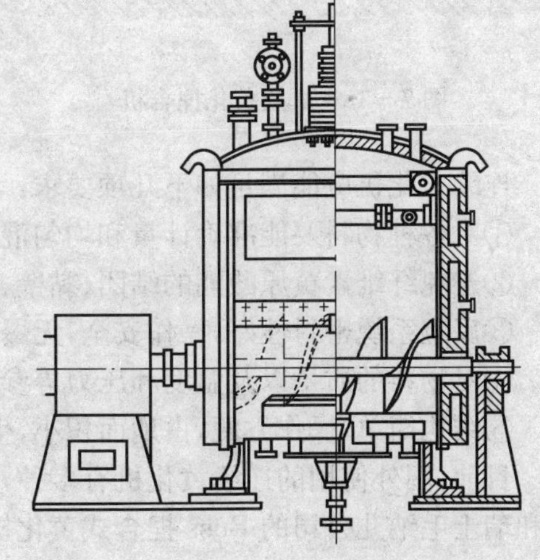

图 7－12 R151—B 型黄化溶解机

反转)。黄化时,碱纤维素得到充分的翻动。初溶解时,纤维素黄原酸酯受到搅拌与混合,提高了黄化、溶解的速度及均匀性。机底有两个出料口,与出料管相连,出料阀门由压缩空气启合。

CS_2 通过在机内上部沿机壁四周的多孔管均匀地喷淋下来。在二硫化碳喷射管旁,还有另一根多孔的管子,供喷淋溶解碱液和软水之用。

为了排除反应热和机械搅拌热,机身与机底都装有冷却夹套,机内还装有温度计插入管,以测量黄化及初溶解的温度。

R151—B 型黄化溶解机具有体积小,结构简单,动力消耗不大等优点,适用于干法、湿法和大浴比法黄化,缺点是装机容量不大,生产能力较小。

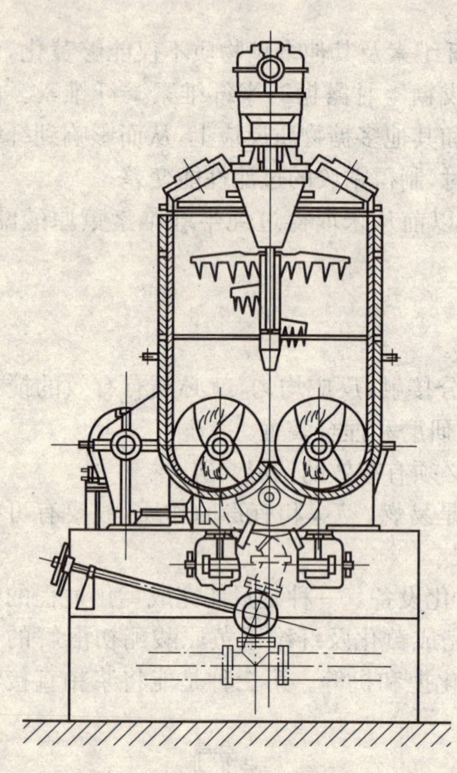

图 7－13　真空黄化捏合机

(2)真空黄化捏合机:真空黄化捏合机,如图 7－13 所示。它的构造和 R151—B 型黄化溶解机基本相同,但在鞍形底部装有一对转向相反的捏合翼。机的上部,还有一个立式螺旋桨搅拌器,由单独的电动机传动。

真空黄化捏合机的优点是生产能力大,能完成黄化和溶解过程,并适用于干法、湿法和大浴比黄化法。它的主要缺点是构造比较复杂,耗电量较大。

间歇式黄化机的缺点是分批间歇生产,工人现场操作频繁,劳动强度大,工艺控制的精确度和重复性较差。近年来,国内外不少粘胶纤维厂都采用了黄化程序控制,用微电子计算机与各种间歇式黄化机配套使用。采用程序控制的优点是:

①工艺过程稳定,工艺参数控制准确。

②粘胶质量提高。

③节省劳动力,能减轻操作人员劳动强度,改善劳动环境。

(3)连续式黄化机:在制备粘胶原液的过程中,已实现了连续浸渍、压榨和粉碎,连续老成以及连续脱泡和过滤,而实现黄化连续化则比较困难,进展比较慢。

连续黄化机应能满足如下几项要求:

①对各种物料要能准确计量和均匀混合,能使纤维素黄原酸酯均匀移出。

②避免纤维素黄原酸酯的结团、黏壁、黏轴和堵塞等现象。

③反应系统密封性好,操作安全,无爆炸危险。

④对物料的质量以及温度和压力等参数有自动控制、记录、指示和报警装置。

⑤结构简单,操作方便,占地面积小,生产率高,便于维修保养。

目前,国外使用的连续黄化机有多种,如美国杜邦公司的输送带式黄化机、苏联的立式黄化机和瑞士毛纳儿公司的 Buss 捏合式黄化机。此外,还有多种形式连续设备在试验中。

①输送带式连续黄化机:美国杜邦公司的输送带式连续黄化机(图 7－14)由进料装置、黄

化反应罐及溶解搅拌装置三部分组成。

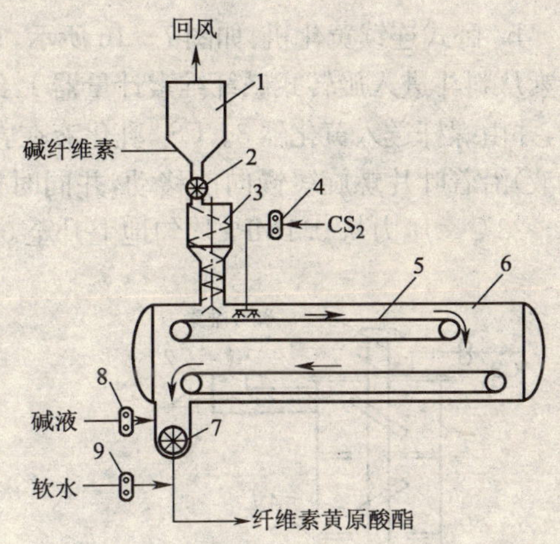

图 7－14　输送带式连续黄化机示意图

1—旋风分离器　2—碱纤维素计量器
3—输送螺旋　4—CS_2 计量器　5—输送带
6—密封机体　7—桨式搅拌器
8—碱液计量器　9—软水计量器

a. 进料装置：碱纤维素由旋风分离器经旋转式计量器进入螺旋给料器，再送入黄化机。螺旋给料器分两段，上段的螺旋直径大而螺距宽，下段直径小而螺距密，以利于碱纤维素中空气的排除，并阻止 CS_2 从机内逸出。螺旋及给料器内壁，均衬聚四氟乙烯，以防止物料粘结。螺旋的下面是一个伞形挡板，使碱纤维素沿着伞面均匀落下，冷的(8℃) CS_2 在这里从排列成环形的 13 个喷嘴喷入，与碱纤维素均匀混合。

b. 黄化反应罐：外壳为软钢制成的卧式圆罐。罐内装有两根由尼龙和氟纶(聚四氟乙烯)编织成的无端输送带，罐上方有 8 个安全防爆口，罐体内由盘管加热，罐内通入热水，外部包以绝热保温材料。网带的速度通过无极变速器控制，下层网带的速度比上层网带速度慢，两根网带在下料的地方用刮板把料从带上刮下。

黄化时，罐中通入氮气，罐中的气体组成为 $CS_2$40%，$N_2$60%；罐内压力 490～680Pa。氮气是自动控制加入，机内含氧量小于 2%，当大于 5%时，全机立即自动停车，以防爆炸。

c. 溶解搅拌装置：从下带落下的纤维素黄原酸酯，与碱纤维素同样疏松，进入黄化罐下部的溶解搅拌装置。该装置内有两根桨式搅拌器，经冷却计量的溶解碱液，从喷射器喷入，黄原酸酯立即膨润，很快溶解成粘胶。再加入定量的软水，粘胶即可抽出机外。溶解装置内需保持一定的液位，以防粘胶抽空，空气进入机内。

输送带式黄化机的优点：

- 产量高，每台生产能力为 20～40t/d，甚至可达 60t/d。
- 连续化生产，全机自控操作、记录和报警，安全可靠。
- 占地面积小，且 2/3 设备可置于室外。
- 节省劳动力，每台只需一两人操作。
- 节省动力，全机功率仅为 47kW，与同生产量的间歇式黄化机相比，电功率少 90%。
- 黄原酸酯质量均匀、稳定，溶解性能好。
- CS_2 粘胶等泄漏少，生产环境污染少。
- 结构简单，维修方便。

②苏联式连续黄化机：有立式和卧式两种。

a. 立式连续黄化机：如图 7－15 所示，机内装有缓慢回转的搅拌器 1，轴上装有各种角度的叶片 4，以保证物料均匀地铺在挡板 5 上。碱纤维素由桶体上部的螺旋输送器 2 不断加入，CS_2 则由计量器 3 连续输入，反应物的移动速度通过叶片 4 和挡板 5 的位置进行调节。碱液由计量器 7 输至桶底，并与纤维素黄原酸酯充分混合，混合液中的黄原酸酯团块经粉碎机 8 粉碎并送至溶解机。

b. 卧式连续黄化机：如图7－16所示，它由预混装置、黄化区和初溶解装置三部分组成。碱纤维素从料斗进入旋转式碱纤维素计量器1，经计量后进入预混器2，与不断加入的CS_2乳液充分混合，并由螺杆送入黄化器3。CS_2乳化液在乳化器中制成，进入黄化区的反应物料（碱纤维素与CS_2乳液）沿着叶片螺旋缓慢向前移动，并同时发生黄化反应。黄化区前部温度为18～19℃，后部为21～23℃。压力从0.1MPa均匀地上升至0.3MPa，从进料到反应完成的时间为50～70min。

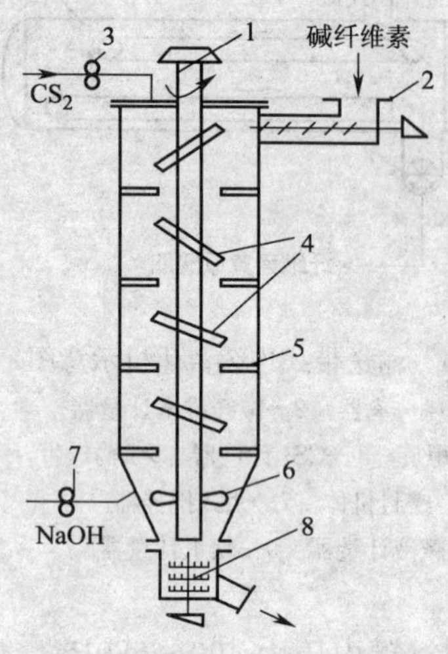

图7－15　立式连续黄化机

1—搅拌器　2—螺旋输送器　3—CS_2计量器　4—叶片　5—挡板　6—搅拌器　7—计量器　8—粉碎机

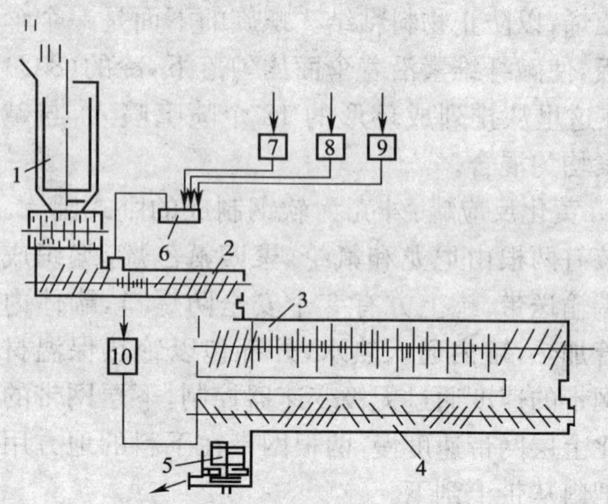

图7－16　卧式连续黄化机

1—碱纤维素计量器　2—预混器　3—黄化器　4—双螺杆研磨溶解器　5—调配器　6—乳化器　7—CS_2　8—NaOH　9—乳化剂　10—水　11—碱纤维素

自黄化区引出的纤维素黄原酸酯进入双螺杆研磨溶解器4，物料被研碎分散，并被初步溶解成高黏度的黏稠液体，经粗过滤后进入调配器5，在此加水稀释至所需的粘胶组成，然后进入溶解机进行溶解。该机的生产能力为5t/d。

该设备的特点是物料装填密度大，设备体积较小，生产效率高；二硫化碳以细小的液滴存在，不易挥发，因此不易形成爆炸的气体混合物；设备结构合理，有强烈的搅拌和揉搓作用，具有良好的自动清理作用。

③BUSS捏合式黄化机：瑞士毛雷尔公司选用的BUSS捏合式黄化机，由三台捏合式设备串联而成（图7－17），生产能力有20t/d和40t/d两种。

第一捏合机A在固定的机壳内装有纵向中断的螺旋叶片转动体，机壳内壁装有很多销钉，销钉与螺旋叶片相捏合。物料在机中既有转动，又有往复运动的捏和作用。第二台和第三台捏合机结构相同，机内具有强烈的搅拌和剪切作用。机内壁镶有许多固定钉，可转动的中空内筒的外壁同样镶有很多固定钉，黄化反应和初溶解即在其间进行。

黄化和初溶解分三阶段进行。

第一捏合机进行预压缩和初黄化反应。碱纤维素经压缩后空气被挤出，以防爆炸的危险。碱液和CS_2在距加料口三个螺旋叶片处加入。碱液与CS_2的体积比为5～24，CS_2在碱液中分散成小滴，以减少挥发。器内温度为5～20℃，有30%～40%的CS_2在此区参与初黄化反应。

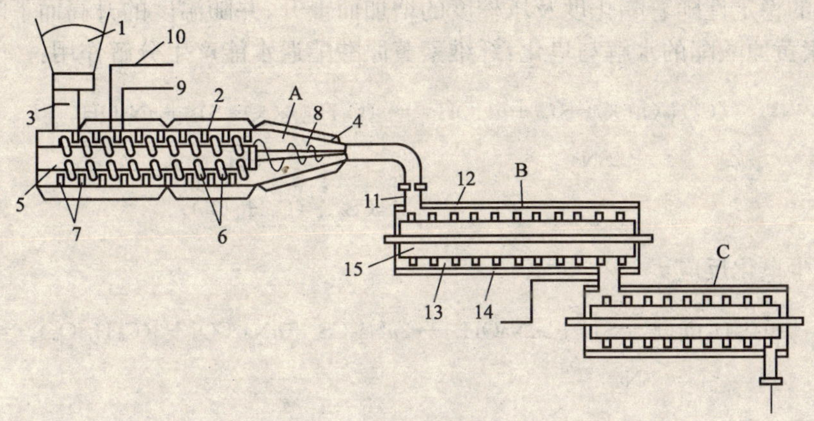

图 7－17　毛雷尔连续黄化机

A—预黄化机　B—主黄化机　C—初溶解机　1—碱纤维素供给装置　2—转筒型反应器　3—碱纤维素导管　4—冷却水循环夹套　5—转动翼(捏和夹轴)　6—中断的旋转型叶片　7—固定搅拌钉　8—出口　9—CS_2 入口　10—碱液入口　11—捏和机入口　12—黄化机　13—搅拌叶片　14—夹套　15—搅拌轴

第二捏合机 B 进行主黄化反应。碱纤维素的无定形区在第一捏合机内已进行初步的黄化反应,而处于结晶区内的碱纤维素则基本未进行反应。在第二捏合机内,由于强烈的搅拌和剪切作用,结晶区发生膨化和解体而参与黄化反应。CS_2 加入量的 60%～70%在此参与黄化反应。

在第三捏合机内加入稀碱液或水以进行初溶解。

BUSS 捏合式黄化机的特点是:装置结构合理,黄化反应均匀,而且反应速度快(黄化时间仅需 4～6min),黄化均匀;机内装填密度高,空气量少,可避免爆炸的发生;捏合机内装有往复螺旋装置,使反应物在机内停留时间恒定,不发生短路,机内无死角,因此不发生黄化不足或过度黄化现象;CS_2 消耗量较间歇式黄化机少 15%～25%,设备密封性好,工作环境污染少;可用于制备高黏度的粘胶。

4. 纤维素黄原酸酯的化学性能

(1)纤维素黄原酸酯酯化度的多分散性:酯化度的分散性对黄原酸酯的溶解性和对粘胶的物理化学性能有很大影响。黄化反应越均匀,纤维素黄原酸酯大分子中黄原酸基团分布也越均匀,γ 值和浓度相同的粘胶的黏度越小。有生物结构残渣部分的平均聚合度比黄原酸酯的其他部分高,而该部分的酯化度则较低。

对黄原酸酯的各个层次的研究表明,黄原酸酯的 γ 值由表及里逐步下降,特别是微晶内部的酯化度更低。在黄原酸酯里,可以找到为数不少的几乎或者完全没有黄化的质点。将黄原酸酯的块状物压碎,可以见到发亮的小纤维,这就是未黄化的质点。造成未黄化原因是 CS_2 和中间产物 NaO・OH 很难扩散进晶胞的内部。未黄化质点通常是在纤维素黄原酸酯溶解后,由于无定形区黄原酸酯分解释放出的 CS_2 再进行黄化的,这一反应过程很缓慢。

此外,由于纤维表面的迅速黄化,并开始剧烈溶胀成凝胶,它阻碍了二硫化碳继续向纤维内部扩散,这也导致了黄化不均匀性的产生。

黄原酸酯的化学性能很不稳定,在空气中很快产生分解,在氮介质或真空中较为稳定。纤维素黄原酸酯的稳定性随着酯化度及压榨度的增加而上升，并随温度的升高而下降。

(2)纤维素黄原酸酯的水解与皂化：纤维素黄原酸酯遇水能产生分解作用：

$$(C_6H_9O_4OC(=S)SNa)_n + nHOH \rightleftharpoons (C_6H_9O_4OC(=S)SH)_n + nNaOH$$

$$(C_6H_9O_4OC(=S)SH)_n \longrightarrow nCS_2 + (C_6H_{10}O_5)_n$$

遇碱则发生皂化反应：

$$3(C_6H_9O_4OC(=S)SNa)_n + 3nNaOH \longrightarrow 2nNa_2CS_3 + nNa_2CO_3 + 3(C_6H_{10}O_5)_n$$

在工业条件下纤维素黄原酸酯的水解速度大于皂化速度。

(3)黄原酸酯与酸的作用：无机酸和有机酸都能使黄原酸酯分解，无机酸的作用尤为剧烈。当纤维素黄原酸酯被无机酸作用而分解成纤维素时，同时放出 CS_2 气体。

$$(C_6H_9O_4OC(=S)SNa)_n + nH_2SO_4 \longrightarrow nCS_2 + nNaHSO_4 + (C_6H_{10}O_5)_n$$

这就是粘胶纤维成型的基本反应。

(4)纤维素黄原酸酯与盐的作用：纤维素黄原酸酯不仅能和一价金属的氢氧化物作用，生成纤维素黄原酸的钠盐、钾盐和铵盐等，而且还能与多价金属作用，生成纤维素黄原酸酯的多价金属盐。纤维素黄原酸酯的多价金属盐不溶于水、碱溶液及其他一般溶剂中。这是由于多价金属同时与两个或几个大分子起反应，并在大分子间形成较牢固的化学键引起的。

黄原酸酯的稳定性还取决于金属阳离子的性质，在所有溶解的纤维素黄原酸酯里，以铵盐最不稳定，铜盐最稳定。纤维素黄原酸锌对纤维成型过程有重要意义，由于锌是二价金属，它能在相邻的纤维素分子间生成桥键，因此，它比纤维素黄原酸钠的分解速度慢得多。

5. 黄化工艺的改进

(1)降低二硫化碳用量的粘胶制备方法：已应用或正在研究的降低 CS_2 用量的粘胶工艺方法有多种，如碱纤维素二次浸渍法、低温黄化法等。这些方法的着眼点在于制备酯化度不高，但黄原酸基团分布均匀的纤维素黄原酸酯以及减少黄化副反应消耗的 CS_2 量，从而达到既节省 CS_2，又使纤维素黄原酸酯具有良好的溶解性能。

前面已指出，采用碱纤维素的二次浸渍工艺，可使 CS_2 用量由常规方法的 30%～35%(对 α-纤维素重量而言)降低至 20%，制得过滤性能良好的粘胶。

近年来，有不少采用所谓低温黄化法的研究，即整个黄化过程都在较低温度下进行。如五合机制粘胶，采用低温的倒温黄化，初温为 22℃±1℃，CS_2 用量为 28%，黄化 50min，可以制得平均酯化度为 42 以上的纤维素黄原酸酯，粘胶的质量良好。低温黄化法的优点是黄化均匀，副反应产物少，可降低 CS_2 的用量；缺点是黄化时间长，黄化设备的生产能力低，冷冻量消耗较大。

(2)乳液黄化法：乳液黄化就是把浆粕与 CS_2 分散在非极性溶剂中，在乳态下完成黄化过程。这种方法，又称为一步法制粘胶。其过程是：将浆粕粉碎，投入非极性溶剂如苯、煤油中，在充分搅拌下加入定量的碱液和 CS_2。碱纤维素与乳态的 CS_2 在控制的温度下进行黄化反应。黄化完成后，加入水和碱液，将纤维素黄原酸酯溶解成粘胶。粘胶与非极性溶剂分成两层，上层的非极性溶剂送去回收处理，下层粘胶送往过滤。

乳液黄化法的优点是简化了生产过程和操作，节省了生产设备和投资，缺点是要使用低聚合度的浆粕原料和非极性溶剂。这种方法，目前仅处于试验阶段。

(3)以湿浆为原料的倒序法制粘胶：本法使用含水 45%的湿浆，先加入 CS_2 浸润 30～50min，然后加入所需要量的浓碱液，进行浸渍、黄化和部分溶解。其后再加入所需量的水进行后溶解。与常规粘胶法相比，此法加 CS_2 与加碱液的顺序倒置，故称倒序法。

此法的特点是在进行碱化前，CS_2 与浆粕中的水分乳化，渗入浆粕内部，有助于黄化均匀，又可减少副反应消耗的 CS_2 量。因此所制备粘胶的黏度低，过滤性能好，酯化度高，比较经济且容易加工。

6. 黄化间的安全与防护

CS_2 是一种易燃、易爆并对人体有毒害性的物质，故对黄化间的安全和防护有特殊的要求。

(1)减少二硫化碳气体的散发：CS_2 的挥发性强，因此，储存、计量 CS_2 的容器及输送 CS_2 的管道要严格密闭。为了避免 CS_2 和空气接触及阳光辐射而产生 CS_2 蒸气，容器中的 CS_2 最多装到 3/4 高度，其余加入清水，因为水的密度低，故能在 CS_2 上面形成水封层。

(2)加强通风排毒：为了使车间内 CS_2 整体浓度不超过 $10mg/m^3$，黄化间应有良好的通风排毒设备。由于 CS_2 蒸气的密度比空气大，容易下沉，故应在 CS_2 蒸气的散发口以及设备、容器的下部进行局部排风，并在工人休息室及进行生产操作的场所进行局部送风，应使黄化间的排风量大于送风量，以减少有毒气体的外逸。

(3)避免高温和明火：CS_2 容易受热着火，故黄化间不应安设蒸气管或 80℃以上的热水管；不要在黄化间点火(如焊接等)或吸烟。

使用 CS_2 的一切设备(计量容器、黄化机、管道、法兰和阀等)，都应良好接地，电阻小于 4Ω，以消除 CS_2 流动生产的静电。此外，液态 CS_2 在管内流动的速度应小于 1m/s，气体应小于 1.5m/s。

黄化间一切电气设备都要防止产生火花。要采用全封闭式和防爆式电动机、开关和按钮；室内照明采用低压，灯具应有防护罩。

车间不允许铁器撞击而产生火花。故黄化工段所用的工具(如粘胶铲、扳手等)不应用铁或钢制造(要用铜或有色金属制)，黄化间不应穿钉底鞋。

(4)黄化机安全操作：黄化操作，应谨慎小心，否则容易造成爆炸着火等严重事故。投料前或投料时，应注意检查和防止铁器落入黄化机中。要注意黄化前的抽真空操作。抽真空后，应先关黄化机真空管阀门，再停真空泵，后加 CS_2，防止 CS_2 抽入真空系统造成爆炸、燃烧，或把真空系统的水倒抽入黄化机中等事故。

要经常检查黄化机的安全阀或防爆膜的工作性能(安全阀的启动压力通常为 19.6kPa)；在黄化过程中应注意黄化机内压力的变化情况。

黄化机安全阀通常有三种，即隔板弹簧式、薄胶皮钎式和薄片石墨式。前两种安全阀要定期检查是否灵活；后一种则简单经济，不用检修，安全可靠性大，故已逐渐取代前两种。

(5)车间内外，要有良好的消防、灭火设备：黄化间建筑物结构和门窗等要符合防爆、防火要求；车间内外的防火设备齐全、完好。

(6)人身安全防护：CS_2 能通过呼吸系统和皮肤进入人体，毒害人的神经系统，故在 CS_2 浓度较大的环境工作时，应戴防毒面具和手套。

发现人体 CS_2 急性中毒，应立即将中毒者移往空气清新的地方，进行人工呼吸，并请医生处理。

(九)纤维素黄原酸酯的溶解

把纤维素黄原酸酯分散在稀碱溶液中，使之形成均一的溶液称为溶解。制得具有一定组成、一定性质的溶液称为粘胶。

溶解实际上是如下复杂的综合过程：黄原酸基团被溶剂分子溶剂化、补充黄化、黄原酸基团的转移、纤维素晶格彻底破坏、溶剂向聚合物分子的扩散和对流扩散。为了加速纤维素结构的破坏和溶解，溶解必须在强烈的搅拌下进行，即在较大的速度梯度场和较高的切变应力场进行。

黄化过程所发生的化学反应在溶解时将继续进行，并在熟成时延续下去，只是由于介质的变化(NaOH 浓度从 15%～17%降到 5%～7%)，各种化学反应的速度和比例也发生了明显的变化。

溶解是湿法成型的一个重要工作，溶解的好坏，不仅影响原液的稳定性和加工性能，还间接地影响成品纤维的质量指标。

1. 影响纤维素黄原酸酯溶解的因素

纤维素黄原酸酯在稀碱溶液中的溶解必须解决两个问题，既能否获得优质的溶液和溶解的速度。前者属热力学问题，取决于纤维素黄原酸酯的性能，如聚合度、酯化度及其分布，其次是碱液的浓度和温度；后者属动力学问题，主要取决于温度、搅拌和研磨条件。

(1)纤维素黄原酸酯的酯化度及其分布：随着纤维素黄原酸酯酯化度的升高，它的溶解度增大，而且溶剂种类也增多。例如高酯化度($\gamma=125\sim150$)的纤维素黄原酸酯不仅能溶于稀碱液及水中，而且能溶于酒精、丙酮等有机溶剂内；而 γ 值为 20～25 的纤维素黄原酸酯，在常温时(20℃)只能溶于 4%的 NaOH 溶液内。

在碱纤维素中引入黄原酸基团提高溶解性的原因是，黄原酸基团具有较大的溶剂化能力。马德斯(Matthes)指出，每个黄原酸基团连接着 1～1.5 个 NaOH 分子和 20～30 个水分子。

当 γ 值增加时，黄原酸酯的溶解速度也有较大的提高，在标准实验条件下，测定溶解 1h 后黄原酸酯的溶解量结果为：γ 值为 32 时，溶解量为 7%；γ 值为 57 时，溶解量为 13%；γ 值为 92 时，溶解量为 32%。

生产上的 CS_2 用量一般为 32%～38%，这时黄原酸酯的 γ 值为 50～60。曾试图把 CS_2 用量降为 20%～25%，发现黄原酸酯的溶解能力大为降低，所得粘胶的黏度明显增加，而且浆粕反应能力或工艺参数的微小波动，将使生产不正常。因此，如不采用附加措施(如预先活化纤维素等)，则 CS_2 用量低于 30%是不合宜的。

黄原酸基团分布越均匀，大分子链间的氢键破坏越多，则溶解度越高。粘胶的结构度下降，其黏度也越小。

碱纤维素进行黄化时，把 CS_2 分批加入则其酯化度分布较一次加入 CS_2 时均匀，粘胶的黏度也较低。因为一次酯化时，黄原酸基团绝大部分分布在纤维素的无定形区；补充黄化时，有一部分黄原酸基团分布到原有的晶区中，这就弥补了纤维素中局部酯化度低的缺点，使黄原酸酯酯化度的分布更均匀。

(2)纤维素黄原酸酯的聚合度：同其他高聚物一样，随着聚合度的提高，其溶解能力下降。聚合度增加，其内聚能并不随之变化，即 $\Delta H=0$，其溶解性能下降显然与熵的因素有关，即随着聚合度的上升，ΔS 有所减少，因而溶解性能变差。

普通粘胶纤维的聚合度为 300～450，黄化时，CS_2 用量占粘胶纤维素质量的 32%～38%时，制得的黄原酸盐即能顺利地溶解。当生产波里诺西克纤维时，聚合度为 500～600，为制得溶解性能良好的黄原酸盐，CS_2 用量必须高于 45%甚至为 50%～55%。

聚合度 DP 的高低不但影响溶解度，还影响溶解速度。随着聚合度的提高，黄原酸酯的溶解速度下降，聚合度与溶解速度具有如下经验关系：

$$\lg v = K - \lg \mathrm{DP} \tag{7-4}$$

式中：v ——以单位时间溶解物质的数量表示的平均溶解速度；

K——常数。

聚合度促使溶解速度减慢的原因，与体系的黏度升高以及搅拌效率下降有关。

(3)温度：纤维素黄原酸酯与 NaOH 水溶液的相平衡图具有下临界混溶温度的特征，纤维素黄原酸酯与溶剂的内聚能随着温度的提高而减小，使溶解性能也随之下降。同时随着酯化度的降低，下临界混溶温度也下降。当溶解温度在 0℃时，黄原酸盐的溶解性能有明显的提高，以致当黄化时的 CS_2 用量为 10%～15%时，仍可获得可溶解的黄原酸盐。

溶解温度还与粘胶的过滤性能密切相关。一般而论，溶解温度越低，过滤性能越好，当温度由 20℃下降至 10℃时，总的过滤指标可改善 16%。

过分地降低溶解温度也是不合适的，因为它会使溶解速度明显下降。

单纯靠提高温度来加快溶解速度也是不适宜的。正如上述，这将导致粘胶过滤性能的下降。而且，随着温度的提高，将加快黄原酸盐的分解速度，并使副产物增加。为此，建议把溶解过程划分为两个阶段，开始阶段为了提高溶解速度，可把溶解温度定为 20～25℃，随后为了获得过滤性能良好的粘胶，可把溶解温度在短时间内降至 10～12℃。

(4)NaOH 溶液浓度：氢氧化钠溶液的浓度不论对纤维素黄原酸酯的溶解度或溶解后粘胶的性能都有很大的影响。将 NaOH 溶液浓度提高到一定范围，能增加黄原酸酯与 NaOH 之间的内聚能，使溶胀和溶解加速，而且所得粘胶的黏度也较低。

纤维素黄原酸酯在碱溶液中的膨化度与其酯化度(γ 值)有关。各种 γ 值的黄原酸酯，其膨化度与 NaOH 溶液浓度之间都是最大值关系。如 γ 值为 12 时，其最大膨化值的碱溶液浓度为 8%～9%；γ 值为 20 时，最大膨化值的碱溶液浓度移至 6%～7%；γ 值增至 30 时，其最大膨化值的碱溶液则降为 4%～5%。

许多学者研究过 NaOH 浓度与粘胶浓度之间的关系，发现黏度的最小值是在粘胶中总碱量为 6%～10%时，这可能与粘胶中网络结构的缠结，因溶剂化的提高而遭破坏有关。此外，大分子的伸展程度也能影响黏度的起落。将一定重量的黄原酸酯分别溶解于一定体积的水和 NaOH 溶液中，分别测定所得稀溶液中黄原酸酯大分子的形状，发现大分子伸展程度越高者，其溶液的黏度也越高。

碱浓度还能影响粘胶的稳定性，碱浓度越低，粘胶的稳定性越差，这是因为纤维素黄原酸酯极易水解之故。如碱浓度过大，纤维素黄原酸酯容易皂化，也会发生同样结果。

碱的浓度过大，超过10%时，纤维素黄原酸酯的溶解性变差，在浓度超过25%的NaOH溶液中，低酯化度的纤维素黄原酸酯会出现完全不溶解的现象。这可以解释为由于碱浓度的升高，溶液中水量减少，NaOH的溶剂化妨碍了黄原酸基团的溶剂化，因此纤维素黄原酸酯不能溶解。NaOH浓度为4%～8%时，黄原酸酯的溶解性能最好，粘胶的稳定性也最高。

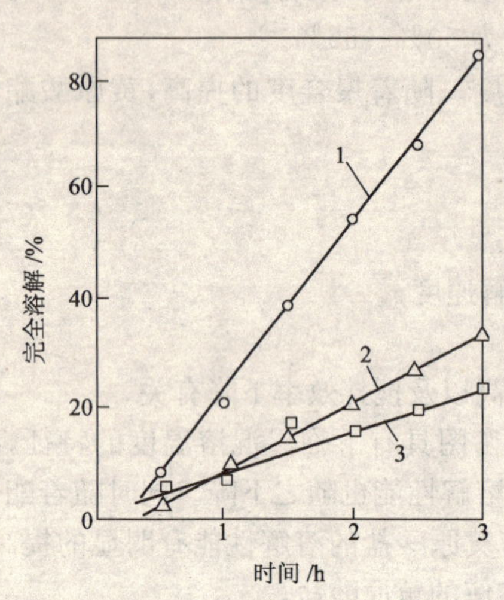

图7－18　纤维素黄原酸酯在不同浓度NaOH溶液中的溶解动力学

1—4%　2—2%　3—8%

为了提高纤维素黄原酸酯在碱溶液内的溶解度，可以采用加入助剂的方法。在碱溶液中加入少量的锌酸钠可以使低酯化度纤维素黄原酸酯的溶解度增加，所得粘胶溶液的透明度和过滤性能也很好。

氢氧化钠的浓度不仅影响纤维素黄原酸酯的溶解度，还能影响溶解速度。NaOH浓度为4%时，具有最大的溶解速度，由图7－18可见，纤维素黄原酸钠在4%NaOH溶液中的溶解速度比在2% NaOH溶液中的溶解速度快1.5倍，而比在8% NaOH溶液中要快2.5倍。

(5)粘胶中纤维素的含量：在保持最佳NaOH浓度的条件下，尽量提高粘胶中的纤维素含量是适合的。但是，纤维素含量的提高却受到黏度的限制，因为溶液黏度的增加与粘胶中纤维素浓度的5次方成比例。

$$\eta = 6.32\times10^{-12}\mathrm{DP}^{3.4}c^{5} \tag{7-5}$$

式中：η——粘胶黏度，Pa・s；

DP——纤维素的聚合度；

c——粘胶中纤维素的浓度，%。

粘胶黏度较高时，由于扩散层厚度的增加以及搅拌的困难，使NaOH在黄原酸盐中的扩散速度也相对减慢而延长溶胀和溶解时间，而且使粘胶的过滤和脱泡产生困难；但纤维素含量过低时，不但在经济上不合算，而且所得的成品纤维结构疏松，强度低，品质较差。

因纤维品种不同，粘胶中纤维素的含量也不同，最低浓度仅4%，而最高可达10%。

另一有意义的指标是粘胶中NaOH含量与纤维素含量之比，俗称碱纤比或碱比，因为它决定了黄原酸基团与羟基间的内聚能。从理论上讲，碱纤比以1.0～1.1为最好，但生产中的碱纤比也不同，玻璃纸与短纤维的碱纤比为0.55～0.7，长丝为0.75～0.85，粘胶强力丝及高湿模量等高性能纤维的碱纤比为0.9～1.1。

2. 粘胶组成的合理化

粘胶的主要成分为α－纤维素、NaOH和水。一般情况下，普通粘胶的组成为纤维素

7.5%～8.5%、NaOH 6%～6.5%。因生产品种不同，组成也可以改变。粘胶中纤维素含量最低为5%，最高可达10%，通常，碱纤比为0.6～0.9。

为改进纤维的品质，降低粘胶生产成本，可采用的措施是有条件地提高粘胶中的α-纤维素含量并降低含碱量。

提高粘胶中α-纤维素含量可相应的减少设备台数及厂房面积；减少由粘胶进入凝固浴的水量，减轻酸站蒸发量，并可改进纤维质量。

提高α-纤维素的含量通常可采用两种途径：

(1)不提高粘胶的黏度：通常提高粘胶内α-纤维素的含量，会使粘胶的黏度相应提高，这将给过滤带来困难。若采用降低纤维素聚合度的方法，如使用低聚合度浆粕、加强碱纤维素老成等，就可抵消因α-纤维素含量的增加而引起的粘胶黏度升高。但此法对纤维素质量会产生不良的影响，如成品纤维的强度和伸度降低。另一种方法是粘胶内加入助剂，降低粘胶的结构度，以保持粘胶的黏度。

(2)提高粘胶的黏度：在提高粘胶中α-纤维素含量而不降低它的黏度时，虽然会使粘胶过滤发生一定的困难(在聚合度300～400时)，但可提高成品纤维的强度。实践证明，将聚合度为360的纤维素黄原酸酯的浓度由5%提高到12.5%，并在相同的条件下成型，纤维素的断裂长度可由11km提高到16km，纤维的双折绕次数也随之提高。

实践证明，将粘胶的黏度提高至250～300s时，对溶解、熟成、过滤以及纤维的成型不致产生明显的困难。在过滤发生困难时，还可用提高过滤压力的方法予以解决。但加大压力又必须考虑到加强设备的密闭条件及管道、零件的机械强度等。

如采用提高纤维素的聚合度，而不是提高纤维素含量的方法，来制备高黏度粘胶，例如以聚合度为600的纤维素制备纤维素黄原酸酯，而得到纤维素含量为7%，黏度为400～500s的粘胶，以这种粘胶纺制的粘胶纤维，将比普通粘胶纤维具有较高的服用性能指标。目前，国外生产的高强力纤维就采用了高聚合度浆粕制备的高黏度粘胶纺制的。

降低粘胶含碱量的优点是降低了单位产品的耗碱量，并相应的降低了凝固浴中硫酸的消耗量。

粘胶组成的重要特征，应从碱与纤维素的含量之比来判断。例如A粘胶内碱与纤维素的含量分别为6.8%和8.5%，其碱纤比为0.8；B粘胶内碱与纤维素的含量分别是6.4%和7.5%，其碱纤比为0.85。B的含量虽小于A，而A的碱纤比小于B，实际上A比较经济。

碱纤比对粘胶的黏度有显著影响，当它们之比为1～1.2时，黏度到达最低值。

降低粘胶内的含碱量，其稳定性降低，熟成速度加快。例如当碱含量由6.5%降到5.5%时，正常的熟成时间缩短20%～30%。如果工艺要求必须保持熟成度不变，应在粘胶中加入助剂，如Na_2SO_3或$NaHSO_3$，以延缓熟成，并保证有足够的脱泡和过滤时间。

3. 溶解设备

目前使用的溶解设备有R223型(图7-19)和R224型(图7-20)后溶解机两种。

(1)R223型后溶解机：R223型后溶解机(图7-19)是一个立式圆筒，顶盖上有粘胶进口管、视镜等。底部有粘胶出口管。机内有一内套(内胆)，并有栅条构成的假底。在假底下面有旋转轴，轴上装有三片搅拌叶，互成120°。在机底壁上固定有环形的磨盘，盘上刻有径向的沟纹。搅拌叶与磨盘相距很近。纤维素黄原酸酯粒块在旋转的搅拌叶与固定的磨盘间被磨碎，粘

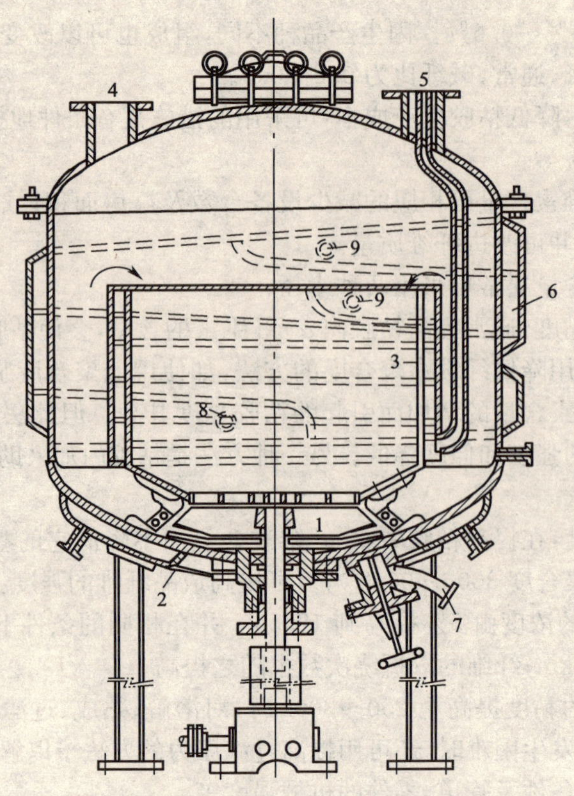

图 7－19　R223 型后溶解机

1—转刀　2—磨盘　3—内胆　4—进料口　5、8—冷盐水进口

6—夹套　7—粘胶出口　9—冷盐水出口

胶被甩向四壁，并沿内套与机壁上升，折返回内套，通过假底，再次受到研磨。

为了有效地移去黄原酸酯的溶解热和机械热，溶解器壁的中部、下部以及内胆都设有夹套，并通过冷盐水循环降温。搅拌叶由 40kW 电动机通过变速箱传动，转速为 143r/min。

R223 型后溶解机分 A、B 两种，其有效容积分别为 $3.26m^3$ 和 $4.6m^3$。溶解温度为 12～18℃，溶解时间为 2.5～3h。

R223 型溶解机的研磨、搅拌作用强烈，溶解效果好。其缺点是动力消耗大，发热量大，因而冷冻需用量大。

目前大多数溶解机的搅拌研磨速度为 120～150r/min，溶解时间 2～3h。有些溶解机研磨速度提高到 500r/min，溶解时间缩短 1h。

(2)R224 型后溶解机：R224 型后溶解机(图 7－20)由带有冷却夹套的筒体、导流圈、搅拌器和齿轮减速箱组成。筒体底部装有固定的伞形齿板和网眼板，中部有圆柱形的，带有冷却夹套的导流圈，导流圈固定在筒体底部的支架上，筒体底部及筒壁均装有冷却夹套，筒盖有人孔、照明灯、视孔、物料和碱液的进口管等机件，筒体底部有出料阀、冷却水排出管等机件，筒体上装有取样阀门和温度计的插入口。

搅拌器安装在伞形齿板与网眼板之间，与伞形齿板间隙为 2～3mm，与网眼板间隙为 4～

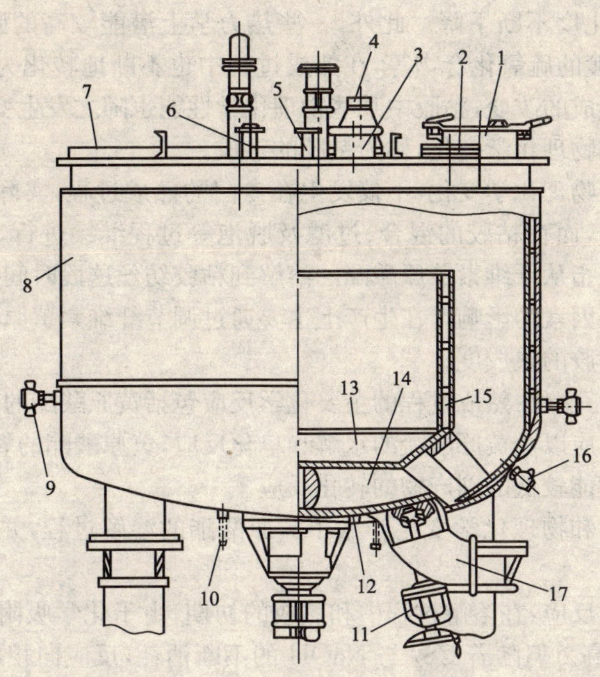

图 7－20　R224 型后溶解机

1—人孔　2—视孔　3—进料口　4—照明灯　5—碱液进口　6—抽气管口　7—桶盖
8—桶体　9—放气考克　10—冷盐水出口　11—出料阀　12—伞齿板
13—网板　14—搅拌器　15—导流阀　16—取样考克　17—出料口

7mm，与导流圈间隙为 4～6mm，在搅拌的同时还有研磨作用。搅拌器转速 102r/min，电动机功率 55kW。有效容积 7.8m³。

(十)粘胶的纺前准备

经过后溶解的粘胶，它的凝固能力较低，并含有多种固态杂质及气泡，故需进行混合、熟成、过滤和脱泡，以制得具有良好可纺性能的、清净而均一的粘胶，然后送去纺丝。这个过程，工业上称为粘胶的纺前准备。

1. 粘胶的混合

粘胶混合的目的是减少各批粘胶由于制造工艺或操作上的波动而引起的质量不均匀性，以保持成品纤维品质的稳定；粘胶混合机的容积较大，可以储存几批粘胶。当原液或纺丝车间某一工序发生暂时故障时，它就起着暂时缓冲的作用，以保证连续生产的稳定性。

粘胶混合是在混合机中进行的。R161 型混合机是内径为 2.2m 的卧式钢制圆筒，有效容积为 20.5m³，机内设有卧式的搅拌器，它以 44r/min 的速度将粘胶搅拌与混合。粘胶混合的方式有连续式混合和间歇式混合。连续式混合是机内储存 3～4 批粘胶，每新进入一批粘胶时，混合 20～30min，再放出一批送去熟成；间歇式混合是将 3～4 批粘胶一起混合，然后一次放出。目前生产中多采用连续式混合。

2. 粘胶的熟成

纤维素黄原酸酯在热力学上是不稳定的，故粘胶在放置过程中，纤维素黄原酸酯逐渐发生水解和皂化反应，使酯化度不断下降。此外，一些热力学上潜能较高的副产物，如三硫代碳酸盐、过硫代碳酸盐及过渡的硫氧化合物等，在熟成过程中也不断地转化为潜能较低的碳酸钠和硫化钠等。由于化学组成的改变，粘胶中某些物理化学性能也随之发生变化。粘胶在放置过程中发生一系列的化学和物理化学变化，称为粘胶的熟成。

粘胶熟成的化学和物理化学变化，不仅发生在专门的熟成过程，实际上是从纤维素黄原酸酯的溶解过程就已发生，而在粘胶的混合、过滤及脱泡等过程继续进行，直至纺丝成型时才结束，故严格地说，熟成应指从纤维素黄原酸酯的溶解到粘胶纺丝这段时间内发生的变化。

粘胶的熟成受很多因素的影响。在生产上主要通过调节纤维素黄原酸酯的酯化度、熟成温度和熟成时间来控制粘胶的熟成度。

(1)熟成过程的化学变化：熟成过程的主要化学反应包括黄原酸酯的转化反应，如碱纤维素的补充黄化和再酯化反应以及黄原酸盐的水解和皂化反应，黄原酸酯的氧化、还原反应；将潜能较高的副产物转化为潜能较低的副产物的转化反应。

熟成过程中的化学和物理化学变化开始于黄原酸酯的溶解过程，并在熟成过程中明显地加快。

①黄原酸酯的转化反应：在溶解过程中和熟成的初期，由于化学吸附 CS_2 作用而产生补充黄化，使酯化度有所提高。但随着 CS_2 与 NaOH 的不断消耗，反应向相反方向进行，而使酯化度有所下降。

在熟成过程中，黄原酸酯的分解反应主要是皂化和水解。黄原酸酯的分解，在很大程度上取决于粘胶中的碱含量，在水溶液中，黄原酸酯的分解主要是水解反应，而在碱溶液中，黄原酸酯的皂化和水解两种反应同时发生。正常组成的粘胶，在碱浓度为 6%～7%时，黄原酸基团的分解主要是水解作用。当粘胶中碱浓度大于 11%时，皂化反应增大；粘胶中碱含量超过 17%～18%时，约有 1/3 的黄原酸酯发生皂化反应。

黄原酸酯皂化反应的主要副产物是硫化钠，而水解反应的主要副产物是三硫代碳酸钠。

由于黄原酸基团的分解而游离出来的纤维素羟基，并不能保持它的原有状态，而是立即与包围纤维素的游离 NaOH 相结合。因此，与纤维素相结合的 NaOH 数量，随黄原酸盐的分解和熟成时间的延长而增加。

熟成过程还能降低黄原酸基团分布的不均一性。在黄化时，由于晶区难以达及，故酯化度偏低；溶解以后，纤维素黄原酸酯呈分子分散状态，这就由原来处于晶区的纤维素分子获得补充黄化的机会，从而提高了黄原酸基团分布的均匀性。

在粘胶含碱量的范围内，提高粘胶中 NaOH 的含量将延缓黄原酸酯的水解速度，使成熟速度减慢。随着纤维素含量的提高，熟成过程也趋于缓和，而半纤维素的存在能明显地减慢熟成过程的进行。

②黄原酸酯的氧化还原反应：空气中氧的存在能明显地加速熟成过程的化学反应。纤维素黄原酸酯因部分氧化而生成二黄原酸酯：

$$2[(C_6H_9O_4)O\overset{\overset{\displaystyle S}{\|}}{C}SNa]_n + nH_2O \xrightarrow{[O]} [(C_6H_9O_4)O\overset{\overset{\displaystyle S}{\|}}{C}SS\overset{\overset{\displaystyle S}{\|}}{C}O(O_4H_9C_6)]_n + 2nNaOH$$

二黄原酸酯在粘胶内分别和硫化钠及亚硫酸钠作用，生成纤维素黄原酸酐。

$$[(C_6H_9O_4)OC(=S)SSC(=S)O(O_4H_9C_6)]_n + nNa_2S \longrightarrow [(C_6H_9O_4)OC(=S)SC(=S)O(O_4H_9C_6)]_n + nNa_2S_2$$

因此，粘胶经熟成后不仅含有大量的黄原酸酯，而且还有少量的二黄原酸酯和纤维素黄原酸酐。粘胶在熟成过程中将因氧的存在而加快熟成速度，而粘胶中的 Na_2S 可能是氧的传递者。

在氧的存在下，熟成速度可提高 1 倍，但其氧化机理至今尚无满意的解释。有人假定：氧化生成二黄原酸酯与黄原酸酯和碘作用相类似。由于二黄原酸酯对碱的稳定性低于黄原酸酯，故使皂化加速。

粘胶中氧化剂的存在能加快熟成速度。如 Na_2S、H_2O_2，特别是 NaClO 能显著地加速粘胶的熟成，并使黏度上升，γ 值降低。

在粘胶中加入亚硫酸钠能降低纤维素黄原酸酯的皂化速度，因为 Na_2SO_3 能与粘胶中的氧化合，使黄原酸酯的氧化过程减慢或完全停止。

③副反应产物的转化反应：由于纤维素黄原酸酯的水解、皂化以及氧化作用的结果，使副反应产物各组分发生明显的变化。副反应产物的转化反应主要取决于具有高能级产物（如—OCS_2Na）转化为热焓较低的化合物（如 Na_2CO_3、Na_2S 等）、黄原酸基团的离解速度以及氧化产物的积聚。

副反应产物的相互转化反应主要包括如下几个过程：

a. 由于黄原酸酯的水解反应而放出的 CS_2，它与 Na_2S 作用生成三硫代碳酸钠。

$$Na_2S + CS_2 \longrightarrow Na_2CS_3$$

b. 游离的 CS_2 与 NaOH 作用生成 Na_2S 等产物。

$$CS_2 + 6NaOH \longrightarrow 2Na_2S + Na_2CO_3 + 3H_2O$$

c. 因黄原酸酯分解而析出的 CS_2 与 NaOH 或 Na_2S 作用而生成三硫代碳酸钠。

$$3CS_2 + 6NaOH \longrightarrow 2Na_2CS_3 + Na_2CO_3 + 3H_2O$$
$$Na_2S + CS_2 \longrightarrow Na_2CS_3$$

d. 游离的 NaOH 因参与副反应而不断降低含量。

e. 亚硫酸钠夺去其他化合物中的硫而生成 $Na_2S_2O_3$。

f. 由于氧化作用，使粘胶中的 Na_2S 部分氧化为多硫化钠。

$$Na_2S + (x-1)S \longrightarrow Na_2S_x$$

g. 二硫化钠与二硫化碳或三硫代碳酸钠作用而生成过硫代碳酸钠。

$$Na_2S_2 + CS_2 \longrightarrow Na_2CS_4$$
$$Na_2S_2 + Na_2CS_3 \longrightarrow Na_2CS_4 + Na_2S$$

h. 过硫代碳酸钠能继续转化为硫代硫酸钠及多硫化物。

$$Na_2CS_4 + Na_2SO_3 \longrightarrow Na_2CS_3 + Na_2S_2O_3$$
$$Na_2CS_4 + Na_2S \longrightarrow Na_2S_2 + Na_2CS_3$$

(2)熟成过程的物理化学变化:粘胶在熟成过程中,由于黄原酸酯γ值的降低、副反应产物成分的变化、游离碱含量的下降等,引起粘胶物理化学性能变化,其中在生产中具有重要意义的有黏度和熟成度的变化。

①粘胶黏度的变化:在熟成过程中,粘胶的黏度开始时不断下降,当达到最低点时,黏度徐徐上升,最后使粘胶全部凝固。

粘胶纤维因品种不同,其黏度随时间的变化情况也不一样。粘胶长丝用的粘胶,其黏度达到最低值需40~50h;生产强力丝的粘胶熟成14~20h后,其黏度已达到最低值;生产波里诺西克纤维用的粘胶,在溶解时已达到黏度最低值,在熟成阶段,黏度随熟成时间的延长而不断上升,熟成10~12h后,黏度变化进入第三阶段,即随熟成时间的延长,黏度急剧地上升。

对于粘胶在熟成过程中黏度的变化规律,曾有多种理论进行解释。其中较有可能的是:在熟成阶段的初期,黏度下降的原因与下列因素有关,无定形部分所吸附的CS_2及黄原酸酯水解析出的CS_2进入结晶部分,使纤维素大分子黄化,并提高了黄原酸基团分布的均一性;此外,黄化时,纤维素基环上的C_2和C_3原子更易黄化,故黄原酸基团大部分分布在C_2和C_3原子上,溶解后,由于C_2和C_3上的黄原酸基团稳定性较差,因分解而析出的CS_2容易使C_6原子带上黄原酸基团。上述两种情况必然使粘胶的结构化程度和黏流活化能下降,从而使粘胶的黏度下降。

当粘胶的黏度下降到最低点时,纤维素黄原酸酯的水解和皂化速度较明显,随着酯化度的下降,使脱溶剂化和结构化程度增加,因而粘胶的黏度便开始上升。

随着黄原酸酯酯化度的继续下降,副反应产物的不断增加,纤维素大分子间因氢键的作用而不断凝聚,故粘胶的黏度便急剧上升。

粘胶纤维的成型一般在黏度下降到最低值时进行。

②粘胶熟成度的变化:粘胶的熟成度是指粘胶对凝固作用的稳定程度。熟成度反映了溶液的热力学状态,故凡是对溶液的热焓(如温度、酯化度和NaOH浓度)和熵值(如相对分子质量、酯化度和纤维素浓度)有影响的因素,都能影响粘胶的熟成度。曾多次探讨这些因素对熟成度影响的定量关系,但收效甚微。由此可见,影响熟成的因素比较复杂,也可能有些对熟成度有决定性的影响因素尚未发现。

以NH_4Cl或NaCl值表示粘胶的稳定值时,随着熟成过程的进行,在开始时,稳定值急剧上升,达到最大值后便逐渐下降。这种变化与熟成时的化学变化有关,尤其与补充黄化、黄原酸酯的分解以及副产物的积聚有关。如上所述,在开始阶段,由于晶区中纤维素大分子的补充黄化和溶解以及黄原酸基团的均匀分布,使粘胶溶液的结构化程度下降,因而提高了对电解质的稳定性,使NH_4Cl或NaOH值上升。随着黄原酸酯分解的加剧和副产物浓度的增加,从而使粘胶的结构化程度增加,降低了溶液的稳定性。

熟成度是粘胶的重要指标之一,它决定了成型时各过程的动力学,因而也直接影响成型过程的稳定性和成品纤维的性能。如成型速度、大分子的凝聚作用以及微晶的取向度无不与熟成度有关,成品纤维的延伸度和染色性也与熟成度有关。

(3)影响熟成的因素:

①熟成时间:熟成时间主要取决于成型时所需求的熟成度以及过滤和脱泡所需的时间,为加快粘胶的熟成,可适当提高熟成温度,降低NaOH含量或加入能加快熟成的助剂,如一元醇

或多元醇。

②熟成温度：提高熟成温度能加快熟成过程中各种化学和物理化学过程，从而加快熟成度。此外，由于粘胶的黏度随温度的升高而下降，因此升高温度还可以加速脱泡和过滤的进程。平均温度每升高10℃，粘胶黏度可下降50%～80%，粘胶中纤维素含量越高，它的结构黏度越大，提高温度时，其结构黏度下降的程度越大。

③粘胶的含碱量：粘胶的含碱量上升时，水解和皂化速度下降，故熟成较缓慢。

④粘胶中的纤维素含量：随着粘胶中纤维素含量的提高，粘胶的黏度也随之上升，但是，它对粘胶稳定性的影响比较复杂。一方面，随着纤维素含量的提高，溶液的过饱和程度随之提高，从而降低了粘胶的稳定性；另一方面，由于纤维素浓度的提高，增加了体系中羟基的浓度，使酯化度的下降较缓慢，因而使粘胶的稳定性上升。一些作者提供的关于纤维素浓度对粘胶稳定性影响的资料，也出现相应矛盾的现象。

⑤各种助剂的影响：为了改变粘胶的熟成速度，可在粘胶中加入少量助剂。助剂的种类很多，其作用各不相同。

a. 减缓熟成过程的助剂：若在粘胶中加入去氧化剂亚硫酸盐或亚硫酸氢盐，特别是加入Na_2SO_3能减缓熟成速度。因为它是还原剂，能阻止空气中的氧对黄原酸酯的氧化作用。Na_2SO_3能延缓凝固作用的另一原因是，它有阻止NaOH与CS_2作用生成Na_2SO_3及Na_2CS_3的能力。这些产物都能降低粘胶的稳定性。Na_2SO_3还有减缓黄原酸酯水解的效应。

b. 加速熟成过程的助剂：在粘胶中加入一元醇或多元醇，可以使熟成过程加速。在黄原酸酯水解时析出的CS_2和加入的分子醇相作用，而不和纤维素大分子中的羟基起作用，因此，熟成时就没有纤维素补充酯化反应，从而加速了熟成的进行。

在粘胶内加入Na_2S，也能使皂化过程加速，从而加速熟成过程。因为Na_2S是一个载氧体，会促进粘胶的氧化作用，如加入1%Na_2S(以溶液重计)，皂化速度可提高1倍。

c. 改变熟成过程中粘胶的黏度和熟成度的助剂：在粘胶中加入强电解质，例如Na_2CS_3，可以提高粘胶的黏度和熟成度。这类物质的作用，主要在于使已溶解的黄原酸酯大分子去溶剂化。

d. 能与粘胶中黄原酸酯分子相互作用的助剂：如在粘胶中加入均二氯异丙醇，与纤维素黄原酸酯起下列反应：

$$2\left[\begin{array}{l} \quad O(C_6H_9O_4) \\ \ / \\ C{=}S \\ \ \backslash \\ \quad SNa \end{array}\right]_n + nClCH_2CHOHCH_2Cl \longrightarrow \left[\begin{array}{ccc} (C_6H_9O_4)O & & O(C_6H_9O_4) \\ | & & | \\ C{=}S & & C{=}S \\ | & & | \\ SCH_2 & CHOH & CH_2S \end{array}\right]_n + 2nNaCl$$

罗果文等人指出这一反应能产生三度结构并使粘胶的结构度迅速上升，此时粘胶的胶凝不是黄原酸酯酯化度的变化或盐的去溶剂化作用，而是由于形成三度结构，使溶解质点聚集的结果。

3. 粘胶的过滤

过滤的目的是除去粘胶中不溶解或半溶解的粒子，以防在纺丝时堵塞喷丝孔，或影响纤维的物理机械性能。粘胶通常要经过三四道过滤，最后一道过滤在纺丝机上进行。

粘胶的过滤性能是指粘胶通过过滤材料的能力，即过滤的难易程度。它是粘胶主要质量指标之一，也是综合反映原材料性质和粘胶质量好坏的重要标志。粘胶的过滤性能除与粘胶的黏度和组成有关外，主要取决于粘胶中不溶解和半溶解粒子的数量、大小和性能。

(1)粘胶的微粒：粘胶中含有大量的微粒，其数量可达 3 万～4 万个/cm^3，直径为 0.1～50μm，含量一般不超过重量的 0.01%～0.02%。依其性质可分为有机物和无机物两类。

有机粒子主要有：

①未反应的纤维和纤维片段，其直径为 25～80μm，长度为 1.8～5mm；

②高度膨润但未溶解的纤维状凝胶，直径相差悬殊，小者仅 5μm，大者可达 150μm；

③凝胶粒子主要有聚合度较高(大于 1200)，γ 值较低的未完全溶解的纤维素大分子、纤维素细胞壁以及半纤维素与 Fe、Ca、Cu 的螯合体等。

无机类粒子主要有金属盐类晶体，如 $Na_2CO_3 \cdot CaCO_3 \cdot 5H_2O$、$CaSiO_3$、FeS、CaS 等，其大小和形状不定，黏附性很强，此外还有尘土、铁锈、碳粒和沙粒等。

粘胶中微粒按其形式，主要可分为三类，即纤维素凝胶粒子、树脂微粒和无机微粒，其中凝胶微粒的数量最大。

①纤维素凝胶粒子：凝胶粒子主要来源于：

a. 原料纤维素因来源不一，它们所处的部位不同，细胞类型不一，甚至树龄不同，这些因素都能影响反应性能，而形成部分不溶解或半溶解的微粒。

b. 纤维素的伴生物，特别是木聚糖。

c. 没有蒸煮透的纤维素，或因漂白和精致过程不均匀所造成。

d. 粘胶制备过程中，因浸渍、黄化和溶解过程的偏差，而造成的不溶解微粒。采用小浴比浸渍的五合机工艺，很难制得均匀的碱纤维素，由五合机制得的粘胶，凝胶粒子较多。

在熟成过程中，粘胶中的凝胶粒子数也在不断变化。在熟成的起始阶段，粒子数目不断下降，当达到最小值后，随熟成的进行又不断上升。有趣的是凝胶粒子的最小值恰好与黏度的最低值吻合。由此可见，凝胶粒子数与黏度值都是建立在同一基础上，即有利于使黄原酸基团分布更均匀，并使结晶区中的纤维素大分子得到补充黄化的因素，它既能使粘胶的黏度下降，又能减少粘胶中粘胶粒子的数目，在成熟的第二阶段，凝胶粒子的数目不断增加，这是因为随着黄原酸酯 γ 值的不断下降，容易使小于 5μm 的细小微粒凝聚成较大的粒子。

粘胶中的粒子对粘胶的过滤性、可纺性以及成品纤维的结构和机械性能都有较大的影响。

直径大于 40μm 的粒子会堵塞过滤介质的毛细孔(称机械堵塞)，同时容易使喷丝头堵塞，或使原液细流裂断。直径 15～40μm 的粒子能被滤材的毛细孔壁吸附，并逐渐积累，最终使毛细孔完全堵塞(称吸附堵塞)。

试验表明，粘胶中凝胶微粒的存在，往往使成品纤维形成疵点，又容易使纤维的机械强度下降。

②树脂微粒：在非纤维素的分散微粒中，树脂微粒约占分散微粒总含量的 15%，它与纤维素凝胶粒子不同，会使粘胶的透明度下降，如果在粘胶中加入某些表面活性剂(如黄化蓖麻油、非离子型聚氧乙烯等)，能使树脂微粒分散得更细，而使粘胶的透明度有很大的提高，并能防止熟成过程中粘胶透明度的下降。

③无机微粒：在无机微粒中，以硅盐、钙盐和重金属的硫化物为主。在熟成过程中，粘胶的透明度逐渐下降，其原因之一是铁质与 Na_2S 作用生成硫化铁所致。粘胶中铁质含量与透明度

成反比，如把铁质的浓度从 3.5mg/L 提高到 30mg/L，透明度将从 350mm 下降到 40mm。故在工艺过程中应防止混入铁质。

硅的存在将增加喷丝头的堵塞，并使成品丝的质量下降。$Na_2CO_3 \cdot CaCO_3 \cdot 5H_2O$ 同样可使粘胶的透明度明显下降。从原料中带入的钡对粘胶透明度也有类似的影响。钙和钡的存在，还能增加丝条的断头率并产生毛丝。

(2)影响粘胶过滤性能的因素：凡能影响粘胶中粒子的数量、大小和性质的因素，都会影响粘胶的过滤性能，其中以下列几项为重要：浆粕的反应性能；浸渍、压榨、粉碎的效果；碱纤维素的聚合度及分布；纤维素黄原酸酯的酯化度及分布；黄化及溶解的情况；原料中杂质的含量和性质；设备及管道的洁净度。

(3)过滤设备：粘胶的过滤设备，长期以来都采用板框式压滤机。板框式压滤机的缺点是不能连续过滤，过滤效率低，滤布换洗频繁，劳动力消耗大。为实现粘胶过滤的连续化和自动化，国外自 20 世纪 60 年代开始研制并产生了不同形式的连续过滤设备，使粘胶的过滤达到了连续化和自动化的水平。

20 世纪 60 年代，瑞士汽巴公司，首先制造和使用了聚氯乙烯粒子预铺的芬达(Funda)过滤机，明显地提高了粘胶的过滤效率。70 年代，瑞典出现了连续筛滤机，利用细胞筛网进行连续过滤。70 年代，美国散茨和杜邦公司对旧式板框式压滤机进行改造，创制出一种自动反洗的组合板框式过滤机。三种过滤机实现了自动化和程序控制，使粘胶过滤实现连续化和自动化。此外，还有毛雷尔的 KK 型过滤机、川崎重工的 ZHF—S 型滤机、苏联的连续式陶瓷过滤机和施威尔母公司的连续式过滤机等。

①预铺过滤机：预铺过滤是借助在过滤器的过滤面上预铺的助滤剂层，而除去滤液中杂质的过滤方法。这种过滤方法在 60 年代就应用于粘胶生产中。预铺过滤机的结构有多种形式，图 7－21 所示的一种过滤机，它的机体为直立的圆筒，筒中央有一可转动的空心轴，轴上垂直地装有多层过滤圆盘，每个圆盘上面都装有多层不同密度(由疏到密)的不锈钢丝网。助滤剂铺于网上形成均匀的滤层。每个滤盘都有小孔与空心轴相通。在筒体顶部有粘胶进口、冲洗水进口、压缩空气进口和排气口及视镜等，筒体下部有冲洗水进口及空心管下端的粘胶出口。

作为粘胶的助滤剂，其颗粒大小要适当而均匀；在粘胶中能成悬浮液，无压缩性，化学稳定性高，易于清洗；在使用及回收处理后变化很小，堆积时，空洞率大；来源丰富，价格低廉。目前采用直径约 110μm 的聚氯乙烯(PVC)粒子。试验说明，PVC 粒子的大小和分布，很大程度上影响着过滤效率和过滤质量。

在压力下，粘胶通过滤层的毛细管进入滤盘，并由空心轴底端出口排出。粘胶中的粒子则被阻

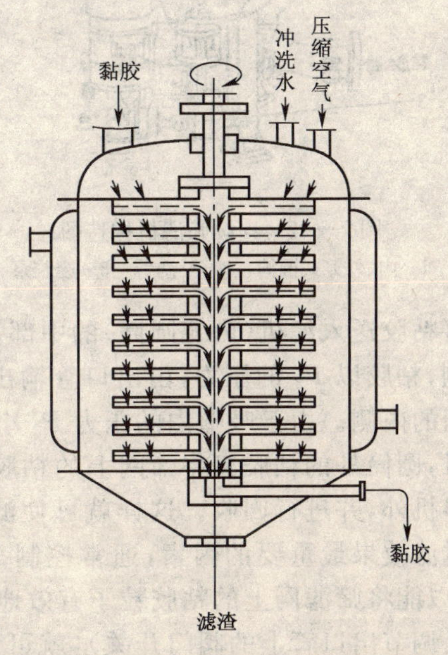

图 7－21 预铺过滤机结构简图

留在滤层上。过滤压力随着滤层被杂质阻塞的程度增加而上升，当压力超过一定值时，停止过滤，进行清洗。清洗时，转动滤盘，将滤层甩出，PVC粒子冲出筒外并回收。

PVC对粘胶凝胶粒子的吸附力小，故去除小粒子能力较差。据报道，使用经化学变性的切断纤维素作滤材（长径比200～300），不但能避免渗漏和堵塞，而且因为纤维素材料对粘胶凝胶粒子有更大的吸附能力，能使滤后粘胶有更高的清净度。

过滤粘胶的预铺滤机，在结构上使用封闭的圆盘作过滤单元，使用助滤剂PVC粒子为过滤介质，在工艺上采用自然升压的恒速过滤，是一种有效的自动化过滤设备。它的优点是：

a. 生产效率高；

b. 过滤粘胶的清净度高；

c. 劳动条件好，劳动强度低；

d. 原材料消耗少，生产费用低；

e. 设备占地面积小。

这种过滤机的缺点是聚氯乙烯粒子在使用过程中直径越来越小，不仅损耗，而且混入粘胶中，纺丝后像二氧化钛粉一样掺杂在纤维中。据报道，聚氯乙烯是一种致癌物，故在美国不推荐使用这种滤材。此外，这种滤机结构复杂，使用前的准备时间较长。

②芬达筛滤机：芬达（连续）筛滤机可供普通型粘胶纤维和粘胶薄膜过滤粘胶用的新型设备，也可用于许多高黏度液体的过滤。

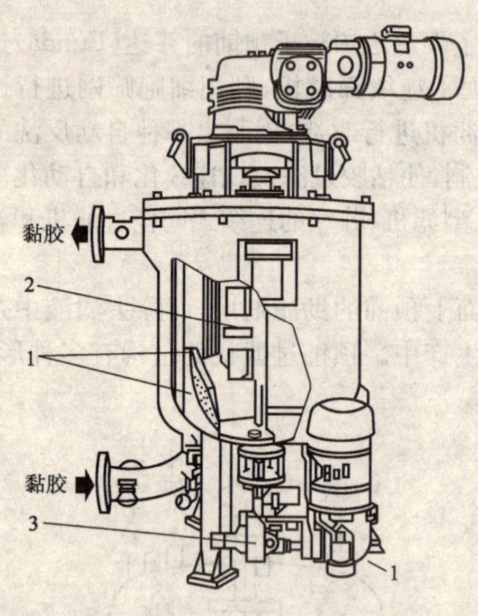

图7－22　连续筛滤机构造图

1—内、外笼式圆筒　2—反洗臂　3—废胶泵

筛滤机（图7－22）的机体是能承受1.4MPa压力的密闭圆桶，桶内有两个相互叠合的笼式圆筒，筒壁还有很多小孔，可以通粘胶，在两层圆筒之间夹一层不锈钢筛网。内笼的内侧为一带吸嘴的旋转反洗臂（又叫反洗靴），吸嘴紧贴圆筒的内壁，并通过空心的中心轴与废胶泵相连。中心轴由机盖上的机构传动，以可调节的速度旋转。

筛滤机的工作原理如图7－23所示。计量泵将粘胶送入滤机（内笼圆筒）的中部，粘胶以 P_1 压力通过内笼圆筒和筛网。在内笼圆筒外侧，粘胶以 P_2 的压力，由出口管输出机外（很明显 $P_1>P_2$）。粘胶中的粒子，则阻留在筛网的内侧。由于吸嘴内的压力 P_3 小于圆筒外侧的压力 P_2，故当吸嘴随着反洗臂缓慢旋转时，圆筒外的粘胶又将筛网上的粘胶粒子推入旋转臂的吸嘴中，通过中心轴，由废胶泵吸出机外，并进行回收。这样就可使滤筛连续复原。机内各部分粘胶的压力是影响筛滤机过滤效果最重要的因素，通常控制 P_1 在0.8～1.0MPa，P_2 在0.1～0.2MPa；P_2 的大小，以能将筛滤网上的粘胶粒子有效地推入旋转臂的空穴为原则。调节粘胶进出量（最简单是调节出口管上的阀门开关），就可调节 P_2 的大小。旋转臂以及废胶泵的转速是根据产量、粘胶性质、筛网类型等因素自动调节的。

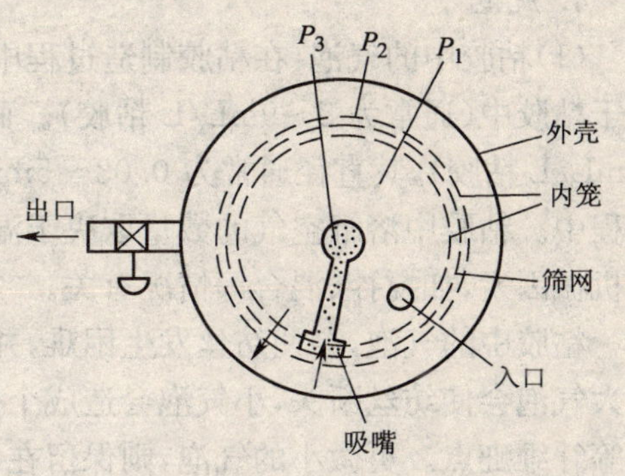

图 7－23　连续筛滤机工作原理图

用于粘胶过滤的筛网通常有两种：一种是特种编织法（荷兰斜纹组织）的滤网，网孔直径 16～20μm，可作粘胶头道过滤，使用寿命 3～4 个月；另一种是烧结金属纤维毡，是由很细的金属纤维任意组成立体的曲径结构。用直径小于 4μm 有空气蹼的金属纤维形成一种无规则网，经压实烧结而成。改变纤维直径，可在一定范围内改变孔径的大小，从而改变过滤的特性。烧结金属毡比编织网有更多的优越性，它的开空率高达80%～90%（编织金属网仅为 30%～50%），因而提高了滤机的过滤量和生产能力；它的过滤质量好，除去粒子的能力高；由于曲径结构，使烧结纤维毡获得了非常有利的大小微孔分布，能截留 2μm 以上的粒子，滤除粒子的能力提高了 2～3 倍，因而适于作粘胶头道和二道过滤之用，使用寿命长达 6～8 个月。

用于粘胶头道过滤的筛网，其孔眼直径通常为 16～25μm，对粘胶中粗大粒子的去除能力较强。若采用更细密的筛网，则可以除去更细微的胶粒。筛滤机的有效过滤面积为 0.5～4.75m^2，对普通粘胶短纤维的粘胶，其过滤速率为 20～30L/(min・m)^2。连续反洗时，由中心管吸出的粘胶（回收胶）量通常为过滤胶量的 5%～8%，这些粘胶大部分可通过过滤回收。只有其中的 6%～10%作为废胶排出，故废胶量约占过滤粘胶总量的 0.5%。连续筛滤机是 70 年代制成的新型粘胶过滤设备，目前主要用于粘胶的头道过滤和二道过滤。与常规的板框压滤机相比，它有下列特点：

a. 生产效率高。

b. 生产连续，生产控制全部自动化，因而节约了劳动力，改善了劳动条件。

c. 设备占地面积小，操作和维修费用低。

但筛滤机除去粘胶中较细小粒子的能力不太好，当网的两边压力有变动时，过滤效率和粘胶质量都会变化。此外，筛滤机的结构较复杂，对滤网的要求较高。

③自动反洗式板框滤机：自动反洗式板框滤机无需拆卸滤布即可在机上用碱和软水清洗滤材。滤材通常使用尼龙毡，主要是为了高压反洗时能耐受 1.5～1.8MPa 的压力。

如以 60t/d 的产量计，头道过滤采用 50m^2 滤机五台，二道过滤为 50m^2 滤机三台。头道滤机分为三组，一组三台进行过滤，两组一台进行反洗，三组一台为备用，三组交替使用，自动进行。每台滤机每天反洗两次，过滤万吨粘胶后才换滤材（3～4 个月换一次尼龙毡）。

自动反洗滤机在原来的板框滤机上加尼龙毡即能使用，投资少，自动化程度高，粘胶质量高，损耗少。

④毛雷尔 KK 型滤机：基本原理同筛滤机，滤材均为金属烧结毡网，但 KK 滤机没有连续冲洗的反洗臂，而是装有进退活塞的间歇式反冲洗装置。

该机的特点是间歇式反洗，较节能，而且需处理的废胶量较小；滤机结构简单，维修方便，而且造型小，处理能力大；过滤网使用周期长；过滤和清洗全部自动化，既减轻了劳动强度，又减少了环境污染。缺点是对过滤粘胶的质量要求高。

4. 脱泡

(1)粘胶中的气泡:在粘胶制造过程中,不可避免地混入大量的气体。其中,有少量气体溶解于粘胶中(通常为 8～9mL/L 粘胶)。而大量的空气是以大小不同的气泡状态存在(为 20～60mL/L 粘胶),其直径通常为 0.03～5mm。这些气体主要是氮,因为氧气很快已消耗在氧化过程中。粘胶中溶解空气的数量取决于温度、压力和粘胶组成;而空气泡的多少,与粘胶制备时的机械因素,如搅拌、混合等情况有关。

粘胶中的气泡,会使纺丝发生困难,并且会使成品纤维的品质下降。因为在纺丝时,粘胶中的大气泡会使纺丝断头,小气泡会造成个别喷丝孔断丝而使喷出的单丝数目不足,并产生粘胶块等纤维疵点。更微小的气泡,则保留在纤维中形成"气泡丝",降低成品纤维的强度。为此,粘胶在纺丝前必须经过脱泡。在常规的纺丝粘胶中,空气泡的含量应小于 0.001%。

(2)脱泡方法:目前生产中有静置脱泡和连续脱泡两种方法。

①静置脱泡:在恒定的室温下,将粘胶静置于脱泡桶中,并使桶内真空度维持 0.086～0.093MPa,气泡便徐徐上升到液面,然后破裂而除去。静置脱泡是与熟成同时进行的,脱泡时间根据粘胶温度、桶内真空度、粘胶层的高度及黏度等因素而定。温度越高、真空度越高或粘胶的液面越低和黏度越低,脱泡时间越短。在熟成温度为 18～20℃下,一般需 12～24h。静置脱泡为间歇操作,生产效率低,需用许多粘胶桶,还要占用较大面积的恒温室。

②连续脱泡:连续脱泡是强化快速的脱泡方法,其原理一是使粘胶形成薄层,沿斜面慢慢淌下,以缩短气泡逸出表面的路程和时间;二是采用高的真空度,以减少粘胶中溶解的空气量并加速气泡胀大、破裂,使粘胶中的水分沸腾,以带出粘胶中的空气。

根据上述原理,工业上已设计和使用了几种不同结构的连续脱泡设备。常用的 R236 型连续脱泡装置如图 7-24 所示。它的机体上部呈圆锥形,下部为圆柱形。粘胶由顶部的分配管进入桶内,并通过沿着整个桶壁的环形狭缝(宽 0.5～1mm)被挤压出来,形成薄的粘胶层。粘胶中的气泡在粘胶沿着圆锥体桶壁往下流的过程中(10～20s)被迅速除去。由于环形狭缝容易堵塞,难以清洗,加工要求高。故近年改为塔内敞开式环形溢流。在脱泡桶的下部,储存有一定量的粘胶,使粘胶在桶内停留的时间延长至 20～30min。为了使在高真空度状态下,粘胶能连续地抽出而不影响系统的真空度,必须使用密封性能良好的机械泵(如螺杆泵),或者将脱泡桶提

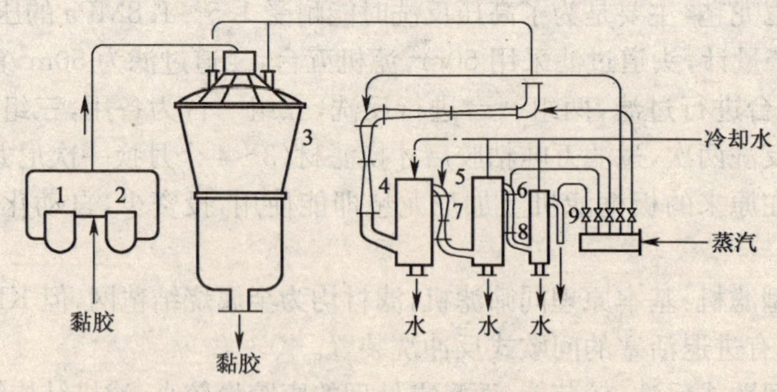

图 7-24　R236 型连续脱泡装置示意图

1、2—过滤器　3—脱泡塔　4、5、6—冷凝器　7、8、9—蒸汽喷射泵

高，使出胶管有 10m 以上的高度，靠液柱（大气腿）的重力克服桶外的大气压力。脱泡桶顶盖装有视镜、真空管接头等。

真空度的高低，直接影响着脱泡的速度、脱泡的程度和产量。通常要求脱泡桶内的剩余压力为 0.665～1.33kPa。脱泡桶的真空度，通常由一组三级或五级的蒸汽喷射泵产生，亦可用水流泵或机械泵。脱泡桶内的真空度和粘胶液面高度，都采用自动控制。

在高真空度下，粘胶中的水沸腾（水在 20℃、剩余压力为 2.33kPa 时沸腾）。因此，在脱泡过程中，大量水蒸发（研究资料指出，蒸汽的水量可达处理液量的 0.3%～0.6%），由于水分蒸发吸热，脱泡后，粘胶的温度下降 3～6℃。

连续脱泡的优点：

a. 生产效率高。

b. 生产连续，操作方便，亦有利于生产自动化。

c. 设备占地面积小。

连续脱泡的缺点是抽真空系统较复杂，蒸汽或水的耗用量大。

二、粘胶纤维的成型

把粘胶通过一定的机械设备及凝固介质，转变为具有一定性能的固态纤维，这一过程称为粘胶纤维的成型。

粘胶被挤出喷丝孔后形成细流而进入凝固浴，在凝固浴中被中和而成为溶胀丝条，纤维素黄原酸酯被分解而再生成水化纤维素。凝固和分解可以同时发生，也可以先后发生。在同一凝固浴中完成凝固和分解的方法称为一浴法纺丝；在第一凝固浴凝固、在第二凝固浴内分解再生的方法称为二浴法纺丝。为改善纤维的某些性能，也有采用三浴法、四浴法，甚至五浴法的实例。

所有的粘胶纤维，不论是普通短纤维或长丝、帘子布、高湿模量纤维以及永久卷曲短纤维的成型过程，都具有同样的规律性。为此，首先就这些共同的规律性进行探讨，然后再叙述个别类型的纤维，并对这些纤维生产中的特性进行分析。

粘胶纤维的成型过程是一个复杂的工艺过程，它发生一系列化学、物理和物理化学变化。有些过程是独立进行的，更多的是同时发生，交叉进行，并相互影响，不能人为地加以分开，但为了便于讨论，本节将人为地将下列一些过程分别进行讨论。

（一）粘胶在喷丝孔道中的流动及细流的形成

粘胶在加工和成型过程中的流动基本上可分两种情况：在进入喷丝孔之前在设备及管道中的流动，基本上属于剪切流动处理；在出喷丝孔后的纺丝线上，则基本上属于单轴拉身流动。

粘胶在喷丝头孔道中（包括进入和流出）的流动，不是单纯的泊肃叶流动，它还包括喷丝孔入口区的流线收敛流动、喷丝孔中的管道流动、喷丝孔出口区向拉伸流动的过渡。此外，粘胶是黏弹性流体，它在喷丝孔道中流动时难以形成稳定速度分布的稳态速度场。以上种种因素都使粘胶在喷丝孔道中的流动偏离泊肃叶流动，在讨论有关问题时都必须考虑这些因素。

下面按照工艺流程对粘胶细流的形成、发展及其能量平衡作简介。

经计量泵正确计量的粘胶被压入喷丝孔道（图 7－25），然后从喷丝孔道被挤出，挤出孔口的细流往往在靠近孔口处出现一个直径增大的膨化区。如果细流是自由流出的，其直径（D_f）保

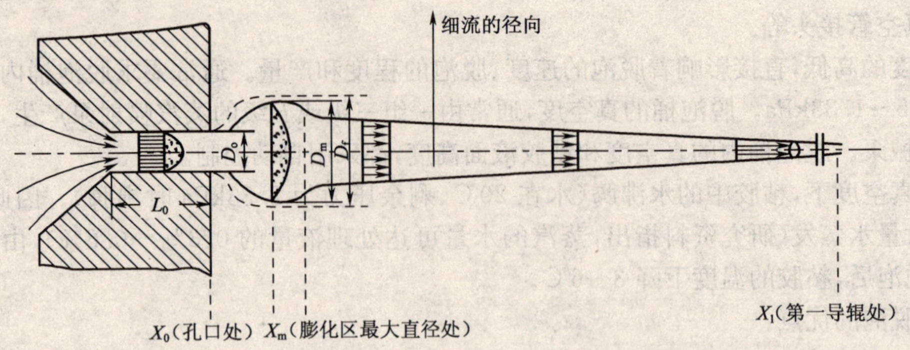

图 7－25　粘胶在喷丝孔道中的流动及细流的形成

L_0—孔长　D_0—孔道直径　D_f—膨化细流直径　D_m—膨化区的最大直径

持恒定；如果细流是在外力的作用下被拉出的，由于拉力的作用，细流在越过膨化区最大直径 D_m 后($D_m<D_f$)，在凝固浴内逐渐变细。

1. 粘胶流进喷丝孔道时的入口效应

粘胶进入喷丝孔道入口时，从直径较大的空间被压入直径很小的喷丝孔。具有黏弹性质的粘胶，在入口区直径减小时，沿流动方向有了速度梯度，导致粘胶在引张力方向发生了弹性形变，流线也随之而收敛。在这种情况下除因摩擦而损耗一部分能量作为热的形式逸散外，用于弹性形变的那部分能量则作为弹性能储藏于体系之中，这种在入口处粘胶把所消耗的一部分能量储存为弹性能的现象称为入口效应，它是粘胶弹性在入口区所导致的必然结果。

2. 粘胶在喷丝孔道中流动的弹性现象

粘胶进入喷丝孔后，沿着孔壁向前流动，在紧贴孔壁处，粘胶的流速可以看作零。沿孔径方向，自孔壁至中心线，粘胶的流速逐渐增大，至中心线，粘胶的流速到达最大。即粘胶在径向的流速有差异，称为径向流速梯度，并用 dv/dr 表示或简写成 q_r。显然，径向速度梯度 q_r 等于粘胶在孔道流动中的切应变速率 $\dot{\gamma}$。

粘胶是一种弹黏体，它在孔道中做黏性流动的同时，由于切应力和法向应力差的存在，还发生弹性形变。随着流动中切应速率 $\dot{\gamma}$ 的增大，上述孔道流动中所引起的弹性形变也将增大。

在轴向和径向产生的这种应力，会影响液流的各向异性和细流由喷丝孔喷出时所发生的膨化现象。弹黏体流经喷丝孔道的有关能量平衡是相当复杂的，有人把这些能量分为三组，即动能、散失能和弹性能。

动能和形成速度断面时所散失的能量在能量总平衡中所占的比例很少。弹性能(特别在喷丝头孔道较短时)占体系总能量的主要部分。甚至当流经较长的毛细管时，弹性能仍较大，并对流出液流的膨化产生影响。

高聚物溶液在喷丝孔道内的流动伴随着发生形变和取向现象，这种现象与径向速度梯度(dv/dr)有关。液流中质点的定向和形变程度从中心向毛细管壁逐渐增大，因为在此方向速度梯度也有所增大。随着流动速度和流体黏度的增大，各向异性也有所增大；而随着喷丝孔径的增大，各向异性有所减少。

沿喷丝头孔道大分子质点取向度的变化是很复杂的现象，它不仅与入口应力的松弛有关，而且与沿孔道轴向的速度断面及相应的径向速度梯度的变化有关，它还与其他流动条件以及流体的结构有关。流体的双折射率沿喷丝孔道单调地增加，并趋于稳定。

3. 粘胶流出喷丝孔时的膨化效应

粘胶细流从喷丝孔口流出时，本来被孔道所约束的流动转化为没有孔壁的约束细流。流体与喷丝孔壁的摩擦消失了，因此细流的速度断面逐渐趋于均衡，剩余入口应力和法向应力随着消失。可以观察到细流直径逐渐增大（超过喷丝孔道的直径）并达到最大值，这一现象称为孔口膨化效应。成型过程中细流的明显变化对成型工艺和成品质量会产生不良影响。多种物理因素可能影响液流的膨化现象，这些因素大致可分为下列几种类型。

（1）由于入口效应，粘胶中储存了一部分弹性能，由于粘胶在孔道中的停留时间很短，这部分弹性能在未得到完全松弛前就已流出孔口，因而在孔口处发生回弹，使细流体积发生膨化。

（2）粘胶在孔道中流动时，由于粘胶中的切向应力和法向应力差，会进一步发生弹性形变而储存弹性能。虽然高聚物的弹性形变是可以回复的，但是其中高弹形变部分的回复却不是瞬间可以实现的，它的回复程度决定于粘胶的松弛时间。这部分未回复的弹性能同样影响孔口的膨化效应。

（3）由于孔壁已不存在，沿着孔壁的流速也不再存在。细流的速度沿径向需要重新分布，径向速度梯度逐渐减小，图 7－25 中表征速度梯度 q_r 的抛物线也逐渐由窄长变得宽钝，并在膨化区最大直径处达到均衡，此时的径向速度梯度也随之趋向于零。

（4）流体质点的取向随速度梯度的增加而增加，由于出口速度梯度逐步趋于零，因此发生取向的流体质点也产生解取向。由此产生的能量变化也能影响流体的膨化。

（5）与流体表面张力有关的各种效应，同样能影响孔口膨化效应。如果粘胶细流在无拉力下自由流出，膨化的细流达到最大直径 D_f 后，其值基本不再变化；如果粘胶细流在拉力下被引出，则细流膨化至最大直径 D_m 后，其直径因细流的被拉伸而逐渐减小。

为了衡量细流在孔口的膨化程度，可采用自由流出时膨化细流直径 D_f 与孔径 D_o 之比作为量度，称为自由流出细流膨化比，并以符号 ψ_f 表示，即：

$$\psi_f = \frac{D_f}{D_o} \tag{7-6}$$

ψ_f 的大小与粘胶的流变性质、喷丝孔的几何形状以及成型条件有关。它对粘胶的可纺性和成型稳定性具有相当大的影响，对成品纤维的质量也有一定影响。

4. 粘胶细流在引力作用下的拉细

粘胶细流在第一导盘的牵引下，轴向被拉长，径向被拉细。如前所述，粘胶细流的流动服从连续流动方程式，故在被拉细的地方流速比较大。也就是说，虽然径向速度梯度消失了，但轴向速度梯度又产生了（参阅图 7－25 中 A、B、C、D 各点流速的大小）。

轴向速度梯度可以用 $\mathrm{d}v/\mathrm{d}x$ 定义，并以符号 q_x 表示。已经知道，径向速度梯度 q_r 与切应变速率 $\dot{\gamma}$ 相等。同样可以证明轴向速度梯度 q_x 与张应变速率 $\delta_\varepsilon/\delta_t$ 相等。$\delta_\varepsilon/\delta_t$ 有时也称为延伸速率，简写为 $з$，它表征细流的延伸 $\Delta L/L$ 对时间的变化率。$з$ 越大，单位时间内细流的延伸就越大。

由此可见，粘胶在喷丝孔道中的流动，基本上是在切向力作用下流动的，即近似于剪切流动。而粘胶喷出孔口后，孔流成了射流，射出的粘胶细流基本上在引张力作用下进行流动，近似于引张流动。在流动发生变化的同时，速度梯度也发生相应的变化，即从孔流的径向速度梯度 q_r 向射流的轴向速度梯度 q_x 变化。

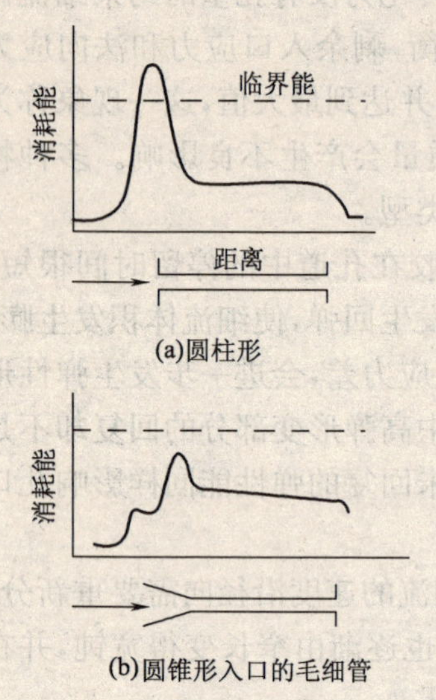

图 7－26　入口效应的能耗与毛细管毛细形状的关系

必须指出，喷丝孔道的形状对粘胶在孔道中的流动及入口效应有影响。图 7－26 为圆柱形毛细管和圆锥形入口的毛细管因入口效应引起的能耗。由图可见，如毛细管有圆锥形入口，则其能耗明显减小，速度场比较均匀，减小了入口效应，如圆锥形入口的长度为孔道长度的 2/3 或更长时，将形成最有利的流动条件。

(二)粘胶原液的可纺性

关于可纺性已经在第五章讨论过。在粘胶纤维生产过程中，通常用下面两种方法衡量粘胶可纺性的优劣。

1. 以最大拉伸值表示可纺性

一些简单实验方法不能完全反映出成型时的真实条件，这是因为在生产条件下，纺丝线还受到一系列因素的作用，如凝固浴组成及温度、粘胶与凝固浴和喷丝头表面间的相互作用、流体动力学阻力、拉伸条件等。表征可纺性的最可靠方法是测定喷丝头拉伸的最大值。

图 7－27 为喷丝头拉伸最大值 ϕ_{max} 与粘胶黏度 η 之间的关系。由此可见，关系曲线具有最大值，喷丝头拉伸的最大值发生在粘胶黏度为 40～60s 处。在低黏度区，细流的断裂机理以表面张力为其条件，而且喷丝头拉伸的最大值随着黏度的增加而增加，因为细流解体为液滴的时间 t_p 与黏度 η 成比例。

$$t_p=\frac{\eta R}{\sigma} \qquad (7-7)$$

式中：R——细流半径；

σ——粘胶的表面张力。

当超过拉伸最大值时，即在较高的黏度区内，细流的解体则以内聚断裂为其条件。因为粘胶细流的纵向形变所需的能量随着粘胶黏度的增加而上升。在形变能等于内聚能的瞬间，粘胶细流即发生脆化或内聚断裂。

细流的稳定性还在很大程度上取决于扩散和固化条件。扩散和凝固条件越剧烈，细流的固化速度越快，由于固化丝条的断裂强度大于液态丝条的断裂强度，因此它能较大程度地承受各种力的作用而不断裂。

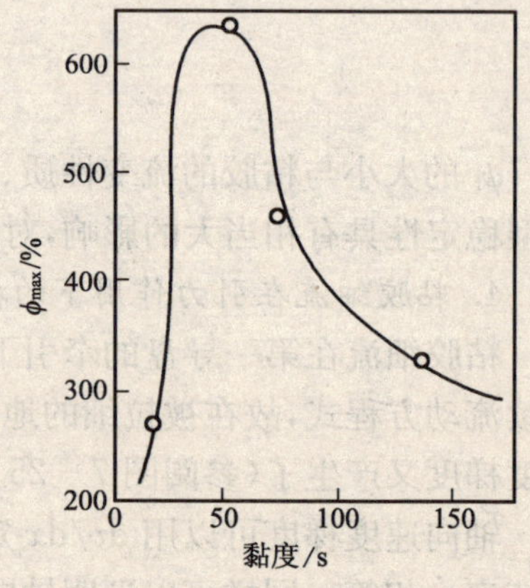

图 7－27　喷丝头拉伸的最大值与粘胶黏度的关系

毛细波断裂和内聚断裂对可纺性具有限制作用。毛细波断裂确定了挤出速度 v_o 和喷丝孔半径 R_o 的下限值，内聚断裂影响纺丝条件的范围较毛细波断裂宽，它决定了卷绕速度和拉伸比的上限，超过此限值即成为不可纺。

2. 以最大纺丝速度表示可纺性

在粘胶纤维生产过程中，可纺性的优劣，还常以可能达到的最大纺丝速度进行度量。实际纺丝速度离最大纺丝速度越远，成型稳定性就越高。

如前所述，粘胶纤维等湿纺纤维，如细流的断裂是以内聚断裂为机理的，则最大细流长度 X^* 可用下式表征：

$$X^*=\frac{\xi[\ln(2K/E)-2\ln(v_o\tau_M\xi)]}{2} \tag{7-8}$$

$$\xi=\frac{d\varepsilon}{dx}$$

式中：K——细流的内聚能密度；

E——张模量；

τ_M——松弛时间；

v_o——挤出速度；

ξ——轴向形变梯度。

由式(7－8)可见，内聚能密度 K 越大，最大细流长度 X^* 就越大，可纺性良好；而随着张模量 E、松弛时间 τ_M 和轴向形变梯度的增加，最大细流长度 X^* 反而降低；粘胶从喷丝头的挤出速度增加，X^* 也降低，因此提高挤出速度（相应地提高纺丝速度）会降低纺丝的稳定性。

为使成型稳定，X^* 必须大于固化长度 X_o，且以 $X^*=X_o$ 为其极限。当第一纺丝导盘的线速度 v_1 增大到最大值 v_{1max}（最大纺丝速度）时，细流的轴向形变梯度 ξ 达到临界值 ξ^*，X^* 也达到其极限值 X_o，这时粘胶的可纺性也达到了极限，并开始成为不可纺。考虑到 ψ_f 对于真实喷丝头拉伸率的影响，则应以 v_f 代替 v_o 作为真实的起始挤出速度，由此可得：

$$\xi=\frac{\xi^*\ln(v_{1max}/v_f)}{x} \tag{7-9}$$

同时

$$v_1=v_{1max}$$

$$X^*=X_o$$

$$v_o=v_f$$

式中：x——细流在凝固浴中的浸长。

代入式(7－9)得：

$$X_o=\frac{\xi^*[\ln(2K/E)-2\ln v_f\tau_M\xi^*]}{2}$$

因为
$$\sigma_e^*=(2KE)^{1/2}$$

所以
$$X_o\xi^*=\ln(\sigma_e^*/E)-\ln(v_f\tau_M\xi^*)$$

式中：σ_e^*——应力。

或 $$\ln(v_{1max}/v_f)=\ln(\sigma_e^*/E)-\ln(v_f\tau_M\xi^*) \tag{7-10}$$

由式(7-10)可见，当 v_f 增大时，v_{1max} 也增大，而 v_f 又随 ψ_f 的下降而增大。因此，降低膨化比 ψ_f 能增加最大纺丝速度。

在粘胶纤维的成型工艺中，为了提高最大纺丝速度而降低 ψ_f 通常可采取如下措施：

(1)提高进口喷丝头粘胶的温度，可使松弛时间 τ_M 降低，使入口效应在孔道中发生的弹性形变回复得快些，从而降低孔口膨化率；

(2)增加长径比可以延长粘胶在喷丝头孔道中的停留时间，使弹性形变更多地回复，而使 ψ_f 有所降低；

(3)把喷丝头孔道的入口处制成双曲线形，使入口效应下降，从而降低出口膨化率。

此外，增大固化长度 X_0(可在缓和条件下进行)，也可使 v_{1max} 增大；增大细流的断裂强度 σ_e^*，降低粘胶松弛时间和张模量，也能提高最大纺丝速度。

(三)成型时的双扩散

粘胶细流被压出喷丝孔后，在进入凝固浴的过程中，其内部通过双扩散改变其溶剂和沉淀剂的比例。当溶剂浓度 C_s 达到或低于凝固临界浓度 C_c 时，即 $C_s \leqslant C_c$，则发生相分离而凝固成纤维。因此，这种固化的完成是以双扩散为其关键步骤的。粘胶成型过程中的双扩散是指凝固浴中各组分(H_2SO_4、$ZnSO_4$ 和 Na_2SO_4)扩散到粘胶细流内部，而粘胶细流中的低分子组成($NaOH$ 和 H_2O)则扩散到凝固浴中。

粘胶细流和凝固浴内各组分相互扩散的结果，使粘胶细流产生凝固、中和、盐析、分解和再生等作用而形成固态纤维。

双扩散对粘胶纤维成型具有重要的影响。如凝固浴各组分的扩散速度远大于粘胶各组分的扩散速度，则因 NaOH 被中和，而使纤维素黄原酸酯凝固而析出(主要是中和作用)；纤维素黄原酸酯被分解而再生凝固(再生作用)；生成纤维素黄原酸酯而交联、凝固而析出(交联作用)。反之，如粘胶中的水和 NaOH 的扩散速度占主导作用，则主要是脱溶剂作用而凝固(盐析作用)。

事实上，粘胶纤维成型过程中，上述几种凝固作用同时发生，但可以改变成型条件而突出其中的某个作用，抑制其他几个作用。如普通型粘胶纤维成型时，凝固浴中硫酸和硫酸盐的浓度较高，细流的凝固主要是盐析作用，并伴有部分纤维素黄原酸酯的分解再生作用；富强纤维成型时，硫酸及其盐类的浓度都很低，粘胶中的含碱量也较低，细流的凝固主要是中和作用；粘胶强力纤维在粘胶中加有变性剂，在低酸、低盐、高锌的凝固浴中成型，细流主要是形成纤维素黄原酸锌(交联作用)和盐析作用而凝固。

实践证明，缓慢的扩散过程有利于形成结构均匀的纤维，成品纤维的物理机械性质也较优良。

在生产上常常要改变工艺参数，使粘胶具有更经济的组分(降低 NaOH 浓度，提高纤维素含量)，提高成型速度，改变单丝的线密度等。上述的任一步骤改变都必须修正成型参数，使扩散条件或保持不变，或朝预定的方向变化，为此必须研究对扩散有影响的诸因素。

1. 凝固浴温度

凝固剂与溶剂的扩散速度随温度上升而增加，这是湿法成型纤维的一般规律。由于凝固浴温度较低时，成型速度比较缓慢，容易形成结构较紧密的凝胶，同样能降低扩散速度。

2. 凝固浴浓度及凝固浴中各组分的影响

扩散系数随凝固浴组成而变化也是湿纺成型中的一般规律。在凝固剂含量较低的情况下，扩散系数随凝固剂浓度的增加而下降，当降至一最低点后，扩散系数反而随凝固浴含量的增加而上升。这与初生纤维的凝胶结构有关，当凝固剂达到某一浓度时，凝胶结构最为紧密，其扩散系数也下降到最低点。当凝固剂含量较低时，由于溶剂的溶胀作用，凝胶结构疏松，增大了扩散系数；反之，凝固剂浓度过高时，凝胶速度加快，容易形成粗大的凝胶结构，加上浓度梯度较大，使扩散容易进行。

3. 粘胶细流的半径

一般而言，扩散系数随纤维半径的加大而增加。这是因为粘胶细流进入凝固浴时，形成一层结构较紧密的皮层，当细流半径较小时，皮层所占的比例较大，因此整个细流的平均扩散系数就较小。

4. 扩散系数沿纺程的变化

扩散系数随着纺程的进展而不断下降。随着纺程的增加，纺丝线的凝固更充分，故扩散系数不断下降。

5. 添加剂和纺丝速度的影响

在粘胶制备和成型的过程中，为改善工艺过程和提高成品纤维的某些物理机械性能，往往在粘胶或凝固浴中加入一些添加剂。纺丝速度和变性剂与中和浸长的关系见表 7－18。

从表 7－18 可见，在粘胶中加入变性剂后，可能有某些结构的形成阻碍了 H^+ 和 OH^- 离子的双扩散作用，使扩散速率明显下降，导致中和浸长成倍增加。这与使用变性剂后同时测得下列数据相吻合：在凝固浴中丝束的冻胶溶胀度变小；纤维结构较紧密；纤维横截面均匀，外缘光滑；成品纤维的物理机械性能有所改善。

扩散速率还随成型速度的提高而增加（表 7－18）。随着成型速度的提高，丝条与凝固浴的相对速度增加，因而增加了丝条与凝固浴界面间的浓度差，从而提高了扩散速率。

表 7－18　纺丝速度和变性剂与中和浸长的关系

纺丝速度/m·min^{-1}	无变性剂		加入变性剂	
	中和浸长/cm	中和时间/s	中和浸长/cm	中和时间/s
11.0	6.0	0.327	14.0	0.763
16.0	8.0	0.300	18.0	0.675
31.4	16.0	0.306	30.0	0.573
36.7	18.5	0.300	34.0	0.655
44.2	22.0	0.294	40.0	0.543

6. 原液浓度

提高粘胶中纤维素含量会使黏度增加，使凝固浴或粘胶中各组分的扩散系数有所下降。

（四）成型过程中的化学和物理化学变化

1. 成型过程中的化学反应

与合成纤维的成型不同，粘胶纤维在成型过程中因发生一系列的化学反应而使过程复杂化。粘胶中含有纤维素黄原酸酯、游离的 NaOH 以及因副反应生成的 Na_2CS_3、多硫化合物等副反应产物，这些化合物与凝固浴中的硫酸及其盐类作用的结果，使碱被中和、纤维素黄原酸酯被分解而再生成水化纤维素、某些副反应产物被分解及生成某些含锌的中间化合物。

虽然化学反应能明显地影响纤维素黄原酸酯的凝固过程以及成品纤维的物理机械性能，但也不能过高地估计化学反应的作用，因为粘胶纤维的成型过程与合成纤维相同，同样从属于成型规律。重要的是如何充分利用化学反应过程，使其在成型过程中发挥实际作用。

(1)中和反应：成型过程中的中和反应主要包括三类。

①粘胶中游离的 NaOH 被凝固浴中的 H_2SO_4 中和，使纤维素黄原酸酯凝固而析出。

②副反应产物被中和而分解成一系列不稳定产物。

$$Na_2CO_3 + H_2SO_4 \rightarrow Na_2SO_4 + H_2O + CO_2 \uparrow$$
$$Na_2CS_3 + H_2SO_4 \rightarrow Na_2SO_4 + CS_2 \uparrow + H_2S \uparrow$$
$$Na_2S + H_2SO_4 \rightarrow Na_2SO_4 + H_2S \uparrow$$
$$Na_2S_x + H_2SO_4 \rightarrow Na_2SO_4 + H_2S \uparrow + (x-1)S \downarrow$$
$$Na_2SO_3 + H_2SO_4 \rightarrow Na_2SO_4 + H_2O + SO_2 \uparrow$$
$$Na_2S_2O_3 + H_2SO_4 \rightarrow Na_2SO_4 + H_2O + SO_2 \uparrow + S \downarrow$$

③纤维素黄原酸钠与 H_2SO_4 作用而析出游离的纤维素黄原酸。

$$[C_6H_7O_2(OH)_{3-x}(OCSSNa)_x]_n + 0.5nxH_2SO_4 \rightarrow [C_6H_7O_2(OH)_{3-x}(OCSSH)_x]_n + 0.5nxNa_2SO_4$$

纤维素黄原酸为不稳定的中间产物，它能继续分解成水化纤维素和二硫化碳。转化反映决定了凝固动力学和初生纤维的结构，并生成一系列不稳定的和易分解的副产物。

(2)黄原酸酯的分解与纤维素的再生：纤维素黄原酸酯经中和而生成纤维素黄原酸，在酸性介质中进一步分解并再生成水化纤维素。

$$[C_6H_7O_2(OH)_{3-x}(OCSSH)_x]_n \rightarrow (C_6H_{10}O_5)_n + xCS_2 \uparrow$$

黄原酸酯的分解速度与一系列的因素有关，其中主要有凝固浴的组分及组成、粘胶细流的半径、成型速度、凝固浴的温度。

(3)含锌化合物的形成：粘胶中含有多种能与 Zn^{2+} 相作用的化合物，特别是生产强力纤维时，由于凝固浴中的 $ZnSO_4$ 含量很高，更容易形成锌化物。

在一系列锌化物中，纤维素黄原酸锌具有重要作用，因纤维素黄原酸锌比较稳定，它的分解速度仅为纤维素黄原酸钠的 15%～22%。这就明显地提高了初生纤维的取向拉伸能力，由于大分子间形成了 Zn－黄原酸酯键，使粘胶细流的凝固机理有所改变，从而形成了较微细的纤维结构，使成品纤维的机械性能有所提高。

当粘胶中碱的物质的量等于或高于凝固浴中酸的物质的量时，在粘胶细流与凝固浴接触的瞬间，细流表面呈中性或碱性。这时离子能与粘胶中的碱和硫化物作用生成硫化锌、三硫代碳酸锌等不溶性产物，并在纤维或喷丝头表面析出。这些产物不仅能延缓扩散过程，而且能影响成型的正常进行。尤其在低酸高锌的凝固浴中析出时更为明显。

(4)有机化合物参与的反应：凝固浴中含有 0.5%～0.8%的有机物质，主要是低分子多糖、表面活性物质和变性剂。由于这些有机物的存在，便出现还原条件，从而阻碍了氧化反应的进行，虽然如此，仍能发生氧化成元素硫的反应。特别是采用吹气法使凝固浴脱气，用连续气流接触蒸发法，除去凝固浴中过剩的水时，更是如此。

由于大量过剩离子的存在，使酸的活度大为降低，故纤维素在凝固浴中的降解是微不足道的。把制成的离心丝饼停放12～24h后，其平均聚合度仅降低10～20。凝固浴中溶解的低分子有机物，由于在较高温度下(45～55℃)进行多次循环，故其水解相当剧烈。凝固浴中存在的表面活性剂和变性剂，如羟基胺和聚氧乙烯化合物等也容易出现一系列副反应产物，并分解出一些有毒气体，因此必须注意下列几点。

①纤维素黄原酸酯分解成纤维素的过程称为再生过程。再生产物称为再生纤维素(又称水化纤维素或纤维素Ⅱ)。再生纤维素与原料纤维素(天然纤维素或纤维素Ⅰ)的化学组成相同，但是大分子的形态及其超分子结构已经发生变化，具有不同的X射线衍射图谱。

②纤维素黄原酸酯的分解速度与凝固浴中氢离子浓度有关。氢离子浓度越高，反应速度越快。凝固浴中硫酸盐的存在能降低硫酸的离解度，因而降低纤维素黄原酸酯的分解速度。

③主副反应都要消耗大量硫酸，生成大量硫酸钠(又称芒硝)和水，还有固态的硫酸等杂质，使凝固浴稀释并变混浊，影响正常纺丝的进行，必须在酸站脱除水、硫酸钠及硫酸等物质，并补充硫酸及硫酸锌。

④主副反应生产大量的CS_2、H_2S和SO_2等有毒气体，影响人体健康，必须加强回收及排风。一浴法纺丝在同一凝固浴内凝固再生，散发出来的有毒气体回收比较困难。一般短纤维的成型都采用二浴法，有毒气体的散发集中在二浴内，比较容易回收或排除。

⑤多硫化合物分解后会析出元素硫，它将凝积在凝固浴中或沉积到纤维上，使工艺过程更为复杂，需进行附加的工艺操作，如对凝固浴进行过滤或浮选、对纤维进行脱硫。

2. 成型过程中的物理化学变化

在极度稀释的溶液中，纤维素黄原酸酯分子是以各自的状态存在的，它们的位置杂乱无章，而且进行着活跃的布朗运动。大分子在溶液中成卷曲的“线团”状。这种“线团”没有固定的形态，经常处于运动和变化中。但在相当浓的溶液中，由于纤维素黄原酸酯大分子的彼此贴近，分子上的极性基团(未黄化的羟基或熟成过程中黄原酸基团脱落后的羟基)相互作用，使大分子倾向于伸直和相互平行。对于中等浓度的溶液，这种大分子间的相互作用，导致布朗运动的减弱。

粘胶溶液为高分子浓溶液，在熟成过程中纤维素黄原酸酯的不断分解，使“自由”的羟基数不断增加。由于粘胶内纤维素的浓度较高，大分子间的相互接近程度也较高，因大分子间羟基的相互作用而减弱了布朗运动。当羟基含量达到某种程度时，容易在分子间的适当位置形成新的联结点，通过大分子间的相互作用缠结而形成缔合体。这种缔合体主要是由次价原子键(即氢键)的作用而产生的。

缔合体并无固定的形态，可以随时解体，又可随时构成新的缔合体，处于动态平衡中，因而使粘胶能够保持较稳定的溶液状态。随着联结点数量的增加，缔合体的运动被限制在一定的空间。缔合体还能进一步吸收临近的大分子、分子团或另一缔合体，使缔合体不断增大而逐渐形成结晶的核心。其他大分子则逐渐向它靠拢而形成结晶区域。有些大分子的一部分可停留在缔合体外，大分子停留在缔合体外的那一部分，还可以通过与其他大分子结合而形成新的联结点和缔合体，从而使粘胶逐渐形成网状结构。大分子上未脱落的亲水性黄原酸基团，能吸附水分子，故在大分子间含有大量的饱和水。

当粘胶通过喷丝头孔道时，在狭窄的孔道内粘胶液流的流速加大，由于孔壁的摩擦作用，液流存在切向应力和法向应力差，因而存在径向速度梯度。大分子缔合体在切向力作用下，其长轴沿小孔的轴向做平行排列，使原来各向同性的粘胶变成各向异性，结构黏度降低至原来的1/20～1/50，并随流速的增大而加大。

粘胶由喷丝头挤入凝固浴中并形成细流。由于粘胶细流和凝固浴各组分之间双扩散的结果，使粘胶中的碱液被中和，纤维素黄原酸酯被分解而析出再生纤维素，细流被离析成两相，即以纤维素网络结构为主的凝胶相和以低分子物质为主的液相。

在初生的粘胶中，原来在粘胶中已形成的结晶粒子首先析出。胶凝的过程是一个缓慢的过程。在刚形成的凝胶中，结晶区域很小，数量也极少，但它却能成为结晶的种子，进一步联合其他大分子或缔合体而不断增大，并逐渐形成较大的结晶区域，因此胶体的形成过程也可看成是结晶过程。由于纤维素长链分子不像小分子那样“灵活”，活动比较呆滞，活动范围较小，所以结晶过程比较缓慢。

(五)纤维黄原酸酯的凝固及结构的形成

粘胶纤维成型时，纤维素黄原酸酯的凝固和析出是重要的工艺过程之一。这一过程为纤维结构(包括形态结构和超分子结构)的主要特征奠定了基础并影响后工序(如拉伸、后处理等)的进行，它对纤维的物理机械性质有重要的影响。

粘胶纤维成型时的凝固和结构形成的动力学基础分为四个阶段：形成过饱和的黄原酸酯溶液、形成结构化的中心(核心)、聚合物相的增长、取向结构的形成。

1. 形成过饱和的黄原酸酯溶液

纤维素黄原酸酯以及其他物质有形成过饱和溶液的能力，过饱和度是指处于不平衡的亚稳定状态的过饱和溶液浓度与平衡溶液浓度之比。依据文献的数据，当 pH 值为 10～12 时，黄原酸酯的溶解度分别降到 0.1%～0.5%。根据已得结果，得知细流在浴中只需 0.01s，纤维表面即可达到 pH=10～12，在这一时间内不会产生沉淀，因而形成过饱和溶液。如果粘胶中黄原酸酯原浓度为 9%，则在上述 pH 值下，初生纤维表面的过饱和度可达 18～90。

2. 形成结构化的中心

新相并不是均匀地在整个饱和溶液内生成。结构化中心可以是偶然存在的不溶解杂质，也可以是有意加入的分散性掺和物，即人造晶种，更可能是因溶液浓度的涨落作用，高聚物在某些局部极度集中而形成新相的晶种。当晶种的尺寸 γ 小于给定过饱和溶液条件下介质的临界尺寸 γ_c 时，晶种一般不能增长，而很可能分解成单个的分子。只有晶种尺寸 $\gamma>\gamma_c$ 时，新相质点才能开始生长，同时等温、等压位 ΔZ 自动地减小，导致形成新相区域。

3. 聚合物相的增长

新相质点的生长速度取决于扩散机理，它随体系各组分的性质和过程条件的变化而变化。在恒温条件下和过饱和程度不变时，生长中的新相的大小 γ，往往与过饱和状态的持续时间成正比。

$$\gamma=wt \tag{7-11}$$

式中：γ——成长中的粒子的直线长度；

w——粒子的成长速度；

t——过饱和状态的持续时间。

这一低分子物质的结晶规律同样适合于高聚物的结晶，但由于高聚物的相对分子质量较大、体系黏度较高以及扩散速度小，故其分离和结晶过程有自己的特点。

均相成核的速度和核的增长速度取决于有效的碰撞数，所以过程具有或然性，可以幂指数表示。因此，形成结构化的总速度便与温度有极大值的关系。在不同温度下成型时，纤维性能随温度的变化也具有极大值关系。比较典型的实例是粘胶纤维的双折射率与成型温度之间的关系（图 7－28），随着凝固浴温度的上升，双折射率 Δn 也不断上升，当浴温为 50～60℃时，Δn 达到极大值，温度继续升高时，Δn 则急剧下降。

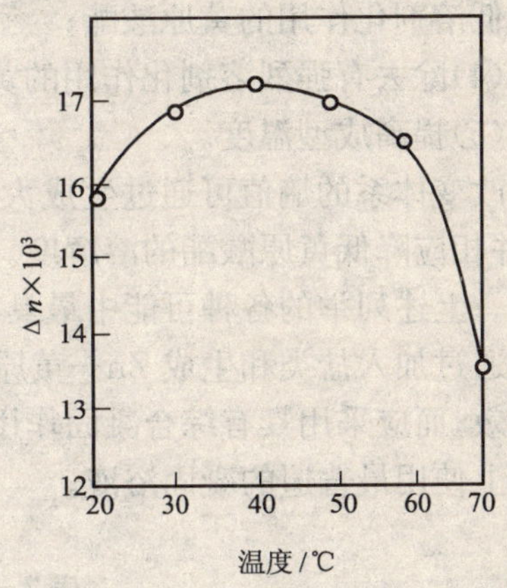

图 7－28　Δn 与凝固浴温度的关系

结构化程度与温度的关系可用于生产实践中，以调节纤维的结构和性能。为获得结构单元尺寸较大的波里诺西克纤维，应降低成核速度，可把凝固浴温度下降至 20～30℃。相反，为制得高强度和高耐疲劳强度的粘胶帘子线，要求其结构单元的尺寸较小，因此要求具有较快的成核速度和较小晶区尺寸，可把凝固浴温度提高到 50～60℃。

通过对粘胶成型过程凝固动力学的分析，可认为粘胶的凝固情况大致为：当粘胶与凝固浴接触时，粘胶细流的表面由于溶剂被迅速中和而形成过饱和度较大的过饱和区，并在瞬时内形成结构化中心，在中心周围形成聚合物相的增长和微纤结构。经过极短的时间（0.1～0.5s）后，相邻的微纤中心因相互碰撞和相互挤压而形成次级结构。在粘胶细流的最外层形成一层非常稠密的结构层，随后微纤仅沿纤维的中心方向扩展，并且有最大的浓度梯度，这就导致棒状结构的形成。

4. 取向结构的形成

新形成的初生纤维虽未经拉伸，但仍然具有各向异性的结构，这是所有湿法成型纤维的特点，可从纤维的双折射率得到证实。双折射率的高低与粘胶参数、凝固浴的固化能力以及纤维的线密度有关。

湿法成型时最明显的取向，发生在细流的细化区，速度梯度开始降低的区内，这是湿法成型纤维结构形成的主要区域，而结构的各向异性也在这一区段里突跃式地增加。

凝固过程形成取向结构的原因虽无定论，但有人认为纤维素为半刚性链聚合物，在凝固前部分纤维素黄原酸酯有可能转变为介晶相态（液晶），而介晶相态的特点是形成大量的整列区，从而改变凝固动力学和形成结构的特性。

（六）凝固浴的组成及作用

改变粘胶纤维的成型条件，可在很大程度上改变纤维的结构和机械性能，而凝固浴组成的变化则具有重要的作用，凝固浴一般由 H_2SO_4、Na_2SO_4 和 $ZnSO_4$ 的水溶液组成，还有少量硫及其化合物，为了某些工艺目的和提高纤维的物理机械性能，还常在凝固浴中加入少量有机化合物作为变性剂。

为降低纤维素黄原酸酯的溶解度并使其固化，可通过降低黄原酸酯与溶剂间的相互作用能改变体系熵值来达到。降低相互作用能，可采用如下步骤：

(1)使溶剂中和；

(2)浴中加入能去除黄原酸酯中溶剂化水的物质(硫酸钠、酒精、浓硫酸)；

(3)用溶剂化程度较低的离子(如 NH_4^+)取代黄原酸酯中有强烈溶剂化作用的钠离子，或者形成低溶剂化作用的黄原酸酯；

(4)除去有强烈溶剂化作用的黄原酸酯基团；

(5)提高成型温度。

改变体系的熵值可通过生成大分子间的横向联结来达到，这样就会急剧增加相对分子质量，并相应降低黄原酸酯的溶解度。在成型时，由于生成黄原酸锌，从而形成了大分子间的横向联系。上述列举的各种可能中最具有实际意义的是通过下列途径的凝固法：中和法、脱溶剂化以及通过加入盐类和生成 Zn—黄原酸酯的横向键。但是通常分别应用上述的任一种方法都无法奏效，而应采用具有综合凝固作用的浴液，并使其中一种机理占主导地位。表 7－19 列出了生产上使用最普遍的凝固浴液。

表 7－19　凝固浴的组成及其作用机理

纤维类别	组分含量			凝固机理		
	H_2SO_4	Na_2SO_4	$ZnSO_4$	中和作用	脱溶剂化	生成黄原酸锌
普通粘胶纤维	130	280	12	+++	++	++
强力丝，变化型高湿模量纤维	50～80	160～180	50～80	++	++	+++
波里诺西克纤维	25	70	0.7	+	+	+
BX 纤维	800	50	5	+	+++	+

注　“+”号的多少表示作用的强弱程度，+号越多，作用越强。

由表 7－19 所列数据可见，所有浴液对粘胶都有综合的凝固作用，即同时具有中和、脱溶剂化和生成黄原酸锌等作用，只是作用的强烈程度不同。如普通粘胶纤维，主要因中和作用而凝固；生产强力丝和变化型高湿模量纤维的浴液以生成黄原酸锌为其特点；波里诺西克纤维的凝固浴的凝固作用显得甚为缓慢；BX 纤维浴液的脱溶剂化作用特别强烈。

纤维素黄原酸酯的分解速度取决于凝固浴的 H^+ 浓度，随着 H^+ 浓度的增加而加快黄原酸酯的分解速度。为提高成品纤维的结构均匀性，一般应减慢凝固速度，其有效工艺措施是在浴液中引入硫酸盐。

能否作为凝固浴的组分必须考虑到：盐类的脱水性能、纤维素黄原酸酯在盐溶液中的析出速度、在硫酸中的溶解速度以及是否价廉易得。粘胶纤维生产中通常以 Na_2SO_4 和 $ZnSO_4$ 作为凝固浴的组分。

凝固浴中各组分的作用如下。

(1) 硫酸：在成型过程中硫酸的作用，一是使纤维素黄原酸酯分解而析出再生纤维素和 CS_2；二是中和粘胶中的 NaOH，使粘胶凝固；三是使黄化时产生的副反应产物分解。

由此可见，粘胶的凝固、分解与再生都与硫酸有关。粘胶的凝固与纤维黄原酸酯的分解速度和凝固浴中的 H^+ 浓度有关。如果酸浓度过高，容易造成纤维内外层的再生程度不均一，内应力较高，纤维的物理机械性能较差。适当控制硫酸的离解度，使凝固和再生过程较缓慢，丝束的冻胶溶胀度较低，容易形成结构较为紧密的纤维，成型过程中的丝束都经受较大的拉伸，使纤维素大分子沿纤维轴的取向程度提高，有利于成品纤维物理机械性能的提高。但酸的浓度过低，又会使凝固再生过程过慢而造成纺丝困难。实践证明，酸的浓度要根据成型参数的波动而进行适当的调整。凝固浴中硫酸的浓度与粘胶的熟成度、粘胶中碱的含量、纺丝速度以及喷丝头的大小有关。

(2) 硫酸钠：硫酸钠的主要作用是促使粘胶液流凝固并抑制硫酸的离解，且延缓纤维素黄原酸酯的再生速度。

Na_2SO_4 是一种强电解质，能促使粘胶脱水而凝固。提高凝固浴中 Na_2SO_4 的浓度，纺丝操作较容易，丝束不易断头，并能降低硫酸的离解度，使丝束在离开凝固浴时仍具有一定的剩余酯化度。

凝固浴中 Na_2SO_4 的浓度也不宜过高，否则纤维凝固过快，不能形成微细结构，而生成粗大的结晶粒子，纤维的内外层结构也不均一。

(3)硫酸锌：在凝固浴中只含有硫酸和硫酸钠，虽能制得符合强力指标的纤维，但纤维的刚性太高，纺织加工较困难。通常在纺丝浴中加入少量的硫酸锌，以改进纤维的成型效果，使纤维具有较高的韧性和较优良的疲劳性能。

硫酸锌除具有硫酸钠的作用外，还有下列两个特殊作用：

①硫酸锌能与纤维素黄原酸钠作用，生成纤维素黄原酸锌。

$$2\left[\begin{matrix} & OC_6H_9O_4 \\ C{=}S & \\ & SNa \end{matrix}\right]_n + nZnSO_4 \longrightarrow \left[\begin{matrix} OC_6H_9O_4 & & OC_6H_9O_4 \\ C{=}S & & C{=}S \\ & S{-}Zn{-}S & \end{matrix}\right]_n + nNa_2SO_4$$

纤维素黄原酸锌在凝固浴中的分解速度要比纤维素黄原酸钠慢得多，使粘胶细流的凝固再生较缓和，在通过强烈的拉伸后再完全分解，制得的纤维强伸度较好。

②纤维素黄原酸锌往往是结晶的中心。如果有大量的纤维素黄原酸锌存在，以此为中心，能生成众多均匀而分散的小晶粒，避免大晶体的生成，使纤维成为均匀的微晶结构。不但能提高纤维的断裂强度，还能提高纤维的断裂伸长率和钩结强度。

凝固浴各组分除上述作用外，还能影响纤维的收缩。一般筒管纺丝法收缩 7%～8%，而离心法可达 15%。收缩不仅发生在长度方向，也发生在径向。由于丝条在凝固浴中停留时间很短，丝条的有效凝固和再生，除了在酸浴内进行以外，有一部分是在受丝机构上完成的。纺丝是在张力下进行的，故纺丝过程中的收缩主要发生在丝条的径向，而长度方向的收缩，主要在受丝机构上进行。

收缩的大小与粘胶组成，特别是与凝固浴的组成有关。不同盐类对收缩的影响各不相同，其对收缩影响的顺序如下：

$$Al_2(SO_4)_3 > MgSO_4 > Na_2SO_4 > (NH_4)_2SO_4 > ZnSO_4 > K_2SO_4$$

由此可见，高价的阳离子对丝条收缩的影响较低价阳离子强。硫酸锌对收缩影响较小是因为锌与纤维素黄原酸钠生成的纤维素黄原酸锌是一种很难溶解的化合物。

随着凝固浴中 H_2SO_4、$ZnSO_4$、Na_2SO_4 浓度的增加，纤维径向的收缩程度也加大。如在粘胶或凝固浴中加入变性剂，纤维径向收缩的程度较小。

(七)影响成型的因素

影响成型的因素较多，几乎每个工序参数的变动，都会给成型带来影响。这里仅讨论一些与成型直接相关的主要参数。

1. 粘胶的组成及其性能

粘胶的组成在很大程度上决定了粘胶的特性(如黏度和熟成度)。提高粘胶中纤维素的含量，使黏度上升，熟成速度加快，纤维素凝胶结构较紧密，有利于提高成品纤维的强度。含碱量的高低也影响粘胶的稳定性、熟成度及凝固浴中硫酸的浓度。

粘胶的黏度对可纺性和最大喷头拉伸有一定的影响。普通粘胶纤维的纺丝黏度一般控制在 30～50s。黏度低于 20s 的粘胶可纺性很差，成型困难；黏度超过 160s，也要对某些成型参数做相应调整，否则纺丝困难。为了保证成型均匀，纺丝粘胶的黏度波动范围应控制在±(3～5)s 内。

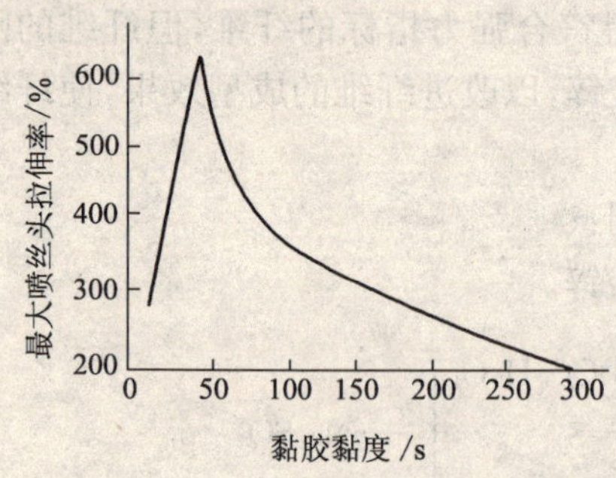

图 7－29　粘胶黏度与最大喷丝头拉伸的关系

粘胶的黏度还对喷丝头拉伸有较大的影响。有人把不同黏度的粘胶在含有 100g/L 的 H_2SO_4、60g/L 的 $ZnSO_4$、密度为 1.250g/L 的凝固浴中成型，喷丝头孔径为 0.08mm；喷丝头喷出速度为 10m/min，用改变第一纺丝导盘的速度来增加丝束的导出速度。测定丝束发生断裂时的最大导出速度，从而计算其最大的喷丝头拉伸，结果如图 7－29 所示。由图 7－29 可见，在黏度较低的情况下，最大喷丝头拉伸随着黏度的增加而急剧上升，黏度为 50s 时，最大喷丝头拉伸增至最大值，当黏度超过 50s 时，最大喷丝头拉伸则随黏度的上升而下降。

对成型有影响的另一重要因素是粘胶的熟成度。采用熟成度较高的粘胶纺丝时，所得纤维的机械指标较低，特别是断裂强度较差，纤维的延伸度也有所降低。此外，由熟成度较高的粘胶纺制的丝条的结构均匀性较差(由于纤维素黄原酸酯在凝固浴中的分解过快)，因而染色不均匀，但纤维的染色能力较强(由于无定形区较大，纤维素大分子的取向度较差)，在水中的膨润度也较高。结构的不均匀可以借改变成型过程参数以及凝固浴的成分来降低纤维素黄原酸酯的分解速度而得到改善。如提高凝固浴中 $ZnSO_4$ 的浓度，或降低 H_2SO_4 的浓度，都可以使高熟成度的粘胶顺利纺丝。

2. 成型速度

提高纺丝速度，可以提高纺丝机的生产效率。但是提高纺丝速度会带来下列困难：

(1)大量的凝固浴被丝条带出浴外；

(2)增加丝条在凝固浴内的阻力，容易产生毛丝或单丝断头；

(3)纤维素黄原酸酯来不及凝固和分解再生。

这些困难可通过在纺丝机上加一对滚筒，使丝条在上面绕成几圈，以挤掉被纤维带走的过量凝固浴液等措施而得以克服。

高速纺丝时，最重要的是降低凝固浴对运动丝束的阻力和提高纺丝的稳定性。即使在纺丝速度较低(50～60m/min)的情况下，凝固浴对运动丝束的阻力，通常占丝条总阻力的30%～35%。随着纺丝速度的提高，凝固浴的阻力依如下关系式增大。

$$h=\frac{\xi v^2}{2g} \tag{7-12}$$

式中：h ——压头损失；

v ——丝条运动速度；

ξ ——阻力系数。

由于凝固浴的阻力增大，所得纤维的物理机械性能降低，特别是断裂伸长率下降更多。有人采用管中成型，即增加凝固浴在管中的流速，使其与粘胶液流在浴中的流速相接近，以此来降低凝固浴的阻力，使纺丝速度提高到160m/min。

在凝固浴流速低于粘胶的喷出速度时，提高凝固浴流速，纤维的断裂伸长率也不断提高。实验表明，凝固浴流速比粘胶喷出速度高5%～10%为强力纤维最合适的纺丝条件。

增加凝固浴的浸长、升高凝固浴温度以及提高凝固浴中H_2SO_4的浓度，可以加速纤维素黄原酸酯的凝固和分解，因而可以提高纺丝速度。

粘胶纤维的成型速度不仅因品种而异，还因纺丝机的类型而各有不同。筒管式长丝纺丝机的纺丝速度一般为65～90m/min，有的高达125～135m/min，离心式纺丝机一般速度为50～75m/min，高的可达90～100m/min；使用连续式纺丝机纺制长丝时，纺速一般为50～65m/min。

棉型短纤维的纺速一般为80～90m/min，毛型纤维的纺速一般为55～80m/min，富纤的纺速一般为20～30m/min，强力纤维的纺速一般为40～60m/min，高湿模量纤维的纺速一般为25～50m/min。

3. 凝固浴组成、循环量以及成型温度

粘胶纤维成型时，凝固浴的组成必须保证粘胶经过凝固浴的作用后，在离开凝固浴的纤维素凝胶仍具有一定剩余酯化度，这一过程通常在0.1～0.2s内完成。

确定凝固浴浓度主要与下列因素有关：粘胶液流在凝固浴中的长度越短，纺丝速度越高，粘胶中的含碱量越高，熟成度越低(盐值越高)，单纤维的线密度越高，则凝固浴中H_2SO_4的浓度也应越高。

为了保证成型的稳定性，必须使凝固浴浓度的波动限制在一定范围内，这就要使凝固浴的循环量保持在一定水平上。

凝固浴中的H_2SO_4与粘胶中的NaOH发生中和反应，另一部分硫酸则消耗在纤维素黄原酸酯的分解和粘胶副产物的反应上；由于酸碱中和作用，使硫酸钠的绝对量不断增加；粘胶中大量水分带入凝固浴，使凝固浴各组分浓度下降，丝束引出时，也带出一部分凝固浴，使各组分绝对量减少。为使各组分浓度保持不变，必须使凝固浴进行循环，补充H_2SO_4及$ZnSO_4$，蒸发多余的水，结晶出过量的Na_2SO_4，并调整凝固浴的温度。

凝固浴的循环量取决于纺丝速度和纤维的总线密度。纺丝速度越高，纤维的总线密度越大，循环量就越大。

提高凝固浴温度，可加快各种化学反应的速度、双扩散速度和凝固速度。还应保证浴温的均匀性，以保持纤维结构和性质的稳定。

粘胶细流在凝固浴中的浸没长度一般在20～70cm，浸没时间一般在0.1～0.2s。丝条的浸没长度越长，纤维的成型就越均匀，并且在其他条件相同时，纤维的强度和柔软性也越高。有人测定，当浸没长度增加2～2.5倍时，丝条的强度可提高20%～30%。但浸没长度过长，将使机件过大，操作不便，而且随着浸没长度的加长，丝束在凝固浴内受到的阻力也加大，因而相应地增大了丝条的张力。当浸没长度由22cm增加到92cm时，丝条的总张力为原来张力的3.5～4.0倍。

几种粘胶纤维的凝固浴组成及其温度见表7－20。由于生产品种不同，工艺参数可有很大的变动。

表7－20 几种粘胶纤维的凝固浴组成及其温度

纤维品种	凝固浴温度/℃	凝固浴组成/$g \cdot L^{-1}$			凝固浴循环量/$L \cdot (锭 \cdot h)^{-1}$
		H_2SO_4	Na_2SO_4	$ZnSO_4$	
长丝	44～48	115～120	220～240	12～15	30～50
棉型短纤维	55～65	95～105	290～310	13～16	3000～4000
毛型短纤维	50～65	93～103	290～310	11～14	4000～5000
富强纤维	20～25	20～25	45～55	0.3～0.7	1500～2000
高湿模量纤维	20～40	60～90	105～145	24～60	3000～4000
强力纤维	40～50	80～90	160～180	80～90	250～350

4. 喷丝孔形状

喷丝孔的形状及大小，对成型稳定性及纤维的物理机械性质有较大的影响。

增加喷丝孔的长度，能增加粘胶液流在喷丝孔道中的逗留时间，由于入口效应有较大的回复，使出口的膨化效应有所降低，从而提高纺丝稳定性，增加喷丝头的最大拉伸值，并使成品纤维的断裂强度有所提高。

喷丝头孔道的形状，在很大程度上影响粘胶液流的流动和入口效应。圆柱形的喷丝孔道，入口处需要消耗较大的能量，这部分能量作为弹性能储藏在体系中，在出口处产生较大的膨化。如果将入口改为圆锥形，则其消耗的能量大为降低，出口膨化率也明显降低。如把喷丝孔道制成双曲线形，由于膨化率大为降低，使纤维的断裂强度有较大的提高。

减小喷丝头的孔径不仅能提高成型的稳定性，而且能改善粘胶纤维的物理机械性能。降低喷丝头孔径能增加最大喷丝头拉伸，如孔径为0.05mm，最大喷头拉伸为274%，当孔径增至0.20mm时，最大喷头拉伸仅为46%。在给定的成型条件下，最大喷丝头拉伸值是衡量粘胶的弹黏性、表面张力、凝固浴的凝固能力以及其他因素的综合指标，又是成型稳定性的指标。由此可见，减小喷丝头孔径，可提高成型稳定性，从而降低丝条的断头率和喷头的更换率。

(八)纤维的拉伸

不论是湿纺成型的凝固丝，还是熔纺成型的卷绕丝，其物理机械性能都较差，不能直接用于纺织加工，必须通过一系列的后处理工序，才能使纤维达到纺织加工的要求。拉伸是后处理过程的一个重要工序，它对成品纤维的物理机械性能有重要的影响，故称为第二次成型。

用拉伸的方法使纤维素大分子沿纤维轴取向，是制造优质粘胶纤维的重要条件之一。早在1926年就已经知道通过取向拉伸来强化粘胶纤维，目前已在生产各类粘胶纤维中获得广泛的应用，成为必不可少的重要工序。

粘胶纤维经拉伸后，纤维素大分子(尤其是处于低序区部分的大分子)沿纤维轴的取向度大为提高，低序区的有序程度也略有提高。由于纤维素大分子沿纤维轴的取向，增加了分子间的氢键数及其他类型的分子间力，使纤维承受外加张力的分子链数目增加，从而显著提高了纤维的断裂强度，降低了断裂伸长率，纤维的耐磨性及其对各种类型形变的耐疲劳强度也有明显的提高，纤维的综合性能也发生了变化，如刚性增加、蠕变性降低、耐热性和对腐蚀性介质作用的稳定性提高、微孔变小、对染料等物质的吸附性变差。

粘胶被压过喷丝孔道时，因受喷丝孔壁的摩擦，大分子缔合体沿小孔轴向排列而取向。但这种取向极其肤浅，而且不稳定。粘胶被压出喷丝头并进入凝固浴时，由于孔口膨化效应，使纤维素大分子处于混乱的无定向状态，如不经进一步拉伸，所得纤维的强度很低，断裂伸长率过高，没有实用价值。

为了提高纤维的物理机械性能，必须对刚成型的纤维进行拉伸，使处于混乱状态的大分子缔合体在拉力的作用下，沿纤维轴的方向(即拉力方向)比较整齐地排列(图7－30)。经拉伸取向的纤维制品，在经受外力作用时，每一纤维素大分子或微晶体，能比较充分地发挥作用，故纤维的机械强度有所提高。

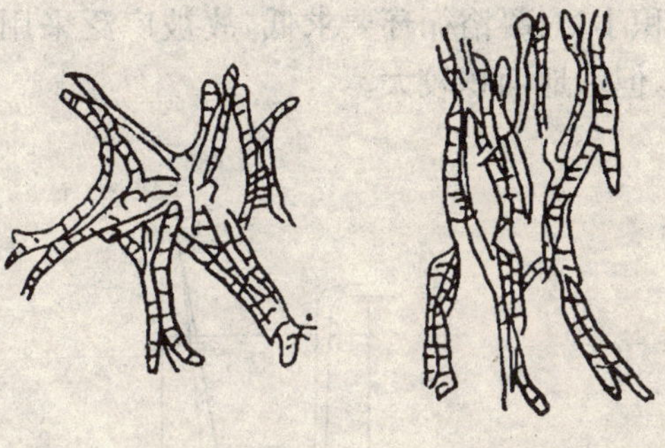

(a) 拉伸前　　(b) 拉伸后

图7－30　大分子缔合体在拉伸前后的变化

粘胶纤维的拉伸一般由三个阶段组成，即喷丝头拉伸、塑化拉伸及纤维的回缩。

1. 喷丝头拉伸

喷丝头拉伸是第一纺丝导盘的线速度与粘胶从喷丝头喷出速度之间的比率。

$$喷丝头拉伸率=\frac{第一纺丝导盘线速度-粘胶喷出速度}{粘胶喷出速度}\times 100\%$$

如果第一导盘线速度与粘胶喷出速度相等，则喷丝头拉伸为零。第一导盘线速度大于喷出速度，通常称为正拉伸；若喷出速度大于第一导盘速度，拉伸率为负值，通常称为负拉伸。

粘胶从喷丝头喷出时，粘胶细流尚处于黏流态，不宜施加过大的喷头拉伸，否则容易造成断头或毛丝。由于高湿模量粘胶纤维和粘胶强力纤维等的酯化度较高，故常用喷丝头负拉伸。

2. 塑化拉伸

塑化拉伸通常在塑化浴中进行。塑化浴温度一般在95～98℃，H_2SO_4 浓度为10～30g/L。刚离开凝固浴的丝条，虽已均匀凝固，但尚未完全再生，在高温的低酸热水浴中，丝条处于可塑状态，大分子链有较大的活动余地，加以强烈的拉伸，就能使大分子和缔合体沿拉伸方向取向，在拉伸的同时，纤维素基本再生，使拉伸效果巩固下来。普通型短纤维丝束进入塑化浴的酯化度，一般控制在 10 左右，强力粘胶纤维在 20 左右。

3. 纤维的回缩

丝条经强烈拉伸后，纤维素大分子及其聚集体大多沿着拉力的方向取向，大分子间的作用力很强，使纤维素大分子几乎处于僵直状态。纤维的断裂强度虽然较高，但断裂延伸度很低，钩结强度较小，脆性较高，纤维的实用性较差。

生产中为改善成品纤维的脆性，常在拉伸后给纤维以适当的回缩，以消除纤维的内应力，在不过多损害纤维强力的情况下，改善纤维的脆性，并使纤维的断裂延伸度和钩结强度有所提高。

综上所述，喷丝头拉伸、塑化拉伸和纤维的回缩必须调配得当，才能获得良好的效果。

(九)纺丝设备

可根据纤维品种的不同，把纺丝机分为长丝纺丝机和短纤维纺丝机。长丝纺丝机包括普通长丝和超强力丝两种，短纤维纺丝机有普通短纤维和高湿模量短纤维之分。

纺丝机按凝固浴循环方式可分为浴槽式和管中成型两类。

浴槽式纺丝机如图 7－31 所示，它有深浴式和浅浴式之分。浴槽式纺丝机结构简单，占地面积小，对凝浴循环要求低，故被广泛采用。浅浴式纺丝增加了浸浴长度，而且便于观察和操作，但占地面积较大。

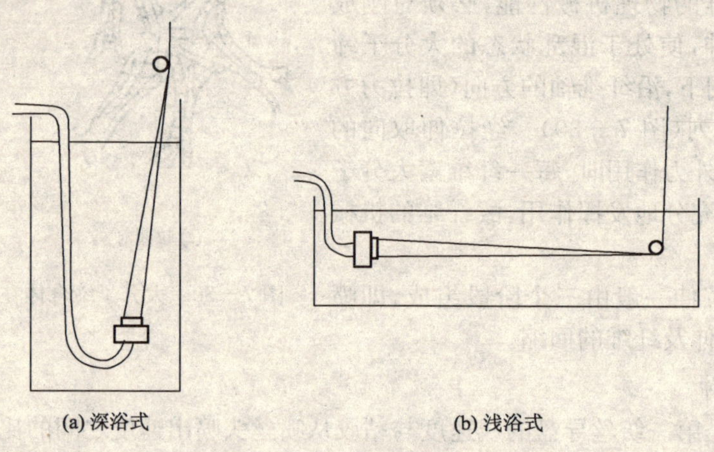

图 7－31　浴槽式纺丝机

管中成型始于 20 世纪 50 年代，开始用于纺制超强力粘胶纤维，现已推广到其他品种。管中成型有水平管(图 7－32)和 U 形管(图 7－33)两类。

管中成型凝固浴与初生纤维在管中同向流动，明显减少了凝固浴对初生纤维的阻力(阻力大小可通过调节两者的相对速度而变化)，既可减少纤维的疵点，又可提高纤维的纺丝速度，浴槽式纺丝机的纺丝速度在 110m/min 以下，管中成型式纺丝机的纺丝速度可达 150～180m/min。

30 年前研制成功的干喷湿纺法(简称干湿纺)也被引入粘胶成型中，它兼有干法和湿法纺丝的特点。粘胶纤维的干喷湿纺法如图 7－34 所示，粘胶自喷丝孔垂直向下喷出，通过气体层进入凝固浴。喷丝头表面至凝固浴液面的距离不大于 10cm。干喷湿纺法具有喷丝头拉伸倍率高、纺丝速度快(可达 200m/min)、生产效率高、纤维结构致密等优点。

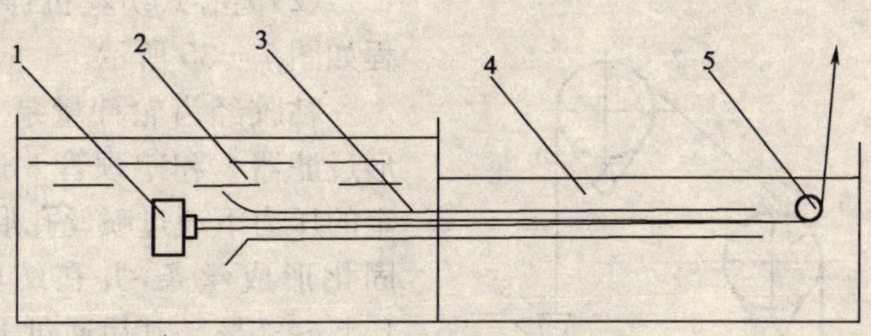

图 7－32　水平管式管中成型示意图

1—喷丝头　2—高位槽　3—纺丝管　4—低位槽　5—换向轮

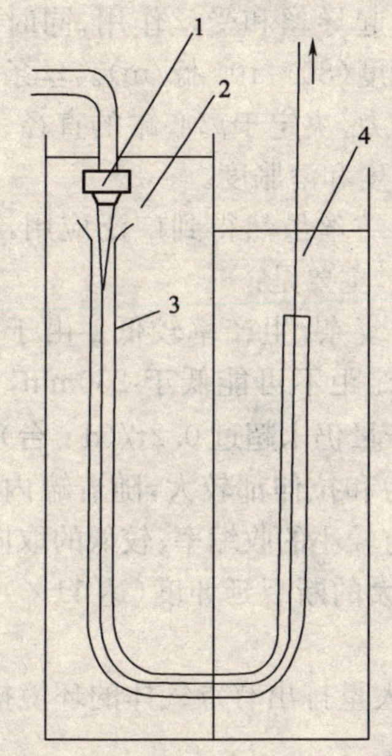

图 7－33　U 形管式管中成型

1—喷丝头　2—高位槽　3—U 形管　4—低位槽

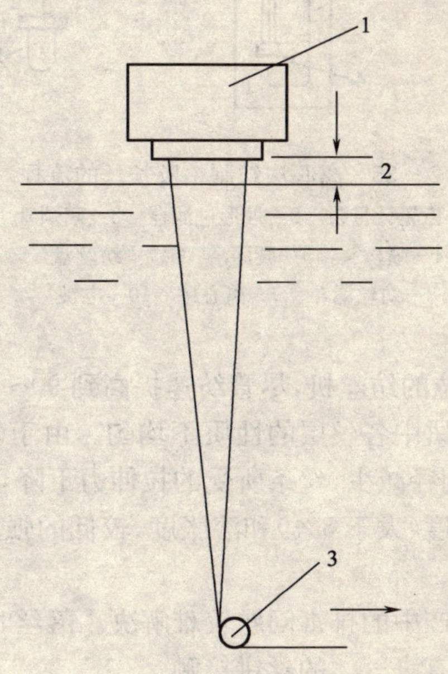

图 7－34　粘胶纤维的干喷湿纺法

1—喷丝头　2—浴面与空气间隙　3—换向轮

1. 长丝纺丝机

粘胶纤维发展的初期，是想以“人造丝”代替昂贵的天然丝，故初期以纺制长丝为先。粘胶长丝的纺丝设备主要有四种类型，即筒管式、离心式、半连续式和连续式。

(1)筒管式纺丝机：最早工业化的长丝纺丝机是筒管式，直至第二次世界大战期间，几乎都采用筒管式纺丝机纺制粘胶长丝。筒管式纺丝机通常为单层双面纺丝机，受丝机构为筒管，用以纺制细特的普通粘胶长丝。丝条经凝固浴导出后，经旋转的导盘，再绕至受丝的筒管上。

筒管式纺丝机结构简单，排列紧凑，操作容易，纺丝速度较高(可达 120～150m/min)。但丝条的物理和机械性能的均匀性差，收缩率大，内外层色差大，毛丝多，无法消除有毒气体的污染和进行二硫化碳的回收。此外，筒管丝为无捻丝，必须另行加捻，而使劳动生产率下降。目前已基本被淘汰。

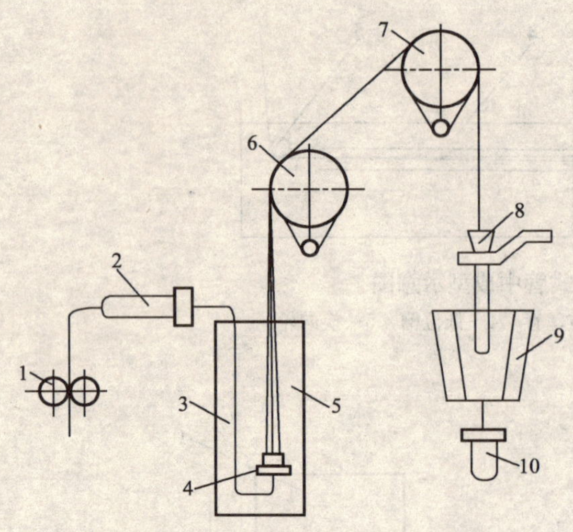

图 7－35 离心法纺制粘胶长丝的流程
1—齿轮计量泵 2—烛形过滤器 3—鹅颈管
4—喷丝头 5—凝固浴 6、7—纺丝盘
8—纺丝漏斗 9—离心罐 10—电锭

(2)离心式纺丝机:离心法纺制长丝的流程如图 7－35 所示。

粘胶经齿轮计量泵 1 精确计量后,经烛形过滤器 2 和鹅颈管 3 进入喷丝头 4。在一定的压力下通过喷丝孔形成细流,在凝固浴 5 固化形成丝条,并在纺丝盘 6 与 7 间拉伸 15%～30%。其后通过上下移动的纺丝漏斗 8 落入高速旋转的离心罐 9 中,并沿罐内壁铺成均匀的丝饼。离心罐由电锭 10 驱动,转速为 6000～9000r/min,亦有高达 12000r/min 的。离心罐起导丝和受丝作用,同时给予丝条一定的捻度(80～100 捻/m)。丝条被拖入离心罐的应力,决定于离心罐的直径、转速和丝条的线密度和溶胀度。

离心法纺丝虽然得到广泛应用,但也存在一些缺点,主要是:

①结构复杂,生产率较低。由于离心罐尺寸较大,锭距不可能低于 250mm,一台有 100 个锭位的纺丝机,尽管纺速提高到 90～110m/min,但总产量仍未超过 0.2t/(d·台)。

②丝饼中各丝层的性质不均匀。由于丝饼开始时的张力和拉伸都较大,随着罐内丝层增厚,绕丝周径减少,丝条所受的拉伸力下降,因而内层丝条具有较小的收缩率、较低的取向度、较大的线密度(大于 5%)和溶胀度、较低的强度(小于 7%)、较大的断裂延伸度(达 11%)和较大的着色性。

③生产中的排毒问题较难解决。落丝时,操作工人要在大量排出有毒气体的环境操作,直接与散发有毒气体的丝饼接触。

④离心罐溶剂有限。尽管目前受丝丝饼的重量有的已增至 3kg,但实际干丝重量还不足 1kg,再增大离心罐溶剂困难极大。

离心法纺丝机主要有如下几种类型:

①R—531 型离心式纺丝机:该机的原型是苏联的 П Ц—250N1 型机,并经多次改进,自 20 世纪 60 年代沿用至今,现仍为我国应用的主要机型之一。该机纺制的丝饼呈酸性,丝条有一定的捻度。

②KR401 型离心式纺丝机:该机是我国开发的新一代纺丝机,是在 R531 型的基础上开发的。其主要特点是采用水平管中成型和大离心罐卷装,纺丝速度较高。

③KR402 型离心式纺丝机:在原有的老式离心纺丝机的基础上,由凯姆特克斯公司与邯郸纺织机械厂共同研究开发而成。它采用水平式管中成型,纺速可达 130m/min。纺丝时使用水枪生头,落丝时进行低速运行,以减少废丝量。为克服丝饼内外层丝条的质量差异,以变频电动机调整丝饼内外层的拉伸,以提高纺丝的均匀性。离心罐用酚醛树脂支撑,既轻便又耐腐蚀。

④ZS14 型离心式纺丝机:该机由德国巴马格公司研制。为双面深浴式,纺丝机速度 50～

125m/min。离心机电锭速度由变频器调速，离心罐用碳纤维增强材料制成，既轻便又牢固。

⑤双面离心式纺丝机：该机由日本川崎重工制造。双面深浴式，占地面积较小，结构比较紧凑，但落丝时操作不便，且有害气体易挥发。

(3)半连续式离心纺丝机：半连续式离心纺丝机是将纺丝及丝条水洗过程在一台机器上连续进行，从而得到中性丝饼。

半连续式离心纺丝机的结构如图 7－36 所示。丝条自凝固浴引出后，经过刮酸棒，向上绕至凝固辊后部的玻璃纺丝盘上，随后再绕至上凝固辊、下凝固辊，丝条在凝固辊与纺丝盘间受到拉伸。其后丝条向上绕至一对水洗辊上，在此辊前半段，丝条继续完成凝固、分解，到后段则受到温软水淋洗，洗除丝条上附着的凝固浴及硫黄等杂质。与此同时，丝条上的 CS_2、H_2S 等气体逸出。软水由辊上方的水船中滴下，去酸后的废水流入辊下部的接水盘，收集后流入废水沟。亦可进行部分回收，以节约用酸。洗涤后丝条经纺丝漏斗导入离心罐中，叠成中性丝饼。

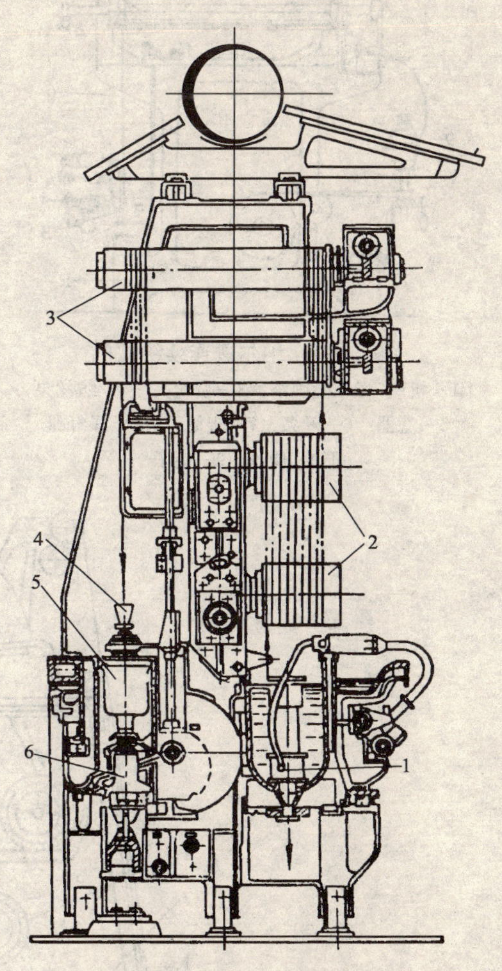

图 7－36 半连续式离心纺丝机
1—喷丝头 2—凝固辊 3—水洗辊 4—纺丝漏斗 5—离心罐 6—电锭

半连续式离心纺丝的特点是制得中性丝饼，可放置较长时间而不受损害。缺点是水洗时有毒气体散发较多，CS_2 难以回收。如纺丝控制不当，黄原酸酯分解不完全，丝饼放置后即变为偏碱性，增加后处理的困难，并影响丝的质量。

最早使用的半连续式纺丝机是 H. K. Z02005 人型半连续式纺丝机，以后又在其基础上改进成 R535A 型和 R535B 型以及 HKZ2025 型。由德国改制的 HKZ2025 型纺丝机的纺丝速度在 110m/min 左右，而原纺丝机的纺丝速度仅在 80 m/min 左右。

(4)连续式纺丝机：连续式纺丝机的主要特点是使纺丝、后处理和干燥的所有过程全部在一台机器上完成，实现单机台连续生产。连续法纺丝所制得的粘胶丝基本克服了离心法的缺点，所得丝具有均匀的物理机械性能，其缺点是丝条的含硫量较高，收缩率较高，设备维修复杂。

连续式纺丝机的难点在于各工序的能力不平衡，组合后难以获得最佳效益，机器结构也比较复杂、笨重，尚有进一步改进的余地。

①纳尔逊(Nelson)连续纺丝机：该机为英国首先(1950 年)开发，以后开发的连续式纺丝机多为该机的变型。此机为单层式，所纺丝条为无酸、无硫酸钠、干燥并有一定捻度的丝筒(图 7－37)。其流程是，新成型的丝条由凝固浴导出后绕至辊筒上，在辊筒上的头 59 圈(75m 丝条行

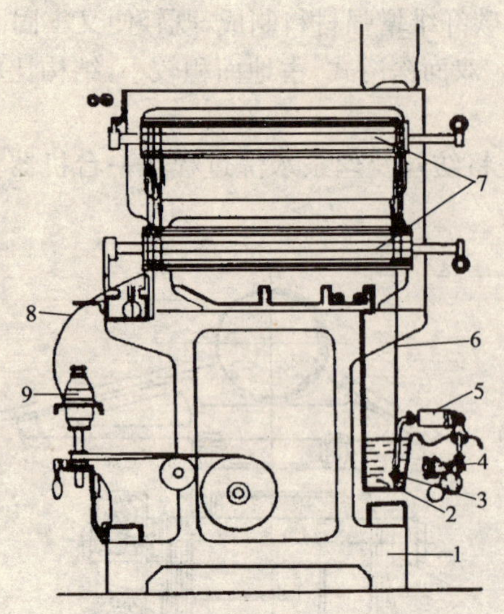

图 7－37　纳尔逊连续纺丝机

1—机座　2—凝固浴　3—喷丝头　4—纺丝泵　5—滤器　6—丝条　7—辊筒　8—干燥纤维上油、加捻　9—锭子

程）进行纤维素黄原酸酯的分解，在其后的 25～30 圈（约 50m）进行水洗，以除去酸及杂质，在辊筒烘干区内的最后 30 圈，将洗涤后的丝条用电加热装置烘干。干燥的丝条再经导丝机构上油、加捻，并绕置于机器另一面的钉子上。

这种机器的纺速及丝条在辊筒上行进的速度相应为 50～70m/min，采用加入表面活性剂的热水进行新成型纤维的水洗时，可将含硫量降至丝条重的 0.1%～0.5%。这种设备的优点是所制纤维的均匀性及染色性好。缺点是机器外廓尺寸大、纺速较低、单机产量相对较低。例如生产同一线密度的纤维，该机的产量比普通离心式纺丝机低 2～2.5 倍；耗电量大，每千克成品纤维耗电 12kW · h。

②П Н Щ 型连续式纺丝机（图 7－38）：此种纺丝机为苏联所制，其特点是采用成对的精练和干燥辊筒，两辊筒互为倾斜成小交角，以促使绕在

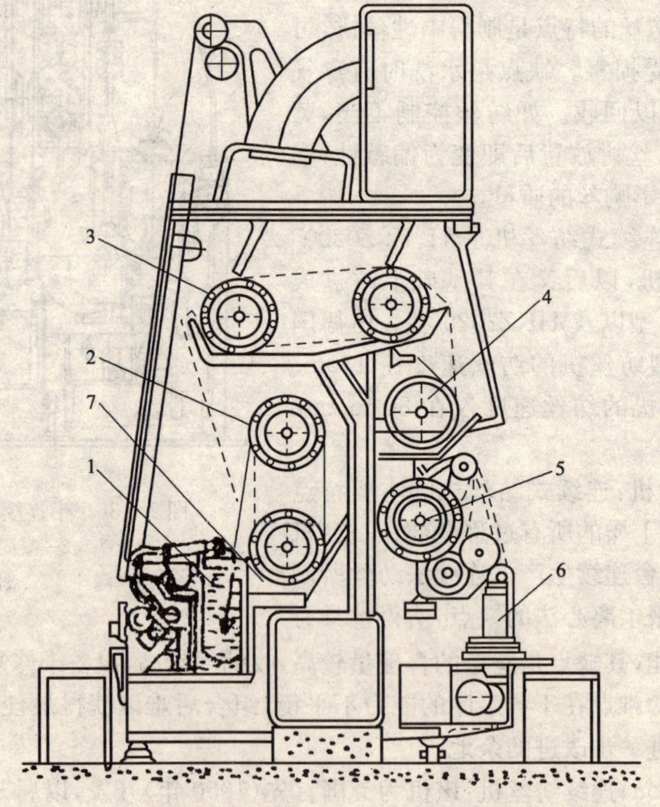

图 7－38　П Н Щ 型连续式纺丝机

1—凝固浴　2、4—辊筒　3、5—辊筒对　6—锭子　7—再生浴

辊筒对上的丝圈沿辊筒轴向前移。辊筒上可汇集 80～100m 丝条，当速度为 80～90m/min 时，丝条在辊筒上行进 60～75s。辊筒对沿机台纵向平行排列。粘胶由计量泵经烛形过滤器进入喷丝头。成型的丝条从凝固浴 1 引上成对的辊筒 2，其中的一个辊进入再生浴 7 中，再生浴的组成接近于凝固浴。再生丝条绕上辊筒对 3，在此处经热水洗涤，同时进行脱硫。单股丝条经过 60～65℃水洗 60～90s 后，硫的含量从 0.2%降至 0.07%，表面几乎不含硫。洗涤后的丝条在辊筒 4 处上油，并由辊筒对 5(其中一个辊用蒸汽加热)进行干燥，随后绕在环锭式锭子 6 上，获得具有 80～100 捻/m 的长丝筒子，筒子重量达 2～3kg。

ПН Щ 型连续式纺丝机的最大优点是制得的丝条的均匀性好，由于全部工艺过程是以单独的丝束而不是以丝饼形式进行后处理，因此，所有丝条都能经受同样条件的处理，保证成品指标最大限度地趋向均一。特别是在稳定的松弛条件下，能使丝条具有很好的染色性和弹性模量；由于能集中排气，回收 CS_2，故可相对减少有毒气体的污染，改善操作环境。此外，由于丝条卷装尺寸大，可提高劳动生产率。此机的最大缺点是结构复杂，维修费用大。

③其他：还有毛雷儿连续纺丝机、罗马尼亚 FCV 连续纺丝机、捷克 KVH 型连续纺丝机、意大利康维斯(Convise)连续纺丝机、美国肋骨滚筒式连续纺丝机等。

2. 短纤维纺丝机

普通粘胶短纤维纺丝设备包括纺丝机及集束机(塑化拉伸机)。纺丝机的作用是将粘胶纺制成基本凝固和大部分纤维素再生的初生丝条，并对丝条进行适当拉伸；而集束机是将一台纺丝机上各纺丝部位纺出的初生丝条集合成一束，进行塑化拉伸，并使纤维素黄原酸酯分解。

在生产和科研中应用的粘胶短纤维纺丝机有多种，但其工作原理及机械机构都大同小异。按照纺丝部位的排列形式，可分为双面纺丝机和单面纺丝机两种。双面纺丝机(图 7－39)的结构紧凑，占地面积小，但设备的安装及维修较困难；单面纺丝机的生产操作方便，管道及传动部件的布置合理，安装及维修较困难；单面纺丝机生产操作中，占地面积较大。

根据凝固浴槽的形式，普通粘胶短纤维纺丝机又分深浴纺丝机和浅浴纺丝机两种。深浴纺丝机的凝固浴槽深而窄，丝束的走向垂直于凝固浴面；浅浴纺丝机的凝固浴槽浅而宽，丝束的走向平行于凝固浴面。深浴纺丝机的锭间距离小，设备占地面积小，但由于丝条的浸没长度小(通常为 20～30cm)，成型纤维的结构均匀性差，强度低而深度高，纺丝弊病难于观察和处理；浅浴法纺丝的浸没长度较长(通常为 50～80cm)，成型纤维的结构均匀性较好，物理机械性质得到改善，纺丝的操作也较方便。但纺丝机的尺寸要相应加大。将喷丝头平行排列成多行的方式，可以相应减少机台的尺寸。在新设计的大型喷丝头的纺丝机中，多采用浅浴纺丝。

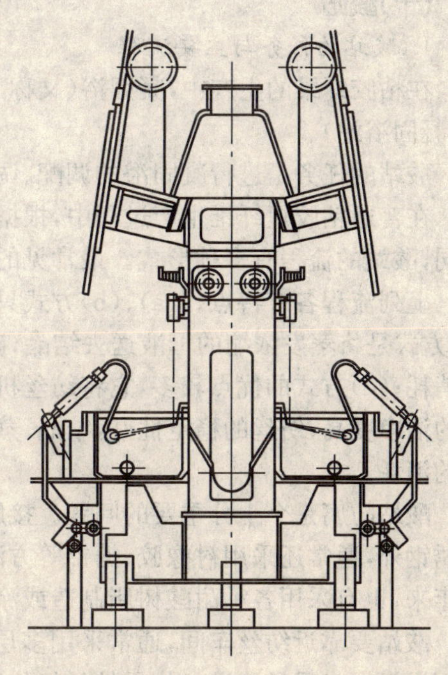

图 7－39　粘胶短纤维双面纺丝机示意图

按照导丝机构的不同，粘胶短纤维纺丝机又分为三种:第一种是没有纺丝盘的纺丝机,各锭位的丝条直接由集束机牵引。第二种是每一个或每两个锭位相应设一个纺丝盘,以引出丝条,送去集束拉伸。上述两种纺丝机中,丝条的拉伸是靠集束辊的牵引和导丝棒的阻止作用完成的。第三种是每一个或每两个锭位设一对纺丝盘,各锭位的丝条先经纺丝盘拉伸后再送去集束拉伸。第一、第二种纺丝机结构简单,但纺丝的稳定性较差,生产操作比较麻烦,目前多采用第三种。

国内外短纤维纺丝机的主要型号有:SR—301 型、HR—401 型、ПШ—225—N 型和 OCY—N 型塑化拉伸机、凯姆特克斯短纤维纺丝机,毛雷尔短纤维纺丝机以及捷克 ZS—20 型短纤维纺丝机。

近年来,国内外对普通粘胶短纤维纺丝机做了不少的改进,主要有以下几个方面。

(1)提高每个纺丝部位的生产能力:主要是采用大型喷丝头(或组合喷丝头)和提高纺丝速度。喷丝头孔数已由常规的 7500～12000 孔增大至 30000～40000 孔,并正在试用 10 万孔的大型组合喷丝头。相应计量泵的泵供量已由 12～20mL/r,增大到 50～75mL/r,并采用双泵或多齿轮的计量泵;纺丝速度由常规的 60～80m/min,提高到 90～100m/min。

(2)用管中成型:常规纺丝中,丝条在凝固浴中相对运动,造成很大的摩擦阻力。或随凝固浴的湍动而飘浮,浸长增加时更为明显。如果丝条的运动速度与周围浴液的速度一致,则丝条与浴液间不会产生摩擦阻力。管中成型就能减少这种阻力,提高成型的稳定性和均匀性。

生产上应用的纺丝管有两种形式,即水平式和垂直式。水平式纺丝管结构简单,使用可靠。垂直式纺丝管的流动稳定,且所有单丝都受到相同的向上浮力,因此,丝条成型更均匀。

(3)防止和减少废气、废液的散发:主要是加强密闭,强化通排风,简化设备维修等。

(4)提高自动化水平:计量泵、导丝盘采用分组传动,并能按多种速度自动调节。

(十)酸站

1. *酸站的任务与主要流程*

在粘胶纤维的生产中,凝固浴(又称酸浴)由一个专门的部门供给,这个部门,通常称为酸站(或凝固浴站)。

酸站的任务是进行凝固浴的调配、调温和循环,进行凝固浴的回收和处理。

在普通粘胶短纤维生产过程中,根据生产的规模,使用的设备及水、电、汽、冷冻等供应情况不同,酸站的流程有多种形式。最常见的几种流程如图 7－40 所示。

上列流程各有特点。(a)、(b)方式只用一次酸泵便能完成凝固浴的循环和回收,节省动力;(c)方式是将蒸发浓缩的母液送去结晶,硫酸钠的结晶效率高,但要增加设备和动力(电、冷冻)的消耗;(d)方式的优点较多,它将纺丝机回流的凝固浴全部过滤,并经过专门的脱气处理,凝固浴的洁净度高,纺丝的稳定性好,结晶、蒸发、加热等设备及其管道不易堵塞,但要增加设备及电力的消耗。

酸站防腐是个十分重要的问题。接触酸浴的设备和管道,应采取有效的防腐措施,除了用不锈钢外,通常还采用衬橡胶、搪铅等方法,或采用耐酸塑料(如聚氯乙烯、聚四氟乙烯等)制造。近年来,也有采用各种耐酸树脂制造或涂覆凝固浴设备和管道的。

酸站要靠近纺丝车间,通常采用多层(2～4 层)建筑,将设备按流程方向自上而下排布,使凝固浴靠自身重量流送。如果纺丝机位于地平面,则酸站往往建在地下室。此外,酸站的建筑还要考虑通风、防火安全及防腐等要求。

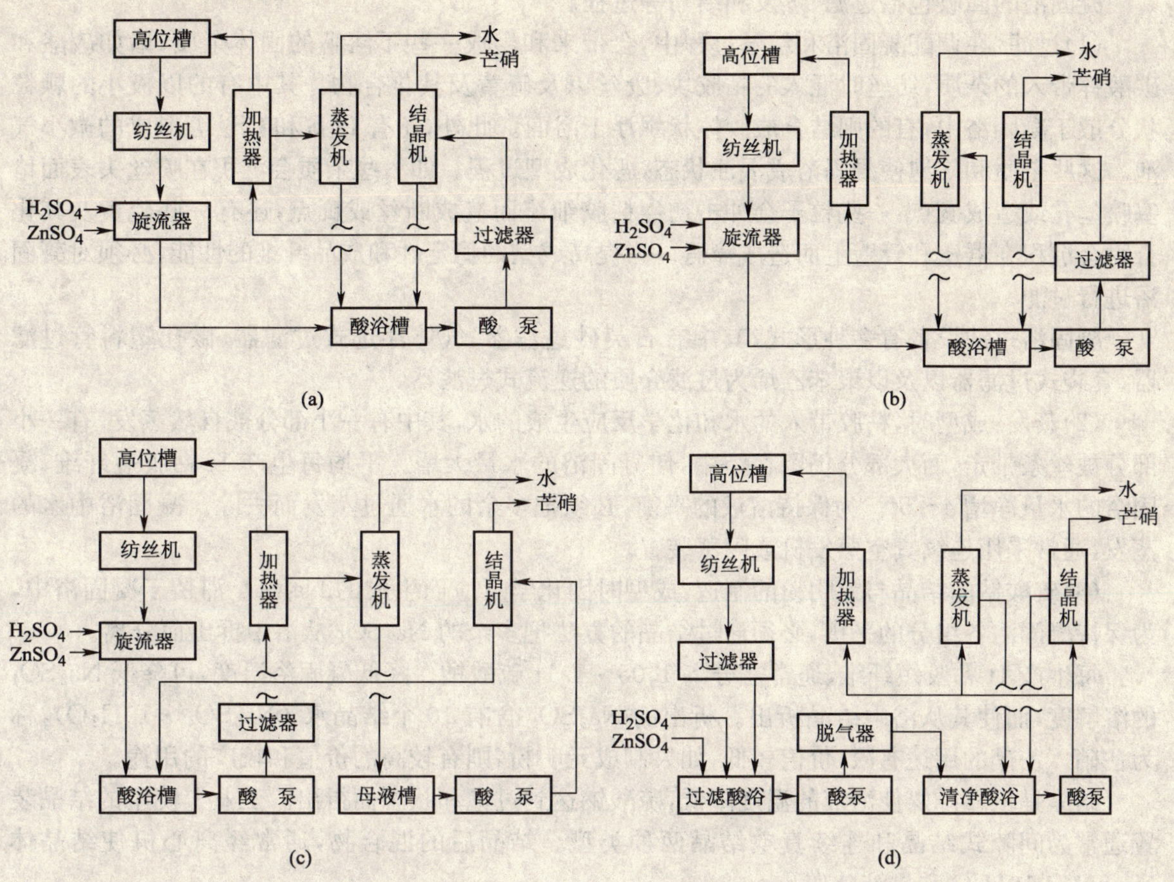

图 7－40 酸站的流程

2. 凝固浴的调配和循环

在成型过程中，凝固浴的组成有很大的变化，主要是粘胶中的 NaOH 被 H_2SO_4 中和，使浴中的 H_2SO_4 的浓度降低，而 NaOH 和 H_2O 的含量上升；粘胶中带入大量的水，使凝固浴被稀释，各组分浓度降低。此外，丝条也带走了部分凝固浴。

为了稳定纺丝条件，必须不断地向纺丝机供应恒定组成和恒定温度的凝固浴，并不断地将稀释的凝固浴回流，这就是凝固浴的循环。在循环过程中，根据需要量的多少不断补加 H_2SO_4 及 $ZnSO_4$，多余的水分和硫酸钠分别通过蒸发和结晶而去除，并通过加热调整凝固浴的温度。普通粘胶短纤维纺丝要求凝固浴中 H_2SO_4 的落差小于 5～7g/L，其循环量根据粘胶的组成、喷丝头的数量与孔数、孔径及纺丝速度等情况的变化而调整，通常每个纺丝锭位 800～900L/h。为了使生产连续、正常，凝固浴应有足够的储存量，通常凝固浴每小时的循环次数不应大于 2 次。

补加 H_2SO_4 和 $ZnSO_4$ 通常是连续进行的。补加的数量可根据凝固浴平衡计算和生产控制分析数据来确定。

3. 凝固浴的回收

凝固浴的回收包括过滤、蒸发和结晶等过程。

(1)过滤:在调配凝固浴和纺丝过程中,会带来和生成一些不溶解的固体杂质,诸如硫酸和碳酸锌带入的杂质,纺丝时混入的粘胶块、废丝以及硫黄及其化合物。其中有的以极小的颗粒状分散于凝固浴中,有的则结合成胶体状飘浮于浴面。此外,还有 H_2S 和 CS_2 等形成的微小气泡。这些杂质和气泡使凝固浴成混浊状态,恶化成型过程。如一些杂质会沉积在喷丝头表面堵塞喷丝孔或造成疵点,一些粒子会冲击初生粘胶细流而造成断丝或疵点,还有一些硫黄及其化合物会沉积在器壁和管壁上而造成障碍。为提高成型的稳定性和成品纤维的性能,必须对凝固浴进行过滤。

凝固浴过滤设备有多种形式,其中有石英砂过滤器、气体浮选式过滤器、微孔塑料管过滤器、套袋式过滤器以及以聚苯乙烯为过滤介质的逆流式过滤器。

(2)蒸发:成型时,粘胶带入的水和化学反应生成的水,其中有一小部分被自然蒸发,有一小部分被丝条带走,而大部分仍留在浴中,使凝固浴的水量大增。平均每生产 1t 粘胶短纤维,凝固浴的水量净增 4~5t。为保持溶液的平衡,必须把多余的水通过蒸发而去除。凝固浴中水的蒸发,通常采用连续真空蒸发机或闪蒸装置。

(3)硫酸钠的结晶与元明粉的制造:成型时因化学反应而生成的 Na_2SO_4 滞留于凝固浴中,为保持凝固浴各组分的平衡,必须通过结晶的方法把多余的 Na_2SO_4 从浴中拆出而分离。

每生产 1t 粘胶短纤维,通常需分离 1.05~1.1t 硫酸钠。降低凝固浴温度,可降低 Na_2SO_4 的溶解度,而使其从浴中结晶析出。析出的 Na_2SO_4 含有 10 个结晶水 ($Na_2SO_4 \cdot 10H_2O$),称为芒硝。芒硝的用途有限,价值较低,如果制成元明粉,则有较高的价值和较广的用途。

结晶是依靠冷媒使浴液的温度降低,硫酸钠达到过饱和状态而析出。工业上使用的结晶装置通常为间隙式结晶和连续真空结晶两种类型。结晶后的混合物,通常经离心机使结晶体 $Na_2SO_4 \cdot 10H_2O$ 和母液分离。

生产元明粉的方法主要有两类,一类是自酸浴中直接结晶,另一类是用结晶的芒硝制取。

直接自酸浴中制取元明粉是把酸浴在真空下蒸发,使浴液中硫酸钠呈过饱和亚稳状态,然后加入无水硫酸钠(元明粉)作为晶种,结晶析出的硫酸钠即为元明粉。

硫酸钠水溶液在 32.38℃以下结晶析出的是芒硝;而在此温度以上,过饱和的硫酸钠溶液析出的是无水硫酸钠晶体,即元明粉。随着温度的上升,硫酸钠的饱和浓度下降,但超过 80℃后,饱和浓度不再随温度的上升而下降。利用此原理,使芒硝在一定真空下在增浓器内沸腾蒸发,然后在 70~75℃下冷却结晶而获得元明粉。

三、粘胶纤维的后处理

经成型拉伸后的初生粘胶纤维,含有一系列的杂质。如丝束带出的凝固浴,含有多量的硫酸(占丝束总重的 1%~1.2%)和硫酸盐(占丝束总重的 12%~14%);由于纤维素黄原酸酯分解生成的胶态硫黄(占丝束总重的 1%~1.5%),一部分附着于纤维的表面,一部分分散于纤维内部。这些杂质的存在会使纤维泛黄而影响外观,纤维的柔软性及手感都受到严重影响;残留在纤维表面的凝固浴干燥后,会使纤维大分子裂解而影响物理机械性能;附着在纤维表面的硫黄,在纺织加工的过程中,以"硫尘"的形式污染车间环境。因此,必须立即去除这些杂质。

不同品种的纤维，后处理的方法和所用设备不尽相同。如供丝织用的长丝要求颜色白、光泽好，对后处理要求高；而工业用的粘胶帘子线在外观上并无特殊要求，存在少量硫黄并不影响其质量，因此，后处理过程就比较简单；有特殊要求的纤维需要进行漂白，一般用途的纤维则无需漂白；对于短纤维，还必须进行切断。

后处理的主要项目有水洗、脱硫、漂白、酸洗、上油以及烘干等过程。

(一)水洗

用温水可以除去纤维从凝固浴带出的硫酸、硫酸盐以及附着在丝条表面的硫黄。由于水洗是最简单、最经济的办法，因此精练的第一步就是水洗，而且每经脱硫、漂白、酸洗等化学处理后，仍需进行水洗，以除去生成的水溶性杂质。

后处理最好用纯净的软水。如水的硬度过高，纤维表面会黏着沉淀的 CaO 和 MgO，上油时生成不溶性的钙皂、镁皂，黏附在纤维上而造成“皂斑”；如水中含有铁盐，脱硫时会生成黑褐色的 FeS 沉淀而沾污纤维；如有锰盐存在，纤维漂白时会因锰的催化作用而加速纤维大分子的降聚，使纤维的强度下降；水中的碱度过大，会使铁盐转化成 $Fe(OH)_3$ 沉淀，其黏附在纤维上很难洗净。

原则上说，水洗温度高，容易洗净，因为杂质在水中的溶解度一般随水温的提高而增加；而且溶解的杂质从纤维内部扩散到洗液中的扩散速度，也随温度的升高而加快。但温度过高，除消耗较多的热能外，还由于车间充满水蒸气而恶化劳动条件，必须加强通风与排风。水的循环要适当控制，循环水量要有保证。一般来说，循环量越大，洗得越干净，但过大的循环量必然会消耗更多的水、电和蒸汽。为了节约用水，除第一次水洗和脱硫后的第一次水洗水排出外，其余大部分回收利用(补入部分新鲜水)，原则上采用逆流方式，即从后工序到前工序回流使用。

(二)脱硫

纤维在后处理前的含硫量，占纤维重量的 1%～1.5%。附在纤维表面的硫黄，经 70～80℃的热水洗涤后，大部分能够洗去，水洗后纤维的含硫量下降到 0.25%～0.40%，其中纤维内部的含硫量占纤维重量的 0.18%～0.22%。

工业用粘胶帘子线或某些短纤维，经过水洗后不需再进行专门的脱硫处理，但对于大多数民用纤维，则必须用脱硫剂充分脱硫，使纤维含硫量下降到 0.05%～0.1%或更低。留在纤维内部的硫以胶体质点状态存在，必须用化学药剂处理，使不溶于水的胶态硫转化为水溶性的硫化物而被去除。

常用的脱硫剂有氢氧化钠、硫化钠、硫化铵和亚硫酸钠等；连续纺丝后处理机，通常用加有表面活性剂的含酸热水溶液作为脱硫剂。

1. 氢氧化钠脱硫

NaOH 与 S 的作用按下式进行：

$$6NaOH + 4S \longrightarrow 2Na_2S + Na_2S_2O_3 + 3H_2O$$

反应生成的硫化钠能再与硫作用生成可溶性的多硫化钠：

$$Na_2S + xS \longrightarrow Na_2S_{x+1}$$

脱硫液中的 NaOH 的浓度为 8～12g/L，温度一般为 60～70℃。由于纤维在碱溶液中膨润度很高，因此其脱硫速度很快。由于纤维素的剧烈膨化，使纤维素大分子间键明显变弱，加上纤维素大分子在碱性介质中易被氧化，因而 NaOH 脱硫后，纤维的断裂强度(尤其是湿态断裂强度)有所下降，故一般不使用 NaOH 作为脱硫剂。

为了降低纤维素在 NaOH 溶液中的膨润度，避免纤维素大分子间键被过分破坏，脱硫时可采用较高的温度。高温还能加快脱硫速度，提高脱硫效果。

短纤维脱硫时，可用浸渍压榨碱液或从碱站透析机出来的废碱液作为脱硫剂。这种碱溶液中含有半纤维素，由于半纤维素比 α-纤维素更容易氧化，因此可降低脱硫时纤维素被氧化的可能性。但透析废碱液常带有污物，有可能黏附在纤维表面而造成斑点，应注意防止。

2. 硫化钠脱硫

硫化钠在水中能水解生成氢氧化钠和硫氢化钠：

$$Na_2S + H_2O \rightleftharpoons NaOH + NaSH$$

故 Na_2S 脱硫时的作用基本与 NaOH 相似，但其碱性较弱。

Na_2S 本身能溶解硫，故脱硫比 NaOH 更充分，纤维的白度也更高。

$$Na_2S + xS \longrightarrow Na_2S_{x+1}$$

Na_2S 是一种还原剂，因此能防止纤维素的氧化，使脱硫后纤维的物理机械性能不致过多地下降。

用硫化钠作脱硫剂的缺点是，硫化钠内往往含有一定量的硫化亚铁，很难从脱硫液中除去，它容易使纤维带有黑色的斑点；硫化钠对设备的腐蚀性较大，对人体健康也有一定的影响；当硫化钠废液排入下水道与含酸废液接触时，会生成 H_2S 而污染环境。

硫化钠脱硫液的浓度一般为 3～5g/L，溶液温度为 60℃。有时也采用硫化铵作为脱硫剂，硫化铵的脱硫反应如下：

$$(NH_4)_2S + S \longrightarrow (NH_4)_2S_2$$

用$(NH_4)_2S$脱硫的原理和工艺条件，基本上与 Na_2S 相仿，它对纤维的损伤更小。但硫化铵的挥发性较大，容易分解成 H_2S 和 NH_3 而恶化劳动条件。

$$(NH_4)_2S \longrightarrow H_2S\uparrow + 2NH_3\uparrow$$

工厂中一般将 Na_2S 与$(NH_4)_2S$混合使用，其脱硫效果更好。

3. 亚硫酸钠脱硫

在几种脱硫剂中，以亚硫酸钠的脱硫最温和，纤维素在 Na_2SO_3 中的膨润度最低，Na_2SO_3 和 S 的作用比较温和，因此脱硫液中的 Na_2SO_3 浓度应较高，一般为 20～25g/L，温度为 70～75℃。Na_2SO_3 与 Na_2S 一样，本身是一种还原剂，对纤维有保护作用，不易被空气中的氧所氧化。亚硫酸钠对设备的腐蚀作用较弱，特别适于作离心丝饼或筒管丝的脱硫剂。

Na_2SO_3 溶液易被空气中的氧所氧化而影响脱硫效果，故常加入少量的稳定剂，以减慢氧化作用。

4. 含酸的热水溶液脱硫

在连续纺丝后处理设备上，要求机器的结构简单、生产效率高且看管方便。用碱性脱硫剂（NaOH、Na_2S、Na_2SO_3 等）脱硫的方法，在连续生产中的应用受到了限制，因为经过脱硫后，还必须进行长时间的洗涤，以除去碱液，从而使机器结构趋于复杂。

一些非碱性脱硫剂，如苯、甲苯、三氯甲烷、热的稀无机强酸及含有表面活性剂的热水溶液等，也可对粘胶纤维脱硫。由于有机溶剂价格昂贵及易发生火灾等原因，在工业上的应用受到限制。通常采用稀酸溶液或含表面活性剂的热水溶液进行脱硫。

（三）漂白

经脱硫后的纤维，光泽虽较好，但对有特殊要求的纤维（尤其用于织造色泽鲜艳的浅色织物的纤维），其白度仍然不够，因而必须进行漂白。漂白剂一般采用次氯酸钠、过氧化氢，也可用亚氯酸钠。

1. 次氯酸钠

用次氯酸钠进行漂白时，必须严格控制 pH 值。NaOCl 在不同的 pH 值下，具有不同的氧化性能，起漂白作用最有效的是不离解的 NaOCl，它能同不饱和的有色物质起加成反应，或使其氯化，从而达到漂白的效果。漂白液的 pH 值一般控制在 8～10。当 pH 值＜8 时，纤维易受损伤，而且 NaOCl 会大量分解；而 pH 值＞10 时，纤维素虽不受损伤，但有色物质也不能被氧化。为严格控制 pH 值，通常在漂白液中加入一些缓冲剂（如碳酸氢钠、磷酸盐等）。

用次氯酸钠漂白可以在室温下进行，漂白液的配制也比较简单。但也存在不少缺点，如 NaOCl 溶液本身不稳定，在使用过程中 pH 值容易发生变化，当 pH 值偏低时，易分解而析出有害气体，恶化劳动条件；在弱碱性条件下，次氯酸钠会腐蚀由塑料、软橡胶等高分子材料制成的机械零件。

次氯酸钠漂白后的纤维白度不够高，如要提高白度，必须强化漂白条件，但这会给纤维造成更大的损伤，使断裂强度下降过多。

为充分去除 NaOCl，并使黏附在纤维上的钙盐和铁盐等金属杂质转变为可溶性物质，在漂白、水洗后，还必须进行酸洗。

2. 过氧化氢

H_2O_2 在碱性介质中能释出原子态氧，故可用作漂白剂。

$$H_2O_2 \rightarrow H_2O + [O]$$

H_2O_2 的漂白作用，只能在碱性条件下进行。因为在酸性介质中，H_2O_2 是稳定的，不起漂白作用。溶液的 pH 值控制在 8.0～9.0，随着 pH 值的增高和溶液温度的提高，其漂白能力也提高。但纤维在碱性介质中容易膨润，碱性越高，膨润也越剧烈，纤维素的大分子容易被氧化而降解。工厂中常采用弱碱在高温下进行漂白，这样既可保证漂白作用，也可避免纤维素大分子受到过多的损伤。

在 H_2O_2 漂白液中必须加入稳定剂，稳定剂可用水玻璃或焦磷酸钠。用硬水配置漂白液时，可用水玻璃作稳定剂，它可通过硅酸钙或硅酸镁起稳定作用，水的硬度为 5 德度左右较合适。如果用焦磷酸盐作稳定剂，漂白温度一般控制在 50℃左右，浴温超过 60℃时，焦磷酸盐就不再起稳定作用。

铁、铜、锰等金属的存在，能促进 H_2O_2 分解，因此设备应采用不锈钢、陶瓷、木质或塑料等材料。H_2O_2 的漂白作用比较缓和，纤维经漂白后白度不太高，但纤维的强度下降较小。漂白过程中不产生有害气体。金属氧化物在漂白过程中不能去除，因此必须进一步酸洗。

3. 亚氯酸钠

粘胶纤维的漂白也可使用亚氯酸钠。$NaClO_2$ 一般由气态 ClO_2 和 NaOH 作用而得：

$$2ClO_2 + 2NaOH \longrightarrow NaClO_2 + NaClO_3 + H_2O$$

还可用还原法制成：

$$2ClO_2 + Na_2O_2 \longrightarrow 2NaClO_2 + O_2$$

制造 $NaClO_2$ 比较困难，价格也较贵，从而限制了它的广泛应用。

用 $NaClO_2$ 漂白应在酸性条件下进行，在碱性介质中，不能释出原子态氧而无漂白作用。

以 $NaClO_2$ 为漂白剂的漂白过程，可以和纤维的增柔过程相结合，在连续纺丝后处理机上进行漂白，处理时间只需 20～25s。

(四)酸洗

纤维经漂白(或脱硫)后，再进行水洗，纤维上残留的硫酸、硫酸盐、硫黄以及其他一些可溶性杂质已基本去除干净。但还有部分不溶性杂质和金属盐类，此外，还可能有残留在纤维上的漂白(或脱硫)碱液。酸洗的目的就是中和残存在纤维上的漂白(或脱硫)碱液，把不溶性的金属盐类(或氧化物)转化为可溶性的金属盐。纤维经酸洗后白度明显增加，而且由于去除了金属化合物，纤维的质量和外观均有所提高。

酸洗使用无机酸的水溶液，最常用的是盐酸和硫酸。盐酸的效果比硫酸好，因为用盐酸处理生成的盐酸盐比用硫酸处理生成的硫酸盐的溶解度更高。但盐酸对金属设备(如铁、铜等)的腐蚀比硫酸强，设备要加以保护，或改用耐酸材质。

(五)上油

上油是为了调节纤维的表面摩擦力，使纤维具有柔软、平滑的手感，有良好的开松性和抗静电性，又有适当的抱合力。

普通粘胶纤维的上油剂有多种，常用的有磺化植物油(土耳其红油)、氨肥皂等的水溶液；或采用颜色浅、黏度低的矿物油(如白节油、锭子油、凡士林油、冷冻机油等)的水乳液。根据油剂成分的不同，添加不同要求的浸润剂或乳化剂，如含 12～18 个碳的脂肪醇硫酸盐、平平加、聚氧乙烯脂肪醇醚(JFC)等。

纤维用油剂除了能使纤维具有良好的性能外，还必须能配成稳定的水溶液或水乳液，黏度低，无色，无臭，无味，无腐蚀，洗涤性好，来源充沛易得，价格便宜。

纤维的上油率直接影响上油效果。上油率过低或过高，都不能起到调节纤维表面摩擦力的作用。通常上油率控制在 0.15%～0.3%为宜。纤维的上油率是通过调节油浴中油剂的浓度及 pH 值来控制的。通常油浴含油剂 2～5g/L，温度为常温。上油后纤维轧压的程度对上油率也有很大的影响。为此，必须使纤维层轧压均匀。通常纤维轧压后的含水率在 130%～150%。

(六)切断

粘胶短纤维还需进行切断，以便能像棉、毛那样进行纺织加工，或与棉、毛及其他化学纤维进行混纺，应将它切断成与棉、毛接近的长度。

棉型纤维长度在35～38mm，并有良好的整齐度，通常允许的长度偏差率小于±8%，故切断时应严格控制超常纤维；毛型纤维较长，通常在76～114mm。毛型纤维对长度的整齐度无严格要求，反而希望纤维的长度能参差不一，具有与羊毛相类似的长度分布，以利纺织加工，但不得出现倍长纤维(超过名义长度一倍以上的纤维)。

切断可在后处理前或后处理后进行，大多数均在后处理前进行。

(七)烘干

粘胶纤维经后处理后，必须进行脱水，尽可能除去纤维上所带的水分，以减少烘干过程中所蒸发的水量。长束状后处理的纤维，可通过压榨除去多余的浴液；散状短纤维可通过压榨法或离心法脱水；离心丝饼一般用离心法脱水；而筒管丝一般不进行脱水。粘胶纤维经脱水后的含水量一般为150%～250%。为了达到成品规格要求，使其含水率降至公定的标准(11%)，必须将纤维烘干至含水6%～8%，然后再调湿至8%～13%。

纤维经烘干后，其性能发生不少变化。这一系列变化不能通过再润湿而回到烘干前的状态。最明显的是纤维膨润度的变化，纤维经烘干后膨润度大为降低，虽经长时间水处理，仍回复不到烘干前的膨润度。其他如断裂强度、延伸度、勾结强度、染色性、手感及纤维尺寸稳定性等也发生了不可逆的变化。由此可见，刚成型的溶胀纤维的烘干过程，不是一个水分蒸发的简单过程，而是伴随着纤维结构发生变化的过程。

必须指出，经烘干后纤维的状态并不是最终的定型状态，而必须把纤维经过多次反复润湿和烘干，才能达到最终的定型状态。纤维素纤维的结构必须经过多次烘干、润湿才能趋于平衡的原因，是由于纤维素大分子链比较僵硬，相互位移较困难，溶胀纤维在烘干的过程中，由于水分的蒸发，使纤维收缩，造成大分子或链段相互靠近，从而形成两种新的氢键，即稳定的(牢固连接)或可逆的氢键。形成可逆的氢键是由于纤维内大分子的偶然排列，这种氢键是不牢固的，在纤维重新溶胀时，可能被拆散。当润湿和烘干多次重复后，可逆的氢键不断地减少，而稳定的氢键则不断地增加，使纤维结构逐渐趋向均衡状态。

(八)粘胶短纤维后处理设备

1. 丝束状短纤维后处理机

此机的主要部分为一排方形的槽，其中盛有各种处理溶液。丝束沿机的纵向依次通过各浴槽而受到各种浴液的处理。为了除去丝束上多余的浴液，并使丝束移动，在各槽之间装置一对包有橡胶的压榨辊。压榨时压力的大小可通过弹簧或机构带动，可在一定的范围内调整丝束通过的速度。

丝束受处理的速度，通常和纺丝速度相配合，通常为60～80m/min。由于丝束在后处理时收缩，故必须使处理机后部压辊的速度比前面压辊的速度低些，以调节丝束所受的张力。

2. 切断状纤维后处理机

切断状纤维后处理设备主要有网带式后处理机和栅条式后处理机。

(1)网带式后处理机：此机由一个或多个串联的无端不锈钢网带组成(图7-41)，网带由传动辊带动。切断了的纤维，通过管道水流输送，在网带的整个宽度上形成均匀的纤维层。网带上的纤维在向前移动的同时，受到网带顶上各筛子喷淋下来的各种浴液的处理。处理浴液通过纤维层和网带后，落入网下的接受浴槽，然后导出机外回收。为了防止纤维被处理浴液冲出机外，通常将网带翻边。为了避免浴液从前一区段带入后一区段，在各区段之间都装置有橡胶的压辊对，其压力可通过弹簧或压缩空气调节。纤维受处理的效果，与纤维的厚度及其均匀性、网带的移动速度和处理溶液的喷淋量及其均匀性有关。网带式后处理机的结构简单，维修方便，操作安全，工艺调整灵活。

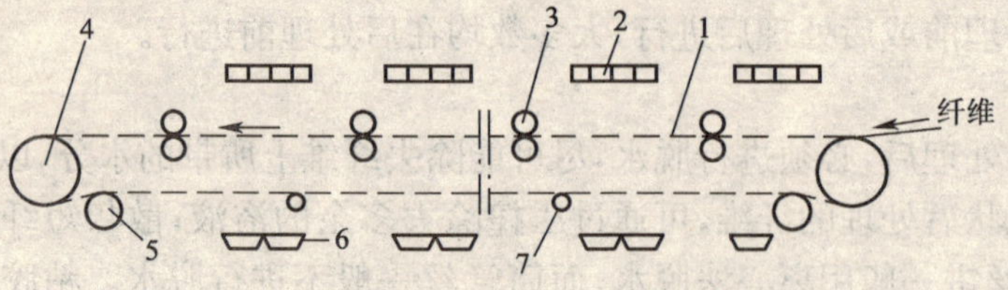

图 7－41　短纤维网带式后处理机示意图

1—不锈钢网带　2—喷淋筛　3—压榨辊　4—传动辊　6—接受浴槽　7—托辊

(2)栅条式后处理机：栅条式后处理机是一排具有假底的宽而浅的长槽，每一长槽就是一个处理区段。长槽的假底由许多不锈钢栅条沿处理槽纵向排列而成。其中偶数栅条固定在机架上，奇数栅条装在横向的托梁上，使纤维前进方向倾斜 10°～15°。横向的托梁实际是偏心轴，由于它的转动，使每一区段的奇数栅条做封闭循环运动。循环的方式是：可动栅条首先向上提到高出固定栅条，在这一位置上向前运动，而后降到低于固定的栅条，再沿相反的方向回复至原位。

切断后的纤维，借助于专用的分布装置，沿着假底的宽度形成均匀的纤维层(厚度为 30～50mm)，可动栅条每次循环运动，就把纤维层抬起并往前移送一次，移送的距离就是栅条的动程。在纤维层不断向前移动的同时，受到上面筛子喷淋下来的各种浴液处理。处理浴液通过纤维层后，落入栅条下面的接受浴槽并导出机外。为了减少纤维将前一区段的浴液带入后一区段，纤维层在各区段间都受到辊筒对的压榨。为了减少纤维的流失，固定栅条与活动栅条间的距离很小，通常为 0.5mm 以下。

3. 烘干机

根据丝束后处理方式的不同，粘胶短纤维的烘干可以在丝束状态或短段状态下进行。但在大多数情况下，以短段状纤维形式烘干较多。

(1)圆网式烘干机：此机由多个排列成单行的旋转圆网构成(图 7－42)。圆网的主体，是一多孔的圆筒，并与一离心式风机相连。筒的表面，覆盖一层不锈钢网，筒内的一半装有固定不动的弧形挡板，挡板的周边通过耐高温橡皮或毛毯与筒内壁密贴。工作时，空气从筒内抽出，被加热后又吹喷于网的表面。由于筒外喷吹空气的压力和筒内负压而产生的吸力，使纤维吸附于圆筒没有挡板的那一半表面上，热风通过纤维层进入圆筒内，使纤维得到烘干。

经后处理和开松的纤维(含水率 130％～150％)，由喂毛机均匀地落在送毛帘子上，并送往第一个圆网，由于此网内上半部有固定的挡板，故纤维被吸附于圆网的下半部表面。当纤维由第一个圆网送至第二个圆网的交接处时，由于第二个圆网的固定挡板装于下半部，且它的旋转

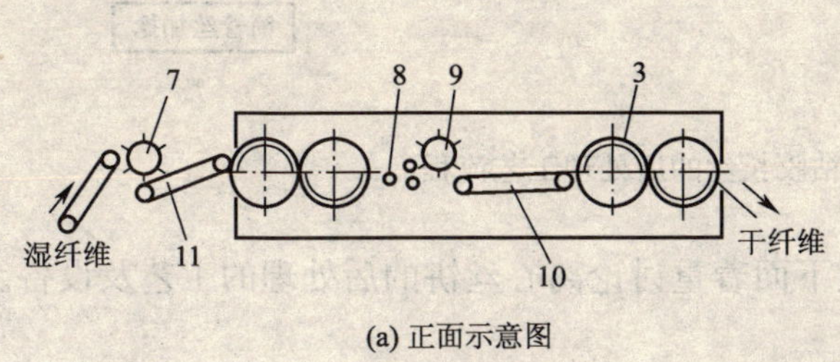

(a) 正面示意图

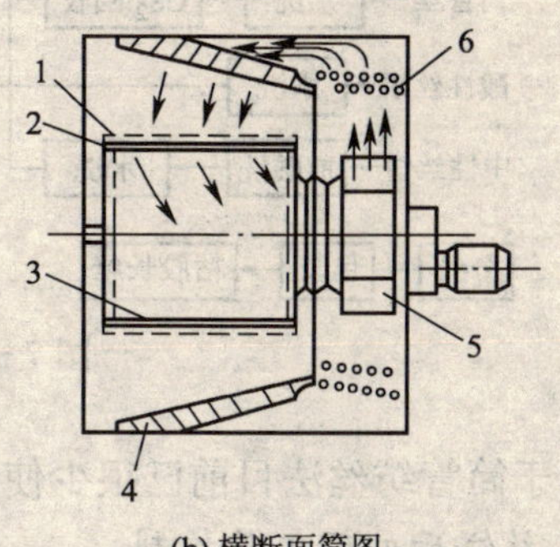

(b) 横断面简图

图 7－42 圆网式烘干机

1—不锈钢网 2—多孔圆筒体 3—弧形挡板 4—导风板 5—离心式风机
6—加热管 7、9—开棉管 8—卸料压辊 10、11—输送帘子

方向与第一个圆网相反，故纤维旋转而吸附于第二个网的上半部表面。这样，纤维经过多个圆网时，即进行着正面、反面的交替烘干，因此，烘干比较均匀。

烘干机的圆网数目，根据机台的生产能力而设计。装设 12～14 个圆网的烘干机，日生产能力达 15t 纤维。圆网的线速度为 1.4～10m/min。机内热风温度分区控制，通常为 85～110℃，并可根据机台生产能力进行调节。

圆网烘干机具有下列优点：

①烘干面积大，温度高，有强烈的热风循环，机台的产量高。

②纤维层的烘干面不断改变，烘干中期又经开松，因而烘干的均匀性好，可以不经进一步吸湿而直接得到标准含水率的成品纤维。

③蒸汽的消耗量低。

圆网烘干机的缺点是结构复杂，造价较高，维修困难，并容易产生落棉、漏风等问题。

(2)带式烘干机：带式烘干机是由无端的网带(或帘带)、空气的循环与加热装置和机壳等构成的。经后处理和开松的切断状湿纤维由喂给机送到网带上，并随着网带前移。由于热空气不断自上而下和自下而上交替地吹过纤维层，使纤维得到烘干。为了增加机台生产能力，节省机台占地面积，亦有将多层网带重叠排列的，上层网带与下层网带运动方向相反，纤维依次通过各层网带而得到烘干。

网带式烘干机的优点是结构简单，电力消耗少。但生产能力低，纤维烘干的均匀性不如圆网烘干机。

近年来，各国都在试验新型的粘胶短纤维干燥方法及设备，如气流干燥、高频干燥及红外线干燥等，并逐渐在生产中应用。

(九) 粘胶长丝的后处理

粘胶长丝后处理及后加工的流程，随着纺丝设备形式、卷装形式及后处理设备等的不同而异，但其基本过程是相同的(图 7－43)。

连续法纺丝的丝条成型与后处理是在同一台设备上连续完成的，得到具有低捻度的丝筒，无须另行处理和加工便能用于织造。

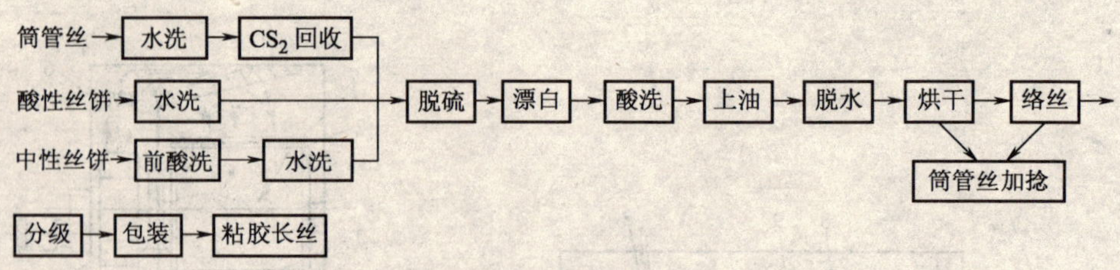

图 7－43　粘胶长丝的后处理工艺流程

由于筒管纺丝法目前已很少使用，故下面着重讨论离心丝饼的后处理的工艺及设备。

1. 丝饼后处理工艺控制

普通离心纺丝法得到酸性丝饼，半连续离心法纺丝能得到中性丝饼。酸性丝饼与中性丝饼的性质不同，后处理的工艺控制略有所异。

根据后处理设备不同，丝饼处理又分为淋洗与压洗两种形式。

(1)水洗：送往后处理的丝饼，首先用温水洗，以除去丝条上的硫酸、硫酸盐和大部分硫黄。通过水洗，硫黄含量可从 1%～1.4%降至 0.25%～0.3%。此外，每次化学处理(上油除外)后都要进行水洗，以除去化学处理液和反应生成的杂质。

水洗时，主要控制水温、水洗时间和水的循环量。通常压洗时水温为 30～45℃，水洗 30min，水的循环量为 2.0L/(min·只丝饼)。

长丝的水洗，要求用纯度较高的软水，否则会污染丝饼，造成丝斑，或会使长丝色泽发暗，手感粗硬。

在半连续纺丝机上成型的丝饼理应为中性，但如果丝条成型不充分，常有一定残余的酯化度(γ 为 1.5～2)，丝饼放置一段时间后，则变为略偏碱性(pH 值增至 8～9)。这种丝饼在后处理时增加了处理药品，尤其是漂白液的消耗量，又延长了漂白时间。为此，丝饼在脱硫前往往先进行预酸洗，使其在稀 H_2SO_4(10g/L)液中继续再生，残余酯化度降为 0.5～0.9，以加速漂白过程，减少漂液消耗。

(2)脱硫：氢氧化钠、硫化钠或亚硫酸钠可作粘胶长丝的脱硫剂。经脱硫处理后，丝饼的残硫量应降至 0.05%～0.1%以下。残硫量过高，会使丝条手感粗糙，色泽发黄，影响加捻和染色。

用 NaOH 脱硫时，浴液中 NaOH 的浓度通常为 4～5g/L，温度为 50～60℃。压洗的脱硫时间为 30～60min，淋洗为 75～100min。

如用 Na_2SO_3 脱硫，浴液的浓度为 20～25g/L，温度为 70～75℃。

(3)漂白及酸洗：经脱硫后的粘胶丝，尚带有少量的硫黄、铁质和其他有色物质。此外，在丝条成型过程中，亦生成微量的显色物质，使丝条略带黄色，影响长丝织物制成白色或浅色时的质量。漂白就是通过化学处理，将这些杂质氧化，生成溶解于水的化合物而被除去，以提高白度，改善外观。

粘胶丝漂白可用次氯酸钠、亚氯酸钠或过氧化氢等氧化剂，目前以用次氯酸钠居多。漂白时，漂液中含活性氯 1～1.2g/L，温度为 20～30℃，pH 值为 8～10。

漂白的丝饼，经水洗后再行酸洗，以进一步除去残余漂液和漂白时生成的氧化物。用于织造深色织物的粘胶丝，可以省去漂白过程，但脱硫后还应进行酸洗，以中和残存的脱硫碱液，并除去纤维上吸附的微量的铁等金属杂质，以提高丝条白度。

酸洗可用盐酸或硫酸水溶液，目前以用盐酸居多，浓度为1～3g/L，温度为30℃±2℃，洗涤时间为30～45min，压洗液循环量为3～3.5L/(min·只丝饼)。

(4)上油：上油是为了赋予粘胶丝平滑性、抱合性和抗静电性，使之能顺利进行后加工和织造过程，并在一定程度上改善其物理性能。

粘胶丝的上油剂主要包括润滑剂和乳化剂两部分。此外，还加入少量抗静电剂、调黏剂、增白剂和pH调节剂等物质。目前使用的油剂很多，各有特点。现举一例：白油71%、油酸16%、三乙醇胺8%、丙三醇5%(冬季用)、软水200%。使用时，配成含油剂2%～4%的水乳液，pH值7～7.5(用Na_2CO_3调节)。油浴温度20～30℃，压洗时油浴循环量为3.3 L/(min·只丝饼)。

(5)脱水、烘干和调湿：粘胶丝饼经上述浴液处理后含水率为320%～350%，必须经过脱水、干燥和调湿，使丝饼均衡地达到产品的公定回潮率(13%)。

丝饼的脱水方法有两种，一是用压缩空气脱水，即在压洗后密闭的丝饼内通入压缩空气，压缩空气的压力为30～50kPa，经15～20min吹脱，丝饼含水率可降至180%～190%。另一方法是离心脱水，将淋洗或压洗后的丝饼，用高速离心机脱水，含水率可降至170%以下。用于脱水的压缩空气必须经除油处理，以免造成丝饼油污。

丝饼烘干通常在隧道式烘干机内进行。丝饼置于小车上，依次通过有热风循环的各温度区，使水分蒸发，完成干燥过程。

由于烘干过程的热量传递和水分蒸发主要是在丝饼与热风间进行的，烘干作用存在极大的不均匀性。离心丝饼在成型时内外层丝条结构上的不均匀性，亦在烘干过程中进一步显示和被固定下来。因此，烘干宜采用低温而较长的时间。通常，丝饼在80℃以下烘燥50～70h。

烘干的丝饼，内外层含水不匀，需在25～30℃、相对湿度75%～80%的室内或机器内进行调湿，使其含湿均衡。

2. 丝饼后处理设备

(1)淋洗式后处理机：淋洗式后处理机的工作程序是在机器的一端将丝饼逐个套在丝饼棒上，每棒挂八九个丝饼。然后将丝饼棒放置在自上喷淋的后处理浴液下进行淋洗。丝饼棒每经过一定时间(视产量多少而定)，向前移动一个槽的距离，这样丝饼就顺次地得到各种后处理浴液的淋洗，直到机器的另一端，即完成各处理过程(图7-44)。

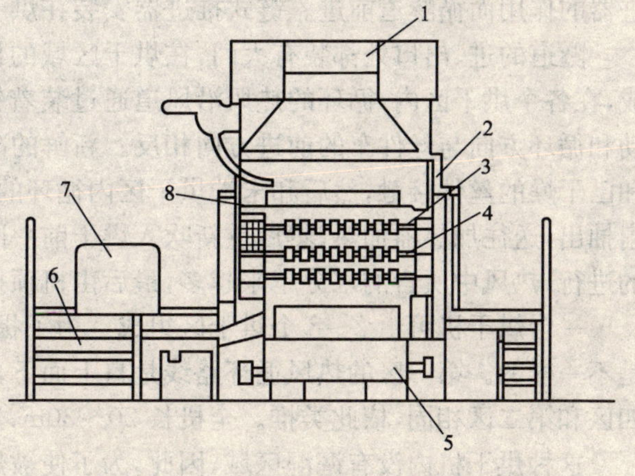

图7-44 R661型淋洗式后处理机

1—风管 2—机身 3—丝饼 4—淋洗棒 5—浴液接受槽 6—工作台 7—淋洗棒传递装置 8—淋洗筛

淋洗式后处理机的优点是结构简单，造价低廉。缺点是对厚丝饼的洗涤不够均匀，操作繁重，蒸汽和有毒气体逸散，车间劳动条件较差。

(2)压洗式丝饼后处理机：压洗式后处理，就是将后处理浴液在压力下自丝饼的内侧或外侧强行通过丝层而使丝饼受到处理。压洗式后处理设备有多种形式，有的采用几

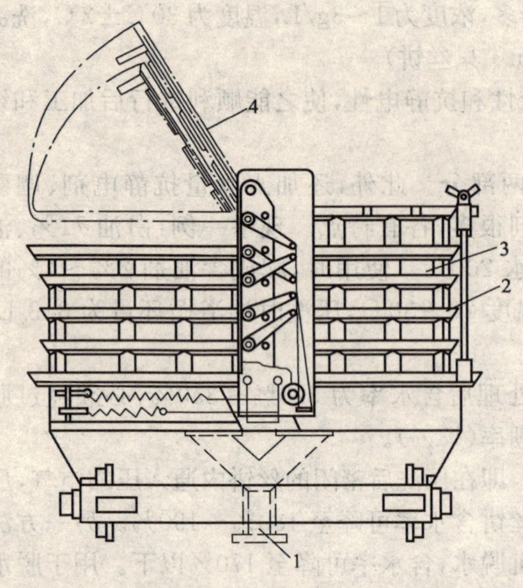

图 7－45　压洗式丝饼车

1—后处理浴液入口　2—间隔板　3—丝饼　4—上盖

层间隔板，每层隔板上放置数十个丝饼，然后集装成丝饼车(图 7－45)；也有采用几列重叠堆置丝饼，构成丝饼柱的形式，亦集装于丝饼车上。丝饼车按设定的处理程序沿轨道前移，顺次停留于各站位，在每个站位上都受到一种处理浴液压洗 25～30min，全机共设 10～12 个站位，丝饼在 5～7h 内完成整个后处理过程。

与淋洗式相比，压洗后处理具有如下的优点：

①压洗丝饼内外层质量较均匀，形状完整，丝条主要质量指标优于淋洗。

②设备生产效率高。

③节省能耗，水、电、汽耗量分别降低 33%、16%和 77%，经济效益显著。

④改善劳动环境，减少了车间中水蒸气和有毒气体的散发。

目前，越来越多的生产厂采用压洗法。但压洗法亦有缺点，主要是压洗法对丝饼质量要求较高，其大小、厚度要均匀，不允许有小丝饼或成型不良、边缘不平的丝饼，否则会因漏液而使处理不均匀。

3. 烘干设备

经后处理及脱水的粘胶长丝，还需进行烘干。我国一般采用隧道烘干机。这种烘干机因外壳所用的材料不同，分为钢筋混凝土隧道式烘干机和金属骨架隧道式烘干机。

(1)钢筋混凝土隧道式烘干机：烘干机的外壳为长方形，由钢筋混凝土制成。机内通常设有两条完全独立的隧道，在每条隧道中铺设两条铁轨，可平行放置两列丝饼车。丝饼车借链式推进器的作用而循隧道前进。链式推进器安装在烘干机机头的低洼处。

隧道的进、出口处都装有大门，在烘干区域的机顶上方，装有热风系统，由风扇和加热器组成，在各个烘干区内，循环的热风沿风道通过装着钢壁的风口吸入烘干机的隧道中。热风的流动和循环方向与丝件车的前进方向相反。新鲜的冷空气由室内通过烘干机出口吸入机内，首先和已干燥的丝件接触，然后和末端烘干区内循环的热风混合。混合后的空气被末段烘干区的风扇抽出，送往加热器加热，然后重新吹入烘干前一区内的丝饼，对丝饼进行逆流烘干。随着烘干的进行，热风中所含的水分越来越多，最后由机顶排风管排出。

一台烘干机可由 2～8 个烘干区组成。为了提高烘干效果，每一烘干区内的热风循环路线是不一样的。第一区的热风循环路线是自上而下，第二区是自下而上，第三区和第一区相同，第四区和第二区相同，依此类推。全机长 20～30m，丝件烘干时间为 50～60h。

这种烘干机内没有调湿区域，因此，为了使被烘干的丝件内部各层含水均匀，并且达到所要求的湿度，必须将烘干后的丝件送专门的调湿间内放置较长的时间进行调湿，调湿间保持一定的温度和相对湿度。

(2)金属骨架隧道式烘干机：这种烘干机和钢筋混凝土隧道烘干机的结构基本相同。不同之处，是它的外壳由铁制骨架及绝热材料制成，热风系统均位于烘干机的两侧，机尾装有外形和烘干机结构相仿的调湿机。

通常丝件的烘干时间为50～65h，第一烘干区的温度为70～75℃，第四烘干区的温度为45℃。近来为了提高纤维结构的均匀性及染色均匀性，在较低温度下进行烘干，将烘干时间延长至80h以上，每台烘干机的日生产能力为5.5～6.5t成品丝。经烘干后的丝件，也需进行给湿，在生产实际中，通常是将丝件烘得过干一些(从烘干机出来的丝件只含6%～7%的水分)，然后在具有一定温度和湿度的给湿间或给湿机内停放一定时间，使丝件内外含水均匀，并使含水率达到公定标准11%。

给湿间内设有喷雾装置，使室内的相对湿度保持在75%～80%，自烘干机出来的丝件，推入给湿间存放24h左右，就能起到充分而均匀的给湿作用。

给湿机安装在烘干机的后部，机台外形与烘干机相仿。给湿机底下有储水槽，槽内有蒸汽管，通入蒸汽后，借机台两旁的风扇吹到丝件上，起给湿作用，给湿机内的相对湿度为75%～80%，给湿时间在10h左右。

除采用热风烘干外，还可采用高频电流烘干。高频电流烘干可以减少上述丝饼内外的结构差异，而且可显著地缩短烘干时间，但电能消耗较多。最合理的方法，是将热风和高频电流烘干合并使用。

4. 粘胶长丝的后加工

粘胶长丝经后处理及烘干调湿后，一般还需经过加捻、络丝、分级和包装四个工序。这对筒管法纺制的丝条都是必要的。若丝条在成型过程中已经过加捻(离心式纺丝机、半连续式纺丝机或连续式纺丝机)，则加捻工序可以省去，或只考虑补充加捻。近年来，也有将丝饼经分级检验作为成品直接出厂的。

第四节 粘胶纤维厂的“三废”处理

一、简述

粘胶纤维生产，经历复杂的多段反应过程，需用大量的化工原料。有纤维素、二硫化碳、烧碱、硫酸、硫酸锌、硫酸钠、油剂、表面活性剂及其他试剂。每生产1t粘胶纤维，通常需用化工料3.5t。除纤维素及部分油剂进入产品外，其余的化工料最后都要以三废的形式排放，严重污染环境，影响工农业生产，危害人体健康。因此，解决粘胶纤维生产中三废问题，是关系到粘胶纤维工业本身的生存和发展的重要问题之一，也是关系到保护人民健康和造福子孙后代的大事。

(一)“三废”的种类及成分

1. 废气

粘胶纤维生产的每一工艺过程，几乎都有废气产生。据估计，每生产1t粘胶纤维，大约释放出150m^{3}气体，其中每立方米气体中约含1kg的硫化物，主要是硫化氢、二硫化碳，还有少量的二氧化硫、甲硫醇、糠硫醇等物质。如果以稀释状态的废气进入大气中，则平均每吨纤维排放30000～50000m^{3}有毒气体，其中含H_2S 50～60mg/m^3，CS_2 700～800mg/m^3(除去回收部分)。CS_2对人体有害，H_2S具有臭鸡蛋味，对人体具有强烈刺激性和毒性。糠醇是一种气味浓重的化合物，粘胶纤维厂的臭味大多由它造成。

2. 废水

平均每生产 1t 粘胶纤维，排放 500～1200t 废水。根据废水的成分和性质，分为如下几种：

(1)碱性废水：含有烧碱、低聚合度纤维素、半纤维素、硫化物及各种变性剂等，且化学需氧量负荷(COD 值)较高。主要来源于：

①原液工段：碱回收、沉淀废碱液、滤布、废胶槽以及机械或地面的洗涤水。

②纺丝工段：滤器、喷头的洗涤水。

③后处理工段：脱硫的废碱液及其洗涤水。

(2)酸性废水：含有 H_2SO_4、Na_2SO_4、$ZnSO_4$、H_2S、CS_2、硫黄及其他硫化物、油剂及表面活性剂等。主要来源于：

①纺丝工段：离心纺丝的去酸水、强力丝纺丝的二浴废水、短纤维的集束拉伸浴(二浴)废水、纺丝机的洗涤水等。

②酸站：酸浴过滤器、蒸发器、结晶器、储酸槽等的污酸及洗涤水；

③后处理工段：酸洗废水。

(3)中性废水主要来源：

①酸站：蒸发器、结晶器的冷凝器和冷冻站排出水(清净水)；

②后处理工段：上油废水。

3. 废料

粘胶纤维生产中的废料主要有废丝、污泥和废渣。

(1)废丝：粘胶纤维废丝包括酸性废丝(来源于纺丝工段、短纤的集束拉伸工段)、中性的湿废丝(来源于后处理工段)和干废丝(来源于干燥工段、长丝和强力丝的纺织加工各工段和分析室、检验室)。

(2)污泥：粘胶纤维厂污泥主要来源于污水处理场(一级沉淀池和二级沉淀池等)和各车间内外的下水道。污泥中含有大量微细纤维，中和沉淀的 $CaCO_3$、锌化合物、硫黄及硫化物，如 H_2S 及 CS_2 等，此外，根据废水处理方法不同，沉淀物中还可能含有其他一些有机或无机化合物。

(3)废渣：主要是生产 CS_2 的炉渣及 CS_2 精馏釜底渣(含有硫、CS_2 及其他含硫化合物等)，还有来自锅炉房的煤渣。

(二)减少和消除三废的途径

解决粘胶纤维生产中三废污染问题，最根本的途径是减少或消除污染源。主要措施是：

1. 采用新工艺，以降低 CS_2 用量

目前制造粘胶可采用的新工艺，主要有二次浸渍法、连续黄化法和低温黄化法。

二次浸渍法能除去碱纤维素中的低分子物质，CS_2 用量可降低至纤维素重量的20%～25%。此法可使用粗制浆，减少了浆粕废水负荷。连续黄化法的 CS_2 用量也比普通黄化法少。低温黄化法在较低的温度下，获得相同 γ 值的黄原酸酯，所消耗的 CS_2 比在较高温度下黄化时少。采用这些工艺方法，虽然不能从根本上消除污染，但可显著减少有害气体的排出量。

2. 建立强化的循环和密闭的生产系统

加强水、CS_2、碱液、酸浴的循环回用，并在使用和循环过程中加强密闭，最大限度地减少污

染，如采用碱纤维素的连续黄化、粘胶连续过滤及反洗，连续纺丝、酸浴的连续过滤及反洗，酸浴的闪蒸及连续结晶等。在生产过程中加强设备及管道的密闭，加强操作或维修管理，防止CS_2、碱液、粘胶、酸浴、废水及废气等的跑、冒、滴、漏。

3. 采用新溶剂，直接溶解纤维素制成的纺丝原液

以*N*－甲基吗啉氧化物作溶剂，纺制成纤维素纤维已实现工业化。其他新溶剂还有多聚甲醛/二甲基亚砜、四氧化二氮/二甲基亚砜、氯化锂/二甲基乙酰胺、氯化锂/*N*－甲基吡咯烷酮等。

二、粘胶纤维生产中废气的处理

(一)硫化氢的去除

1. 铁—碱分离法

在$Fe(OH)_3$催化剂作用下，用Na_2CO_3溶液洗涤废气。废气中的H_2S被Na_2CO_3吸收，生成NaHS再与悬浮的$Fe(OH)_3$反应生成Fe_2S_3，最终生成元素S，或者被氧化，生成可溶于水的$Na_2S_2O_3$而被除去。

$$H_2S+Na_2CO_3 \longrightarrow NaSH+NaHCO_3$$
$$3NaHS+2Fe(OH)_3 \longrightarrow Fe_2S_3+3NaOH+3H_2O$$
$$2Fe_2S_3+3O_2+6H_2O \longrightarrow 4Fe(OH)_3+6S\downarrow$$
$$NaHCO_3+NaOH \longrightarrow Na_2CO_3+H_2O$$
$$2NaHS+2O_2 \longrightarrow Na_2S_2O_3+H_2O$$

体系中的Na_2CO_3和$Fe(OH)_3$实际上只起催化作用。

2. 石灰乳吸收法

先用石灰乳[$Ca(OH)_2$]吸收废气中的H_2S，生成$Ca(HS)_2$，然后在80℃左右与石灰氮反应生成硫脲。

$$2H_2S+Ca(OH)_2 \longrightarrow Ca(HS)_2+2H_2O$$
$$Ca(HS)_2+2CaCN_2+6H_2O \longrightarrow 2(NH_2)_2CS+3Ca(OH)_2$$

3. 碱液吸收法

此法的特点是第一阶段用NaOH或Na_2S水溶液吸收含H_2S的废气，第二阶段是在硫酸作用下，通入另一种含SO_2的废气，从而使两种废气得到净化，并从中回收硫黄。

(1)
$$H_2S+2NaOH \longrightarrow Na_2S+2H_2O$$
$$H_2S+Na_2S \longrightarrow 2NaHS$$

(2)
$$2NaHS+H_2SO_4+SO_2 \longrightarrow Na_2SO_4+2H_2O+3S\downarrow$$

4. 其他吸收法

还有用其他试剂来吸收废气中H_2S的，如用Na_2CO_3—萘二酚法代替铁—碱法；也有用亚砷酸钠、三磷酸钾水溶液、乙醇胺等吸收法的。

(二)二硫化碳的回收

1. 冷凝法

冷凝法回收 CS_2 是一种经济而方便的方法。主要是用冷冻水或致冷剂来冷凝水蒸气—空气混合气体中的 CS_2。适用于处理 CS_2 含量在 2500～3000g/m^3 的混合气体。混合气体中 CS_2 的浓度越高,不凝性气体越少,冷却温度越低,其回收效果越好。通常回收率在 60%左右。常用的回收设备有列管式冷凝器、鼓泡式直接冷凝器和逆流式喷雾冷凝器。其中列管式加填料冷凝器的结构简单,冷却面积大,冷却效率高,操作费用低。所用填料为各种规格的瓷环或塑料环,价低易得。

2. 活性炭吸附法

活性炭表面充满微孔,有大的比表面,能通过物理作用吸附 CS_2,也可用来吸附 H_2S。吸附 CS_2 后的活性炭,可用蒸汽直接加热,或用其他方式(如用氮气)加热,将 CS_2 解吸而回收。这种方法适用于处理 CS_2 浓度在 3g/m^3 以上的混合气体。

用活性炭吸附 CS_2,分为静态吸附法(即固定床法)和动态吸附法(即沸腾床法)两种。固定床吸附法设备简单,工艺易控制,比较常用。为提高吸附效率,通常用几个吸附器并联。例如,由三个单元组成的一套装置,其中一个单元用于吸附,另一个单元用于解吸,第三个单元则正在干燥。三个单元轮流切换,可连续地进行净化和回收。整个过程控制自动化,安全可靠。

沸腾床法也称流化床法。其特点是吸附炭粒层被废气气流向上吹动而呈"流态化",吸附速度快,效率高。对于气量大、温度高、CS_2 浓度低的混合气体,用固定床法就需用庞大的吸附器,因而更适用流化床法。为提高活性炭的吸附能力,通常废气进入沸腾床前需进行预处理,经水淋冷却,降温至 24～26℃,再用 50%的硫酸洗涤,以除去水气。吸附 CS_2 后的活性炭,送解吸罐进行解吸。解吸的 CS_2 冷凝后回收,而活性炭经干燥后回用。其流程如下:

废气 → 水洗 → H_2SO_4 洗 → 吸附 → 解吸 → 干燥(→ 返回吸附)

解吸 ↓ 冷凝 → CS_2 回收

活性炭表面充满微孔,有大的比表面,能通过物理作用吸附。

3. 液体吸收法

用于吸收 CS_2 的液体主要是油类,如凡士林油、高速润滑油、各类矿物油、氢化萘和液态三苯磷酸酯等。油与 CS_2 不发生化学反应,其吸收与解吸均为物理作用。吸收作用是在气液两相界面上进行的,要完成这一过程,一般接触时间为 15～30s。为提高吸收效率,必须增大两相界面,因此,可采用液相喷雾法,或者在吸收器内装入瓷环。吸收了 CS_2 的油类可通过加热而解吸,其流程如下:

废气 → 油吸收 → 解吸前预热 → 二段解吸 —(CS_2 气)→ 二级冷凝 → CS_2 回收

二段解吸 —(油)→ 回油 → 返回油吸收

三、粘胶纤维生产中废水的处理

粘胶纤维生产废水中含有 H_2S、CS_2、锌及其他多种有害物质，目前还未有一种简便而切实有效的处理方法可以除去这些物质，通常要用多种方法合并处理。根据废水的性质、成分以及要求的处理深度，通常要经一级、二级或三级处理。

一级处理：一般只采用物理化学方法，即将废水进行中和、澄清、过滤，以除去悬浮物、沉淀物、部分锌化物、H_2S 及硫黄，并经曝气处理，逐出大部分 CS_2 及 H_2S 等气体后排放。一级处理的废水往往难以达到工业废水排放的标准。

二级处理：是用物理化学法与生物化学法相结合的处理方法，即经一级处理后的废水，再经生物化学法处理后排放。二级处理后的废水达到工业废水排放标准。

三级处理：即将二级处理后的废水，再用离子交换、电渗析、反渗透、活性炭吸附等方法处理，进一步除去废水中的阴离子、阳离子和剩余的微量锌，成为可回用于生产的洁净水。此法不但能较好地治理粘胶纤维生成的废水，还能使废水回用，节约工业用水，具有重要的意义。但由于经多段处理，流程长，设备多，投资大，操作费用较高。

粘胶纤维废水中锌的危害性最大，而回收和处理难度也较大，因此常把锌的回收作为处理的重点。下面介绍几种回收锌的方法。

(一)沉淀法

1. 一次沉淀法

一次沉淀法是治理含锌酸性废水的常用方法。采用石灰或电石渣以中和酸性废水，使废水中的 Zn^{2+} 以 $Zn(OH)_2$ 形式沉淀析出，然后与其他杂质一起被过滤掉。此法的优点是设备简单，技术成熟，可使废水中的 pH 值达到排放标准，Zn、COD、硫黄及多硫化物的含量指标降低。缺点是沉淀所得大量化学污泥的滤水性差，过滤困难，影响到排放水的水质及污泥中锌的回收。近年，此法已有改进和发展，在进行中和和沉淀时加入助凝剂硫酸亚铁和聚丙烯酰胺(PAM)，使废水中的纤维素、硫黄及金属化合物等凝聚，然后通过空气悬浮法除去。酸性废水在中和前应先通过脱气塔，用曝气法脱除其中溶解的 H_2S 和 CS_2，以减少中和产生的硫化物，减少沉淀处理的负荷。

2. 二次沉淀法

石灰—氢氧化钠二次沉淀法，是先将石灰加入含锌废水中，使 pH 值为 6，生成 $CaSO_4$、$MgSO_4$ 等沉淀。然后将上层澄清液用 NaOH 处理，调节 pH 值为 9.5～10，使氢氧化锌充分沉淀，清液直接排放。氢氧化锌沉淀物经硫酸溶解，除去酸不溶物，将得到的 $ZnSO_4$ 溶液回用，其流程如下：

酸性废水 —[Ca(OH)；pH=6]→ 杂质澄清 → 压滤机除去纤维素 —[NaOH 絮凝剂；pH=9.5~10]→ 凝集反应器 → 澄清水回用

杂质澄清 ↓ $Ca(OH)_2$、$Mg(OH)_2$ → 浓缩，排气

凝集反应器 ↓ $Zn(OH)_2$ 沉淀 ↓ 浓缩 → 酸溶解 → $ZnSO_4$ 回用

采用此工艺，废水中锌的回收率超过 95%，排放水十分清澈，其中镁、铁和锌的含量分别为

50～100mg/L、0.3mg/L 及 1mg/L，BOD 及 COD 平均值分别为 24mg/L 及 60mg/L，可回用于生产。

3. 硫化锌沉淀法

含锌废水中加入可溶性的硫化物，如 Na_2S、H_2S 等能形成难溶的 ZnS 沉淀。ZnS 的溶度积较小，为 7.4×10^{-27}，可达到很高的除锌率。ZnS 沉淀可用 6mol/L 以上的 H_2SO_4 处理，并同时通入空气，使之迅速溶解成 $ZnSO_4$，经过滤后回用于生产。

(二)离子交换法

用离子交换法从粘胶纤维废水中回收锌，效果良好。

离子交换树脂是一种能离解的高聚物，由交联的高分子结构组成骨架。具有离子交换能力的部分是能离解的活性基团。根据废水的性质，如 pH 值、所含杂质的种类和数量而选用不同类型的离子交换树脂，目前使用较多的强酸性阳离子交换树脂、弱酸性阳离子交换树脂和螯合树脂三种类型。

1. 强酸性阳离子交换树脂

强酸性阳离子交换树脂适于在强酸性介质中起作用。如国产 732# 聚苯乙烯树脂可用于回收强酸性废水中的锌，其吸附和再生的反应如下式：

$$2R-(SO_3)Na+ZnSO_4 \underset{解吸}{\overset{吸附}{\rightleftharpoons}} (R-SO_3)_2Zn+Na_2SO_4$$

或

$$2R-(SO_3)H+ZnSO_4 \underset{解吸}{\overset{吸附}{\rightleftharpoons}} (R-SO_3)_2Zn+H_2SO_4$$

锌离子的交换当量，与酸性废水中 Na^+ 和 Zn^{2+} 的浓度有关，Zn^{2+} 的浓度越高，回收效果越好。如强力丝的去酸水中，$Zn^{2+}:Na^+=1:(3.1\sim4)$，则锌回收的效果好，回收率达 95%；在粘胶长丝的去酸水中，$Zn^{2+}:Na^+=1:(40\sim45)$，则 Zn^{2+} 的交换能力很低，回收效果差。粘胶纤维的塑化拉伸浴(二浴)废水用此法处理的效果亦不理想。

此法的最大优点是无须调节废水的 pH 值，可直接处理含锌量高的强酸性废水，设备简单，生产稳定。

2. 弱酸性阳离子交换树脂

弱酸性阳离子交换树脂的活性部分为羧基(—COOH)。使用前要先用 NaOH 处理(转型)，使之转化为—COONa 基。酸性废水在处理前需调整 pH 值至 4～5。树脂失效后，可用硫酸再生。其工作过程可用如下反应式表示：

转型：
$$RCOOH+NaOH \longrightarrow RCOONa+H_2O$$

吸附：
$$2RCOONa+ZnSO_4 \longrightarrow (RCOO)_2Zn+Na_2SO_4$$

再生：
$$(RCOO)_2Zn+H_2SO_4 \longrightarrow 2RCOOH+ZnSO_4$$

在生产中，再生浴可用纺丝凝固浴，无需使用新的 H_2SO_4 液。因为弱酸性离子交换树脂对阳离子吸附能力的顺序为 $H^+>Zn^{2+}>Na^+$，凝固浴中的 H_2SO_4 能把树脂上吸附的锌置换，并使 Zn^{2+} 回到凝固浴中而回用。

3. 螯合树脂

螯合树脂是具有很多螯合官能团的树脂母体。螯合树脂接触金属时，官能团和金属离子生成螯合键，形成立体环状结构。螯合键比阳离子树脂与金属离子形成的化学键更牢固，所以吸附力也强得多。

螯合树脂的特点是对不同的金属有不同的吸附力，有些螯合树脂，如日本的尤尼吉卡的UR—30，几乎不吸附钾、钠等离子，故特别适宜于从钠盐溶液中回收锌。螯合树脂工作过程可用下列反应式表示：

吸附：

$$R-N\begin{array}{l}\diagup CH_2COONa\\ \diagdown CH_2COONa\end{array} + ZnSO_4 \longrightarrow R-N\begin{array}{l}\diagup CH_2COO\diagdown\\ \diagdown CH_2COO\diagup\end{array}Zn + Na_2SO_4$$

洗脱：

$$R-N\begin{array}{l}\diagup CH_2COO\diagdown\\ \diagdown CH_2COO\diagup\end{array}Zn + H_2SO_4 \longrightarrow R-N\begin{array}{l}\diagup CH_2COOH\\ \diagdown CH_2COOH\end{array} + ZnSO_4$$

再生：

$$R-N\begin{array}{l}\diagup CH_2COOH\\ \diagdown CH_2COOH\end{array} + 2NaOH \longrightarrow R-N\begin{array}{l}\diagup CH_2COONa\\ \diagdown CH_2COONa\end{array} + 2H_2O$$

此法的优点是能处理回收高钠含量的酸性废水中的锌，回收锌的纯度高。缺点是需将废水预先过滤，并调整 pH 值至 4，酸碱耗量较大，一次投资较大。

(三)生物化学法

生物化学法是用微生物吸附和分解废水中的有机污染物，以净化废水的方法。此法适于处理含 BOD、COD 高的废水，如棉浆蒸煮的碱性黑液、碱性透析废水、脱硫废水等。这些废水中溶有多量的短纤维、半纤维素、H_2S、S 等。也有用于处理酸性废水的。不管是酸性废水还是碱性废水，在生化处理前都必须将 pH 值调节至中性，并预先除去 Zn^{2+}、CS_2、H_2S 及悬浮物，这样能有效地提高生化处理效果。

用微生物净化污水是一个十分复杂的过程。在有氧存在下，废水中的溶解性有机物质透过细菌的细胞壁和细胞膜而被细胞吸收，细胞通过自身的生命活动——氧化、还原、合成等过程把一部分吸收的有机物氧化成简单的无机物（如 CO_2），同时放出细胞生长所需要的能量，另一部分有机物则转化为生物体所必需的营养物质，组成新的细胞，细胞得以逐渐繁殖，形成细胞胶团。与此同时，在一些细菌体内发生自身的氧化作用而破坏。

四、粘胶纤维生产中废料的回收和处理

(一)废丝的综合利用

粘胶废丝经收集后进行分类和切断，必要时还要进行中和、洗涤和干燥。其中工业废丝可作为非织造物的原材料，也可作为塑料或橡胶等复合材料的增强纤维或填充料，还可用于绳索、渔具、绒布和家具用絮棉。工业用粘胶废丝因强度高、热稳定性好、初始模量高，故制成的复合材料具有很高的弯曲和冲击强度，耐磨性好，电绝缘性好。普通废粘胶纤维可用于织造日用织品和建筑装饰材料，也可作为复合材料的纤维增强材料。

(二)化学污泥和废渣的利用和处理

对化学污泥的处理还没有一种简单而经济的方法，因为污泥中含有大量的有机物（如纤维素、半纤维素等）和无机物（如 $CaSO_4$、$MgSO_4$、ZnS、硫黄等），其中一些物质还具有毒性。

1. 废水沉淀物中微细纤维的回收和利用

粘胶纤维废水中含有大量的微细纤维，主要来自浆粕车间，其次是原液车间流失的粘胶、遇酸性废水而再生的纤维，这些纤维在废水中形成沉淀物，在干化的污泥中，通常含有 40%～85%的微细纤维。

以回收的微细纤维为填料，用粉末状或液状树脂为黏合材料，并添加适当助剂制成纤维装饰板，用作建筑物的装饰材料。黏合树脂可用改性脲醛树脂、热塑性酚醛树脂或热固性酚醛树脂等物质。

2. 化学污泥和废渣的利用

化学污泥可采用焚烧法，以去除其中的有机物，然后回收锌。也可以污泥、炉渣和煤灰等为原料制造水泥、填料、黏合剂和砖块等建筑材料。

第五节 纤维素及其纤维的性能

粘胶纤维由纤维素组成，其结晶结构为纤维素Ⅱ，亦称水化纤维素或再生纤维素。关于纤维素的分子结构已在第二章中介绍过，其化学结构式为 $(C_6H_{10}O_5)_n$，是由许多 D－葡萄糖酐借 β-1,4－苷键连接起来的。本节主要介绍纤维素的聚集态结构和纤维素的降解。

一、纤维素的聚集态结构

由于纤维素纤维的结构既不是完全晶态的，也非完全无定形态的，而是半结晶态的。所以，纤维素纤维聚集态结构的主要特征是部分结晶和部分取向。

纤维素的聚集态结构也称为微细结构，亦称超分子结构。聚集态的结构要素主要包括晶型、结晶度、晶区尺寸与形状、结晶的完整程度、取向度以及侧序分布。

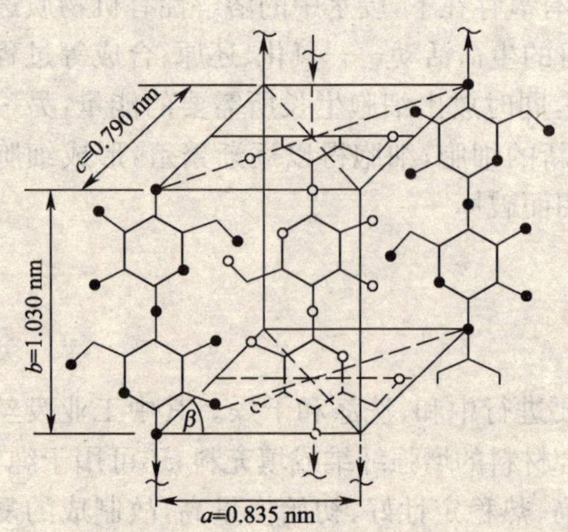

图 7－46 纤维素Ⅰ晶胞结构（Meyer－Misch）

(一)纤维素的结晶变体

为说明纤维素微细晶体的特征，通常采用 X 射线法研究其单元晶胞。不同的纤维素变体，其单元晶胞是不同的。所谓变体是指化学组成相同，而 X 射线衍射图像不同，称为结晶变体，或称为同质多晶体。纤维素的结晶变体有五种。

1. 纤维素Ⅰ

棉、麻、木材和海藻等天然纤维素纤维，具有同样的晶胞结构，称为纤维素Ⅰ。迈耶（Meyer）和密希（Misch）等人在多年研究的基础上，提出了如图 7－46 所示的纤维素Ⅰ和晶胞结构模型。

根据迈耶—密希的纤维素Ⅰ单元晶胞模型的计算，每个单元晶胞中含有 4 个葡萄糖基，它们平行排列于格子的四角和中心。中心的两个葡萄糖基为该晶胞所独有，而每个角上的两个葡萄糖基则为四个相邻晶胞所共有($4\times2\div4=2$)。

纤维素Ⅰ的晶胞属单斜晶系，其晶胞参数已在表2-1列出。

单元晶胞密度可根据晶胞的体积和相对分子质量，按下式求得：

$$\text{晶胞密度}=\frac{nM}{VN_0}\ (\text{g/cm}^3)$$

$$V=abc\cdot\sin\beta=675.7\times10^{-24}(\text{cm}^3)$$

式中：n——晶胞所含葡萄基的数目(4)；

M——每摩尔葡萄糖基的质量(162g)；

V——晶胞体积；

N_0——阿佛加得罗常数(6.02×10^{23})。

根据上式算得纤维素Ⅰ单元晶胞的密度为1.593g/cm^3。

2. 纤维素Ⅱ

将天然纤维素经下列方法处理，即转变为纤维素Ⅱ的变体。

(1)以浓碱液(如18%NaOH)作用于天然纤维素而生成碱纤维素，再用水将其分解为纤维素，这样处理后的纤维素又称为丝光纤维素。

(2)将天然纤维素溶于溶剂中，然后从溶液中沉淀出来的纤维素。

(3)将天然纤维素酯化后生成衍生物，再将其皂化而生成的纤维素。

(4)将纤维素经特殊的研磨后，再以热水处理得到的纤维素。

经上述方法处理后得到的纤维素，统称为水化纤维素或再生纤维素。粘胶纤维就属于纤维素Ⅱ。由此可知，纤维素Ⅱ是由纤维素Ⅰ转变来的变体。

纤维素Ⅱ为单斜晶系，其晶胞参数见表2-1。五种纤维素变体X射线衍射强度曲线的比较已经列于图2-1。

3. 纤维素Ⅲ

纤维素Ⅲ是使用液态氨、甲基胺或乙基胺膨润纤维素，生成的氨纤维素经蒸发除氨或胺后，所得的纤维素变体；或使纤维素Ⅱ在丙三醇等极性溶剂中加热处理后所得的纤维素变体。具有相同的X射线衍射图谱，这种纤维素变体称之为纤维素Ⅲ。

纤维素Ⅲ为单斜晶系，其晶胞参数见表2-1，X射线衍射图如图2-1所示。

4. 纤维素Ⅳ

将纤维素Ⅱ或纤维素Ⅲ在丙三醇等极性溶剂中、在高温下处理，可制得纤维素Ⅳ。纤维素Ⅳ为正交晶系，其晶胞参数和X射线衍射图分别见表2-1和图2-1所示。

5. 纤维素Ⅴ

用浓盐酸(38%～40.3%)处理纤维素，然后再除去酸，可获得纤维素Ⅴ，其X射线衍射图如图2-1所示。

(二)粘胶纤维的超分子结构模型

纤维素大分子在纤维中的组合、配列的情况，属于超分子结构研究的范围。

超分子结构的主要要素有：结晶度、晶区尺寸和形状、结晶的完整程度、取向度以及侧序分布。

与其他固体高聚物一样，纤维素纤维的聚集态结构十分复杂。有关聚集态的结构模型曾有多种推论，如早期的微胞结构（micelle structure），现已被众多的实验事实所推翻。人们在此基础上，又提出了无定形结构、次晶、缺陷晶态等一相结构理论，这些理论已被现代实验技术和观点所否定；随后又有缨状微胞结构、缨状原纤结构、折叠链结构等二相结构理论，它们虽能解释一些实验事实，但也存在某些局限性，这也说明纤维素结构的复杂性和多样性。

（三）粘胶纤维结构与性能的关系

纤维的结构与纤维的性能密切相关，它们是同一事物的两个方面，结构是内在的本质，性能是结构的外在反映。粘胶纤维的品种很多，性能有较大的差异，这主要是由于结构不同而引起的。阐明结构与性能之间的关系，不仅在学科上有重要的意义，而且对指导生产、制备新纤维、改进纤维性能都具有重要的意义。

1. 伸直链和折叠链结构

纤维中存在伸直链和折叠链是两种尚有争论的理论问题。贯穿于晶区间的分子链数目越多，排列越整齐，纤维的强度越高。伸直链贯穿于晶区间的分子链远大于折叠链。在成型过程中应采取措施，以提高区间的直链分子数目。

2. 相对分子质量及其分布

任何纤维欲保持一定的强度，必须有一个低限相对分子质量，对于天然纤维素纤维而言，当氧化或水解使其失去强度的低限相对分子质量为 48000～80000；再生纤维素纤维为 16000～24000。

有研究者指出，纤维的抗张强度与聚合度的倒数呈线性关系，相对分子质量分散性小者，有利于纤维强度的提高。高性能的粘胶纤维都具有较高的聚合度（500 以上）。

3. 超分子结构特性

纤维的相对分子质量及其分布在一定程度上对纤维的机械性能有影响，但是决定纤维力学性能的更重要因素是纤维的超分子结构。

（1）结晶度：结晶区占纤维整体的百分率，称为纤维的结晶度。一般说来，提高结晶度能增加纤维在干、湿态下的断裂强度、弹性模量、刚性、脆性、密度以及尺寸稳定性；而断裂延伸度、吸湿性、染料吸着度、溶胀度、柔软性及化学反应性能则随之降低。

（2）晶区粒子的大小及形状：纤维素纤维是由众多的微晶体和无定形区组成的，而且纤维素大分子的长度远大于微晶体的长度，所谓纤维素微晶体是由某些距离较小，排列匀整的纤维素大分子或链段组成的，它能够反射入射的 X 射线。纤维素纤维晶区的大小和形状并不均一，它取决于纤维素的生长过程或成型工艺条件。

粗大的结晶粒子，能增加纤维的弹性模量、刚性、脆性以及织物的尺寸稳定性，而使延伸度、疲劳强度、钩结强度、柔曲性和染色性能下降，结晶粒子的大小，尤其对纤维疲劳性能起着重要的作用，微细的结晶粒子能提高纤维的疲劳强度。

（3）取向度：取向度是纤维中的纤维素大分子或各种结构单元与纤维轴平行程度的量度。取向度高的纤维，其强度的各向异性极为显著，与纤维轴成垂直方向的强度比取向前减小，与纤维轴平行方向的强度却大为增加。这一点与纤维素结构中化学键力和范德华力（或氢键）的强度差别很大有关。在取向过程中，把化学键力和范德华（包括氢键）力分成两个方向，因此，与纤维轴垂直的方向只要克服范德华(和氢键)力就可以使纤维断裂,而在与纤维轴平行的方向却要拉断化学键,才能使纤维断裂。

一般而论,提高纤维的取向度,能增加干态和湿态的断裂强度、横向膨润度、弹性模量、弯曲疲劳强度和光泽,降低纤维的断裂延伸度、纵向膨润度、染色性、耐皱性和钩结强度。

(4)侧序及其分布:纤维素存在侧序分布。纤维的侧序较高,其弹性模数、干湿态强度、尺寸稳定性和刚性也较高,而断裂伸长、膨润度、吸湿性、染色性以及钩结强度较低。提高侧序分布的狭窄性,对纤维的断裂强度、钩结强度以及疲劳强度特别有利。

采用适当的成型工艺,可使粘胶纤维具有某些特殊的结构,因而制得具有所需性质的纤维。例如采用一定的成型工艺,能使富强纤维具有较高的结晶度、较粗大的结晶粒子,经强烈拉伸能使其具有较高的取向度,并构成较高的侧序,因而富强纤维的干强度和湿强度、湿模量较高,伸度和韧性较小,钩结强度和耐磨性较差。

又如采用适当的成型工艺,使纤维有较低或适中的结晶度,微细的结晶结构,较高的取向度以及较低的侧序和较均匀的侧序分布,从而制成强力粘胶纤维。这类纤维具有高强度,足够高的断裂伸长和特别优良的疲劳强度。

高湿模量粘胶纤维的成型工艺,既采用强力粘胶纤维的工艺特点,又参照了富纤的成型工艺。它的结构兼有两种纤维的某些特性,所以高湿模量粘胶纤维的物理机械性能,也是两种纤维性质的结合,既有较高的干强度、湿强度和优良的湿模量,纤维又不发脆,有较高的弹性、断裂伸长和钩结强度。

4. 横截面结构

粘胶纤维成型时因下述原因,使其横截面结构很不均匀,一般可发现在横截面结构中存在着两层、三层、甚至更多性质明显不同的层次。

(1)挤出喷丝孔的粘胶细流的横向速度存在抛物线分布,导致皮层大分子的取向度较高,芯层取向度较低。

(2)粘胶细流的外缘和内部的沉析机理不同,导致形成不同的皮芯结构。

(3)粘胶细流的表层首先与凝固浴接触并产生化学反应,形成凝固浴组分的不均匀分布。

(4)由于过饱和现象引起凝固浴的扩散速度和高聚物沉析速度不同,从而导致里氏环的有节奏结构。

(5)进行喷丝头拉伸时,机械力首先集中在已固化的皮层,从而产生沿纤维截面的不均匀速度梯度场,使纤维皮层取向度高于芯层。

由于高聚物的沉析条件不同,形成多层结构。有人认为纤维中径向各环层的厚度是按几何级数递增的。粘胶纤维和聚丙烯腈纤维的实验数据均证实了这一点。几种纤维横截面上的环层厚度见表 7-21。

表 7-21 纤维横截面上的环层厚度　　单位:μm

普通粘胶纤维	波里诺西克纤维	聚丙烯腈纤维	普通粘胶纤维	波里诺西克纤维	聚丙烯腈纤维
5	0.6	46.4	22	22	106
10.6	12	70	45	38	160

表7－19的数据表明，上述三种纤维的环层厚度递增的几何级数分别为2.08、1.79和1.51。

皮芯层的形成具有不同的历程，它们的结构和性质也互有差别。从超分子结构方面看，皮层具有较低的侧序，其特点是存在着较小的结晶区和无定形区，结构比较均一。

与芯层比较，皮层具有如下的主要性能特点：

(1)皮层在水中的膨润度较低。芯层在水中的膨润度为75%～85%，而皮层仅为55%～60%。这是由于皮层存在小而均匀的无定形区，纤维在水中的膨润度主要发生在无定形区，因此皮层的膨润度较低。

(2)皮层具有较高的吸湿性。粘胶纤维芯层的吸湿率一般为11%～12%，皮层的吸湿率为13%～14%。这一性质似乎与上一性质有矛盾，即皮层既具有较高的吸湿性，又具有较低的水中膨润度。这是因为膨润主要发生在无定形区，而吸湿不仅发生在无定形区，晶区表面(有人认为再生纤维素晶区内部也有一定的吸湿能力)也能吸湿。同样重量的物质，粉末状要比大颗粒具有更多的表面积，皮层具有较小的晶区，因此具有较大的晶区表面积，故吸湿性较高。

(3)皮层对某些物质的可及性较低。这是由于皮层存在着许多微小的无定形区，它和芯层一样能被分子体积较小的极性分子(如水)所及，但对分子体积较大的或者极性较小的分子(如染料)，其可及性较低。

(4)皮层的密度小。薄皮层的粘胶纤维密度一般为1.52左右，而全皮层的粘胶强力纤维密度为1.50左右。这是由于皮层的晶粒较小，侧序较低，以及在皮层中可能存在着亚微观空隙的缘故。

(5)皮层具有较高的取向度、断裂强度和延伸度，抗疲劳强度和耐磨性较优，这是因为皮层具有均匀的微晶结构所致。

5. 结构参数与性能的关系

几种粘胶纤维的结构特征和物理机械性能分别列于表7－22和表7－23。

表7－22 几种粘胶纤维的结构特征

结构性质		普通粘胶纤维	高湿模量纤维	富强纤维
结晶度/%	X射线法	30～36	38～44	40～47
	红外线重水交换法	35～37	35～40	39～50
	密度法	28～34	38～42	36～45
晶区长度/DP	X射线法	80	85	110～130
	极限聚合度法	60～80	80～95	100～140
	电子显微镜法	—	100	150
晶区厚度/nm	X射线大角衍射	5～7	7～10	8～10
	X射线小角衍射	8	10	10～11
	电子显微镜	—	20	20
羟基可及度/%	重氢交换法	60～70	55～60	50～55
	吸湿法	65	60	50

续表

结构性质		普通粘胶纤维	高湿模量纤维	富强纤维
取向度/%	X射线法	70～80	75～85	80～90
	双折射法	60～70	70	85
	红外线法	—	80	85
聚合度		350～450	500～550	600～800
横截面形状		不规则锯齿形皮芯结构	圆形或近圆形皮芯结构	圆形全芯结构

注 1DP=0.515nm。

表 7-23 几种纤维素纤维的物理机械性能

性能	普通粘胶短纤维	二超强力粘胶丝	富强纤维	高湿模量纤维	棉纤维
干态强度/$cN \cdot dtex^{-1}$	1.9～3.1	3.6～4.4	3.1～5.3	3.1～5.1	3.8～5.3
干态伸度/%	10～30	15～25	6～12	8～18	7～12
湿态强度/$cN \cdot dtex^{-1}$	0.88～1.9	2.6～3.1	2.4～4.0	2.2～4.1	2.6～5.1
湿态伸度/%	22～35	20～30	11～14	15～25	13
干模量/$cN \cdot dtex^{-1}$	53～79	35～79	110～160	70～100	—
湿模量/$cN \cdot dtex^{-1}$	2.6～3.5	2.6～4.4	18～60	9～22	3～12
钩结强度/$cN \cdot dtex^{-1}$	0.3～0.9	1.3以上	0.6～1.1	0.6～2.6	0.9～1.8
吸湿率/%	11～13	12～14	9～11	10～12	7～7.1
保水率/%	90～115	70～80	55～75	60～80	35～45

从表7-22和表7-23所列数据可见，高湿模量粘胶纤维的结晶度、晶粒尺寸、取向度、侧序和聚合度等都低于富强纤维，而高于普通粘胶纤维。因此，高湿模量纤维的强度和湿模量低于富强纤维，但高于普通粘胶纤维，而断裂延伸度、钩结强度和耐磨性则高于富强纤维。

二、纤维素的降解

纤维素纤维受到各种化学、物理、机械和光的作用时，大分子链中的苷键和碳原子间的碳—碳键都可能受到破坏，使纤维的化学性质、物理性质和机械性质受到不同程度的变化，并导致聚合度降低，这些变化称为纤维素的降解。

(一)纤维素的水解

纤维素大分子中的1,4-苷键对酸很敏感，当以酸或酸的水溶液作用于纤维素时，苷键发生断裂，使聚合度降低。该反应属离子型反应。

从水解工业角度看，纤维素原料的水解在国民经济中具有重要意义。许多农林副产品，如谷壳、玉蜀黍茎、棉籽壳、木屑、甘蔗渣等，都可将它们水解变成单糖，再将单糖发酵成酒精，其工业价值很大。

纤维素原料通过水解可以得到多种产品：

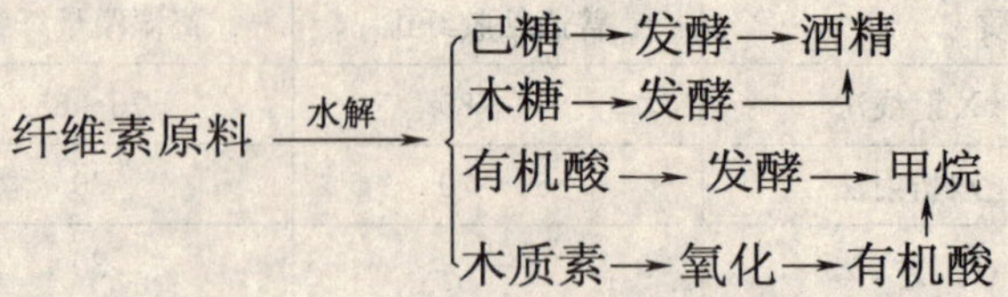

纤维素原料 —水解→
- 己糖→发酵→酒精
- 木糖→发酵→（酒精）
- 有机酸→发酵→甲烷
- 木质素→氧化→有机酸（→甲烷）

纤维素的水解方法有以下几种：

(1)浓酸水解法：即均相水解。纤维素受浓酸处理时，先膨润和溶解，然后水解成单糖。

(2)稀酸水解法：即多相水解。纤维素在高温高压下用稀酸水解成单糖。

(3)酶水解法：原料必须先经预处理除去木质素，否则酶菌进不到原料内部。

(4)溶剂法：将纤维素溶解，然后再水解。

(5)辐射法：用射线进行辐射。

以上各种方法中，值得注意的是酶水解法，将酶水解和酶发酵成酒精联合起来意义很大。目前，纤维素原料中含的纤维素和半纤维素（主要是木糖），采用多种酵母都可以发酵成酒精，从可再生能源角度看，利用微生物发酵法用纤维素原料生产酒精，在能源开发上具有重要的意义。

(二)纤维素的氧化

每个纤维素基环上都含有三个羟基，它容易被氧化剂氧化，氧化使基环上的功能基变化，并对纤维素的性质产生影响。工业上可通过控制氧化降解的程度控制制品的聚合度和性能。

1. 选择性氧化

(1)伯羟基的氧化：以气态 NO_2、或液态 N_2O_4、或 N_2O_4 在 CCl_4 溶液中氧化时，可使伯羟基氧化（先生成醛基）成羧基。伯羟基全部氧化后的产物称为羧基纤维素。由于它能溶解于血液中，故可代替普通纱布填入伤口，伤愈后不需取出；还可用作止血剂。

(2)仲羟基的氧化：用过碘酸或过碘酸钾氧化纤维素时，可得到还原性极强的产物，经酸性水解后能生成丁醛糖和乙二醛，反应系按下列方式进行：

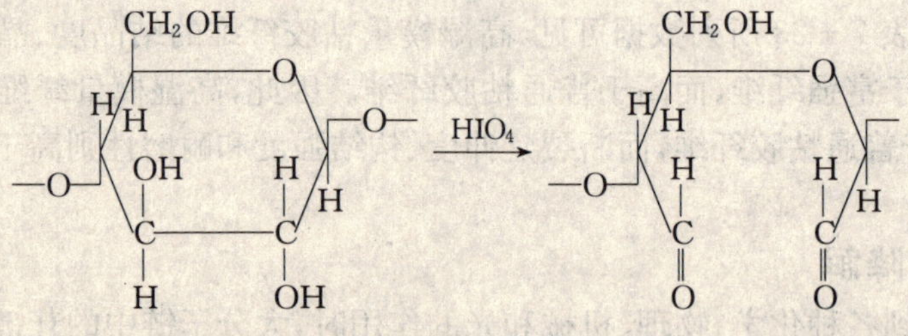

（纤维素葡萄糖基环：CH_2OH，环上 O，—O—，H，OH，C—C 上的两个仲羟基 OH）$\xrightarrow{HIO_4}$（CH_2OH，环上 O，—O—，H，两个 C=O 醛基）

这种氧化纤维素产物，称为二醛基纤维素。

二醛基纤维素用亚氯酸钠氧化，可进一步氧化成二羧基纤维素：

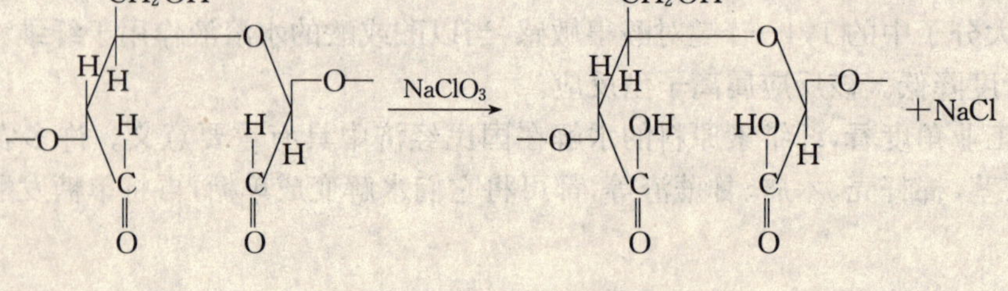

（二醛基纤维素：CH_2OH，O，—O—，H，两个 C=O）$\xrightarrow{NaClO_3}$（二羧基纤维素：CH_2OH，O，—O—，H，OH—C=O，HO—C=O）$+NaCl$

这种选择性的氧化作用，可使纤维素中出现许多醛基，这就给予与酚类、脲素缩合（酚醛缩合）的理论上的可能性，因此，在塑料工业上可能获得应用。

2. 非选择性氧化

在很多工艺过程中，纤维素有机会遇到各种氧化剂，例如，在纸浆漂白过程中，常使用次氯酸钠和过氧化氢作漂白剂；粘胶纤维生产中，利用碱纤维素在空气中的老成作用等。这些氧化剂不同于选择性氧化剂，他们使纤维素氧化时，常使伯羟基和仲羟基同时发生变化，可以同时生成醛基、羰基和羧基等基团。也可以随外界条件而终止某一阶段，情况要较选择性氧化复杂得多。

氧化介质的 pH 值、氧化剂的浓度和性质、反应体系的温度，不但影响氧化纤维素官能团的性能，还强烈影响氧化速率。

（三）纤维素的热裂解

粘胶纤维在使用过程中要求有一定的耐热性。如轮胎帘子线经常承受多次交变应力的作用，使体系温度升高，故要求帘子线在高温下（150℃）仍能保持其强度；又如衣着纤维，要求其在干燥或热处理时仍不失其强度。

由差热分析和红外光谱分析可见，纤维素纤维在 200℃以下，热稳定性较好；当温度高于200℃时，纤维素开始产生物理和化学变化，并有羰基出现；在 280～300℃时，纤维素发生剧烈的热裂解。

必须指出，影响纤维素热裂解的因素，除温度和作用时间外，还与水分和氧的存在有关。在高温和水分存在下，纤维素会发生水解；当氧的存在下，纤维素在高温下会发生氧化裂解。

（四）纤维素的光化学裂解

许多纤维材料在使用过程中常暴露于日光下，纤维素受到光照而起的破坏作用有两种类型：一是光照对于化学键的直接破坏，它与氧的存在并无关系，称为光解作用。另一种是由于光敏物质的存在，而且必须在氧及水分同时存在时才能使纤维素发生破坏，这种光化学作用称为光敏作用。

1. 光解作用

光解作用是指吸收光后直接使化学键破裂，这就需要吸收的光子能量能达到使键破裂的能量级。对纤维素来讲，要使 C—C 键或 C—O 键破裂，需要 334.7～376.6kJ/mol 的能量，C—H 键破裂需要约 418.4kJ/mol 的能量。

当用频率为 ν 的单色光照射时，每个光粒所含能量为一个量子：

$$\text{一个量子能量 } E = h\nu = \frac{hc}{\lambda}$$

式中：h——普朗克（Planck）常数；

ν——单色光的频率；

c——光速；

λ——光的波长。

一般光化学采用摩尔量子为单位，一个摩尔量子能量为 $N_0 h\nu$（N_0 为阿佛加得罗常数），即所谓一个爱因斯坦（Einstein）辐射。把每个摩尔量子能量转换为焦耳表示，则为：

$$E=\frac{11.96\times10^{5}}{\lambda}$$

式中 λ 的单位为 Å。

由此式可以看出：光波长为 400nm，相应的能量为 297.01kJ；光波长为 300nm 时为 598.3kJ。因此，当纤维素分子吸收光时，分子升高的能量，要达到 334.7～376.6kJ/mol，才能发生直接的光降解，这就需要波长为 340nm 或更短的紫外光。

实验指出，将纤维素在真空下以紫外线（253.7nm）照射时，它释出 H_2、CO_2 及 CO、RCHO、—COOH，而且纤维素的聚合度也显著降低。实验结果也指出：在不活泼气体（N_2、CO_2、He）中，纤维素的破坏程度与在氧中相同，因此光解作用的进行与氧的存在并无关系。还原性染料的存在，可使光解作用减弱。水蒸气能抑制 253.7nm 左右的紫外线对纤维素的破坏。

由于大气层的吸收，日光中低于 270nm 的紫外线部分不能达到地球表面，因此纤维素由光解作用而导致的裂解，只存在于实验室中。实际上纤维素的破坏多数是由光敏作用所致。

2. 光敏作用

光波长大于 340nm 的光线，虽不能引起纤维素的直接降解，但某些染料和化合物，如氧化锌和二氧化钛，却能吸收近紫外线和可见光部分，并借此能量而引起纤维素的降解。这个过程叫做光敏降解。

人们对光敏降解的反应过程有不同的观点，爱格顿（Egerton）提出的观点是，染料吸收光的能量，染料分子被激发，将能量转给周围空气中的氧，氧被活化，生成臭氧。在有水蒸气存在时，活化氧与水蒸气反应，就可形成过氧化氢。因而，活化氧或过氧化氢就能促使纺织材料的降解。

光敏作用实际是光化学作用的次级效应，因光敏作用导致的纤维素裂解，主要是纤维素的氧化裂解。

光敏作用对纤维素的破坏取决于敏化剂、氧与水分三个因素。光敏效应的大小随三者含量的不同而不同。

下列物质常可成为纤维素中的敏化剂。

(1)纤维素中的杂质：纤维素中存在的杂质常是敏化剂，将纤维素精练有助于降低光敏作用。例如，丝光后的棉纤维素，经过 12 个月的光照后，较未丝光的棉纤维光照后的强度高 35%。

(2)染料：许多染料都是光敏剂。许多还原染料耐日光照射，但是红、橙、黄、棕色的还原染料具有光敏作用，光照能促进纤维素氧化。硫化染料中的黄、橙、红、棕颜色的光敏效应高，而蓝、绿色的光敏效应较低。盐基染料也有同样的作用，但盐基染料的颜色与光敏活性之间没有一定的关系，黄色、棕色、紫色、绿色同样能加速纤维素的破坏。还原染料和硫化染料的光敏作用可以在纤维素染色后，以少量铜盐溶液（0.004%～0.1%Cu）处理而大为降低。但铜含量较高时，铜盐又成为敏化剂，能使纤维素裂解。

(3)颜料：ZnO、ZnS、K_2CrO_4、TiO_2 等都有光敏效应。

3. 防止光化学裂解的方法

现在常采用下列措施降低光照的破坏：

(1)制作保护膜：以颜料或颜料与树脂混合物处理纤维素材料，在其表面形成一层保护膜，防止敏化物质激发活化。

(2)利用抗氧剂:由于光化学的裂解主要系氧化裂解,所以可以应用具有抗氧效应的苯酚类的衍生物和芳香族胺类的化合物,以降低纤维素的裂解。

(3)采用化学变性办法:若干种还原染料具有抵抗光照的能力,纤维素若先用对光稳定的还原染料染色,再做表面乙酰化处理,可使织物的耐光能力增加一倍以上。

第六节 纤维素新溶剂与高性能粘胶纤维

在粘胶纤维生产领域,最引人注目的发展是纤维素新溶剂与高性能粘胶纤维的研究和开发。

一、纤维素的新溶剂

由于纤维素不能溶于常见的溶剂中,因而在纤维素工业或理论研究中,常把它转化成衍生物。在转化的过程中,纤维素的结构和性能难免不发生变化。研究纤维素的新溶剂,一直是人们所期盼的,如能把纤维素直接溶解成溶液,工业上又可直接加工成型,将给纤维素工业带来很大的变革。

早期使用的溶剂大多是过渡族金属与氨(或乙二胺)形成的络合物。20 世纪 70 年代以来,发现了不少纤维素纤维的新溶剂,它们大多是非水溶剂体系。新溶剂的出现,促进了纤维素学科和应用的发展,使纤维素领域获得不少新成果。

(一)纤维素的络合物溶剂

1. 铜氨络合物

铜氨络合物是深蓝色液体,有氨的臭味,它是由氢氧化铜溶解于浓氨水中而制得的,它由如下反应生成:

$$Cu(OH)_2 + nNH_3 \rightleftharpoons Cu(NH_3)_n(OH)_2$$

氢氧化铜与氨的比例在络合物中可能不同,氨分子是络合物的配位体,故用分子表示。最可能生成铜四氨氢氧化物,$Cu(NH_3)_4(OH)_2$。

铜氨络合物是纤维素最早的一种溶剂,这种溶剂曾用来生产铜氨人造丝。铜氨溶剂现广泛应用于测定纤维素溶液的黏度和聚合度。

2. 铜乙二胺络合溶剂

铜乙二胺简写为 Cuen, en 代表乙二胺。它是纤维素的一种良溶剂,纤维素在此溶剂中受氧化降解较少,现亦使用于测纤维素溶液的黏度和聚合度。

铜乙二胺溶液,是将氢氧化铜溶于等当量高浓度的乙二胺中制得的。

3. 钴乙二胺络合溶剂

钴乙二胺简写为 Cooxen,该络合物组成为 $Co(en)_3(OH)_2$。该水溶性络合物为枣红色,对纤维素的溶解力仅在相当的浓度下才能达到。络合物制备是将新鲜沉淀的蓝绿色氢氧化钴溶于乙二胺中[乙二胺浓度为 26.6%(质量分数)为宜]。制备过程要求在隔绝空气下进行,否则,络合物呈黄棕色,对纤维素失去溶解能力。

4. 锌乙二胺络合溶剂

锌乙二胺简写为 Zincoxen，其组成为 $Zn(en)_3(OH)_2$，为无色液体，由 $Zn(OH)_2$ 溶于乙二胺中制得。在0℃下，28%～30%的乙二胺溶液对 $Zn(OH)_2$ 具有较高的溶解力，锌含量可达8%（质量分数）。这种溶剂现在只用于测定纤维素溶液的黏度和聚合度。

5. 镉乙二胺络合溶剂

镉乙二胺简写为 Cadoxen，其组成为 $Cd(en)_3(OH)_2$。它是由氧化镉或氢氧化镉溶于乙二胺溶液中制得的，为无色溶液，在室温下稳定，可应用于光散射方面研究纤维素溶液性质、黏度和聚合度。

6. 铁—酒石酸—钠络合溶剂

铁—酒石酸—钠或酒石酸铁钠络合物简写为 FeTNa 或 EWNN。

铁∶酒石酸∶碱金属比例为1∶3∶6，溶于2mol/L NaOH 中制得的绿色溶液，其化学式为 $[Fe(C_4H_3O_6)_3]Na_6$。

纤维素在酒石酸铁钠溶液中的氧化降解不明显，用其测定纤维素溶液的黏度和聚合度效果更佳。

几种纤维素络合物溶剂的化学结构、最佳组成、溶液中纤维素的最高浓度见表7－24。

表7－24　纤维素的络合物溶剂的结构及组成

溶剂名称	溶剂组成	最优金属浓度	最优盐基浓度	最高可达到的纤维素浓度	备　注
铜氨溶液	$[Cu(NH_3)_4](OH)_2$	1.5%～3%	12.5%～17.5%	>10%	空气进入时，纤维素降解；加入1%的糖可使之稳定
铜乙二胺	$[Cu(en)_2](OH)_2$	3.18% (0.5mol/L)	6% (1mol/L)	0.1%～1.2%	与铜氨比较，纤维素降解较少
钴乙二胺	$[Co(en)_3](OH)_2$	6.85%	26.6%	7%	
镍氨溶液	$[Ni(NH_3)_6](OH)_2$	2.72% (>2%)	>16%	3.5%～5%	与相当的铜氨溶液比较，对氧的敏感性较低
镍乙二胺	$[Ni(en)_3](OH)_2$	6.76% (>6.5%)	>25%	1.7%	
锌乙二胺	$[Zn(en)_3](OH)_2$	8%	30%	2.68%	无色澄清溶液，对氧的敏感性较低
铬乙二胺	$[Cd(en)_3](OH)_2$	6.5%	7.9%	<5%	
碱式铜	$H_2NCONHCONH_2 \cdot Cu(OH)_2 \cdot NiOH$	0.090～0.530 mol/L	游离 NiOH 1～45mol/L	7.8%	或许纤维素未进入复合体，而润胀无限地扩大，对氧不敏感
	$H_2NCONHCONH_2 \cdot Cu(OH)_2 \cdot KOH$	0.045～0.30 mol/L	游离 KOH 1～4mol/L	7.8%	

续表

溶剂名称	溶剂组成	最优金属浓度	最优盐基浓度	最高可达到的纤维素浓度	备　注
碱式铜	$H_2NCONHCONH_2 \cdot Cu(OH)_2 \cdot NaOH$	0.125～0.500 mol/L	游离 NaOH 1～6mol/L	7.8%	或许纤维素未进入复合体，而润胀无限地扩大，对氧不敏感
铁Ⅲ—酒石酸—NaOH 或 EVNN，或 FeTNa	$[(C_4H_3O_6)_3Fe]Na_6$	此复合体的质量分数为 30%～32%	游离 NaOH 9%～12%（体积分数）	0.8%～1%（体积分数）	—
铁Ⅲ—酒石酸—KOH	$[(C_4H_3O_6)_3Fe]Na_6$		游离 KOH 13%～17%（体积分数）		—

(二)纤维素新溶剂

新溶剂是 20 世纪 60 年代以后出现的以有机溶剂为基础的不含水的溶剂，亦称非水溶剂。非水溶剂主要由纤维素的活性剂和极性有机溶剂组成，活性剂和有机溶剂可为同一化合物，也可为两种或三种化合物的共混液体。其中与纤维素相作用的活性剂需要较大的过量。极性有机溶剂作为活性剂的溶剂或作为活性剂的成分，可增加溶液的极性，促使纤维素溶解，并使纤维素溶液稳定。

纤维素新溶剂主要有下列三类。

(1)一元体系：有三氟醋酸(CF_3COOH)、乙基吡啶化氯($C_2H_5C_5H_5NCl$)、无水胺氧化物(NMMO)、联氨或肼($NH_2—NH_2$)等。

(2)二元体系：有 N_2O_4/极性有机液(包括 DMSO、DMF、DMAC)、NOCl/极性有机液、$NOHSO_4$/极性有机液、CH_3NH_2/DMSO、三氯乙醛/极性有机液、NH_3/NH_4SCN、LiCl/DMAC、PF/DMSO 等。

(3)三元体系：有 SO_2/胺/极性有机液(DMSO)、SO_2Cl/胺/极性有机液、$SOCl_2$/胺/极性有机液。

1. 肼溶剂

肼(Hydrazine)或联氨($NH_2—NH_2$)是纤维素的一种一元体系溶剂，是一种碱性化合物，能直接溶解纤维素。1976 年 7 月在美国化学会上，Litt 教授提出，把棉绒浆或木浆在压力锅中与肼一起加热，纤维素就溶解，通过对聚合度的调节，可制得 33%浓度的纤维素溶液，在水中纺丝成型，可纺成纤维。美国已发表了纤维素肼溶液的纺丝专利。

2. 胺氧化物溶剂

胺氧化物(Amine Oxide)虽然在 1939 年就曾报道过，它对纤维素有溶解能力。但至 1979 年才制得了浓度大于 10%的纤维素溶液，自此以后，成为人们注目的一种新溶剂。

胺氧化物有 *N*－甲基－吗啉－*N*－氧化物(*N*－methyl－morpholine－*N*－Oxide)，简称 NMMO、*N*,*N′*－二甲基乙醇胺－*N*－氧化物(*N*,*N′*－Dimethylethanol－amine－*N*－Oxide)，简称 DMAO、*N*,*N′*－二甲基环己胺－*N*－氧化物(*N*,*N′*－Dimethylcyclohexyl－amine－*N*－Oxide)，简称 DMCAO；其中以 NMMO 最引人注目。

NMMO的分子结构式为：

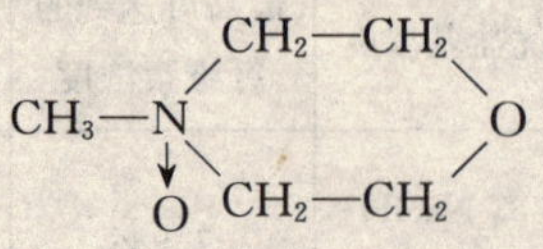

```
       CH₂—CH₂                      CH₂—CH₂
      /       \                    /       \
CH₃—N          O            CH₃—N          O·H₂O
    ↓ \       /                 ↓ \       /
    O  CH₂—CH₂                  O  CH₂—CH₂
```

无水 NMMO 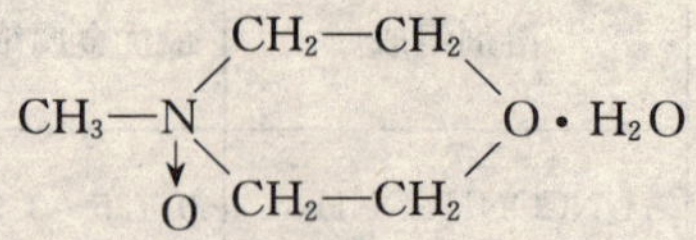　　　　含一分子水 NMMO

NMMO也可直接使纤维素溶解，即不生成中间衍生物。

NMMO的熔点为130℃，它可与水缔合成一水至四水的水合物（大量水存在时）。NMMO的一水化合物（含水率13.3%）溶解纤维素的能力最高，随着含水量的增加，其对纤维素的溶解能力逐渐下降。

3. 多聚甲醛/二甲基亚砜溶剂

多聚甲醛/二甲基亚砜溶剂（PF/DMSO）是纤维素的一种良好无降解的溶剂。研究证实是甲醛与纤维素作用生成羟甲基纤维素而溶于DMSO中的。即是生成一种衍生物而溶解的，不同于上述在肼或在NMMO中的直接溶解。被溶解的纤维素还可用水或甲醇再生。溶液在室温下非常稳定，即使放置数年，溶液浓度和聚合度都不会变化。

4. N_2O_4/DMF溶剂或DMSO溶剂

N_2O_4/DMF溶剂对纤维素的溶解被认为是N_2O_4与纤维素作用，生成亚硝酸酯衍生物而溶解的。换言之，也是生成一种衍生物而溶解的。例如，将干燥过的浆粕与DMSO或DMF混合，向每克浆粕中添加1.5g N_2O_4，可得到4%～5%的纤维素溶液。纤维素/N_2O_4/DMSO溶液为黄绿色，以酒精或异丙醇水溶液或含0.5%H_2O_2的水溶液作凝固浴，纤维素可再生而成纤维析出。

5. NH_3/NH_4SCN溶剂

早在1931年，Scherer曾做过各种盐的液氨溶液对纤维素的溶解试验，他发现如果盐和液氨中含有少量水时，至少有四种盐可以溶解纤维素，即NH_4SCN、$NaNO_3$、NaI、NaSCN，其中$NaNO_3$和NaI只能缓慢溶解再生纤维素纤维，而不能溶解天然纤维素。近年，Hudson、Cuculo等人，专门对NH_3/NH_4SCN体系及其纤维素的溶解过程进行了系统研究，取得了很大进展。他们证实水对该系统的溶解有很大影响，指出在一定的摩尔比（NH_3/NH_4SCN）下，才能使纤维素溶解，即溶解条件很严格。

Hudson、Cuculo等人研究得出72.1%NH_4SCN，26.5%NH_3和1.4%H_2O组成的溶剂，对纤维素有最大的溶解能力。溶解的方法是将撕碎和干燥后的浆粕，加入一定组成的NH_3/NH_4SCN/H_2O溶剂中，在-12℃下保持6～12h，然后使其缓慢地升至室温时，对混合物进行搅拌，纤维素即溶解成溶液。

6. LiCl/DMAC溶剂

LiCl/DMAC溶剂是Turvbak等人研究发现的。该溶剂体系与胺氧化物溶剂，NH_3/NH_4SCN溶剂一样，溶解纤维素时不形成衍生物，而是将纤维素直接溶解。

用LiCl/DMAC溶解纤维素时，必须先将纤维素活化（不经过活化的纤维素是不被溶解的）。活化的方法有以下几种：

（1）水活化—DMAC交换。

（2）蒸汽活化—DMAC交换。

(3)水活化—蒸馏至水含量少于2%。

(4)热DMAC活化—加LiCl前冷却。

(5)液氨活化—DMAC取代。

经过活化的纤维素，用10%LiCl/DMAC溶液在搅拌下溶解4～6h，可得到浅褐色透明的溶液，溶液的浓度视聚合度而定。溶液在室温下很稳定，因此可应用于研制纤维、薄膜和进行均相酯化、醚化。

二、高性能粘胶纤维

(一)超强力粘胶纤维

随着对纤维素结构的深入研究和粘胶纤维生产技术的不断发展，于20世纪30年代制造出强力粘胶纤维，并于50年代出现超强力粘胶纤维。超强力粘胶纤维具有更高的断裂强度、优良的柔韧性和耐多次变形性。这些优良性能使其有可能作为轮胎的增强材料——帘子线，并于20世纪50年代取代优质棉，作为轮胎帘子线的主要原料。60年代中期，超强力粘胶帘子线的质量和产量都达到最高峰，此后，由于性能更优良的帘子线的出现，使超强力粘胶纤维的生产开始下降。

粘胶纤维投产初期，纤维的强度一直处于较低的水平(1.1～2.2cN/dtex)。1935年，在工艺上进行如下两项较大的改革，制得强度(3.8cN/dtex)和弹性都较好的强力粘胶纤维。

(1) 提高凝固浴中$ZnSO_4$的浓度(从1%增至4%)，使纤维素黄原酸酯的再生作用较为缓慢，并形成微晶区，纤维结构也较均一。

(2) 刚形成的纤维在含有稀酸的热水溶液中进行高倍拉伸，提高纤维中大分子的取向度。所得纤维强度大为提高，柔软性增加，耐疲劳性能也得到改善。这一事实引起人们对用粘胶纤维制造轮胎帘子线的兴趣。此后，随着生产技术的不断改进，纤维的物理机械性能逐步提高，粘胶轮胎帘子线逐渐进入工业生产。

1946年，在粘胶纤维生产中进行另一次突破，在粘胶中加入少量变性剂，制得微观结构良好、纤维横截面较圆滑、强度较高(4.4cN/dtex)的轮胎纤维。

随着生产实践经验和科学研究资料的不断积累，1953年出现了单纤强度为4.9cN/dtex的超强力粘胶纤维，此后又出现了二超、三超以至四超强力粘胶纤维。表7-25列出超强力粘胶纤维强度增加的过程。

强力粘胶纤维的制造工艺，与普通粘胶纤维相比主要有如下差别：

(1)采用α-纤维素含量高的浆粕，聚合度高而分布窄。

(2)降低碱纤维素中游离碱的含量，老成条件缓和而均匀。

(3)黄化时CS_2用量较多，纤维素黄原酸酯的酯化度较高，分布较均匀。

(4)粘胶组成中纤维素含量6%～7%，碱纤比在1左右。

(5)在粘胶中加入变性剂，以延缓纤维素黄原酸酯的再生作用，同时加入表面活性剂，以提高可纺性，并防止喷丝头堵塞。

(6)凝固浴中H_2SO_4和Na_2SO_4含量较低，而$ZnSO_4$含量高达8%～10%。

(7)粘胶细流在一浴中凝固，在二浴中分解，并在一浴中进行负拉伸，在二浴中高倍拉伸，以提高纤维的强度。

表 7－25 超强力粘胶纤维的发展过程

年份	纤维	干强/cN·dtex^{-1}	湿强/cN·dtex^{-1}	帘子线强度 (N/154dtex×2)
1907	普通粘胶纤维	0.97	0.35	—
1913	普通粘胶纤维	1.2	0.44	—
1917	普通粘胶纤维	1.5	0.73	—
1930	普通粘胶纤维	1.9	0.97	—
1937	强力粘胶纤维	3.0	1.9	102.9
1950	低酸法成型	3.6	2.5	127.4
1953	超强力粘胶纤维	3.8	2.8	145.1
1957	二超强力粘胶纤维	4.4	3.3	156.8
1962	三超强力粘胶纤维	4.9	3.9	169.5
1965	四超强力粘胶纤维	5.3	4.4	187.2

(8)三超粘胶强力纤维成型前采用粘胶预热，进行管中成型。

(9)粘胶强力纤维无需脱硫和漂白，纤维经热水洗后，经上油、烘干、初捻即为成品。

强力粘胶纤维取向度高于普通粘胶纤维，晶区尺寸较小，分布均匀。纤维横截面外缘为较圆滑的锯齿状，皮层较厚；二超以上的强力粘胶纤维，横截面形状接近圆形，为全皮层结构。

按纤维干态、湿态强度的高低，可分为强力、高强力、超强力、二超、三超、四超等强力粘胶纤维。

作为轮胎帘子线的强力粘胶纤维，不仅要求有较高的强度，而且要有较好的韧性，并有优良的耐疲劳强度。表 7－26 列出了超强力粘胶纤维的一些性能指标，也列出了粘胶纤维的同一指标，以供比较。

表 7－26 强力粘胶纤维及帘子线的一些物理机械性能指标

纤维类型	单纤维指标					帘子线指标				
	干态		湿态		湿强保持率/%	干态		湿态		疲劳强度
	强度/cN·dtex^{-1}	伸度/%	强度/cN·dtex^{-1}	伸度/%		强力/N	伸度/%	强力/N	伸度/%	
普通粘胶纤维	1.9	19.9	1.0	27.5	50					
强力粘胶丝	3.0	8.3	1.9	17.8	62	119.56	11.3	96.04	15.1	100
高强力丝	3.2	9.4	2.0	25.0	64	129.36	11.6	107.80	14.4	200
超强力丝	3.7	10.8	3.0	29.5	80	145.04	14.6	123.48	18.8	300
二超强力丝	4.3	10.3	3.6	25.2	83	156.80	11.0	138.18	13.2	600
三超强力丝	4.7	10.5	4.1	29.0	86	171.50	12.0	153.86	16.5	1000
四超强力丝	5.3	10.9	4.3	27.6	80	184.24	12.4	168.56	16.5	2500

注 1. 帘子线结构为：184tex 丝束 2 根，丝束为右捻(450 捻)，帘子线为左捻(420 捻)。
2. 疲劳强度为相对值，以强力粘胶纤维为 100 进行比较。

强力粘胶纤维的某些物理性质和超分子结构要素，列于表 7－27。表中所列数据是测定纤维的吸湿率（相对湿度为 60%，温度 25℃）和密度而换算出的指标。

表 7－27　强力粘胶纤维的某些物理性质和分子结构要素

纤　维	吸湿率/%	可及度/%	密度/g·cm^{-3}	结晶度/%	晶区可及度/%	晶区尺寸(失水葡萄糖单位)	双折射率
普通粘胶纤维	12.5	76.6	1.512	45.2	48	4.3	0.027
强力粘胶丝	12.9	79.1	1.509	42.9	51	3.9	0.032
高强力纤维	13.4	82.3	1.509	42.9	58	4.1	0.032
超强力纤维	14.4	88.3	1.496	32.5	64	2.5	0.033
二超强力丝	14.1	86.4	1.508	41.5	67	2.0	0.037
三超强力丝	14.3	87.0	1.502	39.0	67	2.0	0.040
四超强力丝	10.5	64.0	1.526	55.5	32	7.5	0.046

粘胶帘子线的早期产品主要为 30tex/120 根单丝（仿效当时棉帘子线），后来发现增加总线密度和单丝根数有很多优点，因此大多数粘胶帘子线的规格改为 184tex/1100 根单丝，或 184tex/1500 根单丝的双股捻线，有些产品甚至用高达 490tex 的纤维加工。一般帘子线的结构为 184/2/450Z/420S（表示 2 根线密度为 184tex 的丝束并成一根帘子线，丝束的加捻方向为 Z 捻，捻度为 450 捻/m，帘子线的捻向为 S 捻，捻度为 420 捻/m）。

帘子线是轮胎的重要组成部分，它在轮胎中起着骨架作用，其重量占轮胎重量的 18%～20%。帘子线在轮胎中的作用是承受来自轮胎内部（内压）和外部（负荷、冲击和一般动态应力等）的作用力。据统计，有 30%以上的载重汽车轮胎因骨架断裂而过早地损坏。这主要是因为帘子线的断裂强度和疲劳强度不够高，因此，改进这些指标将大大提高轮胎的使用寿命。

采用辐射状的帘子布（帘子线与轮胎的圆周接近 90°排列）所制造的轮胎更耐磨，牵引力也较大，拐弯时不发出特别的声音。辐射状帘子布的一个重要特性是它具有高模量，这种帘子布是与钢丝、玻璃纤维和聚酯帘子布同时发展的。在高湿模量粘胶纤维和波里诺西克型粘胶纤维成型工艺的基础上，发展了一种新型的高强度、高模量粘胶纤维，其干态强度为 8.2cN/dtex，干态断裂伸长率为 5%。应用这种纤维可以加工成辐射状轮胎帘子布。有人推测，高强度、高模量粘胶纤维可望成为轮胎帘子布的重要材料之一。

（二）波里诺西克纤维

粘胶纤维与棉纤维相似，具有纤维素织物所特有的舒适感，尤其在吸湿性和透气性方面，至今还没有一种合成纤维能与之媲美。但是，粘胶纤维也存在一些严重的缺点，主要是湿态时剧烈溶胀，使纤维的湿态断裂强度明显下降，在较小的负荷下容易伸长（湿模量低），因此，织物受到揉搓时（洗涤）容易变形，干燥后易收缩，尺寸不稳定；普通粘胶纤维不耐碱，它与棉的混纺织物，不能经受改善织物外观的丝光整理，粘胶纤维因湿模量较低，只能采用松式染色，使染色难以连续进行。

为改善粘胶纤维的上述缺点，人们研制出一种高湿模量粘胶短纤维。这种纤维除具有高强度、低延伸度、低膨化度外，最主要的特点是具有高的湿模量，因此称之为高湿模量粘胶纤维。高湿模量粘胶纤维的湿模量必须大于 8.8cN/dtex。

高湿模量纤维分为两大类：一类为波里诺西克纤维，我国商品名为富强纤维；另一类为变化型高湿模量纤维。国际人造丝和合成纤维标准局(BISFA)把高湿模量纤维统称为 Modal 纤维，并定 Modal 纤维是一种再生纤维素纤维，具有高的断裂强度和高的湿模量，其断裂强度(F_c)和湿模量(F_m)在标准状态下分别为：

$$F_c > 1.3T^{1/2} + 2T$$

$$F_m > 10T^{1/2}$$

式中：T——纤维的线密度，dtex。

波里诺西克纤维起源于日本，称为虎木棉(Toramomen)，由立川正三(Tachi Kawa)于 1943 年研制成功，1950 年开始工业化生产。随后有很大的改进，在日本先后出现虎木棉 51(T51)，虎木棉 61(T61)以及超级虎木棉(超 T)等品种。美国的第一个波里诺西克纤维的商品名称为赞特雷尔(Zantrel)，西欧的第一个波里诺西克商品名是 Z—54。波里诺西克纤维的最主要特征是具有高聚合度、高断裂强度、高湿模量和高度的原纤结构。

由于高湿模量纤维的品种繁多，为相互区别起见，1961 年，国际波里诺西克协会特别规定一些基准值，凡符合下列指标者即属于波里诺西克型。

(1) 未经处理的纤维，在湿态和 0.44cN/dtex 的负荷下，纤维的伸长小于 4%；在 20℃下，经浓度为 5%的 NaOH 水溶液处理后，在 0.44cN/dtex 的负荷下，纤维的湿伸长不大于 8%。

(2) 在 20℃经 5%NaOH 溶液处理后，纤维的湿断裂强度在 2.0cN/dtex 以上。

(3) 钩结强度大于 0.4cN/dtex。

(4) 成品纤维的聚合度在 450 以上。

以上指标最重要的是以 5%NaOH 溶液处理后的纤维性能，凡能符合上述性能指标的纤维，有条件称为波里诺西克纤维，以此与变化型高湿模量粘胶纤维相区别。这一性能表明波里诺西克纤维经过反复洗涤后，仍具有良好的形状稳定性。

1. 波里诺西克纤维的工艺特点

第一个类似于波里诺西克纤维性质的制品于 1928 年获得专利，称为里氏粘胶纤维(LIlideld Viscose Rayon)。其工艺特点是把熟成度很低的粘胶压入含有 64% H_2SO_4 的纺丝浴中，高度溶胀的丝束在空气中拉伸 200%，然后浸入 Na_2SO_4 水溶液中脱溶胀。所得纤维结晶度在 50%左右，具有高取向度和高聚合度，断裂强度达 6.2cN/dtex，模量为 26.5cN/dtex，但断裂伸长率较低，手感太硬，未获得大量发展。

日本立川正三研究所于 1943 年发表了虎木棉的生产工艺。其工艺特点是，黄化时使用较多的 CS_2，粘胶中纤维素和碱的含量都较低，纺前粘胶熟成度很低，纤维素的聚合度较高，粘胶的黏度特别高。凝固浴中的 H_2SO_4 和 Na_2SO_4 含量都很低，不含 $ZnSO_4$，新成型的丝束引入组成与凝固浴相似的拉伸浴中进行高倍拉伸(150%)，然后进行后处理，制得纤维强度为 3.1cN/dtex。这一纤维于 1950 年正式投入生产，并获得较快发展。目前的生产工艺虽有较大的改革，但基本沿用了上述工艺原则。

1950～1965 年，不断地改进工艺，使用低酸、低盐、很低的 $ZnSO_4$ 和低温凝固浴，在二浴中进行高倍拉伸(250%),制得纤维强度为 4.0～4.4cN/dtex 的 T—61 型波里诺西克纤维。以后又继续进行改进,并在粘胶和凝固浴中加入少量甲醛,在二浴中拉伸 300%,制得超 T 型纤维,其断裂强度为 6.6cN/dtex,拉伸 600%纤维的断裂强度达 8.8cN/dtex。

综上所述,波里诺西克纤维生产的主要工艺特点为:

(1)采用纯度较高、平均聚合度较高、聚合度分布较窄的浆粕。浆粕中纤维素的平均聚合度要在 800 以上,聚合度大于 500 的级分占 75%左右。聚合度低于 250 的级分含量不应超过 5%。

(2)在常温下进行浸渍和粉碎,粉碎后的碱纤维素一般不再老成,以免过多地降低纤维素大分子的聚合度。

(3)粘胶成型前,要求纤维素黄原酸酯有较高的酯化度(80～90),粘胶熟成度较低,故黄化时 CS_2 的用量较高(一般不低于 α-纤维素质量的 45%)。

(4)粘胶中 NaOH 与 α-纤维素的质量比不超过 0.62∶1。碱含量高,会过多地破坏纤维素原有的结构。

(5)使用低酸(30g/L 以下)、低盐(Na_2SO_4 浓度为 47～55g/L)、低锌($ZnSO_4$ 浓度低于 1g/L)或无锌、低温(20～25℃)的凝固浴,在低纺速(20～25m/min)下进行纺丝。

(6)拉伸时,先经喷丝头负拉伸,然后进行高倍率的正拉伸,再经适当的松弛回缩。

2. 结构特点

(1)分子结构:波里诺西克纤维具有较高的聚合度和较窄的分散性。波里诺西克纤维的聚合度一般为 450～600,超型虎木棉的聚合度高达 700。

(2)超分子结构:在现有粘胶纤维的所有品种中,以波里诺西克纤维的结晶度最高,晶粒尺寸最大,取向度和侧序也最高。

(3)形态结构:与其他品种的粘胶纤维不同,波里诺西克纤维的横截面为圆滑的圆形或接近圆形的全芯层结构。故纤维的物理机械性能也反映出芯层的特点,即高强度、低伸度、脆性大、钩结强度差、在水中的膨润度高、吸湿性较低、密度较大。

3. 纤维的性能

几种波里诺西克纤维的物理机械性能列于表 7－28,也列出了普通粘胶纤维和棉纤维的同一指标,以供比较。

表 7－28　波里诺西克纤维的物理机械性能

指　　标	富强纤维	T－51	T－61	超　T	普通粘胶纤维	棉纤维
线密度/dtex	1.7	1.7	1.7	1.1	1.7～5.6	—
干强度/cN・dtex^{-1}	3.0～3.6	2.9～3.1	4.5～4.7	5.1～5.4	1.6～2.2	1.8～3.6
湿强度/cN・dtex^{-1}	2.2～3.1	2.2～2.5	3.1～3.4	4.0～4.5	0.8～0.9	2.0～4.0
湿强∶干强/%	78～80	70	70	80	50	110～120
干态断裂伸长率/%	9～12	10	10	10	15～25	7～12
湿态断裂伸长率/%	11～14	12	12	13	20～30	10～14
钩结强度/cN・dtex^{-1}	0.40～0.62	0.53～0.62	0.71～0.8	0.98～1.06	0.71～0.89	0.89～1.8

续表

指　标	富强纤维	T－51	T－61	超　T	普通粘胶纤维	棉纤维
5%碱溶液处理的干强度/cN·dtex^{-1}	2.2～2.5	2.1～2.5	3.9～4.5	4.5～4.9	—	—
5%碱溶液处理的湿强度/cN·dtex^{-1}	1.8	1.8	2.7	3.6	0.9	2.8
0.45cN/dtex 负荷下的湿伸长/%	2.5～3.0	3～4	3	2.5	8～10	4
未经碱液处理的聚合度	6.5～7.5	6	5	4	15～18	4
经 5%碱液处理的聚合度	450～600	500	600	700	250～350	约 3000

与普通粘胶纤维比较，波里诺西克纤维具有如下性能特点：

(1)有较高的断裂强度，湿态下强度损失不大于 30%。

(2)有较低的断裂伸长，其织物经水洗后收缩性较小。

(3)有相当高的弹性回复率，较高的初始模量，织物有较高的尺寸稳定性，水洗收缩率与棉纤维相似，制成的服装较耐褶皱。

(4)在水中溶胀度不高，吸湿性较低。

(5)钩结强度较差，脆性较大。

(6)纤维中存在很多微小孔隙，有利于染料和后处理药液渗透到纤维内部，进行树脂整理时，孔隙的存在具有特别有利的作用。

(7)对碱液稳定性好，能经受丝光化处理。

(三)高湿模量粘胶纤维

波里诺西克纤维虽然基本上克服了普通粘胶纤维的一些主要缺点，但纤维的钩结强度较低，脆性较大，易形成原纤化结构，工艺也比较复杂。为了克服波里诺西克纤维的上述缺点，在该工艺的基础上参照了粘胶强力丝的工艺特点，生产出另一类高湿模量纤维——变化型高湿模量粘胶纤维，简称为高湿模量粘胶纤维(high wet modulus rayon，或简称为 HWM 纤维)。这类纤维的干态、湿态强度略低于波里诺西克纤维，断裂伸长率较高，钩结强度特别优良，湿模量低于波里诺西克纤维，但与棉的同一指标大致相似，已基本上克服了普通粘胶纤维的严重缺点，而且克服了波里诺西克纤维的钩结强度差、脆性大的缺点，它更适于与合成纤维混纺，以改善合成纤维的吸湿性。近年来，高湿模量纤维的发展较快。表 7－29 列出一些国家生产的高湿模量纤维的主要性能指标和商品名称。

1. 主要工艺特点

与波里诺西克纤维比较，高湿模量纤维制造工艺的主要特点：

(1)成型时粘胶的黏度(70～100s)比波里诺西克纤维粘胶的黏度(250～350s)低得多，使粘胶的过滤、脱泡、输送及纺丝较方便。

(2)黄化时，CS_2 的用量(34%～38%)远较波里诺西克纤维(45%～55%)低。

表 7－29 一些国家生产的变化型高湿模量纤维的强伸度指标

生产国	商品名称	强度/cN·dtex^{-1}		断裂伸长率/%	
		干态	湿态	干态	湿态
美国	Avvll	4.2～4.4	2.7～3.1	1.5	19.8
	Zantrol－700	3.3～3.7	2.2～2.4	7.9～9.4	8.5～11
日本	Polycot	3.4	2.6	10.8	12.6
奥地利	Modol	3.8	2.5	13～14	16～17
意大利	Koplon－65	4.0	3.0	10.8	11.5
	Koplon－66	5.8～6.0	4.9	8.5	9.5
	Airon PL－500	4.1	3.1	13.5	15.5
	Fiber VA/M	6.7	5.6	8.8	10.1
澳大利亚	Fiber－333	4.0	2.7	13～14	15～16

(3)粘胶中 α－纤维素含量较高，经济上更为合理。

(4)粘胶中添加变性剂，在高锌(50～80g/L)低酸浓度的凝固浴中成型。

(5)在较低的温度下成型，减慢纤维素黄原酸酯的分解速度，有利于生成较大的晶区，使纤维的湿模量提高。

(6)降低凝固浴中硫酸钠的浓度，初生纤维脱水速度和结构形成较慢，有利于形成高侧序、高湿模量纤维。

(7)纺丝速度虽低于普通粘胶纤维，但为波里诺西克的一倍，而且还有进一步提高的潜力。

(8)纺丝稳定性高，很少有粘胶块产生，成品纤维的疵点很少。

(9)在塑化浴中进行高倍拉伸，以提高无定形区的侧序。

(10)除增加锌的回收设备外，生产普通粘胶纤维的设备基本不必改动，改换品种较方便。

2. 纤维的结构和性能

高湿模量粘胶纤维的一些结构特性见表 7－30，表中同时列出普通粘胶纤维和波里诺西克纤维的同一特性，以供比较。

表 7－30 几种粘胶纤维的结构特性

结构性质		普通粘胶纤维	高湿模量粘胶纤维	波里诺西克纤维
结晶度/%	X 射线法	30～36	38～40	40～47
	红外线重水交换法	35～37	35～40	39～55
	密度法	28～31	38～47	36～45
晶区长度/DP	X 射线法	80	85	110～135
	极限聚合度法	60～80	80～95	100～140
	电子显微镜法	—	100	150
晶区厚度/nm	X 射线大角衍射	5～7	7～10	8～10
	X 射线小角衍射	8	10	10～11
	电子显微镜法	—	20	20

续表

结构性质		普通粘胶纤维	高湿模量粘胶纤维	波里诺西克纤维
羟基可及度/%	重氢交换法	60～70	55～60	50～55
	吸湿法	65	60	50
取向度/%	X射线法	70～80	75～85	40～90
	双折射法	60～70	70	85
	红外线法	—	80	85
聚合度(DP)		350～450	500～550	600～800
横截面形状		不规则锯齿形皮芯结构	圆形或近圆形皮芯结构	圆形全芯结构

从表7－30所列数据可见，高湿模量粘胶纤维的结晶度高于普通粘胶纤维和强力粘胶纤维，而低于波里诺西克纤维。结晶粒子的尺寸大于普通粘胶纤维，而小于波里诺西克纤维。即具有较高的结晶度和适中的结晶粒子。因此，高湿模量粘胶纤维的干态、湿态断裂强度较高(但稍低于波里诺西克纤维)。湿模量明显高于普通粘胶纤维，而低于波里诺西克纤维。与结晶度及晶粒大小有关的羟基可及度，高于波里诺西克纤维而低于普通粘胶纤维。高湿模量纤维的吸湿性(10%～12%)高于波里诺西克纤维(9%～11%)而低于普通粘胶纤维(11%～13%)和强力粘胶纤维(12%～14%)。

高湿模量粘胶纤维成型时采用高度拉伸，使纤维素大分子链沿纤维轴进行高度取向，随后又给予适当回缩，使某些链段解取向。因此，高湿模量纤维的取向度高于普通粘胶纤维，而低于波里诺西克纤维。

总的说来，高湿模量粘胶纤维的结晶度、晶粒大小、取向度以及侧序都比波里诺西克纤维稍低，而高于普通粘胶纤维。因此，它的强度和湿模量较波里诺西克纤维低，而伸度、钩结强度和耐磨性却比波里诺西克纤维高。

(四) 永久卷曲粘胶短纤维

适当地提高粘胶纤维的卷曲度，能增加纤维之间的抱合力，改进纤维的成纱性能，并使织物具有较好的手感、弹性、蓬松性和保暖性。

早期制造卷曲粘胶短纤维通常采用机械轧压方法赋予纤维一定的卷曲度。但所获得的卷曲不能持久，在纺织印染加工或织物的使用过程中，一经拉伸或润湿，纤维的卷曲便消失，并且不再回复，因此在生产上的实际意义不太大。

用复合纺丝的方法虽然能获得永久卷曲，但它必须采用结构复杂的喷丝头组件，喷丝头的组装操作和清洁工作，都不太方便，故在粘胶纤维生产中没有获得广泛的应用。

目前，生产永久卷曲粘胶短纤维通常采取化学方法，通过特殊的成型工艺，使纤维具有特定的形态结构和不均一的应力分布而获得永久卷曲。这种化学卷曲短纤维，在纺织印染加工过程中，虽会因拉伸而减少或失去其卷曲，但一经润湿，卷曲状态便立即回复。因此，用化学方法获得的卷曲粘胶短纤维，可以说是永久卷曲的，具有较大的实用价值。

永久卷曲粘胶纤维被拉直后，只要纤维吸收一定数量的水分，作为润滑剂的水分子，能使纤维素大分子的某些链节产生微量的相对位移，纤维即能回复卷曲状态。在无张力或张力较小的状况下干燥，纤维仍能保持原来的卷曲。有人进行过试验，发现纤维的卷曲状态与含水量有关，当纤维含水量超过自重的1.9倍时，处于伸直状态的卷曲纤维即能回复卷曲。

尽管永久卷曲粘胶短纤维在卷曲度这一指标方面，甚至可超过最高级的美利奴羊毛，但这并不等于说，永久卷曲粘胶短纤维在卷曲稳定性以及弹性方面能与羊毛媲美。要使粘胶短纤维的卷曲稳定性和弹性接近羊毛，还须通过化学变性，使纤维素纤维的化学结构和物理结构发生某些改变，很多有关纤维素纤维的接枝、交联、酶化及其联合应用的专利和期刊文献报导以及有关方面工作者的专著和意见，充分说明化学变性也是一个发展方向。

1. 永久卷曲的原因

永久卷曲粘胶短纤维最主要的特点是具有特殊的横截面结构，在横截面各部分存在着大小不等的内应力。

永久卷曲粘胶短纤维与普通粘胶纤维都是皮芯结构的纤维，但呈现的卷曲状况不同，卷曲的关键就在于纤维横截面形状的不对称性和皮层厚度分布的不均匀性。没有这种特殊的横截面形态结构，纤维就不会卷曲。但是，特殊的横截面结构仅是卷曲的必要条件，而非充分的条件。要使这种具有特殊截面结构的纤维呈现高度卷曲，还必须通过适当的拉伸，使纤维存在不均匀的内应力。

由于永久卷曲纤维成型时，粘胶中纤维素黄原酸酯的酯化度较高，成型条件又较缓和，凝胶纤维离开凝固浴后，处于凝胶纤维内部的芯层尚处于高度的膨润状态，大分子间尚未完全固定，呈现较大的可塑状态；处于凝胶纤维外表的皮层已初步形成较致密的结构，具有较高的弹性。纤维在拉伸张力的作用下，皮层和芯层的变形各不相同，皮层的弹性成分多于芯层，在拉伸过程中，除塑性形变外，还有高弹形变，而芯层的塑性成分多于皮层，在拉伸过程中，主要是塑性形变。因此，在张力撤去后，皮层的回缩大于芯层，这就是使截面形状和皮层厚度不对称的粘胶纤维发生卷曲的主要原因。皮层较厚的部分，收缩较大，因而处于弯曲处的内缘（图7－47），皮层较薄的部分（或芯层）因收缩较小，而处于弯曲处的外缘。

2. 永久卷曲纤维的形态结构

永久卷曲粘胶纤维的形态结构，大致有如图7－48所示的三种类型。在同一纤维品种中，几种类型的横截面结构也可能同时存在。

（1）不对称的皮层分布，如图7－48(a)所示。

（2）横截面皮层的厚度不同，如图7－48(b)所示。

（3）一边皮层破裂，如图7－48(c)所示。

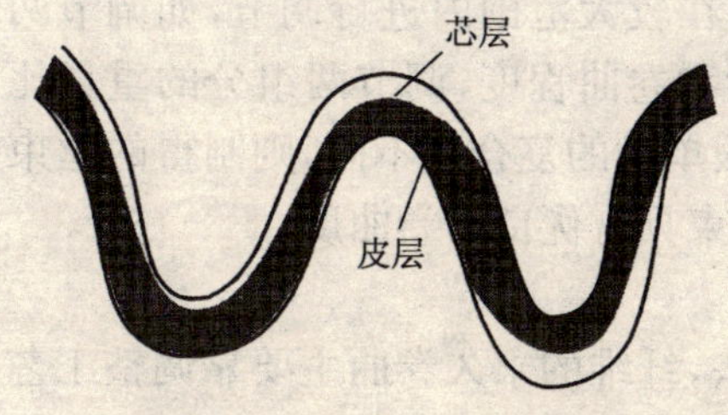

图7－47　卷曲纤维外形示意图

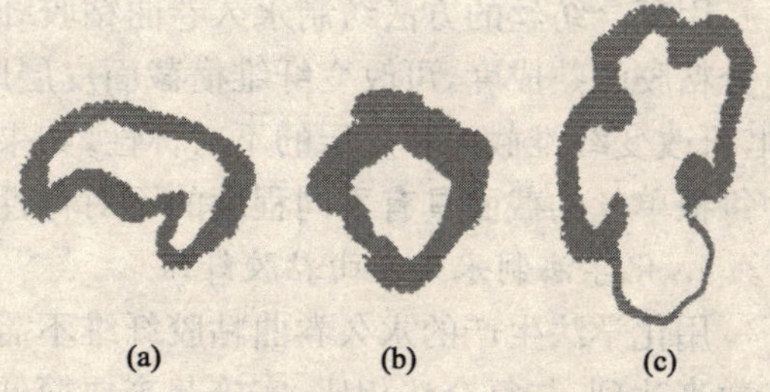

图7－48　永久卷曲粘胶纤维横截面的形态结构

3. 复合纺丝法制永久卷曲粘胶纤维

为获得具有不对称截面的粘胶纤维，早期常使用复合纺丝的成型方法。复合纺丝的关键设备是具有特殊结构的喷丝头，如图 7-49 所示。

通过特殊的隔板把喷丝头内部分成两个小室，熟成度不同的两种粘胶分别流入两个小室，两种粘胶在喷出喷丝孔之前进行并合，然后同时通过同一喷丝孔压入凝固浴。组分 A 的粘胶熟成度较低，酯化度较高，通过喷丝孔进入凝固浴后，与凝固浴中的锌离子进行离子交换，而形成较大量的纤维素黄原酸锌，再生后在纤维横截面的一部分形成较厚的皮层，它具有弹性较高的微晶结构，冻胶溶胀度较低。组分 B 的粘胶熟成度较高，酶化度较低，进入凝固浴后生成较少量的纤维素黄原酸锌，主要是以纤维素黄原酸钠的形式再生和凝固，它在纤维横截面上的另一部分形成较厚的芯层，塑性较高，冻胶溶胀度也较大。

用复合纺丝方法成型的纤维横截面结构如图 7-50 所示。这种具有不对称横截面结构的纤维，经高度拉伸后，其变形方式不尽相同，皮层较厚的部分有一定的高弹形变，而芯层较厚的部分塑性形变的成分较多。当作用在纤维上的外部张力去除后，皮层与芯层的回缩程度也不相同，皮层有较大的弹性回复，因而处于纤维弯曲处的内缘；芯层的弹性回复较小，故处于弯曲处的外缘。

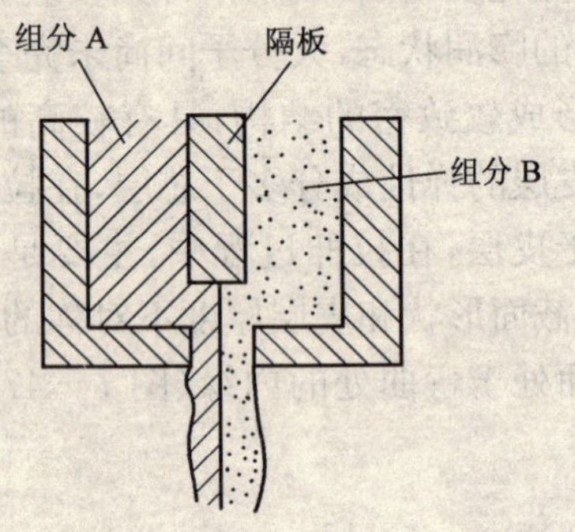

图 7-49　复合喷丝头示意图

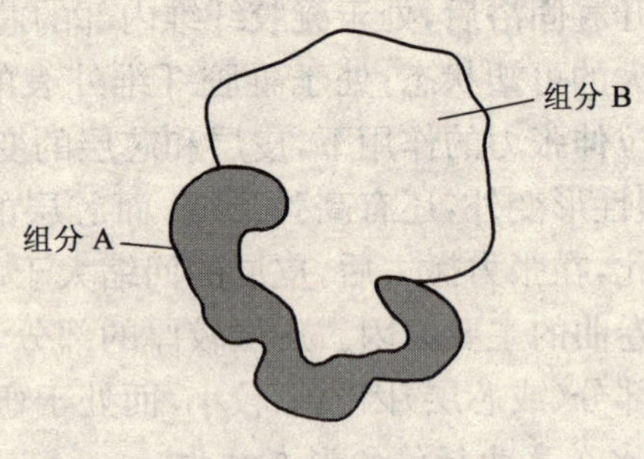

图 7-50　复合纤维横截面的结构

复合纤维成型后，可用高度拉伸的方法使纤维内部存在不均匀的内应力而达到卷曲的目的，此外，还可以用溶胀的方法达到卷曲，由于皮层、芯层有不同的溶胀行为，去除溶胀剂后，纤维的皮层、芯层收缩程度也不相同，故纤维呈卷曲状态。工业生产一般采用高度拉伸，因为它既可以达到卷曲的目的，又可使纤维具有较高的强度。

用复合纺丝的方法纺制永久卷曲粘胶纤维，其卷曲度可在较大范围内进行调节，如调节两组分粘胶的熟成度，可改变纤维横截面皮层厚度的不对称性和卷曲程度，调节两组分的重量比例，可改变纤维截面和皮层的不对称性，如果使丝束中的每根单丝的复合率不同，则制得的丝束中每根单丝的截面具有不同程度的不对称性，从而使整个丝束具有优良的卷曲度。

4. 化学法制永久卷曲粘胶纤维

用化学法生产的永久卷曲粘胶纤维不需要特制的喷丝头，纤维的永久卷曲主要靠调整工艺参数来达到，与复合法相比，实施起来要简便得多，因此获得广泛采用。

这类纤维按其横截面形状的不同，又分为不对称截面[图 7-38(a)和(b)]和破皮型截面

[图 7－38(c)]两种。

用复合纺丝法或化学法生产的永久卷曲纤维，纤维在张力下进行后处理，所得纤维是具有潜在卷曲的“直”纤维。该纤维织成织物后，再进行润湿处理而成卷曲，能使织物更为丰满、更具弹性。

(五)高湿模量永久卷曲粘胶短纤维

普通型永久卷曲粘胶短纤维虽有很多优点，但它也有普通型粘胶纤维所具有的缺点，如纤维的干态及湿态断裂强度较低，断裂伸长率较高，湿模量低，使纤维的卷曲不稳定，在较高张力作用下，卷曲容易消失。在纺织印染，特别是湿处理过程中，在较高张力的作用下，容易使低湿模量粘胶纤维减少或失去卷曲性。

20 世纪 70 年代，发展了高湿模量永久卷曲粘胶纤维，从而克服了普通永久卷曲粘胶纤维的基本缺点。其主要品种有高湿模量和波里诺西克型卷曲纤维。

1. 高湿模量永久卷曲粘胶短纤维

高湿模量(变化型)永久卷曲粘胶短纤维(简称 HWM 卷曲纤维)是在高湿模量纤维和永久卷曲粘胶短纤维成型的基础上发展起来的一个新品种。它既具有 HWM 型纤维高强度、高湿模量等优良性能，又有卷曲纤维所特有的高卷曲、高弹性等优点，用它制成的织物既有高强度、高模量，又有优良的弹性和良好的手感。

(1)生产 HWM 卷曲纤维的工艺特点：与普通型永久卷曲粘胶纤维的工艺特点一致，它与 HWM 纤维的成型工艺比较，黄化时使用较多的 CS_2，粘胶的熟成指数较高(高盐值)，凝固浴 H_2SO_4 浓度较低，而 Na_2SO_4 浓度较高，成型温度也稍高。HWM 卷曲纤维和高湿模量纤维的成型工艺条件的比较列于表 7－31。

表 7－31　HWM 卷曲纤维和高湿模量纤维成型的工艺条件

工艺及性能＼纤维		HWM 卷曲纤维	HWM 纤维
黏胶	粘胶中纤维素含量/%	7.0～7.5	5～8
	粘胶中 NaOH 含量/%	6.0～7.5	5～10
	CS_2 用量/%(对纤维素重)	34～37	30～38
	变性剂用量/%	1.5～3	1.5～5
	粘胶黏度/s	80～100	100～150
	纤维素聚合度	400～600	450～600
纺丝	H_2SO_4 浓度/%	5.0～5.5	6～9
	Na_2SO_4 浓度/%	15.0	10～14
	$ZnSO_4$ 浓度/%	2.0～3.0	2.0～5.0
	凝固浴温度/℃	35～45	20～40
	总拉伸率/%	140～160	120～160
	纺丝速度/$m \cdot min^{-1}$	30～50	20～40

(2)HWM 卷曲纤维的物理机械性质：为了比较起见，把 HWM 卷曲纤维、普通永久卷曲纤维和 HWM 纤维的主要物理机械指标列于表 7－32，从表中可以看出，HWM 卷曲纤维与普通

卷曲纤维比较，具有较高的断裂强度，适当的断裂延伸度和优良得多的湿模量，其耐碱性也较优良，这就使 HWM 卷曲纤维的卷曲率较稳定。HWM 卷曲纤维单位长度的卷曲数也比普通型永久卷曲纤维多。

表 7－32　卷曲纤维的主要物理机械性质

性能＼纤维	HWM 卷曲纤维	普通卷曲纤维	HWM 纤维
线密度/dtex	2.4	2.7	1.8
卷曲数/个·$(10mm)^{-1}$	12	4～6	2～4
干态强度/cN·$dtex^{-1}$	3.1	1.8	4.0
湿态强度/cN·$dtex^{-1}$	2.0	0.75	2.6
打结强度/cN·$dtex^{-1}$	1.34	1.02	1.03
干态延伸度/%	12.7	16.4	12.7
湿态延伸度/%	14.7	23.6	17.3
湿模量/cN·$dtex^{-1}$	8.6	3.0	8.1
保水率/%	79	89	60
纤维素聚合度	466	246	414
6.5%NaOH(20℃)中的溶解度/%	10.8	23.0	19.5

与 HWM 纤维比较，HWM 卷曲纤维具有较低但已足够的断裂强度，有较高的钩结强度和较优良的湿模量，抗碱性能也比较好，由于 HWM 卷曲纤维的卷曲性、纤维间的抱合力较优良，因此其纱线强力反而优于 HWM 纤维。可以认为，HWM 卷曲纤维除保有 HWM 纤维的基本特点外，还兼有良好的卷曲性质。

有人曾对 HWM 纤维的性质，其纯纺、混纺纱线和织物的物理机械性质以及其服用性能进行了较系统的研究，认为 HWM 卷曲纤维有高卷曲率，良好的物理机械性质，其纯纺和混纺织物的手感、蓬松性和耐褶皱性较好，并且断裂强度和拉破强度较好，因此它是一种有希望的新型纤维。

2. 波里诺西克型永久卷曲粘胶纤维

普通高卷曲粘胶纤维的耐水性和耐碱性都较差，因而织物的尺寸稳定性较差，此外，其与棉混纺的织物不能进行丝光处理。人们便在波里诺西克纤维成型工艺的基础上，制成波里诺西克型永久卷曲粘胶纤维（简称卷曲富强纤维），这类纤维除具有富强纤维的基本特点外，还有良好的卷曲性能。近年来报道的 C—311 纤维除具有富强纤维的特点外，还有似棉的扭转结构。

(1)卷曲富强纤维的工艺特点：卷曲富强纤维的制造工艺基本上与富强纤维相似，只是应用了卷曲纤维的基本原理，即使用高 γ 值的粘胶在低酸、高盐的凝固浴中纺丝。多数专利报道都在凝固浴或后处理浴加入甲醛，以增加纤维的卷曲。有关卷曲富强纤维制造工艺的专利报道的工艺参数见表 7－33，同时列入波里诺西克纤维的制造工艺，以供比较。

表 7-33 卷曲富强纤维及富强纤维的制造工艺参数

工艺参数 \ 纤维		卷曲富强纤维	富强纤维
黏胶	粘胶中纤维素含量/%	6～8	4～7
	粘胶中 NaOH 含量/%	4～4.5	2.5～5.5
	CS_2 用量(对纤维素重)/%	55～59	45～55
	粘胶黏度(s)	170～260	150～600
	粘胶盐值	20～22	10～20
	酯化度	80～85	55～100
纺丝	H_2SO_4 浓度/$g \cdot L^{-1}$	14～16 30～35	20～40
	Na_2SO_4 浓度/$g \cdot L^{-1}$	70～80	40～60
	$ZnSO_4$ 浓度/$g \cdot L^{-1}$	0.1～0.5	0～1.0
	HCHO 浓度/$g \cdot L^{-1}$	5～15	—
	凝固浴温度/℃	20～25	5～35
	拉伸率/%	150～250	90～200

(2)卷曲富强纤维的物理机械性能:卷曲富强纤维的一些物理机械性能列于表 7-34,同时列出普通卷曲纤维和富强纤维的同一指标,以供比较。

表 7-34 卷曲富强纤维与其他纤维物理机械性能的比较

纤维	普通卷曲纤维	富强卷曲纤维	富强纤维
干态强度/$cN \cdot dtex^{-1}$	1.8	3.1～3.7	3.1～5.7
湿态强度/$cN \cdot dtex^{-1}$	0.75	2.5～3.1	2.4～1.6
干态断裂伸长率/%	16.4	12～14	6～12
湿态断裂伸长率/%	23.6	13～16	11～14
打结强度/$cN \cdot dtex^{-1}$	1.02	0.7～1.0	0.6～1.1
湿模量/$cN \cdot dtex^{-1}$	3.0	18～23	18～62
保水率/%	89	70～75	65～70
卷曲数/个·$(10mm)^{-1}$	4～6	6～16	—
卷曲率/%	11	20～30	—

由表 7-32 所列数据可见,与普通卷曲纤维比较,卷曲富强纤维除具有较优良的卷曲率外,其干态、湿态强度和湿模量都远远超过普通卷曲纤维,这些优良性质保证它在纺织印染加工过程中不易变形,仍能保持原来的优良性质。卷曲富强纤维与棉的混纺织物,还能经受丝光化处理。卷曲富强纤维的干态、湿态强度和湿模量基本上能够达到富强纤维的一般水平,而延伸度

和钩结强度比富强纤维稍为优良，并具有较高的卷曲性能。因此，其纯纺或混纺织物都优于富强纤维。

(3) C－311 纤维：C－311 纤维是卷曲富强纤维中的一个新品种，它的结构(表 7－35)和性能(表 7－36)与棉纤维很相似。C－311 纤维除具有卷曲外，还具有与棉纤维相似的扭转结构，故又称为二重结构纤维素纤维(Bilateral Cellulose Fiber)。

表 7－35　C－311 纤维的结构要素

纤　　维	C－311 纤维	棉 纤 维	波里诺西克纤维
聚合度	480	3000	480
取向度(X 射线衍射法)/%	83	71	92
结晶度(X 射线衍射法)/%	46	70	46
回潮率(RH65%)/%	12	7	12
水中溶胀度/%	85	45	70
碱膨润度(5%NaOH)/%	355	82	420
染料吸收度/%	63	40	54

C－311 纤维的一大特点是具有卷曲和扭转的二重结构。所谓扭转结构，是指原纤轴与纤维轴有一定的倾斜度。纤维的卷曲度和扭转度可在制造过程中进行调节。C－311 纤维的扭转数为 24～48r/cm，棉纤维为 60～120r/cm；C－311 纤维的卷曲数为 10 个/cm，而普通粘胶卷曲纤维为 4～8 个/cm。由于 C－311 纤维具有扭转结构，故其在湿态下的强度损失较小，湿干强度比高达 93%，而波里诺西克纤维仅为 74%。如把 C－311 纤维和棉纤维浸入水中，扭转度和卷曲度都明显减少或消失，但干燥后又能回复原状。

表 7－36　C－311 纤维的性能

纤　　维	C－311 纤维	棉 纤 维	波里诺西克纤维
干态强度/cN·$dtex^{-1}$	2.8	3.0	3.5
湿态强度/cN·$dtex^{-1}$	2.6	3.4	2.6
湿强∶干强/%	93	113	74
干态断裂伸长率/%	11	8	11
湿态断裂伸长率/%	16	10	14
钩结强度/cN·$dtex^{-1}$	0.7	1.1	0.7
湿模量/cN·$dtex^{-1}$	18	18	21
5%NaOH 处理后湿强度/cN·$dtex^{-1}$	2.3	3.3	2.2

C－311 纤维的纯纺或混纺纱线较波里诺西克纱线具有更高的断裂强度，织物更富弹性，手感和耐褶皱性也较好。

第七节　粘胶纤维的应用

近年来，因棉花减产，库存量下降，使棉花价格不断上升，给世界纺织市场带来不利的影响。为此，近年来一些国家又重新考虑发展粘胶纤维生产。粘胶纤维不仅可以在数量上补充天然纤维的不足，而且在质量的某些方面优于天然纤维和合成纤维。它不但可以作为衣着用料，丰富纺织品的花色品种，而且在工业、农业、医疗卫生、国防和科学研究等方面都有广泛用途。

或许与棉花短缺有关，国内也出现粘胶纤维热。2003年以来，无论是粘胶纤维的产量或增长率均超过两位数，粘胶短纤维（包括棉型、毛型或中长型）的价格明显上升，而且供不应求。

粘胶纤维在民用方面，主要利用它的吸湿性好、易染色、抗静电、纺织加工性好等特性。可以纯纺，也可以与棉、毛、麻、丝及各种合成纤维混纺或交织。普通粘胶短纤维的各种织物，质地细密柔软，手感光滑，透气性好，穿着舒适，染色或印花后色泽鲜艳，色牢度好，宜于做内衣、外衣及各种装饰织物。此外，普通粘胶短纤维还广泛用于非织造布。普通粘胶长丝织物的质地轻薄、光滑、柔软，能染成鲜艳的色彩，除了用于衣料外，还广泛用于被面和装饰织物。

粘胶纤维的混纺织物不仅产量有很大增长，而且花色品种繁多。粘胶短纤维与棉、麻、丝的混纺织物或纯纺织物穿着舒适、潇洒飘逸、光泽迷人、色泽鲜艳，很受消费者的欢迎。

由于国际羊毛局积极倡导“凉爽羊毛”（Cool Wool）的观点，即羊毛织物不以保暖为唯一目的，而是追求体现柔软、滑糯、弹性等自然本质，因此全毛织物明显减少，而粘胶纤维与毛混纺的织物不断增加。其毛粘比为70/30、40/60、16/84，毛/粘/涤的比为30/50/20。

在色织和针织方面，有20～25tex为主的涤/粘（57/43）、涤/粘/麻（43/48/9）色织绸等。针织一般采用棉/粘（50/50）和涤/粘（20/80）产品，高档棉毛衫用16tex棉/粘（80/20）制品。

丝绸行业，则以粘胶长丝为主要原料。主要丝织品有印经平纹织物、乔其纱、派力斯、无光绉绸、罗缎、软缎被面等。除无光绉绸和乔其纱使用100%的粘胶丝外，其余多采用混纺或混合加捻的纱织物，以制作流行的优质高档产品。近年来因加工技术的发展，经处理后的粘胶丝织物可克服易皱和缩水的缺点，有利于粘胶长丝在丝绸行业中的应用。

普通粘胶纤维的主要缺点是湿强度差，下水后膨胀而发硬，经不起剧烈搓揉，缩水率高，服装易变形。20世纪发展的高湿模量粘胶纤维具有高强度、高模量、抗收缩、耐碱性好等特点，克服了普通粘胶纤维的缺点。其织物在坚牢度、抗皱性、耐水洗性、形态稳定性等方面更接近优质棉。由于高湿模量粘胶纤维（特别是富强纤维）对碱溶液的稳定性高，使其纯纺或与棉的混纺织物能经受丝光化处理，以改善外观，减少收缩，提高对褶皱的稳定性。

卷曲性能是纤维的重要指标之一，它不仅影响纤维的纺织加工，而且对成纱和织物性能都有较大的影响。卷曲粘胶短纤维具有高的卷曲度，能增加纤维间的抱合力，改进纤维的成纱性能，并使织物有良好的弹性、手感、褶皱曲变性、蓬松性和保暖性。高湿模量永久卷曲粘胶短纤维除具有高强度、高湿模量等优良性能外，还有高卷曲、高弹性等优点。用它制成织物既有高强度和高模量，又有优良的弹性和良好手感，并且扩大了粘胶纤维织物的花色品种和使用范围。

变性粘胶纤维具有多种用途，与聚丙烯腈或聚乙烯醇复合的粘胶纤维，具有毛的手感和膨体特性，适于制作西服、毛毯、地毯和装饰织物；具有扁平截面和粗糙手感的“稻草丝”和空心纤维，有密度小、覆盖面积大和膨体等特性，适于编织女帽、提包及各种装饰用品。

粘胶帘子线因强度高，耐热性优，受热后强度损失少，价格低廉，在轮胎工业中占有一定地位。新型的高强度、高模量粘胶帘子线，特别适用于制造辐射状结构的轮胎，这种轮胎具有寿命长、安全、平稳、适应性强等特点。强力粘胶纤维还可用于制造绳索、运输带、自行车轮胎、帆布和塑料涂层织物等。

用疏水性或疏油性乳液浸透处理过的粘胶纤维及其织物，具有良好的疏水性或疏油性。被用于制造工作服、帐篷、船帆等。含有各种阻燃剂的粘胶纤维，具有良好的阻燃效果，可在高温和防火的工业部门应用。

用丙烯酸接枝的粘胶纤维，具有很高的离子交换能力，可用于从废液中回收贵重金属，如金、银、汞等。

在医疗卫生部门，常用粘胶纤维制成止血纤维、纱布、被服等。我国还首先使用粘胶中空纤维制成人工肾血液透析器，作为肾衰竭病人的治疗器具，还可用作抢救重伤员、防止血液感染的医用器具。

参考文献

［1］董纪震，罗鸿烈，王庆瑞，等．合成纤维生产工艺学（上册）［M］．第二版．北京：中国纺织出版社，1994.

［2］A. J. 谢尔柯夫．粘胶纤维［M］．王庆瑞，陈雪英，刘兆峰，等译．北京：纺织工业出版社，1985.

［3］杨之礼，蒋听培，王庆瑞，等．纤维素与粘胶纤维［M］．北京：纺织工业出版社，1981.

［4］杨之礼，王庆瑞，邬国铭．粘胶纤维工艺学［M］．第二版．北京：纺织工业出版社，1989.

［5］高雨声，张瑞志，李德深，等．化纤设备［M］．北京：纺织工业出版社，1989.

第八章　聚酰胺纤维

第一节　概　述

一、聚酰胺概况

聚酰胺俗称尼龙(Nylon),在中国用作纤维时称为锦纶。聚酰胺是指高分子链上具有酰氨基(—CONH—)重复结构单元的聚合物,由美国杜邦公司首先实现工业化生产。尽管其最初开发的应用领域是纤维,但由于聚酯纤维等后来开发的合成纤维具有性价比优势,在激烈的竞争中,聚酰胺纤维市场趋于饱和,需求量增长缓慢,自 20 世纪 90 年代以来,年需求量仅以约 1.5%的速度增长。而开发较晚的工程塑料,由于具有优异的综合性能以及 20 世纪 80 年代以来汽车和电子电器产业的快速发展,使应用领域不断扩大,其产能产量自 20 世纪 90 年代以来一直保持快速增长的势头。

聚酰胺诞生至今已经 60 多年了,它经历了开发期、技术成熟期、高速发展期,如今已进入稳步发展期。聚酰胺是合成纤维发展史上首先工业化的品种,也是工程塑料中最早广泛应用的品种之一。聚酰胺的发明和发展推动了整个高分子科学和高分子工程的发展,具有划时代的意义。

(一)发展简史

聚酰胺的发明开创了人类运用有机合成方法合成实用高分子的新篇章。在此之前,烯烃类聚合物已为人们所熟知,但合成材料的发展并没有获得大的突破,研究工作急需新理论的指导。1920 年,德国化学家 H. Staudinger 创立的链型高分子理论,大大开阔了人们的视野,有力地推动了高分子学科的研究和发展。美国杜邦公司化学家 Wallace Carothers 为了用事实验证 H. Staudinger 的理论,进行了大量的合成实验,他从一系列缩聚反应得到了能冷延伸的聚酯和聚酰胺高分子,并于 1931 年申请了聚酰胺专利,1937 年公布了这项专利,同时建成了用于生产单丝和片材的中试装置。1938 年 10 月,杜邦公司正式宣布开发了可用于纺织品的聚合物,命名为尼龙。杜邦公司从 Carothers 合成的一系列高分子化合物中选择了认为在工业上最有可能成功的聚己二酰己二胺(由等摩尔量的己二酸和己二胺缩聚而得),即尼龙 66。由于尼龙 66 的力学性能优于天然蚕丝,织成的长筒女袜大受欢迎,并迅速呈现供不应求之势,随着尼龙 66 应用领域的拓展而得到迅速发展。

几乎在同一时期,德国法本公司的化学家 Paul Schlack 于 1938 年发现了在水等物质存在下,己内酰胺可水解开环聚合,生成高分子化合物聚己内酰胺。法本公司以这一发现为基础,于 1939 年开发聚己内酰胺商品获得成功,当时的商品名称为 Perlon,于 1941 年正式投产,通称为尼龙 6。日本在第二次世界大战期间受杜邦公司发明尼龙 66、法本公司发明尼龙 6 的激励,成立了军事部门、产业和学校的研究共同体,进行了尼龙 6 的试生产,但正规的企业化生产是由东洋人造丝公司(现为东丽公司)于1951年才实现的。此后,其他类型的聚酰胺纤维,如聚酰胺610纤维、聚酰胺4纤维、聚酰胺1010纤维和芳香族聚酰胺纤维相继问世。

中国的聚酰胺工业起步于20世纪50年代末,于1958年建成第一套尼龙6生产装置。经过40多年的发展,已经具备较强的技术开发力量和生产能力,尼龙1010是中国的首创。随着中国国民经济的发展,特别是20世纪70年代末以来实行改革开发政策,我国的聚酰胺工业有了迅猛的发展,至今已形成了较为齐全的工业体系。

有机化工和高分子科学技术的发展,为其他品种的开发奠定了坚实的基础,特别是一些特殊领域对高分子材料性能提出了更高的要求,促进了具有特殊用途的聚酰胺的开发和技术进步。杜邦公司于1967年和1972年实现了耐高温纤维——聚间苯二甲酰间苯二胺(商品名为Nomex)和高强高模纤维聚对苯二甲酰对苯二胺(商品名为Kevlar)的工业化,这类聚酰胺的主链上含有芳香基团,统称为芳香族聚酰胺(或芳族聚酰胺,芳纶,Aramid)。此外,聚酰胺酰亚胺和聚酰亚胺的研究和应用也取得了可喜进展。近年来,从改变分子结构来提高聚酰胺树脂性能的研究也取得了良好的进展,20世纪90年代初开发的被称为半芳香族聚酰胺的聚对苯二甲酰己二胺(尼龙6T)和聚对苯二甲酰壬二胺(尼龙9T),除具有良好的加工性能外,还具有介于芳香族聚酰胺和脂肪族聚酰胺之间的优异的综合性能,已引起人们的广泛关注。

聚酰胺发展史上的重要事件见表8-1。

表8-1 聚酰胺发展史上的重要事件

年份	开发商	事件	年份	开发商	事件
1931	杜邦	W. Carothers 发明了尼龙66	1970	中国	研制石油发酵尼龙获得成功
1937	法本	P. Schlack 发明了尼龙6	1971	阿莫科	聚酰胺酰亚胺商品化
1938	杜邦	公布了尼龙的发明	1972	杜邦	填料改性尼龙商品化
1939	杜邦	尼龙66开始工业生产	1973	杜邦	聚对苯二甲酰对苯二胺(Kevlar)商品化
1941	杜邦	尼龙610开发成功			
1942	法本	尼龙6开始工业生产	1973	中国	引进45 kt/a尼龙66盐生产技术(罗纳普朗克技术)
1945	Schwarz	VK管首次应用于尼龙6生产			
			1976	杜邦	高抗冲尼龙商品化
1951	东洋人造丝	日本开始生产尼龙6	1980	Huels EMS	聚酰胺弹性体商品化
1955	Organnico(法)	尼龙11商品化	1981	通用电气	聚酰胺酰亚胺商品化
1958	中国	开始生产尼龙6	1983	三菱瓦斯化学	尼龙MXD6商品化
1958	中国	发明了尼龙1010	1985	通用电气	尼龙系高分子合金商品化
1964	杜邦	聚酰亚胺商品化			
1965	东洋人造丝	日本开始生产尼龙66	1985	杜邦	非晶性尼龙系高分子合金商品化
1966	Huels	尼龙12商品化			
1968	诺贝尔炸药	透明尼龙商品化	1985	DSM	尼龙46工业化

续表

年份	开发商	事 件	年份	开发商	事 件
1989	中国	引进 50 kt/a 己内酰胺生产技术	1994	中国	引进 60 kt/a 尼龙 66 盐生产技术(旭化成技术)
1993	中国	引进 5 kt/a 己内酰胺连续聚合技术	1998	中国	开发成功 20 kt/a 己内酰胺连续技术

(二)定义和命名法

聚酰胺是指高分子链上具有酰氨基(—CONH—)重复结构单元的聚合物,其中以脂肪族为主链的聚酰胺称为尼龙。从制备的化学反应类别来区分,通常尼龙有两大类。一类由二元胺和二元酸的分子间缩聚或氨基酸的分子内缩聚反应制得,另一类由内酰胺的水解开环聚合而得。此外,一些内酰胺还可由阴离子聚合反应制得聚酰胺,如铸型尼龙 6。

根据国际通行标准,聚酰胺通常可以缩写为 PA,其品种可以简明地用其聚合单体的碳原子数来标记。如果是由二元胺和二元酸缩聚而得的聚酰胺,则要同时标记出两种单体的碳原子数,其中二元胺的碳原子数标记在前面。在标记具体品种时,有的文献在 PA 后加一短线,有的文献不加。本书将采用国际较通行写法,在 PA 后面不加"-"短线,如聚己内酰胺可记为 PA6,聚己二酰己二胺可记为 PA66。值得注意的是在 ASTM D—123 标准中,由二元胺和二元酸缩聚而成的聚酰胺,在命名和书写时于二元胺和二元酸两种成分代号之间要加"-"线或",",即写成尼龙 6-6 或尼龙 6,6。

对于非线型单体(含有支链、环状和芳香族结构的单体),则须在 PA 符号后面加注该单体的通用缩写代号(采用 ISO 1874—1 标准),聚酰胺合成中常用单体的通用名称、化学文摘系统(CAS)名称和登记号、ISO 1874—1 缩写代号及合成原料见表 8-2。例如,由间苯二甲胺(ISO 1874—1 标准代号为 MXD)和己二酸缩聚而成的聚己二酰间苯二甲胺可记为 PAMXD6,在中国缩写为 MXD6;由己二胺和对苯二甲酸缩聚而成的聚酰胺可缩写为 PA6T 或尼龙 6T。

表 8-2 常用聚酰胺单体的 CAS 名称、代号和登记号

通用名称和 CAS 名称	数码或代号	生产原料	CAS 登记号
线型脂肪族单体			
己二酸	6	苯、甲苯	124—04—9
壬二酸	9	油酸	123—98—9
癸二酸	10	蓖麻油	111—20—6
十二碳二酸	12	丁二烯	693—23—2
四亚甲基二胺(1,4-丁二胺)	4	丙烯腈+HCN	110—60—1
六亚甲基二胺(1,6-己二胺)	6	丁二烯、丙烯	124—09—4
十二亚甲基二胺(1,12-十二碳二酸)	12	丁二烯	2783—17—7
11-氨基十一酸	11	蓖麻油	2432—99—7

续表

通用名称和CAS名称	数码或代号	生产原料	CAS登记号
线型脂肪族单体			
己内酰胺	6	苯、甲苯	105—60—2
十二内酰胺	12	丁二烯、环己酮	947—04—6
侧链含甲基的脂肪族单体			
2－甲基五亚甲基二胺(2－甲基－1,5－戊二胺)	MPMD	丁二烯	15520—10—2
环状单体			
间苯二甲酸(1,3－苯二甲酸)	I	间二甲苯	121—91—5
对苯二甲酸(1,4－苯二甲酸)	T	对二甲苯	100—21—0
双(对氨基环己基)甲烷	PACM	苯胺＋甲醛	1761—71—3
间苯二甲胺(1,3－二甲胺基苯)	MXD	间二甲苯	1477—55—0
对苯二甲胺(1,4－二甲胺基苯)	PXD	对二甲苯	539—48—0

由异构体的混合物聚合而成的聚酰胺可以看做是共聚物，除ISO 1874—1标准有指定代号的以外，书写时要求标记出每种异构体的代号。例如，三甲基己二胺[2,2,4－三甲基－1,6－己二胺(ND)和2,4,4－三甲基－1,6－己二胺(IND)的混合物]和对苯二甲酸缩聚而成的聚酰胺可书写为PANDT/INDT或尼龙NDT/INDT。

另一类特殊情况是具有立体异构体结构的聚合单体，如双(对氨基环己基)甲烷(PACM)，由它和其他聚酰胺单体聚合而成的聚酰胺树脂，其性能与每种异构体的含量有关。由具有化学或立体异构体组成的单体聚合而成的聚酰胺树脂用代号和字母缩写时，要说明其组成和结构形式。

另外，共聚聚酰胺的命名，通常要求每种聚酰胺的代号，代号之间用斜杠分开，把主要成分放在前面。例如，以尼龙6为主的尼龙6和尼龙66的共聚体，表示为尼龙6/尼龙66(PA6/PA66)；而尼龙66/尼龙6(PA66/PA6)，则表示以尼龙66为主的尼龙66和尼龙6的共聚物。

由于聚酰胺的品种越来越多，为了明确各种聚酰胺的定义范畴，有关国家都制定了术语标准。

根据日本工业标准JIS L—0204的定义，尼龙为聚酰胺纤维的通称。

又据JIS K—6900的定义，聚酰胺为主链上具有酰胺键的聚合物，可以由二元胺和二元酸缩聚、内酰胺开环聚合、氨基酸缩聚等得到，其中的线型聚酰胺称为尼龙。

从上述标准以及尼龙与芳聚酰胺的发展历史来看，这些名称用于纤维为主体并没有严格的定义。为此，本书将采用下列定义，对于个别易混淆的定义将详细注明。

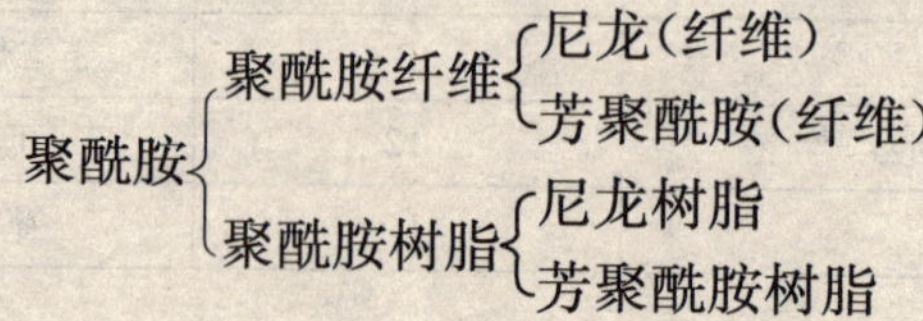

表示结构的场合：

聚酰胺{尼龙(尼龙6、尼龙66等)
芳聚酰胺(对位芳聚酰胺、间位芳聚酰胺等)

在学术上，聚酰胺的命名应遵循IUPAC的命名法，但作为例外，学术上仍然承认聚酰胺的普通名称。当然，作为国际通行的化学物质命名原则，IUPAC仍然希望使用确切的结构基础命名，根据这一原则，常见的商品尼龙惯用名称和CAS名称及登记号见表8-3。

表8-3 常见的商品尼龙惯用名称和CAS名称及登记号

惯用名称	缩写(PAx)	CAS名称	CAS登记号
聚己二酰丁二胺	46	聚[亚氨基(1,4-二氧基四亚甲基)亚氨基-1,6-六亚甲基]	24936—71—8
聚己二酰己二胺	66	聚[亚氨基(1,6-二氧基六亚甲基)亚氨基-1,6-六亚甲基]	32131—17—2
聚壬二酰己二胺	69	聚[亚氨基-1,6-六亚甲基亚氨基(1,9-二氧基-1,9-九亚甲基)]	28757—63—3
聚癸二酰己二胺	610	聚[亚氨基-1,6-六亚甲基亚氨基(1,10-二氧基-1,10-十亚甲基)]	9008—66—6
聚十二烷二酰己二胺	612	聚[亚氨基-1,6-六亚甲基亚氨基(1,12-二氧基-1,12-十二亚甲基)]	24936—74—1
聚十二烷二酰十二胺	1212	十二烷二酸与十二烷二胺的聚合物	36497—34—4
聚己二酰间苯二甲胺	MXD6	聚[亚氨基亚甲基-1,3-苯亚甲基亚氨基(1,6-二氧基-1,6-六亚甲基)]	25805—74—7
聚对苯二甲酰三甲基己二胺	TMDT或NDT/INDT	1,4-苯二甲酸与2,2,4-三甲基1,6-己二胺和2,4,4-三甲基1,6-己二胺的聚合物	25497—66—9
聚对苯二甲酰-间苯二甲酰-己二酰己二胺	6T/6I/66,PPA	1,4-苯二甲酸与1,3-苯二甲酸、己二酸和己二胺的聚合物	27135—32—6
聚己内酰胺	6	聚[亚氨基(1-氧基-1,6-六亚甲基)]	25038—54—4
聚十一酰胺	11	聚[亚氨基(1-氧基十一亚甲基)]	25035—04—5
聚十二内酰胺	12	聚[亚氨基(1-氧基十二亚甲基)]	24937—16—4

二、聚酰胺纤维生产概况

自聚酰胺66和聚酰胺6工业化以来，世界合成纤维工业蓬勃发展，1972年以前，世界聚酰胺纤维产量一直雄居榜首，以后被聚酯纤维超过。20世纪90年代以来，聚酰胺纤维产量虽有所增长，但发展缓慢，在合成纤维总产量中所占的比例，呈不断下降趋势。但由于高性能品种的发展，其重要性并未减弱。

(一)常见聚酰胺纤维的类型

根据大分子链的化学组成，聚酰胺纤维分为三类，即脂肪族聚酰胺、脂环族聚酰胺及芳香族聚酰胺纤维。

1. 脂肪族聚酰胺纤维

脂肪族聚酰胺纤维主要用于民用织物及部分工业用途，最主要的品种是聚酰胺 6 纤维及聚酰胺 66 纤维。此外，聚酰胺 9 纤维、聚酰胺 11 纤维等也有一定产量。

2. 脂环族聚酰胺纤维

脂环族聚酰胺纤维是美国杜邦公司为了调整脂肪族聚酰胺纤维链段柔性及氢键作用而开发的系列产品，其代表是以奎阿纳为商品名并以仿丝纤维而著称的聚十二烷二酰对二环已基甲烷二胺纤维。

3. 芳香族聚酰胺纤维

芳香族聚酰胺纤维包括大分子链含有芳香环的脂肪族聚酰胺(脂芳族)和全部为芳香环的全芳族聚酰胺。脂芳族聚酰胺的代表性品种有尼龙 6T 纤维(即聚对苯二甲酰己二胺纤维)及尼龙 MXD6 纤维(即聚己二酰间苯二甲胺纤维)。全芳族聚酰胺纤维的代表性品种有以耐高温性能优良而著称的诺曼克斯(聚间苯二甲酰间苯二胺纤维)及具有高强度和高模量的凯夫拉纤维(即聚对苯二甲酰对苯二胺纤维)、凯夫拉 49(即聚对苯甲酰胺纤维)、X—500 纤维(即聚对苯二甲酰对氨基苯甲酰肼纤维)。芳香族聚酰胺纤维是高性能纤维，主要用于工业以及航空航天等高技术领域。

(二)不常见聚酰胺纤维举例

另外，见诸文献报道的聚酰胺纤维尚有一些品种，虽然这些品种的产量不大，甚至没有正式投入工业化生产，但为了对聚酰胺纤维家族的概貌有所了解，兹举例如下。

1. 聚酰胺 3 纤维

聚酰胺 3 纤维(即聚 β-氨基丙酸纤维)，又称尼龙 3 纤维、锦纶 3。聚 β-氨基丙酸不能用 β-氨基丙酸直接合成，需用丙烯酰胺经碱处理后，由负离子聚合而得，熔点 325℃。聚 β-氨基丙酸溶于硫代氰酸钙的甲醇溶液后，经湿法纺丝制得纤维。纤维结晶度高，熔点高，抗氧化，可用作工业高速缝纫线。

2. 聚酰胺 4 纤维

聚酰胺 4 纤维(聚丁内酰胺纤维)，又称聚 α-吡咯烷酮纤维、尼龙 4 纤维、锦纶 4。是由丁内酰胺即 α-吡咯烷酮开环聚合而得的聚丁内酰胺经熔纺、干法或湿法纺丝而得的纤维。相对密度 1.22～1.27，熔点 260～265℃。纤维的耐磨性和弹性与聚酰胺 6 纤维相似，耐热性则比聚酰胺 6 纤维和聚酰胺 66 纤维均佳，染色性也好，最突出的是这种纤维是合成纤维中仅有的高吸湿纤维，吸湿率达到与棉花大体相当的程度，曾有合成棉花之称，但湿态强度及弹性模量较低，仅适用于一般内衣、制袜等民品用途以及合成纸、非织造布等工业用途，加之其单体等的价格因素，所以虽曾有不少研究及开发探讨，但未形成大批量商品生产。

3. 聚酰胺 7 纤维

聚酰胺 7 纤维(聚庚酰胺纤维)，又称尼龙 7 纤维、锦纶 7。是由氨基庚酸或庚内酰胺聚合而得的聚庚酰胺,经熔法纺丝制得的纤维。相对密度1.10,熔点225～233℃。纤维耐酸性、耐碱性、耐磨性均优良,热稳定性优于聚酰胺6纤维。用于制袜、手套、衬衫,也可制作渔网。聚酰胺7纤维的生产量较少。

4. 聚酰胺8纤维

聚酰胺8纤维(聚辛内酰胺纤维),有称尼龙8纤维、锦纶8。由辛内酰胺水解开环聚合或由1-氨基正辛酸制得的聚合物,经熔法纺丝制得纤维。相对密度1.08,玻璃化温度51℃,熔点191～193℃,吸湿性差,不适于作衣着材料,可用于工业上。

5. 聚酰胺9纤维

聚酰胺9纤维(聚壬酰胺纤维),又称尼龙9纤维、锦纶9。由9-氨基壬酸缩聚所得的聚壬酰胺,经熔法纺丝制得纤维。相对密度1.05,玻璃化温度51℃,熔点209℃,吸水率小于聚酰胺6纤维,耐磨性、尺寸稳定性好,但稍低于聚酰胺11纤维和聚酰胺12纤维,多用于针织品,工业上用于过滤布和渔网。

6. 聚酰胺11纤维

聚酰胺11纤维(聚十一酰胺纤维或聚ω-氨基十一酸纤维),又称尼龙11纤维、锦纶11、丽绚。以氨基十一酸为单体,经缩聚得到聚十一酰胺,再以熔法纺丝制得纤维。相对密度1.04～1.05,玻璃化温度46℃,熔点190℃,柔软性、尺寸稳定性好,耐曲折,耐低温冲击,耐油,尤耐汽油,具有高碳数尼龙的共性,即低吸水(湿)性(0.65%～3%)、高弹性、抗应力开裂。由于具有上述纤维特性,使其宜作民用织品中的内衣及工业制品中各种软管、硬管,尤其是宜作耐油管、包装用薄膜等。聚酰胺11纤维主要由法国Rilsan开发推广,国外以丽绚(Rilsan)的商品名泛称。

7. 聚酰胺12纤维

聚酰胺12纤维(聚十二内酰胺纤维),又称尼龙12纤维、锦纶12。以丁二烯为原料,三聚成十二碳三烯,加氢成环十二烷,然后按类似于环己烷制己内酰胺的生产过程,历经醇、酮、酮肟等步骤,制得环十二内酰胺,再于高温下酸催化开环聚合,制得聚十二内酰胺。另外,还可以环己酮为原料,经环己酮过氧化物合成,热分解、加氢制得ω-氨基十二酸,经缩聚制得聚十二内酰胺。聚十二内酰胺经熔法纺丝制得纤维。相对密度1.01～1.04,是尼龙系列中最低者,玻璃化温度37℃,熔点199℃。吸湿率小(0.85%),耐低温性能优越,可用于-50～-70℃的低温(聚酰胺6纤维则不能低于-30℃),湿态强度低,但柔软性好,尺寸稳定性好。能与金属黏合。民用上主要用于制作袜子、衬衫等衣着织品,工业上可用于渔网和滤布的生产。

8. 聚酰胺13纤维

聚酰胺13纤维(聚十三内酰胺纤维),又称尼龙13纤维、锦纶13。由ω-十三内酰胺水解开环聚合或由1-氨基正十三烷酸自缩聚制得聚合物。相对密度1.01,玻璃化温度41℃,熔点180℃,性能与聚酰胺11纤维相近,吸湿性差,介电性能良好。由于原料和技术经济原因,该纤维未得到广泛应用。

9. 聚酰胺46纤维

聚酰胺46纤维(聚己二酰丁二胺纤维),又称尼龙46纤维、锦纶46。以己二酸和丁二胺为原料,缩聚制得聚酰胺46,经熔法纺丝制得纤维。相对密度1.20～1.24,玻璃化温度78℃,熔点290℃,干热收缩率低于聚酰胺66纤维,是优良的帘子线用纤维,不少性能优于聚酰胺66纤维和涤纶帘子线。

10. 聚酰胺 56 纤维

聚酰胺 56 纤维(聚己二酰戊二胺纤维),又称尼龙 56 纤维、锦纶 56。以己二酸和戊二胺为原料,经成盐后缩聚制得聚合物,用熔法纺丝得到纤维,熔点 223℃。尚无工业化产品。

11. 聚酰胺 67 纤维

聚酰胺 67 纤维(聚庚二酰己二胺纤维),又称尼龙 67 纤维、锦纶 67。以庚二酸和己二胺为原料,经成盐后缩聚制得聚合物,通过熔法纺丝得到纤维,熔点 202～228℃。尚无工业化产品。

12. 聚酰胺 69 纤维

聚酰胺 69 纤维(聚壬二酰己二胺纤维),有称尼龙 69 纤维、锦纶 69。以壬二酸和己二胺为原料,经成盐后缩聚制得聚合物,通过熔法纺丝得到纤维,相对密度 1.05,熔点 185～226℃。

13. 聚酰胺 76 纤维

聚酰胺 76 纤维(聚己二酰庚二胺纤维),又称尼龙 76 纤维、锦纶 76。以己二酸和庚二胺为原料,经成盐后缩聚制得聚合物,其工艺与聚己二酰己二胺相似。然后再通过熔法纺丝得到纤维,熔点 235℃。尚无工业化产品。

14. 聚酰胺 86 纤维

聚酰胺 86 纤维(聚己二酰辛二胺纤维),又称尼龙 86 纤维、锦纶 86。以己二酸和辛二胺为原料,经成盐后缩聚制得聚合物,其工艺与聚己二酰己二胺相似。然后再通过熔法纺丝得到纤维,熔点 235～250℃。尚无工业化产品。

15. 聚酰胺 96 纤维

聚酰胺 96 纤维(聚己二酰壬二胺纤维),又称尼龙 96 纤维、锦纶 96。以己二酸和壬二胺为原料,经成盐后缩聚制得聚合物,其工艺与聚己二酰己二胺相似。然后再通过熔法纺丝得到纤维,熔点 205℃。尚无工业化产品。

16. 聚酰胺 106 纤维

聚酰胺 106 纤维(聚己二酰癸二胺纤维),又称尼龙 106 纤维、锦纶 106。以己二酸和癸二胺为原料,经成盐后缩聚制得聚合物,其工艺与聚己二酰己二胺相似。然后再通过熔法纺丝得到纤维,熔点 230～236℃。尚无工业化产品。

17. 聚酰胺 610 纤维

聚酰胺 610 纤维(聚癸二酰己二胺纤维),又称尼龙 610 纤维、锦纶 610。用癸二酸与己二胺制成尼龙 610 盐,然后熔融聚合而得聚酰胺 610(也可用界面缩聚法制备),熔法纺丝得到纤维。相对密度 1.09～1.11,玻璃化温度 46℃,熔点 233℃。一般而言,其性能介于聚酰胺 6 纤维与聚酰胺 66 纤维之间。吸湿率很低,尺寸稳定性和电性能优于聚酰胺 6 纤维和聚酰胺 66 纤维,耐强碱,比聚酰胺 6 纤维和聚酰胺 66 纤维更耐弱酸,也耐一般溶剂。由于单丝韧性好,主要用于制毛刷和球拍。聚合物产品用作工程塑料及增强尼龙的份额也相当大。

18. 聚酰胺 612 纤维

聚酰胺 612 纤维(聚十二烷二酰己二胺纤维),又称尼龙 612 纤维、锦纶 612。用十二烷二酸与己二胺制成尼龙 612 盐,然后熔融聚合而得聚酰胺 612,熔法纺丝得到纤维。相对密度 1.06～1.08,玻璃化温度 46℃,熔点 205℃,性能与锦纶 610 相近,尺寸稳定性好,湿强度较高,实际产量少，主要可作鬃丝（单丝），用于制作网、刷等。

19. 聚酰胺1010纤维

聚酰胺1010纤维（聚癸二酰癸二胺纤维），又称尼龙1010纤维、锦纶1010。用癸二酸与癸二胺制成尼龙1010盐后加压缩聚，或以等摩尔的癸二酸与癸二胺在水溶液中直接缩聚，得到聚癸二酰癸二胺。熔法纺丝得到纤维。相对密度1.04～1.09，熔点203℃。我国首创并有生产用于制毛刷、筛网、球拍等。

20. 聚己二酰间苯二甲胺纤维

聚己二酰间苯二甲胺纤维，又称尼龙MXD6纤维。由间苯二甲胺与己二酸熔融聚合得到聚己二酰间苯二甲胺，再经熔法纺丝得到纤维。相对密度1.22，玻璃化温度约90℃，熔点243℃。它的一系列物理机械性能优于聚酰胺66纤维，强度可达9cN/dtex，模量可达9GPa，此高强高模纤维主要作为工业用纤维。尼龙MXD6也可用作高硬度、高软化点工程塑料。

21. 聚酰胺酰亚胺纤维

聚酰胺酰亚胺的主链上同时含有酰氨基和酰亚氨基。其合成是以偏苯三酸或酸酐或酰氯与二胺或二异氰酸酯反应而得。聚酰胺酰亚胺的性能介于聚酰胺和聚酰亚胺之间，其耐温性略低于聚酰亚胺，但其加工工艺性又优于聚酰亚胺。该聚合物已用作高温绝缘漆、模塑料、纤维和薄膜等。聚酰胺酰亚胺纤维是法国普朗克公司生产的耐高温纤维，商品名“Kermel”，强度3.4～3.9cN/dtex，断裂伸长率15%～20%，模量49cN/dtex，相对密度1.34，吸水率3.4%，限氧指数32%，分解温度380℃，纤维呈金黄色，主要用于各类防护服和滤材等。普朗克公司与美国Amoco公司合资后，加强了基础研究和应用研究，在共聚组分等方面做了改进，使产品实现系列化，并可应用于电绝缘材料和高温粉尘滤袋等，从而可与聚间苯二甲酰间苯二胺类纤维相竞争。

22. 聚酰亚胺纤维

将适于纺丝的聚酰亚胺溶于强极性有机溶剂中，如溶于二甲基甲酰胺中，以干法纺丝成纤，然后高温拉伸，同时完成闭环反应制得纤维。纤维外观呈金黄色，耐辐射，一般使用温度在-150～340℃，分解温度一般在700℃左右。可用于高性能复合材料作航空航天制品及高温电绝缘材料，代表性品种有美国商品名PRD—14的聚4,4′-苯醚均苯四甲酰亚胺纤维等。

2005年，世界合成纤维（不包括聚烯烃纤维）产量为34100kt，聚酰胺纤维（不包括芳纶）的产量为3874kt，世界聚酰胺纤维的产量占合成纤维总产量的11.4%，这个比例呈逐年下降趋势。1998～2003年，世界合成纤维的产量及聚酰胺纤维所占比例见表8-4。

聚酰胺纤维的两大类型中，聚酰胺6与聚酰胺66的比例，已由20世纪70年代的55∶45变为60∶40左右。由于历史的原因和各国的具体条件不同，美国、英国及法国等西欧国家以生产聚酰胺66为主，而独联体、东欧各国、中国大陆和台湾、日本、韩国及其他亚洲国家及地区以生产聚酰胺6为主。同样，在东方的亚洲和西方的欧洲、北美，生产聚酰胺纤维的品种各有侧重。例如，西方以生产BCF为主，而东方的聚酰胺纤维工业主要生产纺织长丝，其次是工业用丝。

在我国合成纤维工业发展过程中，聚酰胺纤维是最先投入工业化生产的品种，产量迅速增长，但发展速度不如其他品种，因而在合成纤维总产量中所占的比例不断下降。20世纪60年

表 8－4　1998～2005 年聚酰胺纤维产量及聚酰胺纤维所占比例　　单位:kt

国家或地区	1998 年	1999 年	2000 年	2001 年	2002 年	2003 年	2004 年	2005 年
西　欧	655.6	613.0	636.0	568.7	756.0	753.0	502	549
东　欧	186.6	191.9	221.0	215.6	426.6	430.6		
土耳其	63.4	47.9	63.6	52.0	75.0	75.0		
加拿大	103.2	107.5	127.9	121.0	160.0	170.0		
美　国	1218.4	1208.8	1182.0	998.4	1310.4	1327.6	1150	1076
墨西哥	67.4	64.7	64.5	56.4	73.0	83.0		
美洲其他地区	122.2	131.0	134.1	112.4	171.2	173.4		
日　本	190.9	183.6	186.1	170.6	306.9	306.9	127	124
中国大陆	314.4	346.8	390.0	406.1	533.0	610.0	710	733
中国台湾	303.7	302.1	436.3	419.4	618.1	618.1	506	411
韩　国	259.9	282.9	297.7	238.7	272.6	272.6	208	188
亚洲其他地区	227.2	229.9	230.5	212.8	338.5	340.2		
中东、非洲和大洋洲	78.9	89.6	98.2	103.3	131.6	139.6		
世界聚酰胺纤维合计	3791.8	3799.7	4067.9	3675.4	5172.9	5300.0	4147	3874
世界合成纤维合计	23254.1	24354.0	26121.9	25836.7	33010.5	34768.0	31204	34100
聚酰胺纤维所占比例	16.3%	15.6%	15.6%	14.2%	15.6%	15.2%	13.3%	11.4%

注　合成纤维中不包括聚烯烃，聚酰胺纤维中不包括芳纶。

代末，聚酰胺纤维的产量约占合成纤维总产量的 20%，到 90 年代末下降到 6%。2005 年，这个比例又进一步下降为 4.8%。2005 年我国合成纤维产量 15002.5kt，其中锦纶 716.6kt，与 2004 年相比，分别增长 11.48%和 16.29%。

目前，我国聚酰胺纤维生产企业的平均规模为 6500t。聚酰胺纤维产品结构为：原料/聚合/抽丝的比例为 20∶37∶43；聚酰胺 6 与聚酰胺 66 的比例为 80∶20；长丝与短纤维的比例为 90∶10；服用丝∶产业用丝∶装饰用丝的比例为 40∶50∶10。我国聚酰胺纤维的产能结构为：服用长丝为 206.5kt，占聚酰胺纤维产能的 39.23%；产业用丝为 249kt，占聚酰胺纤维产能的 47.30%；短纤维为 51kt，占聚酰胺纤维产能的 9.69%；鬃丝为 10.9kt，占聚酰胺纤维产能的 2.07%；BCF 地毯装饰丝为 9kt，占聚酰胺纤维产能的 1.71%。我国聚酰胺纤维的生产能力、产量和进出口量见表 8－5。

近年来，聚酰胺纤维增长速度缓慢，失去了许多传统市场。但由于聚酰胺本身具有优良的性能，并经多年研究对其结构已有更深入的了解，改性后使其强力、手感、回弹性、抗磨性和耐用性有所提高。另外，利用共聚、添加剂以及变形等工艺技术，使生产技术水平和产品质量不断提高。随着纺织加工技术的日益改进，聚酰胺纤维已获得较充分的开发利用，仍将作为合成纤维的主要品种之一而得到一定程度的发展。

表 8－5　我国 1995～2006 年聚酰胺纤维产能、产量和进出口量　　单位：kt

年　份	1995	1996	1997	1998	1999	2000	2001	2002	2003	2004	2005	2006
聚酰胺纤维总产能	313.7	381.5	418.7	448	480	526.4	571	533	610	636		1578.6
聚酰胺 6 纤维产能	255.1	314.3	349.5	376	407	441.4	486					
聚酰胺 66 纤维产能	58.6	67.2	69.2	72	73	85	85					
聚酰胺纤维总产量	250	299.6	346.4	294.7	319.2	367.9	407.3	503.8	565.2			1080
民用长丝产能					202.8	208.8	223.8		330	474	657	796
民用长丝产量	120	121.5	175.5	124.8	160	163.7	165		245	320	550	602
长丝进口量	49.5	59.3	65.3	67	112.6	141.6	156.4	204.9		249.2	242	259.4
长丝出口量	7.3	7.2	20.7	9.1	8.2	16.1	20.5	59.4		48.1	66.8	82.2
民用长丝进口量	26.2	38.9	47.8	53.2	93.3	117.3	137.5	197.4				18.2
民用长丝出口量	3	6.6	13.6	8.1	6.6		10.5	36.9				30.4
民用短纤维进口量			6	4.9	6.5	8.9	9.7	11.7		13.2	13.5	15
民用短纤维出口量					0.3	0.6	1.2	0.7		2.5	3.5	4

三、聚酰胺纤维市场消费结构及预测

据有关资料预测，2000～2010 年，世界聚酰胺纤维的需求量大致保持不变，但随纤维的类型、品种以及地区的不同，其增长或下降的幅度会有很大差异。在考虑这些差异时，采用世界产量数据比需求量数据显得更为方便，因为需求量中不容易区分聚酰胺纤维的类型和品种。2000～2010 年聚酰胺纤维产量的预期增长率见表 8－6，该表仅列出产量较大的国家和地区的增长率。

表 8－6　2000～2010 年聚酰胺纤维产量预期增长率(%)

国家或地区		纺织长丝	工业用长丝	BCF	短纤维
聚酰胺 6	美国/加拿大	—	—	1.7	－5.7
	西欧	－3.0		－0.9	－7.4
	中国大陆	3.7	5.1	—	—
	中国台湾	－7.4	0.6	—	—
	韩国	－10.7	－4.1	—	—
	日本	－13.2	－7.5	—	—
	世界	－3.2	1.5	2.4	－2.1
聚酰胺 66	美国/加拿大	－4.4	－1.0	0.3	－3.0
	西欧	－0.8	0.4	－2.1	0.1
	中国大陆	—	4.6	—	—
	日本	—	－2.8	—	—
	世界	0.7	2.2	0.1	－2.0

由表 8－6 可知，2000～2010 年，世界聚酰胺 6 纤维的产量，纺织长丝和短纤维均呈负增长，分别以年均－3.2％和－2.1％的速度递减，只有中国内地纺织长丝的产量以年均 3.7％的速度递增，是世界聚酰胺 6 纺织长丝生产中的唯一亮点。韩国和日本聚酰胺 6 纺织长丝产量以年均两位数的速度递减，分别为－10.7％和－13.2％。世界聚酰胺工业用长丝和 BCF 的年均增长率分别为 1.5％和 2.4％，其中工业用长丝大多数国家和地区均为负增长，而中国大陆将以年均 5.1％的速度增长。世界聚酰胺 6 短纤维将以－2.1％的速度递减。至于聚酰胺 66 纤维，2000～2010 年，纺织长丝、工业用长丝和 BCF 均有不同程度的增长，年均增长率分别为 0.7％、2.2％和 0.1％，而短纤维将以－2.0％的速度递减。

第二节　原　料

聚酰胺的主要品种是聚酰胺 6 和聚酰胺 66，所以，本章将重点叙述这两种聚酰胺的原料或单体己内酰胺、己二酸和己二胺，适当兼顾其他聚酰胺的原料，如壬二酸、癸二酸、1，12－十二烷二酸、12－氨基十二酸和十二内酰胺（ω－月桂内酰胺）、十三烷二酸、11－氨基十一酸、1，4－二氨基丁烷等。对有些在聚酰胺中也用到的原料，如对苯二甲酸、间苯二甲酸等，主要用作聚酯等纤维的原料，将在有关章节中叙述。

一、己二酸

己二酸（adipic acid），也称己烷二羧酸（hexanedioic acid）、1，4－丁烷二羧酸（1，4－butanedicarboxylic acid），俗称肥酸。分子式 $C_6H_{10}O_4$，CAS 登记号为 124—04—9，相对分子质量 146.14，结构式如下：

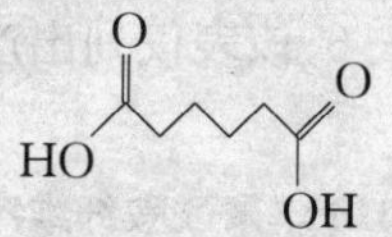

在自然界，己二酸仅存在于酸败的甜菜中。20 世纪初，首先由 1，4－二溴丁烷合成；20 世纪 30 年代初，开发了由苯酚合成己二酸的工艺技术，于 1939 年实现工业化生产。己二酸为单斜晶体，常以白色粉末状态存在，无色，无臭，微酸性，易溶于甲醇、乙醇，可溶于水和丙酮，微溶于环己烷和苯，能升华。其物理性质见表 8－7。

己二酸是脂肪族二元酸中产量最大、价格最低廉的一种二元酸。目前工业上主要采用 3 种工艺生产己二酸，即环己烷工艺、环己烯工艺和苯酚工艺，其中环己烷工艺占己二酸总生产能力的 90％以上。除了以苯为基本原料外，正构烷烃、丁二烯、丁二醇、醚、四氢呋喃等都可用于制备己二酸。

环己烷工艺是以苯加氢而得的环己烷为原料，通过两步氧化制成己二酸。第一步环己烷用空气氧化制得环己醇和环己酮的混合物（称为 KA 油），第二步 KA 油用硝酸氧化制得己二酸。环己烷氧化，按照所用催化剂的不同，又分为钴盐催化氧化法、硼酸催化氧化法和无催化氧化法三种工艺路线。

表 8－7　己二酸的物理性质

项　　目		指　　标
熔点/℃		153.0～153.1
沸点/℃	101.3kPa	327.35
	13.3kPa	264.85
	2.67kPa	221.85
	0.67kPa	190.85
	0.133kPa	159.35
相对密度	固态(18℃)	1.344
	液态(170℃)	1.07
	燃烧热/kJ·mol^{-1}	2800
	熔化热/kJ·mol^{-1}	16.7
	汽化热/kJ·mol^{-1}	80.7
	中和当量	73.07
	闪点(克氏开口杯)/℃	210
燃点(克氏开口杯)/℃		232
熔融黏度/mPa·s		4.54(160℃)
		2.64(193℃)

项　　目		指　　标	
在水中离解常数/mg·kg^{-1}	温度	k_1	k_2
	18℃	0.46	3.6
	25℃	0.37	3.86
	50℃	0.329	3.22
	75℃	0.29	2.55
比热容/J·$(kg·K)^{-1}$		固态	1590
		液态	2430
		气态(300℃)	1680
在水中的溶解度/g·$(100g 水)^{-1}$		1.44(15℃)	
		3.08(34.1℃)	
		5.12(40℃)	
		9.24(50℃)	
		17.6(60℃)	
		34.1(70℃)	
		94.8(87.1℃)	
		160(100℃)	
蒸气压/Pa	固态	9.7(18.5℃)	
		19.3(32.7℃)	
		38.0(47℃)	
	液态	1300(205.5℃)	
		6700(244.5℃)	
		13300(365.0℃)	

在水及其他溶剂中的分配系数[水(重量)/溶剂(重量)]			
四氯化碳	＞10	甲基异丁基酮	1.2
苯	＞10	乙酸乙酯	0.91
氯仿	＞10	甲基丙基酮	0.55
二异丙酮	4.8	甲乙酮	0.50
乙酸丁酯	2.9	环己酮	0.32
乙醚	2.2	正丁醇	0.31

环己烷空气氧化生成环己醇和环己酮的混合物，反应式如下：

$$\xrightarrow[\text{催化剂}]{\text{空气}}\quad \text{OH}\quad \text{O}\quad +H_2O$$

关于环己烷氧化的反应机理，一般认为是自由基链式反应。实验已经证明：自由基过氧化物和环己烷反应生成环己基过氧化氢，它在热分解时生成环己醇和环己酮；环己醇能被氧化脱氢生成环己酮，选择性大约为95%；环己酮被氧化时，首先生成酮基过氧化氢，然后生成最终产物。如果忽略各种氢过氧化物(因为它们的浓度低)，在宏观上可以看成是环己烷、环己醇和环己酮的共氧化反应。

与环己烷相比，环己醇和环己酮更易被氧化，为了避免深度氧化，工业生产中不得不降低环己烷氧化的单程转化率，一般控制在5%(摩尔分数)以下，此时醇、酮选择性可在70% ～ 80%；大部分环己酮是由环己醇氧化产生的，副产物主要是由环己酮进一步氧化产生的。

(一)环己醇和环己酮的制备

1. 钴盐催化氧化法

钴盐催化氧化法是迄今为止仍在广泛采用的方法，是己二酸生产的主要方法，许多己内酰胺厂也采用这一工艺。最常用的催化剂是环烷酸钴，也可以用硬脂酸钴、油酸钴、辛酸钴等。催化剂要能溶于环己烷。钴盐催化剂的催化作用是二价钴和三价钴的氧化还原反应，使氢过氧化物分解，产生自由基。

$$Co^{2+}+ROOH \longrightarrow Co^{3+}+RO\cdot+OH^-$$

$$Co^{3+}+ROOH \longrightarrow Co^{2+}+ROO\cdot+H^+$$

催化剂能在一定程度上控制反应物的组成。如钴盐催化所得环己醇和环己酮之比约为65∶35，而无催化氧化法的醇酮比为1∶2。在钴盐催化时，降低酮的浓度对提高选择性有利。在工业生产中，采用钴盐浓度为0.3 ～ 3 mg/kg。反应段数对选择性也有影响，段数越多，选择性越高。工业生产中一般采用多台反应器串联。例如，反应温度150～160℃，压力0.81～1.013MPa，6台反应器串联，环己烷转化率为3%～5%(摩尔分数)，KA油选择性76%～78%(摩尔分数)。反应液在分离环己烷之前或之后用氢氧化钠洗涤，使环己醇酯水解，以提高混合物中环己醇的含量。

选择环己烷转化率水平是一个有关生产能力、投资规模、经济效益、能耗以及环己烷回用的经济平衡的综合评价问题。适当降低转化率，可以提高KA油的产率。工业上一般将环己烷的转化率控制在4%左右。

图8-1是一个常规环己烷钴催化氧化体系的代表性工艺流程。

2. 硼酸催化氧化法

以硼酸或偏硼酸为催化剂的环己烷空气氧化法，可以提高环己烷转化率和醇酮选择性。氧化时，硼酸与环己基过氧化氢生成过硼酸环己醇酯。硼酸也可以直接与环己醇反应，生成硼酸环己醇酯和偏硼酸环己醇酯，反应式如下：

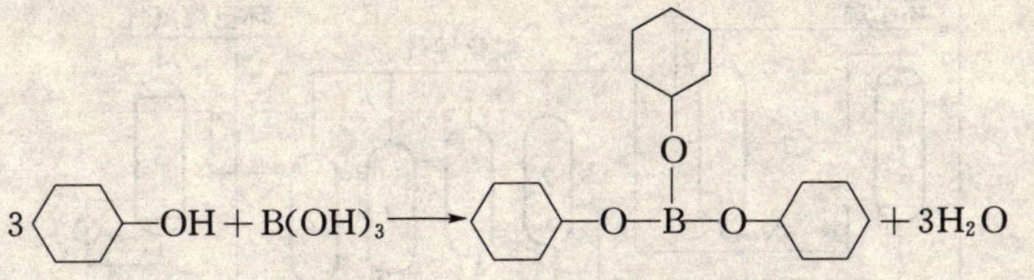

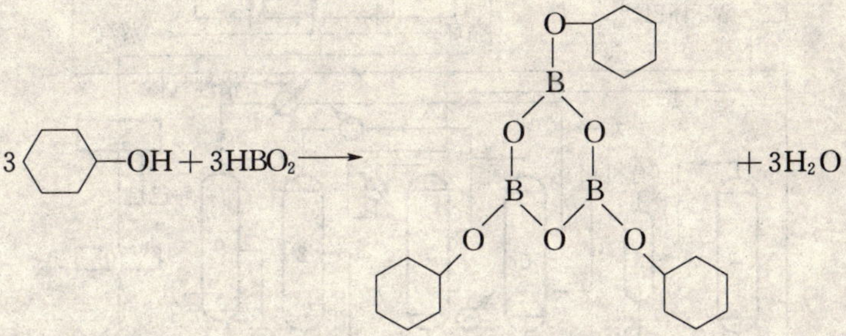

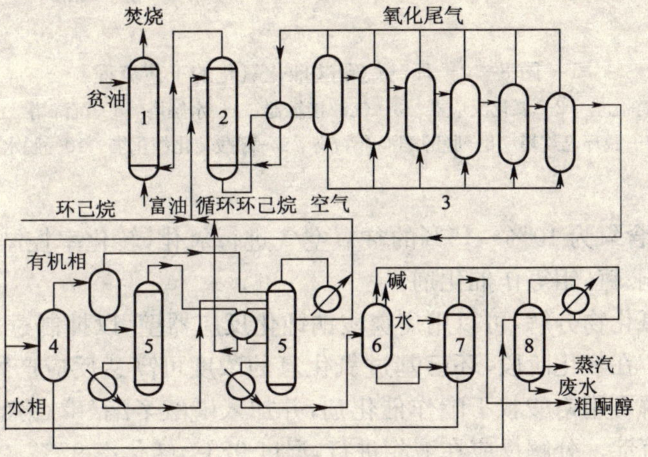

$$3\,C_6H_{11}{-}OH + B(OH)_3 \longrightarrow (C_6H_{11}O)_3B + 3H_2O$$

$$3\,C_6H_{11}{-}OH + 3HBO_2 \longrightarrow (C_6H_{11}OBO)_3 + 3H_2O$$

图 8－1　环己烷钴催化氧化体系生产 KA 油的工艺流程

1—环己烷储罐　2—氧化反应器　3—接受器　4—闪蒸塔　5、8—汽提塔
6—KA 油回收塔　7—洗涤塔

环己醇成酯以后具有抗氧化性和热稳定性，从而抑制了进一步氧化。环己酮的生成量相应减少，最终产物中环己醇和环己酮的比例提高到(5～10)∶1(摩尔比)。IFP 硼酸催化环己烷氧化的工艺参数是：反应温度 165℃，压力 1.22MPa，反应段数为 4 段，环己烷转化率 12%～13%(摩尔分数)，KA 油选择性 85%～90%(摩尔分数)。

图 8－2 为环己烷硼酸催化氧化的工艺流程。

3. 无催化氧化法

环己烷的无催化氧化法，又可称为高过氧化物氧化法。此法分两步进行。第一步一般不用催化剂，使环己烷氧化为环己基过氧化氢；第二步，在催化剂作用下使之分解为环己醇。在第一步尽量抑制过氧化物分解是十分重要的。

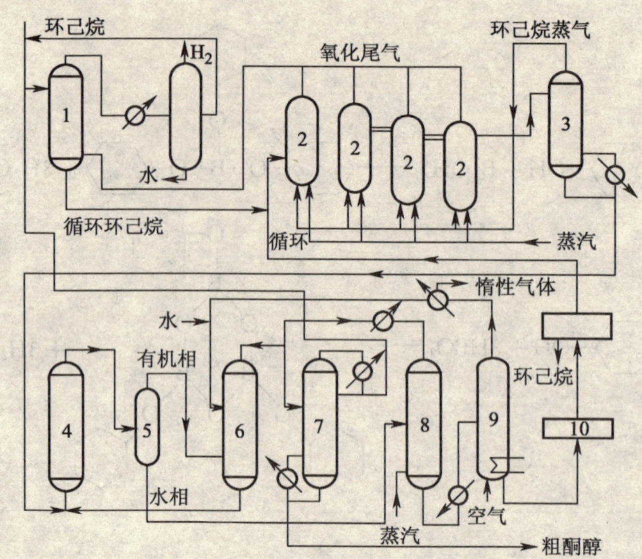

图 8-2　环己烷硼酸催化氧化的工艺流程

1—冷却净化塔　2—氧化反应器　3—气液接触器　4—水解塔　5—沉降塔　6—萃取塔
7—脱环己烷塔　8—脱醇酮混合物塔　9—硼酸转化催化塔　10—脱水器

在氧化阶段,用含氧为10%～15%的贫氧空气进行氧化,转化率控制在低于5%。过氧化物分解可用钴、钒、铜、钌、钼等作催化剂。

由于铁能使过氧化物分解,可以用焦磷酸钠钝化反应器壁,以抑制过氧化物分解和分解产物在反应器壁结垢。在氧化阶段,环己基过氧化氢的浓度可高达反应产物的40%～60%。环己基过氧化氢的分解可用铬酸叔丁酯作催化剂,并加入磷酸辛酯(磷/铬的原子比为0.8～2),以防止铬酸叔丁酯沉淀。分解反应在液相进行,温度92℃,转化率92%。此法所得KA油中醇酮比为2∶3。KA油的收率可达84%(摩尔分数)。

国内辽阳石油化纤总公司年设计生产能力43kt/a的已二酸生产装置,就是引进法国罗纳普朗克公司的这一技术,将环己烷预热后送入氧化反应器,控制反应温度低于169℃,反应压力1900kPa,用空气氧化得到环己基过氧化氢。出氧化器的反应液经闪蒸分离出未反应的环己烷,再进入洗涤塔,洗去副产物二元羧酸,脱水后与铬酸叔丁酯催化剂混合,在90℃、30kPa下分解为环己醇和环己酮。粗醇酮混合物再经脱烷塔、精馏塔后,即可得到精制环己醇和环己酮的混合物,其工艺流程如图8-3所示。

近年来,对KA油生产工艺的开发试图进一步降低环己烷的单耗,但机理仍为上述三类。钴盐催化氧化法最先投入工业化生产,技术成熟,操作简便,目前生产能力仍居首位,但产率不高,且结渣问题依然存在,连续运转周期较短。与之相比,硼酸催化氧化法收率高,但投资大,过程复杂,连续运转周期较短。无催化氧化法则综合了前两者的优点,结渣较少,运转周期长,但工艺条件和原料要求都较高,过程长,设备多。

KA油主要生产厂商的工艺参数见表8-8。

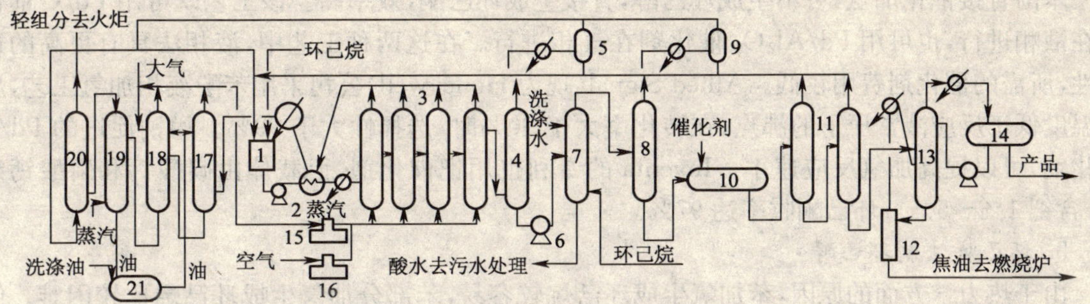

图 8－3　环己烷无催化氧化工艺流程

1—进料槽　2—换热器　3—氧化反应器　4—闪蒸釜　5、9—分离罐　6—进料泵　7—洗涤塔　8—脱水塔　10—分解反应器　11—脱烷塔　12—脱焦器　13—精馏塔　14—回流罐　15—循环压缩机　16—空气压缩机　17—高压油洗涤塔　18—低压油洗涤塔　19—解吸塔　20—拔顶塔　21—油循环槽

表 8－8　环己烷氧化工艺参数及所用催化剂

厂　商			温度/℃	压力/100kPa	停留时间/min	催化剂添加剂	反应器形式	反应步骤	环己烷转化率/%（摩尔分数）	KA 的选择性/%（摩尔分数）
钴盐法	BASF		145			Co	罐	3	6	77
	Du Pont		160～180	10～12		Co	柱	20～25	4～6	77～80
	Inventa		160～165	10～12	30～50	Co	罐	4	1	89～91
	Stamicarbon		150～160	8～9		Co	罐	6	3～5	76～78
	Vicker Zimmer		174	21～25	10	Co	柱	3	4～5	75～83
	Petrocarbon Dev.		157～162	9.5		Co	柱	16～18		85～89
硼酸法	Halcon		165～170	10		H_3BO_3	罐	3～4	3	87
	IFP		165	12		H_3BO_3		4	12～13	85～90
	Stamicarbon		165	9	120	H_3BO_3	罐	批	8～15	82～88
过氧化物法	Du Pont	氧化	160～165	10		Co	柱	18	3	
		分解	165	6～8		Cr+Co				
	Rhone Poulenc	氧化	170～180	18		无		4	4	
		分解	150		15～30	V,Ru,Mo	罐	批		84
	Stami-carbon	氧化	140～180			无				
		分解	80		15～60	Cu_xCr_yO	床			

4. 苯酚加氢制环己醇和环己酮

苯酚加氢生成环己醇的反应，一般在 120～200℃和 1～2MPa 下进行，可用一般的加氢催化剂，如镍，载体可用氧化铝，反应可在气相进行，也可在液相进行，还可以用镍和铜、钴、锰等组成复合催化剂。

苯酚直接催化加氢，可不生成环己醇，直接生成环己酮，效率高。该工艺既可用 Pd/C 催化剂在液相进行，也可用 Pd/Al_2O_3 催化剂在气相进行。在这两种工艺中，液相法具有更高的选择性，所需的催化剂费用较低。Allied Signal（现为 Honeywell）公司采用苯酚液相加氢工艺，反应温度低于反应液常压下的沸点，在转化率大于 90%时，选择性大于 99%。用钠促进的 Pd/C 催化剂，可以提高加氢反应速率。Inventa 的专利也用钯催化剂，但载体由碳酸钙和磷酸钙组成，含钯 1%～5%。环己酮收率达 97%。

5. 环己烯法制环己醇

由于热力学方面的原因，苯加氢生成环己烷较容易，苯部分加氢生成环己烯比较困难。但是，自从发现以钌为催化剂进行苯部分加氢生成相当高收率的环己烯以来，引起了工业界的注意，目前已经有大规模的工业装置用于生产。

许多金属催化剂能使环己烯转化为苯和环己烷，苯部分加氢选择性地生成环己烯的反应中，只有钌是实用的催化剂。日本旭化成公司的工艺是以钌为催化剂，锌化合物等为助催化剂，水为连续相，苯为分散相，反应温度 100～180℃，压力 3～10MPa。苯转化率为 50%～60%，环己烯选择性约为 80%，其余 20%为环己烷。催化剂和分散剂分散于水相，通过油水分离可回收生成物。环己烯水合生成环己醇，用高硅沸石 ZSM—5 作催化剂。在环己烯单程转化率为 10%～15%时，环己醇选择性可达 99.9%，副产少量甲基环戊烯、1-甲基环戊醇、二环己醚和 3-甲基戊醇。分离出环己醇后，送入氧化反应器，用硝酸氧化得到己二酸。

与传统的环己烷氧化工艺相比，旭化成公司环己醇工艺路线具有突出的优点。

(1)原料利用率高：唯一的副产品是环己烷，可以直接作为商品出售，原料利用率近 100%。采用传统工艺，至少有 20%～30%的无用副产品（一元酸、焦油等）。

(2)转化率高：传统工艺中，为了避免环己烷的深度氧化，转化率一般控制在较低的水平，大量的环己烷被循环、分离、加热，导致大量能源消耗。

(3)单耗低：与传统工艺相比，氢气消耗减少 50%，苯耗降低 25%，总能耗降低 20%，生产成本降低 20%。

(4)有利于保护环境：氧化装置以高纯度的环己醇代替 KA 油进料，有效降低了下游装置排出废水中的 BOD 含量。

(5)操作安全平稳：加氢反应与水合反应均在液相操作，更加安全；所有物流均为洁净物料，装置运行中不会结垢，也不会堵塞管道，操作更平稳，大修周期可延长到一年甚至两年。

6. 中国神马集团尼龙 66 盐引进装置及其生产工艺

中国神马集团年产 65kt 尼龙 66 盐工程项目，共引进七套装置，其中环己醇、己二酸、己二胺、成盐四套装置采用旭化成公司技术，承担这项工程的公司为日本东洋工程公司；精苯采用美国 LCI 公司技术，硝酸采用美国 Weatherly 公司技术。

(1) 精苯装置：该装置采用美国 LCI 公司的 Houdry Litol 加氢脱烷基工艺。以焦炉苯为原料，经 Litol 催化加氢工艺得精苯产品。其生产工艺有苯的收率较高、流程短、公用工程消耗低、操作温度低、加氢与脱硫一步完成、反应器内不需注硫等优点。

(2)环己醇装置：

①苯部分加氢：苯—氢在钌—锌催化剂浆料中进行加氢反应，主反应产物为环己烯，副反应产物是环己烷，可通过调节氢气的用量来控制反应的转化率，通过调节氢气压力来控制反应的

选择性。

加氢反应催化剂是由钌—锌主催化剂、辅助催化剂、分散剂和母液四种成分组成的。主催化剂是由金属钌盐和金属锌盐形成的粒子组成的，粒子的平均直径为5nm。

加氢反应是由气、液、固、油四种相态组成的一个复杂体系。固体催化剂由分散剂作用而均匀地分布在母液中，氢被吸附于固体催化剂颗粒表面，苯分子从油相进入液相。在催化剂颗粒表面，苯与氢反应生成环己烯和环己烷，然后环己烯和环己烷分子脱离催化剂表面进入母液，最后返回油相。

随着反应时间的延续，催化剂粒子直径有一个正常的增长速度。当反应温度偏高，主催化剂粒子直径增长速度变快。同时，粒子吸附氢的速度也加快，其结果主催化剂的活性下降速度加快。催化剂粒子表面锌的浓度过高时，使反应产物环己烯选择率升高，活性下降；反之，粒子表面锌浓度过低，则环己烯选择性降低。此外，催化剂在浆料中的浓度、催化剂与分散剂的配比、循环料量与苯量之比、搅拌机的转速等因素都直接影响催化剂晶子粒径增大的速度和粒子表面吸附氢的增加。只有避免上述情况，才能保持催化剂良好的活性。

催化剂中毒是生产过程中另一大难题，引起中毒的有硫化物、含氮化合物、一氧化碳和铁、铬、镍、钼等金属。应定期将催化剂浆料抽出再生后回用。加氢反应器应两台串联使用，其材质为哈氏合金。由循环高纯水将反应热除去。为了防止催化剂中毒，本装置所用氢气含硫量应小于0.3μg/kg。

②苯部分加氢反应混合产物的分离：加氢反应产物中含苯、环己烯、环己烷和水。将以上四种化合物分离，才能使后道工序顺利进行。

a. 将混合物中的含水除去。假如脱水不足，将引起萃取剂二甲基乙酰胺（DMAC）水解生成二甲胺，此物进入循环苯后能使催化剂中毒；水解还会产生乙酸腐蚀反应系统。

b. 将混合物中苯分离出来。由于苯、环己烯、环己烷三种组分的沸点非常接近，很难用常规的传质分馏塔分离，只能采用萃取精馏办法分离。萃取剂选用二甲基乙酰胺（DMAC）；苯分离塔为筛板真空精馏塔，环己烯与环己烷从塔顶排出；萃取剂DMAC与苯混合物从塔底排出。将苯与DMAC分离的苯回收塔是筛板真空精馏塔，MDAC萃取剂从塔底排出后供苯分离塔循环使用，纯度为99.2%的纯苯从塔顶排出，再经脱氮处理后作为原料苯循环使用。脱氮后的循环苯含氮量应小于3mg/kg，否则，会引起加氢催化剂中毒。

c. 将环己烯与环己烷分离。仍选用萃取剂二甲基乙酰胺，环己烯分离塔为常压多段填料塔。粗环己烷从塔顶排出，环己烯与DMAC从塔底排出。

萃取剂二甲基乙酰胺定期部分排出进行再生，除去积累的乙酸及高沸物。循环DMAC中乙酸浓度严格控制在100mg/kg以下，以防止萃取精馏系统遭腐蚀。

③环己烯净化处理：从环己烯分离塔底部排出的环己烯与DMAC混合物进入由筛板组成的环己烯回收塔进行减压分馏，纯度为98.9%的环己烯从塔顶排出，DMAC从塔底排出后返回环己烯分离塔使用。

分离后的环己烯中含有50mg/kg的DMAC，此物能使水合反应催化剂中毒，必须除去。使用脱氧高纯水，经水洗塔将环己烯中的DMAC萃取而除去，达到检不出的程度。

④环己烯水合反应：环己烯与水在水合催化剂下主反应生成环己醇，副反应产物为甲基环戊烯（MCPE）、甲基环戊醇（MCPL）和双环乙醚（DCHE）等杂质。水合反应催化剂为旭化

成公司的专利催化剂，属结晶性铝硅酸催化剂，在浆料状态中，催化剂颗粒表面具有活性酸点。

在水合反应器内，物料呈油、水、固三相状态。其反应机理较复杂，大致描述如下：油相中的环己烯分子首先溶入水相，在运动中接触固相水合催化剂的活性酸点。在该酸点上，环己烯与水反应生成环己醇；然后环己醇分子脱离固相活性酸点进入水相，再返回油相。

造成水合催化剂中毒及活性下降的因素有以下几种：

a. 碱性物质（如 DMAC）能使催化剂中毒。

b. 高沸点有机物或环己烯氧化物积累在催化剂上，能引起活性下降。为了防止环己烯氧化，反应用高纯水需经脱氧处理。

c. 铁锈等金属能引起中毒。

d. 在高温水中，氧化铝从晶格中脱离会引起催化剂活性下降。

当催化剂活性下降到一定程度，将部分催化剂浆料进行定期再生，利用有强氧化力的过氧化氢将积累在催化剂表面的有机物分解而除去。

水合反应器内部有两个功能区，一是由搅拌器将水相、油相、固相充分混合，促使水合反应进行；另一部分是静止部分，促使三相分层，让纯净的油相溢流而出。

⑤环己醇分离及提纯：环己醇分离塔结构复杂，功能特殊，可谓传质分离过程设计水准极高的典范。以它为核心，将环己烯水洗塔、水合反应器、环己醇提纯塔网络成一个多功能的有机整体。环己醇分离塔的主要功能是：将来自水合反应器的环己醇从塔中下部送入，浓缩后从塔底送出；将环己烯中的环己醇降至 300mg/kg 以下后送往水合反应器；从塔顶排出上游带来的苯、环己烷等低沸点物，防止在系统中积累。环己醇分离塔蒸发量极大，故设置三个重沸器，担负多种功能要求。环己醇提纯塔应将环己醇浓度浓缩至 99.72%。

⑥环己烷精制：在环己烷洗涤塔内，用高纯水将环己烷内含有的 DMAC 等含氮化合物除去，以防止环己烷催化剂中毒。在环己烷处理塔内，利用旭化成公司的专利催化剂——镍催化剂将环己烯、苯等加氢反应成环己烷。在环己烷精制塔内，环己烷浓缩成 99.98% 后出厂。

(3)己二酸装置：采用日本旭化成公司技术，该技术是旭化成公司在 20 世纪 70 年代引进法国罗纳公司技术基础上改进完善而成的。

① 氧化反应：氧化反应在由 4 台反应器串联而成的设备中进行，氧化剂硝酸是由三种浓度组成的混合酸，即 65%浓度的新鲜酸、55%浓度的吸收酸、48%浓度的回收酸。硝酸有效浓度为 53%。此反应采用过量硝酸，使反应稳定而易控制，减少了副反应物戊二酸和丁二酸的生成，提高了己二酸得率，使反应产物己二酸易溶于硝酸中而不结晶析出，反应结束后，硝酸浓度仍有 30.3%。采用钒、铜催化剂，钒使主反应速度加快，铜抑制副反应的进行。由于杂质一元酸会产生泡沫，故需加入消泡剂。

② 己二酸结晶与分离：反应主物进入第一结晶器，该设备分为 9 个室，物料温度分 9 段下降，相应真空度分 9 段上升。经第一增稠器和第一分离机得己二酸晶体，将晶体再溶解，经活性炭吸附净化处理，净化液经第二结晶器、第二增稠器、第二离心机得纯净己二酸晶体，最后用高纯水配制成浓度为 45%的己二酸溶液向成盐装置输送。

③氧化氮吸收系统：反应器中产生的氧化氮由压缩机送往由 3 个塔组成的吸收系统，使用

结晶器排出冷凝液和高纯水为吸收剂，最后得到浓度为55%的吸收酸，其总量的45%送到上游配制混酸，其余送往催化剂回收系统。吸收塔顶尾气N_2O的浓度为48.1%，用排风机补充空气稀释至N_2O含量小于150mg/kg后排入大气。

④硝酸浓缩回收系统：从第一增稠器送出的液体硝酸浓度为23.3%，将其送至由两塔组成的硝酸浓缩回收系统，从各处送来的不同含酸溶液作为浓缩塔回流液，最后得到浓度为48%的回收硝酸，送往上游配制混酸用。塔顶冷凝液中含有一元酸的杂质，排至废液处理系统。

⑤催化剂回收和二元酸除去系统：待处理的母酸液含己二酸3.9%、硝酸34.6%，这些酸以及铜、钒催化剂需回收；母酸液中含戊二酸6.8%、丁二酸2.8%，这些酸需浓缩后排除。通过蒸发、树脂吸附、再生、结晶、离心等过程，能达到上述目的。最后排出废液中含戊二酸21.5%、丁二酸8.9%。

(4)己二胺装置：己二腈加氢反应得己二胺。以雷尼镍为主催化剂，氢氧化钠为助催化剂，乙醇为稀释剂。加氢反应器由3组U形管组成，反应物料与氢气从3组U形管的底部进入。在物料上升过程中，液态的己二腈、氢氧化钠、乙醇，固态的镍催化剂和氢气相互分散地接触反应。当物料到达U形反应管顶部，加氢反应基本结束。3组U形管的6个端口汇入一立式分离器，含量为38.5%的氢气从分离器顶部排出，含量为45.9%的己二胺产物从中部排出，含量为27.8%的镍催化剂浆料从下部排出。

分离器顶部排出的氢气被送入循环氢气洗涤塔，用循环乙醇溶液洗涤。净化后的氢气含量为44.9%，补充新鲜氢气后达52.7%的氢气送入U形管底部进行再反应。部分循环乙醇溶液送往分离器上部。

分离器中部排出的己二胺产物经过闪蒸脱气、过滤除镍、分馏脱乙醇、倾析除氢氧化钠、分馏脱水、分馏除焦油，最后精馏得含量为100%的己二胺产品。

从分离器下部排出的浓度为27.8%的镍浆料，用高纯水洗涤后回用。

目前，世界上由己二腈制造己二胺的工艺，除上述低压法外，还有采用高压法的。杜邦公司目前即采用高压法，其反应压力为30.0MPa，反应温度也较高，约为150℃，以液氨为溶剂，雷尼钴为催化剂固定床。较高的反应压力使生产装置需采用有效的防爆措施。另外，高压法的耗电也较高，每吨己二胺耗电高达500kW·h。随着人们安全、节能意识的提高，高压法将逐步被低压法取代。

(5)成盐装置：先将100%的己二胺用高纯水稀释成85%的己二胺，将此液送入成盐反应器，加入浓度为45%的己二酸液，反应后得浓度为50%的尼龙66盐溶液。

(二)硝酸氧化环己醇和环己酮制己二酸

共沸蒸馏或减压蒸馏精制的KA油经硝酸氧化可制得己二酸。用高纯度的KA油或环己醇作原料，己二酸收率可达理论收率的90%。主要副产物是戊二酸和丁二酸，它们分别占生成己二酸的6%和2%。用纯度较低的KA油为原料，则会降低己二酸的收率，提高副产物戊二酸和丁二酸的收率。硝酸氧化反应使用Cu—V催化剂，硝酸浓度为50%～60%，反应温度为70～80℃，停留时间5min，即可使反应完成90%。为使反应顺利进行，硝酸和KA油的比例以40∶1为宜。硝酸过量的目的在于使反应稳定，容易控制，减少副反应，提高己二酸的收率。

硝酸氧化环己醇和环己酮的反应如下：

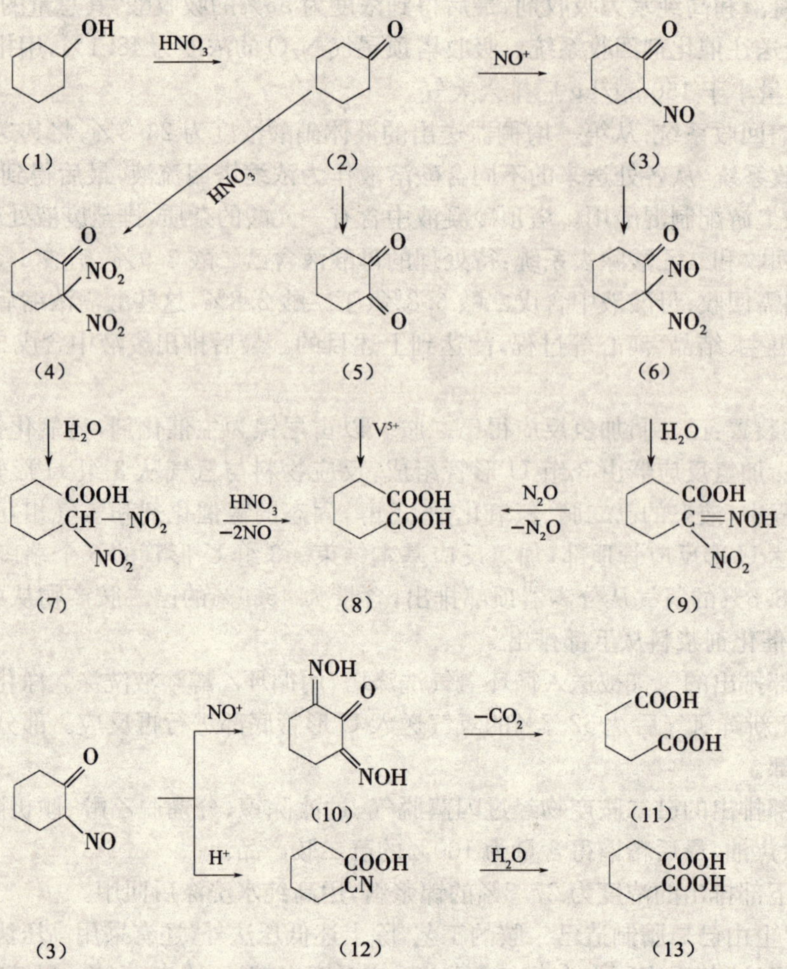

环己醇(1)在硝酸存在下被氧化成环己酮(2)后，经历三种路线转化为己二酸。其中最主要的历程是环己酮经亚硝基化得到 2-亚硝基环己酮(3)，进一步氧化成 2-硝基-2-亚硝基环己酮(6)，再水解为硝肟酸(9)，经水解、脱 N_2O 后得到己二酸。在温度较高时，1mol 己二酸由 2mol 硝酸硝化而来，是一条优势路线。此外，在钒催化作用下，生成 1,2-环己二酮(5)及其酯的产率很高。典型的工艺流程如图 8-4 所示。

辽阳石油化纤公司引进法国 Rhone-Poulenc 公司的工艺，在己二酸生产过程中，主要副产物二元羧酸为丁二酸、戊二酸和草酸，设计中没有进行回收处理。国外有的厂商则对这部分二元酸加以回收利用。

硝酸氧化过程是一个强放热反应且是不可逆的，处理不当时，氧化反应本身产生的 NO_x 会引发次级反应，发生燃爆或爆炸。要使己二酸的产率达到 92%，必须严格按照工艺规范操作。典型的反应条件为：温度 333～353K，压力 0.1～0.4MPa，硝酸浓度 50%～60%，铜—钒催化剂中铜、钒的含量分别为 0.1%～0.5%和 0.1%～0.2%。由于氧化过程进行非常迅速(5min 便可完成反应的 90%)，为使氧化反应顺利进行，必须维持硝酸与 KA 混合物的比例，一般在第一反应器内维持 40∶1 的高比例。硝酸过量，可使反应稳定，易于控制，减少副反应，提高己二酸

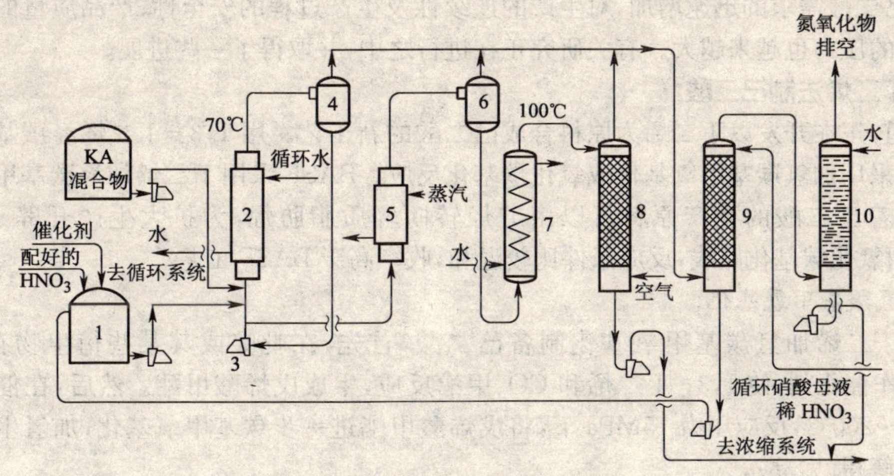

图 8-4 KA 油硝酸氧化工艺流程

1—硝酸储罐 2—低温转化塔 3—循环泵 4、6—分离器 5—预热器 7—高温转化塔 8—脱色塔 9—冷却吸收塔 10—吸收塔

产率。常用的反应器为带搅拌的釜或带有泵、热交换器和气—液分离器的循环反应系统。所用反应器的容积和冷却面积要足够大，以保证 90% 的反应在这里进行并移走反应热。反应继续在第二反应器中进行，温度为 100℃，压力只要满足液体和气体的流动即可。各项工艺参数因原料、反应器的不同而有所不同，见表 8-9。

表 8-9 硝酸氧化 KA 油的工艺参数及产物

专利权人	温度/℃	压力/100kPa	HNO_3/%(质量分数)	催化剂含量/%		HNO_3/KA	原料	反应器	产物			
				V	Cu				己二酸/硝酸	己二酸/KA	丁二酸/KA	戊二酸/KA
BASF	75~80		50~65	0.09	0.11	20	KA			1.37		
BASF	65~75		55~65	0.05	0.17	340	A	釜	0.64	1.39		
杜邦	75~115	2	50	0.1	0.5	10~15	KA (100%)	釜	1.61	1.35		
ICI	75~80	0.1~1	40~50	0.02	0.2	7	KA	釜		1.31	0.02	0.08
ICI	73		66	0.11	0.28		KA			1.012	0.067	0.099
Scholven Chemic	60		59	0.21	0.11	9	A			1.38		
U.S.S.R	60~90		56	0.6	0.1	3~6	KA (70%)		0.83	0.98	0.07	0.17
Vicker Zimmer	60		30	0.6	0.1	5.5	A	釜	1.02	1.42		

随着己二酸需求的迅速增加，对生产的连续性及生产过程的安全性、产品质量的要求越来越高，环保的压力也越来越大。有关研究正在进行之中，并取得了一些进展。

（三）丁二烯法制己二酸

据报道，正在开发以丁二烯为原料合成己二酸的新工艺。用1,3－丁二烯经羰基合成制备己二酸，可采用加氢羰基甲氧基化或氧化羰基化反应。BASF采用丁二烯加氢羰基甲氧基化路线，这标志着己二酸的生产原料可以由芳烃转向轻质脂肪烃，为扩大生产开辟了新途径。ARCO采用氧化羰基化路线，反应条件比较温和，收率高于BASF工艺。

1. 加氢羰基甲氧基化

1,3－丁二烯加氢羰基甲氧基化制备己二酸，首先，在吡啶或其某些衍生物存在下，用$Co_2(CO)_8$作催化剂，使1,3－丁二烯和CO、甲醇反应，生成戊烯酸甲酯。然后，在催化剂存在下，在160～200℃，反应压力15MPa下，将戊烯酸甲酯进一步羰基甲氧基化，加氢生成己二酸二甲酯，水解得己二酸。

2. 氧化羰基化

1,3－丁二烯氧化羰基化制己二酸的反应过程，实际上也包含甲氧基化反应，主反应分两步进行。第一步，在催化剂和脱水剂（如二甲氧基环己烷）存在下，1,3－丁二烯与CO、O_2反应，生成己烯－3－二酸二甲酯。反应温度100℃，反应压力12.6MPa。己烯－3－二酸二甲酯的选择性为79%。二甲氧基环己烷在反应中起着重要作用，它提供甲氧基，自身生成环己酮。环己酮与甲醇反应再生成二甲氧基环己烷循环使用。第二步，己烯－3－二酸二甲酯在Pd/C催化剂作用下加氢，生成己二酸二甲酯，其选择性大于99%。最后，己二酸二甲酯水解生成己二酸。

BASF和ARCO的工艺过程可用下列反应式来概括。

$$CH_2{=}CH{-}CH{=}CH_2 + CO + ROH \longrightarrow CH_3CH{=}CHCH_2COOR$$

$$CH_3CH{=}CHCH_2COOR + CO + ROH \longrightarrow ROOCCH_2CH{=}CHCH_2COOR$$

$$ROOCCH_2CH{=}CHCH_2COOR + H_2 \longrightarrow ROOCCH_2CH_2CH_2CH_2COOR$$

$$ROOCCH_2CH_2CH_2CH_2COOR + H_2O \longrightarrow HOOC(CH_2)_4COOH + 2ROH$$

$$CH_2{=}CH{-}CH{=}CH_2 + 2CO + 2H_2O \longrightarrow HOOC(CH_2)_4COOH$$

以丁二烯为原料生产己二酸的各种工艺均在不断开发完善之中，尚未见到工业化的报道。

（四）各种己二酸工艺路线的技术经济比较

在已经工业化的己二酸生产工艺中，以环己烷空气氧化经KA油生产己二酸为主流，约占总生产能力的93%，环己烯法占4%，苯酚法占3%。表8－10是各种工艺的消耗定额比较。表8－11是几家公司硝酸氧化KA油生产己二酸的工艺比较，表8－12是几种丁二烯工艺的比较。

二、己二胺

己二胺（Hexamethylenediamine，1,6－diaminohexane），又名1,6－二氨基己烷、六亚甲基

表 8－10 几种工艺生产已二酸的消耗定额 单位:t/t 已二酸

项 目	环己烷氧化工艺			苯酚加氢工艺		环己烯工艺	丁二烯工艺
	钴盐法	无催化法	硼酸法	国 外	国 内		
环己烷	0.829	0.779	0.726				
苯 酚				0.703	1.089		
苯						1.09	
丁二烯							1.208
氢(标态)/m^3				606	2240	0.31	0.02
硝 酸	0.91	0.91	0.91	0.733	4.381		
NaOH	0.067		0.026				
硼 酸			0.007				
冷却水	471.47	248.54	345.64	208.61		263	458
工艺水	3.42	0.22	3.84	11.13		0.213	
电/kW·h	440.93	741.84	271.20	104.98		207	315
蒸 汽	7.39	5.41	10.10	3.64		7.95	7.57

表 8－11 硝酸氧化 KA 油制已二酸工艺比较

项 目		Montedison	Rhone-Poulenc	BASF	Du Pont Monsanto	ICI	Scholen-Chemie	Vicker-Zimmer
工 艺		二步法	二步法	一步法	二步法			
工业化时间/年份		1983	1972	1969	1976	1973	1965	1963
起始原料		环已醇	KA 油	环已醇	KA 油	KA 油	环已醇	环已醇
反应器		9,并联	5,槽式	单釜	单釜		槽式	
硝酸浓度/%		45～55	45～52	55～65	50	40～50	59	56
催化剂 Cu/%		0.3		0.17	0.5	0.2	0.11	0.1
催化剂体积分数/%		0.05	0.2	0.05	0.1	0.02	0.22	0.6
氧化液/原料(体积比)		11	5～10	200	10	7	9	3～6
压 力		常压	常压	常压	0.2～0.3MPa			
温度/℃	一步法	25～50	10～20	65～75	75～80	75～80	60	60
	二步法	90～100	80～100	—	100～110			
停留时间/min	一步法	7.5～25	30～90	0.5～1.5	4			
	二步法	10～60	20～60	—	10			
搅拌类型		锚式搅拌	锚式搅拌	气液搅拌	无			
冷却方式		冷却器	冷却器	无	外循环冷却			
收率/kg·(kgKA 油剂)$^{-1}$				1.37～1.39	1.31～1.35	1.31	1.38	1.02

续表

项　目	Montedison	Rhone-Poulenc	BASF	Du Pont Monsanto	ICI	Scholen-Chemie	Vicker-Zimmer
硝酸单耗/kg·(kg 己二酸)$^{-1}$	0.6～0.8	0.6～0.7	1.12	0.6～0.8	1.42	0.98	0.98
己二酸选择性/%	97	96	94.2	92.5			95

表 8-12　从丁二烯制备己二酸的工艺

比较项目 \ 工艺		BASF 工艺	杜邦工艺	ARCO 工艺	SHELL 工艺
催化剂	一段羰基化	$Co_2(CO)_8$	$Co_2(CO)_8$	Pd/Cu	Pd 络合物
	二段羰基化	$HCo(CO)_4$	$RhCl_3 \cdot 3H_2O-H_2$		
	加氢			Pd/C	Pd/C
氧化剂				空气	对苯醌
脱水剂				二甲基环己烷	
溶　剂		吡啶—甲醇	吡啶—甲醇	四氢噻吩砜	水—甲醇
温度/℃	1 号	130	130～170	100	135～155
	2 号	170	100		
压力/MPa	1 号	60	0.12	12.6	6.0
	2 号	15	1.05		
水解催化剂		阳离子交换树脂	阳离子交换树脂	硫酸	酸
水解率/%		99.7		99.5	
己二酸总收率/%		70.1	53	74.9	75

二胺、亚己基二胺，CAS 登记号 124—09—4，分子式 $C_6H_{16}N_2$，结构式 $H_2N—CH_2—CH_2—CH_2—CH_2—CH_2—CH_2—NH_2$，相对分子质量 116.21。

1896 年，B. A. Солонина 用辛二酰胺与过卤酸碱通过 Hofmann 降解，首次合成己二胺。此后，研究开发了多种己二胺的合成方法。杜邦公司尼龙 66 的发明和 Bayer 公司光稳定性优良的聚氨酯的发明，使己二胺作为一种重要化学品得以大量商品化。

己二胺为具有吡啶样臭味的无色叶片状结晶，对皮肤和黏膜有刺激、腐蚀作用，在空气中，尤其是在潮湿的空气中会发烟，升华为针状晶体，并且吸收空气中的水分和二氧化碳。己二胺溶于水、醇和芳香烃类溶剂，难溶于脂肪烃类。己二胺的物理性质见表 8-13，表 8-14、表 8-15 分别列出了在不同温度下己二胺的蒸气压及密度与温度的关系，表 8-16 列出了己二胺水溶液的性质。

表 8－13 己二胺的物理性质

<table>
<tr><th colspan="2">物理性质</th><th>数 值</th><th colspan="2">物理性质</th><th>数 值</th></tr>
<tr><td rowspan="4">沸点/℃</td><td>101.33kPa</td><td>196</td><td colspan="2">闪点(开杯)/℃</td><td>94</td></tr>
<tr><td>12.00kPa</td><td>132</td><td colspan="2">燃烧热/kJ·mol^{-1}</td><td>4.44×10^{3}</td></tr>
<tr><td>2.00kPa</td><td>90</td><td colspan="2">熔化热/kJ·mol^{-1}</td><td>4.04×10^{4}</td></tr>
<tr><td>1.33kPa</td><td>82</td><td colspan="2">反应热/kJ·mol^{-1}</td><td>730</td></tr>
<tr><td colspan="2">熔点/℃</td><td>41</td><td rowspan="2">水解常数(20℃)</td><td>pK_1</td><td>10.11</td></tr>
<tr><td colspan="2">折射率(40℃)</td><td>1.4498</td><td>pK_2</td><td>10.01</td></tr>
<tr><td rowspan="5">黏度/mPa·s</td><td>50℃</td><td>1.46</td><td rowspan="2">比热容/J·(kg·℃)$^{-1}$</td><td>70℃</td><td>1.84×10^{3}</td></tr>
<tr><td>60℃</td><td>1.21</td><td>80℃</td><td>2.30×10^{3}</td></tr>
<tr><td>70℃</td><td>1.03</td><td rowspan="4">水中溶解热/kJ·kg^{-1}</td><td>90%溶液</td><td>56</td></tr>
<tr><td>80℃</td><td>0.89</td><td>85%溶液</td><td>71</td></tr>
<tr><td>90℃</td><td>0.78</td><td>70%溶液</td><td>112</td></tr>
<tr><td colspan="2">密度(25℃)/g·cm^{-3}</td><td>0.854</td><td>无限稀释</td><td>245</td></tr>
</table>

表 8－14 己二胺的蒸气压

温度/℃	蒸气压/kPa	温度/℃	蒸气压/ kPa	温度/℃	蒸气压/kPa
50	0.20	100	3.44	155	26.67
60	0.37	110	5.47	160	35.60
65	0.53	117	6.67	170	47.33
70	0.68	120	8.35	180	62.67
80	1.20	130	12.67	186	66.67
90	2.05	140	18.40		
96	2.67	150	25.87		

注 在 50～150℃，己二胺的蒸气压与温度存在如下关系：$\lg P=8.319-2577.3/T$。

表 8－15 己二胺的密度与温度关系

温度/℃	密度/g·cm^{-3}	温度/℃	密度/g·cm^{-3}	温度/℃	密度/g·cm^{-3}
41.0	0.8477	92.0	0.8053	179.0	0.7328
55.7	0.8342	130.2	0.7726	191.0	0.7211
74.5	0.8186	143.5	0.7638	199.7	0.7117
80.0	0.8090	171.0	0.7398	200.0	0.7115

表 8-16 己二胺水溶液的性质

项 目	浓度/%(质量分数)		
	90	85	70
溶点/℃	30	24	6
沸点/℃	129.5	122.3	111.5
密度(25℃)/g·cm^{-3}	0.889	0.900	0.929
闪点(开杯)/℃	102	107	116

(一)己二胺的生产工艺

己二胺由己二腈加氢制得,最初以苯酚、糠醛为原料,接着开发了以苯为原料的己二酸法、以丁二烯为原料的氯化法、以丙烯为原料的丙烯腈电解二聚法、丁二烯直接氢氰化法,经历农副产品、煤化学和石油化学三个发展阶段。目前己二胺的工业生产,主要以己二腈为中间体,而己二腈的生产方法有丁二烯直接氢氰化法、丙烯腈电解二聚法和己二酸法。此外,还有少量采用己内酰胺法和己二醇法。目前,只有丁二烯和丙烯(经由丙烯腈)路线在工业上是可行的。丙烯腈的电解二聚和氰化氢与丁二烯的催化反马氏加成是己二腈的主要生产路线。己二酸法已基本被淘汰。

1. 丁二烯法

以丁二烯为原料,经直接氢氰化或先氯化再氰化均得到己二腈,两种工艺均为杜邦公司开发并工业化。

(1)丁二烯直接氢氰化法制己二腈:其主要化学过程如下。

$$CH_2{=}CH{-}CH{=}CH_2 + HCN \longrightarrow C_4H_7CN$$

$$C_4H_7CN + HCN \longrightarrow C_4H_8(CN)_2$$

其中 C_4H_7CN 代表 2-戊烯腈、3-戊烯腈、4-戊烯腈、2-甲基-2-丁烯腈、2-甲基-3-丁烯腈。4-戊烯腈能直接与 HCN 反应生成己二腈,而 3-戊烯腈异构化为 4-戊烯腈后生成己二腈。$C_4H_8(CN)_2$ 代表己二腈、2-甲基戊二腈、3-甲基戊二腈、乙基丁二腈。丁二烯的氢氰化以 $Ni[P(OR)_3]_4$、$Ni[P(OArCH_3)_3]_4$ 等为催化剂,选用合适的溶剂,可延长催化剂的使用寿命,催化剂中添加氯化锌等物质,可以提高选择性。此工艺分为三步,即丁二烯的氢氰化、异构体的异构化、己二腈的提纯。丁二烯、HCN、催化剂于 100℃并使反应物在保持液体压力下进行反应,产物经催化剂分离和丁二烯回收后,送蒸馏系统蒸馏。由第一步反应生成的异构体进行异构化,再进入第二反应器进行二段氢氰化反应,产物经多次蒸馏提纯后,得到最终产品己二腈。

(2)丁二烯氯化法制己二腈:丁二烯氯化法是杜邦公司开发的,目前工业上已经不再采用。其生产工艺是丁二烯首先经氯化生成二氯丁烯,再经铜催化氢氰化和加氢制得己二腈,其主要化学过程如下:

$$CH_2{=}CH{-}CH{=}CH_2 + Cl_2 \longrightarrow ClCH_2CH{=}CHCH_2Cl$$

$$CH_2{=}CH{-}CH{=}CH_2 + 2HCl + 1/2O_2 \longrightarrow ClCH_2CH{=}CHCH_2Cl + H_2O$$

$$ClCH_2CH{=}CHCH_2Cl + 2HCN \longrightarrow CNCH_2CH{=}CHCH_2CN + 2HCl$$

$$CNCH_2CH{=}CHCH_2CN+H_2 \longrightarrow CNCH_2CH_2CH_2CH_2CN$$

丁二烯和氯气按一定摩尔比预混后进入反应器，在270～320℃进行反应。二氯丁烯选择性85%～95%，丁二烯转化率10%～25%。主要副产物为氯化丁烯、二氯丁烷、四氯丁烷。第二步，在氯化亚铜、铜粉的催化下，用HCN、NaCN等使二氯丁烯氰化，生成二氰基丁烯。最后，以Pd、Pt、Rh等为催化剂，在100～260℃、0.1～49MPa的条件下，于气相或液相加氢得到己二腈，蒸馏得产品，收率为95%。

2. 丙烯腈电解二聚法

此法由孟山都和旭化成公司开发并应用于工业生产，分为溶液法和乳液法两种。丙烯腈与电解槽中的阴极接触，形成氰化乙烯自由基，再与丙烯腈反应生成己二腈。其基本化学过程如下：

$$CH_2{=}CHCN+e^- \longrightarrow [\cdot CH_2{=}CHCN]^-$$

$$[\cdot CH_2{=}CHCN]^- + e^- + H_2O \longrightarrow OH^- + [:CH_2CH_2CN]^-$$

$$[:CH_2CH_2CN]^- + CH_2{=}CHCN + H_2O \longrightarrow NC(CH_2)_4CN + OH^-$$

反应中，分子氢或新生态氢对反应是必需的。但阴极上产生的氢有害，耗能并生成丙腈。除了主要的副产物丙腈外，还会生成副产物三聚体、低聚物、羟基丙腈、双氰乙基醚等。

低pH值和高丙烯腈浓度有利于三聚体和低聚物的生成，高pH值有利于羟基丙腈和双氰基乙醚的生成，故工业上常控制电解液的pH值在6～8。

(1)孟山都溶液法：其工艺包括电解、回收和精制三部分。为了避免丙烯腈在阳极氧化为腈酸导致对阳极的腐蚀，降低转化率，必须以离子交换膜隔开阴极和阳极。阳极液采用硫酸溶液，阴极液为丙烯腈的水溶液。一般向溶液中加入对苯磺酸四烷基胺或对烷基磺酸四烷基胺，以提高丙烯腈在水中的溶解度和反应速度，降低体系电阻。丙烯腈在电解液循环的过程中转化为己二腈，阴极的线速度为0.4m/s，电流密度为20～100A/dm^2，槽电压6～12V，阳极线速度为1～2m/s。

(2)旭化成乳液法：乳液法是在溶液法的基础上发展起来的新工艺。与溶液法相比，主要设备并无多大的变化，但电流密度较低，一般为20A/dm^2。最大的区别在于丙烯腈借助于硫酸四乙胺盐的作用在水中成乳液状态。其投资和成本均低于溶液法。不同厂商丙烯腈电解二聚法生产己二腈的技术经济指标见表8-17。

表8-17　丙烯腈电解二聚法生产己二腈的技术经济指标

厂　商	电解槽形式	阳极材料	阴极材料	隔　膜	电流密度/$A\cdot dm^{-2}$	槽电压/V	电流效率/%	产率/%	耗电量/$kW\cdot h\cdot kg^{-1}$
孟山都	板框式	铅合金	铅	阳离子膜	20～100	6～12	90～92	90～93	3～6
旭化成	板框式	Pb－Sb	铅	阳离子膜	20	6～7	88～89	91	4
BASF	C—G式	PbO_2－石墨	石墨	无	7～10	4～5	80～83	82～92	3
UCB/MCI	储槽式	磁铁	石墨	无	8	4～4.5	>80	85～90	3
Rhone-Poulenc	板框式	Pb－Sb	铅	无	5～8	5～8	84～91	84～91	3～5
Phillips	板框式	铅	铅	无	20	4	91	90	3

3. 己二酸法

己二酸法是曾经广泛采用的己二胺生产方法，但由于其工艺流程长、生产成本高，目前处于淘汰状态。反应分氨化和脱水两步，即己二酸首先与氨反应生成己二酰胺，己二酰胺再脱水生成己二腈。其主要化学过程如下：

$$HOOC(CH_2)_4COOH + 2NH_3 \longrightarrow H_2NOC(CH_2)_4CONH_2 + 2H_2O$$

$$H_2NOC(CH_2)_4CONH_2 \longrightarrow NC(CH_2)_4CN + 2H_2O$$

己二酸与氨反应，如氨量少，则生成己二酰亚胺。其他副产物为己二酸单酰胺、4-氰基戊酸、4-氰基戊酰胺、环戊酮、氰基环戊酮、氰基亚氨基环戊酮等。反应既可在液相，也可在气相进行，常用的脱水催化剂是磷酸。

4. 己二腈催化加氢法

己二腈催化加氢制己二胺分低压法和高压法，其主要化学过程如下：

$$NC(CH_2)_4CN + 4H_2 \longrightarrow H_2N(CH_2)_6NH_2$$

低压法以悬浮在氢氧化钠溶液中的雷尼镍为催化剂，在75℃、3MPa条件下，己二腈加氢生成己二胺，收率达97%。高压法在滴流床反应器中加氢，以Fe为催化剂，在反应温度110℃、压力26.85MPa下，加入体积为己二腈6倍的液氨，反应转化率99.6%，选择性99.4%。

(1)己二腈低压加氢法：孟山都等公司采用低压加氢法，按照己二腈：乙醇=1：1，骨架镍催化剂12%，添加0.6%氢氧化钾或氢氧化钠，在配料槽中搅拌混合，用隔膜泵将此悬浮液送入连续加氢体系中，在流化床升液管的底部与过量的新鲜氢和循环氢相遇，进行反应，温度70～90℃，压力2～3MPa。反应放出的热量被反应器夹套中的冷却水移去。产物经旋风分离器分离出三种物料，气相——氢、乙醇和水蒸气；液相——己二胺、乙醇和氢氧化钠水溶液，固相——含废催化剂、己二胺和乙醇。经过后处理，乙醇和氢气循环使用，废催化剂回收，通过五个精馏塔后得到精己二胺，总收率可达97%。

我国20世纪50～60年代进行了己二腈低压加氢试验和中试，并投入工业生产。所用雷尼镍催化剂粒径为100～200目，己二胺收率85%。

(2)己二腈高压加氢法：本法由杜邦公司、ICI开发并采用。其典型流程也由己二腈加氢和己二胺精制两部分组成。以铁为催化剂、液氨为稀释剂，添加己二腈量2%～10%的，水以抑制副反应。氢化反应在滴流床反应器中进行。原料配比为氢气：己二腈：液氨=38：1：25(摩尔比)，温度90～135℃，压力20.2～30.3MPa。反应转化率99.6%，选择性99.4%。经过五塔蒸馏得到精己二胺，总收率90%～93%。

5. 己内酰胺法

以尼龙6工厂回收的己内酰胺次品为原料，在磷酸盐(如钙、镁、铝、钡等)催化剂存在下，于250～270℃和过量氨气的条件下进行催化脱水反应，得到氨基己腈，后者再经催化加氢生成己二胺。此法在日本东丽公司有小规模生产。

6. 己二醇法

以己二醇为原料的己二胺生产方法曾经由美国Celanese公司工业化。己二醇在219℃、22.8MPa下，以雷尼镍为催化剂，与氨气发生反应生成己二胺，该反应副反应较多，副产物可以循环到氨化工序，以抑制副反应的发生，己二胺的总收率可达 90%。其优点是可以直接采用 KA 油的副产物，如羟基己酸和己二酸用作生产己二醇的原料，但反应副产物多，难以得到高纯度的己二胺，且工艺流程长，投资大，工业上已不再采用。

表 8－18 对各种己二胺生产工艺进行了比较。

表 8－18 己二胺生产工艺的比较

工艺方法	原料消耗	优 点	缺 点	现 状
己二酸法	ADA：1.5～1.7kg 氨：0.7kg 氢：1m³(标态)	原料丰富价廉，设备利用率高，适用于大规模生产	生产成本高，工序多，流程长，原料利用不合理	发达国家已不使用
丁二烯四步法	BD：0.6～0.7kg 氯：0.8kg HCN：0.6kg 氢：1.2m³(标态)	丁二烯价廉，各段转化率及产率均高	大量使用 HCN 和氯，工序多，流程长，投资高	杜邦公司曾经大规模生产，已被直接氢氰化法取代
丙烯腈电解二聚法	ADN：1.1～1.2kg 氢：1m³(标态) 电：5kW·h	丙烯、氨价廉，易得，工序少	电力消耗大，己二腈精制困难，设备费用高	旭化成等公司仍在使用
己内酰胺法	CPL：1.1～1.2kg 氨：0.4kg 氢：0.5m³(标态)	己内酰胺回收的有效途径	原料来源和产量有限	东丽公司小规模生产
己二醇法	己内酯：1.1～1.2kg 氨：0.4kg 氢：0.5m³(标态)	可与己二酸装置共用大多数生产设备	高压反应装置投资高，工序多，经济性与副产醋酸量有关	Celanese 公司曾使用过
三步氢氰化法	BD：0.6～0.7kg HCN：0.6kg 氢：1.2m³(标态)	不用氯，比氯化法降低原料成本 15%，节能 45%	大量使用 HCN，催化剂制造和使用要求高	杜邦等公司大规模生产采用本工艺

(二)己二胺产品质量指标

己二胺纯度在 99.8%以上时，其色泽呈水白色，但与空气接触后会逐渐出现颜色。当产品中含有杂质，如含 1，2－二氨基环己烷、六亚甲基亚胺等物质时，根据杂质含量不同，色泽会发生不同程度的变化。通常，聚合级己二胺的杂质含量应不大于表 8－19 所列的数据。

表 8－19 聚合级己二胺杂质含量要求

杂质名称	含量/mg·kg^{-1}(≤)	分析方法
1，2－二氨基环己烷	50	气相色谱法
6－氨基己腈	10	蒸馏和滴定法
2－氨基甲基环戊烷	100	气相色谱法

续表

杂质名称	含量/$mg\cdot kg^{-1}$(≤)	分析方法
四氢化氮杂卓	100	脉冲极谱法
氨	50	蒸馏和滴定法
六亚甲基亚胺	25	蒸馏和滴定法
色 度	10(APHA)	比色法

罗纳—普朗克公司和国内企业的商品已二胺的质量指标分别见表 8－20、表 8－21。

表 8－20 法国罗纳—普朗克公司己二胺的质量指标

项 目	指 标	项 目	指 标
外 观	固体	含量 1%(≥)	99.5
熔点/℃	38～42	含水率/%(质量,≤)	0.1
沸点/℃	205		

表 8－21 国内企业己二胺的质量指标

项 目	指 标	项 目	指 标
外 观	白色片状结晶	含量/%(≥)	99
熔点/℃(≥)	39.5	水分/%(质量,≤)	0.2

三、己内酰胺

己内酰胺(ε－caprolactam，6－hexanolactam)，分子式 $C_6H_{11}NO$，相对分子质量 113.16，结构式为 $\underbrace{(CH_2)_5—C{=}O}$ 与 N—H 成环（$(CH_2)_5$ 与 N—H 相连，C=O 与 N—H 相连），CA 登记号 105—60—2。己内酰胺在常温下为白色粉末或片状结晶，熔点 69.2℃，沸点 262.5℃，密度 1.023kg/L(70℃)，折射率 1.4965(31℃)，具有吸水性，易溶于水、乙醇、乙醚、丙酮、氯仿及苯等溶剂，略带叔胺类化合物的气味。

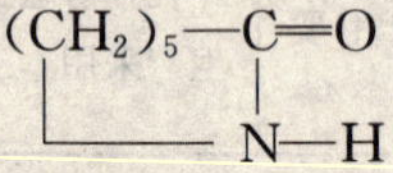

(一)主要化学性质

1. 水解反应

己内酰胺在酸性或碱性介质中，易与水反应，生成氨基己酸。

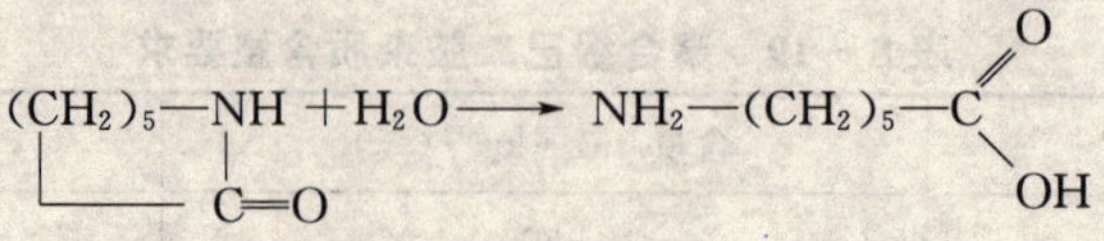

$$\underbrace{(CH_2)_5—NH—C{=}O}_{\text{环}} + H_2O \longrightarrow NH_2—(CH_2)_5—C(=O)OH$$

2. 氯化反应

己内酰胺能与氯气反应生成氯代己内酰胺。

$$\underbrace{(CH_2)_5-NH-C{=}O}_{\text{环}} + Cl_2 \longrightarrow \underbrace{(CH_2)_5-N(Cl)-C{=}O}_{\text{环}} + HCl$$

3. 氧化反应

在高锰酸钾存在下，己内酰胺能发生氧化反应，生成羧基己酰胺。

$$\underbrace{(CH_2)_5-NH-C{=}O}_{\text{环}} + O_2 \xrightarrow{KMnO_4} HOOC-(CH_2)_4-C({=}O)-NH_2$$

4. 与羟胺反应

己内酰胺能生成ε-氨基羟肟酸。

$$\underbrace{(CH_2)_5-NH-C{=}O}_{\text{环}} + NH_2OH\cdot\frac{1}{2}H_2SO_4 \longrightarrow H_2N-(CH_2)_5-C({=}O)-NHOH + H_2SO_4$$

(二)工业生产方法

己内酰胺的工业生产方法可以归纳为以下四类。

(1)环己烷氧化制环己酮，再与羟胺肟化生成环己酮肟，经 Beckmann 重排得己内酰胺。

(2)苯酚加氢，生成的环己醇再脱氢制环己酮，经肟化和 Beckmann 重排得己内酰胺。

(3)甲苯氧化制苯甲酸，加氢得环己烷羧酸，与亚硝酰硫酸反应生成己内酰胺。

(4)环己烷与亚硝酰氯发生光亚硝化反应生成环己酮肟，经 Beckmann 重排得己内酰胺。

还有一些方法在工业上曾经采用或有可能采用。己内酰胺的生产路线如图 8-5 所示。

工业生产己内酰胺的工艺，按照拥有专利技术的公司等进行划分，又可分为七种，即传统法、DSM/HPO 法、BASF 法、Inventa NO 还原法、Allied 法、Snia 法以及 PNC(东丽)法。这些方法的主要区别之一是副产硫酸铵的量不同，其主要特征见表 8-22。生产羟胺盐的最早方法称为 Raschig 法。采用 Raschig 法的整个己内酰胺生产路线称为传统法，DSM、Allied 和 Inventa最初都采用这种方法。上述以环己酮为中间原料生产己内酰胺的方法，都是传统法的改进，DSM/HPO、BASF 和 Inventa 的 NO 还原法是传统法的进一步发展。

己内酰胺生产者的主要目标是减少重排和肟化步骤硫酸铵副产物的生成量。专利文献提出了一些潜在的路线，但迄今尚无能完全避免硫酸铵生成的工业生产方法。肟化步骤所用羟胺的生产，是上述己内酰胺生产方法中环己烷氧化和苯酚加氢，以环己酮为中间体的生产技术路线的关键步骤。PNC 法仅日本东丽公司独家采用。曾有少数几套装置采用 Snia 法，但目前只有我国石家庄一套装置在生产。

己内酰胺生产新技术的开发，大多数以减少或完全避免副产硫酸铵的生成，从而提高经济效益和环保水平为目的。某些技术的开发已经有了重大突破，如环己酮氨肟化法制环己酮肟、环己酮肟气相 Beckmann 重排和己二腈法制己内酰胺等。

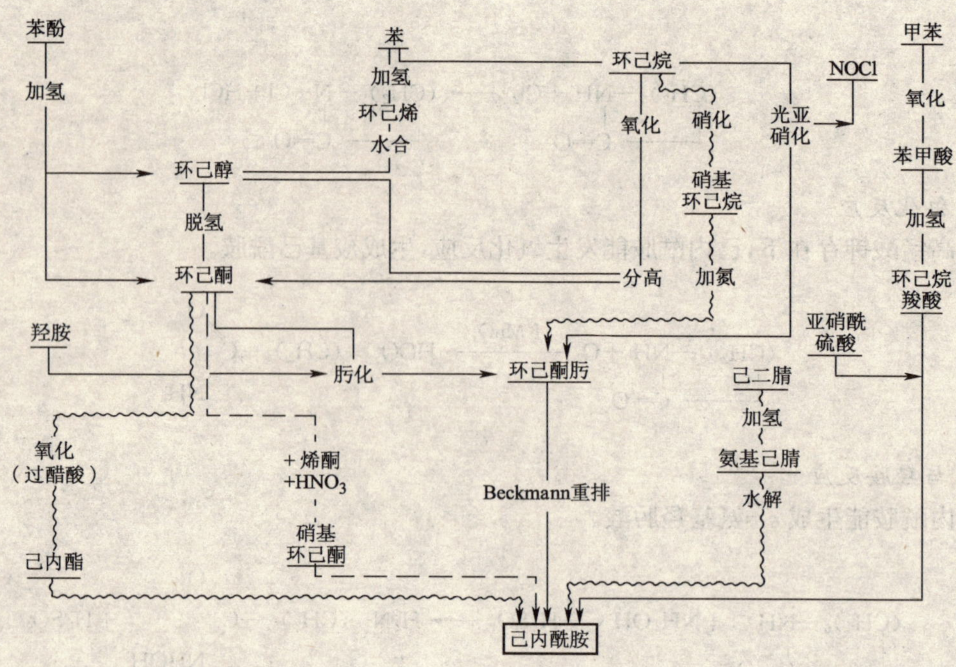

图 8－5　己内酰胺生产路线

—工业上采用的路线　~~~工业上曾采用的路线　---工业上有潜在可能的路线

表 8－22　己内酰胺工业生产方法的特征

生产方法	传统法	DSM/HPO 法	BASF 法	Inventa NO 还原法	Allied 法	Snia 法	PNC 法
产物	苯酚或环己烷	苯酚或环己烷	环己烷	环己烷	苯酚	甲苯	环己烷
副产硫酸铵（t/t 己内酰胺）	2.8		0.7	0.7	2.8		
羟胺生产和肟化转位	1.7～1.8	1.7～1.8	1.7～1.8	1.7～1.8	1.7～1.8		1.7～1.8
亚硝化						3.1～4.1	
羟胺生产	Raschig 法	NO_3^- 催化加氢	NO 催化加氢				
环己酮生产	①	①	②	②			
环己酮肟生产	肟化	肟化	肟化	肟化	肟化		光亚硝化
转位	③	③	③	③	③	③	③

① 苯酚加氢或环己烷氧化；

② 环己烷氧化；

③ 在发烟硫酸存在下转位，再用氨中和。

(1)环己酮氨肟化法：在钛硅分子筛催化剂(TS—1)存在下，环己酮与氨、过氧化氢反应，生成环己酮肟。反应中所用的过氧化氢为30%的水溶液，反应在水介质中进行，温度约为80℃，环己酮的转化率高达99.9%，肟的选择性达98%以上，不副产硫酸铵。关于环己酮氨肟化的反应机理，一些研究人员倾向于环己酮与氨首先生成环己基亚胺，然后在钛硅分子筛催化剂的存在下与过氧化氢反应生成环己酮肟。但进一步的深入研究证实，氨与过氧化氢在催化剂存在下首先反应生成羟胺，羟胺再与环己酮发生非催化反应，生成环己酮肟。这两种机理的反应式如下：

$$C_6H_{10}{=}O + NH_5 \xrightarrow{-H_2O} C_6H_{10}{=}NH \xrightarrow{TS-1/H_2O_2} C_6H_{10}{=}NOH + H_2O$$

$$NH_3 + H_2O_2 \xrightarrow[-H_2O]{TS-1} NH_2OH \xrightarrow{C_6H_{10}{=}O} C_6H_{10}{=}NOH + H_2O$$

(2)气相催化Beckmann重排：在固相催化剂存在下，环己酮肟在气相进行重排反应，生成己内酰胺，重排过程中不使用发烟硫酸，从而避免了硫酸铵副产物的生成。日本住友公司是在水和醇(如甲醇)或酯的混合物存在下，进行气相重排反应，使用的分子筛催化剂是晶态硅或晶态金属硅氧催化剂，反应温度约380℃，肟转化率高达96.7%，己内酰胺选择性为95.2%。

(3)以丁二烯为原料制己内酰胺：有两种工艺技术，其一为杜邦/BASF法，其二为杜邦/DSM法，这两种工艺均不副产硫酸铵。

杜邦公司和BASF公司有丁二烯和氢氰酸制己内酰胺的专利技术，其工艺涉及丁二烯与氢氰酸的逐步加成。首先制得己二腈，这是杜邦公司的技术，已经在工业生产中广泛采用。由己二腈制己内酰胺是BASF开发的技术，己二腈在约80℃、6.895MPa氢压下，用雷尼镍作催化剂，以氨为溶剂，进行部分加氢，生成己二胺和氨基己腈的混合物，用蒸馏法分离，所得产物己二胺是尼龙66的原料，氨基己腈作为生产己内酰胺的中间体。在240℃、约10MPa压力下，用二氧化钛作催化剂，氨基己腈与水发生环化反应，生成己内酰胺。由己二腈部分加氢生成己二胺和氨基己腈以及氨基己腈与水反应生成己内酰胺的化学反应式如下：

$$NC(CH_2)_4CN + H_2 \longrightarrow NC-(CH_2)_5NH_2 + H_2N(CH_2)_6NH_2$$

$$NC(CH_2)_5NH_2 + H_2O \longrightarrow \overline{NH-(CH_2)_5-CO} + NH_3 + \text{重组分}$$

杜邦公司正在进行的开发工作，是以丁二烯和一氧化碳为原料生产己内酰胺，与DSM合作开发工业化技术。丁二烯和一氧化碳转化为己内酰胺的化学反应是相当复杂的，丁二烯、一氧化碳和甲醇反应生成3-戊烯酸甲酯，经羰基化(加氢甲酰基化)反应生成5-甲酰戊酸甲酯，还原氨化生成6-氨基己酸甲酯，最后在惰性溶剂，如矿物油或芳烃中于250~270℃加热，环化生成己内酰胺。主要化学反应式如下：

$$CH_2{=}CH-CH{=}CH_2 + CO + CH_3OH \longrightarrow CH_3CH{=}CHCH_2COOCH_3$$

$$CH_3CH{=}CHCH_2COOCH_3 + CO + H_2 \longrightarrow HC(O)(CH_2)_4COOCH_3$$

$$HC(O)(CH_2)_4COOCH_3 + NH_3 + H_2 \longrightarrow H_2N(CH_2)_5COOCH_3 + H_2O$$

$$H_2N(CH_2)_5COOCH_3 \longrightarrow \overline{NH-(CH_2)_5-CO} + CH_3OH$$

(三)己内酰胺生产过程中的主要化学反应与工艺

生产己内酰胺最主要的方法是苯加氢—环己烷氧化法。现以苯加氢制己内酰胺路线为例，介绍己内酰胺生产过程中各工序的主要反应机理以及工艺条件。

1. 苯加氢制环己烷

(1)反应机理：苯加氢制环己烷，是典型的有机催化加氢反应。其反应式为：

$$C_6H_6 + 3H_2 \xrightarrow[130\sim180^\circ C]{Ni-Al_2O_3} C_6H_{12} + 2072kJ/mol$$

在加氢过程中，氢分子在催化剂表面受到两个距离适中的活化中心吸附而发生变形，使氢分子之间产生键的断裂而被离解。

$$H_2 \xrightarrow{Ni} 2H^+ + 2e$$

苯分子在 Ni 表面上，苯环上的碳原子被催化剂表面的活化中心吸引，使苯环上的 3 个 π 键减弱而活化，并接受表面氢所放出的电子而使其离子化，带上负电。这样，在催化剂表面，被吸引的 H^+ 和活化的苯之间，随着活化中心移动，这两种异电物质相互吸引，活化了的 π 键被活性氢原子所饱和，从而完成了苯环上的加氢反应。

(2)苯加氢的主要工艺条件：

反应压力：工业上一般为 590～980kPa

反应温度：130～180℃，不高于 200℃

氢苯比(摩尔比)：(3.5～10)：1

苯加氢反应是强放热反应，及时移走反应生成热，保持反应体系的温度稳定，是工艺控制的关键。

选择合适的氢苯比是工艺控制的重要因素，适当提高氢苯比，可提高加氢反应物的平衡转化率并引出部分反应热，有利于反应的进行。

2. 环己烷氧化制环己酮

(1)环己烷氧化反应：环己烷氧化制环己醇和环己酮是己内酰胺生产过程的重要反应，其反应式为：

$$2C_6H_{12} + O_2 \longrightarrow 2C_6H_{11}OH$$

$$C_6H_{12} + O_2 \longrightarrow C_6H_{10}O + H_2O$$

环己烷氧化是一个极为复杂的化学反应过程，苏联学者 H. B. EPEH H 和 E. T. IEHHCOB 等研究了环己烷氧化过程，提出了反应机理，认为环己烷氧化反应过程的主要反应可表示为：

①链引发：

$$C_6H_{12} + O_2 \longrightarrow C_6H_{11}\cdot + HO_2\cdot$$

$$2C_6H_{12} + O_2 \longrightarrow 2C_6H_{11}\cdot + H_2O_2$$

②链增长：

$$C_6H_{11}\cdot + O_2 \longrightarrow C_6H_{11}OO\cdot$$

$$C_6H_{11}OO\cdot + C_6H_{12} \longrightarrow C_6H_{11}OOH + C_6H_{11}\cdot$$

③退化分支：

a. 非链式消耗反应：

$$C_6H_{11}OOH \longrightarrow C_6H_{10}O + H_2O$$

$$C_6H_{11}OOH \longrightarrow C_6H_{11}OH + \frac{1}{2}O_2$$

b. 链式反应过程：

$$C_6H_{11}OOH + C_6H_{11}OO\cdot \longrightarrow \cdot C_6H_{10}OOH + C_6H_{11}OOH$$

$$\cdot C_6H_{10}OOH \longrightarrow C_6H_{10}O + \cdot OH$$

$$\cdot OH + C_6H_{12} \longrightarrow C_6H_{11}\cdot + H_2O$$

c. 退化支链反应：

$$C_6H_{11}OOH \longrightarrow C_6H_{11}O\cdot + \cdot OH$$

$$2\,C_6H_{11}OOH \longrightarrow C_6H_{11}OO\cdot + C_6H_{11}O\cdot + H_2O$$

$$C_6H_{11}O\cdot + C_6H_{12} \longrightarrow C_6H_{11}OH + HO\cdot$$

d. 由环己烷直接生成环己醇：

$$C_6H_{11}OO\cdot + C_6H_{12} \longrightarrow C_6H_{11}OH + C_6H_{10}O$$

e. 链式消耗反应：

$$C_6H_{11}OH + C_6H_{11}OO\cdot \longrightarrow \cdot C_6H_{10}OH + C_6H_{11}OOH$$

$$\cdot C_6H_{10}OH + O_2 \longrightarrow HOC_6H_{10}OO\cdot$$

$$HOC_6H_{10}OO\cdot + C_6H_{12} \longrightarrow C_6H_{11}\cdot + HOC_6H_{10}OOH$$

$$\text{C}_6\text{H}_{10}(\text{OH})(\text{OOH}) \longrightarrow \text{C}_6\text{H}_{10}\text{=O} + H_2O_2 \longrightarrow \text{C}_6\text{H}_{10}(\text{OH})(\text{O}\cdot) + \cdot OH$$

$$\text{C}_6\text{H}_{10}(\text{OH})(\text{O}\cdot) + O_2 \longrightarrow HOOC(CH_2)_4CHO$$

$$HOOC(CH_2)_4CHO + O_2 \longrightarrow HOOC(CH_2)_4C(=O){-}O{-}OH$$

$$HOOC(CH_2)_4CHO + HOOC(CH_2)_4C(=O){-}O{-}OH \longrightarrow 2HOOC(CH_2)_4COOH$$

$$HOOC(CH_2)_4C(=O){-}O{-}OH \longrightarrow HOOC(CH_2)_4C(=O){-}O\cdot + OH$$

$$HOOC(CH_2)_4C(=O){-}O\cdot + C_6H_{12} \longrightarrow HOOC(CH_2)_4COOH + C_6H_{11}$$

$$HOOC(CH_2)_4C(=O){-}O\cdot \longrightarrow HOOC(CH_2)_3\dot{C}H_2 + CO_2$$

$$HOOC(CH_2)_3\dot{C}H_2 + O_2 \longrightarrow HOOC(CH_2)_3CH_2OO\cdot$$

$$HOOC(CH_2)_3CH_2OO\cdot + C_6H_{12} \longrightarrow HOOC(CH_2)_3CH_2OOH + \dot{C}_6H_{11}$$

$$HOOC(CH_2)_3CH_2OOH + O_2 \longrightarrow HOOC(CH_2)_3COOH + H_2O$$

$$HOOC(CH_2)_3CH_2OOH \longrightarrow HOOC(CH_2)_3CH_2O\cdot + \cdot OH$$

$$HOOC(CH_2)_3CH_2O\cdot \longrightarrow HOOC(CH_2)_2\dot{C}H_2 + HCHO$$

$$HOOC(CH_2)_2\dot{C}H_2 + O_2 \longrightarrow HOOC(CH_2)_2COOH$$

$$HCHO + O_2 \longrightarrow HCOOH$$

f. 酸的降解和酯的生成：

$$HOOC(CH_2)_4COOH \longrightarrow HOOC(CH_2)_4COO\cdot$$

$$HOOC(CH_2)_4COO\cdot \longrightarrow HOOC(CH_2)_3\dot{C}H_2 + CO$$

$$HOOC(CH_2)_3\dot{C}H_2 + O_2 \longrightarrow HOOC(CH_2)_3COOH$$

这样，不断地脱去羧基，可生成丁二酸、草酸及甲酸等。

④链终止：

$$2\,\text{C}_6\text{H}_{11}\text{OO}\cdot \longrightarrow \text{C}_6\text{H}_{11}\text{OH} + \text{C}_6\text{H}_{10}\text{=O} + O_2$$

$$\text{C}_6\text{H}_{11}\text{OO}\cdot + \cdot OH \longrightarrow \text{C}_6\text{H}_{11}\text{OH} + O_2$$

根据上述反应可以知道，环已烷氧化首先得到的是环已基过氧化物（简称过氧化物），这些过氧化物按链式或非链式反应转化为环已酮和环已醇。在生成酮的反应中，过氧化物本身并不消耗，只起媒介作用；醇则主要通过氧化物的退化支链反应生成；同时，在生成醇酮的过程中产生酸和酯。已证明，随着醇、酮转化率的升高，酸和酯含量亦增加，这说明醇、酮只是氧化的中间产物,酸、酯是氧化反应的最终产物。工业上为了减少酸等副产物的含量,必须严格控制氧化反应的转化率。

(2)影响环己烷氧化反应的主要因素:在环己烷氧化制环己酮过程中,由于深度氧化,在生成醇、酮的同时,会产生大量的酸、酯、醛类化合物。消耗大量的环己烷。怎样控制副反应的发生,是人们最关心的问题。

从生产工艺控制上,需要解决以下问题:

①控制转化率,一般控制在4%~6%(摩尔分数)为好。

②提高醇、酮的选择性,减少副产物。

在生产工艺上,各生产厂均有自己独特的关键技术,归纳起来,有四种方法,即钴盐催化氧化法、硼酸催化氧化法、非催化氧化法、低温氧化法。这四种方法的核心都是设法缓解醇转化为酮的速率,提高醇、酮的产率,抑制环己酮(醇)深度氧化,从而减少副产物的产生,降低原料消耗。其工艺比较见表8-23。

表8-23 环己烷氧化制环己醇、环己酮的工艺比较

项目		方法		
		钴盐催化氧化法	硼酸催化氧化法	非催化氧化法
工艺条件	反应温度/K	423~433	443~453	443~473
	反应压强/MPa	0.9~1.5	0.9~1.2	1.5~2.0
	催化剂用量	0.1~100mg/kg	5%~8%	0
	氧浓度/%	2~23	4~6	约12%
	停留时间/min	10~50	120~180	15~30
	单程转化率/%	4~6	8~15	4~6
	选择性/%	70~85	85~90	>84
	醇酮比	1.5∶1	12∶1	1∶1.5
主要消耗	环己烷/t·t^{-1}	1.25	1.00	1.04
	催化剂/kg·t^{-1}	0.63	10.0	0.45
	蒸汽/t·t^{-1}	3.8	9.7	7.31
	冷却水/m^3·t^{-1}	760	300	143
	电/kW·h	470	540	853
优点		设备少,温度低,催化剂易得,不用回收,操作简单	转化率高,醇、酮收率高,产品质量高	连续运转周期长,设备利用率高,不用催化剂
缺点		转化率低,环己烷循环量大,连续运转周期短	设备投资大,生产能力低,催化剂单耗高,操作复杂	反应温度、压力较高,设备多,流程长,对原料质量要求高

3. 环己醇脱氢

任何一种环己烷氧化工艺都会生成一定量的环己醇。因此,ε-己内酰胺生产中环己醇脱氢制环己酮是重要工序之一，其工艺参数见表 8－24。

表 8－24　环己醇脱氢工艺参数

企业名称	催化剂	反应温度/K	空速/h^{-1}	转化率/%	选择性/%	寿命/月
Ube	Zn—Ca	633～663	0.4	80	接近 100	10
DSM	Cu—Mg	498～553	1.0	60		12
岳化总厂	Zn—Cu	643～654	0.4	81～89		6～10

(1)环己醇脱氢反应：

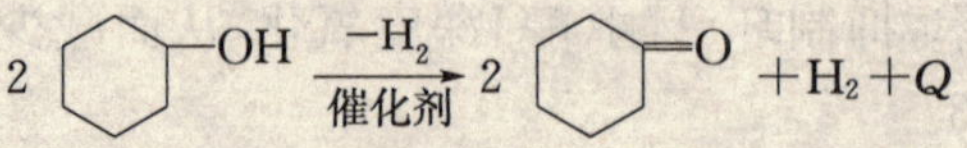

$$2\ \text{(环己醇)—OH}\ \xrightarrow[\text{催化剂}]{-H_2}\ 2\ \text{(环己酮)=O} + H_2 + Q$$

在反应条件下，除主反应外，还有许多副反应，如环己醇脱水成环己烯、环己烯歧化生成苯和环己烷、环己酮脱氢生成环己烯酮、环己酮缩合成环己叉环己酮、环己酮歧化生成环己醇和苯酚等。

①脱水反应：

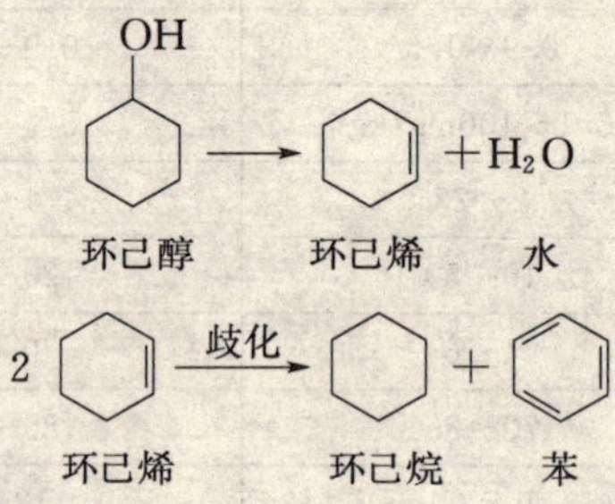

$$\text{OH} \quad \longrightarrow \quad + H_2O$$

环己醇　　环己烯　　水

$$2 \quad \xrightarrow{\text{歧化}} \quad + $$

环己烯　　环己烷　　苯

②深度脱氢反应：

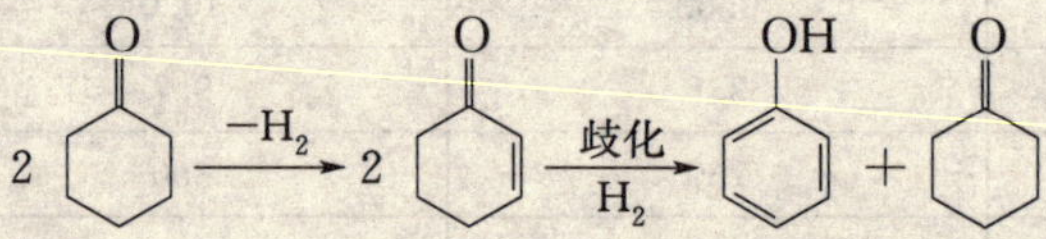

$$2\ \overset{\text{O}}{} \xrightarrow{-H_2} 2\ \overset{\text{O}}{} \xrightarrow[H_2]{\text{歧化}} \overset{\text{OH}}{} + \overset{\text{O}}{}$$

③环己酮缩合反应：

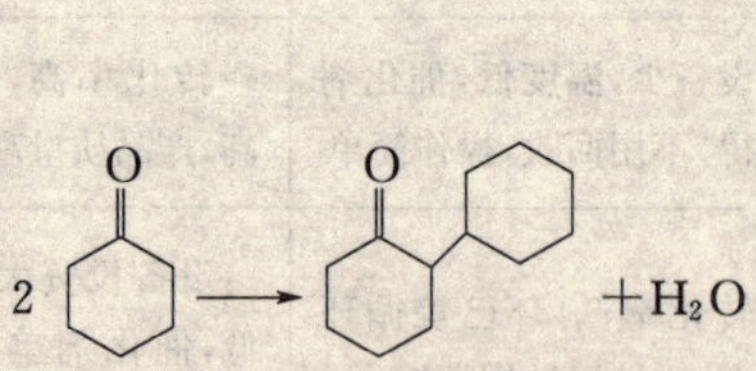

$$2\ \overset{\text{O}}{} \longrightarrow \overset{\text{O}}{} + H_2O$$

(2)环己醇脱氢主要工艺条件与影响因素：

①反应温度：脱氢反应是吸热反应，采用较高的温度才能获得高的转化率。一般而言，反应温度升高，反应速率增快；反应温度达到一定量时，反应速率趋于平缓；反应温度过高，副反应随之增多。因此，反应温度控制在 350～400℃为宜。

②催化剂：环已醇脱氢所用的催化剂有 Zn—Ca、Zn—Cr、Cu—Mg 等体系。使用 Cu 系催化剂，环已醇脱氢反应温度低，在工业生产中被广泛采用。

③液体空速：环已醇液体空速即单位时间通过单位体积催化剂的环已醇液体的体积。空速小，环已醇在反应器中停留时间长，反应完全，转化率高，但反应器壁易结炭并发生副反应；空速过大，转化率低，未反应的环已醇的循环量增加，导致能量消耗增加。空速一般控制在 0.4～0.6h^{-1}为宜。

4. 合成羟胺与环已酮肟化反应

(1)合成羟胺反应与方法：

①Raschig 法：采用亚硝酸盐和 SO_2、NH_3 反应生成羟胺二磺酸盐，二磺酸盐水解成羟胺硫酸盐：

$$NH_4NO_2+SO_2+NH_3+H_2O \longrightarrow HON(SO_3NH_4)_2$$

$$HON(SO_3NH_4)_2+2H_2O \longrightarrow NH_3 \cdot OH \cdot HSO_4+(NH_4)_2SO_4$$

②BASF 法（NO 还原法）：在催化剂 Pt 存在下，在稀硫酸中，NO 被 H_2 还原成羟胺硫酸盐：

$$2NO+3H_2+H_2SO_4 \longrightarrow (NH_3OH)_2SO_4$$

(2)环已酮肟化：

$$2(C_6H_{10})=O+NH_3OH \cdot HSO_4+NH_3 \longrightarrow 2(C_6H_{10})=NOH+(NH_4)_2SO_4+H_2O$$

以上两种方法中，环已酮肟化工艺相同，主要区别是羟胺的合成方法不同。

(3)HPO 法合成羟胺：此法是荷兰 DSM 公司开发的羟胺合成—肟化工艺，主要步骤如下：

①制备缓冲液：用 20%(质量分数)NH_4NO_3 溶液和 23%(质量分数)H_3PO_4 在 Pd/C 催化剂作用下加氢，一部分 NH_4NO_3 转化成羟胺磷酸盐。

$$2H_3PO_4+NH_4NO_3+3H_2 \longrightarrow NH_3OH \cdot H_2PO_4+NH_4H_2PO_4+H_2O$$

② 肟化：

$$\text{环已酮}(C_6H_{10}=O)+NH_2OH+NH_4^++2H_2PO_4^- \longrightarrow \text{环已酮肟}(C_6H_{10}=NOH)+NO_3^-+2H_3PO_4+H_2O$$

③ 补充 HNO_3：

$$HNO_3+H_2PO_4^-+H_3PO_4 \longrightarrow NO_3^-+2H_3PO_4$$

④ 合成羟胺：

$$NO_3^-+2H_3PO_4+3H_2 \longrightarrow NH_3^++OH^-+2H_2PO_4^-+H_2O$$

在补充 HNO_3 时消除 NH_4^+：

$$2NH_4^+ + NO + NO_2 \longrightarrow 2N_2 + 3H_2O + 2H^+$$

因此，HPO 法羟胺—肟化总反应式为：

$$(C_6H_{10})=O + HNO_3 + 3H_2 \longrightarrow (C_6H_{10})=NOH + 3H_2O$$

(4)三种路线的主要工艺条件及特征：上述三种路线的主要工艺条件及特征见表 8－25。

表 8－25　三种羟胺—肟化工艺

工艺参数及优缺点	Rasching 法			BASF 法		HPO 法	
	羟　胺		肟化	羟胺	肟化	羟胺	肟化
	二盐	水解					
催化剂				Pt/C		Pd/C	
温度/K	268～278	378	343～358	323	343～353	323～333	343
压力/MPa	0.1	0.1	0.1		0.1	1.0～2.6	0.1
pH	2～2.5		3～4.5	0.5		1.8	1～2
转化率/%		90	接近 100	90	接近 100	80～85	接近 100
羟胺浓度/$g \cdot L^{-1}$		65～70		112			
停留时间	3h	10～15min					
副产硫胺 t/t 肟		1.2～1.4	1.2～1.4	无	0.5～0.7	无	无
优　点	工艺成熟，原料易得，技术难度小，常压操作			工序短，反应条件不苛刻，已内酰胺质量高，副产硫铵少		流程短，无机、有机双闭路循环，废液少，不副产硫铵	
缺　点	流程长，对已内酰胺质量影响因素多，副产硫铵多			带压操作，腐蚀严重，对设备材质要求高		高压，对设备腐蚀严重	

5. 环己酮肟贝克曼重排制己内酰胺

环已酮肟贝克曼重排是在浓硫酸中进行的，主要过程：

$$\text{C}_6\text{H}_{10}{=}\text{NOH} + H_2SO_4 \longrightarrow \text{C}_6\text{H}_{10}{=}\overset{H^+}{N}OH \cdot HSO_4^- \xrightarrow[\triangle]{-H_2O} \text{C}_6\text{H}_{10}{=}N^+\ OSO_2OH^- \longrightarrow$$

$$(CH_2)_5\!\left[\begin{matrix} C{-}O{-}SO_3H \\ N \end{matrix}\right] \xrightarrow[-H_2SO_4]{+H_2O} (CH_2)_5\!\left[\begin{matrix} C{=}O \\ NH \end{matrix}\right]$$

温度对重排反应的速度影响很大，温度升高，反应时间缩短。反应体系中水含量对反应有较大影响。

6. 己内酰胺精制

从环已酮肟贝克曼重排得到的粗己内酰胺中，己内酰胺的含量为 60%～70%，含有水和少量的硫酸铵及杂质。为提纯己内酰胺,应对粗己内酰胺进行精制。精制主要有萃取和蒸馏两个工序。

(1)萃取:萃取是利用溶剂对不同物质的溶解性能,实现混合物的分离,己内酰胺采用液液萃取,所用溶剂为三氯乙烯、软水和苯。以三氯乙烯作溶剂时,粗己内酰胺中的己内酰胺可溶于三氯乙烯中,而硫酸铵一水不溶于三氯乙烯,借助这两种溶液的密度不同,将两者分离开来。

①主要工艺条件:

配料比:粗己内酰胺∶三氯乙烯∶软水=1∶(2.5~3)∶2

萃取温度:40~50℃

②萃取过程的控制:

- 三氯乙烯/己内酰胺溶液中己内酰胺含量控制在180~200g/L;
- 己内酰胺水溶液中己内酰胺含量为200~280g/L;
- 硫酸铵水溶液中己内酰胺含量<30g/L;
- 循环三氯乙烯液中己内酰胺含量<10g/L。

(2)脱水:粗己内酰胺经萃取后得到含己内酰胺200~280g/L的水溶液。为提高连续蒸馏的效率,应先脱去大部分水,得到含己内酰胺800~900g/L的浓缩液。

(3)真空蒸馏:己内酰胺浓缩液中还含有各种低沸点和高沸点杂质,影响己内酰胺质量。须经蒸馏精制才能得到己内酰胺成品。

己内酰胺是热敏性物质,在常压下,沸点为262.5℃,在这一温度下,己内酰胺易发生聚合,有空气存在时,易被氧化。所以,必须在真空条件下蒸馏。己内酰胺沸点与蒸气压的关系见表8-26。

表8-26 己内酰胺沸点与蒸气压的关系

蒸气压/Pa	400	933	1600	3436	4666	1.33×10^4	3.20×10^4	10.66×10^4
沸点/℃	120	134	139	152	160	192	220	232.5

真空蒸馏一般采用薄膜蒸发器,多级蒸馏。一级蒸馏首先蒸出水,然后进二级蒸馏除去少量轻组分及微量水,三级蒸馏蒸出己内酰胺成品。塔底为含高沸物的己内酰胺,这部分残液再用三氯乙烯萃取回收部分己内酰胺。

真空蒸馏工艺条件的控制对产品质量影响很大,主要影响因素如下。

①温度的影响:己内酰胺在微量水存在下,加热时易水解成氨基己酸,加热到130~140℃时,己内酰胺便开始聚合。在空气存在下加热时,己内酰胺会因氧化而变黄。因此,蒸馏温度须控制在140℃以下。

②真空度的影响:真空度是己内酰胺蒸馏的主要控制指标之一。为保证低温蒸馏,真空度越高越好。

③加热时间的影响:加热时间越长,己内酰胺氧化与聚合越易发生,产品越易变黄。所以,应尽量缩短蒸馏时间。蒸馏操作的异常现象及处理方法见表8-27。

表 8－27　真空蒸馏工序的主要异常现象及处理方法

异常现象	可　能　原　因	处　理　方　法
真空度低	(1)系统泄漏严重 (2)真空管或捕集器堵塞 (3)某处液封破坏 (4)喷射泵真空度低，蒸汽不足 (5)水量不足或水温高 (6)喷嘴损失或结垢	(1)检查漏处并消除泄漏 (2)用蒸汽或热水加热真空管和捕集器 (3)重造液封 (4)提高蒸汽压力 (5)调节水量或水温 (6)停车检查、修理
蒸馏速度慢	(1)浓缩液的己内酰胺含量低 (2)真空度低 (3)加热蒸汽不足 (4)氢氧化钠加入量多 (5)冷凝器局部堵塞	(1)提高浓缩液的己内酰胺含量 (2)按上栏的方法处理 (3)提高加热蒸汽压力 (4)调节碱液加入量 (5)提高冷凝器水温
真空度波动	(1)真空管路设备堵塞 (2)液封槽无料或液面不够 (3)喷射泵汽孔堵塞	(1)用蒸汽或热水加热 (2)重造液封 (3)检修
刮板蒸发器异响	刮板及转动部分发生故障	停车检修
成品凝固点不合格	(1)第一蒸发器顶温温度低 (2)浓缩的己内酰胺含量太低 (3)成品系统漏水(包括结片) (4)第二、第三蒸发器底液槽有水(开车时) (5)结片室湿度大	(1)提高第一蒸发器加热蒸汽压力 (2)提高浓缩液的己内酰胺含量或降低加料量 (3)检查泄漏处并检修 (4)成品回流 (5)降低湿度
成品颜色变黄	(1)第三蒸发器残液液封未形成 (2)第三蒸发器残液管堵塞 (3)系统保温温度高 (4)真空度波动	(1)重造液封 (2)处理残液管道 (3)降低保温温度 (4)稳定真空度

(四) 不同己内酰胺工艺路线的消耗与质量指标

己内酰胺质量与其工艺路线有一定关系，更重要的是生产过程的控制。我国 1980 年己内酰胺成品规格标准见表 8－28。几种不同工艺路线的产品质量指标见表 8－29。

表 8－28　1980 年己内酰胺成品规格标准

指标名称	指　　标		
	一级	二级	三级
高锰酸钾值/s(≥)	6000	2500	1000
凝固点/℃(≥)	68.80	68.50	68.00

续表

指标名称	指标		
	一级	二级	三级
挥发性碱含量/mmol·kg^{-1}(≤)	1.00	1.60	2.00
50%水溶液颜色/号(≤)	9	8	10
25%水溶液的透光率/%(≥)	88	96	—
机械杂质含量/mg·kg^{-1}(≤)	5	5	10
稳定性试验/号(≤)	20	40	—
含铁量/mg·kg^{-1}(≤)	1.0	2.0	—
外观	白色片状固体,无可见杂质	白色片状固体,无可见杂质	白色片状固体,无可见杂质

表 8-29 几种不同工艺路线的产品质量指标

指标 方法 项目	光亚硝化法 PNC	DSM 法	Inventa 法	Allied 法
凝固点/℃	>69.0	>68.8	69.0	—
色度(Hazen)	<5	<5	<10	<1
高锰酸钾值/s	>1000	>1000	>1000	Us 基准>7
挥发性碱含量/mg·kg^{-1}	<5.0	<0.8	100	<20
含铁量/mg·kg^{-1}	<0.1	—	0.1	<1.0
游离酸含量/mg·kg^{-1}	<0.02	—	—	—
游离碱盐含量/mg·kg^{-1}	<0.20	<0.05	—	0~0.40
含水率/%(质量分数)	<0.20	<0.10	0.05	<0.1
环己酮肟含量/mg·kg^{-1}	—	—	—	<10

注 DSM 法:环己烷氧化—HPO 法制羟胺工艺。

Allied 法:苯酚一次催化加氢制环己酮—Rasching 法制羟胺工艺。

Inventa 法:环已烷贫氧氧化—Rasching 法制羟胺工艺。

各种工艺的经济技术指标和各种工艺路线的原料、能源消耗及产品质量见表 8-30。

表 8-30 各种合成 ε-己内酰胺路线的比较

工艺参数	环己酮—羟胺合成路线						Snia 工艺		PNC 工艺
	DSM 工艺			Inventa 法	BASF 法	Allied 法	传统工艺	PMK 法	
	传统工艺	硼酸催化氧化法	HPO 法						
苯酚/(t/t)						0.89			
苯/(t/t)	0.995		0.995		0.950				

续表

工艺参数	环己酮—羟胺合成路线						Snia 工艺		PNC 工艺
	DSM 工艺			Inventa 法	BASF 法	Allied 法	传统工艺	PMK 法	
	传统工艺	硼酸催化氧化法	HPO 法						
甲苯(t/t)							1.1	1.1	
环己烷/(t/t)	1.06	0.91	1.06	1.0	1.15		0.025		0.93
H_2/km^3	0.078		0.162	0.430	0.046	0.04	0.077	0.077	
O_2/km^3				400	1559				
烟酸/(t/t)	1.34	1.34	1.34	1.8	1.93	1.35	2.96	1.48	1.92
SO_2/(t/t)	1.32	1.32							
NaOH/(t/t)	0.114	0.05	0.015	0.1	0.075		0.16		
NH_3/(t/t)	1.51	1.51	0.74	1.0	0.95	1.46	1.25		0.82
$(NH_4)_2SO_4$/(t/t)	4.5	4.5	1.8	2.6	2.7	4.6	4.2	2.0	2.29
氯代环己烷/(t/t)									0.064
公用工程蒸汽/(t/t)	12.24		11.85	12		11	10.6	4.8	7.7
电/kW·h	430	411	430	900	1400	900	1020	1030	3900
锅炉用水/(t/t)	1.82	10.4	1.87				2.3	2.9	200
冷却水/(t/t)	1690	1600	1500	1400	750	1700	700	980	
燃料/$10^6 kJ\cdot t^{-1}$	1965		1965			13	7942	36950	
产品质量 凝固点/℃			69		69	69	68.9		69
产品质量 色度(Hazen)			0～1		1～2	1～2	0～5		0.5
产品质量 290nm 处消光值			0.01～0.05						
产品质量 3%己内酰胺水溶液的 KMO_4 值/s			＞10000			＞10000	10000		1000
产品质量 挥发性碱			0.3～0.5 mmol/kg		20mg/kg	20mg/kg	10mg/kg		5～10 mg/kg

(五) HPO 法己内酰胺装置工艺简介

采用 HPO 法生产己内酰胺，是从荷兰 Stamicarbon 公司引进技术，日本千代田公司承担基础设计，加拿大 KSH 公司提供关键设备。己内酰胺的设计能力为 150t/d，操作时间 8000h/a。

1. 环己酮的制备

制备环己酮的原料为环己烷和空气。制备过程有氧化、分解、环己酮精制和环己醇脱氢等步骤。

(1)氧化：在串联的反应器中，环己烷氧化为环己基氢过氧化物(CHHP)，环己烷转化率 3.5%(摩尔分数)。每个氧化反应器中，空气经位于反应器底部的同心圆形分布器通过热环己烷液体。反应温度约165℃。进入反应器的空气中的氧气被消耗了90%以上。氧化反应为强放热反应，反应热用于蒸发氧化反应器进料中的环己烷。为了维持所需的反应温度，系统压力应控制在约1200kPa。

(2)分解：从最后一个氧化反应器出来的反应液经热交换器流入三釜串联的分解反应器。在分解反应器中，来自氧化反应器的液体与含有少量醋酸钴的氢氧化钠水溶液在充分搅拌下，CHHP分解成环己酮和环己醇。少量的CHHP分解成醛。酸性氧化反应副产物的中和及分解都在分解反应器中进行，氧化反应器中生成的酯大多数被水解。影响分解反应速度的主要因素有反应温度、搅拌、碱性和钴浓度等。设计温度为85℃，如果温度下降，CHHP的转化就不完全；温度升高，会产生过多的副产物。CHHP的分解在水相中进行，这就意味着分解的第一步是将有机相中的CHHP萃取到无机层中，因此搅拌速度非常重要。根据经验，每立方米的体积需要735.5W的搅拌动力。为了保证分解完全，必须有足够高的碱度，碱度应大于0.75mmol/g，小于1.5mmol/g。碱度太低，使分解不完全；碱度太高，则由于环己醇和环己酮二聚而产生过多的副产物。钴的存在，对分解速度影响很大，但只需少量钴(约1mg/kg，按水相计)即可满足要求。

(3)环己酮精制：精制粗环己酮产品在三个真空分馏塔中进行。在第一分馏塔中，低沸点杂质作为塔顶产物分出。第二分馏塔的顶部产品为纯环己酮。在第三分馏塔中，环己醇与高沸点杂质分离。塔顶产物环己醇用作环己醇脱氢系统的进料。

(4)环己醇脱氢：氧化和分解系统产生的环己酮和环己醇的摩尔比约为1.22。环己醇来自环己酮精制系统第三分馏塔的顶部。环己醇脱氢生成环己酮的反应为吸热汽相平衡反应，在铜镁催化剂的表面进行，反应温度为240～280℃，压力为常压。反应器出口物料为60%环己酮和40%环己醇即达到经济的平衡条件。未转化的环己醇作为循环物料。

2. 环己酮肟制备

制备环己酮肟的主要工序是制备磷酸羟胺和环己酮肟化。

(1)制备磷酸羟胺：以Pd+Pt/C(8%Pd+2%Pt)为催化剂，以GeO_2为活化剂，在60℃、操作压力2.7MPa、氢气分压980kPa、催化剂浓度6.5g/L、pH值1.8～2.0的条件下，用氢气将硝酸根加氢来制备磷酸羟胺。反应在磷酸介质中进行，副产物为铵离子、氮气和N_2O。在无搅拌的鼓泡反应器中，氢气和液体进料在底部进入，顶部排料。催化剂和工艺液体在烛芯过滤器中分离。所生成的羟胺溶液储存在罐中，然后送到肟化工段。

(2)肟化：磷酸羟胺与环己酮逆流接触，转化成环己酮肟。反应在有机溶剂甲苯存在下，于脉冲填料塔中进行。环己酮与甲苯一起从塔底部送入，磷酸羟胺溶液则从塔顶送入。反应温度50℃，环己酮的总转化率约为98%。反应混合物用氨水中和，pH值达到4.5，加入过量的磷酸羟胺溶液，使环己酮完全转化为环己酮肟。甲苯和环己酮肟混合液用蒸馏法分离，蒸馏在两个真空塔中进行。在第一塔的操作温度为60℃、压力为20kPa、回流比为0.41的条件下，在塔顶获得纯甲苯(甲苯纯度99.08%，含水0.91%、环己酮肟＜0.01%)，约含25%甲苯的塔底产物则作为第二塔的进料使用。第二塔的操作压力约为12.7kPa，操作温度为150℃，所得到的塔底产物为纯环己酮肟(环己酮肟纯度99.975%，含环己酮＜0.02%、甲苯＜0.005%)。

3. 己内酰胺制备

生产己内酰胺的原料为环己酮肟、发烟硫酸、氨水、氢气，催化剂为雷尼镍。苯在己内酰胺精制过程中作为萃取介质。生产己内酰胺有重排和中和、硫酸铵萃取及汽提、己内酰胺精制(己内酰胺的萃取和洗涤、反萃取及汽提、离子交换、加氢、蒸发、蒸馏)、结片等步骤。

(1)重排及中和:环己酮肟和发烟硫酸在重排反应器中进行贝克曼重排反应,反应温度125℃,压力为常压。在最优反应条件下,贝克曼重排的效率大约为98.5%。反应产物为己内酰胺和发烟硫酸的混合物,在中和反应系统中,发烟硫酸与氨水反应,生成硫酸铵。由于相对密度的不同,中和反应后形成两层。下层是浓度为40%的硫酸铵水溶液,其中含少量的己内酰胺。上层是70%的粗己内酰胺水溶液,其中含有有机和无机杂质。分离后,硫酸铵水溶液送至硫酸铵萃取及汽提工序,粗己内酰胺水溶液送至己内酰胺精制工序。

(2)硫酸铵萃取及汽提:硫酸铵水溶液中仍含有大约1%的己内酰胺,在萃取塔中与苯逆流接触,使硫酸铵溶液中的己内酰胺转入苯中,所形成的苯—己内酰胺溶液被送入己内酰胺萃取塔。另外,所形成的含有微量苯的硫酸铵溶液,被排放到汽提塔中,以回收其中的苯。汽提后,硫酸铵溶液在硫酸铵装置内进行进一步处理。

(3)己内酰胺的萃取和洗涤:来自重排的粗己内酰胺水溶液和来自硫酸铵萃取塔的苯—己内酰胺溶液在萃取塔内与苯逆流接触。塔顶产品为溶于苯的20%己内酰胺溶液,其中也含有能溶于苯的杂质。塔底产品被送入蒸发器,回收微量的苯,然后把含水残液排放至焚烧炉。为了提高苯—己内酰胺溶液的导电率,在苯—己内酰胺溶液进行反萃取之前,分两步水洗。

(4)反萃取及汽提:为了除去苯溶性杂质,苯—己内酰胺溶液与温度为40℃的工艺冷凝液逆流接触,进行反萃取。反萃取过程中,在苯中比在水中能更好地溶解的杂质被留在苯液中。苯—己内酰胺溶液由塔底进入。所形成的含水己内酰胺溶液离开反萃取塔底,其中含约30%的己内酰胺。由于此溶液中含有一些溶解了的苯,可能会损坏离子交换树脂,因而被送入汽提塔。汽提后,含水己内酰胺经过一系列离子交换进行精制。反萃取塔的塔顶产品为苯,其中含有能溶解于苯的杂质。

(5)离子交换:为了除去杂质,主要是硫酸铵离子,含水己内酰胺需通过一系列离子交换器。在阴离子交换器内,溶液中的SO_4^{2-}离子被2个OH^-取代。在阳离子交换器内,NH_4^+被H^+离子取代。溶液通过阳离子交换器后,再一次通过阴离子交换器。这是因为阳离子交换器的处理能力为阴离子交换器的2倍。

(6)加氢:己内酰胺溶液仍然含有一些不饱和杂质,需要用氢气进行处理,这个过程在2个装有雷尼镍催化剂的加氢槽内进行,压力为700kPa,温度约90℃。通过加氢处理,不饱和杂质转化为饱和杂质,由于改变了它们的沸点,可以在己内酰胺蒸馏时被除去。加氢后,己内酰胺/催化剂溶液通过过滤器,滤出催化剂。己内酰胺水溶液从催化剂过滤器排放至蒸发工序。

(7)蒸发:加氢后的己内酰胺水溶液分两步浓缩,从约30%浓缩到99.9%。在第一阶段,己内酰胺水溶液在三效蒸发器浓度增加到90%。为了在最低可能温度下获得此浓度,三效蒸发在真空条件下操作。在第二步蒸发中,己内酰胺浓度提高到99.9%,要达到此浓度需要较高的温度。而高温将影响己内酰胺的质量,因此,这一步要求更高的真空度。

(8)蒸馏:蒸馏是己内酰胺提纯的最后一步,在高真空条件下,通过蒸馏精制,除去高沸点杂质以及最后的微量水。所得到的己内酰胺成品输入储罐,既可以熔体状态直接出厂,也可以结片形式出厂。主蒸馏塔的塔顶蒸出己内酰胺成品。为了尽可能多回收一些己内酰胺,主蒸馏塔塔底产物在残渣蒸馏塔中再次蒸馏,残渣蒸馏塔中的塔底产物在重残渣蒸馏塔中再次蒸馏,塔顶蒸馏出的己内酰胺进入主蒸馏塔的进料罐中。

(9)结片：在结片系统中，己内酰胺在装置内冷却旋转鼓结晶固化。固化的己内酰胺被刮下形成片状物，最后打包包装。

四、其他中间体

由于聚酰胺生产中所用的对苯二甲酸是合成聚对苯二甲酸乙二酯的主要原料，是大规模生产的工业产品，所以很容易在市场上采购到。对苯二甲酸是由对二甲苯氧化制得的。间苯二甲酸由间二甲苯氧化而得，也很容易在市场上采购。饱和直链二元酸的通式可表示为 $HOOC(CH_2)_nCOOH$。除癸二酸外，$n \geqslant 5$ 的主要饱和直链二元酸还有庚二酸、辛二酸、壬二酸、十二烷二酸和十三烷二酸等。许多二元羧酸是用链状化合物或类似于最终产品的原料制成的。如脂肪族二元腈的水解，二元羧酸酯类的电解偶联，植物油中不饱和脂肪酸的氧化裂解等。目前，采用发酵氧化法使正构烷烃转化为二元羧酸，引起广泛重视。11－氨基十一酸、12－氨基十二酸、ω－十二内酰胺、1,4－二氨基丁烷等作为聚酰胺的原料，在工业上具有重要地位。

(一)壬二酸

壬二酸可由氧化剂氧化裂解油酸制得。工业生产上一个非常重要的工艺过程是臭氧分解油酸生成壬酸和壬二酸：

$$CH_3(CH_2)_7CH{=}CH(CH_2)_7COOH \longrightarrow \underset{\text{壬酸}}{CH_3(CH_2)_7COOH} + \underset{\text{壬二酸}}{HOOC(CH_2)_7COOH}$$

在 90～110℃、有氧条件下进行油酸的臭氧裂解反应。用蒸馏法分离出壬酸和壬二酸。此外，还可以通过 1,5－环辛二烯的羧基化、1,9－壬二醇的氧化、2－氰乙基环己酮的氧化裂解以及壬烷发酵法制壬二酸。

(二)癸二酸

癸二酸(sebacic acid, decanedioic acid)，又称皮脂酸、辛烷二羧酸。癸二酸为白色粉末状结晶，相对分子质量 202.24，相对密度 1.110，熔点 134℃，沸点 295℃(13.33kPa)，酸值大于 545mgKOH/g，微溶于水，能溶于乙醇和醚，不溶于苯、石油醚、四氯化碳，在 25℃水中解离常数 $K_1 = 2.6 \times 10^{-5}$。腐蚀性很强，在高温下易氧化，分解温度大于 300℃。癸二酸是脂肪族饱和二元羧酸，具有有机酸的一般化学通性。能与醇类进行酯化反应。与金属和碱类反应生成盐类。与癸二胺反应生成尼龙 1010 盐，是尼龙 1010 生产中的重要化学反应。

癸二酸的工业生产方法以原料路线划分，主要为裂解蓖麻油酸及电解己二酸。从工艺技术上划分，有常压法和高压法。我国采用常压法，以蓖麻油为原料，甲酚作溶剂，碱催化裂解工艺。电解己二酸法具有工艺简单、生产稳定、产品纯度高、价格低等优点。此外，国内中小型企业利用发酵法制癸二酸，可以在常温、常压下生产，简单易行。

蓖麻油的主要成分为蓖麻酸的甘油酯。蓖麻子油与热的氢氧化钠反应，经蓖麻酸，再氧化水解，用硫酸或盐酸中和制得癸二酸。蓖麻子油是 80%～90%的蓖麻油酸的甘油酯。其主要化学过程如下。

$$[CH_3(CH_2)_5CHOHCH_2CH{=}CH(CH_2)_7COO]_3C_3H_5 + 3H_2O \longrightarrow$$
$$3CH_3(CH_2)_5CHOHCH_2CH{=}CH(CH_2)_7COOH + C_3H_5(OH)_3$$

$$CH_3(CH_2)_5CHOHCH_2CH=CH(CH_2)_7COOH \longrightarrow$$
$$CH_3(CH_2)_5CH(OH)CH_3+HOOC(CH_2)_8COOH+H_2$$

其生产过程分为皂化、碱裂解、中和与分离、精制、回收5个步骤。

1. 皂化

在搅拌釜中加入碱和水，加热至80℃左右，加入蓖麻油，保持一定温度，皂化至终点，加硫酸溶液酸化，使蓖麻油酸钠转变为蓖麻酸，然后静止分层。分出下层为甘油水溶液，送至回收工序回收甘油。主要工艺条件：起始温度80℃，反应温度90～105℃，反应时间4h，皂酸化温度50℃，皂酸化硫酸浓度50%，pH值为～3。

2. 碱裂解

在搅拌反应釜中加入一定量的甲酚和氢氧化钠溶液，加热到250℃左右，边搅拌边慢慢加入蓖麻酸和碱液。裂解温度控制在250～270℃，随着反应的进行，生成的辛醇、水蒸气和氢气经冷凝器冷却流入储罐，最终釜内留有癸二酸钠盐、甲酚盐和脂肪酸盐。

主要工艺条件：

稀释剂　甲酚

碱　NaOH

蓖麻酸∶NaOH∶水∶酚 ＝ 1∶0.45∶0.5∶0.13

反应温度　250～270℃

反应时间　1～2h

3. 中和与分离

将癸二酸钠盐、甲酚盐、脂肪酸盐混合物加10～12倍水稀释，并加热搅拌使其溶解，然后导入中和釜冷却至40℃，加入一定浓度的硫酸中和，使甲酚钠、脂肪酸钠酸化，转化成甲酚和脂肪酸，酸化后静止分层，甲酚、脂肪酸在上层，下层为癸二酸钠盐水溶液。

主要工艺条件：

裂解液稀释倍数　10～12

加硫酸温度　约40℃

硫酸浓度　50%

终点　pH值约6

4. 精制

将癸二酸钠水溶液加入活性炭脱色后，加热到一定温度，用硫酸酸化，癸二酸呈白色结晶析出，经冷却、过滤、洗涤至中性，滤饼送至气流干燥器干燥，得到癸二酸成品。

主要工艺条件：

脱色剂　活性炭

温度　80～90℃

硫酸浓度　50%

酸化pH值　2

干燥温度　80～100℃

5. 回收

此工序主要回收甘油、辛醇。将皂化水解分离出的甘油水溶液静置，除去上层油后，再加硫酸铝并搅拌一定时间，再静止过滤，得到清液。经浓缩除去大部分盐，得到粗油，经蒸馏、脱色得到要回收的产物。

另外，电解偶联低级二元酸单酯，是制取长链二元酸酯的方法之一。用己二酸单甲酯偶联可得癸二酸二甲酯，再经水解，可得癸二酸。反应式如下：

酯化：　$HOOC(CH_2)_4COOH + CH_3OH \longrightarrow CH_3OOC(CH_2)_4COOH + H_2O$

电解：　$2CH_3OOC(CH_2)_4COOH \longrightarrow CH_3OOC(CH_2)_8COOCH_3 + 2CO_2 + H_2$

水解：　$CH_3OOC(CH_2)_8COOCH_3 + 2H_2O \longrightarrow HOOC(CH_2)_8COOH + 2CH_3OH$

在常温常压下，利用癸烷经酵母菌的作用生产癸二酸的方法，目前在国内外研究较多。我国具有丰富的正构烷烃资源，而 C_{11} 以上二羧酸又难以用化学方法制取，使发酵法成为适合我国实际的生产高碳链饱和二元羧酸的重要方法。预计直链烷烃发酵法制二元酸的技术将得到发展。

(三)癸二胺

癸二胺是尼龙 1010 的单体之一，通常由癸二酸经癸二腈制得。

1. 癸二腈的制备

制备癸二腈的化学反应：

$$HOOC(CH_2)_8COOH + 2NH_3 \longrightarrow NC(CH_2)_8CN + 4H_2O$$

由癸二酸制备癸二腈有液相法和气相法两种工艺，均有工业化生产装置。

(1)液相法制备癸二腈工艺：癸二酸熔融后与 NH_3 反应，整个过程分为两个部分，即癸二酸的氨化脱水与癸二腈的精制，其主要工艺条件如下。

①氨化脱水部分：癸二酸熔融釜温度 180℃，氨化反应器为圆柱形内衬不锈钢，最高反应温度 340℃，在此温度下保持 3～4h，粗癸二腈含量约 93%。

②癸二腈精制部分：采用减压蒸馏，真空 1.33～4.0kPa，温度 240℃，塔顶温度(真空 2kPa 时)198～200℃，最终釜温 280℃，所得癸二腈为无色透明油状液体，凝固点 8.9℃，含量大于 98%，收率 88%～90%。

(2)气相法制备癸二腈工艺：气相法制备癸二腈工艺有固定床气相法和沸腾床气相法两种。固定床气相法所用催化剂表面易积炭失活，使用寿命短。沸腾床气相法设备能力大，效率高，产品收率高，因此，工业上较多采用沸腾床气相法。沸腾床气相法制备癸二腈，以磷酸硅胶为催化剂，氨化脱水的主要工艺条件为：癸二酸熔融温度 150～180℃，N_2 与癸二酸的质量比为 5：1，反应器上段温度 350～400℃，反应器下段温度 300～350℃。所得产品精制后，其外观为黄绿色透明油状液体，含量 96%～98%，收率 95%左右。

2. 癸二胺的制备

以癸二腈为原料，骨架镍为催化剂，氢氧化钾为助催化剂，在一定的温度和压力下加氢，制得癸二胺。该反应为多相催化放热反应，反应机理较为复杂。反应速度取决于氢气压力、催化剂的活性，氢气压力越高，反应速度越快。铂、镍都可作为加氢反应的催化剂，在工业上一般采用价格较低的镍催化剂，例如 Ni—Al_2O_3、骨架镍。骨架镍催化剂活性高，制备简单，价格较低，导热性好，对毒物不敏感，反应选择性高，适合于不饱和键的加氢。癸二腈加氢制癸二胺的化学反应式如下：

$$NC(CH_2)_8CN+4H_2 \longrightarrow H_2N(CH_2)_{10}NH_2$$

该工艺主要有3道工序：加氢、精制、溶剂回收。各工序主要工艺参数如下。

(1)加氢：催化剂为骨架镍，助催化剂为KOH，癸二腈：溶剂乙醇：骨架镍催化剂：KOH＝100：200：(30～35)：1，压力为2.5MPa，温度80～110℃，反应时间12～14min，反应温度维持在90～100℃，维持反应时间30min，转化率为95%～96%，粗癸二胺含量为93%～95%。

(2)精制：用减压蒸馏法精制，最后釜温为280℃。

(3)乙醇回收：用硫酸中和至pH值为6.5～7，用蒸馏法回收，乙醇含量大于93%，供加氢反应用。

(四)1,12-十二烷二酸

1,12-十二烷二酸是以丁二烯的三聚和加氢为基础而合成的。丁二烯在某种镍络合物催化剂的作用下，三聚为环十二碳三烯，再加氢生成环十二烷。环十二烷空气氧化得环十二醇和环十二酮的混合物，用硝酸氧化生成1,12-十二烷二酸。这种中间体可靠的纯度和稳定的价格，促进了PA612的有序增长。由丁二烯生成环十二烷的反应式如下：

$$3CH_2 = CHCH = CH_2 \xrightarrow{\text{Catalyst}} \text{(环十二碳三烯)} \xrightarrow{H_2} (CH_2)_{11}(CH_2)$$

丁二烯　　环十二碳三烯　　环十二烷

近年来，国内山东淄博矿务局利用郑州大学和中科院生物化学所开发的发酵法制备1,12-十二烷二酸获得成功。该工艺以轻蜡油中的C_{11}、C_{12}、C_{13}为原料，经发酵、破乳、静止分层、脱色、压滤、酸化结晶、精制、压滤、烘干等步骤得到成品。

(五)12-氨基十二酸和十二内酰胺(ω-月桂内酰胺)

12-氨基十二酸和十二内酰胺是PA12的单体，可用丁二烯或环己酮为原料的合成。丁二烯法制十二内酰胺，与丁二烯法制1,12-十二烷二酸一样，首先是丁二烯三聚。目前由丁二烯合成环十二碳三烯的催化剂主要是齐格勒型催化剂和络合催化剂两大类。齐格勒型催化剂主要由四氯化钛或其衍生物和卤化烷基铝组成，或加入一些胺、有机磷化物作为第三组分。Huls公司首先采用齐格勒型催化剂进行工业化生产，其特点是反应活性高，催化剂消耗低，能得到纯度高的环十二碳三烯。而络合催化剂以镍络合物为主，也有铬的络合物。这种催化剂活性不如齐格勒型，但它反应后不失活，对水、氧等不敏感，生成聚合物较少，工艺过程比较简单。Huls公司以四氯化钛和倍半氯乙基铝，即$(C_2H_5)_3Al_2Cl_3$作催化剂。反应温度40～70℃，反应器由3个带搅拌的釜组成。为提高选择性，加入二甲基亚砜为第三组分。生成的粗环十二碳三烯经精馏精制，纯度达99.99%，反应收率约90%，催化剂效率为1500～2000g/g钛。日本东洋曹达公司开发的镍络合物催化剂，由丁二烯同时合成环十二碳三烯和环辛二烯，所得产品的比例可通过改变催化剂的组分和配比来调节。如用双丙烯腈镍时，主要得到十二碳三烯；而用质量比1：1.6的双丙烯腈镍和三苯基膦时，环十二碳三烯和环辛二烯的比例是2：3。生产环十二碳三烯时，催化剂为双丙烯腈镍，溶剂为环辛二烯，反应温度

80℃,压力 0.96MPa,转化率 96.5%,选择性环十二碳三烯为 80.4%,环辛二烯为 7.1%,乙烯基环己烯为 6.0%。

环十二碳三烯用雷尼镍催化剂,在反应温度 200~209℃,压力 3~4MPa,加氢生成环十二烷,转化率为 91%,选择性可达 99.9%。由环十二烷制十二内酰胺有两种工艺路线。其一为氧化、肟化、重排法,即环十二烷经空气氧化,制得环十二酮,与羟胺反应,生成环十二酮肟,经 Beckman 重排,提纯得十二内酰胺。环十二烷空气液相氧化生成环十二醇和环十二酮,通常用硼酸作催化剂,反应温度 170℃,压力 0.1MPa,转化率控制在 25%,选择性为环十二醇 62%、环十二酮 15.6%。用碱式碳酸铜作催化剂,在 235℃,环十二醇脱氢生成环十二酮,转化率为 90%,选择性可达 99.9%。环十二酮与羟胺反应生成环十二酮肟,用异丙基环己烷作溶剂,将环十二酮溶解在异丙基环己烷及硫酸羟胺中,采用两釜两段外循环逆流肟化。反应温度 95℃,转化率 94%,选择性可达 100%。环十二酮肟用发烟硫酸重排制十二内酰胺,反应温度 110~130℃,发烟硫酸∶肟 = 2.4∶1(摩尔比),肟转化率达 100%,选择性为 98%。此法由德国 Huls 公司用于工业化生产。由环十二烷制十二内酰胺的另一种方法为光亚硝化法,即在光的作用下,环十二烷与 NOCl 和 HCl 反应,一步生成环十二酮肟盐酸盐,再经 Beckman 重排、提纯得十二内酰胺。此法由法国 ATO 化学公司开发并工业化。

(1)环十二碳三烯制 12-氨基十二酸:意大利 Snia Viscosa 公司开发的合成 PA12 单体的工艺,是使环十二碳三烯与臭氧、冰醋酸反应,在环十二碳三烯的一个双键处氧化开环,得到一端为醛基的不饱和十一酸,再与氨反应生成亚胺,加氢还原即可得 12-氨基十二酸。

(2)环己酮制 12-氨基十二酸:英国 BP 公司研究了以环己酮为原料,经环己酮过氧化物合成、热分解、加氢制得 12-氨基十二酸的工艺,获得专利,但未工业化。日本宇部兴产公司在英国 BP 公司专利的基础上,开发了以环己酮为原料,合成 PA12 单体的工艺,进行工业化生产。主要过程有 PXA 合成、热裂解、加氢和精制。

1. PXA 的合成

环己酮在过氧化氢、氨水和催化剂存在下,常温常压反应,环己酮与过氧化氢的摩尔比为 1.0∶(0.5~0.65),氨与环己酮的摩尔比为(2~4)∶1,生成 1,1′-过氧化双环己胺(PXA)。常用碳酸盐作催化剂,环己酮转化率可达 94.6%~97.6%,PXA 收率在 94.6%~96.7%。

2. 热裂解

热裂解是将 PXA 在 500~600℃热分解为 11-氰基十一酸(CUA),这是最关键的一步。裂解反应器用过热蒸汽加热。副产物有己内酰胺(约 20%)和环己酮(30%以下)。由 PXA 生成 CUA 的化学过程非常复杂,生成 CUA、环己酮和己内酰胺的总选择性在 85%左右。除副产环己酮和己内酰胺外,还生成一些饱和或不饱和的羧酸类、腈类、环状亚胺类等杂质。裂解产物为混合物,经水萃取提取己内酰胺,用溶剂萃取 CUA,然后将 CUA 转化为水溶性盐进行重结晶,得到精 CUA。

3. CUA 加氢制 12-氨基十二酸

CUA 在乙醇和水的混合液中,在铁、钴、镍或钌、铑、钯等催化剂作用下进行催化加氢,生成 12-氨基十二酸(ADA)。可用 Ru 作催化剂,采用固定床反应器,反应温度 100℃,压力 5MPa,乙醇∶水=(5∶1)~(1∶5)(体积比),H 用量为 CUA 的 2~200 倍(摩尔分数),12-氨基十二酸的收率达 98%。

4. ADA 精制

采用重结晶方法，将 ADA 溶解在溶剂中，过滤除去不溶性杂质，冷却重结晶。溶剂用脂肪族一元酸较好，如甲酸、乙酸、丙酸等。ADA：溶剂＝1：(1.05～1.15)(摩尔分数)。溶解温度大于 85℃，重结晶温度为室温，将结晶产物过滤、水洗、干燥即得白色结晶 ADA。

(六) 十三烷二酸

十三烷二酸又称十三烷双酸、巴西基酸，分子式为 $HOOC(CH_2)_{11}COOH$，无色结晶，相对密度 1.16，熔点 114℃，微溶于水，24℃时溶解度为 0.004g/100g H_2O，易溶于乙醇、乙醚和三氯甲烷，不溶于石油醚。与二元胺反应生成聚酰胺，与二元醇反应生成聚酯，与氨反应生成铵盐，经脱水转化为酰胺，催化还原生成十三烷二胺。十三烷二酸可用于制备一系列聚酰胺，其中以尼龙 1313、尼龙 613 最为重要。这些高分子具有优异的物理机械性能，可用一般方法加工制成棒材、薄膜和纤维。20 世纪 70 年代中期，美国农业部为菜子油寻找一种出路，试图推进 PA1313 的生产，未获成功。十三烷二酸由芥酸在醋酸中经臭氧分解而制得。十三烷二酸经由腈可制得十三烷二胺。这种二元酸制取二胺的路线也可用于制取 1,12－二氨基十二烷。然而，性能相似的产品 PA11 和 PA12 成本更低，PA1313 缺乏竞争力。最近，PA1212 遇到了类似的困难。制取十三烷二酸的原料，最主要的就是存在于菜子油中的芥酸，以醋酸为溶剂，用臭氧氧化芥酸，可得到纯度为 99％的十三烷二酸，收率为 82％～92％。主要化学过程如下：

$$CH_3(CH_2)_7CHCH(CH_2)_{11}COOH+O_3 \longrightarrow CH_3(CH_2)_7COOH+HOOC(CH_2)_{11}COOH$$

包括十三烷二酸在内的 C_9 以上的高碳链二元酸可以用发酵法制得。由发酵法可制得质量非常好的高碳链二元酸，近年来，发酵法引起了人们广泛的重视。

(七) 11－氨基十一酸

与癸二酸一样，PA11 的单体 11－氨基十一酸也以蓖麻子油为原料。蓖麻子油与甲醇反应得到蓖麻油酸甲酯，裂解生成 11－碳碎片，水解得到十一碳烯酸。由溴化氢与末端双键的反马氏加成得到 11－溴衍生物，关键是生成 11－溴而非 10－溴化合物。溴被氨取代生成单体。主要化学过程如下：

$$[CH_3(CH_2)_5CHOHCH_2CH=CH(CH_2)_7COO]_3C_3H_5+3CH_3OH \longrightarrow$$
$$CH_3(CH_2)_5CHOHCH_2CH=CH(CH_2)_7COOCH_3+CH_2OHCHOHCH_2OH$$
$$CH_3(CH_2)_5CHOHCH_2CH=CH(CH_2)_7COOCH_3 \longrightarrow$$
$$CH_3(CH_2)_5CHO+CH_2=CHCH(CH_2)_7COOCH_3$$
$$CH_2=CH(CH_2)_8COOCH_3+H_2O \longrightarrow CH_2=CHCH_2(CH_2)_7COOH+CH_3OH$$
$$CH_2=CH(CH_2)_8COOH+HBr \longrightarrow BrCH_2(CH_2)_9COOH$$
$$BrCH_2(CH_2)_9COOH+NH_3 \longrightarrow NH_2CH_2(CH_2)_9COOH+HBr$$

整个生产过程中，十一烯酸甲酯的制备与癸二酸的生产类似，十一烯酸甲酯水解生成十一烯酸，再在过氧化物存在下，与 HBr 加成生产 ω－溴十一烷酸。这一反应是在塔式反应器中进行的，十一烯酸与甲苯/苯混合液从塔顶向下流动，HBr、空气从塔底向上逆流，所生成的 ω－溴十一烷酸的含量约 95％，最后用 NH_3 进行氨化，得到 11－氨基十一酸固体结晶，经提纯得聚合级单体。

(八)1,4-二氨基丁烷

PA46是由己二酸和1,4-二氨基丁烷缩聚而得,己二酸有大规模工业生产,开发原料易得、工艺简单、成本低廉的1,4-二氨基丁烷的工业生产技术,是促进PA46发展的关键之一。1,4-二氨基丁烷一般均由丁二腈加氢而得,由于加氢技术比较成熟,所以,丁二腈的合成技术又是1,4-二氨基丁烷生产的关键。荷兰DSM公司研究开发的技术,以三乙胺为催化剂,由丙烯腈氢氰化合成丁二腈,实现了工业化生产。反应可间歇或连续化操作,丙烯腈、HCN、三乙胺进入氢氰化反应器,并加入丁二腈为溶剂。反应温度70℃,停留时间40min。转化率以HCN计可达100%,丁二腈的选择性为99%。反应粗产物中含有88%的丁二腈,6%的丙烯腈,5%的乙二胺,少于1%的重组分。反应粗产物回收未反应的丙烯腈和三乙胺后,再通过薄膜蒸发器分离出纯净的丁二腈进入加氢反应器。丁二腈的加氢以雷尼钴为催化剂,丁二腈、液氨、新鲜氢和循环氢气一起进入加氢反应器,维持反应温度80℃,压力8.8MPa,物料停留时间40min,丁二腈转化率为100%,1,4-二氨基丁烷选择性为96.8%,四氢吡咯为2.7%,重组分为0.5%。反应完成后,在80℃、0.3 MPa的压力下,分离反应混合物,过量的氢气和液氨循环使用。粗1,4-二氨基丁烷分离出悬浮态的催化剂后,再经过薄膜蒸发器分离出少量的重组分得到成品1,4-二氨基丁烷。

主要化学过程如下。

$$CH_2 = CHCN + HCN \longrightarrow NC(CH_2)_2CN$$
$$NC(CH_2)_2CN + 4H_2 \longrightarrow H_2N(CH_2)_4NH_2$$

具有工业意义的其他中间体有间苯二甲基二胺、双(4-氨基环己基)甲烷、2-甲基戊二胺和三甲基己二胺,用于小品种尼龙,或用作低百分含量的共聚单体。由脂肪酸二聚得到36个碳的二元酸,在一些尼龙基粘合剂成分中用作内增塑剂。

第三节 缩 聚

按反应类型划分,聚酰胺缩聚主要有水解聚合、离子聚合、固相聚合,此外,还有界面缩聚和溶液聚合、反应挤出扩链等方法。

一、基本原理

(一)缩聚和平衡

简单有机化合物的缩合反应涉及反应副产物小分子的失去。这类反应可用羧酸和胺生成酰胺以及羧酸和醇生成酯予以说明。

$$RCOOH + R'NH_2 \rightleftharpoons RCONHR' + H_2O$$
$$RCOOH + R'OH \rightleftharpoons RCOOR' + H_2O$$

如果反应的分子至少含有2个活泼官能团,则生成聚合物分子。与经典的有机反应雷同,通常把这类生成聚合物的反应定义为缩聚反应,把生成的聚合物称为缩聚物。两种不同单体,其每一种单体的反应基团可以是相同的(AABB型):

$$nHOOCRCOOH + nH_2NR'NH_2 \rightleftharpoons HO\text{-}(CORCONHR'NH)_n\text{-}H + (2n-1)H_2O$$

或者一种单体含有两种官能团(AB型):

$$nHOOCRNH_2 \rightleftharpoons HO\text{-}(CORNH)_n\text{-}H + (n-1)H_2O$$

缩聚反应中,链增长涉及官能团的逐步反应。在任何情况下,存在许多大小不同的反应能力相同的分子。所以,目前往往用逐步聚合代替缩聚这个名词,以强调与自由基链式聚合的区别。上述方程式表明一种动力学状态,即在适当的条件下,聚合物能与水反应进行水解(即解聚)。这类容易发生水解解聚的聚合物称为缩聚物,与原来采用的特定制法无关。由内酰胺制备的聚酰胺以及由二元醇与二异氰酸酯反应制备的聚氨酯,是不消去小分子就能制得缩聚物的例子。

二元胺和二元酸(AABB)或氨基酸(AB)的聚酰胺化是可逆反应,其表达式是:

$$H_2NRNH_2 + HOOCR'COOH \underset{k_h}{\overset{k_a}{\rightleftharpoons}} H_2NRNHCOR'COOH + H_2O$$

式中 k_a 和 k_h 分别是酰胺化和水解的反应速率常数。在平衡时,正向和逆向反应的速率相等。平衡常数 K_c 定义为正向(酰胺化)和逆向(水解)反应的反应速率常数之比,或反应产物的活度系数的乘积与反应物活度系数的乘积之比。为了方便起见,通常用浓度代替活度系数。

$$K_c = \frac{k_a}{k_h} = \frac{[\text{—NHCO—}][H_2O]}{[\text{—}NH_2][\text{—COOH}]} \tag{8-1}$$

在一定条件下,反应物和产物浓度的任何变化,都将使体系各组分浓度趋向于满足式(8-1)。例如,如果浓度乘积的比例小于 K_c,则发生酰胺化。另一方面,如果比例大于 K_c,则发生水解。由于酰胺浓度[CONH]对给定的尼龙是常数(表 8-31),所以,水浓度与端基浓度乘积的比例$[H_2O]/[COOH][NH_2]$控制着酰胺化反应。由于水的普遍存在以及酰胺化/水解的可逆反应动力学,为了确保熔融加工过程中水量合理地接近平衡值,以避免相对分子质量的过分增加或降低是至关重要的。聚酰胺化是放热反应,因而,降低温度有利于正向反应,即在恒定的水浓度,可获得较高的相对分子质量。文献报道的聚酰胺化反应热在-25～-46 kJ/mol。对于 PA6,在水浓度低于 0.5%时,反应热为-25 kJ/mol。通常,脂肪族尼龙的反应热平均约为-27 kJ/mol。

生产 PA6 和 PA12 通常由其相应的内酰胺经阴离子聚合或水解聚合而完成。各种内酰胺水解聚合反应速率按下列次序:八元环 >七元环(己内酰胺)>十一元环≫五元环或六元环。两种工业上最重要的由内酰胺制得的聚合物——PA6 和 PA12,主要由水解法生产。由于 PA6 在工业上的重要性,一直是大多数动力学和热力学研究的主题。一些参考文献中提供了己内酰胺聚合的评论以及动力学和热力学数据的摘要。内酰胺的水解聚合比二元羧酸—二元胺缩聚复杂得多。很早就已证实,水引发的聚合涉及三个平衡反应。对于己内酰胺,这些反应由下列表达式表示。

(1)内酰胺的水解开环:

$$\overline{HN(CH_2)_5C}{=}O + H_2O \rightleftharpoons H_2N(CH_2)_5COOH$$

$$K_1=\frac{[L_1]}{[M][H_2O]}$$

(2) 缩合：

$$H{+}HN(CH_2)_5CO{+}_mOH+H{+}HN(CH_2)_5CO{+}_nOH \rightleftharpoons H{+}HN(CH_2)_5CO{+}_{m+n}OH+H_2O$$

$$K_2=\frac{[L_{m+n}][H_2O]}{[L_m][L_n]}$$

(3)己内酰胺加成到增长链的端氨基：

$$\overline{HN(CH_2)_5O}=O+H{+}HN(CH_2)_5CO{+}_mOH \rightleftharpoons H{+}HN(CH_2)_5CO{+}_{m+1}OH$$

$$K_3=\frac{[L_{m+1}]}{[M][L_m]}$$

[M]是环状单体的浓度，$[L_1]$是ε－氨基己酸的浓度，$[L_m]$和$[L_n]$是线性聚合物分子的浓度。平衡常数 K_2 等于聚酰胺化常数 K_c。这里假设官能团的反应活性相等是绝对的。

三个平衡过程都受初始水浓度和温度的影响。最初为了促进己内酰胺开环，需要高水浓度，在后面的阶段，为了有利于缩聚，以低水浓度为好。速率和转化率对水浓度和温度的依赖性，示于图 8－6～图 8－10。开环和内酰胺加成反应导致己内酰胺转化为聚合物，氨基酸自身的缩合反应所占比例较小，而主要是加成反应，即己内酰胺加成到线性链分子的末端，进而是线型分子间的缩合反应。线型聚合物分子和内酰胺达到平衡后，聚合度仅仅由缩聚反应决定。在线型分子达到一定聚合度时，主要是酰胺基间的交换反应改变聚合物的相对分子质量分布。因此，对 AB 型体系而言，聚合速率有实质性的降低。业已表明，己内酰胺的水解聚合是自动催化的反应，速率常数受羧端基的影响。在水解过程中观察到的诱导期，被认为是开环反应产生足够的羧端基所需要的时间造成的。胺和酸端基反应生成铵和羧酸根离子以及这些离子直接参与缩聚的可能性，使缩聚反应进一步复杂化。在 AB 型中，诸如 PA11 和 PA12，由于形成大环比较困难，所以环状低聚物的浓度通常小于 2%。在 AABB 型，

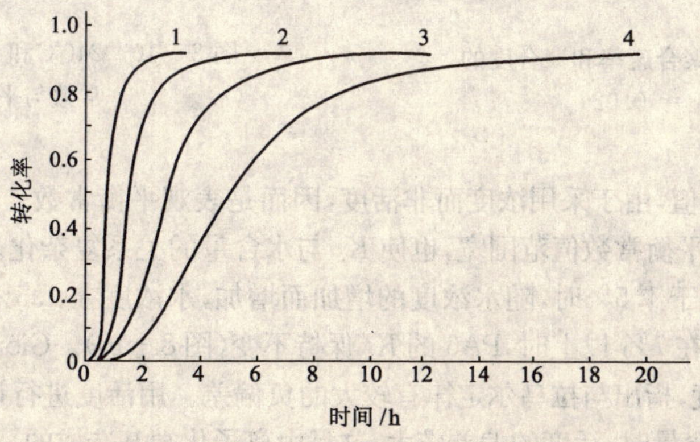

图 8－6　初始水浓度(w_0)对己内酰胺转化速率和转化率的影响(T=265℃)

1—w_0=0.08　2—w_0=0.04　3—w_0=0.02　4—w_0=0.01

如 PA66 中，主要是环状单体的低聚物，含量约为 1%。PA6 中约含有 11%的环状化合物，其中 70%为己内酰胺单体，30%为环状低聚物，环状低聚物最多含 9 个单体单元。这些低聚物的生成与温度有关。

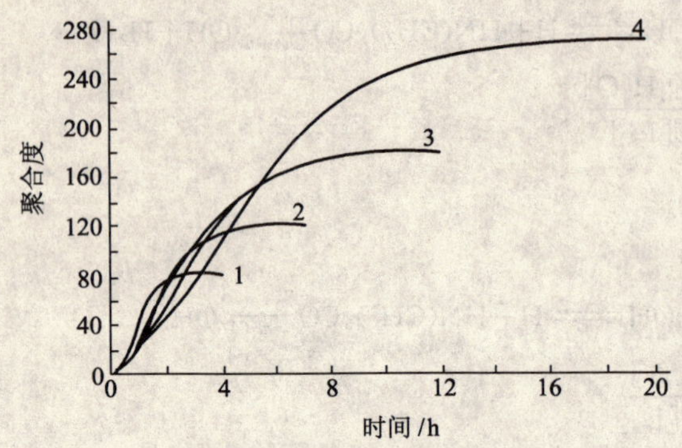

图 8－7　初始水浓度(w_0)对 PA6 聚合速率和聚合度的影响(T=265℃)
1—w_0=0.08　2—w_0=0.04
3—w_0=0.02　4—w_0=0.01

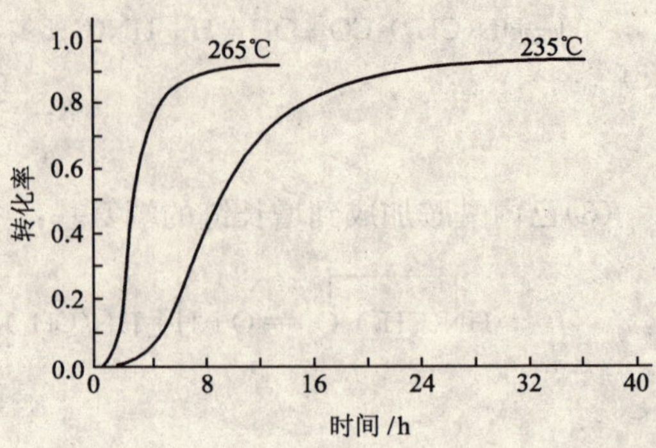

图 8－8　温度对转化速率和转化率的影响(w_0=0.02)

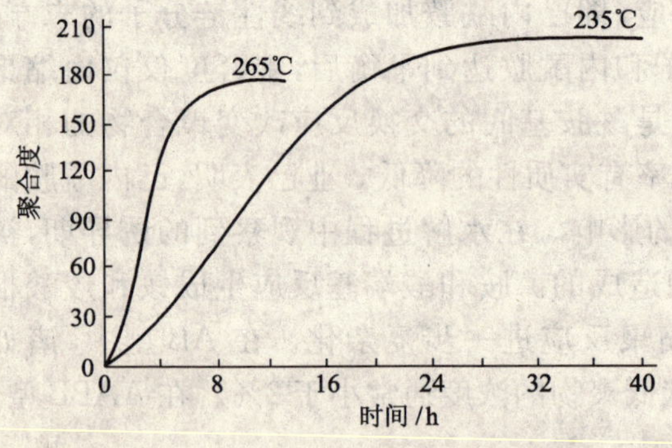

图 8－9　温度对聚合速率和聚合度的影响(w_0 = 0.02)

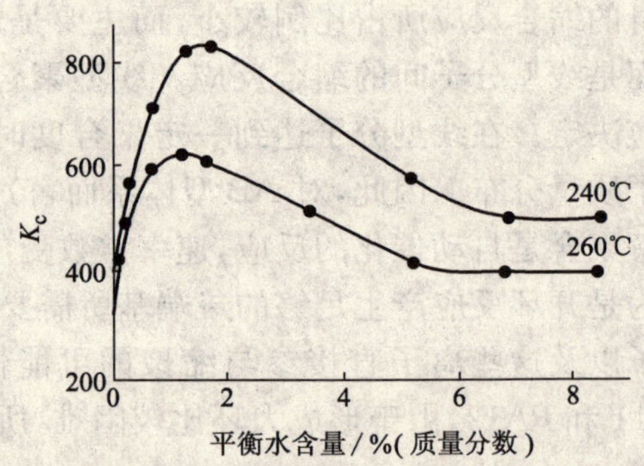

图 8－10　240℃和 260℃的表观平衡常数与平衡水含量

文献中报道的 K_c 值，由于采用浓度而非活度，因而是表观平衡常数。水含量影响离子化、活度系数和水合，报道的平衡常数值范围宽，也使 K_c 与水含量的关系复杂化。Giori 和 Hayes 指出，PA6 的 K_c 在水浓度小于 1.5%时，随水浓度的增加而增加，水浓度在 1.5%～7%时，随水浓度的增加而降低，但水浓度在 7% 以上时，PA6 的 K_c 保持不变(图 8－10)。Giori 和 Hayes 由汽—液平衡实验获得了水的活度，指出与拉乌尔定律有较大的负偏差。用活度进行计算时，K_c 的偏差要小得多(图 8－11)，低水含量时，活度的偏差较大，这是由离子化端基造成的。

报道的 K_c 值范围宽的另一个原因，部分起因于它们在计算中所用的条件不同。这些数据中的大多数，含水量远大于熔融加工的实际水平。由文献数据计算得到的 K_c 数值，在 280℃时介于250～350。Fukomoto在272℃、0.10%～0.16%水含量时，PA6的K_c值为269～274。根据Gooding的工作，在280℃、0.16%水含量时，PA66的K_c值为262。工业过程所用的相对分子质量和窄范围的水含量(通常小于0.3%)，可以认为K_c是常数。

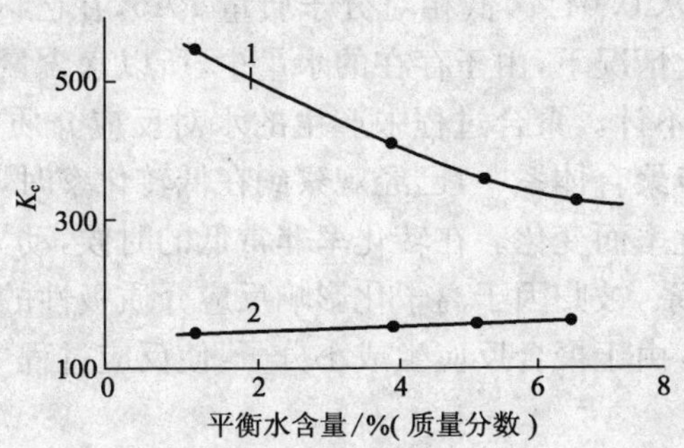

图8－11　270℃时，PA6缩聚平衡常数与平衡水含量的关系

1—表观水平衡常数　2—由水活度系数校正的平衡常数

表8－31提供了商品尼龙每个酰胺的平均相对分子质量和[—CONH—]$_{max}$。对于脂肪族尼龙，随着CH_2/CONH比例的增加，对水和其他极性溶剂的亲和力降低，而对非极性溶剂的亲和力增加。

表8－31　商品尼龙塑料中酰胺的平均相对分子质量及酰氨基浓度

PA的类型	CH_2/CONH	每个CONH的相对分子质量	[—CONH—]$_{max}$当量/10^6g
PA46	4	99.13	10088
PA6	5	113.16	8840
PA66	5	113.16	8840
PA69	6.5	134.20	7452
PA610	7	141.21	7080
PA612	8	152.24	6640
PA11	10	183.30	5460
PA12	11	197.33	5070
PAMXD6	—	123.15	8120
PA6I/6T	—	123.15	8120
PATMTD	—	144.19	6935

(二)反应动力学

文献中关于聚酰胺化的反应动力学，尚未完全取得一致意见，关于动力学反应级数和酸催化对速率的影响，存在相互矛盾。然而，大多数资料表明，转化率在90%以下，反应为二级，且不受酸催化的影响。但在高转化率、低水浓度和低端基浓度占优势的情况下，反应受酸催化的影响，是动力学三级反应。然而，已经提出论据，即使在高转化率下也支持二级反应动力学。Giori和Haves认为反应级数的不确定性，是由水含量变化对介质介电常数的影响，又影响端基的反应活性造成的。就PA6而论，单体的水解和再生使分析和解释复杂化。为了消除这些因素，已经对PA7在密封管中用大量过量水水解进行了研究，PA7 具有较小的复原为环状内酰胺单体的倾向。在这些条件下，水解中消耗的水很少，对介质介电常数的影响可以忽略不计。这些研究人员得出结论，对于水解，动力学数据支持二级机理。因此，反向的缩聚反应也应该是二级反应。

用萃取过的干燥的(含水 0.01%)低相对分子质量 PA6，在已内酰胺本身的聚合反应动力学中得出同样的结论。在此情况下，由于存在的水量少，所以水含量的变化、水解的逆反应和内酰胺再生的影响，可以忽略不计。聚合过程中产生的水对反应介质的影响，用包括水浓度的速率表达式校正。在其他逐步聚合体系中，已经观察到在低转化率时，不遵循二级或三级动力学，动力学级数明显地随着转化率而变化。在转化率非常低的时候，动力学级数明显地随转化率而变化，它们之间呈非线性关系，被归因于离子化影响反应介质极性的改变、反应分子间的缔合程度、活度系数的变化。另外，由于聚合反应生成小分子，使反应过程中质量/体积比发生变化，从而导致非线性。

聚酰胺化速率用羧基和/或氨基的消失表示，转化率在 90%以下，二级速率表达式是：

$$\frac{-\mathrm{d}[\text{—COOH}]}{\mathrm{d}t}=k_{\mathrm{a}}[\text{—COOH}][\text{—NH}_2] \tag{8-2}$$

在 AB 或 AABB 型体系中，如果混合物是化学计量平衡的，即$[\text{—COOH}]=[\text{—NH}_2]$，则：

$$\frac{-\mathrm{d}[\text{—COOH}]}{\mathrm{d}t}=k_{\mathrm{a}}[\text{—COOH}]^2 \tag{8-3}$$

式(8-3)积分得：

$$\frac{1}{[\text{—COOH}]}-\frac{1}{[\text{—COOH}]_0}=k_{\mathrm{a}}t$$

$$\frac{[\text{—COOH}]_0-[\text{—COOH}]}{[\text{—COOH}]_0}=[\text{—COOH}]k_{\mathrm{a}}t \tag{8-4}$$

式中$[\text{—COOH}]_0$是羧基或胺官能基的初始浓度。在高转化率，三级反应动力学占优势，速率表达式为：

$$\frac{-\mathrm{d}[\text{—COOH}]}{\mathrm{d}t}=k_{\mathrm{a}}[\text{—COOH}]^2[\text{—NH}_2] \tag{8-5}$$

对于化学计量平衡的混合物，式(8-5)简化为：

$$\frac{-\mathrm{d}[\text{—COOH}]}{\mathrm{d}t}=k_{\mathrm{a}}[\text{—COOH}]^3 \tag{8-6}$$

式(8-6)积分得式(8-7)：

$$\frac{1}{[\text{—COOH}]^2}-\frac{1}{[\text{—COOH}]_0^2}=2k_{\mathrm{a}}t \tag{8-7}$$

对于非化学计量条件，如果 $[\text{—COOH}]-[\text{—NH}_2]=D$，则式(8-3)变为：

$$\frac{-\mathrm{d}[\text{—COOH}]}{\mathrm{d}t}=k_a[\text{—COOH}][\text{—COOH—}D]$$

采用部分分数法得到下列表达式：

$$\frac{1}{D}\int\frac{\mathrm{d}[\text{—COOH}]}{[\text{—COOH}]}-\frac{1}{D}\int\frac{\mathrm{d}[\text{—COOH}]}{[\text{—COOH—}D]}=\int k_a\mathrm{d}t$$

积分得到式(8－8)：

$$\frac{1}{D}\ln\frac{[\text{—COOH}]}{[\text{—COOH}-D]}=k_at+C$$

$$\frac{1}{D}\ln\frac{[\text{—COOH}]}{[\text{—NH}_2]}=k_at+C \tag{8-8}$$

同样，式(8－5)变为：

$$-\frac{\mathrm{d}[\text{—COOH}]}{\mathrm{d}t}=k_a[\text{—COOH}]^2[\text{—COOH—}D]$$

再用部分分数法，得出：

$$\frac{1}{D^2}\int\left\{\frac{\mathrm{d}[\text{—COOH}]}{[\text{—COOH}]}-\frac{\mathrm{d}[\text{—COOH}]}{[\text{—COOH—}D]}\right\}+\frac{1}{D}\int\frac{\mathrm{d}[\text{—COOH}]}{[\text{—COOH}]}=k_a\mathrm{d}t$$

上列表达式积分得到：

$$\frac{1}{D^2}\ln\frac{[\text{—COOH}]}{[\text{—NH}_2]}+\frac{1}{D}\frac{1}{[\text{—COOH}]}=k_at+C \tag{8-9}$$

在这些速率表达式中，做了重要的简化假设。第一个假设是，一个官能基的反应速率与该官能基所连接的聚合物链的大小无关，另一个假设是，逆反应(水解)可忽略不计。第二个假设只有在水含量低于平衡值时才是合理的。对于 PA6 和 PA66，聚合物的相对分子质量在 17000 左右和 280℃的温度下，这个平衡值约为 0.18%。

水含量也影响聚酰胺化活化能和速率常数。由于活化能从速率数据计算得到，所以也有像平衡常数一样的不确定性。文献中报道的典型值，PA66 在 m－甲酚中，在 160℃为 126kJ/mol，在 205℃为 70kJ/mol；PA11 在 213℃无溶剂存在下为 46kJ/mol。

谢建军等人对己内酰胺水解聚合过程数学模型化与优化研究做了综述。己内酰胺水解聚合过程模型化及计算机仿真，能对现有生产过程和产品质量进行控制和优化，能改进和开发新的生产工艺，还能节省大量的实验费用。

(三)相对分子质量、反应程度和不平衡

由于相对分子质量影响聚合物的性能，所以在生产、加工和使用过程中，相对分子质量的测定和控制是非常重要的。在生产过程中，通常由一种反应物，酸或胺的过量来控制相对分子质量。

考虑一个仅由 AB 组成的体系，或由等摩尔量的 AA 和 BB 组成的体系，A 和 B 的总数相

等,则:

N_0=开始时A或B的端基数

N=任一给定时间未反应的A或B的数,N也等于任一时刻的分子数

已经反应的A或B官能团的百分率即反应程度p,$1-p$则是未反应的A或B的百分率。则:

$$\frac{N}{N_0}=1-p \tag{8-10}$$

重新排列得到:

$$\overline{p_n}=\frac{N_0}{N}=\frac{1}{1-p} \tag{8-11}$$

N_0/N是每个聚合物链的平均单体分子数或数均聚合度$\overline{p_n}$。在前面讨论的例子中,聚合物$H{+}NH(CH_2)_5CO{+}_{100}OH$的数均聚合度($\overline{p_n}$)为100,反应程度$p$为0.99。聚合度($\overline{p_n}$)和数均分子量$\overline{M}_n$的简单关系为:

$$\overline{M}_n=M_s\,\overline{p_n} \tag{8-12}$$

式中M_s是每个酰胺结构单元的平均相对分子质量,端基的贡献被忽略不计。

一种方便的测定聚合物数均分子量$\overline{M}_n$的方法是端基分析法。倘若聚合物分子是线性分子,则聚合物分子数是总端基数的一半。如果把端基表示为每百万克聚合物的物质的量(SI制中的摩尔),则:

$$\overline{M}_n=\frac{2\times10^6}{[\text{—COOH}]+[\text{—NH}_2]+[\text{U}]} \tag{8-13}$$

式中:U——惰性的或稳定的端基。

由此可以得出结论,只有在官能团化学计量完全相等时,才能获得最大相对分子质量。通常,或者是设定的或者是偶然的,反应混合物可能不是化学计量平衡的,不平衡限制可能的最大相对分子质量。可获得的最大数均聚合度P_n由用分数表示的过量端基E决定。考虑一个A官能团过量的体系。设:

N_{A0}=开始的A端基数

N_{B0}=开始的B端基数

N_B=任何时刻剩余的B端基数

定义E如下:

$$E=\frac{N_{A0}-N_{B0}+U}{N_{B0}}=\frac{\text{总端基数}}{N_{B0}}$$

开始时的总端基数=B端基数+相等数的A端基数+总的过量端基数

$$=2N_{B0}+EN_{B0}=N_{B0}(2+E)$$

因为只有B端基能够完全反应，所以反应程度 p 用B端基计算。因此在任一时刻的B端基数为：

$$N_B = N_{B0}(1-p)$$

在任一时刻的总端基数 $=2N_B + EN_{B0}$，代入：

$$2N_B + EN_{B0} = 2N_{B0}(1-p) + EN_{B0} = N_{B0}[2(1-p)+E]$$

$$\overline{p_n} = \frac{\text{开始时的摩尔数}}{\text{任一时刻的摩尔数}} = \frac{\text{开始时的总端基数}}{\text{任一时刻的总端基数}}$$

$$\overline{p_n} = \frac{N_{B0}(2+E)}{N_{B0}[2(1-p)+E]} = \frac{2+E}{2(1-P)+E} \qquad (8-14)$$

当 $p=1$ 时，式(8-14)被简化为：

$$\overline{p_{n(max)}} = \frac{2+E}{E} \qquad (8-15)$$

在AABB体系中：

在AA过量的场合 $E = (N_A - N_B)/N_B$ （Ⅰ）

在RA存在和A＝B的场合 $E = N_R/N_B$ （Ⅱ）

在RA存在和A＞B的场合 $E = (N_A - N_B + N_R)/N_B$ （Ⅲ）

在AB体系中：

在AA存在的场合 $E = (N_A - N_B)/N_B$ （Ⅳ）

或 $E = 2N_{AA}/N_B$

在RA存在的场合 $E = 2N_R/N_B$ （Ⅴ）

在AA和PA存在的场合 $E = 2(N_{AA} + N_R)/N_B$ （Ⅵ）

N_A 和 N_B 是A和B基团的物质的量，N_{AA} 是AA的摩尔数，N_R 是单官能团酸或胺的摩尔数。也就是说，RA或RB是为了限制相对分子质量而有意加入的，它等于稳定的即惰性和不可滴定的端基，由式(8-13)中的[U]表示。就AB而言，出现因子2是因为每摩尔AA提供2摩尔A，每摩尔RA提供1摩尔过量的A和等量的U。

因此，如果把1%(摩尔分数)醋酸(RA)加入PA66盐，并加入相等的二元胺，使体系相当于上述状态(Ⅱ)，则 $E = 0.01$，$p_{n(max)} = (2+0.01)/0.01 = 201$。若不加入二元胺，则适用状态Ⅲ，$E = 0.02$，$p_{n(max)} = (2+0.02)/0.02 = 101$。在具体实践中，由于二元胺的相对挥发性以及在某些情况下由于聚合过程中的副反应，经常不能获得完全相等的AA和BB，所以，具体的生产过程影响酸/胺比例和实际得到的相对分子质量。如果把1%(摩尔分数)醋酸加入己内酰胺，状态(Ⅴ)适用，$E = 0.02$，$p_{n(max)} = (2+0.02)/0.02 = 101$。加入1%(摩尔分数)AA或BB，相当于状态Ⅳ，通常相当于状态(Ⅴ)。

与简单的化合物不同，大多数合成高聚物由许多大小不同的分子组成，因此，必须讨论平均相对分子质量大小。在实践中采用几种分子平均，其中有数均分子量 M_n、质均分子量 M_m 和黏均分子量 M_v。最常用的是 M_n 和 M_m 以及相应的数均聚合度 p_n 和质均聚合度 p_m。这些分子量平均表达式的推导如下。

设：

n_1＝ 相对分子质量 M_1 的单体摩尔数

n_2＝ 相对分子质量 M_2 的二聚体摩尔数

n_i＝ 相对分子质量 M_i 的 i 聚体摩尔数

N ＝ 聚合物的总摩尔数

m ＝ 聚合物的总质量

则：

$$N=n_1+n_2+\cdots n_i+\cdots=\sum_{i=1}^{\infty}n_i$$

$$m=n_1M_1+n_2M_2+\cdots+n_iM_i=\sum_{i=1}^{\infty}n_iM_i$$

$$\overline{M_n}=\frac{m}{N}=\frac{n_1M_1}{N}+\frac{n_2M_2}{N}+\cdots+\frac{n_iM_i}{N}=\frac{\sum\limits_{i=1}^{\infty}n_iM_i}{\sum\limits_{i=1}^{\infty}n_i} \tag{8-16}$$

$$\overline{M_n}=f_{n1}M_1+f_{n2}M_2+\cdots=\sum_{i=1}^{\infty}f_{ni}M_i \tag{8-17}$$

式中 f_n＝ 摩尔分数。数均聚合度为：

$$\overline{p_n}=\sum_{i=1}^{\infty}f_{ni}i \tag{8-18}$$

式中 $f_{ni}i$ 是 i 聚体的单体单元数乘 i 聚体数量分数。如前所示，$\overline{M_n}$ 可用端基分析法或渗透压法测定。

同样，质均分子量$\overline{M_m}$是每个分子种的质量分数和每个分子种的相对分子质量的乘积之和。如果质量分数用 f_m 代表，则$\overline{M_m}$由下式给出：

$$\overline{M_m}=f_{m1}M_1+f_{m2}M_2+\cdots=\frac{n_1M_1}{m}M_1+\frac{n_2M_2}{m}M_2+\frac{n_iM_i}{m}M_i$$

$$=\frac{\sum\limits_{i=1}^{\infty}n_iM_i^2}{\sum\limits_{i=1}^{\infty}n_iM_i} \tag{8-19}$$

式中的 $\overline{M_m}$ 可用光散射或超速离心法测定。

而质均聚合度为：

$$\overline{p_m}=\sum f_{mi}i \tag{8-20}$$

经常用溶液黏度来测定相对分子质量，主要原因是该法具有简单并能适用于广范围相对分子质量的优点。然而，此法不是绝对法，需要用基本法如端基分析、渗透压、光散射或超速离心法校正。Mark-Houwink 方程表示特性黏数$[\eta]$和相对分子质量之间的关系。

$$[\eta] = K\overline{M^{\alpha}} \tag{8-21}$$

式中 α 一般为 0.5～1，在一定的相对分子质量范围内 α 为常数，通常不等于 1(多分散性)，方程(8－21)中的 $\overline{M}$ 为 $\overline{M}_v$。必须指出，这个方程精确地适用于线性的和具有窄相对分子质量分布(MMD)的聚合物。它的较宽用途以经验合理性为基础，在所研究的范围内 MMD 为常数时，才对 $\overline{M}_n$ 是有用的，通常适用于聚酰胺。这种关系局限于校正中所用的相对分子质量范围。这样计算得到的相对分子质量，既可表示为$\overline{M_n}$，又可表示为$\overline{M_m}$，取决于校正技术。对于任何分布而言，与数均分子量相比，黏均分子量 $\overline{M}_v$ 总是更加接近于质均分子量。聚酰胺遵循最可几分子量分布，因而，$M_m = M_n/2$，$M_v = 0.954M_m$。

(四)相对分子质量分布

单独用平均分子量描述树脂性能，未必总是能满足要求。高聚物的相对分子质量具有两个特点：一个是它具有比小分子大得多的相对分子质量，一般在 10^3～10^7；另一个是除了少数几种蛋白质以外，无论是天然的还是合成的高聚物，相对分子质量都是不均一的，具有多分散性。因此，高聚物的相对分子质量只有统计的意义，用实验方法测得的相对分子质量只是某种统计的平均值。若要确切地描绘共聚物试样的相对分子质量，除了给出相对分子质量的统计平均值以外，还应给出试样的相对分子质量分布。Flory 根据统计学原理推导了线性缩聚高分子的最可几分子分布，这个方法以等反应性原理为基础。按照这个理论，在聚合过程的任何阶段，任一官能团参加反应的概率与其分子的大小无关。这种分布通常被称为 Flory 分布或 flory－Schulz 分布，或最可几分布。

i－聚体 H—(NHRCO)$_i$—OH 或 H—(NHR′NHCOR″CO)$_i$/2 是胺和羧酸基 $i-1$ 缩合的结果。若胺基和羧基在化学计量上是平衡的，则已反应的端基的概率为反应程度 p，未反应的端基的概率为 $1-p$。因此，i－聚体以上存在的概率等于总概率 p_{i-n}，是每个缩合反应单独的概率的乘积。

$$p_{i-n} = p^{i-n}(1-p)$$

根据式(8－18)，可把上式改写为：

$$\begin{aligned}\overline{p_n} &= \sum_{i=1}^{x} ip^{i-1}(1-p) \\ &= (1+2p+3p^2+\cdots)(1-p) \\ &\approx \frac{1}{(1-p)^2}(1-p) = \frac{1}{1-p}\end{aligned} \tag{8-22}$$

因为 p_{i-n}代表每个 i－聚体的数值概率，$\overline{p_n}$代表所有 i－聚体的概率之和，p_{i-n}等于 i－聚体的摩尔分数。式(8－22)进一步证实由反应程度导出的式(8－11)。

同样，可以计算质均聚合度$\overline{p_m}$，i－聚体的质量分数 p_{i-m}由下列表达式给出：

$$p_{i-m} = \sum_{i=1}^{\infty} i(p^{i-n})(1-p)^2$$

根据式(8－20),上式变为:

$$\overline{p_{\mathrm{m}}}=\sum_{i=1}^{\infty} i^2 p^{i-1}(1-p)^2=(1+4p^2+9p^3+\cdots)(1-p)^2 \tag{8－23}$$

$$\overline{p_{\mathrm{m}}}=\frac{1+p}{(1-p)^3}(1-p)^2=\frac{1+p}{1-p} \tag{8－24}$$

分布曲线图示于图 8－12 和图 8－13。由图 8－12 可知,在摩尔分数的基础上,除了在无限大的聚合度,单体始终是最主要的分子种。但从质量分数的观点,相反的情况也是成立的,分子的质量分布曲线(图 8－13)的峰值等于$\overline{P_{\mathrm{n}}}$,这由式(8－22)对 i 微分得到。

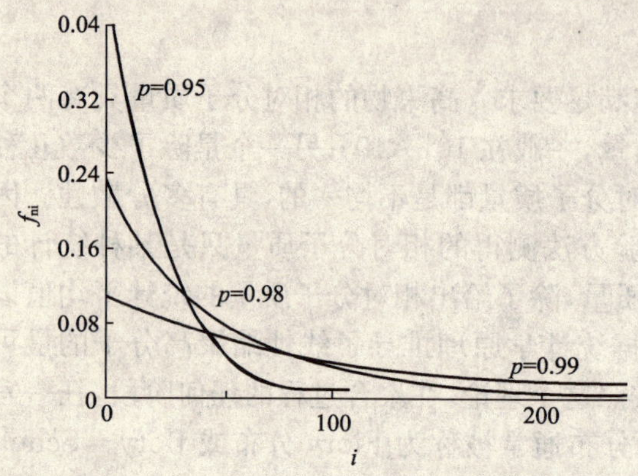

图 8－12　不同反应程度 p 的线型缩合高分子中分子的数量级分分布

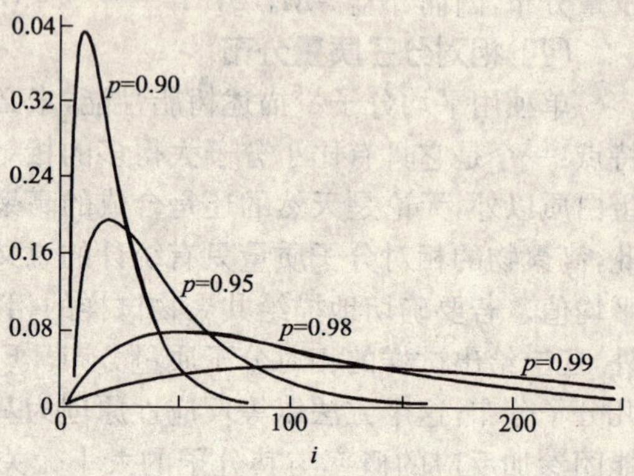

图 8－13　不同反应程度 p 的线型缩合高分子中分子的质量级分分布

$$\frac{\mathrm{d}(f_{\mathrm{mi}})}{\mathrm{d}i}=p^{i-1}(1-p)^2+i(1-p)^2p^{i-1}\ln p$$

$$\frac{\mathrm{d}(f_{\mathrm{mi}})}{\mathrm{d}i}=0$$

在极大值　$$i_{\max}=-\frac{1}{\ln p}$$

对于高聚合度 $p=1$,则:

$$\overline{p_{\mathrm{n}}}=i_{\max}=-\frac{1}{\ln p}=\frac{1}{1-p} \tag{8－25}$$

比例$\overline{M_{\mathrm{m}}}/\overline{M_{\mathrm{n}}}$/或$\overline{p_{\mathrm{m}}}/\overline{p_{\mathrm{n}}}$通常作相对分子质量分布指数用,称为“多分散指数”。根据式(8－22)和式(8－25),由逐步聚合得到的聚合物,其多分散指数显然等于 $1+p$,当 p 近似 1 时,Flory 的“最可几分布”为 2。显然,若反应程度低,则分布小于 2。只有当聚合物为线型时最可几分布才适用。早在 1955 年,Hermans 等人就已提供了最可几分布的证明。他们通过反复地把聚合物分离为窄级分而得到数据,再绘制出分布曲线。凝胶渗透色谱(GPC)的出现使相对分子质量分布的测定，相对而言容易得多了。

具有两个以上可反应基团(官能度>2)的单体存在，产生支化的非线型聚合物。支化会导致凝胶化，凝胶化定义为该点的质均分子量为无穷大。在凝胶点以下，与分子量相当的线型聚合物相比，支化的聚合物具有较宽的相对分子质量分布。这些聚合物的 M_n 和 M_m 可由式(8－26)和式(8－27)计算。

$$\overline{M_n}=\frac{2\times10^6}{N_i-c(f-2)} \tag{8-26}$$

$$M_m=\frac{4\times10^6}{N_i-cf(f-2)} \tag{8-27}$$

式中：N_i—— 在 $mol/10^6 g$ 聚合物中的总端基数；

f ——一个单体分子的官能度或反应基团数；

c —— 在 $mol/10^6 g$ 聚合物中的多官能单体的浓度。

式(8－27)被式(8－26)除，得到：

$$\frac{\overline{M_m}}{\overline{M_n}}=\frac{2(N_i-c)}{N_i-fc} \tag{8-28}$$

因此，对于 $f=3$，式(8－28)变为：

$$\frac{\overline{M_m}}{\overline{M_n}}=\frac{2(N_i-c)}{N_i-3c}$$

这个分子量分布显然大于最可几分布 2。多官能单体的浓度低于此值时不会发生凝胶。如上所述，在凝胶点，$\overline{M_m}$ 等于无穷大。式(8－27)的分母必须 ＝ 0，即，$N_i=cf(f-2)$ 或 $c=N_i/f(f-2)$，$\overline{M_m}$ 等于无穷大才是正确的。因此，对于 $f=3$,4 或 6，在凝胶点 c 分别等于 $N_i/3$，$N_i/8$ 或 $N_i/24$。若具有不同官能度的多官能化合物不止一种，则 f 值是官能度和摩尔分数的加权平均。在支化点，每个分子的支化单位平均数 b，由下列表达式给出：

$$b=c\,\frac{10^6}{\overline{M_n}}$$

将式(8－26)代入 $\overline{M_n}$：

$$b=\frac{2c}{N_i-c(f-2)}$$

在凝胶点，$N_i=cf(f-2)$，用 $cf(f-2)$ 取代 N_i 给出：

$$b_{gel}=\frac{2c}{cf(f-2)-c(f-2)}=\frac{2}{(f-1)(f-2)}$$

因此，对于 $f=3$,4，或 6，凝胶时每个分子的支化数分别为 1，1/3，或 1/10。

当用含 A 或 B 但不同时含 A 和 B 两者的多官能反应物制备 AB 型聚合物时，形成聚合物链与多官能反应物相连接的多链聚合物，该体系不会凝胶化。在这种情况下，$\overline{M_m}/\overline{M_n}=1+$

$1/f$，当 p 低时则相对分子质量分布宽，当 p 接近于 1 时则相对分子质量分布窄。对于 $f=2$（如己二酸）和高反应程度，多分散指数为 1.5。同样，对于 $f=3$，该指数为 1.3。通常在聚合过程中用于控制相对分子质量的单官能酸或胺的存在，并不影响分子量分布。

(五)共混和交换反应

聚酰胺是反应性高分子，始终受平衡常数控制，与所用的单体和制造过程无关。当不同的尼龙在熔融状态下进行共混时，发生酰胺交换反应，最初给出嵌段聚合物，最终给出无规共聚物，后者与由混合单体聚合所获得的共聚物等同。如果同类但不同相对分子质量的尼龙进行共混，在平衡时聚合物的相对分子质量将发生变化。然而，在两种情况下，所得聚合物将具有最可几分布。

共混物的$\overline{M_n}$和$\overline{M_m}$由式(8－29)和式(8－30)计算：

$$\overline{M_n}=\frac{1}{(f_{m1}/\overline{M_{n1}})+(f_{m2}/\overline{M_{n2}})} \tag{8-29}$$

$$\overline{M_m}=f_{m1}\overline{M_{m1}}+f\overline{M_{m2}} \tag{8-30}$$

式中 f_{m1} 和 f_{m2} 是聚合物 1 和聚合物 2 的质量分数。式(8－30)除以式(8－29)，重新排列得到：

$$\frac{\overline{M_m}}{\overline{M_n}}=2+\frac{2f_{m1}f_{m2}}{R}(R-1)^2 \tag{8-31}$$

式中 $R=\overline{M_{n2}}/\overline{M_{n1}}$。由式(8－31)可知，共混导致较宽的分子量分布。然而，分布的变化较小，它的影响远小于$\overline{M_m}$和$\overline{M_n}$的变化。

二、AABB 型尼龙

AABB 型尼龙由二元酸和二元胺制得，主要品种有 PA66、PA612、PA610、PA46、PA1010。PA6T 和 PA9T 分别由己二胺和壬二胺与对苯二甲酸制得。二元酸中间体通常为结晶粉末，而二元胺在室温下是液体或难于处理的固体或半固体。把二元酸和二元胺配制成离子盐的水溶液，就很容易处理。随着二元酸和二元胺链长的增加，盐的溶解度下降。己二酰己二胺盐(PA66 盐)的 50％水溶液，在 50℃很容易处理，而 PA612 盐在同样的条件下，溶解度极限约为 35％。PA1212 盐基本上不溶解，需要特殊的设备。

盐溶液的 pH 值是控制化学反应计量的简单方法。等价 pH 值相当于成分的摩尔比为 1∶1，近似地等于$(\lg K_B-\lg K_W-\lg K_A)/2$，式中 K_W 是水的离解常数，K_A 和 K_B 是酸和碱的第二离解常数。PA66、PA69、PA610、PA612 盐的稀溶液的等价 pH 值为 9.6。在实际操作中，加入工艺过程的盐溶液的 pH 值取决于所用设备的结构类型，因为设备结构影响由蒸发造成的二元胺损失，由副反应和降解造成化学计量变化。

AABB 型尼龙盐的生成可用式(8－32)近似地表示。更加精确的表示至少需要六个反应。

$$\mathrm{HOOC{-}R{-}COOH+H_2N{-}R{-}NH_2 \xrightleftharpoons{H_2O} {}^{+}H_3N{-}R{-}NH_3^{+}+{}^{-}OOC{-}R{-}COO^{-}} \tag{8-32}$$

(一)尼龙 66

尼龙 66 工业化之初，采用尼龙 66 盐水溶液的间歇法生产，在缩聚过程中为了严格控制等摩尔的己二胺和己二酸，一般先将等摩尔的己二胺和己二酸中和制成己二酰己二胺盐，然后再缩聚生成高分子化合物。经过改进，有些工艺省去了成盐工序，直接进行缩聚，实现了尼龙盐连续高压熔融聚合。目前，尼龙 66 盐连续浓缩连续缩聚，工业化生产稳定，一般使用盐浓度 60%～70%。尼龙 66 的间歇法生产反应易控制，工艺成熟，现在仍在采用。生产尼龙 66 盐的工艺路线可概括为水溶液法和溶剂结晶法两种。目前生产尼龙 66 的其他工艺有非水溶液聚合、熔融单体或熔融盐直接聚合、界面缩聚等方法。

1. 尼龙 66 盐的制备

尼龙 66 盐是己二酰己二胺盐的俗称，分子式为 $C_{12}H_{26}O_4N_2$，相对分子质量 262.35，结构式为[$^+H_3N(CH_2)_6NH_3{}^{+-}OOC(CH_2)_4COO^-$]。

尼龙 66 盐是无臭、无腐蚀、略带氨味的白色或微黄色宝石状单斜晶系结晶。室温下，干燥或溶液中的尼龙 66 盐比较稳定，温度高于 200℃时，会发生聚合反应。其主要物理性质见表 8－32。尼龙 66 盐在水中的溶解度很大(表 8－33)。

表 8－32 尼龙 66 盐的主要物理性质

物理性质	数 据	物理性质	数 据
熔点/℃	193～197	生成热/J·(kg·K)$^{-1}$	3.169×10^5
折射率(30℃)	1.429～1.583(50%水溶液)	水中溶解率(50℃)/g·mL^{-1}	54.00
升华温度/℃	78	密度/g·cm^{-3}	1.201

表 8－33 尼龙 66 盐在水中的溶解度

温度/K	273.16	283.16	293.16	303.16	313.06	323.16	333.16	343.16	353.16
溶解度/g·mL^{-1}	37.00	43.00	47.00	50.50	52.50	54.00	56.00	58.50	61.50

(1)尼龙 66 盐的制备方法：

①水溶液法制尼龙 66 盐：以水为溶剂，等摩尔的己二胺和己二酸在水溶液中进行中和，制成 50%尼龙 66 盐水溶液。将纯己二胺用软水配成约 30%的水溶液，加入反应釜中，在 40～50℃、常压和搅拌下慢慢加入等摩尔的己二酸，控制 pH 值在 7.7～7.9。反应结束后，用 0.5%～1%的活性炭净化、过滤，即可得到 50%的尼龙 66 盐水溶液。成盐反应为放热反应，反应热用外循环水冷却而除去。为防止尼龙 66 盐与空气接触而氧化，在系统中充氮气保护。在真空状态下，将 50%的尼龙 66 盐水溶液经蒸发、脱水、浓缩、结晶、干燥，即可制成固体尼龙 66 盐。一般每吨尼龙 66 盐(100%)消耗己二胺(99.8%)522.64kg，消耗己二酸(99.7%)561.9kg。水溶液法的优点是方便易行，安全可靠，工艺路线短，能耗省，成本低。缺点是对原料中间体质量要求高，远途运输费用高，通常制成固体盐再长途运输。水溶液法的工艺流程如图 8－14 所示。

我国生产尼龙 66 盐的工厂只有辽阳石油化纤公司和神马集团公司两家企业，合计生产能

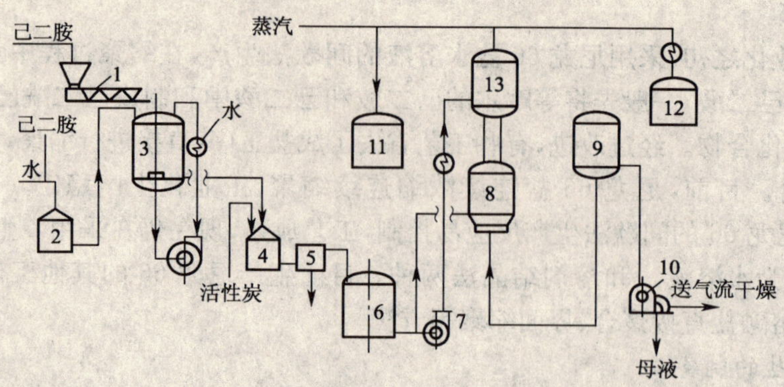

图 8－14　水溶液法生产尼龙 66 盐的工艺流程

1—己二酸配制槽　2—己二胺配制槽　3—中和反应器　4—脱色罐　5—过滤器
6、9、11、12—储槽　7—泵　8—成盐反应器　10—鼓风机　13—蒸发器

力约 105kt/a。而用尼龙 66 盐缩聚生产树脂、切片、纤维的工厂较多。辽阳石油化纤公司在尼龙 66 盐生产过程中，除了将一部分尼龙 66 盐水溶液直接用于缩聚制尼龙 66 纤维外，还生产尼龙 66 盐晶体。为了提高尼龙 66 盐产量和稳定结晶操作，该公司开展了尼龙 66 盐结晶研究，探讨结晶机理与操作条件。尼龙 66 盐在水中的溶解度随温度升高而增大。因此，结晶温度应尽量低，但需大于 30℃。尼龙 66 盐在水中的溶解度 C_s 与绝对温度 T 的关系为：

$$C_s = -376.3286 + 1.9224T - 0.001149T^2$$

②溶剂结晶法制尼龙 66 盐：以甲醇或乙醇为溶剂，经中和、结晶、离心分离、洗涤，制得固体尼龙 66 盐。氨基和羧基经中和后形成菱形无色结晶盐，并放出热量，其工艺流程如图 8－15 所示。纯己二酸溶解于 4 倍质量的溶剂（乙醇）中，完全溶解后，移入带搅拌的中和反应器并升温

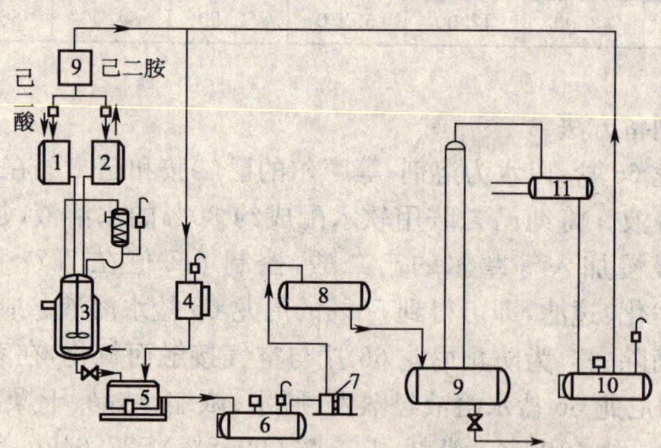

图 8－15　乙醇溶剂法生产尼龙 66 盐的工艺流程

1—己二酸配制槽　2—己二胺配制槽　3—中和反应器　4—乙醇计量槽　5—离心机　6—乙醇储槽
7—蒸汽泵　8、11—乙醇高位槽　9—乙醇回收蒸馏塔　10—乙醇储槽

到 65℃，慢慢加入配好的己二胺溶液，反应温度控制在 75～80℃。在反应终点有白色结晶析出，继续搅拌至反应完全，冷却并过滤，用乙醇洗涤数次除去杂质。最后经离心分离后尼龙 66 盐的总收率达 99.5%以上。一般每吨尼龙 66 盐消耗己二胺 0.46t、己二酸 0.58t、乙醇 0.3t。影响尼龙 66 盐收率和质量的因素，包括原料纯度、结晶温度、乙醇浓度和用量等，其中主要的是乙醇浓度和用量。溶剂结晶法的特点是产品运输方便、质量好，但对温度、湿度、光和氧敏感性强，在缩聚操作中要重新加水溶解。

(2)尼龙 66 盐的质量、规格及测试方法：尼龙 66 盐的质量指标见表 8－34。为了完整地反映尼龙 66 盐的内在质量，有人建议增加稳定指数 PS、硝酸根含量、抗氧值三项指标。PS 定义为试样溶液的光密度与空白溶液的光密度之差的负数，反映了尼龙 66 盐中易变质杂质的数量，PS 越高，尼龙 66 盐存放期间越不容易变质；硝酸根反映聚合物的色泽和可纺性，一般控制在 5mg/kg 以下；抗氧值则反映了尼龙 66 盐中易氧化杂质的含量，抗氧性能差的尼龙 66 盐，聚合后注带切片白度差，后加工困难，因此抗氧值最好在 12mL 以下。表 8－34、表 8－35 分别是一些企业的尼龙 66 盐的质量指标和尼龙 66 盐水溶液的质量指标。

表 8－34 尼龙 66 盐的质量指标

指标名称	德 国	美国塞拉尼斯公司	法国罗纳—普朗克公司	中国辽化公司	
				一级	二级
外 观	白色结晶粉末	白色结晶粉末	白色结晶粉末	白色结晶粉末	白色结晶粉末
pH 值	7.00±0.10（10%水溶液）	7.55～7.80	7.50～7.80	7.00～8.00（10g/10mL 水溶液）	7.00～8.50（10g/10mL 水溶液）
含水率/%（质量分数）	≤2.00		0.40	≤0.40	≤1.00
总挥发碱	≤0.30mmol（L·kg）	≤10mg/kg	9.50mL	9.5mL	15mL
可还原氮（以 HNO_3 计）/$mg \cdot kg^{-1}$			35	35	50
含灰量/$mg \cdot kg^{-1}$	≤4.0	≤10	15	0.50	50
含铁量/$mg \cdot kg^{-1}$	≤0.10	≤1.00	0.50	6	20
硝酸含量/$mg \cdot kg^{-1}$	≤1.00		6	15（以 HNO_3 计）	150（以 HNO_3 计）
色度（APHA）	≤8	15		15（Hazen）	

表 8－35 尼龙 66 盐水溶液的规格

指 标	孟山都公司	罗纳—普朗克公司
外 观	清澈液体	清澈液体
浓度/%（质量分数）	48.5±0.75	45～51
色度（Hazen）		15
pH 值	7.60±0.20	7.50～8.00

续表

指　　标	孟山都公司	罗纳—普朗克公司
含灰量/mg·kg^{-1}	10	10
硝酸盐含量/mg·kg^{-1}	20	6
硼含量/mg·kg^{-1}	9.00	
铜含量/mg·kg^{-1}	1.00	
铁含量/mg·kg^{-1}		0.50

2. 缩聚过程及其特点

在聚酰胺化过程的所有阶段都存在二元胺、二元酸、半中和物质以及这些物质的聚合物和中性的聚合物分子。在化学反应平衡中存在电荷平衡，例如，在蒸发提高盐的浓度以及聚合过程中，随着水的蒸发，由于只有未离子化的游离二元胺分子可以汽化，如果不充分估计工艺二元胺的损失，将导致误差偏高。若忽视电荷平衡，其他相似数据判断的错误不可避免。

聚酰胺生产的典型过程为：用一个高压釜把水蒸出，并把化学平衡推向所需的酰胺浓度水平，即所需的最终相对分子质量。

$$HOOCRCOOH + H_2NRNH_2 \rightleftharpoons HOOCRCONHRNH_2 + H_2O \qquad (8-33)$$

反应式(8－32)和式(8－33)同时存在。当聚合物的相对分子质量增大到一定程度、水含量降低时，特别是对于芳香族二元酸，也开始脒支化平衡。反应式(8－34)主要是在内酰胺阳离子聚合终止相的情况下进行的研究，其在二元胺和二元酸聚合中的作用有待充分阐明。

$$—CONH— + —NH_2 \rightleftharpoons —\underset{\displaystyle H}{\underset{|}{N}}\overset{\displaystyle \overset{|}{N}}{\overset{\|}{C}}— + H_2O \qquad (8-34)$$

反应式(8－33)可以被催化，但在大多数工业设备中，反应速度由除水速度控制，所以催化仅在有限的情况下起作用。已报道的酰胺化催化剂包括金属氧化物和碳酸盐、强酸、一氧化铅、对苯二甲酸酯类、混合酸、烃氧基钛或羧酸钛。因为催化剂既能催化正向反应，又能催化逆向反应，所以在聚酰胺塑料后加工过程中，催化剂的存在是不利的。与不用催化剂的产品相比，用催化剂的产品在后加工过程中对水分的敏感性要大得多。

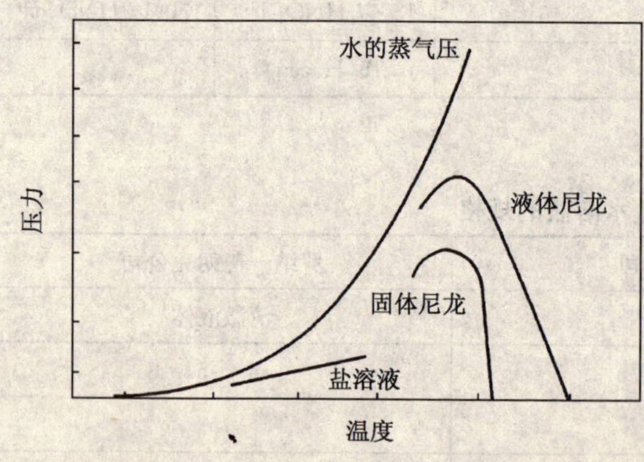

图 8－16　典型的尼龙压力—温度相图

根据物理化学原理，图 8－16 表示典型的尼龙的压力—温度相图。图中上界线是纯水的蒸汽压。曲线 A 是固体尼龙的熔点，曲线 B 是液体尼龙的凝固点，两者的差异是熵($T\Delta S$)对体系有序的贡献。初始阶段熔点和凝固点升高是由相对分子质量增加造成的。相对分子质量的作用仅在聚合反应的初期是重要的，分子链增长到含有 5 个或 10 个单体单元，尼龙的水溶解度就在相图中起支配作用。图 8－16 中，曲线 C 是盐的溶解度曲线。

实际上，工业聚合过程必须避开盐溶解度曲线和液体聚合物凝固曲线。这就是所有工艺（间歇或连续）使初始聚合条件保持在相图曲线 B 以上的原因（图 8－17）。尼龙的开拓者并未充分理解熵的作用延缓尼龙从液相凝固出来这个事实，一些早期工艺在全部时间内把操作条件保持在曲线 A 以上（图 8－18），而这仅在相对分子质量向最高峰发展过程中或聚合周期的减压部分是必要的。

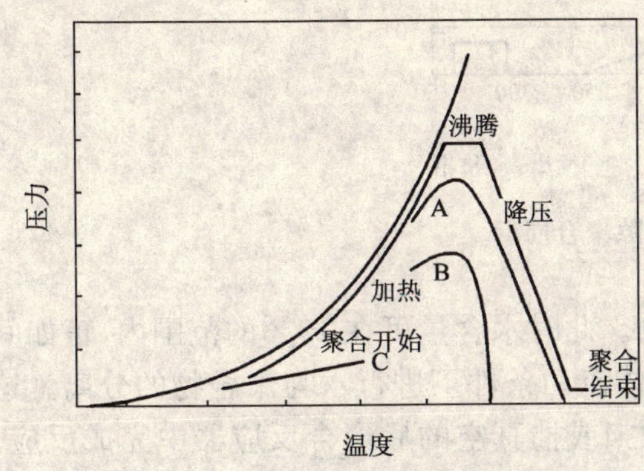

图 8－17　近期使用的尼龙聚合周期

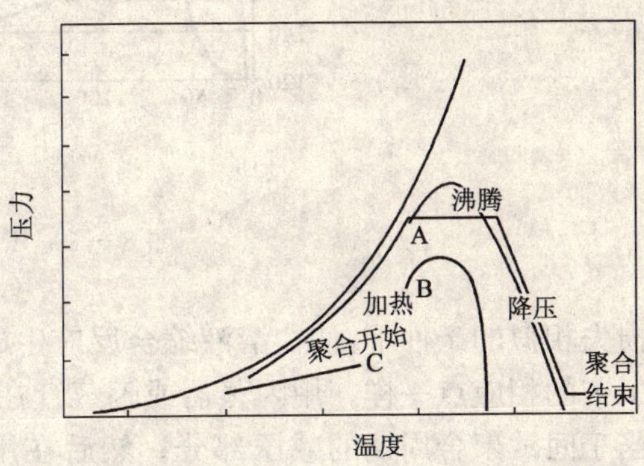

图 8－18　早期使用的尼龙聚合周期

AABB 和 AB 聚合物的黏度与熔点相比，与其相对分子质量和温度的函数相关度更大，所以，进一步的工艺制约是，即使对于低熔点尼龙以及非晶态尼龙，聚合温度必须足够高，使液体聚合物在所用的设备中容易处理。

典型的 PA66 的间隙聚合同期如图 8－19 所示。把 PA66 盐加入聚合反应器，在约 120℃停留7 min，换热介质的内壁温度为 300℃，在 14 min 内把加入的物料加热到 215℃和 1824kPa，然后使物料沸腾 100 min 排出水。到那时，物料成为低相对分子质量的尼龙，在 250℃由盐带入的水和聚合反应生成的水的 82％被汽化。然后在 144 min 内使换热介质的温度降到 295℃，压力降低到 101kPa 或更低。聚合物温度升高到 271℃，有 94％的水量被汽化，在聚合物料温度升高到 275℃时，剩余的水在 45 min 内用氮气洗涤而除去。在此期间，把传热介质的温度降到 280℃，然后用氮气使体系压力增加到 709kPa，釜内物料在 32 min 内挤出、冷却、切粒、包装或输送到其他操作。保持传热介质的温度尽可能地低，以限制热降解对产品质量的影响。一些生产厂在压力下降的最后用真空保持期取代氮气洗涤。

连续聚合过程与间歇聚合周期的特征大致相同，但操作条件是专有的，必须从专利文献中搜集。生产厂的目标仍然一样：把操作条件保持在相图的液体一侧，控制二元胺损失，减少导致产品质量下降的副反应。

PA66 连续聚合试验开始于 20 世纪 40 年代，但到 50 年代才实现工业化。聚合基本上分为两个阶段。首先生成含有大量溶解水的低相对分子质量的“预聚物”，然后尽可能迅速地从体系中除去水，通过控制剩余水的排除，使反应进行到所需的最终相对分子质量。

早期使用的连续聚合的典型装置如图 8－20 所示。在与间歇聚合周期排水阶段限制二元

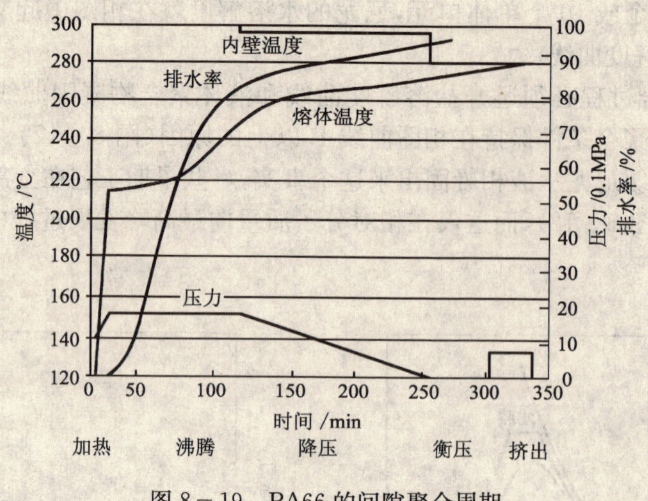

图 8－19　PA66 的间隙聚合周期

胺损失相似的条件下，使盐溶液缩合反应生成预聚物。此时水含量可在 10％的范围内，正如间歇工艺的相应点一样。用闪蒸器或闪蒸管在两相流体流动条件下进行水与聚合物的分离。这相当于间歇聚合周期的减压部分。然后在用氮气吹扫或抽真空的后聚合反应器中完成反应。闪蒸管上消光剂泵的存在，表示这种特殊的设备以生产纺织纤维用尼龙为目标。

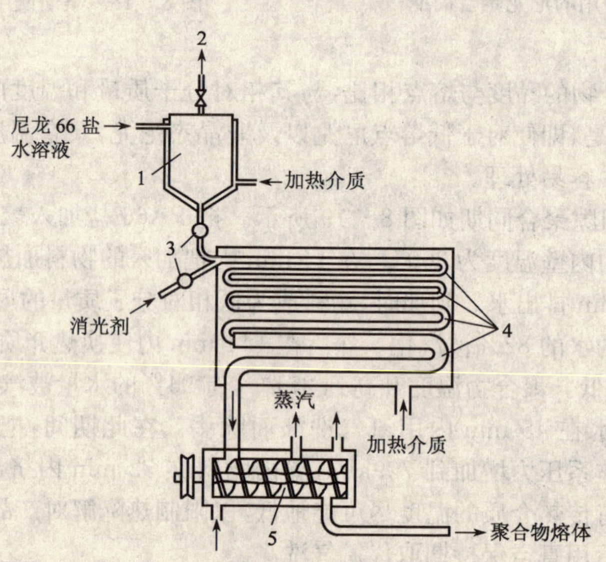

图 8－20　早期使用的 PA66 连续聚合反应器

1—蒸发器/反应器　2—放空　3—消光剂泵　4—闪蒸管　5—后聚合反应器

后来的开发包括工艺设备的进一步专业化。如图 8－21 所示，一种使排出闪蒸器的水蒸气和聚合物流分开的分离器在某些情况下是有用的，以便能把不含水蒸气的聚合物加入后聚合反应器。

良好的工程实践也意味着工艺简化，这方面的一些成就已经促使重大技术的发展。把预聚合和卸压步骤合并在一个工艺设备中的尝试，导致超级闪蒸器的研究(图 8－22)。通过适当增加管子直径和长度或适当设置控制阀而形成的反压，使盐溶液进入闪蒸器加热不存在不可预计的二元胺损失。可通过控制沿闪蒸器管线长度方向的蒸汽压来控制聚合。使水蒸气与聚合物流分开的分离器对这种技术肯定是必需的，这是因为聚合反应生成的水和盐溶液中的水都要在一处离开体系。考虑到两相流动的稳定性以及需要防止两相流动过程中形成夹带的聚合物液滴沉淀进入或堵塞蒸汽分离设备，从而限制了这种设备的放大。

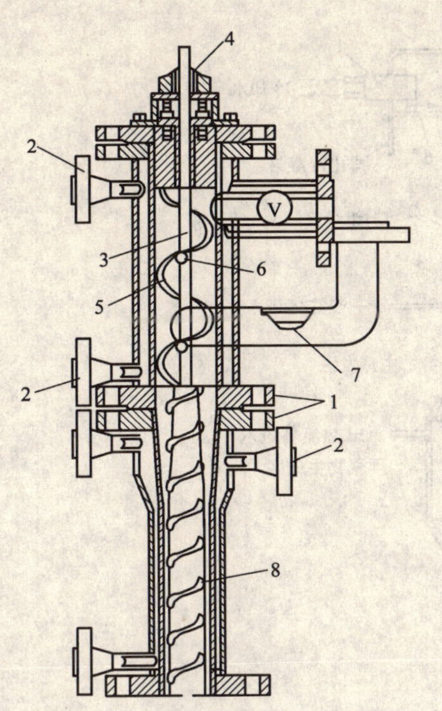

图 8－21 聚合反应器的分离器

1—法兰连接 2—加热系统的部件 3—轴 4—轴颈轴承 5—带式刮板 6—连接带式刮板和轴的辐条 7—加料装置 8—熔体加入后聚合反应器的输送螺杆

另一种工艺简化是采用高压蒸发器和蒸馏塔控制二元胺损失，但为了降压，需要保留标准闪蒸器。用蒸馏塔控制二元胺的损失，可追溯到 20 世纪 60 年代(图 8－23)，最近工业化的大多数体系中也在采用。这项开发试图缩短在平行管中的停留时间，强化传热和预聚合水的蒸发。在最后 2/3 管长内的填料有助于再吸收前 1/3 管长内汽化的二元胺，并改善传热和维持均匀的压力降。随着体系管道的加长，就难于维持每根管内流动均匀。使预聚物收集于一个容器中，操作条件包括含水量低于 3%、温度约 275℃、压力低于 1MPa。推荐的技术建议水含量低于 1%。对于分离类似这样低含量的水与聚合物，闪蒸管不是必需的，所以可用一台带有特殊设计的排气孔的挤出机代替。相对分子质量仍然相当低的产物，被挤出、造粒，固相聚合为高相对分子质量的产品。

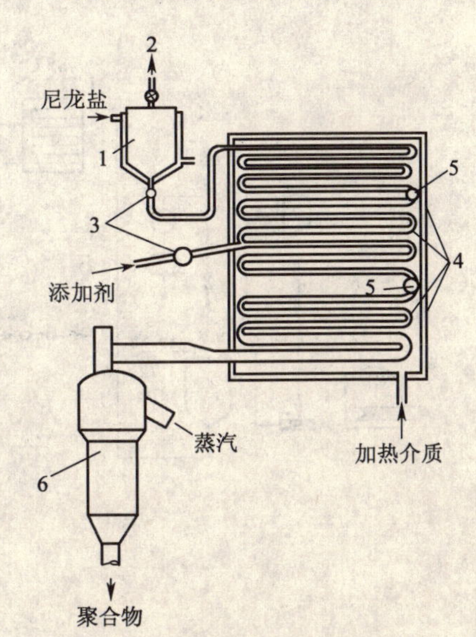

图 8－22 超级闪蒸器连续尼龙预聚合器

1—蒸发器 2—放空 3—泵 4—反应器/闪蒸器管溢口 5—减压阀 6—蒸汽分离器

3. 尼龙 66 连续缩聚工艺流程简介

连续缩聚尼龙 66，按所用设备的形式和能力可分为立管式连续缩聚和横管式减压连续缩聚两种。国内一般采用后者，其工艺流程如图 8－24 所示。

浓度为 63%的尼龙 66 盐水溶液从储槽泵入静态混合器，加入少量己二胺的醋酸溶液，进入蒸发反应器，物料被加热到 232℃，在氮气保护、1.72MPa 的条件下停留 3h，脱水预缩聚，蒸发反应器出口物料含水率约 18%，50%的尼龙 66 盐已经聚合为低相对分

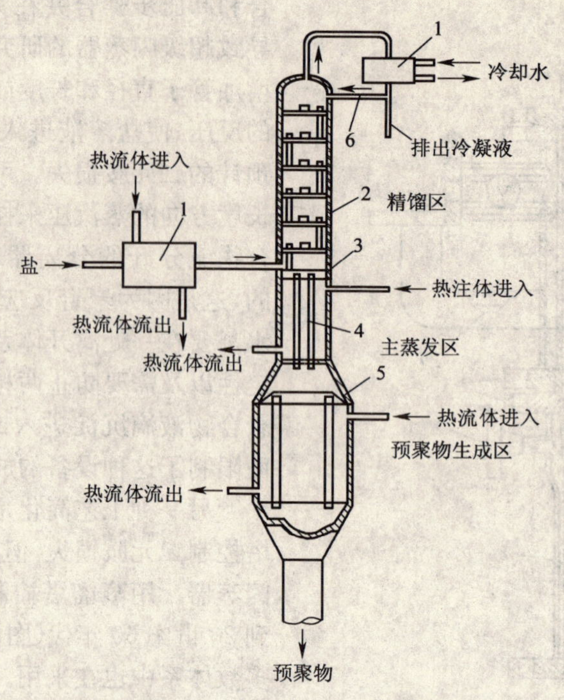

图 8－23 带二元胺回收装置的预聚合器

1—盐预热器 2—回流塔 3—流动分配缓冲板
4—蒸发管 5—冷凝器 6—回流管线

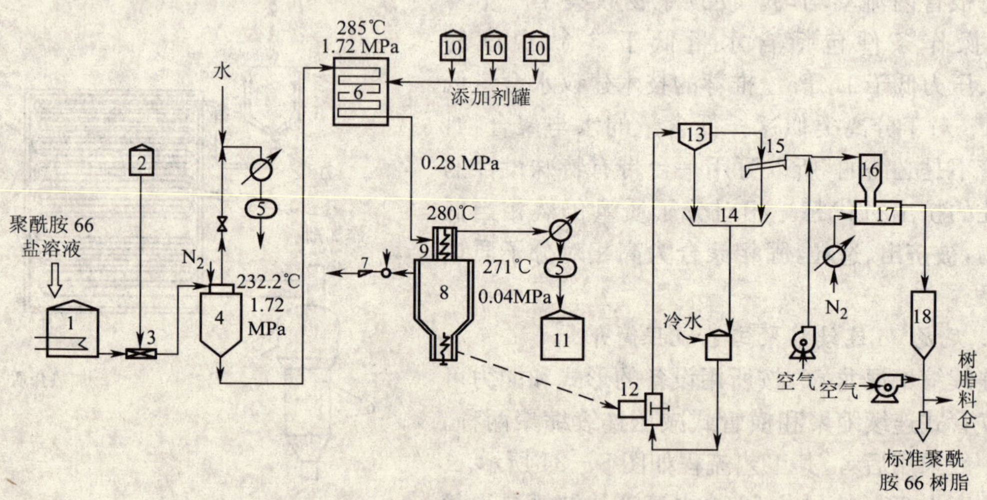

图 8－24 尼龙 66 盐连续缩聚工艺流程

1—尼龙 66 盐储罐 2—醋酸罐 3—静态混合器 4—蒸发反应器 5—冷凝液槽 6—管式反应器
8—蒸汽喷射器 8—成品反应器 9—分离器 10—添加剂罐 11—冷凝液储槽 12—挤压机
13—造粒机 14—脱水桶 15—预分离器 16—进料斗 19—流化床干燥器 18—树脂料仓

子质量的聚合物。蒸发出来的水蒸气经冷凝后进入冷凝液槽,从中可以回收己二胺。

从蒸发器出来的物料进入两个平行的管式反应器,每个反应器的典型管长 243.8m,并在若干点设有静态混合器,在适当的位置设置添加剂加入口。物料在 285℃下停留 40min,出口压力 0.28MPa,反应完成 98.5%。通过闪蒸除去反应过程中形成并保留在熔体中的水蒸气后,用螺旋输送机将熔体向下输送到成品反应器,同时从熔体中挤出剩余的水蒸气。成品反应器在 0.04MPa、271℃的条件下操作,物料的停留时间取决于产品的要求:对于通常的注射级产品,停留时间为 50min,产品的数均分子量约为 18000。

尼龙 66 熔体由位于成品反应器底部的挤压机挤出,铸带切粒。尼龙 66 颗粒先经过预分离器,再经脱水桶后送入流化床干燥器,在热氮气保护下维持流化状态,使切片彻底干燥,即得本色注射级尼龙 66 树脂。

4. 尼龙 66 间歇缩聚工艺流程

间歇缩聚法与连续缩聚法的原理相同,反应条件基本一致,只是相关的反应过程均在高压缩聚釜中完成,而连续缩聚的不同反应过程是在不同的反应设备中连续进行的。即间歇法缩聚过程随反应时间而变化,连续法缩聚过程随空间位置而变化。

目前,工业上一般采用连续缩聚法,间歇缩聚仅用于生产特殊产品、试验品和生产装置能力在 4500t/a 的小装置中。在同一高压釜中完成缩聚的全过程(升温、加压、卸压、真空),尼龙 66 熔体从釜底挤出铸带,与最初挤出的产物相比,最后挤出的产物停留时间较长。由于其相对分子质量在较大程度上取决于最后阶段的停留时间,所以间歇法固有的相对分子质量不均匀性是严重的,大型反应器更为严重,因而目前工业上用于间歇缩聚的反应器容积大多在 4m³ 以下,最大者也不过 7m³。尼龙 66 的间歇缩聚包括溶解、调配、缩聚、铸带、切粒、干燥等工序,其生产流程如图 8-25 所示。

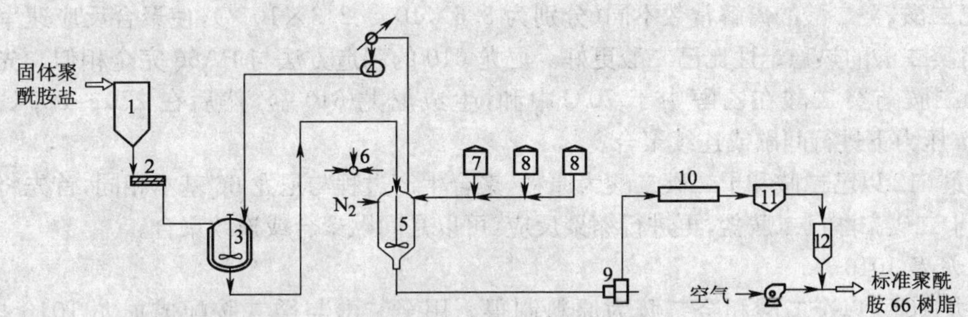

图 8-25 尼龙 66 盐间歇缩聚的工艺流程

1—料仓 2—螺旋运输器 3—溶解釜 4—冷凝器 5—反应器 6—蒸汽喷射器 7—醋酸罐 8—添加剂罐 9—挤压机 10—水浴 11—造粒机 12—料仓

固体尼龙 66 盐在溶解釜中溶解后,在氮气保护下进入反应器,在 227~232℃、1.72MPa 下加料 1.5h,加入相对分子质量调节剂(己二胺的醋酸溶液),在 238~243℃、1.72MPa 下继续加热 1h,在此期间加入稳定剂、消光剂和其他配料。当温度升高至 271℃时,逐渐卸压 1.5h,然后在 271~277℃抽真空 0.5h(根据产品的品级调整时间、温度、压力),最后在氮气压力下卸料约 0.5h。整个过程约需 5h。熔体经挤压机铸带,在水浴中冷却、切粒后得成品。

间歇法的生产过程是柔性的，通过对添加剂和反应时间的调整，可以生产出不同品级的产品。不同品级的产品成本差异主要取决于添加剂。两种聚合过程经济指标的对比见表8－36。

表8－36　尼龙66盐聚合工艺的经济指标

项　　目	间　歇　法	连　续　法	项　　目	间　歇　法	连　续　法
产品收率/%	95.2	98.5	产品质量	不稳定	稳定
反应周期/h	5～10	4	技术水平	一般	高
尼龙66盐单耗/t	1.22	1.18	工艺操作	一般	先进
电力单耗/kW·h	1090	820	经济效益	一般	好
设备能力	小生产	工业化			

Amoco公司的专利叙述一种在两相和流体流动条件下快速聚合的独特方法。使处于分散流动状态的尼龙液滴在非常短的时间内承受极高的温度(约400℃)，然后在标准的工艺温度下收集。由于分散的微细液滴难以从气相凝聚，要把这类系统从实验室放大到工业规模可能是复杂的任务。

德国Zimmer公司开发了己二腈和己二胺直接缩聚生产尼龙66的工艺。首先将己二胺、己二腈、水和催化剂混合，再通过3个串联的反应器预聚，预聚物依次送入两个串联的闪蒸器和成品反应器反应完全后，按常规方法造粒。尚未见到工业化的报道。

(二)其他AABB型尼龙

1. 尼龙610和尼龙612

尼龙610以癸二酸和己二胺为原料，其聚合与PA66聚合的主要区别在于二元羧酸的不同，即己二酸、癸二酸的离解常数不同(分别为3.6×10^{-5}、2.3×10^{-5})，使聚合反应速率有些变化，而且癸二酸的热稳定性比己二酸更好。尼龙610的制造方法与PA66完全相似。先将等摩尔的己二胺与癸二酸在乙醇中于70℃中和，生成尼龙610盐，然后在270～300℃、1.7～2.0MPa压力下进行间歇或连续聚合。

尼龙612以己二胺和十二碳二酸为原料，聚合生产过程与尼龙66基本相同，首先将两种单体制成十二碳二酸己二胺盐，再进行缩聚反应，可以是间歇聚合或连续聚合。

2. 尼龙1010

尼龙1010以癸二酸和癸二胺为原料制得。用癸二酸与癸二胺配成尼龙1010盐，由于PA66盐在水中的溶解度小，因此，先把癸二酸和癸二胺配成乙醇溶液，再进行中和反应。制备尼龙66盐主要有3道工序：癸二酸精制、中和反应和溶剂回收，各工序主要工艺参数如下：

(1)癸二酸精制：

癸二酸：乙醇：活性炭(质量)　1：5.0：0.02

温度/℃　60

时间/min　10～15

(2)中和：

癸二胺：乙醇(质量)　1：2

温度/℃　75～77

终点 pH 值 7.0～7.2

冷却结晶温度/℃ 30～35

干燥温度/℃ 80

干燥时间/h 6～7

(3)乙醇回收：

方法 蒸馏

回收乙醇 呈中性

回收乙醇含量/% 93

尼龙 1010 的生产过程类似尼龙 66 的生产。尼龙 1010 盐在一定温度、压力下进行脱水缩合反应，形成线型结晶高分子。这个过程包括脱水、缩合，形成氨基羟酸的多聚体，多聚体再进一步缩聚，进而形成大分子，实际反应过程中，几种反应同时发生。

聚合反应可在搅拌聚合釜中进行，也可在不加搅拌的反应器中进行，这种反应器中装有一定量的混合元件，原料可连续进入反应器，聚合物从反应器底部连续排出。

聚合过程中应适量加入亚磷酸之类的稳定剂，癸二酸作相对分子质量调节剂。

间隙缩聚工艺条件如下：

初期反应温度 220℃

初期反应压力 1.2MPa

最高反应温度 240～250℃

尼龙 1010 是中国首先开发并实现工业化生产的聚酰胺品种。

3. *尼龙 46*

PA46 的聚合原则上与 PA66 一样，但有不同的特点。首先是 1,4 -二氨基丁烷和己二酸反应生成盐，于中等压力下在水中转化为低相对分子质量预聚体，预聚体以固体形式回收。然后在氮气和水蒸气存在下进一步聚合，控制聚合反应温度在 PA46 的熔点(290℃)以下，如在 250℃左右，实际上是固相聚合。聚合物的相对分子质量可通过聚合时间、聚合温度和其他条件调节控制。在大多数用途中，要求相对分子质量在 30000 左右，其聚合过程如下：

$$H_2N(CN_2)_4NH_2 + HOOC(CH_2)_4COOH \longrightarrow H\!\left[NH(CH_2)_4NH{-}CO(CH_2)_4CO\right]_nOH + H_2O$$

聚合过程中同时伴随着环化和形成吡咯烷、热降解、氧化降解等副反应发生。可以通过界面缩聚、溶液缩聚、熔融缩聚或固相缩聚等方法合成 PA46。

界面缩聚以丁二胺和己二酰二氯为原料。通常先将丁二胺溶于水中，同时在水中加入 NaOH，以中和反应生成的 HCl 以及第二种溶剂 CCl_4 或 $CHCl_3$ 等。己二酰二氯溶解于经分子筛干燥过的有机溶剂，如 CCl_4、苯、氯仿、甲苯中。在剧烈搅拌下，将后者滴加到前者中进行反应。反应完成后，经中和、水洗、干燥得成品。由于丁二胺氨基浓度高，在水中溶解度大，但在 $CCl_4/CHCl_3$ 中的溶解度很小，造成两种溶剂中丁二胺的浓度相差较大，因而反应速度慢，同时还可能发生水解。

溶液缩聚也以丁二胺和己二酰二氯为原料，在 $CHCl_3$ 溶液中聚合，可以得到具有一定相对分子质量的尼龙 46，但反应的每一步都有 HCl 生成，如何有效地排除 HCl 仍是一个难题，加之产率较低，因而尼龙 46 溶液聚合发展较慢。

熔融聚合，即先将尼龙 46 盐在 210～220℃的温度下进行水相聚合，得到低相对分子质量的预聚物，然后在 300℃以下进行熔融聚合，以得到相对分子质量较高的聚合物。温度过高时，丁二胺易发生环化反应，聚合物发生热降解，致使所得产物不能满足加工要求。

固相聚合，按常规的聚合方法制备尼龙 46 时，由于丁二胺在熔融聚合中发生分子内脱氨的副反应，使末端停止反应而得不到高相对分子质量产物。DSM 公司采用固相缩聚法提高缩聚产物的相对分子质量。先将丁二胺与己二酸反应生成盐，然后进行两步缩聚：第一步在 3～4MPa 压力下，尼龙 46 盐于 210～220℃的温度下预缩聚，得到预聚产物；第二步将预聚体在真空和 290℃左右进行固相后缩聚，制得色泽好的高相对分子质量尼龙 46。

4. 尼龙 MXD6

20 世纪 50 年代后期，开发了由间苯二甲胺(MXDA)与己二酸进行缩聚反应而制得结晶性尼龙 MXD6 的技术。日本东洋纺织公司于 1972 年提出了纤维级尼龙 MXD6 的制备工艺，80 年代三菱瓦斯化学公司(MGC 公司)着重对作阻隔性包装材料和工程结构材料的 MXD6 树脂进行了研究，近年来这两家公司在进行 MXD6 的工业生产与推广应用。目前，尼龙 MXD6 工业化生产的工艺有直接缩聚法(日本 MGC 公司工艺)和尼龙盐法(东洋纺织公司工艺)。

(1)直接缩聚法：在常压下使二元胺和二元酸直接发生反应，此法是利用间苯二甲胺的沸点(247℃)和己二酸熔点(153℃)及 PAMXD6 熔点(243℃)之间关系的特殊制法。使熔融的己二酸升温，并向其中滴加 MXDA，温度控制在使反应体系保持在液相的范围内。这样就能使反应在常压下进行，无须加溶剂水就能防止生成尼龙盐并防止聚酰胺凝固，从而能使缩聚反应持续进行。采用带有搅拌器、分凝器、全凝器、滴加槽、氮气供应管和温度计的夹套反应釜，先在反应釜中加入己二酸，再通氮气排除釜内空气，加热使己二酸熔融(160℃)；然后从带有搅拌的滴加槽滴加间苯二甲胺熔融液。此时夹套内通入 280℃的介质，使反应物在 3.5h 内连续升温至 245℃。随着缩聚反应的进行，生成的水受热汽化并通过分凝器以及与其相连的全凝器从反应物中分出。然后在 3h 内将反应温度提高到 260℃，并在 50min 内连续滴加补充间苯二甲胺。加料完毕，在 260℃继续维持反应 1h，即得尼龙 MXD6 产品，其相对黏度为 2.16，熔点为 243℃。全部反应时间从开始加间苯二甲胺起计时，总共为 8.33h。反应过程中，挥发损失的间苯二甲胺占其总加入量的 0.15%(摩尔质量)。

(2)尼龙盐法：与尼龙 66 或尼龙 610 的生产工艺大致相同。首先将间苯二甲胺与己二酸反应制得尼龙盐，然后在水溶液状态下加热、加压使其聚合，生成缩聚物。东洋纺织公司的尼龙 MXD6 生产工艺一直围绕着开发纤维级产品在不断改进。在缩聚过程中，由于间苯二甲胺的热分解，使树脂带色并有凝胶化的倾向。如果用带色的树脂纺丝，纤维或织物会出现斑点，并无法用一般的漂白法恢复其白度。调整产品尼龙的相对黏度和控制缩聚反应速率，就能制得白度和纺丝性能优良的纤维级尼龙 MXD6，其数均分子量约 1 万。

尼龙 MXD6 生产方法的选择应根据不同的用途而定。若生产纤维级 MXD6 树脂，可选择东洋纺织公司的尼龙盐法；用于制造阻隔性材料或工程结构材料时，可选择三菱瓦斯公司的直接缩聚法。

三、AB 型尼龙

AB 型尼龙的主要品种有 PA6、PA7、PA9、PA11 和 PA12。

(一) 己内酰胺的聚合过程

完全不含水的纯 ε-己内酰胺即使长时间加热，也不会发生聚合。但在少量水的存在下，加热到 200℃以上，就能生成 PA6。工业生产中，己内酰胺聚合为 PA6 以及其他内酰胺聚合为相应的聚合物，所采用的方法是：把内酰胺和水的混合物加热到约 270℃，保持达到平衡条件。加入微量链终止添加剂、其他助剂和开环催化剂，如氨基己酸或羧酸铵，以控制反应速率、相对分子质量和端基平衡。涉及的三个主要反应是：

(1) 开环反应：内酰胺由水水解为氨基酸。

$$\overline{\text{CORNH}} \rightleftharpoons H_2NRCOOH \tag{8-35}$$

(2) 缩合反应：羧端基和胺端基反应消去水。

$$2H_2NRCOOH \rightleftharpoons H_2NRCONHRCOOH + H_2O \tag{8-36}$$

(3) 加成聚合：内酰胺分子直接加到增长的高分子链末端。

$$\overline{\text{CORNH}} + H_2NRCOOH \rightleftharpoons H_2NRCONHRCOOH \tag{8-37}$$

起始反应物料的高含水量(10%～20%)，对反应式(8－35)是重要的，在低含水量(2%～5%)，反应(8－36)占优势。以增加能耗为代价，高水含量使聚合周期更快。低水含量下完成聚合，需长达 1 天的时间。反应(8－36)可控制相对分子质量，也可以被催化，但前面讨论的关于催化的限制也适用这个反应，即对正、逆反应同时具有催化作用。

特定的单体具有特殊的复杂性。PA12 的单体十二内酰胺的环状结构非常稳定，很难水解。即使在酸催化剂存在下，聚合温度仍需在 300～350℃才能完成聚合。PA11 的原料已经是氨基酸的形式，加热时容易脱水缩合，所以，反应(8－35)是不必要的。

PA6 的复杂性在于单体、环状低聚体和高分子之间的平衡。图 8－26 表示平衡单体含量随 PA6 熔融温度的变化。环状低聚物的平衡也是值得注意的。已经检测到结合为一体的环最高达 9 个己内酰胺。涉及的反应如式(8－38)及类似的反应。

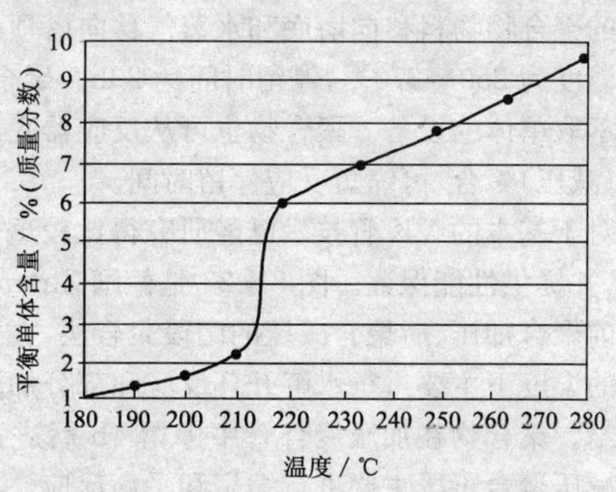

图 8－26　平衡单体含量随 PA6 熔融温度的变化

$$2\underline{HN(CH_2)_5CO} \rightleftharpoons \underline{HN(CH_2)_5CONH(CH_2)_5CO} \tag{8-38}$$

为了获得能进一步加工的 PA6，工艺问题至关重要。必须进行萃取，以除去存在于聚合物内的单体和低聚物。而且，对于工业上可行的工艺而言，单体回收是必要的。因此，大多数聚己内酰胺工厂，用于单体回收和循环利用的厂房和设备多于聚合。水萃取和真空萃取两种方法均可采用。环状二聚体的凝固点高达 348℃，使真空萃取比较复杂，会堵塞萃取设备中温度较低的部分。对于水萃取工艺，环状二聚体也是一个问题，这是因为它难于水解，使单体回收和循环利用复杂。从水溶液回收己内酰胺会增加能耗成本。目前，已经开发了萃取水回收利用的新工艺。其一是萃取水经浓缩、环状低聚物裂解后，与己内酰胺按比例混合，加入聚合反应器，聚合成为 PA6；其二是萃取水经浓缩、环状低聚物不进行裂解，直接与己内酰胺按比例混合，加入聚合反应器聚合成 PA6。这两种方法均已用于工业化生产。采用多功能高真空四螺杆新型反应混练机进行 PA6 直接熔融脱低分子物新工艺研究，取得了较理想的结果，为 PA6 直接熔融脱低分子物的工业化生产奠定了良好的基础。

由于在真空萃取过程中会重新生成单体，从而使真空萃取的应用受到限制。对于 PA6 的后加工也具有重要意义的单体生成速率相当慢，但随着温度的升高、相对分子质量的降低和含水量的增加而加速。在 250℃，数均分子量为 20000～35000 的 PA6，最初生成速率为每小时每百万克 PA6 生成 20～50 摩尔单体。用酸端基或胺端基封端，可降低生成速率。结晶度对平衡单体含量也有一些影响。

对于其他普通 AB 型尼龙而言，单体含量不是一个问题，可以进一步加工而无需萃取：PA7、PA8、PA11 和 PA12 的可萃取物含量分别为 1.5%、2.0%、0.5%、0.5%。

PA6 的工业生产采用连续法，基本技术涉及两个步骤。第一步是预聚合，包括己内酰胺的开环水解，继之于己内酰胺加成，即上述反应(8－35)和(8－37)。预聚合时约 85%的己内酰胺转化为低相对分子质量的预聚物。一些设计把预聚这一步放在一个单独的容器内进行，但典型的体系把它放在垂直塔式反应器 VK 管(源于德语 vereinfacht kontinuierlich)顶部。当越来越黏稠的聚合物物料移向塔底和水蒸气移向塔顶(在常压)逸出时，由缩合反应(8－36)完成聚合。操作温度为 250～270℃，停留时间达 20h。聚合物从底部排出，泵送至模头，铸带，切粒，然后送至水萃取单体的设备。聚合物也可从反应器底部泵送至真空汽提脱单体设备。采用加压预聚、常压(减压)聚合，可缩短反应停留时间。

对于基本的 VK 管技术已经研究得比较透彻，世界上许多工程建设公司能提供设计和建设服务，并提供性能保证。图 8－27 是德国 Zimmer 公司的两段法 PA6 连续聚合的工艺流程图，采用前聚合加压、后聚合减压的两段聚合法，在加压聚合阶段，所配物料混合后进入反应器，在给定的温度下主要进行水解开环反应和部分加聚反应。该部分为吸热反应，所需热量由联苯蒸气供给。聚合物在加压聚合管中停留 4h 后进入后聚合器。此时聚合物相对黏度可达 1.7 左右。减压聚合阶段主要进行缩聚和平衡反应。由于聚合物的最终聚合度与体系中水的含量有关，为了提高相对分子质量，必须降低体系中水的含量。因此，在减压聚合管上部装有一个成膜器，用气态联苯加热，尽可能除去体系中的水分。由于缩聚为放热反应，在聚合管的中下段用液态联苯吸收热量，并设有一列管换热器，使聚合物温度尽快降至缩聚反应所需温度。聚合物在反应器内停留 10h 左右出料，此时聚合物相对黏度可达 2.8～3.6(可按需要调整)。聚合物经铸带、水下切粒、连续萃取、干燥，可用于纺丝或工程塑料。

VK 管是绝热或带夹套的容器，高度可超过 10 m。随着容器直径的增加，保持温度均匀性和产物停留时间分布接近于活塞流的任务成为更大的工程问题。因此，所有大规模的 PA6 生产厂都开发了有专利权的设计改进。例如，图 8－28 表示，一台搅拌反应器用于开环，操作条件

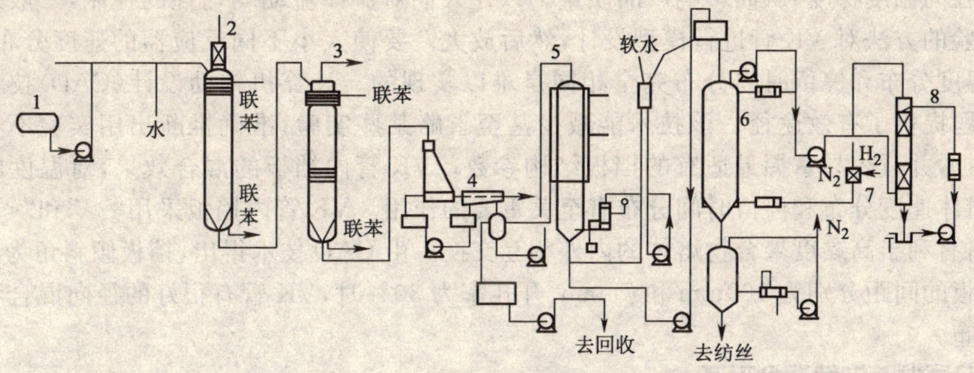

图 8－27　Zimmer 公司两段法 PA6 连续聚合工艺流程

1—液体己内酰胺储槽　2—前聚合器　3—后聚合器　4—水下切粒机

5—萃取塔　6—干燥塔　7—氮气净化装置　8—冷却塔

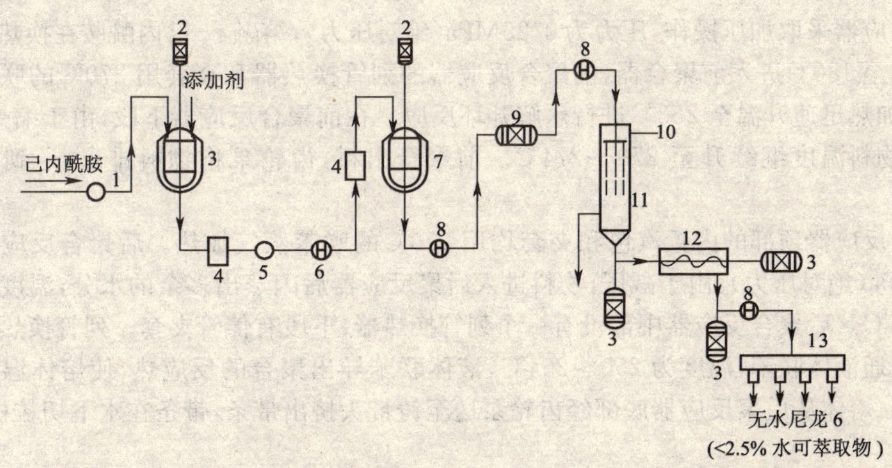

图 8－28　Allied PA6 连续聚合反应器

1—泵　2—搅拌器　3—储槽　4—过滤器　5—流量计　6—预热器　7—水解器　8—计量泵

9—聚合反应器　10—排气口　11—真空闪蒸器　12—后聚合器　13—喷丝头

为 0.11MPa，254℃，90 min，继之以一台列管式换热器，在最佳温度控制条件下（290℃，60 min）发生加成反应。未反应的单体在一台真空闪蒸器中蒸出。真空闪蒸器的操作温度最高达 290℃，压力 6.7 kPa 或更低的绝对压力。用泵把多根聚合物细条送入真空闪蒸器，汽化除去聚合反应生成的大部分水和大量未反应的单体，其停留时间 10 min 或更短。扫壁和降膜蒸发器具有更长的停留时间，可取代这个工艺步骤。在后聚合器中，通过缩合反应和最初进料中添加剂的封端反应来控制聚合物的最终相对分子质量。在 280℃和 533 Pa 绝压下停留 2 h，使聚合物中单体和低聚物的含量降到 2%以下。

改善 VK 管内静态混合效果和熔体的流动分布，减少径向温差，是提高 PA6 切片质量的关键。己内酰胺聚合过程中，如果管中心的流体不能与靠近管壁的流体混合，就会在管内形成大的径向温度梯度，从而影响产品质量。以往人们对流体流动均匀性的控制，一般采用实验和经验的方法对 VK 管进行模型设计，然后放大。要使大小不同反应器的速度分布、浓度分布、温度分布和停留时间分布完全相同是难以实现的。计算机辅助设计（CAD）技术为解决此问题提供了有效途径。该技术能减少甚至省略某些实验，准确推断出用实验不容易得到的数据，并且容易掌握最适宜的挡板结构参数。VK 管内挡板的混合效果，对温度的径向分布、熔体速度分布和停留时间分布有至关重要的作用。VK 管内挡板采用“＞”和“＜”形交替排列，有利于高黏度聚合物熔体的内外相互交换。由 CAD 技术得出，挡板倾斜角为 15°、相邻两挡板的间距分别为 100mm 和 75mm、开孔率为 30％时，VK 管有很好的径向混合和停留时间分布。

(二)尼龙 6 连续聚合工艺

常压连续聚合和两段连续聚合工艺，是当今生产尼龙 6 的主要工艺路线。所谓连续生产，是指聚合、萃取、干燥、包装各工序连续进行。下面以两段连续聚合为例，简单介绍尼龙 6 的生产工艺。

1. 聚合

前聚反应器采取加压操作，压力为 0.25MPa（绝对压力），熔融 ε－己内酰胺在换热器中经联苯液体加热至 180℃进入前聚合器，前聚合反应器的列管换热器和夹套用 270℃的联苯蒸气加热，物料经加热迅速升温至 253℃进行水解开环反应。在前聚合反应器下段，由于缩聚、加聚反应的进行，物料温度继续升至 270～274℃。前聚合出料，齿轮泵将物料排出，送到后聚合反应器。

后聚合反应器顶部的内置汽包和夹套均用 270℃的联苯蒸气加热。后聚合反应器的压力为 0.045MPa（绝对压力），由于减压，物料进入后聚反应器后闪蒸出多余的水分，温度也相应降至243～263℃。后聚合反应器中部设有一个列管换热器，下段有伴管夹套。列管换热器管间和伴管夹套中通液体联苯，温度为 250～254℃，液体联苯导出聚合的反应热，使熔体温度保持在 254℃左右。熔体从后聚反应器底部经齿轮泵送至铸带头挤出带条，带条在水下切粒机中冷却、切粒。

2. 聚合反应器结构与特点

尼龙 6 连续聚合反应器一般采用管式反应器，工业上将这种管式反应器称为 VK 管。VK 管结构对聚合反应影响很大，是 PA6 生产过程中最关键的设备。

(1)第一聚合反应器结构与特点：

①VK 管顶部结构与作用：VK 管顶部设有填料塔，物料进入 VK 管顶部进行加热开环反应时，体系中水变成蒸汽，经填料塔将水蒸气夹带的己内酰胺吸附，冷凝后回流到 VK 管内，以减少己内酰胺的损失。

②VK 管中列管的作用：VK 管上部安装列管，作为加热段，ε－己内酰胺进入列管时，迅速而均匀地获得开环加聚反应所需要的变量。

VK 管中的列管能保证列管内熔体传热时径向温度均匀一致，尽可能减少 VK 管内（物料）径向温度的差异。能有效地改善熔体物料的流动分布。

己内酰胺和聚合物熔体在夹套管内的流动分布为牛顿流体的抛物面状，在列管加热段，熔体的流动分布只能在每根列管中产生很小的流体抛物面状的流动分布组合。因此，在列管加热段内基本消除了同一截面熔体流速和停留时间不同的差异，从而能保证聚合物经过列管后径向质量均匀一致。

③VK 管下部内分配板的作用：VK 管的夹套保温段中部装有一块厚度为 20mm、有不同孔径的孔的单层或多层铝板，分别用来改善夹套保温段和伴管保温段内聚合物熔体的流动分布，消除 VK 管内同一截面聚合物熔体的流速及停留时间不同的差异，保证聚合物熔体在 VK 管内径向质量均匀。

(2)第二聚合反应器的结构与作用：

①顶部汽包与列管的作用：第二段 VK 管顶部内装有一个汽包，其作用类似于薄膜蒸发器的功能，当聚合物熔体进入第二 VK 管顶部时，在汽包表面成膜状下流。在减压条件下，熔体中的水分容易脱除。

VK 管上部夹套用联苯蒸汽加热，保证熔体温度有利于聚合反应，有利于增加聚合物的相对分子质量，也有利于排除熔体中的低分子物。

中部列管换热器用液体联苯传递反应体系的热量。带出的热量用于加热己内酰胺。列管换热器的作用是迅速而均匀地降低熔体温度。

②第二 VK 管的下部同样装有分配板，其作用与第一 VK 管分配板相同。

3. 萃取

从聚合管出来的切片中含有 8%～10%的单体和低聚物。如果不除去这些单体和低聚物，将严重影响尼龙 6 的力学性能。工业上用水作萃取剂将单体和低聚物从切片中萃取出来。

萃取设备为立式多级萃取塔。萃取塔中有各种不同的内构件，这些内构件不但将全塔分为若干级，防止由于萃取水上下浓度不同引起各级间的返混。而且，在构件中形成一定的狭窄通道，切片自上而下，萃取水自下而上，在狭窄的通道内由于液体的湍动程度增加而增加了萃取过程的传质效率。

萃取工艺：塔顶循环水温 110℃，进水温度 95℃，萃取时间 17～18h，浴比 1∶(1～1.2)，水中单体浓度 8%～10%，切片中单体浓度为 0.2%～0.5%。

4. 连续干燥工艺

萃取后的尼龙 6 切片经机械脱水后仍含水 10%～15%，必须通过干燥使切片含水量控制在 0.08%以下。为保证干燥过程中切片不被氧化，一般采用塔式干燥器，用热 N_2(含 O_2＜5μL/L)作干燥介质。

热 N_2 分别从干燥塔上部和下部进入，上部进入的热 N_2 用于除去切片表面的水分，并使切片温度达到干燥温度，下部热 N_2 则将切片内的水分移出。两股 N_2 从塔顶离开后，一部分经加热后进入塔上部，另一部分进入冷却塔，排出吸收的水分并降至露点。再被塔顶排出的热 N_2 预热，然后进入净化器，通过加氢除去微量氧再循环使用。干燥温度控制在 110～120℃，干燥时间约 24h。

5. 萃取水回收单体

萃取工段中，从萃取塔出来的水含单体和低聚物 8%～10%，如不回收处理，不仅增加单体消耗，而且严重污染环境。

从萃取水中回收单体，一般采用先蒸发浓缩，后蒸馏回收己内酰胺的工艺路线。

萃取水经两效或三效蒸发塔浓缩至含单体和低聚物 80%，然后，在间隙蒸馏釜中蒸馏，初期常压蒸馏分离水，将含己内酰胺的水溶液送回萃取水储槽；后期减压蒸馏己内酰胺，回收的己内酰胺以一定比例掺入新鲜己内酰胺，作为聚合的原料。

蒸馏釜底残渣含己内酰胺和低聚物，将其排入单体沉降罐。在沉降罐中加入热水，将己内酰胺溶解，并分离残渣，残液送至萃取水储罐。这种办法能降低己内酰胺消耗。回收单体的质量指标见表 8－37。

表 8－37　回收单体的主要质量指标

项　目	凝固点/℃	色度(APHA)	吸 光 度	挥发性碱/mmol·t^{-1}	$KMnO_4$ 氧化值/s
国标一级	68.8	≤5	≤0.10	≤0.8	≥6000
国产单体	69.0	≤2	≤0.03	≤0.3	≥7200
回收单体	68.6	≤4	≤0.05	≤0.5	≥7200

6. 萃取水浓缩液直接回用

在用传统的萃取水蒸发—减压蒸馏回收己内酰胺单体的尼龙 6 装置中，一般每吨尼龙 6 切片的己内酰胺单耗不低于 1030kg。近年来，世界上从事尼龙 6 工程设计的工程公司和尼龙 6 生产厂，为了降低己内酰胺单耗，普遍将萃取水浓缩后直接回用到聚合工序。这样，生产不含二氧化钛的消光尼龙 6 切片时，每吨切片的己内酰胺消耗量为 1000kg，接近理论值。通过研究发现，尼龙 6 的聚合，无论是全部用新鲜己内酰胺，还是用掺有萃取水浓缩液(含环状低聚物)的己内酰胺，在一定时间后反应产物中环状低聚物的含量都会达到相同的平衡含量。即使在较短的反应时间内，直接掺用浓缩液的己内酰胺，聚合反应产物中环状低聚物的含量也接近平衡含量。经过萃取和干燥后，最终产品尼龙 6 干切片己内酰胺和环状低聚物的含量仍能符合高速纺丝的要求。浓缩液直接回用的工艺，各公司在具体实施时有所不同。例如，意大利 NOY 公司是在萃取水进入三效蒸发之前，通过离子交换脱盐，除去钙离子、镁离子和硅酸根离子，以防止萃取水三效蒸发的再沸器结垢。瑞士 Inventa-Fischer 公司采用一段常压聚合工艺，其特点是流程中有一台体积较大的己内酰胺混合罐，能保证新鲜己内酰胺和回收工序来的约含 70％萃取水浓缩液混合均匀，可取样定期检测其组成，调节配比以保证聚合反应器进料组成的稳定，从而保证聚合反应器出料的聚合物熔体质量稳定。德国 Aquafil Engineering 公司直接采用两段聚合工艺，该工艺的己内酰胺配制是间断进行的。新鲜己内酰胺和从回收工序来的含己内酰胺约 80％的浓缩液定量加入己内酰胺配制罐，用称重传感器准确控制配比，并取样检测其组成。这样可以使前聚合反应器进料组成始终保持在设定范围内，从而确保工艺条件稳定，保证了产品的质量。德国 PE 公司的工艺与上述工艺有所不同，它采用低聚物裂解后进行聚合的工艺，其特点是先将含 60％～75％己内酰胺和低聚物浓缩液中的环状低聚物在高温高压下[约 250℃，2.0MPa(表压)]裂解成己内酰胺，再与新鲜己内酰胺混合，进行两段聚合。预聚合反应在高压[2.0MPa(表压)]下进行，最终反应产物中环状低聚物含量较低。

(三)其他 AB 型尼龙

除了十二内酰胺以外，其他内酰胺采用与己内酰胺大致相同的方式聚合，但在较小规模的设备中进行。主要的工艺差异起因于单体处理方式的不同，因为熔点随着环的增大而升高，并且其产量低于 PA6，所以通常采用分批法生产。

1. 尼龙 11 的生产

11－氨基十一酸加热时容易脱水缩合，所以，它的聚合在原理上是简单的，但在工业上必须采用一些特殊措施。11－氨基十一酸难溶于水，不能像己内酰胺那样制成水溶液处理，而加热到熔点以上时很快聚合生成聚合物，反应体系黏度提高极快，低分子水分很难排除，反应不易控制，所以把单体熔融成熔体进行处理也是困难的。实际生产中，把粉末状的 11－氨基十一酸加入聚合釜，用磷酸等作催化剂，在 220℃左右进行聚合。在 PA11 聚合过程中，聚合物中所含的单体和低聚物等低相对分子质量可萃取物极少，没有必要像 PA6 那样萃取而除去低分子物。

尼龙 11 的聚合，既可采用间歇聚合，也可采用连续聚合，其操作过程举例如下。在蒸气加热釜中加入 11－氨基十一酸糊(含固量为 55%)，与水结合形成 33%浆料并加热，用浆料泵将其泵入蒸发器。在蒸发器中，浆料通过一个转盘喷淋。当喷雾冲击到联苯加热的波纹管壁时，浆料中的水分被蒸发出来，脱水后的物料加入反应器。反应时间约 24h。在反应釜底部，聚合物由齿轮泵挤出注带切粒，经干燥后包装。

主要工艺条件：

浆料釜加热温度　80℃
蒸发器温度　240℃
停留时间　约 10min
聚合反应温度　240～260℃
停留时间　24h
产率　98%

2. PA12 的聚合

PA12 由 ω－十二内酰胺的开环聚合或者由 12－氨基十二酸的缩聚而得。用这两种单体制得的 PA12，大致可以看做是相同的物质，但由于聚合方法和聚合条件的不同，其性质稍有差异。ω－十二内酰胺的聚合是把水和添加剂(根据需要)加入聚合釜，加热加压，首先使 ω－十二内酰胺开环。由于 ω－十二内酰胺的聚合能力小于己内酰胺，通常要加热到 270～330℃的高温。在水蒸气加压下的开环阶段终了时，边降压边通入惰性气体，在常压乃至减压下进行缩聚，制成切片。PA12 的固相缩聚也是可能的。聚合所得的 PA12 聚合物中，单体和低聚物的含量很少，无须进行萃取。12－氨基十二酸的聚合与 11－氨基十一酸完全相似。与 ω－十二内酰胺相比，12－氨基十二酸易于聚合，可以采用较低的聚合温度。

用生产均聚物同样的方法，由混合单体生产共聚物或更复杂的产品。通过共聚，可以获得所需要的均聚物不具备的物理性能。根据所得共聚物结构的不同，可将共聚分为无规共聚、嵌段/短嵌段共聚、接枝共聚以及交替共聚等工艺。相应的有无规共聚酰胺、透明共聚酰胺、水溶和醇溶性共聚酰胺、热熔胶用共聚酰胺、嵌段/短嵌段共聚酰胺和接枝共聚酰胺等产品。目前，聚酰胺的无规共聚改性研究较多，并有工业化产品，而嵌段共聚、接枝共聚改性仍处于研究阶段。

四、离子聚合

(一)阳离子聚合

内酰胺在无水条件下的阳离子聚合是一个极端复杂的课题。引发和增长反应涉及与质子酸、质子酸盐、氨或路易斯酸形成的内酰胺阳离子。链增长经由氨解或酰化发生。链终止经由脒生成、内环化、支化和各种其他反应发生。聚合化学还没有在工业得到应用，但它的复杂性引起了许多科技工作者的兴趣。

(二)阴离子聚合

关于内酰胺阴离子聚合的最初叙述始于1941年。主要的活性种是与强碱反应生成的内酰胺阴离子。Reimschuessel总结了主要反应，聚合反应动力学极度地依赖于所用的特定引发剂和促进剂，所以几乎没有普遍性。其差不多能够瞬时转化为高相对分子质量的聚合物。近年的工业应用是RIM铸塑法。棒材和一些数量大、体积小的零部件，如齿轮胚料和传送装置的叶片均采用阴离子铸塑法制造。此外还有离心成型法。

阴离子聚合的机理如下(M＝金属，B＝碱，R＝烷基或芳基)：

阴离子形成：

$$\underline{HN(CH_2)_5C}=O+MB\longrightarrow M^{+-}\underline{N(CH_2)_5C}=O+HB$$

引发

$$^{-}\underline{N(CH_2)_5C}=O+RCO\underline{NH(CH_2)_5C}=O\rightleftharpoons RCO\underline{N(CH_2)_5C}(O^-)-\underline{N(CH_2)_5C}=O$$

$$RCO\underline{N(CH_2)_5C}(O^-)-\underline{N(CH_2)_5C}=O\rightleftharpoons RCON^-(CH_2)_5CO\underline{N(CH_2)_5C}=O$$

增长

$$\underline{HN(CH_2)_5C}=O+RCON^-(CH_2)_5CO\underline{N(CH_2)_5C}=O\rightleftharpoons$$

$$^{-}\underline{N(CH_2)_5C}=O+RCONH(CH_2)_5CON(CH_2)_5C=O$$

阴离子再生：

$$^{-}\underline{N(CH_2)_5C}=O+RCONH(CH_2)_5CON(CH_2)_5C=O\rightleftharpoons$$

$$RCONH(CH_2)_5CON^-(CH_2)_5CO\underline{N(CH_2)_5C}=O$$

反应式中M代表金属，B代表碱；R代表烷基或芳基。

要使己内酰胺阴离子聚合在工业上有实用价值，必须有碱性催化剂和助催化剂的存在。制备己内酰胺阴离子催化剂，可以用不同的试剂，常用的是金属钠或其氢化物、醇钠、氢氧化钠、碳酸钠等。还可以用有机金属化合物，如格氏试剂作阴离子聚合催化剂。助催化剂(活化剂)可以采用乙酰基己内酰胺、各种异氰酸酯、氨基甲酸酯衍生物、碳酸酯、磺酸酯、羧酸酯、磷酰亚胺化合物、氯化磷腈等，类型很多。目前比较常用的是乙酰基己内酰胺和各种异氰酸酯，见表8－38。用异氰酸酯作助催化剂，聚合效率比较高，制品的抗冲击强度也比用乙酰基己内酰胺的高出数倍。

表 8－38 一些常用的己内酰胺阴离子聚合助催化剂

名称	分子结构式	相对分子质量	表观
乙酰基己内酰胺	$CH_3CON(CH_2)_5C=O$（环）	155	无色透明油状液体
己二异氰酸酯(HDI)	$OCN(CH_3)_4NCO$	168	无色油状液体
甲苯二异氰酸酯 2,4 或 2,8(TDI)	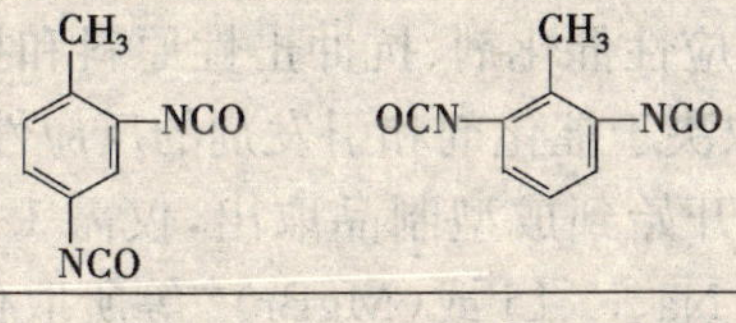 （结构式：含 CH_3、NCO 的甲苯二异氰酸酯两种异构体）	174	无色或淡黄色液体
二苯甲烷二异氰酸酯(MDI)	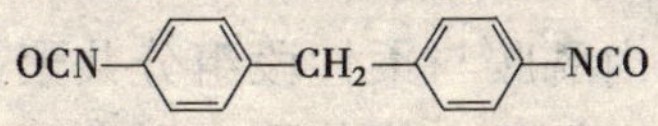 OCN—C₆H₄—CH_2—C₆H₄—NCO	250	白色晶体或浅褐色液体
二亚甲基多苯基多异氰酸酯(PAPI)	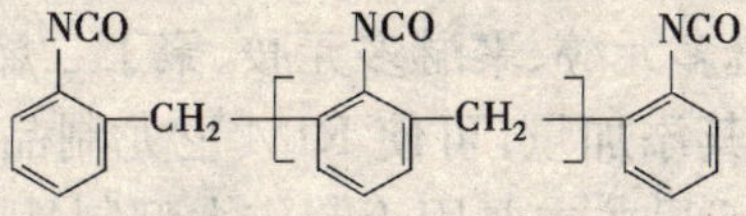 （结构式：NCO 取代苯环经 CH_2 连接的多聚体）	400～550	黑褐色稠油状液体
三苯甲烷三异氰酸酯(JQ－1胶)	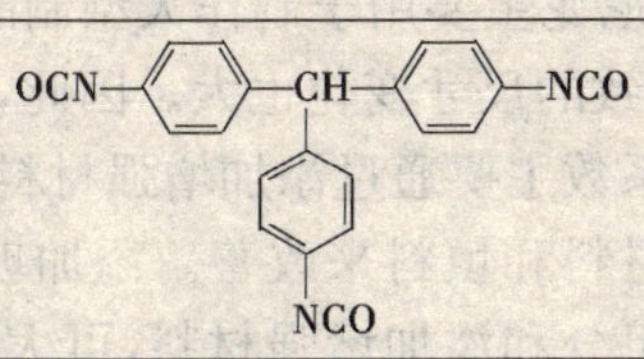 （结构式：OCN、NCO 取代苯基连于 CH 的三苯甲烷）	367	深蓝到紫色液体，通常是氯苯的溶液，含量 20%
碳酸二苯酯	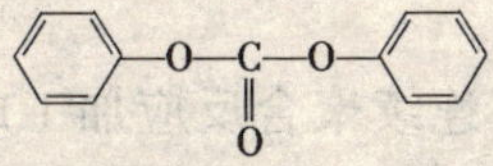 C₆H₅—O—C(=O)—O—C₆H₅	214	固体

己内酰胺的阴离子聚合反应，可在几分钟内以 90%～95%的转化率生成高相对分子质量的 PA6，而己内酰胺水解聚合的反应时间在 10h 以上。铸型尼龙就是用阴离子聚合法生产的一种工程塑料。所谓铸型尼龙，就是在常压下，将熔融的己内酰胺以及碱催化剂、活化剂等助剂，直接注入预热到一定温度的模具中，物料在模具内很快聚合，成为坚韧的固体坯件。

用阴离子铸塑方法成型的尼龙，称为单体浇注尼龙，简称 MC 尼龙（英文 monomer casting nylon的缩写）。由于这种聚合成型方法设备简单，工艺操作迅捷，制品性能比一般尼龙优越，已广泛应用于石油化工、铁路交通、矿山冶金、建工和纺织轻工各种机械的关键部件。

MC 尼龙的低温韧性和抗冲击性能较差，增韧方法之一是选用聚醚活化基己内酰胺的阴离子开环聚合，形成嵌段共聚物。改变聚醚的种类和活化剂的结构，调节活化剂的用量，可在很大范围内调节共聚物的性能。选用一种分子末端带有活泼羟基的长链化合物（例如聚丙二醇醚）和多异氰酸酯（如甲苯二异氰酸酯）反应，生成一种带有醚键的活性预聚体。用这种预聚体作助催化剂，参与己内酰胺的阴离子聚合，形成嵌段共聚体。这种带有聚醚链段的铸型尼龙的柔软性和抗冲击性能远比本体的铸型尼龙优良。生成聚醚预聚体的聚丙二醇醚的相对分子质量在 2000 左右为佳，其他多元醇，例如乙二醇、丙二醇、丙三醇、季戊四醇等也可使用，但不如聚丙二醇醚。除甲苯二异氰酸酯外，也可使用二甲苯甲烷二异氰酸酯、己二异氰酸酯等多异氰酸酯。

反应注塑尼龙，即 RIM 尼龙，是由两种反应性的单体或低相对分子质量的聚合体，在压力下注入混合室混合，并注射入密闭模具中迅速聚合成型的方法制成的产品。以己内酰胺在碱性催化剂存在下的阴离子聚合为基础，采用聚醚或聚烯烃嵌段共聚合尼龙，以改进冲击性能，可通过添加玻璃纤维等方法增强，得到的制品有较高的强度和热变形温度，可制成大型薄壁制件、汽车车身及家用电器壳体等产品。

RIM 尼龙的开发，主要围绕在高反应性催化剂、抗冲击性原料和提高制品的尺寸稳定性三方面。己内酰胺阴离子聚合反应速率取决于催化剂和引发剂的反应性，现在已经开发的阴离子催化剂和聚合引发剂配方，从原料混合开始到成型制品取出，仅需 1 min。典型的阴离子催化剂是己内酰胺分子中 N 原子上的 H 被 Na、K、Li 或$(MgBr)^+$等所取代者。聚合引发剂有酰基己内酰胺、酰氯、异氰酸酯、碳酸酯等。己内酰胺与柔性段组分共聚，可以得到耐冲击性优良的共聚物。能作为柔性段组分使用的物质，必须具有能与聚合引发剂反应的官能团，玻璃化温度比较低。通常使用的柔性段组分有聚醚多元醇、聚醚多元胺、聚丁二烯二元醇、聚丁二烯二元胺等。通过改变柔性段组分的种类，调节其添加量，可使 RIM 尼龙制品的弯曲弹性模量、耐冲击强度等性能在很宽的范围内变化。RIM 尼龙主要用于制作大型制品，常与金属材料一起使用，其线膨胀系数比金属材料大，由吸水而导致的尺寸变化也大。因此，必须降低 RIM 尼龙因吸湿和温度变化而导致的尺寸变化。线膨胀系数主要通过添加增强材料和填料来改善，吸水性主要通过选择合适的柔性段组分或添加增强材料和填料来改善。添加玻璃纤维对降低线膨胀系数有很好的效果。选择吸水性小的柔性段组分和添加增强材料，可大幅度降低 RIM 尼龙制品的吸水性。

尼龙 RIM 技术的出现，也激发了尼龙 6 连续聚合反应加工成型技术的进一步发展。以阴离子催化快速聚合为基础，反应性加工成型已成为热塑性树脂加工成型的热点。其特点是以双螺杆挤出机作为反应器，使单体、预聚体及聚合物等在挤出加工成型的同时完成化学反应过程。反应挤出聚氨酯、聚甲醛已实现了工业化生产。尼龙 6 的反应挤出，研究重点是双螺杆挤出机内聚合反应过程中各种条件及参数的相互影响，如筒体温度、螺杆转速、进料量和制品的相对分子质量等。在双螺杆挤出机中进行聚合反应，从连续聚合直接成型到非连续化的后加工成型，都展现了广阔的应用前景。传统的挤出机主要用于对聚合物进行熔融、均化、挤压和造粒。近年来，用挤出机作为反应器制备聚合物的研究方兴未艾。

邵佳敏等研究了用反应挤出技术由单体己内酰胺直接制备高聚物 PA6 及其制品的工艺过程。他们以特制的双螺杆挤出机为反应器，采用己内酰胺阴离子快速聚合原理直接反应挤出并完成化学反应和加工成型，提出了合成 PA6 的新工艺以及由该工艺制备的反应挤出 PA6 及其制品的性能特点。挤出机各节筒体的温度控制在 220 ～260℃，己内酰胺转化率达 94%～97%，产物 PA6 相对黏度达 4.2～5.0，从加料到出料一般仅需 5～15min 就能完成反应的全过程。

尼龙/黏土纳米复合材料，是近年来的热门研究课题，采用层间插入法的尼龙 6/纳米复合材料已有工业化产品，用于汽车部件和包装材料。插层复合是制备高性能复合材料的有效方法之一，它是将高分子插层于层状结构的蛭石、云母、蒙脱土等硅酸盐填料中，蒙脱土由 1nm 厚的硅酸盐片层组成，片层中间吸附着可交换的 K^+、Ca^{2+}、Cs^+ 等离子，片层间距一般在 0.96～

2.1nm。插层剂进入硅酸盐片层之间,可使片层间距扩大,在随后的聚合加工过程中可剥离为纳米片层,均匀地分散于聚合物基体中,因而得到的纳米复合材料具有不同于一般复合材料的力学性能。插层复合一般有两种方式,一种是单体预先插层于层状结构的纳米填料中,然后聚合成高分子;另一种方式是聚合物溶液或熔体直接插层于层状结构的纳米填料中。根据热力学原理,纳米复合材料形成过程的自由能变化必须小于零,此过程才会发生。

$$\Delta G = \Delta H - T\Delta S \tag{8-39}$$

由式(8-39)可知,焓变 ΔH 和熵变 ΔS,甚至温度 T 都能影响 ΔG 是否小于零。$\Delta H<0$ 对 $\Delta G<0$ 是有利的,ΔH 的绝对值越大,复合过程中放出的热量越多,对 $\Delta G<0$ 越有利;$\Delta S>0$ 对 $\Delta G<0$ 是有利的,ΔS 值越大,分子排列越混乱,对 $\Delta G<0$ 越有利。插层复合的前一种方式主要是利用 $\Delta H<0$ 来促使纳米复合材料的形成,插层于填料中的单体聚合时放出的大量热量超过 ΔS 的影响,使填料间层间距迅速扩大;后一种方式主要是利用 $\Delta S>0$ 来影响 ΔG 的大小,层间阳离子的溶剂化以及层间溶剂被置换,使体系熵增加,从而使 $\Delta G<0$。

漆宗能等人用插层聚合法制备了尼龙/蒙脱土纳米复合材料。所用的黏土含 85%～93% 蒙脱土,颗粒粒径为 38～75μm。单体为己内酰胺,十二碳内酰胺和丁内酰胺。质子给予体为 H_3PO_4、HCl、H_2SO_4 或 HOAc。催化剂为 6-氨基己酸或氨基月桂酸。添加剂是己二胺或十二烷二胺。分散介质是水、乙醇、丙醇或氯仿。由己内酰胺制得的尼龙 6/蒙脱土纳米复合材料,拉伸强度为 78MPa,断裂伸长率为 30%,拉伸模量为 0.9GPa,冲击强度为 67kJ/m,热变形温度为 140℃。

余鼎声等人用黏土在水中与 $^{+}NH_3(CH_2)_3COOH$ 发生离子交换反应,有机阳离子插层到黏土的晶层之间,经处理的黏土与熔融的己内酰胺混合后,己内酰胺与黏土层间的有机阳离子具有一定的亲和性而插入黏土晶层之间,但只能以单分子层排列于晶层间,层间的己内酰胺于 260 ℃的条件下,在有机阳离子的作用下发生聚合反应,生成尼龙 6,形成插层化合物。在聚合过程中,黏土晶层结构发生膨胀,局部区域晶层结构发生分离,这是由于己内酰胺聚合放出的能量,使黏土晶层结构发生膨胀。这种插层聚合物的合成,对于开发新型尼龙系工程塑料有重要意义。

刘立敏等人采用熔体直接插层法,用经特定插层处理的钠基蒙脱土作为填料,高聚物选用尼龙 6,以双螺杆挤出机制备了尼龙 6/蒙脱土纳米复合材料,测试了力学性能、耐热性能和耐溶剂性。通过 TEM、WAXD、DSC 等手段,研究了结构与结晶行为,并与插层聚合的尼龙 6/蒙脱土纳米复合材料进行了对比。实验表明,在熔体插层过程中,不仅尼龙 6 的高分子链能插层进入片层之间使其发生膨胀,而且蒙脱土片层能被剥离成纳米尺寸的片层无规分散于高分子基体中,通过熔体插层使蒙脱土在尼龙 6 基体中达到了纳米尺度的分散,所得到复合材料的性能较纯尼龙 6 的性能有很大提高,复合材料的热变形温度(HDT)由纯尼龙 6 的 62℃升高到 112 ℃,屈服强度是尼龙 6 的 1.35 倍,弯曲强度提高了 60%,弯曲模量提高了 70%,增强效果明显超过了传统共混复合材料的增强幅度,且冲击韧性基本保持不变,与插层聚合的尼龙 6/蒙脱土纳米复合材料相比,性能相当。熔体插层是应用传统的聚合物加工工艺制备纳米复合材料的新方法,这种方法不需任何溶剂,工艺简单,易于工业化应用。

PA6 纳米复合材料的合成过程如图 8-29 所示。

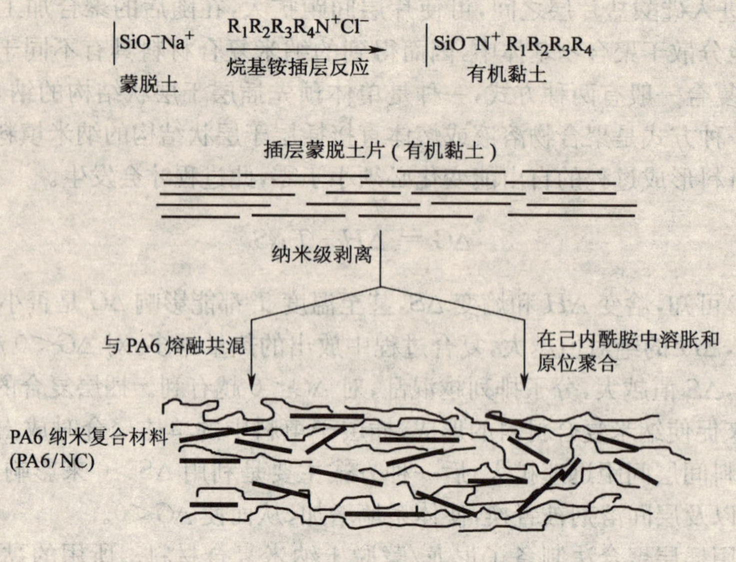

图8-29 PA6纳米复合材料合成过程示意图

五、固相聚合

固相聚合(SPP)是一种工业聚合技术。所有的聚对苯二甲酸乙二酯(PET)饮料瓶,都是由低相对分子质量的聚酯经固相聚合为高相对分子质量和高黏度后吹塑而成。对于尼龙而言,早在尼龙工业化生产之前就已经知道这项技术。但尼龙在熔融相固化时,大部分活性端基和水从晶相排除,任何进一步的反应均在非晶相发生。各个活性种的浓度相对于非晶相和晶相量调整后,反应动力学和所有平衡关系都不变。最高达5%的活性端基被截留在晶相内,因而不能参与反应。对于部分芳族聚酰胺,如PA6T,被截留在晶相内的活性端基的百分率可能更高。端基被截留的结果是,小部分原来的物质在聚合过程中保持不变,随着反应的进行,使相对分子质量分布(MMD)变宽。温度不均匀性、扩散效应和非平衡反应条件又使MMD变宽。当固相聚合的尼龙被熔融进行注塑或其他加工时,体系重新平衡,以调节非晶相中的端基和被截留的端基,在短时间内MMD迅速恢复正常,黏度和表观相对分子质量迅速下降。

在科技文献中,关于尼龙固相聚合的争论很多,部分原因是尼龙结晶度随着温度的变化而变化以及真正的平衡条件难于建立和确定。传热不均匀性、各个高分子颗粒中的温度和聚合梯度以及扩散效应都为辩论提供了丰富的理由。但是,至少就PA6而论,由于详细的计算机模拟的结果,得到了一些规律。

工业过程的信息主要来自专利文献。可用分批和连续操作两种方法进行生产。近来又出现了混合连续体系。DSM公司在PA46的生产工艺中先用熔融聚合法制低相对分子质量预聚物,再在固相完成反应,得到高相对分子质量聚合物。因为在聚合温度下,这种尼龙的二元酸和二元胺成分倾向于环化,用其他途径对其进行大规模生产是不现实的。BASF公司也透露了生产PA46的类似技术。

Inventa公司在PA6切片干燥过程中,采用固相缩聚法提高相对分子质量(相对黏度)。该法把连续干燥分为三段，第一段为干燥塔，第二段为固相缩聚塔，第三段为冷却塔，并设置三个氮气循环系统，固相缩聚塔内氮气温度为160～180℃，固相缩聚时间约为8h，可使切片相对黏度从2.5提高到4以上。切片的相对黏度，取决于工艺过程的持续时间。

Walter认为，用固相缩聚法生产相对黏度较高的聚酰胺切片，采用真空旋转间歇反应工艺是最合适的。在后缩聚过程中连续地混合切片，意味着每个切片粒子承受相同的条件，目的是为了获得相对黏度均匀的切片。采用这种工艺，能够生产最高黏度为4.2的切片，它的灰分含量小于80mg/kg，在日光下无可见的变化。相对黏度的大小取决于工艺过程的持续时间。从开始的相对黏度2.65，到最终的相对黏度4.2的范围内，能够生产具有任何相对黏度的切片。固相缩聚法与连续法或其他间歇法相比，更容易实现柔性生产。

六、其他聚合技术

(一)界面缩聚和溶液聚合

通过界面缩聚可制得聚酰胺，这是在含有一种双官能单体的水溶液与含有另一种双官能单体的惰性且与水不混溶的有机溶剂的界面上的聚合。这种缩合作用是有机相(如苯)中的酰氯和水相中的二元胺反应的结果。水相中溶解有氢氧化钠或其他酸接受体，以及它们与缩合反应生成的氯化氢的反应产物。对这类缩聚机理的研究表明，聚合物在有机层内形成。由于不均匀性，所得产物的相对分子质量分布较宽。

(二)扩链反应

随着工程塑料和包装材料的广泛应用，对高相对分子质量聚酰胺的需求与日俱增。通过延长聚合时间、固相缩聚或阴离子聚合等都能获得高相对分子质量聚酰胺，但在实施过程中都有某些局限。而扩链技术作为一种新的增黏方法，具有简便、快速、有效等特点。聚酰胺在挤出熔融过程加入扩链剂，经熔融反应挤出，即可达到提高相对分子质量的目的。PA6在挤出机中的扩链反应，可用下式表示：

$$—CO_2H+H_2N— \longrightarrow —CONH—$$

美国Honeywell公司以相对分子质量较低的PA为原料，用扩链法生产了高熔体黏度/高强度的PA6共聚物和PA6/PA66共混物。有机亚磷酸酯(如亚磷酸三壬基苯酯、亚磷酸三己内酰胺酯)是有效的扩链剂。未经萃取的PA6，通过扩链可以提高其相对分子质量。改变扩链剂的类型和用量，可以控制产物的流变性能。Honeywell公司扩链聚酰胺的主要用途是生产包装用薄膜、工业吹塑、瓶子、盒子和单丝等产品。

聚酰胺的实验室制备方法很多，大致包括胺与活化双键的加成、甲醛与二腈加成、二羧酸加二异氰酸酯、重氮内酯加二元胺、草酸酯加二元胺、二元酯加二元胺、二酰氯加二元胺等反应。

一些公司试图开发在水存在下二腈和二元胺反应的工业用途，引人注目。令人感兴趣的是，此法不用二元酸作为中间体，从而简化了整个生产系统，但迄今尚未取得工业化成果。专利文献还披露了二元酸酯/二元胺反应的工业化尝试，具有同样的结果。另一种特别方法是二元酸与二异氰酸酯的反应。溶剂法和均相法两种工艺均令人感兴趣，但也未实现工业化生产。

第四节 聚酰胺纤维的制造

聚酰胺纤维大都采用熔体纺丝法生产(只有特殊类型的耐高温和改性聚酰胺纤维除外)。熔体纺丝是高聚物在高于熔点20～40℃的熔融状态下形成较稳定的纺丝熔体,然后通过纺丝孔挤出成型,熔体细流在空气或液体介质中冷却凝固,形成半成品纤维,再经拉伸等后处理工序,即成为成品纤维。

熔体纺丝有直接纺丝法和间接纺丝法之分。直接纺丝法是连续聚合装置生产出的高聚物熔体,经管道直接输送给纺丝机进行生产的方法。间接纺丝法是连续聚合或间歇聚合装置生产出的高聚物,先制成切片,切片经干燥后再熔融纺丝的方法。显然,直接纺丝法能耗较低,成本较低,目前大多数聚酰胺66纤维生产装置采用直接纺丝法。但因聚合生成的聚酰胺6聚合物,一般含有8%～10%的单体和低聚物,如果在纺丝前不把这些低分子物的含量降至2%以下,则会影响纺丝质量,并造成后加工困难。因此,一般生产聚酰胺6纤维都采用间接纺丝法,先对聚酰胺6切片进行萃取处理,除去低分子物,再进行干燥、纺丝和后加工。萃取的方法是以热的脱盐水洗涤切片,这实际上是一个扩散和渗透的过程,脱盐水渗入切片内部,切片中的低分子物则在脱盐水中溶解扩散。若采用直接纺丝法,须用薄膜抽真空法充分除去熔体中的低聚物。

20世纪70年代后期,聚酰胺的熔体纺丝技术有了新的突破,即由原来的常规纺丝发展为高速纺丝(制POY)和高速纺丝—拉伸一步法(制FDY)。长期以来,熔体纺丝速度停留在1000～1500m/min的水平,称为常规纺。随着科学技术的进步,聚酯熔融纺丝机的卷绕速度向高速发展(3000～4000m/min),所得卷绕丝为预取向丝(POY),其结构和性能比较稳定,而常规纺所得卷绕丝为未拉伸丝(UDY),其结构和性能不太稳定。聚酰胺纤维的结构与聚酯有所不同,为了使聚酰胺卷绕丝在卷装上不发生过多的松弛而导致变软、崩塌,聚酰胺纺丝速度必须达到4200～4500m/min。

20世纪80年代以后,随着机械制造技术的进一步提高,在聚酰胺纤维生产中已成功地应用高速卷绕头(机械速度可达6000m/min)一步法制取全拉伸丝。纵观国内外生产发展情况,聚酰胺纤维的高速纺丝已逐步取代常规纺丝。

一、切片干燥

萃取后的聚酰胺6切片经机械脱水或自然干燥,仍含有10%左右的水分,聚酰胺66虽不经过萃取过程,但也含有0.2%～0.4%的水分。通常,它们都不能直接用于纺丝,纺丝前必须对湿切片进行干燥。对聚酰胺聚合物切片而言,干燥的目的如下。

(1)除去切片中的水分:切片中水分含量对纺丝过程和纤维质量影响很大。聚酰胺6和聚酰胺66在熔融状态下极易水解,造成相对分子质量降低。聚酰胺6含水量与黏度降的关系如图8-30所示。水在高温下非常容易汽化,纺丝时形成气泡丝或使断头率增加。为了保证纤维质量,必须使切片含水率尽可能低。一般要求聚酰胺切片含水率小于0.06%。

(2)使切片含水均匀:切片含水均匀可以保证纤维的质量均匀和纺丝及后加工生产稳定。

干燥过程实质上是一个传热和传质同时进行的过程,在聚酰胺切片干燥过程中,同时伴随着高聚物结晶度的变化和轻微的黏度降低。

干燥过程中，切片只能被干燥到干燥介质的湿度和温度所对应的平衡含水率，要想得到含水率低的切片，必须降低干燥介质的含湿量，这就要求提高干燥介质的除湿能力或采用真空干燥，也可以采用较高的干燥温度。但是，聚酰胺切片在高温时比聚酯切片易氧化发黄，所以干燥温度不宜太高。通常聚酰胺6切片的干燥温度为115～130℃，聚酰胺66比聚酰胺6更易氧化，干燥温度采用105～110℃。由于聚酰胺在高温下易氧化，所以在干燥过程中应尽量避免和空气中的氧接触，一般采用真空转鼓间歇干燥或热氮气对流连续干燥。

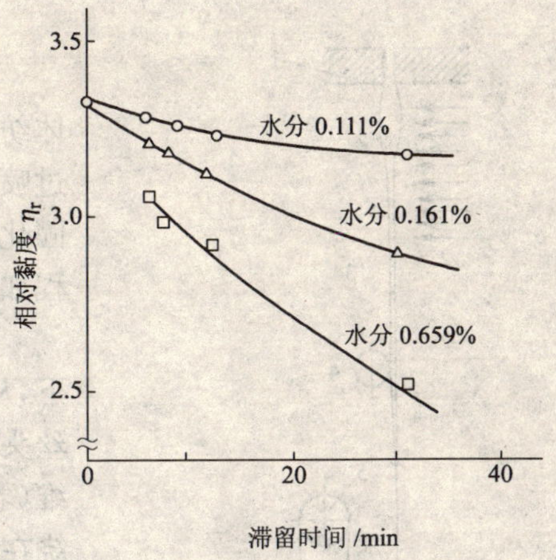

图8－30　聚酰胺6在270℃时黏度随含水量的变化

真空转鼓间歇干燥适用于多品种、小批量聚酰胺纤维的生产。真空转鼓干燥是在转鼓内使切片中的水分在一定的温度和真空度下蒸发，并通过真空系统将蒸发出的水分同空气一起抽除，从而达到干燥切片的目的。真空转鼓干燥具有干燥质量高、更换品种容易、干燥过程中高聚物不易氧化等优点，但其设备结构较复杂，能耗较大，生产成本较高，干燥时间长，生产能力低，不适合大规模生产。

在大规模生产中，一般都采用热氮气对流连续干燥，其典型的干燥方式是填充式干燥，其过程是切片自干燥塔顶部进入填充干燥塔后，充满整个干燥机，切片自上向下靠自重呈活塞式流动，热的减湿氮气以较低的风速从干燥塔底部进入，自下向上与切片呈逆流接触，进行热交换，使切片中的水分蒸发，蒸发出的水蒸气随气流带走，达到使切片干燥的目的。

填充式干燥的特点是切片在塔内呈活塞式流动，基本上可保证切片在干燥过程中停留时间一致，干燥质量好，并且产生设备结构简单，但需要减湿和高纯氮气。采用热氮气对流连续干燥，必须严格控制氮气的含氧量，以免切片在干燥过程中氧化发黄，一般高纯氮气的含氧量小于$10cm^3/m^3$。

在聚酰胺切片干燥过程中还应注意以下几点。

(1)切片在干燥过程中尽量少发生物性变化，在保证干燥后切片含水率符合要求的前提下，干燥温度越低，干燥时间越短，切片物性变化越小，因此应注意选择干燥温度和时间的最佳点。

(2)要使切片在干燥过程中所经历的工艺条件完全相同，这样才能保证切片的质量均匀一致。

(3)切片在干燥过程中，应尽量少产生粉末(或将产生的粉末清除出去)，这是因为粉末的比表面积大，在同样的干燥条件下，粉末的结晶度高于普通切片，当粉末与切片一起进入螺杆挤压机后，两者的熔融速率不同，会造成熔体不均匀，不利于纺丝的正常进行。

切片干燥后，为了防止切片出料时在高温下和空气接触而氧化发黄，必须将切片温度降至90℃以下，才可出料。干燥后的切片含水率很低，极易重新吸湿，使切片含水率达不到纺丝要求，因此干燥后的切片必须储存在密封的干切片储桶中，防止在储存过程中重新吸湿。一般热氮气对流连续干燥装置都是将干切片直接输送到纺丝机上的密闭干切片储罐中，供纺丝用。

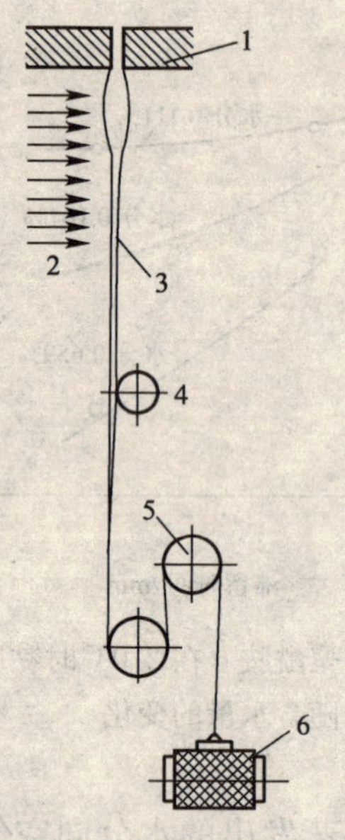

图 8－31　熔体纺丝过程示意图

1—喷丝板　2—冷却吹风　3—熔体细流　4—给油盘　5—导丝盘　6—卷绕筒管

二、纺丝成型基本原理

聚酰胺 6 和聚酰胺 66 纤维采用熔体纺丝法生产。熔体纺丝成型包括以下几个过程：纺丝熔体的制备；熔体通过喷丝板微孔挤出形成熔体细流；熔体细流的拉伸、冷却、固化，形成纤维；纤维的上油给湿和卷绕。熔体纺丝的过程如图 8－31 所示。

通过间接法或直接法得到的高聚物熔体，在一定压力下，从喷丝孔挤出，在冷却气流冷却的同时，进行较大的喷丝头拉伸，由熔体细流转化为预取向度较低的固态初生纤维（卷绕速度在 1500m/min 以下），然后以一定的速度卷绕在筒管上。这是一个伴随着传热和在力的作用下产生的物态变化过程。

熔体纺丝的原理已在第五章阐述，下面针对聚酰胺熔体纺丝的特点，进一步进行讨论。

（一）熔体细流的挤出和固化

聚合物熔体自喷丝板的导孔压入喷丝孔时，由于孔径由粗变细，熔体的流速由小变大。沿熔体流动方向的速度梯度称为纵向速度梯度。在纵向速度梯度的作用下，入口区的熔体受到拉伸，聚酰胺大分子产生弹性形变，使体系内储存了弹性能，熔体在喷丝孔内流动的过程中，这些弹性形变可能弛豫掉一部分。由于高聚物黏弹体的弛豫时间较长，而熔体流经喷丝孔的时间较短，所以入口区产生的弹性形变在喷丝孔道中不可能完全弛豫掉。熔体进入喷丝孔道后，纵向速度梯度逐渐消除，由于流体与喷丝孔壁间的摩擦作用，产生了径向速度梯度，即中间流速快，四周流速慢。径向速度梯度使大分子在剪切力作用下，沿熔体流动方向伸展，使线形大分子由卷曲状态变为比较伸展的状态，产生弹性形变。喷丝孔道中所产生的弹性形变也使纺丝熔体储存了一部分弹性能。

纺丝熔体流出喷丝孔时，由于摆脱了喷丝孔壁的束缚，原来储存的弹性能就在出口处释放出来，其宏观表现为熔体细流产生径向膨胀，从喷丝板出口到细流直径最大处称为膨化区。熔体的挤出过程如图 8－32 所示，纺丝线上速度变化如图 8－33 所示。

熔体纺丝时，膨化率（膨化区最大直径与喷丝孔直径之比）过大，会使纤维线密度不匀，熔体与喷丝板剥离性能差，甚至会产生熔体破裂等现象。因此，在纺丝成型过程中，应严格控制膨化率。熔体细流经膨化区后，受卷绕拉伸力的作用，流动速度逐渐加快，细流在被拉伸的同时，又不断和周围气流进行热交换，细流所放出的热量被冷却气流带走，温度不断下降，当降低到某一温度值时，聚酰胺大分子的运动被冻结，这个温度在丝条上所对应的点称为固化点。从固化点开始，丝条的纵向速度梯度

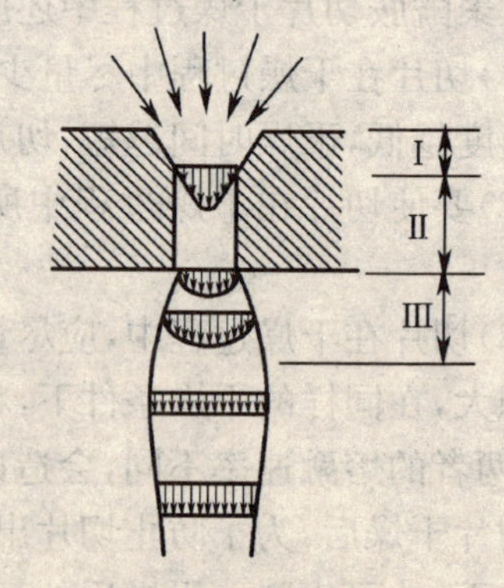

图 8－32　熔体挤出过程示意图

Ⅰ—入口区　Ⅱ—孔流区　Ⅲ—膨化区

为零。从细流最大直径处到固化点称为形变区。由于在形变区内高聚物处于黏流态,对外界的各种影响非常敏感。因此在这一区间控制冷却风的均匀性十分重要。固化点之后,熔体细流变为固体丝条,基本上已形成一定的超分子结构,其直径、速度已不再变化。固化点之后的区间称为固化纤维行走区。一般膨化区的长度在 10mm 左右,形变区的长度在 50～150cm。

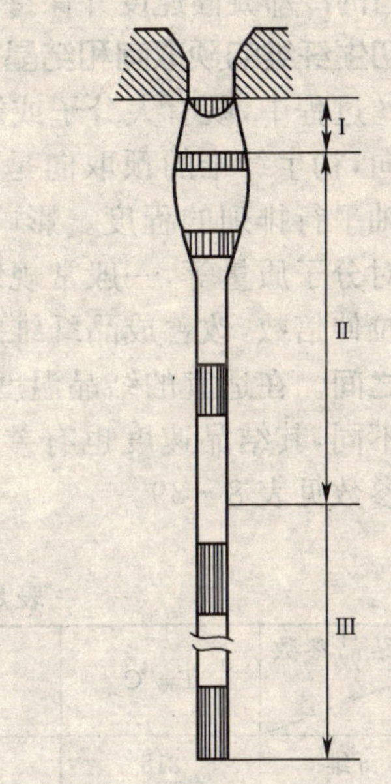

图 8－33 纺丝线上速度变化示意图
Ⅰ—膨化区 Ⅱ—形变区 Ⅲ—固化纤维行走区

(二)纺丝成型过程中的受力和传热

聚合物熔体从喷丝孔挤出后,立即受到卷绕力的轴向拉伸作用,熔体细流在克服各种阻力的同时,被拉长细化。摩擦阻力与丝条和空气之间相对速度的平方成正比,丝条运行速度越高,摩擦阻力越大。流变阻力是阻碍熔体细流拉伸流动的力,它与高聚物熔体的拉伸黏度和形变区的速度梯度有关。重力、表面力、惯性力在总作用力中所占比重较小,各种力沿纺程而变化。在稳态条件下,各种力相互达到一定的平衡,并沿着纺丝线形成一个稳定的分布。

纺丝线上的受力情况,直接影响初生纤维的超分子结构的形成及后加工性能。因此,必须控制纺丝线上张力的稳定性。

(三)纺丝成型过程中的热交换

熔体细流在向环境介质传热的同时伴随着固化过程的进行。纺丝熔体的温度较高,一般聚酰胺 66 熔体温度在 285℃左右,聚酰胺 6 熔体温度在 250℃左右。纺丝冷却空气温度在 25℃左右,熔体细流不断释放出热量,温度逐渐下降。这个热交换过程是冷却气流使熔体细流表面冷却,熔体细流轴心的热量再不断传给温度比较低的表面,使轴心的温度也逐渐下降。当细流表面冷却到凝固温度时,轴心还未降低到凝固温度,表面固化以后,芯层还处于熔融状态,凝固过程是温度降低而逐渐推向轴心,即表面的固化层越来越厚,最后轴心凝固。丝条的凝固过程如图 8－34 所示。

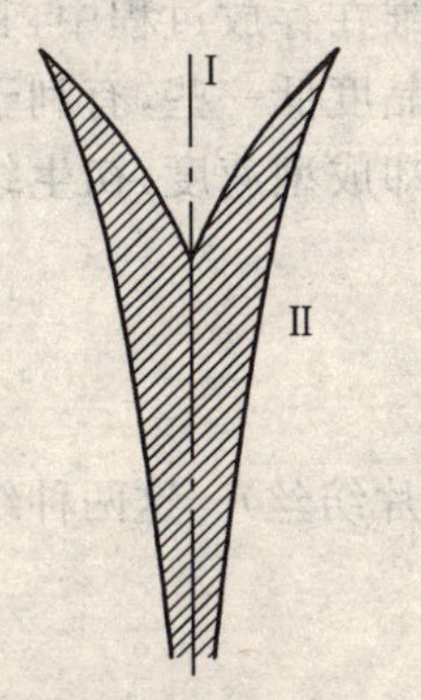

图 8－34 丝条的凝固过程
Ⅰ—熔融的芯层 Ⅱ—固化的表层

聚酰胺熔体细流在离喷丝板 50～80cm 处就已完全凝固,在这个形变区,如果冷却凝固速度过快,形变区缩短,凝固点上移,就必然在比较短的路程中进行比较大的喷丝头拉伸,因此拉伸应力急剧增加,引起断头率急剧增加,使初生纤维的预取向度增大,对其后加工性能产生不利的影响。如果冷却速度过快,也不易冷却均匀,使纤维的不均匀性增大。如果冷却速度过慢,形变区延长,凝固点下移,可在较长的路程内进行喷丝头拉伸,使拉伸应力下降,初生纤维的预取向度降低。但缓慢冷却使纺丝线上较长的区域处于最适宜结晶的温度,有利于结晶的生成。而初生纤维结晶度太高,或形成稳定的结晶变体,就使其拉伸性能降低,在后加工时断头率和毛丝率增加。因此,必须选择适当的冷却凝固速度并保持稳定，以保证生产稳定，纤维质量均匀。

(四)初生纤维的预取向和结晶

在纺丝过程中，既有大分子或链段在卷绕拉力作用下的取向排列，又有由无规热运动引起的解取向，初生纤维的预取向是取向和解取向的综合结果。取向度是指纤维内的结构单元沿纤维轴平行排列的程度。影响初生纤维预取向度的因素很多，如卷绕速度、冷却条件、高聚物相对分子质量等，一般常规纺丝时希望初生纤维的预取向度低一些，以利于提高初生纤维的后拉伸倍数，改善成品纤维的质量。一般认为，适合于高聚物结晶的温度在熔点和玻璃化温度之间。在适宜的结晶温度下，不同的高聚物，由于大分子化学结构的刚柔性和对称性等因素不同，其结晶速度也有差异。聚酰胺 66 大分子的对称性较好，结晶速度较快。有关的结晶参数见表 8－39。

表 8－39　聚酰胺纤维的结晶参数

结晶参数 纤维类型	T_m/℃	T_c/ ℃	K/s^{-1}	T_g/ ℃	G	$(T_1—T_2)$/ ℃
聚酰胺 6 纤维	215	145.6	0.14	45	6.66	47.6
聚酰胺 66 纤维	264	150	1.66	45	133	80

表 8－39 中 T_m 为熔点；T_c 为结晶速度最快时的温度；K 为结晶速度常数；T_g 为玻璃化温度；$(T_1—T_2)$为半结晶宽度，它表示从玻璃化温度到熔点之间存在着的一段最适宜结晶的温度范围，在同样的冷却速度下，这个温度范围越大，快速结晶的时间越长；G 为动力学结晶能力，是某一高聚物从熔点以单位冷却速度冷却至玻璃化温度时得到的相对结晶度。从以上所述可知，如果在同样冷却速度下纺丝，所得到聚酰胺 66 纤维的结晶度将是聚酰胺 6 纤维的 20 倍。

由于聚酰胺纤维的玻璃化温度与室温接近，常规纺丝的初生纤维在存放过程中，其大分子的取向和结晶将进一步发展下去。对于常规纺丝的初生纤维，其结晶度低一些，有利于后拉伸过程的进行，减少拉伸应力。这就要求在纺丝过程中控制适宜的冷却成型速度，初生纤维存放时间不宜过长。

三、纺丝生产工艺过程

聚酰胺的熔体纺丝可分为两类，即直接纺丝和间接纺丝(也称切片纺丝)。这两种纺丝生产工艺过程相同，不过间接纺丝还需先制备熔体。

(一)制备纺丝熔体

用于纺丝的聚酰胺切片，其聚合度、相对分子质量分布、含湿量等指标必须符合要求并保持均匀一致。由于聚合物切片的导热率低，如果切片尺寸过大，不容易熔融。所以，要求切片直径为 2～4mm，长度为 2.5～5mm。有光切片应无色透明，消光或半消光切片应呈白色。切片中不得有粉末和杂质。

聚酰胺切片的熔融可采用两种以不同原理工作的熔融设备，一种是熔融炉栅，另一种是螺杆挤压机。这两种设备的主要作用是，以一定的速度连续地将高聚物切片熔融成高聚物熔体并达到所要求的温度，同时尽可能避免高聚物在高温下的热分解。

1. 熔融炉栅

炉栅纺丝法是美国20世纪30年代末期为聚酰胺66纺丝而研制的，曾一度被广泛使用。70年代以后，聚酰胺的熔体纺丝已普遍采用螺杆挤压机。

炉栅纺丝对聚酰胺切片的含湿率要求不高，只要小于0.04%即可，一般可以省去干燥工序。

与螺杆挤压机相比，炉栅存在很多不足。炉栅熔融效率低，熔体在炉栅中停留时间较长，熔体的流动仅靠熔体本身的静压和增压泵的吸入作用，不适宜纺制黏度高流动性差的高聚物。另外，炉栅的生产运行周期较短，炉栅管壁的熔体附着物(凝胶和焦化物)越来越厚，严重影响炉栅的熔融效率，以致影响纺丝的正常进行。因此，炉栅纺丝越来越少。

2. 螺杆挤压机

螺杆挤压机原来是用于塑料加工的机器，用于合成纤维工业的主要是单螺杆挤压机。与炉栅相比，螺杆挤压机的优点是，熔融效率高，熔体停留时间短，熔体塑化均匀，适用切片黏度范围宽，输出熔体压力高。从20世纪70年代中期起，螺杆挤压机获得广泛应用，基本取代了炉栅。

螺杆挤压机由螺杆、螺杆套筒、传动部分、加热和冷却系统等机构组成，其结构简图如图8－35所示。

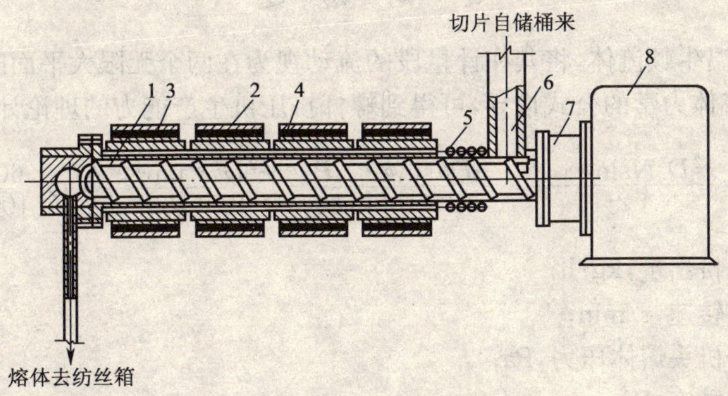

图8－35　单螺杆挤压机结构简图

1—螺杆　2—套筒　3—加热圈　4—电热棒　5—冷却水管　6—进料管　7—密封部分　8—传动及变速机构

在聚酰胺纤维生产中，由于聚酰胺是晶态高聚物，熔化温度范围较窄，所以基本上采用单头短区渐变型螺杆。这种螺杆可分为进料、压缩和计量三段。来自储罐的切片经进料管进入螺杆的进料段，进料段的前部分为冷却区，其作用是使切片保持固体状态，防止其过早熔融。如果切片过早熔融或软化，会黏附在螺杆上，产生环结阻料现象。冷却区也使螺杆机械传动部分的温度不致过高。进料段的后部为预热区，在此区切片不受压缩，只是随着螺杆的转动，切片被均匀地加热。切片在进料段的运动可以分解为旋转运动和轴向运动。切片与螺杆之间摩擦力的作用产生旋转运动，轴向运动是由于螺杆旋转时产生的轴向分力推动着切片向前运动。随着螺杆的旋转，已预热的切片进入压缩段，切片在此段受到较强的加热和压缩而变成熔体。加热主要来自套筒的外部传热和切片在运动过程中产生的切片之间、切片与设备之间摩擦放出的热量，压缩是借助于螺杆螺槽深度的变化而产生的，切片熔化主要在压缩段完成，因而物料在压缩段的运动和变化最为复杂。螺杆的最后一段是计量段，该段螺杆的螺槽深度最浅且无深度变化。由压缩段送来的聚合物熔体在计量段进一步加热并搅拌均化，然后以一定温度、一定压力和一定流量均匀输送给纺丝箱体。通常把计量段熔体流动分成以下几种运动。

(1)顺流：顺流是熔体沿着螺槽向机头方向流动。这是由螺杆旋转推挤造成的，其流量用 Q_1 表示。

(2) 逆流：由于螺杆挤压机的机头压力使熔体沿着螺槽回流。流动方向与顺流相反，其流量用 Q_2 表示。

(3)漏流：是由机头压力引起的熔体反向流动，但不是沿螺槽回流，而是在螺纹顶部与套筒之间的间隙中回流。由于螺杆与套筒的间隙很小，所以漏流量较逆流量小得多。漏流流量用 Q_3 表示。

(4)环流：这是与螺纹垂直方向的流动，是螺杆旋转时推挤熔体产生的。环流对物料的混合、热交换、均化等有一定的影响，但对挤出量影响不大，计算产量时不予考虑。

螺杆挤压机的生产能力通常指螺杆计量段的挤出量，实际上就是顺流量与逆流量和漏流量之差，见式(8－40)。

$$Q = Q_1 - Q_2 - Q_3 \qquad (8-40)$$

将熔体视为等温牛顿流体，将其在计量段的流动视为在两个无限大平面间绝热状态下的黏滞剪切流动，利用流体力学的公式推导，可得到螺杆挤压机生产能力的理论计算公式。

$$Q=\frac{\pi^2 D^2 N\sin\phi\cos\phi}{2}-\frac{\pi D h\sin\phi\cdot\Delta P}{12\times10^{-5}\eta L}-\frac{\pi^2 D^2\delta^3\tan\phi\cdot\Delta P}{12\times10^{-5}\eta Le}\times\frac{60\gamma}{1000} \qquad (8-41)$$

式中：Q —— 螺杆挤出量，kg/h；

N —— 螺杆转速，r/min；

ΔP —— 螺杆机头熔体压力，Pa；

η —— 熔体黏度，Pa・s；

D —— 螺杆直径，cm；

L —— 计量段长度，cm；

δ —— 螺杆和套筒的间隙，cm；

e —— 螺纹棱顶宽，cm；

ϕ —— 螺旋角，(°)；

γ —— 熔体密度，g/cm^3；

h —— 计量段螺槽深度，cm。

(二) 聚酰胺长丝常规纺丝

在聚酰胺民用长丝的工业生产中，根据生产设备和技术状况的不同，可分成三类纺丝卷绕速度：第一类的卷绕速度在 600m/min 以下，称为低速纺丝，20 世纪 60 年代中国制造的设备均属于此类(VC403 型等)，已经淘汰。第二类的卷绕速度为 700～1500m/min，称为常规纺丝，20 世纪 70 年代中国制造的 VC406 型纺丝机均属于此类。第三类的卷绕速度在 4000m/min 以上，称为高速纺丝。聚酰胺纤维高速纺丝是发达国家 20 世纪 70 年代末 80 年代初开发的新技术，80 年代中期开始，中国引进了聚酰胺长丝高速纺丝的技术和设备。这三类纺丝卷绕的生产过程基本相同，仅是纺丝卷绕设备和生产技术的发展和完善。

以常规纺丝为例，来自连续缩聚装置或螺杆挤压机输出的聚酰胺熔体，通过管道进入纺丝箱体，在熔体管道上一般都设有静态混合器，以消除熔体在管道中流动时抛物线速度分布引起的停留时间差，熔体在纺丝箱体中经联苯混合物加热而保持一定的温度，同时经箱体内部的熔体分配管进入纺丝计量泵，经计量泵定量输入纺丝组件，在组件内，熔体经过滤介质的过滤混合后，从直径为 0.25～0.4mm 的喷丝孔挤出，形成连续细长的丝条，在冷却风的作用下，丝条固化，然后经纺丝甬道加湿和给油盘上油后卷绕在筒管上，所得到的初生纤维又称卷绕丝，生产过程如图 8－36 所示。

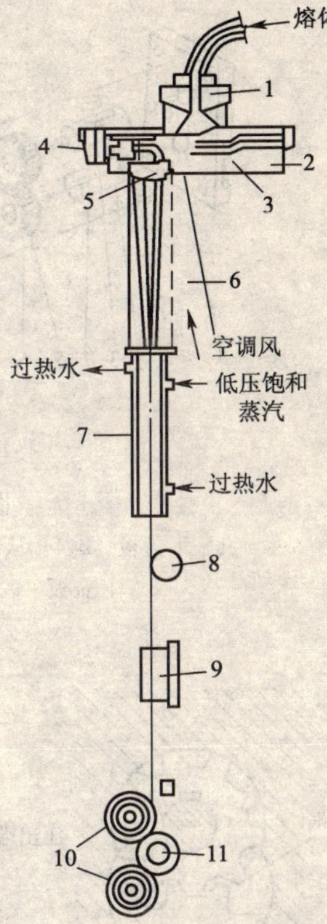

图 8－36　聚酰胺 66 常规纺丝示意图

1—直纺头　2—纺丝箱体(内充联苯)　3—电热棒　4—计量泵　5—纺丝组件　6—纺丝窗　7—纺丝甬道　8—给油盘　9—导丝盘　10—筒管　11—摩擦辊

1. 纺丝箱体

纺丝机的型号不同，纺丝箱体的形状和大小也不同。由于聚酰胺 66 对热很敏感，极易产生凝胶，这就要求熔体管道尽可能短，避免出现死角。为了便于定期煅烧处理，聚酰胺 66 纤维的纺丝箱体通常较小，其基本结构主要由联苯加热箱、纺丝计量泵、纺丝组件三部分组成。纺丝箱体的加热方式有两种，一种是每个箱体独立用电加热箱体中的液体联苯，另一种是用联苯蒸气发生炉产生的蒸气集中加热各个箱体。

2. 计量泵

计量泵的作用是定量、均匀地把熔体输入纺丝组件，即喷丝头，确保纺丝线密度均匀。图8－37是最简单的计量泵的结构示意图。这种泵由 3 块钢板组成，中间的一块装有一对通过一根轴从外部传动的齿轮，齿轮带着从进料孔道流来的熔体转动，在压出端从齿隙中挤出熔体，其工作原理如图 8－38 所示。计量泵入口的熔体达到一定的压力，泵才能正常工作，压力由螺杆挤压机或压力泵提供。随着合成纤维工业的发展，长丝纺丝机已发展成一个纺丝位装几个喷丝头，以适应提高生产能力或生产细特丝的要求，这就要求一个泵能同时供给几个喷丝头，从而出现了叠泵。叠泵是将几组齿轮泵组成一体的泵，它具有一个进口和几个出口。

3. 纺丝组件

纺丝组件是将喷丝板、分配板、过滤材料、密封材料等组装在组件壳体内的结合体。纺丝组件是熔体纺丝成型前通过的最后一个部件，其结构除了要满足熔体过滤、分配和喷丝成型的要求外，

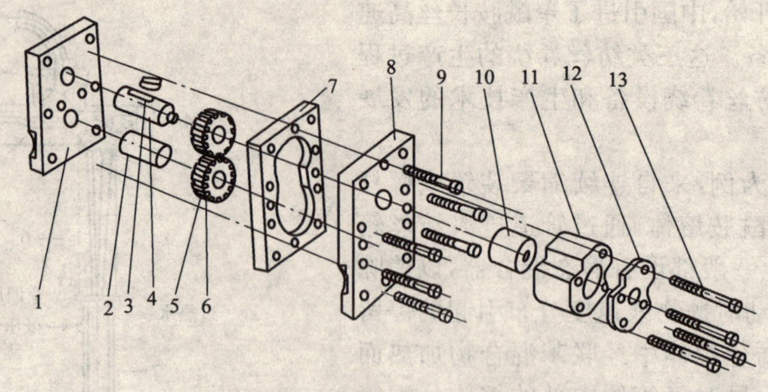

图 8－37　计量泵的结构示意图

1—下盖板　2、4—从动轴　3—键　5—从动齿轮　6—主动齿轮　7—中间板
8—上盖板　9、13—键螺栓　10—联结轴　11—轴套　12—压板

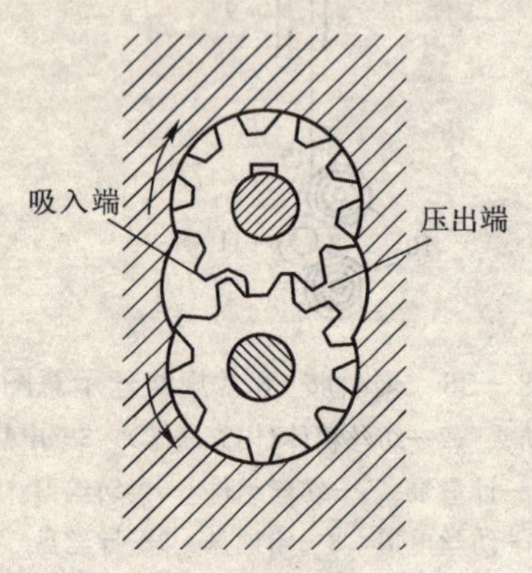

图 8－38　齿轮泵送液作用示意图

还要满足密封、拆装方便和固定可靠的要求。纺丝组件内的熔体过滤效果，对聚酰胺纤维的质量有较大影响，熔体通过过滤介质时产生较大的压力降，不仅能滤除机械杂质，还使熔体搅拌均匀，并使机械能转变为热能，使熔体温度迅速提高，改善熔体的流变性能，提高可纺性。纺丝组件内的过滤介质一般是不锈钢网、石英砂或不锈钢砂等物质。

4. 喷丝板

喷丝板和计量泵是合成纤维生产过程中最精密的两大部件，熔体纺丝所用喷丝板的材质为铬镍合金钢，形状多为圆形，厚度一般在 10～25mm，喷丝板的孔数取决于纤维的品种和单丝线密度的要求，喷丝板孔径一般在 0.2～0.4mm，根据熔体在喷丝孔内的切变速率确定具体数值。

5. 丝条冷却装置

丝条冷却装置由吹风窗和纺丝甬道组成，刚从喷丝头喷出的熔体细流温度很高，冷却过程伴有吸湿，冷却条件对产品性能影响较大，纤维线密度均匀性、预取向度及加工性能都与从喷丝头到卷绕筒管之间的处理条件有关。吹风窗侧吹风气流不得发生紊流，要求风速在吹风宽度上都相等，使每根丝都经受相同程度的冷却。纺丝通道通常是一根简单的竖管，聚酰胺 66 纤维常规纺丝要在甬道中向丝条喷射低压蒸汽，使丝条快速提高含湿量，保证卷绕成型良好。聚酰胺 6 低速纺丝和高速纺丝不需要在甬道内向丝条喷射蒸汽。

6. 丝条上油

在聚酰胺长丝纺丝卷绕及后加工过程中，纤维之间及纤维与设备之间经常发生摩擦。摩擦会损伤纤维表面，并且易产生毛丝或断头。摩擦产生的静电还会使单纤维之间产生排斥力，使丝束抱合不良。给丝条上油的目的就是解决丝条的润滑、抱合和抗静电问题。

纺丝油剂由润滑剂、乳化剂、表面活性剂、抗静电剂和防腐剂等多种组分混合而成。丝条表面所施加的油剂总量是很少的，一般只占丝条重量的0.5%～1.5%。黏稠的油剂不容易在纤维表面形成很薄而均匀的涂层，因而往往将油剂加水调配后使用，在给丝条上油的同时也起到加湿的作用。调配后的油剂乳化液的浓度一般在10%左右。

纺丝油剂除了润滑、抱合、抗静电的功能外，还要适合纺织加工的要求，例如，聚酰胺长丝在加弹过程中要经受210℃左右的高温，这就要求油剂耐热，在织物染色过程中，纤维上的油剂应能很容易被洗掉而不至于影响染色。

7. 卷绕装置

上油后的丝条经过导丝盘进入卷绕装置，导丝盘的主要作用是使导丝盘之前的丝条张力保持恒定，不受卷绕装置上导丝器往复运动的影响，导丝盘由电动机驱动，变频调速。

卷绕装置有摩擦传动和锭子传动两种传动方式，两种传动方式都要保证丝条的卷绕速度不变。摩擦传动较为简单，常规纺丝都采用这种方式。卷绕装置由往复导丝器、摩擦辊和筒管支架三部分组成，往复导丝器也是变频调速，其往复运行速度发生周期性的小范围变化，以避免筒子塌边。摩擦辊传动电动机和导丝盘电动机一般采用不同的变频电源，以便按工艺要求调节丝条的张力。摩擦辊靠摩擦力使紧靠在它上面的筒管转动，因此，无论筒管上丝层的厚度如何变化，丝管的卷绕线速度始终保持不变。

(三)纺丝工艺条件

为了制得质量好的成品纤维，要求纺丝时得到的卷绕丝具有良好的拉伸性能、一定的线密度和线密度均匀性以及一定的白度。要得到良好的卷绕丝，除了对高聚物切片或熔体(直接纺丝时)的质量以及纺丝设备有一定要求外，还必须合理地选择纺丝过程的工艺条件。这些工艺条件有纺丝温度、冷却条件、纺丝速度、泵供量、喷丝头拉伸倍数、给油、给湿、卷绕间的温湿度条件以及卷绕丝的存放时间等。

1. 纺丝温度

纺丝温度通常就是熔体温度。纺丝时，这一温度必须大于聚酰胺树脂的熔点而小于其分解温度。选择纺丝温度时，必须综合考虑各方面的因素，并根据高聚物的质量确定具体数值，以保证高聚物熔体有良好的可纺性。聚酰胺的熔体黏度随相对分子质量的增加而增大，在相对分子质量相同的情况下，熔体黏度随温度升高而减小。聚酰胺6的熔体黏度还与单体含量、低聚物含量及水含量有关。因此，选择聚酰胺6的纺丝温度时应考虑这些因素。

纺丝温度是否恰当，直接影响纤维的质量和纺丝过程。纺丝温度过高，会使聚合物的热分解加剧、相对分子质量降低、出现气泡丝，并因熔体黏度太低而出现毛细断裂，形成所谓的“注头”。对聚己内酰胺纺丝而言，纺丝温度过高，熔体停留时间长，会增加熔体中低分子物含量，将严重影响纤维质量。纺丝温度过低，会使熔体黏度过高，增加泵输送的负担，往往出现漏料，并使挤出物胀大现象趋于严重，甚至出现熔体破裂现象，影响正常纺丝。还会形成硬头丝，使丝色发白，手感发硬，增加后拉伸的断头，甚至不能拉伸。纺丝温度的波动也会影响纤维的质量。通常，聚酰胺6的纺丝温度应控制在270～280℃，聚酰胺66的纺丝温度应控制在280～290℃，温度的波动范围愈小愈好，一般不应超过±2℃。聚酰胺66的熔点比聚酰胺6的熔点高40℃左右，其分解温度相差不大，因此聚酰胺66的纺丝温度应比聚酰胺6高，纺丝时允许的温度波动范围应更小，对纺丝温度的控制要求更为严格。而且聚酰胺66熔体的热稳定性比聚酰胺6差，易分解或生成凝胶。因此，应严格控制熔体在体系中的停留时间。

在纺丝过程中，纺丝温度的控制是通过对螺杆挤压机、法兰段、弯管和箱体的温度控制而实现的。螺杆挤压机套筒外装有分区加热系统，可以分段控制温度。一般情况下，冷却区（进料区）温度控制在70～100℃，以避免切片过早软化发黏而产生阻料，并可使螺杆传动箱在较低温度下运转，延长设备使用寿命。这一区设有冷却水进出口，可通入冷却水降温，故称冷却区。预热区温度一般控制在300℃左右，以供给切片在预热熔融过程中所需的热量，在不阻料和不使聚合物分解的前提下，提高此区的温度有利于切片熔融，提高生产能力。压缩区是切片熔融的主要区域，在不造成聚合物热分解的条件下，可适当提高其温度，以保证切片充分熔融。计量区的主要任务是使熔体进一步熔融并混合均匀，此区的温度应控制在接近所要求的熔体温度范围内。法兰、弯管、箱体主要起保温作用。

要提高熔体的可纺性、改善熔体的流变性以及稳定熔体黏度，仅合理控制纺丝温度是不够的，还必须辅之以其他措施。例如，加入分子量稳定剂以防止聚酰胺的相对分子质量变化，从而稳定熔体黏度；提高聚酰胺的相对分子质量的均匀性和结晶的均匀性，以提高熔体黏度的稳定性和均匀性；强化螺杆塑化作用（如提高螺杆转速，增大熔体压力）以及改变喷丝孔的几何尺寸（增大喷丝孔的长径比、合理设计毛细孔入口角度等），以降低熔体黏度、提高熔体均匀性、改善熔体的流变性能。

2. 冷却条件

高聚物熔体自喷丝头喷出后，随即向周围介质释放出热量，从而使熔体细流冷却固化，形成初生纤维。高聚物熔体细流与空气冷却介质之间的热交换过程直接影响纺丝速度、丝条行进中的速度梯度分布、温度分布、应力分布等工艺参数，从而影响丝条的线密度均匀性、结构均匀性、表面形态的稳定性以及固化区距离的稳定。选择适宜的冷却条件对纤维成型以及成品纤维的质量具有重要意义。

纺丝时应确保冷却条件稳定、均匀，避免受到外界条件的影响，避免聚合物熔体细流在冷却过程中发生温度变化、速度变化、凝固点位置变化，使轴向拉力保持稳定。

为了强化冷却，设计了多种冷却吹风形式，如侧吹风、环形吹风、辐射冷却吹风等形式，其中以辐射冷却吹风效果更好，它能保持气流稳定，减少冷却不均匀和丝条抖动而造成的丝斑，从而减少后拉伸过程的断头率和成品纤维的染斑。

除了改进冷却吹风装置外，对冷却条件的控制，主要是控制冷却空气的温度、风量、风压、湿度、流动状态及丝室温度。通常冷却吹风使用20℃左右的露点风，送风速度一般为0.5～1m/s，冷却吹风位置上部应靠近喷丝板，但又不能使喷丝板温度降低。

丝室的温度和湿度对冷却成型过程和丝条的品质影响较大，应加以控制。丝室温度通常控制在30～40℃，温度过高、过低都会使纤维的性能变坏，纤维的结构均匀性变差。丝室湿度对聚酰胺纤维的冷却成型影响很大，也应加以控制。一般相对湿度控制在50%～60%。聚酰胺66聚合物中几乎不含低分子物，吸水性比聚酰胺6差，在成型过程中为防止纤维带电，要求丝室的相对湿度更高一些。聚酰胺66的甬道可分成两段，第一段吹入20℃左右、相对湿度约65%的空气，第二段直接吹入低压蒸汽，这样可平衡丝条水分，防止静电，使丝条中单纤维很好地抱合，使卷绕顺利，并提高纤维质量。

在高相对分子质量的聚酰胺纺丝（如纺制帘线丝）时，要获得具有良好拉伸性能的卷绕丝，必须使它具有较低的预取向度和结晶度。为此，可在喷丝板下方设置后加热器（徐冷器），以降低熔体细流的冷却速率，延长丝条的塑性区，增大冷却距离，使平均轴向速度梯度减小，从而使初生纤维的预取向度减小。

3. 纺丝速度和喷丝头拉伸倍数

聚酰胺熔体纺丝，常规纺丝的速度一般在 900～1200m/min，高速纺丝纺速已达 4000～6000m/min，甚至更高。由于熔体纺丝法纺丝速度很高，因而喷丝头拉伸倍数也较大。卷绕速度和喷丝头拉伸倍数的变化，影响卷绕丝的结构和拉伸性能。

4. 给油、给湿

熔体纺丝法生产聚酰胺纤维时，刚成型的纤维几乎是绝干的，会从空气中吸收水分，使纤维伸长。聚酰胺 6 初生纤维的轴向吸湿伸长与预取向度密切相关。由于纺丝速度很高，从细流挤出到丝条卷绕的时间还不到 1s，在这样短的时间内，纤维的含湿量与空气的湿度不可能达到平衡，因此绕在筒管上的丝就要继续从空气中吸收水分，使纤维伸长，出现松圈和塌边现象。为了避免出现这种现象，卷绕前必须让纤维吸收水分，使之达到卷绕丝储存条件下的平衡含水率。卷绕丝的给湿通常是在卷绕之前设置给湿盘来实现的。为使给湿均匀，可在水中加入少量扩散浸润剂（如 0.5%～1%的拉开粉），使水分容易在纤维内渗透、扩散。

干燥的纤维容易起静电，单纤维间的抱合力差，与设备的摩擦力较大，会给卷绕和后加工工序带来困难。除了在卷绕前对纤维给湿外，还必须上油。油剂的选择和给油的适当与否，对纤维的卷绕，进而对纤维的拉伸性能影响很大。纤维含油量过高和过低都是不利的。

纤维可以先给湿后上油，也可以给湿和上油合并在一起进行。通过调节给湿和给油盘的转速、油槽中液面的高度以及纤维与给湿和给油盘的接触长度，可以控制纤维的含湿率和含油量。

5. 卷绕间的温湿度条件和卷绕丝的存放时间

为了使卷绕顺利进行，防止已经给湿、给油的纤维在卷绕过程中因卷绕间温湿度的变化再次吸收水分，或者纤维中水分向空气中蒸发而使含湿量发生变化，引起纤维长度的变化，要求卷绕间的温湿度与给湿后的纤维含湿量相适应，并保持恒定。一般卷绕间温度最好保持在 19～20℃，相对湿度保持在 50%～55%。纺制聚酰胺 66 纤维时，车间相对湿度可略高。

纤维通过给湿盘、给油盘的时间极短，不可能达到完全均匀，需要在一定的温湿度条件下存放一段时间，使纤维内外层的含油、含湿趋于均匀，以利于拉伸的顺利进行。另一方面，刚成型的聚酰胺纤维的内部结构会发生变化，生成不稳定的 γ 型或 β 型晶体结构（六方晶系），这种结构变化需要一定的时间（约 4h），才能逐渐趋于稳定。经过拉伸，特别是热拉伸，这种不稳定的晶体结构转变成稳定的 α 型晶体结构（单斜晶系）。为了稳定初生纤维的结构，卷绕丝在一定的温湿度下存放一段时间是必要的，但存放时间不能过长，否则会影响纤维的拉伸性能。存放时间一般在 20～24h。

（四）高速纺丝

20 世纪 70 年代初期，发达国家实现了涤纶高速纺丝工业化，纺速在 3000～3500m/min，这是合成纤维熔体纺丝的重大技术进步。聚酰胺长丝高速纺丝在 70 年代末期才得以工业化，晚于涤纶高速纺丝 5 年左右，其原因是聚酰胺纤维高速纺丝的速度必须达到 4200～4500m/min 才能使纤维大分子的结构稳定，从而使纤维成型良好，这就对高速卷绕机构提出了更高的要求。

常规纺丝生产的卷绕丝，大分子基本上是未取向的（UDY，undraw yarn），还需进行 3～5 倍的拉伸才能用于纺织加工。高速纺丝生产的卷绕丝，由于卷绕速度的大幅度提高，其大分子沿轴向已经具有一定程度的取向结构，可以减少后拉伸倍数，或完全取消后拉伸。卷绕速度在4200～4500m/min时生产的卷绕丝称部分取向丝（POY，partially oriented yarn），我国从20世纪80年代中期引进了这种技术设备，生产能力快速增长，已有取代常规纺丝之势。

熔体高速纺丝时，纺速提高到一定程度后，所得卷绕丝具有普通拉伸加工成品丝的取向度和结晶度，这种丝称为全取向丝（FOY，fully oriented yarn）。采用FOY制备工艺，可以省去后续的拉伸工序，直接纺成成品纤维，用于纺织加工。涤纶在6000m/min纺速时即可制取FOY，其取向度达到了与POY—DTY法所制得的成品纤维相接近的程度。聚酰胺纤维的纺速在8000m/min以上时，才能生产卷绕丝FOY，由于卷绕速度太高，目前生产工艺技术和设备尚不成熟，仍处于研究开发中。

在POY技术的基础上，20世纪80年代初期开发了聚酰胺纤维高速纺丝—拉伸—卷绕一步法生产工艺，即纺丝拉伸联合工艺或纺牵一步法，把纺丝、拉伸过程合二为一，在纺丝机上用一步法可生产全拉伸丝（FDY，fully draw yarn）。纺牵联合一般以低速或中速纺丝，并立即在纺丝机上进行拉伸定型，再以高速或超高速卷绕成型。这样不但省去了常规生产中未拉伸丝的中间存放过程和结构复杂的牵伸机，而且避免了在拉伸加捻机拉伸时因钢领板运动而造成的纱线张力波动，因而提高了成品丝的质量，减少了投资。生产民用丝时，一般采用高速拉伸和超高速卷绕，卷绕速度达5100m/min。FDY丝结构性能与纺丝速度、拉伸方式（单级拉伸和双级拉伸）、拉伸配比、总拉伸倍数、拉伸温度、定型温度等工艺参数有密切的关系。FDY民用丝可直接用于机织或针织，使生产流程大为简化，且产品质量优异。

1. POY生产工艺

POY的生产过程与常规纺丝基本相同，但POY卷绕速度高，卷绕机械精密复杂，对聚合物熔体质量要求也更高，要求纺丝箱体加热更均匀，丝条上油采用喷嘴上油，纺丝甬道不必喷蒸汽，由于卷绕速度高，卷绕张力较大，可省去导丝盘等机件。随着纺丝速度的提高，喷丝板喷出的熔体必须比常规纺丝更均匀，熔体黏度波动范围更小，因此高速纺丝对聚合物相对分子质量和相对分子质量分布有更高的要求。

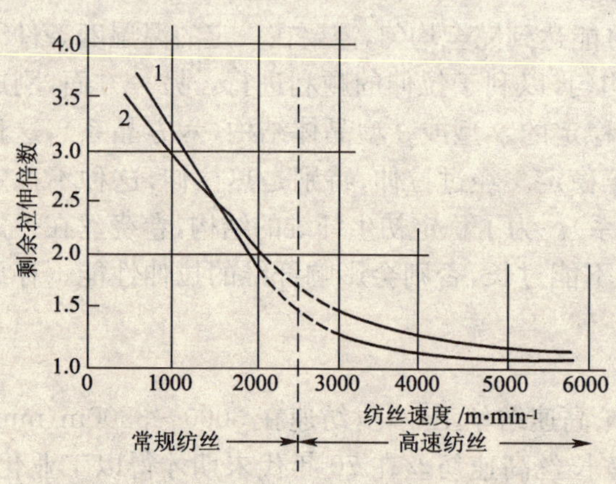

图8－39　卷绕丝剩余拉伸倍数与纺丝速度的关系

1—聚酰胺66　2—聚酰胺6

剩余拉伸倍数与纺丝速度密切相关。当纺丝速度小于2000m/min时，剩余拉伸倍数随纺丝速度的增加而迅速减小，当纺丝速度高于4000m/min时，剩余拉伸倍数变化趋缓。为了有效地降低剩余拉伸倍数，纺丝卷绕速度应超过4000m/min。剩余拉伸倍数与纺丝速度的关系如图8－39所示。

温度对熔体的流变性能影响很大，温度的高低直接影响纺丝卷绕过程的正常进行和纤维的质量，为了保证纺丝熔体加热稳定，减少纺丝箱体间加热温度的差异，采用联苯蒸气发生炉产生的联苯蒸气集中加热纺丝箱体，一台联苯蒸气发生炉可给几个纺丝箱体或一台纺丝机的全部箱体提供联苯蒸气，一般可通过控制联苯蒸气压力来精确地控制箱体加热温度。与常规纺丝相比，高速纺丝的箱体结构更加合理，箱体内熔体通道很短，无死角，纺丝组件采用自密封结构，纺丝熔体压力较高。

由于聚酰胺高速纺丝的卷绕速度在4000m/min以上，卷绕装置是关键设备，其传动有摩擦式和锭子式两种。摩擦传动产生的热量对丝的质量，尤其是细特纤维的质量损害较大。锭子式传动可避免这个问题，但增加了较复杂的锭子转速控制系统。

下面以某厂的纺丝装置为例，简述聚酰胺6 POY纺丝卷绕的工艺流程。

来自己内酰胺聚合装置切片大料仓的切片(其质量指标见表8－40)，经纺丝切片料斗在氮气保护下进入卧式螺杆挤压机，并在切片入口处加软水冷却，切片在挤压机内加热、熔融、混合加压，通过带LTM的混合头，以恒定的温度、压力供给纺丝箱体，熔体在箱体内由带静态混合器的分配管分配到8个纺丝位，每个位由2台6叠泵定量、连续地供给纺丝组件。熔体以恒定的温度和压力定量地从喷丝板喷出，在侧吹风窗内被恒温、恒湿、恒量的均匀气流冷凝成丝条。同时从纺丝油剂高位槽来的两种不同浓度的POY油剂由计量泵定量地从喷嘴喷到丝束上，在两次上油之间，丝束被恒温、恒压的压缩空气交缠，形成网络丝。从纺丝甬道下来的丝经过甬道和卷绕之间的丝道控制系统，包括吸丝器、断头检测器和切丝器，直接卷绕在高速卷绕机卷绕头的纸筒管上，每个纺丝位有2个卷绕头，每个卷绕头上有6个丝饼，每个丝饼重约8kg，由落丝机将丝筒取下，放在POY小车上，推至平衡间储存，供拉伸变形用。POY的质量指标见表8－41。

表8－40 聚酰胺6切片的技术规格

技术指标项目	指标值	技术指标项目	指标值
相对黏度	2.35～2.5	端羧基含量/mmol·kg^{-1}	15～20
含水量/%	0.06±0.03	切片直径/mm	2～2.5
切片中可萃取物含量/%	＜0.6	切片长度/mm	2～2.5
切片中 TiO_2 含量/%	0.27～0.33		

表8－41 POY丝的技术规格

技术指标项目	指标值	技术指标项目	指标值
线密度/dtex	2.0～5.5	乌斯特不均匀率/%	＜0.8
线密度偏差率/%	＜±0.5	剩余拉伸比	1.2～1.3
线密度 *CV* 值/%	＜1.0	满筒重量(净重)/kg	8～8.5
断裂强度/cN·$dtex^{-1}$	＞3.6	满筒率/%	＞90
断裂强度 *CV* 值/%	＜6		

纺丝卷绕的主要工艺参数如下：

挤压机生产能力 340kg/h

联苯温度 260～275℃

联苯蒸气压力 0.115MPa(绝对压力)

组件之间温差 <1℃

侧吹风温度 18℃±1℃

侧吹风相对湿度 75%±2.5%

卷绕速度 4100～4500m/min

剩余拉伸比 1.2～1.3

最大卷装直径 400mm

卷绕宽度 120mm

卷绕送风温度 15℃±1℃

卷绕送风相对湿度 90%±2.5%

最大卷装重量 10kg

交缠空气压力 0.45MPa(绝对压力)

2. FDY 生产工艺

纺丝—拉伸—卷绕一步法生产 FDY 民用丝有热辊、H4S(high-speed-spinning-stretching-steaming)、液模拉伸和热管拉伸等方法。一步法生产的 FDY 的质量与用常规纺丝法经拉伸生产的复丝很相似,而其均匀性优于后者,是最适合喷水织机加工的材料。

目前,我国引进的聚酰胺 FDY 高速纺丝机主要采用热辊法和 H4S 法进行生产。典型的热辊法生产 FDY 的流程如图 8－40 所示。从纺丝甬道下来的丝束(在纺丝甬道之前,与生产 POY 的过程基本相同),经附有分丝滚筒的第 1 热辊后,再到附有分丝滚筒的第 2 热辊绕几圈,第 2 热辊的转速和表面温度均比第 1 热辊高,第 2 热辊兼起拉伸和热定型的作用。然后,丝束通过空气喷嘴使之具有一定的网络度,以增加丝束的抱合力,最后以 5200m/min 左右的速度卷绕在筒管上。

H4S 工艺是瑞士 EMS—INVENTA 公司开发的,主要用于生产聚酰胺 FDY,也可用于涤

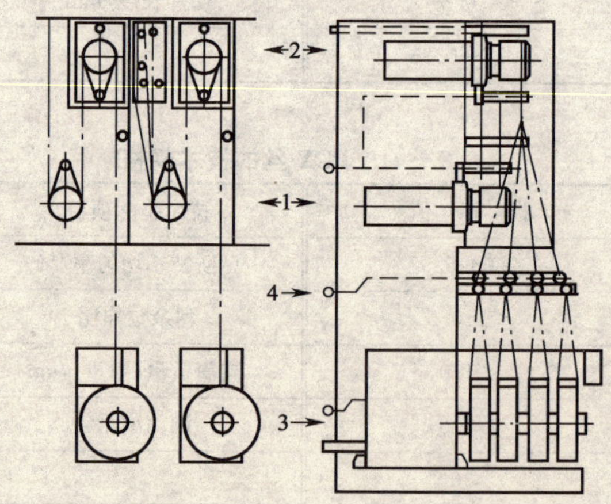

图 8－40 热辊法生产 FDY 的流程示意图

1—第 1 热辊 2—第 2 热辊 3—卷绕头 4—网络喷嘴

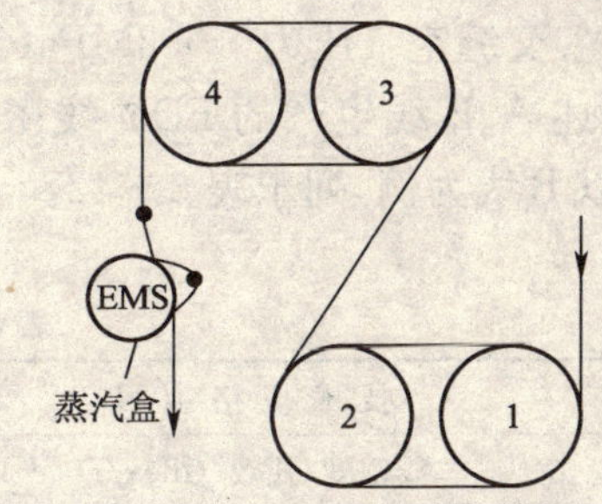

图 8－41　H4S 工艺的冷拉伸过程

纶 FDY 的生产。H4S 的特殊之处是冷拉伸和热蒸汽定型网络。H4S 的冷拉伸过程如图 8－41 所示。

从甬道出来的丝束先绕第 1 和第 2 冷辊几圈，第 1、第 2 冷辊的表面速度约 4300m/min，此时的丝束已成为 POY，接着在第 3、第 4 冷辊上绕几圈，第 3、第 4 冷辊的表面速度比第 1、第 2 冷辊的表面速度高，从而进行了冷拉伸，拉伸后，丝的结构仍不够稳定，其性能尚未达到纺织加工的要求，还要进行热定型处理，以提高纤维的稳定性。离开第 3、第 4 冷辊的丝条进入 H4S 工艺专用的蒸汽盒，用过热蒸汽进行松弛热定型，并使丝条具有一定的网络度，然后以 5000～6000m/min 的速度卷绕成丝筒。

下面以某厂的纺丝装置为例，简述聚酰胺 6 FDY 纺丝卷绕的工艺流程。

将来自己内酰胺聚合装置的切片脉冲输送到中间料仓，再在小料仓氮气保护下进入卧式螺杆挤压机，并在切片入口处加软水冷却，切片在挤压机内加热、熔融、混合加压，通过带 LTM 的混合头，以恒定的温度、压力进入纺丝箱体，熔体在箱体内由带静态混合器的分配管分配到 4 个纺丝位，每个纺丝位由 2 台高精密 6 叠泵定量、连续地供给纺丝组件。每个卷绕头由 1 台电动机驱动并由 1 台变频器控制。熔体以恒定的温度和压力定量从喷丝板喷出，在侧吹风窗内被水平方向来的恒温、恒湿、恒量的均匀气流冷凝成丝条。同时从纺丝油剂储槽来的两种不同浓度的 FDY 油剂由计量泵定量地从喷嘴喷到丝束上，在两次上油之间，丝束被恒温、恒压的压缩空气交缠，形成网络丝。

从纺丝甬道下来的丝束经过甬道和卷绕之间的丝道控制系统，包括吸丝器、断头检测器和切丝器，进入卷绕装置，卷绕装置带有 8 个冷却的牵伸辊Ⅰ和 8 个多区电感应加热的牵伸辊Ⅱ，丝束通过牵伸辊Ⅰ和Ⅱ进行拉伸，再被恒温、恒压的压缩空气进行第二次交缠，交缠之后进入高速卷绕机卷绕头的纸筒管上，每个纺丝位有 2 个卷绕头，每个卷绕头上有 6 个丝饼，每个丝饼重约 8kg，由 FDY 落丝机将丝筒取下，放在 FDY 小车上，推至包装间包装后出厂。

FDY 纺丝拉伸卷绕的主要工艺参数如下：

挤压机生产能力　A 线 115kg/h，B 线 190kg/h
联苯温度　260～275℃
联苯蒸气压力　0.115MPa（绝对压力）
组件之间温差　＜1℃
侧吹风温度　18℃±1℃
侧吹风相对湿度　75％± 2.5％
卷绕速度　4800～5000m/min
最大卷装直径　400mm
卷绕送风温度　15℃±1℃
卷绕送风相对湿度　90％±2.5％
最大卷装重量　8kg

交缠空气压力　0.2MPa(绝对压力)

上述A、B线生产的FDY线密度分别为22～55dtex和55～111dtex,其技术规格大同小异,现以B线为例,列于表8-42。

表8-42　成品FDY的技术规格

技术规格项目	指标值		
线密度/孔数/(dtex/f)	76/18	111/36	58/48
线密度 *CV* 值(两筒管之间)/%	0.6	0.6	0.6
断裂强度/cN·$dtex^{-1}$	4.1	4.1	4.0
断裂强度 *CV* 值/%(≤)	4	4	4
断裂伸长率/%	30～43	30～43	30～43
每天平均断裂伸长偏差/%	4.0	4.0	4.0
断裂伸长 *CV* 值/%(≤)	5	5	6.5
沸水收缩率/%(≤)	15	12	12
黏度(≥)	0.7	0.8	0.8
含油率/%	0.6～0.8	0.6～0.8	0.6～0.8
染色均匀度(灰卡等级,≥)	4	4	4
满筒率/%(≥)	92	90	88
FDY硬度(肖氏,≥)	50	50	50
满足上述参数的FDY筒管/%(≥)	97	97	97

(五)消光及纺前着色

为了降低纤维的透明度、增加白度、消除织物上的蜡状光泽,在聚酰胺纤维民用纤维生产中,一般都需进行消光处理。消光处理的方法是将微细的锐钛矿型TiO_2粉末分散在纤维中,制取半消光纤维时,TiO_2含量在0.3%左右,全消光纤维TiO_2含量在1%～2%。由于生产聚酰胺66的原料聚酰胺66盐是极性化合物,容易使TiO_2凝聚,所以在缩聚的后期加入TiO_2。由于聚酰胺6的原料己内酰胺的溶液极性较小,TiO_2容易分散而形成稳定的悬浮体,因此可以在聚合反应之前加入。聚酰胺的光老化稳定性不好,TiO_2的加入使纤维的光老化速度加快。为抑制纤维的光老化,可在聚合物中添加防老剂——锰盐或铜盐。

纺前着色是在纺丝前或纺丝时将颜料加入聚合物中。纺前着色的优点是着色牢度高,着色过程简单,且避免了染色废液对环境的污染,缺点是色泽品种受到限制,更换品种时很麻烦。纺前着色可采用纺丝时加入颜料的方法,间接纺时,颜料和聚合物切片同时送入螺杆挤压机中;直接纺时,可在聚合物熔体管路上设置颜料注入和混合装置。

聚酰胺纤维的染色性好,可在常温常压下染色,所以较少采用纺前着色。

四、聚酰胺长丝的后加工

(一)拉伸工艺过程

常规纺丝法生产的卷绕丝强力低,伸长大,结构不稳定,尚不具备纺织纤维所应有的特性,必须经过拉伸才能具有使用价值。在拉伸过程中，卷曲的线型大分子发生舒展，并使大分子、分子链段或聚集态结构单元沿纤维轴取向排列，使分子链间的氢键数大大增加，并建立其他类型的分子间力，从而提高了纤维承受外力的能力。拉伸过程中，在发生取向的同时，还伴随着相态的变化。初生纤维中的部分结晶结构，在拉伸力的作用下将发生晶区的取向，原有的不稳定的结晶结构在拉伸过程中逐渐向稳定的结晶结构转化。另外，由于大分子在拉伸过程中的取向，还可诱导结晶，提高结晶度。未拉伸丝的结晶度为 10%～20%，拉伸丝的结晶度可增加到 30%～40%。总之，由于非晶区和晶区的取向、结晶结构的转变、结晶度的增加，使纤维强度提高，伸度下降，耐磨性和疲劳强度也明显提高。由于结晶和氢键的作用，使大分子的取向被固定下来，所以拉伸丝的结构稳定，可以长时间存放。

聚酰胺纤维最常用的有室温拉伸和热拉伸两种。室温拉伸时不对纤维加热，拉伸时产生的形变热，一部分传递给空气介质，空气起冷却作用，另一部分热量使纤维自身温度升高。当纤维本身的温度超过其玻璃化温度时，拉伸便会顺利进行。聚酰胺 6 长丝生产一般采用室温下拉伸。另一种方式为热拉伸，聚酰胺 66 纤维一般采用单区热拉伸。通过加热，可促进分子热运动，降低拉伸应力，有利于拉伸的顺利进行。

常规纺聚酰胺卷绕丝拉伸时典型的应力—应变曲线如图 8－42 所示。曲线中的 *A* 点称为屈服点，在 *A* 点之前，形变是均匀可逆的。与 *A* 点对应的应力称为屈服应力，纤维在 *B* 点出现细颈，纤维明显变细，*B* 点就是拉伸点。到 *C* 点时，细颈扩展到整个纤维，*C* 点对应的拉伸比称为自然拉伸比，*C* 点之后需施加较大的应力，使已经全部变成细颈的纤维进一步拉细。在 *D* 点，拉伸应力达到纤维的极限强度，导致纤维断裂，与 *D* 点对应的拉伸倍数称为最大拉伸比。在生产中，合理的拉伸比应大于自然拉伸比，小于最大拉伸比。

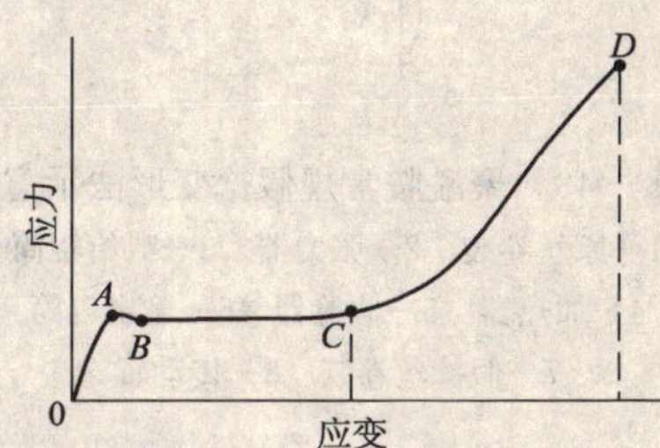

图 8－42　常规纺卷绕丝拉伸的应力—应变曲线

卷绕丝的拉伸一般在聚合物的玻璃化温度以上进行，因为大分子链段在此温度以上才被解除冻结状态，在外力作用下产生相对滑动。拉伸后，纤维的强度随着拉伸比增加而升高，断裂强度随拉伸比的增加而急剧下降。

聚酰胺长丝的拉伸在拉伸加捻机或拉伸卷绕机上进行，这两种工艺都是在供丝辊与运转比较快的拉伸辊之间对卷绕丝进行拉伸，区别是拉伸后的卷绕方式不同。在拉伸加捻机上，拉伸后的丝条由钢领圈上旋转的钢丝钩引导，以约 0.1cN/dtex 的强度卷绕在程序控制转速的拉伸加捻丝筒上，钢领钩的高速旋转使纤维具有轻微的捻度(5～20 捻/m)。拉伸卷绕机的卷绕方式与纺丝卷绕机相同，在拉伸卷绕机上设有压缩空气喷嘴，使纤维具有一定的网络度，以提高丝束的抱合力。与拉伸加捻机相比，丝条在拉伸卷绕机上的卷绕张力较稳定，因而拉伸卷绕机生产的产品质量更加均匀。经拉伸生产的聚酰胺长丝称为拉伸丝或无捻复丝。

(二)拉伸变形工艺

将平直光滑的原丝在拉伸假捻机(通常称弹力丝机)上经拉伸变形后得到拉伸变形丝，又称变形弹力丝。随着纺丝的高速化，出现了高速纺丝法制得的部分取向丝(POY)。将 POY 进行

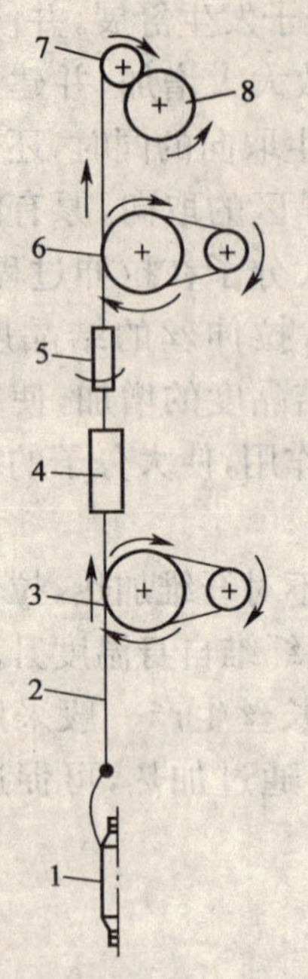

图 8－43　聚酰胺常规假捻变形法示意图
1—原丝卷装　2—张力器　3—喂给辊筒
4—加热器　5—假捻器　6—输出辊筒
7—假捻丝卷装　8—传动辊

拉伸变形加工即得 DTY。用常规纺丝法生产的未拉伸丝(UDY)也可以制得 DTY,但 POY 能长期存放且加工性能优良,因此 POY—DTY 相配合,比常规纺 UDY—DTY 的生产效率高,所得变形丝染色均匀性好。DTY 的加工速度为 600～1200m/min。变形弹力丝又分高弹丝和低弹丝,聚酰胺纤维高弹丝多用于生产弹力衫裤、袜子等产品,低弹丝多用于生产家具用织物和地毯。

假捻变形把加捻、定型、解捻三工序在同一机台连续完成,这是主要的变形方法。聚酰胺纤维假捻变形有采用拉伸丝为原丝的常规假捻变形和采用未拉伸丝或 POY 为原丝的假捻变形。聚酰胺常规假捻变形生产过程如图8－43 所示。原丝从原丝卷装上引出,经张力器,通过喂给辊筒、加热器、假捻器、输出辊筒而卷绕在假捻丝卷装上。大部分常规假捻变形都采用假捻锭管(也称小转子)作为假捻器。丝条在假捻器前被高速旋转的假捻器加强捻,同时在加热器上受热定型,消除加捻产生的应力,固定卷曲形状。丝条通过假捻器后,做与假捻器前方向相反、捻数相等的回转,进行解捻,形成具有蓬松性、伸缩性的变形丝,即聚酰胺高弹丝。

假捻器主要有锭管式、摩擦盘式和胶圈式三种类型。

锭管式假捻器的优点是产品质量较好,缺点是加工速度较低。弹力丝在加工过程中,为获得良好的蓬松性,需要捻度很高,一般在 3000 捻/m 左右。即使锭管转速为 8×10^5r/min,丝速也只有250～300m/min。这使设备单机产量低,机器的噪声较大,能耗较高。

摩擦盘式假捻器加工速度较高,可达 800m/min 以上。三轴摩擦盘假捻器如图 8－44 所示。

不同轴的摩擦片相互稍微嵌入,形成交错,但互不接触,丝条从假捻器的中心穿出,与每个摩擦片的外缘保持接触,通过摩擦片的旋转摩擦使丝条得到捻度。从理论上讲,摩擦片每旋转一次,丝条就旋转 D/d 次(D 为摩擦片的直径,d 为丝条的直径),由于丝条的直径很小,摩擦片直径很大,因此 D/d 的值很大。与锭管式假捻器相比,摩擦盘式假捻器允许丝条有较快的运行速度。目前摩擦盘式假捻器得到广泛的应用。

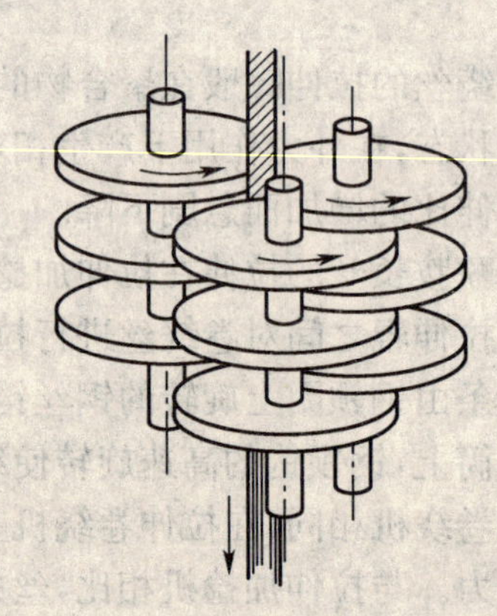
图 8－44　三轴摩擦盘式假捻器示意图

20 世纪 80 年代以来,随着聚酰胺高速纺丝技术的发展和普及,以 POY 为原丝,在拉伸假捻机上直接制得拉伸变形丝的生产方法得到迅速发展。POY 的剩余拉伸和假捻变形在假捻机上一步完成,省去了拉伸这道工序,降低了弹力丝的生产成本,并且使产品质量的均匀性有很大提高。可以说,POY—DTY 生产路线是目前制造弹力丝的最好方法。

下面以某厂生产装置为例,简单叙述 POY—DTY 的工艺过程。

自前纺来的聚酰胺 6 POY 在平衡间储存一定时间后,将 POY 丝饼装在拉伸变形机的丝架上,通过中心导丝管、喂丝装置、切丝器,在一长约 2m 的加热板上加热,然后再经过一个高约 1.5m 的冷却板,用 Barmag 7 型盘式摩擦锭组假捻变形,通过压缩空气和网络喷嘴形成网络丝,再经过丝传感器、上油装置、吸丝器,最后卷绕在纸筒管上,即形成拉伸变形丝(DTY),其质量指标见表 8-43。

表 8-43 聚酰胺 6 成品丝 DTY 的技术规格

技术规格项目	指标值	技术规格项目	指标值
线密度 CV 值/%	≤0.7	沸水收缩率/%	≤10
乌斯特不均匀率/%	≤0.8	卷曲率/%	≤50
断裂强度/$cN \cdot dtex^{-1}$	≥3.9	丝中萃取物量(20℃水中)/%	≤2.0
断裂强度 CV 值/%	≥6	黏结指数/个$\cdot m^{-1}$	20
断裂伸长率/%	30~40	满筒重量/kg	≥4.0
断裂伸长率 CV 值/%	≤8	满筒率/%	≥90
染色均匀度(灰卡等级)	>4		

拉伸变形主要工艺参数:

拉伸变形速度 800m/min

加热板温度 170~250℃

丝架处送风温度:

夏季 26℃±1℃

冬季 22℃±1℃

DTY 满筒重 4.0kg

满筒率 ≥90%

(三)聚酰胺纤维 BCF

BCF(bulked continuous filament)即连续膨体长丝,或称膨化变形长丝。聚酰胺纤维 BCF 主要用于生产簇绒、机织和缝编地毯,少量用于装饰布生产。BCF 有两种生产方法,一种是纺丝、拉伸、变形分步进行;另一种是纺丝、拉伸、膨化变形、冷却定型、喷气网络一步完成,简称纺丝—拉伸—变形联合工艺。前者生产灵活性大,适合多品种、小批量生产,后者可大批量连续化生产,效率高,成本低。目前,大多数聚酰胺 BCF 都采用纺丝—拉伸—变形联合工艺生产。

国外一些公司不断开发新型纺丝—拉伸—变形联合机,这些设备除局部细节不同外,生产流程相似。图 8-45 是纺丝—拉伸—变形联合机生产聚酰胺纤维 BCF 的生产流程示意图。纺丝下来的丝条经冷却上油后,先经导丝热辊拉伸,然后通过热流变形喷嘴变形,热流体可用热空气或蒸汽,蒸汽具有较大的热焓,同时对聚酰胺纤维具有软化作用,有利于变形,而且成品 BCF 的染色均匀性好。但是用蒸汽作热流体也有一些缺点,如蒸汽价格较贵,配套的公用工程设施

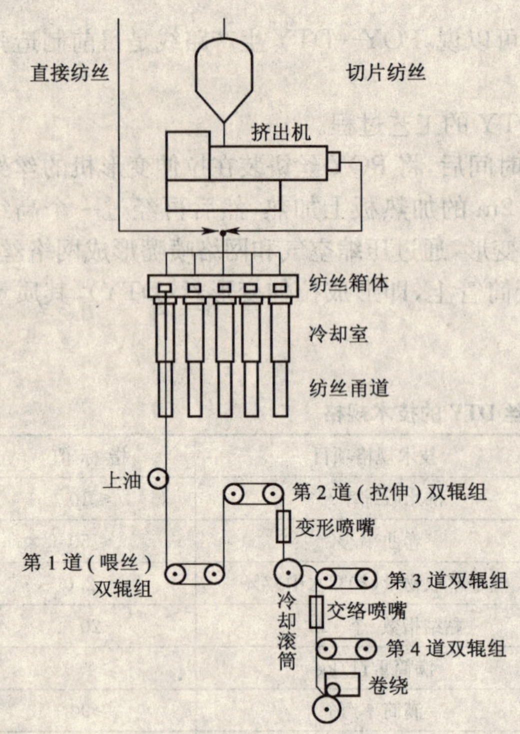

图8-45 聚酰胺纤维BCF生产流程示意图

较多等,因而目前使用热空气作热流体者较多。热流体的温度,聚酰胺66BCF为220~230℃,聚酰胺6BCF为190~200℃。热流变形的工作原理是:气动填塞卷曲法(气流喷射—填塞箱法),长丝在热流体的作用下卷曲变形,从变形喷嘴出来的丝条成为三维卷曲状态,变形后的丝条经冷却滚筒定型,再经压缩空气网络喷嘴使丝条具有一定的网络节,再由卷绕装置将丝条卷绕在纸筒管上,卷绕速度一般为2500~3000m/min。

根据地毯的不同风格,对聚酰胺BCF提出不同的线密度要求,其线密度一般为1000~2000dtex。聚酰胺BCF重要的质量指标是卷曲度、染色均匀性、热收缩率,而对强度、断裂伸长率、线密度均匀性的要求并不十分严格。BCF是聚酰胺纤维中发展较快的品种。

五、聚酰胺工业用长丝的生产

聚酰胺纤维具有断裂强度高、抗冲击负荷性能好、耐疲劳强度高以及与橡胶的附着力大等优良性能,在工业领域得到了广泛应用,尤其在轮胎帘子线方面占有较大比重。与聚酰胺6相比,聚酰胺66的熔点和软化点较高,因而在工业应用中具有优势。

聚酰胺工业用长丝从聚合、纺丝到拉伸的生产过程,与民用长丝基本相同,但由于对工业用长丝有特殊要求,在生产方法上有一些不同。

轮胎帘子线的断裂强度一般应大于7.5cN/dtex,某厂帘子布20多年的生产中,其原丝强度始终保持在7.95cN/dtex,超高强工业丝的强度高于8.82cN/dtex,远远高于民用长丝的断裂强度,必须用相对分子质量较高的聚合物来制造。例如,生产聚酰胺66帘子线的聚合物的数均分子量为22000或更高,而民用长丝则在15000左右。生产聚酰胺6帘子线的聚合物的相对黏度为3.0以上,而生产民用长丝的相对黏度在2.5左右。为了生产高相对分子质量的聚合物,在连续缩聚生产聚酰胺66聚合物时,采取增加一个后缩聚器的方法,延长缩聚反应时间,进一步排除聚合物中的水分。间接纺丝时,还可采用固相缩聚法来提高相对分子质量。对聚合物中添加抗光、抗热老化剂的量,工业丝要求比民用丝高。

与民用长丝相比,聚酰胺帘子线纺丝成型的特点有:

(1)喷丝板孔数多,如93.3tex/140f、140tex/210f等,丝束中单纤维的线密度为0.7tex,而民用复丝的单纤维线密度约为0.3tex。

(2)使用徐冷装置,以延缓高黏度熔体的冷却,从而获得双折射率低的初生纤维,有利于后拉伸。

(3)采用高压纺丝法,使高黏度的聚合物在较低温度下纺丝,有利于提高产品质量。

由于聚合物的相对分子质量较高，黏度较大，轮胎帘子线较粗，丝条的拉伸屈服应力也大，必须采用粗特牵伸加捻机拉伸，粗特牵伸加捻机一般为双区热拉伸。随着生产技术的发展，轮胎帘子线大都采用纺丝—拉伸—卷绕一步法生产技术。拉伸时，帘子线大分子形变的发展较为缓慢，一般都是三四对热辊拉伸，拉伸4～5倍，卷绕速度在2200～3600m/min。

为了适应轮胎工业发展的要求，超高强聚酰胺工业长丝的开发十分活跃，美国杜邦公司推出的轮胎工业丝最高强度的商业标准为9.17cN/dtex，帆布类工业丝强度高达9.70cN/dtex。专利文献中有原丝强度高达10.85cN/dtex和11.02cN/dtex的报道。作为商品，日本旭化成公司超高强聚酰胺66工业丝(T5丝)强度为9.08cN/dtex。国内神马集团公司已有聚酰胺66原丝强度8.82cN/dtex和9.08cN/dtex的商品供应。

六、聚酰胺短纤维的生产

聚酰胺短纤维的生产过程，在制造聚合物和熔体纺丝方面，与聚酰胺长丝基本相同。短纤维的熔体纺丝设备向多孔高产发展，喷丝板孔数达1000～2000孔，采用环形吹风冷却方式。短纤维卷绕和后加工的生产方式和设备与长丝相比是完全不同的。短纤维纺丝机每个纺丝位生产的丝条，冷却和上油后合并成丝束，经喂入轮送入盛丝桶。将多个盛丝桶中(盛丝桶的数量取决于后加工生产纤维的总线密度)的丝束集中起来进行拉伸、卷曲、热定型、切断，即得到聚酰胺短纤维成品。

(一)生产工艺过程

现以某厂的生产装置为例，简单叙述聚酰胺短纤维的生产工艺过程。该装置纺丝分细特丝和粗特丝两条生产线，其工艺流程相同，后加工为两条生产线。

1. 纺丝、卷绕、落丝

用氮气流将聚酰胺6干切片由大料仓气流输送至切片料仓，然后由切片分配器分配给纺前料仓后进入螺杆挤压机。在螺杆挤压机中，干切片经加热熔融混合成均匀的熔体。熔体从螺杆挤压机端部输出，进入纺丝机。在纺丝机内，熔体通过计量泵挤出，被具有一定洁净度的恒温恒湿的均匀气流冷却成丝束，通过纺丝甬道进入卷绕机架。固化后的丝束在卷绕机架上由油剂槽来的油剂上油后，经导丝盘牵引至葵花轮进入落丝装置，使丝束铺叠在盛丝桶中。为了使丝束结构稳定，落入盛丝桶中的原丝束须在一定温湿度(20℃±1℃，65%±5%)条件下的平衡间存放7～8h，再进行后加工处理。

2. 后加工

(1)短纤维：平衡后的丝束先在集束架上集束，再由导丝架将丝束均匀送入导丝机，使丝束呈三片带状进入浸油槽上油，上油后进入牵伸机、牵伸槽、二道牵伸机，使丝束进入第一次牵伸，再进入蒸汽加热箱、三道牵伸机，使丝束得以第二次牵伸，经过水浴和蒸汽两次牵伸后的三片带状丝束通过叠丝机合成一片丝束，在这里丝束还可以补充上油。由张力架调节张力，送至卷曲机上卷曲，具有一定卷曲度的丝束经铺丝机将丝束均匀铺放送入热定型机，经干燥定型后再由导丝组件送至喷油水机中上油。上油后的丝束经曳引张力机进行张力调节，使丝束稳定送入切断机中切断成短丝，然后送打包机打成250kg的包，检验合格后出厂。其产品方案为细特聚酰胺6短纤维(线密度1.67～3.33dtex)8000t/a，用于静电植绒、非织造布、毛纺；粗特聚酰胺6短纤维(线密度3.33～33.3dtex)10000t/a，用于造纸毛毯、毛纺。

(2)长丝束:经集束、上油、水浴和蒸汽两次牵伸、叠丝机后的丝束进入长丝束喂入机,经铺丝机均匀铺放在热定型机中,经干燥定型后的丝束通过转向器换向,进入长丝束牵伸机,经曳引张力机进入铺丝机,再经长丝束打包机打包,检验合格后出厂。其产品方案为细特聚酰胺6丝束(线密度0.89~1.11dtex)2000t/a,用于静电植绒。

(二)主要工艺参数

1. 纺丝、卷绕、落丝

螺杆挤压机生产能力　600kg/h

联苯温度　260~275℃

侧吹风温度　19℃±1℃

侧吹风相对湿度　65%±3%

卷绕速度　800~1100m/min

2. 后加工

丝束总线密度　2000kdtex(牵伸后)

丝束速度　220m/min

总牵伸倍数　2.0~4.5

松弛定型烘房温度　120~140℃

成品包重　250kg±1kg

七、复合纤维和微细纤维

(一)复合纤维

复合纤维是采用物理改性方法使化学纤维模拟和超过天然纤维的重要手段之一。根据各种特殊要求研制的复合纤维品种有自发卷曲型纤维、热熔式非织造布用纤维、分裂型异形截面纤维、海岛型微细纤维、导电纤维、抗静电纤维、光导纤维、亲水纤维等。我国复合纤维的开发是从20世纪70年代初开始的,到80年代中期,已相继研制出涤/锦皮芯型复合纤维、锦纶类并列型复合纤维、偏心皮芯型复合纤维、三角皮芯型复合纤维等产品。在应用性能方面,有立体螺旋卷曲纤维、导电纤维、熔焊纤维等品种。近年来,随着对复合喷丝板制造、纺丝及后加工技术的不断深入研究,在聚酰胺纤维等新品种的开发方面取得了很大进展。

1. 并列型复合纤维的生产

生产并列型复合纤维一般都采用双螺杆挤压机。两种聚合物分别熔融后直接喂入喷丝头组件,在喷丝孔或接近喷丝孔的地方汇合成并列型双组分细流。喷出的细流经冷却成型、卷绕再进行后处理。这些与普通化学纤维生产相类似。直接喂入型喷丝头组件,尤其是其中的分配板是纺制并列型复合纤维的关键部件。分配板的形式有隔板式和狭缝式两种。

并列型复合纺丝主要用于制造自卷曲蓬松性仿毛纤维,因此选用两种能够紧密结合、不致产生豁裂现象而又具有不同收缩率的聚合物。这样制成纤维后经过适当的热处理,便会形成永久性的螺旋卷曲。两种聚合物可以是同一类的,或其中之一是经过改性的聚合物。以聚酰胺而言,其双组分可以是高黏度聚酰胺/低黏度聚酰胺,或聚酰胺66/聚酰胺6。

(1)并列型复合纤维的生产原理:并列型复合纤维的横截面结构与两相流动的流体力学密切相关,两相流体的黏弹性对截面的几何结构也有重要影响。两种熔体的性质不同,挤出条件不同，所得纤维的截面形状亦不同。因此，并列型复合纤维的成型过程比较复杂，探讨复合熔体在毛细管段以及出口处的界面运动规律，是研究并列型复合纤维成型机理的重要组成部分。

①复合熔体黏度比的影响：一般在近似的挤出条件下，从挤出物的界面可以看到高黏度组分呈凸形，低黏度组分呈凹形，而且随着黏度比的增加，两组分界面的曲率增大。这是因为低黏度组分向管壁高切变速率区迁移，可以减小体系能量的消耗。因此，低黏度组分在纤维圆周的占有率较高，高黏度组分则向管道的中心区迁移，使界面形成了凸面。

②毛细管长径比的影响：毛细管长径比的增大，使熔体流经管道的时间增加，界面运动将随时间发展，因此界面的曲率增加。

③熔体温度的影响：一般随熔体温度的升高，熔体黏度下降，大分子的活动性增强。这样对低黏度组分向高切变速率区的迁移，高黏度组分向低切变速率区的迁移都是有利的。界面迁移加剧，必将导致界面曲率的增加。当组成复合熔体的两组分聚合物的黏流活化能相差较大时，改变熔体温度将对两组分的流动曲线产生不同的影响。

④切变速率的影响：随着切变速率的增加，纺丝流体表观黏度一般会下降，即所谓"切力变稀"。

(2)并列型复合纤维的主要品种：

①聚酯/聚酰胺并列型复合纤维：将混有聚酯的聚酰胺与聚酰胺并列复合或将混有聚酰胺的聚酯与聚酰胺复合，均可获得高卷曲性而又不分离的并列型复合纤维。

在一种聚合物中混入另一种聚合物再与另一种聚合物复合，就能使两种本来并无黏合性的聚合物产生黏合性。若以聚酯为分散相，以聚酰胺为连续相，则被分散的聚酯微纤维能使组分所形成的纤维的模量大大增加，这种模量的增加与聚酯的含量并不成正比。由此所形成的复合纤维是一种具有潜在卷曲性的纤维。若混合体的聚酰胺为分散相，而聚酯为连续相，则两组分间的黏合性特别好。这是由于被分散的聚酰胺微纤维扩散到所复合的另一聚酰胺组分中，形成了许多黏结点。由此复合而成的纤维的卷曲性能比以聚酰胺为连续相的混合物与聚酰胺复合而成的纤维的卷曲性好。例如，将聚酰胺 66 与聚酰胺 66/聚酯的混合物(质量比为 75∶25)进行并列复合纺丝。纺丝温度为 285℃，卷绕丝放置在热板温度为 150℃时拉伸 5.5 倍，所得丝的线密度为 14.5dtex，强度为 6.36cN/dtex，断裂伸长率为 18.5%，拉伸后松弛即产生螺旋状卷曲。

②聚酰胺/聚烯烃并列复合纤维：由于这两种组分的化学性能差异较大，并列复合后有较大的卷曲率。这类复合纤维还具有质轻、高强、蓬松、覆盖力强、染色性改善以及价格低廉等优点。但是由于这两种组分并列复合的界面之间黏合力较小，故易分离，如聚酰胺 66 或聚酰胺 6 与聚乙烯或聚丙烯复合后很快分离。这种可分离性与聚酰胺所用二元酸的碳原子数密切相关，当聚酰胺选用 9 个以上的二元酸，如聚酰胺 11，与聚烯烃复合就具有较高的黏合力，所形成的复合纤维即使织成织物后使用很长时间，两组分也不会分离。

③聚氨酯弹性体/聚酰胺复合纤维：这种纤维的最大特点是纤维具有较大的卷曲率和卷曲回缩力。用这种纤维可编织袜类、妇女紧身衣、弹力裤、泳衣以及弹力网状织物等产品。

组分之一的聚酰胺可以选用聚酰胺 66、聚酰胺 610、聚酰胺 11、聚酰胺 12 等，聚酰胺的品种选择主要取决于设备条件和聚氨酯组分的熔点。对聚氨酯而言，进行熔体纺丝的熔融温度为 205～240℃，一般用醚型或酯型聚氨酯的平均相对分子质量为 800～3000，但醚型最好为 800～2500，酯型聚氨酯适应性较大，应用也较多。

2. 皮芯型复合纤维的生产

皮芯型复合纤维一般指的是单芯，有时也把含二芯、三芯等较少芯数的复合纤维列入此范畴。根据芯部在复合纤维横截面中的分布情况，可将其再分为同心型和偏心型两种。

生产皮芯型复合纤维的聚合物，除了要满足纺丝条件外，还必须考虑所得纤维的特性和实用价值。近年来，国内外采用不同聚合物材料，用皮芯纺丝法研制出大量具有优良性能或特种功能的复合纤维。在这些纤维中，有的是利用芯层、皮层结构的特性改善纤维的性能，有的是把芯层、皮层材料各自的优点集中于复合纤维，有的是利用皮层将具有特殊功能的芯层材料保护起来。

(1)皮芯型复合纤维的主要品种：

①优良性能的复合纤维：以 PET 为芯，以 PA6 为皮层的复合纤维，可以集中两种聚合物的优良性能，使纤维具有吸湿性好、耐磨性强、染色性优良、模量高和抗折皱性好等特性。如果是偏心皮芯型复合纤维，经拉伸、松弛热定型后，由于 PET 和 PA6 的收缩率不同，纤维不经加弹处理，就可产生永久性的螺旋卷曲。

②抗静电复合纤维：能够组合成抗静电复合纤维的聚合物品种很多，以聚酰胺为例，如将 25 份导电炭黑细粉末加入 75 份 PA6 聚合物中混合熔融制成母粒，然后以这种母粒为芯组分，PA6 聚合物为皮组分，制成 PA6 抗静电纤维。

③导电复合纤维：在纺织纤维中加入少量导电纤维，可使织物具有抗静电性。这类纤维有以 PA6、炭黑和硬脂酸镁的混合物为芯，以 PA6 为皮层；以含有 35%炭黑的 PA6 为芯，以 PET 为皮层等。

④珠光复合纤维：皮层由含有珠光颜料的透明高分子材料组成，它们可以是 PA6、PA66、PP、PE 等纤维。与皮层相容性好的成纤聚合物都可作为芯层，但采用皮层相同的高分子材料最佳。

⑤热黏合复合纤维：是以低熔点聚合物为皮、高熔点聚合物为芯的复合纤维。聚合物组成型式有聚酯/低熔点聚酯、聚酯/聚烯烃、聚酰胺 66/聚酰胺 6、聚酰胺/聚烯烃、聚丙烯/聚乙烯等。由这些聚合物制成的并列型，尤其是皮芯型复合纤维，与其他纤维混合后，广泛用于透水、透气性良好的高档超薄型非织造布，用于生产高档妇女卫生巾、尿布等。

(2)皮芯型复合纤维的生产工艺：

①纺丝温度：组成皮芯型复合纤维的聚合物的物理性能往往差异较大。例如 PET 和 PA6 的熔点相差 40℃左右，纺丝时的适宜黏度相差近 100Pa·s。在纺丝时，既要保证两种组分的充分熔融，又不能影响可纺性。表 8－44 是用 PET 和 PA6 纺制皮芯型复合纤维时，两组分在各自挤压机内熔融过程中的温度变化情况。

由于 PET 的熔点较高，PA6 的熔点较低，二者熔融时，前者的温度可以控制高些，后者要低些。当熔体进入箱体后，由于热交换作用，各自的温度受到影响，温差逐步缩小，最后几乎在相同的温度纺丝。

虽然两组分熔体从喷丝孔喷出时的温度不便分别控制，但整个熔融过程的温度控制对可纺性和纤维性能也有很大影响。有人发现，在保持螺杆各区及箱体温度（表 8－44）不变的条件下，改变弯管区温度，熔体可纺性和性能有很大差异。这说明聚合物的流变行为不仅与纺丝温度有关，还与其熔融过程的热历史有关。

表 8－44　PET/PA6 熔融过程中各区的温度

螺　杆	冷却区	Ⅰ区	Ⅱ区	Ⅲ区	Ⅳ区	法兰区	弯管区	箱　体
PET 螺杆/℃	<100	256	286	275	255	272	280	300
PA6 螺杆/℃	<100	246	260	258	250	230	252	300

②复合比:不同复合比的皮芯型复合纤维的物理机械性能有很大差异。以 PA6 为皮、PET 为芯的偏心型复合纤维为例,当增大 PA6 与 PET 的复合比时,虽然纤维的偏心度有所下降,但由于增加了收缩性较大的 PA6 组分,纤维的卷曲率趋于提高,当然芯组分也不能太少,否则就失去了复合的意义。

复合比对 PA6/PET 皮芯型复合纤维的染色性能也有很大影响。PA6 适用的染料种类较多,染色也比较容易进行。PET 染色比较困难,一般只能用分散染料在高温高压下染色。以 PA6 为皮的 PA6/PET 皮芯型复合纤维的复合目的之一就是为了获得类似 PA6 纤维的较好的染色性能。

③冷却成型:一般熔体纺丝时,为了改善纤维的后拉伸性能和纤维的质量,要使喷丝孔挤出的熔体细流迅速冷却凝固,以得到非晶态或不稳定结晶变体的卷绕丝。而皮芯复合纤维的芯部被外皮包覆,快速冷却时,芯部的冷却往往不充分,特别是 PA6/PET 复合纤维采用较快冷却速度时,芯层、皮层的拉伸发生显著的差异。降低冷却速率对 PA6/PET 复合纤维的成型和后拉伸有利。

④拉伸性能:各种初生纤维拉伸时发生的结构和性能变化不尽相同,但基本上大分子都沿着纤维轴向取向,同时发生相态或其他结构的变化,从而提高纤维的物理机械性能。由于复合纤维是由两种或两种以上聚合物组成的,拉伸工艺条件首先要能够适应组成复合纤维的多种聚合物的拉伸性能,另外还要通过拉伸保持或更加显示出复合纤维的独特风格,以达到所期望的复合纤维性能。以 PA6/PET 复合纤维为例,PA6 的玻璃化温度较低,PET 的玻璃化温度较高,前者的拉伸可以在室温下进行,后者则需要加热才能拉伸。复合纤维的可拉伸温度一般介于两单一组分可拉伸温度之间,且随高玻璃化温度组分含量的增加而提高,即可拉伸温度与两组分的复合比有关。PA6/PET 复合纤维的拉伸温度区间,比 PA6 纤维和 PET 纤维的可拉伸温度区间要宽,即复合纤维拉伸温度有更大的选择范围。如果使用加工 PA6 长丝的单区热拉伸机加工 PA6/PET 复合纤维,容易出现竹节硬丝和毛丝,质量不易控制,而使用加工 PET 长丝的双区热拉伸机,效果较好。

(3)皮芯型复合导电纤维的制备技术:复合导电纤维一般是在一种组分中混入 10%～30% 的炭黑,使其产生导电性。而另一种组分可以与前者相同或不同,但不能混有炭黑。复合的目的是由于全部用混有导电性物质的聚合物所制得的纤维,其强度、伸度和柔软性极差,无法进行纺织加工和作为最终产品应用。但若与通常的聚合物复合后,所形成的纤维便可克服上述缺点。

以下以含炭黑的聚酰胺导电复合纤维为例。这种纤维是一种皮芯型复合纤维,它的芯部是混有炭黑的聚酰胺,皮层则采用常规的聚酰胺。芯与皮的质量比可为(2∶98)～(30∶70),纤维的弹性模量在 1.08GPa 以上,强度为 2.2～3.1cN/dtex,断裂伸长率为 60%～100%。制造这种纤维时,添加到芯层的炭黑应呈链状结构,而不能以独立分散的状态存在于聚合物中,这是纤维具有导电性的基本条件。初生纤维形成后，拉伸时炭黑的链状结构遭到破坏，导电性也随之消失。因此不能采用常规的纺丝工艺，卷绕时应有较大的拉伸。拉伸应为80～600倍，卷绕速度为3000～4000m/min，从而省去了拉伸工序。

例如，在特性黏度为0.91的聚酰胺中混入25%～35%的炭黑作为芯层，皮层的聚酰胺特性黏度为1.07。聚酰胺可以是聚酰胺6、聚酰胺66。将两种组分进行复合纺丝，皮芯的质量比为(3∶97)～(20∶80)。纺丝温度为265℃，卷绕速度为3500m/min。纤维的电阻率可达7.2×$10^9\Omega \cdot m$。

(二)微细纤维

微细纤维的开发始于20世纪70年代初的日本，为生产高附加值产品，利用复合纺丝技术和碱减量处理方法生产具有真丝风格的细特涤纶长丝。后来随着高速纺丝设备和技术的成熟，出现了利用高速纺制取细特纤维的技术，细特纤维的应用范围也不断扩大。

由于微细纤维的单丝线密度很低，其织物具有柔软的手感，良好的悬垂性，有特有的防水、拒风、透湿效果及独特的光泽。因此，微细纤维得到了大力研究与开发，合成纤维的各个品种(聚酯、聚酰胺、聚丙烯腈、聚丙烯等)都有微细纤维的产品。

微细纤维一般指单纤维线密度≤1.11dtex的纤维。聚酰胺微细纤维主要用于服装。例如，BASF美国分公司生产的聚酰胺微细纤维SILKY TOUCH单丝线密度为0.9dtex，用这种纤维制作的女用内衣手感十分柔软，并具有真丝的豪华感和舒适感。

微细纤维的制造方法较多，其中以直接纺丝法、海岛法、复合剥离法三种方法为主。

1. 直接纺丝法

直接纺丝法是通过采取降低纺丝计量泵泵供量或增加喷丝板的孔数等手段直接生产微细纤维的方法。这种生产方法设备简单，生产成本较低。但对聚合物质量、纺丝和加工设备以及生产技术均有特殊要求。例如，熔体在管路和箱体中的停留时间、喷丝板的设计、喷丝板到侧吹风冷却的距离等参数都比生产普通纤维要求严格。微细纤维的比表面积大，纺丝冷却条件要相应改变，冷却速度应比较缓和，以避免丝条的凝固点上移。还需适当提高集束位置，以降低微细丝与空气摩擦增加的纺丝张力。纺丝油剂要有较高的润滑性和集束性，并采用两个油剂喷嘴上油，以保证油膜均匀，应尽可能少使用导丝器，导丝器必须光滑、耐磨。

采用直接纺丝法生产聚酰胺微细纤维，其单丝线密度一般不宜低于0.8dtex，否则，不仅纺丝拉伸困难，而且机织或针织加工难度也很大。

2. 海岛法

海岛型复合纤维也称超共轭纤维，它是20世纪70年代初日本东丽公司开发的一种新型纤维。从纤维的横截面看，一种成分以微细而分散的状态被另一成分包围着，宛如“海”中有许多“岛屿”。海岛型复合纤维是生产微细纤维的一种过渡形式。“岛”和“海”成分在纤维轴向上是连续、密集、均匀分布的。从整根纤维看，它具有常规纤维的线密度。如果用溶剂把“海”成分去掉，则可得到集束状的微细纤维束；如果把“岛”成分溶解掉，则可得到多孔中空纤维，再利用膨润作用，便可使“海”成分微纤化。

常见的海岛型复合纤维，其岛成分可以是PA或PET，海成分可以是聚苯乙烯。海成分在微细纤维制造中主要起保护岛成分的作用。这种复合纤维在制造过程中经过纺丝、拉伸制成非织造布或各种织物后，再用溶剂把海成分溶解掉。纺制海岛型复合纤维，除了要使用两组或多组螺杆挤压机，使构成复合纤维的各组分熔融外，其关键设备主要是喷丝头组件。

3. 复合剥离法

剥离型复合纤维是将两种化学结构差异较大的聚合物（大都用聚酯和聚酰胺）以一定的组合形式纺制成纤维，其单根纤维截面上各组分相互分布。然后用机械剥离法、物理剥离法或化学剥离法使纤维中的各组分相互分离，形成异形截面的细特纤维或微细纤维。组合的数量越多，剥离后的纤维越细。

制造剥离型复合纤维除了要使用具有双螺杆的熔融挤压机外，其喷丝头结构也比较复杂，类型很多。经双螺杆复合纺丝机和专用喷丝组件，制得两种组分按一定方式间隔排列的单丝线密度为2～3dtex的复合纤维，其截面有各种结构形式，如米字形（亦称放射形），米字是一种组分，被米字分割的8个小三角形是另一种组分。在机织或针织之后进行剥离处理，1根米字形复合纤维可得到9根异形微细纤维，剥离前单丝线密度为2～3dtex，剥离后微细纤维的平均线密度为0.22～0.33dtex。

下面两种复合纤维的剥离是制备微细纤维的范例。

(1)橘瓣形锦—涤复合纤维：特性黏度0.688的半消光聚酯和相对分子质量15050的聚酰胺6，以50∶50的体积比，在290℃进行复合纺丝。冷却风温28℃，卷绕速度1000m/min，拉伸在热盘、热板温度分别为75℃±1℃、180℃±1℃条件下进行，总拉伸倍数为3.4。这种复合纤维在拉伸及织造过程中不会发生纤维分裂，成布后在适当的后加工（如遇热、化学药剂、磨毛等）过程中即能发生纤维分裂，分裂后单丝线密度为0.20dtex。

(2)中空放射形复合微细纤维：将两种不同的聚合物熔体流以皮芯型形式挤过特殊的异形组合孔，即能获得两种组分多瓣交替排列的中空截面形态，经裂离处理能制得微细纤维。例如，以常规聚酰胺66为芯组分，聚酯为皮组分，纺丝温度290℃，卷绕速度约1350m/min。喷丝板下1m处冷却风温20℃，风速25m/min，所得卷绕丝在132℃热板下以65m/min拉伸2.16倍，获得能分裂成12根微细纤维的复合纤维，其中6根为聚酰胺66，6根为聚酯纤维。

第五节　聚酰胺纤维的结构与性能

一、聚酰胺的结构

（一）分子结构

聚酰胺的分子是由许多重复结构单元（链节）通过酰胺键连接起来的大分子，在晶体中呈完全伸展的平面锯齿形构型。聚酰胺6的链节结构为$—NH(CH_2)_5CO—$，聚酰胺66的链节结构为$—OC(CH_2)_4CONH(CH_2)_6NH—$，大分子链中含有的链节数目（聚合度）决定了大分子链的长度和相对分子质量。

聚酰胺的相对分子质量及其分布是链结构的一个基本参数，对于其加工性能和产品性能有很大影响。适合于纺制纤维的聚酰胺平均相对分子质量应控制在一定范围内，过高和过低都会对其加工性能和产品性质带来不利影响。通常成纤聚酰胺6的数均分子量为14000～20000，成纤聚酰胺66的相对分子质量一般控制在20000～30000。聚酰胺的相对分子质量分布对纺丝和拉伸也有一定的影响，因此要求有适当的相对分子质量分布。对于聚酰胺66，M_w/M_n为1.85，过分长的聚合时间会使相对分子质量分布变宽。对聚酰胺6，通常M_w/M_n为2。

黏度法是生产中常用的测定聚合物相对分子质量的方法。在企业中，甚至直接用测得的相对黏度作为相对分子质量控制的指标。尽管这不是一种十分科学的方法，但却是最简单和最常用的方法。聚合物溶液的特性黏度[η]和聚合物相对分子质量之间的关系，通常用式(8－42)表示。

$$[\eta]=KM^{\alpha} \tag{8-42}$$

式中 K 和 α 在特定的溶剂中是常数。一般该系数对温度不是很灵敏(虽然溶液黏度对温度灵敏)。文献中发表的 K 值和 α 值不尽一致，表 8－45 中列举了不同溶剂体系中测定常见聚酰胺相对分子质量的一些 K 值和 α 值。

表 8－45 某些聚酰胺在不同溶剂体系中的 K 值、α 值

聚酰胺的种类	溶　剂	温度/℃	$K\times10^3$	α 值	$M\times10^{-3}$范围
聚酰胺 5	间甲酚	25	40	0.77	34～800
聚酰胺 6	间甲酚	25	53	0.74	14～355
	间甲酚	25	18	0.654	3.2～31.8
	间甲酚	25	32	0.62	0.5～5
	85%甲酸	25	23	0.82	7～120
	三氟乙醇	25	54	0.75	13～100
	浓硫酸	25	6.3	0.764	2.0～1.43
	浓硫酸	25	4.17	0.794	1.9～22.6
	浓硫酸	25	5.5	0.736	2.4～18.4
	浓硫酸	25	1.35	0.857	4.2～25.7
MXD6	间甲酚	30	157	0.65	12～46
聚酰胺 66	间甲酚	25	73	0.72	3～50
	间甲酚	25	240	0.61	14～50
	间甲酚	25	3.53	0.792	0.15～50
	90%甲酸	25	11	0.72	5.6～24.4
	90%甲酸	25	5.55	0.786	2.0～31.0
	90%甲酸	25	1.32	0.873	0.15～50
	六氟异丙醇	25	198	0.63	26～105
	邻氯苯酚	25	168	0.62	14～50
	90%甲酸，0.1mol/L 甲酸钠	25	5.15	0.746	
聚酰胺 66—6 共聚物	间甲酚	20	10.6	0.71	1.1～36.7
聚酰胺 610	间甲酚	25	13.5	0.96	8～24
聚酰胺 11	间甲酚	30	91	0.69	18～90
聚酰胺 12	间甲酚	25	81	0.70	3～125

聚合物溶液的黏度是一个非常有实用意义的参数。通过黏度测定，不仅可知道聚合物的相对分子质量，而且可了解分子链在溶液中的形态以及支化程度等重要信息。因此，聚合物溶液的黏度测定是科研和生产中所不可缺少的手段。对于多分散的试样，黏度法测得的相对分子质量也是一种统计平均值，称为黏均分子量。对于无规卷曲聚合物而言，一般指数 α 值在 0.5～0.8。指数大于 0.8 时，则聚合物具有刚性结构。

(二)晶体结构

聚酰胺有两种稳定的晶型结构，即 α 型和 γ 型。偶—偶聚酰胺(如 PA66 和 PA610)的结构，早在 1941 年的测定中就发现了其 α 晶型结构。α 晶型中链完全按平面锯齿形排列，它们形成氢键的平面层，相互重叠。其结晶为三斜晶系，每一个晶胞含一个化学重复单元。偶—偶尼龙的分子链没有定向性，平行链和反向平行链是相等的。大部分偶—偶聚酰胺以三斜晶系结构形成结晶，不同的是其 c 轴尺寸，不同尼龙的重复单元中亚甲基的长度比例不一样。偶数聚酰胺，如聚酰胺 6，通常也以 α 晶型结构结晶。α 结构中的分子呈锯齿形构象，形成一个平面，即氢键平面。氢键平面在同一方向非常有规律地排列，最终的结果是四个重复单元构成一个单元晶格，形成单斜晶体而不是三斜晶体。聚酰胺中被发现的第二种稳定的晶体结构是 γ 晶型。所有多于 7 个碳原子的偶数尼龙(如聚酰胺 12)，和偶—奇聚酰胺、奇—偶聚酰胺、奇—奇聚酰胺一样，结晶主要形成 γ 结构。

与大多数其他聚合物相比，聚酰胺更容易呈现结构的多样性，这是因为聚酰胺分子链中含有氢键、酰氨基结构、折叠结构，所有这些都是快速结晶的条件。从实验室的溶液中得到的样品和工业上挤出或注塑得到的样品，其结构存在明显的差别。例如 PA46，其纤维的结构是偶—偶聚酰胺典型的三斜结构，而从溶液中结晶出来的样品则是单斜结构。

对于偶数聚酰胺，通过用碘—碘化钾溶液处理，其 α 晶型可转化为 γ 晶型。用苯酚处理 PA6 时，则可产生相反的晶型转换，即从 γ 晶型转换成 α 晶型。另外，聚酰胺 6 的晶态结构随热处理条件的变化而变化，熔融的聚酰胺 6 经骤冷后，在 130℃以下进行热处理，只形成 γ 型结晶；在高于此温度进行热处理时，γ 型和 α 型孪生；在 210℃以上结晶时，只形成 α 型结晶。普通聚合所得聚酰胺 6 熔融成型时，在高温范围内结晶容易形成 α 晶型。如果添加滑石粉等无机成核剂，则 α 型占支配地位。

聚酰胺 66 的晶形有 α 型和 β 型两种形态，在常温下为三斜晶形，在 165℃以上变为六方晶形。α 型结晶，其分子的亚甲基部分为锯齿形平面，酰氨基取反式平面结构，分子链被笔直地拉长。相邻分子相互间由于起作用，形成氢键平面。α 型是一系列平面在与链轴相同方向上一个接一个地偏移叠积，β 型是每隔一片上下偏移叠积。不进行热处理的普通成型品，构成结晶的氢键平面的重叠方式是这种 α 型和 β 型的任意组合。

绝大多数聚酰胺是部分结晶聚合物，一般同时包含晶区和非晶区两个部分，通常描述为两相模型。结晶部分的相对含量用结晶度(W_c)表示。由于聚合物的晶区与非晶区的界限不是很明确，要准确确定结晶部分的含量比较困难。同时，不同的测定方法对晶区和非晶区的理解不同，因而不同方法测得的结果有时会有较大的差异。结晶度的测定方法有密度法、X 射线分析法、红外光谱法、量热法等，其中最常用、最简单的方法是密度法。由于很多聚合物完全结晶试样的密度(ρ_c)和完全非结晶试样的密度(ρ_a)都已测出，通过测定聚合物的密度(ρ)，即可通过式(8－43)推算出聚合物的结晶度。几种常见聚酰胺的 ρ_c 和 ρ_a 值见表 8－46。

$$W_c=\frac{\rho_c(\rho-\rho_a)}{\rho(\rho_c-\rho_a)}\times 100\% \qquad (8-43)$$

表 8－46　几种常见聚酰胺的 ρ_c 和 ρ_a 值

密度 \ 聚酰胺的种类	聚酰胺 6	聚酰胺 66	聚酰胺 610	聚酰胺 1010	聚酰胺 11	聚酰胺 12
$\rho_c/g\cdot cm^{-3}$	1.23	1.24	1.17	1.14	1.12	1.11
$\rho_a/g\cdot cm^{-3}$	1.10	1.09	1.04	1.00	1.01	0.99

相对于如聚乙烯那样的高结晶度聚合物和如聚氯乙烯那样的低结晶度聚合物，聚酰胺的结晶度属于中等水平，其最大结晶度一般为 50%～60%。聚酰胺的结晶度可在一个相对较宽的范围内变化。不同分子结构和相对分子质量的聚酰胺、不同结晶条件得到的样品，其结晶度有较大的差别。一般说来，链的对称性越高、规整性越好，其结晶度越大。相对分子质量对聚酰胺结晶度的影响表现为：结晶度通常随相对分子质量的增加而下降，一直到很高的相对分子质量，最后趋于某一极限值。通过熔融成型得到的聚酰胺样品，其结晶度受冷却速度的影响非常明显，淬火可以得到结晶度非常低的制品，但随着时间的推移，会发生后结晶化现象，而缓慢冷却得到的制品的结晶度较高。

二、聚酰胺的物理性质和化学性质

(一)密度

聚酰胺的密度随着内部结构和制造条件不同而有差异，不同晶型的晶态密度的数值不同，测定方法不同，结果也有差别。表 8－47 列出几种聚酰胺的结晶相和非结晶相密度，表 8－48 列出 23℃聚酰胺的密度，几种聚酰胺的密度与结晶度及温度的关系如图 8－46 和图 8－47 所示。

表 8－47　几种聚酰胺的结晶相和非结晶相密度

聚酰胺的种类	结晶相密度/$g\cdot cm^{-3}$	非结晶相密度/$g\cdot cm^{-3}$	普通成型品密度/$g\cdot cm^{-3}$	聚酰胺的种类	结晶相密度/$g\cdot cm^{-3}$	非结晶相密度/$g\cdot cm^{-3}$	普通成型品密度/$g\cdot cm^{-3}$
PA6	1.23	1.10	1.12～1.16	PA11	1.12	1.01	1.03～1.05
PA66	1.24	1.09	1.12～1.16	PA12	1.11	0.99	1.01～1.04
PA610	1.17	1.04	1.06～1.09				

聚酰胺的密度与温度、结晶度和酰氨基浓度有关。在聚酰胺熔点以下的温度范围内，密度随温度的升高而降低。通常，聚酰氨树脂的密度随酰氨基浓度的增加而增加，例如 PA12 的甲基：酰氨基的比值为 11∶1，其密度为 1.01g/cm^3，而与 PA66 的比值为 5∶1，其密度为 1.14g/cm^3。聚酰胺中酰胺基团之间的碳原子的奇偶数也是影响其密度的一个因数，这可能是由其对称性决定的。在酰氨基之间的碳原子数为奇数的聚酰胺树脂的密度比偶数聚酰胺树脂

的密度要低一点。聚酰胺的密度随着结晶度的增加而增加。

表 8－48　23℃聚酰胺的密度

聚酰胺的种类	密度/g·cm^{-3}	聚酰胺的种类	密度/g·cm^{-3}
PA46	1.18	PA12	1.01
PA6	1.13	PA6/6T	1.08
PA66	1.14	PA6I/6T/PACMI/PACMT	1.08
PA69	1.08	PA6I	1.09
PA610	1.08	PATMDT	1.12
PA612	1.06	PAMXD6	1.22
PA11	1.04		

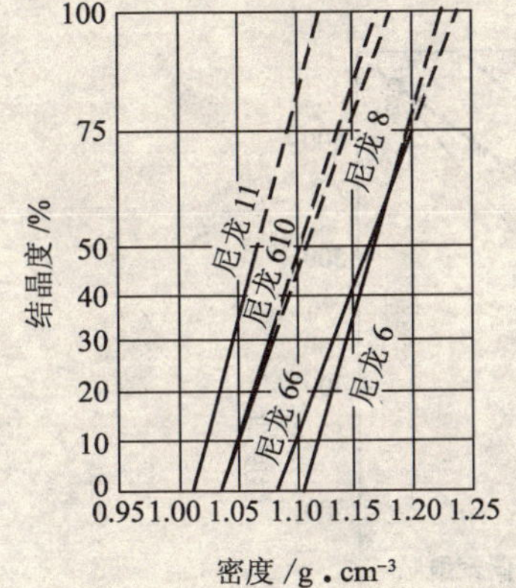

图 8－46　聚酰胺的密度与结晶度的关系

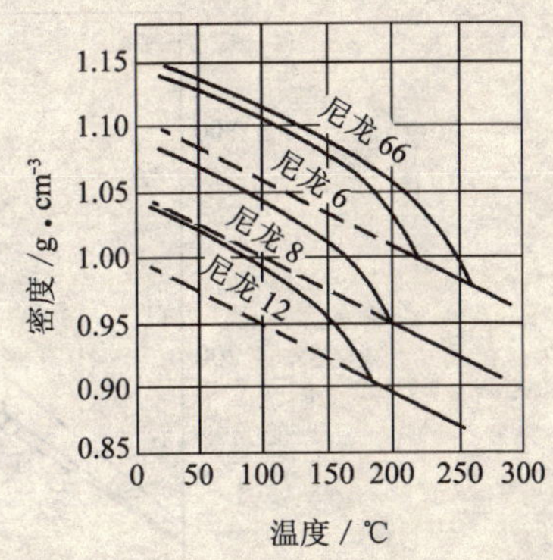

图 8－47　聚酰胺的密度与温度的关系

(二)熔点

聚酰胺的熔融过程与低分子相似，也发生某些热力学函数（如体积、焓、熵等）的突变，是热力学的一级相转变过程，然而这一过程并不像低分子那样发生在 0.2℃左右的狭窄温度范围内，而有一个较宽的熔融温度范围。在这个温度范围内，发生边熔融边升温现象，而不像低分子那样，几乎保持在某一两相平衡的温度下，直到晶相全部熔融为止。按照热力学观点，熔点是晶体和熔体处于平衡的温度。由于聚酰胺有较宽的熔融平衡温度，因此，不同测试方法得到的熔点值存在较大的差别，目前通常采用差示扫描量热法（DSC）测定。用不同方法测得几种聚酰胺的熔点数据见表 8－49。

对于同种聚酰胺而言，相对分子质量较大的聚合物有较高的熔点。具有规则重复单元结构的线性脂肪族聚酰胺，其熔点随着酰氨基含量的增加而增加，有近似的线性关系。如图 8－48 所示，对于酰氨基含量一致的聚酰胺，偶一偶聚酰胺（如 PA66、PA610）通常具有较高的熔点。由奇数碳原子的二胺或二酸制得的聚酰胺有较低的熔点。对于由 ω－氨基酸或相应的内酰胺形成的聚酰胺，单元链节原子数为偶数的聚酰胺（如 PA7）比单元链节原子数为奇数的聚酰胺

(如PA6)具有较高的熔点。将图8-49的曲线外推到酰氨基含量为零时,其对应的熔点低于线性聚乙烯,这说明聚酰胺中亚甲基的排列没有达到最佳状态。

表8-49 不同方法测得聚酰胺的熔点 单位:℃

聚酰胺品种	Fisher-John法	毛细管法	X射线法	DTA法	热板法	DSC法
PA6	220	219	226	224	221	225
PA66	260	259	267	264	261	265
PA610	219	217	227	224	220	222
PA612						224
PA11	191	190	192	192	91	192
PA12						186

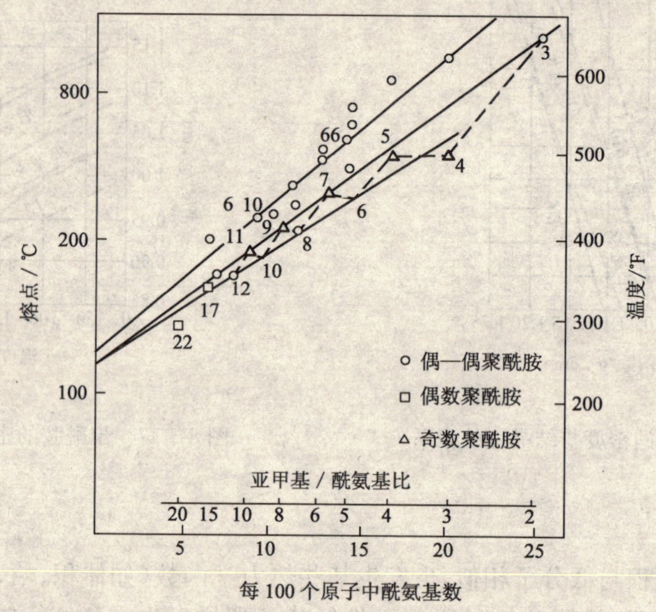

图8-48 线性聚酰胺的熔点与酰氨基含量的关系

具有侧甲基或N-烷基的聚酰胺的熔点较低,含有对苯基的聚酰胺的熔点较高,但含有间苯基的聚酰胺的熔点反而较低。

测定熔点时的升温操作,使原有的结晶在其升温过程中重新组合。有人指出,测得的熔点和熔融潜热不是现有状态的真值,提出了防止PA6纤维在升温过程中重新组合的方法,呈现了真正的熔融曲线。这种方法是,预先把试样放在乙炔气γ射线下照射,仅非晶部分被选择性交联,用DSC法研究熔融行为,PA6未拉伸丝的熔融呈现出以约165℃为中心的宽幅形状。另外,热处理的未拉伸丝的熔融峰温度约为190℃,峰形尖锐。这些代表性的结论见表8-50。

表 8－50　乙炔交联聚酰胺 6 纤维的熔融行为

试　样	密度(25℃)/g·cm^{-3}	最适照射量/MGy	第一次试验		第二次试验	
			峰温/℃	熔融热/J·g^{-1}	峰温/℃	熔融热/J·g^{-1}
未拉伸丝	1.134	0.1	155	30.6	未检出	0
热处理的未拉伸丝(180℃,1min)	1.145	0.08	191	53.6	187	17.6
6 倍拉伸丝	1.144	0.05	180	42.3	183	13.8

用 DSC 测定聚酰胺的熔点时，常常观察到多重峰。有报道称，聚酰胺最多有 5 个熔融峰，其中 2 个分别来源于 α 型和 γ 型结晶。也有人认为，DSC 的多重熔融峰基本上反映了试样的热历史。DSC 熔融曲线是由试样原有的结晶完全化的结晶熔融峰与再取向和再结晶化的熔融峰重叠而成。

(三)玻璃化转变现象

非晶态聚酰胺从玻璃态到高弹态发生玻璃化转变。这一转变区间温度一般不超过几度，但在转变的前后，模量的减少达 3 个数量级。玻璃化转变是聚酰胺的一个非常重要的性质。聚酰胺在玻璃化转变时，除了力学性质有巨大的变化外，其他性质，如体积、热力学性质、电磁性质等都有很大的变化。在理论意义上，后面这些变化更为重要。测定玻璃化温度 T_g 的方法很多，原则上说，所有在玻璃化过程中发生显著变化或突变的物理性质都可以用来测量玻璃化温度。为方便起见，可把各种测定方法分成四种类型，即利用体积变化的方法、利用热力学性质变化的方法、利用力学性质变化的方法、利用电磁性质变化的方法。

玻璃化转变是与分子运动有关的现象，而分子运动和分子结构有密切的关系，所以分子的几何形状、柔顺性和分子间力都会影响 T_g。在线性聚合物中，分子柔顺性是决定 T_g 最重要的因素；对称分子的 T_g 较低，分子间的离子键显著地提高了 T_g。表 8－51 列出一些聚酰胺的 T_g，由于测定方法和测试条件的不同，其值有所差异。

表 8－51　聚酰胺在干燥状态下的玻璃化温度　　单位：℃

测定方法	PA6	PA66	PA610	PA612	PA11	PA12
DTA			42	45	43	42
DSC	48	50	46	46	43	41

结晶性聚合物的玻璃化温度与熔点(用热力学温度表示)的关系如下：

$$\frac{T_g}{T_m}=0.6\sim0.7 \tag{8-44}$$

聚酰胺也不例外，T_m 随 T_g 的升高而增大。因此，合成 T_g 过高的结晶性聚酰胺时，其熔点太高，会产生极难熔融聚合和熔融成型的问题。有人认为，甲基取代基对于结晶性聚酰胺玻璃化温度的提高和熔点的降低是有效的。用偕二甲基代二胺得到的聚酰胺，其 T_g/T_m 可增大到 0.8 以上。玻璃化温度提高，是由于偕二甲基的存在，相邻羰基的位阻使分子链旋转受到妨碍的缘故。

(四) 熔体黏度

熔体黏度指聚合物在熔融状态下的黏度。高分子在熔融状态下,各分子相互接触又相互运动,相互作用力很大,因此显示出极大的黏度。在聚酰胺加工过程中,最基本的流变性质是黏度与剪切速率的关系。黏度是阻碍流体运动的一种流体性质。聚酰胺熔体属非牛顿流体,其熔体和浓溶液属非牛顿流体中的假塑性流体,黏度随剪切速率的增加而减小,即所谓剪切变稀,常用表观黏度表征其流动性。表观黏度大,则流动性小;表观黏度小,则流动性大。

在聚酰胺流动过程中,剪切速率和剪切应力都与流体通过的几何形状有关,但是简单的层流黏度,在任何剪切速率或剪切应力作用下,都与其几何形状无关。因此,黏度是聚酰胺材料本身的特性,它在一种几何形状下测定,可以应用到其他的地方。黏度作为材料的参数,扩展其应用的同时也扩展了测量技术的范围。表观黏度 η_a 可用毛细管挤出黏度计、同轴圆筒黏度计、锥板黏度计等仪器测定。

聚酰胺的分子结构因素(如相对分子质量、相对分子质量分布等)以及加工条件(如含水量、温度、剪切条件等)对聚酰胺熔体剪切黏度均有影响。

(1)相对分子质量的影响:聚酰胺相对分子质量与黏度的关系同其他聚合物一样,在临界相对分子质量以下,黏度与相对分子质量是线性上升的关系;在临界相对分子质量以上,黏度与重均分子量的3.4次方成正比。商用聚酰胺的相对分子质量一般在临界值之上,临界值所对应的相对分子质量由分子的结构特征决定。

(2)相对分子质量分布的影响:聚酰胺是逐步聚合生成的,其多分散性指数的理论值 $M_m/M_n=2$,在商品生产中,此值为 2±0.15。聚酰胺有相对狭窄的相对分子质量分布,结果在相当高的剪切速率(约 $100s^{-1}$)下呈现牛顿流体的行为。牛顿行为的偏离点依赖于剪切应力,而不是剪切速率。因此,与低相对分子质量聚合物相比,高相对分子质量聚合物在更低剪切速率下表现为非牛顿流体行为,脂肪族聚酰胺在非牛顿流体行为开始时的临界剪切应力大约是50kPa,而在相对高剪切速率下保持牛顿流体。

(3)其他结构的影响:凡是能使玻璃化温度升高的因素,往往也使黏度升高。对于相对分子质量相近的不同聚合物而言,柔性链的黏度比刚性链的低。除了分子链的刚性因素以外,分子的极性、氢键、离子键等对聚合物的熔体黏度也有很大的影响,如氢键能使聚酰胺的黏度升高。

(4)水分的影响:在聚酰胺熔融加工过程中,最普遍的问题可能是含水量的控制问题,这是由于聚酰胺有相对大的吸水性。不同品种和不同相对分子质量的聚酰胺,水分含量低于或高于其特有的水分平衡时,在熔融加工过程中将相应出现酰胺化作用或水解作用。水分含量对PA6在230℃表观黏度的影响如图8-49所示。由该图可知,含水量对PA6熔体黏度影响很大:含水量低到一定程度时,如0.24%和0.08%,其熔体黏度随加热时间的延长而增大,这可能是酰胺化作用使相对分子质量增加的结果;而含水量高于一定值以上,如0.31%,其熔体黏度随加热时间的延长而降低,这可能是水解或解聚作用的结果。图8-50表示温度对含0.15%水分的挤出级PA6熔体黏度的影响,在230~270℃的温度范围内,温度越高,黏度下降越快。聚酰胺的含水量对最终制品的影响值得注意。在熔融加工过程中,过多的含水量将导致相对分子质量和熔体黏度的降低,并可能引起产生熔体气泡。能引起严重熔融加工问题的水分含量不高,视聚酰胺品种不同,在0.02%~0.2%之间变化,因此在熔融加工前,聚酰胺切片必须保持

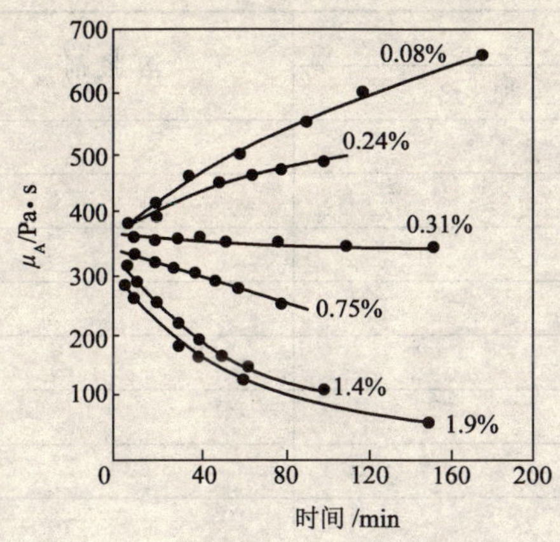

图 8－49 水分含量对 PA6 在 230℃时表观黏度的影响

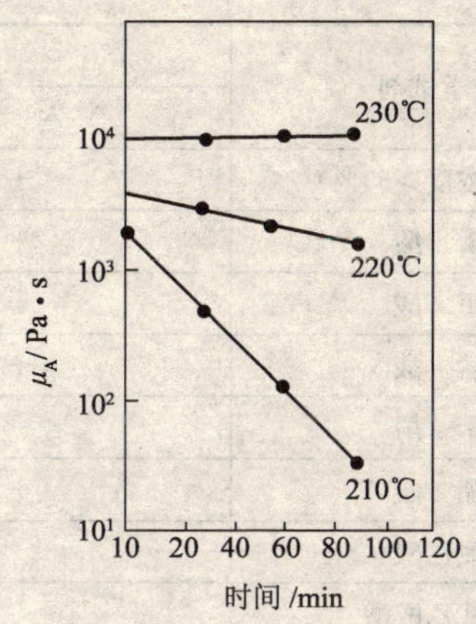

图 8－50 温度对含 0.15%水分 PA6 表观黏度的影响

干燥或重新干燥。

（五）耐溶剂性和化学药品性

聚酰胺最重要的性能之一是其耐溶剂性。这是聚酰胺结晶度高以及氮原子上的氢和羰基氧之间形成氢键，使链间相互作用强的结果。氢键是最强的次级键，键能接近 33kJ/mol。氢键不仅存在于结晶区，也存在于非晶区。对于发生非晶区的溶剂或化学侵蚀，仅需克服氢键力。可是，在结晶区，就必须克服氢键力和晶格力。因此，在非晶区更容易发生化学侵蚀。这可举例说明：半结晶聚酰胺，如 PA6、PA66、PA612、PA11 和 PA12，与非晶聚酰胺，如 PA6I/6T 和 PATMDT 相比，具有更大的耐化学性和耐溶剂性。聚酰胺对脂肪族和芳香族类溶剂、机械油类、润滑油、动植物油、大多数无机盐类化学溶液有较好的抵抗性，对烃类溶剂，特别是汽油等具有较强的抵抗性，但可溶解于浓无机酸、甲酸、酚类、某些氧化剂、特定的金属盐溶液（例如氯化钙的甲酸溶液等）、金属盐在酰胺中的溶液、热苯甲醇、氟乙醇和氟乙酸等物质中。

聚酰胺在碱性条件下几乎不水解，但遇酸则水解。PA66 和 PA6 在稀酸溶液中会被水解成单体和低聚体，而在室温下的浓酸溶液中，可以溶解，水解速率极低，几乎为零。例如用 96%浓硫酸制备的 PA6 溶液，放置 20 天后，黏度基本无变化。PA6 在室温下容易溶解于 1.2 mol/L 浓度的盐酸中，而 PA66 则不溶解。由此可以区别这两种聚合物。还可以利用在热的多元醇中的溶解性来鉴别各种聚酰胺。聚酰胺在煮沸的多元醇中可能发生溶胀、丧失形状或溶解，随聚酰胺的种类和所用的多元醇而定。冷却生成聚酰胺溶液时，产生聚酰胺的白色沉淀，当在油浴中重新加热时，获得透明溶液的温度对于每种聚酰胺和多元醇来说都是确定的，据此可以鉴别各种聚酰胺。

聚酰胺的耐碱性很好，例如，PA6 纤维浸在煮沸的 10%氢氧化钠溶液中，其强度仅损失 1%左右。氧化剂（过氧化氢、次氯酸钠）对聚酰胺的影响很显著，而还原剂几乎没有影响。一般的有机溶剂对 PA6 最多只有溶胀作用，具有适合生成氢键基团的有机溶剂才是强溶胀剂。表 8－52 列出了最广泛使用的溶剂和溶胀剂。表 8－53 列出了可以溶解 PA66 的部分溶剂。

表 8－52　PA6 的溶剂和溶胀剂

化学试剂	溶剂		溶胀剂
	室温	加热	
硫酸(浓度＞33％)	＋		
磷　酸	＋		
甲　酸	＋		
盐　酸	＋		
苯　酚	＋		
醋　酸	＋		
氯乙酸			＋
硫代乙醇酸			＋
苯甲醇		＋(120℃)	
丁　醇		＋(120℃)	
用氯化钙饱和的甲醇	＋		
间苯二酚			＋
间甲酚	＋		
三氟乙醇	＋		
水			＋
三氯甲烷			＋
甲　醇			＋

注　“＋”表示有溶解(作为溶剂时)或溶胀(作为溶胀剂时)作用。

表 8－53　可溶解 PA66 的物质

类别	名称	类别	名称
单质	氯	氧化剂	过氧化氢(30％)
	氟		
	碘(醇溶液)		高锰酸钾(1％)
无机酸	铬酸(含水 10％)	有机酸	甲酸(含水 40％)
	氢氟酸(含水 40％)		氯磺酸
	磷酸(含水 10％)		
	硝酸(含水 2％)		醋酸(含水 40％)
	盐酸(含水 2％)		三氯醋酸
	硫酸(含水 2％)	芳香羟基化合物	苯酚
盐	氯化铁		间苯二酚
	氯化汞(含水 6％)		
	氯化钙(20％乙醇)		甲酚

三、聚酰胺纤维的性能

聚酰胺纤维是合成纤维中性能优良、用途广泛的一个品种。其耐磨性能优于其他纤维，是强度最高的合成纤维之一，弹性好，其回弹率可与羊毛相媲美，质轻，为大规模工业化生产的纤维中除丙纶之外密度最小的一种(1.14g/cm³)。因此，聚酰胺纤维还具有一般合成纤维的耐腐蚀、不怕虫蛀、不怕霉烂等优点。

聚酰胺纤维的缺点是耐光性能稍差，在室外长期受日光照射，容易发黄，强度下降。与涤纶相比，它的保型性较差，织物不够挺括。另外，它的表面光滑，有蜡状感，手感较差。

对于这些缺点，近年来已研究了各种改进措施加以解决。如加入耐光剂改善耐光性能，采用共聚或共混纺丝的方法提高挺括性能，制成异形截面丝，以改善外观和手感；与其他品种的纺织纤维混纺或交织，以改善其他有关性能等。

(一)耐磨性

聚酰胺纤维是所有纺织纤维中耐磨性最好的纤维。其耐磨性为棉花的 10 倍，羊毛的 20 倍，粘胶纤维的 50 倍。以上数据是单根纤维测定的结果，不能推广到织物。如在羊毛或棉花中掺入 15%聚酰胺纤维织成衣料，其耐磨程度比羊毛或棉花织成的织物提高 3 倍。

(二) 断裂强度和初始模量

聚酰胺纤维的强度较高。一般纺织用长丝的断裂强度为 4.42～5.65cN/dtex，作为特殊用途的聚酰胺强力丝，断裂强度达 6.18～8.39cN/dtex，甚至更高。一根手指粗的聚酰胺纤维绳索，可以吊起一辆满载货物的解放牌汽车。用聚酰胺纤维织成的混纺织物的强力，要比人造毛哔叽高 1～2 倍。聚酰胺线的湿态强度约为干态强度的 85%～90%。

聚酰胺纤维的初始模量比其他大多数纤维低，因此聚酰胺纤维在使用过程中容易变形。在同样的条件下，PA66 纤维的初始模量比 PA 6 纤维稍高一些，接近于羊毛和聚丙烯腈纤维。

(三)断裂伸长

聚酰胺纤维的断裂伸长随品种不同而有差异，强力丝的断裂伸长为 20%～30%，普通长丝为 25%～40%，PA 6 短纤维要高一些，约为 40%～50%。通常，聚酰胺纤维湿态时的断裂伸长率较干态断裂伸长率高 3%～5%。

(四)回弹性

聚酰胺纤维的回弹性极好，例如聚 PA 6 长丝在伸长 10%的情况下，回弹率为 99%。在同样伸长的情况下，聚酯长丝回弹率为 67%，而粘胶长丝的回弹率仅为 32%。

(五)耐多次变形性或耐疲劳性

由于聚酰胺纤维的弹性好，因此它的打结强度和耐多次变形性很好。普通聚酰胺长丝的打结强度为断裂强度的 80%～90%，比其他纤维高。聚酰胺纤维的耐多次变形性接近涤纶而高于其他所有化学纤维和天然纤维。因此，聚酰胺纤维是制作轮胎帘子线较好的纤维材料之一。在同样的试验条件下，聚酰胺纤维耐多次变形性比棉纤维高 7～8 倍，比粘胶纤维高几十倍。

(六)吸湿性

聚酰胺纤维的吸湿性比天然纤维和粘胶纤维低，但在合成纤维中仅次于维纶而高于其他合成纤维。PA 6 的吸湿性又略高于 PA 66。

(七)染色性

聚酰胺纤维的染色性虽然不如天然纤维和粘胶纤维，但在合成纤维中还是比较容易染色的。通常可用酸性染料、分散染料及其他染料染色。

(八)光学性质

聚酰胺纤维具有光学各向异性,有双折射现象。双折射率随拉伸比变化很大,充分拉伸后,PA 66 纤维的纵向折射率约为 1.582,横向折射率约为 1.519,PA 6 纤维的纵向折射率约为 1.580,横向折射率约为 1.530。

聚酰胺纤维的表面光泽度高,通常在纺丝前需添加二氧化钛消光。

(九)耐光性

聚酰胺纤维的耐光性较差,在长时间的日光和紫外线照射下,强度下降,颜色发黄。通常加入耐光剂,以改善耐光性能。

(十) 耐热性

聚酰胺纤维的耐热性能不够好,在 150℃下,历经 5h 即变黄,强度和延伸度都显著下降,收缩率增加。但在熔纺合成纤维中,其耐热性比聚烯烃纤维好得多,仅次于涤纶。通常,PA 66 纤维的耐热性比 PA 6 纤维好,它们的安全使用温度分别为 130℃和 93℃。在 PA 66 和 PA 6 聚合时加入热稳定剂,可以改善其耐热性。

聚酰胺纤维具有良好的耐低温性能,即使在－70℃下,其回弹性变化也不大。

(十一)电性能

聚酰胺纤维在低温和低湿环境中使用有相当好的绝缘性。在加工过程中容易因摩擦而产生静电。但纤维的电阻率随吸湿率增加而降低,并随湿度增加而按指数函数规律下降。例如,当大气中的相对湿度分别为 0、50%、100%时,PA 66 和 PA 6 纤维的电阻率分别为 $10^{15}\Omega\cdot cm$、$10^{13}\Omega\cdot cm$、$10^{9}\Omega\cdot cm$。因此,在纤维加工中进行给湿处理,可以减少静电效应。

(十二)耐微生物作用

聚酰胺纤维耐微生物作用的能力较好,在淤泥或碱中,耐微生物作用的能力仅次于聚氯乙烯纤维,但有油剂或上浆剂的聚酰胺纤维,耐微生物作用的能力降低。

聚酰胺纤维的主要品种 PA 66 和聚 PA 6 的性能指标见表 8－54。PA 66 和 PA6 纤维的物理性能虽有差异,但对于一般用途,它们的外观、手感、强力和耐磨性都十分优良,两种纤维的机织物和针织物也难分伯仲,往往可以互相代用。从纤维的收缩率来看,PA 6 长丝比 PA 66 略高,收缩率高对针织物及起绒织物有利,但不利于机织物。

表 8－54 PA66 和 PA6 纤维的主要性能

纤维性能		PA66 纤维 长丝 普通丝	PA66 纤维 长丝 强力丝	PA6 纤维 短纤维	PA6 纤维 长丝 普通丝	PA6 纤维 长丝 强力丝
断裂强度/$cN\cdot dtex^{-1}$	干	4.94～5.65	6.18～8.39	4.15～5.92	4.4～～5.65	6.18～8.39
	湿	3.97～5.29	5.56～7.55	3.44～5.03	3.7～5.21	5.56～7.55
干湿强度比/%		90～95	85～90	83～90	84～92	84～92
钩结强度(干强)/%		75～95	70～90	65～85	75～95	70～90
打结强度(干强)/%		80～90	60～70		80～90	70～80

续表

纤维性能		PA66 纤维		PA6 纤维		
		长　丝		短纤维	长　丝	
		普通丝	强力丝		普通丝	强力丝
断裂伸长率/%	干	26～40	16～24	38～50	28～42	16～25
	湿	30～52	21～28	40～58	36～52	20～30
回弹率(伸长 3%时)/%		95～100	98～100	95～100	98～100	98～100
弹性模量/GPa		2.30～3.11	3.66～4.38	0.98～2.45	1.96～4.41	2.75～5.00
吸湿性(20℃,空气)/%	65%RH	3.4～3.8		3.5～5.0		
	95%RH	5.8～6.1		8.0～9.0		
最佳定型温度/℃	干	130		93		
	湿(饱和蒸汽)	>140		137		
	在水中	98		95		
最高熨烫温度/℃		205		150		
密度/g·cm^{-3}		1.14		1.14		
耐热性		软化点 235℃ 熔点 245℃ 在 150℃保持 5h 变黄		软化点 180℃ 熔点 215～220℃ 熔融,同时缓慢燃烧,无自燃性		
耐气候性(室外暴露)		长期暴露,强度降低,颜色变黄		长期暴露,颜色下降,易于变黄,比聚酰胺 66 差		
耐酸性		5%盐酸煮沸分解,在冷浓盐酸、硝酸、硫酸中部分分解并溶解		在浓盐酸、浓硫酸、浓硝酸中部分分解并溶解		
耐碱性		在浓烧碱中强度几乎不降低		在浓烧碱中强度几乎不降低		
耐溶剂性(醇、四氯乙烯、醚、苯、丙酮、汽油)		有良好抵抗性		有良好抵抗性		
染色性		用分散染料和碱性染料较好,也可用其他染料		一般用分散染料和酸性染料,也可用其他染料		
耐虫蛀、霉变性		耐蛀,不腐		耐蛀,不腐		
电阻率/Ω·cm		4.1×10^{10}		4.9×10^{9}		
介电常数		4.1		3.5～6.4		

PA 6 纤维比 PA 66 纤维更柔韧,具有较低的软化点,适用于服装和家用织物。在制造轮胎时的高温处理以及汽车长期使用后,帘子线强力的降低程度,PA 6 要比 PA 66 为大,PA 66 的耐高温性能较为优越,因此 PA 66 更适宜工业应用。

第六节　聚酰胺纤维的用途

聚酰胺纤维广泛用于服装、家用装饰物和工业领域。由于聚酰胺纤维具有高强度、高耐磨和耐用的特性，在对这些性能有特殊要求的场合，常有优于其他纤维的市场地位。例如，高速针织工艺生产的薄型仿丝绸针织品、地毯及旅行毯、轮胎帘子线等。聚酰胺纤维有长丝和短纤维。

一、服用纤维

聚酰胺长丝可以纯织，也可以与其他纤维交织，或经加弹、蓬松等加工过程后作机织物、针织物和纬编织物等的原料。

总线密度在 300dtex 以下的聚酰胺牵伸丝用于生产羽绒服、滑雪服、伞绸、里子绸、旅行包及混纺织物和丝袜等产品。线密度在 200dtex 以下的聚酰胺弹力丝和各种变形丝主要用于生产针织服装，多用于妇女内衣、紧身衣、长筒袜和连袜裤。在聚酰胺衣料中，除了锦丝绸、锦丝被面等产品多采用纯聚酰胺长丝外，市场销售的锦纶华达呢、锦纶凡立丁等产品大部分是聚酰胺短纤维与粘胶、羊毛、棉的混纺织物。在宇宙飞行中，聚酰胺纤维用作宇航服的外层和里层面料，利用其高强度来保护宇航员不受微陨石的袭击。随着女式长筒袜和连裤袜消费量的急剧增长，使得 15～40dtex 聚酰胺纤维弹力丝的产量迅速提高。作为衣料，聚酰胺纤维在运动衣、泳衣、健美服、袜类等方面占有稳定的市场，并日益扩展。

二、产业用纤维

产业用聚酰胺纤维涉及工农业、交通运输业、渔业等领域。

由于聚酰胺纤维具有高干、湿强度和耐腐蚀性，因此是制造工业滤布和造纸毛毡的理想材料，并已在食品、制糖、造纸、染料等轻化工等行业中得到广泛应用。

聚酰胺帘子布轮胎在汽车制造行业中占有重要地位。与其他种类的帘子布相比，更能经受汽车高速行驶中的速率、重量和粗糙路面三要素的考验而不容易使车胎破裂。

聚酰胺纤维由于耐磨、柔软、质轻，常用于制作渔网、绳索和安全网等产品，在捕鱼、海洋拖拉作业、轮船停泊缆绳、建筑物及桥梁安全保护设施中也深受欢迎。

加涂料的聚酰胺织物是以聚酰胺织物为基布，根据用途不同涂布合成橡胶或聚氨基甲酸酯等各种涂料，使其具有高强度、挠性和完全不渗透性，可用作铁路货车和机器的覆盖布、挠性容器、活动车库和帐篷等。高强粗特(140tex 左右)长丝，用于制作轮胎帘子线、输送带织物、安全带等。

聚酰胺纤维还广泛用于制作传动运输带、消防软管和降落伞布等多种产业用品。

三、地毯用纤维

粗特(170tex 以上)聚酰胺 BCF，主要用于生产簇绒、机织和缝编地毯，少量用于装饰布生产。地毯用聚酰胺纤维正逐年增加，特别是新技术开发赋予纤维抗静电、阻燃等特殊功能，旅游、住宅业的发展也促进了地毯用纤维的增长。近年来，随着聚酰胺 BCF 生产的迅速发展，大面积全覆盖式地毯均以聚酰胺为主。使用聚酰胺 BCF 为原料制作簇绒地毯，工艺简单，风格多样，用于起居、宾馆、公共场所和车内装饰等用品，很有发展前途。

聚酰胺短纤维与长丝相比，其使用量较少。单丝线密度为1.4～20dtex的聚酰胺短纤维，用于地毯、针刺毡、工业用毡、混纺纱、静电植绒等方面。在地毯用途中，由于BCF的性能更优越，短纤维的用量在减少。

聚酰胺鬃丝用于尼龙搭扣、拉链、牙刷、筛网、渔网等方面。

第七节　聚酰胺纤维的改性

聚酰胺纤维有许多优良性能，但也有一些缺点，如模量低，耐光性、耐热性、抗静电性、染色性以及吸湿性较差。

改进聚酰胺纤维的性能有化学改性法和物理改性法两种。化学改性有共聚、接枝等方法，以改善纤维的吸湿性、耐光性、耐热性、染色性和抗静电性；物理改性法有改变喷丝孔的形状和结构、改变纺丝成型条件和后加工技术等方法，以改善纤维的蓬松性、伸缩性、手感、光泽等性能，如纺制复合纤维、异形纤维、混纤丝或经特殊热处理的聚酰胺纤维，可获得各种聚酰胺差别化纤维。

一、异形截面纤维

异形截面纤维可以改善纤维的手感、弹性和蓬松性，并赋予织物特殊光泽。聚酰胺异形纤维的截面主要有三角形、四角形、三叶形、多叶形、藕形和中空形，可生产仿麻、仿丝、仿毛型产品。中空纤维由于内部存在气体，还可改善其保暖性。

二、混纤丝

一般将异收缩性纤维相混和将不同截面、不同线密度的纤维相混纺丝。高收缩率和低收缩率纤维的混纤组合，可使纱线成为皮芯复合结构；不同截面和不同线密度的纤维混纤组合，可利用纤维间弯曲模量的差异，避免单纤维间的紧密充填，从而具有蓬松、柔和的手感，并使织物具有丰满感和悬垂性。

三、抗静电、导电纤维

为了克服聚酰胺纤维易带静电的缺点，可选用亲水性化合物作为抗静电剂与聚酰胺共聚或共混，以获得抗静电纤维。抗静电剂一般是离子型、非离子型和两性型的表面活性剂。纤维的抗静电性是靠吸湿使静电荷泄露而获得的。例如，在聚己内酰胺的大分子中引入聚氧乙烯(PEO)组分，生成PA6—PEO共聚物，其电阻率约为$10^8\Omega\cdot cm$，具有良好的抗静电性能。

导电纤维是基于自由电子传递电荷，因此其抗静电性能不受环境湿度的影响。用于导电纤维的导电成分一般有金属、金属化合物、碳素等。如美国杜邦公司开发的“Antro-Ⅲ”产品是混有有机导电纤维的聚酰胺BCF膨体长丝，其混纤比例为1%～2%，其中的有机导电纤维是由含有炭黑的聚乙烯为芯层，聚酰胺66为皮层的复合纤维，其电阻率为$10^3\sim10^5\Omega\cdot cm$，该产品已广泛应用于BCF簇绒地毯。日本东丽公司以聚酰胺6和聚二醇双醚的嵌段共聚物为高分子抗静电剂，与聚酰胺6形成皮芯型复合纤维，其电阻率为$0.776\times10^8\Omega\cdot cm$，而共混熔融纺丝形成纤维的电阻率为$3.55\times10^{10}\Omega\cdot cm$。浙江大学采用$I_2$、$CuSO_4$、$Na_2S$溶液处理聚酰胺纤维网，在纤维表层牢固地结合上导电化合物，使其电阻率小于 $10^3\Omega \cdot cm$，经连续 10h 洗涤后，仍具有良好的导电性，该聚酰胺纤维可混纺或单独使用。

四、高吸湿性纤维

对服用聚酰胺纤维进行吸湿改性的目的是提高穿着舒适性，使其容易吸湿透气。改性方法可应用聚氧乙烯衍生物与己内酰胺共聚，经熔融纺丝后，再用环氧乙烷、氢氧化钾、马来酸共聚物进行后处理而制得。此外，还可先将聚酰胺纤维溶胀，再用金属盐溶液浸渍或用稀碱溶液后处理，以获得高吸湿聚酰胺纤维。

意大利 Snia Fibre 公司开发的"Fibre -S"是一种改性高吸湿聚酰胺纤维，是在聚己内酰胺中添加 20%的聚(4,9 -二氧环癸烷己二酰二胺)，通过共混纺丝而制得，纤维的强度和吸湿性有很大改善，其吸湿性与棉相似，且具有柔和的手感。美国 Allied 公司开发生产的高吸水共聚酰胺纤维"Dro -file"系列产品，是以 85∶15 的尼龙 6 和聚氧化乙烯二胺的嵌段共聚物通过熔融纺丝而制得的。日本尤尼吉卡公司开发的一种皮芯型高吸湿放湿的尼龙纤维 HYGRA，由吸水性树脂作芯、尼龙作皮通过复合纺丝制成的皮芯型复合纤维，其吸水能力是其自重的 35 倍。另外，纤维芯部吸收汗气、液体，纤维皮部的尼龙提供强度和尺寸稳定性，即使在湿润状态下也能保持干爽的触感。HYGRA 除可 100%单独使用外，还可以与其他纤维材料复合使用，以满足各种用途。

五、耐光、耐热纤维

聚酰胺纤维在光或热的长期作用下，会发生老化，性能变差。其老化机理是在光和热的作用下，形成自由基，产生连锁反应，使纤维降解，特别是当聚酰胺纤维中含有消光剂二氧化钛时，在日光照射下，与之共存的水和氧生成的过氧化氢引起聚酰胺性能恶化。为了提高其耐光、耐热性，目前已研究了各种类型的防老剂，如苯酮系的紫外线吸收剂、酚类和胺类的有机稳定剂、铜盐和锰盐等无机稳定剂。采用锰盐无机稳定剂对于提高聚酰胺纤维的耐光性更为有效。

六、抗菌防臭纤维

抗菌防臭纤维又称抗微生物纤维。抗菌是对医护用品的主要性能要求，抗菌是加强食品卫生的重要措施，抗菌是追求生活舒适的要求之一，抗菌也是对纤维本身性能的保护。当前，抗菌纤维正呈现多样化的发展态势，其多样化不仅在于纤维基材和抗菌剂的不同，也在于抗菌纤维开发的技术途径不同。抗菌聚酰胺纤维的技术开发大体有以下几种。

(1)采用化学方法把抗菌剂接枝到纤维表面的反应基团上。

(2)采用物理改性技术，使抗菌剂渗入纤维表层较深部位，即用抗菌剂对纤维或织物进行浸渍或涂渍的后处理法。

(3)抗菌剂与聚合物共混纺丝，这是开发抗菌纤维的主要手段，其技术关键在于抗菌剂的选择。

采用电镀法或蒸发沉淀法涂渍银离子，也可制得抗菌纤维。后处理法得到的产品耐久性差，但成本低廉，仍有较大市场。日本钟纺公司采用共混纺丝法，将银沸石加入聚酰胺中，研制成功"Liverfresh-N" 抗菌纤维，可用于内衣和袜类生产。将纳米级的银沸石添加到聚酰胺中，具有更好的抗菌防臭作用。

七、远红外聚酰胺纤维

远红外聚酰胺纤维是将特定的陶瓷粒子（主要为金属氧化物，如二氧化钛、二氧化锡、氧化锆、碳化锆、氧化铝等）添加到聚酰胺中而制成，是一种吸收储存外界能量后再向人体发射远红外线的积极性保温材料。日本旭化成公司推出的产品采用两层结构，外层为可吸收太阳能的材料，内层为具有远红外辐射功能的材料，用于防止人体热量损失，提高体感温升效果。东洋纺公司开发生产的涤/锦微细远红外织物，可提高织物保温功能。北京服装学院采用高效陶瓷粒子GT—96与PA 6切片共混纺丝，制取0.5%GT—96/PA6共混纤维以及它与其他纤维混纺织物的远红外发射率都≥82%，达到了服用纤维发射远红外性能的要求，具有明显的保温性能。岳阳石油化工总厂研究院也进行了远红外聚酰胺纤维纺丝的研究，采用锦/丙复合纺丝技术纺制了远红外纤维，它是以尼龙切片与有机抑菌母粒共混料为A组分，聚丙烯切片与远红外母粒的共混料为B组分，用米字形喷丝板进行复合纺丝，制取的纤维在织造染整过程中裂开，织物手感柔软舒适，具有保温、抗菌、防臭、保健等功能。制备远红外纤维的技术关键在于添加剂的颗粒细度和分散均匀性，随着纳米技术的日益成熟，远红外纤维的开发前景看好。

参考文献

[1] 彭治汉，施祖培．塑料工业手册：聚酰胺[M]. 北京：化学工业出版社，2001.

[2] 福本修．聚酰胺树脂手册[M]．施祖培，等译．北京：中国石化出版社，1994.

[3] Kohan M I. Handbook of Nylon Plastics [M]. Munich: Hanser Publishers, 1995.

[4] P. Driscoll. Nylon fibers 2000-2010 [J]. Chemical Fibers International 2002,52(2):100.

[5] 桑榆．我国己内酰胺工业概况[J]．聚酰胺通讯，2002(4):12.

[6] 金离尘．深化结构调整 增强我国锦纶工业竞争能力　加速今后发展[C]．新世纪聚酰胺链发展战略研讨会学术论文集．中国石油化工集团公司聚酰胺技术开发中心．北海：2002. 146－148.

[7] 周霞．己二酸[M]//魏文德．有机化工原料大全．中卷．2版．北京：化学工业出版社，1999.

[8] 施祖培．环己醇和环己酮[M]//魏文德．有机化工原料大全．中卷．2版．北京：化学工业出版社，1999.

[9] 杨杏生．己内酰胺生产工艺的新进展[J]．合成纤维工业，1995,18(2):39.

[10] 冯美平．丁二烯法制乙二酸[J]．合成纤维工业，1999,22(2):22.

[11] 王常有，季忠．己二酸[M]//化工百科全书．第七卷．北京：化学工业出版社，1994. 865.

[12] 林滨．己二胺[M]//魏文德．有机化工原料大全．中卷．2版．北京：化学工业出版社，1999. 676.

[13] 徐未．己二腈[M]//魏文德．有机化工原料大全．中卷．2版．北京：化学工业出版社，1999. 748.

[14] 施祖培．己内酰胺[M]//魏文德．有机化工原料大全．中卷．2版．北京：化学工业出版社，1999. 1023.

[15] 施祖培．己内酰胺[M]//化工百科全书．第七卷．北京：化学工业出版社，1994. 877.

[16] 施祖培．聚酰胺原料技术新进展[J]．石油化工动态，1997,5(2):38.

[17] 何翼云，施祖培．聚酰胺原料技术新进展[C]. 中国石化总公司聚酰胺技术开发中心年会学术论文集，1997.

[18] 施祖培，冯美平．己内酰胺生产现状及其发展[C]．99中国石化总公司聚酰胺技术开发中心年会学

术论文集,1999.24.
[19] 周霞．癸二酸和其他二元酸[M]//魏文德．有机化工原料大全．中卷．2 版．北京:化学工业出版社,1999.536.
[20] 汪多仁．尼龙 11 与尼龙 12 的合成与应用[J]．塑料开发,1998,24(1):873.
[21] 刘业来．综述尼龙 12 单体的制备方法[J]．广东化工,1989(2):6.
[22] 余鼎声．环辛二烯和环十二碳三烯[M]//化工百科全书．第七卷．北京:化学工业出版社,1994.503.
[23] 徐泽群．新型聚酰胺——尼龙 46 生产技术[J]．金山油化纤,1991(1):50.
[24] 施祖培,何翼云．聚酰胺[M].//化工百科全书．第 9 卷．北京:化学工业出版社,1995.428.
[25] 陈琦君．纤维级尼龙 66 盐质量指标的改进和完善[J]．合成纤维,1990(2):51.
[26] 盖凤云,杨金准．用连续缩聚法生产尼龙 66[J]．工程塑料应用,1996, 24(5):8.
[27] 许平．聚酰胺纤维[M].//化工百科全书．第 9 卷．北京:化学工业出版社,1995.456.
[28] 张树均．改性纤维与特种纤维[M]．北京:中国石化出版社,1995.
[29] 陈日藻,丁协安,华伟杰．复合纤维[M]．北京:中国石化出版社,1995.
[30] 辽阳石油化纤公司,上海第九化学纤维厂．锦纶 66 生产基本知识[M]．北京:纺织工业出版社,1987.
[31] 董纪震,赵耀明,陈雪英,等．合成纤维生产工艺学[M]. 下册．2 版．北京:中国纺织出版社,1994.

第九章　聚酯纤维

第一节　概　述

一、聚酯和纤维的历史

聚酯纤维是大分子链节通过酯基相连的成纤高聚物纺制而成的纤维(英文缩写为 PET)。我国将含聚对苯二甲酸乙二酯组分大于 85%的合成纤维称为聚酯纤维,商品名为涤纶。

早在 1849 年,Vorlander 用丁二酰氯和乙二醇制得低相对分子质量的聚酯。1941 年,Whinfield 和 Dickson 用对苯二甲酸二甲酯(DMT)和乙二醇(EG)合成了聚对苯二甲酸乙二酯(PET),1949 年,率先在英国实现工业化生产,1953 年,美国首先建厂生产聚酯纤维。这种聚合物可通过熔体纺丝制得性能优良的纤维。由于其具有服用性优良和强度高等性能,成为合成纤维中产量最大的品种。20 世纪 80 年代以来,世界石油工业迅猛发展,聚酯的原料市场得到极大丰富,因此聚酯纤维发展速度非常快,一直是合成纤维中产量最大、种类最多的品种。

随着有机合成和高分子科学与工业的发展,近年研制开发出多种具有不同特性的实用性聚酯纤维。如具有高伸缩弹性的聚对苯二甲酸丁二酯(PBT)纤维及聚对苯二甲酸丙二酯(PTT)纤维、具有超高强度和高模量的全芳香族聚酯纤维等。目前,聚酯纤维通常是指聚对苯二甲酸乙二酯纤维。

20 世纪 70 年代初期,我国引进了德国、法国、日本等国家的聚合生产技术,并引进了日本东丽、帝人等公司的纤维制造技术,形成了具有一定规模的涤纶生产基地,纤维的主要规格和品种为涤纶低速纺的服用长丝(UDY),高速纺的预取向丝(POY)和棉型涤纶短纤维(SF)以及以 POY 和 UDY 为原料的加工丝(DT 和 DTY、ATY)等。

聚酯在 70 年代以前一直保持高速发展,此后增速减缓并呈周期性发展,90 年代后,聚酯工业的重心开始转向亚洲,到 90 年代中期,由于产能扩充过多,除中国以外,已出现供大于求的局面,尤其是 1997 年下半年爆发的亚洲金融危机,使亚洲乃至全球聚酯工业步入了极具艰难的境地。但经过一段时间的结构调整,到 1999 年,世界聚酯工业渡过了本周期最困难的阶段,迎来了新的发展阶段。近年来,瓶用和膜用、复合等非纤用聚酯的用量增加;其次,衣用涤纶的需求达到高峰;再次,因为海湾国家大量投建 PX 和 PTA 生产厂,这样聚酯的原料市场得到极大丰富。世界聚酯生产的发展状况见表 9－1。

表 9－1　世界 PET 生产的发展状况

年　份	1949	1960	1965	1970	1975	1982	1987	1992	1995	1999	2004	2005	2006
增长率/%	0	200	50	60	30	10	12.6	6	20	4.3	31.4	11.4	4.2

与前期的产能高速扩充有所不同的是，PET 生产能力规模化的发展趋势更加突出（表 9-2），世界生产能力排前十名的企业，其生产能力均在 200kt/a 以上。

表 9-2　世界 PET 生产能力排名

排名	1998 年		2006 年	
	生产厂商	生产能力/kt·a^{-1}	生产厂商	生产能力/kt·a^{-1}
1	伊士曼（美国）Eastman	1556	中国石化①（中国）Sinopec	1745
2	科萨（美国）Kosa	840	信赖（印度）Reliance	1559
3	杜邦（美国）Du Pont	758	南亚（美国、中国台湾）NanYa	1080
4	壳牌（美国）Shell	750	三房巷（中国）SanFangXiang	1050
5	南亚（美国）NanYa	540	浙江远东（中国）YanDong	900
6	威尔曼（美国）Wellman	490	东云（中国台湾）TunYun	885
7	罗迪亚一斯特尔（巴西）Rhodia－Ster	280	远东纺织（中国台湾）FarEastern	781
8	赫斯特一塞拉尼斯（美国）Hoechst－Celanese	250	汇维仕（韩国）Huvis	750
9	鲜京（韩国）Sunkyong	240	浙江荣盛（中国）RongSheng	650
10	远东（中国台湾）FarEastem	200	浙江桐昆（中国）TongKun	640

①中国石化包括仪征化纤、上海石化、天津石化、洛阳石化。

1998 年 12 月在瑞士召开的 98 世界聚酯产业链会上，Maack 公司认为，从 1999～2005 年，聚酯产能还可以增长 33%～40%，年均增长率为 6.6%～8%，世界聚酯工业大投资从 2000 年开始，聚酯工业将进入新一轮快速发展阶段。世界聚酯产品产能利用率统计及预测见表 9-3。

表 9-3　世界聚酯产品产能利用率和预测

产能利用率/% 年份 纤维	1997	1998	1999	2000	2001	2003	2005	2007	2009
聚　酯	84.6	82.3	81.8	86.1	89.5	89.9	96.2	107.0	118.2
涤纶短纤	84.1	82.1	83.1	87.1	87.9	86.8	91.8	98.8	107.9
涤纶长丝	88.9	83.8	83.6	87.8	93.3	94.9	100	112	125.1

二、聚酯及聚酯纤维的主要制造技术

(一) 聚酯合成技术

聚酯工艺路线有直接酯化法(PTA 法)和酯交换法(DMT 法)。随着 20 世纪 70 年代中期酯化和缩聚反应动力学、热力学以及反应系统传递特性的研究与开发,PTA 直接酯化、连续缩聚的聚酯生产工艺逐渐取代 DMT 为原料的酯交换法而处于主导地位。DMT 法连续工艺主要有法国罗纳普朗克和日本帝人公司技术。

PTA 法具有原料消耗低、反应时间短等优势。自 80 年代起已成为聚酯的主要工艺和首选技术路线。大规模生产线均为连续生产工艺,半连续及间歇生产工艺适合于中、小型多种生产装置。PTA 法连续工艺主要有德国吉玛公司(Zimmer)、美国杜邦公司(DuPont)、瑞士伊文达公司(Inventa)和日本钟纺公司(Kanebo)等公司的技术。目前,世界上的大型聚酯公司都采用先进的集散型(DCS)自动控制系统对聚酯工艺生产进行控制和管理。聚酯仿真技术的进步,可以对全流程或单釜流程进行仿真计算。

间歇式工艺适用于中小型多品种生产装置。为了兼容间歇和连续两种工艺的优点,发展了半连续工艺;为了解决大型连续装置生产多品种的问题,开发了柔性生产线。

PTA 法连续工艺中,德国吉玛、日本钟纺、瑞士伊文达公司在 20 世纪 90 年代初期推荐采用的技术表征都是 5 釜流程,杜邦公司技术是 3 釜流程,其缩聚工艺条件基本相似,但酯化工艺条件差别较大。5 釜流程采用较低温度和压力,而 3 釜流程则采用高 EG / PTA(摩尔比)和较高的酯化温度,强化反应条件,加快反应速度,缩短了反应停留时间。总的反应时间 5 釜流程约为 10h(其中酯化为 5.5h),3 釜流程为 3.5h(其中酯化为 1.5h)。吉玛公司工艺中各反应段温度均较低,终缩聚釜内熔体在 280~282℃且停留 15min,操作稳定;它还有聚酯改性技术,在聚酯生产过程中加入 MOD—1,可减少缩聚时间 8min,并可延长后道纺丝组件使用周期并提高 POY 纺丝或加弹机速度。在纺丝的聚酯熔体中加入 MOD—5 可使 POY 纺丝速度提高到 5000m/min,增加产能 50%。

伊文达装置已有单系列 600t/d 生产线的输出装置。它的技术有独到之处,酯化、缩聚设备布置充分利用压差、位差,以减少动力输送,终缩聚釜自洁效率高,并在终缩聚釜之后增加一注入系统而成为柔性生产线。

杜邦公司 1997 年收购了英国 ICI 聚酯事业,实力更加雄厚。其 3 釜流程减少了结焦面积和降解空间,设备台数少,如预缩聚釜和终缩聚釜共用一套真空系统,且关键设备都有在线备台。

传统聚酯工艺流程已从 6 釜、5 釜向 3 釜甚至 2 釜流程演进。杜邦公司已经推出了主要用作瓶片的最新 NG3 型聚酯装置的 2 釜流程,生产能力为 600~900t/d。该装置投资成本比传统投资约降低 25%,生产成本降低 40%。

在聚酯柔性生产装置上日本企业发展最快,产品转换迅速,且具有多功能。在催化剂上,John Brown 开发了组合另一种金属氧化物的新型催化剂,还有钛系催化剂等品种。

我国聚酯 1996~1998 年年产能平均增长 18.9%,比全球和亚洲其他地区同期平均增长分别高 9.1%和 7.5%。1998 年产能达 3900kt,其中外商独资和合资企业有 880kt。企业有 70 余家,规模在 30kt/a 以上的厂家 22 个。新世纪开始起,我国聚酯工业持续增长,至 2006 年,用于纤维的聚合能力超过 17000kt,占世界聚酯生产总能力的 58%。

1999 年,我国引进的聚酯生产线已达 50 余条。世界上主要的生产工艺技术装置我国都有引进。80 年代后引进的大型装置全部是 PTA 连续法,我国自行研制的 DMT 法装置到 1997 年全部停产。与之相配套的 100～300t/a 规模的 PET 缩聚装置也随之停产。

在引进装置的基础上,国内也在积极开发具有自主知识产权的国产化聚酯装置,同时消化吸收引进技术,对现有装置进行增容改造,如仪征化纤厂对聚酯纤维生产装置进行 30%增容改造,使最高产能达 300t/d 以上。上海石化聚酯生产线在原设计 100t/d 的基础上增容到 150t/d 以上。使装置的技术水平又有新的提高。

由国内配套提供设备和技术的装置均为规模小的间歇式或半连续式生产装置(年产能 1～5kt),这些企业数量较多,但产能只占到 5%。采用国产技术进行成套聚酯装置的改造和建设,是提高我国国际竞争力的必由之路,我国应积极开展聚酯非纤领域的技术开发和特殊功能用途的品种开发。

世界聚酯技术正在向更大经济规模方向发展。单系列生产能力由 20 世纪 80 年代的 100 t/d、200t/d 提高到 90 年代的 300t/d、400t/d、480t/d、600t/d。目前世界前 30 家聚酯生产厂家的平均产能达 360kt/a,规模最大的杜邦公司已达 1400kt/a。

基于环保和增效的目的,很多世界级聚酯企业和工程大公司都在致力于开发不含锑等重金属的新型催化剂,如吉玛公司用铝、锗等金属,以沸石、硅藻土等作载体,开发出了商品名为 Ecoat 的催化剂,经在传统装置上使用,证明同锑类催化剂的效果相当;此外,Acordis 公司研究出了基于 TiO_2 的催化剂 C—94,用该催化剂生产出的 PET,在外观及后加工过程中都优于采用传统锑催化剂的 PET。目前,在很多专利中都有稀土元素、钴、钠等催化剂系统的报道。

(二) 聚酯长丝的制造技术

涤纶长丝制造技术发展,主要表现在熔融纺丝、拉伸、变形工艺技术的发展和设备制造技术发展,例如高速卷绕机、牵伸热辊的发展以及工程配套技术的发展,如直接纺长丝熔体输送技术、自动化控制技术、自动落筒和储存系统等。生产向大型化、高速化、自动化方向发展。发达国家涤纶长丝的企业平均规模已达 50～100kt/a。吉玛公司通过聚合物改性技术将 POY 纺丝速度提高到 4800～5000m/min。杜邦公司通过突破性的工艺改进,不需聚合物改性即可将 POY 纺丝速度提高到 4500m/min。随着机电一体化技术的发展,卷绕头的机械速度可达 6000m/min,甚至在 8000m/min 以上。

通过不断研究与改进出现了多种纺丝拉伸一步法工艺。主要有 HGS(热辊拉伸法)工艺,该法可以从微细特(0.5dtex)做到工业丝(200～2000dtex),纺丝速度 4500m/min。近年来,TCS(热管纺丝)法引人关注,特别适合纺制单丝线密度较细的长丝。德国 JBDE 公司推出的 HCS(热管拉伸法)亦具有良好的发展前景。还有 SHSS(超高速纺丝)无导丝盘而全部依靠丝与空气间摩擦的纺丝拉伸一步法工艺,其纺丝速度可达 7000m/min。

自 20 世纪 80 年代以来,我国企业通过引进德国、日本、瑞士等国先进技术与装置,以国内外技术与装置"嫁接"方式建设了一大批 POY—DTY、POY—FDY 生产线。纺丝工艺有 UDY、MOY、FOY、HOY 等,后加工工艺有 DT、DTY、ATY、DW、WDS。按生产能力计,国产化率 45.1%,但企业规模多数偏小。除螺杆挤压式纺丝外,江苏仪征化纤等公司陆续投入熔体直接纺。与短纤维一样大容量直接纺长丝生产线的经济效益很明显。

（三）聚酯短纤维的制造技术

规模经营是近年来涤纶发展的一大特色。尤其是亚洲新兴的产能扩张地区更为明显，如韩国企业的平均规模都超过了 100kt/a。

PTA 法直接酯化连续缩聚后接直接纺生产线的工艺路线使涤纶短纤维大容量生产成为可能。增大容量可进一步降低建设投资和生产成本，单线产能已从 80 年代初的 50～60t/d，发展到 100～150t/d，甚至 200～250t/d，从而使生产成本大幅度下降。各公司推出不同的增大单线容量的方式，但主要依靠大型组件和增加纺丝位来实现。

纺丝提高单线产量主要是设备的总体设计制造和自控保证，而喷丝板的设计、制造和吹风冷却效果一直是关键。为此，各公司一直致力于高性能喷丝板的研制和吹风冷却工艺、阻尼材料的研究。

后加工工艺趋于一水一汽两道拉伸，紧张热定型加松弛热定型仍是目前主要使用的热定型方式。主机设备采用独立变频电动机调节拖动各单机。基本取代了 80 年代的长边轴驱动的形式。

发展适应多品种的柔性生产线，采用先进的计算机控制系统，可方便地改变工艺条件来改变品种。例如用途上可生产棉型、毛型、中空纤维；可在较宽范围内（如 0.89～16.7dtex）调节线密度；生产各种不同强度、模量和收缩要求的纤维。

虽然目前主要工艺路线仍为二步法，但一步法（高速纺丝拉伸卷曲切断）正在开发中。一步法装置紧凑，能耗低，多用于小批量、多品种的切片纺生产。

我国涤纶短纤维技术装备主要有 LVD 型、TK 型、LHV 型、日本东洋纺技术、伊文达技术和德国吉玛公司技术。设备国产化率为 84.3%。20 世纪 70 年代末、80 年代初 VD405—LVD801 纺丝、后处理联合设备生产线为国内一些企业所采用，用于作加工常规普强型短纤维。LHV431 和 LHV432 为国家“六五”重点科技攻关的纺丝主设备，单线产能原设计为 50t/d。LHV432 是 80 年代通过技术贸易合作发展我国短纤维生产设备的成功范例，但与新一轮技术相比已显落后。

20 世纪 80 年代中期佛山化纤和厦门利恒公司从瑞士伊文达引进了 50t/d 的直接纺生产线，它采用中心吹风冷却工艺和后纺一次拉伸成型技术，纺丝速度达 1750m/min。90 年代德国吉玛公司、纽玛格公司和瑞士伊文达公司等欧洲企业，推出了日产 100t 直接纺技术。其生产线采用了多项新技术，例如大型下装式组件、低阻尼全密闭环吹、环形上油器、网络搭头装置、单套牵引机、二道空气拉伸、DCS 控制、串级蒸汽加热、宽卷曲辊等技术。

21 世纪初，国产年产 30kt 直接纺技术过关，并在原有年产 15kt 生产线上改造取得成功。德国纽玛格和吉玛公司、美国杜邦公司等推出了日产 150～200t 的直接纺生产线，已在国内建设并投入使用。相对 30kt/a 装置，其吨投资成本进一步降低，纤维质量更趋稳定，增加了产品在市场上的竞争能力。

三、聚酯纤维的主要应用

聚酯纤维是我国合成纤维中生产及消费量最大、应用领域最宽的品种。2002 年，我国聚酯纤维表观消费量为 8571kt，其需求市场主要为服装、装饰和产业领域。目前，国内涤纶在三大领域的消费量分别占其总消费量的 68%、18%、14%。与世界先进国家相比，我国非纺织品领域消费的比例较低(表 9－4)。随着居住条件的改善和农业、水利、交通、建筑等行业的发展,聚酯纤维在装饰与产业领域的应用将会进一步拓展。

表 9－4　2002 年我国和先进国家各类用途中纤维消耗的比重(%)

国别及地区	服 装 用	家庭及装饰用	产 业 用
美 国	51	20	29
西 欧	46	33	21
日 本	28	29	43
中 国	68	18	14

(一)服装领域

服装业是纺织行业中发展最快的行业,据国家统计局最新公布的数据显示,2002 年国内服装行业规模以上企业全年完成服装产量 87.7 亿件,全行业进出口贸易额达 761.69 亿美元,国内巨大的服装市场需求与出口的增长催生庞大的面料市场,中国已成为世界面料的主流市场。

在服装领域,涤纶主要用作服装面料及里料,由于涤纶优异的服用性能及近年来加工技术的不断提高,其在仿真丝、仿毛、仿棉、仿麻、仿革织物中的应用日益广泛,据统计,2002 年,服装原料中涤纶所占比例接近 70%。

(二)装饰领域

涤纶在装饰领域的应用可分为家用和车用两大类。在家用领域,涤纶可制成建筑物内用的装饰纺织品,如地毯、窗帘及墙布等;在车用领域,可制成交通工具(如飞机、汽车及轮船等)的坐椅面料、篷盖布等。家用纺织品可分为巾、床、厨、帘、艺、毯、帕、线、袋、绒 10 类,见表 9－5。

表 9－5　家用纺织品分类

类别	内容
巾	毛巾、浴巾、毛巾被、沙滩巾及其他织物
床	各种床上用品,包括蚊帐类
厨	厨房、餐桌用的各种纺织品
帘	各种窗帘、装饰,包括用于窗帘装饰的绳
艺	各种布艺、抽纱制品、布艺家具等
毯	各种毯类,包括棉、毛、化纤毯
帕	各种手帕、头巾
线	各种原料的缝纫线、绣花线、各种带类
袋	各种纺织类的包、袋(除产业用袋)
绒	各种静电植绒制品

家用纺织品是纺织最终产品的三大领域之一。据统计,2001 年我国家纺行业产值约 2400 亿元,占全社会纺织工业现产值的 17%,占纺织三大类产品的 24%。2006 年家纺行业产值达

到6540亿元。从2000年起保持20%以上的快速稳定发展。

从家用纺织品使用原料看，涤纶在家纺织物中所占比例已由2000年的12%增长到2002年的15%，2006年增加到18%。

2001年，与服装业相比，我国家用纺织品附加值较低，生产水平与国际先进水平相比存在较大差距，2006年出口家用纺织品金额比例达到35%。

(三) 产业领域

据不完全统计，2002年我国产业用涤纶产量达到1050kt，较2001年增长11%。从1992年起，涤纶在服用领域的比重下降了5%，但产业用却增长了10%。

预计到2010年，我国产业用涤纶产量将达到1800kt(表9-6)。

表9-6 我国2002年产业用涤纶产量及2010年需求预测 单位:kt

类 别	2002年产量	2010年需求
帘子线及骨架材料	120	200
篷 布	230	330
人造革	140	170
造纸毛毯	6	10
屋顶材料和水泥增强材料	10	110
医疗卫生用品	90	120
包装材料	90	150
防护服	40	80
渔业用品	120	150
土工布	50	150
工业用毡、帆基布	30	50
国防军工用品	35	60
农业用品	30	60
体育用品	9	20
绳、带、丝	60	100
绝缘隔热材料	20	40
合 计	1080	1800

四、聚酯纤维的发展趋势

(一) 聚酯新家属崭露头角

经过大半个世纪的发展，PET已发展成为有十几个品种的大家族，在各个领域中发挥了重要的作用，但随着社会的不断发展，在很多方面单依靠PET已不能满足要求，因此许多与PET性质相似但性能更优的聚酯新品种越来越成为人们研究开发的重点。其中有代表性的是聚萘二甲酸乙二酯(PEN)和聚对苯二甲酸丙二酯(PTT)。

PEN是由2,6-萘二酸二甲酯(DMN)或2,6-萘二甲酸(NDC)与乙二醇(EG)反应而成的聚酯,它的研究始于1948年,但一直未能实现工业化。由于它具有较高的阻隔性、防水性、气密性、抗紫外线性、较好的耐热性、耐化学性、耐辐射性,近年来深受世界许多国家聚酯生产厂商的关注。90年代后,PEN及主要原料2,6-二甲基萘二甲酸(DNC)合成技术实现了工业化。

PEN将广泛用于碳酸饮料、啤酒、果汁等的包装瓶及工业丝、薄膜、磁带、药品包装、工程塑料等方面,是一种极具开发前景的新型聚酯材料。

聚对苯二甲酸丙二酯(PTT)也是聚酯系列产品中颇具发展前景的新成员。它兼具锦纶和涤纶的优点,具有抗污性、化学稳定性、回弹性和染色性,是一种较理想的纺织用新型热塑性聚酯材料。早在1941年,美国就合成了PTT并取得发明专利,但由于原料1,3-丙二醇(PDO)单体来源困难,未工业化生产。进入90年代后,随着世界聚酯工业的迅速发展以及合成技术的提高,壳牌、杜邦等公司先后开发出了多种PDO生产技术路线,大大降低了PDO的成本,为PDO的工业化生产提供了保障。PTT用途广泛,主要用于工程塑料、体育用品、薄膜以及纺黏织物、地毯及服用纤维等方面,具有极大的市场发展潜力。

(二)生产能力集中化

位居前列的厂家生产能力越来越大,这反映出聚酯工业向规模化发展的趋势。由于聚酯及聚酯纤维已是较为成熟的工业,生产技术比较稳定,其他市场,尤其是欧美市场更是成熟,产品的利润越来越少。降低成本的重要举措之一是扩大生产规模,最终达到降低产品成本的目的。

亚洲生产能力越来越大,2000年全球的聚酯纤维产量增长了6%,达到18900kt,短纤维产量增长了5.8%,达到8100kt。长丝增长了6.4%,达到10800kt。与工业丝相比,民用丝再一次显示了强大的市场优势。其中,中国增长15%,印度尼西亚增长了15%,土耳其增长了9%,美国增长了1%,包括土耳其在内的中欧,增长率仍然为7%。我国(包括台湾)和韩国生产的聚酯纤维超过世界总量的一半。

(三) 产品发展重点转移

近年来,发达国家如美国、日本和西欧,已逐步将合纤工业的重点转向发展高科技产品的高附加价值产品,而不再单纯追求产能的增长。因此,这些原来的合纤主产国,近10年的产量增长不多,日本和西欧甚至呈负增长。韩国和我国台湾省在生产快速增长的同时,依托一体化工发和快速应变体系,也在不断推出创新、实用的新产品来适应市场竞争。因此,未来世界合纤市场将是高科技产品和高附加值产品的竞争。

第二节 聚酯原料的合成

合成聚酯PET的基本原料二元酸是对苯二甲酸(TPA或TA)和对苯二甲酸二甲酯(DMT),二元醇是乙二醇(EG)。合成改性聚酯还需要添加多种共聚组分(第三组分、第四组分等)。20世纪80年代起,聚合工艺绝大多数采用精对苯二甲酸(PTA)和乙二醇直接酯化技术。

一、精对苯二甲酸(PTA)

以甲苯和混合二甲苯(C_7 和 C_8 芳香烃)为原料合成对苯二甲酸有多种工艺路线,其主要取决于原料来源。原料不同,采用的工艺路线也不同,总体可归纳为异构氧化工艺和氧化异构工艺两类。

异构氧化工艺是先将甲苯和混合二甲苯异构(歧化)为对二甲苯(PX),再进一步氧化为对苯二甲酸或氧化酯化为对苯二甲酸二甲酯。氧化异构工艺亦称氧化转位法,首先将甲苯和混合二甲苯氧化为苯羧酸,再异构(歧化)制对苯二甲酸。目前工业生产采用的是异构氧化工艺。

(一)异构氧化工艺

1. 甲苯歧化与烷基转移

甲苯在重整和裂解芳香烃中含量近 40%,而价格又低于苯和二甲苯,因此在聚酯原料生产中,甲苯的利用一直受到重视。当前聚酯生产中采用美国的 Xylene Plus 法和日本的 Tatoray 法,以甲苯自身歧化或与 C_9 芳香烃进行烷基转移生成二甲苯。

Xylene Plus 法以廉价非贵重金属为催化剂,产物中没有乙苯,只有二甲苯;Tatoray 法采用 Si—Al 载体的金属催化剂,产物中只有二甲苯。但后者需要在临氢条件下进行,消耗少量氢(约为甲苯的 4‰);前者则不耗氢。

2. C_8 芳香烃异构分离 PX

不同来源的 C_8 芳香烃,C_8 芳香烃混合物的比例各不相同。混合 C_8 芳香烃组成见表 9-7。从表 9-7 可见,间二甲苯、对二甲苯沸点差只有 0.75℃,难以用精馏方法进行分离,工业上通常采用深冷结晶和吸附分离 PX。

表 9-7 混合 C_8 芳烃组成和物理性质

物　性	对二甲苯	间二甲苯	邻二甲苯	乙　苯
含量/%	15~25	40~50	15~25	10~20
相对密度(D_4^{20})	0.8616	0.8641	0.8745	0.8669
熔点/℃	-13.263	-47.872	-25.713	-94.975
沸点/℃	138.351	139.104	144.411	136.186

3. 甲苯选择歧化直接合成 PX

20 世纪 70 年代初,美国莫比尔(Mobil)公司利用 ZSM—5 型沸石催化剂,开发了甲苯选择歧化直接合成 PX 工艺。这一工艺不仅省去了二甲苯异构过程,缩短了流程,而且突破了甲苯歧化必须保持热平衡组成的规律,可直接得到 PX,因而装置建设投资和能耗可降低 40%~50%,成本可降低 20%~30%。采用这种方法得到成品的 PTA 质量指标见表 9-8。

4. 对二甲苯氧化制对苯二甲酸

50 年代初曾用对二甲苯硝酸氧化工艺生产对苯二甲酸,但因消耗大量硝酸、腐蚀严重、有爆炸危险,而且产品含氮难以精制,50 年代后期即被空气氧化工艺取代。

空气氧化工艺根据氧化温度的不同,分为高温氧化、低温氧化及中温氧化。高温氧化工艺

表 9－8 对二甲苯的质量指标

性能	指标		试验方法
	优等品	一等品	
外观	清澈透明，无沉淀物		目测①
纯度/%(质量分数)，≥	99.5	99.2	SH/T 1489—1998
非芳香烃含量/%(质量分数)，≤	0.10①	0.20	SH/T 1489、SH/T 1488—1992
甲苯含量/%(质量分数)，≤	0.10	—	SH/T 1489—1998
乙苯含量/%(质量分数)，≤	0.30	—	SH/T 1489—1998
间二甲苯含量/%(质量分数)，≤	0.30	—	SH/T 1489—1998
邻二甲苯含量/%(质量分数)，≤	0.10	—	SH/T 1489—1998
颜色(铂—钴色号)/号，≤	10	20	GB/T 3143—1982
酸洗比色	酸层颜色应不深于重铬酸钾含量为 0.10g/L 标准比色液的颜色	酸层颜色应不深于重铬酸钾含量为 0.25g/L 标准比色液的颜色	GB/T 2012—1989
溴指数/mgBr/100g，≤	200	200	SH/T 1551—1993
总硫量/%(质量分数)，≤	0.0002	0.0005	SH/T 1147—1991
馏程(101.3kPa，138.3℃)/℃，≤	1.0	2.0	GB/T 3146—1982

①将试样注入 100mL 量筒中，在 18.3～25.6℃下目测。

是 1955 年由美国中世纪(Mid century)公司 Saffer 和 Rarker 发明的，在科学设计(Scientific Design)公司试验成功，阿莫科化学品公司获此项专利后于 1958 年在美国 Joliet 建成工业生产装置，故通称为阿莫科法，也称 MC 法、SD 法。

阿莫科法工业化初期制得的粗对苯二甲酸(CTA)，需要用甲醇酯化制成它的二甲酯(DMT)，再精制为精 DMT，作为酯交换法制聚酯的原料。后改进为直接加氢精制为精对苯二甲酸(PTA)用作直接酯化法聚酯原料。20 世纪 80 年代后期又发展为直接深度氧化为中纯度对苯二甲酸(MTA)，即所谓中纯度酸直接酯化法，其主要氧化工艺有两种。

(1)阿莫科法 PX 氧化：工业生产通常是在温度 190～230℃，压力 1.27～2.45MPa 下，在醋酸钴、醋酸锰和四溴乙烷(Co—Mn－Br)复合催化体系作用下，于醋酸溶剂中用空气将 PX 氧化为 TPA。

反应压力与温度密切相关。PX 通空气进行液相氧化是气液放热反应，温度和压力受到空气通入量和尾气氧含量、液位高度、顶部回流液量和温度等因素的影响。

PX 氧化制 TPA 工艺过程，通常可分为氧化、产物后处理和溶剂回收三个工段。

①氧化：原料 PX 与助催化剂四溴乙烷在混合槽中混合后送入进料混合槽；溶剂醋酸，包括二级离心机滤液、干燥器排气洗涤液、脱水溶剂和循环母液经混合后也送入进料混合槽；催化剂醋酸钴、醋酸锰通常用醋酸脱水塔顶冷凝液溶解配制成水溶液后，送入进料混合槽。在槽中，PX、醋酸、醋酸钴和醋酸锰(Mn/Co 的摩尔比为 3)、四溴乙烷，按重量比 1∶4∶0.0025∶0.0019 搅拌，混合均匀后作为氧化反应器进料，槽顶部接排空回流冷凝器。

配制的进料液经进料增压泵连续定量调节送入氧化反应器，与经空气压缩机增压的空气进行催化氧化，氧化温度220～230℃，压力2.5MPa。氧化反应可依尾气中氧含量1%～3%为基准进行控制和调节。尾气经两段冷凝回流，不凝气体通过PX洗涤和醋酸高压吸收后，用以驱动空压机。

氧化反应放出的热量使溶剂汽化，冷凝后回流排出；液位由液位调节器控制调节。氧化产物TPA浆液(浓度约30%)，由伸入反应器底部的出料管放出。

②产物处理：产物处理包括结晶和干燥。氧化器放出的浆液经三台串联结晶器分步结晶。第一结晶器通入少量空气，使在氧化工序未能反应的少量中间体进行补充氧化而转化为TPA。

经三级降温降压结晶过程，浆液中TPA含量由30%提高到40%。为保持悬浮液流动和加速结晶，各结晶器均进行搅拌。为防止物料在管线中闪蒸造成结壁堵塞，进料管应在正常操作液位之下。由结晶器蒸出的蒸汽送入溶剂回收工段。

结晶浆液经离心、打浆、再离心、两段离心机分离。含湿10%TPA滤饼送入干燥器。离心机排出蒸汽经冷凝后送溶剂回收工段，不凝气送常压吸收塔。第一段离心机母液的40%～50%可送入氧化工段醋酸进料槽进行母液循环。

滤饼送入干燥器后，以蒸汽加热在120℃左右进行干燥。干燥后TPA含醋酸约0.1%(质量分数)。干燥蒸出的醋酸以逆流循环的氮气吹出，其中夹带TPA约1%，送入洗涤塔回收，洗涤后由塔顶逸出的氮通过加热升温接近干燥温度，循环回干燥器。洗涤塔底部放出的物料送氧化工段的溶剂醋酸槽循环使用。

③溶剂回收：溶剂回收包括母液处理、溶剂脱水和残渣处理。

为脱出母液中的高沸物，首先将离心母液在汽提塔的蒸馏釜中蒸出95%醋酸进行溶剂脱水。因釜内残液固含量高，为防止釜壁结垢和管路堵塞，宜连续搅拌。釜底残液送入薄膜蒸发器，继续蒸发，残渣可进行催化回收或焚烧处理。

用精馏法脱除溶剂醋酸在氧化和后处理过程混入的水。醋酸脱水塔的进料主要来自汽提塔、结晶器和常压吸收塔、高压吸收塔。脱水塔顶蒸出的水含醋酸量通常应小于0.1%(质量分数)，部分定比回流，其余用于装置内原料催化剂配制和常压吸收、高压吸收。多余的排至污水处理厂。

脱水后醋酸由塔底放出，经冷却器冷至约100℃，送于醋酸储罐，循环使用。生产中溶剂醋酸消耗通常在5%左右。

(2)三井—阿莫科法：日本三井油化公司在阿莫科法专利的基础上，研究开发了三井—阿莫科工艺。三井—阿莫科工艺主要的工艺改进是：提高催化剂的Co/Mn比和溶剂比，降低氧化反应温度和压力；采用新型结构的氧化反应器；增加顶部分离塔，以分出反应体系中的水，保持稳定的醋酸浓度，并添加硅油消泡剂，以有效利用反应空间。同时，由于产物TPA中4—CBA含量增加，须增大溶剂比和TPA加氢精制负荷；由于反应压力降为1.1MPa，可采用一次降压结晶。溶剂醋酸回收采用共沸蒸馏脱水(共沸剂为醋酸丁酯)，约可节能50%。PX氧化装置改进前后的工艺条件见表9-9，三井—阿莫科法与阿莫科法工艺条件的比较见表9-10。

三井设计的氧化反应器独具特色，反应器底部装有悬臂式锚式搅拌器，转速8r/min，主要

表 9－9　PX 氧化装置改进前后的工艺条件

过程与设备	改进项目和内容	改 进 前	改 进 后
进料混合槽	$Co(OAc)_2$ 浓度/%	0.03	0.06
	$Mn(OAc)_2$ 浓度/%	0.09	0.18
	$C_2H_2Br_4$/%	0.06	0.08
	H_2O/%	<6	<11
	PX	21	19～21
	Br：(Co＋Mn)(摩尔比)	—	0.7
	Na^+ 含量/$mg\cdot kg^{-1}$	—	<200
氧化反应器	压力/MPa	2.45	1.45
	温度/℃	224	193～200
	液位/%	60	70～80
	抽出水量/$m^3\cdot h^{-1}$	3～3.4	3.3
	尾气含氧量/%	2～3	3
第一结晶器	压力/MPa	1	0.95
	温度/℃	190	194
	液位/%	40	60
	尾气含氧量/%	5	5
母液循环/%		50	90～92
TPA 中 4—CBA/$mg\cdot kg^{-1}$		<2600	<2000～2500

表 9－10　三井—阿莫科和阿莫科法工艺条件比较

改进项目和改进内容		三井—阿莫科法	阿莫科法
反应温度/℃		185～195	220～225
反应压力/MPa		0.9～1.1	2.3～2.6
催化剂	反应系统浓度/%(质量分数)	0.1367	0.4
	Co 含量/%(质量分数)	0.0057	0.044
	Mn：Co(摩尔比)	1：2	3：1
	Br：(Mn＋Co)(摩尔比)	1：1	1：1
	溶剂比(质量分数)	(5～6)：1	4：1
反应器停留时间/min		60	56
氧化母液循环量/%		>90	50
TPA 中 4—CBA 含量/$mg\cdot kg^{-1}$		2800～3000	2000～2500

作用是防止物料沉积和结垢，轴封与物料接触的内端选用钛材迷宫式，外端用三组压盖填料，迷宫轴封填料间注入醋酸冲洗。底部通空气而对物料起搅拌作用，空气由四根管道通入，喷射角为30°时，反应器内将不存在死角。调节空气线速度，可控制进气的气泡体积，气速加快，气泡体积缩小，达到一定线速度后，气泡体积则为恒定值。

反应器上部装有15层波纹筛板分馏塔，可将氧化生成的水由塔顶排出，馏出的醋酸浓度在45%左右，保持反应器内醋酸的最佳纯度为90%～95%。

三井—阿莫科法由于第一段离心分离母液只有10%抽出处理，蒸发残渣用水浸法萃取的催化剂溶液循环使用，回收率约60%。

(二)TPA加氢精制PTA

TPA中的杂质是PX的氧化中间体和副产物，其中对产品质量有影响的主要有对羧基苯甲醛(4—CBA)和芴酮类等物质，使产品易于着色。工业上通用以TPA、PTA中4—CBA的含量代表杂质含量，PX氧化制得的TPA的4—CBA含量为2000～2500mg/kg。由于4—CBA与TPA结构相近，两者易形成共晶，难以分离精制。

阿莫克法TPA加氢精制，工业上通常是在270～280℃、6.5～7.0MPa下，在钯/活性炭催化作用下于水溶液中进行。在加氢过程中，4—CBA转化为易溶于水的甲基苯甲酸而被分离除去。TPA的加氢产物再经结晶分离和干燥，即得PTA。

Pd/C加氢催化剂是先将200目活性炭粉悬浮于脱盐水中，加入含Pd 5%的氯化钯溶液，使Pd均匀吸附于活性炭上，直到水溶液中钯离子的颜色消失为止。过滤后以脱盐水洗去Cl^-等阴离子，在110℃下干燥4h。

在固体Pd/C催化剂表面，进气液(H_2—TPA水溶液)的加氢精制反应过程为：反应物的分子被催化剂活性中心吸附而活化，被活化的醛基与扩散到催化剂表面的氢还原为甲基，还原产物——甲基苯甲酸脱离表面溶解于水中。

Pd/C催化剂必须有足够的活性表面，钯以微晶形式均匀地分布于载体活性炭上。制得的催化剂通常应用硝基苯还原法进行活性测定。一般每千克Pd/C催化剂生产负荷为10～20TTA，寿命为7000～8000h。

TPA加氢精制工艺过程分为加氢和产物处理(结晶、干燥)两个工段。

(1)加氢：原料TPA加入打浆槽，通入定量脱盐水搅拌配制成25%(质量分数)浆液，为保持浆液浓度稳定，要在槽内维持一定的停留时间。然后浆液经多级加热至281℃，使悬浮的TPA逐步溶解，进入溶解槽全部溶解后，流至加氢反应器。

由加氢反应器顶部经分布管流入的TPA液，在顶部空间与H_2接触饱和后，下流经固定床，在温度281℃、压力6.9MPa下进行Pd/C催化加氢。

(2)产物处理：产物处理包括结晶、分离和干燥。

加氢精制后物料送入五段串联结晶器，逐级减压、蒸发、降温析出结晶，以保持PTA晶体纯度、晶形和粒度分布。各结晶器物料均需搅拌，以保持有效地传质、传热并防止晶体沉积。

从第5结晶器放出的浆料(35.2%)进入压力离心机，在149℃、0.46MPa下进行离心分离。母液经闪蒸排气，残液送废水处理厂。含水5%～15%滤饼，加脱盐水打浆制成36.5%浆液，送入常压进料槽减压闪蒸排气，浆液送常压离心机，分离滤饼(含水5%～15%)送干燥器。滤液流至循环溶剂槽，物料在回转干燥器中，于121℃进行常压干燥，产品PTA含水量约0.05%。PTA产品的质量指标见表9-11。

表9-11 PTA产品的质量指标(SH 1612.1—1995石油化工行业标准)

指标项目	质量指标		试验方法
	优等品	一等品	
外观	白色粉末	白色粉末	目测①
酸值/$mgKOH \cdot g^{-1}$	675±2	675±2	SH/T 1612.2—1995
4-羧基苯甲醛含量/$mg \cdot kg^{-1}$，≤	25	25	SH/T 1612.6—1995 SH/T 1612.7—1995
含灰量/$mg \cdot kg^{-1}$，≤	15	15	GB/T 7531—1987
总重金属含量(钼、铬、镍、钴、锰、钛、铁)/$mg \cdot kg^{-1}$，≤	10	10	SH/T 1612.3—1995 SH/T 1612.5—1995
铁含量/$mg \cdot kg^{-1}$，≤	2	2	SH/T 1612.3—1995
水分/%，≤	0.3	0.5	SH/T 1612.4—1995
5%DMF色度(铂—钴标度)，≤	10	10	GB/T 3143②—1982
对甲基苯甲酸/$mg \cdot kg^{-1}$，≤	150	报告值③	SH/T 1612.7—1995
粒度分布	供需双方商定	供需双方商定	

①将适量试样均匀地分布于白色器皿或滤纸上进行目测。

②先将试样配成5%的二甲基甲酚胺(DMF)溶液并进行过滤，取滤液按GB/T 3143的规定进行测定。

③测试结果不作评定等级用。

二、乙二醇(EG)

(一)生产方法

工业生产EG是以乙烯为原料，首先合成环氧乙烷(EO)，再水合制EG。乙烯合成EO有氯乙醇法和直接氧化法两种，如图9-1所示。

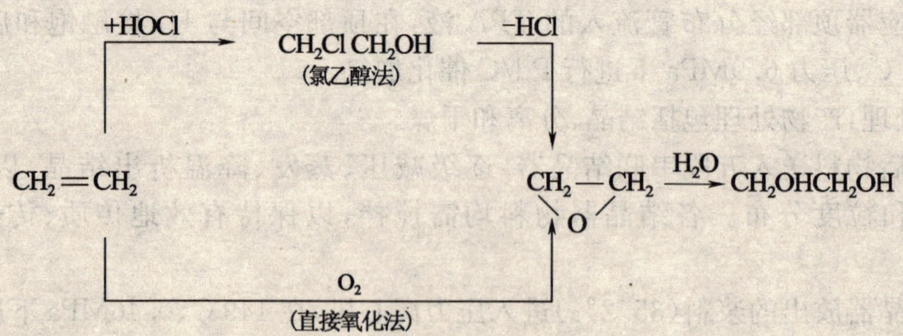

图9-1 EG合成路线示意图

1922年，美国碳化物公司(UCC)实现了氯乙醇法的工业化，直至60年代，它一直是EO工业生产的主要方法。1931年，UCC公司又建成以银为催化剂，以空气直接氧化法制EO的生产装置(UCC法)；1953年，美国哈尔康—科学设计(Halcan－SD)公司开发了空气氧化制EO工艺(SD法)；1958年，美国壳牌油品开发(Shell Oil Development)公司实现了纯氧氧化合成EO(Shell法)的方法。

直接氧化法与氯乙醇法比较，在技术经济上占有绝对优势，至70年代，几乎完全取代了氯乙醇法。在直接氧化法中，尤其在较大规模装置建设和生产时，氧气法比空气法显示出明显的优越性，因而进入80年代，氧气法已处于主导地位。

当前环氧乙烷生产居主导地位的直接氧化工艺有UCC、SD和Shell法，Shell法应用最广、产量高，其次是SD法和UCC法。这三种方法工艺相近，均以二氯乙烷(EDC)为副反应抑制剂，银为催化剂，以乙烯为原料通过银催化作用氧气(空气)氧化、CO_2吸收分离、EO吸收、EO精馏提浓等工序得产品EO。

1. 空气法和氧气法

空气法和氧气法的反应原理实质上是一致的，只是工艺过程各具特点。空气法所用空气中含氧量低(21%)，氧化须分两段或三段完成，虽然可省去成套空气分离设备，但因系统中必然有大量气体循环，需要有相应规模的吸收、解吸和空气压缩与净化设备，故工艺复杂。

空气法和氧气法的投资，在规模为20～30kt/a的情况下两者相近，但对规模更大的装置，空气法的投资超过氧气法。在同等规模的装置中，空气法的原料和公用工程消耗高于氧气法。

2. 乙烯氧化热力学

乙烯氧化制EO的主反应的热力学趋势远小于副反应。若要使反应沿着热力学趋势小的主反应方向进行，产品EO的收率高，则必须使用高选择性催化剂并严格控制特定的反应条件。否则，副反应大量发生，不仅影响产品EO的收率，而且会造成催化剂局部过热(飞温)而失活，甚至导致安全事故。

3. 催化反应机理和动力学

人们对乙烯在银催化作用下合成EO的反应机理研究较多，值得提及的是，被吸附的氧分子形成O_2^-，对氧化乙烯生成EO起着决定性作用，它已被红外光谱和电子顺磁共振(EPR)所证实。据此在催化剂表面，只有处于活化状态的$Ag^+ O_2^-$才具有催化乙烯氧化为EO的作用。

(二)乙二醇的合成

EO水合制EG是无催化剂液相反应过程。EO水合的副反应，主要是产物EG再与EO逐次反应生成一缩二乙二醇(DEG)、二缩三乙二醇(TEG)，甚至PEG同系物。随着同系物相对分子质量的增加，其生成量明显降低。因此，有效地控制水合反应条件，EG收率可超过90%。影响反应的主要因素有温度、压力、时间和H_2O/EO配比等因素。

(1) $\underset{\diagdown O \diagup}{CH_2—CH_2} + H_2O \longrightarrow HOCH_2CH_2OH$

(2) $HOCH_2CH_2OH + \underset{\diagdown O \diagup}{CH_2—CH_2} \longrightarrow HOCH_2CH_2OCH_2CH_2OH$

(3) $HOCH_2CH_2OCH_2CH_2OH + \underset{\diagdown O \diagup}{CH_2—CH_2} \longrightarrow HOCH_2CH_2OCH_2CH_2OCH_2CH_2OH$

EO/EG 生产工艺过程，以美国科学设计公司 SD 流程为例，可分为 EO 和 EG 两部分。

1. EO 装置

(1)氧化和吸收：

①空气法：空气经压缩净化，与乙烯、来自吸收塔的循环气按乙烯含量 4%～5%（体积分数）配比混合，预热后送入第一氧化反应器，在 225～250℃、1～3MPa 和银催化剂作用下进行氧化反应。氧化放出的热量由循环在反应器壳程与废热锅炉间的有机热载体移出，发生中压蒸汽。反应后气体经换热冷却送入主吸收塔，在此用贫 EO 水溶液将气体中 EO 全部吸收。吸收后的气体分两部分：85%回流经换热进入第一氧化反应器；另 15%送至第二氧化反应器，使未氧化的乙烯继续氧化。二次氧化后的气体送入第二吸收塔，气体中所含 EO 被 EO 汽提塔送来的汽提液吸收后循环。

②氧气法：以纯氧代替空气，氧化和吸收均由两段改为一段。为了防止反应气体中 CO_2 在系统中积累，增加了脱 CO_2 工序。乙烯、氧与循环气按乙烯含量 15%（体积分数）混合后，经预热送入氧化反应器，在 230～285℃、2～2.5MPa 和 Ag 催化剂作用下进行氧化反应。氧化放出的热量，同样由在反应器壳程和废热锅炉间循环的有机热载体移出，发生中压蒸汽。反应后气体中的 EO，在 EO 吸收塔中被 EO 汽提塔送来的汽提液吸收后，抽出少部分送 CO_2 吸收塔，在压力下用 30%热 K_2CO_3 溶液脱 CO_2，其余送循环气系统。脱 CO_2 后，气体送循环气系统；CO_2 吸收液闪蒸送 CO_2 汽提塔，脱出的 CO_2 排空，再生的 K_2CO_3 溶液循环使用。

(2)解吸（汽提）和精制：空气法和氧气法在氧化和吸收部分所得的富 EO 吸收液，进行同样的汽提和精制。

富 EO 吸收液经预热进入 EO 汽提塔，EO 被汽提解吸冷却后送入再吸收塔，以来自 EG 装置循环水吸收后，尾气排空；含 10%EO 的吸收液（EO/H_2O）送 EG 装置，或送 EO 精馏塔精制为纯 EO 产品。EO 汽提塔中，提出 EO 后的汽提液分别送回各 EO 吸收塔，EO 精馏塔底液再循环回吸收塔。

2. EG 装置

(1)EO 水合反应和蒸发：来自再吸收塔的 10%EO 吸收液经预热后送入 EO 水合反应器，在 100～150℃（进口 100℃，出口 150℃）、1MPa 下反应 30～40min。出口料液组成为 MEG∶DEG∶TEG＝90∶9.4∶0.6（质量比）。反应器出料送入多效（3～5 效）蒸发系统，经真空蒸发浓缩脱水，使水含量由 85%降至 15%左右。

各效蒸发器压力和温度递降，除第一效外用蒸汽加热外，其余各效依次以前一效蒸出的蒸汽为热源。末效的蒸汽冷凝水和各效再沸器的冷凝水汇合送 EO 装置的 EO 再吸收塔。末效蒸发器放出的完成液送脱水塔。

(2)EG 脱水、精制和分离：完成液送脱水（干燥）塔，在真空下脱水。脱水后粗 EG 送 MEG 塔精馏分离，得合格 MEG 产品。

脱出 EG 后的塔底液，依次送入 DEG 塔和 TEG 塔，精馏分出副产品 DEG 和 TEG，塔底排渣。EG 的质量指标见表 9－12。

表 9－12　乙二醇产品质量指标[Q/SH 012·02·09—1997 企业标准（符合 GB 4649—1993 国家标准）]

项　目	质量指标			试验方法
	优等品	一等品	合格品	
外观	无色透明液体，无机械杂质	无色透明液体，无机械杂质	无色或微黄色液体，无机械杂质	Q/SH 012·02·09—1997
色度（铂—钴标度），≤				GB 3143—1982
加热前	5	15	40	
加盐酸加热后	20	—	—	
密度(20℃)/g·cm^{-3}	1.1131～1.1136	1.1125～1.1140	1.1120～1.1150	GB 4472—1984
水分/%（质量分数），≤	0.05	0.2	—	GB 6283—1986
沸程（0℃，0.10133 MPa 下）/℃　初馏点，≥	196	195	193	ASTM D 1078—1986
沸程　干点，≤	—	200	204	
沸程　馏程(IBP—DP)，≤	2	—	—	
酸度（以硫酸计）/%（质量分数），≤	0.001	0.004	0.008	GB/T 14571.3—1993
含醛量（以甲醛计）/%（质量分数），≤	0.0008	—	—	GB/T 14571.3—1993
含铁量（以 Fe^{2+} 计）/%（质量分数），≤	0.00001	0.0005	—	GB 2365—1980
含灰量/%（质量分数），≤	0.001	0.002	—	GB 7531—1987
二乙二醇和三乙二醇含量/%（质量分数），≤	0.1	1.0	—	GB/T 14571.2—1993
含氯量（以氯离子计）/%（质量分数），≤	0.00005	0.001	0.002	Q/SH 012·02·09—1997
紫外透光率①/%				GB 4649—1993
220nm，≥	70	—	—	
275nm，≥	90	—	—	
350nm，≥	98	—	—	

①当产品出口时测定。

第三节　聚　合

直接酯化法和酯交换法都可以采用间歇和连续两类工艺。通常间歇工艺适用于中小型多品种生产装置；连续工艺多用于大型单品种生产装置。为兼容间歇和连续两种工艺的优点，发展了半连续工艺。为解决大型连续装置生产多品种问题，开发了柔性生产线。

一、合成路线

（一）DMT、PTA 间歇路线

工业生产中是以对苯二甲酸乙二酯（BHET）为原料，经缩聚反应脱除乙二醇（EG）来实现的，所以制备 PET 首先需得到 BHET。生产 BHET 的方法有酯交换法和直接酯化法，如图 9－2所示。

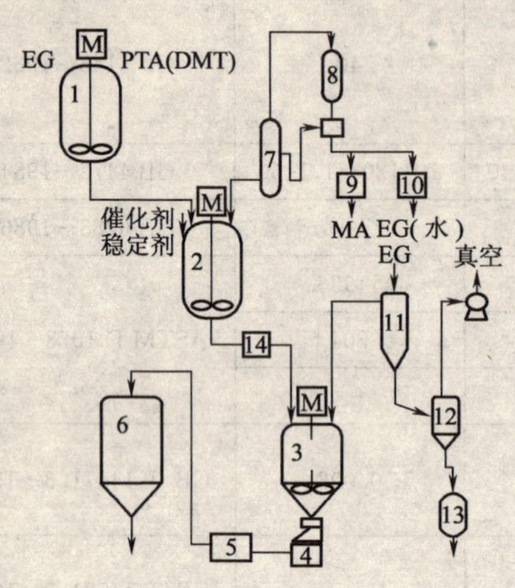

图 9－2　通用型间歇聚酯工艺流程

1—打浆罐预熔罐　2—酯化釜/酯交换釜　3—缩聚釜　4—水下切粒机　5—切片干燥器　6—切片料仓　7—分馏柱　8—冷凝器　9—甲醇计量罐　10—水（EG）计量罐　11—EG 冷凝器　12—旋风分离器　13—EG 计量储罐　14—BHET 过滤器

1. 酯交换法

此法是先将对苯二甲酸（TPA）与甲醇反应生成粗对苯二甲酸二甲酯（粗 DMT）经精制提纯后，再与 EG 进行酯交换反应，得到纯度较高的 BHET。在催化剂（Mn、Zn、Co、Mg 等的醋酸盐）存在下，EG 与 DMT 进行酯交换，生成 BHET。被取代的甲氧基与 EG 中的氢结合，生成甲醇。生产中为了增加 BHET 的收率，通常加入过量的 EG，并从体系中排除反应副产物——甲醇。

原料 DMT、EG 按 DMT∶EG＝1∶(2.3～2.5)（摩尔比，EG 过量，有利于增加 BHET 收率）以及 0.05%（对 DMT 重量）左右的金属醋酸盐催化剂加入酯交换釜，先将温度控制在 180～200℃，使酯交换反应生成的甲醇经酯交换釜上部的蒸馏塔馏出（称甲醇相阶段），生产上酯交换反应通常在常压下进行，甲醇馏出量达到理论生成量（按理论计算，每吨 DMT 约生成甲醇 147L）的 90%时，认为酯交换反应结束，时间约 4h。酯交换反应结束后，随即加入缩聚催化剂三氧化二锑和热稳定剂亚磷酸、磷酸三甲酯（TMP）或磷酸三苯酯（TPP），可直接将物料放入缩聚釜进行缩聚反应。亦可在酯交换结束后，将物料升温至 230～240℃，将多余的 EG 蒸出，并进行初期缩聚反应（称乙二醇相阶段），时间约 1.5h，再放入缩聚釜进行缩聚反应。酯交换过程蒸出的甲醇或 EG 蒸气，先后经蒸馏塔和冷凝器冷凝，收集的粗甲醇和粗 EG，经蒸馏提纯后回收再用。

连续法酯交换是指物料在连续流动和搅拌过程中完成酯交换反应。连续酯交换装置有多种形式，如多个带搅拌的立式反应釜串联式、多个带搅拌的卧式反应釜串联式和多层泡罩塔式等。

采用连续酯交换工艺，除了要控制好酯交换率外，还需严格控制反应物料配比、反应温度和反应时间。物料配比通常为 DMT∶EG＝1∶2.15（摩尔比）左右。由于连续酯交换时有低聚物生成，反应釜内总有一定量的 EG。因此，配料时 EG 的用量比间歇酯交换时的用量小；反应温度按反应釜顺序依次升高，分别为 190℃、210℃和 215℃，BHET 储槽的温度提高到 235℃。升高温度有利于加快最终反应的完成，物料在每个反应釜内平均停留 2～3h，在 BHET 储槽内平均停留 1.5h，总反应时间 8～10h，各釜（槽）内均为常压。

2. 直接酯化法

所谓直接酯化，就是 TPA 与 EG 直接进行酯化反应，一步法制得 BHET。由于 TPA 在常压下为无色针状结晶或无定形粉末，其熔点(425℃)高于其升华温度(300℃)，而 EG 的沸点(197℃)又低于 TPA 的升华温度。因此，直接酯化体系为固相 TPA 与液相 EG 共存的多相体系，酯化反应只发生在溶解于 EG 中的 TPA 和 EG 之间，溶液中反应消耗的 TPA，由随后溶解的 TPA 补充。由于 TPA 在 EG 中的溶解度不大，所以在 TPA 全部溶解前，体系中的液相为 TPA 的饱和溶液，故酯化反应的速度与 TPA 浓度无关，平衡向生成 BHET 方向进行，此时酯化反应为零级反应。

直接酯化为吸热反应，但热效应较小，为 4.18kJ/mol。因此，升高温度，反应速度略有增加。直接酯化亦有间歇法和连续法两种方法。工业生产多用连续法。

实现连续直接酯化需解决粉末状 TPA 与 EG(液)的均匀混合、定量连续加料、连续固液反应以及提高酯化反应速度、抑制副反应等问题。

(二) 连续式 PTA 路线

20 世纪 80 年代起，PTA 连续直接酯化和缩聚反应合成 PET 逐渐成为工业化生产聚酯的主流，至 2002 年，我国内地 90%聚酯产能采用 PTA 路线。国内连续运行的生产技术和装备来源于日本钟纺(5 釜流程)、德国吉玛(5 釜流程)、瑞士伊文达(4 釜流程)、美国杜邦(3 釜流程)等公司。

1. 吉玛工艺

吉玛工艺流程为 5 釜流程。EG/PTA 按摩尔比 1.138 加入打浆罐，同时计量加入催化剂 $Sb(OAc)_3$ 及酯化和缩聚过程回收精制后的 EG。配制好的浆料以螺杆泵连续计量送入第一酯化釜，在 0.11MPa、257℃和搅拌下进行酯化，酯化率达 93%。以压差送入第二酯化釜，在 0.1～0.105MPa、265℃和搅拌下继续进行酯化，酯化率达 97%左右。然后将酯化产物以压差送入预缩聚釜，在 0.025MPa、273℃下进行预缩聚；预缩聚物再送入缩聚釜，在 0.01MPa、278℃和搅拌下继续缩聚。缩聚产物经齿轮泵送入卧式终缩聚釜，在 100Pa、285℃下，搅拌进行到缩聚终点(通常聚合度 100 左右)。PET 熔体可直接纺丝或铸条冷却切粒。预缩聚采用水环泵抽真空，缩聚和终缩聚采用 EG 蒸气喷射泵抽真空。为防止排气系统被低聚物堵塞，各段 EG 喷淋中均采用自动刮板式冷凝器。

吉玛工艺的特点：

(1)选用单一催化剂 $Sb(OAc)_3$，因不加通常的酯化催化剂醋酸钴、醋酸锰等，故不需添加稳定剂来抑制其对产品产生的副反应。

(2)酯化升温慢，反应温度较低，停留时间较长，但操作稳定，产品中 DEG 含量较低，质量较好。

(3)采用了刮板冷凝器，解决了缩聚真空系统低聚物堵塞的难题。

(4)单系列生产能力达 250t/d，可满足大规模生产的要求。同时引入了柔性生产体系(FMS)，使大型化连续生产线具有适应多品种生产的灵活性。

2. 钟纺工艺

原料 PTA 与自缩聚工序回收的含水 EG 按 EG/PTA 低摩尔配比(1.07)加入打浆罐，在搅拌下进行打浆均匀混合。浆料以螺杆泵定量连续送入第一酯化釜，在 0.07MPa、268℃和搅拌下进行酯化。酯化过程生成的水随 EG 蒸出，经分馏塔分出水后，99%的 EG 回流釜内；分馏塔底的含水 EG 用泵、酯化产物以压差分别送入卧式第二酯化釜，并用泵加入催化剂 Sb_2O_3。第二酯化釜内分隔为四个反应区，各区保持一定的反应速度梯度，在常压、265℃和搅拌下进行酯化。同样，酯化过程生成的水随 EG 蒸出，经分馏塔分出水后，95%EG 回流釜内。最终酯化产物用泵经过滤器送至预缩聚釜，在 2.7kPa、274℃和搅拌下预缩聚。预缩聚产物（聚合度约 26）以压差送至缩聚釜；在 270Pa、274～276℃和搅拌下缩聚。缩聚产物（聚合度约 63）继续以压差送入终缩聚釜，在高真空（余压 67Pa）、276～280℃和搅拌下终缩聚，至达到反应终点（聚合度约 102）。聚酯产物的熔体用齿轮泵连续排出，再经过滤器后冷却切粒，所得产品聚酯切粒或熔体进行直接纺丝。各段缩聚生成的 EG 排出后经冷凝回收使用。

钟纺工艺的特点：

(1)PTA 采用高压密相气送，气速低，晶体破碎少，成浆性好，输送耗能较低。

(2)EG/PTA 浆料摩尔配比低，酯化过程反应体系中过量的 EG 少，可使产品 PET 中 DEG 含量保持在低水平，EG 单耗低。

(3)缩聚过程产生的 EG，可直接回收作为原料 EG 使用，省去了 EG 精制工序，降低了 EG 和能量消耗。

(4)生产过程采用计算机控制，自动化程度高，运转稳定，产品质量高。

钟纺工艺流程如图 9－3～图 9－8 所示。

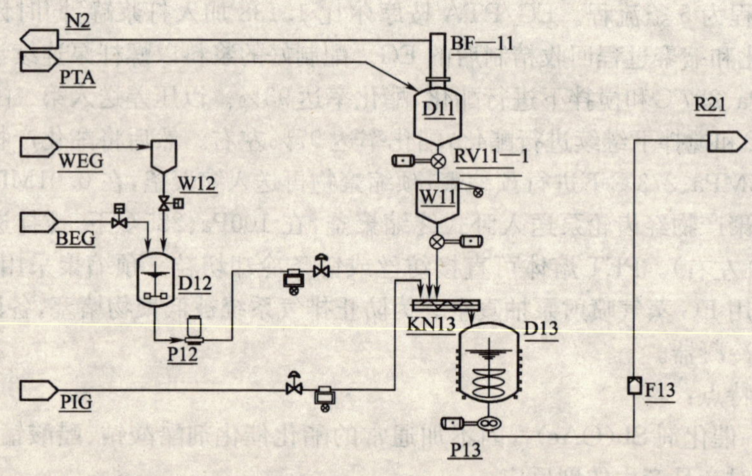

图 9－3　钟纺流程——浆料调配工序

3. 伊文达工艺

EG/PTA 按给定摩尔比(1.15±0.03)加入打浆罐，在搅拌下充分混合，打成浆液。浆液经齿轮泵定量加入第一酯化釜，在 255～265℃、0.18～0.22MPa 下进行酯化，酯化率达 85%。然后压入第二酯化釜，进行升温降压，在 265～275℃、0.05～0.1MPa 继续酯化达到酯化率为 98%。在所得酯化产物中，加入适量的消光剂 TiO_2、催化剂 Sb_2O_3 和稳定剂 $(CH_3O)_3PO$，然后经过滤器导入预缩聚釜，在系统逐步抽真空和升温的条件下，经预缩聚釜(270～275℃，6kPa)、

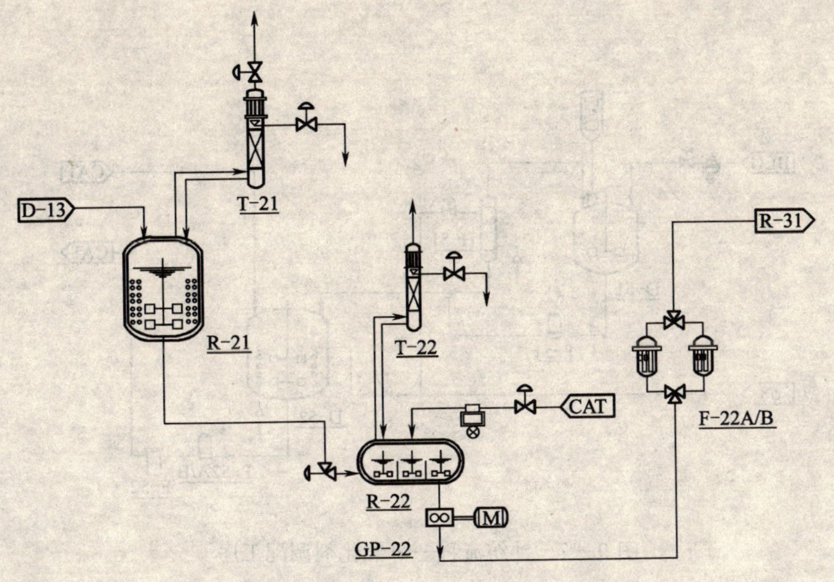

图 9－4　钟纺流程——酯化工序

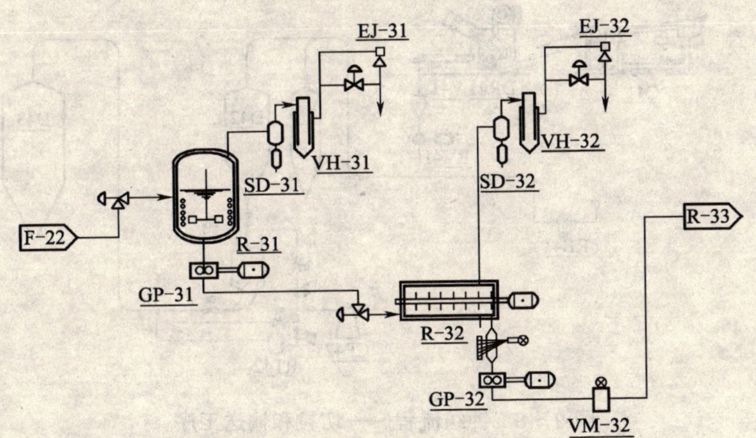

图 9－5　钟纺流程——预聚工序

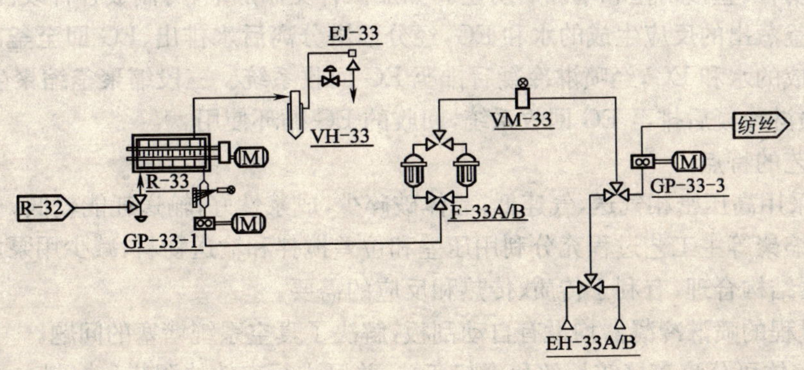

图 9－6　钟纺流程——终缩聚工序

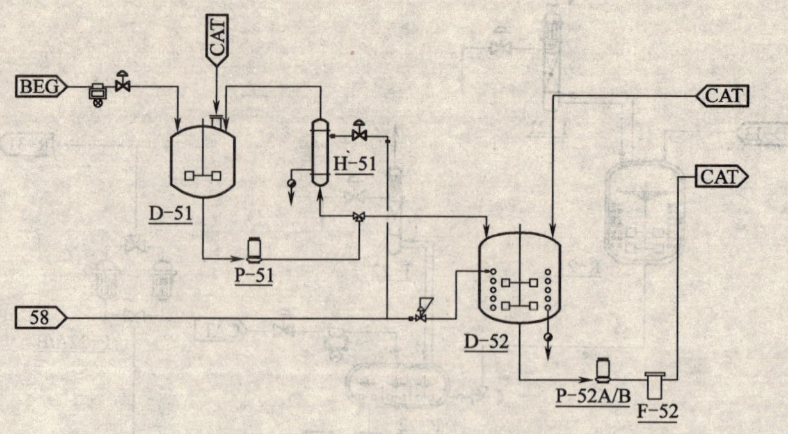

图 9－7　钟纺流程——催化剂调配工序

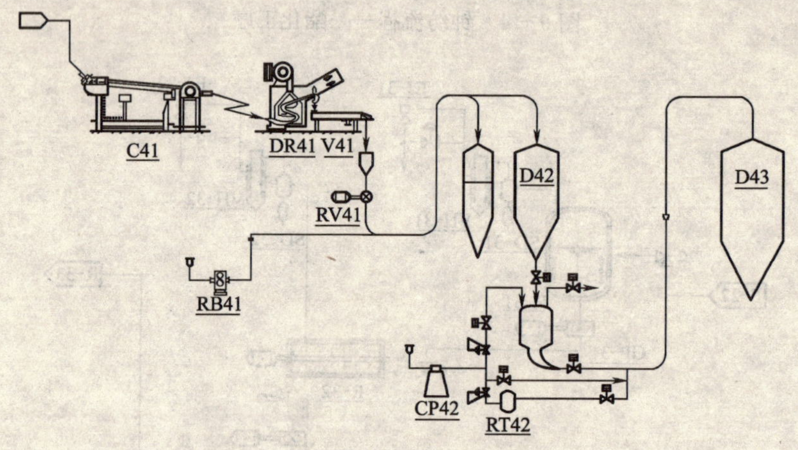

图 9－8　钟纺流程——切粒和输送工序

缩聚釜(275～285℃,0.6kPa)和终缩聚釜(285～295℃,50Pa)得到合格的 PET 熔体。熔体可分流用于铸条切粒、直接纺丝和增黏后纺丝。如加入各类添加剂,可制成各种改性 PET。

第一酯化釜蒸出的反应生成的水和 EG,经分馏塔分离后水排出、EG 回至釜内。第二酯化釜蒸出反应生成的水和 EG,经喷淋冷凝后排至 EG 回收系统。三段缩聚釜缩聚生成的 EG,抽真空排出,经喷淋冷凝后排至 EG 回收系统,回收的 EG 循环使用。

伊文达工艺的特点:

(1)PTA 采用高压密相气送,气速低,晶体破碎少,成浆性好,输送耗能较低。

(2)酯化、缩聚等主工艺过程充分利用压差和位差搅拌和输送物料,减少用泵,能耗低。

(3)反应器结构合理,有利于传质、传热和反应的需要。

(4)缩聚过程的喷淋冷凝器均设有自动刮板,解决了真空系统堵塞的问题。

(5)PET 熔体可分流直接纺长丝和冷却切粒,并可进行有效的调节和控制。

伊文达的聚酯工艺流程如图 9－9 所示。

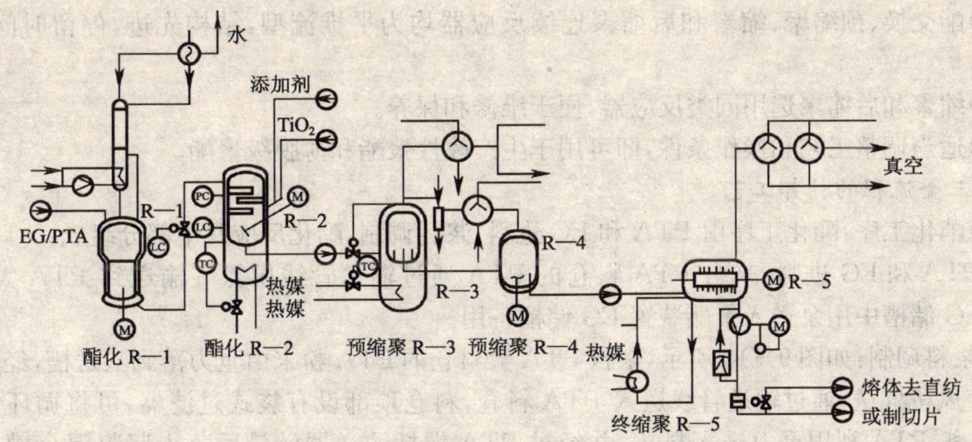

图 9－9　伊文达的聚酯工艺流程

4. 罗纳—普朗克工艺

原料 DMT(熔体)、EG－A[溶有酯交换催化剂 $Zn(OAc)_2$]和 EG－B(含新鲜 EG 和回收 EG),按 EG/DMT 摩尔比 1.9 定量连续通入酯交换反应器上部。反应器是有 20 块泡罩板的酯交换塔,塔顶部装有 10 块泡罩板的甲醇分馏塔,塔底部装有两台带有悬臂式搅拌的再沸器。酯交换反应在 225～230℃和常压下进行,生成的甲醇夹带着 EG 蒸气,经分馏塔分离,EG 回流、甲醇由塔顶(64～66℃)馏出;酯交换产物 BHET,由再沸器底部抽出,添加缩聚催化剂 Sb_2O_3、稳定剂 H_3PO_3 和消光剂 TiO_2 后送入脱 EG 塔中。脱 EG 塔为空塔,塔侧装有再沸器,物料以泵循环,在 228℃、26.7kPa 下脱去 EG,进一步完成酯交换反应。脱出的 EG 经长颈空塔分离夹带物后,从塔顶逸出冷凝后,精制回收再用;脱 EG 后的 BHET 由塔底抽出送入预缩聚塔(CPC 塔)。CPC 塔内装有 12 块特殊结构的塔板,每块塔板上均装有热载体蛇管加热,以保持预缩聚反应温度;塔顶装有 EG 分离塔,以分离 EG 中夹带的预聚物。预缩聚反应是在 234～285℃(各部温度不同)、12～16.7kPa 下进行的,反应脱出的 EG 由塔顶逸出,预缩聚物(聚合度 25～30)由塔底抽出,经中间罐分线送入缩聚反应器。

缩聚线由缩聚和后缩聚两台串联卧式釜组成,釜内装有鼠笼式搅拌器,釜外夹套通热载体加热。两釜结构完全相同,但控制的工艺条件不同:缩聚釜温度 285℃,压力 0.67kPa;后缩聚釜温度 285℃,压力 0.3～0.4kPa。后缩聚釜产物 PET 熔体,在高真空下由齿轮泵抽出,经在线黏度控制分析后送铸条、水冷、切粒和包装。

缩聚反应生成的 EG 在真空下抽出,夹带的低聚物分离后收集于储罐中;EG 蒸气经 EG 喷淋冷凝器冷却后,排空不凝气体;冷却的 EG 经过滤净化后再循环喷淋,多余部分(EG－T)送精制处理。送精制处理的 EG－T 经拔顶塔蒸出轻组分甲醇 G(含甲醇、水等),拔顶后的粗 EG 再减压精馏得再生 EG,汇流进入 EG－B 系统。酯交换塔馏出的甲醇和甲醇 G 也用精馏方法精制后送 DMT 装置使用。

罗纳—普朗克工艺与同类工艺相比具有如下明显的特点:

(1)选用 $Mn(OAc)_2－Sb_2O_3－H_3PO_3$ 催化稳定体系,组分少,用量少,并具有较高活性,产品质量较好。

(2)酯交换、预缩聚、缩聚和后缩聚连续反应器均为平推流型,结构先进,停留时间短,效率高。

(3)缩聚和后缩聚选用同类反应器,便于维修和保养。

(4)适当调整工艺和操作条件,即可用于生产改性聚酯和薄膜级聚酯。

5. 三釜流程的杜邦工艺

(1)酯化工序:酯化工序由PTA和EG进料、浆料调制、酯化反应几个部分组成。

①PTA和EG进料:来自PTA料仓的PTA通过输送管线用氮气输送到PTA大料仓。EG从EG储槽中用泵送入聚酯装置EG储槽备用。

②浆料调制:如图9-10所示,来自PTA大料仓的PTA粉末由重力落到吹送槽,经回转阀由PTA风机气送,通过输送管线送入PTA料仓,料仓顶部设有袋式过滤器,可将循环气体与PTA分离,PTA利用重力进入料斗,并经过PTA螺杆输送器计量后落入浆料混合槽。来自EG储槽的原料EG用EG供应泵送至EG供给槽,然后用EG供应泵经EG流量计计量后送入浆料混合槽。通过浆料混合槽至浆料供应槽供应管线上的流量计来控制浆料密度。浆料在浆料混合槽内混合并送入浆料供应槽。

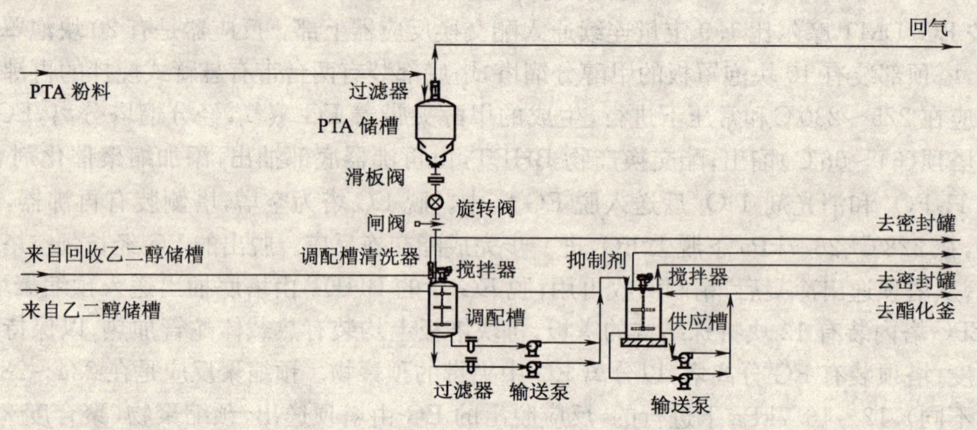

图9-10 浆料调制系统示意图

③酯化:如图9-11所示,酯化反应设备主要由一气相热媒加热的列管式换热器和一酯化蒸发器组成。浆料供应槽内的PTA/EG浆料,由浆料供应泵输送到浆料注射喷嘴,浆料自下而上进入酯化热交换器,达到规定的反应温度。与酯化热交换器相连的酯化蒸发器内的液位保持在通道口以下,使蒸发器上部形成足够的蒸发空间,以分离水和部分EG,下部通过各自的齐聚物泵将齐聚物经过齐聚物过滤器后送入缩聚工序,酯化蒸发器内的大部分齐聚物返回到酯化热交换器,形成物料的自循环,从而改善PTA在EG中的混合特性。酯化反应的水分、夹带的EG以及少量的低沸物经酯化蒸发器空间进行气液分离,气相部分进入酯化分离塔,塔顶上部冷凝下来的水及低沸物进入回流水槽,回流水槽保持一定的液位,多余部分直接排入废水池。分离塔底部的EG和少量的齐聚物进入酯化热井,经过滤后重新进入塔内,其余则返回EG供给槽,循环使用。

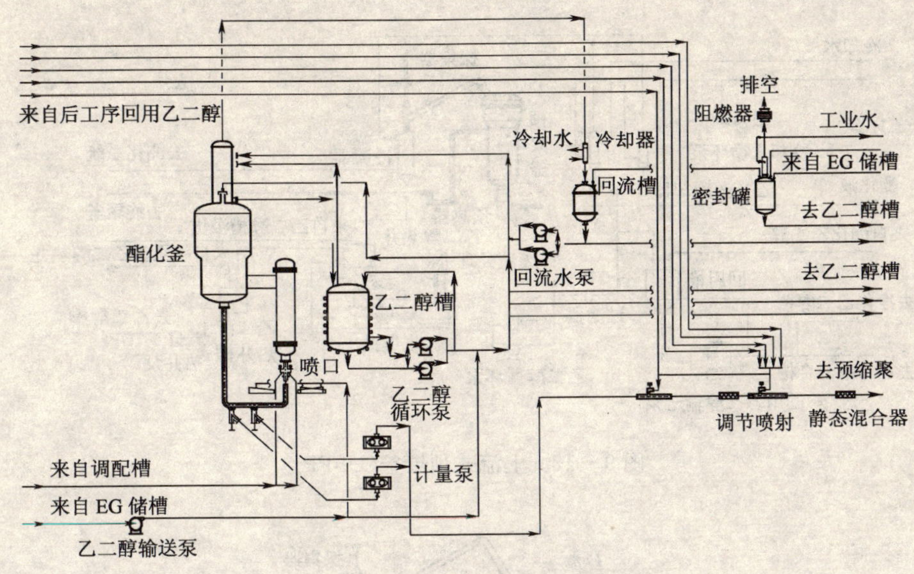

图 9－11 PTA 酯化示意图

(2)调制添加剂：

①调制催化剂(乙二醇锑)和热稳定剂(磷酸三甲酯)：先向催化剂调制槽内加入规定量的EG,然后称量乙二醇锑,并从加料口倒入槽内,经搅拌、混合、加热器加热溶解,然后经过滤器过滤,送入催化剂供应槽备用。将磷酸三甲酯与乙二醇锑一起加入催化剂调制槽内进行调制。

②调制消光剂(TiO_2)：先向 TiO_2 调制槽内加入规定量的 EG,然后将规定的 TiO_2 从加料口倒入调制槽内,经搅拌,送入第一台研磨机进行研磨分散,再通过中间槽,使用第二台研磨机进行研磨分散,两次研磨取样分析合格后,送入稀释槽,加 EG 稀释到规定浓度,然后送至滞留槽,最后经过滤器过滤后送至 TiO_2 供应槽备用。

桶装的 DEG 抽入 DEG 供应槽备用。

③注入添加剂：从上述三个供应槽送出的添加剂分别经过泵和流量计计量,最后汇集至一根管线,经添加剂喷嘴注入齐聚物管线,进入缩聚系统。

(3)聚合：该工序主要由一上流式预聚釜(UFPP)(图 9－12)和一终聚釜(FIN)(图 9－13)组成。另配有一套真空系统,备有四级蒸汽喷射泵,反应釜各备有 EG 喷淋系统。UFPP 呈立式,内有 16 块塔板,底部进口设有预热器,本体用导生夹套加热。来自齐聚物泵的物料经齐聚物过滤器从 UFPP 底部进入,在塔板上进行预热传递和化学反应,在第 16 块塔板上有一个出口,预聚物在这一出口从 UFPP 流向密封管线到终聚釜。在 UFPP 中,物料得到期望的停留和聚合度。

终聚釜是卧式鼠笼式搅拌器,外设气相导生夹套加热,该釜内的鼠笼式网片排列由密渐稀,使熔体表面迅速脱出 EG 和水。反应速度受 EG 和水扩散率控制。终聚釜的熔体用齿轮泵直接送入熔体管道,一部分直接去切粒,另一部分由增压泵送纺丝进行直接纺(图 9－14)。缩聚过程由四级蒸汽喷射泵抽真空,反应产生的 EG 经气相管线抽出,在喷淋冷凝器中冷凝,一部分用于 EG 循环系统,另一部分最终返回 EG 供应槽而循环使用,不凝性气体被真空泵抽出。终聚釜的搅拌器和齿轮泵均采用变速驱动装置调节转速,在熔体出口管线上设有在线黏度计,随

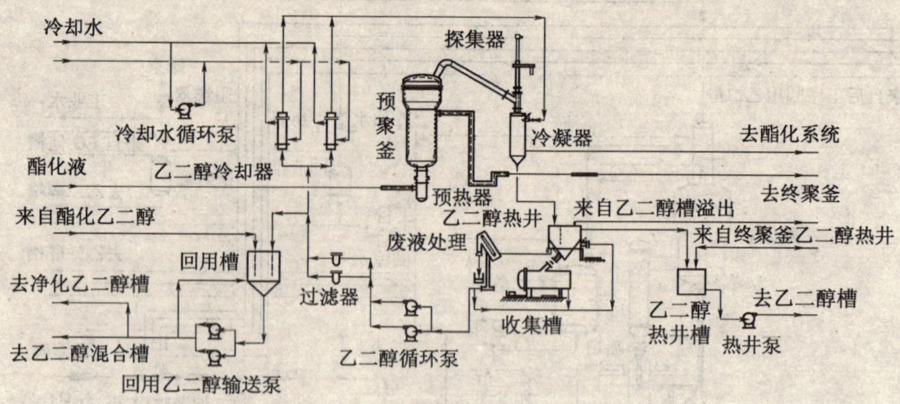

图 9－12 上流式预聚釜(UFPP)

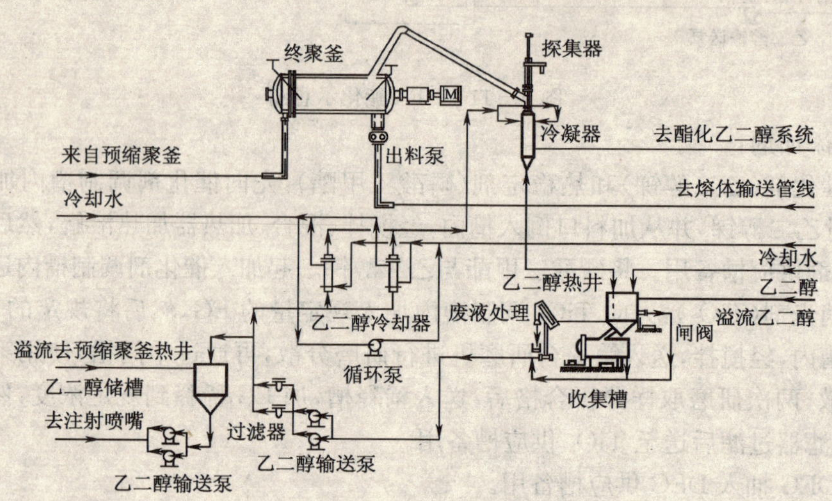

图 9－13 终聚釜(FIN)

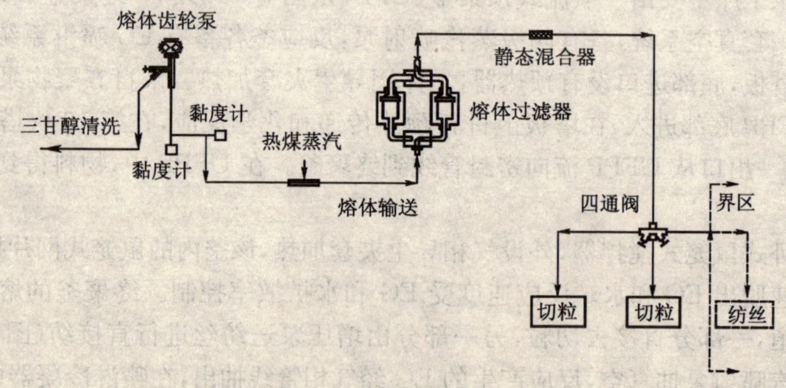

图 9－14 熔体过滤和输送系统

时监测产品黏度、控制终聚釜反应器的真空度，以保证熔体黏度的稳定。

在过去50多年的时间里，杜邦的工艺和专有设备在不断发展和更新，以便改进聚合物的特性并使操作效率最大化。其结果是建成的聚酯装置可以三年甚至更长时间不停车。杜邦合理的尽可能少的使用泵、电动机或搅拌器以及安装在线的备用单元，这些备用单元可在瞬时代替那些发生故障的设备，以消除机械故障。下面列出了几项表明杜邦技术优势的例子。

连续聚合(CP)工艺专有的TPA酯化系统的设计为聚合系统提供了高质量的齐聚物。反应器使用自然循环代替机械搅拌，因此减少了维护。在反应器中，较短的停留时间减少了色泽的变化和其他副反应，如DEG的形成。

工艺的所有变化和最终聚合物的特性都是由仪表控制的。杜邦的专利设计——在线黏度计(TOV)，是用于检测和控制从连续聚合釜出来的聚合物在熔体输送管线中的黏度(和聚合度)的。来自TOV信号的反馈控制可以调整终聚釜的压力，以保持对聚合物黏度的准确控制。

酯化釜和上流式预聚釜没有机械搅拌。因此减少了可能导致质量问题或工艺停车的机械故障。第二个釜(终聚釜)是特殊设计的，HTF加热的卧式柱形容器。与终聚釜等长的鼠笼式搅拌器是专利设计，它可以增加聚合物的表面积。此釜在高真空下操作，并可带走多余的EG，因此增加了聚合物的黏度。整个聚合系统的特殊设计消除了死角和冷点，可以确保没有聚合物降解发生。比如，专门的鼠笼式终聚釜的搅拌器没有中心轴(如果有中心轴，聚合物会粘在上面)，并且终聚釜的内部表面连续不断刮拭，使新鲜的聚合物与釜壁上的聚合物互相交换，阻止任何聚合物粘留在釜壁上。

持久的连续操作增加了生产能力并减少了维护费用。正常的操作寿命超过24个月，还有一些生产线经常超过48个月不停车。在停车期间，采用TEG化学清洗系统清洗反应釜。因为几乎不需要机械清洗和开釜清洗，所以停车时间很短。

不需要进一步纯化，就可重新利用工艺上废的EG，这样减少了EG消耗，因此降低了操作成本和用于EG精制的花费。

整个杜邦的连续聚合工艺有较低的停留时间(少于4h)，这使产品品种(色泽和熔体)转换较快发生。较短的停留时间减少了不需要的副反应和聚合物降解反应的发生。

取消熔体造粒，然后再熔融螺杆纺丝工艺生产步骤，把聚合与纺丝直接相连，减少了投资和操作成本。相连的连续聚合和纺丝工艺也提高了输送到纺丝机中熔体的均匀性。

二、主要反应

(一)酯化反应

1. 主反应

酯化反应的主反应方程式为：

$$HOOC-C_6H_4-COOH+HOCH_2CH_2OH \longrightarrow HOOC-C_6H_4-COOCH_2CH_2OH+H_2O$$

$$HOOC-C_6H_4-COOCH_2CH_2OH+HOCH_2CH_2OH \longrightarrow$$

$$HOCH_2CH_2OOC-C_6H_4-COOCH_2CH_2OH+H_2O$$

$$HOOC-\bigcirc-COOH+HOCH_2CH_2OOC-\bigcirc-COOCH_2CH_2OH \longrightarrow$$

$$HO(CH_2CH_2COO-\bigcirc-COO)_2H+H_2O$$

$$HO\left(CH_2CH_2COO-\bigcirc-COO\right)_2H+HOCH_2CH_2OOC-\bigcirc-COOH \longrightarrow$$

$$HO\left(CH_2CH_2COO-\bigcirc-COO\right)_3H+H_2O$$

$$HO\left(CH_2CH_2COO-\bigcirc-COO\right)_3H+HOCH_2CH_2OOC-\bigcirc-COOH \longrightarrow$$

$$HO\left(CH_2CH_2COO-\bigcirc-COO\right)_4H+H_2O$$

2. 副反应

酯化反应的主副反应方程式有以下几类。

(1)降低酯化反应速度的副反应:

①水解反应:

$$HO\left(CH_2CH_2COO-\bigcirc-COO\right)_4H+H_2O \longrightarrow HO\left(CH_2CH_2COO-\bigcirc-COO\right)_2H$$

②醇解反应:

$$HO\left(CH_2CH_2COO-\bigcirc-COO\right)_4H+HOCH_2CH_2OH \longrightarrow$$

$$HO\left(CH_2CH_2COO-\bigcirc-COO\right)_2CH_2CH_2OH+HO\left(CH_2CH_2COO-\bigcirc-COO\right)_2H$$

(2)影响产品质量和增加原料消耗的副反应:

$$HOCH_2CH_2OH+HOCH_2CH_2OH \longrightarrow HOCH_2CH_2OCH_2CH_2OH+H_2O$$

$$HOCH_2CH_2OH \longrightarrow CH_3CHO+H_2O$$

(二)缩聚反应

在缩聚工序,缩聚反应是在三价锑(为主要缩聚催化剂)存在下,于高温和高真空条件下进行的。实际上,前道酯化工序中也伴有链增长的聚合过程,酯化与缩聚交接处中间产品的聚合度为 5.1、酯化率为 96%~97%。同样,在缩聚反应使产品聚合度上升到 100 左右的过程中,也存在着从 97%到接近 100%的酯化反应,其主要反应方程如下:

$$HO\left(CH_2CH_2COO-\bigcirc-COO\right)_jCH_2CH_2OH+HO\left(CH_2CH_2COO-\bigcirc-COO\right)_kCH_2CH_2OH \longleftrightarrow$$

$$HO\left(CH_2CH_2COO-\bigcirc-COO\right)_nCH_2CH_2OH+\left(\frac{n}{j+k}-1\right)HOCH_2CH_2OH$$

式中:j、k——分别为各级缩聚链节数;

n——缩聚全过程完成产品(缩聚物)的分子数,即链节数,本工艺设计为 102。

缩聚反应是以分子中链节增长为主的过程,分子间的缩合过程会释放出小分子 EG,其中有些 EG 又在反应物料体系中参与酯化反应，而绝大部分反应生成 EG 需要高真空及时脱除挥发物，以利于缩聚过程的进一步进行。

缩聚过程中，随着产品聚合度的增高，其反应条件——即温度和真空度的要求也要随之增高，故本工序的第一、第二、第三缩聚器的生产条件是逐步递增的。

三、主要设备

聚酯装置的主要设备，包括间歇酯化（酯交换）反应器、缩聚反应器和连续酯化、酯交换反应器、缩聚反应器以及相应的配套设备。因为 BHET 的缩聚反应分为常压、低真空和高真空三个反应阶段，所以通常的连续缩聚反应分别在预缩聚、缩聚和后缩聚（终缩聚）三个不同工艺条件和不同设备结构的反应器中进行的。

（一）间歇酯化（酯交换）反应器

比较酯化和酯交换工艺条件可知，酯化反应温度和压力均高于酯交换反应，所用反应器则可两者兼用，因此除安全要求及条件按酯交换反应器外，其他应以酯化工艺为基础条件进行设计。

PTA/EG 的酯化温度为 210～240℃，相应压力为 0.2～0.4MPa，EG/PTA 的摩尔比通常为 1.3～1.8；而且反应器必须适应 PTA/EG 悬浮体系分散和传质的需要。

在 DMT/EG 酯交换反应中，由于有甲醇产生，按安全规定，反应器系统的电动机和自控仪表，应采用防爆型。

酯化/酯交换反应器的结构如图9－15 所示。它的特点是：

(1)为使反应器有一个足够的分离空间并避免冲料，通常加料系数控制在 1/3～1/2。

(2)为使物料在较短时间内升至反应温度，釜外和釜内必须有足够的加热面。可采用釜外伴管和釜内盘管，通液相热载体加热，并使热载体保持一定的流速，以利于传热。

(3)釜内通用浆式搅拌器，桨叶斜角约 45°，转速在 130～150r/min；为防止酯化浆料的沉积，必须保持较高的搅拌转数并选用相应的搅拌形式。

(4)为耐 PTA 酸性腐蚀，又考虑到超低碳含钼镍铬钢中钼对酯化反应的不利影响，材质以选用 Cr18Ni9Ti 为宜；为避免釜内表面的物料结垢，需进行表面抛光加工。

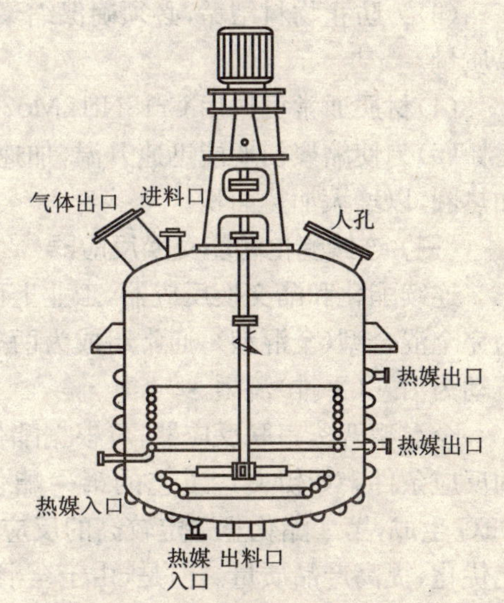

图 9－15　酯化/酯交换反应器的结构示意图

(5)为适应酯化/酯交换反应中排出和夹带物分离（EG—H_2O、EG—MA—H_2O）的需要，釜顶应装有分馏塔。

（二）间歇缩聚反应器

单体（BHET）的缩聚反应是在高温（275～285℃）和高真空（<133Pa）下进行的，反应热仅-

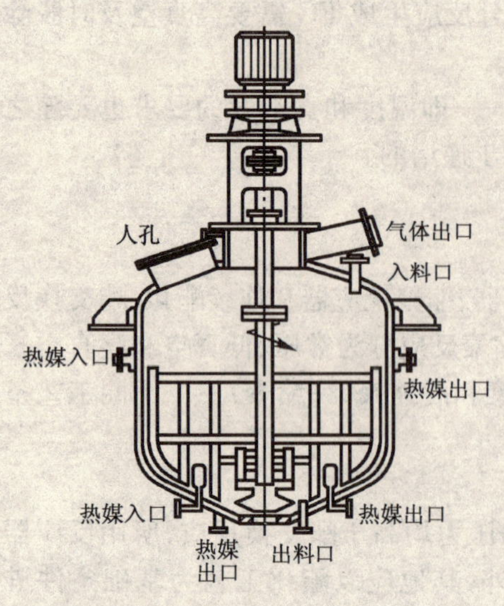

图 9－16　缩聚反应器的结构示意图

8kJ/mol，物料在缩聚过程中逐步增黏，产物（PET、PBT）为黏稠熔体。缩聚反应器的结构如图9－16 所示。它的特点是：

（1）缩聚反应由常压经低真空过渡到高真空过程，为防止冲料和过早形成高真空而夹带物料，缩聚反应器应有足够的分离空间，通常加料在 1/3 左右。同时，为加大蒸发面，釜通常选用低长径比。

（2）为加速缩聚过程生成的 EG 气体及时从熔体中逸出，必须设计适于高黏度熔体径向、轴向两向流动的特种搅拌结构；在大直径锚式加螺旋片的搅拌器中，叶片与轴间平面有一翻转夹角，并采用便于安装检修的可拆连接。为防止高黏度物料黏壁而导致降解，应尽量减小搅拌结构与釜体的间距，无搅拌死区。以使高黏物料表面不断更新，且为了适应缩聚过程各阶段物料黏度变化并防止反应后期高黏熔体搅拌摩擦发热而使高聚物降解，通常选用双速或变速可调搅拌器，在高真空阶段后期转入低速搅拌。为保证釜内高真空，搅拌采用双端面机械轴封。

（3）为防止物料结垢，必须确保缩聚釜内表面光洁，加工中需进行表面抛光处理，以保证产品质量。

（4）材质通常可选用 Cr18Ni12Mo2Ti 等含钼不锈钢。

（5）为使缩聚初期能迅速升温，加速反应，缩短反应周期，除夹套加热外，釜内通常设有环形加热圈，以增大加热面积。

（三）连续酯化和酯交换反应器

连续酯化和酯交换反应器，工业上可分为釜式和塔式两种。釜式内装搅拌机构，物料流动为完全混合型（全混型），通常组成为两釜串联系列；塔式多为单塔，塔内用板隔成多层，使物料流动为活塞（平推）流型。

全混型两釜串联反应器，可根据酯化和酯交换过程前后阶段的不同要求，选定第一、第二釜的反应条件。如伊文达工艺的第一酯化釜选定较低的反应温度（258℃），可有效地控制初期 DEG 生成，第二酯化釜选定较高的反应温度（272℃），有利于加速后期酯化反应速度，从而使工艺优化，提高产品质量。但是，由于全混型酯化釜停留时间分布宽，通常有 1/2 以上的物料达不到平均停留时间就离开了反应器。因此，在相同条件下，同样容积所达到的最终转化率必然小于活塞流型反应器。为提高全混型酯化釜的最终转化率，可在釜中加导流环。塔式连续反应器的优点是使物料流动接近理想活塞流，返混很少；但设备结构较釜式复杂，造价偏高，工艺条件控制严格。由于两类连续反应器各具特点，所以处于并存局面。

1. 釜式连续酯化反应器

（1）第一酯化釜：酯化过程前期，为使物料升温和反应，需要较大的传热量。因此反应器的设计必须考虑有尽可能大的传热面，物料与热载体间应有相应的温差。伊文达工艺的第一酯化釜，为加大传热面和强化传热，除加热夹套外，中部还有列管式固定管板加热器，底部配悬臂式螺旋桨搅拌器，并加传导滚筒强制物料循环，以强化传热和传质，有效地控制反应进行。

(2)第二酯化釜：第二酯化釜是在酯化反应后期，为使反应生成的 H_2O 和过量的 EG 从反应体系中及时蒸出，需强化加热系统并应有足够的蒸发面积和停留时间。伊文达工艺的第二酯化釜为立式，上部装有三块带加热装置的折流板，以增加 EG 的蒸发面积和停留时间，并可保持釜内稳定的酯化梯度。

钟纺工艺的第二酯化釜为卧式，为使物料接近活塞流型，以保持稳定的酯化率梯度，釜内装两三块隔板，分为三四个反应室，各室均配有桨式搅拌器，物料经过堰板溢流而过。卧式反应器蒸发面较大，有利于反应进行和酯化率的提高。

2. 连续缩聚反应器

通常可根据单体 BHET 缩聚过程中产物的聚合度(DP)划分预缩聚(DP＝20～25)、缩聚(DP＝50～55)和后缩聚(DP＝100～105)三个阶段。在缩聚过程中，有效地排出生成的 EG，能促进反应进行。随着真空度和温度的逐步提高，缩聚产物聚合度逐步增加，体系逐步增黏。反应器结构，应根据物料性质、工艺过程传质传热和反应条件的要求设计。

(1)预缩聚反应器：预缩聚反应器通常为立式釜和塔。上部装有分离塔(柱)或捕集器，以防止物料由酯化(酯交换)反应器进入预缩聚反应器时，由于减压闪蒸逸出的蒸气夹带低聚物；中下部装有加热器(管)，以适应缩聚反应的工艺需要。

罗纳—普朗克工艺为连续预缩聚塔(CPC)结构，塔内装有 12 层螺旋状流道塔板，流道内由两根热油盘管加热。进料 BHET 由塔最上的第一块板(奇数板)中心沿螺旋流道由内向外流，至最外层流道的板孔流下；第二块板(偶数板)再从外层沿螺旋流道流向中心孔下到第三层……相邻的奇、偶两块板构成一个塔节，奇数板由中心流向外层，偶数板再由外层流向中心。由于每层螺旋内都有加热油管，可根据反应进程有效地控制反应温度。液体物料自上流下至塔底；缩聚过程生成的 EG 蒸气则由下而上，经顶部的分馏塔分离 EG 蒸气中的夹带物后放出。

预缩聚产物最终流至塔底储存段，储存段塔径应缩小，以保持一定的液位，使产物稳定地流出。

(2)缩聚和后(终)缩聚反应器：缩聚和后缩聚反应器多为卧式釜。由于物料黏度提高，阻碍了 EG 的快速逸出，延缓了反应的进行。因此缩聚(特别是后缩聚)反应器除考虑能使物料保持活塞流动外，必须注意以下三点：

①为加速反应，应力求使物料表面加大、减薄并尽快更新。

②使缩聚反应生成的 EG 能尽快逸出。

③釜内不能存在死区，以避免物料进入死区产生降解，造成产品 PET 质量下降。

为此，后缩聚的搅拌器，通常采用(圆)盘式和(鼠)笼式两大类，以使聚酯熔体保持稳定的活塞流动。两类搅拌器的结构如图 9－17 所示。盘式搅拌器可产生较大的熔体表面，但形成的膜层较厚，因而停留时间较长；笼式搅拌器熔体膜层较薄，有利于 EG 逸出，使缩聚反应加速，停留时间较短，且

图 9－17　终聚合釜搅拌器结构示意图

笼式搅拌器相对重量较轻，又没有中轴，不会出现熔体落在轴上产生黏附的问题。故两者比较以笼式为优。

还有一类轴端双驱动反应器，其反应器两轴端各自分别装有驱动电动机，轴中断开并带有内支撑架。釜近口端电动机转速快，而出口端电动机转速较低，可进一步适应物料（PET 熔体）在缩聚过程中的状态变化。

（四）工艺与聚对苯二甲酸乙二酯质量的关系

PET 分子链的结构具有高度立体规整性，所有芳香环几乎在一个平面上，因此具有紧密敛集的能力和结晶倾向。

无定形 PET 为无色透明固体，密度为 1.335g/cm^3。完全结晶的聚合物为乳白色固体，密度为 1.455g/cm^3。PET 纤维为部分结晶，其密度为 1.38～1.40g/cm^3。

PET 大分子中各链节通过酯基相连，其许多化学性质与酯键有关，如在高温和水存在下，或在强碱介质中容易发生酯键的水解，使分子链断裂，聚合度下降。故 PET 纺丝时，必须严格控制水分含量。

在酯交换或缩聚过程中，副反应生成的羰基化合物、环状低聚物、二甘醇（DEG）等，可破坏大分子的规整性而降低大分子间的敛集能力，使 PET 熔点下降，纺丝加工困难并使成品纤维的物理机械性能变坏。纺丝盘或拉伸盘上析出的白色粉末，含有部分环状低聚物。

纤维用 PET 树脂的相对分子质量通常在 15000～22000。PET 的相对分子质量直接影响其纺丝性能及纤维的物理—机械性能。相对分子质量低，则熔体黏度下降，纺丝易断头，纤维亦经不起较高倍数的拉伸，所得成品断裂强力下降，断裂伸长率上升，耐热性、耐光性、耐化学稳定性差。当相对分子质量小于 1 万时，几乎不具有可纺性。

通常用溶液法测定 PET 的特性黏度，并通过式$[\eta]=KMa$ 求出相对分子质量。故一般 PET 树脂的相对分子质量可用特性黏度$[\eta]$来表征，上式中的 K 和 a 均为系数，纤维级 PET 树脂的特性黏度通常为 0.62～0.68dL/g。

缩聚反应制得的 PET 树脂是从低相对分子质量到高相对分子质量的分子集合体，因此，各种方法所测定的相对分子质量仅具有平均统计意义，对于每种 PET 切片，均存在相对分子质量分布问题。

相对分子质量分布对 PET 纺丝加工性能及成品纤维的结构、性能影响较大。相对分子质量低的组分含较高的 PET，纺丝时易产生断头、毛丝和疵点，且经不起拉伸。所得纤维产品强度低、延伸度高、弹性回复率低，在电子显微镜下可见纤维表面有许多不规则的裂纹。

纯 PET 的熔点为 267℃，工业生产的 PET 熔点略低，一般在 255～264℃，这主要是由于在酯交换（酯化）或缩聚反应过程中副反应产生 DEG，致使 PET 分子中含有醚键，破坏了分子结构的规整性，降低了分子间作用力，并增加了大分子柔性的缘故。

熔点是聚酯切片的一项重要指标。切片熔点波动较大，熔融纺丝温度亦需做适当调整，但熔点对成型过程的影响不如特性黏度的影响大。

聚合物熔体纺丝时，在一定压力下被压出喷丝孔，成为熔体细流并冷却成型。熔体黏度是熔体流变性能的表征，与纺丝成型密切相关。

熔体黏度与切变速率有关，与相对分子质量有关。相对分子质量低于 20000 的 PET 树脂，其熔体黏度与温度间呈明显的线性关系，相对分子质量超过 20000 时，则呈非线性关系。

温度、压力、聚合度和切变速率等因素影响熔体的黏度。随着温度的提高，熔体黏度依指数函数关系降低。随着PET相对分子质量的增大，在相同温度下，熔体的黏度增大；在不同温度下，熔体温度每增减10℃，约相当PET特性黏度增减0.05dL/g，这对生产控制颇有现实意义。在纺丝成型时，如聚合度发生波动，可用调整熔体温度的办法，使熔体黏度保持恒定。

（五）聚酯切片的质量指标

PET切片的质量对纺丝、拉伸工艺和纤维质量有重大影响。切片的相对分子质量及其分布、熔点、灰分、DEG含量、羧基及粉尘含量等因素直接影响PET熔体的流变性、均匀性和细流强度。

对PET切片质量的要求，随纤维品种、纺丝方法和设备而异。通常生产长丝，特别是高速纺长丝，要求切片杂质含量少，熔体均匀性高。表9－13和表9－14分别为纤维级PET切片的主要质量指标。

表9－13　5釜流程聚酯装置生产纤维级PET切片的主要质量指标

（GB/T 14189—1993国家标准及Q/SH 012·04·06—1998企业标准）

指标项目	优等品	一等品	合格品	试验方法
特性黏度/dL·g^{-1}	M_1±0.012	M_1±0.015	M_1±0.025	GB/T 14190—1993
软化点/℃,≥	259	258	256	
羧基含量/mol·t^{-1},≤	30	35	40	
色度(*b*值)	M_2±2	M_2±3	M_2±4	
凝集粒子(≥10μm)/个·mg^{-1},≤	1.0	3.0	6.0	
含水率/%,≤	0.4	0.4	0.5	
异状切片和粉末含量/%,≤	0.4	0.5	0.6	
二氧化钛含量/%	M_3±0.05	M_3±0.05	M_3±0.06	
含灰量/%,≤	0.07	0.07	0.08	
含铁量/%,≤	0.0004	0.0006	0.0008	
二甘醇含量/%,≤	1.2	1.3	1.5	

注　1. 中心值M_1和M_3由企业自行确定后不得任意变更。

2. 中心值M_2（片状值）在≤8范围内由企业自行确定后不得任意变更。

3. M_1、M_2、M_3须报上级主管部门备案。

表9－14　3釜聚酯装置生产纤维级PET切片的主要质量指标

（Q/SH 012·04·06—1998企业标准）

指标项目	优等品	一等品	合格品	试验方法
特性黏度/dL·g^{-1}	M_1±0.012	M_1±0.015	M_1±0.025	GB/T 14190—1993
熔点/℃,≥	258	256	254	Q/SH 012·4·6—1998
羧基含量/mol·t^{-1},≤	30	35	40	GB/T 14190—1993
色度(*b*值)	M_2±1.5	M_2±3	M_2±4	GB/T 14190—1993

续表

指标项目	优等品	一等品	合格品	试验方法
凝聚粒子 5～10μm/个·mg^{-1},≤ ≥10μm/个·μg^{-1},≤	 1.0 0.4	 1.6 1.0	 2.0 1.4	Q/SH012·04·06—1998
含水率/%,≤	0.4	0.4	0.5	GB/T 14190—1993
异状切片和粉末含量/%,≤	0.4	0.5	0.6	GB/T 14190—1993
二氧化钛含量/%	M_3±0.03	M_3±0.05	M_3±0.06	Q/SH 012·04·06—1998
含灰量/%,≤	0.07	0.07	0.08	GB/T 14190—1993
含铁量/%,≤	0.0004	0.0006	0.0008	GB/T 14190—1993
二甘醇含量/%,≤	M_4±0.2	M_4±0.2	M_4±0.3	Q/SH 012·04·06－1998

注 1. 中心值 M_1 和 M_3 由企业自行确定后不得任意变更。

2. 中心值 M_2(片状值)在≤8 范围内由企业自行确定后不得任意变更。

3. M_1、M_2、M_3 须报上级主管部门备案。

4. 中心值 M_4 在≤1.5 范围内,根据市场需求选定。

5. 表中二氧化钛含量对有光聚酯切片的考核由供需双方确定。

切片质量指标是保证纺丝、拉伸等加工性能及成品纤维物理机械性能所必需的。切片中的凝聚粒子对纺丝、纤维后加工等过程及成品纤维质量影响甚大。纺丝时,凝聚粒子沉积于熔体过滤器的滤网或喷丝头组件的滤层,阻碍熔体通过,缩短滤网或喷丝头组件的更换周期;或因熔体过滤反压太大而击穿滤网;此外,保留在纤维中的凝聚粒子,会造成纤维节瘤,使纤维拉伸断头或拉伸不匀,从而降低成品纤维的品质。

第四节 纤维生产工艺

一、聚酯熔体和输送

(一)聚酯切片的干燥

1. 切片干燥的目的

(1)除去水分:湿切片中含水率为 0.4%～0.5%,干燥后下降至 0.01%(常规纺)或 0.003%～0.005%(高速纺)。切片中水分对纺丝的不良影响有:

①在纺丝温度下,水的存在使 PET 大分子的酯键水解,聚合度下降,纺丝发生困难,成品纤维品质下降;

②少量水分汽化,往往造成纺丝断头,使生产难以正常进行,并使成品纤维质量下降。

(2)提高切片含水的均匀性:通过在相同条件下的干燥过程,使切片中的微量水分更为均匀,以保证纤维质量均匀。

(3)提高结晶度及软化点:聚合物熔体的挤出铸带,是在水中急剧冷却的,所得 PET 切片基本为无定形结构,软化点较低,70～80℃开始变软和粘连。如不提高其结晶度,进入纺丝螺杆挤出机后便软化粘连,造成环结阻料。干燥初期,切片受热结晶,结晶度提高至 25%～30%,切片变得坚硬，软化点提高至210℃以上，且熔程狭窄，熔体质量均匀，不易发生环结阻料。干燥初期升高温度使切片结晶度提高的过程称为预结晶。

2. 切片干燥机理

(1)切片中的水分：PET大分子缺少亲水性基团，吸湿能力差，通常湿切片含水率<0.5%，其水分分为两部分：一是沾附在切片表面的非结合水，这种水分的存在使物料表面上的蒸汽压等于水的饱和蒸汽压；另一部分是与PET大分子上的羰基及极少量的端羧基等以氢键结合的结合水，其在切片表面上的平衡蒸汽压小于同温度下的饱和蒸汽压。在干燥过程中，通常非结合水较易除去，结合水则较难除去。

PET条带在冷却水槽进行急剧冷却时，因很快形成无定形玻璃态结构，在条带内存在一些“空穴”，PET大分子的羧基与水产生氢键，进入切片内部的水分则残留在空穴中，形成结合水。

(2)切片的干燥曲线：切片干燥包含两个基本过程：加热介质传热给切片，使水分吸热并从切片表面蒸发；水分从切片内部迁移至切片表面，再进入干燥介质中。这两个过程同时进行。因此切片干燥实质是一个同时进行的传质和传热过程。

在干燥过程中，测定切片在不同温度热风中经不同时间干燥后的含水率，可得一组干燥曲线。在各干燥曲线温度下，切片的含水率均随干燥时间延长而逐步降低。在干燥前期，为恒速干燥阶段。这时除去的主要是切片中的非结合水，切片含水率随干燥时间增加几乎成直线关系下降。温度越高，恒速干燥的速率越高。干燥后期，为降速干燥阶段。水与大分子结合的氢键被破坏，结合水慢慢向切片表面扩散并被除去，直至达到在某一干燥条件下的平衡水分。此后，再延长时间，含水率变化甚微。干燥温度越高，切片达到平衡水分的干燥时间越短，切片中平衡水分含量亦越少。

干燥温度从120℃升高到140℃，干燥速率有一突然升高过程(提高2.2倍)，至140℃以后，速率的提高又转向平缓，这一现象，与切片干燥的结晶过程有关。

(3)切片干燥过程的结晶：由于PET分子链的结构具有高度立构规整性，所有的芳香环几乎处在同一平面上，因而具有紧密敛集能力与结晶倾向。在170～190℃时，聚酯结晶速率最高。在190℃时，半结晶时间约为1min。但超过190℃，结晶速率反而随温度升高而下降。这是由于高温下晶核生成太少之故。由此可以设想，在170℃以下短时间干燥，由于切片表面温度高于内部温度，切片表面的结晶度往往大于内部的结晶度；反之，如在190℃以下短时间干燥，则内部结晶度大于表面结晶度。

结晶对切片干燥速率有很大影响。一方面，结晶时由于体积收缩的挤压和空穴的消失，把一部分水分挤压到切片表面，有利于提高干燥速率；另一方面，又将一部分水挤压到切片内部，加大了扩散距离，且由于外加热式(170℃)干燥时，切片表面温度往往高于内部温度，因切片表面结晶度较大而形成的致密化层使水分扩散阻力大增。因而在通常情况下，结晶会使干燥速率迅速大幅度下降。

采用高频电微波加热结晶，由于切片内外温度均匀，结晶对提高干燥速率十分有利。

圆柱体切片的干燥优于平板切片。因圆柱体切片的表面由里向外随半径增大而增大，使切片外表面的传质面积大于内部的传质面积，以补偿由于外表面结晶度较大而形成的扩散阻力。使用圆柱体切片可缩短干燥时间并达到更低的含水率，还可减少粉尘的产生。

3. 切片干燥的工艺控制

(1)温度：温度高则干燥速度快，干燥时间短，干燥后切片的平衡含水率降低。但温度太高，切片易粘结，大分子降解，色泽变黄。在180℃以上易引起固相缩聚反应，影响熔体均匀性。因此，通常预结晶温度控制在170℃以下，干燥温度控制在180℃以下。

(2)时间：干燥时间取决于干燥方式和干燥设备及干燥温度。对同一设备，干燥时间取决于干燥温度。在同一温度下，干燥时间延长则切片含水率下降，均匀性亦佳。但时间过长，PET降解严重，色泽变黄。

(3)风速：风速提高，则切片与气流相对流速大，干燥时间可缩短；但采用沸腾干燥时，风速太大，切片间相互摩擦加剧，粉尘增多。风速选择还与干燥方式有关，例如沸腾干燥，需风速大，否则切片沸腾不起来，可用20m/s以上的风速。充填干燥则风速不能太大，否则把料床吹乱，不能保证切片在干燥器内均匀地下降，通常风速为8～10m/s。风速的选择也与所有设备的大小、料位高度、生产能力等因素有关。

(4)风湿度：热风含湿率越低，干燥速度越快，切片平衡水分越低。因此必须不断排除循环热风中的部分含湿空气，并不断补充经除湿的低露点空气。如BM式干燥机所补充的新鲜空气含湿量小于8g/kg。

4. 切片干燥设备

聚酯切片干燥设备分为间歇式和连续式两大类。间歇式设备有真空转鼓干燥机；连续式设备有回转式、沸腾式和充填式等干燥机，亦有用多种形式组合而成的联合干燥装置。目前国内常用的与涤纶高速纺丝配套的有德国的KF(Karl－Fisher)、BM(Bubler－Miag)、吉玛等干燥装置。

(1) 间歇式干燥设备：真空转鼓干燥机是应用已久的间歇式干燥设备，设备主体是一带蒸汽夹套的倾斜旋转圆鼓。切片在鼓内被翻动加热，水分蒸发并借助真空系统将水抽出。

间歇式干燥设备的优点：

①结构简单，流程短，干燥质量高，切片特性黏度下降少，能耗低。

②更换切片方便，出料灵活。

③操作环境好，噪声低。

间歇式干燥设备的缺点：

①切片干燥周期长，单机产量低。

②切片干燥后产生的粉尘较多。

③各批切片干燥质量有差异。

(2) 连续式干燥设备：

①BM式预结晶—干燥装置：该设备采用沸腾式预结晶器(有连续式和间歇式两种)和连续式充填干燥器组合装置，并附有氯化锂空气除湿器和余热回收装置。

间歇式预结晶器采用漩涡式设备，其主体为一锥形圆筒体。170℃热风从筒底送入，切片因热风吹动而呈沸腾状，由于切片受热面积大，传热效果好，气流温度高，故预结晶速度快，仅10min左右即可完成。另一形式为卧式沸腾床BM连续预结晶装置。该机有一微微倾斜的多孔板，切片经星形阀落于多孔板面，130～140℃的热风从下而上通过板孔吹送，使切片呈沸腾状态被加热和结晶。切片停留时间可由多孔板倾斜度控制，一般为15min。

BM干燥装置采用气缝式充填干燥机，它由若干节(一般四节)长方体叠合而成，每节干燥仓由若干组纵向交错排列的三棱形风管组成。切片自上而下在风管间慢慢落下，其中第一节为干燥仓。右风道为进风道，左风道为出风道，中间有六组风管。其中1、3、5与右风道相通（左端密封），称为进风管；2、4、6与左风道相通（右端密封），称为出风管。干热空气流（165～170℃）从进风口入右风道，分三路同时进入1、3、5风管内，并从这些管的底部长条形开口缝溢出，转向上，穿透切片层而上升，继而从2、4、6出风管下部长条形开口处进入，汇集于左风道，并进入第二节干燥仓。第二节干燥仓与第一节相同，但风向进出与第一节相反，即左风道是进风道，右风道为出风道。以下各节则依此类推。在整个充填式干燥器中，干热空气流向在同节干燥箱中呈并联流动；节与节之间则为串联流动。

BM切片干燥装置的优点是预结晶温度高（切片140～150℃），速度快（只需10～15min），切片表层坚硬；气缝式充填干燥器设计合理，切片干燥均匀，热风阻力小，可用中低压热风；热气流循环使用，热回收率较高。缺点是热风中粉尘较多，易在加热器上结焦，增加能耗。

②KF公司预结晶—干燥装置：该装置主体为竖井式充填塔，分为上下两段，上段为带立式搅拌的预结晶器，下段为干燥器，上下段间由一料管相连。切片在机内停留2～3h，产量240～440kg/h，预结晶温度140℃，干燥温度160℃，搅拌器转速1～2r/min，干空气露点-20～-27℃，干切片含水率0.003%～0.005%。

KF装置的优点是设备紧凑、简单，流程短，预结晶—干燥合为一体，占地面积小，设备单位容积生产量大，生产费用低；采用脉冲输送切片，粉尘少；热风系统为一次通过，可以防止粉尘积留在加热器表面而影响传热效果，热风经干燥切片、预结晶切片和余热回收后才排入大气，因此能耗较低。该装置的缺点是开车时操作较烦琐，更换切片品种不方便；切片干燥的均匀性相对较差。

③吉玛公司预结晶—干燥装置：该装置采用卧式连续沸腾床预结晶机和充填干燥机组合。结晶机内有一块装于振动弹簧上的卧式不锈钢多孔板，板面具一定倾斜度，170℃热气流自下部通过多孔板向上吹，使切片翻动，呈沸腾状，以防止粘结。预结晶切片通过振动器，不断送到充填干燥机中。

充填干燥机主体为圆柱体，底部为锥形，热气流分别从底部和中上部进入，通过气流分配环在塔内均匀分布。

该装置的优点是预结晶温度较高，结晶速度快，产量高；在干燥器的中上部和下部两处进热风，温度分布较均匀，干切片含水率达0.003%以下。缺点是流程较烦琐，仪表控制回路较多；充填干燥塔体积较大，设备占地面积大，要求厂房较高；振动结晶器结构复杂，维修量大；能耗和操作费用高。

（二）熔体的制备

由连续缩聚制得的聚酯熔体可直接用于纺丝，也可将缩聚后的熔体铸带、切粒后经干燥再熔融以制备纺丝熔体。采用熔体直接纺丝，可省去铸带、切粒、干燥和螺杆挤出机等工序，大大降低了生产成本，但对生产系统的稳定性要求十分严格，生产灵活性也较差；而切片纺丝则生产流程较长，但生产过程较熔体直接纺易于控制，更多地用于纺差别化纤维。

聚酯切片熔融纺丝广泛采用螺杆挤出机。

1．用于切片纺丝的螺杆输送系统

用于熔纺合成纤维生产的主要设备是单螺杆挤出机，其结构和作用已在第八章叙述。切片在螺杆挤出机中经历着温度、压力、黏度、物理结构与化学结构等一系列复杂的变化。

在整个挤出过程中，螺杆完成以下三个操作：切片的供给、切片的熔融和熔体的计量挤出，同时对物料起到混匀和塑化作用。按物料在挤出机中的状态，可将螺杆挤出机分成三个区域：固体区、熔化区和熔体区。在固体区和熔体区，物料是单相的，在熔化区，物料是两相并存的。这和螺杆的几何分段（进料段、压缩段和计量段）在一定程度上相一致。事实上，物料在螺杆挤出机中的状态是连续变化的，不能机械地认为某种变化会截然局限于在某段内发生。进料段物料主要处于固体状态，但在其末端已开始软化并部分熔化；在计量段主要是熔融状态，但在其开始的几节螺距还可能继续完成熔化作用。

螺杆挤出机的特征集中反映于螺杆的结构。直径、长径比、压缩比、螺距、螺槽深度、螺旋角、螺杆与套筒的间隙等是螺杆的主要结构特征。这些因素互相联系，互相影响。

(1)螺杆直径：通常指螺杆的外径。直径加大，产量上升，目前设计提高产量的挤出机都采用放大直径的方法。然而直径太大会引起其他方面的问题，例如导致单位加热面积所需加热的物料增加、传热变差、功率消耗大等。

(2)长(L)径(D)比：指螺杆工作长度（不包括鱼雷头及附件）与外径之比。物料在这个长度上被输送、压缩和加热熔化。螺杆的加热面积和物料停留时间都与螺杆长度成正比。长径比大，有利于物料的混合塑化、提高熔体压力、减少逆流以及漏流损失。目前，一般采用 $L/D=20\sim27$ 的螺杆，也有 $L/D=28\sim33$ 的螺杆，但是螺杆太长，物料在高温下的停留时间增加，一些热稳定性较差的高聚物就会发生热分解。

(3)压缩比：螺杆的压缩作用以压缩比 τ 表示。压缩比主要决定于物料熔融后密度的变化，不同形态（粉状、粒状或片状）的物料其堆砌密度不同，压实和熔融后体积的变化也不同，螺杆的压缩比应与此相适应。熔体纺丝用螺杆的压缩比常为 3～3.5。

压缩比可以用改变螺杆距或改变根径来实现，变螺距螺杆不易加工，纺丝机都使用等螺距螺杆，可通过螺纹沟槽深度的变化来实现压缩作用。

(4)螺距：螺杆直径决定后，螺距 t 决定于螺旋角 ϕ，$\tau=\pi D\tan\phi$。螺旋角不同，送料能力不同；不同形状的物料，对螺旋角的要求也不同。通常螺杆挤出机均供给固体物料，又要兼具熔化物料的功能。螺旋角 ϕ 取 $17°38'$，螺距等于直径，此时螺旋角的正切 $\tan\phi=\tau/(\pi D)=1/\pi$，在螺杆制造时较为方便。

(5)螺杆与套筒的间隙：这是螺杆挤出机的一个重要结构参数，特别在计量段，对产量影响很大，漏流流量与间隙的三次方成正比，当间隙 $\delta=0.15D$ 时，漏流流量可达总流量的 1/3，故在保证螺杆与套筒不产生刮磨的条件下，间隙应尽可能小些。一般小螺杆间隙 δ 应小于 $0.002D$，大螺杆应小于 $0.005D$。

(6)套筒：是挤出机中仅次于螺杆的重要部件，它和螺杆组成了挤出机的基本结构。套筒实质上相当于一个压力容器和加热室，因此除考虑套筒的材质、结构、强度等因素外，还应考虑其热传导、热容量以及在工作时的熔体压力、螺杆转动时的机械磨损及熔体的化学腐蚀作用等。大多数套筒是整体结构，长度太大也可分段制作，但不易保证较高的制造精度和装配精度，影响螺杆和套筒的同心度。

(7)材质要求：螺杆的材质要求较高，必须具有高强度、耐磨、耐腐蚀、热变形小等特性，才能满足工艺要求。螺杆常用的材料有 45[#] 钢、40Cr、38CrMoA1A、38CrWVA1A、1Cr18Ni9Ti 等，尤以前三者应用较多。

套筒的材料与螺杆要求相同，由于套筒的加工比螺杆更为困难，尤其是长螺杆的套筒，所以应在热处理或材质选择时，使其内表面硬度比螺杆高。

2. 用于直接纺丝的熔体输送系统

20世纪70年代末，日本东丽、帝人和钟纺公司在涤纶短纤维生产线上推出了直接纺丝的熔体输送技术，80～90年代，直接纺技术成熟，并在长丝生产中采用。90年代末，欧洲的工程公司和美国杜邦公司采用了大容量直接纺丝技术，其输送能力由每天25t提高到了每天200t，输送距离从最早的30m提高到150m。

输送技术包括了熔体增压、熔体冷却、熔体静态混合、熔体过滤和优化设计的熔体分配管形式。

(1)熔体输送的主要流程：从聚合终聚釜出口的熔体通过出料泵、熔体三通阀分配，大部分熔体供纺丝，部分熔体进行切粒，进行切粒的熔体距离出料泵相对较近，一般出料泵的压力可以满足铸带的要求。用于纺丝的熔体还需要经过熔体过滤器，熔体过滤器的压力损失根据熔体输送量的多少，一般在5000kPa以上，因此需要熔体增压泵对熔体增压后输送。熔体输送管采用夹套管方式，内层管内走熔体，一般采用不锈钢材料，可承受压力为25000kPa。外管通入逆向循环的液态或气态热媒（联苯和联苯醚的混合体），其温度略低于熔体温度，目的是保证熔体输送过程中适当的保温和带走熔体流动产生的热量（图9－18）。

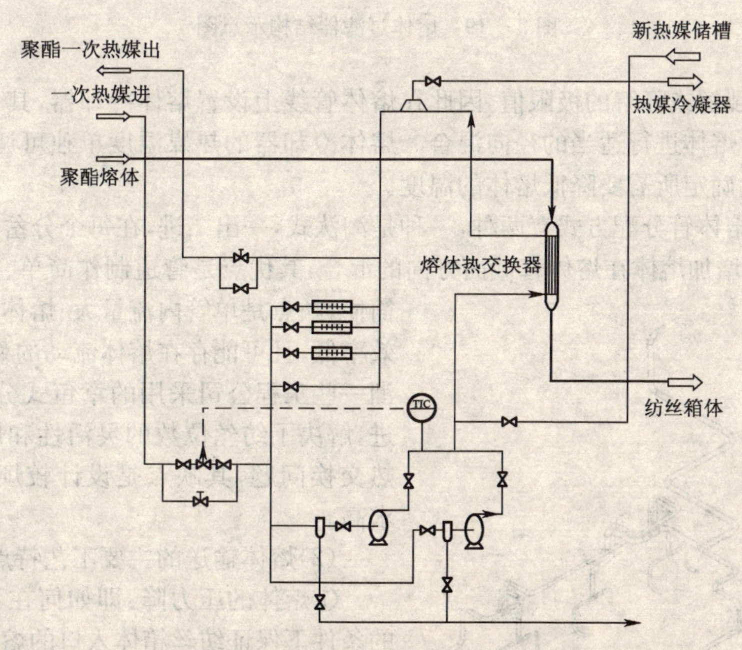

图9－18 熔体输送工艺流程示意图

纺丝过程需要相对稳定和杂质含量少的熔体，因此，直接纺需要对熔体进行过滤，过滤掉大于15μm或大于20μm的杂质粒子。过滤器一般安装在增压泵的出口，距离纺丝机近，采用烛式过滤，当过滤器的压差达到设定值的上限时，对过滤器进行切换（图9－19）。

随着大容量纺丝技术的成熟，熔体输送管线距离增加，到达纺丝机入口的熔体温度可能达

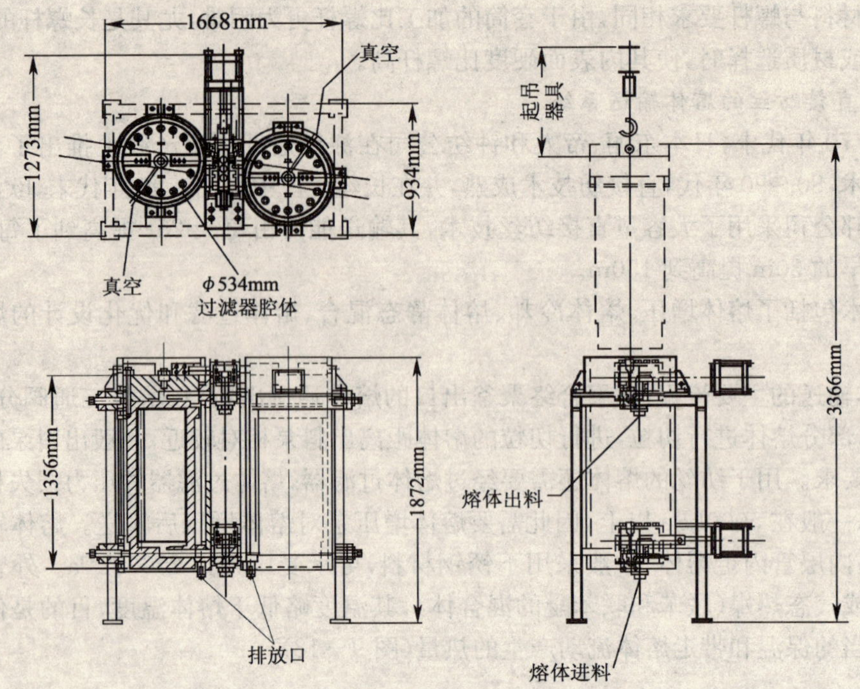

图 9－19　熔体过滤器结构示意图

到或接近聚酯的裂解或降解的极限值，因此在熔体管线上设置熔体冷却器，其目的是有效降低熔体温度，同时对熔体进行适当的径向混合。熔体冷却器的热媒温度单独可调，根据熔体管内熔体的流速、流量确定所需要降低熔体的温度。

比较常用的熔体管分配方式有两种，一种是淘汰式，一出二进，在每个分岔处设有静态混合器（图 9－20），以增加熔体在熔体管截面方向的混合，其优点是管道制作简单、热应力计算相对简便，缺点是单管内流量大、熔体与热媒的热交换效率低，且可能存在熔体流动的死角；另一种是欧洲一些工程公司采用的章鱼式分配，可以一出多进，解决了纺丝位数的灵活性和熔体输送的充分热交换问题，其缺点是设计较烦琐，管道制作要求高。

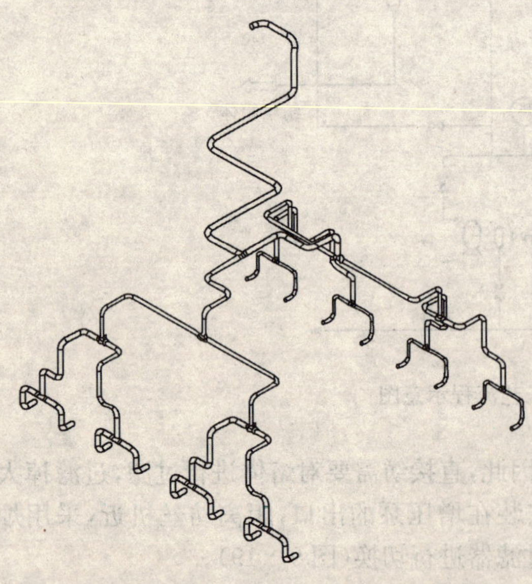

图 9－20　淘汰式熔体输送管三维示意图

(2)熔体输送的主要工艺特点：

①熔体的压力降：即如何在不改变现有设备的条件下保证纺丝箱体入口的熔体压力大于某一数值，以保证纺丝计量泵的进出压力小于某一值，将压力差引起的温度增加控制在较小的范围内，并保证各纺丝位的压力稳定，以保证纤维外观和内在质量的均匀性。

② 由温度引起熔体质量的变化：熔体量的增加会引起新的热量平衡，增加压力差也会进一步

提高熔体温度，从而可能引起熔体内在质量下降。

其主要依据海根—柏秀耶(Hgen－Poiseuille)定律所描述的关系式和日本东丽公司在熔体输送方面有关温度和熔体特性黏度相互间关系的经验，见式(9－1)和式(9－2)。

$$\Delta P=\frac{128\mu lQ}{\pi d^4}\times 98.2 \tag{9－1}$$

$$\Delta IV=0.000867t \tag{9－2}$$

$$\mu=10^{-6}\times\frac{\mu'}{9.81}$$

$$Q=\frac{10^6\times Q'}{\rho\times 24\times 3600}$$

式中：ΔP——压力降，kPa；

μ'——动力黏度，Pa·s；

l——配管长度，cm；

d——配管内径，cm；

ΔIV——特性黏度差值；

Q——体积流量，cm^3/s；

Q'——重量流量，t/d；

ρ——熔体密度，$1.2t/m^3$；

t——熔体停留时间，min 。

③损耗引起的温度增加：

$$\Delta T=\frac{23.42\Delta P}{\rho C_p\times 1000} \tag{9－3}$$

式中：ρ——熔体密度，t/m^3；

C_p——比热容，J/(kg·K)。

ρ、C_p 均为温度 T 的函数：

$$\rho=1.356-0.0005\times T \tag{9－4}$$

$$C_p=0.3+0.0006\times T \tag{9－5}$$

温度随压力差的增加成单调增加的规律，由此得到定性的两大结果，一是假设熔体没有出现热降解，而温度的增加只是降低了流动黏度，造成实际的压力差降低；二是温度增加后对部分熔体产生热降解，使熔体的相对分子质量分布变宽，小相对分子质量增加，可能造成熔体内在质量低于纺丝工艺可接受的范围。

④熔体温度的增加改变流动(动力)黏度(η_m)：对于涤纶熔体和纤维国外进行了较长时间的研究，在实验的基础上得到以下动力黏度与温度和熔体的特性黏度(η)的关系式：

$$\eta_m=[\eta]^{5.1}\times\exp\left[2.303\times\left(\frac{3280}{T+273}-1.54\right)\right] \tag{9－6}$$

⑤温度增加引起特性黏度的变化：特性黏度降的影响因素主要有温度、催化剂、起始特性黏度和熔体在输送温度下的停留时间。一般用两种方法表示，一种是定义熔体的热降解度，另一种为输送起始的特性黏度和出纺丝计量泵熔体特性黏度的差值。后一种非常强烈地依赖于输送纺丝熔体的设备状况，一定要在实践的基础上取得实际的大量数据，才能得到回归的方程式，因此对于设计和预测不合适。热降解度可以用定量的关系式描述。

$$\alpha = \frac{1}{\overline{P}_{nt}} - \frac{1}{\overline{P}_{no}} = kt \tag{9-7}$$

式中：α——热降解度；

t——时间；

k——热降解速度常数；

$\overline{P}_{no}$——熔体初始聚合度；

$\overline{P}_{nt}$——一段时间后的聚合度。

经过整理后得到理论关系式：

$$IV = \frac{2.1 \times 10^{-4}}{\left[\frac{kT \times 10^{-5}}{192} + \left(\frac{2.1 \times 10^{-4}}{IV_0}\right)^{\frac{1}{0.82}}\right]^{0.82}} \tag{9-8}$$

式中 k 和温度 T 的关系可用多元回归的方法得到定量关系式：

$$k = 640.8627 - 5.2831194 \times T + 0.013118681 \times T^2 - 8.6252 \times 10^{-6} \times T^3 \tag{9-9}$$

⑥熔体在输送过程中的停留时间：熔体在管内平均停留时间与管径和输送量有关，因此在管径不变的前提下，可以得到不同输送量的停留时间。

停留时间的计算：

$$t_i = \frac{\pi l_i d_i^2}{4Q_i} \tag{9-10}$$

式中：t_i——熔体在输送过程中的停留时间；

l_i——输送长度；

d_i——输送管径；

Q_i——流量。

日本东丽公司认为在一定温度下的特性黏度降可以由经验式(9－11)描述：

$$\Delta IV = 0.000867t \tag{9-11}$$

式中：t——停留时间。

由此得到不同输送量的特性黏度分别为 0.009021135 和 0.0060971775。但是这种方法不是非常有效，对于变温条件下的输送过程误差比较大。

⑦夹套热媒温度的影响：上面所有的计算都没有考虑在动态的输送条件下，无论是气相或

液相热媒对熔体保温和传热效果的影响。实际的过程非常复杂，因为在管道的各段，熔体通过管壁的传热和辐射都不是沿管长度方向的常数。可以想象，当熔体与管壁产生摩擦和沿管径方向的相互摩擦产生的能量与热媒产生热交换，可能是热媒将部分热能带走，也可能是加热熔体。在忽略辐射传热的前提下，传热速率的基本关系式如下：

$$Q = \alpha A\left|(T - T_w)\right| \tag{9-12}$$

式中：α——传热膜系数；

A——传热面积；

T、T_w——分别为热媒和熔体的温度。

影响 α 的因素为流体的流动状况、自然对流还是强制对流、流体的性质（主要是比热容、导热系数、密度和黏度，麻烦的是这些条件还是温度的函数）和传热面积的大小、形状以及传热位置。

⑧熔体在管内直径方向的温度分布：由于PET熔体的相对导热系数小，在输送过程中存在明显的管径方向温度梯度差，影响温度梯度差的主要因素是管径、流体的黏度、流动速率等因素。从定性的角度看，增加流动速率，温度差增加，增加黏度，温度差增加，但是两者又相互制约。因此，在流动过程中，由于熔体量增加而压力差增加，并引起流动黏度降低，流动速率和流动黏度定量描述相当复杂，也无法取得实测数据。但是，在设计时，选择静态混合器解决管径方向的温度差是非常必要的，在改造过程中，是否增加静态混合器是要认真考虑的。

定性地分析熔体在管内的流动速度分布，假设是牛顿流体呈对称的抛物线，即在管中心的速度最高，从以往积累的数据分析，当聚酯熔体的特性黏度在0.670dL/g时，其阻力损失反推得到平均流速与牛顿流体接近。因此，熔体在管内的温度分布也应当接近抛物线的温度分布。国外通过理论推算得到管内温度分布中最大的增量与以下参数有关：管径、管长、熔体温度、熔体特性黏度、流动速度。通过麦芽糖模拟流动，测试沿管径方向的温度分布，几乎高达15℃。

(3)熔体管线上静态混合器的应用：静态混合器是借助流体管路的不同结构，而又没有机械可动部分的流体管路结构体。因而借助折流板或简单的迷宫和流体惯性（湍流区和过渡区）进行混合的管路结构体，均不属于静态混合器。

静态混合器的发展始于20世纪70年代初，在化工、石油、化纤、油脂、食品和环境保护等领域逐步得到应用，而且在作为化工单元操作的搅拌、萃取、气体吸收、反应、热交换、溶解、分散、粉粒料混合等方面迅速发展，进而使有效利用这种特点的应用机械和应用系统的开发取得了可喜的成果。

①静态混合器的结构和混合性能：静态混合器的结构种类很多，美国肯尼斯公司的180°扭曲叶片错开90°排列的斯塔梯克混合器、罗斯公司交替重叠的斜波形板式单元体相互错开90°排列的罗斯ISG型混合器、科马克斯公司的板的两端相互折成45°的科马克斯混合器及瑞士苏尔士公司交替重叠的斜波形板式单元体相互错开90°排列的SMV型静态混合器和窄平板相互错开90°排列的BKM型等静态混合器。这些静态混合器各有优缺点，在性能方面亦有很大的差别，但它们均可使流体在层流或湍流的状态下进行混合操作。

通常将管路断面中流体的分割层数作为混合度的指标。混合器的指标仅适用于两种流体的混合比为1∶1,而且是层流的场合。当混合比为10∶2或100∶1时,很多混合器的混合度会急剧下降;有些在层流时能很好地混合,但在湍流时混合性能降低。其次,即使能够混合各种流体(液体、气体、流动的黏弹性体、靠液体或气体进行流动的粉粒料)的混合器,但用其相同结构混合粉粒料的为数甚少,因粉粒料内部的摩擦因数比壁面摩擦因数大得多。选用静态混合器时,应充分考虑以上各点,否则在实际应用中可能事与愿违。

对于层流和湍流等不同的场合,静态混合器内流体混合的机理差别很大。层流时,是"分割—位置移动—重新汇合"三要素对流体进行有规则的反复作用,从而达到混合;湍流时,除以上三要素外,由于流体在流动的断面方向产生剧烈的涡流,有很强的剪切力作用于流体,使流体的细微部分进一步被分割而混合。

虽然各种混合器的差异并不取决于混合三要素之首的位置移动的方式,但采用不同的方式,混合器的结构和混合性能却有很大差别。

经静态混合器混合后流体的混合形态,与经具有传动部件的混合机或搅拌机混合的混合形态,有明显的差别。采用静态混合器混合两种流体时,产生典型的层流混合状态。混合状态由条带状变为连续的或不连续的线状及粒子状,而状态的变化取决于流体混合时的雷诺数和韦伯数。例如:当流速、黏度、混合器直径一定时,如果流体间表面张力大,流体的混合形态则从条带状转向线状,进而变化到粒子状。

混合器的单元数和直径随流体的性质(黏度、互溶性、密度)、混合比、希望达到的混合状态、接触面上液体的结构变化等而不同,可通过试验和经验来确定。通常,基于雷诺数并经试验确定混合器的放大倍数。但当雷诺数 $Re<100$ (严格地说,在1以下)时,混合程度、混合状态与雷诺数无关,只取决于混合器的单元数。因此,只要混合统一流体,不论其流速和混合器直径多大,经试验确定的单元数都适用。

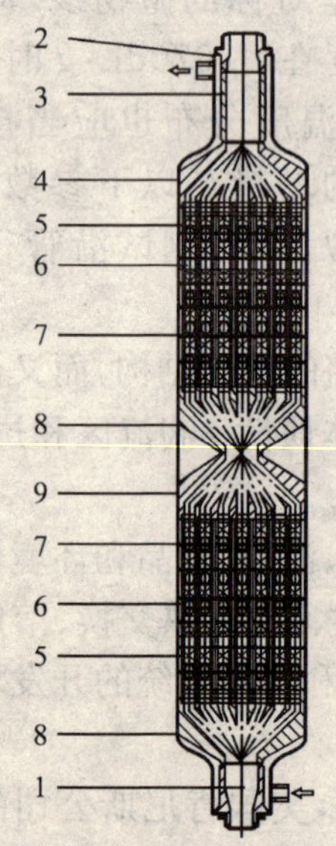

图9-21　熔体走管程的熔体冷却器结构示意图

1—熔体入口　2—熔体出口　3—热媒出口　4、9—熔体出口汇流盘　5—静态混合器　6—翅片式静态混合器　7—支撑板　8—熔体入口分配盘

②静态混合器的主要作用:20世纪70年代,涤纶短纤维实现临熔体直接纺工业化。当时熔体配管的分布采用类似乒乓球比赛的淘汰制,在配管的每个分支处都装有90°旋转的混合翅片。80年代直接纺的熔体输送量大大增加,高效静态混合器的主要研究对象是如何降低熔体通过静态混合器的阻力损失,以降低反应釜出口出料泵或者是增压泵的动力消耗,为了降低投资,有些设计甚至大大减少了静态混合器的数量。

90年代,欧洲的大容量聚酯和纺丝技术推出了章鱼式熔体输送方式,其采用小管径高流速的输送方式,特别是采用了反应温度较高的聚合路线,因此特别推崇如何在输送过程中降低熔体的温度,因此静态混合器的主要功能从以往的熔体混合功能向混合降温复合功能转化。国外将此设备称为熔体冷却器(Polymer Cooler)或熔体热交换器(Polymer Heat Exchanger)。主要设备制造商有荷兰的PriMix(图9-21)和瑞士的苏尔寿(Sulzer,图9-22)。

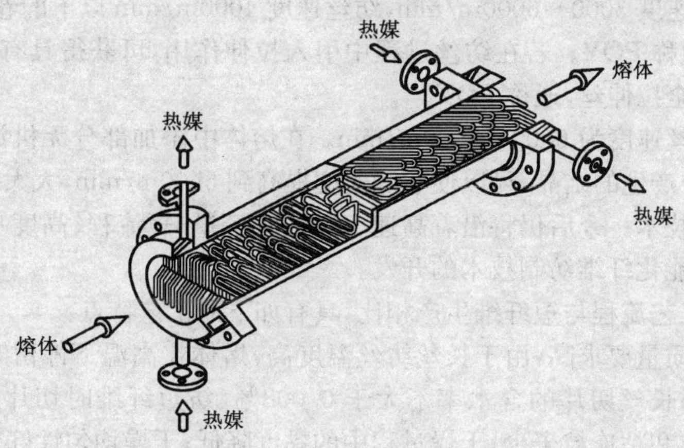

图 9－22　熔体走壳程的熔体冷却器结构示意图

PriMix 采用的是列管式的并列静态混合器管，熔体走管程，热媒走壳程，苏尔寿采用盘管式，热媒走管程，熔体走壳程。

熔体输送过程中熔体内管的平均温度直接影响熔体的流变性能、可纺性、质量及生产状况。原则上，熔体输送温度在确保熔体有很好流动性的同时应尽可能低，直接纺丝时，熔体输送温度控制在 285～292℃为宜。在输送过程中，熔体经增压泵增压后温度要上升 2～4℃，为了有效调节熔体温度，使熔体进入纺丝箱时尽可能与纺丝箱温度一致，每条纺丝线的增压泵后均设有熔体热交换器，每个熔体热交换器配有一套液相热媒循环系统来调节熔体温度，热交换器为静态混合型，在调节熔体温度的同时，可充分混炼熔体，使熔体得以充分混合，提高了熔体的均匀性和可纺性。

二、聚酯长丝的纺丝

(一) 概述

聚对苯二甲酸乙二酯(PET)属于结晶性高聚物，其熔点 T_m 低于热分解温度 T_d，因此常采用熔体纺丝法。关于熔体纺丝的原理和基本过程，第五章和第八章已经阐述过。

目前，聚酯纤维熔体纺丝可分为切片纺丝和直接纺丝两种方法。

聚酯纤维产品基本分为涤纶长丝和涤纶短纤维两大类，在聚酯纤维中的比例分别占 54%和 44%，复合纤维、熔喷纤维、单丝约占 2%。20 世纪 70 年代以来，具有一定生产规模的企业，采用直接纺短纤维，可以使日产量达到 50t/线，90 年代，100～200t/线已经占据国内短纤维生产能力的 50%以上；长丝的高速纺丝技术快速发展，不仅大大提高了生产效率和过程的自动化程度，而且进一步将纺丝和后加工联合起来，可从纺丝过程中直接制得有实用价值的产品。

聚酯长丝一般以纺丝速度的高低来划分纺丝技术路线的类型，如常规纺丝技术、高速纺丝技术和超高速纺丝技术等。

常规纺丝：纺丝速度 1000～1500m/min，其卷绕丝为未拉伸丝，是服用长丝，通称 UDY。

中速纺丝：纺丝速度 1500～3000m/min，其卷绕丝具中等取向度，为中取向丝，通称 MOY (medium oriented yarn)。

高速纺丝：纺丝速度 3000～6000m/min，纺丝速度 4000m/min 以下的卷绕丝具有较高的取向度，为预取向丝，通称 POY。若在纺丝过程中引入拉伸作用，可获得具有较高取向度和中等结晶度的卷绕丝，为全拉伸丝，通称 FDY。

超高速纺丝：纺丝速度为 6000～8000m/min。在熔体中添加部分无机添加剂，可以降低纤维在高速纺丝过程中产生的结晶，可以使卷绕速度提高到 5500m/min，大大提高生产率。HOY 是 90 年代开发的新技术。今后仍将沿着高速、高效、大容量、短流程、高度自动化的方向发展，并将加强差别化、功能化纤维纺制技术的开发。

聚酯长丝生产工艺流程与短纤维生产相比，具有如下的工艺特点：

(1)对原材料的质量要求高：由于长丝纺丝温度高，熔体在高温下停留时间长，因此要求切片含水率低。常规纺长丝切片的含水率不大于 0.008%(纺短纤维时切片含水率为 0.02%)。还要求干切片中粉末和粘连粒子少；干燥过程中的黏度降低；干燥均匀性好。

(2)工艺控制要求严格：长丝生产中，为了保证纺丝的连续性和均一性，需严格控制工艺参数。如熔体温度波动不超过±1℃，侧吹风风速差异不大于 0.1m/s，纺丝张力要稳定等。

(3)高速度、大卷装：聚酯长丝的纺丝卷绕速度为 1000～6000m/min。在不同卷绕速度下制得的卷绕丝具有不同的性能，目前长丝的纺丝速度趋向高速化，工业生产中已较普遍采用 5500m/min 的纺速。随着生产速度的提高，长丝筒子的卷装重量愈来愈大，卷绕丝筒子的净重从 3～4kg 增至 15kg。卷装重量增大后，对高速卷绕辊的材质、精度和运转性能的要求大大提高了。

(二) 聚酯纤维的高速纺丝

高速纺丝是 20 世纪 70 年代发展起来的合成纤维纺丝新技术。高速纺丝的生产能力比常规纺丝高 6～15 倍，并将纺丝和拉伸工艺合并，从而减少了工艺损耗。高速纺丝技术在聚酯纤维生产中应用最为广泛，近年新建的聚酯长丝厂大多采用高速纺丝技术。

高速纺丝与常规纺丝的工艺过程基本相似，但由于纺丝速度提高，卷绕丝的性能发生了根本变化。例如，纤维的取向度高，但结晶度不高，纤维柔软，易染色等，这是由于卷绕丝性能对纺丝速度的依赖性所致。

1. 聚酯预取向丝的生产工艺

预取向丝或部分取向丝(POY)，是在纺丝速度为 3000～4000m/min 条件下获得的卷绕丝，其结构与常规未拉伸丝(UDY)不同，与全拉伸丝(FDY)的结构也不同。POY 是高取向、低结晶结构的卷绕丝，这种结构是由于纺丝速度提高，出喷丝头后的熔体细流受到高拉伸应力和较大的冷却温度梯度的作用，发生快速形变所致。高速纺丝时所观察到的局部最大形变速率达 $600s^{-1}$。在如此高的形变速率下，大分子受拉伸而整齐排列，形成高取向度，形变取向使 POY 的双折射率达到 0.02～0.03。支配这一拉伸形变的动力学因素主要是惯性力和空气摩擦阻力。根据计算，纤维单位面积上所承受的张力可达 100MPa，这与纤维冷拉伸时所需的应力已相差不远。在纺程中，对熔体流变部分的形变和内部结构演变起支配作用的主要是惯性力。而空气摩擦阻力沿纺程的增加，则可能导致纤维塑性形变。纤维中的大分子链受到高拉伸张力的作用，其形变不仅发生在熔体未凝固的流动状态区域，而且在固化后还发生细颈拉伸现象，从而大大提高了卷绕丝的取向度，并使其结构稳定。纺丝速度为 3000m/min 以上时，取向度的变化十分明显，这也正是 POY 与 UDY 纺丝技术的区别所在。

2. 生产工艺流程

高速纺丝生产 POY 一般有切片纺丝和直接纺丝两种生产工艺流程。

3. 生产工艺控制

(1)切片的质量要求:POY 纺丝对切片的特性黏度[η]和含水率要求较严格。要求切片的特性黏度在 0.65dL/g 以上,波动值小于 0.01dL/g。切片的含水率一般应控制在 0.005%以下。切片含水率对高速纺丝可纺性的影响见表 9-15。熔体中不允许含有直径大于 6μm 的杂质或 TiO_2 凝聚粒子。

表 9-15 聚酯切片含水率对高速纺丝可纺性的影响

可纺性和纤维性质	切片含水率/%	
	0.005	0.014
纺丝时热降解/%	3.1	7.6
纺丝速度/m·min^{-1}	3500	3500
毛 丝	无	少量
断 头	无	少量
最高纺丝速度/m·min^{-1}	6000	5000
可纺性	良好	欠佳
纤维的强度/cN·tex^{-1}	2.33	2.30
纤维的断裂伸长率/%	118.4	124.0

(2)纺丝温度和压力:高速纺丝螺杆各区温度的控制与常规纺丝基本相同。但由于纺丝速度的提高,要求熔体有较好的流变性,故 POY 纺丝温度比常规纺丝高 5~10℃,一般为 290~300℃。纺丝温度需根据切片的黏度、熔点、纺丝压力及切片含水率进行调整。当切片的特性黏度较高时,宜将螺杆前几区的温度调至接近甚至等于后面各区的温度。对于特性黏度和含水率一定的切片,纺丝箱体的温度需随纺丝压力升高而相应降低。纺丝箱体温度随切片含水率增高相应下降。

高速纺丝常采用高压纺丝或中压纺丝。高压纺丝组件压力在 40MPa 以上,中压纺丝组件压力在 15~30MPa。实践证明,聚酯熔体在 30MPa 以上的压力下纺丝时,熔体在短时间内通过滤层后将上升 10~12℃。压力引起的熔体温度升高比之由箱体加热升温更均匀,这有利于改善熔体的纺丝性能。

(3)冷却吹风条件:冷却固化条件对纺程上熔体细流的流变特性,如拉伸流动黏度、拉伸应力等物理参数有很大影响。但在高速纺丝时,冷却吹风条件对丝条凝固动力学的影响明显减弱。但吹风速度对 POY 的条干均匀性影响较大。风速过大时,空气流动的湍动会引起丝条的振动或飘动,则丝条凝固速度减缓,使凝固丝条飘忽,振动的因素增加而引起条干不匀。

由于 POY 很少时,丝条运动速度比常规纺丝高 3~4 倍,故相应的冷却吹风速度亦需提高,一般选择 0.3~0.7m/s。吹风温度为 20℃,相对湿度 70%~80%。

(4)卷绕速度:POY 的纺丝速度影响丝条的结构和性能,随着纺丝速度的提高,POY 的结构一体性参数 E0.2 下降,而密度、双折射率和屈服应力增大(表 9-16 和表 9-17)。

表 9－16　纺丝速度与 POY 的物理机械性能

纺丝速度/$m \cdot min^{-1}$	双折射率 Δn	密度/$g \cdot cm^{-3}$	线密度/dtex	强度/$dN \cdot tex^{-1}$	初始模量/%	断裂伸长率/%	沸水收缩率/%
2500	0.0241	1.3473	380.2	1.55	18.2	187.6	65.6
3000	0.0345	1.3562	319.4	1.83	18.7	141.0	66.6
3200	0.0410	1.3644	297.6	2.10	21.5	127.9	65.6
3500	0.0531	1.3682	277.8	2.35	21.7	109.6	64.6
4000	0.0701	1.3509	242.8	2.53	26.5	83.0	56.9

表 9－17　不同纺丝速度时 POY 的性质

纺丝速度/$m \cdot min^{-1}$	POY 拉伸性能			
	自然拉伸比	最大拉伸比	屈服应力/$dN \cdot tex^{-1}$	结构一体性参数 $E0.2$
2500	1.64	2.87	0.43	0.92
3000	1.42	2.42	0.48	0.63
3200	1.32	2.28	0.52	0.53
3500	1.28	2.10	0.55	0.39
4000	1.14	1.84	0.64	0.16

结构一体性参数 $E0.2$ 是 POY 适用于拉伸变形工艺的结构条件。丝条于 0.18g/dtex 下经 100℃水浴处理 2min 后可测得 $E0.2$，其数值由式(9－13)计算得到。

$$E0.2=\frac{L_f-L_0}{L_0} \tag{9-13}$$

式中：L_0——试样在 0.18g/dtex 负荷下的长度；

L_f——试样在相同的负荷下，浸入 100℃水浴中 2min，移出冷却后的长度。

当纺丝速度在 3000～3600m/min 时，其双折射率随纺速增加的速率基本达到最大值，而其密度增长的最高速率要稍落后于双折射率，约在 4000m/min 附近，这是由于大分子诱导结晶作用所致。

POY 的纺丝速度应尽可能选择在防止发生取向诱导结晶作用的范围内。若纺丝速度太高，则丝条后加工性能变差；若纺丝速度偏低，则丝条张力过小，达不到要求的预取向度。

POY 纺丝速度与产量有一定关系。机台产量可随纺丝速度的提高而增加，在最终成品纤维线密度一定的条件下，纺丝机的产量依赖于纺丝速度和后拉伸倍数的乘积，当纺丝速度提高时，后拉伸倍数下降。因此，POY 纺丝速度的提高有其最适宜值。影响 POY 结构和性能的工艺参数还有上油集束位置、纺丝机上有无导丝盘等因素。

4. 预取向丝的性能

(1)取向度：POY 的双折射率(Δn)在 0.025 以上，但不大于 0.06。Δn 过高会导致大分子间的超分子结构加强，使后加工性能变差；Δn过低，则纤维结构不稳定。

(2)结晶度：POY的结晶度越低越好，一般为1%～2%。后拉伸性能与原丝的初级结构有关，初级结构完整，拉伸时对原有结晶结构的破坏就越大，新结构形成就越不完整。且原丝结晶度高，使后拉伸应力增加，容易产生毛丝。

(3)断裂伸长率：POY的断裂伸长率应在70%～180%，最好在100%～150%，这样的POY才具有良好的可加工性，且所需拉伸倍数又不太高。

(4)结构一体性参数和沸水收缩率：表征POY拉伸加工性能的指标有结构一体性参数$E0.2$和沸水收缩率，这两项指标可间接度量纤维的结晶和取向程度。一般要求POY的$E0.2$在0.3～1.0，沸水收缩率为40%～70%。若$E0.2$大于1.0，说明纤维的取向度和结晶度过低，断裂伸长率大；当$E0.2$小于0.3时，则纤维取向度过高，并有准晶结构形成，这种POY断裂伸长率小，纤维后拉伸性能较差。

(5)摩擦因数与含油率：POY的摩擦因数要求在0.37以下，最好在0.2～0.34，含油率要求为0.3%～0.4%。这两项指标可保证POY具有良好的后加工性能。含油率太高会使POY在后加工中白粉增多。

(6)条干不匀率：要求乌斯特条干不匀率在1.2%以下(正常值)，乌斯特条干不匀率太高，会使成品丝的不匀率增加。乌斯特条干不匀率是POY质量的重要指标之一。

此外，还要求POY的卷装成型良好，德氏硬度适中(60%～70%)，并易于退绕。

涤纶预取向丝的质量指标见表9-18。

表9-18　涤纶预取向丝的质量指标(FZ/T 54003—1993)

性　能	优等品	一等品	二等品	三等品
线密度偏差率/%	±2.0	±2.5	±3.0	±3.5
线密度变异系数/%	≤0.60	≤0.80	≤1.00	≤1.20
断裂强度/dN·tex^{-1}	≥2.20	≥2.00	≥1.90	≥1.80
断裂强度变异系数/%	≤4.50	≤7.00	≤8.00	≤10.00
断裂伸长率/%	M±4.0	M±8.0	M±10.0	M±12.0
断裂伸长率变异系数/%	≤4.50	≤8.00	≤9.00	≤10.00
条干不匀率/%	≤0.80	≤1.28	≤1.44	≤1.60
条干不匀率变异系数/%	≤1.00	≤1.60	≤1.80	≤2.00

注　1. 预取向丝密度应按最终线密度来设计。

2. M在90～150，一旦确定，不能任意变更。但如因原料调换等原因，M值可做适当调整。

3. 只考核乌斯特条干不匀率和乌斯特条干不匀率变异系数中的一项(采用Mormal法)。

(三)聚酯全拉伸丝的生产工艺

1. 生产工艺流程

此处所说的全拉伸丝(FDY)是生产不同于UDY—DT工艺所生产的全拉伸丝，而是在POY高速纺丝过程中引入有效拉伸，当卷绕速度达到5000m/min以上时，便可获得具有全取向结构的拉伸丝。故FDY的生产工艺是纺丝—拉伸—卷绕一步法连续工艺。

在一般高速纺丝条件下，丝条中全部分子的取向是在熔融态或部分熔融态中发生的，纺丝过程中形成的大分子和微晶仍能非常自由地运动，因此不能像未取向丝在固态下拉伸那样使大分子沿纤维轴完全取向。因此，一般高速纺丝虽然纺丝张力很大，但所得纤维的强力不能达到最高值。只有当纺丝速度达到7000～8000m/min以上，才能获得像未拉伸丝经受拉伸后所具有的强度，而如此高的纺丝速度对生产设备要求高，难度较大。因此，可考虑在纺丝线上建立有效的拉伸阶段，即先以一定的速度（如3000m/min）纺出预取向丝，随后即对此固化丝条再进行一次热拉伸，便可获得拉伸取向效果。基于此，在POY纺丝过程中配置一组热拉伸辊，使丝条在离开第一导辊之后，连续喂入拉伸—卷绕机，丝条在第一辊上已达到POY的纺丝速度3000m/min，在第二辊上达到5000m/min以上的速度，在两辊之间获得稳定的张力和伸长，从而获得与纺丝、拉伸二步法相近的丝条结构。

切片纺FDY生产工艺流程如图9－23所示。

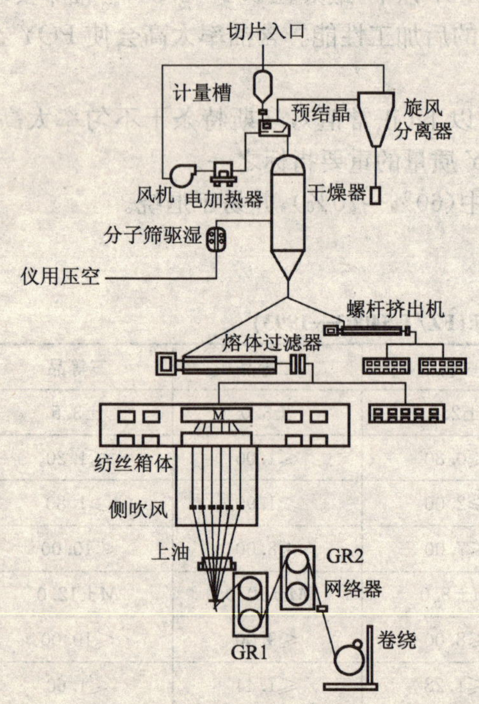

图9－23 切片纺FDY工艺流程示意图

2. 生产工艺控制

（1）纺丝条件：FDY的纺丝特征是大吐出量和高倍率的喷丝头拉伸，且纺丝速度高，因而纺丝工艺要求比POY纺丝严格。如切片要求比纺POY的含水率更低，有些生产厂控制在0.0018%以下，且要求熔体中的凝聚粒子和杂质含量更少。

由于FDY纺丝速度高，要求熔体有良好的流变性能，故纺丝温度要比纺POY高，通常控制在295～300℃。冷却条件与纺POY相同，吹风速度采用0.5～0.7m/s。

（2）拉伸条件：FDY的拉伸借助于拉伸卷绕机上的一对拉伸辊。丝条在第一拉伸辊上的速度必须达到POY的纺丝速度，即3000m/min，其剩余拉伸比只有2。因此，第二拉伸辊的速度需控制在拉伸比小于2的范围内，一般为5200m/min。

FDY需进行热拉伸，拉伸温度在POY的玻璃化温度T_g以上，通常采用一对热辊，第一热辊的温度为60～80℃，第二热辊的温度为150～195℃。为了使丝条在热辊上均匀受热，要求辊筒表面温度均匀一致，并使丝束在热辊上的接触位置不变。

FDY的生产采用高速纺丝并紧接高速拉伸，故丝条所受张力较难松弛。为了使拉伸后的丝条得到一定程度的低张力收缩，故卷绕速度一般应低于第二拉伸辊的速度，使大分子在卷绕前略有松弛，同时也可获得较好的成丝质量和卷装。聚酯FDY的卷绕速度在5000m/min以上。

（3）网络度：FDY是以一步法工艺生产的全拉伸丝。由于在高速卷绕过程中无法加捻，因此在拉伸辊之后装有空气网络喷嘴，使丝束中各单丝抱合缠结。比较适宜的网络度大于20个/m。FDY经网络后还可省去织造时的并丝、加捻、上浆等纺织加工工序。

3. 全拉伸丝的性能

FDY是经一步法制取的具有全取向结构的拉伸丝。其密度约为1.379g/cm^3，取向度接近常规纺丝法的全拉伸丝。FDY的双折射率(Δn)在0.1以上。由于分子取向高，有利于结晶，在纺丝的高应力下，结晶起始温度较高，结晶时间缩短。FDY的结晶度达0.2(结晶体积分数)以上。

由于取向和晶相结构的形成，FDY的强度在3.5dN/tex以上，断裂伸长率为35%～40%。FDY质量比较均匀，强度和伸度不匀率比常规拉伸丝小得多，但其初始模量也相对较低，这一特性是丝条在热辊上经历了低张力热定型的效果。FDY物理机械性能已达到纺织加工的要求，并具有较好的染色性能。全拉伸丝的质量指标见表9-19。

表9-19　全拉伸丝(FDY)的质量指标

质量指标	A　级	B　级
拉伸丝线密度变异系数(筒子间)/%	≤0.5	≤0.65
拉伸丝条干均匀度/%	≤0.6	≤0.75
断裂强度/dN·tex^{-1}	≥3.96	≥3.83
断裂强度变异系数/%	≤4	≤6
断裂伸长率/%	23～30	23～30
断裂伸长率变异系数/%	≤8	≤9
染色均匀率/级	≥4	≥3
沸水收缩率/%	≤5	≤7

(四) 聚酯全取向丝的生产工艺

全取向丝(FOY)是采用6000m/min以上的纺丝速度而获得的具有高度取向结构的长丝。FOY生产技术称为超高速纺丝技术。实践证明，6000m/min纺速得到的是高取向丝(HOY)，其断裂伸长率仍较大，高达40%左右，其结构与FDY相差较大，只有在7000m/min以上得到的全取向丝(FOY)结构才与FDY基本相同。现在纺速在7000m/min以上的超高速纺丝工艺路线已实现工业化生产。

超高速纺丝工艺具有以下特点。

(1)纺程上凝固点位置随纺丝速度变化：纺程上丝条凝固点的位置与纺丝速度有关，纺丝速度为3000m/min时，丝条的冷却长度L_k为80cm，相应的冷却时间为数十毫秒；纺丝速度为5000m/min时，L_k为60cm，冷却时间为10ms；当纺丝速度为9000m/min时，L_k仅为10cm，冷却时间只有1ms。由此可见，纺丝速度提高，凝固点位置移向喷丝板。与此同时，丝条在凝固点的温度也随之提高，当纺丝速度为1500m/min时，冷却固化后丝条的温度为80℃，纺丝速度为3200m/min时，冷却固化后丝条的温度为100℃。这是由于随着纺丝速度的提高，拉伸应力增大以及冷却条件的强化，提前限制了大分子链段的运动，从而提高了纤维的冷却固化温度。

(2)纤维截面上径向温度梯度增大：随着纺丝速度的提高，丝条表面和中心的温差增大，丝条表面的取向度比中心的取向度也大得多，这导致内外层结构产生差异，形成皮芯层结构。

(3)具有微原纤结构:纺丝速度为6000～10000m/min制取的FOY具有微原纤结构。这是由于晶区和无定形区相互连接并呈周期分布的结果。在超高速纺丝条件下,由于高拉伸应力的作用使大分子链产生取向和热结晶而形成微原纤结构。

(4)细颈现象明显:在涤纶高速纺丝过程中,丝条的直径沿纺丝线发生变化。当纺丝速度达到4000m/min以上时,在纺丝线上某一狭小区域内,开始出现颈状变化,当纺丝速度达到5500～6000m/min时,丝条直径急剧变细,细颈现象十分明显。纺丝速度越高,或在相同的纺速下,质量流量越小,细颈点的位置越向喷丝头的方向上移,但细颈开始点的温度则大致相同。丝条出现细颈现象变形后,其直径不再变细。关于颈状变形的原因现在尚无确切的解释。可能是达到足够高的纺丝速度时,纤维的结构性质处于某一状态,由于结晶或其他原因使成纤高聚物在细颈点屈服的缘故。

(五)TCS热管法聚酯全拉伸丝生产工艺

用TCS(Thermal Channel Spinning)热管纺丝法生产全拉伸丝的工艺技术,最早是由英国ICI公司纤维研究部提出的,但作为工业化生产技术则是20世纪90年代由德国巴马格公司推出的。

1. 生产工艺流程

TCS热管法纺丝工艺的关键是在原纺丝甬道的位置上改装成热管,对已完成冷却成型的丝束进行再加热,利用受热丝束的热塑性和惯性,在较高的纺速下,对丝束进行拉伸和定型,其生产工艺流程如下。

丝条从喷丝板挤出,经喷丝头拉伸、侧吹风冷却后进入热管内;在热管内,丝条被热空气加热,在空气摩擦阻力及温度梯度的作用下被拉伸,使初生纤维产生了取向,并且随着拉伸的进行,非晶区链段沿张力方向进行有序排列,生成大量晶核,导致应变结晶,同时纤维被热定型。热管内的空气,既要提供丝条拉伸时大分子链段运动的能量,又要提供丝条热定型结晶的能量,丝条出热管后物理机械性能已经基本稳定,整个过程由第一导丝盘提供纺丝拉伸速度,第二导丝盘提供对卷绕机的超喂,以调节卷绕张力,无需绕圈,也不需分丝辊。

根据生产纤维的规格不同,热管可安装在甬道的不同位置。近年也有采用两个热管进行拉伸的。

2. 生产工艺特点

当聚酯熔体细流自喷丝孔喷出后,在侧吹风的作用下逐渐冷却,冷却到适当的温度时(玻璃化温度以下),丝条进入热管让其再经受加热,在张力与温度的协同作用下,在纺程上发生拉伸,表现为丝条运动速度增大,这属于无细颈的均匀拉伸,这种拉伸可分为两个阶段,第一阶段的喷丝头拉伸是在进入热管前的那一段,第二阶段的拉伸发生于热管内。生产中,对于某固定品种而言,总的拉伸倍数为两段拉伸倍数的乘积。有研究表明,在同一卷绕速度下,在热管中的拉伸倍数,由进入热管前纤维的取向度决定,其取向越低,在热管中的形变越大,即热管拉伸倍数越大,而喷丝头拉伸则变小,此时丝条进入热管的速度将降低,相应受到的摩擦阻力也减小,这样将使热管中的拉伸倍数随之降低,因而可以抑制原来的变化,反之亦然。

TCS的两段拉伸总是在不断地自我平衡,即具有自补偿效应,这是TCS工艺的最大特点。在纺丝过程中,当原料切片的特性黏度、纺丝温度和冷却条件等发生变化时,就能够通过上述过程自行补偿调节,从而使工艺状态回复到原来的位置上,这样便能制得结构性能较为均匀稳定的纤维,特别是染色均匀性要比用POY经拉伸后的丝条所加工成的织物有明显的提高。TCS

工艺更适合纺制单丝更细的纤维，有利于利用单丝与空气间的摩擦力实现拉伸。

TCS热管法可在4500m/min左右的纺丝速度下，纺制出符合质量要求的全拉伸丝，其断裂强度一般达3.8～4.0dN/tex，断裂伸长率在35%左右。这是一种在设备投资和维护上较为经济的生产工艺。

TCS热管纺丝法的参考工艺条件见表9－20。

表9－20 TCS热管纺丝法的参考工艺条件

产品规格		110dtex/72f	热管温度/℃	170
熔体温度/℃		286	网络压力/MPa	0.30
纺丝组件压力/MPa		18	导辊速度/m·min^{-1}	4670
冷却吹风条件	温度/℃	20±1	卷绕速度/m·min^{-1}	4600
	相对湿度/%	70±10	卷绕张力/cN	11
	风速/m·s^{-1}	0.40±0.01		

(六) 聚酯长丝的后加工

涤纶长丝的规格繁多，其后加工流程也不尽相同。长丝后加工过程取决于原丝的生产方法和产品的最终用途。

1. POY—DT 工艺

(1)拉伸加捻工艺过程：拉伸加捻是在同一台设备上完成，以拉伸为主并给予少量的捻度。这种捻度较小的丝称为弱捻丝，弱捻丝在织造前通常需要补充加捻，即进行复捻或后加捻，以得到较高的捻度。相对于复捻后捻度较高的丝而言，拉伸加捻机上所得到的弱捻丝通常又称为无捻丝。拉伸加捻机的结构如图9－24所示。

卷绕丝从筒子架上引出，经过导丝器、喂入辊，在上拉伸盘上被预热，在喂入辊和第一导丝盘间进行一段拉伸，在第一和第二拉伸盘间进行二段拉伸。在拉伸的同时，经加热器进行初步热定型。从第二拉伸盘引出的拉伸丝，经卷绕系统上部中心处的导丝器和上下移动着的钢领上的钢丝圈后，被卷绕在旋转的筒管上。丝条的加捻是由回转锭子和在固定钢领上滑动的钢丝圈相互作用而实现的。钢丝圈转一圈，丝条就得到一个捻回。

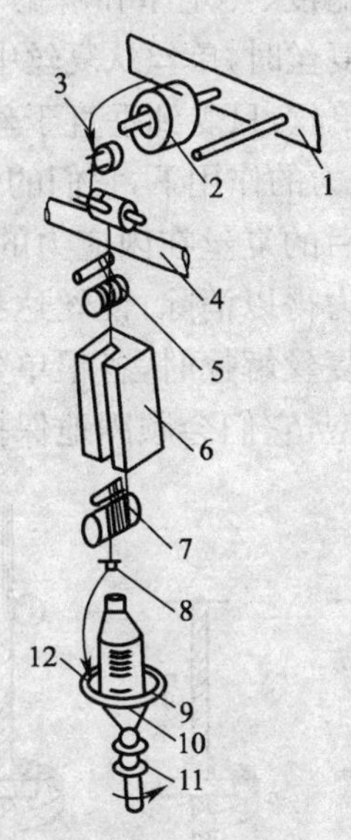

图9－24 涤纶长丝拉伸加捻机的结构示意图

1—筒子架 2—卷绕丝 3、8—导丝器 4—喂入辊 5—上拉伸盘 6—加热器 7—下拉伸盘 9—钢领 10—筒管 11—废丝轴 12—钢丝圈

(2)拉伸加捻工艺条件：

①拉伸比：涤纶长丝通常采用双区热拉伸。两段拉伸比分别为1.01和1.60左右，总拉伸比为1.6～1.8；第一段拉伸主要是使丝条在后加工中具有一定的张力。总拉伸比视剩余拉伸倍数及成品纤维性能要求而定。总拉伸比随着纺丝速度提高和丝条线密度降低而降低。

②拉伸温度:热盘(第一拉伸盘)温度一般应控制在丝条玻璃化温度以上 10~20℃。热盘温度过高,拉伸时容易断头,甚至丝条发生熔化,拉伸不均匀性增大;热盘温度过低,拉伸时所需热量不足,使拉伸点下移,也会使拉伸不匀且出现未拉伸丝、成品丝染色不匀等现象。同一台拉伸机上,各热盘间温度差异越小越好,以保证成品丝质量均匀,通常要求各锭位间热盘温差控制在±2℃以内。在实际生产中,第一段拉伸温度(丝条温度)系在 T_g 以上,第二段拉伸温度通常在结晶速率最快的温度区间,即 140~190℃,使拉伸取向和结晶相变两个过程同时顺利进行。第二段拉伸温度对纤维的结构及性能有重要影响。

(3)拉伸加捻机:拉伸加捻机一般为双面式,全机由四部分组成,即原丝筒子架、拉伸装置、加热器和加捻卷绕成型系统,并附有自动装载筒子架和自动落纱等辅助机构。我国使用的有德国 Zinser517—2 型和日本石川机(16S)等型号的拉伸加捻机,均为 156 锭,加工速度在 1000m/min 以上,可用于加工 40~70dtex 的普通长丝。

2. 假捻变形丝的加工

假捻变形丝是弹力丝的一个大品种。弹力丝是一种长丝变形纱,是以长丝为原料,利用纤维的热塑性,经过变形和热定型而制得的高度卷曲蓬松的新型纱。

(1)假捻变形丝的生产原理:传统的假捻变形丝是以拉伸加捻丝为原丝,在弹力丝机上经定型、解捻而得。即加捻、热定型、解捻三个过程分开进行,操作工序多,速度慢。近年发展了假捻连续工艺,将拉伸和假捻变形连续进行,简称 DTY 法。

①加捻—热定型—解捻变形过程:用假捻法生产高弹丝的过程包括三个基本步骤,即对复丝加上高捻度、热定型和解捻。

加捻复丝时,单丝从复丝中心到表面的应力逐渐增大,表面上的丝受到的应力最大,而位于丝束中心的单丝,只受到垂直于丝轴平面的扭矩作用。但各根单丝并不局限于一个固定不变的位置,在径向力的作用下,它们的位置发生变化,因此加捻复丝时,各根单丝所受的变形大致相同。

加捻后的复丝在内应力的作用下有退捻趋势。加捻复丝经热处理,其结构被定型,加捻引起的内应力得以消除,使丝达到平衡状态。

加捻复丝解捻时,各根单丝可回到原始状态,但它们在加捻时形成的螺旋形配置已经由热处理而定型,它们会顽固地保持下去。然而,由于解捻对加捻复丝所加的反方向扭矩,使各单丝又产生内应力。解捻的结果是由加捻产生的,并经热定型的变形,呈现在长丝纱上。各单丝呈正反螺旋状交替排列的空间螺旋弹簧形弯曲,使复丝直径增大,蓬松度提高。由于螺旋可被拉直,故变形丝在负荷下有很大伸长。去除负荷时,由于内应力又使它回复到初始状态。

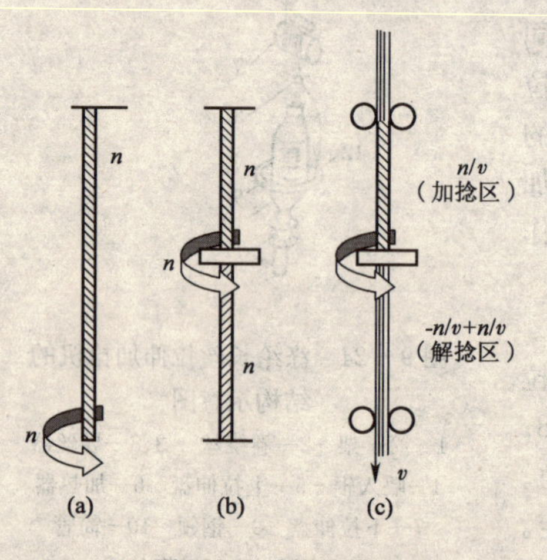

图 9－25　假捻模型

②假捻加工原理:假捻模型如图 9－25 所示。固定丝的一端,使另一端旋转时,则可加捻[图 9－25(a)]。若固定丝的两端,握住其中间加以旋转,则以握持点为界,握持点上、下两端的丝条得到捻向相反而捻数相等的捻度(n 和－n)[图 9－25(b)],而在整根丝上,捻度为零,此种状态在动力

学上称为假捻。如果丝条以一定速度 v 运行，则握持点以前的捻数为 n/v，在握持点以后，以相反捻向（$-n/v$）移动[图 9－25(c)]。因此，在握持点以后区域内的捻数为零。

现代假捻多采用摩擦式假捻器，常用三轴重叠盘，把丝直接压在数组圆盘的外表面上。由于圆盘的高速旋转，借助其摩擦力使丝条加捻。在假捻器上方，丝被加捻；而在假捻器下方，丝被解捻。

在假捻机构的加捻区域内（进丝侧）装置加热器，一面使丝加捻变形，一面使丝运行，便可使加捻—热定型—解捻三个基本工序连续化。

图 9－26 为假捻变形工艺流程以及相应纤维表观形态的示意图。

(2)聚酯低弹丝的生产工艺：

①假捻变形工艺流程：依聚酯假捻变形丝的用途，一般只需做低弹加工。聚酯低弹丝采用装有两段加热器的假捻变形机生产。原丝 POY 通过张力器进入喂入辊，并在喂入辊和传送辊之间，借助第一段热板加热进行拉伸，同时穿过高速旋转的假捻器。由于捻度的迅速传递，原丝在喂入辊和假捻器之间被加捻变形，而在假捻器和传送器之间被解捻，再在局部松弛下进入第二加热器定型，从而获得所要求的卷缩弹性和蓬松性。

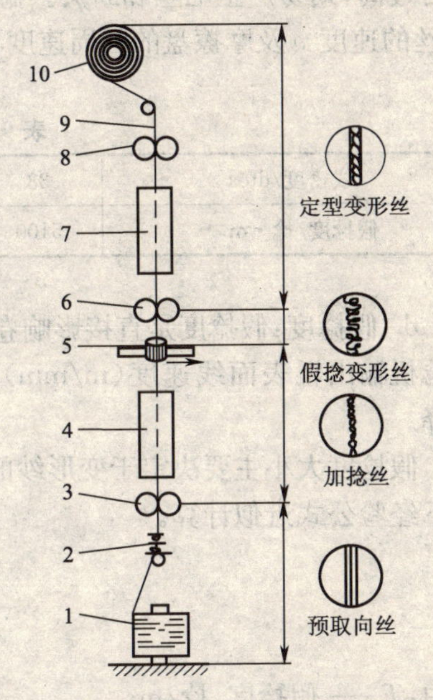

图 9－26　假捻变形工艺流程以及相应纤维表观形态示意图

1—预取向丝　2—张力器　3—喂入辊　4—第一加热器　5—假捻转子　6—传送辊　7—第二加热器　8—卷绕辊　9—低弹丝　10—卷绕筒子

在上述流程中，拉伸和变形在同一区域内同时完成，故称为内拉伸变形工艺。在第一加热器之后一般装有冷却板，使加捻热定型后的变形丝冷却至玻璃化温度（T_g）以下再进行解捻，以保证解捻后的丝条呈卷曲状态。

第二加热器的作用是使变形丝进一步热定型，使变形时产生的部分内应力松弛，消除非常弱的卷曲，同时降低热收缩率，以得到弹性回复率较低的低弹丝。

②假捻变形工艺条件：

a. 变形和定型温度：变形和定型温度应根据所要求变形纱的性质、原丝粗细、热定型箱长度和纱运行速度等因素来确定。因丝条与加热面直接接触，所以温度控制很重要，通常为 190～220℃。温度过低，丝变形不良，缺乏弹性；温度升高，变形丝蓬松性好，收缩潜力大，但手感粗糙，强伸度和韧度受到影响。定型加热箱一般为非接触式空气加热，定型温度主要视变形纱的弹性而定，通常为 180～220℃。变形纱要求弹性较高时，定型温度较变形温度为低；反之，则定型温度比变形温度高。并要求各部位温差必须控制在±1℃。

b. 加热时间和冷却时间：加热时间和丝的线密度、丝速、加热温度等因素有关。加热时间过长会产生毛丝、断头，并使纱发黄；加热时间过短，变形和热定型效果不良。通常加热时间控制在 0.4～0.6s。在假捻过程中，还应有适当的冷却时间，当假捻速度为 100m/min 左右时，冷却时间通常控制在 0.1s，冷却长度约为变形加热器长度的 1/3；丝条输出速度在 300m/min 以上时，必须采用强制冷却(水、空气为冷却介质)，使丝条冷却温度在玻璃化温度以下。

c. 假捻张力：丝条的张力，尤其是假捻器前后丝条的张力波动或张力控制不当，不仅影响操作，还影响弹力丝的质量，使丝条染色均匀性发生较大差异。

加捻张力的大小与输出辊接触点、假捻器粗糙度、热板的弧度、超喂率等因素密切相关。

解捻张力应大于加捻张力。若解捻张力太低，捻度在假捻器下方不能全部消除，使单丝粘在一起形成紧点，影响丝的蓬松性。解捻张力过大，则会导致丝条在假捻器下方呈松散状态而形成毛丝。

假捻张力影响丝束与摩擦盘的接触压力，张力过低，则接触不良，假捻数下降，卷曲性能差；张力过高，则易产生毛丝和断头。捻度与线密度的关系见表 9－21。张力的调整可通过拉伸比 R、丝的速度 v 及摩擦盘的圆周速度与丝条通过摩擦盘速度之比(D/Y 比)来控制调节。

表 9－21　假捻度与线密度的关系

线密度/dtex	33	56	83	111	167	222	278
假捻度/捻·m^{-1}	5100	4200	3250	2900	2400	2050	1800

d. 假捻度：假捻度是直接影响卷曲效果的重要因素。假捻度为假捻器计算转速(r/min)与假捻机输出辊表面线速度(m/min)之比。随着假捻度的增加，卷曲伸长率增大而强度有所下降。

假捻度大小主要决定于变形纱的使用要求和原丝线密度，通常线密度越小，捻度越高，可由以下经验公式近似计算。

$$T=\alpha\frac{97500}{\sqrt{\mathrm{Tt}}} \tag{9-14}$$

式中：T——假捻度，捻/m；

α——捻系数，α＝0.85～1.0；

Tt——线密度，tex。

原丝线密度与假捻度的对应关系见表 9－22。

表 9－22　原丝线密度与假捻度的关系

线密度/dtex	33	56	83	111	167	222	278
假捻度/捻·m^{-1}	5100	4200	3250	2900	2400	2050	1800

e. 超喂率：假捻时通常都要采用超喂，即超喂率大于 0；若超喂率为 0 称为等喂；超喂率小于 0 则称欠喂。假捻度相同时，变形区超喂率越小，卷曲伸长率越高，这是由于低弹丝在受到短时间的张力后，使其膨体性有所改善。通常，在生产允许的范围内，使张力偏于上限，以使丝条性能与外观得到改善，一般超喂率在 10%～20%，其中变形超喂对假捻影响较大。当假捻度为 2300 捻/m 时，变形超喂率为 6.9%，温度分别为 230℃、170℃。热定型区超喂率越大，丝条所形成的螺旋形线圈和轴向所成夹角就越大，定型丝条的卷曲伸长也就越大。

③假捻变形机:假捻变形机又称 DTY 机,世界各大公司制造的 DTY 机型号繁多且各具特色,但基本结构相似。我国多使用英国 SCRAGG 的 SDS600、德国 Barmag 公司的 FK6V—700 型、FK6—M700 型和 FK6—M1000 型以及日本村田公司的 333II 型,近年还有法国 ICBT 公司的 FT8E3 等型号的设备。

上述各种 DTY 机的基本组成均有原丝筒子架、拉伸和输送辊、变形和定型加热箱、冷却板、假捻器、吹风和排风装置、卷绕装置等,有的还附有吹络装置。拉伸变形机的结构如图 9－27 所示。

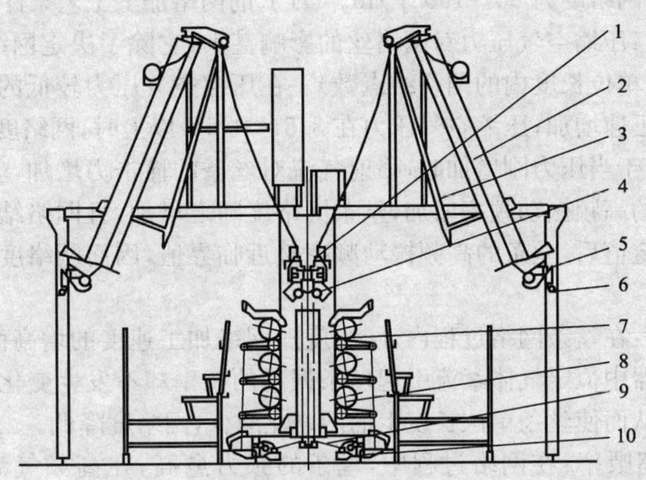

图 9－27 FK6—M1000 型拉伸变形机的结构示意图

1—假捻器 2—第一热箱 3—操作杆 4—拉伸辊 5—喂入辊 6—丝束喂入及断丝器 7—第二热箱 8—卷绕丝 9—转向辊 10—上油组件

3. 网络丝的加工

网络丝是指丝条在网络喷嘴中,经喷射气流作用,单丝互相缠结而呈周期性网络点的长丝。网络加工对改进合纤长丝的极光效应和蜡状感有良好的效果。网络丝用途广泛,如织造时可免去上浆、代替并捻或加捻、提高卷绕丝的加工性能、改善卷装或用于制造不同类型的混纤丝等。目前网络加工多用于 POY、FDY 和 DTY 的加工中。

(1)网络生成原理:

①网络原理:当合纤长丝在网络器的丝道中通过时,受到与丝条垂直的喷射气流的横向撞击,产生与丝条平行的涡流,使各单丝产生两个马鞍形运动和高频率振动的波浪形往复。合纤长丝首先开松,随后整根丝条从网络喷嘴丝道里通过,折向气流使每根单丝不同程度地被捆扎和加速。丝道中间的单丝得到气流所给予的最大加速,位于丝道侧壁的单丝则进入边缘较弱的气流回流里。当这两股气流所携带的单丝在丝道内汇合时,便发生交络、缠结,产生沿丝条轴线方向上的缠结点。两个折向气流形成的涡流给一部分丝加 S 捻,给另一部分丝加 Z 捻,两个反向涡流碰头点,即形成合纤长丝的网络点。由于不同区域涡流的流体速度不同,从而形成周期性的网络间距和结点。

②网络喷嘴:网络喷嘴是网络技术的关键,有开启式和封闭式之分,其中包括单孔和双孔。开启式生头方便,使用较广泛,加工线密度范围大(100～400dtex),尤其适合于高速网络加工。网络喷嘴丝道一般在30～40mm长,气孔直径为1.5～2mm。喷嘴芯用优质钢制成,经硬化处理,丝道两端装有陶瓷导丝圈。

(2)网络工艺条件:涤纶长丝进行网络加工的原丝有拉伸变形丝(DTY)、预取向丝(POY)、全拉伸丝(FDY)以及混纤丝等。虽然其网络原理相同,但由于网络原丝性质不同,对成品网络丝的特性要求也不同,故网络加工条件也不尽相同。POY和FDY的网络度较低,大多在20个/m以下。DTY的网络度为60～100个/m。DTY的网络加工工艺条件如下。

①压缩空气压力:压缩空气压力对网络丝的影响甚大,它除了决定网络丝网络结点的牢度之外,还影响网络度(单位长度内的网络结点数)。在压缩空气压力较低的范围内,随压力的增加,网络丝的网络度迅速增加;压缩空气压力在3.5×10^5Pa以上时,网络度的增加逐渐缓慢,直至不再增加。这是由于当压力刚增加时,喷射气流对丝条的撞击力增加,丝道内的流体紊流加剧,从而使丝条产生的高频振动频率增加,丝条网络度随之增加,且网络结点的牢度高,不易松散;但压力增加到一定值后,丝条的高频振动频率接近临界值,因而网络度的增加逐渐缓慢,直到平衡值。

②网络加工速度:在丝条网络过程内,网络度随网络加工速度的增高而降低。这是由于链条速度提高,而网络器中恒定气体紊流引起丝条振动的频率却不发生变化,单位时间内对丝条产生的网络度一定,从而使丝条单位长度上的网络点减少,网络度降低。

③丝条张力和超喂率:在网络过程中,丝条的张力愈高,在高频气流冲击下,丝条产生的弦振动愈小,即丝条的开松和丝的旋转程度下降,从而使网络丝的网络度下降,这在高速加工网络丝时尤为突出。但丝条张力过低,丝条在网络器丝道中易偏离中心位置而位于丝道的气流死角区域,其丝条不易被吹开,致使丝条网络不均匀,大段丝条没有网络点。此外,低弹丝网络加工时,因网络器一般装在第二热箱的进口或出口处,故丝条张力过低,易使丝条在第二热箱中飘动,影响丝条在第二热箱中的补充定型效果,以至影响网络低弹丝的其他质量指标。

实验证明,低弹丝网络加工中张力控制在0.04～0.09dN/tex为宜。

一般调节超喂率以得到合适的丝条张力,当超喂率增加时,丝条的张力降低,单位长度的丝条被网络的机会减少,网络度下降。此外,丝条进出网络器的角度,一般需控制在40°～70°,才能保证有良好的网络效果。丝条的总线密度和异形度等因素,对网络度也有一定影响。

4. 空气变形丝的加工

空气变形又称喷气变形,制得的产品称为空气变形丝(ATY)。空气变形丝以POY或FOY为原丝,通过一个特殊的喷嘴,在空气喷射作用下单丝弯曲形成圈状结构,环圈和线圈缠结在一起,形成具有高度蓬松性的环圈丝。若将部分丝圈拉断,则变形表面可见圈圈和细纱尖,具有类似短纤纱的某些特征。因此空气变形丝又称为仿短纤纱。采用不同的变形工艺,可以制出具有仿毛、仿纱、仿麻效果的空气变形丝(图9-28)。

(1)空气变形丝的生产原理:空气变形也称吹捻变形。气流作用的"加捻"不同于弹力丝的机械式加捻,在喷气变形过程中,有横向气流,也有轴向气流和旋转涡流。丝条通过喷嘴加捻区时,受到类似于许多加捻器的作用,丝条截面中任意一点所受到的气流速度都不相同,截面中各根纤维没有一个共同的回转中心，而是单丝在紊流作用下互相接触、转移和结合，这种过程可归结为交络和缠绕两种形式。所谓交络，就是纤维彼此间相交，形成网络结构，缠绕则是一根纤维以另一根纤维为轴心或相互为轴心进行缠绕，从而使整根变形丝形成错综复杂的丝体，呈现环圈交加的变形丝结构。

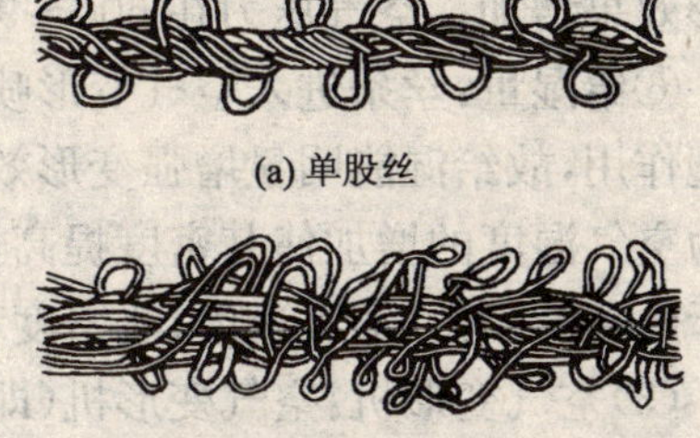

(a) 单股丝

(b) 多股组合丝

(c) 花式丝

图 9－28　环圈变形丝的结构示意图

空气变形丝加工过程中，丝交缠和圈结过程一般分三步完成：

①原丝进入喷嘴被气流吹开，获得实现交缠的可能。

②被吹开的各根单丝发生位移并发生横向弯曲，生成圈结。

③丝的长度缩短，强化缠结及网络，使已生成的圈结固定下来。

(2)空气变形丝生产的工艺参数：空气变形丝生产工艺流程中，还可设有短纤化装置。将丝束上 20%～30%的丝圈割断，形成游离纤维末端，使变形丝具有短纤纱的独特风格。

①超喂率：变形区超喂率以变形喷嘴前、后罗拉的速度来表征。超喂可提高长丝在喷射气流作用下交缠和起圈的程度，增加变形丝沿长度方向上分布的丝圈；增大丝条的蓬松性及覆盖效果。超喂率过低，不利于丝条缠结成圈；超喂率过高，丝条表面毛圈过大，条干松散，毛圈的绕结牢度降低，均匀性和稳定性变差，给织造和后处理带来困难。生产中，超喂率一般控制在 10%～30%。

②热辊温度和拉伸比：POY 在变形加工时需进行热拉伸。以涤纶 POY 为原丝进行空气变形的热辊温度控制在 130～150℃，最高不得超过 160℃。

随着空气变形加工中拉伸比的增加，线密度下降，断裂伸长率减小而沸水收缩率增大。涤纶 POY 在空气变形加工中的拉伸比应控制在 1.5～1.7。

③定型温度和定型时间：在定型加热器长度一定的前提下，定型效果取决于丝条的行走速度和加热器的温度。定型温度越高，定型时间越长，空气变形丝的丝圈缠结越紧，变形丝结构稳定性越好，沸水收缩率越低。由于空气变形丝丝圈内充满了空气，故它的传热性比拉伸变形丝差，要使其丝芯达到同样的定型效果，就需延长加热时间。

④加工速度和张力：提高加工速度可提高生产效率，但受到一定限制。如丝速从 300m/min 增至 600m/min，线密度增加率相对下降 35%～40%。这是由于丝条通过喷嘴的速度提高，使丝与喷嘴内气流的相对速度下降，即气流动态压力对丝条的作用力下降。在同一速度下加工，则线密度的增加率与原丝线密度有关。原丝线密度愈高，加工速度应愈低。加工速度还会影响张力和热定型效果。

在空气变形过程中，各区张力对成品的性质有很大影响。在变形区，较低的张力有利于开松、卷曲成圈；稳定区控制较低的张力，则有利于纤维内应力松弛，提高变形效果。生产中，张力应控制在 5.5～8.0cN。

⑤空气压力：空气压力的变化会引起气流状态的变化，提高空气压力，有利于丝圈形成，使

变形效果增加。空气压力在600～900kPa，便能满足变形要求。

⑥给湿量：丝条进入空气变形喷嘴前，先进行给水润湿。水可洗去原丝上的部分油剂并起增塑作用，故给湿能明显增强变形效果。提高给湿率还可降低压缩空气压力及其消耗量，这是因为空气湿度的增加使其密度提高，进而增强喷嘴内的湍流状态，以提高变形效果。给水量取决于丝条的张力、加工速度、线密度和变形超喂率。生产中的给水量为每个喷嘴0.8～1.0L/h。

(3)空气变形机：空气变形机(即ATY机)通常有三种分类方法。

①按成品用途可分为衣料用和装饰布用空气变形机，如Eltex、AT等型号。

②按原丝分，有POY和FOY用喷气变形机，如德国Barmag公司的FK6T—80型，Eltex的AT—HS型等。

③按设备结构可分为带加热器和不带加热器的空气变形机。

近十多年来，空气变形机已不断改进，加工速度和生产能力不断提高，产品的单耗也大为降低。机器改进的重点是研制新型的喷嘴。著名的空气变形喷嘴有美国杜邦公司的XIV型(用于细特丝)和XV型(用于粗特丝)，其效果甚好。另一种是瑞士Heberlein公司的Hema型喷嘴，该喷嘴的喷嘴芯有T—100型(一个进气口)、T—300型(三个进气口)与HW—01型给湿系统配合使用，也具有良好的效果。上述喷嘴的优点是空气消耗量比一般喷嘴减少一半，喷嘴内部不易积污，且易于调整。

Hema型喷嘴芯的结构如图9－29所示。

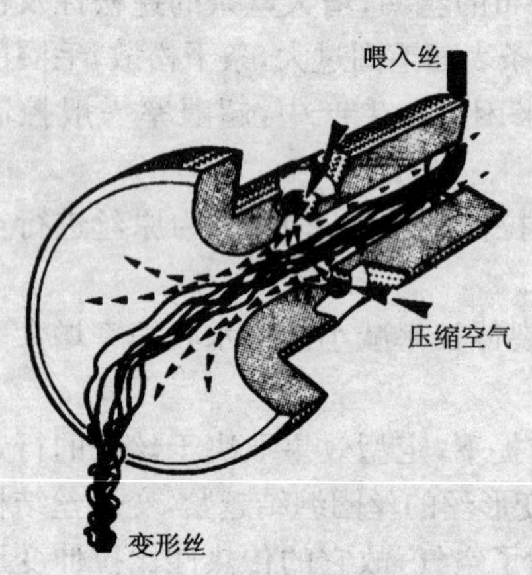

图9－29　Hema型喷嘴芯工作原理示意图

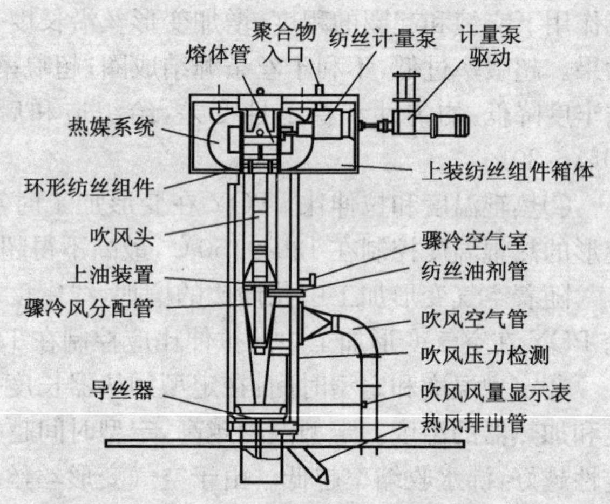

图9－30　聚酯短纤维常规纺丝示意图

三、短纤维纺丝

(一)聚酯短纤维的纺丝工艺

1. 切片纺常规短纤维纺丝工艺

聚酯短纤维常规纺丝工艺如图9－30所示。

(1)纺丝温度：纺丝时，螺杆各区温度控制在290～300℃，纺丝箱体温度控制在285～260℃。纺丝温度过高会导致热降解，使熔体黏度下降，造成气泡丝；纺丝温度过低，则使熔体黏度增高，造成熔体输送困难，组件内压力升高而出现漏浆现象。纺丝温度过高或过低均会导致产生异常丝。纺丝温度波动范围越小越好，一般不应超过±2℃。

(2)纺丝压力：聚酯短纤维熔体纺丝压力为0.5～0.9MPa时称低压纺丝，15MPa以上时称为高压纺丝。低压纺丝时，一般需升高纺丝温度，以改善熔体流变性能，这易引起热降解。高压纺丝时，由于组件内滤层厚而密，熔体在高压下强制通过滤层会产生大的压力降，使熔体温度升高。压力每升高10MPa，熔体温度升高3～4℃。因此采用高压纺丝可降低纺丝箱体的温度。在纺丝过程中，必须建立稳定的压力。

(3)丝条冷却固化条件：聚酯短纤维生产中，环形吹风的温度一般为30℃±2℃、风的相对湿度为70%～80%。

吹风速度对成型的影响比风温和风湿更大，随着纺丝速度的提高或孔数的增多，吹风速度应相应加大，生产上一般采用0.3～0.4m/s。采用侧吹风时，吹风速度可为弧形或直形分布，均能达到良好的冷却效果。

(4)纺丝速度：聚酯短纤维纺丝速度为1000m/min时，后拉伸倍数约为4倍；当纺丝速度增大到1700m/min时，后拉伸倍数只有3.5。后拉伸倍数一般根据纺织加工的需要来确定，其可拉伸倍数则取决于纺丝速度。为使卷绕丝具有良好的后加工性能，常规纺短纤维的纺丝速度控制在2000m/min以下。

2. 大容量直接纺丝技术

从20世纪90年代起，聚酯短纤维生产技术向规模化和自动化、柔性化发展。设备的制造技术和工艺技术已经可以达到日产150t以上。相对日产50t/d的80年代涤纶短丝生产线，90年代的100t/d生产线的投资仅为60%，纺丝设备的布置如图9－31所示。

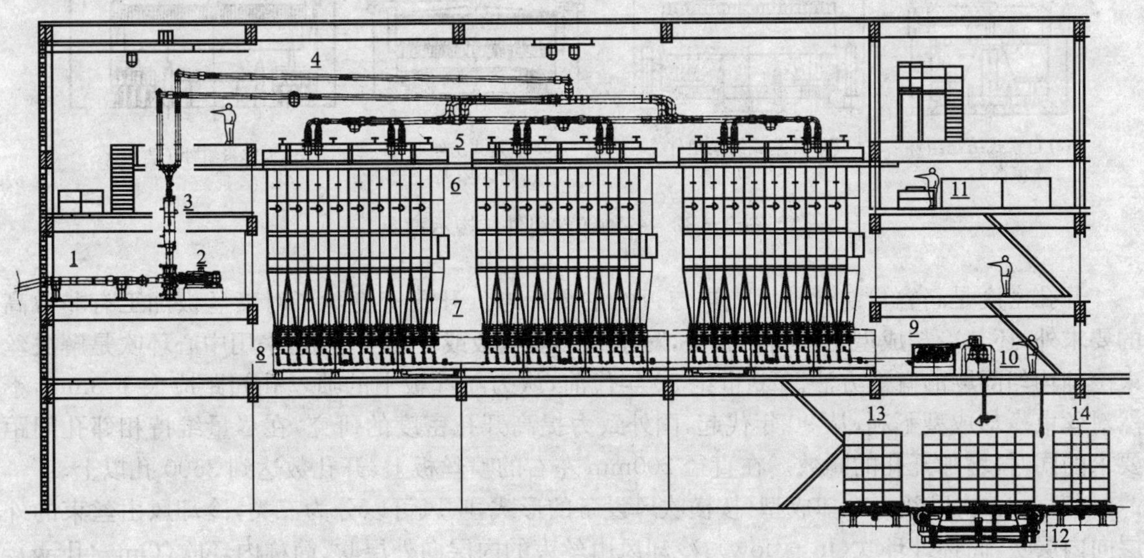

图9－31 大容量直接纺短纤维纺丝设备布置示意图(生产能力为100～200t/d)

1—来自聚酯熔体 2—增压泵 3—熔体冷却器 4—熔体分配管 5—纺丝箱体 6—骤冷风 7—甬道 8—卷绕面板 9—卷绕机 10—喂丝机 11—组件预热箱 12—盛丝往复装置 13—空筒 14—满筒

90 年代中期,德国吉玛公司和瑞士的伊文达分别向我国输出日产 100t 的涤纶短纤维生产线共 6 条。90 年代末期,德国的纽玛格等公司分别向我国输出日产 150t 的生产线。其生产线的主要技术特征为单部位高密度的喷丝板与开孔密度、低阻尼的骤冷风丝束冷却系统、高速的卷绕机、大容量的后处理拉伸设备和高密度卷曲切断设备,可以适合多品种的柔性化工艺调节体系、高度自动化工艺和操作控制计算机技术。

国外涤纶短纤维技术发展将朝着大内容、高度柔性化、多品种、计算机控制等方向发展。

大容量直接纺丝和后处理具有以下技术特点。

(1) 保证熔体在输送过程中质量稳定:为了保证高容量纺丝的顺利进行,如何降低熔体在输送过程中的特性黏度降,并且保证各纺丝位之间的熔体质量均匀性是大容量纺丝的关键技术之一。由于熔体在输送过程中存在压力降和管内熔体的径向温度分布,因此在管径和管外热媒温度的选择上应取得合适的平衡。在熔体总管上装有熔体降温和静态混合的设备,可以改善大容量纺丝过程中对熔体的不利影响。

对于 80 年代设计的熔体配管,相对 90 年代设计的当量配管直径大,当提高熔体输送量后,熔体在管内的停留时间减少,相对较细的熔体管径提高了熔体在输送过程中的热交换程度,为降低管芯和管壁的温度差提供了控制和调节手段。对于减少输送过程中的熔体特性黏度降有利。

(2) 纺丝组件设计合理:为保证各纺丝位的出量均匀,纺丝组件均由自紧式改为外紧式(图 9-32),其目的是避免由于组件内压力波动造成熔体滞留在组件的微缝处而产生裂解。

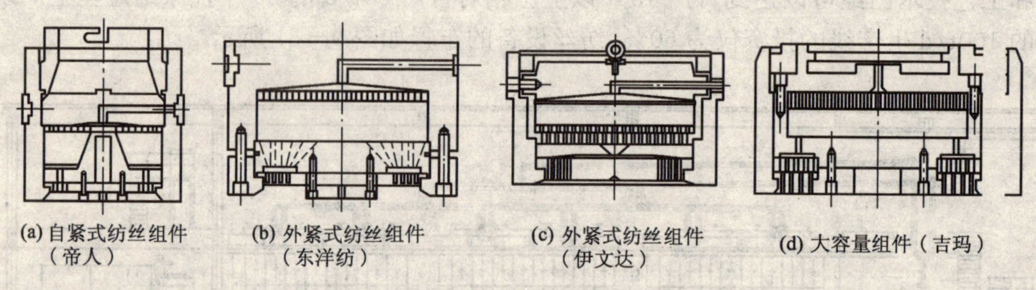

(a) 自紧式纺丝组件(帝人)　(b) 外紧式纺丝组件(东洋纺)　(c) 外紧式纺丝组件(伊文达)　(d) 大容量组件(吉玛)

图 9-32　各种纺丝组件结构示意图

开孔密度是高容量纺丝技术先进与否的主要标志。开孔密度除了对喷丝板加工有非常高的要求外,还与冷却成型工艺密切相关,对于圆形喷丝板或环形喷丝板,采用中心环吹是解决丝束冷却均匀问题的有效方法。20 世纪 90 年代前,认为喷丝板上的喷丝孔间距应大于 3mm,不然对丝束冷却成型不利,从 90 年代起,国外致力提高开孔密度的研究,在尽量维持相邻孔间距要求的同时,增加开孔的圈数。在直径 200mm 左右的喷丝板上,开孔数达到 3500 孔以上。

(3) 中心吹风丝束冷却成型:按横吹风设备的形式,吹风可以分为三类,冷却风由丝束的外层向内层吹,简称外环吹(In-flow);冷却风由丝束的内层向外层吹,简称内环吹(Out-flow),俗称中心环吹;在环吹的同时,在环吹头的下方再加上侧面吹风,简称复合吹风。

为了使横吹风的风速处于层流状态(1～2m/s),同时要求一定的冷却风量对丝束进行热交换,吉玛工艺采用加长进风段的距离,使风有一定的层流分布距离,环吹头采用低阻尼(491Pa 以下)介质,伊文达公司采用中高阻尼吹风头(1767.6Pa 以上),以解决风的层流问题。德国纽玛格公司则开发了内环吹的低阻尼设备，达到节约风机能源，简化工艺操作，降低投资的目的(图 9－33)。

纽玛格公司低阻尼设备结果表明，在低阻尼吹风条件下，凝固点在喷丝头下约 25cm 处。采用原先的由外向内吹的凝固点在 30cm 处，中心环的丝条温度可能高于凝固温度 100℃以上。这是喷丝板直径 210mm、喷丝孔数大于 2500 孔所无法接受的。丝条速度在距离喷丝板下 50cm 处达到纺丝的第一卷绕速度，这为丝条内在质量均匀提供了有效的保证。

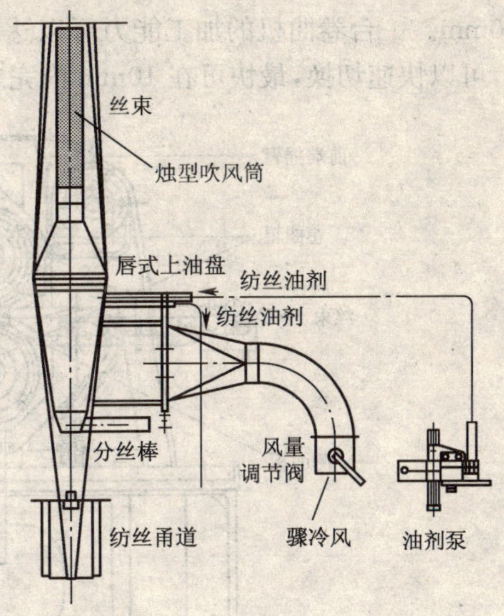

图 9－33　中心吹风结构示意图

(4)新型卷绕形式：高速化的卷绕设备是高产的保证，德国吉玛工艺采用 1400m/min 的卷绕速度，卷绕辊和牵引辊各不相同的直径变化和辊面的不同处理给丝束一定的卷绕张力，喂入轮仍用齿轮形(俗称葵花轮 SUN－FLOWER)。伊文达工艺采用 1700m/min 以上的卷绕速度，较少的后处理拉伸倍率；杜邦工艺采用空气牵引的方式让丝束进入盛丝筒，丝束的速度可达到 2000m/min 以上；德国纽玛格公司采用各牵引辊速度独立可调的方法，稳定提高丝束在不同工艺条件下的握持力，有效地减少了丝束打滑，提高了生产效率。

在卷绕面板上加装快速生头设备，可以有效提高生头的速度，降低熔体消耗。

(5)独立变频系统的拉伸工艺：20 世纪 90 年代起，电器的变频技术成熟，各拉伸机的传动淘汰了传统的长边轴变换齿轮调节拉伸比率的方法，使用独立变频电动机，分别调节拉伸比。其技术的关键是解决了拉伸比的稳定和拉伸机在启动和停止时的同步，解决了各单机的动力平衡问题。各段拉伸比可以无级平稳调节，对生产过程中根据原丝性能微调拉伸比和回缩比起到了关键作用，也为生产线柔性化提供了先决条件。

(6)一水一汽的拉伸方法：20 世纪 80 年代的后处理线采用一水一汽的拉伸方式，90 年代由于采用高速纺丝工艺，后处理有采用一次拉伸的工艺，从吉玛工艺实际使用状况看，一水一汽工艺最大的优势是可以适合后处理线多品种的需求。水浴槽采用上喷淋，下浸渍的形式，可以有效解决后处理线开停对丝束的影响。

(7) 高温紧张热定型：多段式的紧张热定型可以有效调节纤维的热收缩率，吉玛工艺采用 3～4 段的辊组，辊筒采用夹套式，可以有效提高辊筒表面的温度，最高温度可达到 220℃，丝片表面温度达 190℃以上。后处理线的开停不会对其造成温度波动，特别对于生产强度高(6.4cN/dtex)、伸长低(小于 20%)的纤维有特殊的作用，还可以使纤维的热收缩率小于 4%(180℃，热空气)。调节各辊组的温度分布，可以生产不同物理机械性能的纤维。

辊内采用中压蒸汽(2.5MPa)，蒸汽使用采用串级式，可以有效提高加热效率并降低蒸汽的消耗。

(8)大容量、高密度卷曲：卷曲机可谓是后处理的加工心脏，世界上著名的卷曲机制造商有德国的纽玛格、福来司拿机械公司等，卷曲机的速度达到 300m/min 以上，卷曲轮宽达到 500mm。一台卷曲机的加工能力可以达到 200t/d。为保证工艺生产的连续稳定，采用在线备台，可以快速切换，最快可在 10min 内完成调换。大容量卷曲机的结构如图 9－34 所示。

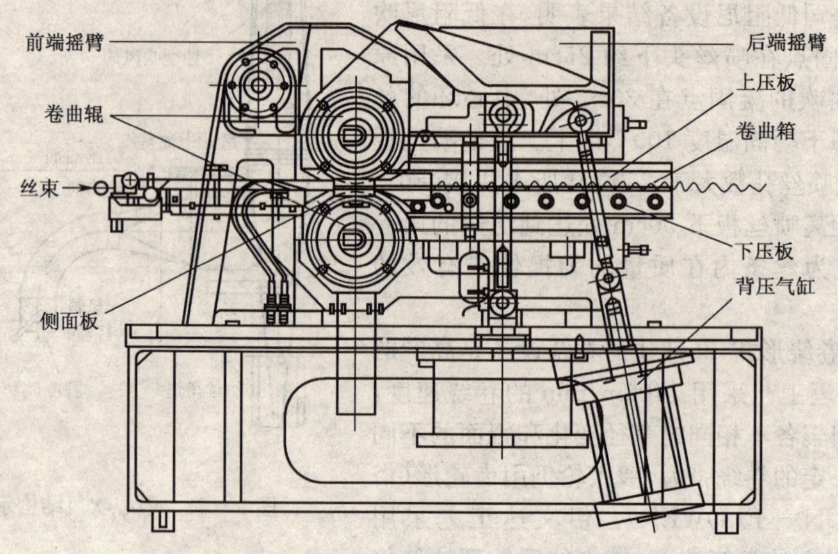

图 9－34　大容量卷曲机的结构示意图

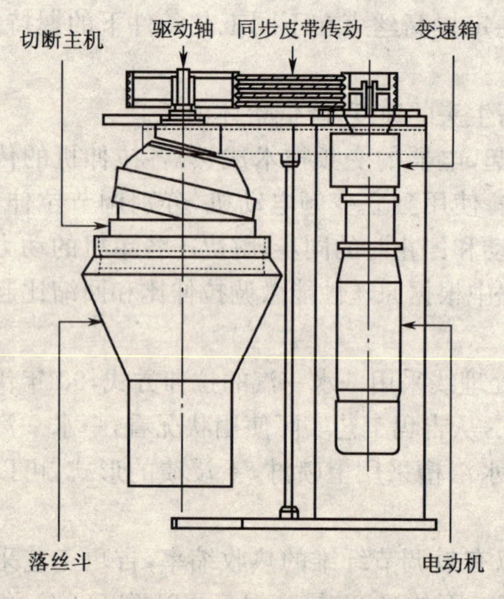

图 9－35　高速切断机示意图

(9)高速切断：为适宜拉伸设备的大容量和高速化，压切式的切断方式是大容量后处理生产的关键，德国福来司拿和纽玛格采用压切式切断机，纽玛格的切断机采用斜盘式压盘，切断刀与水平呈一定角度，对延长刀的使用寿命和提高切断质量有帮助。切断速度达到 350m/min 以上，丝束总线密度可以达到 500ktex。其采用恒张力控制，能保证丝束切断长度均匀。高速切断机的示意图如图 9－35 所示。

(10)后处理各单元独立调速：后处理关键设备的长边轴改为独立变频的无级调速，可以解决满足不同生产品种需要的工艺要求。切断和卷曲采用德国纽玛格的大容量设备，可以使生产线的能力达到日产 100t 以上。保留原先的拉伸机和松弛热定型设备、打包设备，并加以适当的改造和调整，采用新制的夹套式辊筒紧张热定型设备并更新部分自控仪表，可以满足在原日产 50t 的基础上增量到 90t 以上的能力。

其产品的线密度在 0.88～3.33dtex，品种可以是高强低伸服用型、高强低伸缝纫线型、中强中伸仿粘胶型、仿毛型、非织造布专用型等。

表 9－23 对各纺丝设备进行了综合比较。

表 9－23　各纺丝设备的综合比较

主要技术规格	单位	纺丝设备型号				
		国产 VD406	国产 HV452	德国吉玛 BN100	德国纽玛格 OFS600	美国杜邦
公称生产能力	t/a	7500	15000	30000	50000	50000
纺丝箱体数量	个	4	4	8(6)	5×2	5×2
箱体纺丝位数	个	6	6	4(5)	8	8
总纺丝位数	个	24	24	32(30)	80	80
喷丝板直径	mm	180	328	406	405	230
喷丝板孔数	个	1260	2592	3700	3600	2400
冷却吹风形式		进风采用高阻尼烧结金属筒过滤和稳定风压，密闭系统，有排风装置	进风采用低阻尼非织造布稳定风压，敞开系统，无排风装置	进风采用低阻尼金属丝网筒稳定风压，密闭系统，有排风装置	采用中心低阻尼海绵状特殊过滤和稳定风压，敞开系统，无排风装置	进风采用高阻尼烧结金属筒过滤和稳定风压，加环吹后侧吹敞开系统
纺丝上油方式		卷绕面板处油轮单面上油	卷绕面板处油轮双面上油	在吹风筒的下方，内圆环型唇式上油	在吹风筒的下方，外圆环型唇式上油	卷绕面板处油轮单面上油
卷绕面板附件		转向辊、废丝吸口、生头用卷绕辊	转向辊、自动切断器、浆块检测、废丝吸口	转向辊、自动切断器、浆块检测、废丝吸口、网络生头器	转向辊、自动切断器、浆块检测、废丝吸口、网络生头器	转向辊、切断器、废丝吸口
丝束牵引系统		4 辊牵引直流调速	7 辊＋5 辊交流变频调速	6 辊＋1 辊交流变频调速	6 辊＋1 辊交流变频调速	6 辊交流变频调速
丝束喂入系统		葵花齿轮啮合，直流调速	葵花齿轮啮合，交流调速	葵花齿轮啮合，交流调速	葵花齿轮啮合，交流调速	喷气喂入
牵引辊设计工艺速度	m/min	900	1200	1400	1400	1700
喂入轮速度	m/min	1000	1300	1700	1700	—
盛丝桶规格	m	0.9×0.9×1.5	1.9×1.9×2	2.5×2.5×3	3×3×3.5	3×3×3.5
往复成型装置		横向直流电动机、纵向直流电动机	横向液压油缸、纵向液压电动机	横向变频电动机、纵向变频电动机	横向变频电动机、纵向变频电动机	横向变频电动机、纵向变频电动机

(二) 短纤维的后处理

纤维后加工是指对纺丝成型的初生纤维（卷绕丝）进行加工，以改善纤维的结构，使其具有优良的使用性能。

后加工包括拉伸、热定型、卷曲、切断和成品包装等工序(图 9-36)。

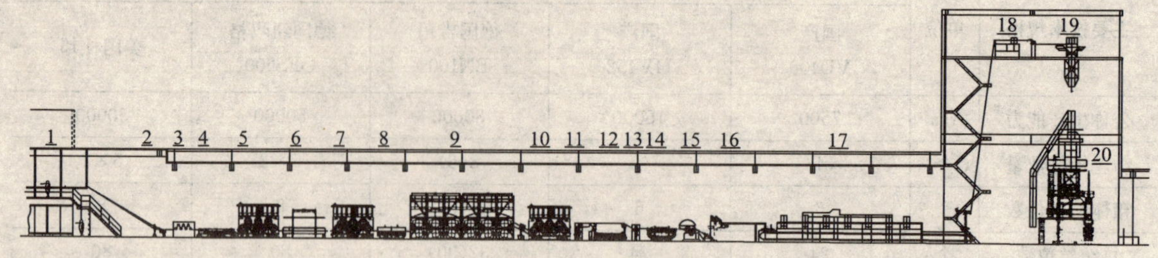

图 9-36 后处理工艺及设备流程示意图

1—集束架 2—导丝架 3—导丝机 4—浸油槽 5—第一拉伸机 6—水浴槽 7—第二拉伸机 8—蒸汽拉伸箱 9—紧张热定型机 10—第三拉伸机 11—上油机 12—叠丝机 13—张力控制机 14—卷曲预热箱 15—卷曲机 16—铺丝机 17—松弛热定型机(干燥机) 18—曳引机 19—切断机 20—打包机

纤维后加工有如下作用:

(1)将纤维进行拉伸(或补充拉伸),使纤维中大分子取向并规整排列,提高纤维强度,降低其断裂伸长率。

(2)将纤维进行热处理,使大分子在热作用下,消除拉伸时产生的内应力,降低纤维的收缩率,并提高纤维的结晶度。

(3)对纤维进行特殊加工,如将纤维卷曲等,以提高纤维的摩擦因数、弹性、柔软性、蓬松性,或使纤维具有特殊的用途及纺织加工性能。

1. 工艺流程

视纤维物理机械性能不同,后加工流程和设备均有差异。目前国内生产的聚酯短纤维有普通型和高强低伸型。

聚酯短纤维典型的后加工工艺流程如图 9-37～图 9-41 所示。生产高强低伸型短纤维时,采用含紧张热定型的流程,生产普通短纤维时,不必进行紧张热定型。

2. 工艺及设备

(1)初生纤维的存放及集束:刚成型的初生纤维其预取向度不稳定,需通过存放获得平衡,使内应力减小或消除,预取向度降至平衡值;还需使卷绕时的油剂扩散均匀,以改善纤维的拉伸性能。因此,初生纤维不能直接集束拉伸,必须在恒温、恒湿条件下存放一定时间。在存放过程中,卷绕丝的结构和性能会发生变化,存放 8h 以上,卷绕丝的取向度可达稳定。

存放平衡后的丝条进行集束。所谓集束是把若干个盛丝筒的丝条合并,集中成工艺规定粗度的大股丝束,以便进行后处理。集束于恒温、恒湿条件下进行。各生产厂集束的粗细根据卷曲机生产能力不同而有差别,一般在(30ktex×1)～(75ktex×2)左右(以成品纤维的线密度为准)。

(2)拉伸设备:拉伸工艺采用集束拉伸,常用三道七辊拉伸机。为保证丝束加热均匀,短纤维一般采用湿热拉伸工艺,因此在各道拉伸机之间常设置加热器,有热水喷淋、蒸汽喷射、油浴加热和水浴加热等形式。由于液体的导热率比气体和蒸汽大得多,因此前两种方法一般不易均匀加热,目前更多倾向于油浴加热和水浴加热。

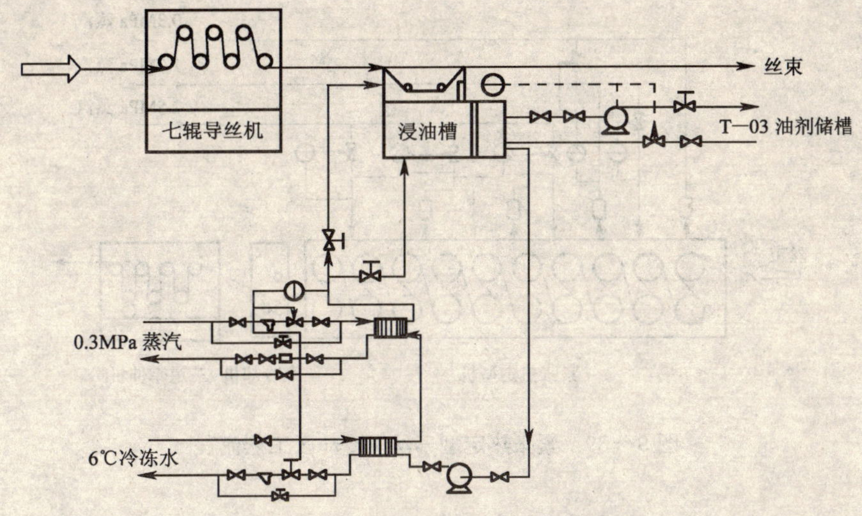

图 9－37　丝束浸渍的工艺流程

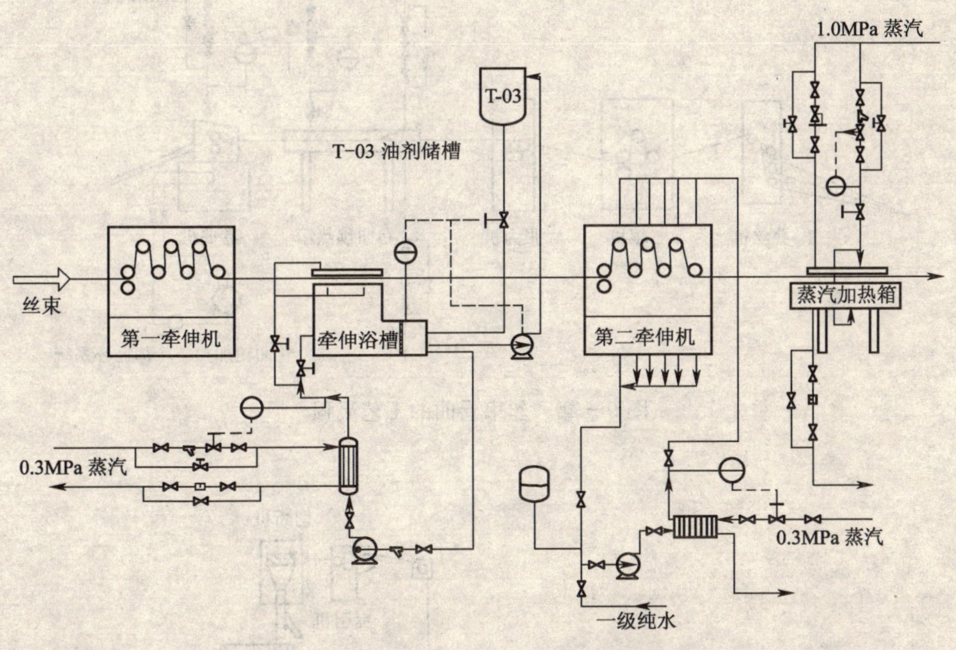

图 9－38　丝束拉伸的工艺流程

(3)拉伸工艺条件：拉伸方式分一级拉伸和二级拉伸。涤纶短纤维生产通常采用间歇集束二级拉伸工艺。

①拉伸温度：随着拉伸温度的提高，丝条的屈服应力和拉伸应力减小，有利于拉伸。在高聚物的玻璃化温度以上，拉伸屈服应力随温度升高而下降更为明显。因此第一级拉伸温度一般控制在玻璃化温度 T_g 以上，但不应过高地超过 T_g，以防发生流动变形，温度控制在 70～90℃最好。

纤维经过第一级拉伸后，已有一定程度的取向，结晶度也有所提高，T_g 也随之提高。进行

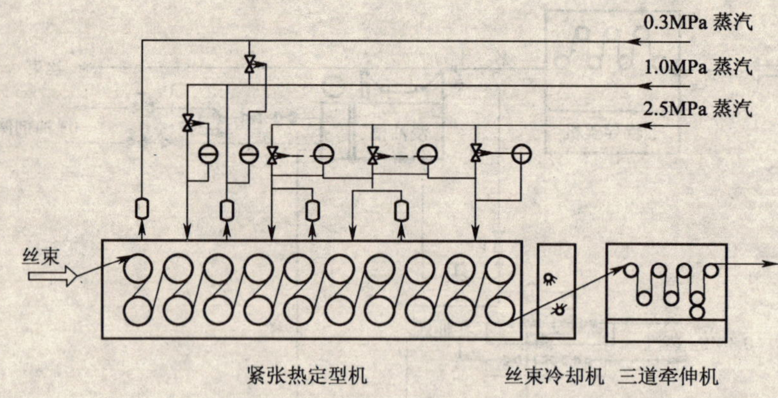

图 9－39　紧张热定型—丝束冷却区工艺流程

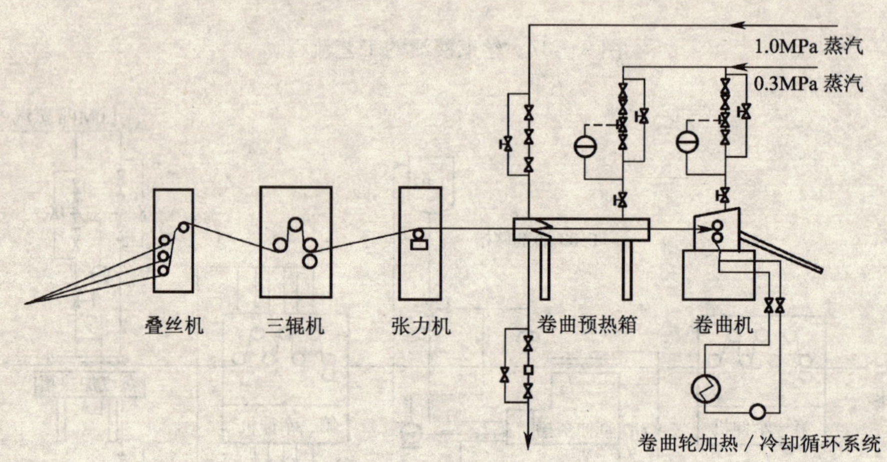

图 9－40　丝束卷曲的工艺流程

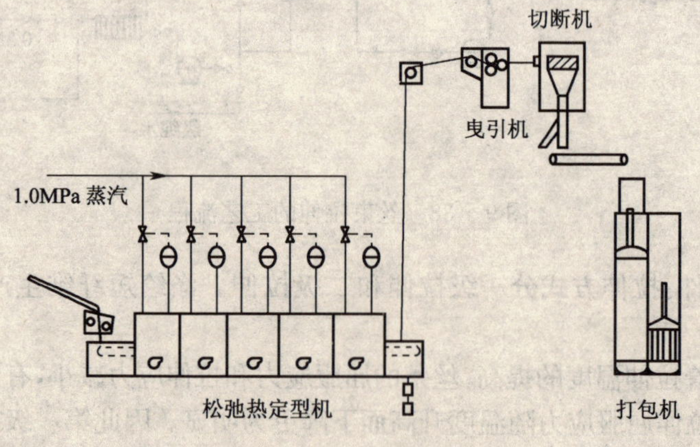

图 9－41　聚酯短纤维后加工工艺流程

第二级拉伸时，必须采取更高的拉伸温度。目前某些工厂采用过热蒸汽加热，温度控制在150（棉型）～180℃（毛型）。拉伸温度过低，会加大拉伸应力，增加纤维断头率。

②拉伸速度：在二级拉伸工艺中，丝束拉伸是通过3台拉伸机完成的。在拉伸过程中，随着拉伸速度的提高，拉伸应力有所增加，这是因为拉伸中纤维的形变是一个松弛过程，形变的发展需要一定的时间。可采用适当提高拉伸温度的措施来降低拉伸应力，提高拉伸速度。若拉伸速度太快，形变来不及发展，必然会增加纤维中的应力。但由于拉伸过程发热，会使被拉伸纤维的实际温度升高，从而使拉伸应力减小。因此，当拉伸速度超过某一值后，拉伸应力又有降低的趋势。提高拉伸速度就是提高生产能力。

目前涤纶短纤维生产中，拉伸时丝束的喂入速度一般为30～45m/min，出丝速度为140～180m/min；毛型短纤维的出丝速度则要低些。

③拉伸倍数及其分配：拉伸倍数应根据卷绕丝的应力—应变曲线来确定，选择在自然拉伸倍数和最大拉伸倍数之间。若拉伸倍数小于自然拉伸倍数，则被拉伸纤维中细颈尚未扩展到整个纤维，必然包含较多的末拉伸丝，这样的纤维没有实用价值；而当拉伸倍数达到最大拉伸倍数时，纤维就要断裂。

采用二级拉伸工艺时，在总拉伸倍数基本不变的情况下，随着一级拉伸倍数的增加，二级拉伸倍数缩小，纤维的断裂强度有所提高，延伸度与沸水收缩率也随之下降；当一级拉伸倍数提高到某一定值，即占总拉伸倍数的90%时，再继续提高拉伸倍数，则纤维性能变差，表现为断裂强度下降，延伸度和沸水收缩率上升。目前，当总拉伸为4.0～4.4倍时，第一级拉伸倍数控制在总拉伸倍数的85%左右为好。

④拉伸点的控制：通常把拉伸过程中出现细颈的位置叫做拉伸点。由于各单根纤维的细颈不可能同时在一个位置上产生，而往往在2～3cm的区域内展开，因此，确切地说应称为拉伸区。在生产上，拉伸点（区）的距离越短越好。在工艺上，为了稳定拉伸点，一般在一道、二道拉伸机之间借加热装置，使纤维内部形成一稳定的温度梯度；当纤维的实际温度上升至在相应的拉伸应力下能发生屈服变形时，纤维会出现细颈。如前所述，在加热拉伸时，屈服应力大大降低，纤维生热减小，加之热传导加强，实际升温将大大降低，可近似看成加热条件下的等温拉伸，所以此时拉伸点能准确控制在一道、二道拉伸机之间的加热器中，拉伸均匀性也大大改善。

⑤卷曲：涤纶的截面近似圆形，表面光滑，因此纤维间抱合力较小，不易与其他纤维抱合在一起，对纺织加工不利。故必须进行卷曲加工，使其具有与天然纤维相似的卷曲性。纤维卷曲的程度一般以卷曲数或卷曲度表示。目前，一般涤纶短纤维的卷曲数要求为：

棉型 5～7个/cm

毛型 3～5个/cm

合成纤维有机械卷曲和化学卷曲两种卷曲方法。目前大规模生产的涤纶短纤维，多数仍采用机械卷曲法。填塞箱式卷曲机由上卷曲轮、下卷曲轮、卷曲刀、卷曲箱和加压机构等组成，丝束经导辊被上、下卷曲轮夹住送入卷曲箱中。上卷曲轮采用压缩空气加压，并通过重锤来调节丝束在卷曲箱中所受的压力，使丝束在卷曲箱中受挤压而卷曲。

⑥热定型：热定型的目的是消除纤维在拉伸过程中产生的内应力，使大分子发生一定程度的松弛，提高纤维的结晶度，改善纤维的弹性，降低纤维的热收缩率，使其尺寸稳定。

普通涤纶短纤维一般在链板式或辊式热定型机上进行松弛热定型；生产高强低伸型涤纶短

纤维时，通常是长丝束经拉伸后在热辊式定型设备上，在一定的张力下进行紧张热定型，然后再进行卷曲、松弛热定型等。

用于热定型的设备有链板式松弛热定型机、圆网式松弛热定型机、九辊紧张热定型机等。干燥温度为110～115℃，松弛热定型温度为120～130℃，紧张热定型温度在170℃左右。

⑦切断和打包：纺织加工对纤维长度有一定的要求，为使涤纶能很好地与棉、羊毛及其他化学短纤维混纺，需将纤维切成相应的长度。根据纤维或织物规格的不同，一般有下列几种切断长度。

a. 棉型短纤维：切断长度（名义长度）为35mm或38mm，并要求长度偏差不超过±6%，超长纤维含量不大于2%。

b. 中长纤维：切断长度为51～76mm，介于棉型和毛型之间。

c. 用于粗梳毛纺的毛型短纤维：切断长度为64～76mm。

d. 用于精梳毛纺的毛型短纤维：切断长度为89～114mm。对于毛型短纤维，长度不匀率可比棉型纤维低。

e. 也有根据用户要求切成不等长（如分布在51～114mm）的短纤维。或直接生产长丝束再经牵切成条的。

根据切断方式，有经拉伸卷曲后的湿丝束先切断，然后再干燥热定型以及湿丝束先干燥热定型，然后再切断两种方式。

打包是涤纶短纤维生产的最后一道工序，将短纤维打成一定规格和重量的包，以便运送出厂。成包后应标明批号、等级、重量、时间和生产厂等内容。

四、涤纶工业丝

(一) 原料

涤纶工业丝生产所用的原料为高黏度切片，其制造方法通常分为间歇法固相聚合和连续法固相聚合两大类。生产涤纶工业长丝高黏度切片可采用三种工艺。第一种工艺是缩聚制成聚酯切片，再固相缩聚成高黏度切片，这是传统的方法；第二种工艺是将缩聚制成的聚酯切片加热挤压，经高黏自净反应器（HVSR）制成高黏熔体；第三种工艺是将缩聚后的熔体经高黏自净反应器制成高黏熔体。上述第二种和第三种工艺采用高黏自净反应器，是为了使聚合物在熔融状态下实现“再封端”的工艺。这是德国吉玛公司为解决固相聚合中出现质量上黏度差异和粉尘的难题而开发成功的高黏度高速纺丝生产高模低收缩涤纶工业丝的突破性新技术。

高黏度切片固相聚合装置大多采用连续式固相聚合生产工艺路线，主要流程如下：

大有光聚酯切片→筛选→预结晶→预加热→固相聚合→高黏度切片

1. PET固相聚合基本机理

在固相聚合中，低分子链PET中的许多端基在真空或惰性气体中加热而获得一定活化能，PET低分子链之间就会发生链增长反应，并析出乙二醇、乙醛、水等小分子副产物，小分子副产物由固体高聚物内部向表面扩散，借助于抽真空或惰性气体吹扫及时地排出系统。

从固相聚合基本原理可知，PET固相聚合反应速率由化学反应速率、副产物在固相高聚物内向外扩散速率、副产物分子从固相高聚物表面向空间气体扩散速率所决定，是多种因素综合影响的结果。

进行固相缩聚所用预聚体切片的原料路线不同，最终得到的高黏度聚酯树脂质量有较明显的差异。采用对苯二甲酸直接酯化法（PTA法）和对苯二甲酸二甲酯酯交换法（DMT法）得到的预聚体切片，经固相缩聚后发现，由PTA法生产的高黏度聚酯切片的质量比用DMT法的质量好。这是因为PTA法只需要一种催化剂，灰分比DMT法少得多，且杂质少，切片质量好。另外，用DMT法生产的聚酯残存甲酯端基，在固相聚合时阻碍缩聚反应进行，难以得到高相对分子质量的聚酯切片。

酯化和酯交换两种主要化学反应在固相聚合期间是同时发生的，PET预聚体中羧基浓度高的反应速率较快；预聚体羟基浓度低，固相聚合反应得到的高黏度聚酯切片醚键含量基本不变。通过改变原料乙二醇与对苯二甲酸的进料比或改变缩聚温度和时间，可控制预聚体的羧基、羟基含量。

2. 固相聚合的主要技术要点

通常反应温度高，反应速度就快，但PET预聚体切片加热至230℃时，它们将黏结在一起，从而阻碍固相聚合反应的进行。这是因为预聚体切片中低相对分子质量组分在熔融温度下开始熔融。切片形状和尺寸与预聚体切片的黏结有关系，圆柱形切片长度短，整体越接近圆形，黏结概率越小；立方体切片的上下表面比较光滑，这两个面容易粘结在一起，但其切割面较粗糙，很少发生黏结现象。

在PET固相聚合中，要想控制切片黏结，关键是控制好升温过程。一是在较低温度下投料，以较慢的速度升温，这样使切片充分受热，充分结晶，可以有效地防止黏结；二是在较高温度时投料，快速升温，使切片快速通过软化区、结晶区，也可以防止切片黏结。预聚体切片尺寸对固相聚合速率有较大影响，在245℃及270℃进行固相聚合，主要为副产物扩散控制反应。而副产物扩散过程有两种：

(1)由样品颗粒内部向颗粒表面扩散。

(2)从颗粒表面向外扩散。

在较高温度和高真空情况下，从颗粒表面向外扩散较快，由样品颗粒内部向颗粒表面扩散要慢。由此可见，此时的固相聚合反应是由副产物从颗粒内部向颗粒表面扩散控制的。由于反应副产物在小颗粒内扩散路程比在大颗粒内短，故小颗粒内的副产物容易排除，聚合反应速度加快，且样品颗粒小，颗粒总表面积增加，热传递速率加快，反应速率也增加。因此，在一定范围内，PET固相聚合反应速率与样品粒径成反比。但并不是颗粒越小越好，如果颗粒过于细小或成粉末，易产生黏结。

由熔融法制备的预聚物含有缩聚催化剂，如Sb_2O_3等，这些催化剂也催化PET固相聚合，不过催化剂在固相中游动性差，其活性比熔融时弱得多。随预聚体中催化剂含量的增加，固相聚合速率也增加，但催化剂含量过高会使切片灰分含量增加，影响切片最终使用，且生成预聚体过程中催化剂含量过高，使反应速率过快，相对分子质量分布变宽，预聚体质量降低，因此应将预聚体中催化剂含量控制在最佳范围内。

在同一温度下，相对分子质量与时间有着很好的线性关系，说明PET固相聚合反应仍是二级反应，即：

$$-\mathrm{dCOH}/\mathrm{d}t=kC_2\mathrm{OH}$$

积分整理得：

$$M_t-M_0=kt$$

3. 工艺

外来的大包装(1t/包)切片用吊葫芦提升,放入切片投料料斗,经金属检测器、缓冲槽进入罗茨鼓风机,将切片送入两只切片混合料仓,混合后用风送至湿切片料仓,再经振动筛除杂质、粉末和粗大粒子,由罗茨鼓风机送至固相聚合反应系统。切片经高位料仓连续、定量地喂入湿切片预结晶槽,预结晶的热介质是用一般空气通过过滤、加热后由预结晶槽的下部进入,与切片逆向对流加热切片,并带走蒸发的水分,使切片达到预结晶和预干燥的目的。预结晶带有搅拌器,防止黏结。预结晶后的切片进入预加热槽,使切片进一步干燥和加热到固相聚合反应的起始温度,再将切片送入固相聚合釜。预加热槽的加热介质为热氮,并由热媒盘管在槽外加热保温。在预加热槽和固相聚合釜中,切片自上而下依靠重力下移,气则由下向上与切片逆向流动,达到与切片进行热交换的目的,并带走切片在干燥和固相聚合反应中产生的水分和低分子物(图 9-42)。由于固相聚合为放热反应,所以进入固相聚合釜底部的氮气为较低温度,在与切片进行热交换后,一方面可使固相聚合釜出来的切片温度下降,另一方面可带走部分反应热,有利于固相聚合切片黏度的提高。从固相聚合釜出来的氮气,通过冷却,分子筛吸附其中的水分和低分子物,经露点仪检测和气相色谱仪测定低分子物含量后再循环进入固相聚合釜。当水分和低分子物含量达到临界状态时,切换分子筛吸附系统。同时对吸附后的分子筛进行加热再生,再生后的分子筛冷却后待下次切换时重新使用。经过固相聚合的高黏度切片,从固相聚合釜底部出料,由回转阀控制出料量,进入干切片料斗。经分析后的合格切片送入 120m³ 干切片料仓待用,若检测不合格,则送到 20m³ 的不合格固相聚合切片料仓,定期打包,作不合格品出厂。

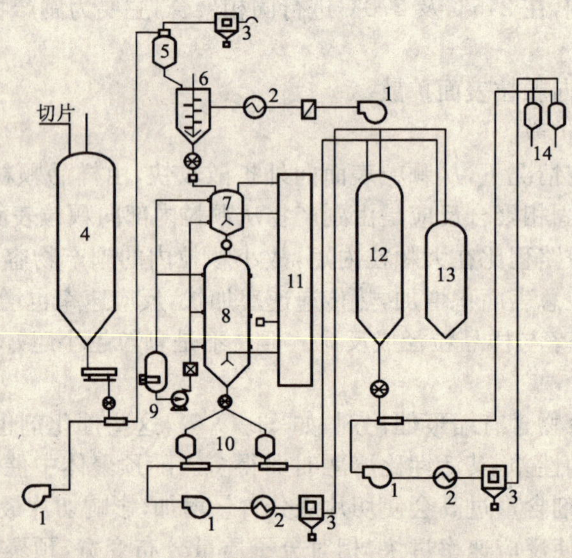

图 9-42 固相聚合工艺流程示意图

1—鼓风机 2—空气加热器 3—袋式过滤器 4—切片料仓 5—切片储存槽 6—加热切片仓 7—预结晶器 8—固相缩聚釜 9—热媒循环系统 10—增黏后切片储槽 11—氮气处理系统 12—合格料仓 13—不合格料仓 14—纺丝用料仓

(二)涤纶工业丝的生产

涤纶工业用丝近十年来出现了从传统的纺丝、拉伸两步法到纺丝—牵伸卷绕自动换筒一步法先进技术的重要变革。目前,纺制 HMLS 涤纶工业用丝的技术路线主要有下列两种。

1. 高速纺丝—牵伸一步法工艺

其工艺流程为：

高黏度聚酯切片制备（间歇式或连续式固相缩聚）→高压或低压纺丝→牵伸卷绕→ FDY 复丝→帘子线→浸胶

高黏度聚酯切片制备（间歇式或连续式固相缩聚）→高压或低压纺丝→牵伸卷绕→ FDY 复丝

2. 常规纺丝、牵伸加捻两步法

其工艺流程为：

高黏度切片筛选→烘干→低压纺丝→卷绕→平衡分级→牵伸加捻→ DT 复丝

一步法能更有效地降低成本，在世界范围内被广泛接受。为了推进我国橡胶骨架材料的更新换代，弥补 DT 工业丝性能的不足，1988 年，无锡合成纤维总厂从欧洲引进了纺牵联合(FDY)生产新技术，它将扩大有光切片径向间歇式固相缩聚，生产出高黏度（η>1.05）、相对分子质量>35000、结晶度约为 60%的 PET 切片。

该高黏度切片在氮气保护下经高压纺丝（纺丝压力为 35MPa）、缓冷装置后，进行高速牵伸(2800m/min)卷绕。其 FDY 产品断裂强度高，大分子结构稳定，纤维断裂伸长率、热空气收缩率可调范围宽，用该技术生产的聚酯帘子布制作的轿车子午线轮胎经耐久性试验 17.8h 后，强力保持率仍达 100%，其耐疲劳性与尼龙 66 接近。

采用纺牵联合新技术生产 HMLS 涤纶工业用丝，劳动生产率从切片进入螺杆到 FDY 成品（以 12kg 卷装为例 ）仅需 40min(卷绕速度 2800m/min)，不但省去了常规纺丝技术中未拉伸丝的中间存放过程，而且避免了在普通拉伸加捻机上拉伸时因钢领板运动而造成的纱线张力波动，减少了不匀率，大大提高了成品丝的质量。另一方面，两步法最大卷装只有 3kg，用户需花费相当数量的筒管押金，给使用厂带来不便，而一步法卷装大，成型好，可加工性能好，纸筒管一般不必回收，备受用户欢迎。

直接纺一步法适合大规模、大品种生产，投资省（在有 PET 聚合装置的前提下），产品稳定，节省能耗，成本低，很有发展前景，但管理水平要求很高，对小批量多品种，变换频繁受局限。目前世界上采用直接纺的只有 Allied Siganl 公司 110kt/a，Hoechst Celanese 公司 10kt/a，总共占世界涤纶工业丝年产量的 21.31%；切片纺一步法生产灵活，改变品种方便，管理容易，产品质量好，但投资较前者稍高(相对而言)。目前大多采用此法，此法生产的产量占世界年产量的 65%以上；直接纺二步法及切片纺二步法将逐步淘汰。

日本东丽公司的工业丝工艺流程如图 9－43 所示。

高黏度固相聚合切片(特性黏度 1.20dL/g±0.50dL/g)自合格干切片料仓底部出料，通过回转出料阀、罗茨鼓风机(氮气风送)送至纺丝中间料斗，进入有抽真空系统的切片喂入料斗，再进入螺杆直径为 125mm 或 90mm 的螺杆挤出机。其设有切片喂入料斗抽真空系统和氮封，可以提高熔体的可纺性。每条纺丝线为 4 个部位，每个部位为 4 个喷丝头，每个组件装一块喷丝板，组件采用上装式。

由喷丝头纺出的初生纤维，先进入缓冷区，该区利用电加热控制温度，使丝束达到缓慢冷却的目的，有利于丝束的拉伸。然后再经隔热筒和侧吹风冷却、凝固成型。经过冷却后的丝束，通过罗拉上油，进入第一导丝热辊。导丝辊温度为 50～70℃，导丝速度 500～600m/min，再进入

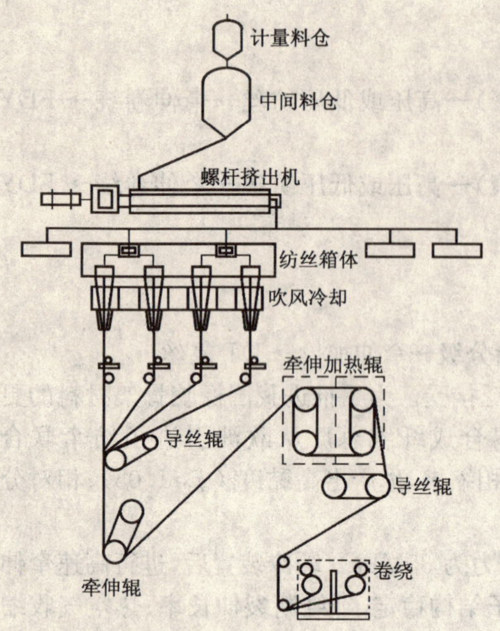

图 9－43　东丽公司工业丝工艺流程示意图

第二导丝辊，导丝辊的温度在 70～100℃，导丝速度 500～600m/min，而后到达第一道拉伸热辊、第二道拉伸热辊和松弛辊，最后进入卷绕头卷绕成每只筒子为 10kg 的丝筒。

卷绕机为自动换筒，人工落筒后，剥去表皮丝，装上成品小车，送入平衡间。经平衡和物理检测合格后，套上塑料袋，进行分级包装，打成每箱(净重每箱约 20kg)两只丝筒的包装送入成品库。

组件头套、分配板采用三氧化铝流动床清洗，喷丝板采用三甘醇清洗。纺丝油剂采用日本东丽公司专门提供的由 4 种组分调配而成的专用纺丝拉伸油剂。

3. 装置及性能

(1)纺丝部分：

①螺杆挤出机：螺杆挤出机中，螺杆设计合理尤其重要。设计合理，可降低或避免高分子降解，保持高黏度熔体的物理性能，对成丝质量起重要作用。

②熔体分配管：熔体分配管的作用是将熔体在绝对相同条件下从挤出机出口输送到每一个纺丝位。这意味着熔体在纺丝位的滞留时间、温度、切变速率和压力分布必须均匀一致。另外，滞留时间要短暂，且压力降尽可能小，以防止对聚合物的负效应。熔体滞留时间为 2～6min，压力降为 5000～15000kPa，消除滞留点和死点是极为重要的。分配管采用联苯加热，能保证管内熔体温度均匀。

③纺丝箱体：纺丝箱体的作用是将从纺丝箱体入口到各纺丝组件的熔体进行最适宜的输导，并以极均匀的温度将所有熔体及运载件加热。箱体内的热媒是联苯蒸气，纺丝组件与箱体的连接采用下装式，可完全消除烟囱效应产生的不良后果，确保温度的均匀性。

④纺丝组件：纺丝组件的功能是将进入的熔体过滤，均匀地将熔体分配到喷丝板，并将其形成长丝，组件采取自封式，操作方便。

⑤计量泵：采用行星齿轮式双流泵，一般压力达 50MPa，该泵有 2×10mL/r、2×20mL/r 等系列。其主要用途是将熔体均匀、定量、匀速地输送到组件中。

⑥骤冷系统：将喷丝板喷出的丝条骤然冷却，使其向下牵拉时不会相互黏附。通过对丝的快速牵拉，在纺丝孔中喷丝板下的分子链按运行方向实现取向，这可使丝在其后工序进行较大的拉伸，从而提高丝的强度。

(2)牵伸卷绕部分：

①上油系统：有的由油轮组成，有的是由油嘴加油轮组成。油轮靠本身旋转将其表面带着油剂与丝束相切，使油剂上到丝束上。油嘴加油轮上油是利用油嘴将油剂喷涂到丝束上，加之丝束与油轮相切吸取油轮表面所带的油剂使丝束充分上油。上油的目的是将油剂均匀上到丝的表面，消除静电，增加润滑，减少摩擦，使丝束运行平滑，便于纺丝操作，便于后道工序的加工，以保证丝的质量。

②牵伸系统：牵伸系统由预张力辊、热导丝辊、冷导丝辊、定型辊、松弛辊、吸风罩等机件组成，其功能是在较好的环境下将纺出的未牵伸丝靠牵伸、定型、松弛等工艺手段达到性能要求。其中热导丝辊尤为重要，其质量直接影响丝的质量。

a. Barmag 公司生产的 HF 导丝辊：该导丝辊采用高频(1700Hz)电感加热，以改善热辊性能并提高热效率，紧挨其排列的分别单独控制的感应线圈会形成均匀的温度分布，温差小于1.5℃。导丝辊最高温度为 250℃，等离子喷涂表面，速度超过 6000m/min 以上。

b. Barmag 公司生产的热、冷导丝辊的性能：见表 9－24～表 9－26。

表 9－24 Barmag 公司生产的热导丝辊的性能

型　号	HF8/500①高频分段	HF8/400②高频分段
直径/mm	250	220
长度/mm	500	400
有效长度	取决于用户的工艺	
最小轨距/mm	375	320
重量/kg	约 380	约 170
段　数	8	6
加热器功率/kW	8×4	6×4
温度/℃	最高 250	最高 250
温差范围/℃	±1.5	±1.5
速度/m·min^{-1}	8000②	7000②
功率/kW	15	7.5
牵伸力/N	200②	85②
润　滑	滴油	滴油
安　装	固定/旋转式	固定/旋转式

表 9－25 Barmag 公司生产的冷导丝辊的性能

型　号	C6/220	C6/175	C6/150	C5/220	C5/175	C5/150
直径/mm	220	175	150	220	175	150
长度/mm	150	150(200)	150	150	150(200)	150
最小轨距/mm	310	200	175	310	200	175
重量/kg	约 75	约 33	约 30	约 75	约 33	约 30
速度/m·min^{-1}	5000/6000②	7000②	6000②	5500②	5500②	4500②
功率/kW	最大 2.5	最大 2.75	最大 2.75	最大 2.5	最大 2.75	最大 2.75
牵伸力/N	25②	7②	21②	25②	7②	21②
润　滑	油脂/喷油	滴油	滴油	油脂	油脂	油脂
安　装	固定式	固定式	固定式	固定式	固定式	固定式

①也可按要求定尺寸。

②最大值不能在所有情况下配合。

表 9-26　Barmag 公司生产的导丝辊的性能

型　　号	C6/100①	C3/100①
直径/mm	100	100
长度/mm	400	400
最小轨距/mm	190	320
重量/kg	约 30	约 110
速度/m·min^{-1}	6000②	3000②
功率/kW	0.66	7.1
牵伸力/N	5②	30②
润　滑	滴油	滴油
安　装	固定式	固定/旋转式

①也可按要求定尺寸。

②最大值不能在所有情况下配合。

c. Rieter 公司生产的热导丝辊：该热导丝辊（图 9-44）采用电感加热封闭在夹套中的纯水而产生高压蒸汽而使辊子表面升温，该辊平衡度好，辊温 250℃，温差不大于 1.5℃，温度均匀，运行平衡，辊的外表面覆陶瓷，故光滑耐用。

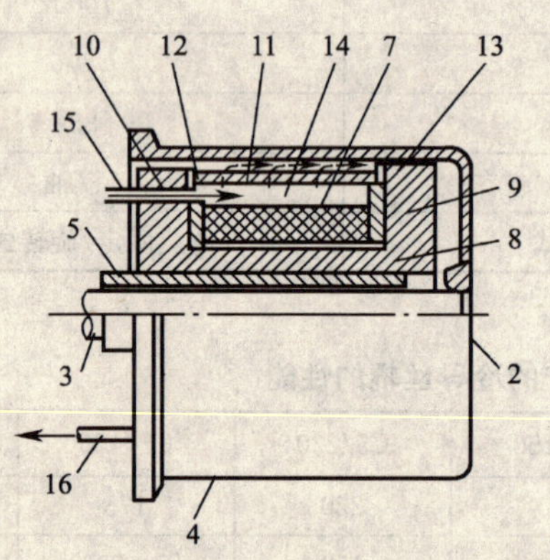

图 9-44　Rieter 公司生产的热导丝辊的示意图
2—热辊端面　3—辊轴　4—特殊表面处理的热辊　5—固定轴套　7—线圈　8、9、10—带法兰的铁芯　11—绝缘套筒　12、13—绝缘盘　14—空腔　15—热媒输入管　16—热媒引出管

③卷绕系统：卷绕机将牵伸系统的成品持续全自动、无废丝地卷取成丝饼，要求成型好，功率高，噪声低，卷绕速度高，自动化程度高。

Barmag 公司生产的无废丝全自动换筒卷绕机采用 CW6 型，它以其固定的横动装置著称，随着运行中直径的不断加大，卷装按顺时针方向逐渐外移，可精确设定连同双转子横动系统卷装卷取的接触压力，并能获得最佳成型。采用自动换筒、满筒与空筒管完全隔离，因此不会有杂质绕在筒子内层。为了操作方便，卷绕机的电子控制与机器控制系统相连，便于实现中央控制或集中控制。

Rieter 生产的卷绕机性能独特，其性能（同向、逆向自动换筒）、卷绕成型及操作控制都是一流的。其生产的牵伸卷绕机实现微机控制，运行可靠、稳定，寿命长。

4. 工艺和质量

(1) 喷丝板微孔参数与运行的关系：见表 9-27。

表 9－27 喷丝板微孔参数与运行的关系

喷丝板微孔参数	参数值		
喷丝板微孔径/mm	0.5	0.5	0.8
入口区直径收缩比	5：1	10：1	10：1
长径比	2：1	3：1	2：1
喷丝速度/$m \cdot min^{-1}$	6.39	6.39	1.49
喷头拉伸比	74：72	74：72	191：31
丝条膨化情况	正常	熔体破裂	细化正常
温度/℃	5～10	3～5	10～20
拉伸性能	良	差	优

由表 9－27 可以看出，选择直径 0.8mm，$L/D=2:1$ 的喷丝板较为合适。

(2)纺丝工艺条件与质量的关系：箱体温度对 FDY 物理指标的影响见表 9－28，热定型温度对 FDY 纤维性能的影响见表 9－29。

表 9－28 箱体温度对 FDY 物理指标的影响

箱体温度/℃	强度/$cN \cdot tex^{-1}$	伸长率/%
285	71.5	14.0
282	73.2	13.2
281	74.2	12.9
180	76.2	12.6

由表 9－28 可以看出，在拉伸倍数一定时，FDY 强力随箱体温度的下降而增加，而伸长率却下降。因此要根据产品要求选定箱体温度。

表 9－29 热定型温度对 FDY 性能的影响

温度/℃	双折射率 $\Delta n \times 10^{-3}$	强度/$cN \cdot tex^{-1}$	伸长率/%	干热收缩率/%
220	0.191	73.2	14.2	9.15
225	0.199	76.2	13.8	8.44
230	0.209	74.7	14.0	7.78

由表 9－29 可以看出，提高定型温度可改善 FDY 的某些性能，温度达到 230℃时，强力反而略有下降，伸长则略有回升。因此，要根据产品要求确定适当的定型温度。

(3)油剂和纤维质量：涤纶工业丝高速纺油剂是一种专用油剂，其热稳定性好，抗静电性能好，润滑性能好，在 250℃时几乎无结晶析出和分解现象，对后道加工及其制品无不良后果。德国 ZSCHIMMER & SCHWARZ 化学厂生产的 Fasavin 2744 型系列油剂能满足涤纶工业丝及 HMLS 纺丝。该油剂是一种不含矿物油的纺丝油剂，其性能见表 9－30。

表 9－30 工业丝专用油剂的特性

油剂特性	性能指标	油剂特性	性能指标
化学组成	酯化油，乳化剂，抗静电剂，液态碳氢化合物	折射率	1.4449
外观	清澈黄色液体	黏度	80MPa·s
离子形态	非离子型	pH值(10%)	7
抗冻性	好	溶解性	在软水中可乳化
储存性能	室温下12个月	有效浓度(活化)	95%
相对密度	0.911	燃点	365℃

涤纶工业丝产品用途不同，其生产工艺条件也不同。绝大部分生产厂家认为生产不同产品，不仅对原料黏度要求不同，相应的工艺条件也不同，如 Inventa 安全带用丝原料特性黏度为(0.8±0.02)dL/g；子午胎帘子线用丝原料特性黏度为(1.0±0.02)dL/g；输送带用丝原料特性黏度为(0.85±0.02)dL/g；Zimmer 工业丝生产中原料特性黏度为(0.95±0.05)dL/g；Toray 控制在[(1.1～1.25)±0.03]dL/g；Celanese 控制在 0.95～1.1dL/g。而 Allied Siganl 则认为生产不同产品，高黏度熔体黏度没区别，均保持在 0.9～0.95dL/g，只是调整纺丝、牵伸、定型、松弛、卷绕等工艺条件即可生产帘子布、输送带、涂层织物等用丝。

总之，生产技术是将设备性能、原料性能、螺杆的设计及温控、组件的设计、箱体温度、牵伸倍数、松弛值的设定、定型温度、油剂的性能等条件的优化组合。

第五节 聚酯纤维的性能

一、物理性质

(一)颜色

涤纶一般为乳白色并带有丝光。生产消光产品需在纺丝之前加入消光剂 TiO_2，生产纯白色产品，需加入增白剂，生产有色丝则需在纺丝熔体中加入颜料或染料。

(二)表面及横截面形状

常规涤纶表面光滑，横截面近于圆形。如采用异形喷丝板，可制成各种特殊截面形状的纤维，如三角形、Y 形、中空等异形截面丝。

(三)密度

在完全无定形时，涤纶密度为 1.333g/cm^3。完全结晶时为 1.455g/cm^3。通常，涤纶具有较高的结晶度，其密度为 1.38～1.40g/cm^3，与羊毛(1.32g/cm^3)相近。

(四) 回潮率

标准状态下，涤纶的回潮率为 0.4%，低于腈纶(1%～2%)和锦纶(4%)。

涤纶的吸湿性低，故其湿强度下降少，织物洗可穿性好；但加工及穿着时静电现象严重，织物透气性和吸湿性差。

(五)热性能

涤纶的软化点为 230～240℃，熔点为 255～265℃，分解点为 300℃左右。

涤纶能在火中燃烧，发生卷曲，并熔成珠，有黑烟及芳香味。

(六) 耐光性

涤纶的耐光性仅次于腈纶。涤纶耐光性与其分子结构有关,涤纶仅在 315nm 光波区有强烈的吸收带,所以在日光照射 600h 后强度仅损失 60%,与棉相近。

(七)电性能

涤纶因吸湿性低,故其导电性差,在 - 100～160℃,其介电常数为 3.0～3.8,是一种优良的绝缘体。

二、力学性能

聚酯纤维的应力—应变曲线如图 9 - 45 所示。

(一)强度高

涤纶的干态强度 4～7dN/tex,在湿态下强度不下降。

(二)延伸度适中

涤纶的延伸度为 20%～50%。

(三)模量高

在大品种的合成纤维中,以涤纶的初始模量最高,其值高达 14～17GPa,这使涤纶织物的尺寸稳定,不变形、不走样、褶裥持久。

(四)回弹性好

涤纶的回弹性接近羊毛,当伸长 5%时,去负荷后伸长几乎完全可以回复。故涤纶织物的抗皱性超过其他合成纤维织物。

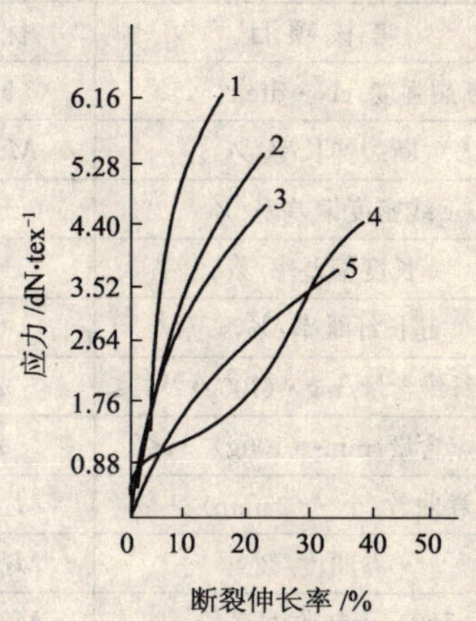

图 9 - 45 聚酯纤维的应力—应变曲线
1—高强力丝 2—棉型短纤维 3—普通强力丝
4—毛型短纤维 5—抗起球型改性纤维

(五)耐磨性好

涤纶的耐磨性仅次于锦纶而超过其他合成纤维,干态、湿态下耐磨性几乎相同。

三、化学稳定性

涤纶化学稳定性主要取决于分子链结构。涤纶除耐碱性差以外,耐其他试剂性能均较优良。

(一)耐酸性

涤纶对酸(尤其是有机酸)很稳定,在 100℃下于质量分数为 5%的盐酸溶液内浸泡 24h,或在 40℃下于质量分数为 70%的硫酸溶液内浸泡 72h 后,其强度均无损失,但在室温下不能抵抗浓硝酸或浓硫酸的长时间作用。

(二)耐碱性

由于涤纶大分子上的酯基受碱作用容易水解。在常温下与浓碱、在高温下与稀碱作用,能使纤维受到破坏,只有在低温下对稀碱或弱碱才比较稳定。

(三)耐溶剂性

涤纶对一般非极性有机溶剂有极强的抵抗力,即使在室温下对极性有机溶剂也有相当强的抵抗力。例如在室温下于丙酮、氯仿、甲苯、三氯乙烯、四氯化碳中浸泡 24h,纤维强度不降低。在加热状态下,涤纶可溶于苯酚、二甲酚、邻二氯苯酚、苯甲醇、硝基苯和苯酚、四氯化碳、苯酚—氯仿、苯酚—甲苯等混合溶剂中。

(四)耐微生物性

涤纶耐微生物作用,不受蛀虫、霉菌等的作用,收藏涤纶衣物不需防虫蛀,织物保存较容易。

四、涤纶的质量指标

(一)涤纶短纤维

各类涤纶短纤维的质量指标见表 9-31~表 9-34。

表 9-31 高强棉型涤纶短纤维质量指标(GB/T 14468—1993 国家标准)

考核项目	优等品	一等品	二等品	三等品	试验方法
断裂强度/cN·dtex⁻¹,≥	5.25	5.00	4.80	4.80	GB/T 14337—1993
断裂伸长率/%	$M\pm4.0$	$M_1\pm5.0$	$M_1\pm7.0$	$M\pm8.0$	
线密度偏差率/%	±3.0	±4.0	±6.0	±8.0	GB/T 14335—1993
长度偏差率/%	±3.0	±6.0	±7.0	±10.0	GB/T 14336—1993
超长纤维率/%,≤	0.5	1.0	1.4	3.0	
倍长纤维含量/mg·(100g)⁻¹,≤	2.0	6.0	15.0	30.0	
疵点含量/mg·(100g)⁻¹,≤	2.0	8.0	15.0	40.0	GB/T 14339—1993
卷曲数/个·(25mm)⁻¹	$M_2\pm2.5$	$M_2\pm3.5$			GB/T 14338—1993
卷曲度/%	$M_3\pm2.5$	$M_3\pm3.5$			
180℃干热收缩率/%	$M_4\pm2.0$	$M_4\pm3.0$			FZ 50008—1991
电阻率/Ω·cm,≤	$M_5\times10^8$	$M_5\times10^9$			GB/T 14342—1993
10%定伸长强度/cN·dtex⁻¹,≥	2.65	2.00			GB/T 14337—1993
断裂强度变异系数/%,≤	10.0	15.0			GB/T 14337—1993

注 1. 线密度偏差率以名义线密度为计算依据。

2. 长度偏差率以名义长度为计算依据。

3. M_1 由生产厂确定,确定后不得任意变更。因原料变化或应用户要求可做适当调整。

4. M_2、M_3 由供需双方协商确定,确定后不得任意变更。

5. $M_4\leqslant7.0$ 时,由生产厂确定,确定后不得任意变更。

6. $1.0\leqslant M_5<10.0$。

7. 卷曲数和卷曲度优级品为单项考核,一等品、二等品、三等品为双项考核,若有一项超过等级品范围,至少降为三等品,若两项都超过等级品范围,定为不合格品。

表 9-32 普强棉型涤纶短纤维质量指标(GB/T 14461—1993 国家标准)

考核项目	优等品	一等品	二等品	三等品	试验方法
断裂强度/cN·dtex⁻¹,≥	4.30	4.10	3.90	3.90	GB/T 14337—1993
断裂伸长率/%	$M_1\pm4.0$	$M_1\pm5.0$	$M_1\pm8.0$	$M_1\pm10.0$	
线密度偏差率/%	±3.0	±4.0	±6.0	±8.0	GB/T 14335—1993
长度偏差率/%	±3.0	±6.0	±7.0	±10.0	GB/T 14336—1993
超长纤维率/%,≤	0.5	1.0	1.4	3.0	
倍长纤维含量/mg·(100g)⁻¹,≤	2.0	6.0	15.0	30.0	
疵点含量/mg·(100g)⁻¹,≤	2.0	8.0	15.0	40.0	GB/T 14339—1993

续表

考核项目	优等品	一等品	二等品	三等品	试验方法
卷曲数/个·(25mm)$^{-1}$	M_2±2.5		M_2±3.5		GB/T 14338—1993
卷曲度/%	M_3±2.5		M_3±3.5		
180℃干热收缩率/%	M_4±2.0		M_4±3.5		FZ 50008—1991
电阻率/Ω·cm,≤	$M_5\times10^8$		$M_5\times10^9$		GB/T 14342—1993
断裂强度变异系数/%,≤	12.0		—		GB/T 14337—1993

注 1. 线密度偏差率以名义线密度为计算依据。
2. 长度偏差率以名义长度为计算依据。
3. M_1 由生产厂确定,确定后不得任意变更。因原料变化或应用户要求可做适当调整。
4. M_2、M_3 由供需双方协商确定,确定后不得任意变更。
5. $M_4 \leqslant 9.0$ 时,由生产厂确定,确定后不得任意变更。
6. $1.0 \leqslant M_5 < 10.0$。
7. 卷曲数和卷曲度优级品为单项考核,一等品、二等品、三等品为双项考核,若有一项超过等级品范围,至少降为三等品,若两项都超过等级品范围,定为不合格品。

表 9-33 中长型涤纶短纤维质量指标(GB/T 14468—1993)

考核项目	优等品	一等品	二等品	三等品	试验方法
断裂强度/cN·dtex^{-1},≥	4.00	3.80	3.60	3.60	GB/T 14337—1993
断裂伸长率/%	M_1±6.0	M_1±8.0	M_1±10.0	M_1±12.0	
线密度偏差率/%	±4.0	±5.0	±6.0	±8.0	GB/T 14335—1993
长度偏差率/%	±3.0	±6.0	±7.0	±10.0	GB/T 14336—1993
超长纤维率/%,≤	0.3	0.6	1.0	3.0	
倍长纤维含量/mg·(100g)$^{-1}$,≤	2.0	6.0	15.0	30.0	
疵点含量/mg·(100g)$^{-1}$,≤	3.0	10.0	15.0	40.0	GB/T 14339—1993
卷曲数/个·(25mm)$^{-1}$	M_2±2.5		M_2±3.5		GB/T 14338—1993
卷曲度/%	M_3±2.5		M_3±3.5		
180℃干热收缩率/%	M_4±2.0		M_4±3.5		FZ 50008—1991
电阻率/Ω·cm,≤	$M_5\times10^8$		$M_5\times10^9$		GB/T 14342—1993
断裂强度变异系数/%,≤	13.0		—		GB/T 14337—1993

注 1. 线密度偏差率以名义线密度为计算依据。
2. 长度偏差率以名义长度为计算依据。
3. M_1 由生产厂确定,确定后不得任意变更。因原料变化或应用户要求可做适当调整。
4. M_2、M_3 由供需双方协商确定,确定后不得任意变更。
5. $M_4 \leqslant 10.0$ 时,由生产厂确定,确定后不得任意变更。
6. $1.0 \leqslant M_5 < 10.0$。
7. 卷曲数和卷曲度优级品为单项考核,一等品、二等品、三等品为双项考核,若有一项超过等级品范围,至少降为三等品,若两项都超过等级品范围,定为不合格品。

表 9－34　涤纶缝纫线用短纤维质量指标(Q/SH 012・04・07—1999)

考核项目	优等品	一等品	二等品	三等品	试验方法
断裂强度/cN・dtex^{-1},≥	6.18	6.06	5.96	5.83	GB/T 14337—1993
断裂伸长率/%	M_1±3.0	M_1±5.0	M_1±6.0	M_1±7.0	GB/T 1625—1996
线密度偏差率/%	±3.0	±4.0	±6.0	±8.0	GB/T 14336—1993
长度偏差率/%	±3.0	±6.0	±7.0	±9.0	GB/T 14336—1993
超长纤维率/%,≤	0.2	0.8	1.4	3.0	GB/T 14436—1993
倍长纤维含量/ mg・(100g)$^{-1}$,≤	2.0	6.0	15.0	30.0	GB/T 14436—1993
疵点含量/mg・(100g)$^{-1}$,≤	2.0	8.0	14.0	39.0	GB/T 14339—1993
卷曲数/个・(25mm)$^{-1}$	M_2±2.0	M_2±3.5			GB/T 14338—1993
卷曲率/%	M_3±2.5	M_3±3.5			GB/T 14338—1993
180℃干热收缩率/%	M_4±2.0	M_4±3.0			FZ 50008—1991
电阻率/Ω・cm,≤	$M_5\times10^8$	$M_5\times10^9$			GB/T 14342—1993
10%定伸长强度/cN・dtex^{-1},≥	报告	报告	—	—	GB/T 14337—1993
断裂强度变异系数/%,≤	10.0	15.0			GB/T 14337—1993
含油率/%	M_6±0.02	M_6±0.05			GB/T 14340—1993

注　1. 线密度偏差率以名义线密度为计算依据。
2. 长度偏差率以名义长度为计算依据。
3. M_1 在 16～24 由生产厂确定,确定后不得任意变更,因原料变化或应用要求可做适当调整。
4. M_2、M_3 由供需双方协商确定,确定后不得任意变更。
5. M_4 在 3～5 由生产厂确定,确定后不得任意变更。
6. M_5 在 1.0≤M_5<10.0 由生产厂确定,确定后不得任意变更。
7. M_6 由供需双方协商确定,确定后不得任意变更。
8. 卷曲数和卷曲度优级品为单项考核,一等品、二等品、三等品为双项考核,若有一项超过等级品范围,至少降为三等品,若两项都超过等级品范围,定为等外品。
9. 回潮率超过 0.8%时,必须征得买方同意后方能出厂。

(二)涤纶长丝

各类涤纶长丝的质量指标列于表 9－35～表 9－40。

1. 涤纶 POY

表 9－35　涤纶 POY 物理指标 FZ/T 54003—1993

指标名称	优等品	一等品	二等品	三等品	试验方法
线密度偏差率/%	±2.0	±2.5	±3.0	±3.5	GB/T 14343—1993
线密度变异系数/%,≤	0.60	0.80	1.00	1.20	
断裂强度/cN・(dtex)$^{-1}$,≥	2.20	2.00	1.90	1.80	GB/T 14348—1993
断裂强度变异系数/%,≤	4.50	7.00	8.00	10.0	
断裂伸长率/%	M_1±4.0	M_1±8.0	M_1±10.0	M_1±12.0	
断裂伸长率变异系数/%,≤	4.50	8.00	9.00	10.0	

续表

指标名称	优等品	一等品	二等品	三等品	试验方法
条干均匀度(U值)/%	0.80	1.28	1.44	1.60	GB/T 14346—1993
条干均匀度变异系数/%,≤	1.00	1.60	1.80	2.00	
含油率/%	M_2±0.20	M_2±0.20	M_2±0.25	M_2±0.30	GB 6508—1986

注 1. 线密度偏差率以名义线密度为计算依据。

2. 断裂伸长率中心值 M_1 在 90～150 范围内选定。也可由供需双方协商确定，一旦确定后不得任意更改。

3. 条干均匀度采用 Normal 法。

4. 含油率 M_2 由供需双方协商确定，一旦确定后不得任意更改。

表 9－36 涤纶 POY 外观指标

指标名称	优等品	一等品	二等品	三等品
色 泽	正常		轻度异常	明显异常
毛丝/根·筒$^{-1}$	0	≤2	≤6	≤12
油污丝/cm^2	0	≤1	≤3	≤4
尾巴丝/圈·筒$^{-1}$	≥1.5		无尾巴、多尾巴	
成 形	良好	较好	较差	差
绊丝(蛛网丝)/根·筒$^{-1}$	0	≤4	≤6	≤12
筒重(净重)/ kg	满筒名义重量的90%以上	满筒名义重量的60%以上	≥4	≥2

注 1. 色泽正常指整只筒子色泽正常，内外层色泽一致。

2. 绊丝长度大于等于 3cm 开始计算，一等品只允许一个端面有绊丝，二等品和三等品在两个端面都有绊丝时，其中一个端面只允许 1 根，超过 1 根为等外品。

3. 油污丝：一等品和二等品指淡黄色油污，三等品指深黄色及黑色油污。

2. 涤纶 FDY

表 9－37 涤纶 FDY 物理指标(FZ/T 54002—1991)

指标名称		优等品	一等品	合格品	试验方法
线密度偏差率/%		±2.0	±2.5	±3.5	GB/T 14343—1993
线密度变异系数/%	>76.0dtex,≤	1.00	1.50	2.50	
	≤76.0dtex,≤	1.20	1.70	2.70	
断裂强度/cN·dtex^{-1}	>76.0dtex,≥	3.50	3.30	3.10	GB/T 14348—1993
	≤76.0dtex,≥	3.60	3.40	3.20	
断裂强度变异系数/ %	>76.0dtex,≤	6.00	8.00	12.00	

续表

指标名称		优等品	一等品	合格品	试验方法
断裂强度变异系数/%	≤76.0dtex,≤	7.00	9.00	13.00	GB/T 14348—1993
断裂伸长率/%		M_1±4.0	M_1±6.0	M_1±8.0	
断裂伸长变异系数/%	>76.0dtex,≤	14.00	18.00	20.00	
	≤76.0dtex,≤	15.00	19.00	22.00	
沸水收缩率/%,≤		M_2±0.8	M_2±1.2	M_2±1.5	GB 6505—1986
染色均匀度(灰卡)/级,≥		4.0	4.0	3.5	GB 6508—1986
含油率/%		M_3±0.30	M_3±0.35	M_3±0.45	GB 6508—1986
条干均匀度变异系数/%,≤		1.50	—	—	GB/T 14346—1993
网络度/个·m^{-1}		M_4±5.0	M_4±8.0	M_4±12.0	FZ/T 50001—1991

注 1. 线密度偏差率以名义线密度为计算依据。

2. M_1 为断裂伸度中心值,在 20～36 范围内选定,一旦确定不得任意变更。

3. M_2 为沸水收缩率中心值,在≤9.0%范围内选定,一旦确定不得任意变更。

4. M_3 为油剂含量中心值,在 0.5%～1.0%范围内选定,一旦确定不得任意变更。

5. M_4 为网络度中心值,由供需双方协商确定。

6. 以上中心值也可由供需双方协商确定。

7. 条干均匀度采用 Normal 法。

表 9－38 涤纶 FDY 外观指标

指标名称		优等品	一等品	合格品
毛丝/个·筒$^{-1}$	>76.0dtex	0	≤2	≤10
	≤76.0dtex	0	≤4	≤14
圈丝/个·筒$^{-1}$		0	≤10	≤30
尾巴丝/圈·筒$^{-1}$		≥2.0	≥2.0	无尾巴、多尾巴
油污丝		无	不明显	较明显
色泽(对照标样)		正常	正常	轻度异常
成型(对照标样)		良好	较好	较差
未牵伸丝		不允许	不允许	不允许
筒重(净)定重定长/kg		满筒重量	满筒重量	—
非定重定长/kg		满筒名义重量的 90%以上	≥1.5	≥0.5

注 1. 色泽正常,指整个筒子色泽正常,内外层一致。

2. 油污丝:

(1)一等品不明显油污,指淡黄色细点状油污,其总面积不超过 0.5cm^2。

(2)合格品较明显油污,指淡黄色或较深色油污,其总面积不超过 1cm^2。

3. 圈丝:指圈丝的高度不小于 2mm 者。

3. 涤纶低弹丝

表 9－39 涤纶低弹丝物理指标(GB/T 14460—1993)

指标名称	优等品	一等品	二等品	三等品	试验方法
线密度偏差率/%	±2.5	±3.0	±4.0	±5.0	GB/T 14343—1993
线密度变异系数/%,≤	0.80	1.40	41.60	1.80	
断裂强度/cN·dtex^{-1},≥	3.30	3.00	2.80	2.60	GB/T 14348—1993
断裂强度变异系数/%,≤	4.00	8.00	10.0	12.0	
断裂伸长率/%	M_1±3.0	M_1±7.0	M_1±8.0	M_1±9.0	
断裂伸长变异系数/%,≤	8.00	12.0	14.0	16.0	
卷曲收缩率/%	M_2± 5	M_2± 7	M_2± 8		GB 6506—1986
卷曲收缩率变异系数/%,≤	10.0	14.0	16.0		
卷曲稳定度/%,≥	70.0	55.0	50.0	40.0	
沸水收缩率/%	M_3±0.5	M_3±0.8	M_3±0.9	M_3±1.0	GB 6505—1986
染色均匀度(灰卡)/级,≥	4.0		3.5	3.0	GB 6508—1986

注 1. 线密度偏差率以名义线密度为计算依据。
2. M_1 为断裂伸长率中心值在 20～30 范围内选定。
3. M_2 为卷曲收缩率中心值在 18～30 范围内选定。
4. M_3 为沸水收缩率中心值在 1.5～4.0 范围选定。
5. 以上中心值也可由供需双方协商确定。
6. 染色均匀度按灰卡定等,如发现星斑丝、卷缩丝则降为等外品。

表 9－40 涤纶低弹丝外观指标

指标名称		优等品	一等品	二等品	三等品
色 泽		正常	正常	轻度异常	明显异常
毛丝/只·筒$^{-1}$	<77.8dtex	≤3	≤10	≤14	≤24
	77.8～144.4dtex		≤8	≤12	≤22
	> 144.4dtex		≤6	≤10	≤20
油污丝/ cm^2		0	≤ 1	≤ 4	≤ 6(包括星点油污)
断头/只·筒$^{-1}$		无	无	无	无
尾巴丝/根·筒$^{-1}$		1(1.5 圈以上)		无尾巴,多尾巴	
僵 丝		无	无	稍有	较多
成 形		良好	较好	一般	较差
绊丝(蛛网丝)/根·筒$^{-1}$		0	0	上端面≤2 下端面≤1	上端面≤4 下端面≤2
筒重(净重)/ kg		满筒名义重量的90%以上	≥1.5	≥1.0	≥0.5

注 1. 色泽正常,指整个筒子色泽正常,内外层一致。
2. 油污丝:指淡黄色或较深色油污。
3. 僵丝:稍有,指长度≤2cm,数量≤3 点;较多,指长度≤10cm,数量≤10 点。
4. 绊丝长度≥2cm 开始计算。

(三)涤纶工业丝

各类涤纶工业丝的品质指标见表 9－41～表 9－44。

表 9－41　高强型涤纶工业长丝物理指标 Q/SH 012・03・10—1996

指标项目	优等品	一等品	合格品	试验方法
线密度偏差率/%	±2.0	±2.5	±3.0	Q/SH 012・03・10—1996
线密度变异系数/%,≤	1.40	1.60	2.00	
断裂强度/cN・dtex^{-1},≥	8.00	7.70	7.40	
断裂强度变异系数/%,≤	4.00	5.00	6.00	
断裂伸长率/%	M_1±2.0	M_1±3.0	M_1±4.0	
断裂伸长率变异系数/%,≤	10.0	11.0	12.0	
3.97cN/dtex 负荷的伸长率/%	M_2±0.80	M_2±0.90	M_2±1.00	
干热收缩率/%	M_3±1.5	M_3±2.0	M_3±3.0	
含油率/%	0.65±0.40	0.65±0.40	0.65±0.45	

注 1. 线密度偏差率以名义线密度为计算依据。

2. M_1 为断裂伸长率中心值,超高强型在 17%～18%范围内选定。

3. M_2 为 3.97cN/dtex 载荷下断裂伸长率中心值,高强型、帘子线用产品中心值为 6.6。

4. M_3 为 177℃,10min 下的干热收缩率中心值,高强型在≤8%范围内选定。

表 9－42　超高强型涤纶工业长丝物理指标

指标项目	优等品	一等品	合格品	试验方法
线密度偏差率/%	±2.0	±2.5	±3.0	Q/SH 012・03・10—1996
线密度变异系数/%,≤	1.40	1.60	2.00	
断裂强度/cN・dtex^{-1},≥		8.21		
断裂强度变异系数/%,≤	4.00	5.00	6.00	
断裂伸长率/%	M_1±2.0	M_1±3.0	M_1±4.0	
断裂伸长率变异系数/%,≤	10.0	11.0	12.0	
3.97cN/dtex 负荷的伸长率/%	M_2±0.80	M_2±0.90	M_2±1.00	
干热收缩率/%,≤	M_3±2.0	M_3±2.0	M_3±2.5	
含油率/%	0.65±0.40	0.65±0.40	0.65±0.45	

注 1. 线密度偏差率以名义线密度为计算依据。

2. M_1为断裂伸长率中心值,超高强型在 13%～15%范围内选定。

3. M_2为 3.97cN/dtex 载荷下断裂伸长率中心值,超高强型在 5%～7%范围内选定。

4. M_3为 177℃,10min 下的干热收缩率中心值,超高强型在≤8%范围内选定。

表 9－43 低收缩型涤纶工业长丝物理指标

指标项目	优等品	一等品	合格品	试验方法
线密度偏差率/%	±2.0	±2.5	±3.0	Q/SH 012·03·10—1996
线密度变异系数/%,≤	1.40	1.60	2.00	
断裂强度/cN·dtex^{-1},≥	7.00	6.70	6.40	
断裂强度变异系数/%,≤	4.00	5.00	6.00	
断裂伸长率/%	M_1±2.0	M_1±5.0	M_1±6.0	
断裂伸长率变异系数/%,≤	10.0	11.0	12.0	
3.97cN/dtex 负荷的伸长率/%	M_2±1.5	M_2±1.5	M_2±2.0	
干热收缩率/%,≤	4.0	4.0	4.0	
含油率/%	0.65±0.40	0.65±0.40	0.65±0.45	

注 1. 线密度偏差率以名义线密度为计算依据。

2. M_1为断裂伸长率中心值，低收缩型在 20%～24%范围内选定。

3. M_2为 3.97cN/dtex 载荷下断裂伸长率中心值，低收缩型在 10%～13%范围内选定。

表 9－44 涤纶工业长丝外观指标

指标	优等品	一等品	合格品
表面毛丝/根·筒$^{-1}$	0	≤15	≤30
蛛网丝/根·筒$^{-1}$	0	≤4	≤10
表面油污/cm^2·筒$^{-1}$	0	0	≤10
筒重/kg	≥9.0	≥4.5	≥1.0

注 1. 毛丝是指单丝断裂、单丝露出表面。

2. 蛛网丝从长度≥2cm 开始计算，只考核超高强型产品。

第六节 聚酯纤维的改性和新型聚酯纤维

聚酯纤维的改性和新产品开发围绕两大主题，一是提高和改善常规纤维的物理性能和化学性能，以适合纺织后加工的加工性能、提高加工效率、降低加工链过程的成本以及提高或增加服用性能和功能；二是完善和开拓纤维的应用领域，特别是纤维在装饰领域、工业领域等的应用，需要对纤维进行物理、化学的改性，其中包括纤维制造过程中的多项技术应用。

自 20 世纪 60 年代开始研究聚酯纤维的改性，80 年代以来，聚酯纤维改性的研究工作获得重大进展，并使聚酯纤维生产转向新品种开发，生产出具有良好舒适性和独特风格的聚酯差别化纤维。

聚酯纤维的改性可在聚酯合成、纺丝加工、纺纱、织造及染整加工的各个阶段中进行，改性的方法大致分为两类。一类是化学改性，采用共聚和表面处理等方法，改变原有聚酯大分子的化学结构，以达到改善纤维的性能，如染色性、吸湿性、防污性、高收缩性等的目的，化学改性具有耐久性的效果；另一类是物理改性，在不改变聚酯大分子化学结构的情况下，通过改变纤维的形态结构达到改善纤维性能的目的，例如通过复合纺丝、共混纺丝、异形纺丝、变更纤维的加工条件、混纤或交织等方法，可制得易染色、阻燃、高吸湿、抗静电、导电及仿天然纤维的产品等。应该指出，聚酯纤维的改性必须是在改进其某种性能的同时，又不显著降低其固有的优良性能。

一、聚酯纤维的染色改性

由于涤纶大分子的化学结构规整，易于结晶，结晶度较高(35%～40%)，其取向度也较高，染料难以进入纤维的无定形区；另一方面，由于其大分子上有苯环存在，且不具备染座，因而其难以染色。通常用分散染料(不溶于水)在高温高压和有载体的条件下才能染色，且效果不佳，而且常用苯酚、氯苯、联苯、胺类作载体，污染环境，成本也较高。相对腈纶等其他化学纤维和合成纤维，缺少在染色加工过程中的竞争能力。发达国家对涤纶分散染料染色的助剂和载体提出了环保和人体安全的要求，在今后的几年内，涤纶染色和整理的成本会大大增加。涤纶在制造过程中的环保优势逐步被印染过程中的环保要求所抵消，而粘胶、腈纶等制造中的环保成本在印染整理过程中得到消化，涤纶的竞争优势不断下降。

但是涤纶又具有机械性能好等优点，因此解决聚酯染色难，发挥其优势成为涤纶能否继续占据综合竞争优势的关键。

目前获得了许多改进聚酯染色性能的方法，从改变纤维内在结构的角度是改变纤维的玻璃化温度、结晶性能、无定形区结构和大分子结构等。还有其他的改进方法，如原液着色、母粒着色、共混法、超高速纺丝、纤维热处理、复合法和共聚法等，还有目前有待开发的接枝、低温等离子处理等表面处理改性方法。应用较为广泛的是加入改性单体进行共聚的方法。

(一)纺前着色

1. 原液着色

在缩聚过程中加入染料或颜料制有色切片，再纺制成有色纤维。用这种的方法所得有色纤维，色牢度高，染色均匀。但其更换色谱难，要求染料耐高温且粒度细 (小于 1μm)，故大多采用颜料。

(1)母粒着色：先将载体与染料或颜料混合均匀在螺杆挤压机中熔融挤出，制成高浓度的色母粒 (质量分数约 30%)，然后将色母粒与常规涤纶切片以一定比例混合均匀进行纺丝，制得有色纤维。该方法既简便，又可以配色，易于更换色谱。

(2)色粉直接注射纺丝：将色粉与常规涤纶切片按一定比例混合，直接送入螺杆纺丝。这种方法比较简便，但也存在粉尘污染较大、有色差等缺点。

2. 切片共混改性方法

PET 与聚对苯二甲酸丁二醇酯(PBT)或聚对苯二甲酸丙二醇酯(PTT)共混纺丝；PET 与聚酰胺 (PA)共混纺丝；PET 与 TPEE(热塑性弹性体)共混纺丝；PET 与阳离子染料可染型聚酯(ECDP Easy Cationic Dyes Polymer)共混纺丝。从与 PET 共混的这几种聚合物的分子结构看，把它们与 PET 共混的主要目的是为使 PET 纤维物理结构变得疏松，从而使染料易进入纤维，也有引入含染座大分子的作用。

(二)共聚改性

从 50 年代起，日本和美国开始研究聚酯的染色问题，1958 年杜邦公司为了改进聚酯纤维的可染性，采用添加2%浓度的间苯二甲酸二甲酯－5－磺酸钠(SIPM)作为第三组分制出称为达克纶T64的共聚品种。

同年，帝人公司和伊斯曼柯达公司用1,4－双羟甲基环己烷代替乙二醇与对苯二甲酸缩聚，制成了称为柯达尔(Kodel)或威可坦(Vectan)的聚酯纤维，分子结构式如下：

$$\left[\mathrm{-\overset{O}{\overset{\|}{C}}-C_6H_4-\overset{O}{\overset{\|}{C}}OCH_2-C_6H_{10}-CH_2O-} \right]_n$$

1959年，美国固特异公司用间苯二甲酸代替15%的对苯二甲酸制成一种称为威可纶(Vycron)的共聚产品，纤维强度高，抗起球，对分散染料可染性也有所改进。1964年，日本人造丝公司采用10%～20%的对羟基乙氧基苯甲酸与对苯二甲酸和乙二醇进行共聚，制成一种聚醚酯(PEB)纤维，染色性能较好。

$$\left[\mathrm{-\overset{O}{\overset{\|}{C}}-C_6H_4-\overset{O}{\overset{\|}{C}}OCH_2CH_2O-C_6H_4-\overset{O}{\overset{\|}{C}}OCH_2CH_2O-} \right]_x \left[\mathrm{-\overset{O}{\overset{\|}{C}}-C_6H_4-\overset{O}{\overset{\|}{C}}OCH_2CH_2O-} \right]_y$$

到目前为止，用共聚法改进染色性能主要分为以下三大类。

1. 分散染料常压可染聚酯

通过引入第三、第四和第五组分，破坏大分子的规整性，降低玻璃化温度 T_g，增大无定形区，增大分子链的活动能力，从而使染料能够扩散到纤维的内部并提高纤维吸收染料的能力，达到无载体下沸染，常引入的改性剂有两大类。

(1)间位结构：如聚间苯二甲酸二乙二醇酯。

$$\left[\mathrm{-\overset{O}{\overset{\|}{C}}-C_6H_4(\text{间位})-\overset{O}{\overset{\|}{C}}-OCH_2CH_2O-} \right]_n$$

(2)柔性结构：如聚乙二醇和癸二酸等二元醇、二元酸类，最终所合成的分散染料常压可染共聚酯。

2. 阴离子染料可染聚酯(ADP)

通过引入含有碱性基团的共聚组分，使共聚酯对酸性染料具有亲和性，通常引入的第三组分为含氮的二元酸、二元醇或羟基酸，如：

$$\mathrm{HOCH_2CH_2-N\langle C_4H_8 \rangle N-CH_2CH_2OH}$$

$$\mathrm{HOOC-C_6H_{10}-CH_2N(CH_3)-C_6H_{10}-COOH}$$

$$\mathrm{HOOC-C_5H_3N-COO(CH_2)_2OH}$$

或者是胺(叔胺、季铵)类化合物。这一改性方法对改性PET纤维与羊毛混纺织物同浴染色将有裨益，但是由于含氮的第三单体的热稳定性差，因此染成的纤维往往耐热性差，色牢度也差，这一缺点就限制了它的发展，因此未见工业化的报道。

3. 阳离子染料可染聚酯

阳离子染料可染聚酯主要分为高压型（CDP）和常压型（ECDP）两种。

（1）高温高压型阳离子染料可染聚酯（CDP）：CDP 是通过在聚合过程中加入带有阴离子基团的第三组分共聚而得，第三组分有苯磺酸盐化合物、磷化物和稠环磺化物，其中应用较为广泛的是 SIPM。共聚物的分子结构式：

$$\left[\overset{\overset{\displaystyle O}{\|}}{C}-C_6H_4-\overset{\overset{\displaystyle O}{\|}}{C}OCH_2CH_2O\right]_x\left[\overset{\overset{\displaystyle O}{\|}}{C}-C_6H_3(SO_3Na)-\overset{\overset{\displaystyle O}{\|}}{C}OCH_2CH_2O\right]_y$$

PET 主链中引入 SIPM 组分后，由于破坏了大分子结构的规整性及—SO_3Na 的极性和空间位阻作用，使玻璃化温度略有上升，冷结晶温度上升。由于链结构规整性的破坏及磺酸基团的极性和空间位阻作用使分子链的活动能力减弱，另外，CDP 的最大结晶速度所对应的温度随共聚组分的引入及含量的增加向低温移动。因而结晶速度比 PET 的小，且随 SIPM 加入量的增加而下降，结晶度均随共聚组分的引入及含量的增加而下降。这种化学结构及物理结构的变化可使 CDP 纤维采用阳离子染料染色，但由于其 T_g 较高，只能在沸点温度以上进行染色。

（2）常压沸染型阳离子染料可染聚酯（ECDP）：虽然 CDP 纤维染色色牢度高，色泽鲜艳，而且易于用匹染的方法获得交染、留白或异色效果，但以 SIPM 为改性剂的 CDP 纤维，其结构仍比较紧密，在常压沸染条件下染色，上染率低，所以染色还需要在高温高压条件下进行，这就带来了能耗大，设备复杂等缺点，而且不能与羊毛、蚕丝等混纺或交织而染色。因此在引入具有染座结构的同时，又引入了柔性链的第四组分，增大纤维中的非晶区并改善非晶区大分子的活动性，从而获得阳离子染料常压沸染的染色效果，同时也可改善用分散染料染色的效果。常用的第四组分有以下四种：

①脂肪族二羧酸及其衍生物；

②脂肪族二元醇及其衍生物；

③脂肪族羟基酸类化合物；

④脂肪族聚醚类化合物。

CDP 与 ECDP 之所以易用阳离子染料染色，主要是因为引入了染座，而且还由于染料易于向无定形区扩散。

目前，国内的生产技术可以将批量化的第三组分和第四组分供应市场，也有采用连续聚合法和 PTA 法进行工业化生产的报道，例如采用 40%的一种外观为澄清黏稠液体的溶于 EG 的 SIPE（间苯二甲酸二乙二醇酯- 5 -磺酸钠）和平均相对分子质量为 3700～9000 的表观为白色固体的聚乙二醇（PEG）为第三、第四组分的 ECDP。阳离子染料可染聚酯的工业化流程如图 9 - 46所示。

（三）超高速纺丝和 TCS

超高速纺丝的目的是利用纺丝中的高张力制取可以直接使用的全取向丝 FOY，一般认为

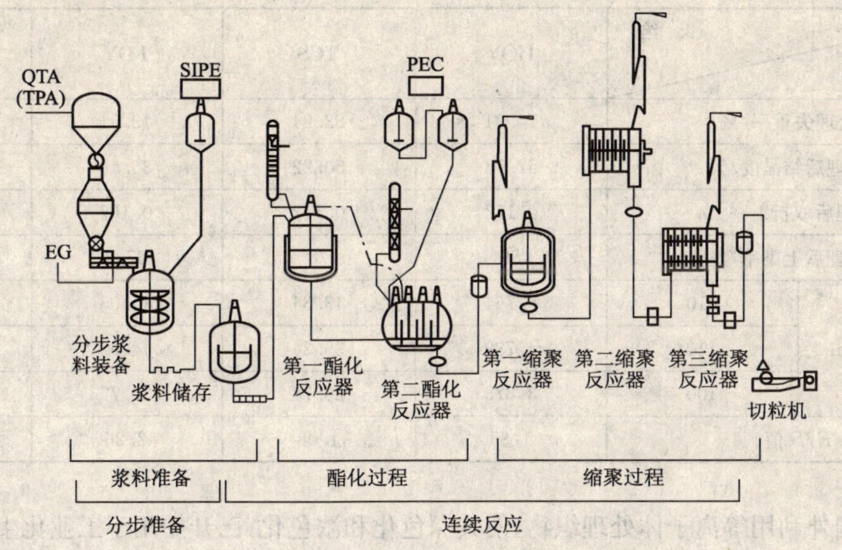

图 9－46　阳离子染料可染聚酯合成工艺

6000m/min 以上的纺速属超高速纺丝。涤纶的可染性在 6400m/min 纺速下比在 915m/min 纺速及随后拉伸 3.5 倍得到的纤维高 35％以上(图 9－47)。这是由于 FOY 具有高结晶取向，大晶粒和低无定形区取向的超分子结构；在形态结构上存在着带有裂纹的皮芯结构和微原纤体系，非晶区部分的分子呈松弛的聚集态，这种结构有利于染料分子的进入。

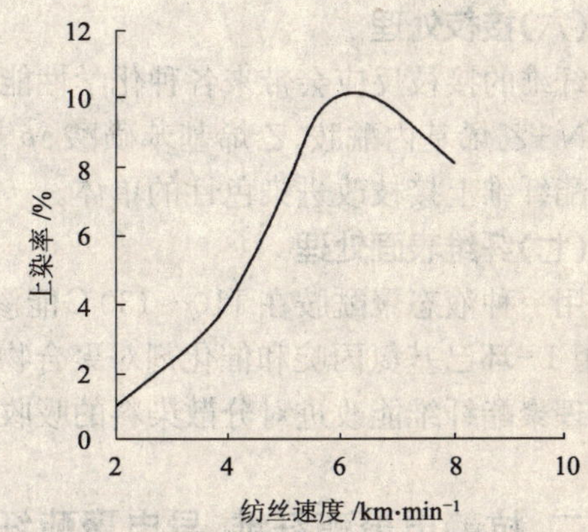

图 9－47　某染色工艺下纺丝速度和上染率关系

某相同染色工艺下，不同纺丝方式的长丝与染色性能的关系见表 9－45。

表 9－45 对于不同纺丝方式与染色性能的关系进行了比较。据称采用 TCS 法生产的 FDY 比热辊法的染色性能高，特别是当织物进行碱减量处理后的染色率大大改观。但是相对阳离子染料可染聚酯改性方法效果甚微。

(四)纤维热处理

通过调控纤维的热定型工艺可改变纤维的聚集态微观结构，从而可改善宏观的纤维物理性能（如染色性、强度、伸度等）。随着定型温度（＞180℃）的升高，纤维的结构发生了一系列的变化，从而使得染料易于进入无定形区，所以纤维的上染率得到提高。这只仅仅是相对而言。

(五)低温等离子体处理

低温等离子体处理使纤维表面发生化学及物理变化，但不涉及内部结构。如表面极性基团增多、表面粗糙化、大分子间内聚力降低等，这有利于染料分子向纤维内部扩散，还可用于接枝反应。

表 9－45 不同纺丝方式的长丝与染色性能的关系

性能 \ 长丝		HOY	TCS	FDY	常规
碱处理失重率/%		74.94	83.94	42.51	40.58
碱处理后结晶度/%		52.78	50.22	36.48	45.98
碱处理后双折射率 Δn		0.152	0.112	0.167	0.175
碱处理后上染率/%		86	78	67.2	61.6
晶粒尺寸/nm	010	5.764	43.34	45.08	39.29
	110	4.739	39.24	44.52	38.96
	100	3.878	26.78	20.77	25.57
K/S 值		1.35	1.08	2.26	2.23

目前，国外利用等离子体处理织物，使其深色化和浓色化，已开始用于工业化生产，美国是这方面研究的先驱，日本一些企业用它开发出涤纶纯黑制服成为市场的抢手货。由于这种方法能缩短染色时间，降低能耗，显著节约染料，而又不污染环境，除了改进染色性外，还可提高抗静电、吸湿、防污等性能。目前国内已有单位进行这方面的研究工作，这是一种有前途的聚酯改性方法。

(六)接枝处理

纤维的接枝反应会带来各种化学性能的变化，从理论上讲，可染性可通过接枝某种单体达到。N－乙烯基内酰胺、乙烯基苯磺酸、p－乙烯基苄基胺、乙烯基苯基聚乙二醇醚等是几种能在聚酯纤维上接枝改进染色性的单体。

(七)纤维表面处理

用一种液态聚酰胺在110～130℃能渗透到未拉伸纤维中，拉伸后能使纤维用酸性染料染色；用1－环已基氮丙啶和催化剂对聚合物进行表面处理可用酸性染料染色；用二卤化烷基化合物处理聚酯纤维能改进对分散染料的吸收。

二、抗静电聚酯纤维、导电聚酯纤维

由于涤纶的疏水性，它具有 10^{14}～10^{15} Ω·cm 以上的电阻率，纤维间的摩擦因数较高，静摩擦因数 μ_s 为 0.44～0.57，动摩擦因数 μ_d 为 0.33～0.45，易在纤维上积聚静电荷，使纤维之间彼此排斥或被吸附在机械部件上，易沾尘埃，造成加工困难。

(一)抗静电聚酯纤维

纺织加工时，使用专门的油剂、增加室内空气的湿度等措施，仅能短暂地减少纤维起电。纺织制品要求的抗静电性必须能经受反复的水洗和长期的服用。通常将导电油剂涂敷在织物上，且在纤维表面聚合；也可将抗静电剂经共聚或共混方法制备成抗静电聚酯纤维。

1. 加入抗静电添加剂

常用的可反应和可溶性的抗静电添加剂是甘醇醚类、三羧酸酰胺类。常采用将聚乙二醇(M=400)、2,5－二羧基苯甲醚和己二胺在甲醇中回流制得白色粉末，将它与尼龙66盐进行缩聚得聚酰胺制品后，和聚酯在280℃下混熔纺丝的方法制得具有抗静电性的改性涤纶。

2. 抗静电共聚酯

将聚乙二醇(M=1000～2000)和C_{36}二聚羧酸进行酸催化反应得酸值为8.8的酯类产品，在BHET中加入2%质量的上述酯进行缩聚可获得改性聚酯。既改进了抗静电性能，又较少地降低产品的物理性能。或将聚酯纤维在丙烯(酸)酰胺的饱和苯溶液中浸润加热并用水抽提，得接枝丙烯(酸)酰胺的涤纶，在改进了吸湿性的同时，也改善了抗静电性。此外，还可采用以聚酯为主的多元聚合物进行共混纺丝，如用ECDPET，或用聚乙二醇及离子型表面活性剂与聚酯混合熔融纺丝制成抗静电纤维，由于表面活性剂使抗静电剂的分散粒子和PET基体两者的界面结合，形成保护层。这不仅减慢了抗静电剂的溶出速度，还提高了电荷的移动速度，静电荷易于散逸。因此，采用共混纺丝法，可制得持久性的抗静电纤维。

(二)导电聚酯纤维

以少量导电纤维与常规纤维进行混纤、混纺或交织，能有效地散逸电荷。导电纤维是用金属、半导体、炭黑或金属化合物等导电材料与聚酯共混制成的纤维，其电阻率通常在$10^4\Omega\cdot cm$以下。导电纤维的导电功能在于其电晕放电作用，即从织物各部位来的电力线集中在细小的导电纤维上而产生强电场，开始电晕放电，空气被分离成阳离子和阴离子，同织物电荷相反的空气离子沿电力线迅速移动，与织物中的电荷进行中和，使织物上的电荷呈中性。一般在织物中混用0.5%～1.5%质量的导电纤维即可保持充分消除静电的功能。导电纤维主要用于制作防尘服、防爆用品及防电磁波材料等。

三、阻燃聚酯纤维

纤维及纺织品的阻燃方法大致分为两种，即原丝的阻燃改性和阻燃整理。对于棉、毛、麻等天然纤维，只有采用后整理的阻燃方法，即通过吸附沉积、化学键合、非极性范德华力结合及黏合等作用，使阻燃剂固着在织物或纱线上，从而获得阻燃效果。对于涤纶、腈纶、维纶等合成纤维，则可在纺丝过程中加入阻燃剂，然后通过共聚或共混改性的方法使纤维具有阻燃性。当然，合成纤维也可以通过阻燃后整理来获得阻燃性能。

两种方法相比而言，阻燃后整理方法工艺简单，投资少，见效快，比较适合开发新产品。但后整理技术对织物的强力、手感和色光有一定的影响，且阻燃耐久性不如原丝改性。

根据国际标准化组织的规定，阻燃性(或抗燃性)是指材料所具有的减慢、终止或防止有焰燃烧的特性。它可以是材料的一种固有特性，也可以通过一定的处理，赋予材料这种特性。纺织品阻燃技术正是建立在后一种理论基础上的应用性研究。

现代燃烧机理研究表明，织物燃烧是一个封闭的链式反应过程，而阻燃的目的就是要打破链式反应，即在放热阶段阻燃剂为强吸热剂；在热降解阶段，阻燃剂作为改变纤维热降解方式的催化剂，使其向着可燃性气体减少、固体增多的方向反应；在火焰区，阻燃剂通过释放自由基的阻断剂、捕捉剂切断链式反应，使活性自由基钝化，从而达到阻燃的目的。

阻燃性能的测试在阻燃整理研究中是非常重要的环节。常用的织物阻燃测试方法有两种，即垂直燃烧法和氧指数法。在国家标准GB 5455—1985中，对垂直燃烧法有详尽的定义和规范。一般来说，氧指数法比较适合相同材料、相同织物结构的试样阻燃性的横向对比。单独凭借限氧指数值LOI的高低，不足以说明该样品阻燃性的好坏；而垂直燃烧法所测得的损毁炭长，可以客观地描述织物的阻燃性。与垂直燃烧法相比，氧指数法测得数据准确，重现性好。因此，氧指数法更适合于工艺过程实验使用；垂直燃烧法则可以评价织物的最终阻燃性能。

此外，美国商业部颁布的DOCFF3—71测试方法也极具代表性。该方法规定，试样的调湿条件为升温30min至105℃，再冷却30min后进行测试。该方法充分考虑了织物所含磷氮化合物所具有的吸湿性对阻燃测试结果的影响，设计的测试条件可以使织物充分干燥，又可以使整个测试能在1.5h内完成，体现出了简便迅速的特点，是适合多种纺织品阻燃性能测试的方法之一。

自20世纪70年代以来，世界各国对聚酯纤维的研究和应用开发非常活跃，专利文献大量涌现，新的阻燃聚酯纤维产品不断问世。若按生产工艺过程对阻燃方法进行分类，可归纳为以下五种。

(1)在酯交换或缩聚阶段加入反应型阻燃剂进行共缩聚。

(2)在熔融纺丝前向熔体中加入添加型阻燃剂。

(3)以普通聚酯与含有阻燃成分的聚酯进行复合纺丝。

(4)在聚酯纤维或织物上与反应型阻燃剂进行接枝共聚。

(5)对聚酯纤维织物进行阻燃后处理。

第一至第三种方法属于原丝的阻燃改性；第四和第五种方法属于表面处理改性。近期有在涤纶中添加无机粉末作为阻燃剂的报道，但是到目前为止，已工业化的阻燃聚酯纤维品种主要是采用共聚阻燃改性方法。聚酯纤维织物的阻燃整理改性方法工艺简单、成本低，从流通的多样性及对阻燃要求程度多方面的适应性来看，较原丝改性方法有利。但阻燃剂用量多，对织物的手感和色泽影响较大。

涤纶的阻燃改性（不考虑织物的阻燃后整理）有共混改性和共聚改性两种方法。共混改性是在聚酯切片制造过程中添加共混阻燃剂制造阻燃切片或在纺丝时添加阻燃剂与聚酯熔体共混制共混阻燃纤维；共聚改性就是在制造聚酯过程中加入共聚型阻燃剂作单体，通过共聚方法制造阻燃聚酯。

目前阻燃剂的阻燃行为主要通过冷却、稀释、形成隔离膜和终止自由基链反应等途径来实现。其中前三种为物理途径，后一种为化学过程。磷系阻燃剂的阻燃机理主要是形成隔离膜来达到阻燃效果，形成隔离膜的方式有两种。

(1)利用阻燃剂的热降解产物促使聚合物表面迅速脱水而炭化，进而形成炭化层。由于单质碳不进行产生火焰的蒸发燃烧和分解燃烧，因此具有阻燃保护作用。磷系阻燃剂对含氧聚合物的阻燃作用就是通过这种方式实现的。其原因是含磷化合物热分解得到的最终产物是聚偏磷酸，它是强脱水剂。

(2)磷系阻燃剂在燃烧温度下分解，生成不挥发的玻璃状物质，它包覆在聚合物的表面，这种致密的保护层起隔离层的作用。卤化磷类阻燃剂就具有此特征。以多聚磷酸铵为基体的膨胀型阻燃体系就是此种机理的典型代表。

国内磷系阻燃涤纶的LOI值达到32%以上，但是到目前为止，仍然被两大缺陷所困惑。一是产品的价格性能比，无论采用何种方法，涤纶磷系阻燃产品的成本增加几乎是普通产品的80%（而普通涤纶长丝织物的LOI值也可以达到29%以上），采用无机粉末阻燃的成本更是高得离谱，用户对涤纶产品的阻燃价格性能比表示严重的不满，让绝大多数用户对涤纶阻燃产品的可信度大打折扣。同织物的阻燃整理相比较，纯涤纶织物限制了纺织品原料选择的多样性，而且达到几乎相同的目的的加工成本几乎翻了一番。二是阻燃涤纶的物理机械性能和染色性能与常规相比也有所下降。

目前常用的纤维阻燃采取加入磷—卤素化合物类阻燃剂，或使用2,5－二氟代对苯二甲酸作为合成聚酯的单体来改进阻燃性，要求添加剂在280～290℃下不发生升华和热分解。

在纺丝熔体中添加阻燃剂以制造聚酯纤维，其阻燃效果虽不如共聚型，但由于工艺较简单，故应用较为普遍。适用于聚酯的阻燃添加剂，多是含磷化合物和卤—锑复合阻燃剂等物质。

另一种是皮芯结构的阻燃复合纤维，在芯层添加阻燃剂，而在皮层中可少加或不加阻燃剂，以使在提高阻燃性的同时，对纤维性能影响较小。

利用含磷或卤素的烯类单体，在纤维或织物上进行表面聚合或接枝共聚，然后再用三聚氰氨树脂处理，可得到满意的阻燃效果。

纤维阻燃加工中使用的有效阻燃元素有磷、氮、锑、溴、氯、硫等，大多数阻燃剂是以磷为中心元素的化合物。不同阻燃剂的阻燃机理不同，一般认为，磷化物主要是固相阻燃，能减少可燃气体的生成；卤素化合物主要是气相阻燃，阻碍分解气体的自由基的燃烧反应，由于卤素阻燃剂燃烧会产生有毒气体，且是一种致癌物质，所以加快开发、使用非卤素阻燃剂的阻燃聚酯纤维和织物的问题已引起人们的高度重视。

四、仿真丝

聚酯仿真丝是在保持聚酯优异性能的前提下，采用物理或化学的方法，制造出性能接近于真丝的聚酯纤维。制造仿真丝绸，包括从纤维到织物的结构、染整、加工等一系列过程。

目前，聚酯仿真丝产品已有四代，第一代为异形丝、碱减量等产品，使聚酯产生真丝般的光泽；第二代为阳离子染料可染型、抗静电型、防污型的产品，使其染色性、防尘性更接近于真丝；第三代产品为高复丝、超复丝、交络丝产品，其织物如乔其纱、塔夫绸等，具有轻、软、挺、耐洗等优点；第四代仿真丝分为两大类，一类由聚酯纤维改性而来，另一类是通过与天然或再生纤维混用来制造。

(一)异形丝

聚酯异形丝可使纤维在一定程度上获得真丝般的光泽。单丝截面有三角形或多角形，如三叶形、五角形、多边形、马蹄形、豆形等，这类异形丝具有非闪光效果，假捻后丝的截面发生变化，变形部位的直线距离小至9～10μm，能消除聚酯纤维表面的闪光，使光泽变得更自然，且能改变静摩擦因数，改善手感、透明性、悬垂性等性能。各类异形截面纤维的主要特性见表9－46。

表9－46　各类异形截面纤维的主要特性

所仿纤维	异形截面纤维种类	特　性
蚕　丝	四角(四叶形)丝	膨松性较好，结节强度高，弹性、弯曲性好，静摩擦因数大，手感和光泽均似蚕丝，光泽优美，色泽鲜艳，膨松而有身骨，有两种不同悦目的光泽，耐污
蚕　丝	三角(三叶形、T形)丝	闪光，覆盖性强，耐污，色泽鲜艳，透气性好，膨松，回弹性好，风格好
羊毛或蚕丝	多角(五角形、星形)丝	膨松度高，手感和覆盖性好，抗起球，有金刚石般光泽
羊　毛	中空(圆形、三角形、梅花形)丝	重量轻，保暖性好，覆盖性好，表面光滑，富有弹性，有散光作用，拒污性好
麻	带形(狗骨形、蚕豆形)丝	手感及光泽如麻，覆盖性好，透气性好

(二)细特丝

一般聚酯复丝中单丝的线密度在1.6dtex以上时,手感比较粗硬,利用超拉伸、小孔径喷丝孔纺丝,可把单丝线密度降到1dtex以下。用这种低线密度丝组成的复丝经再加捻而不变硬,适合织薄型织物。现代生产聚酯仿真丝绸所用细丝的线密度为0.6~0.7dtex,原则上在0.1~0.9dtex即可。超复丝的强捻薄型织物经碱减量处理后,无论是织物的外观、风格,还是悬垂性、光泽、柔软性,均能与真丝绸的强捻织物相媲美。

(三)异线密度混纤丝

真丝不仅在长度方向有粗细不均的变化,而且截面形状也不一致。这是由于蚕吐丝过程的不匀性造成的,这给蚕丝带来许多特有的性能。模仿这一特点,把聚酯的线密度不规则性控制在一定范围内,使线密度不同的长丝混杂在一起,其中稍粗的起挺括作用,稍细的起柔软作用,就可得到类似于真丝的自然感。

(四)异收缩丝混纤和异染色丝混纤

异收缩丝混纤是指收缩率不同的长丝混纤,如不同种类的丝混纤,同种异性、异形丝混纤等。混纤可在纺丝、拉伸或后加工过程中进行。收缩率不同的长丝经过混纤加工,在染色过程中受热时会出现热收缩率差异。利用这种方法能使织物结构松弛,手感柔软、蓬松。预先设定的热收缩率差异对于制异收缩混纤丝是十分重要的。

异染色丝混纤是采用两种不同染色性能的聚酯长丝混纤,可获得类似真丝色织产品的效果。

(五)表面加工丝

采用表面加工的方法,可使丝条表面出现较理想的真丝外观。蚕丝是由两根截面呈8字形的丝素纤维(丝芯)和外面包着的丝胶两部分构成的,用碱精练后去掉丝胶,形成只有丝素的纤维,使单丝间出现空隙而形成弯曲。因此,聚酯丝的表面加工就是模仿蚕丝的脱胶工艺进行碱减量处理,使纤维表面发生部分水解。碱减量处理不仅使线密度变细,而且纤维表面产生不同程度的剥蚀沟纹和微孔,使之起皱和消光,从而获得真丝般的柔软效果和丝绸的风格。可对纤维或织物进行聚酯的碱减量加工。

碱减量真丝化的关键,是控制减量率和实现织物各部分减量的均匀性。碱减量可用碱单独处理,使减量率达到15%~30%,但要在较高的温度和碱浓度下进行。为了降低碱的浓度,并在短时间内达到15%~30%的减量率,一般需加入一定的助剂(阴离子表面活性剂),以促进聚酯水解。

现代仿真丝生产大多采用复合改性或共混改性纤维(或织物)进行碱减量处理。由于聚酯中改性组分在碱处理时易水解去除,不仅降低了用碱量,而且可制得具有凹凸结构的纤维。孔径一般为0.05~0.2μm,孔深为0.05μm,纤维的四凸结构能增加光的吸收,并提高纤维的吸水性,是理想的仿真丝纤维。

目前,国际市场仿真丝产品甚多,其中以聚酯为原料的仿真丝织物占70%以上,尤以异形丝、超复丝、高复丝和变形丝居多。仿真丝织物的类型也与真丝织物相仿,有绡、乔、绉、缎、纺五大类,制品色彩鲜艳,吸湿性、绢鸣、温暖感和表面效果等性能已非常接近真丝绸的风格,且在某些方面达到超真丝水平。

五、仿毛、仿麻型纤维

（一）仿毛纤维

涤纶仿毛纤维的性能，如刚柔性、蓬松性及滑爽性等仿毛综合手感，可通过选用适当的线密度、卷曲度、纤维截面形状及混纤比例来达到。仿毛型聚酯纤维的线密度一般为 3.33～13.33dtex，这与羊毛及天然动物毛相似。

原丝可采用短纤维、变形丝、混纤丝、花式丝、复合纤维以及单纤维内的双层与多层变化，使织物向三维结构过渡而具备羊毛织物的风格和性能。

（二）仿麻纤维

天然麻是一种截面为五角形或六角形的中空异形纤维，密度 $1.5g/cm^3$，各种麻类的长度不一。早期的聚酯仿麻品种多采用特殊卷曲的加工方法或异形纤维。仿麻织物具有挺括、凉爽、透气、手感似真麻的性能。

现代涤纶仿麻的生产工艺与仿毛纤维相似，采用从聚合到纺丝以至制成服装的一系列综合改性加工。常用表面处理法、复合纺丝法、混纤丝和花式丝等加工方法。其中利用聚酯长丝经变形、合股网络制成超喂丝，形成粗节状的致密结构，能产生毛型感，制成的织物呈多层交络结构和自然不匀的粗节外观，更具真麻的特征。

六、聚酯复合纤维

复合纤维是由两种或两种以上组分纺制而成的纤维，每根纤维中的两组分有明显的界面。复合纺是采用物理改性方法使化学纤维模拟和超过天然纤维的重要手段之一，由于其品种繁多，产品性能独特，附加价值高，深受市场的青睐。聚酯复合纤维是将聚酯与其他种类的成纤高聚物熔体利用其组分、配比、黏度不同，分别通过各自的熔体管道，输送到由多块分配板组合而成的复合纺丝组件，在组件中的适当部位汇合，从同一喷丝孔喷出成为一根纤维。一些复合纤维品种如图 9－48 所示。

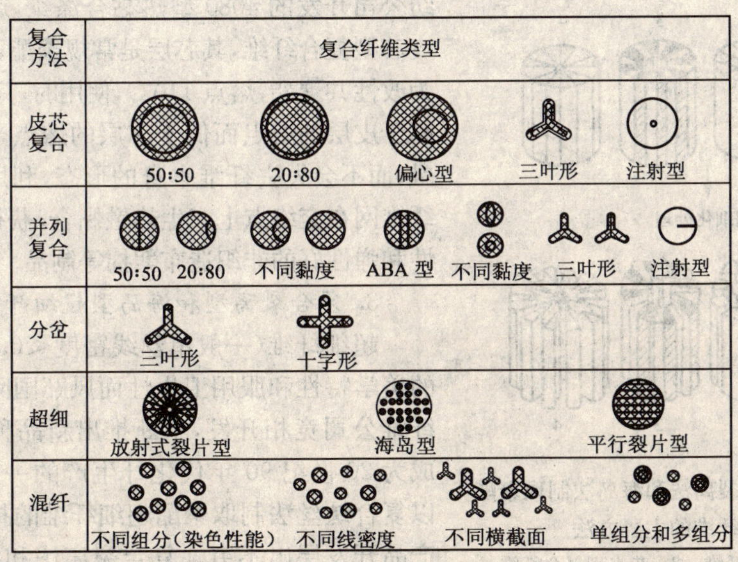

图 9－48　复合纤维品种示意图

与聚酯复合的其他聚合物组分，一般可选择改性共聚酯、聚酰胺、聚乙烯、聚丙烯和聚苯乙烯等物质。

根据不同的用途和要求，已研制开发出的聚酯复合纤维有自发卷曲型纤维、热熔式非织造布用纤维、裂离型超细纤维和海岛型超细纤维等多个品种。

(一)聚酯复合纤维的主要品种

1. 自发卷曲型纤维

自发卷曲型纤维又称三维卷曲或立体卷曲纤维。为了使织物具有优良的蓬松性、丰富的手感、高的伸缩性以及优越的覆盖性，可选择两种具有不同收缩性能的聚合物，纺制成并列型或偏皮芯型复合纤维，这种纤维具有与天然羊毛相似的永久三维卷曲结构。

自发卷曲型复合纤维的复合组分一般是选择同一类型，但在物理化学性质上又有一定差异的聚合物，如有一种由常规聚酯与改性共聚酯复合而成的并列型复合纤维，其中一种组分为对苯二甲酸乙二醇酯的均聚酯，另一组分为对苯二甲酸乙二醇酯和间苯二甲酸乙二醇酯以摩尔比8∶2～9∶1共聚而成的共聚酯。两者进行复合纺丝的比例为40∶60～60∶40，由于均聚酯与共聚酯属同一类型的聚合物，但在物理化学性质上又有一定的差异，所以它们之间既有强的黏合力，在界面上不会产生裂离，又由于两组分在收缩上的差异而使复合纤维具有高度的潜在卷曲性，当纤维经受外力拉伸或热松弛后便产生卷曲，用它纺成短纤维，有很好的纺织加工性。

2. 热黏合复合纤维

热黏合聚酯复合纤维作为非织造布的纤维原料已被大量使用，当生产无化学黏合剂的非织造布时，可以通过在纤维网中混入一定比例的热黏合复合纤维来实现。

这种复合纤维是选用两种不同熔点的聚合物纺制成皮芯型结构，皮层的熔点比芯层低，在一定的温度下使皮层熔融，而芯层不熔，这样纤网中的纤维之间便产生黏结点，使纤网得到加固，形成非织造布。

热黏合聚酯复合纤维，芯层一般是常规聚酯，皮层采用改性共聚酯或聚烯烃等组分，如日本钟纺公司开发的4080型热黏合涤纶，就是聚酯/共聚酯皮芯型复合纤维，其芯层是常规聚酯，熔点260℃，皮层为改性共聚酯，熔点110℃，使用时，只要把纤维加热到高于皮层的熔点而低于芯层的熔点，使纤维的表面熔融，而不会失去纤维本身的形态，利用这一性质，可使纤维网在交络点上产生热融黏合，获得手感柔软、蓬松性和弹性好的非织造布絮棉等制品。

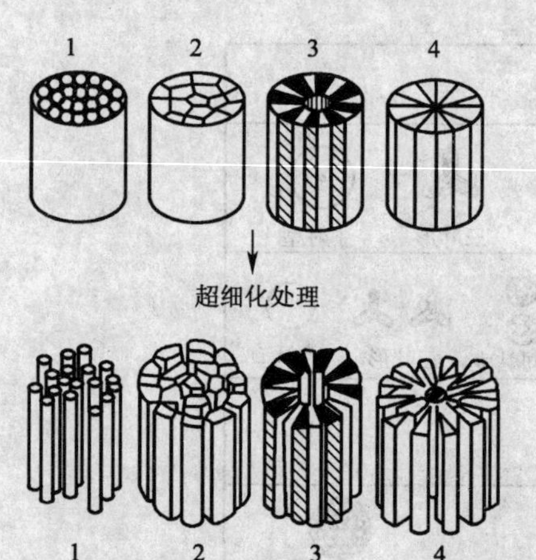

图 9－49　复合裂离法和海岛法制取聚酯超细纤维的主要方法

1—海岛型复合纤维　2—花卉型复合纤维
3—中空辐射型复合纤维　4—橘瓣型复合纤维

3. 复合裂离型和海岛型超细纤维

超细纤维(一般单丝线密度＜0.3dtex)以其独特的美学特性和服用卫生性而风靡国际市场，世界各大纤维公司竞相开发，不断推出新品种，单丝细特化已成为20世纪90年代化纤生产的一股新潮流。其中以复合纺丝法制取聚酯超细纤维的技术较为成熟，新产品开发层出不穷。复合裂离法和海岛法制取聚酯超细纤维的主要方法如图9－49所示。

(1)复合裂离法：是将两种在化学结构上完全不同，彼此互不相容的聚合物，通过复合纺丝方法，使两种聚合物在截面中交替配置，制成复合纤维，然后用化学或机械的方法进行剥离，从而使一根复合纤维分裂成为几根独立的超细纤维。纤维的根数和单丝的线密度取决于复合纤维中两组分的配置数，纤维为异形截面，如放射型、橘瓣型等。此法加工的单丝线密度可达0.1～0.2dtex。

聚酯类裂离型复合纤维的两组分一般选用聚酯/聚酰胺、聚酯/聚丙烯和聚酯/聚乙烯等组合。

(2)复合海岛法：又称溶出法，是将聚酯与另一种可溶性聚合物制成海岛型复合纤维，再用溶剂溶去可溶性组分(海)后所制取的超细纤维。

常用的海岛法有两种，一是复合纺丝法，将两种聚合物通过双螺杆复合纺丝机和特殊的喷丝头组件进行熔融纺丝，其中一种聚合物有规则地分布于另一种聚合物中，此法可纺制长丝；二是共混纺丝法，将两种聚合物共混纺丝，一组分(岛组分)随机分布于另一种组分(海组分)中，可制得短纤维。

海岛法可自由变化海/岛比例，控制纤维的线密度和截面形状，为降低成本，应尽量减少溶解组分的量，即海组分越少越好，但应综合平衡，使溶剂对可溶性组分具有良好的接触溶解条件。

通常海岛型聚酯复合纤维中，海组分为聚苯乙烯，岛组分为聚酯，以三氯乙烯为溶剂，将海组分溶去，可得到线密度为0.05～0.1dtex的超细纤维。

(二)复合超细纤维的特性及其应用

1. 复合超细纤维的主要特性

(1)线密度小，比表面积大：复合超细纤维在分离后，纤维的直径很小，仅0.4～4μm，线密度为普通纤维的1/8～1/40，故其手感特别柔软。因相同质量的高聚物制成超细纤维，其根数远远超过普通纤维，故复合超细纤维的比表面积比普通纤维大数倍至数十倍。

(2)纤维的导湿、保水性能良好：由于复合超细纤维是由两种高聚物构成，两组分间有一定的相界面，即使两组分剥离了，其间隙也极小，故该类纤维具有良好的保水性和导湿性。此外，该类纤维的公定回潮率可达3%，约为普通涤纶长丝的6倍。

2. 复合超细纤维的应用

(1)仿天然纤维织物：复合超细纤维的线密度小于0.3dtex，故相同特数的纱线所含单根纤维的根数要比普通纤维多数倍，采用该类纤维织成的织物显得蓬松、丰满，悬垂性，保湿性好，更具有柔软的手感，仿真效果极佳。同时织物还保持了常规涤纶的尺寸稳定性和免烫性。在日本，复合超细纤维的应用已超越仿天然纤维领域，开始进入独创的新风格阶段。桃皮绒织物就是近年来运用高技术开发出来的一种超细纤维高密度薄型起绒织物，因其表面覆盖着一层特别短而精致细密的绒毛，具有新鲜桃子表皮的外观和触感。

桃皮绒织物的经纱为细特涤纶，纬纱为产生密集短绒的裂片型复合超细纤维，起绒部分单丝的线密度最佳为0.1～0.2dtex，PET/PA6裂片式超细纤维就是模仿真丝砂洗使微纤元裂开，故该纤维是生产桃皮绒织物理想的合成纤维原料。

用复合超细纤维做人造麂皮的基布，按素软缎组织结构织造后采用涂层技术对基布进行处理，再经起毛、磨绒加工，可制成具有书写效应的高档人造麂皮，用于外套、夹克、装饰面料，风格高雅，仿真感极佳。

(2)功能性织物：复合超细纤维用于制造出色的功能性织物，较典型的应用是织造高密防水透气织物。在高密织物中,纤维与纤维间的间隙是 0.2～10μm,而液态水的最小粒径在 10μm 以上,因而前者窄得足以挡住最小的雨滴,而人体散发出来的水蒸气又能从间隙中逸散出去,使穿着者有舒适感觉。特别是在剧烈活动出汗的情况下无粘身的感觉。该类织物用途广泛,如用作户外运动服、风衣等。

除防水透湿性织物外,复合超细纤维的另一功能性用途是作洁净布。由于纤维的比表面积很大,因而能较好地清除微尘,对被擦拭物品表面也不会产生任何损伤,不会残留纤维碎段。此外,复合超细纤维是由含有亲油基团和亲水基团的高聚物组合而成,对去除指纹、手垢、油脂、糖类、淀粉类、水滴和其他水溶性污垢都具有良好的清洁效果。

用超细纤维做压缩服装正方兴未艾。这种轻如蝉翼的小体积服装存放、携带十分方便,深受外出者的欢迎。

七、抗菌纤维

(一)概况

大量的文献报道表明,由具有高效抗菌剂或内含金属离子的沸石微粒子与成纤 PET 共混制成的抗菌消臭 PET 纤维可有效抑制和杀死附着在纤维表面的微生物(如真菌和细菌),使用中具有很好的持久性和安全性(不会影响人体正常的机能),尤其是用内含金属离子的沸石粒子制成的 PET 纤维,除具有抗菌、防臭功能外,还增加了某些新特性,如织物悬垂、消炎、镇痛、促进人体血液循环、加速伤口愈合等医疗保健功能。

由于具有上述功能和特性,因而其产品应用领域十分广阔。该类纤维通常用于以下方面。

(1)家庭用品:如卫生间用品、厨房用品、床上用品等。

(2)体育用品:如运动服、比赛服、运动用品。

(3)特殊服装用品:如工作服、婴儿服。

(4)医疗用品:如绷带、纱布、床单、衣裤等。

(5)服饰品:如内衣、鞋、袜等用品。

近年来,世界许多国家,尤其是欧美国家和日本等国,在抗菌、消臭 PET 纤维开发方面进行了大量的研究,采用的抗菌剂种类及生产方法也不尽相同。日本旭化成、帝人、钟纺等公司率先进行了抗菌、消臭 PET 纤维的研究和开发;可乐丽、东丽、东洋纺等公司也积极跻身于该行列。在开发的众多产品中有许多产品的纤维结构、功能和生产工艺颇为新颖独特。

(二)抗菌剂选择

用于涤纶及其织物抗菌处理的抗菌剂主要有以下五类,其中最常用的是金属类和季铵盐类抗菌剂。

1. 金属、金属盐及其化合物

具有杀菌作用的金属有 Ag、Cu、Au、Zn、Hg、Cd、Y、Zr、Ca、Pt、Pb 等。这些金属的盐及其化合物都具有抗菌活性,它们都是通过释放具有杀菌作用的金属离子而起到杀菌的作用。金属、金属盐及金属化合物既可以通过共混方式引入,也可以通过后处理(尤其是水溶性金属盐)引入,但以前者为主。

2. 季铵盐类化合物

季铵盐的抗菌机理是破坏细菌细胞膜的代谢功能,最终导致细菌因细胞膜穿孔、内容物渗出而死亡。季铵盐具有优良的抗菌效力，但活性较低，持久性差。可以利用有机硅的反应活性，使有机硅带有季铵盐基团，再与纤维交联结合，在纤维表面形成一层保护膜，从而抑制细菌的繁殖。用［3-(三甲氧基甲硅烷)丙基］二甲基十八烷基氯化铵，［(三甲氧基甲硅烷基)丙基］三甲基氯化铵对涤纶及其织物进行整理，从而使其具有抗菌活性。用于涤纶抗菌防臭加工的季铵盐类化合物还包括四烃基铵、吡啶嗡、三亚甲基双［(3-氯-2-羟丙基)二甲基］氯化铵、烷基磷酸烷基铵盐、聚氧化亚烃基三甲基氯化铵、苯基十二烷基二甲基氯化铵等。可以用共混方式将它们引入涤纶中，但在大多数情况下，是用含季铵盐的溶液对涤纶织物进行浸渍等后处理，赋予其抗菌性能。

3. 酚类化合物

用于涤纶抗菌整理的酚类抗菌剂主要有 5,5′-二羟基-5,5′-二氯二苯基甲烷、2,2′-二羟基-3,3′,5,5′,6,6′-六氯苯基甲烷、2,4,4′-三氯-2′-羟基二苯醚，N,N′-六亚甲基双(3,5-二叔丁基-8-羟基苯丙酰胺)、8-异丙基环庚二烯酚酮等。酚类可以通过破坏细菌细胞膜，使胞质内容物渗出以及抑制细菌脱氢酶和氧化酶的作用，影响细菌的代谢，从而起到杀菌的作用。

4. 卤素化合物

用于涤纶抗菌加工的卤素化合物主要有溴代和氯代两类。其中，溴代化合物包括 5,7-二溴-8-羟喹啉等，氯代化合物除了上述的氯代酚外，还包括双(对氯苯基双胍)己烷、3,4,4′-三氯对称二苯脲、次氯酸等。卤素化合物主要通过与酶蛋白反应，导致酶丧失活性，阻碍细菌的代谢功能，从而起到杀菌作用。

5. 有机氮化物

吡咯(磺胺甲氧吡咯)、吡嗪、对甲基磺酰肼、苯丙三嗪、含胍基或缩二胍基团的有机氮化合物也被用于涤纶及其织物的抗菌整理。

此外，在涤纶及其织物的抗菌整理加工中引入的表面活性剂，尤其是阳离子表面活性剂，如聚乙二醇壬基苯醚硫酸钠、苯并咪唑磺酸钠，也具有杀菌能力。

(三)主要加工工艺

涤纶的抗菌防臭加工方法分为共混、复合纺丝和后处理三种。

1. 共混法

共混法是指用 PET 与抗菌添加剂共混纺丝得到的具有抗菌活性的涤纶。用此法引入的抗菌剂需满足一定的热稳定性要求，主要有金属(如铜、银)、金属氧化物(如氧化银、氧化锌)、陶瓷粉、沸石(含抗菌金属离子)、含银磷酸锆、硅酸锌等。此外，也可采用酚类化合物(如 2,4,4′-三氯-2′-羟基二苯醚)或有机氮化合物(如双酚吡嗪，苯丙三嗪)。

由于以共混方式引入的抗菌剂均匀分布在纤维中，所以，用此法得到的抗菌防臭纤维及其产品的耐洗涤性要优于经物理型抗菌后处理得到的纤维或织物，因而其抗菌效力也就更持久。

2. 复合纺丝法

目前，抗菌复合涤纶都属于皮芯型结构。它们一般以抗菌改性 PET 切片(如用真空沉降法在其表面涂覆银的 PET 切片或金属、金属化合物、季铵盐、胍基化合物等抗菌剂与 PET 切片的混合物)为皮材、以普通 PET 切片为芯材进行复合纺丝得到的。

由于引入的抗菌剂只分布于纤维的皮层，因此，与共混法相比，此法所需的抗菌剂少，从而可以减少因抗菌剂的引入对涤纶物理力学性能和服用性能的影响。

此外，通过复合纺丝，往往能够获得具有双重功能的涤纶。例如，以 PET 和其他功能整理剂（阻燃剂、远红外辐射陶瓷等）的混合物为芯材，以 PET 和抗菌剂的混合物为皮材进行复合纺丝，就可以制得具有双重功能（阻燃抗菌、保温抗菌等）的涤纶。由于此法需要两根螺杆和特制的皮芯型喷丝板，所以生产成本高，技术复杂。

3. *后处理法*

后处理法是指用含抗菌剂的溶液或树脂对成品纤维及其织物进行浸渍或涂覆处理，从而赋予纤维和织物抗菌活性的方法。通常用后处理法对纤维制品和织物而不对纤维进行抗菌整理。后处理法一般在高于涤纶玻璃化温度下进行，这样，抗菌剂就能更好地渗透到纤维中，以提高其抗菌持久性。

正如上面提到的，一般由后处理法得到的抗菌纤维的耐洗涤性能差，抗菌效果持久性能差，此法处理时间长，且存在环境污染问题。但由于此法具有技术简单、容易实施的优点，因此它仍是涤纶抗菌防臭加工常用的方法。

目前，国内涤纶的抗菌防臭加工研究还属起步阶段，尽管涤纶织物整理法在国外仍被广泛用于涤纶的抗菌处理，但由于其存在生产成本高、抗菌耐久性差和环境污染问题，将逐渐被淘汰。

聚酯纤维的抗菌处理效果见表 9－47。

表 9－47　聚酯纤维的抗菌处理效果

菌　　种	大　肠　杆　菌		金黄色葡萄球菌	
与织物接触时间/h	1	2	1	2
抗菌长丝抗菌率/%	38.7	67.3	45.2	51.2
抗菌短纤抗菌率/%	65.2	78.8	60.5	70.3
抗菌长丝织物抗菌率/%	38.4	48.5	35.2	37.8
抗菌织物洗涤 100 次（连续 33h）抗菌率/%	33.5	44.4	28.7	36

在研制抗菌防臭涤纶时，最好能赋予其吸湿、保湿、保温、抗静电、抗紫外线等多种功能，以提高使用价值。

八、增白纤维和抗紫外线纤维

（一）增白纤维

美国从 20 世纪 80 年代起，通过在聚酯纤维中添加增白剂而提高纤维的白度。同时有效地提高染色的鲜艳度和印染的效率，有效节约水资源，减少织物印染和整理时的废水排放。因此，这种增白聚酯纤维在一定程度上是一种“绿色”产品。

美国市场上 90%的聚酯短纤维都含 OB—1（化学名称为 2，2－二苯乙烯）。OB—1 是美国伊士曼化工（Eastman）生产的主要光学增白剂，我国的商品名为“特白丽”，其化学结构如下：

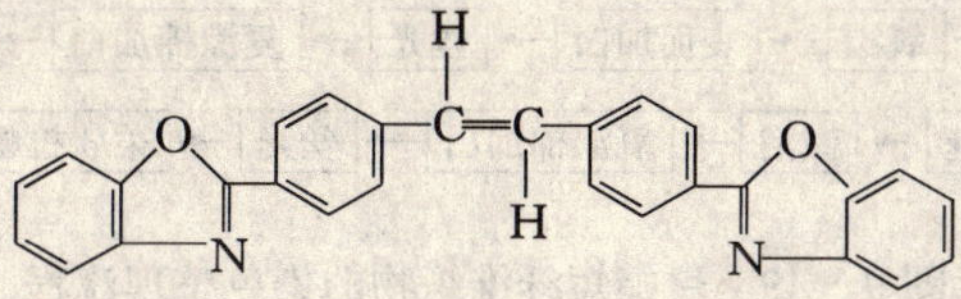

1994 年,OB—1 取得美国 FDA(The USA Food and Drug Administration)认证。采用纤维增白的方法,可以节约 60%以上的加工成本(表 9－48),还可以有效地降低废水排放,因此具有良好的社会效益。

表 9－48　采用纤维增白和织物增白的成本比较(%,吨纤维)

比较项目	织物增白法(125℃)	纤维增白
水	6.5	0
蒸汽	4.3	0
电能	1.5	0
化学品(增白剂)	19.5	38.86
废水处理	2.3	0
增白加工成本	65.9	0
合计成本	100	38.86

最近的研究报道认为,采用增白纤维和非增白纤维混纺对织物染色差异的影响程度可以 50%为分界线,增白纤维在纱线中的含量超过 50%,则纱线的染色差异同 100%增白纤维相同,即可以采用增白和非增白纤维混用的方法降低用户的使用要求和原料的成本。增白纤维低于 50%则加与不加一样,没有增白效果。增白剂在纤维中的添加量为 200mg/kg(0.02%)。

采用 OB—1 光学增白剂还可以有效抵抗紫外线,因此含有 OB—1 光学增白剂的纤维还具有抗紫外线的功能。

增白剂的主要作用是将日光中不可见的紫外线 A 波段(320～400nm)吸收,转化为 420～440nm 波长的可见光反射出来,反射的可见光强度超过投射的可见光强度大约 15%,因此,使纤维有明显的洁白感。增白纤维在北美洲的产量已经达到 800kt/a。增白纤维的主要应用见表 9－49。

表 9－49　增白纤维的主要应用

服装	家用纺织品	线业	专业制服
男女衬衣	床上用品	缝纫线	医生、护士服
内衣	窗帘	线带	工作服
睡衣	台布	商标带	军警服
运动服、手套	罩布		

由图 9－49 和图 9－50 可知,增白纤维还可以提高织物染色整理等的加工效率。

普通涤/棉→翻缝→碱浴→氧漂→表面加白→丝光→复漂棉加白→柔软拉幅→预缩→整理

增白涤/棉→翻缝→碱浴→氧漂棉加白→丝光→柔软拉幅→预缩→整理

图 9－49　聚酯短纤维织物的染色整理流程

普通聚酯长丝织物→洗油→漂白→水洗→低温加白(ER330%,冰醋酸,元明粉)→脱水→定型

增白聚酯长丝织物→洗油→漂白→水洗→脱水→定型

图 9－50　聚酯长丝织物的染色整理流程

(二)抗紫外线纤维

紫外线是波长为 200～400nm 的光波,其具有杀菌、促进维生素 D 的合成等作用。接受适量的紫外线照射可以增加人体抵抗疾病的能力。但过量的紫外线照射会引起皮肤炎症甚至引起皮肤癌。

对人体有危害的紫外线波长为 200～320nm。所谓的抗紫外线纤维是从技术的角度在纤维中添加抗紫外线添加剂或在纤维表面涂布抗紫外线剂,以阻碍紫外线直接对皮肤的影响。

1. 纺织品抗紫外线效能的表征

在防护上,常用紫外线对人体危害最小且最直观的一种症状,即红斑效应作为度量的依据,以此来对各种抗紫外线材料或措施的效能进行客观的比较和评定。通用的方法有以下两种。

(1)SPF (UPF)法:SPF 即防晒因子,在化妆品行业中已采用,后也为纺织行业所沿用。为严格科学定义,现已逐步改称紫外辐射防护系数 (UPF)。SPF (UPF)值是指某防护品被采用后,紫外辐射使皮肤达到红斑的临界剂量所需时间阈值与不使用防护品时达到同样伤害程度的时间阈值之比。即:

$$\text{SPF(UPF)}=\frac{\text{使用抗紫外线化妆品日晒皮肤红斑出现时间}}{\text{不使用抗紫外线化妆品日晒皮肤红斑出现时间}}$$

由于用这一方法受个体差异大和自然光源变动的影响,同时用人体作样本进行测定,多少也会使人受到一定程度的伤害,所以 20 世纪 90 年代初期有人提出了测算 SPF (UPF)值的另一种方法,即分光光度计法。

(2)分光光度计法:分光光度计法的计算方法见式(9－15)。

$$\text{SPF(UPF)}=\frac{\int_0^\infty E(\lambda)\times\xi(\lambda)\times \mathrm{d}\lambda}{\int_0^\infty E(\lambda)\times\xi(\lambda)\times T(\lambda)\times \mathrm{d}\lambda} \tag{9-15}$$

式中:λ——光波波长,nm;

$E(\lambda)$——紫外辐射在各波长段的强度;

$\xi(\lambda)$——紫外辐射在各波长段致红斑效应;

$E(\lambda)\times\xi(\lambda)$——不加防护措施时,紫外辐射在各波长段直接损害人体的强度密度值;

$T(\lambda)$——紫外辐射在某波长段的透过率。

由于$E(\lambda)$和$\xi(\lambda)$是客观存在的，已有测定资料或推算结果。因此，对防紫外线纺织品来说，在最简化的情况下，其对应于某波长λ的SPF(UPF)值与透过率$T(\lambda)$呈双曲线函数关系，即$SPF(UPF)=T(\lambda)^{-1}$。

该分光光度计法是通过测定纺织品在每一波长的紫外线透过率，然后计算出在某紫外线波长区段的平均透过率，从而表征出纺织品对该区段紫外线的遮蔽性能。

光照射在物体上会出现透射、反射和吸收三种现象。同一物体对光的透射率、反射率和吸收率之和等于1。而物体对光的反射率与吸收率之和即为该物体对光的遮蔽率，那么，遮蔽率 =1－透射率。透射率是在一定的辐射光谱和给定的几何分布条件下，透射辐通量与入射辐通量之比。

澳大利亚和新西兰有关UPF测试标准(AS/NZS 4399—1996)认为，UPF和抗紫外线的效果可以用等级来表述(表9－50)。

表9－50 抗紫外线效果及其等级

UPF	透过率/%	定 等	标 示	防护等级
>40	<2.5	极好的防护效果	40+	III
30～40	3.3～2.5	很好的防护效果	30	II
20～29	5.0～3.4	良好的防护效果	20	I

2. 抗紫外线纤维的制备方法

在纤维中添加抗紫外线的添加剂，是制备抗紫外线纤维的主要方法。

抗紫外线添加剂，主要有作为屏蔽材料的纳米级超细粉末，应用较多的是ZnO、TiO_2以及含这些无机物的混合体。

除紫外线屏蔽剂外，还可以将紫外线吸收剂添加在纤维中，以达到抗紫外线的作用。吸收剂在吸收紫外线的能量后，转变为活性异构体，随之以光和热的形式释放这些能量恢复的原分子结构。美国伊司曼化学公司的光学增白剂OB—1是最有代表性的抗紫外线添加剂，由于OB—1具有非常好的溶解性能，因此在聚酯反应过程中可以添加，也可以在纺丝过程中添加，具有良好的灵活性。其最大的优点是相对超细粉末添加方法，最大限度地保留了涤纶的纺织加工性能和纤维本身的物理机械性能。

九、新应用领域的开发

(一)标准涤纶工业长丝

标准型(普通型)涤纶工业长丝，又称为高强低伸系列。其重要的特点是强力高，伸长低，热收缩率偏高(表9－51)。

表9－51 标准型涤纶工业长丝的规格及性能

规格/(dtex/根)	线密度/dtex	强度/cN·$dtex^{-1}$	断裂伸长率/%	干热收缩率/%	定负荷伸长率/%
1111/(192～240)	1111	7.9～8.2	12.0～16.0	8.0～12.0	5.5～7.0
1667/(192～360)	1667	7.9～8.2	12.0～16.0	8.0～12.0	5.5～7.0

1. 普通子午轮胎帘子布

标准涤纶工业长丝织成的帘子布，具有强力高，定负荷伸长小等特点，但干热收缩率偏高。因此，用此类帘子布制胎时，帘子布接头处“凹”现象明显，硫化后须经过充气定型，且只能采用常温硫化，硫化时间长，废胎率高，生产效率低，制成轮胎的级别低，不能达到高性能子午轮胎的要求。

2. 输送带、传送带、胶管

以涤纶工业丝为主要骨架材料的输送带，具有强力高、带体薄、屈扰性与成槽性好等优点。

输送带的制造分为两类，一类是橡胶输送带，另一类是 PVC 整芯带。橡胶输送带以高强低伸型工业丝作经纱，锦纶 66 或锦纶 6 作为纬纱，织成涤/锦帆布，然后进行二浴浸胶处理，经橡胶压延、硫化热处理后，最终成为橡胶输送带。PVC 整芯带以高强低伸型工业丝和棉纱混捻作经纱，低收缩型工业丝和棉纱混捻作纬纱，织成整芯带，然后进行 PVC 浸胶，经外层塑化处理，成为最终 PVC 整芯带。近年来，在输送带领域里，涤纶工业丝用量增幅很大，尤其是在煤矿输送带方面，绝大多数都采用以涤纶工业丝为带芯的输送带，使得该行业成为消耗涤纶工业丝的大户。

由于涤纶工业丝初捻、复捻、浸胶处理后制成的线绳具有比人造丝更高的强力和初始模量，而且屈扰疲劳性能良好，因此，被广泛应用于各种规格的三角传送带。在发达国家，三角传送带的骨架早已实现涤纶化。近年来，由于国内涤纶工业丝产量的增加以及涤纶浸胶工艺的日趋完善，涤纶线绳市场发展迅猛。

3. 窄幅织物、车用安全带

在原有高强低伸型工业丝品种上进行技术改进后的高强耐磨型工业丝系列产品已替代进口工业丝，被用作车用安全带的专用丝，其生产的车用安全带耐磨，牢固，耐用。

(二)用于轿车、轻型车的子午轮胎帘子布的高模低收缩丝

近年来，随着道路的改善，轿车、轻型车的数量大幅度增长，汽车工业已成为支柱产业，子午轮胎的需求量急增。而涤纶帘子布浸胶工艺的完善，使得高模低收缩型(HMLS)，又称尺寸稳定型(DSP)高模低收缩丝，以其模量高、伸长小、热稳定性优良以及价格的优势，被用于轿车子午轮胎的首选材料。

世界主要涤纶工业丝生产厂家 HMLS 丝的主要物理性能见表 9－52。

表 9－52　HMLS 丝的主要物理性能

公司名称	强度/cN·dtex^{-1}	断裂伸长率/%	定负荷伸长率/%	干热收缩率/%
KOSA	6.9	8.6	4.7	3.9
Allied	6.9	9.8	4.8	4.5
	6.0	10.0	4.3	3.5
AKZO	7.1	10.0	5.0	4.5
JORAY	6.8	12.0	5.4	5.1

另外，高模低收缩型的涤纶工业长丝所具备的尺寸稳定性和热稳定性能，是使用于恶劣环境(温度变化大、湿度变化大、高负荷运行等)的三角传送带和同步传送带骨架材料的最佳选择。

(三)用于改善与橡胶亲和性的活化涤纶工业丝

聚酯帘子布的发展,使得聚酯与橡胶的黏合性变得尤为重要,作为实现聚酯与橡胶良好黏着手段的活化工业长丝至今国内还不能生产。据报道,国外的活化聚酯长丝制成的帘子布可以只用 RFL 浸渍液浸渍而无需另加黏合助剂。这不仅能缩短后加工的加工流程,提高生产效率,而且能减少污染。活性工业丝的最大优点在于,可以使工业丝制成产品的工序减少,大大降低生产成本,同时可以有效减少制造过程中的三废排放。预计今后几年内,活性丝的使用比例将占除 HMLS 丝以外的 50%。

(四)粗特涤纶工业丝

近年来,土工织物被广泛地用于公路、道路、铁路、桥梁、隧道、园艺及农业、水利工程、运动设施等的建设。涤纶工业长丝以其高抗拉强度、对水分不敏感和耐腐蚀等优点被合股加捻织成格栅结构,作为土工材料的一种,用来替代钢筋作为高速公路、铁路、堤坝的路基格栅,这样不仅节省投资,而且施工方便。格栅空格的大小,可根据路基使用石块的大小而定,铺在路基石块的下面,可防止大小不一的石块相互嵌入,产生路基的松动,避免道路的凹陷。

同样,越来越多的粗特涤纶工业丝(444.4～666.7tex)被用来织成建筑用、牵引用、吊装用的窄幅织物。粗特涤纶工业丝可以用线密度为 111.1～222.2tex 的工业丝经合股加捻制得。具有轻便、柔软、高强、耐磨、抗腐蚀、不导电、减震等优点。使用时安全、方便,效率高,并且不会损坏吊装物件。

(五)新型篷盖材料

新型篷盖材料已不仅仅以遮盖为目的,进入 20 世纪 90 年代,涤纶织物涂层、贴层 PVC 篷盖布产品开发成功,它比传统的篷盖布材料更具优势,已成为是我国提高篷盖布材料档次、开发新品种的主导产品。新型篷盖材料已用于柔性体广告灯箱材料、充气结构材料、篷盖建筑织物遮阳帐篷等,从表 9－53 可看出涤纶作为篷盖布原料的耗用量正在逐年增加。

表 9－53 篷盖布耗用主要纤维原料(%)

年　份	棉纤维	维　纶	涤　纶
1986～1990	48	30	22
1991～1995	40	25	35
"九五"期间	25	25	50
预计 2000～2010	16.7	16.7	66.6

在公路的两旁,高楼大厦的顶上,出现了越来越多的色彩鲜艳的广告灯箱,不少采用 PVC 涂层、贴层复合材料。辅以电脑彩色喷绘,这种广告灯箱,既美观又安全,且成本低。

PVC 涂层复合材料,还被用于建筑工程膜结构。典型的例子就是上海 8 万人体育场的顶棚和新建青岛海牛足球队的主场体育场。上海 8 万人体育场顶棚采用新型的涂层材料,其重量仅是传统建材的 1/30,造价降低了 30%。

用 PVC 涂层复合材料制成的开放式软体厢式大型货车,不仅能降低汽车的自重,节省燃料,而且外观漂亮,能便于各个方向的开启。

以高强低收缩涤纶工业长丝作为原料生产的 PVC 篷盖布,具有较高的剥离强度和撕裂强度，原料的要求大致是单丝强度大于 5.4cN/dtex，干热收缩率 177℃条件下小于 4%。

此外，聚酯工业长丝将在纺织复合材料、医疗用纺织品、渔业、农业用纺织品方面得以广泛的应用。

（六）缝纫线用短纤维

1.33dtex 高强低伸型短纤维，在国外主要用于涤/棉高档织物和缝纫线的生产，其突出的要求在于纤维的断裂强度高（大于 6.2cN/dtex），断裂伸长低（小于 20%）。同时强度、伸度的余效都要小，而且要求干热收缩率尽可能地小（如在 180℃干热空气条件下小于 5%）且必须保持稳定，以保证其染色过程中的尺寸稳定性并适合高速缝纫机的生产。由于缝纫线有一系列的高质量标准，国内一般生产棉型高强低伸型企业都很难达到，因此制线业都是用国外进口纤维进行生产。

在纤维满足断裂强度高、断裂伸长低和干热收缩低的基本条件下，对其可纺性提出了更苛刻的要求，绝大多数制线用户是采用 100%单一牌号的短纤维，以提高纱线的强度（品质指标）和均匀性，可纺性是缝纫线用纤维的首要条件。纤维的光泽和亮度等是符合不同缝纫线要求的特征质量指标。根据缝纫线用途，提出色泽的要求，可以分为超有光（消光剂为 0，并添加增亮剂，可采用添加阻止大晶粒生成的第三单体，改变纤维的截面由圆形改为三角形等）、大有光（含比普通纤维少一个数量级的钛白粉，或不含钛白粉）、大有光增白（含增白剂），可以在白色缝纫线条件下大大降低制线成本（减少线增白的工序）、半消光等。

（七）超短纤维

所谓超短纤维是指长度小于 12mm 且没有机械卷曲的纤维。纤维应当在其他介质中有良好的分散性。20 世纪 80 年代起，少数发达国家致力于研究和开发该类产品，并形成一定的经济规模。由于产品的应用领域是非纺织用，因此对纤维的一些传统物理指标和对纤维粗细的表述也有区别。例如，超短纤维用于混凝土的场合，用户更关心的是纤维的强力和模量（用 MPa 表示），纤维的粗细采用直径而不用用户无法检验和测量的线密度。切断长度为 4mm、6mm、8mm、10mm、12mm、16mm 等不同长度的纤维，纤维的直径可达 7～18μm。其技术关键是纤维具有良好的物理性能均匀性，有较低的干热收缩率、纤维表面特殊的涂层（解决纤维在其他介质中的均匀分散），根据以下不同的应用场合，表面处理剂的品种也有区别。

1. 造纸

根据超短纤维在纸张中的添加量和要求，大致可以分为三大类。一是用于纸张的回收和再生；二是提高纸张的使用性能；三是用于特殊用途。

采用涤纶超短纤维用于造纸回收，可以提高回收纸张的撕裂强度，在美国和欧洲市场，采用 3%～5%重量的添加量，可以使回用纸张的撕裂强度回复到新鲜纸浆造纸的程度。

超短纤维用于各类过滤材料是当今涤纶超短代替维纶（PVA）和粘胶最常用的方法，由于涤纶具有耐高温（在 250℃以下不分解）抗热收缩（130℃干热条件下收缩率小于 1%），不惧油等优良特性，可以用于空调空气过滤、高温机油过滤、食品加工过程中的液体过滤等。

在纤维中添加特殊材料，例如荧光材料，可以用于有价证券和纸币，大大提高特殊纸张的防伪能力。

2. 复合材料的填充料

20 世纪 80 年代末，复合材料的应用领域有较大的发展，涤纶超短纤维在复合材料中崭露头角。例如用于室内隔音材料的填料，用于涂料的成膜强度添加纤维，用于航海船只水线以下油漆的添加剂，作为橡胶材料的增强材料，用于传送带、三角皮带能提高纬向的牢度；塑料内的增强材料，能减轻在温度变化条件下的开裂等。

3. 建筑材料

当世界发达国家对石棉的应用和采集采取限制和禁用措施后，化学纤维迅速向取代石棉的领域发展。最早使用PVA取代石棉是20世纪80年代中期。以后PP、PA、PET等逐步进入取代石棉的领域。涤纶取代石棉主要用于制作石棉瓦、石棉油毡等。将涤纶超短纤维掺和在沥青混凝土中，可以提高道路，特别是高速公路的表面耐磨性和尺寸稳定性，提高抗热、抗寒的能力，因此是近几年来具有发展前途的应用领域。

十、新聚酯系列产品

(一) PBT纤维

PBT纤维是聚对苯二甲酸丁二酯（Polybutylene terephthalate）纤维的简称，是工程塑料的骄子。随着差别化纤维的发展，PBT的使用价值才被人们逐步认识。1979年，日本帝人公司首先推出了PBT纤维制品。

PBT纤维是由高纯度对苯二甲酸(PTA)或对苯二甲酸二甲酯(DMT)与1,4-丁二醇酯化后缩聚的线性聚合物经熔体纺丝制得的纤维，属于聚酯纤维的一种。生产中常采用对苯二甲酸二甲酯与1,4-丁二醇通过酯交换，并在较高的温度和真空度下，以有机钛或有机锡化合物和钛酸四丁酯为催化剂进行缩聚反应，再经熔融纺丝而制得PBT纤维。纺丝温度240～280℃，宜采用中速或高速纺丝，用约80℃的热盘或120℃的热板拉伸。PBT纤维的强度为30.91～35.32cN/tex，断裂伸长率30%～60%，密度为1.32g/cm^3，玻璃化温度为22℃，熔点为223℃，其结晶化速度比聚对苯二甲酸乙二酯快10倍，有极好的弹性回复率和柔软、易染色的特点。也可以与聚对苯二甲酸乙二酯、聚丙烯进行复合纺丝或与聚酯、聚酰胺、聚丙烯共混纺丝，纤维强度2.7～4.5cN/dtex。PBT纤维的聚合、纺丝、加工变形生产工艺路线与普通涤纶基本相同，只要稍加改造，就能用涤纶生产设备生产PBT纤维。

由PBT制成的纤维具有聚酯纤维共有的一些性质，但由于PBT大分子基本链节上的柔性部分较长，因而PBT纤维的熔点和玻璃化温度较普通聚酯纤维低，导致纤维大分子链的柔性和弹性有所提高。因此，PBT纤维又具有其自身的一些特点，如弹性和染色性较好。

概括起来，PBT纤维具有以下特点：

(1)耐久性、尺寸稳定性和弹性较好，且弹性不受湿度的影响。

(2)纤维及其制品的手感柔软，吸湿性、耐磨性和纤维卷曲性好，拉伸弹性和压缩弹性极好，弹性回复率优于涤纶。在干态和湿态条件下均具有特殊的伸缩性，而且弹性不受周围环境温度变化的影响，价格远低于氨纶。

(3)具有良好的染色性能，可用普通分散染料进行常压沸染，而不需载体。染得纤维色泽鲜艳，色牢度及耐氯性优良。

(4)具有优良的耐化学药品性、耐光性和耐热性。

(5)PBT与PET复合纤维具有细而密的立体卷曲，回弹性、染色性能良好，手感柔软，是理想的仿毛、仿羽绒原料，穿着舒适。

各类聚酯和聚酰胺纤维的性能见表9-54。

表 9-54 聚酯和聚酰胺纤维性能的比较

性　能	PBT 纤维	PTT 纤维	PET 纤维	PA6 纤维	PA66 纤维
强　度	+	+	+(+)	++	++
尺寸稳定性/收缩性	(+)	(+)	++	+(+)	+(+)
卷曲性能	++	++	(+)	+	+
干弹性	++	++	(+)	+	+
湿弹性	++	++	+	(+)	(+)
伸长回复性	++	++	(+)	+	+
染色性	+(+)	+(+)	(+)	++	++
热稳定性	—	+(+)	++	+	+
抵抗热碱能力		++	++	+	++
抵抗氯能力	++	+(+)	+	+	+

由于 PBT 纤维具有上述一些特点，近年来受到纺织行业的普遍关注，在各个领域得到广泛的应用。特别适于制作游泳衣、连袜裤、训练服、体操服、健美服、网球服、舞蹈紧身衣、弹力牛仔服、滑雪裤、医用绷带等高弹性纺织品。长丝可经变形加工后使用，短纤维可与其他纤维混纺，也可用于包芯纱制作弹力劳动布，还可织制仿毛织品。若用 PBT 纤维制成多孔保温絮片，则具有可洗、柔软、透气、轻薄、舒适等特点，宜作冬装及被褥填充料。用 PBT 纤维生产的簇绒地毯，触感酷似羊毛地毯。鬃丝可作牙刷丝，具有很好的抗倒毛性能。

(二)PTT 纤维

PTT(聚对苯二甲酸丙二酯)是 20 世纪 90 年代中期工业化开发成功的一种极有发展前途的新型聚酯材料，它的许多优异性能使它被评为美国 1998 年六大石化新产品之一。早在 1941 年，PTT 高分子就已被合成出来，但因其原料之一 1,3-丙二醇单体(PDO)无法工业化生产，使 PTT 的生产和应用受到了限制。Shell 公司在 60 年代初开发出丙烯醛水合路线，后来采用了连续化环氧乙烷氢甲醛化制取 PDO 的路线并实现了工业化，使 PTT 工业化生产得以实现，于 1996 年 5 月向市场推出商品名为“Corterra”的产品。紧随其后，杜邦和 Genencor 公司用生物工程法开发成功 PTT。

PTT 纤维综合了 PET 纤维的刚性和 PBT 纤维的柔性，兼具聚酯和聚酰胺纤维的优点，特别是它优异的回弹性和易染性，已引起纤维材料界瞩目。近年来，国外已开始进行大规模的 PTT 纤维的生产开发，并把其列为 21 世纪的新型纤维之一。它不仅可以用于地毯和纺织品市场，而且在聚酯染色助剂、针刺非织造布纤维、热塑性工程塑料、薄膜等领域也很有发展潜力，是一种大有希望的新型聚酯材料。

1. PTT 的分子链构象

PTT 纤维的突出优点是有优异的拉伸回弹性。有人对 PET、PBT 和 PTT 纤维的拉伸回复性进行了研究，发现 PTT 纤维的拉伸回复性大于 PBT 纤维、大于 PET 纤维，这与聚合物链的构象有关(图 9-51)。PET 纤维的聚合物链基本上是全伸展构型，全拉伸纤维的伸长不大(约 6%)，这就是 PET 纤维初始模量高的原因。PBT 纤维在外力作用下会发生构象转变，估计

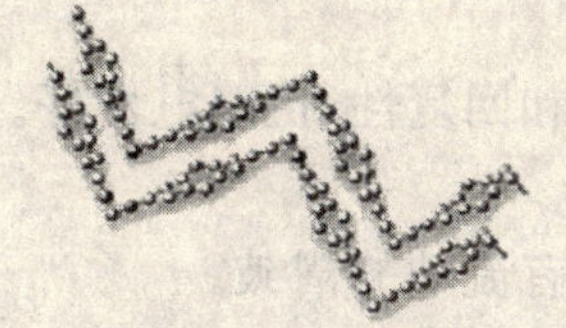

(a) PTT 结构示意图
T_g=45~65℃，弹性模量=2.58Pa

(b) PET 结构示意图
T_g=70~80℃，弹性模量=9.15Pa

图 9－51　PTT 与 PET 分子结构排列示意图

构型变化的范围为 10%～12%。对于 PTT 纤维来讲，至今只发现一种构象，而且这种构象允许芳环对于基本晶格的 c 轴产生倾斜角，使聚合物链形成明显的"Z"形。由于这种构象可以很容易地进行拉伸，所以 PTT 的初始模量低，并且随着拉伸比增大，初始模量的变化不大。在 2.5cN/dtex 的作用下，PTT 反复拉伸试验表明，其完全回复的伸长率为 20%。

对 PTT 纤维性能的研究证明，PTT 纤维完全适用于纺织品。其断裂强度大约为 3.5cN/dtex，比 PET 纤维要小，但与棉、毛等混纺，其强度已足够了。拉伸低于 1%时，模量始终在 25cN/dtex 范围内，明显低于 PET 纤维。但是，PTT 纤维拉伸 20%或相当于断裂强度 2.5cN/dtex 时，仍然具有拉伸的可逆性，这就为它开辟了崭新的应用领域。

2. PTT 作为纺织用纤维的性能

表 9－55　几种纺织用纤维性能的比较

性　能	PTT 纤维	PET 纤维	PA6 纤维	PA66 纤维
蓬松性及弹性	优	中	中	良
抗折皱性	优	优	中	良
静　电	低	很高	高	高
拉伸回复性	优	差	良	优
吸水性	差	差	中	中
耐气候性	优	良	差	差
尺寸稳定性	良	良	良	良
染色性	优	优	良	良
印花适应性	优	中	良	良
耐污染性	优	良	优	优
加工及后处理费用	低	高	中	中

从表 9－55 可以看出，与其他服用纤维相比，PTT 纤维各方面的性能都非常突出，手感、弹性等性能明显优于 PET 纤维。尤其值得人们注意的是，PTT 既具有与锦纶和氨纶相似的回弹性，又有与锦纶相同的染色深度及优于二者的手感、色牢度和悬垂性，使得 PTT 织物既具有穿着的舒适性、优雅的外观，又不易褪色，经过多次洗涤及长时间日晒依然崭新如初。这正是锦纶和氨纶织物所不具备的。

采用 PTT 纤维生产的面料具有以下优点：

(1)染色方面:低温易染,且色牢度高。

(2)服用方面:舒适性好,具有良好的可拉伸性和回复性,抗静电性好。

(3)手感方面:柔软。

(4)外观方面:色彩明亮、艳丽,悬垂性好,且具有流动的褶皱。

(5)维护方面:易于维护,抗污性好,可机洗烘干,耐用性好。

此外,PTT纤维还具有优异的混纺性:

(1)与棉交织或混纺:可赋予织物更好的柔软性,适宜的伸长度及尺寸稳定性。

(2)与醋酸酯交织或混纺:可赋予织物伸长性和优异的染色均匀性。

(3)与毛交织或混纺:可避免织物泛黄,使织物保持柔软的手感。

(4)与丝交织:能改善丝织物易皱的缺点,可使织物保持滑爽。

利用PTT纤维的优异特性,通过经编、纬编、机织工艺可制作内衣、紧身衣、泳装、运动服、外衣及其他弹性服装,制成的服装手感柔软,耐磨损,弹性适中,不会产生紧绷感,而且易于维护。

与PET相比,PTT纤维的另一个重要特点,就是可以用分散染料进行无载体常压沸染,这就为其与各种天然纤维交织或混纺创造了极为有利的条件。PTT之所以可以进行无载体常压沸染,是因为其玻璃化温度只有45～65℃,比PET(70～80℃)要低,所以它具有良好的易染性。在相同的染色温度下,染料在PTT纤维上的渗透深度明显高于PET纤维,而且色泽均匀,色牢度高。这不仅可以节约染料和能源,还可降低污水中化学物质的含量,对环境的污染程度也会相应减小,具有明显的经济效益和环境效益。在严格控制污染排放、提倡环境保护的现代社会,环境效益对于生产商来说日益重要。

(三)PEN纤维

聚萘二甲酸乙二醇酯(PEN)是聚酯家族中的重要成员之一,由2,6-萘二甲酸(NDC)或2,6-萘二酸二甲酯(DMN)与乙二醇(EG)缩聚而成,是一种性能优良的聚合物。PEN化学结构与PET相似,不同之处在于分子链中PEN由刚性更大的萘环代替了PET中的苯环,萘环结构使PEN具有比PET更高的物理机械性能、气体阻隔性能、化学稳定性及耐热、耐紫外线、耐辐射性能。

1. 纤维性能

由于萘的结构更容易呈平面状,使得PEN具有良好的气体阻隔性。PEN对水的阻隔性是PET的3～4倍,对氧气和二氧化碳的阻隔性是PET的4～5倍,且不受潮湿环境的影响。因而,PEN可作为饮料及食品的包装材料,并可大大提高产品的保质期。

PEN具有良好的化学稳定性,对有机溶液和化学药品稳定,耐酸、耐碱性也好于PET。由于PEN的气密性好,相对分子质量较大,所以在实际使用温度下,其析出低聚物的倾向比PET小,在加工温度高于PET情况下分解放出的低级醛也少于PET。

由于萘环提高了分子的芳香度,使PEN比PET具有更优良的耐热性。PEN在130℃的潮湿空气中放置500h后,断裂伸长率仅下降10%;在180℃干燥空气中放置10h后,断裂伸长率仍能保持50%;而PET在同等条件下会因变脆而失去使用价值。PEN的熔点为265℃,与PET相近,其玻璃化温度在120℃以上,比PET高出50℃左右。

另外,萘的双环结构具有很强的紫外线吸收能力,使得PEN可以阻隔小于380nm的紫外线，其阻隔效应明显优于PC。此外，PEN的光致力学性能下降少，光稳定性约为PET的5倍，经放射后，断裂伸长率下降少，在真空和氧气中耐放射线的能力分别为PET的10倍和4倍。

PEN还具有优良的力学性能，PEN的弹性模量和拉伸弹性模量均比PET高出50%。而且，PEN的力学性能稳定，即使在高温高压下，其弹性模量、强度、蠕变和寿命仍能保持相当的稳定性。PEN还具有优良的电气性能，其介电常数、体积电阻率、导电率均与PET接近，但其电导率随温度变化较小。

2. *应用领域*

PEN纤维目前主要用于以下领域：

(1)汽车防冲撞充气安全袋：这种安全袋折叠后体积小、重量轻、强度高、阻燃性能好，由PEN纤维织制的织物可满足此要求。

(2)轮胎和传送(传动)带等的骨架材料：由于PEN纤维具有较大的回弹性和刚性，能够满足对橡胶骨架材料的耐高温性、抗疲劳性、抗冲击性、黏结性和抗蠕变性的要求，因而将成为替代钢丝、PA66、PET等纤维的理想材料。

(3)PEN纤维增强材料：高压水管、蒸汽、燃料、化学药品等输送管道以及汽车发动机罩盖等用品都是在热湿环境中工作，必须具有优良的物理机械性能，PEN纤维是这些用品的理想增强材料。

(4)过滤材料：环保用过滤材料一般是在干燥及潮湿环境下使用，要求具有优异的耐热性、耐化学腐蚀性、耐潮湿水解和耐磨等性能，由PEN纤维制成的过滤材料过滤性能极优，是一种理想的过滤材料，可与聚苯硫醚(PPS)纤维相媲美。PEN滤材的绝缘、绝热指标可达到F级标准，可在160℃高温环境中连续使用。PEN滤材在较宽的pH(酸碱度)值范围内具有优异的拉伸强度，因而它将逐步替代PET筛网，在造纸筛网领域内得到较为广泛的应用。

(5)缆绳：由于PEN纤维的模量高，伸长大，并具有优良的耐化学品性能、抗紫外线性能，是制造各种缆绳的理想材料，有可能逐步替代PET缆绳。

(6)服装和服饰材料：由于PEN纤维具有许多优异的性能，因而是理想的服装和服饰材料。

由于PEN具有优良的强度和刚性，热稳定性好，所以PEN纤维在耐高温地毯、高温气体过滤器、丝网印刷、绝缘材料和工业丝等方面有广泛的应用。PEN工业丝还适合用作轮胎帘子线，但目前因PEN帘子线在性能上不及钢丝，价格又高于PET，因而限制了PEN帘子线的发展。PEN工业丝在三角带、输送带方面的应用前景也较为看好，壳牌公司预测，PEN工业丝在水下电缆及恶劣环境下使用的三角带和运输皮带方面有着诱人的应用前景。

3. *纤维制造技术*

PEN聚合物可由两种生产工艺制取。一是通过2,6-萘二甲酸二甲酯(NDC)与乙二醇(EG)进行酯交换，然后再进行缩聚制得；二是通过2,6-萘二甲酸(NDCA)与乙二醇(EG)直接酯化，然后再经缩聚制得。在酯交换过程中，使用的催化剂主要有醋酸锰、醋酸镁等，缩聚时采用的催化剂主要有三氧化二锑和锗系、钛系催化剂等，聚合物的生产工艺基本上与PET相似，若在生产中加入少量的含有机胺、有机磷类的化合物，则可大大改善PEN聚合物的热稳定性能。PEN聚合物纺丝时，主要采用熔融纺丝生产工艺，先将特性黏度为0.9dL/g的PEN树脂去湿干燥，然后再通过常规PET熔融纺丝技术和生产设备进行纺丝，PEN的纺丝速度根据其产品而定，一般为3000～5000m/min。由于PEN的玻璃化温度大大高于PET，因此不能套用

PET 的牵伸工艺，否则由于过慢的分子取向速度而影响到 PEN 纤维的质量，这可通过采用多道牵伸并提高纤维的牵伸温度而得到解决。如日本帝人公司采用的牵伸工艺是：前道牵伸辊的温度为 170～200℃，喂入辊温度为 150～170℃，前道牵伸热板温度为 210～240℃，牵伸辊温度为220～245℃。

由于 PEN 纤维具有极其优异的物理机械性能和广泛的用途，引起了众多化纤制造厂商的浓厚兴趣，纷纷投资建设 PEN 纤维制造厂，并进行新产品的开发，如杜邦、帝人、东丽、东洋纺、伊斯曼、ICI(帝化)、赫司特等公司均处于领先地位。据报道，美国的 Allied signal 已有 200t/a 的生产装置，意大利也有生产线，杜邦正在兴建 40000t/a 级纤维制造厂。在 PEN 纤维新品种开发方面也取得了一些成果，如日本的东洋纺与帝人公司合作，采用复合纺丝工艺和技术，已经开发出 PEN/PET 皮芯型复合纤维，它具有性能优异、成本低的特点，用于轮胎帘子线的骨架材料时，与橡胶的黏结性非常好，其也可用于织制汽车椅罩、安全带等用品。

第七节　聚酯纤维的用途

聚酯纤维强度高、模量高、吸水性低，作为民用织物及工业用织物都有广泛的用途。

作为纺织材料，涤纶短纤维可以纯纺，也特别适于与其他纤维混纺，既可与天然纤维，如棉、麻、羊毛混纺，也可与粘胶纤维、醋酯纤维、聚丙烯腈纤维等化学短纤维混纺。其纯纺或混纺制成的仿棉、仿毛、仿麻织物一般具有聚酯纤维原有的优良特性，如织物的抗皱性、褶裥保持性、尺寸稳定性、耐磨性、洗可穿性较好，而聚酯纤维原有的一些缺点，如纺织加工中的静电现象和染色困难、吸汗性与透气性差、遇火星易熔成空洞等缺点，可随亲水性纤维的混入而在一定程度上得以减轻和改善。

涤纶加捻长丝(DT)主要用于织造各种仿丝绸织物，也可与天然纤维或化学短纤维纱交织，亦可与蚕丝或其他化纤长丝交织，这种交织物保持了涤纶的一系列优点。

聚酯变形纱(主要是低弹丝 DTY)是我国近年发展的主要品种。它与普通长丝不同之处是具有高蓬松度、大卷曲度、毛感强、柔软，且具有高度的弹性伸长率(达 400%)。用其织成的织物具有保暖性好、遮覆性和悬垂性优良、光泽柔和等特点，特别适于织造仿毛呢、哔叽等西装面料，外衣、外套以及各种装饰织物，如窗帘、台布、沙发面料等。

涤纶空气变形丝 ATY 和网络丝的抱合性、平滑性良好，可以筒丝形式直接用于喷水织机，适合织造仿真丝绸及薄形织物，亦可织造中厚型织物。

聚酯纤维在工业、农业及高新技术领域的应用日益广泛，如运用在帘子线、输送带、绳索、电绝缘材料等方面。

涤纶工业丝的强度和初始模量高，耐热性、耐疲劳性和形态稳定性好，特别适用于纺制轮胎帘子线。使用涤纶帘子线制造轮胎，可减少其平点现象。

一、行业状况

我国聚酯纤维的加工呈针织、机织和非织造行业三足鼎立之势。就服用领域而言，机织与针织之比约为 11：10。根据国家统计局公布的数据，我国 2006 年纱线产量完成 17222.4kt，同比增加 19.86%；面料产量完成 43787Mm，同比增加 14.84%；服装产量完成 170.02 亿件，同比增加11.86%;其中针织服装88.6亿件。全年生产化学纤维20250kt,其中涤纶占78%,用于纺织纱线和面料的涤纶约14000kt。由此可见,纺织行业产量快速增加,行业增速较为明显。

(一)针织行业

针织面料以富有弹性、伸缩自如、穿着得体大方、织纹简洁明快等优势受到人们喜爱。改革开放以来,我国针织行业发展极为迅速,在整个纺织工业中所占比重不断上升,取得了较大成绩。原料由原来的纯棉纱扩展到多种纤维原料,合纤在针织用纱中已超过35%。随着原料结构的变化,产品结构发生了显著变化,针织产品向外衣化、时装化、功能化方向发展日趋明显,产品档次正在逐步上升,仿真丝、桃皮绒、仿毛类织物等中、高档产品所占比重稳步增长。2002年起流行面料有弹力布、摇粒绒、针织、染色(印花)单面绒、针织印花双面绒等,其中针织印花刷毛绒5.6tex FDY、7.6tex FDY、8.3tex FDY三类长丝面料销售远远超过其他针织面料。

针织品不但在服用领域获得广大消费者的认可,而且在家用及产业领域的应用也迅速发展。在家用和车用装饰领域,针织品有被类、覆盖类、铺地类、窗帘帐幔等,约占针织品总量的15%左右;在产业领域,针织物包括护堤织物、土工布、包装材料、医疗卫生织物等,目前经编、纬编及横编类产品已占整个产业用纺织品的10%以上。

(二)机织行业

据国家统计局公布的数据,2006年我国规模以上纺织制成品行业企业数量为3824家。机织服装生产能力超过140亿件,需耗用涤纶6000kt左右。据中国棉协统计,2005年全国无梭织机的比重在45%左右,有梭织机仍占到近半壁江山,主要集中在长江以北和西北、西南地区。2002~2005年据海关统计:我国共进口了6.55万台无梭织机(其中喷气织机约5万台),进口最多的为江苏,依次为山东、浙江,三省共占70%。

涤纶产能、产量向东部地区特别是江浙一带的纺织业最为发达的地区集中,一是由于涤纶产品的主销市场集中在这些地区。作为全国化纤产品的集散地,该地区流通总量已占全国贸易量的60%以上;二是由于国内织造中心在长江三角洲地区,主要分布在浙江省萧山、绍兴,江苏省吴江盛泽一带。

萧山、绍兴是我国重要的纺织产业基地,化纤面料年产量已超过60Mm,全国市场占有率30%以上,纺织工业总产值已达到1000亿元。近年来,萧山、绍兴地区加快织机的无梭化进程,据统计,在2002年起,我国引进喷气织机超过8000台、剑杆织机1400台。主要引进并使用的是浙江省和江苏省,现在这两省无梭织机的比重已达到80%,接近国际先进水平。

吴江地区是我国丝绸生产基地,而涤纶是丝绸业中合纤仿真产品中的主要原料。吴江地区仅盛泽的织造企业就超过1000家,无梭织机已突破20000台大关,年织造能力超过18Mm,从而使盛泽成为全国织造无梭化程度最高的地区。

(三)非织造行业

据国家统计局公布的数据,我国规模以上非织造布企业数量从2004年的358家,增加到2006年的518家,增加44.69%;工业总产值从120亿元增加至222亿元,增加84.99%;资产合计从154亿元增加至188亿元,增加21.96%;销售收入从113亿元增加至210亿元,增加85.76%;利润总额从5.11亿元增加至9.50亿元,增加85.65%;出口交货值从32亿元增加至44亿元,增加35.50%;从业人数从5.14万人增加至5.58万人,增加8.45%。由此可见,非织造布行业近几年高速发展,给国家经济、财政、出口、就业做出了巨大的贡献。

中国非织造布生产企业现有干法、湿法、聚合物成网法、水刺法、化学粘合法等各类非织造布（材料）专业生产线1000多条，生产能力750kt，从产品供应和需求的变化看，非织造布产量从2004年的199.2kt增加至2006年的428.4kt，增加115.06%；进口数量从63.1kt改变至89kt，增加41.00%；出口数量从46kt改变至83kt，增加80.44%；表观需求（产量+进口-出口）从216.3kt增加至434.4kt，增加100.81%；进口单价从3759.7美元/t改变至3756.0美元/t，减少0.10%；出口单价从2165.8美元/t改变至2292.1美元/t，增加5.83%；由此可见，非织造布产量和需求增长较快。表9-56为非织造材料的主要应用领域。

表9-56　非织造材料的主要应用领域

领　域	应　用　内　容
农　业	农作物覆盖、草皮防护、杂草控制、护根袋、容器、毛细管垫
汽　车	车厢衬垫、地毯背衬、门内饰板面料、坐椅、车顶、过滤器、隔音隔热材料
家　用	家具布、毛毡、墙布、枕头、枕套、窗帘、帷幕、地毯、席梦思床垫
工业、军事	涂层布、过滤材料、防弹材料、运输带、展示毡、造纸毛毯
学校、办公	书籍封面、信封、标签、软磁盘衬、毛巾、擦布
服　装	衬布、服装和手套保暖用布、胸罩和肩垫、手袋、鞋材
土工材料	基布、土壤稳固材料、排水材料、人工草坪、池塘衬垫
保　健	帽子、手术衣、口罩、绷带、换药纱布、检查服、血液及肾透析过滤材料
居　家	擦布、过滤布、吸尘器集尘袋、百洁布、拖把布、餐巾、熨烫毡、洗涤布
休闲、旅行	睡袋、防雨布、帐篷、人造革、行李箱、枕套
个人卫生	尿布、卫生巾、茶叶袋、化妆和卸装用材料、擦镜布、手套
建　筑	绝缘布、屋顶及瓦片基材、吸音密封材料、房屋保暖包覆材料、管道包巾

随着非织造材料原料和产品开发力度的加大以及新技术的推广应用，如水刺与浆粕气流成网(干法造纸)、水刺与机织长丝分裂、水刺与纺粘、纺粘与熔喷SMS以及后加工技术组合等非织造技术的进展，不仅可提高产品质量，还将出现具有多功能的新材料。据我国非织造技术专业委员会预测，今后几年非织材料工业继续保持较高速度的增长，其发展速度仍将大大超过传统纺织工业。

二、消费构成

聚酯纤维是我国合成纤维中生产及消费量最大、应用领域最宽的品种。据国家统计局公布的数据，我国规模以上涤纶上下游企业数量从2004年的425家，增加到2006年的584家，增加37.41%；工业总产值从1289亿元增加至2189亿元，增加69.79%；资产合计从1124亿元增加至1574亿元，增加39.98%；销售收入从1263亿元增加至2154亿元，增加70.50%；利润总额从27.99亿元增加至35.21亿元，增加25.80%；出口交货值从37亿元增加至120亿元，增加222.08%；从业人数从18.58万人增加至20.52万人，增加10.47%。由此可见，涤纶行业近几年高速发展，给国家经济、财政、出口、就业做出了巨大的贡献。

从产品供应和需求的变化情况看，涤纶产量从2004年的11381kt增加至2006年的16046kt，增加41.00%；进口数量从869.4kt改变至527.5kt，减少39.32%；出口数量从277kt增加至686.1kt，增加147.69%；新增资源（产量+进口）从12250kt增加至16574kt，增加35.30%；表观需求（新增资源-出口）从11973kt增加至15888kt，增加32.70%；单产值（工业总产值/产量）从11329元/t增加至13642元/t，增加20.42%。由此可见，涤纶产量和需求增长较快，单产值增加表明产品档次和技术含量提高，显示差别化产品所占比例有所上升。

聚酯纤维的需求市场主要为服装、装饰和产业领域。目前国内涤纶在三大领域的消费量所占比重分别为68∶18∶14。与世界先进国家相比，我国非纺织品领域消费的比例较低。随着居住条件的改善和农业、水利、交通、建筑等行业的发展，聚酯纤维在装饰与产业领域的应用将会进一步拓展。

(一)服装领域

服装业是纺织子行业中发展最快的行业，据国家统计局最新公布的数据显示，我国规模以上服装企业数量从2004年的10076家，增加到2006年的11988家，增加18.98%；工业总产值从3831亿元增加至5830亿元，增加52.19%；资产合计从2597亿元增加至3542亿元，增加36.38%；销售收入从3609亿元增加至5525亿元，增加53.08%；利润总额从145.3亿元增加至251.4亿元，增加73.07%；出口交货值从1935亿元增加至2504亿元，增加29.43%；从业人数从288.74万人增加至344.71万人，增加19.38%。由此可见，服装行业近几年高速发展，给国家经济、财政、出口、就业做出了巨大的贡献。国内巨大的服装市场需求与出口的增长催生庞大的面料市场，中国已成为世界面料主流市场。

在服装领域，涤纶主要用作服装面料及里料的原料，由于涤纶优异的服用性能及近年来加工技术的不断提高，其在仿真丝、仿毛、仿棉、仿麻、仿革织物中的应用日益广泛，服装原料中涤纶所占比例接近70%。服用领域涤纶纤维下游应用区域集中在华东、华南、华北和东北地区。其中江苏、浙江由于纺织工业发达，化纤原料、纺织品、服装市场集中，是涤纶耗量最大的省份。山东、广东、湖北、上海等省市也是重要的消费市场。

(二)装饰领域

涤纶在装饰领域的应用可分为家用和车用两大类。在家用领域，涤纶可制成建筑物内用的装饰纺织品，如地毯、窗帘及墙布等；在车用领域，可制成交通工具（如飞机、汽车及轮船等）的坐椅面料、篷盖布等。家用纺织品具体可分为巾、床、厨、帘、艺、毯、帕、线、袋、绒10类。家用纺织品是纺织最终产品的三大领域之一。据统计，2006年全国家纺行业产值约为6540亿元人民币，与2005年相比增长20%。家纺产品出口185.6亿美元（海关统计），同比增长20.63%，增长幅度与2005年相比降低了大约12个百分点，价值量的增长总体依然高于数量的增长；进口13亿美元，同比增长2.8%。

从家纺产品使用原料看，涤纶在家纺织物中所占比例已超过15%。近年来，差别化、功能化纤维在家纺产品中的应用也逐渐增加：如以空气变形丝和BCF复合而成的针织天鹅绒具有手感柔软、花型别致、风格独特等特点，是较好的软装饰材料；部分棉花胎已被远红外、细旦涤纶所代替，这些填充物强化了床上用品的轻、软、保暖、保健功能；厨房用品织物材料趋向于选用抗菌、除臭、保健纤维等绿色纺织品。

随着我国经济由温饱型向小康型的转变，家用纺织品也呈现出快速发展的势头。家用纺织品种类更加丰富，更加齐全，并呈现出系列化、配套化的发展趋势。

但与服装业相比，我国家用纺织品附加值较低，生产水平与国际先进水平相比存在较大差距，国际竞争力远低于服装业。

在发达国家，家用纺织品消费增长快于服装消费增长，已经与服装、产业用纺织品三分天下。家用纺织品比例高达 39%，超过服装成为纺织品第一大消费领域。未来 10 年内，全球高技术家用纺织品市场规模将由 2000 年 500 亿美元增至 2010 年 750 亿美元，应用领域也将越来越广。相比之下，我国家用纺织品目前仍处于起步阶段，因此有着广阔的发展前景。表 9－57 列举了汽车部件使用的主要纤维原料。

表 9－57　汽车部件使用的主要纤维原料

部　件	原　　料
坐　椅	聚酰胺纤维、假捻丝、空气变形丝、经编丝绒织物
地　毯	聚酯纤维、聚丙烯纤维的比例约为 2：1
门窗密封条	塑料或以聚酯纤维非织造布为衬垫复合材料
盖　布	高强聚酯纤维和聚酰胺纤维涂层织物
前端盖布	聚酯非织造布表面覆(膨化)乙烯基材料或聚酯针织物
沿口织物	涂有乙烯基的聚酯织物
轮胎罩	厚实的棉针织物或较重的涂乙烯基材料的聚酯非织造布
气　囊	聚酯纤维在非涂层气囊织物的开发中占据主导地位
车辆用消音材料	80%为矩形截面聚酯纤维，20%为低熔点聚酯皮芯纤维

车用纺织品主要有机织物、针织物、非织造布与纤维复合材料。机织物占据很大的比重，近年来针织物与非织造布的用量越来越大，尤其是针织物，欧洲五家最大的汽车制造商的产品中 60%的汽车织物是针织物。国际内饰面料发展呈三大趋势：针织、绒类织物及非织造布成为内饰面料的主流并日趋多样化，生产商逐步集中为少数大企业，原料重视回收再利用。车用纺织品有广阔的市场前景。

(三)产业领域

据不完全统计，2005 年我国产业用涤纶工业丝产量超过 400kt，2006 年产能超过 600kt。过去的 10 年中，涤纶在服用领域的比重下降了 5%，但产业用却增长了 10%。

我国产业用涤纶的快速发展，主要得益于国民经济持续高速发展，产业领域对化纤尤其是涤纶有更多的需求。随着中国加大基础建设力度及实施西部大开发战略，一大批铁路、公路、水利等工程项目正在或即将开工建设，预计今后 10 年土工合成材料需求量将迅速增加，基础建设也将同时带动防水材料、包装用纺织品、篷帆布材料等其他产业用化纤材料的发展。预计到 2010 年，我国产业用涤纶产量将达到 1800kt。

1. 帘线用

随着自行车、汽车等其他交通运输业的迅速发展，轮胎业也会相应发展。由于道路的发展和新技术的采用，子午线轮胎在轮胎中的比例将会增加，根据我国子午化率发展规划，2010 年将达 70%，可预测涤纶需求量约为 200kt。

2. 土工布用

涤纶在土工布领域所占比重较大，土工布具有过滤、排水、隔离、加筋、防渗等作用和功能，是织物或纤维基复合材料，广泛应用在水利、交通、电力和江、河、湖、海岸堤坝、水土保持等工程建设中。土工布作为新型建筑材料，加速其发展不仅有利现代化建设，而且可以促进纺织工业的产品结构调整。

国产土工布按结构分为土工织物(土工布)、土工膜、土工网络格栅(含延伸开发地工网)、塑料排水带(塑料排水板)、土工模袋五大类。

据统计，我国非织造土工布年耗用量约为 5000 万平方米，机织土布用量也在 5000 万平方米左右。随着中国加大基础建设力度，土工布用量将逐年增加。预测 2010 年需求量将达到 150kt。

3. 篷布用

篷布原料以涤纶短纤维为主，但长丝的比例将要增加。随着篷布原料中棉制品比例的下降以及仓库等对新型篷布的需求，2010 年篷布用涤纶产量将达到 330kt。

4. 人造革用

2006 年中期国内人造革统计产量约 360kt，大多为仿麂皮或涂层的纤维织物，其中约 15%为非织造布(包括针刺和水力射流喷网非织造布)。超细涤纶长丝制成的非织造布可作为基布，用于制鞋和服装。

5. 造纸毛毯用

造纸毛毯包括压辊毛毯及干燥器织物等。2006 年我国纸张年产量超过 64000kt，预计 2010 年压辊毛毯涤纶耗量将达到 20kt。在造纸毛毯方面，国内产品不论在数量和质量上都较落后。小型毛毯生产厂的产品仅能用于老式造纸设备，其速度小于 100m/min 或 200m/min，而引进的现代化造纸设备的速度为 500～2000m/min，这种新型设备需要“高线型压力造纸毛毯”，目前还只能进口。此项对涤纶的需求量在 5000t 左右。

6. 渔业和农业用化纤量

渔业用具包括捕鱼(包括拖网、张网、围网及钓鱼等)及鱼类养殖(淡水围养、海上围养、海带和紫菜的培植等)两大类，它们用 PET、PP、尼龙或维纶等纤维制成。我国水产品总量居世界首位，占世界总量的 1/4，人均耗量达 28kg。预计 2010 年渔业用涤纶耗量将达到 70kt。

涤纶在农业上主要是用作覆盖材料，如非织造布、遮阳网等。随着技术的发展，非织造布和薄膜已成功地用于大田作物覆盖、草坪保护、苗圃的越冬保护、杂草控制等。在北京、上海、辽宁、黑龙江和湖北等省市，非织造布用来栽培和种植植物、花卉、草坪、茶树、人参和水稻等，不论在经济上还是在生态上均取得良好效果。涤纶在农业领域内还有大量潜在市场，如用于制袋、带、绳、管及喷洒农药和化学品的防护服等。预计 2010 年，农业用涤纶产量将达到 60kt。

7. 建筑与结构用

以 PET 纺粘非织造布或针刺非织造布经改性沥青涂层的屋顶防水材料，使用时间可达 20 年。目前我国水泥产量已超过 5 亿吨，居世界首位。在未来十年里，有 10%的水泥要用纤维增强，以防止开裂，用量约为 110kt/a。此外，在 2010 年前，膜结构建筑材料也将逐步开发、使用。

8. 医药和保健用品用

医药和保健用品是涤纶重要的使用领域。保健用品包括卫生巾、婴儿尿布、失禁用品等;医药用品包括工作帽、口罩、鞋套、纱布、绷带及铺垫材料(如床单)等,预计 2010 年将达到 120kt。

9. 防护服

防护服包括运动服、绝缘和隔热服等。2006 年涤纶用量约 50kt,预计 2010 年达 80kt。

参考文献

[1] 郭大生,王文科．聚酯纤维科学与工程[M]. 北京:中国纺织出版社,2001.

[2] 张树均,等．改性纤维与特种纤维[M]. 北京:中国石化出版社,1995.

[3] 原新吾．王德诚、马保东,等译．静态混合器[M]. 北京:纺织工业出版社,1985.

[4] 肖长发．纤维复合材料[M]. 北京:中国石化出版社,1995.

[5] 赵家祥,等．医用功能纤维[M]. 北京:中国石化出版社,1996.

[6] 周晓沧,肖建宇．新合成纤维材料及制造[M]. 北京:中国纺织出版社,1998.

[7] 邬国铭．高分子材料加工工艺学[M]. 北京:中国纺织出版社,2000.

[8] 王希岳,等．仿丝型纤维及其加工应用[M]. 北京:中国石化出版社,1995.

[9] 宋心远．新合纤染整[M]. 北京:中国纺织出版社,1997.

[10] 顾利霞,刘兆峰,等．亲水性纤维[M]. 北京:中国石化出版社,1997.

[11] 李汝勤,宋钧才．纤维和纺织品测试原理与仪器[M]. 上海:中国纺织大学出版社,1995.

[12] 张师民．聚酯等生产及应用[M]. 北京:中国石化出版社,1997.

[13] 贝聿泷,等．聚酯纤维手册[M]. 北京:中国纺织出版社,1995.

[14] 董纪震,等．合成纤维生产工艺学[M]. 北京:纺织工业出版社,1981.

[15] 周松亮,周维．涤纶工业长丝生产与应用[M]. 北京:中国纺织出版社,1998.

[16] 周宏湘．涤纶仿真丝绸织造和印染[M]. 北京:纺织工业出版社,1990.

[17] 孔繁超．涤纶针织物染整[M]. 北京:纺织工业出版社,1985.

[18] Maack. The Polyester & PET Chain [C], 7th World Congress 2002, Zurich, Switzerland :December 2,2002.

[19] Maack. The Polyester & PET Chain [C], 8th World Congress 2003, Zurich, Switzerland: December 1,2003.

[20] The Society of Fiber Science and Technology, Japan. International Conference on Advanced Fiber Materials [C]. Ueda City Japan: October 3,1999.

[21] Techtextil Asia Techtextil Symposium Asia Outline of Speeches [C]. Osaka Japan:Osaka International Trade Fair Commission, 2000.

[22] 国家经贸委,中国化纤工业协会．2003'中国杭州．化纤论坛论文集[C]. 杭州:中国化纤信息网,2003.

[23] 国家经贸委,中国化纤工业协会．2002'中国杭州．化纤论坛论文集[C]. 杭州:中国化纤信息网,2002.

[24] 国家经贸委,中国化纤工业协会．2004'中国杭州．化纤论坛论文集[C]. 杭州:中国化纤信息网,2004.

[25] 中国纺织工程学会,化纤专业委员会．99 年全国化纤工业跨世纪发展战略学术研讨会论文集[C]. 昆明:中国化纤信息网,2000.

[26] 北京国际化纤会议组织委员会．第七届北京国际化纤会议论文集[C]．北京:北京国际化纤会议组织委员会,1998.

[27] 中国纺织工程学会,化纤专业委员会．新世纪积极调整产业结构,发展化纤新技术、新产品学术年会论文集[C]．北京:2002.

[28] 北京纺织工程协会、北京服装学院、北京纺织控股公司技术中心．高性能纤维研发与应用技术研讨会论文集[C]．北京:2004.

[29] 中国化纤协会,中国纺织科学研究院．涤纶产业链技术研讨会论文集[C]．桂林:2004.

[30] 纺织行业生产力促进中心、中国纺织科学研究院、北京纺织工程协会．第四届功能性纺织品及纳米技术研讨会论文集[C]．北京:2004.

[31] 浙江华瑞信息技术有限公司．海岛纤维技术与市场研讨会[C]．杭州:中国化纤信息网,2003.

[32] 中国纺织工程学会,化纤专业委员会．21 世纪高技术、高性能、高附加值新型化纤发展论坛论文集[C]．北京:2004.

[33] 中国化学纤维工业协会．化学纤维及其原料标准汇编[C]．北京:2001.

[34] Tetzlaff G, Dahmen M, Wulfhorst B. Polyester Fibers 5 Edition 1993 [J]. Chemiefeasem, 1993, 43/95: E110 - 118.

[35] Weinsdoorter H, Cui B. Achievement of optimum condition for the texturing of Polyester microfilament yarns [J]. CFI, 1995, 45(6): 228 - 226.

[36] Heitmann D, Kloss D R. Spinneret - an important quality and productivity parameter in melt spinning [J]. CFI, 1995, 45(6): 218 - 220.

[37] Chr G Frey. Spinnerets for melt spinning [J]. CFI, 1995, 45(6): 216 - 217.

[38] Renzi C, Giordano D, Baldi G. Solid state polycondensation of PET mathematical model for crystallization evaluation [J]. CFI, 1996, 46(6): 172 - 174.

[39] T. Kawata. First permanently antibacterial and deodorant fiber [J]. CFI, 1998, 48(2): 38 - 43.

[40] Mock T L, Tremblay D A. Process modeling to optimize PET plants [J]. CFI, 1995, Year Book: 48 - 54.

[41] Pal S K, Gandhi R S. Influence of texturing parameters on structural properties of microfiber polyester yarns [J]. CFI, 1995, 45(10): 418 - 420.

[42] Schweitzer A. Alternative process for the production of polyester fiber [J]. CFI, 1991, Year book: 53 - 56.

[43] Dr. Schumann. Current status of polyester polymerization technology [J]. CFI, 1991, 41(1): 1 - 3.

[44] C. D. Morland. Polymer filtration systems for the fiber manufacture [J]. CTI, 1990, YEARBOOK: 22 - 26.

[45] Riehl Dr L. Development of the melt - spinning process in the past and future [J]. CFI, 1987, 37(1): E3 - E7.

[46] Luuckert H, Stibal W. Advanced technologies for the production of polyester fibers [J]. 1986, 36(1): 28 - 29.

[47] Matsui M. Microfibers in the past, today and in the future [J]. 1993, 43(4): 223 - 227.

[48] Heierle A, Signer A. Static mixers for the man - made fiber industry [J]. 1993, 43(9): 669 - 674.

[49] 李尹熙．化学纤维在汽车上的应用[J]．汽车工艺与材料,1999(7):1.

[50] 郎军．国内外安全气囊研究进展[J]．武汉科技学院院报,2001(3):76.

[51] 武燕丽．加捻工艺对高模低缩(HMLS)涤纶帘子线性能的影响[J]．中原工学院学报,2003(9):70.

[52] 陈谦．小轿车内饰用针刺毯的研制[J]．产业用纺织品,2002(4):15.

[53] 聂建斌．汽车内饰面料的市场与开发[J]．毛纺科技，2003(6)：50.
[54] 瞿国华．新世纪中国汽车工业用纤维的发展[J]．合成纤维工业，2003(6)：1.
[55] 周洁．汽车青睐非织造布[J]．产业用纺织品．2002(2)：32.
[56] 罗道友．我国工程塑料及合金的市场与技术开发热点[J]．新材料产业，2001(6)：21.
[57] 张争奇，等．纤维加强混凝土几个问题的研究和探讨[J]．西安公路交通大学学报，2001(1).
[58] 吕伟民．沥青玛蹄脂碎石(SMA)与纤维沥青混凝土(FAC)的特性与区别[J]．上海公路，2002(1).
[59] 谢涛，等．PET 共混改性研究[J]．广州化学，2001(3)：1.
[60] 徐炽焕．共聚聚酯的开发与应用[J]．化工新型材料，2001(8)：24.
[61] 裴运同，等．增强阻燃 PET 工程塑料的研究[J]．中国塑料，2003(1)：58.
[62] 唐伟家．新型聚酯工程塑料[J]．塑料，2000(4)：55.
[63] Young Ho Kim, Jae Won Choi, Han Sup Lee. Misciblity and thermal properties of Poly(trimethylene terephthalate) and Poly(trimethylene naphthalate) blends. Polym. mater. Sci. Eng., 2001, 85: 373.
[64] 罗道友．我国工程塑料及合金的市场与技术开发热点[J]，新材料产业，2001(6)：21.
[65] Saito, Isoo. Polyester multifilament yarn and process for producing thereof, United States Patent 4,491,657.
[66] Shindo, Takeshi. Polyester fiber for industrial use and process for preparation thereof, United States Patent 5,049,447.
[67] 张昌洪．连续式固相缩聚生产 PET 高黏度工业丝切片初探[J]．聚酯工业，1999(3)：33.
[68] 顾家耀，等．HMLS 成套工程技术开发[J]．金山油化纤，1999(4).
[69] 裘璐斌．高强涤纶工业丝工艺技术的新进展[J]．合成纤维，2000(1).
[70] U. Ender, Economical & Flexible Melt Spinning Tech. For IFDY, Saurer Issue3, Jan. 2003.
[71] K. Schaafer. PET 工业丝的高速纺工艺[J]．国际纺织导报，2000(2).
[72] 王建宏．涤纶仿毛织物的质量要素分析[J]．毛纺科技，2002(2)：46－48.
[73] 王鸣义．涤纶短纤维新产品的市场前景[J]．石油化工技术经济，2001(10).
[74] 王鸣义．涤纶毛型长丝束生产工艺探索[J]．合成纤维工业，1988(10).
[75] 林菘，王鸣义．高模低收缩涤纶工业丝生产技术和市场应用[J]．合成纤维工业，2004(5).
[76] 王鸣义，倪江宁．涤纶短纤维差别化产品的开发和市场前景[J]．合成纤维工业，2001(3).
[77] 王鸣义．涤纶短纤维装置增量改造的关键技术[J]．合成纤维，2001(2).
[78] 王鸣义．涤纶以及新型聚酯纤维在非织造布领域的应用[J]．产业用纺织品，2004(5).
[79] 王鸣义．功能性涤纶的研制及其在非织造布领域的应用[J]．产业用纺织品，2005 (5).
[80] 王鸣义，等．涤纶及新聚酯在功能性纺织品加工链中的应用[J]．纺织科学研究，2005(2).
[81] 朱刚，王鸣义，石春红．环状低聚物含量的测试方法及其对涤纶生产以及后加工和织物染色的影响[J]．合成纤维，2005(8).
[82] 林菘，王鸣义．聚酯产业链的产品开发和市场前景[J]．合成纤维，2005(9).
[83] 俞明康，王鸣义，等．涤纶超短纤维的性能及用途[J]．产业用纺织品，2001(12).
[84] 王鸣义．皮芯复合法制取涤纶芳香短纤维的工艺研究[J]．合成纤维，2001(6).
[85] 俞明康，等．大容量涤纶短纤维生产线的品种开发[J]．上海纺织科技，2000(4).
[86] 王鸣义．用于棉纺织业的涤纶短纤维品种开发[J]．合成纤维，2002(1).
[87] 魏慧玲．我国纺织面料可持续发展的思考[J]．河南职技师院学报，2001 (6)：65－67.
[88] 陈怀智．毛纺面料的发展趋势[J]．毛纺科技，1999 (4)：5－6.
[89] 赵国梁．用于与羊毛混纺的低温可染聚酯纤维性能研究[J]．合成纤维工业，2002(8)：1－5.
[90] 廖镜华．新型聚酯纤维 PTT[J]．广西化纤通讯，1999 (2)：2－6.

[91] 王万秀．PTT 纤维的染色[J]．山东纺织科技，2000(4)：52－53.
[92] 孙成桂．浅谈 PET 熔体输送管道的工艺设计[J]．聚酯工业，1996(4).
[93] 高宏保．涤纶短纤维的最新技术及建设大容量生产线的设想[J]．合成技术及应用，1998，13(1)：23－28.
[94] 袁蓓．涤纶短纤维装置扩容改造工艺探讨[J]．聚酯工业，1999(12).
[95] 高宏保．对 PET 短纤维直接纺熔体输送工艺条件的探讨[J]．合成纤维工业，1995(4).
[96] 络江豪．直接纺聚酯熔体流变行为的动态模拟分析[J]．合成纤维，2001(1).
[97] 冯学本．非织材料对纤维原料的要求[J]．产业用纺织品，2002(5).
[98] 李春萍，费万春，等．三维卷曲多孔中空涤纶的性能[J]．合成纤维，2002(1)．
[99] 张哲．纤维表面性能变化对梳理质量的影响[J]．非织造布，2002(3).
[100] 陈双斌，等．细特化纤的梳理工艺技术措施[J]．棉纺织技术，2002(3).
[101] 冯学本．非织材料对纤维原料的要求[J]．产业用纺织品，2002(5).
[102] 张昌洪．连续式固相缩聚生产 PET 高黏度工业丝切片初探[J]．聚酯工业，1999(3).
[103] 顾家耀，等．HMLS 成套工程技术开发[J]．金山油化纤，1999(4).
[104] K. Schaafer. PET 工业丝的高速纺工艺[J]．国际纺织导报，2000(2).
[105] S. Etzld，Increasing demand for PET HMLS fiber [J]. CFI，Vol. 50，2000.
[106] 葛骏敏．产业用涤纶工业长丝的发展和应用[J]．金山油化纤，2000(1)：48.
[107] 谭国林．我国涤纶工业长丝市场分析[J]．产业用纺织品，2001(6).
[108] 钱明球．热管纺高模低收缩涤纶工业丝的研究[J]．合成技术及应用，1999(4).
[109] 刘明，等．改变纺程参数制取高模低收缩 PET 纤维[J]．合成纤维工业，1999(2).
[110] 陈振宝，尚伟．橡胶用骨架材料市场需求及发展建议[J]．中国橡胶，2003，19(11)：3－6.
[111] 吴海霞，等．聚酯纤维的染色改性[J]．聚酯工业，2000，13(3).
[112] 姚穆．纺织面料的发展趋势与新材料技术的应用[J]．棉纺织技术，2002(3).
[113] 蒋听培．改进的分散染料均染型共聚酯纤维的制备[J]．合成纤维，1984(6)：49.
[114] 蒋听培．阴离子染料可染型共聚酯纤维的制备及有色涤纶的鉴别 [J]．合成纤维，1985(3)：42.
[115] 蒋听培．阳离子染料可染型共聚酯纤维的制备 [J]．合成纤维，1985(1)：41.
[116] 高瑾，等．阳离子染料可染改性共聚酯的热性能 [J]．合成纤维，1989(6)：18.
[117] 邓贤，邹珏．聚酯的染色改性技术[J]．合成纤维，1985(5)：26.
[118] 穆淑华．常规纺 PET 纤维定型后的结构变化及其与上染率的关系[J]．合成纤维，1983(4)：12.
[119] 毛羽平．阳离子改性涤纶细旦长丝的开发与应用[J]．合成纤维工业，1997(1)：1.
[120] 张维军．国内喷水织机产品现状及其发展方向[J]．丝绸，1994(11)：28－27.
[121] 周宏湘．4T 高性能、高功能性纤维脱颖而出的时代[J]．丝绸，1998，(1)：50－51.
[122] 周宏湘．改性涤纶品种[J]．江苏丝绸，1997(6)：51－52.
[123] 华伟杰．抗菌涤纶短纤维试制成功[J]．合成纤维工业，1997，20 (2)：30.
[124] 苏威．抗菌脱臭纤维用化学品的开发动向[J]．广东化工，1993(2)：28.
[125] 金立国，国内化纤行业运行情况及新产品开发[J]．合成纤维，2002(4).
[126] 韩雪清．聚酯纤维新产品开发现状及发展前景[J]．合成纤维工业，1999(8).
[127] 陈厚．化纤与非织造布工业的发展关系[J]．产业用纺织品，2000(1).
[128] 王基铭．关于合成纤维产品结构调整的若干探讨[J]．中国石化，1999(4).
[129] 王建平．纤维的差别化技术[J]．合成纤维，2000(3).
[130] 张大省，等．加强差别化聚酯纤维的开发[J]．合成纤维，2000(3).
[131] 许志．我国复合短纤维生产概况[J]．合成纤维工业，2001(4).

[132] 宋子龙,等. 新合纤的发展及加工技术[J]. 聚酯工业,1999(12).
[133] 陈筱金. Pd/C 催化剂失活原因分析与改进措施[J]. 化学反应工程与工艺,2002(9):275－278.
[134] 陈筱金. PTA 工艺技术的发展——日本三井油化 3GT 技术分析[J]. 聚酯工业,2001(2):8－10.
[135] 陈筱金. PTA 装置氧化工艺技术开发探讨[J]. 聚酯工业,2002(8):5－7.
[136] 顾雪蓉. OCS 控制系统在涤纶短丝后处理中的应用[J]. 金山油化纤,2002(1):26－27.
[137] 顾晏晔. 涤纶短纤维大容量中心环吹风纺丝工艺探讨[J]. 金山油化纤,2002(4):21－23.
[138] 诸葛少颖. 涤纶短纤维原丝质量等判别方法和意义[J]. 金山油化纤,1999(2):50－53.
[139] 姚龙夫,俞明康,王鸣义,等. 涤纶增白纤维的性能及抗紫外线效果研究[J]. 合成纤维,2002(9):38－38.
[140] 颜文化. 聚酯装置全直纺熔体流量预测控制[J]. 聚酯工业,1999(6):38－39.
[141] 林菘,朱国明,王玉龙. 缩聚催化剂乙二醇锑的应用[J]. 聚酯工业,2001(4):1－3.
[142] 杨昆冈. 锑系催化剂在聚酯缩聚工艺中的应用评价[J]. 聚酯工业,2001(6):1－5.
[143] 金宏兵,马碌敏. 钟纺聚酯装置真空系统的解析和改进[J]. 金山油化纤,2001(3):22－26.
[144] 顾军渭,张广成,等. PET 阻燃技术的研究进展[J]. 工程塑料应用,2005(2):67－70.
[145] 陈恩庆,陈克权,等. PTA 酯化缩聚法合成 PTT 的研究[J]. 合成纤维工业,2002(10):11－14.
[146] 姚峰,林生兵,等. 低熔点聚酯复合纺丝研究[J]. 合成纤维工业,2003(8):8－10.
[147] 徐晓辰. 吸湿排汗聚酯纤维的开发及应用[J]. 合成纤维,2002(11):9－12.
[148] Saito, Isoo. Polyester multifilament yarn and process for producing thereof [P]. United States Patent 4491657.
[149] Shindo, Takeshi. Polyester fiber for industrial use and process for preparation thereof[P]. United States Patent 5049447.

第十章　聚丙烯纤维

第一节　概　述

一、聚丙烯及纤维的发展简史

聚丙烯(PP)纤维是以丙烯聚合得到的等规聚丙烯为原料纺制而成的合成纤维，在我国的商品名为丙纶。

早期，丙烯聚合只能得到低聚合度的支化产物，属于非结晶性化合物，无实用价值。1954 年，Ziegler 和 Natta 发明了 Ziegler—Natta 催化剂并制成结晶性聚丙烯，具有较高的立构规整性，称为全同立构聚丙烯或等规聚丙烯。这一研究成果在聚合领域中开拓了新的方向，给聚丙烯大规模的工业化生产和在塑料制品以及纤维生产等方面的广泛应用奠定了基础。

1957 年，由意大利的 Montecatini 公司首先实现了等规聚丙烯的工业化生产。1958～1960 年，该公司又将聚丙烯用于纤维生产，开发商品名为 Meraklon 的聚丙烯纤维，以后美国和加拿大也相继开始生产。1963 年，Ziegler 和 Natta 教授获得了诺贝尔奖。

1964 年后，又开发了捆扎用的聚丙烯膜裂纤维，并由薄膜原纤化制成纺织用纤维及地毯用纱等产品。

20 世纪 70 年代，短程纺工艺与设备改进了聚丙烯纤维生产工艺。同期，膨体连续长丝(BCF)开始用于地毯行业。目前，全球 90％的地毯底布和 25％的地毯面纱由聚丙烯纤维制得。

1980 年以后，随着聚丙烯和制造聚丙烯纤维新技术的发展，特别是 Kaminsky 和 Sinn 发明的茂金属催化剂，使聚丙烯树脂的品质得到了明显的改善。由于提高了其立构规整性(等规度可达 99.5％)，从而大大提高了聚丙烯纤维的内在质量。80 年代中期，聚丙烯细特纤维替代了部分棉纤维，用于纺织面料及非织造布。混凝土增强用聚丙烯纤维取代棉或玻璃纤维取得重要进展，美国、西欧开始将其用于建筑行业。加上一步法 BCF 纺丝机、空气变形机与复合纺丝机的发展以及非织造布的出现和迅速发展，聚丙烯纤维在装饰和产业用方面的用途进一步拓宽。另外，世界各国对聚丙烯纤维的研究与开发也相当活跃，差别化纤维生产技术的普及和完善，大大扩大了聚丙烯纤维的应用领域。

由于聚丙烯具有机械性能好、无毒、相对密度低、耐热、耐化学药品、容易加工成型和可回收再利用等优良特性，且性能价格比高，因此已成为五大通用合成树脂中增长速度最快、新品开发最为活跃的品种，可广泛应用于包装、家庭日用品、汽车、家电、建筑、农业、化纤工业、医疗器械和一般工业等领域。2004 年，世界聚丙烯产能已达 42080kt，其中纤维制品 12435kt，约占 31.7％。中国是聚丙烯生产发展速度最快的国家，产量由 1995 年的 1073.5kt 增至 2005 年的 5229.5kt，居世界第二位，其中纤维制品约占聚丙烯产量的 10％。

二、聚丙烯纤维的生产概况

聚丙烯纤维是四大合成纤维中的后期之秀，也是具有发展潜力、前景十分广阔的品种。1997～2005年，世界聚丙烯纤维产量年均增长率达5.1%，高于同期世界合成纤维年均增长率4.2%的水平。2002年，世界聚丙烯纤维产量为3994kt(不包括膜裂纤维在内)，占合成纤维产量的17.5%。2005年，世界聚丙烯纤维产量已经达到了5830kt(表10-1)，占合成纤维产量的16.6%。

表10-1　聚丙烯纤维产量　　单位：kt

年　份	世界总产量	我国产量	年　份	世界总产量	我国产量
1980	340	120	2002	3994	299
1997	2390	250	2005	5830	275

我国20世纪80～90年代，丙纶产量年均增长率达36%，大大高于全球聚丙烯纤维12%的增长速度，也明显高于国内合成纤维16%的增长速度。由于国际原油价格猛增，聚丙烯价格也节节攀升，而丙纶产品价格却难以同步跟进，原料和产品价格倒挂，制约了企业的生产积极性。加上我国丙纶企业规模较小、新产品开发和市场竞争力低，所以2001～2005年，我国丙纶产量徘徊不前，2000年的产量为285kt，2002年的产量为299kt(不包括膜裂纤维在内)，2004年的产量为276kt，占整个化纤产量的1.93%，长短丝比例为60∶40；2005年产量为275kt(表10-1)。虽然丙纶的生产规模较小，但总产量一直列涤纶、锦纶、腈纶三大品种之后，稳居第四位。表10-2列举了我国的聚丙烯纤维生产企业及其产量。到2010年，我国丙纶产量将发展到375kt，聚丙烯非织造布产量将达到1600kt。

表10-2　我国的聚丙烯纤维生产企业及其产量

聚丙烯纤维生产企业	产量/$kt\cdot a^{-1}$
上海石油化工股份有限公司	18.3
深圳石油化纤有限公司	13.8
泉州东源计算机织造有限公司	13.8
河南省中州普兰泰克斯化纤有限公司	11.0
泰州市晨光合成纤维厂	9.8
宁波大众化纤实业有限公司	9.5
泉州三宏化纤有限公司	8.5
河南轮胎集团有限责任公司	8.5
无锡太极实业股份有限公司	7.4
大连石化公司	7.3
常州市武进湟里合成纤维厂	0.73
其　他	18.40
合　　计	29.9

目前，我国长丝和短纤市场绝大部分使用国产聚丙烯，各大石化公司均有此类材料的生产，如辽化的5004、T30S、2401、70218，吉化公司的T30S，燕山石化的S1018、S1318以及洛阳石化的YS820等。非织造布材料40%由国产产品占领，主要有燕山石化公司的S2040，湖南长盛公司、九江石化、济南石化和大连石化的Z30S等，产品绝大部分被应用在产业用布和一次性尿布中；另有60%依靠进口来解决，主要有韩国现代公司的7700、韩国晓星公司的S905、韩国大林公司的聚丙烯185、Exxon公司的3155和Basell公司的PC973等。烟用丝束产品全部使用国产材料，主要有上海石化公司的Y2600Y和辽阳石化公司的71735等。2004年我国聚丙烯纤维行业共消耗聚丙烯约770kt，2010年消费量将达到约1640kt。表10－3列举了2005年我国聚丙烯的主要生产厂家、生产能力及生产工艺。

表10－3　2005年我国聚丙烯主要生产厂家和装置

生产厂	生产能力/kt·a^{-1}	生产工艺
燕山石化公司	445	
1号装置	115	三井油化常规溶剂法
2号装置	50	三井油化釜式法
3号装置	280	Amoco气相法
上海石化公司	400	
1号装置	100	海蒙特环管法
2号装置	100	海蒙特环管法
3号装置	200	海蒙特环管法
扬子石化公司	420	
1号装置	220	三井油化釜式法
2号装置	200	BP—Amoco气相法
中国石化集团茂名石油化工公司	170	海蒙特环管法
中石油广州分公司	155	
1号装置	100	三井油化釜式法
2号装置	55	三井油化釜式法
中石油大连分公司	120	
1号装置	50	三井油化釜式法
2号装置	70	海蒙特环管法
中石化天津分公司	60	海蒙特环管法
中石油大庆分公司	100	海蒙特环管法
中石化九江分公司	110	海蒙特环管法
大连西太平洋石油化工有限公司	100	海蒙特环管法
中石化武汉石油化工厂	90	海蒙特环管法
中石化长炼分公司	100	海蒙特环管法
中石化荆门分公司	70	海蒙特环管法

续表

生产厂	生产能力/kt·a^{-1}	生产工艺
中石化齐鲁分公司	70	海蒙特环管法
中石油抚顺分公司	90	海蒙特环管法
福建炼化有限公司	70	海蒙特环管法
中石化济南分公司	90	海蒙特环管法
中石化洛阳石油化工总厂	60	三井油化釜式法
中原石油化工有限责任公司	60	海蒙特环管法
中石油独山子分公司	100	海蒙特环管法
辽宁华锦化工(集团)有限责任公司	60	三井油化釜式法
中石油华北石化公司	100	Basell 公司 Spheripol 新技术
中石油兰州石化公司	40	三井油化釜式法
中石油前郭分公司	40	三井油化釜式法
中石油辽阳分公司	435	Amoco 溶剂法
湖南长盛石化有限公司	100	海蒙特环管法
中石化镇海炼化工股份有限公司	200	国产第二代环管工艺
甘肃兰港石化有限公司	110	液相本体—气相法
延炼实业集团公司	100	海蒙特环管法
大庆炼化公司	300	Basell 公司 Spheripol 新技术
上海赛科石化有限责任公司	250	Basell 公司 Spheripol 新技术

注　截止 2005 年 7 月。

第二节　原　料

一、聚丙烯的原料

聚丙烯是以丙烯为原料,用配位阴离子型催化剂进行聚合反应制得的。其结构式为:

$$\left[\!-\!CH_2-\underset{\displaystyle CH_3}{\underset{|}{CH}}-\!\right]_n$$

聚丙烯的生产过程包括四个主要工序,即丙烯的制备;催化剂的制备;丙烯聚合;聚丙烯的脱灰、脱无规物(去除催化剂、单体和无规物等)和精处理。

(一)单体

生产聚丙烯的初始原料为丙烯($CH_2=CH-CH_3$),它是一种无色有刺激性气味的物质。丙烯常温时为气态,沸点为 47℃,极易液化。由于双键的存在,易与卤素、卤化氢、次卤酸、氧等进行加成反应,在一定催化剂作用下,可聚合成聚丙烯。由于丙烯来源充足,生产成本低,故已广泛用作合成材料的重要原料。

世界上丙烯的来源有蒸汽裂解制乙烯联产丙烯、炼厂催化裂化装置干气、丙烷脱氢、甲醇制烯烃以及近年所开发的烯烃转化、烯烃易位等工艺。

2003 年,世界丙烯生产能力约 73140kt,其中乙烯联产丙烯占 60%、炼厂副产丙烯占 35%、丙烷脱氢占 3%、其他占 2%。

我国的丙烯主要来自乙烯裂解装置和炼厂催化裂化及催化裂解装置。2003 年,我国丙烯生产能力 5590kt,其中乙烯联产丙烯能力约 2830kt,占丙烯总生产能力的 50.6%,产量约 2870kt,开工率约 101%;炼厂副产丙烯能力约 2760kt,占丙烯总生产能力的 49.4%,产量约 3062kt。

用石油或天然气经热裂解可制取丙烯。将石油蒸馏或将天然气分馏得到的丁烷、丙烷和石脑油、煤油、柴油等馏分加热至 700~1000℃进行裂解,可得到烯烃含量较高的混合气体。例如以石脑油为原料,通过水蒸气裂解可得到含甲烷 12.2%、乙烯 21.4%、丙烯 11.7%的混合气体,对其进行分离、回收和提纯则可得到高纯度"聚合级"丙烯。最近几年中,丙烷脱氢作为制备丙烯的第三种方法已经引起足够的重视。由于丙烷在液态形式下可以较好的成本效益进行长距离运输,这样就可能远离炼油厂而大量生产丙烯。

为了得到聚合所需的纯度,原材料丙烯必须是纯净的,极性的和高度不饱和的化合物必须消除干净,剩余含量必须降到最低。

(二)催化剂

Ziegler—Natta(Z—N)催化剂经过 40 多年的改进发展,已由第一代 $TiCl_3$ 常规催化剂发展到现在的高活性、高性能第三、第四代催化剂,不仅催化剂的活性呈几百乃至上千倍的提高,而且 PP 的等规度达到 98%以上的高水平,产品无需脱灰和脱无规物。第四代催化剂还使 PP 的生产实现了无造粒,极大地提高了经济效益。近年来出现的金属茂催化剂,以其高效性得到了迅速发展。PP 催化剂的进展见表 10-4。

表 10-4 PP 催化剂的进展

发 展	催化剂	助催化剂	立构控制改进剂	活性/(kgPP/g 催化剂)	等规度/%	粒子形态	工艺要求
第一代	$TiCl_3/AlCl_3$	$Al(C_2H_5)_2Cl$		0.8~1.2	88~91	不规则粉末	脱灰、脱无规物
第二代	处理的 $TiCl_3$	$Al(C_2H_5)_2Cl$		2~5	95	规则粉末	脱灰、不脱无规物
第三代	$TiCl_4/MgCl_2/ED$	$Al(C_2H_5)_3$	芳香酸酯	5	92	不规则粉末	不脱灰、脱无规物
超活性第三代	$TiCl_4/MgCl_2$	$Al(C_2H_5)_3/ED$	烷氧基硅烷	20	98	规则粉末	不脱灰、不脱无规物
第四代	$TiCl_4/MgCl_2/ED$	$Al(C_2H_5)_3$	烷氧基硅烷	>30	98	可控球形	不脱灰、不脱无规物、不造粒
第五代	茂金属	铝氧烷		>30	>98		

注 ED 表示给电子体。

1. Ziegler—Natta 催化剂

Ziegler—Natta 催化剂体系或称离子配位催化剂至少由两部分组成，含有钛氯化物结晶固态组分的主催化剂和烷基铝助催化剂组成的复合催化剂，其中烷基化钛氯化物位于结晶体的表面，形成单体能够接入的真正起到催化效果的 Ti—C 键，其几何形状决定着聚合物的立构规整性。

主催化剂是Ⅳ～Ⅷ族过渡金属化合物，其中Ⅳ～Ⅵ族过渡金属(Mt)的卤化物 MtX_n (X＝Cl、Br、I)、氧卤化物 $MtOX_n$、乙酰丙酮物 $Mt(acac)_n$、环戊二烯基(Cp)金属卤化物 Cp_2TiX_2 等主要用于α－烯烃的聚合，$MoCl_5$ 和 WCl_6 则专用于环烯烃的开环聚合。Ⅷ族过渡金属，如 Co、Ni、Ru、Rh 等的卤化物或羧酸盐类，则主要用于二烯烃的定向聚合。该组分进行引发时，一般都低于最高氧化态。

助催化剂是Ⅰ～Ⅲ族的金属有机化合物，如 LiR、MgR_2、ZnR_2、AlR_3 等，各式中 R＝CH_3～$C_{11}H_{23}$的烷基或环烷基，其中有机铝化合物用得最多，如 AlH_nR_{3-n}、AlR_nX_{3-n}，一般 $n=0\sim1$，常用的有 $AlEt_3$、$Al(i-C_4H_9)_3$、$AlEt_2Cl$ 等。

当主引发剂选用 $TiCl_3$ 时，从制备方便、价格和聚合物质量考虑，多选用 $AlEt_2Cl$，Al/Ti 的摩尔比是决定引发剂性能的重要因素，适宜的 Al/Ti 比为 1.5～2.5。

采用两组分 Ziegler—Natta 引发剂时，聚合物的立构规整度主要决定于过渡金属组分。

上述两组分可以配合成数以千计的引发体系。根据两组分反应后形成的络合物在烃类溶剂中的溶解情况，则可分为可溶均相和不溶性非均相两类。引发剂络合物可溶与否，主要取决于过渡金属组分的组成和反应条件。

(1)均相引发体系：高价态的过渡金属卤化物，如 $TiCl_4$(或 VCl_4)与 AlR_3(或 AlR_2Cl)组合，即典型的 Ziegler 引发剂，以 1∶1 摩尔比于庚烷或甲苯中在－78℃下反应时，形成暗红色的可溶性络合物溶液。该溶液能使乙烯很快聚合，但对丙烯聚合的活性却很低。将该溶液加热至－30～－25℃，则产生棕红色沉淀，转变为非均相引发剂，这使丙烯和丁二烯的聚合活性有所提高，但立构规整性还不很高。

另一方面，若过渡金属卤化物中的卤素部分或全部被 RO、acac 或 Cp 取代，而后再与 AlR_3 组合，则在室温或低于室温下都可形成均相引发剂。其对乙烯聚合有活性，但对丙烯聚合的活性和定向能力都很差。

(2)非均相引发体系：低价态的过渡金属卤化物，如 $TiCl_3$、VCl_4、$TiCl_2$ 等，本身就是不溶于烃类的结晶性固体，与 AlR_3 或 AlR_2Cl 反应后，仍为非均相体系，典型的 Natta 引发剂 $TiCl_3$—AlR_3 就是这一类。这类引发剂对α－烯烃聚合兼有高活性和高定向性，对二烯聚合也有活性。

2. Ziegler—Natta 催化剂的发展

α－烯烃和二烯烃配位聚合的核心问题是引发剂。自从 20 世纪 50 年代出现第一代双组分 Ziegler—Natta 引发剂以来，有关引发体系的研究工作长期不衰。研究工作的重点放在提高引发效率(聚合活性)、提高立构规整度、使聚合度分布和组成分布均一等目标上。目前，聚合相对活性已提高了成千上万倍，聚丙烯等规度可达 95％～97％。提高的途径是添加给电子体作第三组分和负载，从化学反应、改变晶型和物理分散等方面考虑。

第一代和第二代催化剂，其固体催化剂组分主要由 $TiCl_3$(或者是与 $AlCl_3$ 的混合物)和助催化剂烷基铝构成。第一代催化剂，$TiCl_3$ 是通过用 Al 还原 $TiCl_4$ 制得的。$TiCl_3$ 和 $AlCl_3$ 的结晶混合物通过研磨粉碎至比表面积为 30～40m^2/g，转化为具有较高活性的δ态。第二代催化剂的 $TiCl_4$ 用一氯二乙基铝(DEAC)还原为 $TiCl_3$，该物质在去除绝大部分的铝组分后转化

为高度疏松的 δ—$TiCl_3$ 形态。第二代催化剂的比表面积以及催化剂活性大约比第一代提高 5 倍之多，催化剂粒子尺寸分布以及聚合物粒子尺寸可控制。

第三代和第四代催化剂具有特殊的镁化物活性结构，如 $MgCl_2$ 或 Mg(OH)Cl 作载体，这种 $MgCl_2$ 活性结构是一种非常小的 δ 变体结晶体，它具有类似于 δ—$TiCl_3$ 的层状结构；再加入连同位于表面的配位键合钛氯化物和给电子体(Lewis 碱)组成了高效、等规、颗粒规整、结构可控的新型高效催化剂，可使聚合活性提高 20 万～30 万倍。加入的给电子体(ED)可以提高催化剂的定向聚合能力，提高聚丙烯的立构规整性。

由于丙烯用 $AlEtCl_2-\alpha-TiCl_3$ 体系引发聚合所得聚丙烯的等规度比用 $AlEtCl_2-\alpha-TiCl_3$ 时更高，但用 $AlEt_2Cl$ 代替 $AlEtCl_2$ 时，对丙烯聚合则几无活性。若添加第三胺等给电子体作第三组分，聚合活性和等规度 IIP(达 95%)均有很大提高。主要原因是 $AlEtCl_2$ 与 NR_3 反应形成 $AlEt_2Cl$。

表 10－5 表明，$AlEtCl_2$ 与 $\alpha-TiCl_3$ 两组分配合时，引发丙烯聚合无活性。但加入含有 N、P、S、O 等的给电子体后，引发剂均有活性，聚丙烯的等规度明显提高，相对分子质量也增大，唯聚合速率有所下降。第三胺有臭味，烷基磷有毒，工业上常选用醚类或六甲基磷酰胺(HMPTA)作第三组分。用 $\alpha-TiCl_3$—$AlEt_3$ 两组分体系引发丙烯聚合时，活性仅 500～1000gPP/gTi；但添加 HMPTA 作第三组分后，聚合活性可提高到 5×10^4gPP/gTi，成百倍地增加。

表 10－5 第三组分(给电子体)对引发剂活性和等规度的影响

(均同 $\alpha-TiCl_3$ 组合，单体为丙烯)

催化剂	第三组分		聚合速度/ μmol·(L·s)$^{-1}$	等规度 IIP	[η]
	给电子体(B)	B∶Al(摩尔比)			
$AlEt_2Cl$	—	—	1.51	≥90	2.45
$AlEtCl_2$	$N(C_4H_9)_3$	0.7	0.93	95	3.06
$AlEtCl_2$	HMPTA①	0.7	0.74	95	3.62
$AlEtCl_2$	$P(C_4H_9)_3$	0.7	0.73	97	3.11
$AlEtCl_2$	$(C_4H_9)_2O$	0.7	0.39	94	2.96
$AlEtCl_2$	$(C_4H_9)_2S$	0.7	0.15	97	3.16

①HMPTA 为六甲基磷酰胺，分子式为$[(CH_3)_2N]_3P=O$。

制备第三代和第四代催化剂时，常添加单酯类(如苯甲酸乙酯)或双酯类(如邻苯二甲酸二丁酯)给电子体，这称为内加酯。内加酯与新生态 $MgCl_2$ 络合，减慢其结晶速度，改变其聚集状态，生成的引发剂微粒比较规整。同时，内加酯还容易占据 $MgCl_2$ 晶格边角及表面晶体缺陷部分，阻止了 $TiCl_4$ 在这些位置上负载，从而提高了其定向能力。内加酯的配位能力越强，产物等规度越高。酯的配位能力与电子云密度和邻近基团空间障碍有关。以单酯 R_1COOR_2 为例，R_1 基团越大，α-烯烃定向配位得越好，而 R_2 基团增大，则影响到 $MgCl_2$ 与酯的配位，导致等规度下降。一般双酯(如邻苯二甲酸二正丁酯)引发体系活性中心对等规度的贡献比单酯大。

经内加酯的负载引发剂用于聚合时，往往还加另一酯类，如二苯基二甲氧基硅烷，这称为外加酯。外加酯比内加酯更多地参与活性中心的形成，改变了钛中心的微环境，增加了立体效应，有利于等规度的提高。外加酯对相对分子质量及其分布、共聚物组成及其分布也有影响。

内加酯、外加酯必须配合得当，才能取得更好的效果。二醚[$ROCH_2C(R_1R_2)CH_2OR$]或多醚类是具有特别反应活性的给电子体，用来代替内加酯、外加酯，只要在引发剂制备过程中加入这种醚类，就能获得高活性和高定向性引发剂。R 和 R_1、R_2 是含有 1～18 个碳原子的直链或支链烷基、环酯基、芳基、烷芳基或芳烷基。

3. 茂金属催化剂

茂金属(metallocene)催化剂是环戊二烯过渡金属化合物类的简称。20 世纪 50 年代就已发现双(环戊二烯基)二氯化钛(Cp_2TiCl_2)是可溶性引发剂，但当时的活性较低。经过多年助引发剂和配制工艺上的深入研究，至 90 年代，已发展成为聚烯烃的新型高效引发剂。

催化剂是配位聚合的核心问题。在配位聚合反应过程中，首先，单体与催化剂中心的过渡金属 M(传统的 Z—N 催化剂是 Ti，而多数的二茂金属催化剂是 Zr)发生配位键合，然后被接入到过渡金属和增长的聚合物链(嵌入式)间。

茂金属催化剂有三种结构，即普通结构、桥链结构和限定几何构型配位体结构，如图 10－1 所示。

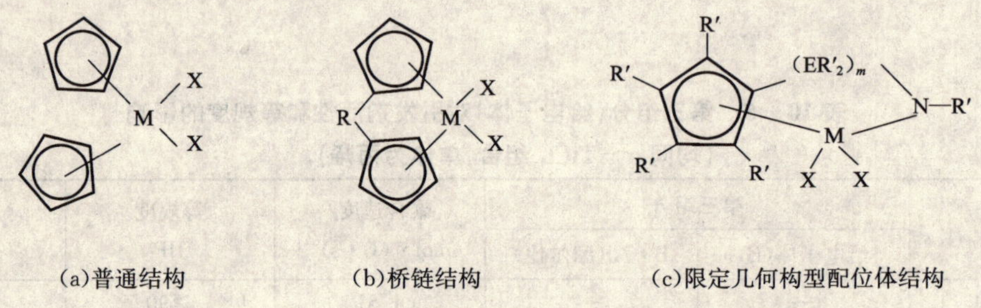

(a)普通结构 (b)桥链结构 (c)限定几何构型配位体结构

图 10－1 茂金属催化剂的结构

茂金属中的五元环部分可以是环戊二烯基(Cp)、茚基(Ind)或芴基，其中五元环上的氢可被烷基取代。金属 M 为锆(Zr)、钛和铪(Hf)，分别有锆茂、钛茂、铪茂之称。X 为氯、甲基等。桥链结构中 R′为亚乙基、异亚丙基、二甲基亚硅烷基等。限定几何构型配位体结构中，R′为氢或甲基，N—R′为氨基，(ER_2')m 为亚硅烷基。双(环戊二烯基)二氯化锆和亚乙基双(环戊二烯基)二氯化锆是普通结构和桥链结构茂金属催化剂的代表。

茂金属催化剂中最常用的助催化剂是甲基铝氧烷(MAO)。MAO 能清除体系中的毒物，提高聚合活性。MAO$\lbrack Al(CH_3)—O \rbrack$、$Me_3Al$ 或 Me_2AlF 与 Cp_2ZrCl_2 或 $Et(Ind)_2ZrCl_2$ 组合的引发体系对乙烯或丙烯聚合都有相当高的活性。

均相茂金属催化剂迅速发展的原因有：

(1)高活性，几乎 100%金属形成活性中心(原来钛系只有 1%～3%)，例如 Cp_2ZrCl_2/MAO 用于乙烯聚合时，活性可高达 1.0×10^5 kgPE/(mol Zr · h)，比钛系要高 10 倍。

(2)单一活性中心，可获得相对分子质量分布很窄(1.05～1.80)、共聚物组成均一的产物。

(3)立构规整能力高。因此可以实现聚合物结构设计和性能控制，如密度、相对分子质量及其分布(包括单峰或双峰)、共聚物组成及其分布、共聚物单体结合量、侧链支化度、晶体结构、熔点等。

金属茂引发剂已用于聚乙烯、等规聚丙烯、间规聚丙烯、间规聚苯乙烯、乙丙橡胶(EPDM)。茂金属催化剂用于淤浆聚合、溶液聚合、气相聚合等方法,无需脱灰工序,在许多方面,茂金属催化剂已超过钛系 Ziegler—Natta 催化剂,可以说茂金属是带有革命性的催化剂。

二、聚丙烯纤维生产用辅料

(一)卤素吸收剂(硬脂酸钙)

1. 概要

学术名称:硬脂酸钙

英文名称:Calcium Stearate

分子式:$[CH_3(CH_2)_{16}COO]_2Ca$

相对分子质量:638

2. 卤素吸收剂的用途

小本体聚丙烯含氧量较高,对纺丝设备有腐蚀作用,故需添加卤素吸收剂硬脂酸钙。

3. 卤素吸收剂的性能及规格

硬脂酸钙的质量及在聚丙烯中的添加量对聚丙烯的过滤性能和纺丝组件的使用周期有较大影响。

硬脂酸钙对聚丙烯过滤性能的影响,与聚丙烯本身的相对分子质量分布以及所含杂重量有关。

硬脂酸钙为白色细微粉末,熔点 150~155℃,相对密度 1.08,细度(325 目通过)99%。

(二)抗氧剂

聚丙烯在加工、储存和使用中,都不可避免地受到不同程度的热和氧的作用,通称为热氧老化。通常添加一定数量的抗氧剂。

抗氧剂有多种,一般用纸箱内衬塑料袋包装,每桶 20kg。储运时要防高温,防潮,保持包装完整。

1. 主抗氧剂 PKY—168

相当于瑞士商品牌号 Irgafos 168。

学术名称:亚磷酸三(2,4-二叔丁基苯基)酯

英文名称:Tris-(2,4-di-tert-butylphenolphosphate)

外观为白色结晶粉末;熔点 182~186℃;挥发物(105℃,2h)<0.5%,相对密度 1.03(20℃)。

PKY—168 与其他主抗氧剂(受阻酚系列)的复配物有很好的协同效应。

2. 抗氧剂 1010

相当于瑞士商品 Irganox1010。

学术名称:四[甲基-3-(3′,5′-二叔丁基-4′-羟基苯基)丙酸]季戊四醇酯

英文名称:Tetrakis[methylene-3-(3′,5′-ditert-butyl-4′-hydroxyphenyl) propionate]methane

相对分子质量:1178

外观为白色粉末，熔点 110～125℃，无臭。

3. 复合抗氧剂 PKB 系列

相当于瑞士商品牌号 Irganox B 215、Irganox B 225。是抗氧剂 KY—7910（又称抗氧剂1010）与抗氧剂 PKY—168（又称抗氧剂 168）的复配物。

(三)光稳定剂

光稳定剂添加于聚丙烯中，能够抑制或减弱光降解作用，提高聚丙烯的耐光性。由于现在所用的大多数光稳定剂都是能够吸收紫外线的物质，故习惯上常将它们称为紫外线吸收剂。

1. 光稳定剂 GW—480

学术名称：双(2,2,6,6－四甲基哌啶基)癸二酸酯

英文名称：Bis(2,2,6,6－tetramethyl－4－pipendinyl)sebacate（相当于瑞士 Tinuvin 770）

相对分子质量：480.73

外观为白色或微黄结晶粉末，熔点 81～85℃，挥发分≤0.5%（105℃，2h），含灰量≤0.1%，纯度≥97%。用纸板桶内衬塑料袋包装，20kg/桶。

2. 光稳定剂 UV327（相当于瑞士 Tinuvin—327）

学术名称：2－(2′－羟基－3′,5′－二叔丁基苯基)－5 氯代苯并三唑

英文名称：2－(2′－Hydroxy－3′,5′－ditert－butylpheny)－5－chlorobenzotriazole

相对分子质量：358

外观为淡黄色或白色粉末，相对密度 1.20，熔点 154～158℃，含灰量≤0.05%，水分≤0.05%。

光稳定剂要存放在阴凉、干燥、通风处，防止受潮，不得与其他化工原料混合堆放。

(四)色母粒

聚丙烯纤维没有任何可与染料分子相结合的极性基团，即没有染色席位，而且丙纶的结晶度比较高，结构紧密，疏水性极大，因而染料分子只能扩散或渗入无定形部分，而不能进入晶区，所以一般只能采用色母粒(Color Masterbatch)进行着色。

目前色母粒品种很多，纺丝时应根据产品和制造母粒工厂的要求选用。

色母粒一般采用牛皮纸、编织布三合一复合袋，内层为高密度聚乙烯薄膜袋的双层包装，每袋产品净重 20kg。

储运时不要在高温环境下存放过久，并避免灰尘及其他杂物落入开包的色母粒中。

(五)降温母粒

降温母粒(Chemical Degradation Masterbatch)实际是一种过氧化物，它是优良的聚丙烯相对分子质量调节剂，对高相对分子质量尾端作用敏感，降温均一，黏度稳定、均匀，而且在熔态中短时间内消耗完毕而衰老，无自由基存在。纺丝时按比例混入聚丙烯树脂之中，以达到较低的纺丝温度，提高纺丝速度，有利于丝条的冷却和纤维截面均匀，改善后拉伸性能，减少毛丝、松圈丝，从而降低成品纤维的线密度、强度、断裂伸长不匀率。降温母粒产品的规格指标如下。

切片规格：3.2mm×(2.5～3)mm，大小均匀

外观：白色、无机械杂质

灰分含量：≤250mg/kg

水分含量：≤0.2%

添加剂含量：0.4%～0.8%

降温母粒一般用编织袋封装，每袋重量25kg±0.2kg，该产品搬运方便，无毒，在运输和储存过程中，严禁日晒雨淋，存放在阴凉、干燥、整洁处为宜。可存放一年。

(六)聚丙烯纤维用特殊溶剂

1. 四氢萘(Tetraline)

分子式：$C_{10}H_{12}$

四氢萘为无色液体，不溶于水，溶于苯、酯等多数有机溶剂，其性能见表10－6。

表10－6　四氢萘的性能

性　能		性能指标	性　能	性能指标
熔点/℃		－35.8	气化热/kJ·mol^{-1}	43.81
沸点/℃		206.5～207.5	燃烧热/kJ·mol^{-1}	5604.13
密度/g·m^{-3}		0.971(20℃)	生成热/kJ·mol^{-1}	－40.55
折射率(n_D^{20})		1.5410	黏度/Pa·s	0.22(20℃)
闪点/℃	密闭	77.2	蒸汽压/133.3Pa	0.81、1、2、25
	开放	82.2	温度/℃	20、38、50、100
比热容/J·(g·K)$^{-1}$		1.672(15～18℃)	表面张力/10^{-5}N·cm^{-1}	35.46(21.5℃)

2. 十氢萘(Deealin)

分子式：$C_{10}H_{18}$

相对分子质量：138

十氢萘为无色液体，其性能见表10－7。

表10－7　十氢萘的性能

性　能		顺　式	反　式
沸点/℃		195.7	187.2
熔点/℃		－43	－30.4
密度/g·m^{-3}		0.8965	0.8699
黏度/Pa·s	20℃	0.34	0.21
	30℃	0.27	0.18
折光率(n_D^{20})		1.4810	1.4788
蒸汽相对密度		4.8	
闪点/℃		57.8(密闭)	
发火点/℃		250	
燃烧热(定容)/kJ·mol^{-1}		6269.58	1495.2
汽化热/kJ·mol^{-1}		41.01	9.62
表面张力(20℃)/10^{-5}N·cm^{-1}		32.18	29.89
爆炸极限/%(体积分数)		0.7(上限)	4.9(下限)

第三节 等规聚丙烯的制备

一、聚合机理

丙烯聚合反应的机理相当复杂。一般来说,分为四个基本反应步骤,即活化反应、形成活性中心、链引发、链增长及链终止。

对于活性中心,主要有两种理论:单金属活性中心模型理论和双金属活性中心模型理论。普遍接受的是单金属活性中心理论。该理论认为活性中心呈八面体配位并存在一个空位的过渡金属原子。以 $TiCl_3$ 为例,首先单体与过渡金属配位,形成 Ti 配合物,减弱了 Ti—C 键,然后单体插入过渡金属和碳原子之间。随后空位与增长链交换位置,下一个单体又在空位上继续插入。如此反复进行,丙烯分子上的甲基就依次照一定方向在主链上有规则地排列,即发生阴离子配位定向聚合,形成等规或间规 PP。对于等规 PP 来说,每个单体单元等规插入的立构化学是由催化剂中心的构型控制的,间规单体插入的立构化学则是由链终端控制的。

(一)Natta 的双金属机理

1959 年,Natta 提出的双金属机理要点是引发剂两组分起反应,形成由两种金属组成的桥形络合物,成为 α-烯烃引发剂和增长的活性种,单体在 Al—C 键间插入,形成由两种金属组成的桥络合物,成为 α-烯烃引发和增长的活性种,单体在 Al—C 键间插入,具有配位阴离子的性质,因此称作配位阴离子聚合。

1. Natta 双金属机理的实验依据

(1)钛组分须在Ⅰ～Ⅲ族金属烷基化合物共引发剂配合下才有较高的定向能力和引发活性。

(2)对双(环戊二烯基)二氯化钛$(Cp_2TiCl_2)_2$—$AlEt_2$ 等可溶性均相引发剂的研究,曾获得有一定熔点(126～130℃)和一定相对分子质量的蓝色结晶,经 X 射线衍射分析,推定有下列结构:

Cp、Cl、Et / Ti、Al / Cp、Cl、Et

Cp_2TiCl_2—$AlEt_2$ 桥形络合物

Cl、R、Et / Ti、Al / Cl、Cl、R

$TiCl_3$—$AlEt_3$ 金属络合物

Ti…Cl…Al 为缺电子三中心键和氯桥,因此推论 Ziegler—Natta 引发剂的活性种出自结构相似的双金属桥形络合物,如上面右式所示。

(3)用^{14}C 标记的烷基铝与四价或三价钛化合物组合,使乙烯聚合,分析聚丙烯端基的^{14}C 含量,确定大分子链在 Al 上,即在 Al 上增长。后来对该点有异议。

2. Natta 双金属配位聚合机理主要论点

(1)离子半径小和电正性较强的金属(如 Be、Mg、Al)有机化合物在 $TiCl_3$ 表面活化吸附,形成缺电子桥双金属络合物,成为聚合的活性种,如图 10－2 的结构式(Ⅰ)。

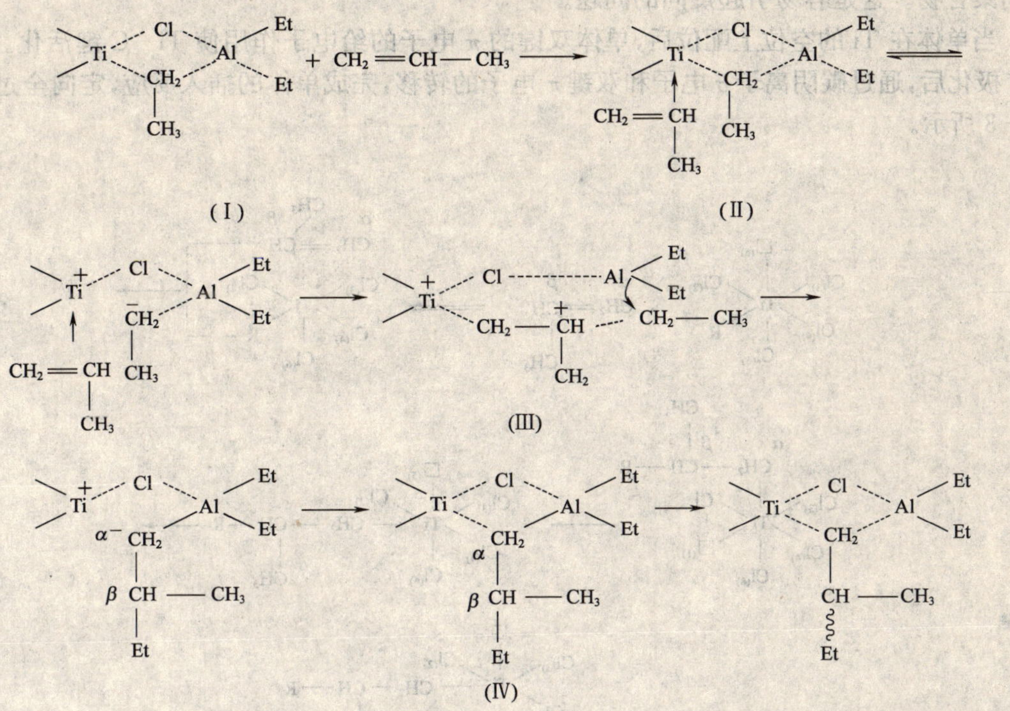

图 10－2　丙烯定向聚合双金属机理示意图

(2)富电子的 α－烯烃在亲电的钛原子和增长链端(或烷基)间配位(或叫 π 络合)，在钛上引发，如图 10－2 的结构式(Ⅱ)。

(3)该缺电子桥络合物部分极化后，与配位后的单体形成六元环过渡状态，如图 10－2 的结构式(Ⅲ)。

(4)极化的单体插入 Al—C 键，六元环结构瓦解，恢复成四元环缺电子桥络合物，如图 10－2 的结构式(Ⅳ)。

如此反复，使链继续增长下去。由于聚合时首先是富电子的烯烃在 Ti 上配位，Al—R 键断裂，R 碳负离子接到单体的 α－碳上，形成配位阴离子聚合。

双金属机理的特点是在 Ti 上引发，在 Al 上增长。Natta 双金属机理的最大问题是在 Al 上增长，即单体在 Al—C 键间插入，也未涉及规整结构的成因。现在许多实验结果表明，大分子链是在过渡金属—碳 σ 键(Mt—C)上增长。

(二)Cossee—Arlman 单金属机理

配位聚合单金属机理的要点是活性种由单一过渡金属(Ti)构成，增长即在其上进行。单金属活性种模型首先于 1960 年，由 P. Cossee 提出，后经 E. J. Arlman 充实。活性种是以过渡金属原子为中心带有一个空位的五配位正八面体。

定向吸附在 $TiCl_3$ 表面的丙烯在空位处与 Ti^{3+} 配位(或称 π－络合)，形成四元环过渡状态，然后 R 基和单体发生顺式加成(重排)，结果使单体在 Ti—C 间插入增长，同时空位重现，但位置改变。如果按这样再增长，将得到间同聚合物。空位“飞回”到原来位置上，才能继续增长成全同聚合物。这是容易引起疑问的问题。

当单体在 Ti 的空位上配位后，单体双键的 π 电子的给电子作用使 Ti—C 键活化。$Ti^{\delta+}$—$Ti^{\delta-}$极化后，通过碳阴离子 σ 电子和双键 π 电子的转移，完成单体的插入反应，定向全过程如图 10－3 所示。

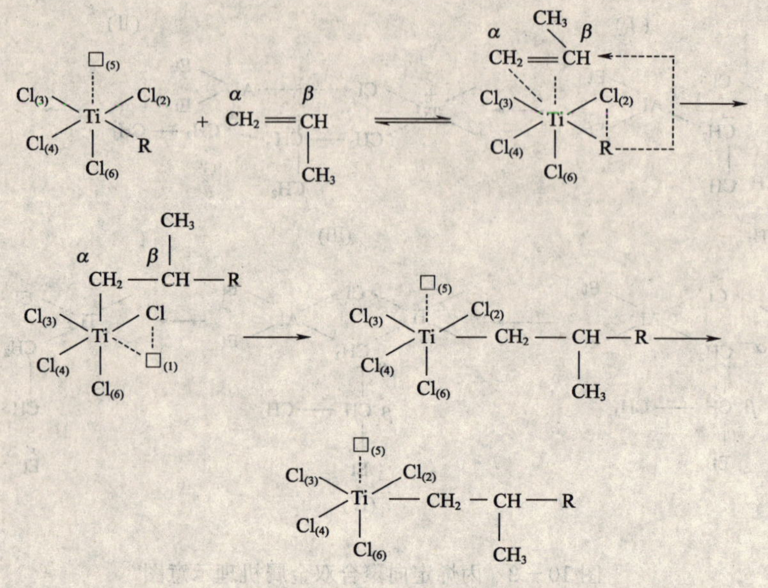

图 10－3　丙烯定向聚合单金属机理示意图

单体在 Ti 上配位，随后在 Ti—C 键间插入，这就是配位阴离子聚合单金属机理。Ziegler—Natta 定向聚合的两个显著特征是每步增长都是 R 基连在单体的 β 碳原子上，是顺式加成。

用Ⅰ～Ⅲ族金属有机化合物单一组分，未能制得全同聚丙烯。但单用钛组分制得全同聚合物却有不少例子。加上其他一些数据，使 Cosser—Arlman 单金属机理更推进了一步，被更多人所接受。但是，Ⅰ～Ⅲ族金属有机物共引发剂对 α-烯烃配位聚合的定向能力和引发活性都有很大的提高，单金属机理还不能解释，也曾提出双金属络合和空位的修正模型。

目前得到普遍公认的仅仅是配位阴离子聚合机理，定向的机理有待进一步发展和完善。

二、聚合反应的动力学分析

(一)聚合反应的基本历程

聚合反应通常包括链引发、链增长、链转移和链终止等基本历程。Natta 等人提出下列动力学历程。

1. 链引发

$$[cat]\text{—}CH_2\text{—}CH_3 + CH_2\text{=}\underset{\displaystyle CH_3}{\underset{|}{CH}} \xrightarrow{k_1} [cat]\text{—}CH_2\text{—}\underset{\displaystyle CH_3}{\underset{|}{CH}}\text{—}C_2H_5$$

$$[cat]-H + CH_2=CH(CH_3) \xrightarrow{k_2} [cat]-CH_2-CH_2(CH_3)$$

2. 链增长

$$[cat]-CH_2-CH(CH_3)-C_3H_7 + nCH_2=CH(CH_3) \xrightarrow{k_p} [cat]-CH_2-CH(CH_3)-[CH_2-CH(CH_3)]_n-C_3H_7$$

3. 自动终止

$$[cat]-CH_2-CH(CH_3)-[CH_2-CH(CH_3)]_n-C_3H_7 \xrightarrow{k_3} [cat]-H + CH_2=C(CH_3)-[CH_2-CH(CH_3)]_n-C_3H_7$$

4. 烷基铝转移

$$[cat]-CH_2-CH(CH_3)-[CH_2-CH(CH_3)]_n-C_3H_7 \xrightarrow{k_3} [cat]-H + CH_2=C(CH_3)-[CH_2-CH(CH_3)]_n-C_3H_7$$

5. 氢转移

$$[cat]-CH_2-CH(CH_3)-[CH_2-CH(CH_3)]_n-C_3H_7 \xrightarrow[H_2]{k_5} [cat]-H + CH_3-CH_2(CH_3)-[CH_2-CH(CH_3)]_n-C_3H_7$$

6. 单体转移

$$[cat]-CH_2-CH(CH_3)-[CH_2-CH(CH_3)]_n-C_3H_7 \xrightarrow[CH_2=CH(CH_3)]{k_6} [cat]-CH_2-CH_2(CH_3) + CH_2=C(CH_3)-[CH_2-CH(CH_3)]_n-C_3H_7$$

(二)影响聚合速率的因素

丙烯聚合的反应速率常用下式表示：

$$R_P = k[c^*][M] \quad (10-1)$$

式中：R_p——反应速率；

k——聚合反应速率常数；

$[c^*]$——活性中心浓度；

$[M]$——丙烯单体浓度。

从式(10-1)可以看出，丙烯的聚合反应速率与反应速率常数、活性中心浓度以及丙烯单体浓度成正比。聚合反应速率随时间而变化，先快后慢，最终达到稳态。

动力学受催化剂和聚合条件的影响，如催化剂的化学物理结构和活化剂的性能、催化剂和活化剂的比例及浓度、氢浓度、温度、搅拌速度等。

催化体系的复杂性以及非均相特性使得准确地分析动力学参数非常困难。对于不同类型的催化剂，它们的反应速率常数有很大差别，如 $MgCl_2$ 载的催化剂与常规的 $TiCl_3$ 催化剂相比，要高很多，因此它们的聚合反应速率也相差很大。茂金属催化体系的反应速率常数比氯化钛体系更高。

1. 催化剂和助催化剂浓度的影响

Natta 和 Pasquon 首先发现在其他参数保持恒定及不存在单体扩散控制的前提下，丙烯聚合速率与过渡金属催化剂的浓度成正比（图 10－4）。

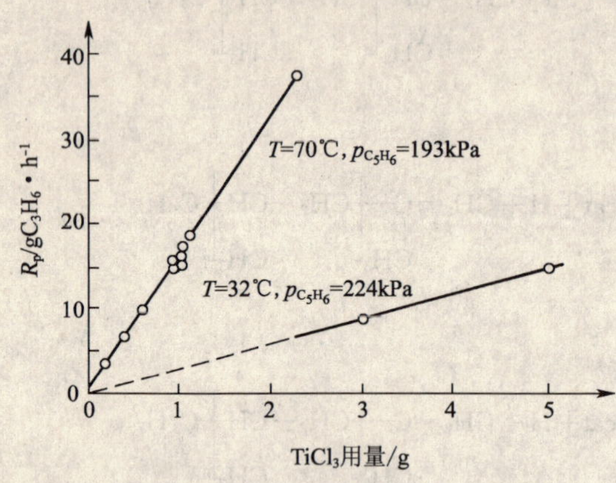

图 10－4 丙烯聚合速率与过渡金属催化剂浓度的关系

聚合速率也取决于烷基金属化合物的种类及浓度。这不仅是由于其烷基化反应是形成催化活性中心的必要前提，同时过渡金属主催化剂与烷基金属化合物助催化剂之间的相互作用是导致催化体系活性改变的重要原因。

烷基金属化合物在聚合体系中担当“清道夫”的作用，它与体系中杂质的作用也会造成一定的消耗。Natta 等人发现 α—$TiCl_3$—$AlEt_3$ 催化体系中 Al/Ti 的摩尔比低于 8.5 时，丙烯聚合动力学行为几乎没有差别，烷基金属化合物浓度更高时，才能达到稳态聚合速率。

许多作者报道了 AlR_3 浓度对 $MgCl_2$ 载体型催化剂聚合速率的影响，这些作用在 $MgCl_2$/$TiCl_4$—$AlEt_3$，$MgCl_2$/$TiCl_4$—Al($i$bu)$_3$，$MgCl_2$/$TiCl_4$/$MgBu_2$—$AlEt_2Cl$ 和 $MgCl_2$—$TiCl_4$—EB—$AlEt_3$ 等体系中均观察到。聚合速率随 AlR_3 浓度迅速增高至某一极值后明显衰减，这种现象可以解释为体系中要求有一定浓度的 AlR_3 起到清道夫和稳定活性中心的作用，这种变化关系不受单体浓度的影响。

茂金属—MAO 催化体系中 Al/Mt 摩尔比对丙烯聚合速率具有明显的作用。聚合活性对 lg A（A 为 Al/Zr 摩尔比）的依赖关系呈钟形（bell shape），对不同的茂金属其钟顶的位置亦不同（表 10－8）。体系中高的 MAO 浓度促进阳离子茂金属活性中心的生成，并起到抑制其双分子失活反应的作用。

表 10－8 茂锆—MAO 催化剂体系对应丙烯聚合活性最大值的 Al/Zr 摩尔比①

茂金属	温度/℃	Al/Zr 摩尔比	茂金属	温度/℃	Al/Zr 摩尔比
rac－$Me_2Si(Ind)_2Zr$	25	10900	rac－EBI $ZrCl_2$	30	>10^5
Me_2C[Cp，Flu]$ZrCl_2$	25	1300	Me_2C(3－MeCp，Flu)$ZrCl_2$	25	400
rac－EBTHI $ZrCl_2$	30	3500			

①EB 为乙基桥—CH_2—CH_2—，rac 为 EBTHI $ZrCl_2$ 为 rac－ethyl bis(tetrahydro indenxl)zirconium chloride（乙基桥四氢茚二氯化锆），rac－EBI $ZrCl_2$ 为 rac－ethyl bis(indenyl)zirconium chloride（乙基桥茚二氯化锆）。

2. 聚合单体浓度和氢调的影响

Natta 和 Pasquon 最早报道，采用 α—$TiCl_3$—$AlEt_3$ 催化剂在稳态条件下聚合速率与单体浓度成正比(图 10－5)。

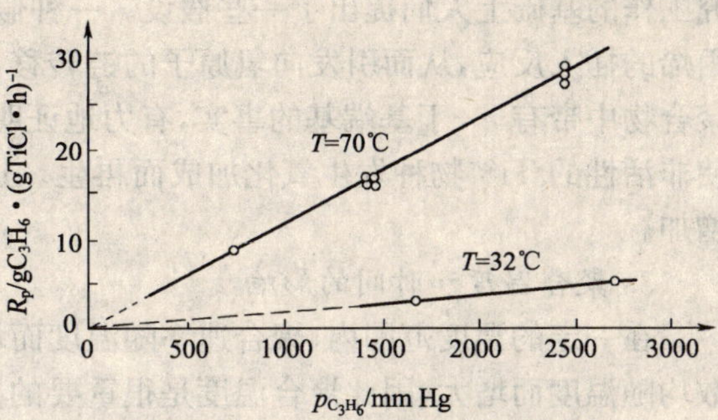

图 10－5 聚合速率与丙烯浓度的关系

$$1mmHg=133.3Pa$$

H_2 常用作链转移试剂调节聚丙烯的相对分子质量,同时也对聚合速率发生影响,这种影响因催化体系而不同。Natta 采用 $TiCl_3$—$AlEt_3$ 催化剂,用下式计算丙烯聚合速率:

$$R^0-R^H=\frac{(p_H)^{1/2}}{K_2+K_1(p_H)^{1/2}} \quad (10-2)$$

式中 R^H、R^0——分别为在氢存在和没有氢情况下的速率;

K_1 和 K_2——常数。

令 $K_1/K_2=\alpha$,$K_1=1/R^0$,则式(10－2)变为:

$$R^H=\frac{R^0}{1+\alpha(p_H)^{1/2}}$$

$$R_\infty^H=\frac{R_\infty^0}{1+\alpha p_H} \quad (10-3)$$

Keii 采用 AA—$TiCl_3$—$AlEt_3$ 催化剂研究聚合速率对氢分压的依赖关系,得出式中 R^H 和 R^0 分别为氢存在和没有氢情况下的稳态聚合速率,实验观测到 α 值随温度升高而增大。

对于 α—$TiCl_3$—$AlEt_3$ 催化体系,氢的存在导致丙烯聚合速率的降低,而 Solvay 型 $TiCl_3$ 则恰恰相反,在高氢气分压的情况下,聚合活性甚至可以增加 50%。

许多学者报道,在 $MgCl_2$ 载体催化体系,$MgCl_2/TiCl_4$—$AlEt_3$、$MgCl_2/TiCl_4$/dialkylphthalates－AlR_3/Alkoxysilanes、$MgCl_2/TiCl_4$/1,3－diethers－AlR_3 和茂金属催化剂 $EBInZrCl_2$－MAO 中,加氢对提高丙烯聚合速率有促进作用,甚至最高可以提高 3 倍。加氢主要是提高初始聚合速率,有时也可以延缓催化剂的活性衰减。然而对于某些以芳香酸酯类作为外给电子体的 $MgCl_2$ 载体催化剂,如 $MgCl_2/TiCl_4$/EB－$AlEt_3$/MPT 体系,氢的存在可以导致其聚合衰减速率明显加剧(图 10－6),其原因可能是由于 Ti—H 键和酯基的羰基发生反应所致。

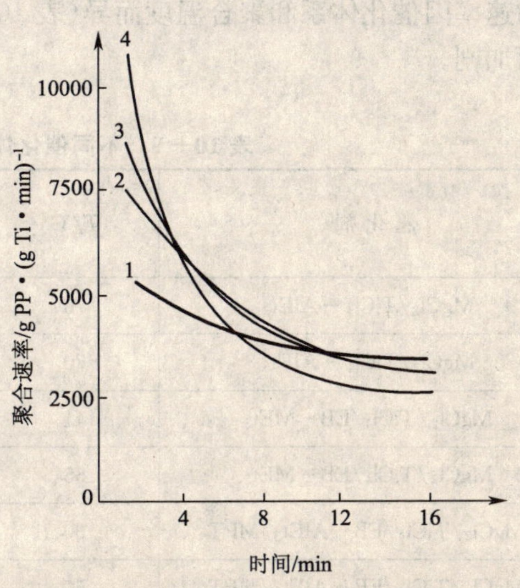

图 10－6 不同氢气分压下的 $MgCl_2/TiCl_4$/EB－$AlEt_3$/MPT 催化体系的丙烯聚合动力学曲线

$P_{C_3H_6}=68kg/cm^2$ $T=70℃$

P_{H_2}:1—0 2—0.15kg/cm^2 3—0.3kg/cm^2 4—0.6kg/cm^2 1kgf/cm^2=98kPa

氢的活化作用具有可逆性已被证实。氢活化过程的机理虽然仍不十分清楚,但在众多研究工作的基础上人们提出了一些假设。一种假设认为，氢可以抑制增长链中发生二级插入之后丙烯的插入反应，从而引发向氢原子的链转移，使这种潜在的活性中心激活。氢存在下得到的聚合物中带有 n－丁基端基的事实，有力地证明了这种假设的真实性。第二种假设认为，氢可以使非活性的 Ti^{2+} 物种发生氧化加成而再生。这种解释的依据是氢存在下，活性中心浓度明显增加。

3. 聚合温度和时间的影响

在一定的温度范围内，聚合速率随温度而增加，这是由于链增长速率常数和增长活性中心数均随温度而增大，因此聚合温度是很重要的因素。然而，它的影响又常常取决于所用的催化剂。对于 VCl_3—$AlEt_3$ 催化剂，在 30℃下，丙烯聚合速率曲线为加速型，至 60℃，却变为衰减型。$MgCl_2$ 载体型催化剂的聚合速率常常在60～70℃呈现最大值，而后随温度衰减。在这种情况下，活性的衰变可能是由于在较高的温度下 Ti 的价态还原至非活性的低价或是活性物种与路易斯碱之间发生化学反应，造成不可逆的失活。在失活的温度下计算的表观活化能为40～50kJ/mol。

茂金属 rac－EBI $ZrCl_2$－MAO 和 rac－EBTHI $ZrCl_2$－MAO 催化体系，在－50～70℃丙烯聚合活性符合 Arrhenius 关系，活化能为 44kJ/mol。丙烯间规聚合催化体系 t－BuCH(Cp, Flu)$ZrCl_2$－MAO 活化能为 34.7kJ/mol，Natta 等人报道了 α－$TiCl_3$，其后 Zakharov 等人报道了 δ－$TiCl_3$ · 0.3$AlCl_3$ 催化剂，都表现为恒速型的动力学曲线，即在几分钟短暂的加速阶段之后，在长至几小时之内速度保持恒定。Solvay 型 $TiCl_3$ 催化剂、$MgCl_2$ 载体型及茂金属催化剂均属衰减型动力学曲线，即在短短的诱导期(甚至没有诱导期)之后，聚合速率随时间衰减。衰减的速率因催化体系和聚合温度而异(表 10－9)。由表 10－9 中数据可见，衰减速率随温度升高而加剧。

表 10－9 不同催化体系丙烯聚合速率与时间的关系

催化剂[1]	T/℃	pC_3H_6/kPa	p_{H_2}/kPa	[Al]/mmol · dm^{-3}	$t_{1/2}$/min[2]
$MgCl_2/TiCl_4-AlEt_3$	70	294.6	—	5	8
$MgCl_2/TiCl_4-AlEt_3$	70	294.6	29.5	5	12
$MgCl_2/TiCl_4$/EB－MEt_3	41	98.2	—	10	20
$MgCl_2/TiCl_4$/EB－MEt_3	65	98.2	—	10	12
$MgCl_2/TiCl_4$/EB－$AlEt_3$/MPT	60	667.8	58.9	5	6
$MgCl_2/TiCl_4$/EB－$AlEt_3$/MPT	60	392.8	—	5	30
$MgCl_2/TiCl_4$/DIBP－MEt_3/CMMS	70	834.7	—	5	85
$MgCl_2/TiCl_4$/DIBDMP－MEt_3	70	834.7	10.8	5	60
Cp_2ZrCl_2－MAO	40	196.4	9.8	51	5
Cp_2ZrCl_2－MAO	20	196.4	—	51	23

续表

催化剂①	T/℃	pC_3H_6/kPa	p_{H_2}/kPa	[A1]/mmol·dm^{-3}	$t_{1/2}$/min②
Cp_2ZrCl_2－MAO	0	196.4	—	51	>400
rac－$Me_2Si(Ind)_2ZrCl_2$－MAO	40	196.4	—	20	60
rac－Me_2Si(Benz[e]Ind)$_2ZrCl_2$－MAO	40	196.4	—	20	180
rac－MeCH(1－$\eta^5C_5Me_4$)(1－η^5Ind) $TiCl_2$－MAOMAO	25	166.9	—	54	3

①DIBP—diisobutylphthalate；CMMS—cyclohexyl，methyl－dimethoxysilane；DIBDMP—2，2－diisobutyl－1，3－dimethoxypropane。

②$t_{1/2}$＝聚合速率衰减到最大速率的一半时所需的时间。

许多研究已经证明，在丙烯聚合中，在 $MgCl_2$ 载体催化剂颗粒周围形成的聚合物包附层并非是引起速率衰减的原因，因此速率衰减还是由于链增长活性中心的失活所致。活性的 Ti^{3+} 还原成对丙烯聚合无活性的 Ti^{2+}，可能是失活的原因之一。Chien 等人提出：相邻的两个活性中心非还原作用引起的双分子失活过程。Caunt 认为活性中心可以被 $AlEt_2Cl$ 和 AA—$TiCl_3$ 中存在的 $AlCl_3$ 反应的产物 $AlEtCl_2$ 毒化。

茂金属催化剂活性随时间衰减的原因可能与形成双核茂金属阳离子[$Cp_2ZrMe(\mu—CH_3)MeZr—Cp_2]^+$，或同 Zr－Al 桥上的亚甲基或烷基形成双核络合物和过渡金属还原至三价等因素相关。

4. 聚合介质的影响

在多相催化剂聚合过程中，介质的选用对聚合速率的影响不是很大。AA－$TiCl_3$ 催化丙烯聚合用芳香烃类比用脂肪烃类溶剂的聚合活性要高，这可能是与 $TiCl_3$ 中的 $AlCl_3$ 存在有关。有人认为这种差异并非由于介质的介电常数不同，而是由于芳香烃溶剂比脂肪烃溶剂有更高的去除 $TiCl_3$ 表面毒性能力的缘故。

在均相茂金属催化体系中，情况则迥然不同，有文献报道以二氯甲烷代替普遍使用的甲苯作为溶剂，聚合速率可以提高 6 倍。这种作用是由于 CH_2Cl_2 高介电常数所致。反应介质较高的极性可以促进生成与溶剂分离的活性更高的茂金属阳离子。

三、等规聚丙烯的合成工艺

丙烯的聚合类型分为五类，即溶液聚合法、淤浆聚合法、本体聚合法、气相聚合法和本体法—气相法组合工艺。

(一)溶液聚合法

溶液法生产工艺是早期用于生产结晶聚丙烯的工艺路线，由 Eastman 公司所独有。该工艺采用一种特殊改进的催化剂体系——锂化合物（如氢化锂铝）来适应高的溶液聚合温度。催化剂组分、单体和溶剂连续加入聚合反应器，未反应的单体通过对溶剂减压而分离循环。丙烯单体在160～170℃、压力 2.8～7.0MPa 和催化剂作用下进行聚合，得到的聚合物溶解在溶剂中。额外补充溶剂来降低溶液的黏度，并过滤除去残留催化剂。溶剂通过多个蒸发器而浓缩，再通过一台能够除去挥发物的挤压机而形成固体聚合物。固体聚合物用庚烷或类似的烃萃取进一步提纯，同时也除去了无定形聚丙烯，取消了使用乙醇和多步蒸馏的过程，主要用于生产一些与浆液法产品相比模量更低、韧性更高的特殊牌号产品。该方法工艺流程复杂，成本较高，聚合温度高，无规物含量高，加上采用特殊的高温催化剂，使产品应用范围有限，目前已经不再用于生产结晶聚丙烯。

溶剂聚合法生产聚丙烯的工艺流程如图 10－7 所示。

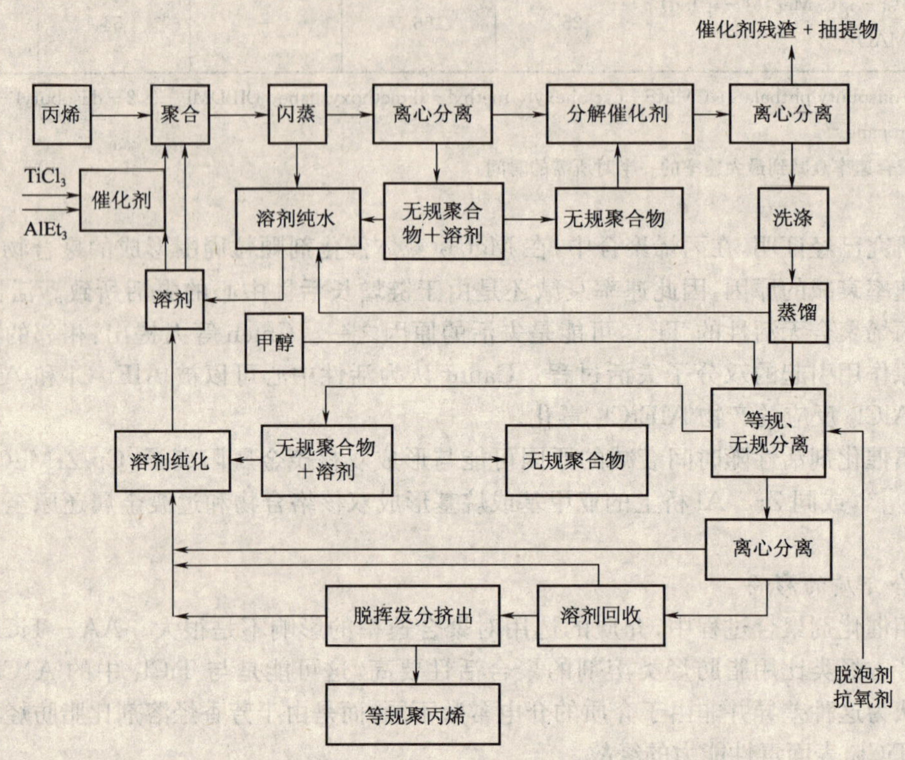

图 10－7　溶剂聚合法生产聚丙烯的工艺流程

(二)淤浆聚合法

淤浆法工艺(slurry process)又称浆液法或溶剂法工艺，是世界上最早用于生产聚丙烯的工艺技术。淤浆聚合是丙烯单体在惰性烷烃介质中和催化剂作用下进行的聚合，由于聚合产物不溶于这种惰性烷烃介质，而是悬浮在反应介质中，形成所谓淤浆，故称淤浆聚合。聚合过程是先将高纯度正庚烷调成浆状的催化剂和精制丙烯一起送入聚合釜中，加热至聚合温度(50～80℃)及压力(1～2MPa)，并加入氢气，以控制相对分子质量，反映结束后淤浆的浓度在 35％左右；将聚合物淤浆再注入闪蒸室，脱除未反应的单体、催化剂残渣和无规物，然后聚丙烯经干燥造粒得到成品。

从 1957 年第一套工业化装置的生产一直到 20 世纪 80 年代中后期，淤浆法工艺在长达 30 年的时间里一直是最主要的聚丙烯生产工艺。典型工艺主要包括意大利的 Montedison 工艺、美国的

Hercules 工艺、日本的三井东压化学工艺、美国的 Amoco 工艺、日本的三井油化工艺以及索维尔工艺等。这些工艺的开发都基于当时的第一代催化剂，采用立式搅拌釜反应器，需要脱灰、脱无规物，因采用的溶剂不同，工艺流程和操作条件有所不同。近年来，传统的淤浆法工艺在生产中的比例明显减少，保留的淤浆产品主要用于一些高价值领域，如特种 BOPP 薄膜、高相对分子质量吹塑膜以及高强度管材等。近年来，人们对该方法进行了改进，改进后的淤浆法生产工艺使用高活性的第二代催化剂，可删除催化剂脱灰步骤，能减少无规聚合物的产生，可用于生产均聚物、无规共聚物和抗冲共聚物等产品。目前，世界淤浆法 PP 的生产能力约占全球 PP 总生产能力的 13%。

图 10－8 为浆液法制备聚丙烯的工艺流程图。

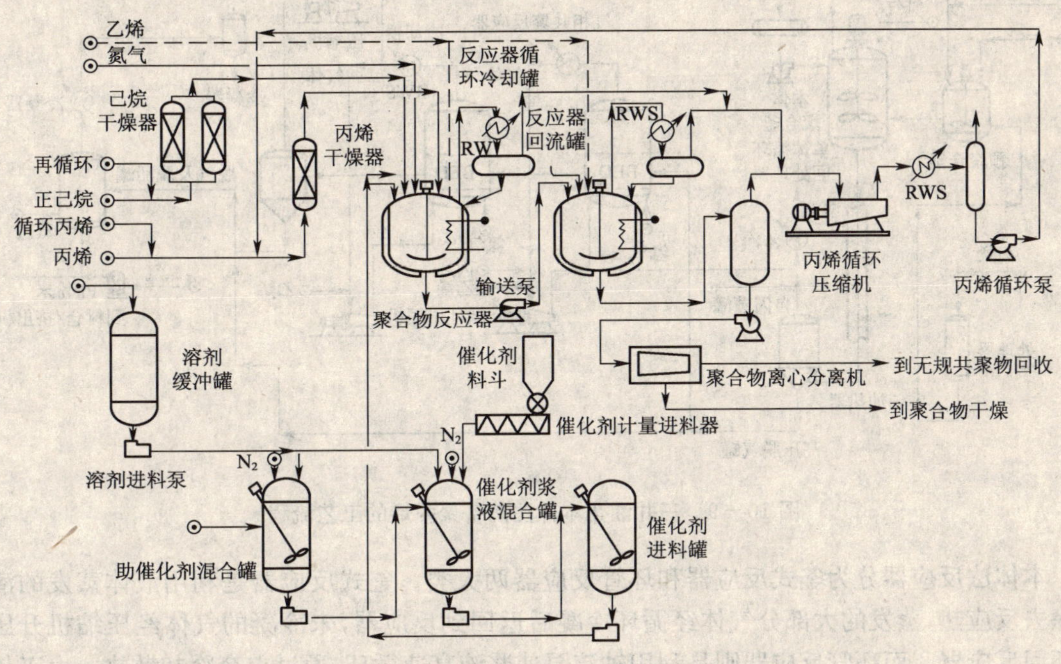

图 10－8　浆液法制备聚丙烯的工艺流程（聚合及单体回收）

（三）本体聚合法

本体法工艺的研究开发始于 20 世纪 60 年代，1964 年，美国 Dart 公司采用釜式反应器建成了世界上第一套工业化本体法聚丙烯生产装置。1970 年以后，日本住友 Sumitimo、Phillips 和美国 EI Psao 等公司都实现了液相本体聚丙烯工艺的工业化生产。目前，三井公司的 Hypol 釜式本体工艺、Basell 公司的本体法工艺均实现工业化生产。目前被广泛采用的主要是 Himont 工艺及三井油化工艺，此外，还有 Sumitomo 等工艺。作为不同工艺路线的主要区别是反应器的不同，并分为两类，即釜式反应器和循环管反应器。釜式反应器是利用液体蒸发的潜热来除去反应热，蒸发的气体经循环冷凝后返回到反应器中，而环管反应器则是利用高循环速度，通过夹套冷却除去反应热。由于传热面积大，除热效果较好，因此其单位反应器体积产率高、能耗低。

本体聚合不采用烃类稀释剂，而是把丙烯既作为聚合单体又作为稀释剂使用，在 50～80℃、压力 2.5～3.5MPa 和催化剂作用下进行聚合，反应结束后，只要将聚合物淤浆减压闪蒸既可脱除未反应的单体又相当于脱除了稀释剂，简单方便。

与采用溶剂的浆液法相比，采用液相丙烯本体法进行聚合具有不使用惰性溶剂，反应系统内单体浓度高，聚合速率快，催化剂活性高，聚合反应转化率高，反应器的生产能力更大，能耗低，工艺流程简单，设备少，生产成本低，“三废”量少；容易除去聚合热，可以提高单位反应器的聚合量。

图 10－9 为三井油化本体法制备聚丙烯的工艺流程图。

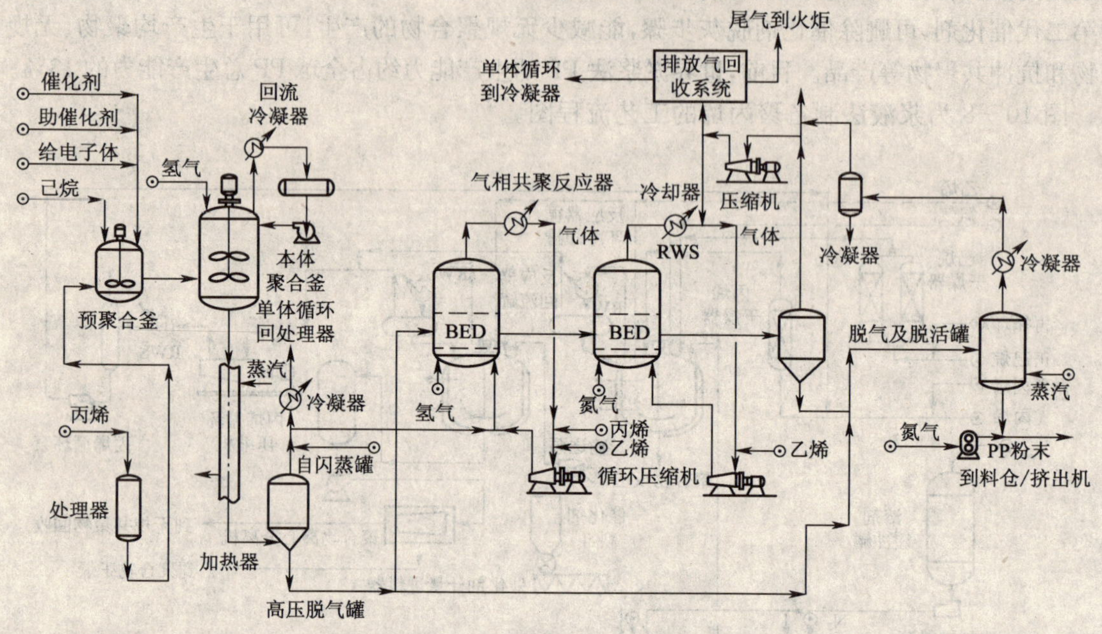

图 10－9　三井油化本体法制备聚丙烯的工艺流程

本体法反应器分为釜式反应器和环管反应器两大类。釜式反应器是利用液体蒸发的潜热来除去反应热，蒸发的大部分气体经循环冷凝后返回到反应器，未冷凝的气体经压缩机升压后循环回反应器。而环管反应器则是利用轴流泵使浆液高速循环，通过夹套冷却散热。由于传热面积大，散热效果好，因此其单位反应器体积产率高，能耗低。

本体法生产工艺按聚合工艺流程，可以分为间歇式聚合工艺和连续式聚合工艺两种。

1. 间歇本体法工艺

间歇本体法聚丙烯聚合技术是我国自行研制开发成功的生产技术。它具有生产工艺技术可靠、对原料丙烯质量要求不是很高、所需催化剂国内有保证、流程简单、投资省、收效快、操作简单、产品牌号转换灵活、三废少、适合中国国情等优点。不足之处是生产规模小，难以产生规模效益；装置手工操作较多，间歇生产，自动化控制水平低，产品质量不稳定；原料的消耗定额较高；产品的品种牌号少，档次不高，用途较窄。目前，我国采用该法生产的聚丙烯生产能力约占全国总生产能力的 24.0%。

2. 连续本体法工艺

该工艺最早是 Phillips 公司发明的。目前被广泛采用的主要是 Rexall、Himont 及三井油化工艺，此外，还有 Sumitomo 等工艺。不同工艺路线的主要区别是反应器不同，其分为两类，即釜式反应器和循环管反应器。釜式反应器是利用液体蒸发的潜热除去反应热，蒸发的气体经循环冷凝后返回反应器中。环管反应器则利用高循环速度，通过夹套冷却除去反应热。由于其传热面积大，除热效果较好，因此其单位反应器体积产率高、能耗低、产品切换牌号的时间短。Rexall 工艺采用立式搅拌反应器，用丙烷含量为 10%～30%（质量分数）的液态丙烯进行聚合。聚合物脱灰的己烷和异丙醇的恒沸混合物为溶剂，简化了精馏的步骤，将残余的催化剂和无规聚丙烯一同溶解于溶剂中，从溶剂精馏塔的底部排出。该工艺的特点是以高纯度的液相丙烯为原料，采用 HY—HS 高效催化剂，无脱灰和脱无规物工序。采用连续搅拌反应器，聚合热用反应器夹套和顶部冷凝器排出，浆液经闪蒸分离后，单体循环返回反应器中。Himont 工艺是采用环管式反应器，这种结构简单的环管反应器可提供全范围的产品，其均聚产品 MI 范围为 0.1～400g/10min，工业化无规共聚产品中树脂中的乙烯含量高达 4.5%（质量分数），并具有气相工艺高和含乙烯产品所具有的低热封温度，它也可生产含有乙烯、丁烯的三元共聚产品。该工艺生产的粉料为圆球形，粒大而均匀，工业化产品可以不经造粒而直接出厂，这是 PP 技术所追求的目标之一。Himont 工艺流程如图 10－10 所示。

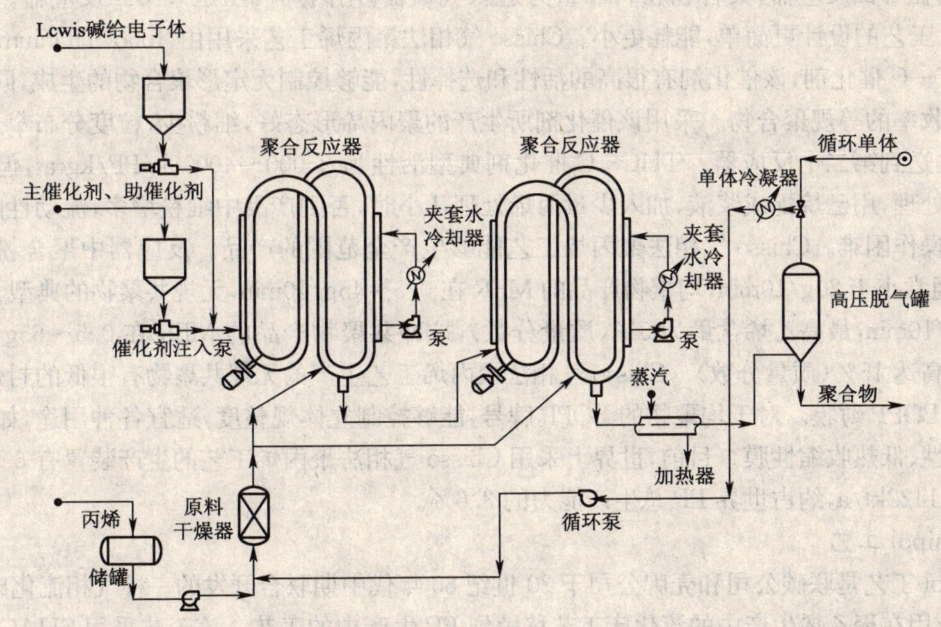

图 10－10　Himont 聚丙烯工艺—环管反应器

(四)气相聚合法

气相聚合是 1969 年由 BASF 公司首先工业化的。该方法采用流化技术，不加入溶剂丙烯，在气相本体中和催化剂作用下进行聚合，反应温度为 70～90℃、压力 2.5～3.0MPa。目前，世界上气相法 PP 生产工艺主要有 BP 公司的 Innovene 工艺和 Chisso 工艺、联碳公司的 Unipol 工艺、BASF 公司的 Novolen 工艺以及住友化学公司的 Sumitomo 工艺等。

1. Innovene(BP－Amoco)工艺

该工艺的主要特点是采用独特的接近活塞流的卧式搅拌床反应器。由于活塞流式的反应器设计，使得催化剂的停留时间分布较窄，抗冲共聚物的橡胶相分布更加均匀，性能更加优异，尤其是抗冲击性和刚性的平衡性能更好。该工艺也可以采用一台反应器生产均聚物和无规共聚物，但是该工艺也有不足，产品中乙烯含量（或橡胶组分比例）不高，不能获得高抗冲和超高抗冲牌号的

PP 产品。由于 Innovene 工艺流程简短，反应器设计独特，聚合压力比较低，没有大型的转动设备，不必像液相法那样用蒸汽加热反应器随聚合物排出液体丙烯，因而蒸汽消耗量很少，能耗低。聚合系统没有废水排放，是一种清洁的生产工艺。该工艺的产品过渡时间很短，理论上产品的过渡时间要比连续搅拌反应器或流化床反应器短 2/3，因而产品切换容易，过渡产品很少。目前，世界上采用 Innovene 工艺技术的聚丙烯生产装置有 10 多套，约占世界聚丙烯总生产能力的 7.6%。

2. Chisso 工艺

Chisso 聚丙烯工艺是在 Innovene 气相法工艺技术基础上发展起来的。与 Innovene 气相法工艺技术相比，Chisso 气相法聚丙烯工艺技术有两个独特之处，工艺更适合生产高乙烯含量的抗冲共聚产品。Chisso 工艺的第一反应器布置在第二个反应器的顶上，第一反应器的出料靠重力流入一个简单的气锁装置，然后用丙烯气压送入第二反应器。而 Innovene 气相法工艺的两个反应器平行水平布置，第一反应器的出料靠压差送入高处的沉降器，分离出的未反应气体经压缩机压缩升压，冷凝后循环回反应器，聚合物粉料靠重力进入气锁器，用丙烯气压送入第二反应器。两者相比，Chisso 工艺的设计更简单，能耗更小。Chisso 气相法聚丙烯工艺采用由 Toho Titanium 公司研制的 THC—C 催化剂，该催化剂有很高的活性和选择性，能够控制无定形聚合物的生成，同时保持生成很高收率的等规聚合物。采用该催化剂所生产的聚丙烯形态好，细粉少，粒度分布窄，流动性好，易于输送到第二个反应器。THC—C 催化剂典型活性为 25000～40000kgPP/kgcat，但该催化剂需要预处理，用已烷配成浆液，加入少量丙烯处理几小时，否则产品中细粉增多，流动性降低，共聚反应器操作困难。Chisso 气相法聚丙烯工艺能够生产全范围的产品。反应器中聚合粉料产品的 MFR 通常小于 20g/10min，均聚物产品的 MFR 在 0.5～45g/10min，无规共聚物的典型 MFR 是 1.5～35g/10min，最高乙烯含量为 5%(质量分数)，抗冲共聚物产品的 MFR 在 0.5～65g/10min，乙烯含量高达 15%(质量分数)。Chisso 气相法聚丙烯工艺生产的无规共聚物有很低的封焊温度，适宜制作 BOPP 薄膜。对于均聚物的 BOPP 牌号，能够控制立体规整度，适宜各种用途，如高加工性和高刚性、低热收缩性膜。目前，世界上采用 Chisso 气相法聚丙烯工艺的生产装置有 6 套，总生产能力为 1422kt/a，约占世界 PP 总生产能力的 3.6%。

3. Unipol 工艺

Unipol 工艺是联碳公司和壳牌公司于 20 世纪 80 年代中期联合开发的一种气相流化床 PP 工艺，是将应用在聚乙烯生产中的流化床工艺移植到 PP 生产中的工艺。该工艺采用 SHAC 高效催化剂体系，主催化剂为高效载体催化剂，助催化剂为三乙基铝和给电子体。具有简单、灵活、经济和安全等特点，只需一台沸腾床主反应器就可生产均聚物和无规共聚物产品，可在较大范围内调节操作条件而使产品性能保持均一。该工艺的另外一个显著特点是可以配合超冷凝态操作，即所谓的超冷凝态气相流化床工艺(SCM)。由于超冷凝操作能最有效地移走反应热，能使反应器在体积不增加的情况下提高很大的生产能力。另外，该工艺路线较短，对材质没有特殊要求，占地面积少，装置生产潜力很大，产品成本低，性能好，因而具有较强的竞争力。工艺操作安全，没有液体废料排出，排放到大气的烃类也很少，因此对环境的影响非常小。目前，世界上有 15 个国家的 36 套生产装置采用 Unipol 工艺进行生产，总生产能力为 5380kt/a，约占世界聚丙烯总生产能力的 13.5%。

4. Novolen 工艺

Novolen 工艺由 BASF 公司开发成功。Novolen 气相工艺采用双螺带搅拌立式反应器，该反应器能够使催化剂在气相聚合的单体中分布均匀，尽可能使每个聚合物颗粒保持一定的钛/铝/给电子体的比例，以此解决气相聚合中气固两相之间不易均匀分布的问题。聚合反应器的散热方式是靠丙烯气的循环。液态丙烯用泵打入反应器，通过丙烯的汽化吸收一部分聚合反应热，未反应的气态丙烯用水冷凝后使其液化，再用泵打回反应器使用。Novolen 工艺可生产范围广泛的各种聚丙烯产品，产品熔体流动指数为 0.1～100g/10min，产品的等规指数为 90%～99%，拉伸模量最高可以达到 2400MPa。但由于该工艺采用搅拌混合形式，物料在聚合釜中的停留时间难以控制均匀，使产品相对分子质量变宽，产品中 Ti、Cl 离子和灰分增高，催化剂活性较低，用量相对较大，聚合物中残留的挥发性成分严重影响产品质量，因而得到的 PP 产品可能需要经过脱臭处理。目前，世界上采用 Novolen 工艺的生产装置有 20 多套，总生产能力约为 4320kt/a，约占世界 PP 总生产能力的 10.9%。BASF 公司气相聚合法制备聚丙烯的工艺流程如图 10－11 所示。

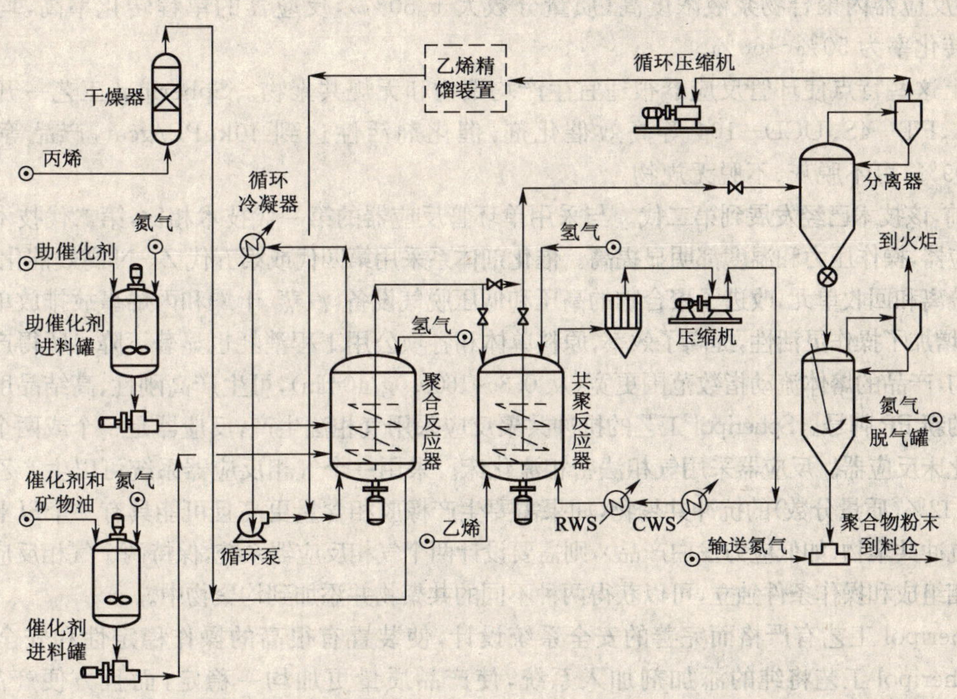

图 10－11　BASF 公司气相聚合法制备聚丙烯的工艺流程

(五)本体法—气相法组合工艺

本体法—气相法组合工艺主要包括巴塞尔公司的 Spheripol 工艺、日本三井化学公司的 Hypol 工艺、北欧化工公司的 Borstar 工艺等。

1. Spheripol 工艺

Spheripol 工艺由巴塞尔(Basell)聚烯烃公司开发成功。该技术自 1982 年首次工业化以来，是迄今为止最成功、应用最为广泛的聚丙烯生产工艺。Spheripol 工艺是一种液相预聚合同液相均聚和气相共聚相结合的聚合工艺，Spheripol 工艺采用液相环管反应器和高效催化剂，生成的 PP 粉料粒度其催化剂生产的粉料呈圆球形，颗粒大而均匀，分布可以调节，既可宽，又可窄。可以生产全范围、多用途的各种产品。其均聚和无规共聚产品的特点是净度高，光学性能好，无异味。该工艺具有以下优点。

(1)有很高的反应器时・空产率[可达 400kgPP(h・m^3)]，反应器的容积较小，投资少。

(2)反应器结构简单,材质要求低,可用低温碳钢,设计制造简单,由于管径小(500mm或600mm),即使压力较高,管壁也较薄。

(3)带夹套的反应器直腿部分可作为反应器框架的支柱,这种结构设计降低了投资。

(4)由于反应器容积小,停留时间短,产品切换快,过渡料少。

(5)聚合物颗粒悬浮于丙烯液体中,聚合物与丙烯之间有很好的热传递。采用冷却夹套散出反应热,单位体积的传热面积大,传热系数大,环管反应器的总体传热系数高达1600W/(m^2·℃)。

(6)环管反应器内的浆液用轴流泵高速循环,流体流速高达7m/s,因此可以使聚合物淤浆搅拌均匀,催化剂体系分布均匀,聚合反应条件容易控制而且可以控制得很精确,产品质量均一,不容易产生热点,不容易粘壁,轴流泵的能耗也较低。

(7)反应器内聚合物浆液浓度高(质量分数大于50%),反应器的单程转化率高,均聚的丙烯单程转化率为50%～60%。

以上这些特点使环管反应器很适宜生产均聚物和无规共聚物。Spheripol工艺一开始使用GF—2A、FT—4S、UCD—104等高效催化剂,催化剂活性达到40kgPP/gcat,产品等规度为90%～99%,可不脱灰、不脱无规物。

目前,该技术已经发展到第二代。与采用单环管反应器的第一代技术相比,第二代技术使用双环管反应器,操作压力和温度都明显提高。催化剂体系采用第四代或第五代Z—N高效催化剂,增加了氢气分离和回收单元,改进了聚合物的高压和低压脱气设备,汽蒸、干燥和丙烯事故排放单元也有所改进,增加了操作灵活性,提高了效率,原料单体和各项公用工程消耗也显著下降。所得产品粒度更加均匀,产品的熔体流动指数范围更宽(从0.3～1600.0g/10min),可生产高刚性、高结晶度和低热封温度的新PP牌号。Spheripol工艺的抗冲共聚反应采用气相法生产,反应器是一个或两个串联的密相流化床反应器。反应器采用气相法密相流化床。采用一个气相反应器系统可以生产乙烯含量在8%～12%(质量分数)的抗冲共聚物,如果需要生产橡胶相含量更高且可能具有一个以上分散相的特殊抗冲共聚物(如低应力发白产品),则需要设计两个气相反应器系统,保持两个气相反应器系统中的气相组成和操作条件独立,可以获得两种不同的共聚物并添加到均聚物中。

Spheripol工艺有严格而完善的安全系统设计,使装置有很高的操作稳定性和安全性。新一代Spheripol工艺将纯的添加剂加入系统,使产品质量更加均一稳定,而且方便产品切换。Spheripol工艺技术能提供全范围的产品,包括均聚物、无规共聚物、抗冲共聚物、三元共聚物(乙烯—丙烯—丁烯共聚物)。其均聚物产品的MFR为0.1～2000g/10min,此外,Spheripol工艺可通过添加过氧化物和双环管反应器灵活地根据产品需要将聚合物分散指数(PI)在3.2～12之间调节产品的相对分子质量分布,可以在反应器内直接生产MFR高达1800g/10min的产品以及大颗粒无需造粒产品,使Spheripol工艺具有极强的竞争力。产品有较窄的相对分子质量分布。目前,世界上采用Spheripol工艺生产的聚丙烯装置有近百套,总生产能力约为14600kt/a,约占世界聚丙烯总生产能力的36.8%。

2. Hypol工艺

Hypol工艺由日本三井化学公司于20世纪80年代初期开发成功,该工艺采用HY—HS—II催化剂(TK—II),是一种多级聚合工艺。它把本体法丙烯聚合工艺的优点同气相法聚合工艺的优点融为一体,是一种不脱灰、不脱无规物、能生产多种牌号聚丙烯产品的组合式工艺技术。该工艺与Spheripol工艺技术基本相同,主要区别在于Hypol工艺中均聚物不能从气相反应器旁路排出，部分从高压脱气罐来的闪蒸气被打回到气相反应器。生产均聚物时，第一气相反应器实际上也起闪蒸作用。气相反应器是基于流化床和搅拌（刮板）容器特殊设计的。反应器在生产抗冲击性共聚物时，无污垢，不需要清洗。在生产均聚物期间，气相反应器又可用做终聚合釜，提高了生产能力，而且气相反应器操作灵活，可生产乙烯含量25%的抗冲击性共聚物。Hypol工艺可生产均聚、无规、抗冲全范围的PP产品，MFR为0.30～80kg/10min，所得产品具有很高的立体规整度和刚性，制成的薄膜具有很好的光学性能（透明度和光泽度）；定向品种，如单丝、条带和纤维有很好的加工性（定向性），能使成品具有很好的性能，熔体流动速率很高，用于高速注塑的品种可直接聚合得到，而不需要热处理等措施。目前，世界上采用Hypol工艺生产的聚丙烯装置有22套，总生产能力约为2510kt/a，约占世界聚丙烯总生产能力的6.3%。

图10－12为三井油化Hypol工艺制备聚丙烯的工艺流程图。

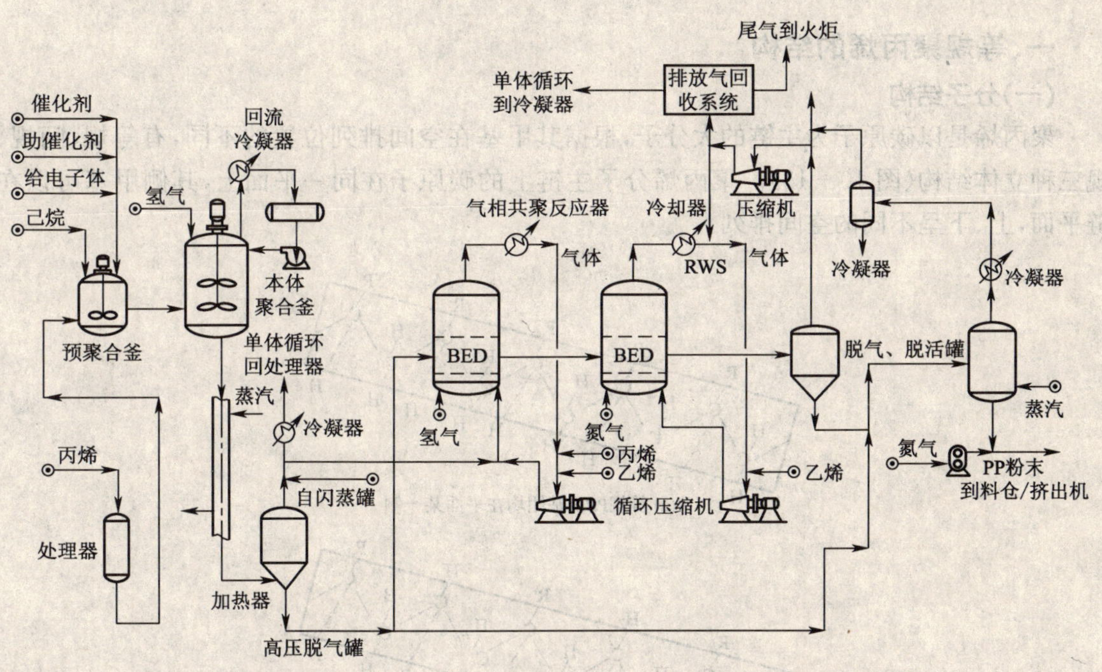

图10－12 三井油化Hypol工艺制备聚丙烯的工艺流程

3. Borstar工艺

Borealis公司（北欧化工）的Borstar工艺（北星双峰）PP是1998年开发成功的PP新型生产工艺，该工艺源于北星双峰聚乙烯工艺，具有催化剂技术先进、聚合反应条件宽、产品范围宽、产品性能优异等特点。

该工艺采用环管反应器和气相流化床反应器组合工艺路线，并采用更高活性的$MgCl_2$载体催化剂（BC1），可以灵活地控制产品的MWD、等规指数和共聚单体含量。反应的单程转化率高，可以达到80%以上，单体的循环量少；有产生很高熔体流动速率和高共聚单体含量产品的能力。目前已经开发出MFR超过1000g/10min的纤维级产品和乙烯含量为6%（质量分数）的无规共聚物；能够生产相对分子质量分布很窄的单峰产品，也能生产相对分子质量分布宽的双峰产品，使聚合物的相对分子质量分布加宽，改进了产品的加工性。由于聚合温度较高，生产的聚合物有更高的结晶度和等规指数，产品抗冲击性和刚性的综合性能更好；产量提高了 2%～3%，提高了反应条件控制的稳定性和产品质量的稳定性。

近年来，全球聚丙烯生产工艺中，Basell 公司的 Spheripol 环管/气相工艺占主导地位，其次是 Dow 公司的 Unipol 气相工艺、NTH 公司的 Novolen 气相工艺、BP 公司的 Innovene 气相工艺、三井公司的 Hypol 釜式本体工艺、Basell 公司的本体法工艺等，传统的淤浆聚合法工艺在聚丙烯生产中的比例明显下降，除了一些特殊用途外，淤浆工艺的装置正在被淘汰。本体聚合法工艺仍然保持优势，气相聚合法和本体—气相组合法以其工艺流程简单、单线生产能力大、投资省，成为未来聚丙烯生产的发展趋势。

第四节　等规聚丙烯的结构和性能

一、等规聚丙烯的结构

(一)分子结构

聚丙烯是以碳原子为主链的大分子，根据其甲基在空间排列位置的不同，有等规、间规、无规三种立体结构(图 10－13)。聚丙烯分子主链上的碳原子在同一平面上，其侧甲基可以在主链平面，上、下呈不同的空间排列。

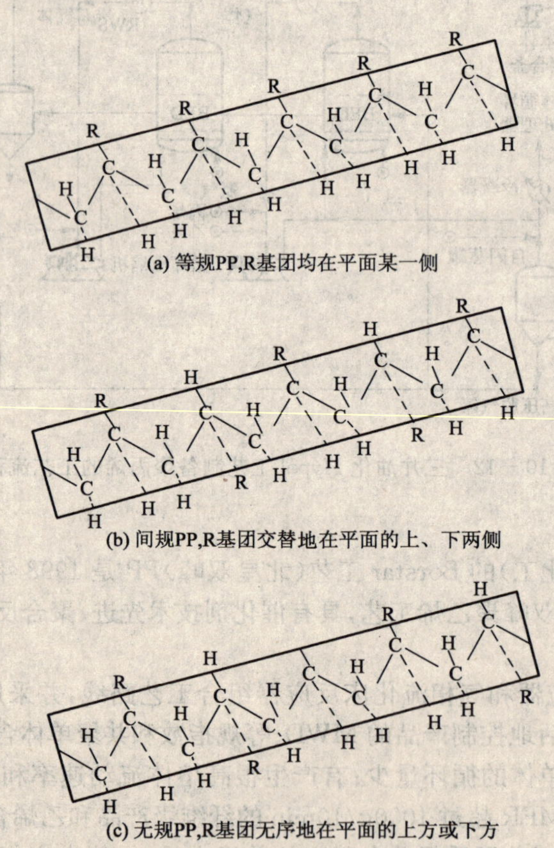

(a) 等规PP,R基团均在平面某一侧

(b) 间规PP,R基团交替地在平面的上、下两侧

(c) 无规PP,R基团无序地在平面的上方或下方

图 10－13　PP 分子的结构模型

R=CH_3

等规聚丙烯(Ⅰ)的重复单元以相同构形有规则地排列,侧甲基在主链平面的同一侧,各结构单元在空间有相同的立体位置,立体结构规整,很容易结晶。间规聚丙烯(Ⅱ)的重复单元以相反构型交替有规则地排列,侧甲基在主链平面上、下有规则地交替分布,也有规整的立体结构,容易结晶。无规聚丙烯(Ⅲ)是不规则结构,侧甲基完全无序地分布在主链平面的两侧,分子对称性差,结晶困难,是一种无定形的聚合物。

(二)结晶结构

成纤聚丙烯是具有高结晶性的等规聚丙烯,其结晶为一种有规则的螺旋链。这种三维的结晶,不仅单个链具有规则的结构,且在链轴的直角方向也有规则的链堆砌。图 10－14 是 PP 的螺旋结构。

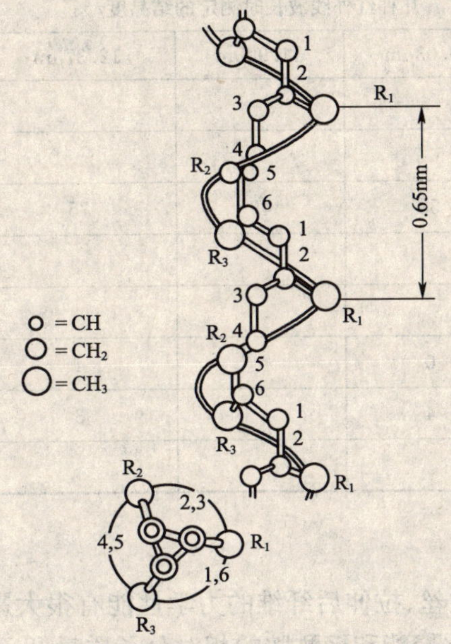

图 10－14 PP 的螺旋结构

由图 10－14 可看到,聚丙烯的甲基按螺旋状沿碳原子主链有规则地排列,其等同周期为 0.65nm,在平面上,甲基的等同周期为 2.35nm,它们之间不是整数关系,因此设想甲基是按一定角度排列的螺旋结构,在螺旋结构中有右旋和左旋、侧基向上和侧基向下 4 种。其中 C—C 单键的距离为 0.154nm,键角为 114°,侧链键角是 110°。

前已述及,等规聚丙烯结晶有 α、β、γ、δ 和拟六方 5 种变体。其中与加工成型有关的主要有 α、β 和拟六方变体。

将渐冷等温结晶的薄膜试样用偏光显微镜观察,可见到球晶结构。表 10－10 为等规聚丙烯的几种球晶特征。

表 10－10 等规聚丙烯的几种球晶特征

球晶	晶系	特征	双折射率	结晶温度/℃
Ⅰ	单斜晶	正双折射	+0.003±0.001	<134
Ⅱ	单斜晶	负双折射	－0.002±0.0005	>138
Ⅰ+Ⅱ	单斜晶	正负双折射混合	—	约 138
Ⅲ	六方晶	负双折射	－0.007±0.001	<128 与Ⅰ混合出现
Ⅳ	六方晶	与Ⅲ相似的鳞片状	—	128～132

球晶的数目、大小和种类对二次加工的性质有很大影响。屈服应力与单位体积中球晶数的平方根成正比,在结晶度相同时,球晶小的,屈服应力与硬度较大,因成型及热处理条件不同,其弯曲刚性和动态黏弹性也有差别。球晶中,Ⅰ型、Ⅱ型及混合型易屈服变形,延伸度较大,而Ⅲ型、Ⅳ型变形小。

聚丙烯的结晶速度随结晶温度而变化,温度过高,不易形成晶核,结晶缓慢;温度过低,由于分子链运动困难，也使结晶难以进行，通常，125～135℃时结晶速度较快。聚丙烯等规度高，结晶速度也快，在其他条件相同时，高相对分子质量的聚丙烯结晶较慢。添加少量有机金属盐，如苯甲酸铝等成核剂，可提高结晶速度。聚丙烯初生纤维的结晶度为33%～40%，经后拉伸，结晶度上升至37%～48%，再经热处理，结晶度可达到65%～75%，表10－11给出了各种聚丙烯样品的结晶度。

表10－11 各种聚丙烯样品的结晶度

试 样	密 度/ $g \cdot cm^{-3}$	比体积/ $cm^3 \cdot g^{-1}$	结晶度/%	几种红外线波长时测定的结晶度/%		
				10.03μm	11.90μm	12.37μm
100%结晶	0.936	1.070				
等规聚丙烯原样	0.9103	1.1002	64	5.7		
热处理缓冷	0.9075	1.1036	60	58	49	75
热处理骤冷	0.8991	1.1112				
100%无定形	0.867	1.153				
无规聚丙烯原样	0.8667	1.1582	14	0		4
热处理缓冷	0.8678	1.1567	15	4		3
100%无规	0.856	1.172				

(三)相对分子质量和相对分子质量分布

相对分子质量及其分布对聚丙烯的熔融流动性质和纺丝、拉伸后纤维的力学性能有很大影响。纤维级聚丙烯的平均相对分子质量为18万～30万，比聚酯和聚酰胺的相对分子质量(2万左右)高得多。这是因为聚酰胺具有氢键，聚酯具有偶极键，大分子之间的作用力较大，而聚丙烯大分子之间的作用力较弱，为使产品获得良好的力学性能，聚丙烯的相对分子质量必须较高。

聚丙烯的相对分子质量可用特性黏度[η]表征。测定聚丙烯的特性黏度可求出其相对分子质量，测定特性黏度的常用溶剂有十氢萘、四氢萘和1,2,4－三氯代苯，在一定温度下，特性黏度与相对分子质量的关系见表10－12。

表10－12 一定温度下，特性黏度与相对分子质量的关系

溶 剂	温度/℃	特性黏度与相对分子质量的关系	
		等规聚合体	无规聚合体
十氢萘	135	$[\eta]_1=1.07\times10^{-4}M^{0.8}$	$[\eta]_1=1.38\times10^{-4}M^{0.8}$
四氢萘	135	$[\eta]_2=0.8\times10^{-4}M^{0.8}$	
1,2,4－三氯代苯	135	$[\eta]_3=0.76\times10^{-4}M^{0.8}$	

工业上常采用熔体流动指数(MI)表示聚丙烯的流动特性，可粗略地衡量其相对分子质量。

熔体流动指数(MI)是聚合物在熔融状态时的黏度流动计数单位。聚丙烯的MI值是在

230℃、荷重2.160kg条件下，从一个直径2.095mm、长8mm的细孔中，在10min内流出的熔体量，通常以克数表示。相对分子质量越大，熔体黏度越高，流动性越差，熔体流动指数越小。熔体流动指数和特性黏度及相应的相对分子质量之间的关系如图10－15、图10－16所示。

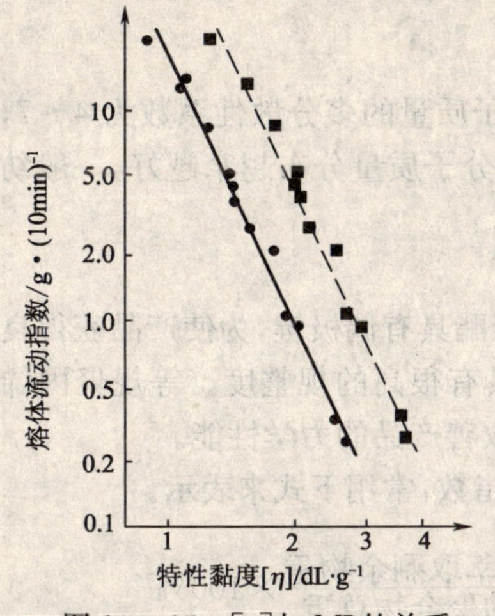

图10－15　[η]与MI的关系
■—溶剂为十氢萘　●—溶剂为1，2，4－三氯代苯

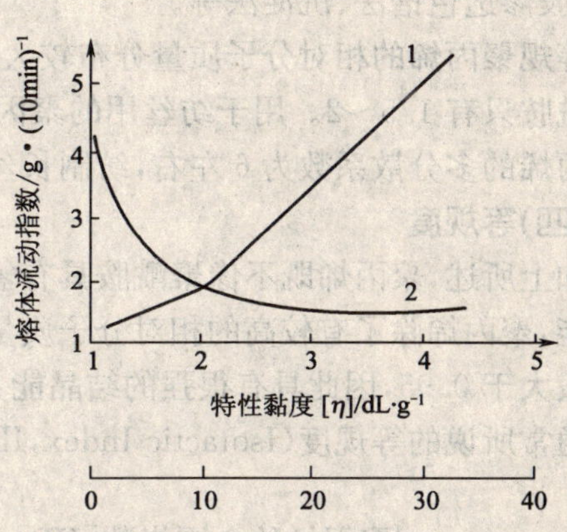

图10－16　相对分子质量与MI的关系
1—特性黏度[η]　2—熔体流动指数（MI）
[η]是在135℃十氢萘中测定的

由于品种及成纤方法不同，采用树脂的MI值差别较大，膜裂纤维用树脂的MI值为4～7，一般长丝、短纤维用树脂的MI值为14～20g/10min，细特长丝、高速纺长丝用树脂的MI值大于30g/10min，熔喷法用树脂的MI值达到40～100g/10min。聚丙烯的相对分子质量依纤维品种而异，如生产具有较高强力的丙纶，则应选择相对分子质量适中的聚丙烯，并控制结晶工艺条件，才能使产品强度高。聚丙烯的熔体流动指数MI见表10－13。

表10－13　聚丙烯的熔体流动指数MI　　单位：g/10min

聚丙烯应用	熔体流动指数MI	聚丙烯应用	熔体流动指数MI
丙纶工业用丝	8～18	细特丝	30～40
一般丙纶（短纤丝、复丝）	14～22	纺粘法非织造布用丝	30～40
高速纺用丝、地毯丝	20～30	烟用过滤嘴丙纶丝	30～40

熔体流动指数对于较高相对分子质量较敏感，可用来表征高相对分子质量聚丙烯的相对分子质量。特性黏度对于低相对分子质量较敏感，可用来表征较低相对分子质量聚丙烯的相对分子质量。

聚丙烯相对分子质量比其他成纤高聚物的相对分子质量高一个数量级，而且是相对分子质量多分散性聚合物，因此仅测得其统计平均相对分子质量还不能表征聚合物的基本性质。为此，还必须测得聚合物的相对分子质量分布。聚丙烯的相对分子质量分布和相对分子质量一样，是可纺性一个极其重要的指标，对聚丙烯熔体的流变性能、加工性能以及纤维的聚集态结构有着重要的影响。因此，相对分子质量分布是控制生产和改进产品质量的重要指标。

相对分子质量分布常以多分散系数(分布宽度)来表示，以重均分子量($\overline{M}_w$)对数均分子量($\overline{M}_n$)的比值($\frac{\overline{M}_w}{\overline{M}_n}$)来度量。聚丙烯相对分子质量分布的测定相当复杂，使用的方法有淋洗分级法、凝胶渗透色谱法、沉淀法等。

等规聚丙烯的相对分子质量分布较大，一般相对分子质量的多分散性系数为 4～7，而聚酯和聚酰胺只有 1.5～2。用于纺丝用的聚丙烯树脂，相对分子质量分布越窄越好，一般纺制短纤维聚丙烯的多分散系数为 6 左右，纺制长丝时为 3 左右。

(四)等规度

如上所述，聚丙烯既不像聚酰胺具有氢键，也不像聚酯具有偶极键，为使产品获得良好的力学性能，聚丙烯除了有较高的相对分子质量外，还必须具有很高的规整度。等规聚丙烯的等规度一般大于 0.95，因此具有很强的结晶能力，还能大大改善产品的力学性能。

通常所说的等规度(Isotactic Index，IIP) 也称全同指数，常用下式来表示。

$$\text{聚丙烯的全同指数[IIP]}=\frac{\text{沸腾正庚烷萃取剩余物重}}{\text{未萃取时的聚合物总重}}\times 100\%$$

二、等规聚丙烯的性能

(一)热性能

文献报道的聚丙烯的玻璃化温度 T_g 有不同数值，无规聚丙烯的 T_g 为 -12～-15℃；等规聚丙烯的 T_g 根据测试方法而有不同的值，其值在 -30～25℃。

等规聚丙烯的熔点为 164～176℃，低于聚酯和聚酰胺的熔点，高于聚乙烯的熔点。等规度越高，熔点也越高；对于同一试样，若升温速度缓慢或在熔点附近长时间缓冷，也会使熔点升高；相对分子质量对熔点的影响不大。聚丙烯的热分解温度为 350～380℃。

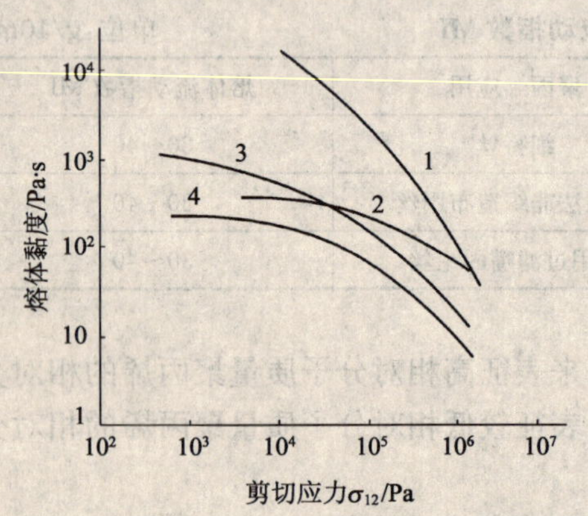

图 10-17 聚乙烯、聚丙烯、聚酯及聚酰胺的流动曲线

1—聚乙烯，150℃ 2—聚酯，280℃
3—聚丙烯，230℃ 4—聚酰胺 66，280℃

聚丙烯具有较高的热焓(915J/g)和较低的热扩散系数($10^{-3}cm^2/s$)，因此其熔体的冷却固化速率较低，加工时应注意成型条件的选择。

聚丙烯的导热系数为(8.79～17.58)$\times 10^{-2}$W/(m·K)，是所有纤维中最低的，因此其保温性能最好，优于羊毛。聚丙烯在无氧时，有相当好的热稳定性，但是在有氧时，耐热性很差，因此在加工及使用聚丙烯中，防止其产生热氧化降解非常必要。一般通过加入抗氧剂及紫外线稳定剂防止降解。

(二)流变行为

图 10-17 为聚乙烯、聚丙烯、聚酯及聚酰胺的流动曲线。由图 10-17 可见，聚酯及聚酰胺熔体在剪切应力为 10^4～10^5Pa 时仍显示牛顿流体行为，而

聚乙烯、聚丙烯熔体在同样的剪切应力下，已经严重偏离牛顿流动行为，出现了切力变稀现象。聚丙烯相对分子质量越大、相对分子质量分布越宽、熔体温度越低，其偏离牛顿流动的程度越显著，严重时还会产生熔体破裂，特别是当选用孔径小的喷丝板、采用较低温度和较高的挤出速率纺丝时。表 10－14 为聚丙烯相对分子质量及其分布对聚丙烯流动性质的影响。

表 10－14 聚丙烯相对分子质量及其分布对聚丙烯流动性质的影响

特性黏度/ $dL \cdot g^{-1}$	多分散系数 M_w/M_n	MI(230℃)/ $g \cdot (10min)^{-1}$	临界切变速率/ $L \cdot s^{-1}$	临界切变应力/ MPa	黏流活化能/ $kJ \cdot mol^{-1}$
1.48	4.6	9.58	7600	0.42	41.45
1.95	5.3	2.32	1200	0.35	43.38
2.33	4.3	0.84	1100	0.40	48.57
3.28	5.3	0.18	100	0.31	74.53

由表 10－14 可见，聚丙烯相对分子质量越高，越容易出现假塑性流体行为，越易产生熔体破裂。升高温度，可使熔体的临界黏度降低，降低幅度取决于聚合物的相对分子质量和加工时的剪切速率或应力。另外，随特性黏度的增加，黏流活化能增大，说明较低相对分子质量聚合物的黏度对温度变化的敏感性低于高相对分子质量的聚合物；高剪切速率下黏度对温度的敏感性更强。

聚丙烯熔体从毛细孔中挤出时的胀大效应也依赖于聚合物的相对分子质量、相对分子质量分布及加工成型条件。毛细孔直径增大、毛细孔的长度增加、毛细孔中平均剪切速率减小或温度升高，挤出胀大效应减小，反之胀大效应显著。胀大效应对纺速及喷出细流的稳定性及卷绕丝的结构有重要影响。因此，应合理选择纺丝条件，以避免胀大效应过大。

(三)耐化学性及抗生物性

等规聚丙烯是碳氢化合物，因此其耐化学性很强。在室温下，聚丙烯对无机酸、碱、无机盐的水溶液、去污剂、油及油脂等有很好的化学稳定性。氧化性很强的试剂，如过氧化氢、发烟硝酸、卤素、浓硫酸及氯磺酸会侵蚀聚丙烯，有机溶剂亦能损害聚丙烯。大多数烷烃、芳香烃、卤代烃在高温下会使聚丙烯溶胀和溶解。

聚丙烯具有极好的耐霉性和抑菌性，不需任何整理手段即可防蛀。

(四)耐老化性

聚丙烯的特点之一是易老化，使纤维失去光泽、褪色、强伸度下降，这是热、光及大气综合影响的结果。因为聚丙烯的叔碳原子对氧十分敏感，在热和紫外线的作用下易发生热氧化降解和光氧化降解。由于聚丙烯的使用离不开大气、光和热，所以提高聚丙烯的光、热稳定性十分重要，为此需在聚丙烯中添加抗氧剂、抗紫外线稳定剂等。

三、成纤聚丙烯的质量指标

成品纤维的强度随聚丙烯相对分子质量的增加而增大，但相对分子质量过高亦会导致黏度增加，弹性效应显著，可纺性下降。因此，纤维级聚丙烯的相对分子质量一般控制在 18000～36000(MI＝4～40g/10min)，相对分子质量分布系数控制在 6 以下。

纤维级 PP 的黏均分子量($\overline{M}_\eta$)为 18 万～20 万，熔体流动指数为 6～15g/10min。一般纺单丝时，PP 的[η]为 2dL/g 左右，纺复丝时，[η]为 1.5dL/g 左右，多分散性系数 $M_w/M_n \leqslant 6$。用相对分子质量分布较窄的 PP 所得纤维的模量较高。成纤用 PP 要求等规度为 95%以上，若低于 90%，则纺丝困难；熔点在 164～172℃；灰分应小于 0.05%，因灰分会影响喷丝头组件使用周期，且对纺丝正常操作影响很大；铁、钛含量应小于 20mg/kg；含水率<0.01%。

聚丙烯大分子链上不含极性基团，吸水性极差，且水分对聚丙烯的热氧化降解影响不大，所以在纺丝前不必干燥。

对熔体流动指数很低的聚丙烯，可利用化学降解法制得熔体流动指数较高的聚丙烯。化学降解法的实质是将带有活性自由基的低相对分子质量有机过氧化物(如过氧化丁基己烷，萜烷过氧化氢等)与等规聚丙烯切片混合，使相对分子质量偏大的聚丙烯发生降解。

在丙纶生产过程中，灰分等含量低的树脂可纺性良好，喷丝头组件使用周期可长达两周以上；灰分等含量高的树脂可纺性差，喷丝头组件使用周期只有数十小时，注头丝多，而且经常漏胶，成品纤维的均匀性差。

树脂中的杂质可分为无机杂质和有机杂质两种。无机杂质有外来杂质和树脂内杂质。外来杂质来自树脂切片生产、储存、运输和使用等环节；树脂内杂质主要来自催化剂和各类助剂(包括色母粒、阻燃母粒等)。有机杂质(凝胶物)可能是一些相对分子质量极高的或支化的高熔点物质，这与树脂质量指标中的凝胶粒子(或称晶点、鱼眼)有关。纺丝时，一小部分直径较大的杂质被过滤介质滤去，而一部分直径较小的杂质将通过过滤介质而留在初生纤维中。杂质含量高时，易堵塞过滤介质的空隙，使组件内过滤压力升高过快，因而常引起漏胶、击穿滤网，缩短组件的使用寿命。尤其是灰分高、凝胶块大而多时，这种情况就更明显。而留在丝条内的杂质将造成单丝缺陷，拉伸时，应力集中而单丝断裂，引起毛丝、绕盘率、绕辊率、断头率增加。这不但使原料切片消耗增加、纺丝和拉伸困难，而且严重影响生产效率、生产成本和成品丝的质量及纺织加工性能。因此，对聚丙烯树脂切片的杂质要严格限制，灰分含量应控制在 250mg/kg(最好<100mg/kg)，以确保可纺性，这是丙纶生产厂的基本要求。

常用纤维级降聚丙烯切片的质量指标如下：

相对分子质量　18 万～36 万

相对分子质量分布系数 α　<6

熔点　164～172℃

灰分　<0.05%

含水率　<0.1%

铁和钛的含量　<20mg/kg

表 10－15 为纤维级及小本体聚合的聚丙烯切片质量的实测数据。

表 10－15　纤维级及小本体聚合的聚丙烯切片质量的实测数据

测试项目	纤维级要求	PC—916(美国)	PC—976(美国)	PC—973(美国)	S702(日本)	71035(辽化)	70835(辽化)	3702(燕山)	2401(燕山)	F401(扬子)	一般水平
MI/g·(10min)$^{-1}$	10～30	21～23	36	34	12～15	38	36	10～18	2～3	2.5	1～6

续表

测试项目	纤维级要求	PC—916（美国）	PC—976（美国）	PC—973（美国）	S702（日本）	71035（辽化）	70835（辽化）	3702（燕山）	2401（燕山）	F401（扬子）	一般水平
等规度/%	≥96	96～98			96～98	98	98	>96	>98		90～96
抗拉强度/MPa	≥30	34	35	33	32	38	36	28～30	35	35	24～32
相对分子质量	≤6		2.88	2.69		2.4	3.83				6～10
灰分/mg·kg^{-1}	≤250	100	240	190	90	150	200	130	100	200	250～500
Ti 含量/mg·kg^{-1}	≤20										20～50
氯含量/mg·kg^{-1}	≤50							20			150～300

聚丙烯切片主要作为纺制纤维、烟用过滤嘴丝束和非织造布等的原料，也可制作塑料制品。纤维级聚丙烯切片（包括烟用过滤嘴丝束）的规格与用途见表 10－16。

表 10－16　纤维级聚丙烯切片的规格与用途

生产企业	型　号	熔体流动指数	性质与用途
燕山石化	S401	2.5	短纤维
	S402	2.5	抗紫外线丝、单丝
	S600	6.5	地毯用单丝和单纤维
	S700	13	纺织品用的复丝和短纤维
	S800	14	复丝和短纤维，有较好的加工性能，用于编织品等
	3702	13	纤维级复丝和短纤维
	3903	35±5	丙纶高速纺用丝（2500m/min）
扬子石油化工	S400	2.5	单丝
	S600	6.5	复丝和单丝
	S700	13	复丝和短纤维
	S800	14	复丝和短纤维
盘锦天然气化工	S400	2.5	单丝
	S600	6.5	复丝、短纤维，用于地毯
	S700	13	复丝、短纤维
	S800	14	复丝、短纤维
	S900	35	复丝、短纤维，用于非织造布
辽阳石油化工三厂	5028SP	12～16	用于纤维
	70218	18	用于纤维
	70226	26	用于纤维
	70835	35	用于丙纶高速纺用丝
	71035	30～40	香烟过滤材料专用树脂

续表

生产企业	型号	熔体流动指数	性质与用途
美国希蒙特公司	PC966	20	用于普通纺
	PC967	36	用于高速纺
	PC—973	35	用于高速纺
	PC—961	35	用于高速纺
美国 Exxon 公司	PP3145	325	用于熔喷法非织造布
	PP3235	35	用于 BCF
	PP3245	30	用于高伸长纤维
美国 Shell 公司	PIZ2744	15	用于高速纺用丝
	PIZ769	20	用于高速纺长丝
	PIZ216	35	用于高速纺长丝
	PIZ769	25	BCF

采用茂金属催化剂生产的等规聚丙烯(m－IPP)与普通等规聚丙烯(IPP)相比，物理化学性能方面有以下特点：相对密度较低，约为 0.88；熔点较低，为 130～150℃；熔化热也低，为 15～20kJ/mol；等规度为 80%～96%，相对分子质量分布较窄，分布系数仅为 2.0；结晶速度慢且晶粒小；耐化学稳定性和耐辐射性比 IPP 好。因此，m－IPP 在纤维生产中有较好的流动性、低的成型温度，熔体的黏度和弹性较低，可纺性较 IPP 好，从而有利于提高纺丝速度，纺制细特丝、高强丝，也更适合制取熔喷法和纺粘法非织造布。

第五节　纤维生产工艺

等规聚丙烯是典型热塑性高聚物，可熔融加工为各种用途的制品。工业生产聚丙烯纤维一般采用普通的熔体纺丝法和膜裂纺丝法。随着生产技术的发展，近年来又有许多新的生产工艺出现，如复合纺丝、短程纺、膨体长丝、纺—拉一步法(FDY)、纺黏和熔体喷射法非织造布工艺等。

一、常规聚丙烯纤维

和聚酯纤维、聚酰胺纤维一样，聚丙烯可以用熔体纺丝法生产长丝和短纤维，而且熔体纺丝法的纺丝原理及生产设备与聚酯和聚酰胺纤维基本相同，但工艺控制有些差别。

(一)纺丝

聚丙烯纺丝所用的螺杆与聚酯、聚酰胺纺丝螺杆相似，亦可分为三段，即加料段、压缩段和计量段。所不同的是加料段的长度随物料形状而变化，对于粉料，这一区段要短些，而粒料则较长；压缩段不需很长，但必须是很有效的，最小的压缩比为 2.8；计量段在确保恒定的流动和熔体压力下应尽可能短些，以免聚合物熔体在设备中停留时间过长。螺杆的长径比(L/D)为 20～26。

虽然等规聚丙烯是结晶的，但仍然像其他热塑性高聚物一样容易挤出成型。改变纺丝条件，可获得一定取向度和结晶度的纤维。

下面着重讨论纺丝过程中，各主要工艺参数对纤维成型过程及纤维结构与性能的影响。

1. 纺丝温度

纺丝温度是纺丝过程中的重要工艺参数。由于聚丙烯较高的相对分子质量和相对分子质量分布，熔体的流动性差，故需采用高出聚丙烯熔点 100℃左右或更高的挤出温度（熔体温度），才能使其熔体具有必要的流动性并顺利进行纺丝。

纺丝温度对初生纤维的结构和性能也有很大影响。若纺丝温度较低，将引起取向和结晶同时发生，并形成高度有序的单斜晶体，且形成不稳定的碟状液晶结构，有利于后拉伸的进行。

2. 冷却成型条件

成型过程中冷却速度对聚丙烯纤维结构有很大影响。若冷却较快，所得初生纤维的结构是不稳定的碟状液晶结构；如缓慢冷却，得到的则是稳定的单斜晶体结构。所以，在成型过程中，增大吹风量，降低丝室温度或在纺鬃丝时用冷却浴使熔体细流骤冷，即可得到具有不稳定的碟状液晶结构的初生纤维。

在实际生产中，丝室温度以偏低较好，采用侧吹风时，丝室温度可为 35～40℃，环形吹风时，可取 30～40℃，送风温度为 25℃，风速 0.3～0.4m/s。

3. 喷丝头拉伸

喷丝头拉伸不仅使纤维变细，且对纤维的后拉伸及纤维结构有很大影响。喷丝头拉伸过大，则易在初生纤维中产生稳定的单斜拉伸晶体结构，导致后拉伸不易进行。聚丙烯纺丝时，喷丝头拉伸一般以 60 倍左右为宜。

4. 挤出胀大比

聚丙烯纺丝时，挤出胀大比比聚酯和聚酰胺纺丝时大，熔体黏度也较高，所以可纺性较差。当纺丝温度偏低，或纺丝速度较高时，容易造成大量断头而不能正常纺丝。因此，往往在聚丙烯切片中加入相对分子质量调节剂、增塑剂等来改善其可纺性。另外，适当提高纺丝温度，控制适宜的相对分子质量及其分布，使喷丝孔径适当大一些（约 0.4mm）以及增大喷丝孔长径比（L/D 值大于 2），可以减小细流的膨化并防止发生熔体破裂。

（二）拉伸和热定型

熔纺制得的聚丙烯初生纤维结晶度为 33%～40%，其双折射率为$(1\sim6)\times10^{-3}$，且随放置时间的延长，纤维的结晶度有所增加，尤其在开始的数小时内变化显著，24h 后，变化就趋于平缓。

初生纤维拉伸时，会使结晶度增加，且结晶度随拉伸温度提高而增大，而拉伸比增加时，结晶度减小，如图 10－18 所示。

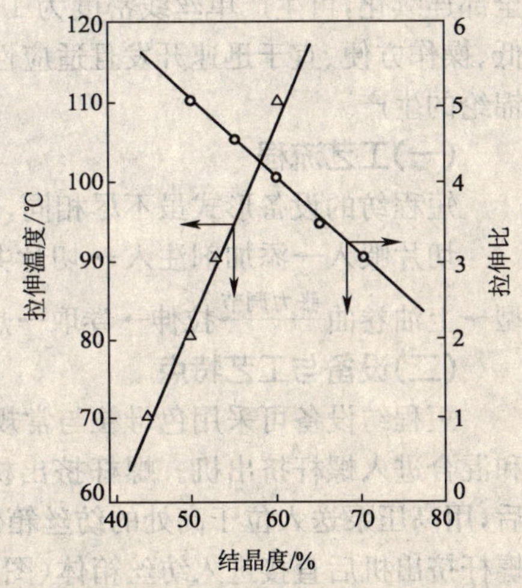

图 10－18 纤维结晶度与拉伸温度、拉伸比的关系

—○—拉伸温度 100℃ —△—拉伸比 1∶4

聚丙烯纤维的后拉伸温度以 120～130℃为宜，当相对分子质量为 10 万～30 万时，在此温度下拉伸性能好，结晶

速度也最高。拉伸所需的张力随温度而变化，冷拉伸过程中，张力要比热盘拉伸高一些，且冷拉伸比热拉伸有更大的颈缩倾向。一般聚丙烯纤维经后拉伸，结晶度可上升37%～48%。

聚丙烯纤维的拉伸速度一般偏低些为好，这是由于过高的拉伸速度会使拉伸应力大大提高，纤维的空洞率增加，从而增加拉伸断头率。

热定型是聚丙烯纤维后加工的另一重要工序，经热定型可使聚丙烯纤维的结晶度提高到65%～75%，使沸水收缩率下降，提高纤维的尺寸稳定性，如由高相对分子质量聚丙烯制得的长丝，拉伸取向后，沸水收缩率在10%左右，经热定型，可降到3%以下。聚丙烯纤维的热定型温度以120～130℃为宜。

纺短纤维时，初生纤维束成几万至几十万特[克斯]的丝束，然后分两段进行拉伸。一般第一段拉伸温度为60～65℃，拉伸3.9～4.4倍；第二段拉伸温度为135～145℃，拉伸1.1～1.2倍，总拉伸棉型为4.6～4.8倍，毛型为5.0～5.5倍。拉伸后的丝束进行卷曲及松弛热定型，最后经切断成为棉型短纤维。

纺制长丝时，卷绕丝收集在筒管上，用热辊或热板拉伸4～8倍，拉伸温度在90～130℃，拉伸之后立即进行热定型，即在同一台机器上用热板或热箱将纤维再一次加热至要求的温度。若采用高相对分子质量聚丙烯，在尽可能低的喷丝头拉伸下冷却成型，然后进行高倍拉伸，可得到高强度的聚丙烯。例如，采用相对分子质量为35万，等规度大于94%的聚丙烯纺丝，随后在135℃下拉伸34倍，可制得强度达10.6dN/tex、模量84.77～97.13 dN/tex、断裂伸长率18%～24%的超高强长丝。如在140～150℃下分三段进行拉伸，总拉伸比不小于1∶12，也可以得到很高强度的聚丙烯长丝。

二、聚丙烯短程纺丝技术

短程纺丝技术是较常规纺丝的工艺流程短、纺丝工序与拉伸工序直接相连、喷丝头空数增加、纺丝速度降低的一种新工艺路线。整套生产线可缩短到50m左右，从切片输入到纤维打包全部连续化，可生产单丝线密度为1～200dtex的短纤维。它具有占地面积小、产量高、成本较低、操作方便、宜于迅速开发且适应性强等优点。该技术主要以生产丙纶为主，也可用于涤纶、锦纶的生产。

(一)工艺流程

短程纺的设备形式虽不尽相同，但工艺流程基本相似，即：

切片喂入→添加剂注入→切片共混→螺杆挤出→熔体过滤→熔体分配→纺丝→冷却成型→上油卷曲$\xrightarrow{\text{张力调节}}$拉伸→卷取→热定型$\xrightarrow{\text{张力消除}}$切断→打包

(二)设备与工艺特点

短程纺设备可采用色母粒与常规切片共混生产有色纤维。切片与色母粒等添加剂经计量和混合进入螺杆挤出机。螺杆挤出机可放置在纺丝卷绕机的同一平面上，熔体出螺杆挤出机后，用高压泵送入位于高处的纺丝箱体；或者将螺杆挤出机直接放置在纺丝卷绕机上面，熔体出螺杆挤出机后直接进入纺丝箱体(图10-19)。纺丝箱体有6～32个纺丝位，喷丝板有环形和矩形两种，喷丝孔可多达15万孔，冷却吹风有侧吹、中心放射和真空环吸等形式。采用环形喷丝板、中心放射冷却形式时，喷丝孔均匀分配在圆环上，纺出的丝像吹塑圆形薄膜，冷却气体由中心向外吹，以便迅速冷却。

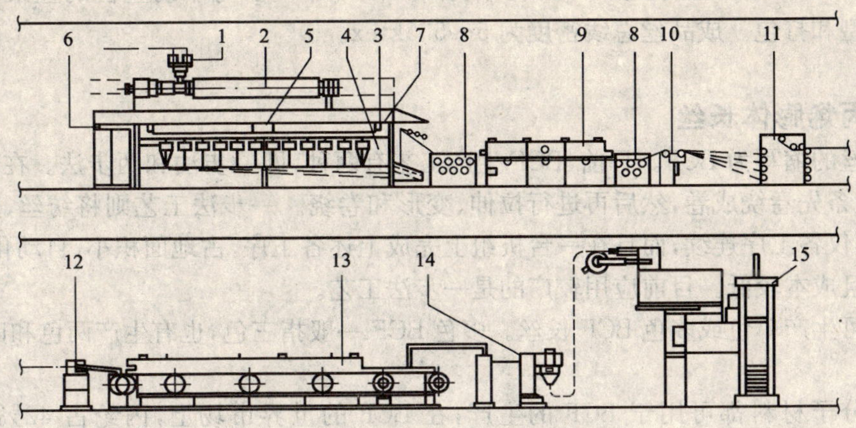

图 10－19 RIETEX 公司短程纺的流程

1—自动计量与混料系统 2—螺杆挤出机 3—纺丝机 4—卷绕装置 5—排烟装置
6—控制柜 7—设备框架 8—五辊牵伸机 9—蒸汽箱 10—导丝机 11—叠丝机
12—卷曲机 13—干燥热定型机 14—切断机 15—打包机

纺丝成型质量与环吹风的风压、风温有关，在生产过程中，此丝束“环”的内、外风压差是可调的。生产不同线密度的丝束，“环”的密度不同，穿透的风压也不同，这是冷却成型的关键，所以调整好风温、风速、风压，才能保证丝束质量。若采用矩形喷丝板，则需用侧吹风系统。一般认为环形喷丝板的优点比矩形喷丝板多，其无熔体死角，各处压力均匀，受热也均匀。冷却成型后，丝束经油辊上油后由第一牵引装置和导丝盘以匀速引出，其速度为 100m/min，并可变速。根据后续工序的需要，各纺丝位丝束合并，然后进行拉伸、卷曲、热定型、切断和打包，则成为短纤维成品。表 10－17 为 RIETEX 公司短程纺装置的主要技术特征。

表 10－17 RIETEX 公司短程纺装置的主要技术特征

每台纺丝位数	细纤维(1.7～3.3dtex)			粗纤维(6.7～200dtext)		
	螺杆直径/mm	产量/kg·h^{-1}	年产量/t	螺杆直径/mm	产量/kg·h^{-1}	年产量/t
6	120	300	2520	150	450	3780
8	150	400	3360	170	600	5040
10	170	500	4200	180	750	6300
12	170	600	5040	200	900	7560
28	150	800	6720	170	1200	10080
210	170	1000	8400	180	1500	12600
212	170	1200	10080	200	1800	15120
216	180	1600	13440	200	2400	20160

生产烟用丝束时，喷丝孔呈 Y 形，孔数为 6000～7000 孔，每个纺丝位的丝束单独进行拉伸、卷曲、定型和打包。成品丝总线密度为 5～5.5ktex。

三、聚丙烯膨体长丝

膨体长丝的缩写为 BCF。目前，BCF 生产工艺有两种，即一步法和两步法。在两步法工艺中，纺出的丝条先卷绕成卷，然后再进行拉伸、变形和卷绕。一步法工艺则将纺丝、牵伸和变形融为一体，不仅各工序连续，而且在一台机组上完成上述各工序，占地面积小，自动化程度高，产品质量稳定且成本较低。目前应用较广的是一步法工艺。

一步法可生产单色或多色 BCF 长丝。多色 BCF 一般指三色，也有生产两色和四色 BCF 的设备。

许多高分子材料都可用于 BCF 的生产，在 BCF 的世界市场上，丙纶占 42%，锦纶 6 占 30%，锦纶 66 占 28%，涤纶则是刚刚起步。

BCF 是三维卷曲的长丝，具有蓬松性、弹性，并有很好的手感，给人以丰满柔和的感觉。根据不同用途可生产各种线密度的 BCF 长丝，如 1500～3500dtex 的长丝用于生产地毯，1100～2600dtex 的长丝用于生产家具布，550～770dtex 的长丝用于生产装饰布。

(一)生产流程

膨体长丝生产的工艺流程：

切片输送→螺杆熔融挤出→纺丝→拉伸→变形→网络加工→卷绕

此工艺为连续一步法。其中熔融、纺丝、拉伸、网络加工和卷绕均与其他长丝生产工艺近似，只有热气流喷射变形工艺为 BCF 工艺所特有，如图 10－20 所示。

(二)工艺与设备特点

考虑到丙纶染色困难，用于丙纶的 BCF 设备大多配有纺前着色机构，即配有定量小螺杆或碟式加料器。为使产品具有多种颜色，大多 3 台螺杆挤出机为一机组，既可生产单色丝，也可生产复色丝。

经挤出、纺丝、侧吹风和上油等工序后，纺出的丝束进入牵伸、变形、卷绕装置。纺出的丝束首先经喂入辊向热拉辊拉伸，最高拉伸速度为 2500m/min。然后进入热气流变形箱，热气流为过热蒸汽或热空气。采用热空气喷射变形时，加热空气高速喷射，使喂入丝充分预热并保持一定张力，当热气流在喷射装置下部外溢引起失速时，丝条急剧松弛，形成三维卷曲变形并堆积堵塞，已卷曲的丝条冷却定型，形成高蓬松性的三维卷曲纤维。由喷气变形箱排出的丝束落在回转的冷却鼓上，在回转中，变形的丝束又被强制冷却定型(图 10－21)。BCF 经过空气喷嘴形成网络丝，最后经张力和卷绕速度调节器进行卷绕。

丙纶 BCF 的主要性能：

产品规格/dtex·[(80～120)根]$^{-1}$　800～2800

断裂强度/cN·dtex^{-1}　≥1.5

断裂伸长率/%　100 ±30

沸水收缩率/%　<5

网络数/个·m^{-1}　≥20

含油率/%　1± 0.4

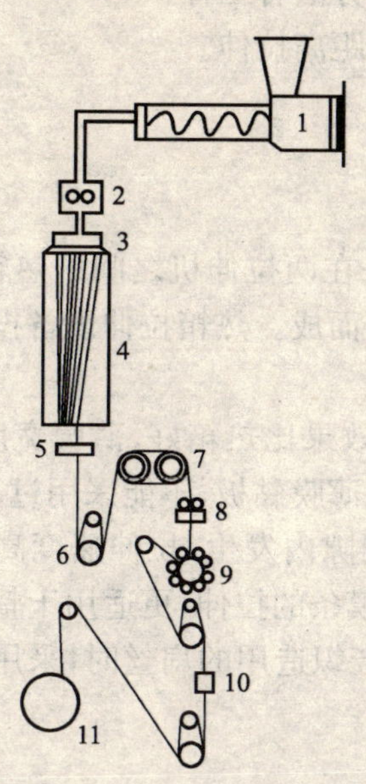

图 10－20 膨体长丝的生产流程

1—挤压机 2—计量泵 3—纺丝组件

4—丝仓 5—油盘 6、7—牵伸辊 8—变形箱

9—冷却吸鼓 10—冷却器 11—高速卷绕机

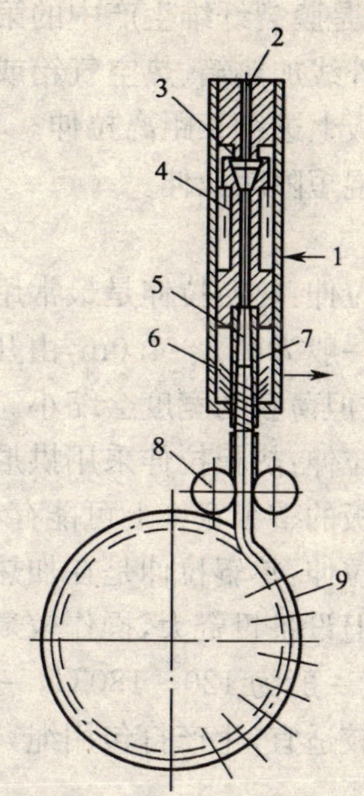

图 10－21 三维卷曲喷射装置

1—热流体入口 2—喂入丝条 3—湍流室

4—导丝管喉径 5—导丝管扩孔段 6—网眼管

7—热气流出口 8—输出罗拉 9—多孔冷却鼓

四、膜裂纤维

膜裂纤维也称薄膜纤维，是高聚物薄膜经纵向拉伸、切割、撕裂或原纤化制成的化学纤维。这种纤维的生产方法具有工艺简单、消耗定额低、设备投资少、产量高和成本低等特点，且对原料要求不高，甚至聚合物中填充 40％的有机物仍能进行膜裂加工。聚丙烯膜裂纤维具有价格低廉、密度小、强度高、耐腐蚀和绝缘性好等优点，可以代替麻、棉及其他纺织纤维，用于制作地毯基布、帆布、过滤布、包装袋及各种绳索等。

膜裂纤维有许多种生产方法，在这些方法中，均包括以下主要工序：薄膜（或薄膜条）成型、单轴拉伸、热定型以及将其裂纤。根据薄膜裂纤的方法不同，膜裂纤维可分为割裂纤维和撕裂纤维两大类。

（一）薄膜的成型

薄膜成型的方法主要有两种，即平膜挤出法和吹塑制膜法。平膜挤出法是通过 T 型机头挤出平膜，随后在冷却辊上或通过水浴予以冷却。该方法能准确控制薄膜厚度，裂纤后纤维线密度较均匀，强度高，但手感及抗冲击性稍差。吹塑制膜法是通过环型模头将熔体挤出成为圆桶状，接着向其中心吹气，使其像气球那样膨胀起来而获得拉伸，一直达到所要求的薄膜厚度，随后在环状空气帘中冷却、压平。该方法产量高，手感好，但产品的线密度不够均匀。聚丙烯未拉伸薄膜一般为 40～1200μm 厚，卷取速度为 20～30m/min。

(二)拉伸与热定型

单轴拉伸是膜裂纤维生产中的第二个重要步骤。拉伸方法有三种：

(1)在红外线加热箱、热空气箱或蒸汽加热箱中进行长距离拉伸。

(2)在热板上进行长距离拉伸。

(3)在热辊短隙间拉伸。

1. 拉伸

(1)热箱拉伸:热箱拉伸是最常用的方法。薄膜或扁条在两拉伸机之间的热箱内进行热拉伸,热箱长度一般为2.5～4.0m,由几个短的烘箱串联组合而成。热箱拉伸设备投资少,操作简单,维修方便,但薄膜的宽度会缩小。

(2)热板拉伸:热板拉伸采用拱形电加热板加热,传热效果比热箱好,薄膜宽度的收缩稍小一些,但在热板的整个宽度上可能存在温度差异,且为避免薄膜黏板,不能采用过高的温度。

(3)热辊拉伸:热辊拉伸是在加热辊与冷却辊的短小间隙内发生,拉伸速度高,薄膜宽度基本保持不变,但设备投资大,操作较复杂,它不仅适用于切膜条的拉伸,更适用于整幅薄膜拉伸。

拉伸温度一般为120～180℃,一般拉伸6～11倍,生产织造用的扁丝时,采用低倍拉伸,拉伸6～8倍比较适宜,生产打包用绳,可取11倍拉伸。

2. 热定型

热定型可采用与拉伸相同的加热设备,对收缩率要求较低的产品,热定型十分重要,定型温度应比拉伸温度高5～10℃,也有定型与拉伸采用不同加热形式的。经过热定型,薄膜或扁丝的沸水收缩率可降到3%以下。

(三)割裂纤维生产工艺与设备特点

割裂纤维也称扁丝或扁条,它将聚丙烯或吹塑得到的薄膜,用刀片切割成扁条,再经单轴拉伸得到55～165tex的扁丝。这种扁丝轻便,耐腐蚀,但柔性和覆盖性差,主要用于制作地毯布、编织袋、工业织物和绳索等。

扁丝生产的基本工艺流程有两种。

(1)切割薄膜,然后将切膜条在加热箱中拉伸成扁丝。

(2)在热辊上拉伸薄膜,将其切割成合乎要求的扁丝。

切割薄膜或切膜条所用的割刀为约0.25mm厚的不锈钢单面刀片,根据薄膜宽度以及扁丝的宽度要求,将若干把刀片按一定间距组装在刀架上,刀片间用酚醛树脂片隔开。

(四)撕裂纤维生产工艺与设备特点

撕裂纤维亦称原纤维化纤维,是将挤出或吹塑得到的薄膜,经单轴拉伸使其轴向强度有很大提高,与此同时,垂直于拉伸方向(横向)的强度下降很多,然后经原纤化制成网状物或连续长丝。撕裂纤维线密度较小,比扁丝柔软,可用于制作地毯、人造草坪、股线、绳索和工业用布等。

薄膜的原纤化是撕裂纤维生产的关键,通常有无规则机械原纤化、可调节机械原纤化及化学机械原纤化三种方法。

1. 可调节机械原纤化

将薄膜用机械方法进行原纤化,形成具有均匀网格的网状结构,或者形成具有均匀尺寸的纤维。按造成裂纤的方法不同,分为切割法、异形模口挤出法和辊筒压纹法。

(1)切割法:属可调节机械原纤化。将取向的薄膜或薄膜条从表面整齐地布满着针、齿或金属丝的滚筒上通过,薄膜被针、齿或金属丝刺破并切割,使其成为有规则的网状物。

机械原纤化装置主要由油剂导辊、压辊、针辊等组成。薄膜经高倍拉伸后,再经针辊模裂成为不规则网状纤维。针辊切割法所得撕裂纤维的典型线密度在 5.5～33.3dtex。

聚丙烯针辊法撕裂纤维生产工艺流程如图 10－22 所示。

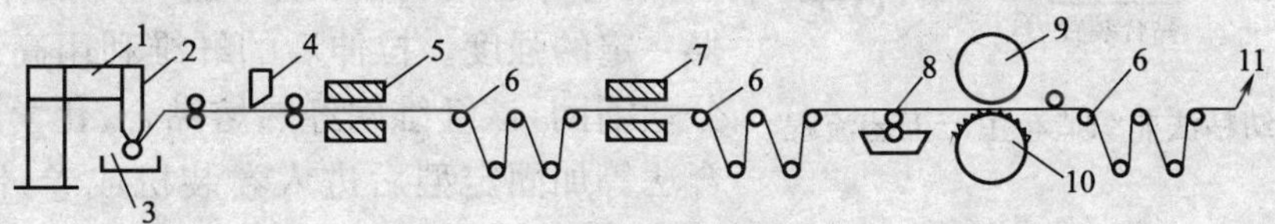

图 10－22 针辊法撕裂纤维生产工艺流程

1—挤出机 2—歧管式机头 3—冷却水箱 4—切割设备
5—加热烘箱 6—拉伸机 7—热定型烘箱 8—抗静电油剂
9—橡胶压辊 10—机械原纤化辊 11—去卷取

(2)异形模口挤出法:将聚丙烯熔体从异形模口挤出,模唇可以是长方形、三角形或圆形,由此形成的薄膜有多根条筋,条筋之间以强度很弱的薄膜相连接,在拉伸过程中借助机械的方法,如捻搓、卷曲、压缩,或用压缩空气处理,使薄膜分裂成许多根连续长丝,经过进一步热处理定型,可收集在筒子上,其线密度一般为 22.2～27.8dtex。

(3)辊筒压纹法:用一个带条痕的压力辊对挤出薄膜进行轧纹。轧纹既可在薄膜仍为流体时进行(熔融压纹法),也可在固化之后进行(固相冷压法)。拉伸时,这种轧纹薄膜转变为类似于非常规截面复丝那样的纱线。

2. 无规则机械原纤化

无规则机械原纤化是通过对高度拉伸的薄膜或薄膜条,在与运行方向垂直或成一夹角的方向上施加由钢针刷或猪鬃刷的梳理作用实现的。采用这种原纤化方法得到的是一种网格大小不定的网状物,或是长度和宽度都不规则的单纤维。因此一般只用于制造绳索和捆扎线,而不作为纺织纤维。

3. 化学机械原纤化

在聚合物中加入真空泡或气泡、可溶性盐、不相容的聚合物以及发泡剂等,以促使取向薄膜的原纤化,或将取向薄膜进行化学处理,以加强其原纤化作用。

不论用哪种方法引入原纤化作用,都需要进行进一步的机械处理,以扩展裂纤作用,并形成一种真正纤维状的产品。

五、纺粘法非织造布

非织造布是纺织工业中具有广阔发展前景的新技术。其生产特点是劳动生产率高、成本较低、用途广泛。

在非织造布生产方法中,尤以喷丝直接成布(也称纺粘法)技术最为先进,它是以聚丙烯切片经熔融、纺丝、拉伸、铺网和热压等连续一步法纺丝成型。纺粘法非织造布的纺丝部分与化学纤维熔融纺丝完全相同。

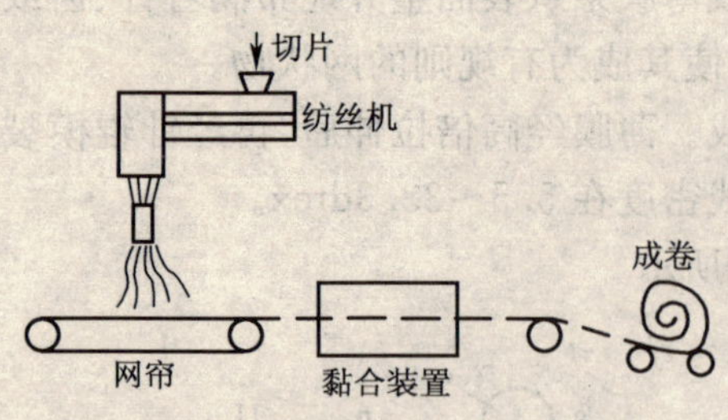

图 10－23　纺粘法非织造布生产工艺流程

纺粘法聚丙烯非织造布的生产流程是将聚丙烯切片倒入储料斗，再经气流输送至纺前料斗，靠自重落入螺杆挤出机中进行熔融，由熔体预过滤器过滤，熔体由计量泵定量输送至纺丝箱，均匀地到达各喷丝头，并在一定压力下，从每块有数千孔的喷丝板喷出，经冷却、罗拉牵伸或高速气流拉伸，以使纤维获得一定的强度。拉伸后的纤维利用高速气流或静电分丝铺网，该纤维网经热熔黏合、化学黏合或针刺黏合法等加固定型后进入卷装机成卷，制得纺粘法非织造布。纺粘法非织造布生产工艺流程如图10－23所示。

聚丙烯纺粘法非织造布工艺流程(图 10－24)：

聚丙烯切片→熔融纺丝→冷却成型→拉伸→铺网→纤网输送→纤网加固→卷装

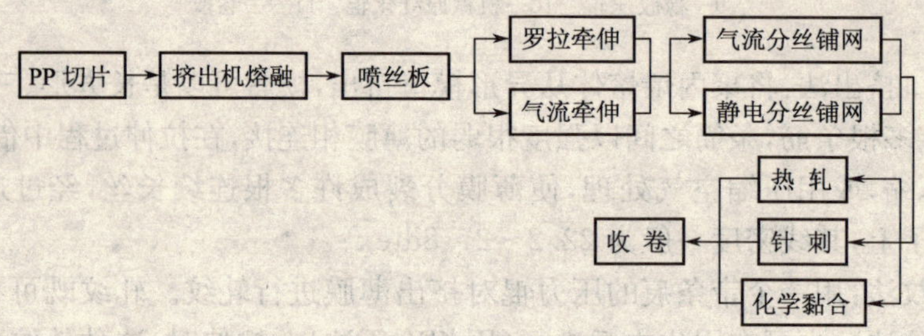

图 10－24　聚丙烯纺粘法非织造布生产工艺流程

纺粘法非织造布的发展十分迅速，生产效率高、速度快、省人工；其产品品种多，成网均匀，力学强度高，但手感稍差。目前成为聚丙烯非织造布的主要生产工艺。产品定量一般为 10～200g/m²，主要用于面料、卫生材料、服装辅料、贴墙布、包装材料与土工布等方面。

六、熔喷法非织造布

熔喷法非织造布和纺粘法非织造布一样，都是利用化纤纺丝得到的纤维直接铺网而成，但是它和纺粘法有原则的区别。纺粘法是在聚合物熔体喷丝后才和拉伸的空气相接触，而熔喷法则是在聚合物熔体喷丝的同时利用热空气以超音速和熔体细流接触，使熔体喷出并被拉成极细的无规则短纤维。这是制取超细纤维非织造布的主要方法之一。它既可自黏合成薄型片材，也可制成很厚的毡状材料。纤维直径一般在1～8μm。

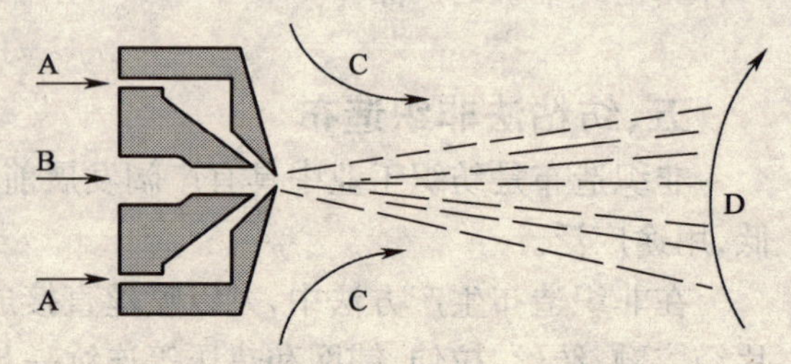

图 10－25　熔喷法成网工艺原理

熔喷法成网是将粒状或粉状聚丙烯切片直接纺丝成网的一步法生产工艺。如图 10－25 所示，粉状或粒状聚丙烯经挤压熔融后定量送入熔喷模头，熔体B从模头喷板的小孔喷出后在高速热空气流A的作用下，被拉伸成很细的细流，然后在周围的冷空气C的作用下冷却固化成纤维，其后被捕集装置D捕集，经压辊进入铺网机成网，切边后卷装为成品。

熔喷法非织造布具有优良的性能。产品的空隙率高，孔径小，手感柔软，生产设备紧凑。与其他方法生产的非织造布比较，熔喷法产品纤维的直径大大降低，比表面积增加，从而形成大量的微细孔隙。使产品有很高的空隙容积、很好的抗渗透性、优良的过滤性和透气性。其用途十分广泛，并在不断发展，特别是在过滤材料、吸附材料和一次性用品方面。但熔喷法非织造布强度不高，延伸度大，因此产品尺寸不稳定，从而限制了它在衣着、家用以及合成革等方面的应用。

七、烟用滤嘴丙纶丝束

烟用丙纶丝束最初采用丙纶短纤维设备生产，其生产流程如图10－26所示。

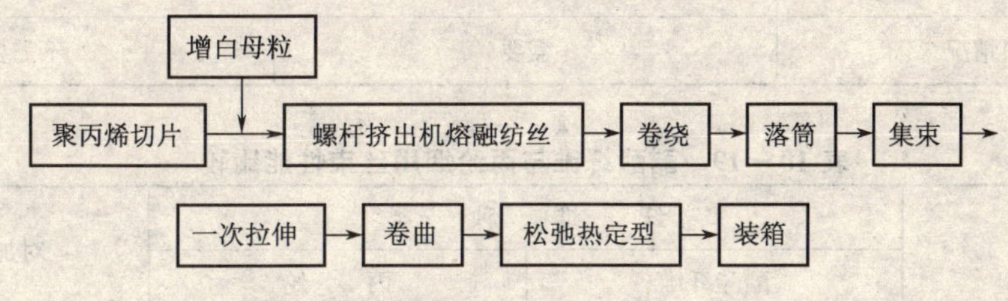

图10－26 烟用滤嘴丙纶丝束的生产流程

国产SLHP001短程纺联合机和SLHP101丝束加工联合机生产烟用滤嘴丝束的工艺流程如下。

(一)纺牵联合工艺

切片输送→挤压熔融→纺丝→头道上油→加热拉伸→二道上油→喂入摆丝→盛丝桶

(二)丝束加工工艺

盛丝桶→牵引喂入→卷曲→热定型→强制冷却→喂入摆丝→打包

国外引进设备均采用一步法工艺，生产流程如下：

切片输送→挤压熔融→纺丝→头道上油→加热拉伸→二道上油→卷曲→热定型→喂入摆丝→打包

目前世界香烟过滤嘴主要用醋酯纤维，产量约420kt，随着合成纤维工业的发展，有的国家研制用丙纶作香烟过滤材料。表10－18和表10－19为醋酯纤维和丙纶烟用丝束生产情况和性能的比较。

表10－18 醋酯纤维与丙纶烟用丝束生产情况比较

比较内容	醋酯纤维	丙　　纶
原料来源	植物，有限制	自石油中得来，较丰富
原料价格	1	0.56～0.64

续表

比较内容	醋酯纤维	丙纶
生产方法	溶剂法,需回收溶剂	熔融法
生产流程	长	短
生产费用	1	0.30～0.44
建厂投资	1	0.30～0.35
建设规模起点	万吨数量级/年	千吨数量级/年
经济规模弹性	小	大
进口原材料需求	需要	不需要
丝束价格	1	0.82～0.9
三废	有	无
设备进口情况	需要	不需要

表 10－19　醋酯纤维与丙纶烟用丝束性能比较

性能	纤维种类		对加工的影响
	醋酯纤维	丙纶	
相对分子质量(万)	263	17～26	
化学稳定性	含酰基、羟基,稳定性差	稳定性差	
熔点/℃	200～270	158～165	
吸湿性	高	极低	
密度/kg·m^{-3}	1.32	0.90	
比表面积/m^2·g^{-1}	0.206	0.250	
单纤强度/cN·tex^{-1}	9.7	17.6～26.5	聚丙纶丝束难切断
断裂伸长率/%	12～19	200～380	聚丙烯丝束拉伸率大
回潮率/%	6.5	≤1	
白度/%	＞85	＞80	
单纤线密度/tex	0.37～0.43	0.61～0.89	
总线密度/ktex	3.3～5.5	4.2～5.8	
纤维截面积	Y型	Y型、O型	
卷曲数/个·(25mm)$^{-1}$	18～25	16～31	聚丙烯丝束变异大
手感	较薄,柔软	较厚	
气味	无异味	无异味	

第六节 聚丙烯纤维的性能

一、聚丙烯纤维的性能特点

(一)质轻

聚丙烯纤维的密度为0.90～0.92g/cm^3,在所有化学纤维中是最轻的,它比锦纶轻20%,比涤纶轻30%,比粘胶纤维轻40%,聚丙烯纤维覆盖性好。

(二)强度高、弹性好、耐磨、耐腐蚀

丙纶强度高(干态、湿态下相同),耐磨性和回弹性好,强度与涤纶和锦纶相似,回弹率可与锦纶、羊毛相媲美,比涤纶、粘胶纤维大得多;丙纶的尺寸稳定性差,易起球和变形;抗微生物,不霉,不蛀;耐化学药品性优于一般纤维。

(三)具有电绝缘性和保暖性

聚丙烯纤维电阻率很高($7\times10^{19}\Omega\cdot cm$),导热系数小,与其他化学纤维相比,丙纶的电绝缘性和保暖性最好。

(四) 耐热及耐老化性能差

聚丙烯纤维的熔点低(165～173℃),对光和热的稳定性差,所以,丙纶的耐热性、耐老化性差。

(五)吸湿性及染色性差

聚丙烯纤维的吸湿性和染色性在化学纤维中是最差的,其回潮率小于0.03%,普通染料均不能使其染色,有色丙纶多数是采用纺前着色生产的。

聚丙烯纤维的主要性能见表10-20。

表10-20 聚丙烯纤维的主要性能

性能指标	复丝	短纤维	性能指标	复丝	短纤维
断裂强度/cN·dtex^{-1}	3.1～6.4	2.5～5.3	初始模量/cN·dtex^{-1}	46～136	23～63
断裂伸长率/%	15～35	20～35	沸水收缩率/%	0～5	0～5
弹性回复率/%(在5%伸长时)	88～98	88～95	回潮率/%	<0.03	<0.03

二、聚丙烯纤维产品的质量指标

(一)丙纶短纤维

1. 丙纶短纤维的质量指标

丙纶短纤维的质量指标见表10-21。

2. 丙纶短纤维的包装与储运

(1)产品包装必须保证品质不受损伤,并便于储存和运输。

(2)不同批号、不同等级和不同规格的纤维分别包装。

(3)包装后应在包外印刷明显不褪色的标志。标志内容有厂名、品种、规格、颜色、等级、净

表 10－21　丙纶短纤维的质量指标

<table>
<tr><th>性　　能</th><th>一等品</th><th>二等品</th><th>三等品</th></tr>
<tr><td colspan="4">棉型(1.7～3.3dtex)</td></tr>
<tr><td>线密度偏差</td><td colspan="3">积累数据</td></tr>
<tr><td>断裂强力/dN・tex^{-1},≥</td><td>3.5</td><td>3</td><td>2.5</td></tr>
<tr><td>断裂伸长率/%</td><td>65±20</td><td>65±30</td><td>65±40</td></tr>
<tr><td>疵点/mg・(100g)$^{-1}$,≤</td><td>50</td><td>75</td><td>100</td></tr>
<tr><td>倍长纤维/mg・(100g)$^{-1}$,≤</td><td>50</td><td>75</td><td>100</td></tr>
<tr><td>卷曲数/个・cm^{-1}</td><td>3±2</td><td>3±3</td><td>3±4.5</td></tr>
<tr><td>卷曲率/%</td><td colspan="3">积累数据</td></tr>
<tr><td>电阻率/cΩ・m,≤</td><td colspan="3">积累数据</td></tr>
<tr><td>长度偏差率/%</td><td colspan="3">积累数据</td></tr>
<tr><td>含油率/%,≥</td><td colspan="3">积累数据</td></tr>
<tr><td>强力 *CV* 值/%,≤</td><td colspan="3">积累数据</td></tr>
<tr><td>伸长 *CV* 值/%,≤</td><td colspan="3">积累数据</td></tr>
<tr><td>120℃热收缩率/%,≤</td><td colspan="3">积累数据</td></tr>
<tr><td colspan="4">毛型(3.3～7.0dtex)</td></tr>
<tr><td>线密度偏差/%</td><td colspan="3">积累数据</td></tr>
<tr><td>断裂强力/dN・tex^{-1},≥</td><td>3</td><td>2.5</td><td>2</td></tr>
<tr><td>断裂伸长率/%</td><td>120±20</td><td>120±30</td><td>120±40</td></tr>
<tr><td>疵点/mg・(100g)$^{-1}$,≤</td><td>40</td><td>70</td><td>100</td></tr>
<tr><td>倍长纤维/mg・(100g)$^{-1}$,≤</td><td>40</td><td>60</td><td>30</td></tr>
<tr><td>卷曲数/个・cm^{-1}</td><td>7±2</td><td>7±3</td><td>7±4.5</td></tr>
<tr><td>卷曲率/%</td><td colspan="3">积累数据</td></tr>
<tr><td>电阻率/cΩ・m,≤</td><td>10^{9}</td><td>10^{11}</td><td>10^{13}</td></tr>
<tr><td>长度偏差率/%</td><td colspan="3">积累数据</td></tr>
<tr><td>含油率/%,≥</td><td colspan="3">积累数据</td></tr>
<tr><td>强力 *CV* 值/%,≤</td><td colspan="3">积累数据</td></tr>
<tr><td>伸长 *CV* 值/%,≤</td><td colspan="3">积累数据</td></tr>
<tr><td>120℃热收缩率/%,≤</td><td colspan="3">积累数据</td></tr>
</table>

注　1. 2～6 项为定等指标。

2. 卷曲率以卷曲牢度积累数据。

3. 卷曲牢度、含油率执行内控标准。

重、生产日期等。

(4)每批产品应附有产品检验单。

(5)应存放在阴凉、通风、干燥处,防止受潮或暴晒。

(二)丙纶长丝

1. 丙纶长丝的质量指标

(1) 丙纶细特长丝:丙纶细特长丝的性能指标见表 10－22。

表 10－22　丙纶细特长丝的性能指标

性能		进口细特丝		国产细特丝
		一等品	二等品	
单丝线密度/dtex		2.7～3.3		2.13～2.36
线密度偏差率/%		±3.5		0～2.0
强力/cN·tex^{-1}	普通丝	≥31	≥30	39～40
	含较多颜料的丝	≥25	≥25	43～44
断丝/个·筒$^{-1}$		≤3	≤7	0
断裂伸长率/%	不加捻	70		55.7～65.7
	加捻	60		
	加捻后热定型	50		
沸水收缩率/%		3		5.4～7.0

(2)丙纶中粗特长丝:丙纶中粗特长丝的性能指标见表 10－23。

表 10－23　丙纶 FDY 长丝的性能指标

性能	一等品	二等品	三等品
(150～1000)dtex/(31～144)根			
线密度偏差/%	±3.5	±4.5	±5.5
线密度 *CV* 值/%,≤	3.5	4.5	5.5
断裂强度/dN·tex^{-1},≥	3.2	3.0	2.8
强度 *CV* 值/%,≤	积累数据		
断裂伸长率/%	90±20	90±30	90±40
沸水收缩率/%,≤	5	6	7
含油率/%	1.2±0.5	1.2±0.6	1.2±0.7
断裂伸长 *CV* 值/%,≤	积累数据		

续表

性　　能	一等品	二等品	三等品
(150～333)dtex/(60～80)根			
线密度偏差率/%	±3.5	±4.5	±5.5
线密度 *CV* 值/%,≤	3.5	4.5	5.5
断裂强度/dN·tex^{-1},≥	2.8	2.6	2.4
强度 *CV* 值/%,≤	积累数据		
断裂伸长率/%	110±20	110±30	110±40
沸水收缩率/%,≤	10	11	12
含油率/%	1.0±0.4	1.0±0.5	1.0±0.6
断裂伸长 *CV* 值%,≤	积累数据		
(333～666)dtex/(60～160)根			
线密度偏差率/%	±3.5	±4.5	±5.5
线密度 *CV* 值/%,≤	3.5	4.5	5.5
断裂强度/dN·tex^{-1},≥	2.8	2.6	2.4
强度 *CV* 值/%,≤	积累数据		
断裂伸长率/%	140±20	140±30	140±40
沸水收缩率/%,≤	11	12	13
含油率/%	1.0±0.4	1.0±0.5	1.0±0.6
断裂伸长 *CV* 值/%,≤	积累数据		
(666～1000)dtex/(60～160)根			
线密度偏差率/%	±3.5	±4.5	±5.5
线密度 *CV* 值/%,≤	3.5	4.5	5.5
断裂强度/dN·tex^{-1},≥	2.8	2.6	2.4
强度 *CV* 值/%,≤	积累数据		
断裂伸长率/%	160±20	160±30	160±40
沸水收缩率/%,≤	12	13	14
含油率/%	1.6±0.5	1.6±0.6	1.6±0.7
断裂伸长 *CV* 值/%,≤	积累数据		
FDY 外观指标			
油污丝/mm^2,≤	300	3000	1500
色　丝	对标样	对标样	对标样
成型不良	不允许	不允许	不允许
错　孔	不允许	不允许	不允许
毛　丝	不允许	不允许	不允许
拉网丝	不允许	不允许	不允许

(3)丙纶膨体长丝:丙纶膨体长丝的质量指标见表10－24。

表10－24　丙纶膨体长丝国家纺织行业标准(FZ/T 54001—91)

性　　能	优等品	一等品	二等品	三等品
物　理　指　标				
线密度偏差率/%	±3.00	±3.50	±4.00	±4.50
线密度 CV 值/%,≤	3.00	3.50	4.00	4.50
断裂强度(1)≥1111dtex,≥	1.60	1.50	1.40	1.35
断裂强度(2)<1111dtex,≥	1.75	1.55	1.45	1.35
断裂强度 CV 值/%,≤	8.00	12.00	14.00	16.00
断裂伸长率/%	M_1±30	M_1±40	M_1±50	M_1±60
断裂伸长 CV 值/%,≤	20.00			
沸水收缩率/%,≤	4.00	5.00	6.00	7.00
热卷曲伸长率/%,≥	15.00	12.00	10.00	8.00
网络度/个·m^{-1}	M_2±3	M_2±4	M_2±5	M_2±6
含油率/%	1±0.20	1±0.40	1±0.50	1±0.60
外　观　指　标				
筒重/kg·只$^{-1}$	M±0.25	M±0.30	M±0.50	M±2.00
毛丝/个·筒$^{-1}$	≤10	≤16	≤24	≤30
硬头丝/个·筒$^{-1}$	无	≤4	≤8	≤10
色　差	轻微	轻	较明显	明显
油　污	无	轻微	轻	较明显
成　形	好	良好	一般	较差

注　1.M_1为断裂伸长率中心值,由用户和生产厂协商确定,一旦确定后,不能任意变更。

2.M_2为网络度中心值,根据线密度及用户要求自定,一旦确定后,不能任意改变。

3.M为筒中心值,由用户与生产厂协商确定,一旦确定后不能任意变更。

4.“筒重”中优等品和一等品不允许中间断头。

5.“色差”标样参照GB250评定变色用灰色样卡级别,判别定等。其中“轻微”相当于4级,“轻”相当于3～4级,“较明显”相当于3级,“明显”相当于2～3级。

6.“油污”定等的规定:

(1)一等品“轻微”,指浅色细点状油污,其总面积不超过0.5cm^2。

(2)二等品“轻”,指浅或较深色油污,总面积不超过1.0cm^2。

(3)三等品“较明显”,指呈现深色油污,总面积不超过1.5cm^2。

7.“成型”定等的规定:

(1)优等品“好”,指卷装表面平整,退绕顺利。

(2)一等品“良好”,指卷装表面较平整,不影响退绕。

(3)二等品“一般”,指卷装表面有凹凸,但不影响退绕。

(4)三等品“较差”,指卷装表面凹凸不平,但不造成塌边。

2. 丙纶长丝的包装及储运

(1)产品按品种、批号、规格、日期、等级分别包装。

(2)产品标志应明显清楚，纸箱唛头内容完整，应标明厂名、产品名称、商标、规格、等级、批号、生产日期、净重、毛重、色泽及筒子个数。包装应标明防潮、防雨等储运图示标志。

(3)包装采用纸箱，用塑料带加固并有封口。纸箱表面要求防雨、防潮，适于运输。

(4)产品应储存在干燥、清洁、空气流通的仓库中，不得露天堆放，以防受潮与日晒。

(5)运输过程中防止产品受潮及剧烈震动。

(三)烟用滤嘴丙纶丝束

1. 烟用丙纶丝束的性能指标

(1) 物理指标：烟用丙纶丝束的性能指标见表 10－25。

表 10－25　烟用丙纶丝束的性能指标

性　能	性能指标	性　能	性能指标
总线密度/ktex	5.2±0.2	卷曲数/个·$(25mm)^{-1}$	30±3
单丝线密度/dtex	6.5～9.5	卷曲度/%	30±3
强度/dN·tex^{-1}	≥6000～7000 孔	含水率/%	0.4
断裂伸长率/%	≤1.8	白度/%	≥80
疵点/mg·$(100g)^{-1}$	≤250	丝束带宽度/mm	40～50

(2)外观指标：

①丝束干燥、爽手、无油污、无污染。

②丝束带均匀，无粘连，无毛边或木耳边。

③丝束无明显分辫，无折叠现象。

④丝束无毒，无味。

说明：

(1)按物理指标和外观指标综合定等，分为合格品和不合格品两个等级。

(2)单纤指标在所定范围内，针对不同用户面议。

2. 烟用滤嘴丙纶丝束的包装及储运

丝束用纸箱包装，纸箱封口、包扎牢固。纸箱上标明产品名称、规格、重量、生产日期、生产单位、生产许可证编号。每批产品应附质量合格证。

运输时，应防雨、防潮、防晒，运输工具应清洁，储运过程中不得与有异味的物品同放。

三、丙纶非织造布

1. 纺粘法丙纶非织造布的物理指标

纺粘法丙纶非织造布的物理指标见表 10－26。

表 10－26　纺粘法丙纶非织造布的物理指标

性　　能		PC973		71035	
		40g/m²	80g/m²	40g/m²	80g/m²
断裂强度/N·$(5cm)^{-1}$	纵	52.14	67.9	48.8	120.3
	横	84.58	169	93	133.42
断裂伸长率/%	纵	51.84	49.2	51.6	52.24
	横	48.7	42.3	50.1	67.86
抗撕强度/N	纵	35.7	46.3	40	90.06
	横	52.7	84.2	53.5	112.74

2. 熔喷法非织造布

熔喷法非织造布的物理指标见表 10－27。

表 10－27　熔喷法丙纶非织造布的物理指标

性　　能		指　　标
单位面积质量/g·m^{-2}		50
厚度/mm		0.39
密度/g·cm^{-3}		0.128
气体渗透速度/m^3·s^{-1}		0.026
格利式耐久孔隙率/s		1.3
切断长度/m	纵　向	944
	横　向	661
最大微孔直径/μm		48
最小微孔直径/μm		17
平均纤维直径/μm		2
孔隙体积率/%		86
撕破强力/cN	纵　向	55
	横　向	86

第七节　聚丙烯纤维的改性及新品种

聚丙烯纤维具有许多优良的性能，但也有蜡感强、手感偏硬、难染色、易积聚静电等缺点。因此对其进行改性，开发新品种已成为聚丙烯纤维发展的主要方向。

一、可染聚丙烯纤维

聚丙烯纤维分子中无亲染料基团，分子聚集结构紧密，常规聚丙烯纤维一般难染。目前市售聚丙烯纤维大都是通过纺前着色而获得颜色，但色谱不全，不能印花，限制了织物品种的多样化。因此，如何将通常的染色技术应用于聚丙烯纤维，已成为人们关注的问题。目前已开发出多种可染聚丙烯纤维技术，这些技术大体可分为两类：一是通过接枝共聚将含有亲染料基团的聚合物或单体接枝到聚丙烯分子链上，使之具有可染性；二是通过共混纺丝破坏和降低聚丙烯大分子间的紧密聚集结构，使含有亲染料基团的聚合物混到聚丙烯纤维内，使纤维内形成一些具有高界面能的亚微观不连续点，使染料能够顺利渗透到纤维中去并与亲染料基团结合。

共混法是目前制造可染聚丙烯纤维的主要而实用的方法，主要产品包括：

(1)媒介染料可染聚丙烯纤维；

(2)碱性染料可染聚丙烯纤维；

(3)分散染料可染聚丙烯纤维；

(4)酸性染料可染聚丙烯纤维。

酸性染料可染聚丙烯纤维最有发展前途。

二、工业用丙纶长丝及高强聚丙烯纤维

工业用丙纶长丝(polypropylene industrial fibre，聚丙烯 IF)及高强丙纶(high tenacity PP filament)是指用于服装以外的所有聚丙烯长丝。其生产工艺和用途与服用纤维有明显区别。通过选用高分子、高等规度的聚丙烯原料，从提高大分子链伸展程度和结晶度着手，合理控制纺丝、拉伸、热处理工艺过程，可获得工业用丙纶长丝或高强聚丙烯纤维。其线密度、模量、强力要求高，断裂伸长率和收缩率的要求一般都较低。

聚丙烯 IF 的最大特点是湿态时的强度和断裂伸长率与标准态时一致。这是棉、粘胶纤维以及聚酰胺纤维所不及的，但聚丙烯 IF 和橡胶的黏合性差，熔点低，难涂层。生产工业用丝的切片务必选用加抗老化剂的牌号。否则会使产品不到一年老化而失效，甚至造成事故。生产丙纶高强丝的工艺路线主要有一步法和二步法。一步法又有短程纺和 FDY 生产线，二步法有水平集束拉伸和立式单锭拉伸两种。从目前实际装置达到的指标看，二步法可生产高强丝，一步法仅能生产中强丝(67cN/tex)，但一步法能耗较低。表 10－28 列出了中国纺织科学研究院生产的丙纶强力丝的性能指标。

表 10－28　中国纺织科学研究院生产的丙纶强力丝的性能指标

性　能	指　标	性　能	指　标
线密度/dtex	333～1670	熔点/℃	165～176
强力/dN・tex^{-1}	＞7.3	使用温度/℃	＜100
断裂伸长率/%	15～25		

高强聚丙烯纤维在产业用纤维领域中有极大的竞争潜力。其除具有优良的力学性能和耐化学品性能外，还具有生产设备投资少、原料价格便宜、生产过程耗能少等明显的技术经济优势。国外高强聚丙烯纤维的年销量不断递增。

高强聚丙烯纤维可以用作各种工业吊带、建筑业安全网、汽车及运动的安全带、船用缆绳，冶金、化工、食品及污水处理等行业的过滤织物，加固堤坝、水库、铁路、高速公路等工程的土工布，汽车和旅游业用的蓬苫布以及高压水管和工业缝纫线等产业领域。

三、细特及超细特聚丙烯纤维

普通聚丙烯纤维手感较硬，有蜡状感，因此主要用于地毯、非织造布、装饰布和产业用布等方面，服装用数量很小。随着新型催化剂和可控流变性能树脂制造技术的发展，细特、超细特聚丙烯纤维得到迅速发展，也为其服装领域的应用打下了基础。

用细特聚丙烯长丝作为服装用材料具有密度小、静电小、保暖、手感好及有特殊光泽、酷似真丝等特点，并且有"芯吸"效应及疏水、导湿性，是制作内衣及运动服的理想材料。

国内用可控流变性能的聚丙烯切片在常规纺、高速纺及 FDY 设备上成功地开发出单丝线密度 0.7～1.2dtex 的聚丙烯细特丝。

超细特聚丙烯纤维是指直径小于 5μm 的纤维。其制品作为气悬体的优良过滤介质，在防止空气污染装置、卷烟过滤嘴、采矿、医药及工业用滤网、饮料的过滤装置等方面得到广泛应用。超细聚丙烯纤维还可作离子交换树脂的载体及电绝缘材料。其生产方法有离心纺丝、熔喷纺和闪蒸纺及不相容混合物纺丝。

四、阻燃聚丙烯纤维

由聚丙烯纤维制成的织物易燃烧，并伴有燃烧滴熔现象，这一点限制了它的使用范围。聚丙烯纤维的阻燃研究主要是通过共混改性的方法。

共混阻燃改性是选用溴系、磷系或含氮阻燃剂或它们的复合物与聚丙烯预先制成阻燃母粒，按比例与聚丙烯切片共混纺丝。燃烧时，聚丙烯形成碳质焦炭，以阻碍与氧气接触，达到阻燃的目的。也有使用磷与卤素协同作用或采用三氧化二锑与卤素协同作用的阻燃剂。例如用7.2%的八溴联苯醚与三氧化二锑的混合物与聚丙烯共混纺丝，其极限氧指数可以从 18.1%提高到 28.1%。

高分子材料的阻燃研究经历了含卤阻燃、低卤阻燃到无卤阻燃的发展过程。阻燃加工中使用的有效阻燃元素有磷、氮、锑、溴、氯、硫等。大多数阻燃剂是以磷为中心元素的化合物。卤素在阻燃性能方面的次序为：$I>Br>Cl>F$。不同阻燃剂的阻燃机理不同，一般认为：磷化物主要是固相阻燃，促使纤维炭化分解，减少可燃气体产生；卤素主要是气相阻燃，阻碍分解气体的自由基燃烧。

五、远红外聚丙烯纤维

远红外聚丙烯纤维是一种具有优良保健理疗功能、热效应功能和排湿透气、抑菌功能的新型纺织材料。它含有特殊的陶瓷成分，这种成分能吸收人体释放出来的辐射热，并在吸收自然界光和热后发射回人体最需要的 4～14μm 波长的远红外线。这种远红外线具有辐射、渗透和共振吸收特征，易被人体皮肤吸收，活化组织细胞，促进新陈代谢，让人体达到保湿及促进血液循环的保健作用。20 世纪 80 年代中期，日本钟纺和可乐丽公司在聚丙烯中混入远红外陶瓷成分，制成远红外聚丙烯短纤维。远红外丙纶在我国也有多家企业生产，该产品的产量近年内有很大的提高。

六、三维卷曲中空聚丙烯纤维

丙纶具有的导热系数在所有纤维中是最低的，尤其是其密度低，因此适合作为保温材料使用。国内开发生产的一种中空三维卷曲丙纶的线密度为 6.67 dtex，长度为 65mm，卷曲数为 3.74 个/cm，压缩率为 76.5%，压缩回复率为 35.2%，压缩弹性率为 16.6%。该纤维除可作为玩具、被褥、睡袋填充物使用外，还可作为服装保温内衬使用。

除了中空三维卷曲丙纶，还开发了四孔、七孔、九孔高弹中空丙纶，纤维截面有圆形、方形和三叶形多种，使纤维的回弹性和保暖性更好。该产品生产工艺简单，能耗低，原料价格低廉，来源广泛。因此，该产品有着十分广阔的市场前景。应用方向包括床上用品、玩具、汽车靠垫、服装、被褥内衬等，还可用于仿制羊毛毯、仿羊羔皮等。

七、其他改性聚丙烯纤维

将微晶石蜡、肥皂、硅化物、有机酸的脂肪酸酯、高相对分子质量脂肪醇、含氟代烷基的蜡状物、无规聚丙烯或低相对分子质量聚乙烯与聚丙烯切片相混，可制得耐磨性良好的聚丙烯纤维。

将聚丙烯切片与抗静电剂混合纺成纤维，抗静电剂以微原纤形态分散在聚丙烯基体中，使纤维具有抗静电性能。

选用耐高温而且与聚丙烯有良好的相容性及分散性的抗菌剂，采用共混纺丝的方法可制得抗菌保健聚丙烯纤维。

日本宇部将聚丙烯与液体石蜡混合，熔融纺丝，拉伸热处理后浸渍在己烷中溶去液体石蜡，制得了孔隙率高达 25%的多孔性聚丙烯纤维，多孔性聚丙烯纤维的孔隙率高、孔径小、比表面积大、过滤性好。可用于清除液体中的不溶性物质和物质中的臭气。

20 世纪 80 年代以来，人们对芳香的认识不再限于感官的愉悦，而是更注重于芳香的医疗保健价值，开发出了芳香整理织物和芳香纤维织物。其主要的研制途径有三种。

(1)将芳香物质与低熔点聚合物混合后造粒，然后在较低的温度下纺丝。

(2)将芳香物质包覆在微胶囊中，然后加到纺丝溶液(熔体)中纺丝。

(3)将聚丙烯与吸油物质混合后纺丝得到纤维后，将纤维浸入芳香物质溶液中，使纤维中的吸油物质吸收香料，从而赋予纤维芳香功能。

第八节　聚丙烯纤维的应用

近年来，世界聚丙烯纤维(不包括膜裂纤维)应用比例基本上为装饰用约占 55%、工业用约占 15%、服装用约占 2%、非织造布约占 28%。我国丙纶以产业用为主，约占 50%、装饰用约占 25%、服装用约占 5%、非织造布及卫生医疗用约占 20%。未来我国丙纶发展的重点将从现有的衣着、装饰、医疗卫生、工业化向纵深方向发展。表 10－29 列举了聚丙烯纤维的主要应用。

表 10－29 聚丙烯纤维的应用

品种		用途
衣着类	纯纺或与棉、涤混纺纱线	做冬季袜子、内裤、汗衫、棉毛衫裤、产业工作服、竞技运动服、登山服、防寒服、休闲服、里子绸、鞋用衬里、医用织物、手术衣帽等
	丙纶长丝	袜子、蚊帐、弹力衫裤
	丙纶高强丝	油轮等防火要求严格场所用的绳索、安全带等
	防 X 射线、γ 射线的丙纶	医用射线防护服
装饰类	粗特有色丙纶纱织物和非织造布	沙发布、家具布、汽车、船用装饰织物、厚薄窗帘、帷幕等室内装饰织物、地毯等
工业类	机织物和非织造布	车胎帘子布、橡胶带基布、工业用帆布、渔网、绳缆、各种工程用土工布、人工草坪底布、高性能滤布、热轧或针刺非织造布

一、产业用途

聚丙烯纤维具有强度高、韧性好、耐化学品性和抗微生物性好及价格低等优点，因此广泛用于绳索、渔网、安全带、箱包带、安全网、缝纫线、电缆包皮、土工布、过滤布、造纸用毡和纸的增强材料等产业领域。

例如，利用聚丙烯纤维强度高、耐酸、耐碱、抗微生物、干湿强力一样等优良特性制造的聚丙烯机织土工布，能对建造在软土地基上的土建工程（如堤坝、水库、高速公路、铁路等）起到加固作用，并使承载负荷均匀分配在土工布上，使路基沉降均匀，减少地面龟裂。建造斜坡时，采用机织丙纶土工布可以稳定斜坡，减少斜坡的坍塌，缩短建筑工期，延长斜坡的使用寿命。每年我国要花大量人力、财力治理水土流失，若采用丙纶机织土工布进行筑坡和护堤，可延长堤坡寿命。在承载较大负荷时，可使用机织土工布和非织造布为基体的复合土工布。聚丙烯纤维可作混凝土、灰泥等的填充材料，提高混凝土的抗冲击性、防水隔热性。

随着化工、环保、新能源产业的迅猛发展，作为过滤材料，聚丙烯纤维有着很好的使用前景，新技术使聚丙烯纤维过滤效率高，强度高、质轻、对化学药品稳定性好，滤物剥离性好。因此，在制药、化工、环保、电池等行业作为亲水隔膜、离子交换隔膜等功能性产品，有着良好的发展势头，是提升聚丙烯纤维附加值的新型高科技产品。

二、装饰用途

聚丙烯纤维密度小（仅为聚酯纤维的 65%）、重量轻、覆盖力强、耐磨性好、抗微生物、抗虫蛀、易清洗，特别适于制造装饰织物。用聚丙烯纤维制成的地毯、沙发布和贴墙布等装饰织物及絮棉等，不仅价格低廉，而且具有抗沾污、抗虫蛀、易洗涤、回弹性好等优点。

我国化纤地毯生产用丙纶已占丙纶总产量的 90%以上，其中主要是簇绒地毯用长丝 BCF、针织地毯用聚丙烯短纤等。丙纶地毯的耐磨性与锦纶地毯相当，明显优于羊毛、粘纤及腈纶地毯。以天然纤维为主的地毯中混入聚丙烯纤维，可增强地毯的耐用性。混入 30%的聚丙烯纤维，可使黄麻绒面地毯的耐用性提高 4 倍。抗沾污和易洗是地毯纤维的一个重要性能，聚丙烯纤维比相同截面的聚酰胺纤维的沾污小。丙纶的许多基本特性，如低吸湿性、抗虫蛀、抗霉性等为地毯提供了抗污染性。簇绒地毯底布是聚丙烯纤维的又一个重要用途。

装饰和日用领域消费的聚丙烯纤维主要是长丝、中空短纤维和纺粘法非织造布，这一领域的聚丙烯纤维需求量占总量的13%。产品主要是汽车和家庭用装饰材料、絮片、玩具等。

聚丙烯纤维簇绒墙壁装饰织物的产量增长很快。这类织物不仅成本低，而且可以作为隔音和隔热材料。聚丙烯纤维在这方面的应用之所以看好，是因为纺前着色纤维有较好的色牢度，质轻，易洗涤，有极好的防霉与抗菌性。

三、服装用途

由于聚丙烯纤维熔点低，易折皱，不易染色，因此聚丙烯纤维在服装领域的应用曾受到限制。随着纺丝技术的进步及改性产品的开发，其在服装领域应用日渐广泛，服装用产品将是丙纶发展的希望。

聚丙烯纤维可制成针织品，如内衣，袜类等；可制成长毛绒产品，如鞋衬、大衣衬、儿童大衣等；可与其他纤维混纺用于制作儿童服装、工作衣、内衣、起绒织物及绒线等。例如细特、超细特聚丙烯纺丝技术的开发，克服了普通聚丙烯纤维存在的粗糙、蜡感、吸湿性差等缺点。细特聚丙烯纤维具有柔软、强度高和独特的芯吸效应，穿着舒适，透气、导湿效果好，贴身穿着可以保持皮肤干燥，夏季无湿闷感，冬季无湿冷感，用其制作的服装比纯棉服装轻2/5，保暖性胜似羊毛，是制作运动服、登山服、军用防寒服和内衣的上选材料。用细特聚丙烯纤维加工而成的纯聚丙烯织物、棉盖聚丙烯和丝盖聚丙烯织物已推向市场，Adidas运动服便有超细特聚丙烯纤维与棉织造的双面织物制造的。美国以细特聚丙烯长丝作原料，加工军用防寒起绒针织内衣，被美国国防部选定为标准军需装备。

四、非织造布及医疗卫生用聚丙烯纤维

聚丙烯纤维的非织造布可用于一次性卫生用品，如卫生巾、手术衣、帽子、口罩、床上用品、尿片面料等。妇女用卫生巾、一次性婴儿和成人尿布目前已成为人们日常消费的普通产品。另外，通过化学或物理改性后的聚丙烯纤维，可以具备交换、蓄热、导电、抗菌、消味、紫外线屏蔽、吸附、脱屑、隔离选择、凝集等多种功能，将成为人工肾脏、人工肺、人工血管、手术线和吸液纱布等多种医疗领域的重要材料。劳保服装、一次性口罩、帽子、手术服、被单枕套、垫褥材料等都有越来越大的市场。

五、其他用途

聚丙烯烟用丝束可作为香烟过滤嘴填料。目前，香烟中、低档品种所用的过滤嘴，有一半以上是用聚丙烯纤维制造的。

聚丙烯纤维制成的编织袋广泛地替代了黄麻编织成的麻袋，成为粮食、工业原料、化肥、食品、矿砂和煤炭等最主要的基本包装材料，其形式也早已由传统枕型梯式向着桶型、柱型等多元化发展。由于其密度低、重量轻、随形、易储藏，甚至代替了部分小型集装箱。该类产品的需求量很大。聚丙烯非织造布在包装领域的使用也很多，如熔喷法制造的聚丙烯非织造布可用于茶叶袋、防虫剂袋及特殊场合的缓释包装。

聚丙烯纤维也很适合生产毯子。拉绒毯一般用低捻度的聚丙烯纤维制造。这种毯子具有隔热、抗虫蛀、易洗涤、低收缩和重量轻等性能，既适于家用，也适于军用。

把聚乙烯薄膜或增塑氯乙烯等，用熔融涂层技术涂到聚丙烯纤维织物上，可制作防护布、防风布和矿井排气管。用沥青或焦油作涂层的聚丙烯纤维织物可作池塘的衬底；其他涂层的织物可作保持性盖布和临时遮雨布等。

人造草坪是聚丙烯纤维的又一应用。美国比尔特瑞特公司用聚丙烯扁丝通过起圈而制成一种“单一草坪”。美国孟山都公司也用聚丙烯纤维制作了绒面人造草坪（称为化学草）。这些人造草坪已被用在公路的中心广场、交通站和其他风景区。聚丙烯纤维的抗日晒性能较低，因此制作中要加入紫外线吸收剂。

英国DON&LOW有限公司开发了一种在园艺领域颇有潜在用途的特殊织物。该织物为抗紫外线聚丙烯多孔网状织物，用作地被与地网。地被和地网主要有两种，一种是黑色地被，另一种是白色地被或地网。黑色地被用于抑制植物种子的发芽、生长，白色地被可以反射阳光，以促进植物生长。这些农业与园艺用材料均能有效地防风与控制阳光，地被和地网可以挡住40%的阳光，减轻一半风力，网格材料也是防鸟类、猛禽侵害幼嫩植物的理想材料。

聚丙烯纤维耐酸、耐碱性优良，抗张强度好，用其制作的帆布重量比普通帆布轻1/3，不仅搬运轻便，而且降低了成本，延长了使用寿命，实现了价廉物美。用其作鞋子衬里布或运动鞋面，结实耐用，质轻，防潮，透气，没有汗臭。

聚丙烯纤维本身也存在不少致命弱点，如染色性差、拉伸强度不高、易皱、软化点低、吸湿性差、静电效应大、手感硬等，因此在应用中受到一定限制。针对聚丙烯的不同用途，一大批旨在攻克其致命弱点的科研成果和专利相继问世。生产技术的进步和科技成果的产业化，使聚丙烯纤维的品种变得越来越新，越来越多，市场越来越大（表10－30）。如用茂金属催化剂合成的聚丙烯树脂，由于提高了其等规度，从而大大提高了聚丙烯纤维的内在质量。差别化纤维生产技

表10－30　聚丙烯纤维的产品开发

开发方法	新产品
抗静电剂与聚丙烯共混	抗静电聚丙烯纤维
加入阻燃剂	阻燃聚丙烯纤维
抗静电剂和阻燃剂与聚丙烯共混抽丝	抗静电、阻燃聚丙烯纤维
聚丙烯切片中加抗老化剂、氧化剂	抗老化及日晒聚丙烯纤维
添加改性剂	改性聚丙烯纤维（如ADPP）
添加染色剂	改善聚丙烯纤维染色难、色调单一等问题，使之成为可染色性聚丙烯纤维
与棉、涤、腈、羊毛、粘胶混纺	兼具聚丙烯纤维与其混纺织物的优点，改善其缺点
加入X射线、γ射线屏蔽剂	防X射线、γ射线辐射聚丙烯纤维
加入柔软剂	柔软型黏合聚丙烯纤维，伸长率高、初始模量低、柔软性好
等规聚丙烯聚合	聚丙烯高强丝
加工单纤线密度小于1.1dtex	细特、超细特聚丙烯纤维，手感、外观可超过棉，称为棉纶

术的普及和完善都扩大了聚丙烯纤维的应用领域，其中包括高强和耐温的高性能聚丙烯纤维和纱线、共聚体地毯纱、汽车上应用的共混聚合体的精纺织物以及已开发和正在开发的用于高档服用领域的细特、超细特聚丙烯纤维，五光十色的多功能纤维，如具有除味功能的纤维、抗菌纤维、保暖纤维、超吸湿纤维、可生物降解纤维、温敏性变色纤维、香味纤维、pH 平衡纤维、抗紫外纤维、抗静电纤维、远红外细特纤维、阻燃纤维、高强度和高模量纤维以及高回弹立体卷曲短纤维等。新产品的不断开发，新工艺、新技术的应用，聚丙烯及其纤维快速进入了新产品市场，并很好地巩固了最终用途的地位。特别是以功能性聚丙烯纤维和非织造纤维产品为代表的聚丙烯纤维呈现出越来越好的市场前景。它们不仅能解决人类穿衣等基本需求，而且在化工、农业、交通、水利、建筑、航空航天、环保、能源、医疗卫生、体育、防护以及国防军工等领域都有重要的用途，已经成为经济建设中不可缺少的重要材料。

参考文献

[1] M. 阿迈德．聚丙烯纤维的科学与工艺(上册、下册)[M]. 吴宏任、赵华山，等译．北京：纺织工业出版社，1987.

[2] 赵敏，高俊刚，等．改性聚丙烯新材料[M]. 北京：化学工业出版社，2002.

[3] 洪定一．聚丙烯——原理、工艺与技术[M]. 北京：中国石化出版社，2002.

[4] 肖长发，等．化学纤维概论[M]. 北京：中国纺织出版社，1997.

[5] 邬国铭．高分子材料加工工艺学[M]. 北京：中国纺织出版社，2000.

[6] 沈新元．高分子材料加工原理[M]. 北京：中国纺织出版社，2000.

[7] 董纪震，等．合成纤维生产工艺学[M]. 北京：纺织工业出版社，1993.

[8] Schmenk B. 聚丙烯纤维的发展：特性与生产工艺[J]. 国外纺织技术，2003，220(9)：8.

[9] Schmenk B. 聚丙烯纤维的发展：性能、应用与回收[J]. 国外纺织技术，2003，222(7)：8.

[10] 陈枫．聚丙烯在功能纤维领域中的发展[J]. 现代塑料加工应用，2003，15(3)：62.

[11] 刘越，王安平．非织造布用聚丙烯纤维的进展[J]. 非织造布，2003，11(3)：30.

[12] 杨汝楫．非织造布概论[M]. 北京：纺织工业出版社，1990.

第十一章　聚丙烯腈纤维

第一节　概　述

一、定义

聚丙烯腈纤维是以纯丙烯腈(acrylonitrile,简写 AN)及含 85%以上 AN 和少量第二、第三单体为原料,经聚合、纺丝制成的合成纤维。由 AN 含量为 35%～85%、共聚单体含量为 15%～65%的共聚物纺制的纤维称改性聚丙烯腈纤维(modacrylic fiber)。由于国别、制造商及技术路线不同,聚丙烯腈纤维的商品名称繁多,我国定名为腈纶,各生产厂可再冠商标名,如××牌腈纶。对用氯乙烯或偏二氯乙烯作共聚单体的改性聚丙烯腈纤维,我国分别定名为腈氯纶和偏氯腈纶。

二、世界聚丙烯腈纤维发展概况

1893 年,法国化学家姆劳(C. Mouraeu)首先合成了 AN,次年又由 AN 制得聚丙烯腈(PAN),由于它的熔点高于分解温度,又不溶于一般有机溶剂,给进一步加工带来了困难,使其在很长一段时期未找到工业应用。直到 1931 年,德国化学家卡洛捷尔斯(W. H. Carothersa)等人发现 AN 与丁二烯的共聚物具有可加工性,并对油、热、光及多种溶剂具有稳定性,使其在合成橡胶工业中首先得到应用,带动了 AN 的其他共聚物性能及加工方式(包括寻找合适溶剂)的研究。

1934 年,德国 I. G. Farbenindustrie 公司的化学家莱茵(H. Rein)以季铵盐和硫氰酸钠(NaSCN)、氯化锌($ZnCl_2$)、高氯酸铝[$Al(ClO_4)_3$]等无机盐的浓水溶液为溶剂,进行了湿纺聚丙烯腈纤维的试验。1938 年,日本东京工业大学神原周以硝酸(HNO_3)、硫酸(H_2SO_4)等无机酸为溶剂,进行了湿纺聚丙烯腈纤维的试验。1940 年,将纺制的纤维定名为“纤神”(シンセン)。1942 年,德国 I. G. Farbenindustrie 公司莱茵和美国杜邦霍乌兹(R. C. Houtz)几乎同时以二甲基甲酰胺(DMF)作溶剂进行了干法纺制纯聚丙烯腈纤维的试验。1944 年,美国杜邦公司以 DMF 为溶剂采用干法纺丝工艺,制得干法聚丙烯腈长丝,定名为“纤维 A”。1945 年,在弗吉尼亚的 Waynesboro 建立了聚丙烯腈纤维中间试验工厂。1948 年,杜邦将其干纺聚丙烯腈纤维的商品名定为“奥纶”(Orlon)。

1950 年 7 月,杜邦公司在南卡罗利亚的 Camden 建厂,干纺聚丙烯腈纤维“奥纶”率先实现了工业生产。并用加入第二、第三单体的方法改进了纯聚丙烯腈纤维的手感与染色性,改进后的聚丙烯腈纤维以短纤形式上市,性能与天然羊毛相似,成本低于长丝,用以代替增长缓慢的世界羊毛资源,市场前景宽广,短纤成为聚丙烯腈纤维工业化发展的主流。

1949 年,美国 Chemstrand 公司以二甲基乙酰胺(DMAc)为溶剂湿纺共聚丙烯腈纤维取得成功。1952 年,由孟山都公司实现工业化,商品名为“阿克利纶”(Acrilan),开创了湿纺聚丙烯腈纤维工业化的先河。20 世纪 50 年代,硫氰酸钠和氯化锌等无机盐的浓水溶液、硝酸、二甲基甲酰胺、二甲基亚砜(DMSO)等不同溶剂和不同共聚组分的湿纺工艺也先后实现了工业化。至 70 年代末,已有 8 种溶剂、不同共聚组分的 12 条工艺路线实现工业化,在当前合成纤维中是生产工艺路线与纤维中聚合物组分最多的一个品种。它促使各不同工艺路线在竞争中通过技术进步不断自我完善,并为开发差别化品种创造了条件。各工艺路线实现工业化的年份见表 11-1。

表 11-1 腈纶生产工艺路线工业化的年份

溶剂	聚合	纺丝	工业化年份	工业化公司
丙酮(Acetone)	二步法	湿法	1949	美国联碳
二甲基甲酰胺(DMF)	二步法	干法	1950	美国杜邦
二甲基乙酰胺(DMAc)	二步法	湿法	1952	美国孟山都
丙酮(Acetone)	二步法	干法	1952	美国 Eastman
二甲基甲酰胺(DMF)	二步法	湿法	1952	德国 Hoechst
硫氰酸钠(NaSCN)	二步法	湿法	1958	美国氰氨
硝酸(HNO_3)	二步法	湿法	1959	日本旭化成
硫氰酸钠(NaSCN)	一步法	湿法	1959	英国考陶尔
氯化锌($ZnCl_2$)	一步法	湿法	1958	美国 Dow Chemical
二甲基亚砜(DMSO)	一步法	湿法	1959	日本东丽
碳酸乙二酯(EC)	二步法	湿法	1961	罗马尼亚
二甲基甲酰胺(DMF)	一步法	湿法	1961	意大利斯尼亚

改性聚丙烯腈纤维工业化的时间,略早于常规聚丙烯腈纤维,组分以丙烯腈与卤乙烯共聚物为主,常用卤化物有氯乙烯、偏二氯乙烯与溴乙烯,也可加入改善染色性的第三单体。1948 年,美国联碳公司(UCC)用 40%AN 和 60%氯乙烯组成改性聚丙烯腈,以丙酮为溶剂,湿法纺丝制得长丝,取名“维杨”(Vinyon N)。1949 年,该公司的氯乙烯改性聚丙烯腈短纤实现工业化,商品名“代尼尔”(Dynel)。

1952 年,美国依斯曼公司(Eastman)用偏二氯乙烯与丙烯腈及少量染色改性剂制得三元共聚改性聚丙烯腈,以丙酮为溶剂干纺制得偏二氯乙烯改性聚丙烯腈纤维,商品名“维耐尔”(Verel)。1962 年,英国考陶尔公司(Courtaulds)用氯乙烯、聚丙烯腈共聚,以丙酮为溶剂湿法纺制长丝,取名“特克纶”(Teklan),并于 1966 年以“特克纶”短纤形式进入市场。此后,美国孟山都公司以 DMF 为溶剂、湿纺纺得五组分,商品名为“SEF”的改性聚丙烯腈纤维;意大利斯尼亚公司(Snia)以 DMF 为溶剂、湿纺制得偏二氯乙烯与丙烯腈共聚纤维;日本钟渊公司以丙酮为溶剂、湿纺制得商品名为“卡耐卡纶”(Kanecaron)的氯乙烯与丙烯腈共聚纤维。

聚丙烯腈熔点高于分解温度，不能像涤纶、锦纶、丙纶那样采用熔融纺丝方式制造纤维，设法降低聚丙烯腈的熔点，提高它的热稳定性，就可以用熔融纺丝方法制造聚丙烯腈纤维。1952年，美国Coxe发现聚丙烯腈和水在高压下混合可以熔融挤出，揭开了聚丙烯腈增塑熔融纺丝的序幕。许多公司先后对聚丙烯腈熔融纺丝技术进行了开发。主要有：

(1)非溶剂(主要是水)增塑法：如德国BASF公司、美国氰氨公司；

(2)溶剂增塑法：常用增塑溶剂有DMF、DMAc、DMSO、EC、乙腈与γ-丁内酯混合溶剂，如日本旭化成、东丽、Exlan等公司；

(3)共聚法：将丙烯腈与能形成柔性链的单体进行共聚，如日本三菱人造丝、东丽等公司，美国Standard oil Co、BP Chemicals；

(4)新引发体系聚合法(合成热稳定性高的聚丙烯腈)。

1998年，BP Chemicals宣布采用专门共聚配方、控制共聚物序列等方法，制得了可供熔融纺丝的聚丙烯腈树脂“AMLON”，并通过熔融纺丝试验，制得了性能与溶剂纺丝相近的聚丙烯腈纤维，为聚丙烯腈纤维开拓了一条新路。熔融法纺丝可减少传统溶剂法纺丝对环境的污染，降低生产成本，增加后加工的灵活性。

世界腈纶工业20世纪50～60年代为高速发展期，1950～1960年，年均增长率达43.23%，1960～1970年，年均增长率达24.80%，大大高于同期合成纤维的增长速度；70年代，受两次石油危机的影响，发展速度减缓，腈纶在世界合成纤维中约占20%，列涤纶、锦纶之后居第三；80年代受到能源、环境问题及合纤改性技术的挑战，西欧、美国等主要工业国，在进行合纤工业产品结构调整中，聚丙烯腈纤维产能、产量下降，使世界腈纶发展速度减缓，1987年产量达2560kt以后，处于徘徊状态，1980～1990年，年均增长率仅1.19%；90年代初，法国隆波利(Rhone Poulenc)公司、美国杜邦公司相继退出腈纶生产行列，而以中国为代表的发展中国家继续发展，世界腈纶工业由发达国家向发展中国家转移，产能、产量呈现螺旋状缓慢增长态势。1990～2000年，年均增长率1.44%，低于同期合成纤维发展的平均速度。进入21世纪，世界腈纶工业由发达国家向发展中国家转移的趋势更为明显，据统计，2003年大约有29个国家和地区59家厂商60个工厂从事聚丙烯腈纤维的生产，总产能约为3370kt，产量2636kt，占世界合纤总产量的9.7%，列涤纶、锦纶、丙纶之后，居合成纤维的第四位(表11-2～表11-4)。21世纪初，由于世界人口增长，人类总需求增加，腈纶非纤用途拓展，世界腈纶工业将继续在发展中国家得到发展。世界腈纶产量增长趋势如图11-1所示。

表11-2　世界不同时期合成纤维与腈纶的年均增长率

时　期	合成纤维/%	腈纶/%	时　期	合成纤维/%	腈纶/%
1950～1960年	26.11	43.23	1980～1990年	3.59	1.19
1960～1970年	20.94	24.80	1990～2000年	5.70	1.44
1970～1980年	8.35	7.49	2000～2003年	3.20	0.4

表 11－3　腈纶在世界化学纤维及合成纤维中所占的比例

年　份	占化学纤维总量/%	占主要合成纤维总量/%	年　份	占化学纤维总量/%	占主要合成纤维总量/%
1960	3.3	17.1	2000	9.5	9.7
1970	12.3	22.0	2001	9.4	10.2
1980	15.0	19.9	2002	9.1	9.8
1990	13.1	15.7	2003	8.4	9.0
1995	11.5	13.1			

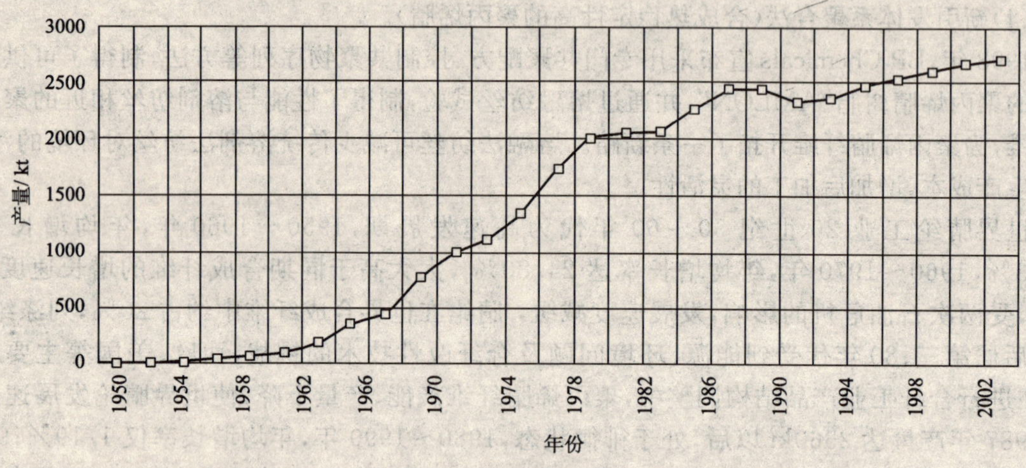

图 11－1　世界腈纶产量增长趋势

表 11－4　世界腈纶产能分布　　单位:kt

序号	国家/地区	公 司 名 称	工艺路线	商 品 名	2003 年	2004 年	2005 年
1	美　国	Sterling Fiber	NaSCN 二步法	Creslan	50	50	50
2	美　国	Solutia	DMAc 二步法	Acrilan	135	135	0
		北美合计			185	185	50
3	阿根廷	Hisisa. S. A.	HNO_3 二步法		16	16	16
4	巴　西	Celbras	DMF 二步干法		11.3	11.3	11.3
5	巴　西	Fibra	DMF 一步法		27.7	27.7	27.7
6	巴　西	Polifiatex	DMAc 二步法		17	18	18
7	巴　西	Rhodia-Ster	DMF 二步湿法		20.4	20.4	25.5
8	墨西哥	Celulosa Y Derivados	DMAc 二步法		60	65	65
9	墨西哥	Fibras Sinteticas	HNO_3 二步法		45	45	45
10	墨西哥	Fibr. Naci. de acilico	DMF 一步法		85	85	85

续表

序号	国家/地区	公司名称	工艺路线	商品名	2003年	2004年	2005年
11	秘　鲁	Bayer Industrial	DMF二步干法		28	28	28
拉美合计					310.4	316.4	321.5
12	德　国	Bayer Faser	DMF二步干法	Dralan	135	136	136
13	德　国	Bayer, Linger	DMF二步干法		40	40	40
14	德　国	Acordis, Kelheim	DMF二步干法	Dolan	54	54	54
15	爱尔兰	Asahi Synthetic Fibres	HNO_3二步法		17.5	17.5	17.5
16	意大利	Montefibre	DMAc二步法	Leacril	150	150	150
17	葡萄牙	Fisipe	DMAc二步法		66		
18	西班牙	Acordis	NaSCN二步法		64	64	64
19	西班牙	Montefibre Hispania	DMAc二步法		95	95	95
20	英　国	Acordis	NaSCN一步法	Courtelle	80	80	80
西欧合计					701.5	636.5	636.5
21	保加利亚	Bulana	DMF一步法		16	16	16
22	匈牙利	Magyar Viscosagyar	DMF二步干法		20	20	20
23	匈牙利	Magyar Viscosagyar	DMF一步法		14	14	14
24	波　兰	Chemitex-Anilana	NaSCN一步法		15	15	15
25	罗马尼亚	Savinseti	EC二步法	Melana	65	65	65
26	俄罗斯	Saratov	NaSCN一步法	Nitron	20	20	20
27	白俄罗斯	Polymir	NaSCN一步法	Nitron-C	68	68	68
28	白俄罗斯	Polymir	丙酮二步法	Nitron-M	20	20	20
29	白俄罗斯	Polymir	DMF一步法	Nitron-D	35	35	35
30	乌兹别克	Novoiazot	NaSCN一步法		20	20	20
31	南斯拉夫	Organsko Hemika	NaSCN一步法		30	30	30
东欧合计					323	323	323
32	伊　朗	Polyacryl Iran	DMF二步干法		31	31	31
33	伊　朗	Polyacryl Iran	DMF一步法		42	42	42
34	土耳其	Aksa	DMAc二步法		250	255	255
35	土耳其	Yalova	DMF一步法		20	20	20
36	土耳其	Yalova	DMF一步法	偏氯腈纶	18	18	18
中东合计					361	366	366

续表

序号	国家/地区	公司名称	工艺路线	商品名	2003年	2004年	2005年
37	中国	兰州公司化纤厂	NaSCN一步法	金兰	19	0	0
38	中国	上海石化腈纶部	NaSCN一步法	三人	50	54	54
39	中国	上海石化腈纶部	NaSCN二步法	金阳	28	30	30
40	中国	上海石化腈纶部	NaSCN二步法	三人	72	76	111
41	中国	大庆石化腈纶厂	NaSCN二步法	大庆	67	75	90
42	中国	抚顺石化腈纶化工厂	DMF二步干法	顺邦	55	55	55
43	中国	抚惠阳燃纤维有限公司	DMF一步法	偏氯腈纶	5	5	5
44	中国	秦皇岛腈纶厂	DMF二步干法	环球	40	50	50
45	中国	齐鲁石化腈纶厂	DMF二步干法	奥齐	54	58	58
46	中国	山东大成集团腈纶分公司	NaSCN一步法	宝雷	9	10	10
47	中国	茂名万商腈纶有限公司	DMF二步干法	白山	30	30	30
48	中国	浙江金甬腈纶公司	DMF二步干法	A牌	56	64	64
49	中国	安庆石化腈纶厂	NaSCN二步法	黄山	70	80	90
50	中国	吉林奇峰化纤股份有限公司	DMAc二步法	台山	75	116	116
51	中国	大庆炼化腈纶厂	NaSCN二步法		30	30	30
52	中国	杭州湾腈纶有限公司	DMAc二步法				60
53	中国	宁波丽阳化纤有限公司	DMAc二步法				50
54	中国	台湾省东华合纤股份有限公司	DMAc二步法		55	55	55
55	中国	台湾省台塑集团公司	DMF一步法		102	102	102
56	印度	I. P. C. L	HNO_3二步法		24	74	74
57	印度	J. K. Synthetics	DMAc二步法		24	32	32
58	印度	Pasupati Acrylon	DMF一步法		18	20	20
59	印度	India acrylic fiber	DMF二步干法		20	35	35
60	印度	Consolidated fiber	DMF一步法		12	14	14
61	巴基斯坦	Dewan Salman Fibre	DMF一步法		25	25	25
62	韩国	Hanil(韩一合纤)	HNO_3二步法		110	110	110
63	韩国	Tae Kwang (泰光合纤)	NaSCN二步法		79	80	80
64	朝鲜		EC二步法		10	10	10
65	泰国	泰国腈纶厂	NaSCN二步法		20	57	57
66	日本	三菱人造丝	DMAc二步法	Vonnel	136	136	136
67	日本	三菱人造丝	DMF干法长丝		8	8	8

续表

序号	国家/地区	公司名称	工艺路线	商品名	2003年	2004年	2005年
68	日　本	日本 Exlan	NaSCN 二步法	Exlan	60	60	60
69	日　本	东邦人造丝	$ZnCl_2$ 一步法	Beslon	39	39	39
70	日　本	东　丽	DMSO 一步法	Toraylon	42	42	42
71	日　本	钟　渊	丙酮二步法	Kanecaron	45	45	45
亚洲合计					1489	1677	1847
总　计					3370	3504	3544

三、我国聚丙烯腈纤维工业发展概况

1958年，上海、北京、吉林等地先后对NaSCN、HNO_3、DMF和DMSO等溶剂的湿法纺丝工艺路线开展研究。1965年，兰州化纤厂从英国考陶尔公司引进NaSCN一步法腈纶成套技术，1969年投产，标志着我国腈纶工业化生产的开始，按合纤命名规则，商品名定为“腈纶”。20世纪80年代，世界腈纶产业结构大调整，给我国腈纶工业大发展提供了机遇。从80年代中期开始，我国又先后引进了美国氰氨公司NaSCN二步法湿纺技术、意大利蒙特(Monte Fiber) DMAc二步法湿纺技术、意大利斯尼DMF一步法改性腈纶湿纺技术、美国杜邦公司的DMF干纺技术，并自行开发了具独立知识产权的NaSCN二步法湿纺技术，还开展了腈纶熔融纺丝技术的研究。到20世纪末，已形成多种工艺路线并举，具有独立开发能力，较为完整的腈纶工业体系。1990～2000年，产能、产量的年增长率分别达到15.6%和14.5%，产量从占世界5%上升到18.2%。2004年，主要腈纶生产企业13家，总生产能力约733kt/a(表11－5)。自1999年开始，产能与产量超过日本，居世界首位，中国腈纶工业的快速发展拉动了世界腈纶工业的持续增长，中国腈纶产能与产量增长趋势如图11－2所示。

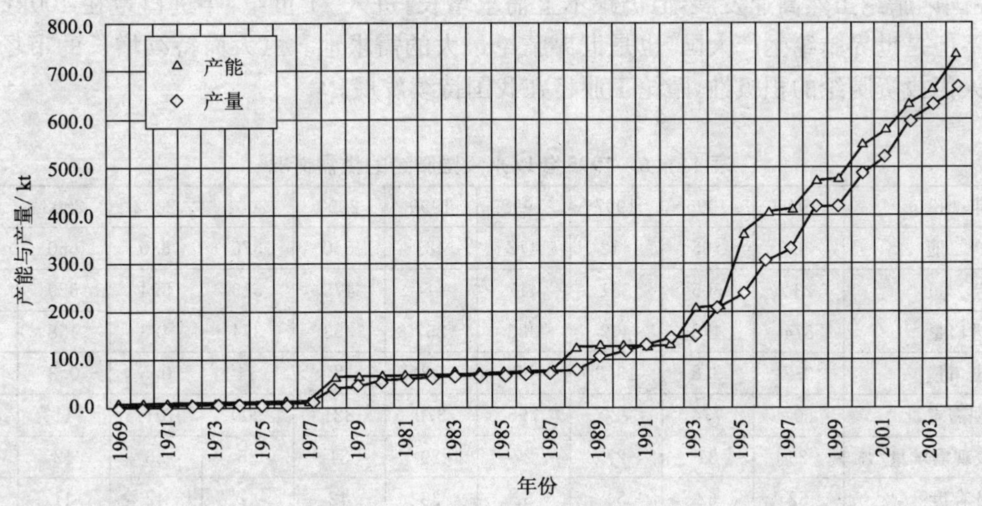

图11－2　中国腈纶产能与产量增长情况

表 11－5　2003～2005 年我国按地域腈纶生产能力分布　　单位：kt/a

地区	省　市	厂家名称	工艺路线	2003 年	2004 年	2005 年
华北	河北省	秦皇岛腈纶厂	DMF 干法	40	50	50
东北	黑龙江省	大庆石化腈纶厂	NaSCN 二步法	67	75	90
	黑龙江省	大庆炼化腈纶厂	NaSCN 二步法	30	30	30
	吉林省	吉林奇峰化纤股份有限公司	DMAc 二步法	75	116	116
	辽宁省	抚顺石化腈纶化工厂	DMF 干法	55	55	55
	辽宁省	抚惠阻燃纤维有限公司	DMF 一步法	5	5	5
华东	上海市	上海石化腈纶部	NaSCN 一步法	50	54	54
			NaSCN 二步法	100	106	141
	浙江省	浙江金甬腈纶公司	DMF 干法	56	64	64
	安徽省安庆市	安庆石化腈纶厂	NaSCN 二步法	70	80	90
	山东省淄博市	齐鲁石化腈纶厂	DMF 干法	54	58	58
	山东省淄博市	山东大成集团腈纶分公司	NaSCN 一步法	9	10	10
	浙江省宁波市	宁波丽阳化纤有限公司	DMAc 二步法	0	0	50
	浙江省慈溪市	杭州湾腈纶有限公司	DMAc 二步法	0	0	60
华南	广东省茂名市	茂名万商腈纶有限公司	DMF 干法		30	30
西北	甘肃省兰州市	兰化公司化纤厂	NaSCN 一步法	19	0	0
合　计				660	733	903

我国多寒冷地区，缺乏羊毛资源，属人口众多的发展中国家，为解决穿衣与纺织品出口需要，纺织业对腈纶的需求一直很大。1990～2000 年，表观需求年均增长率达 9.3%。1995 年以来，国内市场需求量已超过世界总产量的 25%，2003 年超过 40%，近年供需趋势见图 11－3、表 11－6。国内腈纶虽然高速发展，但仍跟不上需求增长，进入 21 世纪，年进口量在 400kt 以上。故中国不但是世界腈纶生产大国，也是世界腈纶最大的需求地。巨大而持续增长的市场需求，吸引了人们投资腈纶的积极性，腈纶工业将在我国持续发展。

表 11－6　1995 年以来我国腈纶的供需情况　　单位：kt

年　份	1995	1996	1997	1998	1999	2000	2001	2002	2003	2004
产　能	363	405	412	472	481	540	570	630	660	733
产　量	234	305	331	417	414	475	519	594	629	662
进口量	374	478	402	382	257	353	374	423	458	460
出口量	0.7	8.8	13.3	57	13	8	14	0.5	0.8	1.7
表观需求量	607	774	720	796	670	821	900	1017	1113	1121
占世界表观需求量/%	25	31	27	27	29	31	35	36	42	42
对外依存度①/%	62	62	54	52	36	42	42	42	41	41

①对外依存度为进口腈纶量占表观需求量的百分数。

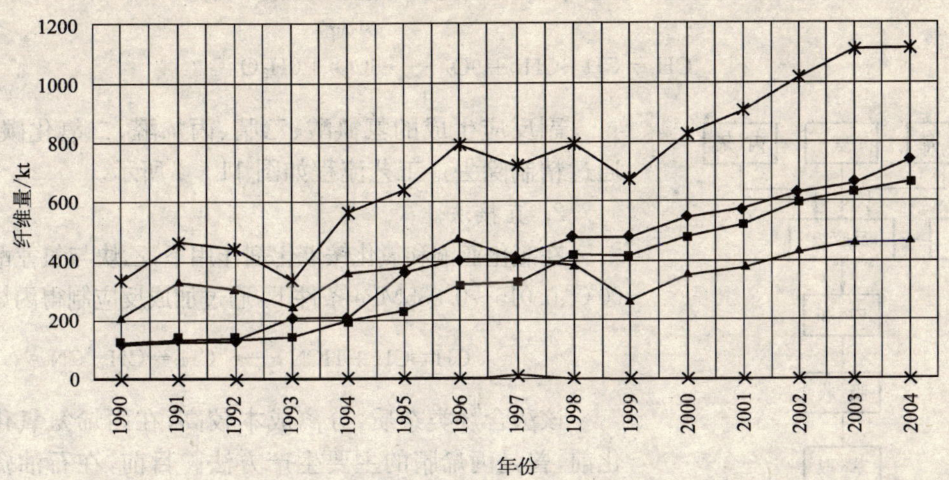

图 11－3　中国腈纶供需变化趋势

—◆— 产能　—■— 生产量　—▲— 进口量　—×— 出口量　—✳— 表观需求量

第二节　原　料

一、第一单体——丙烯腈

丙烯腈(Acrylonitrile；vinyl cyanide)简写为 AN。

分子式：C_3H_3N

结构式：$CH_2{=}CH{-}CN$

相对分子质量：53.06

(一)丙烯腈的制法

1. *丙烯氨氧化法(Sohio 法)*

1959 年，美国索亥俄公司研究成功丙烯氨氧化法，1960 年实现工业生产，是目前丙烯腈工业生产中最主要的方法。它以丙烯、氨和氧气(空气)为原料，以载于硅胶上的磷钼铋铈为催化剂，在 440～450℃常压流化床中发生气—固相催化反应，接触 4～5s 即可合成丙烯腈。其主要反应为：

$$\underset{\text{丙烯}}{CH_2{=}CH{-}CH_3} + NH_3 + \frac{3}{2}O_2 \longrightarrow \underset{\text{丙烯腈}}{CH_2{=}CH{-}CN} + 3H_2O + 516.2\text{kJ/mol}$$

副反应主要有：

$$CH_2{=}CH{-}CH_3 + 3NH_3 + 3O_2 \longrightarrow \underset{\text{氢氰酸}}{3HCN} + 6H_2O$$

$$2CH_2{=}CH{-}CH_3 + 3NH_3 + 3O_2 \longrightarrow \underset{\text{乙腈}}{3CH_3{-}CN} + 3H_2O$$

$$CH_2{=}CH{-}CH_3 + O_2 \longrightarrow \underset{\text{丙烯醛}}{CH_2{=}CH{-}CHO} + H_2O$$

$$CH_2{=}CH{-}CH_3 + 9O_2 \longrightarrow 6CO_2 + 6H_2O$$

副反应生成的氢氰酸、乙腈、丙烯醛、二氧化碳和水等，通过精制除去。工艺流程如图 11－4 所示。

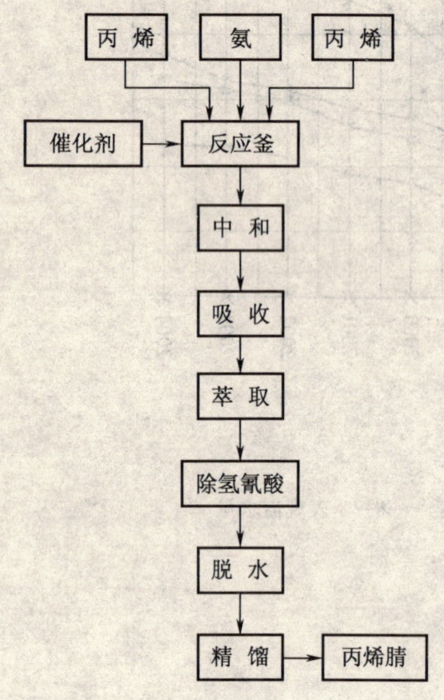

图 11－4 丙烯氨氧化法制丙烯腈的工艺流程

2. 直接法

在氯化亚铜和氯化铵催化剂作用下，乙炔与氢氰酸在 80～90℃、0.015～0.035MPa 条件下，通过加成反应制得丙烯腈。

$$CH{\equiv}CH + HCN \longrightarrow CH_2{=}CH{-}CN$$

该法含炔类杂质，分离成本较高，在丙烯氨氧化法工业化前，曾是丙烯腈的主要生产方法。目前，在石油资源缺乏地区尚有应用价值。

3. 环氧乙烷与氢氰酸合成法

环氧乙烷与氢氰酸先合成氰乙醇，再脱水制得丙烯腈。该法制得的丙烯腈纯度较高，但工序较长。

$$\underset{\text{环氧乙烷}}{H_2C{-}CH_2\ (\text{O})} + HCN \longrightarrow \underset{\text{氰乙醇}}{NC{-}CH_2{-}CH_2OH} \longrightarrow CH_2{=}CH{-}CN + H_2O$$

4. 丙烯－2－胺法

丙烯－2－胺在银催化下与氧反应，生成丙烯腈与水。

$$\underset{\text{丙烯－2－胺}}{CH_2{=}CH{-}CH_2NH_2} + O_2 \xrightarrow{Ag} CH_2{=}CH{-}CN + 2H_2O$$

5. 2－氯丙腈法

2－氯丙腈加热至 575～625℃时，异构化成 3－氯丙腈，用稀碱脱除氯化氢，制得丙烯腈。

$$\underset{\text{2－氯丙腈}}{CH_3{-}\underset{Cl}{\underset{|}{CH}}{-}CN} \longrightarrow \underset{\text{3－氯丙腈}}{\underset{Cl}{\underset{|}{CH_2}}{-}CH_2{-}CN} \longrightarrow CH_2{=}CH{-}CN + HCl$$

6. 丙烷氨氧化法

BP 公司开发的丙烷直接氨氧化法是在特定的催化剂下，以纯氧为氧化剂，同时进行丙烷氧化脱氢和丙烯氨氧化法反应。

BOC 与三菱化成公司开发的先将丙烷氧化脱氢后生成丙烯，然后再以常规氨氧化法生产丙烯腈。

丙烷价格低廉，来源丰富，两法虽尚未工业化，但具有很强的竞争力，未来有可能取代丙烯氨氧化法制丙烯腈。

(二)丙烯腈的性能

外观与性状:室温、常压下为具苦杏仁气味的无色透明液体。

沸点:77.3℃

凝固点:－83～－84℃

熔点:－83.5℃

闪点:0℃±2.5℃

自燃点:481℃

密度:0.8060g/mL(20℃);0.8004g/mL(25℃)

折射率:$n_D^{20}=1.3911$, $n_D^{25}=1.3884$

黏度:0.0034Pa·s(25℃);0.0040Pa·s(20℃)

饱和蒸气压:6665 Pa (8.7℃);66650Pa (64.7℃)

聚合热:72.5kJ/mol

燃烧热:1761kJ/g

比热容:2.09J/(g·K)

汽化潜热:32.66kJ/mol

爆炸极限:(3.05%～17.0%)±0.5%(空气中体积分数)

偶极矩:3.88×10^{-18}cm

溶解性:在水中,0℃时的溶解度为7.2%、20℃时为7.3%、25℃时为7.4%(相同条件下,水在丙烯腈中的溶解度分别为2.1%、3.1%、3.4%);与大部分有机溶剂能以任何比例互溶;可溶于氯化锌、硫氰酸钠等无机盐的浓水溶液。

危险性:一级易燃液体。其蒸气与空气能形成爆炸性混合物,遇明火、高热能引起燃烧与爆炸。可在光、热作用下发生聚合反应,放出大量热量,引起容器破裂爆炸。

毒性:高毒类物质。可经呼吸道、皮肤和胃肠道进入人体。急性中毒轻度时表现为乏力、头晕、头痛、恶心、呕吐等,并伴有黏膜刺激症状。严重时,除上述症状外,可有胸闷、心悸、烦躁不安、呼吸困难、紫绀、抽搐、昏迷,抢救不及时可造成死亡。慢性中毒主要表现为头痛、头晕、乏力、失眠、多梦及心悸等,体征方面出现低血压倾向、咽反射减弱和腱反射亢进。皮肤接触可引发皮炎,表现为红斑、疱疹及脱屑,愈后可残留色素沉着。

(三)丙烯腈的质量指标

1. 我国丙烯腈的质量指标

我国的丙烯腈质量指标见表11－7。

表11－7　丙烯腈的质量指标(GB 7707—1987)

指标名称	指标			试验方法
	优级品	一级品	合格品	
外　观	透明液体，无悬浮物			GB 7717.2—1987
含量/%,≥	99.5	99.3	98.5	GB 7717.3—1987

续表

指标名称	指标			试验方法
	优级品	一级品	合格品	
密度(20℃)/g·mL^{-1}	0.800～0.807			GB 7717.4—1987
pH值(5%水溶液)	6.0～9.0	6.0～10.0	6.0～10.0	GB 7717.5—1987
滴定值(5%水溶液),≤	2.0	3.0	4.0	GB 7717.6—1987
色度(铂—钴标度),≤	5	10	20	GB 605—1977
含水率/%,≤	0.45	0.50	0.70	GB 7717.7—1987
总醛含量(以乙醛计)/%,≤	0.005	0.010	0.018	GB 7717.8—1987
总氰含量(以氢氰酸计)/%,≤	0.0005	0.0010	0.0040	GB 7717.9—1987
过氧化物含量(以 H_2O_2 计)/%,≤	0.00002	0.00003	0.00004	GB 7717.10—1987
铁含量/%	0.00001	0.00002	0.00005	GB 7717.11—1987
乙氰含量/%	0.020	0.030	0.050	GB 7717.12—1987
丙酮含量/%	0.010	0.020	0.030	GB 7717.12—1987
丙烯醛含量/%	0.0015	0.0040	0.0090	GB 7717.12—1987

2. 国外部分厂商丙烯腈的质量指标

国外部分厂商丙烯腈的质量指标见表11－8。

表11－8 国外部分厂商丙烯腈的质量指标

指标名称	氰氨公司	杜邦公司	BP公司	斯特林公司	旭化成公司
外观	澄清,无悬浮物	澄清,无悬浮物	无色透明,无悬浮物	澄清,无悬浮物	透明,无悬浮物
纯度/%	≥99.5	≥99	≥99.5		
密度(20℃)/g·mL^{-1}	0.7990～0.8020		0.7990～0.8020	0.7990～0.8020	0.7990～0.8020
pH值(5%水溶液)	6.0～7.5		6.0～7.5		6～9
酸度(以HAc计)/mg·kg^{-1}	<20	≤35	≤20	≤20	≤20
色相(APHA,哈森值)	<5	≤10	≤15	≤10	
色度(铂—钴标度)			≤5		≤5
含水率/%		0.25～0.5	0.2～0.5	0.25～0.45	0.25～0.45
含醛量(以乙醛计)/mg·kg^{-1}	<50	≤50	≤50	≤50	≤50
氢氰酸含量/mg·kg^{-1}	<10		5	5	5
过氧化物含量(以 H_2O_2 计)/mg·kg^{-1}	<0.2		<0.2	<0.2	<0.2
含铁量/mg·kg^{-1}	<0.1		<0.1	<0.2	<0.1

续表

指标名称	氰氨公司	杜邦公司	BP公司	斯特林公司	旭化成公司
铜含量/$mg \cdot kg^{-1}$	<0.1		<0.1		<0.1
乙氰含量/$mg \cdot kg^{-1}$	<100	≤500	≤300	≤500	≤200
丙酮含量/$mg \cdot kg^{-1}$	<100	≤300	≤100	≤300	≤100
丙烯醛含量/$mg \cdot kg^{-1}$	<10	≤10	≤10		≤5
丙腈含量/$mg \cdot kg^{-1}$		≤200			
不挥发物含量/$mg \cdot kg^{-1}$	<50	≤50	≤50	100	≤150
阻聚剂(MEHQ)含量/$mg \cdot kg^{-1}$	20～40	35～50	35～45	35～50	35～45
噁唑含量/$mg \cdot kg^{-1}$	100				
氧气稳定性/h	≥4		≥4		≥4
折射率(25℃)	1.3882～1.3891		1.3882～1.3891	1.3880～1.395	1.3880～1.3891
滴定值(5%水溶液)/mL	2		2		2
紫外线吸收波段/nm		≤240			

二、第二单体

腈纶生产中常用的第二单体有丙烯酸甲酯(MA)、甲基丙烯酸甲酯(MMA)和醋酸乙烯酯(VAc)。

(一)丙烯酸甲酯(Methyl Acrylate,简写 MA)

分子式:$C_4H_6O_2$

结构式:$CH_2{=}CH{-}\overset{\overset{\displaystyle O}{\|}}{C}{-}O{-}CH_3$

相对分子质量:86.09

1. 丙烯酸甲酯的制法

(1) 丙烯腈水解法:丙烯腈在硫酸催化下,水解生成丙烯酰胺硫酸盐,然后与甲醇进行酯化,制得粗 MA,经盐洗、减压精馏制得精 MA,生产流程如图11-5 所示。

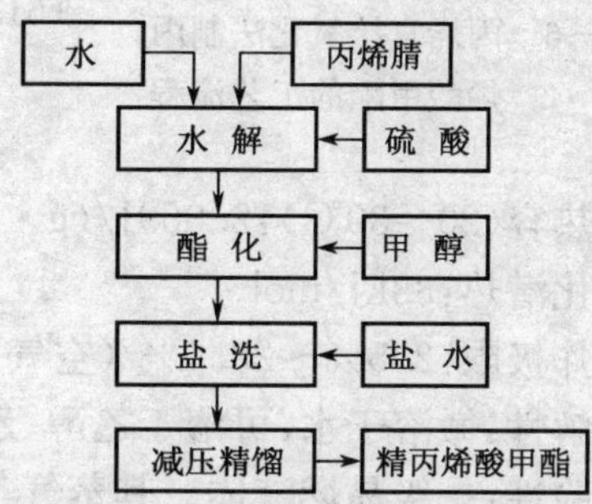

图 11－5 丙烯腈水解法制丙烯酸甲酯的生产流程

$$\underset{\text{丙烯腈}}{CH_2{=}CH{-}CN} + H_2O \xrightarrow{H_2SO_4} \underset{\text{丙烯酰胺}}{CH_2{=}CH{-}\overset{\overset{O}{\|}}{C}{-}NH_2}$$

$$\underset{\text{丙烯酰胺}}{CH_2{=}CH{-}\overset{\overset{O}{\|}}{C}{-}NH_2} + \underset{\text{甲醇}}{CH_3{-}OH} + H_2SO_4 \longrightarrow \underset{\text{丙烯酸甲酯}}{CH_2{=}CH{-}\overset{\overset{O}{\|}}{C}{-}O{-}CH_3} + NH_4HSO_4$$

(2)丙烯直接氧化法:丙烯在含钼催化剂存在下,常压、200~250℃气相氧化生成丙烯酸,再与甲醇反应生成丙烯酸甲酯。其工艺流程如图 11-6 所示。

$$\underset{\text{丙烯}}{CH_2{=}CH{-}CH_3} + O_2 \longrightarrow \underset{\text{丙烯醛}}{CH_2{=}CH{-}CHO} + H_2O$$

$$\underset{\text{丙烯醛}}{CH_2{=}CH{-}CHO} + \frac{1}{2}O_2 \longrightarrow \underset{\text{丙烯酸}}{CH_2{=}CH{-}COOH}$$

$$\underset{\text{丙烯酸}}{CH_2{=}CH{-}COOH} + \underset{\text{甲醇}}{CH_3{-}OH} \longrightarrow \underset{\text{丙烯酸甲酯}}{CH_2{=}CH{-}COOCH_3} + H_2O$$

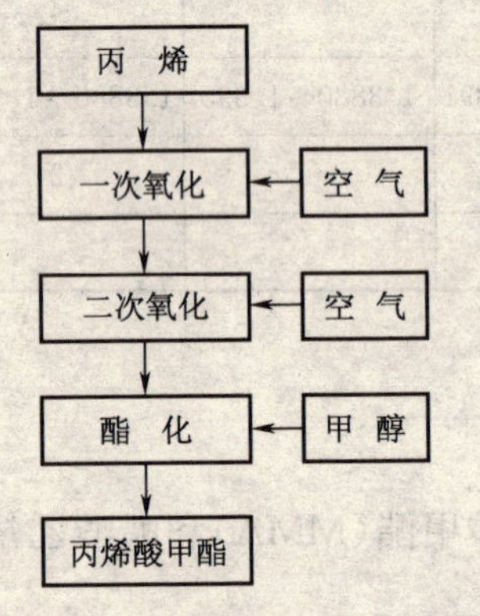

图 11-6 丙烯直接氧化法制丙烯酸甲酯的工艺流程

2. 丙烯酸甲酯的性能

外观与性状:室温、常压下为带蒜臭味的无色透明液体。

沸点:80.5℃

熔点:-75℃

闪点:-3℃(闭口式),15.6℃(开杯式)

自燃点:468℃

相对密度:0.9535(D_4^{20});0.948~0.951(D_4^{25})

折射率:$n_D^{20}=1.4040$、$n_D^{25}=1.461$

黏度(25℃):0.503mPa·s

饱和蒸气压:13.33kPa(28℃)、26.66kPa(43.9℃)、53.32kPa(61.8℃)

聚合热:80~84kJ/mol

燃烧热:1761kJ/g

比热容(20~30℃):2.009J/(g·K)

汽化潜热:33kJ/mol

爆炸极限:2.5%~28.0%(空气中体积分数)

溶解性:微溶于水,可溶于乙醇、乙醚、苯等有机溶剂。

危险性:一级易燃液体。其蒸气与空气形成爆炸性混合物,遇明火、高热引起燃烧与爆炸。与氧化剂发生强烈反应。不含阻聚剂的纯丙烯酸甲酯常温就可发生聚合,生成不溶性弹性体,放出大量热量,引起容器破裂爆炸。

毒性:高毒类物质。可经呼吸道、皮肤和胃肠道进入人体。急性中毒轻度时表现为乏力、头晕、头痛、恶心、呕吐等,并伴有黏膜刺激症状。严重时,除上述症状外,可有胸闷、心悸、烦躁不安、呼吸困难、紫绀、抽搐、昏迷,抢救不及时可造成死亡。慢性中毒主要表现为头痛、头晕、乏力、失眠、多梦及心悸等,体征方面出现低血压倾向、咽反射减弱和腱反射亢进。皮肤接触可引发皮炎,表现为红斑、疱疹及脱屑,愈后可残留色素沉着。

3. 丙烯酸甲酯的质量指标

丙烯酸甲酯的质量指标见表 11-9。

表 11－9 部分厂商丙烯酸甲酯的质量指标

指标名称	氰氨公司	杜邦公司	北京东方化工厂	
			优级品	一级品
外观		清澈,无悬浮物	无色透明	无色透明
纯度/%	≥99.5	≥99.5	≥99.5	≥99.0
密度(20℃)/g·mL^{-1}	0.948～0.951			
酸度(以丙烯酸计)/%	≤0.009	≤0.01	≤0.01	≤0.01
色相(铂—钴标度)	≤20	≤10	≤10	≤10
含水率/%	≤0.1	≤0.15	≤0.05	≤0.1
铁含量/mg·kg^{-1}	≤0.4	≤0.2	≤0.1	≤0.2
苯含量/mg·kg^{-1}	≤10			
阻聚剂(MEHQ)含量/mg·kg^{-1}		100±10	100±10	100±20
其他杂质含量/mg·kg^{-1}	≤0.4			
氢醌含量/mg·kg^{-1}	≤50			
折射率	1.399～1.401	1.399～1.401		

(二)甲基丙烯酸甲酯(Methyl Methacrylate 简写 MMA)

分子式:$C_5H_8O_2$

结构式:$CH_2{=}C(CH_3)COOCH_3$

相对分子质量:100.11

1. 甲基丙烯酸甲酯的制法

(1) 丙酮氰醇法:丙酮与氢氰酸在30%NaOH溶液中进行氰化反应,生成丙酮氰醇,然后与浓硫酸进行酰胺化反应,制得甲基丙烯酰胺硫酸盐,经水解、酯化制得甲基丙烯酸甲酯。该法为成熟的生产工艺,生产成本较高,环境污染较大,其工艺流程如图 11－7 所示。

$$(CH_3)_2C{=}O + HCN \xrightarrow{NaOH} (CH_3)_2C(OH){-}C{\equiv}N$$

丙酮　氢氰酸　丙酮氰醇

$$(CH_3)_2C(OH){-}C{\equiv}N + H_2SO_4 \longrightarrow CH_2{=}C(CH_3){-}CONH_2 \cdot H_2SO_4$$

甲基丙烯酰胺硫酸盐

$$CH_2{=}C(CH_3){-}CONH_2 \cdot H_2SO_4 \xrightarrow{H_2O} CH_2{=}C(CH_3){-}COOH \xrightarrow{CH_3OH} CH_2{=}C(CH_3){-}COOCH_3$$

甲基丙烯酰胺硫酸盐　甲基丙烯酸　甲基丙烯酸甲酯

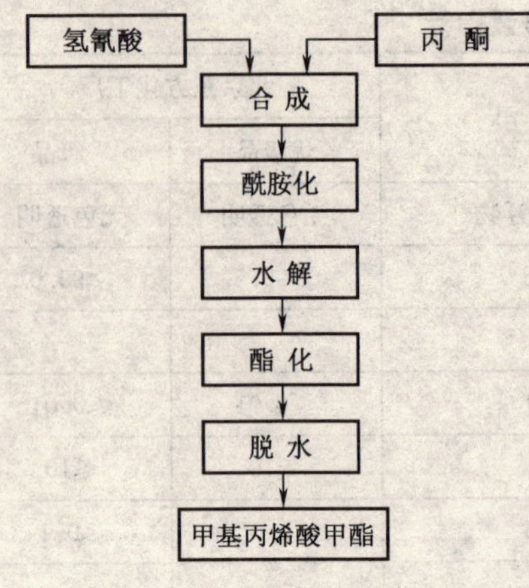

图 11－7 丙酮氰醇法制甲基丙烯酸甲酯的工艺流程

(2) 2-羟基异丁酸酯脱水法：

$$CH_3-C(CH_3)(OH)-COO-CH_3 \xrightarrow{P_2O_5} CH_2=C(CH_3)-COOCH_3 + H_2O$$

2-羟基异丁酸甲酯　　　　甲基丙烯酸甲酯

(3) 异丁烯氧化法：该法有两种工艺实现工业化。在二步氧化工艺中，异丁烯在钼系(Mo—P—Cr—Ti)催化剂存在下，用空气氧化，先生成甲基丙烯醛，进一步氧化生成甲基丙烯酸，再与甲醇酯化制得甲基丙烯酸甲酯。

$$CH_2=C(CH_3)_2 + O_2 \longrightarrow CH_2=C(CH_3)-CHO \xrightarrow{\frac{1}{2}O_2} \xrightarrow{CH_3OH} CH_2=C(CH_3)-COOCH_3$$

异丁烯　　　　甲基丙烯醛　　　　甲基丙烯酸甲酯

在一步法工艺中，异丁烯在碳酸钾或二氧化锰催化剂存在下，以氧化氮(N_2O_4)为氧化剂，一步合成甲基丙烯酸，再与甲醇酯化制得甲基丙烯酸甲酯。该法原料丰富，产品纯度高，流程短，环境污染小。

(4)异丁酸法：氯化异丁酸得到 2-氯异丁酸、2-氯异丁酰氯、2-氯异丁酸酐及 3-氯异丁酸等混合物，用甲醇酯化，使所得混合酯通过 300℃热硅胶，脱除 HCl 后制得甲基丙烯酸甲酯。

2. 甲基丙烯酸甲酯的性能

外观与性状：室温、常压下为带芳香味的无色、透明、挥发性液体。

沸点：100.3℃

冰点：－48.2℃

闪点：10℃(开杯式)

自燃点：421.11℃

密度：0.936g/mL(20/4℃)、0.940g/mL(25℃)

折射率：$n_D^{20}=1.4142$、$n_D^{28}=1.412$

聚合热：48.5kJ/mol

汽化潜热：32.2kJ/mol

聚合表观活化能：60.5kJ/mol

解聚合活化能：104.6kJ/mol

比热容：7.5009J/(g·K)

爆炸极限：2.1%～12.5%(空气中体积分数)

溶解性：微溶于水，可溶于乙醇、乙醚，难溶于乙二醇、丙三醇等有机溶剂。

危险性：在光、热、β射线、γ射线及中子辐射和催化剂等作用下易聚合。与水分解可生成甲基丙烯酸。

毒性：低毒。

3. 甲基丙烯酸甲酯的质量指标

甲基丙烯酸甲酯的质量指标见表 11－10。

表 11－10　部分厂商甲基丙烯酸甲酯的质量指标

指标名称	氰氨公司	我国企业标准
外　观	透明，无悬浮物	无色透明液体
纯度/%	>99.75	≥99.5
密度(25℃)/$g \cdot mL^{-1}$	0.93～0.95	
酸度(以甲酸计)/%	≤0.05	≤0.05
色相(铂—钴标度)	20	
含水率(卡尔·费歇法)/%	≤0.01	
铁含量/$mg \cdot kg^{-1}$	≤0.4	
苯含量/$mg \cdot kg^{-1}$	≤75	
丙酸甲酯、异丁酸、甲醇等的含量/$mg \cdot kg^{-1}$	≤0.10	
氢醌含量/$mg \cdot kg^{-1}$	20～30	
折射率(25℃)	1.410～1.414	
初馏点/℃		98.5
干点/℃		101.5
活性/s		150～190

(三)醋酸乙烯酯(Vinyl Acetate 简写 VAc，又名醋酸乙烯、乙酸乙烯酯)

分子式：$C_4H_6O_2$

结构式：$CH_2{=}CHOCOCH_3$

相对分子质量：86.09

1. 醋酸乙烯酯的制法

(1)电石乙炔法：由电石(CaC_2)制乙炔，后者在催化剂醋酸锌作用下与醋酸合成醋酸乙烯酯，生产流程如图 11－8 所示。

$$CaC_2 + 2H_2O \longrightarrow CH{\equiv}CH + Ca(OH)_2$$

$$CH{\equiv}CH + CH_3COOH \xrightarrow{Zn(CH_3COO)_2} CH_3OCOCH{=}CH_2$$

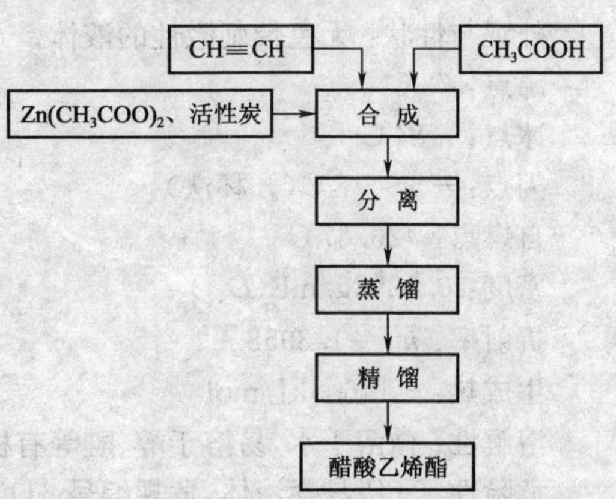

图 11－8　电石乙炔法制醋酸乙烯酯的生产流程

(2)天然气乙炔法：天然气经脱硫纯化，通过高温热裂解或部分氧化的方法，将甲烷气在1500～

1700℃裂解成乙炔，后者与醋酸合成醋酸乙烯酯，其生产流程如图 11－9 所示。

$$2CH_4 \longrightarrow CH\equiv CH + 3H_2$$

甲烷　　　　乙炔

$$CH\equiv CH + CH_3COOH \longrightarrow CH_3OCOCH=CH_2$$

乙炔　　　　醋酸　　　　醋酸乙烯酯

(3)乙烯法：由石油裂解产生的乙烯与醋酸、O_2 在金属钯催化下气相合成醋酸乙烯酯，其生产流程如图 11－10 所示。

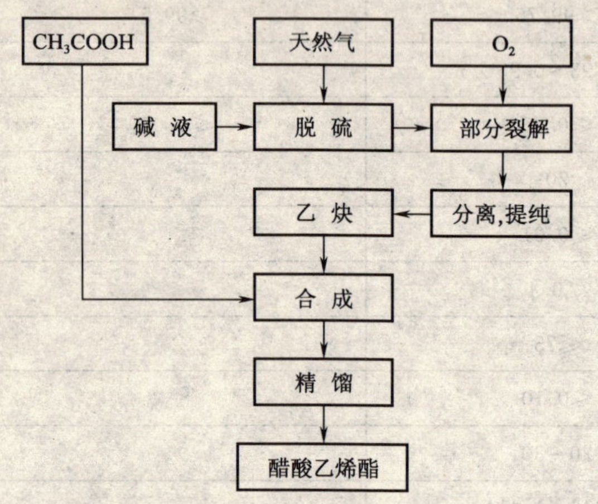

图 11－9　天然气乙炔法制醋酸乙烯酯的生产流程

CH₂═CH₂
O₂
CH₃COOH
混 合
蒸 发
合 成
Pd 系催化剂
精 馏
醋酸乙烯酯

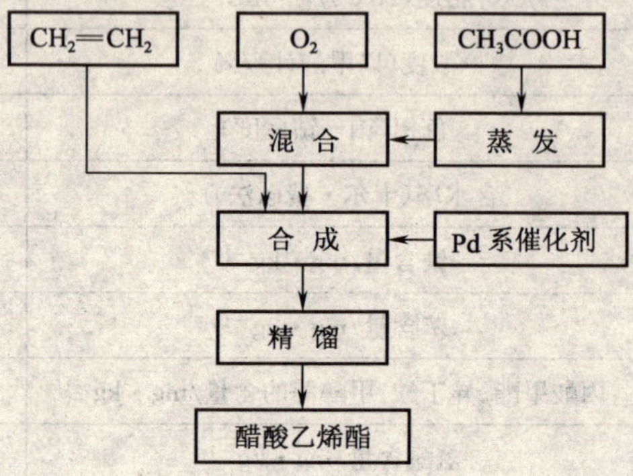

图 11－10　乙烯法制醋酸乙烯酯的生产流程

$$CH_2=CH_2 + CH_3COOH + \frac{1}{2}O_2 \xrightarrow{Pd} CH_3OCOCH=CH_2 + H_2O$$

乙烯　　　　醋酸　　　　醋酸乙烯酯

2. 醋酸乙烯酯的性能

外观与性状：无色带刺激性的液体。

沸点：73℃

冰点：－84℃

闪点：－5～－8℃(开杯法)

自燃点：426.67℃

密度：0.9342g/mL(D_4^{20})

折射率：n_D^{20}＝1.3958

生成热：－146.5kJ/mol

溶解性：微溶于水，易溶于醇、醚等有机溶剂。

危险性：一级易燃液体，危规编号 61110。遇高温、氧化剂、火星有燃烧危险。能与盐酸、氟化氢、硝酸、硫酸、氯磺酸等发生反应。易自聚，聚合放热。其蒸气与空气能形成爆炸性混合物。

毒性：低毒。有麻醉性，对眼睛有刺激性，皮肤长期接触会引发皮炎。

3. 醋酸乙烯酯的质量指标

醋酸乙烯酯的质量指标见表 11－11。

表 11－11　部分厂商醋酸乙烯酯的质量指标

指标名称	美国标准 ASNI/ASTM D2190—79	日本标准 JIS K6724—77	德国标准 AKZO	SH/T 1628・1—1996	
				优级品	一等品
外　观		无色透明、有特殊气味的液体		无色透明液体	无色透明液体
纯度/%			>99.6	≥99.8	—
密度(20℃)/g・mL⁻¹	0.9335～0.9345	0.932～0.936	0.933～0.934	0.930～0.934	
酸度(以乙酸计)/%	≤0.02	≤0.01	≤0.015	≤0.005	≤0.02
色相(铂—钴标度)	≤10		≤10(APHA)	≤5	≤10
含水率/%	≤0.1	≤0.2	≤0.05	≤0.04	≤0.10
乙醛含量/%	≤0.03	≤0.05	≤0.03	≤0.02	≤0.03
蒸发残渣量/%		≤0.05		≤0.005	≤0.05
总活性度/min				≤11.5	≤12.0
馏程/℃	71.8～73	71～73.5，馏出量≥97%	72～73，馏出量≥95%	71～73.5	

三、第三单体

腈纶的第三单体主要用来改善纤维的染色性，常规腈纶用阳离子染料染色，常用的第三单体有衣康酸（ITA）、丙烯磺酸钠（AS）、甲基丙烯酸磺酸钠（MAS）和苯乙烯磺酸钠（VAc）等带酸性基团的乙烯基化合物。

(一)衣康酸（Itaconic Acid、Methylene Succinic Acid 简写 ITA）

又名：亚甲基丁二酸、次甲基丁二酸

分子式：$C_5H_6O_4$

结构式：

$$\begin{array}{l} \qquad\quad CH_2-COOH \\ \qquad\quad | \\ H_2C=C-COOH \end{array}$$

相对分子质量：130.10

1. 衣康酸的制法

衣康酸采用淀粉生物发酵法制备。淀粉水解制得葡萄糖，后者在适量氮源和无机盐存在下，由土曲霉菌种发酵并经转化制得，工艺流程如图 11－11 所示。

$$\underset{\text{葡萄糖}}{2C_6H_{12}O_6} + O_2 \longrightarrow \underset{\text{葡萄糖酸}}{2C_6H_{12}O_7}$$

$$\underset{\text{葡萄糖酸}}{C_6H_{12}O_7} \longrightarrow \underset{\text{柠檬酸}}{C_6H_8O_7} + 2H_2$$

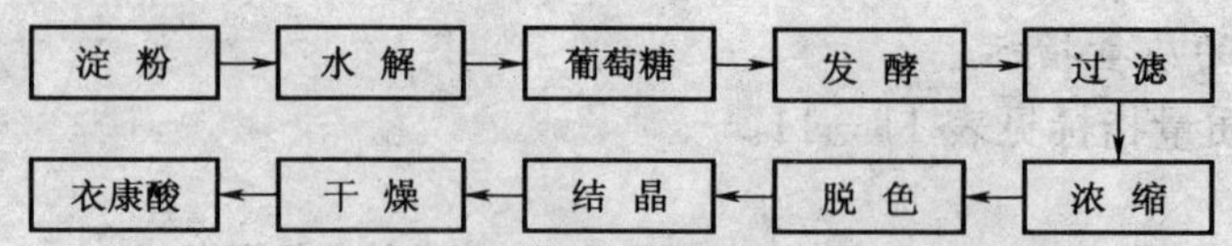

图 11－11　淀粉生物发酵法制衣康酸的工艺流程

$$C_6H_8O_7 \longrightarrow C_6H_6O_6 + H_2O$$

柠檬酸　　乌头酸

$$C_6H_6O_6 \longrightarrow C_5H_6O_4 + CO_2$$

乌头酸　　衣康酸

2. 衣康酸的性能

外观：无色无臭晶体。

熔点：164～167℃

密度：1.632g/cm^3

溶解性：溶于水、乙醇、丙酮和三氯甲烷。微溶于乙醚、苯、石油醚和二硫化碳。20℃在水中溶解度为7.7%。

其他特性：在真空下能升华，不易挥发，过热能分解。无爆炸性。易聚合，与亚硫酰二氯作用生成衣康酸酐。

毒性：低毒类物质。对皮肤与黏膜有轻度刺激作用。

3. 衣康酸的质量指标

纯度：≥99%

外观：白色晶体粉末

熔点：164～167℃

密度：1.632g/cm^3

重金属含量：<50 mg/kg

色相(10%水溶液)：<20 (铂—钴标度)

(二)丙烯磺酸钠(Sodium Allyl Sulfonate，简写 AS)

分子式：$C_4H_7SO_3Na$

结构式：$H_2C{=}CH{-}CH_2{-}SO_3Na$

相对分子质量：144.13

1. 丙烯磺酸钠的制法

由丙烯和氯气反应生成氯丙烯，再与亚硫酸钠进行磺化反应制得丙烯磺酸钠。

反应式：

$$CH_2{=}CH{-}CH_3 + Cl_2 \longrightarrow CH_2{=}CH{-}CH_2Cl + 2HCl$$

丙烯　　氯丙烯

$$CH_2{=}CH{-}CH_2Cl + Na_2SO_3 \longrightarrow H_2C{=}CH{-}CH_2{-}SO_3Na + NaCl$$

氯丙烯　　亚硫酸钠　　丙烯磺酸钠

2. 丙烯磺酸钠的性能

外观：白色晶体粉末，极易吸潮。

熔点：330℃

软化点：260℃

折射率：$n_D^{20}=1.3443\sim1.3448$（10%水溶液）

溶解性：溶于水，20℃在 100g 水中溶解 180g，水溶液呈碱性；在异丙醇中为 1g/mL；在 54.5%硫氰酸钠水溶液中为 10.1g/mL。不溶于苯等非极性溶剂。

热稳定性：长时间受热会自聚。

其他特性：具有双键和磺酸盐的一般化学性质。

3. 丙烯磺酸钠的质量指标

纯度：≥95%

pH 值（10%水溶液）：6～9

氯化物含量：≤0.1%

含铁量：0.5mg/kg

含水率：<5%

（三）甲基丙烯磺酸钠（Sodium Methyl Acryl Sulfonate，简写 MAS）

分子式：$C_4H_7SO_3Na$

结构式：$H_2C{=}C(CH_3){-}CH_2{-}SO_3Na$

相对分子质量：158.16

1. 甲基丙烯磺酸钠的制法

（1）磷酸三丁酯法：在三氯甲烷存在下，磷酸三丁酯用三氧化硫磺化，得到磷酸三丁酯的硫酐化物，再与甲基丙烯反应，制得甲基丙烯磺酸，用碱中和制得甲基丙烯磺酸钠，其工艺流程如图 11－12 所示。

$$\underset{\text{磷酸三丁酯}}{(C_4H_9O)_3PO}+SO_3 \xrightarrow{CHCl_3,15\sim20℃} (C_4H_9O)_3PO\cdot SO_3$$

$$(C_4H_9O)_3PO\cdot SO_3+\underset{\text{甲基丙烯}}{CH_2{=}C(CH_3){-}CH_3} \longrightarrow \underset{\text{甲基丙烯磺酸}}{CH_2{=}C(CH_3){-}CH_2SO_3H}+(C_4H_9O)_3PO$$

$$\underset{\text{甲基丙烯磺酸}}{CH_2{=}C(CH_3){-}CH_2SO_2H}+NaOH \longrightarrow \underset{\text{甲基丙烯磺酸钠}}{CH_2{=}C(CH_3){-}CH_2SO_3Na}+H_2O$$

（2）甲基氯丙烯磺化法：甲基氯丙烯用亚硫酸钠溶液磺化，分离杂质后制得甲基丙烯磺酸钠，其工艺流程如图 11－13 所示。

$$\underset{\text{甲基氯丙烯}}{CH_2{=}C(CH_3){-}CH_2Cl}+\underset{\text{亚硫酸钠}}{Na_2SO_3} \longrightarrow \underset{\text{甲基丙烯磺酸钠}}{H_2C{=}C(CH_3){-}CH_2{-}SO_3Na}+NaCl$$

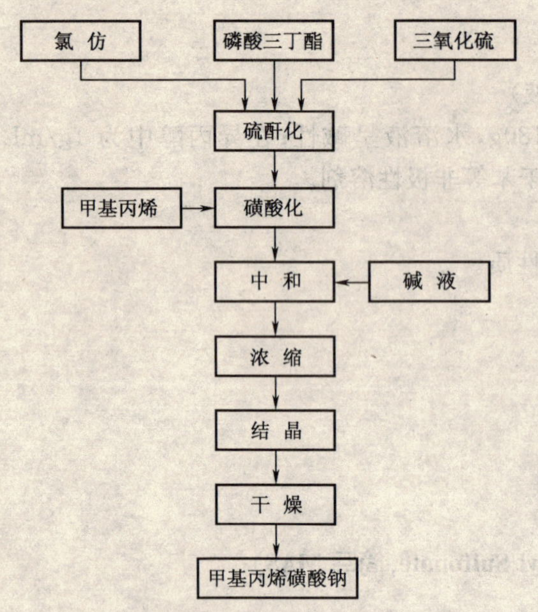

图 11－12 磷酸三丁酯法制甲基丙烯磺酸钠的工艺流程

甲基氯丙烯
亚硫酸钠溶液
磺 化
过 滤
浓 缩
萃 取
结 晶
干 燥
甲基丙烯磺酸钠

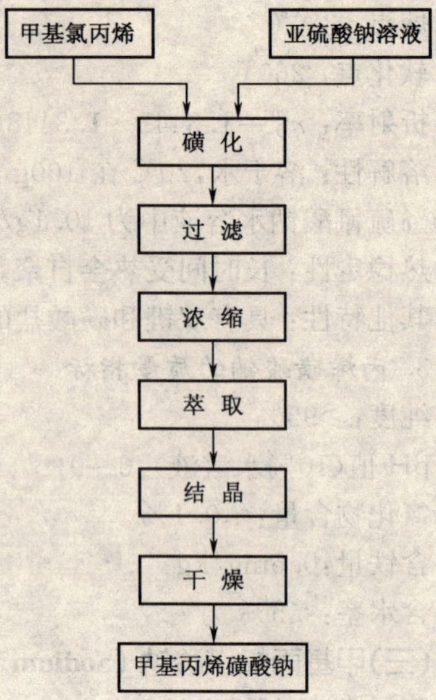

图 11－13 甲基氯丙烯磺化法制甲基丙烯磺酸钠的工艺流程

2. 甲基丙烯磺酸钠的性能

外观：白色透明粉末

分解点：364℃

软化点：274℃

折射率：$n_D^{20}=1.3458\sim1.3460$（10％水溶液）

溶解性：溶于水，微溶于醇、硫氰酸钠水溶液、二甲基甲酰胺、二甲基亚砜，不溶于其他溶剂。20℃在 100g 水中溶解 70～72g；在 90％甲醇水溶液中，每 100mL 溶解 5g；在 54.5％硫氰酸钠水溶液中，每 100mL 溶解 3.2g；25℃时，每 100mL 二甲基甲酰胺溶解 1g。

热稳定性：长时间受热会自聚。

其他特性：具有双键和磺酸盐的一般化学性质。

3. 甲基丙烯磺酸钠的质量指标

外观：白色透明粉末

纯度：＞99％

pH 值（30％水溶液）：6～7

氯化物含量：＜0.1％

亚硫酸盐含量：＜0.05％

铁含量：≤50mg/kg

含水率：＜5％

（四）苯乙烯磺酸钠（Sodium *p*-Styrene Sulfonate，简写 SSS）

又名：对乙烯基苯磺酸钠

分子式：$C_8H_7SO_3Na$

结构式：$H_2C{=}CH{-}C_6H_4{-}SO_3Na$

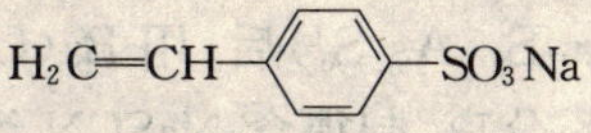

相对分子质量：206.20

1. 苯乙烯磺酸钠的性能

外观：白色粉末

分解点：330℃

溶解性：溶于水、甲醇、二甲基甲酰胺，其溶解度分别为22%、5%、8%。

2. 苯乙烯磺酸钠的质量指标

纯度：≥89%

含水率：8%～12%

pH值(10%水溶液)：8～11

卤化物含量：≤5%

硫酸钠含量：≤0.8%

铁含量：≤11mg/kg

含铜量：≤2mg/kg

可过滤物含量：≤0.05%

均聚物含量：≤2.5%

四、腈纶生产常用溶剂

(一)硫氰酸钠(Sodium Thiocyanate)

又名：硫氰化钠

分子式：$NaSCN \cdot 2H_2O$

相对分子质量：117.1(不含水为81.1)

1. 硫氰酸钠的制法

(1)硫黄氰化钠法：将浓度35%(质量分数)的氰化钠加硫黄粉搅拌反应，生成硫氰酸钠，经活性炭过滤、脱色、浓缩、结晶，制得含二分子结晶水的硫氰酸钠(含NaSCN约68%)。若产地与腈纶厂靠近，可直接供应52%～54%(质量分数)的NaSCN液体，由硫黄氰化钠法制硫氰酸钠的工艺流程如图11-14所示。

主反应：

$$\underset{\text{氰化钠}}{NaCN}+\underset{\text{硫}}{S}\xrightarrow{85\sim102℃}\underset{\text{硫氰酸钠}}{NaSCN}-79.3kJ/mol$$

副反应：

$$NaCN+2H_2O\longrightarrow \underset{\text{甲酸钠}}{HCOONa}+NH_3\uparrow$$

$$6NaOH+4S\longrightarrow Na_2S_2O_3+2Na_2S+3H_2O$$

(2) 砷碱法：焦化厂用砷碱液中含氧硫代砷酸钠吸收煤气中硫化氢生成硫砷酸钠，同时碳酸钠与硫化氢、氢氰酸反应生成硫氢化钠、氰化钠，在脱硫过程中氰化钠与硫、硫氢化钠反应可生成硫氰酸钠，将此砷碱废液用硫酸处理，析出硫化砷（As_2S_5、As_2S_3）后，用 $Ba(OH)_2$ 中和、经浓缩、结晶、除硫代硫酸钠、硫酸钠和铁，再蒸发、结晶、离心分离，制得含 NaSCN 约 68%（重量）的硫氰酸钠，其流程如图 11－15 所示。

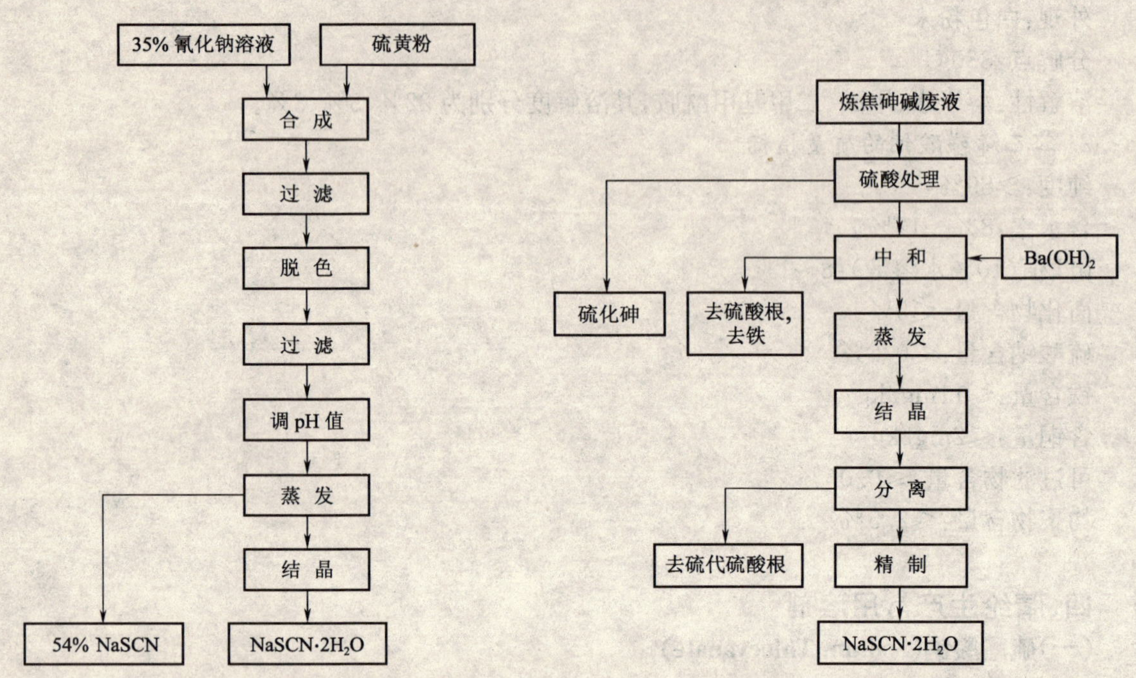

图 11－14 硫黄氰化钠法制硫氰酸钠的工艺流程　　图 11－15 砷碱法制硫氰酸钠的工艺流程

主要反应：

砷碱液中含氧硫代砷酸钠吸收煤气中的硫化氢。

$$Na_3AsS_3O + H_2S \longrightarrow Na_3AsS_4 + H_2O$$

含氧硫代砷酸钠　　硫砷酸钠

砷碱液中碱与煤气中硫化氢、氢氰酸反应。

$$Na_2CO_3 + H_2S \longrightarrow NaHS + NaHCO_3$$

硫氢化钠

$$Na_2CO_3 + HCN \longrightarrow NaCN + NaHCO_3$$

氰化钠

脱硫过程中，硫砷酸钠在氧作用下脱硫再生为含氧硫代砷酸钠。

$$Na_3AsS_4 + O_2 \longrightarrow Na_3AsS_3O + S\downarrow$$

氰化钠与硫、硫化氢反应生成硫氰酸钠。

$$NaCN + S \longrightarrow NaSCN$$

硫氰酸钠

$$NaCN + H_2S + \frac{1}{2}O_2 \longrightarrow NaSCN + H_2O$$

硫氰酸钠

2. 硫氰酸钠的性能

外观：白色或无色、无臭、菱形片状结晶或粉末

熔点：287℃

冰点：310.2℃±0.3℃

分解点：>300℃

熔融热：18.63kJ/mol

生成热：174.72kJ/mol(25℃,101.325kPa)

结晶溶解热：181.71kJ/kg

溶解性：易溶于水、乙醇，稍溶于丙酮。

毒性：低毒类，沾在皮肤上，应立即洗去，皮肤过敏者易引起皮炎。

硫氰酸钠的其余性能见表 11－12～表 11－21。

表 11－12 硫氰酸钠在水中的溶解度

温度/℃	10.7	17.3	21.3	25.0	29.2	33.8	46.1	65.8	73.8	81.8	101.4
溶解度/g·(100gH_2O)$^{-1}$	112.7	127.5	139.3	142.6	167.5	172.4	178.0	189.5	196.2	202.0	225.6
质量分数/%	52.98	56.01	58.21	58.78	62.62	63.29	64.03	65.46	66.24	66.89	69.29

表 11－13 硫氰酸钠在乙醇中的溶解度

温度/℃	18.8	35.8	39.6	52.8	59.6	61.8	70.9
溶解度/g·(100g 乙醇)$^{-1}$	18.37	19.05	19.34	21.05	22.2	22.6	24.43

表 11－14 硫氰酸钠水溶液对丙烯腈的溶解能力(20～22.5℃)

溶解能力		溶解后溶液组成/%(质量分数)		
NaSCN/%(质量分数)	溶解 1mL AN 消耗 NaSCN 溶液的量/mL	AN	NaSCN	H_2O
>53	0.035	94.6	2.8	2.6
53.0	0.36	62.8	19.8	17.4
52.0	0.69	47.3	27.4	25.3
51.3	0.7	46.8	27.3	25.9
50.2	0.995	38.4	30.9	30.7
49.4	1.165	34.8	32.2	33.0
48.5	1.38	31.5	33.2	35.3

续表

溶解能力		溶解后溶液组成/%(质量分数)		
NaSCN/%(质量分数)	溶解 1mL AN 消耗 NaSCN 溶液的量/mL	AN	NaSCN	H_2O
47.8	1.51	29.4	33.6	37.0
46.2	1.82	26.0	34.2	39.8
46.1	1.82	25.7	34.3	40.0
44.9	2.08	23.4	34.4	42.2
44.2	2.38	22.1	34.8	44.1
43.0	2.495	20.5	34.1	45.4
42.0	2.7	19.5	33.8	46.7
40.3	3.03	17.7	33.1	49.2
39.6	3.23	17.1	32.8	50.1
37.8	3.455	16.1	31.7	52.2
36.4	3.73	15.3	30.8	53.9
35.9	3.86	14.8	30.6	54.6
34.7	4.11	14.2	29.7	56.1
33.8	4.21	13.8	29.2	57.0
32.8	4.43	13.3	28.4	58.3

表 11－15　硫氰酸钠水溶液对丙烯腈与丙烯酸甲酯(10∶1)的溶解能力(23～24℃)

溶解能力		溶解后溶液组成/%(质量分数)		
NaSCN/%(质量分数)	溶解 1.085mL 混合单体消耗 NaSCN 溶液的量/mL	混合单体	NaSCN	H_2O
>53.0	0.045	93.7	3.3	3.0
53.0	0.24	73.9	13.9	12.2
52.0	0.473	59.0	21.3	19.7
51.1	0.61	52.6	24.2	23.2
50.4	0.66	50.7	25.3	24.0
50.0	0.968	41.6	29.2	29.2
49.1	1.215	36.3	31.2	32.5
48.5	1.36	33.5	32.2	34.3

续表

溶 解 能 力		溶解后溶液组成/%(质量分数)		
NaSCN/%(质量分数)	溶解 1.085mL 混合单体消耗 NaSCN 溶液的量/mL	混合单体	NaSCN	H_2O
47.6	1.54	31.0	32.9	36.1
46.3	1.88	26.9	33.9	39.2
45.8	2.02	25.6	34.0	40.4
43.8	2.55	21.6	34.4	44.0
42.6	2.85	19.9	34.1	46.0
42.3	2.96	19.5	34.0	46.5
41.8	3.07	19.8	33.9	47.3
41.2	3.25	18.0	33.7	48.3
40.3	3.395	17.6	33.2	49.2
40.0	3.50	17.0	33.2	49.8
39.2	3.76	16.2	32.8	51.0
38.4	3.84	16.1	32.2	51.7
37.9	3.92	15.6	32.0	52.4
37.1	4.18	14.8	31.6	53.0
36.1	4.33	14.5	30.8	54.7
35.8	4.38	14.4	30.5	55.1
35.4	4.53	14.0	30.5	55.6
33.4	4.82	13.5	28.9	57.6

注　1.085mL 混合单体中含丙烯腈 1mL、丙烯酸甲酯 0.085mL。

表 11－16　硫氰酸钠水溶液浓度与密度、沸点的关系

溶液浓度/%(质量分数)	相对密度(25℃)	沸点/℃
2.5	1.015	—
5.0	1.027	—
8.0	1.045	—
10.0	1.056	102.2
29.8	1.064	108.0
30.5	1.177	108.8

续表

溶液浓度/%(质量分数)	相对密度(25℃)	沸点/℃
32.6	1.188	110.0
41.7	1.234	115.0
42.4	1.256	117.8
46.7	1.283	120.0
52.4	1.319	125.0
58.3	1.351	130.0
62.3	结晶析出	135.0

表 11－17　硫氰酸钠水溶液浓度与沸点升高的关系

浓度/mol・L^{-1}	0.75	0.93	1.96	3.01	4.28
沸点升高/℃	0.73	0.92	2.07	3.38	5.25

表 11－18　硫氰酸钠水溶液的比黏度

浓度/mol・L^{-1}	0.5	1	2	3
比黏度	1.005	1.015	1.105	1.254

注　比黏度即水溶液黏度与水黏度之比。

表 11－19　硫氰酸钠水溶液的折射率

浓度/mol・L^{-1}	0.5	1	2	3
n	1.3413	1.35	1.3669	1.3831

表 11－20　硫氰酸钠水溶液的稀释热

水溶液摩尔分数/%	0.5	1	2	22.0	23.0	24	25	26	27
稀释热/J・mol^{-1}	1.59	6.20	26.12	－151.95	－168.5	－211.97	－273.32	－355.89	－489.84

表 11－21　硫氰酸钠水溶液的溶解热

水溶液摩尔分数/%	0	0.5	1	1.5	2	22.0	23	24	25	26	27	27.47
溶解热/J・mol^{-1}	7020	6899	6589	6279	5965	1905	1946	1992	2034	2093	2152	2348

3. 硫氰酸钠的质量指标

硫氰酸钠的质量指标见表 11－22。

表 11－22　硫氰酸钠的质量指标

指标名称	砷碱法	硫黄氰化钠法	液　体	美国氰氨公司	英国考陶尔公司
外　观				透明液体	无色晶体
色度(铂—钴标度)			≤12		
NaSCN 含量/%	≥98	68～79	51～53	51	68～70
硫酸盐(SO_4^{2-})含量/%	≤0.025	≤0.05	≤0.0375	≤0.1(Na_2SO_4)	≤0.05
铁含量/%	≤0.0005	≤0.0003	≤0.000075	≤0.0003	≤0.0001
耗碘量(0.1moL/L)/mL	<4				
色度(50∶50 溶液)		≤12		≤20	≤12
水不溶物含量/%		≤0.001	≤0.00075		≤0.001
氯化物含量/%		≤0.01	≤0.0075	≤0.02	≤0.01
硝酸盐($NaNO_3$)含量/%				≤0.05	
氰化物(NaCN)含量/%				≤0.05	
铵盐含量/%		≤0.0005	≤0.00075	≤0.5(NH_3)	
重金属(Pb)含量/%		≤0.001	≤0.00075		≤0.001
钙含量/%		≤0.0005			≤0.0005
钡含量/%		≤0.0005			≤0.0005
锌含量/%					≤0.0005
其他硫化物含量/%		≤0.001	≤0.00075	≤0.05(Na_2S)	≤0.001
pH 值(50%水溶液)		6～8	6～8	5.6～6.8	6～8
杂质含量/%				≤0.8	
甲酸钠含量/%			≤1.0		
聚合试验					在 51.5%溶液中作聚合试验

注　美国氰氨公司指标中铁含量、pH 值、杂质含量的基准是 50%水溶液。

(二)二甲基甲酰胺(Dimethylformamide，Formyldimethylamine，简写 DMF、DMFA)

又名：甲酰二甲胺

分子式：C_3H_7ON

结构式：

$$\begin{array}{c} \mathrm{HC{=}O} \\ | \\ \mathrm{H_3C{-}N{-}CH_3} \end{array}$$

相对分子质量：73.10

1. 二甲基甲酰胺的制法

(1)二甲胺一氧化碳法：

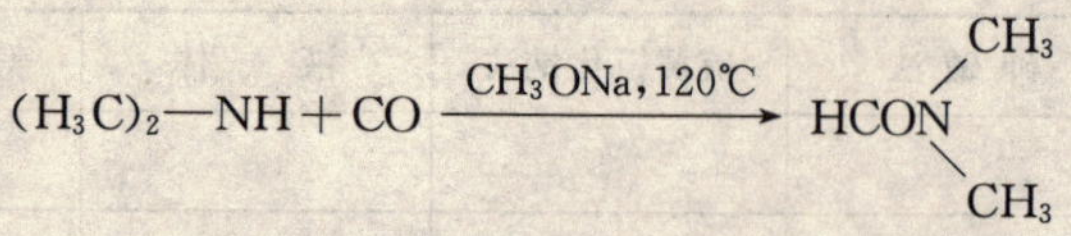

$$(H_3C)_2—NH + CO \xrightarrow{CH_3ONa,120℃} HCON(CH_3)_2$$

二甲胺　　　　二甲基甲酰胺

(2)二甲胺三氯乙醛法：

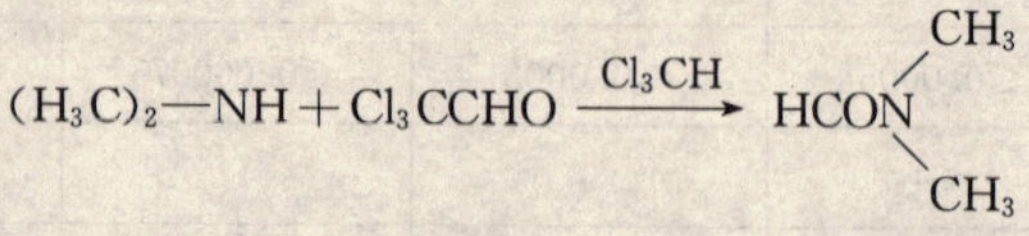

$$(H_3C)_2—NH + Cl_3CCHO \xrightarrow{Cl_3CH} HCON(CH_3)_2$$

三氯乙醛　　　　二甲基甲酰胺

2. 二甲基甲酰胺的性能

外观与性状：有鱼腥味的无色液体。

沸点：153℃

冰点：－61℃

闪点：58℃(开杯法)

自燃点：445℃

相对密度：0.9487g/mL(D_4^{20})

折射率 n_D^{20}＝1.4305

溶解性：可溶于水、乙醇、乙醚、氯仿等有机溶剂。

危险性：易燃液体。遇高温、明火能引起燃烧。能与浓硫酸、发烟硝酸猛烈反应，甚至发生爆炸。与卤化物(如四氯化碳)能发生强烈反应。遇高温、容器内压突然增大，有开裂和爆炸的危险。其蒸气与空气能形成爆炸性混合物，爆炸极限 2.2%～15.2%(体积)。

毒性：低毒。对眼睛、皮肤、黏膜有强刺激性。可经皮肤吸收。具潜在致癌性。

3. 二甲基甲酰胺的质量指标

二甲基甲酰胺的质量指标见表 11－23。

表 11－23　二甲基甲酰胺的质量指标

指标名称	HG 2028—1991		美国杜邦公司
	一级品	合格品	
外观			清澈，无悬浮物
色度(APHA)	≤10	≤10	≤15
馏出量/(%,质量分数)(101.325kPa,151～155℃)	98	95	150.8～154.8℃(101kPa)蒸出 1%～95%
含水率/%	≤0.10	≤0.20	≤0.10
酸度(以甲酸计)/%	≤0.01	≤0.05	≤0.005
碱度(以二甲胺计)/%	≤0.01	≤0.05	≤0.0015

续表

指标名称	HG 2028—1991		美国杜邦公司
	一级品	合格品	
含铁量/%			≤0.000005
pH值(25℃,20%水溶液)			6.5～9.0
折射率(25℃)	1.427～1.429	—	1.4270～1.4285

(三)二甲基乙酰胺(*N*,*N*－Dimethylacetamide, Acetyldimethylamine,简写 DMAC)

别名：*N*,*N*－二甲基乙酰胺

分子式：C_4H_9ON

结构式：

$$\begin{array}{l} H_3C—C{=}O \\ \quad\quad\;\, | \\ H_3C—N—CH_3 \end{array}$$

相对分子质量：87.12

1. 二甲基乙酰胺的制法

(1)二甲胺乙酐法：

$$(H_3C)_2—NH + (CH_3CO)_2O \longrightarrow (H_3C)_2—N—\overset{\overset{\displaystyle O}{\|}}{C}—CH_3 + CH_3COOH$$

二甲胺　乙酐　二甲基乙酰胺

(2)二甲胺乙酰氯法：

$$(H_3C)_2—NH + H_3CCOCl \longrightarrow (H_3C)_2—N—\overset{\overset{\displaystyle O}{\|}}{C}—CH_3 + HCl$$

二甲胺　乙酰氯　二甲基乙酰胺

2. 二甲基乙酰胺的性能

外观与性状：无色澄清液体

沸点：163℃

凝固点：－21.9～18.9℃

闪点：69℃

相对密度：0.9080g/mL(D_4^{19})

折射率 n_D^{25}＝1.4321

黏度：1.0×10^{-3}Pa·s(25℃)

溶解性：与水混溶,可溶于芳香族酯、酮、醚等有机溶剂。

危险性：易燃液体。遇高温、明火或接触氧化剂有发生燃烧的危险。

毒性：低毒。对眼睛、皮肤、黏膜有刺激性。多量吸入对肝脏有害。

3. 二甲基乙酰胺的质量指标

二甲基乙酰胺的质量指标见表 11－24。

表 11－24　二甲基乙酰胺的质量指标

指标名称	我国企业标准		意大利蒙特公司
	聚合级	工业级	
外　观	无色透明液体		清澈，无悬浮物
色度(铂—钴标度)			≤10
馏出量(164～166.5℃)/%	≥95	≥95	
含水分率/mg·kg^{-1}	≤800	≤1500	≤1500
酸值(以醋酸计)/%	≤0.03	≤0.03	含醋酸 0.28%～0.32%
碱值(以二甲胺计)/%			≤0.0015

(四)二甲基亚砜(Dimethyl Sulfoxide)

分子式：C_2H_6OS

结构式：$H_3C—\overset{\overset{\displaystyle O}{\|}}{S}—CH_3$

相对分子质量：78.13

1. 二甲基亚砜的制法

(1)硫酸二甲酯法：

$$\underset{\text{硫酸二甲酯}}{(CH_3)_2SO_4} + Na_2S \longrightarrow \underset{\text{二甲硫醚}}{(CH_3)_2S} + Na_2SO_4$$

$$\underset{\text{二甲硫醚}}{(CH_3)_2S} + NO_2 \longrightarrow \underset{\text{二甲基亚砜}}{(CH_3)_2SO} + NO$$

(2) 甲醇硫化氢法：

$$\underset{\text{甲醇}}{2CH_3OH} + \underset{\text{硫化氢}}{H_2S} \xrightarrow{\gamma—Al_2O_3} \underset{\text{二甲硫醚}}{(CH_3)_2S} + 2H_2O$$

$$\underset{\text{二甲硫醚}}{(CH_3)_2S} + NO_2 \longrightarrow \underset{\text{二甲基亚砜}}{(CH_3)_2SO} + NO$$

2. 二甲基亚砜的性能

相对密度：1.104(D_4^{20})

熔点：18.45℃

沸点：189℃

闪点：95℃(开杯)

燃点：304℃

黏度：1.98×10^{-3} Pa·s (25℃)

折射率 $n_D^{20}=1.47833$

比热容：1.97J/(g·K)(29.4℃液体)，2.09J/(g·K)(18.4℃固体)

熔融热：83.74J/g (18.4℃)

溶解热：251.21J/g(20℃)

溶解性：溶于水、醇、醚、丙酮。水溶液呈碱性，是吸湿力很强的有机溶剂。

其他特性：对碱稳定，酸性条件下加热分解，产生甲基硫醇、甲醛、二甲基硫、甲磺酸等化合物。无水二甲基亚砜对金属无腐蚀，含水二甲基亚砜在加热时对铁、锌、铜等金属有腐蚀，对铅、普通不锈钢无腐蚀。

危险性：蒸气压低，引火危险性小，无爆炸性。

毒性：对皮肤有强渗透力，经常接触可引起发红和脱屑，有时会引起机体变性反应。

3. 二甲基亚砜的质量指标

外观：无色透明或略带微黄色的黏稠液体。

纯度：≥98%

含水率：<2%

(五)丙酮(Acetone, Dimethyl Ketone)

又名：二甲酮

分子式：C_3H_6O

结构式：$H_3C-\overset{\overset{O}{\|}}{O}-CH_3$

相对分子质量：58.08

1. 丙酮的制法

(1) 异丙苯氧化法：以丙烯与苯为原料，用无水三氯化铝作催化剂，烃化制得异丙苯，氧化得到过氧化氢异丙苯，然后用硫酸分解，同时得到丙酮与苯酚。

$$\underset{\text{丙烯}}{CH_2{=}CH-CH_3} + \underset{\text{苯}}{C_6H_6} \xrightarrow{Al_2O_3} \underset{\text{异丙苯}}{C_6H_5-CH(CH_3)_2}$$

$$\underset{\text{异丙苯}}{C_6H_5-CH(CH_3)_2} + O_2 \longrightarrow \underset{\text{过氧化氢异丙苯}}{C_6H_5-C(CH_3)_2COOH}$$

$$\underset{\text{过氧化氢异丙苯}}{C_6H_5-C(CH_3)_2COOH} \longrightarrow \underset{\text{苯酚}}{C_6H_5-OH} + \underset{\text{丙酮}}{(CH_3)_2-CO}$$

(2)发酵法：以粮食、薯类、糖蜜等为原料，经发酵制得丙酮、丁醇和乙醇的混合物，其比例为32：56：12。我国以此生产方法为主。

2. 丙酮的性能

外观与性状：带微香味的无色易挥发、易燃液体。

相对密度：0.7899(D_4^{20})

熔点：－95.35℃

沸点：56.2℃(101.32kPa)

闪点：－20℃

饱和蒸气压：53.32×10^{-3}Pa(39.5℃)

自燃温度：465℃

折射率：n_D^{20}＝1.3588

熔融热：98.05J/g(18.4℃)

溶解性：与水、乙醇、乙醚、氯仿、苯、油、烃类等无限溶解。

其他特性：能溶解油、脂肪、树脂和橡胶。能起卤代、缩合、加成反应。

危险性：蒸气与空气形成爆炸性混合物，爆炸极限为2.55%～12.8%(体积)。

毒性：属微毒类。刺激黏膜引起流泪、流涕；通过呼吸道进入人体，对中枢神经系统有麻醉作用，重度中毒产生头晕、头痛、嗜睡、痉挛、尿中出现蛋白和红血球。

3. 丙酮的质量指标

丙酮的质量指标见表11－25～表11－27。

表11－25　丙酮的质量指标(异丙苯氧化法 HG 2—1194—79)

指标名称	指标	
	一级品	二级品
外观	透明液体	
色度(铂—钴标度)，≤	5	5
馏程(无馏出物)/℃，≤	55.7	55.5
馏出量/%，≥	95	95
含水率/%，≤	0.30	0.50
酸度(以乙酸计)/%，≤	0.003	0.005
不发挥物含量/%，≤	0.0025	0.0050
高锰酸钾试验(25℃)/min，≥	60	30

表11－26　丙酮的质量指标(发酵法 HG 2—320—77)

指标名称	指标	
	一级品	二级品
外观	透明液体	
色度(铂—钴标度)，≤	5	5

续表

指标名称	指标	
	一级品	二级品
馏程(0℃,133.3Pa)/℃	55.7～57.0	55.5～57.5
馏出量/%,≥	95	95
相对密度(D_{20}^{20})	0.790～0.793	0.790～0.794
丙酮含量/%,≤	99.0	98.0

表 11－27 丙酮的质量指标(GB 6026—1989)

指标名称	指标		
	优等品	一等品	合格品
色度(铂—钴标度),≤	5	5	10
沸程(0℃,101.3kPa,包括 56.1℃),≤	0.7	1.0	2.0
蒸发残渣含量/%,≤	0.002	0.003	0.005
相对密度(D_{20}^{20})	0.789～0.791	0.789～0.792	0.789～0.793
酸度(以乙酸计)/%,≤	0.002	0.003	0.005
醇度/%,≤	0.2	0.3	1.0
含水率/%,≤	0.30	0.40	0.60
高锰酸钾试验(25℃)/min,≥	100	60	15

(六)碳酸乙烯酯(Ethylene Carbonate,简写 EC)

又名：乙二醇碳酸酯(ethylene glycol carbonate)、碳酸亚乙酯

分子式：$C_3H_4O_3$

结构式：

$$\begin{array}{l} CH_2O \\ \mid \qquad\quad \backslash \\ \mid \qquad\qquad C{=}O \\ \mid \qquad\quad / \\ CH_2O \end{array}$$

相对分子质量：88.06

1. 碳酸乙烯酯的制法

由光气与乙二醇合成：

$$\underset{\text{乙二醇}}{HOC_2H_4OH} + \underset{\text{光气}}{Cl{-}\overset{}{\underset{\substack{\parallel\\ O}}{C}}{-}Cl} \longrightarrow \begin{array}{l} CH_2O \\ \qquad\quad \backslash \\ \qquad\qquad C{=}O \\ \qquad\quad / \\ CH_2O \end{array} + 2HCl\uparrow$$

2. 碳酸乙烯酯的性能

外观与性状：无色、无臭固体

相对密度：1.3218(39℃)

熔点：39～40℃

沸点：248℃

折射率 $n_D^{50}=1.4158$

溶解性：能与热水(40℃)、乙醇、乙酸乙酯、乙醚、丁醇、苯、氯仿、四氯化碳混溶。

(七)氯化锌(Zincchloride)

分子式：$ZnCl_2$

相对分子质量：63.01

1. 氯化锌的制法

由锌或氧化锌与盐酸反应生成，经过滤、结晶、干燥制得粉状晶体。

$$Zn+2HCl \longrightarrow ZnCl_2+H_2\uparrow$$

$$ZnO+2HCl \longrightarrow ZnCl_2+H_2O$$

2. 氯化锌的性能

外观与性状：白色、无臭、易潮解的粒状、棒状或粉状晶体

相对密度：2.91

熔点：283℃

沸点：732℃

溶解性：溶于水，水溶液呈酸性。还可溶于甲醇、乙醇、甘油、丙酮、乙醚等有机溶剂。

危险性：遇高温分解，产生有毒的腐蚀性气体。遇水迅速分解，放出白色烟雾。

毒性：属中等毒性类。吸入氯化锌烟雾可引起支气管炎，呈现呼吸困难、胸部紧束感、胸骨后疼痛、咳嗽等，高浓度吸入可致死。眼接触可致结膜炎或灼伤。误服可腐蚀口腔和消化道，严重可致死。

3. 氯化锌的质量指标

氯化锌的质量指标见表 11－28。

表 11－28　氯化锌的质量指标(GB 1625—1979)

项　　目	电池用	一级品	二级品
外　观		白色粉末	
氯化锌含量/%，≥	98.0	98.0	96.0
氧氯化物(以氧化锌计)/%	1.8～2.2	2.2	2.2
硫酸盐含量/%，≤	0.01	0.01	0.05
钡含量/%，≤	0.1	0.1	0.2
铁含量/%，≤	0.0005	0.001	0.002
铅含量/%，≤	0.0005	0.001	0.002
锌皮腐蚀试验		符合要求	

(八)硝酸(Nitric Acid)

分子式：HNO_3

相对分子质量：63.01

1. 硝酸的制法

以氨与空气为原料，氧化生成氧化氮，与水作用生成硝酸。该法可与合成氨联产，为目前工业生产硝酸的主要方法。

$$4NH_3+5O_2 \xrightarrow{Pt} 4NO+6H_2O$$

$$4NO+2O_2 \longrightarrow 4NO_2$$

$$4NO_2+2H_2O+O_2 \longrightarrow 4HNO_3$$

2. 硝酸的性能

外观与性状：纯硝酸为无色液体，具特殊臭味；发烟硝酸为红褐色液体；一般浓硝酸为带有微黄色的液体。

相对密度：1.5129(D_4^{20})

熔点：－42℃

沸点：83℃

黏度：与温度和浓度有关，见表 11－29。

表 11－29　浓硝酸的黏度

温度/℃ \ 黏度/mPa·s \ 硝酸浓度/%(质量分数)	40	50	70	90	100
20	1.56	1.82	2.03	1.35	0.89
40	1.68	1.91	2.06	1.48	1.04

折射率：与浓度有关，见表 11－30。

表 11－30　硝酸浓度与折射率的关系

浓度/%(质量分数)	4.762	64.82	98.67
折射率	1.339	1.403	1.397

比热容：与浓度有关，见表 11－31。

表 11－31　不同浓度硝酸的比热容

浓度/%(质量分数)	40	70	90.33	98.15
比热容/J·(g·K)$^{-1}$	0.669	0.610	0.53	0.475

溶解性：以任何比例溶于水，溶于乙醚，在乙醇中剧烈分解。

危险性：为五价氮的含氧酸，是强氧化剂，受热、光照分解放出氧气、一氧化氮或二氧化氮。

$$4HNO_3(浓) \longrightarrow 4NO_2 + 2H_2O + O_2$$

$$4HNO_3(稀) \longrightarrow 4NO + 2H_2O + 3O_2$$

浓硝酸腐蚀性极大，纸、布、皮肤等有机物接触即腐烂；能使铁钝化而不致继续腐蚀，与铜起反应，生成硝酸铜而使其溶解；遇空气则发烟而有强的臭味。

毒性：属一级无机酸性腐蚀物品。能损害皮肤、黏膜、呼吸道，蒸气可引起牙酸蚀症。分解产物二氧化氮吸入可引起肺气肿、化学性肺炎和化学性支气管炎。

3. 硝酸的质量指标

硝酸的质量指标见表 11－32。

表 11－32　硝酸的质量指标(GB 337—1984)

指标名称	指标	
	一级品	二级品
硝酸(HNO_3)含量/%，≥	98.2	97.2
硫酸(H_2SO_4)含量/%，≤	0.08	0.10
亚硝酸(HNO_2)含量/%，≤	0.15	0.20
灼烧残渣含量/%，≤	0.02	0.04

直接合成法制得的硝酸中无硫酸，可不检验硫酸含量。

五、其他化工料

(一)偶氮二异丁腈(α,α′－Azobisisobutyronitrile，简写 AZDN 或 AIBN)

分子式：$C_8H_{12}O_4$

结构式：

$$NC-\underset{CH_3}{\overset{CH_3}{\underset{|}{\overset{|}{C}}}}-N=N-\underset{CH_3}{\overset{CH_3}{\underset{|}{\overset{|}{C}}}}-CN$$

相对分子质量：164.21

1. 偶氮二异丁腈的制法

以丙酮、水合肼、氢氰酸为原料进行缩合反应，然后低温通氯气去氢而得。

$$2H_3C-\overset{O}{\overset{\|}{C}}-CH_3 + H_2N-NH_2\cdot H_2O \longrightarrow \underset{CH_3}{\overset{CH_3}{\underset{|}{\overset{|}{C}}}}=N-N=\underset{CH_3}{\overset{CH_3}{\underset{|}{\overset{|}{C}}}} + 3H_2O$$

$$\underset{CH_3}{\overset{CH_3}{\underset{|}{\overset{|}{C}}}}=N-N=\underset{CH_3}{\overset{CH_3}{\underset{|}{\overset{|}{C}}}} + 2HCN \longrightarrow NC-\underset{CH_3}{\overset{CH_3}{\underset{|}{\overset{|}{C}}}}-NH-NH-\underset{CH_3}{\overset{CH_3}{\underset{|}{\overset{|}{C}}}}-CN$$

$$NC-\underset{CH_3}{\overset{CH_3}{C}}-NH-NH-\underset{CH_3}{\overset{CH_3}{C}}-CN + Cl_2 \longrightarrow NC-\underset{CH_3}{\overset{CH_3}{C}}-N=N-\underset{CH_3}{\overset{CH_3}{C}}-CN + 2HCl$$

2. 偶氮二异丁腈的性能

外观与性状：白色针状结晶或结晶性粉末

相对密度：2.91

熔点：95～102℃

分解温度：95～102℃（晶体在熔融的同时分解，在有机溶剂中，30～40℃即分解为二异丁腈自由基与氮气）

溶解性：不溶于水，可溶于甲醇、乙醇、丙酮、甲醚、甲苯和苯胺等有机溶剂。

危险性：易燃。高温、光照、受压会分解并放出氮气、有机氰化物。剧烈分解会发生爆炸。

毒性：属高毒类。分解物中有机氰化物对人体毒害较大。吸入会引起急性中毒，呈现头痛、恶心、乏力、眩晕、腹胀等。严重时抽搐、昏迷。

3. 偶氮二异丁腈的质量指标

偶氮二异丁腈的质量指标见表 11－33。

表 11－33 偶氮二异丁腈的质量指标

指标名称	企业标准	Coutaulds 指标
外 观	白色针状晶体	白色自由流动粉末
纯度/%,≥	97.0	96.0
乙醇不溶物含量/%,≤	1.2	1.2
挥发分含量/%,≤	0.1	—
二氧化硅含量/%	—	0.8～1.2
熔点/℃	95～102	95～102
真空失重率/%	—	<0.5
次联氨基化合物含量/%	—	<10
酸度(以 HCl 计)	—	<0.1

(二)二氧化硫脲(Methanc Sulfinic Acid, Thiourea Dioxide, 简写 TUD)

又名：甲脒亚磺酸、过氧化硫脲

分子式：$CH_4O_2N_2S$

结构式：$NH_2-\overset{NH}{\overset{\|}{C}}-\overset{O}{\overset{\|}{S}}-OH$

相对分子质量：108.12

1. 制法

由硫脲与双氧水反应制得。

$$H_2N-\underset{\underset{S}{\|}}{C}-NH_2+2H_2O_2 \longrightarrow NH_2-\underset{\underset{HN}{\|}}{C}-\underset{\underset{O}{\|}}{S}-OH+2H_2O$$

2. 二氧化硫脲的性能

外观与性状：白色粉末

相对密度：2.91

熔点：126℃(分解)

溶解性：微溶于水，溶液呈酸性。不溶于醚和苯。在碱性溶液中分解为尿素和次硫酸，后者可进一步转化为亚硫酸。

危险性：属二级易燃固体。隔绝空气，湿、热分解放出白色雾状二氧化硫和氨气，析出硫黄、焦状炭块，并放出大量热量。

毒性：本身低毒。但分解物中二氧化硫气体对人体毒害较大。吸入会引起肺水肿、咽喉炎、支气管炎、伴有头昏、乏力等全身症状。会灼伤皮肤、眼。

3. 二氧化硫脲的质量指标

二氧化硫脲的质量指标见表 11－34。

表 11－34　二氧化硫脲的质量指标

指 标 名 称	Coutaulds 指标	指 标 名 称	Coutaulds 指标
外　观	白色自由流动粉末	硫脲含量/%	≤0.3
纯度/%	≥95.0	硫酸盐含量/%	≤0.1

(三)异丙醇(Isopropanol, Isopropyl Alcohol, 简写 IPA)

分子式：C_3H_8O

结构式：$H_3C-\overset{\overset{OH}{|}}{CH}-CH_3$

相对分子质量：60.11

1. 异丙醇的制法

(1)丙烯水合法：

$$CH_2=CH-CH_3+H_2O \longrightarrow H_3C-\underset{\underset{OH}{|}}{CH}-CH_3$$

(2)丙酮加氢法：

$$H_3C-CO-CH_3+H_2 \longrightarrow H_3C-\underset{\underset{OH}{|}}{CH}-CH_3$$

2. 异丙醇的性能

外观与性状：白色透明挥发性液体，有酒精香味。

相对密度：0.7855(D_4^{20})

熔点：-89.5℃

沸点：82.4℃

闭杯闪点：12℃

自燃点：400℃

黏度：气体 0.0103×10^{-3}Pa·s(120℃)，液体 2.859×10^{-3}Pa·s(15℃)

折射率 $n_D^{20}=1.3776$

比热容：2.365J/(g·K)

熔融热：89.4J/g

溶解性：与水、乙醇、乙醚混溶，溶于丙酮，易溶于苯。

危险性：易燃、易爆。在空气中爆炸极限为 2.02%～11.8%。

毒性：微毒类。毒性和麻醉性较乙醇强。对皮肤有刺激性。吸入后对黏膜有刺激性，对中枢神经有抑制作用。

3. 异丙醇的质量指标

异丙醇的质量指标见表 11-35。

表 11-35　异丙醇的质量指标(HG 2—1285—80 适合丙烯水合法)

指标名称	指标	
	一级品	二级品
外观	无色透明液体	
相对密度(D_4^{20})，≤	0.784～0.788	0.784～0.790
水溶混性试验	澄清，透明	
纯度/%，≥	99.5	98.5
含水率/%，≤	0.20	0.30
馏程(101.3kPa)	—	—
初馏点/℃，≥	81.5	81.0
干点/℃，≤	83.0	83.5
丙酮含量/%，≤	0.10	0.20
酸度(以乙酸计)/%，≤	0.003	0.004
不发挥物含量/%，≤	0.005	0.01
硫化物(以硫计)含量/mg·kg^{-1}，≤	2.0	实测

(四)异丙醚(Isopropyl Ether，简写 IPE)

又名：二异丙醚

分子式：$C_6H_{14}O$

结构式：

$$H-\underset{CH_3}{\overset{CH_3}{\underset{|}{\overset{|}{C}}}}-O-\underset{CH_3}{\overset{CH_3}{\underset{|}{\overset{|}{C}}}}-H$$

相对分子质量：102.18

1. 异丙醚的制法

工业生产采用丙烯与异丙醇加成反应制得。

2. 异丙醚的性能

外观与性状：白色透明、易挥发可燃液体，有乙醚气味。

相对密度：0.7238(D_4^{20})

熔点：－86.2℃

沸点：68.47℃

闭杯闪点：－14℃

着火点：443℃

折射率：n_D^{20}＝1.3681

比热容：2.202J/(g·K)

蒸发潜热：272.14J/g

溶解性：20℃，在水中的溶解度为0.9%。水在异丙醚中的溶解度为0.6%。与乙醇、乙醚混溶。

危险性：一级易燃液体。长期储存能生成具有爆炸性的过氧化物。在空气中的爆炸极限为1.4%～7.9%。

毒性：微毒类。毒性和麻醉性较乙醚强。对眼、鼻有刺激性。

3. 异丙醚的质量指标

异丙醚的质量指标见表11－36。

表11－36　异丙醚的质量指标

指标名称	指　　标	指标名称	指　　标
外　观	无色，无悬浮物	过氧化物含量/%	≤0.05
相对密度(D_4^{20})	0.724～0.726	异丙醇含量/%	≤2
闭杯闪点/℃	－14	馏程/℃	63～69
不挥发物含量/%	≤0.005		

(五)亚硫酸钠(Sodium Sulfite)

分子式：Na_2SO_3

相对分子质量：126.04

1. 亚硫酸钠的制法

由硫黄制得二氧化硫与碳酸钠溶液，反应可制得亚硫酸钠。

$$Na_2CO_3 + SO_2 \longrightarrow Na_2SO_3 + CO_2\uparrow$$

2. 亚硫酸钠的性质

外观与性状：白色六方棱柱状晶体，或白色粉末。

相对密度：2.633(D_4^{15})

分解点：150℃分解成硫酸钠和硫化钠

溶解性：易溶于水，在水中的溶解度见表 11－37。微溶于乙醇，不溶于液氯与氨。

表 11－37　亚硫酸钠在水中的溶解度

温度/℃	Na_2SO_3 的溶解度	温度/℃	Na_2SO_3 的溶解度
0	12.5	50	25.7
10	16.0	60	24.3
20	20.7	70	23.5
30	26.1	80	22.6
33.4	28.0	90	21.5
40	27	100	27.0

危险性：无水亚硫酸钠性能稳定，含七分子水的晶体易被空气氧化生成硫酸钠。与强酸反应，分解并放出二氧化硫。

毒性：本身低毒。但分解物中二氧化硫气体具中等毒类物质，对人体毒害较大。吸入会引起肺水肿、咽喉炎、支气管炎。会灼伤皮肤、眼。伴有头昏、乏力等全身症状。

3. 亚硫酸钠的质量指标

亚硫酸钠的质量指标见表 11－38。

表 11－38　亚硫酸钠的质量指标（HG 1—209—65）

指标名称	指标		
	照相级	一级品	二级品
纯度/%，≥	97	96	93
水不溶物含量/%，≤	0.01	0.03	0.05
Fe^{2+} 含量/%，≤	0.003	0.02	0.02
游离碱（以 Na_2CO_3 计）含量/%，≤	0.15	0.60	1.00
重金属（以 Pb^{2+} 计）含量/%，≤	0.002	—	—
氯化物（以 Cl^- 计）含量/%，≤	0.1	—	—
硫代硫酸钠含量/%，≤	0.03	—	—

（六）氯酸钠（Sodium Chlorate）

又名：白药钠、氯酸碱

分子式：$NaClO_3$

相对分子质量：106.44

1. 氯酸钠的制法

由电解食盐水，先制得氯气，再通过次氯酸盐制得氯酸钠。

$$2NaCl+2H_2O \xrightarrow{\text{电解}} 2NaOH+Cl_2+H_2$$

$$Cl_2 + H_2O \longrightarrow \underset{\text{次氯酸}}{HClO} + HCl$$

$$2NaOH + Cl_2 \longrightarrow \underset{\text{次氯酸钠}}{NaClO} + NaCl + H_2O$$

$$NaClO + 2HClO \longrightarrow \underset{\text{氯酸钠}}{NaClO_3} + HCl$$

2. 氯酸钠的性质

外观与性状：白色，无臭，味咸而凉，立方或三角晶体。

相对密度：2.49(D_4^{15})

熔点：248～261℃

分解点：300℃

熔融热：22.8J/mol

溶解性：能溶于水、醇、甘油与液氨中。

危险性：强氧化剂，易燃，易爆。受热、遇火、受震、摩擦能分解并放出氧或氧化氯气体，遇可燃物就会引起燃烧或爆炸；受潮能分解，伴随放热；有强腐蚀性。

毒性：剧毒。对人致死量约10g。口服急性中毒表现为高铁血红蛋白血症、胃肠炎、肝损伤，甚至窒息。

3. 氯酸钠的质量指标

氯酸钠的质量指标见表11－39。

表11－39　氯酸钠的质量指标

指标名称	指标	
	一级品	二级品
纯度/%，≥	99	98.5
$KClO_3$ 含量/%，≤	0.5	1.0
NaCl 含量/%，≤	0.1	0.3
铬酸盐(以 Na_2CrO_4 计)含量/%，≤	0.006	0.02
水不溶物含量/%，≤	0.01	0.03
溴酸盐(以 Na_2BrO_4 计)含量/%，≤	0.08	0.1
含水率/%，≤	0.05	0.2

(七) 2－巯基乙醇(2－Mercaptoethanol、2－Hydroxy－1－Ethanethiol)

又名：硫醇基乙醇、硫代乙二醇、2－羟基乙硫醇

分子式：C_2H_6OS

结构式：HS—CH_2—CH_2—OH

相对分子质量：78.13

1. 2－巯基乙醇的制法

工业生产采用环氧乙烷与硫化氢加成反应制得。

$$H_2C\underset{O}{—}CH_2 + H_2S \longrightarrow HS—CH_2—CH_2—OH$$

2. 2-巯基乙醇的性能

外观与性状：无色，易流动，具硫醇特殊臭味的液体。

相对密度：1.1143(D_4^{20})

凝固点：<100℃

沸点：157～158℃

闪点：73℃

折射率：1.4996

溶解性：能与水、醇、醚、苯混溶。

毒性：具特殊臭味，对眼、皮肤无刺激性。

3. 2-巯基乙醇的质量指标

2-巯基乙醇的质量指标见表11-40。

表11-40 2-巯基乙醇的质量指标

指标名称	指 标	指标名称	指 标
外 观	无色透明，无悬浮物	色度(铂—钴标度)	≤1
纯度/%	≥98	含水率/%	≤0.5

(八)焦亚硫酸钠(Sodium Metabisulfite)

又名：偏重亚硫酸钠

分子式：$Na_2S_2O_5$

相对分子质量：190.10

1. 焦亚硫酸钠的制法

$$2NaHCO_3 + 2SO_2 \longrightarrow Na_2S_2O_5 + H_2O + 2CO_2\uparrow$$

2. 焦亚硫酸钠的性质

外观与性状：白色，具有二氧化硫气味的粒状粉末。

相对密度：1.48(D_4^{25})

分解点：150℃

熔融热：22.8J/mol

溶解性：能溶于水和丙三醇，微溶于乙醇。

危险性：遇热(65℃)分解，放出二氧化硫，自身被氧化成硫酸钠；在潮湿空气中潮解成亚硫酸钠，进而氧化成硫酸钠。在水溶液中转化为亚硫酸钠，水溶液呈酸性。

毒性：本身低毒。但分解物中二氧化硫气体是中等毒类物质，对人体毒害较大。吸入会引起肺水肿、咽喉炎、支气管炎，伴有头昏、乏力等全身症状。灼伤皮肤、眼。

3. 焦亚硫酸钠的质量指标

焦亚硫酸钠的质量指标见表11-41。

表 11－41　焦亚硫酸钠的质量指标(HG1—518—67)

指标名称	指　　标	
	一级品	二级品
焦亚硫酸钠含量(以 SO_2 计)/%,≥	64	61
外　观	白色,粒状或粉粒	黄色
铁含量/%,≤	0.01	0.05
水不溶物含量/%,≤	0.05	0.1
pH 值	4.5～5.5	4.5～5.5

第三节　聚　合

一、丙烯腈自由基链式聚合反应

丙烯腈分子中含有不饱和碳—碳双键和负电性很强的氰基，化学性活泼，在光、热、辐射作用下易被激发形成活泼的自由基，并通过自由基链式聚合反应生成高聚物。为降低活化能可在聚合时加入引发剂,因引发剂种类不同,丙烯腈可在金属盐引发剂作用下进行阴离子聚合、配位阴离子聚合;也可以在裂解成自由基的过氧化物、重氮化物与氧化还原引发剂作用下进行自由基聚合。后者在液相中进行,反应过程较易控制,广泛应用在腈纶生产中。

丙烯腈自由基链式聚合反应主要经历以下历程。

(一)链的引发

在光、热、辐射与引发剂作用下,丙烯腈生成自由基。也可用引发剂引发,引发剂是极易分解或离解为自由基的物质,在较低温度下引发剂先裂解成初级自由基,后者与丙烯腈加成生成丙烯腈自由基。

$$\underset{\text{引发剂}}{R—R} \longrightarrow \underset{\text{引发剂自由基}}{2R\cdot}$$

$$\underset{\text{丙烯腈}}{H_2C{=}\underset{\displaystyle CN}{\overset{|}{C}H}} + \underset{\text{引发剂自由基}}{R\cdot} \longrightarrow \underset{\text{丙烯腈自由基}}{R—CH_2—\underset{\displaystyle CN}{\overset{|}{C}H}}$$

在溶液聚合中,一般采用油溶性有机引发剂,若溶剂可溶解有机引发剂,则可直接加到混合液中;溶剂不能溶解有机引发剂时,先将固体引发剂与溶剂制成淤浆,再使其溶于丙烯腈。常用引发剂有偶氮二异丁腈、偶氮二异庚腈、过氧化苯甲酰等,它们的引发反应活化能较高,故溶液聚合反应一般在较高温度下进行,其分解出的初级自由基作为端基进入聚合体:

$$\underset{\text{偶氮二异丁腈}}{CH_3—\underset{CH_3}{\overset{CH_3}{C}}—N{=}N—\underset{CH_3}{\overset{CH_3}{C}}—CH_3} \longrightarrow \underset{\text{异丁基自由基}}{2\,CH_3—\underset{CH_3}{\overset{CH_3}{C}}\cdot} + N_2\uparrow$$

$$CH_3-\overset{CH_3}{\underset{CH_3}{\overset{|}{\underset{|}{C}}}}\cdot + H_2C{=}\underset{CN}{\underset{|}{CH}} \longrightarrow CH_3-\overset{CH_3}{\underset{CH_3}{\overset{|}{\underset{|}{C}}}}-CH_2-\overset{H}{\underset{CN}{\overset{|}{\underset{|}{C}}}}\cdot$$

接上异丁基端基的丙烯腈自由基

在水相悬浮聚合中，以水溶性无机盐作氧化还原引发剂，如氯酸钠—亚硫酸氢钠体系（$NaClO_3$—$NaHSO_3$）、过硫酸钠—亚硫酸氢钠体系（$K_2S_2O_8$—$NaHSO_3$），它们的反应活化能比有机引发剂低，故水相悬浮聚合反应可在较低温度（30～55℃）、酸性条件下（pH≤4.5）下进行，副反应较少，其离解出的初级自由基进入聚合体，可分别形成羟端基、磺酸端基和硫酸端基。

氯酸钠—亚硫酸氢钠体系（$NaClO_3$—$NaHSO_3$）：

$$ClO_3^- + H_2SO_3 \longrightarrow ClO_2^- + HSO_3\cdot + HO\cdot$$

$$OH\cdot + H_2C{=}\underset{CN}{\underset{|}{CH}} \longrightarrow HO-CH_2-\overset{H}{\underset{CN}{\overset{|}{\underset{|}{C}}}}\cdot$$

形成带羟端基的丙烯腈自由基

$$HSO_3\cdot + H_2C{=}\underset{CN}{\underset{|}{CH}} \longrightarrow HO_3S-CH_2-\underset{CN}{\underset{|}{CH}}\cdot$$

形成带磺酸端基的丙烯腈自由基

过硫酸钾—亚硫酸氢钠体系（$K_2S_2O_8$—$NaHSO_3$）：

$$S_2O_8^{2-} + HSO_3^- \longrightarrow SO_4^-\cdot + SO_4^{2-} + HSO_3\cdot$$

$$SO_4^-\cdot + H_2O \longrightarrow HSO_4^- + HO\cdot$$

$$OH\cdot + H_2C{=}\underset{CN}{\underset{|}{CH}} \longrightarrow HO-CH_2-\underset{CN}{\underset{|}{CH}}\cdot$$

形成带羟端基的丙烯腈自由基

$$SO_4^-\cdot + H_2C{=}\underset{CN}{\underset{|}{CH}} \longrightarrow HO_4S-CH_2-\underset{CN}{\underset{|}{CH}}\cdot$$

形成带硫酸端基的丙烯腈自由基

$$HSO_3\cdot + H_2C{=}\underset{CN}{\underset{|}{CH}} \longrightarrow HO_3S-CH_2-\underset{CN}{\underset{|}{CH}}\cdot$$

形成带磺酸端基的丙烯腈自由基

用上述两种氧化还原体系制取的聚丙烯腈纤维，由于存在磺酸基与硫酸基，用阳离子染料染色时，可以提高染色性能，也是一些聚丙烯腈纤维在共聚单体中，虽未加入专门改善染色性的第三单体，照样能用阳离子染料染色的原因。

在工业生产中，水相悬浮聚合时还加入少量能变价的铁离子、铜离子，以降低氧化还原引发剂离解成自由基的活化能。如在 $NaClO_3$—$NaHSO_3$ 体系中，加少量亚铁离子，亚铁离子 Fe^{2+} 与氧化剂反应，产生自由基 HO·，Fe^{2+} 被氧化成三价铁离子 Fe^{3+}；而 Fe^{3+} 与还原剂反应，产生自由基 HSO_3·，Fe^{3+} 被还原成 Fe^{2+}，重复反应，具有加速作用。

$$ClO_3^- + Fe^{2+} + H_2O \longrightarrow 2HO\cdot + ClO_2^- + Fe^{3+}$$

$$HSO_3^- + Fe^{3+} \longrightarrow HSO_3\cdot + Fe^{2+}$$

加少量铜离子催化剂时，二价铜离子 Cu^{2+} 与还原剂反应，产生自由基 $HSO_3\cdot$，Cu^{2+} 被还原成一价铜离子 Cu^+；而 Cu^+ 又可和氧化剂反应，产生自由基 $HO\cdot$，Cu^+ 被氧化成 Cu^{2+}；继续重复反应，具有加速作用。

$$HSO_3^- + Cu^{2+} \longrightarrow HSO_3\cdot + Cu^+$$

$$ClO_3^- + Cu^+ + H_2O \longrightarrow 2HO\cdot + ClO_2^- + Cu^{2+}$$

在乳液聚合中，以聚乙烯醇（聚合度 1750，醇解度 88%）为乳化剂，丙烯腈与共聚单体在水中呈珠滴状乳液，仍可采用偶氮二异丁腈（AIBN）或偶氮二异庚腈（AIHN）为引发剂。由于偶氮类引发剂不溶于水而溶于有机单体，使聚合反应主要发生在珠滴内，可有效抑制生成水相低相对分子质量的聚合物，制得的超高相对分子质量聚合物具有较窄的相对分子质量分布。

在光辐射聚合中，常用稳定的全氟烷自由基为丙烯腈聚合反应引发剂。东华大学钱宝钧教授用 $CF_3(CH_2)_8O(CF_2)_2SO_3K$、$Cl(CF_2)_9O(CF_2)_2SO_3K$ 和 CF_3COONa 经光辐照制得了在室温稳定的全氟烷自由基，用以引发丙烯腈本体聚合，制得相对分子质量大于 80 万的超高相对分子质量的聚丙烯腈。

(二)链的增长

由链引发产生的丙烯腈自由基具有高活性的半配对电子，与第二个丙烯腈双键杂化形成丙烯腈二聚体自由基，再与第三个丙烯腈双键杂化形成丙烯腈三聚体自由基，以此不断重复，生成聚丙烯腈大分子。由于存在空间效应，生成的聚丙烯腈大分子基本上都是头尾相接。

$$\underset{\text{丙烯腈自由基}}{R-CH_2-\underset{|}{\overset{\bullet}{C}H}\atop \quad\ \ CN} + \underset{\text{丙烯腈}}{H_2C{=}\underset{|}{C}H\atop \quad CN} \longrightarrow \underset{\text{丙烯腈二聚体自由基}}{R-CH_2-\underset{CN}{\underset{|}{CH}}-CH_2-\underset{CN}{\underset{|}{\overset{\bullet}{C}H}}}$$

$$\underset{\text{丙烯腈二聚体自由基}}{R-CH_2-\underset{CN}{\underset{|}{CH}}-CH_2-\underset{CN}{\underset{|}{\overset{\bullet}{C}H}}} + \underset{\text{丙烯腈}}{(n-2)H_2C{=}\underset{CN}{\underset{|}{CH}}} \longrightarrow \underset{\text{聚丙烯腈自由基}}{R{+}CH_2-\underset{CN}{\underset{|}{CH}}{+}_{n-1}CH_2-\underset{CN}{\underset{|}{\overset{\bullet}{C}H}}}$$

(三)链的终止

增长着的大分子链通过双基重合与双基歧化反应失去活性，形成稳定的聚合物。

1. 双基重合终止

$$\underset{\text{聚丙烯腈自由基}}{R-CH_2-\underset{CN}{\underset{|}{\overset{\bullet}{C}H}} + R'-CH_2-\underset{CN}{\underset{|}{\overset{\bullet}{C}H}}} \longrightarrow \underset{\text{稳定的聚合物}}{R-CH_2-\underset{CN}{\underset{|}{CH}}-\underset{CN}{\underset{|}{CH}}-CH_2-R'}$$

2. 双基歧化终止

$$\underset{\text{聚丙烯腈自由基}}{R-CH_2-\overset{\bullet}{\underset{\underset{CN}{|}}{C}H}} + R'-CH_2-\overset{\bullet}{\underset{\underset{CN}{|}}{C}H} \longrightarrow \underset{\text{稳定的聚合物}}{R-CH_2-\underset{\underset{CN}{|}}{CH_2} + R'-CH=\underset{\underset{CN}{|}}{CH}}$$

(四)链的转移

链转移也可使原大分子链增长终止,由于有新自由基形成,故体系中自由基浓度不减,由转移后新自由基活性决定反应速率变化。

$$\underset{\text{聚丙烯腈自由基}}{R-CH_2-\overset{\bullet}{\underset{\underset{CN}{|}}{C}H}} + AB \longrightarrow \underset{\text{稳定的聚合物大分子}}{R-CH_2-\underset{\underset{CN}{|}}{CH_2}} + AB\cdot$$

式中 AB 可以是单体、大分子、引发剂、溶剂、链转移剂及其他添加剂。

某种物质终止大分子链增长的能力,可用链转移常数表征。丙烯腈聚合时一些物质的链转移常数见表 11-42。

表 11-42 丙烯腈聚合时某些物质的链转移常数

物 质	链转移常数$\times10^5$	物 质	链转移常数$\times10^5$	物 质	链转移常数$\times10^5$
二甲基甲酰胺	28.33	碳酸乙烯酯	4.74	异丙醇	4800000
二甲基乙酰胺	49.45	60%氯化锌水溶液	0.06	乙 醇	1530000
二甲基亚砜	7.95	水	0		

在硫氰酸钠一步法聚合过程中,用异丙醇作相对分子质量调节剂,当成长着的聚丙烯腈自由基,向异丙醇转移形成异丙醇自由基,聚丙烯腈大分子停止生长,使相对分子质量得到调节;生成的异丙醇自由基,因分子中仲碳原子上羟基的诱导效应与 CH_3 的共轭效应,较原聚丙烯腈自由基稳定,并能降低聚合反应速率。其机理如下:

$$\underset{\text{聚丙烯腈自由基}}{R-CH_2-\overset{\bullet}{\underset{\underset{CN}{|}}{C}H}} + \underset{\text{异丙醇}}{CH_3-\underset{\underset{OH}{|}}{CH}-CH_3} \longrightarrow \underset{\text{聚合物}}{R-CH_2-\underset{\underset{CN}{|}}{CH_2}} + \underset{\text{较稳定的新自由基}}{CH_3-\overset{\bullet}{\underset{\underset{OH}{|}}{C}}-CH_3}$$

在水相悬乳聚合中用 β-巯基乙醇作链转移剂,同上原因,能有效调节聚丙烯腈相对分子质量。其机理如下:

$$\underset{\text{聚丙烯腈自由基}}{R-CH_2-\overset{\bullet}{\underset{\underset{CN}{|}}{C}H}} + \underset{\beta\text{-巯基乙醇}}{\underset{\underset{OH}{|}}{CH_2}-\underset{\underset{SH}{|}}{CH_2}} \longrightarrow \underset{\text{聚合物}}{R-CH_2-\underset{\underset{CN}{|}}{CH_2}} + \underset{\text{较稳定的新自由基}}{\overset{\bullet}{\underset{\underset{OH}{|}}{C}H}-\underset{\underset{SH}{|}}{CH_2}}$$

为保障易自聚有机物储运安全，常利用某些化合物，能将体系中的自由基转移生成稳定自由基的性能，将其作为易聚合有机原料的阻聚剂。如用能形成稳定自由基的对苯二酚(HQ)、对甲氧基苯酚(MEHQ)等作丙烯腈、丙烯酸甲酯的阻聚剂。其阻聚机理如下：

$$2HO-C_6H_4-OH + O_2 \longrightarrow 2O=C_6H_4=O + 2H_2O$$

对苯二酚　　　　苯醌

$$R-CH_2-\underset{\displaystyle CN}{\underset{|}{CH}}\cdot + O=C_6H_4=O \longrightarrow R-\overset{\cdot}{C}H_2=\underset{\displaystyle CN}{\underset{|}{CH}} + HO-C_6H_4-O\cdot$$

聚丙烯腈自由基　　　　稳定的新自由基

二、丙烯腈自由基链式共聚反应

在腈纶生产中，为提高纯聚丙烯腈的可纺性与热塑性，改善手感、染色性与吸湿性，常用加入5%～10%带有酯基(—COOR)的乙烯基化合物作第二单体、0.5%～3%带有在水中可离子化的乙烯基化合物或有较大侧链的乙烯基化合物作第三单体进行共聚。为使聚合反应产物组分稳定，序列相近，所选共聚单体与丙烯腈的竞聚率应相近。常用的第二单体有丙烯酸甲酯(MA)、甲基丙烯酸甲酯(MMA)、醋酸乙烯酯(VAC)、氯乙烯(VCl)、偏二氯乙烯(VDC)等；常用的第三单体有衣康酸(ITA)、丙烯磺酸钠(AS)、甲基丙烯磺酸钠(MAS)、苯乙烯磺酸钠(SSS)、2-甲基-5-乙烯吡啶(MVP)、乙烯基吡咯烷酮(PVP)、α-甲基苯乙烯(α-MS)等，不同共聚单体的竞聚率见表11-43。

表11-43　丙烯腈与其他单体共聚时的竞聚率

共聚单体	γ_1	γ_2	备　注
丙烯酸甲酯(MA)	0.95	1.17	60℃在52%NaSCN水溶液中聚合
丙烯酸甲酯(MA)	0.70	1.22	20℃水相聚合，$S_2O_8^{2-}$—HSO_3^- 引发
丙烯酸甲酯(MA)	0.50	0.71	80℃聚合
衣康酸(ITA)	0.30	0.60	50℃水相聚合，过硫酸钾引发，pH=4.7～5.3
甲基丙烯酸甲酯(MMA)	0.150	1.224	80℃聚合
醋酸乙烯酯(VAC)	6.0	0.07	70℃聚合
甲基丙烯腈(MAN)	0.32	2.68	60℃聚合
丙烯酰胺(AAM)	0.875	1.375	60℃聚合
2-乙烯吡啶(VP)	0.113	0.47	60℃聚合
2-甲基-5-乙烯吡啶(MVP)	0.10	1.10	—
对苯乙烯磺酸钠(SSS)	0.10	1.20	40℃水相聚合，过硫酸钾引发，pH=3
丙烯磺酸钠(AS)	4.94	0.07	30℃水相聚合，$S_2O_8^{2-}$—HSO_3^- 引发
甲基丙烯磺酸钠(MAS)	2	0.2	70℃水相聚合，过氧化氢引发
甲基丙烯磺酸钠(MAS)	0.55	0.08	70℃在40%NaSCN溶液中聚合

按共聚组分区分，目前国内生产的腈纶主要有四类。

(一)衣康酸(ITA)型三元共聚腈纶

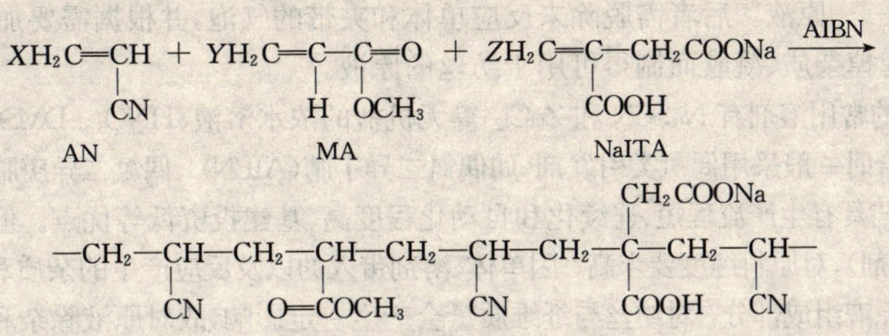

$$XH_2C{=}CH(CN) + YH_2C{=}C(H){-}C({=}O)OCH_3 + ZH_2C{=}C(COOH){-}CH_2COONa \xrightarrow{AIBN}$$

AN　　MA　　NaITA

$$-CH_2-CH(CN)-CH_2-CH(COOCH_3)-CH_2-CH(CN)-CH_2-C(CH_2COONa)(COOH)-CH_2-CH(CN)-$$

(二)甲基丙烯磺酸(MAS)型三元共聚腈纶

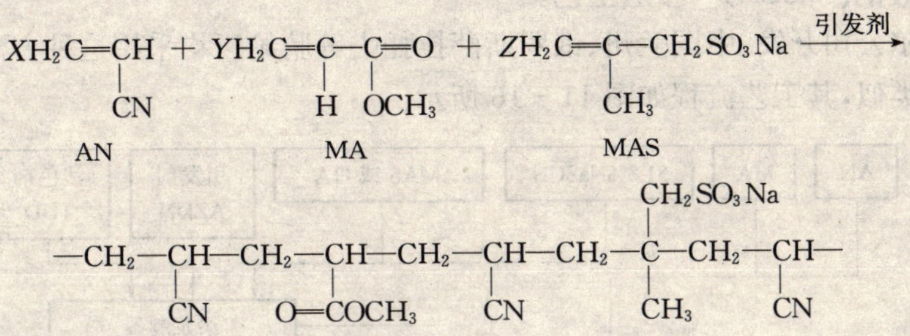

$$XH_2C{=}CH(CN) + YH_2C{=}C(H){-}C({=}O)OCH_3 + ZH_2C{=}C(CH_3){-}CH_2SO_3Na \xrightarrow{引发剂}$$

AN　　MA　　MAS

$$-CH_2-CH(CN)-CH_2-CH(COOCH_3)-CH_2-CH(CN)-CH_2-C(CH_2SO_3Na)(CH_3)-CH_2-CH(CN)-$$

(三)醋酸乙烯酯(VAC)型二元共聚腈纶

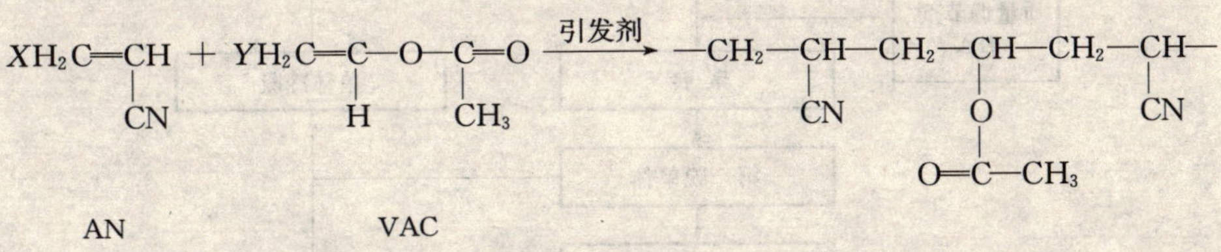

$$XH_2C{=}CH(CN) + YH_2C{=}C(H){-}O{-}C({=}O)CH_3 \xrightarrow{引发剂} -CH_2-CH(CN)-CH_2-CH(O{-}C({=}O){-}CH_3)-CH_2-CH(CN)-$$

AN　　VAC

(四)对苯乙烯磺酸(SSS)型三元共聚腈纶

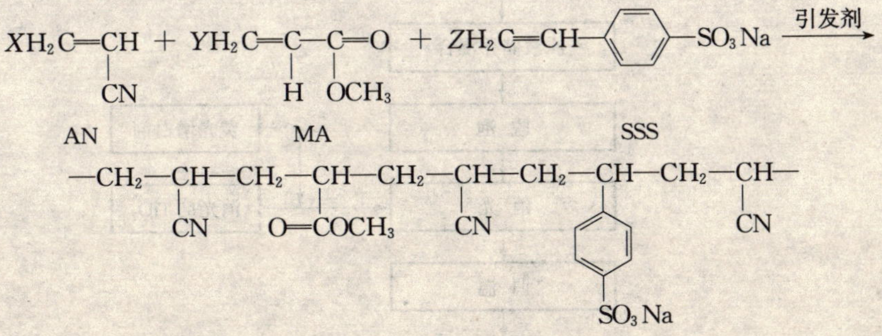

$$XH_2C{=}CH(CN) + YH_2C{=}C(H){-}C({=}O)OCH_3 + ZH_2C{=}CH{-}C_6H_4{-}SO_3Na \xrightarrow{引发剂}$$

AN　　MA　　SSS

$$-CH_2-CH(CN)-CH_2-CH(COOCH_3)-CH_2-CH(CN)-CH_2-CH(C_6H_4SO_3Na)-CH_2-CH(CN)-$$

三、溶液聚合法制备纺丝原液

溶液聚合法制备腈纶纺丝原液的生产工艺,因单体聚合与纺丝原液制备一次完成,故也称腈纶一步法生产工艺。该工艺采用的溶剂必须能同时溶解单体和生成的聚合物,过程中丙烯腈、共聚单体溶于溶剂按均相溶液聚合历程进行聚合反应，生成的聚合体溶于同一溶剂直接制得聚合物溶液——原液。后者需脱除未反应单体和夹带的气泡，并根据需要加入消光剂或其他改性添加剂，滤掉杂质、凝胶而制得可用于纺丝的原液。

溶液聚合的常用溶剂有 NaSCN 和 $ZnCl_2$ 等无机盐的浓水溶液、HNO_3、DMSO 和 DMF 等。聚丙烯腈溶液聚合时一般采用偶氮类引发剂，如偶氮二异丁腈(AIBN)、偶氮二异庚腈(AIHN)等。

一步法工艺具有生产流程短、连续化和自动化程度高、基建投资低等优点。但共聚单体选择面窄(必须溶于溶剂)，对原料纯度要求高，因单体、溶剂带入的以及反应产生的杂质和反应产生的不合格聚合物均为原液组成部分，对纺丝与纤维质量会产生一定影响，故对原液除杂和回收溶剂的净化要求高。此外，原液中残留的未反应单体，使纺丝与溶剂回收工序都有单体排放，污染面大。

(一)硫氰酸钠(NaSCN)一步法工艺

英国考陶尔公司开发，中国兰州、俄罗斯萨拉托夫等腈纶厂均采用这种方法生产纺丝原液，其制备工艺有类似，其工艺流程如图 11－16 所示。

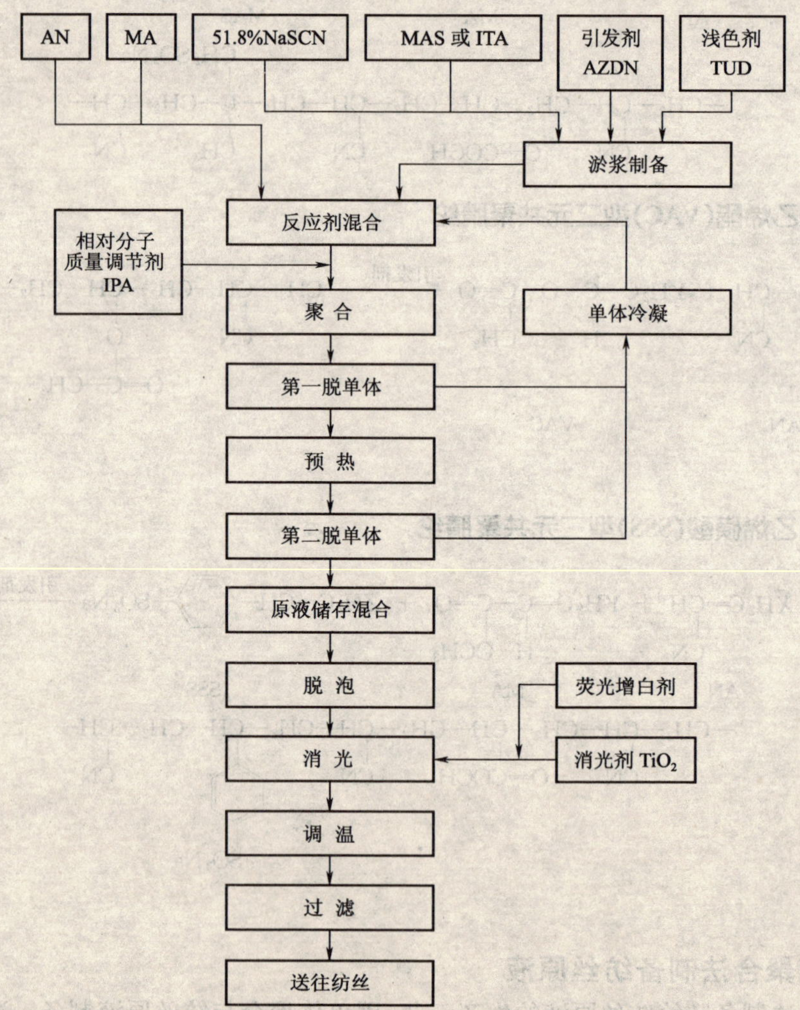

图 11－16　硫氰酸钠一步法聚合与原液制备工艺流程

(二)二甲基甲酰胺(DMF)一步法工艺

意大利斯尼亚开发,日本钟纺、印度帕苏帕蒂(Pasupati)、保加利亚保拉纳(Bulana)、土耳其亚洛瓦(Yalova)等腈纶厂采用此法生产,其聚合与原液制备工艺类似,工艺流程如图 11－17 所示。

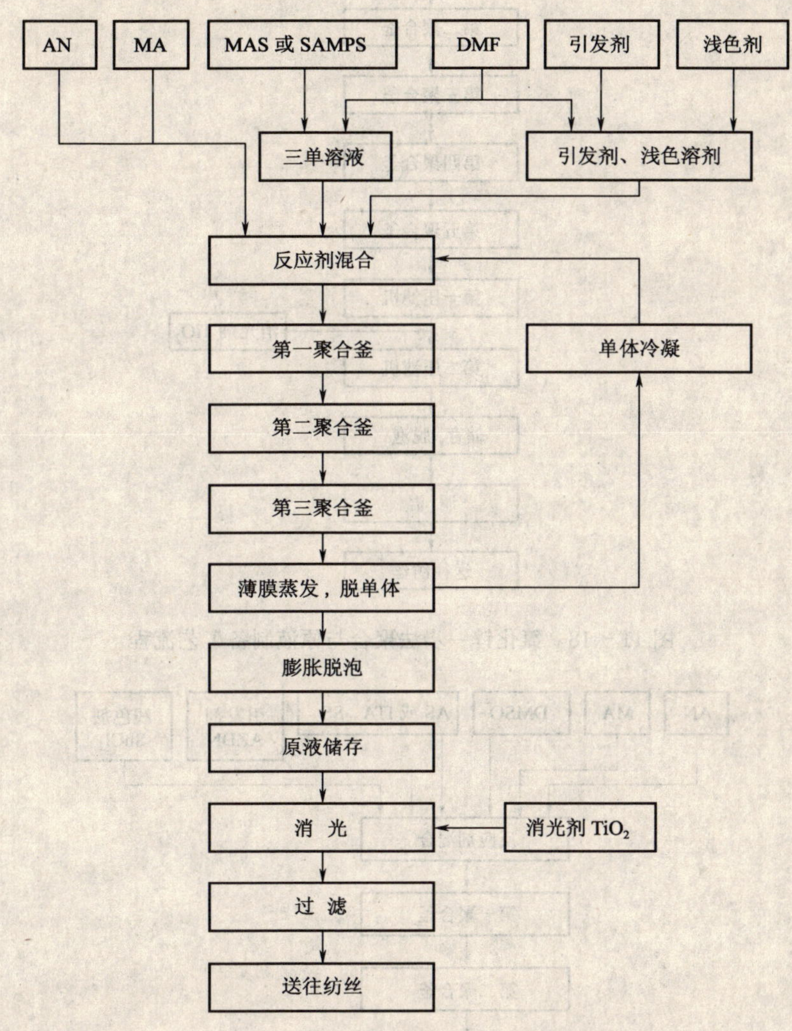

图 11－17　二甲基甲酰胺一步法聚合与原液制备工艺流程

(三) 氯化锌一步法工艺

日本东邦人造丝采用氯化锌($ZnCl_2$)一步法工艺生产腈纶，其聚合与原液制备工艺类似，工艺流程如图 11－18 所示。

(四)二甲基亚砜(DMSO)一步法工艺

日本东丽公司、我国山西榆次化纤厂等采用 DMSO 一步法工艺生产腈纶，其聚合与原液制备工艺类似,其工艺流程如图 11－19 所示。

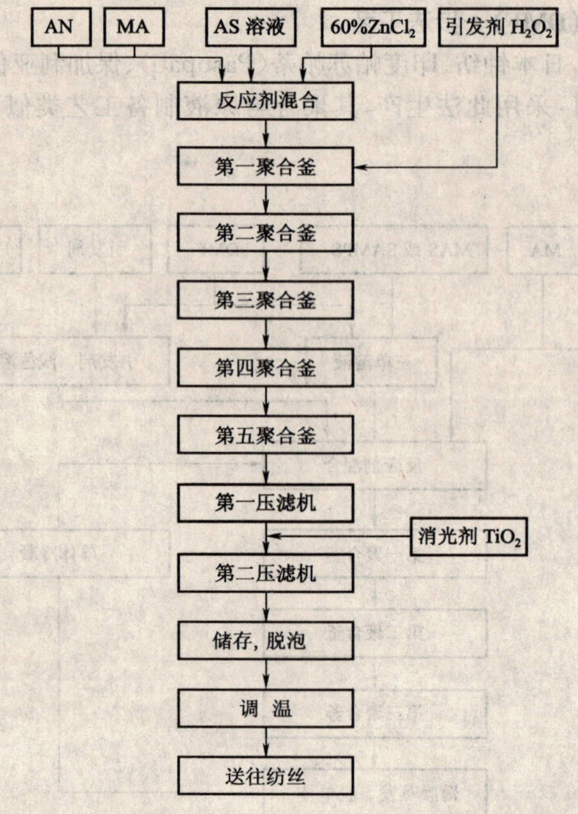

图 11－18　氯化锌一步法聚合与原液制备工艺流程

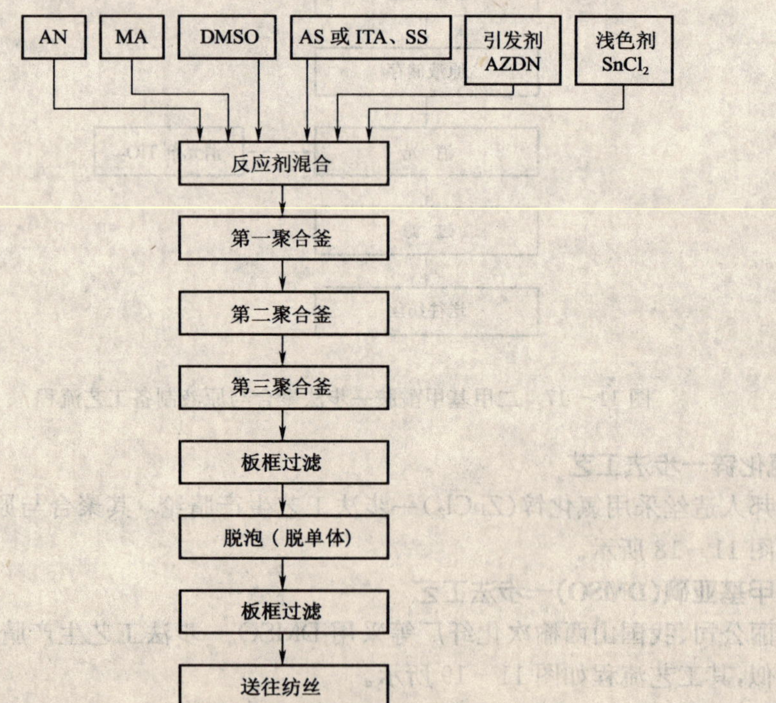

图 11－19　DMSO 一步法聚合与原液制备工艺流程

四、水相悬浮聚合法制备纺丝原液

水相悬浮聚合法制备纺丝原液的生产工艺，因单体聚合与原液制备分开进行，故也称腈纶二步法工艺。水相悬浮聚合过程以水为分散介质，丙烯腈与共聚单体通过机械搅拌，大部分成珠滴状悬浮于水中，少量溶于水，珠滴通过本体聚合生成聚合物，聚合物不溶于水，不断沉淀析出，经终止反应、脱单体、洗涤、分离等工序制得含水聚合物淤浆。再用溶剂溶解聚合物淤浆制得聚合物溶液，并根据需要加入消光剂和其他改性添加剂，过滤后制得纺丝原液。在用有机溶剂溶解共聚物时，为避免有机溶剂水解，淤浆还需进行干燥处理，使含水率低于0.5%。

在聚丙烯腈水相悬浮聚合中，为控制反应速度，采用水溶性无机盐氧化还原体系引发剂，常用的氧化还原体系有氯酸钠—亚硫酸氢钠（$NaClO_3$—$NaHSO_3$）、过硫酸钾—亚硫酸氢钠（$K_2S_2O_8$—$NaHSO_3$）等。为降低引发反应活化能，常加入铁、铜的二价离子作催化剂（或称促进剂、活化剂）。

二步法工艺生产的聚合体可用于湿法纺丝，也可用于干法纺丝，采用的溶剂有 NaSCN、HNO_3、DMF、DMAc、EC 和丙酮等。

水相悬浮聚合以水为分散介质，水热容大，聚合时易除去反应热，不易发生局部过热，聚合转化率较高，反应釜单位容积收率高，不合格产品易分离，聚合物经洗涤，不含未反应单体与各种因素带入的水溶性杂质，配制的原液纯度高，纺丝与溶剂回收无单体排放，纺丝过程及纤维质量稳定，共聚单体与溶剂选择面广，溶剂回收中净化较简单。但聚合物需经分离、洗涤、脱水后再用溶剂溶解配制原液。采用有机溶剂时，对聚合物含水率要求尤为严格，故工序较长，设备多，连续化程度较差，厂房面积、建设投资比一步法高。

（一）硫氰酸钠（NaSCN）二步法工艺

以 NaSCN 为溶剂二步法聚合与原液制备过程，因溶胀与溶解工序不同可有两种工艺。

1. 硫氰酸钠（NaSCN）二步法工艺（A）

美国氧氰氨公司开发，美国斯妥林（Sterling Fiber）、我国大庆石化、大庆炼化、安庆石化等腈纶厂采用此工艺。经水相悬浮聚合制得的聚合物淤浆，先用 NaSCN 溶剂溶胀，再用 NaSCN 溶剂溶解制纺丝原液。其聚合与原液制备工艺类似，工艺流程如图 11－20 所示。

2. 硫氰酸钠（NaSCN）二步法工艺（B）

日本依克斯兰（Exlan）、韩国泰光（Tae Kwang）、泰国和中国上海石化等腈纶厂采用此工艺。经水相悬浮聚合制得的聚合物淤浆，不经溶胀，直接用 NaSCN 溶剂溶解。其聚合与原液制备工艺类似，工艺流程如图 11－21 所示。

（二）二甲基甲酰胺（DMF）干法工艺

中国齐鲁、抚顺、金甬、秦皇岛、万商，德国拜耳（Bayer）等腈纶工厂采用二甲基甲酰胺（DMF）为溶剂干法工艺生产腈纶，其聚合与原液制备工艺有类似如图 11－22 所示流程。

（三）二甲基乙酰胺二步法工艺

意大利蒙特（Montefibre）、美国沙罗梯（Solutia）、日本三菱人造丝和中国奇峰等腈纶厂采用 DMAc 二步法工艺生产腈纶，其聚合与原液制备工艺类似，工艺流程如图 11－23 所示。

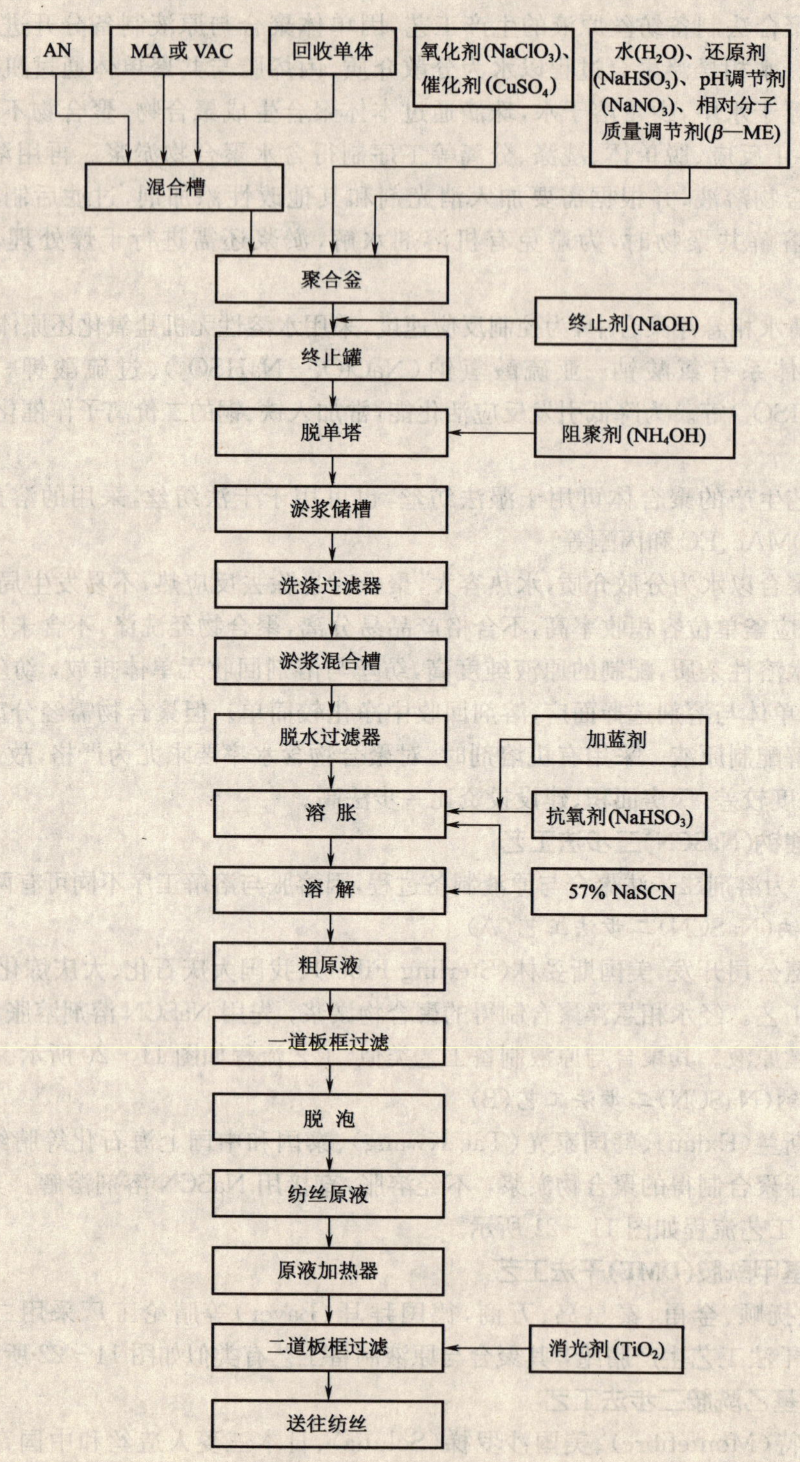

图 11－20 硫氰酸钠二步法聚合与原液制备工艺流程(A)

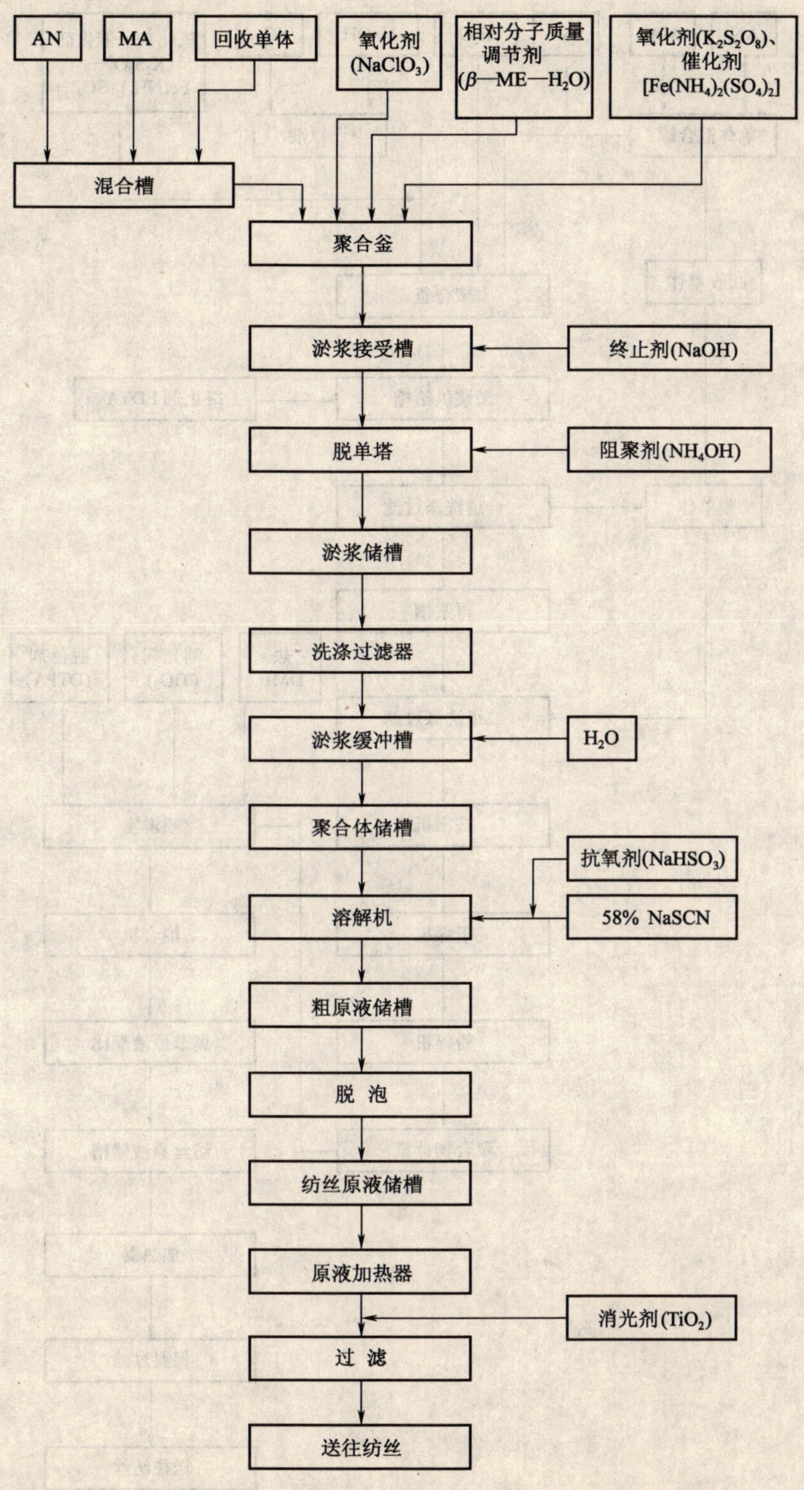

图 11－21　硫氰酸钠二步法聚合与原液制备工艺流程(B)

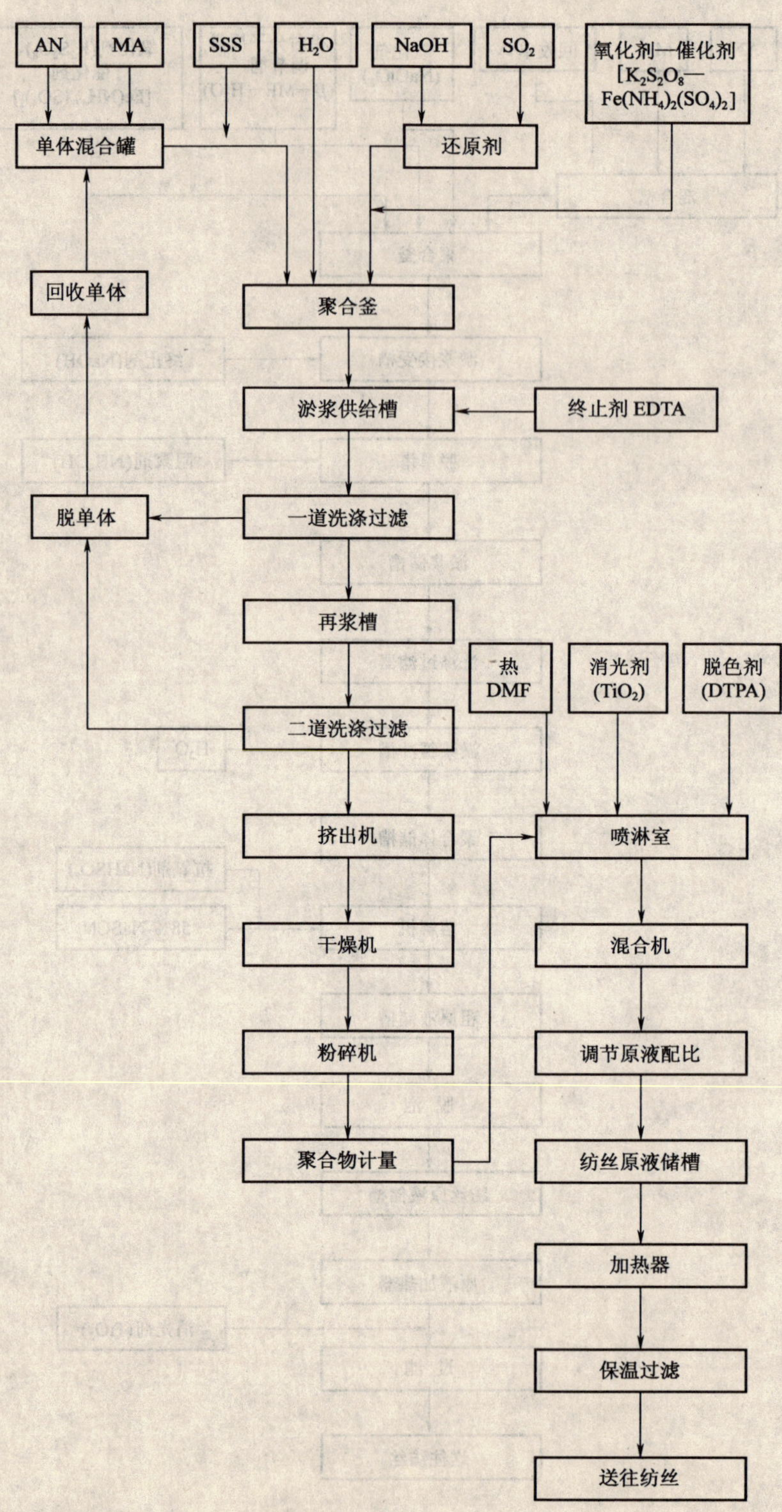

图 11－22　二甲基甲酰胺干纺工艺聚合与原液制备工艺流程

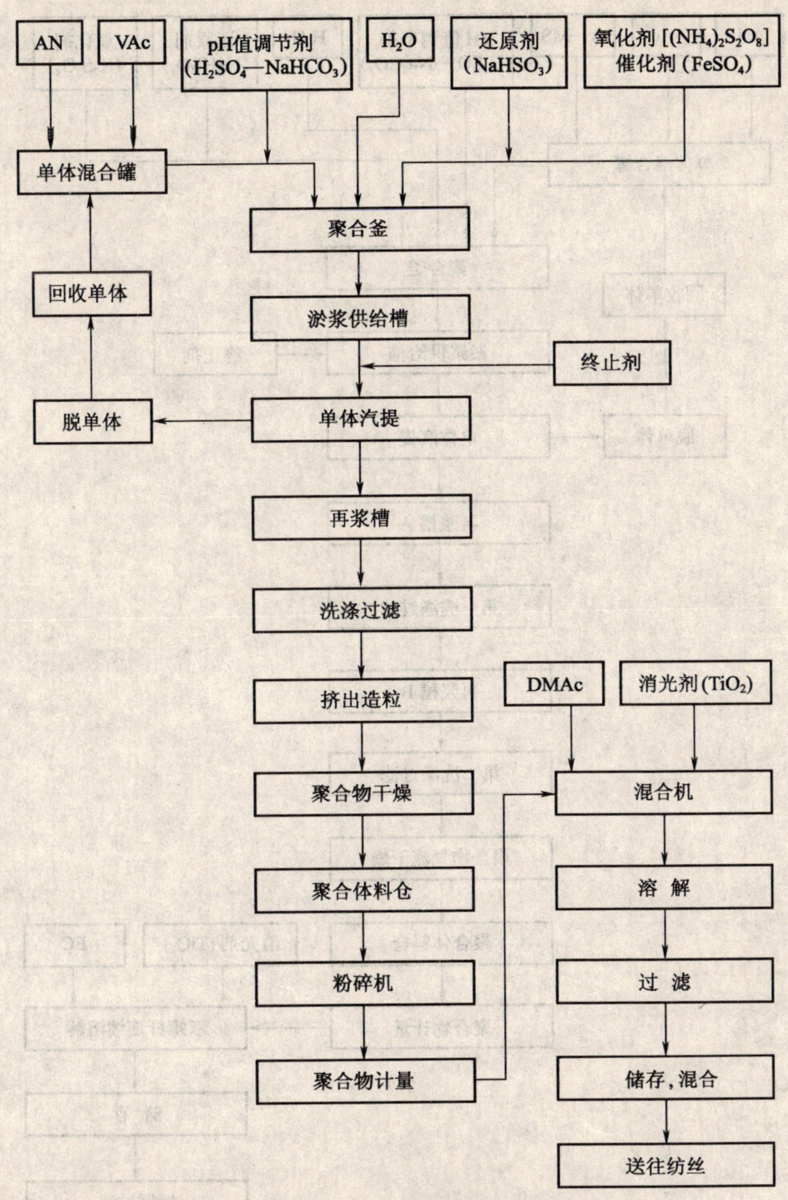

图 11－23 DMAc 二步法聚合与原液制备工艺流程

(四) 碳酸亚乙酯(EC)二步法工艺

罗马尼亚塞维奈什蒂(Uzina Savinesti)、朝鲜等腈纶厂以碳酸亚乙酯(EC)为溶剂、二步法工艺生产腈纶，其聚合与原液制备工艺类似，工艺流程如图 11－24 所示。

(五)硝酸(HNO_3)二步法工艺

日本旭化成公司开发，韩国、印度、墨西哥及我国台湾等地区的腈纶厂以硝酸(HNO_3)为溶剂、二步法工艺生产腈纶，其聚合与原液制备工艺类似，工艺流程如图 11－25 所示。

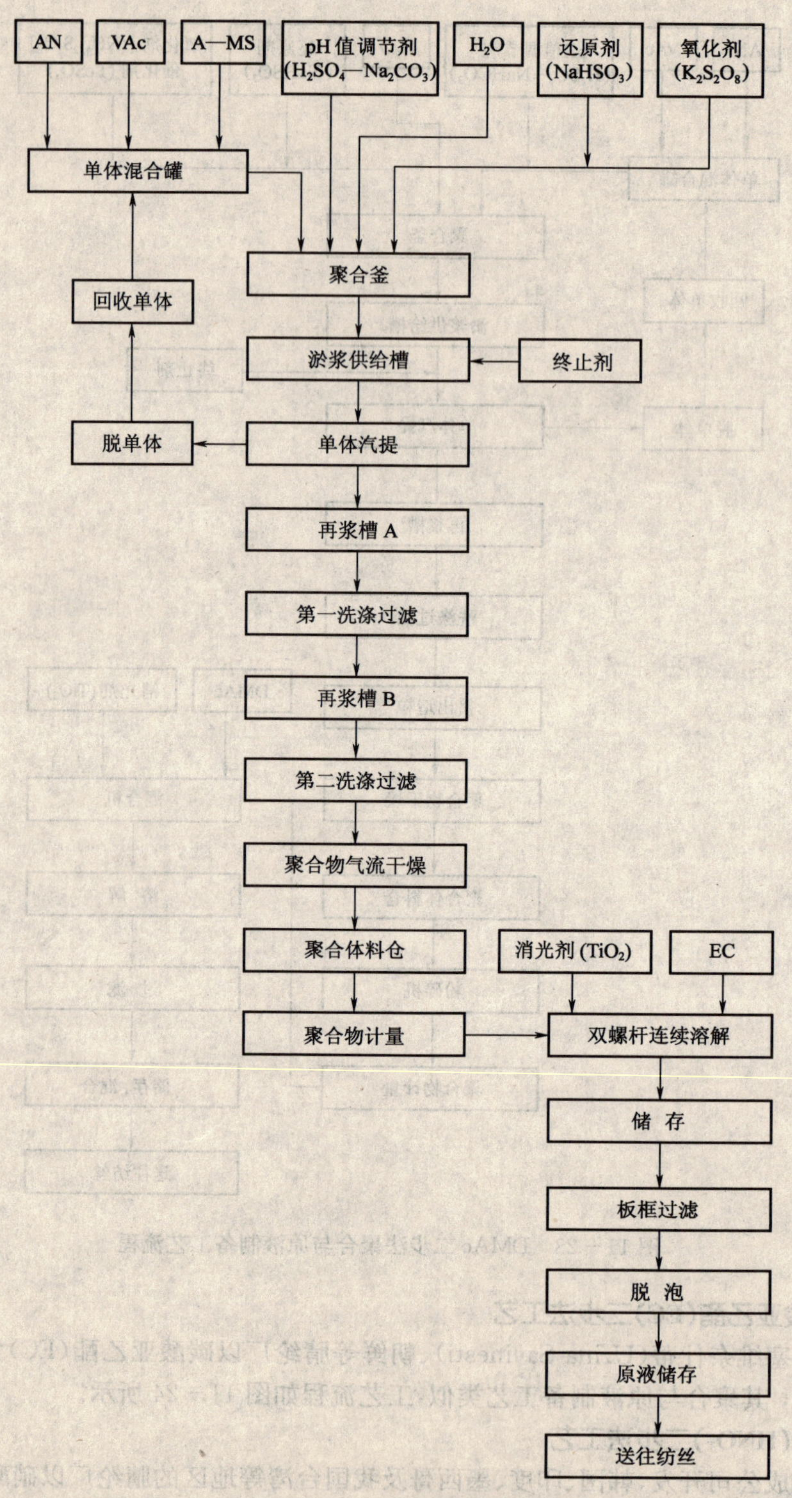

图11－24　碳酸亚乙酯二步法聚合与原液制备工艺流程

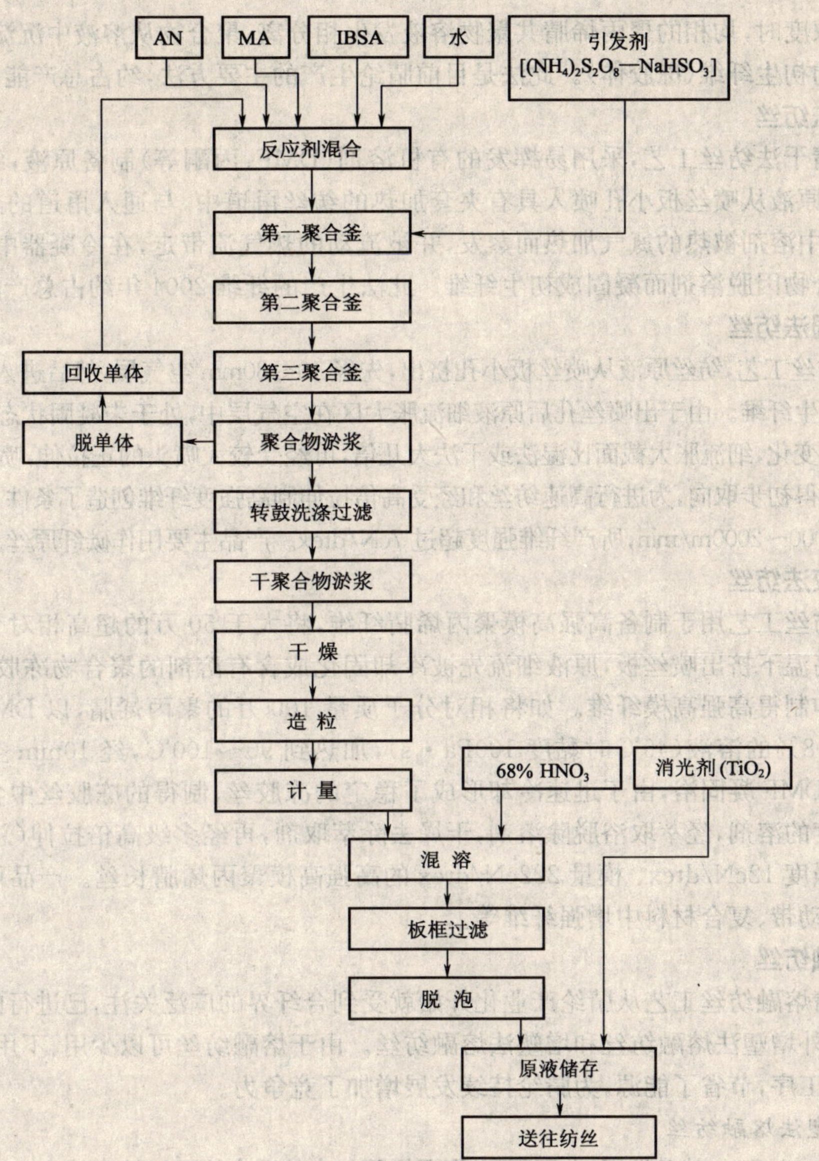

图 11－25 硝酸二步法聚合与原液制备工艺流程

第四节 纤维生产工艺

一、聚丙烯腈纺丝

(一)湿法纺丝

聚丙烯腈湿法纺丝工艺，采用与制备原液相同的溶剂——水溶液作凝固浴，纺丝原液由喷丝头上小孔喷出成细流状进入凝固浴，表层首先与凝固浴接触，凝固成皮层，随着凝固浴中水透过皮层向细流内部扩散和细流内部溶剂通过皮层向凝固浴扩散，使细流中溶剂浓度不断降低，当达到临界浓度时，均相的聚丙烯腈共聚物溶液发生相分离，聚合物从溶液中沉淀析出，凝固成具皮芯结构的初生纤维(冻胶体)。此法是目前腈纶生产的主要方法，约占总产能的82%。

(二)干法纺丝

聚丙烯腈干法纺丝工艺，采用易挥发的有机溶剂(DMF、丙酮等)制备原液，纺丝时预先加热原液，并将原液从喷丝板小孔喷入具有夹套加热的纺丝甬道中，与通入甬道的热氮气并流前进，原液细流中溶剂被热的氮气加热而蒸发，并被流动的热气流带走，在冷凝器中冷凝回收，原液细流中聚合物因脱溶剂而凝固成初生纤维。此法生产的纤维2004年约占总产能的17.7%。

(三)干湿法纺丝

干湿法纺丝工艺，纺丝原液从喷丝板小孔挤出，先经10～30mm空气层，然后进入凝固浴，经脱溶剂而制得初生纤维。由于出喷丝孔后原液细流胀大区在空气层中，处于未凝固状态，无溶剂减少，故液流体积无变化，细流胀大截面比湿法或干法大几倍，可经受较大喷头的正拉伸，喷头正拉伸使高聚物大分子获得初步取向，为进行高速纺丝和经受高倍拉伸制高强度纤维创造了条件。目前，该法的最高纺速达1000～2000m/min，所产纤维强度超过7cN/dtex。产品主要用作碳纤原丝。

(四)冻胶法纺丝

冻胶法纺丝工艺用于制备高强高模聚丙烯腈纤维，将大于50万的超高相对分子质量聚丙烯腈溶液在高温下挤出喷丝板，原液细流先被冷却固化成含有溶剂的聚合物冻胶丝，再经脱溶剂与高倍拉伸制得高强高模纤维。如将相对分子质量100万的聚丙烯腈，以DMF为溶剂，配成浓度6%～8%的溶液(45℃时黏度100Pa·s)，加热到90～100℃，经10mm空气层后进入0～5℃、75%DMF凝固浴，由于迅速冷却形成了稳定的冻胶丝；制得的冻胶丝中含有与纺丝原液中相近浓度的溶剂，经萃取浴脱除溶剂，干燥去除萃取剂，再经多级高倍拉伸(总拉伸15～20倍)，可制得强度12cN/dtex、模量222cN/dtex的高强高模聚丙烯腈长丝。产品可望用作优质碳纤原丝，传动带、复合材料中增强纤维等。

(五)熔融纺丝

聚丙烯腈熔融纺丝工艺从腈纶产业化开始就受到合纤界的广泛关注，已进行的研究可归纳为两大类，即外增塑法熔融纺丝和增塑法熔融纺丝。由于熔融纺丝可以少用、不用溶剂，减少了污染，缩短了工序，节省了能源，为腈纶持续发展增加了竞争力。

1. 外增塑法熔融纺丝

早在1952年，Coxe就已发现：在高压下，聚丙烯腈与水的混合物可以熔融挤出。在一段时间内，以水及溶剂增塑降低聚丙烯腈熔点的研究工作相当活跃，美国ACC(现Sterling)和日本旭化成、Exlan、东丽以及德国BASF都先后发表了在用水及添加其他溶剂条件下，降低纯聚型或共聚型聚丙烯腈熔点并进行熔融纺丝的专利。ACC曾报道：采用丙烯腈共聚物83.2份，加水16.8份，在单螺杆挤压机中加热制得熔体，在167℃通过直径为85μm的小孔进行纺丝，丝条在充满88.4kPa水蒸气的固化区固化成丝条，在热水喷淋下经第一拉伸区2.4倍拉伸、第二拉伸区21.2倍拉伸可制得线密度1.1dtex、强度7.0cN/dtex、断裂伸长率27%、钩结强度5cN/dtex的聚丙烯腈长丝。

2. 内增塑法熔融纺丝

日本三菱人造丝、东丽和美国BP公司、标准油公司等发布了多项有关用改变聚丙烯腈大分子组分、结构等方法，降低共聚丙烯腈熔点，使其可用通常熔纺设备进行熔融纺丝的报道。

内增塑的措施有：

(1)降低共聚物中氰基含量，采用加入 8%～17%其他乙烯基单体共聚，降低—CN 的作用力，使玻璃化温度在 77～110℃。

(2)闭合强极性 —CN，削弱 —CN间作用力。

(3)改变聚丙烯腈超分子结构，将结晶度控制在 20%～30%。

(4)加入稳定剂(RX)抑制环化。

(5)降低相对分子质量。

(6)改变共聚物序列，调整共聚物中单体的分布。

BP 公司开发了一种叫"AMLON"的树脂，是 AN 含量大于 85%、与第二单体 MA 或 VAC 用乳液聚合合成的具有一定序列排布的共聚物，相对分子质量 5 万～10 万，玻璃化温度为 85～90℃，相对密度 1.17，熔融指数为 25～40，含湿量 1.5%～2%，添加了该公司的特殊稳定剂，在225～240℃熔融而不分解，可在普通熔纺设备上纺制 UDY 或 POY，经后加工制得 3～4dtex 长丝，纤维强度 2.3～3.2cN/dtex，断裂伸长率 35%～52%，沸水收缩率小于 4%，其他各项指标与溶剂纺腈纶相近。长丝可作腈纶 BCF，已开发出中空、异形截面、有色纤维等品种，该法的废丝、废胶可熔化回纺，环保效益明显提高。

三菱人造丝一种含有 11%丙酮可熔物的 AN—MA 共聚物(重量比 85∶15)，比黏度控制在 0.62，可在 130～220℃用 0.72mm 孔径 72 孔喷头进行熔融纺丝，纺速 1500m/min，所得 UDY 纱在 130℃拉伸 4.5 倍，纺得单丝线密度 1.6dtex，强度 5cN/dtex，断裂伸长率 12.1%，可望用作碳纤原丝。

二、聚丙烯腈纤维的后处理

初生纤维是高聚物在溶剂中高度溶胀的冻胶体，大分子间作用力和取向度都很低，内部包含大量溶剂(湿纺时还带大量水)，物理机械性能差，必须经过系列后处理才能制得有实用价值的纺织纤维。腈纶后处理包括拉伸、水洗、干燥致密化、卷曲、热定型、上油、二次干燥、切断、打包(装箱) 等工序。

1. 拉伸

拉伸的目的是提高大分子沿纤维轴的取向度，使大分子链沿受力方向平行排列，初级沉积体构成的网络骨架发展成大分子链束组成的微纤。在拉伸过程中，初生纤维截面变小，微孔被拉长，微纤间距离缩小，大分子间引力加强，使纤维强度上升，伸度下降，机械物理性能得到改善。腈纶生产中拉伸可一次完成，也可分几次进行。在无机溶剂湿法纺丝中，为提高初生纤维的抗拉性能，在高倍拉伸前，先在 50℃左右的稀溶剂介质中进行 1～3 倍预拉伸，再进一步脱除溶剂，使初生纤维中大分子预取向，以承受高倍拉伸，再在 95～100℃的热水或 120℃蒸汽中进行一次或多次拉伸，总拉伸倍数可达 6～10 倍。

2. 水洗

水洗的目的是除去纤维中残留的溶剂、低聚物等杂质，改善手感、白度与染色性。一般采用 40～60℃脱盐水在立式或长槽式水洗机中完成。在一些工艺中，为提高白度，改善染色性，水洗后还用 Na_2SO_4—HNO_3 溶液处理凝胶态丝束。

工业生产中拉伸工序与水洗工序设置因工艺路线不同而异。高倍拉伸设在水洗前，由于溶剂增塑作用，拉伸时大分子易滑移，拉伸能耗低，流程短，适合一步法工艺中相对分子质量较高的聚合物。相对分子质量较低的聚合物或溶剂的毒性、腐蚀性较大时，可采用先水洗后拉伸的方式，拉伸前丝束在较低行进速度下水洗,便于洗净残留溶剂;因水增塑作用要小于溶剂增塑,拉伸需分几次实施,故拉伸能耗较大,但对大分子伸展取向有利;先水洗后拉伸工艺流程中的高速区短,利于稳定生产,提高纺速,改善劳动条件。干法纺丝中,水洗与拉伸在密闭的多辊水洗拉伸机中,以 95℃热水一次完成,洗下的 DMF 溶剂送往回收装置,可降低溶剂损耗并减少对操作环境的污染。

3. 干燥致密化

干燥致密化是对拉伸、水洗后聚丙烯腈初级溶胀纤维进行热处理的工序。经拉伸、水洗后的初级溶胀纤维皮芯层、截面间存在差异,纤维内部呈多孔结构,在微孔、低序区与大分子表面带有大量水分,纤维含水率高达 150%～200%。纤维外观泛白失透、染色后色泽不鲜艳,强度、断裂伸长率和钩结强度等机械指标低,不能满足纺织要求。干燥致密化在高于聚丙烯腈玻璃化温度、高含湿量的热空气(100～180℃)环境下进行,以防止高温下初级溶胀纤维内部水分快速蒸发而造成纤维表面纰裂。在高温、高湿条件下,随着水分的蒸发,微孔因自由水脱除逐渐缩小,直至最终闭合消失;低序区的自由水与大分子上溶剂化水逐步脱除,微纤相互靠拢,随大分子间新的次价键的建立,堆砌密度提高,有序区比例扩大;纤维轴向与径向发生收缩,皮芯层差异减少,内部结构变得均匀密实,物理机械性能得到改善。经干燥致密化处理,纤维含水率低于 2%,相对密度由初生纤维 0.5 升高到 1.16 以上,主要机械指标已达到纺织加工要求。干燥致密化对任何纺丝方法均是十分关键的后处理工序,其过程可以在张力式烘筒型、半松弛式圆网型、松弛式帘网或帘板型干燥机上实施。

4. 热定型

热定型的目的是消除凝固成型、拉伸和干燥致密化过程中纤维内遗留下的结构不均匀和相应的内应力不匀。在高于聚合体玻璃化温度下对致密化后丝束进行松弛热处理,由于大分子热运动,大分子间作用力部分被削弱,过度伸展的大分子得到松弛,变得比较卷曲,使高倍拉伸时取向应力所造成的不稳定分子间作用力得到舒解,从而消除了内应力不匀,重建和加强了较稳定的分子间作用力,使结构均匀化。经热定型处理,纤维内部准晶区得到加强,大分子序态适度降低,超分子结构得到改善。定型过程中纤维纵向发生收缩,干强度、初始模量有一定程度的下降,但沸水收缩率、钩结强度、钩结伸长率和染色性能得到大幅度改善。生产中,热定型在热空气、热水、蒸汽等介质中进行。常用设备有间歇式蒸汽定型锅、连续蒸汽定型机、电热定型板等。干法纺丝纤维致密化程度比湿法高,热定型与干燥致密化在同一设备中完成。

5. 上油

上油或称柔软处理的目的是改善纤维的摩擦因数,赋予纤维平滑、柔软的手感和抗静电性能,以便顺利通过纺织加工。柔软处理一般在水洗后干燥致密化前进行,也有在干燥致密化以后进行的。前者丝束呈凝胶态,有较大比表面,油剂渗入能较好附着,但油剂必须耐温。可以把柔软剂与抗静电剂同浴加入,亦可分开施加。

6. 卷曲、二次干燥

卷曲的目的是增加纤维间的抱合力、模仿天然纤维自然卷曲、改善腈纶的纺织加工性能。工业生产中,一般采用湿热条件下,机械挤压完成。采用蒸汽给湿、电热板加热的干卷曲工艺中,丝束卷曲后不需再烘干;用热水加热的湿卷曲工艺中,可将油浴作卷曲前的预热浴,湿卷曲丝束需经两次干燥去除水分。

7. 切断

切断的目的是将丝束按线密度与最终用途切成所需长度。如 1.65dtex 棉型腈纶一般切成

38mm，2.75dtex 以上毛型腈纶切成 65mm、100mm、130mm 等。为减少性能差异，可将不同时间丝束相互搭配混切，并将切好的短纤维混合。

8. 打包与装箱

打包或装箱工序是将成品短纤或丝束最后包装，以便运输或储存。

三、腈纶纺丝与后处理工艺流程

纺丝与后处理工艺因不同工艺路线而异，按拉伸、水洗、定型方式及排列不同，可有以下几种形式。

(一)先拉伸后水洗、干热定型工艺

英国 Acordis、中国兰州化纤厂、俄罗斯萨拉托夫(Saratov)化纤联合厂、波兰(Chemitex Anilana)等腈纶工厂在 NaSCN 一步法纺丝工艺中采用凝固浴为 11%～13% NaSCN。有类似于图 11－26 所示的流程。

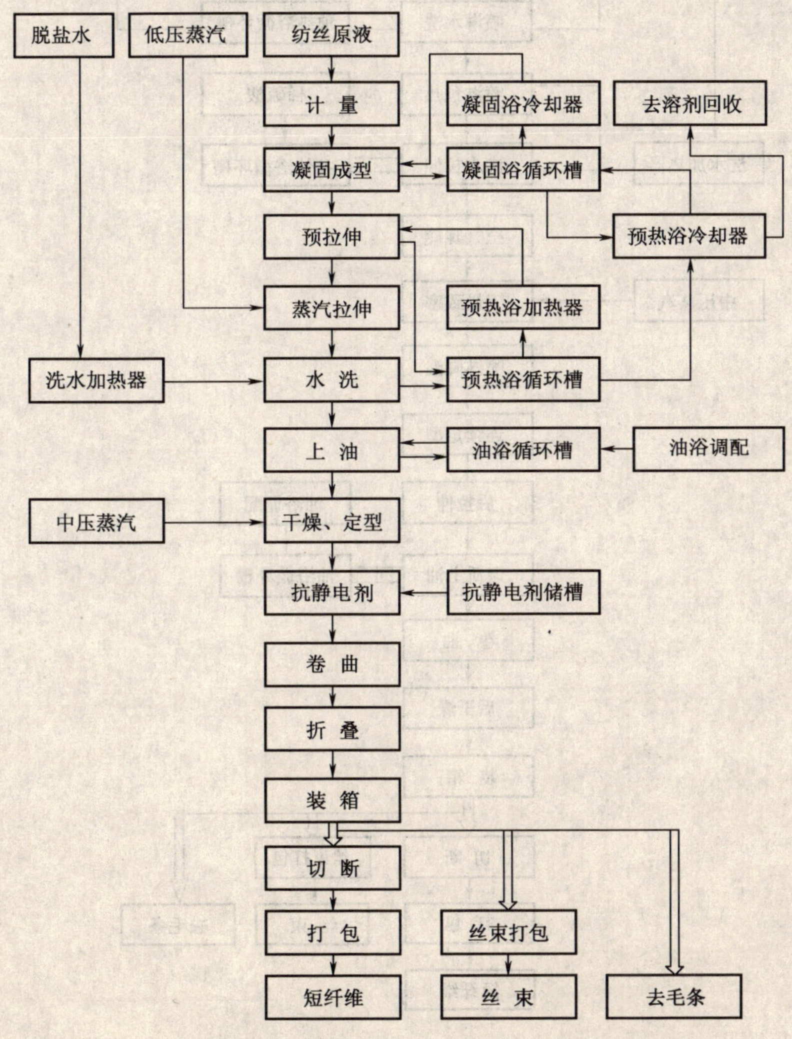

图 11－26　先拉伸后水洗、干热定型工艺流程

(二)先水洗后拉伸、连续定型工艺

美国斯妥林(Sterling)、西班牙(Acordis)和中国大庆、安庆、大庆石油管理局等腈纶工厂在NaSCN二步法(A)工艺中采用，凝固浴为10%～14%NaSCN。其纺丝与后处理工艺有类似于图11－27所示的流程。

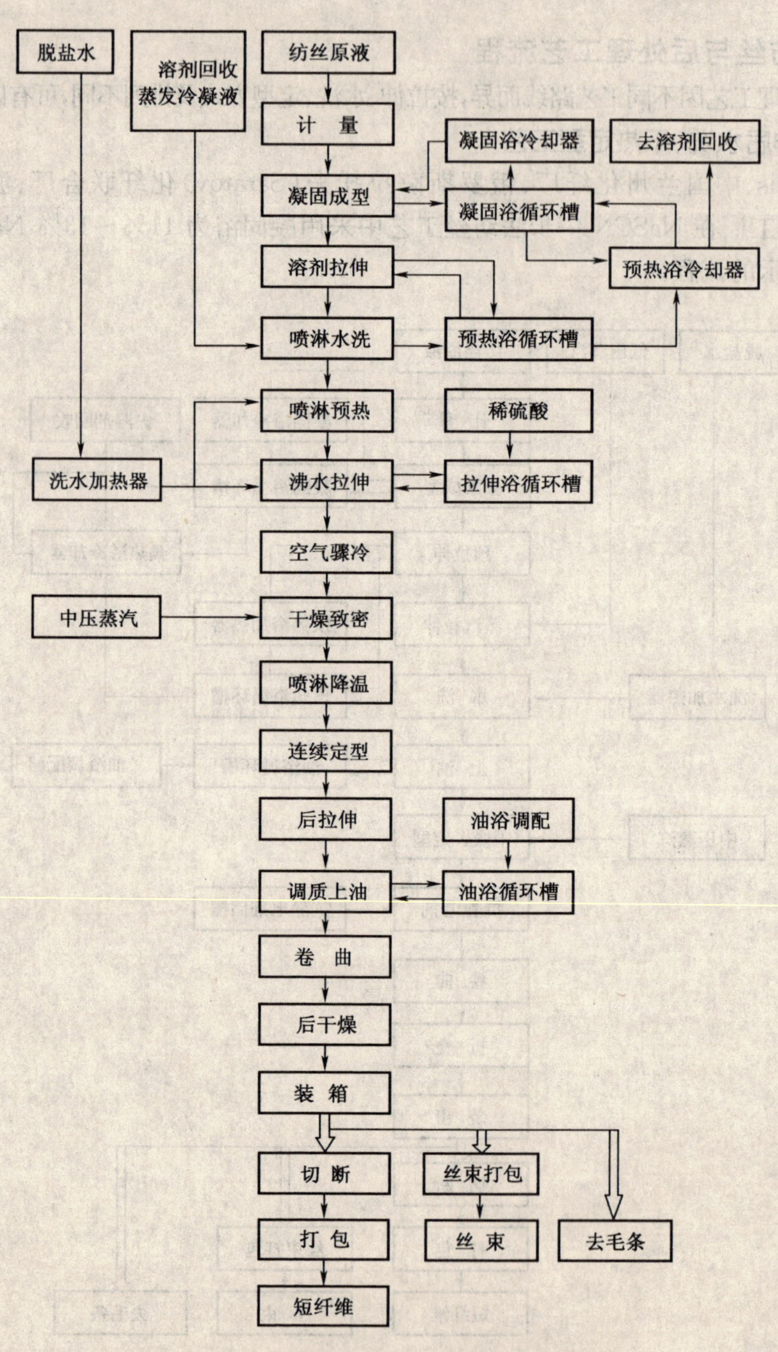

图11－27 先水洗后拉伸、连续汽蒸定型工艺流程

(三)先水洗后拉伸、间歇定型工艺

日本 Exlan、韩国泰光、泰国、中国上海石化等腈纶工厂在 NaSCN 二步法(B)工艺中采用，凝固浴为 10%～13%NaSCN，工序在汽蒸定型前后断开。其纺丝与后处理工艺有类似于图 11－28所示的流程。

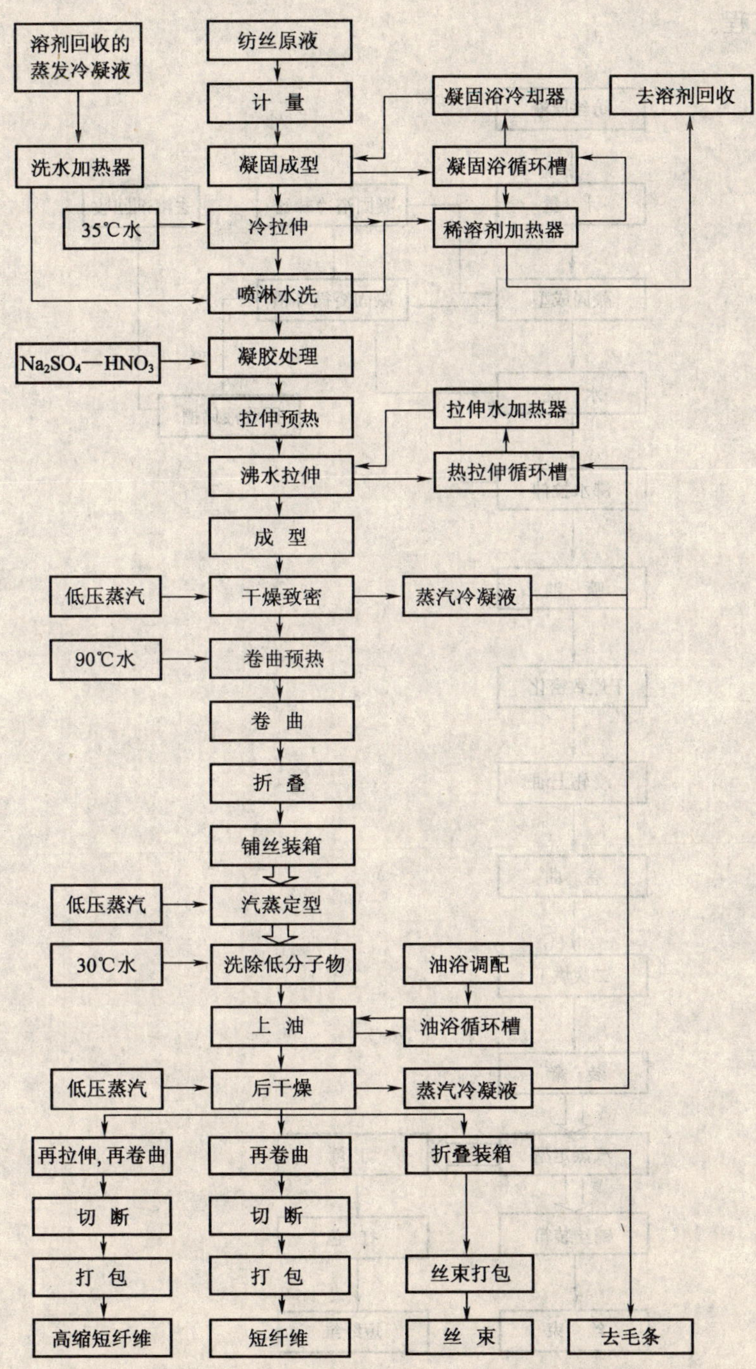

图 11－28 先水洗后拉伸、间歇定型工艺流程

(四)先水洗后拉伸、二次上油、间歇定型工艺

日本旭化成、爱尔兰(Asahi Synthetic Fibres)、墨西哥(Fibras Sinteticas)、印度(I. P. C. L)、韩国韩一(Hanil)等腈纶工厂在硝酸二步法工艺中采用此工艺，凝固浴为35%～36% HNO_3，干燥致密化前先喷油，卷曲前再浸轧上油，工序在二次烘干后断开。其纺丝与后处理工艺有类似于图11－29所示的流程。

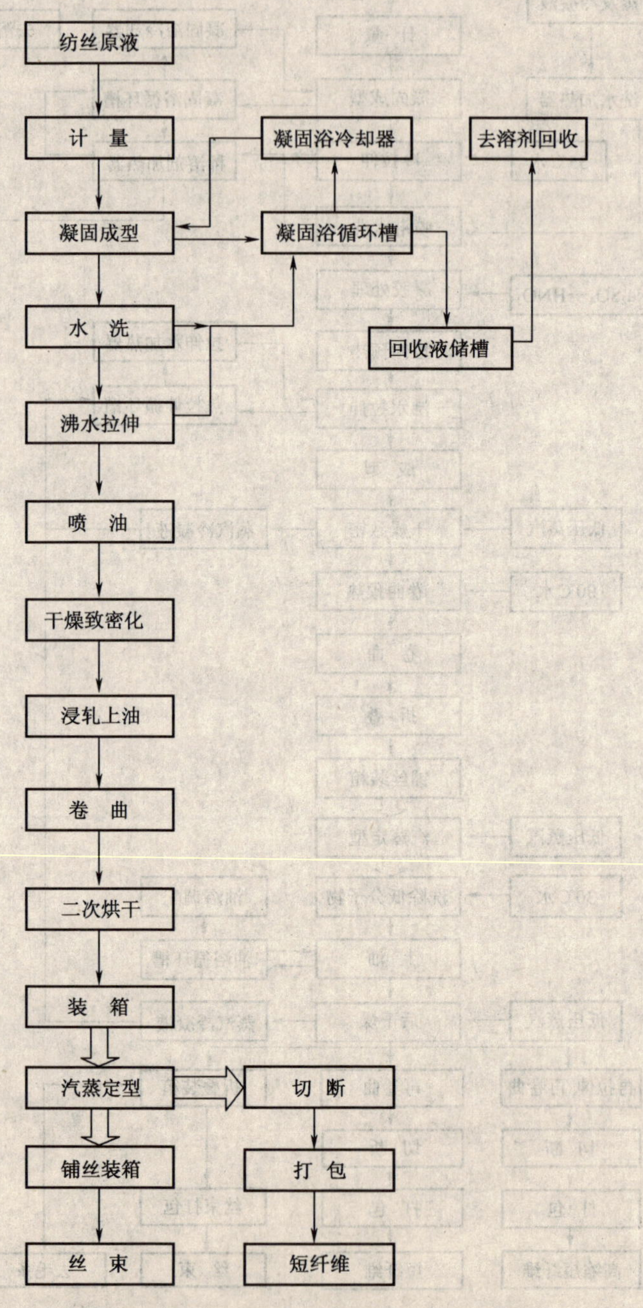

图11－29　先水洗后拉伸、二次上油、间歇定型工艺流程

(五)水洗与拉伸同时进行的工艺

干法纺丝后处理工艺中水洗与拉伸同时进行，不单独设置定型工序。原美国杜邦、印度腈纶(India acrylic fiber)、中国各干法腈纶生产厂采用，流程分别在水洗、二次上油前断开，其纺丝与后处理工艺有类似于图 11－30 所示的流程。

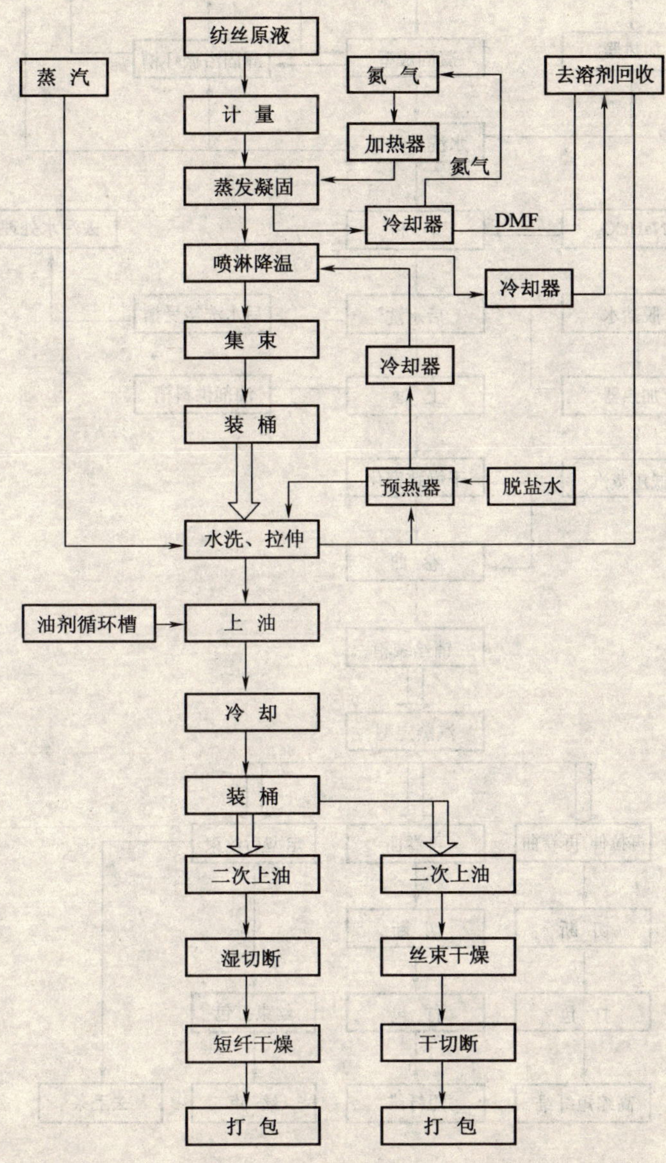

图 11－30　干法生产中水洗与拉伸同时进行的工艺流程

(六)水洗与拉伸同时进行、设有间歇定型的工艺

日本三菱人造丝、美国舒诺(Solutia)、意大利蒙特(Montefiber)、我国吉林奇峰等腈纶厂在 DMAc 湿纺工艺中采用，凝固浴为 55%DMAc 水溶液，流程在定型前断开，其纺丝与后处理工艺有类似于图 11－31 所示的流程。

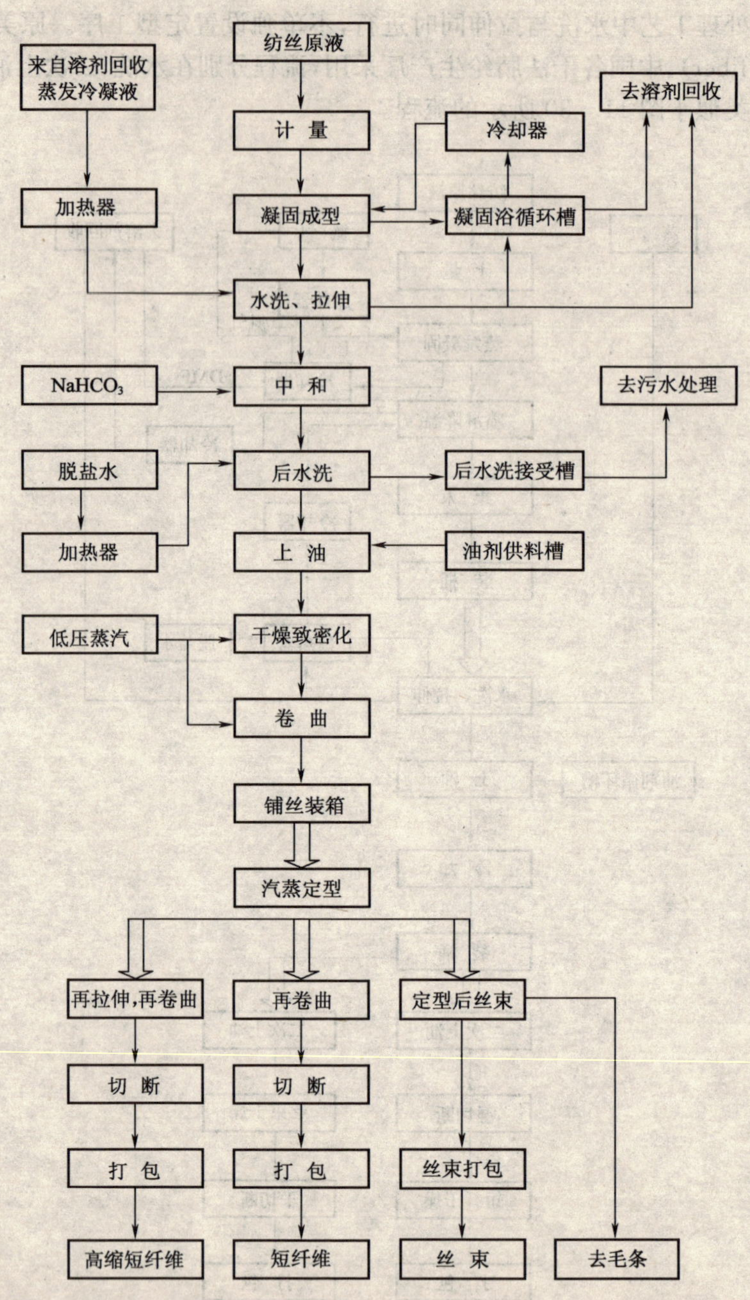

图 11－31 水洗与拉伸同时进行、有间歇定型的工艺流程

(七)在水洗前后进行多次拉伸工艺

土耳其亚洛瓦(Yalova)、印度帕苏帕蒂(Pasupati Acrylon)、保加利亚保拉那(Bulana)腈纶厂在 DMF 一步法湿纺工艺采用凝固浴为 50%～60% DMF 水溶液，其纺丝与后处理工艺有类似于图 11－32 所示的流程。

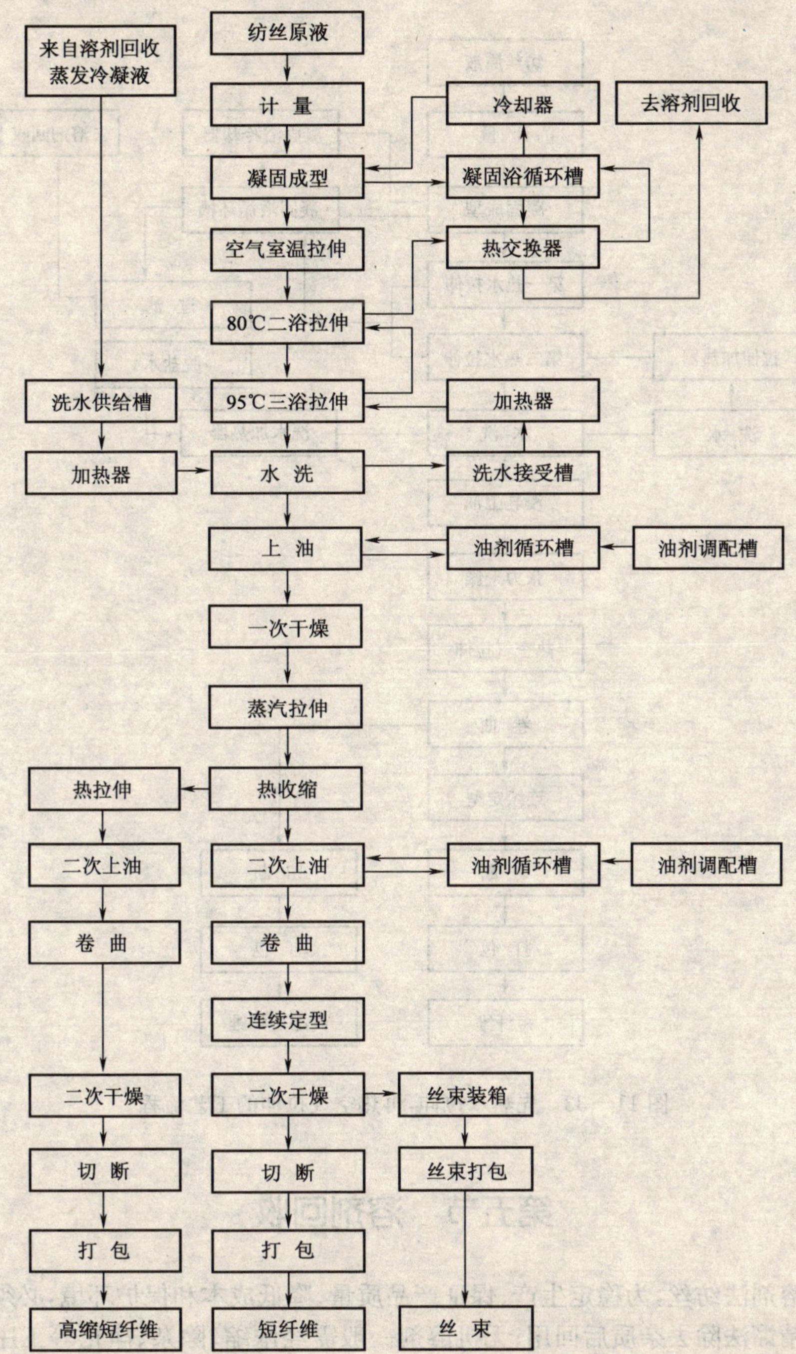

图 11－32 在水洗前后进行多次拉伸的工艺流程

(八)先热水拉伸,再热空气拉伸的工艺

罗马尼亚塞维奈什蒂(Uzina Savinesti)、朝鲜等腈纶厂采用碳酸亚乙酯(EC)为溶剂二步法湿纺工艺中采用,凝固浴为 15%～20% EC 水溶液，其纺丝与后处理工艺有类似于图 11－33 所示的流程。

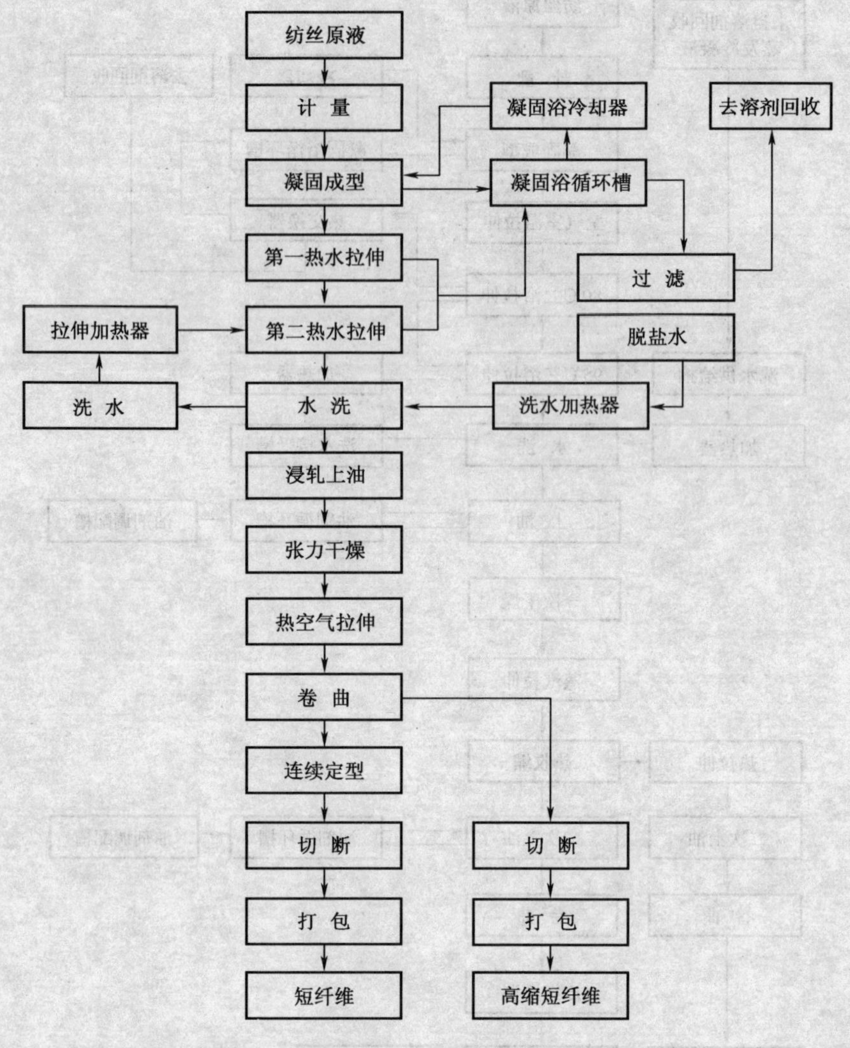

图 11－33 先热水拉伸,再热空气拉伸的工艺流程

第五节 溶剂回收

腈纶采用溶剂法纺丝,为稳定生产、保证产品质量、降低成本和保护环境,必须将溶剂回收。有机溶剂可用精馏法除去杂质后回用;无机溶剂一般需经浓缩、除杂、净化等工序,除去无机与有机杂质并达到工艺要求浓度后才能回用。

一、硫氰酸钠法溶剂回收

(一)硫氰酸钠溶液的浓缩

在 NaSCN 一步法工艺中,以 51.8%NaSCN 作溶剂,与单体、其他化工料混合后直接进入反应釜聚合制得原液;在 NaSCN 二步法工艺中,用 52%NaSCN 配制原液;两种工艺所制得的原液中 NaSCN 浓度为 44%～46%。纺丝时，原液中 NaSCN 与凝固浴中水双扩散，使丝条凝固，凝固浴中 NaSCN 浓度由 11%增加到 13%，必须将其浓缩到 52%左右，才能重新用于生产。工业生产中采用多效薄膜（降膜、升膜、喷膜）蒸发器进行浓缩。

（二）硫氰酸钠溶液的净化

1. 硫酸根离子的去除

由于原料带入、生产过程中硫氰酸根离子（SCN^-）的氧化、含硫物质分解（一步法中浅色剂二氧化硫脲分解）等原因，使溶剂中 SO_4^{2-} 含量增加。在 NaSCN 水溶液中，SO_4^{2-} 以 Na_2SO_4 形式存在，其饱和值很低，当含量超过 0.1%时，会在原液中析出，使过滤困难，堵塞喷丝孔，引起纺丝断头；溶剂浓缩时，会在蒸发器中结垢，影响传热。生产中，溶剂中 SO_4^{2-} 含量不得超过 0.08%。

目前，生产中有两种去除溶剂中 SO_4^{2-} 的方法。

（1）沉淀法：采用溶解度较大的 $BaCO_3$ 将其转变成难溶的 $BaSO_4$ 沉淀，然后经涂覆硅藻土的真空转鼓过滤器加以去除。溶剂中 CO_3^{2-} 在酸性条件下加热，可分解成二氧化碳和水，从溶剂中分离出去。

$$SO_4^{2-} + BaCO_3 \longrightarrow BaSO_4 + CO_3^{2-}$$

$$CO_3^{2-} + 2H^+ \longrightarrow CO_2\uparrow + H_2O$$

（2）结晶法：将溶剂浓缩到 58.5%左右，在 Na_2SO_4 结晶槽中用冷却水冷至 60℃以下，使溶剂中 Na_2SO_4 结晶出来，再用涂有硅藻土的叶片式过滤器将其除去。

2. 铁离子的去除

由于化工原料带入，生产过程中 NaSCN 对金属材料的腐蚀作用，使溶剂中铁离子含量不断增加。铁离子存在将影响一步法聚合反应速度，原液中铁离子含量达到 0.5mg/kg 时，原液呈橙色，铁离子含量达到 0.7mg/kg 时，原液呈血红色，使纤维发黄。生产中要求溶剂中铁离子含量不得超过 0.3mg/kg。

腈纶生产中除铁方法有两种。一种是采用 NaOH 提高溶剂的 pH 值至 10～12，在碱性条件下，使可溶性 Fe^{2+} 氧化成难溶性 $Fe(OH)_3$ 而滤除。另一种方法是采用强碱性阴离子树脂，将溶剂中铁离子以硫氰化铁络合物形式转换到树脂上，从溶剂中分离出去。树脂上的铁络合物用焦亚硫酸钠将 Fe^{3+} 还原成 Fe^{2+} 而从树脂上分离出来，树脂获得再生，可重复使用。其反应机理如下：

除铁：

$$R^{3-}[N(CH_3)_3SCN]_3 + [Fe(SCN)_6]^{3-} \longrightarrow$$

$$R^{3-}[N(CH_3)_3]_3Fe(SCN)_6 + 3\ SCN^-$$

再生：

$$4R^{3-}[N(CH_3)_3]_3Fe(SCN)_6 + Na_2S_2O_5 + 6HAc + 3H_2O \longrightarrow$$

$$4R^{3-}[N(CH_3)_3(SCN)_3]_3 + 3FeAc_2 + FeSO_4 + Na_2SO_4 + 12HSCN$$

3. 其他杂质的去除

在 NaSCN 一步法生产中，溶剂参与聚合过程，溶剂在循环使用过程中，因原料带入、过程产生，各种不挥发杂质会累积。总量超过 4%时，将影响聚合反应速度，增加原液黏度，增加过滤阻力，降低纤维的可纺性和成品纤维的后加工性能，必须除去。利用异丙醚能溶解 HSCN 而不溶解其他杂质的特性，可采取液—液萃取的方法除杂。实际生产中并不需要将全部溶剂都经萃取处理，根据溶剂系统杂质含量，一般对循环溶剂总量十二分之一量进行处理，就能保持溶剂中杂质含量稳定在 4%左右。萃取液由蒸发、除铁后 52%NaSCN 纯溶剂与地面污水和生产废滤布、废胶、废助滤剂浸泡回收液（含 10%NaSCN）混合而成，浓度配成 13%NaSCN，在萃取塔顶部与50% H_2SO_4 同时加入，反应生成HSCN和 Na_2SO_4，与萃取塔底部进入的异丙醚逆向对流，在多层塔板塔内，HSCN被异丙醚萃取，杂质与反应产生的 Na_2SO_4、水等被分离，从塔底排除。带有HSCN的异丙醚从萃取塔顶溢出，从底部进入中和吸收塔，与从中和吸收塔顶部进入的22% NaOH充分反应，中和成NaSCN溶液从底部排往倾析缶，进一步用吹气法除去少量夹带的异丙醚，净化后溶剂中NaSCN浓度约20%，进入净NaSCN缓冲罐，泵送至蒸发加料槽，重新蒸浓回用。从中和吸收塔中分离出的异丙醚从顶部返回醚循环槽，重复循环使用。

在NaSCN二步法生产中，溶剂不参与聚合，不含副反应产生的有机杂质，可采用延迟离子(大孔树脂吸附法)或凝胶处理方法除去。通过专用树脂对NaSCN与其他生产过程中带入或产生的不挥发盐类(如β-丙烯磺酸钠、硫酸钠、亚硫酸钠、硝酸钠和氯化钠)的吸附力差异，将杂质排除。用延迟离子法处理时，约取循环溶剂总量十分之一量，运行中，树脂先吸附溶剂中各类盐，然后用水洗脱，按吸附力差异的顺序：β-丙烯磺酸钠<硫酸钠<亚硫酸钠<硝酸钠<氯化钠<硫氰酸钠逐个被洗脱，吸附力最大的硫氰酸钠吸附最牢固，在其他杂质洗脱后，用脱盐水洗下后回收使用，树脂进行再生，可反复使用。由于过程中不耗用酸、碱等化学品，对环境污染小，运行成本低。

(三)工艺流程

1. NaSCN一步法溶剂回收工艺流程

英国Acordis公司、中国兰州化纤厂、俄罗斯萨拉托夫化纤厂等采用NaSCN一步法生产腈纶，其溶剂回收工艺有类似于图11－34所示的流程。

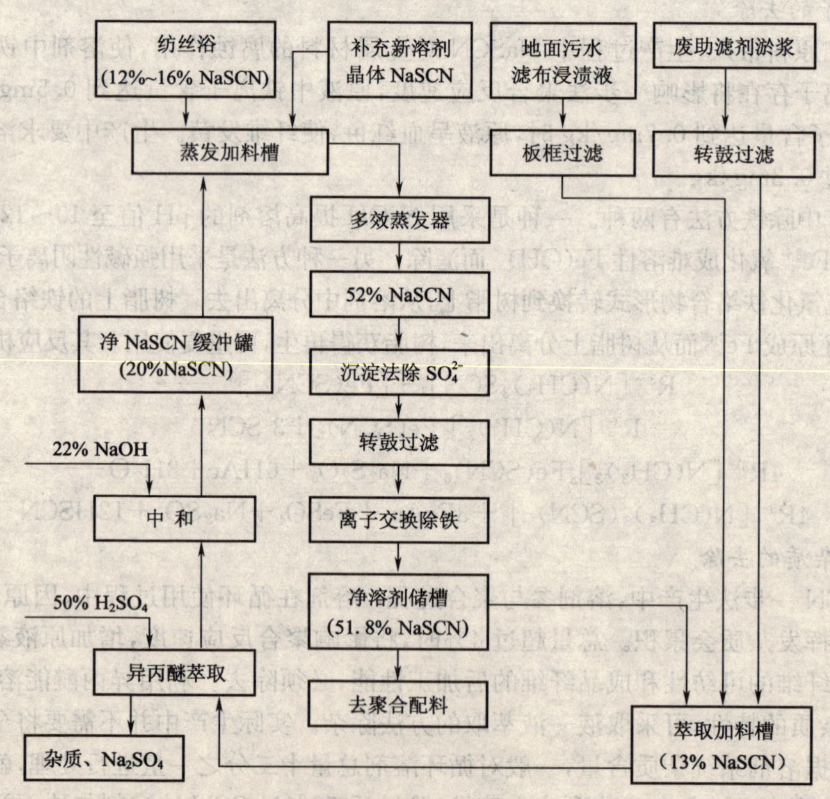

图11－34　NaSCN一步法工艺溶剂回收流程

2. NaSCN 二步法(A)溶剂回收工艺流程

美国斯妥林(Sterling)、西班牙(Acordis)和中国大庆、安庆、大庆石油管理局等腈纶工厂在 NaSCN 二步法(A) 工艺中采用，其溶剂回收工艺有类似于图 11－35 所示的流程。

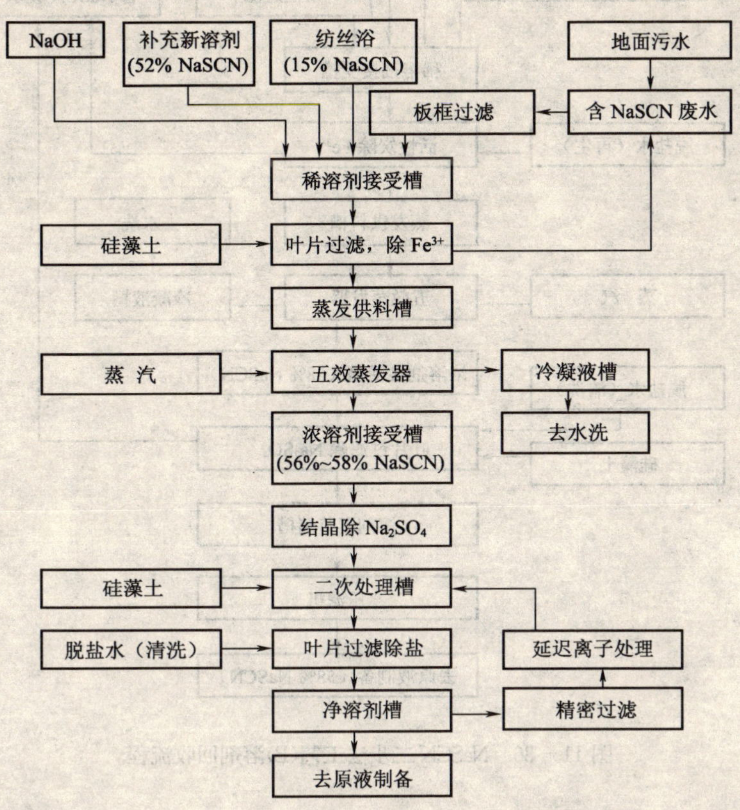

图 11－35　NaSCN 二步法工艺(A)溶剂回收流程

3. NaSCN 二步法(B)溶剂回收工艺流程

日本 Exlan、韩国泰光(Tae Kwang)、泰国、中国上海石化等腈纶工厂在 NaSCN 二步法(B) 工艺中采用，其溶剂回收工艺有类似于图 11－36 所示的流程。

二、二甲基乙酰胺溶剂回收

一般采用 DMAc 二步法湿纺生产腈纶的工厂都建有 DMAc 制备装置，故生产中 DMAc 回收装置与生产装置中 DMAc 精制相连。由水洗工序送来含 13%DMAc 水洗水先经第二、第三真空蒸馏塔脱水浓缩后，与纺丝工序送来的含 55%DMAc 的纺丝溶液和溶剂制备装置送来的粗溶剂相混，用中压蒸汽加热汽化后，进入第一蒸馏塔，第二、第三真空蒸馏塔脱出水分，送水洗工序再利用。第一蒸馏塔顶馏出的 DMAc 气体经冷凝送二甲胺脱除塔，脱除二甲胺后由塔顶馏出，经冷凝送至溶剂储槽，供原液配制。第一蒸馏塔釜液体中含有 DMAc 及分解产物二甲胺、醋酸等，将其通入闪蒸塔，闪蒸出来的 DMAc 经冷凝后送至溶剂储槽，闪蒸塔釜中液体送二甲胺脱除塔。二甲胺脱除塔脱出的二甲胺和釜中含醋酸液体送往溶剂制备工序，重新合成 DMAc。其工艺流程如图 11－37 所示。

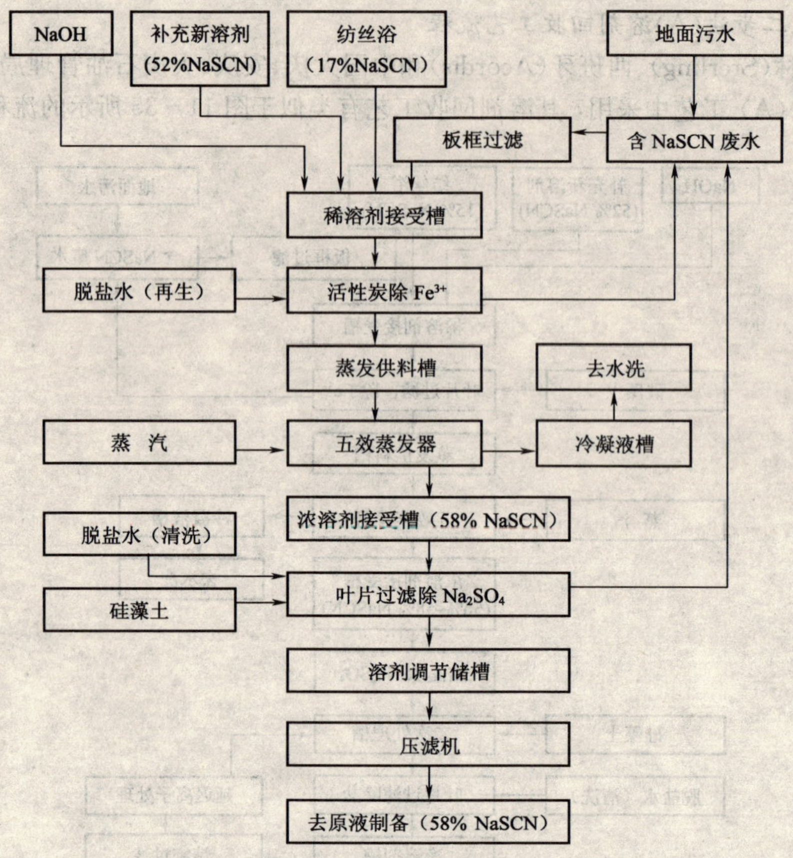

图 11－36 NaSCN 二步法工艺(B)溶剂回收流程

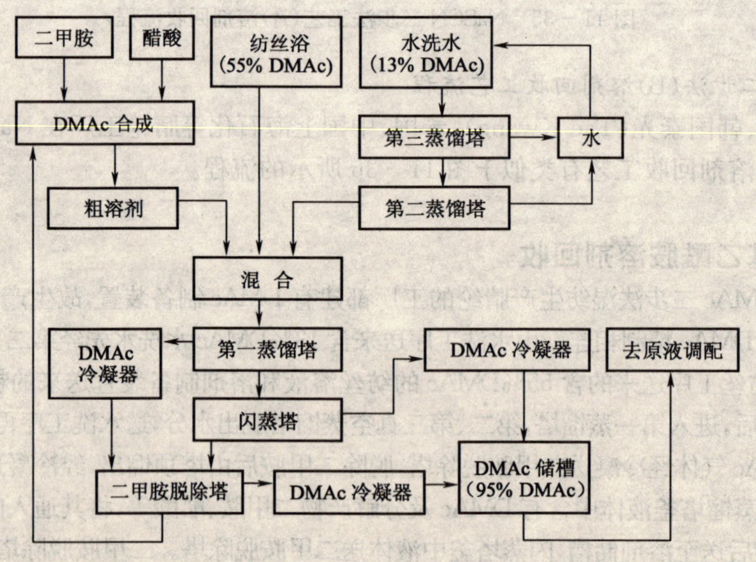

图 11－37 DMAc 溶剂回收与制造流程

三、二甲基甲酰胺溶剂回收

(一)二甲基甲酰胺干法工艺溶剂回收流程

腈纶干法纺丝以DMF为溶剂,可通过精馏分离回收。为了同时处理来自不同工序、不同浓度的溶剂,生产中溶剂回收塔采用多层(65~70层)筛板塔。从纺丝甬道抽出的99% DMF高浓度冷凝液与补充的新购入溶剂(防止带杂质)在浓溶剂槽中混合后,进入溶剂回收塔较低层塔板(12~15层);水洗拉伸送来的含10%~20% DMF低浓度洗液,在稀溶剂槽中与焦油蒸馏塔馏出液混合后,先进入稀溶剂蒸发器,使大部分物料被汽化,气相物料进入溶剂回收塔的较高层塔板(18~20层);溶剂回收塔塔底再沸器用1.5MPa蒸汽加热,塔顶蒸出低沸物、水、少量DMF、二甲胺与塔釜液一起送污水站处理后排放。从低层塔板(5~7层)出料的DMF纯度可达98%以上,水分小于0.2%,送往脱离子塔除去微量二甲胺,纯化后DMF可回用。稀溶剂蒸发器釜底液含少量DMF、高沸物、盐类及固体杂质,送往焦油蒸馏塔,塔底再沸器用1.55MPa蒸汽加热,从塔顶蒸出DMF与水(约50% DMF),回收送往稀溶剂进料槽,塔底残渣送去焚烧。其工艺流程如图11-38所示。

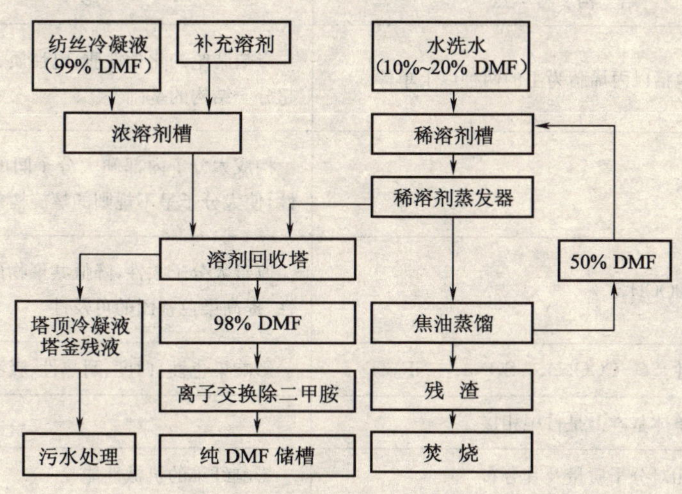

图11-38 DMF干纺工艺溶剂回收流程

(二)二甲基甲酰胺湿法工艺溶剂回收流程

二甲基甲酰胺一步法湿纺中的溶剂也是用精馏法回收,由纺丝工序送来的含50%~60% DMF的纺丝液,先进入真空度为13kPa的蒸发缶蒸发,混合气体进入第一精馏塔,塔顶分馏出水,塔釜为浓缩至80%的DMF溶液,转入第二精馏塔,继续浓缩到99%以上,送往第三精馏塔,在第三精馏塔精制,除去高沸物,从塔顶馏出99.9% DMF,送往聚合配料。由第二精馏塔顶分馏出的水分,先用于加热蒸发缶中的纺丝,然后与第一精馏塔分馏出的水分一起送往水洗工序用作水洗水。第三精馏塔塔釜排出的高沸物,送高沸物缶,分离、回收残留的DMF,然后约0.2%残渣送焚烧炉烧毁。二甲基甲酰胺一步法湿纺工艺溶剂回收流程如图11-39所示。

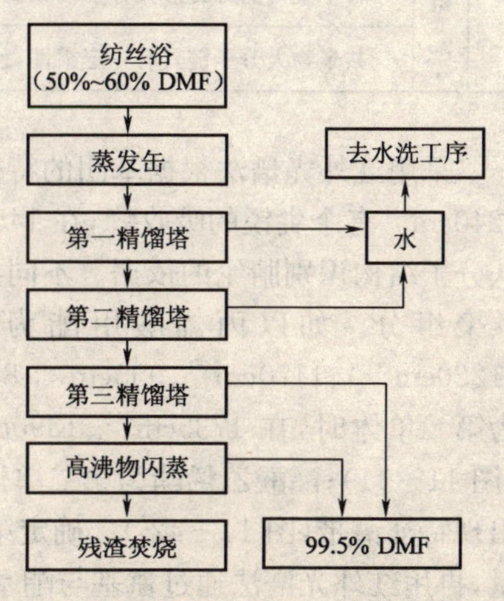

图11-39 DMF湿纺工艺溶剂回收流程

第六节 聚丙烯腈纤维的性能

一、聚丙烯腈纤维结构对性能的影响

(一)分子结构对纤维性能的影响

聚合物结构单元中单体种类与含量是聚合物超分子结构的基础，决定高分子材料的基本性能。常规聚丙烯腈纤维由85%以上AN和少量第二、第三单体为原料，经聚合、纺丝制得的合成纤维，丙烯腈为大分子结构单元主体，其大分子链节存在大量氰基，决定了聚丙烯腈纤维的基本性质；在不同品牌丙烯腈纤维中，因共聚单体不同，引入官能团的性质及数量多少对纤维性能都有影响，分子结构对聚丙烯腈纤维性能的影响见表11－44。

表11－44 分子结构对聚丙烯腈纤维性能的影响

		结构特点	影响
分子结构	链节	结构单元包括以丙烯腈为主的两种以上单体	影响腈纶的化学性质、电性质、染色性、吸湿性；是腈纶超分子结构的基础
		氰基(—CN)	构成大分子内部和大分子间的偶极力，影响大分子柔性，使大分子呈不规则的螺旋构象与准晶态结构
		酯基(—$COOCH_3$)	改善大分子柔性，降低共聚物的玻璃化温度，改善可纺性，提高染色基团的可及性
		酸性或碱性基(—COONa、—SONa、—NR_3Cl)	影响染色性、白度、耐热性、吸湿性
	大分子链	大分子中单体基本上是首尾相接	
		有一定的相对分子质量及其分布	影响纤维的机械性能
		有不规则的螺旋形大分子构象	使纤维仅能形成准晶态结构
		共聚物大分子链具有一定柔性	影响与高弹形变有关的性能，也影响染料扩散速率

采用红外光谱法根据基团的特征吸收谱带可以对纤维结构单元中单体种类定性，丙烯腈在2240cm^{-1}有个尖锐的吸收峰，在1450cm^{-1}有一强的吸收带，这是聚丙烯腈纤维的特征谱图，是从分子结构识别腈纶的依据。不同共聚单体在红外光谱图上显示不同的吸收峰，以此可以确定共聚组分。如以丙烯酸甲酯为第二单体时，在1735cm^{-1}、(1248cm^{-1})、(1225cm^{-1})、(1220cm^{-1})、1170cm^{-1}、955cm^{-1}、833cm^{-1}位置出现特征谱带(图11－40)；以甲基丙烯酸甲酯为第二单体时，在1735cm^{-1}、1390cm^{-1}、(1220cm^{-1})、1127cm^{-1}、982cm^{-1}位置出现特征谱带(图11－41)；醋酸乙烯酯为第二单体时，在1740cm^{-1}、(1235cm^{-1})、(1030cm^{-1})、938cm^{-1}位置出现特征谱带(图11－42)。确定第二单体含量时，通常先采用定氮法测定聚合物中丙烯腈含量，再用红外光谱法通过氰基与酯基红外光谱图上吸收峰强度的比值确定第二单体含量；第三单体含量较低，可用端基分析法测定。

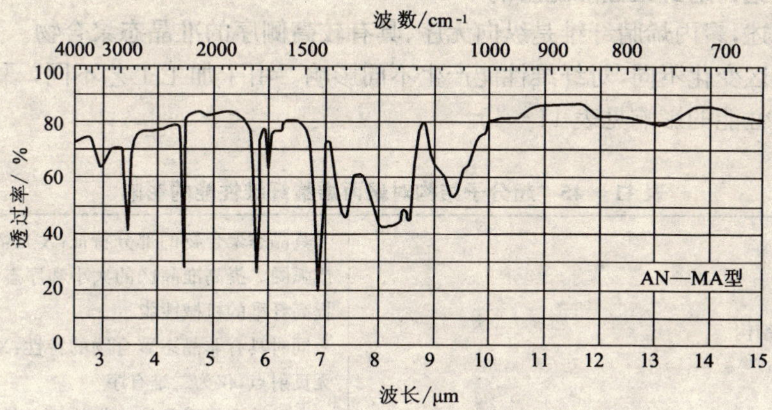

图 11－40　第二单体为丙烯酸甲酯的聚丙烯腈纤维

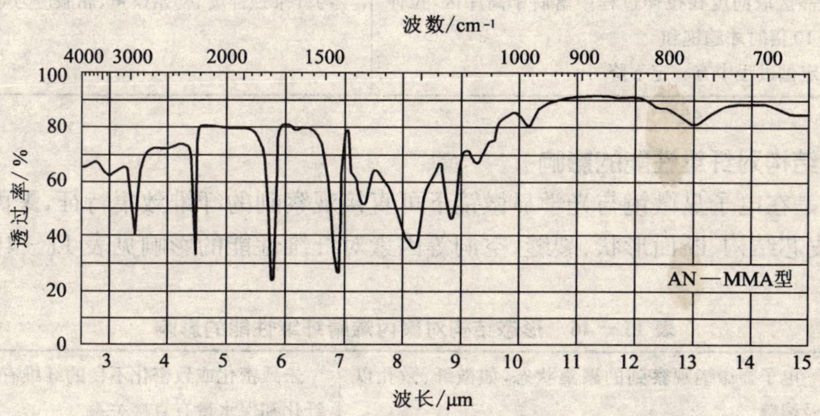

图 11－41　第二单体为甲基丙烯酸甲酯的聚丙烯腈纤维

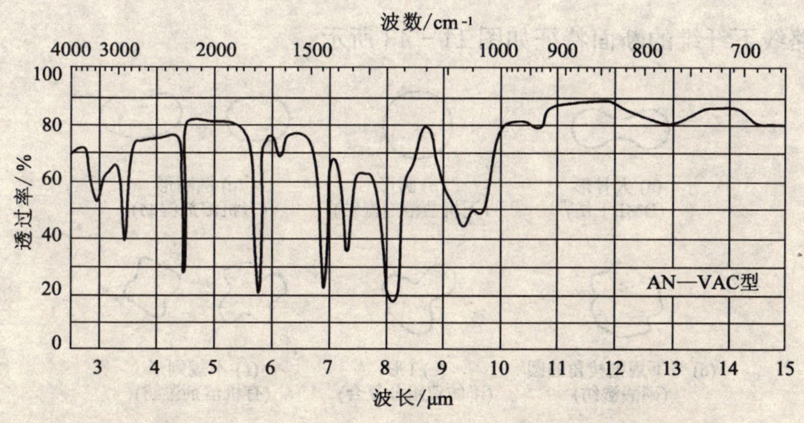

图 11－42　第二单体为醋酸乙烯酯的聚丙烯腈纤维

(二)超分子结构对纤维性能的影响

如第二章所述,聚丙烯腈纤维是纵向无序、具有较高侧序的准晶态聚合物。大分子取向时,准晶区与非准晶区变化不同,对纤维性能产生不同影响。由于加工工艺不同,聚丙烯腈纤维超分子结构对纤维性能的影响见表 11-45。

表 11-45 超分子结构对聚丙烯腈纤维性能的影响

<table>
<tr><td rowspan="2">超分子结构</td><td>序态</td><td>准晶态结构</td><td>具晶态聚合物的部分特征:X 光衍射图上有反射点或弧圈。提高准晶区的大小和序态完整程度,有利于提高纤维的机械性能
同时具有非晶态聚合物的特性:X 光衍射图上纬向无反射点,仅为二维有序
力学性质属于非晶态类型,对热敏感,具有热弹性</td></tr>
<tr><td>取向</td><td>准晶区取向度随拉伸倍数提高很快饱和,在干燥热定型过程中变化不大
非准晶区取向度在拉伸过程中落后于高序区,拉伸倍数达 10 倍时才趋饱和
在热定型过程中有一定下降</td><td>与纤维强伸度、初始模量、屈服应力等因素有关</td></tr>
</table>

(三)形态结构对纤维性能的影响

形态结构是在电子显微镜与光学显微镜下可直接观察到的纤维敛集特征,聚丙烯腈纤维中的原纤结构、皮芯结构、断面形状、裂缝、空洞等因素对纤维性能的影响见表 11-46。

表 11-46 形态结构对聚丙烯腈纤维性能的影响

<table>
<tr><td rowspan="2">形态结构</td><td>微观形态</td><td>电子显微镜观察到的聚集状态,如微纤、微孔以及裂缝</td><td>未致密化或致密化不良的纤维有失透现象,与原纤化和保水量有直接关系</td></tr>
<tr><td>宏观形态</td><td>光学显微镜观察到的聚集状态,如纤维皮芯、截面形状、疵点、空洞</td><td>与纤维的外观、光泽、保暖性、表观密度等因素有直接关系</td></tr>
</table>

不同工艺路线下纤维的断面特征如图 11-43 所示。

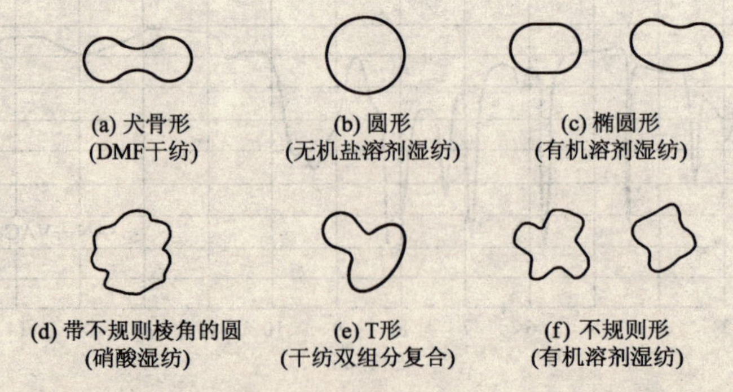

图 11-43 不同工艺路线下聚丙烯腈纤维的断面图像

二、聚丙烯腈纤维的物化性能

聚丙烯腈纤维质轻，保暖性好，染色鲜艳，易洗快干，防蛀，防霉，耐日晒。主要性能见表11-47。

表 11-47　聚丙烯腈纤维的性能

性能名称		腈纶		改性腈纶
		短纤	长丝	短纤
断裂强度/8.82cN·tex^{-1}	干态	2.5～5.0	3.2～5.0	2.2～4.0
	湿态	2.0～4.5	3.5～5.0	2.0～4.0
断裂伸长率/%	干态	25～50	12～20	25～45
	湿态	25～60	12～20	25～45
干湿强度比/%		80～100	90～100	90～100
打结强度/8.82cN·tex^{-1}		2.0～4.0	2.0～4.0	1.7～4.0
钩结强度/8.82cN·tex^{-1}		2.4～6.0	3.0～8.0	2.0～4.5
初始模量/8.82cN·tex^{-1}		25～62	38～85	20～55
回弹率(3%伸长时)/%		90～95	70～95	85～95
相对密度		1.14～1.17		1.28
吸湿率/%	RH20%,20℃	0.3～0.5		0.1～0.3
	65%RH,20℃	1.2～2.0		0.6～1.0
耐热性/℃	软化点	190～240		150
	熔点	不明显，熔融前分解；易燃，边收缩熔化、边燃烧		不明显，熔融前分解，难燃
耐日光性		极好，强度几乎不降低		极好，强度几乎不降低
耐酸性		浓盐酸、65%硫酸、45%硝酸对强度无甚影响		浓盐酸、70%硫酸、40%硝酸对强度无甚影响
耐碱性		在50%NaOH、28%NH_4OH中，强度几乎不下降		在50%NaOH、28%NH_4OH中，强度几乎不下降
耐其他化学药品性		对一般药品有良好的抵抗性		对一般药品有良好抵抗性
耐溶剂性(乙醇、乙醚、苯、丙酮、汽油、四氯乙烯)		不溶于一般溶剂，溶于DMSO、DMF、热65%KSCN、热饱和$ZnCl_2$		溶于丙酮、DMF、DMSO及己酮
染色性		可用阳离子、分散性、酸性、盐基性染料染色		可用阳离子、盐基性、分散性染料染色
耐蛀性、耐菌性		良好		良好
可燃性(LOI)/%		18.2		26.7

三、聚丙烯腈纤维的质量指标

(一)腈纶短纤维国家标准(GB/T 16602—1996)

适用于以丙烯腈为主的多元共聚物所生产的消光、半消光和有光的1.67dtex、3.33dtex、6.67dtex腈纶短纤维。表11－48、表11－49给出了部分腈纶短纤维的质量指标。

表11－48　1.67dtex腈纶短纤维的质量指标

指标名称	等级		
	优等品	一等品	合格品
线密度偏差率/%,±	6	8	12
断裂强度/cN·dtex^{-1},≥	2.6	2.4	2.0
断裂伸长率/%	30～45	28～50	20～55
疵点/mg·(100g)$^{-1}$,≤	15	20	100
倍长纤维/mg·(100g)$^{-1}$,≤	40	60	600
长度偏差率/%,±	6	10	16
上色率/%,±	3	4	7
卷曲数/个·(10cm)$^{-1}$,≥	40	35	25

注　上色率中心值由各生产厂自定。

表11－49　3.33dtex、6.67dtex腈纶短纤维的质量指标

指标名称			等级		
			优等品	一等品	合格品
线密度偏差率/%　±			8	10	14
断裂强度/cN·dtex^{-1}	3.33dtex	≥	2.5	2.3	1.9
	6.66dtex		2.3	2.1	1.8
断裂伸长率/%			32～50	30～50	25～55
疵点/mg·(100g)$^{-1}$,≤			15	60	200
倍长纤维含量/mg·(100g)$^{-1}$,≤			100	500	1500
长度偏差率/%,±			8	10	16
上色率/%,±			3	4	7
卷曲数/个·(10cm)$^{-1}$	3.33dtex	≥	32	28	25
	6.66dtex		28	25	20

注　1. 上色率中心值由各生产厂自定。

2. 含油率由供需双方协商确定。

3. 产品考核指标有一项以上(包括一项)降等,则该批产品按最低指标定等。

(二)腈纶毛条纺织行业标准(FZ/T 53002—2000)

表 11-50、表 11-51 给出了腈纶毛条的质量指标。

表 11-50　腈纶正规毛条的质量指标

指标名称	毛条的线密度	优等品	一等品	合格品
条重偏差/g·m⁻¹		±0.6	±1.0	±1.5
重量不匀率/%,≤		2.5	3.5	6.0
平均长度偏差率/%		$M\pm5$	$M\pm7$	$M\pm10$
长毛率/%	1.32～2.44dtex(≥200mm),≤	0.3	0.5	1.0
	>2.44dtex,<3.33dtex(≥200mm),≤	0.3	0.5	1.0
	>3.33dtex,<6.66dtex(≥210mm),≤	0.4	0.8	1.6
短毛率(≤30mm)/%,≤		3.0	4.0	6.0
毛粒(含松散毛粒)/只·g⁻¹	1.32～2.44dtex,≤	1.3	2.0	3.5
	>2.44dtex,<3.33dtex,≤	0.6	1.0	3.0
	>3.33dtex,<6.66dtex,≤	0.3	0.8	2.0
毛片/只·m⁻¹	1.32～2.44dtex,≤	0.9	1.5	3.0
	>2.44dtex,<3.33dtex,≤	0.4	0.5	1.5
	>3.33dtex,<6.66dtex,≤	0.3	0.5	1.2
汽蒸收缩率/%,≤		4	4	6

注　1. 正规毛条指用非收缩纤维制成的腈纶毛条。
2. 条重中心值一般多 20g/m,如有特殊需要,供需双方协商确定。
3. 平均长度中心值 M 由供需双方协商确定。

表 11-51　腈纶膨体毛条、收缩毛条的质量指标

指标名称	毛条的线密度	优等品	一等品	合格品
条重偏差/g·m⁻¹		±0.6	±1.0	±1.5
重量不匀率/%,≤		2.5	3.5	6.0
平均长度偏差率/%		$M_1\pm5$	$M_1\pm7$	$M_1\pm10$
长毛率/%	1.32～2.44dtex(≥200mm),≤	0.3	0.5	1.0
	>2.44dtex,<3.33dtex(≥200mm),≤	0.3	0.5	1.0
	>3.33dtex,<6.66dtex(≥210mm),≤	0.4	0.8	1.6
短毛率(≤30mm)/%,≤		3.0	4.0	6.0
毛粒(含松散毛粒)/只·g⁻¹	1.32～2.44dtex,≤	1.3	2.0	3.5
	>2.44dtex,<3.33dtex,≤	0.6	1.0	3.0
	>3.33dtex,<6.66dtex,≤	0.3	0.8	2.0

续表

指标名称	毛条的线密度	优等品	一等品	合格品
毛片/只·m^{-1}	1.32～2.44dtex,≤	0.9	1.5	3.0
	>2.44dtex,<3.33dtex,≤	0.4	0.5	1.5
	>3.33dtex,<6.66dtex,≤	0.3	0.5	1.2
汽蒸收缩率/%		$M_2\pm1$	$M_2\pm2$	$M_2\pm3$

注 1. 膨体毛条指用非收缩纤维和收缩纤维混合制成的腈纶毛条,收缩毛条指用收缩纤维制成的腈纶毛条。
2. 条重中心值一般多 20g/m,如有特殊需要,供需双方协商确定。
3. 平均长度中心值 M_1 由供需双方协商确定。
4. 汽蒸收缩率中心值 M_2 由供需双方协商确定。
5. 生产厂商提供离散系数、含油率、回潮率实测值,但不作考核指标。
6. 产品考核指标有一项以上(包括一项)降等,则该批产品按最低指标定等。

(三)引进腈纶成套技术的质量保证值

1. 美国杜邦腈纶短纤维的质量保证值

美国杜邦腈纶短纤维的质量保证值见表 11－52～表 11－54。

表 11－52　美国杜邦腈纶棉型短纤维质量保证值

指标名称	1.3dtex 有光	1.3dtex 半消光	1.7dtex 半消光
线密度/dtex	1.3±0.3	1.3±0.3	1.7±0.3
断裂强度/cN·tex^{-1}	28.2±5.3	28.2±5.3	28.2±5.3
断裂伸长率/%	25±7	25±7	25±7
沸水收缩率/%	0～2.3	0～2.3	0～2.3
染色指数	100±9	100±9	100±9
抱合力/cN	60.9±14.7	60.9±14.7	60.9±14.7
色相 a	－0.6±0.5	－0.6±0.5	－0.6±0.5
色相 b	3.8±1.2	1.9±1.2	1.9±1.2
亮度 L	95±1.2	95±1.2	95±1.2
切断长度/mm	—	—	—
超长纤维/根·g^{-1}	0(0－12)	0(0－12)	0(0－12)
TiO_2 含量/%	—	0.35±0.08	0.35±0.08
DMF 含量/%	$0.6^{+0.4}_{-0.6}$	$0.6^{+0.4}_{-0.6}$	$0.6^{+0.4}_{-0.6}$
油剂含量/%	0.7±0.20	0.7±0.20	0.7±0.23
含水率/%	0.6(0－2.0)	0.6(0－2.0)	0.6(0－2.0)
卷曲损伤	6(0－25)	6(0－25)	6(0－25)
超粗纤维	7(0－50)	7(0－50)	7(0－50)

注 1. a、b、L 为杜邦公司指定色度计(HVTEk)标准量值。
2. 括号中的数字为指标允许误差范围。

表 11－53 美国杜邦腈纶毛型短纤维质量保证值

指标名称	3.3dtex 半消光	3.3dtex 半消光高缩型	5dtex 半消光	6.7dtex 半消光	11.1dtex 半消光
线密度/dtex	3.3±0.3	3.6±0.3	5±0.4	6.7±0.7	11.1±1.1
断裂强度/cN·tex^{-1}	25.6±5.3	25.6±5.3	23.8±4.4	22.9±5.3	18.5±5.3
断裂伸长率/%	36±10	26±10	33±7	38±9	38±13
沸水收缩率/%	0~2.3	19±2.0	0~2.3	0~2.3	0~2.3
染色指数	100±9	100±9	100±9	100±9	100±9
抱合力/cN	63.8±14.7	63.8±14.7	63.8±14.7	60.9±14.7	60.9±14.7
色相 a	－0.7±0.5	－0.5±1.0	－0.5±0.5	－0.7±0.5	－0.9±0.5
色相 b	2.1±1.1	2.5±0.8	2.9±1.0	3.0±1.0	3.0±1.1
亮度 L	94±1.5	94±4	94±1.5	92±1.6	93±1.6
切断长度/mm	—	—	—	—	—
超长纤维/根·g^{-1}	0(0－12)	0(0－12)	0(0－12)	0(0－12)	0(0－12)
TiO_2 含量/%	0.35±0.08	0.35±0.08	0.35±0.08	0.35±0.08	0.35±0.08
DMF 含量/%	$0.6^{+0.4}_{-0.6}$	0.75(0－1.8)	0.7(0－2.0)	$1.0^{+0.7}_{-1.0}$	1.0(0－2.0)
油剂含量/%	0.62±0.2	0.62±0.2	0.47±0.2	0.65±0.25	0.65±0.25
含水率/%	0.6 (0－2.0)	0.6(0－2.0)	0.6(0－2.0)	1.0(0－2.0)	1.0(0－2.0)
卷曲损伤	6(0－25)	6(0－25)	6(0－25)	6(0－25)	6(0－25)
超粗纤维	7(0－50)	7(0－50)	7(0－50)	7(0－50)	7(0－50)

注 1. a、b、L 为杜邦公司指定色度计(HVTEk)标准量值。

2. 括号中的数字为指标允许误差范围。

表 11－54 美国杜邦腈纶丝束质量保证值

项　目	2.2dtex 半消光	3.3dtex 半消光	5dtex 半消光	6.7dtex 半消光	11.1dtex 半消光
线密度/dtex	2.2±0.3	3.3±0.3	5±0.4	6.7±0.7	11.1±1.1
断裂强度/cN·tex^{-1}	23.8±3.5	23.8±4.4	26.5±5.3	24.5±4.4	19.4±5.3
断裂伸长率%	28±7	31±6	38±9	36±9	38±13
沸水收缩率/%	0~2.3	0~2.3	0~2.3	0~2.3	0~2.3
染色指数	100±9	100±9	100±9	100±9	100±9
色相 a	－0.7±0.5	－0.7±0.5	－0.8±0.5	－0.9±0.5	－0.9±0.5
色相 b	2.6±1.1	2.6±1.2	2.9±1.0	3.0±1.1	3.0±1.1
亮度 L	95±1.0	94±1.5	94±1.5	93±1.6	93±1.5
TiO_2 含量/%	0.35±0.08	0.35±0.08	0.35±0.08	0.35±0.08	0.35±0.08
DMF 含量/%	0.6±0.6	$0.6^{+0.4}_{-0.6}$	0.6±0.6	$1.0^{+0.7}_{-1.0}$	1.0(0－2.0)
油剂含量/%	0.2±0.10	0.19±0.14	0.30±0.15	0.25±0.15	0.35±0.18
含水率/%	0.5 (0－2.0)	0.5(0－2.0)	0.6(0－2.0)	1.0(0－2.3)	1.0(0－2.0)
丝束疵点	50(0－90)	50(0－90)	50(0－90)	50(0－90)	50(0－90)
条子疵点	25(0－90)	25(0－90)	25(0－90)	25(0－90)	25(0－90)

注 1. a、b、L 为杜邦公司指定色度计(HVTEk)标准量值。

2. 括号中的数字为指标允许误差范围。

2. 美国ACC腈纶短纤维质量保证值

美国ACC的腈纶短纤维质量保证值见表11－55～表11－57。

表11－55 美国ACC腈纶棉型短纤维质量保证值

指标名称	1.3dtex	1.7dtex
	单组分	单组分
线密度偏差率/%	±4	±4
断裂强度/cN·tex^{-1},≥	22.1	22.1
断裂伸长率/%	30～50	35～55
短丝倍长率/%,≤	0.04	0.04
短丝超长率(T±7mm)/%,≤	2.0	2.0
疵点/mg·(100g)$^{-1}$,≤	15	15
卷曲度/%	14～21	14～21
沸水收缩率/%,≤	1.2	1.2
油剂含量①/%	T±0.05	T②±0.05
油剂含量①/%	T±0.07	T②±0.07
NaSCN含量/%,≤	0.002	0.002
染色性	T±2	T±2
平均长度偏差率/%	±4	±4
钩结强度/cN·tex^{-1},≥	17.6	17.6
钩结伸长率/%	20～40	25～45
卷曲数	40～60	40～60
TiO_2(半消光)含量/%	±0.07	±0.07
TiO_2(有光)含量/%,≤	0.01	0.01
白度(半消光)	4.0～7.0	4.0～7.0
白度(有光)	4.5～7.5	4.5～7.5
含湿率/%,≤	2.0	2.0

①按用户要求定。

②T为用户要求的纤维含油量(%)。

表11－56 美国ACC腈纶毛型短纤维质量保证值

指标名称	3.3dtex	3.3dtex	4.4dtex	18.3dtex
	单组分	双组分	单组分	单组分
线密度偏差率/%	±4	±4	±5	±4
断裂强度/cN·dtex^{-1},≥	24.5	—	—	15
断裂伸长率/%	28～48	—	—	24～48
短丝倍长率/%,≤	0.10	0.10	0.10	0.10

续表

指标名称	3.3dtex	3.3dtex	4.4dtex	18.3dtex
	单组分	双组分	单组分	单组分
短丝超长率($T\pm7$mm)/%,≤	2.0	2.0	2.0	3.0
疵点/mg·(100g)$^{-1}$,≤	15	15	15	15
卷曲度/%	16～22	12～17	17～24	15～24
沸水收缩率/%,≤	1.0	—	1.0	1.0
油剂含量/%	$T\pm0.07$	$T\pm0.07$	$T\pm0.07$	$T\pm0.10$
NaSCN 含量/%,≤	0.002	0.002	0.002	0.002
染色性	$T\pm2$	$T\pm2$	$T\pm2$	$T\pm4$
平均长度偏差率/%	±4	±4	±4	±8
钩结强度/cN·tex^{-1},≥	14.1	—	—	10.6
钩结伸长率/%	18～32	—	—	15～30
卷曲数,≥	40～60	27～43	35	27～55
TiO_2(半消光)含量/%	±0.07	±0.07	±0.07	±0.07
TiO_2(有光)含量/%,≤	0.01	—	—	0.01
白度(半消光)	4.0～7.0	5.0～8.0	4.0～7.0	4.0～9.0
白度(有光)	4.5～7.5	—	4.5～7.5	4.0～9.5
含湿率/%,≤	2.0	2.0	2.0	2.0

表 11－57 美国 ACC 腈纶丝束质量保证值

指标名称	3.3dtex	3.3dtex
	单组分	双组分
线密度偏差率/%	±4	±4
断裂强度/cN·tex^{-1},≥	20.3	—
断裂伸长率/%	28～48	—
疵点/mg·(100g)$^{-1}$,≤	15	15
卷曲度/%	14～24	12～17
沸水收缩率/%,≤	1.0	10±2
油剂含量/%	$T\pm0.13$	$T\pm0.13$
NaSCN 含量/%,≤	0.002	0.002
染色性	$T\pm5$	$T\pm5$
钩结强度/cN·tex^{-1},≥	14.1	—
钩结伸长率/%	18～32	—
卷曲数	35～65	27～43

续表

指标名称	3.3dtex	3.3dtex
	单组分	双组分
TiO_2(半消光)含量/%	±0.07	±0.07
TiO_2(有光)含量/%,≤	0.01	—
白度(半消光)	4.0~7.0	5.0~8.0
白度(有光)	4.5~7.5	—
含湿率/%,≤	2.0	2.0

3. 英国 Courtaulds 腈纶短纤维质量保证值

英国 Courtaulds 腈纶短纤维质量保证值见表 11-58。

表 11-58 英国 Courtaulds 腈纶毛型短纤维质量保证值

指标名称	3.3dtex	指标名称	3.3dtex
线密度偏差率/%	±10	黏滞温度/℃	平均 280,不小于 270
断裂强度/cN·tex^{-1}	≥28.2	电阻/MΩ	<1000
断裂伸长率/%	38	沸水收缩率/%	<4
钩结强度/cN·tex^{-1}	>15.9	油剂含量/%	0.2~0.3
初始模量/cN·tex^{-1}	317.5	色度[①](R-B)/G	0.08
强力变异系数/%	25	TiO_2 含量/%	0.45~0.65
切断长度偏差率/%	±10	抗静电性	存放 6 个月,抗静电性令人满意
含水率/%	1~3	热稳定性	130℃下 0.5h 不发黄
吸水率/%	8~10	染色性	用分散性、盐基性染料染得深色与浅色
NaSCN 含量/%	≤0.1		

①Courtaulds 专用测色计中红、蓝、绿三原色含量比值。

4. 日本三菱丽阳腈纶短纤维质量保证值

日本三菱丽阳腈纶短纤维质量保证值见表 11-59。

表 11-59 日本三菱丽阳腈纶短纤维质量保证值

指标名称	毛 型	棉 型	丝 束	低起球
	3.3dtex	1.7dtex	3.3dtex	3.3dtex
	有光	有光	有光	消光
线密度偏差率/%	±7	±7	±7	±7
断裂强度/cN·dtex^{-1}	2.48	2.79	2.34	1.98
断裂伸长率/%	46	38	45	33

续表

指标名称		毛　型	棉　型	丝　束	低起球
		3.3dtex	1.7dtex	3.3dtex	3.3dtex
		有光	有光	有光	消光
卷曲数/个·cm^{-1}		3.9	4.7	3.1	3.9
卷曲度/%		11	9	7	9
疵点/mg·$(100g)^{-1}$,≤		15	15	15	15
沸水收缩率/%,<		2	2	2	2
油剂含量/%		0.3	0.3	0.3	0.3
溶剂含量/%,<		0.45	0.45	0.35	0.45
缺陷率		无	无	无	无
倍长纤维		无	无	无	无
切断长度	名义值		45.1～49.5		
	低　值	76			76
	中心值	102			102
	高　值	127			127

第七节　聚丙烯腈纤维的改性

一、聚丙烯腈改性纤维的发展历程

聚丙烯腈纤维可由不同共聚组分与多种工艺路线生产，为改性开发差别化品种提供了有利条件。聚丙烯腈纤维改性可在生产过程各工序进行，通过化学、物理以及添加改性，迄今差别化品种已逾百个，2000 年，聚丙烯腈纤维差别化率已达 35%，使聚丙烯腈纤维在所有合成纤维中成为改性内容最丰富的品种。

聚丙烯腈纤维改性发展与当时的市场需求和技术进步水平相适应，从 20 世纪 70 年代以来，大致可分四个阶段（表 11－60）。

20 世纪 70 年代，世界腈纶产量在 1000～2000kt，差别化开发以改善服用腈纶性能、模仿天然羊毛为主要内容，改性限于单一功能，有限地提高了产品的附加值，开发了高线密度、异形、抗起球、亲水、阻燃、抗菌除臭、抗静电、酸性可染、有色、复合、收缩、碳纤维小丝束（3000 根单丝/束以下）原丝。

80 年代，腈纯产量达到 2000～2500kt，受自然保护意识支配以及非服用领域需要，中空、防污、异形仿兽毛、高缩与超高收缩（缩率 30%～40%）、预氧阻燃（LOI>35%）、耐热、导电、高强高模（代石棉）、增白、低线密度腈纶及 24000 根单丝/束以上碳纤大丝束原丝等一批品种相继问世，并开始向多种功能组合发展，已开发成功的差别化腈纶已达百余种，形成批量生产，进入市场的有十几种。

90 年代，世界腈纶产量呈缓慢增长态势，在 2500kt 徘徊。差别化纤维开发力度加大，从单一改性向多种性能合成和功能化品种发展，向装饰与产业应用领域延伸，主要有耐辐射、有色耐候、有色低线密度、有色高收缩阻燃、防蛀杀虫、超细亲水、熔纺腈纶长丝等品种，因碳纤维需求的增长，聚丙烯腈长丝产量有明显增加，Acodis 大丝束原丝市场容量扩展。

表 11－60　世界腈纶差别化纤维发展历程

时　期	产量(kt)	改 性 方 向	主 要 品 种
1970～1980	1000～2000	改善服用腈纶性能单一功能为主，提高产品的附加值。	高线密度、异形、抗起球、亲水、阻燃、抗菌除臭、抗静电、酸性可染、有色、复合、收缩、碳纤维小丝束(3000 根单丝/束)原丝
1980～1990	2000～2500	受自然保护意识支配以及非服用领域需要	中空、防污、异形仿兽毛、高缩与超高收缩(缩率 30%～40%)、预氧阻燃(LOI＞35%)、耐热、导电、高强高模(代石棉)、增白、细线密度腈纶及 24000 根单丝/束以上碳纤大丝束原丝
1990～2000	在 2500 徘徊	单一改性向多种性能合成、功能化方向发展，并向装饰与产业领域延伸	耐辐射、有色耐候、有色低线密度、有色高收缩阻燃、防蛀杀虫、超细亲水、熔纺腈纶长丝，大丝束碳纤原丝
2000～2010	2500～3000	开发具有腈纶特色的、其他合成纤维不可取代的高性能、多功能、低污染、健康舒适型差别化纤维，进一步拓展产业与装饰应用领域	远红外发热、光触媒除菌、杀菌防螨、蓄热导湿、调温调湿、高效吸附除臭、吸水干燥、耐久柔软、高强高模、超吸水性、耐热耐化学试剂纤维，聚丙烯腈大丝束碳纤原丝快速增长

进入 21 世纪，腈纶产量继续缓慢增长，面临同能耗、成本、污染更低的涤纶、丙纶改性品种之间的竞争，世界范围差别化腈纶开发形成国际分工：发达国家开发重点转向具有腈纶特色的、其他合纤不可取代的高性能、多功能、低污染、健康舒适型差别化纤维；发展中国家主要在服用领域完成已开发品种的产业化、功能复合化，使高缩、异形、阻燃、有色等品种逐步取代进口。改性材料纳米化是差别化腈纶开发中一个新动向，利用纳米材料的独特性能，不但使已开发的功能纤维升级，而且涌现了一批新的功能化改性腈纶。主要品种有远红外发热、光触媒除菌、杀菌防螨、蓄热导湿、调温调湿、高效吸附除臭、吸水干燥、耐久柔软、超吸水性、耐热耐化学试剂纤维，聚丙烯腈大丝束碳纤原丝在东丽、东邦实现产业化，大丝束原丝快速增长。

二、聚丙烯腈纤维改性的主要方法

聚丙烯腈纤维主要有化学改性、物理改性和添加改性三种改性方法。

(一)化学改性

化学改性是通过改变聚合物或纤维的化学结构，改善纤维性质、赋予纤维新功能的改性方法。

1. 共聚改性

通过改变共聚物组分、相对分子质量、序列对常规聚丙烯腈纤维进行改性的方法称共聚改性。市售腈纶本身就是由丙烯腈与第二、第三单体共聚物组成的，因此，根据最终产品期望的功能需要，选择或改变第二、第三单体的组分与含量，适当调整加工条件，就可制得众多的、性能与常规聚丙烯腈纤维有差别的共聚改性聚丙烯腈纤维。

2. 相对分子质量改性

通过改变聚合过程的工艺条件，改变聚丙烯腈相对分子质量及其分布，对常规聚丙烯腈纤维进行改性的方法称相对分子质量改性。提高相对分子质量可制高强高模腈纶，降低相对分子质量、加宽相对分子质量分布，可制抗起球腈纶。

3. 反应改性

利用大分子上反应性基团，通过化学反应赋予纤维新的特性的改性方法称反应改性。如部分氰基水解成羧基和酰氨基，可制得离子交换纤维。共聚体中第三单体与染料作用，其实质也是化学反应改变纤维的色泽性能。

(二)物理改性

物理改性是通过改变纤维的物理结构，改善纤维的性质、赋予纤维新功能的改性方法。

1. 双组分复合改性

两种不同组分纺丝液通过复合喷头汇成同一根丝，由于不同组分高聚物性能的差异，使纤维发生不对称收缩而使纤维具有永久性立体卷曲，可改善织物的回弹性。

2. 异形截面改性

采用非圆形喷丝孔，改变成型与后加工条件，制得具有各种特性的异形截面纤维。

3. 中空或多孔改性

采用添加易溶性组分纺丝后洗除及改变热处理条件的方法，制取中空或多孔改性腈纶。

(三)共混改性

在纤维中引入具有特殊性质的高聚物、低分子有机物或无机物，改善纤维的性质、赋予纤维新的功能，是目前腈纶差别化品种开发中应用最多的方法。

1. 高聚物共混改性

通过向常规聚丙烯腈共聚物溶液中混入能溶于相同溶剂的功能性高聚物，制得高聚物共混聚丙烯腈纤维，使纤维具有新的功能。

2. 纺前添加改性

将具有特殊性质的无机物或低分子有机物，以溶液、悬浮液、微胶囊等多种形式加入纺前原液，经充分混合，添加物均匀地分散在纤维中，使纤维获得永久性改性。

3. 凝胶态添加改性

湿纺初生纤维在干燥致密化前，结构疏松，存在大量微孔，比表面比致密化后大几百倍，改性剂易进入纤维内部，借表面吸附(或化学反应)，可制得耐久改性聚丙烯腈纤维。

4. 后整理添加改性

后整理添加改性，一般以溶液、乳液形式施于纤维，依靠分子间引力附着于纤维表面，非永久改性。

三、主要差别化腈纶的制造

(一)高收缩腈纶

常规腈纶的缩率在4%以下，高收缩腈纶的缩率为其5～10倍。高收缩腈纶按缩率高低分为：

(1)低收缩型：缩率18%～25%；

(2)高收缩型：缩率25%～35%；

(3)超高收缩型：缩率>35%。

缩率小于30%的收缩腈纶可用改变常规腈纶后处理工艺条件的方法制得。在高于玻璃化温度(T_g)条件下拉伸纤维，然后在张力下冷却，使伸长的分子链固定下来，制得的纤维因具有内在收缩应力，在湿热、无张力条件下因被冻结的伸长分子链回缩而使纤维发生收缩。加热方式可以用热板、水浴与蒸汽拉伸分多次进行，改变温度与拉伸倍数可制得不同缩率的收缩腈纶。

缩率高于30%的高收缩腈纶一般采用改变第二单体的品种与含量的办法制得，在保持腈纶基本性能的条件下，增加第二单体含量，可降低玻璃化温度(T_g)，有利于纤维中大分子链段的运动。用丙烯酸甲酯(MA)作第二单体时，一般将其含量提高到9%以上，就可较大幅度地提高纤维的缩率。用氯乙烯(VCl)作第二单体时，纤维缩率比丙烯酸甲酯高。

以硫氰酸钠为溶剂生产的高收缩腈纶产品有日本Exlan公司的Shrinkable type，该系列产品分五档，缩率分别为12%～14%(C84)、18%～20%(C80、K60)、22%～23%(K63、K83)、24%～25%(F65、F85)、35%～40%(F49)；英国Acordis公司的Courtelle 10型，缩率为18%～27%；美国Sterling公司的High Shrink系列产品，缩率在35%以下。

其他溶剂路线生产高收缩腈纶产品的有德国拜耳公司的Dralon X550，其缩率为40%；日本旭化成公司的Cashmilon PM93，其缩率为23%、Cashmilon A25，其缩率为40%；三菱公司的V—720，缩率为20%；钟渊的改性腈纶系列，缩率分别为40%(HHB)、30%(HS)、20%(HB)。国内各腈纶生产厂都有高收缩纤维产品，是国内差别化腈纶中产量最高的品种。目前，已能制造缩率在30%左右的高收缩腈纶。

高收缩腈纶目前需求很大，国内需求以毛型为主(6.6dtex以下)，有向低线密度(1.6～2.7dtex)、高收缩(40%以上)方向发展的趋势。高收缩腈纶的强度与卷曲度比常规腈纶稍低，遇湿热会发生收缩，制成成品前要避免湿热加工，储存时应远离热源，储期不宜过长，一般不要超过半年。

(二)有色腈纶

在纺织加工前生产有色腈纶有三种方法，即原液着色、湿丝束染色和干丝束染色。

1. 原液着色

生产原液着色有色腈纶时，将原液与颜料的浆液或阳离子染料的溶液(其溶剂与原液相同或相溶)按最终纤维中染(颜)料含量比例混合，经过滤后制成均匀的有色纺丝原液。用常规的纺丝方法，后道工序一般不做改动，即可制得色谱齐全的有色腈纶。用颜料进行原液着色时，所用颜料必须不溶于原液所用溶剂，以免污染溶剂系统；颜料平均粒径应小于0.5μm，表面须经钝化处理，以防在制浆及混合过程中发生凝聚沉积。

原液着色的优点是着色剂价廉、不需大量增加固定设备、对环境污染小、干法和湿法纺丝均可采用、能解决二元共聚腈纶没有染色单体情况下染深色的问题，由原液着色制得的有色腈纶耐晒、耐磨、湿处理牢度高；缺点是从染料或颜料浆液加入处开始，原液管道、过滤器均被颜色污染，改变色种比较麻烦，纺丝组件更换率比常规方法高。

2. 湿丝束染色

腈纶湿丝束染色即凝胶染色。在纺丝之后、干燥致密化之前，初生纤维是一种具立体网状结构的冻胶体，处于溶胀状态，内部结构疏松，存在大量微孔，比表面积视纤维组成与溶剂而别，要比干燥致密化后大100～300倍，用阳离子染料、直接染料、分散性染料染色时，染料在较低温度下就能够向纤维内部渗透。工业生产中，为减少对溶剂系统的污染，染色一般在洗净溶剂后进行，由配色、染色、透风、去浮色与计算机辨色调色等工序组成，具体工艺因纺丝后处理工序排列不同而异。如Courtaulds(现Acordis)20世纪70年代推出的凝胶着色技术(Neochrome)，适合先拉伸后水洗工艺，凝胶着色在水洗之后、上油之前进行，丝束通过速度50～60m/min，浸轧浴染液浓度2～5g/L，温度50～60℃，浴比1∶50，pH值4～5，3～5s完成染色；经10～20s“透风”时间，使染料向纤维内部充分渗透，然后用50～60℃脱盐水浸轧或喷淋洗脱浮色，可对丝束进行各种颜色连续染色，有色丝产量已占该公司总产量的80%。Sterling公司采用NaSCN二步法工艺，湿丝束染色(PCF)在水洗之后、热水拉伸之前进行，丝束行进速度20～30m/min，由于丝束行进速度要比先拉伸后水洗低2～3倍，比表面要大一倍多，故染色后不需“透风”，有色丝产量占该公司产量的21.5%，为该公司主要的差别化纤维。Solutis、Monte Fibre等公司采用DMAc二步法先水洗后拉伸工艺，其湿丝束染色设在水洗之后、拉伸之前，除染色方式外，机理类同。

湿丝束染色法制有色腈纶具有染色时间短、染化料省、改变色种快、色牢度高、能耗低以及污水排放少等优点，与常规浸染、轧染工艺比，染色成本可降低约50%，腈纶生产厂商用该法生产有色腈纶较生产常规腈纶可增加效益45%。故已被湿法腈纶生产厂商普遍采纳，是当前世界腈纶的主要差别化品种。

3. 干丝束染色

腈纶干丝束染色是将本色腈纶成品长丝束，经连续汽蒸轧染制有色腈纶的一种工艺。其特点是丝束通过高轧染压力、小浴比轧染机浸轧，轧液率可低于100%，用料十分经济；在轧染液中采用了高浓度尿素作助溶剂，消除阳离子染料缔合，使染料能快速向纤维内渗透，浸轧时间非常短；丝束出轧染机后进入连续汽蒸机，用过热蒸汽连续汽蒸固色，染色牢度较高。典型工艺是腈纶成品长丝束用含50%尿素的阳离子染液浸轧，轧液率70%，160℃汽蒸10min，再经70～80℃水洗、皂洗、上油、干燥、卷曲而制得有色腈纶长丝束。该法灵活性大，可染由浅到深各种颜色，批量可根据需要变动，色种变换损耗最小，在腈纶生产厂或后加工厂都能进行。日本山东公司、意大利Ilma公司等厂商先后开发了腈纶干丝束连续染色工艺与设备，我国20世纪70年代中期上海纺织科学研究院等单位曾对此技术进行了国产化研究。

(三)阻燃腈纶

1. 聚丙烯腈纤维阻燃改性的方法

聚丙烯腈纤维阻燃改性的方法很多，可归纳为：

(1)共聚法：用氯乙烯(VCl)、偏二氯乙烯(PVdCl)、溴乙烯(VBr)以及乙烯基磷酸酯作第二单体与丙烯腈共聚，制得难燃共聚物后再纺丝。

(2)高聚物共混法：将聚氯乙烯(PVC)、聚偏二氯乙烯(PVDC)的乳液以及它们与丙烯腈的共聚物与常规腈纶共聚物充分混合后纺丝。

(3)纺前添加法：在纺丝原液中注入氧化锑、亚磷酸三苯酯、溴化联苯醚、卤代磷酸酯等阻燃剂后纺丝。

(4)后处理法：用脲甲醛、溴化铵、硫化铵、多硫化合物的水溶液在纤维后加工时作表面涂覆，或用水合肼、胍盐处理后再用多价金属离子螯合交联，使纤维或制品具有阻燃功能。

(5)预氧化法：将腈纶在张力下，用200～300℃热空气处理2～3h，使聚丙烯腈大分子发生氰基环化、脱氢、氧交联等反应，形成具有多共轭体系梯型结构的聚丙烯腈氧化纤维(PANOF)，其LOI可达40%以上；用盐酸羟胺、氯化亚铜水溶液等对腈纶原丝进行预处理，可以降低预氧温度、缩短反应时间、提高预氧纤维性能。在现实生产中，常是几种方法组合，以发挥协同效应。

工业上有实际价值且已形成单独产业的为共聚法和预氧化法两种。

2. 共聚改性阻燃腈纶

20世纪40年代，已开展氯乙烯(VCl)、偏二氯乙烯(VDC)与丙烯腈共聚改性的研究，50年代初实现工业化，时间略早于常规腈纶。在这类改性聚丙烯腈中，由于丙烯腈含量已低于85%，所以已属改性聚丙烯腈纤维(modacrylic fiber)。我国将氯乙烯改性聚丙烯腈纤维定名为腈氯纶，将偏二氯乙烯改性聚丙烯腈纤维定名为偏氯腈纶。经过近60年的开发与发展，工艺在竞争中完善，主要生产厂商在变换更替。目前，世界上生产改性腈纶的厂商及工艺见表11－61。

表11－61 世界改性腈纶制造技术及其分布

国家	商品名	制造商	共聚(混)单体	聚合方法	溶剂	纺丝
美国	Acrelan SEF	Solutia	VDc∶VBr∶X＝8∶9∶(2～3)	水相	DMA	湿法
日本	Kanekaron	钟渊	Vc	乳液	AC	湿法
	Vonnel	三菱	Vc	水相	DMA	湿法
	V71；V74		VDc	水相	DMF	湿法
	Super-Valzer		VDc	水相	DMF	湿法
	Unfla	东丽	VDc：甲代磺酸钠	乳液	DMSO	湿法
	Exlan W6、ExlanW8	Exlan	Vc	水相	NaSCN	湿法
德国	Dralon	Bayer	Vdc∶MAS＝(15～48)∶(2～5)	水相	DMF	干法
英国	Teklan	Acordis	Vdc∶MAS＝49∶2	水相	丙酮	湿法
意大利	Velicren FR	Snia	85%(Vdc＋AN)原液，15%常规聚丙烯腈纤维原液＋Sb_2O_3	溶液	DMF	湿法
白俄罗斯	Nitron M、Nitron DM	Polyeir	Vc	乳液	AC	湿法
中国	偏氯腈纶	抚惠阻燃纤维有限公司	VDc	溶液	DMF	湿法

(1)氯乙烯改性聚丙烯腈纤维：氯乙烯改性聚丙烯腈我国称腈氯纶，为40%～45%AN、60%～55%VCl和少量第三单体三元共聚纤维。1950年，美国联碳公司(UCC)首先实现腈氯纶工业化，商品名Dyne。1957年，日本钟渊公司腈氯纶实现工业化，商品名Kanecaron，年产量达45kt，是目前世界上阻燃纤维产量最大、规格最多的一个公司。白俄罗斯Polymir公司NITRON M为类似产品。我国20世纪60年代初由上海合成纤维研究所、吉林化纤所等进行过氯乙烯与丙烯腈共聚制阻燃腈纶的研究，并取得小试成果。

Kanecaron以AN、VAC、对苯乙烯磺酸盐(SSS)三种单体组成的腈氯纶，采用乳液聚合方式制备共聚物，乳液聚合时以阳离子表面活性剂作乳化剂、氧化还原系统为引发剂、在pH＝2～3酸性介质中，506.6～810.6kPa下，45～50℃反应10h制得共聚物胶乳。胶乳经分离、干燥成干树脂。干树脂先在0～5℃冷丙酮中分散溶胀2～3min，再在50℃以下溶解1h，经两道过滤，并加入提高阻燃效果及赋予其他性能的助剂，配成浓度20%～25%、黏度1～2Pa·s的纺丝原液。静置脱泡10h，过滤后去纺丝。在湿法纺丝中以20%～30%丙酮水溶液为凝固浴，凝固成丝条。然后经上油、干燥、预热、拉伸、热定型、上油、卷曲、切断、二次干燥、混毛后制得短纤维，生产工艺流程如图11－44所示。纤维的线密度1.6～44dtex，长度38～204mm，LOI值28%～35%。主要有全消光、有光、异形截面、高收缩、酸性可染等品种的纤维。

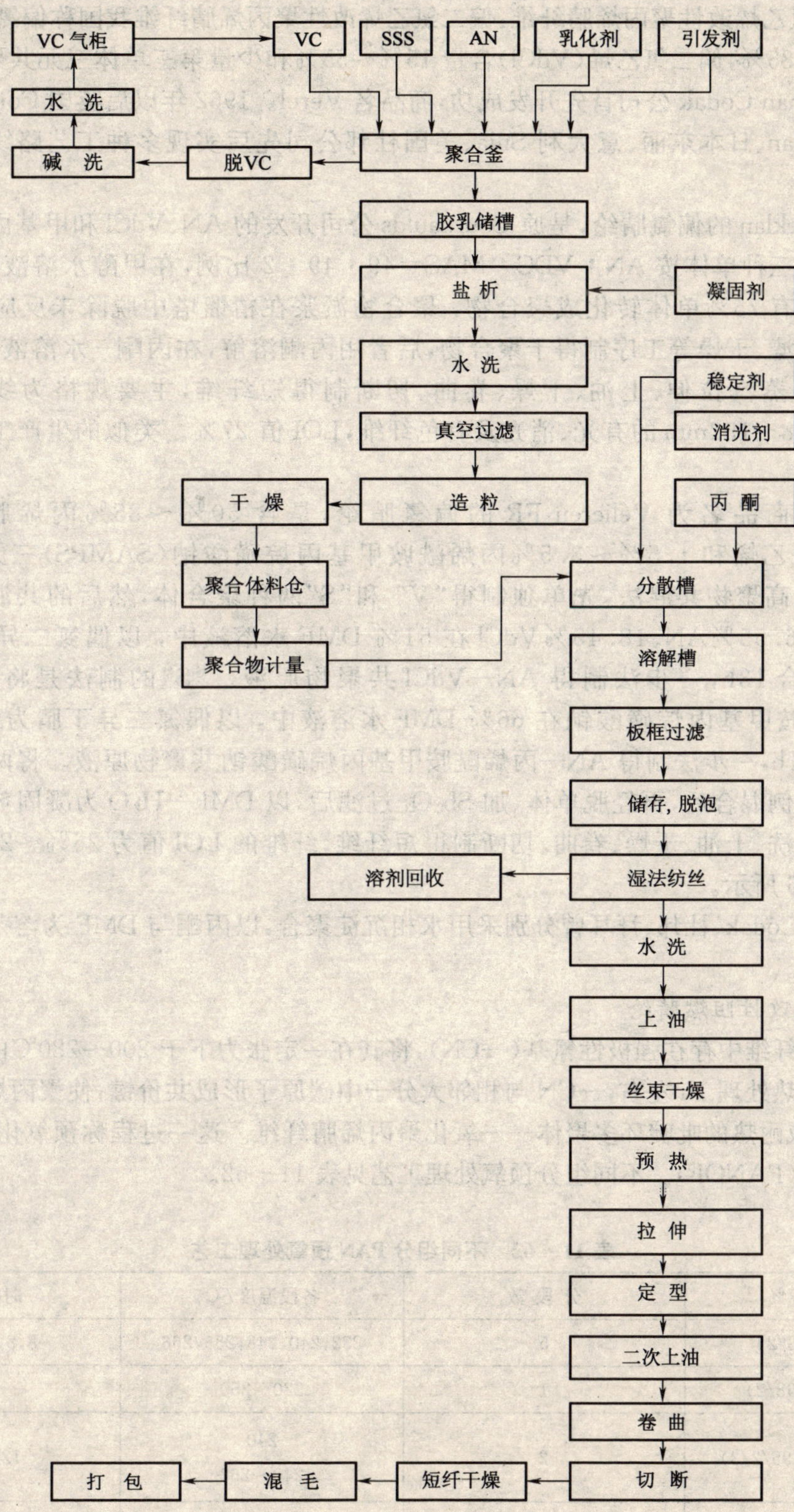

图 11－44　腈氯纶生产工艺流程

(2)偏二氯乙烯改性聚丙烯腈纤维:偏二氯乙烯改性聚丙烯腈纤维我国称偏氯腈纶,为丙烯腈含量35%~85%,偏二氯乙烯(VdCl)含量15%~55%和少量第三单体三元共聚纤维。1956年,美国Eastman Codak公司首先开发成功,商品名Verel。1962年以后英国Courtaulds、日本钟纺、日本Exlan、日本东丽、意大利Snia、美国杜邦公司先后实现多种工艺路线偏氯腈纶工业化。

商品名Teklan的偏氯腈纶,是原Courdaulds公司开发的AN、VdCl和甲基丙烯磺酸钠三元共聚纤维。三种单体按AN∶VDC∶MAS=49∶49∶2比例,在甲醇水溶液中间歇聚合,反应终止时约有75%单体转化成聚合物,聚合物淤浆在精馏塔中脱除未反应的单体和甲醇,经洗涤、过滤、干燥等工序制得干聚合物,后者用丙酮溶解,在丙酮—水溶液中湿法纺丝,经水洗、预热、蒸汽拉伸、上油、干燥、卷曲、切断制得短纤维,主要规格为线密度2.2~40dtex、长度28~152mm的有光、消光及有色纤维,LOI值27%。类似的生产工艺流程如图11-45所示。

Snia公司商品名为Velicren FR的偏氯腈纶,是含50%~85%丙烯腈、13.5%~46.5%偏二氯乙烯和1.5%~3.5%丙烯酰胺甲基丙烷磺酸钠(SAMPS)三元共聚纤维。改性工艺采用高聚物共混法,先单独制得"V"和"S"两种聚合体,然后的共混纺丝。"V"的制法是将26.55%AN、18.45%VdCl在51% DMF水溶液中,以偶氮二异丁腈为引发剂,52℃下聚合13h,一步法制得AN—VdCl共聚物原液。"S"的制法是将27.2%AN、4.8%丙烯酰胺甲基丙烷磺酸钠在66% DMF水溶液中,以偶氮二异丁腈为引发剂,63~65℃下聚合11h,一步法制得AN—丙烯酰胺甲基丙烷磺酸钠共聚物原液。将两种制得聚合物按适当的比例混合后,再经脱单体、加Sb_2O_3过滤后,以DMF—H_2O为凝固剂进行湿法纺丝,经拉伸、水洗、上油、干燥、卷曲、切断制得短纤维,纤维的LOI值为26%~29%。类似流程如图11-46所示。

Eastman Codak、杜邦、拜耳曾分别采用水相沉淀聚合,以丙酮与DMF为溶剂干法纺丝工艺制偏氯腈纶。

3. 预氧化改性阻燃腈纶

聚丙烯腈纤维中存在强极性氰基(—CN),将其在一定张力下于200~280℃的空气或氧气流中进行分段热处理1h左右,—CN与相邻大分子中碳原子形成共价键,使聚丙烯腈大分子链环化缩合,生成耐热的吡啶环多聚体——氧化聚丙烯腈纤维。这一过程称预氧化处理,故产品也称预氧纤维(PANOF)。不同组分预氧处理工艺见表11-62。

表11-62 不同组分PAN预氧处理工艺

原丝组分/%	分段数	各段温度/℃	时间/min
AN/AA(98/2)	5	232,240,248,255,266	8,8,8,8,5.3
AN/MMA(98/2)	1	220~250	60
AN/ITA/MA(95/2/3)	2	240 240~260	120~180
AN/MMA(97/3)	1	150~320	70

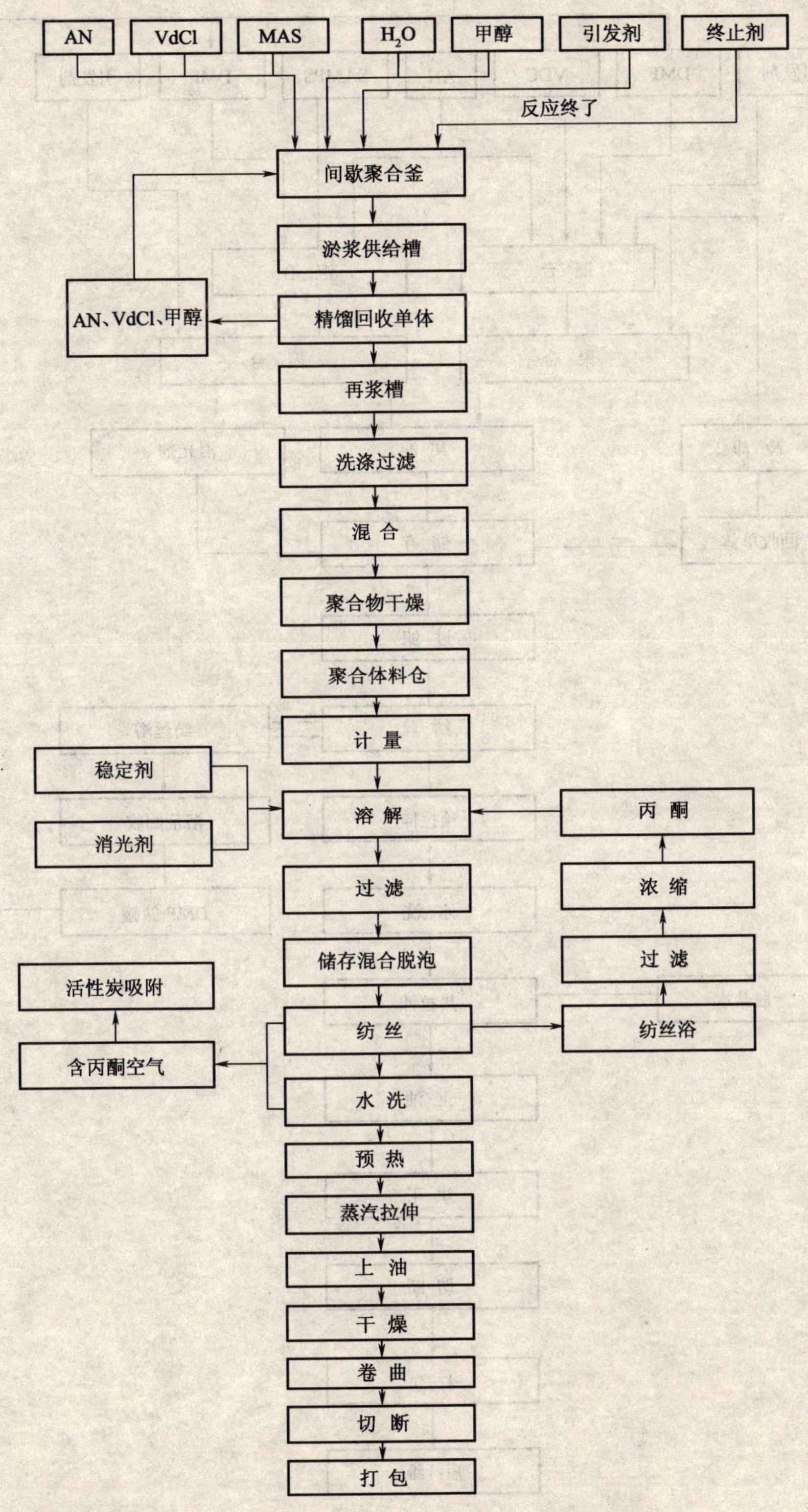

图 11－45 以丙酮为溶剂偏氯腈纶生产工艺流程

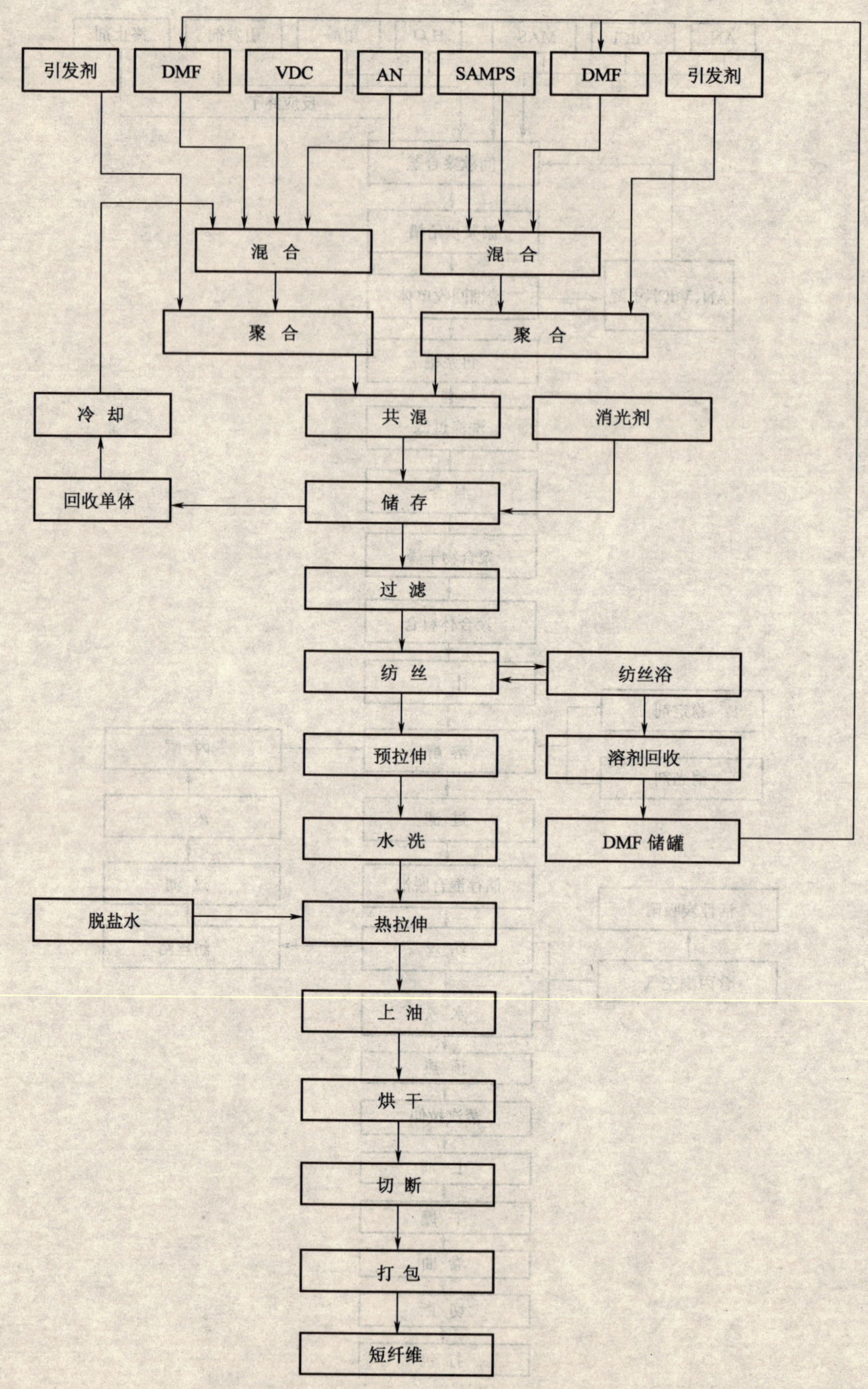

图 11－46　DMF 一步法偏氯腈纶制造流程

预氧化处理是典型的化学改性过程，反应历程如下：

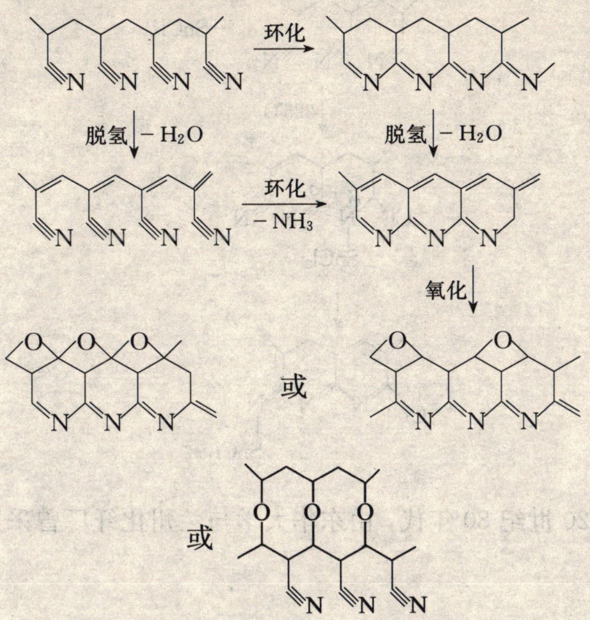

环化

脱氢 $-H_2O$　　脱氢 $-H_2O$

环化 $-NH_3$

氧化

或

或

为加速预氧化进程，可在聚丙烯腈共聚体中引入—COOH、—COOMe、—$CONH_2$、—CH_2CCl_2，通过对—CN的诱导，降低活化能，在较低温度下通过内催化环化；也可用路易氏酸（$SnCl_4$）、盐酸羟胺—氯化亚铜等溶液处理原丝，实行外催化环化，使预氧化时间缩短，得率提高。

衣康酸具有两个羧基，增加了和相邻氰基之间交互作用的概率，被广泛采纳，其内催化历程如下：

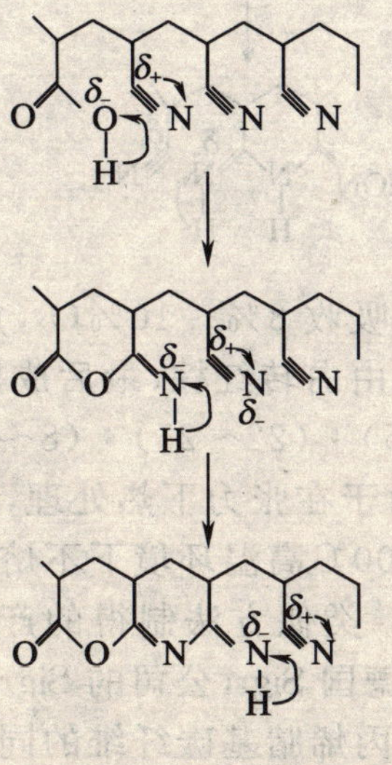

20世纪70年代，中国科学院北京化学所与兰州碳素厂曾采用路易氏酸外催化制PANOF，其历程如下：

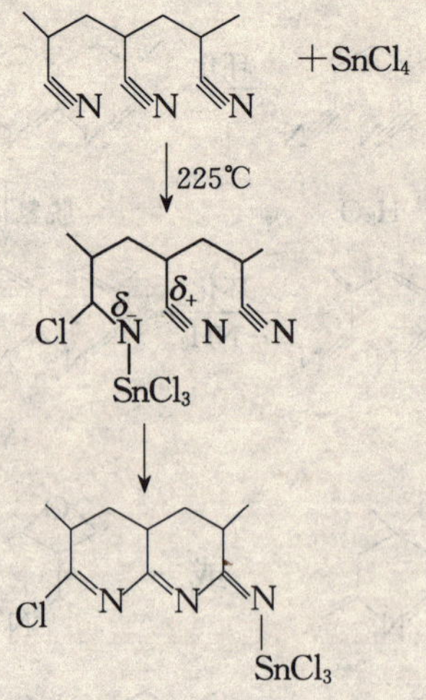

$$+SnCl_4$$

225℃

$SnCl_3$

羟胺类外催化，于20世纪80年代，由东华大学与兰州化纤厂曾采用羟胺类外催化制预氧短纤，其历程如下：

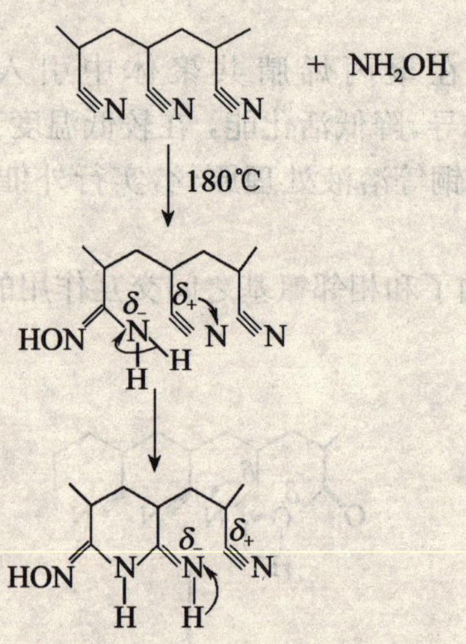

$$+ NH_2OH$$

180℃

聚丙烯腈纤维在预氧处理中吸收8%～10%O_2，放出等量H_2、N_2（以H_2O、NH_3和HCN形式），纤维发生收缩，色泽由白转红棕，最后成黑色。生成的PANOF元素组成为C∶H∶N∶O＝(58～62)∶(4～5)∶(22～25)∶(8～12)。LOI值由18%升到约55%，吸湿性由2%升到6%～10%。由于在张力下热处理，纤维保持了较好的力学性能，手感柔软，可进行纺织加工。制品在800℃高温环境下不熔融、不塑化、抗收缩、无有害物质释放，是性能优良的防火耐燃纤维。类似方法制得的产品有英国RK公司的Panox、美国Great Lakes公司的Fortafil OPF、德国Sigri公司的Sigratex、日本东邦公司的Pyromex等。20世纪60年代末，我国在开发聚丙烯腈基碳纤维的同时，开展了多种方法制预氧丝纤维的研究，目前兰州碳素厂、吉林化学试剂厂等继续生产。主要PANOF厂商的质量指标见表11－63。

表 11－63 主要厂商 PANOF 的质量指标

质量指标	英国 RK (Panox)	日本东邦 (Pyromex)	兰州碳素厂	兰化化纤厂—东华大学	山东理工大学
形 态	大丝束 (320000 根单丝)	小丝束	3000 根单丝的小丝束($SnCl_4$)	短纤(羟胺)	大丝束
线密度/dtex	1.40		1.5	2.75	3.33
强度/cN·$dtex^{-1}$	2.0	1.6～2.3	1.1	1.5～1.8	1.62
断裂伸长度/%	19	12～16		20	11.6
吸湿率/%	9				
卷曲度	无	无	无	有	无
LOI/%	55～62	55～62		＞30	43

(四)异形截面腈纶

采用圆形喷丝孔在不同溶剂中因凝固方式相异，制得腈纶的截面不都是圆形的，一般以无机溶剂，如 NaSCN、$ZnCl_2$、HNO_3 湿法纺丝制得纤维截面为圆形或近似圆形；有机溶剂湿法纺丝制得纤维截面可为椭圆形(DMAc)、心形(DMSO)以及不规则多边形(DMF)；干法纺制的腈纶截面为犬骨形；氯乙烯改性腈纶有机溶剂(Aceton)湿法纺丝制得纤维截面为腰子形。深入研究不同溶剂纺丝原液的流变特性、通过喷丝孔前后的行为、在不同介质中凝固机理，为设计与制备理想截面改性腈纶提供了依据。20 世纪 70 年代开始，为克服圆形、椭圆形纤维易起球和有蜡状感等缺陷，为满足特殊用途需要，截面形状各异的改性腈纶陆续上市，并形成了一套表征异形截面纤维性能的专门指标(异形度、透明度、光泽度等)。随着改性技术的进步，目前，截面改性向复合异形、多功能化延伸，为腈纶在特殊领域的应用争得了一席之地。

异形截面腈纶可采用物理改性方法制得，常用方法有：

(1)异形喷丝孔法：采用异形喷丝孔可直接纺得异形截面腈纶，但必须注意湿法纺丝时出喷丝孔原液细流的膨化效应，使纤维的最终截面形状不一定与孔形一致。孔形设计、确定成型工艺与后处理条件时应充分考虑这一因素。如采用较大孔径、降低喷头负拉伸来减少喷出膨化，提高截面保形性；还可通过形状补需，抵消“膨化”走形，如用“Y”形孔纺制三角形截面腈纶。

(2)黏着法：制造中空腈纶时，可将喷孔设计成“C”字形，制造哑铃截面腈纶(仿马海毛)时，将两个圆形孔距离靠拢，利用原液喷出时膨化粘着制得所需异形截面。

(3)溶解法：将双组分复合纤维中一种组分(聚合物或无机盐填充物)溶解除去而制得。

(4)后处理法：圆形截面复合纤维在后处理时，对其施以外力，使两种不相容共聚物剥离，形成异形截面纤维。

据报道，国外一些厂商采用在原液中添加聚烷撑二醇类化合物及改善喷头传热状况的方法来改善聚丙烯腈原液的流变性，可以提高异形度。

Exlan 公司异形腈纶有 Exlan F157、F757(心形)、Exlan 30(三角形)、F756(哑铃形)、740(椭圆形)以及 Exlan 40(扁平)；Sterling 公司异形截面腈纶已开发出 5.5～7.7dtex 扁平丝及 3.3dtex 蚕豆形、三角形、三叶形和花生形截面腈纶；三菱公司超扁平形腈纶 Vonnel Funcle 线密度 5.5～16.5dtex，长宽比达到 10；钟渊公司 40%～60%丙烯腈与氯乙烯共聚的扁平形截面改性腈纶，同时具有优良的抗粘连与阻燃特性。国内 20 世纪 70 年代中期开始腈纶异形截面纤维的研究，东华大学、上海合成纤维研究所、兰化化纤厂、上海石化、秦皇岛腈纶厂先后开发成功三角形截面、哑铃形截面、扁平形截面（长宽比 2～3）及中空腈纶。

（五）抗静电（导电）腈纶

常规腈纶不加整理剂时，标准状况下的电阻率为 10^{13}～10^{14}Ω·cm，属绝缘材料，后加工时因摩擦可产生静电，集束困难，易与工件发生缠绕；制成成品后易沾污吸尘；穿着时因放电使人产生不舒服感；放电引起的系列危害限制了它的应用。制备长效或永久抗静电特性腈纶对提高腈纶加工与应用性能、拓展应用领域有很大意义。一般规定抗静电腈纶的电阻率控制在 10^{8}Ω·cm，导电腈纶电阻率控制在 10^{5}Ω·cm 以下，电荷衰减时间应在 100s 以内。

常用制备抗静电腈纶的方法：

1. 共聚法

在共聚体中引入亲水化合物，提高吸湿性，制永久抗静电腈纶。如将常用的第二单体丙烯酸甲酯用聚氧乙烯改性后与丙烯腈共聚，制得含大量羟基（—OH）的吸湿性腈纶；或将常规腈纶聚丙烯腈大分子中氰基（—CN）局部水解，制得含大量羧基（—COOH）的吸湿性腈纶，一旦产生静电会很快散逸移去。

2. 纺前原液共混法

用少量导电物质（炭黑、金属氧化物、掺杂聚苯胺）与聚丙烯腈原液共混纺丝制成导电腈纶或纺成随机、海岛、皮芯复合导电腈纶。

3. 凝胶态添加改性

用导电物对湿法纺丝干燥致密化前凝胶状态纤维进行浸渍处理，由于导电物质深入纤维结构内部，致密化后不易洗去而制得耐久性抗静电腈纶；或用带硫、磷的阴离子表面活性剂溶液（如十二烷基硫酸钠）对湿法纺丝干燥致密化前凝胶状态纤维进行浸渍处理，干燥后再用氨基阳离子表面活性剂（季铵盐类）溶液处理，与深入纤维结构内部的阴离子表面活性剂生成能有效抗静电的络合物，制得耐久性抗静电腈纶；或在干燥致密化前用三氯化铁、吡咯溶液处理，制得不受环境湿度影响的导电腈纶。

4. 后整理添加法

用铜盐溶液处理纤维表面，使常规腈纶表面附着金属涂层。

国外商品化的永久性抗静电腈纶有 Exla 公司的 Exlan K823，旭化成公司的 Cashmilon A—61，Sterling 公司也有开发抗静电腈纶的报道。东丽公司以炭黑为填充料制得海岛型复合导电腈纶 Toralon SA—7，电阻率仅为 10^{2}～10^{4}Ω·cm。东华大学、华东理工大学等单位在 20 世纪 80 年代初开始研究添加型抗静电腈纶，山西榆次化纤厂曾批量生产。东华大学在导电腈纶上做了较多工作，先后用共混法在腈纶纺丝原液中混入金属盐和聚吡咯、掺杂聚苯胺、掺杂碳纳米管等制得导电腈纶。

（六）亲水腈纶

常规腈纶是疏水性纤维，在标准状态下回潮率为 2%，吸湿性与吸水性都很差，影响服用舒适性。

亲水腈纶按其对水分吸收的形式，可分为吸水性腈纶（能吸收液态水）和吸湿性腈纶（能吸收气态水)两类。具有吸湿功能时必然具有吸水功能,具有吸水功能不一定具有吸湿功能,但能改善抗静电性。

亲水腈纶可由下列方法制备:

1. 共聚法

聚合物分子结构亲水化,与共聚法制抗静电腈纶的方法相同,制得的亲水腈纶因含有亲水基团,具有吸湿性。与蛋白类天然化合物接枝共聚,是进行亲水改性的成功范例。

2. 共混法

与亲水化合物(天然或合成)共混或复合纺丝。如大相对分子质量的 PEG 和带—COOH、—$COONH_2$ 的高聚物。

3. 物理改性

通过细特化、微孔化、表面粗糙化等方法增加纤维表面积,以毛细效应物理改性,仅可制得吸水、保水性腈纶。为制造微孔,常以与聚丙烯腈不相容的高聚物或水溶性高聚物共混法纺丝,制得纤维因发生相分离或水溶性高聚物被水溶出而形成多孔结构。

国外吸湿腈纶已商品化的有日本东洋纺的 Chinon,即近年风行国际市场的"牛奶纤维",是由甘酪素与丙烯腈接枝共聚物与常规丙烯腈原液共混纺丝制得,因含有大量亲水基团,具有吸湿性,是制高档内衣的原料,价格比常规腈纶高十多倍。类似产品有三菱人造丝的 Swift M。吸水腈纶商品化产品较多,德国拜耳公司采用物理改性方法制得具有皮芯双重结构的多孔性吸水腈纶"Donova",它的芯层沿纤维轴向有许多微孔,皮层有毛细导管与其沟通,遇水后很快将其导入芯层,从而使纤维表面保持干燥,吸水率达 30%,湿感极限水分率达 19%,与棉相仿,更有吸水后不膨润、放湿速度快、密度低(0.8g/cm^3)、保暖性好等特点。类似产品有日本钟纺公司的 Aqualon、旭化成公司的 Solcy、东丽公司的 Summina、Exlan 公司的 K626、意大利 Montefibre 公司的 Leaglor。

国内亲水腈纶开发工作几乎与国外同步,且难度较高的吸湿性腈纶比国外更早些。如 1970 年,东华大学与嘉兴绢纺厂合作开发了丝朊蛋白与丙烯腈接枝共聚吸湿腈纶($ZnCl_2$ 为溶剂),回潮率 3.59%,为常规腈纶的一倍;1971 年,清江化工研究所与清江禽兔加工厂研制了猪毛 α-蛋白与丙烯腈接枝吸湿腈纶,回潮率 4%~5%;1995 年,复旦大学完成蚕丝与聚丙烯腈以 NaSCN 为溶剂共混纺制吸湿腈纶的研究;同期,东华大学与上海石化腈纶厂开展了 NaSCN 为溶剂甘酪素与丙烯腈接枝共聚纺吸湿腈纶的研究;1986 年,东华大学与山西榆次化纤厂采用添加与聚丙烯腈不相容的带亲水基团高聚物的办法,以 DMSO 为溶剂制得了多孔型吸湿腈纶,吸水率 23%,回潮率 4%。

(七)细特腈纶

合成纤维单丝直径变细后,使单位纱线和织物容积中包含更多的纤维,增加了覆盖能力,使织物薄型化,手感变得柔软,不易起球,并使织物的透气性、导湿性、悬垂性得到改善。纤维变细后,由于折射的原因,染同样深色要耗较多染料,匀染要求提高。

通常把线密度为 0.44~1.3dtex 称细特腈纶,0.44dtex 以下称超细腈纶(有些资料推荐按纤维直径划分:直径 10~60μm 为常规纤维,直径 4~10μm 为细特纤维,直径 0.4~4μm 的为超细纤维,直径小于 0.4μm 为特细纤维)。

腈纶细特纤维主要用物理法制造。

(1)改变喷头孔径与纺丝和后处理工艺条件。

(2)以与聚丙烯腈不相容的高聚物或水溶性高聚物共混法纺丝，制得纤维后，在机械力作用下发生相分离，或水溶性高聚物洗脱而形成超细纤维。

Exlan、Courtaulds、Sterling、Mansanto 等公司提供 0.8～1.3dtex 细特腈纶，三菱公司的 Vonnel 35、Cashmilon FD 单丝线密度可降到 0.4dtex 以下。国内细特腈纶 20 世纪 90 年代取得进展，目前上海石化、安庆腈纶厂等可生产 0.66～1.1dtex 细特腈纶。

(八)复合腈纶

复合腈纶的截面上存在两种或两种以上不同性能的聚合物，在受湿、热处理时，由于高聚物性能差异使纤维发生不对称收缩，能形成三维螺旋状永性卷曲。按截面中两种组分的排列形式，可分为并列型、皮芯型和海岛型复合纤维。截面中两种聚合物比例不固定时，称“随机”型复合纤维。复合腈纶的三维螺旋结构(并列型更接近天然羊毛)，可改善弹性回复率，克服腈纶针织衫“三口”易变形问题，提高腈纶纺织品尺寸稳定性；具有优良的体积膨松性，使纱线外观丰满，增加覆盖力与保暖性；克服腈纶初始模量较低，改善手感，使纱线柔中有刚“身骨”好，性能更接近天然羊毛。

复合腈纶通常将两种不同共聚物组成(第二单体和第三单体的种类与数量、含量、黏度、相对分子质量)制成的原液，分别输入同一喷丝头，经分配板分配，在喷出前汇入同一喷丝孔，经凝固成型可制得。根据截面上两种共聚物的结合形式，可分为并列、皮芯和海岛形双组分复合三类。“随机”型复合腈纶，采用纺丝前将两种不同性质聚丙烯腈共聚物原液不均匀混合后，通过常规喷丝头纺制。

已商品化的复合腈纶有日本 Exlan 公司的 Exlan C2、Exlan C7、Exlan C8，三菱公司的 Vonnel 57、Cashmilon GW，美国 Solutia 公司的 Acrilan 71、Acrilan 76、Acrilan 94、Acrilan 96，英国 Courtaulds 公司的 Courtelle CL 等。国内 20 世纪 70 年代开始并列型复合腈纶的研制，山西榆次化纤厂进行批量生产，80 年代上海石化腈纶厂开发成功随机型复合腈纶。

(九)碳纤原丝

1971 年，在第一次国际碳纤维会议上，聚丙烯腈基碳纤维因性能优越、加工方便、原料易得，确立了在碳纤中的主导地位。由于碳纤及其复合材料在国防军工、航天航空领域中的特殊地位与相对较高的经济效益，推动了适应原丝需要的改性聚丙烯腈纤维的开发，发达国家将高性能碳纤原丝制造技术，列为高度保护的商业秘密；从国家安全角度考虑，强调用于军工的碳纤原丝必须本土化。原丝研制是个系统工程，聚合物的组成、相对分子质量及分布、成纤技术、形态结构、添加物与杂质含量都将影响碳纤维的质量。众多研究表明：碳纤原丝中丙烯腈含量应在 95%(摩尔分数)以上，其他为改善成型条件的增塑单体，如丙烯酸甲酯、醋酸乙烯、甲基丙烯酸甲酯与促进线型分子环化的第三单体，如衣康酸、甲基丙烯酸、丙烯酰胺、丙烯醛及甲基乙烯酮等总量不超过 5% (摩尔分数)。高纯净的原液、少疵点均匀的形态结构是用作碳纤原丝的重要条件。聚丙烯腈长丝单丝线密度一般为 1.2～1.7dtex，强力 4～5cN/dtex，断裂伸长率 13%～30%。按每束丝中单丝根数分别有 1k、3k、6k、12k、40k 及 320k 等规格(1k=1000 根单丝)。作为小股连续长丝，需用长丝专用设备生产，Acordis 公司开发的 320k 大丝束可利用常规腈纶生产设备稍加改动后生产。研究发现，原丝的强度与模量与碳纤成正比，为制备高性能碳纤，利用 50 万以上超高相对分子质量 PAN、冻胶纺丝制备高强高模原丝的技术已趋产业化。

国外能提供高性能碳纤原丝的厂商有日本东丽、东邦、三菱和住友(Exlan)和美国 Hercules、Amoco、Sterling 及英国的 Acordis 公司。工艺路线及主要品种和质量指标见表 11－64、表 11－65。

表 11－64　聚丙烯腈基碳纤原丝主要生产商

生产国	厂　商	溶　剂	纺丝方式	孔/束(k)	线密度/dtex・f^{-1}
日本	东丽	DMSO	湿、干湿	1,3,6,15,30	1.1～1.3
	东邦	$ZnCl_2$	湿	0.5,1,3,6,30	1.1～1.7
	三菱	DMAc	湿、干湿	1,3,6,10	1.4～1.7
	住友	NaSCN	干湿	1,3,6,12	1.1～1.7
美国	Hercules	NaSCN	干湿	1,3,6,12	1.1～1.7
	Amoco	DMSO	干湿	1,3,6,12	1.1～1.7
	Sterling		熔融纺(水增塑)		
英国	Acordis	NaSCN	湿	50,100,300,400	1.1～1.7

注　东丽、东邦也在进行大丝束原丝开发。

表 11－65　聚丙烯腈基碳纤原丝质量指标

指 标 名 称	三　菱	东　丽	Acordis
线密度/dtex	1.5	1.1	1.25～2.2
每束根数/k	<12	<12	50～400
AN 含量/%	95.2	99.3	93
聚合度	1900	2000	1600
强度/cN・$dtex^{-1}$	4.9	6.6	3.3～3.6
断裂伸长率/%	15.4	12.5	24～33
模量/cN・$dtex^{-1}$	70.3	87.1	
沸水收缩率/%	6.7	3.3	4
含油率/%	0.3	0.63	0.18～0.32
钠含量/mg・kg^{-1}	100	54	<2500
取向度/%	84.6	88.8	
结晶度/%	51	47	34～46
粒径/nm	4.0	4.4	4.8～6.2
热解开始温度/℃	267	260	278～283
粉末纤维/g・t^{-1}			<2
卷曲数/个・$(10cm)^{-1}$			35～51

我国碳纤原丝研制始于 20 世纪 70 年代初,现已形成三种工艺路线并存约 800t 生产能力,见表11－66。除满足国内现有 40k 以下碳纤生产需要外,大量用作预氧纤维原丝。

表 11－66　我国聚丙烯腈基碳纤原丝生产能力

生　产　厂	技术路线	生产能力/t·a^{-1}
兰州化纤公司化纤厂	NaSCN一步法湿纺	200
上海合成纤维研究所	DMSO一步法湿纺	5
吉林化纤公司碳纤维厂	HNO_3一步法湿纺	70
安徽华皖碳纤股份有限公司	DMSO一步法湿纺	500

(十)抗起球腈纶

常规腈纶制品，经常受摩擦的部位易起球，影响美观。对起球过程和纤维的性能的研究表明，起球是露在织物表面的纤维末端弯曲缠结与局部断裂过程，与纤维抗弯曲性能有关，直接影响因素有截面形状、纤维钩结强度与伸度和打结强度与伸度。纤维制成织物不起球的条件是钩结强度为干强度的60%，钩结伸长为干伸长的20%。也可用纤维起球指数度量：起球指数＝打结伸长/钩结伸长^2，当其值大于0.5时不起球。因此，改变纤维截面形状，适当降低钩结强度与钩结伸长，可提高腈纶的抗起球性。常用腈纶抗起球的措施有：

(1)提高聚合物中丙烯腈的含量，从而提高纤维的刚性和脆性，使织物中纤维末端不易缠绕成结。

(2)降低聚丙烯腈的重均分子量，适当加宽相对分子质量的分布，从而降低纤维的延伸度，即使起球，也易脱落。

(3)改变纤维截面形状与表面光滑度。如使截面呈三叶形或五角形、提高线密度、表面粗糙化等，以提高纤维的抗弯曲性能和硬挺度，增加纤维间的抱合力，使其在织物中不易滑脱露头，减少打结机会。

(4)用制造多孔纤维和增加纤维热处理张力的方法，降低纤维的钩结强度与打结强度，使纤维不易起球，起球后也容易脱落。

(5)将纤维用胶态二氧化硅、丁二烯共聚物、丙烯酸乳胶、无机氢氧化物处理，改变表面特性。

第八节　聚丙烯腈纤维的应用

聚丙烯腈纤维具有与羊毛相似的性能，俗称合成羊毛。一些性能还超过羊毛，如强力比羊毛高20%～25%；相对密度1.14～1.17，比羊毛、棉花都轻；柔软而蓬松，保暖性比羊毛好；耐光牢度是合成纤维中最好的，光照一年(11200klx·h)后强力仅损失5%；耐霉烂、不怕虫蛀，是天然羊毛不能比拟的；腈纶可用阳离子常压染色，色谱丰富，色泽鲜艳；此外，利用聚丙烯腈纤维的热弹性还可做膨体纱。

聚丙烯腈纤维在三大纺织应用领域得到广泛应用。1998年统计，世界腈纶在三大应用领域中，服装占76%，装饰织物占23%，产业用织物占1%。西欧腈纶应用中服装占77%，装饰为19.5%，产业为3.5%。在土耳其，服装占到了约80%，其他20%都为装饰用。

聚丙烯腈纤维在服用领域的应用，主要用以代替资源匮乏的天然羊毛，用毛型纤维可纯纺或混纺制粗细毛线(手工编织毛线)、开司米、粗纺或精纺毛织品，最终产品为针织服装、帽子、围巾、手套、保暖袜。棉型纤维可作纯纺和混纺针织内衣、运动衫、休闲服。聚丙烯腈长丝代真丝作色谱齐全、色泽鲜艳的绣花线，还可织高附加值纺织品。常规或改性聚丙烯腈纤维做人造毛皮，形态逼真，对动物保护是贡献，具其他合纤不可完全取代的地位。人造毛皮可做服装面料、饰物与衬里。抗静电(导电)腈纶可被用作医药、食品、电子、日用化工、计算机、精密机械等工业领域的无绒毛、防尘工作服和炼油、石化、冶炼、涂料制造工业的防爆工作服。以氯乙烯改性腈纶、预氧纤维为主要材料做的混纺防火服，可用于消防服。

聚丙烯腈纤维在装饰领域的应用，主要利用其热弹性、易染性、阻燃性等特性，最终产品中量最多的是床毯类：有美丽、丰满的拉舍尔毛毯，厚实、保暖的滚绒毯、滚球毛毯、各式提花毛毯、簇绒毯和起绒童毯。其次是宽幅类装饰织物：窗帘、床罩、沙发套、少量也用作地毯。抗静电(导电)纤维可做通信、输电等防静电干扰织物。氯乙烯改性腈纶可做假发，还可用作医院、轮船、车辆等防静电装饰织物。

聚丙烯腈纤维在产业领域的应用，主要利用其耐光性、耐候性、改性后耐焰性以及超高相对分子质量聚丙烯腈纤维的优良力学性质。最终产品中量较大的是室外纺织品：色彩丰富耐紫外线照射的遮阳伞(布)、窗帘、帐篷、车套、旗帜与同时耐氯的海滩伞、泳衣等。其次是高强聚丙烯腈纤维在工业领域中作为水泥增强材料，替代石棉。经化学改性的中空腈纶可用作超级过滤膜，用于化工、涂料、医药、食品的过滤。人造毛皮在产业中用量最大的是毛绒玩具。特殊聚丙烯腈长丝是制造碳纤维和预氧纤维的原料。

我国是腈纶用量最多的国家，1995～2001 年，分类消费比例见表 11－67。其中，人造毛皮属中间产品，可用于服装领域，更多用于装饰与产业领域。根据毛纺行业的统计数测算，2003～2005 年，我国腈纶各应用领域的消费量见表 11－68。

表 11－67 我国腈纶的消费结构

年 份	服饰用品		人造毛皮		宽幅织物		毯 制 品		户外用品	
	消费量/kt	比例/%	消费量/kt	比例/%	消费量/kt	比例/%	消费量/kt	比例/%	消费量/kt	比例%
1995	436.5	67.50	152	23.50	42.0	6.50	14.9	2.30	1.3	0.20
1996	516.0	64.60	197.3	24.70	62.3	7.80	21.6	2.70	1.6	0.20
1997	445.1	62.70	181.1	25.50	56.8	8.30	24.8	3.50	2.1	0.30
1998	498.6	60.20	219.5	26.50	75.4	9.10	31.5	3.80	3.3	0.40
1999	416.1	58.70	192.8	27.20	66.6	9.40	29.1	4.10	4.3	0.60
2000	463.2	56.00	231.6	28.00	82.7	10.00	41.3	5.00	8.3	1.00
2001	479.4	53.49	253.3	28.80	94.8	10.78	49.7	5.65	11.2	1.27

表 11－68 我国腈纶各应用领域的消费量

年 份	服装/%	装饰/%	产业/%	年 份	服装/%	装饰/%	产业/%
2003	64	32	4	2005	56.5	36.5	7
2004	58	36	6				

参考文献

[1] А. Б. ПАКШВЕР, Б. Э. ГЕЛЛЕР. Химия и Технология Производства Воокна Нитрон[M]. Москва: ГОСХИМИЗДАТ,1960.

[2] 李斌才,等译. 单体[M]. 北京:科学出版社,1966.

[3] 北京化工学院,等. 丙烯腈生产工艺与操作[M]. 北京:燃料化学工业出版社,1973.

[4] 上海纺织工学院. 腈纶生产工艺及原理[M]. 上海:上海人民出版社,1976.

[5]《工业毒理学》编写组. 工业毒理学[M]. 上海:上海人民出版社,1977.

[6] 钱枚,徐丙坤,虞基平. 腈纶生产基本知识[M]. 北京:纺织工业出版社,1979.

[7] 北京化工学院,成都科技大学. 合成纤维单体工艺学[M]. 北京:纺织工业出版社,1981.

[8] 薛玉泉,等. 化纤原料与化工料手册[M]. 北京:纺织工业出版社,1983.

[9] 国家标准局纤维检验局,等. 国外化学纤维标准选编[M]. 北京:中国标准出版社,1986.

[10] 任铃子,等. 腈纶生产技术问答[M]. 北京:纺织工业出版社,1988.

[11] 汪维良,等. 腈纶生产工艺[J]. 合成纤维工业,1993,16(5):57.

[12] 汪维良,等. 腈纶生产工艺[J]. 合成纤维工业,1993,16(6):53.

[13] 汪维良,等. 腈纶生产工艺[J]. 合成纤维工业,1994,17(1):55.

[14] 汪维良,等. 腈纶生产工艺[J]. 合成纤维工业,1994,17(2):54.

[15] 汪维良,等. 腈纶生产工艺[J]. 合成纤维工业,1994,17(3):51.

[16] 汪维良,等. 腈纶生产工艺[J]. 合成纤维工业,1994,17(4):51.

[17] 汪维良,等. 腈纶生产工艺[J]. 合成纤维工业,1994,17(5):49.

[18] 汪维良,等. 腈纶生产工艺[J]. 合成纤维工业,1994,17(6):53.

[19] 杨爱云. 腈纶生产工艺学[M]. 北京:中国石化出版社,1993.

[20] 中国标准化协会纤维分会,等. 国内外化学纤维及化纤原料标准汇编[M]. 北京:中国石化出版社,1993.

[21] James C Masson. Acrylic Fiber Technology and Applications[M]. New York: Marcel Dekker, Inc.,1995.

[22] 中国化纤总公司. 化学纤维及原料实用手册[M]. 北京:中国纺织出版社,1996.

[23] 李青山,沈新元,等. 腈纶生产工学[M]. 北京:中国纺织出版社,2000.

[24] 邬国铭,李光. 高分子材料加工工艺学[M]. 北京:中国纺织出版社,2000.

[25] 中国化纤工业协会. 第十届中国国际化纤会议论文集[C]. 福州:中国化纤工业协会,2004.

第十二章　聚乙烯醇纤维

第一节　概　述

一、聚乙烯醇纤维的发展史

早在20世纪20年代，就有人开始研究由聚乙烯醇制成的纤维。由于这种纤维易溶解于水，实用价值似乎不大。直至1939年，经日本的樱田一郎和朝鲜化学家共同的努力，通过对聚乙烯醇纤维进行缩甲醛化和热处理等研究，制成了耐热水性能良好的纤维。该纤维于1950年起投入了工业化生产，并取名为维尼纶(Vinilon)。到1970年，以日本、朝鲜为主的世界维尼纶产量已达100kt。

在我国，聚乙烯醇缩甲醛纤维的商品名为维纶。我国的维纶工业起步于1962年，自行设计了第一套100t/a的生产装置。1965年，从日本引进可乐丽公司的全套装置，我国维纶开始工业化的规模生产。由于维纶的吸水性好，在合成纤维中与棉花的性能最接近，原料来源丰富易得，因此，20世纪70年代全国各地开始迅猛发展，并从日本和法国引进了新工艺和新技术，几乎达到了年产十几万吨的规模，可称世界维纶产量之最。1979年，四川维尼纶厂的聚乙烯醇装置和维纶纺丝装置建成投产。这是目前世界上以天然气为原料生产维纶的最大生产装置。

我国的维纶工业经历了三十多年的发展，期间有不少的起伏。20世纪80年代初，随着化纤行业中涤纶高速纺丝技术的开发，化学纤维进入了新的发展阶段，高速、高效、高质量和先进的自动化技术使涤纶迅速占据化学纤维的主导地位。在激烈的竞争中，维纶工业被远远地抛在后面。此外，从纤维性能上讲，维纶的致命弱点是染色性能差、手感差、弹性低，因此尽管其吸水性好，但仅用于内衣和面料上。加上它存在原材料消耗大等缺点，因此许多维纶厂不得不关闭，或者转变为涤纶高速纺丝厂。当时，全国的维纶生产陷入极度困境。维持到20世纪90年代，在市场经济的主导下，各维纶企业采用了新工艺、新技术、新装置并进行了改扩建，使维纶工业在产品质量、产量、科研、品种开发、用途开拓以及节能降耗等方面都取得了很大的进展。通过调整产品结构，扩大差别化纤维和非纤维制品的用途，维纶工业又获得了生机，其产品具有巨大的潜在市场，尤其在产业用纤维的开发上，实现了高附加值和高性能的目标。

维纶生产所用的原料聚乙烯醇又进入了稳定发展时期(表12-1)。

二、聚乙烯醇纤维的生产现状

近年来，由于化纤市场生产能力供过于求，涤纶、腈纶、锦纶等原料竞争激烈，价格不断走低，利润大幅缩小。而维纶是一种具有耐酸、耐碱性能的环保型产品，它在产业用领域中拥有了

表 12－1　我国维纶原料聚乙烯醇生产厂家及生产设备情况

企业名称	工艺路线	醋酸乙烯生产能力/kt·a^{-1}	聚乙烯醇生产方法	聚乙烯醇设计能力/kt·a^{-1}	聚乙烯醇生产能力/kt·a^{-1}
北京有机化工厂	石油乙烯法	100	低碱法	33	35
上海石化股份公司	石油乙烯法	100	低碱法	33	36
四川维尼纶厂	天然气乙炔	100	低碱法	45	50
石家庄化工化纤厂	电石乙炔法	15	高碱法	5	8
三维集团股份公司	电石乙炔法	50	高碱法	15①	25
皖维股份有限公司	电石乙炔法	45	高碱法	15	25
江西化纤化工厂	电石乙炔法	35	高碱法	15①	25
福建纺化集团公司	电石乙炔法	50	高碱法	15①	25
湖南维尼纶厂	电石乙炔法	45	高碱法	15①	25
广西维尼纶厂	电石乙炔法	45	高碱法	15①	25
兰州维尼纶厂	电石乙炔法	40	高碱法	15	25
贵州有机化工厂	电石乙炔法	20	高碱法	10	16
云维股份有限公司	电石乙炔法	30	高碱法	10	16
合　计		675		241	337

①含聚乙烯醇低碱醇解法设计能力 0.5kt。

发展空间。例如，国外采用维纶替代石棉，在建筑领域开拓了新的市场。日本开发了高强力维纶“K－Ⅱ纤维”和“索菲斯塔”，利用高技术、新工艺进行凝胶纺丝制成纤维，其强度和模量可以和凯夫拉纤维和碳纤维相媲美，成本仅为凯夫拉纤维的 1/5。利用聚乙烯醇的水溶性，通过化学交联等方式开发的水溶性纤维、中空纤维、阻燃纤维等功能纤维也颇具特色，是其他合成纤维难以匹敌的。在民用服装上，改性维纶也已亮相市场。

从工艺技术上看，聚乙烯醇纤维的纺丝方法已有湿法纺丝、干法纺丝、熔融纺丝、凝胶纺丝以及含硼碱性硫酸钠纺丝等多种工艺。选用不同的纺丝工艺，可以赋予纤维不同的特殊性能。

三、聚乙烯醇纤维工业的发展前景

对于聚乙烯醇纤维工业的发展前景，首先要分析其资源状况。我国的石油、天然气资源并不丰富。原来的老维纶工业地区都采用电石乙炔生产路线，也并不具备向乙烯法转换的条件。而我国的煤和水电资源相对丰富，在利用以煤为原始原料方面，已经有了国外引进的等离子体裂解煤制乙炔新工艺。另外，以煤为原料的合成醋酸乙烯的生产装置技术，也已取得了一些成果。这两项先进工艺技术的引进，将促进我国聚乙烯醇纤维工业的发展，为合理利用自然资源、实现我国聚乙烯醇纤维工业的可持续发展提供了必要条件。

对聚乙烯醇纤维生产工艺中各道工序的改进，无论是降低原材料消耗、减少工业污染、节能降耗、改善环境等工作，都在积极进行研究，并取得了一定成绩。

当前，维纶要在与各大化纤品种的竞争中求发展，既定目标为简化工艺流程，节能，开发高性能和高附加值产品，开拓纤维的各种用途，以进一步提高聚乙烯醇纤维在国内外市场中的地位。

第二节　原　料

一、聚乙烯醇树脂的命名

聚乙烯醇纤维的原料是聚乙烯醇（通常简称为 PVA），但是聚乙烯醇不是由乙烯醇聚合而成，因为乙烯醇是一种不稳定的化合物，会转变为乙醛。

$$\underset{\text{乙烯醇}}{CH_2{=}CH(OH)} \rightleftharpoons \underset{\text{乙醛}}{CH_3{-}CHO}$$

由于不存在游离的单体乙烯醇，因此多以醋酸乙烯为原料，先合成聚醋酸乙烯，再由聚醋酸乙烯醇解后制成聚乙烯醇。由于聚乙烯醇的用途不同，就有各种不同的品种和规格，本章主要介绍用于制备纺织纤维的聚乙烯醇。

按国家标准 GB 1201.1—1989“聚乙烯醇树脂命名”中确定的命名方法，聚乙烯醇树脂的名称由缩写代号加牌号组成。

缩写代号为 PVAL。聚乙烯醇树脂的牌号由下列部分组成。

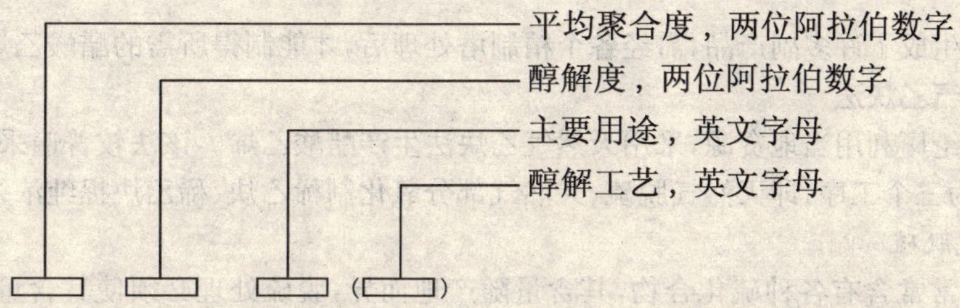

平均聚合度：以其公称值的千位、百位两位阿拉伯数字表示。

醇解度：聚醋酸乙烯醇解的摩尔分数。

在甲醇、碱的作用下，聚醋酸乙烯中的醋酸根（羧基）转换成羟基（醇），制得聚乙烯醇，称醇解。其公称值的十分位、百分位两位阿拉伯数字表示。

主要用途用英文字母表示。B 表示聚乙烯醇缩丁醛用，F 表示纤维用，M 表示药用，S 表示浆纱用。

醇解工艺，（L）表示低碱醇解，（H）表示高碱醇解。

例如，如果某种聚乙烯醇树脂（PVAL）的平均聚合度为 1700（17），醇解度为 99.8%（摩尔分数)(99),纤维用(F),是通过高碱醇解制备的(H),则其名称为 PVAL17－99F(H)。

二、醋酸乙烯的合成路线

随着聚乙烯醇工业的发展,醋酸乙烯的合成路线大致有三种,即电石乙炔法、天然气乙炔法和乙烯法。

(一)电石乙炔法

我国早期(20 世纪 80 年代以前)建成的聚乙烯醇纤维工厂,都采用此法。其基本化学反应是由电石加水生成乙炔。

$$\underset{\text{电石}}{CaC_2} + 2H_2O \longrightarrow \underset{\text{乙炔}}{C_2H_2} + Ca(OH)_2$$

电石就是碳化钙(CaC_2),在工业上由石灰石和焦炭或无烟煤在 2200℃以上高温电炉中反应制得。高温下熔融的碳化钙经凝固、冷却、粉碎、筛分制成制备乙炔的原料。电石加水除生成乙炔的主要反应外,还产生大量的副反应物,必须以化工手段净化除杂,制成精制品送往合成工段。

乙炔输送到气体混合槽,醋酸在醋酸蒸发器中用蒸汽加热汽化后也进入该混合槽,经预热后进入合成反应器。在反应器中,醋酸和乙炔在催化剂(载着醋酸锌的活性炭)作用下生成了醋酸乙烯粗制品。

$$C_2H_2 + \underset{\text{醋酸}}{CH_3COOH} \xrightarrow{\text{催化剂}} \underset{\text{醋酸乙烯(VAc)}}{\begin{array}{l} CH_2{=}CH \\ \qquad\ | \\ \qquad OCOCH_3 \end{array}}$$

反应中还生成了许多副产品,需经各个精制塔处理后,才能制得所需的醋酸乙烯成品。

(二)天然气乙炔法

四川维尼纶厂利用当地资源,采用天然气乙炔法生产醋酸乙烯。该法较普遍采用天然气部分氧化法,分为三个工序,即天然气脱硫、天然气部分氧化制稀乙炔、稀乙炔提纯浓缩。

1. 天然气脱硫

天然气中常常含有各种硫化合物,其含量随产地而异,脱硫处理必须使其含量降到 3 mg/m^3 以下,这给天然气加工带来很多复杂的化学工序。

2. 天然气部分氧化制稀乙炔

天然气的主要成分是甲烷,在高温(1300～1500℃)下发生裂解反应生成乙炔。反应式如下:

$$2CH_4 \longrightarrow C_2H_2 + 3H_2 - 401.7kJ$$

该反应是极强的吸热过程,所需的热量靠一部分燃烧天然气供给。将氧和甲烷混合,又不能让甲烷全部燃烧,只能使 60%的甲烷和氧一起燃烧放出热量,可供 30%甲烷发生裂解所需的反应吸热,使反应温度维持在 1500℃,余下的 10%甲烷不发生反应。

3. 稀乙炔提纯浓缩

采用98%的 N-甲基吡咯烷酮对裂解后的混合气体有选择性地吸收，使稀乙炔浓度得到提高，并除去其他尾气和炔烃等物质。

(三)乙烯法

随着石油化工技术的发展，乙烯法合成醋酸乙烯的路线已经比较成熟。这种方法生产能力大、规模大、生产成本低。我国20世纪70年代以后建立的醋酸乙烯生产厂都选用此生产路线。乙烯法(气相)合成醋酸乙烯的反应式如下：

$$\underset{\text{乙烯}}{C_2H_4} + \frac{1}{2}O_2 + \underset{\text{醋酸}}{CH_3COOH} \xrightarrow{\text{催化剂}} \underset{\text{醋酸乙烯(VAc)}}{CH_3OCOHC{=}CH_2} + H_2O$$

乙烯法释放出的反应热比乙炔法大，前者为1338.9kJ/mol，后者为118.0kJ/mol，副反应主要产生大量 CO_2，其他杂质少，所以制成的成品纯度较好，精制工序较简单。

三、三种合成路线的比较

有史以来，无论是国际还是国内，醋酸乙烯的生产路线几乎都采用电石乙炔法，接着是天然气乙炔法。由于石油化学工业的装置大型化，使乙烯原料来源丰富，因而得到广泛应用，故乙烯法制醋酸乙烯得到了快速发展。

(一)原料成本的比较

乙烯气相法和乙炔气相法的净生产成本不同。工业生产早期的数据证明，当乙炔价格为乙烯价格的3.3倍时，乙炔法生产成本比乙烯法低9.4%。但随着乙炔生产成本的不断提高，乙烯法的生产成本低于乙炔法。总体上讲，目前国际上聚乙烯醇原料路线以乙烯法占主导地位，其数量为总生产能力的72%，其中美国已完成了由乙炔法向乙烯法转变，日本乙烯法也占70%以上。我国的电石乙炔法成本一直以来居高不下。

(二)新型合成路线的开发

以煤为原料合成气制备醋酸乙烯的生产装置已建成，预计其生产成本将比电石乙炔法低50%，比乙烯法(天然气乙炔法)低21%。新的等离子体裂解煤制乙炔路线正在开发中。

(三)聚乙烯醇主要消耗定额

聚乙烯醇的主要消耗定额见表12-2。

表12-2 聚乙烯醇的主要消耗定额(每吨产品)

项目		单位	规格	消耗定额		
				电石法	乙烯法	天然气
电石 (或乙炔气)		t	 (98%)	2.3 (0.66)		
乙烯		t			0.765	
天然气	工艺用	m^3				4192
	燃料用	m^3				584

续表

项　目		单　位	规　格	消 耗 定 额		
				电石法	乙烯法	天然气
副产气体		m^3	发热量 12133.6kJ/m^3			－6656①
氧　气		m^3			500	2400
醋　酸		t		0.11	0.085	0.085
甲　醇		t	99.3%	0.055	0.048	0.046
硫　酸		t	93%	0.12		0.10
液　碱		t	45%	0.285		0.015
固　碱		t			0.017	0.015
活性炭		kg		8		2.2
耗　电		kW・h		1900	1464	1270
蒸　汽		t		39	23	36
水	工艺用水	t		118	9.6	30
	纯　水	t		38	1.9	30
	冷却循环水	t		2460	1721	1624
冷冻量		MJ		4.56	1.46	3.4
副产蒸汽		t			3.15	－12①

①"—"号表示生产中的副产物。

四、醋酸乙烯的物化常数

醋酸乙烯的物化常数见表 12－3。

表 12－3　醋酸乙烯的物化常数

名　　称	单　位	常　数
相对分子质量		86.09
熔　点	℃	－84～－100.2
沸　点	℃	73
临界温度	℃	228.3
临界压力	kPa	2199.68
蒸汽比热容(20℃)	kJ/(kg・℃)	94.14
蒸汽比热容(100℃)	kJ/(kg・℃)	114.22
液体黏度(20℃)	mPa・s	0.432

续表

名　　称	单　　位	常　　数
液体导热系数	kJ/(m·h·℃)	0.4184
膨胀系数(5.75℃)	$℃^{-1}$	0.00155
表面张力(20℃)	N/m	23.95×10^{-3}
折射率 n_D^{20}		1.3958
蒸发潜热	kJ/mol	32.64
聚合热	kJ/mol	89.12
乙炔与醋酸生成醋酸乙烯的反应热	kJ/mol	118.41
燃烧热	kJ/mol	−207.11
闪　点	℃	−5～−8
自燃点	℃	427
爆炸极限(质量分数)		2.65%～38%
在水中的溶解度(20℃)		2.5%
水在醋酸乙烯中的溶解度(20℃)		0.1%

第三节　醋酸乙烯的聚合和醇解

一、醋酸乙烯的聚合

作为聚乙烯醇纤维的原料醋酸乙烯，先经过聚合成为聚醋酸乙烯酯，再由聚醋酸乙烯酯通过醇解成为聚乙烯醇。聚合主要采用溶液聚合，作为纺丝原料用的聚醋酸乙烯酯要求具有良好的分子规整性，转化率(工厂中习惯上称聚合率)为 50%～60%，反应连续地进行，这样所得产品的聚合度分布均匀，有利于制成性能优越的纤维。聚合反应的溶剂是甲醇，引发剂是偶氮二异丁腈，聚合反应式如下：

$$\underset{\text{VAc}}{n\mathrm{CH_2{=}\underset{\displaystyle|\atop\displaystyle OCOCH_3}{CH}}} \xrightarrow{\text{引发剂}} \underset{\text{PVAc}}{\mathrm{\left[CH_2{-}\underset{\displaystyle|\atop\displaystyle OCOCH_3}{CH}\right]_n}}$$

醋酸乙烯聚合工艺流程如图 12－1 所示。

从图 12－1 中可以看出，含有 20%～22%甲醇的醋酸乙烯溶液加入预热器，在预热器中与由于聚合反应热而蒸发的甲醇及醋酸乙烯进行热交换，再与偶氮二异丁腈甲醇溶液一同加入聚合釜。在第一聚合釜中，醋酸乙烯约有 20%发生聚合，然后就用齿轮泵送入第二聚合釜，在此转化率已达 50%～60%，再进入精馏塔。第一、第二聚合釜内有搅拌循环，由聚合反应热蒸发的甲醇和醋酸乙烯用第一、第二聚合釜的回流冷凝器分别冷凝，再送回各自聚合釜。第一、第二

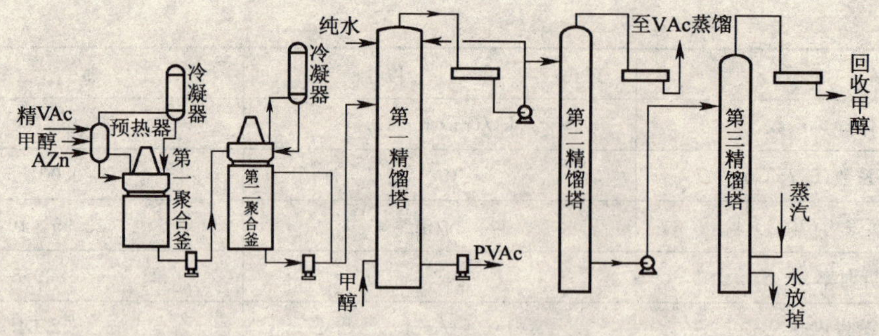

图 12－1　醋酸乙烯聚合工艺流程

聚合釜利用夹套中的热水循环进行保温。第二聚合釜取出的聚合液送往第一精馏塔，蒸馏时，由塔底吹入甲醇蒸气，从塔顶不断加入纯水。由塔釜取出约 25%的聚醋酸乙烯甲醇溶液，用甲醇稀释成 22%的该溶液供醇解用。第三精馏塔的主要作用是把甲醇和水分离，甲醇可再回用。

由于聚合条件对聚乙烯醇的性能影响较大，所以必须控制以下聚醋酸乙烯聚合的主要工艺参数。

(1)引发剂用量：引发剂用量越多，聚合速度越快，且聚合度下降。

(2)聚合时甲醇的配比：即进料时甲醇重量占聚合物重量的百分比。甲醇配比增加，则聚合度下降；若配比太低，聚合度就太高，导致聚合物溶液黏度太高，给物料输送带来困难。

(3)聚合时间：聚合时间短，聚合度和转化率下降，相对分子质量分布变宽；聚合时间长，则副反应发生，使产品的色度(工厂中称色相)变差。

(4)聚合温度：聚合温度高，反应速度快，产品的物理机械性能变差。

在聚合阶段，还需要有事故处理的阻聚剂——硫脲甲醇溶液和冷却稀释的事故用甲醇，使用时用压缩空气压入聚合釜。

二、聚醋酸乙烯酯的醇解

聚醋酸乙烯酯的甲醇溶液在氢氧化钠水溶液作用下生成聚乙烯醇。发生的反应如下。

(1)酯交换：此反应中，碱起催化剂作用。

$$\left[\!\!-CH_2-\underset{\underset{OCOCH_3}{|}}{CH}-\!\!\right]_n + nNaOH \longrightarrow \left[\!\!-CH_2-\underset{\underset{OH}{|}}{CH}-\!\!\right]_n + nCH_3COONa$$

(2)皂化反应：即直接醇解反应。

$$\left[\!\!-CH_2-\underset{\underset{OCOCH_3}{|}}{CH}-\!\!\right]_n + nNaOH \longrightarrow \left[\!\!-CH_2-\underset{\underset{OH}{|}}{CH}-\!\!\right]_n + nCH_3COONa$$

(3)副反应：

$$CH_3COOCH_3 + NaOH \longrightarrow CH_3OH + CH_3COONa$$

根据醇解时所用碱的摩尔比不同，分高碱醇解和低碱醇解。高碱醇解(加碱 0.112mol)是连续醇解，醇解体系中含水1%～2%，醇解速度快（约1min），PVA呈絮状，缺点是副产品醋酸钠含量高（5%～7%）；低碱醇解（加碱0.016mol）是无水体系连续醇解，体系中水含量<0.1%，醇解速度慢，约10min，生产醋酸钠少。高碱醇解及低碱醇解的工艺及设备见表12－4。

表12－4 高碱醇解和低碱醇解的工艺及设备

工艺参数			高碱（湿法）	低碱（干法）
工艺条件	树脂	浓度/%	22～23	33±0.5
		含水率/%	2	<0.1
	碱液	浓度/g·L^{-1}	350（水溶液）	100（甲醇溶液）
		加碱量/mol	0.112	0.016
醇解反应时间			1min左右	9min±2min
醇解设备			螺旋式醇解机	皮带式醇解机
成品指标		残存醋酸基/%	<0.2	<0.15
		醋酸钠/%	<7	<2.3
		充填密度/cm^3·g^{-1}	0.2～0.27	0.47±0.05

（一）高碱醇解工艺流程和低碱醇解工艺流程

高碱醇解和低碱醇解的工艺流程如图12－2和图12－3所示。

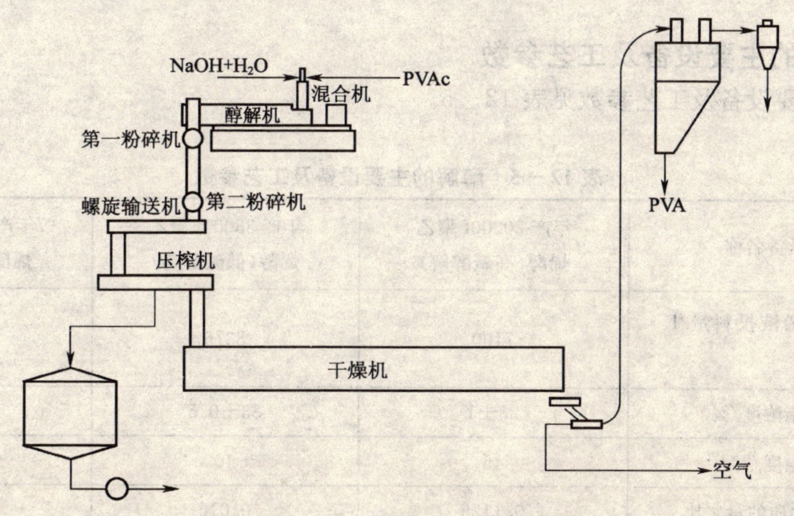

图12－2 高碱醇解工艺流程

（二）影响醇解工艺的因素

1. 碱摩尔比

NaOH是醇解反应的催化剂，在一定范围内浓度与反应速度成正比。

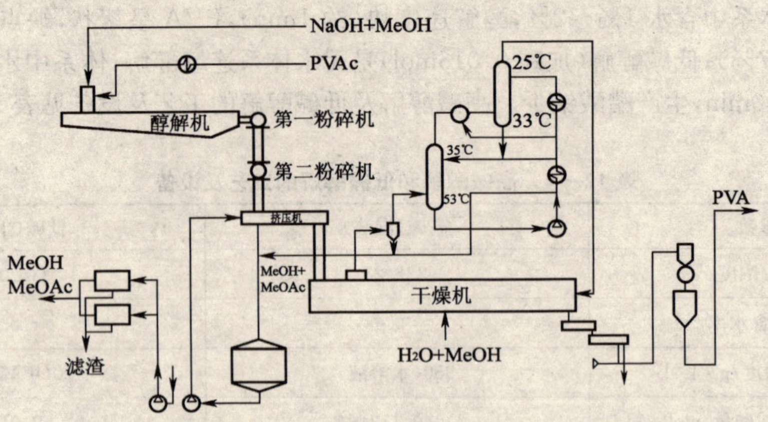

图 12－3 低碱醇解工艺流程

2. 含水量

含水量影响残存醋酸基含量，水量多，残存醋酸基也多。

3. 反应温度

随着醇解温度升高，反应速度加快，醇解率降低，成品粒度变硬，水溶性降低。生产中温度一般控制在 45～50℃。

4. 聚醋酸乙烯浓度

聚醋酸乙烯浓度高，醇解反应速率快，但黏度增大，必须与碱液混合良好，醇解反应才能进行完全。

三、醇解的主要设备及工艺参数

醇解的主要设备及工艺参数见表 12－5。

表 12－5 醇解的主要设备及工艺参数

工艺及设备名称		年产 20000t 聚乙烯醇（高碱醇解）	年产 33000t 聚乙烯醇（低碱醇解）	年产 45000t 聚乙烯醇（低碱醇解）
醇解	聚醋酸乙烯液投料量/L·(h·列)$^{-1}$	7100	8376	8525
	树脂浓度/%	23±1	33±0.5	33
	温度/℃	45	40	40
	烧碱物质的量之比	0.1125	0.016	0.016
	烧碱浓度/g·L^{-1}	350(水液)	100(甲醇液)	100(甲醇液)
	烧碱加入量/L·(h·列)$^{-1}$	214	185.7	185.7
	醇解时间	50～80s	9min±2s	9min±2s
	醇解机形式	螺旋式 3 台	皮带式 3 台	皮带式 4 台

续表

工艺及设备名称		年产 20000t 聚乙烯醇(高碱醇解)	年产 33000t 聚乙烯醇(低碱醇解)	年产 45000t 聚乙烯醇(低碱醇解)
主要规格	有效长度/m	3.1	10.6	10.6
	有效容量	386L	1.76m³	1.76m³
	速度/m · min^{-1}		0.53～1.77	0.53～1.77
	转速/r · min^{-1}	2.2～3.85	0.347～1.15	0.347～1.15
	皮带材质		聚丙烯	聚丙烯
	设备材质	35 钢和 HT21－4 铸件	SS41	SS41
第一粉碎机		圆锯型 3 台,高速轴 67.5 r/min,低速轴 19.3 r/min	多刀型 3 台,回转速度 240 r/min,切断尺寸 6mm×(1.5～2.5)mm	多刀型 4 台,回转速度 240 r/min,切断尺寸 6mm×(1.5～2.5)mm
第二粉碎机		齿轮型双轴 3 台,高速轴 70 r/min,低速轴 19.6 r/min,网孔直径6～10mm	3 台,碎料 7mm 以下,筛网直径 7mm,固定刀 3 把,转刀 34 把,材质 SS41,特殊钢 S45C	4 台,碎料 7mm 以下,筛网直径 7mm,固定刀 3 把,转刀 34 把,材质 SS41,特殊钢 S45C
第三粉碎机		高速粉碎机,转速 1500 r/min,网孔起码经 6～10mm	—	—
压榨形式		螺旋式	螺旋式	螺旋式
压榨比		1∶8.3	1∶5	1∶5
压榨率		2.3	2.3	2.3
压榨机转速/r · min^{-1}		2.05～24.6	12	12
筛网直径/mm		1.2	1	1
孔距/mm		2.5	2.5	2.5
干燥	前部温度/℃	66	66	66
	后部温度/℃	80	105	105
水添加率/kg · t^{-1}聚乙烯醇			75	75
甲醇添加率/kg · t^{-1}聚乙烯醇			83	83
干燥机真空度/Pa		132	132	－500
夹套压力/kPa			245	245
干燥机形式		卧式搅拌式	卧式搅拌式	卧式搅拌式
干燥机数量/台		2	3	4
干燥机加热面积/m^2		100	210	210
干燥机转速/r · min^{-1}		8	8	8

四、聚乙烯醇的质量指标

(一)聚乙烯醇的一般性质

聚乙烯醇色泽洁白，有颗粒状、粉状或小片状等形态。由于形状不同，其充填密度(即一定体积内的重量)也不同。聚乙烯醇易溶于水，为水溶性高分子化合物，经干燥和热处理后可提高其耐水性。它不溶于一般有机溶剂，但能溶于含有羟基的有机溶剂，如甘油、乙二醇、醋酸、乙醛、苯酚等。聚乙烯醇的羟基和醇类相似，可以与金属钠作用而放出氢气，与氢氧化钠反应可以生成分子型化合物。其羟基也可以发生酯化、醚化及缩醛化。

聚乙烯醇加热至130～140℃时性质几乎不变，但色泽变微黄。在160℃下长时间加热，则颜色变深。加热至200℃时发生分子间脱水，水溶性降低。加热至200℃以上，就会发生分子内脱水，重量减轻。加热至接近300℃时，其分解成水、醋酸、乙醛、巴豆醛。聚乙烯醇不溶于无机酸，如硫酸、盐酸等酸性溶液中。它可与染料(如刚果红)作用生成分子型加成物。

(二)聚乙烯醇的主要质量指标

聚乙烯醇主要质量指标共9项，高碱醇解和低碱醇解工艺略有区别。

1. 挥发分

聚乙烯醇的挥发分主要由醇解后的干燥工艺和压榨机的压榨率波动决定。

2. 氢氧化钠

纺丝前的聚乙烯醇必须控制游离碱量，无论是高碱醇解还是低碱醇解，只有将游离碱量控制稳定，才能保证聚乙烯醇的纯度。

3. 残留乙酸根

聚醋酸乙烯酯在醇解过程中，一般不可能完全醇解，在聚乙烯醇大分子中残留部分乙酸根。此指标对聚乙烯醇纺丝的影响很大，残留乙酸根的含量应低于0.2%。如果聚乙烯醇大分子中乙酸根占有较大的空间，会影响纺丝后聚乙烯醇大分子的靠拢，影响其结晶，并降低其最大拉伸倍数，最终得到的纤维机械性能下降。另外，如果聚乙烯醇大分子中残留乙酸根，聚乙烯醇容易在热水中溶胀，从而降低其耐热水性。

4. 乙酸钠

聚乙烯醇中乙酸钠(即醋酸钠)的含量，对成品色泽有直接影响。采用高碱醇解工艺，产品的乙酸钠含量较高，必须在纺丝前水洗。采用低碱醇解工艺，产品的乙酸钠含量较低，可以不经水洗就去溶解，但是其醇解度低，溶解时还需进行二次醇解。

5. 纯度

聚乙烯醇的纯度愈高愈好，但高碱醇解的产品较低碱醇解的纯度低。

6. 透明度

聚乙烯醇的透明度主要由聚乙烯醇中杂质含量决定。

7. 色度

聚乙烯醇的色度主要与聚乙烯醇分子中羟基含量及乙醛等有机杂质含量有关。

8. 膨润度

膨润度表示聚乙烯醇溶胀吸水的程度，它与聚乙烯醇大分子的结构和排列有关，在一定程度上能表示分子的结晶程度。在生产中，如果聚乙烯醇的膨润度大，则其在水中的溶胀程度大，结晶程度小，水洗时容易把醋酸钠洗掉。由于低碱醇解的聚乙烯醇产品膨润度较小，要洗掉所含的醋酸钠较困难，需要加上浸渍和膨润槽，洗涤时间相应加长。

9. 平均聚合度

原料必须保证一定的平均聚合度，才能使纤维达到一定的机械强度，制得纤维级聚乙烯醇。纺丝后处理时，只有在较大的拉伸倍数下，才能使纤维得到较高的强度。但是聚合度过高，原液的黏度大，生产中给溶解、过滤和输送带来很大困难，且由于其热处理时不易结晶，反而使纤维的耐热水性降低。

(三)纤维级聚乙烯醇树脂标准

根据国家标准(GB/T 7351—1997)，纤维级聚乙烯醇树脂分优等品、一等品、合格品三个等级。各等级的质量指标见表 12－6。

表 12－6 纤维级聚乙烯醇树脂质量指标

项目	高碱醇解			低碱醇解		
	优级品	一级品	合格品	优级品	一级品	合格品
挥发分/%，≤	8.0	8.0	8.0	9.0	9.0	9.0
氢氧化钠含量/%，≤	0.20	0.30	0.30	0.20	0.20	0.30
残留乙酸根含量/%，≤	0.15	0.20	0.20	0.13	0.15	0.20
乙酸钠含量/%，≤	6.8	7.0	7.0	2.1	2.3	2.3
纯度/%，≥	85.0	85.0	84.7	90.0	90.0	88.4
透明度/%，≥	90.0	90.0	90.0	90.0	90.0	90.0
色度/%，≥	88.0	86.0	86.0	90.0	88.0	86.0
膨润度/%	190±15			145±15		
平均聚合度	M±50		M±70	M±50		M±70

注 M 值视用户要求，在 1700～1800 范围内选定，一旦确定后不得任意变更。

第四节 纤维生产工艺

以往，聚乙烯醇纤维一般分为短纤维和丝束两类。随着聚乙烯醇纤维用途开发和新工艺技术的应用，又发展了干法长丝和高强高模量长丝等品种。

聚乙烯醇短纤维和丝束的生产流程如图 12－4 所示。

一、原液制造工艺

聚乙烯醇纤维通常以水为溶剂通过湿法纺丝制备。按照常规步骤，先制备纺丝原液。制备纺丝原液包括聚乙烯醇的水洗、溶解、过滤、脱泡等工序(图 12－5)。

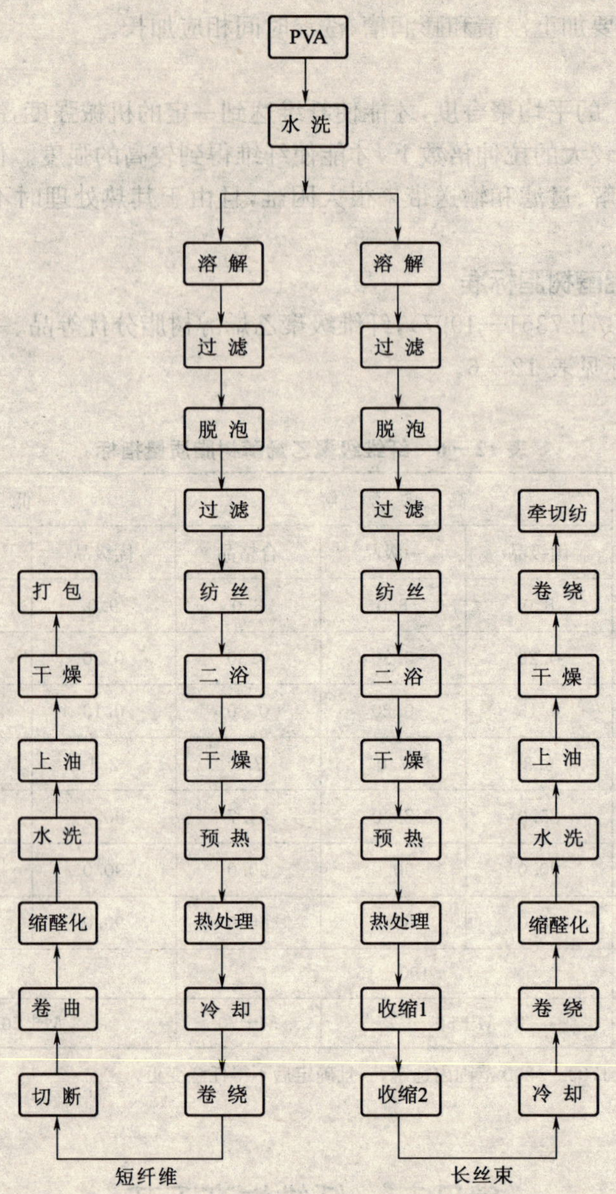

图 12－4　聚乙烯醇短纤维和丝束的生产流程

(一)水洗

水洗的目的是淋洗聚乙烯醇中的游离碱、醛类等化合物,使醋酸钠含量控制在 0.2%以下,同时使聚乙烯醇完全膨润,有利于以后的溶解。

聚乙烯醇有颗粒和片状两种类型,粒状(或絮状)聚乙烯醇采用逆流喷淋式在金属网或水洗机上水洗,片状聚乙烯醇采用浸泡式。片状和粒状聚乙烯醇水洗工艺流程如图 12－6 和图 12－7 所示,两种水洗方法的对比见表 12－7。

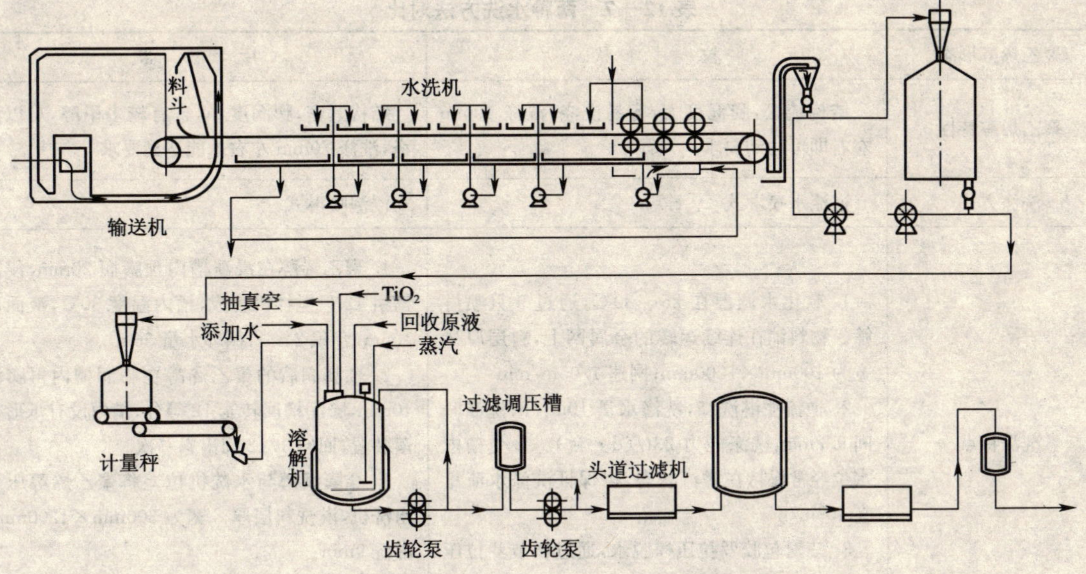

图 12－5　制备纺丝原液的工艺流程

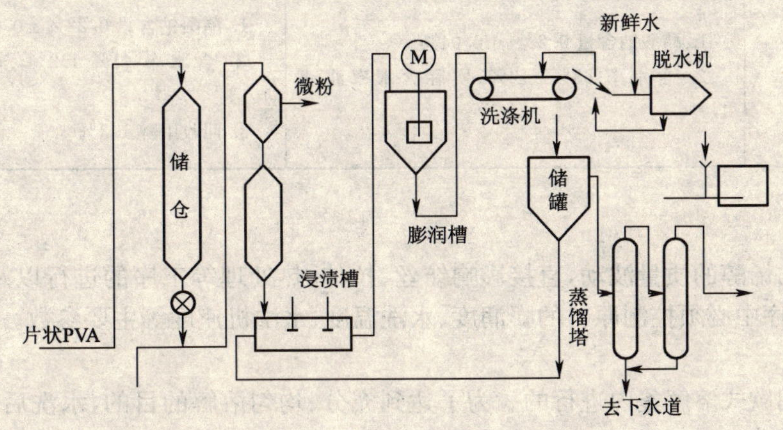

图 12－6　片状聚乙烯醇水洗流程

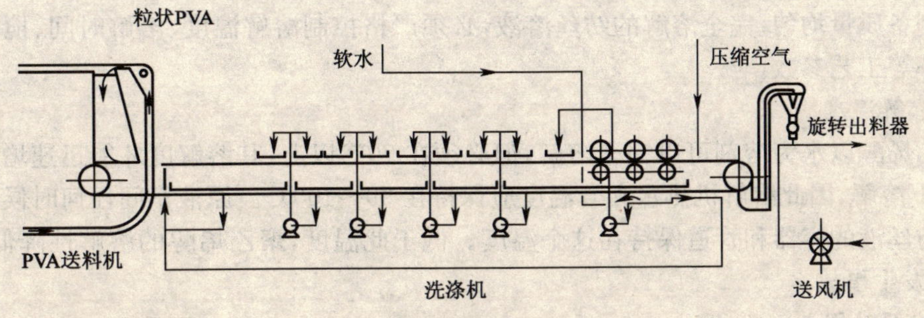

图 12－7　粒状聚乙烯醇水洗流程

表 12－7 两种水洗方法对比

聚乙烯醇形态	粒 状	片 状
聚乙烯醇特性	结构疏松，膨润度大，容易洗涤，洗涤 10min 左右即可达到要求	结构紧密，膨润度小，含有较多甲醇，难以洗涤，洗涤 70min 左右才能达到要求
洗涤方式	逆流水喷淋式	浸泡喷淋式
洗涤特点	1. 软化水调温在 25～30℃，通过 9 只喷淋筛。物料铺在连续运转的金属网上，料层厚×宽为 100mm×1200mm；网速 1.05m/min 2. 逆流喷淋洗涤，洗涤水量 $10m^3/h$；洗涤时间 9.2min，洗涤能力 23t/(d·台)。接受槽内水位经常保持在溢流状态，以保证洗涤水流量在 $10^3m/h$ 3. 三对包胶罗拉压榨脱水，通过调节罗拉压力，控制水洗聚乙烯醇的含水率	1. 聚乙烯醇在浸渍槽内预膨润 20min，浸渍槽由 12 只搅拌机组成，槽内温度 30℃，液面高 1.5m，容积 $24m^3$，循环水量 $56m^3$ 2. 预膨润后的聚乙烯醇在膨润槽内再膨润 40min，膨润槽回转笼 12 等分，槽内设有爪形突落装置，回转 1/12 周出料一次 3. 靠膨润槽与水洗机位差将聚乙烯醇压入水洗机，淋洗料层厚×宽为 300mm×1200mm，淋洗 9min 4. 离心脱水机脱水 5. 二塔式蒸馏浓缩回收甲醇
洗涤效果	1. 醋酸钠含量 0.22%±0.04% 2. 含水率 63%±2%，实际含水率波动 1.7%	1. 醋酸钠含量 0.22%±0.04% 2. 含水率 41%±2%，实际含水率波动 1.1% 3. 回收甲醇 1.3%

水洗后聚乙烯醇的质量波动，直接影响纺丝、拉伸、热处理等工序的进行以及纤维的质量。因此，在水洗工序中必须控制原料的膨润度、水洗温度、水洗机速度等主要参数。

(二)溶解

溶解是在间歇式溶解釜内进行的。为了达到充分、均匀溶解的目的，水洗后的聚乙烯醇一般含有一定的水分。经计量以后，准确配置浓度 15%～16%的纺丝溶液。溶解时，先在釜内添加 80℃的水，机内抽真空吸入聚乙烯醇，边搅拌边溶解，温度保持在 90℃，并可用齿轮泵在溶解机内打循环，达到充分溶解的目的。

要制备质量均匀、完全溶解的纺丝溶液，必须严格控制溶解温度、溶解时间、搅拌速度以及升温速率等工艺参数。

1. 溶解温度

聚乙烯醇以水为溶剂可以完全溶解，但必须在 70℃以上，其溶解度才能迅速增加。生产中在 98℃下溶解，因此溶解机热水夹套温度应保持在 99～100℃。原液车间任何时候都要将储存溶解后纺丝液的容器和管道保持在这个温度。低于此温度，聚乙烯醇的溶解性降低，黏度急骤升高，会发生事故。

2. 溶解时间

在 98℃下，完全溶解聚乙烯醇需 30～40min，工业上采用 50～70min。

3. 升温曲线的制定

聚乙烯醇在热水中溶解，可以采用直接快速升温或者逐渐升温的方式，最终目的是为了完全溶解，并尽量使溶解在较短的时间内完成。因此，生产中需要通过摸索找出较合理的升温曲线而制定溶解的程序。

4. 原液的质量控制

在溶解工序中，要制备符合纺丝要求的聚乙烯醇原液，主要控制的质量指标是原液浓度、原液中醋酸钠含量以及杂质和凝胶粒子的含量。

原液浓度直接影响纺丝的线密度。在常规聚乙烯醇纤维生产中，原液的浓度为15%～16%。这就要对溶解釜中聚乙烯醇和水的配比进行精确计量和配置。当间歇溶解结束后，马上取样分析。在工厂，一般用自流式黏度测定装置进行检测，即以黏度和浓度之间的经验关系式进行测定，由待测溶液的黏度找对应的浓度。如果测得的浓度偏高，通过加水进行补正；如果浓度偏低，则只能打开溶解釜盖子，蒸发掉部分水分，直到浓度符合要求为止。

原液中醋酸钠的含量影响纺丝及热处理后纤维的色泽。因此，当溶解结束后，应测定原液中醋酸钠含量并进行控制。

(三)过滤和脱泡

经过溶解工序后，原液中尚有部分未完全溶解的凝胶粒子和其他机械杂质，并在搅拌下产生大量气泡，如果直接送去纺丝，会堵塞喷丝头或造成大量断头。和所有溶液纺丝的工艺要求一样，原液在送入纺丝前必须经过过滤和脱泡。聚乙烯醇纺丝液应在98℃下进行过滤和脱泡。

1. 过滤

用二道板框式过滤机过滤，过滤的动力是齿轮泵输送的392kPa压缩空气。为了保证纺丝所需的原液质量，尽量减少杂质，在溶解后先进入第一道过滤机，滤布选用三层绒布和一层细布，可以除去大量的杂质。脱泡后的原液在进入纺丝机前再进行二道过滤，主要起补充过滤的作用，并除去脱泡中产生的凝胶物，所用滤布为一层绒布和一层细布。常用滤布的规格见表12－8。

表12－8　常用滤布的规格

滤材名称	线密度/tex		布密度/根·$(10cm)^{-1}$		过滤材质
	经	纬	经	纬	
单面绒	50	100	244	252	维纶或棉
细　布	12.5	12.5	500	480	棉

原液过滤可以采用恒量过滤与恒压过滤。恒量过滤就是单位时间过滤机的滤出量固定，而压力却在不断增加。恒压过滤是使过滤压力保持不变，单位时间原液的滤出量随着时间增加而减少。生产量较大时，恒量过滤较合适，因为每批原液通过过滤机的时间是一定的，便于生产能力前后平衡。生产量较小时，则采用恒压过滤，可以通过调节压力来调节过滤时间，使两批原液间的过滤时间不致太长。恒量过滤时，用溶解机上的齿轮泵把原液送往调压槽，再用过滤齿轮

泵使原液通过过滤机后压向脱泡桶。随着过滤批数增加，过滤机的压力自然上升，入口压力升高，达到工艺设定的 0.392MPa 或 0.529MPa 时，就必须切换到新的过滤机上。拆下的滤布，洗净后再使用。恒压过滤时，由齿轮泵把原液从溶解机打入中间桶，在中间桶以一定压力的压缩空气使原液通过过滤机后进入脱泡桶。

2. 脱泡

聚乙烯醇原液脱泡采用常压静置脱泡，原液在脱泡桶中静止 4～6h。由于气泡的密度比原液小，所以能够自动上升到液面而除去。脱泡桶有夹套保温，使原液温度保持在 98℃。

原液经脱泡后即送往纺丝机。原液在脱泡桶中用压缩空气加压，经过两道过滤及纺丝调压槽，使纺丝机头的原液压力不低于 98kPa。纺丝调压槽的液面用仪表自动控制，以调节脱泡桶的压力，使调压槽的液面保持不变，送往纺丝的压力保持恒定。

脱泡桶用人工切换，决不能使空气进入原液，否则会造成空料事故，甚至使纺丝全线断头。

二、纺丝

聚乙烯醇纤维纺丝主要有湿法纺丝和干法纺丝。湿法纺丝即聚乙烯醇原液经烛形过滤器过滤后，从喷丝头喷出进入凝固浴中，在浴中脱水凝固而成纤维。干法纺丝是聚乙烯醇原液经喷丝头喷出后，在热空气浴中使水分蒸发而成型。干法纺丝一般用于长丝的生产，其原液浓度较高(一般达 35%左右)，喷丝头孔数较少(100～200 孔)，纺丝速度较快(200m/min 以上)。干法纺丝产量和规模都不大，大规模生产大都采用湿法纺丝。图 12－8 是聚乙烯醇纤维湿法成型及后处理的工艺流程。

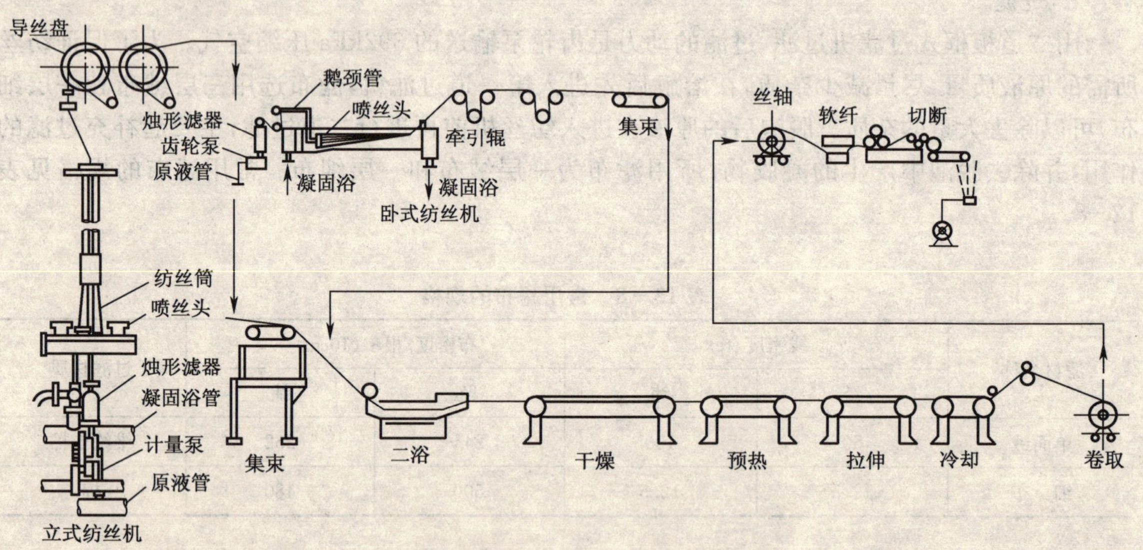

图 12－8　聚乙烯醇纤维湿法成型及后处理工艺流程

(一)纤维的成型原理

1. 凝固脱水作用

聚乙烯醇纤维成型不同于粘胶纤维成型，其成型机理主要不是化学反应，而是硫酸钠的水化作用。由于聚乙烯醇原液细流与凝固浴中的 Na_2SO_4 作用,钠离子吸附聚乙烯醇水溶液中大量的水而形成了大量水化离子,聚乙烯醇纺丝溶液细流因脱水而被凝固析出,于是形成了聚乙烯醇纤维。因此,聚乙烯醇纤维成型主要是一个物理化学的脱水凝固过程。

2. 醋酸钠的中和作用

因为聚乙烯醇纺丝液中不可避免地带有少量醋酸钠,因此凝固浴中应添加少量硫酸和醋酸,使之中和醋酸钠,以防止聚乙烯醇纤维在以后的纺丝热处理中发黄。凝固浴的酸度以原液中需中和的醋酸钠含量来确定,和纤维的成型无关。

3. 硫酸锌的作用

硫酸锌是由原来凝固浴中的硫酸钠带入的,主要作用是控制酸度,且具有缓冲作用,对防止纤维发黄也有一定好处。

(二)纺丝对凝固浴的要求

凝固浴密度主要反映凝固浴中硫酸钠的含量。随着硫酸钠含量的增加,凝固浴密度增加,纤维的强度也提高;但其含量过高,当接近饱和浓度时,凝固浴中易析出硫酸钠晶体,拉伸时易出现毛丝。因此,生产中凝固浴密度应控制在一定范围之内,即在 1.315～1.325kg/m^3(相当于 Na_2SO_4 的含量 2800～2900mol/m^3)。

凝固浴温度也是聚乙烯醇纺丝原液成型中的主要参数。温度影响凝固脱水过程,温度过高,聚乙烯醇的膨润增大,对脱水不利;温度过低,凝固浴的饱和浓度降低,以致析出硫酸钠晶体。凝固浴温度一般控制在 41～46℃,最好在 45℃左右。

影响凝固浴透明度的因素主要是铁离子、钙离子以及低平均聚合度聚乙烯醇的含量。

连续纺丝中凝固浴的流量,即单位时间内凝固浴补充新鲜浴液的重量,生产中以凝固浴允许落差表示。一般维持落差在 10kg/m^3 左右。流量不足,凝固浴浓度偏低,影响凝固效果;流量太大,对丝条的冲击大,不利于纺丝。

凝固浴酸度通常以全酸度表示,其中包括硫酸和醋酸,多以硫酸表示。凝固浴酸度用酸碱滴定法进行测定,根据生产需要进行控制和调整。

纺丝工艺对凝固浴的要求见表 12－9。

表 12－9 纺丝工艺对凝固浴的要求

项　目	指　标	项　目	指　标
密　度	1.315～1.325kg/m^3	温　度	41～46℃
Na_2SO_4 含量	2800～2900mol/m^3	透明度	90%～95%
$ZnSO_4$ 含量	7～35mol/m^3	流　量	维持落差±70mol/m^3
酸度(H_2SO_4＋HAc)	0.9～1.8mol/m^3		

(三)聚乙烯醇纤维湿法成型的拉伸

聚乙烯醇纤维湿法成型后的拉伸为多级化,有浴中拉伸、湿热拉伸、干热拉伸,总拉伸倍数为 10～12 倍。纺丝时的喷丝头拉伸可以按下式计算。

原液经喷丝孔压出时的喷出速度与丝条离开凝固浴时的速度不同，产生了喷丝头拉伸率 ϕ_a。

$$\phi_a = \frac{v_{离} - v_0}{v_0}$$

式中：$v_{离}$——丝束离开凝固浴的速度；

v_0——丝束喷出速度（挤出速度）。

纺丝原液的挤出速度 v_0 可以通过式(12－1)计算。

$$v_0 = \frac{4Q}{\pi D^2 \cdot n} \tag{12-1}$$

式中：Q——泵供量（单位时间原液体积供应量）；

D——喷丝孔直径；

n——喷丝孔数。

由于湿法纺丝凝固成型速度较慢，即离浴速度低于喷出速度，因此喷丝头拉伸一般都为负值，这时刚成型的纤维束包含着大量的水分。聚乙烯醇大分子在溶液中为无规则状态，排列杂乱无章，只有当其大量脱水时，分子间相互靠拢，才能形成大量的氢键。喷丝头负拉伸有利于增加细流在凝固浴中的停留时间而使其充分凝固。如果丝条在凝固浴中的速度为 12～15m/min，凝固浴长度为 1.5～2m，则凝固时间可维持在 6～10s。

（四）凝固浴的回收与平衡

在聚乙烯醇纺丝中，由原液带入凝固浴大量的水，丝条又从凝固浴中带出一部分浴液，因此凝固浴中水的含量将增加。这部分多余的水必须除去，消耗的硫酸钠、硫酸必须补充，以保持凝固浴的组成恒定。因此，凝固浴在生产中要平衡。此外，为了降低生产成本，凝固浴必须回收。因此，工厂中必须有一个凝固浴循环和补充系统（图 12－9）。

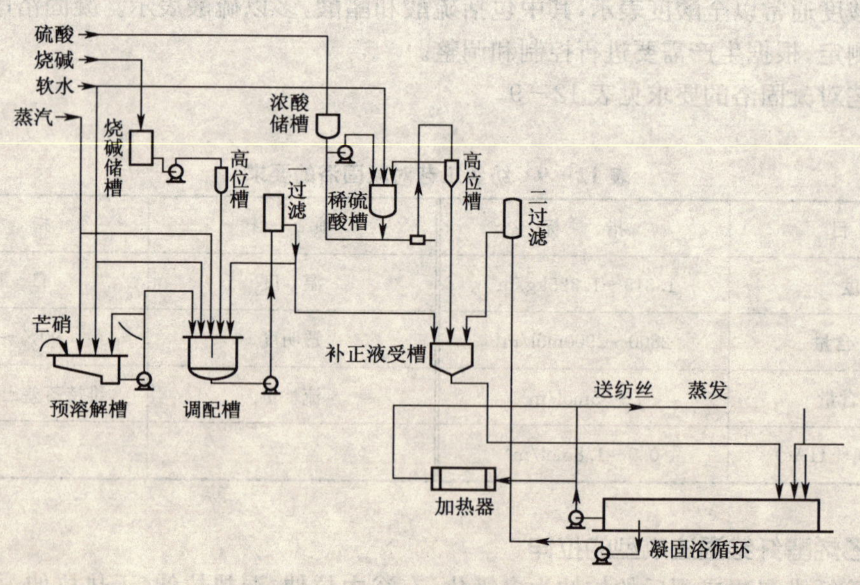

图 12－9　凝固浴循环和补充工艺流程

1. 凝固浴的循环和补充

(1)硫酸钠的补充:纺丝时丝条从凝固浴中带出的浴量约等于丝条本身的重量,需不断从调配槽中送出硫酸钠溶液予以补充。由于这种硫酸钠是从粘胶厂来的副产品,含有一定量硫酸,应先在硫酸钠调配槽中加热到 60～70℃,待硫酸钠溶解后再以碱调整到一定酸度。需将硫酸钠中所含的大量机械杂质过滤掉,才能进入凝固浴循环槽。

(2)硫酸的补充:由于凝固浴中的硫酸要与原液中的醋酸钠反应,因此要消耗一定量的硫酸,故必须予以补充。补充的硫酸,由工业浓硫酸稀释到一定浓度后进入凝固浴。

(3)过滤:纺丝时调配的凝固浴中带有很多机械杂质,必须过滤除去,为了保持凝固浴的透明度,将部分凝固浴连续进行过滤,过滤量约为凝固浴循环量的 5%。

(4)二浴的平衡:聚乙烯醇纤维湿法成型后,丝束从凝固浴拉出,进入较高温度(约 90℃)的二浴中经受湿热拉伸。工艺上要求二浴的硫酸钠浓度较凝固浴低,但在连续纺丝中,二浴中的硫酸钠含量会逐渐升高,但集束罗拉会滴下一定的水量,故浓度又下降,所以二浴浓度基本不变,但二浴的液量是不断增加的,故需要从二浴循环槽溢流到回收槽。

2. 凝固浴的蒸发

聚乙烯醇纺丝时,由原液带入凝固浴大量的水,随着时间的延长,水量逐渐增加,要把多余的水分除去就要进行蒸发。当原液浓度为 15%时,每生产 1t 成品,大约需要蒸发 4.8t 水。工厂常用二次蒸汽回用的单效强制循环真空蒸发器,凝固浴蒸发工艺流程如图 12－10 所示。

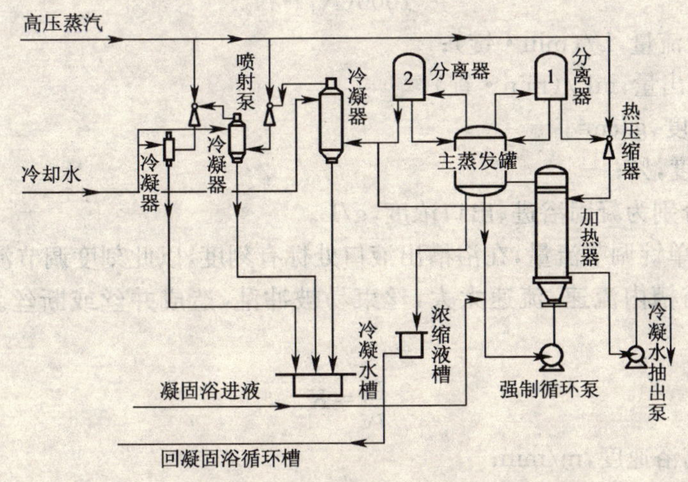

图 12－10　凝固浴蒸发工艺流程

凝固浴在循环槽中由循环泵打出,经加热器调节温度后送到蒸发器。主蒸发罐由于热压缩器及蒸汽喷射泵的作用,形成约 90kPa 的真空度,使凝固浴在 43℃即可沸腾蒸发,以去除多余的水分。凝固浴连续地供给蒸发器,浓缩液不断排出回到循环槽。因为蒸发罐内有真空度,所以需要安装在一定高度才能使浓缩液依靠自身的重量排出,蒸发罐一般离地面 10m 以上,凝固浴中的硫酸钠浓度一般用密度表示。生产上用测定密度的方法控制浓度,凝固浴密度高或低用蒸发量来调节。如蒸发量的调节幅度大,则可以通过增加或减少热压缩器个数来调节。可通过调节蒸汽压力的办法调节蒸发量,蒸汽压力降低,蒸发量也减少。

3. 凝固浴平衡的计算

(1)纺丝时进凝固浴的水量:纺丝时进凝固浴的水量按式(12－2)计算。

$$D=\frac{Qd(1-c)NK\times 60}{1000} \tag{12-2}$$

式中:D——脱水量(原液进入凝固浴中的水量),kg/h;

Q——纺丝单锭原液吐出量,mL/min;

d——原液密度,g/cm³;

c——原液浓度,%;

N——纺丝锭数;

K——纺丝平衡系数,一般取 0.926。

(2)蒸发量的计算:蒸发器进液流量按式(12－3)计算。

$$Q=D\left(\frac{N_2}{N_2-N_1}\right) \tag{12-3}$$

式中:Q——进液流量,L/h;

D——蒸发量,kg/h;

N_1、N_2——分别为蒸发前、后的浓度,g/L。

(3)凝固浴流量的计算:凝固浴流量按式(12－4)计算。

$$X=\frac{Qd(1-c)N_2}{1000(N_1-N_2)} \tag{12-4}$$

式中:X——凝固液流量,L/(min・锭);

Q——原液吐出量,mL/(min・锭);

d——原液密度,g/cm³;

c——原液浓度,%;

N_1、N_2——分别为凝固浴进、出口浓度,g/L。

纺丝机上可以单锭调节流量,在浴槽出液口处标有刻度,以此刻度调节流量。

(4)凝固浴在浴槽内流速:流速太大,丝束易被冲乱,造成并丝或断丝。合理的流速按式(12-5)计算。

$$\frac{v_L}{v_0}=K \tag{12-5}$$

式中:v_L——丝束离浴速度,m/min;

v_0——凝固浴流速,m/min。

当 $K<3$ 时,纺丝情况不佳,当 $K>4$ 时,纺丝情况好(最佳 $K=4\sim6$)。

(5)凝固浴酸度:凝固浴的酸度通常以全酸度表示,其中包括硫酸和醋酸,以硫酸表示。

凝固浴酸度控制范围包括一浴和二浴的全酸度和酸度比例(硫酸和醋酸)。凝固浴酸度的稳定决定于硫酸的补充状况。补充硫酸时,需根据生产速度和硫酸消耗量计算总硫酸补充量[式(12－6)]。

$$S_t=\frac{G}{S_v}\times S_s \tag{12-6}$$

式中:S_t——总硫酸补充量,kg/h;

G——纺丝产量,kg/h;

S_v——聚乙烯醇定额，1t 成品中聚乙烯醇的含量，kg；

S_s——H_2SO_4 消耗定额，1t 成品中 H_2SO_4 的消耗量，kg。

$$S_H = S_t \times 70\% \times 1000$$

$$C_N = \frac{S_H}{S_N}$$

$$S_{DS} = \frac{S_t \times 30\% \times 1000}{C_S}$$

式中：S_H——硫酸钠中带入酸量，g/h；

C_N——补充液浓度，g/L；

S_N——硫酸钠液补充量，L/h；

S_{DS}——稀硫酸补充量，L/h；

C_S——稀硫酸浓度，g/L。

稀 H_2SO_4 浓度为 100～200g/L。

(6)硫酸与醋酸比例：硫酸与醋酸的比例直接影响纤维的色相。

(五)纺丝的主要设备

1. 纺丝机

聚乙烯醇纤维湿法成型所用纺丝机分为立式纺丝机和卧式纺丝机两种。表 12－10 对这两种纺丝机进行了比较。

表 12－10 卧式纺丝机和立式纺丝机的比较

比较项目		单位	立式纺丝机	卧式纺丝机
设备部分	体积(长×宽×高)	m	2×1.21×4.43	11.1×2.4×1.92
	净重	t	约 20	4
	每条生产线台数	台	1	2
	单台锭数	锭	72	6
	单孔孔数	孔	4000～6000	16000～30000
	计量泵规格	mL/r	8～12	70
	普通钢材消耗	t/台	26.8	5.5
	不锈钢	t/台	2.1	0.62
	铅	t/台	1.7	
	铜	t/台	3.5	0.1
工艺部分	生产操作		换喷丝头时，热处理不需降速	换喷丝头时，热处理需降速。产生废丝 1.5kg/只左右
	凝固浴流动情况		凝固浴自下到上，不会产生涡流	凝固浴在浴槽中易产生涡流
	原液保温		纺丝组件与凝固浴接触少，原液温度稳定，降温较少	纺丝组件浸入凝固浴，易降温
	丝束整形		丝束整形良好	丝束整形较差

图 12－11 为卧式纺丝机，该设备的结构较简单，成本和设备材料消耗低，工艺操作、设备维修较方便。我国的维纶厂大多数采用卧式纺丝机。图 12－12 为立式纺丝机，它以单锭凝固浴槽进行脱水凝固，纺丝过程和纤维的质量比较稳定，但设备成本高。

2. 喷丝头

以前，聚乙烯醇纤维湿纺成型使用 4000～6000 孔喷丝头，有圆形或方形，材料为铂金。现在大多使用 20000～48000 孔，材料为钽。选择喷丝头时对其结构，如孔径、孔形等均有特定要求。图 12－13 和图 12－14 所示为喷丝头的外形和规格。

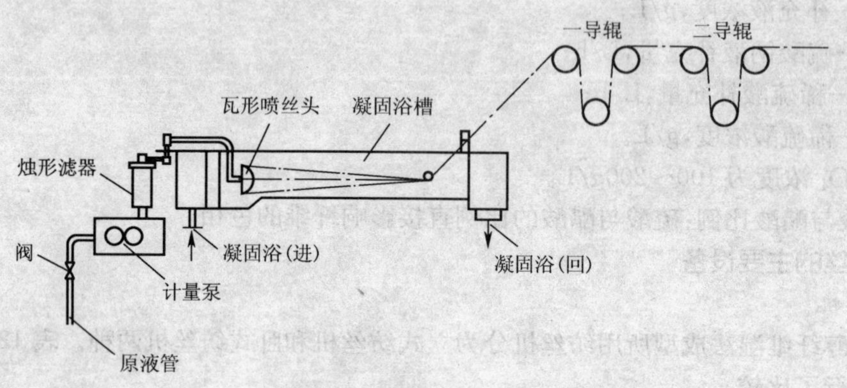

图 12－11　卧式纺丝机

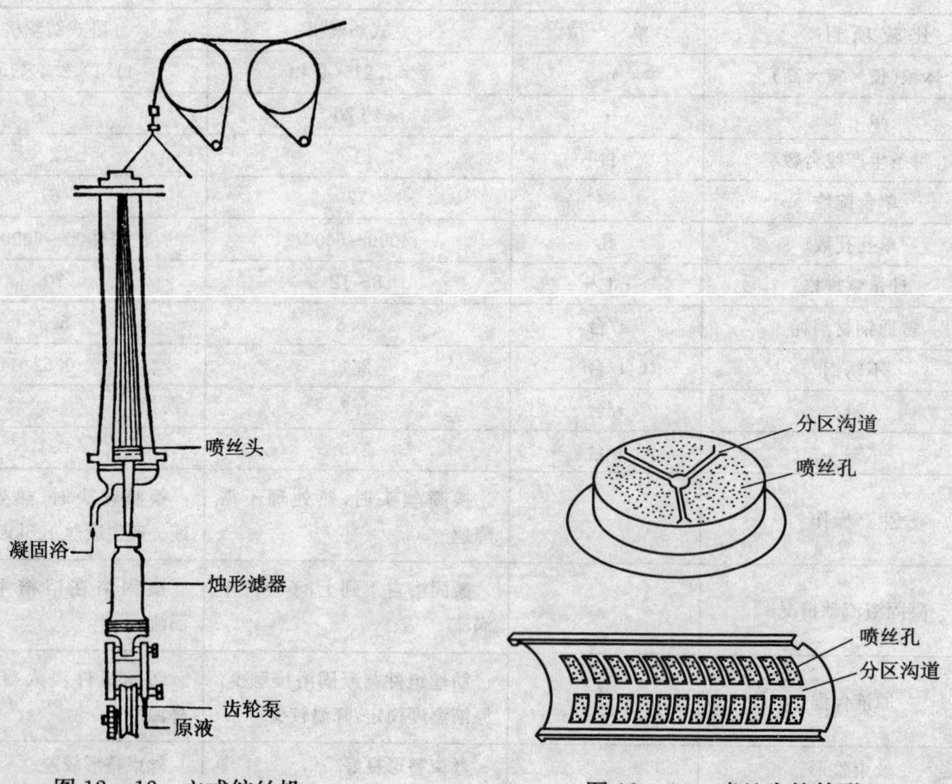

图 12－12　立式纺丝机

图 12－13　喷丝头的外形

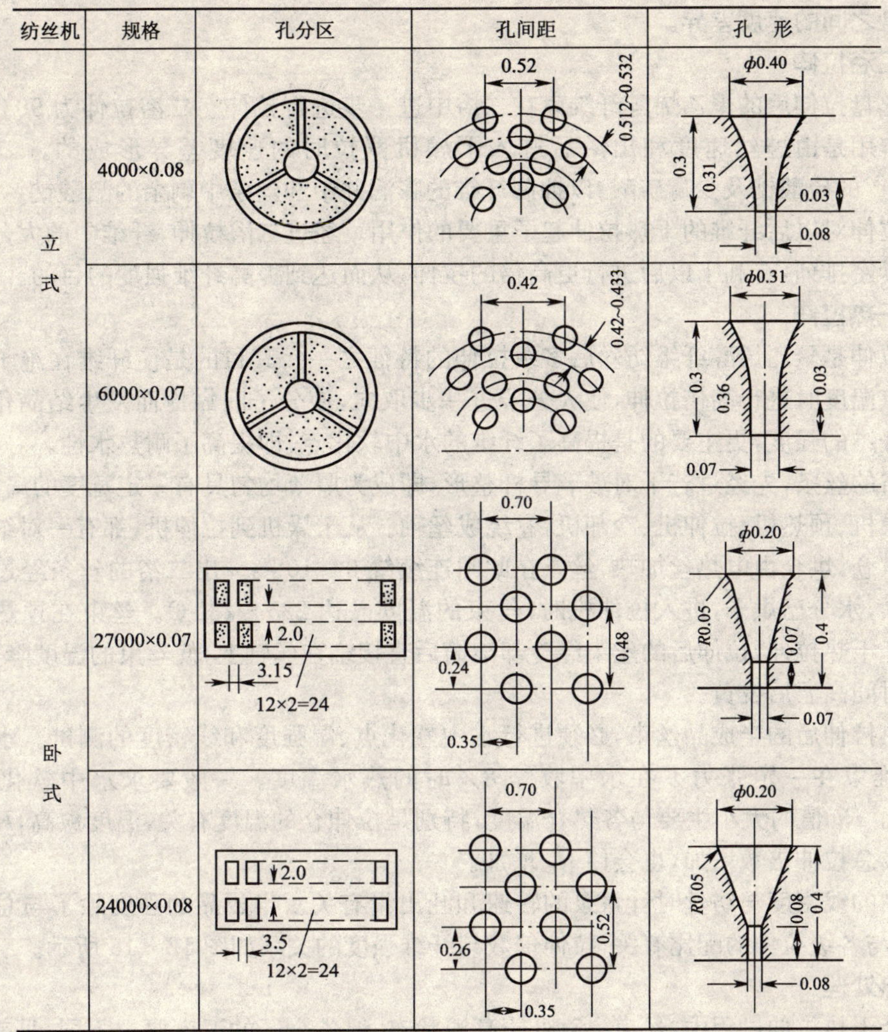

图 12－14　喷丝头的规格

3. 计量泵

纺丝计量泵的作用是在单位时间内将定量的原液供给喷丝头，以保证纤维的线密度均匀。聚乙烯醇纤维湿纺成型采用常规的计量泵。

4. 烛形滤器

烛形滤器根据原液的流向有内压式和外压式两种。内压式过滤压力上升较慢，用外压式代替内压式，可以避免过滤压力剧增的缺点，提高原液的可纺性。

三、后处理

聚乙烯醇纤维的后处理包括拉伸、热处理、切断和卷曲处理。

(一)导丝盘拉伸

初生纤维离开凝固浴进入二浴前，在两组导丝盘之间进行拉伸。拉伸倍数的大小，取决于两组导丝盘之间的速度差异。

(二)二浴拉伸

经导丝盘拉伸后的聚乙烯醇纤维束在二浴中进一步进行拉伸。二浴拉伸为90℃下的热拉伸。拉伸作用是由进丝速度和出浴后进入干燥机罗拉时的速度差异形成的。二浴中含有 $2600mol/m^3$ 的硫酸钠及少量硫酸,以抑制纤维的膨润并中和丝条中剩余的醋酸钠。

二浴拉伸对以后纤维的干热拉伸起了重要的作用。经过二浴拉伸,纤维中的大分子开始沿拉伸方向紧密排列,有利于以后进行更高倍的拉伸,从而达到提高纤维强度的目的。

(三)干热拉伸

干热拉伸是聚乙烯醇纤维纺丝后多级拉伸的特征之一。其目的是使纤维在绝干状态下在接近软化点温度时进行高倍拉伸,使大分子进一步取向,使分子间靠拢而发生结晶化。这样不仅提高了纤维的强度,更主要的是提高了纤维的水中软化点,即提高了耐热水性。

出二浴的丝条,先经过若干对玻璃导杆整形,即成为厚薄均匀具有一定宽度的扁型丝条,然后进入干燥机、预热机、拉伸机、冷却机,卷绕成丝轴。从干燥机到拉伸机,都有一对纳尔逊式滚筒组成的烘仓,烘仓由电热丝加热,丝条在此间连续绕 9～10 圈。出二浴的丝条经过干燥机和预热机烘燥,水分已烘干,进入拉伸机时,丝束的温度已达 225～230℃。丝束在预热和拉伸机之间进行了干热拉伸,拉伸后的丝束经冷却滚筒后直接绕在丝轴上,使丝束的温度降下来,以防止丝束长时间高温后发黄。

经干热拉伸后的半成品丝束,必须进行水中软化点、湿强度和线密度的测试。水中软化点(R_P)是纤维束在一定张力下在水中收缩 8%时的热水温度。一般要求水中软化点控制在 90℃±2℃。R_P 值的大小主要与各热仓温度,特别是拉伸仓的温度有关,温度愈高,R_P 值愈大。干热拉伸或总拉伸倍数增加,也会使 R_P 增加。

半成品的线密度与纺丝时计量泵的转速和吐出量有关。半成品的强度除了与总拉伸倍数有关外,还与各级拉伸的配比有关,拉伸倍数与纤维强度的关系如图 12－15 所示。

(四)热处理

在整个干热拉伸过程中,丝束一直处于高温状态,但各个区的温度要求不同,见表 12－11,丝束热处理升温曲线如图 12－16 所示。

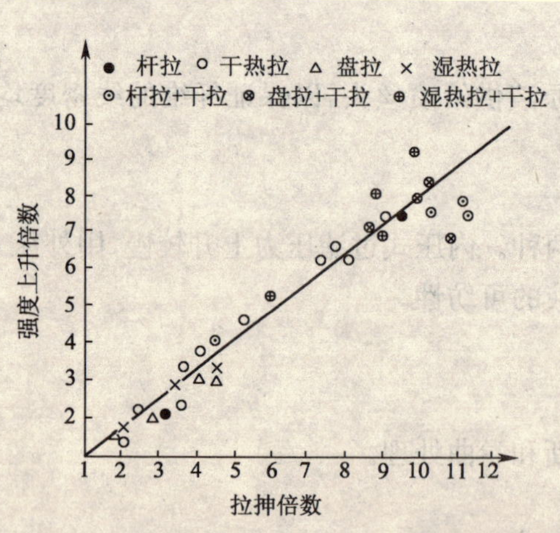

图 12－15　拉伸倍数与纤维强度的关系

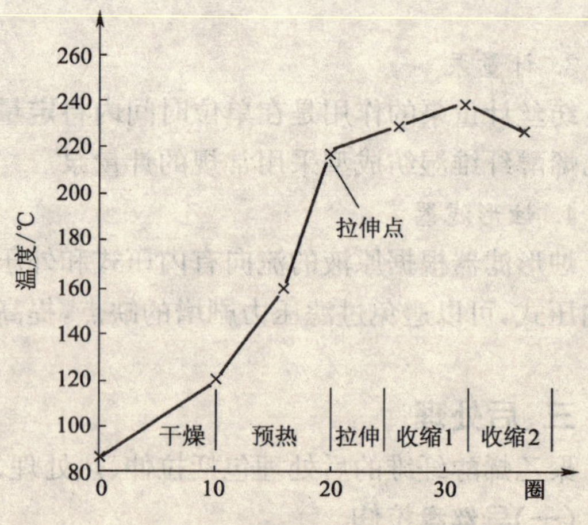

图 12－16　丝束热处理升温曲线

表 12－11　干热拉伸中纤维表面的温度要求

短纤维		丝束	
升温过程	温度/℃	升温过程	温度/℃
干燥出口第 10 圈	125±5	干燥出口第 10 圈	120±5
预热出口第 1 圈	125±5	预热出口第 1 圈	120±5
预热出口第 6 圈	165±5	预热出口第 6 圈	160±5
预热出口第 10 圈	225±5	预热出口第 10 圈	220±5
拉伸出口第 10 圈	235±5	拉伸出口第 6 圈	230±5
		收缩 1 出口第 6 圈	240±5
		收缩 2 出口第 6 圈	225±5

干热拉伸后，必须进行热处理，以消除内应力，巩固拉伸效果，并起一定的收缩作用，以提高断裂伸长率。热处理时间，由卷绕圈数和丝束速度决定，见表 12－12。

表 12－12　热处理时间

烘仓	卷绕圈数	热处理时间范围/s
干燥	10.5	150～200
预热	10.5	70～90
拉伸	10.5(短)	40～60
	6.5(长)	20～40
收缩 1	6.5	30～40
收缩 2	6.5	30～40

(五)切断

在聚乙烯醇短纤维生产中，经热处理冷却后的丝束带有很多硫酸钠，因此很硬，容易切成所需的长度。丝束在固定刀和回转刀组成的切断机上切成所需长度。切断长度根据成品纤维规格而定，如成品纤维长度为 35mm，切断长度就为 37～38mm，因为纤维在后处理时会收缩。

(六)卷曲处理

经过热拉伸和热处理的丝束还有很大的内应力，使纤维在使用过程中易于变形。如果纤维表面平直，则抱合性差。为了制成合格的产品，必须进行卷曲处理。卷曲是在松弛状态下，用加热的方法消除纤维的内应力。由于纤维内分子收缩程度不一致，使纤维具有一定的卷曲度，可以提高纤维纺纱的加工性能。

卷曲有热风和热水两种方式。热风卷曲在热卷曲机中进行，切断后的丝片用送棉机送入卷曲机中。卷曲机是一个内壁带有角钉，具有一定倾斜度的大圆筒，圆筒转动时，纤维也相应翻动。圆筒中有热空气循环，空气由电加热，其温度在 200℃以上，纤维在此高温下自由卷曲。这种设备体积庞大，耗电量很大，且易发生火灾，工厂一般已不用。

热水卷曲是把切断后的丝片投入热水中，使丝片受热均匀收缩。这种卷曲较稳定，已得到普遍使用。采用这种工艺，需选择合适的热水温度，如果处理温度太低，卷曲效果不理想；温度太高，纤维强力损失大。

四、缩醛化

(一)概述

聚乙烯醇纤维经纺丝成型、拉伸热处理,强度等机械性能已经符合要求,但耐热水性仍很差,在沸水中会剧烈膨润、收缩直至溶解,因此有必要进行化学处理,以进一步提高其耐热水性。

聚乙烯醇大分子中有许多羟基,它是聚乙烯醇纤维具有亲水性、耐热水性差的根本原因。当聚乙烯醇与醛类发生缩醛化反应时,自由羟基的数目因羟基被封闭而减少,使聚乙烯醇的疏水性增加,从而提高了耐热水性。

聚乙烯醇纤维的缩醛化主要是缩甲醛化,工业上常用甲醛作反应剂,在酸的催化作用下,甲醛以亚甲基取代了聚乙烯醇中的自由羟基。缩醛化程度用被取代的羟基占全部羟基的百分率表示,称为缩醛化度。在缩醛化浴中,除了甲醛和硫酸以外,还加入一定量的硫酸钠。甲醛是化学反应的反应物,随着甲醛浓度增加,可促使反应进行;同时甲醛能促使纤维溶胀,有利于纤维内部加速反应。硫酸在具有催化作用的同时,也可使纤维溶胀。加入硫酸钠,主要是控制纤维过大溶胀,从而使反应速度减慢。

经缩醛化后,纤维的水中软化点可提高到 110~115℃,煮沸减量及沸水收缩率显著降低。另外,纤维收缩使线密度增大,强力略有损伤,强度降低,染色性变差。

影响缩醛化的主要工艺参数,除了甲醛配比外,还有温度、时间。温度愈高,缩醛化反应速度愈快;反应时间增加,缩醛化度增加。

为了达到要求的缩醛化度,选择缩醛化工艺条件时,应使反应剂消耗尽可能低,反应时间尽可能短,对纤维的损伤最少,工艺条件易于控制。

(二)缩醛化工艺流程

聚乙烯醇短纤维缩醛化的工艺流程如图 12-17 所示,工艺条件见表 12-13。

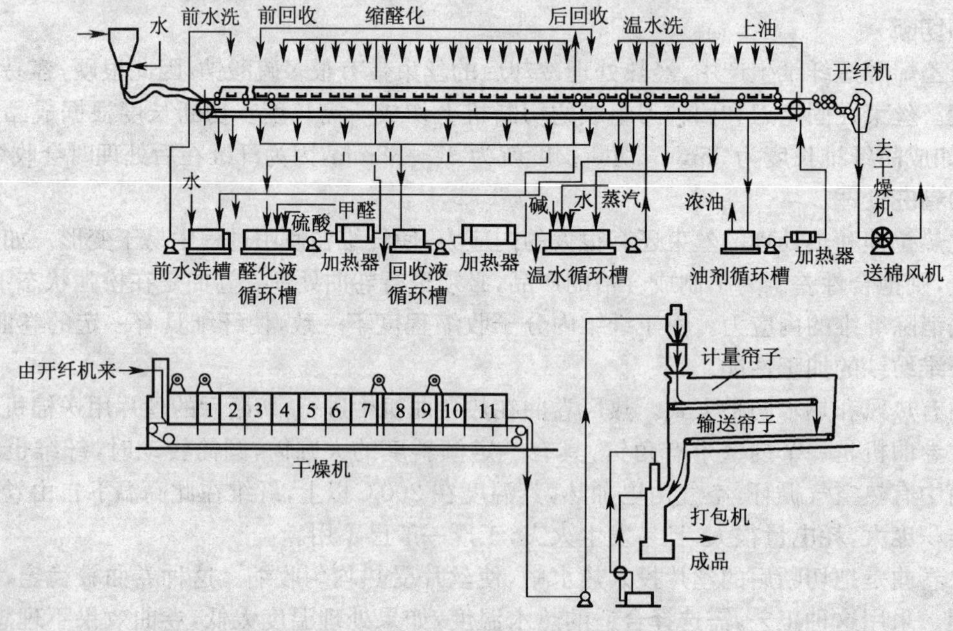

图 12-17　聚乙烯醇短纤维缩醛化的工艺流程

表 12－13　聚乙烯醇短纤维缩醛化的工艺条件

缩醛化标准条件					缩醛化度标准/%(摩尔分数)	醛化度变化 1%(摩尔浓度)时,应变动的其他条件				
甲醛/ $mol \cdot m^{-3}$	硫酸/ $mol \cdot m^{-3}$	硫酸钠/ $mol \cdot m^{-3}$	温度/ ℃	时间/ min		硫酸钠/ $\pm mol \cdot m^{-3}$	甲醛/ $\pm mol \cdot m^{-3}$	温度/ ±℃	硫酸/ $\pm mol \cdot m^{-3}$	时间/ min
833	2295	—	70	30	35	49	99	1.5	—	2～3
833	2173	598	70	20	30	70	123	2	250	
833	2448	598	70	24	33	70	123	2	300	

表 12－14 列举了聚乙烯醇短纤维缩醛化不均匀的原因及防止措施。

表 12－14　缩醛化不均匀的原因及防止措施

项　　目	原　　因	防止措施
醛化反应速度过快	醛化反应过速,反应不易均匀	调整缩醛化反应条件(见缩醛化度曲线)
棉层不均	棉层厚薄不均匀,醛化液渗透不均匀	纤维投料均匀,给纤水浴比大
金属网漏液不良	金属网漏液不良,醛化液在棉层中渗透不良	清洗金属网上粘附之树脂化物及其他杂物
醛化液流量不够	喷淋筛不够或喷淋不均匀	清洗喷淋槽 喷淋槽腐蚀时更换 加强巡回检查

表 12－15 列举了聚乙烯醇短纤维经缩醛化后性质的变化。

表 12－15　纤维经缩醛化后性质的变化

品质项目	变动倾向	品质项目	变动倾向
干强度	↓	沸水收缩率	↓
干断裂伸长率	↓	煮沸减量	↓
湿强度	↑	上染量	↓
湿断裂伸长率	↑	弹性回复率	↓
打结强度	↓	弹性模量	↑
水中软化点	↑		

五、上油

和所有化学纤维一样,为了纺织加工需要,在聚乙烯醇纤维制造后期必须有上油工序,使纤维的电阻率在 $5\times10^{9}\Omega\cdot cm$ 以下,静摩擦系数 μ_s＝0.3～0.4,动摩擦系数 μ_d＝0.2～0.4。表 12－16 为生产对聚乙烯醇纤维油剂的要求。

表 12－16　对聚乙烯醇纤维油剂的要求

项　目	要　　求
油剂本身	1. 分散性良好 2. 耐热性好，130℃下 5min 内不变色，上油后纤维在 130℃下干燥不变质，干燥时不应大量挥发 3. 水溶液稳定性好，不分解，不分层，不变质 4. 泡沫不宜过多，泡沫多，污染环境，纤维上色不匀 5. 染整工艺中易洗涤
上油纤维	1. 抗静电性：上油前，纤维的比电阻为 $10^{13}\Omega\cdot cm$；上油后，纤维的比电阻为 $10^9\sim10^{10}\Omega\cdot cm$ 2. 平滑性：要求适当的摩擦系数，$\Delta\mu$（静摩擦系数与动摩擦系数之差）必须适当 静摩擦系数 $\mu_s=0.3\sim0.4$ 动摩擦系数 $\mu_d=0.2\sim0.4$ $\mu_s>\mu_d$ 3. 有适当的抱合性、分纤性和柔和性

表 12－17 和表 12－18 分别列出了油剂性能对聚乙烯醇短纤维和丝束纺织加工性能的影响。

表 12－17　油剂性能对聚乙烯醇短纤维纺织加工性能的影响

工　程	故　障	油剂调节方法	原　　理
开清棉工程	粘　辊	增加静摩擦系数	增加静摩擦系数可以增加抱合力，防止粘辊
	棉卷松开	增加静摩擦系数	增加静摩擦系数，可增加抱合力，提高棉卷紧密度
梳棉工程	棉网太松	增加静摩擦系数	增加抱合力，提高棉网拉开张力
	棉网不匀	降低纤维与金属之间的静摩擦系数、动摩擦系数	因为金属与纤维的动摩擦系数、静摩擦系数大，纤维就沉积在针布中，造成棉网不匀，当摩擦系数减小时，减少了纤维的沉积，消除棉网不匀
		消除黏着性	油剂粘着性大，纤维沉积在针布中，也会造成棉网不匀，所以要选用黏着性小的油剂。此外，油剂附着量过多，也会有同样现象
		减少电阻	纤维有带电现象，也会产生棉网不匀，因此要减小电阻，消除静电
	缠刺毛辊	降低纤维与金属之间的静摩擦系数、动摩擦系数	纤维与金属之间的静摩擦系数、动摩擦系数较大时，纤维沉积在针布中，成为缠刺毛辊的原因
		消除黏着性	油剂黏着性大，纤维沉积在针布中，成为缠刺毛辊的原因
		减小电阻	纤维有带电现象，会缠刺毛辊，因此，应减小电阻，消除带电

续表

工　程	故　障	油剂调节方法	原　　理
并条工程	棉层太松	增加静摩擦系数	防止纤维之间滑动，使棉层松弛情况有好转
	棉层不匀	与棉网不匀的调节方法相同	因为棉层不匀是由棉网不匀而引起的
	喇叭口堵塞	降低纤维与金属之间的静摩擦系数、动摩擦系数	由于纤维与金属之间的静摩擦系数、动摩擦系数较大，会阻碍并条的顺利进行
	缠罗拉	消除黏着性	黏着性较大时，纤维容易缠在罗拉表面，所以要消除黏着性
		减小电阻	带电现象有时会引起缠罗拉，所以要减小电阻，以消除带电
粗纺工程	断　头	油剂调节应从提高并条以前各工序的半成品质量考虑	是并条以前各工序半成品质量带来的影响
精纺工程	断　头	油剂调节要从提高细纱之前各工序半成品质量考虑	原因与前面工序相同
		降低动摩擦系数	动摩擦系数降低，有利于牵伸
		减小电阻	精纺速度快，静电压大，容易缠罗拉及断头
整理工程	断　头	油剂调节应从精纺工程之前半成品质量着手	

表 12－18　油剂性能对聚乙烯醇丝束纺织加工性能的影响

工　序	故　障	油剂的调节方法	调　节　原　理
牵切工程	未牵切	增加静摩擦系数	减少纤维之间、纤维与罗拉之间的滑动，以防止未牵切
		提高分纤性	提高分纤性，使牵切力加在单纤维上，不致造成牵切力过大，容易切断
	缠罗拉	减小电阻	由于带电容易缠罗拉，须减小电阻
		消除黏着性	黏着性大，纤维易缠罗拉表面。另外，油中含盐过多也会引起缠罗拉
粗纱工程	缠罗拉	减小电阻	与牵切工程相同
		消除黏着性	与牵切工程相同
	操作困难	降低动摩擦系数	动摩擦系数大，粗纱牵伸容易，操作方便
细纱工程	断　头	降低动摩擦系数	动摩擦系数降低，有利于牵伸
		减小电阻	精纺工程速度快，静电电压大，容易产生缠罗拉及断头
络　筒	断　头	油剂调节要从精纺工程之前半成品质量着手	

聚乙烯醇短纤维最常用的油剂是烷基磷酸酯。

烷基磷酸油剂是一种阴离子型抗静电剂。将脂肪醇(R—OH)和五氧化二磷(P_2O_5)反应，即得到脂肪醇磷酸酯，这种酯类再经碱(一般选用二乙醇胺或三乙醇胺)中和生成盐，中和后的产物即为所需油剂，其反应式为：

脂肪醇与五氧化二磷的酯化反应：

$$4R{-}OH+P_2O_5 \longrightarrow 2\,(R{-}O)_2P(\rightarrow O){-}OH+H_2O$$

$$3R{-}OH+P_2O_5 \longrightarrow (R{-}O)_2P(\rightarrow O){-}OH+R{-}O{-}P(\rightarrow O)(OH)_2$$

磷酸酯与三乙醇胺的中和反应：

$$R{-}O{-}P(\rightarrow O)(OH)_2+2N(CH_2CH_2OH)_3 \longrightarrow R{-}O{-}P(\rightarrow O)[O\overset{H}{\overset{|}{N}}(CH_2CH_2OH)_3]_2$$

$$(R{-}O)_2P(\rightarrow O){-}OH+N(CH_2CH_2OH)_3 \longrightarrow (R{-}O)_2P(\rightarrow O){-}O\underset{H}{\underset{|}{N}}(CH_2CH_2OH)_3$$

为运输方便，烷基磷酸油剂一般配成50%的浓度。

六、牵切纱工艺

(一)长丝束后处理

聚乙烯醇纤维因纺织加工需要，产品采用丝束的形式，即牵切纱，丝条不经切断而用牵切机将纤维拉断成条，再纺成粗纱、细纱。这种纺纱方式的特点是纱的强力高，纺纱工艺简单，适用于制造强力要求较高的绳索、运输带等工业用品及渔网等水产用品。制备丝束所用的原液与制备短纤维相同。由于纤维不需要消光，所以原液中不加二氧化钛。纺丝所用凝固浴条件也与制备短纤维基本相同，热处理条件则有所不同。为了得到色泽良好的丝束，凝固浴和二浴的酸度与制备短纤维不完全相同，生产中一般把丝束和短纤维的凝固浴、二浴系统分开。

牵切纱一般都为工业用，强力要求高，所以在丝束纺丝、热处理时总的拉伸倍数比短纤维高，如果生产短纤维时的总拉伸倍数为5.0，丝束则需要6.3。丝束在热处理中增加了一节收缩烘仓。经过两次热收缩处理，丝束纤维的结晶度提高，耐热水性增加。和短纤维相比，R_p值从90℃(即短纤维收缩8%时的温度)增加为98℃(即丝束在热水中收缩5%时的温度)。丝束的半成品是丝条卷在丝轴车上，再送至丝束整理机。这是一种罗拉式丝束整理机，同时喂入 8 根丝束。丝束在罗拉上绕若干圈，罗拉半浸于溶液中，进行各道处理，工艺流程如图 12－18 所示。

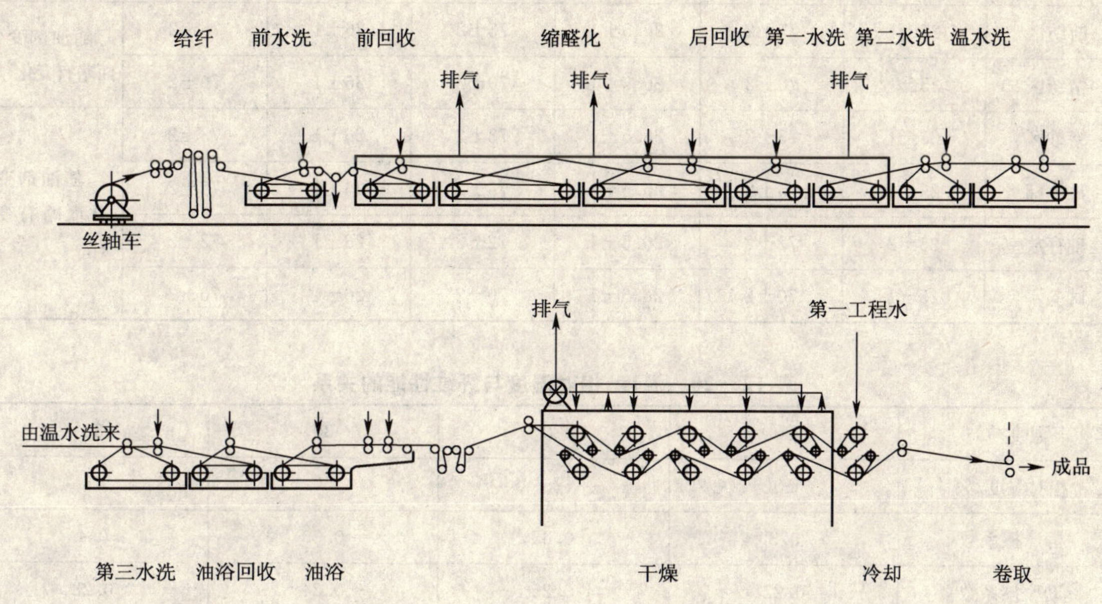

图 12－18　长丝束缩醛化工艺流程

丝束的上油和短纤维相似，都是为了降低纤维的比电阻及摩擦系数，不同的是丝束纺纱加工时首先经过牵切机。丝束上油对油剂的要求与短纤维不同，要求上油后的丝束具有良好的分纤性。

上油后的丝束经榨液后送往干燥机。丝束干燥机由金属罗拉组成，罗拉中通蒸汽加热，干热室有热空气循环，最后一对冷却辊把丝束卷绕在线轴车上送往纺纱车间。

(二)聚乙烯醇短纤维的牵切纱

牵切纱的制造包括牵切、粗纺、精纺、络筒、打包五个工序和短纤维工艺相比，有如下特点。

1. 产品强度高

聚乙烯醇纤维牵切纱的缕纱强力比同线密度维纶棉纺用纱高一倍以上，主要用于工业用途。

2. 工艺流程简单

聚乙烯醇短纤维牵切纱的制造只要牵切、粗纱、细纱、络筒四步，设备或人力可以节约 30%。

3. 车间温湿度要求较高

牵切纺各工序温湿度的控制标准见表 12－19，温度、相对湿度与纤维性能的关系见表 12－20。

表 12－19　牵切纺各工序温湿度控制标准

工　区	冬　季		夏　季		春季、秋季		备　注
	温度/℃	相对湿度/%	温度/℃	相对湿度/%	温度/℃	相对湿度/%	
前纺区	25±1	75±2	26.5±1	75±2	26±1	75±2	随油剂变化而略有变化
精纺区	25±1	70±2	26.5±1	70±2	26±1	70±2	
络纱区	25±1	73±2	26.5±1	73±2	26±1	73±2	随油剂变化而略有变化
再生棉	25±1	75±2	26.5±1	75±2	26±1	75±2	
丝轴存放室	25±2	72±2	26.5±1	72±2	26±1	72±2	
试验室	25±1	70±2	26.5±1	70±2	26±1	70±2	

表 12－20　温度、相对湿度与纤维性能的关系

温度/℃	20	20	30	30
相对湿度/%	50	75	50	75
静摩擦系数	0.3	0.35	0.30	0.4
动摩擦系数	0.22	0.25	0.24	0.23
回潮率/%	3.11	4.85	3.76	5.88
电阻/Ω	2.3×10^8	4.8×10^7	2.2×10^8	5.4×10^7

(三)牵切机

聚乙烯醇纤维生产中采用图 12－19 所示的牵切机。

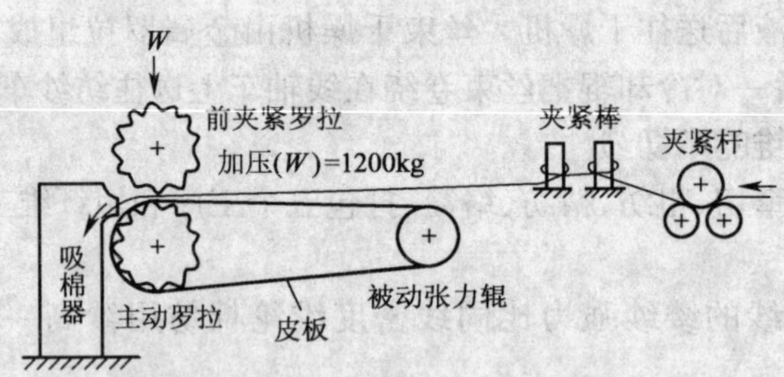

图 12－19　牵切机示意图

七、聚乙烯醇长丝

聚乙烯醇长丝主要是以干法纺丝制备的产品，它具有线密度小、断面结构均匀、强度高、延伸度低等优点。但因纺丝速度低、喷丝孔数少，生产能力远比湿法纺丝低，因此应用不广泛。

八、聚乙烯醇纤维生产的原材料和公用工程

(一)原材料规格

聚乙烯醇纤维生产的原材料规格见表 12-21。

表 12-21 聚乙烯醇纤维生产的原材料规格

名称	项目	规格	
聚乙烯醇		粒状	片状
	纯度	85%以上	90%以下
	挥发分	8%以下	9%以下
	苛性钠	0.3%以下	0.2%以下
	醋酸钠	7%以下	2.3%以下
	残留醋酸根	0.2%以下	0.15%以下
	平均聚合度	1750±50	1750±50
	铁	0.01%以下	0.001%以下
	白度	90%以上	
	透明度	90%以上	
	着色度	86%以上	88%以下
	膨润度	190±15	145±15
	充填密度	0.20~0.27	0.47±0.05
	粒度:<5 目	1%	
	5~60 目	94%	
	>60 目	5%	1%以下
硫酸钠		晶体	无水
	Na_2SO_4	38%以上	≥98%
	H_2SO_4	1%以下	
	$ZnSO_4$	0.1%以下	
	NaCl		≤0.7%
	$CaSO_4+MgSO_4$		≤1.20%
	水中不溶物		≤0.1%
烧碱		固体	液体
	NaOH	98%以上	45%以上
	Na_2CO_3	0.8%以下	0.3%以下
	Na_2SO_4	0.15%以下	0.03%以下
	SiO_2	0.07%以下	0.03%以上
	Al_2O_3	0.02%以下	0.02%以下

续表

名　称	项　目	规　格	
		固　体	液　体
烧　碱	CaO	0.01%以下	0.005%以下
	Fe_2O_3	0.004%以下	0.003%以下
	Mn	0.0005%以下	0.00025%以下
	NaCl		0.07%以下
油　剂	有效成分	50%	
十二脂肪醇磷酸酯	pH 值	7～9	
二氧化钛	水分	0.5%以下	
	纯度	98%以上	
	筛上残留物	0.03%以下	
	三氧化二铁	0.01%以下	
	灼热减量	0.5%以下	
	水分散性	5%	
	过滤值(K_w)	350 以下	
甲　醇	外观	无色透明易流物,不含机械杂质的流体	
	密度	0.793g/cm³(20℃时)	
	64～67℃馏出物	>98%	
	酸值	<0.05mg KOH/gCH_3OH	

(二)原材料消耗定额

聚乙烯醇主要原材料消耗定额见表 12－2。

(三)公用工程

1. 供电

生产聚乙烯醇纤维的用电要求见表 12－22。

表 12－22　生产聚乙烯醇纤维的用电要求

负荷种类	电　压	频率/Hz	接线方式
电动机	380V±19V	50±2	三相三线式中性点接地
工艺用电热设备	220V±2.2V	50±2	三相三线式中性点接地
仪　表	电压波动不超过平均值的±5%	50±2	单相二线式一线接地
机台专用透视灯	电压波动不超过平均值的±5%	50±2	单相二线式一线接地
其他用电负荷		无特别规定	

2. 供汽

聚乙烯醇纤维生产中许多工序需用蒸汽加热,如原液溶解、保温、凝固浴蒸发、整理、药液调配、纤维干燥、调湿及空气调节等均要求连续保质、保量地供应蒸汽，否则产品质量、设备等会出现事故。

生产中使用的蒸汽，基本上都是低压饱和蒸汽，但各工艺要求的压力有所不同。凝固浴蒸发用蒸汽的设计压力是(9±0.5)×10^5Pa，实际一般是(8～9.5)×10^5Pa。原液的水洗、溶解、温水调配、废丝和滤布洗涤、纺丝凝固液加温、二浴、整理供水、醛化液、回收液油剂调配、纤维干燥要求蒸汽压力为(3.75±0.25)×10^5Pa。通风采暖用汽的压力为(3.75±0.25)×10^5Pa。

3. 供水

根据用途不同，给水系统的质量要求也不同，可以分为四个系统。

(1)工艺用软水：凡是与聚乙烯醇或纤维直接接触的用水及化学试剂配制用水，例如聚乙烯醇水洗、溶解添加水、凝固浴配制、凝固浴循环泵和槽的密封水、喷丝头洗涤水、二浴配制、热水卷曲槽、醛化液配制、回收液、温水洗用水、醛化液循环泵和槽的密封水、化验室的蒸馏水等均用软水。

(2)锅炉用软水：为保证蒸汽锅炉的正常运行，锅炉用水根据炉型和压力对水质有一定要求，一般用软水。

(3)冷却水：聚乙烯醇纤维生产需用大量冷却水，例如凝固浴蒸发机冷却水、空调用冷却水等。冷却水可使用地下水和地面水。

(4)生活及杂用水：厂区和生活区的生活用水以及车间清扫、洗涤均可用地面水或地下水。

表12－23～表12－25列出了聚乙烯醇纤维生产对水质、水量及单耗的要求。

表12－23 聚乙烯醇纤维生产对水质的要求

项　目	单　位	冷却水	工艺软水	锅炉用水
浊　度	度	≤2	≤2	≤5
温　度	℃	15～18		
pH值		7.7	7.0±0.5	7.3～8.5
总硬度	$10^{-3}g/m^3$		≤0.1	≤0.1
总碱度	$10^{-3}g/m^3$		≤0.7	1.8～3.0
SO_4^{2-}	$10^{-3}kg/m^3$		≤15	
Cl^-	$10^{-3}kg/m^3$		≤10	≤10
SiO_2	$10^{-3}kg/m^3$		≤20	
总固体	$10^{-3}kg/m^3$		≤100	
CO_2	$10^{-3}kg/m^3$		≤1.85	≤1
含铁量	$10^{-3}kg/m^3$		≤0.2	
耗氧量	$10^{-3}kg/m^3$		≤1	
压　力	Pa	≥3.5×10^5	≥2.7×10^5	≥2.7×10^5

表 12－24　年产万吨聚乙烯醇纤维厂的平均用水量

用水单位		用水量/$m^3 \cdot h^{-1}$		
		软水(平均)	冷却水(平均)	一般用水(平均)
主要车间	原　液	52		4
	纺　丝	22	370＋150	2
	整　理	39.5	100	5
	小　计	113.5	620	11
牵切纱		1	150	2
甲醛水溶液调配		1.2	40	0.5
锅　炉		40		5
软　化				15
中化室		1	8	
空压站			25	
酸碱库		1		
生活用水				60
合　计		157.7	843	93.5

表 12－25　聚乙烯醇纤维生产车间的用水单耗

车　间	工　序	单位消耗/$m^3 \cdot t^{-1}$		
		软　水	一般软水	冷却水
维　纶	原液	24.3	7.3	
	凝固浴	8.3	0.7	196.9
	纺丝	2.8	2.7	
	热处理	23.6	1.2	
	整理	102.4	8.0	
	合计	161.4	19.9	196.9
牵切纺		1.4		575

4. 排水

生产中产生的废水有以下三种。

(1)酸醛废水系统：主要是整理、温水洗排放液，其次还有醛化回收溢流液，整理机台和硫酸钠溶解的地面冲洗水，酸碱站、电瓶车库、软化站等处的排水。这类含硫酸、甲醛、硫酸钠和少量油剂的废水，经稀释后流至废水处理场进行处理。

(2)清洁废水系统：主要是凝固浴蒸发机冷却水、聚乙烯醇洗涤水、滤布洗涤水、回收纤维洗涤水、空调冷却水、热处理冷却机冷却水、空压机冷却水、甲醛氧化器冷却水。这部分废水含少量聚乙烯醇和醋酸钠，不需处理，可直接循环使用。

(3)生活污水系统：主要是厕所、厨房、澡堂等设施的排水。这部分废水流到废水站与酸醛废水一起处理，作为生化处理的养料。

5. 压缩空气

生产中应用两种压缩空气。一是自控气动仪表用的无油干燥压缩空气；二是工艺及杂用压缩空气，如水洗机和整理机各榨液罗拉升降、原液的输送、打包机的预压等使用的压缩空气。

九、聚乙烯醇纤维生产安全措施及预防

聚乙烯醇纤维生产过程中，经常接触到许多有毒和腐蚀性很强的化工原材料，如硫酸、烧碱、甲醛、硫酸钠等。这些物质对于设备或建筑物有不同程度的腐蚀性，对操作人员的健康也有不同程度的危害性。因此，必须十分重视安全生产。

(一)一般安全常识

在生产过程中要有专人负责劳动安全，各岗位必须有安全操作规程。职工进车间后必须按规定使用防护用品才能进行操作。所有设备的转动部位(如传送带、明齿轮、转轮、砂轮、电锯等)必须有防护安全罩(没有安全罩的设备不准开车)。剧毒物品的保管和领用，必须指定专人，并同时要有两人负责。在一切宣传品和管路检修工作中，特别是输送硫酸、甲醛管路的检修工作中，必须先将硫酸、甲醛放出，并用清水冲洗干净后，才能开始检修工作，以免引起事故。发生事故后，必须立即报告责任人，及时进行分析处理，重大事故应保持现场。

(二)防毒

由于缩醛化液温度较高(70℃左右)，而甲醛又极容易挥发，因此聚乙烯醇纤维缩醛化工段在生产过程中会逸出大量甲醛气体。甲醛气体对人体有毒害，必须采取各种措施防止中毒。应加强整理车间的通风，在主机上部设排风装置，使设备内部形成负压，不使甲醛气体逸出；让甲醛通过排风道集中到一个高达 80m 的排气塔，使甲醛气体排至高空。定期检查车间内甲醛气的含量，如含量超过规定，立即采取措施。加强设备及容器的密封，防止甲醛液泄漏。聚乙烯醇纤维生产过程中接触到的有毒物质及其防护方法见表 12－26。

表 12－26　几种有毒物质及其防护方法

物质名称	最高允许浓度/ $mg\cdot kg^{-1}$	预 防 方 法	中毒时的急救方法
甲　醛	5	1. 加强工作场所的通风 2. 储藏器应密封，经常检查是否渗漏 3. 工作时穿工作服，必要时戴防毒面具，操作时站在上风向 4. 定期体检 5. 注意个人卫生	1. 发现急性中毒应立即与医生联系，使患者吸入淡氨液蒸气，并远离现场。咳嗽时可服镇咳剂，必要时可吸入氧气 2. 甲醛液溅到眼内需用大量清水冲洗 15min 以上 3. 甲醛溅到皮肤上，用水或肥皂洗
苯	50	1. 密闭生产设备和管道 2. 每 3～12 个月进行一次体检 3. 防止经常用苯洗物	急性中毒者须立即离开现场，换掉被苯污染的衣服，进行人工呼吸，吸入刺激剂并注射强心剂
乙酸戊酯(香蕉水)	100	1. 加强通风 2. 连续工作时间不要过长 3. 必要时戴防毒面具	1. 将中毒者迅速移到新鲜空气中静卧 2. 请医生急救

续表

物质名称	最高允许浓度/ $mg\cdot kg^{-1}$	预防方法	中毒时的急救方法
甲醇	50	1. 经常检查容器及管道的密闭性，并注意室内通风 2. 工作时注意风向，必要时戴防毒面具	1. 急性中毒者迅速移至新鲜空气处 2. 与医生联系，静脉滴注2%～5%碳酸氢钠或注射林格氏液，必要时注射强心剂，呼吸刺激性剂或吸入氧气 3. 慢性中毒者需调离操作岗位
汞	0.01	1. 加强工作场所的通风 2. 尽量采用密闭、隔离或机械操作 3. 工作台、地面要经常刷洗，常洗工作服、常沐浴、漱口，饭前洗手 4. 每3～12个月检查身体一次，包括尿中汞量的检查 5. 定期测定空气中汞含量	1. 对职业性中毒应调换工作岗位 2. 与医生联系，对症治疗
铅	0.01	1. 防止铅尘、铅烟雾或蒸气的扩散，熔铅以不超过生产实际所需温度为原则 2. 熔铅锅上装置合理的排气设备 3. 注意个人防护和个人卫生 4. 每隔半年或一年检查一次身体	1. 与医生联系，对症下药 2. 酸疼发作时，可静脉注射10%葡萄糖酸钙10～20mL，腹部敷热水袋
氯	30	1. 严格注意容器和反应器的密闭，并将余氯吸收 2. 加强通风 3. 必要时戴防毒面具操作	1. 将中毒者抬至空气新鲜处 2. 中毒者呼吸困难时输氧气 3. 医生对症治疗
氢氧化钠		必要时戴防毒面具操作	溅入眼内时，立即用清水洗涤30min，或用硼酸水洗
硫酸		接触时戴好防护面具，必要时穿胶皮衣	1. 用大量清水，冲洗烧伤皮肤，或用碱性液洗涤 2. 呼吸道受刺激较重时，找医生处理

(三)防火及防爆

1. 防火

聚乙烯醇纤维生产过程中，由于纤维在热处理工序、干燥工序及打包工序已呈干燥状态，容易引起火灾，生产中必须严加防范。

不准使用明火，以上岗位进行电、气焊接操作时，必须清理周围现场，并加强消防措施。热处理过程中纤维温度很高(260℃左右)，因此这里产生的废丝必须冷却以后才能送往废丝间或仓库堆放，防止温度过高而造成自燃。

2. 防爆

聚乙烯醇纤维缩醛化工段和甲醛车间都有大量甲醛气逸出。甲醛气混入空气中浓度达7%～73%(体积分数)时,遇到火源或高温就会发生爆炸。甲醛气燃烧和爆炸会产生很大的压力,容易造成设备及建筑物的损坏和人身事故。因此所有设备、容器、管道都必须密闭,以免甲醛逸出。车间应有良好的通风设备,甲醛车间所使用的一切电气设备(如电动机、照明装置、开关、启动器等)都应当是防爆型的。进行电、气焊接操作时,必须把设备清洗干净,待没有浓厚的甲醛气味时才能操作。

第五节 聚乙烯醇纤维的性能与品质指标

一、聚乙烯醇纤维的性能

(一)密度

聚乙烯醇纤维的相对密度为 1.26～1.30,与羊毛、聚酯纤维、醋酯纤维接近,比聚酰胺纤维、聚丙烯腈纤维稍重一点,但比棉纤维和粘胶纤维轻得多。

(二)长度

聚乙烯醇纤维的长度可根据用途任意选择。

(三)线密度

聚乙烯醇纤维的线密度根据用途可以任意选择。

(四)强度

聚乙烯醇纤维的强度较好,普通短纤维的断裂强度为 3.54～5.75cN/dtex,较棉纤维高一倍,工业用纤维的断裂长度在 6.19cN/dtex 以上,湿态下的强度为干态的 80%。

(五)断裂伸长率

普通纺织用聚乙烯醇纤维的断裂伸长率为 10%～30%,比棉纤维高一倍多。

(六)弹性模量

采用不同的制造条件可以制得不同弹性模量的聚乙烯醇纤维。例如,棉型短纤维的弹性模量为 35.4～44.25cN/dtex,毛型短纤维为 44.25～48.67cN/dtex,工业用纤维为 70.2～92.92cN/dtex。

(七)弹性

聚乙烯醇纤维的伸长弹性度比羊毛、聚酯纤维、聚丙烯腈纤维等差,但较棉纤维和粘胶纤维好。一般 3%伸长弹性度为 70%,5%伸长弹性度为 60%。

(八)耐热水性和耐热性

耐热水性和耐热性对聚乙烯醇纤维具有特殊重要的意义。一般用水中软化点、沸水收缩率、煮沸减量等指标来表示。

水中软化点是纤维收缩 10%时的热水温度,这是聚乙烯醇纤维半成品的耐热水性指标。经缩醛化后的聚乙烯醇成品纤维,用专用方法测试的水中软化点一般在 110℃左右。

沸水收缩率是纤维在水中煮沸 30min 时的收缩率。聚乙烯醇短纤维的沸水收缩率在 1%左右。

煮沸减量是纤维在沸水中煮沸 30min 时重量减轻的百分数。聚乙烯醇短纤维的煮沸减量在 0.6%左右。

干热软化点是纤维在热空气中收缩10%时的温度。聚乙烯醇纤维的干热软化点一般在215℃左右，温度到220～230℃便已软化。

(九)吸湿性

聚乙烯醇纤维是合成纤维中吸湿性最好的，其在标准状态下的回潮率达4.5%～5.0%。

(十)耐化学药品性

聚乙烯醇纤维耐化学药品的综合性能优良，10% HCl 或 30% H_2SO_4 对其强度无损，在50%NaOH 中只是颜色发黄，强度不降低。和其他合成纤维相比，涤纶耐酸而不耐碱，锦纶耐碱而不耐酸，而聚乙烯醇耐酸、耐碱性都较好(表12－27)。

表12－27　几种纤维耐化学药品性能的比较

试验条件				纤维品种	强力残留率/%
药　品	浓度/%	温度/℃	时间/h		
硫　酸	10	20	10	锦纶	53
				维纶	100
				涤纶	100
				棉	55
				粘胶纤维	54
碱	10	20	10	锦纶	75
				维纶	100
				涤纶	97
				棉	68
				粘胶纤维	15
亚麻仁油	100	20	—	锦纶	86
				维纶	100
				涤纶	87
				棉	100
				粘胶纤维	100

(十一)耐气候性

聚乙烯醇纤维的耐气候性也是最强的，见表12－28所示。

表12－28　几种纤维的耐气候性比较

纤维品种	日晒一年后强力保持率/%	纤维品种	日晒一年后强力保持率/%
聚乙烯醇纤维干法长丝	70	涤纶长丝	37
聚乙烯醇纤维牵切纱	34	锦纶长丝	15
棉　花	30	丙纶长丝	11(半年)

(十二)其他性能

聚乙烯醇纤维的耐光性好,在日光下暴晒强力几乎不降低。聚乙烯醇纤维的耐磨性、抗虫蛀性及耐霉菌腐蚀性都比较好。

二、聚乙烯醇短纤维的主要质量指标

聚乙烯醇短纤维的主要质量指标参见国家标准 GB/T 14462—1993(表 12-29)。

表 12-29 聚乙烯醇短纤维的质量指标

<table>
<tr><th>项 目</th><th>优等品</th><th>一等品</th><th>二等品</th></tr>
<tr><td>线密度偏差率/%</td><td colspan="2">±5</td><td>±6</td></tr>
<tr><td>长度偏差率/%</td><td colspan="2">±4</td><td>±6</td></tr>
<tr><td>干断裂强度/cN·dtex^{-1}</td><td colspan="2">≥4.4</td><td>≥4.2</td></tr>
<tr><td>干断裂伸长率/%</td><td>17±2.0</td><td>17±3.0</td><td>17±4.0</td></tr>
<tr><td>湿断裂强度/cN·dtex^{-1}</td><td colspan="2">≥3.4</td><td>≥3.3</td></tr>
<tr><td>缩甲醛化度/%(摩尔分数)</td><td colspan="2">33±2.0</td><td>33±3.5</td></tr>
<tr><td>水中软化点/℃</td><td>≥115</td><td>≥113</td><td>≥112</td></tr>
<tr><td>异形纤维/mg·(100g)$^{-1}$</td><td>≤2.0</td><td>≤8.0</td><td>≤15.0</td></tr>
<tr><td>卷曲数/个·(25mm)$^{-1}$</td><td>≥3.5</td><td colspan="2">—</td></tr>
</table>

三、牵切纱的主要质量指标

聚乙烯醇牵切纱的主要质量指标参见纺织行业标准 FZ/T 53001—1993(表 12-30)。

表 12-30 牵切纱的主要质量指标

项 目	优等纱	一等纱	二等纱
线密度不匀率/%	≤2.5	≤3.5	≤4.5
品质指标/cN·tex^{-1}	≥7900	≥7500	≥6900

第六节 聚乙烯醇纤维的改性

由于聚乙烯醇的化学组成中具有大量的仲羟基,它能进行酯化、醚化,能和氢氧化钠与醛类反应,因此适用于许多改性。

聚乙烯醇纤维的染色性、弹性等较差,无法与其他合成纤维,如聚酯纤维、聚酰胺纤维、聚丙烯腈纤维相竞争。只有充分利用聚乙烯醇纤维吸湿性好、机械性能优良的优势,开发产业用纤维和功能纤维。

一、水溶性聚乙烯醇纤维

水溶性聚乙烯醇纤维是差别化纤维的主要品种之一。由于聚乙烯醇大分子是由聚醋酸乙烯酯醇解而制得的，大分子链中含有大量的亲水性基团——羟基，所以水溶性是聚乙烯醇纤维原有的特性。

水溶性纤维根据在水中的溶解温度可分为低温溶解(0～40℃)、中温溶解(41～70 ℃)和高温溶解(71～100℃)三种类型。水溶性聚乙烯醇纤维具有生物可降解性，是一种不会造成环境污染的绿色纤维。如果将该纤维溶解在水中，可在普通污水处理厂的活性污泥中被生物降解。

表 12－31 将水溶性聚乙烯醇纤维与其他合成纤维的性能进行了对比。

表 12－31　水溶性聚乙烯醇纤维与其他合成纤维主要性能的对比

主要性能	水溶性聚乙烯醇纤维	聚酯纤维	聚酰胺纤维	聚丙烯纤维
水溶温度/℃	40～90	不水溶	不水溶	不水溶
回潮率/%	4.5～5.0	0.4～0.5	3.5～5.0	0
断裂强度/cN·dtex^{-1}	干 4.5～4.4	4.2～5.7	干 4.0～6.6	4.0～6.6
	湿 2.8～4.6		湿 3.0～5.6	

(一)水溶性聚乙烯醇纤维的制造方法

水溶性聚乙烯醇纤维的溶解温度取决于 PVA 聚合度($\overline{DP}$)和醇解度(DS)。聚合度愈低，纤维的溶解温度也低；但聚合度低于 500，纤维的强度就明显下降。当醇解度为 87%～89%时，冷热水都能溶解。此外，纤维加工中的拉伸倍数和热处理温度也影响水溶性聚乙烯醇纤维的溶解温度。

根据溶解温度不同，水溶性聚乙烯醇纤维的制造工艺有干法纺丝、湿法纺丝、干湿法纺丝和增塑熔融纺丝等类型。

1. *湿法纺丝*

按常规聚乙烯醇纤维生产工艺，以水为溶剂制成水溶性聚乙烯醇纤维。纤维的水溶温度为 70～90℃。如果选择合适的聚合度(如 500～1700)和醇解度(如 50%以上)可制得水溶温度低于 90 ℃的水溶性聚乙烯醇纤维。但此法不适合制备水溶温度低于 60 ℃的水溶性聚乙烯醇纤维。

如果以毒性较小的有机溶剂二甲基亚砜(DMSO)为溶剂，原液的黏度一般控制在5～200 Pa·s，采用 DMSO 与甲醇混合溶液作沉淀剂。用此法制备的纤维水溶温度较低，一般在 30～45 ℃。

2. *干法纺丝*

以水或有机溶剂为溶剂，PVA 的醇解度略高，达 80%以上。原液的黏度也较高，一般控制在 500～5000 Pa·s。这种纺丝方法主要是制备长丝，纤维的水溶温度在常温以上。

3. *增塑熔融纺丝*

由于 PVA 的熔点与其分解温度非常接近，无法进行熔融纺丝，当 PVA 加入适量的增塑剂——水、乙二醇、甘油等物质后，由于其熔点降低而可以进行增塑熔融纺丝。若选用不同的聚合度、醇解度，可制得水溶温度不同的水溶性聚乙烯醇纤维。

4. 有机溶剂湿法冷却凝胶纺丝

纺丝原液经喷丝孔挤出后急速冷却成为"均匀的凝胶(冻胶)流",进入低温凝固浴逐渐固化。日本可乐丽公司于 1996 年将这种新型纺丝方法命名为"有机溶剂湿法冷却凝胶纺丝"。通过这种方法生产的聚乙烯醇纤维称可乐纶(Kuralon)K—II 系列水溶性纤维。

(二)日本可乐纶水溶性 K—II 纤维

这是一种通过有机溶剂湿法冷却凝胶纺丝法所制备的水溶性聚乙烯醇纤维。这种方法的特点是采用有机溶剂 DMSO 为溶剂代替常规的水,纺丝工艺为冷却凝胶(冻胶)纺丝,凝固剂为甲醇,制成的纤维具有低温水溶性。可乐纶 K—II 纤维的纺丝工艺流程如下:

聚合物 → 原液 → 纺丝 → 拉伸 → 脱溶剂 → 干燥 (→ 拉伸) → 卷曲

溶剂　　溶剂 + 沉淀剂　　沉淀剂

这是一个密闭的循环系统。PVA 溶液由喷丝孔挤压出,由于急速冷却成为凝胶(冻胶)细流,再进入低温凝固浴逐渐固化。这种初生纤维成型缓和、结构均匀,可以经受较大倍数的拉伸和热处理,纤维的性能较好。由于该工艺所使用的溶剂和沉淀剂均为有机溶剂,可以通过回收系统循环使用,因此是一个绿色的新工艺。

可乐纶 K—II 纤维的水溶温度范围较大(5～90 ℃)。低温的水溶性纤维强度与常规聚乙烯醇纤维相似,制成的短纤维品种较多(表 12 - 32)。SS 为无热压黏合型,TPA 为有热压黏合性的海岛型复合纤维。

表 12 - 32　可乐纶 K—II 系列短纤维的性能指标

纤维型号	非织造布的型号	线密度/dtex	长度/mm	水溶温度/℃	强度/cN·dtex^{-1}	断裂伸长率/%	热压黏合温度/℃
SS - 20	WJ2	2.2	51	≤5	3.53	28	≥130
SS - 40		2.2	51	40	3.53	23	—
SS - 60		2.2	51	60	4.41	20	—
SS - 80		2.2	51	80	7.06	10	—
TPA—W50	WJ5	2.2	51	≤5	3.53	20	≥170
TPA—W70	WJ7	2.2	51	≤5	3.53	25	≥180
TPA—W90	WN8	2.2	51	70	7.06	12	≥210

二、高强高模聚乙烯醇纤维

高强高模聚乙烯醇纤维的关键技术包括高聚合度 PVA 原料的制备、纺丝溶液的凝胶(冻胶)化、高倍拉伸和热处理。

(一)高相对分子质量 PVA 原料的制备

高相对分子质量(重均分子量大于 10^5)PVA 是制备高强高模聚乙烯醇纤维的首要条件,因为从大分子结构分析，相对分子质量越高，末端缺陷越少，纤维的断裂概率越少，纤维的强度就越高。

制备高相对分子质量PVA采用以下工艺。

1. 乳液聚合

美国Allied公司将醋酸乙烯（VAC）单体精馏，在-40℃经48h紫外线辐射引发，通过乳液聚合制得了平均聚合度（$\overline{DP}$）大于3万的PVA。还有用H_2O—$FeSO_4$氧化还原引发体系和聚氧乙烯壬基酚醚非离子型乳化剂，在10℃以下进行低温乳液聚合制得重均分子量大于5×10^5PVA的报道。

2. 本体聚合和悬浮聚合

以偶氮二甲基戊腈（ADMVN）为引发剂，通过本体聚合可以制得$\overline{DP}$为7.9×10^3和1.26×10^4的PVA。还有以此为引发剂通过低温悬浮聚合制得平均聚合度为4200～5800PVA的报道。这两种聚合方式，在制备高相对分子质量PVA时，需要长时间的低温和特殊的引发剂。

（二）纺丝工艺

1. 凝胶纺丝

凝胶纺丝是用柔性链聚合物制备高强高模纤维的重要方法之一。通常是将超高相对分子质量PVA在高温下配制成较低浓度（如10%以下）的纺丝原液，经冷却浴冷却为凝胶体后，在热甬道中进行超拉伸及脱溶剂。主要工艺过程有丝条的凝固、纺丝溶剂的萃取、凝胶丝条的萃取、干燥、收缩。在实验室中，可以通过凝胶纺丝制得强度和模量分别为38cN/dtex和900cN/dtex的聚乙烯醇纤维。

2. 湿法加硼纺丝

聚乙烯醇纤维纺丝原液中添加了硼酸或盐后，线型聚乙烯醇大分子形成交联结构。

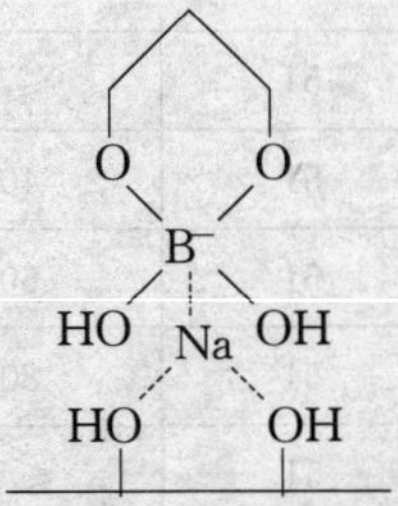

O O
B^-
HO Na OH
HO OH

在介质pH值较小的情况下，只是分子内发生反应，虽然溶液状态还是均相的，但其黏度明显上升。如果pH值继续增大达碱性时，则发生聚乙烯醇分子间的反应，溶液黏度骤然升高而形成凝胶。这种纺丝溶液以硫酸钠和氢氧化钠水溶液为凝固浴，大量的氢氧化钠渗入原液细流，使PVA水溶液发生凝胶化而导致固化。这种过程非常缓慢，以致使纤维的横向截面变得非常致密和均匀，并接近圆形，这与普通聚乙烯醇纤维的截面（腰形）有很大的不同。成型后的初生纤维，再经过中和、水洗、高倍拉伸和高湿热处理，成为高强高模聚乙烯醇纤维。此方法是日本仓敷公司于20世纪60年代发明的，称FWB纤维，该纤维于20世纪80年代末实现了工业化。该纤维所用原料PVA的平均聚合度为2500，甚至平均聚合度为3000～7000均可制得强度12～18cN/dtex、模量400～500cN/dtex的纤维。FWB纤维的其他性能可以与其他合成纤维媲美(表12－33)。

表12－33　FWB纤维和其他合成纤维性能的比较

项　　目		FWB纤维	涤　纶	锦纶66	粘胶强力丝
标准状态	强度/cN・dtex^{-1}	9.277	7.39	7.39	4.58
	断裂伸长率/%	5.70	15.7	20.6	11.4
	初始模量/cN・dtex^{-1}	224.40	95.04	41.36	101.2
高温条件(120℃)	强度/cN・dtex^{-1}	8.34	4.97	4.84	4.14
	断裂伸长率/%	6.9	18.5	22.5	9.1
	初始模量/cN・dtex^{-1}	120	41.18	11.12	83.85

3. 干湿法纺丝

纺丝液从喷丝孔喷出后，通过几毫米或几十毫米的空气层(称为气隙)进入凝固浴，形成均匀的冻胶态初生纤维，接着再进行高倍拉伸、脱溶剂和后处理等工艺。为了制备高强高模聚乙烯醇纤维，选用高聚合度($\overline{DP}\geqslant4000$)的PVA制成纺丝溶液，在高温下经过气隙后即进入温度较低的凝固浴(－20～5℃)，由于溶液中大分子间的力形成交联，因此细流成为均匀的冻胶态。这样为分子结构在高倍拉伸下发生变化提供了先决条件。制成纤维的强度和模量分别为16～20 cN/dtex和450～550 cN/dtex。

不同纺丝方法对应的纤维性能不同，见表12－34。

表12－34　高强高模聚乙烯醇纤维的纺丝方法及对应的纤维性能

年　代	PVA聚合度	纺丝方法	纤维强度/cN・dtex^{-1}	纤维模量/cN・dtex^{-1}	技术成熟程度
1920年代至今	<2000	湿法纺丝	5～8	150～250	大工业生产
1970年代至今	≤2500	湿法加硼纺丝	9～11	300～400	小工业生产
1980年代至今	3000～7000	湿法加硼纺丝	15～18	400～500	小批量生产
1980年代末至今	4000～7000	干湿法纺丝	16～20	450～550	小批量生产
1980年代末至今	4000～18000	凝胶纺丝	18～23	450～600	试验阶段
1990年代至今	5000～50000	干湿法纺丝	20～30	500～620	试验阶段

(三)高倍拉伸和热处理

在制备高强高模聚乙烯醇纤维过程中，初生纤维必须经过高倍拉伸，通过多道的逐级拉伸来提高总拉伸倍数，效果更佳。实践证明，多级拉伸(例如多道湿热拉伸和多道干热拉伸相结合)提高纤维强度和模量的效果要明显好于常规的一步拉伸技术，因为聚乙烯醇初生纤维在不同拉伸阶段具有不同的结构参数变化，即结晶区和非晶区取向和结晶的变化。研究表明，随着拉伸倍数的增加，PVA大分子中非晶区部分首先发生了取向；当拉伸倍数继续增加时，晶区部分也发生了取向，以致使整个大分子均发生取向。另外，由于在一定温度下生成了新的晶型以及结晶的完整化，因此结晶被固定下来，纤维的强度也逐渐提高。在这方面，有很多研究工作对拉伸倍数的配比进行了优化，使纤维达到较高的强度。与此同时，高度取向的 PVA 大分子还要求一定温度的热处理，这是为了继续提高 PVA 大分子的结晶度，使结晶更完整，以防止高温下的解取向。这样，纤维的模量也随之提高。热处理有松弛热处理和张力状态下热处理两种方式，一般认为，在张力状态下热处理可以得到模量更高的纤维。

三、共混改性聚乙烯醇纤维

聚乙烯醇与一些聚合物有良好的相容性，可以通过共混的方法提高和改善聚乙烯醇材料的使用性能或加工性能。在聚乙烯醇共混纤维的研究和开发中，比较成熟和成功的例子有聚乙烯醇/壳聚糖、聚乙烯醇/丝素以及聚乙烯醇/乙烯—乙烯醇共聚物(EVAL)共混等纤维。

(一)聚乙烯醇和壳聚糖共混

PVA 是一种无毒、无害的高聚物，具有优良的成膜性能和力学性能。壳聚糖具有很好的血液相溶性和生物相容性。以溶液纺丝的方法，可以制备聚乙烯醇和壳聚糖共混纤维。PVA 中的羟基(—OH)和壳聚糖中的氨基($—NH_2$)形成了强烈的氢键，共混制得的水凝胶有很好的血液相溶性和生物相容性，有利于细胞的培植。因此聚乙烯醇/壳聚糖共混膜可以作为细胞培植的生物材料。以壳聚糖/聚乙烯醇制成共混纤维，可以提高纤维的取向度和结晶度，改善纤维的力学性能。PVA 含量低于 40%(质量分数)时，共混纤维的抗张强度和断裂伸长率明显高于纯壳聚糖纤维。共混纤维的抗张强度和断裂由于壳聚糖脱乙酰度的增大而明显提高。由于 PVA 具有更强的亲水性，共混纤维的保水值显著提高，适合作医用纤维，用于人造皮肤、创可贴和伤口包扎等的材料。

(二)聚乙烯醇和丝素共混

PVA 与天然蛋白质——丝素蛋白(SF)共混制成的膜既具有丝素的生物相容性，又具有聚乙烯醇良好的成膜柔韧性和水溶性，是一种较好的医用材料。PVA 和丝素还可以制成共混纤维，这种纤维的外观、手感和光泽酷似蚕丝，具有吸湿性好，强韧、柔软的聚乙烯醇纤维的特性。

(三)聚乙烯醇和明胶共混

共混改性聚乙烯醇纤维用于止血纤维和手术缝合线，是历史长、技术成熟的一种品种，它的止血效率高、无毒无害且可被人体吸收。

聚乙烯醇止血纤维，是将低聚合度的聚乙烯醇和明胶溶解在水中共混，经过滤、脱泡，按常规聚乙烯醇的湿法纺丝工艺制成初生纤维，再经拉伸、热定型、水洗、干燥、灭菌等工序制成的。

(四) 聚乙烯醇和聚乙二醇共混

将聚乙烯醇和聚乙二醇(PEG)溶解在水中配成纺丝液，通过特殊的中空喷嘴进入 NaOH 和 Na_2SO_4 组成的凝固浴中，初生纤维进行缩醛化处理后成为微孔聚乙烯醇膜。

当膜凝固时，PVA 和 PEG 之间产生相分离，析出岛状的 PEG 后，剩下的 PVA 骨架纤维中就形成微孔结构。根据具体用途中对微孔尺寸的要求，可以在制造工艺中控制膜的微孔结构。例如，PEG 相对分子质量大小、PVA 和 PEG 的比例以及凝固条件，它们都有控制膜孔径的作用。

四、化学改性聚乙烯醇纤维

聚乙烯醇纤维具有良好的亲水性、化学稳定性和机械性能。当纤维经接枝、共聚等化学改性引进了所需要的各种功能性基团后，就可以成为各种具有一定功能的功能纤维，如离子交换纤维、抗菌防臭纤维、止血纤维、放射性纤维和麻醉纤维。

(一)离子交换纤维

制备以聚乙烯醇纤维为基础的离子交换纤维都是先经过缩醛化反应。聚乙烯醇大分子并不具有离子交换性能的活性基团，通过缩醛化反应在大分子链上引进需要的活性基团，并使大分子之间产生交联，纤维在水中不发生溶解。按照引进活性基团的性质不同，可以分为阳离子交换型、阴离子交换型和两性交换型聚乙烯醇纤维。

未缩醛化的聚乙烯醇纤维先以氯乙醛或溴乙醛进行缩醛化，再经化学处理，可制得阳离子型或阴离子型聚乙烯醇离子交换纤维。如果使未缩醛化的聚乙烯醇纤维先缩甲醛化，再进行磺酸化处理，可以制取强酸性阳离子交换纤维。

离子交换型聚乙烯醇纤维不仅能广泛地应用于分离、精制难以分离的混合物，而且在这种纤维中引入某种药物的生物活性基团后，就可以成为具有生物活性的改性聚乙烯醇纤维。

(二)抗菌防臭纤维

抗菌防臭纤维也称抗微生物纤维，这种纤维中加入了一定量的化学药品，其特点是抗菌性强、安全、吸水性好。例如，聚乙烯醇与5-硝基呋喃丙烯酸类药物(5-硝基呋喃丙烯酸醛)进行缩醛化制成的纤维，分子结构上具有杀菌作用基团，可保持永久性的杀菌和抑菌作用。只要加入不同品种的抗菌药物，就可以制成各种功能性的抗菌纤维。

(三)血液透析用中空纤维膜

以乙烯—乙烯醇共聚物(EVAL)制成的中空纤维膜，作为血液透析材料是一种很成功的医用纤维。由于血液与乙烯—乙烯醇共聚物相容性很好，因此具有抗凝血和抗溶血的功能。这种纤维既不溶解于水，又有良好的湿态强度和亲水性，是用途较广的纤维材料。

中空纤维膜的制造方法是先将 EVAL 溶解在二甲基亚砜(DMSO)中制成纺丝溶液，通过特殊的中空喷嘴进入水凝固浴中制成初生纤维，再将其中初生纤维拉伸和干燥即得到血液透析用中空纤维膜。

第七节 聚乙烯醇纤维的应用

一、高强高模聚乙烯醇纤维的应用

聚乙烯醇纤维的应用总是和其性能分不开的。聚乙烯醇纤维的主要特点是强度高、伸长低、模量大、剪切功大、韧性好、耐冲击性能强，可以制成高强高模纤维，因此在各种产业用材料以及国防军工领域得到广泛的应用(表12-35)。

表12-35 聚乙烯醇纤维与其他纤维强度、断裂伸长率及耐冲击性能比较

纤维品种	断裂强度/dN·tex^{-1}	断裂伸长率/%	冲击断裂功/J·cm^{-3}
聚乙烯醇纤维	6.47	21.4	18.1×10^{-4}
锦纶	4.82	27.3	6.07×10^{-4}
涤纶	4.70	23.0	8.53×10^{-4}

续表

纤维品种	断裂强度/dN·tex^{-1}	断裂伸长率/%	冲击断裂功/J·cm^{-3}
粘胶纤维	1.85	22.4	6.51×10^{-4}
棉	4.37	7.1	1.96×10^{-4}
丝	4.07	19.9	1.65×10^{-3}

(一)产业用

1. 绳索

由于聚乙烯醇纤维强度高、耐腐蚀、重量轻、不需晒干、使用寿命长,所以适合制作渔网用绳索、船舶用缆绳、吊装绳等制品。

2. 帆布

由于聚乙烯醇纤维具有强度高、耐磨性好、耐化学药品和微生物腐蚀、耐日光、耐热、耐寒性强等优点,所以可以替代棉和麻,适合制作车篷、罩布、帐篷、各种帆布口袋、消防水龙带等制品。聚乙烯醇纤维埋在土中和浸渍在冷水中的强度保持率大大超过了棉制品。例如,聚乙烯醇纤维埋在土中,其强度可保持250天不变,而棉制品仅为20～30天;同样浸渍在冷水中,其强度可保持250天不变,棉制品的强度仅在30～50天后就急剧下降。

3. 过滤布

聚乙烯醇纤维耐化学试剂的性能优越,强度高,由它制成的纺织品可用于化学工业、食品工业,可作金属冶炼中的过滤材料。聚乙烯醇纤维制成的纺织品经久耐用且耐洗涤性好。

4. 橡胶制品

聚乙烯醇纤维强度高、密度较棉纤维低,因此适合制作帘子布、运输带等产品。

5. 水泥增强和建筑材料

聚乙烯醇纤维还在水泥、石棉板或陶瓷等建筑材料上得到了充分的应用,因为这种材料抗拉强度高、模量高、与水泥有良好的化学相容性,能均匀地分散在水泥基质中。

表12－36将水泥增强聚乙烯醇纤维与其他纤维进行了比较。由水泥增强聚乙烯醇纤维制成的增强材料的机械性能良好,可提高材料的韧性和抗冲击强度,材料的挠曲强度、弯曲强度、抗疲劳性均比较好;耐酸碱性好,适合于各种等级水泥;水泥增强聚乙烯醇纤维的分散性好,在

表12－36　水泥增强聚乙烯醇纤维和其他纤维性质的比较

项　目	断裂强度/cN·dtex^{-1}	模量/cN·dtex^{-1}	断裂伸长率/%	密度/kg·m^{-3}
PVA纤维	9～13.2	176～236	5～8	1300
石　棉	1.9～3.9	564～639	2～3	2600
纤维素纤维	2.3～3.8	76～225	3～7	1500
玻璃纤维	3.9～7.5	225～263	3～4	2600
PE纤维	7～8	10.6～41	10	950
PP纤维	4.3～7.6	43～54	25	900
聚酰胺纤维	5.4～10.8	18～53	15～25	1100

聚乙烯醇石棉制品中,其用量只需石棉的1/5,但能使制品的单位重量减少,因为聚乙烯醇纤维的密度只有石棉的1/2。

石棉的自然资源缺乏,是一种致癌物质,1990年起已逐渐被禁止使用。因此,水泥增强聚乙烯醇纤维作为石棉的替代品具有十分重要的意义。

(二)国防军工用

聚乙烯醇纤维具有较强的吸收冲击能力,采用芳纶和高强高模聚乙烯醇纤维混用,选用适宜的黏接树脂,可以制成防弹靶板用热塑性复合材料。用聚乙烯醇纤维取代芳纶制备防弹材料,不但可以降低成本,还有良好的防弹效果。

二、聚乙烯醇非织造布

聚乙烯醇纤维可以用常规的棉纺设备制成不同品种规格的纺织品,可以纯纺或混纺,也可以制成非织造布,开拓新的应用领域。例如,水溶性K—II纤维可以制成各种非织造布,其特性和用途见表12-37。

表12-37 K—II纤维的特性和用途

特　　性	应用范围	应用举例
水溶性(5～90℃)	易处置和节省劳力,作高附加值加工的加工剂	用即弃材料,卫生、医用材料,包装材料,加工剂,蓬松服装
加热、加压可黏合	黏合非织造布、制包	农用覆盖物,用即弃材料,卫生、医用材料,包装材料
耐热性	在严格条件下可用	混凝土增强材料,压热消毒
高强度(24cN/dtex)	高强纤维	混凝土增强材料,耐磨材料,橡胶混合物,服装材料,耐撕破服装
原纤化	各种加工的增强	混凝土增强材料,耐磨材料,橡胶混合物
超细(直径0.1μm)	由超细产生的功能	电磁隔膜,抹布,滤网

除此之外,高强度封箱纸带的应用数量也很乐观。以热水难溶的聚乙烯醇纤维作为主体和低温水溶性的聚乙烯醇纤维组合起来,可以制得高强度的纸。这种纸可以作粘贴封箱纸带,在封箱后有较高的拉伸强度。表12-38列出了各种造纸用聚乙烯醇纤维及其用途。

表12-38 造纸用聚乙烯醇纤维及其用途

聚乙烯醇纤维		特　　点	用　　途
主体纤维	1～3dtex	纸的高强力	人造丝纸、浆粕纸
		纸的高强力,低伸长率	粘贴封箱纸带
		耐碱性,吸碱液性	碱性电池隔膜

续表

聚乙烯醇纤维		特点	用途
主体纤维	1dtex 以下	耐碱性,吸液性 隔膜性	碱性电池隔膜
	异形截面	扁平,Y形	包装材料
粘接纤维	60~80 ℃溶解	调节土中分解速度	纸钵
		纸的高强力,尺寸稳定性	无机纤维纸,耐冲击纸,不燃纸
		纸的高强力	人造丝纸、浆粕纸
		纸的高强力,低伸长率	粘贴封箱纸带
	改性聚乙烯醇纤维	纸的高强力(粘玻璃)	玻璃纸

聚乙烯醇还可用于碱性电池隔膜。电池隔膜要求材料具有耐碱性,超细聚乙烯醇纤维不仅具有优良的耐碱性和抗氧化性,而且线密度越低,表面积越大,吸附性能越好。

三、聚乙烯醇纤维复合材料的应用

聚乙烯醇纤维通过改性可以制成导电纤维。当纤维表面覆盖导电聚合物时,可以改善纤维的导电性能,制成导电纤维。例如,以聚乙烯醇纤维为基材,以聚苯胺为导电覆盖层,采用原位吸附聚合物制成的聚苯胺/聚乙烯醇复合导电纤维,其质量比电阻较未经处理的聚乙烯醇纤维降低 2~3 个数量级(表 12-39)。

表 12-39　聚苯胺制成复合导电纤维的性能

样　品	质量比电阻/$\Omega\cdot g\cdot cm^{-2}$	断裂强度/$cN\cdot dtex^{-1}$	断裂伸长率/%
未经处理 PVA 纤维	$>10^9$	8.61	12.5
聚苯胺/聚乙烯醇导电纤维 1	1.97×10^2	8.41	13.8
聚苯胺/聚乙烯醇导电纤维 2	7.95×10^5	7.96	13.8

参考文献

[1] 水佑人,赵丕煜,刘玉武,等. 聚乙烯醇纤维手册[M]. 北京:纺织工业出版社,1981.

[2] 汪维良,蒋辉,谈福华,等. 维尼纶生产基本知识[M]. 北京:轻工业出版社,1975.

[3] 董纪震,赵耀明,王庆瑞,等. 合成纤维生产工艺学. 下册[M]. 2 版. 北京:中国纺织出版社,1994.

[4] 汪福粼,苏文瑞. 聚乙烯醇及其纤维工业的现状与发展前景[J]. 合成纤维工业,2000,23(3):6-11.

[5] 国家技术监督局. GB 12010.1—1989　聚乙烯醇树脂命名[S]//中国国家标准汇编. 北京:中国标准出版社,1990.

[6] 国家技术监督局. GB/T 7351—1997　纤维级聚乙烯醇树脂[S]//中国国家标准汇编. 北京:中国标准出版社,1997.

[7] 国家技术监督局,GB/T 14462—1993　维纶短纤维[S]//中国国家标准汇编. 北京:中国标准出版社,

1993:43－49.
[8] 中华人民共和国纺织工业部．FZ/T 53001—1993,维纶牵切纱[S]//中华人民共和国纺织行业标准.北京:中国标准出版社,1994.
[9] 王殿生．水溶性 PVA 纤维及其在水刺法非织造布中的应用[J]．产业用纺织品,2001(7):14.
[10] 袁昂,黄次沛．水溶性 PVA 纤维[J]．合成纤维,2002,31(1):24－25.
[11] 周国泰,施楣梧,徐闻．高强高模 PVA 纤维的研究现状及在防弹复合材料中的应用[J]．纺织学报,1999,20(3):179.
[12] 黄平．高强高模聚乙烯醇纤维的研究进展[J]．合成纤维工业,2001,24(5):26－28.
[13] 应丽娜,戴礼兴．聚乙烯醇共混及共混纤维的研究进展[J]．合成技术应用,2003,18(3):15－17.
[14] 毛庆．新一代 PVA 纤维[J]．纺织导报,1997(3):14.
[15] 吴李国．PVA 纤维的应用现状及进展[J]．现代纺织技术,2001,9(4):52－54.
[16] 胡绍华,译．聚乙烯醇纤维的开发动向[J]．国外纺织技术,2001,10(10):10－13.
[17] 罗洁．聚苯胺/维尼纶复合导电纤维的研制[J]．四川联合大学(工程科学版),1999,3(3):9.
[18] 郑化,杜予民,余家全．壳聚糖/聚乙烯醇共混纤维的结构与性能[J]．武汉大学学报(自然科学学报),2000,46(2):187－190.
[19] 刘颖隆．中国维纶工业[M]．重庆:科学技术文献出版社重庆分社,1989.

第十三章 高性能纤维

第一节 概 述

高性能纤维是纤维科学及工程界开发的一批具有高强度、高模量、耐高温性的新一代化学纤维。它形成了纤维行业的高新产业体系，十分引人注目。

所谓高性能纤维，一般是指纤维拉伸强度大于 17.6cN/dtex、弹性模量在 440cN/dtex 以上的纤维。当初研究的背景是基于先进的军事装备和宇宙太空开发的需要，以纤维的高强度、高模量、耐高温等优异机械性能及轻量化为研究目标。到了 20 世纪 80 年代，由于高科技产业的兴起，高速交通、海洋开发、超高层建筑、医疗器材、环境保护和体育休闲业的发展都需要多种高性能纤维材料的支持，从而促进了高性能纤维产业的发展。

高性能纤维具有普通纤维没有的特殊性能，应用于军工和高科技产业的各个领域中。随着科技的进步，有些品种纤维的性能还在不断地改进提高，新的市场也在扩大和开拓，已经形成具有特色的新一代纤维材料。和无机非金属材料、金属材料相比，它是重量轻、加工简便、容易成型、物理性能好、不会锈蚀的高性能材料；和普通有机高分子材料比较，它在材料的强韧度、耐热性、尺寸稳定性方面有很大的优势，用它增强的复合材料被称为先进复合材料。代表性高性能纤维的性能见表 13-1。

表 13-1 代表性高性能纤维的性能

纤维种类		商 品 名	强度/GPa	断裂伸长率/%	弹性模量/GPa	密度/g·cm^{-3}	熔点/℃
对位芳香族聚酰胺纤维		Kevlar	2.8	2.4	132	1.44	560①
		Twaron	2.8	2.0	121	1.44	560①
		Technora	3.0	4.6	120	1.39	500①
间位芳香族聚酰胺纤维		Nomex	0.5～0.8	25～45	6.7～9.8	1.38	430①
芳香族聚酯纤维		Vectran	2.8	3.7	69	1.40	330
芳杂环类纤维		PBO	5.5	2.5	280	1.59	650①
		PBI	0.38	25～30	5.7	1.43	450①
高强聚乙烯纤维		Dyneema	3.4	2.0	160	0.98	140
碳纤维	高强	T 700	4.9	2.1	230	1.80	3700①
	高模	M55J	3.92	1.8	540	1.80	3700①
高强玻璃纤维		S玻纤	3.5	2.0	87	2.50	1200
钢纤维			1.8	2.0	48	7.85	1600

①分解温度。

从表 13-1 可见，高性能纤维除了强度大、模量高外，其密度相当低，和金属比较，其比强度、比模量要高好几倍，因此作为结构材料应用时，轻量化特别明显，这为节能、小型化、高速化、高技术产品带来很多有利条件。表 13-1 中所示纤维大部分在市场上可以买到。高性能纤维种类繁多，性能差异大，价格相差很多，所以使用者要熟悉它们的特性，在考虑强度、模量等力学性能时，还需要根据最终用途，综合评估纤维的性价比。

高性能纤维的生产目前只有美国、俄罗斯、日本及欧洲等少数几个国家和地区能够掌握。近年来，我国对高性能纤维的开发相当重视，高强聚乙烯纤维已经有 900t/a 的生产规模，碳纤维有小批量生产线，生产能力为 350t/a 左右，但是高质量的碳纤维还依赖进口，对位芳纶国内还没有生产线，市场所需的纤维全部依靠进口。预期今后几年间，国内有两三家企业将进行对位芳纶的试生产，2006 年上海已建成对位芳纶浆粕一条 50t/a 的中试生产线，间位芳纶在山东、广东各有一家公司投入生产，规模达到 1500t/a 左右。

高性能纤维的出现与发展只有 40 多年的时间，但是人们对以芳纶及碳纤维为代表的高性能纤维已相当熟悉。防弹衣、宇宙服、光纤电缆、先进复合材料等尖端科技产品都离不开高性能纤维的支撑。就是体育比赛用品，如高尔夫球杆、赛车及车手防护头盔等，也是高性能纤维制造的产品。

纤维科学家和系统工程师们对高性能纤维的大分子构造、聚合工艺学、高分子液晶态及流变学、纤维加工技术等方面进行了大量研究，奠定了高性能纤维的基础科学理论。

第二节 芳香族聚酰胺纤维

在芳香族聚酰胺纤维的研究中，杜邦公司的 S. L. Kwolek 合成了一系列对位芳香族聚酰胺高分子化合物，其中化学结构最简单的是聚对苯酰胺和聚对苯二甲酰对苯二胺，它们的熔点高于热分解温度，在大部分常规溶剂中都不溶解，很难进行后加工研究。1965 年 1 月，Kwolek 实验时偶尔发现了含盐的酰胺型溶剂可以溶解芳香族聚酰胺，经继续深入研究，于 1966 年又发现在某些条件下，对位芳香族聚酰胺可溶解于浓硫酸中。用这种溶液通过湿法纺丝得到的对位芳香族聚酰胺纤维，当时称为 Fiber-B。进一步研究表明，当聚合物在硫酸中的溶解浓度达到临界浓度以上时，溶液能形成高分子液晶。1970 年，Blades 发明了用这种溶液进行干喷—湿纺的高分子液晶纺丝技术，使纤维的强度提高至 20cN/dtex 以上，纺丝速度也比湿法纺丝提高 4 倍，该发明确立了对位芳香族聚酰胺纤维的工业化基础。

高强度、高模量和耐高温的对位芳香族聚酰胺纤维自问世以来，在纺织、产业及军工等领域用途日益广泛，世界范围的销售市场急速增长。

一、对位芳香族聚酰胺的结构和合成

对位芳香族聚酰胺纤维（Aromatic Polyamide Fiber）实现工业化生产后，为了区别于脂肪族聚酰胺纤维的通称 Nylon，1974 年美国联邦贸易委员会把芳香族聚酰胺通称为 Aramid，用它制造的纤维就是芳香族聚酰胺纤维（Aramid Fiber）。在我国，芳香族聚酰胺纤维称为芳纶。聚对苯二甲酰对苯二胺纤维称为芳纶 1414（对位芳纶），又称芳纶Ⅱ，其分子结构式如图 13-1 所示，美国杜邦公司的商品名为 Kevlar，帝人公司的商品为 Twaron。帝人公司的共聚芳纶名为 Technora，它们结构如图 13-1 所示。

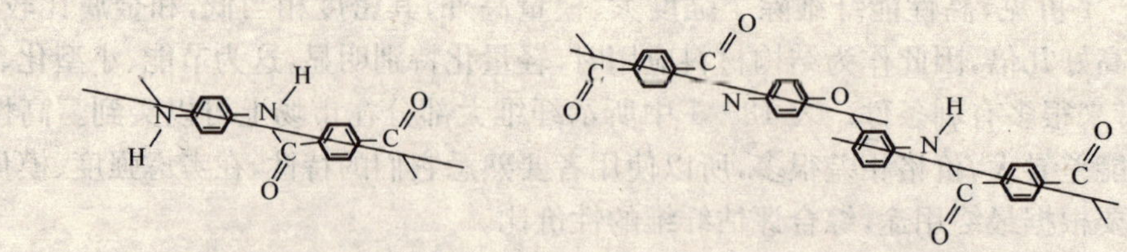

(a) PPTA(刚性链结构)　　(b) Technora(半刚性链结构)

图 13-1　对位芳纶的分子结构式

聚对苯二甲酰对苯二胺(PPTA)采用缩聚方法合成。由于其熔融温度高于它的分解温度,因此不能用熔融缩聚的方法,只能用界面缩聚、溶液缩聚或乳液聚合的方法合成。作为研究,还有固相缩聚和气相聚合方法。工业生产上常用低温溶液缩聚和界面缩聚的方法,由芳香族二胺与芳香族二酰氯,在酰胺型溶剂体系中反应制备聚合物,其反应式如图 13-2 所示。

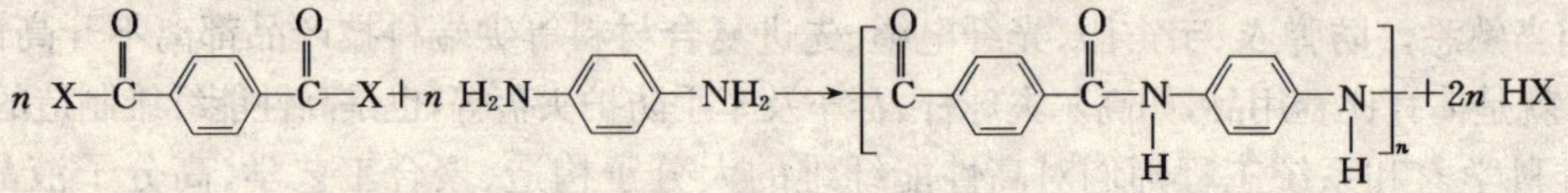

n X—CO—C₆H₄—CO—X + n H_2N—C₆H₄—NH_2 ⟶ [—CO—C₆H₄—CO—NH—C₆H₄—NH—]$_n$ + 2n HX

图 13-2　PPTA 合成反应式

和通常的缩聚反应一样,PPTA 缩聚也遵守 Flory 缩聚规律,聚合度与反应程度、两个单体初始物质的量浓度配比及反应时间密切相关,而两单体的配比又与单体的纯度相关,PPTA 缩聚要求单体纯度极高。单体对苯二甲酰氯极其活泼,氯原子容易与溶剂中含有的水分反应,因此缩聚溶剂的含水量也要严格控制。对苯二胺与对苯二甲酰氯的缩聚反应速度极快,又是一个放热反应,反应体系温度过高,将增加副反应和聚合物的降解,因此选择低的反应初始温度,有利于得到高相对分子质量的聚合物,其比浓对数黏度 η_{inh} 为 5～6dL/g 时,才适合制造高强高模的纤维。

PPTA 工业化生产采用连续缩聚装置。对苯二胺的酰胺—盐溶液和熔融的对苯二甲酰氯,由计量泵精确地连续送进特殊的连续反应混料器,物料迅速反应,停留极短时间后,立即进入双螺杆反应器,在高剪切下完成缩聚反应。排除反应热量,使温度控制在较低的范围内。最后高相对分子质量的聚合物以粉碎屑粒形式排出,经中和、烘干后得到 PPTA,供给纺丝工序。

PPTA 在浓硫酸溶液中,特性黏度[η]与相对分子质量有如下关系:

$$[\eta]=7.9\times10^{-5}M^{1.05}$$

通常特性黏度值在 4 以上时,PPTA 的相对分子质量大于 27000。

PPTA 的合成方法还有气相缩聚法、固相缩聚法等。还有直接采用对苯二甲酸和对苯二胺,在吡啶及苯基亚磷酸盐催化剂作用下发生直接缩聚的方法。

二、对位芳纶的纺丝

PPTA 是典型的刚性链聚合物,其硫酸纺丝溶液是溶致性液晶溶液,采用干喷—湿纺的液晶纺丝方法制取高强度、高模量 PPTA 纤维。和传统的熔融纺丝、湿法纺丝及干法纺丝相比,在工艺技术上引进了新的概念和理论。

用高相对分子质量PPTA制备的高浓度(18%～22%)PPTA—硫酸溶液，在一定温度条件下具有典型的向列型液晶结构。把制得的纺丝原液通过喷丝孔时，在剪切力和拉伸流动下，向列型液晶微区沿纤维轴向取向；吐出喷丝孔后，由于压力松弛，使取向的大分子链产生部分解取向倾向，但原液细流又很快受到拉伸应力的作用而抑制解取向，在空气层中进一步细化伸长并获得高度取向；到低温的凝固浴中，冷却凝固形成冻结液晶相纤维。因此，初生丝无须拉伸就能得到高强度高模量纤维。

芳纶纺丝装置示意图如图13－3所示，这种纺丝装置充分发挥了液晶纺丝的优点。中间的空气层间隙，可使高温纺丝喷丝头和低温凝固浴之间保持一定的温差。同时，在空气层中进行适宜的喷头拉伸，可以使原液细流的拉伸流动取向增大。纺丝速度也比湿法纺丝的速度高得多，可达200～800m/min，有的研究试验中已达到2000m/min的高速，显然有利于工业化大生产。

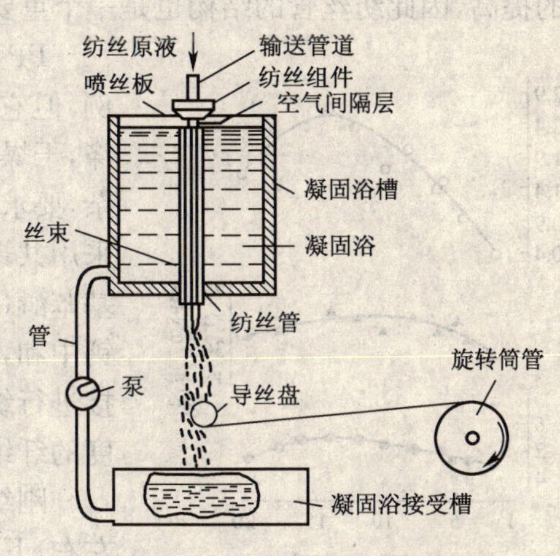

图13－3　干喷—湿纺装置

喷丝头拉伸比SSF(Spin Stretch Factor)是纺丝过程重要的参数。图13－4是SSF与初生丝强度的关系，随着SSF增大，原液细流的拉伸流动取向增强，纤维强度迅速增加。这是因为液晶大分子取向后，其松弛时间比较长，伸直取向的分子结构还来不及解取向就在冷的凝固浴中冻结凝固而成型，因此使纤维保持高强度和高模量。纺出的丝束用纯水洗涤，除去残留的硫酸，上油后卷绕成筒管，即为PPTA长丝产品。水洗中和后的丝束再经500℃以上高温热处理，纤维的模量增加一倍左右，而强度变化很小，如图13－5所示。

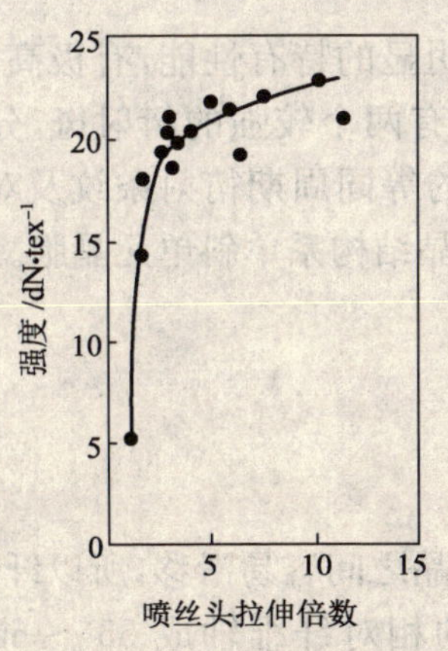

图13－4　SSF与初生丝断裂强度的关系

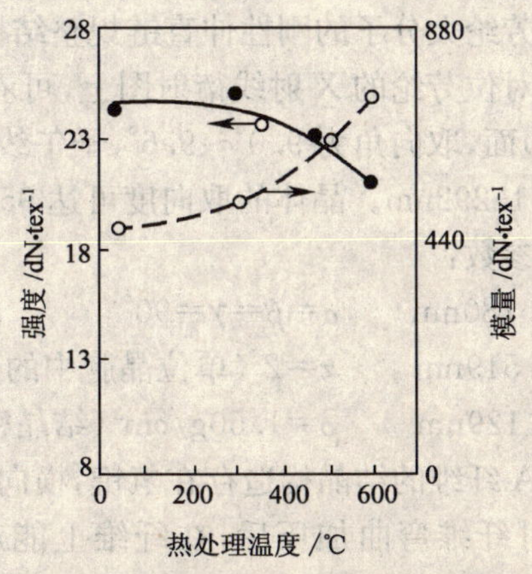

图13－5　热处理对纤维断裂强度影响

在干湿法纺丝装置中，有一根引导凝固浴流动的管子，称为纺丝管。在纺丝管中，原液细流与凝固浴按同一方向流动，因此减少相互之间的摩擦，使丝束受到的张力变小，有利于提高纺丝速度。

按照下述的经验公式，纺程中的丝束张力 F 与卷绕速度 v_1、凝固浴流速 v_2、纺丝管长度 L 及纺丝温度 T 等因素有关。

$$F=2.17\times10^{-9}T^{1.5}(v_1-v_2)L$$

从上式可知，当 $v_1/v_2\rightarrow1$ 时，丝束受到的张力最小。而凝固浴的流速与纺丝管的形式和结构有关，一般封闭式纺丝管凝固浴的流速要比敞开式纺丝管高 4～5 倍，v_2 增加也有利于卷绕速度的提高，因此纺丝管的结构也是一个重要的参数。

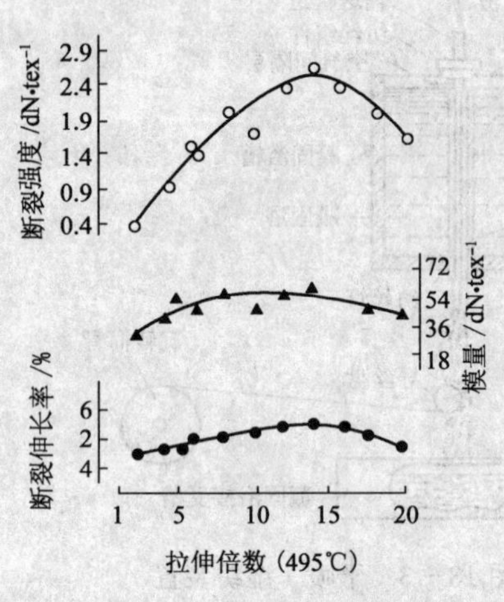

图 13－6　Technora 纤维拉伸倍数与性能的关系

PPTA 的液晶纺丝开创了生产刚性链高性能纤维的先例，但它在 NMP—$CaCl_2$ 溶剂中缩聚，然后加水沉析、洗涤，干燥后再在浓硫酸中溶解制成纺丝原液，因此工艺复杂，要求设备耐强酸的腐蚀。为了改进聚合物的溶解性，采用共聚芳纶 Technora，大分子主链上引入柔性链节二氨基苯醚(3,4′－ODA)，共缩聚后得到的聚合物溶液用氯化钙中和，该溶液呈各向同性，将浓度调整至 6%左右即可直接进行纺丝。初生纤维经过高温高倍拉伸，也能得到高强度的纤维，这样工艺流程就缩短了许多。

刚纺出的 Technora 初生丝，强度比较低，在高温(500℃左右)下高倍拉伸后强度才能上升。拉伸倍数与性能的关系如图 13－6 所示。一般拉伸 10 倍以上，纤维的强度可达 2.2～2.5N/tex，模量在 521.9N/tex 左右。这种超高倍拉伸的方法，已引起纤维界人士很大的兴趣。

三、对位芳纶的结构与性能

(一)对位芳纶的结构

对位芳纶大分子的刚性伸直链规整结构，使其具有明显的特有性能，有极高的结晶度和取向度。在对位芳纶的 X 射线衍射图上，可看到赤道方向有两个较强的衍射斑，分别对应(110)面和(200)面，取向角为 9.0°～9.6°，子午线方向有明显的等同周期衍射条纹及对称层线，其等同周期为 1.292nm。晶体的取向度可达 95%，纤维的结晶结构系单斜单元晶胞。

晶胞参数：

$a=0.780$nm　　$\alpha=\beta=\gamma=90°$

$b=0.519$nm　　$z=2$ (单位晶胞中的分子数)

$c=0.129$nm　　$\rho=1.50$g/cm^3 (结晶密度)

PPTA 纤维的结晶构造存在氢键，横向作用力弱，片晶之间容易滑移，所以纤维弯曲压缩性能较差，对纤维弯曲加压后，在纤维上能观察到倾斜的相对纤维轴成 55°～60°的扭折褶带(kindband)，使纤维强度降低，因此 PPTA 纤维的耐疲劳性能较差。

(二)对位芳纶的力学性能和化学性能

对位芳纶具有良好的耐化学药品性能，大部分有机溶剂对纤维的断裂强度几乎没有影响。但在强酸、强碱存在时，高温下纤维强度降低相当大。纤维的耐酸、耐碱性及耐热性见表 13－2。

表 13－2 对位芳纶的耐化学药剂性、耐热性

性能		质量分数/%	温度/℃	时间/h	强度保持率/%		
					Kevlar－29	Kevlar－49	Technora
耐化学药剂性	硫酸	20	95	20	13	50	99
		20	95	100	2	29	93
	苛性碱	10	95	20	15	38	93
		10	95	100	4	18	75
	甘油	100	95	300	96	92	94
耐热性(湿热)		—	200	100	75	75	100
				1000	—	—	75
耐热性(湿热)		—	120(饱和蒸汽)	400	20	—	100

根据纤维的不同应用要求，使用不同的纺丝工艺条件和热处理，可以得到不同种类的芳纶系列产品，比如 Kevlar 29、Kevlar 49、Kevlar 149 等，表 13－3 是 PPTA 纤维系列的力学性质比较。

表 13－3 PPTA 系列纤维的力学性能

品牌 \ 性能	断裂强度/GPa	初始模量/GPa	断裂伸长率/%	密度/g·cm^{-3}	吸水率/%
Kevlar 29	2.9	67	3.5	1.44	7.0
Kevlar 49	2.8	125	2.4	1.45	4.5
Kevlar 149	2.3	173	1.5	1.47	1.5
Kevlar 129	3.4	96	3.3	1.44	4.3
Twaron	2.9	75	3.3	1.44	6.8
Twaron－HM	2.8	125	2.0	1.45	—
Technora	3.4	72	4.6	1.39	2.0
Terlon B	3.0	130	2.2	1.45	3.2
Terlon C	3.5	175	2.0	1.45	2.5
CBM	3.8	120	3.0	1.43	6.0
APMOC	4.5	145	3.0	1.43	3.2
PYCap	4.9	132	3.3	1.45	3.3

PPTA 纤维的理论强度是 30GPa，理论模量为 182GPa，现在纤维的强度实际达到 3GPa 左右，模量最高达到 173GPa，实测结晶模量已经达到 156GPa。可以看出纤维的模量和理论值相当接近了，而纤维的强度只有理论值的 1/10，差距很大。这一方面说明高强度纤维的强度受到纤维结构缺陷的影响，另一方面也反映了目前有关纤维结构缺陷的理论还有许多不完善的地

方，是今后重要的研究方向。

PPTA纤维大分子刚性和伸直链的结构，不仅使纤维具有高强度、高模量的力学性能，而且还有良好的耐热性。它的玻璃化温度在345℃左右，在高温下不熔融，热收缩也很小，有自熄性，在200℃下强力几乎保持不变，随着温度上升，纤维逐步发生热分解或炭化，其分解温度大约在560℃，极限氧指数(LOI)为28%～30%。

对位芳纶有优良的耐热性能，纤维的比热容随温度增加而增加，导热系数受温度的影响较小，和其他纤维比较，对位芳纶的织物具有较好的热绝缘性，见表13-4和表13-5。

表13-4 芳纶的热性能

比热容(室温)/kJ·(kg·K)$^{-1}$	1.7	分解温度/℃	550
导热系数(室温)/J·(m^2·K)$^{-1}$	0.52	最大失重速率温度/℃	565
燃烧热/J·kg^{-1}	34.8×10^6	空气中长期使用温度/℃	160～180
热膨胀系数/K^{-1}	-3.46×10^{-6}(轴向) 66.3×10^{-6}(横向)	极限氧指数/%	28～30

表13-5 织物的导热系数

织　物	厚度/mm	导热系数/×10^{-3}J·(cm·s·℃)$^{-1}$
芳纶毡	1.85	0.127
石棉布	2.05	0.180
玻璃布	2.10	0.159

芳纶的热膨胀系数沿着纤维轴向是负值，横向热膨胀也非常低，刚性链的分子结构使其蠕变非常低，因此具有极优良的尺寸稳定性。

芳纶织物燃烧时很少排出有害气体，离开火焰后，即停止燃烧，没有阴燃和火星。几种常见纤维燃烧时放出毒性气体的数量见表13-6。

表13-6 常见纤维燃烧时产生的有害气体　　单位：mg/kg

纤维＼气体	CO	CO_2	NH_3	HCN	H_2S	烟浓度(CA)/%
芳　纶	536	370	0	0	0	6
涤　纶	1166	510	0	0	0	18
锦　纶	1030	135	12	0	0	27
腈　纶	1633	0	499	250	0	70
羊　毛	1000	1500	600	130	480	—

复合材料中经常使用的对位芳纶是复丝，因此长丝加捻会影响复丝的抗张强度。对位芳纶长丝的最佳捻系数在1.1左右。捻系数按下式计算。

$$\alpha_T = Tt^{1/2} T_t / 958$$

式中：α_T——捻系数；

Tt——长丝线密度，tex；

T_t——捻度，捻/m。

芳纶纱的强度开始随捻度增加而增加，达到最佳捻系数以后，强度随之下降，同时，芳纶纱的强度与长丝的线密度也相关，在纺织加工过程中要选择好芳纶长丝的捻度。

四、对位芳纶的种类及其纺织品

对位芳纶是先进复合材料中使用的高性能增强纤维材料，其产品有长丝、短纤维及浆粕三大类，每一类又有多种规格型号可供不同用途进行选择。在当前世界对位芳纶销售市场上，主要是美国杜邦公司的 Kevlar、帝人- Twaron 公司的 Twaron 及日本帝人公司共聚芳纶 Technora，这些纤维的主要品种见表 13－7 和表 13－8。

表 13－7　Kevlar 纤维的主要品种

纤　　维	型　　号	线密度或长度(dtex)	特　　长
Kevlar	950、956	792、1100、1650、2475	橡胶增强用
Kevlar 29	960、961、964	220、1100、1650、2475、3300	标准通用型
Kevlar 49	965、968、989	418、1254、1562、3124、7810	高模型复合用
Kevlar 68	965B、989B	1254、1562、2376、3124、7810	中模量光缆用
Kerlar 100	964F、970F	1650、一定长度短纤维	有色纤维
Kevlar 119	950E、956E	1650、2475	高伸长橡胶用
Kevlar 129	956C、964C	1100、1650	高强度型
Kevlar 149	956A、968A	418、1254、1562、7810	超高模量型
Kevlar 短纤	970	6mm、13mm、38mm、48mm(长度)	
Kevlar 浆粕	979	0. 8mm、2mm、4mm(长度，干和湿)	

注　1tex＝9 旦。

表 13－8　Twaron 纤维的主要品种

型　　号	线密度(dtex)或长度	特　　长
Twaron 1000	420、840、1100、1260、1680、3360	标准通用型
Twaron 1020	1680	耐磨损型
Twaron 1040	840、1260、1680	缠绕成型用
Twaron 1056	1210、1610、2420、6440、8050	高模量复合材料用
Twaron 1111	420、1260、1680、2520	中模量
Twaron 2200	1680、2520、3360、8400	高模量光缆用
Twaron 1070	短纤 40mm、1072 短纤 50mm、1075 短纤 60mm(长度)	纺纱用

续表

型　号	线密度(dtex)或长度	特　长
Twaron 1080	短切纤 5～6mm	摩擦材料
Twaron 1095	0.9～1.9mm	浆粕型
Twaron 1093	1.8～2.4mm	浆粕型
Twaron 1099	2.1～2.7mm	浆粕型

对位芳纶短纤维有卷曲和无卷曲两种产品，纺织加工常使用卷曲短纤维，在橡胶、塑料中作为增强纤维用的是短切无卷曲的芳纶。30mm 以上卷曲芳纶可在棉纺和毛纺设备上纺纱，根据加工条件的不同有粗纱、半精梳纱、(3－锡林)精梳纱、牵切纱、摩擦纺(Dref 2 及 Dref 3)纱等，代表性芳纶纱的性能见表 13－9。

表 13－9　芳纶纱性能比较

性能＼纱线	粗梳纱	半精梳纱	精梳纱	牵切纱	Dref 3 纱
纤维长度/mm	60	60	40/50	约 170	40
纤维定向性	低	中等	中等	高	低
纱线线密度/dtex	1000～13000	330～2000	125～500	75～10000	300～6000
断裂强度/cN·tex^{-1}	30～40	60～75	60～70	120～130	40～50
断裂伸长率/%	3.5	4.0	4.0	3.0	2.5

对位芳纶长丝和芳纶纱通过机织、针织等加工成芳纶织物，织物的结构和定重可有较大范围的变化。国内常见的芳纶平纹织物，轻薄型的定重为 80～100g/m^2，中等厚度的定重为 200g/m^2 和 290g/m^2，适用于复合增强材料及防弹材料。芳纶还可与其他增强纤维混纺或交织，制成玻璃纤维、碳纤维及阻燃纤维等，制成的织物已有广泛的应用，作为防护纺织品能满足许多特殊要求。

对位芳纶短纤维(如 40mm、50mm 长)可以采用非织造工艺制得芳纶非织造布，其定重一般在 60～150g/m^2；如果用湿法针刺工艺，可制成又轻又薄的片状非织造布，是增强印刷线路基板的理想材料。不同芳纶织物，其性能表现也不同，见表 13－10。

表 13－10　芳纶织物的性能比较

性能＼织物	机织物	针织物	针刺非织造布
断裂强度	○○○○○	○○○	○
延伸性	○	○○○○	○○○○○
蓬松性	○	○○○	○○○○○

续表

性能 \ 织物	机织物	针织物	针刺非织造布
隔热性能	○	○○○	○○○○○
耐磨性能	○○○○○	○○○	○
耐切割(锋刃)	○	○○○	○○○○○
耐切割(边刃)	○○○○○	○	○

注 ○○○○○最好,○最差。

五、芳纶浆粕

芳纶浆粕(PPTA - Pulp)是近二十多年来新开发的对位芳纶差别化产品。20 世纪 80 年代初,美国杜邦公司开发的 KevLar - 979(Aramid Pulp)是一种高度分散性的原纤化芳纶产品。它的外观类似木材纸浆纤维,平均长度 1.1mm,平均比表面积 6 m^2/g,有丰富的绒毛微纤和一定长度分布,和 PPTA 纤维具有同样优良的物理机械性能,因此作为石棉的理想替代纤维,在摩擦密封材料领域中有广泛的应用。进入 90 年代中期,欧美等地区开展禁止使用石棉的环境保护运动,PPTA - Pulp 得到迅速发展,2006 年,全世界 PPTA - Pulp 的市场销售量有 1 万多吨,是对位芳纶总量的 20%左右,占据很大的市场份额。

杜邦公司以及帝人- Twaron 公司申请了许多关于芳纶浆粕的专利。杜邦公司采用对位芳香族聚酰胺液晶纺丝、短切、盘磨方法制备芳纶浆粕,由聚合物液晶溶液干喷—湿纺成型的长丝,经卷绕、切断、分散,然后再进入盘磨机研磨而成为浆粕,这是目前国际市场上出售的 Kevlar 浆粕商品的主要生产技术。Twaron 浆粕的制备方式与杜邦公司的方法类似,采用间歇缩聚法合成聚合物,溶解后通过干湿法纺丝制成长纤维,然后经集束切断,再毛羽化、脱水、干燥后打包装箱,生产工艺成熟,产品性能也相当稳定。该工艺的缺点是纺丝溶剂浓 H_2SO_4 对设备腐蚀严重,并且芳纶是高强高模纤维,需要特殊的切割设备,全过程工序多。

对于浆粕的其他制造方法,已有一些研究人员提出了许多专利技术。韩国的 Yoon 提出直接法制备浆粕,该法是使用加入吡啶三元溶剂体系的低温溶液缩聚制得有一定黏度的聚合体,待反应体系出现冻胶后,停止搅拌,加入沉淀剂破坏冻胶体,原纤呈聚集状析出,这种原纤聚集状聚合物经过粉碎、中和、水洗而形成具有一定长径比、一定长度分布的浆粕。王曙中等人申请的共聚芳纶浆粕制造方法,是利用某些第三单体在共缩聚时加速对位芳香族聚酰胺分子链的增长、堆砌反应,因此不用吡啶而在二元溶剂体系中实现缩聚原纤化反应,经沉析、洗涤、脱水、干燥得到芳纶浆粕。

Roland T. Brierre 等人发表了从缩聚直接连续法制造芳纶浆粕的装置专利,该装置有一个软冻胶取向器和链式熟成装置,取向的对位芳香族聚酰胺大分子链凝聚物在中和时沉析生成的芳纶浆粕,可以连续生产。上述专利技术由于商业上原因都没有实现产业化。

2006 年,在上海建成了 50t/a 的芳纶浆粕生产中试线,目前生产的芳纶浆粕品种有摩擦材料用 EJ—101、密封材料用 EJ—201(干法)、EJ—202(湿法抄取板)、造纸用 EJ—303、增强塑料用 EJ—401 五个类型的产品。

对位芳香族聚酰胺纤维容易产生原纤化现象，芳纶浆粕就是利用这些性质，把对位芳香族聚酰胺纤维切短后撕裂而产生微纤状毛羽而形成的，其比表面积大，表面特性优越，容易吸附其他填充材料，如炭黑、硫酸钡等无机填料粉末，和树脂黏合剂的界面结合性能也好。

决定芳纶浆粕主要性能的指标是浆粕的比表面积和长度以及它们的分布。比表面积是芳纶浆粕最重要的性能，通过 BET 表面积测定法可直接测定浆粕的比表面积。采用光学显微镜、扫描电镜可观察浆粕表观形态和微原纤化程度，图 13－7 是芳纶浆粕的扫描电镜的照片，可观察到主干纤维表面有许多微原纤维，直径有很大分散性。比表面积大小对浆粕与填充料的结合和复合物料的强度有较大影响，造纸时，与纸的湿强度、平整性相关联。普通型浆粕的比表面积为 $6m^2/g$ 左右，高原纤化型浆粕为 $10\sim16m^2/g$。芳纶浆粕的长度处于随机分布状态，不同的工艺条件使浆粕长度有不同的分布。通过短纤维长度分析仪，可以测定浆粕的加权平均长度。浆粕平均长度将影响加工过程中物料的分散性和制品的机械强度，浆粕长度通常在 0.8～1.1mm。

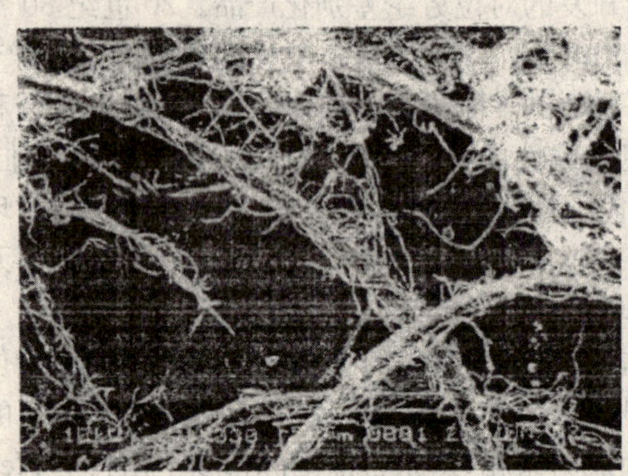

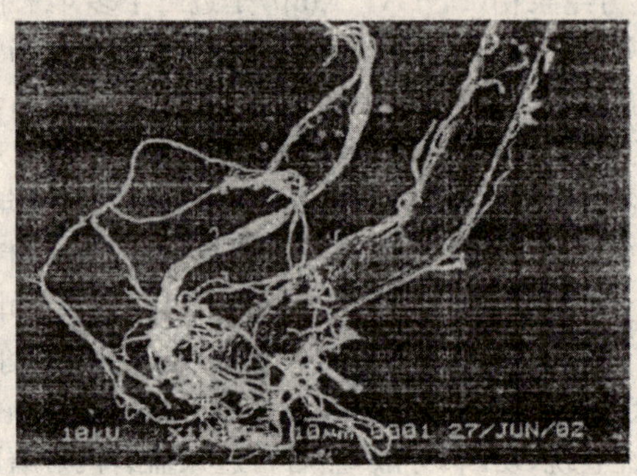

图 13－7　芳纶浆粕的扫描电镜照片

图 13－8 是芳纶浆粕的 X 射线衍射图，在 20.5°(110 结晶面)、23°(200 结晶面)有两个尖锐的衍射峰，反映纤维中晶胞结构完整、取向高，具有很高模量。这一性能类似于无机纤维，因此芳纶浆粕用于磨损材料中，既有强韧性能，又有耐磨损性能，芳纶纸可以替代铝箔制造蜂窝芯。

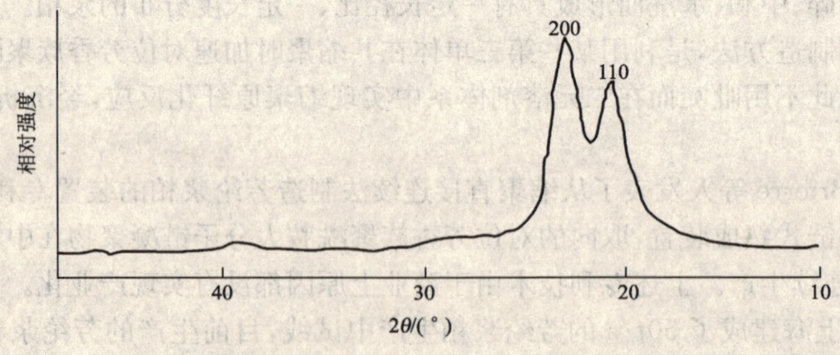

图 13－8　芳纶浆粕的 X 射线衍射图

六、对位芳纶的用途

对位芳纶主要应用于下列领域。

(1)防弹产品：如防弹背心、防弹头盔等。

(2)光纤缆绳：如光缆中心轴部分和外围的保护增强纤维材料、建筑用绳索、船舶用缆绳等。

(3)橡胶补强制品：如芳纶帘子线轮胎、同步传送带、耐热耐压软管。

(4)纤维增强复合材料：作为先进复合材料在飞机、航空航天器材的零部件上得到应用，在轻质箱体、压力容器、造船业、体育器材等方面都有广泛的应用。

(5) 摩擦密封件：主要以芳纶浆粕形式应用，替代石棉大量应用于刹车片、离合器衬片、工业用密封垫等方面。

对位芳纶浆粕的用途和市场比例见表 13－11。

表 13－11　对位芳纶浆粕的用途和市场比例

产业领域	用　　途	市场比例/%
复合材料	航空航天器材、电子产品、体育用品等	42
橡胶增强材料	高压软管、轮胎、动力传送带等	20
绳索光缆材料	高强绳索、线带类、光纤补强等	12
其他产业用品	建筑水泥补强、篷布、劳动防护等	10
防弹材料	防弹背心、头盔、装甲等	7
石棉替代材料	摩擦材料、密封垫片、工业用纸等	6
其　他	非织造布、毡等	3

含有对位芳纶浆粕的工程纸制成纸蜂窝芯材料，与 Nomex 做的纸蜂窝芯相比较，在强度、模量、耐温性及吸湿性方面都有很大的提高，见表 13－12。

表 13－12　两种蜂窝芯性能的比较

性　　能	KOREX	NOMEX
压缩强度/MPa	2.6	2.2
压缩模量/MPa	280.0	138.0
断裂强度/MPa	3.5	2.2
剪切模量/MPa	138.0	50.0
吸湿率/%	1.4	3.3
强度保持率(500℃)/%	80	52
介电常数	1.051	1.088
热膨胀系数	8×10^{-6}	22×10^{-6}

近年来，高层建筑、海边或海洋中构造建筑及大型桥梁等新型建筑要求采用质量轻、强度高和耐久性好的材料，同时希望建筑施工安全、省力、工程更加合理化。在土建用纺织品方面，已大量使用土工布，有关的报道很多。

纤维的形状有丝束或编织成辫子状绳索，通过浸渍树脂而固化。芳纶辫绳的强度通常是钢筋的5倍，密度只有它的1/5，模量是它的2/3，且加工方便。用它们可做成棒状硬件，也有制成绳状软件的，根据需要还可编成框状。芳纶浸渍环氧树脂（FiBRA）的拉伸强度为1500MPa，拉伸耐疲劳性应力应在374MPa下，200万次以上还没有破坏；耐化学药品（除硫酸外）性能好，在海水中浸渍30日，强度仍保持在90%以上；FiBRA和水泥的黏着性与普通钢筋相仿，因此采用FiBRA可使构件轻量化，耐久性好，在地面、柱子和梁结构施工中都有应用。

最近，日本要求高性能印刷线路板能耐更高的温度，更轻、更薄，生产效率比通常的玻璃纤维基板更高，因而大量应用芳纶材料。通过非织造布工艺或造纸方法研制的印刷电路基板，可应用于IT产业的各种设备。现代电子信息要求传播速度越来越快，电子元件的体积越来越小，材料是高可靠性的关键。高性能、高密度电子元件希望先进的印刷线路板耐热达270℃左右，原有的玻璃纤维/环氧树脂板已不能满足许多先进电子系统对高玻璃化转变温度、低介电损耗和稳定线性膨胀系数等性能的要求，芳纶材料制造的印刷线路板完全能满足使用要求。

轮胎的重量和耐久性也十分重要，以芳纶为帘子线的轮胎，重量能降低3kg，成本仅上升10%，但轮胎使用寿命延长，能耗降低，乘坐相当舒服。对位芳纶增强的轮胎是超轻量轮胎，简称ULW轮胎，这种轮胎在西欧用量可观。在汽车工业中，芳纶还可应用于离合器衬垫、增强软管、汽缸垫和汽缸绝热毡等方面。

七、间位芳纶

芳香族聚酰胺纤维中另一大品种是聚间苯二甲酰间苯二胺纤维，我国称之为芳纶1313（间位芳纶），美国杜邦公司的注册商标是Nomex。早在20世纪60年代，杜邦公司首先开发Nomex纤维，成为最具盛名的耐热纤维。它的大分子链呈锯齿形，苯环连接酰胺基团结构，使它具有优良的物理性能，同时有极佳的耐热性和难燃性，纤维的纺织加工性能与棉花相似。耐热纤维的特征是在200℃高温下，能连续使用而不出现热分解，并保持其物理机械性能，在300℃高温下，在较短时间内，其收缩率很小，因此在工业上可替代石棉得到广泛的应用。目前，杜邦公司的生产能力为20kt/a，帝人公司相似产品Conex的生产能力是2300t/a，我国山东、广东两家公司的生产能力在2500t/a左右。

和PPTA一样，间位芳纶的合成采用界面缩聚法和低温溶液缩聚法，由间苯二胺和间苯二甲酰氯缩合反应而得。界面缩聚时，有机相采用四氢呋喃，间苯二甲酰氯溶于有机相中，加入到溶有间苯二胺的碳酸钠水溶液中，在水与四氢呋喃界面立即发生反应，生成间位聚合物沉淀，经过分离、洗涤、干燥后得到白色聚合物固体。

聚合体也可采用低温溶液缩聚反应方法，间苯二胺溶于二甲基乙酰胺溶剂中，搅拌下加入间苯二甲酰氯，反应开始温度3～5℃，随反应进行上升至50～70℃直到反应结束，用氧化钙中和后，调节溶液浓度至适宜纺丝的黏度，就可直接进行湿法纺丝。

间位芳纶可用干法纺丝和湿法纺丝两种方法，与常规化学纤维的纺丝相似，只是初生纤维水洗后，第一道沸水拉伸，第二道在300℃左右高温拉伸，得到成品纤维。

以上两种缩聚方法和纺丝方法各有千秋，有的对设备要求比较高，有的对技术要求多些，有的适合质量好的长丝，有的符合产量大的短纤维生产，所以要有所选择。

与对位芳纶不同，间位芳纶由于是间位苯环连接酰胺基，苯环共价键没有共轭效应，键的内旋转位能相对处于低位，容易自由活动，因此大分子链呈现柔性结构，其弹性模量的数量级与柔性大分子链处于同一水平，伸长也大，手感柔软，强度比棉纤维稍大，耐磨牢度好。与其他无机耐高温纤维，如玻璃纤维相比较，间位芳纶的纺织加工性良好，服用性好。间位芳纶与几种常用纤维的机械性能见表13－13。

表13－13　几种常用纤维的机械性能

性　能	芳纶1313	NOMEX	锦　纶	涤　纶	棉　花
断裂强度/cN·dtex^{-1}	3.52～4.84	3.34～6.16	3.5～6.6	4.1～5.7	2.6～4.3
断裂伸长率/%	20～50	35～50	25～60	20～50	6～10
初始模量/cN·dtex^{-1}	52.8～79.2	48.4～70.4	8.8～26.4	22.0～61.6	60～79
密度/g·cm^{-3}	1.37	1.38	1.13	1.38	1.54
LOI/%	28～32	29～32	20～22	20～22	19～21
碳化温度/℃	400～420	400～430	250熔化	255熔化	130～150

间位芳纶的结晶属于三斜晶系，其晶胞参数：$a=0.527$nm，$b=0.525$nm，$c=1.130$nm，$\alpha=111.5°$，$\beta=111.4°$，$\gamma=88.0°$，$z=1$，$\rho=1.47$g/cm^3（结晶密度）。它的晶体里氢键在两个平面上存在，如格子状排列，使其化学结构稳定，能耐高温，有优异的阻燃性，耐化学腐蚀性好。在200℃工作20000h，其强度仍能保持原来的90%；在260℃热空气中连续工作1000h，强度仍维持原来的65%。间位芳纶不会熔融，温度超过400℃时，表面纤维会炭化，而这层炭焦起到连贯的热量阻隔作用，借此延缓和保护了下面纤维的炭化速度，因此具有出色的热防御能力。在更高温度下，纤维产生热分解，生成一氧化碳、二氧化碳气体。间位芳纶在火焰中燃烧时散发的烟密度，大大低于其他纤维，离开火焰后，纤维燃烧即自熄。

间位芳纶主要用于耐高温防护服、军服、高温过滤材料、工业耐高温零部件及工程纸等方面。在耐高温纤维中，间位芳纶是品质优秀、发展最好的品种。

高温过滤袋和过滤毡是间位芳纶应用最多的工业领域。在高温烟道气、工业粉尘的过滤除尘上，其吸附、耐高温、耐腐蚀特性优越，长期使用仍能保持机械强度，因此在发电、金属冶炼、水泥、石灰石、炼焦、化工厂等行业中得到广泛应用，有利于改善劳动环境，有利于回收资源。

耐高温防护服、消防服、军服是间位芳纶的最重要用途之一。间位芳纶有很高的阻燃耐热性，当意外火灾发生时，用它做的防护服，在短时间内可耐高温火焰，不自燃，不熔融烫伤皮肤，在起火环境下，人们能有逃生的时间。间位芳纶防护服靠近火焰时，纤维表面高温焦化，分解的气体会使纤维稍稍膨胀，这样服装面料与里层之间产生空气间隙，起到隔热作用，保护人体不受高热伤害，及时走出火场。研究表明，改进间位芳纶织物的结构和设计，可制造出各种等级的耐高温防护服，如Nomex Delta系列产品，把Nomex与一种超细碳纤维为芯层的尼龙包芯纱混纺，产品称作Nomex Delte A，这种面料有永久抗静电性，特别适合做石油化工行业的耐热工作服。Nomwx Delta T产品是25%对位芳纶与间位芳纶混纺织物，由于对位芳纶起到增强骨架作用，使织物耐热性能大大优于纯间位芳纶织物，面料在强热源下也不会收缩。用这种面料做的炼钢厂工人和消防队员的防护服，柔软轻巧，穿着舒适，高温下强度和防护性能好，因此深受欢迎。

工业上耐高温产品的零部件，如复印机的清洁毡条、耐高温电线、电缆、橡胶管、工业洗涤机内衬垫等，均使用间位芳纶产品。

间位芳纶产品还可做成沉析超短纤维和5mm左右的短切纤维一起混合打成纸浆，用普通造纸方法抄纸，得到高强耐高温的工业用纸，在高级电绝缘材料上是H级绝缘纸，广泛应用于电气变压器、高性能电动机材料、配电站、印刷线路板基材等领域。用这种纸做成的蜂窝芯材料，是具有优越防火性、强度高、重量轻、表面光滑的高级航空装饰板材，适用于飞机内部的隔板、柜台、天花板、货仓结构件等方面。现在这种材料也应用于高速列车的内部构件，降低了列车总重量，满足了火车高速化的要求。随着社会的发展和生活质量的提高，间位芳纶作为高性能纤维大有发展前景。

第三节　超高相对分子质量聚乙烯纤维

20世纪70年代以来，高性能纤维的研制有了突破性进展，各国科学家在理论和实践两方面做了大量的研究工作，使大分子构造最简单的柔性聚合物、理论模量和理论强度最高的聚乙烯实现了高性能化。

1979年，荷兰DSM公司发明了超高相对分子质量的聚乙烯（UHMWPE），用凝胶纺丝法制备了高强聚乙烯纤维并获得专利。以这项专利为基础，美国和日本也相继开始高强高模聚乙烯纤维的研制。DSM公司于1990年建成第一条工业化的生产线，以Dyneema为注册商标。在日本，东洋纺和DSM合资建立工厂，商品名仍是Dyneema。美国Allied Signal购得该专利的使用权，并进行研究改进，也建造了生产线，商品名为Spectra。目前，世界上高强聚乙烯纤维的总生产规模为5700t/a。

我国自1985年开始超高相对分子质量聚乙烯纤维的研制，在溶剂、凝胶纺丝和拉伸后处理方面进行了深入研究，达到中试和工业化开发阶段，在北京、宁波、湖南建立了三个生产点，生产能力达到1000t/a，其纤维性能为国际中等水平，并具有自己的特色，其技术正在进一步提升中。

一、高强高模聚乙烯纤维的纺丝成型工艺

普通聚乙烯纤维应用常规熔融纺丝法生产，所用的聚合物相对分子质量往往较低，即大分子链的长度有限，链末端较多，增加了纤维微细结构上的缺陷；同时，柔性链分子容易呈折叠状排列，当纤维受外力时，微小缺陷逐步扩大，易被拉断，因此相对分子质量的大小成为影响纤维强度的重要原因之一。但常规纺丝法不能使用相对分子质量太高的聚合体，否则熔体黏度增高，造成纺丝困难，甚至无法纺丝。所以，以超高相对分子质量聚乙烯为纺丝原料，必须寻找新的纺丝和拉伸技术，如增塑熔融拉伸法、纤维状结晶生长法、区域拉伸法及凝胶纺丝拉伸法等，其中最成功并已工业化生产的是聚乙烯凝胶纺丝超拉伸方法，其纺丝及拉伸工艺流程如图13－9所示。

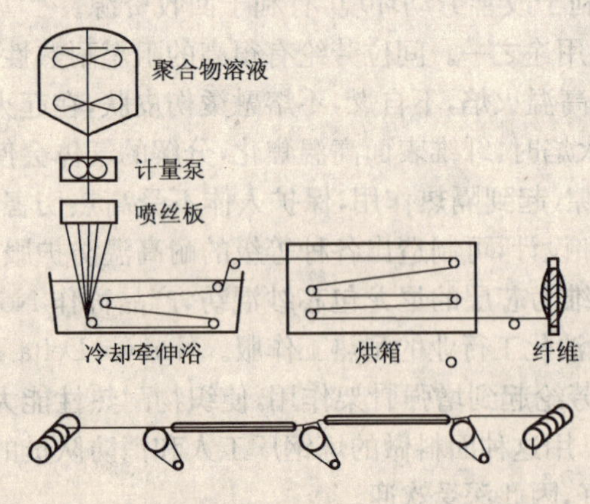

图13－9　凝胶纺丝及拉伸工艺流程

(一)超高相对分子质量聚乙烯及其原液调配工艺

如前所述,制造高强高模聚乙烯纤维必须采用超高相对分子质量聚乙烯,尽量减少分子结构中大分子链末端的数目,因此聚乙烯相对分子质量的大小,将影响纤维强度的高低。一般材料的断裂强度和初始模量可用 Griffith 关系式表示:

$$\sigma = AE^n$$

式中:σ——断裂强度,GPa;

E——初始模量,GPa;

A——系数;

n——幂指数。

对于超高相对分子质量聚乙烯,通过实验解析,A、n 及强度都与相对分子质量大小有关,见表 13－14。

表 13－14　PE 相对分子质量与 A、n 及纤维断裂强度的关系

试　样	M_w	A	n	断裂强度[①]/GPa
1	4×10^6	0.153	0.80	12.7
2	1.5×10^6	0.105	0.77	7.4
3	8×10^5	0.082	0.75	5.2

①E—250GPa 时的断裂强度。

从表 13－14 可看出,应用关系式 $\sigma = AE^n$ 已有一定的局限性,但相对分子质量对纤维强度的影响还是十分显著的。

超高相对分子质量聚乙烯的分子链具有众多的缠结点(图 13－10),对于浓溶液或熔体,这种缠结影响了可加工性,只有控制缠结点的密度,使它下降到适当的程度,柔性大分子中的非晶区在拉伸初期才能较容易地转化为缚结分子。例如,图 13－10 中的聚合物溶液为半稀状态,经过初期拉伸使初生纤维能承受超倍拉伸,在较大张力作用下,越来越多的大分子先后被拉直,进而形成伸直链结构,最终达到高结晶的分子结构,获得高强高模的聚乙烯纤维。

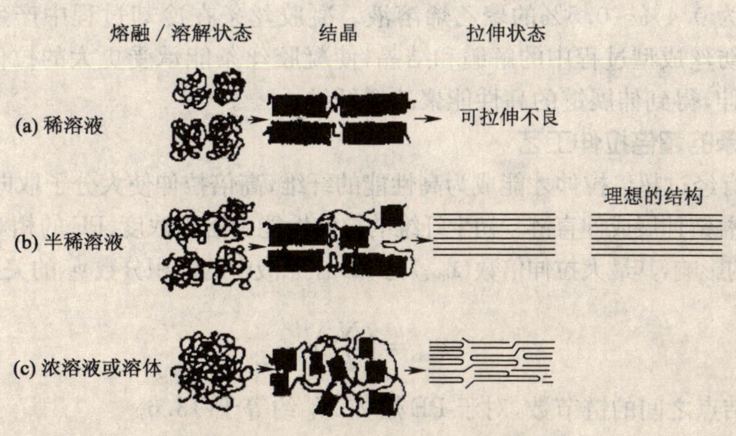

图 13－10　缠结结构控制的示意说明

超高相对分子质量聚乙烯凝胶纺丝的技术要点是把UHMWPE溶解于特定的溶剂中(如以十氢化萘为溶剂,溶解温度是150℃),制成的半稀溶液(浓度在2%~10%)作为纺丝原液,从喷丝孔喷出后经过空气层,在低温凝固浴里成型的丝条是带有大量溶剂的凝胶状丝条,所以形象地称作“凝胶纺丝”。初生丝条在冷凝过程中与凝固浴只有能量交换,凝胶丝经萃取处理后进行超倍热拉伸,得到高性能的聚乙烯纤维。

如果纺丝溶液调配得很稀,溶液中大分子之间的缠结点极少,成型后凝胶丝条中大分子间的缠结点仍然很少,虽然拉伸时丝条中大分子容易伸展和产生相对滑移并取向,但因为形变后大分子之间相互作用力太弱,结构疏松不利于发挥拉伸效果,不利于提高纤维性能。

超高相对分子质量聚乙烯的半稀溶液具有较高的黏弹性,容易造成溶解的不均匀性,现在常用双螺杆型溶解机调制纺丝原液。

(二)凝胶纺丝成型工艺

纺丝原液的流变性质有重要意义,毛细管型流变仪测定的实验数据见表13-15,UHMWPE溶液是典型假塑性流体。

表13-15　UHMWPE溶液与PET熔体流变性的比较

性　　能	UHMWPE 5%溶液 (T_m=150℃)	PET熔体 (T_m=280℃)
剪切速率/s^{-1}	1000	1000
剪切模量/Pa	9×10^{2}	5×10^{4}
松弛时间/s	17×10^{-3}	2×10^{-3}
剪切黏度/Pa·s	15	100

从表13-15可知,UHMWPE溶液的松弛时间较长,流动时会产生所谓的记忆效应,因此必须仔细设计喷丝头组件、喷丝孔的长径比及进口孔道前锥体角度,控制适宜的纺丝温度和纺丝速度,以避免过大的孔口膨胀或孔口收缩。在原液中加入少量助剂,可降低溶液与孔壁的黏着力,有利于纺丝速度的提高。原液自喷丝孔喷出后,先经过一段几厘米的空气层,再进入凝固浴冷却成型。凝固丝条呈凝胶状,其中网络骨架由30%~40%的聚乙烯浓溶液组成,丝条中的微孔充满了浓度为0.4%~0.5%的聚乙烯溶液。凝胶丝条在冷却过程中产生部分结晶,同时失去部分缠结。纺丝成型过程中的解缠和结晶,使凝胶丝条能承受更大的拉伸张力,有利于后道工序的高倍拉伸,得到伸展链的高性能聚乙烯纤维。

(三)凝胶丝条的超倍拉伸工艺

凝胶丝条只有经过超倍拉伸才能成为高性能的纤维,高倍拉伸使大分子取向及产生应力诱导结晶,使原有的折叠链伸展成伸直链。初生纤维的拉伸性能受溶液浓度、PE的相对分子质量以及凝胶丝条形态结构的影响,其最大拉伸倍数(λ_{max})与PE在原液中的体积分数ϕ_2的关系可用下式表示。

$$\lambda_{max}=\left(\frac{N_e}{\phi_2}\right)^{1/2}$$

式中N_e代表缠结点之间的链节数,对于PE熔体N_e约等于13.6。

从上式可知,最大拉伸比是PE浓度和相对分子质量的函数。如图13-11所示,最大拉伸比随浓度与相对分子质量的增大而下降，因为缠结程度增加了。实际上，凝胶丝条内还含有大量的溶剂，存在众多的微孔，溶剂有增塑作用，微孔增加自由体积，它们的存在能降低大分子链节跃迁的活化能，有利于超拉伸工艺。

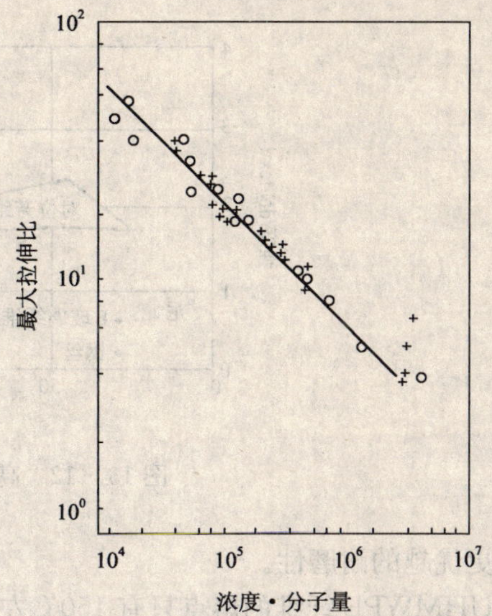

图 13－11 最大拉伸比、浓度和相对分子质量的关系

二、高强高模聚乙烯纤维的结构和性能

聚乙烯是有机聚合物中构造最简单的化合物，凝胶纺丝成型和超倍拉伸都是物理过程，UHMWPE 纤维所具有的高性能可用它的特殊结构来解释。

(一) 化学结构和物理结构

聚乙烯的化学结构是亚甲基相连的大分子链，为锯齿形分子构型。其大分子链高度取向、高度结晶，呈伸直链结构，具有串晶形态。晶区及非晶区的大分子充分伸展，非晶区中大分子链先后被拉直伸展，成为张紧的缚结分子。当纤维受到外力时，缚结分子承受大部分的张力，缚结分子越多，纤维的力学性能越好。

凝胶纺丝得到的纤维微细结构中，晶区和非晶区原有的缺陷被分散，间断分布在伸直链结晶连续基质中，如果能将大分子链完全伸直，就有可能排除这些缺陷，使伸直链结晶结构达到理想结构状态，UHMWPE 纤维的极限强度可达 32GPa。

(二) 高强高模聚乙烯纤维的力学性能

商业化高强高模聚乙烯纤维 Dyn－nema、Spectra 的力学性能如表 13－16 及图 13－12 所示。在高技术纤维中，它们的强度非常高，模量也很高，而相对密度小于 1，其比强度和比模量明显高于其他高性能纤维，是最轻的高性能纤维。

表 13－16 部分高性能纤维的力学性能

纤维 / 性能	Dynnema		Spectra	
	SK60	SK65	900	1000
断裂强度/GPa	2.7	3.1	2.5	3.0
初始模量/GPa	89	95	98	130
断裂伸长率/%	3.5	3.6	3.5	2.7

高强高模聚乙烯纤维还具有较高的能量吸收能力和抗冲击力。

(三) 高强高模聚乙烯纤维的化学性能

聚乙烯是化学惰性化合物，耐化学性优良，在酸碱溶液中强度不会降低。在海水中也不会溶胀和水解，有抗紫外线及抗霉的能力。

(四)高强高模聚乙烯纤维的其他性能

高强高模聚乙烯纤维非常柔软，挠曲寿命长，又因有较低的摩擦系数，因此比其他高性能纤

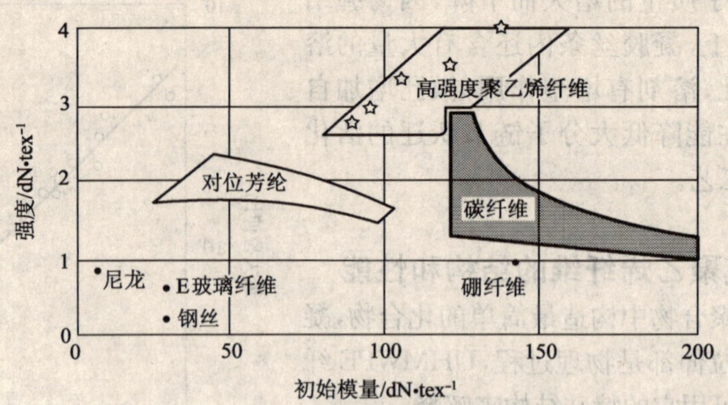

图 13－12　高性能纤维的强度和初始模量

维有更优越的耐磨性。

UHMWPE 纤维的熔点只有 150℃左右，其强度和初始模量随温度上升而降低，所以该纤维不宜在高温下使用。但低温（0℃以下）对它并没有影响，即使在－150℃的低温下，也不会脆化。通常纤维的最高使用温度在 85℃左右，如果短时间接触 125℃高温，仍可保持原来的性能，这一点对复合材料加工非常重要。

三、高强高模聚乙烯纤维的改性

UHMWPE 纤维在应用时最大的缺点是使用温度不能超过 125℃，其次是结构的化学惰性，作为复合材料与树脂基体的黏结性差。针对这些问题，科技工作者提出了以下的纤维改性方法和技术。

（一）物理改性

用带有极性基团的聚合体与聚乙烯共混，再凝胶纺丝，得到改性纤维。也有用等离子对纤维表面进行刻蚀，使原来光滑表面变得粗糙，此改善黏结性能的。

（二）化学改性

表面化学处理的方法，如化学氧化刻蚀、电晕放电等，还有在表面化学接枝，使纤维表面产生活化中心，接入极性基团，以改善纤维表面性能的。通过紫外线、高能电子引发等方法，使聚乙烯大分子之间产生交联，形成网络结构有助改善聚乙烯大分子的耐热性，但应减少对大分子链的损伤。经过表面处理的纤维及其增强复合材料的性能见表13－17 和表 13－18。

表 13－17　处理前后纤维的性能

性能 \ 处理方法	等离子刻蚀	电晕放电	未处理
断裂强度/GPa	2.33	2.54	2.58
初始模量/GPa	124	120	117
断裂伸长率/%	3.3	3.5	3.8
密度/g·cm^{-3}	0.97	0.97	0.97

表 13－18　纤维处理前后对复合材料性能的影响

性能＼处理方法	等离子刻蚀	电晕放电	未处理
纤维含量/%	51	51	56
弯曲强度/MPa	234	190	136
弯曲模量/GPa	28	25	20
剪切强度/MPa	31	18	8

四、高强高模聚乙烯纤维的用途

(一)制造绳索

高性能 PE 丝束经并丝机、牙筒机和编织机加工成有芯的、无芯的及实芯等各种规格的绳索。由于用高强聚乙烯纤维编织的绳子机械强度高、重量轻、柔曲性好、耐磨耗、不吸水、电绝缘性好，因此用它做的绳子比钢丝绳、麻绳强力高、伸长低、直径小、轻巧、耐用，在系留绳、牵引绳、拉索绳及缆绳等方面用途广泛。

用高性能聚乙烯纤维编织的线绳用于渔网，可减轻渔网的重量，使拉网的合股绳子强力更大，而拉网阻力比普通渔网减少 40%，既提高了捕鱼效率，又降低了渔网的破损率。

(二)防弹材料

UHMWPE 纤维所具有的优异特性，最适合用于防弹材料。它对子弹能量的吸收能力强，用它做成的防弹背心，柔软舒适，重量轻，很受警务人员欢迎。用单向纤维排列制造的 UD 材料(Unidirectional)裁剪加工方便，热压成 UD 复合防弹板，装配简单，材料可以回收利用，还具有吸收中子的功能，作为轻型装甲材料，在运钞车、高级警车、坦克轻型装甲材料及防护盔甲上得到广泛应用。

采用单向 UD 复合防弹板可以有效地防御钢芯弹的射击，从表 13－19 可看出，和防弹钢板相比，UD 防弹板的重量几乎降低一半。

表 13－19　防御钢弹防弹板的性能比较

枪弹类型	54 式手枪		AK 47
子弹速度/$m \cdot s^{-1}$	440	515	730
UD 防弹板重量/$kg \cdot m^{-2}$	13	13	19
防弹钢板(HB500)重量/$kg \cdot m^{-2}$	24	24	40

用 UHMWPE 短纤维经过针刺非织造工艺制得的非织造毡，对二次爆炸碎片、锋利的弹片有特殊的防御功能，减少了碎弹片的杀伤力。

(三)其他用途

高性能聚乙烯纤维能吸收冲击的动能，因此可防割、防刺，可用于防护手套、击剑服和防链齿工作裤中。

在制备复合材料中，高强聚乙烯纤维除了单独使用外，还利用它优异的抗冲击性能和其他高性能纤维共混使用，例如与玻璃纤维或碳纤维混合，由于高强聚乙烯纤维夹杂在中间，吸收了冲击的能量，使脆性玻璃纤维或碳纤维减少了破裂的机会，提高了复合材料的整体性能。

第四节　碳纤维

碳纤维(CF)是无机类高强高模纤维的代表，最初以纤维增强复合材料形式广泛用于宇航、飞机结构材料中，现在成功应用于球拍、山地自行车等体育运动器材和工业领域。

在碳纤维的化学成分中，碳元素占总质量的90%以上。由于碳元素耐高温，对大多数化学试剂是惰性的，高温下不熔融，在各种溶剂中也不溶解，所以碳纤维不能用一般的熔融纺丝法和溶液纺丝法制造，长丝型的碳纤维只能通过高分子有机纤维的固相炭化而制得。碳的八面晶体是金刚石，六边形网状结构是石墨。石墨纤维的结晶构造给予人们很大的启示。在碳纤维中石墨结构彼此相对随机取向，并随加工条件而不同。

已经发现，用来制备碳纤维的有机纤维相当多，如纤维素纤维、聚丙烯腈纤维、聚氯乙烯纤维、聚酰胺纤维、聚苯并咪唑纤维以及沥青纤维等，但是由于炭化得率、生产技术的难易和成本等原因，实际上只有纤维素纤维、聚丙烯腈纤维及沥青纤维为原丝制造碳纤维的方法实现了工业化。近期诞生的碳纳米管实际上是极其微小的纯碳纤维，有很多独特的物理性能，可称作超级纤维。

一、聚丙烯腈基碳纤维

1959年，日本发明了用聚丙烯腈(PAN)纤维为原丝制取碳纤维的方法，申请了专利。然后英国专利发表了制造高模量碳纤维的方法，1966年，英国公司根据专利生产出第一批PAN基碳纤维。1969年，第十届国际碳素会议上确认了PAN基碳纤维的主流地位，2005年，其生产量已达到34000t/a，占碳纤维总量的85%以上，说明PAN原丝是十分适宜制造碳纤维的。该工艺所用PAN原料丰富，生产工艺比较成熟，产品的机械性能优良，所以得到迅速发展。根据最新报道，2007年，聚丙烯腈基碳纤维的产能将达到51000t/a以上。

(一) 制造工艺

PAN基碳纤维制造的整个工艺流程(图13－13)可以划分为原丝的制备、预氧化、碳化和

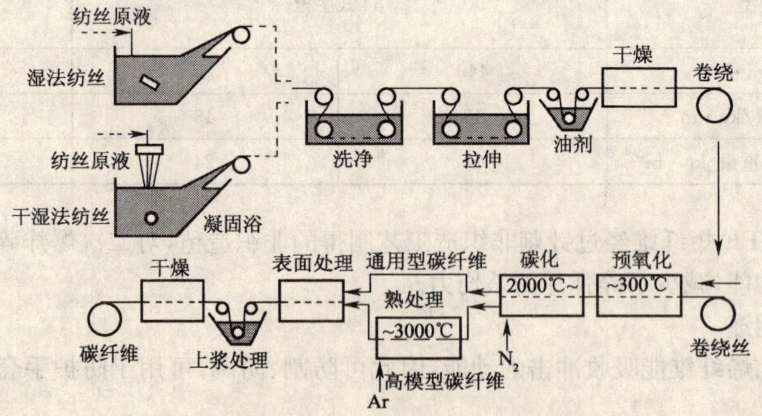

图13－13　PAN基碳纤维制造的工艺流程

后处理四个阶段。

1. 聚丙烯腈原丝的制备

制造碳纤维用的PAN原丝，是影响碳纤维质量的关键因素之一，要求PAN原丝强度高，热转化性能好，几乎去除所有的小杂质，原丝的结构缺陷少，线密度均匀。

(1)聚合时加入少量共聚单体，使原丝预氧化时既有利于链状大分子的环化作用，又能缓和热化学反应的激烈程度，使预氧化反应容易控制。加入的共聚单体有甲基丙烯酸、顺丁烯二酸、甲基反丁烯酸等不饱和羧酸类单体，它们的含量在0.5%～3%。

(2)一般采用湿法纺丝，不用干法纺丝，因为干法生产的纤维中的溶剂不容易洗净，如果纤维中残留少量溶剂，在预氧化及炭化热处理时，溶剂的挥发或热分解会造成原丝的内部缺陷和纤维之间粘连，影响最终碳纤维的质量，这也说明纺丝过程中水洗工序的重要。近年也有采用干湿法纺丝的，纺丝原液从喷丝孔流出后，先经过一小段空气层再进入凝固浴。此法可以提高纺丝液浓度，在空气层中增加有效拉伸作用，不仅提高了纺丝速度，而且使纤维的取向度很高，结构均匀致密，可得到高质量的PAN原丝。近期在纺丝后再采用加压蒸汽拉伸、多段拉伸来提高纤维的致密性和强度。

(3)制造碳纤维原丝时，要求所使用的单体、水、溶剂等原料纯度高，车间内无尘，容器设备耐腐蚀，使原丝中杂质含量(包括金属离子含量)降到最低，因为杂质会增加原丝缺陷，降低碳纤维的性能(表13－20)。

表13－20　PAN原丝含杂对碳纤维强度的影响

项　目	原丝残留溶剂量/%			原丝含尘量		
	4.46	0.24	0.01	高	中	低
碳纤维断裂强度/GPa	1.10	1.83	2.85	1.5	2.0	2.9

(4)原丝细特化和规模化。原丝质量的变异系数要小，这样有利于原丝的结构均匀，在预氧化和炭化热处理时反应完全，质量稳定。

2. 聚丙烯腈原丝的预氧化工艺

从PAN原丝制造碳纤维第一步是大分子腈侧基的环化。PAN原丝在预氧化炉处理，介质为空气中，温度为200～300℃。通过预氧化，PAN大分子链转化为环形梯状结构，使其在高温炭化时不熔，不燃，保持纤维的形态。预氧化时加一定的张力于PAN原丝上。预氧化反应所需的时间是纤维直径的函数，直径越大，所需时间就越长。预氧化过程中，产生一系列复杂的化学反应，纤维颜色由白经黄色、棕色，再转变为黑色，主要反应有以下几种。

(1)环化反应：

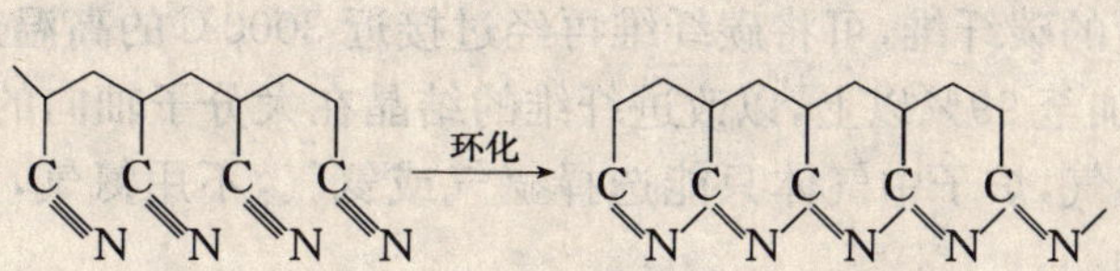

环化

(2)脱氢反应：

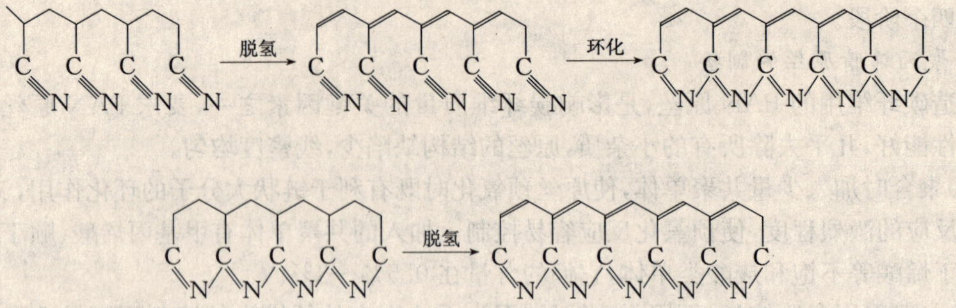

脱氢　　环化

脱氢

(3)氧化反应：预氧化反应在空气中进行，氧可直接被结合到纤维结构中去，生成羟基、羧基等基团，也生成环氧型结构。

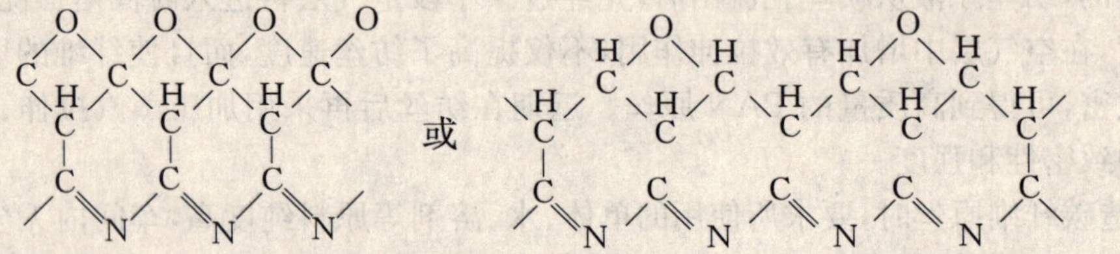

或

预氧化工艺条件和设备设计应满足 PAN 原丝的上述化学反应和结构转变，对环化放热反应应有良好的温度控制和空气风量、风温的测试。氧化反应受扩散作用制约，为了得到优质的碳纤维，应确保 PAN 原丝有时间达到要求的预氧化程度和均匀性。预氧化工艺是一个使线型 PAN 大分子链转化为耐热梯形结构的预氧化丝的复杂过程，它受多种因素的影响，诸如原丝结构、预氧化温度、时间、升温速度、预加张力等。

3. 预氧化丝的碳化工艺

预氧化丝在氮气保护下进入炭化炉，炉内温度 800～1500℃，纤维产生炭化反应。梯形大分子发生交联，转变为稠环状结构。纤维中碳的含量从 60%左右提高至 92%以上，形成梯形六元环连接的乱层状石墨片结构。

炭化过程中，在温度较低时，大分子结构中的氢以 H_2O、NH_3、HCN 和 CH_4 的形式从纤维中分离出来，氮主要以 HCN、NH_3 的形式分离。在高温时，除了氢、氮以上述形式分离外，还以分子态氢和氮的形式分离，同时氧也以 H_2O、CO_2 和 CO 的形式分离，这些热解产物的瞬间排除是炭化工艺的技术关键。炭化炉的设计和工艺要使分解产物顺利排出，否则会造成纤维表面缺陷，影响碳纤维的质量。和预氧化一样，纤维炭化时也会有物理和化学的收缩，所以也对纤维施加适量的张力进行拉伸，以提高大分子主链方向的择优取向。预氧化丝的炭化一般要通过低温炭化炉在 300～800℃温度下进行，再经高温炭化炉处理，通过 1000～1600℃的温度递增达到大分子结构的转型。

为了获得更高模量的碳纤维，可将碳纤维再经过接近 3000℃的高温热处理，也称石墨化处理，使纤维的含碳量增加至 99%以上，以改进纤维的结晶在大分子轴向的有序和定向排列。石墨化工艺要绝对隔断氧气，炉子中气体只能选择氩气或氦气，不用氮气，因为氮在 2000℃以上会与碳反应生成氰化物。

4. 碳纤维的后处理

碳纤维主要作为纤维增强材料应用，碳纤维增强树脂的强度取决于该纤维与基体树脂之间的黏合力，所以碳纤维需要经过表面处理，以改善纤维表面形态，增加表面活性，加强与基体树脂界面的复合性能，提高复合材料的层间剪切强度。

碳纤维的表面处理方法很多，有表面氧化法（如阳极电解氧化法、臭氧氧化法和等离子氧化法）、表面涂层法（如清洗与涂层、氧化与涂层）、表面化学法（如次氯酸钠、硝酸等溶液处理），还有一些其他方法。虽然表面处理的作用机理还不十分清楚，但处理后在碳纤维表面产生了活性点，较好地改善了纤维与基体树脂的黏合力。经表面处理的碳纤维与树脂复合，其层间剪切强度可提高至 80～120MPa，未经表面处理，其复合材料层间剪切强度只有 50～60MPa，达不到使用的要求。

经表面处理后的碳纤维还要上浆处理，用改性环氧树脂类的溶液作为上浆剂，避免碳纤维在后道加工中起毛而损伤。

（二）聚丙烯腈基碳纤维的结构和性能

1. 聚丙烯腈基碳纤维的结构

聚丙烯腈基碳纤维由高度取向、优先平行于纤维轴的两向乱层石墨结构结晶构成，具有两相结构。碳纤维的结构模型，可用非均相的微观结构来描述，如微纤维、层状、圆周径向形（洋葱皮）二维结构和鞘—芯及三维模型，详情可参见 Johnson 等人的研究论文和报道，这些模型可以解释碳纤维存在的石墨化的高度取向和结晶，相对较小的结晶尺寸而含有的大量洞穴孔隙，几种微观结构的不匀性和缺陷。事实上，在预氧化和碳化过程中，对纤维施加张力拉伸，使石墨单元优化取向，可提高碳纤维的强度和模量，提高热处理温度将增大碳纤维的结晶尺寸，见表 13－21。

表 13－21 PAN 基碳纤维的结晶尺寸

热处理温度/℃	L_c/nm	L_a/nm	热处理温度/℃	L_c/nm	L_a/nm
1000	1.0	2.0	2400	4.0	6.2
1300	1.8	3.5	2800	6.0	7.0
2000	3.4	5.4			

碳纤维的密度和结晶密度分别在 1.74～1.86g/cm^3 和 2.03～2.21g/cm^3，可见碳纤维具有明显的洞穴结构，这些孔隙直径非常小，垂直于纤维轴分布，孔的平均直径是热处理温度的函数。

碳纤维的微结构中还存在无序结构。在相对完整层平面之间的连接区域造成晶粒间的无序结构，层平面间不完善产生的晶格扭曲造成晶粒内的无序结构。最近的研究表明，这种无序结构与碳纤维的压缩强度密切相关。

碳纤维的表面结构也是一个重要参数，它决定纤维与基体树脂的结合性能。表面积和表面洞孔相关，也与纤维的表面处理工艺有关。一般 PAN 基碳纤维具有均匀的横断面和光滑的表面，其表面积随表面处理效果提高而增大。

2. 聚丙烯腈基碳纤维的性能

PAN 基碳纤维按照加工工艺的不同，力学性能有很大的差异，可分为：

（1）通用型：拉伸强度低于 1.4GPa，拉伸模量小于 130GPa。

（2）高强型（HS）：拉伸强度 3～7GPa。

（3）高模型（HM），拉伸模量 300～900GPa。

由于各公司生产PAN原丝的技术不同，预氧化和碳化的技术水平各有特点，因此所生产的碳纤维性能各有千秋。

PAN基碳纤维的化学结构和物理结构使它具有优异的物理机械性能和热性能。与金属相比，碳纤维的密度小，因此比强度和比模量高。碳纤维的耐磨耗性、润滑性优良，尺寸稳定性好，热膨胀系数小($0\sim1.1\times10^{-6}K^{-1}$)，在惰性气体中耐热性优良，耐化学腐蚀性好，不生锈，振动衰减性优良，耐疲劳强度高，生物体适应性好，有导电性、电磁波屏蔽性。因此，PAN基碳纤维与树脂基体的复合材料是一种高性能结构材料。

二、沥青基碳纤维

沥青基碳纤维于1963年由日本大谷杉朗教授发明。他用PVC沥青熔融纺丝后在空气中进行不熔化处理，再经碳化而制得碳纤维。该发明建立了沥青基碳纤维研制的基本原理。起初以各向同性沥青为原料制造碳纤维，得到通用型碳纤维的短纤维，后来以液晶沥青为原料，制得高性能沥青碳纤维，于1975年工业化。由于沥青价格便宜，分子本身是芳香结构，所含氢、氮比较少，碳化时消耗能源就较少，制造碳纤维时产率为75%，高于PAN的40%～45%。目前，全世界沥青碳纤维长丝的生产能力为934t/a，短纤维的生产能力为1600t/a。

(一)制造工艺

沥青基碳纤维的制造工艺流程如下：

各向同性沥青→沥青纤维→不熔化→碳化→通用型碳纤维液晶沥青→沥青纤维→不熔化→碳化、石墨化→高性能碳纤维

沥青是以缩合的多环芳烃化合物为主要成分的低分子烃类混合物，含碳量大于70%，平均相对分子质量在200以上。沥青资源丰富，多从石油或煤焦油的副产物中提取，也可由聚氯乙烯裂解而得。

1. 沥青的调制

作为碳纤维用的沥青原料，首先要有适宜的纺丝流变性能，具有适当的化学反应活性，使刚纺出的纤维通过氧化反应转变为不熔性纤维；具备一定的相对分子质量及相对分子质量分布，以使初生纤维有一定的力学性能。可通过加氢热处理、蒸馏或溶剂萃取、通过添加树脂或其他化合物等方法，达到调整沥青化学成分和结构的目的。

2. 沥青纤维的成型及不熔化处理

将调制好的沥青进行熔融纺丝，刚纺出的纤维直径最好在15μm，有足够的纤维强度，然后在400℃左右进行氧化反应，使沥青分子间产生缩合或交联，以达到提高熔点的目的。

3. 碳化工艺

不熔化纤维在惰性气体保护下，在1000～1500℃加热碳化，纤维中非碳原子发生各种化学反应生成的气态化合物，随惰性气体一起排出。大分子转变为乱层石墨结构的碳纤维在张力下择优取向，使纤维的强度增加40%，模量增加25%。碳化后纤维也可进入更高温度(2500～3000℃)进行热处理，得到石墨纤维。

(二)沥青基碳纤维的结构和性能

沥青基碳纤维的微细构造如图13－14所示。对于各向异性沥青原料纺成的碳纤维，在纤维轴方向苯基缩合环形成取向结构，其取向程度和结晶度大小(主要取决于热处理温度)将影响

纤维的模量。与 PAN 基碳纤维相比，它的苯基缩合环结构取向比较容易，碳纤维的模量也比较高。如日本三菱化学公司的沥青基碳纤维($K_{13}C_2U$)，其模量达 900 GPa，而 PAN 基碳纤维的模量为 640 GPa。同样道理，纤维轴向的高度取向缩合环结构，使纤维轴向热传导率相当高，用 $K_{13}C_2U$ 纤维增强的复合材料，热传导率可以和铜相似，这么高的热传导性，使材料直接与火焰接触也不会着火，成为不燃材料。

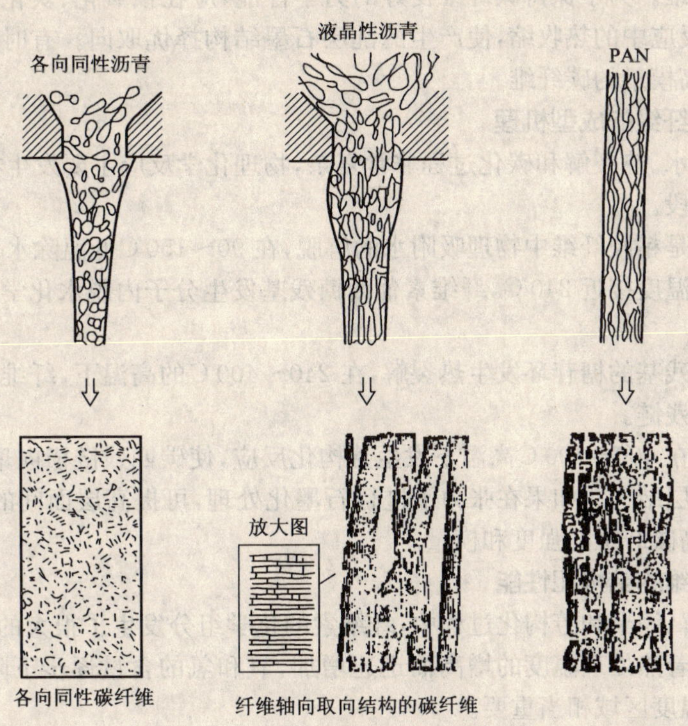

图 13－14　沥青基碳纤维的结构模型

三、粘胶基碳纤维

早在 1950 年，美国开始研制粘胶基碳纤维。粘胶纤维的主要化学成分是纤维素，而纤维素是自然界最大的一类有机化合物。纤维素的基本单元中有三个羟基，一个伯羟基和两个仲羟基，可吸附 10%～13%的水分，结构单元中氧的含量高达 49.39%，如果氧都以水的形式脱除，理想的碳化收率是 44.4%，但实际碳化收率仅 10%～30%。由于粘胶碳纤维工艺条件苛刻，碳化收率比较低，相对成本大，综合性能指标比 PAN 基碳纤维的要差，因此，粘胶碳纤维的发展受到制约。目前，随着 PAN 基碳纤维的飞速发展，粘胶基碳纤维逐步萎缩。但是粘胶基碳纤维在隔热、耐烧蚀等方面有不可取代的性能，因此还保留近百吨的年生产量。

(一)粘胶基碳纤维的制造工艺

粘胶基碳纤维的制造工艺流程如下：

粘胶原丝→加捻→稳定化浸渍→干燥、预氧化→低温碳化→卷绕→高温碳化→表面处理→络筒→碳纤维成品与 PAN 基碳纤维相比，粘胶基碳纤维制造工艺增加了加捻、稳定化浸渍工序，因为粘胶纤维中含水量多，在稳定化浸渍工序中加入适当的无机或有机系催化剂，可以降低热裂解热和活化能，缓和热裂解和脱水反应，便于控制生产工艺参数，有利于提高碳纤维的强度。

在催化剂作用下，白色粘胶纤维经过脱水、热裂解和结构的转化，变为黑色预氧化纤维，提高了耐热性。高温碳化在一个衬石墨的炭化炉中进行，温度 1300～2400℃，可获得含碳量为 90%～99%的碳纤维。为了保持碳纤维良好的力学性能，应在预氧化、炭化过程中对纤维施加张力，以控制纤维反应中的热收缩，使产生的乱层石墨结构择优取向。有时还要进行高温石墨化处理，以得到超高模量的碳纤维。

(二)粘胶基碳纤维的成型机理

粘胶纤维的脱水、热裂解和碳化过程非常复杂，物理化学反应主要发生在 700℃之前，可大致分为四个重要阶段。

(1)开始阶段：是粘胶纤维中物理吸附水的解脱，在 90～150℃低温除水。

(2)第二阶段：温度接近 240℃，纤维素葡萄糖残基发生分子内脱水化学反应，消除了羟基，生成碳双键。

(3)第三阶段：残基的糖苷环发生热裂解，在 240～400℃的高温下，纤维素环基深层次裂解成含有双键的碳四残链。

(4)第四阶段：在 400～700℃高温下发生芳构化反应，使碳四残链横向聚合、纵向交联缩聚为六碳原子的石墨层结构。如果在张力下进行石墨化处理，可提高层面间的取向，转化为乱层石墨结构，从而提高碳纤维的强度和模量。

(三)粘胶碳纤维的结构和性能

在脱水、热裂解、缩聚和芳构化过程中，纤维素的化学组分发生了很大的变化，如图 13－15 所示。碳的含量随着热处理温度的增高而迅速增加，氧和氢的含量逐步下降，在 400℃左右变化最大，说明这个温度区域相当重要。

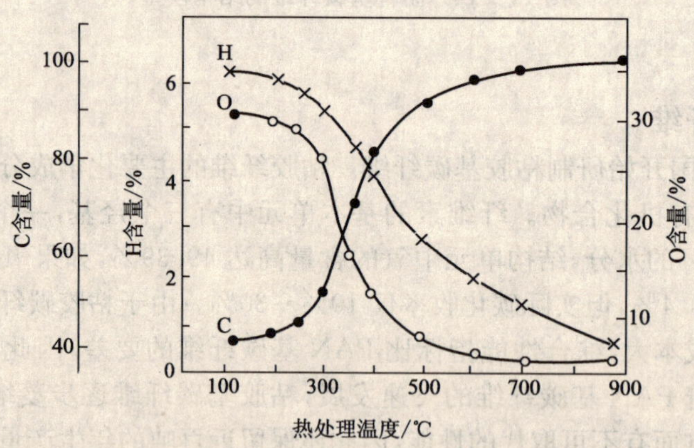

图 13－15　纤维素热处理时组成的变化

粘胶基碳纤维的性能特征：

(1)密度在 1.52～1.53g/cm^3，比 PAN 基或沥青基碳纤维的密度小。

(2)石墨层间距大，取向低，耐烧蚀。

(3)碱和碱土金属离子含量低，热稳定性好。

(4)石墨化程度低，热传导率低，是隔热及防热的好材料。

(5)粘胶基碳纤维由天然纤维素转化，因此材料的生物相容性好。

由于粘胶基碳纤维有上述特性，除了在军工上应用外，在民品上也有一定用途，主要应用在各种规格的碳纤维纺织品，如布、纱线等，再加工成柔性电热制品、高温的保温和绝热材料，在活性碳纤维材料和医疗卫生材料方面也有广泛应用。

四、碳纤维的用途

碳纤维是高强高模耐高温的高性能纤维材料，用碳纤维增强的复合材料被称为先进复合材料，其结构特性可与铝合金等金属材料相比拟，并显示高强、轻质、耐腐蚀的优越性。碳纤维在航天航空方面有广泛的用途，还正向其他产业领域拓展。

1. 土木建筑

碳纤维强度高，模量高，重量轻，耐腐蚀、耐疲劳强度好，和环氧树脂复合加工方便，因此在建筑物、桥梁、涵洞等的建造、修补、补强及替代钢筋方面有特别效果，体现了优质、高效、低成本、高技术优势，在全世界得到推广应用。

2. 汽车及交通车辆

碳纤维复合材料在赛车上的应用早就开发了，随着大型卡车和高速列车的建造，使用碳纤维复合材料做车厢，可减轻车身自重，增加有效载重量。在制造过程中一体化成型法可简化组装时间。在车辆的零部件，如传动轴、压缩天然气燃料容器等方面正开始实用化阶段，随着碳纤维的发展，期待进一步的增长。

3. 电器、电子

碳纤维复合材料可应用于高精度天线、卫星天线等电子装备上。在微波器件，如方圆过渡波导、高精度馈源等方面，使系统尺寸达到高精度，重量减轻 20%～30%。在办公设备、家用电器等方面也在逐步开发应用，近年开始应用于燃料电池、风力发电机叶片上，在清洁、可再生能源产业很有发展前景。

4. 体育器材

在体育器材方面，最早应用碳纤维的是钓鱼竿，用量可达 1200t，后来是高尔夫球杆，用量达 2000t，网球拍也开始使用碳纤维增强材料。碳纤维在赛艇、自行车、滑雪器材等方面也有应用。

5. 医疗卫生

由于碳纤维的生物相容性好，在人工骨、人造关节、假肢和假手等方面有广泛的应用，由于它的高刚性和 X 射线透过性，在医疗仪器上也有应用。

第五节　芳香族杂环类纤维

对位芳纶(PPTA 纤维)作为高强度高模量纤维首先开发成功，克服了刚性链大分子构造的高聚物难以溶解的技术障碍，采用高分子液晶纺丝新技术，成功地得到高性能纤维。这一理论上和技术上的突破，促进了其他高技术纤维的研究开发。

PPTA 纤维虽然有高的比强度和比模量，但是其力学性能和耐热性还不够高。如果从分子结构上再引入杂环基团，更大地限制大分子构象的伸张自由度，增加主链上的共价键结合能，使分子结构更加刚直，线性对称重复芳基环沿轴向高度有序取向，就有可能大幅度提高纤维的模量、强度和耐热性。

早在 20 世纪 60 年代初，美国空军材料实验室对咪唑类聚合物进行了研究。它和塞拉尼斯纤维公司在 20 世纪 80 年代初得到的聚苯并咪唑纤维（PBI）具有很高的耐热性，其极限氧指数为 41%，在惰性气氛、350℃下经过 300h 也没有明显的老化效应。PBI 纤维的力学性质和普通化纤相仿。美国空军实验室对芳香族杂环类聚合物的继续研究，开发了一系列的芳杂环聚合物，其化学结构式如下：

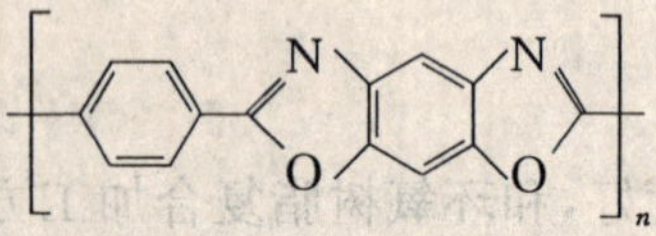

c－PBO

顺式聚对苯亚基苯并双噁唑

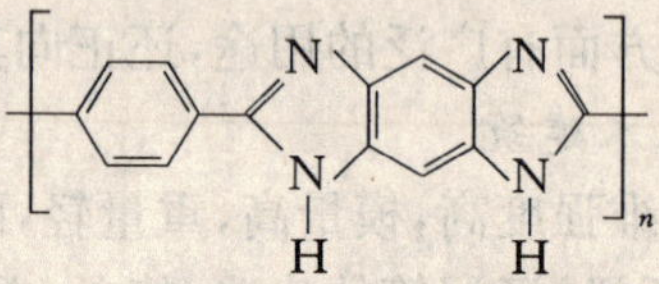

c－PBI

顺式聚苯并咪唑

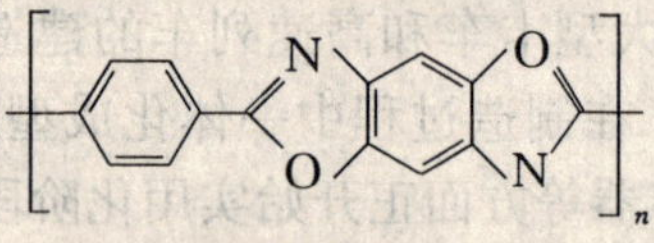

t－PBO

反式聚对苯亚基苯并双噁唑

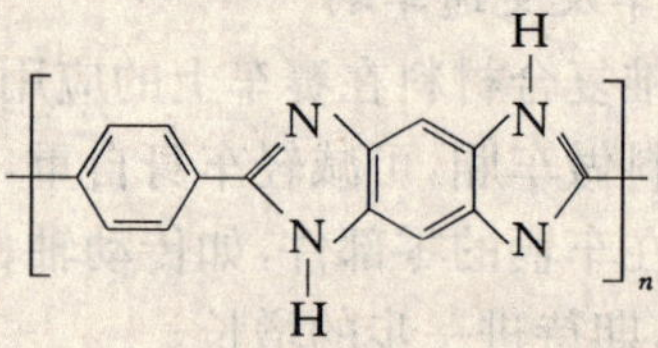

t－PBI

反式聚苯并咪唑

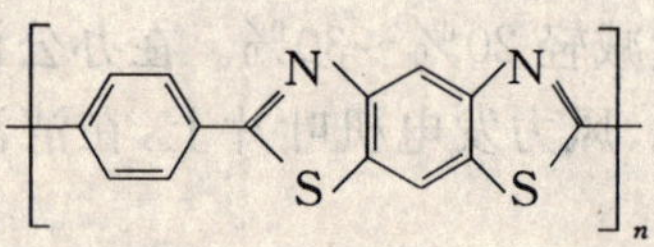

c－PBZT

顺式聚对苯亚基苯并双噻唑

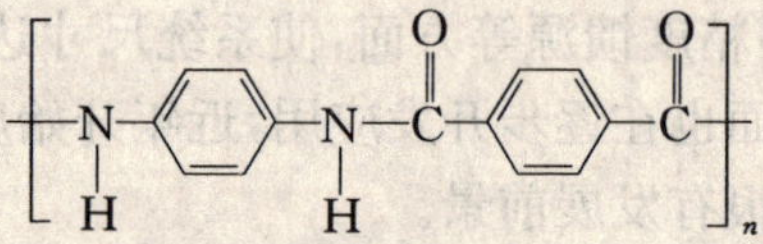

PPTA

聚对苯二甲酰对苯二胺

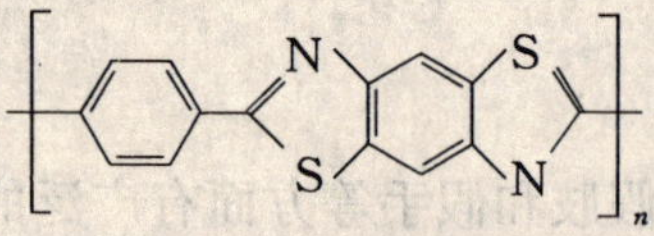

t－PBZT

反式聚对苯亚基苯并双噻唑

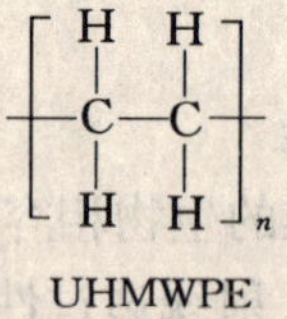

UHMWPE

超高相对分子质量聚乙烯

对这些聚合物，Wierschke 等人从理论上计算了其力学性能，并和实验值进行比较，他们的结果见表 13－22。从表 13－22 可看到，PBO 比 PBZT 的力学性能优异，这也是主链杂环上的氧元素与硫元素的差异引起的，而顺式 PBO 的理论模量比反式 PBO 高，这点是例外。

表 13－22 聚合物的弹性模量计算值和结晶弹性模量、纤维模量的比较

聚合物	分子横断面积/nm^2	弹性模量理论计算值/GPa	结晶弹性模量实测值/GPa	纤维初始模量/GPa
c－PBO	0.1917	690	475	350
t－PBO	0.1921	680	—	—
c－PBZT	0.2068	580	—	—
t－PBZT	0.2060	605	385	300
c－PBI	0.2089	630	—	12
t－PBI	0.2090	640	—	—
PPTA	0.2020	182	156	125
UHMWPE①	0.1820	362	240	160

①UHMWPE 为超高相对分子质量聚乙烯纤维。

一、聚对苯亚基苯并双噁唑(PBO)纤维

PBO 是含芳香杂环的苯氮聚合物里性能最优秀的一种化合物，在单体制造、缩聚和液晶纺丝方面，无论从技术上还是从成本上都优于 PBZT。经过 Stanford 研究所(SRI)的研究，取得了单体和聚合物合成的基本专利，以后美国陶氏(DOW)化学公司得到授权，对 PBO 进行了工业性开发，同时改进了原来单体合成的方法，新工艺几乎没生成同分异构体副产物，提高了合成单体的收率，为产业化打下了基础。但陶氏化学公司在纺丝成型技术上没有过关，PBO 纤维的强度一直和 PPTA 纤维相类似。

1991 年，陶氏化学公司和日本东洋纺公司合作，共同开发 PBO 的纺丝技术，使 PBO 纤维的强度和模量为 PPTA 纤维的 2 倍。1995 年春，东洋纺公司得到陶氏化学公司的授权，开始 PBO 纤维的中试生产研究工作，并且取得了小批量的 PBO 纤维产品，1998 年 10 月 200t/a 的装置正式投产，PBO 纤维的商品名定为 Zylon。

(一)PBO 的合成工艺

PBO 的合成采用 2,6－二氨基间苯二酚盐酸盐与对苯二甲酸缩聚。其单体合成方法是以三氯化苯为原料，经过三步反应制得，反应式如下：

$$\text{C}_6\text{H}_3\text{Cl}_3 \xrightarrow{HNO_3} \text{C}_6\text{HCl}_3(NO_2)_2 \xrightarrow{NaOH} \text{C}_6\text{HCl(OH)}_2(NO_2)_2 \xrightarrow{H_2} \text{C}_6\text{H}_2(OH)_2(NH_2)_2 \cdot 2HCl$$

产物经过滤、洗涤后减压干燥，和对苯二甲酸在多聚磷酸(PPA)溶剂中进行溶液缩聚反应，P_2O_5 作为脱水剂，其反应式如下：

$$n\ \text{C}_6\text{H}_2(OH)_2(NH_2)_2 \cdot 2HCl + n\ HOOC-C_6H_4-COOH \xrightarrow[P_2O_5]{PPA} [\text{PBO}]_n + 4nH_2O + 2nHCl$$

PBO的合成也可用2,6－二氨基间苯二酚盐酸盐与对苯二甲酰氯在甲磺酸(SMA)—P_2O_5溶剂中加热反应制得，P_2O_5浓度为40%～50%，反应时间短，收率高，缩聚反应式如下：

$$n\ (HO)_2C_6H_2(NH_2)_2\cdot 2HCl + n\ Cl-\overset{O}{\overset{\|}{C}}-C_6H_4-\overset{O}{\overset{\|}{C}}-Cl \xrightarrow[P_2O_5]{MSA} \left[\text{(苯并双噁唑)}-C_6H_4\right]_n + 2nH_2O + 4nHCl$$

PBO合成的关键是得到高相对分子质量的聚合物。

(二)PBO纤维成型工艺

PBO在PPA中的缩聚溶液即可作为纺丝原液，溶质的质量分数调整到15%以上，用于湿法液晶纺丝装置，空气层厚20mm，稍有喷头拉伸就能得到强度为3.7N/tex、模量为113.4N/tex的初生纤维。因为纺丝原液经过喷丝孔和受到喷头拉伸时，大分子链很容易沿纤维轴方向取向，形成刚性伸直链原纤结构。纺丝时的分子取向度可用X射线衍射法在线测定。在极小的喷头拉伸倍数下，初生丝的取向度增加很大(图13－16)。再把初生丝在张力下、在600℃左右进行热处理，进一步使微纤结构定型致密化，纤维的弹性模量上升为176N/tex，而强度不下降。经过热处理的PBO纤维，表面有金黄色的金属光泽。

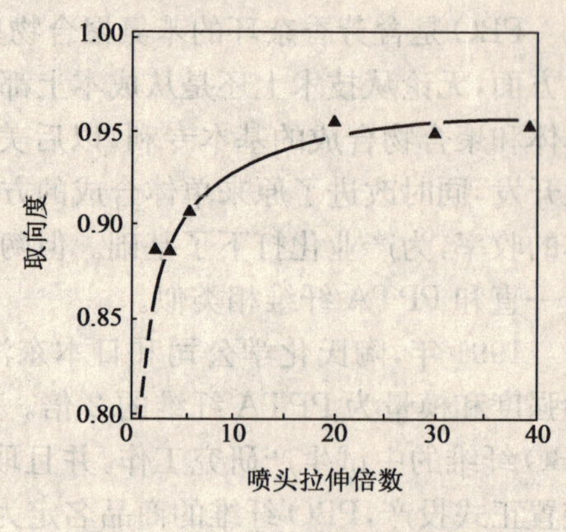

图13－16 液晶纺丝时PBO分子的取向

(三)PBO纤维的结构和性能

PBO纤维的模量比Kevlar－139纤维高一倍以上。从表13－22可知，纤维的结晶弹性模量已经达到理论值的70%，纤维的模量达到理论值的60%，其他高性能纤维一般只达到理论值的10%，可见PBO纤维的优异性能是很有魅力的。PBZT纺丝原液具有向列相液晶性质，凝固成型时，其结构的变化如图13－17所示。伸直链分子聚集成微纤网络，高度取向和结晶组成原纤构造。初生丝的晶粒尺寸约10nm，纤维经过热处理后，结构进一步致密，结晶也更加完整，晶粒尺寸增长到20nm，所以纤维的模量增加很多。

PBO及PBZT的结晶结构如图13－18所示，它们呈相互重叠的扁平板状，晶胞参数见表13－23。

目前，日本东洋纺公司中试生产的PBO纤维的性能见表13－24，它的强度、模量、耐热性和难燃性都比其他有机高性能纤维好得多，强度和模量超过了碳纤维及钢纤维，如图13－19所示。耐热性和极限氧指数与其他有机纤维的比较如图13－20所示，比耐热性好的聚苯并咪唑

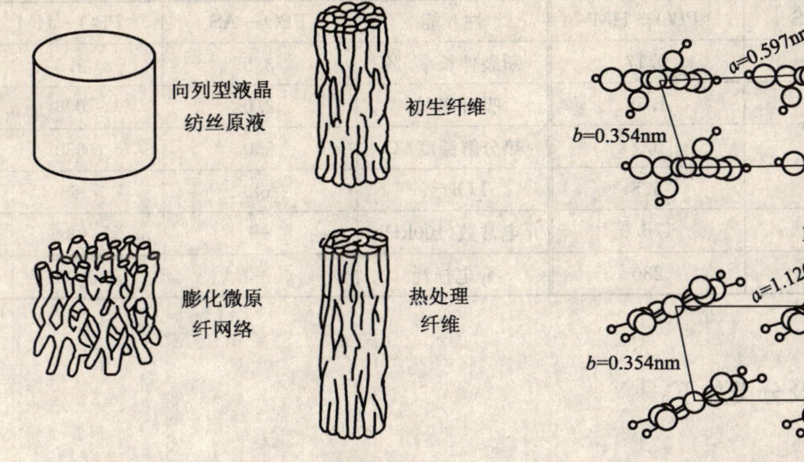

图 13－17 纤维构造形成模型图

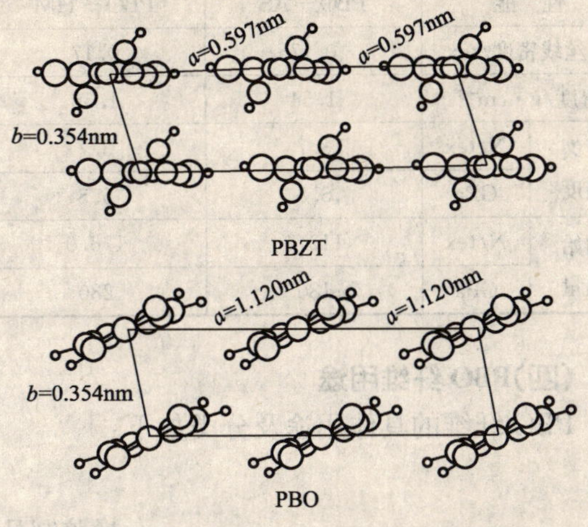

图 13－18 PBO 与 PBZT 的结晶结构图

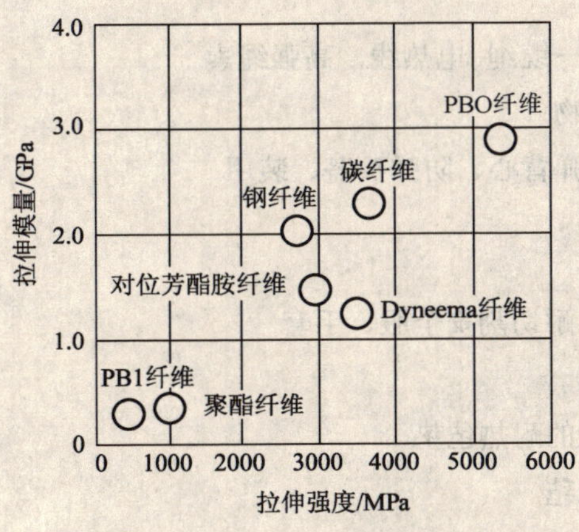

图 13－19 几种纤维强度、模量的比较

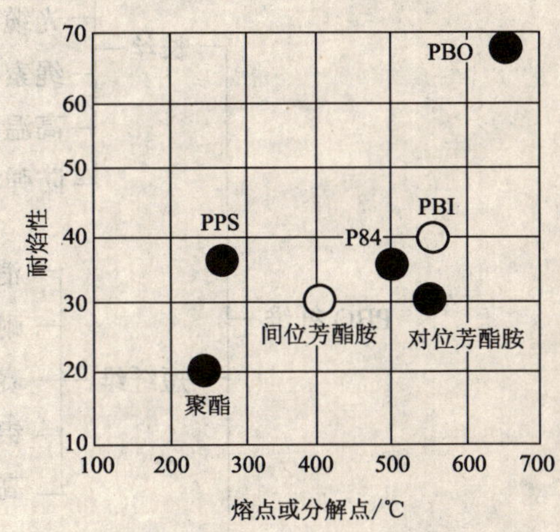

图 13－20 耐热性和 LOI 值的比较

表 13－23 晶胞参数

项 目	PBO	PBZT	项 目	PBO	PBZT
晶系结构	单斜	单斜	β/(°)	90	90
a/nm	1.120	0.597	γ/(°)	101.3	95.2
b/nm	0.354	0.362	单位晶胞中分子数	1	1
c/nm	1.205	1.245	结晶密度/g·cm^{-3}	1.66	1.65
α/(°)	90	90			

纤维(PBI)要高出许多，它在火焰中不燃烧、不收缩，且仍然非常柔软，因此是十分优异的耐热纤维材料。

表 13－24　PBO 纤维的性能

性　能		PBO－AS	PBO－HM	性　能	PBO－AS	PBO－HM
单丝线密度/tex		0.17	0.17	断裂伸长率/%	3.5	2.5
密度/g·cm^{-3}		1.54	1.56	吸湿率/%	2.0	0.6
断裂强度	N/tex	3.7	3.7	热分解温度/℃	650	650
	GPa	5.8	5.8	LOI/%	68	68
初始模量	N/tex	113.4	176.0	介电常数(100kHz)	—	3
	GPa	180	280	介电损耗	—	0.001

(四)PBO 纤维用途

PBO 纤维的具体用途及分类如下：

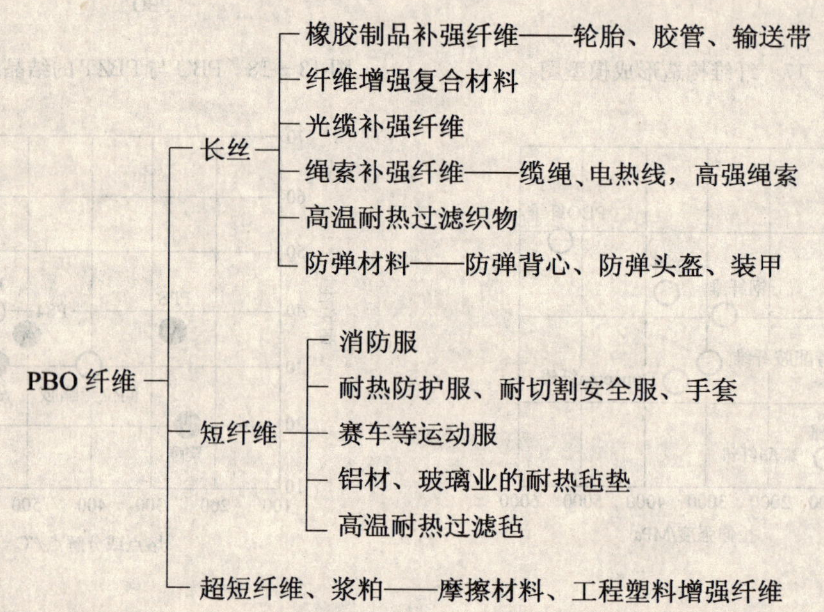

PBO 纤维的主要特点是耐热性好，强度和模量高，在耐热的产业用纺织品和纤维增强材料两个领域应用。

在耐热难燃材料方面，铝型材及铝合金、玻璃制品等成型时，初制品的表面温度达 500℃以上的高温，冷却移动过程中很容易碰伤磨毛，需要耐高温柔软的衬垫保护，目前使用 PPTA 纤维与预氧化纤维混合的针刺毡，但耐热性不够理想，寿命较短，如果用 PBO 纤维做的衬垫，就能提高使用寿命，节省更换衬垫的时间。在消防服方面，现在还缺少进入火海作业的防护服，用高强度、高耐热性的 PBO 纤维，可以制造性能更优异的消防服。

PBO 纤维在力学性能上的优势，在超级纤维复合材料上表现更突出。其耐冲击强度远远高于碳纤维增强的复合材料，也高于 PPTA 纤维增强的复合材料。PBO 纤维在强度和模量、耐热难燃性以及轻量化上的优点，使得人们期待着开发更高性能的先进复合材料，在新型高速交通工具上、在宇宙空间器材上、在深层海洋的开发上将得到应用。

二、聚苯并咪唑纤维

聚苯并咪唑纤维(PBI)是美国塞拉尼斯公司研制开发并且工业化的耐高温、耐化学腐蚀、纺织加工性能优良的高技术纤维之一。20 世纪 60 年代初期，Vogel 和 Marvel 发表了制备全芳香族聚苯并咪唑的方法，其中应用 3,3′、4,4′-四氨基联苯胺(TAB)和间苯二甲酸二苯酯(DPIP)为单体，缩聚合成的聚(2,2′-间苯亚基-5,5′-二苯并咪唑)即是 PBI，是具有工业应用价值的优良的耐高温纤维材料。1969 年，美国空军材料实验室为了选择耐高温纺织制品，对它发生了很大兴趣，用它做的飞行服的模拟耐热试验数据表明，其耐高温性能和耐燃性优良，极限氧指数达到 41%，并有非常舒适的服用性能。1983 年，塞拉尼斯公司建立了工业化生产装置，正式投入生产。

(一)聚合物的结构及其合成方法

聚苯并咪唑可用多种四氨基化合物，如四氨基苯、四氨基联苯及四氨基联苯醚等化合物与对苯二甲酸、间苯二甲酸、萘二羧酸以及间苯二甲酸二苯酯等苯二酸、二苯酯缩聚反应合成，不同的基团结构会引起性能上的一些变化，如芳香苯环的增多，提供高的热稳定性，而加工性能下降；主链引进醚基，侧链引入甲基会增加可溶性和柔软性，但降低了耐热性。因此应根据聚合物的不同用途，是黏合剂、塑料还是纤维产品来选择合适的化学结构。从工业化生产规模和纤维性能的角度出发，聚(2,2′-间苯亚基-5,5′-二苯并咪唑)比较有竞争力，两个单体原料容易得到，聚合体有适宜的纺丝溶剂，在商业上有发展前景，它的合成反应式如下：

DPIP + TAB →

PBI + 2 (苯酚) + $2H_2O$

文献上报道由 TAB 和 DPIP 缩聚反应制备 PBI 的方法有三种。

(1)在多聚磷酸中溶液缩聚，用比较低的反应温度(180℃以下)得到均匀的聚合物溶液，但它的含固量只有 3%～5%。这是实验室常用的合成方法。

(2)在熔融的二苯砜中进行反应，缩聚也能得到高相对分子质量的 PBI，最后去除、分离二苯砜。这种合成方法不适合工业生产。

(3)用固相缩聚法生产 PBI，可直接溶解成纺丝原液进行纺丝。

PBI 缩聚反应要求 TAB 和 DPIP 的纯度非常高，TAB 的纯度是 PBI 缩聚中的关键因素。TAB 在沸水中溶解，经过活性炭过滤、冷却重结晶，生成稍带米色的细小片晶，纯化时要在隔绝氧条件下进行，避免邻位氨基的氧化。在硫酸溶液中，PBI 相对分子质量与特性黏度的关系可用下式表示。

$$[\eta]=1.3533\times10^{-4}M^{0.73}$$

(二)PBI 纤维成型工艺

PBI 聚合物在高温下溶解在 DMAc、LiCl 组成的溶剂中。纺丝原液浓度为 20%～23%，用氮气保护隔绝氧气，以避免产生氧化交联形成凝胶。溶解完全后，纺丝原液经过仔细过滤。通过喷丝孔的纺丝细流进入热的纺丝甬道，溶剂挥发被回收，固化的丝束卷绕在多孔的筒管上，水洗除去残留在纤维上的 LiCl 和少量溶剂，干燥后即得到初生纤维。PBI 纤维干法纺丝工艺流程如图 13－21 所示。

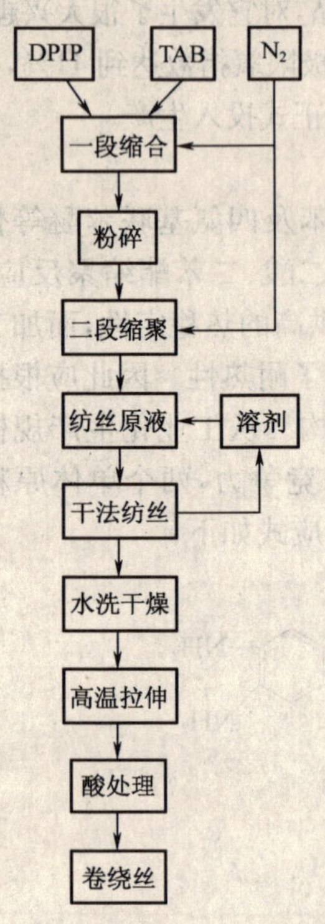

图 13－21　PBI 纤维生产工艺流程

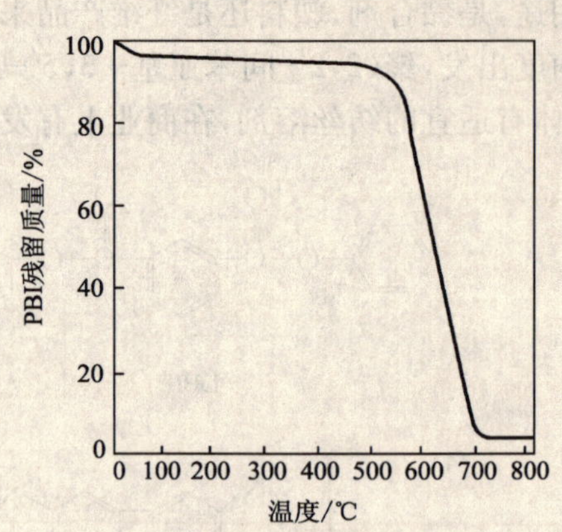

图 13－22　PBI 纤维的热失重曲线

初生丝集束后，通过加热，在高于 400℃ 的高温下进行拉伸，整个过程也需氮气保护，防止氧气的影响。为了降低 PBI 纤维在高温环境中的收缩性，用硫酸的水溶液处理纤维，形成咪唑环结构的盐，当受热后，发生结构的重排，达到热稳定的效果，其结构变化如下式所示。

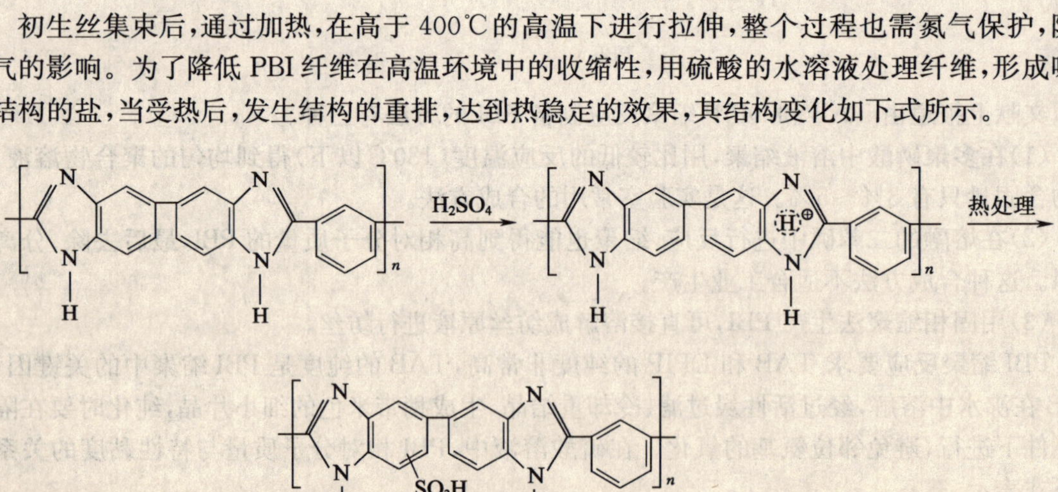

最后苯环上的磺酸基团，使整个化学结构更加稳定，这在热失重试验中得到证明，热失重曲线如图 13－22，经过稳定处理的 PBI 纤维具有更高的耐热性能。

(三)PBI 纤维的性能和用途

PBI 纤维具有一系列特殊的性能，如具有耐高温性、阻燃性、尺寸稳定性和耐化学腐蚀性，还有穿着舒适性等性能，表 13－25 是 PBI 与 MPIA 纤维的一些物理性能的比较。

表 13－25 PBI 与 MPIA 纤维物理性能的比较

性 能	PBI	PBI(稳定化处理)	MPIA
断裂强度/dN・tex^{-1}	3.7	2.3～2.8	2.6～4.8
断裂伸长率/%	30	25～30	35～45
初始模量/dN・tex^{-1}	79	40	52～80
密度/g・cm^{-3}	1.39	1.43	1.38
回潮率/%	13	15	5～5.5
极限氧指数/%	41	41	30
烟雾散发性	微量	微量	少量
收缩率(700℃,2s)/%	50	6	损坏

从表 13－25 可看出，PBI 纤维具有优异的耐高温性和高温下的尺寸稳定性，同时具有高的回潮率，在穿着舒适性方面和棉纤维一样，受人欢迎，因此可纺织加工成机织物、针织物及非织造布。

PBI 纤维在恶劣环境中耐化学腐蚀性相当杰出，在酸及碱溶液中浸泡 100h 以上，强度保持率达到 90%；在 150℃左右蒸汽中，经过 70h，纤维强度保持率为 96%；各种有机液体，对其几乎不产生影响。这样好的化学稳定性，在纺织纤维中很少见，即使是优秀的 MPIA 耐高温纤维，在上述条件下也将被损坏。

由于 PBI 纤维具有优异的耐高温性能，可应用于特殊纺织制品，如宇航服、飞行服等防护服装，太空飞船中密封垫、救生衣。它还可作为石棉替代材料，在金属铸造、玻璃行业等领域，用于手套、工作服等防护材料。PBI 纤维可耐 850℃的高温，所以寿命比石棉制品长 2～9 倍。PBI 纤维还可用作高温过滤材料，用它做的过滤袋使用寿命长。PBI 纤维在高温下具有石墨化的倾向，可用于制造石墨纤维。

参考文献

[1] Kwolek S L, Morgan P W, Schaefgen J R, et al. Synthesis and properties of aromatic and extended chain polyamides [J]. Macromolecules, 1977, 10: 1390.

[2] Kwolek S L. US. P 3671542; US. P3819587, 1974.

[3] Blades H. US. P 3869429, 1975.

[4] Yang H H. Aromatic High－Strength Fibers [M]. New York: Wiley & Sons, 1989.

[5] Wang Shuzhong. Preprints First－Asian Polymer Conference [C]. Shanghai: 1995, 163.

[6] 王曙中. 非纺丝法制备共聚芳酰胺超短纤维[P]. ZL:92103843.7，1995.
[7] 王曙中. 一种芳纶浆粕的制造方法[P]. ZL:0329083.3,2005.
[8] 高田忠彦. 高强高模纤维的物性和用途展开[J]. 纤维学会志,1998,3:54.
[9] 功刀利夫,太田利彦,矢吹和之. 高强度高弹性率纤维[M]. 东京:共立,1988.
[10] Schultze Gebhardt F, Dormagen. Technische Textillen/Technical Textiles [C]. 1993,10:194.
[11] Smith P , Lemstra P J. UK. P 2051661, 1979.
[12] Fitzer E, Kunkele F. High Temperature High Pressures [J]. 1990(22):239.
[13] 进藤昭男. 日本复合材料学会志[J]. 1982(3):1.
[14] 贺福,王茂章. 碳纤维及其复合材料[M]. 北京:科学出版社,1995.
[15] 西田俊彦,稻垣博司. JP. 2001－288623, 2001.
[16] 张凤翻,顾跃定,廖振魁 . 碳纤维供求形势及其对策[J]. 高科技纤维与应用,2006.4:6.
[17] Wierschke S G, MRS. Symp. Proc. [C]. 1989,134:313.
[18] Kevlar. Brochure from Du Pont Company.
[19] Dyneema. Brochure from DSM Company.
[20] Zylon. Brochure from Toyobo Company.

第十四章　功能纤维

第一节　概　述

功能纤维被公认为高科技纤维中发展领域最宽、用途甚广的一个重要组成部分。功能纤维也叫高功能纤维,其除具有常规织物、服饰用纤维的性能外,还兼有一些特殊功能的纤维。

在高分子化学、纤维化学领域,也有把功能性建立在其分子结构和反应性上的设想。即把在特定条件下是稳定的,当其从这种条件或状态下解放出来,或置于某种环境介质中而马上起到某种特定作用的纤维,称作功能纤维。因此,许多功能纤维是在功能高分子的基础上发展起来的。

功能纤维的发展经历了沧桑的过程。在现今的化学纤维工业中,各种特殊功能性纤维,例如吸湿性、透气性、抗静电性、抗紫外线的纤维,已经通过各种加工方法获得。

在生物进化过程中,人类取得了无可比拟的重要进步。这些进步体现在生物本身,其中有反应速度比普通化学反应快 400 倍的蛋白酶的催化反应;有比计算机复杂得多的能进行传感、处理、指令的指挥中心——人脑;这些领先高分子材料的进步,在此基础上人们又研制出一种新的纤维——智能纤维。智能纤维有时归入功能纤维,但它也可独立成为一类比功能纤维更高级的新型纤维。因此本书在第十五章专门介绍。

功能纤维的发展是现代纤维科学进步的象征。差别化纤维、高性能纤维和功能纤维的发展,为传统纺织工业的技术创新和向高科技产业转化创造了有利条件,为人类生活水平的提高做出了贡献。

功能性纤维的制备分为三大类。

(1)对常规合成纤维改性,克服其固有的缺点,如涤纶不吸湿、腈纶起静电等。

(2)针对天然纤维和化学纤维原来没有的性能,通过化学和物理的方法赋予其蓄热、导电、吸水、吸湿、抗菌、消臭、芳香、阻燃、电磁屏蔽等附加性能。

(3)制备特种功能纤维,如高强、高模、耐热、阻燃的高性能纤维。这第三类纤维只能称为广义的功能纤维,本书将它作为一类独立的新型纤维——高性能纤维已在第十三章介绍。

功能纤维按功能属性的分类见表 14－1。

表 14－1　功能纤维的分类

类　别	举　　例
物理功能纤维	光功能纤维:光导功能、光折射功能、光干涉功能、耐光功能、偏光功能、光吸收功能等
	电功能纤维:抗静电功能、导电功能、电磁波屏蔽功能、光电功能、信息记忆功能等
	热功能纤维:耐高温功能、绝热功能、阻燃功能、热敏功能、蓄热功能、耐低温功能等
	物质分离功能纤维:超滤、微滤和反渗透等
	吸附功能纤维:高吸水功能、吸油功能、选择吸附功能等

续表

类　别	举　例
化学功能纤维	化学反应功能纤维:光降解功能、光交联功能、催化功能、消异味功能等
	离子交换功能纤维:阳离子交换功能、阴离子交换功能等
生物功能纤维	医疗保健功能纤维:抗菌功能、防臭功能、负离子功能、远红外功能、芳香纤维功能等
	生物工程用纤维:净化和浓缩等
	生物医学功能纤维:生物相容性、生物降解吸收性、纳米生物功能等
其他特殊功能纤维	防护功能纤维:防辐射功能、抗静电功能、抗紫外线功能等
	舒适功能纤维:吸热功能、放热功能、吸湿功能、放湿功能等
	活性碳纤维等

随着人们生活水平和审美观点的变化,大量需要各种差别化纤维和功能性纤维。国外已在功能纤维领域取得一系列成果,国内也进行了许多研究和开发。

第二节　物理功能纤维

一、光功能纤维

光功能高分子具有催化、引发其他反应;固体表面改性;崩溃、降解老化;制作固化膜;制作照相图像、印刷版;光致发光变色、导电等功能。光学功能高分子在导电、复印、照相、电子、纺织、医疗中广泛应用,现已扩展到塑料、纤维、橡胶、涂料、黏合剂五大合成材料中,几乎各行业无所不有,是功能与精细高分子材料中应用最广的重要分支。光功能高分子在纤维领域最重要的应用是光导纤维和光敏纤维。

(一)光导纤维

1. 概述

光导纤维是一种能够传导光波和各种光信号的纤维。在当今的信息时代,人们在经济活动和科学研究中有大量的信息及数据需要加工和处理,而光导纤维是传递信息最理想的工具。以光导通信技术为基础的信息系统与传统的电缆系统比较,在同样的时间内可以传送更大量和更多类型的信息。1 根光导纤维电缆传送的信息相当于 100 根同轴电缆所传送的信息,而且传送时的损耗低,接点数目可以减少 1/20。光导信息系统的波带很宽,由每千米几十兆赫到几百兆赫,而且可以防止电信号的噪声。另外,光导纤维消耗材料少,与同轴电缆相比可节省大量的有色金属。

(1)光导纤维按使用材料分类:光导纤维按其使用的材料可分为石英系光纤、多组分玻璃光纤、塑料光纤等类别(表 14-2)。

(2)光导纤维:按构造分为两类。

①包层式光导纤维:光导纤维由纤芯和包覆层(皮层、鞘层)构成。

②自聚焦式光导纤维:入射光通过这种光导纤维传导时,光线能自动向纤维的中心轴向靠拢,产生聚焦现象。这种光导纤维传光效果好,光线不会泄漏。

表 14－2　按照材料组成对光导纤维的分类

光纤种类	材料组成	特　点			
		损　耗	强　度	可靠性	价　格
石英系光纤	SiO_2＋各种掺杂剂（Ge、P、B、F）	高	高	高	
高分子包层石英芯光纤	纤芯：SiO_2 包层：硅树脂	较低	较高	稍微有些问题	较便宜
多组分玻璃光纤	钠钙玻璃、硼硅酸盐玻璃	较低	较低	有问题	便宜
塑料光纤	各种塑料	高	低	有问题	便宜
其　他	氟化物光纤	远红外区（2～20μm）			

(3)光导纤维：按传输损耗分为三类。

①高损耗光导纤维：传输损耗为 100～1000dB/km。

②中损耗光导纤维：传输损耗为 10～100dB/km。

③低损耗光导纤维：传输损耗小于 10dB/km。

目前，国际市场上销售的塑料光导纤维大多是包层式光导纤维，传输损耗多在高损耗或中损耗范围。

(4)包层式塑料光导纤维按材料的组合形式分为四类。

①以聚苯乙烯为纤芯，聚甲基丙烯酸甲酯为包覆层材料。

②以聚甲基丙烯酸甲酯为芯材，含氟聚合物为包层材料。

③以重氢化聚甲基丙烯酸甲酯为芯材，含氟聚合物为包层材料。

④其他组合形式。

以聚甲基丙烯酸甲酯为纤芯的塑料光导纤维是美国杜邦公司于 1964 年首先开发的，并于 1966 年投入市场。随后，日本、美国等国许多厂商都相继生产，品种达几十种，并已广泛应用于通信、电话、短距离信息传输、图像显示、传感器、激光器及各种装饰方面。

2. 高分子光导纤维材料及其制备

包层式光导纤维，光是在芯、鞘界面通过反复全反射而传播的，因此要求塑料光导纤维的芯层聚合物和包层聚合物都具有高透明性，而芯层聚合物的折射率必须适当高于包层聚合物的折射率。此外，芯材应具有较好的成纤性能，芯材与包层间应有良好的黏结性能等。

(1)纤芯材料：高分子光导纤维的芯材通常是无定形聚合物。现在应用最广的芯材是聚甲基丙烯酸甲酯及其共聚物，共聚物通常以甲基丙烯酸甲酯为主要成分[87%～95%(质量分数)]，第二单体是丙烯酸甲酯、丙烯酸乙酯、丙烯酸丙酯、甲基丙烯酸环己酯、甲基丙烯酸苄酯、甲基丙烯酸乙酯、甲基丙烯酸丙酯等 13%～5%(质量分数)。聚苯乙烯亦可作纤芯，但其传输损耗大，性脆，而且随放置时间的延长，黄色指数上升，透光率下降，因此现在几乎不生产了。

为了降低光导纤维的损耗，以重氢代替氢原子制得重氢化聚甲基丙烯酸甲酯，这是一种较理想的纤芯材料。以它为芯材的光导纤维已由杜邦公司商品化。

近年来，塑料光导纤维芯层材料已由热塑性聚合物扩展到热固性聚合物，如聚硅氧烷等。这些材料已正式使用。

(2)包层材料：包层材料不仅要求透明，折射率要比芯材低(1%～5%)，而且要具有良好的成型性、耐摩擦性、耐弯曲性、耐热性及与芯材的良好黏结性。

聚甲基丙烯酸甲酯及其共聚物芯材(折射率约 1.5)，多选用含氟聚合物或共聚物为包层材料，使用最广的是聚甲基丙烯酸氟代烷基酯，并引入丙烯酸链段，以增强对芯材的黏附力。其他还有聚偏氟乙烯(折射率为 1.42)、偏氟乙烯 73%(摩尔分数)与四氟乙烯 27%(摩尔分数)共聚物(折射率为 1.39～1.42)，后者熔融温度适当，结晶度较低，与聚甲基丙烯酸甲酯及其共聚物的黏结性和耐弯曲性能都较好。

(3)光导纤维聚合物的合成：为减小塑料光导纤维的吸收和散射损耗，合成纤芯聚合物所用单体必须是高纯度的。为此，可用碱性氧化铝过滤法、蒸馏法去除单体中的杂质，如尘埃、联乙酰、过渡金属等。使单体中联乙酰含量＜10mg/kg(最好＜5mg/kg)，金属总含量＜500μg/kg(最好＜100μg/kg)。丙烯酸酯类单体一般采用本体聚合。所用引发剂为偶氮化合物，如偶氮二异丁腈、偶氮叔丁烷，用量为单体总量的 0.001%～0.05%(摩尔分数)。为控制聚合物的相对分子质量，在聚合组分中加入硫醇(如正丁基硫醇、月桂基硫醇等)作为链转移剂。其用量为单体的 0.1%～0.5%(摩尔分数)。聚合装置如图 14－1 所示。

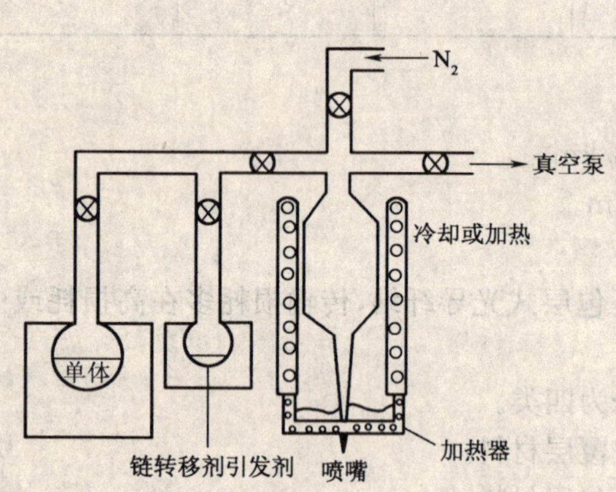

图 14－1　聚甲基丙烯酸酯类单体的聚合装置

将已提纯精制的单体注入细颈瓶中，将引发剂、链转移剂注入另一细颈瓶中，装置内保持高度真空，以避免氧和尘埃混入。将单体蒸馏聚合槽内，洗涤聚合槽，以去除附在壁上的尘埃和其他杂质。然后把单体送回到原来的细颈瓶中，反复进行这样的蒸馏和清洗，直到用 He—Ne 激光束检查时，聚合槽内壁的任一点均看不到尘埃和其他杂质的闪烁点为止。然后把链转移剂和引发剂也蒸馏到聚合槽中。

通电加热聚合槽，使单体聚合。在 130℃下保持大约 16h，然后把温度慢慢升至 180℃，并保持大约 16h，完成聚合作用。聚合槽中的熔体用氮气压出，经喷丝成纤维。

重氢化聚甲基丙烯酸甲酯(PMMA—D_8 和 PMMA—D_5)由重氢化的甲基丙烯酸甲酯(MMA—D_8 和 MMA—D_5)聚合而得，其聚合方法基本上与甲基丙烯酸甲酯相同。MMA—D_8(或 MMA—D_5)可由丙酮氰醇法，以纯净的重氢化丙酮和重氢化甲醇为原料制得。

(4)塑料光导纤维制备：包层式塑料光导纤维的制备方法通常有以下三种。

①管棒法：将芯材聚合物制成棒状，在外面套上包层材料，然后将此棒进行热拉伸，使之形成纤维。

②涂覆法：这是一种较易实现的方法。将包层材料溶于溶剂或使之熔融，然后将纤芯

丝通过溶液或熔体进行涂覆，从而形成包层结构的纤维。这种方法的优点是包层材料的选择性大，尤其是可以选用高聚合度的材料，从而提高光导纤维的韧性。但是这种方法极易粘染尘埃，使光导纤维的传输损耗增大，而且其工艺参数较难控制，稳定性较差。

③复合拉丝法：将芯层聚合物与包层聚合物分别在两台挤出机中同时熔融挤出到一个同心圆口模中，芯层聚合物从中心挤出，包层聚合物从外环挤出，在模口处，两种材料黏合成包覆式纤维。图14－2是这种工艺的示意图。该法工艺简单，生产效率高，但要求机头设计合理，加工精密。

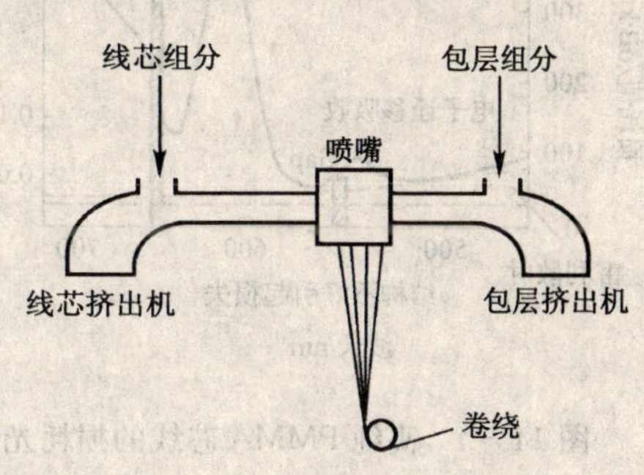

图 14－2　复合拉丝法示意图

为了改善塑料光导纤维的强度、柔韧性和延伸性，在喷丝之后，还必须对光导纤维进行拉伸处理，使分子有一定程度的取向。然后用水冷却、卷绕，得到粗细均匀的光导纤维。

3. 高分子光导纤维的特点

有机高分子光导纤维与石英光导纤维或玻璃光导纤维相比具有如下特点：

(1)重量轻、价格低、易于加工；

(2)直径大(一般为 0.5～1mm)，受光角度大，易于处理和连接；

(3)柔韧，抗冲击性强，易于弯曲，曲率半径小；

(4)不耐热，易潮解，传输损耗较大，但在可见光范围内损耗低，可采用价廉的光源(发光二极管)。

4. 高分子光导纤维的性能

(1)透光性：光导纤维的主要功能是长距离传输光信号或图像，因此透光性是很重要的性能。塑料光导纤维对可见光的透过性能较好，而在红外区则有强烈的选择性吸收，这是由高分子材料的分子结构决定的。高分子光导纤维的透光性与波长的关系如图 14－3 所示。光导纤维的透光性还与其长度有关，随光导纤维长度而下降。在短距离内，塑料光导纤维的透光率优于玻璃光导纤维，但随光导纤维长度的增加，高分子光导纤维透光率下降更快。

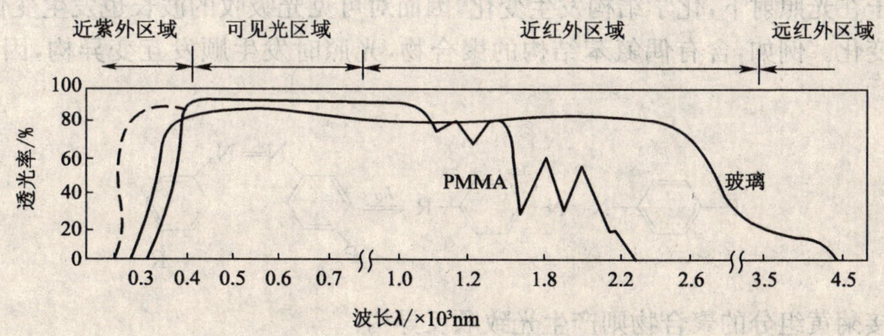

图 14－3　聚甲基丙烯酸甲酯(PMMA)与玻璃透光性的比较

(2)传光损耗：这是光导纤维的一个重要性能，它表示光导纤维的传光能力。光损耗越大，传光能力越小。由表 14－2 可看出，高分子光导纤维的光损较大。光导纤维的传输损耗主要是

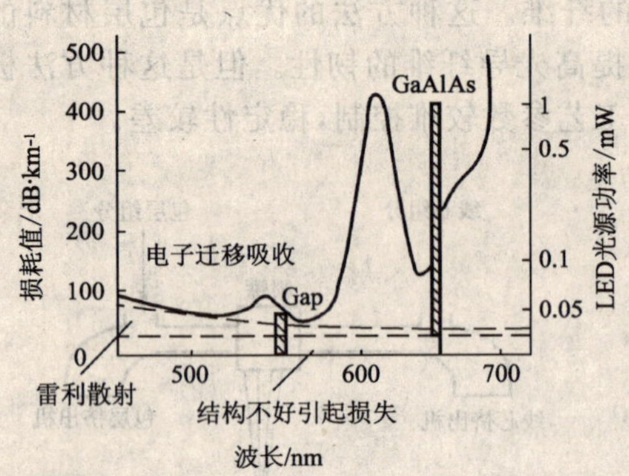

图 14－4　高纯 PMMA 芯线的损耗光谱图

由吸收和散射造成的。

为了研究光导纤维的损耗，可做出光导纤维损耗光谱特性图。图 14－4 为高纯 PMMA 芯线的损耗光谱图。从图 14－4 可看出，在波长 600nm 附近有很强的 C—H 键振动吸收，这是高聚物结构引起的固有的吸收。在其他波长范围内固有吸收较少；此外，还有雷利散射。由上述两项引起的损耗称为损耗限度。这是高聚物光导纤维具有的最小损耗。实际损耗值与损耗限度值之间有差别，这主要是由于有杂质存在、结构不均匀引起的。后者与拉丝、包覆有关。

5. 高分子光导纤维的进展

高分子光导纤维传输损耗较大，一般为 300dB/km，这一缺点限制了它的应用，因而减小传输损耗成为发展高分子光导纤维的关键。根据光导纤维产生损耗原因，制备低损耗塑料光导纤维首先应选用低损耗限度的芯材。

重氢化聚甲基丙烯酸甲酯是光损耗较小的芯材。而氟原子取代氢原子后有降低雷利散射及分子振动吸收，因而含氟聚合物的损耗限度较低。近年来，低损耗塑料光导纤维芯材的研究重点已由重氢化转向重氢化与氟化相结合，研究表明，重氢化氟代的聚甲基丙烯酸甲酯是很有前途的低损耗塑料光导纤维芯材。

为了防止在制造塑料光导纤维的过程中混入灰尘和杂质，日本曾从单体提纯、聚合到纺丝整个过程采用全封闭系统，这是获得低损耗光导纤维的一个重要措施。

(二)光敏纤维

在光的作用下，纤维的颜色、力学性能等发生可逆变化的纤维称为光敏纤维。目前开发应用较多的是光致变色纤维。光致变色纤维是将光致变色体引入纤维而制成的。

光致变色体是具有光致发光功能的物质，可以是小分子，也可以是高分子。具有光致变色功能的高分子在光照射下，化学结构发生变化，因而对可见光吸收的波长也发生变化，从而相应的产生颜色变化。例如，含有偶氮苯结构的聚合物，光照时发生顺反互变异构，因而出现颜色变化。

P—C₆H₄—N=N—C₆H₄—R $\overset{h\upsilon}{\rightleftharpoons}$ (顺式) P—C₆H₄—N=N—C₆H₄—R

含有直接菊黄组分的聚合物则产生光致顺反异构：

C_2H_5—O—C₆H₄—N=N—C₆H₃(SO_3Na)—CH=CH—C₆H₃($NaSO_3$)—N=N—C₆H₄—OC_2H_5

视网膜中的视色素在光照下，立即发生质子转移，而导致从深红色的视紫红质转变为黄绿色的视黄绿色，这对仿生光致变色材料的开发很有启示。螺苯并吡喃类衍生物及共聚物不但光致变色，也具有光力学现象。武汉大学陈远荫等人用含硫卡巴腙单体与有机硅等制备多种三元共聚丙烯酸酯。中山大学梁兆熙、陈用烈研究了紫精和聚紫精的光致变色行为以及硫堇等体系。这些光致变色材料可用于制造多种护目镜、自动调节室内光线的玻璃、军事上的伪装隐蔽色、密写信息记录材料等。

光致变色纤维可以通过将光致变色体封入粒径为 5～20μm 的微胶囊中，直接与纺丝熔体或溶液共混后进行纺丝而制得；也可将微胶囊置于芯层，通过复合纺丝而制得。

光致变色纤维在美国、意大利、日本、德国、法国等发达国家已经取得较大进展，如日本松井色素化学的光致变色纤维可改变 8 种色彩，主要应用于具有时装性的自动变色服装。叶大铿、李青山等人研究了光自引发体系，开发了一类光自引发单体，并研究了均聚合、共聚合及产物的光化学反应。也可以制备光功能纤维。其中光致变色腈纶有 40 个色调，光致变色涤纶通过了东华大学纤维材料改性国家重点实验室验收。

二、电功能纤维

电功能纤维最主要的应用就是抗静电纤维和导电纤维。

(一) 导电纤维

由于合成纤维属于电介质范畴，其电阻很大，导电率很小，因此很容易积聚静电。积聚的静电不仅使纺织品的加工难以顺利进行，而且给人们的生活带来诸多不便。为了消除纤维及其织物的静电，防止危害发生，人类自 20 世纪 60 年代起就开始开发抗静电、导电纤维。

导电纤维通常是指在标准状态下(20℃，相对湿度 65%) 电阻率<$10^5 \Omega \cdot cm$ 的纤维。电阻率在 $10^8 \sim 10^{10} \Omega \cdot cm$ 的纤维一般作为抗静电纤维。这些纤维基本上属于电子导电为机理的功能纤维，可以通过电子传导和电晕放电而消除静电。

导电纤维可分为导电成分均一型纤维和导电成分不均一型纤维两大类。导电成分不均一纤维又分为导电成分涂覆型和导电成分复合(包括共混)型两种纤维。导电成分均一型纤维的导电成分由同一种成分组成，例如金属纤维和碳纤维。金属纤维的导电成分即为不锈钢、铜、铝、镍等金属，是将金属丝反复穿过模具精细拉伸制成，它们的直径一般不小于 100μm。碳纤维本身即为导电成分。导电成分不均一型纤维其纤维结构中存在着导电成分和非导电成分。非导电成分是纤维的主体聚合物，如 PET、PA、PAN 等。导电成分可以是金属等镀层，但大多数是在连续相基质聚合物(如聚乙烯)中分散着高浓度导电粒子(以炭黑为主)而形成的导电聚合物。常用的制造方法是在有机纤维表面涂覆导电成分或利用纺丝法制成导电纤维。

最早的导电纤维是美国 Brunswich 公司商品名为 Brunsmet 的不锈钢纤维，在世界上首次用于纺织加工。这种利用不锈钢、铜、铝等金属的导电性而制成的金属纤维，导电性能优良，且耐热、耐化学腐蚀，但极细单丝的造价很高，与普通纤维间抱合差，混纺加工困难，扭曲与手感不良，产品使用性能不好。其后出现的是以腈纶、粘胶纤维为原丝的碳纤维，它具有良好的导电性、耐热性，有优良的耐化学腐蚀性和高初始模量，但其机械力学性能(如径向强度)不理想，除了用作工程复合材料外，限制了它的导电应用。因此，20 世纪 60 年代以来，人们不断探索开发新的有机导电纤维。这种导电纤维因其具有优良的物理力学机械性能、纺织加工性能，且染色性优良、导电性不受环境温湿度影响等优点，深受人们的青睐。实践表明，利用炭黑或金属化合物（铜、银、镍、镉的硫化物或碘化物），通过涂覆或与成纤聚合物共混、复合纺丝是制成导电性能优良纤维的最合理途径。最早问世的有机导电纤维是 20 世纪 60 年代末由日本帝人公司开发并工业化生产的表面涂有炭黑的有机导电纤维。1974 年，美国杜邦公司采用复合纺丝技术制成含有炭黑导电芯的同心圆状皮芯型复合导电纤维 Antron Ⅲ，其皮成分是聚酰胺 66，皮占总体的 96%，电阻率达 $10^3 \sim 10^5\ \Omega \cdot cm$。Antron Ⅲ的工业化生产，使导电纤维的使用性能迈出了历史性的一步。在地毯或纺织加工中，只要混入 1%～2%这种导电纤维，即可获得耐久且满意的抗静电效果。接着孟山都公司研制成偏芯圆型复合导电聚酰胺 6“Ultron”，其导电成分炭黑在纤维表面露出，放电非常迅速，抗静电效果好。1978 年，日本东丽公司的海岛型导电聚丙烯腈纤维“SA—7”（LUANA）开发成功，导电成分炭黑粒子在纤维中呈岛状分散，纤维具有优良的物理性能。继而，日本钟纺合纤公司的三层并列型导电聚酰胺纤维“Belltron”成功地应用于地毯、无尘衣和学生服中；尤尼吉卡公司的“ソガⅢ”（梅格Ⅲ）导电聚酰胺纤维、可乐丽公司的“クラカ—ボ”（可拉卡保）导电聚酯纤维、东洋纺公司的“KE—9”导电聚丙烯腈纤维都相继问世，进入了炭黑有机导电纤维的全盛时期。但由于采用炭黑复合，纤维外观发黑，限制了其在民用纺织品方面的应用。80 年代开始了导电纤维的白色化研究，日本帝人公司首先研制成功“T—25”白色导电聚酯纤维；钟纺公司向市场推出了半白和白色“Belltron”导电聚酰胺纤维；东丽、尤尼吉卡等公司也都开发了白色导电聚酰胺纤维和聚酯纤维，其导电成分多为 CuI 等白色金属化合物，这为导电纤维开辟了服装和装饰织物的新用途。

目前，复合型有机导电纤维已规模化生产，尤其以聚酯为基体的导电纤维的纺丝技术已基本成熟，对有机导电纤维的研究主要是低电阻率和功能化的有机导电纤维。2002 年，日本 Unitika 公司开发的新型聚酯高导电纤维 Megana E5，是一种含碳双组分长丝，其电阻率为 $8 \times 10^5\ \Omega \cdot cm$。该纤维截面有呈三叶状排列的碳粒子。这样，即使在低于 1% 的共混率下，也能获得抗静电性能。日本 Tokkyo 公司通过在大分子链上接枝共聚的方法研制成具有防臭功能的有机导电纤维。法国 R - Stat 公司也开发出一种多功能的有机导电纤维，它是由聚酰胺或聚酯为基体，用硫化铜作涂层。该纤维的电阻率可达 $10^2 \sim 10^5\ \Omega \cdot cm$，而且铜还能抑制细菌生长，具有抗菌作用。

此外，由于特殊的电学和光学性能的要求，随着导电聚合物的相继问世，利用这些导电聚合物制备导电纤维越来越受到人们的关注。

所谓导电高聚物是由表 14 - 3 所示的 π-共轭体系高聚物经化学和电化学掺杂，使其由绝缘体转变为导体的高聚物的统称。

1. 导电纤维的物理化学性能

由表 14 - 3 可知，导电聚合物具有独特的结构特征、独特的掺杂机制和完全可逆的掺杂/脱掺杂过程，使导电高聚物具有如下的物理化学性能。

（1）电学性能：导电聚合物的室温电导率随掺杂度的变化可在绝缘体—半导体—金属态的范围内变化（$10^{-10} \sim 10^5$ S/m）。绝缘价/半导体/导体三相共存是导电聚合物的电学性能的显著特点之一。室温电导率强烈依赖于主链结构、掺杂剂、掺杂度、合成方法和条件等。

表 14－3　典型的导电聚合物

名　称	缩写	分　子　结　构	发现年代	σ_{max}/S·cm^{-1}
聚乙炔	PA	$(\!\diagup\!\!\diagdown\!\!\diagup\!)_n$	1977	10^3
聚吡咯	PPy	$(\text{2,5-pyrrolylene, N–H})_n$	1978	10^3
聚噻吩	PTH	$(\text{2,5-thienylene, S})_n$	1981	10^3
聚对亚苯	PPP	$(\text{–C}_6\text{H}_4\text{–})_n$	1979	10^3
聚苯乙炔	PPV	$(\text{–C}_6\text{H}_4\text{–CH=CH–})_n$	1979	10^3
聚苯胺	PANI	$[(\text{–C}_6\text{H}_4\text{–NH–C}_6\text{H}_4\text{–NH–})_y(\text{–C}_6\text{H}_4\text{–N=C}_6\text{H}_4\text{=N–})_{1-y}]_x$	1985	10^2

电导率—温度依赖性是判断金属和半导体或绝缘体的重要依据。通常电导率随温度的增加而增加$[(\partial\sigma/\partial T)>0]$为半导体或绝缘体特性，电导率随温度的降低而增加$[(\partial\sigma/\partial T)<0]$为金属特性。实验发现，导电聚合物的电导率与温度依赖性都呈现半导体特性，并服从变程的跳跃模型(VRH)。这种半导体特性来自导电聚合物链间或颗粒、纤维间的接触电阻。目前，可以用电压端短路法(VSC)从实验上观察到掺杂聚乙炔的金属性，并成功地将这种方法用于聚吡咯(PPY)、聚噻吩 (PTH)和聚苯胺(PANI)。

(2)光学性能：由于具有 π－共轭链结构，故导电聚合物在紫外—可见光区都有强的吸收。这种强吸收限制了导电聚合物兼顾光学透明性和导电性。特别由于导电聚合物具有 π—电子共轭体系和 π 电子的离域性极易在外加光场作用下发生极化，从而导致导电聚合物呈现快速响应(10^{-13}s)和高的非线性光学系数($\chi=10^{-8}\sim10^{-12}$ esu)。实验发现 χ 强烈依赖于聚合物的主链结构、构象、掺杂剂和掺杂度等因素。

(3)磁学性能：导电聚合物的载流子为孤子(soliton)、极化子(polaron)和双极化子(bipolaron)。除双极化子外，带电的孤子和极化子都具有自旋而呈顺磁性。实验发现，导电聚合物的磁化率(χ)是由与温度有关的居里磁化率(χ_c)和与温度无关的泡利磁化率(χ_P)两部分构成的，而后者与金属性相关。

(4)电化学性能：导电聚合物都具有可逆的氧化/还原特性，并且伴随着氧化/还原过程，导电高聚物的颜色也发生相应的变化。例如，当聚苯胺经历由全还原态↔中间氧化态↔全氧化态的可逆变化时，聚苯胺的颜色也伴随着淡黄色↔蓝色↔紫色的可逆变化。

2. 导电聚合物的分类

(1)面状共轭高分子：二维共轭系面状高分子的代表物是天然存在的石墨。石墨本身具有较高的导电性(可以达到 10^{-4}S/cm)一旦做成受电子与供电子的石墨层状化合物就显示出更高的导电性。现在开发的类似石墨的面状高分子有通过芳烃和酸酐缩聚而成的聚苯醌自由基(PAQR)聚合体(可以达到 10^{-2}S/cm),有聚丙烯腈高温热分解化合物(可以达到 10^{-2}S/cm),还有聚羟基联苯甲酰亚胺的热分解物[可以达到 20S/cm]和聚乙烯基乙炔的热分解物(可以达到 10S/cm),这些导电性高分子显示相当好的导电率,但是溶解性很差,具有难以加工成膜的缺点,现在开发新的有机电合成法有可能攻破这道难关。

(2)线状共轭型高分子:代表性物质是无机高分子噻吡基$(SN)_x$、$(SN)_x$ 及 Br_2 掺杂物(SNBr0.4),在室温下表现出相当于金属的导电性,在 0.3K 以下成为引人注目的超导体。高导电性聚乙炔给人们带来很大希望,还有聚丁炔等。

(3)金属配位基高分子:聚乙烯基二茂铁等。

(4)高分子电荷转移络合物:含有低分子有机电荷电子接受体和给电子性高分子之间发生电荷转移而形成的高分子络合物,主要有如下两种:

①只有电子传递所产生的阳离子和阴离子基团所组成的自由基盐型高分子。

②基于较电荷传递相互作用的一般为 CT 配位基的电荷传递配位型高分子。

前者自由基盐代表物是聚乙烯基吡啶与四氰基苯醌基二甲烷(TCNQ)为代表的简单自由基盐,和进一步加入中性 TCNQ 的聚乙烯基吡啶(TCNQ)复杂自由苯盐为主的多种聚阳离子——TCNQ 配位体。此外,还有含有蓝色素(卟啉蓝色素)的高分子离子盐。作为后者高分子电荷转移络合物,大多数是以高分子为电子给予体,研究较多的是侧链上具有 π 电子系统的乙烯基聚合物。

利用聚苯胺 π 电子的线形或平面形构型,将其吸附到纤维上或采用湿法纺丝与成纤高聚物混纺,吸附了聚苯胺的纤维对电磁波的屏蔽可达 101GHz;用聚苯胺和聚酰胺混纺成的有机导电纤维也具有较高的电磁屏蔽频率。但这类纤维直到现在仍还处于实验室小试阶段,尚未实现工业化。

国内有机导电纤维的研究虽然落后于国外,但进步很快。江苏省纺织研究所研究的电晕放电型可染性导电纤维已获得成功,它是采用导电炭黑及金属氧化物制成导电母粒为芯组分,添加成孔剂及光屏剂的聚酯为皮组分,经过复合纺丝制成可染性导电纤维。中国纺织科学研究院研制成了以炭黑为导电成分以涤纶为基体的有机导电纤维,其电阻率可达 $10^8\Omega\cdot cm$,目前国内已小规模生产。还有很多科研院所正在研究开发有自己知识产权的各种有机导电纤维。李青山、马永孝等人用有机电合成方法制备了导电涤纶、导电腈纶、导电涤棉混纺织物。

目前,国内外有机导电纤维正在朝以下几个方向发展:

(1)提高纤维的细化(纳米级导电纤维)、异型化及多孔化,以增强纤维的电晕放电强度;

(2)提高以金属化合物为导电成分的有机导电纤维的导电性和可染性,使其广泛应用于民用纺织品;

(3)为满足特殊的导电需求(如无尘防爆工作服、电磁屏蔽织物等),需研制成具有高导电率的炭黑有机导电纤维:研制具有多种用途的功能化有机导电纤维,即在导电的同时还要具有远红外、阻燃、负氧离子等功能;

(4)加强对导电高聚物进行研究,以提高其在二极管、电池等领域的应用。

(二)抗静电纤维

抗静电纤维主要包括永久性抗静电纤维和暂时性抗静电纤维。暂时性抗静电纤维主要是为了防止合成纤维制造和加工过程中的静电干扰，所用抗静电剂多为各种表面活性剂，但这种纤维的耐洗涤和耐久性差，加工过程完成后抗静电性就消失了。永久性抗静电纤维是通过树脂整理或特殊纺丝方法制造的具有永久抗静电性的纤维，其耐洗涤，耐摩擦，制造方法主要有树脂整理法、共混纺丝法、复合纺丝法、共聚法或接枝共聚法。其中共混纺丝法使用较多，如东丽公司开发的抗静电尼龙 PARAL，就是用聚氧乙烯系聚合物与尼龙共混纺丝制得的海岛型永久性抗静电纤维。日本帝人公司也以聚对苯二甲酸乙二酯与聚氧乙烯系聚合物共混纺丝，成功开发出抗静电涤纶。

三、水功能纤维

(一)吸湿、吸水、吸汗纤维

合成纤维缺少亲水基团，所以吸湿、吸水性差，远远满足不了人们的服用要求，为此人们开始对合纤吸湿性改善的研究，使涤纶的吸湿、吸水性超过原棉，可与毛织物媲美。改进吸湿、吸水性，同时也改善了纤维的吸汗、抗起球、抗静电等性能，并具有离子交换性能。

提高纤维的吸水、吸湿性能一直是研究的重要内容之一，对疏水性纤维进行亲水改性一般有化学方法和物理方法两种。前者主要是用一般聚合物或者纤维与反应性物质反应制取吸水性纤维，后者则是对纤维进行物理处理，促进毛细现象，提高吸水性。

日本钟纺合纤的"ベルオァシフ"已经正式应用于食品包装材料领域，并取得美国 FDA(食品医药品局)的认可，自 2000 年 1 月起，已应用于食品吸水片材。该产品与纸浆系的片材相比，吸水能力为后者的 5 倍，这种高吸水纤维可吸收自身重量 180 倍的水，还可耐 150℃高温。1994 年，钟纺合纤与英国 Acrodis 公司的子公司 Tech—nical Absorbents 缔结了该产品的独家销售契约，随后进一步加工成非织造布、编织物等，并应用于电缆用防水材料、建材、医疗材料、日用杂货等方面。该纤维制的非织造布片材，可吸收 100 mL/g 的水，即使加压也能保持其水分，价格为 1500 日元/kg，与以往产品的价格相当。

HYGRA 是日本尤尼吉卡公司近年来成功开发的一种皮芯型高吸湿放湿性的尼龙，它以吸水性树脂作芯、尼龙作鞘通过复合纺丝制成的芯鞘型复合纤维，其吸水能力是自重的 35 倍；另外，纤维芯部吸收汗气、液体，纤维鞘部的尼龙提供强度和尺寸稳定性，即使在湿润的状态下也能保持干爽的触感。HYGRA 除可 100％单独使用外，还可与其他纤维材料复合，以满足各种用途，如内衣、女士服装、休闲装等。

东华大学对涤纶进行碱处理也得到良好的吸湿、吸水效果。

(二)透湿、透气防水纤维

呼吸性透湿、透气防水纤维近几年国内发展较快，功能性也愈来愈好。

制造呼吸性防水织物的方法，一种是用微细合纤长丝进行高密度织造，并进行收缩处理。另一种就是涂层法，采用丙烯酸酯和聚氨酯作涂层剂。

主要透湿防水材料见表 14－4。

用呼吸性防水纤维织成的面料可制作运动服、休闲服、雨衣、航海和水上作业服等。由它制作的服装具有防雨、挡风、保暖、透湿、透气、轻便、舒适等功能，并能随着环节的改变而自动调节

表 14－4　透湿防水纺织材料

方　法	形　式	材　质
树脂薄片	多孔薄膜 无孔膜	Nylon Nylon　PAN 变性
树脂涂层	多孔聚氨酯 透湿聚氨酯	PU、PVC
超细密度织物	用超细纤维	轻质型成纤聚合物
高疏水织物	应用微卷缩系	表面凹凸高透气型成纤聚合物

热量的散发。

自从多孔透湿、透气防水织物开发以来，功能性运动衣料陆续投放市场。特别是不能透雨和雾而能通过水蒸气、汗可以蒸发放出外部的透湿防水服，已经用在各种运动服装上，深受顾客的欢迎。

四、物质分离功能纤维

物质分离功能纤维中最重要的是中空纤维膜，它是高分子功能膜的主要品种之一。

(一)高分子功能膜

高分子功能膜是一种重要的功能材料，利用其在不同条件下表现出的特殊性质，已经在许多领域获得应用，而且具有潜在应用前景。比如在电场力作用下的电透析装置，在压力作用下的超滤、微滤和反渗透装置，在浓度梯度力作用下的渗透过滤装置以及膜修饰电极、非线性光电材料、膜缓释装置等都是功能膜材料的主要应用领域。这些研究成果被广泛用于工业、农业、医药、环保等领域。对于节约能源、提高效率、净化环境做出了重大贡献。

作为分离用膜，两个最重要的指标是膜的透过性和选择性。透过性是指物质在单位时间透过单位面积膜的绝对量；选择性是指在同等条件下物质透过量与参与物质透过量之比。在早期分离膜研究中，控制和改变膜的透过性和选择性主要依靠经验，没有规律可循。20 世纪 60 年代以来，人们对高分子溶液浓度、溶剂种类、热处理条件和方式等因素对膜形成过程和膜功能的影响进行了系统研究，得到的众多研究成果使人们对成膜机理和膜分离机理有了较清晰而准确的认识，使膜科学逐步得到完善。今天，膜科学已经从经验科学逐步转向理论和实际相结合的科学领域。为了对膜的科学有个整体认识，了解一下膜科学的发展历史是有必要的。

1965 年，Teorell 发明了有离子选择性透过能力的离子交换膜，并在 1949 年由 Juda 和 McRae 完成实用化过程。1927 年，微滤膜在德国发明，1950 年，在美国实现工业化生产。1960 年以来，膜科学进入黄金发展时期。在这一时期中，各种各样的膜材料大量涌现，人们对膜科学的认识不断加深，研究手段不断提高，更重要的是膜材料大面积进入实用化、工业化。大量的技术突破，使膜材料生产和应用得到了空前的发展。

(二)中空纤维分离膜的结构与性能

中空纤维膜研究中最重要的内容之一是膜的结构与其性能之间的关系。其分离功能指标中的透过率和选择性依赖于膜的孔径和材料性质、分离物的体积和性质以及两者间的相互作用。根据材料的微观和宏观结构，中空纤维分离膜的结构可以分成以下几个层次。

1.第一结构层次

第一结构层次对应于组成中空纤维膜材料的元素和化学基团，它们是组成物质的基础，决定了物质的基本性质，如氧化还原性、酸碱性、极性、溶解性和物理形态等特征。对于中空纤维分离膜来说，这一结构层次决定了分离膜对被分离材料的溶解性以及材料的亲水性、亲油性和化学稳定性等性质，将直接影响膜的透过性、溶胀性、毛细作用等性质。一般在分子结构中增加强极性基团，如羟基或羧基，膜的亲水性得以提高。以氧原子代替聚合物中的某些碳原子，聚合物的柔性增加并有利于气体透过。

2.第二结构层次

第二结构层次对应构成中空纤维膜的聚合物的单体和链段结构类型，对于均聚物，单体的结构最重要；对共聚物，链段结构，如嵌段共聚、无规共聚、接枝共聚等，直接影响分离膜的各种性质，包括立体效应和化学效应的产生。它们对聚合物的结晶性和溶解、溶胀等性质起主要作用，主要影响膜的机械性能和热性质，此外，对膜材料的溶解度也有一定影响。

3.第三结构层次

第三结构层次对应于构成中空纤维膜聚合物的微观构象，如分子呈棒状、球状、片状，还是呈螺旋状，或者为无定形状等。聚合物分子的微观构象有赖于分子间的作用力，包括范德华力、氢键力和静电力等。直接影响膜制备时起关键作用的溶液黏度和溶解度等性质，有利于增加聚合物分子间作用力的构象倾向于形成结晶度高的分离膜。微观构象与形成膜的机械性能和选择性有密切关系。

4.第四结构层次

第四结构层次对应于构成中空纤维膜的聚集态结构和超分子结构，包括分子的排列方式和结晶度等内容，还包括晶胞尺寸的大小、膜的孔径和分布等。很显然这一结构层次直接与膜材料的使用范围、透过性能、选择性等因素有密切关系。它们与分离膜的制备条件和制备方法及后处理工艺等有直接关系。

5.第五结构层次

第五结构层次对应于中空纤维分离膜的宏观外形结构，是指中空纤维分离膜的外尺寸和膜器件的外形。

(三)中空纤维膜的用途

中空纤维膜的用途是用膜作选择障碍层，凭借外部能量或化学位差允许混合体系中某些组分透过而保留其他组分，从而达到分离、分级、提纯、富集的目的。它具有能耗低、设备体积比小、操作简便、规模和处理能力可在很大范围内变化等优点。因此已广泛应用于水处理、食品工业、医疗装置和化学工业等方面。

由于膜材料及其结构性能的不同，各种中空纤维分离膜有不同的用途。例如，目前纤维素中空纤维膜的主要用途是透析。

第三节 化学功能纤维

化学功能纤维中最重要的是离子交换纤维。20 世纪 30 年代前，人们曾经试验了羊毛、棉、丝等天然纤维的离子交换性质。然而,天然纤维的离子交换能力较低。因此,20 世纪 30 年代之后,人们相继开展了天然纤维的化学改性,以提高离子交换容量。早在 20 世纪 40 年代,就有文献报道用棉花改性制备离子交换纤维。由于天然纤维素纤维有较强的化学反应能力,经过酯化、醚化、磺化、磷化、羧基化及氧化后可获得阳离子交换纤维,经过胺化可制得阴离子交换剂。用棉花吸附染料而后加以氮化,随即和聚胺链连接起来,或者用棉织物与 2-氨基乙磺酸作用制得阴离子交换纤维。而用棉织物与脲及磷酸作用使其磷酸化,可制得阳离子交换纤维。因此,早期的离子交换纤维主要是指以天然纤维素为骨架的离子交换剂,有纤维状的,也包括粒状的,它们可制成离子交换纸或布。

20 世纪 50 年代以后,随着合成纤维工业的发展,以合成纤维为基体的各种离子交换纤维相继被开发出来。20 世纪 50 年代中期,日本熊本大学工学部以维尼纶制备了离子交换纤维。其后,美国 Rohm and Haas 公司,苏联化学纤维研究院等也相继报道了离子交换纤维的研究成果。20 世纪 70 年代以后,有关离子交换纤维的研究论文和专利报道逐渐增多,基体几乎包括所有的合成纤维,如聚乙烯醇、聚丙烯腈、聚氯乙烯、氯乙烯—丙烯腈共聚物、聚酚醛、聚酰胺、聚酯、聚烯烃等系列纤维。

离子交换纤维的含义已经从原来以天然纤维为骨架的离子交换剂扩展成为以合成纤维和天然纤维为基体(骨架)的纤维状离子交换材料。和离子交换树脂一样,离子交换纤维也分为阳离子纤维、阴离子纤维和两性纤维。其中,阳离子交换纤维包括强酸型(磺酸型)、中强酸型(磷酸型)和弱酸型(羧酸型)。阴离子交换纤维包括强碱型(季铵盐型)和弱碱型(伯氨基、仲氨基、叔氨基、吡啶基、咪唑基等)。所报道的两性纤维主要是弱酸弱碱型(如羧基—吡啶型、羧基—咪唑啉基),最近,也制备出来强酸弱碱型(磺酸—吡啶型)两性离子交换纤维。

一、离子交换纤维的制备方法

(一)直接功能化法

直接功能化法是利用有机纤维上本身存在的易反应基团直接或经过简单预处理后与含离子交换功能团的小分子进行反应,从而得到离子交换纤维。

这种方法在离子交换纤维发展的早期被大量运用,其主要代表是纤维素系列的离子交换纤维。纤维素纤维由葡萄糖链节组成,每个葡萄糖单元上含有三个可功能化的羟基,其中 6,2 位的羟基更容易进行反应。这些羟基经过酸化酯化、醚化、磺化、磷化、羧基化可引进阳离子交换基团,经过胺化可引进阴离子交换基团。例如,以纤维素钠与氯乙酸钠在 70℃反应,得到羧甲基纤维素,产物的交换容量为$(0.6\sim0.7)\times10^{-3}$ mol/g。其反应式如下:

$$\text{纤维素—O—Na}+ClCH_2COONa \longrightarrow \text{纤维素—O—}CH_2COONa$$

(二)接枝共聚——功能化法

接枝共聚—功能化法是近年来制备离子交换纤维最主要的方法。它是以天然或合成有机纤维为基体(骨架),通过化学或物理方法引发大分子自由基与含有离子交换基团的烯类单体接枝共聚,或与含有反应性基团的烯类单体接枝共聚,然后进一步功能化的方法。

人们曾尝试使用各类有机纤维通过接枝共聚—功能化方法制备离子交换纤维。不过,比较大量报道的基体纤维主要有纤维素纤维、聚乙烯醇纤维、聚丙烯纤维、聚乙烯纤维。此外,还有涤纶、氯纶等纤维接枝的研究报道。

依据不同的纤维原料和接枝反应体系，可采用不同的引发方法。纤维素纤维常用化学引发方法。早期人们认为高能辐射主要引发纤维素的裂解，但后来的研究表明，只要辐照剂量控制适当，较小的剂量下完全可以得到高接枝量的结果。聚乙烯醇纤维有采用化学引发的报道，也有许多报道用物理引发方法，而聚乙烯纤维、聚丙烯纤维化学稳定性高，一般采用物理引发方法。

化学引发通常采用氧化还原引发体系，例如：H_2O_2—Fe^{2+}和高价盐（包括$KMnO_4$，Ce^{4+}，V^{5+}，Cr^{6+}等），高价盐与纤维上的羟基作用形成有效的氢化还原体系。化学引发反应的操作可采用一步法，即原纤维、引发剂、单体等加在一起进行反应；也可采用两步法，即先用引发剂溶液浸渍处理纤维，一定时间后倾去浸泡液，必要时还可用水洗去除残留的引发剂，然后再加入反应单体及有关溶剂、助溶剂进行接枝反应。两步法可更有效地减少均聚物的生成。

(三)共混或共聚物成纤——功能化法

所谓成纤法就是采用带有离子交换基团的高聚物（或单体）与成纤高聚物（或单体）共混或共聚，经溶液或熔融纺丝制得离子交换纤维。或者共混物（共聚物）的单体之一带有可反应的基团，成纤维后再进一步功能化。这种工艺路线被人们认为是最有价值的方法，因为这种方法可充分利用其中一种聚合物的成纤能力和力学强度，纤维的体形结构像粒状树脂一样稳定，能反复使用；所能选用的单体范围较广，有可能控制纤维的组成。此外，工艺简单，有可能利用化纤厂现有的设备。

以丙烯酯（AN）和2-甲基-5-乙烯基吡啶（MVP）的共聚物进行纺丝，可以获得含吡啶基的阴离子交换纤维，共聚物纤维中MVP的含量可达40%。共聚物可以二甲基亚砜或二甲酰胺为溶剂通过溶液聚合生产，也可用悬浮聚合法得到。在聚合物溶液中加入交联剂，使纤维交联成为体型结构。交联剂采用高温下能够与乙烯基吡啶生成化学键的环氧低聚物，也可用肼、过氧化物、3-氯-1,2-环氧丙烷等。交联作用保证了纤维能反复多次使用，对有机溶剂、酸碱稳定。共聚物采取湿法纺丝，工序为：

成型→取向拉伸→交联化→上油→卷曲→切断

离子交换纤维的化学稳定性取决于纤维骨架和交换基团的化学稳定性两方面。一般认为化学惰性大的基体纤维有利于提高交换稳定性，所以，聚丙烯、聚乙烯被认为是较合适的纤维基体；预氧化、半炭化处理的纤维基体，如半炭化粘胶、预氧化聚丙烯腈大量脱除了极性基团，并形成体型交联结构，所以耐溶剂、耐酸碱、耐温性能显著提高。

加入交联剂是增强纤维基体体型结构和减少交换基团链段脱落的重要手段，大多数纤维都要加入一定量的双官能团交联剂进行交联，以提高离子交换纤维的化学稳定性及力学性能。但是，不能过度交联，否则会影响总交换容量和交换动力学。

离子交换基团除了会脱落之外，还会因化学反应转变其结构。这种转变与交换基团本身的性质和交换反应的介质和条件密切相关。例如，某些离子交换基团与强氧化性的离子交换时，会因为氧化作用而被破坏，从而使交换容量下降，重复再生性能变差。因此，选择纤维和相应的交换体系及条件时应予以注意。

二、离子交换纤维的力学性能

由于功能化或接枝反应等作用损伤了基体纤维的结晶结构或体型结构，离子交换纤维的强度一般都比通用的化学纤维差。但是，只要制备工艺控制得当，适量加入双官能团交联剂，所制纤维的强度已能满足应用及进一步加工的要求，它们的强度一般达 0.5～3.3 MPa。此外，如果与普通纺织纤维混纺成纱线，或复（混）合制成非织造布等产品，能够弥补离子交换纤维强度的不足，满足应用的要求。

第四节　生物功能纤维

一、保健功能纤维、抗菌防臭功能纤维

在自然界，微生物存在极为广泛。一般情况下，纤维上会吸附很多微生物，其数量依环境条件和纤维种类的不同，在 10^3～10^8 个/cm^2。如果环境条件适宜，微生物就会迅速繁殖，产生种种危害。

1955 年，日本成功开发了抗菌性功能纤维。它是在成纤聚合物中加入 Cu、Ag、Pb 的金属元素及其化合物，制成抗菌纤维。最常用的是银和铜的金属盐，如硫酸铜和硝酸银作为抗菌添加剂。其抗菌机理是破坏细菌细胞膜的代谢功能，导致细菌死亡，从而起到杀菌作用。合成纤维及其织物的抗菌加工方法有共混、复合纺丝技术和后处理技术 3 种。纤维的抗菌效果取决于抗菌剂的抗菌能力。专家预测，21 世纪将采用高效有机杀菌剂，制成具有广谱杀菌效果且具有吸附烟臭、氨臭气味的抗菌纤维。随着社会的发展、人们生活水平的提高，抗菌除臭纤维大有发展前途。

人的皮肤对于自然界中的微生物是一种很好的营养基，脱落的皮屑、分泌的汗液和体液以及适宜的温湿度给细菌繁殖提供了良好的环境。在一般情况下，人们皮肤上的一些常驻菌起着保护皮肤免受致病菌危害的作用，一旦微生物中的菌群失调，它们中的少量致病菌就会大量繁殖，并通过皮肤、呼吸道、消化道以及生殖道黏膜对人体造成危害。在医院，空气内常飘浮着细菌，医护人员的服装上、患者的服装上以及床单、窗帘、地毯等医院日用纺织品上有很大的带菌可能性。这不仅易于造成患者的交叉感染，也会把病菌传染给健康人、传染到医院之外的环境中。因此，医用纺织品对抗菌的需求最迫切，以此防止传染病的传染和蔓延并且确保护理质量。

随着科学技术的发展和人们生活水平的提高，人们对纺织品的卫生功能提出了更高的要求。早在 1950～1960 年，美国的卫生纺织品就已实现工业化生产，20 世纪 70 年代中期以后，日本的抗菌、消臭纺织品也进入高速发展阶段，而我国开展这方面的研究还只是近 10 年的事。消臭和抗菌都是卫生保健领域的一种功能。但消臭与抗菌不同，抗菌用于日常生活是通过抑制细菌增殖而达到抗菌的目的，消臭则是指消除环境中已经生成的臭气。消臭所消除的臭气不止是细菌分解人体汗液、皮脂所生成的恶臭，还包括人粪尿、排泄气体、腐败物质和化学物质等固有的气味。

（一）抗菌、消臭功能纤维的作用方式及机理

抗菌消臭功能纤维是人们随着生活水平提高和工业发展的需要而提出来的，其制备原理是将抗菌剂通过共混纺丝、化学结合、物理吸附、树脂固着、微囊技术等用于纤维。具有抗菌消臭

功能的纤维在服装、装饰、医疗护理等领域有着广泛的应用。抗菌纤维因采用的抗菌剂不同，其抗菌机理亦各不相同，对不同菌类的杀灭作用也各有大小。

1.抗菌剂的抗菌机理

(1)使细菌细胞内的各种代谢酶失活，从而杀灭细菌；

(2)与细胞内的蛋白酶发生化学反应，破坏其机理；

(3)抑制孢子生成，阻断 DNA 的合成，从而抑制细菌生长；

(4)极大地加快磷酸氧化还原体系，打乱细胞正常的生长体系；

(5)破坏细胞内的能量释放体系；

(6)阻碍电子转移系统及氨基酸转酯的生成。

2.消臭的方式

(1)遮蔽法：即是从嗅觉上使人感到臭气的消失，其消臭机理包括掩盖作用和中和作用。掩盖作用是用感觉程度强的气味将感觉程度弱的气味压下去。中和作用是通过两种气味的混合，使之相互抵消，其中也兼有相互之间的化学、物理作用。

(2)化学法：这种消臭方法是使恶臭分子和特定物质发生化学反应，生成没有臭味的物质。其消臭机理涉及氧化反应、还原反应、加聚反应、脱硫反应、络合反应、缩合反应、离子交换反应等。酸类、碱类、某些盐类能和恶臭中的氨、胺、硫化氢、硫醇等分子发生中和反应；臭氧、过氧化氢、次氯酸溶液等能氧化这些恶臭物质；硫酸亚铁、氯化铁等能使硫化氢脱硫。研究化学消臭方法是现代消臭技术的有效途径。

(3) 吸附法：以不改变恶臭分子化学结构为特点，主要是利用活性炭、沸石、硅胶、奇才石等多孔物质和一些盐类把恶臭分子固着在其表面并溶解吸入到其内部而显示消臭性。这种方法往往有容易饱和而降低消臭效果和臭气再释放问题。这种情况正在进行改进，比如用酸或碱对其表面进行处理，引入化学结合方法，进一步提高其消臭能力等。

(4)生物消臭：通过各种微生物的生物功能消除恶臭是一种古老而新颖的方法。近年提出土壤消臭、活性污染消臭以及用人工酶消臭等新的思路。

(5)抗菌法：采用具有抗菌作用的物质，杀死或抑制细菌的繁殖，防止有机物腐败、分解而产生臭气。

(二)负离子功能纤维

当今地球的生态环境日益恶化，人口膨胀，污染严重，城市病、空调病以及由生活环境不良引起的各种综合病症增多，其原因之一是空气中的负离子较少所致。空气中的负离子多为氧离子和水化羟基离子等，当空气中的分子或原子失去或得到电子后，便形成带电荷的粒子，称为离子；带正电荷的叫正离子，带负电荷的叫负离子。负离子对人的健康及生态具有重大影响，已为国内外医学专家通过临床实践所验证。

负离子纤维是材料科学和高新技术发展的结晶，其核心是在纤维中加入负离子发生体——电气石。电气石的主要成分是以含硼为特征的铝、钠、铁、镁、锂环状结构的硅酸盐物质。现在已经出现了用蛋白石来产生的 Anion 系列负离子多功能添加剂，是由燕山大学国家大学科技园燕大奇才科技开发有限公司研发的。该产品产生的负离子数在 2000 个/cm^3 以上。

1.负离子对人体的影响

负离子对人体的影响表现在：

(1)影响细胞的电位，能促进细胞新陈代谢，增加机体的免疫功能。

(2)能增加细胞渗透性，增加吸氧量，改善肺功能。

(3)能调整血液酸碱度，使其呈弱碱性并具有表面活性剂的作用，使血管中胆固醇分散、减轻絮凝状，使血液流畅。

(4)负离子空气具有安定神经、改善睡眠、减轻疲劳的功效。

(5)具有消炎止痛功能，对某些疾病有辅助治疗作用。

2. 负离子纤维的制备

用化学和物理方法将电气石制成与成纤高聚物具有良好相容性的纳米级粉体，经表面处理后，与高聚物按一定比例混合，熔融挤出制得负离子母粒。将负离子母粒干燥后按一定配比与高聚物切片混合，采用与普通熔融纺丝相同的纺丝技术路线，即共混纺丝法进行纺丝，即可制得负离子纤维。

也可将纳米级粉体电气石经表面处理，然后加入纺丝溶液，制备负离子纤维。

3. 负离子纤维的功能

(1)永久释放负离子：纤维内部的负离子粉体能产生热电和压电效应，在人们穿用该纤维织物过程中，负离子粉体与身体的水分子及周围空气中的水分子发生电离作用，产生负离子，从而调节周围环境的空气质量，并中和空气中带正电荷的有害混合物，形成微型森林空气，使人感觉自然、舒适。

(2)抗菌、杀菌、除臭：负离子具有较高的活性，又有很强的氧化还原作用，能破坏细菌的细胞膜或细胞原生质活性酶的活性，从而达到抗菌、杀菌的目的。

负离子的电离作用可以消除一定空间中空气中的氨、硫化氢、游离甲醛等对人体有害的气体，从而达到脱除臭味、异味的目的。

(3)可释放人体需要的多种微量元素：纤维里面镶嵌的负离子粉体的主要成分是以含硼为特征的铝、钠、铁、锂环状结构的硅酸盐物质——电气石，针状、片状、多空硅酸盐——凹凸棒石、蒙脱石、蛋白石。它们作为人体所需微量元素的储仓，能形成微量元素源，并不断释放多种微量元素，有益于人体健康。

(4)有很好的防静电作用：负离子具有很好的防静电作用，其负离子功能产品可以在一些特殊场所应用。

4. 负离子纤维产品

(1)负离子纱线：负离子纱线采用负离子涤纶和棉或其他纤维混纺而成。负离子纤维产品的远红外发射率为 0.90 以上，在接触大气和水蒸气的运动情况下，能够自然产生并释放负离子 3000 个/cm^3 以上，所以用这种纱线生产的服装对人体有很好的保健作用。采用负离子纱线加工的纺织品在穿着时可以释放负离子，将 $1m^2$ 负离子保健纤维面料放在 $1m^3$ 密闭容器内，测得负离子数是对比样的 40～50 倍，这种保健功能还不会随时间的延长而消失。释放出来的负离子可以净化空气，中和空气中的尘埃、细菌及病菌等物质，使之浓度下降，从而具有净化空气的作用，可以有效清除室内装修过程中装潢材料挥发的苯、甲醛、酮、氟等有害物质，并可消除体臭、香烟等异味。

(2)负离子保暖内衣：温暖是人类的需求，健康是人的生存要素。负离子保暖内衣材料，成衣有面层、中间层和里层，面层为 100%全棉，选用优质精纺纱，里层是负离子与棉交织，中间层是负离子与锦纶合成的高弹性纤维。这种结构的织物，既富有弹性，更有显著的保暖效果，既抗风，也导湿、透气，穿着后不会有闷热感和出汗后的湿冷感，并且更有保健功能，真正做到保暖与健美并存。

负离子功能纤维服装、服饰产品在国外已经兴起，我国开创的电气石法负离子粘胶纤维生产技术已经获得国家发明专利。生产的负离子粘胶纤维已经开始销售，但下游厂家尚未完成相关产品的开发，下游厂家若能开发负离子功能纤维服装、服饰产品，将会有很好的经济效益。

(三)远红外纤维

远红外纤维是一种具有远红外吸收和反射功能的新型纤维，它能吸收人体释放出来的热量以及自然界的光和热，并向人体反射一定波长范围的远红外线。这种远红外线具有穿透、辐射的能力，易被人体组织吸收，使人体皮下组织的血流量增加，促进血液循环，活化组织细胞。因此，远红外纤维具有优良的保健理疗功能；远红外纤维还能减少热量损失，对人体起保温作用。经测定，含有远红外纤维的织物，其保暖率能提高12%以上。

远红外纤维是将具有远红外辐射性的超细微粒添加到纤维表面或纤维内部，使纤维具有发射和吸收远红外线的功能。如果将陶瓷粉末作为添加剂，制成的远红外纤维又称陶瓷纤维。陶瓷粉体材料通常包括：三氧化二铝、氧化锆、氧化镁、二氧化硅、氧化锌、三氧化二锑等，可根据产品的品种和性能要求选用。陶瓷粉体的粒径应控制在500～1000nm，材料的微粒越细，在相同质量下，材料的总表面积就越大，表面的原子数就越多，表面能就越高，因而就具有很高的化学活性。陶瓷粉体会导致光、声、电、磁等特性出现异常，如使光吸收性、微波吸收性增强。超细微陶瓷粉体就是利用了这种效应，使它具有很强的吸收和发射远红外线的功能。

现在远红外保健产品已经很普遍，在各大药店都能看到类似的产品。

(四)芳香纤维

从保健的目的出发，人们选择符合健康需要的香味附于纤维上制成了芳香纤维。该类纤维能缓释香味，具有安神、刺激食欲、驱蚊、消臭、改善睡眠和治疗偏头痛等保健功能。

香料或芳香微胶囊均匀地混入纺丝切片中直接纺丝，或将香料置于芯层通过皮芯型、中空型复合纺丝制得芳香纤维。

芳香纤维及其纺织品是一种具有高附加值的产品，日本已有多种芳香纤维及其制品，如帝人公司的森林浴纤维泰托纶GS(皮芯复合型)、钟纺的“花之精系列”(微胶囊型)。东华大学、上海石油化纤总公司等也开发出多种香料的聚丙烯及皮芯型聚酯芳香纤维。这些纤维可制作手帕、毛巾、床单和服装等产品。

二、医用功能纤维

医用功能纤维是生命科学与材料科学交叉的产物，是现代临床医学发展的重要物质基础。主要包括三方面，即外科移植用纺织品、体外人工器官、医用辅料。

(一)对医用功能纤维的要求

医用功能纤维除了具有一定的机械强度、化学稳定性、柔软性、坚韧性、密度小和易于加工成型等性能外，还必须具备以下特殊性能。

1.生物相容性

要求植入生物体内的人造器官与生物主体之间无不良反应或反应性很小，并易于附着在生物体细胞上生长。

2. 生物降解性

对于某些用途的医用功能纤维，要求在一定时间内能被微生物侵蚀而逐步降解成为二氧化碳和水，这对解决医用纺织品废弃物处理尤其重要。

(二)医用功能纤维的主要用途

1. 一次性医用材料

一次性医用材料也包括医院病房和手术室中使用的一些用品。例如，外科医生手术时使用的口罩和工作衣过去都是用棉布制成的，每次术后必须洗涤、消毒，不仅处理的费用很高，衣物的寿命很短，而且会发生交叉感染等事故，对医务人员和病人的健康都会带来不利的影响。目前这些用品都已采用一次性的高分子材料，用聚乙烯或聚丙烯非织造布制备，不仅价格便宜，而且非常卫生和安全。

2. 绷带

绷带从包扎功能开始逐步向多功能发展，弹性绷带是其功能发展的重要品种，它不仅适用于各科手术及换药后的覆盖，而且适用于下肢静脉曲张，石膏拆除后发生的肢体水肿和慢性淋巴水肿等各种辅助治疗。早期弹性绷带使用橡皮筋，弹性合成纤维开发后，成为这种制品的主要材料。其制法是经纱为非弹性材料，纬纱为弹性纱与非弹性纱交织。这种绷带在松弛状态，表面平整，厚度均匀，在拉伸状态时，呈现出一定的弹性压力。但重复使用后，弹性降低，体感较差。上海医用材料厂提供一种弹性较好的，可反复多次使用的弹性绷带。它使用 18.2tex×2 棉线，经线采用棉线与弹力包缠线两种线，其中棉线也是 18.2tex×2 棉线，调整经线的密度可以调节弹性。在 10cm 长度中采用 70～90 根结节线，135～140 根包缠线作经线，则制得平纹弹性绷带。如果采用 75～85 根棉线和 80～90 根弹性包缠线作为经线则制成皱纹弹性绷带，这类绷带可在纺织机上生产。经测定，皱纹弹性绷带伸展率为 250%，平纹弹性绷带伸展率为 135%。而英国弹性绷带伸展率为 142%。为了解决绷带包扎时的松动问题，人们经过探讨，在绷带的两个面或一个面涂上黏性涂层，使其产生随机黏的效果。用机织布作为绷带材料，多采用棉纱与部分弹力纱交织的办法使之有弹性。布料平整多孔，两面有黏性，黏合剂以超细颗粒状，通过特殊的技术附于经纱的纤维表面上，分布均匀，密实，便于存放，能长时间保持黏性。黏合剂颗粒细，不像普通橡皮膏难打开，也不会出现平面纱线间黏边。这样，伤口水汽能透过绷带，保证其适用性，各种纤维间不互相影响，弹力也能很好地发挥，颗粒状粘合剂不能隔开纱线与创面，吸收性能一点也不减弱。所用黏合剂约 10～40g/m^2，颗粒超细，1000～5000 个颗粒/500mm^2。所选黏合剂应具有优良的性能，黏附性强，有一定拉伸性，多采用橡胶和树脂的混合物，可以是天然橡胶，也可是丁烯橡胶、丁苯橡胶、聚异丁烯等合成橡胶。黏性弹力绷带能像普通的绷带一样并且包扎方便，固性强，非常实用，具有良好的发展前景。

3. 医用缝合线

医用缝合线必须满足以下条件：

(1)可进行彻底的消毒杀菌处理；

(2)有适当的机械力学性能，有 20%的延伸率，有一定的柔软性、回复性，有一定的湿润强度和摩擦因数；

(3)便于缝合、打结；

(4)缝合时能保持一定强度；

(5)对人体组织有适应性，不因异物反应而出现炎症；

(6)能在体内无毒地完全吸收。

实际应用的医用缝合线，主要分为两大类，可被人体吸收类和非吸收类(包括在体内残留的和在体外排出的)。具有使用价值的医用缝合线见表 14－5。

表 14－5 各种医用缝合线

吸收类别	材料类别	材料名称
非吸收类	天然纤维	蚕丝、马毛、木棉、麻
	合成纤维	PET、NYLON、PP、PE、PU、聚四氟乙烯
	天然高分子	羊肠线、骨胶原、甲壳素
可吸收类	合成高分子	聚氨基酸 PVA 聚酯(聚丙炔三氧基甲烷、聚羟基丁酸酯)
		聚酯(聚羟基醋酸、聚乳酸羟基乙酸和乳酸共聚体)

作为医用手术缝合线，吸收型自然受欢迎，它可以免除拆线的麻烦，又可以不引起异物反应，关键是要有相当的强度。如正常人皮肤的抗拉强度为 100，受手术或创伤后皮肤的抗拉强度回复率是有一定要求的。一般手术一周以后回复 20%～30%，两周之后回复 60%，三周以后回复 80%，缝合线必须有这种强度适应性。在完成这一使命后的一定时间内，最终被吸收。

第五节 特殊功能纤维

一、防护功能纤维

人类在生活中会受到火灾、细菌、害虫等的伤害。随着科学技术的进步，人类对环境弊端的认识日益加深。例如，辐射、紫外线照射强度增大、静电等，对人类的生活、生产以及生命造成了各种危害。对人体和环境进行防护，普通纤维已无能为力，因此，用现代科技手段研究开发在特种环境中的防护性产品用纤维具有重要的意义。

除了对人体的防护外，对某些制品、特别是一些高技术制品的环境也同样需要防护，包括防火、防水、防尘、抗静电、隔热、绝热、绝缘、抗腐蚀等都需要有防护功能的纤维制品。

除了前面提到的抗静电纤维、抗紫外线纤维和抗菌纤维等具有防护功能外，在人类涉足的危害环境中起到防护作用的纤维材料都可成为防护功能纤维。下面仅介绍其中三种。

(一)阻燃纤维

随着高分子材料的不断开发，涌现出一大批用于阻燃和热辐射防护的耐高温纤维，如 Basofil、Kermel、Visil、Nomex、P84、PBI 和 PBO 等纤维，除了在衣着领域的应用外，在劳动防护用品上有着广泛的应用。

Basofil 纤维是德国 BASF 公司生产的一种三聚氰胺纤维，具有三维的空间网状交联结构，持续使用温度可达 180～200℃，短时间内可达 260～370℃，产品主要用在消防服、工业用阻燃防护服以及汽车等的内装饰物和家用防火材料等方面，具有优异的防护功能和穿着舒适性。

Kermel 纤维和 P84 纤维同属于聚酰亚胺纤维，前者是 20 世纪 60 年代由法国 Crhodia Performance 公司研究和开发，目前由该公司收购合并的法国 Kermel 公司生产，主要用来制造耐高温防火服、消防服和警服，还用于恶劣环境下的工作服，如特种飞行服、军事保护和工程用服装等；后者有良好的热稳定性和不燃烧性，常被用作防护服材料，美国已用来生产消防员救火服和针织防护帽等。

Visil 纤维是芬兰 Sated OY 公司制造的一种新型耐高温阻燃粘胶纤维，它具有吸湿、透气、易染色、耐酸、耐碱、耐虫蛀等性能，可加工成各种耐高温的阻燃纺织品。Nomex 纤维最早在美国杜邦公司投入工业化生产，它具有优异的耐热性能和阻燃性。PBI 纤维具有耐高温、阻燃、尺寸稳定、耐腐蚀等优异性能，尤其是热稳定性能较好，燃烧时不熔融、几乎不收缩，而且离开火焰即自熄。

(二)抗紫外线纤维

抗紫外线纤维和织物是近几年服装市场出现的一种功能性保健产品。在纺丝时，在聚合物中加入具有反射和衍射紫外线功能的超细颗粒，制得的纤维织物能够抵抗紫外线的照晒，防止皮肤病和皮肤癌的发生。

抗紫外线的添加剂一种是有机物质，以苯酮内芳香族物质为主；一种为无机物质，以氧化锌、二氧化钛为主，这是目前最受推崇的抗紫外线添加剂。抗紫外线添加剂的主要作用是减少 280～4000nm 的紫外线对人体的伤害。添加剂的粒径在 200nm 时，对紫外线的反射衍射能力最大，该类纤维有较好的发展前景。

(三)防虫纤维

蚊虫、螨虫等害虫对人类的侵扰令人不安，它不但影响人类的休息和工作，还会传播疾病。防虫纤维是本身具有驱赶或杀死这些害虫功能的纤维。它们通常通过共混纺丝，在纤维中引入驱虫剂或杀虫剂，或用驱虫剂或杀虫剂对纤维进行处理而制得。

日本钟纺公司用苯甲酰胺处理聚丙烯腈凝胶态纤束，制得了含 1% 杀虫剂的防虫纤维。该公司还通过在聚合物中加入螨虫厌恶的酯化合物纺制了抗螨虫聚酯短纤维。上海石油化纤总公司曾开发过防蚊虫纤维。这些纤维可制作卧具、窗纱、室内装饰物、野外服装、帐篷等用品。

二、活性碳纤维

1773 年，C. W. Scheele 发现“木炭对气体吸附”的现象，随后，人们注意到炭对溶液的脱色效果，并开始了活性炭的大量研究和应用。20 世纪初，活性炭已进入了工业化和商品化阶段，特别是在第一次世界大战中，为了将活性炭作为化学战争的防护装置而进行大量的制备和应用研究，战后激发出来对活性炭及其用途的研究，如气体分离、净化和纯化、水溶液脱色、除臭、饮用水净化，使活性炭的理论和实际应用都得到了极大发展。近几十年，随着人们对环境污染问题越来越重视，对活性炭等吸附材料的性能要求也越来越高，原来的粒状和粉状活性炭明显暴露出许多难以克服的弱点，例如，活性炭的大孔—过渡孔—微孔的结构使其吸附速度慢、效率低，它的物理形状使它在应用操作上较不方便，工程适应性差等。

20 世纪 60 年代初，得益于高性能碳纤维的研究发展和活性炭的工作积累，人们直接以纤维为原料进行碳化—活化，成功制备了活性碳纤维(activated carbon fiber，ACF)，使新一代的纤维状吸附材料成为现实。早期报道活性碳纤维研究的有 W. F. Abbott(1962 年)，他在研究粘胶基碳纤维的基础上成功开发了粘胶基活性碳纤维。此后，由有机纤维制备活性碳纤维的工作引起人们的广泛兴趣，许多科学家开展了相关的工作。20 世纪 70 年代以后，活性碳纤维的基础研究、生产和应用迅速发展，成为新型高性能吸附分离功能材料的重要一员。20 世纪 70 年代中期，人们成功工业化生产了粘胶基、聚丙烯腈基、木质素基和酚醛基活性碳纤维，20 世纪 80 年代中期，又成功开发并工业化生产了沥青基活性碳纤维。在日本、俄罗斯等国家，活性碳纤维的生产和应用已经有相当规模。日本东洋纺织公司（Toyobo Co. Ltd）生产的粘胶基活性碳纤维、东邦人造丝公司（Tolro Royon Co. Ltd）生产的聚丙烯腈基活性碳纤维和大阪煤气公司（Osaka Gas）生产的沥青基活性碳纤维，1992 年已分别具备了年产 150t、200t 和 300t 的生产能力。20 世纪 70 年代末以来，我国许多科学工作者积极开展了活性碳纤维的制备、结构及其性能等的应用基础研究，相继报道了大量研究成果。20 世纪 90 年代以来，我国活性碳纤维的工业化生产取得了良好进展，在山西、辽宁、江苏、广东等地陆续建立起活性碳纤维的生产厂，均具备了年产几十吨的生产规模。

活性碳纤维之所以一直受到科学家和企业家的重视，而且成为当今国际上多孔吸附分离材料研究的热点方向，是由于它具有与传统活性炭等吸附材料所不同的化学结构、物理结构和优异的性能特征，它碳含量高，比表面积大，微孔丰富，孔径小且分布窄，从而吸附量大，吸附速度快，容易再生。并且，它能以纱、线、布、毡等形式使用，在工程应用上更为灵活方便。因此，在化学化工、环境保护、资源能源、医疗卫生、电器、军工等领域显示出良好的应用前景，被成功地应用于溶剂回收、废水和废气净化，毒气、毒液、放射性物质及微生物的吸附处理，贵金属的回收，电极制造等方面。迄今为止，每年都有大量研究论文和专利报道活性碳纤维的制备、结构、性能和应用的新成果，还有不少的综述文章，系统总结了活性碳纤维的研究和应用成果。人们一致认为，活性碳纤维将是 21 世纪最优秀的环境材料之一，在 21 世纪，活性碳纤维的研究、生产和应用将迅速发展。

（一）活性碳纤维的制备工艺

不同的纤维原料具有不同的碳化、活化特性，因而所采用的工艺各有不同。综合考察从各种原料纤维到活性碳纤维的生产过程，可将制备工艺归纳为预处理、碳化、活化三个主要阶段（图 14－5），这三个阶段的工艺条件对所制产品有重要影响。

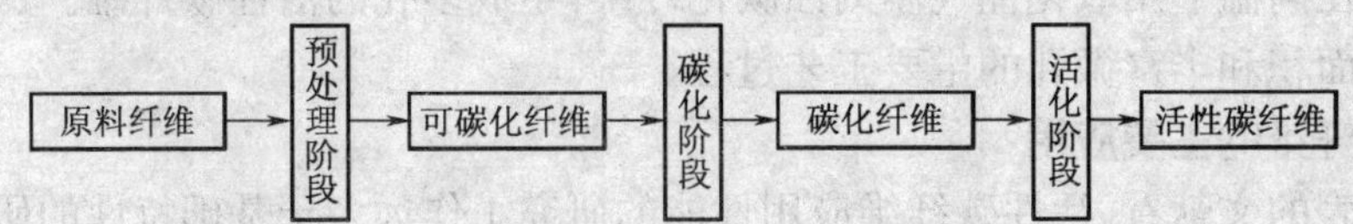

图 14－5　活性碳纤维的生产过程

1. 预处理工艺

(1)纤维素纤维的盐浸渍处理：纤维素纤维虽能直接进行碳化—活化，但早期人们这样制备的纤维素基活性碳纤维得率甚低，往往小于 10%。后来，人们发展了盐浸渍预处理工艺，才使纤维素基活性碳纤维生产具备了工业价值。

盐浸渍预处理是在室温条件下用盐溶液充分浸泡纤维，然后取出甩干或滴干，接着烘干。在工艺上，也可以将盐加到粘胶中进行湿法纺丝。

(2)预氧化处理:对于高温下会熔融的纤维原料,如常用的聚丙烯腈、沥青纤维必须经过预氧化处理来交联,以形成高温不熔的梯型或体型结构。通常,预氧化处理采用空气预氧化的方法,温度控制在200～400℃。可以在某一温度缓慢预氧化一定时间,也可以按一定阶梯升温的程序升温预氧化。

2. 碳化工艺

碳化是在惰性气氛中加热升温,逐渐排除纤维中可挥发的非碳组分,形成类石墨微晶结构的碳化纤维的过程。

碳化工艺条件不仅直接影响碳化得率,而且对后续的活化反应及产品性能也有明显的影响。碳化工序的主要工艺参数为:碳化过程升温速度、碳化温度、碳化时间、碳化气氛。

(1)碳化过程升温速度:碳化过程的温度控制一级分为两个阶段:低温阶段和高温阶段。

低温阶段指约400℃以前。此阶段要求升温速度较慢。这是因为纤维可挥发非碳组分大多数在这个温度段分解逸出,残留碳形成芳香族核和生成类石墨微晶碳。升温速度太快会引起纤维本身裂解加剧,生成较多的碎片而挥发掉,从而引起产品得率及强度等的下降。对于纤维素基活性碳纤维,低温段的碳化升温速度控制比聚丙烯腈或沥青基活性碳纤维尤其重要,因为纤维素的化学脱水和热解反应大部分发生在120～260℃,因此,升温时间长一些更好。

在高温段(约400℃以上),升温速度可以适当加快,因为这个阶段主要是纤维内部的分子重排、类石墨微晶的不断增大,挥发物较少。

(2)碳化温度:碳化温度一般控制在800～950℃。碳化温度高,纤维的类石墨微晶尺寸增大,规整性增强,所制纤维的强度增大。但碳化温度太高会降低碳化纤维的活化反应能力,使产品的比表面积和吸附性能下降。

(3)碳化时间:碳化时间通常控制在10～90min,与碳化温度的影响效果相似,延长碳化时间,一级纤维的活化反应性下降。

(4)碳化的气氛:碳化通常在纯氮或氩气中进行,也有用 NH_3 气体的。目的是使纤维中氮含量增加,以提高对 SO_2 的吸附能力。在碳化气氛中掺一些 CO_2,也可使活化阶段反应更容易。

3. 活化工艺

活化反应是在高温下用氧化性气体刻蚀碳化纤维,生成多孔的活性碳纤维。这是使活性碳纤维形成高比表面积和丰富微孔的主要工艺过程。

(二)活性碳纤维的主要应用

从已公开发表的文献看,活性碳纤维应用性能的研究工作远多于基础特性的研究。而在应用研究方面,气体的吸附处理又占主要地位。这一方面是由于活性碳纤维是以物理吸附为主;另一方面是由于活性碳纤维的价格比活性炭高一个数量级;而在气相吸附领域能充分发挥其快速吸附、快速再生、反复使用的优势,特别是在有机溶剂的吸附回收装置领域已形成了市场。活性碳纤维纤维灵活的织物形式也给纤维的有效应用提供了特别的好处,如用于防护衣、医用碳带等。下文将简要介绍一些主要应用工艺及效果。

1. 有害气体的处理

(1)含有机蒸气的废气处理,回收有机溶剂:活性碳纤维最成功的工业应用之一是日本东洋纺织公司的KF—有机溶剂吸附回收装置。它充分发挥了快速吸附、快速再生等性能优势,具有非常好的处理效果。

由于活性碳纤维机溶剂吸附回收装置的一系列优点，因此用它从橡胶、塑料、喷漆、印刷、纺织、医药及其他化学药品制造设备的排放气中回收有机溶剂，已经取得了良好的环境保护等社会效果和经济效益。美国、瑞典等一些国家已获得了活性碳纤维机溶剂吸附回收装置的生产权，我国也引进有 KF—活性碳纤维机溶剂吸附回收装置。此外，我国科技工作者也研制出类似的溶剂吸附回收装置。

(2)含无机气体的废气处理：人们开展了大量有关活性碳纤维吸附处理 SO_2、H_2S、CS_2、NH_3、NO_x、CO_2 等无机气体的应用开发研究，证明其应用前景很好。使用活性碳纤维(PAN—ACF—Fe—300)固定床吸附烟道气中的无机气体，同时向活性碳纤维表面提供水，使吸附的物质生成溶液，取得较好的烟道气脱硫效果。经过用 HNO_3—Fe^{3+} 处理活性碳纤维，使 SO_2 和 NO 的处理效果更好。用水和氨混合活化提高沥青基活性碳纤维的含氮量，可以提高脱硫能力。用活性碳纤维吸附装置吸附处理人造丝及玻璃纸等工厂的低浓度大风量含 H_2S、CS_2 废气，135mg/m^3 H_2S 处理后，出口浓度下降至 0.4mL/m^3，吸附率均达 99.7%；300mL/m^3 CS_2 处理后，出口浓度下降至 20mL/m^3，吸附率均达 93.3%；吸附饱和的活性碳纤维用过热水蒸气脱附。

(3)除臭、除湿、除尘、净化空气：活性碳纤维对一些难闻气体(氨、硫化氢、甲基硫醇、甲硫醚等)有很强吸附能力，其去除率大于 87%，因此，它可用于垃圾处理场、动物饲养场、化工厂、冶炼厂等单位的除臭设备。

2. 溶液中有害物质的处理

(1)废水处理：活性碳纤维在水溶液有机物、染料、无机物的吸附处理方面有应用前景。例如，应用于石油化工、炼焦、塑料等行业的苯酚工业废水治理，可将入口 50～200μL/L 含酚工业废水出口浓度下降到 0.5μL/L 以下，吸附柱可用热碱或溶剂再生，循环使用。在含 $HgCl_2$ 废水的处理中，不仅吸附量大，出口浓度低(出口浓度可降至 1μL/m^3)，并且 ACF 还可将 $HgCl_2$ 还原成为 Hg_2Cl_2，使毒性大大下降。活性碳纤维处理技术特别适合于三级深度水处理。

(2)饮用水净化：用活性碳纤维制造饮用水过滤器，用于除去地下水或自来水中的有臭味物质、有机氯化物(如三氯甲烷、三氯乙烯、氯)等有害物质。还可通过负载银等技术，制得具有吸附、杀菌功能的材料，与离子交换膜等吸附分离材料一起制造家用饮水机等。

(3)工业冷却循环水水质处理：活性碳纤维作为水处理功能碳纤维之一可综合运用于空调系统循环冷却水的水质处理，这种技术将功能纤维所具有的离子交换、吸附、氧化还原等功能集于一体，全面改善循环水的水质，防止水垢、污垢的生成，降低设备的腐蚀，抑制微生物的生长，大大提高热交换器的交换效率，使空调设备能长期稳定运转，延长设备寿命。运行过程中水损失很少，也不会释放出有害物质，因此不会像其他处理方法(如化学药物处理法)那样存在对水的污染问题。该处理装置可结合目前玻璃钢冷却塔的生产，实现冷却和水处理一体化。还可制成各种新型水处理设备，实现功能纤维和器件一体化。

3. 贵金属的富集分离和回收

利用活性碳纤维的吸附和还原作用，从含贵金属的废品和废水中分离回收贵金属，如金、银、铂等。这种分离回收技术集浓缩、吸附、还原和分离于一体，吸附容量大，回收率高(达 99% 以上)，选择性好(溶液中共存的其他金属离子无干扰)，回收纯度高(达 99.6%以上)，工艺简单，不仅防止环境污染，而且回收资源，具有良好的经济效益。活性碳纤维吸附回收的贵金属，如金、银、铂等产物本身又是一种独特的负载型催化剂，在 CO 和 NO_2 的催化治理方面有很好的应用效果。

4. 医疗器件及防护用品

文献报道活性碳纤维可用于制造人造肾脏、肝脏的吸附剂，有效地吸附肌酐酸、尿酸及血液中的有毒物质，吸附能力大大超过粒状活性炭，并可避免用粒状炭时炭尘涌到血液中而引起血小板凝集或划伤血细胞的弊病。活性碳纤维（布）具有良好的吸附作用和很大的毛细管活性，能有效地吸附微生物和化学物质，且有除臭效应，黏附性很小，本身无毒，不会引起人体组织的不良变化，不产生色素，不会发生肉芽粘连，因此可在烧伤伤口、营养性溃疡、肉芽萎缩伤口、瘘管、不同病源的脓腔、手术后并发伤口及其他伤口治疗时使用。医用炭布吸附剂在临床使用中已取得了良好的效果。

利用活性碳纤维容易加工成布、毡、纸，并且质薄而轻，吸附容量大，吸附速度快。可制成防毒衣、防毒面罩和口罩等产品。一些一次性的活性碳纤维非织造布口罩已工业化并在医院等部门使用。这些防毒产品透气性好，轻便，有隔尘防毒多种功能，对于防护人们免受有害气体的毒害，保护身体健康有良好的效果，在国防上也有重要意义。

第六节　未来的功能纤维

随着世界人口的增加，纤维制品的消费量也在增加。到 2030 年，人口为 80 亿～100 亿时，按现在全世界人均纤维消费量为 8kg 计算，就需要 80000kt 纤维。另外，纤维的非衣料领域的需求也很大。因此，对于高性能纤维、功能纤维和差别化纤维的开发还要不断深入。

一、功能纤维的技术发展方向

目前投产的功能纤维品种是在 30 年前或更早投放市场的。从主链的分子结构来看，仍是聚酯、聚酰胺、聚烃基和聚丙烯腈基等几个品种，但从纤维的功能和织物的结构上看，新品种很多。这些新品种的发展，过去十几年主要采用的技术措施，是在保持原有主链结构的前提下，在聚合后至纺丝、后处理等方面入手加以改进，使之生产出独具某种特性的新品种。一般认为，这样经济上投资少，实际见效快。据计算，若从单体开发开始直到聚合物—纤维开发—投放市场，所需投资约 1 亿多美元以上。因此一些公司都不愿意冒这个风险。但为了适应某些目的而进行的纤维分子设计工作已经开始，已经有品种走出实验室，但多数仍是在聚合以后，一般是加入少量第三单体，通过特种纺丝、特殊处理以及后面的各种功能性整理，以得到新的具有突出功能和高附加价值的纤维，这是一个极其重要的趋势。

多数专家认为，这些纤维进一步发展的关键，是高分子的高次结构控制。所以创造新型尖端纤维的高次结构控制技术，是未来纤维的发展方向，也是功能纤维的主要发展方向。

操纵着高分子构型、构象、取向、排列的高次结构的控制，是通过化学方法和物理方法进行的。已经实用化的高强、高模纤维（超纤维）以及可以制成席卷世界的新合纤的超极细纤维都是由高次结构控制而开发的。每根天然纤维的高次结构和它们的集合结构准确地得到了控制，有着以强度为首的吸水性、保湿性、柔软性、保温性、拒水性、光泽等许多优异的性能。用这样的高次结构控制法，可能得到具有完全不同的功能纤维。

例如，纤维素是有利于环境、有利于人类的生态材料，也是地球上可以大量生产，而且可能再生的材料。纤维素的代表棉纤维，有利于皮肤保养，亲水性强，染色性好，是具有魅力的纤维，但是，还有易缩、易起皱、不耐酸等缺点。改善这些缺点，再赋予拒水性、防水性的话，还可以扩大其应用范围。为此，有必要解析高次结构和应力缓和的机理，开发有效的方法，寻找包括开发控制高次结构反应试剂的新的化学修饰方法等的基础研究。从而改良防皱性和防缩性，赋以拒水性和防水性，改善反应性染料和直接染料的染色性。

目前，对于构成纤维素的单体的人工合成，用聚合来创造人工纤维素等的基础研究正在进行中。有可能通过增大聚合度、控制结晶度、有规则地控制分子内和分子间的氢键来创造超纤维素纤维。用生物工程来开发的生物纤维素有可能成为高强度且结晶性高、模量高等高性能材料。利用新型酶可能产生结晶度和聚合度等基本物性各不相同的多种纤维素，有待于应用于高功能且有生物分解性的纤维、膜、黏合剂等各种材料。

二、功能纤维的应用发展趋势

未来的纤维、织物、服饰都会随着人类生活水平的提高而有着更高的要求。现代知识的更新已使人们用新的目光去审视服装，即不再单纯追求服装的外表美，而要求服装有利于人体健康与卫生，服用舒适，其概念是体贴人，保护环境及协调人与环境，并在此基础上随着时代的发展转移到满足人的心理需求、靠近人再靠近人以及重视人的情绪等舒适感上来。在这方面，功能纤维的用途将越来越广阔。

目前，发达国家的功能性纤维发展很快。据报道，功能性纺织品占全部纺织品的比重，日本为39%，欧洲为21%，美国为28%。总的来看，日本在服用纺织品和医药卫生领域功能纤维研究开发上、欧美在产业和高新技术领域功能纤维研究上，分别居世界领先地位。为了与廉价劳动力的国家和地区竞争，在减少常规合成纤维产品生产的同时，这些地区正在努力研制适应消费者需要的具有优良性能的高附加价值纤维，这类纤维被称为第三代纤维，是功能纤维的完善和发展。也可以叫做精细纤维织物。日本认为：确保常规产品优势地位，发展高附加价值的优良纤维制品以进行竞争乃是日本合成纤维工业生存之路。德国有关部门也指出：由于发展中国家低价竞争日益激烈，合成纤维生存之路是生产高级产品，并创立低成本的流程。东欧提出了要加强化纤织物穿着舒适性能的研究。

未来的纤维多是结合用途进行新品种开发。根据消费的要求，对衣料、床上用品及室内用品等领域进行的调查表明，需要解决的重要方面有：上衣料、床上用品领域中为舒适性（包括保健和运动的性能）、安全性（阻燃、难燃、不燃）、方便性（不易脏和易去污）、耐久性（保持外观和各种功能）。在室内用纺织品方面为安全性（难燃、绝缘性）、保温和隔热性、隔音和吸音性。其中值得注意的是全天气型纤维。所谓全天气，指在功能方面要有耐光、耐气候、保温、隔热、遮热、疏水、防水、耐药品、防燃等性能，在舒适性方面也要保持高于现有品质的性能。

总之，未来世界功能纤维的发展要特别注意技术和应用两方面，两者不可绝对分开。

21世纪的科学技术是全球性的，为此，要立足高度，追求满足市场新需求的新功能、新技术，并且要兼顾回收利用和与环境相协调的新材料的开发。对于功能纤维技术来说，要重视向自然、向生物学习，力求满足新的价值观的需要，既要把新功能纤维材料的创造、开发和服装行业的技术设计系统以及从保护出发的回收利用、资源、环境等问题结合起来考虑。

另外，应该进一步发展和创制新的功能高分子，开发新的纺丝技术、加工技术，利用这些新型功能高分子和新的加工技术，开发新型功能纤维，扩大功能纤维的应用。

参考文献

[1] 毕鹏宇，陈跃华，李汝勤．负离子纺织品及其应用的研究[J]. 纺织学报，2003，24(6)：607.

[2] 倪士民，李青山，顾晓华，等．一类新型释放负离子纤维织物的研究[J]. 功能材料，2004，(35)：2549－2551.

[3] 毛金彪，胡庆华，林秀玲，等．功能纤维的发展[J]. 化工时刊，2002，(5)：14－15.

[4] 谷清雄．功能纤维的现状和展望[J]. 合成纤维工业，2001，24(2)：25－29.

[5] 陈枫．功能纤维的发展概况[J]. 合成纤维工业，2003，26(4)：42－44.

[6] 于海华．功能性纤维[J]. 化工时刊，2001(6)：51－52.

[7] 林秀玲．功能纤维的发展[J]. 矿业科学技术，2004(1)：21－23.

[8] 崔元凯，李义有．负离子粘胶纤维的功能作用与应用[J]. 人造纤维，2004(5)：18－19.

[9] 谢跃亭，张瑞文，邵长金．负离子功能粘胶纤维的研制[J]．天津工业大学学报，2004，23(4)：44－47.

[10] 刘雍，马敬安．高技术纤维的现状与发展趋势[J]. 四川纺织科技，2004(4)：47－50.

[11] 邢立华．国内外功能性纤维的发展现状及趋势[J]. 山东纺织经济，2003，117(5)：46－48.

[12] 杨英贤，王广阔．纳米材料特性及其在保健功能纤维中的应用[J]．高科技纤维与应用，2005，30(4)：34－36.

[13] 李青山，王庆瑞．智能纤维织物系统的研究与开发[J]. 纺织科学研究，2002(4)：8－11.

[14] 朱美芳，邢强，孙宾．高聚物基纳米功能纤维研究[J]. 金山油化纤，2004(2)：1－5.

[15] 李青山．功能高分子与智能材料[M]. 哈尔滨：东北林业大学出版社，2001.

[16] 姚康德．智能材料——21 世纪新材料[M]. 天津：天津大学出版社，1996.

[17] 汪锡安，胡宁先，王庆生．医用高分子[M]. 上海：上海科技文献出版，1979.

[18] 段菊兰，王濂生，徐晓辰．负离子纤维的性能与应用[J]. 金山油化纤，2001(2)：53－56.

[19] 王万秀，李娟娟．负离子及其纺织品的功能和应用[J]. 现代纺织技术，2004，3(12)：46－48.

[20] 施楣梧．纺织材料抗静电技术的回顾和展望[J]. 中国个体防护装备．2001，12(3)：12－15.

[21] 施楣梧，南燕．有机导电纤维的结构和性能研究[J]. 毛纺科技，2001，5(1)：5－8.

[22] 华靖乐，陶再荣．复合型导电纤维的性能特点[J]. 产业用纺织品，1999，6(4)：24－25.

[23] 冯新德．我国高分子化学研究 20 年来的进展概要[J]. 化学通报，1999(10)：1－15.

[24] [日]关川泰弘．水处理与高分子[J]. 高分子，1996，45(1)：34.

[25] 李青山，祖立武．面向 21 世纪的功能高分子材料[J]. 合成橡胶工业，1998，21(6)：369－371.

[26] 李瑞．中国化纤工业技术发展历程[J]. 北京：中国纺织出版社，2004.

[27] 李成功，傅恒志，于翘，等．航空航天材料[M]．北京：国防工业出版社，2002.

[28] 李青山．功能高分子在医疗保健中的应用[M]．哈尔滨：哈尔滨工程大学出版社，2003.

[29] 李青山. 功能与智能高分子材料[M]．北京：国防工业出版社，2006.

[30] J. A. Mooer Editor. Macromolecular Syntheses [M]. Printed in the United States of America 1977.

[31] M. Ulbricht. Advanced functional polymer membranes [J]. Polymer 2006 (47)：2217－2262.

[32] 高洁，王秀梅，李青山. 功能纤维与智能材料 [M]. 北京：中国纺织出版社，2004.

[33] 李青山. 功能高分子材料[M]. 北京：机械工业出版社，2008.

第十五章 智能纤维

从20世纪70年代中期起，化学纤维的发展由“量”转向“质”、由常规产品转向新产品的开发，其表现之一是被认为是第三代化学纤维的智能纤维开始受到世界各国的重视。

智能纤维在过去纤维性能和功能的基础上加入了信息科学的内容。它将软件功能(传感、控制及驱动三个基本要素)引入纤维的不同层次结构，使纤维能通过自身感知进行信息处理，发出指令，并且执行完成动作，从而实现自身的检测、诊断、监控、校验、修复和适应等多种功能。换言之，这类纤维能感知周围压力、气流、水流、电场、磁场、湿度、温度、光、化学物质或某种气味浓度等变化，并能及时地做出反应并采取对策，因此显得很“聪明”。

人们相信，这类纤维所具有的奇妙功能与人类的智慧相结合，必将为未来的产业和人类生活注入新的活力，因此具有十分光明的未来。

第一节 概 述

一、智能材料与智能纤维的概念

尽管性能、功能和智能都是材料的一种属性，但它们的定义是有严格区别的。材料的性能，一般指材料对来自外部的应力、热、光与电等物理或化学药品的化学作用的抵抗能力，是避免材料遭到破坏失去使用价值的能力，如抗拉性、抗压性、抗弯性、抗冲击性、耐热性、耐光性、耐气候性、难燃性、不溶性等。材料的功能，一般指从外部向材料输入信号时，材料内部发生质和量的变化而产生输出的特性，使材料产生如导电、光电、压电、传递、储存及生物相容性等方面的能力。一切材料皆具有一定的性能，但未必具有所谓的功能。从质的角度来看，功能是高于性能范畴的。

智能概念是由生物体而来的。狭义的智能指高等动物的思维活动和思维能力。广义的智能则指一切生物体皆具备的对外界刺激的反应能力。如蜥蜴皮肤的颜色随其所处周围环境不同而改变，从而达到隐身的目的；乌贼遇敌时释放墨汁而乘机逃脱；猫眼的瞳孔随光线的强弱而放大或缩小，以保持不同光线时的视力；含羞草叶子受到触碰时会产生闭合；水母能预知风暴；蝙蝠能感受到超声波；甲壳虫能够将糖及蛋白质转化为质轻、高强的坚硬小壳；蜘蛛吐出的水溶性蛋白质能在常温常压下变成不可溶、强度极高的丝……可以说，一切生命皆具有智能。从质上来看，智能比功能更高一层，功能仅处于对输入信号进行接收、转化，然后再输出另一种信号的水平上，智能则不仅限于此，它对接收的信号不仅能感应而且能处理，进而做出适时的响应，即执行。因此，从聪明程度来看，智能高于功能，功能高于性能。

1989年，日本高木俊宜教授首先提出了智能材料的概念，把它定义为“对环境具有感知、可响应，并具有功能发现能力的新材料”。后来，由井教授更通俗地将智能高分子定义为“能随着外部条件的变化而进行相应动作的高分子”，并且指出，智能高分子“必须具备能感应外部刺激的感应器功能、能进行实际操作的动作器功能以及得到感应器的信号后而使动作器动作的过程器功能”。

智能材料来源于功能材料，但又与传统的功能材料不同。功能材料有两大类，一类是对外界或内部的刺激强度，如应力、应变、光、电、磁、热、湿、化学、生物化学和辐射等具有感知功能的材料，称为“感知材料”，可以用来制成各种传感器（感应器）；另一类是对外界环境条件或内部状态发生的变化做出响应或驱动的材料，称为“驱动材料”，可以用来制成各种执行器（动作器）。但不管是“感知材料”还是“驱动材料”，它们通常只能像奴隶一样机械地进行输入/输出的响应，因此是一种被动性材料。

机敏材料（smart material）兼具感知和驱动的功能。但机敏材料自身不具备信息处理和反馈机制，不具备顺应环境的自适应性。科学家把仿生功能引入材料，使材料达到更高的层次，从无生命变得有了“感觉”和“知觉”，并赋予材料崭新的使命，使它可以主动地针对一定范围内花样繁多、种类各异的输入信号进行判断，并决定输出什么以应对之，即能自动适应环境的变化，不仅能够发现问题，而且还能自行解决问题。这类主动性新型材料，才是真正意义上的智能材料。

图 15－1 表明，智能材料在过去材料的性能和功能基础上加入了信息科学的内容。它利用感知材料做成感应器，利用驱动材料做成动作器。因此如图 15－2 所示，当智能材料受到外部刺激时，能够通过高灵敏度的感应器传递信息并做出判断、得出结论，然后发出某种指令并反馈给动作器，从而做出灵敏、恰当的反应；当外部刺激消除后，又能迅速恢复到原始状态。因此，不论定义如何，这类材料的共同特征是集传感（感知、敏感）、控制（处理）和驱动（致动、执行）功能于一体。换言之，传感、控制及驱动功能是智能材料必需具备的三个基本要素。

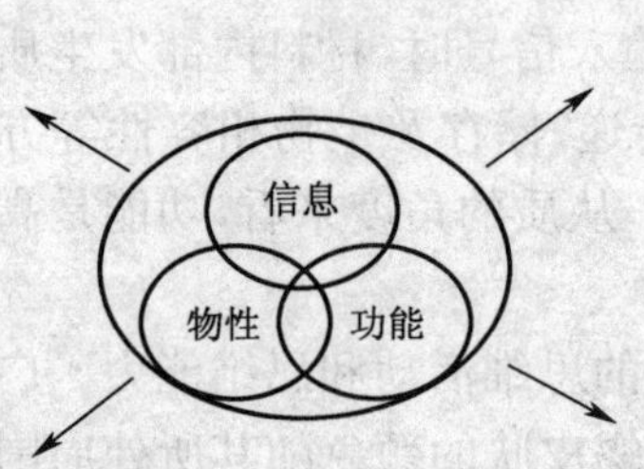

图 15－1　智能材料概念示意图

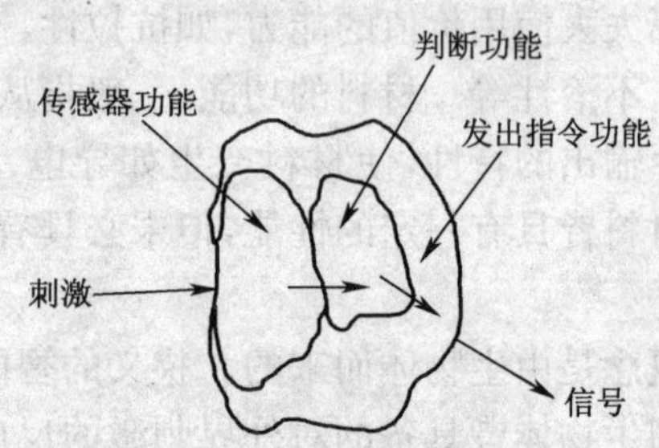

图 15－2　智能材料的模型

智能材料的尺度有多种，如三维结构（块状或微球状）、二维结构（薄膜状）、一维结构（纤维状）和准零维结构（纳米粒子状）。其中纤维状的一维结构智能材料即智能纤维。

智能纤维是纤维科学与智能材料科学交叉的产物。一方面，它能够像其他智能材料一样能感知机械、热、光、化学、湿度、电和磁等环境的变化或刺激并做出反应，是一种长度、形状、温度、颜色和渗透速率等能随环境变化而发生敏锐变化，具有传感、执行和调节适应能力的新型功能纤维；另一方面，它具有普通纤维长径比大的特点，而且其机械性能由于取向度较高等原因而远高于大部分智能材料（如智能凝胶），从而能加工成多种产品。因此，智能纤维在材料领域中具有重要的地位和独特的用途。

二、智能纤维的设计思路

由于纤维的智能化是一个崭新的研究领域，所以很难描述设计智能纤维的全部具体方法。不过，智能纤维的总体设计思路一般涉及三方面。

(一)仿生学

智能纤维研究，与其他智能材料一样，仿生学是其出发点。

仿生学是模仿生物系统的原理来建造技术系统，或者使人造技术系统具有或类似于生物系统特征的科学，简言之，仿生学就是“模仿生物的科学”，它是生物学和技术学相结合的交叉学科。利用仿生学原理，使材料模仿生物的独特功能，是开发智能材料的主要设计思路。

生物体的最大特点是对环境的适应，从植物、动物到人类均如此。自然界中的生物已有数亿至数十亿年的历史，它们不断地进化，在智能方面已达到能适应自然的极佳状态。人类在实践中早已认识到生物体具有很多超出人类自身的功能和特性，因此从生物体优异的功能中得到启迪，试图通过模仿生物体的结构、形态、功能和行为来设计和制备智能材料，以解决所面临的技术问题。这种认知方法就是通常所说的仿生，即向自然学习。

在智能纤维的开发中，人们巧妙地采用了仿生学的原理。例如，模拟生物体神经，人们开发了光学纤维。它基本上由两部分组成，即高度透明的芯层和与之匹配的皮层，芯层的折射率必须大于皮层。这样，当光通过纤维时能发生全反射，从而实现光能在光学纤维中的传送。在飞机一些关键部位预置光纤传感器后，能随时采集并传递各部分的动态数据、损伤部位及损伤程度给计算机，计算机经计算分析后，如发现问题，便可立即做出相应指令，开启执行元件进行自修复或者提出预警。这些动作与人的神经系统的工作模式十分相似。日本帝人公司从生长在亚马逊河流域的闪蛱蝶得到启迪，开发了光显色纤维。闪蛱蝶因其翅膀的外壳和基部翅瓣中特有的周期性多层结构，使周身散发钴蓝的色彩，具有金属般的光泽。帝人公司将聚酯纤维和聚酰胺纤维组成的多层结构纤维，借助光的干涉产生不同的色彩。

对夜间能飞行昆虫的眼睛进行研究，发现其眼睛的角膜上整齐地平行排列着微细圆锥状的凸起结构，它能防止夜晚微弱光线的反射损失，使光线能穿透角膜晶状体。人们模仿昆虫角膜的这种结构，开发了超微坑纤维，使光线形成散射，增加了内部光吸收，减少了光的反射，提高了黑色感，增加了色泽的深度和鲜明度。

人们还利用凝胶纤维来模拟动物肌肉。动物肌肉能通过三磷酸腺苷(ATP)将化学能直接转变成机械能，其效率高达40%～50%。此时1分子ATP水解所产生的自由能要比热能大10余倍。人类肌肉的收缩率最大可达60%，能产生589.2～982kPa的力。单个肌肉纤维受刺激后，在3～4s后开始收缩。单个肌肉纤维的收缩叠加形成强收缩，其反应时间为200～300ms。研究表明，由于凝胶的结构与生物体的肌肉组织十分相似，因此，可以利用凝胶纤维在溶剂种类、温度、OH^-浓度、pH值等变化或在电刺激下发生变形、膨胀、收缩的特性，建立直接将化学能转变成机械能的系统，而不需经过中介而散发热量。例如，Umemoto等人用聚丙烯酰胺(PAAm)浓溶液在丙酮中纺成的纤维经环化处理后，在72.5kPa的负载下，由于溶剂中丙酮含量的不同而引起体积变化，响应时间分别为伸长11s、收缩5.3s。该纤维能制成溶剂敏感性人工肌肉。Hirasa等人制备的聚乙烯基甲醚(PVME)凝胶纤维，在38℃左右逆收缩和伸长的响应时间为1s级，可产生约0.3mN的收缩力，相当于人类肌肉收缩力的1/10～1/3，已制成热敏性人工肌肉。Katchalsky和Oplataka等将羊毛纤维、骨胶原纤维在LiBr、KSCN浓溶液中处理后制得了相变型人工肌肉，其变形迅速有力，再现性和耐疲劳性好，在数分之一秒内能够收缩为原长度的一半，并发出约10倍于同等截面积天然肌肉纤维发出的力。

(二)分子设计

开发智能纤维的主要途径是分子设计。根据其刺激响应机理，可以将智能纤维设计成只对一种因素的变化产生一种响应，也可以设计成对多种因素的变化只产生同一种响应，还可以设计成对不同因素的变化产生不同的响应。这里的分子设计，包括聚合物的结构设计和官能团设计。

自动装置的设计思路，对于智能纤维材料的设计，是一个很好的启发。通常，自动装置M用6个参数描绘。

$$M=(Q、X、Y、f、g、Q_0) \tag{15-1}$$

式中：Q——内部状态的集；

X、Y——分别为输入和输出信息的集；

f——现在的内部状态因输入信息转变为下一时间内部状态的状态转变系数；

g——现在的内部状态因输入信息而输出信息的输出系数；

Q_0——初期状态的集。

Q、f、g是材料结构、组成与功能性的关系。设计功能材料时，应考虑其内部状态Q、状态转变系数f及输出系数g。材料的功能提高至智能化时，需要控制f和g。因此，进行智能纤维材料的分子设计时，必须掌握聚合物组成与功能性之间的关系。

对于根据聚合物的组成和结构预测其性能，已有一些方法，包括一些根据基本原则和半经验公式的理论计算。其中最成功的方法是分组叠加的计算，就是将聚合物重复单元分成亚单元，而每一个亚单元对于某一种聚合物性能的影响是已知的；将这些亚单元的作用简单叠加起来，就能极其精确地预测智能纤维的许多性能，例如折射率、密度、摩尔体积热容量、导热系数、内聚能和溶解性等。这种方法是否可用于预测阶数更高的张量性能，例如压电性能、热电性能、光电性能等，由于工作还做得不多，目前还不能得出结论。

从头计算理论和半经验模型都可以用来计算智能纤维的响应功能，前者比后者更准确，较合理的方法是将两者结合起来应用。一种很有用的半经验理论基于紧束缚模型（TBM），该方法已经成功地应用于一些半导体和合金性能的计算上，例如光学和传递性能、合金混合热焓和相图、裂解能以及弹性常数等。Haarison键轨道模型（BOM）可以清楚地表示原子的数量与材料的性能之间的关系，它还提供了快速而简便的计算方法。当需要寻找满足一种智能结构需要的材料时，这种方法将极其有用。这些方法也可望用于智能纤维。

分子设计完成后，要获得具有预定功能的智能纤维材料，通常有两种途径，一种是合成智能化的成纤聚合物，然后纺制成纤维；另一种方法是对现有纤维材料进行高分子化学反应，使其智能化。智能成纤聚合物，主要通过含有智能化基团的单体的加聚反应或缩聚反应制取。该法的优点是智能化基团含量高（每一个链节都含有智能化基团），智能化基团在分子链上分布均匀。

但一般含有智能化基团单体的合成比较困难，因此这些单体比较贵。通过高分子化学反应使现有纤维材料智能化的主要的优点是：聚合物的骨架是现成的，可选择的聚合物母体品种多，价格低廉，原料来源广。例如真丝、纤维素、甲壳素等天然聚合物和聚乙烯醇、聚酰胺、聚丙烯腈等合成聚合物，均可作为聚合物母体。但是，在进行高分子化学反应时，反应不可能百分之百地完成，尤其在多步的高分子化学反应中，制得的产物中含有未反应的官能团，智能化基团在高分子链上的分布也不均匀。尽管如此，目前大多数智能纤维材料还是通过该法制取的。例如，Omemoto 等人以直径为 222μm 的聚丙烯腈(PAN)纤维为原丝，通过氧化和皂化制成凝胶纤维。该纤维在 1mol/L HCl 和 1mol/L NaOH 溶液中，可逆收缩和伸长的响应时间约为 2s，伸长和收缩产生的张力都是 982kPa。由该纤维制成的 pH 响应性人工肌肉，收缩率为 70%～80%。Hongu 和 Phillips 则将真丝浸入水解后的角阮和骨胶原中处理，制得了形状记忆纤维。

(三)组合设计

许多物质或材料本身就具有智能。例如，一些物质或材料的性能(如颜色、形态、尺寸和机械性能等)可以随环境或使用条件的变化而改变，具有自诊断、自学习和预见、刺激响应及识别信号能力；一些物质或材料的光性能、电性能和其他物理或化学性能可以随外部条件的不同而变化，因而除了具有识别和区分信号、自诊断、自学习和抗刺激能力外，还可开发成具有动态平衡及自维修功能的物质或材料；一些材料的结构或组分可随工作环境而变化，具有对环境的自适应和自调节功能。因此，将这些现有的物质或材料进行组合(包括后面将述及的共混、复合、添加和杂化等技术)，均可以获得智能纤维。

通常，一些混合规律可以用来预测材料的性能和功能。例如，运用经典的层压理论，可以预测层压材料的弹性。结合混合规律，分别考虑非晶区和晶区的性能，可研究半晶聚合物的压电常数。要了解多相材料的性能，全面了解各种张量系数之间的差异是很重要的。例如，多相体系的导电性，更多地依赖于导电相逾渗的形成，而不是仅仅取决于导电相的体积分数；而其导热性对逾渗不太敏感。但是，对于预测多相材料阶数更高的性能，例如光学活性，简单的混合规律可能不适用。对于通过现有智能物质或材料的复合而制得的智能纤维材料的结构—性能关系，还需系统地进行研究。

Newnham 等人对功能复合材料的设计进行了总结，归纳出了以下指导方针。

(1)通过将复合材料中连续相的性能进行平均，并结合混合规律及串联和并联模型，可以得出某些复合材料的总和性能，例如弹性常数和介电常数(通常处于各相之间)。对于基于两种或多种性能的混合性能，则该规律不适用。例如，弹性模量和密度的混合规律是不同的，因此由弹性模量和密度共同决定的复合材料的声速，可小于连续相的声速。

(2)两种性能不同的组分结合，会使复合材料产生第三种性能。例如，钡钛酸盐的压电性与钴铁酸盐的电磁性相互作用，可产生一种具有电磁性的复合材料。

(3)相的结合类型决定了是否可以应用串联或并联模型，从而决定了复合材料的各种性能是否能够达到最小或最大。连接的三维本质，使将一些张量的分量降到最小，而其余的增至最大。

(4)通过精心选择结合类型，能得到集中场和集中力。例如，利用内置电极，电致伸缩陶瓷的应变能产生最大的压电性。

(5)在高频或存在共振和干涉效应的场合，周期性和尺度是复合材料的两个关键性能。当波长与组分的尺度在同一范围时，复合材料可能表现为不均匀、非线性的固体。

(6)如单晶一样,对称性决定了复合材料的物理性能。

(7)复合材料的界面效应会产生新的阻碍作用。

(8)可通过多色逾渗(polychromatic percolation)使复合材料产生新的功能。

(9)当外界条件(如温度或压力)改变时,多相固体中发生的相转变能产生新的功能。

(10)多孔性和内表面使复合材料具有特殊的灵敏性。

这些指导方针,对于通过组合设计开发智能纤维材料,应该有较大的指导意义。例如,人们已利用多相固体的相变潜热开发出蓄热调温纤维。

与分子设计相比,组合设计实施过程中不发生化学反应或只发生极小程度的化学反应,因此具有工艺简单、材料来源丰富、价格低廉的优点,其已成功应用于智能纤维的研究和开发中。光致变色纤维、热致变色纤维和蓄热调温纤维等智能纤维,都是通过组合设计制备并且实现规模化生产的。例如,日本帝人公司用粒径 5μm 的热敏粉体添加入聚酰胺熔体,制成了热敏纤维。该纤维在 20℃显浅蓝色,在 35℃不显色。美国三角(Triangle)公司在聚丙烯腈湿法纺丝过程中加入 7%(质量分数)左右的蓄热微胶囊,制成了蓄热调温纤维。

第二节 智能纤维的制备技术

根据以上的总体设计思路,制备智能纤维材料的具体方法有很多。

一、智能成纤聚合物直接纺丝

通过分子设计合成智能化的成纤聚合物后,可以直接纺制智能纤维。例如,采用界面缩聚的方法,将含金属钛(或锆)的有机金属化合物与对苯二甲酸进行共缩聚,制得相对分子质量为 1 万~100 万的聚合物,即可溶于适当的溶剂进行纺丝。制得的纤维具有热致变色的功能,在常温下呈黄色,加热后,随温度变化而呈不同颜色。合成含硫衍生物的聚合物,则可直接纺成光致变色纤维。该纤维能在可见光作用下发生氧化还原反应,在光照和温度变化时,颜色可由青色变为无色。

香港理工大学胡金莲等人将开发的形状记忆聚氨酯通过湿法纺丝制成纤维。该纤维具有良好的形状记忆性,形变固定率≥95%,形变回复率≥95%。形状记忆聚氨酯通过熔体纺丝制成纤维的研究也有报道。

二、共聚

将一些具有特殊效应或功能的基团等接枝到聚合物的侧链或聚合物的一端或两端上,是制备智能聚合物最主要的方法之一。这方面已有一些成功的例子。

聚丙烯酸—聚碳酸酯(PAA—PC)、聚甲基丙烯酸甲酯－聚丙烯酸(PMMA—PAA)、聚甲基丙烯酸甲酯—聚 *N*－异丙基丙烯酰胺—聚丙烯酸(PMMA—PNIPAAm—PAA)及聚乙烯醇(PVA)共聚物,均具有 pH 响应性,常用来制备 pH 响应性纤维。例如,将 PC 辉光放电处理一段时间后,移入丙烯酸水溶液中进行接枝共聚,得到的 PAA—PC 凝胶纤维,在 pH 值<4 时收缩,提高 pH 值则伸长。

Karlsson 等人采用臭氧活化纤维素,接枝丙烯酸(AA)单体制备了 pH 响应水凝胶纤维。

Vigo 等人以锰盐等复合引发剂，将相对分子质量为 1000～4000 的聚乙二醇(PEG)直接接枝于棉、麻等纤维素的分子链上，制得了湿致形状记忆纤维。Ha 等人将聚(N-异丙基丙烯酰胺)(PNIPA)接枝于棉纤维上，制得了热敏纤维。刘郁杨等人将 N-羟甲基丙烯酰胺与 β-环糊精反应生成含有可聚合双键的丙烯酰胺甲氧基环糊精(CD—NMA)，再通过铈盐引发接枝到棉纤维上，制得了热敏性纤维。

利用嵌段共聚物制备智能纤维的研究，也已见报道。上述香港理工大学制备的形状记忆纤维，采用的聚合物就是具有嵌段结构的形状记忆聚氨酯。嵌段共聚物具有形状记忆性能的原因在于这种聚合物通常存在异相结构。由于软段与硬段的结构、柔顺性不同，所以两种链段趋向于相分离。

三、交联

聚合物在热、光、辐射能或交联剂的作用下，分子链间以化学键联结起来构成三维网状或体型结构的反应，称为交联。交联反应主要由官能度大于 2 的单体的聚合过程发生。也可引发大分子链产生可反应自由基和官能团，从而使大分子间形成新的化学键。

交联是制备自适应性凝胶纤维的主要方法。例如，日本工业科技机构工程实验室将高浓度(10%～15%)PVA 溶液与相对分子质量为 17 万的聚丙烯酸酯类树脂混合，在－45～－25℃冷冻，然后融化，重复 10～20 次，直至 PVA 交联，成为橡胶状固体。他们将这种固体加工成直径为 1.8mm 的纤维，它能根据溶液 pH 值的变化而迅速溶胀和收缩 。Masahiro 等人的专利设计了一系列热敏凝胶纤维的制备方法，如采用丙烯酰胺及其衍生物(以 PNIPA 为代表)做敏感组分，与另外一种可交联组分组成混合溶液，采用湿法、干法纺丝技术制备纤维。通过化学、辐射和热处理等方法形成交联网络，有在凝固浴中加入交联剂戊二醛、纤维经真空热处理、紫外线辐射、光辐射等制备方法。Sun 等人以 NaOH 溶液为凝固浴，采用湿法、干湿法纺丝技术制备了壳聚糖—聚乙二醇(CS—PEG)凝胶纤维，通过在凝固浴中加入交联剂环氧氯丙烷和戊二醛形成交联网络。Shahinpoor 用丙烯酸和丙烯酸钠共聚物与双丙烯酰胺交联制成凝胶纤维。这两种纤维均既对电场敏感，又具有典型的环境溶液 pH 响应性。Watanabe 通过高能辐射使聚己内酯和丙烯酸酯单体交联而制备了形状记忆聚酯纤维。东华大学采用氧化还原体系过硫酸铵/N,N'-四甲基乙二胺(APS/TEMED)为引发剂，在 PVA 水溶液中原位聚合 AA 单体，分别采用硫酸铵、硫酸钠饱和水溶液作凝固剂纺制了 PVA—PAA 纤维。采用热处理方法使 PAA 发生脱水酸酐化及 PVA 与 PAA 之间发生酯化反应，形成大分子之间的交联，制备了热诱导凝胶纤维，通过在凝固浴中加入交联剂戊二醛，制备了半互穿网络(SIPN)凝胶纤维。

采用溶液聚合和熔融聚合方法制备封端的形状记忆聚氨酯，然后在纺丝过程中使封端的异氰酸根解封，发生以脲基甲酸酯基、缩二脲为主的交联，可以提高形状记忆纤维的耐热性能、弹性回复性能。

四、共混与添加

将本身就具有智能化功能的聚合物、无机物或低分子有机物与成纤聚合物混合，然后以传统的单组分加工方法制备纤维，可以在尽可能不影响纤维原有性能的情况下，赋予其智能化功能。

制备光致变色纤维的方法之一，是在纤维中加入具有光致变色功能的化合物，如含结晶水的钴盐，就可利用阳光和温度的变化表现不同的色泽。一般是先在聚合物中加入光致变色剂，然后再纺丝；或将光致变色体分散于纺丝熔体或溶液中进行纺丝；或将光致变色体通过界面缩聚封入微胶囊中，再与纺丝熔体或溶液混合后进行纺丝。例如，顾利霞等人采用光致变色剂与聚丙烯共混纺丝，制得了光敏聚丙烯纤维。该纤维经紫外线照射后能够迅速由无色变为蓝色，光照停止，又迅速恢复无色。

制备热致变色纤维，可采用在纤维中添加热致变色显色剂的方法。一般是将添加热致变色显色剂的微胶囊（粒径 5～20μm）直接与聚合物混合后纺丝。热致变色显色剂由酸显色染料（给电子显色）、酸性物质（受电子化合物）及有机溶剂（反应介质）组成。也可以将热致变色显色剂直接加入纺丝熔体或溶液。例如，日本帝人公司将粒径 5μm 的热致变色显色剂粉体加入聚酰胺熔体中，制成了热致变色纤维。该纤维在 20℃ 显浅蓝色，在 35℃ 不显色。

通过共混纺丝在纤维中引入相变材料或含相变材料的微胶囊，是制备蓄热调温纤维的主要方法之一。

五、复合与杂化

复合纺丝是将两种聚合物流体分别经各自的流道，在喷丝孔入口处混合后一并挤出。由于液流很快固化，所以不会混合，形成界面清晰的复合纤维。

据报道，通过复合纺丝制备光致变色纤维和热致变色纤维时，一般将热致变色或光致变色显色剂通过界面缩聚包含于微胶囊中，然后与低熔点聚合物（例如聚乙烯）混合作为芯层，高熔点成纤高聚物（例如聚酰胺、聚酯等）作为皮层。也有将复合纤维经辐射后除去非敏感性组分的报道。例如日本帝人公司研究开发的世界上第一个靠材料结构产生颜色的 Morphotex 纤维，是由聚酯和聚酰胺通过特制的喷丝口形成的 61 层相间层叠结构的纤维，各层聚合物厚度精确控制在 0.07μm。为得到所需要的色彩，可以改变层厚，将层叠结构部分（芯层）用聚酯包裹起来（图 15－3）。目前可以得到红、绿、蓝、紫四种颜色的纤维，而且色泽随视角的变化而改变。三菱丽阳纤维公司开发的“Ventcool”纤维，是将两种醋酯纤维（二醋酯和三醋酯）复合纺丝而制成。通过特殊化学处理赋予二醋酯纤维以纤维素纤维的特性，形成强亲水性的改性二醋酯纤维和弱亲水性的三醋酯纤维的复合纤维结构。干燥时，改性二醋酯纤维水分挥发、收缩，使两种醋酯纤维间出现长短差别，纤维形成螺旋状卷曲。天津工业大学功能纤维研究所以石蜡烃与聚丙烯为原料，通过复合纺丝技术，研制出了蓄热调温纤维。

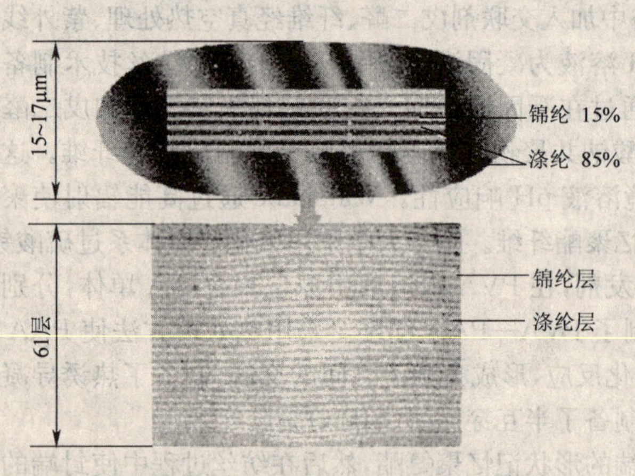

图 15－3 Morphotex 纤维的横截面

杂化的基本思想是将原子、分子集团在纳米数量级上进行复合。例如，一种对温度反应特别敏感的调温型防寒材料——热反应纤维，就是将纳米粉体加入常规纤维而制得的。由于纳米粉体的微粒效应，制得的杂化纤维可通过光束控制而在不同温度下进行“逆向补充能量平衡”。在高温环境下，纳米粉体控制可削弱原子和分子的运动，使织物更加紧密而产生对热量的屏蔽作用；在低温情况下，纳米粉体同样可以控制原子和分子的运动而形成屏蔽，防止外界低温对人体皮肤的伤害。

六、高分子化学反应

通过分子设计，对现有的天然纤维或化学纤维进行高分子化学反应，可以赋予其智能化功能。前述的PAN凝胶纤维就是这方面的范例之一。Omemoto等人先将60根PAN原丝（单纤维直径22.5μm）在220℃的空气中定长进行氧化，导致聚合物链的重新组织并形成环状或梯状结构，由氰基与吡啶环交联形成平面网络；接着在沸腾的1mol/L NaOH水溶液中皂化30min，使纤维中的大分子链带上离子基团。该纤维在pH值为14～11的范围内逐步膨胀，在pH值为11～3的范围内保持定长；在pH值约为3处突然收缩，并在pH值低于3时保持定长。反过来，随着pH值由0逐步增加到14，在pH为0～11的范围内收缩，并在pH约为11时突然伸长。这一循环可以很好地再现。

七、后处理

用本身就具有智能化功能的物质对现有的纤维进行后处理，也可以赋予其智能化功能。这方面的例子有很多。例如，Katchalsky等人用盐溶液（例如LiBr、KSCN或尿素）处理羊毛纤维和胶原纤维，使它们交联结晶。处理后的羊毛纤维在LiBr的丙酮/水溶液中急剧收缩。日本小松精练公司在聚酯等合成纤维上涂上具有调节温度功能的特殊蛋白微粒子，制成了蓄热调温纤维Air－Techno。美国Milliken研究公司发明了聚吡咯涂层纤维技术，通过气相沉积或溶液聚合的方法，将导电的聚吡咯涂覆在纤维的表面，制成了作织物传感器的导电纤维。意大利Pisa大学则将聚吡咯涂覆在聚氨酯纤维表面，制成的织物受到外力拉伸会产生伸缩。当聚吡咯的导电性能发生变化时，通过记录和分析电信号的变化，可探测出手指运动情况（图15－4）。

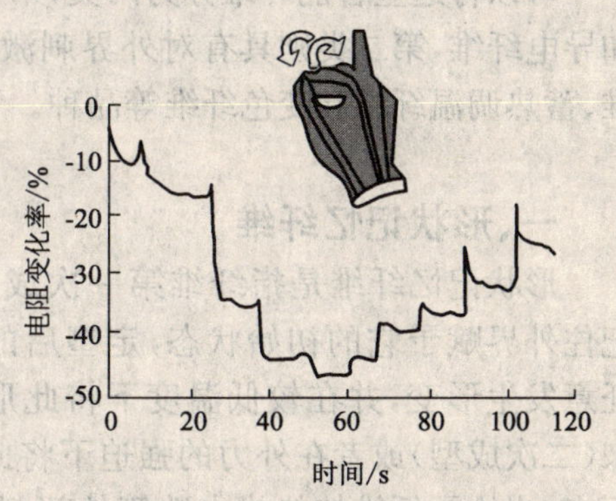

图15－4 智能手套的电信号输出

日本专利公开了以蛋白质溶液处理真丝使其具有形状记忆效应的方法。采用的整理剂是水解后的纤维性角朊和骨胶原，丝的形状定型为卷曲和皱折状。当改变真丝的形状后，消失的卷曲和皱折在湿热的状态下能够恢复。

使用具有变色性能的染料或涂料赋予纤维光致变色性和热致变色性，是常用的后加工方法。如用二苯基硫代咔唑衍生物和钯等二价或三价金属化合物对纤维进行染色，得到的纤维受光照射时能从灰色变为青色。美国Clenson大学和Georgia理工学院探索了在光纤中掺入变色染料或改变光纤的表面涂层材料，使纤维的颜色能够实现自动控制。齐齐哈尔大学等单位，用具有光致变色性的染料对聚酯和聚丙烯腈纤维染色，制得了光致变色纤维。

上述的超微坑纤维，可以通过物理或化学方法处理，在纤维表面形成每平方厘米高达40亿～50亿的微坑。化学法是将具有和聚酯类似的折射率、平均粒径在0.1μm以下的超微粒子均匀分散到纺丝液中，纺成丝后再用适当的方法溶解而去除这些超微粒子，在纤维表面形成超微坑。物理方法是利用低温等离子体刻蚀纤维表面，使纤维表面产生大量微坑，其中有相当数量的微坑尺寸是纳米级的。由于这些微坑结构，使入射光形成散射，增加了内部吸收光，减少了光的反射率，提高了黑色感，增加了色泽的深度（图15－5）。

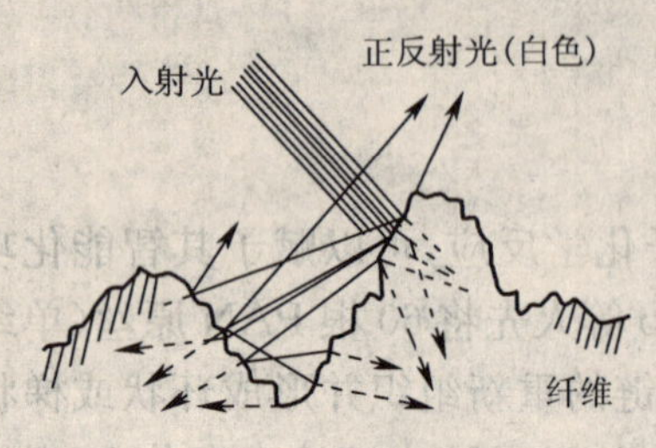

图15－5　超微坑纤维表面凹凸的微细结构

香港理工大学利用纳米技术，将棉纤维浸入含有二氧化钛纳米颗粒的液体中，然后风干处理，再放进炉内加热15min，最后放在沸水中3h。这样得到的纤维具有自动清洁功能。

第三节　主要智能纤维

智能纤维因其独特的性能，正以异乎寻常的速度发展，其研究和开发备受材料界学者的关注。目前，报道的智能纤维已发展到几十种，其中光导纤维、导电纤维、形状记忆纤维、变色纤维、蓄热调温纤维、调温调湿纤维以及选择性抑菌纤维等都已经实现了产业化。

可以将这些智能纤维分为两类，第一类实际上仅具有对外界刺激感知的能力，如光导纤维和导电纤维，第二类则具有对外界刺激感知和响应的能力，如形状记忆纤维、环境敏感凝胶纤维、蓄热调温纤维和变色纤维等品种。下面主要介绍后者。

一、形状记忆纤维

形状记忆纤维是指纤维第一次成型时，能够记住外界赋予它的初始状态，定型后的纤维可以任意发生形变，并在较低温度下将此形变固定下来（二次成型）或者在外力的强迫下将此形变固定下来；当给予纤维加热或水洗等外部刺激条件时，纤维可恢复初始形状。也就是说纤维的特点是具有形状记忆效应（Shape Memory Effect，SME）。

（一）纤维的形状记忆原理

按原料来源，形状记忆纤维可以分形状记忆合金（SMA）纤维和形状记忆聚合物（SMP）纤维两大类。

形状记忆合金的形状记忆效应是由于马氏体相变造成的，如图15－6所示。温度变化和机械应力的共同作用常常会改变合金的稳定相态，通

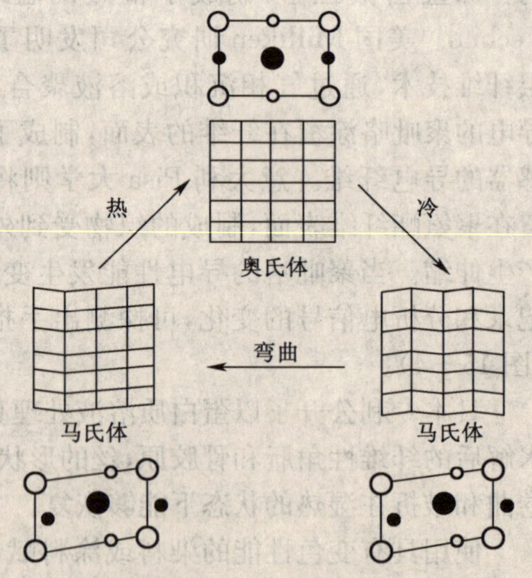

图15－6　具有形状记忆效应的Ti—Ni合金的结构特征

过冷却可以使合金从稳定的奥氏体转变为亚稳定的马氏体，然后通过弯曲作用使它转变为另外一种亚稳定的马氏体，最后通过加热使它恢复到稳定的奥氏体。

聚合物的形状记忆原理与金属及合金不同，后者主要靠马氏体各变体之间的协调形变和可逆转变，而形状记忆聚合物的形状记忆原理却是来源于聚合物的两相结构。SMP 通常由固定相和可逆相组成，固定相起防止聚合物流动和记忆原始形状的作用，可逆相能随温度变化发生软化和硬化之间的可逆变化；或者说固定相的作用在于原始形式的记忆与回复，可逆相则保证成型品可以改变形状。固定相可以是聚合物的交联结构、部分结晶结构、聚合物的玻璃态或分子链的缠绕等。可逆相则是产生结晶与结晶熔融可逆变化的部分结晶相，或发生玻璃态与橡胶态可逆转变的相结构。

SMP 通常是借助热刺激产生形状记忆，其热刺激机理可用聚降冰片烯为例说明，具体过程如图 15－7 所示。

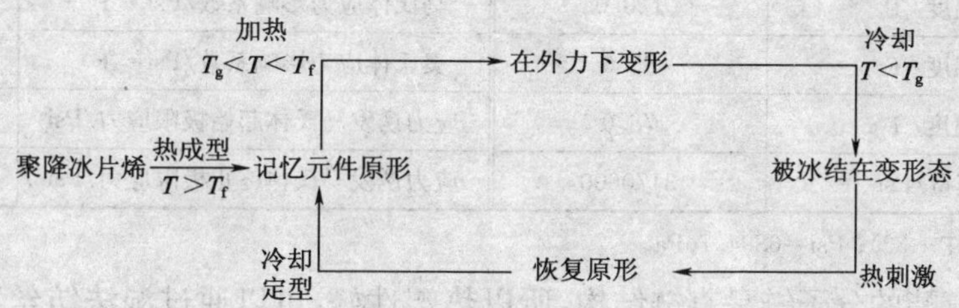

图 15－7　聚降冰片烯产生形状记忆效应的示意图

聚降冰片烯的平均相对分子质量在 300 万以上，玻璃化转变温度(T_g)为 35℃，其固定相为高分子链的缠结交联，以玻璃态转变为可逆相，在黏流态的高温下进行一次成型，分子链间的相互缠绕，使一次成型形状固定下来。接着在低于 T_f 高于 T_g 的温度下施加外应力作用，分子链沿外力方向取向而变形，并冷却至 T_g 以下，使可逆相硬化，强迫取向的分子链冻结，使二次成型的形状固定。二次成型的制品若再加热到 T_g 以上进行热刺激，可逆相熔融软化其分子链解除取向，并在固定相的恢复应力作用下，逐渐达到热力学稳定状态，材料在宏观上表现为回复到一次成型品的形状。

应该指出，不同的形状记忆聚合物，其固定相和可逆相各不相同，因而热刺激的温度也不相同。聚氨酯系列形状记忆聚合物是由异氰酸酯、多元醇和链增长剂三种单体原料聚合而成的含有部分结晶的线性聚合物。此聚合物以其部分结晶相为固定相、聚氨酯软段为可逆相。对于以聚氨酯软段的 T_g 为转化温度和以聚氨酯软段的 T_m 为转化温度的两类形状记忆聚氨酯已得到系统的研究。

引起聚合物形状记忆效应的因素也与金属及合金不同。金属及合金通常靠热刺激，对于形状记忆聚合物，除了热刺激外，还可以通过光能、电能、声能、湿度等物理因素以及 pH 值、螯合反应等化学因素和相变反应等刺激而产生形状记忆效应。

(二)形状记忆纤维的制备方法

制备形状记忆纤维主要有三种方法。

1. 形状记忆材料直接制造法

通过真空自耗熔炼—真空感应重熔方法制造的等原子比 Ni—Ti 合金(商品取名为 Ni—

Tinol)，与其他金属之间的化合物不同，具有很高的塑性。经适宜控制成分和热处理，其冷拉伸长率高达100%。将该合金在大气中锻造、轧制、拉拔，可制成纤维。该纤维具有较大的形状记忆应变(6%～10%)和较高的恢复应力(200～760MPa)，在适宜温度范围内，热—机械处理后显示双程形状记忆效应，具有较高的记忆寿命，预应变<0.5%，循环次数可达10^7以上。瑞士Microfil Industries公司开发的Ti—Ni形状记忆纤维(镍含量为50.63%)，直径为300μm，其基本性能见表15－1。

表15－1 Ti—Ni形状记忆纤维的性能

性能	参数	性能	参数
纤维直径/mm	0.38	马氏体弹性模量/Psi	7500000
奥氏体起始温度/℉	94.0	最大回复形变率/%	5.5
奥氏体终止温度/℉	120.0	马氏体应力影响系数/Psi·℉$^{-1}$	1487.2
马氏体起始温度/℉	85.0	奥氏体应力影响系数/Psi·℉$^{-1}$	1452.8
马氏体终止温度/℉	78.0	应力诱发马氏体起始极限应力/Psi	12000
奥氏体弹性模量/Psi	3170600	应力诱发马氏体终止极限应力/Psi	15000

注 t/℃=5/9(t/℉－32)；Psi=6894.76Pa。

形状记忆聚氨酯的分子链呈直链结构，所以热塑性好，可以通过湿法纺丝和熔体纺丝直接制成纤维(图15－8)。

2. 后处理法

前述的形状记忆真丝就是通过后处理获得形状记忆效应的，其制造工艺示于图15－9。它是将真丝浸入水解后的角朊和骨胶原中，然后干燥、卷曲，再次浸水、110℃高压(203～304kPa)热定型10min。当成品加热到60℃湿热处理时，纤维变得卷曲和皱折。由于丝的捻回被记忆固定下来，即使丝被退捻到无卷曲状态，再通过熨烫仍然可以使之回复卷曲。

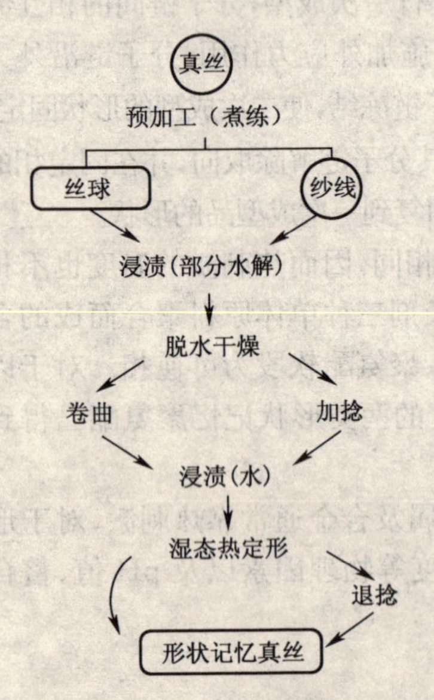

图15－8 形状记忆真丝的加工(资料来源：Hongu和Phlilips)

用PEG、交联剂(2D树脂)配成整理液对纤维进行后整理，可以通过PEG—2D树脂的反应物与纤维发生交联反应，从而在纤维表面形成网状结构的交联聚乙二醇薄膜，即纤维—聚合物网状结构。这一结构在干态、湿态的情形可用图15－9和图15－10表示。在干态时，PEG的两端有PEG—2D树脂的交联产物，与PEG反应的2D树脂再与纤维发生交联，PEG中大量的醚键与纤维中的羟基形成氢键，使PEG与纤维紧密联系起来，成为此微结构的主要骨架。在湿态时，水分子中的两个—H分别与PEG中的醚键，与纤维中的羟基形成氢键，所以纤维被拉折。当纤维经再次烘干时，水分子中的—H和PEG中的醚键之间的氢键消失，PEG分子链重新舒展，纤维也随之再次伸直。

所以在纤维上形成的这种微结构，能感知外界湿度的变化，并能以适当的方式产生响应；当外加刺激消除后，该结构又能恢复到最初状态，即有“记忆初始状态—固定形变—回复起始状态”的湿致形状记忆效应。

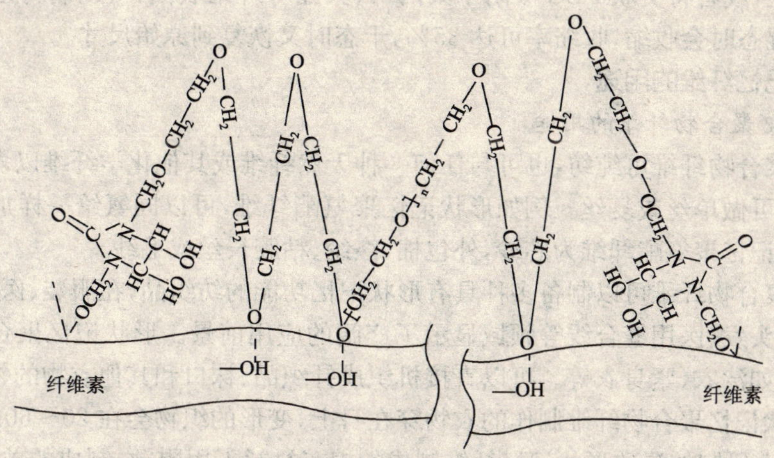

图 15－9　干态纤维—聚合物网状结构示意图

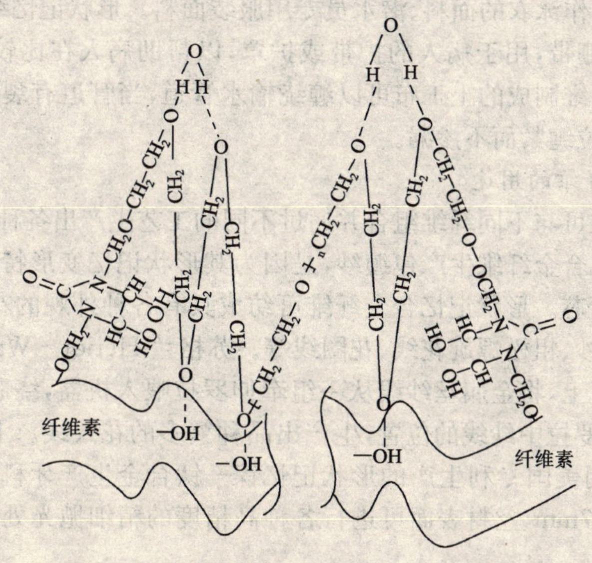

图 15－10　湿态纤维—聚合物网状结构示意图

3. 化学改性法

化学改性法包括共聚和交联两种方法。例如 Lin 和 Chen 通过次甲基二异氰酸酯、1，4－丁二醇和聚四甲基乙二醇共聚，制备了对温度变化敏感的形状记忆聚氨酯纤维。Watanabe 通过高能辐射使聚己内酯和丙烯酸酯单体交联，制备了具有耐压性能的形状记忆聚酯纤维。

通过化学改性除了可以制备上述热致形状记忆纤维外，还可以制备 pH 响应形状记忆纤维、湿致形状记忆纤维。例如，将交联聚丙烯酸纤维浸入水中，交替地加酸和加碱，就会出现收缩和伸长。这说明 pH 值的变化导致聚丙烯酸反复离解、中和，而产生分子形态的变化，因此该纤维是一种 pH 响应形状记忆纤维。将相对分子质量为 1000～4000 的 PEG 接枝到棉花、麻等纤维素分子链上，或者将交联 PEG 吸附于聚丙烯、聚酯等纤维表面，可以制得湿致形状记忆纤维。这些纤维湿态时会收缩，收缩率可达 35%，干态时又恢复到原始尺寸。

(三)形状记忆纤维的用途

1. 形状记忆聚合物纤维的用途

形状记忆聚合物纤维可纯纺，也可与任何一种天然纤维或其他化学纤维以多种比例纺成混纺纱或包缠纱，可做单丝或复丝。例如形状记忆聚氨酯纤维，可以同氨纶一样加工成裸丝和包芯纱，可以形状记忆聚氨酯纤维为芯纱，外包棉、涤纶、粘胶长丝或毛纱。

形状记忆聚合物纤维可以制备多种具有形状记忆功能的纺织品，在服装、医学固定材料、运动保护套、人造头发、医用缝合线等领域显示了广阔的应用前景。形状记忆聚合物纤维可以制成不同的产品，如泳衣、紧身衣等。可以直接机织成针织品、袜口和其他衣物的领口、袖口、衬里和垫肩。以形状记忆聚合物纤维制作的衣物穿在身上，变形的织物会在 20～60s 内恢复原始的形状。Vigo 等人研制的湿致形状记忆纤维制成的棉布衬衫不用熨烫，制成的羊毛衫不变形，多次洗涤也不会褪色。这样，人们再也不会为棉布衬衣的起皱和羊毛衫的变形而头痛了。这种湿致形状记忆纤维还可以作泳衣的面料、潜水员专用服装面料。形状记忆纤维在医疗材料方面也有大量的用途，如制作绷带，用于病人的护带或护罩，以帮助病人在比较舒适的情况下恢复健康。用湿致形状记忆纤维制成的土工布可以缠绕输水管道，当管道有裂缝时，浸湿的织物便会收缩，从而使损坏的部位缠紧而不渗漏。

2. 形状记忆合金纤维的用途

形状记忆合金纤维可与不同纤维组合并通过不同的工艺生产出各种纱线，主要为单纱和各种包缠纱。用形状记忆合金纤维生产包缠纱，是因为其形状记忆变形特性而不是因为其外观，因此纺纱时主要用作纱芯。形状记忆合金纤维可纺成具有各种外观的花式纱线，如雪尼尔线、螺旋花线、短纤维竹节纱、粗松螺旋花线、花圈线等。苏格兰 Heriot－Watt 大学纺织学院 Chan 等人在花式包缠纺纱机上，将金属丝纱线从一组牵伸罗拉喂入机器，绕芯纱加捻或包缠。通过改变计算机程序，控制罗拉中纱线的位置，生产出品种繁多的花式线。上海埃蒙迪材料科技有限公司(IMD Inc.)采用美国专利生产的形状记忆镍—钛合金生产牙科产品，其中镍—钛应用导丝最小直径可达 0.07mm，丝材表面可进行各种高精度的精细抛光处理，因此具有应用于纺织的可能(图 15－11)。

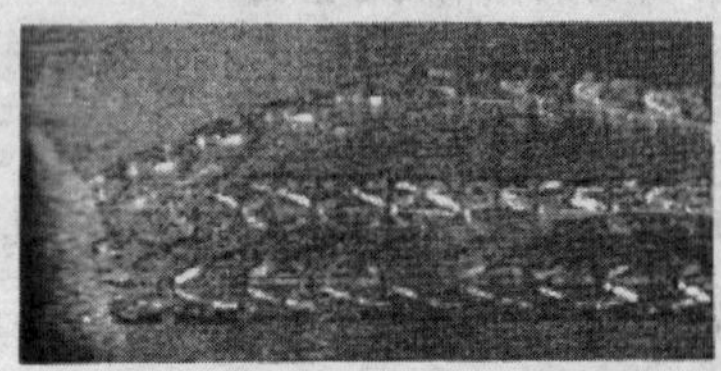

医用支架

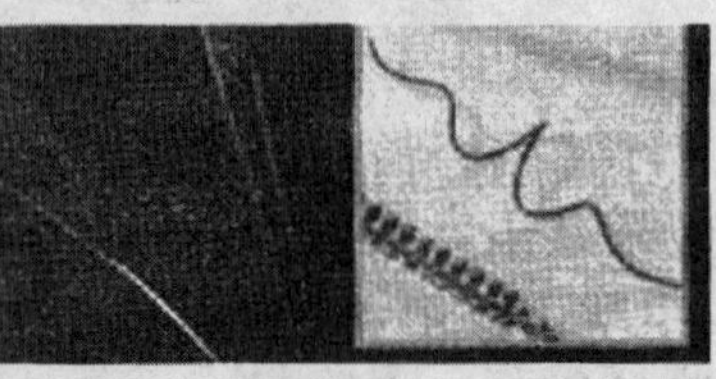

医用导丝

图 15－11　医用形状记忆镍—钛合金

形状记忆合金纤维的主要用途是服装、医疗用品和复合材料。在英国研制的防烫伤服装中，Ti—Ni 合金纤维首先被加工成宝塔式螺旋弹簧状，再进一步加工成平面状，然后固定在服装面料内。当服装表面接触高温时，形状记忆合金纤维的形变被触发，纤维迅速由平面状变为宝塔状，在两层织物之间形成很大的空腔，使高温远离人体皮肤，防止发生烫伤。Heriot - Watt 大学将形状记忆合金纤维设计成各种美观时尚的花式纱线，编织成不同的服饰或装饰布。意大利一家公司用形状记忆合金纤维织造出一件在炎热的夏天会自动把袖子卷起来的智能衬衫。它用镍—钛记忆合金纤维和聚酰胺纤维混织而成，比例为 5 根聚酰胺纤维配一根镍—钛合金纤维。周围温度升高时，形状记忆纤维被激发，衬衣的袖子会立即自动卷起。该衬衣不怕起皱，即使揉成乱糟糟的一团，用吹风机吹一下热风，马上就能复原，甚至人的体温也可以自动把它“熨平”。它还可水洗，不易引起皮肤过敏。

由波浪形状记忆合金纤维制成的织物可用于医疗器械。由于合金纤维记住了其波浪形状，因此经过形状记忆转换引起波浪形合金纤维器官变直后，经过形状记忆转换又可返回记忆的波浪形状。镍—钛记忆合金纤维形成的激发装置可织进盛装液体的织物接触液体的一面。它可使其表面的个别点在纵横两个方向同时协调运动，从而产生周期性的表面波。这种激发装置可使卧床不起的病人从躺在床上移动到椅子上，或在椅子与卫生间之间移动，而不需要体力或外部作用。

美国研究人员将 Ti—Ni 形状记忆合金长纤维排列在铝(Al)合金中，得到了 Ti—Ni/Al 复合材料。所用的长纤维，是在其形状记忆范围外进行拉拔、压延加工而成的。使用时，将此复合材料进行热处理，使形状记忆合金纤维产生收缩变形，在 Al 母材中便产生了残留压应力，可使材料内部的损伤裂缝自动闭合，也可使复合材料热膨胀系数降低，从而实现了材料的智能化和强韧化。根据此原理，可将形状记忆合金与其他金属、高分子材料及混凝土等复合，构成自修复智能复合材料。

二、环境敏感凝胶纤维

某些凝胶纤维能在外界条件的刺激下发生可逆的、非连续的溶胀与收缩，这种纤维称为环境敏感凝胶纤维。它是智能高分子凝胶的一种特殊形式，其智能行为源于高分子凝胶的体积相变。

(一)高分子凝胶的体积相变机理

高分子凝胶是由聚合物的三维交联网络结构和介质共同组成的多元体系(图 15 - 12)。其中交联网络结构能固定介质的位置，提供凝胶所含有的固体成分。高分子凝胶兼具固体和液体的某些特性，它既具有一定的形状，又可以产生很大的变形。

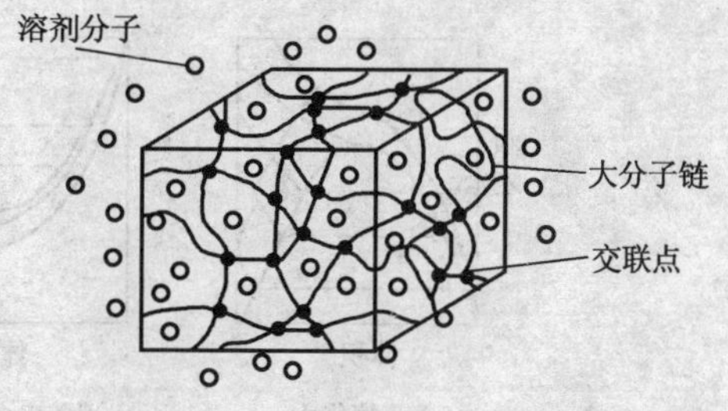

图 15 - 12　高分子凝胶示意图

作用在交联网络分子链上有四种结合力，即范德华力、疏水作用力(连接分子中疏水的部分)、氢键、离子作用力(图 15 - 13)。由于这四种力相吸和相斥的平衡，使网络内的液体介质不易流失，从而保持了凝胶的外形。

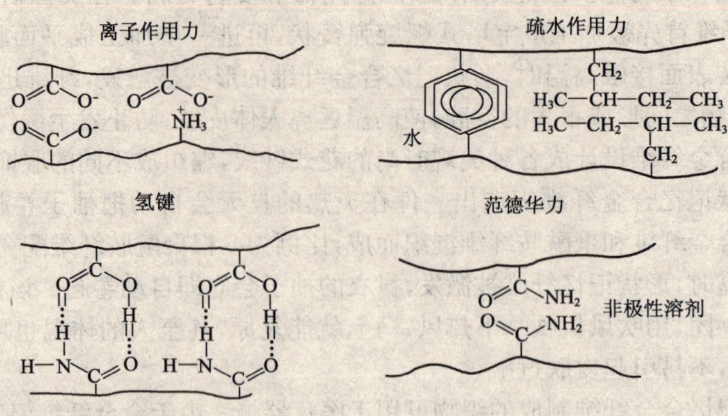

图 5－13　控制智能凝胶行为的四种基本力

表 15－2 中的环境介质发生微小变化时，高分子凝胶如发生可逆的变形和体积变化，则称为环境敏感高分子凝胶。环境敏感高分子凝胶的体积变化可以达数十倍至数千倍，它类似于气体—液体间的相变。环境敏感高分子凝胶正是因为发生体积相变，才具有智能行为。

表 15－2　影响高分子凝胶发生可逆形变和体积变化的环境介质

物理性能	化学性能	物理性能	化学性能
温度	pH	力学应力和应变	生物制剂
电磁辐射	盐(离子)	溶剂	
电场	化学药品		

研究者认为，高分子凝胶发生体积相变的主要原因是图 15－14 中所示作用在交联网络高分子链上的范德华力、疏水作用力、氢键和离子作用力，其次是外界环境条件的刺激。Tanaka 等人用相图描述了这四种作用力引起高分子凝胶发生体积相变的实例(图 15－14)。图 15－14(a)表示范德华力引起的凝胶体积相变。PAAm 凝胶在丙酮和水的混合溶液中随温度变化发生的溶胀和收缩，就属于这种类型。图 15－14(b)表示疏水作用力引起的凝胶体积相变。PNIPAAm 凝胶在纯水中随温度变化发生的溶胀和收缩，就属于这种类型。图 15－14(c)表示氢键引起的凝胶体积相变。PAA—PAAm 互穿网络(IPN)凝胶在纯水中随温度变化发生的膨

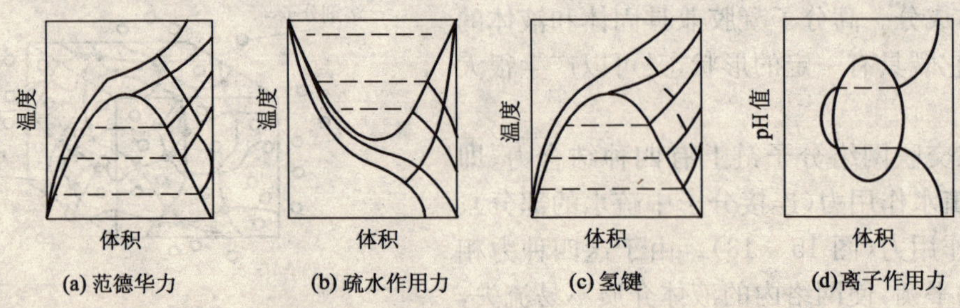

(a) 范德华力　(b) 疏水作用力　(c) 氢键　(d)离子作用力

图 5－14　凝胶体积受各种作用力的影响而对溶胀和收缩的相图

胀和收缩，就属于这种类型。图 15－14(d)表示凝胶在离子作用力下发生的体积相变。丙烯酰胺—丙烯酸钠/甲基丙烯酰胺丙基三甲基氯化胺凝胶，是一种同时含有阴离子和阳离子的两性离子聚合物，它在纯水中随 pH 值变化发生的溶胀和收缩，就属于这种类型。

高分子凝胶吸收溶胀剂的溶胀过程，是两种抗衡趋势的动态平衡过程。溶胀剂渗入网络，力图使三维网络伸展，而交联点间大分子链段的舒展降低了大分子的构象熵值，网络结分子的弹性收缩力力图使三维网络收缩。若网络上有离解基团，网络内、外离子总浓度的差异也会影响溶胀平衡。

根据 Flory—Huggins 方程，描述高分子凝胶在溶液中的溶胀和脱溶胀的渗透压方程为：

$$\pi=\pi_1+\pi_2+\pi_3=-\frac{RT}{V_0}[\ln(1-\phi)+\phi+\chi\phi^2]+RTv\left[\frac{1}{2}\left(\frac{\phi}{\phi_0}\right)-\left(\frac{\phi}{\phi_0}\right)^{1/3}\right]+RTfv\phi \quad (15-2)$$

式中：V_0——溶剂的摩尔体积；

R——气体常数；

T——绝对温度；

χ——Flory 相互作用参数；

ϕ——无线团聚合物链的体积分数；

ϕ_0——网络的体积分数；

v——$\phi=\phi_0$ 时单位体积正常链的数目；

f——每根大分子链上带有的电离基团。

式(15－2)表明，高分子凝胶在溶液中的溶胀和脱溶胀的渗透压 π 由大分子链与溶剂相互作用(π_1)、大分子的橡胶弹性(π_2)和高分子凝胶内外离子浓度差(π_3)构成。当这三者达到平衡时，凝胶的溶胀呈平衡状态。

当凝胶的溶胀呈平衡状态时，$\pi=0$，体积不再变化，由式(15－2)可解得 χ，令 $\tau=1-2\chi$，则：

$$\tau=-\frac{V_0v\phi_0}{\phi^2}\left[(2f+1)\left(\frac{\phi}{\phi_0}\right)-2\left(\frac{\phi}{\phi_0}\right)^{\frac{1}{3}}\right]+1+\frac{2}{\phi}+\frac{2\ln(1-\phi)}{\phi^2} \quad (15-3)$$

τ 称为归一化温度，它反应了溶剂对高分子的特性。当溶剂是良溶剂时，$\tau>0$；当溶剂是不良溶剂时，$\tau<0$。

Tanaka 等人利用式(15－3)计算了凝胶的理论溶胀曲线(图 15－15)。由图 15－15 可知，当高分子链上不带电荷或者只带少量电荷时，凝胶的体积随着 τ 的变化做连续的变化；当高分子链上带有的电荷数增大时，凝胶的体积随着 τ 的变化做不连续的变化，发生体积相变。研究者根据图 5－15 所示的体积相变原理，已研制出各种在某个条件微小变化时能产生较大溶胀或收缩的新型凝胶。下面介绍的一些环境敏感凝胶纤维，就是其中的一部分。

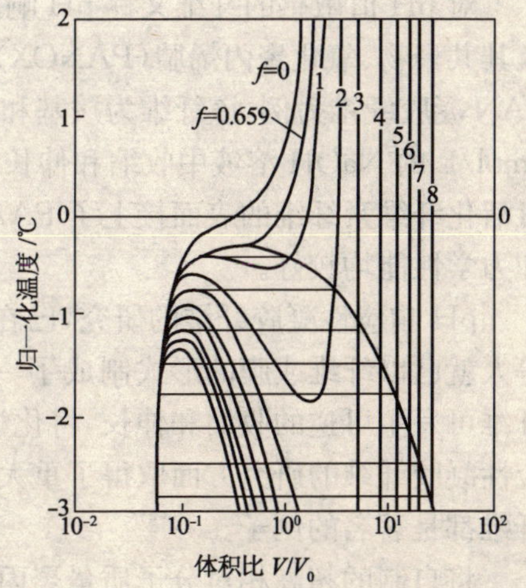

图 15－15　凝胶的体积相变

V_0—初始体积　V—变化后的体积

(二)主要环境敏感凝胶纤维

1．对溶剂组分敏感的凝胶纤维

对溶剂组分敏感的凝胶纤维利用高分子链与溶

剂的相互作用力的变化及非聚电解质凝胶对溶剂组分的变化而产生响应。它们可由 PVA、PAAm 等加工而成。例如，Umemoto 等人用 PAAm 纺成的纤维（直径 172μm、长 2cm）经环化处理后，在水中伸长，在丙酮中收缩（图 15-16）。当溶剂体系中丙酮含量达到 40%以上，凝胶纤维体积的变化量随着溶剂浓度的增加而减小。如果保持凝胶纤维的长度不变，观察溶剂组分变化对平衡收缩应力的影响，结果如图 15-17。若观察凝胶的平衡伸长率，结果也相同。

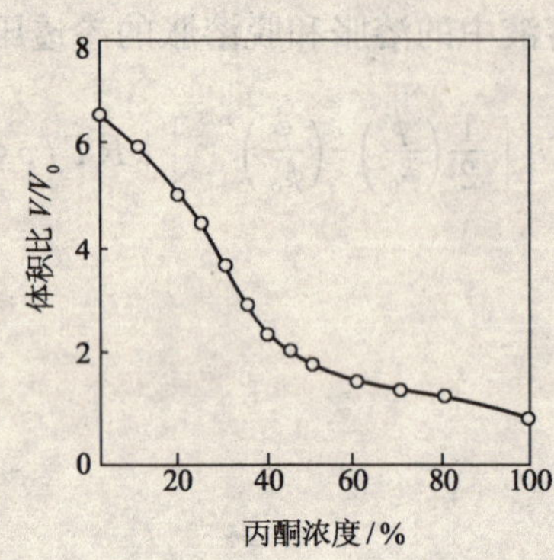

图15-16 PAAM 凝胶在丙酮/水体系中的体积变化
V_0—初始体积 V—变化后的体积

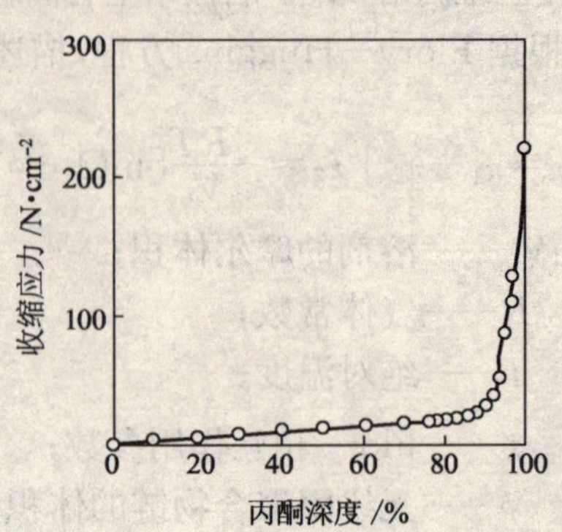

图15-17 PAAM 凝胶在丙酮/水体系中平衡收缩应力的变化

经 A. Katchalsky 等人用盐溶液处理后的羊毛纤维、胶原纤维，在 LiBr 的丙酮/水溶液中急剧收缩。这是由于当 LiBr 的丙酮溶液中所含的水较少时，溶液中 Li^+ 的水合作用不充分，于是将蛋白质钛链上 NH^-、OH^- 拉入其离子轨道，引起螺旋钛链的扭曲变形甚至塌缩。而有过量的水时，水合作用充分，Li^+ 就不再和钛链争夺离子。处理后的胶原纤维浸在浓溶液（例如 8～10mol/L LiBr 水溶液）中也发生收缩。

2. 对 pH 值敏感的凝胶纤维

对 pH 值敏感的纤维又称 pH 响应性纤维，其主要为聚电解质凝胶，聚丙烯酸系、聚乙烯醇及其共聚物、氧化聚丙烯腈（PANOX）等的凝胶纤维均具有此功能。以 Umemoto 等人制备的 PAN 凝胶纤维为例，该纤维为羧基和吡啶环共存的两性凝胶纤维，因此能在 1mol/L 的 HCl 和 1mol/L 的 NaOH 溶液中收缩和伸长。Karlsson 等人通过接枝共聚制备的凝胶纤维，不仅在臭氧活化纤维素纤维的表面接上了 PAA，在纤维内部也形成了三维网络，因此纤维的 pH 响应性和力学性能均较好。

pH 响应性凝胶纤维的研究，已在少数发达国家取得较大进展。早在 1950 年，Katchalsky 等人就已以纤维或膜的形式制成了一种 PAA 凝胶，它能在水中伸长。交替地加入酸和碱，该纤维可发生可逆的收缩和伸长，将化学能转化为机械能。20 世纪 90 年代，日本和美国在 pH 响应性凝胶纤维的研究方面取得了重大进展。交联的 PVA 凝胶纤维和氧化—皂化的 PAN 凝胶纤维都是著名的例子。

将自制的超高相对分子质量聚丙烯腈（UHMW—PAN）为原料，通过凝胶纺丝制得了一种内有贯通整个纤维的空腔，壁上有无数微孔纤维，即多孔中空纤维；以该纤维为原丝，通过氧化制备了多孔中空氧化纤维，然后通过皂化制备了多孔中空凝胶纤维。由于对刺激介质的控制可通过纤维中间的空腔进行，或将纤维组成组件后可从纤维内部和外部交替输入和抽出不同的刺激介质，因此其操作明显比目前将实心凝胶纤维浸在大量刺激介质中的方法方便。可以通过碱溶液浓度和皂化时间控制多孔中空凝胶纤维的力学性能和 pH 响应性。图 15－18 显示了该纤维在一系列 pH 值下的平衡长度。在 pH 值增加过程中，pH＝0～12，试样仅有极小的伸长；当 pH≈12 时，伸长略有增加；当 pH 值为 13 时，试样陡然伸长。相反，在 pH 值下降过程中，当 pH 值从 14 降至 11 时，试样略有伸长；当 pH 值由 11 降至 2 时，长度几乎不变；当 pH 值低于 2 时，试样突然急剧收缩。

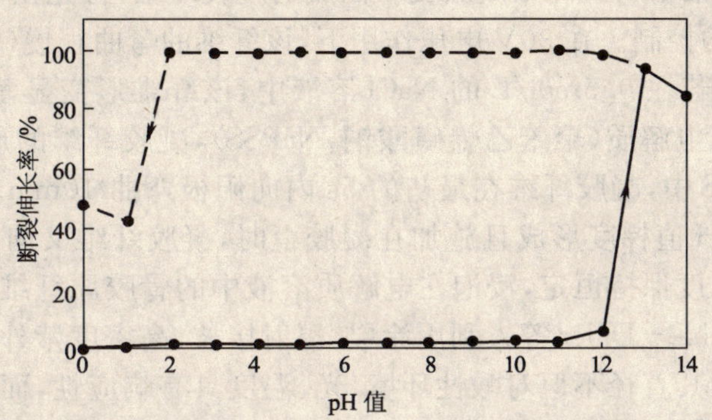

图 15－18 UHMW—PAN 多孔中空凝胶纤维的 pH 响应曲线

——线：pH 值增加 ----线：pH 值下降

氧化：220℃，0.5h 碱处理：0.5mol/L NaOH 溶液，20min

由图 15－18 可知，试样的伸缩响应行为出现滞后现象，而这种现象在只含有阳离子或阴离子的凝胶纤维中并不出现，因此 UHMW—PAN 中空凝胶纤维是一种两性凝胶纤维。

顾利霞、费建奇等人制备的热诱导 PVA—PAA 凝胶纤维的平衡溶胀度随溶液 pH 值而变化(图15－19)。在溶液 pH 值升高过程中，在 pH 值小于 9.0 的区间，纤维的平衡溶胀度基本保持不变；当溶液 pH 值超过 9.0 时，溶胀度在很小的 pH 区间里突然增加；之后，该趋势趋缓，并在 pH 值为 12.0 时达到最大值。在随 pH 值逐步降低的过程中，纤维的溶胀度在 pH 值为 13.5 到 12.0 这一区间沿原路线逐渐增加，并超过原来的最大平衡溶胀度；随着 pH 值的进一步降低，凝胶纤维的溶胀度缓慢增加，大约在 pH 值在 9.0 以后，溶胀度基本保持不变；当 pH 值在 3.5 左右时，纤维突然收缩，溶胀度急剧下降；pH 值小于 2.5 时，纤维的溶胀曲线和原路线基本吻合在一起。这样，在 pH 值为 2.5～12.5 时，凝胶纤维的溶胀/收缩行为出现明显滞后现象，在图形上形成一大的滞后环。图15－19中 PVA—PAA 凝胶纤维的这一溶胀/收缩行为曲线可分为 3 个分别对应不同 pH 值的区间：没有滞后现象发生的区

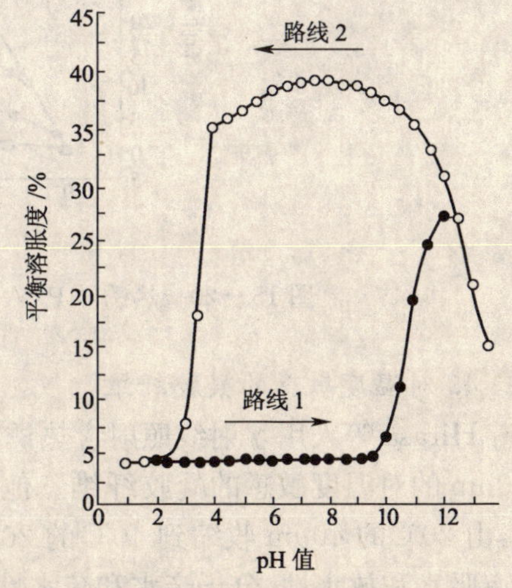

图 15－19 热诱导 PVA—PAA 凝胶纤维的平衡溶胀比

间Ⅰ(pH=1.0～2.5)、区间Ⅲ(pH=12.5～13.5)和有滞后现象发生的区间Ⅱ(pH=2.5～12.5)。

3. 对电场敏感的凝胶纤维

在电场力作用下，也能观察到凝胶纤维的伸长/收缩行为。电场的变化使溶剂的离子浓度也随之改变，同时相应地改变了含有聚电解质凝胶溶液的 pH 值，从而使纤维产生体积变化。如果凝胶是电中性的，则观察不到这种变化。

对这类材料的研究很多，例如 Sun 等人制备的 CS—PEG 凝胶纤维，在直流电场作用下具有刺激响应行为，同时具有典型的环境溶液 pH 响应性。Shahinpoor 用丙烯酸和丙烯酸钠(摩尔比为 1∶1)的共聚物与双丙烯酰胺交联制成的凝胶纤维，首先在电场作用下发生弯曲，最终又受 pH 值梯度的控制。在 30V 电压作用下，该纤维的弯曲很慢(25s)，且偏向阳极的幅度很小(约 4mm)。但若在 0.5mol/L 的 NaCl 溶液中，该纤维形变显著，5s 内即向阳极弯曲 10mm。若采用线性聚电解质(聚苯乙烯磺酸钠，NaPSS)，凝胶纤维的形变情况又不一样了。在 0.5mol/L 的 NaPSS 中，凝胶纤维在最初的 5s 内向阳极弯曲 10mm。但 25s 后，又向阴极弯曲 7mm，最后，当 pH 值梯度形成且施加在凝胶上时，凝胶纤维又向阳极弯曲。据 Yannas 等人报道，如果纤维长度保持恒定，浸泡在电解质溶液中的骨胶原纤维在直流电场作用下能变形做功。Gesla Buschle－Diller 等人利用涂层、辐射接枝、高密度紫外线辐射和湿法纺丝的方法制造的凝胶纤维，其直径不但对酸性环境、光、温度具有响应性，而且能够感受电流变化的刺激而发生变化。纤维的形变同时带动其他物质的吸收、释放和转移。顾利霞、费建奇等人制备的热诱导 PVA—PAA 凝胶纤维在施加直流电场时随时间变化逐渐向负极弯曲，弯曲程度随着电压的升高而增大(图 15－20)。

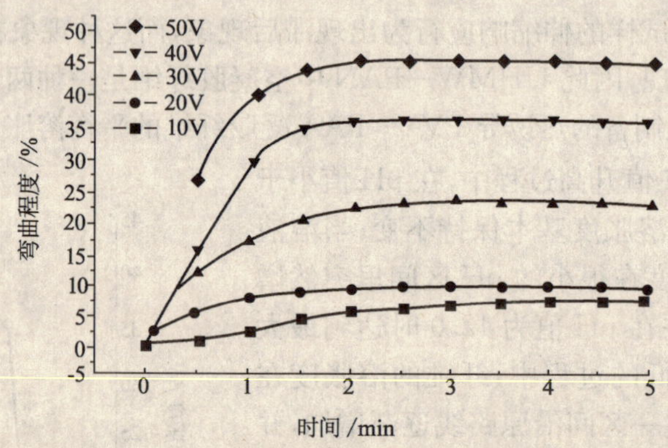

图 15－20 热诱导 PVA—PAA 凝胶纤维弯曲程度与电压及时间的关系

4. 对温度敏感的凝胶纤维

Hirasa 等人用 γ 射线照射含热诱导相分离微区的轻度交联的 PVME，制备了平均直径为 200μm 的对温度敏感的凝胶纤维。他们发现该纤维在 38℃ 上下波动时呈现可逆的收缩和伸长，由 20℃的 40μm 收缩到 40℃的 20μm。该纤维除了能随着温度变化而产生体积变化外，还具有吸水和放水性、分子亲水和疏水性的变化以及透明和不透明的变化。

5. 对光敏感的凝胶纤维

Merian 将光敏化合物加入 6cm 宽、30cm 长的聚酰胺长丝。该染色纤维含有 15mg/g 的偶氮染料，当暴露在氙灯下时，其长度缩短了 0.33cm。它能在分子水平将光能直接转化为机械能。

6. 对磁场敏感的凝胶纤维

Infineon 公司在纤维中引入可保持超常磁性的水状磁性流体，导致纤维出现沿磁场方向伸缩的行为。通过调节磁性流体的含量、交联密度等因素，可以得到对磁刺激十分灵敏的凝胶纤维。

(三)环境敏感凝胶纤维的应用

一般的环境敏感凝胶由于含有大量的水或溶剂，力学性能很差，这是限制其应用的最重要原因之一。相反，环境敏感凝胶纤维由于在结构上存在较高的取向和结晶度，因此机械性能大大提高；同时，凝胶纤维和许多生物组织(如动物的肌肉组织)在形式上存在相似之处。因此，将凝胶制成纤维状，大大提高了智能凝胶的力学性能和应用价值。

环境敏感凝胶纤维在高技术领域最大的潜在用途是做化学机械体系。在最近五十多年间，研究了大量的化学机械体系，它们包括聚电解质纤维、通过一价反离子与二价反离子交换而改变尺寸的离子交换纤维和一些纤维状蛋白质(例如骨胶原和角蛋白)，它们能通过与强盐溶液相互作用或通过“氢键断裂”完成化学机械过程。例如，Katchalsky 制备的 PAA 或聚甲基丙烯酸(PMAA)凝胶纤维，交替加入酸和碱，它可以可逆地收缩和膨胀，这样可以将一载荷上下移动，于是化学能直接转化成了机械功。他用盐溶液处理的骨胶原纤维，能快速、可逆地收缩。当力为零时，纤维收缩到它长度的一半；如果在纤维上加载荷，它能举起比它本身重几千倍的重物。图 15－21 表示这样一个化学机械引擎的构造原理。据 Yannas 等人的研究，如果纤维长度保持恒定，浸泡在电解质溶液中的骨胶原纤维在直流电场作用下能变形做功。

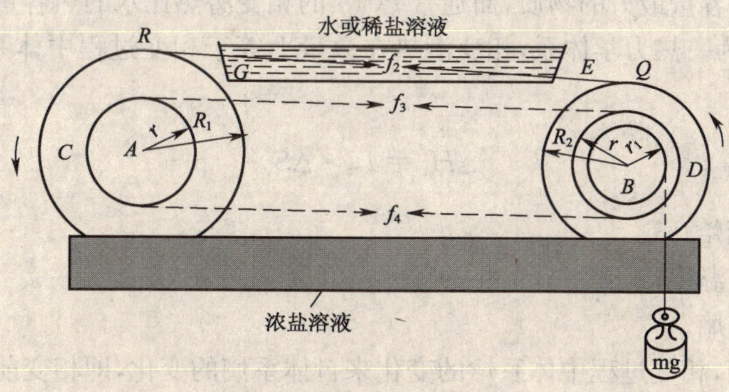

图 15－21　化学机械引擎示意图

将化学能转变为机械能的化学机械体系可能有许多应用潜力，主要用于制作人工肌肉、天线、开关装置、温度自动调节器、pH 敏感电极以及各种传感器。例如，PAN 凝胶纤维具有比人类肌肉更强的收缩力，可以用作人工肌肉。Solari 等人还用该纤维制成了线性执行器。每根 PVME 凝胶纤维可产生约 0.3mN 的收缩力，相当于人类肌肉的除 1/10～1/3，长度改变的时间<1s，已制成集束纤维人工肌肉模型。用含有 1000 根 PVME 凝胶纤维的纤维束(长 15cm)制成的热敏性人工肌肉，能随着水温的变化，将重 100g 的东西提起 5cm 高。对电场敏感的凝胶纤维可使构造的化学机械电设备最终产生以“软”物质为基础的“生物机械”。由这些凝胶纤

维组成的机器人可更安全、更小心、更温柔地行动。特别重要的是，由环境敏感凝胶纤维组成的化学机械体系有可能为那些能量供应受限制的水下或太空作业提供机械力。

三、蓄热调温纤维

蓄热调温纤维是一种具有双向温度调节（温度升高时纤维冷却，温度降低时纤维发热）作用的新型纤维。它能根据外界环境温度的变化，从环境中吸收热量储存于纤维内部，或放出纤维中储存的热量，在纤维周围形成温度基本恒定的微气候，从而实现温度调节功能。蓄热调温纤维的这种吸热和放热过程是自动的、可逆的、无限次的。

（一）蓄热调温纤维的作用机理

蓄热调温纤维与传统纤维的区别在于保温的机理不同。传统的保温纤维主要是通过绝热方法避免皮肤温度降低过多，而绝热效果主要取决于织物的厚度和密度。厚度越大、密度越小，绝热效果越好，因为滞留在织物内部的静止空气越多。蓄热调温纤维的保温机理，则是通过对水分和外界压力变化的敏感响应，为人体提供舒适的微气候环境，即提供热调节而不是热隔绝，因此是一种全新的保温机理。

蓄热调温效应源于某些物质在相变过程中的吸热和放热现象。相变，是指某些物质在一定条件下，其自身温度基本不变而相态发生变化的过程。当外界环境温度升高或降低时，它们相应地改变物理状态，从而可以实现储存或释放能量。利用这种现象，可以进行热能储存和温度调控，具有这种功能的物质称为相变材料（Phase Change Materials，PCM）。

物质的相变及伴随的吸热和放热，是一个热力学过程。相变时所吸收或放出的能量称为相变热，也叫相变潜热，相对于物质温度变化时的吸收热量（显热）来讲，相变热要大得多。据报道，自然界中水是热容量最大的物质，而通常 PCM 的相变潜热比水的热容量高 1～2 个数量级。

把相变物质视为一热力学体系，相变潜热在数量上等于相变过程中体系焓的变化，即相变焓（ΔH_{tr}）：

$$\Delta H_{tr}=T_{tr}\cdot\Delta S_{tr} \tag{15-4}$$

式中：ΔH_{tr}——相变焓；

T_{tr}——相变温度；

ΔS_{tr}——相变熵。

式（15－4）表明，相变过程中体系焓的变化来自体系熵的变化，即相变前后物质分子运动自由度的变化。分子运动自由度变化愈大，相变焓和相变潜热愈大。式（15－4）还表明，相变潜热和相变温度有关，在相变熵相同的情况下，相变温度愈高，相变潜热也愈大。

通常相变过程为一恒压过程。由热力学的基本定义，恒压过程物质体系的熵变等于化学势的改变量对温度的偏微商，即：

$$\left(\frac{\partial\Delta\mu}{\partial T}\right)_p=-\Delta S_{tr} \tag{15-5}$$

式中：$\Delta\mu$——化学势的改变量。

利用 PCM 的相变潜热作为热能储存和温度调控，相变过程必须伴随着焓的变化，因此相

变熵 ΔS_{tr}必须不等于零。按式(15－5)，相变过程中体系的化学势对温度的一级导数是不连续的，这种相变过程在热力学中称为一级相变。

热能储存和温度调控的相变过程，必须是一级相变。对一级相变，化学势对压力的一级偏微商也必定是不连续的，即化学势改变量对压力的偏微商必须不等于零，即：

$$\left(\frac{\partial \Delta \mu}{\partial p}\right)_T = \Delta V_{tr} \neq 0 \tag{15-6}$$

式中：ΔV_{tr}——相变过程中体系体积的变化。

由式(15－6)可知，用于热能储存和温度调控的 PCM 在相变过程中必定会发生体积的变化。

由热力学还可知道：

$$\Delta H_{tr} = U_{tr} - pV_{tr} \tag{15-7}$$

式中：U_{tr}——相变过程中体系内能的变化；

pV_{tr}——由于体积变化相变体系所做的功，称为体积功。

由式(15－7)可知，相变焓来自两部分，一是内能的变化，一是体积功。相变体积的变化是 PCM 要尽可能避免的问题，因此在新型 PCM 的研究开发中，总是力求内能的变化愈大愈好，成为相变潜热的主要部分，而体积功所占的部分则愈小愈好。

相变材料具有以下特点：能以“潜热”的形式吸收、储存、释放大量的能量；有固定的温度变化范围(1～20℉[1])；材料的相态能相互转化。

通常物质的相变包括固—气相变、液—气相变、固—液相变和固—固相变。迄今为止，人们了解和掌握的天然和合成相变材料超过了 500 种。例如，PEG 就是一种相变材料，它具有很高的潜热，能吸热和放热，这两种作用分别发生在材料的结晶温度和熔融温度附近。有时为了达到良好的温度范围需要混合使用两种以上的相变材料。

通过相变进行热能储存和温度调控具有极大的优点。由于 PCM 具有巨大的相变潜热，因此以 PCM 作为热储存介质可以获得极高的能量密度，减少系统的体积和成本(这在许多场合显得非常重要)。另外，PCM 可以在恒定温度(即相变温度)下吸收和释放能量，而通过物质的热容量储存能量必须有温度的差别才能进行。因此，PCM 特别适用做温度控制，可以被广泛地应用于军事和民用的各个领域，如太阳能、热能的储存和利用、自动温度控制。蓄热调温纤维就是其应用的范例之一。

(二)制备蓄热调温纤维的方法

蓄热调温纤维是将纤维制造技术与相变材料技术相结合而开发出来的，其主要制备方法有以下几种。

1. 中空纤维填充法

将相变材料填充于中空纤维内部。美国专利 US3607591 公开了一种调温纤维的制造方法。它将二氧化碳气体溶入溶剂后，充填在纤维的中空部分，在纺织加工前将中空部分封闭。

[1] $1℃ = \frac{℉ - 32}{1.8}$。

这种纤维通过二氧化碳在低温下溶入溶剂和在高温下从溶剂中析出时的能量变化，可得到具有能量吸收和释放作用的纤维。这种纤维虽在调温功能上是双向的，但在性能上却是不稳定的，比如当纤维在使用中受到外界压力时极易将气体泄漏，导致调温功能的突然或逐渐丧失。其制造工艺复杂，成本高。Vigo 等人早期开发蓄热调温纤维的工艺，是将粘胶中空纤维或聚丙烯中空纤维浸渍于具有相变功能的无机盐溶液或 PEG 溶液中，使纤维中空部分充满相变材料溶液，然后取出干燥。

2. 添加纺丝法

将相变材料填充于纤维内部。欧洲专利 EP302141 公布了一种将第四过渡金属元素的碳化物和铝微粉一起混入热塑性聚合物，并进一步纺丝后制成具有能量吸收作用纤维的方法。20 世纪 90 年代初，日本酯公司研究将石蜡等相变材料作为添加剂，直接纺制在成纤聚合物内部，并在纤维表面进行环氧树脂处理，防止石蜡从纤维析出。日本公开特许平 4—163370 中公开了一种将 70 份石蜡（熔点为 52℃）和 30 份高密度聚乙烯混合后熔融纺丝制造具有温度调节功能纤维的方法。当环境温度升高时，这种纤维中的石蜡可以通过吸收外界热量而熔融；反之，液状石蜡结晶固化释放出相变热，从而使纤维具有双向温度调节作用，保持服装内的温度相对稳定。为了防止石蜡在使用过程中从纤维表面逃逸，需要在纤维表面涂敷环氧树脂，这显然使纤维织物的皮肤触感和舒适性有所下降。

3. 复合纺丝法

将相变材料通过复合纺丝加入纤维内部。例如，天津工业大学功能纤维研究所通过熔融复合纺丝技术，在纤维中加入了 16%（质量分数）以上的相变材料石蜡烃。由该纤维制成的织物，在较低温度下比常规织物表面温度低 4℃，在较低温度下比常规织物表面温度高 3℃。

4. 微胶囊法

将蓄热调温微胶囊与成纤聚合物一起纺丝。蓄热调温微胶囊是将特定温度范围的相变材料用某些高分子化合物或无机化合物以物理或化学方法包覆起来，制成直径 1～100μm、常态下稳定的固体微粒。蓄热调温微胶囊与其他微胶囊（缓释微胶囊、压敏微胶囊等）的不同之处在于壁材的选取和设计不同。缓释微胶囊、压敏微胶囊等类型的胶囊是希望胶囊壁材在外界条件的作用下被破坏，以达到特殊的效果，而蓄热调温微胶囊的壁材则需要在外力作用下能够较长时间保持其完整性，以避免芯料的渗透。这种包覆相变材料的微胶囊，能随相变材料的相变而吸热、放热，因此能在一定的温度范围内调节温度。

三角公司制备蓄热调温纤维的技术是将石蜡，例如石蜡类碳氢化合物封入 1～10μm 的微胶囊中，然后在纺丝流体中加入约 7%（质量分数）的微胶囊，通过喷丝板挤出制成纤维。微胶囊直接嵌入纤维内部，使微胶囊内的相变物质得以更稳定地存于纤维中，这种长久性通过周围的介质（第一是微胶囊的外壳，第二是容纳微胶囊的纤维本身）而实现。

微胶囊包裹的相变材料调节温度的有效性取决于以下几个因素：相变材料的温度变化范围；相变材料的热焓值；每个微胶囊体中相变材料和微胶囊壁的比率。把大量的微胶囊加入纤维中的生产过程中，关键是减小微胶囊颗粒大小和提高微胶囊纯度。

5. 静电纺丝法

将相变材料与成纤聚合物混合制成高分子溶液或熔体，然后施加高电压进行纺丝，制成直

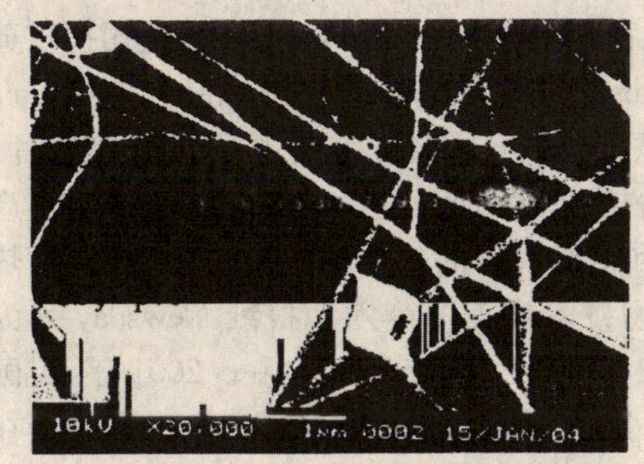

图 15－22　PEG—CA 纤维的电子显微镜照片

径为 50～500nm 的纤维。图 15－22 是朱美芳、许文菊等人将 PEG 与醋酯纤维素(CA)共混后通过静电纺丝技术制备的 PEG—CA 纤维的电子显微镜照片。

6. *表面整理法*

将相变材料通过树脂整理或涂层等方法置于纤维表面。例如蓄热调温纤维 Air－Techno，就是日本小松精练公司将特殊蛋白微粒子(10nm)超薄膜涂于聚酯等合成纤维上制成的。当衣服外温度上升时，特殊微粒子即随温度状况吸热，抑制衣服内温度上升。相反，当外部温度下降时，这种纤维即释放出储存的热量，防止衣服内部温度下降。

PEG 是一种相变材料，具有很高的潜热，它能吸热和放热，这两种作用分别发生在材料的结晶温度和熔融温度附近。当 PEG 与四官能团的交联剂发生交联反应(图 15－23)并失去溶解性后，具有相变聚合物的行为。Vigo 等人将 PEG 通过树脂整理等方法吸附于聚丙烯、聚酯等纤维表面制得的纤维，不但具有湿致形状记忆效应，而且具有相变蓄热效应。由于结合在纤维上的氢键的作用，当环境温度升高时，氢键解离，系统趋于无序，线团松弛，过程吸热；当环境温度降低时，氢键使系统更为有序，线团压缩，过程放出相同的热量。这种纤维材料可呈现完全可逆的相变，因此具有调节温度的功能。不同相对分子质量的 PEG 对应于某一环境温度可发生相变。在这一温度时，蓄热调温纤维具有最大限度的吸热能力，具有降温作用。在同样实验条件下，与未改性纤维相比，30min 后，纤维的表面温度降低11.1～15.5℃。

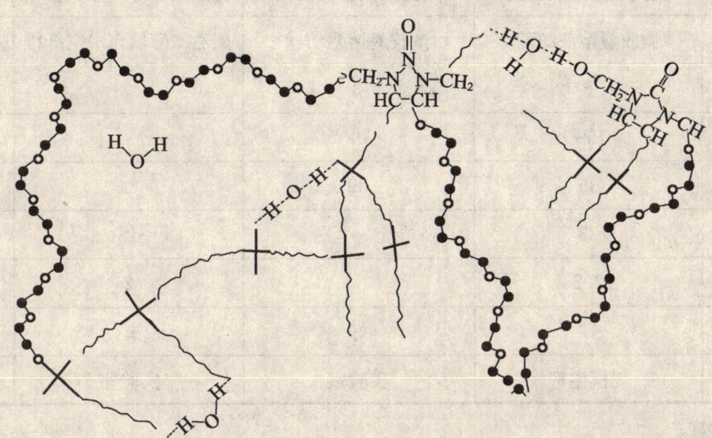

图 15－23　PEG 和四官能团交联剂反应形成网络的示意图

蓄热调温纤维的开发可以追溯到 20 世纪 70 年代末 80 年代初。当时，美国航空航天局(NASA)中心实验室先后资助美国三角公司和农业部南方实验室开展了具有热能吸收储存和释放功能纤维的研究工作。随后，美国空军、海军和美国科学基金也先后资助该领域的研究工作。1992 年，三角公司将正二十一烷和正十八烷双组分相变材料包裹于微胶囊中，制成蓄热调温微胶囊。1997 年，美国 Gateway 公司(现更名为 Outlast 技术公司)将裹熔点和结晶温度适当的相变材料的微胶囊纺制于纤维内部，制得了蓄热调温纤维，并且开始生产和销售含有蓄热调温微胶囊的

图 15－24 Outlast 纤维的电子显微镜照片

纤维、织物和泡沫产品。后来，Outlast 公司授权英国 Acordis 公司生产这种纤维，其商品名为 Outlast 纤维。图 15－24 是该纤维的电子显微镜照片。该纤维的线密度最低可达 2.2dtex，可以满足生产针织物和机织物产品的要求。1999 年 6 月，蓄热调温织物技术被美国第六大报纸 Newsday 列为“构成 21 世纪的 21 项革新”之一。2001 年，美国有关公司为了降低生产成本和占有市场，开始在台湾的工厂中生产蓄热调温纤维。

日本的一些公司也开展了蓄热调温纺织品的研究，如帝人公司、东丽公司、东洋公司和日本酯公司等均有这方面的专利申请。2001 年，日本的汽车生产商开始研究采用蓄热调温纺织品改善汽车的内装饰，提高舒适性。德国、英国、法国及韩国等国家的一些研究单位或公司近年来也开展了这方面的研究。表 15－3 列举了国外开发的几种典型的蓄热调温纤维。我国自 20 世纪 90 年代初开始蓄热调温纺织品的研究工作，现已取得了很大的成绩。天津工业大学功能纤维研究所自 1993 年开始从事蓄热调温纤维的研究开发工作，2000 年底完成的研究项目通过石蜡烃熔融复合纺丝技术，研制出了相变物质含量在 16%以上、单纤维线密度为 5dtex 的蓄热调温纤维。东华大学近年正在进行将 PEG 与 CDA、与 PET 共混制备蓄热调温纤维的研究。

表 15－3 几种典型的蓄热调温纤维

研制单位	美国三角研发公司	美国三角研发公司	美国农业部南方实验室	日本酯公司
制造方法	微胶囊溶液纺丝	微胶囊熔融纺丝	聚乙二醇填充中空纤维	脂肪族聚酯熔融复合纺丝
相变物质质量分数/%	6	3		
纤维吸热量/J·g^{-1}	15①	7①		50①
吸热温度/℃	36	29	34	31
放热温度/℃	28		18	4
纤维线密度/dtex	2.2		2	2.1
使用稳定性	好	好	差	中等
生产形式	规模生产	实验室	实验室	专利申请

① 根据纤维组成估算。

(三)蓄热调温纤维的应用

由于纤维具有一定的吸、放热量的能力，所以用它加工成的制品除具有传统纤维制品的保温功能外，还具有温度调节功能，因此特别适宜用于严寒条件下的工作人员、炎热条件下的工作人员、司机、医用织物和热电器械、绝缘物、建筑装饰和功能织物等方面。目前，蓄热调温纤维已开发出一些产品。

1. 夹克和背心

美国海军的初步研究结果表明，使用微胶囊相变材料可提高夹克和背心的热绝缘性能或冷却性能。对于冬装，特别是那些有特殊要求的服装，含有微胶囊相变材料的服装将会在人体与外界环境之间建立一个“动态的热平衡过程”，从而比普通服装能提供更长的舒适时间。瑞典纺织品制造商（Schoeller 纺织公司）的测试结果表明，含有微胶囊相变材料的夹克和背心与由普通绝缘泡沫材料制成的夹克相比，确实能够起到保暖调温的作用。当测试者处于积极活动状态时，身体产生的过量热量会被夹克中的微胶囊相变材料吸收储存，从而为人体提供一个舒适的微气候环境；当人体处于静止或休息状态时，微胶囊所储存的热量将重新释放给人体。

2. 手套

含有微胶囊相变材料的织物作为衬里的手套，可以通过微胶囊相变材料来调节温度。当戴手套的人处于活动状态时，手部过量的热量就会储存起来；相反，处于静止状态时，储存的热量又会释放出来。

北美手套制造商（Wells Lamont）的测试结果表明，当测试者戴着含有微胶囊相变材料的防水手套浸入水中时，其手部温度保持在 26.7℃以上长达 15min；然而测试者穿着由普通绝缘材料制成的手套时，在 5min 内，手部温度就降到了 10℃。测试结果证明，含有微胶囊相变材料的手套能够提供较长时间的舒适的微气候环境。

3. 运动服

运动员处于剧烈运动状态时身体会产生大量热量，这样，体内的微气候环境将发生变化，使得人体温度上升，若运动员没有得到及时的休息、降温，将出现头晕、浑身乏力，甚至会出现休克现象。穿着含有微胶囊相变材料的运动服，剧烈运动状态时，过量的热量被储存；休息或静止状态时，能量释放回人体，这样可以避免人体出现高温现象，并且可以及时调节人体与外界之间的温差，使人体体温处于一种相对恒定状态。

4. 保护性装置

在头盔、膝盖护垫、肘部衬垫等保护性装置中应用微胶囊相变材料，可以适当控制这些部位汗液的产生与排放。通过微胶囊内的相变材料的相变可以调节身体局部温度的平衡，以减少湿热的产生，从而为人体提供适当的温度。

5. 鞋衬

人脚部的温度通常要低于体温，运动时，由于血液循环加快，脚部温度升高，静止时，脚部温度会下降，引起不适，在寒冷季节，甚至因此导致冻伤。如何保持脚部温度处于舒适范围一直是一个大难题。蓄热调温纺织品所具有的温度调节功能恰好可以解决这一难题。

6. 汽车内织物

汽车用蓄热调温纺织品作为内衬，可以为乘客提供舒适的环境温度，而且通过相变材料的吸热或放热来保持车内温度的恒定。B. Pause 对汽车内部诸如地板、车顶、坐椅及仪表盘等物品应用蓄热调温纺织品做了实验。结果表明，在车顶和坐椅应用蓄热调温纺织品具有明显的调温效果。如对面积 1.5m^2 的车顶来说，车顶衬层中的相变材料能够吸收约 150kJ 的热量；应用于坐椅的蓄热调温纺织品不仅可以通过相变材料的变化吸收乘客身体多余的热量，而且也可减少乘客身体产生湿气。

蓄热调温纤维制品在民用领域的用途还有滑雪服、滑雪靴、被褥、职业服、病人服装、寝具和劳动保护用品等。蓄热调温纤维的潜在应用甚广，包括人造卫星、宇宙航行和军事武器系统的温度控制（例如作自动恒温的宇航服），还有伪装、自动舱、热传感器、烧伤治疗的生物医学制品以及作物防冻等领域。

1997 年初，包括滑雪衫、保暖内衣、手套、运动夹克、运动袜、毛毯、滑雪靴、登山靴、头盔、安全帽和绷带等蓄热调温纤维制品开始在美国产业化，掀起了一股销售热潮。1999 年，美国空军一号机组人员配备了高性能的调温手套。通过政府指定赞助商，蓄热调温纤维制品用于美国滑雪队 2002 年冬奥会的指定参赛服。2000 年初，蓄热调温纺织品用于汽车内装饰织物。目前，世界上一些体育运动用品公司已将蓄热调温纤维用于其新产品开发。

四、变色纤维

所谓变色纤维，是一种具有特殊组成或结构，受到光、热、水分或辐射等外界刺激后能够可逆性自动改变颜色的纤维。其中最重要的是光致变色纤维和热致变色纤维。

(一) 光致变色纤维

光致变色纤维的色泽随外界光照度的变化而发生可逆的变化，例如，在阳光照射下，这种纤维有的是橙色、灰色或青色，置入室内则多变为蓝灰、青色和无色。其色泽变化往往与温度和湿度变化有一定关系。

所谓光致变色，是指某些物质在一定波长的照射下会发生变色，而在另一种波长的光或热的作用下又可逆变化到原来颜色的现象。对于高分子材料而言，光致变色往往与分子结构的变化相联系。光致变色高分子材料在光的作用下，分子结构及排列会发生某种可逆性变化，因而对可见光的吸收波长也发生变化，从而导致材料的色彩变成与新环境相适应的颜色。

不同类型光致变色物质的变色机理不同，一般可分为七种类型，即键的异裂、键的均裂、顺反互变异构、氢转移互变异构、价键互变异构、氧化还原反应、三线态-三线态吸收。例如，含偶氮苯结构的聚合物受光激发后发生顺反异构变化，吸光后反式偶氮苯变为顺式，最大吸收波长从约 350nm 蓝移到 310nm 左右。由于顺式结构不稳定，在黑暗的环境中又能恢复到稳定的反式结构，重新回到原来的颜色。

光致变色高分子材料的光致变色过程分为两步，即成色和消色。成色指材料经一定波长的光照射后显色和变色的过程；消色指已变色的材料经加热或用另一波长光照射，恢复原来的颜色。

具有光致变色特性的化合物是一些具有异构体的有机物，如螺吡喃、萘吡喃、螺亚嗪和降冰片烯衍生物等。一种光致变色化合物的结构变化实例如图 15－25 所示。这些化合物因光的作用发生与两种化合物相对应的键合方式或电子状态的变化，可逆地出现吸收光谱不同的两种状态，即可逆地显色、褪色或变色。

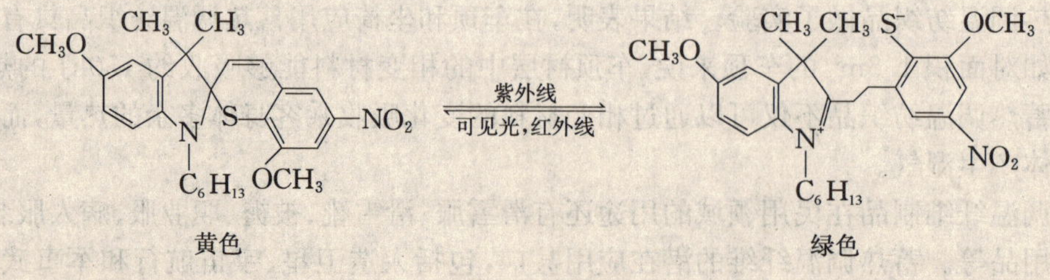

黄色 $\underset{\text{可见光，红外线}}{\overset{\text{紫外线}}{\rightleftharpoons}}$ 绿色

图 15－25　光致变色化合物的结构变化实例

光致变色纤维是通过在纤维中引入光致变色化合物而制得的，主要方法有四种。

(1)用具有光致变色性能的染料参与纤维的染色。

(2)将光致变色化合物分散于纺丝熔体或溶液进行纺丝，或将光致变色化合物通过界面缩聚封入微胶囊中再与纺丝熔体或溶液混合后进行纺丝。

(3)通过复合纺丝将光致变色化合物置于纤维的芯层。

(4)将光致变色单体接枝到成纤聚合物上后再进行纺丝，或将光致变色单体直接接枝到纤维上。

光致变色纤维的研究已在美国、日本等发达国家取得较大进展。在越南战争期间，美国氰氨公司(American Cyanamid)为满足美军对作战服装的要求，开发了一种可以吸收光线后改变颜色的织物，这是光致变色纤维最早的应用实例。美国 Solar Active 国际公司则生产了在紫外线照射下有橙、紫、蓝、洋红、黄、红和绿等多种颜色的纱线。美国 Clemson 大学和 Georgia 理工学院等探索了在光导纤维中掺入变色染料或改变光导纤维的表面涂层材料，使纤维的颜色能够实现自动控制。Clemson 大学纺织学院将在电磁波可见区能发生颜色变化的分子、低聚物发色物掺到纤维中或纤维上，再施加静态或者动态电场，以实现制造出可以调节颜色的纤维和纤维复合材料的目标。美国 Auburn 大学一个研究课题的目标是开发出能发生光诱导可逆性光学变化和热反射变化的纤维，以利用这类纤维制造柔性显示器。

日本首先开发出光致变色纤维，并以此为基础制得了各种光致变色纤维制品，如绣花丝绒、针织纱、机织纱等，用于装饰皮革、运动鞋，制作毛衣。松井色素化学工业公司 20 世纪 80 年代末期制成光致变色纤维，在无阳光下不变色，在阳光或紫外线照射下显深绿色。Kanebo 公司还将吸收 350～400nm 波长紫外线后由无色变为浅蓝色或深蓝色的螺呋喃类光敏物质包裹在微胶囊中，通过印花工艺制成光致变色 T 恤衫，已于 1989 年供应市场。

我国对光致变色纤维的研究也已取得一些进展。东华大学采用淡黄绿色的 1,3,3－三甲基螺[吲哚啉－2,3′－(3H)－萘并(2,1－b)(1,4)亚嗪]为光致变色剂，与聚丙烯共混，制得了光致变色聚丙烯纤维。该纤维经紫外线照射后能够迅速由无色变为蓝色，光照停止，又迅速恢复无色，并且具有良好的耐皂洗性能和一定的光照耐久性。

齐齐哈尔大学等单位用具有光致变色性的染料对聚酯和聚丙烯腈纤维染色，制得了光致变色纤维。

(二) 热致变色纤维

热致变色纤维的色泽能随温度的改变而发生可逆的变化，如含金属钛(或锆)的纤维，在常温下呈黄色，加热至 300～400℃，变为灰黑色，继续加热至 600℃，呈白色，到 1000℃，即变为灰白色。

热致变色纤维是通过在纤维中引入热致变色物质而制得的。所谓热致变色物质，就是其颜色能随着温度的变化而可逆地发生变化的物质。已成功应用在纤维及纺织品上的两类热致变色体系值得推荐：液晶类和分子重排类。最重要的液晶类型是胆甾型液晶。光通过液晶的选择性放射而引起热变色。反射光的波长由液晶折射指数和分子螺旋排列的间距决定。因为间距随温度而不同，反射光波长也发生变化，从而导致色谱的逐渐变化。这类液晶在某一温度范围内，随着温度的升高，在整个可见光范围内进行可逆显色，即颜色由红⟷绿⟷紫。将数种液晶混合，可以在希望的温度范围内显示出所希望的颜色，且色泽鲜艳，反应灵敏。将这些液晶引入纤维中，是开发热致变色纤维的研究方向之一。

产生热变色的另一方式是当温度改变时染料分子结构的重排。通过分子重排而出现热变色的最普通类型染料是螺内酯。以结晶紫内酯为例，当 pH 值大于 4 时，它是无色的，其作用是染料前体；当 pH 值小于 4 时，分子重排形成紫色化合物；如果接着 pH 值再升高而大于 4，又形成内酯，于是紫色消失。两种不同分子形式的平衡严格依赖于 pH 值而不是温度。利用这种 pH 值依赖性开发的热致变色微胶囊体系的应用十分广泛。

热致变色纤维的制备方法有五种。

(1)在纤维或织物表面涂上热致变色化合物或含有热致变色化合物的微胶囊。

(2)将棉、聚酯纤维或聚酰胺/聚氨酯(PA/PU)共混体用 PEG 等进行交联处理。

(3)将热致变色化合物与成纤高聚物共混后纺丝。

(4)将热致变色化合物通过界面缩聚包含于树脂微胶囊中，然后与低熔点聚合物混合作为芯层，高熔点成纤高聚物作为皮层纺制复合纤维。

(5)在成纤聚合物上接枝 NIPA 等热致变色单体后纺丝。

开始制备热致变色纤维及织物多采用涂层法。例如，1988 年，东丽公司开发了一种热致变色织物 Sway。这种织物是将热致变色化合物染料密封在直径 3～4μm 的胶囊内，然后涂层整理在织物表面。后来为改善耐洗涤性及耐光性，开始趋向于采用聚合物添加热致变色化合物的方法。热致变色化合物由酸显色染料(给电子显色)、酸性物质(受电子化合物)及有机溶剂(反应介质)组成，其变色原理是酸显色染料与酸性物质之间的电子供受反应温度的影响；更主要的是溶剂对这两种物质的溶解度也随温度而变化，温度高时，溶解度大，使显色染料与酸性物质结合，失电子而显色。用于热致变色纤维的染料的变色温度为-40～80℃。常用的显色染料有苯酞类、氧杂蒽类、噻嗪类等。常用的酸性物质有三氮茂、酚类、酸性磷酸酯等。有机溶剂则为醇类、脂肪酸、酯类、酮类、醚类等。由以上三组分热致变色显色剂制成的微胶囊粒径在5～20μm。根据所用成纤聚合物种类，可以直接共混于聚合物中纺丝，也可将微胶囊与聚乙烯作芯层，以聚酰胺、聚酯等为皮层复合纺丝。

目前，亚洲已经开发了许多热致变色纤维及织物，东丽公司开发的热致变色织物 SWAY 就是一个范例。SWAY 的基色有四种，可以组成 64 种不同的颜色，当温差超过 5℃时即发生颜色变化，可以在-40～85℃温度范围内发生作用。不同用途，可以有不同的变色温度，例如滑雪服的变色温度为 11～19℃，妇女服装的变色温度为 13～22℃，灯罩布的变色温度为 24～32℃等。

(三) 变色纤维的用途

由于变色纤维的颜色随外界环境而发生可逆变化，因此不但能满足当代消费者追求新颖的消费心理(例如希望服装的色彩富于变化)，而且具有一些常规纤维制品无法具有的特殊用途，从而使人类与环境的关系更加协调。

目前，光致变色纤维主要用于娱乐服装、安全服、装饰品以及防伪制品等方面，如绣花丝绒、针织纱、机织纱等，受到人们的广泛喜爱。美国军方认为将光导纤维与变色染料相结合，可以最终实现服装颜色的自动变化。与周边环境一致的隐蔽色迷彩服，是理想的军队作战服。Clemson 大学纺织学院研制的光致变色纤维，还可以用于变色墙壁、地板覆盖物、施加电场的柔性显示器等。

热致变色纤维颜色的出现和改变可以起安全警戒作用，例如，可以反映材料是否受过过度的应力或在某些情况下是否不再具备原有的功能。此外，热致变色纤维可以在特定温度下选择性地改变颜色，从而可以用于开发时尚产品。目前，热致变色纤维制成的产品，已经用于军队的伪装等方面。将含金属钛(或锆)的有机金属化合物与对苯二甲酸进行共缩聚后纺成的热致变色纤维，可做测温仪表用的热敏元件。

第四节 智能纤维的应用

智能纤维具有一些奇妙的功能，因此必将为未来的产业和人类生活注入新的活力。目前，它已在以下几个领域显示了良好的应用前景。

一、服装领域

随着科技的发展和人民生活水平的提高，人们对衣着品质的要求越来越高。人们希望衣服不仅能御寒护体，而且具有美化生活、保健护肤、防病、治病等多种功能。为了满足未来市场的需求，迎接21世纪纺织业的挑战，很多国家拿出10%～20%的科研经费用于智能纤维材料的研究。而纳米科技的兴起又为显著地改善纤维材料和服装面料的功能起到了积极的促进作用。纳米材料技术与信息技术、生物技术、新能源技术的组合，使得纤维材料和服装面料向智能型的转变成为可能。例如通过松散的键合单元与刚性骨架的连接，柔软的织物就可变得刚硬，如太空服、游泳服等可以像人体皮肤一样活动自如。通过嵌入的计算机与应变仪结合，能够感应出穿衣者想做的运动，从而对面料作出相应的调整。总之，传统的纺织服装技术与这些新技术和先进加工工艺等的结合，使得智能纺织品和智能服装不断涌现。一些专家将智能纺织品和智能服装看成是纺织服装工业的未来。下面简单介绍几种已得到应用或有重要应用前景的智能服装。

(一)智能宇航服

20世纪60年代研制的宇航服，可能是最早的智能服装。宇航服的里层是薄壁塑料管，通过循环水沿人体表面流动，使宇航员免遭高温的影响，内衬轻盈舒适的聚酰胺面料。中间是三层结构的气密限制层，提供宇航员免遭低压危害的适当气压。外层是一个五层结构的隔热层，由一系列屏蔽材料组成，宇航员在舱外活动时，对过冷过热起着保护作用。最外层涂敷阻燃耐磨的防护层，保护宇航服的其他各层不受磨损，防止宇宙空间中各种不利因素对人体的伤害。背包则是生命保障系统，包括氧气、水和各种装备(如通信设备)。

(二)变色服装

由光致变色纤维和热致变色纤维制成的变色服装，能随着室内外温度和光线的变化而改变颜色。例如，在阳光下鲜艳夺目，在绿荫下柔和自然，在室内朴素淡雅。变色服装有智能滑雪衫、夹克衫、短上衣、连衣裙和帽子等产品。由于变色服装具有良好的旅游性和新颖性，因此深受消费者欢迎。

变色服装在军事上有重要用途。如士兵穿上它，在树林里变成绿色，在草原上变成草黄色，在近红外夜视仪、激光夜视仪、电子形象增强仪、黑白胶片和彩色胶片等器材和侦视技术面前会产生错觉，从而不易被敌方发现，达到隐蔽自己、迷惑敌人的目的。

(三)蓄热调温服装

采用通过相变材料技术制备的蓄热调温纤维，可根据外界的温度变化而调节服装的温度，冬天可将储藏的热量释放出来，夏天又可防暑降温。

蓄热调温服装的潜在应用甚广，其中包括宇航、体育、伪装、自动舱和体温调节等领域，例如制作自动恒温的宇航服。这种纤维也适合民用，已有蓄热调温的运动服、滑雪服、滑雪靴、袜子、手套、职业服等的商品化生产。运动时，穿着者身体产生的热量由相变材料吸收；停止活动时，身体变冷，相变材料将释放热量，确保穿着者有一个舒适的温度。用这种纤维制备成的衬衫，在40℃以上的气温下，可保持29℃，适于夏天穿着。还可用这种纤维制成丧失体温调节机能病人的服装。现在，这种神奇的服装已在西方发达国家上市出售，例如美国盖持维公司的产品。香港理工大学正在研制一种具备冬暖夏凉特性的智能服装。着装者的人体温度高过28℃时，衣服就开始吸热，直至皮肤表面温度恢复到28℃，反之亦然。

此外，由添加纳米粉体的纤维制成的服装，只要遇到高温和低温两种反常情况，具有温度均衡作用的纳米粉体会聚集在织物表面进行能量吸收和转换，形成人体的一层保护膜，从而起到自动调节温度的作用。

(四)智能保健服装

将智能纤维植入服装而制成的服装，它是连接身体及环境的媒介，具有智能保健的功能。例如植入有机光导纤维的服装，它能够检测或显示监控环境和人体生理的一些重要指标。运动员穿着这些智能保健服装，能够感知疲劳程度，从而确定合理的运动量。婴儿或老人穿着这些智能保健服装，如果发生危及生命的情形，就可以及时提醒父母或看护人员，以避免发生意外，如防止婴儿在睡眠时因窒息死亡。智能保健服装还可以协助医务人员监测病人心跳、体温、血压、呼吸等生理指标。据报道，Georgia 理工学院已经制成这种智能衬衣，据预测，用于儿童和病人的日常健康监护有很好的前景，已准备由美国 Sensa Tex 公司产业化生产。

智能保健服装的发展方向是纺织品和电子元件的完美结合。电子系统体积的明显减小，使在服装面料中直接置入电子装置的能力不断提高。最简单的方法是将需要的线路、能源、电子设备和传感器加到普通的衣服中去。电池可以缝到口袋中，线路缝在衣缝中，天线放在衣领和袖口内。已有特种电子传感器能被集成在服装上，甚至把微细传导纤维与普通纤维一起通过机织或针织制成服装的例子。例如，法国四家实验室和四家企业开发出了一种 V—TAM 医用衬衫。他们把多个生理学和医学传感器合并在织物里，并在织物中集成电子元件，通过 GSM 网络与一个专门的控制中心相连。这样，穿着者的心跳频率、呼吸节奏和皮肤温度都可以记录下来，传给检测中心的值班医生。通过衬衫上的集成通话器，医生和病人可进行通信联络。必要时，通过衬衫上集成的 GPS 系统定位，救护车可以很快找到病人所处的地点。这种衬衫主要用于老年人，使他们有可能恢复独立自主的生活，或在医疗机构不间断的辅助之下，保持正常的家居生活。有了这种新的工具，医生也可以利用“家庭病床”收治更多的患者。

在智能保健服装中，还有专为慢跑和散步者设计的低成本上衣，这种上衣的左袖口放了脉搏监控器，内含的传感器控制了上衣后面的传导材料，天气冷的时候可以保暖，同时电致发光的线路固定在口袋和褶边里，在黑暗中放光作为安全标志；适合运动员穿着的运动衣，这种运动衣里面装有完整的传感器和显示器，当运动员在运动时可以检测心跳速率。这类智能保健服装可辨别由于惊慌或医疗突发事故引起的心跳加快和由于兴奋引起的心跳的渐稳增长。当穿着者遭到攻击时，它还会自动发出报警声。

(五)智能军服

在战场上，作战服对士兵有效发挥战斗力和避免伤亡具有至关重要的作用。新一代作战服将是高度智能化的服装。对它的要求，不仅是重量轻、体积小、能够抵御武器的袭击，而且要具备能够感知可能来临的危险的能力，能避免自然环境、化学试剂、火焰和其他战场灾难的危害。无论是子弹飞来还是炭疽袭击，作战服都能相应地做出反应。如果空气中的二氧化碳含量突然升高，作战服会关闭头盔中的透气孔；如果远处有人向士兵开枪，作战服将启动防弹功能，子弹发射时会冒出火花，而这个光线能够被作战服感应到，从而使士兵轻松避开射来的子弹。士兵穿上由具有特殊红外线功能的纤维制作的作战服，在激战中能很容易地辨认出自己的战友，从而最大限度地避免发生自伤事件。如上所述，士兵穿上由变色纤维制作的作战服，能隐蔽自己、迷惑敌人。嵌有生化感应器和超微感应器的军服，可监视穿着士兵的心率、血压和体表温度等多项指标，辨别体表的出血部位，并使该部位周围的军服膨胀收缩，从而起到止血作用。埋入微电脑的军服具有通信功能，可使远程治疗成为可能，军医可以通过通信网络向智能作战服发出指令，将军服自备的抗菌材料或凝血药物等释放到受伤部位，进行简单治疗。

现在，美军已将智能军服的开发提上议事日程。规划中的新一代军服除充当通信设备外，还可根据环境变化调整颜色，监视着装士兵的身体状况，进行激光瞄准。实现这种神奇功能的关键在于制作军服的纤维中掺入了一种纳米发光粒子，这些粒子可感知周围环境颜色并做出相应的调整，改变发光色，从而使军服的颜色变成与周边环境一致的隐蔽色，提供士兵免于被热传感器或者电磁探测器探测到的防护。美国国防部还资助 Georgia 理工学院研制植入塑料光纤传感器的衬衣，它能根据光纤断裂后光传输信号的变化，用于判断战场上士兵的受伤部位和受伤程度。

美国佐治亚纺织和纤维工程学院设计的智能 T 恤衫，含有可穿性光导纤维和传导纤维网络。在战场上，它能通过人造卫星发射危难信号，确定子弹进入士兵身体以及最终在身体停留的位置，传递士兵创伤严重程度的信息。在子弹穿过服装碰撞的瞬间，医生就可获得受伤士兵的数据并加以评估。Drexel 大学的研究人员，以聚乙炔和聚苯胺等为包敷层的光导纤维传感器镶嵌织物，利用聚苯胺吸收酸性或碱性物质后光谱吸收性能的变化来实现物质探测，希望用于战时的化学或生物物质的探测。

英国防护服和织物机构(DCTA)探索了从大自然中寻找开发自适应智能织物的方法。DCTA 的任务是为英国军队提供防护服。英国的战士要在北极和赤道之间活动，目前防护服的层数多达 8 层。DCTA 的预期目标是将防护服的层数减到 3 层。智能防护服被认为是可达到这一目标的一种途径。来自两种植物体中的设想已用来开发智能织物，这种织物能根据穿着者的需要改变温度和水分的蒸发渗透性能。

(六)其他智能服装

已经和正在开发的智能服装还有以下几种。

1. 防污自洁服装

德国植物学家 Wilhelm Barthlott 在发现许多植物叶子具有防污自洁性后，提出粗糙表面的防污自洁性优于光滑表面的著名观点。如今，应用荷叶效应的原理，一些具有防污自洁性的材料，包括防污自洁服装已经相继问世。

将无机抗菌材料用分子组装法制成纳米级功能纤维，再由纳米机器人进行复制，可以生产无菌纤维、抗菌织物、自洁消毒织物。同时，智能化设备还可定期清洁织物表面，用蛋白输送器将织物传至收集器，或用分子选择膜将水送至另一侧进行清洁冲洗。

香港理工大学用二氧化钛纳米颗粒处理的棉纤维，可形成抗菌保护表层，经光学感应后，能够分解含碳元素分子。在阳光照射下，用这些纤维织造的织物可自动分解污垢、空气中的污染物及有害微生物。这是因为二氧化钛纳米颗粒平均分布在面料表面，颗粒之间相隔 20nm。经处理的纳米颗粒呈稀有的锐钛矿晶体状态，这正是其具有自动除污功能的关键。

2. 自修补服装

自修补服装能通过植入的检测器查出服装的撕破位置，然后将智能化操作机器人送至需修补处，使撕破处自动回复原来的形状。

3. 信息服装

信息服装由多个技术层组成，每层都有特定的功能。服装中的无线通信技术支持传感器网络和服装的数据资料。无线网络可以使不同层之间通过最短的距离进行交流，不会产生任何对人体有害的辐射。这一网络以一种自然灵活的微小结构与服装结合为一体。

4. 数字服装

数字服装在人体各个关节处都装有传感器，传感器由导电的聚合物制成，系统能够测量出每个关节点的角度，确定每一肢体的确切位置。医学成像学、测量学、人类工程学、生物力学、机器人技术以及动物学等许多应用领域，都会通过计算机中的数据追踪肢体的位置，整个人体或每个独立的关节都可被监测到。

5. 情感服装

情感服装具有测试人的情绪的功能。服装将根据人的情绪发生颜色的变化或释放香味。该服装甚至能够记忆你曾经度假的地方，营造环境的气氛、声音甚至气味。躺在智能医用床单上的病人，可以听音乐、看 VCD、上网或者读书。

6. 智能防护服

当消防人员集中精力对付面前的火焰时，却面临着身后增大的火焰的威胁。将导电纤维用于消防服后，埋在服装后片的传感器，可通过导电纤维与埋在服装前片的警报器相连，从而使消防人员能及时得到信息而避免灾难。人们将形状记忆合金纤维加工成宝塔式螺旋弹簧状，再进一步加工成平面状，然后固定在服装面料内。这种服装的表面接触高温时，形状记忆纤维的形变被触发，纤维迅速由平面状变化成宝塔状，在两层织物内形成很大的空腔，使高温远离人体皮肤，防止发生烫伤。这种服装在消防救火方面大有用武之地。

美国科学家已研制出一种新型智能防护衣，防护服被划破之后会自动发出报警信号，可以更好地保障在放射性、有毒环境中工作人员的安全。

7. 音乐服装

音乐服装里面包含一个简易的网络系统，依靠埋入衣料内的光导纤维将随身携带的电子产品连接起来，并且通过置入织物的软键盘，实现对手机和播放机的控制。在衣领内有一个微型麦克风和一对可随意调节左右声道的立体声耳机，可以与外界对话和收听广播。飞利浦公司和 Levi’s 公司合作，已生产了一种音乐夹克。

关于智能保健服装的报道还有很多。例如，芬兰开发的智能服装具有通信、导航、使用者监测环境以及电加热四项功能，第一代夏季产品已在 2001 年夏天推出；比利时 Starlab 的智能服装(I—WEAR)由多层构成，其中之一是传感器；德国 FAC 服装设计公司推出的智能服装集成了手机、录音机、MP3 和 GPS 系统的功能；意大利制造的 Luminex 纤维含有有色的光发射二极管，可制作黑暗中可以发光的新娘礼服、闪光的鸡尾酒晚会礼服和歌手的表演服装；法国已研制出一种含有可视光纤屏幕的智能服装，每根光纤都是由固定在显示器面板边缘的并由微芯片控制的细小 LED 照明，LED 打开时，光纤有一部分发光，另一部分仍然是暗的。

二、装饰领域

用于装饰领域的智能纤维主要有形状记忆纤维、变色纤维和蓄热调温纤维。

由形状记忆纤维制作的装饰布就像一个绝缘体，能保持室内的温度。如果室内的温度高于一定值，具有形状记忆结构的装饰织物自动打开，允许空气自由流通，对室内进行降温。反之，则对室内进行升温。所以，可以用形状记忆的装饰织物做百叶窗，这种特殊设计编织的、具有形状记忆的装饰织物对日晒非常敏感，白天百叶窗可以自动调节阳光的进入量，晚上百叶窗自动关闭。这样，百叶窗能控制室内的舒适温度和避免强烈日光对人视力的影响。

变色纤维在床罩、灯罩、浴罩和窗帘等室内装饰领域已显示良好的应用前景。例如，美国加州大学伯克利分校正研制随光线强弱而自动改变透光程度的智能窗帘。

Outlast 纤维等蓄热调温纤维也已用于装饰领域，例如制作寝具和汽车内装饰织物。

三、产业领域

事实上，智能纤维的用途不仅局限于服装和装饰领域，它在信息、宇航、医疗等领域同样有十分广阔的应用前景。

(一) 新型医疗用品

智能纤维作为药物释放体系的载体材料，集传感、处理及执行功能于一体，在药物释放体系中起着关键的作用。利用智能纤维作药物释放载体的研究已取得实质性进展。例如，将药物置于 PNIPAAm 接枝的 PVA 凝胶纤维中，当温度在 20～30℃变化时，会自动“开启—关闭”，从而自动控制药物的释放。

Steckmann 和 Prieb 设计了一种智能绷带，它含有智能纤维。当温度变化时，其具有形状记忆效应。可用电流或加热方法激活绷带，因此使用更方便。由美国 BioKey 公司开发的智能绷带将多种传感器植入织物，可以探测细菌数量、湿度和氧气浓度等参数，并记录在计算机中，为改进治疗方案提供依据。

经 PEG 处理的棉、聚酯或 PA/PU 共聚纤维，由于含有交联多元醇，具有湿致形状记忆功能。其编织或机织材料遇到血液或像酒精、酒精/水混合物这样的极性消毒溶液时会收缩，收缩率可达 35%。用它作压力绷带，其会在血液中收缩，从而在伤口上产生压力而止血；当绷带干燥时，这种压力又消除。这种智能绷带，可用于手指、胳膊、腿等部位出血时的止血包扎。恰当地选择极性溶剂和织物结构，这种特性可以充分地表现出来。

采用铁加工的智能纤维已投入临床实验阶段。日本皮肤科诊断标准中显示，接受试验的人穿了用铁加工的贴身衣服治疗 2 周后，止痒效果达 75%，改善抓破率 85%以上，比安抚剂效果还高出很多。

美国 Nylstar 公司新近制造出了一种智能聚酰胺纤维，通过将抗菌剂包藏在纤维内部，保障了纤维抗菌的耐久性和安全性，可以耐 30 次洗涤。这种纤维区别于一般抗菌纤维之处在于无论是轻微活动时还是剧烈运动时，它既不让细菌任意繁衍，也不杀死全部细菌，控制皮肤表面细菌的数量维持在正常水平。这种抗菌聚酰胺 66 纤维已经通过了美国的口腔、皮肤和眼睛接触检测，获准推广使用，预计可以用于体育运动服装、内衣、袜子、鞋衬、医疗用布和产业用布等领域。

（二）新型传感元件

智能材料结构的重要功能之一就是感觉，它利用埋入材料中的传感元件来感受各种信息，经过处理分析而指示或控制驱动件工作。智能纤维因尺寸小而特别适合制作传感元件。这种传感元件在航天航空、建筑等领域具有十分重要的作用。例如，在生产过程中，光导纤维传感器可以被埋在碳/环氧树脂的复合材料或其他复合材料中，以监测生产过程，并可用于建筑物、道路、工厂、飞机、车辆、烟囱、索道等结构安全的诊断。例如，日本太阳工业公司用碳纤维开发的传感器可用于建筑物、道路、工厂、飞机、车辆、烟囱、索道等结构安全的诊断。加拿大多伦多大学光导纤维智能结构实验室的研究人员在高性能复合材料中嵌入细小的光导纤维材料，通过测量光导纤维输光时的各种性能变化，可以测出飞机机翼承受压力的变化情况。在压力达到破断极限之前，光导纤维首先断裂，光传输立即中断，同时发出即将出现事故的信号。美国 Drexel 大学的研究人员，将光导纤维传感器镶嵌在降落伞中，即时探测降落伞的动态应力变化情况。

欧盟 Electro Textiles 公司于 1999 年利用导电纤维技术开发了一种压力敏感织物，该织物可以准确地探测出受压力的部位。加拿大 Tactex Controls 公司也推出了一种压力敏感织物，它通过发光二极管发出的光线在通过光导纤维时由于光导纤维的弯曲而改变方向或反射而实现探测多根光导纤维中光线传输情况的变化，从而监测织物所受压力的情况。精确设计光导纤维的排布，可以获得很高的探测灵敏性，用于乐器和游戏机键盘具有很好的前景。压电纤维已运用在飞机及潜水艇的降噪系统和声呐以及体育用品当中。也可以考虑将其用于测量服装对人体的压力方面，这样可以突破以往的压敏电阻的常规方法。

姚康德等人以连续碳纤维增强不饱和聚酯/聚氨酯（UP/PU）互穿聚合物网络为模型复合材料，通过考察周期拉伸应力作用下电阻与应变的关系判断材料的损伤程度。发现当载荷小时，由于变形小，电阻增加不多而且随应变呈线性变化；当载荷增大时，电阻非线性变化；卸载时，材料形变恢复至原来的状态，但电阻却不能恢复至零，即存在残留电阻，从残留电阻的大小可判断材料的损伤程度。如果载荷增加到一定值时电阻急剧增加至无穷大，表明此时复合材料已发生断裂。这种传感器可作为具有损伤自诊断功能的智能结构。

光导纤维在柔性体系中的应用研究也已经展开。香港理工大学应用光栅传感器实现了温度和应力的同步探测，并成功地实现了纱线上应力分布的探测。扭转信号的探测技术也在研究中。

（三）新型热机

传统的热机需要先将化学能转化为热能或电能，然后再转化为机械运动。智能凝胶纤维的功能之一是可以直接将化学能转化为机械能，既可减少废物的产生，又可降低噪声，因此比传统热机更为有效。因为凝胶纤维自身是软的，因此不必破坏它而加工成精巧的机械部件，例如，Katchalsky 等人制备的凝胶纤维，能在水中膨胀，可举起相当重的物体。Hirasa 等人制备的凝胶纤维能轻易将重 100g 的东西升高 5cm。用这种凝胶纤维制作的机械手，能随周围溶剂的变化改变化学性质，并在完成工作的过程中改变其分子状态，因此对于其环境的变化可以作出柔和的反应，可以操作非常容易损坏的东西。这种智能型的“软”机器可作为深水作业、宇航事业及人体中的动力源。

(四)人工肌肉

具有与人类肌肉相同机能的人工肌肉的伸缩动作，可通过电流、溶剂等的刺激进行，它将对机器人研究和仿生动力研究产生革命性的影响。机器人工程强烈需求与人类肌肉很接近的小型、轻便的控制元件。采用人工肌肉，机器人就可以不需要电动机、齿轮和轴承等复杂装置，从而做到体积小、重量轻、制造简单，而且成功率高，这将改变机器人研究的蓝图。同时，这些产品将溶入人类的生活并促进新产业的发展。例如，用它可以制造几可乱真的人造臂膀，为数以万计的肢体残疾患者带来福音。

利用凝胶纤维在溶剂种类、温度、OH^-浓度、pH值等变化或在电刺激下发生变形、膨胀、收缩的特性，可以开发人工肌肉。酒井等人研制的PAAm凝胶纤维、PAN凝胶纤维，Hirasa等人研制的PVME凝胶纤维，虽然在等渗压下的动力学行为还远远未达到动物肌肉的水平，但其长度变化和收缩力对人工肌肉来说已足够了。

智能纤维的用途还有很多。展望未来，智能纤维将用于许多新产品，并将进一步走向产业化。但目前研究和开发的智能纤维基本上处于机敏材料的阶段，真正意义上的智能纤维的问世还需要科技工作者的进一步努力。

参考文献

[1] 黄维恒，闻建勋．高技术有机高分子材料进展[M]．北京：化学工业出版社，1994.

[2] 马光辉，苏志国．新型高分子材料[M]．北京：化学工业出版社，2003.

[3] 贡长生，张克立．新型功能材料[M]．北京：化学工业出版社，2001.

[4] 陶宝祺．智能材料结构[M]．北京：国防工业出版社，1997.

[5] 马如璋，蒋民华，徐祖雄．功能材料学概论[M]．北京：冶金工业出版社，1999.

[6] 马建标．功能高分子材料[M]．北京：化学工业出版社，2000.

[7] 何天白，胡汉杰．海外高分子科学的新进展[M]．北京：化学工业出版社，1997.

[8] 何天白，胡汉杰．功能高分子与新技术[M]．北京：化学工业出版社，2001.

[9] 师昌绪．材料大词典[M]．北京：化学工业出版社，1994.

[10] 胡金莲．形状记忆纺织材料[M]．北京：中国纺织出版社，2006.

[11] 顾振亚，田俊莹，牛家嵘，等．仿真与仿生纺织品[M]．北京：中国纺织出版社，2006.

[12] 李青山，韩毅，王德昌，等．功能高分子材料在医疗保健中的应用[M]．哈尔滨：哈尔滨船舶工业出版社，1993.

[13] 周晓沧，肖建宇．新合成纤维材料及其介绍[M]．北京：中国纺织出版社，1998.

[14] 曾汉民．功能纤维[M]．北京：化学工业出版社，2005.

[15] Chiarelli P, Umezawa, DeRossi D. Polymer Gels[M]. New York: Plenum press, 1991.

[16] DeRossi D. Polymer Gels [M]. New York: Plenum press, 1991.

[17] Ahmad I, Crawson A, Rogers C A, et al. Proceedings of U. S. − Japan Workshop on smart/Integelligent Materials and Systems [M]. Hawaii: Technomic Pub. Co., 1990.

[18] Lownstein W R. Principles of Receptor Physiology [M]. New York: Springer Verlag, 1971.

[19] Vigo T L. Intelligent Fibrous Materials [J]. J Text Inst,1999,90(3):1－13.

[20] Leitch P,Tassinari T H. Interactive textiles;NewMaterials in the Millennium,Part 1[J]. Journal of Industrial Textiles,2000,29(3):173－189.

[21] OsadaY,Ros－Marpy S B. Intelligent Gels [J]. Scientific American,1993,268(5):82－87.

[22] Takagi T. A concept of intelligent materials [J] . J Intell Mater Syst Stru,1990(1): 149－156.

[23] Yoshihito Osada . Conversion of chemical into mechanical energy by synthetic polymers [J] . Advances in Polymer Science, 1987(82): 1－46.

[24] Umemoto S, Okui N , Sakai T . Contraction behavior of poly(acrylonitrile) gel fibres [J]. Polymer Gels , 1991:257－270.

[25] Takagi T. A concept of intelligent materials. J Intell Mater Syst Stru, 1990,1(1):149－156.

[26] Yoshida B, Uchida K, Kaneko Y, et al. Comb-type grafted hydrogels with rapid de-swelling response to temperature changes [J]. Nature ,1995,374(3):240－242.

[27] Nonaka T,Ogata T, Kurihara S. Preparation of poly(vinyl alcohol)-graft-N-isopropylacrylamide Copolymer Membranes and Permeation of solutes through the membranes [J]. Journal of Appied Polymer Science, 1994(52):951－957.

[28] Nonaka T, Yoda T, Kurihara S. Swelling Behavior of Thermosensitive Polyvinyl Alcohol－graft－N－isopropylacrylamide Copolymer Membranes Containing Carboxyl Groups and Properties of their Polymer Solutions [J]. Journal of Appied Polymer Science, 1998,36(17):3097－3106.

[29] Osada Y . Conversion of chemical into mechanical energy by synthetic polymers [J]. Advances in Polymer Science , 1987,5(82):1－46.

[30] Umemoto S, Okui N, Sakai T . Swell/collapse behavior and its mechanism for poly(acrylamide) gel fibres[J]. Zairyo Kagaku, 1989,26(1):42－48.

[31] Dawson C. Science of extracting ideas for smart materials from nature [J] . Chemical Fibers International,1999,49(5):394－397.

[32] Suzuki M. Responsive Mechano chemical Actuator Materials by PVA Hydrogel [C]. In: IUPAC CHEMRAWN VI. Tokyo:1989. P IB11.

[33] Avantex shows that intelligent garments are the future[J]. Technical Textiles International, 2001(1/2):11－16.

[34] Hirasa O. Themo－Response Polymer Gels [J]. Kobunshi,1986(35):1100.

[35] Pause B. Development of Heat and Cold Insulating Membrane Structure with phase Change Material [J]. Journal of Coated Fabrics, 1995(25): 7.

[36] EI－Sherif MA, Fidanboylu K,EI－Sherif D,et al. A nobel fiber optic system for measuring the dynamic structual behavior of parachutes [J]. J of Intelligent Materials Systems and Structures, 2000,11(5): 351－359.

[37] 松本喜代一 . 高性能纤维与高机能纤维 [J]. 染色工业, 1996,45(1):2－23.

[38] 陶肖明,张兴祥 . 智能纤维的现状与未来[J]. 棉纺织技术 , 2002(3):139－144.

[39] 周小红,练军 . 智能纺织品的研究现状及应用[J]. 上海纺织科技,2002(5):11－13.

[40] 王珏 ,沈新元 . 机敏材料用聚合物凝胶[J] . 中国纺织大学学报, 1997(5): 117－121.

[41] 冯社永,顾利霞 . Synthese of Photochromic Pigments[J]. Journal of China Textile University(Eng Ed.),1997,14(2):6－10.

[42] 高洁,权亚秀,李青山 . 变色腈纶品种开发的研究[J]. 产业用纺织品,1994,12(4):14－17.

[43] 费建奇 . PVA/PAA 智能水凝胶纤维的研究[D]. 上海:东华大学,2002.

[44] 许文菊. 二醋酸纤维素/聚乙二醇相变智能纤维的研制[D]. 上海:东华大学,2004.

[45] 周光宇. PET/聚乙二醇相变智能纤维的研制[D]. 上海:东华大学,2004.

[46] 沈新元. UHMW-PAN 基 pH 响应多孔中空凝胶纤维的制备及结构性能研究[D]. 上海:东华大学,2001.

[47] 李颖,张广成,邢建伟. 湿敏形状记忆针织物的研究[J]. 功能高分子学报,2004,17(3):401-405.

第十六章　生态纤维

第一节　生态纤维的定义

纵观人类文明的发展史，与环境问题密切相关。曾经辉煌一时的农业文明和工业文明，均是以污染环境和浪费资源为代价的，因此分别被称为“黄色文明”和“黑色文明”。20 世纪中叶，人类在环境问题上开始觉醒，认识到文明建设的发展要与自然界生态环境的发展和谐统一。特别是 1992 年，100 多个国家的首脑通过了《里约宣言》，承诺把可持续发展作为国际社会未来长期共同的发展战略。它标志着人类文明开始向被称为“绿色文明”的生态经济文明发展。

化纤工业问世以来发展迅速，取得了令人瞩目的成就，2006 年，年产已达 41200kt。但化纤工业在为人类提供大量价廉物美的纤维及纺织品的同时，在生产、使用及遗弃这些物质的过程中造成了严重的环境污染。例如，一些化学纤维特别是粘胶纤维生产过程中，会产生大量废气、废水和废料。一个大型粘胶纤维厂的排污量相当于一个中等城市所有排污量的总和。熔体纺丝时，为了保温加热，多数采用联苯且不可避免地有所泄露，也会对环境造成污染。此外，绝大部分合成纤维利用石油、煤炭等不可再生资源进行生产，对自然环境的破坏是不可挽回的。其废弃物的回收成本太高，燃烧污染大气，遗弃后不易降解，造成土质恶化。因此化纤工业的发展必须走可持续发展之路，解决自身存在的比较严重的生态破坏和环境污染问题，走与资源、能源和环境相协调的道路。生态纤维是在这种背景下应运而生的。

生态纤维，又称绿色纤维。从生态学角度来说，绿色纤维可从四方面来设定。

(1)原料选用：天然纤维在生长过程中未受污染，特别是未受农药、化肥的污染，生产纤维的原料主要来自于再生资源或可利用废弃物，不会造成生态平衡失调和资源的掠夺性开发。

(2)产品制造：合成纤维在生产中未受有毒化工原料的污染，纤维在生产过程中不会对环境造成污染。

(3)使用方向：纤维及其制成品对人体具有某种或多种保健功能。

(4)用后弃置：纤维制成品在失去使用价值后可回收再利用或可在自然条件下自然降解，不会对生态环境造成危害。

生态纤维的基本特征是生产加工过程中，没有或极少量地添加、排放不可降解的污染物，其产品本身几乎不带有各种人工合成的有机(无机)添加剂。

到目前为止，完全符合上述所有要求的生态纤维尚不多见，但人们在开发能符合其中一项或多项要求的生态纤维方面已取得了长足进展，其中有些已实现了工业化生产。这些纤维可以分为两类，一类是以天然大分子为原料制备的纤维，如 Lyocell 纤维、甲壳素及其衍生物纤维、大豆蛋白纤维、海藻纤维等，另一类是以合成聚合物为原料制备的纤维，如聚乳酸(PLA)纤维、聚羟基乙酸(PGA)纤维、聚己内酯(PCL)纤维、聚β-羟基丁酸酯及其共聚物纤维等。

第二节　Lyocell纤维

一、概述

纤维素是自然界中存在量最大的一类天然高分子化合物,是植物的主要成分。其结构已在第二章和第七章中介绍过。纤维素是一种可以不断再生的资源,植物通过光合作用,每年能生产出亿万吨的纤维素。以纤维素为原料生产的纤维素纤维具有穿着舒适、透气性能好等优点,在服装等领域有着广泛的用途,所以纤维素的开发利用一直受到人们的重视。但由于纤维素及纤维素酯的原有无机溶剂体系的固有缺点,使得纤维素产品的生产工艺(如粘胶工艺等)路线不仅冗长复杂,而且还存在着严重的环境污染问题。为了简化纤维素制品的生产工艺,并杜绝对环境的污染,近年来,许多研究者先后开发了N-甲基吗啉氧化物—水(NMMO—H_2O)、二甲基乙酰胺—氯化锂(DMAc—LiCl)、液氨—硫氰酸铵(NH_3—NH_4SCN)和三氟乙酸—二氯甲烷(TFA—CH_2Cl_2)等新的有机溶剂体系用于溶解纤维素、制备液晶等方面,其中NMMO—H_2O体系不仅无毒,对纤维素的溶解性能也较好,是目前唯一被用于纤维素纤维工业化生产的有机溶剂体系。用该体系作为溶剂进行特殊纺丝可以得到一种新型的纤维素纤维。布鲁塞尔国际人造及合成纤维标准局(BISFA)和美国联邦贸易委员会(FTC)分别于1989年和1992年将这类通过有机溶剂纺丝法制得的纤维素纤维的分类名称定为"Lyocell"。

图16-1列出了Lyocell纤维和粘胶纤维这两种纤维素纤维的生产工艺,从图16-1可以

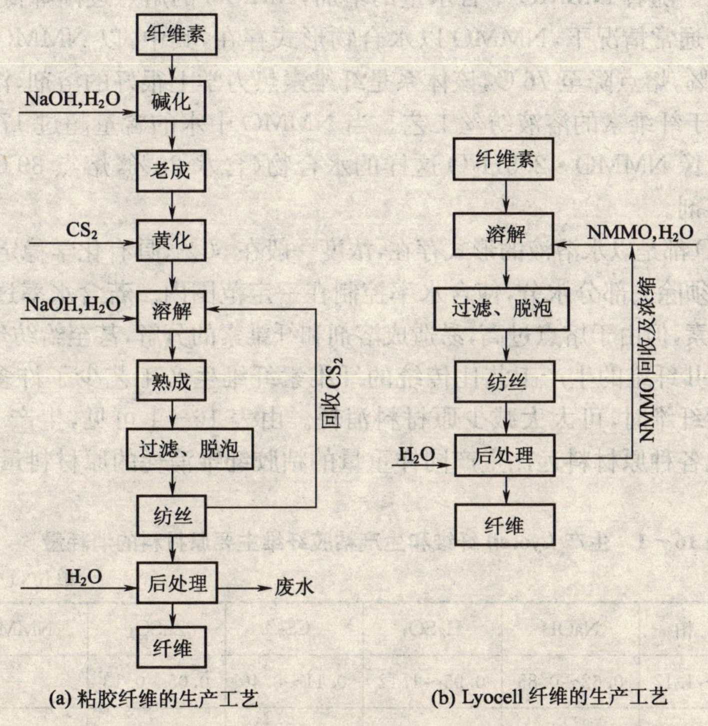

图16-1　两种纤维素纤维生产工艺的比较

看出,Lyocell 纤维比粘胶纤维的生产工艺要简单先进得多。制备 Lyocell 纤维时,是将纤维素浆粕直接溶解在有机溶剂 NMMO 和水的混合物中,经特殊纺丝后形成纤维素纤维。整个生产过程没有化学反应,且比传统的粘胶工艺少了碱化、老成、黄化和熟成等多道工序,生产流程大大缩短。

二、生产 Lyocell 纤维的原料

(一)纤维素浆粕

Lyocell 纤维生产中,对纤维素浆粕有一定的要求。多采用木浆,根据纤维生产工艺的不同,浆粕聚合度(DP)也有不同,浆粕聚合度大多在 450~800,浆粕中 α-纤维素含量一般大于 91%,且要求杂质,如 Fe、Cr、Cu、Mn、Ni、Cl 等的含量控制在很小的范围内。近年来,国内对 Lyocell 纤维用浆粕原料的研究颇为活跃,如东华大学等单位已成功地以棉浆、草浆、竹浆、半纤维素含量较高或聚合度较大的木浆为原料纺制出了 Lyocell 纤维。

在与溶剂体系混合前,纤维素浆粕要经过切碎、烘干等预处理工序。为了加快纤维素浆粕的溶解,国外有的工艺中还采取了活化预处理工序。

(二)溶剂

Lyocell 纤维生产中,纤维素浆粕的溶剂为 N-甲基吗啉氧化物(NMMO)和水的混合体系。严格的皮肤学与毒性检查表明,NMMO 毒性低于乙醇;按照 AEMS 标准对 NMMO 进行的生物诱变测试为阴性,这也表明它在临床上无致异性。研究发现,NMMO 对纤维素的溶解能力与含水量有关。无水 NMMO 对纤维素的溶解性最好,但因其熔点过高(≥172℃),在熔点以上温度,溶剂和纤维素都易发生降解,同时无水 NMMO 极易吸湿,化学性质不稳定,因此排除了其作为溶剂的可能性。随着 NMMO 中含水量的增加,NMMO 的熔点逐渐降低,其溶解纤维素的能力也有所不同。通常情况下,NMMO 以水合物形式存在,其中,以 NMMO · H_2O 形式存在时,含水量为 13.3%,熔点降至 76℃,该体系是纤维素热力学上很好的溶剂,溶解纤维素的能力在 15%以上,适用于纤维素的溶液纺丝工艺。当 NMMO 中水的含量超过 17%以后,对纤维素已失去溶解能力。像 NMMO · 2.5H_2O 这样的水合物(含水 28%,熔点 39℃左右),已不能作为纤维素的直接溶剂。

一般市售 NMMO 都是以水溶液的形式存在,浓度一般在 50%,具有化学稳定性,但要成为能溶解纤维素的溶剂必须除去部分水分,使含水率控制在一定范围内。若含水率过低(<10%),虽然能较好地溶解纤维素,但由于熔点过高,易造成溶剂和纤维素的分解,甚至给纺丝带来危险。

如前所述,Lyocell 纤维的生产工艺比传统的纤维素纤维生产工艺少了许多工序,因此,利用该工艺生产纤维素纤维时,可大大减少原材料消耗。由表 16-1 可见,生产 1t Lyocell 纤维成品消耗的水及其他各种原材料远比生产同样重量的粘胶纤维消耗的原材料量要少得多。

表 16-1 生产 Lyocell 纤维和生产粘胶纤维主要原材料的消耗量

单位:t/t 纤维素纤维成品

纤 维	浆 粕	NaOH	H_2SO_4	CS_2	$ZnSO_4$	NMMO	H_2O
粘胶纤维	1.06~1.12	0.62~0.85	0.95~1.12	0.11~0.40	0.05~0.13	—	300~450
Lyocell 纤维	1.05~1.10	—	—	—	—	0.05~0.08	100

三、纤维素的溶解

溶剂 NMMO 中的 N—O 键有较强的极性，可以同纤维素中的羟基强烈作用，且放出大量的热。两者作用时，混合自由能小于 0，因此，NMMO 溶解纤维素的过程是自发的。其溶解纤维素的机理(可能)如图 16－2 所示。

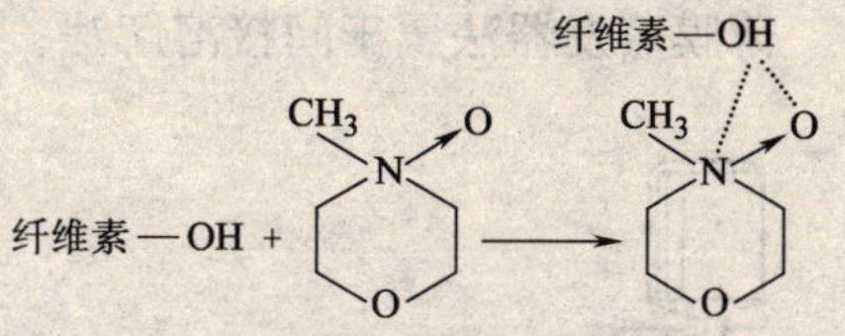

由图 16－2 可知，NMMO 是一种环状的叔胺氧化物，与纤维素大分子接近时，它依赖于叔胺上的 N 和 O 与纤维素大分子中的羟基形成氢键，而纤维素大分子之间原有的氢键则被切断，从而使纤维素直接溶解在 NMMO 体系中。

图 16－2　NMMO 溶解纤维素的机理(可能)

在制造 Lyocell 纤维的工艺中，纤维素的溶解是一个关键步骤。只有充分溶解好的纤维素溶液，才能保证纺丝的顺利进行并得到质量合格的纤维。图 16－3 为纤维素/NMMO/水的三元相图。由于溶剂 NMMO 溶解纤维素的能力与其含水率密切相关，造成纤维素、NMMO 和水三元体系所形成可纺性较好的纺丝溶液的组成区域非常狭窄。由此可见，纤维素的溶解是 Lyocell 纤维生产中技术含量较大的关键问题之一。

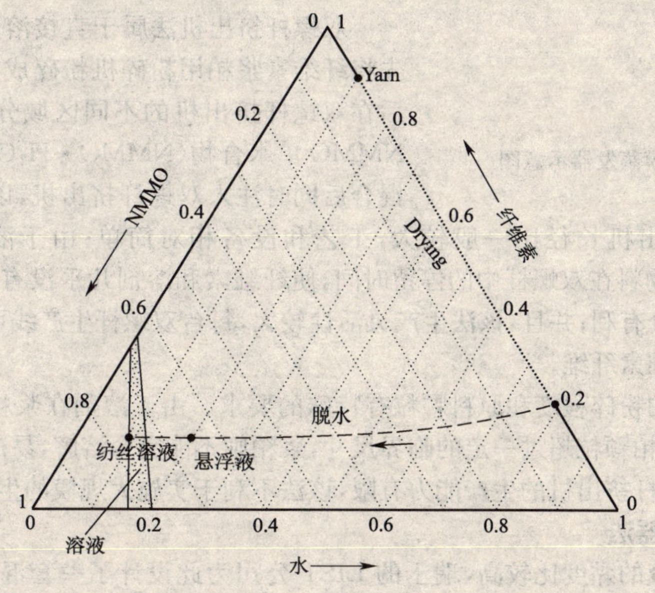

图 16－3　纤维素/NMMO/水三元相图

溶解方法大致可分为两类。

(1)直接溶解法：通过减压蒸馏的方法将溶剂的含水率降至 15%以下，然后在适当的工艺条件下将该溶剂与纤维素混合溶解，形成适当浓度(一般在 10%～14%)的溶液。

(2)间接溶解法：未经蒸浓的溶剂首先与纤维素混合，使纤维素在溶剂中发生充分溶胀但不溶解。然后在升高温度的同时，将溶胀均匀的浆液经减压蒸馏脱水后制得适于纺丝的溶液。

围绕上述两类方法，各 Lyocell 纤维生产厂商或研究机构设计了很多溶解工艺和相应的溶解设备,目的都是为了减少溶解过程的能耗和缩短溶解时间,并且希望能与连续生产工艺配套。代表性的溶解方法根据溶解设备的不同可归纳为以下几种。

(一)薄膜蒸发器法

薄膜蒸发器法属于间接溶解法。在该方法中,先将纤维素和含水量较高的 NMMO 混合均匀,形成一个溶胀混合体,用设备加热至水的沸点以上后通过分布环进入薄膜蒸发器(一般为圆柱形构件,图 16-4),混合物在蒸发器的表面形成薄层,在真空条件下,薄层中的水迅速闪蒸出来。当薄层混合物中水的含量降到一定程度时,纤维素开始溶解。有的薄膜蒸发器内,还有一个装有许多侧向伸出的桨叶的中心叶轮,可用于混合和运送料液。这种工艺适用于连续生产,易于扩大规模,且纤维素的溶解质量较好。但该法要求设备避免出现死角,并尽可能减少所有物料的停留时间。另外,对物料出口和刮壁器也有特殊的设计要求。

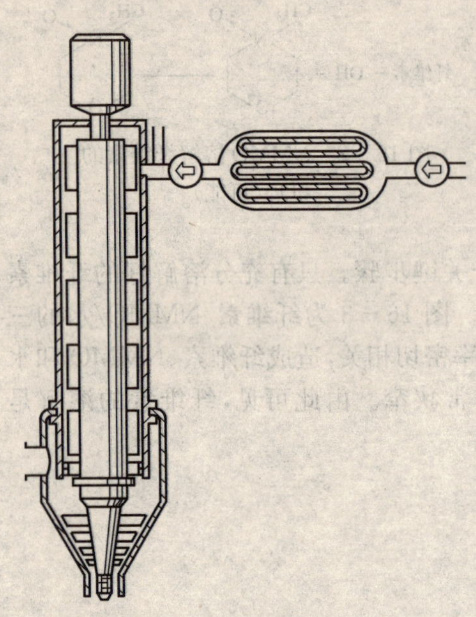

图 16-4　薄膜蒸发器示意图

(二)双螺杆挤出机法

双螺杆挤出机法属于直接溶解法。在该方法中,先将纤维素浆粕用粉碎机粉碎成一定细度的颗粒,然后在双螺杆挤出机的不同区域分别注入浆粕颗粒和 NMMO 单水合物(NMMO・H_2O)溶剂或将两者充分混合后同时注入双螺杆挤出机,以溶解纤维素。该方法所用的双螺杆挤出机长径比一般较大,工艺和设备相对简单;由于溶解时间极短(仅需 3～15min),减少了物料在双螺杆中的停留时间,使纤维素和溶剂几乎没有分解,对改善纤维性能和溶剂回收都十分有利;并且,该法生产灵活性较大,每台双螺杆生产线可各自根据需要制造具有不同特色的纤维素纤维。

但该方法对浆粕粉碎程度和原料颗粒有特殊的要求。由于溶剂在浆粕周围易形成高浓度溶液的凝胶层,若浆粕颗粒超过一定的临界尺寸,浆粕则不能完全溶解,易产生不利于纺丝的凝胶。另外,由于双螺杆挤出机的生产能力有限,该法不利于实施大规模的生产。

(三)LIST 溶解器法

由于纤维素溶液的黏度比较高,瑞士的 LIST 公司为此设计了一套混合—溶解设备,如图 16-5所示。图 16-5(a)所示为共旋转混合器,用于含水量较高的 NMMO 和浆粕的混合,浆粕的溶解是在图 16-5(b)所示的 LIST 溶解器中进行的,经该设备在一定温度下逐步减压脱水,纤维素最终达到完全溶解。整个溶解工序的流程如图 16-6 所示。在混合器与溶解器之间,有一台特殊的缓冲器,其既能将混合器送来的混合均匀的纤维素浆粥定量地喂到溶解器中,又能保证在喂料过程中溶解器里的真空度不受影响。在溶解器的出料口还配置了一台螺杆出料机,使溶解好的纺丝原液以一定的压力输出。

该套溶解装置具有传热和传质速率高、传热面积大、控温准确均匀、剪切均匀度高、自清洁、搅拌轴附近无盲区、溶解能力大、停留时间范围广(从十几分钟到几小时)、反向混合少以及物料

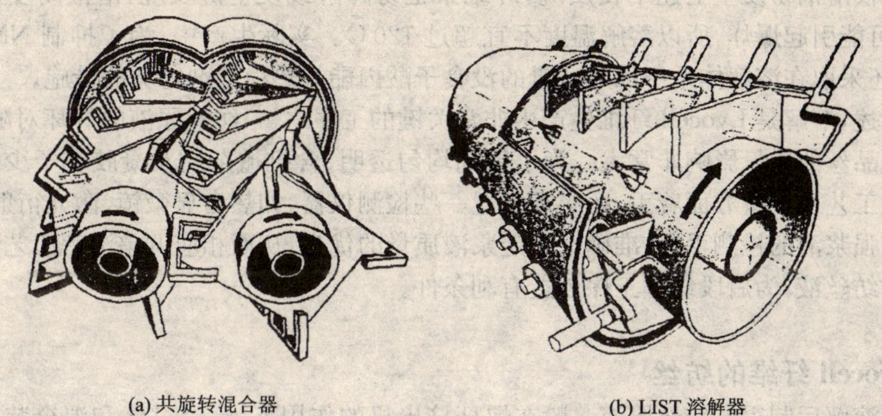

(a) 共旋转混合器　　(b) LIST 溶解器

图 16－5 LIST 混合—溶解设备

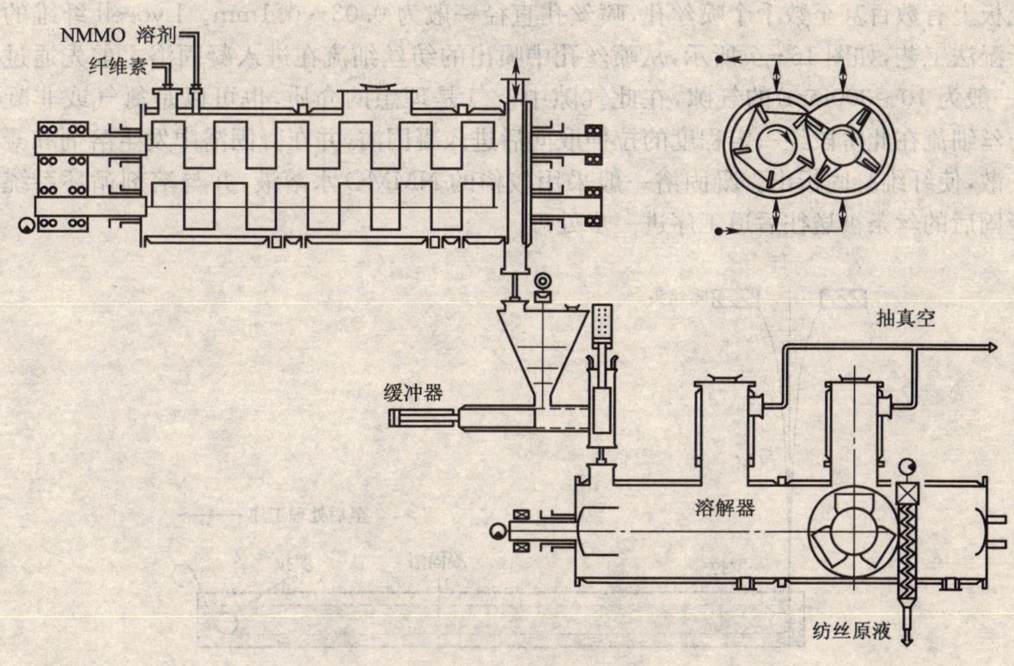

图 16－6 LIST 混合—溶解工序的工艺流程

轴向传递速度与搅拌轴速度无关、制备的溶液量大等特点。

在溶解纤维素的过程中，除应控制好溶剂的水分外，对混合时间与温度、溶解时的温度、真空度和溶解时间等工艺参数也必须加以控制，尤其应严格控制温度。由于 NMMO 在 125℃时易发生变色反应，在 175℃时会发生过热反应并易汽化分解成 *N*－甲基吗啉和吗啉等物质，其分解过程中产生的氧自由基还会使纤维素降解，若溶液中含有金属离子，如铁离子和铜离子等，会促使 NMMO 和纤维素的分解。因此，当纤维素在溶剂 NMMO/水中的溶解温度达到甚至超过

125℃时，不仅溶剂易发生上述不良反应，纤维素也易降解或发生链反应，溶液易变质，有氨气味，并极有可能引起爆炸，所以溶解温度不宜超过 120℃。实际生产中，为了抑制 NMMO 的热分解，往往还采取在溶解体系中加入适量的没食子酸丙酯等热稳定剂之类的措施。

如前所述，溶解是 Lyocell 纤维生产中非常关键的工序之一，纺丝原液的好坏对随后的纺丝过程以及成品丝的质量影响非常大。为了得到均匀透明、含机械杂质及凝胶粒子少的浆液，不仅要从完善工艺及设备方面着手，还必须配置一些检测仪器，如热台显微镜、激光衍射仪以及流变仪等来加强浆液的检测手段，准确地鉴定浆液质量的优劣，从而相应调整溶解工艺参数，以便获得优质的纺丝液，为后段纺丝工序创造有利条件。

四、Lyocell 纤维的纺丝

纤维素溶解后制得的纺丝原液一般在螺杆挤出机的作用下，流经过滤和混合装置后，由计量泵准确计量，在压力下送入喷丝组件。Lyocell 纤维生产用喷丝组件不仅要求喷丝孔径细、表面光洁，而且对耐压也有一定的要求，其结构比常规喷丝组件要复杂得多，尤其是纺短纤维时，所用喷丝板多为由数个至几十个均匀排列的喷丝帽或小孔板构成的复合型喷丝板，每个喷丝帽或小孔板上有数百甚至数千个喷丝孔，喷丝孔直径一般为 0.03～0.1mm。Lyocell 纤维的纺丝采用干湿法工艺，如图 16－7 所示，从喷丝孔中喷出的纺丝细流在进入凝固浴之前先通过一定长度(一般为 10～300mm)的气隙，在此气隙中空气是理想的介质，也可以是氮气或非凝固介质。纺丝细流在此阶段经一定程度的拉伸取向后进入凝固浴，并在凝固浴中发生溶剂和凝固剂的双扩散，使纤维凝固析出。凝固浴一般采用较稀的 NMMO 水溶液，并与溶剂循环系统相连接。凝固后的丝条被送往后道工序进一步处理。

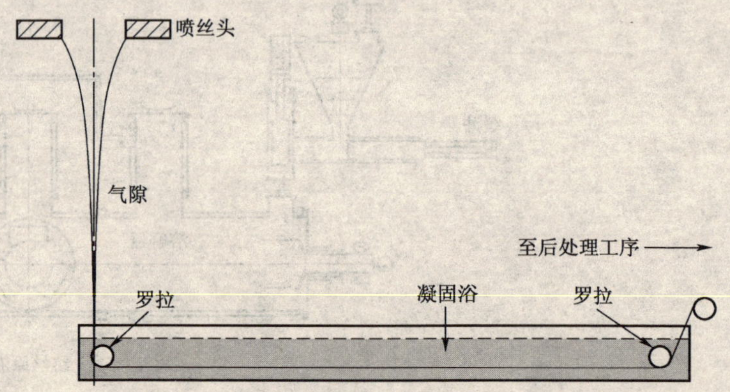

图 16－7 Lyocell 纤维纺丝工序示意图

Lyocell 纤维的干湿法纺丝工艺和传统的纤维素纤维(如粘胶纤维)的湿法纺丝工艺明显不同，与后者相比，Lyocell 纤维的纺丝速度要高得多，一般在 50～200m/min，有的甚至高达 500m/min。另外，Lyocell 纤维经成型过程中的喷丝头拉伸后毋需再进行后道拉伸便可直接用于纺织后加工，该纤维的拉伸倍数一般是指喷丝头的拉伸倍数(即丝条卷取线速度对喷丝速度的比值)。在 Lyocell 纤维的生产中，喷丝头拉伸倍数、喷丝板构造(如喷丝孔孔径及长径比)、气隙长度、纺丝速度、凝固浴浓度和温度等因素对 Lyocell 纤维的结构和性能有着重要的影响。图

16－8～图 16－10 分别反映了不同凝固浴温度下 Lyocell 纤维的断裂强度、初始模量和断裂伸长率随纺丝速度的变化趋势。从这些图中可以看出，在相同的凝固浴温度下，纤维的断裂强度和初始模量随着纺丝速度的提高而增加，纤维的断裂伸长率则随纺丝速度的提高而减小；当纺丝速度不变时，纤维的断裂强度、初始模量随着凝固浴温度的提高而下降，纤维的断裂伸长率则随凝固浴温度的提高而增大。一些研究者的研究还表明，气隙长度也是 Lyocell 纤维纺丝工艺中重要的工艺参数，纺丝细流在气隙中温度、张力和直径的变化都会影响纤维的结构和性质。适当长度的气隙，可使纺丝细流冷却、拉伸取向充分，进入凝固浴时成型缓慢，有利于形成内外均匀的结构。但气隙层也不宜过长，否则，丝条受到的纺丝张力过大，易引起断丝而不利于纺丝的顺利进行。

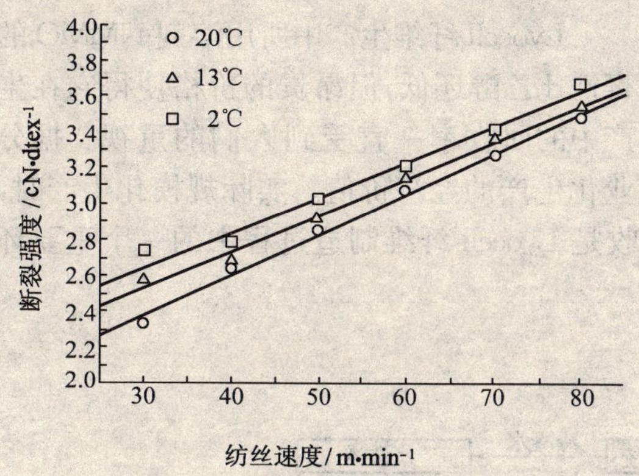

图 16－8 不同凝固浴温度下，Lyocell 纤维的断裂强度与纺丝速度的关系

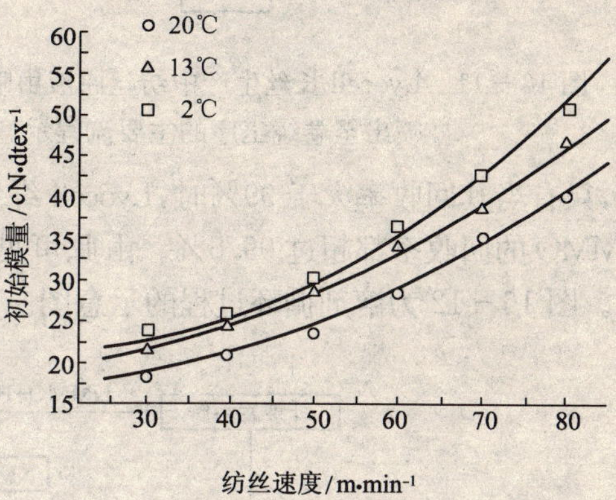

图 16－9 不同凝固浴温度下，Lyocell 纤维的初始模量与纺丝速度的关系

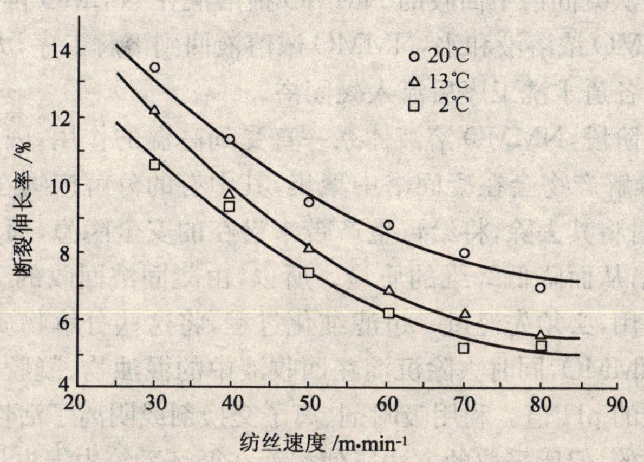

图 16－10 不同凝固浴温度下，Lyocell 纤维的断裂伸长率与纺丝速度的关系

五、Lyocell 纤维的后处理

若生产的成品为 Lyocell 短纤维，则由凝固浴出来的丝条经水洗、上油、干燥、卷曲、切断等

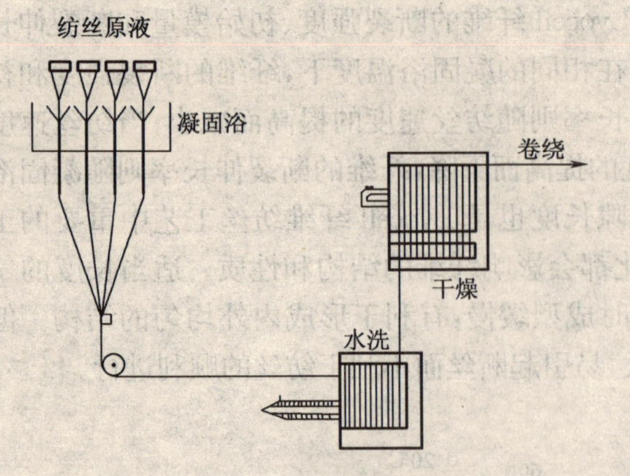

图 16－11　Lyocell 长丝生产中纺丝原液由喷丝头喷出至卷绕工序的主要流程示意图

一些与粘胶短纤维类似的后处理工序后即可打包成 Lyocell 短纤维产品。

若生产的成品为 Lyocell 长丝，由凝固浴出来的丝条则经多道水洗、干燥、上油、卷绕各工序最后形成 Lyocell 长丝筒管产品。图 16－11 为 Lyocell 长丝生产中，纺丝原液由喷丝头喷出至卷绕工序的主要流程示意图。

六、溶剂回收

Lyocell 纤维生产中所用溶剂 NMMO 的毒性比乙醇还低，但昂贵的价格使得它在生产中的回收率一直受到人们的重视。据分析，只有当其回收率大于 99%时，Lyocell 纤维才有工业化生产的经济价值。实际规模化生产时，NMMO 的回收率都超过 99.5%。由此可见，溶剂回收是 Lyocell 纤维制造过程中的一个重要环节。图 16－12 为溶剂循环过程的示意图。

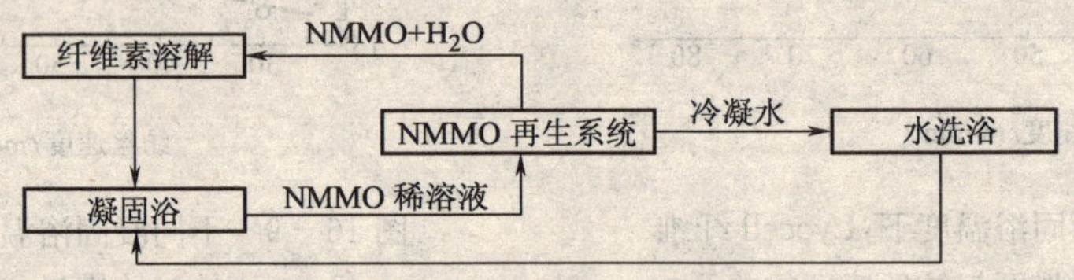

图 16－12　溶剂循环过程的示意图

如图 16－12 所示，从凝固浴中回收的 NMMO 稀溶液在 NMMO 再生系统（主要包括过滤纯化、蒸馏）中分成 NMMO 浓溶液和水，NMMO 浓溶液回到溶解工序，大部分水则依次由后道至前道流经后处理中的各道水洗工序后流入凝固浴。

由于在溶解及纺丝阶段，NMMO 溶液体系一直受到高温的作用，因此，不可避免地会发生 NMMO 的热分解，其分解产物会在凝固浴中聚集，其中有的分解产物在高温条件下会诱发和加剧热分解反应，不及时将其去除，将给再生产带来潜在的安全隐患，而有的分解产物带色，易造成最终纤维成品着色，从而降低纤维的质量。所以，由凝固浴回收的 NMMO 稀溶液不可以直接经浓缩和分离后使用，必须先经过一过滤纯化过程，将这些分解物质从凝固浴回收液中去除或设法使其还原为 NMMO，同时去除沉淀在回收液中的混浊物、凝胶质和金属等其他杂质，并使回收的溶剂有最佳的 pH 值。利用吸附剂、离子交换剂或阴离子活性膜结合吸附树脂等处理回收液可达到上述目的，但所采取的方法应使溶液在循环系统中损失最小。

七、Lyocell 纤维的结构与性能

（一）Lyocell 纤维的结构

1. 形态结构

图 16－13 为采用光学显微镜及扫描电镜对 Lyocell 纤维和强力粘胶纤维的截面及表面形

态结构的分析结果。尽管强力粘胶纤维的结构均匀性已较普通的粘胶纤维有所改善，但从图 16－13 可以看出，其截面仍然不圆整，大多呈蚕豆形，且存在皮芯结构，其表面仍显得比较粗糙而且有明显的沟槽。相比之下，Lyocell 纤维的截面基本为圆形，其结构均匀，无明显的皮芯结构，纤维表面也较光滑且规整。

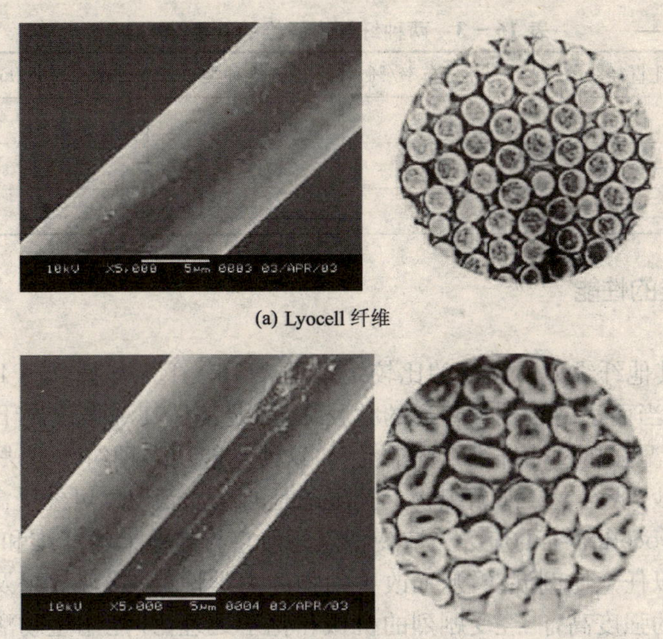

(a) Lyocell 纤维

(b) 强力粘胶纤维

图 16　13　不同纤维素纤维的表面形态和截面形态

2. 聚集态结构

众所周知，纤维素存在着纤维素Ⅰ、纤维素Ⅱ等多种结晶变体。通过对 Lyocell 纤维进行广角 X 射线衍射分析，发现 Lyocell 纤维具有纤维素Ⅱ结晶结构。表 16－2 显示了 Lyocell 纤维与普通粘胶纤维在聚集态结构上的对比结果。由结构参数表 16－2 可见，Lyocell 纤维的结晶度和取向度均比普通粘胶纤维高得多。

表 16－2　Lyocell 纤维和粘胶纤维的聚集态结构参数

纤维 / 结构参数	普通粘胶纤维	Lyocell 纤维
结晶度/%	30～35	45～65
晶区取向因子	0.70～0.85	0.90～0.94
无定形区取向因子	0.40～0.60	0.55～0.85

国内一些研究者还利用小角 X 射线散射测定了 Lyocell 纤维和强力粘胶纤维内部的孔径分布(表 16－3)。尽管两者内部都以小于 10nm 的微孔占主导地位，但在粘胶纤维内部，大于

10nm 的微孔占到了 11.2%，而 Lyocell 中此类孔洞只占 5.6%。此外，还有人测得了 Lyocell 短纤维和粘胶短纤维的比表面积分别为 0.3594m²/g 和 0.4115m²/g(线密度 1.7dtex)，这些结果都进一步说明 Lyocell 纤维的内部结构比粘胶纤维更紧密，缝隙孔洞，尤其是大尺寸孔洞更少。

表 16－3　两种纤维素纤维的孔径分布

纤维种类	微孔直径/nm	孔径分布率/%	纤维种类	微孔直径/nm	孔径分布率/%
Lyocell	<10	94.4	强力粘胶丝	<10	88.8
	10～30	4.6		10～30	8.7
	>80	1.0		>80	2.5

(二)Lyocell 纤维的性能

1. 力学性能

Lyocell 纤维与其他纤维力学性能的比较结果见表 16－4。从表 16－4 可以看到，Lyocell 纤维的强度与涤纶相当而远高于棉和普通的粘胶纤维，尤其是其湿强仅比干强低 15%，是再生纤维素纤维中第一个湿强超过棉纤维干强的品种，这使它能用多种纺纱方法纺制成高强度的纱线，并适合纺制细特纱，从而生产薄型织物。其湿态时的高强度使之可经受高速生产工艺，大大提高了织造效率。Lyocell 纤维的应力—应变特点还使它与其他天然纤维和合成纤维间的抱合力大，易与这些纤维以任意比例混纺，从而改善织物的力学性能、外观效果及手感，而且在整个混纺比范围内，纱线的强度高，能经受剧烈的机械和化学处理，并能用生物酶处理，可制成各种风格和各种手感的服装面料。Lyocell 纤维具有很高的湿模量，这使得该纤维织物的收缩率很低，在纬编和经编织物中收缩率仅为 2%左右，因此，织物的可洗性较好。

表 16－4　Lyocell 纤维与其他纤维力学性能的比较

性能 \ 纤维	Lyocell 纤维	普通粘胶纤维	Modal 纤维	棉	涤纶
线密度/dtex	1.7	1.7	1.7	—	1.7
干态强度/$cN \cdot tex^{-1}$	42～48	20～25	38	23～30	42～52
伸长率/%	6～16	18～25	11	7～9	25～35
湿强度/$cN \cdot tex^{-1}$	36～41	10～16	26	26～32	42～52
湿伸长率/%	10～18	22～30	12	12～14	25～35
湿模量(5%伸长)	270	50	110	100	210

2. 热学性能

图 16－14 是国产强力粘胶丝、国产高强 Lyocell 长丝(采用高相对分子质量的纤维素原料制得)、国产普通 Lyocell 长丝(采用中等相对分子质量的纤维素原料制得)、进口 Lyocell 长丝(商品名为 Newcell)的热失重分析(TGA)结果。从图中可以看出，国产强力粘胶丝的分解起始温度最低，国产高强 Lyocell 长丝的分解起始温度最高。当温度从室温升到 210℃时，国产强力

粘胶丝的质量就损失了15%左右，而高强Lyocell长丝仅损失6%，国产普通Lyocell长丝和进口Lyocell只损失9%。温度升到288℃左右时，Lyocell纤维的质量损失在14%～20%，国产强力粘胶丝的质量损失则达到了28%。实验结果表明，Lyocell纤维有良好的热稳定性能，可适应加工和使用要求。

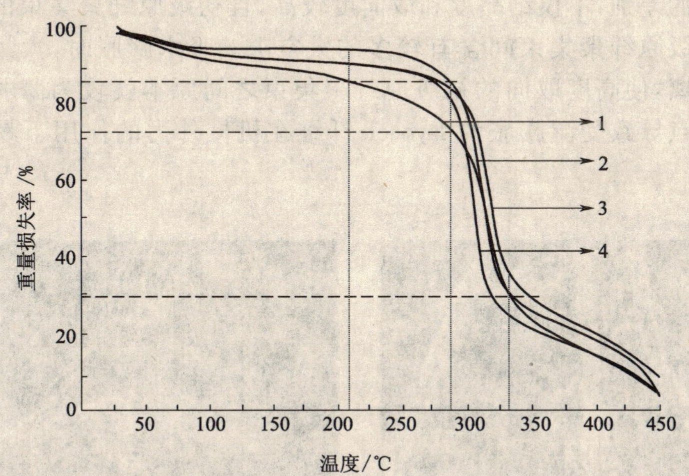

图16－14　四种不同的纤维素纤维的热失重分析(TGA)曲线

1—国产强力粘胶丝　2—国产高强Lyocell长丝　3—国产普通Lyocell长丝　4—进口Lyocell长丝

3. 吸湿性能

由表16－5可见，Lyocell纤维的吸湿保水性优于棉，接近粘胶纤维，因此，由该纤维加工成的织物穿着舒适，服用性能远远超过常规的涤纶等合成纤维。

表16－5　Lyocell纤维与其他纤维的吸湿保水性比较

纤维 性能	Lyocell纤维	普通粘胶纤维	Modal纤维	棉	涤纶
线密度/dtex	1.7	1.7	1.7	—	1.7
吸湿率/%	11.5	13	12.5	8	0.5
保水性/%	65	90	90	50	3

4. 原纤化性能

原纤化是指纤维和织物在加工使用过程中，在湿态条件及外力作用下，沿纤维轴向纰裂出微细原纤的现象。

不同成纤工艺所得纤维素纤维的原纤化程度不同。例如粘胶纤维是"不发生原纤化的纤维"，铜氨纤维是"可以原纤化的纤维"，而Lyocell纤维则被称之为"高原纤化的纤维"。图16－15为日本佐藤淳也等发表的各种纤维素纤维经不同条件的原纤化试验后得到的扫描电镜结果，从该图可以看出，Lyocell纤维在水中仅搅拌5min就发生了较严重的原纤化现象。许多研究者都对Lyocell纤维的原纤化机理进行了探讨。J. Lenz通过实验观察证实了纤维素纤维中存在由初级原纤(elementary fibril)聚集成的不溶胀的初级原纤聚集束(cluster)，并指出在不同纤维素纤维的成型工艺中，这种初级原纤聚集束的尺寸及其在纤维中所占的比例和稳定性有很大差别。K. P. Mieck 等人也指出：高结晶、高取向是发生原纤化的必要但非充分结构条件，原纤化的结构关键在于初级原纤聚集束的排列形式，通常小尺寸、大比例且稳定的聚集束对抵抗原纤化有利。由于 Lyocell 纤维生产工艺的特殊性，造成其和常规纤维素纤维的结构有较大的差别，不仅结晶度和取向度较高，且初级原纤聚集束的比例小、尺寸大，因而在无定形区初级原纤聚集束间含有较多的大空隙。吸水膨胀时，大量水分子的浸入扩大了聚集束间的距离，使高度取向的初级原纤聚集束之间原本就较为薄弱的侧向结合力进一步削弱。这一特点导致受湿膨胀的 Lyocell 纤维在机械外力的作用下易发生纤维纰裂现象，即原纤化现象。

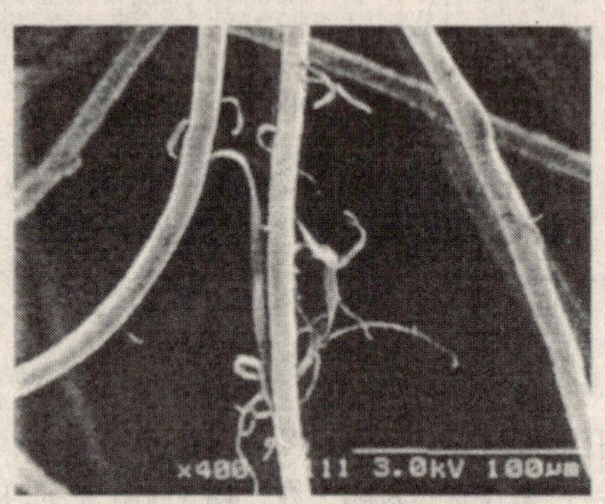

(a) 普通铜氨纤维经 50min 水洗搅拌混合试验 (water mixing test)

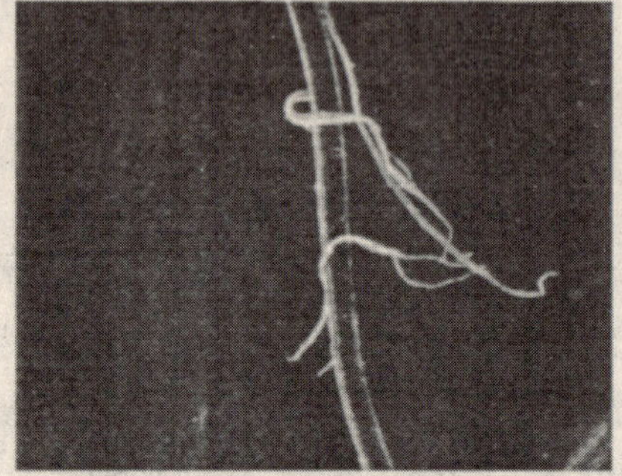

(b) 抗原纤化处理过的铜氨纤维经 30min 水合混合试验 (hydrolysis mixing test)

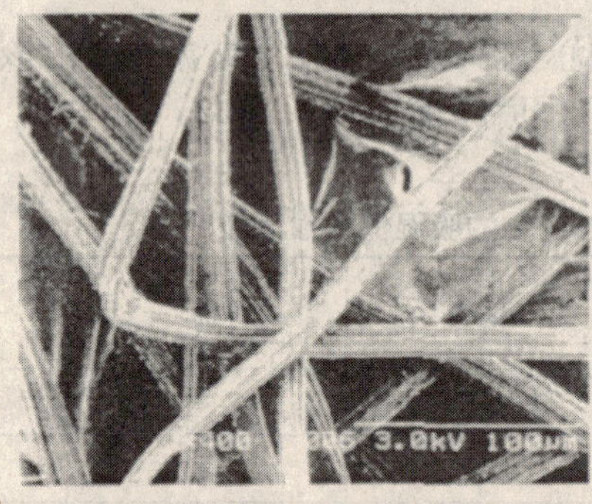

(c) 粘胶纤维经 50min 水合混合试验

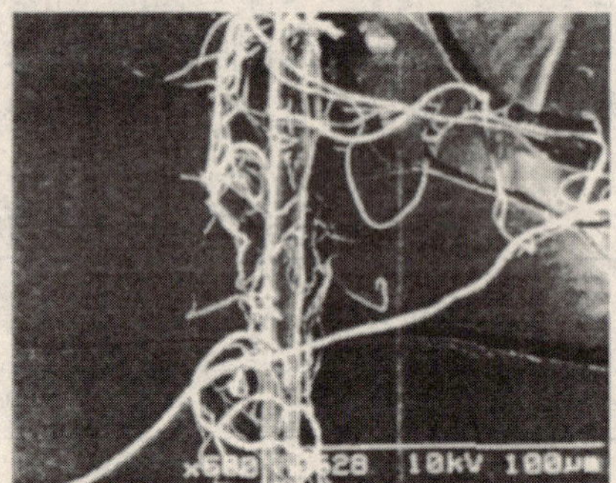

(d) Lyocell 纤维经 5min 水洗搅拌混合试验

图 16－15　各种纤维素纤维经原纤化试验后得到的扫描电镜照片

利用 Lyocell 纤维的原纤化特性可以使加工织物呈现特殊的表面效果，如桃皮绒、砂洗、天鹅绒等效果，由此可开发出各种新潮面料，并进一步拓宽该纤维在非织造布、工业滤布、特种纸等领域的应用前景。但原纤化也限制了 Lyocell 纤维的部分应用领域，如织物原纤化后，易产生毛发状、皮毛状外观，并使染色不匀率增加，织物表面易出现疵点，且染色织物的色牢度低，易在摩擦或褶皱的边缘形成亮条，从而严重影响织物的外观。此外，有些产品，如仿真丝面料等也要求完全避免原纤化。为尽可能满足各方面的需求，有必要对 Lyocell 纤维的原纤化程度予以适当的控制。

根据原纤化时分裂出的原纤尺寸的大小，原纤化可分为初级原纤化和次级原纤化。开裂原纤尺寸相对较大的初级原纤化对织物的加工非常不利，且手感粗糙，基本上没有应用价值，在Lyocell纤维织物加工中需要尽量避免，在纤维成型阶段就应该予以控制；开裂原纤尺寸较小的次级原纤化是仿桃皮绒等特殊加工中利用的特性，并且对纤维加工没有大的影响。因此，原纤化的控制首先迫切需要控制初级原纤化，其次是根据需要适当控制次级原纤化。原纤化的控制主要是通过改变纤维的生产工艺和对纤维织物进行后处理来实施的。如原英国考陶尔兹公司（现并入Acordis跨国集团）在纺丝过程中，将含有三丙烯酰六氢化嗪（THAT）交联剂和硅酸钠催化剂的水溶液加到处于拉伸状态的湿态纤维束上，并控制该体系的温度、pH值及反应时间等条件，使纤维中纤维素大分子发生一定的交联反应，由此制得了抗原纤化Lyocell纤维产品“Tencel A100”。

八、Lyocell纤维及其纺织品的开发与应用

由于Lyocell纤维具有一些独特的性能，因此，近年来，已在服装和产业领域具有重要的应用前景。

在服装领域，Lyocell纤维的问世向织物制造者的创造能力和发展能力提出了新的挑战，为国际服装市场的“时装化、高档化、个性化”潮流在面料上提供了可靠的保证。通过与Lyocell纤维的一些重要特征的结合，可创造全新的织物。此外，各种后处理技术的组合可产生约10000种不同的外观。其中，纯Lyocell织物有珍珠般的光泽、固有的流动感，使织物看上去舒适，并有良好的悬垂性。通过控制原纤化的生成，可赋予织物桃皮绒、砂洗、天鹅绒等多种表面效果，形成全新的美感，制成光学可变性的新潮产品。Lyocell纤维与丝、棉、麻、毛、合成纤维及粘胶纤维混纺，可制成各种风格的面料和绒线，用于高级牛仔服、高级女时装、高级女式内衣、高级男式衬衫、裙子、休闲服、运动衣、针织品（内衣和T恤衫）和毛绒织物等多种服装。近年来，由Lyocell织物做成的服装在日本、美国、西欧等国家和地区日趋流行，销量不断增加。许多著名时装设计师开始选择Lyocell织物作为他们设计的时装面料并推出了时尚服饰。

在产业领域，由于Lyocell纱线具有强度高、断裂伸长率较低、吸附性良好、可生物降解、在水刺过程中易于原纤化等特点，应用前景十分广阔，可在非织造布、工业丝、特种纸等方面得到广泛应用。例如，用针刺法、水缠结法、湿铺法、干铺法和热黏法加工各种性能的非织造布，其加工性能和产品性能均优于人造丝。此外，Lyocell纤维在过滤材料、涂层盖布、香烟滤嘴、婴儿尿布、海绵、电工纸、塑料磁盘盒内衬、缝纫线、工作服、防护服、医用绷带、医用服装和工业揩布等方面都有许多潜在的用途。

第三节　聚乳酸纤维

一、概述

自20世纪60年代开始，人们开始研究和开发生物可降解聚合物，以保护环境。其中聚乳酸（Polylactic acid，PLA）最为引人注目。因为聚乳酸属于化学合成的可完全生物降解的高分子，其开发和利用，除可解决环境污染问题外，还可为主要以石油资源为基础的高分子产业开辟

取之不尽的原料资源。因而,无论从环境保护方面,还是从资源开发方面,聚乳酸是理想的绿色高分子,其开发和利用具有极其重要的意义。

聚乳酸的研究和开发历史可以追溯到20世纪30年代,著名高分子化学家Carothers用乳酸以真空加热方式生产出一种低相对分子质量的聚乳酸,但因为相对分子质量低而放弃了此项研究。1944年,Filachiene对聚乳酸的聚合方法进行了系统的研究。1954年,杜邦公司采用新的聚合方法制备出了相对分子质量较高的聚乳酸,但由于其对热和水十分敏感而未受到重视。20世纪60年代以后,由于发现聚乳酸酯在人体内可降解,人们对其作为生物医用材料开展了广泛的研究和应用。1962年,美国Cyanamid公司用聚乳酸制成了性能优异的可吸收缝合线。70年代,聚乳酸在人体内的易分解性和分解产物的高度安全性得到了确认,作为少数被美国食品及药物管理局(FDA)批准的聚乳酸医用材料已有系列产品上市,除了作外科手术的移植物外,还用作缓释药物的包囊材料、体内植入体和药丸脱模剂等方面。

随着人们越来越重视工业化以后的环境问题,特别是传统的高分子化工由碳氢化合物向碳水化合物时代转移,从20世纪80年代起,聚乳酸又被人们重新认识。在聚乳酸的生产方面取得了一系列突破性的进展。由于聚乳酸具有良好的加工性能、优良的生物相容性和合适的力学性能,因此其产品的种类很多,用途很广泛。

本节主要介绍其中的聚乳酸纤维。

最早研究聚乳酸纤维的是日本钟纺公司。20世纪80年代末,它们在筛选了各种生物可降解聚合物后开始研究聚乳酸纤维的制备技术。1989年,钟纺与岛津制作所开始开发聚乳酸纤维。1992年,岛津公司在实验室中成功地进行了聚乳酸的熔体纺丝。1994年,钟纺公司的聚乳酸纤维“lactron”在广岛亚运会上首次亮相。由美国著名谷物公司(Cargill公司)和美国Dow化学公司于2001年合资建立的Cargill Dow Polymer(CDP)公司,积极联合日本与欧洲的一些公司共同开展聚乳酸纺丝及下游产品加工与市场开拓工作,取得不少成果,2003年1月,它们郑重发布了聚乳酸的品牌名称“Ingeo”。日本的东丽、伊藤忠、三菱、仓敷、尤尼吉卡等公司,美国的Unify、Fiber Innovation Technolygy公司等也都参与了与CDP的共同开发。尤尼吉卡公司通过熔体纺丝制备的聚乳酸纤维、薄膜和纺黏非织造布商品名为Terramac。此外,美国杜邦、法国Fiherweb等公司也已研制出聚乳酸纤维及制品。2002年,杜邦和Genencor公司联合开发出聚乳酸纤维Sorona。目前,美国联邦贸易委员会已将CDP公司的聚乳酸纤维“Nature Works”正式划归为一类新的纤维。专家们预言,通过21世纪初期全球PLA聚合物和纤维的生产规模的扩大,随着乳酸原料生产成本的降低,其价格会向接近PET纤维发展,其用途将迅速扩展。

我国对聚乳酸纤维的研发也很重视。东华大学、华南理工大学等单位多年来已从事聚乳酸纤维的研究。2002年,上海华源股份有限公司开始与美国Cargill Dow公司合作,成为国内第一家实现工业化开发聚乳酸产品的化纤企业。2005年6月底,由国家发改委、科技部、商务部等单位在上海举办的中国国际信息材料产业发展研讨会上,来自中国工程院、中国科学院的24名院士建议,在目前能源紧张的背景下,我国应立即研发聚乳酸纤维,大力开发聚乳酸纤维是一项符合中国国情的选择。

二、聚乳酸的原料

聚乳酸的原料是乳酸。乳酸是一种常见的结构简单的羟基羧酸,又名α-羟基丙酸、2-羟基丙酸，相对分子质量90.08。乳酸的α碳原子连接四个不同的原子和基团，是一个不对称碳原子，因此有两种旋光异构体，即D-乳酸和L-乳酸(L-LA)，其结构式如下：

$$\begin{array}{c} COOH \\ | \\ HO-C^{*}-H \\ | \\ CH_3 \end{array} \qquad\qquad \begin{array}{c} COOH \\ | \\ H-C^{*}-OH \\ | \\ CH_3 \end{array}$$

L-乳酸　　　　　　　　D-乳酸

L-乳酸的旋光性呈左旋，D-乳酸的旋光性呈右旋。等量L-乳酸和D-乳酸混合而成的乳酸不具旋光性，称外消旋乳酸或D,L-乳酸(D,L-LA)。

乳酸早在1780年就已被瑞典科学家Arl Wilhelm Scheele发现。乳酸是人体及其他生物中常见的天然化合物。1841年，已有关于乳酸生产方法的记载。1881年，美国开始工业化生产乳酸。

成纤聚乳酸以L-乳酸为单体。由于人体只具有分解L-乳酸的酶，因此在生物可降解材料的应用上，L-乳酸比D-乳酸更有优势，加上其绝对安全性，因此广泛应用于食品、化工、皮革、染料、化妆品、电子、农药、医药等领域。更值得注意的是，20世纪90年代初，随着聚乳酸及其加工技术的日臻完善，以聚乳酸为代表的生物降解塑料和纤维正崛起，因此L-乳酸的应用前景将更加广阔。

乳酸的工业化生产方法主要有发酵法和化学合成法。

(一)发酵法

发酵法生产乳酸以玉米、山芋干、马铃薯、甜菜等为原料，它们所含的淀粉可以分解成葡萄糖，葡萄糖经发酵、分离、浓缩 、精制后即得到高纯度乳酸。其基本反应为：

发酵　$(C_6H_{12}O_6)_n \longrightarrow 2nCH_3CH(OH)COOH$

分离　$2CH_3CH(OH)COOH + CaCO_3 \longrightarrow (CH_3CHOHCOO)_2Ca + CO_2 + H_2O$

酸化　$(CH_3CHOHCOO)_2Ca + H_2SO_4 \longrightarrow 2CH_3CH(OH)COOH + CaSO_4$

其实所有碳水化合物富集的物质，例如粮食、有机废弃物(如玉米芯或其他农作物的根、茎、叶、皮，城市有机废物，工业下脚等)都是发酵法生产乳酸的原料。尤其是将有机废弃物生物转化为乳酸的研究，在环境保护和资源化方面有深远的意义。

乳酸发酵的菌种有两类。异型乳酸发酵微生物类菌种，在发酵过程中除了生成乳酸外，还产生其副产物，例如乙醇、乙酸等，因此不能用于工业生产。实际生产在发酵过程中只生成乳酸的同型乳酸发酵微生物类菌种。常用的菌种有戴化乳酸杆菌属(Lacrobacillus)、链球菌属(Streptococcus)等。当葡萄糖为基本原料时，通常采用戴化乳酸杆菌属。其他菌，如米根霉菌、地衣芽孢杆菌也可用于生产乳酸。

发酵法生产乳酸成本低，制得的乳酸纯。目前国外约70%的乳酸采用发酵法生产，我国的乳酸全部采用淀粉发酵法生产。

德国Inventa-Fische开发了一种通过发酵法生产乳酸的先进工艺，其流程如图16-16所示。原料采用非食品用的黑麦，这样可以降低生产成本。发酵工艺采用连续法，以降低对工厂数量和规模的要求，并且不需要从外部提供有营养的食物，因为这些物质可以由黑麦内的蛋白质和有过量细胞组织的材料合成。将肉汤经超滤后与酵母一起放入一个密闭的循环系统内发酵，可从发酵后的物质中分解出乳酸钠。然后用微过滤法和单极电渗析法依次提纯乳酸钠，再用双极电渗析法将它还原成氢氧化钠和纯乳酸。

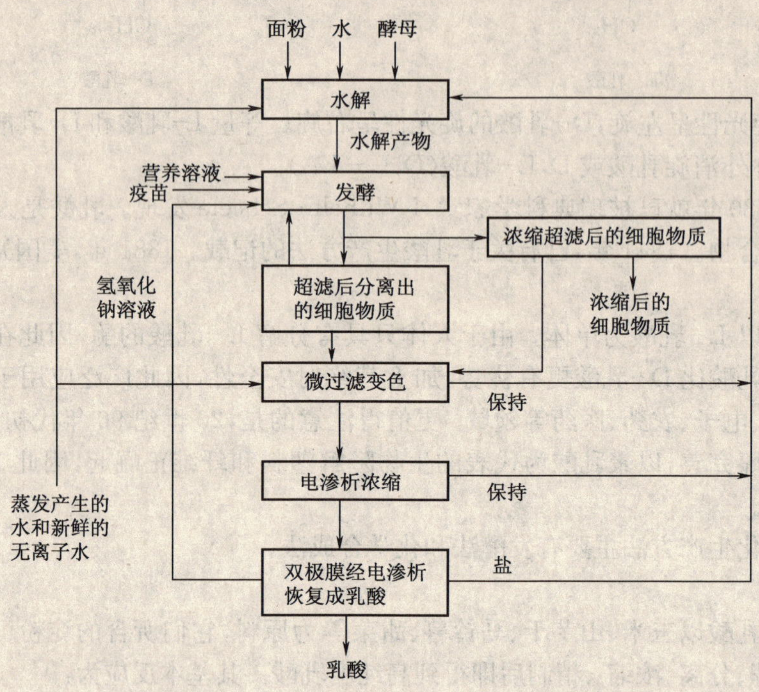

图 16－16　生物工程法生产乳酸的工艺流程

我国生产乳酸主要以玉米、大米、薯干粉等为发酵原料，以谷糠、麦皮等为辅料，以 α－淀粉酶、糖化酶为液化、糖化剂，以 $CaCO_3$ 为中和剂发酵生产乳酸钙，再进一步酸化、纯化得到乳酸产品。

（二）化学合成法

化学合成法生产乳酸，根据原料的不同又有乳腈法和丙烯腈法两种方法。

1. *乳腈法*

乳腈法生产乳酸以乙醛和氢氰酸为原料，其基本反应为：

合成乳腈　$CH_3CHO+HCN \longrightarrow CH_3CH(OH)CN$

乳腈水解　$CH_3CH(OH)CN + H_2SO_4 + 2H_2O \longrightarrow CH_3CH(OH)COOH + (NH_4)HSO_4$

精制　$CH_3CH(OH)COOH + CH_3CH_2OH \longrightarrow CH_3CH(OH)COOCH_2CH_3 + H_2O$

$CH_3CH(OH)COOCH_2CH_3 + H_2O \longrightarrow CH_3CH(OH)COOH + CH_3CH_2OH$

2. *丙烯腈法*

丙烯腈法生产乳酸以丙烯腈为原料，基本反应为：

合成乳酸　$CH_2CHCN+H_2SO_4+3H_2O \longrightarrow CH_3CH(OH)COOH+(NH_4)HSO_4$

精制　$CH_3CH(OH)COOH+CH_3OH \longrightarrow CH_3CH(OH)COCH_3+H_2O$

$CH_3CH(OH)COCH_3+H_2O \longrightarrow CH_3CH(OH)COOH+CH_3OH$

化学合成法所得的乳酸为L-乳酸和D-乳酸各50%的混合乳酸，需用高速离心法或生化法分离，工艺复杂，而且难以得到纯净的L-乳酸。

由于化学合成法的原料为乙醛和丙烯腈、剧毒物氢氰酸，因此其产品一般只适用于制革工业和化学工业。目前国外只有30%的乳酸采用化学合成法生产。随着乳酸需量的增加和生物工程技术的发展，化学合成法生产乳酸的比例将进一步下降。我国没有采用化学合成法生产乳酸的工厂。

L-乳酸从乙醚和异丙醚中析出者为无色晶体。熔点52.8℃，不溶于三氯化碳，微溶于乙醚，溶于水、乙醇、丙酮和甘油。D-乳酸从乙酸和三氯化碳中析出者为无色粉末状晶体，有吸湿性，熔点53℃，不溶于三氯化碳，溶于水、乙醇。D,L-乳酸为无色或淡黄色，无臭，有吸湿性，有酸味，相对密度1.2492(15℃)，熔点18℃，沸点122℃(2000Pa)，82～85℃(667～133Pa)时，折射率1.4392，不溶于三氯化碳、二硫化碳、石油醚，溶于乙醇、水和丙酮。参考中国乳酸医药标准及国外一些国家标准和企业的L-乳酸标准，适合制备成纤聚乳酸的耐热级L-乳酸的质量指标见表16-6。

表16-6　耐热级L-乳酸的质量指标

名　称	中国药典(1990版)	中国企业内部控制指标	荷兰PURAC公司的标准
色　度	无色或淡黄色	≤50APHA	≤50APHA
L-乳酸含量/%	85.0～90.0	88～90	87.5～88.5
L-乳酸纯度,≥	—	95%	95%
氯化物含量,≤	0.002%	10mg/kg	10mg/kg
含铁量,≤	0.001%	5mg/kg	5mg/kg
硫酸盐含量,≤	0.010%	10mg/kg	10mg/kg
重金属含量,≤	0.001%	5mg/kg	5mg/kg
砷含量,≤	0.0001%	1mg/kg	1mg/kg
挥发性脂肪酸含量		合格	合格
甲醇含量,≤		0.05%	0.05%
醚中不溶物含量		合格	合格
还原性物质含量	合格	合格	合格
易碳化物含量	合格	合格	合格
灼烧残渣含量,≤	0.1%	0.05%	0.05%
草酸、酒石酸、磷酸、柠檬酸含量	合格	合格	
耐热性		≥195℃	耐热级

目前，世界乳酸消费量每年在 130～150kt，每年仍以 5% 8%的速度增长。大型生产聚乳酸级原料的生产企业主要集中在美国和西欧。荷兰 PURAC 公司是目前世界上最大的乳酸生产厂商，在巴西、西班牙和荷兰本土生产的 L-乳酸及衍生物的总年产量共计 60kt 以上，曾占世界乳酸市场一半以上的份额。近年来，美国大力发展 L-乳酸的生产，估计已拥有近 200kt/a 的生产能力。这为大规模生产聚乳酸提供了保证。

我国早就有乳酸的研究和生产。1944 年，重庆振元化学药品厂首先生产乳酸钙。但对于发酵法生产 L-乳酸的研究起步较晚。1987 年前后，以上海工业微生物研究所、江苏省微生物研究所、天津工业微生物研究所为代表，开展了发酵法生产 L-乳酸的研究。在完成国家“八五”科研攻关项目后，利用米根霉菌种发酵生产 L-乳酸的工艺基本过关。近年来，国内的厂家和研究单位开始转向成本较低、节能、转化率高的乳酸菌厌氧发酵生产 L-乳酸的工艺，为开发 PLA 提供了条件。

三、聚乳酸的合成

聚乳酸的合成方法通常有两种，即丙交酯（乳酸的环状二聚体）的开环聚合和乳酸的直接聚合。

（一）丙交酯开环聚合法

丙交酯开环聚合法制备聚乳酸即先将乳酸脱水缩合得到的丙交酯分离出来，再在催化剂作用下开环聚合得到聚乳酸，也称两步法。丙交酯开环聚合的反应式为：

$$2n\mathrm{CH_3}\underset{\substack{|\\ \mathrm{OH}}}{\mathrm{CH}}\mathrm{COOH} \xrightarrow{\text{减压蒸馏}} n\,\begin{array}{c} \mathrm{O} \\ \| \\ \mathrm{C} \\ \diagup\quad\diagdown \\ \mathrm{CH_3{-}CH}\qquad \mathrm{O} \\ |\qquad\qquad | \\ \mathrm{O}\qquad \mathrm{CH{-}CH_3} \\ \diagdown\quad\diagup \\ \mathrm{C} \\ \| \\ \mathrm{O}\end{array} + 2n\mathrm{H_2O}$$

$$n\,\begin{array}{c} \mathrm{O} \\ \| \\ \mathrm{C} \\ \diagup\quad\diagdown \\ \mathrm{CH_3{-}CH}\qquad \mathrm{O} \\ |\qquad\qquad | \\ \mathrm{O}\qquad \mathrm{CH{-}CH_3} \\ \diagdown\quad\diagup \\ \mathrm{C} \\ \| \\ \mathrm{O}\end{array} \longrightarrow \left[-\underset{\substack{|\\ \mathrm{CH_3}}}{\mathrm{CH}}-\overset{\substack{\mathrm{O}\\ \|}}{\mathrm{C}}-\mathrm{O}-\underset{\substack{|\\ \mathrm{CH_3}}}{\mathrm{CH}}-\overset{\substack{\mathrm{O}\\ \|}}{\mathrm{C}}-\mathrm{O}-\right]_n$$

丙交酯是乳酸的环状二聚体，根据旋光性，有 4 种丙交酯。L-丙交酯和 D-丙交酯分别由 2 个 L-乳酸和 2 个 D-乳酸分子脱水形成，内消旋 D,L-丙交酯（Meso-丙交酯）由 1 个 L-乳酸和 1 个 D-乳酸分子脱水形成，外消旋 D,L-丙交酯（熔点 128℃）由等量的 L-丙交酯（熔点 96℃）和 D-丙交酯（熔点 96℃）结晶时形成。

制备丙交酯有两种方法。第一种方法是乳酸在高温、催化剂的作用下发生两分子酯化缩合反应，先得到乳酸直链二聚体，然后二聚体环化缩合成环状二聚体。第二种方法是先将乳酸缩聚成为相对分子质量较低的低聚物，然后使低聚物高温裂解制得丙交酯。目前实际生产中通常采用第二种方法，较典型的工艺条件为：将含量为85%～90%的乳酸在150℃下减压脱水6h，生成低聚物，除去约90%的自由水和生成水，然后加入催化剂，低聚物分解生成丙交酯，在220℃以上真空将其抽出。

丙交酯开环聚合法是目前研究最多并且实现了工业化的聚乳酸合成方法。研究表明，丙交酯开环聚合反应对丙交酯的纯度要求很高，在聚合之前需要对丙交酯提纯。不纯的丙交酯不但难以聚合，而且其中所含的少量水和乳酸易使它重新水解成为乳酸而难以保存；合成的聚乳酸分子强烈依赖于丙交酯的纯度，丙交酯纯度达到99.00%以上、水分少于0.15%、羧基和水分含量少于1.00%，才能制备出较高相对分子质量的聚乳酸。因此，制备高纯度丙交酯是制备高相对分子质量聚乳酸的关键。国内外对影响丙交酯纯度及产率的因素进行了较多的研究。丙交酯的纯化有重结晶法、气助蒸汽法、水解法三种。重结晶法是目前常用的丙交酯纯化方法，常需重结晶3次以上才能够达到所需的纯度。重结晶采用的溶剂有乙醚、乙酸乙酯、丁酮、苯、异丙醇等，其中乙酸乙酯为最常用的重结晶溶剂。乙酸乙酯可以溶解未反应的乳酸，还能以较高收率回收丙交酯。

一般认为，丙交酯的开环聚合属链式聚合反应。目前已被开发的引发剂很多，根据引发剂的不同，开环聚合主要包括阳离子开环聚合、阴离子开环聚合与配位开环聚合。此外，脂肪酶催化开环聚合、超临界二氧化碳开环聚合、活性氢开环聚合、自由基开环聚合也有报道。

用于丙交酯阳离子开环聚合的催化剂主要有：

(1)质子酸：如羧酸、ZnO、Sb_2O_3、FSO_3H、甲苯磺酸、MgO、CF_3SO_3Me、CF_3SO_3H。

(2)Lewis酸：如$AlCl_3$、$FeCl_3$、$ZnCl_2$、BF_3、BBr_3、$TiBr_3$、$TiBr_4$、$AlBr_3$、$SnBr_4$、$ZnBr_2$、$FeCl_2$、$SnCl_2$等。

(3)烷基化试剂：如$CF_3SO_3CH_3$、BF_3OEt_2、Et_3OBF_3、$FSO_3CH_2CH_3$等。

(4)酰化试剂：如$CH_3CO^{(+)(-)}OCl_4$等。

但有些研究者认为Lewis酸是非离子插入反应机制，与锡盐类催化剂相似。丙交酯阳离子开环聚合是烷氧键断开，链增长发生在手性碳原子上，因此外消旋不可避免，而且随着温度升高而增加，不易制得高相对分子质量聚乳酸。

丙交酯阴离子聚合采用仲丁基锂或叔丁基锂和碱金属烷氧化物为催化剂，在较低温度就可进行聚合反应，反应速度比阳离子开环聚合快，但烷氧负离子能使单体脱质子，导致部分外消旋，而且副反应极明显，使相对分子质量增大受到限制。

丙交酯配位聚合活性中心的活性相对较低，减少了分子间和分子内的酯交换，能防止聚合物相对分子质量分布变宽，因此在丙交酯开环聚合中最为重要。丙交酯配位聚合采用的引发剂主要有：

(1)锡盐类：包括大部分锡盐，如辛酸亚锡[$Sn(Oct)_2$]、氯化亚锡、四氯化锡、氧化锡、乙酸亚锡等。

(2)有机铝化合物：如异醇基铝。

(3)双金属烷氧化合物。

(4)金属锌。

(5)稀土化合物。

最常用的引发剂为辛酸亚锡，其优点为活性较高，在有机溶剂或熔融丙交酯中的溶解性、储存稳定性好，转化率高，产量高且低消旋化。多数人认为辛酸亚锡只是催化剂，体系内极少量的杂质，如含羟基的化合物、水等才是真正的引发剂。研究表明，用辛酸亚锡引发丙交酯单体聚合时，在较低的温度下(<120℃)可以忽略酯交换带来的影响；在丙交酯高纯度和聚合体系高真空度的条件下，可以得到高相对分子质量的聚合物。以异醇基铝为引发剂，当聚合体相对分子质量超过 9 万时，相对分子质量分布加宽。冯新德首先采用双金属引发剂进行 D,L-丙交酯的开环聚合，证明其优点是能控制合成不同长度的嵌段聚合物。

一般认为，丙交酯的开环聚合可在熔融聚合、本体聚合、溶液聚合、乳液聚合等不同的体系中完成。熔融聚合和本体聚合的区别在于前者的聚合温度在单体与聚合物熔点之上，后者的聚合温度在单体与聚合物熔点之间。本体聚合一般采用辛酸亚锡作引发剂。为保证聚合物质量，减少副反应发生，体系常采用惰性气体封闭。催化剂辛酸亚锡本身无毒，又可作为食品添加剂，产物不必对催化剂进行分离。然而作为医用材料，不希望 PLA 含有重金属，因此必须对含有 Sn 的 PLA 进行纯化。脂肪酶催化开环聚合催化剂不含重金属，因此在医用材料用聚乳酸的合成研究中很受关注。

有人以无毒的 Bu_2Mg 或 BuMgCl 为催化剂，通过开环聚合制备 PLA。结果表明，Bu_2Mg 引发 L-丙交酯，在 120℃下本体开环聚合只能得到低相对分子质量的产物。但在甲苯或二噁烷溶液中，Bu_2Mg 引发 L-丙交酯或 D,L-丙交酯，在低温下聚合也能得到高相对分子质量的 PLA，数均分子量达 30 万。更严格的单体纯化和反应器表面的减活化作用可以得到更高相对分子质量的聚合物。当要求得到相对分子质量在 100 万以上的聚合物时，可以将冠醚加到聚合系统中。通过沉淀或冲洗聚合物，可以很容易地除去催化剂。因此 Bu_2Mg 是 L-丙交酯或 D,L-丙交酯聚合的一种有效催化剂，而且 Mg^{2+} 与人体的新陈代谢完全相容。但 BuMgCl 作为溶液开环聚合的引发剂，其效果不太理想。

除了催化剂种类外，聚合反应的条件，如单体浓度、催化剂浓度、单体与催化剂用量的比例、聚合温度、聚合时间、聚合真空度等对 PLA 的相对分子质量也有一定影响。研究表明，在本体开环聚合中，反应温度对 PLA 相对分子质量影响较大，反应温度升高，相对分子质量降低。这主要是由于高温会引起 PLA 断链降解等负反应的发生，也有文献报道：在高温下，PLA 分子内会发生酯交换，从而使相对分子质量降低。PLA 的相对分子质量随压力减小而增大。在较高聚合温度下得到的聚合物的结晶度低。残留的低相对分子质量化合物，如水、乳酸、丙交酯等，在 150℃、惰性气体中等温预处理 60min 可以被除去，而不影响聚合物的热稳定性；残留金属是引起聚合物剧烈热降解效应的主要参数。锡、锌、铝和铁对 PLA 的降解效应的次序为：Sn<Zn<Al<Fe。同其他参数，如水分、水解的单体或低聚物相比，残留金属强烈地影响相对分子质量的热稳定性。事实上，含 1%单体(质量分数)的样品的分解温度比纯样品的分解温度低1～2℃；而含有相同量金属(Sn、Zn、Al、Fe)的样品的分解温度比纯样品的分解温度分别低 50℃、60℃、70℃和 110℃，因此为了提高 PLA 的热稳定性，必须除去残留的催化剂。一种有效的方法是用稀氯酸对聚合物的二氯甲烷溶液进行处理，然后从甲醇中沉淀过滤。但该方法有可能引起酯键水解而使相对分子质量降低。为了减少水解，这种处理必须在一定温度、在较短时间内进行，并且应清洗干净产品中的酸，以免引起高温下的急剧水解。

丙交酯的熔融开环聚合体系存在单体/聚合物反应的平衡，因此最终产物是含有一定量的与反应平衡常数相对应的残留单体量，且残留量随聚合温度的提高而增加。残留单体会引起不希望的力学性能下降、腐蚀加工机械并加快降解的速度。因此，有人提出了固相后聚合，在不均匀的固态中，使平衡朝有利于聚合物形成的方向移动，从而使单体转化率达到100%。

丙交酯开环聚合可制得高相对分子质量的PLA，可以较好地满足加工的要求，因此是当今生产PLA的主要方法。相对分子质量超过10万的PLA通常由丙交酯开环聚合制得。由于副反应等的影响，加上丙交酯提纯过程中的损耗，因此丙交酯的得率很低，从而导致丙交酯价格昂贵。由丙交酯开环聚合得到的聚乳酸的价格自然不菲，因此其在塑料和纤维方面的应用受到限制。近年，Inventa－Fischer建立了一个年产量为3000t的丙交酯开环聚合中试工厂，它可以使PLA的成本价格更接近其他工程学上的塑料或纤维材料，其工艺流程如图16－17所示。该工艺的聚合反应从乳酸的多级浓缩开始，接着发生缩聚反应。产生的预聚体会因受热发生解聚反应而形成丙交酯。开环聚合生成的PLA含有约5%的非转化型丙交酯，这些残余的单体会引起聚合产物快速的水解降解，因此应脱单体，其方法是在真空中使丙交酯熔融或蒸发而脱离薄膜。该厂的PLA的成本价格维持在4.3马克/kg。为了在与普通聚合物的竞争中取得更大的优势，工厂的年产量将扩大为100kt/a，这样PLA的成本价格将降至2.40马克/kg。

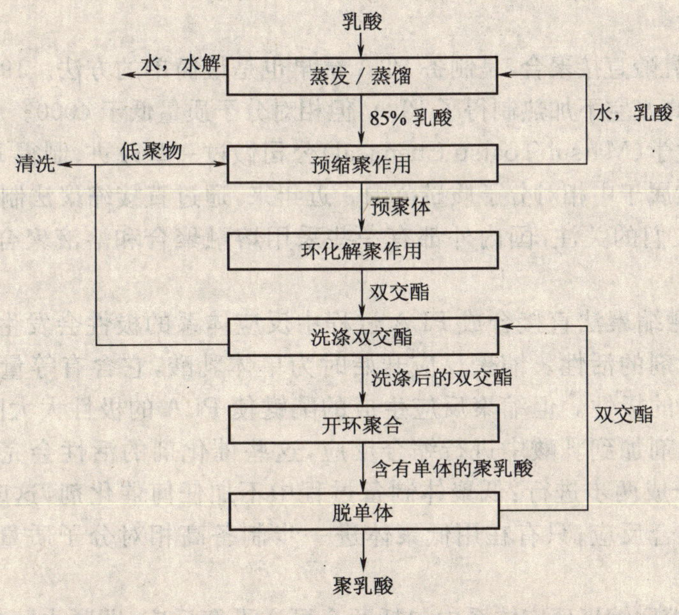

图16－17　丙交酯开环聚合制备PLA的工艺

美国CDP公司已实现工业化的丙交酯开环聚合采用连续熔融聚合，工艺条件为：丙交酯在两个串联的连续搅拌槽反应器(CSTR)中聚合，反应温度为170～180℃，稳定剂为亚磷酸盐，催化剂与丙交酯的摩尔比为1∶5000，第一个CSTR中的停留时间为0.8h。热熔体用泵送到第二个CSTR中，停留时间为3.4h。最后聚合物熔体在真空下脱挥发分，丙交酯转化率为96%，聚合物的重均分子量为14万。该公司的生产能力达140kt/a，因此PLA的市场价格降低至2500

美元/t。

对丙交酯开环聚合，国内外均还在研究。例如，Stevels 等人研究了 L－丙交酯在螺杆挤出机中的聚合。聚合温度为 180℃，螺杆挤出机转速为 40r/min，停留时间 5min，以不同量的 $Sn(Oct)_2$ 为催化剂。结果表明，催化剂用量为 0.5%（质量分数）时，所得产物的数均分子量最高，达 6.8 万。美国杜邦公司和日本岛津公司已将双螺杆挤出机作为开环聚合反应器应用于聚乳酸的合成。杜邦公司的聚合工艺条件为挤出机腔体直径 30mm、挤出速率 2.268kg/h、反应温度 180℃、催化剂为辛酸亚锡、停留时间 5h，合成的聚乳酸重均分子量为 38.9 万。岛津公司的聚合工艺条件为反应温度 180℃、催化剂辛酸亚锡与丙交酯质量比为 1∶1000、停留时间 5h，合成的聚乳酸重均分子量为 40 万。大日本油墨和化学品公司以 Kenics 静态混合器和 Sulzer 静态混合器等设备作为聚乳酸的聚合反应器，使混合均匀，并促使反应热及时移出，合成的聚乳酸重均分子量达到 8 万～28 万。

（二）乳酸直接缩聚法

乳酸直接缩聚的反应式为：

$$n\mathrm{CH_3\underset{\displaystyle OH}{\underset{|}{C}}HCOOH} \longrightarrow \left[\mathrm{O-\underset{\displaystyle CH_3}{\underset{|}{CH}}-\overset{\displaystyle O}{\overset{\|}{C}}} \right]_n$$

该法由精制的乳酸直接聚合，是制备 PLA 最早也是最简单的方法。1932 年，Carothers 就采用直接缩聚法在高真空下加热制得了 PLA，但相对分子质量低于 4000。后来，日本昭和高分子公司、三井东压化学（Matsui Toatsu Chemical）公司做过一些改进，制得 PLA 的相对分子质量有所提高，但仍然属于中相对分子质量范围。近年来，通过直接缩聚法制备高相对分子质量 PLA 的研究引起人们的关注，国内外都有一些采用熔融聚合和溶液聚合直接制备 PLA 的报道。

研究表明，熔融缩聚法直接合成 PLA 过程中反应体系的极性会发生很大变化，极性的改变将会影响催化剂的活性。缩聚反应开始时为单体乳酸，它含有等量的羧基和羟基，因此反应体系有很高的极性。但缩聚反应生成的酯键使 PLA 的极性大大降低。如果一开始就直接将有些催化剂加到乳酸中进行缩合反应，这些催化剂的活性会完全丧失，所以应把 PLA 的缩聚过程分成两步进行：低聚体制备过程中不加任何催化剂，这时靠乳酸自身的羧基催化进行脱水缩合反应；只有在用低聚体进一步制备高相对分子质量 PLA 时才加入催化剂。

乳酸低聚体的熔融缩聚反应体系中包括两个可逆平衡反应，即脱水酯化平衡反应和 PLA 解聚环化生成丙交酯的平衡反应。为了获得高相对分子质量的 PLA，应该并列控制上述两个平衡反应。因为高温、高真空虽然能促进脱水缩聚，但也会有利于丙交酯的蒸发，使聚合物降解，而现行的熔融缩聚过程很难有效地将丙交酯捕捉返回到反应体系中，比较可行的方法是寻找到合适的催化剂体系，既能促进脱水缩聚反应进行，又能抑制生成丙交酯。表 16－7 表明，单一催化剂对聚合物相对分子质量的影响不明显。而表 16－8 表明，$SnCl_2 \cdot 2H_2O$ 和 H_3BO_3 为复合催化剂时，能得到较高相对分子质量的 PLA。

表 16－7 催化剂对 PLA 聚合的影响①

催化剂	黏均分子量	催化反应速率	对产物颜色的影响
锡	4327	一般	白色
二氧化锡	3280	一般	白色
氯化亚锡	6274	一般	浅黄
辛酸亚锡	5469	较快	浅黄
硼酸	3283	一般	浅黄
三氧化二碲	1650	较慢	白色
对甲苯磺酸	2450	快	深黄
甲烷磺酸	3685	快	黑色

①反应条件：真空度－0.09MPa，催化剂/低聚体＝0.4%（质量分数），180℃，24h。

表 16－8 复合催化剂体系的反应结果①

催化剂（摩尔比 1∶1）	黏均分子量	催化剂（摩尔比 1∶1）	黏均分子量
$SnCl_2 \cdot 2H_2O$＋TSA	8841	$Sn(Oct)_2$＋TSA	9378
$SnCl_2 \cdot 2H_2O$＋BA	7739	$Sn(Oct)_2$＋BA	7003
$SnCl_2 \cdot 2H_2O$ ＋ PA	7609	$Sn(Oct)_2$＋PA	7992
$SnCl_2 \cdot 2H_2O$＋H_3BO_3	9448		

①反应条件：真空度－0.09MPa，催化剂/低聚体＝0.4%（质量分数），160℃，10h。

反应时间与产物的黏均分子量的关系曲线上出现极值（图 16－18）。这是因为反应时间不足，脱水不完全，生成的产物遇水降解，或是反应不充分，产物的黏均分子量较低；但反应时间过于太长，聚合物氧化严重或在高温下降解，产物的黏均分子量反而会降低。

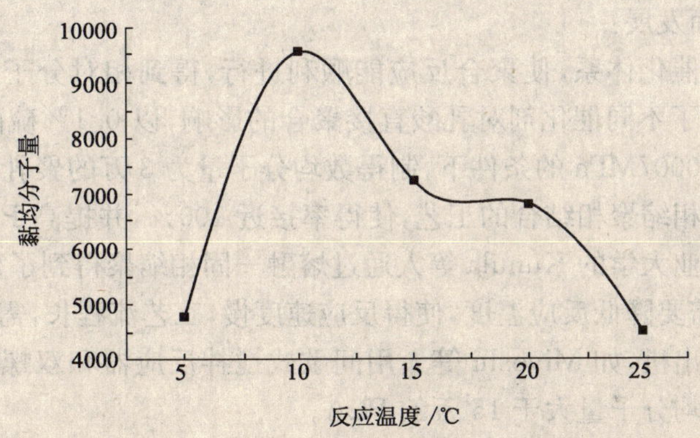

图 16－18 反应时间与产物的黏均分子量的关系曲线

催化剂：$SnCl_2 \cdot 2H_2O$ 和 H_3BO_3

反应温度与产物的黏均分子量的关系曲线上也出现极值（图 16－19）。这是因为反应温度低，催化剂不能达到最佳催化效率，反应速率低，而且不能充分脱水，在一定反应时间内，产物的黏均分子量低;但当反应温度太高时,氧化、交联、解聚等副反应增多,使得产物的黏均分子量降低。

由图 16－20 可知,反应体系的真空度越大(压强越小),得到产物的黏均分子量越大。这是因为反应体系的真空度越大,体系中空气的残余量越少,体系中的水分越少,生成的 PLA 不容易降解,所以黏均分子量增加。当体系的真空度从－0.09MPa 增加到－0.10MPa 时,产物的黏均分子量显著增加,这是因为体系中的小分子水的排出有利于生成较高相对分子质量的 PLA。

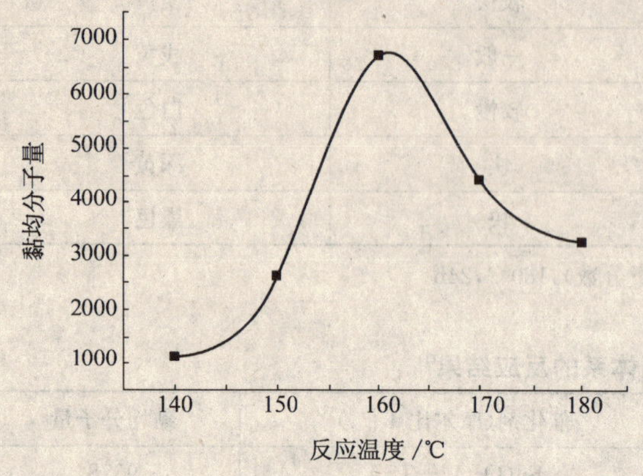

图 16－19　反应温度与产物的黏均分子量的关系曲线
催化剂:$SnCl_2 \cdot 2H_2O$ 和 H_3BO_3

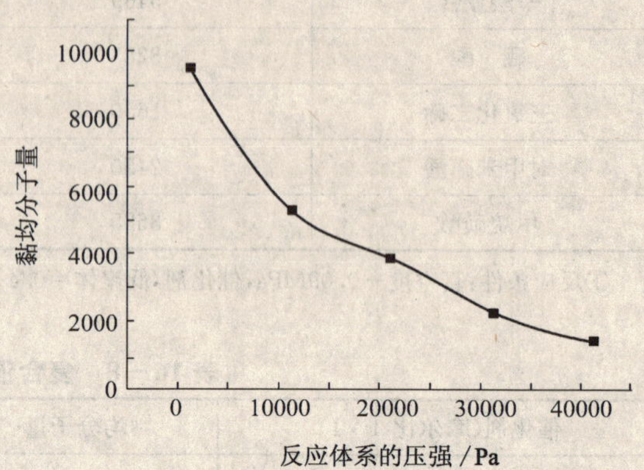

图 16－20　反应体系的压强与产物黏均分子量的关系曲线
催化剂:$SnCl_2 \cdot 2H_2O$ 和 H_3BO_3

总的来说,乳酸熔融缩聚直接制备 PLA 方法简单,并且避免使用高沸点溶剂,但温度高于 180℃后,得到的聚合物极易氧化着色,而且反应体系中存在着游离乳酸、水、低聚物及丙交酯的平衡,反应副产物在黏性熔融物中难以去除,因此 PLA 的黏均分子量通常较低,一般小于 1 万,进一步提高较困难。在工业生产中,为了提高黏均分子量,延长反应时间,但体系黏度过大,反应速度慢,后期降解副产物增多,再加上脱羧、热氧化等副反应,产品质量较低。目前,这方面的研究正在向以下几方面发展:

(1)选择更有效的催化体系,使聚合反应能顺利进行,得到相对分子质量较高的产物。例如,Hiltunen 等人研究了不同催化剂对乳酸直接聚合的影响,以 0.1%硫酸作催化剂,在 220℃聚合时间 12h、压强 0.0007MPa 的条件下,制得数均分子量为 3 万的聚乳酸。

(2)采用熔融—固相缩聚相结合的工艺,使得率接近 100%,并提高 PLA 的相对分子质量。例如,日本北都纤维工业大学的 Kunula 等人通过熔融—固相缩聚得到了重均分子量为 26.6 万的聚乳酸。但该工艺需要降低反应温度,使得反应速度慢,工艺流程长,需要的设备复杂。

(3)采用双螺杆挤出机,如 Miyoshi 等人用间歇式搅拌反应器和双螺杆挤出机组合进行连续熔融聚合,获得了重均分子量大于 15 万的 PLA。

(4)通过扩链反应提高 PLA 的相对分子质量。常用的扩链剂有二异氰酸酯、二酸酐、噁唑啉、二价金属离子、氮丙啶衍生物、双环氧化物。例如,1995 年,Woo 等人先用直接缩聚法合成聚(L-乳酸),其数均分子量为 7000,然后加入扩链剂六亚甲基二异氰酸酯,得到产物的数均分子量为 3.3 万。

乳酸直接溶液缩聚容易排除反应后期的小分子,因此可制得较高相对分子质量的 PLA,其溶剂采用二苯醚、十氢萘、二氯甲烷等物质。日本三井东压化学公司的 Ajioka 等人开发了连续共沸除水乳酸直接聚合工艺，其溶剂采用二苯醚，用锡粉催化，经分筛共沸回流不断除去缩合产生的水，反应 40h，聚乳酸的重均分子量达到 30 万。

我国对乳酸直接溶液缩聚也进行了初步研究，研究表明，在相同工艺条件下，PLA 的黏均分子量随单体浓度的增加而增加(表 16－9)。溶剂用量与产物黏均分子量的关系曲线上出现极值(图 16－21)。这是因为当溶剂二苯醚的量不足时，共沸回流量很少或不出现共沸回流，不能有效除去反应体系中的微量水分，因此不能得到高相对分子质量的产物；但当溶剂量过多时，反应体系中的乳酸浓度低，反应速度下降，因此在一定反应时间下也得不到高相对分子质量的产物。

表 16－9 不同单体浓度所得 PLA 的黏均分子量

单体浓度/%(质量分数)	催化剂用量/%(占单体的质量分数)	黏均分子量
10	0.5	0.5 万
20	0.5	1.2 万
30	0.5	2.1 万
40	0.5	2.6 万
50	0.5	1.3 万
60	0.5	2.0 万

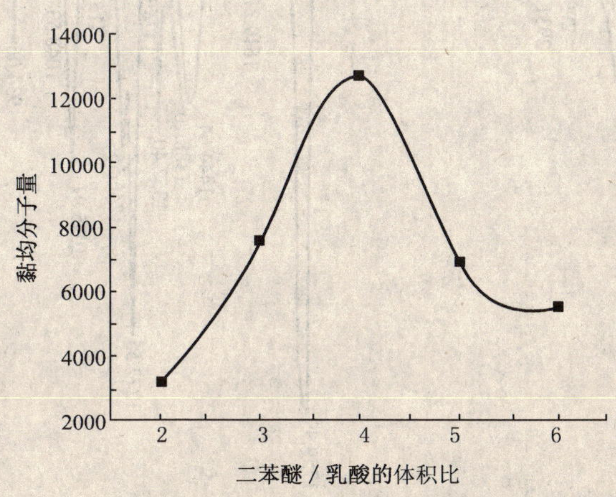

图 16－21 溶剂用量与 PLA 黏均分子量的关系曲线

乳酸直接溶液缩聚可以在较低温度下进行，产物不易分解变色，但反应时间过长，而且需要使用大量高沸点溶剂，因而不但需要溶剂回收设备，而且高沸点溶剂共沸脱水操作复杂，条件控制更为严格。

尽管在乳酸直接缩聚的研究方面已经取得许多进展，日本三井东压化学公司已进行过乳酸直接溶液缩聚的扩大试验，但目前乳酸直接缩聚制备 PLA 尚未实现大规模工业化生产。

此外，杜邦等公司尝试用生物合成法制取 PLA，即培养、筛选合适的微生物，在体内直接合成 PLA，并通过一定的方法提取 PLA。该法可实现清洁生产，并可进一步降低生产成本，提高产品的各种性能指标，扩大市场应用范围。但目前仍处于研究阶段。

目前，世界上工业化生产聚乳酸的厂商主要是美国的 CDP 公司，其生产能力为 140kt/a，预期将扩大到 450kt/a。日本的数家公司，也相继建立了规模不等的聚乳酸树脂生产厂。如岛津公司，1992 年制成聚乳酸塑料“LACTY”，1994 年试产了 100t 聚乳酸，三井东压化学公司也建立了 500t/a 的聚乳酸工厂。德国 Ems inventa - Fischer 等公司也建立了聚乳酸生产厂。我国聚乳酸的研制，已取得很大进展，上海同杰良公司等正在进行生产规模的试验。随着聚乳酸在医疗、药学、农业、包装等领域的广泛应用，聚乳酸的生产能力和产量将迅速增加。

四、聚乳酸的结构与性能

(一)聚乳酸的结构

乳酸或丙交酯在一定条件下聚合，都可得到等规、间规、无规的聚乳酸。聚乳酸的结构式为 $\left[\underset{\displaystyle CH_3}{\underset{|}{CH}}—CO—O—\underset{\displaystyle CH_3}{\underset{|}{CH}}—CO—O\right]_n$，属于聚酯类聚合物。图 16 - 22 表明，PLLA 分子中各基团的波数位于 600 ～3571cm^{-1}处，与 PLA 的晶相和非晶相有关的谱带波数分别为 755cm^{-1}、869cm^{-1}。

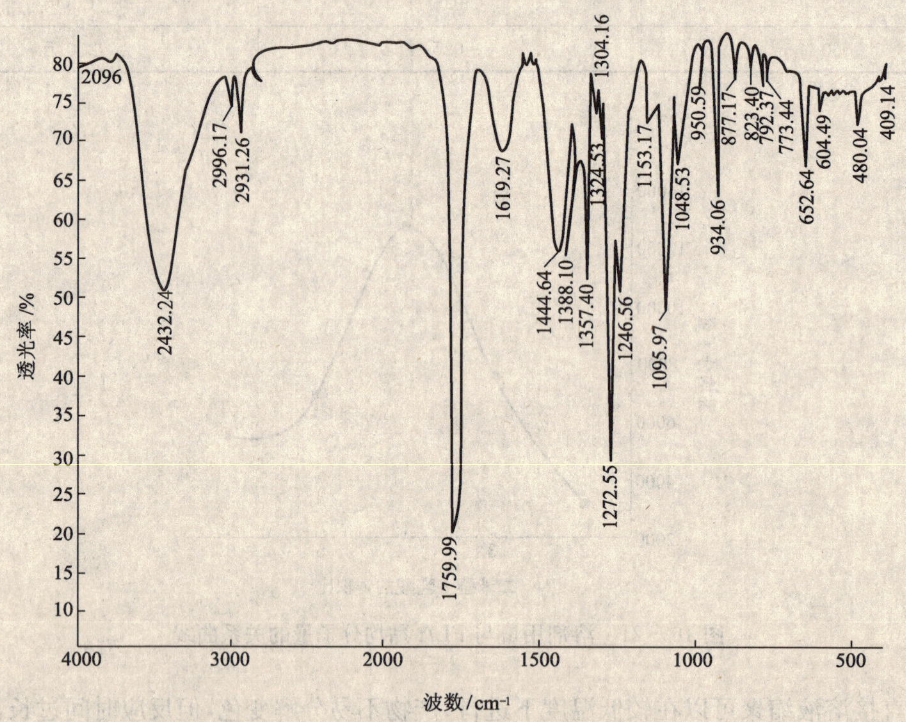

图 16 - 22　PLLA 的红外光谱图

由于乳酸和丙交酯是具有光学活性的化合物，因此聚乳酸也具有旋光性，有左旋聚乳酸(PLLA)、右旋聚乳酸(PDLA)和消旋聚乳酸(PDLLA)之分。消旋聚乳酸又有外消旋聚乳酸和内消旋聚乳酸。由各种乳酸或丙交酯得到的聚乳酸的分子结构如图 16－23 所示。

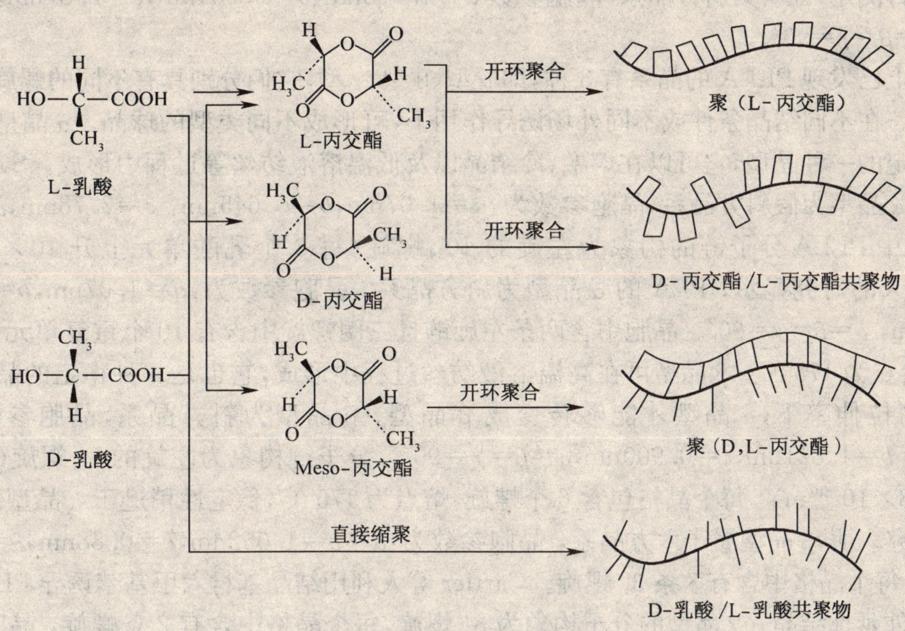

图 16－23　乳酸、丙交酯和聚乳酸的分子结构

PLLA、PDLA 的大分子链仅由全同链段组成，因此立构规整度高，为半结晶聚合物，在熔融、溶液状态均可结晶，结晶度约 60%，但性质硬而脆，不利于加工。嵌入不同比例的 PLLA 和 PDLA，或者 meso－丙交酯，可以在一定程度改变聚合物的立构规整性，对聚合物的性能影响很大。PDLLA 的大分子链由大量全同链段和少量的无规链段组成，立构规整度低，在结晶性结构中引起缺陷，降低了材料的结晶能力，因而是非晶态聚合物。聚乳酸的结晶度、晶体大小和形态均影响制品的性能（冲击强度、开裂性能、透明性等）。常用的聚乳酸是 PLLA 和 PDLLA。

由于市售乳酸主要为 L－乳酸和 D，L－乳酸，故通常大量被合成的聚乳酸为 PLLA 和 PDLLA。人们对聚乳酸结构的研究主要集中于 PLLA。PLLA 链的构象在非晶区呈现出随意卷绕，在晶区呈现出螺旋状结构，其链的构象和晶胞结构如图 16－24 所示。

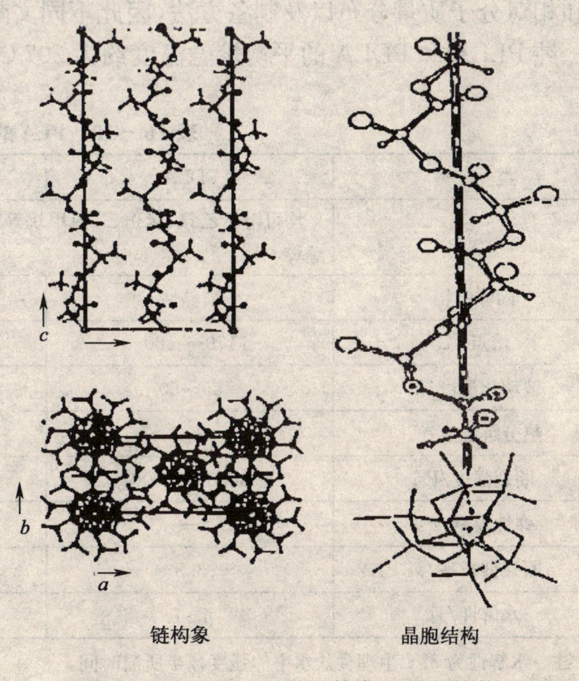

图 16－24　PLLA 链的构象和晶胞结构

以电子显微镜、X射线衍射、原子力显微镜为手段，对稀溶液培养的PLLA晶体的晶胞结构参数进行测定，证明为斜方晶系，晶胞参数 $a=1.078$nm，$b=0.604$nm，$c=2.87$nm，晶轴之间的夹角 $\alpha=\beta=\gamma=90°$。

实际上已发现PLLA的晶系有3种，即α型、β型、γ型，它们分别具有不同的螺旋构象和单元对称性。在不同结晶条件或不同外场诱导作用下，可形成不同类型的球晶。α晶型是最常见也是最稳定的一种晶型，它可以在熔融、冷结晶以及低温溶液纺丝等过程中形成。Sanctis等人最先报道α晶型为假斜方晶系，晶胞参数为：$a=1.07$nm，$b=0.645$nm，$c=2.78$nm，$\alpha=\beta=\gamma=90°$。晶胞中PLLA分子链的构象为左旋的 10_3 螺旋（每3个乳酸单元上升 10×10^{-10}m）。Marega等人的研究显示，PLA的α晶型为斜方晶系，晶胞参数为：$a=1.07$nm，$b=0.61$nm，$c=2.89$nm，$\alpha=\beta=\gamma=90°$。晶胞中含两条左旋链且三圈螺旋中含有10个重复单元，为 10_3 结构单元，熔点为175 ℃。β晶型可在高温溶液纺丝过程中形成，它也是一种稳定的晶型。只有在高温、高拉伸率下，α晶型才能够转变成β晶型。β晶型为斜方晶系，晶胞参数为：$a=1.031$nm，$b=1.821$nm，$c=0.900$nm，$\alpha=\beta=\gamma=90°$。分子链构象为左旋的 3_1 螺旋（每个乳酸单元上升 3×10^{-10}m），每个晶格包含6个螺旋，熔点为175 ℃，稳定性稍逊于α晶型。Puiggali等人的研究表明，β晶型属于六方晶系，晶胞参数为：$a=b=1.052$nm，$c=0.88$nm，$\alpha=\beta=90°$，$\gamma=120°$。每个晶格中含有3条 3_1 螺旋。Cartier等人利用结晶基材六甲基苯诱导PLLA结晶，得到γ型外延性结晶。γ晶型的分子构象为 3_1 螺旋，每个晶格中含有2条螺旋，晶胞参数为：$a=0.995$nm，$b=0.625$nm，$c=0.880$nm，$\alpha=\beta=\gamma=90°$，属于斜方晶系。

(二)聚乳酸的性能

1. 物理性能

表16－10列出了PLA的基本性能。由于PLA的性能依赖于其纯度、热历史、相对分子质量和相对分子质量分布以及制备方法，因此不同文献中聚乳酸的性能数据并不完全相同。

纯PLLA和PDLA的平衡熔融温度约为207℃，但通常由于它们的晶体小，或是不够纯，致

表16－10　PLA的基本性能

类　　型	PDLA	PLLA	PDLLA
溶解性	均可溶于乙氰、氯仿、二氯甲烷等物质中，PDLLA溶解性更好。均不溶于脂肪烃、乙醇、甲醇等		
固体结构	结晶性	半结晶性	无定形
熔点/℃	170～180	170～180	—
玻璃化温度/℃	55～60	55～60	45～55
热分解温度/℃	200	200	180～200
断裂强度/Psi	8000～10000	10000～15000	5000
弹性模量/Psi	—	50000	25000
断裂伸长率/%	3.3	3.3	2.6
水解性/月	4～6	4～6	2～3

注　水解性为37℃生理食盐水中的强度减半所需时间。

1Psi＝6894.76Pa。

使其熔融温度为170～180℃。100%结晶PLA的熔融热为93.7J/g。

PLA的力学性能与它的相对分子质量、立构规整性、结晶度和加工条件等因素有很大关系。立构规整性好的材料强度较高,PDLLA的力学性能明显低于PLLA。不同聚乳酸的强度随相对分子质量的增大而提高。而热定型能使PLA材料的拉伸强度和冲击强度明显提高。

PLA的力学性能介于聚酯和聚苯乙烯之间,与聚乙烯、聚丙烯相当,具有较高的模量和强度,有良好的气体阻隔性能、热密封性。从表16－10可以看出,PDLLA易降解,强度差,因此可通过三种聚乳酸的不同比例来调整材料的强度和降解周期,以适应不同的需求。

2. 降解性

聚乳酸是脂肪族聚酯,与大部分热塑性聚合物相比,其降解性能更好。由于聚乳酸主链上含有易水解的酯键,因此聚乳酸在水体系中可以分解。一般认为,聚乳酸的水解起始于水的吸收,小分子的水移至样品的表面,扩散进入酯键或亲水基团的周围,在介质中酸、碱的作用下,酯键发生自由水解断裂,样品的相对分子质量缓慢降低,当相对分子质量降低到一定程度,样品开始溶解,生成可溶的降解产物。有些研究认为降解时不仅发生酯键的自由水解断裂,水解中产生的酸可能对其水解起催化作用,聚乳酸的端羟基对其水解也可能起自催化作用。

PLLA存在着无定形区和结晶区,其降解过程分两个阶段。在第一阶段,水分子扩散到聚乳酸的无定形区域,酯键发生随机断裂,未降解的链段获得更多的空间和活性,分子链重排,结晶度有所提高。第二阶段,当无定形区域降解几乎结束时,水解从结晶区边缘开始,向结晶中心扩展,但速度比无定形区慢得多。另外,降解生成的低聚物形成结晶的中间态,也会引起降解延迟。对于无定形的PDLLA,只发生第一阶段水解。

影响PLA降解的因素很多,主要有材料特性和水解条件两大类。材料特性包括分子组成、分子结构、相对分子质量及其分布、结晶度、立构规整性、样品形态及大小、成型工艺、添加剂及杂质等因素,水解条件包括pH值、温度、介电常数、辐射处理等因素,这些因素并不是独立地影响聚合物材料的降解,而是相互作用的。研究表明,PLLA降解吸收速度较慢,在体内的完全降解吸收时间一般为4周至8年,降解后期可释放微小的晶体颗粒;而PDLLA降解速度较快,降解后不产生微晶体颗粒。玻璃化转变温度低于水解温度则水解加快。晶区降解速度很慢,因此结晶度大小对降解速度有很大影响。相对分子质量越小及其分布越宽,降解速度越快,当PLLA的相对分子质量低于2500时,在生理食盐水中浸泡几周就会完全分解;当相对分子质量在10万以上时,不易分解,可作为强度材料;当相对分子质量在100万以上时,在空气中放置一年以上也无任何变化;相对分子质量越大,降解所得的链段越长,越不易溶于水中,产生的H^+越少。有的研究表明,介质的pH值也影响PLA的降解速率,酸或碱都能催化PLA水解。

酶在PLA及其共聚物降解中所起的作用存在争议。由于PLA及其共聚物在体内外的降解速度不同,不少学者认为酶对PLA及其共聚物的降解也发挥了重要作用。PLA首先发生水解,然后在酶的作用下进一步降解,最终生成水和二氧化碳,因此无毒性作用,具有很好的生物相容性。

聚乳酸在高温下会发生显著的热降解。实验显示,PDLLA在热降解时,相对分子质量下降迅速,因此可以判断PDLLA的热降解属无规降解过程。它有两个破坏阶段:第一个是在低温区(160～300℃),表现为聚合物的黏均分子量急剧下降,该过程的主要产物是低聚物。第二个过程是在高温区(300～400℃),此时,低聚物继续裂解为单体,单体分解直至挥发,质量开始迅速下降。通过溶解—沉淀—抽提的纯化方法和封端羟基都可以提高其热力学稳定性。本章作者的研究表明(表 16－11),PLLA 对温度非常灵敏,在升温过程中 PLLA 的特性黏度有较大幅度的下降,而且温度越高,$\Delta\eta$ 越大。当加工温度达 225℃时,特性黏度降达 0.53,比室温时下降了 39%。这是由于大分子在高温下发生分解的结果。Yuan 等人发现,PLLA 的降解对温度很敏感,PLLA 熔融挤出(185～210℃)的降解率是 39.0%～69.0%,远高于热拉伸(160℃)的降解率(大约为 9.1%)。他们还发现,PLLA 切片的粉碎也会引起 13.1%～19.5%的降解。因为切片粉碎是一个机械过程,在摩擦过程中会产生热和剪切力,这将引起 PLLA 相对分子质量的下降。因此,如何控制聚乳酸的降解,是聚乳酸热加工过程中要解决的关键问题。

表 16－11 PLLA 的特性黏度

温度/℃	特性黏度[η]	$\Delta\eta$	温度/℃	特性黏度[η]	$\Delta\eta$
室温	1.35	0	215	0.89	0.46
205	1.16	0.19	225	0.82	0.53

3. 流变行为

聚乳酸可采用挤出、注射、纺丝、双轴拉伸、吹膜、压片等方式进行加工。对于在流动状态下进行的加工,PLA 的其流变性研究不但在理论上有重要价值,而且对选择成型的工艺具有重要的指导意义。

熔体的剪切黏度 η_a 是聚合物种类、温度和剪切速率 $\dot{\gamma}$ 的函数。非晶型 PLA (D－LA 与 L－LA摩尔比为 18∶82)和结晶型 PLA (D－LA 与 L－LA 摩尔比为 5∶95)在单螺杆挤出机中的挤出试验表明,在相同加工条件下,结晶型 PLA 比非晶型 PLA 具有更高的剪切黏度(η_a),随着温度的升高,二者的剪切黏度均下降。表 16－12 为 PLA 熔体流变行为的幂率方程,由于方程中的非牛顿指数均小于 1,故这两种 PLA 熔体为切力变稀流体。

表 16－12 PLA 熔体的幂律方程

PLA 类型	温度/℃	方　程	PLA 类型	温度/℃	方　程
非晶型	150	$\eta_a = 649386\ \dot{\gamma}^{-0.8332}$	结晶型	150	$\eta_a = 609159\ \dot{\gamma}^{-0.8134}$
	170	$\eta_a = 242038\ \dot{\gamma}^{-0.7097}$		170	$\eta_a = 241721\ \dot{\gamma}^{-0.7031}$

图 16－25 表明,PLLA 熔体也为切力变稀流体。因此,尽管 PLLA 熔体的零切黏度较高,流动性较差,但可以通过加强剪切来有效地降低其表观黏度,使热加工能顺利地进行。由图 16－25还可以看出,当温度达 225℃时,流动曲线上出现了第二牛顿区。通常,聚合物熔体流动曲线上很少出现第二牛顿区,PLLA 熔体的流动曲线上出现第二牛顿区的原因是由于 PLLA 熔体对温度很敏感,故当温度达 225℃时,大分子之间的缠结点随剪切速率的增加很容易解开而达到平衡。由图 16－26 可知,随着温度升高,PLLA 熔体的非牛顿指数 n 上升,特别是在 205～215℃区域内,其上升速率较大,表明在该区域内,温度变化对熔体的流动性影响较大,提高温度有利于改善熔体的流动性。

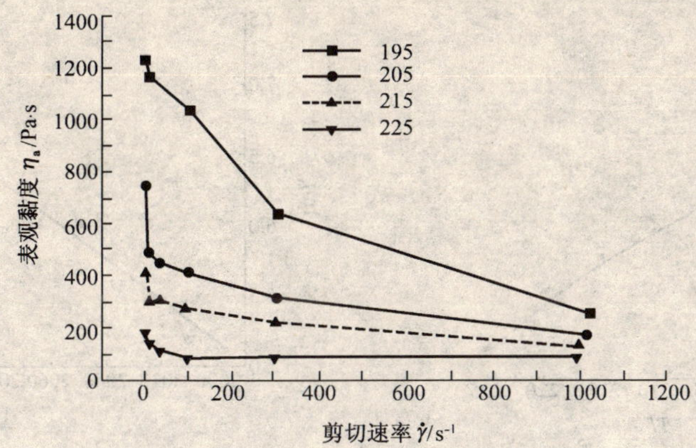

图 16－25　PLLA 熔体的流动曲线

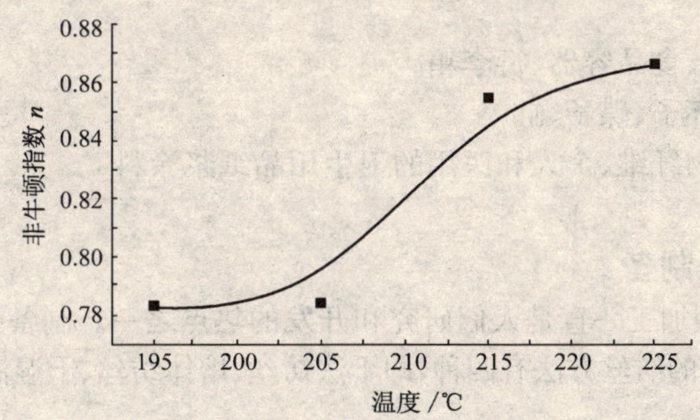

图 16－26　PLLA 熔体非牛顿指数与温度的关系曲线

利用流动曲线还可以判别聚合物熔体的可纺性。从流动曲线可以得到结构黏度指数 $\Delta\eta$。$\Delta\eta$ 表征聚合物熔体的结构化程度，$\Delta\eta$ 越大，聚合物熔体结构化程度越高，可纺性越差。图16－27表明，随着温度的降低，PLLA 熔体的 $\Delta\eta$ 逐步升高，这表明体系的缠结密度增大，可纺性变差。

因此，在热加工中适当提高熔体的温度，可改善聚乳酸熔体的流动性和可纺性，但应注意聚乳酸在高温下的降解。

由黏度 η 与熔体温度 T 的倒数之间的关系曲线（图 16－28）可求得 PLLA 熔体的黏流活化能为 $E_\eta=123$kJ/mol。

通常，E_η 随相对分子质量降低而变小。聚乳酸熔体的 E_η 是 PLLA 在高温下降解的情况下测得的，但它仍然较大。这表明，聚乳酸熔体的黏流活化能很高，所以聚乳酸熔体在热加工过程中对温度极其敏感，应严格控制加工温度，避免微小的波动。

在所有生物可降解聚合物中，PLA 的熔点最高、结晶度大、透明度极好，因此很适合做纤维、薄膜及模压制品。以前由于 PLA 价格昂贵，因此其应用局限于医学材料方面，主要用于可吸收手术缝合线、缓释胶囊制剂、骨内固定物、组织工程材料等领域。随着其生产成本的下降，加上它可以用可更新的资源合成，所以人们正把更多的注意力转移到塑料和纤维上。PLA 潜在应用的例子如下。

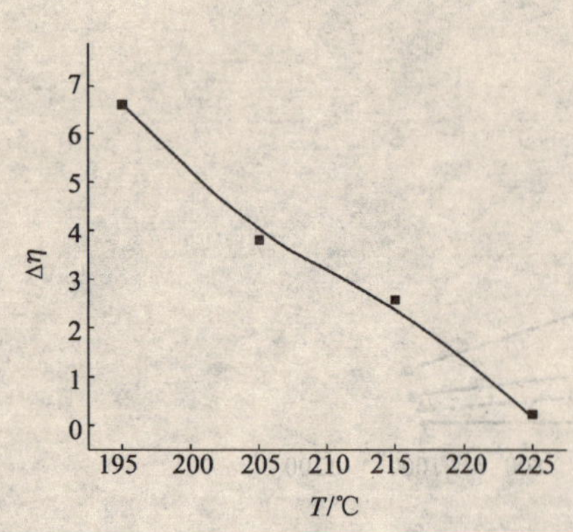

图 16－27 PLLA 熔体的结构黏度指数与温度的关系

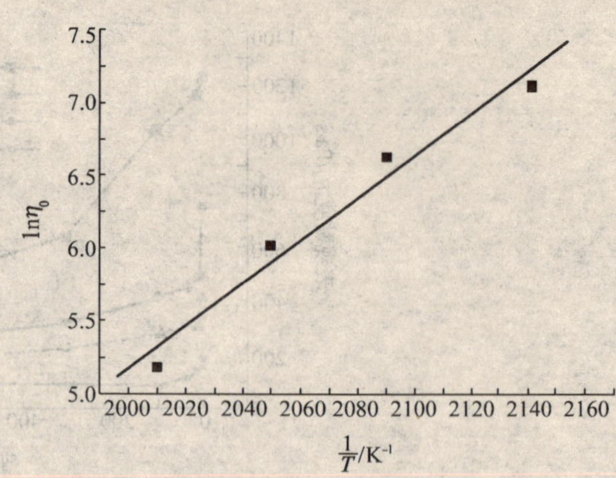

图 16－28 PLLA 熔体的 η—$1/T$ 曲线

包装材料：挠性薄膜、食品容器、行李箱

一次性用品：瓶子、杯子、碟子、缸

纤维、非织造布：织物纤维、个人和医用的卫生用品纸浆涂料

五、聚乳酸纤维的制备

聚乳酸纤维纺丝成型加工一直是人们研究和开发的热点之一。制备聚乳酸纤维的聚合体通常采用 PLLA。已经报道的纺丝方法有四种，即干法纺丝、熔体纺丝、干湿法纺丝和静电纺丝。

(一)干法纺丝

干纺 PLLA 主要采用干法纺丝—热拉伸工艺。多采用二氯甲烷、三氯甲烷、甲苯、环己烷等作溶剂。

许多学者对聚乳酸及其共聚物的干法纺丝进行了研究，发现纺丝液的浓度、溶剂组成、拉伸温度、拉伸速度、相对分子质量、相对分子质量分布、纺丝环境温度和纤维直径等因素对成品纤维的性能有影响。

1982 年，Pennings 等人率先用干法纺丝制备出黏均分子量为 30 万～50 万的 PLLA 纤维。他们发现甲苯是不良溶剂，需要使用比较高的纺丝温度(110℃)，会使所得纤维约有 15%的相对分子质量损失；而二氯甲烷或三氯甲烷是良溶剂，纺丝可在室温下进行，PLLA 的相对分子质量不会下降。不同相对分子质量 PLLA 的合适纺丝溶液浓度不同。黏均分子量为 35 万的 PLLA溶解于甲苯中，纺丝溶液的合适浓度为 12%，黏均分子量为 53 万的 PLLA 溶解于甲苯中纺丝溶液的合适浓度为 6%。黏均分子量低于 30 万的 PLLA，不能采用此法制备纤维，因为所得纺丝溶液在 110℃下黏度太低。为了解决此问题，他们又尝试采用不同的溶剂，在室温下把黏均分子量为 18 万～60 万的 PLLA 溶解于二氯甲烷或三氯甲烷中，配制成 10%～20%(mol/L)的纺丝溶液。用此方法成功地解决了低相对分子质量 PLLA 的纺丝成型问题，即使在浓度较低的情况下，仍能制备聚乳酸纤维。他们还发现纺丝溶液浓度对干纺 PLLA 纤维的形状有很大影响，纺丝溶液浓度为 2%，得到的纤维是扁平的，表面光滑；纺丝溶液浓度为 10%～20%，所得纤维为圆柱形，表面有“熔体破裂”般的结构。Postema 等人的研究表明，三氯甲烷和甲苯的混合物是聚乳酸干法纺丝合适的溶剂。三氯甲烷：甲苯的最佳配比与聚合体的种类有关，对于PLLA为40：60，对于P(LA—CL)共聚物(LA：CL=80：20)为50：50。

Postema等人采用黏均分子量为91万的PLLA(熔点为189.5℃)，以三氯甲烷：甲苯=40：60的混合溶剂制成浓度为4%(mol/L)的纺丝溶液，在70℃的温度下老化3h后，在60℃下通过喷丝孔挤出，纺程为6.5cm。控制挤出速度为3m/min，纺丝在不同环境温度(9～60℃)下进行，发现丝条的挤出胀大比与环境温度有关，在低温($T<22$℃)和高温($T>30$℃)下，挤出胀大比都大于3.0；在环境温度为25℃时，出现最小胀大比2.1。研究表明，环境温度为25℃时纺得的初生纤维，经热拉伸后断裂强度可达2.3GPa，过高或过低的环境温度都使断裂强度下降，因为环境温度影响相分离和结晶，从而影响挤出胀大比及可拉伸性，进而影响纤维最终断裂强度。控制挤出速度为30m/min，改变卷绕速度，结果断裂强度由卷绕速度为10m/min时的1.9GPa下降到卷绕速度为182m/min时的0.8GPa，强度下降的原因可能是应力诱导缺陷而导致不均匀的网络结构，使得拉伸性能下降。然而在纺丝中采用准双曲线喷丝孔，可抑制分子网络结构的破坏和相分离，从而在高挤出速率(>180m/min)也能获得强度为1.5GPa的PLLA纤维。

PLLA纤维的结晶度高，易发脆。在PLLA分子链上插入D-乳酸或其他单体单元，可以降低PLLA的结晶度，从而改善PLLA纤维的脆性。Pennings等人利用黏均分子量为37.5万的P(LLA—CL)共聚物(LLA：CL=90：10)进行干法纺丝，溶剂为50：50的三氯甲烷：甲苯溶剂，最终获得了强度为1.05GPa、模量为7.5GPa的纤维。以40：60的三氯甲烷：甲苯为溶剂对LLA：CL=95：5的P(LLA—DLA)共聚物进行干法纺丝，随后在145℃下进行热拉伸，所得纤维的强度为0.95GPa，模量为9.2GPa。Horacek等人进行了以不同配比的三氯甲烷与环己烷混合物溶解含10%残余L-乳酸的PLLA，用连续干纺—热拉伸工艺制备PLLA纤维的试验，发现所得的纤维一般具有多孔结构，甚至在三氯甲烷：环己烷=6：4时可制得中空纤维。

干纺PLLA初生纤维要进行热拉伸，拉伸过程应使整个加热区的温度梯度保持稳定。实验结果表明，最佳拉伸温度为180～200℃，纤维的拉伸强度在很大程度取决于PLLA的相对分子质量和拉伸条件，所得纤维拉伸强度高达1GPa。

干纺PLLA纤维的机械性能比熔纺PLLA纤维好，因为在溶液中大分子链的缠结程度比较低，因此制得的初生纤维显示出高的拉伸性能，而且干纺通常在相对低的温度下进行，热降解较少，因此通过干纺和热拉伸过程可制得强度为2.3GPa的PLLA纤维。表16-13比较了PLLA及其共聚物不同纺丝方法制得纤维的力学性能。

表16-13　不同纺丝方法制得纤维的力学性能

样　品	纺丝方法	断裂强度/MPa	弹性模量/GPa	断裂伸长率/%
PLLA	干纺	2300	16	22
80：20P(LLA-CL)	干纺	1050	7.3	25
95：5P(LLA-DLA)	干纺	950	9.2	21
PLLA	熔纺	530	9.3	26
90：10P(LLA-CL)	熔纺	400	8.2	23
80：20P(LLA-CL)	熔纺	350	5.6	29
85：15P(LLA-DLA)	熔纺	185	5.0	50

(二)熔体纺丝

聚乳酸是热塑性聚合物,可采用熔体纺丝。熔纺同干纺相比,具有工艺简单、溶剂无毒的特点,经济上有优势,因此聚乳酸熔纺的研究非常活跃。

PLLA熔体纺丝的生产工艺与PET类似,可以采用熔体纺丝—热拉伸二步法和熔体高速纺丝一步法。熔体纺丝—热拉伸二步法的一般工艺为:聚乳酸预处理→螺杆挤出机纺丝(190~240℃,纺丝速率500 ~1000m/min)→热拉伸(100~160℃,拉伸4~7倍)。三菱人造丝公司申请了一项采用熔体丝—热拉伸工艺制备聚乳酸纤维的专利,其主要技术为:聚乳酸的重均分子量为10万~50万,纺丝温度一般低于220℃,热拉伸在100~140℃下进行,拉伸4~10倍,所得到的纤维断裂强度高于7.2cN/dtex,断裂伸长率大于30%,此方法的主要特点是断裂伸长率较溶液纺丝的10%~20%高出50%以上,生产出来的纤维可制作钓鱼线、缝合线、非织造布等产品。高速纺丝的一般工艺为:聚乳酸→高真空下干燥→熔体纺丝(185~210℃,纺丝速度2000~5000m/min)。高速纺丝不仅可以提高聚乳酸纤维的产量,还可通过其本身的热拉伸过程生产非取向或部分取向的纤维,二步法制得的聚乳酸纤维的力学性能一般好于高速纺丝制得的纤维。

PLLA熔体纺丝的研究起始于20世纪70年代,但当时纤维的断裂强度只有2.21 cN/dtex(0.28GPa)。随后,Schneider制得了强度为0.48~0.69GPa、模量为7GPa的PLLA纤维,Eling等人通过熔体纺丝和拉伸制得了强度为0.5GPa、模量为7GPa的PLLA纤维。1983年,Hyon等人将PLLA纤维的断裂强度和模量分别提高到0.7GPa和8.5GPa。20世纪90年代,Fambri等人用黏均分子量为33万、熔点为186℃、结晶度约75%的PLLA进行熔体纺丝。纺丝前聚合物在真空炉中于50℃干燥48h,然后在240℃从直径1mm的喷丝孔挤出,纺程50cm,卷绕速度1.8~20m/min。最后利用热盘拉伸装置在160℃下对初生纤维进行热拉伸。在卷绕速度为5m/min、拉伸10倍的条件下,制得了断裂强度为0.87GPa、模量为9.2GPa的PLLA纤维。与此同时,对聚乳酸熔体高速纺丝的研究也逐步展开。Fambri对L-乳酸/D,L-乳酸共聚物进行高速熔融纺丝所得纤维的最高断裂强度和模量分别为0.57GPa和5.9GPa。表16-14概括了早期文献介绍的熔纺PLLA纤维的机械性能以及加工条件。

表16-14 不同研究者制备PLLA纤维的纺丝条件及纤维性能

研究者(年)	初始黏均分子量($\times 10^{-3}$)	挤出温度/℃	卷绕速度/m·min^{-1}	喷丝孔直径/mm	初始纤维结晶度/%	最终黏均分子量($\times 10^{-3}$)	拉伸纤维直径/μm	纤维强度/GPa	纤维模量/GPa
Schneider (1972)	19~182	160~190	未发表	0.13~3.8	未发表	<114	25~500	0.48~0.69	7
Eling (1982)	<300	185	0.25~0.35	—	未发表	180~260	未发表	0.5	7
Hyon (1984)	360	200	未发表	—	约5	110	150	0.7	8.5
Dawner (1992)	98	190	未发表	0.5	未发表	38	76	0.4	未发表
Pennings (1993)	280	210	—	0.25	42	100	83	0.53	9
Fambri (1995)	330	240	2(5~20)	—	5(20~40)	110	80	0.87	9.2

进入21世纪后，熔体纺丝—热拉伸二步法和熔体高速纺丝一步法制备聚乳酸纤维的研究仍方兴未艾。Chmack、Yuan和本章作者等对聚乳酸熔体纺丝—热拉伸二步法进行了较详细的研究。Schmack等人通过对5种不同立构的聚乳酸的高速熔融纺丝，获得的聚乳酸纤维的最佳力学性能是拉伸强度0.3GPa、拉伸模量6.8GPa、断裂伸长率30%。

综合文献报道和研究结果，影响熔纺聚乳酸熔体纺丝工艺和纤维结构性能的因素主要有如下几项。

1. 原料的预处理

聚乳酸在熔融状态下会很快降解，这种降解包括热水解、解聚和环状低聚合、分子间和分子内的酯交换反应。如前所述，Yuan等人发现，PLLA的熔融挤出分解率达39.0%～69.0%。研究表明，在升温过程中，PLLA的特性黏度有较大幅度的下降，当加工温度达225℃，特性黏度比室温时下降了39%。因此原料聚乳酸在纺丝前必须进行预处理，以严格控制聚乳酸中的金属、单体、水等的含量，尤其是水分子在纺丝前必须严格去除（含量< 50mg/kg），否则在纺丝过程中会引起相对分子质量的急剧下降、腐蚀加工机械，使制得的纤维性能降低。去除水分的方法通常是真空干燥，例如，Yuan等人将PLLA切片在液氮中磨成粉末，然后在50℃的真空炉中干燥48h以上；Pennings等人把PLLA在2.66mPa下真空干燥3h。尽管如此，PLLA经高温下熔体纺丝，所得纤维仍有15%的相对分子质量损失。为了提高PLLA的热稳定性，减少纺丝过程的热降解，Hyon等人在熔体纺丝前，把PLLA末端的—OH基团用醋酸酐和吡啶进行乙酰化，然后进行纺丝，结果发现经端基封闭的聚乳酸热稳定性有所提高，纺丝温度低于200℃时，PLLA基本不发生热降解；但是，如果纺丝温度超过200℃，PLLA的热分解变得明显，相对分子质量下降。Cicero等人的研究发现，加入少量抗氧剂亚磷酸三壬基苯酯（TNPP)，可以有效地抑制PLLA在熔体纺丝过程中的降解。日本东洋纺公司把聚乳酸的末端基团封闭，然后采用200℃以下的纺丝温度，开发出的聚乳酸短纤维的断裂强度为6.0～6.3cN/dtex，断裂伸长率在29%～35%，勾结强度为4.0～4.3cN/dtex，卷曲度为10～30个/25mm，纤维长度为30～70mm，该纤维适应于非织造布干法成网工艺的要求。

2. 聚乳酸的结构

Cicero等人研究了聚乳酸分子结构对聚乳酸的热稳定性、力学性能等的影响。他们将$L:D=96:4$的PLA进行过氧化处理得到支化产物后，对两种不同分子结构的PLA进行熔体纺丝。结果表明，相对于线型PLA，支化PLA具有较高的黏度、相对分子质量和较长的松弛时间。在纺丝过程中，支化聚乳酸与线型聚乳酸相比，因具有较高的重均分子量而导致相对分子质量的损失较大；因具有较长的松弛时间而较早地出现应变硬化；在同样的喷头拉伸比下，因具有较高的黏度而引起较高的应力，从而具有较高的结晶度。聚乳酸的支化增大了纤维的沸水收缩率和断裂伸长率。

Yuan等人用PURAC生产的三种PLLA（表16－15)纤维，研究了聚乳酸相对分子质量和结晶度对纺丝工艺和纤维结构性能的影响。结果表明，不同相对分子质量的PLLA适合不同的熔融挤出温度。PLLA的原始相对分子质量越高，在相同温度下挤出过程中相对分子质量的下降程度越大。相对分子质量最高的PLLA－a纤维有最高的断裂强度（535MPa）和模量（522GPa)。原料PLLA的结晶度越高，熔融挤出温度也应越高，如结晶度较高的PLLA－a和PLLA－c，熔融挤出应该在高于230℃进行；结晶度较低的PLLA－b，熔融挤出则应在220℃下进行。实验也表明，不同相对分子质量的 PLLA 应该有不同的挤出温度(表 16－16)。

表 16－15 PLLA 的相对分子质量和纤维制备过程中的降解

样　品	黏均分子量	熔程/℃	结晶度/%	初生纤维		挤出温度/℃
				黏均分子量	降解率/%	
PLLA－a	494600	174.4～186.9	79.9	216500	45.7	220
				146000	63.2	230
				123600	69.0	240
PLLA－b	304700	179.8～192.0	59.2	161400	39.0	210
				157300	40.6	220
				112200	57.6	230
PLLA－c	262800	177.6～192.2	75.7	109700	50.5	210
				106800	51.8	220
				105900	52.2	230

表 16－16 PLLA 的特性黏度和合适的挤出温度之间的关系

原料特性黏度/$dL \cdot g^{-1}$	熔体挤出温度/℃	原料特性黏度/$dL \cdot g^{-1}$	熔体挤出温度/℃
1.89	245	1.61	215
1.75	220		

Schmack 等人研究了聚乳酸的结晶度与纤维性能的关系。他们用由 92 %(质量分数) L－丙交酯和 8%(质量分数)内消旋丙交酯共聚得到的聚乳酸进行熔体高速纺丝，结果表明，这种共聚物纤维的结晶度较低，韧性好于纯 PLLA 纤维。Midori Takasi 等人对 3 种右旋乳酸含量不同的 PLA 即 PLA－L(1.5%)、PLA－M(8.1%)、PLA－H(16.4%) 进行了高速纺丝，结果表明，初生纤维的双折射随右旋乳酸含量的增加而降低；在相同的纺丝速度下，右旋乳酸含量低的 PLA－L 初生纤维结晶度高于 PLA－M 初生纤维，而 PLA－H 初生纤维没有晶区，呈无定形态；PLA－L 初生纤维的力学性能最好，在纺丝速率为 10km/ min 时，断裂强度和模量分别为 570MPa、9GPa 。

3. *纺丝温度*

研究表明，聚乳酸的纺丝温度窗口很窄。由表 16－17 可知，温度过低(207.5℃)会出现毛丝严重、生头困难的现象；温度过高(215℃)，制得的初生纤维不能进行拉伸。合适的纺丝温度在 5℃左右。

由表 16－17 可知，在纺程上使用热管，对于初生纤维的取向度有一定的影响。这是由于挤出细流的拉伸形变速度梯度 $\dot{\varepsilon}$ 与固化长度有关，加热管后，纺程上的固化长度增加，导致 $\dot{\varepsilon}$ 变小。初生纤维的预取向度与 $\dot{\varepsilon}$ 成正比，因此加热管后的初生纤维的预取向因子 f_s 较小，因而其断裂强度也较小。

由表 16－15 可知，挤出温度对于聚乳酸初生纤维的相对分子质量有很大的影响，原料相对

表 16－17 纺丝温度对 PLLA 可纺性和初生纤维性能的影响

纺丝温度/℃	可纺性	断裂强度/cN·dtex^{-1}	断裂伸长率/%	声速取向因子 f_s
207.5(不加热管)	生头困难	—	—	—
212.5(不加热管)	纺丝顺利	1.45	3.8	0.62
212.5(加热管)	纺丝顺利	1.42	3.6	0.42
215(不加热管)	纺丝顺利	不可拉伸	不可拉伸	—

注 计量泵转速 7.0r/min，卷绕速度 110m/min。

分子质量相同时，在较低温度挤出的 PLLA 初生纤维的相对分子质量要高于较高温度挤出的初生纤维。适宜熔融挤出温度应根据原料的相对分子质量和结晶度而确定。原料的相对分子质量高的 PLLA－a 和结晶度高的 PLLA－c 的熔融挤出温度应该超过 230℃，而相对分子质量中等、结晶度低的 PLLA－b 的挤出温度在 220℃更合适。

研究表明，适当提高挤出温度，聚乳酸的可纺性好，初生纤维的表面比较平滑；但挤出温度太高会加剧聚乳酸的降解，由此导致熔体黏度下降而影响纺丝的顺利进行，因此聚乳酸的熔融挤出温度控制在其熔点以上 30～40 ℃比较适宜，这可以从表 16－15 中的数据得到证明。

4. 纺丝速度和喷头拉伸比

研究表明，卷绕速度恒定时，随着泵供量的增加，PLLA 初生纤维的断裂强度有所下降，但其断裂伸长率上升(表 16－18)。这是因为随着泵供量增加，PLLA 熔体的挤出速度增大，$\dot{\varepsilon}$ 变小，因此初生纤维的取向度变小、断裂强度下降、断裂伸长率增大。而挤出速度恒定时，随着卷绕速度的增加，PLLA 初生纤维的断裂强度和断裂伸长率均增大(表 16－19)。这是因为随着卷绕速度的提高，$\dot{\varepsilon}$ 变大，因此初生纤维的取向度变大。而断裂伸长率的变化与某些松弛过程有关，卷绕速度的增加既使 $\dot{\varepsilon}$ 增大，又影响初生纤维的松弛过程；对于低速纺丝，卷绕速度的提高使大分子在成型过程中不能充分松弛，因此初生纤维在电子强力仪上的断裂伸长率增大。

表 16－18 泵供量对聚乳酸初生纤维性能的影响

泵供量/r·min^{-1}	断裂强度/cN·dtex^{-1}	断裂伸长率/%	声速取向因子 f_s
7	1.48	3.8	0.62
10	1.46	4.0	0.40
13	1.45	4.2	0.37

注 工艺条件：纺丝温度 212.5℃，卷绕速度 110m/min。

表 6－19 卷绕速度对 PLLA 初生纤维性能的影响

卷绕速度/m·min^{-1}	断裂强度/cN·dtex^{-1}	断裂伸长率/%	声速取向因子 f_s
60	1.35	3.5	0.41
160	1.38	10.5	0.47
210	1.43	24.3	0.49

注 工艺条件：纺丝温度 212.5℃，泵的转速 160r/min。

熔体纺丝—热拉伸二步法制备聚乳酸纤维的卷绕速度一般为 1～20m/min。研究表明，随着卷绕速度的提高，除了断裂强度和断裂伸长率增大外，纤维的模量升高，分子链的断裂减少，相对分子质量下降较少。

对于熔体高速纺丝，Khaled Mezghani 等人的研究表明，纤维的机械性能随卷绕速度线性增加并在 3000m/ min 时达到最大，断裂强度和模量分别为 6GPa 和 385MPa ，屈服强度为 160MPa 。Schmack 等人也得到了类似的研究结果，纺丝速度为 2000～3000m/min 时，初生纤维的力学性能最好，断裂强度和模量分别为328MPa和4.2GPa，断裂伸长率达50%～60%。

5. 纺丝气氛

研究表明，纺丝气氛对初生纤维特性黏度的影响极大（表 16－20）。在空气中纺丝，PLLA 的降解率很高；而用氮气保护，聚乳酸的降解率明显降低。

表 16－20 不同纺丝气氛下 PLLA 的降解率

纺丝的气氛	原料特性黏度/dL·g^{-1}	初生纤维特性黏度/dL·g^{-1}	降解率/%
空气	4.45	1.05	76.4
氮气	4.45	3.36	25.6

6. 拉伸工艺

聚乳酸初生纤维的机械性能比较差，还必须进行热拉伸。Yuan 等人研究了原料 PLLA 的相对分子质量和熔融挤出温度（表 6－16）对纤维拉伸性能的影响，发现 PLLA 初生纤维的最大断裂强度在 42～103MPa，热拉伸后明显地增大到 300～360MPa；初始模量在 1.2～2.4GPa，热拉伸后上升到 3.6～5.4GPa；初生纤维间初始模量差别相对较小，热拉伸纤维间初始模量的差别较明显。原料的相对分子质量越高或挤出温度越低，纤维的初始模量就越高。大部分初生纤维在拉伸性能中表现出塑性形变，屈服经常在断裂伸长率为 3%～4%、拉伸屈服应力在 50～72MPa 时发生。

Fambri 等人认为，聚乳酸纤维的力学性能决定于它的可拉伸性，即与初生纤维的初始结晶度和纤维的直径有关，初生纤维的卷绕速度越低，它的最大可拉伸比就越高。

研究发现，PLLA 初生纤维比较脆，在低温下的拉伸曲线属 a 型拉伸；随着拉伸温度的提高，塑性形变越来越显著，初生纤维的拉伸曲线呈 c 型形变（图 16－29）。同时，随着拉伸温度的升高，纤维的断裂强度增大；但拉伸温度升高，解取向增大，会降低有效取向度；当温度太高时，由于结晶速度太快，拉伸应力急剧上升，甚至会导致丝条断裂。纤维的取向度和强度随总拉伸倍数的增大而提高，断裂伸长率随总拉伸倍数的增大而减小，同时显示塑性形变的水平段即自然拉伸比也有所缩短。适当降低拉伸速度，纤维的取向度和断裂强度增大，断裂伸长率减小。但拉伸速度太低时，易于产生缓慢流动，纤维的拉伸应力不足以破坏不稳定的结构并随后使

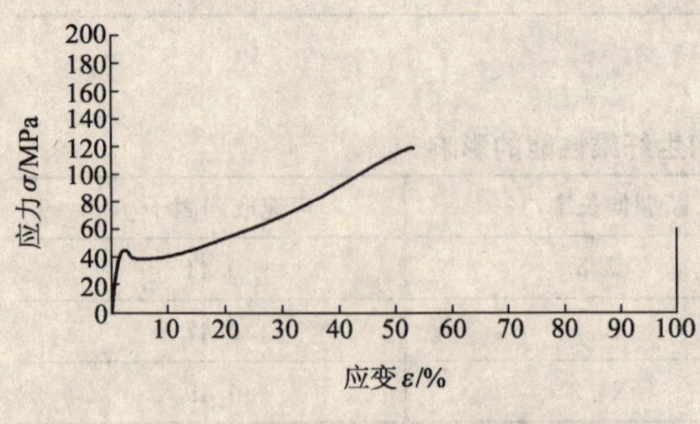

图 16－29 PLLA 初生纤维的拉伸曲线（80℃）

它改建，结果断裂强度反而下降而使断裂伸长率增大。拉伸温度在120℃左右，形变主要由中间部分的细颈开始，形变明显不均匀；当温度在135℃以上时，特别是在150℃以上时，细颈现象消失，形变明显变得均匀。

(三)干湿法纺丝

张秀芳等人采用干湿法纺丝—热拉伸工艺制备了聚乳酸纤维，根据凝固条件和拉伸热的条件调节聚乳酸的取向度、结晶度、晶粒尺寸和热性能，以满足人工胸壁用聚乳酸纤维具有一定的取向度、结晶度控制在20%～50%、晶粒尺寸较大、纤维表面粗糙、纤维内部需要少许孔洞的要求。孔洞是丝条进入凝固浴后溶剂与凝固剂之间的双扩散导致相分离而形成的。后续拉伸过程中，可改善纤维不规则的表面和内部孔洞的形态结构，采用的工艺条件为：空气层厚3～5cm，凝固浴采用横管型和深浴型，根据凝固的情况进行调节，以提高浸浴长度；凝固剂采用100% 的无水酒精，凝固浴外面用热水作为加热介质，以调节凝固浴所需的温度(15～50℃)。

聚乳酸纤维干法和干湿法的区别在于后者能有效地调节纤维的结构形成过程。这是因为通过空气层的纤维进入凝固浴后，凝固动力学和纤维的结构可借助于调节凝固浴的组成和温度，在一个宽广的范围内加以改变。在凝固浴中，溶剂化聚乳酸纤维成了固相，从溶液中扩散出来的溶剂和凝固剂成了液相，这和湿法纺丝的纤维成型过程十分相似。提高凝固浴的温度，降低凝固浴的浓度，选择合适的凝固剂，有利于形成孔洞。干法纺丝在纤维成型过程中，离开喷丝头的纤维的结构依赖于溶剂挥发的速度，比较慢，而且不分相，因此纤维的结构调节比较困难。干湿纺纤维由于所含溶剂的增塑作用，分子活动性相对于干纺纤维来说比较大，所以在低温、低倍拉伸下取向度和强度都有较大提高。

(四)静电纺丝

由于静电纺丝制备的聚乳酸超细纤维在组织工程支架材料、伤口包覆、新型药物释放载体等生物医用领域有着广阔的应用前景，因此，近年来静电纺丝法这种由来已久的纤维制备方法重新引起了研究者们的高度重视，成为国内外的研究热点。

影响静电纺丝过程和所得纤维形貌的因素主要有：

(1)溶液性质：包括溶剂组成、添加剂(有机铵盐)、聚合物相对分子质量、浓度(黏度)、导电性、表面张力等。

(2)可控加工参数：包括溶液储存装置中的液体静压力、喷嘴直径、喷嘴处的电势以及喷嘴到收集屏的距离等。

(3)环境参数：包括温度、湿度以及纺丝室内的空气流速等。

Young You 等人以三氯甲烷或六氟异丙醇为溶剂经静电纺丝制备了聚乳酸、聚乙醇酸(PGA)、聚(乳酸—乙醇酸)(PLGA)纤维，发现纤维的直径与溶剂的极性有关。以非极性的三氯甲烷为溶剂所得的PLGA纤维，平均直径较大(760nm)，直径分布较宽(200～1800nm)，以极性六氟异丙醇为溶剂所得的PGA和PLA纤维，平均直径较小(300nm)，直径分布较窄。袁晓燕等人用PLA和PLLA－CL进行静电纺丝，结果表明，增加溶液浓度，或加大溶液流量，有利于形成均匀的超细纤维，但溶液浓度过大导致黏度增高，流动性降低，会加剧喷头堵塞；随着电压增大，纤维直径减小，电压过大时，纤维间易于粘结，由圆形趋于扁带状。Zong 等人用PDLA和PLLA通过静电纺丝法制备了可生物吸收的纳米纤维膜，发现溶液浓度和盐的加入对纤维直径影响比较明显。

静电纺丝法装置简单，操作方便。静电纺丝制备的聚乳酸纤维，比常规方法得到的纤维直径小，一般在 3nm 至 5μm，有很大的比表面积（直径为 100nm 的纤维可以达到 $100m^2/g$ 的比表面积）。其非织造膜具有超高的特异性、比表面积和孔隙率，除了适合作生物医用材料外，还可作聚合物纳米复合材料的增强材料、过滤膜材、功能性织物保护涂层、传感器和纳米模板等产品。

(五)超临界流体法

利用超临界流体技术，使聚合物的超临界溶液通过小直径喷嘴，在一定溶剂中快速膨胀时，依据聚合物浓度、温度、压力、喷嘴长径比不同，可形成聚合物微球、细丝、纤维、网状物、海绵等形态。当聚合物浓度较高、预膨胀温度高、压力低、喷嘴长径比小时，有利于形成纤维。

Meziani 将这一技术用于制备聚乳酸纤维，采用超临界流体法制备出直径小于 100nm 的聚乳酸纳米纤维。研究认为，聚乳酸浓度对纤维的形成起决定作用。但目前尚未确立超临界法制备纤维的机理。

(六)凝胶冻干法

Ma 等人提出了制备聚乳酸作为组织修复纤维支架材料的新方法——凝胶冻干法。其制备方法是聚合物溶液经热致凝胶、溶剂交换及冻干处理，获得了纳米级纤维多孔支架，作为细胞间质实现对细胞的支撑，为细胞生长、培殖提供良好的环境。研究发现，聚合物浓度、凝胶温度、溶剂交换及冷冻温度对纳米级纤维的结构有影响。当凝胶温度较低时，可形成平均直径为 160～170nm 的纳米纤维状结构，其孔隙率高达 98.5%，并随聚合物浓度的增大而减小，力学性能（断裂强度和模量）随聚合物浓度增大而增大。将聚乳酸等可生物降解的脂肪族聚酯经凝胶冻干，制备了直径为 50～500nm 的三维交错纤维网络，由此形成的多孔结构可用于模拟天然细胞外的细胞间质体系。

上述几种聚乳酸纤维的制备方法中，聚乳酸超临界流体法、凝胶冻干法和干湿法纺丝的研究文献很少，更未见生产的报道。静电纺丝法制备聚乳酸纤维还面临一些问题，例如电动力学及其与聚合物流体的关系尚不明确，产量很低（产量典型值为 1mg/h～1g/h），所得纤维的强度不够，因此有待进一步研究。关于干法纺丝和熔体纺丝的研究最多，但干法纺丝工艺较为复杂，溶剂回收困难，纺丝环境恶劣；其所采用的溶剂有毒，这在聚乳酸合成成本较高的情况下，使其最终产品成本更高，从而限制了其应用。

到目前为止，采用干法纺丝制备聚乳酸纤维还停留在实验室阶段，尚未见商业化生产的报道。由于熔体纺丝法工艺简单，生产效率高，虽然其工艺和设备仍在不断改进和完善，但它已经成为聚乳酸纺丝成型加工的主流。目前，聚乳酸熔体纺丝已经进入商业化生产阶段，如美国 Cargill Dow 的 Ingeo 纤维、日本钟纺公司的 Lactron 纤维和尤尼吉卡公司的 Terramac 纤维等。随着成本的不断降低，聚乳酸纤维的生产规模将逐年扩大。

我国对聚乳酸熔体纺丝的研究与开发主要集中于纺丝—拉伸二步法。东华大学承担的中国石化总公司项目“聚乳酸的合成及纤维制备工艺”（2000 年 7 月～2002 年 6 月）和上海市科委科技攻关项目“玉米纤维纺丝工业化试验的研究”（2003 年 12 月～2005 年 11 月）都已经通过专家鉴定，产品性能达到国际先进水平。上海华源公司与 Cargill Dow 进行合作，已生产出纤维加弹丝和拉伸丝。

六、聚乳酸纤维的结构与性能

(一)聚乳酸纤维的结构

1. 结晶结构

由于 PLLA 为半结晶聚合物,存在不同的结构单元,在纺丝和拉伸过程中对外力有不同的响应,因此,晶格结构、晶型、结晶度、结晶取向和取向分布等性能是不同的。PLLA 纤维的结晶度和晶型取决于纺丝方法和工艺条件。

研究表明,PLLA 纤维的结晶度依赖于纺丝速度,对于熔体纺丝—热拉伸二步法,当卷绕速度较低时,获得近于无定形的纤维;当卷绕速度较高时,纤维的结晶度达 30%~38%。

Yuan 等人的研究表明,PLLA 初生纤维的结晶度与原料的相对分子质量和结晶度关系不大,而与熔体挤出温度和拉伸关系密切。他们采用相对分子质量和结晶度不同的 PLLA(表16-15),通过熔体纺丝—热拉伸二步法制备纤维,发现初生纤维的结晶度都比较低(16.6%~22.9%);熔体挤出温度较高,得到的 PLLA 初生纤维的结晶度较低;拉伸纤维的结晶度(50.6%~64.2%)明显高于初生纤维,拉伸倍数较高,拉伸纤维的结晶度较高(表 16-21)。

表 16-21 PLLA 初生纤维和拉伸纤维的 DSC 分析

样品	熔体挤出温度/℃	初生纤维结晶度/%	拉伸纤维	
			结晶度/%	拉伸倍数
PLLA-a	220	22.9	61.9	4.71
	230	18.6	64.2	4.75
	240	16.6	61.8	4.77
PLLA-b	210	20.4	63.6	5.50
	220	19.6	60.4	4.66
	230	18.9	61.7	5.35
PLLA-c	210	18.0	50.6	5.18
	220	17.3	51.9	5.11
	230	17.3	61.0	5.89

Schmack 的研究表明,PLLA 初生纤维的结晶度还取决于卷绕速度。他通过纺丝—拉伸二步法制备了聚乳酸纤维,挤出速度恒定在 200m/ min,发现喷头拉伸比越高,即卷绕速度越高,初生纤维的双折射率越大,结晶度越高。这是因为分子取向和应力作用使纤维发生了诱导结晶。

PLLA 初生纤维的 DSC 图谱(图 16-30)表明,加热过程中出现了结晶放热峰。这是由于纺丝速度较低,PLLA 初生纤维在纺程上仅形成少量的结晶,因此在测量过程中加热时又发生了结晶。该初生纤维的 X 射线衍射图谱(图 2-15)表明,该纤维的晶粒尺寸很小。但拉伸纤维的 DSC 曲线(图 16-31)上未出现结晶放热峰,这是因为拉伸纤维已经有相当高的结晶度,因此在测量过程中不再发生结晶。这表明,在拉伸过程中,纺程上基本不结晶的 PLLA 纤维的结晶度急剧上升。这一方面是由于分子取向和应力作用使纤维发生诱导结晶,另一方面是由于拉伸过程中与周围介质的热交换和形变能量的转换，会导致纤维温度升高，并使纤维结晶速度增大。根据图 2－15，用谢乐公式计算出该拉伸纤维的晶粒尺寸 L_c＝6.16nm，表明其结晶比较完整。因此可以通过拉伸提高聚乳酸纤维的结晶度和结晶的完整性。

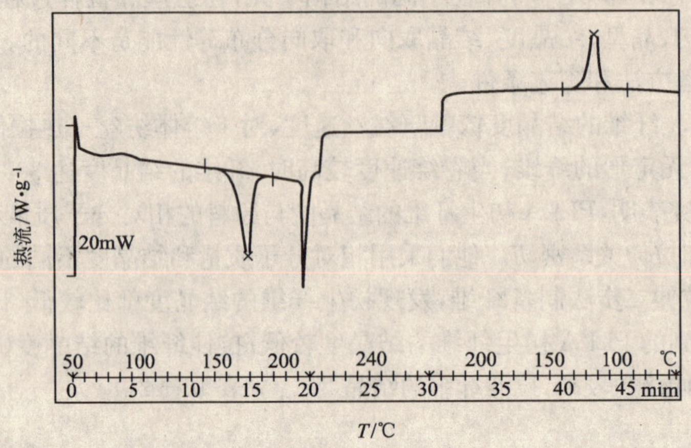

图 16－30　PLLA 初生纤维的 DSC 曲线

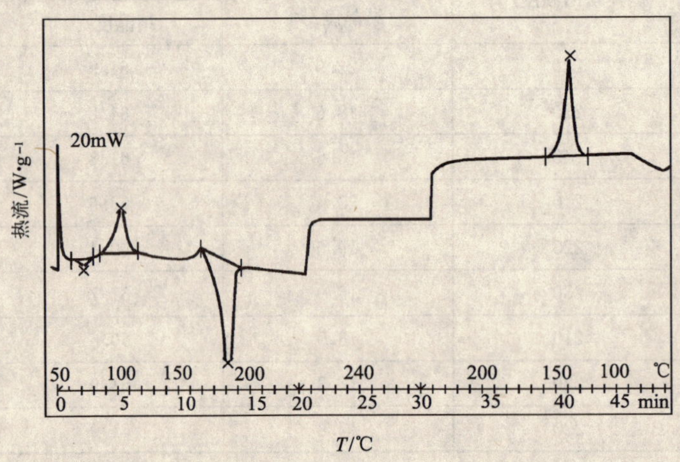

图 16－31　PLLA 拉伸纤维的 DSC 曲线

Khaled Mezghani 等人在环境温度为 25℃的条件下进行了 PLLA 的高速纺丝，发现初生纤维的纺丝速度(0～5000m/min)线性增加，并在 3000m/min 时达到最大(43%)，此后，随着纺丝速度的继续增大，初生纤维的结晶度有所下降。这同样是因为较高的纺丝速度会导致分子取向并使纤维发生诱导结晶，而过高的纺丝速度使 PLLA 结晶时间过短，结晶不完全。

张秀芳发现，干湿纺聚乳酸纤维的结晶度与熔纺和干纺聚乳酸纤维相比要低，当入射角接近 2θ 时，晶面距 d 相对较高，这说明干湿纺聚乳酸纤维的结晶结构比较疏松，而且缺陷比较大。

如前所述，PLLA 在不同结晶条件或不同外场诱导作用下，可形成不同类型的球晶。据报道，PLLA 纤维的晶系有 2 种，即 α 型和 β 型。α 晶型可由熔体纺丝和低温干法纺丝工艺得到，β 晶型通常采用相对分子质量高、相对分子质量分布窄的 PLLA，通过高温干法纺丝并且经过高温、高倍拉伸而得到。PLLA 纤维在拉伸过程中呈现典型的同质多晶现象，α 晶型在高温、高倍拉伸下，能够转变成 β 晶型。张秀芳发现，干湿纺聚乳酸初生纤维为 α 晶型，但在 120℃ 和 2 倍拉伸条件下就可以转变成 β 晶型或者 α、β 晶型的共混结构，不需要高温、高倍的拉伸条件。

一些研究者认为，在比例不同的熔纺和干纺 PLLA/PDLA 共混纤维中，可得到立体复合（stereocomplex）晶体结构。立体复合晶体的结构是一种与 α 晶型的 10_3 螺旋构象及 β 晶型的 3_1 螺旋构象不同的非常规整的平行堆砌的结晶结构，在 DSC 图谱上显示其熔点要比 PLLA/或 PDLA 纤维高 50℃左右，在 X 光谱图上显示出有其特征的（100）s、（200）s、（003）s 晶面的衍射点。高温和高倍拉伸是得到立体复合晶体的必备条件。Takasaki 研究了外消旋聚乳酸的高速熔体纺丝，发现当纺丝速度为 4000m/min 时，可获得含立体复合晶体、取向度和结晶度高的纤维。张秀芳等人将干湿纺 PLLA/PDLA 共混纤维在 120℃拉伸 2 倍，也发现有立体复合晶体存在。

2. 形态结构

聚乳酸纤维的表面形态与制备方法和工艺条件密切相关。熔纺聚乳酸纤维的表面一般比较光滑，但当熔体挤出温度较低时，初生纤维的表面相当粗糙（图 16－32），这可能是挤出时温度偏低而导致聚合物熔体混合不均匀造成的。

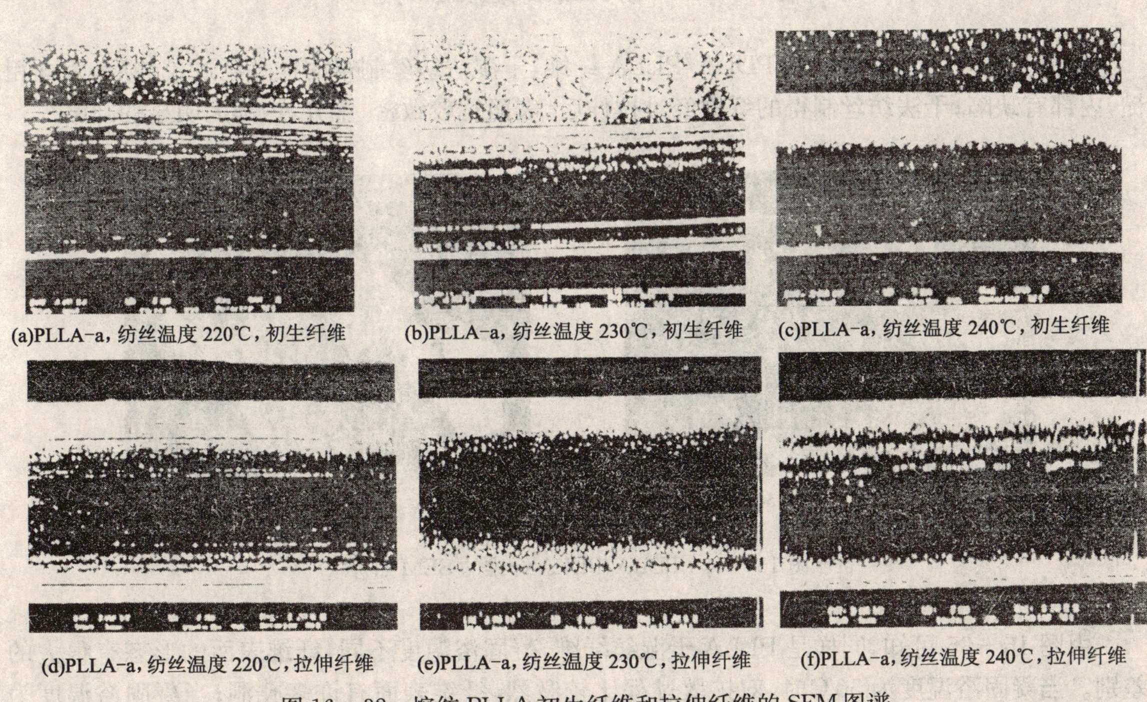

(a)PLLA-a，纺丝温度 220℃，初生纤维　(b)PLLA-a，纺丝温度 230℃，初生纤维　(c)PLLA-a，纺丝温度 240℃，初生纤维

(d)PLLA-a，纺丝温度 220℃，拉伸纤维　(e)PLLA-a，纺丝温度 230℃，拉伸纤维　(f)PLLA-a，纺丝温度 240℃，拉伸纤维

图 16－32　熔纺 PLLA 初生纤维和拉伸纤维的 SEM 图谱

Cicero 等人采用原子力显微镜观察了熔体纺聚乳酸纤维的结构形态，发现拉伸前，纤维呈有光泽的透明状；当拉伸倍数较高时，纤维表面产生了裂纹，变得暗淡无光。

Gogolewski 等人的研究表明，纺丝溶液浓度对干纺聚乳酸纤维的表面形状有很大的影响。由 2％溶液制备的 PLLA 初生纤维的表面平整而且光滑，但当溶液浓度为 10％～20％

时，初生纤维的表面出现有规律的“粗牙螺纹”，甚至高倍热拉伸也不能完全除去这种现象（图 16－33）。

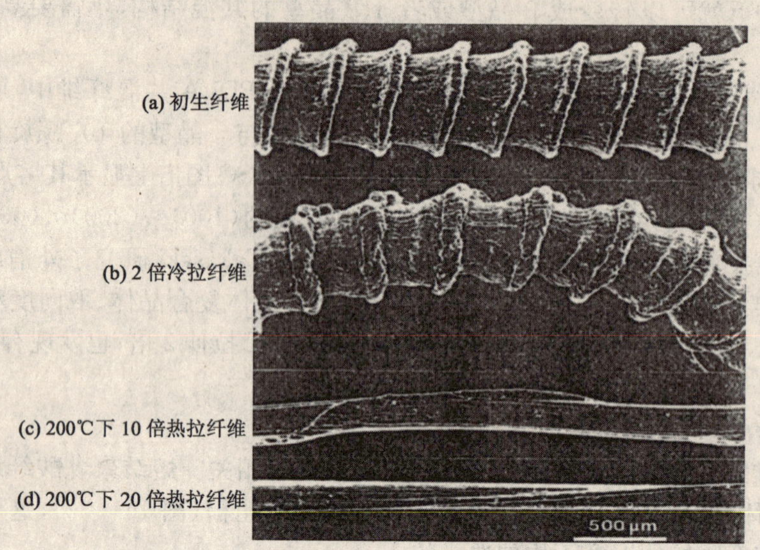

图 16－33　干纺 PLLA 纤维的 SEM 照片

由图 16－34 可知，同样是 PDLA/PLLA 纤维，干湿法纺丝制得的样品经过拉伸后，表面粗糙，内部有缺陷；干法纺丝制得的纤维经过拉伸后，表面比较致密、整齐，内部无明显的缺陷。

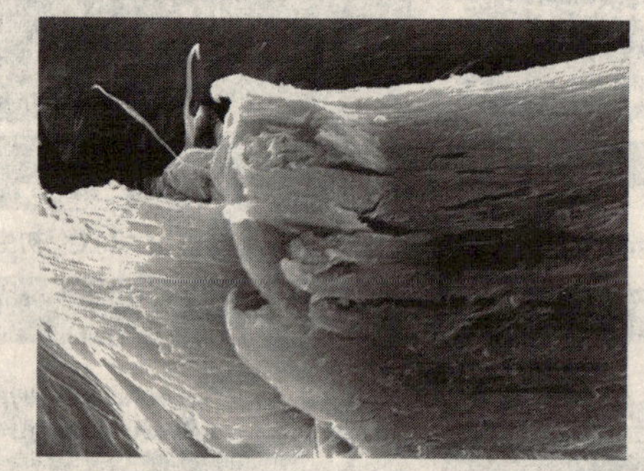

(a) 干湿纺 PDLA：PDLA（50：50）纤维（300 倍）

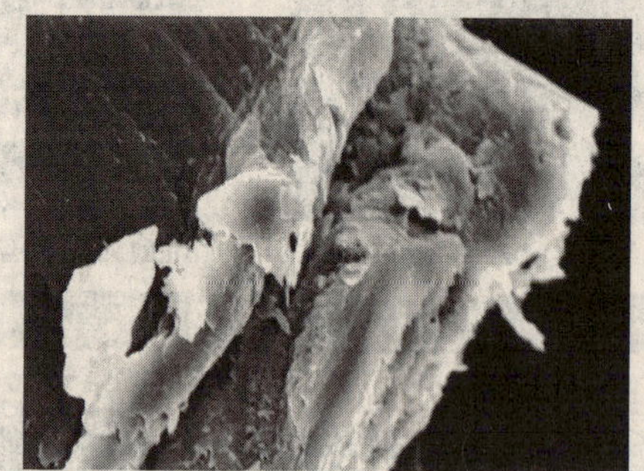

(b) 干纺 PDLA：PDLA（50：50）纤维（300 倍）

图 16－34　PDLA/PLLA 纤维的 SEM 照片

由图 16－35 可知，同样是 PLLA 干湿纺纤维，凝固浴温度不同，纤维表面的形态有很大的差别。当凝固浴温度为 50℃时，双扩散过程比较激烈，纤维表面有许多孔洞；当凝固浴温度为 15℃时，双扩散过程比较缓和，纤维表面虽然存在高温、高倍拉伸导致的微纤结构，但显得光滑、致密，没有孔洞。

（二）聚乳酸纤维的性能

1. 聚乳酸纤维的绿色性

是否符合绿色要求，是衡量新型纤维生命力的先决条件。由于以下原因，聚乳酸纤维完全

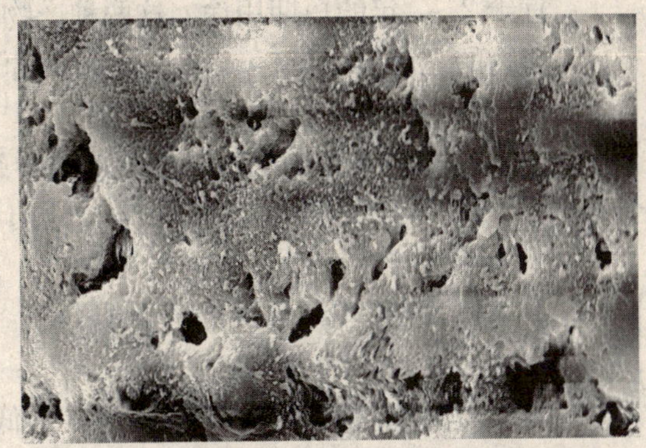
(a) 干湿纺 PLLA 纤维（1000 倍），凝固温度 T=50℃

(b) 干湿纺 PLLA 纤维（1000 倍），凝固温度 T=15℃

图 16－35 干湿纺 PLLA 纤维的 SEM 照片

符合绿色的要求，因此是理想的生态纤维。

(1)原料来源丰富而且可以再生：目前大多数合成纤维以石油为原料，而聚乳酸以碳水化合物富集的物质为原料，不仅来源丰富，还可以不断再生，因此取之不尽，用之不竭。这有利于摆脱石油化纤的原料威胁。

(2)生产过程清洁：聚乳酸所用的原材料都没有毒性，其中 L－乳酸是一种具有高度安全性的有机酸。发酵污水的处理不存在难题，聚合物合成过程无环境污染。已经商业化生产的熔融纺丝工艺中无有毒溶剂，工艺简洁，生产过程清洁。

(3)有利于减少天然资源和能源的消耗：目前合成纤维的原料是资源已非常有限的石油，而聚乳酸纤维不以石油为原料。除此以外，与天然纤维棉相比，聚乳酸纤维对土地和水分的要求较少。例如，棉花的亩产量只有 63kg，而玉米的亩产量达 325kg，因此同样面积的土地，可以生产比棉纤维更多的聚乳酸纤维。生产 1t 棉纤维需要 2.9kt 水，生产 1t 聚乳酸纤维所需的水不到 100t。同时，聚乳酸的熔点比丙纶还低，生产聚乳酸纤维消耗的能源量少于三大合成纤维(表 16－22)，也低于 PTT 纤维和 Lyocell 纤维，产品的综合能耗是目前大类化学纤维生产中最低的。

表 16－22 聚乳酸纤维的能源消耗量

纤维品种	能源消耗量/MJ·kg^{-1}	纤维品种	能源消耗量/MJ·kg^{-1}
聚乳酸纤维	67	涤　纶	134
锦　纶	223	腈　纶	249

(4)废弃物可生物降解：大多数合成纤维不能自然分解，其废弃物在自然界的大量积聚导致生态问题。采取回用、回收等办法，有效地节约了资源，也在一定程度上缓解了环境污染，但是无法由此解决全部问题。很多废弃物的全部回用和回收是不经济的或是不可能的。聚乳酸纤维与 PET、PA 和 PAN 三大合成纤维完全不同，它具有良好的可生物降解性。试验表明，如果聚乳酸纤维与微生物和其他有机废弃物同时埋入地下，可以在几个月之内分解成 CO_2 和 H_2O，

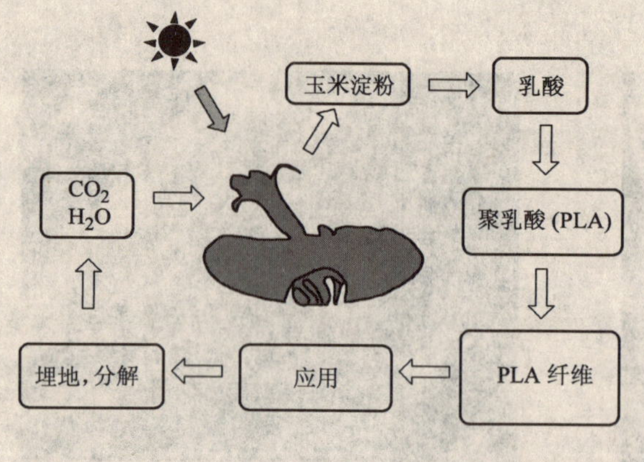

图 16－36　聚乳酸及其原料生产、制备的循环过程

因此是一种理想的可生物降解纤维，特别适宜于 2～3 年的短期用途。这两种产物通过植物的光合作用，又可以变成乳酸的原料淀粉，因此可以在自然界中循环（图 16－36）。

2. 聚乳酸纤维的物理性能和力学性能

表 16－23 将聚乳酸纤维与常用纤维的物理性能和力学性能进行了比较。从表中可见，聚乳酸纤维的物理性能介于涤纶、锦纶 6 之间，其断裂强度、断裂伸长率等性能也与涤纶、锦纶 6 差不多，但熔点低，折射率低，弹性回复率高。

表 16－23　聚乳酸纤维与常用纤维性能的比较

纤维种类	锦纶 6	涤纶	腈纶	聚乳酸纤维	粘胶纤维	棉	真丝	羊毛
相对密度	1.14	1.39	1.18	1.25	1.52	1.52	1.34	1.31
熔点/℃	215	255	320①	170～180	—②	—②	—②	—②
断裂强度/$cN \cdot tex^{-1}$	48.5	52.9	35.3	52.9	22.1	35.3	35.3	14.1
断裂伸长率/%	20～35	20～35	25～45	20～35	20～25	40～62	25～30	3～7
回潮率/%	4.1	0.2～0.4	1.0～2.0	0.4～0.6	11	7.5	10	14～18
5%伸长下弹性回复率/%	89	65	50	93	32	52	52	69
折射率	1.52	1.54	1.50	1.35～1.45	1.52	1.53	1.54	1.54

① 腈纶在熔融时分解。

② 粘胶纤维、棉、真丝、羊毛分解而不熔融。

聚乳酸纤维熔程的宽窄和熔点的高低与相对分子质量的大小及其分布关系不大，主要与纺丝方法、结晶历程、结晶度和球晶大小有关。影响聚乳酸纤维熔融焓大小的因素是大分子链间的相互作用，分子链间的相互作用强，结晶的键能高，使结晶熔融所需要的能量高，熔融焓就大。干湿纺聚乳酸纤维的熔融焓最低，纤维的熔点也最低。

3. 聚乳酸纤维的稳定性

聚乳酸纤维耐气候性好，优于涤纶，在室外暴露 300h，断裂强度可保留 95%（涤纶 60%），500h 后，断裂强度可保留 55%左右。因此可用于农业、园艺、土木建筑等领域。

由于可降解，人们往往由此而担心聚乳酸纤维及其产品的使用寿命。事实上，在正常的温度和湿度条件下，聚乳酸纤维是极其稳定的。一方面，聚乳酸的降解速率相对比较缓和，更重要的是，聚乳酸在不同温湿度的水解速度变化较大，处于空气中与土壤中则完全不同。聚乳酸纤维的降解效果总体上与棉相似，一般使用条件下不易分解。但在一定的环境和一定条件下，聚乳酸纤维则可以分解成二氧化碳和水。聚乳酸及其制品的降解有堆肥降解、土地埋入降解、活性污泥中降解、海水浸渍降解等方法。当聚乳酸纤维埋于土壤或浸入海水中时，纤维首先失去强度，在 2 ～3 年内完全分解，当聚乳酸纤维置于活性污泥中时，纤维在细菌和微生物的帮助下迅速分解，一般只需1～2个月制品强力全部丧失。聚乳酸纤维的降解不会污染环境。另外，聚乳酸纤维的吸湿、吸水性低，因此在使用中无需考虑霉菌引起的降解性。

4. 聚乳酸纤维的加工性能

聚乳酸纤维比涤纶易染色，可用分散染料在常温染色。由于分散染料在水中的溶解度小，PLA纤维吸水性又低，所以在70℃以下上染率较低。为了确保织物有良好的匀染性、染透性，目前一般采用高温高压染色法，染色温度不得大于115℃。为进一步增强染色效果，应在染液中添加适当的分散剂和匀染剂。由于聚乳酸纤维的折射率低，所以不但能染浅色、中色，也能染成深色。研究表明，对于浅色，浴比是影响上染率的重要因素，对于深色，染色温度和固色条件对染色结果影响较大。由于聚乳酸纤维耐酸不耐碱，所以聚乳酸织物在印染前处理加工中不宜采用碱液浸轧，在所有湿处理阶段，为了防止纤维水解，pH值应控制在4～7；pH值为4～5时，可使其水解程度最小。同时，染色温度应尽可能低，否则不能得到良好的染色重现性，即使延长染色时间，也无济于事。

由于对于聚乳酸纤维，分散染料的吸收和扩散性能具有低饱和上染率和高扩散系数的特性，而在染色牢度方面，耐光牢度是一个关键因素，因此要选用中等能量的Dispersol和Palanil染料，这样染得的聚乳酸制品具有良好的耐湿牢度和耐光牢度，色牢度高于3级。聚乳酸纤维耐紫外线，在氙弧光下不褪色，洗涤后基本上不变色。

聚乳酸纤维的加工适应性很好，可以适应机织、针织、簇绒和非织造布等现有绝大多数加工设备，这为它的推广应用提供了极大的便利。

聚乳酸纤维的亲水性和弹性优于涤纶，用其生产的双组分纤维可以更加便利地与天然纤维或与其他合成纤维进行热黏合。在双组分复合纤维制造中，聚乳酸因其可以通过改性而调节、控制熔点和热黏合性以及热收缩性，可以通过控制双组分纤维的皮层熔点和结晶温度来生产海岛型复合纤维，生产高蓬松性或低蓬松性非织造布。

聚乳酸纤维具有低温加工性，而且对许多溶剂，包括干洗剂是稳定的，因此可以采用溶剂或非溶剂加工工艺。

聚乳酸纤维属于脂肪族的聚酯，耐碱性差，故与涤纶一样，经碱处理后有较好的手感，且处理时用碱量也减少。

聚乳酸纤维的玻璃化温度适宜，因此其定形和保形性能好。

5. 聚乳酸纤维的使用性能

聚乳酸纤维可制成纯聚乳酸纤维织物，也可与棉、真丝、羊毛交织。表6－24表明，聚乳酸/棉混纺织物的隔热能力、水气阻隔能力、水汽渗透性能以及织物吸水量均优于同规格的涤纶/棉的混纺织物。加上其织物的芯吸效应明显高于常规涤纶，而且生物相容性好，不刺激皮肤，因此穿着时的舒适感特别好。

表16－24 聚乳酸纤维/棉和涤纶/棉混纺面料性能的测试结果

性　能	聚乳酸/棉织物	涤纶/棉织物	性能之比
隔热能力/$m^2 \cdot (K \cdot W)^{-1}$	2050000	1450000	1.41
水汽阻隔能力/$m^2 \cdot Pa \cdot W^{-1}$	3710000	2710000	1.37
水气渗透性能指数	0.33	0.32	1.03
织物吸水量/$g \cdot m^{-2}$	6.8	5.3	1.28

表 16－25 表明，聚乳酸纤维的限氧指数是常用纤维中最高的，接近于国家标准对阻燃纤维限氧指数的要求(28%～30%)，因此它虽然不是阻燃纤维，天然具有一定的阻燃性。其制品燃烧时的发热量低，只有聚乙烯、聚丙烯纤维的 1/3 左右，只有轻微的烟雾释出，易自熄，火灾危险性小；不会产生有毒气体 NOX，而且可以回收能量。这一特点引起了人们的特别关注。

表 16－25　三种纤维燃烧性能的对比

性能＼纤维	聚乳酸纤维	涤纶	棉
限氧指数/%	24～26	20～22	16～17
烟气产生/$m^2 \cdot kg^{-1}$	53	379	62
燃烧生热/$MJ \cdot kg^{-1}$	19	23	17
自熄时间	2分28秒	6分20秒	4分50秒

聚乳酸纤维可不直接受微生物产生的氧化酶和水解酶的攻击而新陈代谢或腐败、降解，初期发生的水解作用虽然导致聚合物相对分子质量下降，但只形成不能作为微生物营养品的大分子的碎片，不产生任何可分离物。因此，聚乳酸纤维具有较好的耐菌性。

聚乳酸纤维的抗紫外线性能优于涤纶。研究表明，聚乳酸纤维在紫外线下能保持不受侵害，而涤纶对紫外线有较高的吸收值。

对一些哺乳动物的毒性试验(表 16－26)表明，聚乳酸纤维植入体内无毒副作用。它在人体内可以慢慢分解成乳酸，而人体内原本就有乳酸。不仅如此，乳酸可被人体分解吸收，作为碳素源被充分利用。聚乳酸纤维还有一定的耐菌性和抗紫外线性能，因此安全性好，不但可用作可吸收的手术缝合线和组织工程材料，而且很适于作装饰织物。

表 16－26　聚乳酸对一些哺乳动物的毒性

实验对象	注入方式	毒性指标	剂量/$mg \cdot kg^{-1}$
大白鼠	由口服入	LD_{50}	3730
大白鼠	皮下注射	LD_{50}	4500
兔	静脉注射	LVI(急性毒性阳性极限)	160

七、聚乳酸纤维的应用

聚乳酸纤维可以同普通聚酯纤维一样制成长丝、短纤维、单丝和非织造布等制品，装置不需进行大的改动即可生产编织物、带子、非织造布等产品。因此，聚乳酸产品形式多样，用途十分广泛。表 16－27 为钟纺公司聚乳酸纤维 Lactron 的主要产品。尤尼吉卡公司已经开发的纤维品种有单丝、复丝和短纤维(常规型和皮芯复合型)，纺粘法非织造布包括常规型、皮芯复合型和模压型。表 16－28 列举了聚乳酸纤维的主要用途。

表 16－27　聚乳酸纤维 Lactron 的主要产品

纤维分类		型号
复丝/(dtex/f)		33/24、55/24、55/36、83/24、83/36、83/48、165/48、165/72
单丝/dtex		333.3、444.4、488.8、666.6、888.8、1111
复丝/dtex		666.6、888.8、1111、2222
短纤维	线密度/dtex	1.1、2.6、6.3、11.11、16.7、22.22
	切断长度/mm	38、51、76 等
非织造布	单位面积重量/g·cm^{-2}	15、20、30、50、100、150、200
	幅宽/m	0.4、1、2、3

表 16－28　聚乳酸纤维的主要用途

应用领域	举例
服装	内衣、外衣
建筑材料	种植业用网和非织造物、地面覆盖增强材料、催熟膜、沙袋等
农业、林业用材料	防杂草袋和网、奶酪包布、绑带、种子袋、农用化学品和化肥袋
渔业用材料	渔网、海带养殖网、渔线
造纸用材料	包装材料
家用制品	普通用具、室外休闲用具
卫生医疗制品	尿布、个人卫生用品、手术缝合线、卫生纱布和海绵

(一)聚乳酸纤维的服装用途

表 16－29 将聚乳酸纤维与涤纶的服用性能进行了比较。从表中可以看出，聚乳酸纤维的芯吸效应、吸湿性、弹性回复率、阻燃性、手感、光泽、抗皱性等均优于涤纶，相对密度比涤纶低。另外，聚乳酸纤维的卷曲性和卷曲持久性较好，收缩率可以控制，强度高达 6.23cN/dtex，常温下可用分散染料染色，成型加工性好，织物具有较好的穿着舒适性、很好的形状保持性、优雅的真丝观感、丝绸般的手感以及快干效应。因此，聚乳酸纤维是制备服装的理想材料，尤其适合做妇女服装、内衣、运动衫、军装、野外作业服。

表 16－29　聚乳酸纤维与涤纶服用性能的比较

性能	涤纶	聚乳酸纤维	性能	涤纶	聚乳酸纤维
芯吸效应	好	更好	悬垂性/手感	差	好
接触角/(°)	0.315	0.24	光泽	中到低	很高到低
回潮率/%	0.2～0.4	0.4～0.6	抗皱性	良	优
可燃性	火焰离开后燃烧 6min	火焰离开后燃烧 2min	相对密度	1.34	1.25
10%伸长下弹性回复率/%	51	64			

1998 年，钟纺公司推出了聚乳酸纤维 Lactron 与棉、羊毛或其他天然纤维混纺制成的新型纺织品，1999 年，正式展出由 Lactron 纤维制成的纺织面料，生产出具有丝感外观的 T 恤、夹克衫、长袜及礼服。2000 年，尤尼吉卡公司在亚洲产业用纺织品展览会上展出的产品有聚乳酸纤维与 Lyocell 纤维交织的袜子、裤子、T 恤衫、衬衣、裙子等产品。目前，聚乳酸纤维在服装领域的使用正在进一步扩大。

(二)聚乳酸纤维的装饰用途

聚乳酸纤维具有抗紫外线稳定性好、可燃性差、燃烧热低、发烟量小等特性，是比较安全的纤维，加上其优异的弹性，因此非常适合作装饰面料，在家用装饰领域有广阔的市场空间，用于制作悬挂物、室内装饰品、面罩、地毯、填充物等产品。

(三)聚乳酸纤维的产业用途

由于聚乳酸纤维具有优良的生物可降解性、生物相容性、物理机械性能以及好的可塑性、易加工成型，因此在产业领域已有一定的应用。

在医疗卫生领域，聚乳酸及其共聚物纤维的应用历史已很长。用聚乳酸及其共聚物制备的可吸收手术缝合线既能满足缝扎强度的需要，又能被人体缓慢分解吸收，免除了病人拆线的麻烦和痛苦。经聚乳酸纤维增强的复合材料，不仅可以作为骨结合部固定材料，而且可以作为组织缺损部补强材料。目前，聚乳酸纤维在组织工程支架、药物控释体系中的载药材料、人工管道、人工韧带、人工肌腱、创面敷料、绷带、尿布、脱脂棉、卫生巾、一次性失禁用品、用即弃工作服等方面也显示了广阔的应用前景。

聚乳酸纤维也可以应用于农业、林业、渔业、土木、建筑、造纸等领域。例如，在土木工程中作绳索、网、厂房的地席、垫子、沙袋等；在种植业中，农业、林业中作养护薄膜、沙漠绿化保水材料、控制土壤流失材料、农药(肥料、种子)包装材料、播种织物、薄膜、防虫防兽害盖布、防草袋等；在渔业中，作渔网、渔具、钓鱼线等；在家用器具中作垃圾网、手巾、毛巾、牙刷、过滤器等；在造纸业作纸代用品和造纸包装材料等。

此外，聚乳酸纤维还可用于野外旅行用品、擦布(家庭或工业用)、帐篷和香烟滤嘴等制品。

第四节　甲壳素类纤维

一、概述

甲壳素及其衍生物纤维是用甲壳素及其衍生物溶液纺制而成的纤维，是继纤维素纤维之后的又一种天然大分子纤维。由于甲壳素及其衍生物纤维具有优异的生物活性、生物相容性和吸附性，因此，近年来引起全球纤维研发工作者的关注。

甲壳素(chitin)又名几丁质、甲壳质、壳多糖。甲壳素经浓碱处理脱乙酰基即制得壳聚糖(chitosan，CS)，壳聚糖又称脱乙酰甲壳素、可溶性甲壳素、黏性甲壳素、聚氨基葡萄糖、甲壳胺。甲壳素含有乙酰基、羟基，壳聚糖含有羟基和氨基，二者可通过化学反应生成系列衍生物，本书将它们统称为甲壳素类物质。除了甲壳素与壳聚糖可以生产纤维外，它们的有些衍生物也可以生产不同用途的纤维。本书将以甲壳素、壳聚糖及其衍生物为原料制得的纤维，统一称为甲壳素类纤维。

其实，早在 20 世纪 20 年代，就有人寻找甲壳素的溶剂并且开始纺制甲壳素纤维。1926

年,Kunike 首先用冷硫酸配制 6%～8%的甲壳素纺丝溶液纺制成了甲壳素纤维。1936 年,G. W. Rigby 得到了用壳聚糖生产薄膜和纤维的专利。1940 年,Thor&Henderson 公司采用甲壳素黄酸酯通过粘胶纤维的纺丝工艺制成纤维。但进入 20 世纪 40 年代后,由于合成纤维的发展,甲壳素及其衍生物纤维失去了生产的价值,其开发出现了很长时间的空白。直到 70 年代,在人们逐渐认识到甲壳素及其衍生物纤维的独特性能后,其研究和开发才再度受到重视。1980 年,日本三菱人造丝公司率先试制了壳聚糖纤维。此后,甲壳素及其衍生物纤维又成为研究热点,并且至今不衰。

由于甲壳素及其衍生物纤维的售价远高于普通化学纤维,因此其用途主要集中在生物医学领域。迄今为止,国内外生产甲壳素及其衍生物纤维的厂家不多,年产量只有几百吨,其中我国和韩国的生产能力较大,但每年也不过百余吨。随着科技的进步、质量的提高及应用领域的扩展,甲壳素及其衍生物纤维的成本和价格将有大幅度下降,生产规模可望不断扩大。

二、甲壳素及其衍生物的制备

甲壳素广泛存在于节足动物(蜘蛛类、甲壳类)的翅膀或外壳及真菌和藻类的细胞壁中。研究人员在不断探索新的生产甲壳素与壳聚糖的方法的过程中,还发现一些丝状真菌细胞壁中存在着可观的甲壳素。据估计,在自然界中,甲壳素的年生物合成量约 100 亿吨,是地球上除纤维素以外的第二大有机资源。表 16－30 列举了甲壳素含量较高的一些生物。表 16－31 列举了甲壳素资源的年产出量。

表 16－30 甲壳素含量较高的一些生物

甲壳纲	昆虫纲	软体动物	真 菌
巨蟹 72.1(a)	(Blatella)35(a)	蛤 壳	黑曲霉
大 蟹	蟑螂 10.0(b)	(Clamshell)6.1	(Aspergillus niger)42.0(d)
	(Colcoptera)27～35(a)	牡蛎壳	鲁氏毛霉
(Carcinus)64.2(a)	甲虫 5～15(b)	(Oyster shell)3.6	(Mucor rouxii)44.5(d)
雪场蟹	跳 甲	鱿鱼骨	蘑 菇
(Paralithodes)35(b)	(May beetle)16(b)	(Squid, skeletalpen)41.0	(Lactarius vellereus)19.0
Crangon 虾 69.1(a)	真 蝇		
Nephrops 龙虾 69.8(a)	(Diptera)54.8(a)		
	含硫蝴蝶		
Homarns 龙虾 77.0(a)	(Pieris)64(a) 蝗虫 2～4(c)		
拉斯加虾 28(a)	(Grasshopper)20(a) 蚕蛹(Bombyx)44.2(a)		

注 (a)壳重;(b)干重;(c)湿重;(d)细胞壁干重。

我国是甲壳素资源大国。仅浙江省沿海年产海虾就达 670kt,按 40%废弃物计算,可制得甲壳素 1 万余吨,资源潜力巨大。

表 16－31　甲壳素资源的年产出量

甲壳素来源	可收获数量/kt	甲壳类废物				甲壳素/kt
		可得率/%	湿　重/kt	含固率/%	干　重/kt	
甲　壳	1700	50～60	468	30～35	154	39
Krill 脱蛋白壳	18200	40	3640	22	801	56
蛤/牡蛎	1390	65～85	521	90～95	482	22
骨	660	20～40	99	21	21	1
真　菌	790	100	790	20～26	182	32
昆　虫	可忽略		21～56			
合　计	22740		5118		1640	150

甲壳素 1811 年由法国科学家 Braconnot 从霉菌中发现，1859 年，Rouget 把甲壳素与浓 KOH 共煮，发现了壳聚糖。研究表明，生物体中甲壳素的合成部位在细胞膜内侧的细胞素上一种被称为几丁体的颗粒内。甲壳素在生物体内的合成是一个相当复杂的生物化学过程。它采用的原料是葡萄糖、6－磷酸果糖和 6－磷酸葡萄糖胺，这些物质在甲壳素合成酶的作用下完成合成反应，具体反应式为：

$$2n\mathrm{UDP-N-GlcNAc} \longrightarrow 2n\mathrm{UDP}(\text{尿苷二磷酸}) + [\mathrm{GlcNAc}\ \beta\text{-}(1,4)\ \mathrm{GlcNAc}]_n$$

实际生产中，甲壳素和壳聚糖通常是以虾蟹壳为原料提取的。虾、蟹壳主要由三种物质组成，即以碳酸钙为主的无机盐、蛋白质和甲壳素，另外，还有痕量的虾红素或虾青素等色素。虾、蟹壳中甲壳素含量视其品种不同一般在 20%～30%，碳酸钙为主的无机物含量在 40%，蛋白质为主的其他有机物含量在 30%左右。以虾蟹壳制备甲壳素主要由两部分工艺组成，第一步用稀盐酸脱除碳酸钙；第二步用热稀碱脱除蛋白素，再经脱色处理便可得甲壳素。甲壳素再用浓碱处理脱去乙酰基后，即得壳聚糖。100kg 虾壳可制得 10kg 脱乙酰度为 80%的工业壳聚糖。制备甲壳素和壳聚糖的工艺流程如图 16－37 所示。典型的工艺步骤为：

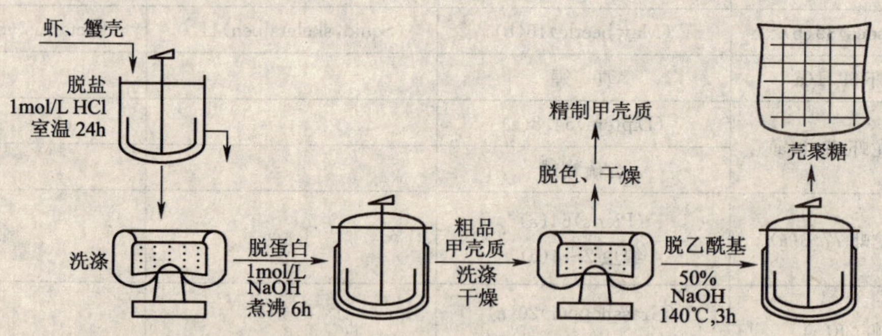

图 16－37　制备甲壳素和壳聚糖的工艺流程

(1)原料预处理：将虾蟹壳的肉质、污物尽可能剔除，然后用水洗净，注意虾蟹壳一定要新鲜，腐败的应去掉。

(2)浸酸：取洗净的新鲜虾蟹壳，加10%HCl溶液浸泡，以除去其中$CaCO_3$、$Ca_3(PO_4)_2$等矿物质成分。在浸酸中应不断搅拌，直至原料全部软化，不再有气泡产生为止。浸泡12～24h，浸酸完毕，过滤后用水洗至中性。

(3)碱煮：将浸酸后的软壳浸泡于10%NaOH溶液中，按固液比约1∶2，在不断搅拌下煮沸1h左右，碱煮的目的是使蛋白质被碱液溶解，油脂皂化溶于碱水中，同时色素也遭到破坏，碱煮完毕过滤，并用水洗呈中性。碱液也可用12%的NaOH溶液。

(4)氧化脱色：将碱煮后的虾蟹壳浸于清水中，滴入1%$KMnO_4$溶液，使浸泡液呈浅红色，搅拌1h，以氧化原料中的色素和一些未被碱除去的杂质，过滤，用水洗去滤渣中附着的$KMnO_4$。

(5)还原：将氧化后的原料浸泡在清水中，并滴入10%草酸溶液，搅拌，直至蟹虾壳的褐色完全褪尽，呈纯白色为止。过滤，用水洗至滤渣无$C_2O_4^{2-}$离子反应为止。滤干后，在70℃干燥，得到甲壳素。还原剂也可用$NaHSO_3$。

(6)脱乙酰基：将甲壳素按固液比约为1∶3浸泡于NaOH溶液中，在70℃保温12h左右，并不断搅拌。脱乙酰基完毕后，过滤，滤液回收，可用于配制稀碱溶液。滤渣则用大量水洗呈中性，滤干后，在70℃干燥，即得壳聚糖。

近三十多年中，国内外有许多关于制备甲壳素与壳聚糖工艺的报道，提出了一些提高产品质量的新方法。例如，采用弱酸和乙醇处理的方法，可使甲壳素的灰分含量小于0.1%，配制的纺丝溶液黏度达到1.5Pa·s以上。采用二次常温下脱盐(钙)、稀碱(2.5mol/L NaOH)、24h常温消化脱蛋白，甲壳素的平均收率可以提高到15.8%～16.6%。分步加酸生产甲壳素的方法，具有产品质量好、酸利用率高、成本低、排放的废水无污染等优点。

研究表明，NaOH浓度、反应温度、反应时间及脱乙酰次数对脱乙基度有影响。通过降低反应温度及延长反应时间，提高NaOH浓度和增加脱乙酰操作次数，可以提高脱乙酰程度，得到脱乙酰度达99%的高相对分子质量壳聚糖。加速外扩散传质速率，可加快脱乙酰反应速度。用间歇浓碱处理，是提高脱乙酰度、减少壳聚糖链降解的有效途径。把脱钙后的甲壳素直接用浓碱加热处理，可省去稀碱脱蛋白质步骤。为避免多糖的降解，碱处理应尽可能在低温下进行，也可使脱乙酰反应在惰性气体保护下进行。在混合物中加入苯硫酚或硼氢化钠($NaBH_4$)，可以减小壳聚糖链降解的程度。如果在脱乙酰化反应进行以前采用一种特殊的热处理方法，则有可能打开甲壳素中的微纤结构，这样可以提高甲壳素的反应活性，使脱乙酰基反应即使在低于100℃的温度下也可在1h内完成。采用微波辐射技术，用50%NaOH溶液对甲壳素进行脱乙酰基制备壳聚糖，经第2次微波碱处理，脱乙酰度可达90%以上；经3次以上微波碱处理，脱乙酰度几乎接近100%；与普通脱乙酰相比，微波处理聚合物的降解小，成品黏度有较大提高。

在一些丝状真菌的细胞中，存在着甲壳素成酶和甲壳素乙酰酶，细胞中存在氨基糖核苷酸和尿苷二磷酸-*N*-乙酰-D-葡糖胺。近十几年来，美国、日本等还相继开展了通过生物技术生产甲壳素与壳聚糖的研究。例如，通过甲壳素成酶的催化，将尿苷二磷酸-*N*-乙酰-D-葡糖胺转化为*N*-乙酰-D-葡糖胺，即甲壳素；紧接着，甲壳素乙酰酶立即作用于新生成的甲壳素，使甲壳素脱去乙酰基，形成壳聚糖。这将开辟大规模生产甲壳素与壳聚糖的一种新途径。

在一定条件下，甲壳素和/或壳聚糖可以通过酰基化、羧甲基化、烷基化、硝化、卤化、醛亚胺化、羟基化、氰基化、磺化、硫酸酯化、羟乙基化、氧化、还原、脱胺化、硅烷基化、醛亚胺反应-Schiff 碱反应、酸化、缩合和络合等化学反应以及接枝共聚、交联、水解和热分解等反应形成许多具有不同性能的衍生物，扩大了甲壳素的应用范围。

三、甲壳素及其衍生物的结构与性能

尽管甲壳素在 1811 年就已被发现，但直到 20 世纪 50 年代，人们才对甲壳素的结构、性能有了较透彻的了解。近五十年来，人们应用现代测试技术对甲壳素及其衍生物进行了许多研究，从而对其结构与性能有了进一步认识。

(一) 甲壳素及其衍生物的结构

1. 化学结构

甲壳素是由 *N*-乙酰-2-氨基-D-葡萄糖以 β-1,4-糖苷键形式连接而成的，即 *N*-乙酰-D-葡萄糖胺的聚糖，分子式为 $C_8H_{13}NO_5$，属于碳水化合物的多糖，结构式如图16-38所示。由图 16-38 可知，甲壳素的化学结构与纤维素基本相似，可以看成纤维素结构中葡萄糖 2 号位上的羟基(—OH)，在甲壳素中被乙酰氨基(—$NHCOCH_3$)取代。甲壳素的分子结构特点为：氧原子将每个碳原子的糖环连接到下一个糖环上，侧基团挂在这些环上。

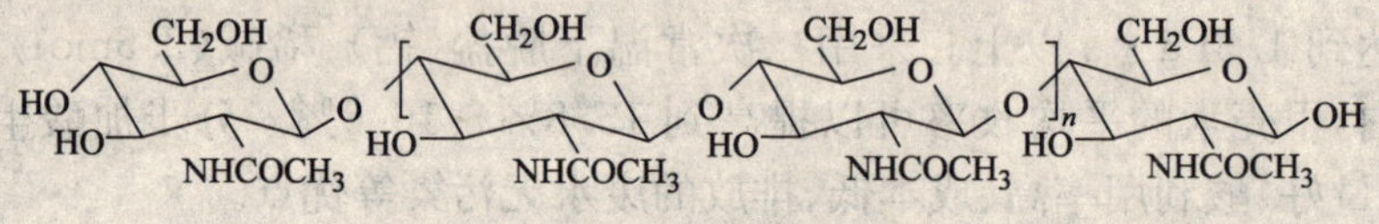

图 16-38 甲壳素的结构式

甲壳素在强碱条件下脱去乙酰基就得到壳聚糖(Chitosan)。由于甲壳素在生产过程中会脱掉部分乙酰基，因而商品化的甲壳素都是 *N*-乙酰-D-葡萄糖胺与 D-葡萄糖胺的共聚物。壳聚糖的结构式如图 16-39 所示。经计算，壳聚糖的理论含氮量为 8.7%。目前壳聚糖成品的含氮量仅在 7%左右，说明产品壳聚糖分子中尚有相当一部分乙酰基未脱除。壳聚糖的脱乙酰度一般用甲壳素分子中脱除乙酰基的链节数占总链节数的百分数表示。脱乙酰度在 55%以上时，即可称为壳聚糖。作为有实用价值的壳聚糖，脱乙酰度必须在 55%以上。

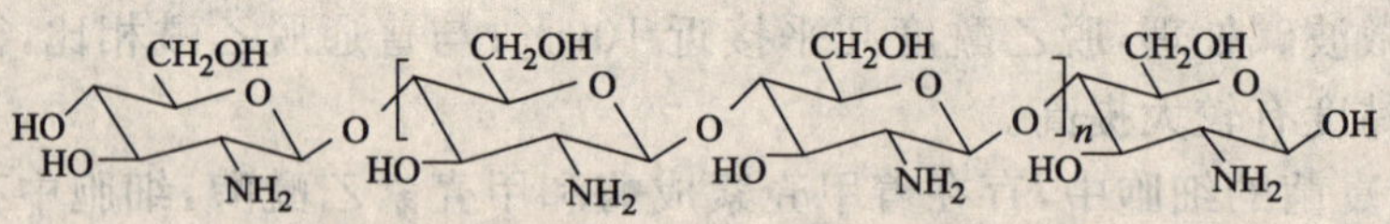

图 16-39 壳聚糖的结构式

甲壳素的红外吸收谱带在 3480cm^{-1} 到 685cm^{-1}，各个吸收峰所对应基团的振动见表16-32。

表 16－32 红外光谱各峰位对应基团的振动

波数/cm^{-1}	归 属	波数/cm^{-1}	归 属
3480	OH 伸缩	1420	CH_2 弯曲和 CH_2 摇摆
3447	OH 伸缩	1378	CH_2 弯曲的不对称和 C_2 变形
3264	NH 伸缩	1310	酰胺Ⅱ谱带和 CH_2 摇摆
2962	CH_3 伸缩	1065	C—O 伸缩摆动
2929	不对称 CH_2 伸缩和不对称 CH_3 伸缩	1025	C—O 伸缩摆动
2890	CH 伸缩	1020	C—O 伸缩摆动
2878	CH 伸缩	975	CH_2 长链摇摆
2840	CH_2 不对称伸缩	952	CH_2 长链摇摆
1652	酰胺Ⅰ谱带	890	环伸缩振动
1619	C═N	730	NH 面外弯曲
1555	酰胺Ⅱ谱带	685	OH 面外弯曲
1430	CH_2 弯曲和 CH_2 摇摆		

壳聚糖的红外光谱与甲壳素红外光谱的差别表现在酰胺谱带、氨基谱带和氢键等方面。图16－40所示是甲壳素与壳聚糖的红外光谱。壳聚糖红外光谱中酰胺Ⅰ谱带的吸收强度比甲壳素的弱一些，甲壳素的红外光谱中没有壳聚糖红外光谱中的 NH_2 吸收峰。

甲壳素、壳聚糖的衍生物种类繁多，图16－41为甲壳素、壳聚糖主要衍生物的结构式。

甲壳素、壳聚糖的衍生物由于化学结构式的2、3、6位置上取代基不同，其红外光谱图上的特征吸收峰有一定的差异。据此，可以区别各种甲壳素、壳聚糖的衍生物。例如，在图16－42中，与甲壳素的红外光谱图相比，二丁酰甲壳素红外光谱图上3343cm^{-1}处—OH的强特征吸收峰明显减弱，而2964cm^{-1}、2936cm^{-1}、2880 cm^{-1}处出现了饱和烃的强吸收峰，1738 cm^{-1}出现了新的强酯(羰)基吸收峰。

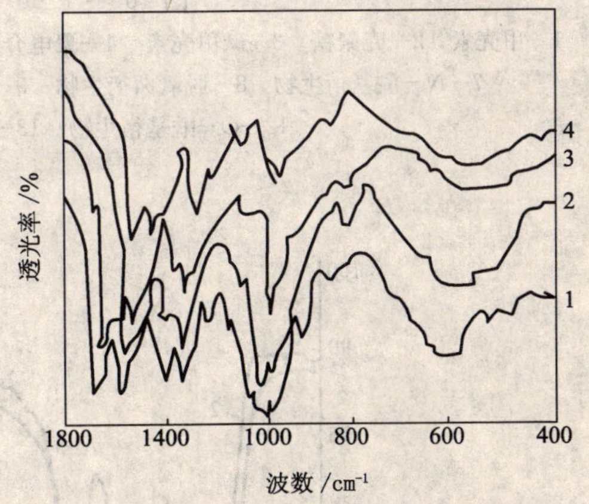

图 16－40 甲壳素、壳聚糖的红外光谱
1—α—甲壳素 2—β—甲壳素
3—α—壳聚糖 4—β—壳聚糖

2. 聚集态结构

由于甲壳素的分子间存在很强的结合力，因此是结晶性高分子。甲壳素在自然界中是以多晶形态出现的，其结晶异构体有三种，即α型、β型和γ型。α－甲壳素在自然界中的藏量最丰富，广泛存在于真菌和酵母的细胞壁、龙虾与蟹的肢与壳、普通小虾壳和昆虫的表皮中。从壳聚糖乙酰化得到的甲壳素也是α－甲壳素。β－甲壳素较少见，主要存在于鱿鱼的顶骨及藻类植物所分泌的单晶刺中。γ－甲壳素很罕见，曾在甲虫的茧中发现。

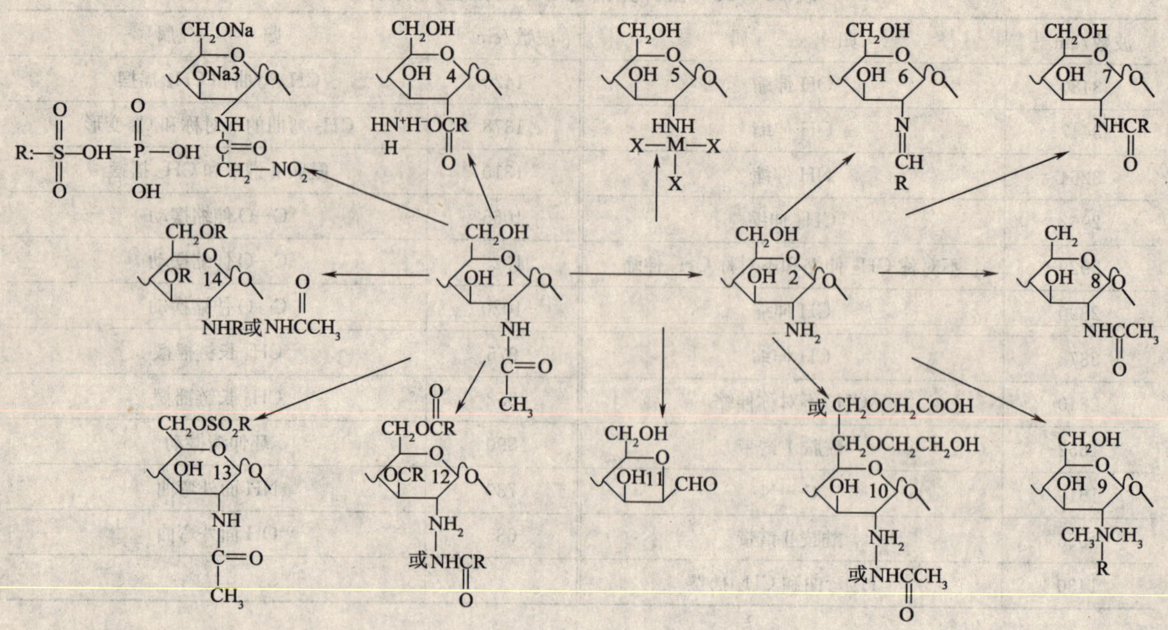

图 16－41　甲壳素、壳聚糖的主要衍生物

1—甲壳素　2—壳聚糖　3—碱甲壳素　4—聚电介质络合物　5—金属螯合物　6—N－亚芳基或 N－亚烷基衍生物　7—N－酰基衍生物　8—脱氧卤衍生物　9—季铵化壳聚糖　10—羧（羟）基衍生物　11—解聚衍生物　12—O－酰基衍生物　13—O－硫酰衍生物　14—O－烷基壳聚糖

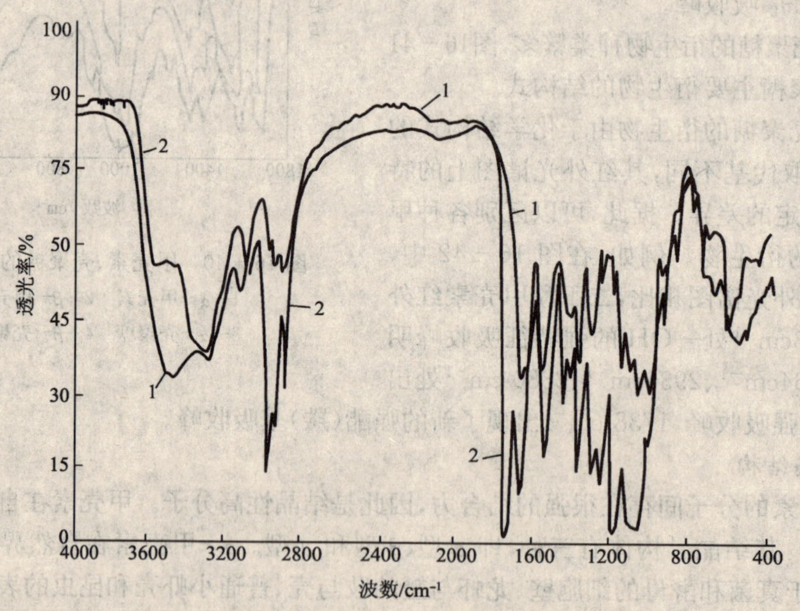

图 16－42　甲壳素和二丁酰甲壳素的红外光谱

1—甲壳素　2—二丁酰甲壳素

在三种结晶异构体中，甲壳素分子链的排列方式各不相同(图 16－43)。α 构型以反平行(逆平行)链状排列，其原因是由于链的折叠。α 构型形成堆砌紧密的结晶形态，因此这种结晶最稳定，其晶胞为斜方晶系，$a=0.474nm$，$b=1.886m$，$c=1.032nm$，$\alpha=\beta=\gamma=90°$。β 构型以平行链状排列，其堆砌密度低于 α 构型，而且在 β 构型中存在着结晶水，因而结构稳定性较差，可以通过溶胀或溶解再沉淀转变成 α 构型。β 构型的晶胞为单斜晶系，$a=0.485nm$，$b=0.926m$，$c=1.038nm$，$\alpha=\beta=90°$，$\gamma=97.5°$。γ 构型以两条链向上、一条链向下平行排列，因此是 α 构型的变换。其晶胞为斜方晶系，$a=0.47nm$，$b=2.84m$，$c=1.03nm$，$\alpha=\beta=\gamma=90°$。有的研究者认为，γ 构型是 α 构型和 β 构型的混晶，而不是第三种结晶异构体。

由图 16－43 可知，α－甲壳素和 β－甲壳素的红外光谱图有一定差别。α－甲壳素的酰胺Ⅰ谱带是 $1660cm^{-1}$，旁边还有一个附加谱带 $1633cm^{-1}$，β－甲壳素则没有这个附加谱带。β－甲壳素的 NH 伸缩振动和酰胺Ⅰ的波数，分别比 α－甲壳素有所增大。

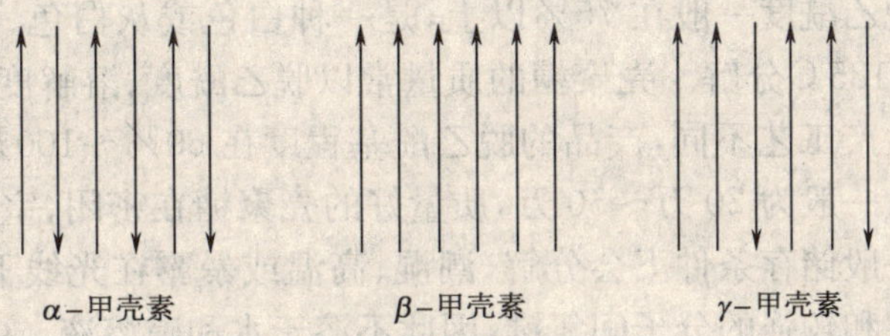

图 16－43　在三种结晶异构体中甲壳素分子链的排列方式

壳聚糖存在各种分子间和大分子内的氢键，因此结晶度较高。但由于从甲壳素脱乙酰的过程中原微纤结构已遭破坏，建立新的结晶结构依赖于制备样品的条件，所以壳聚糖不再像甲壳素那样存在 α 型、β 型和 γ 型三种异构体，而是呈现与制备条件、水合程度等密切相关的多种异构体。

在生物体内，甲壳素以无规分布的微晶(微纤)形式存在。有些研究者观察到低相对分子质量甲壳素和壳聚糖在极稀溶液中生成针状单晶和片状单晶。近年来，董炎明等人从壳聚糖衍生物的浓溶液得到球晶、针状单晶和片状单晶。他们发现，这类球晶的尺寸比一般合成高分子的球晶大；这两类单晶的形态与极稀溶液中得到的单晶相似，但尺寸却大 1～3 个数量级。Cartier 等人以外加的纤维素微纤为晶种，在与生长片状单晶的相同条件下得到了壳聚糖串晶。

3. 相对分子质量

甲壳素的相对分子质量因来源、制备工艺等不同而有较大差异。即使存在于同一蟹壳中的甲壳素，也因生物合成过程受控因素不同而具有不同的相对分子质量。同时，存在的甲壳素酶又有降解作用，使部分甲壳素大分子降解为一系列不同相对分子质量的同系物。

一般动物甲壳素的相对分子质量在 100 万～200 万，经提取后相对分子质量在 10 万～120 万。通过上述典型工艺制得的甲壳素的相对分子质量为 30 万～50 万。

壳聚糖的聚合度必然等于或小于甲壳素的聚合度。工业生产得到的壳聚糖的最高相对分子质量为 50 万，它有三种不同黏度的产品，即高黏度(0.7～1.0Pa・s)、中黏度(0.25～0.65Pa・s)、低黏度(<0.25Pa・s)。纺制壳聚糖纤维必须用高黏度壳聚糖。

(二)甲壳素及其衍生物的性能

1. 物理性能

甲壳素为白色或灰白色、半透明的片状或粉状固体,表观密度(pKa6.3)0.15kg/L±0.05kg/L,无味,无臭,约在270℃分解,吸水能力大于50%,保湿能力强。以不同原料、不同方法制得产品的乙酰基值、溶解度、比旋光度等性能有差异。元素分析表明,天然甲壳素中2-位并非是100%的乙酰氨基,仍约有1/8的氨基未被乙酰化,制造甲壳素时,用稀碱除蛋白质时又有部分乙酰基被脱除,故商品甲壳素实际有15%~20%脱乙酰度,约270℃分解,吸水达50%或更多。由于大分子间存在—O…H—O—型及—O…H—N—型强的氢键作用,因此甲壳素既难熔融,又不溶于水、稀酸、稀碱、浓碱以及一般有机溶剂,但溶于浓盐酸、硫酸、磷酸,也溶于无水甲酸、甲磺酸、六氟异丙醇、六氟丙酮水合物、某些氯醇以及某些配合物溶剂中(如含8%氯化锂的二甲乙胺酰等)。

工业用壳聚糖的脱乙酰度一般在75%以上,是一种白色或灰白色、半透明、略带珍珠光泽的片状或粉状固体,约185℃分解。壳聚糖的质量常以脱乙酰度、溶解度、溶液黏度、色泽、灰分等指标来衡量。由于生产工艺不同,产品的脱乙酰基程度在60%~100%,质量有很大的差异。壳聚糖的相对分子质量一般为20万~50万,质量好的壳聚糖在密闭、室温、干燥条件下是稳定的;质量差的产品,在一般储存条件下会分解,潮湿、高温或暴露在光线下分解更快。壳聚糖分子本体仍有立构规整性和较强的分子间氢键,因此不溶于水和碱溶液。由于其分子中有—NH_2基,呈碱性,可溶解在乙酸、己二酸、乳酸、琥珀酸、酒石酸、甲酸等有机酸和弱酸的稀溶液中,也能溶于一些无机酸,如硝酸、盐酸、高氯酸、磷酸中,但要经长时间搅拌和加热。一般来说,壳聚糖的相对分子质量越小,脱乙酰度越大,溶解度就越大。此时溶液中的H^+即与分子中的氨基结合,生成带正电荷的壳聚糖分子,这是天然多糖中少见的带正电荷的高分子物质,其具有许多独特性能。

如果在甲壳素的衍生物分子中引入体积较大的基团,使分子之间的距离增加、结合力减弱、结晶度减小,则其溶解性改善。例如能大大改善二丁酰甲壳素在有机溶剂中的溶解性,较易溶解于常用的丙酮、乙醇、二甲基甲酰胺、二甲基乙酰胺等有机溶剂。实验表明,25℃时,二丁酰甲壳素在丙酮和二甲基甲酰胺中的溶解度较高(表16-33)。羧甲基甲壳素、羟乙基甲壳素、羟丙基甲壳素等甲壳素衍生物可溶于水。

表16-33 二丁酰甲壳素溶液的浓度

溶 剂	二甲基甲酰胺	丙 酮
浓度(质量分数)/%	30	28

2. 化学性能

(1)主链降解——苷键开裂反应:甲壳素因乙酰氨基的存在,分子内氢键作用很强,较难进行苷键开裂。由于壳聚糖有游离氨基,酸性(HCl)水溶液加热到100℃即可水解所有的苷键,生成葡萄糖胺盐酸盐。

(2)侧基功能基取代反应:甲壳素大分子链侧基上的乙酰基、羟基,壳聚糖大分子链上的羟基和氨基,可通过羟基、氨基的酰化、羟基化、氰化、醚化、烷基化、硫酸酯化、接枝与交联等化学

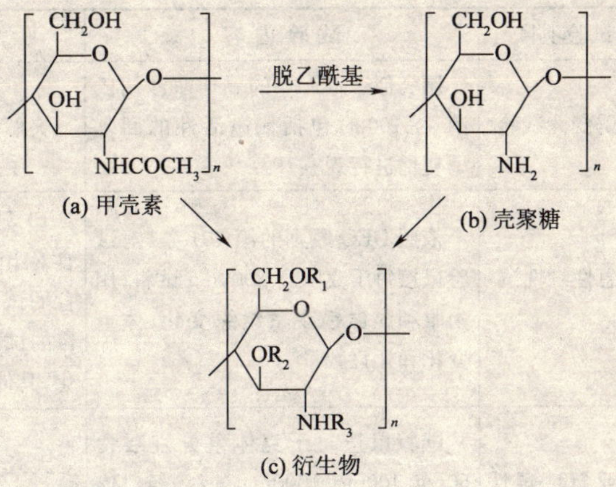

修饰生成系列衍生物，化学修饰部位如图 16－44 所示。

3. 生物性能

从甲壳素及其衍生物的大分子结构看，它们既具有与植物纤维素相似的结构，又具有类似人体骨胶原组织的结构，这种双重结构赋予它们极好的生物特性，例如它们与人体组织有很好的相容性，可被人体内溶菌酶分解而被人体吸收。

(a) 甲壳素　　脱乙酰基　　(b) 壳聚糖

(c) 衍生物

图 16－44　甲壳素、壳聚糖的化学修饰部位

甲壳素及其衍生物可以生物降解，可以被甲壳素酶、脱乙酰甲壳素酶、溶菌酶、蜗牛酶等物质水解。试验表明，壳聚糖在 pH 值为 7.4 的磷酸缓冲液中受 1.5×10^{-2}mg/mL，溶菌酶的作用，28 天后只剩原始质量的 89%，在大鼠体内则为 69%。溶菌酶或甲壳素酶对甲壳素及其衍生物的降解作用，随N－取代基不同而异。若以动物甲壳中天然甲壳素的降解速率为 1，则 N－被乙酰取代后的降解速率为 13(试验用甲壳素酶相对分子质量为 3 万，溶菌酶相对分子质量为 14307)。这是因为天然甲壳素结构紧密，水解只能从表面开始，而脱乙酰甲壳素被乙酶基取代后，酶解从外表及凝胶内部同时进行，因此加快了酶解速率。酶解的最终产物是氨基葡萄糖，是生物体内大量存在的一种成分，因此对人体无毒副作用。由于甲壳素及其衍生物可以在生物体内降解，因而不会有蓄积作用，产物也不与体液反应，对组织无排异反应，因此有良好的生物相容性。由于这种特性，它们是良好的生物材料，可以制成各种医药产品。

甲壳素及其衍生物具有良好的生物活性，具有消炎、止血、镇痛、抑菌、促进伤口愈合等作用。脱乙酰度为 30%和 70%的甲壳素能提高宿主抗 Sendai 病毒及抗大肠杆菌感染能力。壳聚糖可抑制细菌、霉菌生长。这可能因为壳聚糖分子中的氨基与细菌细胞壁结合，从而抑制了细菌生长。壳聚糖对植物病原菌也有抑制作用。甲壳素可选择性地凝聚白血病的 L1210 等细胞，对正常的红血球骨髓细胞无影响。壳聚糖带有正电荷，可以从血清中分离出血小板因子—4，增加血清中 H6 水平，或促进血小板聚集，或促进凝血素系统功能。壳聚糖作为止血剂有促进伤口愈合、抑制伤口愈合纤维增生并促进组织生长的功能，对烧伤、烫伤有独特疗效。壳聚糖能增强巨噬细胞的吞噬作用和水解酶的活性，刺激巨噬细胞产生淋巴因子，启动免疫系统，且不增加抗体的产生。

甲壳素、壳聚糖无毒性、无刺激性，是一种安全的机体用材料(表 16－34)。口服、皮下、腹腔注射的急性毒性试验，经口长期毒性试验均显示毒性非常小，也未发现有诱变性、皮肤刺激性、眼黏膜刺激性、皮肤过敏、光毒性、光敏性。我国的《神农本草经》、《本草纲目》、《食疗本草》等古文献中，都明确记载甲壳素具有攻毒、散风活血、通脉消肿、止血生肌等功能。

由于水圈(海洋、湖泊、江河)、岩石圈(陆地和海底)、生物圈(动植物)和气圈中的甲壳素酶、溶菌酶、壳聚糖酶等将甲壳素完全生物降解，参与生态体系的碳和氮循环，因此对地球生态环境起着重要的调控协同作用。

表 16－34 脱乙酰度 80%壳聚糖的安全性试验

试验项目	试验内容	试验结果	安全性评定	试验机构
诱变性试验	用类似于 TA98 的鼠伤寒沙门氏菌 TA100 时包括代邀活性的回复诱变性进行观察	突然变异诱发性阴性	合格	日本食品分析中心
急性毒性试验	依照 DEO 原则的第 401 条，对试验鼠按每千克喂食 2000mg 试料，用肉眼和显微镜观察组织变化、体重变化和死亡数量	10 只鼠中有 1 只喂食 24h 后死亡，该鼠喂食的试料吸入肺部，该鼠的试验条件发生了变化，其他无变化	合格	Battelle. Institut ev. Frankfurt
亚急性毒性试验	试验鼠按每千克体重分别喂食 50mg、400mg、1000mg 试料，经口连续喂食 28 天，进行体重变化、饮食量变化检查和尿检及血液检查	无死亡实例，解剖所见组织和重量异常是由于强制喂量所致	合格	日本丹羽免疫研究所
慢性毒性试验	试验鼠按每千克体重分别喂食 50mg、200mg、500mg 试料，连续喂食 6 个月，进行体重变化、饮食量变化检查和尿检和血液检查	无死亡实例，解剖所见组织和重量异常，不是由于被检物质的毒性所致	合格	日本丹羽免疫研究所
致热性试验	在 270mL 生理盐水中加入 9g 试料，加热油取按兔子每千克 10mL 注入耳朵静脉	致热性物质阴性	合格	日本食品分析中心
溶血性试验	在 270mL 生理盐水中加入 9g 试料，加热油抽取加入 1%的兔子脱纤维血	37℃、24h 后无溶血性	合格	日本食品分析中心
变态反应试验	20 个成人，每日 30mg 试料，连续口服两周	药物诊断、血管症状全阴性	合格	日本丹羽免疫研究所

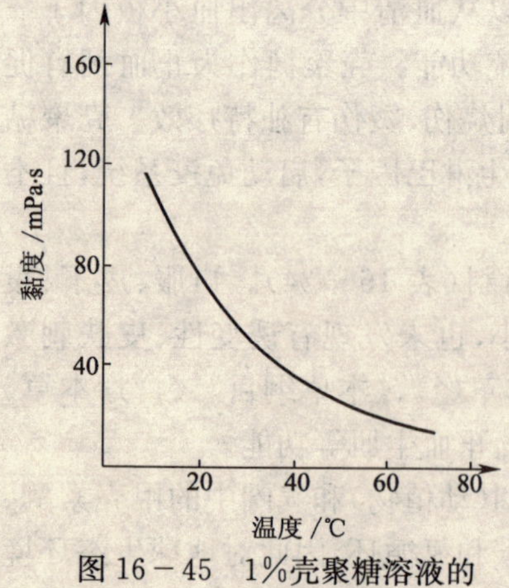

图 16－45 1%壳聚糖溶液的温度—黏度曲线

4. 流变行为

研究表明，甲壳素类溶液的黏度因溶剂的种类、pH 值、浓度、温度、溶液中离子强度和溶解方式不同而不同。表 16－35表明，壳聚糖溶液的黏度因溶剂酸的种类和 pH 值不同而有较大的差异。表 16－36 表明，壳聚糖溶液的黏度随溶液浓度的升高而增加。图 16－45 表明，随温度的升高，壳聚糖溶液的黏度降低。

壳聚糖分子中有缩醛结构，在酸溶液中会受 H^+ 攻击而水解。所以壳聚糖溶液在储存期间的黏度和相对分子质量会发生很大的变化，造成某些应用方面的困难。壳聚糖在醋酸水溶液中，黏度会随放置时间的延长而迅速降低，如 2%脱乙酰甲壳素的 1%HAc 溶液，在第一个月黏度下降非

表 16-35 1%壳聚糖在不同浓度的各种有机酸下的黏度

酸名	黏度/mPa·s			pH 值		
	0.1%酸	1%酸	5%酸	0.1%酸	1%酸	5%酸
乙酸	260	260	260	4.1	3.3	2.9
己二酸	190			4.4		
柠檬酸	35	195	215	3.0	2.3	2.0
甲酸	240	185	185	2.6	2.0	1.7
乳酸	235	235	270	3.3	2.7	2.1
苹果酸	180	205	220	3.3	2.3	2.1
丙二酸	195			2.5		
草酸	12	100	100	1.8	1.1	0.8
丙酸	260			4.3		
丙酮酸	225			2.1		
琥珀酸	180			3.8		
酒石酸	52	135	160	2.8	2.0	1.7

表 16-36 溶液浓度对壳聚糖溶液黏度的影响

溶液浓度/%(质量分数)	溶液黏度/mPa·s	溶液浓度/%(质量分数)	溶液黏度/mPa·s
1	7.5×10^{2}	3	7.2×10^{3}
2	2.5×10^{3}	4	1.36×10^{4}

常快，在以后下降速度变慢，并趋于平稳。将溶液放置在60℃下，黏度下降更快。对溶液中壳聚糖相对分子质量分布的测定表明，放置时间越长，降解越严重，高相对分子质量分子占的比例越小。但在溶液中加入甲醇、乙醇、丙酮等有机溶剂，放置270天后，溶液黏度、相对分子质量分布均显示这些溶剂抑制了降解速度。当壳聚糖溶液中有机溶剂量达50%时，溶液也可保持均匀、稳定，且有相当黏性，这一性质在工业上很有意义。

壳聚糖完全水合后，其分子主链由于布朗运动可形成球状胶束，其1%溶液的黏度在0.1～10Pa·s时，流动呈非牛顿型；但随温度升高，布朗运动加快，使分子链间的氢键减弱，使流动呈牛顿型。当pH值减小时，零切黏度η_0减小，非牛顿流动指数n值增大，即流动的牛顿性增加。溶液的浓度增加，n值减小，非牛顿性增加。温度升高，n值增大，非牛顿性减弱。当溶液中加入小分子电解质，如NaCl时，溶剂变劣程度增加，壳聚糖溶液的黏度变小，n增大，非牛顿性减弱。

由图16-46流动曲线的斜率求得的非牛顿流动指数n均小于1，这表明二丁酰甲壳素—二甲基甲酰胺溶液与大多数高分子溶液一样，属于切力变稀流体。由该图还可知，随着溶液浓度升高，溶液的流动曲线上移，n值减小。这表明，溶液的表观剪切黏度随着溶液浓度升高而升高，流动行为偏离牛顿流动较大。

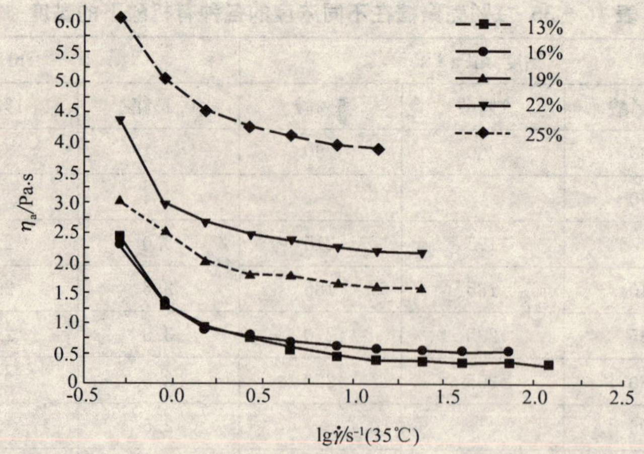

图 16－46 不同浓度下二丁酰甲壳素—二甲基甲酰胺溶液的流动曲线

由图 16－47 可知，二丁酰甲壳素—二甲基甲酰胺溶液的流动曲线随温度升高而下移，n 值减小。这表明，溶液的表观剪切黏度随溶液温度升高而下降，流动行为较接近牛顿流动。

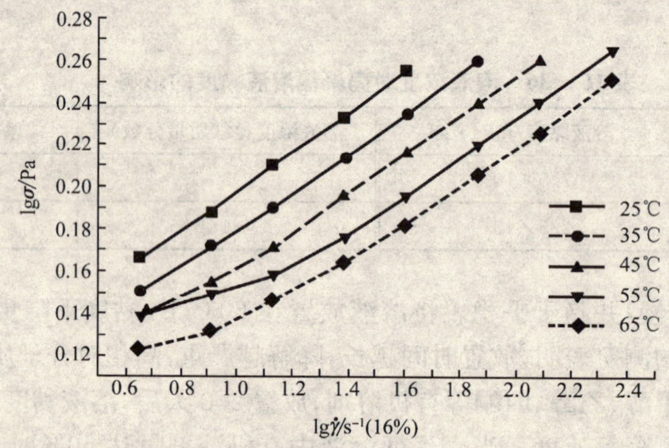

图 16－47 不同温度下二丁酰甲壳素—二甲基甲酰胺溶液的流动曲线

四、甲壳素类纤维的制备

(一)甲壳素类纤维纺丝原液的制备

用不同甲壳素类物质作原料制备纺丝原液的方法不尽相同。甲壳素的溶解性能差，早期研究者推荐的甲壳素溶剂都是溶解性能优异的有机溶剂，例如三氯乙酸、二氯乙酸、二氯甲烷、六氟异丙醇、六氟丙酮等。但由于三氯乙酸和二氯乙酸有腐蚀性而且会使聚合物降解且污染环境，六氟异丙醇和六氟丙酮有毒性，所以 1977 年以后，研究者们又开发了一些以盐类作助溶剂的新溶剂体系，例如 DMAc—LiCl、N－甲基吡咯烷酮（NMP）—LiCl 、DMF—LiCl、DMAc/NMP—LiCl、DMF—LiCl 等。以 LiCl 做助溶剂，其在混合溶剂中的比例控制在 5%(质量分数)

比较适宜。

壳聚糖的溶解性能优于甲壳素，能溶解在许多稀酸中(表 16－37)，也能溶于一些无机酸中，但要经长时间搅拌和加热。生产中一般以 5%以下的醋酸水溶液作溶剂。

表 16－37 脱乙酰甲壳素在各种有机酸中的溶解性①

有机酸	酸浓度							
	0.5g	0.7g	0.9g	1.0g	1.2g	1.5g	2.0g	3.0g
乙　酸	○	○	○	○	○	○	○	○
己二酸	○	○	○	○	○	○	○	○
乳　酸	×	○	○	○	○	○	○	○
琥珀酸	×	○	○	○	○	○	○	○
苹果酸	×	×	×	×	×	○	○	○
酒石酸	×	×	×	×	×	×	×	○
柠檬酸	×	×	×	×	×	×	×	○
延胡素酸	×	×	×	×	×	×	×	○

① 1g 脱乙酰甲壳素在 100mL 有机酸中；○—完全溶解；×—不完全溶。

甲壳素与壳聚糖的衍生物也多采用溶解性能优异的有机溶剂制备纺丝溶液。例如，以甲乙酰化甲壳素制备纺丝溶液时，以三氯乙酸和二氯甲烷作为溶剂，两者的质量比控制在 60∶40 左右。衍生物取代基团的大小、取代度的高低以及不同的溶剂体系会影响溶解性能。二丁酰甲壳素较易溶解于常用的丙酮、乙醇、DMAc 和 DMF 等有机溶剂中。如前所述，在 25℃时，二丁酰甲壳素在丙酮和二甲基甲酰胺中的溶解度可达 30%。目前，甲壳素纤维和壳聚糖纤维纺丝溶液的浓度都很低，因此影响了其生产效率。二丁酰甲壳素溶解性能的大幅度改善，对于解决由于甲壳素溶解性能差而不易加工和生产效率低的问题，具有重要的意义。实验表明，二丁酰甲壳素在溶剂中比较稳定，其溶液的特性黏度随溶解时间的变化很小(表 16－38)，因此很适合作纺丝溶液。

表 16－38 二丁酰甲壳素特性黏度与溶解时间的关系

溶解时间/h	8	10	24	48	72
特性黏度/$dL \cdot g^{-1}$	1.54	1.55	1.54	1.55	1.53

注 溶剂丙酮，浓度 5%(质量分数)。

研究表明，甲壳素类物质的溶液浓度对其黏度有很大的影响。而纺丝溶液的黏度过大，其过滤性能、流变性能和可纺性能均变差。但另一方面，纺丝溶液的浓度对纤维的性能和生产效率都有很大的影响。如果纺丝溶液浓度过低，则纤维固化困难，初生纤维结构疏松，其物理机械性能较差，而且生产效率低。因此，甲壳素类纺丝溶液的浓度通常控制在 3%～25%。例如，以 5%以下的醋酸水溶液为溶剂时，壳聚糖纺丝原液的浓度为 3%～7%。

为了改善纤维的性能和提高生产效率，研究者一直在探索改善甲壳素与壳聚糖溶解性能的方法。例如，在甲壳素配制纺丝溶液之前，用醋酸酐和甲醇的混合液在57℃浸渍搅拌4h。这样处理过的甲壳素的溶解性能得到改善，聚合物在溶解过程中不发生降解，因此制得的纤维的机械性能有较大的提高。

甲壳素及其某些衍生物在适当的条件下能形成液晶相。因此制备液晶相的甲壳素类纺丝溶液，也是研究者的探索方向。据报道，杜邦公司已将甲壳素乙酯/甲壳素甲酯溶解于三氯乙酸/二氯甲烷混合溶剂中，制得了甲壳素乙酯/甲壳素甲酯质量分数为13.5%的液晶相纺丝溶液。

(二)甲壳素类纤维的成型

甲壳素及其衍生物是长链大分子，分子中极性基团较多，分子间作用力较强，热分解温度低于其理论上的熔融温度。因此，制造甲壳素类纤维一般不能采用熔体纺丝方法。就目前的技术而言，制造甲壳素类纤维可以采用湿法纺丝、干法纺丝、干湿法纺丝、液晶纺丝和静电纺丝工艺。原料及溶剂不同，其成型工艺也不尽相同。

1. 湿法纺丝

迄今为止，生产甲壳素类纤维主要采用湿法纺丝工艺。其包括甲壳素纤维、壳聚糖纤维、乙酰甲壳素纤维和二丁酰甲壳素纤维等产品。

(1)甲壳素纤维：通过湿法纺丝制备甲壳素纤维的方法有两种，即直接法和间接法。直接法是直接以甲壳素为原料纺制纤维；间接法是先制备甲壳素衍生物纤维，然后将其还原成甲壳素纤维。

目前，普遍采用直接法制备甲壳素纤维。首先，将甲壳素溶解在合适的溶剂中，配制成具有一定浓度的纺丝原液，经过滤脱泡后，用压力使原液从喷丝孔中挤出，在凝固浴槽中固化成型；再经拉伸、洗涤、干燥等后处理即可制得甲壳素纤维。

由不同原料制成的甲壳素纺丝溶液采用不同的凝固浴。所用试剂一般有以下几类：

①丙酮、二乙基甲酮等有机酮类；

②二氯乙烷、四氯化碳、三氯乙烷等氯化烃类；

③环己烷、己烷、石油醚等烃类；

④甲醇、乙醇、异丙醇、正丁醇等醇类；

⑤醋酸等酯类；

⑥*N*-甲基吡咯烷酮、二甲基乙酰胺等酰胺类；

⑦水。

例如，Rutherford和Austio建议用DMAc—LiCl或NMP—LiCl作甲壳素的溶剂，用丙酮作凝固浴。前苏联学者用DMAc/NMP—LiCl混合体系制备甲壳素纺丝溶液，用50：50(质量分数)的乙醇-1,2-亚乙基二醇作凝固浴。Kifune等人用NMP—LiCl或DMAc—LiCl配制甲壳素纺丝溶液，以乙醇作凝固浴。由于大多类有机溶剂较易挥发且价格较贵，一般湿法纺丝时选用乙醇、丙酮或水作为凝固剂。为了避免原液细流在凝固浴中固化过快，常在凝固浴内加入适当的溶剂。

Koji等人报道的生产工艺是：将3份甲壳素粉溶解在5℃的50份三氯乙酸和50份二氯甲烷的混合溶剂中配成甲壳素纺丝浆液，用1480目不锈钢网过滤，再抽真空脱泡。凝固浴用14℃丙酮，喷丝头孔径为0.08mm，孔数为48孔，纺丝速度10m/min。为确保纺丝顺利进行，在喷丝头前的输浆管用循环热水加热，以保证甲壳素纺丝浆液的温度为20℃。凝固后的丝条通过输送带使纤维在无张力状态下引入第二凝固浴(15℃甲醇)，处理时间为5min，然后以9m/min的速度卷绕，将绕好的纤维浸在0.3g/L KOH的水溶液中中和1h，用无离子水洗至中性，干燥后即得甲壳素纤维。木船尔提出的生产工艺是：将甲壳素在室温下溶解于含有氯化锂/二甲基乙酰胺(LiCl：DMAc=1：20)溶液，纺丝溶液浓度为3%。纺丝前先过滤脱泡。凝固浴用异丙醇，凝固后的纤维用无离子水充分洗净，干燥后得甲壳素纤维。

20世纪80年代末东华大学的前身中国纺织大学在我国率先开始研究纺制甲壳素纤维，采用的溶剂是LiCl/DMAc溶液，并形成了通过直接法制备甲壳素纤维的发明专利，其工艺流程示于图16-48。

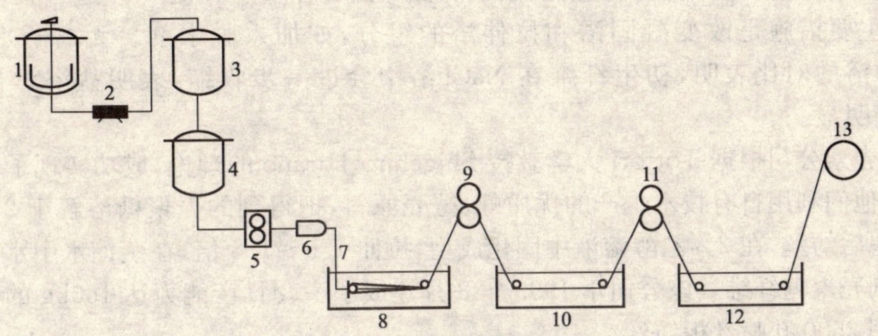

图16-48 制备甲壳素纤维的工艺流程

1—溶解釜 2—过滤器 3—中间桶 4—储浆桶 5—计量泵 6—过滤器 7—喷丝头 8—凝固浴 9—受丝辊 10—拉伸浴 11—拉伸辊 12—水洗槽 13—卷绕辊

早在1939年，Thor就提出了以甲壳素黄酸酯粘胶通过间接法制备甲壳素纤维的工艺。1960年，Nogushi、Tokura和Nishi用类似的方法制得了甲壳素纤维。他们采用的凝固浴成分是：硫酸10%，硫酸钠25%，硫酸锌1%。拉伸浴用乙酸水溶液。但制得的甲壳素纤维的机械性能较差，其干强度仅为0.79～1.03cN/dtex，干伸断裂伸长率为11.2%～39%，湿强更低，因此没有实用性。近年来的报道表明，通过二丁酰甲壳素纤维还原得到的甲壳素纤维的机械性能大大提高。例如，将二丁酰甲壳素纤维在过量5倍的5%NaOH中浸渍9min，然后完全洗去碱，并干燥，可得到脱丁酰度为100%的甲壳素纤维。其干断裂强度达2.66cN/dtex，干断裂伸长率为9.8%，达到了实用化的标准。这是因为低温下二丁酰甲壳素大分子主链上的糖苷键在稀碱溶液中比较稳定，因此二丁酰甲壳素纤维经稀碱处理不会发生较大的降解；另一方面，二丁酰甲壳素大分子中的丁酰取代基在稀碱溶液中水解为羟基，增加了分子之间的作用力，从而提高了纤维的强度。由此可见，将二丁酰甲壳素纤维在碱性溶液中水解还原为甲壳素纤维，是制备强度较高的甲壳素纤维的一条新途径。

(2)壳聚糖纤维：直接法制备壳聚糖纤维通过的典型工艺流程为：壳聚糖→溶解→过滤→脱泡→纺丝→拉伸→淋洗→上油→集束→干燥→切断→壳聚糖短纤维。仓桥五男等人介绍的工艺是：在搅拌下把壳聚糖溶解在由5%醋酸水溶液和1%尿素组成的混合液中，经过滤脱泡后得到浓度为3.5%、黏度为1.52Pa·s的纺丝溶液。用孔径0.4mm、180孔的喷丝头将纺丝溶液挤到室温的凝固浴中，凝固浴为不同浓度的氢氧化钠与乙醇的混合液。凝固的纤维用温水洗涤，拉伸1.25倍后卷绕。在张力状态下，80℃干燥0.5h即得壳聚糖纤维。

东华大学的研究表明，壳聚糖溶解在如前所述的一些有机酸或无机酸溶液中形成的纺丝溶液不太均匀，而且易产生凝胶。因此使壳聚糖溶液均匀、不形成凝胶，是纺制壳聚糖纤维的关键技术之一。以醋酸水溶液为溶剂制备壳聚糖纺丝溶液时，同时加入尿素、异丙醇或二氯乙酸等物质，可以破坏凝胶结构，使纺丝溶液比较均匀。NaOH水溶液的固化速率参数比较小，与醋酸水溶液的传质通量比小于1，因此采用NaOH水溶液为凝固浴，丝条的固化比较缓和，可形成圆形截面的初生纤维。而且NaOH在经济上比较便宜。壳聚糖纺丝溶液流出喷丝孔，凝固成初生纤维时，不是脱水过多，而是脱水过少，因此提高拉伸前和拉伸时凝胶态纤维中聚合物含量是提高纤维强度的有效途径之一。适当提高纺丝溶液的浓度后，主要措施是改变凝固浴和拉伸浴的组分，如加入脱水剂。无离子水浴和NaCl水溶液拉伸浴的对比表明，初生纤维在NaCl浴中会进一步收缩，表明盐浴对初生纤维的脱水效果较明显。

韩国甲壳素公司根据Tottori大学教授Shigehiro Hirano的理论，成功实现了壳聚糖纤维的产业化。他们利用自有技术生产的优质虾、蟹壳原料，把得到的壳聚糖溶解于2%的醋酸溶液中，经过滤后纺丝，在2%乙醇溶液中固化成型，拉伸1.6～1.8倍，在蒸馏水中水洗两次后烘干，即可得到壳聚糖纤维。该公司于1999年8月建成了一套日产能力达150kg的壳聚糖纤维生产线，采用2500孔喷丝板纺丝。

(3)乙酰甲壳素纤维：通过酰化反应，可以在甲壳素分子中导入不同相对分子质量的脂肪族或芳香族酰基。酰化反应可在羟基或氨基上进行。以甲壳素为原料，通过甲磺酸法或高氯酸法可以制得乙酰甲壳素。控制不同的反应条件，可以生成乙酰化度不同的乙酰甲壳素。

乙酰甲壳素纤维的制备方法也有直接法和间接法两种。直接法是用乙酰甲壳素为原料直接纺制乙酰甲壳素纤维；间接法是先制备甲壳素纤维，然后通过乙酰化将其转变成乙酰甲壳素纤维。

目前，主要采用直接法制备乙酰甲壳素纤维。典型工艺为：甲壳素悬浮在99%甲酸中，将所得的膨胀状乙酰甲壳素在-20℃冻结24h，使冻结的溶液再在室温下慢慢解冻，然后加入少量二氯乙酸，形成透明的凝胶，再加入氯乙烯醚或二异丙醚便可得到纺丝质量优良的溶液。加入99%甲酸，调节溶液的黏度至0.1Pa·s左右。在加压下过滤得到黏性溶液，然后在0.04～0.13GPa的压力下通过铂制丝板嘴将丝挤出至第一凝固浴中，将部分凝固的丝置于第二凝固浴中固化，在水中进行连续拉伸。纺丝原液的溶剂组成和纺丝条件见于表16-39。纺丝是在室温下进行的。将绕好的丝置于沸水中浸1h，以除去痕量甲酸或二氯乙酸，再将纤维在流动水中洗一夜，然后自然干燥，即制成乙酰甲壳素纤维。

将甲壳素纤维直接乙酰化处理可以制得乙酰甲壳素纤维，方法之一是在室温下用20%醋酸钠水溶液处理甲壳素纤维12h，除去水溶液后在真空下干燥。然后在95℃和减压条件下，用醋酸酐蒸气对干燥的纤维进行乙酰化处理24h，方法之二是将甲壳素纤维浸渍在80%高氯酸和醋酸酐混合液中24h，用冷却水洗涤纤维，然后用乙醇洗涤，在真空下干燥，即成乙酰甲壳素纤维。

表 16－39　乙酰甲壳素纤维的纺丝条件

试样字号	1	2	3	4	5	6	7	8
乙酰化度	0	0.3	1.1	1.6	2.0	2.0	0	0.3
纺丝用溶剂(体积比)	FA：DCA 92：8	FA：EC 2：1	FA：DCA 75：6	FA：DCA 12：1	FA：EC 2：1	FA：EC 2：1	FA：DCA 29：8	FA
纺丝原液浓度/%	4.0	4.2	6.1	3.9	13.3	13.3	3.0	4.2
纺丝压力/GPa	0.13	0.06	0.04	0.13	0.08	0.1	0.12	0.12
第一凝固浴	二异丙醚	二异丙醚	二异丙醚	二异丙醚	二异丙醚	二异丙醚	乙酸乙酯	二异丙醚
第二凝固浴	2：5 的 50%乙酸：乙酯						乙醇	乙醇
拉伸浴(水)温度/℃	60	60	10	10	10	10	60	60
第一丝辊速度/m·min^{-1}	5.2	5.7	5.7	5.6	5.7	5.7	5.6	5.6
第二导辊速度/m·min^{-1}	5.8	6.5	7.5	7.7	8.2	8.2	7.3	7.3
拉伸比	1.10	1.14	1.32	1.38	1.44	1.44	1.30	1.30

注　1. 喷嘴为铂制，孔径为 0.09 mm，孔数 50。
2. FA 为 99%甲酸，BCA 为二乙酸，EC 为乙烯。

(4)二丁酰甲壳素纤维：若甲壳素大分子中的羟基全部被丁酰化，则成为二丁酰甲壳素。制备二丁酰甲壳素的关键是在保证甲壳素的羟基完全丁酰化的同时，最大限度地降低甲壳素及丁酰甲壳素的水解。典型的工艺为：将化学纯的丁酸酐蒸馏，取其 196～198℃的馏分(含量大于 98%)。在搅拌状态下，将精制过的甲壳素粉末分批加入由丁酸酐和高氯酸新制备的混合溶液中进行非均相反应。反应一定时间后，体系中加入乙醚中止反应，过滤反应悬浊液，得到的固体产物用乙醚洗涤 3 次、纯水洗涤 5 次，然后于纯水中煮沸几分钟，冷却，用氨水中和至中性。将溶液过滤后的固体粉末依次用纯水洗涤 3 次、乙醚洗涤 1 次，置于 50℃真空干燥箱中干燥 8h 左右，以充分去除水分。干燥后的样品用丙酮溶胀 2h，然后加入适量丙酮搅拌，使其充分溶解，然后过滤，并用丙酮洗涤未溶解的粉末 3 次，将该粉末置于 50℃真空干燥箱中干燥至恒重，过滤后的二丁酰甲壳素—丙酮溶液汽化蒸发，去除丙酮即得到二丁酰甲壳素产品。

研究表明，反应体系中丁酸酐和催化剂高氯酸与甲壳素的比例对甲壳素的转化率有较大的影响，甲壳素的粒径越小，其转化率越高，实际反应中一般以 80 目的甲壳素为原料。反应时间对制备二丁酰甲壳素有两种截然相反的影响，随着反应时间的增加，甲壳素的转化率增加，但二丁酰甲壳素的相对分子质量下降，甲壳素的转化率在反应温度 35℃时出现了极大值，二丁酰甲壳素的相对分子质量随反应温度的升高而下降。

采用湿法纺丝制备二丁酰甲壳素纤维的典型工艺为：二丁酰甲壳素溶解于 DMF，制成浓度为 16%～20%的纺丝溶液。由于二丁酰甲壳素在 DMF 中的良好溶解性，所以在将它送至原液储罐之前，不必过滤。尽管原液的黏度高，但还可以进行脱泡。纺丝采用由储罐、过滤器、计量泵及喷丝板组成的常规挤出装置。丝条在水中凝固(10～30℃)，浸湿长度大约 80cm。凝固后卷绕在卷绕辊上的丝条送至第二水浴(30～50℃)，洗去丝条中的 DMF。在第三水浴中进行拉伸，温度为 95℃，最大拉伸比 2.0～3.45。拉伸后的丝条再用水洗涤，并以大约 40m/min 的速度卷绕在筒管上。纤维用热空气干燥。即制得表面平滑的和丝一般的二丁酰甲壳素纤维。

2. 干法纺丝

生产甲壳素类纤维采用干法纺丝的不多，已报道的有甲壳素纤维、壳聚糖纤维和二丁酰甲壳素纤维。

甲壳素纤维干法纺丝工艺以易挥发物质为溶剂。早在 1976 年，Capozza 就提出用六氟异丙醇作甲壳素的溶剂，采用干法纺丝纺制纤维。

20％壳聚糖水溶液干法纺丝在 1500kPa 的空气中进行，用 NH_3 处理，经水洗后烘干。

由于二丁酰甲壳素在易挥发有机溶剂中有着较好的溶解性能，因此其可成型工艺也可采用干法纺丝。浓度为 20％～22％的二丁酰甲壳素—丙酮溶液的干法纺丝，已在实验室中进行。纺丝设备由挤出装置、干燥甬道和卷绕装置组成。挤出装置由原液储罐通过连在计量泵和喷丝板的过滤器组成。干燥甬道 6m，顶部温度被加热到 80℃，底部温度为 45℃。纺丝在体积流量 5.85cm^3/min 下进行。丝条以 70m/min 的速度卷绕在纸管上。

3. 干湿法纺丝

东华大学研究了壳聚糖纤维和二丁酰甲壳素纤维的干湿法纺丝。

(1)壳聚糖纤维：研究表明，纺丝原液浓度、气隙(空气层)长度、喷头拉伸比、拉伸倍数、拉伸浴温度等因素均影响壳聚糖纤维的最终性能。由图 16－49 可见，对于浓度相同的纺丝原液，通过干湿法纺制的纤维强度比通过湿法纺(空气层距离为 O)制得的纤维的强度要高，表明干湿纺是提高壳聚糖纤维强度的有效手段。这是因为在干湿法纺丝中，液态丝条在进入凝固浴前在空气层中容易发展拉伸流动取向，因此干湿纺纤维具有比湿纺纤维高的取向度。

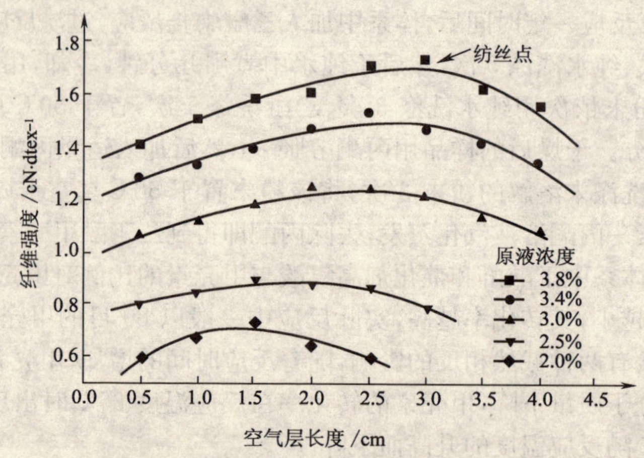

图 16－49 不同浓度聚糖纤原液纺制纤维的强度与空气层长度的关系

从图 16－49 还可看出，各种浓度纺制的纤维，其强度都会在某个空气层距离出现极大值。这表明空气层过长并不利于大分子链的取向。因为原液从喷丝孔喷出时，壳聚糖大分子链在轴向外力作用下存在着取向运动，与此同时大分子链的热运动也会导致解取向的松弛运动。在原液喷出初始阶段，细流经过短暂的孔口膨胀后，其直径急剧缩小，速度梯度很大，此时大分子链的取向在空气层的轴向拉伸中占据了上风，纤维强度上升；随后细流的速度梯度逐渐降低，大分

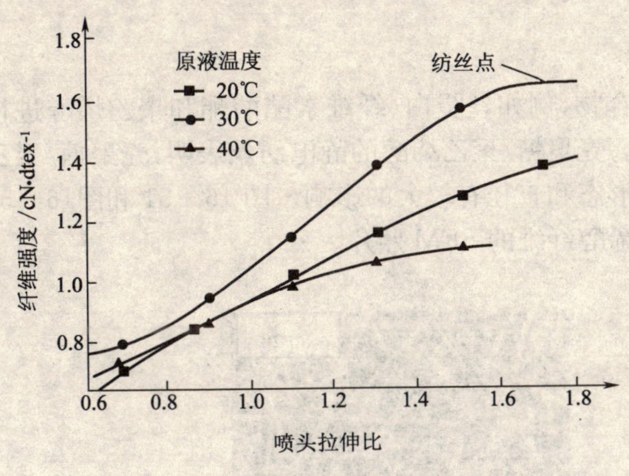

图 16－50　喷头拉伸比与纤维强度的关系
空气层长度：3cm

子链的解取向松弛作用上升，在出喷丝孔一定距离后取向和解取向达到平衡，纤维强度在该空气层距离达到极大值；若空气层长度进一步增大，原液细流速度梯度较小，大分子链解取向运动占据上风，从而又使纤维强度降低。

从图 16－50 可见，纤维强度随着喷头拉伸比的增加而单调上升。这是由于随着喷头拉伸比的增加，原液细流在空气层中的拉伸流动取向增大，此时干湿纺纤维的取向为喷丝孔内剪切取向与喷丝孔外拉伸流动取向的叠加，因此其强度单调上升。

(2)二丁酰甲壳素纤维：将不同质量分数的二丁酰甲壳素—二甲基甲酰胺溶液在干湿法纺丝机上制成初生纤维，将初生纤维于 85～95℃水浴中拉伸，并进一步用稀碱液低温处理。结果表明，浓度为 24％的二丁酰甲壳素—二甲基甲酰胺溶液具有较好的可纺性；气隙长度为 3cm 的工艺条件得到的纤维的物理机械性能较好；拉伸有利于二丁酰甲壳素纤维强度的提高，水浴拉伸时拉伸温度不能低于 85℃，拉伸倍数可控制在 1.5～5.0；稀碱处理有利于二丁酰甲壳素纤维强度的提高。甲壳素类纤维干湿法纺丝的凝固浴多以醇、水为主。凝固浴温度依据凝固剂的种类、原料及生产工艺的不同而异，一般控制在－11～30℃。

4. 液晶纺丝

甲壳素的某些衍生物，例如甲壳素乙酯/甲酯的三氯乙酸/二氯甲烷溶液具有液晶性。壳聚糖的乙酸溶液、甲酸溶液、二氯乙酸溶液、水溶液具有液晶性。壳聚糖的许多衍生物，例如 *O*－氰乙基壳聚糖、*O*－羟乙基壳聚糖、*O*－羟丙基壳聚糖、*N*－乙基壳聚糖、*N*－甲基壳聚糖、*N*－丙基壳聚糖、*N*－丁基壳聚糖、乙酰化壳聚糖、丙酰化壳聚糖、丁酰化壳聚糖、己酰化壳聚糖、庚酰化壳聚糖、氰乙基羟丙基壳聚糖、*O*－丙烯酰化壳聚糖、*O*－苯甲酰化壳聚糖、*N*－苄基化壳聚糖等的溶液均具有液晶性，它们成为品种最多的一类生物高分子液晶。

杜邦公司的研究人员已分别采用甲壳素乙酯/甲酯和壳聚糖乙酯/甲酯液晶溶液，制得了强度达 4.84cN/dtex 以上和 5.28cN/dtex 以上的纤维。

甲壳素乙酯/甲酯的制备技术：将 200mL 氯甲烷和 255mL 甲酸(95％～98％)加入带搅拌和氮气入口的 1L 容器中，冷却至 0℃。把 228mL 醋酸酐加入上述溶液中并冷至 0℃，加入 20g 甲壳素后缓慢添加 6mL 70％高氯酸，混合物在 0℃搅拌 12h。悬浮液用甲醇、丙酮、10％碳酸氢钠、水分别洗涤，最后再用丙酮彻底洗涤。抽气除去溶剂，固体用空气干燥约 12h 得到 24g 白色甲壳素乙酯/甲酯。

将用上法制得的甲壳素乙酯/甲酯在 24℃时溶解于 60∶40 的三氯乙酸∶二氯甲烷混合物中，配成浓度为 13.5％的溶液，测试证明，该溶液为各向异性溶液。纺丝采用干湿法。溶液经 10 孔(孔径 0.013cm)喷丝头以 15.2m/min 的喷速挤出，经 1.25cm 空气层进入长 66～100cm 的 0℃的甲醇凝固浴中凝固(任何适于甲壳素及其衍生物的非溶剂都可代替甲醇作凝固浴)，最后以 15.5m/min 速度卷绕。

5. 静电纺丝

通过壳聚糖与一些天然高分子和合成聚合物，例如丝蛋白、纤维素醋酸酯和聚乙烯醇进行静电纺丝制备复合纳米纤维的研究已有报道。壳聚糖/聚乙烯醇的静电纺丝表明，壳聚糖/聚乙烯醇的质量比和溶液浓度对复合纳米纤维的形态和直径有较大的影响。图 16－51 和图16－52 分别为不同质量比、不同浓度的壳聚糖/聚乙烯醇纤维的 SEM 照片。

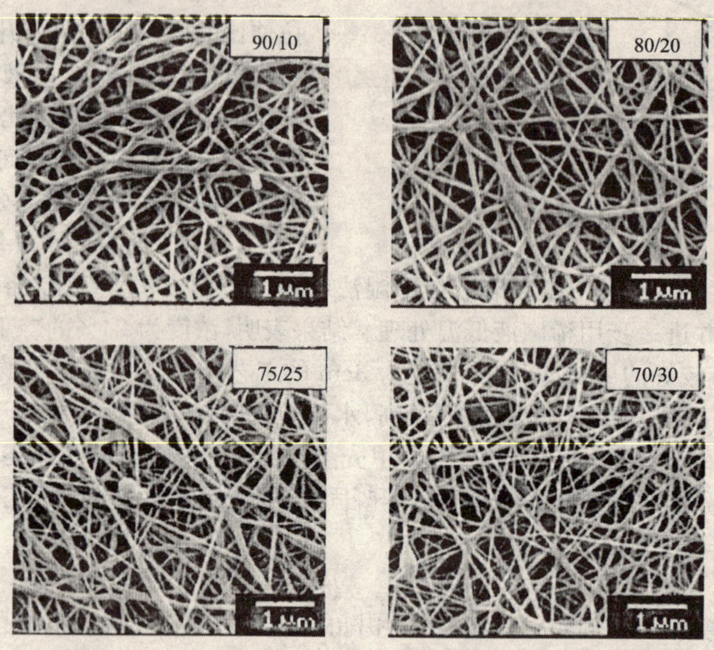

图 16－51　不同质量比的壳聚糖/聚乙烯醇纤维的 SEM 照片

6. 发酵法

甲壳素广泛存在于真菌类生物的细胞壁中，在合适的发酵条件下，一些丝状真菌在生长繁殖后可以直接产生甲壳素含量很高的纤维状产品，经过简单的处理可以直接加工成纸、非织造布等产品。这种工艺与传统的湿法纺丝相比，工艺流程短。目前，发酵工艺可以采用容量高达 1ML 的发酵罐，可以进行较大规模的生产，在几天内就可以从简单的生化原料中生产出纤维，与传统的湿法纺丝相比可以大大降低生产成本。因此，发酵法可能成为生产甲壳素纤维的一种新方法。

表 16－40 显示了不同菌种中得到的壳聚糖产率。壳聚糖各属种分布很广，以犁头霉属生产壳聚糖能力最高，其次为根霉属和接霉属。毛霉属、卷霉属、放射毛霉属和须霉属的产率很低。生成溶液黏度高的菌株也集中在犁头霉属中，所以犁头霉属最适合壳聚糖纤维生产。

图 16－53 显示了用发酵法制备的富含甲壳素的菌丝的结构。这些菌丝的长度在 50～100mm，与纺织用纤维的长度基本相同。在收获初始菌丝后，用水洗去除发酵过程中的培养基，然后用稀碱溶液去除菌丝中的蛋白质成分，最后，在把菌丝进行漂白后把得到的纤维状甲壳素悬浮在水中。根据不同的用途，这些纤维可以与粘胶纤维或与其他纺织纤维按比例混合后加工成非织造布。

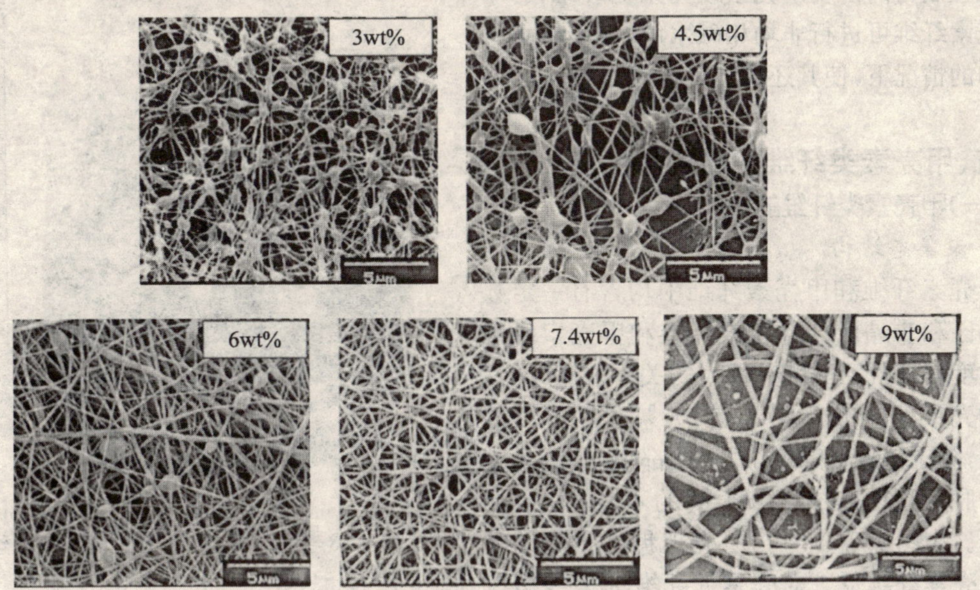

图 16－52 不同浓度的壳聚糖/聚乙烯醇纤维的 SEM 照片

表 16－40 毛霉科 7 属中壳聚糖的分布

属	菌株数					
	壳聚糖率(mg/200mL)					总计
	<10	10～50	50～100	100～150	150～200	
犁头霉属	1	9	9	13	4	36
放射毛霉属	0	2	0	0	0	2
卷霉属	1	5	0	0	0	6
毛霉属	4	39	0	0	0	43
须霉属	1	1	0	0	0	2
根霉属	0	8	22	2	0	32
接霉属	0	2	2	0	0	4

(三)甲壳素类纤维的后处理

甲壳素类初生纤维的物理机械性能较差，必须经过适当的后处理才能达到实用目的。甲壳素类纤维的后处理包括拉伸和还原等工序。拉伸可在纺丝成型时连续进行，也可以在制成初生纤维后再进行后拉伸。拉伸倍数一般选择 1.5～5 倍。拉伸工艺可采用一段拉伸，也可采用二段拉伸或多段拉伸。拉伸一般在湿态下进行，拉伸介质多以醇、水为主，拉伸温度控制在 200～950℃。拉伸后的纤维经水洗或在沸水中处理，以除去残余的凝固剂和溶剂。热处理后即可得到甲壳素类纤维成品。

对于某些甲壳素衍生物纺制的纤维，可选用合适的方法将其还原成甲壳素纤维。例如，壳聚糖纤维可在醋酸酐的溶液中还原成甲壳素纤维；甲壳素乙酯/甲酯或壳聚糖乙酯/甲酯纤维再用碱处理制得高强度甲壳素或壳聚糖纤维；二丁酰甲壳素纤维可进行非均相碱水解，在不破坏纤维结构的情况下，使其还原成甲壳素纤维。

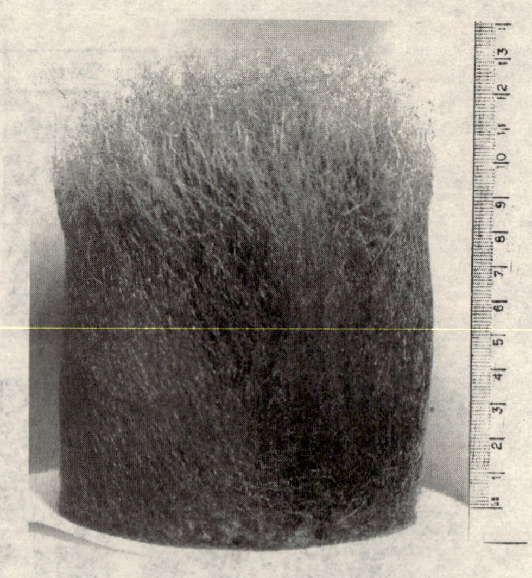

图 16－53 发酵法生产的含甲壳素的菌丝体

五、甲壳素类纤维的结构与性能

(一)甲壳素类纤维的结构

1. 聚集态结构

甲壳素纤维和甲壳素纤维中均含有一定数量的晶区和非晶区。甲壳素纤维和甲壳素纤维的结晶度与其脱乙酰度有很大的关系。100％乙酰化的壳聚糖即甲壳素以及 100％脱乙酰度的壳聚糖，分子链比较均一，规整性都很好，结晶度就高。脱乙酰化造成了分子链的不均一，结晶度下降。由图 16－54 可知，壳聚糖纤维的结晶度比甲壳素纤维低。对壳聚糖纤维 X 射线衍射图谱中 4 号峰进行分析，计算得其晶粒尺寸 L_4＝9.3nm。同样对甲壳素纤维 X 衍射图谱中 3 号峰进行处理，可得其晶粒尺寸 L_3＝17.9nm，这证明壳聚糖纤维的晶粒尺寸比甲壳素纤维小。

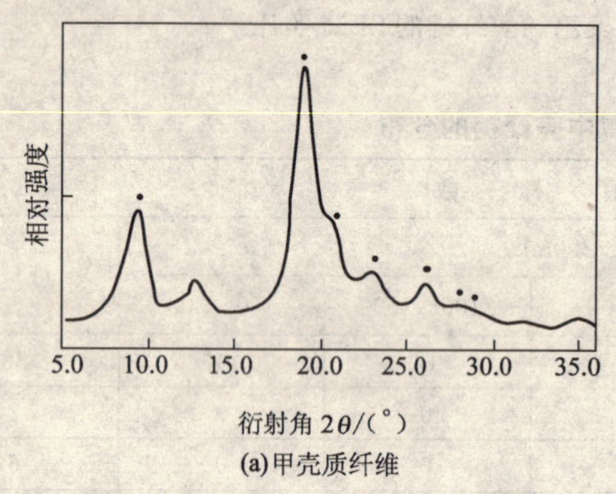

(a)甲壳质纤维

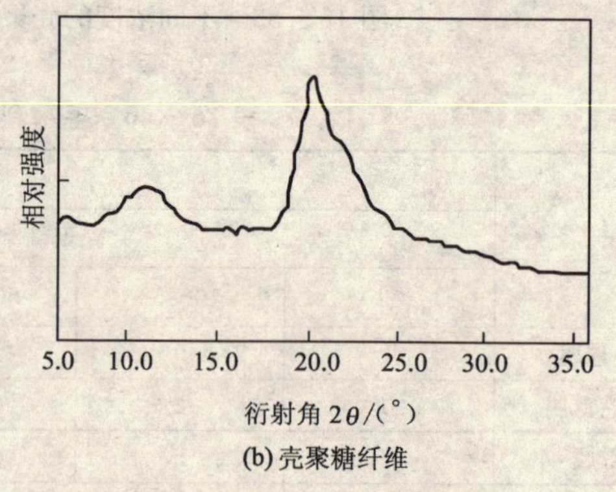

(b)壳聚糖纤维

图 16－54 甲壳素和壳聚糖纤维广角 X 射线衍射图

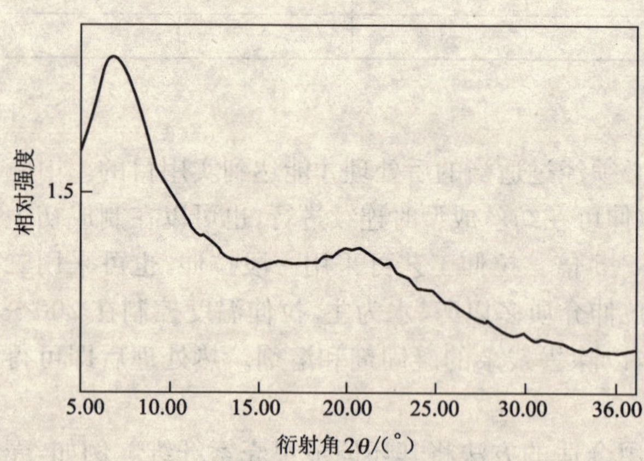

图 16－55 二丁酰甲壳素广角 X 射线衍射图

壳聚糖纤维与甲壳素纤维的晶面距比较接近，但两者的结晶形式并不相同，壳聚糖纤维的结晶区域相对来说要宽一些，这是因为甲壳素脱乙酰化以后，分子间的排列更规整，空间位阻也减小的结果。

图 16－55 表明，二丁酰甲壳素的结晶度(19.46％)及晶粒尺寸(3nm)明显比甲

壳素纤维的结晶度(34.4%)及晶粒尺寸(17.9nm)小，也比壳聚糖纤维小。

研究表明，湿纺甲壳素类纤维的取向度与纤维的制备工艺，特别是与其拉伸条件有很大的关系。表16－41表明，随着拉伸浴中NaCl浓度增大，初生纤维的脱水效果较明显，因此导致初生纤维中聚合体含量增大，拉伸后经定长干燥，纤维无定形区的取向度较大。

表16－41　壳聚糖拉伸纤维的取向度

拉伸浴NaCl浓度/%	初生纤维中聚合体含量/%	拉伸后经定长干燥纤维无定形区的取向因子
0	17	0.72
20	19	0.76

纤维结构中无定形区的取向度和纤维强度间表现为直接的正相关。因此可以推断，在盐浴中脱水较多的初生凝胶纤维，经同样倍数拉伸，因取向度高，因此强度也较大。

2. 形态结构

图16－56为湿纺壳聚糖纤维的扫描电镜照片，它表明，壳聚糖纤维的表面不是很完整，有沟槽，还存在纤维不匀的情况。这与凝固成型有关，还与纺丝时的温度、速度、应力等因素的波动有关。纤维的截面形状基本上为圆形，这与所选择凝固剂的种类有关。NaOH作为凝固剂，固化速率很小，所以纤维成型很缓慢，双扩散进行得较完全。

由图16－56还可看出，纤维内部仍出现原纤结构，空洞或毛细孔却很少，也没有很明显的皮芯层结构。

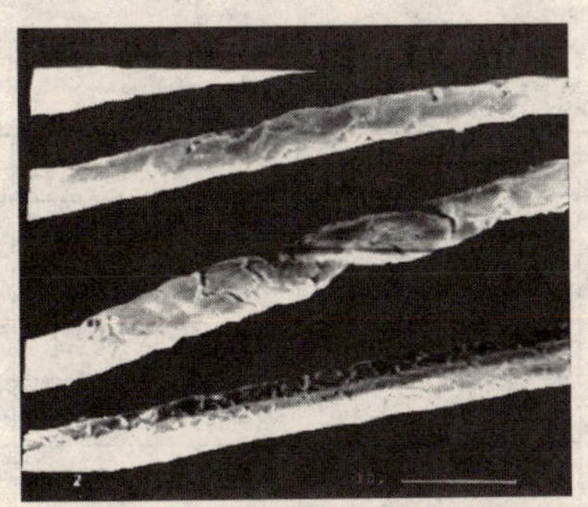

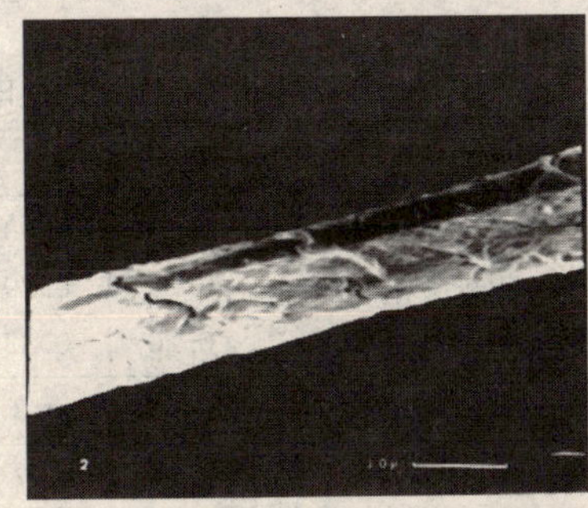

表面

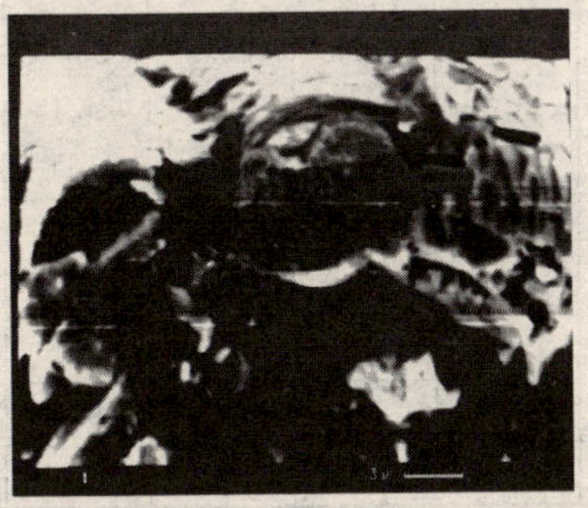

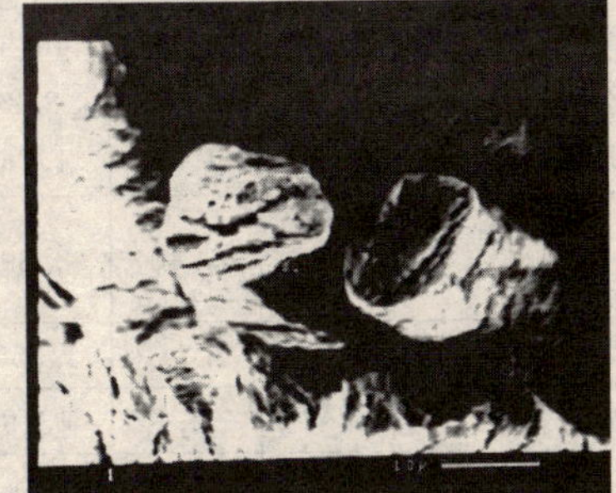

横截面

图16－56　壳聚糖纤维的扫描电镜照片

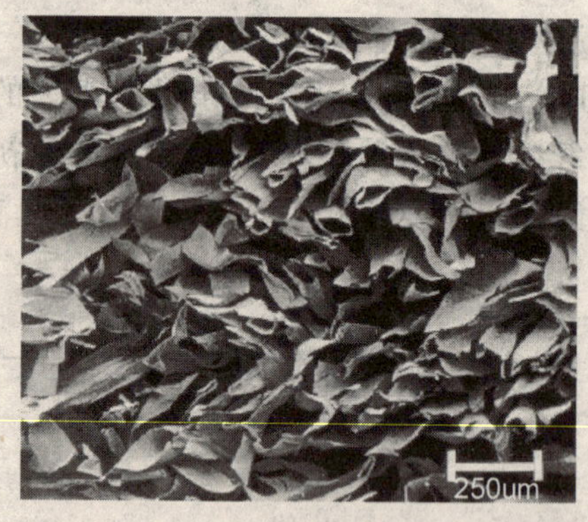

图 16－57　发酵法生产的甲壳素纤维的截面结构

图 16－57 为发酵法生产的甲壳素纤维的截面结构。从图 16－57 可以看出，这些纤维具有中空的结构。正因为如此，发酵法生产的甲壳素纤维具有很高的比表面积，适合用于对材料的吸湿性或吸附性要求很高的领域，如用于医用卫生材料或工业吸附剂。

(二)甲壳素类纤维的性能

1. 力学性能

表 16－42 为湿纺甲壳素纤维和壳聚糖纤维的质量指标。由表可见，它们的断裂强度较低，特别是湿强远低于干强，这使它们的加工和应用受到一定的限制。

表 16－42　甲壳素和壳聚糖纤维的质量指标

纤维品种	线密度/tex	断裂强度/cN・dtex^{-1}		断裂伸长率/%		打结强度/cN・dtex^{-1}
		干强度	湿强度	干伸长率	湿伸长率	
甲壳素纤维	0.17～0.44	0.97～2.20	0.35～0.97	4～8	3～8	0.44～1.44
壳聚糖纤维	0.17～0.44	0.97～2.73	0.35～1.23	8～4	6～12	0.44～1.32

干纺壳聚糖纤维的断裂强度为 1.7/cN・dtex^{-1}，断裂伸长率为 11%。

在不同纺丝条件下得到的乙酰甲壳素纤维的性能见表 16－43。

表 16－43　乙酰甲壳素纤维的性能

性　能	测试条件	1	2	3	4	5	6	7	8
断裂强度/cN・dtex^{-1}	干(20℃，相对湿度 65%)	0.60	0.83	1.67	1.34	1.0	1.31	1.16	1.53
	湿(20℃，相对湿度 100%)	0.20	0.29	0.66	0.51	0.44	0.50	0.16	0.65
	湿(90℃，相对湿度 100%)	0.20	0.33	0.66	0.57	0.38	0.34	0.16	0.74
乙酰化度		0	0.3	1.1	1.6	2.0	2.0	0	0.3
断裂伸长率/%	干(20℃，相对湿度 65%)	2.9	5.7	11.7	5.3	7.5	7.0	2.7	3.7
	湿(20℃，相对湿度 100%)	10.8	13.7	22.7	12.9	14.1	15.4	7.8	15.6
	湿(90℃，相对湿度 100%)	13.0	15.2	22.1	14.4	15.9	20.6	7.1	15.7
弹性模量/cN・dtex^{-1}	干(20℃，相对湿度 65%)	37.7	40.5	49.1	66.3	43.8	56.4	63.1	62.4
	湿(20℃，相对湿度 100%)	2.1	2.2	5.3	5.6	3.0	4.1	2.4	4.9
	湿(90℃，相对湿度 100%)	1.76	1.76	4.4	4.5	2.2	1.5	2.1	4.8
打结强度/cN・dtex^{-1}		0.40	0.39	0.56	0.34	0.12	0.27	0.40	0.36
密度/g・cm^{-3}		1.347	1.355	1.328	1.315	1.244	1.313	1.382	1.388
吸湿率/%		11.7	13.9	11.9	8.4	8.5	9.5	12.9	19.2
线密度/dtex^{-1}		2.9	3.4	3.6	3.9	11.3	11.8	23.0	45.1

从表 16－43 中可以看出，乙酰化度为 1.1 的乙酰甲壳素纤维的性能最好，其断裂强度和断

裂伸长率最高,打结强度也最大。而且显微镜观察表明,纤维的透明度也最好。乙酰甲壳素可以提高醋酯纤维对染料的敏感性,因为它与乙酰纤维素和甲酸的混合物无析相作用。在断裂强度、断裂伸长率和打结强度方面,乙酰甲壳素纤维优于甲壳素纤维。

二丁酰甲壳素和甲壳素纤维的力学性能见表16-44。

表16-44 二丁酰甲壳素和甲壳素纤维的力学性能

纤维样品	取代度	密度/g·cm^{-3}	线密度/dtex	断裂强度/cN·dtex^{-1}	断裂伸长率/%
DBCH=1.45 干法Ⅰ	2.0	1.21	15.21	0.83	36.9
DBCH=1.45 湿法Ⅱ	2.0	1.24	1.86	1.43	7.4
由Ⅰ制成的甲壳素	0	1.36	4.24	2.51	43.9
由Ⅱ制成的甲壳素	0	1.40	1.33	2.66	9.8

甲壳素乙酯/甲壳素甲酯纤维的性能见表16-45。

表16-45 甲壳素乙酯/甲壳素甲酯纤维的性能

纤维种类	取代度 乙酯:甲酯	单丝线密度/tex	断裂强度/ cN·dtex^{-1}	断裂伸长率/%	模量/cN·dtex^{-1}
甲壳素乙酯	2.9:0	0.78	2.0	2.6	79.2
甲壳素乙酯	2.0:0	0.50	3.78	73	148.7
甲壳素乙酯	1.4:0	0.60	5.19	4.5	181.3
甲壳素乙酯/甲酯	2.0:0.3	0.57	5.19	6.8	142.6
甲壳素乙酯/甲酯	0.4:1.4	2.12	6.16	6.8	170.7
甲壳素乙酯/甲酯	0.3:1.5	2.38	5.46	6.8	162.8

表16-46显示了发酵法生产的甲壳素纤维的力学性能。与常见的纺织用纤维相比,这些纤维的断裂强度低、断裂伸长率差,因此脆性大。在纤维上加上一定量的柔软剂,可以改进其加工性能。

表16-46 菌丝甲壳素纤维与常见纤维性能的比较

纤维	断裂强度/ cN·tex^{-1}	断裂伸长率/%	纤维	断裂强度/ cN·tex^{-1}	断裂伸长率/%
菌丝甲壳素纤维	7	3	麻	57	3
棉	19~45	6~9	粘胶纤维	7~27	16~27
毛	11~14	30~43			

2. 生物性能

甲壳素类纤维是以甲壳素及其衍生物为原料制得的,研究证实,它们也具有甲壳素及其衍生物的一些生物性能,如有良好的生物活性、生物相容性和生物可降解性等。

甲壳素类纤维在自然界会分解，如在土壤中分解很快。把壳聚糖纤维加入耕地中，CO_2 的产生量显著增加，说明甲壳素类纤维在土地中分解速率很高。据测定，它们在活性污泥中的分解速率比合成高分子纤维高 10 倍，因此不会像合成纤维那样对环境造成污染。

甲壳素类纤维无毒性，具有能被人体内溶菌酶降解而被人体完全吸收的生物可降解性；对人体的免疫抗原性小，且具有消炎、止痛及促进伤口愈合等生物活性，完全符合医用纤维技术指标的要求（表 16－47）。

表 16－47　医用纤维技术指标(Q/DAGQ 1—1998)

理化性能	含水量不大于 15%，溶出液与同量空白对照液 pH 值之差不超过 1.5，断裂强度 1.0～1.5cN/dtex
生物性能	应无菌，环氧乙烷残留量不大于 10μg/g，应无热源，细胞毒性反应不大于 1 级，致敏皮肤反应不大于 1 级，刺激皮肤无反应
外观和感官	应无污点、毛发及异物，应柔软，不应有臭味

3. 抗菌性能

甲壳素类纤维具有良好的抑菌性能。例如东华大学制备的壳聚糖纤维，纯纺者抑菌率达 99%以上（表 16－48），混纺者抑菌率达 75%左右，具有良好的保健功能。这是由于壳聚糖分子结构上有独特的活性基团，对大肠杆菌、金黄色葡萄球菌、白色念珠菌等具有抑制作用。

表 16－48　壳聚糖纤维抗菌测试结果

菌　　株	振摇 1h 的抑菌率/%	无振摇时的菌落数
大肠杆菌(8099)	99.89	2.7×10^5
金黄色葡萄球菌(ATCC 6538)	99.87	2.9×10^5
白色念珠菌(ATCC 10231)	99.77	2.9×10^5

4. 螯合和吸附性能

甲壳素与壳聚糖纤维有一定的螯合性能，用硫酸铜和硫酸锌溶液处理后，吸附在纤维上的 Cu^{2+} 和 Zn^{2+} 占整个纤维量的 9.0%和 6.2%。螯合作用是由于金属离子与甲壳素与壳聚糖中的—NH—与—NH_2 基团形成的复合体。研究表明，纤维吸附的铜离子数量与纤维上的自由氨基成正比（表 16－49）。

表 16－49　乙酰度对壳聚糖纤维螯合性能的影响

壳聚糖的乙酰度	纤维上的铜离子含量/%	纤维上的氨基与铜离子的摩尔比	壳聚糖的乙酰度	纤维上的铜离子含量/%	纤维上的氨基与铜离子的摩尔比
0.86	8.2	2.9∶1	60.8	3.6	2.8∶1
36.6	5.4	2.9∶1	97.2	0.6	1.2∶1

壳聚糖纤维对重金属离子和酸性染料、活性染料、媒染染料、直接染料等都有很好的吸附性。例如，壳聚糖分子结构中的—NH_2 能在酸的催化作用下与甲醛结合生成碳氮双键，因而具

有吸附环境中甲醛的能力。研究表明,每克壳聚糖纤维最多能吸附 66.6mg 的甲醛。

5. 吸湿性

经测定,甲壳素纤维的回潮率为 10%~12.5%,说明其吸湿性良好。这与甲壳素大分子链上具有大量羟基和乙酰胺基有关。

壳聚糖纤维的回潮率为 16.2%,说明其吸湿性比甲壳素纤维高。这是由于壳聚糖的结构单元中有两个羟基和一个氨基,共三个亲水基团,而在甲壳素的结构单元中,氨基基本被乙酰基团酰化,亲水性有一定的降低。

六、甲壳素类纤维的应用

甲壳素类纤维可纺制成长丝、短纤维,然后加工成各种纱线、机织物、针织物和非织造布,它们在以下几个领域显示了广阔的应用前景。

(一)生物医学材料

生物医学材料(biomedical material)是用于对生物体进行诊断、治疗、修复或替换其病损组织、器官或增进其功能的新型高技术材料。生物医学材料可以加工成各种几何形状,包括三维的块状,二维的薄膜状、纸状,一维的纤维状和准零维的纳米粉体状。其中纤维状生物医学材料,即生物医学纤维材料,由于具有长径比大、能加工成多种具有特殊用途的生物医用制品等特点,因而在生物医学材料中具有重要的地位。

在生物医学纤维材料中,甲壳素类纤维由于具有良好的生物活性、生物可降解性、生物相容性和抗菌性等性能,因此极具开发价值和应用前景。目前,甲壳素类纤维主要用于医疗卫生领域,特别是日本和美国,利用甲壳素类纤维开发了创面敷料、可吸收手术缝合线、人工肾透析器、止血用品、人造血管等系列产品。其中可吸收创面敷料不仅具有对创面起覆盖保护的作用,而且具有积极接受生物反应、促进伤口愈合的功能,因此已经广泛用于治疗各种创伤,如烧伤、烫伤、冻伤及其他外伤。

我国在甲壳素类纤维的医用方面也取得了许多成果。例如,东华大学研制的可吸收创面敷料已经投放市场多年。此外,甲壳素类纤维在可吸收牙周再生片、神经再生导管、组织工程材料等领域的应用研究也正在进行中。

(二)功能纺织品

甲壳素纤维可以制成各种纺织品,例如高级内衣、礼仪衬衫、幼儿用尿布及衣类、卫生巾、防脚癣袜子、鞋子、卫生餐巾、医院病号服、手术服、床上用品以及特殊防污染服装等方面。这些纺织品具有抑菌、除臭、消炎、止痒、保湿、防燥、护理肌肤等功能,而且质地柔软、透气导湿性能优良、穿着舒适,特别适用于妇女、儿童、老人及过敏体质和疱疹性皮肤病人,因此受到许多研究者和公司的重视。

20 世纪 90 年代初,日本成功制成甲壳素纤维,并将其与其他纤维混纺制成内衣、袜品。1995 年,日本富士纺织公司将甲壳素加入粘胶液中制成抗菌粘胶纤维。1999 年,日本 Omikenshi 公司开发了甲壳素/聚酯纤维复合织物,作为高级面料投放市场。这些含有甲壳素的纺织品因具有抗菌、防臭功能,很受消费者青睐,附加值大增。英国、韩国在甲壳素纤维纺织品的开发方面也取得了较多成果。

我国从 20 世纪 90 年代初开始甲壳素纤维纺织品的研究。1998 年,东华大学在上海浦东开发区建立了甲壳素和壳聚糖纤维的生产基地，还与有关工厂研制成甲壳素/纤维素共混纤维，制成抗菌内衣、内裤、袜子、婴儿服、文胸等功能纺织品投放市场。这些产品经上海市卫生防疫站检测，证明具有良好的抑菌性能，纯纺者抑菌率达 99%以上，混纺者抑菌率达 75%左右。

(三)安全防护材料

人类在生活中经常受到辐射等特殊环境因素的伤害，需要必要的防护。但普通纤维和纺织品对此无能为力。因此，用现代科技手段研究开发在特殊环境中具有防护功能的纤维和纺织品具有重要的意义。

如前所述，甲壳素类纤维有较强的螯合和吸附性能，对重金属离子和有害气体有很好的吸附能力，因此在一些特殊环境中的安全保护方面具有广阔的应用前景。

研究表明，壳聚糖纤维具有很高的比表面积，把它与其他纤维混合后制成床单、窗帘等室内纺织品后，通过其结构中氨基对甲醛的吸附能力，可以去除室内的甲醛。制成过滤装置后，可以除去烟、酒、药品中微量的甲醛。

甲壳素与壳聚糖纤维还可用于净水、环保等行业。直径 5～80μm 的壳聚糖纤维，可除去水中的氯臭而净化自来水。甲壳素类纤维可以作净水器、空气过滤器、抗沾污罩布、吸收放射性物质的特殊防污染罩布等。

工业上也可用甲壳素类纤维处理废水、废气。利用甲壳素类纤维使废水脱色、从工业废水中分离重金属已有工业化应用。甲壳素类纤维的吸附量是粒状活性炭的数倍且易处理回收，原料无毒，不存在二次污染，吸附成本低。特别是具有中空结构的发酵法甲壳素纤维，比表面积很大，非常适合用于工业吸附剂等对材料吸附性要求很高的领域。

在一些需要特殊防护的领域，例如防止原子能引起的放射性污染，甲壳素类纤维也可以发挥重要作用，市场潜力极大。

参考文献

[1] 朱美芳，许文菊．绿色纤维和生态纺织新技术[M]. 北京：化学工业出版社，2005.

[2] Quigley M, Armistead R J R, Naef R, et al. Forming solutions of cellulose in aqueous tertiary amine oxide: WO9621678 [P]. 1996－07－18.

[3] Lee W S, Kim B C, JO S M, et al. Process for preparing a homogenious cellulose solution using *N*－Methylmorpholine－*N*－Oxide: WO 9747790 [P]. 1997－12－18.

[4] 考脱沃兹纤维(控股)有限公司．喷射组件. 中国，94192157. 3 [P]. 1996－06－05.

[5] 考脱沃兹纤维(控股)有限公司．纺丝装置. 中国，94192192. 1 [P]. 1996－06－12.

[6] Diener A, Raouzeos G. Continuous dissolution process of cellulose in NMMO [J]. Chemical Fibers International, 1999(49):40－42.

[7] Huang K S, Twu Y K, Tsai J H, et al. High－speed spinning of cellulose in direct solvent process [J]. Chemical Fibers International, 1999(49): 43－46.

[8] Worldwide generic name for Lyocell fibers [J]. Chemical Fibers International, 1996(46): 68.

[9] Breier R. Lyocell 纤维的绳状整理、实践的现状 [J]. 国际纺织导报，1997(1):33－36.

[10] Lens J, Schurz J, Wrentschur E. The fibrillar structure of cellulosic man－made fibers spun from different solvent systems [J]. Journal of Applied Polymer Science, 1988(35): 1987－2000.

[11] Mieck K P, Nicolai M, NechwatalA. Contribution to the judgement of fibrillability of cellulose fibers [J]. Chemical Fibers International, 1995(45): 44－46.

[12] 段菊兰,邵惠丽,章潭莉,等. 凝固浴温度对 Lyocell 纤维结构及性能的影响[J]. 纺织学报, 2001, 22(1):13－14.

[13] 吴琪琳,潘鼎,邵惠丽. Lyocell 纤维与国产粘胶纤维的对比研究[J]. 高分子材料科学与工程,2001, 17(4):716－81.

[14] 杨之礼,王庆瑞,蒋听培,等. 纤维素与粘胶纤维[M]. 北京:纺织工业出版社,1981.

[15] Mortimer S A, Peguy A A. Methods for reducing the tendency of lyocell fibers to fibrillate [J]. Journal of Applied Polymer Science, 1996(60):305－316.

[16] A. Kumar,等. Lyocell 纤维及其混纺织物湿处理中的纤维素酶[J]. 国外纺织技术,2000(5): 16－22.

[17] 刘瑞刚,胡学超,章潭莉,等. 新一代纤维素纤维 Lyocell [J]. 合成纤维, 1997(4): 23－28.

[18] 刘瑞刚. 纤维素纤维的新品种:Lyocell [J]. 国外纺织技术, 1997(9): 25－28.

[19] 沈新元,胡学超,章潭莉,等. Lyocell 纤维的技术经济特征简析[J]. 上海纺织科技, 1998,26(6): 16－10.

[20] 金立国,汪晓峰,刘强. LYOCELL 纤维纺丝工艺[J]. 合成纤维, 1998,27(1):16－22.

[21] 段菊兰,胡学超,章潭莉. 减少 Lyocell 纤维织物原纤化的方法[J]. 国际纺织导报, 1999(2):24－26.

[22] 张国栋,杨纪元,冯新德,等. 聚乳酸的研究进展[J]. 化学进展,2000,12(1):89－102.

[23] 汪朝阳,赵耀明. 生物降解材料聚乳酸史略[J]. 化学通报,2003(9):641.

[24] 周美华,徐静波. 乳酸和聚乳酸的研究进展[J]. 中国纺织大学学报,2000,26(5):111－114.

[25] Masao Matsui. Biodegradable fibers made of poly－Lactic acid [J]. Chemical Fibers International, 1996,46(5):318－319.

[26] Kricheldorf H R. Synthesis and application of polylactides [J] Chemosphere, 2001,43(1):49－54.

[27] Montoud G. Evidence of ester－exchange reaction and cyclic oligomer formation in the ring－openg polymerization of lactide with aluminum complex initiators [J]. Macromoleculels, 1996 (29): 6461－6465.

[28] Song C X, Feng X A. Synthesis oy ABA triblock copolymers of caprolactone and DL－lactide [J]. Macromoleculels, 1884(17):2764－2767.

[29] 陈碧娥,刘祖同. 根霉 L－乳酸发酵的研究[J]. 清华大学学报,1993,33(6):91－96.

[30] 高战团,梁奇志,董丽松,等. L－丙交酯和 L－乳酸的制备与性能[J]. 高分子材料科学与工程,2003, 19(2):72－75.

[31] Donald Garlotta. Aliterature review of poly(lactic acid) [J]. Journal of Polymers and the Environment, 2001,9(2):63－84.

[32] 徐溢,柳胜春. 合成丙交酯微量水分分析[J]. 化学研究与应用. 1995,7(4):434.

[33] Gruber P R, St Paul, Kolstad J J, et al. Hydroxyl－terminated lactide polymer composition. US, 5446123 [P]. 1995－8－29.

[34] 史铁钧,董智贤. 聚乳酸的性能、合成方法及应用[J]. 化工新型材料,2001,29(5):13－15.

[35] Hans R. Kricheldorf, Soo－Ran Lee. Polylactones: 32, High－molecular－weight polylactides by ring－opening polymerization with dibutylmagnesium or butylmagnesiumchloride [J]. Polymer, 1995 (36):2995－3003.

[36] Luis Eguiburu, Maria Jose Fernandez Berridi. Functionalization of poly(L－lactide) macromonomers by ring－opening polymerization of L－lactide initiated with hhydroxyethyl methacrylate－aluminium alkoxides [J]. Polymer, 1995(36):173－179.

[37] Ford, Thomas M. Method for making polymers of alpha - hydroxy acids. Compiler: US, 5310599 [P]. 1994-5-10.

[38] 徐兆俞．生物降解塑料聚乳酸的合成、应用和市场前景[J]．合成树脂及塑料，2003，20(2)：71-75.

[39] 吴之中，张政朴，鲁格，等．聚乳酸的合成及在骨折内固定材料的应用[J]．高分子通报 2000，3(1)：73-78.

[40] 杨革生，沈新元，杨庆．聚乳酸及其共聚物的合成[J]．合成技术及应用，1998，13(3)：25-29.

[41] 赵耀明，张军，麦杭珍．直接缩聚法合成聚乳酸的研究[J]．合成纤维，2001，30 (3)：3-5.

[42] Ohara H, Sawa S, Kawamoto T. Method for producing polylactic acid. Compiler: US, 5550837-8 [P]. 1995-7-26.

[43] Takada M, Kakizawa Y. Process for the continuous production of biodegradable polyester polymer. Compiler: US, 5484882 [P]. 1996-1-16.

[44] Andrzej Duda, Stanislaw Penczek. Thermodynamics of L-lactide Polymerization, Equilibrium Monomer Concentration[J]. Macromolecules, 1990, 23(6): 1636-1639.

[45] 汪朝阳，赵耀明．熔融聚合法直接合成聚乳酸的研究．合成纤维，2002，31(2)：11-13.

[46] Ajoka M. Basic Properties of Poly(Lactic Acid) Produced by the Drect Condensation Polymerization of Lactic Acid [J]. Bulletin of the Chemical Society of Japan, 1995(68): 212-213.

[47] 杨革生，沈新元，杨庆．聚乳酸的合成及表征．99'全国高分子学术论文报告会论文集(中册)[C]．上海：1999.

[48] 秦志忠，杨百春，曹雪琴．生物降解材料——聚乳酸的直接合成研究[J]．合成技术及应用纤维工业，2002，17(1)：12-14.

[49] 王胜东，沈新元，周美华．控制释放膜用聚乳酸的直接缩聚法合成[J]．化学世界，2002，43(增刊)：192-194.

[50] Taniguchi I, Miyanoto M, Kumura Y et al. sythesis and properties of high - molecular - weight poly (L - lactic acid) by Melt/solid Polycondenzation under different reaction conditions [J]. High Perform. Polym., 2001(13): 1-8.

[51] 吴景梅，吴若峰．溶液聚合法合成聚乳酸的研究[J]．合成纤维工业，2006，29 (1)：14-15.

[52] 戈进杰．生物降解高分子材料及应用[M]．北京：化学工业出版社，2002，284-285.

[53] 田怡，钱欣．聚乳酸的结构、性能与展望[J]．石化技术与应用，2006，24(3)：233-236.

[54] 刘磊，吴若峰．聚乳酸类材料的水解特性[J]．合成材料老化与应用，2006，35(1)：44-48.

[55] 沈新元，刘洪斌，王胜东，等．聚乳酸熔体流变性的研究[J]．合成纤维工业，2002，25(4)：1-3.

[56] Hyon S H, J amshidi K, Ikada Y. Biocompatible poly - L - lactide fibers [J]. Polymer Preprints, 1983, 24 (1): 6-9.

[57] Lee J K, Lee K H. Structure development and biodegradability of uniaxially stretched poly(L - lactide) [J]. European Polymer Journal, 2001(37): 907-914.

[58] Horacek I, Kalisek V. Polylactide I. Continuous Dry Spinning - Hot Drawing Preparation of Fibers[J]. J Appl Polym Sci, 1994(54): 1751-1757.

[59] Fambri L, Pegoretti A. Biodegradable fibres of poly(L - lactic acid) produced by melt spinning [J]. Polymer, 1997, 38 (1): 79-85.

[60] Mezghani K, Spruiell J E. High speed melt spinning of poly(L - lactic acid) filaments [J]. J Polym Sci Part B: Polym. Phys, 1998, 36 (7): 1005-1008.

[61] Eling B, Gogolewski S, Pennings A J. Biodegradable Materials of Poly (L - Lactic Acid): Ⅰ. Melt - Spun and Solution - Spun Fibres [J]. Polymer, 1982(23): 1578-1592.

[62] Leenslag J W, Pennings A J High－strength poly(L－lactide) fibres by a dry－spinning/hot－drawing process [J]. Polymer, 1987(28):1695－1702.

[63] 任杰,董博．聚乳酸纤维制备的研究进展[J]. 材料导报, 2006,20 (2):82－85.

[64] 杨革生,沈新元,杨庆．聚乳酸及其共聚物纤维的制备及应用[J]. 合成技术及应用,1999,14(2):23－26.

[65] Yuan X Y, Arthur F T Mak , Kwok K W , et al. Characteriization of poly (L2lactic acid) fibers produced by melt spinning [J]. J Appl Polym Sci , 2001(81):251－260.

[66] Schmack G, J ehnichen D , Tandler B , et al. Biodegradablefibers spun from poly (lactide) generated by reactive extrusion [J]. J Biotechnology , 2001 , 86(2) :151－154.

[67] Zeng J , Chen X Y, Xu X Y, et al. Ultrafine fibers electrospun from biodegradable polymers [J]. J Appl Polym Sci , 2003(89):1085－1088.

[68] Doshi J ,Reneker D H. Elect rospinning process and applications of elect rospun fibers [J]. J Elect rostatics , 1995(35):151－156.

[69] 袁晓燕,董存海,赵瑾,等. 静电纺丝制备生物降解性聚合物超细纤维[J]. 天津大学学报,2003,36 (6):706－709.

[70] 麦杭珍,赵耀明,聂凤明,等．可生物降解聚乳酸纤维的纺丝成型研究进展[J]. 合成纤维工业, 2000, 23 (8):43－45.

[71] 张秀芳．可降解人工胸壁用聚乳酸类纤维的制备与表征[D]. 上海:东华大学,2006.

[72] Elvassore N,Baggio M,Pallado P,et al. Production of Different Morphologies of Biocompatible Polymeric Materials by Supercritical CO_2 Antisolvent Techniques [J]. Biotechnology and Bioengineering, 2001,73(6):449～457.

[73] Meziani M J,Pathak P,Wang W,et al. Polymeric Nanofibers from Rapid Expansion of Supercritical Solution [J]. Industrial and Engineering Chemistry Research,2005,44(13):4594－4598.

[74] Ma P X,Zhang R. Synthetic nano－scale fibrous extracellular matrix [J]. J. Biomed. Mater. Res,1999 (46):60－72.

[75] Reneker D H ,Yarin A L , Fong H , et al. Bending instability of elecrically charged liquid jets of polymer solutions in electrospinning [J]. Appl Phys A : Mater Sci & Proc ,2000 , 87 (9):4531－4535.

[76] Gogolewski S ,Pennings A J. Resorbable Materials of Poly (L－Lactide):Ⅱ. Fiber Spun from Solution of Poly (L－Lactide) in good solvent [J]. J Appl Polym Sci ,1983(28):1045－1061.

[77] Pennings J , Dijst ra H , Pennings A. Preparation and properties of absorbable fibres from L－lactide copolymers [J] . Polymer , 1993 , 34 (5):942－950.

[78] Schmack G, et al. Biodegradable fibers of poly (L2lactide) produced by high－speed melt spinning and spin drawing [J]. J Appl Polym Sci ,1999,73 (14):2785－2788.

[79] Takasaki M , Ito H , Kikutani T. Sructure development of polylactides with various D－lactide content s in the high－speed melt spinning process [J]. J Macromolecular Sci , PartB : Phys , 2003 , 42 (1):57－60.

[80] Cicero J A,Dorgan J R , Dec S F , et al. Phosphite stabilization effects on two－step melt－spun fibers of polylactide [J] . Polymer Degradation and Stability , 2002 , 78 (1):95－99.

[81] Schmack G, Tandler B , Optiz G, et al. High－speed meltspinning of various grades of polylactides [J]. J Appl Polym Sci ,2004 , 91 (2):800－805.

[82] James Lunt. Polylactic acid polymer for fiber and nonwovens [J] . International Fiber, 2000 (6):48－52.

[83] Cicero J A ,Dorgan J R ,Garret T J , et al. Effects of molecular architecture on two－step melt－spun poly (lactic acid) fibers [J]. J Appl Polym Sci , 2000 , 86 (11):2839－2843.
[84] Roberta G A F. Chitin Chemistry [M]. London :Oxford University Press,2002.
[85] 贡长生,张克立．新型功能材料[M]. 北京:化学工业出版社,2001.
[86] 蒋挺大．甲壳素[M]. 北京:化学工业出版社,2003.
[87] 王曙中,王庆瑞,刘兆峰．高科技纤维概论[M]. 上海:中国纺织大学出版社,1999.
[88] 严瑞瑄．水溶性高分子[M]. 北京:化学工业出版社,1998.
[89] 曾汉民．功能纤维[M]. 北京:化学工业出版社,2005.
[90] 秦益民．功能性医用敷料[M]. 北京:中国纺织出版社,2007.
[91] 许树文,吴清基,梁金茹,等．甲壳素・纺织品[M]. 上海:东华大学出版社,2000.
[92] 张树政．糖生物学与糖生物工程[M]. 北京:清华大学出版社,2002.
[93] 梁亮,崔英德,罗宗铭．微波新技术制备壳聚糖的研究[J]. 广东工业大学学报,1999,16(1):63－65.
[94] 曹健,代养勇,王红军,等．甲壳素微波法脱乙酰制备壳聚糖的研究[J]. 食品科学,2005,25(11):120－125.
[95] 杜予民．甲壳素化学与应用的新进展[J]. 武汉大学学报(自然科学版),2000,46(2):181－186.
[96] 董炎明,毛微．甲壳素化学及应用[J]. 大学化学,2005,20(2):27－32.
[97] 董炎明．甲壳素/壳聚糖的聚集态结构．2007 年甲壳素及其衍生物学术研讨会论文集[C]. 青岛:2007,50－72.
[98] 沈新元,郑志清,杨庆．甲壳素类纤维的制备技术及应用．2007 年甲壳素及其衍生物学术研讨会论文集[C]. 青岛:2007,173－179.
[99] 郑志清,沈新元,赵炯心,张秀芳,孙瑾,钱咸彧．壳聚糖纤维的制备及应用[J]. 针织工业,2002,(4):44－46.
[100] 沈新元,张秀芳,杨庆,等．二丁酰甲壳素及纤维的研制[J]、化学世界,2000, 41(增刊):181.
[101] 杨庆,郑晓广,沈新元,等．二丁酰甲壳素的制备及表征[J]. 东华大学学报(自然科学版),2001,27(1):92－94 .
[102] 郑晓广．二丁酰甲壳质及纤维的研制 [D]. 上海:东华大学,1999.
[103] 张成军, 杨庆,沈新元．甲壳胺纤维干湿纺工艺的优选研究[J]. 国际纺织导报,2003,(1):12－13.
[104] 杨庆,梁伯润,沈新元,等．甲壳胺纤维干湿纺工艺的优选研究[J]. 化工进展,2005,24(6) :634－636.
[105] Sosland L. Chitin and dibutyrylchitin fiber [J]. Chemi. Fibers Intl,1998, 48(3):316－317.
[106] Jia, Y. －T. , Gong, J. , Gu, X. －H. , et al. Fabrication and characterization of poly (vinyl alcohol)/chitosan blend nanofibers produced by electrospinning method [J]. Carbohydrate Polymers, 2007,67(3):403－409.
[107] 秦益民．发酵法生产甲壳素纤维[J]. 纺织学报,2007,28(8):31－34.
[108] 王小芳,郑晓广,沈新元,等．甲壳质类纤维的制备[J]. 人造纤维,1999(4):25－28.
[109] 郑晓广,沈新元,杨庆．甲壳质及其衍生物在保健领域中的应用[J]. 河南师范大学学报(自然科学版),1999,27(3):46－50.
[110] 沈新元．甲壳质的生物特征及医疗用途[J]. 亚太生物技术双周刊,1999,12(3):278－279.
[111] 张军．室内甲醛污染检测与控制[J]. 新疆石油教育学院学报,2004,7(5):98－99.
[112] 肖红侠,王岳人,张海青. 室内甲醛污染现状及防治措施[J]. 技术交流,2004(6)31－35.